中国工程院院士文集

唐启升文集

下卷 渔业生物学拓展篇

中国农业出版社
北京

图书在版编目（CIP）数据

唐启升文集．下卷，渔业生物学拓展篇 / 唐启升编著．—北京：中国农业出版社，2020.11

ISBN 978-7-109-27499-0

Ⅰ.①唐… Ⅱ.①唐… Ⅲ.①海洋渔业—环境生物学—文集 Ⅳ.①S975-53②Q178.53-53

中国版本图书馆 CIP 数据核字（2020）第 223695 号

唐启升文集　下卷　渔业生物学拓展篇

TANGQISHENG WENJI　XIAJUAN　YUYE SHENGWUXUE TUOZHANPIAN

中国农业出版社出版

地址：北京市朝阳区麦子店街 18 号楼

邮编：100125

责任编辑：郑　珂　杨晓改　　文字编辑：陈睿赜　张庆琼　蔺雅婷

版式设计：王　晨　　责任校对：周丽芳　刘丽香　沙凯霖　吴丽婷　赵　硕

印刷：北京通州皇家印刷厂

版次：2020 年 11 月第 1 版　　2020 年 11 月北京第 1 次印刷

发行：新华书店北京发行所

开本：787mm×1092mm　1/16

总印张：156.75　　插页：56

总字数：4000 千字

总定价：800.00 元（上、下卷）

文集书写题名　潘云鹤

献给共和国
“实现第一个百年奋斗目标”

内 容 简 介

文集选录唐启升院士 1972—2019 年间的论文和专著，编辑成上、下两卷，上卷为海洋生态系统研究篇，下卷为渔业生物学拓展篇。本卷为下卷，分三篇：第三篇为海洋渔业生物学，包括渔业生物学基础、黄海鲱鱼渔业生物学、资源调查与渔业开发、资源养护与管理模型、公海渔业资源调查与远洋渔业等；第四篇为碳汇渔业与养殖生态，包括渔业碳汇与碳汇扩增、养殖种类结构与生态；第五篇为海洋与渔业可持续发展战略研究，包括海洋工程技术强国发展战略、环境友好型水产养殖业发展战略、渔业科学与产业发展等。另外，还附录了唐启升科研简历、论文和专著目录、传略、访谈录等。这些论文和专著及有关材料记录了近半个世纪渔业科学新的研究进展和成果。

本文集可供教育、科研和管理部门的师生、研究者、决策者以及其他相关人士参考使用。

个人简介 | 唐启升

唐启升，男，汉族，1943 年 12 月 25 日生，辽宁大连人，中共党员，海洋渔业与生态学家、博士生导师、终身研究员。1961 年毕业于黄海水产学院，1981—1984 年国家公派挪威海洋研究所、美国马里兰大学、华盛顿大学访问学者。现任农业农村部科学技术委员会副主任委员，中国水产科学研究院名誉院长、学术委员会主任，中国水产科学研究院黄海水产研究所名誉所长。曾任中国科学技术协会副主席，中国水产学会理事长，山东省科学技术协会主席，联合国环境规划署顾问，全球环境基金会科学技术顾问团（GEF/STAP）核心成员，北太平洋海洋科学组织（PICES）学术局成员、渔业科学委员会主席等。先后担任国家自然科学基金委员会生命学部和地学部咨询委员会委员、评审组组长，国家科学技术进步奖评审委员会委员、专业评审组组长，国家“863 计划”专家委员会委员、领域专家、主题专家组副组长，国家“973 计划”项目首席科学家、资源环境领域咨询组组长，中国工程院主席团成员，中国工程院农业、轻纺与环境工程学部常委、农业学部常委等。

长期从事海洋生物资源开发与可持续利用研究，开拓中国海洋生态系统动力学和大海洋生态系研究，参与国际科学计划和实施计划制订，为中国渔业科学与海洋科学多学科交叉和生态系统水平海洋管理与基础研究进入世界先进行列做出突出贡献。在渔业生物学、资源增殖与管理、远洋渔业、养殖生态等方面有多项创新性研究，提出“碳汇渔业”“环境友好型水产养殖业”“资源养护型捕捞业”等渔业绿色发展新理念。提出“实施海洋强国战略”等院士专家建议 10 项，促成《中国水生生物资源养护行动纲要》《关于促进海洋渔业持续健康发展的若干意见》《关于加快推进水产养殖业绿色发展的若干意见》等国家有关文件的发布。“我国专属经济区和大陆架海洋生物资源及其栖息环境调查与评估”“海湾系统养殖容量与规模化健康养殖技术”“渤海渔业增养殖技术研究”等 3 项成果获国家科学技术进步奖二等奖、“白令海和鄂霍次克海狭鳕渔业信息网络和资源评估调查”获三等奖，另有 6 项获省部级科技奖励。发表论文和专著 350 余篇、部。荣获国家有突出贡献中青年专家、全国农业教育科研系统优秀回国留学人员、首届中华农业英才奖、何梁何利科学与技术进步奖、全国杰出专业技术人才奖、国家重点基础研究发展计划（973 计划）先进个人、山东省科学技术最高奖、新中国成立 60 周年“三农”模范人物、全国专业技术人才先进集体等荣誉、称号 24 项。享受国务院政府特殊津贴。

1999 年当选为中国工程院院士。

《中国工程院院士文集》总序

二〇一二年暮秋，中国工程院开始组织并陆续出版《中国工程院院士文集》系列丛书。《中国工程院院士文集》收录了院士的传略、学术论著、中外论文及其目录、讲话文稿与科普作品等。其中，既有早年初涉工程科技领域的学术论文，亦有成为学科领军人物后，学术观点日趋成熟的思想硕果。卷卷《文集》在手，众多院士数十载辛勤耕耘的学术人生跃然纸上，透过严谨的工程科技论文，院士笑谈宏论的生动形象历历在目。

中国工程院是中国工程科学技术界的最高荣誉性、咨询性学术机构，由院士组成，致力于促进工程科学技术事业的发展。作为工程科学技术方面的领军人物，院士们在各自的研究领域具有极高的学术造诣，为我国工程科技事业发展做出了重大的、创造性的成就和贡献。《中国工程院院士文集》既是院士们一生事业成果的凝练，也是他们高尚人格情操的写照。工程院出版史上能够留下这样丰富深刻的一笔，与有荣焉。

我向来以为，为中国工程院院士们组织出版《院士文集》之意义，贵在“真善美”三字。他们脚踏实地，放眼未来，自朴实的工程技术升华至引领学术前沿的至高境界，此谓其“真”；他们热爱祖国，提携后进，具有坚定的理想信念和高尚的人格魅力，此谓其“善”；他们治学严谨，著作等身，求真务实，科学创新，此谓其“美”。《院士文集》集真善美于一体，辩而不华，质而不俚，既有“居高声自远”之澹泊意蕴，又有“大济于苍生”之战略胸怀，斯人斯事，斯情斯志，令人阅后难忘。

读一本文集，犹如阅读一段院士的“攀登”高峰的人生。让我们翻开《中国工程院院士文集》，进入院士们的学术世界。愿后之览者，亦有感于斯文，体味院士们的学术历程。

2012 年 7 月

序

新中国成立以来，渔业取得了历史性变革和举世瞩目的巨大成就，谱写出一部科技支撑产业发展的历史，探索出一条产业发展与生态环保相结合、绿色可持续发展的路子，培养出一批具有战略眼光的渔业科学家，为世界渔业发展贡献了“中国智慧”“中国方案”和“中国力量”，唐启升院士就是其中的杰出代表。

我和唐院士是同代人，我们相识于“渔”，结缘于“海”，常在不同场合探讨我国渔业科技和产业发展的思路与途径，对他也颇为了解，借此作序之机，少不了赘言几句。

唐院士是国际知名的海洋渔业与生态学家，开拓了我国海洋生态系统动力学研究。通过国家自然科学基金重大项目和两个“973 计划”项目研究，构建了我国近海生态系统动力学理论体系；揭示了渤黄东海生态系统食物网结构特征和营养动力学变化规律，提出了浅海生态系统生物生产受多控制因素综合作用和资源恢复是一个复杂而缓慢过程的新认识；推动了大海洋生态系评估和管理研究在世界和中国的发展。这些成果为中国生态系统水平海洋管理与基础研究步入世界先进行列做出了突出贡献。

唐院士拓展了中国海洋渔业生物学研究。他早在 20 世纪 60 年代末便独立承担“黄海鲱资源”研究工作，揭示了太平洋鲱（青鱼）在黄海的洄游分布和种群数量变动规律，推动了新渔场开发和渔业的快速发展；他将环境影响因素嵌入渔业种群动态理论模型，创新发展了国际通用的渔业种群动态理论模式；提出海洋生物资源应包括群体资源、遗传资源和产物资源三个部分的新概念，为推动 21 世纪我国海洋生物资源多层面开发利用奠定了理论基础。

唐院士前瞻性提出了“碳汇渔业”新理念，丰富和发展了产业碳汇理论、方法和技术体系，将海水养殖产业的地位由传统产业提升为战略性新兴产业；他推动发展了我国生态养殖新模式和养殖容量评估技术、养殖生态系统的物质循环和能量流动规律的研究，使我国该领域研究进入国际前列；他全力倡导并进行产业化的多营养层次综合养殖模式（IMTA）被联合国粮食及农业组织（FAO）和亚太水产养殖中心网络（NACA）作为可持续水产养殖的典型成功案例在国际上进行了推广。

唐院士是我国海洋领域的战略科学家，他推动的多项战略咨询研究成果上升为国策。我国第一个生物资源养护行动实施计划——《中国水生生物资源养护行动纲要》的实施，国务院第一个海洋渔业文件——《关于促进海洋渔业持续健康发展的若干意见》的正式出台，新中国成立以来第一个经国务院同意、专门指导水产养殖业绿色发展的纲领性文件——《关于加快推进水产养殖业绿色发展的若干意见》的发布等背后都浸润着他的心血与汗水。

正如徐匡迪院士在《中国工程院院士文集》总序中所描绘："读一本文集，犹如阅读一段院士的'攀登'高峰的人生。"《唐启升文集》由海洋生态系统动力学、大海洋生态系、海洋渔业生物学、渔业碳汇与养殖生态以及海洋与渔业可持续发展战略研究五个篇章组成，是他五十余载学术生涯的真实描摹和生动写照，凝聚着他的主要学术思想和科研实践经验，值得学习品味。

唐院士秉承半个多世纪的科学奉献精神，迄今仍在为提高我国知海、用海、护海和管海的能力和水平而伏案工作，不遗余力地为推动渔业绿色高质量发展，实现强渔强海强国的梦想而奋斗，令我感佩。但愿读者，特别是中青年渔业科技工作者能从文集内容中得到启迪，能以唐院士等老专家为楷模，学习他们的经验，学习他们分析问题、研究问题的方法，特别是学习他们崇高的使命感，为实现中华民族的伟大复兴多做贡献。

唐院士著作等身，精选出这些有代表性的论文集结成册，渔业科技界必将先睹为快。借此机会，谨向唐院士表示祝贺，衷心祝他健康长寿。

特为之序。

陈宜瑜

中国科学院院士

国家自然科学基金委员会原主任

2020 年 1 月 12 日

目录

上　卷

第三篇・海洋渔业生物学①

一、渔业生物学基础

二、黄海鲱鱼渔业生物学

三、资源调查与渔业开发

四、资源养护与管理模型

五、公海渔业资源调查与远洋渔业

①由于选编的论文有一定的历史跨度，为尊重历史，本文集遵照原刊的内容和形式来出版。

一、渔业生物学基础

渔业生物学研究方法概述[①]

唐启升

第一节 资源结构

一、种群

(一) 种群的定义及有关术语

种群(population)通常是指特定时间内占据特定空间的同种有机体的集合群(Odum, 1971; Krebs, 1978)。根据这样的定义,我们可以称终年生活在黄海的太平洋鲱为黄海种群,生活在渤海和黄海西部的对虾为渤海—黄海西部种群,等等。

由于地理分布、环境条件和种之间的生活史各自不同,种群具有各种特征。一般说来,具有以下三个主要特征:

1. 具有一定的分布区

如上述定义所概括,这是种群的一个基本特征。然而,种群分布区的边界常常又是模糊的。例如黄渤海带鱼种群和东海北部带鱼种群分布区在黄海南部的边界,受资源和环境变化的影响,时而交叉,时而分离,难以给予确切的划分。在这种情况下,种群分布区的边界往往是由调查研究者据当地客观条件主观划定的。

2. 具有一定的密度或大小

种群的密度和大小也常有变动,甚至变动幅度很大,但是,具有一个基本范围,有比较确定的上限和下限。相应地,形成了种群特有的出生率、补充率、生长率、死亡率、年龄结构、数量变动等生物学特性。

3. 具有一定的遗传组成

这个特征,一方面使个体之间能够交换遗传因子,促进种群的繁荣,另一方面也使种群之间保持形态、生理和生态特征上的差异。

上述特征表明,种群是以生物学为依据的基本研究单元,种群的各个特征,不是种群各个个体的特征,而是各个个体特征的集合,故种群生物学特征可以作为种群鉴别的依据。

自 Heincke(1898)将“种族(race)”引入北海大西洋鲱的种群鉴别研究以来,种族也

① 本文原刊于《海洋渔业生物学》,33-107,农业出版社,1991。

常常在渔业生物学文献中出现，有时与种群混用，例如，将大黄鱼岱衢洋地理种群称为岱衢族，小黄鱼黄渤海种群称为黄渤海地理族。另外，在鉴别种群和种族的手段上也有若干通用之处（夏世福等，1981）。严格地讲，种族是鱼类分类学关于种或亚种以下的一个分类单元，偏重于遗传性状差异的比较，而种群是生态学上位于有机体和群落之间的一个基本层次，种群较种族具有更广泛的内涵，如上述提到的三个主要特征。随着生态学研究的深入发展，"种族"在渔业生物学范畴内已逐步为"种群"所替代。

在渔业生物学中，更普遍使用的是"群体（stock）"这一术语。关于群体的定义，说法不一。Gulland（1969）认为，能够满足一个渔业管理模式的那部分鱼，可定义为一个群体；Larkin（1972）认为，共有同一基因库的群体，才有理由把它考虑为一个可以管理的独立系统，他强调了群体是渔业管理单元；Ricker（1975）认为，群体是种群之下的一个研究单位；Ihssen 等（1981）认为，群体具有空间和时间的完整性，群体也是可以随机交配的种内个体群，在渔业管理中强调确认群体的遗传变异性；Cushing（1981）认为，群体有一个固定的产卵场，单独较短的产卵季节和一个较稳定的洄游路线；张其永等（1983）认为，群体是由随机交配的个体群所组成，具有时间或空间的生理隔离，在遗传离散性上保持着个体群的形态、生理和生态性状的相对稳定。也可作为渔业管理的基本单元；MacCall（1984）认为，从根本上讲群体是种群研究和管理的基础部分，可用各种方式去定义，而且并不是所有定义都需要有生物学依据。不难看出，上述定义强调了群体与渔业管理的联系。事实上，"群体"这一术语，也是在资源评估、渔业管理研究和实践中形成的。若从这个意义上讲，"群体"只是一种工作定义，或多或少受实际需要的影响，特别是受开发利用和管理的影响。因此，在渔业生物学中，"种群"与"群体"是两种不同性质的术语。前者是一个客观的生物学单元，后者是一个渔业管理单元，两者虽有密切的联系，但并不存在从属关系。在实际应用中，常出现一些容易混淆的情况，例如我们通常所说的生殖群体和捕捞群体。生殖群体是指种群之下的一个生物学繁殖单位，而捕捞群体是指开发利用和管理中的"群体"，它可能是种群之下的一个群体，也可能是一个种群，甚至几个种群的集合，是一个开发管理单位。这两种群体的性质迥然不同。因此，在应用时，需要区别对待，明确定义。

另外，在渔业及其研究中还常见一些与种群开发利用和管理有关的术语，如可用群体（usable stock）、有效种群（virtua population）、理想群体（ideal stock）和理想种群（ideal population）等。为了方便，避免混淆，这些术语可统称为渔业种群（fishery population）。这个概念与过去经常使用的被开发利用的鱼类种群（exploited fish population）的含义是一致的。

（二）种群鉴别方法

1. 种群鉴别是渔业生物学一项基础工作，其方法以种群特征为依据，大体可分为三种：

（1）形态学方法：对不同取样地点的样品的计数特征、量度特征和解剖学特征进行比较。

计数特征（分节特征）是指个体各项可以计数的性状。如脊椎骨、各鳍的鳍条、鳃耙、鳔支管、幽门盲囊、棱鳞等。

量度特征是指个体各个可以测量的部位及其比值。如体长/头长、体长/体高、体长/尾长、头长/吻长、头长/眼径、头长/眼间距等。

解剖学特征主要指个体各器官形态结构上的特征。如椎体横突上突起物的位置和数目，尾舌骨的构造特征和形态、钙化结构（如耳石的年龄特征和化学成分）等。

计数特征和量度特征是传统的种群鉴别方法的主要内容。该方法需要进行大量的生物学测定工作，但是取样和测定技术容易实现，在中国应用较广泛。然而，也应注意到这些特征容易受环境因子的影响，形成年间差异，降低了特征本身的稳定性，使鉴别结果的可信度受到影响（Ihssen et al.，1981）。

（2）生态学方法：研究和比较不同生态条件下种群的生活史及其参数。例如，Deng 等（1983）采用标志放流的方法研究了黄渤海对虾的洄游分布，进而确认了洄游于渤海及黄海中北部的对虾同属一个种群；罗秉征等（1981）、卢继武等（1983）根据耳石与鱼体相对生长的地理变异研究了中国近海带鱼的种群问题；刘效舜等（1966）以同年龄组生长率的变化为小黄鱼种群划分的重要依据；徐恭昭等（1962）、罗秉征等（1983）认为大黄鱼、带鱼种群结构在不同栖息海域有明显的差异。

（3）生理学方法：应用生物化学、细胞遗传学和免疫学方法测量种群的生理特征差异。主要的应用技术有蛋白质电泳和等电聚焦分析、染色体组型、线粒体分类分析、血清凝集反应测定等（Ihssen et al.，1981；Sharp，1983；Royce，1984）。电泳分析是一种较新的技术，能够测出种群基因的时空差异，因此，被认为是种群鉴别中一种较为可靠而有发展前途的方法。但是，这种方法对试验条件和设备有较高的要求。

从应用的角度看，各种方法都有一定的优缺点。为弥补这一点，常常使用多种方法综合分析。例如，同时使用方法（1）和（2）或（3）鉴别大黄鱼、小黄鱼、带鱼、鲱等种类的种群问题（田明诚等，1962，刘效舜，1966，张其永，1966，唐启升，1977）。

2. 检验种群特征是否存在显著性差异的有效办法是对大量样品资料进行统计学处理。

（1）差异系数（C. D）

$$\mathrm{C.\,D}=\frac{M_1-M_2}{S_1-S_2} \tag{3-1}$$

式中：M_1 和 M_2 分别表示两个种群特征计量的平均值；S_1 和 S_2 为标准差。按照划分亚种的 75%的法则（Mayr et al.，1953），假如 C. D 大于 1.28，表明差异达到亚种水平，小于 1.28 则属于种群间的差异。

（2）均数差异显著性（Mdiff）

$$\mathrm{Mdiff}=\frac{M_1-M_2}{\sqrt{\frac{n_1}{n_2}m_2^2+\frac{n_2}{n_1}m_1^2}} \tag{3-2}$$

式中：M_1 和 M_2 的定义同上；m_1 和 m_2 为均数误差；n_1 和 n_2 为两个种群特征的样品数。根据 t 值检验，当概率水准 $\alpha=0.05$ 时，则认为有差异。对于大样品，通常以 $t>3$ 为差异显著的检验标准。若 $n_1=n_2$ 或在大样品情况下，式（3－2）的分母可简化为 $\sqrt{m_1^2+m_2^2}$。

（3）判别函数分析　检验种群特征的综合性差异，特别是单项特征差异不显著时，可应用判别函数的多变量分析法检验种群间是否还存在综合性差异（广东省水产研究所资源室鱼类组等，1975）。

根据线性方程组

$$\begin{aligned}
\lambda_1 S_{11}+\lambda_2 S_{12}+\cdots+\lambda_k S_{1k}&=d_1\\
\lambda_1 S_{21}+\lambda_2 S_{22}+\cdots+\lambda_k S_{2k}&=d_2\\
\vdots\qquad\vdots\qquad\quad\vdots\quad&\quad\vdots\\
\lambda_1 S_{k1}+\lambda_2 S_{k2}+\cdots+\lambda_k S_{kk}&=d_k
\end{aligned}$$

解出判别系数 λ_1，λ_2，…，λ_k。式中 d_i 表示第 i 项种群特征的离均差；S_{ij} 表示第 i，j 项种群特征的协方差之和；k 为种群特征项数，i，$j=1$，2，…，k。

判别函数
$$D=\lambda_1 d_1+\lambda_2 d_2+\cdots+\lambda_k d_k \tag{3-3}$$

差异显著性检验为：

$$F=\frac{n_1 n_2}{n_1+n_2}\cdot\frac{n_1+n_2+k-1}{k}\cdot D$$

式中：n_1 和 n_2 为两个比较样品的尾数。根据 F 值检验，当 F 值 $>F_{0.05}$ 或 $F_{值}>F_{0.01}$ 时，表明样品间存在显著性差异，可能是两个种群。

随着计算机的广泛使用，可用的统计检验技术也越来越多，诸如方差分析、变异系数、线性关系（回归系数）比较、回归显著性检验、均值聚类分析等（张其永等，1983；浦仲生等，1987），还会出现一些新的检验方法。由于这些方法均以检验差异显著性为目的，一般来说，当一种或几种方法检验结果显著时，应用其他方法也会得到相同的结果。因此，根据资料的实际情况和研究目的，选择使用适当的方法进行检验即可，不需要同时使用太多的方法检验相同的研究样品。

二、种群结构

区别种群中个体的主要变量是年龄和性别，与其有关的还有个体大小（长度、重量）和性成熟。可以说这四个变量是构成种群结构的主要内容。

（一）年龄结构

年龄结构是种群的重要特征。对于一个未开发利用的自然种群来说，迅速增大种群会有大量的补充个体，年龄组成偏低；若是稳定的种群则各年龄的分布比较均匀；若是下降的种群则高龄个体的比例较大，年龄组成偏高。过度开发利用的种群，年龄组成明显偏低，开发利用适中的种群年龄分布反映了自身的典型特征，其年变化取决于补充量大小，开发利用不足的种群年龄序列长、组成偏高。显然，年龄结构既反映了种群繁殖。补充、死亡和数量的现存状况，也预示了未来可能出现的情况。因此，长期收集年龄结构资料，研究分析其变化是渔业生物学中一项极为重要的工作，一向为研究者所重视。

海洋渔业种群的年龄结构可分为两种类型：一种是单龄结构，以一年生的个体为主，如对虾种群。另一种是多龄结构，由多个年龄组成，如大多数鱼类种群。中国海洋鱼类种群的年龄结构多为简单的多龄结构，仅由少数几个年龄组成。多龄结构的稳定性和变异性，一方面明显地受到捕捞影响，如由于捕捞压力较大，东海带鱼 50 年代末 1 龄和 2 龄鱼占 77%，最高为 6 龄，60 年代末 1～2 龄鱼占 92%，最高为 5 龄，70 年代末 1～2 龄鱼增至 98%，最高为 4 龄（顾惠庭，1980）；另一方面还取决于世代实力的变化，如强盛的 1970 年世代黄海鲱明显地影响了 1972—1974 年黄海鲱生殖群体的年龄组成和优势年龄组。

用百分比直方图表示种群的年龄组成和分布是一种简便而有用的方法。它可直观地反映出种群年龄结构的特点及各个年龄的重要性。连续多年的年龄组成资料还可清楚地反映出各个世代在种群中的地位及其他变化。根据进一步需要还可以与其他变量（如数量、长度、重量等）制成各种图表，供研究分析使用。另外，生命表和有效种群分析数据表对于分析特定年龄的存活率、死亡率、渔获尾数、捕捞死亡、资源量等变量的状况是十分有益的。

（二）长度和重量组成

个体大小是种群资源质量的重要特征。由于长度和重量组成资料比年龄资料容易获取，并可迅速绘成百分比直方图或其他图形供使用，因而，成为渔业生物学中广泛收集和使用的一项基本资料。对于一些年龄鉴定困难或费时的种类来说，它的重要性就更加明显了。不仅用来表示种群结构的质量和数量的一般特征，同时还可用来概算年龄和死亡（Lai，1987；Jones，1984）。

（三）性比和性成熟组成

性组成是种群结构特点和变化的一种反映。中国海洋渔业种群雌雄比例大多数接近1∶1。当然性比随着生长、年龄、季节以及外界的影响也会发生变化。例如大黄鱼雄性个体的寿命一般较雌性长，黄海南部、东海、南海沿岸五个主要生殖群体的性比都是雄多于雌，大约呈2∶1关系（徐恭昭等，1962）；对虾出生后直到9月雌雄百分比接近50∶50，10月上旬开始交配后，增加了雄性个体的死亡，雌性比例增加，直到11月底以后雌雄比才稳定下来，约70∶30（邓景耀等，1982）；带鱼生殖群体的性比依鱼体大小而不同。肛长在220 mm以下者雄鱼多于雌鱼，220 mm以上的个体则雌鱼多于雄鱼，表明雌鱼的生命力高于雄鱼，但是，由于捕捞的影响有时却掩盖了这个特点。如60年代中期东海北部带鱼全年性组成是雌多于雄，此后由于捕捞强度增大，大个体带鱼数量减少，70、80年代全年性组成则是雄多于雌（罗秉征等，1983）。

个体生长到一定阶段，性腺开始发育达性成熟。不同种类的性成熟年龄和持续时间也都不同。同一种群的个体性成熟的早晚明显受到生长好坏的影响，同时，性成熟作为种群数量调节的一种适应属性，可因数量的减少和增加，提早或推迟性成熟年龄。因此，性成熟组成作为种群结构的一个重要内容，能够反映出外界（如环境和捕捞）对种群的影响。我们通常用补充部分和剩余部分来表示生殖群体的性成熟组成。掌握和累积补充和剩余部分组成资料，不仅能够及时了解种群结构的变化，同时对研究分析种群数量动态也十分有用。

（四）生物学取样和测定

1. 取样

对于种群的每个个体，不可能全部都观察，通常采取部分样品估计整体的状况，这是获取种群结构及其他渔业生物学研究资料的主要办法。取样的方法有许多种，要想提出一种完全通用的方法或许是不存在的，但是，明确需要遵循的一些一般的原则是必不可少的。

（1）采用随机方式：从受人为因素影响较小、选择性较小的渔具中（如拖网、围网和定置网等）采集样品。为了减少取样误差，需要增加取样次数。

（2）选择合适的取样时间和地点：通常是在生物学性状显著的时间和地点采样，如生殖季节在主要产卵场采集群体组成样品，此时群体分布集中而且渔获量大。

在一个季节或年度里，群体也会有时、空变化，在多次取样的基础上，需要对样品进行加权统计。例如，我们在一个生殖季节取得的10批年龄组成样品，它们大体代表了10个时间区间的年龄组成资料，那么，需要统计出每一个区间的渔获尾数，并分配到相应的年龄组里。10 批资料中相同年龄的渔获尾数相加，并求出总尾数。然后，计算出各年龄组的尾数%。简单的统计表达式为：

$$R_j = (\sum_{i=1}^{n} C_i \cdot R_{ij})/C \quad (3-4)$$

式中：R_j 为 j 年龄组的组成%；C_i 为第 i 批样品期间的渔获尾数；R_{ij} 为 i 批样品中 j 年龄的组成%；C 为取样期间的总渔获尾数；n 为取样次数。

这样，我们就能够得到一个加权年龄组成资料，较之 10 批取样资料的算术平均年龄组成有较好的代表性。

假如是海上大面积拖网调查取样，那么，需要将调查区分成若干个小区取样，根据各个分区取样组成资料和实际样品数，采用与上述类似的方法进行加权统计。也可以直接选择种群数量明显密集的区域取样。当然，后一种方法的取样代表性不如前一种。

(3) 保证一定的取样数量：取样数量通常以个体大小差异程度而定，一般为 50～100 尾。夏世福（1965）应用规定相对误差限的方法讨论了吕泗渔场小黄鱼体长和年龄的取样尾数（n），公式如下：

$$n = \left(\frac{tS}{m'\bar{x}}\right)^2 \quad (3-5)$$

式中：t 为取样的预定可靠性，查标准“正态分布概率积分表”，可靠性为 95%时，t=1.96，为 99.7% 时，t=2.58；S 为标准差；m' 为相对误差限；$\bar{x}$ 为均数。若按可靠性为 95%，相对误差为 5%，1961 年吕泗渔场小黄鱼体长取样仅需 34 尾，由于年龄分布较分散，需取样 682 尾；若按 t=2.58，m'=1%要求，体长和年龄的取样数量分别为 1 472 和 29 543 尾。可见，取样数量取决于对样品可靠性精度的要求和样品本身的分散程度。在渔业生物学中，对可靠性的要求，一般为 95%。

2. 测定

可分为粗测和细测两种。粗测是只测量研究对象的标准长度，获得长度组成资料，如根据不同种类的体型和尾部形状分别测体长、叉长、肛长、体盘长、胴长等。细测包括较多的内容，主要项目为全长、体长（或其他标准长度）、体重、性别、性腺成熟度、摄食等级、采取鳞片或耳石等年龄资料。根据专门的要求还需要称量纯体重、性腺重量、留取性腺及肠胃标本等。至于各个项目的测定和资料整理方法请参阅《海洋水产资源调查手册》（夏世福等，1981）。

三、多种类问题

中国海洋渔业资源以多种类为特征，无论是位于亚热带的南海，还是暖温带的黄渤海，渔获物种类少则几十种，多则几百种。1986 年春、秋季黄海拖网调查捕获的渔业资源种类均在 100 种以上，南海北部大陆架拖网资源调查出现的种类达 502 种。另外，由于捕捞或环境的影响，资源种类组成的变化也十分明显。例如，50 至 80 年代间，黄渤海渔业资源结构和优势种发生了显著变化（图 3-1）。因此，多种类问题是资源结构研究的一个重要内容，近年来倍受重视。

所谓多种类资源实质上是生存于一个特定水域或自然生境里所有渔业种类的集合，它具有生物群落的一些典型特征，如优势种、多样性等。从而，群落生态学的一些概念和方法被

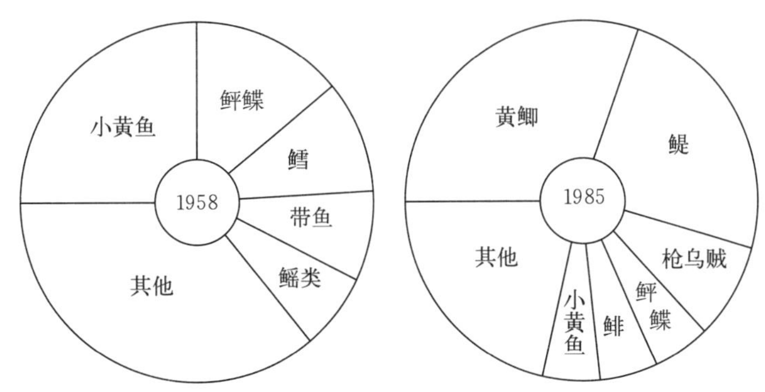

图 3-1 黄海渔获物组成比较（1958 年、1985 年 3—4 月）
（引自 Tang，1989）

引入多种类资源结构研究。费鸿年等（1981）应用多样度指数和信息论的概念和方法研究分析了南海北部大陆架底栖鱼群聚的多样度以及优势种区域和季节变化；黄宗强和施乐章（1986，1987）应用同样的方法研究分析了闽南—台湾浅滩渔场中上层趋光鱼类群聚结构的时空变化；沈金鳌等（1987）使用相似性指数、多样性指数、优势度指数等方法研究分析东海深海底层鱼类群落及其结构；唐启升（1989）将黄海渔业资源看作为一个独立的生物群落，引用 Odum（1971）推荐的生态优势度的概念及信息论指数，讨论了黄海渔业资源生态优势度和多样性问题。现将主要方法简介如下：

1. 优势度

Simpson 指数

$$C_1 = \sum_{i=1}^{s} (P_i)^2 \tag{3-6}$$

式中：s 为种类数；P_i 表示生物群聚中种类 i 的种群重要值（如个体数、生物量或生产力等）的概率。渔业生物学中通常用相对资源量表示种群重要值，故 $P_i = W_i/W$。W_i 为种类 i 前生物量，W 为总生物量。

Mc Naughton 指数

$$C_2 = \sum_{i=1}^{2} P_i \tag{3-7}$$

根据优势种的概念，直接使用群落中大量控制能流以及对其他种类有强烈影响的两个最大种群重要值种类的概率表示优势度。

2. 多样性

Shannon - Wiener 信息论指数

$$H' = -\sum_{i=1} (P_i)(\log_2 P_i) \tag{3-8}$$

Pielou 均匀度指数

$$J' = H'/H_{max} = H'/(\log_2 S) \tag{3-9}$$

Margalef 指数

$$D = \frac{S-1}{\log_2 N} \tag{3-10}$$

上列式中，H_{max}为最大多样性指数；N 为个体数；其他同上。

3. 相似性

Kimoto 指数

$$C_x = 2\sum n_{1i} \cdot n_2/(\sum \pi_1^2 + \sum \pi_2^2)N_1 \cdot N_2 \qquad (3-11)$$

上式衡量两个样品之间种类数及个体数的相似程度，是区分群落和反映群落结构特征的一个重要参数，其阈为 0～1。其中：$\sum \pi_1^2 = \sum n_{1i}^2/N_1$，$\sum \pi_2^2 = \sum n_{2i}^2/N_2^2$；$n_{1i}$、$n_{2i}$ 分别为样品 1、2 中第 i 种类的个体数；N_1、N_2 分别为样品 1、2 中各种类的总个体数。

$S_{\varphi renson}$指数

$$C_s = \frac{2C}{A+B} \qquad (3-12)$$

式中：A、B 分别为两个样品中种类数量；C 为两个样品共有的种数。

另外，聚类分析技术及树状分析图在多种类资源结构分析中也是一个十分有用的方法（Gabriel et al.，1980；Murawski et al.，1983；沈金鳌，1987；唐启升，1989）。

第二节　生 活 史

一、洄游

洄游是鱼类等保证种群繁衍的一种适应属性，使种群能够在一个多变的环境里找到有利于繁殖后代、保护和养育后代，以及获得足够食物和适宜的环境条件，进行自身滋养生息的场所。这种属性是种群在自然淘汰和选择的长期过程中形成的，具有一定的周期性和规律性。因此，大多数海洋渔业资源种群具有明显的洄游习性。即使一些地方种群也存在着区域性的往返移动（如从浅水到深水区），只不过不像前者具有明显的生殖洄游、索饵洄游以及越冬（夏）洄游过程和路线而已。

洄游研究是渔业生物学研究中历史悠久的命题，对渔业生产有直接的指导意义，实践中产生了一些有效的研究办法，主要有：

1. 标志放流

普遍认为这是一种可靠的洄游分布研究方法。用该法研究洄游的形式很多（夏世福等，1981），通常是在体外拴一个标志牌或做上记号，在鱼群较为集中的区域（如产卵场、越冬场等）对研究对象进行大量标志放流，然后根据放流和重捕地点、时间研究分析洄游路线和分布范围等。中国在渤、黄、东、南海许多中上层鱼类、底层鱼类和无脊椎动物洄游分布研究中采用该方法，其中对虾、鲐、马面鲀等是应用这个方法研究洄游分布取得成功的典型事例之一（Deng et al.，1983；朱德山等，1982；林新濯等，1987）。

2. 探捕调查

根据对研究对象的生活习性、生物或非生物性环境条件的一般了解，确定一个假定的海区，选择合适的渔具（如拖网、流网、围网等），进行定点或非定点探捕调查，亦是一种使用广泛的洄游分布调查研究方法。唐启升（1973）采用该方法研究黄海鲱的洄游分布时，选择强盛的 1970 年世代鲱鱼为研究重点。在拖网定点调查取得这个世代连续 3 年的分月数量分布资料基础上，提出了洄游分布模式图。生产和调查检验结果表明，选用一个有代表性世代连续系统的数量分布和行动规律资料，研究洄游分布，能够更好地反映一个种群或种类在各个生活阶段和整体的洄游分布特征，有清楚的表达力。

除网具探捕之外，还可用水声学仪器探鱼，研究洄游分布。这个方法结合生物学取样分析，能够较快地获得洄游分布和行动规律研究结果。例如，应用鱼群回声映像积分读数（*M*值）研究鳀鱼的洄游分布取得很好的效果（详见第十一章“日本鳀”）。

3. 生产统计资料分析

直接使用渔捞记录等资料，按渔区进行分月、旬、日统计分析，推断鱼群分布范围和移动规律。这种方法的研究结果虽然较为粗略，但是，在尚未开展专门综合性调查或调查资料不足的情况下有其现实意义。黄东海一些重要渔业种群早期的洄游分布研究经常采用该方法，如小黄鱼等（杨钧标，1965；王贻观等，1965）。

二、繁殖

生活史的一个重要环节，对种群变动具有重要的影响。在渔业生物学中特别注重性腺发育周期、生殖习性、性成熟、生殖力等生物学特性的研究。

（一）性腺发育周期

1. 性腺成熟度和成熟系数的周年变化

根据性腺成熟度划分标准，用目测法鉴别、记录性腺逐月发育、成熟状况，进而推断性腺周年变化和发育周期。性腺成熟度划分通常采用Ⅰ～Ⅵ期标准（夏世福等，1981），或者根据各个研究对象的具体情况确定划分标准（朱树屏等，1960）。由于各成熟期的划分标准界线并不严格以及使用者对标准的理解不同，该方法的研究结果有时也出现一定的误差。

另一种经常使用的简便方法是通过测定性腺成熟系数，来描述性腺发育周期。

$$\text{成熟系数}=\frac{\text{性腺重}}{\text{纯体重}}\times 100 \qquad (3-13)$$

亦称成熟指数（CSI），用%表示。由于性腺发育与性腺重量的变化相一致，成熟系数的逐月变化能够较准确地反映出性腺发育的周年变化（邱望春等，1965；罗秉征等，1985）。

2. 卵母细胞的时相变化

对性腺进行组织学观察。通常自性腺的中、后部切取小块组织，固定于Bouin氏液中，以石蜡包埋切片，用苏木精-伊红染色；部分性腺用10%福尔马林溶液固定，苏丹黑B染色，观察卵母细胞脂肪积累。采用切面中平均面积超过50%或最高比例的卵母细胞时相来确定性腺发育期及其周年变化（何大仁等，1981；吴佩秋，1981；龚启祥等，1984；张其永等，1988）。该方法虽费力费时，但是是对性腺发育周期进行深入研究所必不可缺少的手段。

（二）生殖习性

1. 产卵期

产卵是种的属性特征之一，在时间和地点上均具有相对的稳定性和规律性。当一个研究对象的性腺发育周期弄清之后，也就基本掌握了它的产卵期。对于一个特定的年份来说，由于性腺发育与个体年龄、生长状况和环境条件等因素密切有关，因此，还需要对群体的结构、生物学状况和重要的环境影响因子（如水温）进行实际调查，进而推断产卵期的早晚、与其他年份的差别及对产卵场的影响等。这些调查研究结果是重要的渔情预报依据。

2. 产卵类型

不同种类的卵巢内卵子发育状况差异很大，有的表现为同步性，有的为非同步性，反映出不同的产卵节律，因而形成了不同的产卵类型。如果按卵径组成和产卵次数可分为：单峰，一次产卵型；单峰，多次产卵型；多峰，一次产卵型；双峰，多批产卵型；多峰，连续产卵型（川崎，1982）。通常是根据Ⅲ～Ⅵ期卵巢内卵径组成的频数分布及其变化来确定产卵类型（邱望春等，1965；唐启升，1980）。由于卵巢内发育到一定大小的卵子（如有卵黄的第 4 时相的卵母细胞）仍有被吸收的可能，仅采用卵径频数法来确认产卵类型有时难以奏效，因此，还需要用组织学切片观察的办法加以证实（吴佩秋，1981；朱德山，1982；李城华，1982；张其永等，1988）。

（三）性成熟

根据对性腺发育状态的目测观察，确认个体已达性成熟或性未成熟。这项工作一般是在产卵期间进行，以性腺成熟度Ⅳ或Ⅴ期最小个体的年龄、长度和体重为第一次达到性成熟的最小年龄、最小长度和最小体重。中国近海渔业种类性成熟年龄多为 1～2 岁，即性成熟年龄偏早的类型居多，这样的种类比较容易确定达性成熟的主要年龄、长度和重量。对于分年延续成熟的种类，如大黄鱼第一次达性成熟的年龄从 2 岁到 5 岁，延续时间为 4 年（徐恭昭等，1962），通常以性成熟百分比达到 50%为大量性成熟的划分标准。

个体在第一次性成熟要达到一定的长度，这个长度与渐近长度有关，同时，性成熟前后个体的重量生长速度有很明显的变化，成熟前生长快，成熟后生长慢。故 von Bertalanffy 重量生长方程的拐点（相当于渐近重量 1/3 处）可以作为判断理论上第一次性成熟的标准。

（四）生殖力

1. 个体生殖力

包括个体绝对生殖力和相对生殖力。个体绝对生殖力指一个雌性个体在一个生殖季节可能排出的卵子数量。实际工作中常碰到两个有关的术语为怀卵量和产卵量，前者是指产卵前夕卵巢中可看到的成熟过程中的卵数，后者是指即将产出或已产出的卵子数。两者实际数值有所差别，如邱望春等（1965）认为，小黄鱼产卵量约为怀卵量的 90%左右。从定义的角度看，“产卵量”更接近于“绝对生殖力”。但是，在实际工作中，卵子计数是采用重量取样法，计数标准一般由Ⅳ～Ⅴ期卵巢中成熟过程中的卵子卵径来确定的，如大黄鱼卵子计数的卵径范围为 0.16～0.99 mm，黄海鲱为 1.10 mm 以上，绿鳍马面鲀为 0.35 mm 以上（郑文莲，1962；唐启升，1980；宓崇道，1987），这样计出的绝对生殖力又接近于“怀卵量”。可见，我们所获得的“绝对生殖力”实际上是一个相对数值。这个相对数值接近实际个体绝对生殖力的程度，取决于我们对产卵类型的研究程度，即对将要产出卵子的划分标准、产卵批次以及可能被吸收掉的卵子%等问题的研究程度。

个体相对生殖力指一个雌性个体在一个生殖季节里，绝对生殖力与体重或体长的比值，即单位重量（g）或单位长度（mm）所含有的可能排出的卵子数量。相对生殖力并非是恒定的，在一定程度上会因生活环境变化或生长状况的变化而发生相应的变动。因此，它是种群个体增殖能力的重要指标，不仅可用于种内不同种群的比较，也可用于种间比较，比较单位重量或体长增殖水平的差异。如表 3 - 1 所列，黄、东海一些重要渔业种群单位重量的生殖力有明显差别。

表 3 - 1 个体相对生殖力比较

种 群	单位重量卵子数量（粒/g）	作者
辽东湾小黄鱼	171～841	丁耕芜等，1964
东海大黄鱼	268～1 006	郑文莲等，1962
黄海鲱	210～379	唐启升，1980
东海带鱼	108～467	李城华，1983
东海马面鲀	674～2 490	宓崇道等，1987

2. 个体生殖力与生长因子的关系

个体生殖力明显受到生长因子的影响。因此，探讨个体生殖力与年龄、体重、体长之间的关系是生殖力研究的主要内容之一。通常用关系图或函数式表示它们之间的关系。个体绝对生殖力与体重一般为线性关系，与体长为幂函数增长关系，与年龄近似抛物线关系。这些关系虽然在多数情况下是成立的（Bagenal，1973），但并非是确定的，主要取决于研究对象自身的生物学特征，需要根据资料，具体确定。

3. 种群生殖力

由于生长状况、性成熟年龄、群体组成、亲体数量等因素的变化，个体生殖力有时还不能准确地反映出种群的实际增殖能力，需要研究种群的生殖力。种群生殖力是指一个生殖季节里，所有雌鱼可能产出的卵子总数。在简单的情况下，可用下列式表示：

$$F_p = \sum S_i \bar{F}_i \tag{3-14}$$

其中：S_i 为年龄 i 产卵雌鱼数量，$\bar{F}_i$ 为年龄 i 平均个体绝对生殖力。在单位重量生殖力比较稳定的情况下，种群生殖力也可用个体相对生殖力与产卵雌鱼的生物量乘积来表示。

从黄海鲱的研究实例来看，种群生殖力年间变化很大（图 8 - 12）。因此，掌握系统的种群生殖力变化资料，对探讨种群数量变动规律无疑是十分有意义的。

三、年龄与生长

渔业生物学主要的研究内容之一。近一二十年来，已有大量文献报道了中国近海主要渔业种类的年龄与生长研究成果，如大黄鱼、小黄鱼、带鱼、鲱、鲐、鲅、鳀、蓝圆鲹、马面鲀、二长棘鲷、黄盖鲽、赤点石斑鱼的年龄和生长研究（徐恭昭等，1982；刘效舜等，1965；王尧耕等，1965；叶昌臣等，1964；唐启升，1972，1980；陈俅，1978；洪秀云，1980；钱世勤等，1980；刘蝉馨，1981、1982；李培军等，1982；张其永等，1983；吴鹤洲等，1985；张杰等，1985；孟田湘等，1986；戴庆年等，1988）。现将主要研究方法简介如下：

（一）年龄鉴定技术

鱼类和无脊椎动物的年龄可通过饲养、标志放流、观察年龄及分析长度分布等方法获得。适用于海洋渔业种类的方法主要有：

1. 年轮法

在一个生长年度里，摄食出现的昼夜变化、季节变化，生理状况和栖息环境出现的周期性变化，将会导致个体不规则的生长和代谢。这种不规则的变化会在钙质含量较高的硬组织中留下记录，在仔稚鱼硬组织上留下的记录可以日计数，在成鱼留下的记录可以季节或年计数。我们通常把以年为单位的记录称为年轮，作为年龄的标志。年轮法是当前，也是自 17 世纪首次应用该法记录年龄以来的主要年龄鉴定技术。

被选用鉴定年龄的材料主要取决于年轮的清晰程度和取样的难易程度。中国海洋鱼类的年龄鉴定取材以鳞片、耳石及脊椎骨为主，其他材料（如匙骨、腰带骨、支鳍骨等）使用不多，或仅辅助之。

（1）鳞片的年轮特征：鳞片的表面是由中心向外逐次生长的环纹组成。当鳞纹的生长发生周期性变型时，即可把它看作为年轮标志。例如小黄鱼鳞片上的环纹在有规则地排列之后，环纹或出现稀疏排列（称密疏型），或出现间隙（称颓区型），或出现断裂、走向各异（称枝状型）。变型与新生长的正常环纹的交界处视为两个完整年带的界限。不同种类鳞纹的变化亦不完全相同。因此，鳞片上的年轮特征是由环纹的变化特征所决定的。

（2）耳石和脊椎骨的年轮特征：耳石、脊椎骨同鳞片一样，随着个体生长的季节性变化，在其组织结构上留下了明显的记录。在透射光明视野（或入射光暗视野）下，生长快的部分围绕中心核出现明亮的宽带（或黑色宽带），生长慢的部分呈暗色的窄带（或白色窄带），这种窄带被视为年轮标志。它与下一宽带的交界线可作为轮距测量的标界线。根据窄带的变化类型可分出各种轮纹特征。如根据窄带的结构将小黄鱼耳石和绿鳍马面鲀的椎骨的年轮特征分为单带型、双带型、多带型；根据窄带的色泽程度将黄海鲱耳石年轮特征分为浅色轮和深色轮等。

使用年轮法鉴定年龄时，特别需要确认幼轮、副轮和第一年轮的特征。它们常常是导致年龄鉴定产生误差的主要原因。幼轮和副轮的主要特征是不规则、不连续，与年轮特征对比呈弱势，容易辨别。第一年轮的情况较为复杂、它不及其他年轮特征显著，同时又容易与附近的幼轮或副轮相混淆。解决的办法通常有：对第一年轮特征进行仔细观察，确定其特征要点；确定第一年轮的轮距，如二长棘鲷的第一轮轮距平均为 2.357 mm，幼轮轮距平均仅为 1.345 mm；收集逐月幼鱼生长实测资料，与生长逆算获得的 1 龄鱼理论长度值进行对比分析。由于各个方法均有一定的局限性，常常需要综合对比分析来确定第一年轮。

（3）年轮验证及形成期：验证年轮的常用方法是测量年龄鉴定材料（如鳞片）边缘生长状况的周年变化，计算公式为：

$$I=\frac{R-r_n}{r_n-r_{n-1}} \tag{3-15}$$

式中：I 为边缘增长值；R 为中心到边缘的距离；$R-r_n$ 为从边缘到倒数第一轮的距离；r_n-r_{n-1} 为倒数第一轮和第二轮之间的距离。假如测出的 I 值出现周期性变化，那么，据此可推测年轮形成时间、周期，以及年龄鉴定标准正确与否。观察记录各月鳞片或其他年龄鉴定材料年轮特征在边缘出现的频率，也可取得上述方法同样的效果，即出现频率高和低交界的月份是年轮的形成期。

2. 长度频率法

根据群体长度频率分布图出现的波峰（众数）估计年轮，每一个波峰可能表示一个年轮组。这种方法精度不高，特别是那些年间生长差异小的种类和高龄鱼，在分布图上波峰极不明显。但是，对于生命周期短、生长快、投有年轮标志的无脊椎动物和低龄鱼该方法仍然是可用的。这个方法也常用来确定第一年龄，甚至第二轮。

测定长度毕竟比采集年龄鉴定材料方便得多，在需要大量采集群体组成样品的情况下，资料也容易处理。因此，一种可取的方法是利用年龄-长度换算表，将长度分布转换为年龄分布。通常是从大量的长度样品中，只取一小部分进行年龄鉴定，按年龄组（纵列）和长度组（横行）制成年龄-长度频数分布表。根据这个分布表计算总样品中每一个长度组内各龄鱼所占的百分数（横行），所有长度组的年龄百分数计算完毕，按年龄组（纵列）对各长度组的百分数累加，即可得到年龄频率分布（Allen，1966；Lai，1987）。

（二）生长特性研究

生长是影响种群数量变动的主要因素之一，侧重研究增长规律、变化类型、各种相关，以及测定若干与资源评估、渔业管理有关的参数。

1. 生长的各种相关关系

个体重量（W）和长度（L）是两个主要生长因子，其相关表现为一种幂函数关系：

$$W=aL^b \tag{3-16}$$

式中：a、b 为参数。$b=3$ 表示匀速生长，个体具有体形不变和比重不变的特点。b 值大于或小 3，称异速生长。b 值的变化与生长和营养有关。因此，不同种群之间或同一种群不同年份之间 b 值有所差别。中国海洋鱼类和无脊椎动物 b 值约在 2.4～3.2。

为了了解生长特性和进行生长逆算，还需要研究其他一些相关关系。如个体长度与鳞片、耳石及脊椎骨半径的增长关系，它们之间的关系多用直线相关表示，也可根据相关关系的线型用其他函数关系表示，如幂指数、抛物线等。

2. 生长方程

若能够用一个方程式概括个体一生中的生长，既可表达生长的一般规律，又可得到一些定量化的指标，是一种可取的形式。

von Bertalanffy（1938）在假定有机体的重量与长度的立方成比例的条件下，从理论上导出一个表示生长率的方程：

$$dL/dt=K\ (L_\infty-L)$$

解方程，

$$L=L_\infty-Ce^{-Kt}$$

假定 $t=t_0$ 时，$L=0$，那么 $L_\infty-Ce^{-Kt0}=0$，$C=L_\infty e^{kt0}$，故有：

$$L_t=L_\infty\ [1-e^{-K(t-t_0)}] \tag{3-17}$$

$$W_t=W_\infty\ [-e^{-K(t-t_0)}]^3 \tag{3-18}$$

式中：L_t 和 W_t 分别是 t 时的个体长度和重量；L_∞ 和 W_∞ 分别为渐近长度和重量；K 为生长参数，与代谢有关；t_0 为一假定常数，即 $W=0$ 时的年龄，理论上应小于 0。

式（3-17）描述了一条没有拐点、上部接近渐近值的长度生长曲线。式（3-18）描述了一条有渐近值的不对称 S 型重量生长曲线。对两式一阶和二阶求导，可得到生长速度方程：

$$dL/dt=K\cdot L_\infty e^{-K(t-t_0)} \tag{3-19}$$

$$dW/dt=3KW_{\infty}e^{-K(t-t_0)}\ [1-e^{-K(t-t_0)}]^2 \tag{3-20}$$

生长加速度方程：

$$d^2L/dt^2=-K^2L_{\infty}e^{-K(t-t_0)} \tag{3-21}$$

$$d^2W/dt^2=3K^2W_{\infty}e^{-K(t-t_0)}\ [1-e^{-K(t-t_0)}]\ [3\ e^{-K(t-t_0)}-1] \tag{3-22}$$

Baverton 和 Holt（1957）把上述方程用于描述鱼类的生长，并成功地把它们为一组重要的参量引入资源评估管理模式。因此，von Bertalanffy 生长方程在渔业生物学研究中得到广泛应用。

有若干种方法可用来计算上列式的参数。一种通用的方法是由

$$L_{t+1}=L_{\infty}\ (1-K)+KL_t \tag{3-23}$$

计算参数 K 和 L_{∞}。式（3-23）相当于一个直线回归式，斜率为 K，等于 e^{-k}，截距（a）为 L_{∞}（$1-K$），$L_{\infty}=\frac{a}{1-K}$。t_0 由下式计算：

$$\log_e\ (L_{\infty}-L_t)\ =\ (\log_e L_{\infty}+Kt_0)-Kt \tag{3-24}$$

$$t_0=\frac{(\log_e L_{\infty}+Kt_0)\ -\log_e L_{\infty}}{K} \tag{3-25}$$

式（3-24）也可用来计算 K 值。

上述计算中时间 t 通常以年为单位，也可以使用其他时间单位，如在对虾生长研究中分别以月和天为单位计算生长参数（邓景耀等，1979，1981）。

在参数计算中常因高年龄组资料代表性不足或人为地选择，使 L_{∞} 值或偏离或偏低，而影响到其他参数的精度。唐启升（1980）认为，生长参数是一组配值，互有影响，提出最佳参数测定方法，步骤如下：

（1）根据各年龄组长度的实测资料以 L_{t+1} 对 L_t 作出 Walford 定差图，划出一个假定的 L_{∞} 值；

（2）给假定的 L_{∞} 值一个取值范围（如 $L_{\infty}\pm2$），根据各年龄长度的实测资料，应用公式（3-24）、(3-25）和拐点计算式

$$t_I=\frac{\log_e 3+Kt_0}{K} \tag{3-26}$$

分别测出每一个假定的 L_{∞} 所对应的 K、t_0、t_I 和式（3-24）的相关系数 r；

（3）以相关系数 r 最大值为优选参数值的标准，即以最大相关系数 r 所对应的 L_{∞}、K、t_0、t_I 为最佳参数值。

上述步骤编成程序语言，可由计算机快速完成计算。原则上假定的 L_{∞} 可为任意值，但是，当它小于资料中 L_t 的最大值时，（$L_{\infty}-L_t$）出现负值，这样既不合理，也无法取对数。因此，进行步骤（1）时，需要检查所使用的实测值是否符合定差图的原则，并划出一个合适的假定 L_{∞} 值。

另外，用 Brody 生长方程、Gompertz 生长方程、逻辑斯谛生长方程等描述海洋鱼类或无脊椎动物的生长也能取得很好的结果（Ricker，1975）。但是，由于 von Bertalanffy 生长方程能够满足海洋渔业种类生长研究的一般要求，这些方程在实际中应用不多，只是对于一些特殊的种类才考虑使用这些方法。例如，海蜇生长呈一条 S 形曲线，当生长达到最大值后，个体有收缩现象，曲线呈下降趋势，李培军等（1988）采用高次方程模拟了这种生长规律，并导出生长速度曲线，结果与实际相符，表达了海蜇生长的一般规律。

3. 生长率类型

一种较为直观地描述生长的方法是用相对增长率（$\Delta W/W$，$\Delta L/L$）和瞬时增长率（G）来表示重量和长度的增长

$$\Delta W/W=\frac{W_2-W_1}{W_1}\times 100 \tag{3-27}$$

$$\Delta L/L=\frac{L_2-L_1}{L_1}\times 100 \tag{3-28}$$

$$G_w=\log_e W_2-\log_e W_1 \tag{3-29}$$

$$G_L=\log_e L_2-\log_e L_1 \tag{3-30}$$

这些指标能够将生长率划出不同的类型和阶段，客观地反映出生长年间变化和年内变化特点。

四、摄食

摄食行为不仅使个体获得能量以维持自身的生存、生长、繁衍后代，同时又对群体的行动规律、食物关系、饵料环境以至种群数量变动产生影响。因此，它也是生活史的一个重要内容。渔业生物学侧重于研究摄食种类、摄食量、摄食习性、食物关系以及与生物和非生物性环境的关系等。

（一）主要观察分析指标

1. 肠胃饱满度的测定

在生物学测定过程中，观察肠胃饱满情况，目测摄食等级。通常按五级划分标准记录摄食等级（夏世福等，1981）。稍微精确一点的办法是对胃内食物称重，然后计算与体重的比值，称饱满指数。这些基本资料可用来分析摄食强度的时空变化、鱼群行动规律以及与渔业的关系等。

2. 胃含物分析

鉴定胃含物饵料生物的种类，记录其数量和重量。在分析过程中，常常遇到消化过程中的食物，使记录工作难以进行。因此，需要采用多种方法以饵料生物不易消化的器官或肢体残骸为依据进行定性或定量分析。

（1）个数法：以个数为单位，记录各种饵料生物的数量，计算每种饵料在总个数中所占的百分数。

（2）重量法：称取胃含物中各种饵料生物的重量，或以每种饵料生物的标准重量与其个数相乘，计算出每种饵料生物的重量百分数。

（3）出现频率法：记录各种饵料生物在样品中出现的次数，计算占总样品的百分数。

3. 摄食量测定

确切地测定摄食量是很困难的，通常是根据上述二类指标，获得一些以年、月、日或时为时间单位的相对数值。Elliott 和 Persson（1978）假设瞬时摄食率 F 为常数，时空胃率为 R，提出胃含物数量（S）随时间（t）变化的指数模式：

$$S_t=S_0 e^{-Rt}+\frac{F}{R}(1-e^{-Rt}) \tag{3-31}$$

式中：S_0 为开始时胃内的食物数量。在实际应用时，S_0、F、R 均为需要估计的未知数。

（二）食物关系分析

无论种内关系还是种间关系多表现为食物关系。食物关系基本上是以捕食与被捕食关系为中心，加上相同食性阶段的相互竞争和分别摄食的关系，纵横交错，形成网状，故联结成模型也称食物网。食物网的图解表示法（图 3－2），对分析食物关系、营养层次及某个种类在系统中的位置和重要性都是十分有用的。

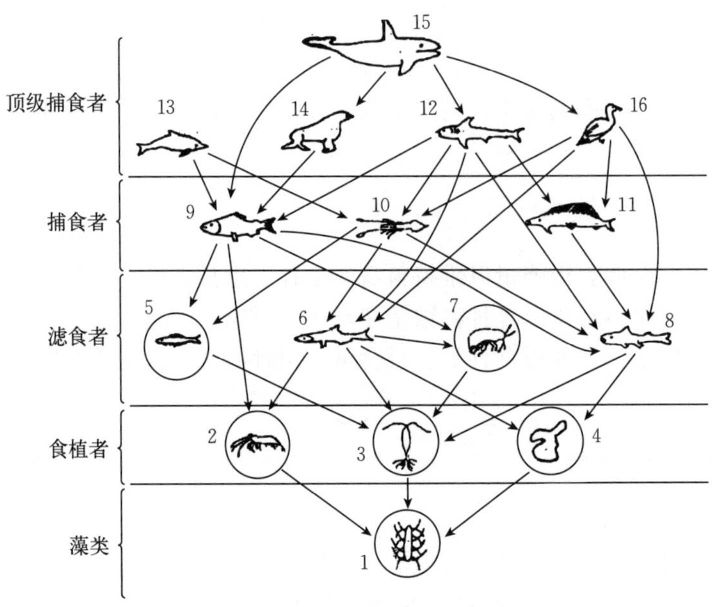

图 3－2 食物网及营养层次示意图

1. 硅藻 2. 磷虾 3. 桡足类 4. 翼足类 5. 仔稚鱼 6. 鳀 7. 短脚绒 8. 灯笼鱼 9. 鲑鳟鱼 10. 乌贼 11. 帆蜥鱼 12. 鲨鱼 13. 海豚 14. 海豹 15. 虎鲸 16. 海鸟

（引自 Nybakken，1982）

1. 食性及其类型

一般来说，按食物组成可划分为单食性、狭食性、广食性；按摄食方式划分为滤食性、牧食、捕食性等；按食物的性质划分为食草性、食肉性、食腐、食尸及杂食性等。海洋鱼类又可分为浮游生物食性、底栖生物食性、游泳生物食性以及一些中间类型，如浮游生物-底栖生物食性。

划分食性的标准可根据重量、出现频率、饱满指数、种类数目等指标进行综合判断。如大黄鱼食物种类接近 100 种，较重要的也有 20 种，其中鱼类在食物组成中重量比最大，占 68.7%，出现频率为 35.8%，甲壳类重量比占 29%，出现频率达 55%，而其他头足类、水螅类、多毛类、星虫类、毛颚类和腹足类重量比不到 3%，出现频率小于 5%，故大黄鱼可称为广食性、捕食性和游泳-底栖生物食性。食性特点往往是相对的，随着个体年龄变化、季节变化、地理变化都会出现一些变异（杨纪明等，1962；林景祺，1965；洪惠馨等，1965；秦忆芹等，1981）。

2. 营养层次

食物来自同一梯级，称为同级营养层次。这样，绿色植物（生产者水平）居于第一级营养水平，食植者为次级水平（初级消费者水平），以草食动物为食的肉食动物为第三级水平

（次级消费者水平），而次级食肉动物为第四级水平（第三级消费者水平）（Odum，1971）。某一个种类的营养层次由其食性所决定，广食性鱼类的营养层次＝1＋ $\sum$（饵料生物类群的营养级大小×其出现频率％），如军曹鱼摄食 70.8％ 的鱼类（3.0 级），25％ 的头足类（2.5 级）以及 4.2％的短尾类（1.6 级），其营养级为 3.8 级。按照这个原则，张其永等（1981）和邓景耀等（1986）分别依 0～4 级划分标准研究了闽南—台湾浅滩鱼类和渤海鱼类的营养层次，Yang（1982）在研究北海鱼类营养层次时使用了 1～5 级划分标准。两者不同之处是，前者将绿色植物定为 0 营养级，后者定为 1 营养级。

第三节 种群数量变动

一、种群数量估算

（一）拖网扫海面积法

根据拖网单位面积内的渔获量或其他指标（如卵子数量等）估算种群资源绝对数量。这一方法在中国近海渔业资源调查中已广为应用，在联合国粮食及农业组织的渔业技术报告中也有详细的报道（Saville，1977；林金表，1979）。其资源量计算公式为：

$$B=\frac{dA}{C'a} \tag{3-32}$$

式中：d 为资源密度指数（如每小时渔获量）；A 为总拖网调查面积；a 为单位小时扫海面积；C'为可捕率。

该方法主要用于栖息在底层或近底层渔业种类的资源数量估计。由于 C'值是一个难以准确测量的参数，而使这个方法的估计精度受到影响。

（二）世代分析法

包括有效种群分析（VPA 方法）和 Pope 的世代分析法。

1. 有效种群分析（VPA）

根据渔业种群变动的两个基本方程（3－33、3－34），Gulland（1965）提出一个从高龄鱼开始运用逐步逼近法逐次概算捕捞死亡的计算式（3－35）。

$$N_{i+1}=N_i\ \mathrm{e}^{-(F_i+M)} \tag{3-33}$$

$$C_i=N_i\left(\frac{F_1}{F_i+M}\right)\left(1-\mathrm{e}^{-(F_i+M)}\right) \tag{3-34}$$

$$N_{i+1}=\frac{(F_i+M)\ \mathrm{e}^{-(F_i+M)}}{F_i\ \left(1-\mathrm{e}^{-(F_i+M)}\right)} \tag{3-35}$$

式中：N_i和 N_{i+1}分别为一个世代在年龄 i 和 $i+1$ 开始时的资源数量；F_i和 C_i分别为年龄 i 时的捕捞死亡和渔获量；M 为自然死亡；N_{i+1}、C_i和 M 是三个需要事先确定的数值。一旦这三个数值知道了，通过式（3－35）左项与右项的逐步逼近将概算出 F_i，由式（3－33）或（3－34）算出 N_i。然后，逐次向前进行类似的计算，算出一个世代在 $i-1$，$i-2$，$i-3$，…，直到最初被渔获时的捕捞死亡和资源量。上述过程可编成语言程序，由计算机快速完成计算工作。应用例及结果见表 8－13。

有效种群分析的主要优点是：①从一个世代的最高年龄组开始向前逐年概算各年龄组的捕捞死亡和资源数量，提高了概算精度；②避免使用难以测量和收集的捕捞力量资料，降低了对资料内容的要求，多年各年龄组渔获尾数资料已基本满足了计算要求；③该项分析工作的结果将提供一份历年各年龄组捕捞死亡和资源数量数据表。

2. Pope 法

为了便于手工计算，Pope（1972）简化了有效种群分析的计算过程，导出直接概算资源数量及捕捞死亡的公式：

$$N_i = N_{i+1}e^M + C_i e^{(M/2)} \tag{3-36}$$

$$F_i = \ln\left(\frac{N_i}{N_{i+1}}\right) - M \tag{3-37}$$

该方法虽然简便，但相应地降低了概算精度，当 $M>0.3$ 或 $F>1.2$ 时，计算误差将超过±5%。

（三）声学资源评估法

利用水声学原理和探鱼技术测量种群绝对数量。即以走航式的调查方式由回声探鱼仪和回声积分仪观察、记录鱼群回声密度指数（回声映像积分读数，称 M 值），通过网具取样确定鱼种及其群体组成，然后根据资源量换算系数（C 值）计算出资源量。该方法虽仍是一种发展中方法，但是，自 70 年代以来，已在世界渔业资源数量调查中广泛应用，是一种颇有前途的种群数量测量方法（Johannesson 和 Mitson，1983）。中国自 1984 年起应用该方法估算黄东海鳀等渔业资源数量。方法应用及结果详见第十一章“日本鳀”。

（四）用单位捕捞力量渔获量（CPUE）概算种群数量

CPUE 作为一个资源量指标，经常用来表示种群的相对数量。根据定义，t 时间的单位捕捞力量渔获量等于可捕系数乘该时的平均种群数量，$(C/f)_t=qN_t$，其中 N_t 等于初始种群 N_0减掉捕去的渔获量 C_{t-1}，故有

$$(C/f)_t = qN_0 - q\sum C_{t-1}$$

或

$$(C/f)_{t+1} = qN_0 - q\sum C_t \tag{3-38}$$

式中：截距（a）为 qN_0，q 为斜率。种群数量 $N_0=a/q$。如表 3-2 的资料满足式（3-38）

表 3-2 黄海鲱 70 年代的 C/f、C 和 $\sum C$ 的关系

（引自叶昌臣等，1980）

t（时间）	$C/f\times10^6$尾	$C\times10^6$尾	$(C/f)^{t+1}$	$\sum_{t=1}^{n-1} C_t\times10^6$尾
1（1972 年 2 月）	2.47	99.4	2.03	99.4
2（1972 年 3 月）	2.03	315.6	1.71	415.0
3（1972 年 4—12 月）	1.71	6.002	1.15	1015.2
4（1973 年 1 月）	1.15	61.4	1.05	1076.6
5（1973 年 2 月）	1.05	53.7	0.86	1130.3
6（1973 年 3 月）	0.86	66.5		

的要求（相关系数 $r=0.99$），斜率 q 为 0.001 05，截距（a）为 2.14×10^6，故黄海鲱 1970 年世代在 1972 年 2 月初的资源数量约 $2\,038\times10^6$ 尾。

另外，标志法是早期种群数量估算一种常用的方法，即根据标志鱼的数量和重捕标志鱼的数量占取样（或捕捞）数量的比例，估计种群密度或大小（Ricker，1975）。该方法研究周期较长，影响回捕率的客观因素较多，在中国海洋渔业资源研究中很少应用。

二、死亡特征

（一）死亡的一般规律

一个世代形成后，由于自然和捕捞的影响，其数量不断下降，这个过程可用一个简单的负指数方程表示：

$$N_t=N_0e^{-zt} \tag{3-39}$$

式中：N_t 为 t 时的数量；N_0 为世代形成时的数量；Z 为瞬时总死亡率，或称总死亡系数，反映了死亡的特征。很明显，式（3－39）Z 值是作为一个常数处理的。这种假设有时与实际不符。更为实际的方法可用生命表来描述。

假如我们已获得一个世代各年龄组的个体数量（n_x）资料，那么，可以根据下列式计算特定年龄的存活率（l_x）、个体死亡数（d_x）、死亡率（q_x）和生命期望（e_x）等。

$$l_x=\frac{n_x}{n_0} \tag{3-40}$$

$$d_x=n_x-n_{x+1} \tag{3-41}$$

$$q_x=\frac{d_x}{n_x} \tag{3-42}$$

$$e_x=\frac{T_x}{n_x} \tag{3-43}$$

$$T_x=\sum_{x}^{\infty}\frac{n_x+n_{x+1}}{2}$$

上述计算完成后，即得到一个世代特定年龄的生命表。也可根据实际需要编制其他状况下的生命表（Krebs，1978；Pitcher 和 Hart，1982）。由生命表资料绘制的存活曲线比较清楚地描述了种群死亡的一般规律，是一种较好的表达方式。应用例详见表 8－8 和图 8－22。

（二）死亡系数概算

1. 总死亡系数

概算总死亡的方法有许多种（Ricker，1975），一种常用的方法是根据下列式：

$$Z=\ln\left(\frac{N_1}{N_2}\right) \tag{3-44}$$

式中：N_1 和 N_2 分别表示连续两个时间单位上的瞬时资源量或平均资源量，实际中难以获得这样的资料，故常用捕捞单位力量渔获量（CPUE）或渔获量作为相对资源量来使用，条件是两个时间单位的可捕系数或捕捞死亡相等。应用中，与总死亡有关的概念还有总死亡率（A）和残存率（S），计算式为：

$$A=1-e^{-z} \tag{3-45}$$

$$S=e^{-z} \tag{3-46}$$

假如能够获得一个世代连续多年的CPUE或渔获尾数资料，可用式（3-47）概算 Z 值。

$$\log_e C_{t+1}=\log_e C_t-Z_t \tag{3-47}$$

由此获得的 Z 值相当于一个世代各个捕捞期间的平均总死亡系数（见图3-3）。

2. 自然死亡系数

在没有捕捞的情况下，自然死亡表现为

$$N_t=N_0 e^{-Mt} \tag{3-48}$$

根据相应的 N_t 和 N_0 资料，可直接测出 M，但是，在海洋渔业中，很难有机会或条件直接测定 M 值。通常是根据总死亡系数（Z）和相应的捕捞力量（f）资料概算 M 值。

$$Z=M+qf \tag{3-49}$$

图3-3的资料基本满足式（3-49）的要求，测出黄海鲱自然死亡系数为0.11，自然死亡率 $M'=A$（M/Z）=0.07。

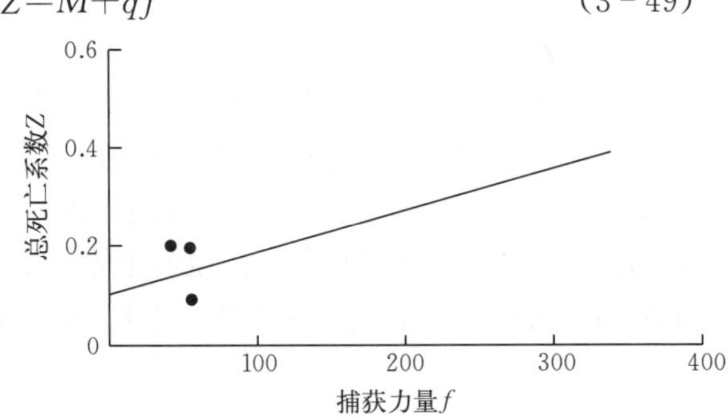

图3-3　黄海鲱总死亡系数与捕捞力量的关系

考虑到自然死亡与寿命（T_{max}）、生长参数（K）、渐近长度（L_∞）和环境（如水温 T）等因素均有一定关系，Alverson（1975）和Pauly（1980）提出了两种概算 M 值的方法：

$$T_{max}\times 0.25=(1/K)\ \ln[(M+3K)/M] \tag{3-50}$$

$$\log_{10}M=-0.0066-0.279\log_{10}L_\infty+0.6543\log_{10}K+0.4634\log_{10}T \tag{3-51}$$

Gunderson等（1988）根据种群r-K型选择理论，研究了海洋鱼类自然死亡与其他生活史参数之间的相关性（表3-3），其中自然死亡系数与性腺成熟指数（WGSI）相关显著（$r^2=0.82$），经验公式为：

$$M=0.03+1.68\text{WGSI} \tag{3-52}$$

因此，也可以用性腺成熟指数来估计自然死亡。表3-4列出东黄海几种主要渔业种群的 M 值估计结果，供参考。

自然死亡是一个难以估计准确和验证的渔业生物学参数，使用不同的方法和资料概算结果差别很大（表3-5）。鉴于这种情况，一方面需要更多的累积资料，深入研究，精益求精提高 M 值的估计精度；另一方面在一个较精确的估计值未获得之前，可采用多个 M 取值，供资源评估和管理决策时选择使用。

表3-3　海洋鱼类生活史参数相关矩阵

（引自Gunderson等，1988）

参　数	WGSI	L_∞	K	t_m	$t_{0.01}$
M	$r=0.898$	−0.476	0.490	−0.395	−0.491
	$P<0.001$	0.035	0.029	0.072	0.029

（续）

参 数	WGSI	L_∞	K	t_m	$t_{0.01}$
WGSI		−0.593	0.411	−0.432	−0.472
		0.006	0.072	0.057	0.036
L_∞			−0.611	0.584	0.455
			0.004	0.007	0.045
K				−0.680	−0.608
				0.001	0.004
t_m					0.910
					<0.001

注：r为相关系数，P为显著性水平，M为自然死亡系数，WGSI为性腺成熟指数，L_∞为渐近长度，K为生长参数，t_m为性成熟年龄，$t_{0.01}$为寿命。

表 3-4 东、黄海几个渔业种群自然死亡 *M* 估计值

种 群	M①	性腺成熟指数	资 料
黄海小黄鱼	0.23	0.12	刘效舜，1966
东海大黄鱼	>0.23	>0.12	徐恭昭等，1962
东海带鱼	0.13	0.06	李城华，1982
东海马面鲀	0.12	0.07	宓崇道等，1987
黄海鳀	0.23	0.12	陈介康等，1978
黄海鲱	0.53	0.3	

注：①根据式（3-52）概算。

表 3-5 根据不同方法和资料估计的黄海鲱自然死亡 *M* 值

（引自唐启升，1986）

方 法	M值	资 料
（1）Peverton-Holt（1957）	0.11	总死亡 Z 值和捕捞力量 f①
（2）Alverson-Carney（1975）	0.58	生长参数 K 和最大年龄 T_{max}②
（3）Pauly（1980）	0.78	生长参数 K、最大长度 L_∞ 和年平均水温 T③

① 根据图 3-3；②K=0.66，T_{max}=9 龄；③K=0.66，L_∞=30.5 cm，T=8 ℃。

3. 捕捞死亡系数

在自然死亡确定后，可直接从总死亡中分离，即 $Z=F-M$，捕捞死亡率 $F'=A(F/Z)$。

另一种有用的方法是应用有效种群分析或 Pope 世代分析（式 3-35、式 3-37）概算捕捞死亡系数、应用例请参见黄海鲱和渤海对虾捕捞死亡概算（唐启升，1986；邓景耀等，1982）。一般来说，这两种方法较适用于世代年龄序列或者资料时间序列长的种类，反之，精度相应地降低。在上述方法应用中，除了用各年龄渔获尾数资料外，还可用各长度组渔获尾数资料进行计算（Jones，1984；施秀帖，1983）。

三、补充

（一）补充量概算

生物种群是一种再生型自然资源。为了保证种群的生存和延续，补偿因个体死亡而减少的数量，种群通过繁殖生长不断补充新的个体。补充成为种群的基本属性之一。种群被开发利用之后，种群还需要补偿因开发利用而损失的个体。补充量的大小成为认识资源生产力的关键。因此，掌握补充量动态在渔业种群数量变动研究中显得格外重要。

关于定量概算补充量的方法，Ricker（1975）和 Gulland（1983）已有详细介绍。关键是看我们能收集到什么样的资料。一般是用相对数值表示，如使用低龄鱼或大量补充年龄组的渔获尾数、单位捕捞力量渔获量、世代产量等指标表示。这种资料的精度显然不高。如果我们能够获得比较详尽的各年龄组渔获尾数、自然死亡及性成熟等资料，通过世代分析（VPA 或 Pope 法），将会得到更为精确的补充量概算结果。

（二）亲体与补充量关系

亲体与补充量关系可用一个相关图来表示。根据资料，以横轴为亲体数量，纵轴为补充量，绘制的关系曲线称为补充曲线或增殖曲线。Ricker（1954）、Beverton 和 Holt（1957）用数学模型描述了两种不同类型的补充曲线，其表达式分别为：

$$R=Sae^{-bS} \qquad (3-53)$$

$$R=\frac{1}{A+B/S} \qquad (3-54)$$

式中：R 为补充量；S 为亲体数量；a、b、A、B 分别为参数。Ricker 补充型描述了一条有明显隆起的曲线，当补充量增加到最大值后，随着亲体数量继续增加，补充量迅速减少，而 Beverton - Holt 补充型描述了一条有渐近值的曲线，当亲体数量增加到一定程度后，补充量趋向一个稳定的水平。

关于上列式参数的测定，通常采用曲线方程转换为直线方程的办法将式（3 - 53、3 - 54）变为

$$\log_e(R/S)=\log_e^{a-bS} \qquad (3-55)$$

$$1/R=A+B/S \qquad (3-56)$$

用回归分析法解出各参数值。

在实际工作中我们会遇到确认研究对象的曲线类型的问题。即属于 Ricker 型，还是 Beverton - Holt 型。一种常用的办法是进行统计检验，比较相关显著性程度。有的研究者根据式（3 - 55 和 3 - 56）的相关系数大小判断补充类型，这是不正确的，因为这两个数学式的因变量和自变量是两组内容不同的统计量，其相关系数不可比。但是，可以使用统计量内容相同的式（3 - 53 和 3 - 54）的相关指数来选择补充类型。另外，还可以根据生活史类型来确认曲线类型。如受环境影响大、数量波动剧烈的 r 型选择种群，可考虑使用 Ricker 型模式，而数量较为稳定，补充量增长明显受到环境容纳能力限制的 K 型选择种群则适用于 Beverton - Holt 型模式表示。

以上两个模式，除描述了亲体与补充量关系外，还提供了若干重要的种群特征值。如最

大补充量（R_m），R_m所需要的亲体数量（S_m），最大持续产量（MSY），MSY 所需的最大补充量、亲体数量，以及 MSY 时的种群利用率（U_s）等。其计算公式如表 3-6 所列。

表 3-6　两种补充曲线特征值的概算

（引自 Ricker，1975）

类　型	Ricker 型	Beverton-Holt 型
方程式	式（3-53）	式（3-54）
R_m所需亲体数量	$S_m=\frac{1}{b}$	$S_m=\infty$
最大补充量	$R_m=\frac{a}{be}$	$R_m=\frac{1}{A}$
持续产量	$C_e=S_e\ (ae^{-bs}e-1)$	$C_e=S_e\left(\frac{1}{ASe+B}-1\right)$
平衡利用率	$U_e=C_e/R_e$	$U_e=C_e/R_e$
U_e所需亲体数量	$S_e=\frac{\log_e[a\ (1-U_e)]}{b}$	$S_e=\frac{1-U_e-B}{A}$
最大持续产量	$MSY=S_s\ (ae^{-bs}s-1)$	$MSY=\frac{(1-\sqrt{B})^2}{A}$
MSY 所需亲体数量	$(1-bs_s)\ ae^{-bs}s=1$	$S_e=\frac{\sqrt{B}-B}{A}$
MSY 所需补充量	R_s由S_s带入式（3-53）取得	$R_e=\frac{1-\sqrt{B}}{A}$
MSY 时的利用率	$U_s=bs_s$	$U_e=1-\sqrt{B}$

（三）不同环境条件下亲体与补充量关系组曲线模式

一般来说，环境和亲体数量是影响补充量动态的两个主要因素。但是，在传统的亲体与补充量关系模式中把环境因素看作为常量，而在环境与补充量的相关分析中又忽略或掩盖了亲体的作用。Tang（1985）将环境因素作为动态变量引入亲体与补充量关系研究，提出一个不同环境条件下的亲体与补充量关系组曲线模式：

$$R=f\ (a')\ S\exp\ (-bS) \qquad (3-57)$$

式中：b 是种群内禀自然增长率与最大种群大小的比例函数，主要与密度依赖死亡有关，是种群的属性特征之一，相对稳定，可视为常数；a'是一个与非密度依赖死亡有关的参数，受控于环境条件，即单位补充量年间波动主要取决于环境条件的变化。这样，$f\ (a')$ 可看作是环境条件的函数，故有

$$a'_t=f\ [x_1\ (t),\ x_2\ (t),\ \cdots,\ x_m\ (t)] \qquad (3-58)$$

式中：a'_t 为环境条件指数，$x_1\ (t)$ 为 t 时的某个环境因子。

式（3-58）代入（3-57），可得到一个完整的考虑动态环境的亲体与补充量关系组曲线模式：

$$R_t=f\ [x_1\ (t),\ x_2\ (t),\ \cdots,\ x_m\ (t)]\ S_t\exp\ (-bS_t) \qquad (3-59)$$

式中右边 x 函数项是一个可以用 a' 来表示的变量，一个 a' 代表了一种环境条件，相应地产生了一种补充量水平。因此，式（3-59）给出一组不同环境条件下的亲体与补充量关系曲线，显示了种群在动态环境里亲体与补充量关系具有明显的多曲线特征（图 3-4）。

由于式（3-59）变量之间可能存在的复杂的函数关系及不确定性，其参数难以直接测出，故采用分解函数的办法求解。步骤如下：

（1）根据常规方法，由式（3-55）测出 a 和 b，分别表示式（3-59 或 3-57）的 a' 的

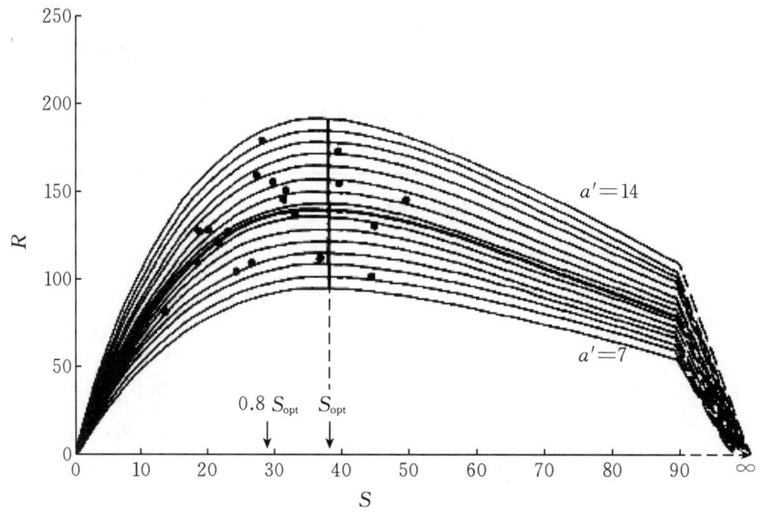

图 3-4 切撒皮克湾梭子蟹亲体与补充量关系组曲线

R. 补充量指数 *S*. 亲体数量指数 S_{opt}. 最适亲体数量 a'. 环境条件指数

(引自 Tang，1985)

平均值和 b 值；

(2) 根据已求出的 b 值及相应的资料，由下列式测出各个特定时间 t 的 a' 值，

$$a'_t = (R_t/S_t)\ \exp\ (bS_t) \qquad (3-60)$$

(3) 环境条件指数 a'_t 与因子之间的函数形式取决于给定种群的特性和环境变化特点，通常是未知的。一种探索办法是假定它们之间的函数关系接近于线性，如

$$a'_t = a_0 + \sum_{i=1}^{m} a_i X_1\ (t) \qquad (3-61)$$

式中：a_i 为系数，可用多元回归求解。例如使用逐步回归挑选有效的环境因子、测定系数以及检验回归式的显著性水平等。

关于上述步骤的应用可参见渤海对虾例（Tang 等，1989）。

四、种群增长及 r-K 型选择理论

种群都具有增长的特征，并可区分为两种基本类型：在无限环境中的指数式增长，简称 J 形增长；在有限环境中的逻辑斯蒂增长，简称 S 形增长（图 3-5）。

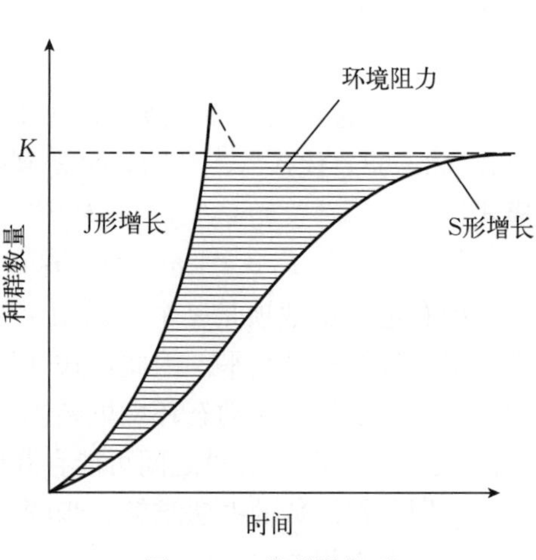

图 3-5 种群增长型

1. J 形增长型

种群数量依种群内禀自然增长率（r）呈指数形式迅速增长，然后突然停止下来，其增长率方程为：

$$\frac{dN}{dt} = rN \qquad (3-62)$$

解方程，得到种群增长指数方程：

$$N_t = N_0 e^{rt} \tag{3-63}$$

实际上，式（3－63）描述了一个纯生过程。假如种群的变化是一个纯死过程，即没有生殖和补充，那么，$r=-Z$，种群数量按负指数衰减至零，即式（3－39）的形式。显然，渔业种群数量变动方程是式（3－63）的一个特例。

2. S 形增长型

种群开始时缓慢增长，然后加快，但终究要受到缺少食物和空间的限制，即达到环境最大容纳能力（K）时，不再增长，在一个平衡的水平上维持下去，其逻辑斯谛方程式为：

$$\frac{dN}{dr} = rN\left(\frac{K-N}{K}\right) = rN\left(1-\frac{N}{K}\right) \tag{3-64}$$

解方程，种群 S 形增长曲线表达式为：

$$N = \frac{K}{1+e^{a-rt}} \tag{3-65}$$

由于环境条件和种群自身生活史的复杂性，上述两种增长型都会出现一些变型，特别是 S 形增长型变得更为复杂（Odum，1971）。

S－J 形增长型作为生物种群动态的基础理论对早期渔业种群理论模式的发展产生重要影响，由此派出剩余产量模式、分析模式、亲体与补充量关系模式等。60 年代后期以来，对种群参数 r 和 K 的研究引起了生态学家的极大兴趣，并发展成为种群 r 型选择和 K 型选择理论。MacArthur、Wilson（1967）和 Pianka（1970）认为，生物种群有朝着 r 增大方向进化的 r 型选择（或称 r 型对策）和向着 K 增大方向进化的 K 型选择（或称 K 型对策）两种倾向。r 型选择的种群，个体小、成熟早、寿命短、世代更新快，在一个变动大的环境里，与密度无关的死亡占优势，故采取提高种群内禀自然增长率（r）的形式，作为有利于自然选择的一种策略；K 型选择的种群，一般个体较大、成熟晚、生殖力低、寿命长，对环境变化有较强的适应性，即以最大限度地接近于环境容纳能力（K）作为自然选择的一种策略。一般来说，大型动物多数属于 K 型选择，小型动物多数属于 r 型选择。海洋动物种群两者兼有之，但是，多数倾向于 r 型选择或 r－K 相互转换的中间类型。

r－K 型选择理论已引入渔业种群的研究（Adams，1980；Gunderson，1980）。费鸿年等（1981）应用 r－K 型选择理论研究了广东大陆架 11 种海洋鱼类种群的生态学参数和生活史类型，认为都倾向于 r 型选择，并将其研究结果应用于渔业管理，提出了相应的管理策略。

五、种群动态监测

（一）数量变动幅度的量度表示

数量变动是生物种群普遍存在的一种自然现象。对于渔业种群，捕捞加剧了变动，使变动机制变得更为复杂（图 3－6）。因此，从广义上讲，种群具有显著的动态特性。掌握这个特性，度量其变动幅度，无论对研究种群数量变动规律，还是渔业开发、管理都有十分重要的意义。

关于数量变动幅度可以用种群的绝对数量或相对数量来表示，也可以用距平值、变异系数来表示。其中变异系数（CV）在统计学上是一个无量纲的数值，反映了数值相对离散程

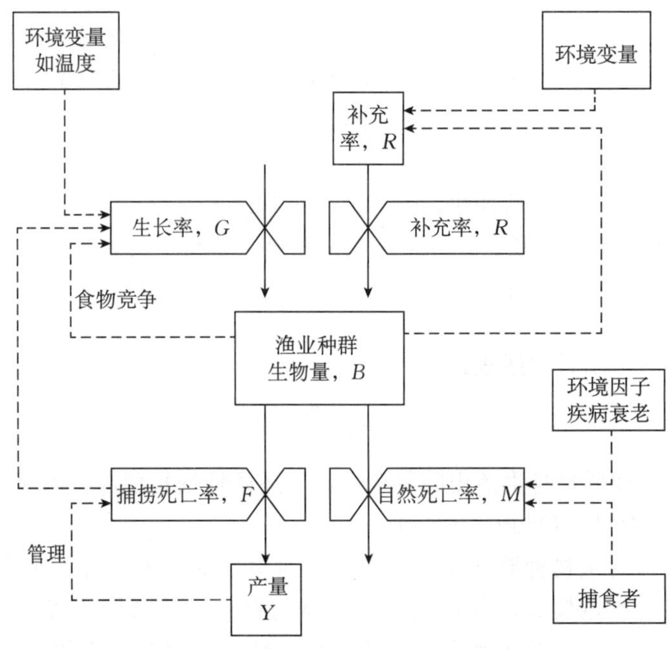

图 3-6 渔业种群数量变动示意图

（引自 Pitcher 和 Hart，1982）

度。以它为指标，不仅能够表示出种群的数量变动幅度，也便于比较，揭示种群数量变动的类型，故可称之为变动系数。表 3-7 列出黄、东海几种主要渔业种群的变动系数，毛虾、对虾、大黄鱼、带鱼、蓝点马鲛等种群数量变动相对平稳，系数约为 19%～55%，黄海鲱变动系数较大，为 110%，明显属于种群数量变动剧烈类型。

表 3-7 黄、东海几种主要渔业种群数量变动系数

种　群	变动系数①	资料年限
毛虾	33.0	1959—1979
对虾	48.6	1955—1983
带鱼	32.0	1958—1984
大黄鱼	30.8	1957—1978
小黄鱼	55.1	1953—1976
蓝点马鲛	19.0	1963—1984
黄海鲱	109.6	1968—1984

注：①变异系数 $CV=\sigma/\bar{x}\times100$，$\sigma$ 为标准差，$\bar{x}$ 为均值。

（二）动态监测的内容和方法

种群动态变化主要表现在资源量、补充量、群体组成、分布、生物学特性、渔获量、捕捞死亡等因子的变化。因此，监测可从各两个方面进行。

1. 数量监测

种群绝对数量、相对数量、世代数量和单位捕捞力量渔获量等是主要的监测指标。对这些指标的主要监测方法及其评价如表 3－8 所列。这些方法基本是以实际调查和渔业统计分析两种形式获得资料。渔业统计是一种比较容易获得的资料，而且具有连续性和时间序列长等特点，对种群动态监测有特别的意义。因此，应注意收集渔业统计资料，建立相应的统计制度，主要内容包括渔获量统计（如分种类、分年月、分渔区）和捕捞力量统计（如渔船数量、马力、网具数量和投网次数）等。

表 3－8 种群数量主要监测方法及评价

（引自 MacCall，1984）

监测方法	评　　价
1. 单位捕捞力量渔获量（CPUE）	适用于底层鱼类，不适用于集群性强的种类，费用较低
2. 世代分析（VPA）	适用于对历史情况的分析及校正其他指标，费用低
3. 试捕	与其他方法结合，可获得种类组成、年龄结构及资源量等资料，费用高
4. 声学调查	适用于中层及声学信号反应强的种类，费用高
5. 航空调查	快速评估上层鱼类，费用较低
6. 与渔船合作调查	适用于常规调查，费用较低
7. 卵子、仔鱼调查	可作为产卵群体生物量指标，费用高
8. 卵子生产力法	用于产卵群体或总资源量估计，费用高
9. 捕食者指数	可作为被捕食性种类资源量指数

2. 生物学监测

种群生物学特征的变化是种群动态的直接反映，可以作为监测指标的项目比较多，例如群体的年龄结构、长度（重量）组成、分布范围、补充参数（繁殖力、出生率、性成熟等）、死亡参数、生长参数以及有关的生物和非生物环境参数等，这些监测资料主要从实际调查中获得。

无论是从渔业需要，还是从调查研究的角度，都希望有全面、详尽的监测，但是，实际往往做不到。因此，可以考虑两种类型的监测：一是整体监测，如对一个海区、一个渔区或一种特定渔业的整体监测，这类监测项目尽量少，涉及的种类尽量多，以便宏观地掌握多种类的种群动态；二是重点监测，以重要的渔业种群为主，涉及的种类不多，但监测项目尽量详细，以便能较为准确地掌握重要种群的动态。至于监测项目需要根据实际情况而定，不同种群监测项目不尽相同。表 3－9 列出鳀鱼资源监测变量及与种群动态的关系，供参考。

表 3－9 鳀鱼资源监测变量与种群动态之间的关系

（引自 MacCall，1984）

监测变量	数量波动原因				
	内禀	竞争	捕食	捕捞	环境
种群大小	×	?	×	××	i
亲体年龄结构			?	××	i
捕捞死亡			××	i	×

（续）

监测变量	数量波动原因				
	内禀	竞争	捕食	捕捞	环境
自然死亡			××	i	×
捕食者指数				×	×
分布（长期）				×	×
（短期）				×	××
补充量实力	×	?	i?	i	××
含脂量和条件因子	×	?		i	××
饵料	×	?		i	×
生长率	×	?		×	×
生殖力	××	?		i	××
性成熟年龄和长度	××	?		i	××
卵子、仔鱼死亡	××	?	××		××
仔鱼生长率		?			×
与其他种类的关系	?	?	?	?	×
性比				?	
产卵季节				i	×

注：××表示关系非常显著，×表示显著，i表示间接联系，?表示可能有关。

第四节　渔业预报

渔业预报通常分为两类：一类是预测渔场渔期，称渔情预报；另一类是预测资源和渔获数量的变化，称渔获量预报。

一、渔情预报

（一）预报的种类和内容

传统的中国近海渔业以追捕洄游移动中的鱼群为主，有的是从外海深水区游向近岸浅水区产卵的生殖群体，如大黄鱼、小黄鱼、鲅、鲐、鲱、鲳等，有的则是处于越冬或索饵洄游的鱼群，如东海冬季的带鱼和渤海秋季的对虾等。对于这种性质的捕捞作业，生产和管理者需要了解：什么时间？什么地点？是什么鱼？形成了渔汛期间对渔场渔期及资源状况进行预测的要求。因此，自50年代以来，随着资源开发和渔业生产发展，各水产研究所在中国近海广泛开展了渔情预报工作，积累了丰富的经验。现简介如下：

1. 渔汛期预报

预报的有效时间为整个渔汛，内容包括渔期的起讫时间、盛渔期及延续时间，中心渔场的位置和移动趋势以及结合资源状况分析渔汛期间渔获变化（俗称鱼发）形势等。这种预报在渔汛前适当时期发布，供渔业管理部门和生产者参考。

2. 阶段预报

对渔汛初期、盛期和末期渔情进行阶段性预测，也可以根据各个捕捞对象的鱼发特点分段预报。如大黄鱼阶段性预报依大潮汛（俗称“水”）划分，预测下一“水”鱼发的起讫时间、旺发日期、鱼群的主要集群分布区和鱼发海区的变动趋势等；带鱼阶段性预报则依大风变化（俗称“风”）划分，预测下一“风”鱼群分布范围、中心渔场位置及移动趋势等[2]。这些预报是在渔讯期间发布的，时间性要求强。

3. 现场预报

对未来 24 h 或几日内的中心渔场位置、鱼群动向及旺发的可能性进行预测，及时通过电讯系统传播给生产船只，起到指导现场生产的目的。

（二）预报原理和指标

渔情预报实际上是对预报捕捞对象行动规律的研究，即研究并预测鱼群分布移动特征和集群特性。因此，根据有机体与环境为统一体的原理，影响鱼群行动规律的生物性或非生物性因素均可成为预报指标。其中一些比较重要的指标有：

1. 性腺成熟度

性腺发育和成熟状况是影响生殖群体洄游和行动变化的主导因素，预示着渔期早晚、延续时间、集群状况和渔场动态等变化。一般来说，性腺成熟度达Ⅲ期，鱼群开始游离越冬场，进行生殖洄游。洄游过程中性腺发育迅速，鱼群到达产卵场初期性腺以Ⅳ期为主。渔汛期内，性腺成熟度以Ⅳ、Ⅴ、Ⅵ期为主，其中以Ⅴ期为主时，鱼群最为集中，渔场稳定，形成生产高潮。当已产卵鱼（Ⅵ期）比例开始急增时，盛渔期已趋尾声，渔期末期即将来临。因此，性腺成熟度是生殖群体渔情预报的重要指标。

2. 群体组成

一个与性腺发育密切关联的指标。由于生殖季节，高龄个体的性腺发育早于低龄个体，个体的差异会使开始生殖洄游的时间早晚不一。对于群体年龄组成有年变化的种类，这种差别将直接作用于整个群体的行动，形成产卵期和渔期的变化。例如黄海鲱年龄组成年变化较大，直接影响到性腺发育期的变化，应用这一指标预测渔期早晚曾取得令人满意的结果。

另外，群体性组成变化也是一个有用的指标，例如对虾洄游雌雄分群，雌虾在先，雄虾在后，可利用见雄虾的时间预测渔汛结束的时间。

3. 水温

不仅明显地影响个体性腺发育速度，同时也约束群体的行动分布，是重要的非生物性预报指标。例如，4.5～5.0 ℃ 等温线的出现和消失及其变动趋势与 6.5 ℃ 等温线的出现，作为判断小黄鱼烟威渔场变动范围的渔期发展的有效指标；20.5～23 ℃、18～19 ℃、15 ℃和 12～13 ℃ 等温线被看作秋季渤海对虾集群、移动和游离渤海的环境指标（刘效舜，1965；张元奎，1977；刘永昌，1986）。水温与渔场、渔期的密切关系还可通过统计分析定量预测。例如，根据 4 月上旬表层水温资料，应用直线回归和概率统计分析预测蓝点马鲛的渔期、渔场（韦晟等，1988）。

4. 风情、潮汐、气压、降雨、盐度等

在小黄鱼、大黄鱼、带鱼、对虾、毛虾、鲅、鲱、鲐、蓝圆鲹、海蜇等渔情预报中业已证实，这些环境因子都是有用的预报指标。

不言而喻，使用上述指标进行预报是建立在对预报对象的洄游分布、行动规律、生活习性、生物学特性和渔场的环境条件，以及与环境之间的相互关系有了充分的调查研究的基础上。只有这样，才能找到有效的预报指标，正确地使用预报指标，收到预期效果。

二、渔获量预报

包括资源趋势和渔获数量预报。前者是定性的，预测资源或渔获量可能发生的趋势，后者是定量的，预测可能渔获的数量。这两类预报除对数量的精度要求不同外，预报原理、依据以及方法基本是一致的。事实上，精度不高的渔获数量预报就是一种资源趋势预报。因此，以下以渔获数量预报为主，介绍渔获量预报方法。

中国海洋渔业渔获量预报始于 1955 年，相继进行了毛虾、小黄鱼、大黄鱼、对虾、带鱼、鲱、鲅、鲐、蓝圆鲹、海蜇、鹰爪虾等多种渔业种类的数量预报。从方法论的角度，可归结为两种：

（一）统计分析预报

在渔业生产实践和资源调查过程中，常常发现某些因子与未来的渔获量存在着一定的联系。有些从理论上说，是确定性关系，有些仅从现象上表现为相关关系。事实上，资源量随时间变化的过程中受到很多因素的影响，其中包括一时还没有认识到的，有些虽已认识到但暂时还无法控制或测量，即使测量到的一些影响因子的量值或多或少都有些误差，何况捕捞条件和环境的千变万化，渔获量与因子之间的数量关系在绝大多数情况下都表现为复杂的、非确定性关系。为了解决这类问题，一种有效的方法是用数学统计分析法去分辨、确认其关系，并进行精度检验。

1. 预报指标

预报的成功与失败固然与方法有关，但是方法往往是固定的，用什么样的资料，基本上规定了将要出来的结果。因此，如何取得更好的预报指标是统计分析预报的基础。依资料的性质，现行预报中的指标有两种：相对资源量和环境因子。

（1）相对资源量：常用的指标：一种是通过海上试捕调查获得的单位捕捞力量渔获量，如渤海幼虾相对资源量是根据拖网调查获得的单位捕捞力量渔获量（每小时每网捕获尾数），黄海鲱相对资源量是根据秋季拖网调查获得的单位捕捞力量渔获量（每两小时每网捕获网箱数）；另一种是从渔业统计调查资料获得的单位捕捞力量渔获量及世代产量等，如以夏秋季带鱼拖网平均网产作为冬汛相对资源量指标（沈金鳌等，1985；吴家骓等，1985）。

使用上述指标都要求满足一定的条件。用单位捕捞力量渔获量为相对资源量指标，条件是可捕系数相等，用世代产量为相对资源量指标，条件是捕捞死亡或捕捞力量相等。可以用简单的数学方法证明要求满足可捕系数（q）相等的条件。

设捕捞力量为 f、捕捞死亡为 F，在一定的条件下捕捞死亡与捕捞力量成比例，$F=qf$。若某个时期的平均资源量为$\bar{N}$，自然死亡很小可以忽略不计，则渔获量 $C=qf\bar{N}$，故有 $C/f=q\bar{N}$。C/f 称单位捕捞力量渔获量，它的数值大小反映了资源的状况，但是与 q 有关。只有在 q 为常数的情况下，C/f 才可能成为一个相对资源量指标。所以使用 C/f 作为预报指标进行年间比较时，要求 q 值相等。

因此，在获取相对资源量指标时，都应尽量去满足这些条件。如在选择对虾和黄海鲱相对数量调查的时间和地点时，都考虑到群体分布移动特征问题，即选择群体分布特征稳定、年间变化小的月份和区域进行调查，以减少可捕系数的年间差异。

对已获得的相对资源量指标，常常需要进行一些统计处理，以提高其使用精度。如刘传桢等（1980）根据产卵场面积，估计出渤海三个湾对虾资源量比例为 42.5：40：17.5，然后按这个比例对三个湾的相对资源量指标进行加权统计，求出渤海秋季对虾相对资源量指标；唐启升（1977）对黄海鲱拖网调查站的单位捕捞力量渔获量按方块区进行滑动统计，然后求出整个调查方区的相对资源量指标。

（2）环境因子：能获得的环境因子是多种多样的，如影响种群数量或渔获量变化的各种理化和生物性因子等。这类因子用于预报虽也有较好的效果，但是它们影响种群数量或渔获量的过程，以及在实际应用时需要满足哪些条件常常是不清楚的。例如，以降雨量为指标预报毛虾渔获量，降雨量至少要影响到海洋生态系统的两个过程（海洋物理和生物化学过程）才能影响到毛虾的资源数量。但是，在我们使用这个指标进行预报时，对它影响这两个过程的方式和强度基本没有什么具体的了解，与其他因子之间的联系也不清楚。因此，单独使用环境因子进行预报，在某个时期是有效的，而在另一个时期可能效果就不佳，表现出这类预报因子稳定性较差。解决这个问题的办法：一是进行一些实验生态研究，弄清影响机制，选定稳定性较好的预报因子；二是进行统计优选，挑出几个相关显著的因子，或对因子进行物理组合，以增强因子的稳定性。但是，因子用得过多，同样会降低预报效果的稳定性，因子个数一般以样本数的 5%～10%为宜。

2. 预报方程

统计分析方法有丰富的内容，中国海洋渔业预报常用的方法是回归分析，如线性回归和非线性回归等。

（1）线性回归预报：最常用的是直线回归方程：

$$\hat{y}=a+bx \tag{3-66}$$

式中：$\hat{y}$ 为预报值；x 为预报指标；a 为常数，b 为回归系数，这两个参数通常用最小二乘法来确定。

早期的毛虾、对虾、鲱、带鱼等渔获量预报都采用过这种方法。

当预报指标有两个或多个因子时，需要用多元线性回归方程：

$$\hat{y}=a_0+\sum_{i=1}^{m}b_ix_i \tag{3-67}$$

按最小二乘法原理，回归系数 b_i 由下列正规方程求出：

$$\begin{cases}L_{11}b_1+L_{12}b_{12}+\cdots+L_{1m}b_m=b_{10}\\L_{21}b_1+L_{22}b_2+\cdots+L_{2m}b_m=b_{20}\\\vdots\qquad\vdots\qquad\qquad\vdots\qquad\vdots\\L_{m1}b_1+L_{m2}b_2+\cdots+L_{mm}b_m=b_{m0}\end{cases}$$

常数项$a_0=\hat{y}-\sum_{i=1}^{m}b_i\bar{X}_i$。当因子的个数较多时，多元回归的计算量是惊人的，需要借助于电子计算机完成。关于多元线性回归的预报应用例可参见对虾渔获量预报（Deng 等，1986）。

(2) 非线性回归预报：在有的（如非正态分布）情况下，预报因子与预报量之间并不一定是线性关系，而可能是非线性关系。应用非线性回归分析比较困难的是选择合适的预报方程。通常先用图示法作出点聚图，根据散点分布状况和可能的曲线类型选择回归方程，常用的方程有：

$$\hat{y}=ax^b \tag{3-68}$$

$$\hat{y}=ae^{bx} \tag{3-69}$$

对于有的非线性关系，若一时选择不到合适的回归方程，可用多项式逼近，方程为

$$\hat{y}=a_0+b_1x^1+b_2x^2+\cdots+b_mx^m \tag{3-70}$$

式中：m 为多项式的幂次数，根据具体情况确定。可用变量变换（令 $x^1=x_1$，$x^2=x_2$，…）的方式将式（3－70）变为线性回归，然后由式（3－67）的方法测出参数 a_0 和 b_i。

如前所述，将预报指标用于预报，需要满足一定的条件。实际工作中，各种条件并不一定都能满足，这样，就会影响预报的精度，产生误差。因此，在建立预报方程时还有一项重要的工作是进行统计检验。通常使用的统计检验指标有相关系数 r（或相关指数 R）、标准差 S 和方差比 F。在渔业预报中，r 和 F 的概率显著性检验水平 α 一般为 0.05，也可以取 α＝0.10，预报值一般在 $\hat{y}\pm 2S$ 范围内。

以上仅介绍了回归预报方程的一些基本方法，预报中还涉及一些较为复杂的方法，如逐步回归、阶段回归以及聚类分析等，请参阅参考文献［3、5］。

（二）世代解析预报

1. 渔获量随时间变化的一般规律

一个世代的资源数量因自然死亡和捕捞死亡而不断减少，若 t 时世代数量的减少速度与 t 时世代数量呈比例，那么，式（3－33）反映了世代数量随时间变化的一般规律。假如自然死亡为常数或与捕捞死亡相比可以忽略不计，那么，式（3－33）也可以表达渔获量变化的一般规律，并可导出式（3－34）渔获量方程，即 Baranov 的渔获方程。当我们取到的资料能满足式（3－33 和 3－34），测出有关的参数，就可能了解一个世代渔获数量的变化情况，预测以后时间里的渔获量。

2. 预报方程

一个简单的世代产量预报方程可写为：

$$Y_{t+1}=\left(\frac{C_t}{F'_t}S\right)F_{t+1}\bar{W}_{t+1} \tag{3-71}$$

式中：Y_{t+1} 为 $t+1$ 时的预报产量；C_t 为 t 时的渔获尾数（或渔获重量）；F'_t 和 F'_{t+1} 分别为 t 和 $t+1$ 时的捕捞死亡率；S 为残存率；$\bar{W}_{t+1}$ 为 $t+1$ 时的个体重量（或增重系数）。

如果捕捞已进入稳定阶段，历年捕捞力量变化不大，可捕系数也较相近，$F'_t \backsimeq F'_{t+1}$，那么，上式可简化为

$$Y_{t+1}=C_t\cdot S\cdot \bar{W}_{t+1} \tag{3-72}$$

上述预报思想，刘效舜（1965）在渤、黄海小黄鱼可能渔获量预报曾有所应用，吴敬南等（1964）在辽东湾小黄鱼渔获量预报时概算了捕捞死亡等参数，形成了定量预报，70 年代黄海鲱渔获量预报中进一步应用，明确了根据群体年龄组成依世代进行渔获量预报的方

法。应用这种方法的关键是对捕捞死亡的概算。假如是式（3－72）的情况，捕捞死亡变化不大，预报亦比较有把握。我们常常会遇到一些较为复杂的情况，需要测定 t 时的 F' 值，估计 $t+1$ 时的 F' 值，满足可捕系数相等或捕捞力量变化不大等条件。当这些条件无法满足时，概算就会出现一些误差，直接影响到预报结果。因此，在发布预报时，还需要考虑到预报年度船网工具数量、洄游分布、集群特征、气象海况条件等因素的变化，以及对捕捞死亡和资源状况的影响，对预报加以修正。

由于很难及时取到一个世代在低龄时的数量（或渔获量）资料进行捕捞死亡的概算，故这个方法不适用于以补充部分为主的群体渔获量预报。但是，对于群体剩余部分的预报，或以剩余部分为主的群体的渔获量预报则是一个有用的方法。

第五节　渔业资源管理

渔业资源属于一种可更新的自然资源，可以通过自我更新而反复地被利用，但是，它又容易开发过度，枯竭和受环境的影响。因此，管理是渔业健康、持续发展过程中必不可少的内容。70 年代以来，随着 200 n mile 专属经济区的划分和 1982 年海洋法大会通过《联合国海洋公约》，世界上第一次把 99％以上的渔业产量置于沿海国家管辖之下，世界渔业已由过去的开发型转为现今的管理型。在这种情况下，对世界海洋或 200 n mile 专属经济区内渔业资源实行良好的管理成为压倒一切的要求。

渔业管理包括两个主要方面：一是渔政管理；二是资源管理。从世界渔业发达国家和地区的管理经验来看，在渔业立法和强化渔政管理的同时，非常重视资源管理方法的研究，并成为现代渔业生物学的侧重点。

一、资源管理模型

在渔业资源管理过程中，人们找到了一种较为理想的表达方式是将一些重要的渔业资源参量或定性的文字描述用适当的数学型式表示，构成模型。这样的表达方式强调了普遍性和现实性，便于为宏观管理提供依据。事实上，用于渔业资源管理的模型属于一种策略性模型，着重于管理策略的研究，提出相应的措施、指导管理，并预报渔业和资源的前景。目前，常用的模型有剩余产量模式、分析模式和生物经济模式等。

（一）剩余产量模式

一种描述渔业产量、捕捞力量与种群剩余生产部分之间关系的数学模型。

Graham（1935）在种群增长逻辑斯谛方程（3－64）的基础上，提出：假如渔业捕捞种群剩余生产部分的速度等于种群的自然增长率，种群大小和渔业产量将保持稳定，数学表达式为：

$$Y=FB=\frac{\mathrm{d}B}{\mathrm{d}t}=rB\left(\frac{B_{\infty}-B}{B_{\infty}}\right) \tag{3-73}$$

式（3－73）表明，一个渔业种群的自然增长量（$\mathrm{d}B/\mathrm{d}t$，即种群剩余生产部分）与种群大小（B）有关。当种群生物量处于极低水平（$B\cong 0$）或达到最大（$B=B_{\infty}$）时，$\mathrm{d}B/\mathrm{d}t$ 为 0；当种群为中等大小时，$\mathrm{d}B/\mathrm{d}t$ 最大。由此，产生了渔业持续产量和最大持续产量概念

（图 3-7）。

50 年代以来，Schaefer（1954，1957）、Pella 和 Tomlinson（1969）、Fox（1970）等假设捕捞死亡 F 为捕捞力量的函数，进一步完善了模式的理论推导和参数计算方法，提出了一些数学型式不同的剩余产量模式。它们为资源评估和渔业管理提供了许多有价值的信息和决策依据，如最大持续产量、最适捕捞力量，持续产量与种群大小、与捕捞力量关系图，单位捕捞力量渔获量与捕捞力量关系图等。

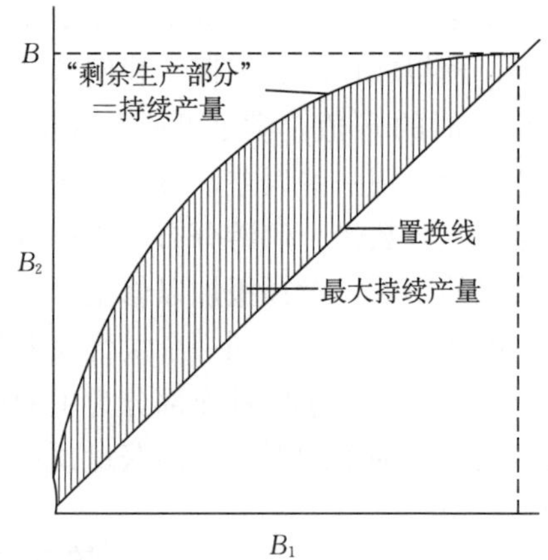

图 3-7　种群大小与渔业产量关系示意图
B. 种群生物量　B_∞. 最大种群生物量
（引自 Pitcher 和 Hart，1982）

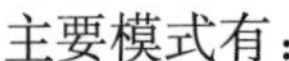

主要模式有：

1. Schaefer 模式

假如种群特定的自然增长率或捕捞死亡同种群生物量之间呈线性关系：

$$f(B)=F=\frac{r}{B_\infty}(B_\infty-B) \tag{3-74}$$

那么，持续产量与捕捞力量的关系式为：

$$Y=af-bf^2 \tag{3-75}$$

对式（3-75）求导后，最大持续产量（MSY）及其捕捞力量（f_{max}）分别为：

$$MSY=\frac{a^2}{4b} \tag{3-76}$$

$$f_{max}=\frac{a}{2b} \tag{3-77}$$

2. Pella-Tomlinson 模式

Pella 等认为种群自然增长率与生物量之间为双曲线关系和最大持续产量出现在 $0.5B_\infty$ 处的假设不能适用于多数鱼类种群，将原假设的指数 2 改用可变数值 m 代替，故式（3-75）更一般化的表达式为：

$$Y=f(a-bf)^{\frac{1}{m-1}} \tag{3-78}$$

相应地，

$$MSY=\frac{a}{b}\left(\frac{1}{m}-1\right)\left(\frac{a}{m}\right)^{\frac{1}{m-1}} \tag{3-79}$$

$$f_{max}=\frac{a}{b}\left(\frac{1}{m}-1\right) \tag{3-80}$$

3. Fox 模式

由于单位捕捞力量渔获量与捕捞力量之间往往表现为非线性关系，故假设种群的特定自然增长率与生物量之间为指数关系：

$$f(B)=r(\ln B_\infty-\ln B) \tag{3-81}$$

持续产量与捕捞力量之间的关系式为：

$$Y=afe^{-bf} \tag{3-82}$$

相应地，

$$\mathrm{MSY}=\frac{e^{a-1}}{b} \tag{3-83}$$

$$f_{\max}=\frac{1}{b} \tag{3-84}$$

可以采用变量变换的办法，将上述三个关系式变为直线回归根据相应的单位捕捞力量渔获量和捕捞力量资料计算参数 a 和 b 以及有关的特征值。由于理论假设不同，对于同一资料，三个模式的计算结果有一定差异。当式（3－78）$m=2$ 或接近 1 时，它的计算结果与式（3－75）和（3－82）相同。从统计学的角度，式（3－78）可能获得最佳计算结果。

剩余产量模式既不需要单独鉴定研究对象的年龄，也不需要估计其生长率、死亡率和补充率、多年的渔获量和捕捞力量资料即可满足计算要求，故在中国海洋渔业主要种群资源评估中多有应用（费鸿年，1974；詹秉义等，1986；吴家骓等，1987）。这个模式也可以用于多种类渔业资源评估，见图 3－8。应用中发现：①最大持续产量的估计往往偏高；②剩余产量模式不能充分反映出动态环境条件下持续产量的各个特例；③最大持续产量仅是一个生物学基础上的研究结果，未能体现经济和社会等因素的影响。因此，使用时，需要附加一定的条件或者进行某些修正。

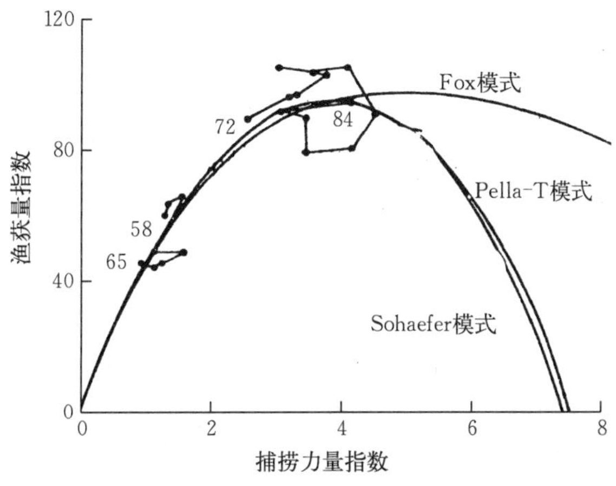

图 3－8　黄、渤海多种类渔业持续产量曲线

（引自 Tang，1989）

（二）分析模式

一种动态数学模型，即把补充、生长、自然死亡和捕捞死亡看作为种群大小的函数，以捕捞死亡和补充年龄（或称可捕年龄）作为可控变量，考察渔业产量的变化，亦称动态综合模式。

Beverton 和 Holt（1957）在渔业种群数量变动方程（3－33 和 3－34）的基础上，引入 von Bertalanffy 生长方程，从理论上导出一个世代产量方程：

$$Y=FRW_{\infty}e^{-MP}\sum_{n=0}^{3}\frac{\Omega_n e^{-nk(t_c-t_0)}}{F+M+nK}\left(1-e^{-(F+M+nK)^{\lambda}}\right) \tag{3-85}$$

式中：R 为补充量；F 和 M 分别为捕捞死亡和自然死亡系数；W_{∞}、K、t_0 为生长参数；t_r 为补充到捕捞群体的年龄；t_c 为实际捕捞的年龄；t_{λ} 为在捕捞群体中消失的年龄；$p=t_c-$

t_r，$\lambda=t_a-t_c$；Ω_n为生长方程展开的系数符号，当 $n=0$，$\Omega_n=1$，$n=1$，$\Omega_n=-3$，$n=2$，$\Omega_n=3$，$n=3$，$\Omega_n=-1$。使用该模式需要满足生长和自然死亡不随种群变化、补充量每年相同等条件，但是，这些不是必要条件。

补充量 R 是一个不易确定的数值，通常不直接计算 Y 值，而是将 R 左移，用单位补充量的稳定产量（Y/R）作为相对数值表示产量的变化，故该模式亦称为单位补充量产量模式。

Ricker（1975）提出一种使用瞬时生长率或实测生长值分年龄组计算求和的分析模式：

$$Y=\sum_{t=t_r}^{t_\lambda} F_t\bar{B}_t \tag{3-86}$$

式中：$\bar{B}_t$为 t 时的平均生物量。若用实测平均体重$\bar{W}$资料，上式可重写为：

$$\frac{Y}{R}=\sum_{t=t_r}^{t_\lambda}\left\{\left[\frac{F_t}{F_t+M}\right]\{1-\exp[-(F_t+M)]\}\left[\exp\left(-\sum_{i=t_r}^{t}F_t+M\right)\right]\bar{W}_t\right\} \tag{3-87}$$

上式简单易懂，适合于自然死亡随年龄变化的种群。

分析模式较早引入中国海洋渔业种群资源评估和渔业管理研究。叶昌臣（1964）应用该模式讨论了捕捞死亡和网目尺寸的变化对辽东湾小黄鱼渔业产量的影响；费鸿年（1976）应用该模式讨论了网目尺寸调整对南海北部金线鱼等10种底层鱼类拖网产量和经济效益的影响；邓景耀等（1979）根据秋季对虾渔业的实际情况，重新定义了t_λ，用这个模式论证了最佳开捕期问题。80年代以来分析模式在黄海鲱、蓝点马鲛、带鱼、大黄鱼、小黄鱼、银鲳、马面鲀等种群资源管理中广泛应用。应用结果表明，分析模式提供的产量等值线图（图3-9）以及一些分项分析图和特征值（如种群平均长度、平均体重、平均年龄等），能够较好地反映出捕捞死亡和开捕年龄（网目尺寸）的变化对种群生物量和渔获量的影响，为渔业资源管理提供理论依据和相应的措施。

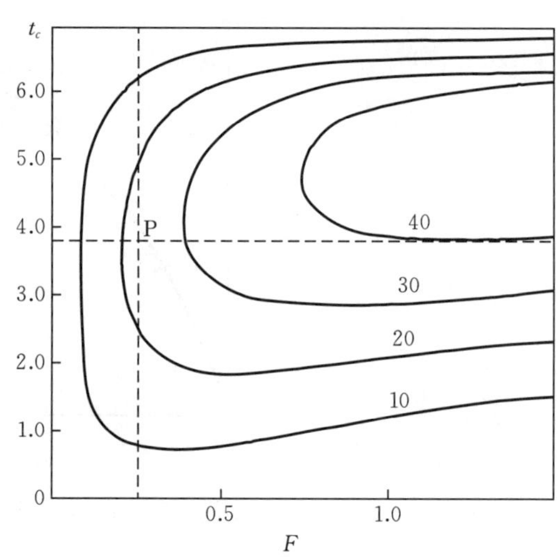

图3-9　渤海对虾产量等值线图
$Y/R=f$（t_c，F）

（三）生物经济模式

Gordon（1954）认为，资源和开发之间最终达到的“生物经济平衡”的群体水平发生在收益流恰好等于开发成本时，这意味着在开放式资源中有“利润消失”的结果。这个资源经济理论引入Schaefer剩余产量模式产生了一个新的模式，即生物经济模式，亦称Gordon-Schaefer模式（Clork，1976，1985）。

设鱼价为 p，成本为 c，根据式（3-75）可写出渔业收益和成本的表达式：

$$\text{总收益 TR}=pY=p\ (af-f^2) \tag{3-88}$$

$$\text{总成本 TC}=cf \tag{3-89}$$

那么，渔业的纯利润为：

$$\text{利润 }\pi=pY-cf=p\ (af-f^2)\ -cf \tag{3-90}$$

对式（3－90）求导，并令导数等于0，可得到最适经济捕捞力量（f_{eco}）：

$$f_{eco}=\frac{a}{2b}-\frac{c}{2bp} \tag{3-91}$$

式（3－91）代入式（3－75和3－90），最大经济产量（MEY）和最大经济利润（MEP）为：

$$MEY=\frac{a^2}{4b}-\frac{c^2}{4bp^2} \tag{3-92}$$

$$MER=\frac{(Pa-c)^2}{4bp} \tag{3-93}$$

由于式（3－91）的$\frac{a}{2b}=f_{max}$，故 $f_{eco}<f_{max}$。同理可证 MEY＜MSY。生物经济模式和剩余产量模式之间的差别可用图3－10和表3－10进一步说明。

图3－9表明，最大持续产量出现在产量和收益曲线的最高点，而最大经济产量出现在此点之前。这意味着投入较少的捕捞力量将会降低产量，但是，却可能获得最大经济利润。表3－10是鲅渔业的实例，证实了上述基本结果，表明两种模式可能产生截然不同的两种管理目标，两种管理策略和两种措施。若鲅渔业以最大持续产量为管理目标，那么，可以投入较多的捕捞力量，以获取最大产量，代价是增加能源消耗，减少经济利润；若鲅渔业以最大经济利润为管理目标，就需要把捕捞力量压缩到获取最大经济产量的水平上，使成本和能源消耗降到最低水平。显然，这个模式的研究结果，从资源经济的角度，为管理提供了科学依据，供决策参考。

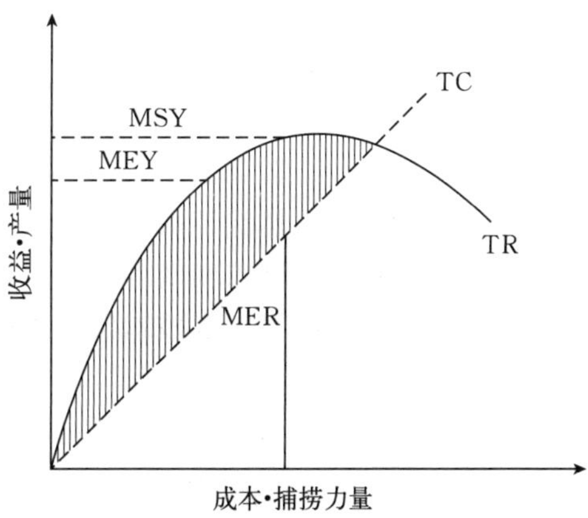

图3－10　最大经济利润（MER）和产量（MEY）与最大持续产量（MSY）关系示意图
（引自 Pitcher 和 Hart，1982）

表3－10　鲅渔业两种管理模式的效果比较

（引自叶昌臣等，1984）

模式	最适捕捞力量（百片流网）	最大产量（t）	最大利润（百万元）	能源消耗
Schaefer	3 931	33 335	17.01	5 896
Gordon－Schaefer	2 878	30 942	19.65	4 317

二、主要管理措施

从合理管理和资源最适利用的角度而言，各种管理措施的主要目的都是为了有效地控制捕捞死亡，以实现各种管理目标。现行的渔业资源管理措施分为两大类型：

1. 被动型或间接的管理措施

传统的渔业管理措施多属于这一类。如在中国近海实施多年的禁渔期、禁渔区、幼鱼保护区的规定，最小捕捞长度和网目尺寸限制的规定，网具类型和作业方式的限制等。这些措施的主要问题是与捕捞死亡之间缺乏明确的函数关系，难以估计各类措施对捕捞死亡产生的“定量”影响。实践中，也难以对捕捞力量和渔获量产生直接的控制作用。这一类措施的优点是在管理中较容易实现。

2. 主动型或直接的管理措施

这一类措施代表了现代渔业资源管理的趋向，如限制捕捞力量（包括渔船数、渔船大小和性能、渔具数和颁发捕捞许可证等）、限额捕捞（如总允许渔获量、最适产量、生物学允许产量）等。这些措施与捕捞死亡之间有明确的函数关系，假如最适捕捞死亡已确定（如 $F_{0.1}$）①，年度的捕捞限额即可从资源量中测出，实施中便于控制和效果检验。另外，这类措施具有较大的灵活性，可根据资源的动态监测结果，调整渔获量和捕捞力量限额，使渔业管理适应资源的经常变化。

70 年代以来，随着渔业管理目标从最大持续渔获量转向最适利用，最优控制理论在渔业管理中得到广泛的重视和应用，在考虑资源生物学因素的同时，也要考虑经济与社会等方面因素。在捕捞许可证的基础上又出现了一些新的管理措施，如捕捞力量分配、捕捞力量上税、渔民捕捞限额、资源增值税等。这些措施收到很好的管理效果，使得现代渔业管理措施细致具体、多样性，有较高的定量要求，因而也有复杂化的倾向。

主动型管理措施虽然优于被动型，但是亦不完善。实施中常常采用多项措施进行综合管理。例如东海带鱼资源恢复的两种方案中均包括了多项管理措施（吴家骓等，1987）。

第一方案——目的是使资源在短期内恢复。

措施：

（1）对张网实行分月分区禁渔管理；

（2）7—10 月，禁止拖网作业；

（3）6 月休渔或者削减亲鱼捕捞力量 50%；

（4）肛长 21 cm 以下的幼鱼捕捞比例控制在 20%以下；

（5）削减现有捕捞力量 20%；

（6）1 龄鱼起始的捕捞定额为 30 万 t 左右。

第二方案——目的是使资源在近期恢复。

措施：

（1）张网在 10 m 水深以内不禁渔，10 m 以外实行分月分区管理；

（2）7—10 月禁止拖网作业；

（3）6—7 月亲鱼捕捞力量减少 30%；

（4）幼鱼捕捞比例控制在 20%以下；

（5）削减捕捞力量 10%；

（6）1 龄起始的捕捞定额为 30 万～55 万 t。

---

① 见附录。

附录：关于最适捕捞死亡 $F_{0.1}$的测定

$F_{0.1}$是单位补充量产量（Y/R）与捕捞死亡（F）关系曲线上的一个选定点，它近似于最大单位补充量产量 90%左右处的捕捞死亡，小于 F_{max}，见图 3－11。

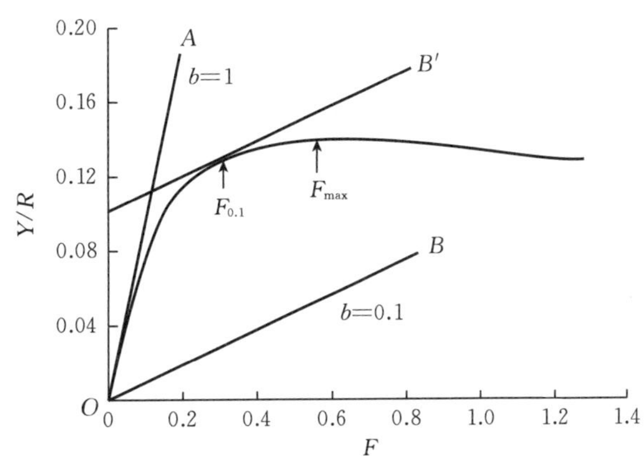

图 3－11　单位补充量产量与捕捞死亡的关系及 $F_{0.1}$的测定

（1）通过坐标原点，作关系曲线的切线（OA），对 Y/R 和 F 求 OA 线的斜率（如 $b=1$）；

（2）计算 $b\times0.1$ 时，相应的 Y/R 和 F 值，作出直线 OB，OB 平行上移，与关系曲线相切处，即 $F_{0.1}$点，相应的捕捞死亡 $F=0.3$。

$F_{0.1}$带有一定的经验性，例如也可根据一定的理由用 $F_{0.05}$，$F_{0.2}$，…。但是，它作为一种预防性的措施已经在国际海洋考察理事会成员内广泛使用，并作为确定总允许渔获量（TAC）的主要科学依据。

参考文献

陈介康，秦玉江，李培军，1978. 黄海北部日本鳀鱼生殖习性的初步研究．水产科技情报，10：1－5.

陈俅，李培军，1978. 黄渤海区日本鲐的生长．辽宁省海洋水产研究所调查研究报告 41.

成都地质学院，1981. 概率论与数理统计．地质出版社．

川崎健，1982. 中上层鱼类资源．李大成，张如玉，译．农业出版社，1986.

戴庆年，张其永，蔡友义，等，1988. 福建沿岸海域赤点石斑鱼年龄和生长的研究．海洋与湖沼，19（3）：215－225.

邓景耀，1981. 渤海对虾的生长．海洋水产研究，2：85－93.

邓景耀，韩光祖，叶昌臣，1982. 渤海对虾死亡的研究．水产学报，6（2）：119－127.

邓景耀，孟田湘，任胜民，1986. 渤海鱼类食物关系的初步研究．生态学报，6（4）：256－264.

邓景耀，唐启生，1979. 渤海秋汛对虾开捕期问题的探讨．海洋水产研究丛刊，26：18－33.

丁耕芜，贺先钦，1964. 辽东湾小黄鱼的繁殖力的研究．辽宁省海洋水产研究所调查研究报告 21.

费鸿年，1974. 万山春汛持续稳产量的初步估算．广东省水产研究所．

费鸿年，1976. 调整网目尺寸对广东近海拖网渔业产量和经济效益影响的探讨．广东省水产研究所．

费鸿年，何宝全，1981. 广东大陆架鱼类生态学参数和生活史类型．水产科技文集，2：6－16.

费鸿年，何宝全，陈国铭，1981. 南海北部大陆架底栖鱼群聚的多样度以及优势种区域和季节变化．水产学报，5（1）：1－20.

龚启祥，等，1984. 东海群成熟带鱼卵巢变化的细胞学观察．水产学报，8（3）：185－196.

顾惠庭，1980. 东海群带鱼的增殖曲线和资源管理措施．水产学报，4（1）：47－62.

广东省水产研究所资源室鱼类组，中山大学数力系数学教研室统计组，1975. 应用判别函数和方差分析蓝圆鲹分群问题的讨论．数学学报，18（3）：185－191.

何大仁，等，1981. 厦门杏林湾普通鲻性腺组织学研究．水产学报，5 (4)：329 - 342.
洪惠馨，秦忆芹，陈莲芳，等，1965. 黄海南部、东海北部小黄鱼摄食习性的初步研究．海洋渔业资源论文选集，农业出版社．
洪秀云，1980. 渤、黄海带鱼年龄与生长的研究．水产学报，4 (4)：361 - 370.
黄宗强，施乐章，1986. 闽南—台湾浅滩渔场中上层趋光鱼类群聚结构的时间变化．台湾海峡，5 (2)：175 -182.
李成华，1982. 东海带鱼生物学：卵巢周年变化的初步研究．海洋与湖沼，13 (5)：461 - 472.
李成华，1983. 东海带鱼个体生殖力及其变动的研究．海洋与湖沼，14 (3)：220 - 239.
李培军，秦玉江，陈介康，1982. 黄海北部日本鳀的年龄与生长．水产科学，1：1 - 5.
李培军，谭克非，叶昌臣，1988. 辽宁湾海蜇生长的研究．水产学报，12 (3)：243 - 250.
林金表，1979. 南海北部大陆架外海底拖网鱼类资源状况的初步探讨．南海北部大陆架外海底拖网鱼类资源调查报告集，43 - 129.
林景祺，1965. 小黄鱼幼鱼和成鱼的摄食习性及其摄食条件的研究．海洋渔业资源论文选集．农业出版社．
林新濯，甘金宝，郑元甲，等，1987. 绿鳍马面鲀洄游分布的研究．东海绿鳍马面鲀论文集．学林出版社．
刘蝉馨，1981. 黄、渤海蓝点马鲛年龄的研究．鱼类学论文集，2：129 - 137.
刘蝉馨，张旭，杨开文，1982. 黄海和渤海蓝点马鲛生长的研究．海洋与湖沼，13 (2)：169 - 178.
刘传桢，严集箕，崔维喜，1981. 渤海秋汛对虾数量预报方法的研究．水产学报，5 (1)：65 - 74.
刘效舜，1963. 小黄鱼短期渔情预报的初步研究．黄海水产研究所调研报告 92.
刘效舜，1965. 渤、黄海区小黄鱼可能渔获量预报的探讨 (1959—1962)．海洋渔业资源论文集．农业出版社．
刘效舜，1966. 小黄鱼地理族及性腺的研究．太平洋西部渔业研究委员会第七次全体会议论文集．科学出版社，35 - 70.
刘效舜，杨丛海，叶冀雄，1965. 黄海北部、渤海小黄鱼的鳞片和耳石年轮特征及其形成周期的初步研究．海洋渔业资源论文选集．农业出版社．
刘永昌，1986. 渤海对虾洄游和分布的研究．水产学报，10 (2)：125 - 136.
卢继武，罗秉征，黄颂芳，1983. 台湾浅滩海域带鱼种群的探讨．海洋与湖沼，14 (4)：377 - 387.
罗秉征，黄颂芳，卢继武，1983. 东海北部带鱼种群结构与特性．海洋与湖沼，14 (2)：148 - 159.
罗秉征，卢继武，黄颂芳，1981. 中国近海带鱼耳石生长的地理变异和种群的初步探讨．海洋与湖沼论文集．科学出版社，181 - 194.
罗秉征，卢继武，黄颂芳，1985. 东海带鱼春、夏和秋季产卵群体的生殖周期特性与种群问题．动物学报，31 (4)：348 - 358.
孟田湘，任胜民，1986. 渤海黄盖鲽的年龄与生长．海洋学报，8 (2)：223 - 232.
宓崇道，钱世勤，秦忆芹，1987. 东海绿鳍马面鲀繁殖习性的初步研究．东海绿鳍马面鲀论文集，81 - 89.
浦仲生，许永明，1987. 东海绿鳍马面鲀种群分析的研究．东海绿鳍马面鲀论文集．学林出版社，34 - 42.
钱世勤，胡雅竹，1980. 绿鳍马面鲀年龄和生长的初步研究．水产学报，4 (2).
秦忆芹，1987. 东海外海绿鳍马面鲀摄食习性的研究．东海绿鳍马面鲀论文集．学林出版社．
邱望春，蒋定和，1965. 黄海南部、东海小黄鱼繁殖习性的初步研究．海洋渔业资源论文选集．农业出版社．
沈金鳌，程炎宏，1987. 东海深海底层鱼类群落及其结构的研究．水产学报，11 (4)：293 - 306.
沈金鳌，方瑞生，1985. 浙江近海冬汛带鱼渔获量预报方法的探讨．东海区带鱼资源调查、渔情预报和渔业管理论文集，77 - 84.
施乐章，黄宗强，1987. 闽南—台湾浅滩渔场中上层趋光鱼类群聚的空间结构．台湾海峡，6 (1)：69 - 77.
施秀帖，1983. 体长股分析法的原理及其在南海北部围网渔业资源研究中的应用．南海水产研究所研究报告（38）.
唐启升，1972. 太平洋鲱年龄的初步观察．青岛海洋水产研究所调查报告 721 号．
唐启升，1973. 黄海鲱鱼洄游分布和行动规律．黄海重点鱼类调查总结报告．黄海区渔业指挥部．
唐启升，1977. 黄海鲱鱼资源特征和渔获量预报．全国渔情技术交流会论文报告．
唐启升，1980. 黄海鲱鱼的性成熟、生殖力和生长特性的研究．海洋水产研究，1：59－76.
唐启升，1986. 应用 VPA 方法概算黄海鲱的渔捞死亡和资源量．海洋学报，8（4）：476－486.
唐启升，1989. 黄海渔业资源生态优势度和多样性的研究．中国水产科学研究院学报，1.
王可玲，1983. 关于应用生物方法研究带鱼分类．海洋与湖沼，19（6）：597－600.
王尧耕，钱世勤，熊国强，1965. 小黄鱼鳞片的年龄鉴定．海洋渔业资源论文选集．农业出版社．
王贻观，马珍影，尤红宝，1965. 小黄鱼分布洄游的初步研究（提要）．海洋渔业资源论文选集．农业出版社．
王宗皓，李麦材，等，1974. 天气预报中的概率统计方法．科学出版社．
韦晟，周彬彬，1988. 黄渤海蓝点马鲛短期渔情预报的研究．海洋学报，10（2）：216－221.
吴鹤洲，成贵书，王建飞，1985. 带鱼年龄鉴定问题探讨．海洋与湖沼，16（5）：408－417.
吴鹤洲，成贵书，周建魁，等，1985. 带鱼生长的研究．海洋与湖沼，16（2）：156－168.
吴家骓，刘子藩，1985. 浙江渔场冬汛带鱼渔获量预报方法．东海区带鱼资源调查、渔情预报和渔业管理论文集，101－112.
吴家骓，朱德林，许永明，等，1987. 带鱼．东海区渔业资源调查和区划．华东师范大学出版社．
吴敬南，叶昌臣，丁耕芜，1964. 辽东湾小黄鱼的资源现状和渔获量预报方法的研究．海洋渔业资源论文选集（续集）．农业出版社．
吴佩秋，1981. 小黄鱼不同产卵类型卵巢成熟期的组织学观察．水产学报，5（2）：161－168.
夏世福，1965. 对鱼类进行抽样观察方法的探讨．海洋渔业资源论文选集．农业出版社，120－135.
夏世福，刘效舜，1981. 海洋水产资源调查手册．上海：上海科学技术出版社．
徐恭昭，罗秉征，余日秀，1962. 大黄鱼种群结构的地理变异．海洋科学集刊，2：98－109.
徐恭昭，罗秉征，吴鹤洲，等，1962. 大黄鱼耳石的轮纹形成周期及其年龄鉴定问题．海洋科学集刊，2：1－13.
徐恭昭，吴鹤洲，1962. 浙江近海大黄鱼性成熟特性．海洋科学集刊，2：50－58.
杨纪明，郑严，1962. 浙江、江苏近海大黄鱼的食性及摄食的季节变化．海洋科学集刊，2：14－30.
杨钧标，1965. 小黄鱼洄游若干问题的探讨．海洋渔业资源论文选集．农业出版社．
叶昌臣，丁耕芜，1964. 辽宁湾小黄鱼生长的研究．辽宁省海洋水产研究所调查研究报告 19.
叶昌臣，唐启升，秦裕江，1980. 黄海鲱鱼和黄海鲱鱼渔业．水产学报，4（4）：339－352.
詹秉义，楼东春，钟俊生，1986. 绿鳍马面鲀资源评析与合理利用．水产学报，10（4）：409－418.
张杰，张其永，1985. 闽南—台湾浅滩渔场蓝圆鲹种群的年龄结构和生长特性．台湾海峡，4（2）：209－218.
张其永，蔡泽平，1983. 台湾海峡和北部湾二长棘鲷种群鉴别研究．海洋与湖沼，14（6）：511－521.
张其永，洪心，蔡友义，等，1988. 赤点石斑鱼雌性性腺的周期发育．台湾海峡，7（2）：195－212.
张其永，林秋眠，林尤通，等，1981. 闽南—台湾浅滩渔场鱼类食物网研究．海洋学报，3（2）：275－290.
张其永，林双淡，杨高润，1966. 我国东南沿海带鱼种群问题的初步研究．水产学报，3（2）：106－118.
张其永，张雅芝，1983. 闽南—台湾浅滩二长棘鲷年龄和生长研究．水产学报，7（2）：131－143.
张元奎，等，1973. 秋季渤海中部水温特征及其与对虾渔场的关系．水产科技参考资料，4：9－14.
浙江省海洋水产研究所，l964. 浙江近海大黄鱼、带鱼渔场渔情预报的研究．海洋渔业资源论文选集（续集）．农业出版社．
郑文莲，徐恭昭，1962. 浙江岱衢洋大黄鱼个体生殖力的研究．海洋科学集刊，2：59－78.

周明诚，徐恭昭，余日秀，1962. 大黄鱼形态特征的地理变异与地理种群问题 . 海洋科学集刊，2：79 -97.

朱德山，1982. 海州湾带鱼生殖习性的研究 . 海洋水产研究丛刊，28：19 - 25.

朱德山，王为祥，张国祥，等，1982. 黄海鲐鱼渔业生物学研究Ⅰ. 黄渤海鲐鱼洄游分布的研究 . 海洋水产研究，4：17 - 32.

朱树屏，等，1960. 海洋水产资源调查手册 . 上海：上海科学技术出版社 .

Odum，1971. 生态学基础 . 孙儒泳，译，1982. 人民教育出版社 .

Adams P B，1980. Life history patterns in marine fishes and their consequences for fisheries management. Fish. Bull.，78 (1)：1 - 12.

Allen K R，1966. Determination of age distribution from age - length keys and length distributions. Trans. Am. Fish. Soc. ，95：230 - 231.

Alverson D L，Carney M J，1975. A graphic review of the growth and decay of population cohorts. J. Cons，Int. Explor. Mer.，36 (2)：133 - 143.

Bagenal T B，1973. Fish fecundity and its relations with stock and recruitment. Rapp. P. v. R′ eun Cons. Int. Explor，Mer.，164：186 - 198.

Beverton R J H，Holt S J，1957. On the dynamics of exploited fish populations Fish. Invest. London，Ser. Ⅱ，19：1 - 533.

Clark C W，1976. Mathematical Bioeconomics，Wiley - Interscience，New York.

Clark C W，1985. Bioeconomic modelling and fisheries management. Wiley - Interscience，New York.

Cushing D H，1981. Fisheries Biology. The University of Wisconsin Press，295pp.

Deng J，Ye C，1986. The prediction of Penaeid Shrimp Yield in the Bohai Sea in Autumn. Chin. J. Oceanol. Limnol. ，4 (4)：343 - 352.

Deng J，Kang Y，Zhu J，1983. Tagging experiments of the penaeid shrimp in the Bohai Sea and Yellow Sea in autumn Season. Acta Oceauoloqica Sinica，2 (2)：308 - 319.

Elliott J M，Persson L，1978. The estimation of daily rates of food consumption for fish. J. Anim. Ecol. ，47：977 - 999.

Fox W W，1970. An exponential yield model for optimizing exploited fish populations. Trans. Am. Fish. Soc. ，99：80 - 88.

Gabriel W L，Tyler A V，1980. Preliminary analysis of Pacific coast demersal fish assemblages. Mar. Fish. Rev. ，42 (3 - 4)：83 - 88.

Graham M，1935. Modern theory of exploiting a fishery and application to North Sea trawling. J. Cons，Int. explor. Mer.，10：264 - 274.

Gulland J A，1969. Manual of methods for fish stock assessment. Part I. FAO/FRS/M4.

Gulland J A，1983. Fish stock assessment. FAO/Wiley Series on Food and Agriculture.

Gunderson D R，1980. Using r - K selection theory to predic natural mortality. Can. J. Fish. Aquat. Sci.，37：2266 - 2211.

Gunderson D R，Dygert P H，1988. Reproductive effort as a predictor of natural mortality rate. J. Cons. Int. Explor. Mer.，44：200 - 209.

Heincke F，1898. Naturgeschichte des Herings. Arch. Deutsch Seefisch.，2：128 - 223.

Ihssen P E，Booke H E，Casselman J M，et al，1981. Stock identification：materials and methods. Can. J. Fish. Sci.，38：1838 - 1855.

Johannesson K A，Mitson R B，1983. Fisheries acoustics. FAO Fish. Tech. Pap.，240：249p.

Jones R，1984. Assessing the effects of changes in exploitation pattern Using length composition data. FAO Fish. Tech. Pap.，256：118p.

Krebs C J，1978. Ecology，the experimental analysis of distribution and abundance. 2nd edn，Harper and Row，New York.

Lai H L，1987. Optimum allocation for estimating age composition using age - length key. Fish. Bull.，85 (2)：179 - 185.

Larkin P A，1972. The stock concept and management of Pacific salmon. H. R. MacMillan Lectures in Fisheries. Univ. British Columbia. Vancouver. B. C. 231pp.

MacArthur R H，Wilson E O，1967. The theory of Island biogeography. Princeton University Press，Princeton.

MacCall A D，1984. Report of the working group on resources study and monitoring. FAO Fisheries Report，291 (1)：9 - 40.

Mayr E，Linsley E G，Usinger R L，1953. Methods and principles of systematic zoology. McGraw - Hill，New York and London.

Murawski S A，Lange A M，Sissenwine M P，et al，1983. Definition and analysis of multispecies otter - trawl fisheries off the northeast coast of the United States.

Pauly D，1980. On the interrelations between natural mortality，growth parameters and mean environmental temperature in 175 fish stocks. J. Cons. Int. Explor. Mer.，39 (2)：175 - 192.

Pella J J，Tomlinson P K，1969. A generalized stock production model. Bull. Inter - Am. Trop. Juna Comm.，13：419 - 496.

Pianka E R，1970. On r - and K - selection. American Naturalist，104：592 - 597.

Pitcher T J，Hart P J B，1982. Fisheries Ecology. AVI publishing，Westport，CT.

Pope J G，1972. An investigation of the accuracy of virtual population analysis using cohort analysis. Int. Comm. Northwest Atl. Fish. Res. Bull.，65 - 74.

Ricker W E，1954. Stock and recruitment J. Fish. Res. Board Can.，11：559 - 623.

Ricker W E，1975. Computation and interpretation of biological statistics of fish populations. Bull. Fish. Board. Can.，191：1 - 382.

Royce W F，1984. Introduction to the Practice of Fishery Science. Academic Press，Orlando，Florida.

Saville A，1977. Survey methods of appraising fishery resources. FAO Fish Tech. Pap.，No. 171：76p.

Schaefer M B，1957. A study of the dynamics of the fishery for yellowfin tuna in the eastern tropical Pacific Ocean. Inter - Am. Trop. Tuna Comm Bull.，2：247 - 268.

Sharp G D，1983. Tuna fisheries，elusive stock boundaries and illusory stock concepts Collect. Vol. Sci. Pap. ICCAT/Recl. Doc. Sci. CICTA/Colecc. Doc Cient. CICAA (3)：812 - 829.

Tang Q S，1985. Modification of the Ricker stock reeruitment model to account for environmentally induced variation in recruitment with particular reference to the blue crab fishery in Chesapeake Bay. Fisheries Research，3：13 - 21.

Tang Q S，1989. Changes in the biomass of the Huanghai sea ecosystem. In K. Sherman and L. M. Ale xander (ed) . Biomass and Geography of Large Marine Ecosy stems. AAAS Selected Symposium XXX. Westview Press.

Tang Q S，Deng J，Zhu J，1989. A family of Ricker SRR curves of the prawn under different enviromental conditions and its enhancement poten tial in the Bohai Sea. Can. Spec. Publ. Fish. Aquat. Sci.，XXX：. Vol. 1. A Wiley - Interscience publication.

von Bertalanff L，1938. A quantitative theory of organic growth. Hum. Biol.，10：181 - 213.

Yang J，1982. A tentative analysis of the trophic levels of North Sea fish. Mar. Ecol. Prog. Ser. 7：247 -252.

Modification of the Ricker Stock Recruitment Model of Account for Environmentally Induced Variation in Recruitment with Particular Reference of the Blue Crab Fishery in Chesapeake Bay[①]

QISHENG TANG

[*University of Maryland*, *Center for Environmental and Estuarine Studies*, *Chesapeake Biological Laboratory*, *Solomons*, *MD 20688－0038* (*U. S. A.*)]

Abstract: Tang Q, 1985. Modification of the Ricker stock recruitment model to account for environmentally induced variation in recruitment with particular reference to the blue crab fishery in Chesapeake Bay. *Fish. Res.* , 3: 13～21.

A modification has been made to the simple Ricker stock recruitment model in order to account for density - independent mortality through fluctuating environmental conditions as well as density - dependent mortality. The modified model is applied to the blue crab fishery data from Chesapeake Bay, Maryland.

The model results in a family of stock recruitment curves which assist in the understanding of a complex relationship between spawning stock and recruitment, thereby providing a better basis for recruitment prediction and fishery management. A management strategy for a fishery subject to fluctuating levels of recruitment is also discussed.

Introduction

The stock and recruitment problem is the most serious scientific problem facing those concerned with fishery management (Gulland, 1973) . In the last two decades, numerous studies have addressed this problem (Parrish, 1973; Nelson et al. , 1977; Shepherd and Horwood, 1979; Shepherd and Cushing, 1980; Csirke, 1980; Hennemuth et al. , 1981; Smith and Walters, 1981;

Ludwig and Walters, 1982; Pauly, 1982; Shepherd, 1982; Garcia, 1983) . Because of the complex mechanisms that cause fluctuation in recruitment and the varying environmental conditions that affect the relationship between spawning stock and recruitment, most of these studies have not been useful in forecasting recruitment variability (Rothschild et al. , 1982) .

This paper describes a modification to the Ricker spawning stock—recruitment model in

① 本文原刊于 *Fisheries Research* (Netherlands), 3: 13－21, 1985。

order to assist in the prediction and management of fisheries which are subject to fluctuating environmental conditions. The modified model has been applied to the fishery for blue crab, *Callinectes sapidus* Rathbun, in Chesapeake Bay.

Spawning Stock—Recruitment Models

The first spawning stock—recruitment relationship (hereafter abbreviated SRR) model was described by Ricker (1954) as

$$R=aS\exp(-bS) \tag{1}$$

where R is recruitment, S is spawning stock, a is a parameter related to density - independent mortality and is a scaling factor for the ordinate of a SRR curve, and b is a parameter related to density - dependent mortality and specifies the spawning stock size corresponding to maximum recruitment. With increasing spawning stock, aS represents an arithmetic increasing function, and $\exp(-bS)$ represents an exponential decreasing function. Recruitment is assumed as a result of their interaction.

Other SRR models, expressed by different functional forms, have been developed by Beverton and Holt (1957), Cushing (1973) and Chapman (1973). Shepherd (1982) showed that each of these models has thesame general form

$$R=aSf(bS) \tag{2}$$

where $f(bS)$ is some function of bS.

Both parameters, a and b, were assumed to be constant in all of these models. However, a and/or b may vary with time. Parameter b could be considered characteristic of a stock, and therefore relatively stable for that stock over time. Under this assumption, deviation from predicted recruitment would be attributed mainly to changes in a over time, and thereby to fluctuations in density - independent mortality. This indicates that each a results in a level of recruitment. Thus, if a can be viewed as a variable related to environmental conditions, a might be considered to be a function of environmental conditions

$$a'_t=g[X_1(t), X_2(t), \cdots, X_m(t)] \tag{3}$$

where $X_i(t)$ is some environmental factor at time t and a'_t is an index of environmental conditions affecting density - independent mortality at time t. Substituting (3) into (1) gives a modified Ricker SRR model (4), which is the basis for the analysis and discussion that follow.

$$R_t=g[X_1(t), X_2(t), \cdots, X_m(t)]\,S_t\exp(-bS_t) \tag{4}$$

Estimation of the Parameters

It is difficult to estimate the parameters of eqn. (4), a'_t ($t=1, 2, \cdots, n$) and b, due to the unknown and possibly complicated functional relationships among recruitment, spawning stock and environmental factors. One approach is to divide the estimation procedure into several stages.

(ⅰ) Parameter a and b can be estimated in eqn. (1) by regarding parameter a as an average of the a'_t in eqn. (4)

(ⅱ) Estimates of a'_t can be derived from the data of recruitment and spawning stock together with the estimate of b from Stage (i), i. e.

$$a'_t=\left(\frac{R_t}{S_t}\right)\exp\ (bS_t) \tag{5}$$

(ⅲ) The functional form of the relationship between a' and environmental factors will depend on characteristics of the given stock and environment, and typically will be unknown. For this analysis, the relationship between a'_t and the environmental factors is assumed to be approximately linear (details in the next section), i. e.

$$a'_t=a_0+\sum_{i=1}^{m} a_iX_i\ (t) \tag{6}$$

The parameters a_i can be estimated by multiple linear regression, and a statistical procedure such as step - wise regression might be used to prove whether there is a significant relationship between variability in a'_t and a selected sub - set of environmental factors.

Therefore, from eqn. (4), a family of Ricker SRR curves under different environmental conditions for a given stock will be obtained, based on the available data of recruitment, spawning stock and environmental factors.

Application of the Model

Spawning stock and recruitment data on blue crab in Chesapeake Bay from 1960 to 1979 have been fitted to the standard Ricker SRR model (Tang, 1984). The number in the commercial catch in the winter dredge fishery of Year t was the index of spawning stock, and the number in the commercial catch from August in Year $t+1$ to the following March was the index of recruitment (Table Ⅰ). Estimates for a and b, as in eqn. (1), are $a=10.3393$ and $b=0.026868$. Estimates of the index of environmental conditions a'_t computed from eqn. (5), and the index of recruitment R_t in 1960—1979 are shown in Figure 1. The relationship between recruitment of blue crab and environmental factors had already been examined (Tang, 1984). Significant linear correlations between index of recruitment R_t and daylight (radiant energy), streamflow and salinity were found, and there was some correlation between R_t and water temperature (Table Ⅱ). Therefore, these environmental factors were selected for inclusion in the index of environmental conditions (Table Ⅲ). From high multiple correlation coefficients, R, and significant ($P<0.01$) variance ratio, F, radiant energy, streamflow, salinity, minimum water temperature in winter and annual average water temperature were selected, and estimates for the corresponding a_i (eqn, 6) were calculated by step - wise regression (BMDP2R, Dixon et al., 1981).

$$a'_t=-26.56+0.0441X_1\ (t)\ -0.0445X_2\ (t)\ -0.5773X_3\ (t)\ -0.4945X_4\ (t)\ +2.1266X_5\ (t) \tag{7}$$

$R^2=0.626 \quad P<0.01$

where X_1=average monthly radiant energy

X_2=annual stream flow

X_3=annual average salinity

X_4=minimum water temperature in winter

X_s=annual average water temperature.

Table Ⅰ　Index of recruitment, *R*, and spawning stock, *S*, of blue crab in Chesapeake Bay, 1960—1979①

Year class	*R*	*S*
1960	152.5	32.2
1961	158.9	27.3
1962	155.6	39.3
1963	145.1	49.7
1964	172.8	39.5
1965	179.6	28.3
1966	131.1	45.7
1967	103.2	44.9
1968	156.0	29.6
1969	127.9	23.1
1970	147.1	31.7
1971	138.6	32.9
1972	112.1	37.0
1973	110.4	26.6
1974	106.4	24.2
1975	81.0	13.4
1976	128.8	18.3
1977	110.6	18.4
1978	129.3	19.8
1979	123.7	21.3

Notes：①From Tang (1984)。

Figure 1　Index of environmental conditions，a'_t，and blue crab index of recruitment，*R*，1960—1979

Table Ⅱ Correlation coefficients (r) between index of recruitment of blue crab and environmental factors①

	Radiant energy ($\times 10^5$ kJ · m^{-2})	Flow (cf · s^{-1})	Salinity	Water temperature (℃)		
				Minimum	$\bar{X}$ in Feb.	Annual $\bar{X}$
Recruitment	0.645③	−0.581③	0.518②	−0.259	−0.228	−0.039

Notes: ①From Tang (1984); ②$r_{0.05}=0.444$ ($n=20$); ③$r_{0.01}=0.561$.

Table Ⅲ Environmental factors of Chesapeake Bay, 1960—1979①

Year	Radiant energy ($\times 10^3$ kJ · m^{-2})	Flow (cf · s^{-1})	Salinity	Water temperature (℃)		
				Minimum	$\bar{X}$ in Feb.	Annual $\bar{X}$
1960	388	77.9	12.24	−0.5	3.94	15.00
1961	374	78.6	13.07	0.3	2.65	14.91
1962	386	69.9	14.28	−0.6	2.15	14.64
1963	452	52.2	15.66	0.5	0.62	14.36
1964	394	61.8	14.61	1.2	2.85	14.95
1965	401	49.5	15.95	−1.0	3.05	15.18
1966	399	53.6	16.19	1.8	1.42	14.64
1967	375	76.9	13.85	−0.3	3.46	14.50
1968	399	60.2	13.60	0.8	2.15	14.96
1969	380	54.9	15.50	−0.8	2.16	14.84
1970	384	77.2	13.83	−0.7	1.88	14.99
1971	353	79.1	12.47	2.5	1.40	15.49
1972	345	131.9	10.06	2.0	3.60	14.76
1973	337	95.2	11.57	2.9	3.25	15.52
1974	353	77.1	12.45	2.9	4.98	15.15
1975	343	103.1	11.09	0.0	4.10	15.16
1976	370	84.4	10.29	−1.0	3.71	14.17
1977	350	80.1	12.63	−0.2	1.00	15.01
1978	370	91.3	11.01	0.0	0.21	14.86
1979	365	113.8	10.04	0.3	0.79	14.82

Notes: ①From Tang (1984).

Substituting the right-hand side of (7) for a, and $\hat{b}$ for b, in the Ricker SRR model gives the following modified Ricker SRR model for blue crab in Chesapeake Bay:

$$R=(-26.56+0.0441X_1, -0.0445X_2-0.5773X_3-0.4945X_4+2.1266X_5)S\exp(-0.026868S) \tag{8}$$

$$R^2=0.691 \quad P<0.01$$

A plot of the observed and estimated indexes of blue crab recruitment is shown in Figure 2.

Figure 2　Observed (—) and estimated (- - -) blue crab index of recruitment using eqn. (8), 1960—1979

Discussion

The modified Ricker spawning stock—recruitment relationship developed in this study allows for both density - dependent mortality and varying density - independent mortality. Using this model, fluctuations in blue crab recruitment are explained as depending on both spawning - stock size and environ - mental conditions (Figure 3). Good recruitment requires optimum spawning - stock size and/or favorable environmental conditions.

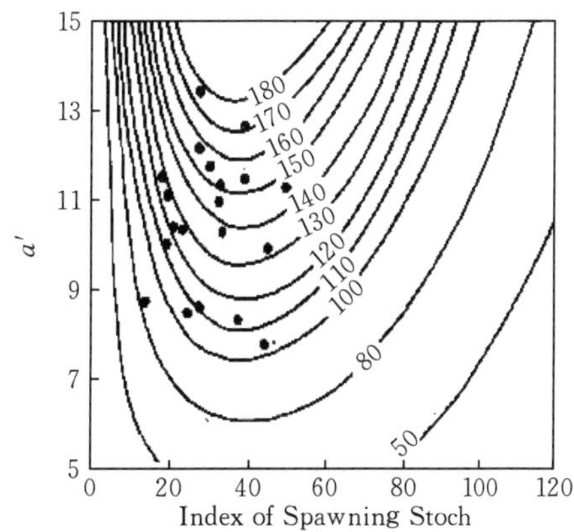

Figure 3　Recruitment contour diagram of a', index of environmental conditions, on index of spawning stock. The contours represent the magnitudes of index of recruitment of blue crab, computed by eqn. (8); the pointsrepresent the observed index of recruitment

With changing environmental conditions from year to year, there is a family of spawning stock—recruitment relationship curves (Figure 4). Each curve represents the relationship between recruitment and spawning stock for a particular set of environmental conditions. There is a spawning stock—recruitment relationship curve for each pair of recruitment and spawning stock figures if the environmental conditions are different from others. Considering a family of curves in this way might provide a better basis for recruitment - prediction and fishery management, especially for short life - span species such as crab and shrimp. Working along these lines, Roth - schild and Gull and (1982) and Garcia (1983) have suggested using SRR curves under different environmental conditions for shrimp fishery management.

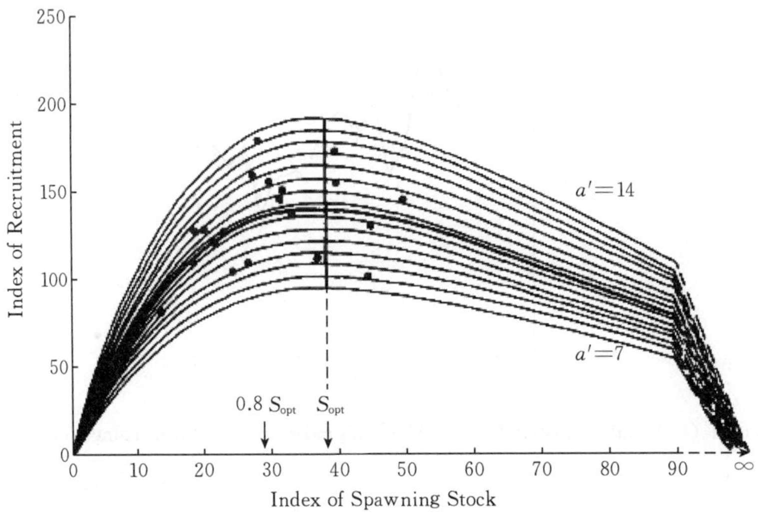

Figure 4 Spawning stock—recruitment relationships for different environmental conditions (——; $a'=7\sim14$) and general Ricker curve (——)

Generally, a basic biological goal of fishery management is to retain a sufficiently large spawning stock from the fishable stock for substainable yield. Furthermore, if a Ricker SRR is assumed, the objective may be to discover how much fishing should be allowed to fish the stock down to the optimum spawning stock (S_{opt}). Because S_{opt} ($=1/b$) is independent of parameter a, S_{opt} is invariable over the whole of the family (Figure 4). However, the fishing effort allowed to fish the fishable stock to S_{opt} may change from year to year depending on recruitment. In years of good recruitment, more fishing effort is allowed to produce S_{opt} than in years of poor recruitment. An estimate of recruitment is therefore necessary to determine the allowed level of fishing effort in each year. Using the approach presented in this paper, it may be possible to estimate recruitment from an appropriate index of spawning stock size and measurements of selected environmental factors. In practice, producing a spawning stock of exactly S_{opt} may be neither possible nor necessary. The SRR curve for many fish stocks (Ricker, 1975; Cushing, 1981; Pitcher and Hart, 1982), including blue crab in Chesapeake Bay, is quite flat between 0.8 S_{opt} and 1.0 S_{opt}. Consequently, total allowed fishing efforts that fish the stock down to between 0.8 and 1.0 S_{opt} may be an adequate objective that would result in approximately maximum recruitment for all curves in the family.

Acknowledgements

The author wishes to express his appreciation to B. J. Rothschild, E. D. Houde and R. E. Ulanowicz, of the University of Maryland, Chesapeake Biological Laboratory (CBL), and J. A. Gulland and S. Garcia, of FAO, for their useful comments on the manuscript, and to D. G. Heimbuch, of CBL, for his assistance with the revision of the original manuscript.

References

Beverton R J H, Holt S J, 1957. On the dynamics of exploited fish populations. Fish. Invest. London, Ser. Ⅱ, 19: 1-533.

Chapman D G, 1973. Spawner - recruit model and estimation of the level of maximum sustainable catch. Rapp. P. - V. Reun., Cons. Int. Explor. Mer., 164: 325-332.

Csirke J, 1980. Recruitment in the Peruvian anchovy and its dependence on the adult population. Rapp. P. - V. Reun., Cons. Int. Explor. Mer., 177: 307-313.

Cushing D H, 1973. The dependence of recruitment on parent stock. J. Fish. Res. Board Can., 30: 1965-1976.

Cushing D H, 1981. Fisheries Biology. The University of Wisconsin Press, 295 pp.

Dixon W J, Brown M B, Engelman L, et al, 1981. BMDP Statistical Software 1981. University of California Press, Berkeley, CA.

Garcia S, 1983. The stock - recruitment relationship in shrimps: reality or artefacts and misinterpretations? Oceanogr. Trop., 18 (1): 25-48.

Gulland J A, 1973. Can a study of stock and recruitment aid management decisions? Rapp. P. - V. Reun., Cons. Int. Explor. Mer., 164: 368-372.

Hennemuth R C, Palmer J E, Brown B E, 1981. A statistical description of recruitment in eighteen selected fish stocks. J. Northwest Atl. Fish. Sci., 1: 101-111.

Ludwig D, Walters C, 1982. Measurement errors and uncertainty in parameters estimates for stock and recruitment. Can. J. Fish. Aquat. Sci., 38: 711-720.

Nelson W R, Ingham M C, Schaaf W E, 1977. Larval transport and year - class strength of Atlantic menhaden, *Brevoortia tyrannus*. Fish. Bull., 75: 23-41.

Parrish B B (Editor), 1973. Fish stocks and recruitment. Proc. Symp., Aarhus, 7-10. July 1970, Rapp. P. - V. Reun., Cons. Int. Explor. Mer., Vol. 164, 372 pp.

Pauly D, 1982. A method to estimate the stock - recruitment relationship of shrimps. Trans. Am. Fish. Soc., 111: 13-20.

Pitcher T J, Hart P J B, 1982. Fisheries Ecology. AVl Publishing, Westport, CT, 414 pp.

Ricker W E, 1954. Stock and recruitment. J. Fish. Res. Board Can., 11: 559-623.

Ricker W E, 1975. Computation and interpretation of biological statistics of fish populations. Bull. Fish. Res. Board Can., 191: 1-382.

Rothschild B J, Gulland J A, 1982. Interim report of the workshop on the scientific basis for the management of penaeid shrimp. NOAA Tech. Memo. NMFS-SEFC-98, 66 pp.

Rothschild B J, Clark C, Hennemuth R, et al, 1982. Report of the Fisheries Ecology Meeting 6/81, NOAA/WHOI-82-28, 31 pp.

Shepherd J G, Cushing D H, 1980. A mechanism for density - dependent survival of larval fish as the basis of a stock - recruitment relationship. J. Cons. Int. Explor. Mer., 39: 160-167.

Shepherd J G, Horwood J W, 1979. The sensitivity of exploited populations to environmental "noise" and the implication for management. J. Cons. Int. Explor. Mer., 38: 318-323.

Shepherd J G，1982. A versatile new stock - recruitment relationship for fisheries，and the construction of sustainable yield curves. J. Cons. Int. Explor. Mer.，40：67 - 75.

Smith A D M，Walters C J，1981. Adaptive management of stock - recruitment systems. Can. J. Fish. Aquat. Sci.，38：690 - 703.

Tang Q，1984. On fluctuations in recruitment of the blue crab in Chesapeake Bay. Submitted for publication.

种群数量变动①

唐启升，黄斌

鱼类种群的数量及其数量变动特征是种群本身特性和外界环境因素相适应的结果，常处在不稳定状态，又有向稳定状态发展的倾向。鱼类种群数量变动是渔业资源评估的基础。

一、种群的定义

种群（population）指的是在特定时间内占据特定空间的同种有机体的集合群（Krebs，1978）。种群是仅次于种下的一个分类单位，也是渔业资源评估的单元。例如，太平洋鲱广泛分布于北太平洋近岸水域，其中分布在黄海区的一支，每年秋冬季集中栖息于黄海中部深水区，早春游向山东半岛东部及辽东半岛东南部沿岸水域产卵，夏季鱼群广泛分布于黄海中北部深水区觅食肥育，黄海鲱鱼向南分布区一般不超过北纬34°，这种洄游分布规律年复一年。因此，这支鲱鱼可被定为一个种群单位，称太平洋鲱黄海种群，简称黄海鲱鱼。

在渔业科学研究中，还经常用群体（stock）这个术语，如捕捞群体、生殖群体等。群体不像种群那样有严格的定义，它却包含着更多的渔业特定含义。Gulland（1969）认为，能够满足一个渔业生产模型的那部分鱼就可称为群体。Ricker（1975）认为，群体可以被看作是种群下的一个研究单位。例如，黄渤海对虾种群，其中渤海对虾是一个群体，群体也被看成是资源评估和渔业管理的基本单位。在某一特殊情况下，如果相邻两个种群的数量变动同时受与密度有关的死亡因素和与密度无关的依赖死亡因素的影响，当后者影响明显超过前者时，这两个种群的出生率和自然死亡等可能极相似，处在这种条件下，可以把这两个种群作为一个群体看待，用以解决资源评估和渔业管理中的实际问题。

群体定义不是十分严格的，在某种意义上讲，这个术语仅是渔业科学中的一个工作定义。另外，在一些渔业资源专著中（Ricker，1975；Cushing，1981；Gulland，1983）还有一些其他术语，例如可用群体（usable stock）、利用群体（utilized stock）、有效种群（virtual population）和理想种群（ideal stock，ideal population）等，这些术语都有特定的含义，都是因研究的实际需要而产生。

种群通常可分成两个部分，补充部分（也称补充群体）和剩余部分（也称剩余群体），这两部分群体具有不同的标准含义。其中补充群体有两种定义方法，一种是生物学标准，凡是第一次参加产卵的那些个体统称为补充群体，重复产卵的那些个体统称为剩余群体；另一种是以捕捞作业为标准，凡是第一次与网具相遇能被大量捕捞的那些个体称补充群体，余下

① 本文原刊于《渔业生物数学》，12-41，北京：农业出版社，1990（12-40，基隆：水产出版社，1993）。

者称剩余群体。如果捕捞作业仅限于产卵场，仅仅只能捕捞生殖的鱼群，那么这两种标准的定义结果实际上成为一样了。如果捕捞作业范围扩大，时间延长，不仅会利用产卵鱼群，还会捕捞到索饵、越冬的鱼群，那么这两种定义的结果将成为完全不同了。以黄海鲱和蓝点马鲛为例，从生物学标准看，两者的补充群体都是 2 龄鱼。从捕捞标准看，补充群体有所不同，蓝点马鲛为 1 龄鱼和当年生的鱼，黄海鲱鱼为 1 龄鱼。从而进一步分析看出按生物学标准定义补充群体，属纯客观标准。按捕捞定义补充群体是个人为可控的变量，这种可控变量与网目尺寸有关。我们在模型中往往以采用捕捞定义补充群体较为方便。

二、种群的群体特征

种群的特征有两种：一是生物学特征，包括产卵、生长和摄食等。种群的生物学特征是以个体的特性为基础，可以通过处理后的个体观察资料获得。另一是种群的群体特征，包括种群数量、密度、出生率、死亡率、年龄结构、基因组成和分布类型等。种群的群体特征是以“群”为基础，而不是个体性状的累加或平均数。

1. 数量和密度

当一个生物种群引起渔业者的兴趣或者成为捕捞对象时，人们不仅关心这个种的质量和经济价值，同时更关心它的种群大小和数量多少，即种群密度。种群密度通常是指单位面积或空间中个体数量或生物量。一般来说，一个种群的生存空间，食物保障，在生态系统中的营养层次以及对环境的适应程度已基本决定了该种群的密度或大小，即是说种群的密度或大小取决于种群本身的特征。在一个长时间序列里，种群密度在一定范围内的变化是明显的。另外，种与种之间或者种内地域间种群的密度变化也是很大的。因此，无论是研究者还是渔业者，对于密度的变化一系列内容，如年间变化、变化的幅度、种群大小的上限等是十分感兴趣的。为了度量种群密度及其变化，在实践中产生了一些测量方法，概括地讲有两种：

(1) 绝对密度的测量：采取直接计数和取样计数两种方法。对于大多数海洋鱼类或其他捕捞对象都不能采取直接计数的方法来测量密度，即便像海豹那样的大型哺乳类，也只有在繁殖季节，当海豹聚集在一起时，才有可能计算出单位面积里的数量。因此，在海洋渔业研究中直接计数法使用不多。Petersen 的标志重捕法或称普查采样法是早期研究鱼类种群密度的一个重要方法（Ricker，1975）。这个方法的基本原理是根据标志鱼的总数量和重捕标志鱼的数量占取样（或捕捞）样品的比例估计种群的绝对密度和大小。例如，Dahl 于 1919 年在挪威一个小湖里标志了 109 尾鳟鱼，数月后捕捞了 177 尾，其中有标志鱼 57 尾，那么，这个小湖鳟鱼种群的数量（N）估计为：

$$N=109\times\frac{177}{57}=388.5\text{（尾）}$$

在渔业资源调查中，更经常使用的绝对密度测量方法，是使用船只在海上进行实地取样调查，例如根据单位面积内的渔获量或卵子数量等估计绝对密度，这一类方法在联合国粮食及农业组织的渔业技术报告中已有了详细报道（Alverson，1971；Mackett，1973；Gulland，1975；Saville，1977）。值得特别提及的是随着现代科学技术的发展，应用水声学原理和技术测量鱼类种群的绝对密度的方法得到迅速发展（请阅本书第八章）。70 年代以来，在世界渔业资源调查中广泛应用，已被公认为是一种颇有前途的种群绝对密度的测量方法（Johanaesson 和 Mitson，1983）。目前，这个方法已在我国黄、东海鳀鱼及其他渔业资源的绝对数量的调查评估中使用。

(2) 相对密度的测量：在绝对密度的测量方法难以实现的情况下，寻求一个相对量来表达种群的密度是十分现实而有效的。测量相对密度最常使用的方法有两种：一种是使用专用的调查船只和网具在现场直接获得实测的相对资源量指标；另一种是根据渔捞统计资料获得单位捕捞力量渔获量。这两种方法在我国毛虾、对虾、小黄鱼、黄海鲱鱼、蓝点马鲛、大黄鱼、带鱼和蓝圆鲹等渔业资源预报中都已广泛应用。

2. 出生率

出生率是种群增长的固有能力，描述种群新个体的补充速率。对于大多数鱼类和无脊椎种类来说，绝对出生率表示为一个生殖季节里种群产生后代的数量，而相对出生率可用一对亲体或一个雌体在一个生殖季节里产生后代的数量来表示。无论是绝对出生率还是相对出生率，都是指种群水平上的繁殖后代的能力，而不是个体的最大或最小的生殖力。

由于种群的大小、组成和环境条件的不同，出生率往往不是恒定不变的。在理想条件下，在最适的环境条件、最佳的年龄结构和足够的亲体数量情况下，种群会出现最大出生率，即出现最大补充量的理论上限。但是在实际中，要测出最大出生率是比较困难的，然而在种群动态、渔业管理和资源增殖研究和实践中，人们又需要了解种群的最大补充量、最大持续产量和最大增殖潜力。因此，测定最大出生率仍是一个重要的研究目标。一般来说，种群每一个特定的出生率仅表示了一种特定生态环境条件下的特定出生率或称生态出生率，它们代表了出生率的一般特征。表 2-1 提供了 1970—1979 年渤海对虾和黄海鲱鱼种群出生率的实际状况。渤海对虾的生殖群体基本是由一个世代的个体组成，黄海鲱的生殖群体则由多

表 2-1　两个渔业种群的出生率及渤海对虾和黄海鲱有关参数

渤海对虾										
年　份	1970	1971	1972	1973	1974	1975	1976	1977	1978	1979
亲体数量 $S\times10^4$	447	377	173	1 036	3 037	1 285	348	243	369	318
绝对出生率 B_1	31 036	24 502	29 445	88 980	97 592	69 172	30 099	61 135	79 300	107 253
%	50.2	39.6	47.6	143.9	157.8	111.8	48.7	98.8	128.2	173.4
相对出生率 B_2	69.4	65.0	170.2	85.9	32.1	53.8	86.5	251.6	214.9	337.3
%	50.8	47.6	124.5	62.9	23.5	39.4	63.3	184.1	157.2	246.8
黄海鲱										
年　份	1970	1971	1972	1973	1974	1975	1976	1977	1978	1979
亲体数量 $S\times10^4$	18 880	8 822	112 615	16 531	6 545	4 918	11 579	2 185	3 981	2 669
平均年龄 A	3.15	3.57	2.10	2.99	2.49	3.58	2.09	2.76	2.19	2.26
个体生殖力 $IF\times10^4$	4.59	4.98	3.16	4.79	3.67	3.99	3.20	4.40	3.31	3.48
种群生殖力 $PF\times10^8$	43 330	21 967	177.932	39 509	12 010	9 812	18 527	4 807	6 589	4 644
绝对出生率 B_1	267 640	10 831	53 192	15 279	103 666	5 949	18 639	17 472	48 536	18 914
%	477.8	19.3	95.0	27.3	185.1	10.6	33.3	31.2	86.7	33.8
相对出生率 B_2	28.36	2.46	0.94	1.84	31.64	2.42	3.22	16.00	24.38	14.18
%	226.1	19.6	7.5	14.7	252.2	19.3	25.7	127.6	194.4	113.0
相对出生率 B_3	6.18	0.49	0.30	0.39	8.63	0.61	1.01	3.63	7.37	4.07
%	189.1	15.0	9.2	11.9	264.1	18.7	30.9	111.1	225.5	124.5

注：B_1=补充量 (R)；$B_2=R/S$；$B_3=R/PF$；$PF=S\cdot IF\cdot OS$（雌性比例）；%=每年实际出生率占十年平均出生率的百分比。

个世代的个体组成。它们基本代表了两种不同类型的生殖群体。在这两个实例中，用补充量表示绝对出生率，用一尾雌虾或雌鱼每年产生的后代数量表示相对出生率。为了便于比较，出生率分别用实际数量和百分比来表示。这两个实例，除了反映这两个种群出生率的各自特征（例如黄海鲱出生率年变化较大，而渤海对虾的出生率相对稳定一些），也反映出一些共有的特征：

（1）绝对出生率和相对出生率的变化趋势并不一致，表明影响出生率变化的原因是十分复杂的；

（2）出生率的变化直接反映了种群数量变动的规律和特点。

由此可见，出生率是种群重要而又复杂的群体特征之一。

3. 死亡率

与出生率相反，死亡率描述的是种群个体减少的状况。在自然界中，由于各个种群生活在各自特定的生态环境条件内，以及受到生境本身的经常变化，不仅各个种类之间的死亡率各不相同，即便是同一个种中，各种群、年龄间及不同发育阶段的死亡率也不相同。因此，死亡率如同出生率一样也是一个重要而又复杂的群体特征，直接指出了种群数量变动规律。

死亡率可以用特定时刻中死亡的个体数来表示，也可以用整个种群与死亡的个体数的比表示。在某种特定生态条件下种群丧失的个体数称为生态死亡或实际死亡，相应地，种群的平均寿命称为生态寿命。生态寿命常常低于在理想条件下的个体生理寿命。在有捕捞情况下，种群的平均寿命或称渔捞寿命低于生态寿命和生理寿命，在捕捞过度的情况下，由于种群的死亡速率加快了，渔捞寿命明显缩短。在捕捞群体中，死亡又分为两类：一是渔捞死亡，即由于捕捞作业而造成的个体死亡；二是自然死亡，即除捕捞因素外，其他所有原因引起的个体死亡，包括环境的影响、被捕食、寄生生物、病害、缺少食物以及与生殖和密度有关的死亡等。这两类死亡合称为总死亡。关于这两类死亡的测定方法在以后的章节中将有详细情述。这里我们引用生命表的概念来描述这种群死亡的一般规律。

生命表是人口统计学者所设计的统计方法。从理论上讲，一个完美的生命表不仅能够完整地描述种群的生态学特征，同时也能推论出控制种群动态的主要因子。在实际应用中，由于人们常常对存活的个体数量更感兴趣，用存活曲线的形式描述种群的死亡状况颇为普遍。Pearl 根据生命表的研究将自然神群的存活曲线分为三种类型：类型Ⅰ表明个体死亡主要发生在老年，或者说主要是由于衰老而死亡，如人类和许多大型动物；类型Ⅱ表明个体死亡在各年龄间是一个常数，例如许多鸟类；大多数鱼类、海洋无脊椎动物属于这种类型。类型Ⅲ，即生命早期阶段个体死亡率很高，之后或接近性成熟时，死亡降低且较稳定（图 2-1）。在自然种群中，更多见的情形是介乎于类型之间的中间类型，

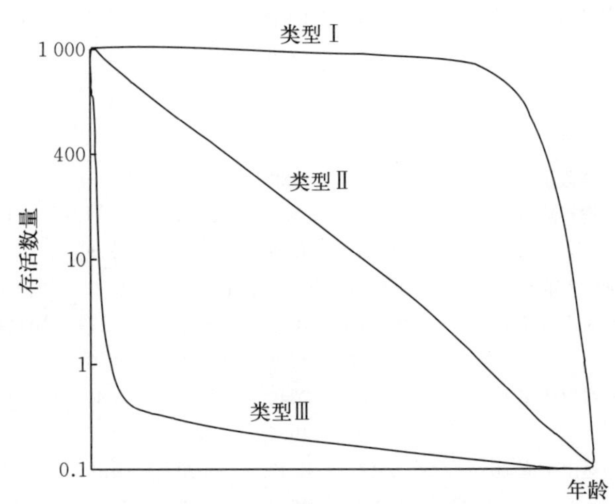

图 2-1 三种典型的存活曲线

（引自 Krebs，1978）

另外，受人类的干扰和生态环境的改变，种群死亡发生了变化，也会使特定的存活曲线发生某些变化。

表 2-2 提供了一个海洋鱼类种群生命表的实例，详细地描述了黄海鲱生命表的实际状况。表中 A 部分表示 10 个世代（1971—1980 年）鲱鱼各年龄组个体存活数量、存活率、个体死亡数量、死亡率和生命期望（或称该年龄组个体的平均余年）的平均状况；表中 B 部分是一个强盛世代（1970 年）生命表的特例，这个世代 1 龄鱼的资源数量差不多等于 1971—1980 年世代 1 龄鱼资源数量的总和。两者的存活曲线的量级虽有很大差别，但是趋势基本一致，从而揭示出了黄海鲱死亡的基本特征；即在生命早期阶段死亡率很高，往后明

表 2-2　黄海鲱生命表[①]

A. 平均状况下（1971—1980 年）世代生命表					
年龄 X	特定年龄的个体存活数 n_x	特定年龄的存活率 $l_x=\frac{n_x}{n_o}\times 1\,000$	特定年龄的个体死亡数 $d_x=n_x-n_{x+1}$	特定年龄的个体死亡率 $q_x=\frac{d_x}{n_x}$	生命期望 $e_x=\frac{T_x}{n_x}$
0	$30\,062.7\times10^8$	1 000	$30\,059.2\times10^8$	0.999 9	0.50
0.5	$34\,591.2\times10^4$	0.115 1	$3\,293.1\times10^4$	0.095 2	1.99
1	$31\,298.1\times10^4$	0.104 1	$14\,099.0\times10^4$	0.450 5	1.14
2	$17\,199.1\times10^4$	0.057 2	$14\,664.7\times10^4$	0.852 6	0.67
3	$2\,534.4\times10^4$	0.008 4	$2\,197.2\times10^4$	0.867 0	0.66
4	337.2×10^4	0.001 1	298.4×10^4	0.884 9	0.67
5	38.8×10^4	0.000 13	25.6×10^4	0.659 8	0.98
6	13.2×10^4	0.000 04	7.7×10^4	0.583 3	0.92
7	5.5×10^4	0.000 02	5.5×10^4	1.0	0.50
8	0	—	—	—	—
B. 一个强盛业代（1970 年）的生命表					
X	n_x	l_x	d_x	q_x	e_x
0	$43\,330\times10^8$	1 000	$43\,300\times10^4$	0.999 3	0.50
0.5	$295\,800\times10^4$	0.682 7	$28\,160\times10^4$	0.095 2	2.33
1	$267\,640\times10^4$	0.617 7	$70\,433\times10^4$	0.263 2	1.52
2	$197\,207\times10^4$	0.455 1	$129\,530\times10^4$	0.656 8	0.87
3	$67\,677\times10^4$	0.1 562	$59\,124\times10^4$	0.873 6	0.63
4	$8\,553\times10^4$	0.019 7	$8\,258\times10^4$	0.965 5	0.54
5	295×10^4	0.000 7	248×10^4	0.840 7	0.75
6	47×10^4	0.000 1	29×10^4	0.617 0	1.07
7	18×10^4	0.000 04	9×10^4	0.5	1.00
8	9×10^4	0.000 02	9×10^4	1.0	0.5
9	0	—	—	—	—

注：n_x的资料引自表 2-1 和唐启升（1986）；$T_x=\sum_{x}^{\infty}L_x$；$L_x=\frac{n_x+n_{x+1}}{2}$；关于生命表的详细内容和参数计算见 Krebs，1978。

显降低且较稳定（图 2－2）。我们也注意到这两条曲线也有一个明显的差别，即 A 和 B 曲线初始值的差别不太大（约 1∶1.4），但是在 0.5 龄之后差别明显增大（约 1∶8.6），这种差异显然与引起生命早期阶段死亡率变化的生态条件有关。图中上部两条虚线（A' 和 B'）是假设没有捕捞情况下的存活曲线，不言而喻，随着捕捞进行，加快了个体死亡，缩短了种群的平均寿命，从而也改变了存活曲线的性状。

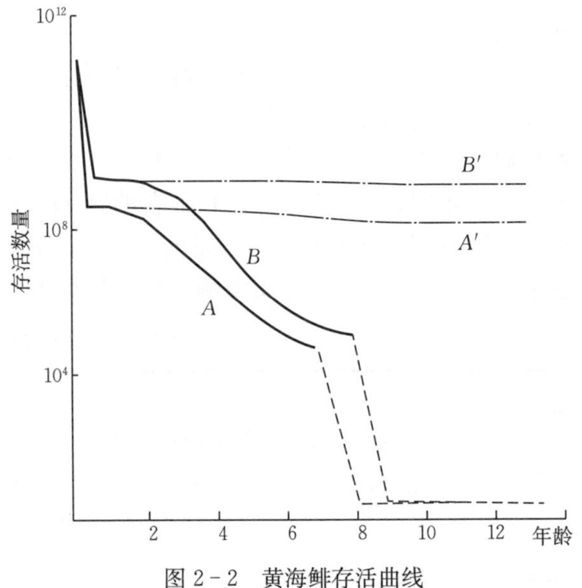

图 2－2 黄海鲱存活曲线

A 和 A' 表示 1971—1980 年世代的平均状况 B 和 B' 表示 1970 年世代存活曲线

4. 年龄结构

年龄结构是补充、生长和死亡三个过程相互作用的结果。一份完整的年龄组成资料能展示出群体的生物学特征和现状，预示出未来可能出现的情况。因而年龄结构是种群动态和资源评估研究中最基本的数据表。在这里，“年龄”成为专用术语，它不再表示一个特定的时间概念，可以是年、月、日或者用另外一些时间单位来表示。

从理论上讲，种群倾向于形成一个稳定的年龄结构，即各年龄个体的比例多少是恒定的（Odum，1971）。在自然种群中，由于生态环境的影响，人类的干预，或者其他种群暂时性的迁入和迁出，现实中稳定的年龄结构几乎是不存在的，我们所见到的常常是实际的年龄组成，即种群在某种特定条件下或特定时间内出现的特定的年龄结构。一般来说，现实的年龄组成可分为两大类型：单龄结构和多龄结构。

（1）单龄结构：情况比较简单，是由同一个生殖季节出生的个体或者绝大多数是由同一个生殖季节出现的个体组成，其他可以忽略不计，寿命约为一个生殖周期，如渤、黄、东海的一些无脊椎种类毛虾、对虾、日本枪乌贼和曼氏元针乌贼等。

（2）多龄结构：情况比较复杂，是由不同生殖季节显出生的个体组成，包括若干个年龄组，如大多数海洋鱼类。由于海洋鱼类的潜在出生率极高，当某年出现不寻常的高存活率时，便会出现一个实力很强的世代，并影响到以后几年的年龄组成。例如，黄海鲱 1970 年出生的个体数量为 1969 年出生的个体数量的 57 倍，强盛的 1970 年世代明显地影响到 1972—1974 年黄海鲱生殖群体的年龄组成。另外，从图 2－3 可以看出，由于世代数量的剧烈变化，1967—1984 年黄海鲱群体年龄组成并不存在一个稳定的优势年龄，或者群体是以某一部分（剩余或补充）为主，世代实力的强弱明显地影响了各年龄组在年龄组成中的分量，而使年龄组成处于多变状态。因此，多龄结构的稳定性和变异性在很大程度上取决于世代实力的变化。

从我国海洋主要经济鱼类的情况看，多数种类世代波动幅度相对较小，年龄结构亦趋向于相对稳定。如黄、东海的蓝点马鲛捕捞群体年龄组成（图 2－4），在近 20 年里，由于强

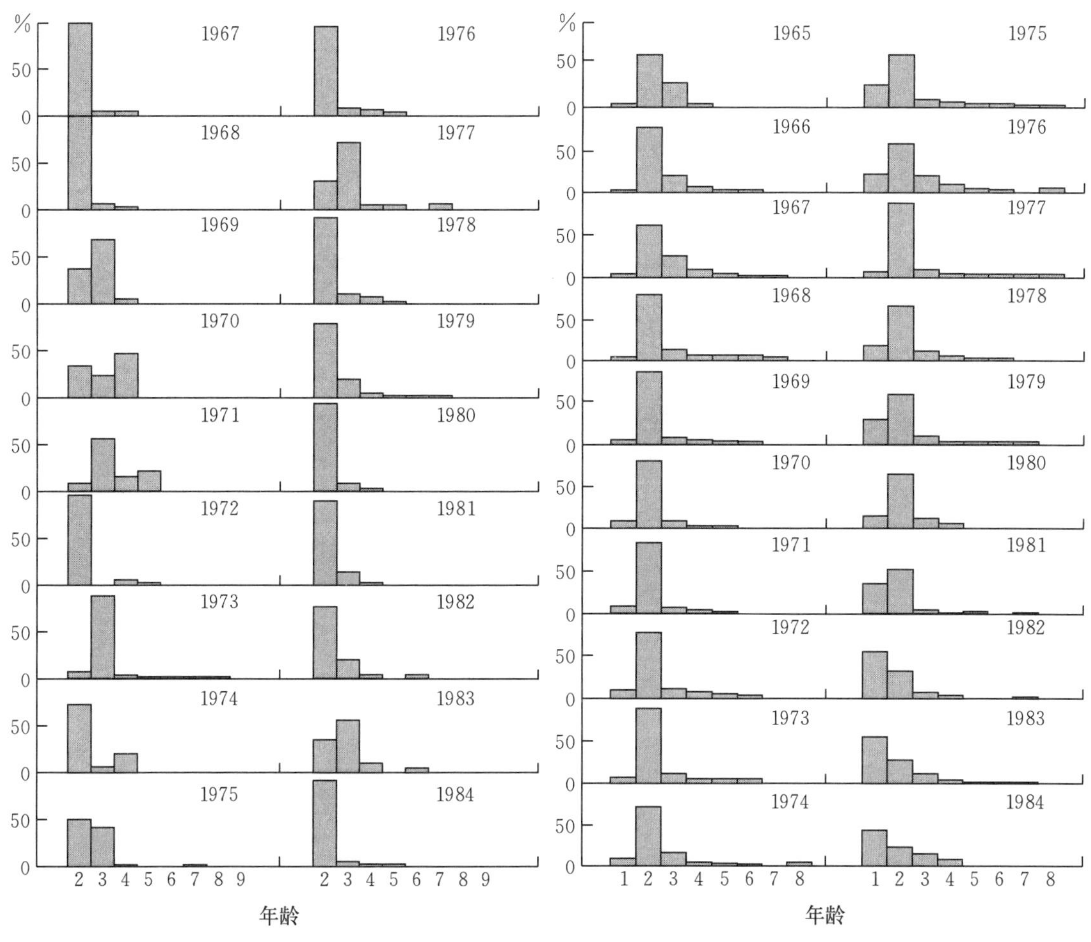

图 2-3 黄海鲱生殖群体年龄组成

图 2-4 蓝点马鲛流网渔业捕捞群体年龄组成
（引自朱德山和韦晟，1983）

世代和弱世代数量相差较小，年龄结构比较稳定，群体基本以 2 龄鱼为主。但是，随着种群被开发利用的情况，这种相对稳定的年龄结构是十分脆弱的。一个典型的事例是东海大黄鱼捕捞群体年龄结构的变化。图 2-5 表明，1957—1964 年间，大黄鱼捕捞群体组成以剩余部分为主（1～14 龄鱼，占 70%）；60 年代后期，随着捕捞强度增大和不合理的捕捞，群体结构发生了变化，补充部分（1～3 龄鱼为主）与剩余部分各占一半；到 70 年代，由于补充型过度捕捞，年龄结构发生了根本的变化，1～3 龄鱼占 70%～80%，生殖群体的结构也由以剩余部分为主的类型，同时还出现了性成熟年龄提前的现象。类似的现象在东海带鱼种群中也较明显（林景祺，1985）。这些事例表明，在一定的条件下，人类的干预将会明显地改变种群的年龄结构。换言之，年龄结构的变化不仅取决于种群本身的特征和环境的影响，同时也反映了人类干预的程度。如我国海洋主要经济鱼类种群年龄结构低龄化的倾向就是过度捕捞的一个佐证。因此，加强对年龄资料的收集和累积，特别是对世代的发生量、补充量和各个不同时期的生长、性成熟和死亡等资料的收集，随时掌握年龄结构的变化及其原因，是十分有益的。

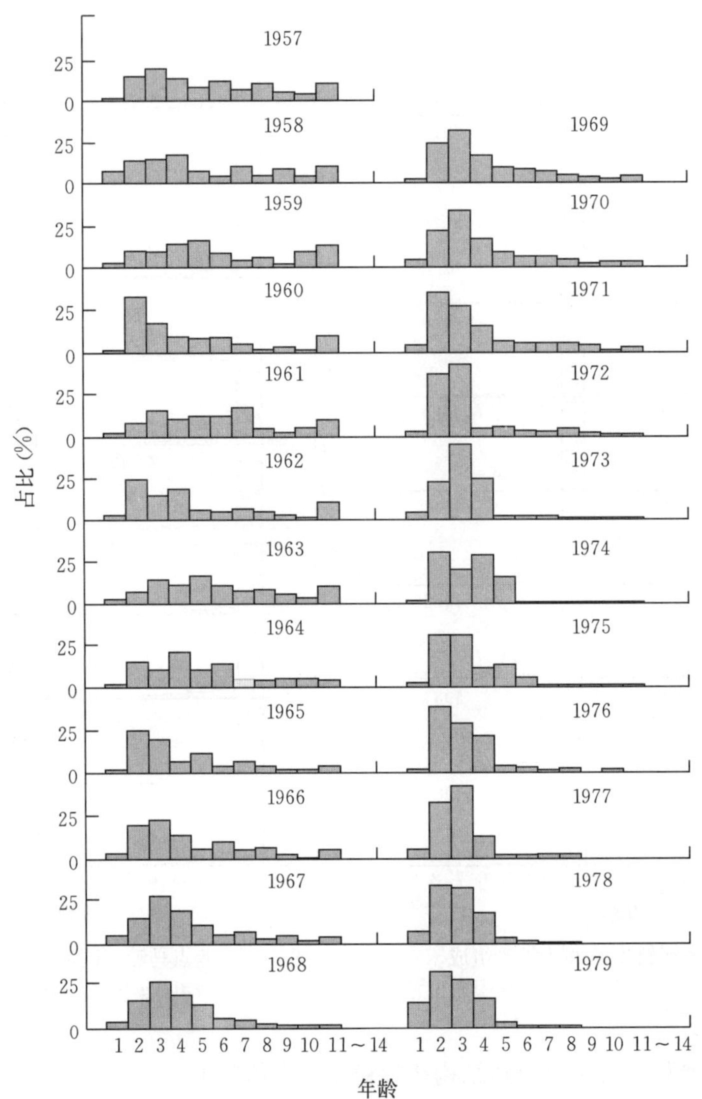

图 2-5 东海大黄鱼捕捞群体年龄组成

（引自 Huang 和 Walters，1983）

三、种群的动态特性

数量变动是生物种群普遍存在的一种自然现象。即使在实验室里或在饲养池内培养的鱼类种群，在环境条件固定不变或可控的情况下，也会出现数量变动。何况，对于自然种群或渔业的捕捞群体来说，影响种群数量的因素则更增加了，变动变得更加明显而普遍。因此，从广义上讲，种群数量具有显著的动态特性。

数量变动的幅度依种群本身的结构、特征以及对环境的适应性而不同，同时，在变动的形式和节律上亦有不同。多数种群的数量变化是围绕一个平均水平上下波动，且波动有一定的限度。我们认为，黄、东海毛虾、对虾、蓝点马鲛、大黄鱼、带鱼等主要经济种类近二十年内的种群数量变动基本上符合这一规律，其变异系数（CV）十分相近，约为 19%～55%。变异系数在统计学上是一个无量纲的数值，反映了数值相对离散程度，以它为指标（可称之为变动系数）能够表达正常情况下数量变动的幅度，揭示不同种群数量变动的类型。从图 2-6 给出的变动系数水平看，上述 5 种主要经济种类种群数量变动属于一种平稳波动类型。有些种群的数量变动则极为剧烈。一个典型事例是远东拟沙丁鱼，该鱼种 1936 年在日本沿海的渔获量曾达 160 万 t，随后剧烈下降，1965 年不足 1 万 t，70 年代资源迅速回升，1984 年渔获量高达 415 万 t，可以说种群数量变动了几百倍。黄海鲱种群数量亦属于剧烈波动类型，种群丰盛时期，数量大增，渔业兴旺（如 1900，1938 年前后），随后到来的则是种群衰落、数量大减、渔业消失。如果说在近二十年内是黄海鲱种群的兴旺时期，那么图2-6 表明，即使在兴旺时期这个种群数量剧烈波动的特点也是十分明显的，其变动系数为 110%。

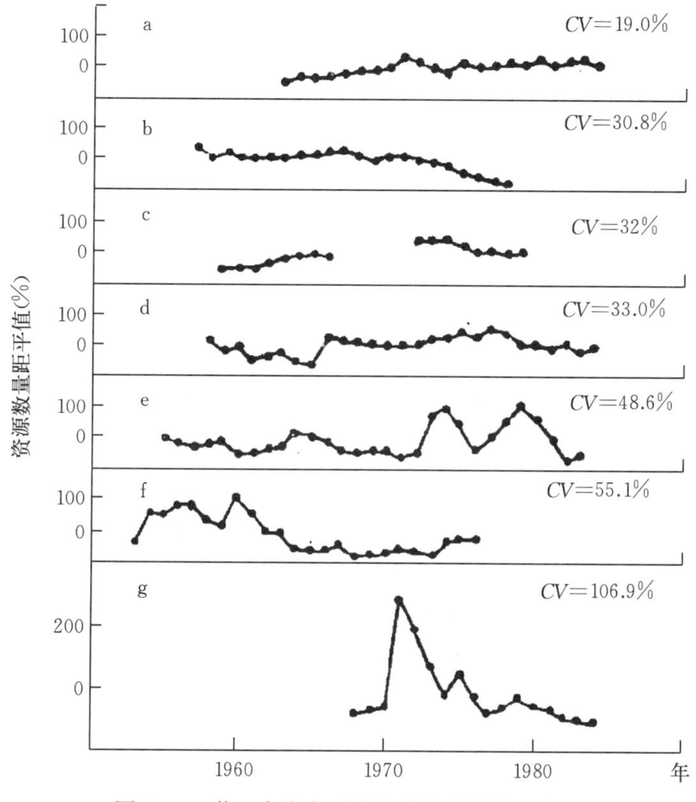

图 2-6　黄、东海主要渔业种类种群数量变动

a. 蓝点马鲛　b. 大黄鱼　c. 带鱼　d. 毛虾　e. 对虾　f. 小黄鱼　g. 鲱

数量波动剧烈的种群其变动规律常常显示出一定的周期性。Никольский（1974）综述了北半球 18 种鱼类的种群数量周期性变动规律，指出许多种群如鳕、鳊、鲑鳟、拟鲤等有 3～5 年或 9～11 年的变动周期，闪光鲟等有 30～50 年甚至 110 年的变动周期。近藤惠一等报道（1976）远东拟沙丁鱼变动周期之长可达数十年至上百年。黄海鲱种群数量亦有周期性变动，约 30～40 年（唐启升，1981）。

引起种群动态变化的原因是复杂的、多方面的，常常也是综合性的。通常将影响因素归结为内因和外因两个主要方面。

内因型影响因素主要来自种群本身的动态，如种群的自身调节。Никольский（1974）指出：一切鱼种的种群均具有保证其数量和生物量相应于食物数量的调节适应系统。这种调节适应系统常常通过密度制约因素发挥作用，例如在一个有限空间里，当种群数量逐渐接近其上限时，密度制约因素（如与竞食、占据生存空间和疾病有关的死亡等）像机器的调节器一样，成为阻止种群数量过剩的主要机制。这种现象从对虾、鲱鱼、大黄鱼、带鱼、蓝点马鲛等种群的亲体与补充最关系中可以得到证实，即过多的亲体数量或产卵量将会抑制种群补充量的大量增长（参阅本书第五章）。另外，种群的年龄结构、生长、性成熟、寿命和种间或种群间的相互作用等也是一些内因型影响因素。内因型影响因素作为种群的属性特征，通常对其数量变动的影响较为规律。如图 2-7 所示，随着种群数量的增长，内因型影响因素（如密度制约因素）的作用逐渐增大，这种影响与外因型因素共同作用的结果，使种群维持“稳定状态”或者限制种群在其特定的数量变动幅度内波动。

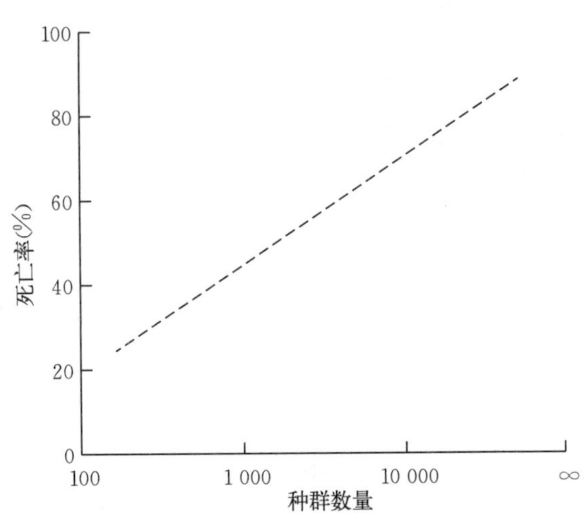

图 2-7 密度依赖死亡与种群数量的关系

外因型因素指的是影响种群数量变动的各种非生物因素，如海洋或大气环境条件的变化。某些海气现象（如爱尔尼诺现象、海洋环流系统的变化、海气相互作用引起的海洋或气候变化等）对世界一些重要的渔业种群（如秘鲁鳀、太平洋美洲沿岸沙丁鱼、日本沿岸沙丁鱼、大西洋-斯堪的纳维亚鲱和北海道鲱等）的资源数量的显著影响早已为世界渔业科学家所确认。70 年代以来许多研究者致力于这方面的研究。Cushing 和 Dickson（1976）系统总结了北大西洋渔业种群的盛衰与气候变化的关系，确认环境条件是影响种群数量变动的重要因素。Dcw（1977）发现缅因湾 30 余种海洋、河口鱼类和无脊椎种类的渔业资源数量与海水表层温度密切相关（表 2-3 至表 2-5）。Anthony 和 Fogarty（1985）收集的多年资料，进一步说明缅因湾鲱种群数量与温度关系密切（图 2-8）。Saetersdel 和 Loeng（1987）的研究表明，自 1900 年以来的八十余年里，巴伦茨海北极鳕及大西洋鳕、黑线鳕、鲱等种群的世代强弱与温度的周期性异常有关，丰产世代出现在挪威海流温度从冷变暖时期，或者暖周期的开始阶段。Skud（1982）认为环境因子（如温度）影响优势种的数量交替，如大西洋鲐和鲱、太平洋加利福尼亚沿岸的沙丁鱼和鳀等。我国海洋渔业种群的一些研究结果（如夏世福，1978；唐启升，1981；孟田湘等，1982；唐启升等，1987）也表明环境条件是引起数量变动的重要因子。一般来说，数量波动剧烈的种群（如许多种上层鱼类种群）对环境条件的变化较为敏感，即便环境的微小变化也可能引起种群数量大起大落，在这种情况下，环境因子的作用可能大于内因型因素的影响（如亲体数量）；而平稳波动类型的种群（如大多数底层鱼类种群）对环境条件的变化适应性相对较强，直接受其影响的程度相应较小。环境条件对种群数量的影响可以通过产卵场的复位、仔幼鱼成长区域的变化、环境因子的剧烈变化直接影响仔幼鱼的死亡率和存活率，也可以间接地通过饵料种或捕食者资源数量产生影响。例如，加利福尼亚沿岸鳀种群要求环境条件在没有"骚动"的情况下，能有仔鱼成活的食物保障才是有效的；而当产卵区域内因暴风和上升流势力增强破坏了仔鱼饵料生物的聚集或者将仔鱼从食物密集区带到贫瘠区，仔鱼大量死亡，从而使种群资源的补充量减少（Lasker，1975，1978，1979，1980）。但是由于缺乏基础研究或者系统完整的调查研究资料，在许多情况下环境条件对种群数量的影响机制不十分清楚。一个常见的事例是太阳黑子与种群数量变动的关系。我们可以从统计学的角度获得黑子数目与种群某个统计量之间的相关关系，但是，太阳黑子究竟怎样影响种群的出生率、死亡率、存活率及其他特征的变化目前却难以查明，至今所得到的结果仅仅是一种现象关系。因此，环境因子作为一个重要的影响因子，需要从不同的尺度（如长期的或短期的、宏观的或微观的），考虑多种环境变量（如水温、盐度、溶解氧、混浊度、日照、深度、风、海流、沉积物构造、有机物含量等物理化学变量），对影响机制进行基础研究（如影响的方式），需积累连续的、长时间序列的研究资料。事实上，环境因素对种群数量的影响主要表现在对补充数量的影响。关于这个问题，将在第五章第二节进一步讨论。

表 2-3 海水温度与渔获量的关系

年份	t	x_1	x_2	x_3	x_4	x_5	x_6	x_7	x_8	x_9	x_{10}	x_{11}	x_{12}	x_{13}	x_{14}
1939	6.4	30	30	79	378	0	11	8	31	276	0	229	1 240	2.12	146
1 940	7.0	34	67	85	331	0	16	4	27	132	0	294	1 050	2.25	218
1941	7.8	33	73	80	269	0	9	6	29	112	0	284	18	2.40	219
1942	8.1	36	76	81	357	0	12	6	34	145	0	263	56	1.86	232
1943	7.4	35	61	81	356	0	10	7	36	395	0	210	175	1.95	202
1944	8.0	36	73	88	341	38	12	8	46	664	0	116	147	1.08	157
1945	8.4	36	84	89	362	0	26	15	69	212	0	64	203	0.70	126
1946	8.5	40	87	95	428	6	30	14	76	489	0.3	57	130	0.48	88
1947	9.2	40	100	97	280	11	20	16	76	275	0.2	55	23	1.30	82
1948	8.2	39	138	101	342	2 280	29	13	56	395	0	50	37	1.67	124
1949	10.1	41	133	98	345	222	26	11	47	378	9.0	49	47	1.23	80
1950	9.8	41	160	102	548	687	28	15	56	722	10.0	53	55	0	80
1951	10.8	40	100	100	742	274	24	17	51	1 026	2.0	57	18	0	49
1952	10.1	38	134	103	620	991	29	21	51	639	0.5	65	55	0	41
1953	11.1	39	110	102	725	2 665	23	18	55	460	2.0	57	11	0	48
1954	10.2	38	129	102	577	1 822	19	14	67	540	0.8	38	23	0.30	67
1955	10.6	37	116	101	536	552	23	7	74	417	3.0	46	1	0.70	75
1956	9.2	39	126	99	541	124	23	6	66	228	0.7	46	3	1.61	93
1957	9.4	38	133	100	538	0	17	8	61	315	1.0	31	9	1.46	121
1958	8.5	39	144	95	457	0	20	8	47	211	3.0	33	7	2.19	129

（续）

年份	t	x_1	x_2	x_3	x_4	x_5	x_6	x_7	x_8	x_9	x_{10}	x_{11}	x_{12}	x_{13}	x_{14}
1959	8.3	39	121	91	361	16	17	7	48	155	0	41	14	2.38	108
1960	8.9	40	134	84	367	0	18	7	70	165	0	56	109	2.61	183
1961	8.5	40	90	86	258	0	18	14	48	72	0	75	168	2.97	219
1962	8.1	40	134	86	271	0	12	8	30	33	0.2	87	177	3.22	163
1963	8.8	40	130	88	323	0	11	7	29	22	3.0	103	160	3.48	197
1964	8.3	39	87	84	226	0	6	10	28	34	0	94	137	3.75	335
1965	7.7	39	93	79	224	0	5	8	31	31	0	56	68	4.05	402
1966	7.6	37	91	77	188	0	5	7	29	42	0	46	127	3.91	283
1967	7.3	38	90	75	240	0	5	9	21	47	0	45	199	3.90	463
$r=$		0.59	0.63	0.87	0.75	0.64	0.63	0.62	0.60	0.57	0.48	−0.57	−0.59	−0.66	−0.91
$r_{0.01}=0.47$															

注：t 为表层温度（℃）；x_1 为渔获种类数量；x_2 为总渔获量（$\times 10^3$ t）；x_3 为5～6～7年后龙虾产量（×100 t）；x_4 为同年灰鲽产量（t）；x_5 为同年油鲱产量（t）；x_6 为同年狭鳕产量（×100 t）；x_7 为4年后鳀状西鲱产量（×100 t）；x_8 为2～3年后鲱产量（$\times 10^3$ t）；x_9 为同年美洲黄盖鲽产量（t）；x_{10} 为同年枪乌贼产量（t）；x_{11} 为2～3年后胡瓜鱼产量（t）；x_{12} 为6年后贻贝产量（t）；x_{13} 为4年后长额虾产量（t）；x_{14} 为7～8年后扇贝产量（t）；r 为相关系数。

表 2-4 海水温度与渔获量的关系

年份	t	x_{15}	x_{16}	x_{17}	x_{18}	x_{19}	x_{20}	x_{21}	x_{22}	x_{23}	x_{24}	x_{25}	x_{26}
1938	7.3	—	—	—	—	—	—	—	—	—	—	7.1	—
1939	6.4	—	0	—	—	3 345	2 140	508	—	—	—	3.4	—
1940	7.0	—	2	173	—	2 506	2 298	412	—	2.6	—	9.3	22
1941	7.8	—	54	288	—	1 978	2 154	759	—	4.5	—	1.2	11
1942	8.1	—	56	273	269	2 096	2 962	581	—	3.6	—	1.4	27
1943	7.4	—	36	193	169	2 985	3 498	—	—	4.1	—	0.01	21
1944	8.0	—	14	229	173	2 136	2 720	—	—	3.9	—	3.4	20
1945	8.4	—	137	239	176	2 698	2 520	—	—	3.1	—	3.8	23
1946	8.5	—	76	249	333	3 019	3 070	—	—	2.3	—	0.5	9
1947	9.2	—	44	173	257	1 907	1 585	—	—	2.5	—	1.6	18
1948	8.2	—	131	256	460	2 897	2 528	—	—	1.9	—	0	9
1949	10.1	—	268	266	546	2 388	2 035	333	95	1.7	71	0.5	5
1950	9.6	—	228	732	636	2 602	2 237	651	115	1.2	111	0.3	1
1951	10.8	2.6	258	916	557	2 099	1 428	340	109	1.1	129	0.7	1
1952	10.1	1.4	192	847	493	1 844	1 802	170	92	0.9	81	0	2
1953	11.1	2.0	152	641	415	1 489	1 725	271	77	0.7	128	0	5
1954	10.2	2.6	132	750	328	1 475	1 440	236	108	0.7	132	0	3
1955	10.0	1.5	113	629	274	1 119	1 088	226	140	0.9	122	0	4

（续）

年份	t	x_{15}	x_{16}	x_{17}	x_{18}	x_{19}	x_{20}	x_{21}	x_{22}	x_{23}	x_{24}	x_{25}	x_{26}
1956	9.2	1.6	131	657	181	1 071	1 304	544	194	0.8	244	0	12
1957	9.4	1.2	164	523	237	922	1 158	343	249	0.9	278	0	9
1958	8.5	1.3	115	439	246	—	—	549	270	0.8	292	—	14
1959	8.3	0.4	73	395	270	—	—	616	264	0.8	307	—	16
1960	8.9	0.8	29	323	262	—	—	556	249	0.9	369	—	15
1961	8.5	0.7	6	312	272	—	—	716	258	1.4	350	—	15
1962	8.1	0.4	1	234	276	—	—	794	241	1.4	325	—	16
1963	8.8	1.9	—	206	213	—	—	912	205	1.5	361	—	16
1964	8.3	1.8	—	260	168	—	—	891	223	1.9	320	—	22
1965	7.7	0.2	—	345	130	—	—	838	189	2.3	316	—	23
1966	7.6	0	—	395	137	—	—	805	177	2.3	305	—	23
1967	7.3	0	—	342	88	—	—	761	159	3.0	304	—	25
$r=$		0.82	0.80	0.74	0.70	−0.61	−0.63	−0.63	−0.67	−0.66	−0.81	−0.84	0.86
$r_{0.01}=$		0.61	0.52	0.48	0.50	0.58	0.53	0.53	0.58	0.48	0.58	0.56	0.48

注：t 为表层温度（℃）；x_{15} 为 3 年后牡蛎产量（t）；x_{16} 为同年硬壳蛤产量（t）；x_{17} 为同年黄盖鲽产量（t）；x_{18} 为同年单鳍鳕产量（t）；x_{19} 为同年鳕鱼产量（t）；x_{20} 为同年无须鳕产量（t）；x_{21} 为同年黄道蟹产量（t）；x_{22} 为 3 岁吻沙蚕产量（t）；x_{23} 为 5 年后海螂产量（$\times10^3$ t）；x_{24} 为 3 岁沙蚕产量（t）；x_{25} 为同年鲑鱼产量（t）；x_{26} 为同年滨螺产量（t）；r 为相关系数。

表 2-5 海水温度与渔获量的关系

年份	t	x_{27}	x_{28}	x_{29}	x_{30}	x_{31}	x_{32}	x_{33}
1939	6.4	805	0	19	0	9	11	24.7
1940	7.0	814	0	31	0	17	16	47.6
1941	7.8	1 001	0	37	0	24	13	46.6
1942	8.1	1 203	0	36	0	20	8	30.4
1943	7.4	1 537	0	92	0	26	10	24.8
1944	8.0	2 745	0	91	14	39	4	35.7
1945	8.4	2 865	0	88	45	56	5	29.4
1946	8.5	2 965	0.01	78	24	70	9	10.5
1947	9.2	2 110	0	54	41	88	18	26.2
1948	8.2	2 440	0	98	53	105	19	81.7
1949	10.1	2 157	0.1	72	54	57	20	36.1
1950	9.6	2 216	19.2	97	66	42	34	15.4
1951	10.8	1 819	1.8	89	37	114	45	25.0
1952	10.1	1 968	5.7	74	25	67	35	32.6
1953	11.1	1 858	8.0	63	26	72	31	13.4

（续）

年份	t	x_{27}	x_{28}	x_{29}	x_{30}	x_{31}	x_{32}	x_{33}
1954	10.2	1 813	8.9	59	11	107	42	24.7
1955	10.0	1 544	80.5	50	14	106	61	26.5
1956	9.2	1 739	61.0	44	24	50	42	53.8
1957	9.4	1 334	17.5	63	18	64	56	45.7
1958	8.5	1 154	125.1	46	29	81	62	28.9
1959	8.3	1 305	21.3	47	51	72	44	49.0
1960	8.9	1 337	6.2	39	30	115	41	50.2
1961	8.5	853	3.3	22	30	126	31	33.6
1962	8.1	804	2.1	20	8	135	42	33.4
1963	8.8	1 066	6.0	22	0	94	42	38.3
1964	8.3	812	2.7	12	3	131	35	54.8
1965	7.7	446	0.7	19	2	81	42	57.2
1966	7.6	459	0	5	10	67	46	64.9
1967	7.3	372	0	7	35	45	45	50.2
$r=$		0.45	0.42	0.42	0.42	0.41	0.37	−0.38
$r_{0.05}=0.37$								

注：t 为表层温度（℃）；x_{27} 为 4 年后黑线鳕产量（t）；x_{28} 为同年孔鲳产量（t）；x_{29} 为同年狼鱼产量（t）；x_{30} 为同年菲氏黄盖鲽产量（t）；x_{31} 为 4 年后牙鳕产量（×100 t）；x_{32} 为同年庸鲽产量（t）；x_{33} 为同年海胆产量（t）；r 为相关系数。

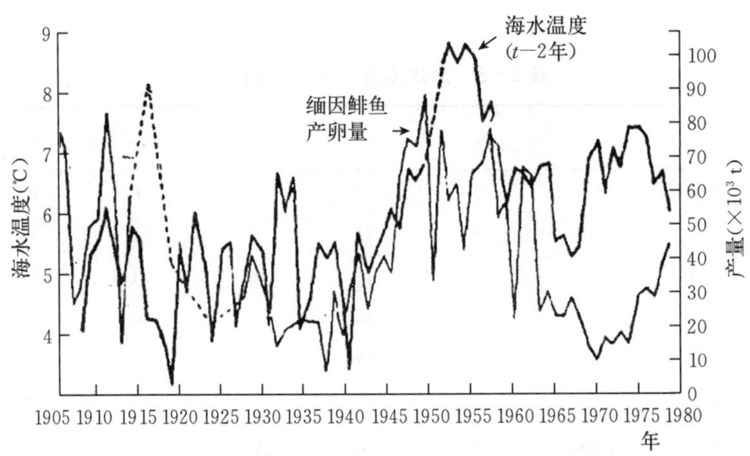

图 2-8　海水温度与缅因湾幼鲱渔业产量的关系

对于渔业种群来说，捕捞无疑是一个重要的外因型影响因素。自 19 世纪末，随着现代渔业的迅速发展，人类对渔业资源的需求欲望日益增长，捕捞对种群数量变动的影响已成为渔业资源的研究的重要议题，产生了若干评价捕捞影响的理论和模型（如在以后章节中专题介绍的剩余产量模型、动态综合模型等）。

图 2-9 进一步表达了不同捕捞强度对种群数量的影响。不难看出，适当的捕捞能够使种群保持正常的动态平衡，并获得最大渔业产量；过早或过晚的捕捞将使种群无法进行正常的繁殖和补充，可促使种群在低水平上波动，或者降低种群生产率，使渔业产量减少。如果

说环境条件的变化对剧烈波动类型的种群有较大的影响，那么，捕捞对平稳波功类型的种群的影响则较为明显，对一些波动较小的底层鱼类的种群来说，过度的捕捞则容易产生资源枯竭的严重后果。

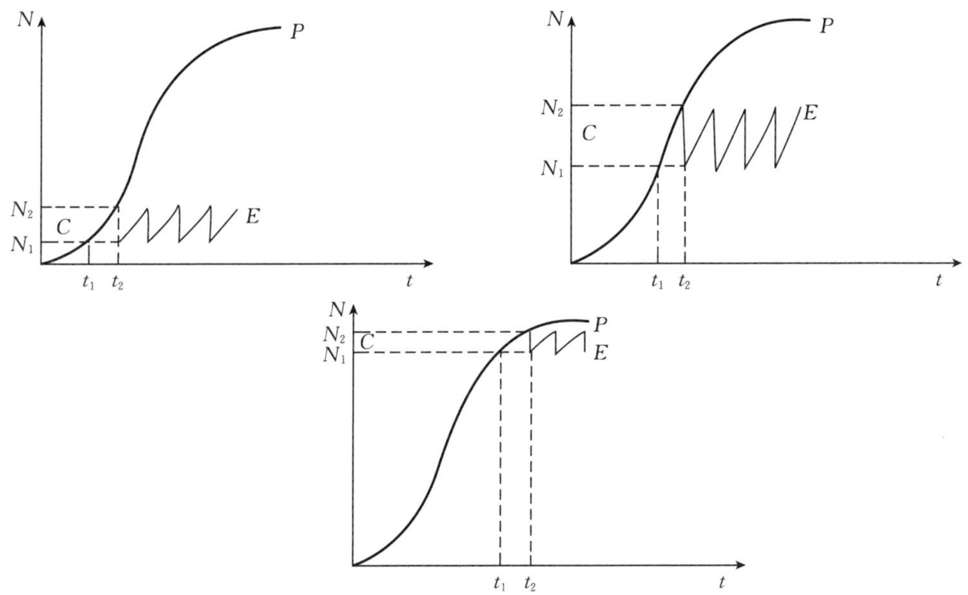

图 2-9 捕捞对种群数量（N）的影响

a. 过早过量的开发利用 b. 适当的开发利用

c. 过晚的开发利用 $N_t-N_2=C$ 和 t_1-t_2 分别表示渔获量和时间间隔

（引自 Begon 和 Mortimer，1981）

虽然有的种群数最变动受内因型因素影响大一些，有的受外因型因素影响大一些，但是这两方面的因素对种群的影响程度并不是固定不变的，甚至起主导作用的因素有时也会发生改变。例如，在黄海鲱资源研究中，我们发现环境因子是引起数量剧烈变动的主导因子，如世代数量变动与降水、大风、日照和东亚气候 36 年变动周期等因子有关，但是亲体数量有时（如 1972 年）也明显地抑制种群数量向上增长。对虾种群数量变动中也有类似情况。

四、种群数量变动的基本模式

种群数量变动是各种影响因素共同作用的结果，这种结果反映出种群出生率和死亡率变化的复杂性。下图示意出生率和死亡率与种群数量之间的关系。

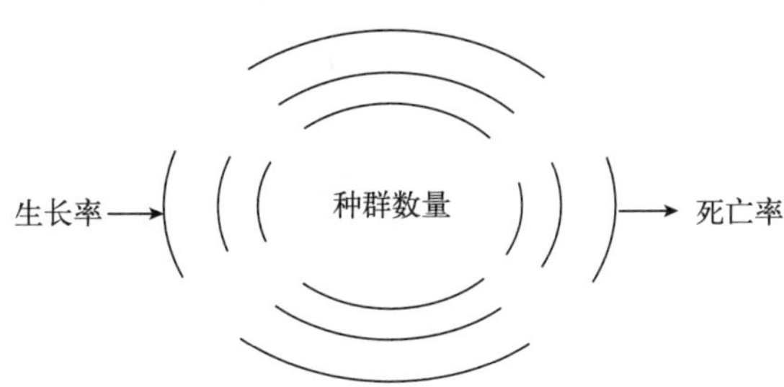

假设种群的山生率 b 和死亡率 Z 两者与种群数量 x 成比例，得种群的比例增长率为 $r=b-Z$，于是有

$$\frac{dx}{dt}=rx \tag{2-1}$$

这个方程的解为

$$x(t)=x(0)e^{rt}$$

可见当 $r<0$，种群数量按指数衰减到 0；如果 $r=0$，出生与死亡相当，种群数量稳定；如果 $r>0$，种群数量按指数无限增长。因这种增长曲线形如“J”，故称“J”型增长。符合“J”型增长的种群很少。只有种群生存的空间、饵料数量和其他种群不抑制其增长率时，才能符合“J”型增长。鱼类种群在它增长的初始阶段大致符合“J”型增长的条件。随着种群数量的增加，某种环境限制必然迫使比例增长率（r）下降。为了模拟这种影响，将式（2-1）修改为

$$\frac{dx}{dt}=r(x)\cdot x \tag{2-2}$$

式中 $r(x)$ 是 x 的某个减函数，我们取

$$r(x)=F(x)/x$$

这样处理的结果，比例增长率依赖于种群数量 x，并规定了 $r(x)$ 是 x 的减函数，则模型式（2-2）描述了一个反馈过程，或称补偿作用，它随着种群数量水平的增加而抑制其增长。当取 $r(x)=r\left(l-\frac{x}{K}\right)$时，则式（2-2）有如下形式

$$\frac{dx}{dt}=rx\left(1-\frac{x}{K}\right)=F(x) \tag{2-3}$$

这就是著名的 logistic 方程。Verhulst（1938）首先提出将 logistic 方程作为种群模型。式中 r 称内禀增长率（intrinsic growth rate）。对于小的 x，上述比例增长率近似等于内禀增长率。所以用同一个符号 r 表示。式（2-3）中的 K 称环境负载容量（carrying capacity），也可称饱和水平。

式（2-3）有两个平衡解。令$\frac{dx}{dt}=0$，有 $x=0$ 和 $x=K$，且有

$$0<x<K \qquad 则\frac{dx}{dt}>0$$

以及

$$x>K \qquad 则\frac{dx}{dt}<0$$

可见 K 是稳定平衡点。通过分离变量解式（2-3）可得

$$x(t)=\frac{K}{1+ce^{-rt}} \tag{2-4}$$

式中 $c=\frac{K-x_0}{x_0}$。式（2-4）是一条不对称的 S 形曲线，大多数鱼类种群的增长都可用这个模型描述。取式（2-4）的极限，于是有

$$\lim_{t\to\infty}x(t)=K \qquad x(0)>0$$

它表示随着 $t\to\infty$，$x(t)$ 收敛于 K。这就是本节曾经提及的一个自然种群有趋向稳定平衡

的特性。趋向的数量即是环境的负载容量 K。叶昌臣（1987）曾讨论过黄渤海蓝点鲅的这种特性。图 2－10 和图 2－11 是按式（2－3）和式（2－4）绘制的蓝点鲅曲线。图中的箭头表示变化的方向。图 2－10 表示，无论蓝点鲅种群的初始资源量大于 K 或小于 K，它的增长率总趋向于平衡点 K，在此例中蓝点鲅种群的 K 值为 110 538 t。图 2－11 表示，当蓝点鲅初始资源量 $x_0>K$，当 $t\to\infty$ 时，$x(t)$ 收敛于 K（曲线 A）。若 $x_0<K$，当 $t\to\infty$ 时，$x(t)$ 也收敛于 K（曲线 B）。

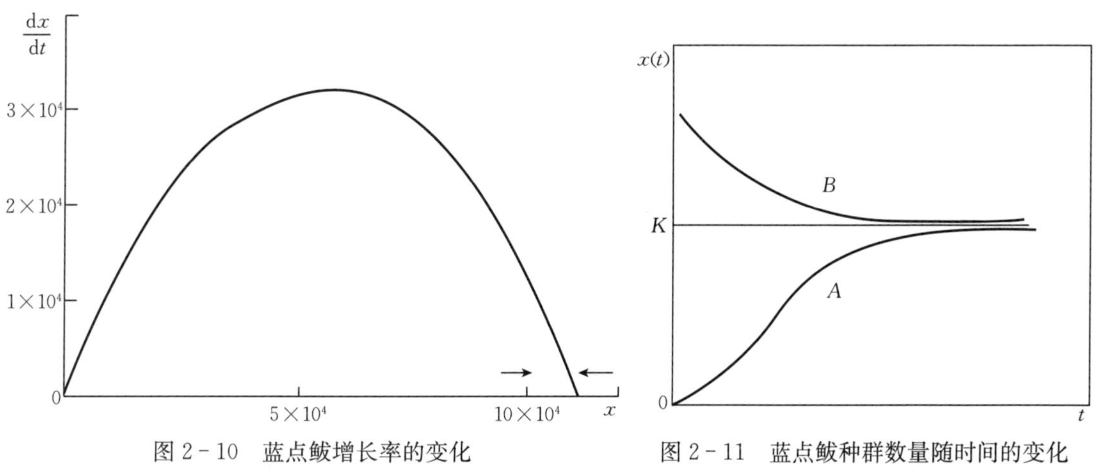

图 2－10　蓝点鲅增长率的变化

图 2－11　蓝点鲅种群数量随时间的变化

近年来，对上述模型中参数 r 和 K 的研究引起了生态学家的极大兴趣，并发展成为 γ－选择和 K－选择（或称 γ－策略和 K－策略）理论。Macarthuf、Wilson（1967）和 Pianka（1970）认为生物种群中有朝着 γ 增大的方向进化的 γ－选择和向着使 K 增大的方向进化的 K－选择两种倾向。代表 γ－选择的种群，采用提高种群固有增长率 γ，作为有利于自然选择的一种策略，因而在一个变动大的环境里，与密度无关的死亡占优势，某个体小，成熟早，寿命短，世代更新快，把可以获得的食物资源和能量尽量用于再生殖机能，产出大量的后代，即使在死亡率高的情况下仍可保存其种群，这样，种群的数量变动较为剧烈，但是，其种间和种内关系较缓和，在生态系统中的营养阶层亦较低，捕捞对种群变动的影响往往在自然变动的掩盖下不很明显。代表 K－选择的种群，最大限度地接近于环境容纳能力，作为自然选择的策略，因而在一个变动数小或者可预测的环境里，受密度支配的调节机制占优势，一般个体较大，成熟晚，生殖力低，寿命长，把可以获得的食物资源或能量分配于增强个体生存和竞争能力，甚至于加强防卫或进攻器官以及抚育子代的复杂机制，以少数后代取得最大存活率，因而对环境变化有较强的适应性，种群数量变动较稳定。但是，种间和种内关系较尖锐，其营养阶层一般较高，捕捞对种群数量变动的作用明显。

一般说来，大型动物多数属于 K－选择，小型动物多数属于 γ－选择。海洋鱼类种群两者兼有，但是多数倾向于 γ－选择或者 γ－K 相互转移的中间类型。

费鸿年和何宝全（1981）应用 γ－K 理论研究了广东大陆架 11 种海洋鱼类（马六甲鲱鲤、条尾鲱鲤、多齿蛇鲻、花斑蛇鲻、长尾大眼鲷、蓝圆鲹、深水金线鱼、金线鱼、黄鲷、二长棘鲷、红鳍笛鲷）的生态学参数和生活史类型，认为这 11 个种群都倾向于 γ－选择，其中对蓝圆鲹、黄鲷、红鳍笛鲷单位补充量渔获量的研究表明：①由于广东大陆架鱼类倾向于

γ类型，所以提高捕捞强度不能增加单位补充量渔获量，相反地，在超过一定捕捞强度后，增加强度等于自遭经济损失；②扩大网目以求提高产量的效果不理想；③越是偏离γ型，越容易产生物质性资源的破坏，而且即使采取降低捕捞强度措施，也需要很长时间才能恢复，而γ型种群的情况恰与此相反，所以广东大陆架鱼类既然多数倾向于γ型，是一个有利条件。因此，对γ和K-选择理论的研究，不仅是重要的生态学理论问题，同时，对指导渔业生产实践和管理决策均有重要意义。

上述是在没有捕捞活动情况下的鱼类种群动态特征。现在考虑由式（2-3）描述的种群受到捕捞的影响。记 $y(t)$ 为收获率，则有

$$\frac{dx}{dt}=F(x)-y(t)$$

式中增长函数 $F(x)=rx\left(l-\frac{x}{K}\right)$。在特殊情况下，令 $y(t)=y=$ 常数，这相当于使用一个恒定的捕捞力量进行作业，有

$$\frac{dx}{dt}=F(x)-y \qquad (2-5)$$

在 $y<F(x)=\frac{rK}{4}$ 的情况下［式中 $F_{max}(x)=MSY$］，方程（2-5）有两个平衡点 x_1 和 x_2（图2-12）。图2-12是按式（2-5）用黄渤海区蓝点鲅资料绘制（叶昌臣，1987）。y 值以1964—1978年年渔获量的平均值29 000 t。两个平衡点的种群数量为 $x_1=3.75$ 万 t 和 $x_2=7.48$ 万 t，而 x_2 是稳定平衡点。若蓝点鲅种群的初始资源量 x_0 位于

$$x_1<x_0<K$$

则 $x_0\rightarrow x_2$，达到稳定平衡。趋近于 x_2 的速度与初始资源量 x_0 的大小有关。在蓝点鲅种群的具体情况下，若 x_0 在开始时偏离平衡点±20%，则趋近 x_2 平衡点的年限约10年。如果初始资源量 x_0 小于 x_1，则蓝点鲅种群数量在恒定渔获量29 000 t的影响下，很快衰减到0。如果添加经济因素考虑，这种情况不大可能发生。

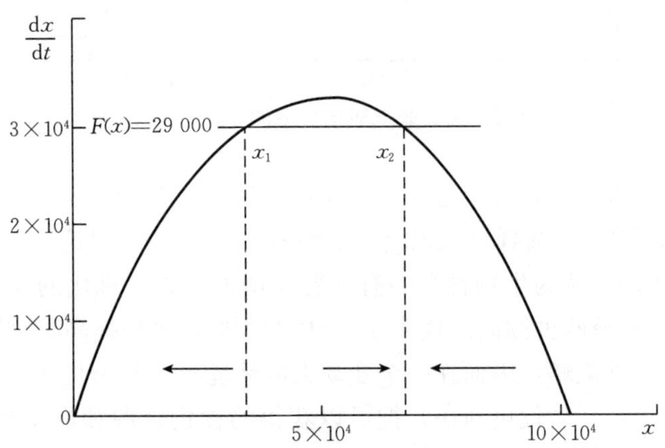

图2-12 蓝点鲅种群增长曲线

x_1 和 x_2 表示两个平衡点 →表示变化方向

上面介绍的是具有补偿过程的种群动态特征。如果比例增长率 $r(x)$ 对某些 x 值是 x 的增函效，即具有退偿性质，种群的情况要复杂得多。再如果在 $x=0$ 附近的某些数值，有 $F(x)<0$ 的性质，称临界退偿。临界退偿的一个最重要特征是不可逆性。临界退偿的 $r(x)$ 可取 $r(x)=rx\left(\frac{x}{K_0}-1\right)\left(1-\frac{x}{K}\right)$，于是有

$$\frac{dx}{dt}=rx\left(\frac{x}{K_0}-1\right)\left(1-\frac{x}{K}\right) \qquad (2-6)$$

式（2-6）是临界退偿模型的一例。式中 K_0 称种群最小生存数量。由式（2-6）可知，当

$x<K_0$时，$\frac{dx}{dt}<0$，种群数量减少，当$K_0<x<K$时，$\frac{dx}{dt}>0$，种群数量增加。可以用处理补偿模型的相同方法处理式（2-6），绘制$\frac{dx}{dt}=f(x)$和$\frac{dx}{dt}=f(f)$的曲线，判别其性质，式中的自变量f是捕捞力量。按$\frac{dx}{dt}=f(x)$绘制的曲线图（图2-13）称临界退偿增长曲线。按$\frac{dx}{dt}=f(f)$绘制的曲线图（图2-14）称临界退偿渔获量-捕捞力量曲线。据图2-13，每个捕捞力量水平$f>0$产生两个平衡点${}_1x_e$和${}_2x_e$。如果捕捞力量上升到超过临界水平f^*，由图2-14所示，种群数量减少到K_0之下的某个水平。一旦发生这种情况，不管今后的捕捞力量水平如何，种群必将被灭绝。有关鱼类种群临界退偿模型的实例报道极少。Allem（1973）似乎暗示过长须鲸的增长曲线可能有临界退偿性质。查明被研究种群增长曲线的性质，对于确定渔业管理政策有重要参考价值。

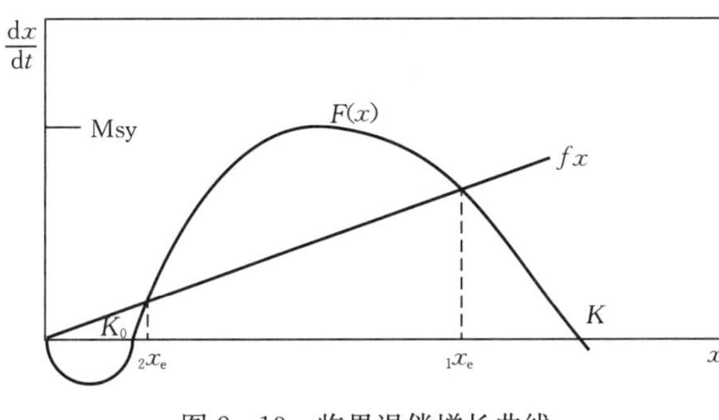

图2-13 临界退偿增长曲线

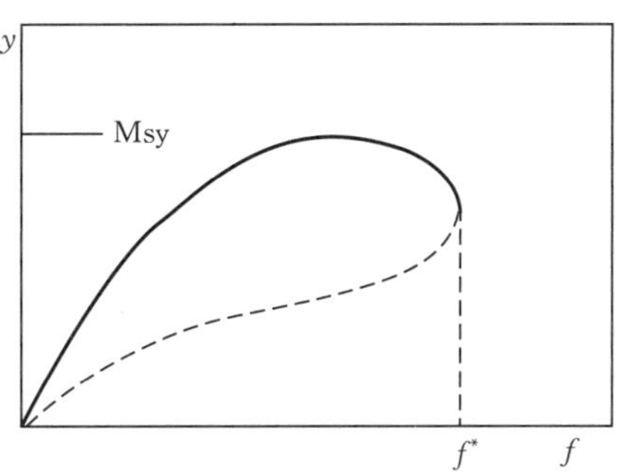

图2-14 临界退偿渔获量-捕捞力量曲线

参考文献

费鸿年，何宝全，1981. 广东大陆架鱼类生态学参数和生活史类型 . 水产科技文集 . 农业出版社 .

近藤惠一，堀義彦，平本纪久雄 . マイワシの生态と资源 . 水产研究丛书，30.

林景祺，1985. 带鱼 . 东海区带鱼资源调查渔情预报和渔业管理论文集 .《东海区带鱼资源论文集》编辑组 . 农业出版社 .

孟田湘，周彬彬，1982. 应用A·D·I方法进行渤海湾毛虾资源数量预报的研究 . 海洋学报，4（4）：490-496.

唐启升，1981. 黄海鲱世代数量波动原因的初步探讨 . 海洋湖沼通报，2：37-45.

唐启升，1986. 应用VPA方法概算黄海鲱的捕捞死亡和资源量 . 海洋学报，8（4）：476-486.

夏世福，1978. 渤、黄、东海渔业资源演变趋势的初步分析 . 海洋水产研究丛刊，25：1-13.

叶昌臣，1987. 蓝点鲅种群的动态特征 . 海洋通报，6（3）：43-47.

朱德山，韦晟，1983. 渤、黄、东海蓝点马鲛渔业生物学及其渔业管理 . 海洋水产研究，5：41-62.

Николиски，1974. 鱼类种群变动理论 . 农业出版社（朱德山译）.

Allen K R，1973. Analysis of the stock-recruitment relation in Antractic fin whales，in B. Parrish（Ed），Fish Stock and Recruitment. Joural du Conseil International pourl' Exploration de la Mer，Rapports et Proces-Vobaux de Reunions，164：132-137.

Alverson D L，1971. Manual of methods for fisheries resource survey and appraisal. Part 1. Surveying and charting of fisheries resource. FAO Fish. Tech. Pap., No. 102.

Begon M, Mortimer M, 1981. Population ecology: A unified study of animals and plants. Blackwell Scientific Publications, London.

Cushing D H, 1981. Fisheries biology. The University of Wisconsin Press: 295pp.

Cushing D H, Dichson R R, 1976. Thebiological response in the sea to climatic changes. In: Russel and Young (eds.) Advances in Marine Biol., 14: 1-121. Academic press.

Dow R L, 1977. Effects of climatic cycles on the relative abundance and availability of commercial and estuarine species. Journal du Conseil, 37 (3): 274-280.

Gulland J A, 1969. Manual of methods for fish stock assessment. Part 1. FAO/FRS/M4.

Gulland J A, 1975. Manual of methods for fisheries resource survey and appraisal. Part 5. Objectives and basic methods. FAO Fish. Tech. Pap., No145.

Gulland J A, 1983a. Fish stock assessment. FAO/ Wiley Series on food and agriculture. Vol. 1. A Wiley-interscience Publication: 223pp.

Gulland J A, 1983b. Stock assessment, why? FAO Fish. Rep.

Johannesson K A, Mitsi R B, 1983. Fisheries acoustics. FAO Fish. Tech. Pap., 240.

Krebs C J, 1978. Ecology the experimental analysis of distribution and abundance. 2nd. edt. Harper & Row, New York.

Lasker R, 1978. The relation between oceanographic conditions and larval anchovy food in the California current. Rapp. R.-v Reun. Cons. Int. Explor. Mer., 173: 212-230.

Lasker R, 1979. The effect of weather and other environmental variation upon larval fish survive leading to recruitment of the northern anchovy. Climate and Fish Proc. of a workshop, Center for Ocean Mat. Studies. Univ. Rhode Island. 127-219.

Lasker R, 1980. Prediction of recruitment paper presented to the office of technology assessment. U. S. Congress, April 1980. Seattle. Wash. 8p.

Macarthuf R H, Wilson E O, 1967. The theory of Islam biogeography. Princeton University Press, Princetion.

Mackett D J, 1973. Manual of methods for fisheries resource svrvey and appraisl. Part 3. Standard methods and techniques for demersal fisheries resource surveys. FAO Fish. Tech. Pap. No 124.

Odum E P, 1971, Fundamentals of ecology.

Pianka E R, 1970. On R and K selection. American Naturalist 104, 592-7.

Ricker W E, 1975. Computation and interpertation of biological statistics of fish population. Bull. Fish. Bd. Can., 191: 1-382.

Saetersdal G, Loeng H, 1987. Ecological adaption of reproduction in Arctic cod. Fish. Res., 5: 253-270.

Saville A, 1977, Survey methods of appraising fishery resources. FAO Fish. Tech. Pap., No 171.

Skud B E, 1982. Dominance in fishes: the relation between evironment and abundance. Science, 216: 144-149.

Tang Q, Deng J, Zhu J, 1987. A family of Ricker SRR curves of the prawn under different environmental conditions and its enhancement potential in the Bohai Sea. IRIS/INPFC Symposium on recruiment and errors in stock assessment models.

补　　充[①]

唐启升

一、补充量及其变化

渔业资源是一种再生型自然资源。为了保证种群的生存和延续，补偿因个体死亡而减少了的种群数量，种群通过繁殖生长不断补充新的个体，这样补充就成为种群的基本属性之一。种群被开发利用之后，除了本身的正常补充之外，还需补偿因开发利用而损失的个体，补充量的大小成为认识资源生产力的关键，因而也使补充的作用产生了新的意义。例如，为了渔业的稳定和发展，渔业种群的补充最多少将会产生明显的社会经济反馈而为渔业者所关心。另外，例如，60 年代以来随着渔业在全球范围内的大发展，一些传统渔业种类出现了明显的补充型过度捕捞（Cushing，1983），它所产生的社会经济反馈为管理者所关心。因此，补充问题是近代渔业生态学研究领域中引人注目的重要课题。

补充是一个十分复杂的过程，从亲体进行生殖活动开始，经过产卵受精、卵子孵化、仔鱼成活、幼鱼生长以及向成鱼分布区或渔场洄游等阶段，新生个体才能补充到种群中去。那么，对于一个产卵群体来说，补充量指的是首次性成熟进入群体补充部分的那些个体；对于一个捕捞群体来说，补充量是指首次进入渔场的那些个体。在渔业种群研究中，我们所说的补充量通常是指后者（Gulland，1965；Ricker，1975）。假如一个渔业种群的群体组成是单龄结构，那么补充量是指一个新生世代进入捕捞或产卵群体时的个体数量，此时补充量是世代数量的同义词。但是，当群体组成是多龄结构时，补充量的组成变得复杂了：如若个体首次被捕捞或性成熟的年龄基本相同，可作为单龄结构来对待，例如 1970 年世代黄海鲱鱼 1 龄时即进入渔场被大量捕捞，2 龄时有 99%的个体达性成熟，那么，1970 年世代鲱鱼 1 龄鱼的资源数量即称之为补充量，同时，亦可作为 1972 年产卵群体的补充量指标；有此种类由于行动分布上的原因，个体并非在同一年龄被捕捞，或者同一世代的个体并非在同一年龄达到性成熟，如浙江近海大黄鱼达到性成熟的年龄是 2～5 岁，个体首次产卵或进入渔场的年龄组延续三四年，这样，在一个特定年份里，所谓补充量可能包括 4 个世代的个体，只有在对每个世代的补充个体分别加以计量后，才能正确估算该年的补充量。

关于补充量的定量概算方法已有介绍（Ricker，1975；Gulland，1983）。在实际应用中，补充量概算常常取决于我们所能够得到的有效资料。许多研究者（Parsh，1973）直接使用低龄鱼或大最补充到捕捞群体的年龄组鱼的渔获量、单位捕捞力量渔获量等表示补充量。严格地讲，使用这些资料需要对渔捞死亡有充分的了解，只有在渔捞死亡相等或相近的情况下，这些资料才有效，如果我们能够获得研究对象各年龄组的渔获尾数资料，最好的办法是通过世代分析，获得有效的补充量数值。

---

① 本文原刊于《渔业生物数学》，76－107，北京：农业出版社，1990（75－106，基隆：水产出版社，1993）。

由于亲体数量、环境条件及捕食种群数量等因素的直接影响，补充量的变化是很大的。一般中上层鱼类补充量变化大一些，世界上一些重要的海洋中上层经济鱼类，如秘鲁鳀鱼、日本远东拟沙丁鱼，美国太平洋沙丁鱼、大西洋—斯堪的那维亚鲱和北海道鲱补充量的变化是十分显著的，致使渔业大起大落。底层鱼类补充量的变化幅度相对小一些，但是，如图5-1所示，北大西洋和太平洋五种重要的底层鱼类的补充量也波动不已，如庸鲽被认为是一

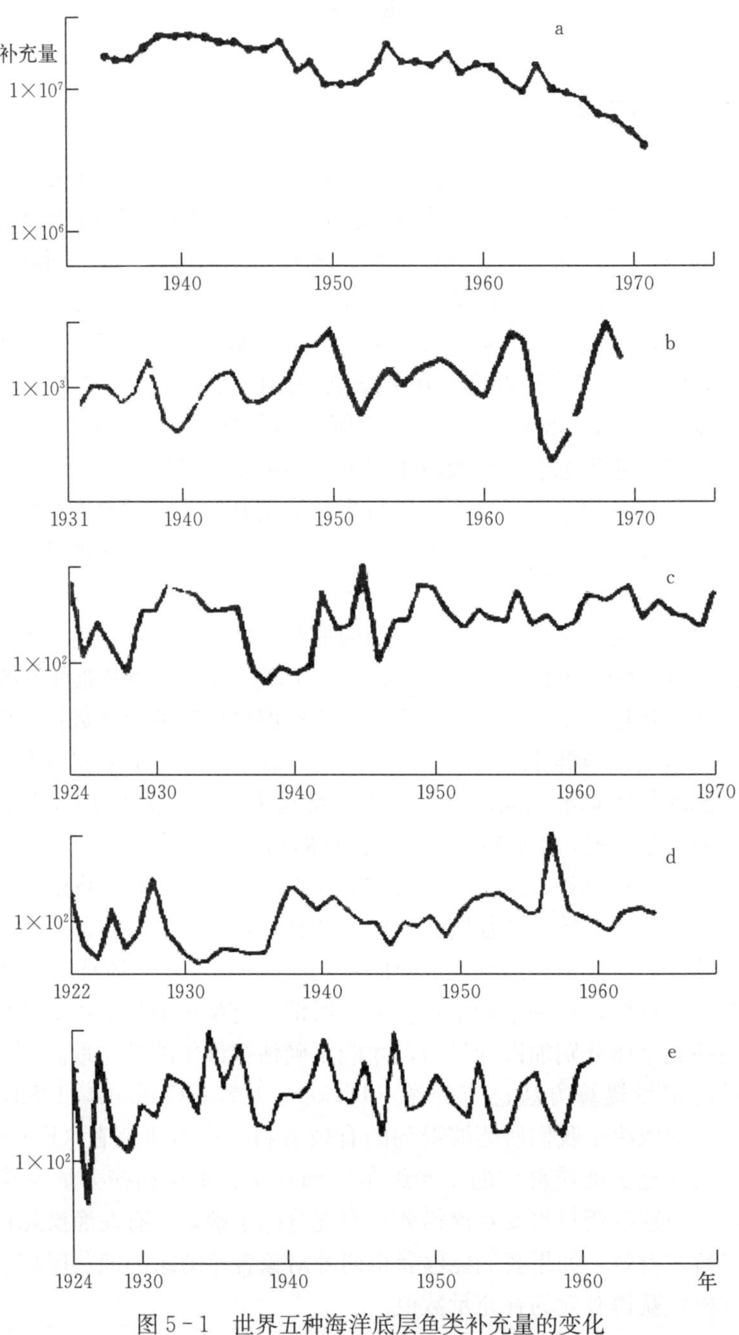

图5-1 世界五种海洋底层鱼类补充量的变化

a. 太平洋拟庸鲽 b. 北极—挪威鳕 c. 冰岛鳕 d. 北海鲽 e. 西格陵兰鳕

（引自Cushing，1981；Hoag和Mc naughton，1978）

种数量变动不大的鱼类（Никольский，1974），但是在 1935—1971 年其补充量也变动了 6 倍之多。同样，我国近海一些主要经济鱼、虾类补充量的年间变化也十分明显。例如，对虾补充量在 1955—1983 年变动约 6 倍，蓝点马鲛补充量在 1963—1984 年变动约 5 倍，大黄鱼补充量在 1957—1978 年变动了 4 倍，带鱼补充量在 1959—1974 年变动了 30 倍，黄海鲱补充量波动较为剧烈，相邻的 1969 与 1970 年世代鲱鱼补充量之比为 1∶57（图 5－2）。因此，波动是补充量的基本特性，因而也决定了种群数量和渔业资源的动态性质。

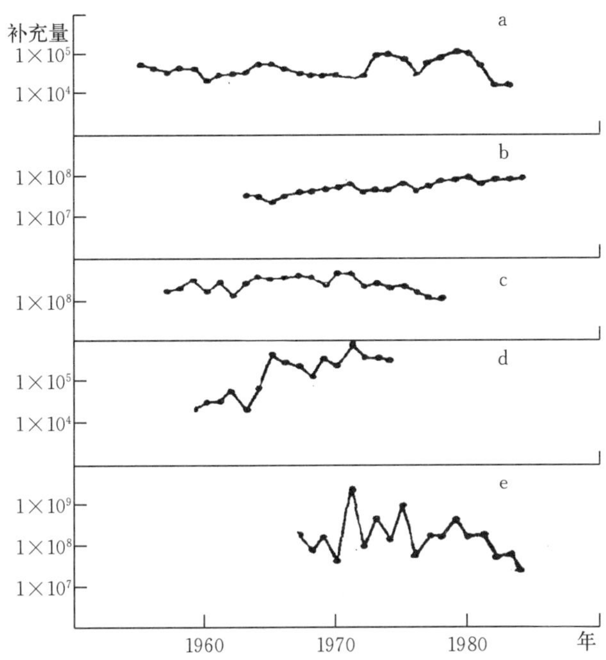

图 5－2　我国近海五种主要经济鱼虾种类补充量的变化

a. 对虾　b. 蓝点马鲛　c. 大黄鱼　d. 带鱼　e. 鲱

（带鱼和大黄鱼资料分别根据顾惠庭，1980；Huang 等，1983）

二、环境对补充量的影响

关于引起补充量变化的原因，不外乎第二章所叙述的外因型和内因型两类影响因素。但是，对于补充量的剧烈波动则常常归因于环境因素的影响。环境对补充量的明显影响可以从海洋鱼类种群中找到许多典型的事例，这也许是由于鱼类是小型变温动物，容易受到多变的海洋和大气因子影响的缘故。例如爱尔尼诺现象强烈地影响着秘鲁鳀鱼栖息分布区域的海洋环境状况，以致补充量逐年剧烈波动，使渔获量在 1970 年曾高达 1 306 万 t，而 1973 年却降到 196 万 t；日本本州东南黑潮流域出现的冷水团明显地影响鱼类的卵子、仔鱼的成活，致使补充量波动幅度极大。环境因子对黄海鲱鱼和渤海对虾补充量的显著影响也是两个有说服力的例证。因此，80 年代以来，环境对补充量影响的研究引起普遍的重视，认为环境是影响补充量变化的重要因素。

由于环境物理化学特征的多样性，可能影响补充量的环境因子多种多样，如温度、盐度、太阳辐射（日照）、降雨、径流、风力风向、海浪、上升流、营养盐、溶解氧及水化学状况等均可能成为重要的影响因子。分析补充量与环境因子关系的一个常用的简便方法，是运用相关统计技术。许多研究者应用一元回归分析探讨补充量与某个环境因子的关系，取得了较好的效果（表5-1）。唐启升（1981）应用聚类分析中分类筛选因子的最优分割法综合分析了某几个环境因子对黄海鲱鱼补充量的影响，发现降水、日照、风速等是重要的环境影响因子（图5-3）。孟田湘等（1982）应用类似的方法查明降水、径流、海水发光和气温等环境因子明显地影响渤海毛虾的补充量，马绍赛（1986）应用相关分析讨论对虾卵子、幼体成活率与水文气象环境的关系，认为5、6、7月平均水温、盐度比常年偏高，增温率和盐度差比常年偏大，径流偏小，风力弱等环境条件有利于卵子、幼体成活。无疑，这些数学分析结果为寻找重要的环境影响因子、了解补充量变化规律提供了许多有益的信息。然而，如前所述，在环境对补充量影响研究中更为重要的课题，则是环境对补充量的影响机制。

表5-1 补充量与环境因子的相关分析结果

（引自 Shepherd 等，1982）

种 类	变 量	样品数	相关指数（R^2）	研究者
佛兰芒角鳕	温度	8	0.689	Konstantinov（1977）
西格陵兰鳕	温度	10	0.757	Hermann et al.（1965）
南大西洋鳕	温度	8	0.557	Martin et al.（1965）
大西洋鲱	温度	18	0.593	Benko et al.（1971）
北海鲱	温度	9	0.596	Postuma（1971）
北海鳕	温度	15	0.563	Dickson et al.（1974）
波罗的海鲱	温度	?	0.512	Rannak（1973）
大西洋鲱	风和海平面	12	0.86	Sinclair et al.（1980）
大西洋油鲱	温度等	16	0.845	Nelson et al.（1977）

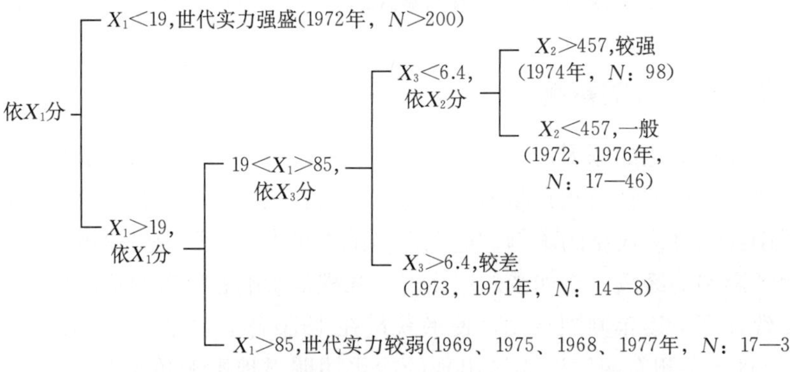

图5-3 黄海鲱补充量与主要影响因子的分类筛选图

X_1. 3—4月降水 X_2. 3—4月日照 X_3. 5月平均风速 N. 补充量指数（$\times 10^3$）

环境可能通过以下四种方式影响补充量的大小：

（1）直接的生理作用。个体的新陈代谢过程与某些理化因子密切相关，如温度和盐度。当这些因子发生异常变化，可能导致个体生理性的不适应，从而引起死亡率的增加。

（2）疾病。环境因子的某种结合可能诱发某些疾病的流行。Lindgulist（1978）认为暖和、多云的春季由于病菌的传染，致使卵子病害增加。

（3）摄食。环境因子可能通过若干方式影响有效地摄食：①影响饵料的生物量。物理过程的变化（如上升流），将直接导致饵料生物的数量（如浮游动物）发生变动。②影响饵料的质量。在某年里，环境因子的变化可能有利于饵料种 A 的繁殖而不利于饵料种 B，虽然总生物量仍然很高，但是饵料种类组成不同，对于一个喜食饵料 B 的特定种来说，食物的营养和价值水平下降。③影响饵料生产和摄食时间的匹配。在动态的环境中，饵料、卵子的生产周期和卵子、仔鱼的发育速度是否同步是很重要的。假如，由于环境的变化使初次摄食的仔鱼错过了饵料生产高峰，那么，可能会因为食物不足导致额外的死亡。④影响饵料生物的水平分布。特定的气候或海洋变化可能引起饵料生物高密集区或低密集区位置交替，海流强度和流向的变化还可能引起饵料分布区和仔、幼鱼分布区错位。⑤影响饵料生物的聚集。饵料生物并非均匀分布在整个水体，常常集中在一个特定水层，风流的变化可能影响饵料生物的密集程度和栖息位置，从而影响仔鱼寻找饵料的能力。⑥影响竞争。饵料被消耗的速度取决于摄食种类的资源量和对食物的要求。假如温度增加，可能加快新陈代谢过程，增加对食物的消耗和需求，一定程度上加剧了竞争。

（4）捕食。像竞争一样，取决于捕食者及其资源量和对食物的需求，同时也取决于被捕者的个体大小和空间分布。捕食通常有特定的大小。假如环境有利于被捕食者的摄食和生长，其个体迅速超过了被捕食最大个体的大小，那么，捕食者可能由于捕食的机率减少，而使其数量受到影响。

以上列出的四种基本方式，或者直接导致个体死亡，或者间接引起个体死亡。不难看出，环境因素对补充量的影响主要发生在个体早期发育阶段（如卵黄吸收期前后）。这个阶段的卵子、自由胚胎和仔稚鱼处于浮游或半浮游状态，适应性较差，对于环境有较大的依附性。例如，卵子能否成功地孵化，后期仔鱼的营养转换能否顺利进行，以及仔、幼鱼的饵料供给是否有效等，在很大程度上取决于环境条件的优劣。当海洋的理化因子发生了变化，即使是微小的变化，若引起了不协调，也可能产生复杂的后果，引起补充量波动。表 5－2 列出温度、盐度、风力、海冰等环境因子对 11 个渔业种群补充量影响机制的实例。这些资料对认识补充量波动原因和规律颇有参考价值。

表 5－2 影响补充量变化的环境因子及其机制

（引自 Shepherd 等，1982）

种类	影响因子			
	温度	盐度	风力	海水
鲽	＋减少捕食者或捕食者对食物的要求			＋对仔鱼存活产生生理作用，减少食物
北海鲽	＋影响浮游阶段分布→散失		＋引起扰动	
挪威鳕	＋影响饵料与卵子、仔鱼生产期的匹配与不匹配	＋（同温度）		
北海鳕	＋对仔鱼大小产生生理作用，密度依赖；影响食物消耗能力			

（续）

种类	影响因子			
	温度	盐度	风力	海水
波罗的海鲽	+减少食物供给，对生存产生生理作用；影响捕食	+（同温度）		
太平洋沙丁鱼	+对性成熟产生生理作用；影响同鳀竞争和匹配问题	+影响竞争		
鲱	+对卵子死亡产生生理作用		+同温度结合，引起卵子疾病流行	
波罗的海鲱	+对死亡产生生理作用			
玉筋鱼	+减少食物或捕食者；扩大繁殖区，增加存活率	+（同温度）		
黑线鳕			+影响饵料分布	

三、亲体与补充量关系

关于亲体与补充量关系曾引起渔业资源研究者们相当广泛的争论。多数研究者（Ricker，1954，1975；Beverton 和 Holt，1957；Chapman，1973；Parrish，1973；Cushing，1973，1977；Никольский，1974）认为，补充量或多或少地受到亲体数量的影响，只是从亲体数量到补充量中间有许多的环节，由于各种各样因素的影响，两者关系的表现程度不同而已。一般来说，数量变动相对稳定的种群，两者关系较为密切；数量变动剧烈的种群，两者关系表现得间接一些，或者说，在这种情况下，其他因素（如环境条件）的影响比较强烈而掩盖了亲体数量与补充量之间的内在联系。

描述亲体与补充量之间关系的一个简便的方法是根据资料，以横轴表示亲体数量，纵轴表示补充量作相关图，绘出相应的关系曲线，即通常所说的补充曲线，或称增殖曲线。绘制这种曲线需要满足亲体与补充量关系的基本特征（Ricker，1975）：

（1）因为没有亲体就没有繁殖，曲线必须通过原点。

（2）由于实际上不存在高密度时，繁殖完全消失之点，亲体数量在较高水平时，曲线不能下降到横轴上。

（3）补充率（补充量/亲体数最）应该随着亲体数量的增加而下降。

（4）当亲体数量达到某一水平时，补充量必须超过它，否则将导致种群数量下降。

从世界海洋和我国近海一些重要渔业种类的亲体与补充量关系曲线的实例来看（图 5-4 和图 5-5），多数曲线近似于圆顶型，即随着亲体数量的增加，补充量呈增长趋势，当亲体数量达到一定水平后，补充量出现明显的下降趋势，这种类型在一些中上层鱼类中表现得较为明显，如加利福尼亚沙丁鱼、北海鲱、日本鲐和黄海鲱等；有些种类，如北海鲽及日本枪乌贼等，亲体数量增加到一定大小后，补充量趋向一个稳定的水平，其曲线近似于饱和型。无论是哪一种类型，亲体数量终将成为一个制约补充量增长的因子，即由于密度的作用，补充量增长是有限度的。

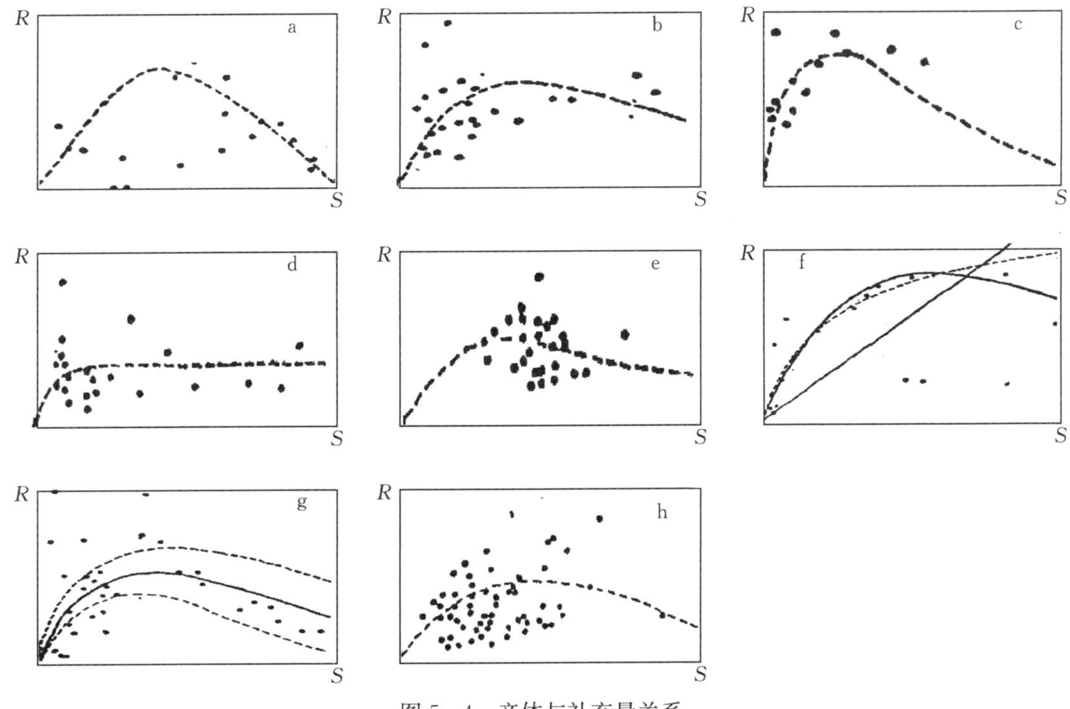

图 5－4　亲体与补充量关系

a. 沙丁鱼　b. 鲱　c. 黑线鳕　d. 鲽　e. 庸鲽　f. 日本鲐　g. 北极—挪威鳕　h. 虹鳟

（引自 Pitcher 和 Hart，1982；Cushing，1981）

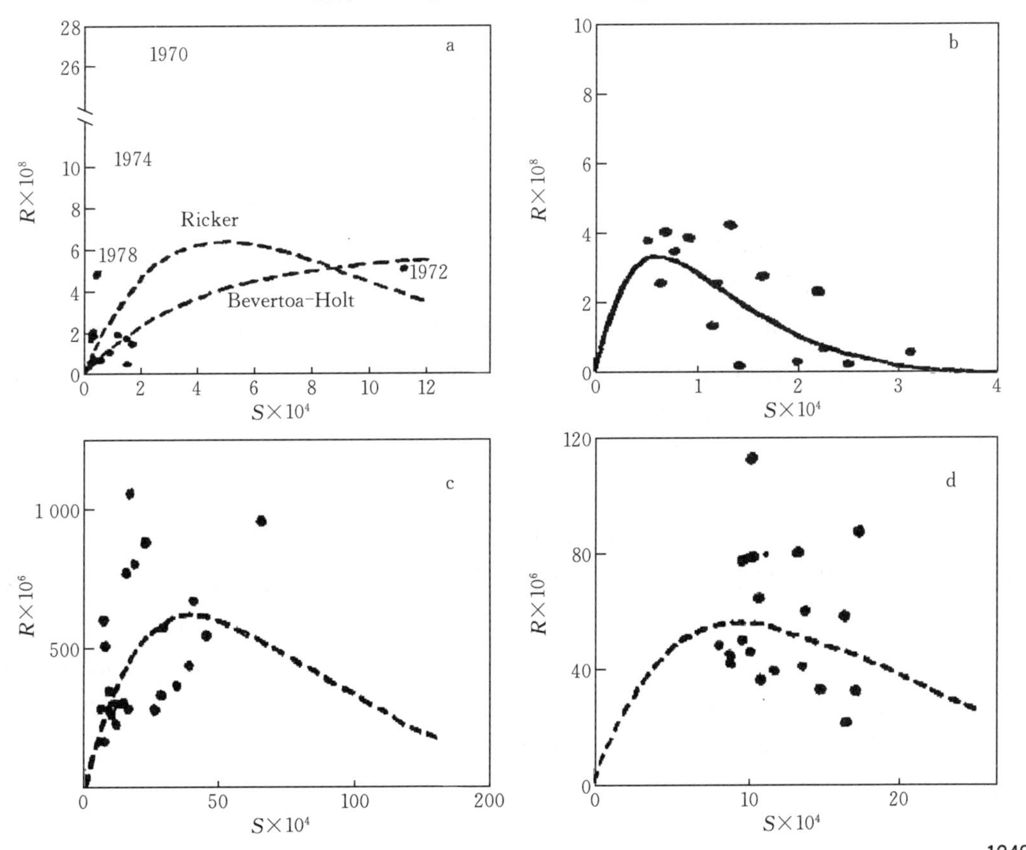

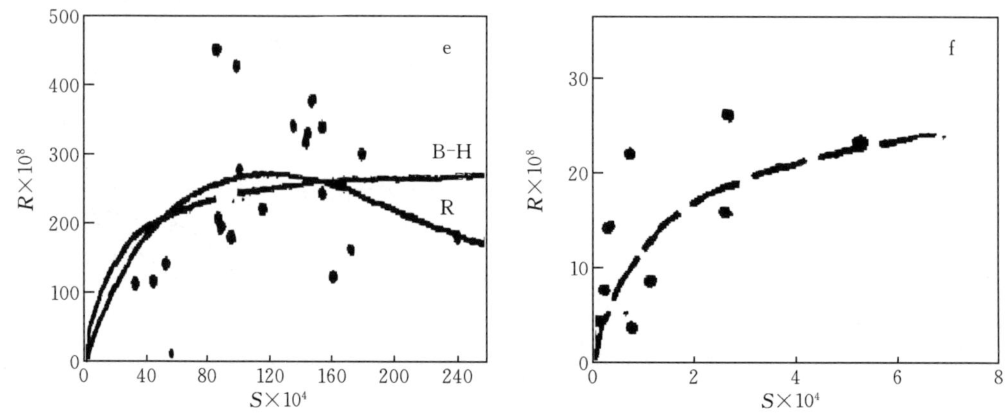

图 5-5 我国近海几种渔业种类的亲体（S）与补充量（R）关系曲线

a. 黄海鲱 b. 蓝点马鲛 c. 渤海对虾 d. 日本枪乌贼（引自邱显寅，1986） e. 东海带鱼 f. 东海大黄鱼 g. 南海蓝圆鲹

（引自顾惠庭，1980；Huang，1983；费鸿年，1974）

许多研究者（Ricker，1954；Beverton 和 Holt，1957；Chapman，1973；Cushing，1973；Panlik，1973；Shepherd，1982；Pauly，1982）应用数字模型描述亲体与补充量之间的关系。迄今为止，Ricker 理论模型和 Beverton - Holt 理论模型得到公认。这两个模型较好地表达了亲体与补充量关系的两个基本类型，其数字表达式分别为

$$R=S\cdot a\cdot \mathrm{e}^{-bs} \tag{5-1}$$

$$R=\frac{1}{A+B/S} \tag{5-2}$$

上两式中，R 为补充量，S 为亲体数量（下同），a、b、A 和 B 分别为参数。这些参数对补充曲线的影响如图 5-6 和图 5-7 所示。在 Ricker 模型中，当参数 b 不变，a 值增加，使曲线的圆顶更加隆起，同样的亲体数量，补充量明显增大。但是，当参数 a 不变，b 值增加，使曲线的圆顶高度下降，隆起明显，另外，不同 b 值曲线的最大补充量所需要的亲体数量也不相同，这一点与随着 a 值增加，曲线所出现的变化显然不同；在 Beverton - Holt 模式中，A 值不变，B 值减少使曲线迅速接近渐近值，同时，最大补充量所需要的亲体数量明显减少。但是，当参数 B 不变，A 值减少使曲线的渐近值明显增大，而最大补充量所需要的亲体数量相差不大。Eberhardt（1977）根据逻辑斯蒂方程导出

$$a=\mathrm{e}^{r};\ b=r/k$$

$$B=\mathrm{e}^{-r};\ A=(1-\mathrm{e}^{-r})/K$$

上列式中，$a=1/B$，且同与 r 值有关，r 为种群固有增长率，是一个与密度作用无关的参数；而 b 和 A 同与 r 和 K 有关，K 为种群大小的渐近值，是一个与密度作用有关的参数，在式（2-6）中，r 通常是一个很小的数值，K 是一个较大的数值（Odum，1971），当 r 很小时，$b \backsimeq A$，当 r 较大时，b 与 A 的差值在 20%左右，很明显，K 值对 b 和 A 的影响较大。因此，a、B 和 b、A 分别又被定义为非密度依赖死亡参数和密度依赖死亡参数。

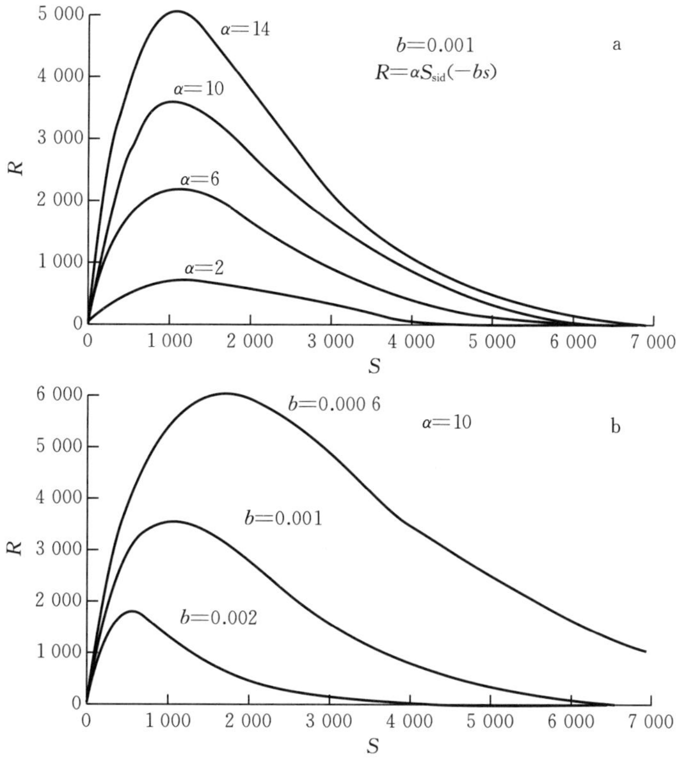

图 5-6　不同参数值对 Ricker 曲线的影响

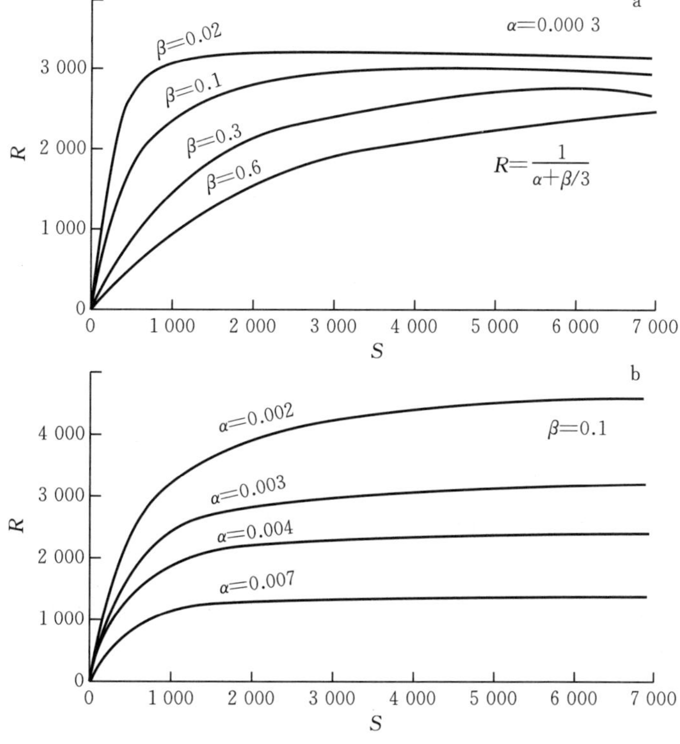

图 5-7　不同参数值对 Beverton-Holt 曲线的影响

根据上述参数特征，Ricker 型曲线描述的亲体与补充量关系，能使种群大小超越渐近值 K，然后在这个水平上上下波动，波动的幅度取决于曲线隆起的程度，即 r 的变化程度，很明显，该曲线适合于描述 r－选择型种群。然而，Beverton－Holt 型曲线描述的种群大小只是接近而不能超越渐近值，补充量的增长受到环境容纳力的限制，因此，该曲线适合于描述数量变动相对稳定的 K－选择型种群。

计算参数 a、b、B 和 A 的简便方法是首先将式（5－1）和（5－2）写成

$$\log_e\left(\frac{R}{S}\right)=\log_e a-bS \qquad (5-3)$$

$$\frac{1}{R}=A+\frac{B}{S} \qquad (5-4)$$

然后，应用线性回归分析解出各参数值。在实际工作中，我们常常碰到的问题是如何选配合适的亲体与补充量关系曲线，即研究对象的补充曲线是属于 Ricker 型还是 Beverton－Holt 型。一般使用的方法是根据亲体与补充量的统计相关显著性来加以判断。但是，这个方法常常没有被正确使用，例如直接使用式（5－3）和（5－4）的相关系数 r 判别曲线类型。相关系数 r 可以用来表示式（5－3）和（5－4）各自变量间的相关程度，但是，不能用来比较两式的相关显著性，因为式（5－3）和（5－4）的因变量和自变量是内容不同的两组统计量。然而，式（5－1）和（5－2）的两组统计量内容相同，可用相关指数来比较两式的相关显著性。表 5－3 表明两种判别方法的结果有明显的差别，而且有时会产生完全相反的结论。因此，按照上述比较原则，应以相关指数值的大小判别曲线类型。为了避免由于资料时间序列不够长或者统计误差造成的判断错误，判别曲线类型的另一个依据是考虑研究对象的生活史类型（Adams，1980；费鸿年和何宝全，1981），即种群属于 r－选择还是 K－选择型，对 r－选择型种群应用 Ricker 型曲线，对 K－选择型种群使 Beverton－Holt 型曲线。从理论的角度，这一方法比用统计方法更为可靠，因为它有明确的生态学基础为依据。

表 5－3 两种判别方法的比较

模 式	Ricker	Beverton－Holt	n
对虾 R	0.211	0.182	22
r	0.625	0.661	
日本枪乌贼 R	0.269	0.563	9
r	0.707	0.717	
带鱼 R	0.594	—	16
r	0.848	0.732	

注：R 为式（5－1）和（5－2）的相关指数；r 为式（5－3）和（5－4）的相关系数。

以上两个模式，除了描述了亲体与补充最关系之外，还提供了若干重要的种群特征值。即最大补充量（R_m），R_m 所需要的亲体数最（S_m），最大持续产量（MSY），MSY 所需要的最大补充量（R_s），MSY 所需要的亲体数量（S_s），MSY 时的种群利用率（U_s）等。

对式（5－1）求导，且令这个导数等于零，有

$$S_m=\frac{1}{b} \qquad (5-5)$$

式（5－5）代入（5－1），Ricker 曲线的最大补充量为

$$R_m=\frac{a}{be}=\frac{a}{2.7181b} \tag{5-6}$$

持续产量等于补充量与亲体数量之差，故有

$$y_e=aSe^{-bS}-S \tag{5-7}$$

对式（5－7）求导，且令导数等于零，那么，MSY 所需要的亲体数量为

$$S_s=\frac{ae^{-bS_s-1}}{abe^{-bS_s}} \tag{5-8}$$

式（5－8）用迭代法解，另外，也可用代数法或图解法求出（叶昌臣等，1980）。将 S_s 代回式（5－1）和（5－7），可得 *MSY* 所需要的最大补充量和最大持续产量分别为

$$R_s=aS_se^{-bS_s} \tag{5-9}$$

$$\text{MSY}=R_s-S_s \tag{5-10}$$

MSY 所需要的亲体数量（S_s）对最大补充量所需要的亲体数量（S_m）的利用率为

$$U_s=\frac{S_s}{S_m}=bS_s \tag{5-11}$$

Beverton－Holt 模式描绘的是一条渐近曲线，因此，对式（5－2）求极限，最大补充量和相应的亲体数量为

$$R_m=\lim_{A\to\infty}(A+B/S)^{-1}=\frac{1}{A} \tag{5-12}$$

$$S_m=\infty \tag{5-13}$$

持续产量为

$$y_e=(A+B/S)^{-1}-S \tag{5-14}$$

对式（5－14）求导，且令导数等于零，那么，MSY 所需要的亲体数量为

$$S_s=\frac{\sqrt{B}-B}{A} \tag{5-15}$$

式（5－14）代入式（5－2）和（5－14），MSY 所需要的补充量和最大持续产量分别为

$$R_s=\frac{1}{A+B/S_s}=\frac{1-\sqrt{B}}{A} \tag{5-16}$$

$$\text{MSY}=R_s-S_s=\frac{(1-\sqrt{B})^2}{A} \tag{5-17}$$

MSY 时的利用率

$$U_s=\frac{R_s}{R_m}=1-\sqrt{B} \tag{5-18}$$

以渤海对虾补充量和亲体数量资料（表 5－4）为例，对两个模式各参数及特征值的计算结果如表 5－5 所列，这些结果无疑对探讨对虾种群动态，预测资源前景，提出相应的管理策略十分有用。

表 5－4 渤海对虾亲体和补充量指数

世 代	亲体数量 S	补充量 R
1962	29.26	343.15
1693	25.11	372.99

（续）

世　代	亲体数量 S	补充量 R
1964	29.93	582.27
1965	45.81	563.24
1966	38.38	447.91
1967	27.40	309.68
1968	10.85	280.73
1969	16.43	315.00
1970	13.02	310.36
1971	12.30	245.02
1972	7.74	294.45
1973	23.85	889.80
1974	66.49	975.92
1975	40.84	691.72
1976	17.23	300.99
1977	7.87	611.35
1978	15.86	793.00
1979	17.79	1 072.53
1980	19.54	804.15
1981	9.44	524.17
1982	8.24	179.36
1983	10.69	359.07

表 5-5　两种补充曲线的参数和特征值

模　式	Ricker 型	Beverton 型
相关指数 R	0.211	0.182
参数 a、B	42.47	$2.271\,5\times10^{-2}$
参数 b、A	$2.498\,5\times10^{-2}$	$1.139\,7\times10^{-2}$
最大补充量 R_m	625.4×10^6	877.4×10^6
R_m所需要的亲体数量 S_m	40.0×10^6	∞
最大持续产量 MSY	586.5×10^6	632.9×10^6
MSY 所需要的补充量 R_s	624.1×10^6	745.2×10^6
MSY 所需要的亲体数量 S_s	37.6×10^6	112.3×10^6
MSY 时的利用率 U_s	0.939 4	0.849 3
种群大小的渐进值 K	150.0	857.5
固有自然增长率 r	3.748 8	3.784 7

假如亲体数量和补充量是用绝对值或者量级相同的单位表示，那么，补充曲线有一个数量替换水准，即补充曲线与45°线交点（S_r、R_r）替换值处 $R=S=S_r$。因此，Ricker 和 Beverton－Holt 模式可以用另一种形式表示

$$R=Se^{a'(1-S/S_r)} \tag{5-19}$$

$$R=\frac{S}{1-B'\ (1-S/S_r)} \tag{5-20}$$

两式中，$a'=\ln\ (a)$，$S_r=\ln\ (a)/b$；$B'=(1-B)$，$S_r=(1-B)/A$。

虽然在实际研究中，不容易获得有效的资料满足式（5－19）和（5－20），但是，上述表达形式有两个优点：（1）用单个的参数 a' 或 B' 可以完整地描述曲线的形状。例如，在 Ricker 模式中，由于 $a'=S_r/S_m$，当 $a'>1$ 时，最大补充量出现于亲体数量少于替换值（S_r）处，随着 a' 的增大，曲线变得较陡，形成圆拱形，当 $a'<1$ 时，最大补充量出现于亲体数量大于替换值处，曲线变得平缓。在 Beverton－Holt 模式中，参数 B' 是一个从 0 到 1 的数值，随着 B' 值增大，曲线向左侧隆起，迅速接近曲线的渐近值（图 5－8）；（2）由于 $a'=r$，$B'=l-e^{-r}$，$S_r=K$，这两个表达式较清楚地描述了种群两个重要的特征值（r 和 K）对补充曲线的影响和它们在亲体与补充量关系中的作用。

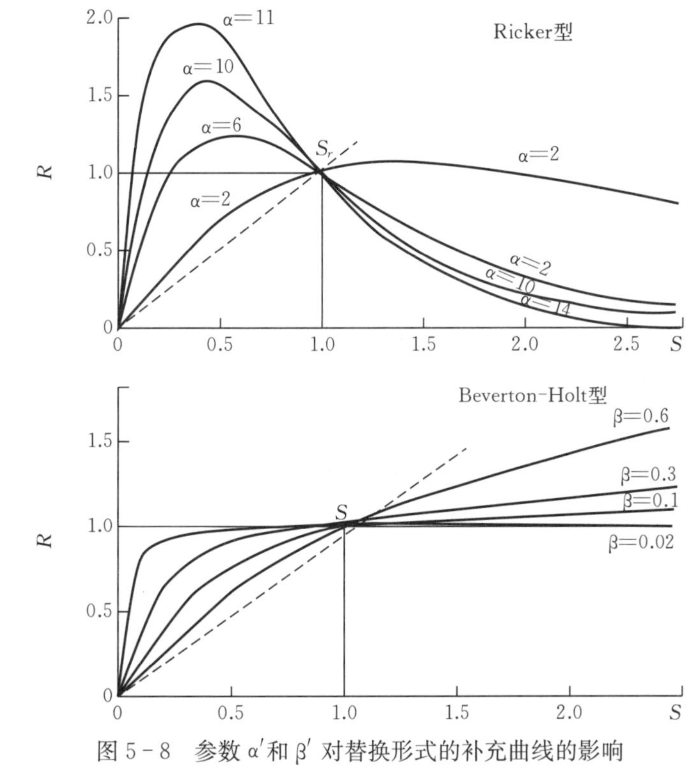

图 5－8 参数 α′和 β′ 对替换形式的补充曲线的影响

四、不同环境条件的一组亲体与补充量关系曲线

传统的亲体与补充量关系曲线通常是在稳态假设条件下，根据模型 5－1 或 5－2 的计算结果绘制的曲线，代表了一个特定种群亲体与补充量关系的自身特征。如图 5－9 所示，4

条曲线分别代表了比利时—荷兰沿海 4 个栖息地褐虾群体亲体与补充量关系的各自特征，它们之间存在显著差异。但是，这些曲线过于概括，仅表达了各个栖息地群体亲体与补充量关系的平均概念。在实践中，我们注意到，各个亲体与补充量对应点常常较远的偏离经验曲线，呈散状分布。若以经验曲线为基准，这些散点可以归结为 4 种亲体与补充量关系情况。

P_1：亲体数量低/补充最低

P_2：亲体数量低/补充量高

P_3：亲体数量高/补充量高

P_4：亲体数最高/补充最低

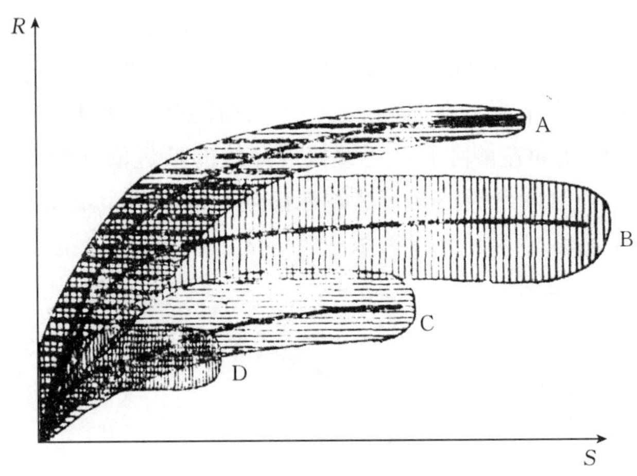

图 5-9 比利时—荷兰沿海不同栖息地的褐虾亲体与补充量关系曲线

A. 北部沿海 B. 西北部沿海 C. 西部沿海 D. 西南部沿海 *R*. 补充量 *S*. 亲体数量

（引自 Boddeke，1982）

资料表明，4 种情况的出现概率比较接近，即在同样的亲体数量情况下，出现补充量水平高或低的可能性几乎是相等的（表 5-6）。对于一个渔业种群来说，产生这种情况的原因主要有两个方面：

表 5-6 亲体与补充量实测对应点分布

（引自 Rothschild，1985）

群 体	P_1	P_2	P_3	P_4	合计
北海黑线鳕	11	9	11	9	40
乔治滩黑线鳕	9	9	8	9	35
北极—挪威鳕	13	5	13	5	36
太平洋庸鲽（北部渔场）	6	10	6	10	32
太平洋庸鲽（西部渔场）	7	7	6	7	27
对应点小计	46	40	44	40	170

注：P_1、P_2、P_3、P_4含义说明见文内。

（1）受捕捞的影响。假如亲体与补充量关系已经确认，一种特定捕捞类型所产生的亲体数量与补充量呈比例，可用一条直线表示。直线的角度随着捕捞死亡增加而加大，直线与曲线的切割点表示特定捕捞类型（如无捕捞、适度捕捞、高度捕捞等）的亲体与补充量关系平衡点。对亲体的捕捞若在一个高水平上持续增加，那么，必然会出现 P_1 的情况，P_1 是在补充型过度捕捞作用下产生的严重后果，反之，可能会出现 P_3（图 5－10）。不难看出，捕捞对亲体与补充量关系的影响是沿着曲线关系图横轴方向进行的，即通过对亲体捕捞的多少，影响补充量。

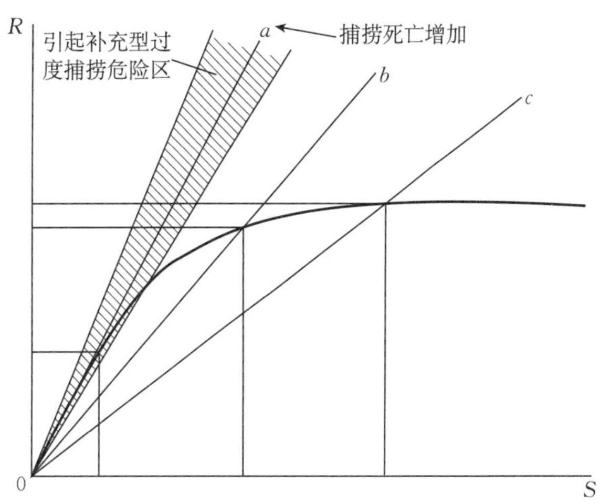

图 5－10　特定捕捞死亡情况下亲体与补充量关系平衡点
（引自 Gulland 等，1984）

(2) 受环境的影响。与 P_1、P_3 的情况相反，P_2、P_4 与补偿控制有关，明显受与环境条件密切相关的非密度依赖因子的支配。环境对补充量的显著影响已在前面讨论过。在特殊情况下，补充量可能由于环境异常产生明显的波动，在一般情况下，补充量可能由于环境条件某种微小变化发生变化。即使在种群环境适应范围内，也可能会因为出现了好的、一般的、差的环境条件而使补充量有高、中、低的差别。那么，在这种情况下，补充量沿着关系曲线图纵轴方向出现的散状分布，主要应归因于环境的影响。

因此，用一组关系曲线表达不同的亲体与补充量关系是合适的。每条曲线相当于一个特定的环境，补充量将根据亲体多少在特定的环境条件下产生（图 5－11）。

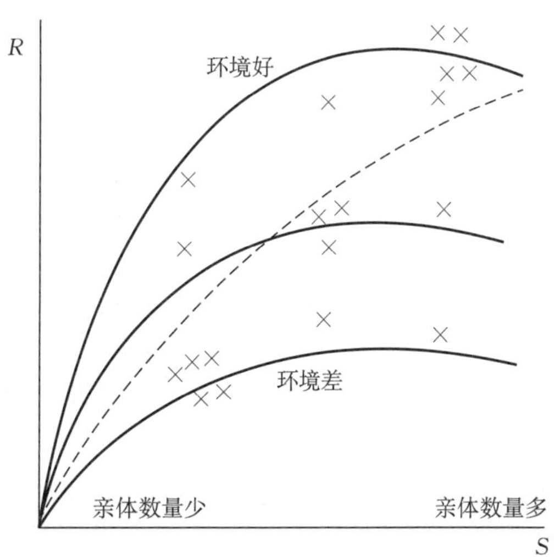

图 5－11　不同环境条件下亲体与补充量关系示意图
（引自 Gulland 等，1984）

上一节曾详细地讨论了亲体与补充量关系模型中参数的定义及其对曲线形状的影响，其中：参数 a 或 B 与非密度依赖死亡有关，是关系曲线纵坐标的尺度因子，是一个可以用来表示环境条件变化的变量；参数 b 或 A 与密度依赖死亡有关，是种群固有增长率 r 与最大负载容量 K 的比例函数。由于 K 是种群属性特征之一，相对稳定，即使随着 r 发生了某种变化，对 b 或 A 的影响也不大，因此，有理由假设 b 或 A 为常数。这样，就有可能考虑一组在不同环境条件下的亲体与补充量关系曲线模型。

在两个传统模型中，Ricker 型亲体与补充量关系曲线受环境的影响较为明显，故以此为例进一步讨论如何实现一组在不同环境条件下的亲体与补充量曲线模型。根据上述假设，式（5－1）可改写为：

$$R=f(a')S\exp(-bS) \tag{5-21}$$

式中，R、S、b的含义同式（5-1），$f(a')$是与环境因子有关的函数，其表达式可写为：

$$a' t=g\left[x_1(t),\ x_2(t),\ \cdots,\ x_m(t)\right] \tag{5-22}$$

上式中，a'可定义为环境条件指数，即一个$a' t$表达了一种环境条件，x_1，x_2，…，x_m表示环境因子，t为时间。若将式（5-22）代入式（5-21）即可获得一组完整的曲线模型：

$$R_t=g\left[x_1(t),\ x_2(t),\ \cdots,\ x_m(t)\right] S\exp(-bS) \tag{5-23}$$

式（5-23）的右项前半部分是一个可以用a'来表示的变量，故在不同环境条件下，该式描述了一组亲体与补充量关系曲线。

由于补充量与亲体数量和环境因子之间函数关系的复杂性和非稳定性，直接解出式（5-23）的参数值是十分困难的。一种可行的办法是采取分解法求解。步骤如下：

（1）根据亲体与补充量资料，由模式（5-1）测出参数a和b，分别相当于式（5-23）a'的平均值和b值；

（2）使用步骤（1）的资料和参数b的测定值，由下列式测定at'；

$$a' t=\left(\frac{R_t}{S_t}\right)\exp(bS_t) \tag{5-24}$$

（3）式（5-22）的函数关系通常是未知的，它取决于种群及其环境的特征。一种探讨途径是假设at'与环境的关系接近于线性关系，如

$$a_t' = a_0 + \sum_{i=1}^{m} a_i X_i(t) \tag{5-25}$$

式中，参数a_i可以应用多元线性回归进行估计，例如用逐步回归分析来挑选、测定影响a_t'的环境因子及其显著性水平。

一组不同环境条件下的曲线模型及参数测定方法在美国切撒皮克湾梭子蟹和渤海对虾亲体与补充量关系研究中应用取得预期的效果，较好地表达了这两个种群亲体与补充量关系特征（Tang，1985；Tang et al.，1987）。

切撒皮克湾梭子蟹出生后一年达性成熟，参加生殖群体和捕捞群体，2岁后大部分死亡。因此，t年的补充量和亲体数量可以用$t+1$年和$t+2$年及t年的渔获尾数资料表示（表5-7）。传统模型的比较研究表明，梭子蟹亲体与补充量关系接近Ricker型，参数$a=10.3393$、$b=0.026868$。环境因子统计分析表明，辐射能（日照）、径流量、盐度与补充量有显著的单相关关系，水温与补充量也有一定关系（表5-8）这些结果与以往的实验室研究相符，即这些环境因子影响了梭子蟹的产卵、孵化、脱皮生长和营养水平。另外，根据式（5-24）算出的环境条件指数a_t'与补充量关系密切（图5-12）。因此，使用逐步回归分析a_t'与环境因子关系，获得如下结果：

$$a_t'=-26.56+0.0441X_1(t)-0.0445X_2(t)-0.5773X_3(t)-0.4945X_4(t)+2.1266X_6(t) \tag{5-26}$$

式中，各变量的含义同表5-8。将式（5-26）右项和b值代入式（5-23），即获得一组切撒皮克湾梭子蟹在不同环境条件下亲体与补充量关系曲线模型：

$$R=(-26.56+0.0441X_1-0.0445X_2-0.5773X_3-0.4945X_4+2.1266X_6)S\exp(-0.0268688S) \tag{5-27}$$

表 5-7　切撒皮克湾梭子蟹亲体与补充量指数

世　代	补充量（R_t）	亲 体（S_t）	估算方法
1960	152.5	32.2	$R_t=\sum_{m=8}^{12}C_{t+1}+\sum_{m=1}^{3}C_{t+2}$
1961	158.9	27.3	
1962	155.6	39.3	
1963	145.1	49.7	$S_t=\sum_{m=1}^{2}C_t$
1964	172.8	39.5	（变量含义同表 5-4）
1965	179.6	28.3	
1966	131.1	45.7	
1967	103.2	44.9	
1968	156.0	29.6	
1969	127.9	23.1	
1970	147.1	31.7	
1971	138.6	32.9	
1972	112.1	37.0	
1973	110.4	26.6	
1974	106.4	24.2	
1975	81.0	13.4	
1976	128.8	18.3	
1977	110.6	18.4	
1978	129.3	19.8	
1979	123.7	21.3	

表 5-8　梭子蟹补充量与环境因子之间的相关系数

因　子	辐射能 X_1	径流量 X_2	盐度 X_3	水　温		
				X_4	X_5	X_6
补充量	0.645	−0.581	0.518	−0.259	−0.228	−0.039

注：X_4为冬季最低水温；X_5为 2 月平均水温；X_6为年平均水温。

图 5-12　切撒皮克湾环境条件指数 a'与梭子蟹补充量指数 R（1960—1979 年）

图 5-13 表明，式（5-27）补充量的估计值与实测值拟合效果较好，统计检验亦达到显著水平（$R^2=0.691$，$P<0.01$）。对于以上多曲线的研究结果还可以用补充量等值线图和一组在不同环境条件下的亲体与补充量关系曲线图表示。图 5-14 和图 5-15 表明：

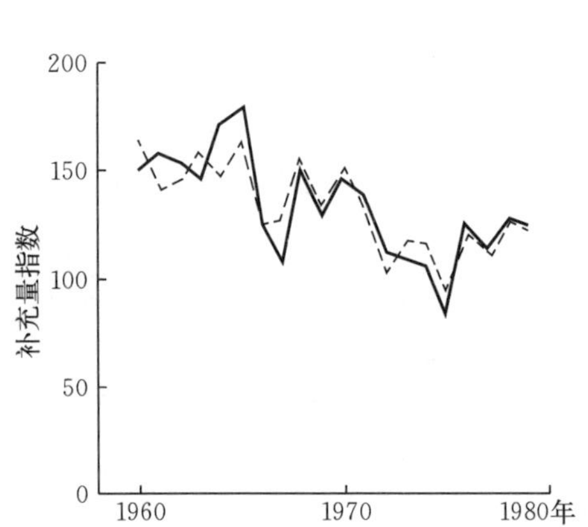

图 5-13 切撒皮克湾梭子蟹补充量实测值（——）与计算值（----）比较

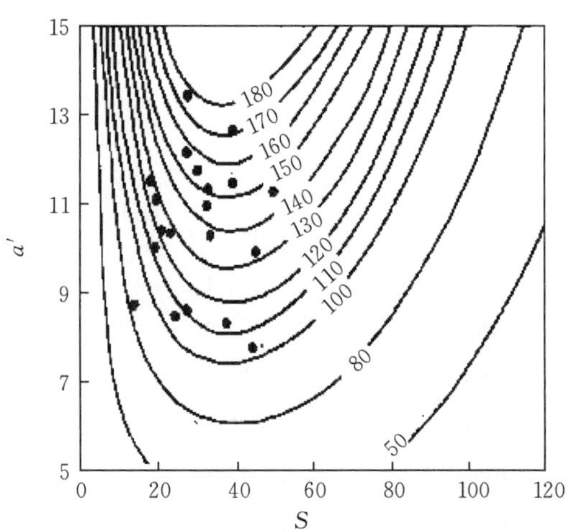

图 5-14 切撒皮克湾梭子蟹补充量等值线图

a'. 环境条件指数 S. 亲体数量指数 等值线表明补充量的量级

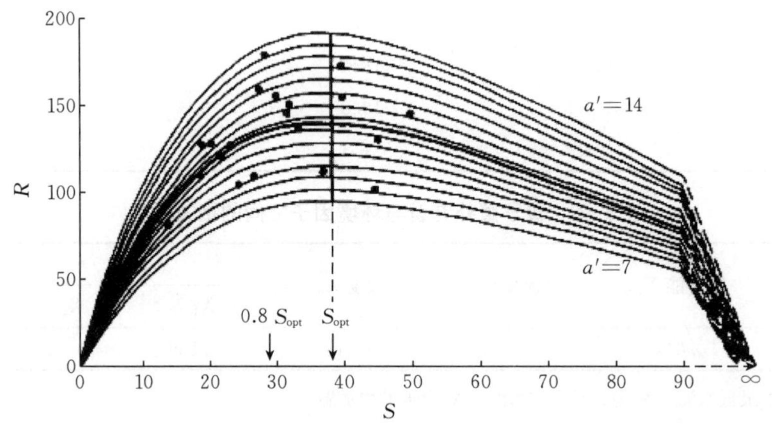

图 5-15 切撒皮克湾梭子蟹在不同环境条件下的一组亲体与补充量关系曲线

R. 补充量指数 S. 亲体数量指数 a'. 环境条件指数 S_{opt}. 最适亲体数量

① 一种环境水平，产生一种亲体与补充量关系，据此，补充量取决于亲体数量；②在亲体数量相近的情况下，补充量取决于环境水平；③切撒皮克湾梭子蟹高产补充量是在最适亲体数量和有利的环境条件同时出现的情况产生的。

渤海对虾春末产卵，主要产卵场位于莱州湾黄河河口区、渤海湾海河和滦河河口区、辽东湾辽河河口区等。卵子孵化成活后，仔虾栖息分布在河口区附近觅食成长。8 月下旬虾群开始向深水区集结。秋末，当水温明显下降时，对虾游出渤海，在黄海中南部深水区越冬。其寿命约一年。1963 年以来对虾卵子和幼体调查结果表明，补充量大小明显受早期生命史阶段环境条件的影响。因此，春夏季影响渤海水文状况的主要因素均可能成为影响补充量的因子（表 5 - 9）。应用逐步回归对 18 个可能影响因子筛选的结果表明，径流、降水、日照和盐度等因子与环境条件指数 a_t'有关。

表 5 - 9　可能影响渤海对虾补充量的环境因子

序号	因子	序号	因子
X_1	4—5 月黄河径流量	X_{10}	前二年降雨量
X_2	4—6 月黄河径流量	X_{11}	4—6 月气温
X_3	5—6 月黄河径流量	X_{12}	5—6 月气温
X_4	1—6 月黄河径流量	X_{13}	5—6 月日照
X_5	X_4+前一年黄河径流量	X_{14}	5—6 月上旬日照
X_6	X_4+前二年黄河径流量	X_{15}	4—6 月大风
X_7	4—5 月降雨量	X_{16}	5—6 月上旬大风
X_8	4—6 月降雨量	X_{17}	5—6 月水温
X_9	前一年降雨量	X_{18}	5—6 月盐度

$$a_t'=141.39+1.2754X_1-1.0124X_2-0.4461X_4+0.0584X_6+0.3633X_8+0.7627X_{13}-1.4356X_{14}-0.2113X_{18} \quad (5-28)$$

式中，各个因子的含义同表 5 - 9，a_t'由表 5 - 4、表 5 - 5 的资料及式（5 - 24）计算所得。因此，以相应的研究结果代入式（5 - 23），获得一组不同环境条件下的对虾亲体与补充量关系曲线模型：

$$R=(141.39+1.2754X_1-1.0124X_2-0.4461X_4+0.0584X_5+0.3633X_8+0.7627X_{13}-1.4356X_{14}-0.2113X_{18})\,S\exp(-0.024985S) \quad (5-29)$$

$$(R^2=0.745 \quad P<0.01)$$

对虾等值线图和不同环境条件下的一组亲体与补充量关系曲线图（图 5 - 16、图 5 - 17）表明：①环境对对虾补充量影响幅度较大，亲体与补充最关系具有明显的多曲线特征。②历年引起补充量波动的主要原因不尽相同。60 年代虽然大部分年份都有足够的产卵亲体，但是由于环境条件较差，补充量处于低水平。70 年代许多年份出现高产补充量是由于环境条件较好和产卵亲体数量适合。而 80 年代亲体数量不足则成为补充量水平低的主要原因。③最适产卵亲体数量（S_{opt}）与参数 a'无关，0.8—1.0S_{opt}可能是一个合适的渔业管好目标。

上述两个实例表明，使用一组曲线模型讨论不同环境条件下补充量的变化，处理亲体与补充量关系，在理论和实践中具有以下意义：

（1）在种群动态研究中，加深了对亲体与补充量复杂关系的认识，为探讨种群数量变动原因找出新的理论依据；

（2）在渔业资源预报中，为早期补充量预报提供了可能性；

（3）在渔业管理和资源增殖实践中，为动态控制策略提供了理论依据。

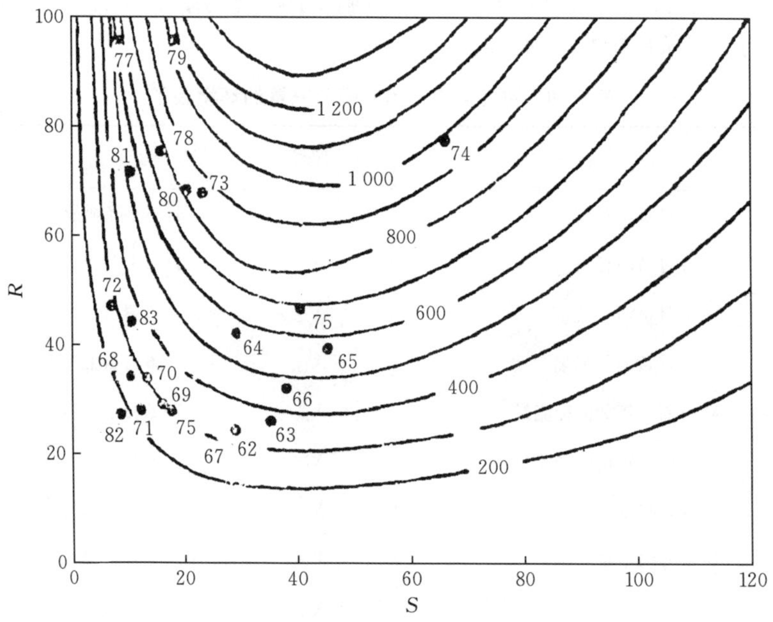

图 5-16　渤海对虾补充量等值线图

（图例同图 5-15）

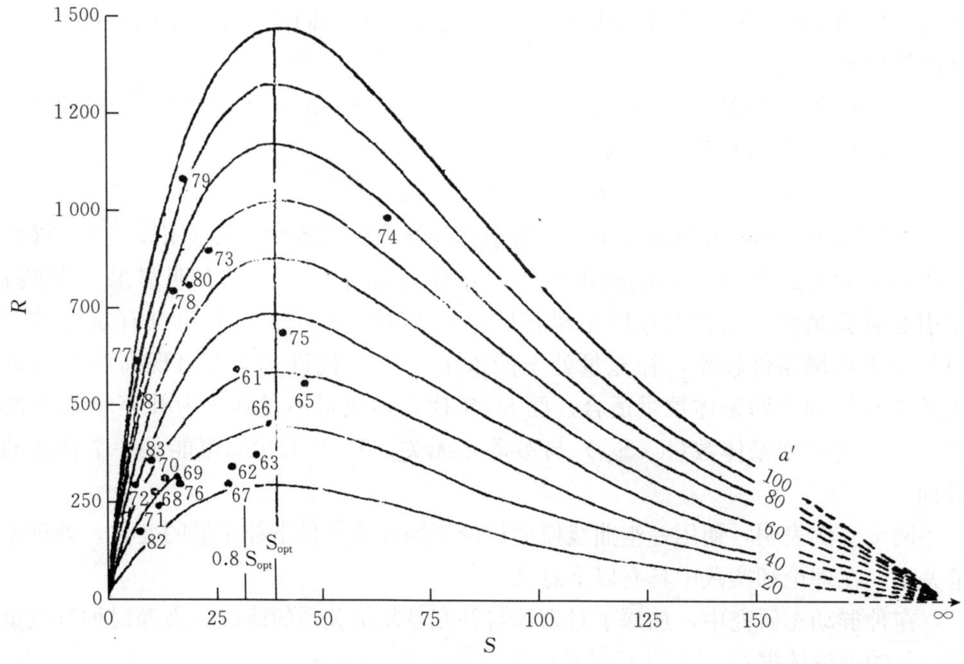

图 5-17　渤海对虾在不同环境条件下的一组亲体与补充量关系曲线

（图例同图 5-15）

参考文献

费鸿年，何宝金，1981. 广东大陆架鱼类生态学参数和生活史类型．水产科技文集．农业出版社，2：6－16.

费鸿年，1974. 研究水产资源数理模式的发展和应用．国外海洋水产，1：1－15.

顾惠庭，1980. 东海群带鱼的增殖曲线和资源管理措施．水产学报，4（1）：47－62.

马绍赛，1986. 对虾卵子、幼体成活率与水文气象环境关系的初步探讨．海洋水产研究丛刊，30：65－70.

孟田湘，周彬彬，1982. 应用 A・D・I 方法进行渤海湾毛虾资源数量预报的研究．海洋学报，4（4）：490－496.

唐启升，1981. 黄海鲱世代数量波动原因的初步探讨．海洋湖沼通报，2：37－45.

叶昌臣，刘传桢，李培军，1980. 对虾亲体数量和补充量之间关系．水产学报，4（1）：1－7.

Николиски，1974. 鱼类种群变动理论．农业出版社（朱德山译）.

Adams P B，1980. Life history patterns in marine fishes and their consquences for fisheries management. Fishery Bulletin，78（1）：1－12.

Beverton R J H，Holt S T，1957. On the dynamics of exploited fish population. U. K. Min. Agric. Fish.，Fish. Invest.，（Ser. 2）19：533pp.

Boddeke R，1982. The occurency of "winter" and "summer" eggs in the brown shrimp and the impact on recruitment. ICES－CM－1981/K，27：8.

Cushing D H，1981. Fisheries biology. The University of Wisconsin Press：295pp.

Cushing D H，1983. The outlook for fisheries research in the next ten years. B. J. Rothschild（ed），Global Fisheries：Perspective for the 1983.

Cushing D H，1973. Dependance of recruitment on parent stock. J. Fish. Res. Bd. Can.，30：1965－76.

Cushing D H，1977. The problems of stock and recruitment. P. 116 － 35. In J. A. Gulland（ed），Fish population dynamics. John Wiley，New York. Sydney：369pp.

Eberhardt L L，1977. Relationship between two stock－recruitment curves. J. Fish. Res. Bd. Can.，34：425－428.

Gulland J A，1965. Manual of methods for fish stock assessment. Part 1. Fish population analysis. FIB/TAO，FAO. Fish. Biol. Tech. Rap.：72pp.

Gulland J A，1983. Fish stock assessment. FAO/ Wiley Series on food and agriculture. Vol. 1. A Wiley－interscience Publication：223pp.

Gulland J A，1983. Stock assessment，why? FAO Fish. Rep.

Gulland J A，Rothschild B J，1984. Penaeid shrimps. their biology and management. Fishing New Books Limited，England. 308pp.

Hoag S H，Mcnaughton R J，1978. Abundance and fishing mortality of Pacific Halibut，Cohort analysis. 1936－1976. International Pacific Halibut Commission，Science Report No. 65：14p.

Huang B，Walters C J，1983. Cohort analysis and population dynamics of large yellow coraker in the China Sea. North American Journal of Fisheries Management，3：295－305.

Lindguist A，1978. A century of observations on sprat in the Skaqerrak and the Kattegat. Rapp. P.－V. Reun. Cons. Int. Explor. Mer.，172：187－196.

Odum E P，1971，Fundamentals of ecology.

Panlik G J，1973. Studies of the possible form of the stock recruitment curve. Rapp. P.－V. Reum. Cons. Perm. Int. Exploit. Mer.，164：302－315.

Parsh B B, 1973. Fish stocks and recruitment. Rapp. P. - V. Reun. Cons. Int. Explor. Mer., 164: 372pp.

Pauly D, 1982. A method to estimate the stock recruitment relationship of shrimps. Trans. Am. Fish. Soc., 111: 13-20.

Pitcher T J, Hart P J B, 1982. Fisheries Ecology. Croom Helm Ltd.: 414pp.

Ricker W E, 1975. Computation and interpertation of biological statistics of fish population. Bull. Fish. Bd. Can., 191: 1-382.

Rothschild B J, 1971. Asystems view of fishery management with some notes on the tune fisheries. FAO Fish. Tech. Rap., (106): 23p.

Shepherd J G, 1982. A versatile new stock - recuritment relationship for fisheries and the construction of sustainable yield curves. J. Cons. Int. Explor. Mer., 40 (1): 67-75.

Tang Q, Deng J, Zhu J, 1987. A family of Ricker SRR curves of the prawn under different environmental conditions and its enhancement potential in the Bohai Sea. IRIS/INPFC Symposium on recruiment and errors in stock assessment models.

Tang Q, 1985. Modificationof the Ricker stock recruitment model to account for environmentally induced variation in recruitment with particular reference to the blue crab fishery in Chesapeake Bay. Fisheries Research, 3: 13-21.

补充量、剩余量、可捕量、现存资源量、平均资源量[①]

补充量（recruitment）

新进入种群的个体数量。种群被开发利用之后，除了本身的正常补充之外，还要补偿因开发利用而损失的个体，补充量成为认识资源生产力的基础。在渔业生物学中，补充量有两种不同的含义：对于产卵群体，补充量是指首次性成熟进行生殖活动的个体；对于捕捞群体，则指首次进入渔场的个体。

补充是种群的基本属性之一，是一个十分复杂的过程。从亲体进行生殖活动，经过产卵受精、卵子孵化、仔鱼成活、幼鱼生长以及向成鱼分布区或渔场洄游等阶段，新生的个体才能补充到群体中去。在这个过程中，补充量的大小受到各种因素的影响，从而产生明显的年间变化。一般中上层鱼类补充量变化幅度大一些，底层鱼类补充量变化幅度相对小一些，绝对稳定的补充量是不存在的。中国近海主要渔业种群补充量变化十分明显。例如对虾，1955—1983 年补充量最大值与最小值之比为 6 ∶ 1；蓝点马鲛，1963—1984 年的比值为 5 ∶ 1；东海带鱼，1959—1974 年比值达 30 ∶ 1；黄海鲱，1970 年与 1969 年世代补充量之比为 57 ∶ 1。

影响补充量变化的因素有：①非密度制约因素。环境因子是主要的非密度制约因素，特别是异常的水文气象条件，如洪水、干旱、风暴、温度骤变、水质污染等。实践中常常把补充量的剧烈波动归因于环境因素的异常变化；②密度制约因素。主要是种群内部食物和生存空间的竞争引起的，亲体密度越大，竞争越烈，死亡率也越大。密度制约因素对种群数量具有调节机制。

由于影响补充量变化原因的复杂性，对补充量的预测始终是渔业种群研究中的重要课题。主要研究途径包括理论模式研究（见亲体与补充量关系模式）、相对数量调查、生物学统计和因子相关分析等方面。

（黄　斌　唐启升）

剩余量（surplus）

渔业资源管理术语，指最大持续产量中未被现有渔业所捕捞的部分。这部分可捕量可为新的捕捞单位所利用。随着专属经济区的出现，剩余量有了新的法定定义。《联合国海洋法公约》规定，沿海国家在没有能力捕捞全部可捕量的情况下，应通过协定或其他安排，并根据在专属经济区内捕鱼的有关条款、条件、法律和规章，准许其他国家捕捞可捕量的剩余部分。这样，剩余量是指专属经济区内，沿海国不能或不准备捕捞的那部分可捕量。它的大小取决于总可捕量、渔获量限额、沿海国的捕捞能力以及

① 本文原刊于《中国农业百科全书·水产卷》，29－30/415/275/552/349－350，中国农业出版社，1995。

经济、政治状况。

（唐启升）

可捕量（allowable catch）

可供渔业捕捞的种群剩余产量。亦称潜在产量。由于补充量年间变动等因素的影响，年可捕量取决于现存资源量以及资源状况、环境条件等，并以种群的再生产能力不受破坏为最低要求。即种群资源被捕捞之后，剩余的亲体数量必须保证下一个生殖季节产生足够的补充量。

随着渔业管理日益加强，控制渔获量成为合理利用和保护资源的重要途径。《联合国海洋法公约》规定："沿海国应决定其专属经济区内生物资源的可捕量，……参照其可得到的最可靠的科学证据，通过正当的养护和管理措施，确保专属经济区内生物资源的维持，不受过度开发的危害。"这样，可捕量的含义与一些渔业管理术语如总允许渔获量、生物学允许渔获量、平衡产量、最大持续产量等相近或相同。

对于初次开发利用的资源通常采用下式估算可捕量（Y）：

$$Y=aMB_{\infty}$$

式中 a 为开发率（通常用 0.3～0.5）；M 为自然死亡系数；B_{∞} 为未开发种群的原始资源量。

对于已开发利用的资源采用下式估算可捕量（Y）：

$$Y=a(y+MB)$$

式中 y 为渔获量；B 为现存资源量。

此外，尚有其他方法概算可捕量（见剩余产量模式等）。

（唐启升）

现存资源量（present abundance）

在特定时间内，栖息于某一渔业水域中某类资源或种群的生物量。是确定可捕量，进行渔业管理决策的基础。测定方法主要有以下几种：

拖网扫海面积法 根据拖网单位面积内的渔获量或其他指标（如卵子、仔鱼数量等）估算资源绝对数量（B），计算公式为：

$$B=\frac{dA}{C'a}$$

式中 d 为资源密度指数（如单位时间渔获量）；A 为总面积；a 为单位时间扫海面积；C' 为可捕率。此法主要用于栖息于底层和近底层渔业种类资源量的估计。

声学评估法 利用水声学原理和探鱼技术，估算资源绝对数量。即以走航式的调查方式，由回声探鱼仪和回声积分仪观察、记录鱼群的回声资源量指数（回声映像积分读数，简称 M 值），网具试捕取样确认种类和群体组成等，然后根据资源量换算系数（C 值）计算出资源量（P），计算公式为：

$$P=CM$$

此法较适用于中上层鱼和有鳔鱼类，70 年代以来在世界渔业资源数量调查中已广为采用。

世代分析法　包括有效种群分析（VPA）和波普的世代分析法。此法分析结果能提供研究对象历年各年龄组资源量数据表，是评估资源和捕捞现状、预测资源发展趋势、确定现存资源量的重要参考资料。计算方法见有效种群分析。

单位捕捞努力量渔获量（CPUE）概算法　CPUE是一项重要的相对资源量指标。根据定义，t时的单位捕捞努力量渔获量等于可捕系数（q）乘以该时平均资源量（N_t），$(C/f)_t=qN_t$。其中N_t等于初始资源量（N_0）减去t时的累积渔获量（$\sum C_t$），故有：

$$(C/f)_t=qN_0-q\sum C_t$$

根据相应的单位捕捞努力量和累积渔获量资料可测出上式的截距（qN_0）和斜率（q），进而可估算出现存资源量（$N_t=N_0-\sum C_t$）。

（唐启升）

平均资源量（average abundance）

某一时期内种群资源量的平均值。生物种群的资源数量是一个连续变化的变量，对于某一时期内（如一年）的平均资源量通常用瞬时平均值表示，计算公式为：

$$\bar{N}=\frac{\int_0^t N_t\mathrm{d}t}{\int_0^t \mathrm{d}t}=\frac{N_0(1-\mathrm{e}^{-z})}{Z}$$

式中平均资源量（$\bar{N}$）相当于某一期间开始时和结束时的资源量（N_0，N_t）之差与总死亡系数（Z）的比值。

在有捕捞的情况下，渔获量（C）和捕捞死亡系数（F）的比值也可定义为平均资源量，即：

$$N=C/F$$

$$C=\frac{F}{Z}N_0\ (1-\mathrm{e}^{-z})$$

因此，平均资源量是种群动态和渔获量方程中一个重要的理论参量。它与资源量（N）的关系表现为：在极端情况下，当$Z\to 0$，$\bar{N}\backsimeq N_0$，当$Z\to\infty$时，$\bar{N}\backsimeq 0$；在一般情况下，$\bar{N}<N$。

（唐启升）

拉塞尔种群捕捞理论[①]

(Russell's Fishing Theory of Population)

拉塞尔(F. S. Russell,1931)认为,渔业种群的数量取决于补充、生长、自然死亡和捕捞死亡四大因素。前两个因素使种群重量增加,后两个因素使种群重量减少,其关系式为:

$$S_2 = S_1 + R + G - M - F$$

式中:S_2 和 S_1 分别为年末和年初时的种群重量;R 为补充量;G 为个体增长量;M 为自然死亡量;F 为捕捞死亡量。在没有渔业捕捞的情况下,种群依靠补充和生长弥补因自然死亡造成的减量,使其保持平衡,$S_2 = S_1$。当渔业开发利用之后,如果希望种群保持平衡,那么必须 $R+G=M+F$。捕捞使种群数量减少,种群或者通过增大补充率,或者通过增大生长率,或者通过减少自然死亡,建立新的平衡。但是,当捕捞使减量大于增量时,种群失去平衡,将出现捕捞过度现象,种群资源衰退,以致枯竭。

虽然实际情况很复杂(见图),但是拉塞尔的关系式简明地概括了渔业种群数量变动的基本规律,为解决捕捞过度,探讨最适产量,建立渔业资源评估和管理模式等奠定了理论基础。

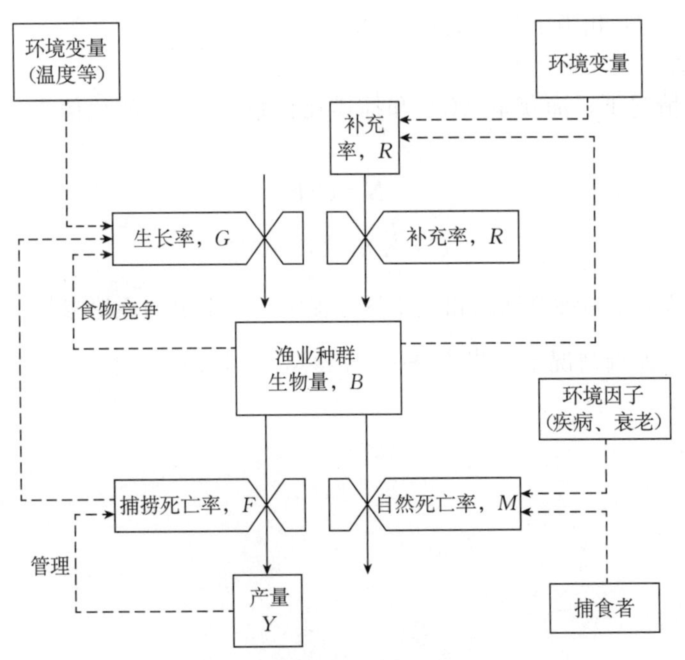

渔业种群数量变动示意图

图中实线表示决定种群生物量的因素 虚线表示各种影响因子

① 本文原刊于《中国农业百科全书·水产卷》,280,中国农业出版社,1995。

参考书目

Pitcher T J，Hart P J B，1982. *Fisheries Ecology*. AVI Publishing，Westport CT.

（唐启升）

种群增长逻辑斯谛曲线①

(Logistic Curve of Population Growth)

生物种群数量变动的基本理论表达形式之一。格雷厄姆（M. Graham，1935、1938）首先将该理论引入北海底层鱼类资源研究，对渔业种群数量变动理论模式的发展具有重要影响。根据这个理论发展起来的主要模式和概念有：剩余产量模式、亲体与补充量关系模式和最大持续产量等。

生物种群动态通常是一个有生有死的过程。假如每个个体的增长率是种群大小（N）的函数，种群增长率为：

$$\frac{dN}{dt}=Nf(N)$$

在一个特定的环境内，种群数量取决于内禀自然增长率（r），但是，其数量增长终究要受到有限的食物和空间的限制，种群越大，对进一步增长的抑制作用也越大。因此，$f(N)$ 是 N 的某个减函数，它描述了一个反馈过程，随着种群水平的增加而控制其增长。当种群增长受到环境容纳能力（K）限制时，这个种群的数量已达到了它的“饱和水平”，不再增长，故有：

$$f(N)=r\left(\frac{K-N}{K}\right)$$

$$\frac{dN}{dt}=rN\left(\frac{K-N}{K}\right)$$

这就是著名的逻辑斯谛方程，即 Verhulst - Pear1 方程。

这个方程还有两种常用的写法：

$$\frac{dN}{dt}=rN\left(1-\frac{N}{K}\right)\text{或}=rN-\frac{r}{K}N^2$$

式中 rN 为种群增长的潜在率与 N 成正比例关系；$\left(\frac{K-N}{K}\right)$ 或 $\left(1-\frac{N}{K}\right)$ 等为环境的阻力，与 N 成反比例关系；当 r 和 K 为一确定值时，种群的增长率随 N 变化；当 $N=K/2$ 时，种群出现最大增长率；而 $N=K$ 时，种群增长率等于 0（图 1）。上述方程积分后有：

$$N=\frac{K}{1+e^{a-rt}}$$

式中：t 为时间；e 为自然对数的底；a 为积

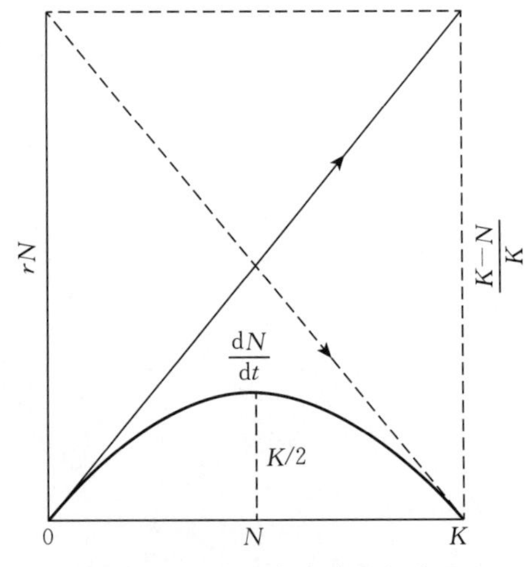

图 1　种群大小与各参量的关系

① 本文原刊于《中国农业百科全书·水产卷》，794 - 795，中国农业出版社，1995。

分常数，它决定方程曲线离原点的位置。这个方程描述种群增长呈S形，即称种群增长逻辑斯谛曲线。

在稳定的生态系统中，生物种群的增长一般遵循逻辑斯谛理论，呈S形。但是，由于环境变化以及种群自身生活史的复杂性，这种S形增长也会出现一些变形（图2）。

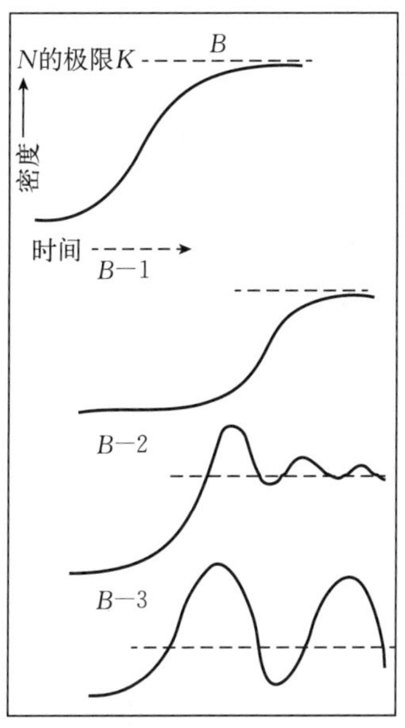

图2　种群增长逻辑斯谛曲线（B）及其变形（B：1～3）

（唐启升）

参考书目

奥德姆 E P，1981. 生态学基础 . 孙儒泳等，译 . 人民教育出版社 .（Odum E P. *Foundamentals of Ecology*. 3rd. Launders，Philadelphia，1973.）

剩余产量模式[①]（Surplus Production Model）

用数学表达式描述渔业捕捞产量与种群剩余生产部分之间的关系。侧重研究种群在平衡状态下的渔业持续产量、最大持续产量、最适捕捞努力量，以及持续产量与种群大小和捕捞努力量之间的关系、单位捕捞努力量渔获量与捕捞努力量之间的关系等。为渔业资源评估、经济效益分析和管理决策提供科学依据。是资源评估和渔业管理的主要理论模式之一。

一个开发种群的自然增长量（ΔB）通常称为种群剩余生产部分，它与种群大小（B）有关。当种群生物量处于极低（$B\backsimeq 0$）或者达到最高水平（$B=B_\infty$）时，ΔB 为 0；当 B 为中等大小时，ΔB 达到最大值（图 1）。因此，格雷厄姆（Graham，1935、1938）在种群增长的逻辑斯谛方程（见种群增长逻辑斯谛曲线）的基础上提出：假如渔业捕捞种群剩余生产部分的速率等于种群的自然增长率，种群大小将保持稳定，渔业获得持续产量。其数学表达式为：

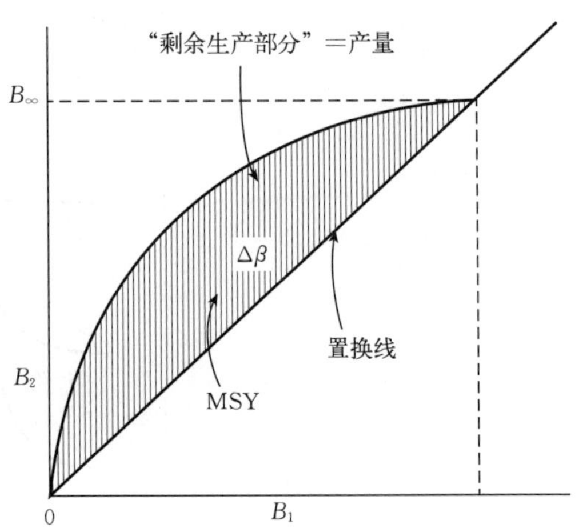

图 1 种群变化与渔业产量关系示意图

$$Y=\frac{\mathrm{d}B}{\mathrm{d}t}=rB\left(\frac{B_\infty-B}{B_\infty}\right)=FB=rB-\frac{r}{B_\infty}B^2$$

式中 Y 为种群在平衡状况下的持续产量；$\frac{\mathrm{d}B}{\mathrm{d}t}$ 为种群自然增长率；B 为种群在平衡状态下的数量；r 为内禀自然增长率；B_∞ 为最大种群数量；F 为捕捞死亡量。

上式表明：在平衡状态下，种群的自然增长率（或称剩余生产部分的变化率）直接与种群的生物量以及实际生物量与种群最大生物量的差额有关；持续产量与种群平衡生物量之间为抛物线关系；种群的最大增长率，即最大剩余产量，出现在种群大小为 B_∞ 的一半时。相应地，最大持续产量（MSY）为：

$$\mathrm{MSY}=\frac{rB_\infty}{4}$$

50 年代以来，舍佛（Schaefer）、佩拉和汤姆林森（Pella 和 Tomlinson）和福克斯（Fox）等人在捕捞死亡 F 为捕捞努力量 f 的函数（$F=qf$）的假设基础上，进一步完善了模式理论推导和参数的计算方法，提出了一些数学形式不同的剩余产量模式，主要有以下几种。

Schaefer 剩余产量模式 舍佛（1954、1957）假设种群特定的自然增长率 f（B）或捕

① 本文原刊于《中国农业百科全书·水产卷》，414－415，中国农业出版社，1995。

捞死亡同种群生物量之间为线性关系：

$$f(B)=F=\frac{r}{B_\infty}(B_\infty-B)$$

由此，推导出下列持续产量方程：

$$Y=af-bf^2$$

式中 a、b 为参数。最大持续产量和最适捕捞努力量（f_{opt}）分别为：

$$MSY=\frac{a^2}{4b}$$

$$f_{opt}=\frac{a}{2b}$$

Fox 剩余产量模式　在渔业中，由于单位捕捞努力量渔获量或种群大小与捕捞努力量之间往往表现为非线性关系，福克斯（1970）假设种群的特定自然增长率与种群大小之间为指数关系：

$$f(B)=r(\ln B_\infty-\ln B)$$

则持续产量方程、最大持续产量和最适捕捞努力量分别为：

$$Y=a'f\,e^{-b'f}$$

$$MSY=\frac{e^{a'-1}}{b'}$$

$$f_{opt}=\frac{1}{b'}$$

Fox 模式的一个重要特征是最大持续产量出现在种群大小为 $0.37B_\infty$ 时，具最适捕捞努力量的计算值略高于 Schaefer 模式。

Pella - Tomlinson 剩余产量模式　佩拉和汤姆林森（1969）认为：最大持续产量出现在种群大小为 $0.5B_\infty$ 时的假设，不能适用于多数鱼类，种群自然增长率与种群大小之间不应为双曲线关系，用参数 m 代替二项式指数 2，将特定自然增长率与种群大小的关系式修改为：

$$f(B)=\frac{r}{B_\infty}(B_\infty-B^{m-1})$$

持续产量方程、最大持续产量及最适捕捞努力量分别为：

$$Y=f(a''-b''f)^{\frac{1}{m-1}}$$

$$MSY=\frac{a''}{b''}\left(\frac{1}{m}-1\right)\left(\frac{a''}{m}\right)^{\frac{1}{m-1}}$$

$$f_{opt}=\frac{a''}{b''}\left(\frac{1}{m}-1\right)$$

由于理论假设不同，三种模式的实际计算结果有一定的差异（图 2）。在 Pella - Tomlinson 模式中，当 $m=2$ 或 m 接近 1 时，它的计算结果与 Schaefer 或 Fox 模式相同。从统计学的角度看，这个模式可能获得最佳计算结果。但是，

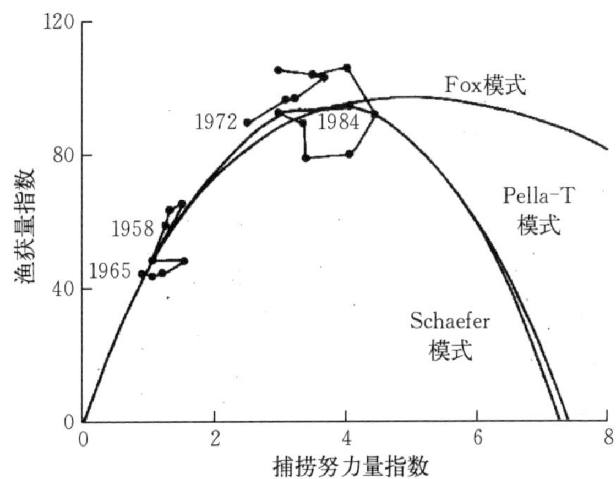

图 2　黄海、渤海多种类渔业持续产量曲线

有时由于资料代表性不足，所获得的计算结果缺乏明确的生物学依据。

上述各种模式既不需要单独鉴定研究对象的年龄，也不需要估计其生长率、死亡率和补充率。只要多年的渔获量和捕捞努力量资料，即可满足计算的要求。具有原始资料收集方便、计算简易等特点。但实践应用中也往往会出现如下问题：①最大持续产量的估计值往往偏高；②剩余产量模式不能充分反映出动态环境下持续产量的各个特例；③最大持续产量未能包括社会和经济等因素的影响。因此，在应用剩余产量模式的研究结果时，需要附加一定条件或者进行某些修正。

（唐启升）

参考书目

Gulland J A，1983. Fish Stock Assessment. FAO/Wiley Ser. 1，New York.

有效种群分析[①]（Virtual Population Analysis）

唐启升

一种估算渔业种群捕捞死亡和资源数量的方法。亦称世代分析。为了与波普（Pope）的世代分析区别，多数使用者沿用 VPA 一词表示有效种群分析。此项分析工作的结果将给出一份历年各年龄组捕捞死亡和资源数量数据表，为渔业资源评估和管理提供基本资料和依据。在世界各国渔业资源评估研究中得到广泛的应用。

一个世代在渔业中被渔获的总和称为有效种群（弗赖伊，1949）。古兰德（Gulland，1965）根据这一概念和渔业种群变动的两个基本方程：

$$N_{i+1}=N_i e^{-(F_i+M)}$$

$$C_i=N_i\left(\frac{F_i}{F_i+M}\right)\left(1-e^{-(F_i+M)}\right)$$

提出了一个从高龄鱼开始，运用逐步逼近法估算捕捞死亡的计算式，即：

$$\frac{N_{i+1}}{C_i}=\frac{(F_i+M)\ e^{-(F_i+M)}}{F_i^{(1-e)-(F_i+M)}}$$

式中 N_i 和 N_{i+1} 分别为一个世代在年龄 i 和 $i+1$ 或时刻 i 和 $i+1$ 开始时的资源数量；F_i 和 C_i 为年龄 i 或时刻 i 的捕捞死亡和渔获尾数；M 为自然死亡。N_{i+1}、C_i 和 M 是三个事先需要确定的数值。一旦这三个数值确定，通过上式左项与右项的逐步逼近法估算出 F_i。然后，逐次进行类似的计算，可算出一个世代在 $i-1$，$i-2$，$i-3$，…，直到最初被渔获时的捕捞死亡和资源数量。这个计算过程称为有效种群分析。应用现代计算技术，将上述过程编成计算程序，可由计算机快速给出结果。该方法的主要特点是：①从一个世代的最高年龄组开始，逐年向前估算各年龄组的捕捞死亡和资料数量，不断减少了估算误差；②只要有多年的渔获物年龄组成资料即可基本满足；③计算要求不需要使用难以度量和收集的捕捞力量资料。

为了便于手工计算，波普（1972）简化了上述计算过程，推导出下列近似计算式：

$$N_i=(N_{i+1})\ e^M+C_i e^{(M/2)}$$

$$F_i=\ln\left(\frac{N_i}{N_{i+1}}\right)-M$$

当 N_{i+1}、C_i 和 M 确定后，可由上列公式直接计算出 N_i 和 F_i。波普称该方法为世代分析。但是这个方法相应地降低了估算精度，如当 $M>0.3$ 和 $F>1.3$ 时，计算误差将超出±5%。

参考书目

Pitcher T J，Hart P J B，1982. Fisheries Ecology. AVI PubliShing，Westport CT.

① 本文原刊于《中国农业百科全书·水产卷》，594－595，中国农业出版社，1995。

两种单位补充量产量模式计算式的比较[①]

唐启升

单位补充量产量模式，又称分析模式，是国际渔业资源评估和管理研究的主要理论模式之一，在我国渔业研究中的应用亦趋广泛。目前使用的单位补充量产量模式计算式有两种：一种由 Beverton 和 Holt（1957）提出，计算式为（见 Beverton 和 Holt，1957，第 36 页，公式 4.4）：

$$Y/R = \underbrace{FW_{\infty}\mathrm{e}^{-mp}}_{\text{A}} \underbrace{\sum_{n=0}^{3} \frac{\Omega n\,\mathrm{e}^{-nk(t_{p'}-t_0)}}{F+M+nK}(1-\mathrm{e}^{-(F+M+nK)\lambda})}_{\text{B}} \tag{1}$$

另一种由 Ricker（1958、1975）改写，计算式为（见 Ricker，1975，第 253 页，公式 10.20）：

$$Y/N_0 = \underbrace{FW_{\infty}\mathrm{e}^{-Mr}}_{\text{A}} \underbrace{\left(\frac{1-\mathrm{e}^{-z\lambda}}{z} - \frac{3\mathrm{e}^{-kr}\ (1-\mathrm{e}^{-(z+k)\lambda})}{z+k} + \frac{3\mathrm{e}^{-2kr}\ (1-\mathrm{e}^{-(z+2k)\lambda})}{z+2k} - \frac{\mathrm{e}^{-3kr}\ (1-\mathrm{e}^{-(z+3k)\lambda})}{z+3k}\right)}_{\text{B}} \tag{2}$$

以上两种计算式 B 部分没有实质差别，仅是数学表达形式不同，即式（2）B 是式（1）B 的二项式展开。两式的差别在于：式（1）A 部分的参数 P 与式（2）A 部分的参数 r 含意不同。$P=t_p'-t_c$，t_p'为个体第一次被大量捕捞时年龄，t_c为个体偶尔被捕捞时的年龄；$r=t_R-t_O$，其中 $t_R=t_p'$，t_O为生长参数，即理论上生长发生时的年龄。可见，式（1）与式（2）的根本差别是使用了两个不同的参数 t_c和 t_O，它们分别定义了两种计算式的补充量的计量起始时间。在式（1），即 Beverton - Holt 模式，补充量计量开始于 t_c，补充量是从个体进入渔场时算起；在式（2），即 Ricker 模式，补充量计量开始于 t_O，补充量是从个体发生时算起。这样，对于同样的参数资料，式（1）和式（2）的计算结果必然不同。正如图 1、图 2 所示，根据式（1）和式（2）的计算结果绘制的黑线鳕单位补充量等值线图数值相差很大。

单位补充量产量作为相对数值，两种模式之间的数值差异并不影响其本身的比较。但是，应当指出的是式（2）关于自然死亡 M 的假设条件与实际情况出入较大。式（2）假设从孵化到补充前各阶段的自然死亡为常数（$\mathrm{e}^{-M(t_R-t_O)}$），而实际情况则像图 3 所概括的那样，自然死亡在生命的初期变化极大。那么，如果式（2）企图得到一个更为确切的单位补充量产量，而实际上由于自然死亡的变化却可能导致较大的误差，式（1）避免了这个问题。另外，应用单位补充量产量模式的主要目的是研究渔业中的实际问题，即主要研究捕捞群体的

① 本文原刊于《海洋水产研究丛刊》，30：105 - 107，1986。

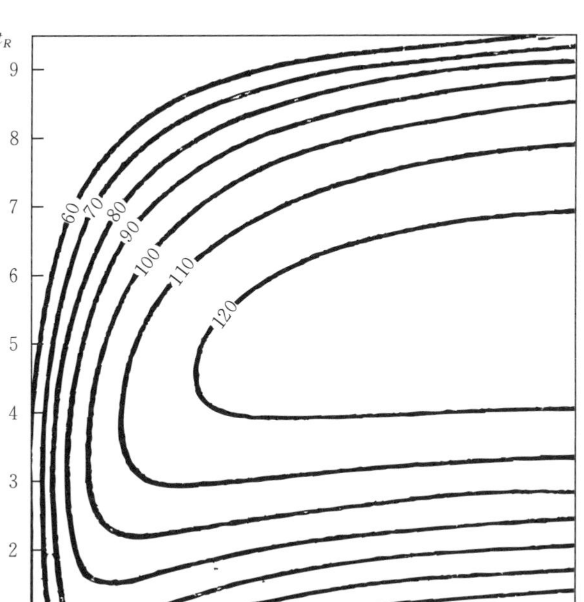

图 1 应用 Beverton - Holt 模式计算的黑线鳕单位补充量等值线图

$M=0.20$ $K=0.20$ $W_\infty=1\ 029$ $t_O=-1.066$ $t_\lambda=10$ $T_c=1$

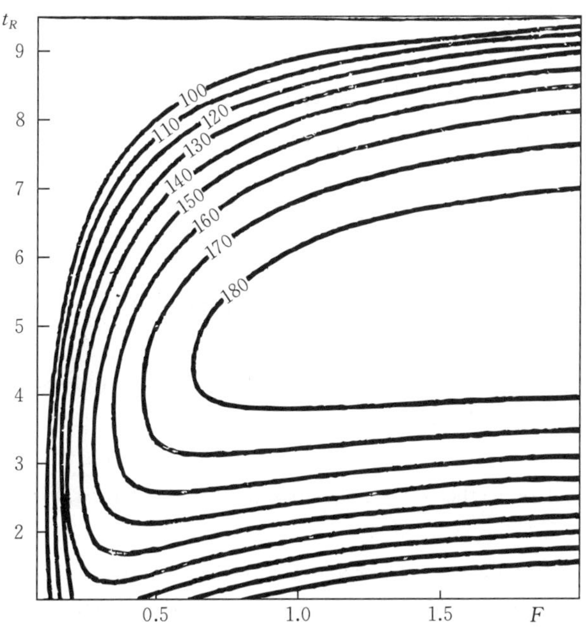

图 2 应用 Ricker 模式计算的黑线鳕单位补充量等值线图

$M=0.20$ $K=0.20$ $W_\infty=1\ 209$ $t_O=-1.066$ $t_\lambda=10$ $T_c=1$

资源变化，在这种情况下，所谓补充量指的是捕捞前的世代数量，式（1）对补充量的定义符合这种实际要求。

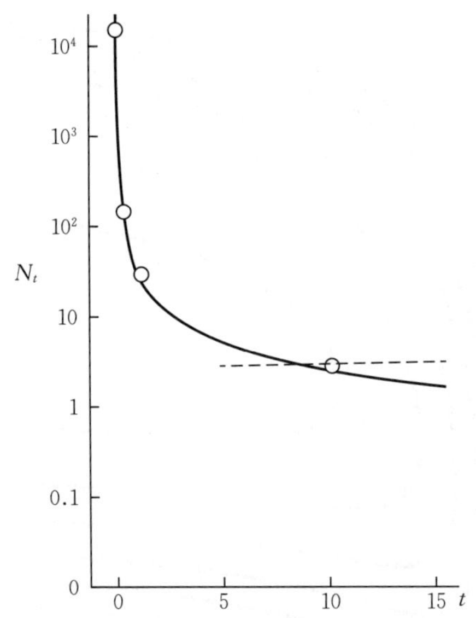

图 3 自然死亡随年龄的变化（用数量表示）
（引自 Cushing，1981）

以上比较结果表明：①两种单位补充量产量模式计算式的数值计算结果截然不同，二者等值线图不能混用；②式（1）Beverton－Holt 模式的假设条件比较符合实际情况。事实上，Beverton－Holt 模式的应用比 Ricker 模式更为普遍（Gulland，1975；FAO，1978；Everhart，1981；Pitcher 和 Hart，1982）。因此，本文建议在实际应用中应以 Beverton－Holt 的单位补充量模式产量计算式为标准算式，以便于自身和不同研究对象之间的比较，使我国渔业资源评估和管理研究的常规方法趋于规范化。

参考文献

Beverton R J H，Holt S J，1957. On the dynamics of exploited fish populations. U. K. Min. Agric. Fish.，Fish. Invest.（Ser. 2）19：533p.

Cushing D H，1981. Fisheries biology. Uni. of Wisconsin Press，Madison，Wis. 295p.

Everhart W H，Youngs W D，1981. Principles of fishery science. Cornell Uni. press，Ithaca and London. 349p.

FAO，1978. Models for fish stock assessment. FAO，Fish. Cir. N 701：122 p.

Gulland J A，1975. Manual of methods for fish stock assessment. Part 1. Fish population analysis. FAO，Man. Fish. Sci. 4：154p.

Pitcher T J，Hart A J B，1982. Fisheries ecology. Croom Helm，London.

Ricker W E，1975. Computation and interpretation of biological statistics of fish population. Bull Fish. Res. Bd. Can. 191：382p.

计算机 Basic 语言程序在渔业资源评估和管理研究中的应用[①]（摘要）

唐启升

Basic 语言是一种简明易学、功能强的高级计算机程序语言，适用于各类机种，在目前推广、普及微型机的新形势下，更增加了它的使用前景和范围。

Basic 语言能够满足渔业资源评估和管理研究中常用模式和数学计算要求，可以快速准确给出不同假设（设想）情况下的各种计算结果，以供研究分析和资源评估、管理决策中选择使用。现将有关常用程序内容简介如下：

（1）世代分析程序，包括使用渔获尾数资料的 VPA 方法，Pope 方法和使用长度资料的 Jones 方法，No. 830425（820715－2）、820720、820717。

（2）生长方程最佳参数测定程序，No. 820715。

（3）单位补充量产量程序，包括传统的 B－H、Ricker 模式、使用实测平均体重资料的现行动态综合模式，No. 830215（820716）、820718、840926。

（4）剩余产量程序，包括 Schaefer、Pella－Tomlinson、Fox、Osrike－Oaddy 模式，以及可捕系数 q 值计算和资源量与渔获量关系方法，No. 821015、821001、821205、82115。

（5）亲体与补充量关系程序，包括 Ricker、Beverton－Holt 模式和 Ricker 型增殖曲线模式，No. 830301、830220、830221。

（6）回归分析程序，适用于直线或者通过变量变换把非线性关系化为直线函数关系的各类计算，如鱼体长度与重量、鳞片长、耳石长（重）关系、生殖力与鱼体长度、重量关系等，No. 830201。

以上程序曾在美国马里兰大学大型计算机、挪威海洋研究所中型机、黄海水产研究所微型机上机使用，语句指令差异甚小，亦容易改调。

---

① 本文原刊于《1984 年山东省水产学会学术会议》，青岛，1984。

二、黄海鲱鱼渔业生物学

黄海区太平洋鲱（青鱼）*Clupea harengus pallasi* Valenciennes 年龄的初步观察[①]

唐启升

鱼类年龄组成，是分析鱼类资源状况，世代数量和编制渔情预报的重要依据之一。随着太平洋鲱（青鱼）渔业在黄海区（以下简称黄海鲱鱼）的迅猛发展，其年龄组成情况，已为人们所关心。

本文是根据上述需要，对1970—1972年黄海鲱鱼生殖期间所采集的鳞片、耳石材料进行年轮特征观察，以及在此基础上对其年龄组成进行初步鉴定的一些结果。由于资料不足和认识还只是初步的，难免有片面甚至错误的地方，希参阅同志批评指正。

一、方法

为了便于观察、比较，鳞片取自鱼体前部两侧（该部位鳞片，形状规则，轮纹清晰），用10%的氢氧化钾溶液和水洗净，夹入载玻片，使用10倍或20倍双目解剖镜，在透射光下进行观察；耳石为矢耳石，不做磨片处理，仅将其表面涂些甘油，使用20倍或30倍双目解剖镜，在入射光下进行观察。实践中发现：耳石涂过甘油，过一段时间全部透明而无法辨别年龄，因此，耳石如需保存，观察后应将甘油洗净擦干；在自然光线明朗的情况下，不涂甘油或用水代替甘油，效果也很好。

为了验证所确定的年轮的真实性，进行了生长逆算。生长逆算是根据鱼类鱼体长度与鳞片、耳石等组织的长度基本呈正比例关系计算的，即 $L_n=\frac{\gamma_n}{R}\cdot L$ 公式，式中：L 为鱼体长度[②]，L_n 为 n 年龄的鱼体长度，R 为鳞片（耳石）长度，γ_n 为 n 年龄的鳞片（耳石）长度。考虑到幼鱼需生长到一定长度时，才长鳞片，应用鳞片材料逆算时，将上式修正为 $L_n=\frac{\gamma_n}{R}(L-a)+a$，式中 a 为长鳞片时的鱼体长度。根据有关资料[③]，a 暂定为30 mm。

---

① 本文原刊于《青岛海洋水产研究所调查研究报告》，第721号，1972。

② 文内鱼体长度均为叉长，以mm为单位。

③ 关于黄海鲱鱼生长鳞片时的鱼体长度，没有获得第一手材料。根据荣成沿岸渔民反映，20～30 mm长的鲱鱼幼鱼没有长鳞，以及大西洋鲱体长30～40 mm时才长鳞片的资料，黄海鲱鱼生长鳞片的鱼体长度暂假定为30 mm。

鳞片、耳石各部位使用的名称见图1。

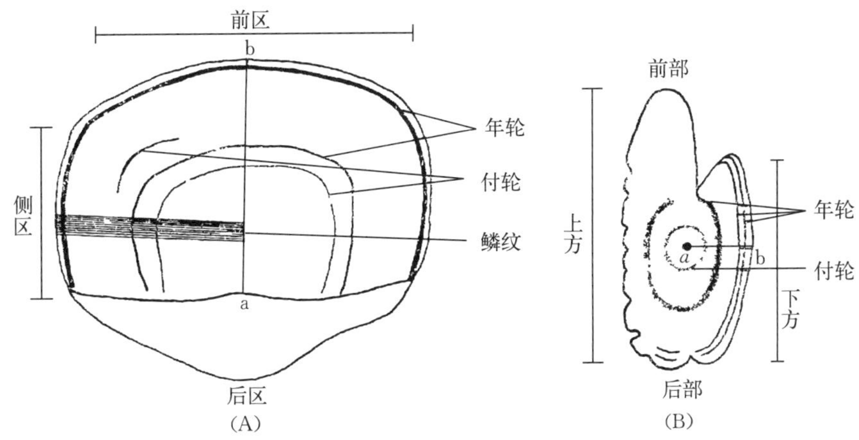

图1　鲱鱼鳞片（A）、耳石（B）外形模式

a. 中心　b. 边缘　a—b. 鳞片（耳石）及轮距测量长度

二、轮纹特征

1. 鳞片上年轮及付轮的特征

鲱鱼鳞片软而薄，鳞的表面有许多微细的鳞纹作横向紧密排列，根据鳞纹的变化情况，鳞片上年轮特征可依宽度分为两个主要类型。（图版Ⅰ～Ⅳ，图2）

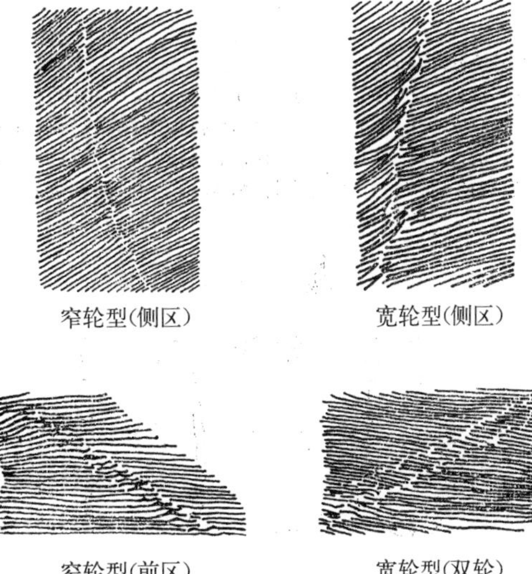

图2　黄海鲱鱼鳞片年轮类型

（1）窄轮型：由于鳞纹发育不良，年轮部位上的鳞纹变细、轻微的弯曲，或者鳞纹生长中断后，紧接着又开始了新的生长，二者间形成一个很小的间隙。在镜下观察，呈一细环带，环带的宽度约有1～2个鳞纹的距离。另外，有时在鳞片的肩区或前区附近还由于鳞纹不发育，而出现一小块不规则的颓区。这是第一年轮常见的特征。

（2）宽轮型：正常生长的鳞纹出现不规则的断裂，以致纹路走向紊乱，形成间断、交岔、切割，或者鳞纹弯曲呈波纹状。少数情况下，年轮由两条细环带所组成，呈双轮纹（一般前区比较明显）。在透射光镜下观察，呈一条较宽而明亮的环带，其宽度约有3～5个鳞纹的距离。从第二年轮开始多属此型。

除上述两个主要年轮类型外，偶尔还出现中间类型，这种情况多见于第二年轮。

鳞片上的付轮主要出现于中心点附近，第一年轮内外两侧和第二年轮内侧。第二年轮以后尚未观察到付轮。

付轮的轮纹特征主要是不连续和缺乏规律，在镜下观察亦远不及年轮清楚。例如，第一年轮内侧近处的付轮和靠近中心点的付轮，虽容易与第一年轮混淆，但如对同一尾鱼的若干鳞片进行对比观察，仍能够区别。因为，付轮不是在每一个鳞片上都出现，而且表现形式也不一致，年轮在各鳞片上则比较规律地出现。另外，还可根据距中心点的距离进行辅助观察。如靠近中心点的付轮，距中心点约为 1.5 mm，第一年轮内侧近处的付轮，距中心点约为 2.4 mm，第一年轮距中心点则为 3 mm 左右。

2. 耳石上年轮及付轮的特征

鲱鱼耳石小而薄，外形侧扁椭圆，前部有一裂口，裂口的上方突出较长，下方较短，后部为圆形，它的内侧面凸出，有一纵向小沟通过中心，外侧面略凹进。轮纹特征以外侧面下方比较清楚，入射光镜下观察，白色不透明带和暗色透明带交替排列，暗色透明带即通常所称的年轮。根据暗色透明带的色泽情况，年轮特征也可分为与鳞片年轮特征相对应的两个主要类型。（图 3）

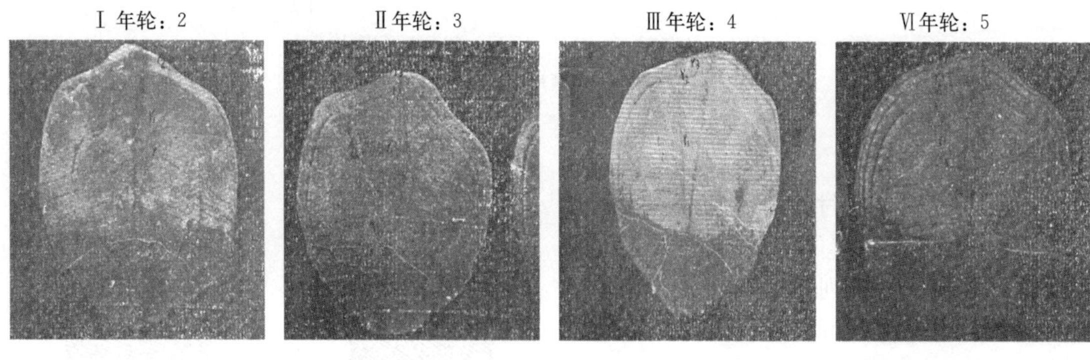

图版Ⅰ～Ⅳ 黄海鲱鱼鳞片照相　　（r为付轮，r_1、r_2、r_3、r_4、r_5分别代表年轮）

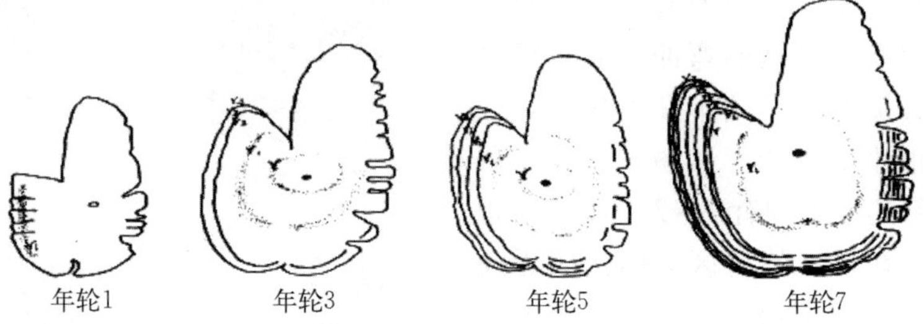

图 3　黄海鲱鱼耳石以示年轮与付轮

10×双目解剖镜下绘制，r 为付轮，r_1、r_2、r_3、r_4、r_5、r_6、r_7 分别代表年轮

（1）浅色轮：色泽浅淡，呈椭圆形封闭圈，往往由于与白色不透明带界限不明显而显得模糊。这是第一年轮的特征。

（2）深色轮：色泽深暗，宽度较浅色轮稍窄，与白色不透明带界限清楚。其形状与耳石外形相似，但由于耳石上方边缘呈锯齿状和前部的裂口、后部的小缺刻，一般难以观察出一个完整的轮圈。从第二年轮开始多属此型。

耳石上的付轮识别比鳞片简单，亦不多见。中心点与第一年轮中间的部位上有时有一个微弱的付轮出现，它与第一年轮的主要区别是呈圆形封闭圈，且颜色还要浅谈一些。第二年轮内侧近处有时也有一个付轮出现，形状与第二年轮相似，但较细弱而且色浅，这种付轮虽少见，但很容易误认为是一个年轮，年龄鉴定时需十分注意。

三、年轮验证及 1970—1972 年黄海鲱鱼年龄组成

表 1、2 表明：①各年龄组鱼体的实测长度与逆算结果，大致相同；②1 龄鱼和 2 龄鱼鱼体的实测长度和逆算结果与 1970 年世代相应时间的鱼体长度的实际记录，也都大致相同。由此认为，上述年轮特征尚能真实地反映出年龄与生长。

表 3 是根据上述年轮特征，对 1970—1972 年黄海鲱鱼生殖群体，年龄鉴定的结果。它不仅反映了三年来黄海鲱鱼生殖群体的年龄组成、世代状况，而且从强世代（如 1966、1968 年世代）和弱世代（如 1967、1969 年世代）在各年年龄组成比例中的连续表现，也说明了上述年轮特征在一周年内只出现一次。同时，也进一步确证了上述年轮特征的真实性。

表 1　各年龄组鱼体实测、逆算长度①

年龄		1	2	3	4	5
实测长度		180	247	273	284	290
逆算长度	鳞片	173	254	275	287	
	耳石	184	254	278	286	

注：①根据 1970、1971 年资料。长度：叉长。单位：mm，以下各表同。

表 2　1970 年世代各时期的鱼体长度

年月	1970.7	1970.12	1971.2	1971.4—5	1971.11	1972.3
长度	60	134	168	180	221	237

表 3　1970—1972 年黄海鲱鱼生殖群体年龄组成（%）

年龄	2	3	4	5	6	7
1970 年	31.0	23.0	46.0			
1971 年	7.0	53.6	15.6	23.2	0.3	0.3
1972 年	96.0	0.4	2.1	0.5	0.9	0.1
出生世代	1970	1969	1968	1967	1966	1965

注：根据鱼体长度资料推测，1968 年黄海鲱鱼生殖群体以 2 龄鱼为主。

因此，鳞片上的“窄轮型”“宽轮型”和耳石上的“浅色轮”“深色轮”等轮纹特征代表年轮，可以用来鉴定年龄。由于高龄鱼的年轮在耳石边缘常出现迭合现象，而且耳石采集也比较麻烦，所以，黄海鲱鱼年龄鉴定材料可选用鳞片，其中以鱼体前部两侧的鳞片为最好。

为了便于渔汛期间或在捕捞现场估计年龄组成情况，根据 1971 年黄海鲱鱼生物学测定资料，列每一长度组年龄分布百分比见表 4，供参考。

表 4　鱼体长度与年龄的关系

长度组	年　龄　%							标本数
	1	2	3	4	5	6	7	
150								
160	100							3

（续）

长度组	年龄 %							标本数
	1	2	3	4	5	6	7	
170	100							10
180	100							38
190	100							37
200	100							12
210								
220								
230		100						1
240		100						36
250		100						50
260		62	38					21
270			89	11				63
280			33	51	16			103
290			4	36	60			94
300				18	76	6		34
310							100	2
平均长度	180	247	273	284	290	296	307	
最小长度	164	231	250	266	272			
最大长度	202	260	290	300	305			

四、对几个问题的认识

1. 年轮形成时间与年龄记数

关于黄海鲱鱼年轮形成的月份，虽缺少系统的周年资料加以肯定，但是，通过对生殖群体年龄材料的大量鉴定，观察到：3—4 月鳞片上最末一个年轮，大部分处于形成状态，即年轮特征在鳞片前区或肩区的边缘出现；耳石上最末一个年轮，绝大部分在边缘已出现；年轮特征尚未出现的鳞片和耳石，其边缘轮距也很大了。另外，从 6 月所采集的鳞片样品中，还观察到：年轮形成后，鳞纹已开始了新的生长。从这两个情况来推测，黄海鲱鱼年轮形成期是比较集中的，主要在 3—4 月的生殖季节里。

假如上述观察分析，符合实际情况，那么，黄海鲱鱼年龄可依出生世代，以年为界记数。例如，当年出生的鱼，以 0 龄记数，或称当年鱼；出生后第二年的鱼，从 1 月到 12 月均以 1 龄记数；以后各年类推。这样记数比较简便，推算出生世代不会发生错误。如 1972 年的 2 龄鱼，只要年份数（1972）与鱼龄数（2）相减，便知道是 1970 年世代。

必要时，也可以 3—4 月为界限，做详细记录：3—4 月以前，年轮尚未形成者记为 Rn^-；5 月以后，年轮形成后，鳞纹又开始了新的生长者记为 Rn^+；年轮形成者或正在形成者记为 Rn。若以 2 龄鱼为例，则为 2^-、2^+、2。

2. 生殖轮与性成熟年龄

为什么一般从第二年轮开始轮纹特征（清晰明显）与第一年轮（比较模糊）有较明显的

不同？而且在鳞片和耳石上的表现形式又是相对应的，即“宽轮型”与“深色轮”和“窄轮型”与“浅色轮”相对应。从生理生态上的变化以及性成熟鱼年轮形成期在生殖季节的情况来看，与生殖轮有关。

一般来说，年轮的形成是由于鱼体生长受到周期性的抑制而引起的，但是，抑制的原因和程度并不完全一致。就现在所知道的情况而论，1 龄鱼，尚未性成熟，年轮的形成主要是由于栖息环境的变化和摄食短时间（1～2 个月）的降低；2 龄鱼的情况就不同了，从夏末开始，以至整个秋冬季摄食强度都很低，生殖洄游期间，几乎完全停止了摄食。这样长的时间里，鱼体内所需要的养料，不仅得不到足够的补给，还要在低温（0～6 ℃）的情况下大量消耗于性腺发育、成熟和生殖，这样，鱼体生长所受到的显著影响，就必然会在轮纹成长上反映出来。因此，“宽轮型”和“深色轮”轮纹特征，不仅代表年轮，同时也含有生殖活动的痕迹，亦即通常所称的“生殖轮”。据此，年轮特征的观察结果表明：黄海鲱鱼初届性成熟的年龄一般应为 2 龄。初届性成熟后，每年重复生殖活动，所以 2 龄以后各年年轮特征也相一致。

参考文献

久保伊津男，吉原友吉，1957. 水产资源学. 共立出版株式会社：49－69.

刘效舜，杨丛海，叶冀雄，1962. 黄海北部、渤海小黄鱼的鳞片和耳石年轮特征及其形成周期的初步研究. 海洋渔业资源论文选集：136－148.

上海水产学院，1961. 水产资源学. 农业出版社：20－25.

黄海鲱鱼的性成熟、生殖力和生长特性的研究①

唐启升

摘要： 本文根据1970—1977年生物学测定资料，对黄海鲱鱼（青鱼）的性成熟、生殖力和生长特性进行了分析讨论，获得了一些渔业资源生物学参数，其要点如下：

（1）黄海鲱鱼2岁时99%的个体达性成熟，1岁鱼性成熟者和2岁鱼性未成熟者极少，约占1%左右，表现出初次性成熟年龄集中，补充速度快的特点。

初次性成熟的最小叉长和体重：雌鱼是200 mm、80 g；雄鱼是168 mm、46 g。开始大量性成熟的叉长和体重，雌雄两性差异不大，都在210～250 mm、90～110 g范围内。

（2）在计数样本范围内，黄海鲱鱼个体绝对生殖力E为1.93万～7.81万粒，个体相对生殖力E/L（叉长）为93～269粒，E/W（纯体重）为210～379粒。

个体绝对生殖力E和个体相对生殖力E/L与纯体重呈直线增长关系，与叉长呈幂函数增长关系，与年龄呈阶段性增长关系。因单位重量卵子数量较为稳定，个体相对生殖力E/W与重量、长度、年龄的变化无关。

（3）黄海鲱鱼卵子发育具有明显的同步性，属一次排卵类型。

（4）黄海鲱鱼年内生长有明显的阶段性，即夏季生长迅速，秋季及冬初生长缓慢，冬末至产卵前又重新加速，产卵期及产卵后恢复期生长量最小，但没有出现明显的停止现象。这一规律与摄食的季节变化有关。

（5）von Bertalanffy生长方程表达了黄海鲱鱼年间生长的一般规律，根据本文提出的参数最佳值测定方法，求得：$L_{\infty}=305$，$W_{\infty}=253$，$k=0.66$，$t_0=-0.198$，$t_r=1.5$。

黄海鲱鱼3岁以前生长较为迅速，但生长初期，以长度生长较快，至初次性成熟前后，以重量生长较快；4岁以后生长变得缓慢了，长度生长较重量生长提前结束。

（6）生长状况对黄海鲱鱼的生殖力及性成熟均有一定影响，但与种群密度之间无明显的相关关系，以生长的好坏来判断资源状况是没有把握的。

前　　言

鱼类的种群由于捕捞死亡和自然死亡等因素，使其资源量下降；而个体的性成熟、生殖和生长，又使其种群的数量和质量，不断得到补充和提高。因此，研究这些基本情况，不仅是研究鱼类种群数量变动必不可缺少的内容，也是合理利用渔业资源所必需的生物学依据。

本文根据近几年鱼体生物学测定所收集的资料，对黄海区太平洋鲱鱼［即青鱼或青条鱼，*Clupea harengus pallasi*（Valenciennes），以下简称黄海鲱鱼］的性成熟、生殖力和生

① 本文原刊于《海洋水产研究》(1)：59-76，1980。

长特性进行了分析研究，作为渔业资源研究的基本资料，以供参考。

一、材料和方法

样本采自山东省石岛-威海近岸定置网，围网和黄海中部拖网渔获物。性成熟鉴别和生长特性研究的样本取自 1970—1977 年生物学测定资料，计 5 045 尾；生殖力计数样品是 1973—1974 年在生殖季节里采集的，计 151 尾。

根据 0～Ⅶ期性腺成熟度划分标准[1]，对 2 月产卵前夕外海渔场和 3 月产卵期近岸渔场的性腺样品进行性成熟鉴别。凡肉眼分不清卵粒、性腺尚为Ⅰ期者，划为性未成熟；凡卵粒肉眼已清晰可见、性腺成熟度已达Ⅱ期以上者，划为性成熟。产卵期大量生物学测定资料表明，此间没有发现典型的Ⅱ期性腺，性成熟与性未成熟界线分明。因此，用此法鉴别性成熟不会导致很大误差。

生殖力计数卵巢用 10%福尔马林溶液固定保存。采用重量法测定卵子数量，测定时从卵巢中部切取 1 g 卵子，分 1～2 次计数，然后换算其卵子总数。卵子计数标准是根据各期卵巢内卵子组成、发育情况确定的。图 1 表明，成熟卵巢内卵子由大小相差悬殊的两类卵径组组成。小卵组肉眼不可见，20 倍镜下观察系初级卵母细胞，卵径在 0.25 mm 以下；大卵组卵子充满卵黄或已透明，卵径在 1.10 mm 以上。按照卵子发育的一般规律只有大卵在该生殖季节才能够成熟并排出体外。对产卵后期卵巢进行大量观察的结果表明：黄海鲱鱼的卵子发育具有明显的同步性，属典型的一次排卵类型，成熟的大卵在该生殖季节几乎一次全部

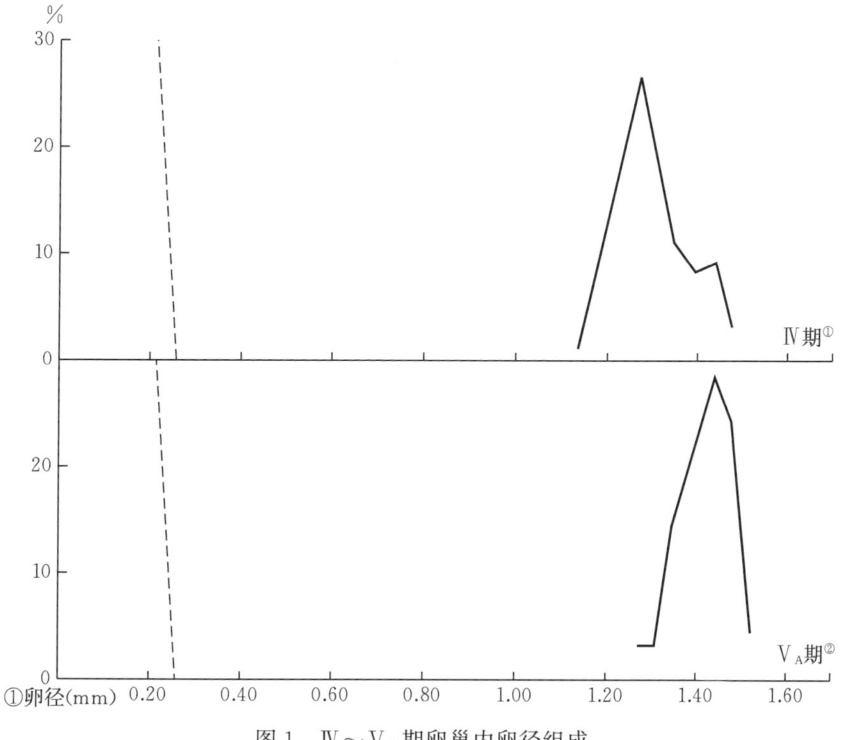

图 1　Ⅳ～$Ⅴ_A$期卵巢内卵径组成

Figure 1　The Composition of diameter (mm) of eggs at Ⅳ～$Ⅴ_A$ gonads stage

① Diameter of eggs (mm)　② Stage

排出体外，除极个别卵巢内残留极少数大卵外，肉眼可见的仅是结缔组织。因此，将大卵作为个体生殖力的计数对象。经检验，样品的计数误差一般不超过3%。

用各月平均长度和重量资料求出月增长量%，以分析年内生长规律。应用 von Bertalanffy 生长方程表达生长的年间变化，其方程式为：

$$L_t = L_\infty \left[1 - e^{-k(t-t_0)}\right] \tag{1}$$

$$W_t = W_\infty \left[1 - e^{-k(t-t_0)}\right]^3 \tag{2}$$

式中：L_t（W_t）为 t 年龄时的鱼体长度（重量）；

L_∞（W_∞）为鱼体长度（重量）的渐近值；

k 为生长系数，与代谢有关；

t_0 为一假定常数，即当 L（或 W）$=0$ 时的年龄。

为了避免生长参数测定的任意性和资料代表性不足，本文用下列方法测定了参数值：

（1）根据各年龄组长度的实测资料作 Walford 定差图，划出一个假定的 L_∞ 值；

（2）给假定的 L_∞ 值一个取值范围（如 $L_\infty \pm 2$），并根据各年龄组长度的实测资料，应用式（1）的变换式，即：

$$\log_e (L_\infty - L_t) = (\log_e L_\infty + k t_0) - k t \tag{3a}$$

$$t_0 = \frac{(\log_e L_\infty + k t_0) - \log_e L_\infty}{k} \tag{3b}$$

以及式（2）拐点的算式

$$t_r = \frac{\log_e 3 + k t_0}{k} \tag{3c}$$

分别测出每一个假定的 L_∞ 所对应的 k、t_0、t_r 和式（3a）的相关系数 r；

文内实例应用 AICOM－C_4 电子计算机计算，会话语言计算程序 No. 770915。

（3）以相关系数 r 最大值为优选参数值的标准。即按 L_∞ 值需要的精度要求，最大相关系数 r 所对应的 L_∞、k、t_0、t_r 为最佳参数值。

现以文献［4］阿氏白鲑（*Coregonus artedii*）为例说明上述方法：根据白鲑3～9龄鱼的平均长度资料，作 Walford 定差图，划出假定的 L_∞ 为 309 mm；L_∞ 的取值范围定为 309±2（即 307～311）；应用式（3），每一个 L_∞ 值所对应的 k、t_0、t_r 和 r 的计算结果如表1。表1表明：L_∞ 值按毫米的精度要求，当 $L_\infty = 310$ 时，r 最大，即所对应的主要参数最满足式（3）。因此，$L_\infty = 310$，$k = 0.40$，$t_0 = 0.25$，$t_r = 3.0$，可视为白鲑生长方程的最佳参数值。

表1　由不同的 L_∞ 测出的 k，t_0，t_r，r

Table 1　The results of k, t_0, t_r and r calculated according to different L_∞

计算号 No.	L_∞	k	t_0	t_r	r
Ⅰ	307	0.46	0.69	3.1	−0.988 5
Ⅱ	308	0.44	0.55	3.0	−0.991 8
Ⅲ①	309	0.42	0.38	3.0	−0.993 8
Ⅳ	310	0.40	0.25	3.0	−0.995 3
Ⅴ	311	0.39	0.09	2.9	−0.990 7

注：①文献［4］$L_\infty = 309$ 所对应的 $K = 0.41$，$t_0 = 0.24$，与本计算有出入，可能系计算误差所致。

二、结果

（一）性成熟

图 2A 表明，黄海鲱鱼第一次达性成熟的年龄是 1～3 岁，一个世代进入生殖群体的补充过程延续了三年。但是，1 岁鱼只有个别的个体达性成熟，约占 1%左右（主要为雌鱼）；2 岁鱼性成熟者占 99%，性未成熟者仅占 1%（主要为雄鱼）；在 2 545 尾 3～9 岁鱼中没有发现 1 尾性未成熟的性腺样品，全部达性成熟。因此，实际上一个世代几乎在同一年达性成熟，即出生后的第三年（2 岁），绝大部分个体已补充到生殖群体中，表现出黄海鲱鱼性成熟年龄集中、补充速度快的特点。无疑，这对种群的更新和增殖是有重要意义的，也是该资源有较强的恢复能力的一个重要原因之一。

根据上述，在实际应用时，1 岁鱼性成熟者可以忽略不计，而把 2 岁鱼全部作为生殖群体的补充部分来看待。

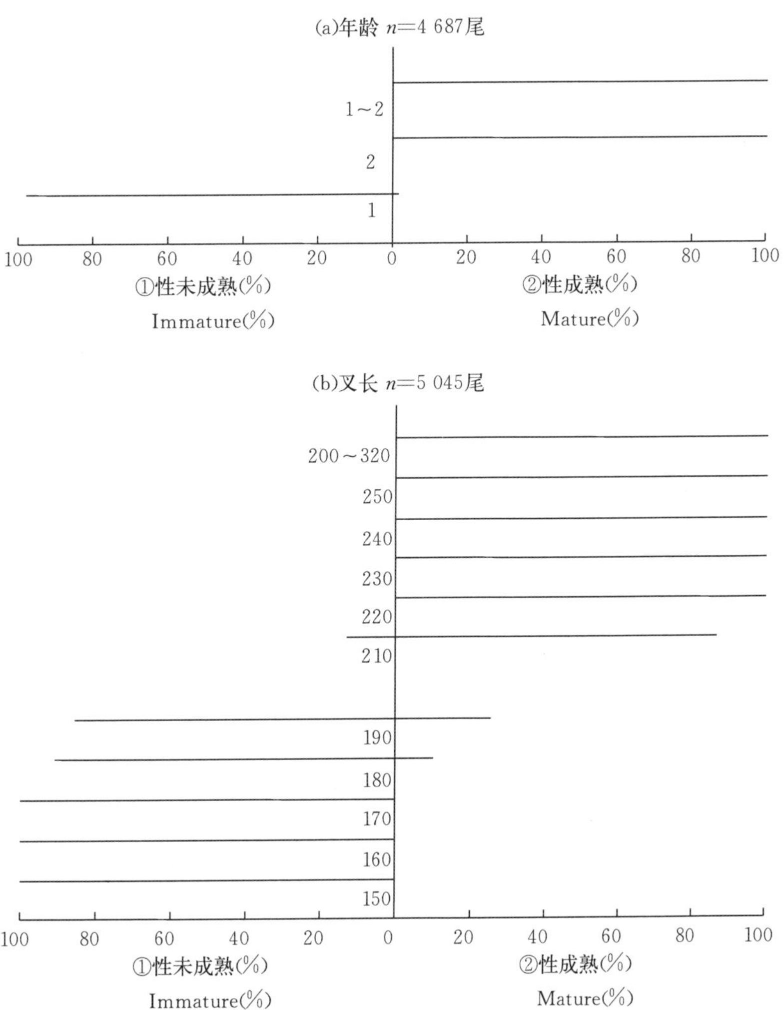

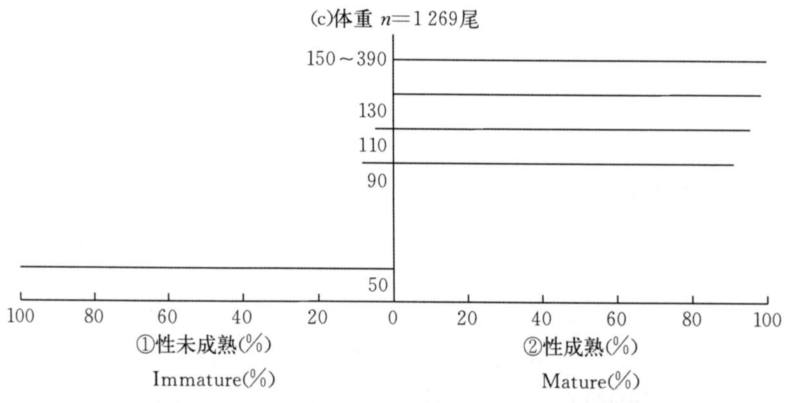

图 2 黄海鲱鱼性成熟与年龄（a）、长度（b）和重量（c）的关系

Figure 2 Relation between sexual maturity（%）and age（a）length（b）and weight（c）

黄海鲱鱼第一次达到性成熟的最小叉长和体重：雌鱼是 200 mm、80 g；雄鱼是 168 mm、46 g。但是，这种长度和重量的个体数量很少，约占 1%～2%。开始大量性成熟的叉长和体重，雌、雄两性相差不大，在 210～250 mm、90～110 g，即 2 岁鱼的长度和重量范围内。可见，由于黄海鲱鱼几乎在同一年龄达性成熟，第一次性成熟的长度和重量变化不甚剧烈。另外，从图 2a、c 可以看出，1 岁鱼性成熟者，多是那些长度比较大的个体，而 2 岁鱼性未成熟者，多是那些长度比较小、重量也比较小的个体。因此，黄海鲱鱼的性成熟除取决于年龄因素外，尚与生长好坏有一定关系。

（二）个体生殖力

在计数样品范围内（纯体重 71～240 g、叉长 207～300 mm、年龄 2～6 龄）：黄海鲱鱼个体绝对生殖力 E 为 1.93～7.81 万粒；个体相对生殖力 E/L（叉长）为 93～269 粒，E/W（纯体重）为 210～379 粒。

个体绝对生殖力 E 与纯体重 W 是一种直线增长关系，各散点分布呈喇叭状（图 3a）。亦即随着鱼体重量的增长，个体绝对生殖力呈直线增长，其分散程度亦随之增大。个体绝对生殖力与纯体重的回归方程为：

$$E=0.0304W-0.4090$$

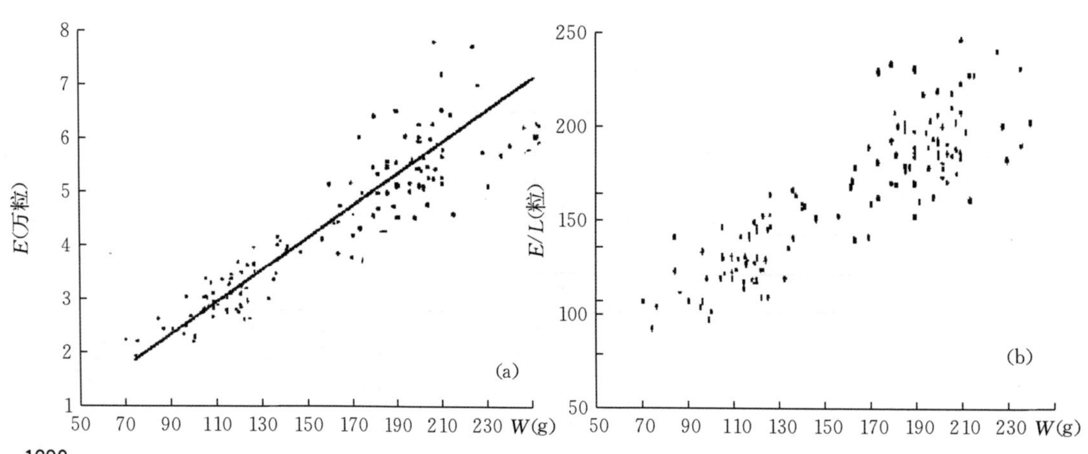

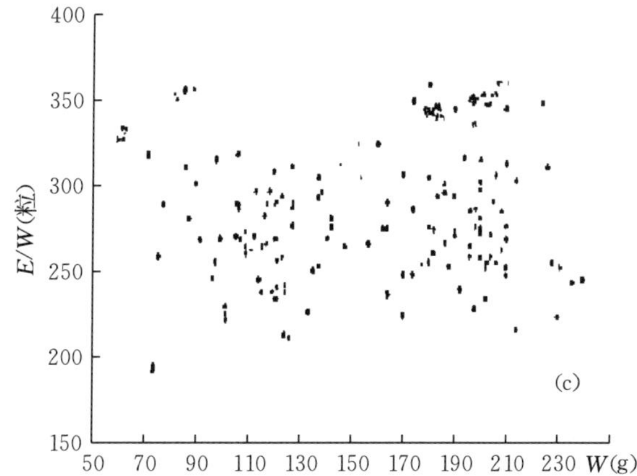

图 3 黄海鲱鱼个体生殖力（E、E/L、E/W）与纯体重（W）的关系

Figure 3 Individual fecundity [E (×10000), E/L (×1) and E/W (×1)] in relation to body weight excluding gut and gonads (W in g)

个体相对生殖力 E/L 与纯体重 W 也是一种直线增长关系，随着鱼体重量的增长单位长度的卵子数呈直线增长（图 3b）。但是，个体相对生殖力 E/W 与纯体重 W 的关系则不同，二者无明显的相关关系，单位重量的卵子数不随鱼体重量的增加而变化，基本稳定在 275 粒/g 上下（图 3c）。

个体绝对生殖力 E 与叉长 L 是一种幂函数增长关系，各散点也呈喇叭状分布（图 4a）。亦即随着鱼体长度的增长，个体绝对生殖力的增加幅度逐渐增大，其分散程度也相应增大。个体绝对生殖力与叉长的回归方程为：

$$E=7.980\times10^{-8}\cdot L^{3.1707}$$

个体相对生殖力 E/L 与叉长 L 也是一种幂函数增长关系（图 4b）。随着鱼体长度的增长，单位长度的卵子数呈曲线增加。个体相对生殖力 E/W 与叉长 L 的关系同 E/W 与纯体重的关系一样（图 4c），即单位重量的卵子数不随鱼体长度的增长而变化，基本稳定在 275 粒/g 上下。

个体绝对生殖力 E 与年龄的关系如图 5a 所示。它同 E 与纯体重和叉长的关系不同，随着年龄的增加，个体绝对生殖力的增加呈现出阶段性：2 岁鱼初次产卵，生殖力较低；3 岁

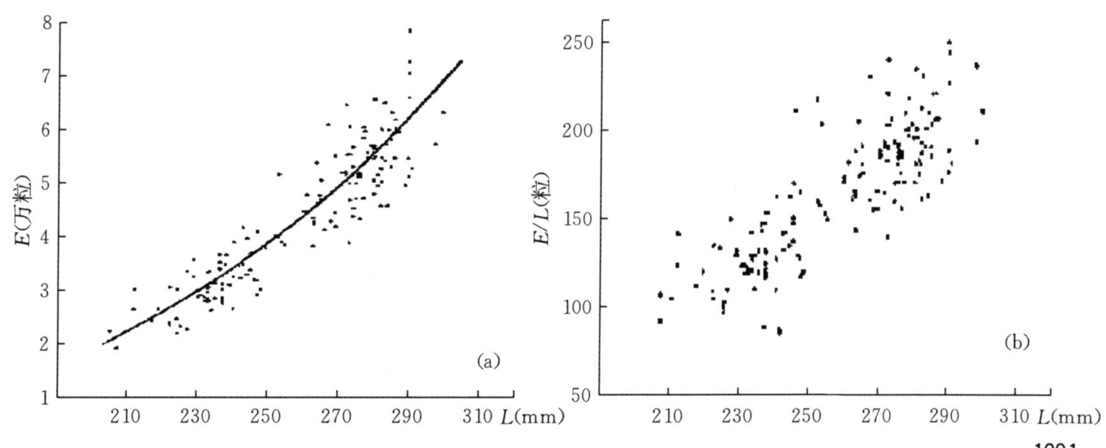

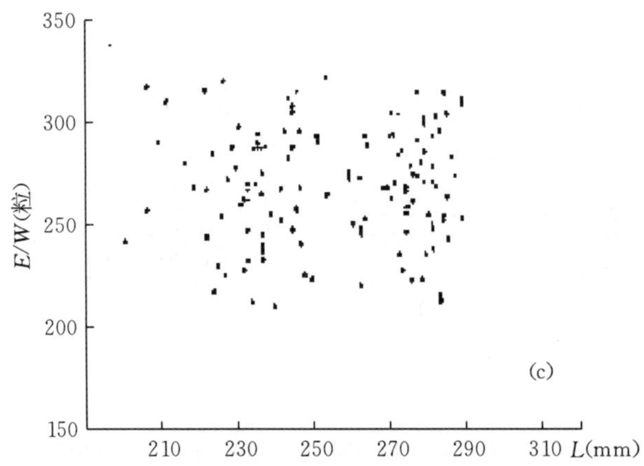

图 4 黄海鲱鱼个体生殖力（E、E/L、E/W）与叉长（L）的关系

Figure 4 Individual fecundity [E（×10000），E/L（×1）and E/W（×1）] in relation to fork length（L in mm）

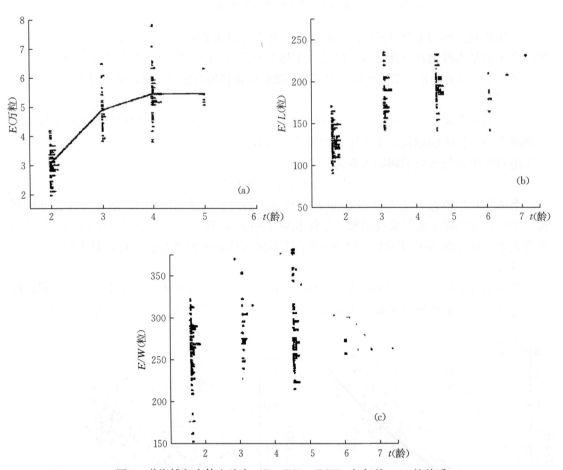

图 5 黄海鲱鱼个体生殖力（E、E/L、E/W）与年龄（t）的关系

Figure 5 Individual fecundity [E（×10 000），E/L（×1）and E/W（×1）] in relationship to age（t）

鱼以后已重复产卵，生殖力有了较大幅度的增加，特别 3 岁鱼较 2 岁鱼虽仅相隔一年，生殖力却增加了 60%，说明重复产卵后生殖能力较生殖初期有明显的变化。由于资料不足，无

法断定高龄鱼生殖力的变化情况。从图 5a 看，鱼在 5～6 岁之前，生殖力尚未出现衰减现象，但也看不出有继续大幅度增加的可能性。

个体相对生殖力 E/L 与年龄的关系同 E 与年龄的关系基本一致（图 5b）。个体相对生殖力 E/W 与年龄的关系同 E/W 与纯体重和叉长的关系基本一致（图 5c），即单位重量的卵子数不随年龄的增加而变化，基本稳定在 275 粒/g 上下。

综上所述，个体绝对生殖力 E 和个体相对生殖力 E/L 与纯体重、叉长和年龄都存在着较密切的相关关系，从各图像（图 3 至图 5）的线型来看，与纯体重的关系最为直接。从个体相对生殖力 E/W 与纯体重、叉长、年龄的关系中也可看出这一点，即单位重量的卵子数量不随鱼体重量、长度和年龄的变化而增减，而基本稳定在一定范围内。

另外，从表 2、表 3 中可进一步看出，同一年龄组内个体绝对生殖力随着鱼体重量及长度的增长而增加，但是，同一体重组或叉长组的个体绝对生殖力并不随着年龄的增加而增长，说明了生长因子（重量及长度）与个体生殖力 E、E/L 的关系比年龄与个体生殖力 E、E/L 的关系更为密切。这就是说不同年份、不同世代的产卵亲体的生长好坏，可能引起个体生殖力的变化，并对世代数量产生影响。例如，黄海鲱鱼 1972 年世代的产卵亲体是由强盛的 1970 年世代所组成，但并没有因此而产生强盛的 1972 年世代，那么，在分析其原因时，就有理由认为：其中原因之一，是由于 1970 年世代生长状况较差（详见生长特性一节），引起生殖力降低，而影响了世代数量。

表 2　黄海鲱鱼个体绝对生殖力（万粒）与鱼体重量及年龄的关系

Table 2　Individual absolute fecundity（×10 000）in relation to body weight excluding gut and gonads，and age

年龄 age	纯体重（g） somatic weight（g）									样品数 number of specimens	平均数 average
	70	90	110	130	150	170	190	210	230		
2	2.13	2.63	2.94	3.37	3.91					62	3.07
3						4.87	5.12	5.86		31	4.90
4					(4.13)	4.26	5.30	5.59	6.22	52	5.45
5							5.10			5	5.43
6								(7.22)		1	
样品数 number of specimens	3	8	25	23	4	11	26	28	6	151	
平均数 average	2.13	2.63	2.94	3.37	3.97	4.65	5.25	5.70	6.22		

注：（　）者，样品数仅 1 尾；各平均数为加权平均。表 3 同。

表 3　黄海鲱鱼个体绝对生殖力（万粒）与鱼体长度及年龄的关系

Table 3　Individual absolute fecundity（×10 000）in relation to body length and age

年龄 age	叉长（mm）fork length（mm）									
	210	220	230	240	250	260	270	280	290	300
2	2.46	2.54	3.00	3.34	3.58					
3					(5.16)	4.64	4.81	5.53		
4						4.18	5.16	5.30	6.19	(5.73)

（续）

年龄 age	叉长（mm）fork length（mm）									
	210	220	230	240	250	260	270	280	290	300
5								(5.04)	5.35	(6.28)
6									(7.22)	
样品数 number of specimens	5	9	20	21	8	13	23	35	15	2
平均数 average	2.46	2.54	3.00	3.34	3.77	4.57	4.96	5.33	6.15	6.00

（三）生长特性

1. 年内生长

表 4 为 1970 年世代黄海鲱鱼 1971 年 4 月至 1973 年 4 月平均叉长和体重的实测资料，即 1970 年世代黄海鲱鱼性成熟前一年和性成熟后一年逐月鱼体长度和重量。据此，以年度①为单位作出生长月增长量（%）分布图，见图 6、图 7。

表 4　1970 年世代黄海鲱鱼月平均叉长和体重

Table 4　Monthly average fork length and body weight of 1970 year-class of the Yellow Sea herring

年月 Date	平均叉长（mm） average fork length（mm）	平均体重（g） average body weight（g）	年月 Date	平均叉长（mm） average fork length（mm）	平均体重（g） average body weight（g）
1 971.4	176.8	51.1	1 972.4	237.7	129.0
5	184.5	58.3	5	238.3	138.7
6			6	242.5	155.3
7	200.5	81.0	7	246.6	166.8
8	208.6	92.2	8	250.0	171.0
9	212.6	95.1	9		
10	218.6	98.9	10	253.4	174.2
11	221.4	106.4	11	253.9	176.2
12	224.0	110.0	12	255.0	178.8
1 972.1	228.1	113.7	1 973.1	257.2	182.1
2	(233.0)	130.0	2	259.6	185.7
3	237.1	137.1	3	262.8	194.2
4	237.7	129.0	4	263.0	173.4

由图 6 连续两个生长年度（1971 年 5 月—1972 年 4 月，1972 年 5 月—1973 年 4 月）的生长情况表明，年度内鱼体长度生长出现了两个大生长期和两个小生长期。大生长期生长迅速，增长幅度较大，以 6—8 月最为显著，增长约占年度增长量的 43%左右，月平均增长量约为 14%左右，其次为 1—3 月，即越冬期及生殖前期，增长量约占年度增长量的 25%左右，月平均增长量约为 9%左右。小生长期生长较缓慢，增长幅度较小，以 4 月最为显著，增长量仅占年度增长量的 1%左右，其次为 9—12 月，增长量约占年度增长量的 24%左右，月平均增长量约占 6%。另外，从图 6 还可看出，性成熟前和性成熟后长度生长的年内节律

① 考虑到黄海鲱鱼产卵期和年龄形成期都在 3—4 月[2]，将当年 5 月至翌年 4 月划为一个生长年度。

略有差别。主要表现在 5 月：性成熟前，5 月长度生长迅速，增长量较大；性成熟后，5 月长度生长较缓慢，增长量小。

图 7 是根据鱼体总重量资料绘制的，其变化趋势与长度生长节律基本一致，即在相应的时间里也出现了两个大生长期和两个小生长期。但也有不同点，性成熟前 5 月重量增长幅度较性成熟后为小，与相应时间内长度生长的特点刚好相反，由此进一步说明了个体在性成熟前和性成熟后年内生长的不同特点。

上述表明，黄海鲱鱼的个体生长在年度内有明显的阶段性变化，即夏季生长迅速，秋季及冬初生长缓慢，冬末至产卵前生长又重新加速，产卵期间及产后恢复初期生长量最小，但是，并没有出现明显的停止现象。

黄海鲱鱼的摄食习性具有时间集中、品种单一等特点。其主要索饵期为 4—8 月，胃饱满度较高，主食太平洋磷虾，此外，越冬后期及产卵前期亦有少量摄食，其他季节摄食量很低，甚至停止摄食，停止摄食的鲱鱼，鱼体肥硕，体腔内布满了脂肪块，各月摄食强度的变化如图 8 所示。图 6、7 与图 8 相比较的结果表明，生长的季节变化与摄食强度的变化表现出明显的随应性，即强摄食期之后，必是个体迅速生长的时期，弱摄食期则生长缓慢。由此可见，黄海鲱鱼生长的年内变化规律与摄食特点直接有关。

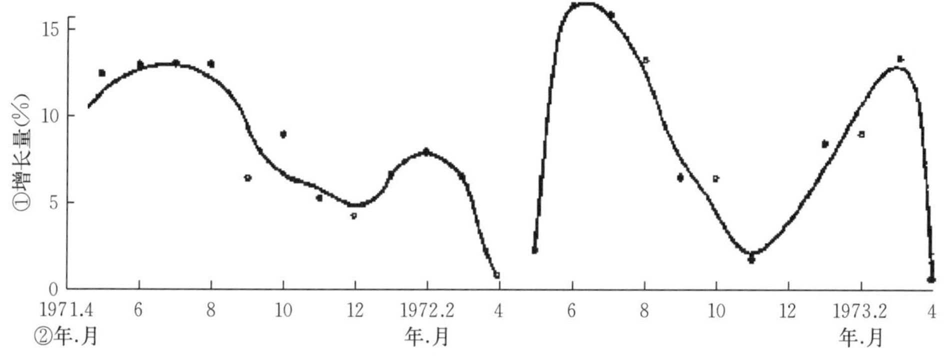

图 6　黄海鲱鱼鱼体长度月增长量（%）分布图

Figure 6　Monthly growth（%）of body length

① Growth（%）　② Date

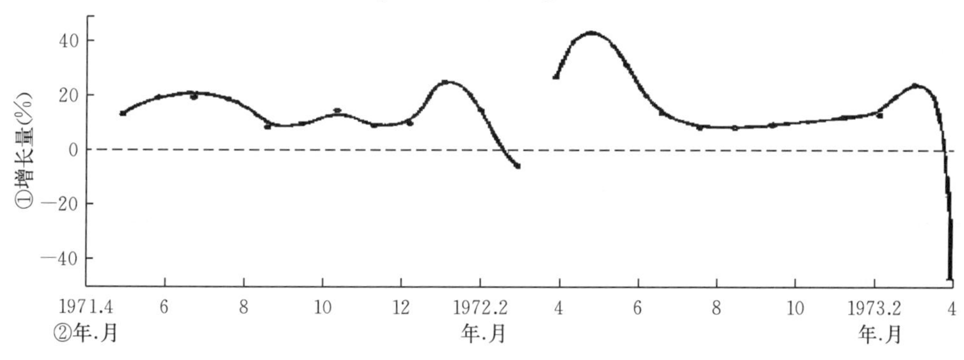

图 7　黄海鲱鱼鱼体重量月增长量（%）分布图

Figure 7　Monthly growth（%）of body weight

① Growth（%）　② Date

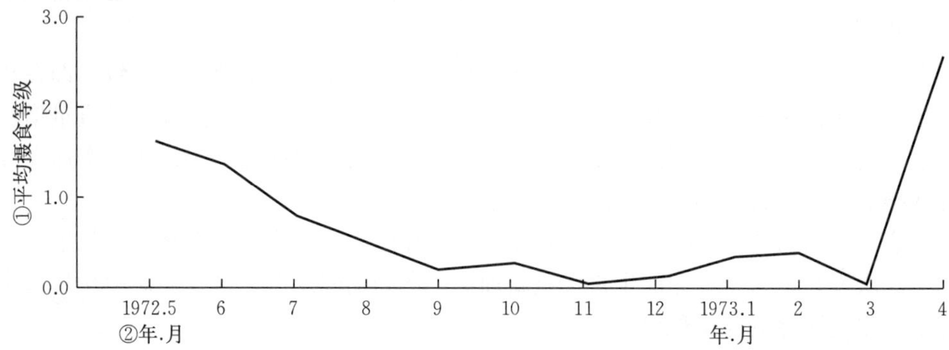

图 8 黄海鲱鱼各月摄食强度变化

Figure 8 Monthly variation of feeding intensity

① Mean feeding stage ② Date

2. 年间生长

黄海鲱鱼 1970—1977 各年龄组平均叉长和体重的实测资料见表 5、表 6。

表 5 黄海鲱鱼各年龄组平均叉长（mm）

Table 5 Average fork length（mm）**of the age - groups**

年度 year	年龄组 age								
	Ⅰ	Ⅱ	Ⅲ	Ⅳ	Ⅴ	Ⅵ	Ⅶ	Ⅷ	Ⅸ
1970		250.6	272.3	287.8					
1971		247.6	270.9	283.0	289.6		(309.0)		
1972		237.2	275.9	290.6	295.4	301.2			
1973	164.9	242.3	262.8	281.8	291.9	(304.1)	(303.4)	(305.7)	
1974		237.7	267.0	282.0	(292.8)	(300.4)	(309.0)		(310.0)
1975	165.8	239.9	268.0	281.8	292.6				
1976		238.0	270.2	280.2					
1977		238.4	264.6	(283.2)	(287.2)				
平均 average	165	241	269	284	292	301			

注：（ ）者，样品数不满 10 尾；各年龄组叉长（体重）为 3 月平均值。表 6 同。

表 6 黄海鲱鱼各年龄组平均体重（g）

Table 6 Average body weight（g）**of the age - groups**

年度 year	年龄组 age								
	Ⅰ	Ⅱ	Ⅲ	Ⅳ	Ⅴ	Ⅵ	Ⅶ	Ⅷ	Ⅸ
1970		164.3	205.8	252.1					
1972		137.1	225.3	258.7	277.7	298.0			
1973	44.3	147.0	194.2	246.1	283.8	(306.6)	(318.6)	(328.5)	
1974		141.4	218.0	262.0	(283.0)	(330.0)			

（续）

年度 year	年龄组 age								
	Ⅰ	Ⅱ	Ⅲ	Ⅳ	Ⅴ	Ⅵ	Ⅶ	Ⅷ	Ⅸ
1975	46.0	142.9	209.2	253.0	293.8				
1976		140.0	201.5	241.5					
1977		149.8	204.4	(244.1)	(269.2)				
1978	45	146	208	252	285	298			
平均 average									

由表 5 资料作出 Walford 定差图见图 9，应用本文提出的测定最佳参数值的方法，测出 $L_\infty=305$，$K=0.66$，$t_0=-0.198$。故黄海鲱鱼长度生长方程为：

$$L_t=305\left[1-e^{-0.66(t+0.198)}\right]$$

由该式作出的长度生长曲线与实测值基本相符（图 10），说明 von Bertalanffy 生长方程表达了黄海鲱鱼年间生长的一般规律。

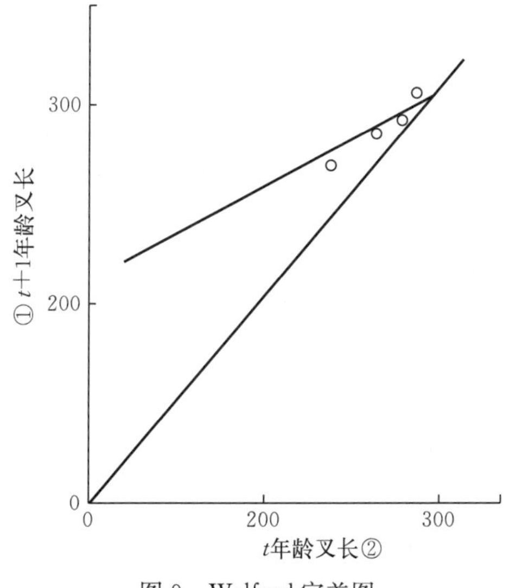

图 9 Walford 定差图

Figure 9 Walford graph

① Fork length at age（t+1） ② Fork length at age（t）

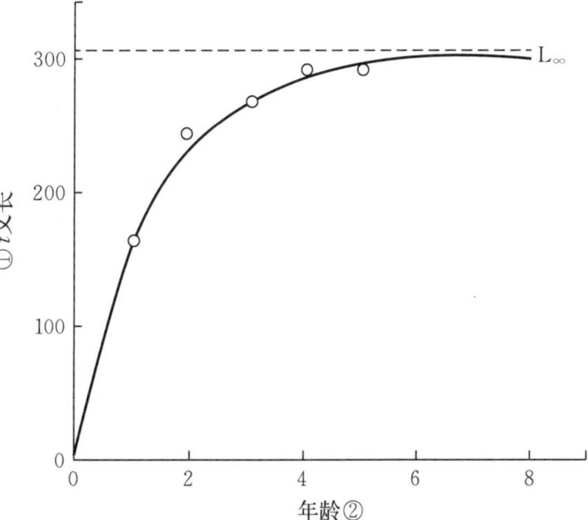

图 10 黄海鲱鱼长度生长曲线（圈点为实测值）

Figure 10 Curve of growth by length (open circles - measured value)

① Fork length ② Age

黄海鲱鱼鱼体长度与重量的关系见图 11，其表达式为：

$$W=7.938\times10^{-6}L^{3.02}$$

式中：W 为纯体重，L 为叉长，幂指数≌3，表明黄海鲱鱼鱼体重量与长度的立方成比例关系，由此求得$W_\infty=253$ g。

各参数代入式（2），黄海鲱鱼重量生长方程即为：

$$W_t=253\left[1-e^{-0.66(t+0.198)}\right]^3$$

由该式作出的重量生长曲线见图 12。它与长度生长曲线不同，为一条不对称的 S 形曲

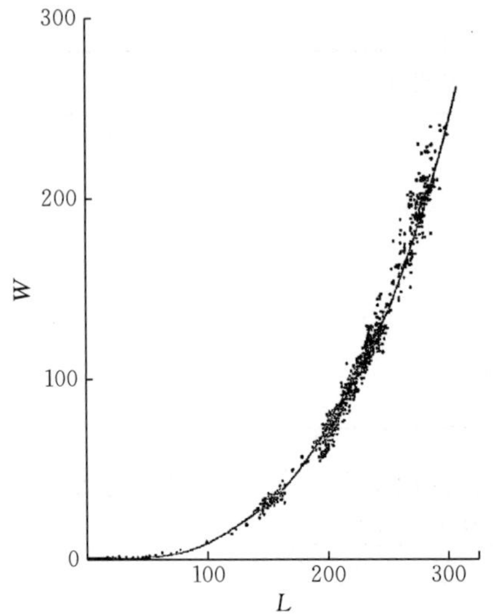

图 11 黄海鲱鱼叉长（L）与纯体重（W）的关系

Figure 11 Relation between fork length (L) and body weight excluding gut and gonads (W)

图 12 黄海鲱鱼重量生长曲线

Figure 12 Curve of growth by weight

① Somatic weight ② Age

线，拐点处 t_r=1.5 年，W=74 g（相当于 0.297W_∞）。从前述性成熟资料中可看出，拐点发生在性成熟前夕，即出生后第二年 10 月前后。从图 13 重量生长速度曲线的变化来看，0.5～3 岁是一生中重量生长速度较大的阶段，但生长速度最大点发生在拐点处，在该处之前生长速度迅速增大，在该处之后生长速度迅速减小，至 4 岁以后生长速度变得很小了，逐渐趋向渐近值。可见，性成熟对重量的年间生长的影响也是十分明显的。

图 14 长度生长速度曲线与重量生长速度曲线不同，为一条较圆滑的下降曲线。从两条

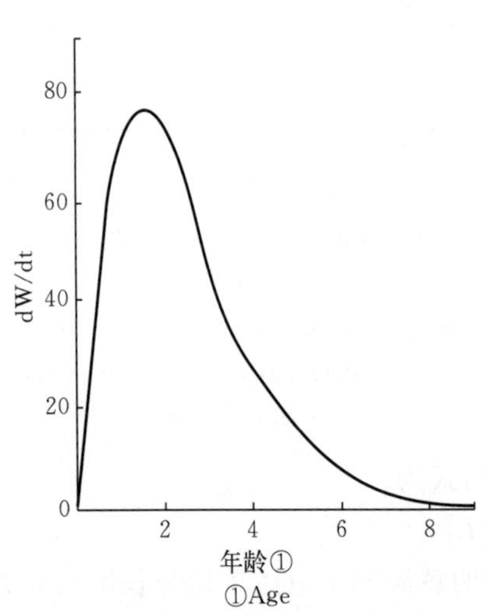

图 13 黄海鲱鱼重量生长速度曲线［曲线数值根据 $dW/dt=3kW_\infty e^{-k(t-t_0)}(1-e^{-k(t-t_0)})^2$ 式求得］[3]

Figure 13 Curve of growth rate by weight [According to $dW/dt=3kW_\infty e^{-k(t-t_0)}(1-e^{-k(t-t_0)})^2$]

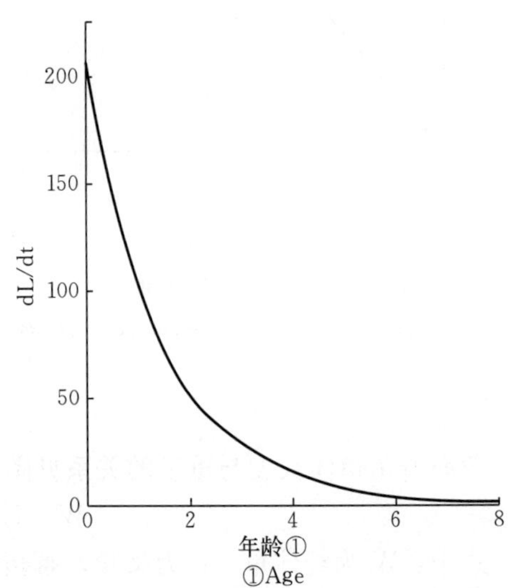

图 14 黄海鲱鱼长度生长速度曲线［曲线数值根据 $dL/dt=3kL_\infty e^{-k(t-t_0)}$ 式求得］[3]

Figure 14 Curve of growth rate by length (According to $dW/dt=kL_\infty e^{-k(t-t_0)}$)

曲线的比较可以看出：3 岁以前，长度和重量生长均较迅速，但生长初期，以长度生长较快，至初次性成熟前后，以重量生长较快；4 岁以后，生长变得缓慢了，长度生长较重量生长提前结束。

3. 生长与种群密度的关系

生长的好坏常常被作为判断资源状况的指标之一，即认为生长与种群密度存在某种相关关系。那么，黄海鲱鱼的这种关系如何？Beverton 和 Holt 应用黑线鳕渐近长度 L_∞ 和资源密度指数 $\overline{N}$ 资料证实生长与种群密度存在线性相关，并配出回归直线表示这种关系[5]。本文应用这个方法，以黄海鲱鱼 1967—1971 年世代相应资料绘制了生长与种群密度关系图（图 15）。该图相关系数 $r=0.526$，按相关系数显著性 0.05 的水平检验，当图 15 $r>0.878$ 时，L_∞ 与 $\overline{N}$ 才存在相关关系。图 15 实测 $r<0.878$，故可以认为黄海鲱鱼 L_∞ 与 $\overline{N}$ 相关关系不明显，在此情况下配出的回归直线无意义。另外，从表 5、6 各世代各年龄组的实测长度和重量资料中，也看不出生长与种群密度存在何种相关关系，如 1967、1968、1969、1971 年世代的资源量虽有 1～3 倍之差，但生长的差异却是很小的，且无规律；1970 年世代资源量虽与其他世代有较大差别，并被称为强盛世代，但也仅在前三年生长比其他世代慢些，以后则不明显了。因此，从上述资料分析来看，生长的变化只有在种群密度相差悬殊时才部分地表现出来。所以，用黄海鲱鱼的生长变化资料，不管是定量地还是定性地判断资源状况，都是没有把握的。

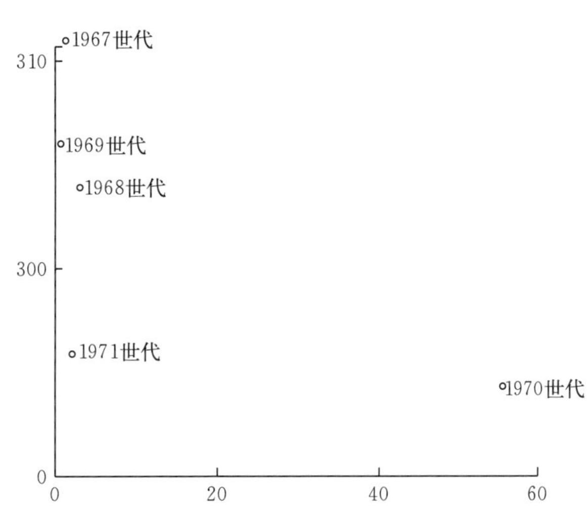

图 15　黄海鲱鱼渐近长度（L_∞）与世代相对数量（$\overline{N}$）的关系

Figure 15　Relation between asymptotic length（L_∞）and relative abundance of year-class（$\overline{N}$）

参考文献

[1] 黄海水产研究所，1960. 海洋水产资源调查手册．上海科学技术出版社，36-38.

[2] 黄海水产研究所，1972. 黄海区太平洋鲱鱼年龄的初步观察．调查研究报告 721 号，6-7.

[3] 叶昌臣，王有军，1964. 辽东湾小黄鱼生长的研究，2. 生长的比较研究．辽宁省海洋水产研究所，调查研究报告，20.

[4] Ricker W E，1975. Computatiort and interpretation of biological statistics of fish population. Bull. Fish. Res. Bd. Canada. No. 191.

[5] Beverton R J H，Holt S J，1957. On the Dynamics of exploited fish populations. U. K. Min. Agric. Fish.，Fish. Invest.（Ser. 2），19.

STUDIES ON THE MATURATION, FECUNDITY AND GROWTH CHARACTERISTICS OF YELLOW SEA HERRING, *Clupea harengus pallasi* (Valenciennes)

Tang Qisheng

(Yellow Sea Fisheries Research Institute)

Abstract: Based On the biometrical data obtained during the period of 1970—1977, the sexual maturity, fecundity and growth characteristics of Yellow Sea herring have been studied. A number of fisheries biological, parameters have been acquired from this study. The results are summarized as follows.

(1) Yellow Sea herring reaches maturity at the age of 2 years and 99% of the fish of this age become matured. Sexually matured 1 year old fish and immatured 2 years old fish are very few, both of them constitute only 1% of the same age group. This shows the characteristics of sexual maturation of the fish. The first maturity of the fish is confined to a definite age. It also shows that the recruitment of the fish is rather quick.

The minimum fork length and body weight of mature individuals for the first time were: 200 mm and 80 g for female and 168 mm and 46 g for male respectively. At the time when large quantities of the fish begin to mature the fork length and body weight for both males and females vary between 210～250 mm and 90～110 g respectively. There is no great difference in fork length and body weight between males and females.

(2) From the fish sampled individual absolute fecundity of Yellow Sea herring E is found to be 19.3～78.1 thousand eggs, individual relative fecundity E/L (fork length) 93～269 eggs and E/W (net body weight) 210～379 eggs.

Individual absolute fecundity E and individual relative fecundity E/L increase with the increasing of net body weight in a linear relationship; with the increasing of fork length in an exponential functional relationship and with the increasing of age in a stepwise relationship. Because the number of eggs per unit weight is quite stable, individual relative fecundity E/W has no relationship with the variances of weight, length and age.

(3) The development of eggs of Yellow Sea herring exhibits a definite synchronism. The fish belongs to the type of spawning once in every reproductive season.

(4) The rate of growth of Yellow Sea herring varies with seasons and it can be definitely divided into several stages. It is fast in summer and slow in autumn and early winter. But it becomes fast again from late winter to its prespawning period. At the spawning and post spawning period - the recovery phase, the rate of growth reaches its minimum

level. However, even in this period the phenomenon of cessation of growth never appears. This growth aspect is connected with seasonal variation of feeding.

(5) The von Bertalanffy equation expressed a general rule of the yearly growth of Yellow Sea herring. Based on the parameters presented in this paper and by the method for determining the optimum number, the following values have been obtained: $L_{\infty}=305$, $W_{\infty}=253$, $K=0.66$, $t_0=-0.198$ and $t_r=1.5$.

Before the fish reach the age of three years old, they grow more rapidly. At the early stage of growth the fish increase in length more rapid than in weight. When they reach sexual maturation of the first time weight increase is more rapid than length increase. After they are 4 years old, rate of growth slows down. Length increase ceases earlier than weight increase.

(6) The growth aspect of Yellow Sea herring has certain influence on fecundity and sexual maturation, but it has no definite correlation with the density of population. And it is not reliabe to assess the abundance of resources by the growth aspect of the fish.

黄海区青鱼的洄游分布及行动规律①

唐启升
（黄海水产研究所）

青鱼（即太平洋鲱鱼 *Clupea harengus pallasi*）是北太平洋一种重要经济鱼类，分布于北太平洋的鄂霍次克海、白令海、日本海、黄海和阿拉斯加、加拿大及美国沿岸。其分布区的南限，在太平洋的西部是朝鲜半岛的南端（北纬 34°）；在太平洋的东岸是美国的圣迭哥附近（北纬 33°）。青鱼不作长距离洄游，仅随着季节变化进行深水—浅水—深水的越冬、生殖、索饵洄游，因而形成了许多地方性的鱼群。如著名的北海道—库页岛青鱼群，鄂霍次克海西北岸青鱼群，吉日加湾和品仁湾青鱼群，堪察加西南和东北岸青鱼群等。

黄海区青鱼资源数量波动剧烈，盛衰交替明显，资源衰减后，数量很少，仅为生物学上的种类分布，生产形成较长的间隔。因此，往往在一个时期内青鱼又为人们所不熟悉。

根据 1970—1973 年黄海青鱼渔场探捕和环境调查资料及近几年的生产情况，并参考国内外的一些资料，对黄海区青鱼的洄游分布和行动规律作一小结。

一、分布洄游

黄海区青鱼除早春在我国山东半岛东部沿岸及辽东半岛东部沿岸进行生殖活动外，据资料记载：过去朝鲜西海岸黄海道、忠清南道沿岸春季也曾有过相当数量的青鱼出现。据此推测，黄海区很可能存在两个青鱼群，分别洄游于我国沿岸和洄游于朝鲜西海岸。由于调查及生产受区域的限制，我们分析讨论的仅是洄游于我国沿岸的青鱼。

现以近几年捕捞量最大的 1970 世代青鱼各个生活阶段（月份）的资料为例，对黄海青鱼的分布洄游分述如下。

1970 年 3—11 月　1970 年 3—4 月间在山东半岛威海—石岛沿岸以及辽东半岛旅大地区沿岸（数量较少，以下情况从略）进行生殖活动的青鱼亲体所排出的卵子，受精后，约半月左右，孵化出仔鱼，即称青鱼 1970 年世代。

1970 世代青鱼仔鱼（以下称当年生幼鱼）成活后，一直在亲体产卵场附近的浅水区栖息、觅食、成长。6 月中下旬鱼体长到 50～60 mm，开始在岸边结集，此时鱼群密度很大，如 7 月 14 日，威海远遥大拉网一网捕获 7 万斤（约计 2 亿尾）。集群后的当年生幼青鱼，很快便游离岸边，有分批结集、游离的现象，至 7 月下旬已大部分游离近岸浅水区。

秋季，当年生幼青鱼主要分布在威海—石岛外水深 30～50 m 的海区，栖息水层较高，鱼群亦较分散，偶尔为机帆船拖网捕获。

① 本文原刊于《黄海重点鱼类调查总结》，45-48，黄海区渔业指挥部，1973。

1970 年 12 月—1971 年 3 月 12 月上旬当年生幼青鱼开始大批向外海移动，在 87/2.3、88/1.4.7、96/1.5、95/6.9、97/9 区为机轮拖网捕获，并有 200～250 箱的较高网获。向外海移动的当年生幼青鱼积极摄食，鱼体平均重量为 25.8 g，平均叉长为 135 mm。

进入 1971 年，1970 年世代的青鱼（以下称 1 龄青鱼）继续向东南方向移动。1 月下旬，鱼群密集在 88、89、98 区及 97 区东北一带，形成拖网渔场。2 月上中旬，1 龄青鱼主要分布在北纬 35°30′～37°00′，东经 123°30′～125°00′海区内，891/2.4.6.7、981/1.2.6.5、821/7.8、89、82、98 区的鱼群密集稳定，形成了机轮拖网的良好渔场，一般网获 300～400 箱，最高网获达 1 300 箱。2 月下旬以后，鱼群仍分布在上述区域，但较分散，机轮拖网网获一般在 100 箱以下。3 月底机轮拖网生产基本结束。由此可见，1 龄青鱼向外海移动过程中及越冬前中期形成密集群，越冬末期鱼群较为分散。

1971 年 4—11 月 4 月，随着气候转暖，近海水温回升，1 龄青鱼又向近海移动。5 月上旬前后部分鱼群在成山头外 75 区西部、81 区西北部密集，再次形成机轮拖网渔场，一般网获 100～200 箱，最高网获达 700 箱。5 月中、下旬鱼群又逐渐分散。

7—11 月渔场探捕结果表明：分散后的 1 龄青鱼夏季广泛分布于黄海中部及北部深水区；8 月下旬，索饵末期的 1 龄青鱼个体肥硕，体腔内布满了脂肪块，鱼体平均重量为95 g，平均叉长为 212 mm，开始在 70 区南部和 98 区东南部密集，形成南北两个明显的密集中心。北部鱼群最为密集、稳定，探捕中多次出现 600 箱的网获；9—10 月，北部鱼群向南移至 82 区东部，并形成拖网渔场，南部鱼群位置没有很大变化，仍在 98 区东南部；11 月，1 龄青鱼的分布区明显缩小，北纬 37°以北和北纬 35°以南没有发现鱼群分布，东经 124°以西海区亦很少分布，说明鱼群已游往黄海中央部深水区越冬。

7—11 月历次探捕中，在北纬 34°30′以南海区均未发现 1 龄青鱼分布。

1971 年 12 月—1972 年 2 月 从机轮拖网冬季各月的生产情况看，1970 年世代青鱼第二个越冬年的鱼群分布，基本保持 1971 年秋季的分布状态，并与第一个越冬年（1970 年 12 月—1971 年 2 月）的分布海区基本一致。当时生产及鱼群的分布状况如下：

12 月上中旬，部分机轮拖网在 89 区东部一带，有零星捕获，个别网获 100～200 箱；下旬生产进入旺汛，在 821、82、89 区东部出现不少 300～700 箱的网获，最高网获达 1 000箱。

到 1972 年 1 月上旬（以下称 2 龄青鱼），机轮拖网主要集中在 821 区以及邻近的 891、822、892 区生产，300～500 箱的高产网获较为普遍。这时鱼体平均重量为 111 g，平均叉长为 230 mm，性腺成熟度已由Ⅲ期向Ⅳ期发育；1 月中旬渔场向南向西扩大；1 月下旬至 2 月中旬，渔场明显形成南北两部分。北部渔场以 821 区为主，其次为 822、82 及 761、76、762 区的南部，南部渔场以 891 区为主，其次为 981、89、98、982、108 及 88 区。南北两渔场同时形成生产高潮，一般网获 100～300 箱，高者 400～500 箱，最高达 1 100～1 500箱。

2 月下旬，主要渔场的方位已由前期南北向逐渐转为东西向，东部渔场以 821、891、822、892 及 981、982 区为主，西部渔场以 82、88、89 及 97 为主。此时，2 龄青鱼 95%以上的个体性腺成熟度已达Ⅳ期。由此可见，1970 年世代青鱼随着性腺发育成熟，逐渐游离越冬场，开始了第一次生殖洄游。

1972 年 3—4 月 3 月上旬首批生殖鱼群已云集在成山头外海陡坡的底部，沿 70 m 等深线分布。中旬 2 龄青鱼大部已游离越冬场，主要分布在 75、81、82、88、89 区以及 891、821 区的西部。生殖洄游过程中，2 龄青鱼密集成群，昼夜垂直移动十分明显，趋光性强，此时在上述区域形成灯光围网和深水围网的生产旺汛，出现很多 1 000 箱以上的网获，最高网获达 6 000 箱。

3 月中旬后期，随着 2 龄青鱼性腺成熟度由Ⅳ期向Ⅴ期迅速发育，首批生殖鱼群开始由中层涌向石岛—威海沿岸，3 月 21 日大风过后，大批鱼群进入沿岸各湾口产卵场进行产卵，自此形成近岸机帆围网和定置渔具的生产高潮。威海—百岛沿岸是黄海青鱼的主要产卵场，也是历史产卵场。由于 1970 年世代青鱼资源雄厚，数量很大，1972 年青鱼产卵场向西扩至牟平、烟台、蓬莱、黄县、掖县沿岸，向南廷伸到胶州湾，但数量依次减少。另外有一小部分鱼群游往旅大地区沿岸产卵。

由于 2 龄青鱼性腺发育较晚，产卵盛期在 3 月下旬至 4 月上旬，较往年推迟一周以上。4 月中旬产卵期基本结束。

1972 年 5—11 月 产卵后的 2 龄青鱼迅速游向外海索饵，5 月中旬部分拖网渔轮已追捕到 108、1081 以及 118 区的北部，一般网获 100～300 箱，最高网获 500～800 箱。

6 月（东至东经 124°00′）和 7—11 月黄海东经 125°00′以西海区探捕结果表明：6～7 月，索饵鱼群主要分布在北纬 35°00′～36°30′以及 36°30′～38°30′海区，东经 123°30′～125°00′海区；8 月以后，随着摄食基本停止，分布范围又出现向黄海中央部深水区收缩的趋势；11 月鱼群密集在北纬 35°30′～36°30′、东经 124°30′～125°00′水深 80 m 左右的海区，此时性腺成熟度开始由Ⅱ期向Ⅲ期发育，鱼体平均重量为 200 g，平均叉长 255 mm。

5—11 月，拖网生产和探捕调查，在北纬 34°00′以南海区均未发现有 2 龄青鱼分布。

1972 年 12 月—1973 年 5 月 11 月末，机轮拖网进入青鱼越冬渔场，生产实践证实了上述调查结果。12 月主要渔场为 892、822、891、982 区以及 893/1.4.7 区，其中以 892/2.5 区鱼群最为密集，屡次出现 1 000～3 000 箱的高产网获。

1973 年 1 月上旬，（以下称 3 龄青鱼）中心渔场位置北移，中下旬鱼群开始向西北方向移动。此时性腺成熟度已达Ⅳ期，1970 年世代青鱼开始第二次生殖洄游。2 月上中旬，渔场继续向西北方向移动，下旬渔场明显形成东、西两部。西部渔场主要为 82、89 区；东部渔场主要为 892、822/4.7.8.9、981/3 及 982/1.2.3.4.5 区。月末，东经 124°30′以东海区作业船只很少，说明 3 龄青鱼已大部分游离越冬场。

3 月上旬，密集在成山头陡坡外 75、76、81、82 区交界处的生殖鱼群，首先越过成山头进入威海及荣成北部沿岸，近岸机帆围网和定置渔具形成第一个生产高潮。3 月中旬后期至下旬，大批生殖鱼群涌进威海—石岛各湾口产卵场，进入产卵盛期。由于 3 龄青鱼性腺发育较早，4 月上旬产卵期已基本结束，较 1972 年提前约十天。

5 月，大面积拖网探捕结果（图 1）表明，索饵鱼群分布范围较大，但主要分布在北纬 34°00′以北海区，以南广大海区没有发现青鱼分布。

综上所述可以看出 1970 世代青鱼三年来没有游离黄海，最大游程约 250 n mile 左右，其分布区南限在北纬 34°附近。性成熟后，每年早春 3—4 月间到山东半岛东部沿岸及辽东半岛旅大地区沿岸进行生殖活动；产卵后即游向黄海中部及北部深水区索饵肥育；夏末秋初分

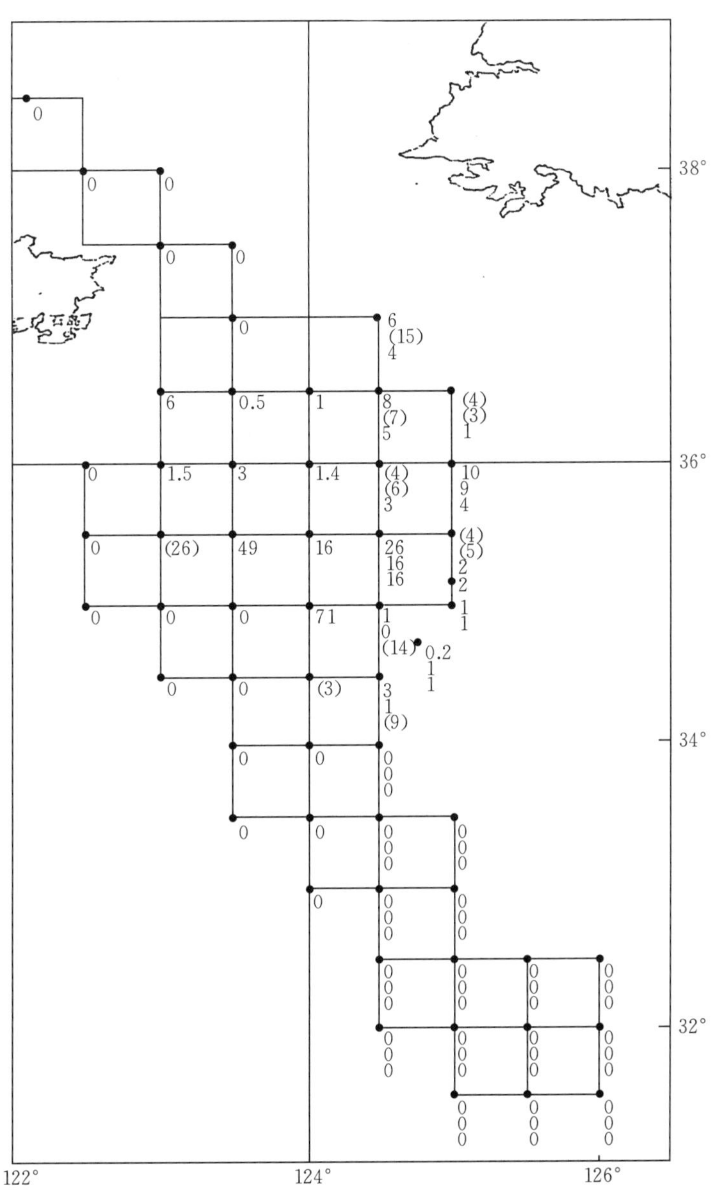

图 1　1973 年 5 月黄海青鱼大面积拖网探捕结果

东经 124°00′以东海区探捕由三对 250 马力拖网船进行，以西海区分别由一对船进行　黑点为探捕站位　右下角数字为网获（单位：箱）　括号内数字为尾数

布区作向心收缩；秋冬季主要分布在黄海中部北纬 35°00′～37°00′，东经 123°30′～125°00′海区。由此来推断黄海青鱼洄游分布的一般规律如图 2 所示。

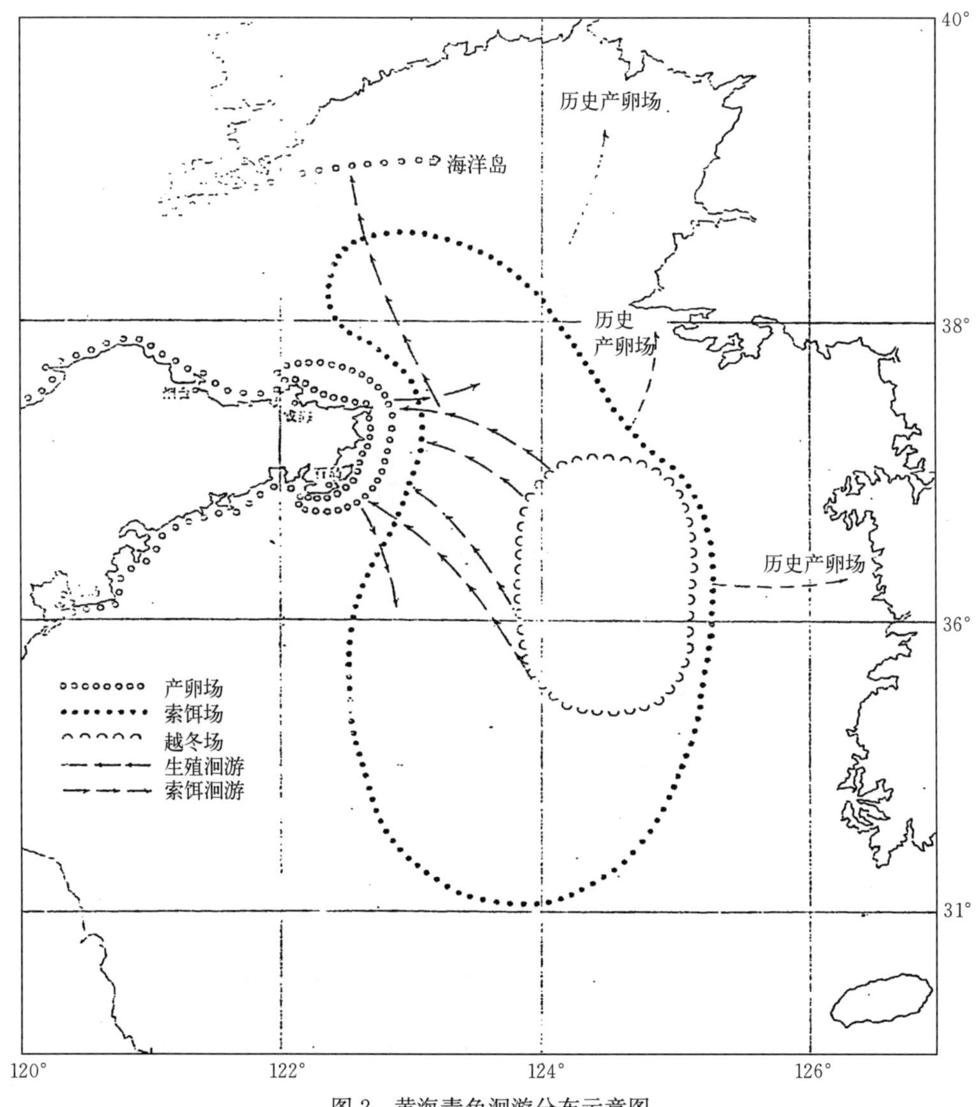

图 2 黄海青鱼洄游分布示意图

二、行动规律

（一）鱼群的生物学特性

1. 栖息水层、垂直移动及趋光习性

黄海青鱼周年内大约有 10 个月的时间（4 月至翌年 2 月），栖息分布在水深 70～80 m 左右海区的底层。生殖季节，当鱼群进入近岸产卵场初期，主要分布在 10～30 m 的中层，鱼群起浮于海水表层的情况很少见。产卵盛期鱼群涌向水深 10 m 以内的浅水区进行生殖活动。因此，从鱼群栖息的深度特点来看，黄海青鱼称之为中下层或近底层鱼类更为切实。这一栖息特点，决定了我国青鱼生产的作业方式是以拖网及围网和定置网为主，这与日本海和鄂霍次克海不同，在那里，流刺网是一项重要渔具，特别是捕捞索饵青鱼。

黄海青鱼主要分布于近底层，但是有明显的垂直移动现象。拖网昼夜网获量的变化，大致反映出鱼群昼夜移动的情况，图 3 的资料表明：12 月至翌年 1 月，越冬鱼群已有垂直移动现象，但仅以前期较明显，中后期则不够规律。从全月的网获情况看，日网高于夜网。2 月上旬，鱼群已开始生殖洄游，日网网获显著高于夜网，夜网网获逐旬降低，垂直移动现象表现得明显、规律，灯光（深水）围网生产进入旺汛。3 月，密集在成山头陡坡底部的生殖鱼群垂直移动现象十分剧烈，拖网夜间几乎停止作业，围网生产进入旺汛（但进入产卵场的鱼群则比较稳定，没有发现明显的垂直移动）。4—5 月，产卵后迅速游向外海的索饵鱼群，昼夜垂直移动十分明显（甚至发现夜间鱼群起浮于表层），拖网基本上停止夜间作业。6—8 月，6 月随着黄海中部深水区温跃层日趋明显，鱼群夜间起浮的现象减弱，6 月中旬开始垂直移动幅度已很小，8 月进入索饵末期的肥育青鱼基本上停止了移动。9 月以后，随着鱼群分布区的收缩，又出现了垂直移动现象（从探鱼仪的映像资料来看，9—10 月鱼群白天贴近海底，鱼群厚度为 5～10 m，黎明和傍晚时刻，鱼群稍离海底约 5 m 左右，并较分散）。以上说明，黄海青鱼的垂直移动现象有明显的季节变化，并直接影响拖网和围网的捕捞效果。

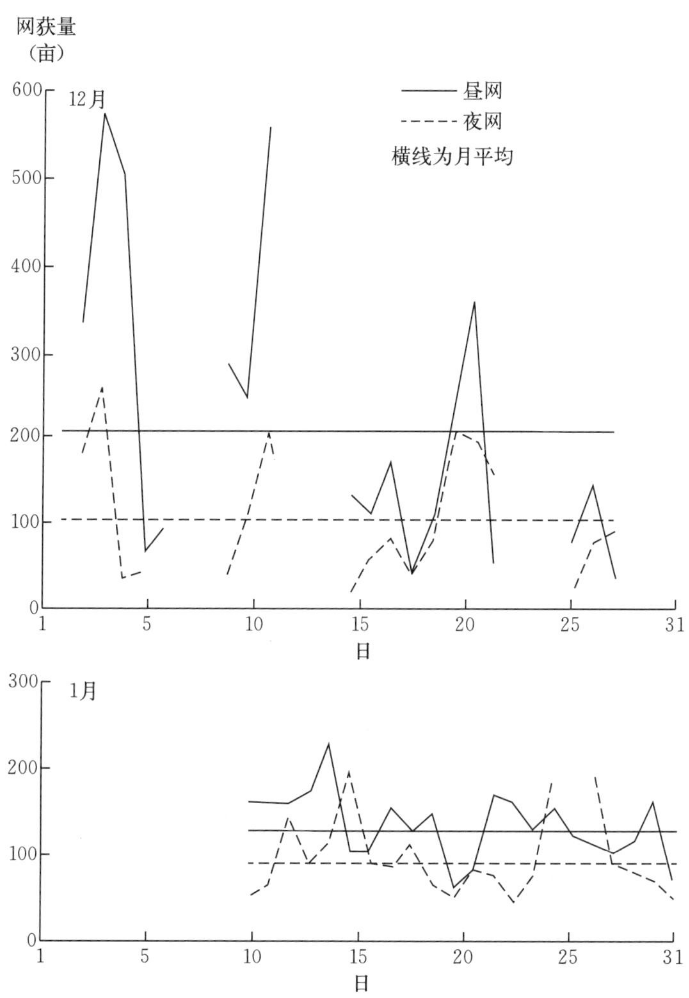

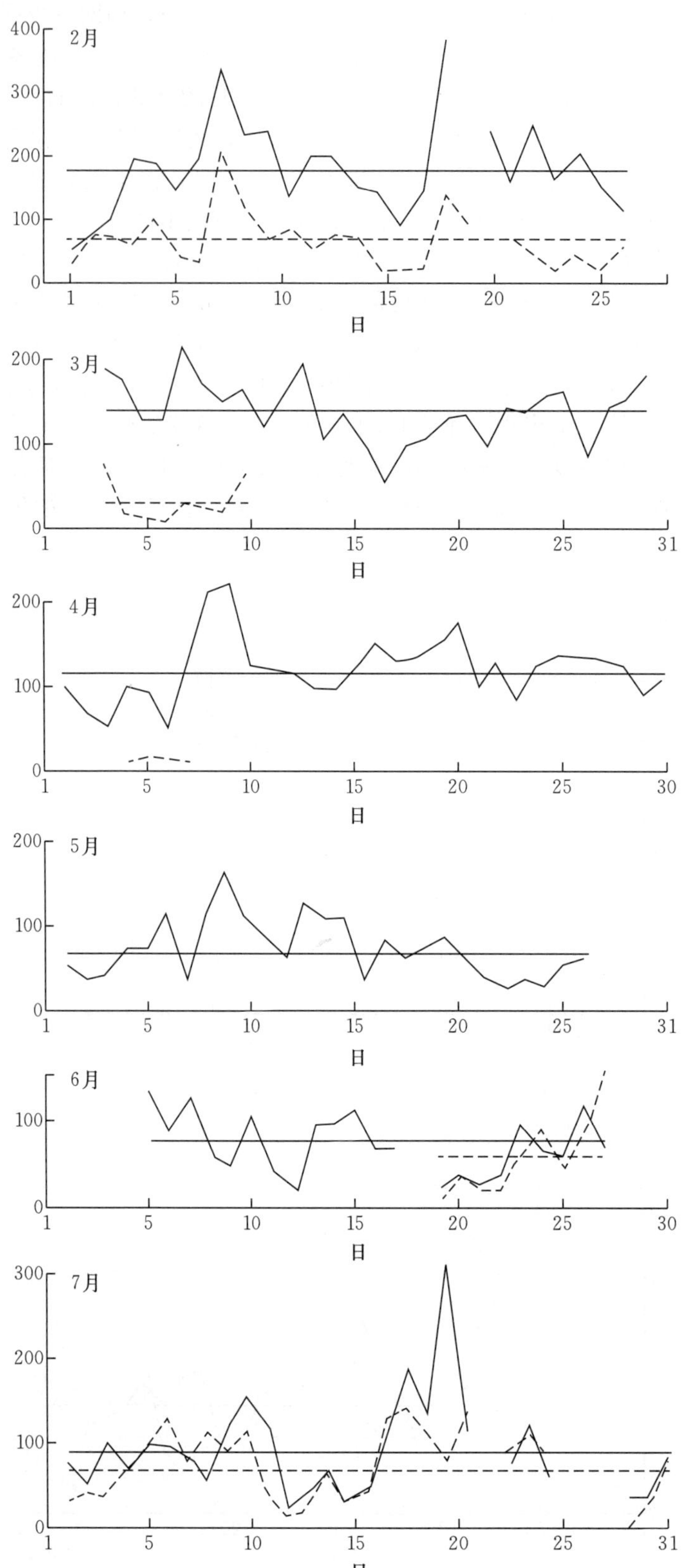

2月
400
300
200
100
0
1
5
10
15
20
25
日
3月
200
100
0
1
5
10
15
20
25
31
日
4月
200
100
0
1
5
10
15
20
25
30
日
5月
200
100
0
1
5
10
15
20
25
31
日
6月
100
0
1
5
10
15
20
25
30
日
7月
300
200
100
0
1
5
10
15
20
25
31
日

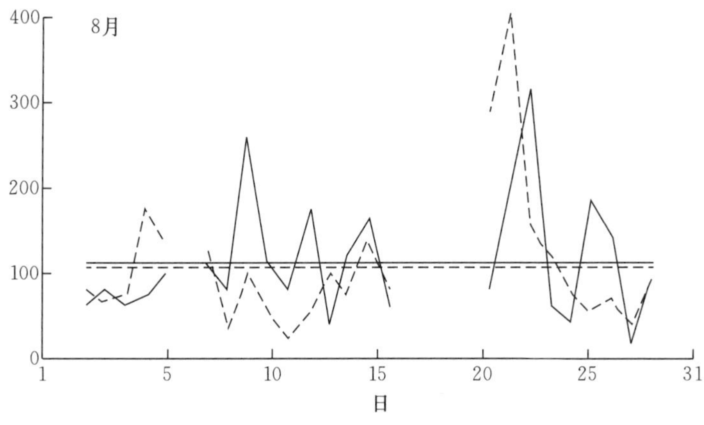

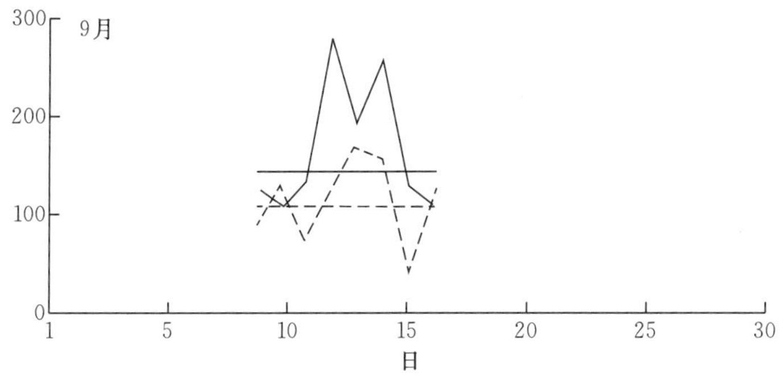

图 3 拖网昼夜网网获量逐日变化

（根据青渔、沪渔 1972 年作业报告记录）

生产实践和调查的结果表明：黄海青鱼趋光习性亦有明显的季节变化。2—3 月，生殖洄游过程中，鱼群密集，行动迟缓，趋光性很强，通常灯诱船开灯后 10 min 左右，鱼群就能在光照区出现，且较稳定，一般光强比光弱效果好，光源集中比分散效果好，白光比绿光效果好。趋光过程中，鱼群对声响有过敏反应，如因机器突然开动的震动声响或螺旋桨激起的水花，会使鱼群受惊而分散，下潜数十米，尔后又较快恢复原状。4 月以后，索饵鱼群亦有明显的趋光性，由于此时鱼群行动迅速，分布面较大，渔场不易掌握，灯诱生产效果不佳。7—11 月及 1 月，鱼群对白色光源的趋光性均不够明显。

从上述可以看出，黄海青鱼的趋光性的季节变化与垂直移动规律基本是一致的。即趋光性最强的季节亦是垂直移动最明显的季节，趋光性不明显的季节亦是垂直移动最弱或者不规律的季节。因此，昼夜明显的垂直移动是青鱼趋光性在行动上的显著标志之一。另外，趋光性最强的季节是在生殖洄游过程中，正是性腺成熟度由Ⅳ期向Ⅴ期转化以及鱼群由外海底层逐渐向近岸中层游进的阶段。显然，趋光与生殖生理是有关的。因此，根据群体组成（性腺的发育早晚）和拖网昼夜网获的变化，来判断灯光围网生产的渔期将是有效的。例如，1971 年生殖鱼群是以 3～5龄鱼为主，性腺发育较早，2 月 20 日即形成了灯诱生产的旺汛；1972 年生殖鱼群是以 2 龄鱼为主，性腺发育较晚，3 月上旬才形成旺汛；1973 年以 3 龄鱼为主，旺汛开始于 2 月下旬。

2. 集群及生殖鱼群的分批现象

青鱼属集群性鱼类，这一特点在黄海区表现尤为明显。从拖网及围网的生产来看，鱼群的集群特征周年都是显著的：生殖季节及越冬期间形成密集的大群，拖网最高网获达 3 000 箱（约计 40 万尾），机轮围网最高网获达 13 000 箱（约计 130 万尾），机帆围网最高网获达 23 万斤（约计 160 万尾）；索饵期间鱼群分布面虽较广，但仍集结成群，如 1972 年 5—6 月，拖网生产中 100 箱以上的网获很普遍，7、8、9、10、11 月的渔场探捕中，也分别出现过 750、258、600、155、530 箱的网获。

黄海青鱼的集群与年龄和个体生物学状况有密切关系。1972 年 6—8 月渔场探捕结果表明，索饵鱼群是以相同年龄的个体集结在一起的，并在水平分布上表现出差异。即 1 龄鱼主要分布在北纬 36°00′～36°30′海区，2 龄鱼主要分布在北纬 35°00′～36°00′海区，3 龄以上的高龄鱼则主要分布在北纬 35°30′以南海区，秋冬季鱼群分布区虽已大大缩小，但是基本上还保持着这一分布趋势。生殖鱼群的集群不仅与年龄有关，同时还取决于性腺发育状况。所以，生殖洄游过程中形成了鱼群分批洄游的现象。下面以 1972 年生殖鱼群为例，略加说明。

如前所述，1972 年生殖鱼群在离开越冬场时，即表现出分批现象，到达产卵场后尤为明显。黄海青鱼系一次排卵类型，产卵后即迅速游向外海，因此，近岸定置渔具每出现一次高潮，即标志着有一批鱼群涌进产卵场进行生殖活动。

表 1 表明，1972 年到荣成东部沿岸进行生殖活动的鱼群大致分为五批涌进产卵场。第一批为 3～7 岁的高龄鱼，资源量较小，没有形成较大的生产高潮。2 龄鱼由于资源量较大，性腺发育也不一致，鱼群则分为四大批涌进产卵场，其中以前三批数量最大，形成春汛近岸渔场的生产高潮。

表 1　1972 年荣成东部产卵场青鱼生殖鱼群分批涌进情况

定置网具高产日	年龄组成（%）						性腺成熟度			鱼群批次
	2	3	4	5	6	7	Ⅳ	Ⅴ	Ⅵ	
3 月 11—15 日（农历正月廿八日—二月一日）		4	58	11	26	1	5	85	10	1
3 月 21—23 日（农历二月七日—九日）	100							80	20	2
3 月 27—28 日（农历二月十三日—十四日）	100							67	33	3
4 月 4—7 日（农历二月廿一日—廿四日）	100							89	11	4
4 月 10—14 日（农历二月廿七日—三月一日）	100							97	3	5

虽然鱼群涌进产卵场与潮汛（小潮汛）有关，但由于各年生殖鱼群的年龄组成和资源状况变化较大，所以，各年生殖鱼群分批涌进产卵场的时间和批次并无一定的规律。例如 1973 年生殖鱼群中 4 岁的高龄鱼和 2 龄鱼因资源数量较小，没有形成明显的分批，而 3 龄鱼（主要年龄组）仅以 3 月 6—11 日（农历二月二—七日）和 3 月 15—18 日（农历二月十一—十四日）两批比较明显，无论鱼群分批涌进时间还是批次与 1972 年都有较大的不同。

因此，在以鱼群分批现象来掌握渔期、渔场动向时，主要还应以该年的年龄组成和资源状况来加以判断。

（二）鱼群行动与环境因子的关系

1. 与深度的关系

关于黄海青鱼的栖息水层和深度如前所述。从近几年的渔场探捕结果和生产实践来看，索饵和越冬期间鱼群对水深有明显的要求。其主要分布区基本与 70 m 等深线相平行，即位于通常所称的黄海中央洼地，其他海区即使有丰富的饵料和适宜的温度，未发现青鱼分布。（参见图 4、图 5）至于这一习性的内在原因尚不清楚，但这已是掌握外海渔场范围的有效标志之一。

2. 与温度、盐度的关系

青鱼属冷温性鱼类，对低温有较大的适应性。黄海青鱼除当年生幼鱼在沿岸浅水区栖息分布期间适温较高外（表温 6～20 ℃）主要栖息分布在底层水温 10 ℃以下的海区。但不同生活阶段其适温范围不同，如生殖季节适温范围为 0～6 ℃，产卵盛期最适温度为 2～6 ℃；索饵及越冬期间适温稍高，为 6～10 ℃，其中以 6.5～9.5 ℃最为适宜，即黄海冷水团控制的海区。另外，产卵期间，高龄鱼比低龄鱼对低温有较大的适应，而索饵和越冬期间则相反，低龄鱼趋向较低温，高龄鱼趋向较高温，形成了低龄鱼偏北高龄鱼偏南的分布特点。

近几年的探捕调查和生产实践表明，底层水温 10 ℃以上的海区很少有青鱼分布，并发现 10 ℃等温线对夏秋季鱼群的行动有制约作用。从图 4 可以看出：6 月，10 ℃等温线偏向

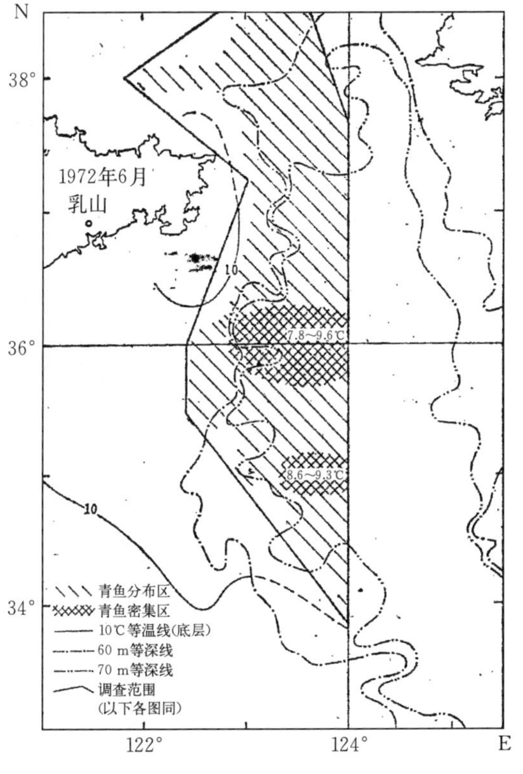

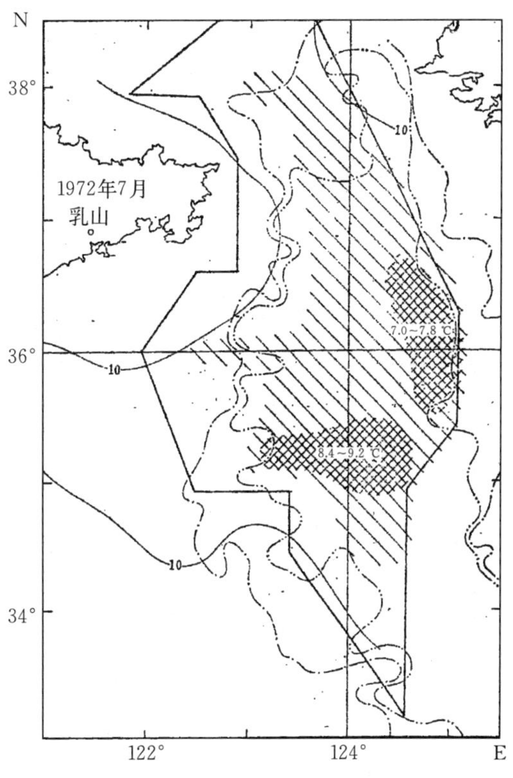

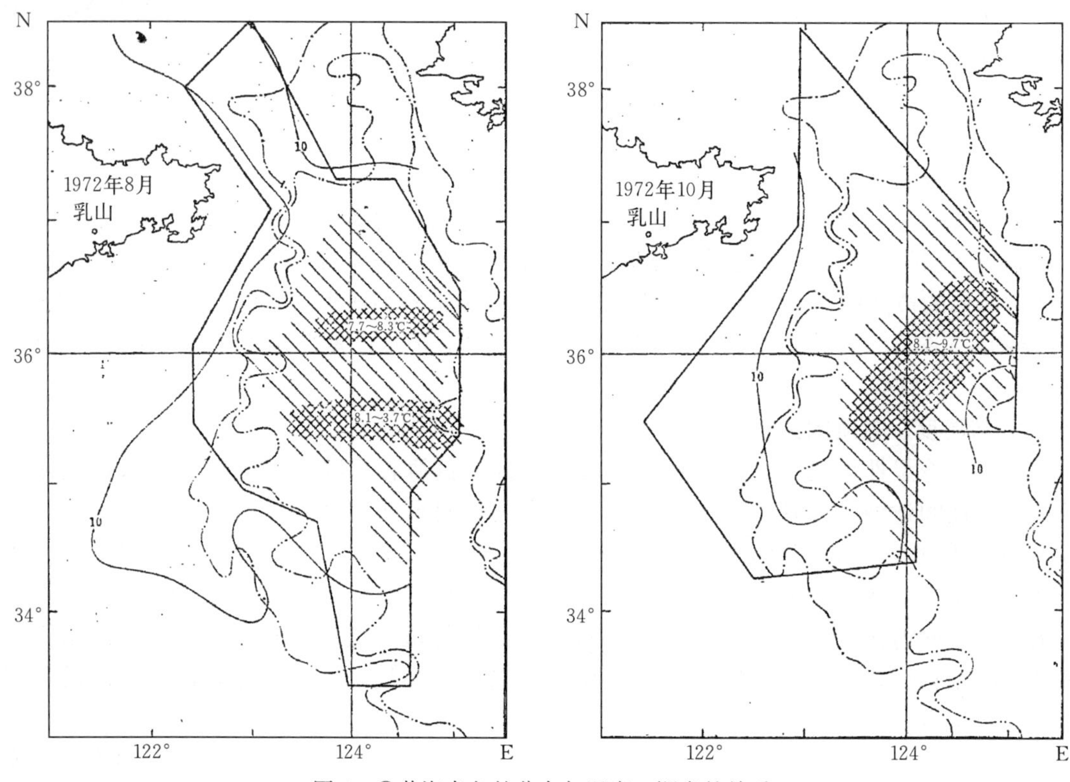

图4 ①黄海青鱼的分布与温度、深度的关系

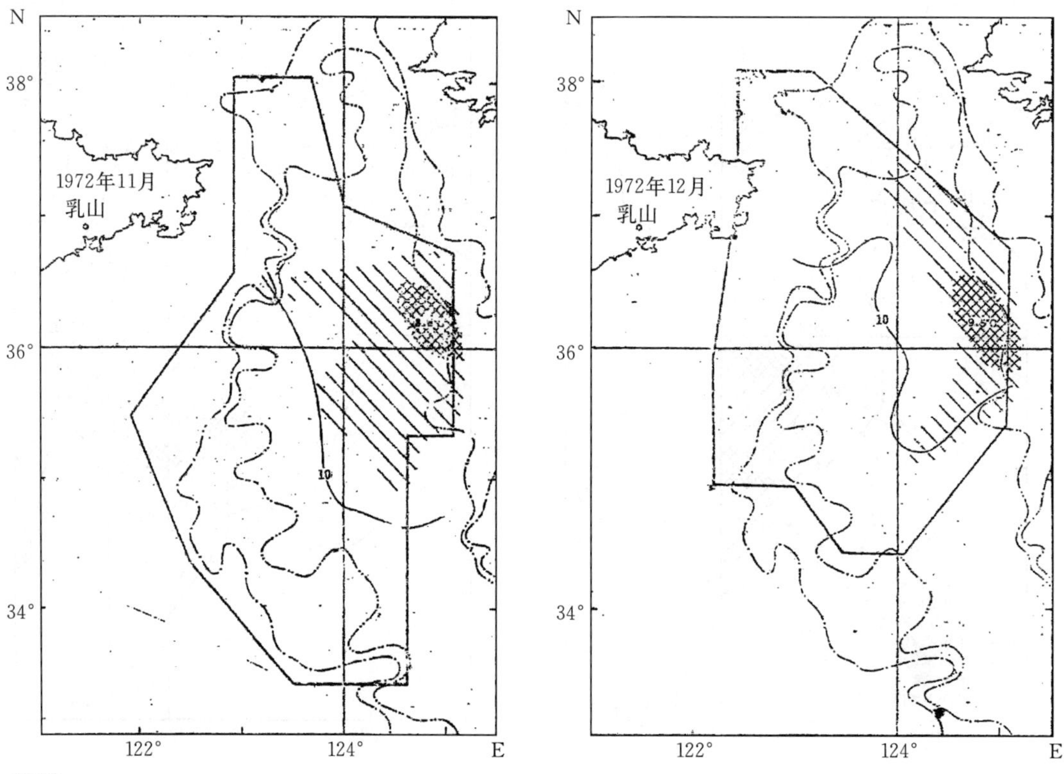

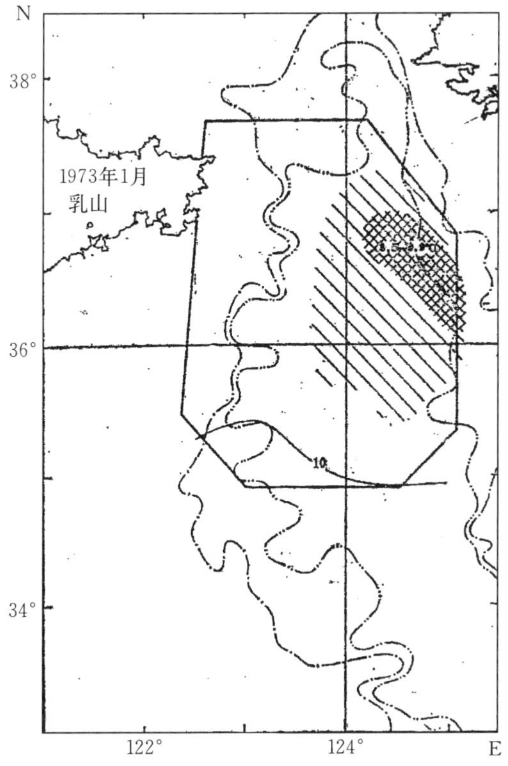

图4 ②黄海青鱼的分布与温度、深度的关系

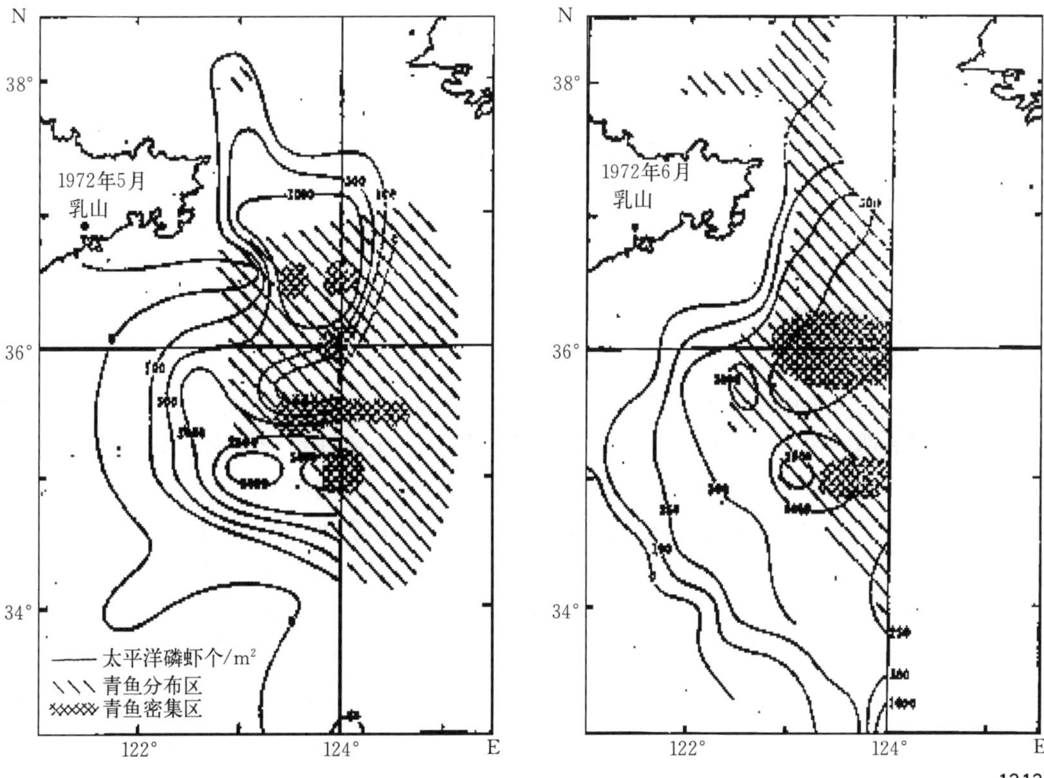

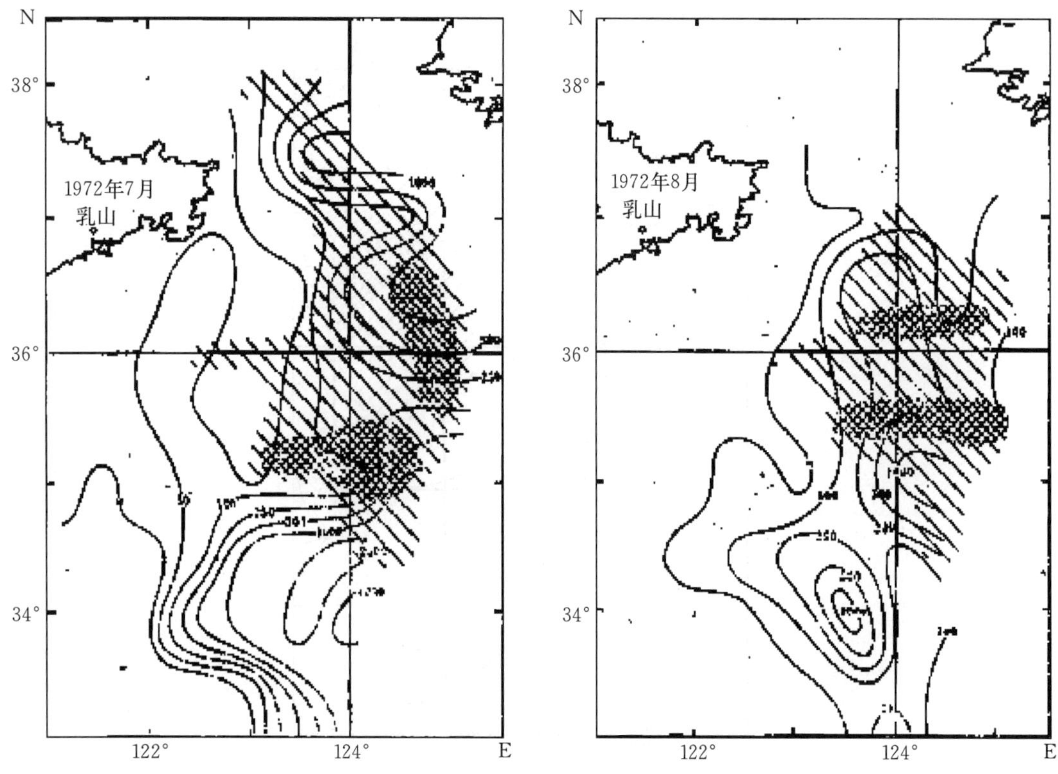

图 5 黄海青鱼的分布与太平洋磷虾的关系

近海，鱼群分布区最大；7—8 月以后，10 ℃等温线向外海收缩，分布区随之缩小；11、12 月，这种依存关系更为密切，以致使鱼群密集在黄海中央部深水区一个很小的范围里；1 月，随着近海水温下降和 10 ℃等温线向南退缩，分布区复而扩大，此时鱼群开始了生殖洄游。因此，根据 10 ℃等温线的变化，即根据黄海冷水团与黄海暖流的消长情况，来判断秋冬季的渔场分布将是有效的。

黄海青鱼通常栖息于盐度较高的海区。在近岸，其适盐范围为 30～32；在外海，主要分布在 32.5 等盐线附近。

3. 与饵料生物的关系

摄食强度资料表明，黄海青鱼主要索饵期为 5—8 月，其他季节除越冬初期和生殖前期偶尔有少量摄食外，基本停止摄食。其饵料生物以本海区的大型浮游动物优势种为主，8 月胃含物的分析结果表明（按重量计算）：太平洋磷虾为 99.1%，太平洋哲镖溞为 0.6%，强壮箭虫、细长脚蛾等仅为 0.3%。由此可见，黄海青鱼的摄食习性具有时间集中，品种单一的特点。

根据上述特点，从 5—8 月鱼群分布与太平洋磷虾的关系图（图 5）可以看出：①二者的分布区基本是一致的，仅前者较后者偏北些，同时黄海青鱼的主要索饵期亦是黄海中部太平洋磷虾数量较多的月份；②鱼群的密集区基本也是太平洋磷虾的高生物量分布区；③北纬 34°00′东经 123°30′附近及以南海区，虽常有一个高生物量分布区，但那里并没有密集鱼群分布。所以，索饵鱼群的行动分布与饵料生物有一定的关系，但同时又受其他因子的制约。假如把上述第三点情况与图 4 相对照，不难发现：那些海区的深度和温度不符合黄海青鱼的要求。因此，黄海青鱼索饵及越冬鱼群的行动同时受深度、温度及饵料因子的制约。在适宜的深度范围内，水温是主要的影响因子，饵料为次。

三、关于“黄海青鱼来自日本海”的问题

关于黄海青鱼的洄游分布，如前所述。即通过对 1970 年世代青鱼三年来的探捕调查和生产实践，了解到：目前我因沿岸盛产的青鱼终年生活于黄海北纬 34°以北海区。但是，对黄海青鱼的洄游分布历来有不同的认识，即黄海青鱼是否洄游于日本海或者目前所生产的青鱼前几年来自日本海。为了明确这一点，以利于我国青鱼生产和渔情预报工作，现从适温等方面对上述可能性作如下分析探讨。

黄海青鱼洄游于日本海或日本海青鱼进入黄海，必经对马海峡。为此，首先需要查考对马海区的水文状况。从图 6 可以看出：在对马海区的西南部，黑潮暖流的支流在五岛外海又

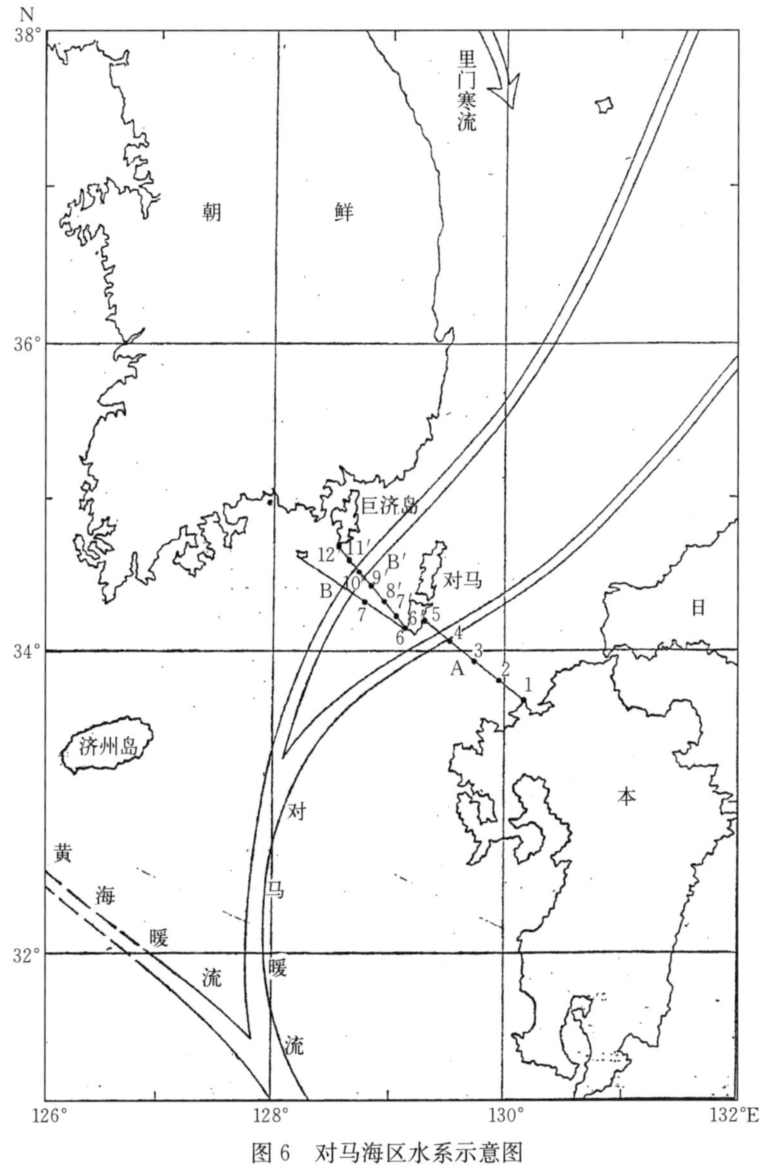

图 6 对马海区水系示意图

分出两个支流：一支通过对马海峡东、西水道流向日本海，即对马暖流，另一支掠过济州岛的南岸流入南黄海即黄海暖流；在对马海区的东北部，有一支沿着朝鲜东岸南下的冷水，即里门寒流。据日本有关资料记载："这冷水在对马西水道的北口虽常常出现，但关于越过水道而达及韩国沿岸的似乎绝对没有""日本海下层冷水团向南伸张的势力是非常微小的，7、8、9 月势力增强，11、12 月左右开始衰退，一到翌年三月则完全消灭"。由此可见，对马及西南海区主要为暖水势力所控制。

根据我国青鱼生产情况，以下选取 A、B（B′）断面（图 6）1、2、5 月（可能是日本海青鱼进入黄海或者黄海青鱼游向日本海的月份）的水温资料对对马海区的水文状况再作些具体的分析。图 7 的资料表明，无论是近年还是过去，1、2、5 月 A、B（B′）断面水温最低

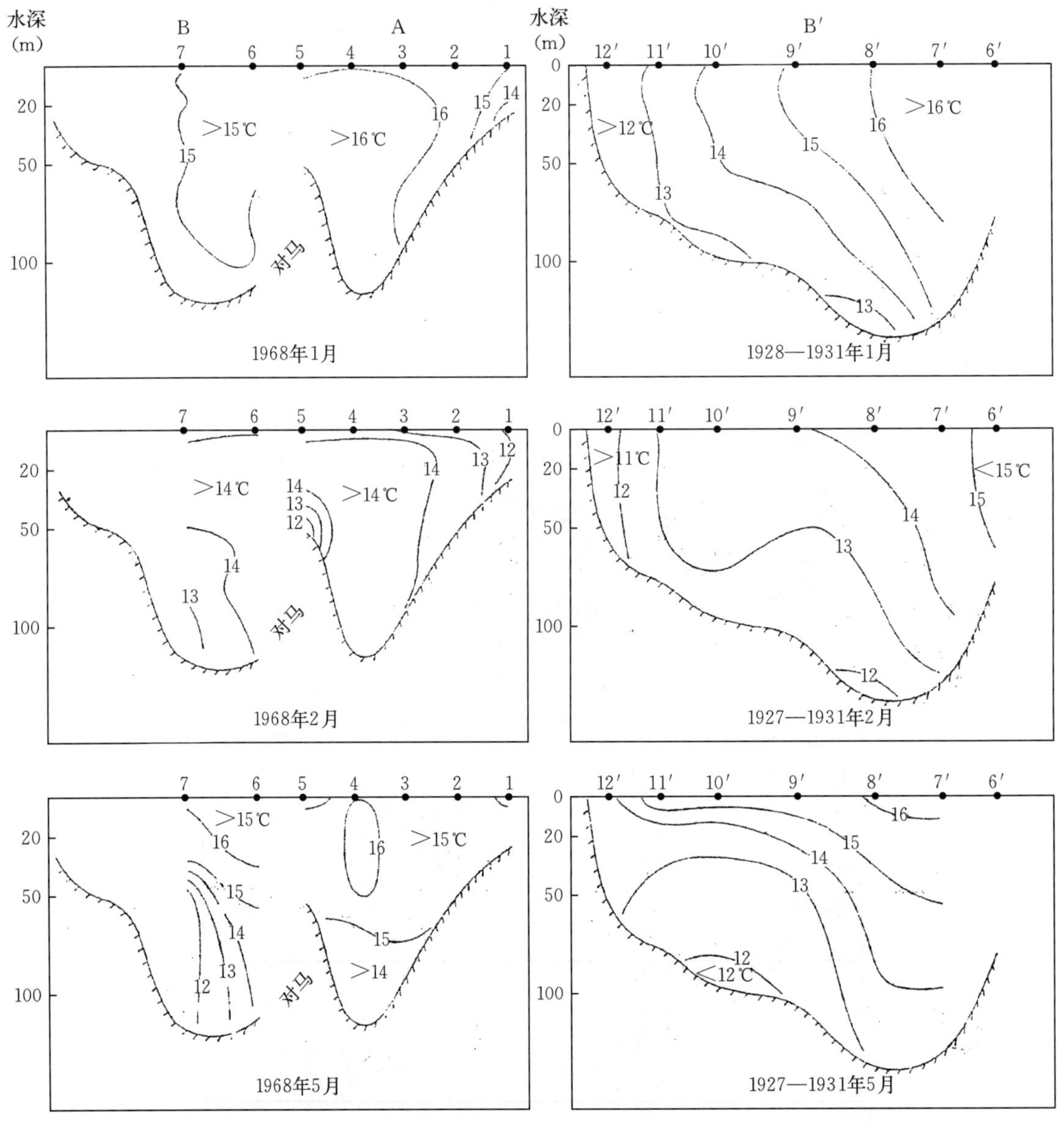

图 7 对马海峡 A、B（B′）断面水温分布

值都在 11～12 ℃以上，超出了黄海青鱼的适温范围（也超出了日本海青鱼 10 ℃以下的适温范围）。另外，从 A 断面 4 站的水温历年变化来看（图 8），可能是日本海青鱼进入黄海的 1966 年或 1967 年，不但没有出现低温，反而是温度偏高的年份。因此，对冷温性的青鱼来说，横贯对马海峡的 A、B（B′）断面犹如两扇高温的大门，阻止了它在这一海区的进出活动，大批鱼群通过对马海峡进入黄海或游向日本海是极不可能的。

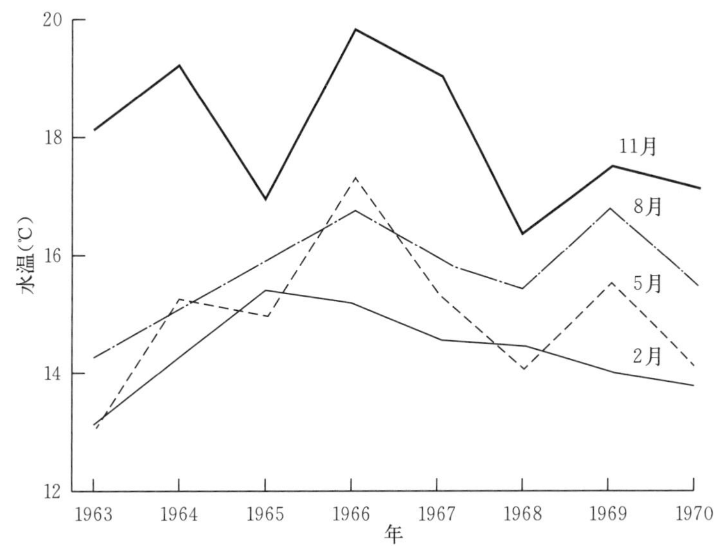

图 8　对马海峡 A 断面 4 站 2 月、5 月、8 月、11 月 100 m 层水温历年变化

另外，下列情况也表明了黄海青鱼不是来自日本海。

（1）无论是过去还是现在，在济州岛西南海区作业的拖网船从未捕到过青鱼；

（2）山东荣成东部沿岸，历年清明前后都可捕到青鱼产卵亲体。1958—1959 年 6—7 月威海沿岸曾发现大量的当年生幼鱼，大拉网有过 2 万斤的网获。1958 年 6 月到 1959 年 8 月黄海水产研究所在黄海大面积渔场探捕中，在北纬 36°00′～38°45′，东经 122°30′～123°50′海区曾捕到数量不等的 1 龄和 2 龄青鱼。这说明青鱼在黄海大量出现并不是偶然的。

（3）1967 年 3 月在黄海中部初次被大量捕获的青鱼，是以叉长 150～200 mm 为主的 1 龄青鱼，即 1966 年世代青鱼，该世代的当年生幼鱼早在 1966 年 6—7 月间已在荣成北部沿岸为小拉网所捕获。这说明近年所生产的青鱼开始就出自山东半岛东部沿岸。

综合上述初步认为：黄海青鱼在洄游分布上与日本海没有关系，属于终年生活于黄海的地方性鱼群；近年资源数量大量增加与洄游分布无关，属于资源本身的变化。

黄海鲱鱼世代数量波动原因的初步探讨①

唐启升
（国家水产总局黄海水产研究所）

黄海鲱鱼（*Clupea harengus pallasi* Valenciennes，即青鱼）渔业在我国北方有悠久的历史，但盛衰交替，渔获量变动十分剧烈。即使在资源回升的近十余年内也是如此，如1970年前产量不足1万t，1972年则跃增至17.5万t，近几年波动在2万t左右。

黄海鲱鱼洄游分布和资源生物学调查研究的结果表明[11]：

1. 我国盛产的鲱鱼终年生活于黄海，春来夏往，从近岸浅水区到外海深水区，进行生殖、索饵及越冬洄游，其分布区的南缘在北纬34°附近，是太平洋鲱在黄海的一个地方性种群（因此，简称为黄海鲱鱼）；

2. 渔获量剧烈变动的原因与洄游无关，主要是由于世代发生量剧烈波动所致。例如相邻的1970与1969年世代鲱鱼，其数量竟相差55倍，1970年世代提供渔获量有30万t之多，并导致了1972、1973及1974年产量大增、渔业丰收，而1969年世代提供的渔获量则不足5 000 t，微不足道。

那么，什么原因使黄海鲱鱼世代数量发生如此大的波动呢？对这一问题，本文拟从亲体量和与自然环境因子的关系两个方面进行分析研究，并试图在此基础上去探讨黄海鲱鱼长期资源变动的可能原因。

一、材料

本文使用的世代和亲体的量度研究材料系根据本所历年收集的生物学测定资料（主要包括年龄组成、体重、性比和生殖力等）和渔业统计资料整理而成。资料列入表1，其中：世

表1 黄海鲱鱼世代和亲体量

年份	世代数量 $N_9\times10^4$	亲体数量 $P_9\times10^4$	产卵量 $P_9\times10^8$
1968	13 286	7 935	12 541
1969	3 894	10 752	22 593
1970	218 029	14 990	30 269
1971	8 691	6 863	16 645
1972	46 211	99 494	158 139
1973	13 530	12 975	29 407

① 本文原刊于《海洋湖沼通报》，2：37-45，1981。

（续）

年份	世代数量 $N_9 \times 10^4$	亲体数量 $P_9 \times 10^4$	产卵量 $P_9 \times 10^8$
1974	93 389	4 937	8 437
1975	5 192	4 233	7 700
1976	16 351	9 581	15 394
1977	17 025	1 835	3 903

代数量是根据各世代历年捕捞尾数累加而得；黄海鲱鱼卵子发育具有明显的同步性，是典型的一次排卵类型，而且产卵时间集中，产卵后的个体迅速离开产卵场，近岸捕捞量不大。根据这些特点，把某年度产卵期以后在外海捕捞的尾数和该年度产卵群体中各个世代在以后几年中的捕捞尾数累计，即为某年度的亲体数量。在此基础上，再把各年龄组生殖力和性比资料[12]考虑进去，便可计出产卵量。三者比较接近实际情况。

自然环境因子材料是根据石岛、成山头和威海海洋观测站或气象台资料整理的，因篇幅所限，数据从略。

二、结果

（一）世代数量与亲体量的关系

黄海鲱鱼世代数量与亲体量①的关系如图 1 所示。世代数量与亲体量的关系，即补充量与亲鱼的关系，目前常用以下两种模式来描述[21,14,13]：

Ricker 型　　$R=ape^{-bp}$　　（1）

Bererton - Holt 型　　$R=P/(ap+b)$　　（2）

式中：R 为补充量（或世代数量，以下用 N 表示）；P 为亲体量（亲体数量或产卵量）；a、b 为系数。

式（1）与式（2）表达了两种不同类型的函数关系，若用图形表示：前者呈钟形曲线相关关系；后者呈渐近曲线相关关系。二者的生物学意义的差别在于：在 R 型曲线中，当亲体达到一定数量时，补充量出现了极值，即达到最大生殖水平，随后当亲体量继续增加时，补充量迅速减少，与亲体密度有关的因子对补充量产生了明显的抑制作用；在 B - H 型曲线中，补充量随着亲体数量的增加逐渐趋向一个渐近值，与密度有关的因子的抑制作用局限在不使补充量下降的程度上。

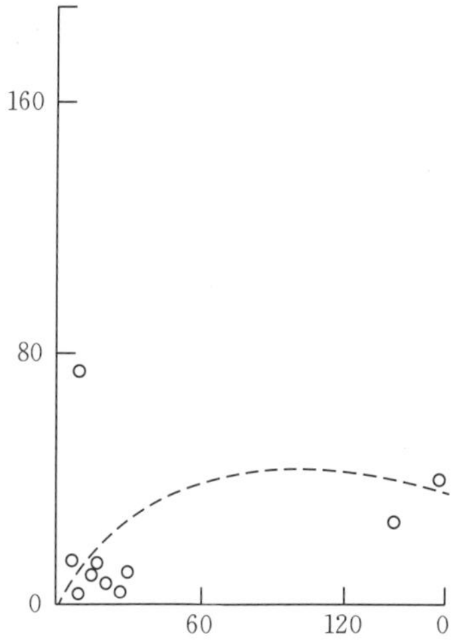

图 1　黄海鲱鱼世代数量与亲体量的关系

为了判定图 1 世代数量与亲体量的关系，是否可用上述两种模式描述，需要测出相应的相关系数 r，根据式（1）、（2），其基本计算式为

$$N/P=ae^{-bp} \quad (3)$$

① 考虑到黄海鲱鱼产卵群体年龄组成各年不同及生殖能力不一，文内使用产卵量表示亲体量（P）。

$$P/N=b+ap \tag{4}$$

图1（表1）的资料能够满足式（3）、（4）。计算结果表明，式（3）相关系数 r 为0.38，式（4）相关系数 r 为0.39，二者均在0.05（$r>0.63$）的概率水平上不显著。由图2、图3也可看出，N/P 与 P 和 P/N 与 P 的散点分布与式（3）、（4）所表示的线型很不相称。虽然还应用了其他函数关系（如双曲线或其他类型的指数函数）试图配出可信赖的线型，但均未获得成功。这些结果表明：黄海鲱鱼世代数量与亲体之间难以用一种确定性的函数关系描述，即二者相关关系不够显著。正如图1所示，散点分布十分松散且不够规律，相同的亲体数量（如 $P=8\times10^{11}$ 或 30×10^{11}），世代数量竟有16～17倍之差，可能有其他因子更多地影响世代数量。但由图1又似可看出，黄海鲱鱼世代数量与亲体量之间的关系比较接近密度从属型的Ricker型增殖曲线，即图1虚线所显示的情形。

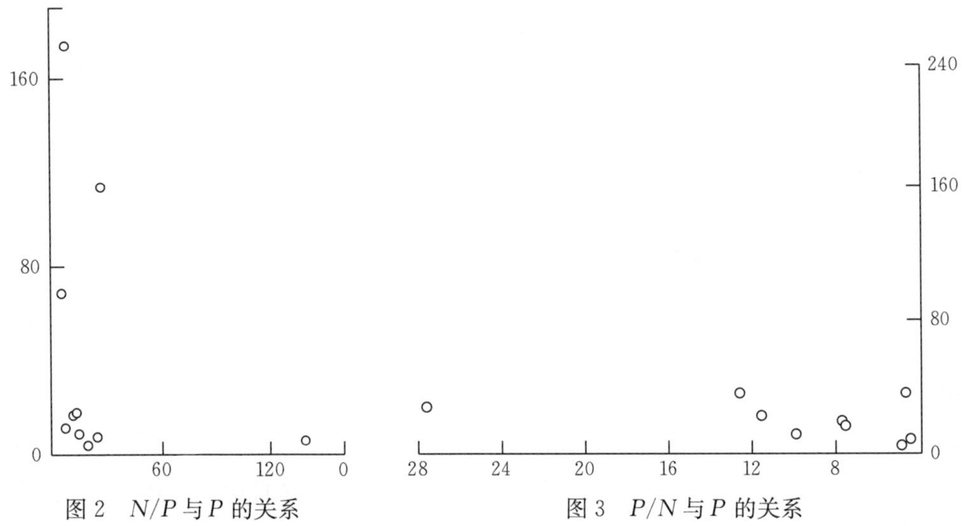

图2 N/P 与 P 的关系　　图3 P/N 与 P 的关系

（二）世代数量与自然环境因子的关系

一般认为，环境因子对世代数量的影响在从卵子到仔、幼鱼期间表现得最强烈。黄海鲱鱼主要产卵期在3月下旬至4月上中旬，受精卵约半月孵化，孵化后的仔鱼，即在其亲体产卵场（主要在石岛至威海近岸）附近浅水区发育、觅食、成长。6月中旬前后，叉长达6～7 cm的幼鱼，逐渐结集成群，游向外海深水区。近岸鲱鱼幼鱼资源状况调查访问的结果表明（表2），这时资源状况基本上反映了该世代的资源状况，即世代实力已基本定性，如果环境

表2 幼鱼资源状况与世代实力

年份	6—7月幼鱼资源状况	世代实力
1970	数量很大	强盛世代
1971	数量较少	弱世代
1972	数量较多，分布面广	一般较强
1973	不如前一年	一般世代
1974	数量较多	强世代

因子对世代数量有所影响，应在此之前。因此，选用了3—6月石岛、成山头、威海附近的海洋水文气象资料，来分析自然环境因子与世代数量的关系。

根据现有资料，选取了五项可能影响世代数量的环境因子，即降水、日照、风情（大风天数和平均风速）、水温和盐度，并根据不同的时间组合，组配成63个可能影响因子（详见表3）。为了从如此众多的可能影响因子中挑选出较显著的影响因子，故使用多元回归中阶段回归挑选法[1,6]进行因子挑选。

按阶段回归中两级均方误 $T \geqslant 0.01$ 以及相关指数 >0.08 的给定标准，应用1968—1977年世代数量及表3中所列因子的相应资料进行挑选计算①，结果选上32、50、28、51和21号因子（表4）为组配因子中的显著影响因子。

表3 可能影响因子组配表

时间	因子						
	大风天数（≥6级）	大风天数（≥8级）	平均风速	降水	盐度	日照	水温
3月	1	10	19	28	37	46	55
4月	2	11	20	29	38	47	56
5月	3	12	21	30	39	48	57
6月	4	13	22	31	40	49	58
3—4月	5	14	23	32	41	50	59
3—5月	6	15	24	33	42	51	60
3—6月	7	16	25	34	43	52	61
4—6月	8	17	26	35	44	53	62
5—6月	9	18	27	36	45	54	63

表4 选上因子统计

序号	因子号及内容	逐步单相关系数	相关指数
1	32，3—4月降水	−0.623	0.388
2	50，3—4月日照	0.353	0.128
3	28，3月降水	−0.351	0.123
4	51，3—5月日照	0.305	0.093
5	21，5月平均风速	−0.283	0.080

从选上的显著因子来看，世代数量与降水呈负相关关系，似乎说明降雨量较多对黄海鲱鱼世代发生不利，降雨量少反而可能产生较多的世代数量；与平均风速亦呈负相关关系，风多或风大不利于世代发生；但是，日照则相反，与世代数呈正相关关系，表明黄海鲱鱼卵子孵化或仔鱼发育期间似乎需要较多的日照。由此也初步看出自然环境因子对世代数量的波动可能有较多的影响。

---

① 计算在DJS-6电子计算机上完成。程序由本所海洋渔业资源研究室水文组提供，李昌明同志协助上机计算，谨此致谢。

以上通过阶段回归选出了三个较显著的环境影响因子，并确定了它们与世代数量相关关系的基本性质。如果再把亲体这个因素考虑进去，结果将会如何？因此，这里应用聚类分析中分类筛选因子的最优分割法[10]进行了综合分析，借以进一步察看影响世代数量的主要因素以及各因子的作用大小和相互关系。

考虑到本文着重是进行定性分析，对结果量级精度要求不高以及需要分割的资料量不大，故使用作图法来完成对资料的分割，即 A I D 作图法① (Automatic Interaction Detection)。需要分割的资料列入表 5，分割图如图 4 所示，分割结果整理成分类筛选图（图 5）。

表 5 黄海鲱鱼世代数量及可能影响因子的秩值

年份	3—4 月降水 X_1	3—4 月日照 X_2	5 月平均风速 X_3	产卵量 X_4	世代数量 $N_9\times10^7$
1968	9	10	5	4	13.3
1969	7	4.5	9.5	7	3.9
1970	1	7.5	2	8.5	218.0
1971	5	9	9.5	6	8.7
1972	3	2	6	10	46.2
1973	4	3	8	8.5	13.5
1974	6	7.5	7	3	93.4
1975	10	6	4	2	5.2
1976	2	1	3	5	16.4
1977	8	4.5	1	1	17.0

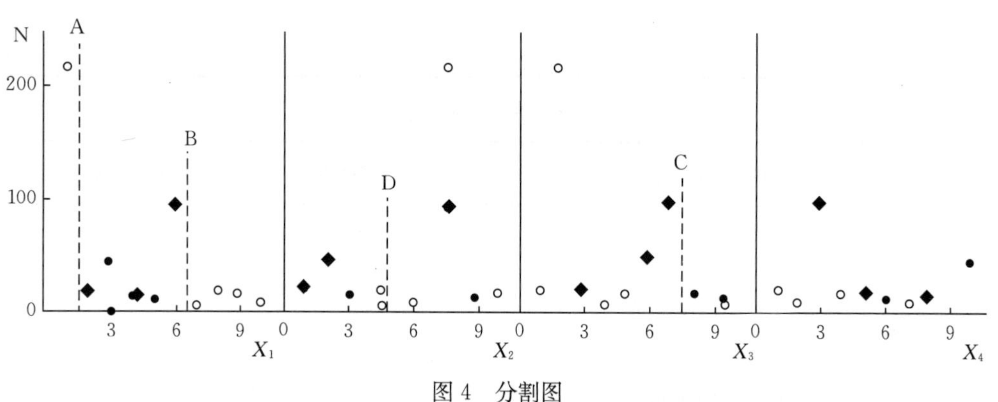

图 4 分割图

图 5 清楚地表明：降水（X_1）是一个比较重要的环境因子，在四次分割（A、B、C、D）中有两次是依 X_1 分割的，即随着降水由少到多，把世代实力分成了三种情况（盛强、一般、较弱）；在相同的降水或风情（X_3）条件下，风少比风多有利于世代发生，日照（X_2）时数多比日照时数少得对的世代数量多一些，表明风情和日照也是比较重要的影响因子。但亲体（X_4）没有进入图 5，即经过四次分割后 X_4 未能入选。可见，与环境因素相比，亲体因子对世代数量的影响不大显著。

① 原理与过程请详见参考文献［10］。

上述结果与阶段回归挑选法及补充量与亲鱼模式的分析研究结果是一致的。

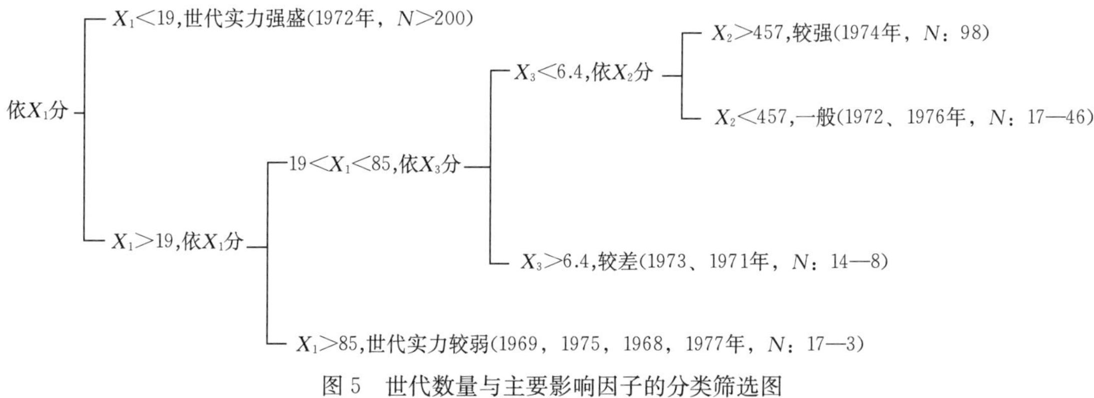

图 5　世代数量与主要影响因子的分类筛选图

三、讨论与结论

1. 以上结果表明，自然环境因素是一个重要的影响因子，或者说是引起黄海鲱鱼世代数量剧烈波动的一个主要原因。但是，笔者并不认为其中一两个因子（如降水等）是唯一的、决定性的影响因子。这是因为数量变动是一个复杂的过程，是若干个影响因子综合作用的结果，在不同情况下各影响因子的作用又可能是不一样的。尽管在分类筛选图中，按因子作用大小，把降水、风速、日照排了名次，但这仅是一个概括的、平均的、现存的结果，从长远看各个因子的作用及相互关系可能会有变化。事实上，仔细地察看表 5 也会发现：1970 年之所以世代数量大增，不仅降水条件好，其他条件（如风情、日照及亲体量）也好；虽然一般来说，降水与世代数量的关系较紧密，但也不尽然，例如，1976 年影响世代数量的主要因子可能是日照条件较差，而 1977 年风情则可能给世代发生带来较多的益处。由此也表明，仅仅依赖一两个环境因子来定量地预测未来，往往不是总能够得到预期结果的。

另外，“亲体与世代数量之间的相关关系不显著，或者说不是一个重要的影响因子”，这个结果基本可信。但是，也有例外，即图 3 出现的接近 Ricker 型增殖曲线的情形。图 3 右侧一点，即 1972 年资料，该年环境条件属一般年份，与 1976 年相似或略好（表 5），但该年亲体量相当大，约为 1976 年的 10 倍，按理应该产生较大的世代数量，但实际上世代数量仅为 1976 年的 3 倍，属一般较好的年份。因此，有理由认为这一年与亲体密度有关的因子限制了世代数量，也就是说由于亲体数量过大、拥挤或者产卵量超越了环境负载量，以致亲体的生殖条件恶化或产出的卵子缺乏有效的生活空间，卵子由于层层重叠，受精、孵化的机率减少，即使孵化出的幼体，也可能因为空间或食物紧张而引起过多的死亡。总之，在这种情况下，亲体量将成为一个重要的影响因子，从占有空间和需要食物两个方面对世代数量增长有明显的制约作用。可见，过多的亲体量并不是在任何情况下都是有益的。

因此，本项研究的初步结论是：在通常情况下，引起黄海鲱鱼世代数量波动的主要原因是环境因素，但在极端条件下，与亲体密度有关的影响因子明显的制约了世代数量。这两个方面影响因素交替作用的结果构成了黄海鲱鱼世代数量的剧烈波动，并调节黄海鲱鱼的种群数量。

此外，环境等因素之所以能够引起世代数量那样大的波动，可能与黄海鲱鱼产卵场范围狭小及生殖生态特性有关。黄海鲱鱼主要产卵场在山东石岛至威海近岸大约 400 n $mile^2$ 范围内，这样一个狭小的水域，能养育出如此众多的种群数量，是黄渤海其他经济鱼虾类中未曾见到的。另外，黄海鲱鱼属低温高盐性种类，卵附着于海藻及渔网等杂物上，产卵水深一般在 10 m 以内直到 1 m 左右的浅水区。这样，个体的成活、发育对环境的变化就可能特别敏感。当环境条件有利于孵化、成活，世代数量就有可能大增，但由于范围狭小，大增加又容易超越环境的负载量，引起数量新的波动；当环境条件不利于孵化、成活时，由于产卵场范围狭小、水浅，种群受影响的机率大，不可避免地会引起数量大减，因而，也就形成了黄海鲱鱼世代数量波动剧烈的特点。

2. 关于太平洋鲱鱼长期资源变动的原因，日、苏、加学者如川名（1935，1949）、佐藤和田中（1949，1965）、平野义见（1961）、F. H. C. Taylar（1964）、A. M. 巴塔林（1961）、宇田（1963）、T. Ф. 捷梅切也娃（1968）、и. Б. 皮尔曼（1973）、T. Ф. 卡契娜（1974）等已进行了许多研究[17,20,9,19,4,5,8,18,22]，认为自然环境因素是影响鲱鱼数量变动的主要原因。至于黄海鲱鱼，由于缺少多年的渔业资源统计资料，虽难以进行系统的分析研究，但是，从现已掌握的材料中，也可以看到一些线索。首先，本文关于黄海鲱鱼近十余年世代数量波动原因的研究结果可以认为具有普遍性意义，如果将这个结果伸延前推，那么，在一般情况下，自然环境条件也将是黄海鲱鱼长期资源变动的一个主要原因；其次，发现黄海鲱鱼在近百年内资源变动与我国东部旱涝 36 年周期及大气环流 36 年周期（王绍武等，1962，1979）①[2,3]的变化颇为合拍。据老渔民追忆：1900 年前后，黄海鲱鱼资源曾有过一次较大的旺发，分布范围较大，山东半岛荣成、威海直至掖县沿岸、辽东半岛东部沿岸和海洋岛一带以及河北秦皇岛等地都曾有过相当规模的渔业，当时的生产盛况至今还流传于民间，但此后不久，资源迅速减少，渔业停顿；1938 年以后，鲱鱼资源又有回升，主要分布在山东荣成和威海一带，渔业规模虽不如前一次，但仍列为当时的经济鱼虾类之一[7]，大约 6～7 年以后，资源数量日趋减少，在其后 20 余年中，仅每年清明前后有少量捕获；1967 年开始，黄海鲱鱼在渔获物中又大量出现，1972 年产量猛增达 17.5 万 t，再次形成资源旺发，近两年已趋减少。这些情况与图 6 对照，不难看出，资源旺发期，刚好在波峰处，即气候干旱、降雨少的年份，资源衰减期，刚好在波谷处，即气候湿涝、降雨多的年份。这种相关关系不仅说明渔民群众关于“出青鱼、年景不好（主要指天旱）”和“30～40 年来一回（指资源旺发）”的说法事出有因，同时也间接地为前面的推理提供了依据。另外，还有两点值得提及：1. 黄海鲱鱼与日本鲱鱼资源变动具有一定程度的同步性。如日本鲱鱼资源在 1897 年达到高峰，年产 100 万 t，1905 年开始衰减，1938 年日本海水温下降以后，资源复而回升，出现了 1939、1940 及 1942 年三个数量大的世代，但不久资源数量又大大降低，1967 年后日本鲱鱼资源也出现了好转的趋势[15,16]；2. 从近十余年情况看，虽然捕捞强度的增加大大缩短了黄海鲱鱼的渔捞寿命，但并没有直接引起世代数量波动（从图 1 可清楚地看到这一点），而历史年代的捕捞强度是无法与现今相比拟的，所以，捕捞也不可能成为影响黄海鲱鱼长期资源变动的重要因素。

以上情况，虽还不足以断定自然环境因子对黄海鲱鱼长期资源变动的影响程度，但是，二者有关则是毋庸置疑的。如果由此以大气活动 36 年周期来预测未来，那么，黄海鲱鱼资

---

① 王绍武等认为，36 年周期与海洋状况有很密切的关系。

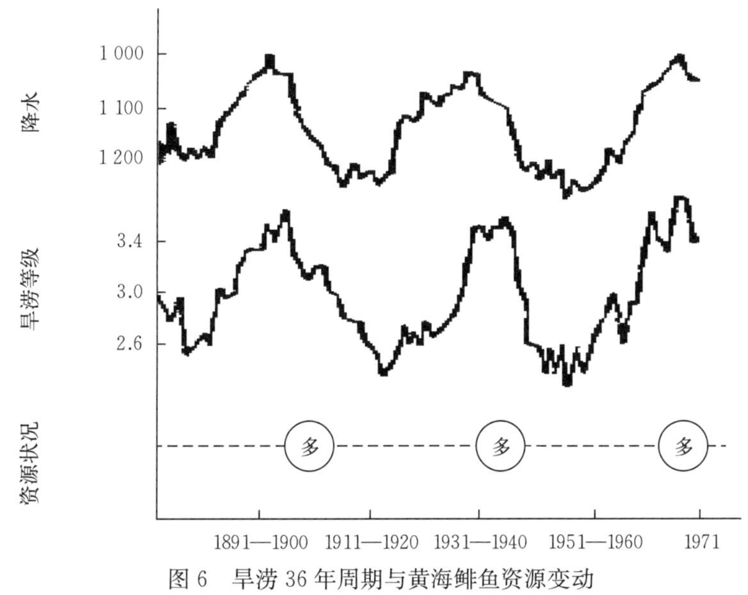

图 6　旱涝 36 年周期与黄海鲱鱼资源变动

（旱涝等级和降水 10 年滑动平均曲线，根据文献［3］）

源下一次旺发可能发生在二十一世纪前期。

参考文献

［1］王宗皓，李麦村，等．天气预报中概率统计方法．科学出版社，1974.

［2］王绍武．东亚大气活动中心的多年变化与我国的气候振动．气象学报，1962，32（1）：19－36.

［3］王绍武，赵宗慈．我国旱涝 36 年周期及产生的机制．气象学报，1979，37（1）：63－73.

［4］皮尔曼 И Б. 作为经济鱼类资源长期预报依据的太阳水文生物学联系．国外海洋水产，1974，（1）：15－23.

［5］卡契娜 Т Ф. 太平洋鲱的资源状况及其渔业的管理．国外海洋水产，1974（3）：26－27.

［6］邱道立，刘树勋．黄东近海区表层水温纵向预报结果分析．海洋水温预报研究专集，1979：22－42.

［7］邹源琳．中国战前渔业概况．黄海水产研究所，1949.

［8］勃契科夫 Ю А，塞利弗尔斯托夫 А С. 太阳活动和鲱鱼的数量变动．国外水产，1979，（1）：35－38.

［9］佐藤　荣．渔业资源减少了吗？国外水产，1966，（2）：26－27.

［10］张尧庭，等．气象资料的统计分析方法．农业出版社，1978.

［11］唐启升．黄海鲱鱼资源特性及数量预报．黄海水产研究所，1976.

［12］唐启升．黄海鲱鱼性成熟、生殖力及生长特性的研究．海洋水产研究，1980，1（1）：59－76.

［13］费鸿年．研究水产资源数理模式的发展和应用．国外海洋水产，1977，（1）：1－18.

［14］最首光三．关于东海小黄鱼江苏群的增殖曲线．国外海洋水产，1977，（1），59－69.

［15］莫伊谢也夫．论太平洋西部渔业的生物学基础．太平洋西部渔业研究委员会第二次全体会议论文集，1959.

［16］黄海水产研究所．鲱渔业．国外水产动态，1972，（4）：44－46.

［17］川名武．北海道鰊资源の研究（第 2 报）稚鱼发生量と太阳活动との关系．日本水产学会志，1949，14（4）：181－183.

[18] 北海道水产试验场．春鲱调查，1939：13－23.

[19] 平野义见．ニシンについて（2）．北水试月报，1961，18（2）：20－31.——，1961.ニシンについて（3）．北水试月报，1961，18（3）：21－35.

[20] 佐藤荣，田中江．北海道の春鲱资源に就いての一考察．日本水产学会志，1949，14（3）：149－154.

[21] Ricker W E. Computation and interpretation of biological statistics of fish population. Fish. Res. Board Canada，No. 191，pp382.

[22] Taylor F H C. Life history and present status of British Columbia Herring stocks. Fish. Res. Board Canada，1964，No. 143，pp81.

A Preliminary Study on the Cause of Generation Fluctuation of the Yellow Sea Herring, *Clupea harengus pallasi*

Tang Qisheng

(*Yellow Sea Fisheries Research Institute*)

In this paper, the cause of generation fluctuation and long－term population dynamics of the Yellow Sea herring have been studied by means of statistical method.

In general, the factor in natural environment is the main cause of the generation fluctuation; but the factor related to parental stock density will restrict generation number under an extreme case. The result of the effect exerted alternatively by the two factors leads to acute generation fluctuation of the Yellow Sea herring and regulates its population number.

Long－term population dynamics of the Yellow Sea herring is correlated with the 36－yr. cycle of wetness oscillation in the east China.

应用 VPA 方法概算黄海鲱鱼的渔捞死亡和资源量[①]

唐启升
（中国水产科学研究院黄海水产研究所，青岛）

摘要：本文应用 VPA 方法概算黄海鲱鱼 1967—1984 年各年龄组渔捞死亡、资源数量和实际产卵的亲体数量，结果表明：①与太平洋白令海鲱和大西洋北海鲱相比，黄海鲱渔捞死亡高。世代渔捞寿命短；②由于世代数量波动剧烈以及捕捞强度过大，资源数量波动幅度很大，并直接影响渔获量；③1982 年以来出现明显的补充型过度捕捞，实际产卵的亲体数量已下降到正常水平之下。因此，控制渔捞死亡，减少对产卵亲体的捕捞，仍是当前黄海鲱渔业管理中需要认真考虑的问题。

误差分析表明，自然死亡 M 值的估计精度是提高 VPA 方法计算精度的关键，文内对此提出相应的建议。

研究渔业种类的渔捞死亡和现存资源量，无疑是资源评估和渔业管理研究中一个基本的、重要的内容。20 世纪以来，许多研究者致力于这个方面的研究，提出了许多概算方法[1,2]。迄今，VPA（或称有效种群分析 virtual population analysis）已成为主要方法，代表了该领域的应用方向[4-6]。其主要特点是：①由于从一个世代的最高年龄组开始向前逐年概算各年龄组的渔捞死亡和资源数量，提高了概算精度；②避免使用难以测量和收集的渔捞力量资料，降低了对资料内容的要求。一般来说，多年各年龄组渔获尾数资料已基本满足了计算要求。该项分析工作的结果将给出一份历年各年龄组渔捞死亡和资源数量数据表，为渔业资源的评估和管理提供基本资料和依据。

本文应用 VPA 方法概算黄海鲱鱼（*Clupea pallasi* Valenciemes）渔捞死亡和资源数量，评价黄海鲱鱼资源和渔业，同时也讨论了该方法的精度问题。

一、材料和方法

文内使用的材料取自本所 1967—1984 年黄海鲱鱼生物学测定和渔业统计资料，其中历年各年龄组渔获尾数资料列于表 1。

Fry（1949）定义一个世代在渔业中被渔获的总和为有效种群（virtual population）。Gulland（1965）根据这一概念和捕捞种群变动的两个基本方程（式 1、式 2），提出了一个从高龄鱼开始运用逐步逼近法概算渔捞死亡的计算式（3）。由此概算一个世代在各年龄或时刻的渔捞死亡和资源数量的过程被称为有效种群分析[7,8]。

$$N_{i+1}=N_i e^{-(F_i+M)}。 \quad (1)$$

① 本文原刊于《海洋学报》，8（4）：476－486，1986。

$$C_i=N_i\left(\frac{F_i}{F_i+M}\right)\left(1-\mathrm{e}^{-(F_i+M)}\right)。\tag{2}$$

$$\frac{N_i+1}{C_i}=\frac{(F_i+M)\ \mathrm{e}^{-(F_i+M)}}{F_i\ (1-\mathrm{e}^{(F_i+M)})}。\tag{3}$$

式中：N_i为一个世代在年龄 i 或时刻 i 开始时的资源数量；F_i，C_i为一个世代在年龄 i 或时刻 i 时的渔捞死亡和渔获尾数；M 为自然死亡（M 为常数），亦可用 M_i表示年龄 i 或时刻 i 的自然死亡（M_i为变量）。

表 1 1967—1984 年黄海鲱鱼渔获尾数（$\times 10^4$尾）

年龄	1967	1968	1969	1970	1971	1972	1973	1974	1975
1	2 751	1 120	2 840	2 089	36 486	1 276	13 190	6 909	44 015
2	98	620	509	1 924	697	117 003	4 758	29 160	3 870
3		19	1 018	1 428	5 340	488	56 252	2 379	3 105
4			18	2 856	1 554	2 559	538	8 013	222
5					2 311	609	490	82	234
6					30	1 097	251	119	
7						122	384	9	14
8							74		
9								27	
年龄	1976	1977	1978	1979	1980	1981	1982	1983	1984
1	2 675	3 890	5 056	23 618	1 933	10 208	4 662	3 166	1 236
2	44 190	1 795	9 594	8 360	19 034	11 401	6 888	916	2 565
3	2 574	4 425	453	2 007	1 324	1 377	1 808	1 446	133
4	626	117	640	188	331	64	141	222	33
5	43	52	58	60		—	—	26	5
6	26	20	32	11			12	7	
7		7	13	26					
8			8						

本文使用的计算步骤和初始输入数值的概算方法如下。

1. 对于式（3），C_i、M 和 N_{i+1}是三个需要事先确定的数值。在本文：C_i由表 1 渔获尾数资料给出；根据以往的研究[9,10]，使用的 M 值为 0.1；N_{i+1}由式（2）测出，但该式需改变时间下标和移动左右项，即为：

$$N_{i+1}=\frac{C_{i+1}}{[F_{i+1}/\ (F_{i+1}+M)]\ (1-\mathrm{e}^{-(Fi+1)})}\tag{4}$$

式（4）的渔捞死亡 F_{i+1}仍是一个未知数，概算的方法有若干种[1,2]。本文以一个世代的渔获曲线方程为基础，概算 F 值。假如 t 时刻的渔获量能够代表 t 时资源量的趋势，那么世代数量随着时间而下降的关系，可用一个负指数函数表示，其线性表达式为：

$$\log_e C_{i+1}=\log_e C_t-zt\tag{5}$$

应用表 1 资料计算结果表明：渔获尾数与时间的统计相关显著，式（5）z 值表达了黄海鲱鱼死亡的一般规律（图 1）。根据 $F=z-M$ 计出渔捞死亡，作为式（4）F_{i+1} 的估计值（即表 2 有括号者），然后算出各个世代最高年龄组的 N_{i+1} 值（表 3 有括号者）。由于式（5）z 值表示了一个世代死亡的平均情况，用于估计高年龄组的 F_{i+1}，N_{i+1} 值，有可能偏低。

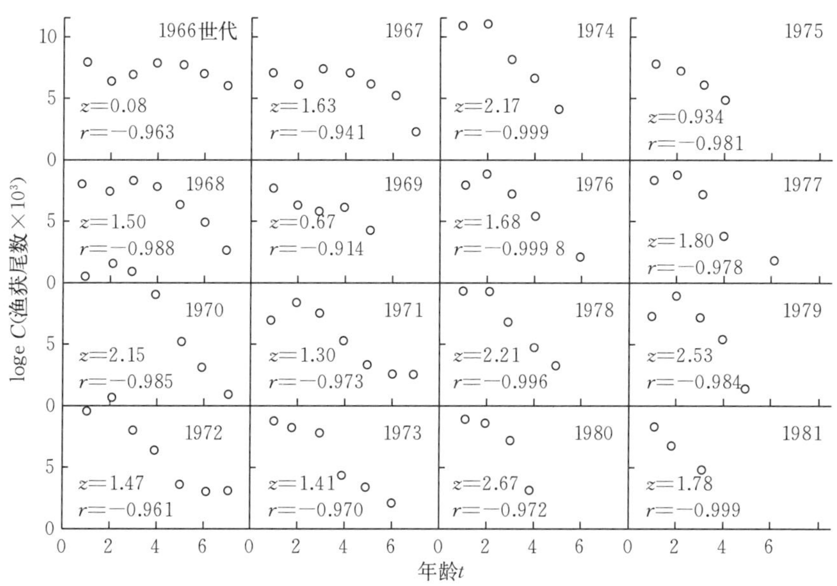

图 1　世代渔获尾数（C'）与年龄的关系

图中“·”点未用于 z 值计算，r 为相关系数

2. 一旦 C_i，M 和 N_{i-1} 知道了，根据式（1）至式（3）可概算出 F_i 和 N_i。类似的计算，可算出一个世代在 $i-1$，$i-2$，$i-3$，…，直到最初被渔获时渔捞死亡和资源量。文内应用逐步逼近法概算式（3）的 F_i 值，式（3）左项与右项的逼近误差小于 0.01，计算机 Basic 语言程序 No. 830425。

由于捕捞因素，捕捞种群的产卵群体资源数量并不等于实际产卵的亲体数量。因此，本文还根据 VPA 计算结果概算了实际产卵的亲体数量（SSN）。一个世代在年龄 i 的实际产卵的亲体数量可用年龄 i 开始时的资源数量减去产卵前的渔捞和自然死亡的数量来表示，整理后的表达式为：

$$SSN_i=N_i\left[1-\left(\frac{F_t+M_t}{F_i+M}\right)\left(1-\mathrm{e}^{-(F_i+M)}\right)\right] \tag{6}$$

黄海鲱鱼 2 龄性成熟者占 99%，未性成熟者和 1 龄性成熟者约占 1%左右，而且产卵时间集中（典型的一次产卵类型），4 月产卵后的个体迅速游离产卵场，分散觅食，捕捞量不大[11]。因此，实际产卵的亲体数量从 2 龄算起：M_t 表示 1—4 月的自然死亡为（4 月/12 月）。

M≈0.03；F_t 表示 4 月前的渔捞死亡，为 $\dfrac{C_t}{C_i}F_i$。

二、结果和讨论

根据 VPA 方法，黄海鲱鱼历年各年龄组以及年度渔捞死亡、资源数量和实际产卵的亲体数量概算结果列于表 2、3、4。它们反映了过去 18 年中黄海鲱鱼资源和渔业变化的细节。

表 2 1967—1984 年黄海鲱鱼渔捞死亡[①]

年龄	1967	1968	1969	1970	1971	1972	1973	1974	1975
1	0.15	0.16	0.18	0.62	0.15	0.13	0.30	0.64	0.59
2	—	0.04	0.09	0.17	0.39	0.96	0.95	2.03	0.82
3		—	0.10	0.41	0.91	0.46	1.97	2.04	1.53
4			—	0.44	0.94	1.52	1.27	3.27	1.18
5				—	0.69	1.13	1.43	(0.57)	1.73
6					—	0.76	3.02	1.91	
7						—	(0.58)	(1.53)	(1.40)
8							—		
9								—	
2~4 龄加权平均			0.10	0.35	0.87	0.97	1.89	2.28	1.14
年龄	1976	1977	1978	1979	1980	1981	1982	1983	1984
1	0.64	0.25	0.41	0.71	0.11	0.73	1.58	0.66	(0.60)
2	2.16	1.09	1.51	1.86	2.48	1.79	1.66	1.80	(1.80)
3	2.64	1.89	0.80	1.68	2.78	2.10	2.11	3.62	(1.68)
4	1.66	1.08	2.24	(0.83)	(1.58)	(1.70)	1.67	3.62	(2.57)
5	0.67	0.51	1.19	(2.07)				(2.11)	(2.43)
6	0.86	0.68	0.60	(1.31)			—	—	
7		0.52	(1.20)	(1.37)					
8			(2.05)						
2~4 龄加权平均	2.18	1.65	1.52	1.81	2.48	1.82	1.75	2.97	(1.80)

注：①有括号者为各世代最高年龄组 F_{i+1} 初始输入值。

表 3 1967—1984 年黄海鲱鱼资源数量[①]（$\times 10^4$ 尾）

年龄	1967	1968	1969	1970	1971	1972	1973	1974	1975
1	20 988	8 090	17 819	4 732	267 640	10 831	53 192	15 278	103 666
2	—	15 474	5 957	12 845	2 285	197 207	8 105	34 706	7 219
3		—	11 126	4 482	9 348	1 383	67 677	2 829	4 111
4			—	8 400	2 659	3 397	778	8 553	333
5					4 825	935	669	(197)	295
6					—	2 162	271	145	
7						—	(912)	(12)	(19)
8									
9								—	
2~9 龄合计		15 474	17 083	25 727	19 117	205 084	78 412	46 442	11 977

（续）

年龄	1976	1977	1978	1979	1980	1981	1982	1983	1984
1	5 940	18 630	17 472	48 536	18 914	20 504	6 096	6 856	(2 864)
2	51 644	2 824	12 796	10 275	21 425	14 167	8 830	1 136	(3 184)
3	2 857	5 400	860	2 560	1 453	1 623	2 128	1 523	(170)
4	801	185	740	(348)	(433)	(81)	180	234	(37)
5	92	137	57	(71)				(31)	(6)
6	47	42	74	(16)			—	—	
7		18	(19)	(36)					
8			(9)						
2～8 龄合计	55 441	8 606	14 555	13 306	23 311	11 871	11 138	2 924	3 397

注：①有括号者为各世代最高年龄组 N_{i+1} 初始输入值。

表 4　1967—1984 年黄海鲱鱼实际产卵亲体数量（$\times 10^4$ 尾）

年龄	1967	1968	1969	1970	1971	1972	1973	1974	1975
2	—	14 463	5 306	10 594	1 526	108 350	3 331	5 421	3 517
3		—	9 815	2 937	3 817	996	12 228	438	1 196
4			—	5 349	1 056	1 480	243	546	126
5					2 423	475	184	112	76
6						1 314	25	25	
7						—	520	8	6
8							—		
9								—	
合计		14 468	15 121	18 880	8 822	112 615	16 531	6 545	4 918
年龄	1976	1977	1978	1979	1980	1981	1982	1983	1984
2	10 801	1 011	3 387	1 930	2 732	2 700	2 362	306	730
3	485	991	408	556	155	239	438	224	42
4	220	67	117	157	105	17	48	35	6
5	51	83	19	11				7	1
6	22	22	42	5			—	—	
7		11	6	19					
8			2						
合计	11 570	2 180	3 981	2 669	2 992	2 956	2 848	572	779

（一）渔捞死亡

黄海鲱鱼渔捞死亡随着渔业开发发生很大变化。从主要年龄组（2～4 龄，约占产卵群体 96%～99%）情况看：渔业初期（1967—1972 年），渔捞死亡低于 1.0；1972 年以后，渔捞死亡明显增大，其中 1974、1976、1980 和 1983 年 F 达 2.18～2.97，即 85%以上的个体被捕捞。与东北太平洋白令海鲱和东北大西洋北海鲱相比（表 5），渔捞死亡高，世代渔捞寿命短成为黄海鲱鱼渔业的主要特征。另外，黄海鲱鱼 2 龄性成熟，最佳生长年龄为 2～4 龄[11]，但是，事实上自 1974 年起 1 龄鱼的渔捞死亡即处于较高的水平（1974—1984 年平均为 0.67），而且 1 龄鱼的捕捞量在总渔获物中占较大比重（表 1）。可见，生长型过度捕捞亦是该渔业的一个突出的问题。关于黄海鲱鱼渔业利用率高、投入生产的捕捞力量过大的问题，在该渔业大发展期间，已为各方面所关注。因此，1977 年开始实行开捕期限于 2—4 月和禁止直接捕捞性未成熟鲱的渔业管理措施。从表 2，1977—1979 年主要年龄组的渔捞死亡有所下降的情况看，这些渔业管理措施是有效的。基本上控制和降低了黄海鲱鱼的渔捞死亡。假如这些措施能够始终如一地加以贯彻和执行，并控制对产卵群体的捕捞，使渔捞死亡降到一个适当的水平上（如主要年龄组 $F<1.0$，1 龄鱼 $F<0.1$）[9]，那么，对保护黄海鲱鱼资源，延长渔捞寿命，提高产量和增加经济效益无疑会起到更好的作用。

另外，表 2 表明，同一年内各主要年龄组渔捞死亡不尽相同，一般来说，有随年龄而增大的趋势。这可能与鱼群的集群习性和稳定性有关。例如在围网生产中明显地表现出：3～5 龄鱼密集程度高、群体大、较稳定、易捕捞；而 2 龄鱼群体相对小，不够稳定。假如事实确是如此，那么，除了捕捞力量，鱼类的行动习性也是影响渔捞死亡的因素。它可能直接影响可捕系数（Catchability）。

（二）资源数量

黄海鲱鱼从 1 龄鱼开始被兼捕（F=0.15～1.18），但是合理（合法）的捕捞年龄从 2 龄算起。包括 2～9 龄鱼，这也是产卵群体的组成部分。因此，表 3 可分为两部分：①用 t 年 2～9 龄鱼资源数量之和表示 t 年年初捕捞群体（产卵群体）资源数量；②用 t 年 1 龄鱼的资源数量表示待补充的群体数量或者 $t-1$ 年世代进入渔业时的资源数量。图 2 表明，黄海鲱捕捞群体历年资源数量波动幅度很大，结合表 2、表 3 分析，主要是由于以下原因造成的：①世代数量变动剧烈，例如 1970、1972、1974 年出现了三个强世代，使 1972—1974 和 1976 年资源处于高水平，而 1975—1977 年出现了三个较弱世代，使 1977—1979 年资源数量明显下降；②渔捞死亡高，渔捞寿命短，世代资源数量迅速减少，即使强盛的 1970 年世代经过三四年的大规模捕捞后，到 1975 年仅剩下 295 万尾，对于较弱

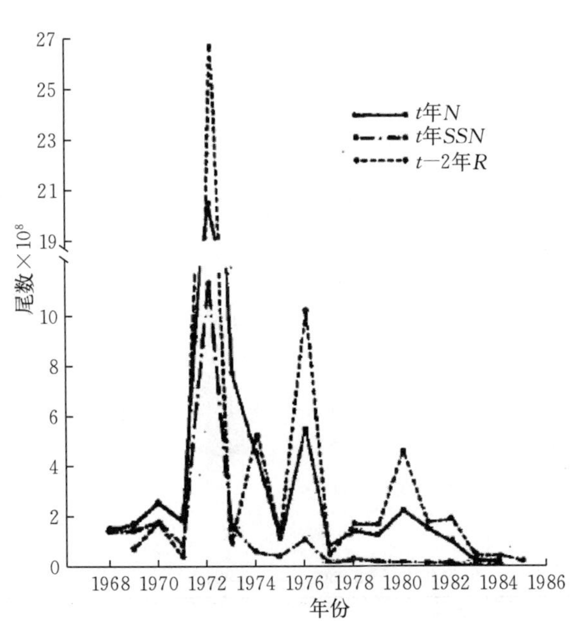

图 2 历年捕捞群体（N），实际产卵亲体（SSN）和世代（R）资源数量（纵坐标的起点为 0）

的世代，一般经过两年的捕捞，其剩余量在渔业中的地位已无足轻重。由于以上两方面的原因，1982 年以来黄海鲱鱼资源数量已经下降到令人担忧的地步了。这也是渔获量每况愈下的直接原因。

黄海鲱鱼实际产卵的亲体数量变化特点和趋势与捕捞群体资源数量波动基本一致（图 2）。虽然在通常情况下黄海鲱鱼亲体数量不是影响世代补充量的主要原因[12]（如图 3 所示，黄海鲱鱼亲体与补充量关系不甚密切），但是，我们注意到：随着资源衰退，黄海鲱鱼补充量明显不足，亲体数量已减少到正常水平之下，如 1983、1984 年。在这种情况下，为了为繁殖后代创造更多的机会，阻止资源衰退，即使对黄海鲱鱼这种资源变动类型的鱼类来说，保留较多的亲体数量也是十分必要的。因此，控制渔捞死亡，制止补充型过度捕捞继续发展，使更多亲体能够产卵或者增加重复产卵次数（特别是 2 龄鱼），乃是当前黄海鲱鱼渔业管理中需要认真考虑的问题。

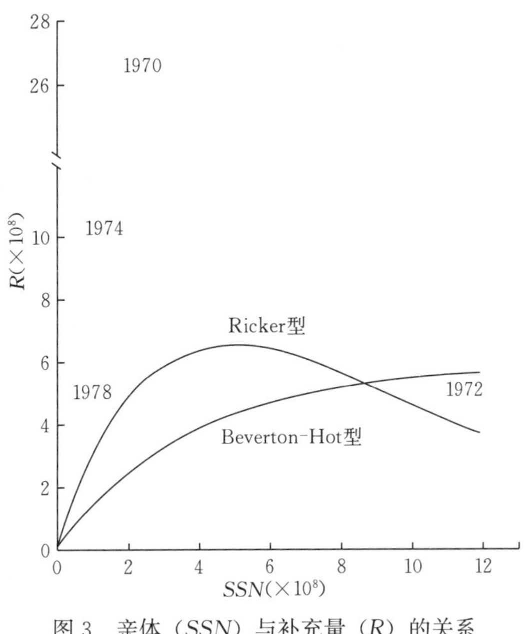

图 3 亲体（SSN）与补充量（R）的关系（1968—1983 年）

（三）误差来源

假如用于 VPA 计算的渔获尾数资料基本可靠，即年龄组成、个体重量和渔获量统计资料可信（相对而言，这些资料的误差较小，易消除），那么用 VPA 方法概算渔捞死亡和资源数量，误差主要来自 M 和最高年龄组 F_{i+1}（或称初始 F 值）的估计值（表 5）。过高或过低估计 M 和 F_{i+1}，对渔捞死亡和资源数量计算结果的影响如表 6 所示。对本文来说，如前所示初始 F 值可能偏低，自然死亡 M 值也可能偏低（表 7），这样，有可能会出现 M 和 F_{i+1} 值估计过低的问题。但是，根据表 6，两者共同影响的结果有可能相应地减少了计算结果的误差。现以 1970 年和 1975 年世代为例，说明不同 M 和 F_{i+1} 假设值对渔捞死亡和资源数量概算值的影响程度。1970 年世代资源量大、渔捞寿命长、F_{i+1} 估计值较高、相应的 C_{i+1} 值较小；1975 年世代资源数量小。渔捞寿命短、F_{i+1} 估计值低、相对的 C_{i+1} 值较高，这两个实测，表示了两个不同的资料类型。分析比较图 4 至图 7 的结果表明。

表 5 主要年龄组渔捞死亡比较

年份	1970	1971	1972	1973	1974	1975	1976	1977	1978	1979	1980	1981	主要捕捞年龄组	M 值
黄海鲱	0.35	0.87	0.97	1.89	2.28	1.14	2.18	1.65	1.52	1.81	2.48	1.82	2～4	0.1
白令海鲱[13]	0.38	0.65	0.48	0.22	0.22	0.23	0.24	0.12	0.13	0.15	0.22	0.15	2～8	0.39
北海鲱[14]					1.46	1.56	1.41	1.46	1.33	0.84	0.70		2～8	0.1～0.2

表 6 M 和 F_{i+1} 估计值对渔捞死亡和资源数量计算结果的影响

误差	渔捞死亡	资源数量
M 估计过高	估计过低	估计过高
M 估计过低	估计过高	估计过低
F_{i+1} 估计过高	估计过高	估计过低
F_{i+1} 估计过低	估计过低	估计过高

表 7 根据不同方法和资料估计的自然死亡 M 值

方法	M 值	资料
(1) Peverton - Holt (1957)[1]	0.1①	总死亡 z 值和渔捞力量 f
(2) Alverson - Carney (1975)[15]	0.58②	生长参数 k 和最大年龄 T_{max}
(3) Pauly (1980)[16]	0.78③	生长参数 k、最大长度 L_∞ 和年平均水温 t
方法说明	(1) $z=M+qf$ (2) $T_{max}\times 0.25=(1/k)\ \ln[(M+3k)/M]$ (3) $\log_{10}M=-0.0066-0.279\log_{10}L_\infty+0.6543\log_{10}k+0.4634\log_{10}t$	

注：①根据文献[9,10]；②$k=0.66$，$T_{max}=9$ 龄；③$k=0.66$，$L_\infty=30.5$ cm，$t=8$ ℃。

1. 不同 M 假设值对各年龄组渔捞死亡和资源数量计算结果的影响大于不同 F_{i+1} 假设值的影响，特别是对世代补充前资源数量（即 1 龄鱼资源数量）概算值影响较大。

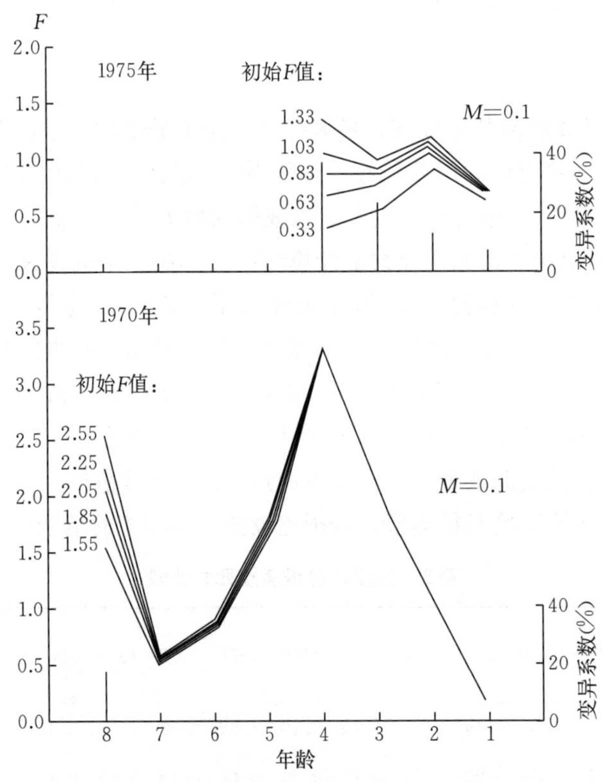

图 4 不同初始 F 值对各年龄组 F 的影响

图中竖线表示各年龄组渔捞死亡或资源数量的变异系数，图 5 至图 7 同

不同初始 F 值引起的渔捞死亡变化主要表现在开始几个年龄组（高龄鱼），差异随年龄递减收敛较快，如 1970 年世代，从 5 龄向前渔捞死亡的差别已难以从图线上反映出来了，另外，对资源数量的影响亦较小（图 4、图 5）。与此相反，不同 M 假设值对各年龄组渔捞死亡产生直接的影响，而且随着年龄组的递减对资源数量绝对值的影响越来越大。如每当 M 增加 0.1，1 龄鱼资源数量约增加 10%～30%；当 M 假设值为 0.0 和 0.5 时，1970 年世代 1 龄鱼资源数量比值为 1∶2.4，1975 年世代为 1∶2.2，相差很大（图 6、图 7）可见，M 估计值的精度是提高 VPA 计算精度的关键。

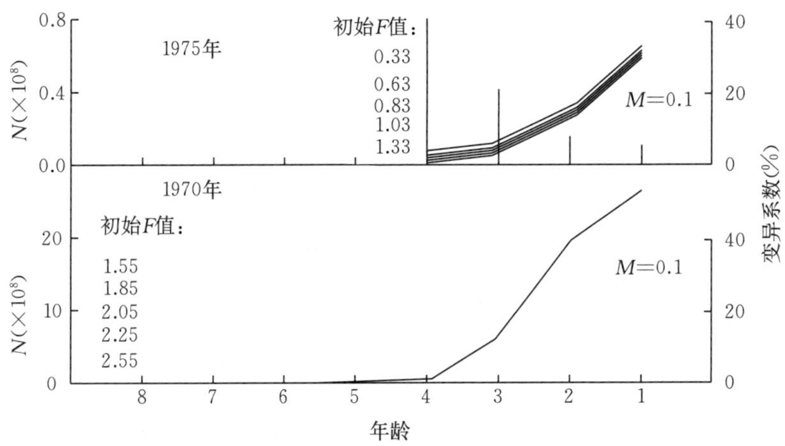

图 5 不同初始 F 值对各年龄组 N 的影响

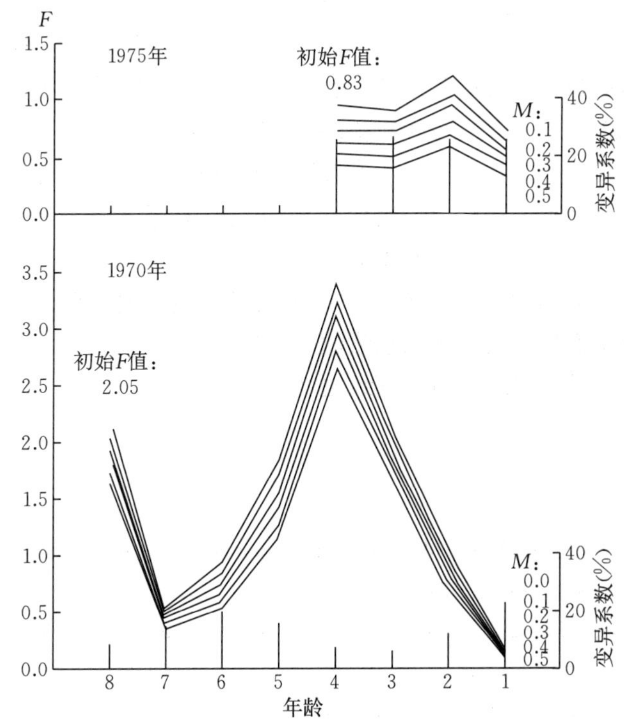

图 6 不同 M 假设值对各年龄组 F 的影响

上图 M 与 0.1 之间为 0.0

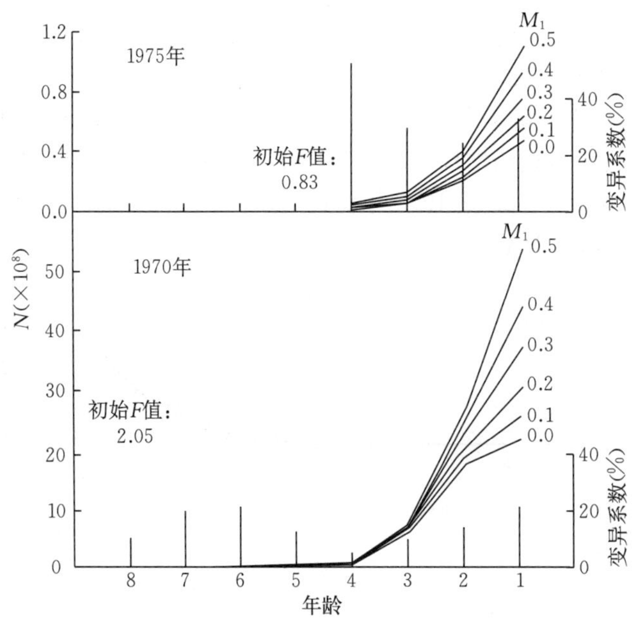

图 7 不同 M 假设值对各年龄组 N 的影响

众所周知，自然死亡 M 是一个难以估计准确和验证的渔业生物学参数，使用不同方法和资料的概算结果差别很大。如表 7 所示，用三种不同方法和资料概算黄海鱼鲱自然死亡 M 为 0.1～0.8。鉴于这种情况，一方面需要累积资料，深入研究，精益求精提高 M 值的估计精度，另一方面在一个较精确的估计值未获得之前，建议采用多个 M 取值，给出不同 M 值情况下捞捞死亡和资源数量的概算结果，供资源评估和管理决策中选择使用。

2. 世代年龄序列长、与初始 F 值相应的渔获量 C_{i+1} 低（如 1970 年世代），VPA 计算结果的精度明显高于世代年龄序列短、C_{i+1} 值高的资料类型（如 1975 年世代）。即使在 M 值确定的情况下也是如此（图 4、图 5）。因此，VPA 方法较适用于世代年龄序列或者资料时间序列较长的种类，反之，精度相应地降低。

上述误差虽然明显地影响了渔捞死亡和资源数量的绝对值，但是，由于是一种系统误差，并不明显地影响年渔捞死亡和资源数量的变化趋势。

本文承邓景耀、叶昌臣同志审阅，谨致谢忱。

参考文献

[1] Beverton R J H, Holt S J. On the dynamics of exploited fish populations. U. K. Min. Aqric. Fish., Fish. Invest, Ser. 2, 1957, 19: 1 - 533.

[2] Ricker W E, Computation and interpretation of biological statistics of fish populations. Bull. Fish. Res. Bd. Can., 1975, 191: 1 - 382.

[3] Culland J A. Fish stock assessment: A manual of basic methods, FAO/Wiley Ser. l, New York, 1983: 223.

[4] Pitcher T J, Hart P J B. Fisheries Ecology, AVI Publishing, Westport, CT. 1982: 414.

[5] 唐启升．如何实现海洋渔业限额捕捞．海洋渔业，1983，5（4)：150－152.

[6] Cushing D H. The outlook for fisheries research in the next ten years，Global Fishery. Perspective for the 1980S′（Sed，B，J. Rothschild），Springer－Varlag，New York，1983：289.

[7] Gulland J A. Estimation of mortality rates，Annex Northeast Arctic Working Group. Council Meeting，G3，1965，9.

[8] Ulltang ϕ. Sources of errors in and limitations of Virtual Population Analysis（Cohort Analysis），J. Cons，Int. Explor，Mer.，1977，37（3)：249－260.

[9] 叶昌臣，唐启升，秦裕江．黄海鲱鱼和黄海鲱鱼渔业．水产学报，1980，4（4)：339－352.

[10] Tang Qisheng. Pacific Hherring in the Huanghai Sea，1983.

[11] 唐启升．黄海鲱鱼的性成熟、生殖力和生长特性的研究．海洋水产研究，1980，1：59－76.

[12] 唐启升．黄海鲱鱼世代数量波动原因的初步探讨．海洋湖沼通报，1981，2：37－45.

[13] Wespestad V G. Cohort analysis of catch data on pacific herring in the eastern Bering Sea. 1959—1981，NOAA Tech. Memo. NMFS F/NWC－24.

[14] Anon. Report of the Herring Assessment Working Group for the Area South of 62 N，ICES，Doc. C，M. 1981/H：8.

[15] Alverson D L，Carney M J. A graphic review of the growth and decay of population cohorts，J. Cons. Int. Explor. Mer.，1975，36（2)：133－143.

[16] Pauly D. On the interrelations between natural mortality，growth parameters and mean environmental temperature in 175 fish stocks. J. Cons. Int. Explor. Mer.，1980，39（2)：175－192.

Estimation of Fishing Mortality and Abundance of Pacific Herring in the Huanghai Sea by Cohort Analysis (VPA)①

TANG QISHENG (唐启升)

(*Yellow Sea Fisheries Research Institute*, *Qingdao*)

Abstract: In this paper Cohort Analysis (VPA) with the data on catch in number by age and year is used to estimate independently fishing mortality, abundance and actual number of spawning stock of the Pacific herring in the Huanghai Sea. The results show that catch rate of the fishery is very high, and that the fishing mortality of the dominant age group aged 2～4 was 0.87～2.97 during the years 1971—1984. The size of year class has been decreased since 1982 although the variability for this species in the Huanghai Sea is frequent. This results in reducing the recruitment of the fishery, the abundance and the actual number of spawning stock. Therefore, an urgent management measure should be considered.

The magnitude of several sources of errors in Cohort Analysis (VPA) are examined, and the precision of the estimates is mainly dependent on an accurate natural mortality.

Introduction

The Pacific herring (*Clupea harengus pallasi*) in the Huanghai Sea has a long history of exploitation and is traditionally called the Huanghai herring. The importance of herring is demonstrated by villages and localities which have their names from their association with herring. Huanghai herring have been characterized by strong fluctuations in abundance. Since this century, the commercial fishery has experienced two peaks (in about 1900 and 1938) followed by a period of no catch or little. In 1967, a large number of young herrings began appearing in the catch by bottom trawl. After that, catch rapidly increased to a peak of 181 875 t in 1972, but declined to about 10 000 t in recent years. Therefore, the estimate of fishing mortality and abundance of the Pacific herring in the Huanghai Sea is one of the most serious scientific tasks that faces the fishery management.

In this study Cohort Analysis (Virtual Population Analysis) was used to estimate fishing mortality and abundance by age and year, and to evaluate the fishery of Pacific herring in the Huanghai Sea. Although Cohort Analysis (VPA) has become a major method for estimating fishing mortality and abundance[1,2], it will have errors due to some assumed

① 本文原刊于 *Acta Oceanologica Sinica*，6 (1)：132-141，1987。

values. The main sources of error are discussed.

Ⅰ. Methods

The term Virtual Population was introduced by Fry (1949) and defined as the sum of the catches of a year class which has passed through the fishery, Gulland (1965, 1983) developed a method of estimating fishing mortality and abundance by a stepwise correction from the oldest age group to the younger age groups for a year class, which is called Cohort Analysis or Virtual Population Analysis[3,4]. The advantages of this method are that it requires catch and age data only and that differences in the assumed fishing mortality or abundance in the oldest age group have progressively smaller effect on the estimates for the younger and more important age groups.

The basic equations in Cohort Analysis (VPA) are given as follows:

$$N_{i+1}=N_i \exp\left[-(F_i+M)\right], \tag{1}$$

$$C_i=N_i\left(\frac{F_i}{F_i+M}\right)\{1-\exp\left[-(F_i+M)\right]\}, \tag{2}$$

$$\frac{C_i}{N_{i+1}}=\frac{F_i\{1-\exp\left[-(F_i+M)\right]\}}{(F_i+M)\exp\left[-(F_i+M)\right]}. \tag{3}$$

where N_i=abundance in number in the age i;

C_i=catch in number in the age i;

F_i=fishing mortality in the age i;

M=natural mortality.

The calculating stages and the estimating methods for input values at the beginning in this paper are as follows:

(1) For Eqs. (1) ~ (3), C_i is given by data on catch in number in Table 1; the assumed value of M is 0.1[5]; N_{i+1} is calculated by

$$N_{i+1}=\frac{C_{i+1}}{F_{i+1}/(F_{i+1}+M)\{1-\exp\left[-(F_{i+1}+M)\right]\}}. \tag{4}$$

F_{i+1} in Eq. (4) is fishing mortality in the oldest age group, generally an unknown value. In this paper, F_{i+1} is estimated on the basis of catch equation for a year class,

$$\log_{10}C_{t+1}=\log_{10}C_t-Zt. \tag{5}$$

where

Z=total mortality=$F+M$; t=time unit.

Using data in Table 1, estimates of Z and F for a year class are shown in Table 2. When F is used as an approximate value of F_{i+1}, N_{i+1} can be estimated.

(2) Once C_i, M and N_{i+1} are known, estimates of F_i and N_i can be calculated by Eqs. (1) ~ (3). Similar calculations give F_{i-1}; N_{i-1}, etc. In addition, if N_{i+1}, F_{i+1} and C_{i+2} are known, from Eqs. (2) and (4) in which i and $i+1$ are replaced by $i+1$ and $i+2$, estimates of F_{i+2} and N_{i+2} can be calculated. Similar calculations give F_{i+3} and N_{i+3}, etc.

In this paper, F_i in Eq. (3) is obtained by successive approximations, difference in value between the left hand side and the right hand side in Eq. (3) is less than 0.01 and computer BASIC program No. is 830425.

(3) As F_i and N_i are obtained, actual number of spawning stock at age i for a year class (SSN_i) can be calculated by

$$SSN_i = N_i \left(1 - \left(\frac{F_t + M_t}{F_i + M}\right) \{1 - \exp\left[- (F_i + M)\right]\}\right). \tag{6}$$

Table 1 Catch in Number ($\times 10^4$) of Pacific Herring in the Huanghai Sea in 1967—1984①

Age	1967	1968	1969	1970	1971	1972	1973	1974	1975
1	2 751	1 120	2 840	2 089	36 486	1 276	13 190	6 909	44 015
2	98	620	509	1 924	697	117 003	4 758	29 160	3 870
3		19	1 018	1 428	5 340	488	56 252	2 379	3 105
4			16	2 856	1 554	2 559	538	8 013	222
5					2 311	609	490	82	234
6					30	1 097	251	119	
7						122	384	9	14
8							74		
9								27	
Age	**1976**	**1977**	**1978**	**1979**	**1980**	**1981**	**1982**	**1983**	**1984**
1	2 675	3 890	5 656	23 618	1 933	10 208	4 662	3 166	1 236
2	44 190	1 795	9 594	8 369	19 034	11 401	6 888	916	2 565
3	2 574	4 425	453	2 007	1 324	1 377	1 808	1 446	133
4	626	117	640	188	331	64	141	222	33
5	43	52	38	60		—	—	26	5
6	26	20	32	11			12	7	
7		7	13	26					
8			8						

Notes: ①Data from Huanghai Herring Investigation of Huanghai Sea Fisheries Research Institute during the years 1967—1984.

Table 2 Estimates of Z and F for the 1967—1981 Year Classes

Year Class	1966	1967	1968	1969	1970	1971	1972	1973
Z	—	1.63	1.50	0.67	2.15	1.30	1.47	1.41
F	(0.58)	1.53	1.40	0.57	2.05	1.20	1.37	1.31
r①	—	−0.941	−0.988	−0.914	−0.985	−0.973	−0.961	−0.970
Age	4~7	4~7	3~7	1~5	2~7	2~7	2~7	2~7
Year Class	**1974**	**1975**	**1976**	**1977**	**1978**	**1979**	**1980**	**1981**
Z	2.17	0.93	1.68	1.80	2.21	2.53	2.67	1.78
F	2.07	0.83	1.58	1.70	2.11	2.43	2.57	1.68
r①	−0.999	−0.981	−0.999	−0.978	−0.996	−0.984	−0.972	−0.999
Age	2~5	2~4	2~6	2~6	2~5	2~5	1~4	1~3

Notes: ①r=correlation coefficient.

where M_t = natural mortality before spawning (from January to April), approximately 0.1 (4/12),

F_t = fishing mortality before spawning (from January to April), approximately F_i (C_t/C_i).

Ⅱ. Results and Discussion

Estimates of fishing mortality (F), abundance (N) and actual number of spawning stock (SSN) of Pacific herring in the Huanghai Sea are shown by age and year in Tables 3, 4 and 5. The results provide a historical trend of the fishery and abundance during the years 1967—1984.

1. Fishing Mortality

Fishing mortality in the dominant age groups aged 2～4 was less than 1.0 before 1972 and then increased sharply from 1.14 to nearly 3.0, and F reached 2.14～2.97 in 1974, 1976, 1980 and 1983. As compared with herring fishery in the Bering Sea (F=0.12～0.48 in 1972—1981, the dominant age groups=2～8) and the North Sea (F=0.76～1.54 in 1974—1980, the dominant age groups=2～8)[6,7], the Huanghai herring fishery in the past years has been characterized by much high fishing mortality and short fishing lifetime for a year class.

Table 3 Estimates of Fishing Mortality of Pacific Herring in the Huanghai Sea in 1967—1984

Age	1967	1968	1969	1970	1971	1972	1973	1974	1975
1	0.15	0.16	0.18	0.62	0.15	0.13	0.30	0.64	0.59
2	—	0.04	0.09	0.17	0.39	0.96	0.95	2.03	0.82
3		—	0.10	0.41	0.91	0.46	1.97	2.04	1.53
4			—	0.44	0.94	1.52	1.27	3.27	1.18
5					0.69	1.13	1.43	(0.57)	1.73
6					—	0.76	3.02	1.91	
7						—	(0.58)	(1.53)	(1.40)
8							—	—	
9			1						
Weighted Mean (2～4)			0.10	0.35	0.87	0.97	1.89	2.28	1.14

Age	1976	1977	1978	1979	1980	1981	1982	1983	1984
1	0.64	0.25	0.41	0.71	0.11	0.73	1.58	0.66	
2	2.16	1.09	1.51	1.86	2.48	1.79	1.66	1.80	(1.80)
3	2.64	1.89	0.80	1.68	2.78	2.10	2.11	3.62	(1.68)
4	1.66	1.08	2.24	(0.83)	(1.58)	(1.70)	1.67	3.62	(2.57)
5	0.67	0.51	1.19	(2.07)				(2.11)	(2.43)

(continued)

Age	1976	1977	1978	1979	1980	1981	1982	1983	1984
6	0.86	0.68	0.60	(1.31)			—	—	
7		0.52	(1.20)	(1.37)					
8			(2.05)						
Weighted Mean (2～4)	2.18	1.65	1.52	1.81	2.48	1.82	1.75	2.97	(1.80)

Table 4 Estimates (by VPA) **of Abundance** (×10^4) **of Pacific Herring in the Huang hai in 1967—1984**

(From Tang, 1987)

Age	1967	1968	1969	1970	1971	1972	1973	1974	1975
1	20 988	8 090	17 819	4 732	267 640	10 831	53 192	15 278	103 666
2	—	15 474	5 957	12 845	2 285	197 207	8 105	34 706	7 219
3		—	11 126	4 482	9 348	1 383	67 677	2 829	4 111
4			—	8 400	2 659	3 397	778	8 553	333
5					4 825	935	669	(197)	295
6					—	2 162	271	145	
7						—	(912)	(12)	(19)
8							—		
9								—	
Sum (2～9)		15 474	17 083	25 727	19 117	205 084	78 412	46 442	11 977
Age	**1976**	**1977**	**1978**	**1979**	**1980**	**1981**	**1982**	**1983**	**1984**
1	5 949	18 639	17 472	48 536	18 914	20 504	6 096	6 856	
2	51 644	2 824	12 796	10 275	21 425	14 167	8 830	1 136	(3 184)
3	2 857	5 400	860	2 560	1 453	1 623	2 128	1 523	(170)
4	801	185	740	(348)	(433)	(81)	180	234	(37)
5	92	137	57	(71)				(31)	(6)
6	47	42	74	(16)			—	—	
7		18	(19)	(36)					
8			(9)						
Sum (2～8)	55 441	8 606	14 555	13 306	23 311	15 871	11 138	2 924	3 397

Table 5 Actual Number of Spawning Stock of Pacific Herring in the Huanghai Sea in 1967—1984

Age	1967	1968	1969	1970	1971	1972	1973	1974	1975
2	—	14 463	5 306	10 594	1 526	108 350	3 331	5 421	3 517
3		—	9 815	2 937	3 817	996	12 228	438	1 196
4			—	5 349	1 056	1 480	243	546	123
5					2 423	475	184	112	76

(continued)

Age	1967	1968	1969	1970	1971	1972	1973	1974	1975
6						1 314	25	25	
7						—	520	3	6
8							—		
9								—	
Sum	—	14 463	15 121	18 880	8 822	112 615	16 531	6 545	4 918
Age	**1976**	**1977**	**1978**	**1979**	**1980**	**1981**	**1982**	**1983**	**1984**
2	10 801	1 011	3 387	1 930	2 732	2 700	2 362	306	730
3	485	991	408	556	155	239	438	224	42
4	220	67	117	157	105	17	48	35	6
5	51	83	19	11				7	1
6	22	22	42	5			—	—	
7		11	6	10					
8			2						
Sum	11 579	2 185	3 981	2 669	2 992	2 956	2 848	572	779

Table 3 shows that there are differences in fishing mortality for each age group in the same year and an increasing trend in fishing mortality with age. This may be related to the fish behaviour of schooling, and affect the catchability directly.

2. Abundance

During the last 17 years, large fluctuations in abundance of Pacific herring in the Huanghai Sea have been frequent. The population size was very great in the years 1972, 1973, 1974 and 1976, but very small in recent years (Figure 1) . The results in Tables 3 and 4 indicated that the fluctuation of fishable stock (*i. e.* spawning stock, including 2 - to 9 -year - olds)[8] is primarily due to that of recruitment. Figure 1 and Table 3 show the high degree of variability in year class size (abundance in 1 year old) . The ratio of the highest (1970) to the lowest (1969) is 57 : 1. From 1966 to 1982, the very strong year class and the strong year class occured in the years 1970, 1974 and 1972, and these year classes recruited to fishable stock and supported the good fishing year in 1972—1976. Especially after 1981, a series of weak year classes occured so that fishable stock apparently declined since 1982.

On the other hand, as mentioned above, overfishing on younger and adult herrings is an important factor which results in decrease in abundance. For example, although the 1970 year class is a very strong one, the survival herrings were only 2 950$\times 10^3$ by 1975 due to high fishing mortality. For some weak year classes, the survivors were only a few after fishing for two years.

Although Pacific herring in the Huanghai Sea have no strong relationship between recruitment and spawning stock (Figure 2) and the large fluctuation in recruitment may result from environmental changes[9], we note that the actual number of spawning stock with declining in abundance has reduced to under normal level in the recent years, especially in 1983 and 1984 (Figure 1).

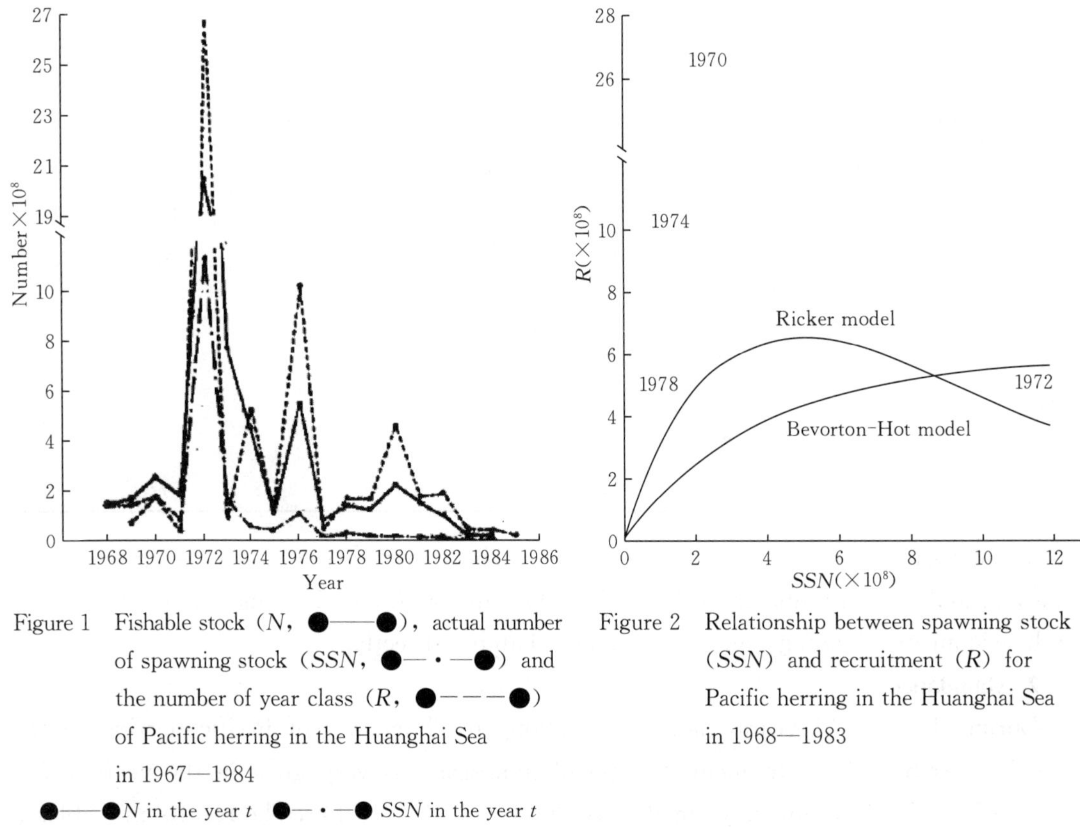

Figure 1 Fishable stock (N, ●——●), actual number of spawning stock (SSN, ●—·—●) and the number of year class (R, ●- - -●) of Pacific herring in the Huanghai Sea in 1967—1984

●——● N in the year t ●—·—● SSN in the year t

●- - -● R in the year $t-2$

Figure 2 Relationship between spawning stock (SSN) and recruitment (R) for Pacific herring in the Huanghai Sea in 1968—1983

In order to protect the resources of Pacific herring in the Huanghai Sea and to prevent the continued recruitment-overfishing, the following management measures must be taken to reduce fishing mortality to an adequate level ($F<1.0$)[5] and to retain a sufficiently large actual spawning stock (about 30×10^6 100×10^6 for the Huanghai herring) from the fishable stock: the fishery closure, quotas, fishing seasons and size limits.

3. Sources of Error

If the data on catch in number in each age group are basically reliable errors of Cohort Analysis (VPA) should have mainly resulted from the assumed values of natural mortality (M) and fishing mortality in the oldest age group (*i. e.* input F_{i+1}). In general, the fishing mortality would be underestimated and abundance overestimated if M is overestimated and F_{i+1} is underestimated. On the contrary, the fishing mortality would be overestimated and abundance underestimated[10]. Figures 3 ~ 6 show the degree of the effects of different assumed values of M and F_{i+1} on the fishing mortality and abundance, based on the data of the strong year class (1970) and the weak year class (1975). The results have the following implications:

(1) The effects of error from different assumed values of M on the fishing mortality and abundance are much larger than those from different input values of F_{i+1}, and the effects of error in M on abundance get progressively larger in the earlier age classes.

As shown in Figures 3, 4, the changes of the fishing mortality from different input values of F_{i+1} mainly occur in the older age groups and differences in the fishing mortality converge fairly fast with the decrease of age. The effects of different input values of F_{i+1} on abundance are smaller. But the effects of different assumed values of M on the estimates are apparent, especially on abundance. For example, if the assumed values of M are 0.0 and 0.5, the ratio of the estimated abundance at age 1 in 1970 year class is 1 : 2.4. In general, as M increases 0.1, the estimated abundance at age 1 in a year class will be increased by 10%～30% (Figures 5～6).

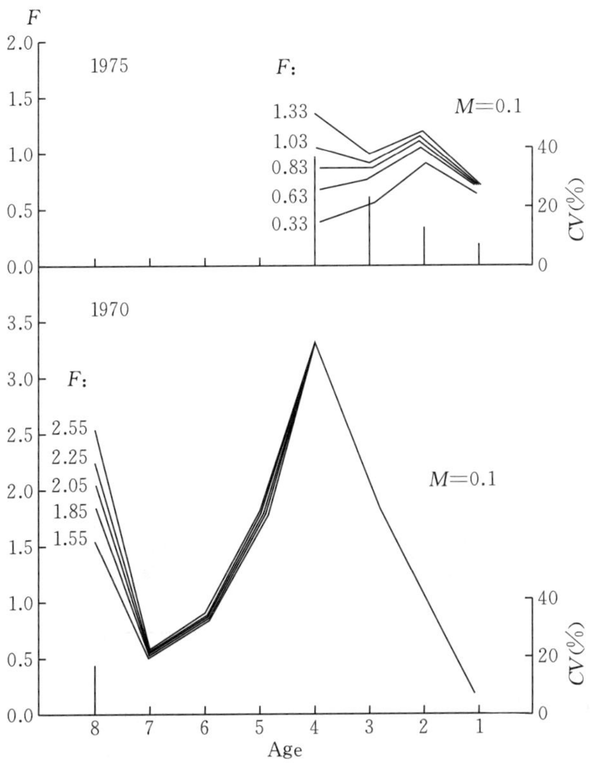

Figure 3　The effects of different input values of F on fishing mortality (F). The vertical lines represent coefficients of variability (CV) of fishing mortality in each age group

Therefore, an accurate choice of M is a key for improving the precision of the estimate of Cohort Analysis.

As we know, M, one of the important fishery biological parameters, is quite difficult

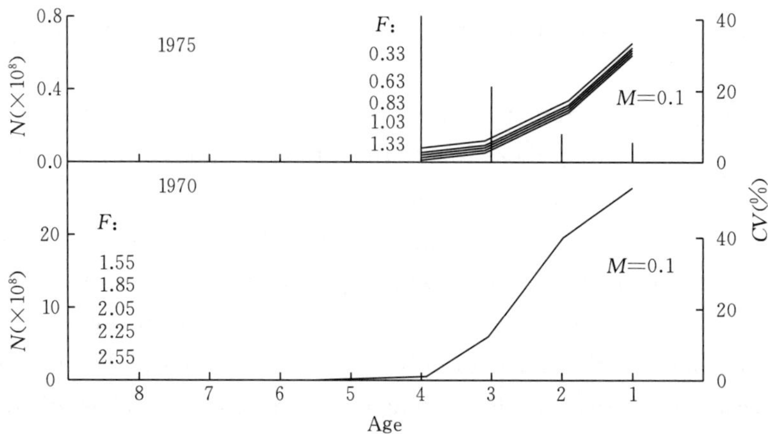

Figure 4 The effects of different input values of F on abundance (N). The vertical lines represent coefficients of variability (CV) of abundance in each age group

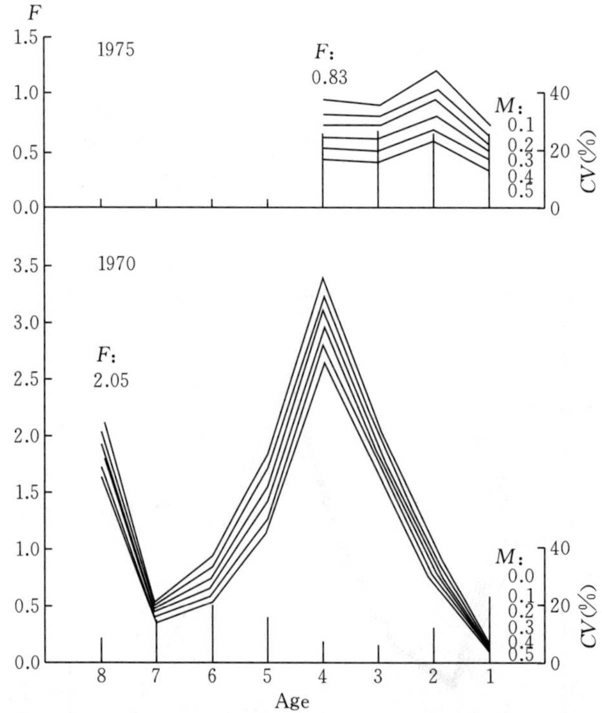

Figure 5 The effects of different assumed values of M on fishing mortality (F). The vertical lines represent coefficients of variability (CV) of fishing mortality in each age group

to measure and to test in most fishery. In general, M estimated by different methods is different. As shown in Table 6, the estimated values of M for Pacific herring in the Huanghai Sea by three methods are from 0.1 to 0.8. In view of these facts, the present author wishes to make the following suggestions. Before an accurate estimate of M is derived, several different assumed values of M, such as 0.1, 0.3 and 0.5 for Pacific

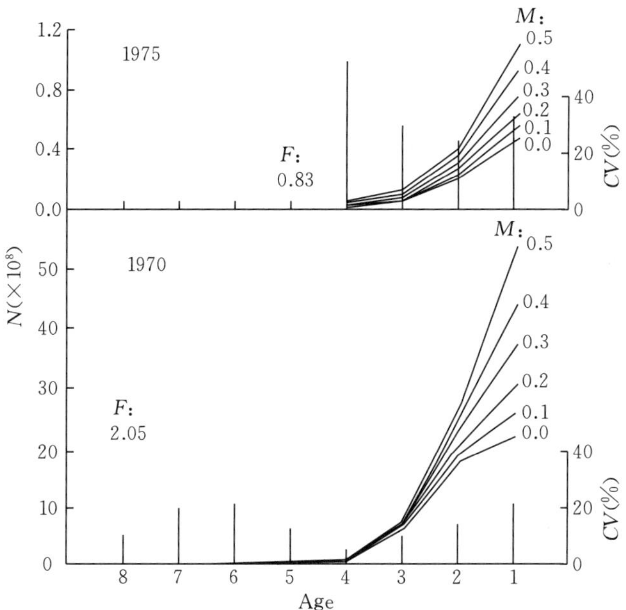

Figure 6 The effects of different assumed values of M on abundance (N). The vertical lines represent coefficients of variability (CV) of abundance in each age group

herring in the Huanghai Sea, may be used for Cohort Analysis. The estimates of the fishing mortality and abundance in this way might provide a better optional basis for fishery management.

(2) As shown in Figures 3～6, the analysis of coefficient of variability indicates that the precision of estimates of the fishing mortality and abundance for the 1970 year class is better than that for the 1975 year class. This indicates that Cohort Analysis is suitable to a year class that has a long series of ages. On the contrary, the precision of the estimates will be reduced.

Finally, it should be pointed out that the above-mentioned error is a systematic one, thus not affecting trends in the estimates of the fishing mortality and abundance.

Table 6 Estimates of Natural Mortality of Pacific Herring in the Huanghai Sea

Method	M	Data[5,8]
(1) $Z=M+qf$ (Beverton-Holt, 1975)[11]	0.1	Total mortality (Z) and fishing effort (f)
(2) $t_{max}\times 0.25=(1/k)\ln[(M+3k)/M]$ (Alverson-Carney, 1975)[12]	0.58	$k=0.66$, $t_{max}=9$ year-olds
(3) $\log_{10}M=-0.0066-0.279\log_{10}L_\infty+0.6543\log_{10}k+0.4634\log_{10}t$ (Pauly, 1980)[13]	0.78	$k=0.66$, $L_\infty=30.5$ cm and $t=8$ ℃

The author wishes to express his appreciations to Deng Jingyao and Ye Changcheng for their useful comments on the manuscript.

References

[1] Pitcher T J, Hart P J B. Fisheries Ecology, AVI Publishing, Westport, CT, 1982: 414.

[2] Cushmg D H. Global Fishery: Perspective for the 1980's (ed. B. J. Rothschild) Springer - Varlag, New York, 1983: 263 - 277.

[3] Gulland J A. Annex Northeast Arctic Working Group, Council Meeting, G3, 1965: 9.

[4] Gulland J A. Fish Stock Assessment, FAO/Wiley Ser. 1, New York, 1983: 223.

[5] 叶昌臣，唐启升，秦裕江．水产学报，1980，4 (4)：339 - 352.

[6] Wespestad V G. NOAA Tech. Memo. NMFS F/NWC - 24, 1982: 18.

[7] Anon. Doc. C. M. H: 8, ICES, 1981.

[8] 唐启升．海洋水产研究，1980，1：59 - 76.

[9] 唐启升．海洋湖沼通报，1981，2：37 - 45.

[10] Ulltang ϕ, Cons J. Int. Explor. Mer, 1977, 37 (3): 249 - 260.

[11] Beverton R J H, Holt S J. On the dynamics of exploited fish populations, U. K. Min. Agric. Fish., Fish. Invest. (Ser. 2), 1957, 19: 1 - 533.

[12] Alverson D L, Carney M J, Cons J. Int. Explor. Mer., 1975, 36 (2): 133 - 143.

[13] Pauly D, Cons J. Int. Explor. Mer, 1980, 39 (2), 175 - 192.

太平洋鲱黄海种群的数量估算①

叶昌臣[1]，唐启升[2]

（1. 辽宁省海洋水产研究所；

2. 黄海水产研究所）

太平洋鲱（*Clupea pallasi*）黄海种群（简称黄海鲱鱼），仅分布于34°N以北的黄海海域。成鱼与未成熟的幼鱼几乎终年分栖。成鱼有明显的昼夜垂直移动现象。越冬期成鱼分布偏南，幼鱼分布偏北。产卵期，则幼鱼在南，而成鱼在北。产卵场在山东高角两侧浅海水域。产卵盛期约3月中下旬。产卵盛期和延续的时间每年有异，大体上与种群数量、群体组成、环境条件等因素有关。二龄鱼即达性成熟。属一次排卵类型，卵为附着性，多附着在海藻和岩石上。

黄海鲱鱼的生长特征可用V. Bertalanffy生长方程描绘。方程参数

$k=0.59$，$w_\infty=314$ g，$l_\infty=303$ mm，$t_0=-0.54$。

生长速度用

$dw/dt=3\,k\,w_\infty e^{-k(t-t_0)}\,[1-e^{-k(t-t_0)}]^2$ 或用

$dw/dt=3\,k\,(w_\infty^{1/3}w_t^{2/3}-w_t)$ 定义，

资料绘成图1。

黄海鲱鱼的种群可捕捞部分由二龄以上的个体组成。二龄鱼是补充部分（或称补充群体），余者为剩余部分（或称剩余群体）。补充部分指的是第一次与网具相遇构成大量捕捞的个体。年龄组成资料列成表1。各世代在二龄鱼补充时的捕捞尾数列成表2。种群可捕捞部分的年龄组成受上年的死亡特征和当年的补充部分数量两个因素影响。表中列出年份的渔捞力量变化不大，海域无异常现象，可以认为死亡特征变化不大。表2资料比较真实地反映出黄海鲱鱼世代数量变化情况。世代数量最大差值（1970世代与1973世代）达20倍左右。

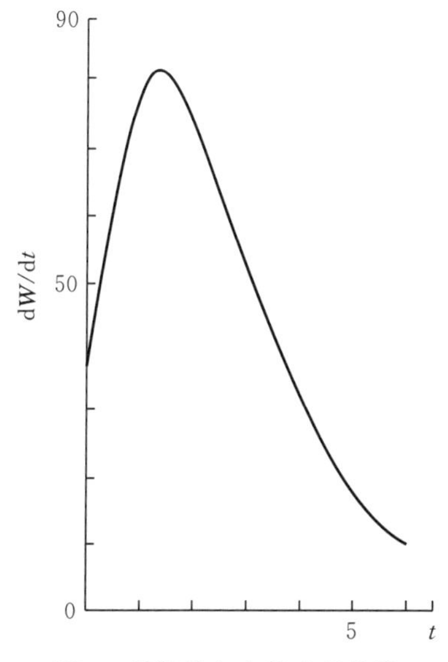

图1　黄海鲱鱼生长速度曲线

（引自1972年资料）

表1　黄海鲱鱼年龄组成（%）

捕捞年份	补充部分	剩余部分				
	2	3	4	5	6	>6
1972	96.0	0.4	2.1	0.5	0.5	0.1

① 本文原刊于《动物学杂志》，2：3-7，1980。

（续）

捕捞年份	补充部分	剩余部分				
	2	3	4	5	6	>6
1973	7.6	89.6	0.9	0.8	0.4	0.7
1974	73.3	6.0	20.1	0.2	0.3	0.1
1975	58.0	36.1	3.2	2.7		
1976	93.1	5.4	1.3	0.1	0.1	

表 2 黄海鲱鱼各世代在二龄鱼时的渔获量

世代	二龄鱼渔获量（尾）	A%	B%	备注
1970	$1\,064.5\times10^6$	268.5	100.0	A 是以平均数 396.1×10^6 为 100%的各世代相对数 B 是以 1970 为 100%的各世代相对数
1971	113.5×10^6	28.3	10.7	
1972	307.5×10^6	77.6	28.9	
1973	53.1×10^6	13.4	5.0	
1974	441.9×10^6	111.5	41.5	
平均	396.1×10^6			

一、黄海鲱鱼世代数量的估算

本文用世代数量一词指的是一个世代刚进入补充时的个体数量。用两种方法估算黄海鲱鱼世代数量。

第一种方法 用单位渔捞力量渔获量和渔获量资料估算

设在 34°N 以北的黄海海域内黄海鲱鱼某世代刚进入补充（二龄鱼）时的数量为 N_0（尾计），再设第一个取样期的渔捞死亡率为$\bar{F}_1$，渔获量为 Y_1，则有

$$Y_1=N_0\bar{F}_1 \tag{A1}$$

设渔捞力量为 f，在满足某些条件时，有

$$\bar{F}=Cf \tag{A2}$$

C 为渔捞系数（Catchability coefficient），用$\bar{F}/f$ 定义，即一个渔捞力量造成的渔捞死亡率，或一个渔捞力量捕获的数量与资源量的比值。所以渔捞系数受种群分布特征和渔捞作业条件的影响。将式（A1）、（A2）合并可得

$$(Y/f)_1=C_1N_0 \tag{1}$$

第一个取样期末的数量，可以近似地视为第二个取样期开始时的数量。若取样时期不长，与渔捞死亡率相比，自然死亡率可不计，则第一个取样期末，第二个取样期初的数量为 N_0-Y_1。并设两个取样期内的渔捞系数相等，令等于 C，对于第二个取样期，则有

$$(Y/f)_2=N_0C-CY \tag{2}$$

同理，对于第三个取样期，有

$$(Y/f)_3 = N_0C - C\ (Y_1 + Y_2) \qquad (3)$$

对于几个取样期，则有

$$(Y/f)_n = N_0C - C\ (Y_1 + Y_2 + \cdots + Y_{n-1}) \qquad (4)$$

显然，除式（1）外，都具有截距等于 N_0C，斜率等于 $-C$ 的线性方程。可写成式（5）

$$(Y/f)_{i+1} = N_0C - C\sum_{i=1}^{n-1} Y_i \qquad (5)$$

观察上述各式可以看出，各式中的截距 N_0C 应等于第一个取样期的 $(Y/f)_1$ 值。式（5）不包括式（1），把式（5）改写成式（5）′，则包括式（1）。式（5）′，与 D. B. Delury[①] 方程相同，我们用式（5）估算黄海鲱鱼数量。

$$(Y/f)_{i+1} = N_0C - C\sum_{i=0}^{n-1} Y_i \qquad (5)'$$

用式（5）或式（5）′估算鱼类种群数量，需要各个时期的单位渔捞力量渔获量和相应的渔获量资料。考虑到下面需要渔捞力量资料，在此一并说明。

黄海鲱鱼是大型的复合渔业，有机轮拖网、机轮围网、机帆船围网和沿岸各种定置和游动渔具组成。渔捞力量很大。要把这种渔业的渔捞力量标准化，求出平均单位渔捞力量渔获量，不仅统计资料不完整，且各类网具的加权平均数可能要引入较大的误差。我们考虑到机轮拖网是这个渔业中的主要捕捞工具，投网数多，几乎是全年作业，产量大，占这个渔业总产量的 50%左右，历年也无大变化，以及考虑到各种马力拖网船之间的比例，这几年也没什么变化。故可取各类机轮拖网 100 网为一个渔捞力量单位，每百网的平均产量为单位渔捞力量渔获量（Y/f），用它除这个时期的总渔获量，得渔捞力量（f）。这样处理是把这个渔业的各类网具都计成以机轮拖网为标准的渔捞力量。以 1972 年 2 月为例，由原始统计资料、生物学资料计算出 1970 的单位渔捞力量渔获量、捕捞尾数和渔获量等资料列成表 3。再按表 3 的计算方法按式（5）的要求，把各个时期的资料计算成表 4，用表 4 中的 B 项和 D 项作成图 2。图 2 是方程（5）的图形，截距等于 N_0C，其值为 2.14×10^6，斜率 $C=1.05\times10^{-3}$。相关系数 $r=-0.99$。统计检验，相关性显著。算出的截距与第一次取样的 $(Y/f)_1=2.47\times10^6$ 相差也不大。说明黄海鲱鱼渔业可能与式（5）要求的条件相近。故黄海鲱鱼 1970 世代在 1972 年 2 月初补充（二龄鱼）时数量 $N_0=2.14\times10^6/1.05\times10^{-3}=2\,038\times10^6$ 尾。1972 年 1 月捕 1970 世代 87.9×10^6 尾。故在 1972 年 1 月初黄海鲱鱼 1970 世代数量约为 $2\,126\times10^6$ 尾。

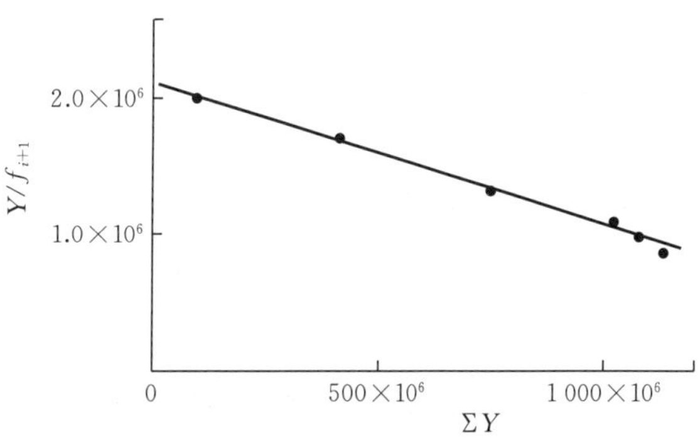

图 2　黄海鲱鱼 1970 世代 Y/f 与 Y 的关系

① Delury D B，1951，On the planning of experiment for the estimation of fish population，*J. Fish. Res. Bd. Canada*，8（4）：281-307。

表 3 黄海鲱鱼渔业的 Y/f、f 及 Y 计算表

A	B	C②	D	$F=B\times C/D$	E①	$G=F/E$
时间	月总产量（t）	1970 世代占%	W_i（g）	1970 世代产量	Y/f	f
1972.2 月	15 694	91.8	145	99.36×10^6尾	2.47×10^6尾	40.2

注：①1972 年 2 月机轮拖网每百网平均产 19 500 箱，每箱 40 斤计，故有 $Y/f=19\,500\times0.918\times40\times500\times145^{-1}$；②二龄鱼占的重量%。

表 4 黄海鲱鱼 1970 世代 Y/f 和 $\sum Y$ 的关系

单位：尾

A	B	C	D
时间	Y/f	Y	$\sum Y$
1972.2 月	2.47×10^6	99.4×10^6	
3 月	2.03×10^6	315.6×10^6	99.4×10^6
4—12 月	1.71×10^6	600.2×10^6	415.0×10^6
1973.1 月	1.15×10^6	61.4×10^6	$1\,015.2\times10^6$
2 月	1.05×10^6	53.7×10^6	$1\,076.6\times10^6$
3 月	0.85×10^6	66.5×10^6	$1\,130.3\times10^6$
平均	1.36×10^6		747.3×10^6

第二种方法 用渔捞死亡率估算

通常用渔获量（Y）和资源量（N_0）的比值定义渔捞死亡率（$\bar{F}$）。

$$\bar{F}=Y/N_0$$

反过来，可以用渔获量与渔捞死亡率的比值估算资源量

$$N_0=Y/\bar{F} \tag{6}$$

单独测定渔捞死亡的机会不多。一般是先测定总死亡，而后分离出渔捞死亡和自然死亡。

种群数量下降特征常用式（7a）表示

$$\frac{dN}{dt}=-(F+M)\ N \tag{7a}$$

$$N_t=N_0 e^{-(F+M)t}$$

式中 F 和 M 分别为渔捞死亡系数和自然死亡系数①。设取样时间为一个单位，$t=1$，我们有

$$(F+M)=\ln\frac{N_0}{N_t} \tag{7}$$

式（7）表明，两个时期资源量比值的对数，等于总死亡系数。式（7）仅要求比值，故合适的相对资源量指标也能满足式（7）。单位渔捞力量渔获是较可靠的相对资源量指标。取机轮拖网每百网为一个渔捞力量单位，每百网的平均产量即为单位渔捞力量渔获量，并计成

① 在渔业调查中常用两种概念。一种瞬时概念，即瞬时死亡，本文称死亡系数，另一种平均概念，即平均死亡，本文称死亡率。

1970世代尾数。1972年2月资料已列成表3。今把1973年3月资料连同1972年2月资料列成表5。用表5中的两个时期的Y/f值按式（7）在假定两个时期渔捞系数相等的条件下，计算总死亡系数

$$\ln\frac{2.47\times10^6}{0.85\times10^6}=1.067$$

这是从1972年2月初到1973年2月底的总死亡系数。

表5　黄海鲱鱼1970世代单位渔捞力量渔获量资料

A 时间	B① 100网平均产量	C② 1970世代占%	D 平均体重	$E=B\times C\times40\times500\times D^{-1}$ 单位渔捞力量渔获量
1972.2月	19 500箱	91.8	145 g	2.47×10^6尾
1973.3月	11 060箱	77.6	200 g	0.85×10^6尾

注：①每箱按40斤；②1972年2月为2龄鱼，1973年3月为3龄鱼。

总死亡系数（Z）是自然死亡系数（M）和渔捞死亡系数（F）之和，而渔捞死亡系数与渔捞力量成比例，故有

$$Z=C'f+M \tag{8}$$

用式（8）外推到零估算M。在列表3时曾说明过把黄海鲱鱼渔业的渔捞力量标准化问题。按照这一方法，根据渔业统计资料和生物学检查资料，把渔捞力量、单位渔捞力量渔获量和用式（7）计算的总死亡系数等资料列成表6。根据这个资料绘成图3，用统计方法算得相关系数$r=0.84$，斜率$C'=8.001\times10^{-4}$，截距$M=0.116$。

表6　黄海鲱鱼渔业的f和Z的资料

时间	Y/f	f	Z	备注
1972年2月	2.47	40	0.196	
3月	2.03	156	0.173	
4—12月	1.71	309	0.397	
1973年1月	1.15	53	0.090	Z按式（7）计算 f按表3计算
2月	1.05	51	0.211	
3月	0.85			
平均		122	0.213	

式（7）要求在取样时期内自然死亡系数M和渔捞系数C'为常量。由表6可知，收集资料的时间间隔不等，不能假定M为常量。我们考虑到几乎没有一个渔业能完全满足式（7）的条件，E确测定鱼类的自然死亡，黄海鲱鱼有“抢滩”习性，自然死亡在产卵期可能突然变大等。可以把所测值近似地看成是这个时期内的自然死亡。

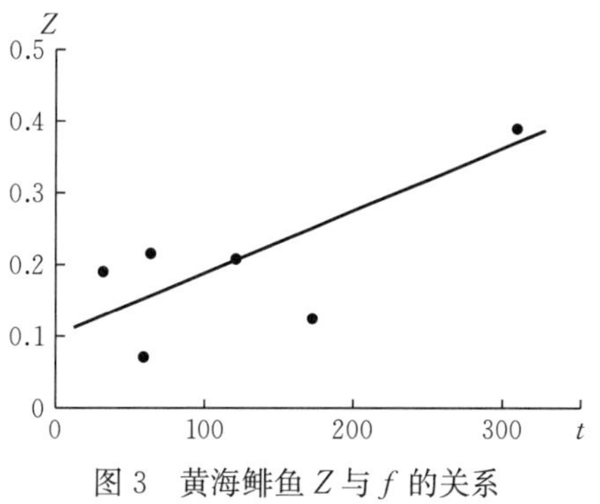

图3　黄海鲱鱼Z与f的关系

总死亡系数$Z=1.067$，扣去自然死亡系数0.116，渔捞死亡系数$F=0.951$。按式（6）估算

世代数量 N_0 时，要求用渔捞死亡率 E。可按式（9）把 F 换算成 E。

$$E=\frac{(1-s)\ F}{Z} \tag{9}$$

式中 s 为残存率，而 $s=e^{-Z}$。$Z=1.067$，故 $e^{-Z}=0.35$。将此值和 $F=0.951$ 代入式（9），可得 $E=0.58$。据表 4 资料，相应于这个时期 1970 世代的总渔获量为 $1\ 130.3\times10^6$ 尾。按式（6）黄海鲱鱼 1970 世代在 1972 年 2 月初的数量为

$$N_0=\frac{Y}{E}-\frac{1\ 130.3\times10^6}{0.58}=1\ 949\times10^6\text{尾}$$

1972 年 1 月捕 1970 世代 87.9×10^6 尾。故 1970 世代在 1972 年年初补充时的资源量为 $2\ 037\times10^6$ 尾，与用单位渔捞力量渔获量、渔获量资料的估算结果 $2\ 126\times10^6$ 尾相比，差 89×10^6 尾，约为 5%。取两种方法估算的平均值为 $2\ 082\times10^6$ 尾。

二、结果检验

在渔业调查中，都需测定鱼类种群的特征数，包括种群数量、死亡等。在一般情况下，测定结果的精确度都不高，特别是正确估算种群数量，尤其困难。所以，把这些估算的数值用来解决渔业的具体问题时，要考虑可能的误差情况，同时要用渔业生产结果加以检验。

黄海鲱鱼的 1970 世代在 1972 年初二龄鱼时进入种群可捕捞部分被渔获，到 1976 年六龄鱼时达最大年龄，过后，在种群可捕捞部分中消失。这个世代生命的结束，就提供了用实际生产检验估算结果的机会。今把 1970 世代在各个年份的渔获尾数和估算的自然死亡数量列成表 7。黄海鲱鱼 1970 世代在它的生活年份（1972—1976）里共捕获 $1\ 709.7\times10^6$ 尾，因自然死亡的数量为 335.8×10^6 尾，两者合计为 $2\ 045.5\times10^6$ 尾。生产结果与估算值基本相符。

表 7 黄海鲱鱼 1970 世代实际生产结果

捕捞年份	年龄	渔获量 $\times10^6$ 尾	自然死亡数量① $\times10^6$ 尾	年初资源量 N_t② $\times10^6$ 尾
1972	2	1 064.5	229.0	2 082.0
1973	3	562.5	85.7	788.5
1974	4	80.1	15.3	139.3
1975	5	2.3	4.8	43.9
1976	6	0.3		36.9
合计		1 709.7	335.8	

注：①年自然死亡按 $N_t\ (1-e^{-M})$ 计算 $M=0.116$；② $2\ 082\times10^6$ 尾是 1970 世代在 1972 年初用上述两种方法估算的平均值。其他年份的 N_t 计算方法如下，N_t＝上年年初资源量－上年渔获量－自然死亡数量。例如 1973 初的 $N_t=2\ 082\times10^6-1\ 064.5\times10^6-2\ 082\times10^6\ (1-e^{-0.116})=788.5\times10^6$ 尾。

黄海鲱鱼和黄海鲱鱼渔业[①]

叶昌臣[1]，唐启升[2]，秦裕江[1]
（1. 辽宁省海洋水产研究所；
2. 黄海水产研究所）

提要：在本文中讨论了黄海鲱鱼的种群、移动、生长和死亡、数量变动和渔业预报渔业管理等问题。认为终年生活在黄海北纬34°以北海域的黄海鲱鱼是太平洋鲱鱼的一个族（种群）。黄海鲱鱼的生长特征可用 von Bertalanffy 生长方程描述。用 Delury 讨论过的方法和渔捞死亡率估算两种方法概算了1970世代在1972年1月初的资源量。两种方法的计算结果差5%，平均值为2 082×10^{6}尾。在70年代，种群数量最多的是1972年，最少的是1977年，两者约差10倍。黄海鲱鱼数量的这种剧烈变动，是自然现象，不是过度捕捞。此外还研究了黄海鲱鱼渔业的最适网目尺寸和相应的渔捞死亡，提出了对黄海鲱鱼渔业的管理措施。

黄海鲱鱼渔业是由各类网具——机轮拖网、机轮围网、机帆船拖网、机帆船围网和沿岸多种定置或半流动网具组成的混合渔业。它曾经是黄海区的主要渔业之一。本文探讨有关黄海鲱鱼渔业和黄海鲱鱼的种群、分布、生长和死亡、数量概算和渔业管理等问题。

一、种群和分布

我们把黄海鲱鱼与日本北海（道）族、朝鲜族鲱鱼[2]的六项主要分节特征做了比较，资料列成表1。结果表明，黄海鲱鱼与北海（道）族除尾椎一项无显著差异（$t>t_{0.01}$）外，其他五项，椎骨、躯椎、背鳍条、臀鳍条和棱鳞，差异均显著（$t>t_{0.01}$）；黄海鲱鱼与朝鲜族相比，除椎骨和尾椎两项无显著差异（$t>t_{0.01}$）外，其余四项，躯椎、背鳍条、臀鳍条和棱鳞，差异显著（$t>t_{0.01}$）。说明，黄海鲱鱼与日本海的两个族在主要分节特征上均有显著差异。又根据1971—1978年8年28个航次的大面积探捕调查，和这几年千余份渔捞记录，从未在北纬34°以南海域发现过鲱鱼。故可认为，生活在黄海的鲱鱼是终年分布在北纬34°以北的黄海海域，是太平洋鲱鱼的一个族，称太平洋鲱鱼黄海族或称太平洋鲱鱼黄海种群，简称黄海鲱鱼。

黄海鲱鱼的移动分布特征。每年早春3—4月间，它分布在山东半岛和辽东半岛东南部沿岸浅水海域，进行生殖活动。主要产卵场位于山东省石岛到威海一带近岸水域，产卵时的水温约0～6 ℃。卵沉性，并粘着在海藻及其他附着物上。产卵后的鲱鱼游向外海，分散觅食。夏季主要分布在黄海中部和北部（北纬34°～39°，东经123°～125°），水深60～80 m的海域索饵肥育。秋、冬季分布范围较小，主要分布在黄海中部（北纬35°～37°，东经

① 本文原刊于《水产学报》，4（4）：339－352，1980。

123°30′～125°)，水深70～80 m海区。冬末（2月），鱼群开始向北移动作生殖洄游。性不成熟幼鱼的分布与成鱼不同，一般是幼鱼分布偏北，成鱼分布偏南，但在成鱼生殖洄游时，两者易位。

表1 差异显著性 t 检验①

项目	鱼群	
	黄海鲱鱼-北海道鲱鱼	黄海鲱鱼-朝鲜鲱鱼
椎骨	5.41	1.29
躯椎	7.18	2.69
尾椎	2.37	1.50
背鳍条	6.32	8.69
臀鳍条	5.10	5.66
棱鳞	9.96	4.10

注：① t 检验所需的原始测定资料和统计量计算，本文从略。

1. $t=(\bar{x}_1-\bar{x}_2)(m_1^2+m_2^2)^{-\frac{1}{2}}$

2. 差异显著性检验，当 $df=\infty$ 时，$t_{0.01}=2.58$，$t_{0.001}=3.29$。

二、生长和死亡

用实测资料绘制的黄海鲱鱼生长曲线见图1和图2。图1是黄海鲱鱼的重量生长曲线，图2是长度生长曲线。图形表明，黄海鲱鱼的生长特征可用 von Bertalanffy 生长方程描绘。用实测值计算的方程参数值为：$W_\infty=314$ g，$L_\infty=308$ mm，$K=0.59$，$t_0=-54$。今将实测值和用 von Bertalanffy 生长方程的计算值列成表2。两者相符。重量生长曲线的拐点位于 $t=1.3$ 年和 $W_{1.8}=91.2$ g处，相当于 $0.290W_\infty$。

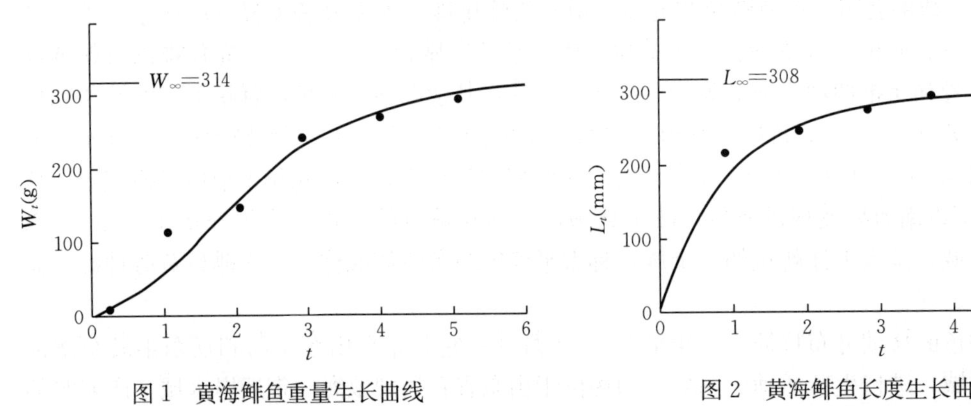

图1 黄海鲱鱼重量生长曲线　　图2 黄海鲱鱼长度生长曲线

黄海鲱鱼的重量生长速度用式（1）① 或式（2）[8]表示。

① 叶昌臣、王有军，1964，辽东湾小黄鱼生长的研究，辽宁省海洋水产研究所调查研究报告第20号。

表 2 黄海鲱鱼体重叉长实测值和计算值比较

年龄（t）	W_t①	$\hat{W}_t$②	L_t①	$\hat{L}_t$②	备注
1	117	67	223	184	
2	147	147	244	239	①实测值。
3	216	211	275	270	②用 von Bertalanffy 方程计算，方程为：
4	262	254	289	287	$W_t=W_\infty\ [1-e^{-k(t-t_0)}]^8$
5	275	279	295	296	$L_t=L_\infty\ [1-e^{-k(t-t_0)}]$
6	299	294	301	301	

$$\frac{dw}{dt}=3KW_\infty e^{-k(t-t_0)}\ [1-e^{-K(t-t_0)}]^2 \tag{1}$$

$$\frac{dw}{dt}=3K\ (W_\infty{}^{1/3}W_t{}^{2/3}-W_t) \tag{2}$$

式（1）和式（2）的差异在于，式（1）是用年龄（t）表示生长速度，而式（2）是用体重（W_t）表示生长速度。若计算值 $\hat{W}_t$与实测值 W_t 相符，则用式（1）和式（2）表示的生长速度相同。若 $\hat{W}_t$与 W_t不相符，则式（1）和式（2）的结果不同，在本例中，两者结果相符。图 3 是黄海鲱鱼重量生长速度曲线，表示重量生长速度随时间的变化特征。生长速度最大在 $\frac{d^2w}{dt^2}=0$ 处，即 $t=1.3$ 年，其值为 91.2 g。

通常用式（3）概算鱼类总死亡系数（Z）。

$$\ln\frac{N_0}{-N_t}=Z \tag{3}$$

式中 N_0和 N_t分别表示开始时和经过 t 时间后的资源量（尾）。式（3）仅要求比值，合适的相对资源量指标也满足式（3）。如前所述，黄海鲱鱼渔业是一个由各类网具组成的混合渔业。渔业统计资料和渔业具体情况不允许把渔业实际记录的渔捞努力量（fishing effort）计成统一的渔捞努力量标准单位。考虑到这个渔业中机轮拖网的产量约占总产的 50%左右，网次多，作业范围广，在渔汛期机轮拖网船的数量和类型没有很大变化，取机轮拖网每 100 网为一个渔捞努力量单位是合适的。今将原始资料和计算方法等列成表 3。一般认为，单位渔捞努力量渔获量是较好的相对资源指标。今用表 3 中 F 项的单位渔捞努力量渔获量资料按式（3）概算总死亡系数，其值为 1.05。这个数值是 1972 年 2 月初到 1973 年 2 月底的总死亡系数。

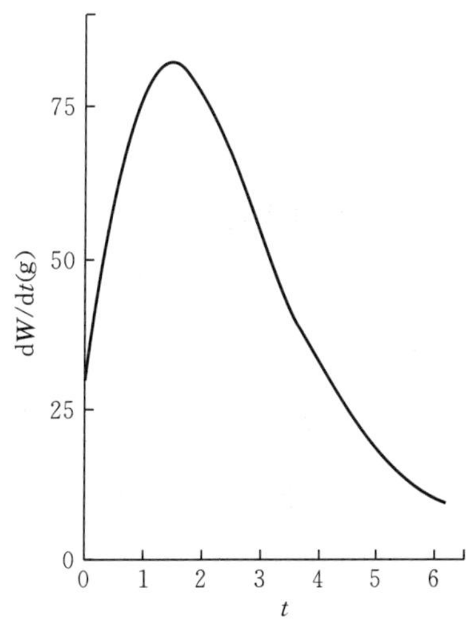

图 3 黄海鲱鱼重量生长速度曲线

总死亡系数是由渔捞死亡系数（F）和自然死亡系数（M）组成。渔捞死亡系数和渔捞努力量（f）之间的关系可近似地取 $F=Cf$，C 为捕捞系数，故有

表 3 黄海鲱鱼 1970 世代单位渔捞努力量渔获量等资料

A	B	C	D	E	$F=\frac{C\times D\times 40\times 500^{②}}{E}$	$G=\frac{B\times D\times 10^{6③}}{E}$	$H=\frac{G}{F}$
时期	渔获量（t）	Y/f（箱）①	1970 世代占%	W_t（g）	Y/f（尾）	捕捞尾数（尾）	渔捞努力量（f）
1972.2	15 694	19 500	91.8	145	2.47×10^6	99.36×10^6	40.2
1973.3	13 292	11 200	77.6	200	0.864×10^6	66.46×10^6	78.2

注：①箱，每箱按 40 斤计，Y/f 表示单位渔捞努力量渔获量；②乘 40×500 是由箱计成克；③由单位吨计成单位克。

$$Z=Cf+M \tag{4}$$

一般用式（4）把总死亡系数分成渔捞死亡系数和自然死亡系数。今将有关资料列成表 4。表中单位渔捞努力量渔获量的计算方法已在表 3 中说明了。用表 4 资料按式（4）计算结果，相关系数 0.84，$M=0.111$。表（4）资料不完全符合式（4）要求，可以把所测值近似地看成是这个时期的自然死亡值。故有 $Z=1.05$，$M=0.111$，$F=0.939$。计成相应的总死亡率 $\bar{Z}=0.65$，渔捞死亡率$\bar{F}=0.58$，自然死亡率$\bar{M}=0.07$。

表 4 黄海鲱鱼 1970 世代 Z 与 f 的关系

时间	$\frac{Y}{F}\times10^6$尾	f	Z
1972 年 2 月	2.470	40	0.200
1972 年 3 月	2.023	156	0.170
1972 年 4—12 月	1.707	309	0.392
1973 年 1 月	1.153	53	0.090
1973 年 2 月	1.054	51	0.198
1973 年 3 月	0.864	78	

三、数量概算

我们以 1970 世代为例，用两种方法概算黄海鲱鱼世代数量，并将计算结果和实际捕捞相比较。

（一）用单位渔捞努力量渔获量资料概算

设有一个孤立种群，取样时间间隔很短，假定自然死亡与渔捞死亡相比，可以忽略不计，可导出式（5）

$$\left(\frac{Y}{f}\right)_{i+1}=N_0C-C\sum_{i=1}^{n-1}Y_i \tag{5}$$

式中 Y/f 为单位渔捞努力获量，N_0 为渔捞开始时某世代数量（尾），C 和 Y 分别为捕捞系数和渔获量。当 $i=0\cdots n$ 时，式（5）与 D. B. Delury 方法[4]相同。

式（5）表明，单位渔捞努力量渔获量与累计渔获量之间是一个简单的线性函数关系，斜率为 C，截距为 N_0C。如果渔业状况符合式（5）的要求，并能取得一组对应的 Y/f 和渔获量资料，就有可能用式（5）较正确地概算种群数量。今把黄海鲱鱼1970世代资料按式（5）要求制成表5。用表中$\left(\frac{Y}{f}\right)_{i+1}$与$\sum_{i=1}^{n-1}Y_i$资料绘成图4。相关系数$r=-0.99$，统计检验$P>0.05$，斜率$C$为0.001 05，$N_0C$为$2.14\times10^6$尾。故黄海鲱鱼1970世代在1972年2月初资源量约$2\,040\times10^6$尾。

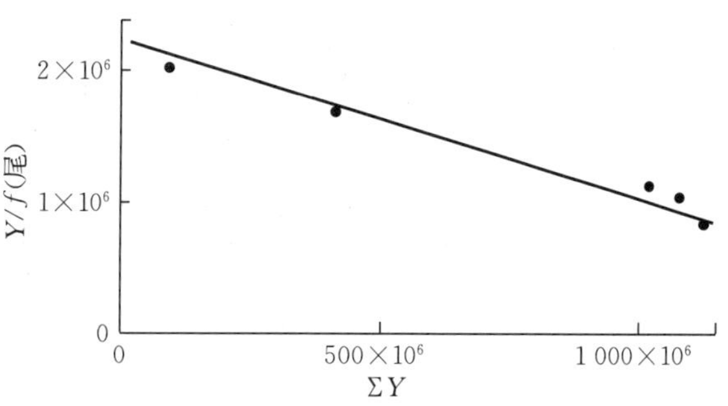

图4 黄海鲱鱼1970世代Y/f与累计渔获量之间关系

表5 黄海鲱鱼1970世代的Y/f和Y的关系

时间	$\frac{Y}{f}\times10^6$尾	$Y\times10^6$尾	i	$\left(\frac{Y}{f}\right)_{i+1}$	$\sum_{i=1}^{n-1}Y_i\times10^6$尾
1972年2月	2.47	99.4	1	2.03	99.4
3月	2.03	315.6	2	1.71	415.0
4—12月	1.71	6.002	3	1.15	1 015.2
1973年1月	1.15	61.4	4	1.05	1 076.6
2月	1.05	53.7	5	0.86	1 130.3
3月	0.86	66.5	6		

（二）用渔捞死亡率概算

渔捞死亡率用式（6）表示，

$$\bar{F}=\frac{Y}{N_0} \tag{6}$$

因之，渔获量Y与渔捞死亡率$\bar{F}$的比值等于开始时资源量N_0。黄海鲱鱼从1972年2月初到1973年2月底的渔捞死亡率已测定为0.58（见上节）。这个时期捕捞1972世代$1\,130.6\times10^6$尾（见表5）。故1970世代在1972年2月初的资源量约为$1\,949\times10^6$尾。

用两种方法概算结果相近，约差5%左右。平均值为$1\,994\times10^6$尾。1972年1月捕1970世代87.9×10^6尾[①]。故黄海鲱鱼1970世代在1972年1月初进入补充部分时的数约为$2\,082\times10^6$尾。

（三）概算值与实际生产结果比较

黄海鲱鱼的6龄鱼在捕捞群体中10年平均值约占0.5%左右，它的数量对渔获量已没有什么影响了。黄海鲱鱼在2龄鱼时补充。所以一个世代可捕捞的年限是5年。1970世代在1972年初进入补充部分，到1976年6龄鱼后，这个世代已经在捕捞群体中消失了，提供了用生产结果检验概算值是否可靠的机会。表6是根据历年总渔获量用生物学资料计成的

① 因统计资料不满足要求，计算时未列入。

1970 世代在各年度的渔获量。在表 6 中还列出了自然死亡数量的估算值。这个资料说明，黄海鲱鱼 1970 世代在它捕捞生命时期内共被捕捞了 1 709.7×10⁶ 尾。自然死亡估计 324.5×10⁶ 尾。合计 2 034.2×10⁶ 尾。生产结果与概算值相近。

表 6　黄海鲱鱼 1970 世代生产结果和概算值比较

捕捞年份	年龄	渔获量（尾）	自然死亡数量①
1972	2	1 064.5×10⁶	218.7×10⁶
1973	3	562.5×10⁶	83.9×10⁶
1974	4	80.1×10⁶	16.0×10⁶
1975	5	2.3×10⁶	5.9×10⁶
1976	6	0.3×10⁶	
合计		1 709.7×10⁶	324.5×10⁶

注：①自然死亡数量估算方法。自然死亡数量$=N_t\ (1-e^{-M})$，$M=0.111$，$N_0=2\ 082\times10^6$ 尾。第一年（1972 年）自然死亡数量$=2\ 082\times10^6\ (1-e^{-0.111})=218.7\times10^6$ 尾，第二年（1973 年）自然死亡数量$=[2\ 082-(1\ 064.5+218.7)]\ (1-e^{-M})\times10^6=83.9\times10^6$ 尾余类推。

四、数量变动

先叙述黄海鲱鱼剩余部分和补充部分的数量变动，后叙述种群的数量变动。

黄海鲱鱼的剩余部分是有 3 龄鱼至 6 龄鱼（和大于 6 龄鱼，不到 1%）组成。按式（3），写成 $N_t=N_0e^{-zt}$，它说明，种群剩余部分的数量变动特征下降，下降的速度决定于总死亡系数 Z 值的大小。按黄海鲱鱼渔业的渔捞规模，它的总死亡系数约为 1.05。那么，一个世代从补充部分转到剩余部分（从 2 龄鱼到 3 龄鱼）后，每年将下降 65%左右。按重量计的下降速度，因有生长的补偿而稍小。图 5 是用 1970 世代资料绘制的剩余部分数量下降曲线。图中 A 线是按式 $N_t=N_0e^{-zt}$ 绘制。N_0 用概算值 2 082×10⁶ 尾，$Z=1.05$。图中 B 线是这个世代在不同年份以尾计的实际渔获量曲线。两条曲线基本相符。资料说明，黄海鲱鱼的一个世代，从补充时开始，经过两年捕捞，到 4 龄鱼时，它的数量和渔获量，只有在该世代补充时的 7%～8%。

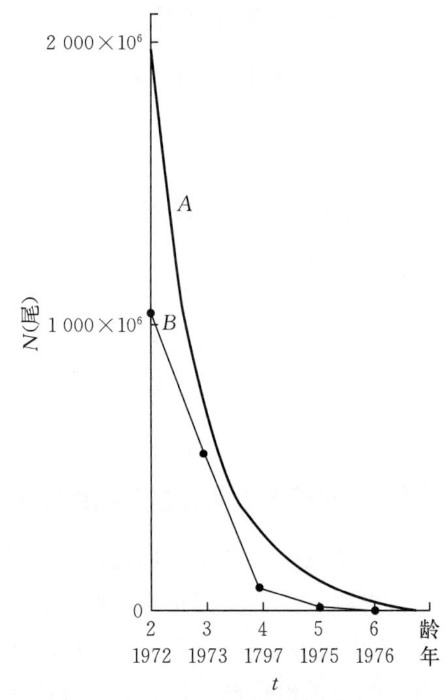

图 5　黄海鲱鱼剩余部分数量下降特征

黄海鲱鱼补充部分的数量变动，即世代数量变动。黄海鲱鱼在 2 龄鱼时进入补充部分。机轮拖网可以捕获少量 1 龄鱼。所以用 1 龄鱼和 2 龄鱼的渔获量作为世代的相对数量，观察黄海鲱鱼世代数量变动情况。用渔获量作为资源量的相对数值，进行比较，要求满足渔捞死亡相等或相近的条件。从1972年开始，渔捞死亡变化不大，即从1970世代开始，表7资料才比较真实地反映出黄海鲱鱼世代的数量变动情况，可以看出黄海鲱鱼世代数量的强烈变动。这几年，1970世代数量最多，相对数值达1 429×10⁶尾，1975世代数量最少，相对数值仅27.3×10⁶尾，两相比较，差达50余倍。

黄海鲱鱼的剩余部分数量下降特征，和世代数量的剧烈变动，决定了种群可捕捞部分数量变动的方向和幅度。资料绘成图6和表8。图6是黄海鲱鱼的渔获量曲线。从图上可以约略看出渔获量变化的量级。70年代，1972年数量最多，1977年数量最少，两者差达10余倍。表8是历年黄海鲱鱼群体组成资料。结合图6和表8资料考虑，可以认为，黄海鲱鱼的这种数量变动主要是由于世代数量变化引起。我们曾把黄海鲱鱼的产卵亲体数量和补充量作了统计处理，发现在现有的资料范围内两者不存在可置信的关系，由此推论，黄海鲱鱼世代数量的剧烈变动，不是由于过多捕捞了产卵亲鱼，而是一种受环境条件影响的自然波动现象。

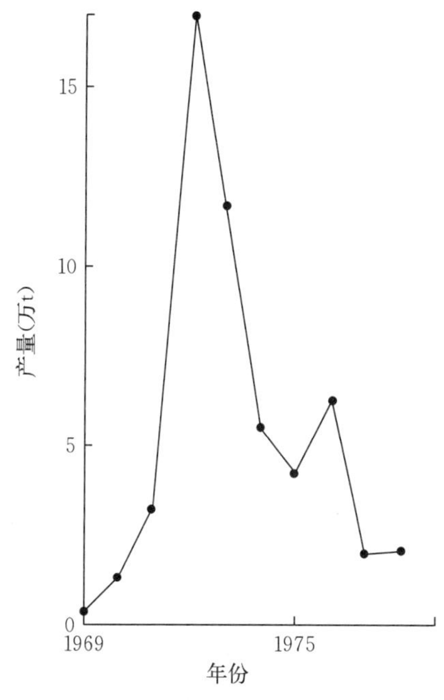

图6 黄海鲱鱼渔获量曲线

表7 黄海鲱鱼各世代补充时相对数量

世代	补充时间相对数（尾）
1967	16.3×10^6
1968	47.6×10^6
1969	27.9×10^6
1970	$1\,429.4\times10^6$
1971	60.3×10^6
1972	423.5×10^6
1973	107.8×10^6
1974	882.5×10^6
1975	27.3×10^6
1976	134.8×10^6

表8 黄海鲱鱼年龄组成资料

捕捞年度	补充	剩余					平均年龄	剩余：补充	标本尾数
	2龄	3龄	4龄	5龄	6龄	>6龄			
1970	31.0	23.0	46.0				3.15	69.0：31.0	200
1971	7.0	53.6	15.6	23.0	0.3		3.57	93.0：7.0	800

（续）

捕捞年度	补充	剩余					平均年龄	剩余：补充	标本尾数
	2 龄	3 龄	4 龄	5 龄	6 龄	>6 龄			
1972	96.0	0.4	2.1	0.5	0.9		2.10	4.0：96.0	1 580
1973	7.6	89.6	0.9	0.8	0.4	0.7	2.99	92.4：7.0	1 700
1974	73.3	6.0	20.1	0.2	0.3	0.1	2.49	26.7：73.3	2 589
1975	51.6	42.0	3.0	3.2		0.2	2.58	48.4：51.6	750
1976	93.1	5.4	1.3	0.1	0.1		2.09	6.9：93.1	1 600
1977	28.1	69.2	1.8	0.8		0.1	2.76	71.9：28.1	800
1978	89.0	4.2	5.9	0.4	0.3	0.2	2.19	11.0：89.0	1 400

五、渔业预报

黄海鲱鱼渔业预报有两种，一种是预测渔场渔期的变化，称渔情预报；另一种预测数量和渔获量的变化，称数量预报或称渔获量预报。本文仅叙述黄海鲱鱼渔业的渔获量预报。

我们用试捕资料，作为相对资源量指标，在假定历年试捕时捕捞系数相近似或渔捞死亡相同的条件下，预报渔获量。这个方法在国内已广泛采用，并有过报道[1]。根据黄海鲱鱼在秋冬季分布范围较小集中的现象，于每年 10 月在分布区设站试捕。试捕范围和站位设置见图 7。试捕范围北纬 35°～37°，东经 123°30′～125°，设试捕站位 30 个。用 3 对 250 马力拖网船试捕，每站试捕 2 h。3 对船的平均产量为该站平均产量。考虑到鱼群分布特征年间有差异，为减少这种差异带来的影响，把每站平均产量按方块区进行滑动统计。方法是将试捕站联成 20 个方块区（图 7），把每个方块区的 4 个探捕站的产量平均值，作为该方块区的密度指标，再把 20 个方块区的平均密度指标作为黄海鲱鱼数量的相对资源量指标。表 9 是黄海鲱鱼相对资源量指标（N）和相应的渔获量（Y）资料。统计分析表明，可以用两种方式描绘相对量指标和翌年渔获量之间的关系。一种是简单的线性相关，表达式为 $\hat{Y}=0.434\ 0\ N^{-3.02}$，相关系数 $r=0.971>0.811$（$P>0.05$），标准差 $S=1.1$。另一种，两者成幂函数关系，表达式为 $\hat{Y}=2.51\times10^{-2}N^{1.761}$，相关系数 $r=0.974>0.811$（$P>0.05$）。用这两个表达式估计预值 $\hat{Y}$，其精度由标准差 S 给定。表 9 中列出了用 $\hat{Y}=2.51\times10^{-2}N^{1.761}$ 计算的 $\hat{Y}$ 值。显然，S 太大，用±25 概率 95.4% 估计预报值时，只有当黄海鲱鱼数量较多的年份，才有实际意义，数量少的年份，仅能估计黄海鲱鱼数量变化趋势。

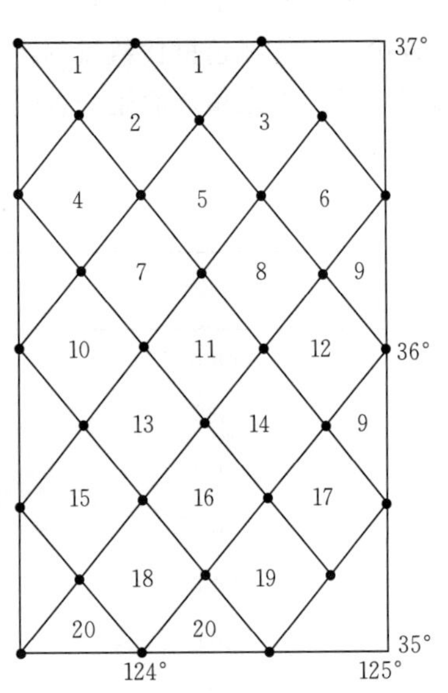

图 7 黄海鲱鱼试捕站位和方块区
· 为试捕站位

表 9　黄海鲱鱼相对资源量（N，单位为箱；渔获量 Y，单位为万 t）间的关系

年份	1972	1973	1974	1975	1976	1977
相对资源量（N）	31.8	25.3	8.5	19.0	12.3	10.0
翌年产量（Y）	11.6	6.6	1.3	6.1	1.2	1.6
$\hat{Y}$	11.1	7.4	1.1	4.5	2.1	1.4

六、渔业管理

渔业管理有两种，一种是以最大经济利益为目标的渔业管理。另一种是以合理利用鱼类资源（指单一鱼种，下同）为目标的渔业管理。本文叙述的黄海鲱鱼渔业管理属于后者。

我们认为合理利用鱼类资源指的是，控制渔捞因素（指渔捞努力量、渔具类别和网目尺寸）获得世代最大产量又不影响后代数量，即获得自然条件允许下的最大稳定产量。在这个定义范围内，合理利用鱼类资源本质上是一个解出最佳值问题。在 20 世纪 50 年代，Schaefer[5]、Beverton 等[3]用直观的方法确定最佳值。近年来，广泛应用控制理论，把产量（或世代产量）看成目标函数，把渔捞因素等处理成控制变量，或称决策变量，用计算机处理资料，解出最佳值，已有不少报道[5-8]。以合理利用黄海鲱鱼资源为目标的渔业管理，需要确定两个控制变量的最佳值。一个是最佳网目尺寸，另一是最佳渔捞死亡。

（一）最佳网目尺寸

据网目选择特性，网目尺寸可用渔获物中最小体长或相应的最小年龄表示。式 7 是 Beverton - Holt 模式的产量方程[3]。

$$\frac{Y}{R}=FW_{\infty}\mathrm{e}^{-MP}\sum_{n=0}^{3}\frac{\Omega_n\mathrm{e}-nK\ (t'\rho-t\rho)}{F+M+nK}\ (1-\mathrm{e}^{-(F+M+nK)\lambda})\qquad(7)$$

式中 $\rho=t'_\rho-t_\rho$，t'_ρ是第一次能被大量捕捞的年龄（本文中称补充年龄），t_ρ为已进入渔场但不能被大量捕捞的鱼的年龄。按黄海鲱鱼渔业的实际情况，$t'_\rho=t_\rho=2$ 龄鱼。$\lambda=t_\lambda-t_\rho$，t_λ为最大年龄，按黄海鲱鱼的群体组成资料（表 8），$t_\lambda=6.0$。R 为补充时的世代数量，Y/R 为每个世代提供的相对产量，称每一世代的相对产量。如果种群是稳定种群，Y/R 表示每年的种群相对渔获量。按式 7，如果各种参数已经测得，可以把 Y/R 看成是 t'_ρ（相当于网目尺寸）的函数，找出获得最大 Y/R 的 t'_ρ。图 8 是用黄海鲱鱼 1972 年资料绘制的曲线，它表明，从 4 龄鱼开始捕捞才能获得最大产量。由于这个值受渔捞死亡等的影响，称已定条件下的最佳网目尺寸，或称第一次允许捕捞的最佳年龄。一般地说，调整网目尺寸比调整渔捞死亡有较大的增

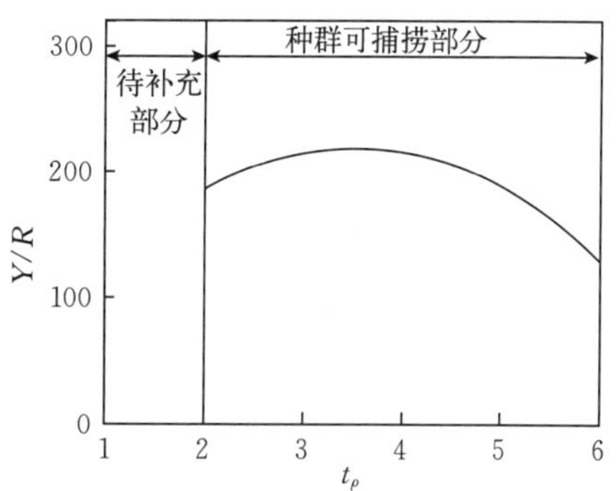

图 8　黄海鲱鱼网目尺寸对产量的影响

$M=0.10$　$k=0.59$　$t_0=-0.53$

$W_\infty=314$　$t_\lambda=6.0$

产潜力。例如中国南海的一些鱼类和渤海小黄鱼都属这种情况[①②]。要把这个计算结论付诸实施，有很大困难。黄海鲱鱼的第一次性成熟年龄是2龄鱼，平均叉长240 mm（6年平均值，下同）3龄鱼267 mm，4龄鱼275 mm。成鱼终年混栖。在目前渔捞作业条件下，希望通过网目选择特性，只捕黄海鲱鱼4龄鱼和大于4龄鱼的个体，恐难做到。鉴于这一事实，以及考虑到黄海鲱鱼的性成熟个体与幼鱼（1龄鱼）几乎终年分栖。我们认为，在实施渔业管理时，目前只能把第一次允许捕捞的年龄定为2龄鱼，相应的叉长240 mm左右。

（二）最佳渔捞死亡

确定了黄海鲱鱼渔业合理的网目尺寸后，就比较容易确定最佳渔捞死亡值。

第一 用 Beverton - Holt 模式确定

式（7）表明，在其他参数已给定的条件下，每个世代的相对产量（Y/R）仅与渔捞死亡有关。式（7）的图形称产量曲线，有极大值，相应于极值位置的渔捞死亡，称既定条件下的最佳渔捞死亡，简称最佳渔捞死亡。图9是用黄海鲱鱼1972年资料绘制的产量曲线。1972年的F约为0.9，1973年约为1.0。从直观上判断，世代最大相对产量[③]约为176.8～176.9，相应的最佳渔捞死亡值约0.9～1.0，与1972年、1973年的实测渔捞死亡值相近。

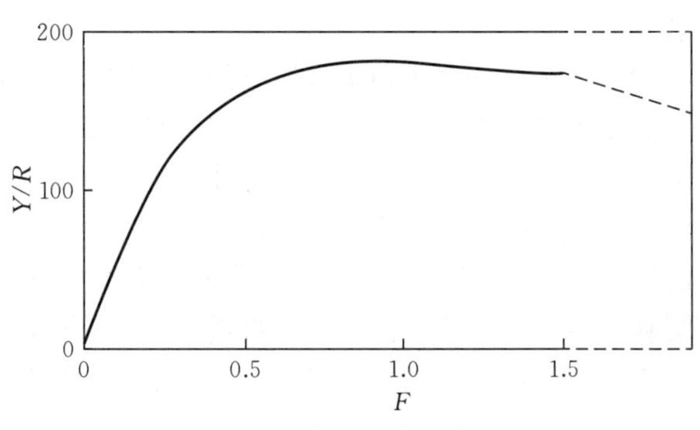

图9 黄海鲱鱼产量曲线

$t_\rho F = t'_\rho = 2.0$，其他参数同图8

第二 用简易模式确定

简易模式是根据种群数量在死亡的影响下呈指数下降，生长用实测资料，采用累加的方法导出[④]。式（8）是简易模式的产量方程。

$$\frac{Y}{R}=\bar{F}\sum_{t=t_\rho}^{t_\lambda} W_t[1-(\bar{F}+\bar{M})]^{t-t_0} \qquad (8)$$

$$t_\lambda \geqslant t \geqslant t_\rho$$

式中t_ρ为补充时的年龄，即允许第一次捕捞的年龄（相当于网目尺寸），t_λ是鱼的最大年龄，$\bar{F}$和$\bar{M}$分别表示渔捞死亡率和自然死亡率，W_t表示各龄鱼的实测体重。这些参数已分别在本文以上几节中加以说明。图10是用式（8）绘制的黄海鲱鱼1970世代的产量曲线图。曲线

---

① 费鸿年，1976年。调整网目尺寸对广东沿海渔业产量和经济效益影响的探讨。国家水产总局南海水产研究所报告。

② 叶昌臣，1664年。应用 Beverton - Holt 模式研究辽东湾小黄鱼数量变动。辽宁省海洋水产研究所、调查研究报告第17号。

③ Beverton - Hot 模式要求满足稳定种群的假定条件，即有$R_1=R_2=\cdots=R_n$。由本文第四节可知，黄海鲱鱼世代数量变动剧烈，不符合稳定种群条件。我们根据渔业实际情况，假定一个世代在可捕捞生命时间内各年的渔涝死亡相等。以1970世代为例，假定1972—1976年每年的渔捞死亡相等，计算出的Y/R值表示1970世代的相对产量。

④ 叶昌臣，1978年。一个简易数学模式。辽宁省海洋水产研究所，调查研究报告第32号。

形状与图 9 相同。Y/R 的最大值约位于$F=0.5$ 左右，相应于 $F=0.69$ 左右。表 10 列出了用这两个模式计算的 Y/R 最大值和相应的渔捞死亡值。由这两个模式确定的最佳渔捞死亡值稍不同。B－H 模式的结果比简易模式稍大。1972 年实测渔捞死亡率约 0.53，1973 年增加了渔船，渔捞死亡率有所增加，约为 0.6。据表 10 资料，1973 年渔捞死亡率似乎稍大，适当减少渔捞努力量是有利的。如果把鲱鱼籽的昂贵价值、渔业的整个经济利益考虑在内，以及注意到沿岸各种定置网具捕捞产卵鲱鱼效率很高等事实，我们认为，在当年 11 月初到翌年 2 月底禁止捕捞黄海鲱鱼是适当的合理的。

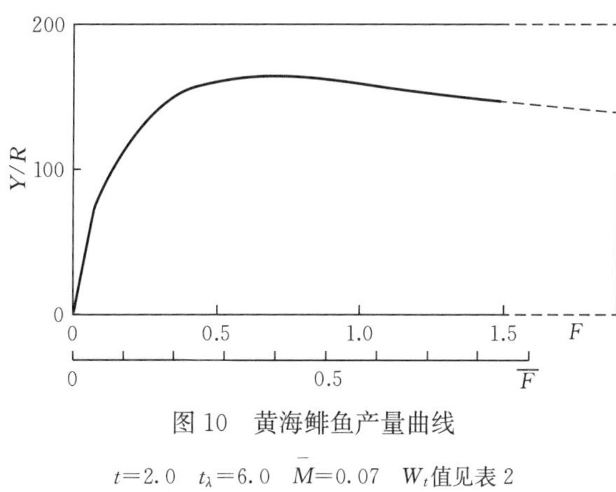

图 10　黄海鲱鱼产量曲线

$t=2.0$　$t_\lambda=6.0$　$\overline{M}=0.07$　W_t值见表 2

表 10　用两种模式计算结果比较表

模式类型	F	E	Y/R
R－H 模式	0.90	0.59①	176.8
	1.00	0.63①	176.9
简易模式	0.69①	0.50	160.2
	0.92①	0.60	156.1

注：①用 $e^{-r}=1-\overline{F}$换算。

见于上述，目前对黄海鲱鱼渔业采取两条管理措施。一条是禁捕 1 龄鱼，允许捕捞的最小叉长 220 mm（2 龄鱼）；另一条是当年 11 月初到翌年 2 月底禁止捕捞黄海鲱鱼。

采取这种管理措施后，资源状况和渔获量会发生什么变化呢？我们预计，对黄海鲱鱼资源不会产生明显影响，仍处自然波动状态，渔获量将随黄海鲱鱼资源的自然波动而变化，但机轮拖网渔业鲱鱼产量占黄海鲱鱼总产量的比例将大幅度下降，下降的数量有近岸定置渔业补足。

黄海鲱鱼 1970 世代，2 龄鱼（1972 年）开始捕捞，6 龄鱼（1975 年）后在捕捞群体中消失，提供了用实际捕捞生产结果检验计算值是否符合实际情况的机会。B－H 模式和简易模式都可以计算在既定渔捞死亡和网目尺寸条件下的产量、平均体长、平均体重和平均年龄。1970 世代在可捕捞年度（1972—1975 年）内的每年渔捞死亡率约在 0.6 左右，取$\overline{F}=0.6$，或 $F=0.92$。我们又假定了 $t_\rho=t'_\rho$，R 就相当于 1970 世代在 1972 年 1 月初 2 龄鱼的数量，概算结果为 $2\,082\times10^6$尾（见第 3 节），用它乘 Y/R 值，即为 1970 世代的计算产量值。平均体重、平均叉长和平均年龄的计算方法请参阅原著。1970 世代的实际世代渔获量，由取样所得的平均体重、平均叉长、平均年龄和用两个模式的计算值列成表 11。资料说明，实际生产结果与计算值相符。由此推论，文中介绍的各种参数值和相应的结论，可能与实际情况相符。

表 11 黄海鲱鱼 1970 世代计算值和生产结果比较表

类别	产量（万 t）	平均年龄	平均叉长（mm）	平均体重（g）
B-H 模式	36.8	2.94	264	201
简易模式	32.5	2.57	258	180
实际生产结果	29.1	2.43	248	170

参考文献

[1] 叶昌臣，刘传桢．鱼类种群补充部分数量预报．动物学杂志，1979，3：21-23.

[2] 藤田经文，小元保清治．鲸の研究，水产研究汇报，1927，1（1）：1-141.

[3] Beverton R T，Holt S T. On the Dynamics of Exploited Population. U. K. Ministry Agric. *Fish. and Food.*，*Invcst.*，*Ser*，Ⅱ，1957：119.

[4] Delury D B. On the Planning of Exporimonts for the Estimatives of Fish Population. *J. Fish. Res. Bd. Can.* 1951，8（4）：281-307.

[5] Scheafer B M. A Study of the Dynamics of the Fishery ofr Yellow Fin Tuna in the Eastern Tropical Pacific Ocean. *Bull. Inier-Amer. Trep. Tuna. Comm.*，1957，2：245-285.

[6] Spivey A W. Optimization in Complex Management System. *Trans. Amer. Fish. Soc.* 1973，102：492-499.

[7] Sail S B，Hess K W. Some Applications of Optimal Control Theory to Fisheries Management. *Trans. Amer. Fish. Soc.* 1957，104（3）：620-629.

[8] Walters C J. Optimal Hervest for Salmon in Relation to Environmental Variability and Uncertain Production Parameters. *J. Fish. Res. Bd. Can.* 1957，32：1777-1784.

The Huang Hai Herring and Their Fisheries

Ye Changcheng[1]，Tang Qisheng[2]，Qin Yujiang[1]

(*1. Research Institute of Marine Fisheries of Lianing Province*；*2. yellow Sea Fisheries Research Institute*)

Abstract：This article discusses the race，migration，growth pattern，mortality and dynamics of the herring（*Clupea harongus pallasi* Valenciennes）inhabiting in Huang Hai，and attempts to make prediction and management on fisheries. The results are summarized as follows：

1. Herring inhabiting in areas north to the latitude of 34° in Huang Hai all the year round it is believed to be a race of the Pacific herring. Hence they are traditionally called the Huang Hai herring.

2. The growth pattern of Huang Hai herring can be described by von Bortalanffy equation, and as of year 1972 the value of parameters for the equation is $W_{\infty}=314$ g, $L_{\infty}=308$ mm, and $K=0.58$. The maximuin growth rate appears at $t=1.3$ years. From February 1972 to March 1973, the total instantaneous mortality estimated by data for the catch per effort was 1.05 which cortsists of the fishing mortality 0.939 and the natural mortality 0.111.

3. The numbers of the 1970 year - class in early January were estimated with two processes, Delury's method and the method of estimation of fishing mortality. The dif - ference in valuo of the calculation between the two methods is about 5%. the average value is $2\,082\times10^6$ individuals, it coincides with actual catches as shown in the table 6.

4. In tlie 1970 s, the fluctuation in the numbers of the population happened to be maximun in the year of 1972 and minimum in 1977. The former were ten times greater than the latter. These drastic dynamics were considered to be a natural phenomenon rather than the result of over - fishing The statistical analysis shows the interdependence betwoen actual catches and the abundance index obtained from fish - searching in October. The relative coefficient was $0.971>0.811$ ($P>0.05$), which accounts for the fact that catches can be predicted by abundance index.

5. After making a careful study of the optimal fishing mortality and mesh - size for the fisheries, and cacsidering the economical value of the herring eggs, we worked out a strategy on the management of the fisheries for Huang Hai herring. Since the value (including the yield, average body length and weight as well as the age of the 1970 year - class) obtained by Boverton - Holt model and S - E model are similar to the results sampled from fisheries, it is suggested that the conclusion here submitted in the paper may be valid.

黄　海　鲱①

唐启升

第一节　洄游分布和种群

一、洄游分布

鲱鱼是世界重要的海洋中上层鱼类之一，广泛分布于北纬 30°至亚北极水域。依椎骨数目的多少分为多椎鲱和少椎鲱两大类群。前者椎骨 54～59 枚，平均 57，如大西洋鲱（*Clupea harengus harengus*）；后者椎骨 46～56 枚，平均 54，如太平洋鲱（*Clupea harengus pallasi*）。大西洋鲱分布于北大西洋，从比斯开湾、北海、斯堪的纳维亚半岛沿海、巴伦支海，到冰岛、格陵兰、纽芬兰沿岸、缅因湾，南至美国哈特腊斯角。太平洋鲱分布于北太平洋，如美国、加拿大西岸沿岸、阿拉斯加湾、白令海、苏联东北部沿海、鄂霍次克海、日本海和黄海等。

据文献（内田惠太郎，1936；邹源琳，1948；张春霖等，1955）记载，黄海历来有太平洋鲱分布。1958—1959 年黄海水产研究所大面积渔场拖网调查时发现在北纬 36°00′～38°45′、东经 122°30′～123°50′海区全年均有太平洋鲱分布，唯数量不多。1958 年 6—7 月间也曾在威海沿岸发现大量当年生幼鱼。

自 1971 年起，黄海水产研究所、山东省海洋水产研究所、辽宁省海洋水产研究所、天津市水产研究所采用大面积多船定点拖网试捕的方式对黄海的太平洋鲱洄游分布进行了系统的调查研究，调查最远点为北纬 31°30′、东经 126°00′。根据 1970 年世代鲱鱼连续三年的分月数量分布调查资料和渔捞统计资料提出的黄海鲱洄游分布模式图表明，冬末（2 月）性成熟的鲱鱼开始向近岸移动，3—4 月间主群游进山东半岛荣成—威海近岸各湾口生殖，另有少量鱼群游向辽东半岛东南部沿岸和朝鲜半岛西岸浅水区产卵。产卵后，鱼群迅速游向外海深水区觅食，夏季广泛分布于黄海中北部、水深 60～90 m 海域。秋季分布区向心收缩，冬季鱼群集中于黄海中央部、水深 70～90 m 海域，黄海鲱终年没有游离黄海，最大游程约 250 n mile，其分布区南限在北纬 34°附近（图 8-1）。

上述结果经过多年反复调查和捕捞生产检验，结论正确可靠，反映了黄海鲱各个生活阶段和整体的洄游分布特征，有清楚的表达力。

二、行动习性

（一）鱼群的行动特征

1. 栖息水层、垂直移动和趋光习性

黄海鲱周年内近 10 个月的时间（5 月至翌年 2 月），栖息分布于水深 60～90 m 左右海

---

① 本文原刊于《海洋渔业生物学》，296-356，农业出版社，1991。

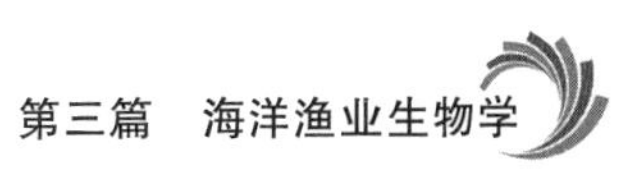

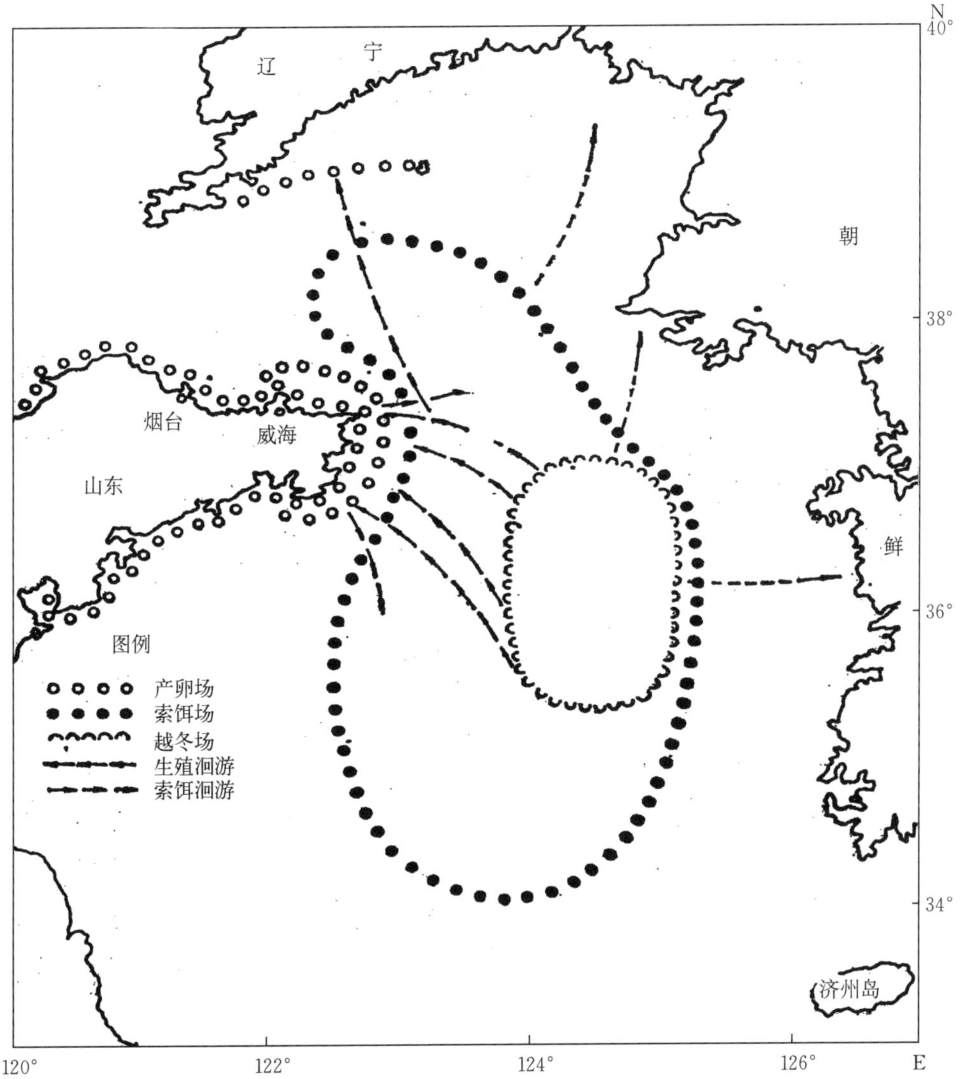

图 8-1　黄海鲱洄游分布模式图
（引自唐启升，1973）

区的底层。生殖季节，鱼群进入近岸初期时主要分布在 10～30 m 的中层，产卵盛期鱼群涌向水深 0.5～10 m 左右的浅水区。针对这些栖息分布特点，决定了中国在黄海的捕鲱生产渔具以拖网、定置网及围网为主。

黄海鲱昼夜垂直移动现象明显并有季节变化。拖网昼夜渔获量变化资料（图 8-2）表明：12 月至翌年 1 月的越冬鱼群已呈现出垂直移动现象，前期更较明显，中后期规律性不够强，从全月的网获情况看，昼网产量高于夜网。2 月上旬，鱼群开始生殖洄游，垂直移动现象逐渐明显。3 月，当生殖鱼群密集在成山头陡坡底部时垂直移动现象十分剧烈，夜间分布于中层，日间栖息于底层，进入产卵场的鱼群则比较稳定，主要分布于中下层。4—5 月，产卵后游向外海的索饵鱼群，垂直移动现象明显，甚至发现夜间鱼群起浮于表层。6 月，随着黄海温跃层日趋明显，鱼群夜间起浮现象逐渐减弱，8 月索饵末期鱼群基本停止垂直移动。9 月以后，又出现垂直移动现象。探鱼仪映像记录表明：鱼群白天贴近海底，厚度约为 5～10 m，黎明和傍晚时刻离海底约 5 m 左右，且较分散。

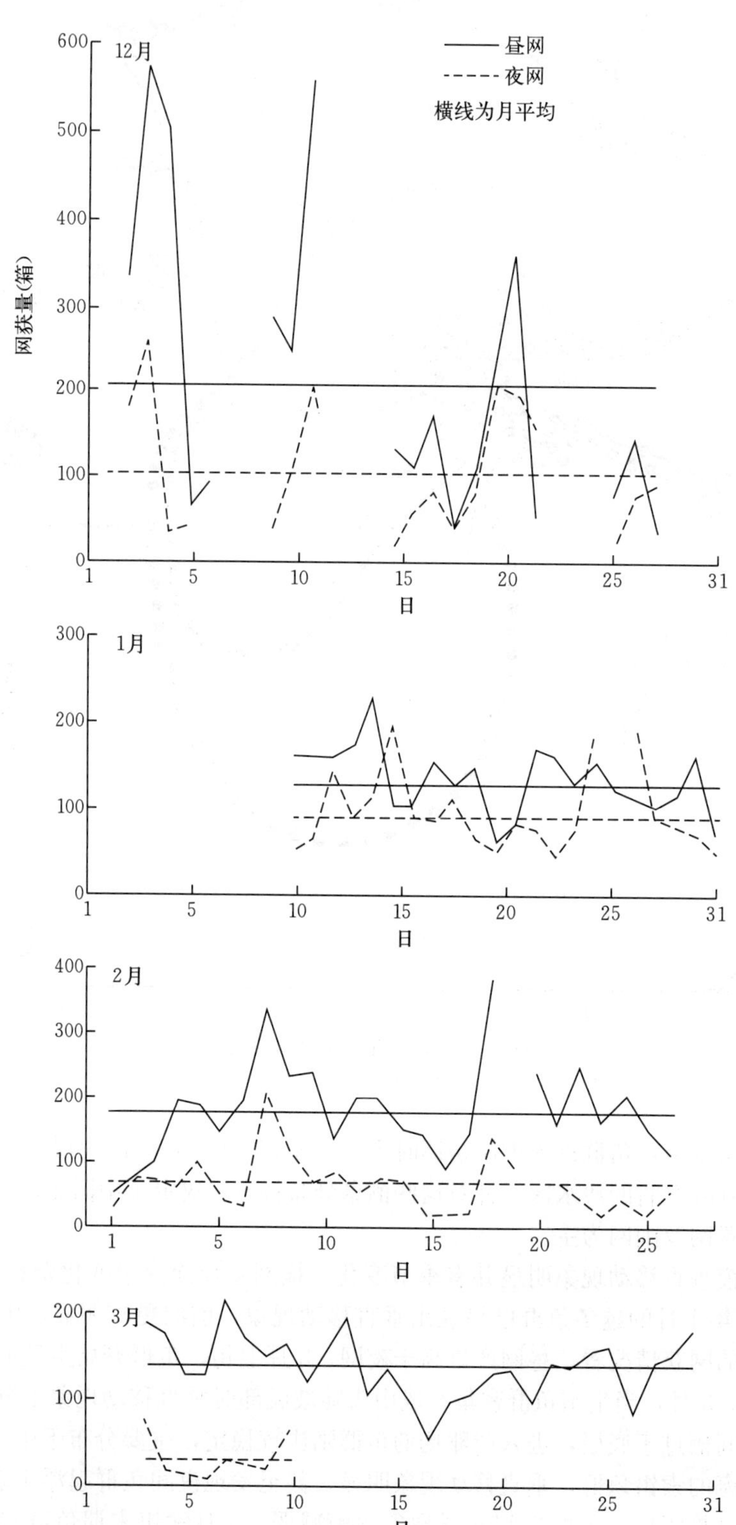

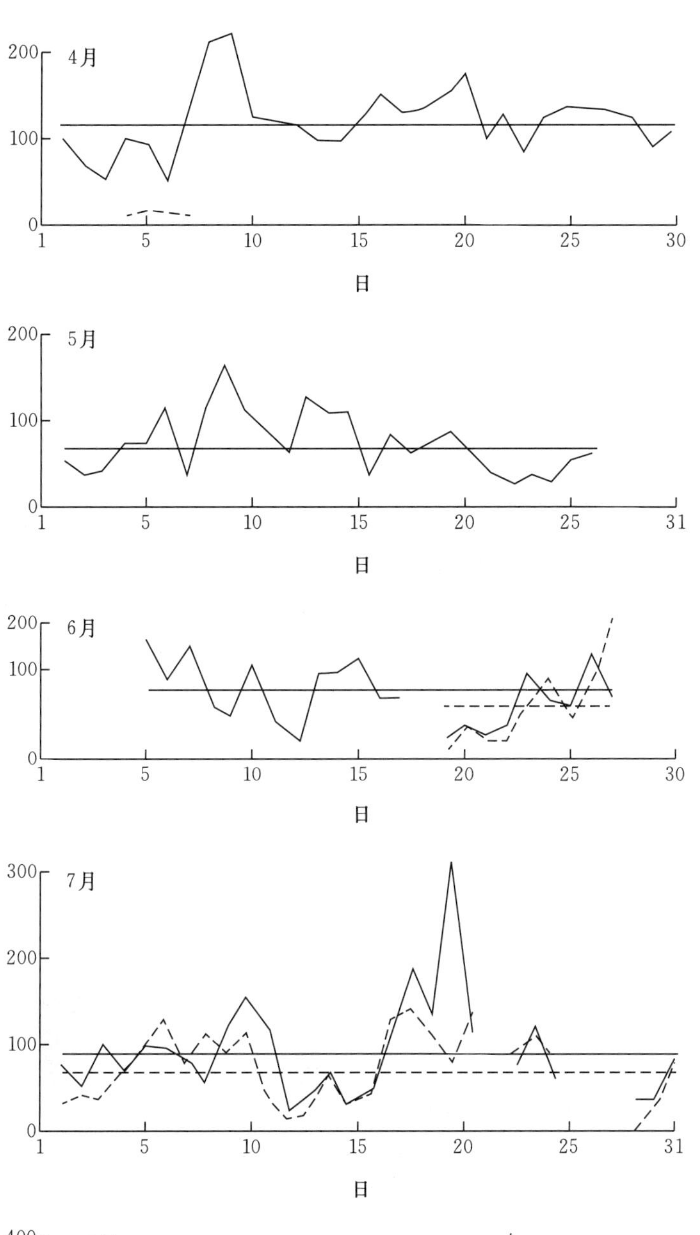
4月
200
100
0
1
5
10
15
20
25
30
日
5月
200
100
0
1
5
10
15
20
25
31
日
6月
200
100
0
1
5
10
15
20
25
30
日
7月
300
200
100
0
1
5
10
15
20
25
31
日

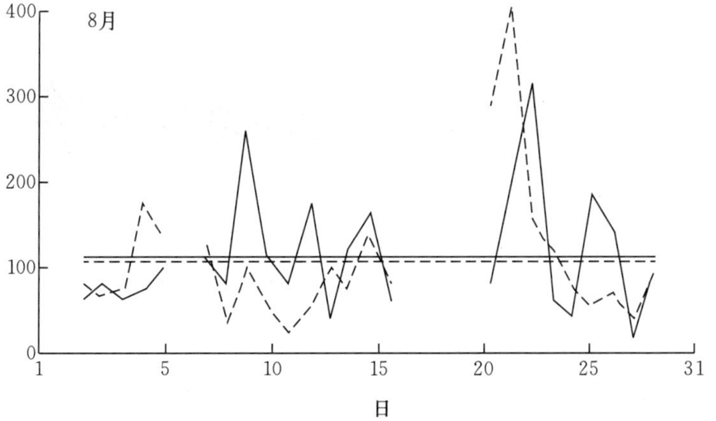
8月
400
300
200
100
0
1
5
10
15
20
25
31
日

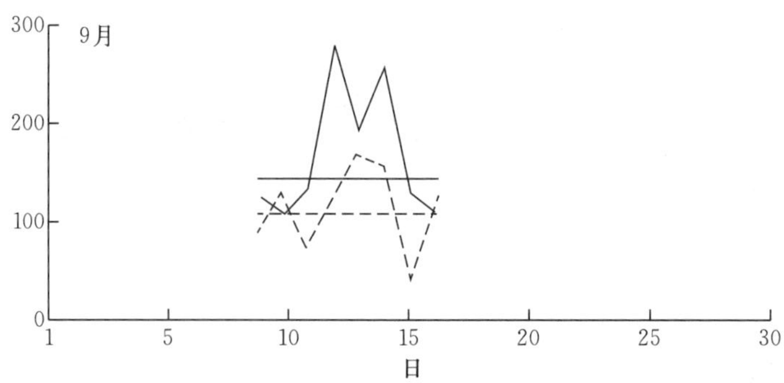

图 8-2 拖网昼夜网获量逐日变化

（引自唐启升，1973）

黄海鲱趋光季节变化几乎与垂直移动规律同步，即垂直移动最明显的季节趋光性也最强，垂直移动弱或不规律的季节，鱼群对光反应也较迟钝。2—3 月，生殖洄游过程中，黄海鲱趋光性最显著，通常灯诱船开灯后 10 min 左右，鱼群即在光照区出现，且较密集。此时对声响反应敏感，如若船舶主机突然开动或螺旋桨激起的水花，震动声响会使鱼群受惊分散、下潜数十米，继之又较快恢复群聚。2—3 月正是性腺成熟度由Ⅳ期向Ⅴ期转化以及鱼群由外海底层逐渐向近岸中层游进的阶段，趋光强度和年度的季节变化均与年龄组成和性腺发育关系密切。如 1971 年生殖群体以 3～5 龄鱼为主，性腺发育较早，2 月 20 日前后形成趋光盛期，但 1972 年生殖群体以 2 龄鱼为主，性腺发育较晚，3 月上旬才显示出明显的趋光性。索饵鱼群虽亦趋向光源，但是，由于鱼群分布面较广，行动迅速，鱼群趋光密度不高，亦不够稳定。

2. 集群习性

鲱鱼属于集群性鱼类，这一特点在黄海尤为明显。生殖季节及越冬期间鱼群常密集成许多单独的大群（图 8-3），拖网最高网获达 40 万尾（约 60 t），机帆船围网最高网获达 160 万尾（约 115 t）。索饵期间鱼群分布面虽较广，但仍有集结成群的习性。

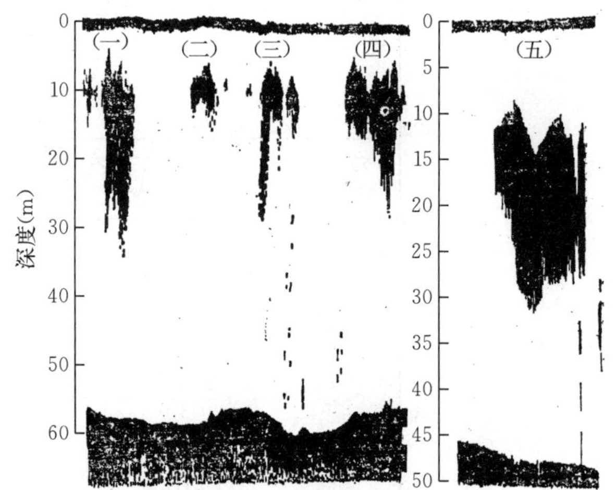

图 8-3 黄海鲱生殖群体集群情况

1971 年 3 月 22 日上午 7—9 时，成山头东南水深 58～60 m 处鱼群映像；围网捕获情况：（一）获 37.5 t，（二）获 10 t，（三）获 15 t，（四）获 20 t，（五）获 105 t

黄海鲱集群程度与年龄有关。通常高龄鱼集群程度较强，容易密集成大群，低龄鱼集群性相对较差。在资源状况相近的年份，这种差异将明显地影响围网捕捞效果。另外，与年龄有关的集群特性还影响到鱼群的水平分布，例如 1972 年 6—8 月拖网调查表明，索饵鱼群基本为相同年龄的个体结集在一起，1 龄鱼主要分布在北纬 36°00′～36°30′，2 龄鱼主要分布在北纬 35°～36°海区，

3 龄以上的高龄鱼则主要分布在北纬 35°30′以南海区。这种分布态势一直保持到翌年 2 月，生殖洄游期间，1 龄鱼与 2 龄以上个体的分布区易位。

（二）与环境因子的关系

1. 与深度的关系

关于黄海鲱的栖息深度和水层已如前述。索饵和越冬期间鱼群分布受水深影响明显，主要分布区基本位于 60～70 m 等深线范围内，即位于黄海洼地内，其他海区即使有丰富的饵料和适宜的水温，亦未发现在鲱鱼分布。至于这一习性的内在原因，尚不清楚，但它却是掌握黄海鲱分布范围的有效指标之一（图 8－4）。

2. 与温度和盐度的关系

黄海鲱属冷温性鱼类，对低温有较大的适应性，但在不同生活阶段其适温范围也不同。生殖季节适温范围为 0～8 ℃，产卵盛期最适温度为 2～6 ℃，索饵和越冬期间适温稍高，为 6～10 ℃，其中以 6.5～9.5 ℃最为适宜，即黄海冷水团控制的海域。当年生幼鱼在沿岸浅水区栖息分布期间适温较高，多分布在表层温度6～20 ℃的海区。

不同年龄或季节鲱鱼适温性亦有差异。产卵期间，高龄鱼比低龄鱼对低温有较大的适应性，适温差约 2 ℃；索饵和越冬期间相反，低龄鱼趋向较低温，高龄鱼趋向较高温。因此，秋冬季出现了低龄鱼偏北，高龄鱼偏南的分布特点。

黄海底层 10 ℃等温线对夏秋季鱼群的行动和分布有明显的制约作用。图 8－4 表明：6 月，10 ℃等温线偏向近海，鱼群分布区最大；7—8 月以后，10 ℃等温线向黄海中央部收

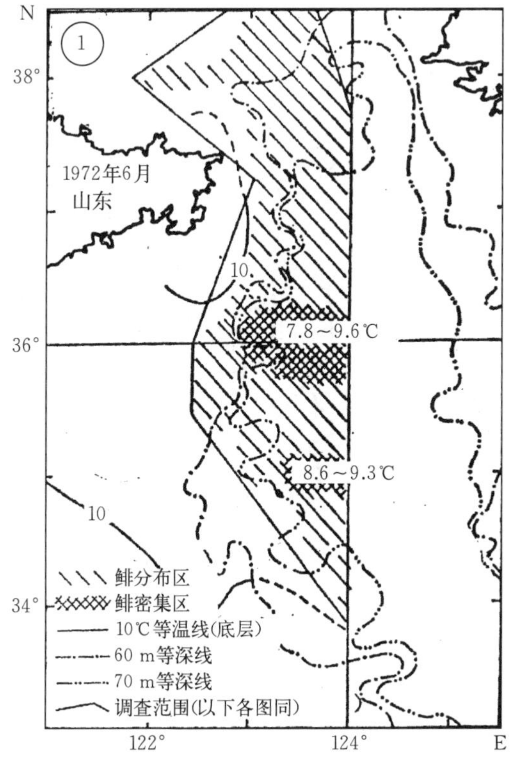

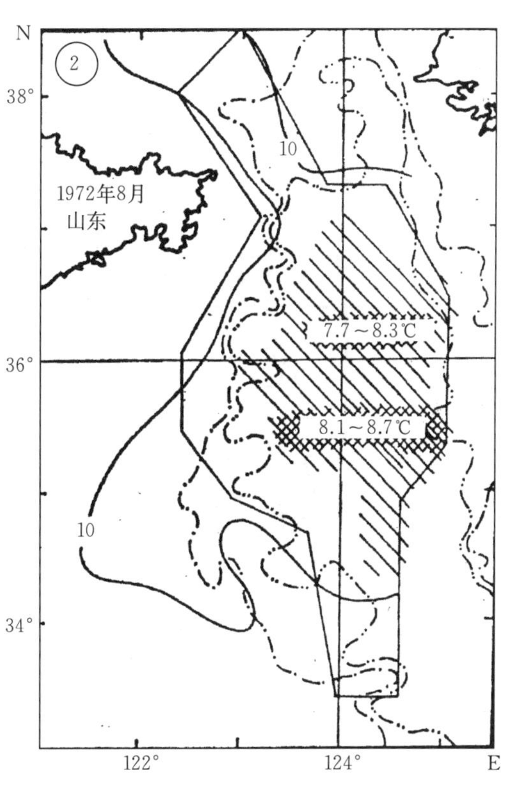

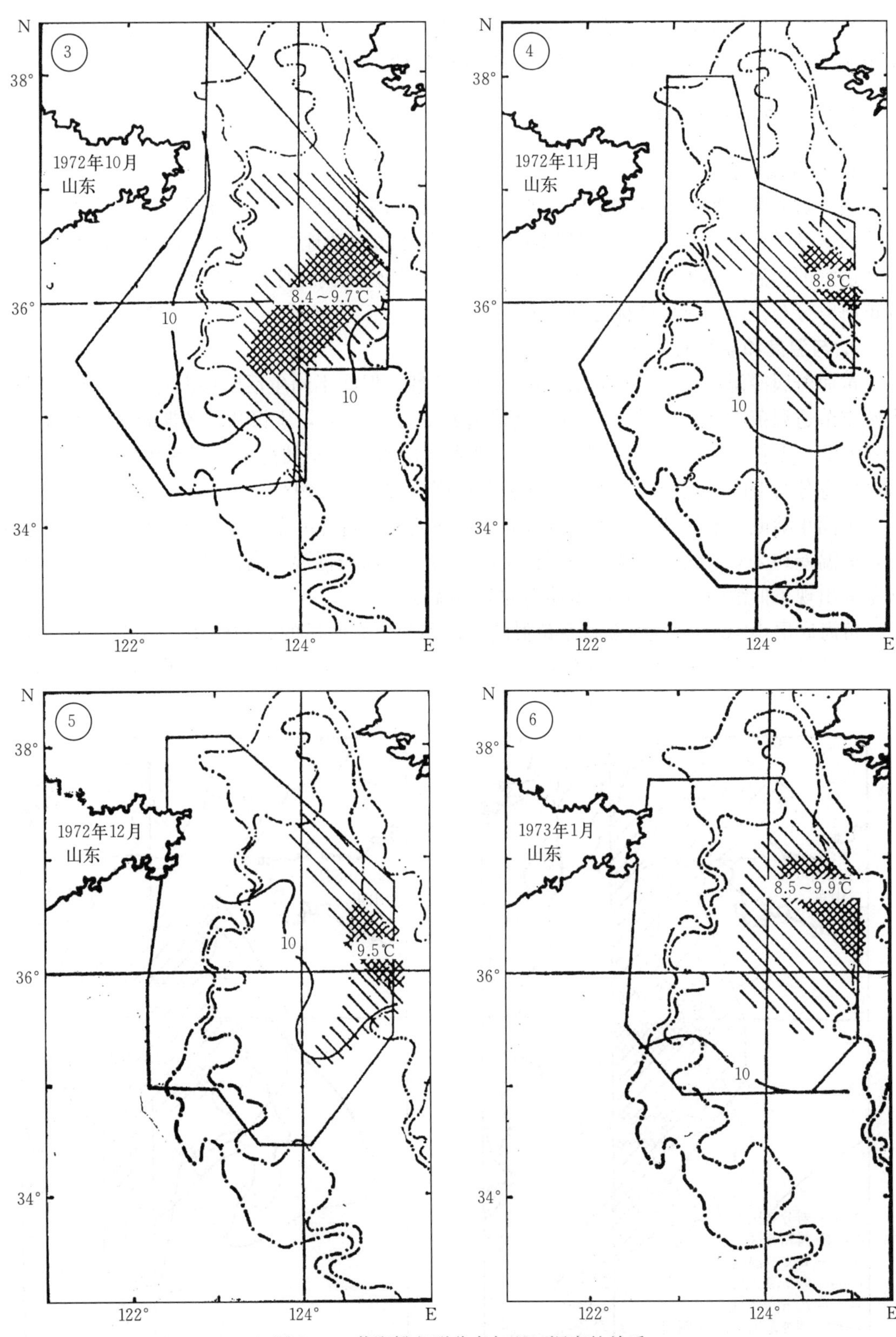

图 8－4　黄海鲱鱼群分布与温、深度的关系

（引自唐启升，1973）

缩，分布区随之缩小；11—12月，这种依存关系更为密切，以致鱼群密集在黄海中央部深水区较小的范围内；1月，10 ℃等温线向南收缩，分布区复而扩大，此后，鱼群位于8 ℃和9 ℃等温线之间的海域。因此，根据10 ℃等温线的变化，即依黄海冷水团与黄海暖流的消长情况，来判鲱鱼的分布是有效的。

黄海鲱通常栖息于盐度较高的海区，在近岸，其适盐范围为30～32；在外海主要分布于32.5等盐线附近。

三、种群

太平洋鲱不作远距离洄游，在其广阔分布区内形成若干地方性种群，如构成重要渔业的北海道—萨哈林鲱（尼科里斯基，1958；Murphy，1977）。关于黄海鲱的种群归属问题以及它与日本海鲱的关系问题，过去曾是一个悬而未解的疑题（内田惠太郎，1936；王以康，1958）。70年代以来，通过我们的调查研究为解决这一问题提供了许多有利的证据：

1. 对马海峡海洋学资料分析表明，横贯对马海峡的水文断面，常年水温在11～12 ℃以上，犹如两扇高温的大门，阻挡了鲱鱼在这一海区的进出活动。因此，无论是过去还是现在，大批鱼群通过对马海峡进入黄海或黄海的鱼群游向日本海都不太可能（唐启升，1973）。事实上，从1971—1978年28个航次的大面积拖网调查和千余份渔捞记录中从未在黄海北纬34°以南海域发现鲱鱼。上述洄游分布典型特征亦表明，黄海盛产的鲱鱼终年不出黄海，栖息在水温低于10 ℃等温线控制范围内。这些调查研究结果从区域生态学的角度表明，黄海鲱在地理分布上有明显的独立性。

2. 黄海鲱和日本海鲱形态计数特征有显著差异。藤田等（1927）将日本海鲱鱼划分为两个种群：北海道鲱和朝鲜鲱。这两个地方种群鲱鱼与黄海鲱的主要计数特征的频数分布和平均值差别明显，表现出脊椎骨总数和躯椎数东高西低，尾椎数、背鳍条数、臀鳍条数、棱鳞数等则相反，西高东低（表8-1）。差异显著性t检验结果（表8-2）表明，黄海鲱与北海道鲱除尾椎一项无显著差异（$t<t_{0.01}$）外，其他五项（椎骨、躯椎、背鳍条、臀鳍条和棱鳞）差异均显著（$t>t_{0.01}$）；与朝鲜鲱相比，除椎骨和尾椎两项无显著差

表8-1 黄海与日本海鲱主要计数特征统计比较

（引自藤田等，1927；唐启升，1977）

群别	脊椎骨频数											背鳍条频数							
	50	51	52	53	54	55	56	58	n	x	m	15	16	17	18	19	n	x	m
北海道			2	53	56	118	15	1	445	54.22	0.072	15	356	422	22	1	816	16.56	0.059
朝鲜	1		1	13	14	9	2		40	53.85	0.111		22	18			40	16.45	0.050
黄海		2	3	63	119	13			200	53.69	0.066	1	30	134	34	1	200	17.02	0.042

群别	躯椎频数										臀鳍条频数								
	21	22	23	24	25	26	27	n	x	m	13	14	15	16	17	18	n	x	m
北海道		2	7	99	163	31	3	445	24.41	0.081	4	133	392	266	20	1	816	15.21	0.075
朝鲜	1		14	13	8	4		40	23.98	0.108		8	25	6	1		40	15.00	0.067
黄海		6	84	90	19	1		200	23.63	0.072		15	85	92	8		200	15.47	0.049

（续）

群别	尾椎频数										棱鳞频数							
	27	28	29	30	31	32	33	n	x	m	9	10	11	12	13	n	x	m
北海道	2	23	141	193	79	6	1	445	29.78	0.087	9	231	422	54	1	717	10.73	0.059
朝鲜	1	1	9	21	7	1		40	29.88	0.090		4	24	12		40	11.20	0.060
黄海	1	3	41	95	58	2		200	30.06	0.080	1	10	86	90	13	200	11.52	0.050

注：n 为样品数，x 为平均值，m 为误差。

表 8-2 差异显著性 t 检验①

项目	鱼 群	
	黄海鲱-北海道鲱	黄海鲱-朝鲜鲱
椎骨	5.41	1.29
躯椎	7.18	2.69
尾椎	2.37	1.50
背鳍条	6.32	8.69
臀鳍条	5.10	5.66
棱鳞	9.96	4.10

注：1. $t=(_1-_2)(m_1^2+m_2^2)^{-\frac{1}{2}}$，符号说明见表 8-1。

2. 差异显著性检验，当 $df=\infty$ 时，$t_{0.01}=2.58$，$t_{0.001}=3.29$。

异（$t<t_{0.01}$）外，其余四项（躯椎、背鳍条、臀鳍条和棱鳞）差异显著（$t>t_{0.01}$）。但是，尚未达到亚种差异水平。

3. 与日本海鲱相比，黄海鲱还具有生长快、性成熟早、生殖力强等生物学特点（详见本章第三、四节）。

因此，黄海的鲱鱼已被确认为太平洋鲱的一个地方性种群，通常简称之为黄海鲱（俗称青鱼）。

第二节 摄 食

一、摄食习性

（一）饵料组成

太平洋鲱摄食种类比较单一，稚、幼鱼和成鱼均以一些主要的浮游动物种类为主，如磷虾类（Euphausicea）、桡足类（Copepoda）、端足类（Amphipoda）、毛颚类（Chaetognatha）、糠虾类（Mysidacea）、枝角类（Cladocera）和被囊动物（Tunicata）等。有时鲱也摄食少量仔鱼，如狭鳕和毛鳞鱼的仔鱼（Wespestad 和 Barton，1981）。黄海鲱饵料以黄海常见的浮游动物优势种为主，如 8 月胃含物分析结果表明（按重量计）：太平洋磷虾（*Euphausia pacifica*）占 99.1%，中华哲水蚤（*Calanus sinicus*）占 0.6%，强壮箭虫

（*Sagitta crassa*）和细长脚蛾（*Themisto gracilipes*）等为0.3%。

鲱鳃耙细长而扁，牙齿细小，适合过滤浮游生物，属典型的浮游动物食性，但是，对浮游动物种类并无特别的选择性。例如，黄海鲱主要索饵期内（4—8月）主食太平洋磷虾，这是因为该季节磷虾是鲱分布区内的优势浮游动物种类；产卵前期（2—3月）威海外的鲱鱼胃含物以细长脚蛾为主，因该海区位于北黄海冷水团西南边缘，正是冷温性浮游动物种类细长脚蛾的密集分布区之一。因此可以说鲱的饵料成分随海区和时间不同而异，主要取决于其分布区内优势浮游动物种类的组成情况。

（二）摄食强度及季节变化

黄海鲱摄食的显著特点是季节集中，主要索饵期为4—8月，越冬后期及产卵前期有少量摄食，其他季节摄食量很低，甚至停止摄食（图8-5）。主要索饵期间，鲱积极摄食，胃饱满度通常较高，如1971年7—8月间1龄鱼胃饱满度均以4级为主；秋季，停止摄食的鲱鱼，鱼体肥硕，体腔内布满了脂肪块，含脂量显著增高，似为越冬做好了充分的准备。

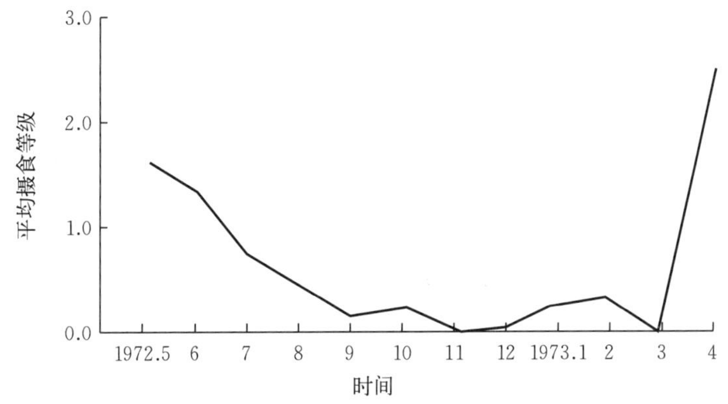

图8-5 黄海鲱各月摄食强度变化

（引自唐启升，1980）

二、与饵料生物的关系

黄海鲱主要索饵期正值黄海浮游动物的优势种类数量高峰期，反映出饵料的需求与供给相一致的适应性。

黄海鲱的水平分布与饵料生物的数量分布亦有一定关系，特别在索饵期间表现更明显。图8-6表明，5—8月黄海鲱的主要分布区基本上是太平洋磷虾高生物量分布区，但是，两者又不完全吻合，如北纬34°00′、东经123°30′附近及以南海区。图8-4和图8-6对比分析表明，黄海鲱索饵鱼群的行动分布受深度、温度和饵料因子的影响程度，以非生物因子为主，生物因子为次。因此，只有在适宜的深度和温度等环境因子范围内，才能显示出鱼群分布与饵料生物的密切关系。

另外，1971—1978年的调查资料表明，索饵期间，鲱分布区内除少量食底栖生物种类（如高眼鲽、绵鳚等）外，未发现其他大宗食浮游动物的种类。可见，黄海鲱饵料种类虽比

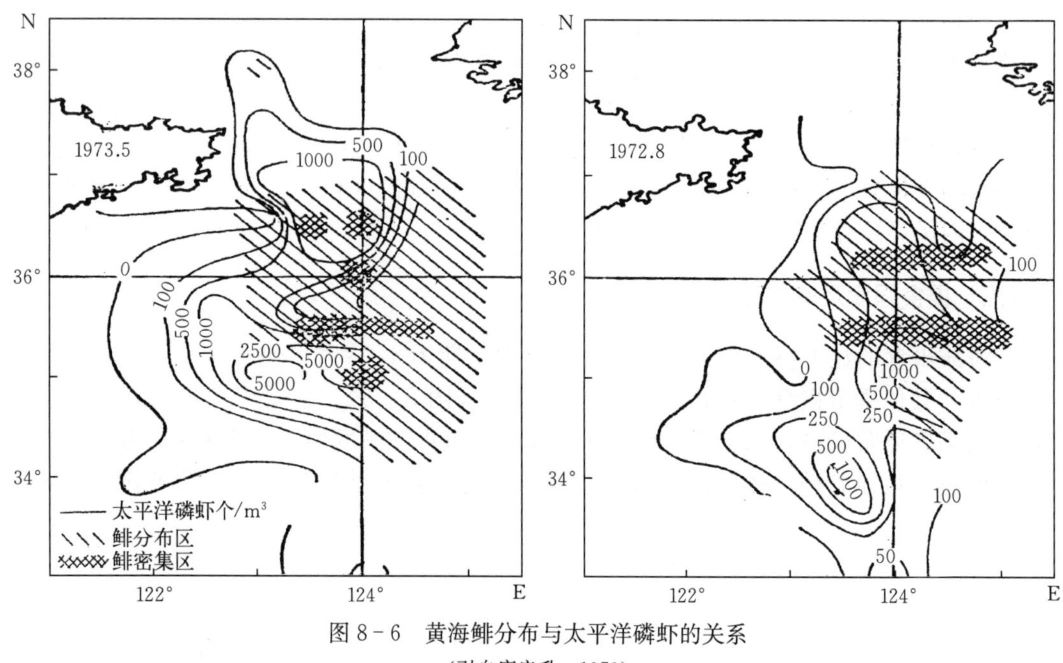

图 8-6　黄海鲱分布与太平洋磷虾的关系

（引自唐启升，1973）

较单一，但种间竞争关系并不明显，即使在资源数量大量增加的时期，其饵料仍能够得到较充足的保障。

第三节　繁　　殖

一、生殖习性

（一）产卵期

每年 12 月前后初次性成熟或重复产卵个体卵巢内的卵细胞开始发育，12 月中下旬约有半数以上的个体性腺成熟度达Ⅲ期。1 月以后，大部分个体性腺成熟度达Ⅲ～Ⅳ期。因此，生殖鱼群开始进入近岸产卵的时间通常为 2 月中下旬，产卵盛期为 3—4 月，5 月仅有少量个体产卵。但是，历年产卵期的早晚、长短受到以下因素的影响：

1. 由于初次性成熟的个体（如 2 龄鱼）性腺发育晚于 3 龄以上的高龄鱼，生殖群体的年龄组成即成为影响产卵期早晚的一个基本因素。一般以 2 龄鱼为主的年份产卵盛期偏晚，3 龄鱼以上高龄鱼为主的年份产卵盛期偏早，两者相差约 10～15 d（图 8-7）。

2. 生殖群体资源丰盛的年份，产卵盛期通常较早，持续时间长。如 1972 与 1978、1979 年生殖群体同以 2 龄鱼为主，资源数量比约为 10∶1，前者产卵盛期来得早，持续时间 1 月余，后者产卵盛期约晚 10 d，持续不足半个月。

另外，资源丰盛的年份，生殖群体分批涌进产卵场的现象十分明显。如 1972 年生殖鱼群分成五批涌进产卵场，第一批为 3～7 龄鱼，第二批之后为 2 龄鱼。由于资源量大，鱼群之间性腺发育差异明显，分四大批进入产卵场，形成产卵和生产高潮（表 8-3）。

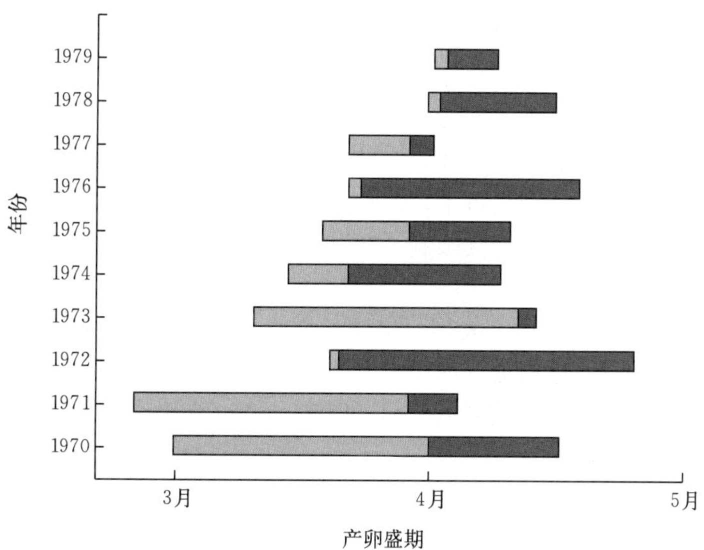

图 8-7　1970—1979 年黄海鲱生殖群体年龄组成与产卵盛期的关系
图中长方条表示产卵盛期起止时间，其中斜线部分表示 2 龄鱼的比例，其余表示 3 龄以上鱼的比例

表 8-3　1972 年黄海鲱生殖群体分批涌进荣成东部产卵场情况

（引自唐启升，1973）

鱼群批次	时间（定置网具高产日）	年龄组成（%）						性腺成熟度		
		2	3	4	5	6	7	Ⅳ	Ⅴ	Ⅵ
1	3 月 11—15 日 农历正月廿八日—二月一日		4	58	11	26	1	5	85	10
2	3 月 21—23 日 农历二月七日—九日	100							80	20
3	3 月 27—28 日 农历二月十三日—十四日	100							67	33
4	4 月 4—7 日 农历二月廿一日—廿四日	100							89	11
5	4 月 10—14 日 农历二月廿七日—三月一日	100							97	3

3. 在环境条件变化显著的年份，环境因子对产卵期亦有影响。温度是重要的影响因子，与性腺发育有关。通常冬春季节冷的年份产卵盛期晚，暖的年份产卵盛期早。

（二）产卵场

鲱产卵场通常位于盐度较高、温度较低、水质清澈、海草丛生、海底为硬沙质泥的近岸浅水区。亲体生殖活动多在中层进行，产出的卵子具沉性，黏着在海草、藻类、礁石、海底或近底层其他附着物上。

黄海鲱主要产卵场位于山东省荣成市桑沟湾、荣成湾和威海市皂埠至田村沿岸。在资源丰盛的年份，产卵场沿着海岸向两侧伸展。例如，1972 年产卵场向西由山东半岛北部威海、文登、牟平、烟台、福山、蓬莱、黄县、招远各市县一直伸展到掖县沿岸；向南由荣成、文登、乳山、海阳、即墨各市县沿岸，伸展到青岛市胶州湾。这些区域虽然并非永久性的产卵场，但是，它表明：①这些区域具备了黄海鲱产卵的必要环境条件，②黄海鲱主要产卵场虽具有范围狭窄的特点，但它又未受其限制，在资源丰盛的年份，以扩大产卵区域的形式保证种群的繁衍。

另外，辽宁省海洋岛、薪岛、大连、旅顺、金县、庄河等市县沿岸和朝鲜西海岸黄海道、忠清南道亦有产卵场。据报道（内田惠太郎，1936；卡冈诺夫斯基等，1962），20 世纪初前后曾有相当数量的鲱鱼在上述区域产卵。但是，60—70 年代黄海鲱资源再次旺发之后，以上产卵场仅有少量鲱产卵。

二、生殖力

（一）个体生殖力

成熟卵巢内卵细胞由大小相差悬殊的两类卵径组成。小卵肉眼不可见，系初级卵母细胞卵径在 0.25 mm 以下；大卵充满卵黄或已透明，卵径在 1.10 mm 以上（图 8－8）。大量观察产卵后期卵巢的结果表明，成熟的大卵在该生殖季节内几乎一次全部排出体外，属典型一次排卵类型。故大卵可作为个体生殖力计数对象。

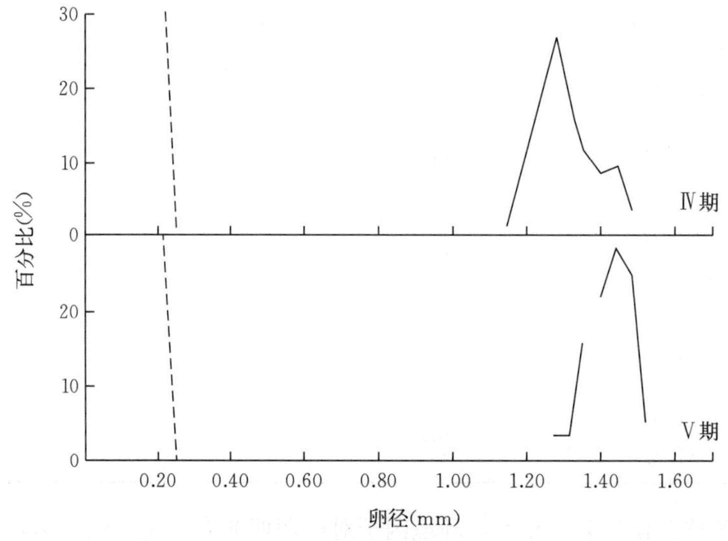

图 8－8　Ⅳ～Ⅴ期卵巢卵径组成
（引自唐启升，1980）

在个体纯体重 71～240 g、叉长 207～300 mm、年龄 2～6 龄范围内，黄海鲱个体绝对生殖力为 1.93 万～7.81 万粒；个体相对生殖力分别为 93～269 粒/（叉长・mm)、210～379 粒/（纯体重・g)。

个体绝对生殖力（F_I）与纯体重（W）是一种直线增长关系，与叉长（L）是一种幂函数增长关系（图 8－9a 和图 8－10a），即随着鱼体重量和长度的增加，个体绝对生殖力逐渐增大，后者增加幅度较前者大。其关系式分别为

$$F_I=0.030\,4W-0.409\,0 \tag{8-1}$$

$$F_I=7.980\times10^{-8}L^{3.170\,7} \tag{8-2}$$

个体绝对生殖力与年龄的关系，不同于与重量和长度的关系。随着年龄的增加，生殖力的增加呈现出阶段性：2 龄鱼初次产卵时生殖力较低；3～4 龄鱼已重复产卵，生殖力有较大幅度的增加，如 3 龄鱼的生殖力较 2 龄鱼增加 60%，说明重复产卵后生殖能力增强；5～6 龄鱼，生殖力增加幅度已很小（图 8－11a）。另外，曾发现少数高龄鱼性腺退化（张玉玺，1981）。

个体相对生殖力 F_I/L 与重量、长度和年龄的关系，同个体绝对生殖力与三者的关系十分相似（图 8－9b、图 8－10b 和图 8－11b）。但是，个体相对生殖方 F_I/W 则不同，它与重量、长度和年龄之间无明显关系，即单位重量的卵子数不随三者的变化而增减，基本稳定在 275 粒/g 上下（图 8－9c、图 8－10c 和图 8－11c）。

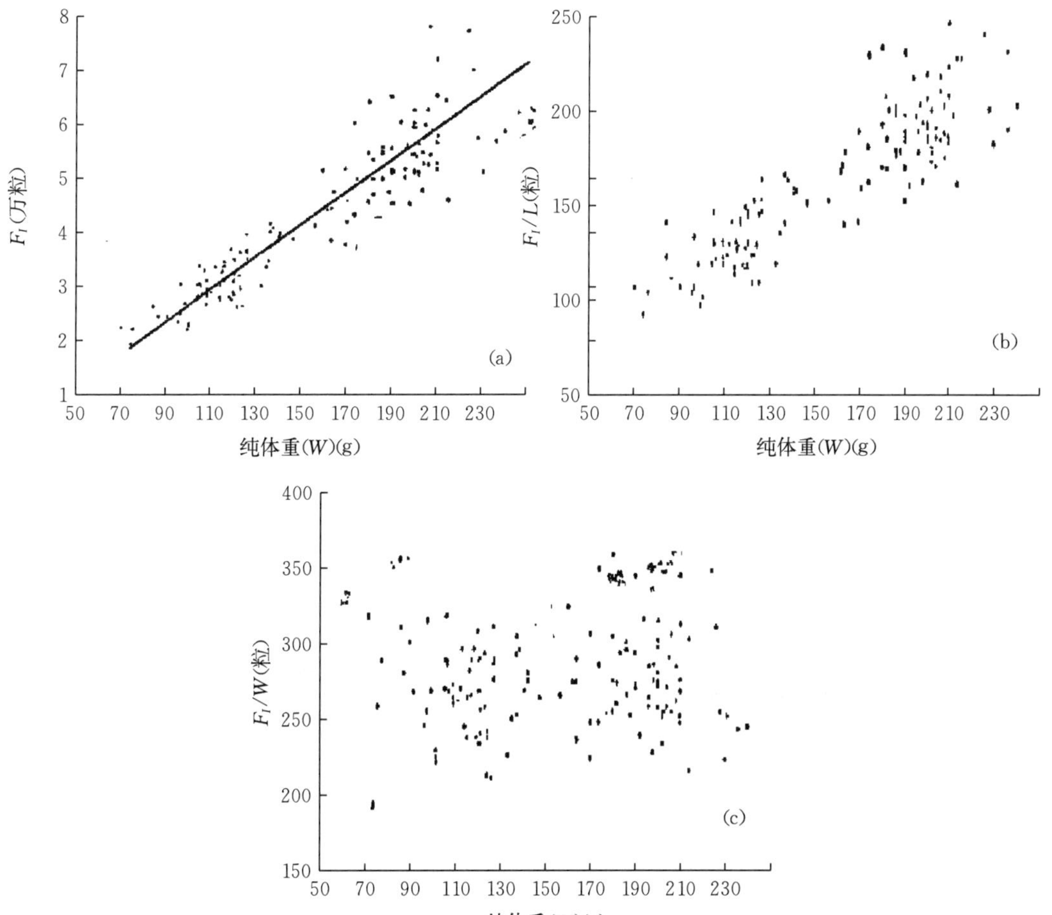

图 8－9　黄海鲱个体生殖力（F_I、F_I/L、F_I/W）与纯体重（W）的关系

（唐启升，1980）

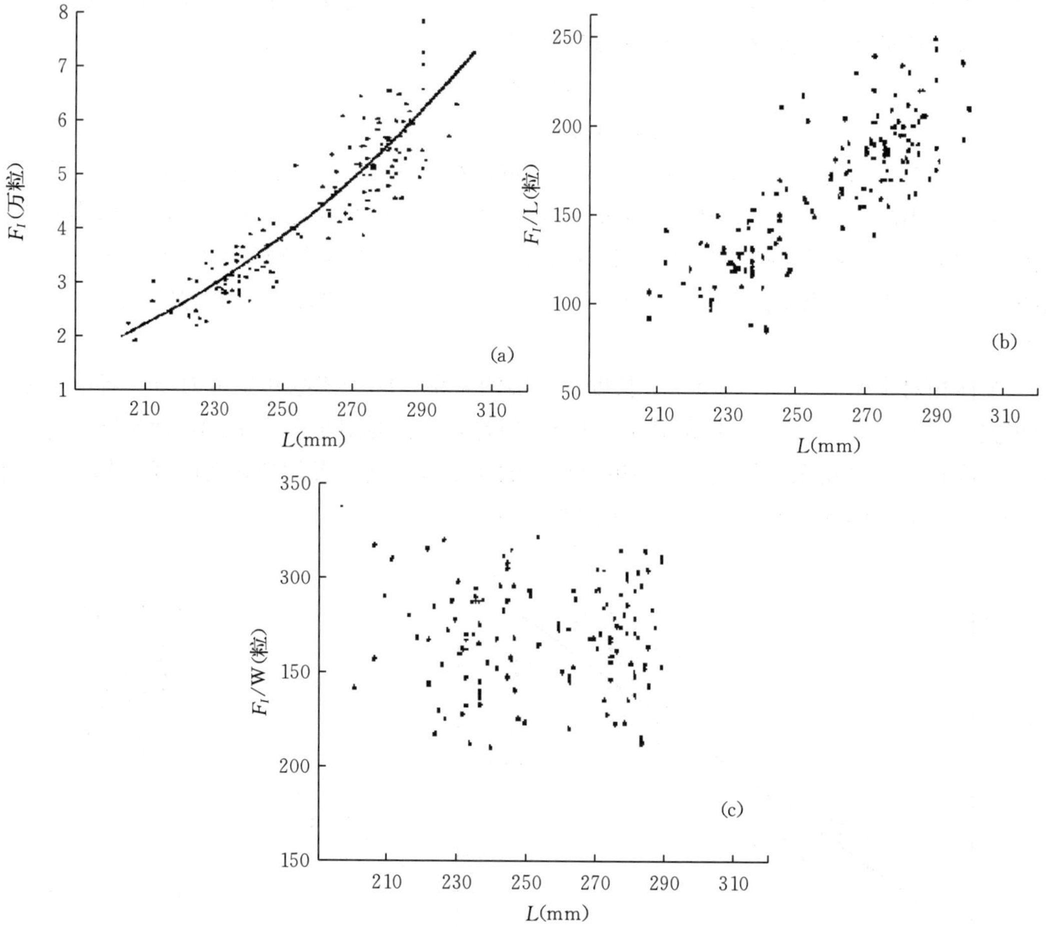

图 8-10 黄海鲱个体生殖力（F_I、F_I/L、F_I/W）与叉长（L）的关系

（引自唐启升，1980）

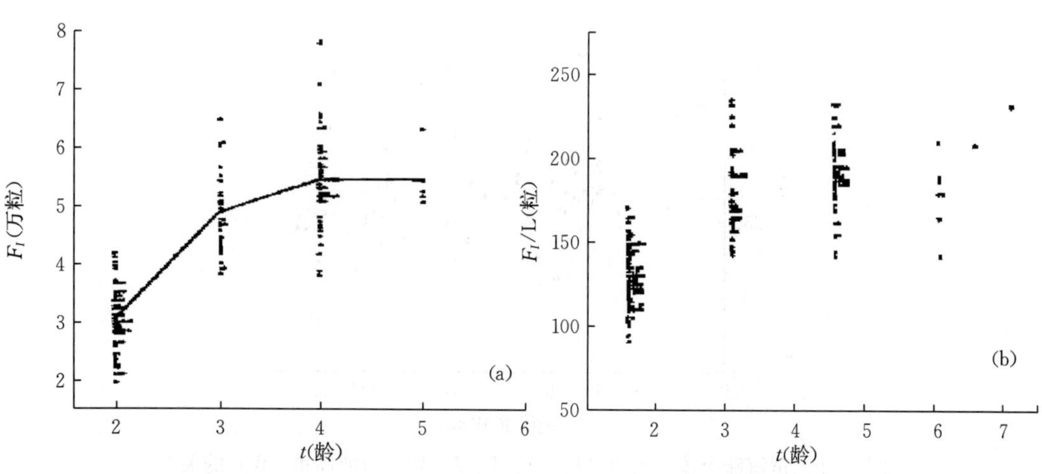

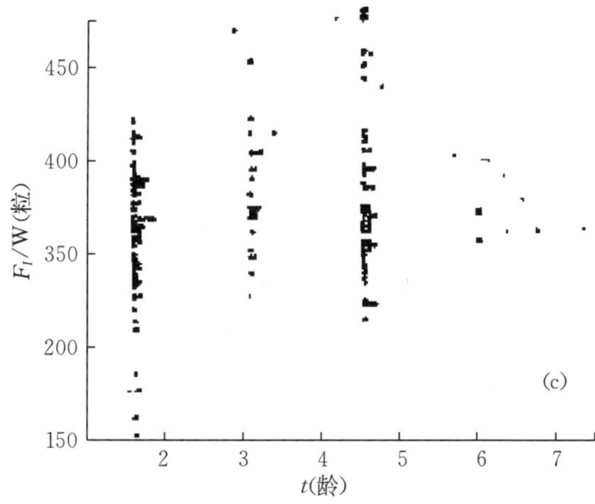

图 8-11 黄海鲱个体生殖力（F_I、F_I/L、F_I/W）与年龄（t）的关系

（引自唐启升，1980）

个体生殖力与重量、长度和年龄相互关系分析表明，同一年龄组内个体绝对生殖力随鱼体重量及长度的增加而增长，但是，同一体重组或叉长组的个体绝对生殖力并不随年龄的增加而增长，说明生长因子与个体生殖力的关系比年龄与个体生殖力的关系更为密切（表 8-4 和表 8-5）。因此，不同年份、不同世代产卵亲体生长的好坏，可能引起个体生殖力的变化，并对世代数量有所影响。

表 8-4 黄海鲱个体绝对生殖力（万粒）与鱼体重量及年龄的关系①

（引自唐启升，1980）

年龄	纯体重（g）									样品数	平均数
	70	90	110	130	150	170	190	210	230		
2	2.13	2.63	2.94	3.37	3.91					62	3.07
3						4.87	5.12	5.86		31	4.90
4					(4.13)	4.26	5.30	5.59	6.22	52	5.45
5							5.10			5	5.43
6								(7.22)		1	
样品数	3	8	25	23	4	11	26	28	6	151	
平均数	2.13	2.63	2.94	3.37	3.97	4.65	5.25	5.70	6.22		

注：①（ ）者，样品数仅 1 尾；各平均数为加权平均。表 8-6 同。

表 8-5 黄海鲱个体绝对生殖力（万粒）与鱼体长度及年龄的关系

年龄	叉长（mm）									
	210	220	230	240	250	260	270	280	290	300
2	2.46	2.54	3.00	3.34	3.58					
3					(5.16)	4.64	4.81	5.53		
4						4.18	5.16	5.30	6.19	(5.73)
5								(5.04)	5.35	(6.28)
6									(7.22)	
样品数	5	9	20	21	8	13	23	35	15	2
平均数	2.46	2.54	3.00	3.34	3.77	4.57	4.96	5.33	6.13	6.00

（二）种群生殖力

种群生殖力（F_P）取决于个体生殖力（F_I）、年龄组成（t）、亲体数量（S）及性比等因素，其计算式为：

$$F_P = 0.5 \sum_{t=i}^{n} F_{I,t} \cdot S_t \tag{8-3}$$

式中：$t=i$，…，n 为生殖群体年龄组成，i 为最小年龄，n 为最大年龄；黄海鲱雌雄性比较稳定，基本为 1∶1（表 8-6），故 0.5 表示雌鱼比例。

表 8-6 黄海鲱生殖群体性比（%）

日期	1972 年		日期	1973 年	
	♀	♂		♀	♂
3 月 10 日	67	33	3 月 2—3 日	48	52
12—13 日	49	51	5 日	48	52
16—18 日	41	59	8—9 日	51	49
22 日	50	50	11 日	54	46
24—25 日	49	51	15—18 日	51	49
4 月 1 日	51	49	22 日	63	37
3 日	52	48	25 日	59	41
7—8 日	45	55	27—28 日	52	48
平均	50	50	平均	53	47

图 8-12 表明，黄海鲱种群生殖力历年变化较大，70 年代前半期（如 1970—1973）资源丰盛阶段，种群生殖力处于较高水平，后半期（1977—1979）资源下降阶段，种群生殖力减少幅度较大。这种差异，主要是两个阶段亲体数量水平相差较大所致（分别为 39 212 万尾和 2 945万尾）。

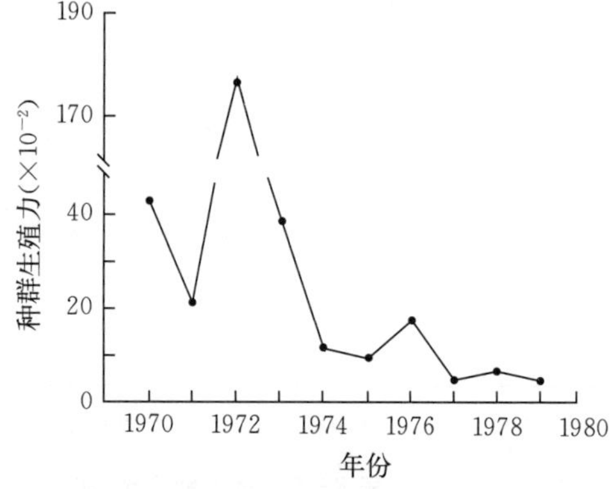

图 8-12 黄海鲱种群生殖力变化

三、早期发育

（一）卵子

受精卵属黏性球形卵，无油球，卵径为 1.42～1.65 mm。原生质无色透明，卵黄呈淡黄色，颗粒粗糙，有泡状龟裂，卵黄径约为 1.04～1.25 mm。卵膜厚，透明度小，表面具有黏液，使卵子互相黏聚和黏着于其他物体上。受精呈盘状，均等分裂型。成熟好的卵子受精率可达 95%～98%。胚胎发育形态同一般硬骨鱼类大体相同，唯色素细胞出现较晚（杨东莱等，1982）。在水温 5.5～9.8 ℃条件下，从受精至孵化约需 11.6～13.6 d，水温 7.5～13.2 ℃条件下，约需 9.6～12.5 d。受精卵和仔鱼阶段的形态特征如图 8-13 所示。

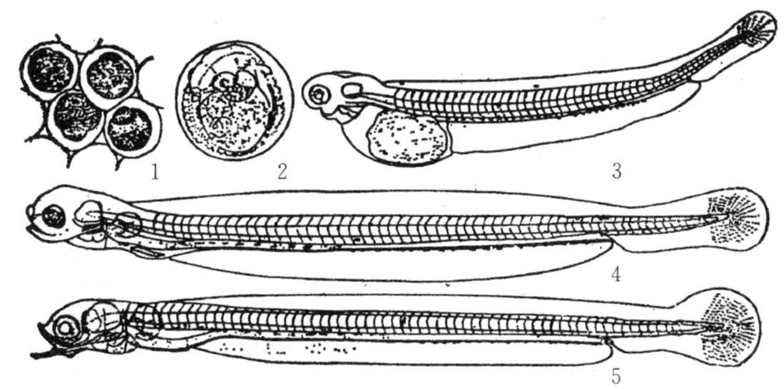

图 8-13 黄海鲱受精卵和仔鱼
1. 彼此粘连的受精卵 2. 胚胎围绕卵黄一周多时的卵子 3. 全长 7.04 mm 的仔鱼
4. 全长 8.32 mm 的仔鱼 5. 全长 11.50 mm 的仔鱼
（引自赵传絪等，1985）

曾遇到人工孵化卵尾芽形成期间大批卵子死亡的情况。造成这一现象的原因，可能是卵子团聚在一起，胚胎缺氧致死。但是，从心脏跳动到孵化期间，死亡率极低（姜言伟等，1981）。阎淑珍（1982）报道，采用海上网箱流水孵化则孵化率可由室内静水孵化率 28%～36%上升到 45%～60%，甚至高达 90%以上。可见充足的氧气和流水是黄海鲱卵子孵化的重要条件。

（二）仔鱼

初孵仔鱼身体细长，卵径 1.42～1.54 mm 的受精卵，孵出的仔鱼全长为 5.24～6.28 mm；1.42～1.65 mm 的受精卵，孵出的仔鱼全长为 5.94～7.49 mm。初孵仔鱼肌节为 56～58 对，以卵黄为营养。仔鱼孵化后 2～3 d，游泳能力显著增强，多半栖息于水底，有时也游向水面或中层。6 d 后，全长已达 8 mm 以上，卵黄吸收殆尽，由被动摄食转为主动摄食，进入后期仔鱼。此时生长较快，14～16 d 全长为 10.2～11.5 mm。

孵化后的稚幼鱼一直在亲体产卵场附近的浅水区栖息、觅食、成长，以浮游动物为主要饵料（如中华哲水蚤）。5 月，岸边可发现 20～30 mm 的稚鱼。6 月中下旬鱼体长到 50～60 mm，开始集群，有时密度很大，如 1972 年 7 月 14 日威海大拉网一网捕 2 亿尾。结集后的幼鱼，很快游向较深水域。

第四节 年龄与生长

一、年龄

（一）年龄特征

黄海鲱鳞片和耳石均具有明显的年龄特征。由于高龄鱼的年轮在耳石边缘常出现愈合现象，且耳石采集也比较麻烦，年龄鉴定材料以鳞片为主，其中鱼体前部两侧中上方的鳞片形状规则，轮纹清晰。

1. 鳞片年轮特征

鳞的表面有许多微细的鳞纹作横向紧密排列，根据鳞纹的变化情况，年轮特征可依宽度分为两个主要类型（图 8－14）：

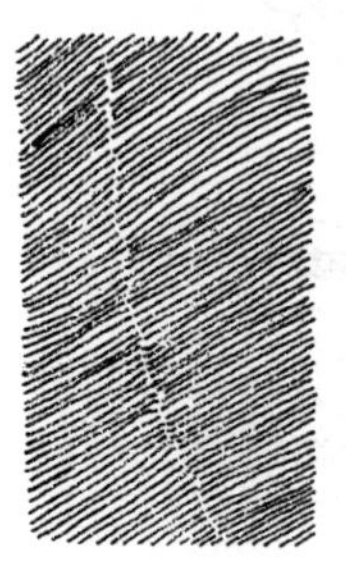
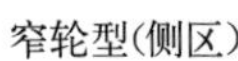

图 8－14　黄海鲱鳞片年轮类型

（引自唐启升，1972）

（1）窄轮型：由于鳞纹发育不良，年轮部位上的鳞纹变细、轻微的弯曲，或者鳞纹生长中断后，紧接着又开始了新的生长，两者间形成一个很小的间隙。在镜下观察，呈一细环带。有时在鳞片的肩区或前区附近由于鳞纹发育不良，出现一小块不规则的颓区。这是第一年轮常见的特征。

（2）宽轮型：正常生长的鳞纹出现不规则的断裂，以致纹路走向紊乱，形成间断、交叉、切割，或者鳞纹弯曲呈波纹状。少数情况下，年轮由两条细环带组成，呈双轮纹。在透射光镜下观察，呈一条较宽而明亮的环带。从第二年轮开始多属此型。

副轮的轮纹特征主要是不连续和缺乏规律，在同一尾鱼每个鳞片上的表现形式也不一致，镜下观察远不及年轮清楚。副轮主要出现于中心点附近，第一年轮内外两侧和第二年轮内侧。第二年轮以后尚未观察到副轮。

2. 耳石年轮特征

鲱耳石小而薄，外形侧扁椭圆，前部有一裂口，裂口的上方突出较长，下方较短，后部为圆形。轮纹特征以外侧面下方比较清楚，入射光镜下观察，白色不透明带和暗色透明带交替排列，暗色透明带为年轮。根据暗色透明带的色泽情况，年轮特征可分为两个类型（图 8－15）：

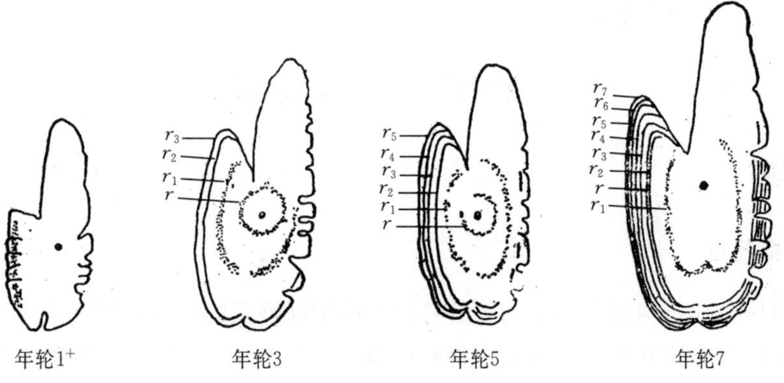

图 8－15　黄海鲱耳石年轮与副轮

10×双目解剖镜下绘制，r 为副轮，r_1，r_2，r_3，r_4，r_5，r_6，r_7 分别代表年轮

（引自唐启升，1972）

(1) 浅色轮：色泽浅淡，呈椭圆形封闭圈，由于与白色不透明带界限不明显而显得模糊。这是第一轮的特征。

(2) 深色轮：色泽深暗，宽度较浅色轮稍窄，与不透明带界限清楚。其形状与耳石外形相似。从第二年轮开始多属此型。

耳石上的副轮不多见。中心点与第一年轮中间的部位上有时有一个微弱的轮圈出现，与第一年轮的主要区别是呈圆形封闭圈，颜色也淡一些。第二轮内侧近处偶尔也有一个副轮出现，形状与第二轮相似，但较细弱且色浅。这种副轮虽少见，但容易误认为是一个年轮。

鳞片和耳石年轮特征的两种表现形式的性质十分相似，即“窄轮型”与“浅色轮”和“宽轮型”与“深色轮”相对应。从年轮形成期、性成熟和生殖季节个体的生态生理变化来看，它与生殖有关，即“宽轮型”和“深色轮”轮纹特征，不仅代表年龄，也含有生殖活动的痕迹。

（二）年轮形成时间与年龄记数

对生殖群体年龄材料大量鉴定表明：3—4 月鳞片上最末一个年轮，大部分处于形成状态，即年轮特征在鳞片前区或肩区的边缘出现；耳石上最末一个年轮，绝大部分在边缘已出现。6 月后，年轮已形成，鳞纹或耳石已开始了新的生长。因此，黄海鲱年轮形成期比较集中，主要在 3—4 月的生殖季节里。

黄海鲱年龄可依出生世代，以年为界记数。当年出生的鱼，以 0 龄记数，或称当年鱼；出生后第二年的鱼，从 1—12 月均以 1 龄记数；以后各年类推。这样记数比较简便，推算世代不容易发生错误。如 1972 年的 2 龄，只要年份数（1972）与鱼龄数（2）相减，便知道是 1970 年世代。

二、生长特征

（一）年内生长

黄海鲱个体生长在周年内有明显的阶段性变化。夏季生长迅速，秋季及冬初生长缓慢，冬末至产卵前生长又重新加速，产卵期间及产卵后恢复初期生长量最小，但是，并没有出现停止现象。1970 世代黄海鲱连续两个生长年度[①]的资料清楚地表达了这些变化规律性。如图 8-16 所示，年度内鱼体长度生长出现了两个大生长期和两个小生长期。大生长期生长迅速，增长幅度较大，以 6—8 月最为显著，约占年度增长量的 43%，月平均增长量约为 14%，其次为 1—3 月，即越冬期生殖前期，增长量约占年度增长量的 25%，月平均增长量约为 9%。小生长期生长缓慢，增长幅度较小，以 4 月最显著，增长量仅占年度增长量的 1%左右，其次为 9—12 月，约占年度增长量的 24%，月平均为 6%。另外，性成熟前和性成熟后长度生长的年内节律略有差别。主要表现在 5 月；性成熟前，长度生长迅速，增长量较大；性成熟后，长度生长缓慢，增长量小。鱼体重量增长变化趋势与长度生长节律基本一致，即在相应的时间内也出现了两个大生长期和两个小生长期（图 8-16B）。不同点是，性成熟前 5 月重量增长幅度较位成熟后为小，与相应时间内长度生长的特点刚好相反，这就进一步说明了个体在性成熟前和性成熟后年内生长的不同特点。

① 黄海鲱产卵期和年龄形成期均在 3—4 月间，故将当年 5 月至翌年 4 月划分为一个生长年度。

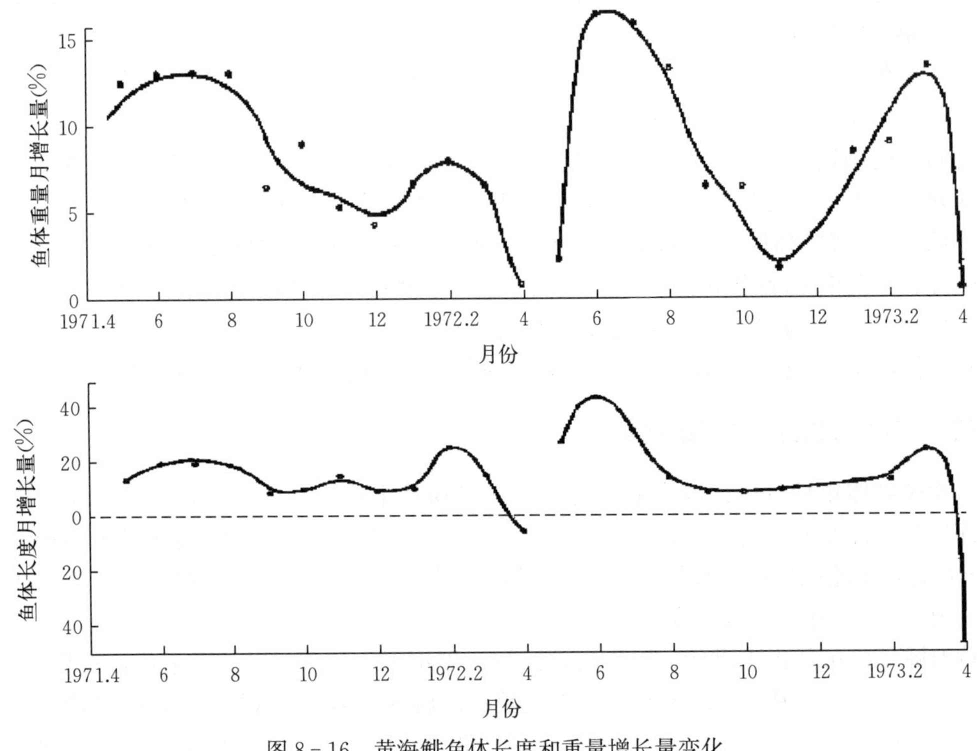

图 8-16 黄海鲱鱼体长度和重量增长量变化

（引自唐启升，1980）

上述生长的变化与摄食强度的季节变化表现出明显的随应性。即强摄食期之后，是个体迅速生长的时期，弱摄食期则生长缓慢。可见，黄海鲱生长的年内变化规律与摄食特点直接有关。

（二）年内生长

von Bertalanffy 生长方程较好地表达了黄海鲱年间生长的一般规律。应用表 8-7 的资料和最佳参数值测定法，测出 $L_\infty=305$，$K=0.66$，$t_0=-0.198$。其长度生长方程为：

$$L_t=305\ (1-e^{-0.66(t+0.198)}) \tag{8-4}$$

表 8-7 黄海鲱各年龄组平均叉长（mm）[①]

（引自唐启升，1980）

年度	年龄组								
	Ⅰ	Ⅱ	Ⅲ	Ⅳ	Ⅴ	Ⅵ	Ⅶ	Ⅷ	Ⅸ
1970		250.6	272.3	287.8					
1971		247.6	270.9	283.0	289.6		(309.0)		
1972		237.2	275.9	290.6	295.4	301.2			
1973	164.9	242.3	262.8	281.8	291.9	(304.1)	(303.4)	(305.7)	
1974		237.7	267.0	282.0	(292.8)	(300.4)	(309.0)		(310.0)

（续）

年度	年龄组								
	Ⅰ	Ⅱ	Ⅲ	Ⅳ	Ⅴ	Ⅵ	Ⅶ	Ⅷ	Ⅸ
1975	165.8	239.9	268.0	281.8	292.6				
1976		238.0	270.2	280.2					
1977		238.4	264.6	(283.2)	(287.2)				
平均	165	241	269	284	292	301			

注：①（ ）者，样品数不满 10 尾；各年龄组叉长为 3 月平均值。

黄海鲱鱼体长度与重量的关系如图 8-17 所示，其关系式为：

$$W=7.938\times10^{-6}L^{3.02} \tag{8-5}$$

式中：W 为纯体重，L 为叉长，幂指数≌3，表明黄海鲱鱼体重量与长度的立方成比例关系。相应的 $W_{\infty}=253$ g，故重量生长方程为：

$$W_t=253\ [1-e^{-0.66(t+0.198)}]^3 \tag{8-6}$$

黄海鲱长度生长曲线为一条渐近线（图 8-18）。重量生长为一条不对称的 S 形曲线（图 8-19），拐点处 $t_I=1.5$ 年，$W=74$ g，相当于 $0.297W_{\infty}$。从重量生长速度（dW/dt）曲线的变化来看，0.5～3 龄是一生中重量生长速度较大的阶段，生长速度最大点发生在拐点处。拐点处之前生长速度迅速增大；之后生长速度迅速减小，至 4 龄以后生长速度变得很小了，表现出性成熟对重量的年间生长的影响十分明显。长度生长速度（dL/dt）曲线则不同，为一条较圆滑的下降曲线。比较两条曲线可以看出：3 龄以前，长度和重量生长均较迅速，但生长初期，以长度生长较快，至初次性成熟前后，以重量生长较快；4 龄以后，生长变得缓慢，长度生长较重量生长提前结束。

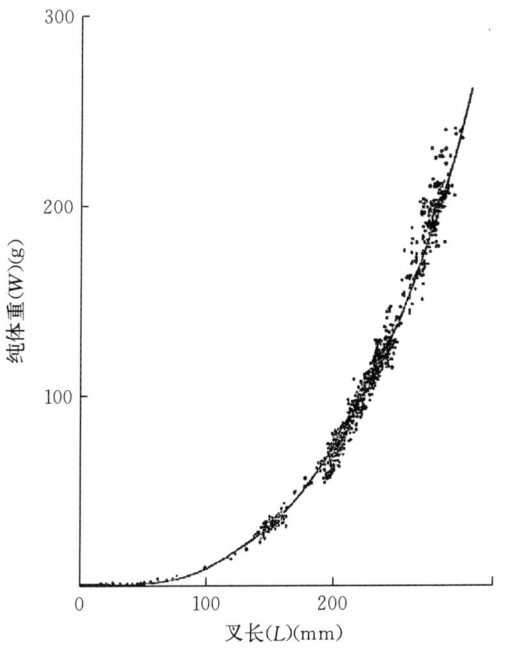

图 8-17 黄海鲱鱼体长度与重量的关系
（引自唐启升，1980）

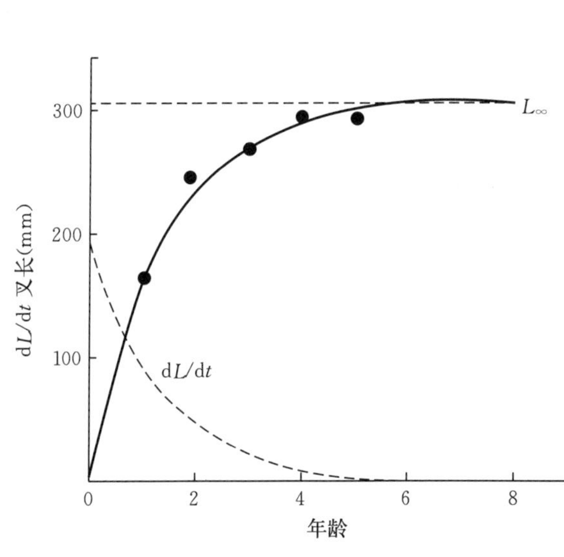

图 8-18 黄海鲱长度生长曲线
（黑点为实测值；引自唐启升，1980）

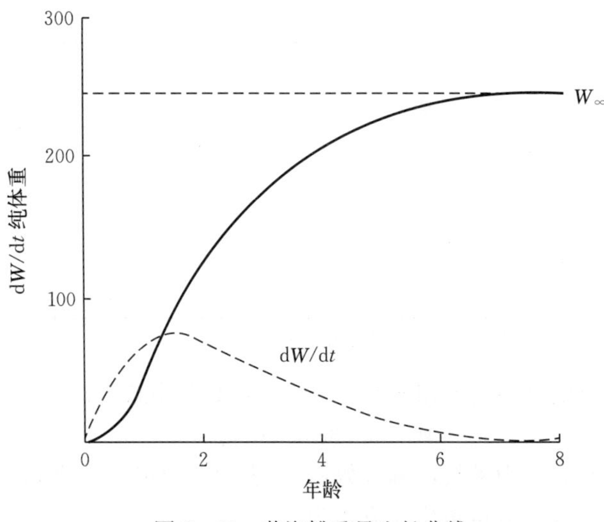

图 8-19 黄海鲱重量生长曲线

（引自唐启升，1980）

与其他海区的太平洋鲱相比，黄海鲱生长较为迅速。如 2 龄鱼黄海鲱平均叉长为24 cm，日本海鲱约 20 cm，白令海鲱约 17 cm，4 龄鱼黄海鲱为 28 cm，日本海鲱约 27 cm，白令海鲱约 20 cm（久保伊津男，1962；Wespestad 和 Barton，1981）。

第五节 死 亡

一、死亡的一般规律

生命表的研究结果较详细地揭示了黄海鲱一生中死亡的基本状况（表 8-8）。同大多数海洋鱼类和无脊椎动物一样，黄海鲱的生命早期阶段个体死亡率很高，存活率约万分之四左

表 8-8 黄海鲱生命表

A. 平均状况下（1971—1980 年）世代生命表				
年龄 x	特定年龄的个体存活数 n_x	特定年龄的存活率 $l_x=\frac{n_x}{n_0}\times 1\,000$	特定年龄的个体死亡率 $d_x=n_x-n_{x+1}$	特定年龄的死亡率 $q_x=\frac{d_x}{n_x}$
0	30 062.7×10⁸	1 000	30 059.2×10⁸	0.999 9
0.5	34 591.2×10⁴	0.115 1	3 293.1×10⁴	0.095 2
1	31 298.1×10⁴	0.104 1	14 099.0×10⁴	0.450 5
2	17 199.1×10⁴	0.057 2	14 664.7×10⁴	0.852 6
3	2 534.4×10⁴	0.008 4	2 197.2×10⁴	0.867 0
4	337.2×10⁴	0.001 1	298.4×10⁴	0.884 9
5	38.8×10⁴	0.000 13	25.6×10⁴	0.659 8
6	13.2×10⁴	0.000 04	7.7×10⁴	0.583 3
7	5.5×10⁴	0.000 02	5.5×10⁴	1.0
8	0	—	—	—

（续）

B. 一个强盛世代（1970 年）的生命表				
x	n_x	l_x	d_x	q_x
0	43 330×10⁸	1 000	43 300×10⁸	0.999 3
0.5	295 800×10⁴	0.682 7	28 160×10⁴	0.095 2
1	267 640×10⁴	0.617 7	70 433×10⁴	0.263 2
2	197 207×10⁴	0.455 1	129 530×10⁴	0.656 8
3	67 677×10⁴	0.156 2	59 124×10⁴	0.873 6
4	8 553×10⁴	0.019 7	8 258×10⁴	0.965 5
5	295×10⁴	0.000 7	248×10⁴	0.840 7
6	47×10⁴	0.000 1	29×10⁴	0.617 0
7	18×10⁴	0.000 04	9×10⁴	0.5
8	9×10⁴	0.000 02	9×10⁴	1.0
9	0	—	—	—

右；之后，死亡率相对较低，但随着年龄的增加和捕捞的影响而有变化；8～9 龄之后，绝大部分个体由于衰老而死亡。

图 8－20 表示了两种世代水平的存活曲线，曲线 A 表示平均状况下（1971—1980 年世代）的存活状况，曲线 B 表示强世代（1970 年）的存活状况。两条曲线的初始值相差不大（约 1∶1.4），以后差异明显，约在 0.5 龄之后差异趋于稳定。可见，生命早期阶段死亡率的年间变化很大。图 8－21 的资料表明，1970—1979 年间生命早期阶段的最高和最低死亡率分别为 0.999 970（1972 年）和 0.999 137（1974 年），两者的存活率比值为 1∶29。

另外，图 8－20 上部两条虚点线（A'和 B'）是在假设没有捕捞情况下的存活曲线。显然，对于捕捞群体，捕捞成为加快个体死亡的一个重要的因素，缩短了种群的平均寿命，从而也改变了黄海鲱存活曲线的性状和死亡规律。

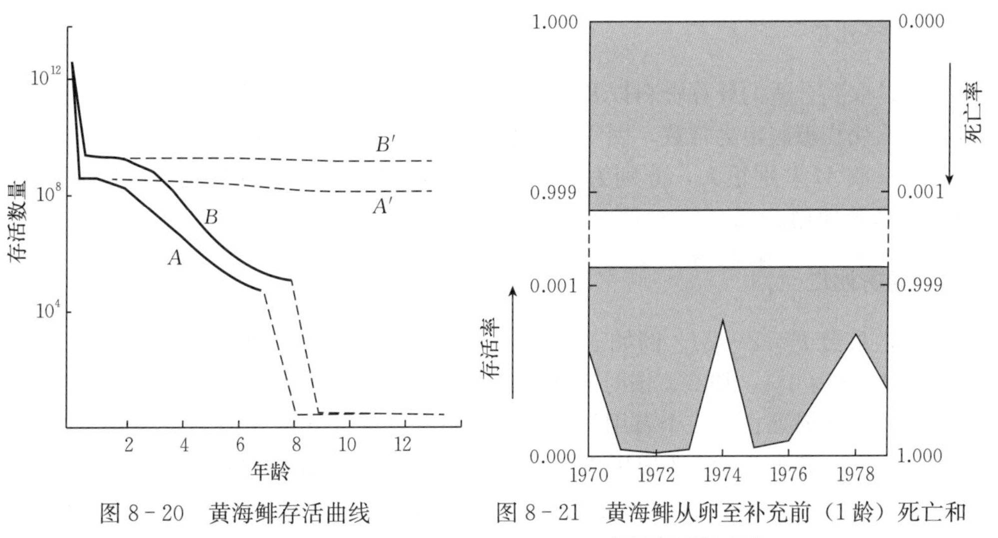

图 8－20　黄海鲱存活曲线

图 8－21　黄海鲱从卵至补充前（1 龄）死亡和存活率历年变化

二、捕捞群体的死亡概算

（一）总死亡

黄海鲱一个世代各时期的渔获尾数与年龄（t）的统计相关显著（图 8-22）。应用 1966—1981 年世代各年龄组相应资料计算的各个世代的总死亡系数（Z）变化幅度甚大，在 0.08～2.67 之间。

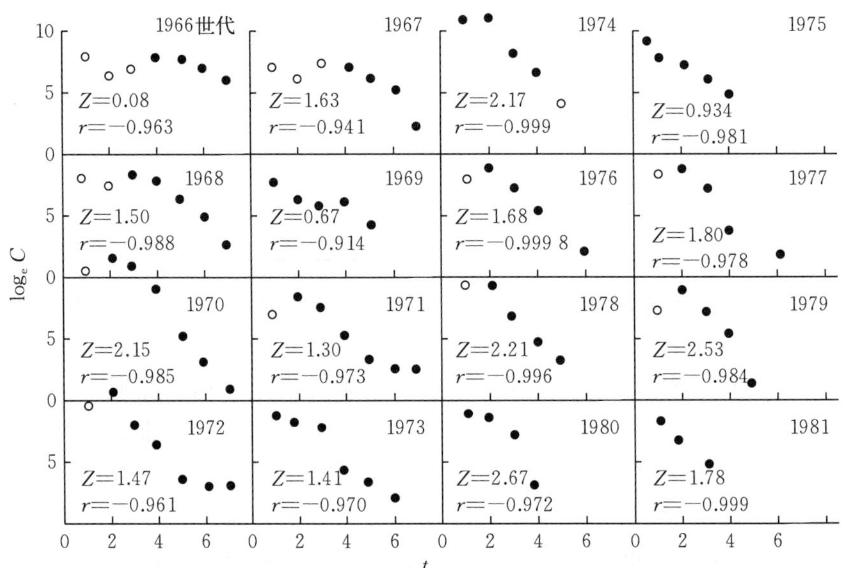

图 8-22 世代渔获尾数（C）与年龄（t）的关系

图中黑点用于 Z 值计算，计算公式为 $\log_e C_{t+1} = \log_e C_t - Z_t$，$r$ 为相关系数

（引自唐启升，1986）

（二）自然死亡

由于难以取到合适的计算资料以及主要捕捞年龄组属个体生命的青壮期，故捕捞群体各年龄组的自然死亡被假定为常数，因年龄引起的差异忽略不计。但是，根据不同方法，测出的自然死亡系数 M 差别很大，分别为 0.1、0.58、0.78。鉴于这种情况，应用时采用多个 M 取值，供选择使用。

（三）捕捞死亡

捕捞死亡系数 $F = Z - M$。例如 1972 年 2 月至 1973 年 2 月间黄海鲱总死亡系数 $Z = 1.05$，假若 M 计为 0.1，那么，该时期捕捞死亡系数 $F = 0.94$，相应的捕捞死亡率为 0.58。

计算黄海鲱捕捞死亡另一个有用的方法是应用有效种群分析（VPA）（详见本书第三章第三节）。表 8-9 和表 8-10 为应用该方法计算捕捞死亡使用的资料和结果。从而看出黄海鲱捕捞死亡随着渔业开发引起很大变化。从主要年龄组（2～4 龄，约占产卵群体 96%～99%）的情况看：渔业初期（1967—1972 年），捕捞死亡系数低于 1.0；1972 年以后，捕捞死亡明显增大，其中1974、1976、1980和1983年捕捞死亡系数达2.18～2.97，即85%以上的个体被捕捞。

表8-9　1967—1984年黄海鲱捕捞群体渔获尾数（×10⁴尾）

（引自唐启升，1986）

年龄	1967	1968	1969	1970	1971	1972	1973	1974	1975
1	2 751	1 120	2 840	2 089	36 486	1 276	13 190	6 909	44 015
2	98	620	509	1 924	697	117 003	4 758	29 160	3 870
3		19	1 018	1 428	5 340	488	56 252	2 379	3 105
4			10	2 856	1 554	2 559	538	8 013	222
5					2 311	609	490	82	234
6					30	1 097	251	119	
7						122	384	9	14
8							74		
9								27	
年龄	1976	1977	1978	1979	1980	1981	1982	1983	1984
1	2 675	3 890	5 656	23 618	1 933	10 208	4 662	3 166	1 236
2	44 190	1 795	9 594	8 360	19 034	11 401	6 888	916	2 565
3	2 574	4 425	453	2 007	1 324	1 377	1 808	1 446	133
4	626	117	640	188	331	64	141	222	33
5	43	52	38	60		—	—	26	5
6	26	20	32	11			12	7	
7		7	13	26					
8			8						

表8-10　1967—1984年黄海鲱捕捞死亡①

（引自唐启升，1986）

年龄	1967	1968	1969	1970	1971	1972	1973	1974	1975
1	0.15	0.16	0.18	0.62	0.15	0.13	0.30	0.64	0.59
2	—	0.04	0.09	0.17	0.39	0.96	0.95	2.03	0.82
3		—	0.10	0.41	0.91	0.46	1.97	2.04	1.53
4			—	0.44	0.94	1.52	1.27	3.27	1.18
5				—	0.69	1.13	1.43	(0.57)	1.73
6					—	0.76	3.02	1.91	
7						—	(0.58)	(1.53)	(1.40)
8							—		
9								—	
2～4龄加权平均			0.10	0.35	0.87	0.97	1.89	2.28	1.14

（续）

年龄	1976	1977	1978	1979	1980	1981	1982	1983	1984
1	0.64	0.25	0.41	0.71	0.11	0.73	1.58	0.66	(0.60)
2	2.16	1.09	1.51	1.86	2.48	1.79	1.66	1.80	(1.80)
3	2.64	1.89	0.80	1.68	2.78	2.10	2.11	3.62	(1.68)
4	1.66	1.08	2.24	(0.83)	(1.58)	(1.70)	1.67	3.62	(2.57)
5	0.67	0.51	1.19	(2.07)				(2.11)	(2.43)
6	0.86	0.68	0.60	(1.31)			—	—	
7		0.52	(1.20)	(1.37)					
8			(2.05)						
2～4 龄加权平均	2.18	1.65	1.52	1.81	2.48	1.82	1.75	2.97	(1.80)

注：①有括号者为各世代最高年龄组 F_{i+1} 初始输入值。$F_{i+1}=Z-M$，Z 引自图 8-22，$M=0.1$。

另外，黄海鲱同一年内各主要年龄组捕捞死亡不尽相同，一般来说，有随年龄而增大的趋势（表 8-10），这可能与鱼群的集群习性和稳定性有关。例如在围网生产中明显地表现出 3～5 龄鱼密集程度高、群体大且稳定、易捕捞；而 2 龄鱼群体相对小，又不够稳定。所以说，除了捕捞力量，鱼类的行动习性也是影响捕捞死亡的因素，它可能直接影响可捕系数（catchability）。

第六节　补　　充

一、补充特性

（一）补充年龄、长度和重量

黄海鲱性成熟年龄集中，补充速度快。1 龄鱼只有个别个体达性成熟；2 龄鱼性成熟者占 99%；3～9 龄鱼全部达性成熟（图 8-23）。因此，黄海鲱出生后的第三年绝大部分个体即补充到生殖群体中。与太平洋其他海域的鲱鱼相比，黄海鲱的补充年龄明显偏早 1～3 岁（Wespestad 和 Barton，1981）。

黄海鲱第一次达性成熟的最小叉长和体重：雌鱼是 200 mm、80 g，雄鱼是 168 mm、46 g；开始大量性成熟的叉长和体重的变化范围较小，且雌、雄相差不大，约为 210～250 mm、90～

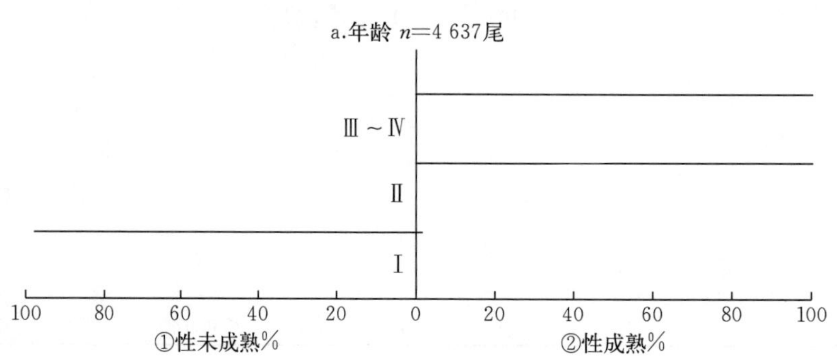

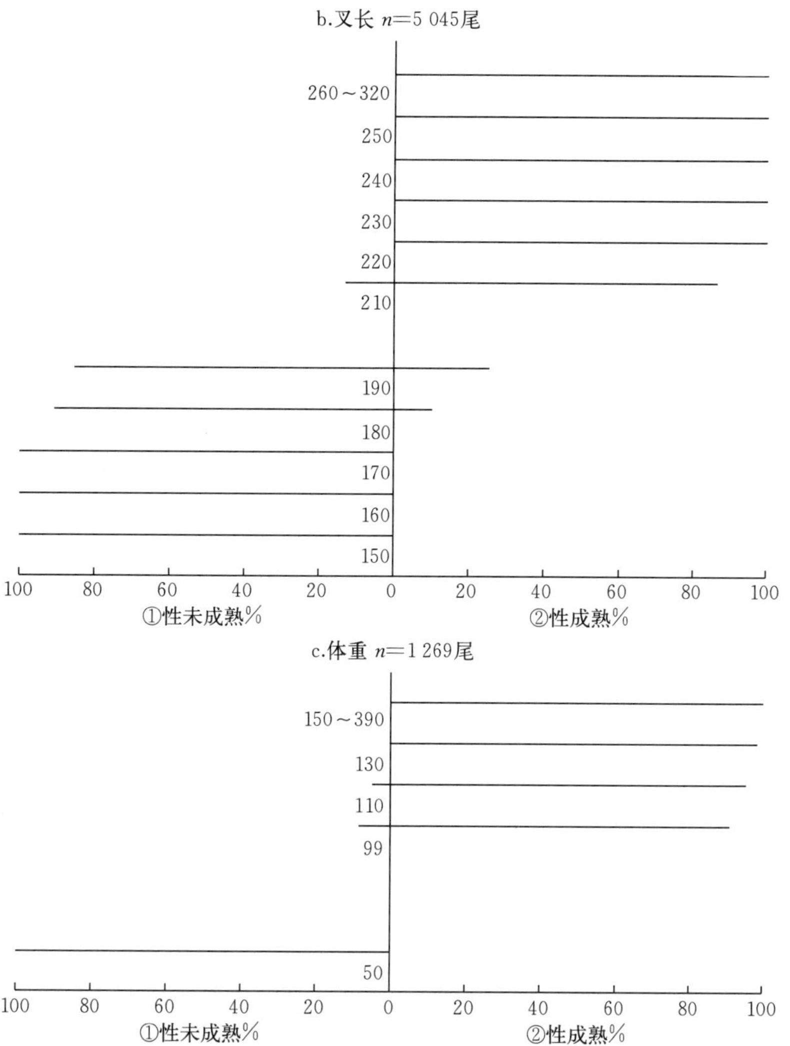

图 8-23 黄海鲱性成熟与年龄（a）、长度（b）和重量（c）的关系

（n 为样品数；引自唐启升，1980）

110 g，正是 2 龄的长度和重量范围。图 8-25 表明，1 龄鱼性成熟者，多是那些长度比较大的个体，而 2 龄鱼性未成熟者，多是那些长度比较小、重量也轻的个体。因此，黄海鲱补充到生殖群体的速度尚与生长好坏有一定的关系。

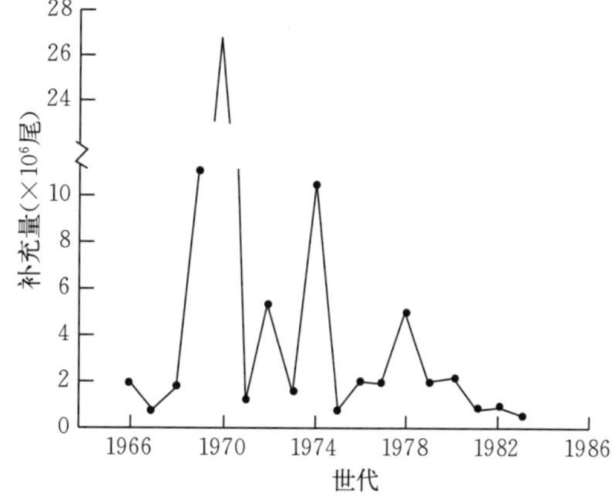

图 8-24 黄海鲱补充量历年变化

（二）补充量波动

数量波动剧烈是黄海鲱补充量的一个显著的特点。1967—1983 年 17 个世代的资料表明，补充量波动始终不已，如相邻的 1969

年与1970年世代补充量比值为1∶57（图8-24）。与黄东海一些主要的渔业经济种类如带鱼、小黄鱼、大黄鱼、蓝点马鲛、对虾等和世界一些重要的中上层鱼类如沙丁鱼、鲱、鲐、鳀等相比（表8-11），这个特点比较突出，其补充量可称之为典型的波动型，这也决定了黄海鲱种群数量和渔业资源显著的动态性质。

表8-11 黄海鲱与一些重要的渔业种类最大补充量与最小补充量比值的比较

（引自 Rothschild，1986）

群体	最大补充量与最小补充量比值	观察的世代数	群体①	最大补充量与最小补充量比值	观察的世代数
黄海鲱	57	18（1966—1983）	加利福尼亚沙丁鱼	196	31
东海带鱼	30	16（1959—1974）	挪威春鲱	130	20
黄海小黄鱼	9	11（1955—1964）	北海鲱	21	23
东海大黄鱼	4	22（1957—1978）	乔治滩鲱	5	15
黄海蓝点马鲛	5	22（1963—1984）	北海鲐	41	10
渤海对虾	6	29（1955—1983）	秘鲁鳀	11	16

二、亲体与补充量关系

黄海鲱单位亲体的补充量年间波动甚大，约在0.31～14.18，比值为1∶46。应用Ricker型和Beverton-Holt型模式拟合亲体与补充量关系，效果不够理想，绘制的增殖曲线与实测点偏差较大，亲体与补充量关系显得额外松散（唐启升，1981，1986；张玉玺，1984）。但是，从亲体与补充量对应点的分布趋势看，黄海鲱亲体与补充量关系接近于Ricker型增殖曲线。即r选择型种群所出现的情况，随着亲体数量的增加，非密度依赖死亡对补充量增长产生较为影响，相近的亲体数量可能导致补充量相差数倍（如1970与1973年世代亲体数量相近，补充量比值为1∶18），当亲体数量达到一定数量时，补充量出现极值，即达到最大补充水平，随后当亲体数量继续增加时，补充量迅速减少，与亲体密度有关的因子对补充量增长产生了明显的抑制作用，如1972年世代出现的情形（图8-25）。因此，由

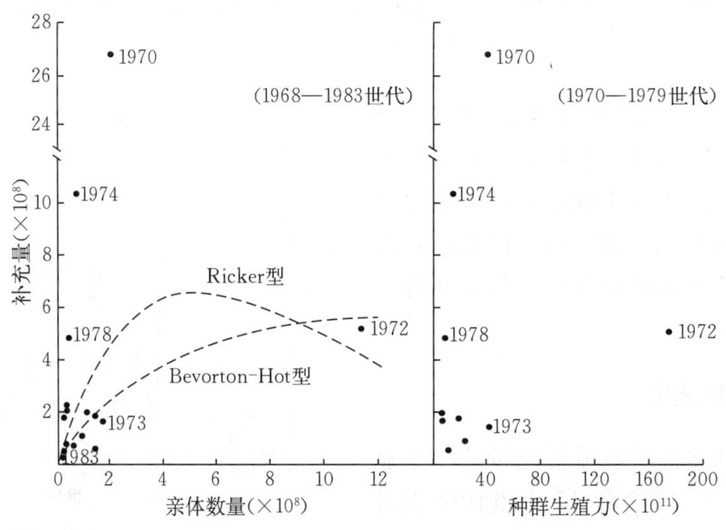

图8-25 黄海鲱亲体与补充量关系

于其他因素的强烈影响（如环境），掩盖了黄海鲱亲体与补充量之间的内在联系，使两者关系变得更为复杂。

三、环境对补充量的影响

自然环境因子是影响黄海鲱补充量剧烈波动的重要因素。一般认为，环境因子对补充量的影响主要发生在早期生活史阶段，即3—6月从卵子发育到仔、稚鱼期间。对产卵场附近63个可能的环境影响因子组合进行阶段回归分析的结果表明：降水、风速与补充量呈负相关关系；日照则相反，与补充量呈正相关关系（表8-12）。聚类分析图（图8-26）进一步表明了各因子的作用及相互关系：降水是一个比较重要的因子，随着降水由少到多，补充量出现了强盛、一般、较弱三种情况；在相同的降水条件下，如$19<x_1<85$，风少比风多有利于世代发生；在相同的降水和风情条件下，如$19<x_1<85$，$x_3<6.4$，日照时数多比日照时数少得到的补充量更多一些。这些结果表明黄海鲱鱼种群对环境条件的变化较为敏感，微小的变化也可能引起补充量的大起大落。然而，补充量的波动是一个复杂的过程，上述研究虽然提供了一些有价值的信息，但是，有关环境影响黄海鲱补充量的机制目前尚不十分清楚，有待于深入研究。

表8-12　可能影响黄海鲱补充量的环境因子

（引自唐启升，1981）

可能影响因子组配表

时间	因子						
	大风天数（≥6级）	大风天数（≥8级）	平均风速	降水	盐度	日照	水温
3月	1	10	19	28	37	46	55
4月	2	11	20	29	38	47	56
5月	3	12	21	30	39	48	57
6月	4	13	22	31	40	49	58
3—4月	5	14	23	32	41	50	59
3—5月	6	15	24	33	42	51	60
3—6月	7	16	25	34	43	52	61
4—6月	8	17	26	35	44	53	62
5—6月	9	18	27	36	45	54	63

选上因子统计①

序号	因子号及内容	逐步单相关系数	相关指数
1	32，3—4月降水	−0.623	0.386
2	50，3—4月日照	0.358	0.128
3	28，3月降水	−0.351	0.123
4	51，3—5月日照	0.305	0.093
5	21，5月平均风速	−0.283	0.080

注：①根据1968—1977年补充量和石岛、成山头、威海海洋水文气象观察资料，应用阶段回归法挑选。

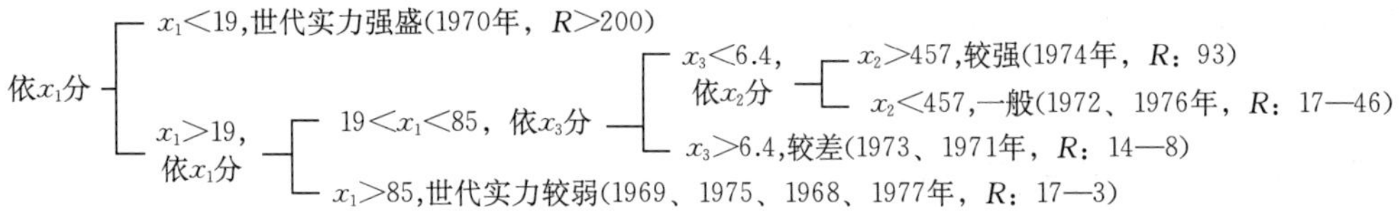

- 依x_1分
  - $x_1<19$，世代实力强盛(1970年，$R>200$)
  - $x_1>19$，依x_1分
    - $19<x_1<85$，依x_3分
      - $x_3<6.4$，依x_2分
        - $x_2>457$，较强(1974年，R：93)
        - $x_2<457$，一般(1972、1976年，R：17—46)
      - $x_3>6.4$，较差(1973、1971年，R：14—8)
    - $x_1>85$，世代实力较弱(1969、1975、1968、1977年，R：17—3)

图 8－26 黄海鲱补充量与主要环境因子的聚类筛选图

x_1. 降水 x_2. 日照 x_3. 风速 R. 补充量指数

（引自唐启升，1981）

第七节 种群数量变动

一、种群结构

黄海鲱生殖群体和捕捞群体的年龄组成均属多龄结构，包括 1～9 龄鱼，主要年龄组为 2～4 龄。

生殖群体，补充部分以 2 龄为主，剩余部分为 3～9 龄，平均年龄为 2.01～3.57；捕捞群体，补充部分以 1～2 龄为主，剩余部分为 3～9 龄。从多年群体年龄组成资料看，补充与剩余部分之间没有一个相对稳定的比例，补充部分在群体组成中的比例变化很大，为 7%～97%。另外，也没有一个较稳定的优势年龄组，各主要年龄组在历年群体组成中的比例变化较大，使年龄组成处于多变状态（图 8－27）。这种结构显然是补充量剧烈波动的结果，即黄海鲱种群结构属世代波动型结构，补充世代的实力不仅影响当年补充部分在群体中的比例，同时也影响了以后在剩余部分的比例，世代实力决定了年龄组成。例如，强盛的 1970 年世代补充到生殖群体后，明显地影响到 1972—1974 年群体组成，使补充部分在 1972 年群体组成中占绝对优势，剩余部分在 1973 年群体组成中占绝对优势，并对 1974 年补充与剩余部分的组成比产生影响。因此，黄海鲱种群结构的稳定性和变异性主要取决于各世代实力的变动，这个特点也反映了黄海鲱种群数量变动基本特征。

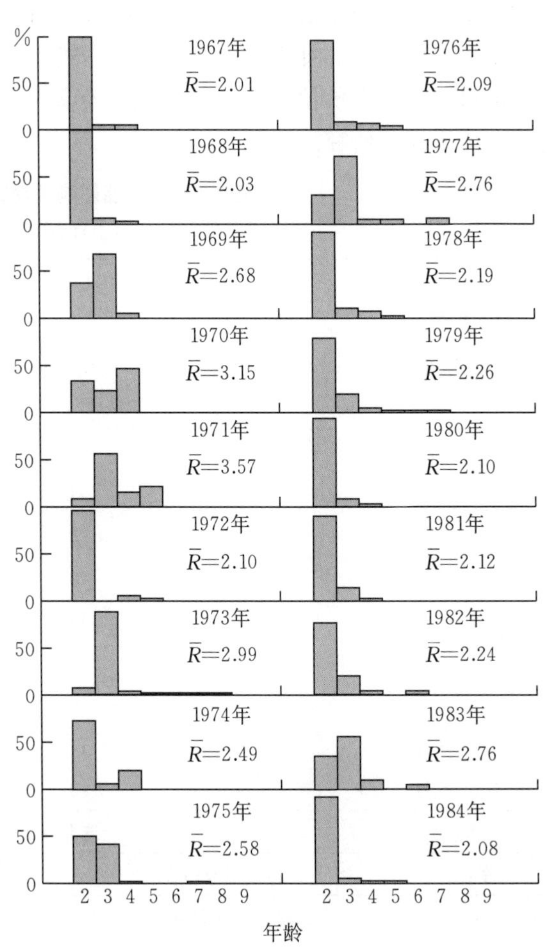

图 8－27 黄海鲱生殖群体年龄组成及平均年龄（$\bar{R}$）

另外，由于黄海鲱捕捞死亡较高，世代寿命较短，一个世代（即使是强世代）补充到群体后，3 年左右其地位即微不足道了。因此，捕捞对黄海鲱种群结构的变化亦有明显的影响。

二、种群数量估算

（一）用单位捕捞力量渔获量资料估算

根据黄海鲱单位捕捞力量渔获量（C/f）与累积渔获量（$\sum C$）之间的函数关系

$$(C/f)_{t+1}=N_0q-q\sum_{t=1}^{n-1}C_t \qquad (8-8)$$

叶昌臣等（1980）应用1970年世代相应资料（图8－28）计算出斜率q为0.001 05，N_0q为2.14×10^6，由此估算出1970年世代黄海鲱在1972年2月初的资源量为$2\,038\times10^6$尾。

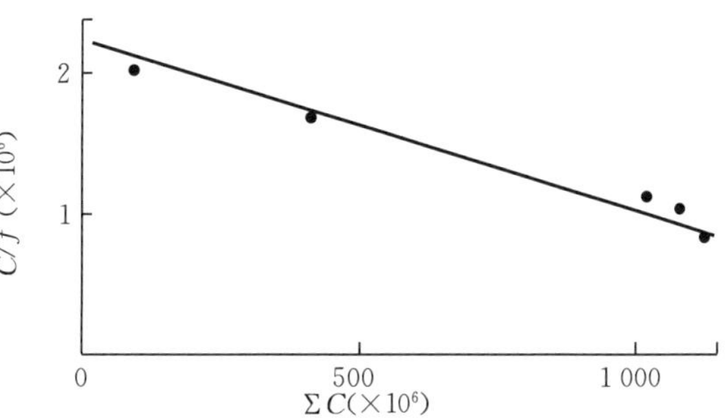

图8－28 黄海鲱1970年世代单位捕捞力量渔获量C/f与累计渔获量$\sum C$之间的关系

（引自叶昌臣等，1980）

（二）用捕捞死亡率估算

捕捞死亡率可用渔获量与资源量的比值表示，那么，资源量（N_0）为

$$N_0=\frac{C}{F} \qquad (8-9)$$

已知1970年世代黄海鲱在1972年2月至1973年2月的捕捞死亡率为0.58，该期间的渔获量为$1\,130.6\times10^6$尾，那么，1972年2月初的资源量为$1\,949\times10^6$尾，与上一方法的估算结果相近。

（三）用有效种群分析（VPA方法）估算

如前所述，应用有效种群分析已测出1976—1984年黄海鲱捕捞死亡系数F_i，相应的资源量N_i为

$$N_i=\frac{C_i}{(F_i/(F_i+M))\ (1-e^{-(E_i+M)})} \qquad (8-10)$$

根据表8－9和表8－10的资料，可计算出1967—1984年黄海鲱各年龄组的资源量（表8－13）。

三、资源数量变动原因分析

同太平洋鲱的其他种群北海道鲱、白令海鲱一样（Murphy，1977；Wespestad和Barton，1981），黄海鲱资源数量变动属于剧烈波动类型，变动幅度之大在我国海洋渔业种类中是少见的，变动系数约为黄东海一些主要渔业种类的2～5倍（表8－14）。这样变动的结果直接影响了渔获量变化和渔业的稳定性（8－29）。因此，其资源数量变动原因为渔业的生产者和管理者所关心。

渔业生物学基础调查研究结果表明，黄海鲱资源数量剧烈变动与洄游无关，主要是受世代发生量（补充量）剧烈波动所影响。如表8－13所示，1970、1972、1974年出现了三个强世代，致使1972—1974年和1976年资源处于高水平，而1975—1977年出现了三个较弱

世代，致使 1977—1979 年资源数量明显下降。为此，本节对其原因作进一步分析。

表 8-13　1967—1984 年黄海鲱资源数量①（×10⁴尾）

（引自唐启升，1986）

年龄	1967	1968	1969	1970	1971	1972	1973	1974	1975
1	20 988	8 090	17 819	4 732	267 640	10 831	53 192	15 278	103 666
2	—	15 474	5 957	12 845	2 285	197 207	8 105	34 706	7 219
3		—	11 126	4 482	9 348	1 383	67 677	2 829	4 111
4			—	8 400	2 659	3 397	778	8 553	333
5					4 825	935	669	(197)	295
6					—	2 162	271	145	
7						—	(912)	(12)	(19)
8							—		
9								—	
2～9 龄合计		15 474	17 083	25 727	19 117	205 084	78 412	46 442	11 977

年龄	1976	1977	1978	1979	1980	1981	1982	1983	1984
1	5 949	18 639	17 472	48 536	18 914	20 504	6 096	6 856	(2 864)
2	51 644	2 824	12 796	10 275	21 425	14 167	8 830	1 136	(3 184)
3	2 857	5 400	860	2 560	1 453	1 623	2 128	1 523	(170)
4	801	185	740	(348)	(433)	(81)	180	234	(37)
5	92	137	57	(71)				(31)	(6)
6	47	42	74	(16)			—	—	
7		18	(19)	(36)					
8			(9)						
2～8 龄合计	55 441	8 606	14 555	13 306	23 311	15 871	11 138	2 924	3 397

注：①有括号者为各世代最高年龄组 N_{i+1} 初始输入值。

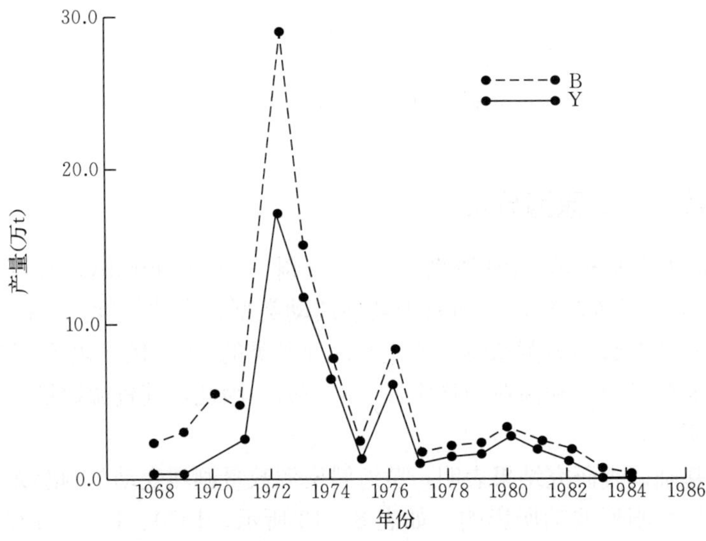

图 8-29　1968—1984 年黄海鲱捕捞群体资源量（B）和产量（Y）（未包括 1 龄鱼）

（一）环境的影响

如前所述，60 年代以来的资料已表明环境因子是影响世代数量（补充量）波动的主要因素。在长期资源变动原因分析中又发现，黄海鲱的种群在近百年资源数量变动与中国东部有旱涝 36 年周期以及大气环流 36 年周期的变动颇为吻合（唐启升，1981）。例如，1900 年前后，黄海鲱曾有过一次较大的旺发，此后不久，资源迅速减少；1938 年以后，资源又有回升，大约 6～7 年以后，再次减少，在其后 20 余年中，仅在近岸渔获或生物学取样中偶然发现黄海鲱；50 年代后丰期资源数量再次增加，迅速形成新的资源旺发。资源旺发期，刚好在旱涝变化波峰处，为气候干旱、降水少的年份；资源衰减期，刚好在波谷处，为气候湿涝、降水多的年份（图 8－30）。这些研究结果与日本、苏联、加拿大、美国学者对太平洋鲱的各该地方种群的研究结果是一致的，即自然环境是影响鲱鱼资源数量变动的主要因素（如川名武，1949；佐藤荣、田中江，1949，1965；平野义见，1961；Taylor，1964；皮尔曼，1973；卡契娜，1974；勃契科夫等，1979；Wespestad 等，1981）。

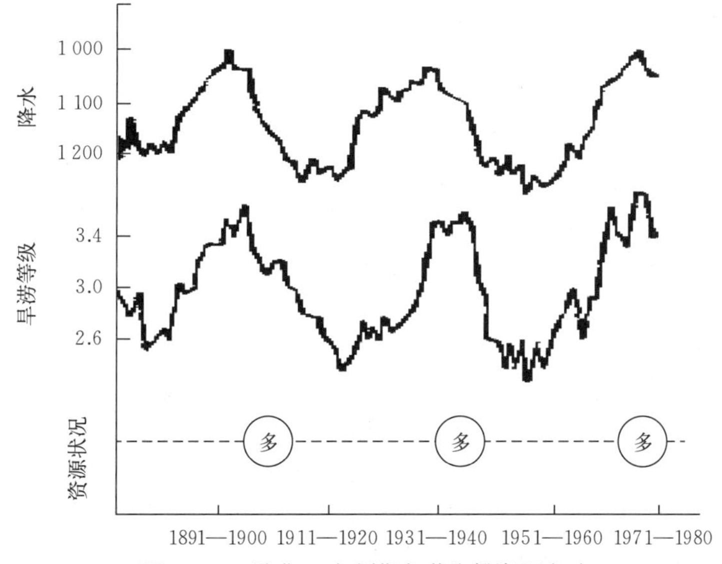

图 8－30　旱涝 36 年周期与黄海鲱资源变动

（旱涝等级和降水 10 年滑动平均曲线引自王绍武等，1979）

环境因素之所以能够引起资源数量那样大的波动，可能与黄海鲱产卵场范围狭小及生殖生态特性有关。黄海鲱主要产卵场在山东半岛东部的石岛至威海近岸大约 400 n $mile^2$ 范围内，这样一个狭小的水域能养育出如此众多的种群数量，是黄、东海其他渔业种类未曾见到的。另外，黄海鲱属低温高盐性种类，卵附着于海草及其他物体上，产卵于10 m以内的浅水区。这样，个体的成活、发育对环境的变化就可能特别敏感。当环境条件有利于孵化、成活，世代数量就有可能大增，但由于范围狭小，大增加又容易超越环境的负载量，引起数量新的波动；当环境条件不利于孵化、成活时，由于产卵场范围狭小、水浅，种群受影响的机率大，不可避免地会引起数量大减。因而，也就形成了资源数量波动剧烈的特点。

（二）亲体数量的作用

由于环境的强烈影响，黄海鲱亲体与补充量的关系显得不甚紧密。但是，亲体的作用在以下两种情况下仍能够显示出来：

1. 在亲体数量水平较低的情况下，黄海鲱补充曲线明显遵循补充量随着亲体数量增长而增加这一规律，亲体数量过少，补充量必然降低。一般来说，保证黄海鲱补充量正常增加的最低亲体数量水平约在 3 000 万尾。1980 年以后实际产卵亲体的数量明显低于这一水平，1983 年、1984 年亲体数量仅为 572 万、779 万尾（图 8 - 31）。在这种情况下，增加亲体数量对减少资源波动、促进种群繁衍和补充都是十分重要的。

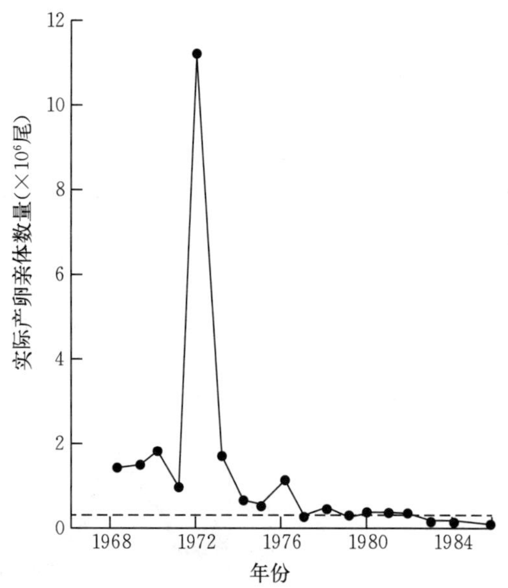

图 8 - 31 1968—1984 年黄海鲱实际产卵亲体数量

……为保证补充量增加的最低亲体数量水平

（引自唐启升，1986）

2. 在亲体数量极高的情况下，与亲体密度有关的因子限制了补充资源的数量。也就是说由于亲体数量过大，或者产卵量超越了环境负载能力，致使亲体的生殖条件恶化或产出的卵子缺乏有效的生存空间，受精、孵化的机率减少，即使孵化出的幼体，也可能因为生活空间紧张和食物短缺而引起过多的死亡。在这种情况下，亲体量成为一个重要的限制因子，从占有空间和需要食物两个方面对资源数量增长产生制约作用。1972 年世代的资料，即是一个例证，1972 年是亲体数量极高的一年，实际产卵亲体数量约 11.3 亿尾，约为环境条件相近的 1976 年亲体数量（约 1.16 亿尾）的 10 倍，按理应产生较大的世代数量，但是，由于上述原因，实际世代数量仅为 1976 年的 3 倍（参见图 8 - 27）。从而可以认为，过多的亲体数量并不是在任何情况下都是有益的。

因此，在通常情况下，引起黄海鲱资源波动的主要原因是环境因素，但是，在特殊条件下，与亲体密度有关的影响因子明显地制约了世代数量。这两个方面的影响因素交替作用的结果构成了黄海鲱世代数量的剧烈波动，并调节黄海鲱的种群数量。

（三）捕捞的影响

捕捞对黄海鲱资源数量的影响主要表现在两个方面，一是减少亲体数量，以致出现补充型捕捞过度，如 1980 年以来所出现的亲体数量降到最低亲体水平之下的情形；二是捕捞强度大，生长型过度捕捞现象普遍存在，致使生殖群体年龄偏低，生殖寿命缩短，个体生殖机率减少，种群生殖力下降。从捕捞死亡系数和群体年龄组成变化等情况看，上述情形在黄海鲱渔业的初期已开始出现了。

但是，历史年代生产工具单一，捕捞技术落后，捕捞对资源难以产生上述两种形式的影响。因此，捕捞不太可能成为影响黄海鲱长期资源数量变动的主要因素。

第八节　渔业预报

黄海鲱渔业预报有两种，一是渔情预报，预测渔场渔期的变化；二是渔获量预报，预测资源数量和渔获量的变化。

一、渔情预报

（一）渔场预报

预测早春外海和近岸渔场位置的变化。主要的预报指标有：

1. 早春外海渔场位置与前一年秋冬季鱼群分布直接有关，而秋冬季鱼群分布位置又明显受到 10 ℃等温线的制约。因此，可以用水温分布状况及其变化资料预测早春外海渔场的位置。1 月上旬 9 ℃等温线向北伸展程度较大的年份，渔场一般偏北，反之偏南；9 ℃等温线偏东的年份，渔场偏东，反之偏西。一般渔场位于 9 ℃等温线舌锋的右侧（章隼，1973；于光浦，1973）。

另外，黄海鲱鱼群的水平分布与年龄有关。因此，根据水温状况预测渔场位置时，尚需考虑到预报年度群体的年龄组成情况。一般高龄鱼多的年份渔场偏南，低龄鱼多的年份渔场偏北。

2. 近岸渔场位置受早春水文气象状况及冬季鱼群分布位置的影响。一般冬春季冷的年份，渔场偏南，冬春季暖的年份，渔场偏北。如图 8 - 32 所示，近岸水温偏暖的年份，北部渔场产量增高，水温偏低的年份，南部渔场产量增高。

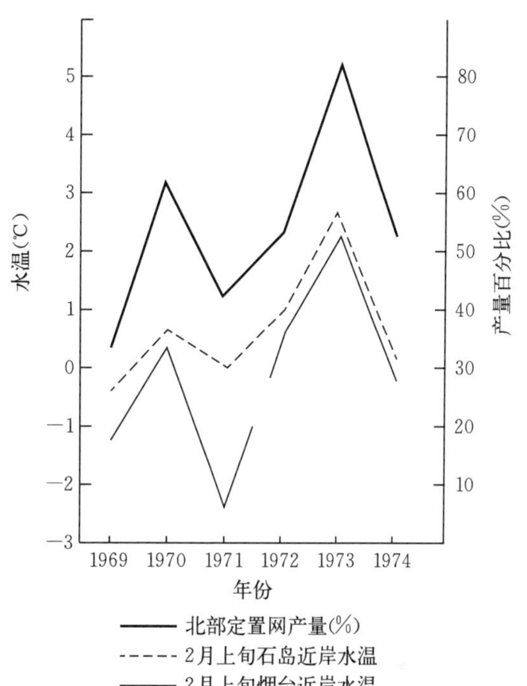

图 8 - 32　2 月上旬石岛、烟台近岸水温与北部定置网产量比例关系

黄海鲱定置网场南北以荣成县青鱼滩为界

（引自参考文献［2］）

（二）渔期预报

预测近岸渔期（产卵期）的早晚和长短。近岸捕捞为产卵群体，因此，掌握性腺发育状况是预测近岸渔期的重要指标。

1. 鲱鱼个体性腺发育与年龄有关

高龄鱼性腺发育在先，低龄鱼在后。产卵群体优势年龄组组成状况大体决定了渔期的早晚。在以低龄鱼（如 2 龄鱼）为主、资源数量较大的年份，性腺发育晚，渔期推后并延长，鱼群分批涌进产卵场的现象明显；反之，性腺发育早，渔期提前但持续时间较短，旺汛不明显。

2. 水温状况影响性腺发育

因此，在群体组成相近、温度变化显著的年份，水温是影响渔期的一个重要因素。例如1971和1973年产卵群体年龄组成分别以3～5龄和3龄鱼为主，但由于1973年水温显著高于1971年，盛渔期明显提早（表8-14）。

表8-14 威海近岸鲱盛渔期与水温和群体组成的关系

年份	盛渔期开始日期	3月中旬旬平均水温（℃）	群体组成
1971	3月28日	1.2	3～5龄鱼为主
1973	3月12日	4.9	3龄鱼为主
1972	3月24日	3.6	2龄鱼为主
1974	3月26日	1.5	2及4龄鱼为主

二、渔获量预报

（一）根据相对资源量指示预报

1. 由拖网调查获取相对资源量指标

秋季，黄海鲱分布区有向心收缩鱼群较为集中的特点，因此，每年10月在主要分布区内设站进行拖网调查。北纬35°～37°、东经123°30′～125°为历年比较的调查方区，区内按交错排列设调查站30个，站间经纬平行距离为15分（图8-33）。用3对250马力拖网船试捕，每站拖网2 h，3对船的平均网产为该站的密度指标。

为了提高资料的使用精度，使用了不同的统计方法处理密度指标资料，然后用于预报。

（1）黄海鲱鱼群分布特征年间有差异，为了减少这种差异带来的影响，对每站的密度指标按方块区进行滑动统计，即将方区内调查站连成20个方块区（图8-33），每个方块区4个站的密度指标平均值为该方区的密度指标，20个方块区的平均密度指标为相对资源量指标。统计分析表明，相对资源量指标（N）与预报年度的产量（Y）之间关系密切。根据1972—1977年相应的资料，其简单的线性表达式为

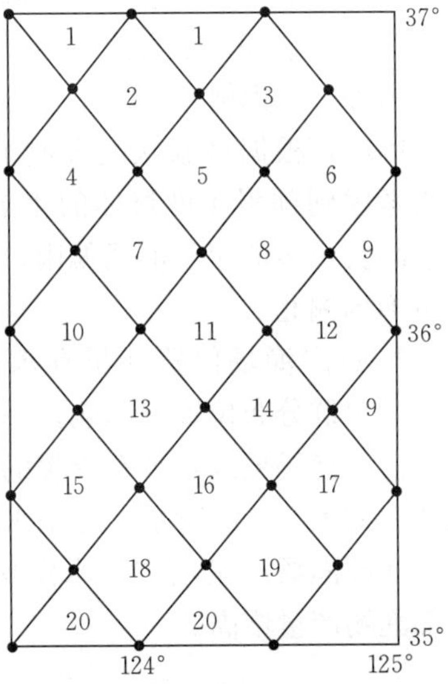

$$\hat{Y}=0.4349N-3.02 \quad (8-11)$$

相关系数 $r=0.971$（$P<0.05$），标准差 $S=1.1$。另外，两者的幂函数表达式为

$$\hat{Y}=2.43\times10^{-2}N^{1.771} \quad (8-12)$$

相关系数 $r=0.974$（$P<0.05$），标准差 $S=1.0$。用上述两个表达式估计的预报值 $\hat{Y}$ 列于表8-15，其精度由标准差 S 给定。

图8-33 黄海鲱相对资源量指标拖网调查站及滑动统计方块区

·为拖网调查站 图内数字为分块区编号

表 8-15　黄海鲱相对资源量（N，箱）、渔获量（Y，万 t）和产量预报值（$\hat{Y}$，万 t）

年份	1972	1973	1974	1975	1976	1977
相对资源量（N）	31.8	25.6	8.5	19.0	12.3	10.0
翌年产量（Y）	11.6	6.6	1.3	6.1	1.2	1.6
$\hat{Y}_1$	10.8	8.0	0.7	5.2	2.3	1.3
$\hat{Y}_2$	11.1	7.4	1.1	4.5	2.1	1.4

使用上列预报式的条件是历年调查时的可捕系数和预报年度的捕捞死亡相同或相近。实际中较难以满足这个条件。因此，预报值与实际产量有一定误差。若用$\pm 2S$概率 95.4%的水平估计预报值 $\hat{Y}$，在资源数量较多的年份预报尚较为准确，数量较少的年份，误差较大，但是，仍能够较好地估计数量变化趋势。

（2）为了减小鱼群分布特征年间差异对相对资源量指标的影响，对鱼群密集程度和范围大小分别进行统计处理，并用它们表示相对资源量指标。方法是将调查方区内网产大于 1 箱的拖网站（视为有效站）的渔获量平均值作为鱼群的密度指标；拖网站渔获量 10 箱等值线所包括的小渔区（10×8n mile）数为鱼群密度范围（表 8-16）。另外，黄海鲱捕捞生产的

表 8-16　相对资源量指标与渔获量关系表

（引自张玉玺，1979）

探捕年份	相对资源量指标		翌年渔获量（万 t）
	鱼群密度（箱）	密集范围（小渔区）	
1971	84	114	17.4
1972	36.3	77	12.4
1973	91.5	22	6.8
1974	12.5	11	1.4
1975	26.1	54	6.8
1976	26.0	15	1.5

投入的捕捞力量与资源状况有关，并影响到产量的大小。因此，把密集区的范围（X_1）、鱼群密度（X_2）和捕捞力量（X_3）均看作产量的函数，它们之间的数学关系为 $Y=f(X_1, X_2, X_3)$。根据 1971—1977 年相应的相对资源量指标，拖网投网次数和产量资料，建立三元预报方程为

$$\hat{Y}=-1.57+0.09X_1+0.025X_2+1.57X_3 \quad (8-13)$$

方差分析表明，标准差 $S=0.79$，方差比 $F=167.66$，预报值与因子之间的回归关系在 $P<0.01$ 的概率水准上显著。对于预报年度 X_1、X_2 是已知的，但 X_3 为未知数。一种解决办法是根据 X_1 和 X_2 进行估计。三者的关系为

$$X_3=0.37+0.026X_1+0.016X_2 \quad (8-14)$$

$$(F=9.55,\ P<0.05)$$

例如已知 1976 年度的 $X_1=54$、$X_2=26.1$，代入式 8-14，$X_3=2.19$。那么，根据

式 8-13，1976 年度渔获量预报值为 7.31 万 t，与 6.8 万 t 的实际年度产量相近。

2. 将单位捕捞力量渔获量看作为相对资源量指标

相关分析表明，若将拖网 12 月单位捕捞力量渔获量作为相对资源量指标（N），它与该年度冬春汛产量（Y）之间关系密切。根据 1973—1979 年相应资料，给出的预报式为

$$\hat{Y}=0.0825N-1.43 \qquad (8-15)$$

该式相关系数 $r=0.981$（$P<0.01$）。标准差 $S=0.86$，预报的最大误差为 20%。这种预报是在生产开始后进行的，必要时可作为修正前期预报的依据。

（二）根据世代分析预报

1. 黄海鲱世代分析预报主要用于捕捞群体剩余部分渔获量预报。预报时需要掌握上一年度的捕捞状况和群体组成资料，测出前一年捕捞群体的残存率（$S=e^{-z}$）和预测预报年度的捕捞死亡率等主要参数。现以 1977 年剩余部分渔获量预报为例，说明预报编制步骤：

（1）1976 年年龄组成和拖网资料调查表明，1977 年剩余部分以 1974 年出生的 3 龄鱼为主；1976 年 2 龄鱼残存率可用 1974 年世代鲱鱼拖网单位捕捞力量渔获尾数资料测出，

$$S=\frac{C_{76}}{C_{75}}=\frac{4\,249\text{（尾）}}{17\,130\text{（尾）}}=0.25$$

式中：C_{75} 和 C_{76} 分别表示 1975 和 1976 年 12 月拖网平均网获尾数。假定 1975 和 1976 年可捕系数相近，那么，1976 年 2 龄鱼的残存率为 0.25。

（2）已知 1976 年度 2 龄鱼捕捞尾数为 44 190 万尾，那么，1977 年 3 龄鱼的资源尾数为

$$N=44\,190/(1-0.25)-44\,190=14\,730\text{（万尾）}$$

（3）若 1977 年度按 0.70 的捕捞死亡率生产，3 龄鱼的可能渔获量为

$$\hat{Y}=14\,730\times0.70\times200\text{（g/尾）}=2.06\text{（万 t）}$$

若 1977 年剩余部分 3 龄鱼与其他高龄鱼的比例以 9：1 计，那么，1977 年剩余部分的可能渔获量为 2.3 万 t。

2. 至于补充部分的预报，主要通过以下两项工作对世代实力加以判断：

（1）每年 6—7 月以山东荣成青鱼滩、城厢、大鱼岛和威海海埠、孙家岭等地为重点，对定置网、大拉网等渔具渔获抽样调查和群众访问。这时的资源状况已反映了该世代的资源状况，即世代实力已基本定性（表 8-17）。

表 8-17 当年生幼鱼资源状况与世代实力

（引自唐启升，1981）

年份	6—7 月幼鱼资源状况	世代实力
1970	数量很大	强盛世代
1971	数量较少	弱世代
1972	数量较多，分布面广	一般较强
1973	不如前一年	一般世代
1974	数量较多	强世代

（2）历年 1 龄鱼兼捕产量与翌年 2 龄鱼产量关系密切，相关系数 $r=0.975$（$P<0.01$）。因此，对 1 龄鱼兼捕资料的收集和整理是判断预报年度补充部分资源趋势的一项

有用的工作。

根据以上两项指标预测补充部分资源量精度不高。但是，当其他预报方法需要的资料不具备时，该方法的结果亦有一定的参考价值，基本上能够预测补充部分的资源趋势。

第九节 渔业管理

一、鲱渔业概况

黄海鲱渔业在中国北方沿海有悠久的历史。由于资源剧烈波动，渔获量变动幅度很大，渔业盛衰交替，在 20 世纪该渔业三起三落。1900 年前后，山东荣成、威海直至西部掖县沿岸、辽宁东部沿岸、海洋岛一带以及河北秦皇岛等地沿海曾有过相当规模的鲱渔业，当时的生产盛况至今还流传于民间，此后，资源迅速减少，渔业衰落；1938 年以后，鲱鱼在山东荣成和威海一带形成渔业，规模虽不如前一次，但仍列为当时的经济鱼类之一，大约 6～7 年后，渔业再次停顿；1967 年开始，黄海鲱在渔获物中大量出现，1972 年产量猛增达 18.2 万 t，成为 70 年代中国海洋捕捞 10 个主要渔业种类之一。80 年代后期随着资源衰退，黄海鲱成为兼捕对象，年产量约 1 000～2 000 t（表 8 - 18）。

表 8 - 18 1967—1988 年黄海鲱产量（t）

年份	1967	1968	1969	1970	1971	1972	1973	
年度总产量①	1 375	1 470	4 200	14 233	38 954	174 500	124 642	
1 龄鱼产量	1 238	504	1 278	940	13 500	1 165	6 981	
年份	1974	1975	1976	1977	1978	1979	1980	
年度总产量	68 692	42 258	63 839	14 642	19 215	30 397	31 055	
1 龄鱼产量	2 826	29 260	935	3 176	2 768	11 809	870	
年份	1981	1982	1983	1984	1985	1986	1987	1988
年度总产量	28 072	15 519	7 178	5 496	2 550	1 028	2 464	(1 000)
1 龄鱼产量	4 594	2 098	1 425	556	—	—	—	—

注：①指前一年 12 月至当年 11 月产量合计。

历史时期黄海鲱捕捞工具主要是沿岸定置网具（如袖网、牛网等）。60 年代以来，黄海鲱捕捞生产是由多种渔具组成的混合渔业，使用渔具包括机轮拖网、机轮围网、机帆船拖网、机帆船围网、围缯网、沿岸定置网，以及半流动网具（如锚流网）等，其中拖网和近岸定置网是两种主要渔具。

黄海鲱捕捞以 2 龄以上性成熟个体为主，也兼捕一定数量的 1 龄幼鱼（表 8 - 9 和表 8 - 18）。另外，由于生殖鱼群集密，易捕捞，加上鲱鱼籽价格昂贵，是重要的水产出口商品，造成产卵期成为捕捞盛期。

二、资源管理

（一）管理依据

黄海鲱的管理以合理利用资源为主要目标，包括控制捕捞死亡，获得世代最大产量又不影响后代数量，也即是获得自然条件允许下的最大稳定产量。为达到这一目标，首先需要确定两个可控变量，一是最佳捕捞年龄，另一个是最佳捕捞死亡。

1. 最佳捕捞年龄

应用 Beverton－Holt 单位补充量产量模式的研究结果表明，黄海鲱从 4 龄开始捕捞才能获得最大产量（图 8－34）。但是，目前要把这个结论付诸实施有很大困难，因黄海鲱第一次大量性成熟的年龄是 2 龄，且各龄成鱼混栖。如果通过扩大网目，增强网目的选择性，只捕 4 龄和 4 龄以上的个体，在当前捕捞作业条件下很难做到。考虑到该渔业的实际状况以及性成熟个体与幼鱼几乎终年分栖，在实施时，可把第一次允许捕捞的年龄定为 2 龄。

2. 最佳捕捞死亡

确定合理的捕捞年龄之后，捕捞死亡就比较容易确定了。图 8－35 是根据黄海鲱渔业合理的捕捞年龄为 2 龄的条件下绘制的单位补充量曲线，最大单位补充量产量相应位置上的捕捞死亡，即为给定条件下的最佳捕捞死亡，约为 0.9～1.0。

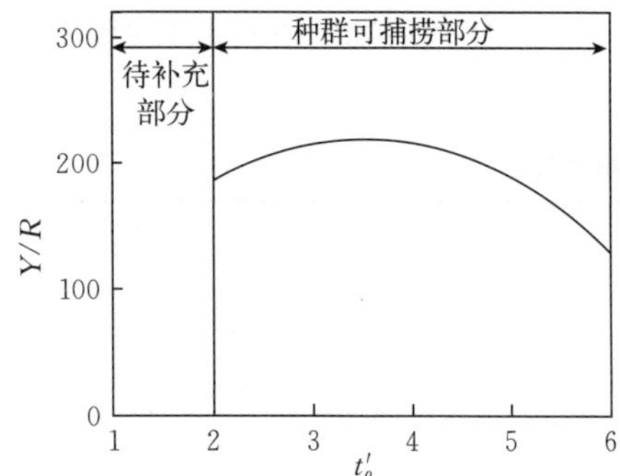

图 8－34　黄海鲱捕捞年龄（t_ρ）对产量（Y/R）的影响

根据 Beverton－Holt 模式，计算参数 $M=0.10$、$K=0.59$、$t_0=-0.53$、$W_\infty=314$、$t_\lambda=6.0$

（引自叶昌臣等，1980）

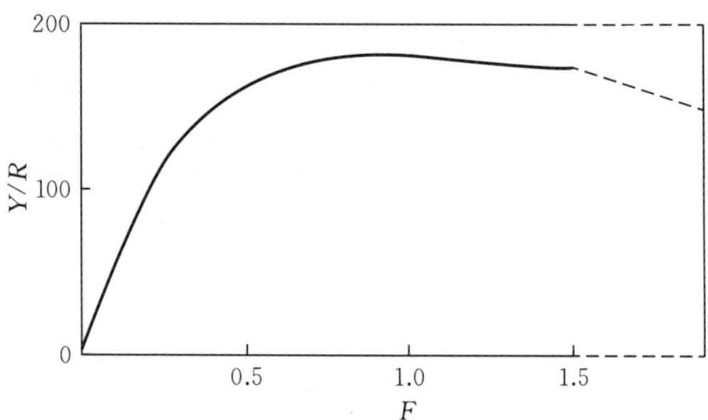

图 8－35　黄海鲱单位补充量产量曲线

$t'_\rho=t_\rho=2$，F 为捕捞死亡，其他参数、符号、说明见图 8－34

（二）管理措施

关于黄海鲱资源利用率过高、捕捞力量过大的问题，在该渔业大发展时期业已出现，例如 1972 年以后捕捞死亡 F 超过 1.0，1974—1976 年 F 值高达 2.18～2.28，都明显偏大。另外，1 龄鱼的捕捞死亡也处于较高水平，如 1970—1976 年 F 值平均为 0.44。因此，中国自 1977 年对黄海鲱渔业采取了两项管理措施。

1. 禁止直接捕捞 1 龄鱼，允许捕捞年龄为 2 龄，最小允许捕捞叉长为 22 cm；

2. 开捕期限于每年的 2—4 月。

由于黄海鲱资源数量波动剧烈，采取上述管理措施，一时尚不能改变渔获量剧烈变动的基本态势，但是，从 1977—1979 年主要年龄组捕捞死亡有所下降的事实来看，上述管理措施还是有效的，基本上控制并降低了黄海鲱的捕捞死亡。假如这些措施能够始终如一地加以贯彻，并控制对产卵群体的捕捞数量，使捕捞死亡降到一个适当的水平上（如主要年龄组 $F<1.0$，1 龄鱼 $F<0.1$），那么，对保护黄海鲱资源，延长渔业寿命，减小波动幅度，提高

产量和增加经济效益无疑会起到更好的作用。

参考文献

勃契科夫 Ю А，塞利费尔斯托夫 А С，1978. 太阳活动和鲱鱼的数量变动．国外水产（1）：35－38.
川名武，1949. 北海道鰊资源研究（第 2 报）稚鱼发生量と太阳活动との关系．日本水产学会志，14（4）：181－183.
姜言伟，程济生，1981. 黄海鲱鱼的人工孵化及胚胎发育的初步观察．海洋学报，3（3）：477－486.
久保伊津男，1962. 水产资源各论．水产学全集 14. 恒星社厚生阁版．
卡冈诺夫斯基 А Г，刘效舜，1962. 黄海鲱鱼．太平洋西部渔业研究委员会第五次全体会议论文集．科学出版社．
卡契娜 Т Ф，1974. 太平洋鲱的资源状况及其渔业的管理．国外海洋水产，1974（3）：26－27.
内田惠太郎，1936. 朝鲜沿岸的鲱鱼．朝鲜之水产，128：39－47.
尼科里斯基 Г В，1958. 分门鱼类学．缪学祖，等，译．高等教育出版社．
皮尔曼 И Б，1973. 作为经济鱼类资源长期预报依据的太阳水文生物学联系．国外海洋水产（1）：15－23.
平野义见，1961. ニシソについて（2）．北水试月报，18（2）：21－31.
平野义见，1961. ニシソについて（3）．北水试月报，18（3）：21－35.
山东省海洋水产研究所资源室脊椎动物组，1973. 产卵鲱鱼在近岸的行动同性腺发育和水温状况的关系．水产科技资料，4：1－7.
唐启升，1972. 黄海区太平洋鲱年龄的初步观察．青岛海洋水产研究所调查研究报告 721.
唐启升，1973. 黄海鲱洄游分布和行动规律．黄海重点鱼类资源调查总结，黄海渔业指挥部．
唐启升，1977. 黄海鲱鱼资源特征和渔获量预报．全国渔情技术交流会．
唐启升，1980. 黄海鲱鱼的性成熟、生殖力和生长特性的研究．海洋水产研究，1：59－76.
唐启升，1981. 黄海鲱鱼世代数量波动原因的初步探讨．海洋湖沼通报，2：38－45.
唐启升，1986. 应用 VPA 方法概算黄海鲱鱼的渔捞死亡和资源量．海洋学报，8（4）：476－486.
藤田轻信，小久保清治，1927. 鰊の研究．水产研究汇报，1（1）：1－141.
王绍武，赵宗慈，1979. 我国旱涝 36 年周期及产生的机制．气象学报，37（1）：63－73.
王以康，1958. 鱼类分类学．科技卫生出版社．
阎淑珍，1982. 黄海区太平洋鲱鱼的孵化．海洋科学，4：50.
杨东莱，吴光宗，1982. 太平洋鲱鱼的胚胎发育及初孵仔鱼的形态．水产学报，6（1）：25－31.
叶昌臣，唐启升，秦裕江，1980. 黄海鲱鱼和黄海鲱鱼渔业．水产学报，4（4）：339－352.
于光浦，1973. 青鱼渔场与几个环境因子的关系．水产科技参考资料，5：33－38.
张春霖，等，1955. 黄渤海鱼类调查报告．科学出版社．
张玉玺，1979. 黄海鲱鱼年度渔获量预报方法．海洋渔业科技，1：12－18.
张玉玺，1981. 黄海鲱鱼生态的初步调查研究．山东省海洋水产研究所．
张玉玺，1984. 黄海鲱鱼亲体量与补充量之间的关系．山东省海洋水产研究所．
章隼，1973. 谈谈青鱼的习性．水产科技参考资料，1：6－8.
赵传絪，张仁斋，等，1985. 中国近海鱼卵与仔鱼．上海科学技术出版社．
邹源琳，1948. 中国战前渔业概况．黄海水产研究所．
佐藤荣，田中江，1949. 北海道の春鰊资源に就いての一考察．日本水产学会志，14（3）：149－154.
佐藤荣，1965. 渔业资源减少了吗？国外水产，1966（2）：26－27.
Murphy G I，1977. Clupeoids. P. 283－308，In J. A. Gulland (ed.)，Fish population dynamics. Johe Wiley,

New York.

Rothschild B J，1986. Dynamics of Marine Fish Populations. Harvard University Press.

Taylor F H C，1964. Life history and present status of British Columbia Herring stocks. Fish. Res. Board Canada，No. 143，pp81.

Wespestad V G，Barton L H，1981. Distribution migration and Status of Pacific herring. P. 509 - 525，In D. W. Hood and J. A. Calder (eds.) The eastern Bering. Sea shelf：Oceanography and resources. vol. Ⅰ. U. S. Gov. PrInt. Office，Washington，D. C.，1981.

三、资源调查与渔业开发

中国专属经济区海洋生物资源与栖息环境[①]（摘要）

唐启升　主编

内容简介： 本书主要利用1997—2000年我国专属经济区与大陆架海洋勘测专项“海洋生物资源补充调查及资源评价”课题的资料编写而成，内容包括各海区生物资源的种类组成、密度分布、资源数量、渔业状况和渔业资源的变动趋势，各主要渔业种类的洄游、分布、渔业生物学资料和资源状况；生物资源栖息环境的水温、盐度、pH、溶解氧、磷酸盐、硅酸盐、元机氮等理化因子和叶绿素a、初级生产力、浮游植物、浮游动物、底栖动物、鱼卵、仔稚幼鱼等生物环境及其动态变化。内容丰富，资料新颖。

本书可供各级渔业主管部门及相关高等院校、研究所和技术推广站等单位的教学与科研人员参考。

前　言

海洋覆盖了地球表面的71%。由于海洋中蕴藏着丰富的自然资源，对人类社会的可持续发展起着越来越重要的作用，因此，海洋开发和保护正在受到世界各国，尤其是沿海国家的广泛关注。为了维护海洋自然资源的主权以及一系列特定事项的管辖权，1994年《联合国海洋法公约》生效后，世界大多数沿海国家纷纷建立了专属经济区和专属渔业区制度，把沿海自然资源纳入自己的管辖范围之内。我国的海上邻国朝鲜、韩国、日本、菲律宾、马来西亚、越南、文莱等先后建立了专属经济区和专属渔业区制度，宣布了大陆架范围。我国政府也于1996年正式批准了《联合国海洋法公约》，同时郑重声明：按《联合国海洋法公约》的规定，中华人民共和国享有200n mile专属经济区和大陆架的主权权利和管辖权，并为建立我国专属经济区做准备。这是我国在维护海洋权益方面迈出的重要一步。

黄海、东海、南海为多个周边国家共同关注的渔业水域，在此水域进行渔业生产的除中国外，还有日本、韩国、朝鲜、越南、菲律宾等多个国家，对海洋生物资源利用的竞争和与周边国家在渔业资源开发与保护方面的矛盾日趋激烈。

我国是渔业大国，海洋渔业资源开发有悠久的历史，2000年海洋捕捞产量已达1 477万t，居世界首位。海洋渔业在满足市场需求、出口创汇和稳定渔业人口生活等方面起了重要作

---

① 本文原刊于《中国专属经济区海洋生物资源与栖息环境》，ⅲ-Ⅹ，科学出版社，2006。

用。但是，海洋生物资源是移动性资源，它们的分布范围多超过一个国家的管辖范围，为几个国家共同利用。在海洋法生效，各国纷纷宣布 200n mile 专属经济区之后，就存在如何划界和如何管理这些生物资源的问题，这就需要大量资料和图件。新中国成立以来，我国进行过不少海洋生物资源调查，但多是针对个别渔场和个别渔业对象进行的专业调查，缺乏渤、黄、东、南海全海区的系统资料。特别是近十几年来，几乎没有进行过较大范围的生物资源与栖息环境调查，因此，不能满足我国专属经济区划界和跨国渔业管理的需要，必须尽快摸清我国专属经济区广大海域生物资源与栖息环境的基本情况，在专属经济区划界和跨国渔业管理中维护我国海洋权益。

除具有移动性外，生物资源还是一种动态特征明显的可再生资源。由于人类的开发活动和全球环境的变化，海洋生物资源处在不断变化中。就渤、黄、东、南海而言，20 世纪 70 年代以前，我国渔业赖以生存的传统的优质渔业对象，现今大多已衰落，种群结构逐渐小型化、低龄化，短生命周期、低营养级的小型中上层鱼类、头足类和小型虾、蟹类取代了原有的大型优质经济种类，种群交替不断发生。因此，进行海洋生物资源调查，掌握生物资源的种类和数量、种群结构以及渔业生物学变化，评价现行的开发水平是否适宜，并在此基础上建立信息量大、使用方便的我国海洋生物资源与栖息环境数据库和地理信息系统，对科学管理我国专属经济区和大陆架生物资源与确保我国海洋渔业可持续发展是十分必要的。

鉴于上述迫切需要，我国于 1996 年开始了我国专属经济区和大陆架勘测工作，并把海洋生物资源补充调查及资源评价列为重要内容之一，由农业部渔业局组织实施。

根据《我国专属经济区和大陆架勘测总体计划纲要》的规定，“海洋生物资源补充调查及资源评价”项目要用 5 年时间完成我国专属经济区和大陆架海洋生物资源调查，获取我国专属经济区和大陆架广大海域的第一手资料，并进行资源、环境评价，在此基础上，建立海洋地理和资源信息系统，为海域划界、海洋资源开发、渔业管理提供服务。它的具体目标是通过调查研究，查明我国专属经济区生物资源的群落结构、种类组成和数量分布；研究主要生物资源的种群结构、渔业生物学和生态学特征；评估主要生物资源种群的资源量、可捕量以及目前的开发水平对资源造成的影响；提出调查海域生物资源栖息环境的基本特征，研究它们与生物资源分布、洄游和变动的关系；编绘生物资源与栖息环境专业技术图件；编写我国专属经济区和大陆架生物资源评价报告；建立海区生物资源研究与管理信息库，为建立我国海洋生物资源与栖息环境地理信息系统提供基础资料。

项目分为 6 个课题，分别由 6 个单位负责实施：

（1）中上层生物资源调查与研究。由中国水产科学研究院黄海水产研究所负责。下设中上层生物资源总生物量评估；黄、东海主要中上层渔业种类资源评估；南海主要中上层渔业种类资源评估三个专题。

（2）底层生物资源评估调查研究。由中国水产科学研究院东海水产研究所负责。下设底层生物资源总生物量评估；黄、东海主要底层渔业种类资源评估；南海主要底层渔业种类资源评估三个专题。

（3）生物资源栖息环境调查与研究。由中国水产科学研究院南海水产研究所负责。下设海洋生物资源栖息环境质量综合评价；水文要素调查与研究；海水化学要素调查与研究；初级生产力调查与研究；浮游植物调查与研究；浮游动物调查与研究；鱼卵、仔稚幼鱼调查与研究；底栖生物调查与研究八个专题。

（4）南海主要岛礁生物资源调查研究。由农业部南海区渔政渔港监督管理局负责。不设专题。

（5）东海区虾蟹资源调查。由农业部东海区渔政渔港监督管理局负责。不设专题。

（6）黄海近岸生物资源调查。由农业部黄渤海区渔政渔港监督管理局负责。下设黄海北部近岸生物资源与栖息环境调查；山东半岛近岸生物资源与栖息环境调查；渤海近岸生物资源与栖息环境调查三个专题。

国家海洋局第一、第三海洋研究所、中国科学院海洋研究所、海南省水产研究所、浙江省海洋水产研究所、福建省海洋水产研究所、江苏省海洋水产研究所、山东省海洋水产研究所、辽宁省海洋水产研究所、河北省水产研究所、天津市水产研究所也参加了部分调查与研究工作。

为更好地完成项目任务，农业部渔业局专门成立了项目领导小组及领导小组办公室，负责项目的领导和实施。在项目领导小组下，设立了专家技术组和调查大队。专家技术组负责调查过程中的技术工作，调查大队负责组织、安排和协调海上调查工作。为保障调查过程中的后勤支持，中国水产科学研究院黄海水产研究所专门成立了“北斗”号调查任务实施领导小组，有关单位的科研管理部门也做了大量工作。

参加本次调查研究的科技人员共190多人，其中具有高级技术职称的100多人（2001年），涵盖了渔业资源学、物理海洋学、化学海洋学、生物海洋学等渔业与海洋学的各个领域。一些离退休的老专家也被邀请参加了本次调查研究。

先后有45名船员参加了“北斗”号的海上调查工作。

具有世界先进技术水平的“北斗”号科学考察船承担了项目的主要调查任务，从1997年10月到2000年12月，共完成海上调查24航次，海上作业654天，航程73 723n mile。完成生物资源调查站2 056个，环境调查站1 454个。另外，还用生产船完成了南海岛礁调查2航次，东海虾蟹调查12航次，黄海近岸9个航次的调查任务。

上述调查研究所取得的主要成果如下：

1. 首次取得了我国专属经济区生物资源和栖息环境的综合资料

新中国成立以来，我国在1958—1959年进行过一次以海洋物理、海洋化学、海洋生物、海底沉积和海底地貌为主的全国海洋普查，取得了我国海洋史上第一批关于中国近海的系统性资料，改变了我国缺乏基本海洋资料的局面。生物资源方面，1953年以后也进行过不少调查。规模比较大，调查范围比较广的有渤海生态基础调查、黄海生态系调查、东海陆架外缘和大陆坡深海调查、南海北部大陆斜坡海域渔业资源综合考察、中国海岸带和海涂资源综合调查等。除此之外，各海区还先后对对虾、小黄鱼、大黄鱼、带鱼、黄海鲱鱼、鲐鱼、马面鲀、蓝圆鲹等主要渔业对象进行过资源、渔场调查。但上述调查均为局部海域和个别渔业对象的调查。1958—1959年的全国海洋普查，囿于当时的环境，台湾海峡、台湾以东海域、南海中南部广大海域也未进行调查。

本次调查涵盖了渤海、黄海、东海、南海我国专属经济区广大海域，取得了上述海域四个季节的生物资源和栖息环境资料。这是继全国海洋普查之后40多年来又一次全国性的海洋调查，调查所取得的大量资料为我国专属经济区划界、生物资源管理以及今后的科研、教学等提供了重要的基础资料。

2. 首次使用先进的渔业资源声学评估系统，对分布于我国专属经济区的生物资源进行了评估

我国过去的生物资源调查，大多由渔船用拖网进行，不但技术手段落后，而且不能较准确地评估海洋中的生物资源数量。20世纪80年代以后，声学资源评估技术在国外迅速发展起来，并得到广泛应用。渔业发达国家大多采用该项技术进行资源评估，取得了较好的效果。声学方法的优点是通过精密的声纳系统，直接评估海洋中生物资源数量，这就给渔业资源的管理带来了极大的方便。我国1984年得到挪威政府赠送的"北斗"号生物资源专业调查船和Simrad EK400声学评估系统后，对黄、东海的鳀鱼资源进行过评估，取得了很好的效果。本次调查首次使用该项声学技术对我国专属经济区广大海域的生物资源进行了评估。在调查过程中除原有的Simrad EK400声学评估系统外，又引进了更先进的Simrad EK500声学评估系统，较准确地评估了我国专属经济区大多数种（类）生物资源的生物量，填补了我国该领域的空白，使我国生物资源评估工作达到了世界先进水平，为我国专属经济区划界提供了可靠的依据，也给我国今后实施生物资源配额管理打下了基础。

3. 首次在我国专属经济区同步进行了生物资源栖息环境调查

由于海洋生物资源的洄游、分布和变动受当时、当地海洋环境的制约较大，在本次生物资源调查过程中，同步进行了海洋环境调查，内容包括水温、盐度、酸碱度、溶解氧、硝酸盐、亚硝酸盐、氨氮、磷酸盐、硅酸盐等生物资源栖息海域的理化环境，各海区的初级生产力和叶绿素a含量，浮游植物、浮游动物、底栖生物等饵料生物以及鱼卵、仔鱼的种类、数量和分布。1958—1959年全国海洋普查时进行过上述大多数因子的调查，但缺乏同步进行的生物资源调查资料，范围也没有这次大，而且已过了40多年。40多年来，渤、黄、东、南海广大海域海洋环境究竟发生了什么变化，它与生物资源的变化又有什么关系，我们并不清楚。本次调查不仅涵盖面大，而且是与生物资源调查同步进行的，这就使我们不仅了解了目前渤、黄、东、南海海洋环境的基本状况和40多年来发生的变化，同时为研究不同生物资源栖息海区的理化环境和生物环境、不同生物资源在不同时期的分布与环境的关系及渤、黄、东、南海初级生产力的大小、饵料保证状况等提供了重要的基础资料。

4. 摸清了我国专属经济区生物资源及其环境状况

生物资源调查是渔业发达国家常规的公益性工作，是国家实施渔业资源开发与管理、维护海洋权益的国家行为。渔业发达国家，如挪威、欧洲联盟、俄罗斯对北海和巴伦支海的调查，日本、韩国对黄、东海的调查，美国、加拿大、日本等国对北太平洋狭鳕的调查等。这些调查为他们评价资源及其环境状况和开发水平，指导渔业生产，进行资源管理，特别是跨国渔业管理，起到了重要作用。新中国成立以来，我国虽进行了不少海洋生物资源及其环境调查，但与发达国家相比，调查工作的数量和质量都有差距。在本次调查启动前的几年，除三个海区渔政渔港监督管理局进行了一些渔业资源监测调查，各省市对个别渔场和个别渔种进行了一些调查外，调查工作基本处于停顿状态。因此，十分缺乏反映我国海洋渔业资源与环境现状及其变化的系统的、科学的和在国际渔业管理中可以应用的资料。通过本次调查所取得的大量资料才使我们摸清了当前渤、黄、东、南海广大海域生物资源的状况，包括生物资源栖息环境、生物资源的种类组成、各种生物资源的密度分布和资源量、主要渔业种类的种群结构和渔业生物学特征及其20世纪60年代以来发生的变化。为我国专属经济区划界和渔业管理，维护我国海洋权益提供了依据，也为今后渤、黄、东、南海生物资源与栖息环境研究提供了基础资料。

5. 编绘了我国专属经济区大量生物资源及栖息环境专业技术图件

准确反映各种生物资源数量分布和海洋环境特征的专业技术图件是专属经济区划界和政府实施渔业管理决策、指导渔业生产的有力工具，也是科研和教学的重要手段。本项目的实施取得了大量渤、黄、东、南海广大海域生物资源与栖息环境信息，为了便于使用，我们编绘了大量技术图件，内容包括各季节各调查海域各种生物资源的密度分布、水文、水化学、初级生产力、浮游生物、底栖生物等的分布图，它是目前我国生物资源研究中负载内容最多、规模最大的技术图件，是研究我国专属经济区和大陆架生物资源和栖息环境的重要参考资料。

6. 建立了我国专属经济区海洋生物资源和栖息环境信息库

在海洋经济发展的过程中，信息技术已进入飞速发展的时期。发达国家从20世纪60年代初就应用电子计算机，建立了国家海洋数据中心。而后，在联合国政府间海洋学委员会的推动下，海洋数据库的建设得到了飞快的发展，为海洋研究、开发与保护做出了重要贡献。我国在海洋渔业发展的过程中，出现了资源衰退、环境变坏，与周边国家渔业矛盾加剧等诸多问题，这些问题的研究与解决，往往涉及多个省市、多个海区和多年的各种资料。但是，我国海洋生物资源调查不但资料少，系统性差，而且仅有的资料管理和使用也极不合理，大批资料大都以纸介质的形式分散在各单位，不但资料容易损坏和丢失，使用也极其不便，以致资料不能充分发挥其作用。为了使海洋调查资料充分发挥作用，本次调查对所取得的各类数据进行了认真的分类、校对和录入，建成了分海区、分种类的海洋生物资源与环境数据库，同时，传输到相应的部门，为建立我国海洋渔业资源与环境地理和资源信息系统做出了贡献。

本书是在“我国专属经济区和大陆架勘测”专项领导小组的指导下，在“海洋生物资源补充调查与资源评价”项目领导小组及其办公室的领导和支持下，在这次调查资料的基础上结合历史资料编写而成的。全书由唐启升终审、定稿，各篇统稿人为唐启升、贾晓平、郑元甲、孟田湘。本书是上上下下共同努力的结果，是一项集体的劳动成果，它属于参加“海洋生物资源补充调查与资源评价”项目的全体人员，包括参与资料获取和分析、数据处理、图表编绘和报告编写工作的广大科技人员和船员。在此一并表示衷心的感谢。

出版本书的目的是为我国海洋渔业的可持续发展提供科学依据，为渔业管理、科研和教学提供参考。由于时间仓促，缺点和错误在所难免，敬请批评指正。

目　录

第二篇　生物资源栖息环境

第八章　鱼卵、仔稚幼鱼

第一节　种类组成
第二节　数量分布及季节变化
第三节　主要种类
第四节　产卵场基本特征与评价

第九章　底栖动物

第一节　种类组成
第二节　数量变化
第三节　主要种类
第四节　基本特征与评价

第十章　生态环境质量综合评价

第一节　评价方法
第二节　渔业生态环境质量现状
第三节　我国渔业生态环境变化趋势
第四节　我国重要渔场的生态环境特征

第三篇　生物资源种类和数量

第十一章　生物资源种类组成

第一节　资源种类
第二节　生态类群和优势种

第十二章　资源量评估与密度分布

第一节　声学方法
第二节　扫海面积法

第四篇　主要渔业种类渔业生物学与资源评价

第十三章　中上层鱼类

第一节　鳀
第二节　蓝点马鲛
第三节　鲐鱼
第四节　鲳类
第五节　蓝圆鲹
第六节　竹筴鱼

中国专属经济区生物资源及其环境调查图集[①]（摘要）

（1997—2001）

第一至十卷

唐启升主编，农业部渔业局编著

技 术 说 明

一、为了便于查阅，生物资源和环境分布图中，各种类的顺序基本上按分类系统排列。

二、在渤海、黄海、东海、南海生物资源密度分布图中 kg/h 表示“北斗”号专业资源调查船底层取样网每小时的捕获量。东海虾蟹类分布图中的 kg/h 或 g/h，浙江、江苏为桁杆虾拖网每小时捕获量，福建为网板拖虾网每小时捕获量。黄海近岸调查中 kg/h 为生产船双拖网每小时捕获量。

三、鱼卵、仔鱼分布图中，ind/haul 表示用大型浮游生物网，表层水平拖网 10 min，拖速 3 n mile/h 所捕获的鱼卵或仔鱼个数。

四、浮游动物采集网具为大型浮游生物网，筛绢网目 0.507 mm。浮游植物采集网具为小型周第网，筛绢网目 0.077 mm。

五、浮游动物总生物量不包括水母类和被囊类。

六、密度分布图图例中，数值分组中的边界值归到相邻的上一组。如 0，0～10，10～20，20～50，50～100 各组中，0 归到 0 组，10 归到 0～10 组，20 归到 10～20 组，50 归到 20～50 组。

七、单种生物不同季节分布图中，缺图的季节表示该季节该种生物在调查区内的任何调查站均没有发现，缺图的种类为数量很少或没发现的种类。“渤海、黄海近岸环境与资源”调查仅进行了 2～3 个航次，只绘制了主要种类的分布图。

八、第一卷至第九卷，渤海区、黄海区、东海区和南海区调查由“北斗”号专业资源调查船实施。第十卷中，东海虾蟹类和黄海近岸调查用生产船进行，取样网具和作业方式均不同，因此，两者的生物资源密度不具有可比性。

总 目 录

① 本文原刊于《中国专属经济区生物资源及其环境调查图集》，i，vii-x，气象出版社，2002。

技术说明

第一卷

一、海洋环境

（一）海洋水文

1. 海洋水温

2. 海水盐度

（二）海水化学

（三）初级生产力

（四）叶绿素 a

第二卷

（五）浮游植物

（六）浮游动物

第三卷

（七）鱼卵仔鱼

（八）底栖动物

第四卷

二、生物资源

（一）声学调查生物量密度分布

第五卷

（二）拖网调查资源密度分布

1. 黄海

(1) 鱼类密度分布

(2) 甲壳类密度分布

(3) 头足类密度分布

第六卷

2. 东海

(1) 鱼类密度分布Ⅰ

第七卷

(1) 鱼类密度分布Ⅱ

(2) 甲壳类密度分布
(3) 头足类密度分布

第八卷

3. 南海
(1) 南海北部鱼类密度分布Ⅰ

第九卷

(1) 南海北部鱼类密度分布Ⅱ
(2) 南海北部甲壳类密度分布
(3) 南海北部头足类密度分布

第十卷

三、渤、黄海近岸环境与生物资源和东海虾蟹类资源

(一) 渤海近岸环境与生物资源
1. 海洋环境
2. 生物资源
(二) 黄海北部近岸环境与生物资源
1. 海洋环境
2. 生物资源
(三) 山东半岛近岸环境与生物资源
1. 海洋环境
2. 生物资源
(四) 东海虾蟹类资源
1. 东海虾类密度分布
2. 东海蟹类密度分布

东、黄、渤海调查站位图

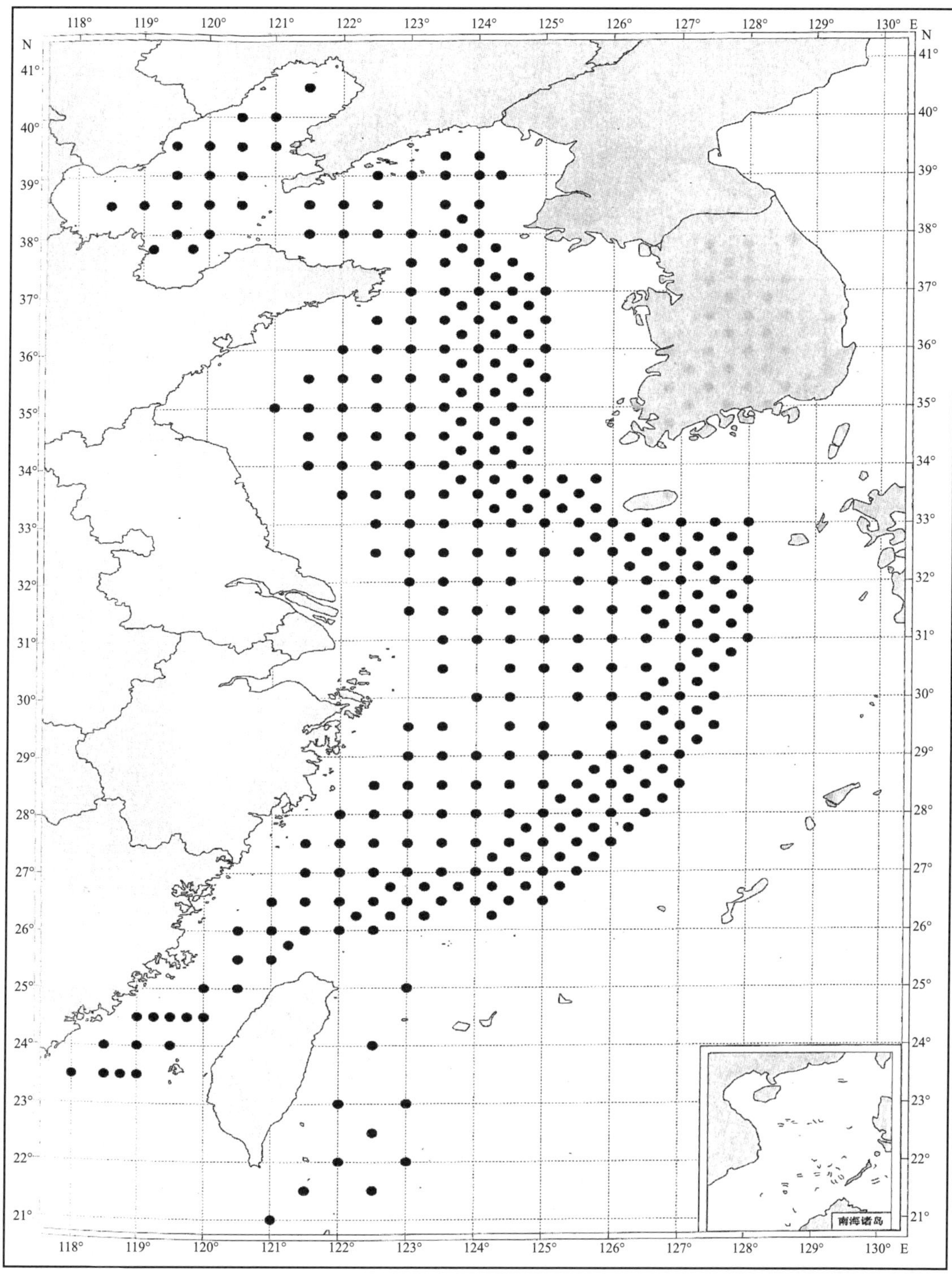
118°
119°
120°
121°
122°
123°
124°
125°
126°
127°
128°
129°
130° E
N
41°
40°
39°
38°
37°
36°
35°
34°
33°
32°
31°
30°
29°
28°
27°
26°
25°
24°
23°
22°
21°
南海诸岛

南海北部调查站位图

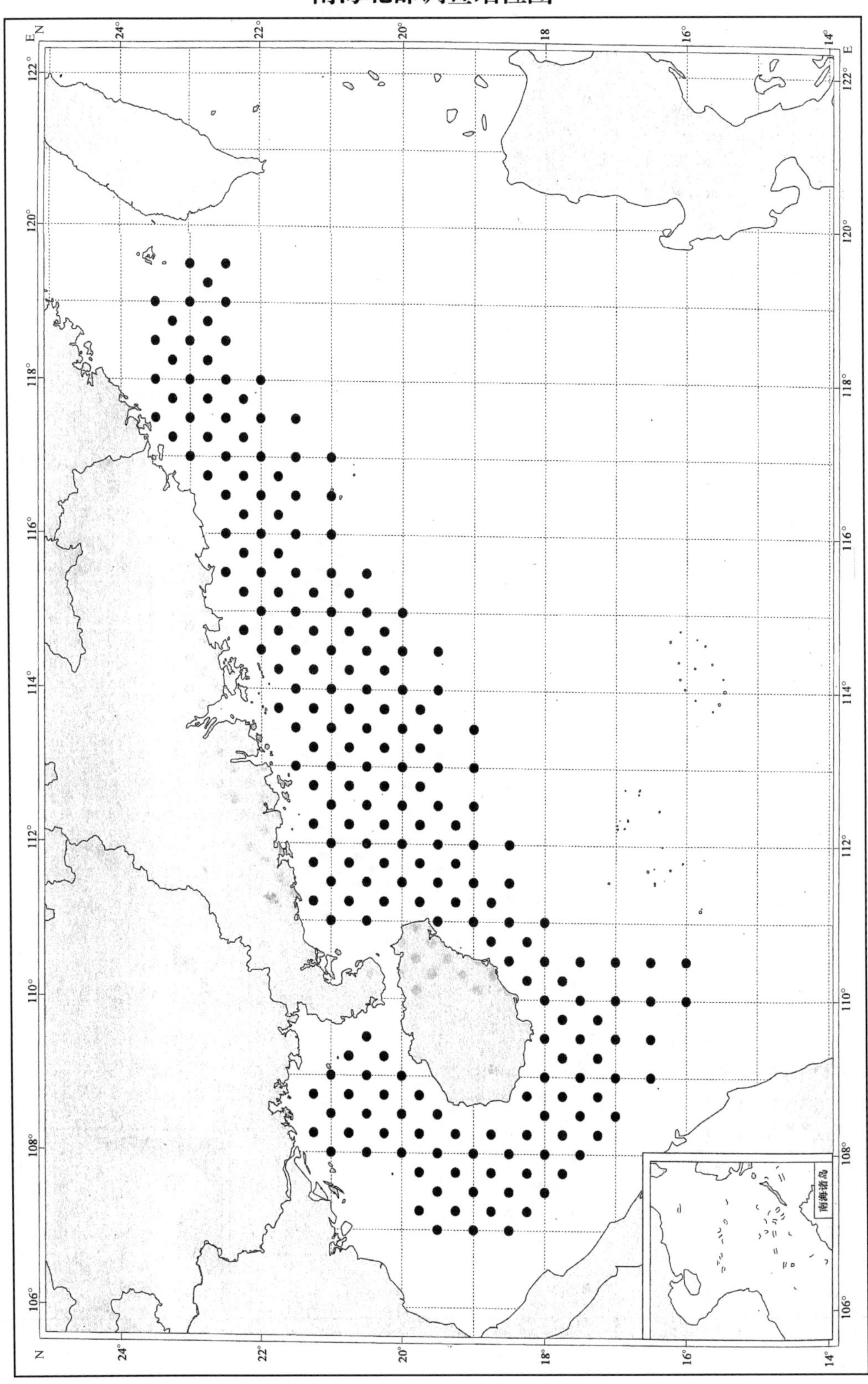

南海中南部调查站位图

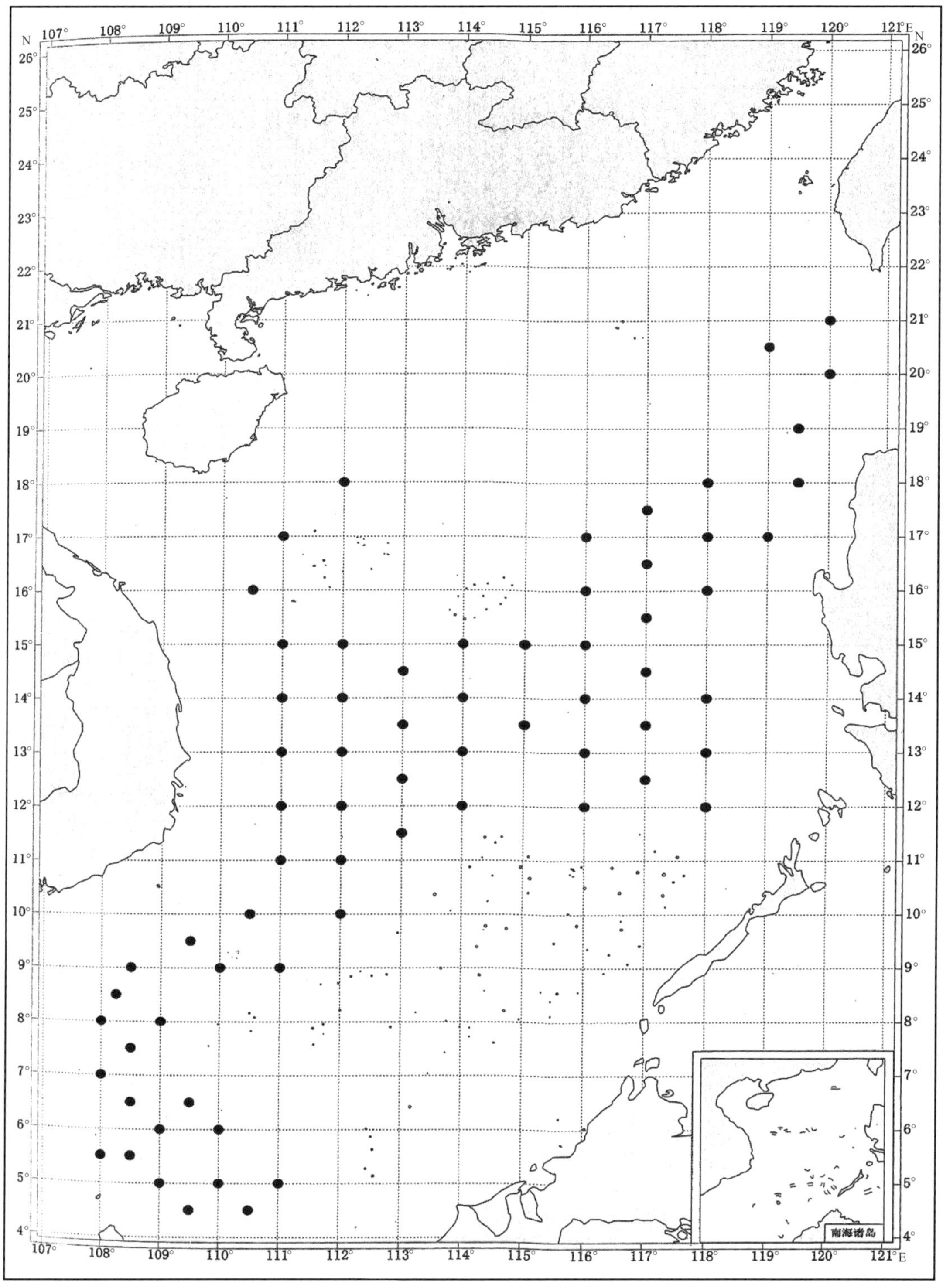
107°
108°
109°
110°
111°
112°
113°
114°
115°
116°
117°
118°
119°
120°
121°E
N
26°
25°
24°
23°
22°
21°
20°
19°
18°
17°
16°
15°
14°
13°
12°
11°
10°
9°
8°
7°
6°
5°
4°
南海诸岛

渤海生态环境和生物资源分布图集①（摘要）

唐启升，孟田湘　主编

前　言

渤海是我国内海，平均水深 18.7 m，面积 8 万多 km^2，滩涂辽阔。有黄河、海河、辽河等诸多河流入海，又有辽东湾、渤海湾、莱州湾三大海湾，是我国黄、渤海区生物资源的主要产卵场和大宗贝类的主要分布区，也是我国对虾、贝类养殖的重要作业区。渤海海峡邻近水域又是藻类和海珍品的重要增、养殖区。

为了给生物资源开发和渔业管理提供科学依据，1991 年开始，国家科委在"八五"国家科技攻关项目"海湾渔业增养殖技术研究"（85－14－02）课题中，设立了"渤海增殖生态基础调查研究"专题（85－14－02－03）。参加该专题研究的单位有中国水产科学研究院黄海水产研究所、中国科学院海洋研究所、国家海洋局第一海洋研究所、青岛海洋大学水产学院。参加该专题的科技人员先后达 37 人。研究内容包括水文、水化学环境、初级生产力、浮游生物、渔业生物资源、种间关系等渤海生态系统主要环节的基本特征和动态变化。研究成果得到了参加验收、鉴定的领导和专家的高度评价，并作为《渤海渔业增养殖技术研究》的主要内容，先后获得农业部科技进步一等奖、国家科技进步奖和国家"八五"科技攻关成果奖，本图集就是该项研究的主要技术成果之一。为了更全面系统地认识渤海，研究渤海生态系统的动态变化，图集还收入了 1982—1983 年由中国水产科学研究院黄海水产研究所以及国家海洋局第一海洋研究所完成的"六五"国家科技攻关项目——"渤海水域渔业资源、生态环境及增殖潜力研究"的调查资料。

本图集是参与渤海综合调查的广大科技人员的劳动成果，参加图集编绘的有唐启升、孟田湘、金显仕、姜言伟、万瑞景、周诗赉、崔毅、吕瑞华、康元德、高尚武、王义忠、张铭棣、孙继闽、戴芳群等同志。

这里特别感谢农业部渔业局和国家自然科学基金委员会对本图集出版给予的大力支持，也特别感谢专题验收、鉴定组的领导和专家对本专题技术总结给予的指导和建议。

作　者

1997 年 4 月 4 日

① 本文原刊于《渤海生态环境和生物资源分布图集》，ⅲ，ⅴ，青岛出版社，1997。

目　　录

1982—1983年渤海生态环境和生物资源调查

1992—1993 年渤海生态环境和生物资源调查

5.2　渤海仔稚鱼总量分布图

6　渤海渔业生物资源密度分布

6.1　1993年5月渤海渔业生物资源密度分布图
6.2　1992年8月渤海渔业生物资源密度分布图
6.3　1992年10月渤海渔业生物资源密度分布图
6.4　1993年2月渤海渔业生物资源密度分布图

7　渤海幼鱼生物量密度分布

7.1　1992年8月渤海幼鱼生物量密度分布图
7.2　1992年10月渤海幼鱼生物量密度分布图

山东近海渔业资源开发与保护[①]（摘要及第四章）

唐启升，叶懋中 等 著

内容提要： 本书分为四部分，第一部分为山东近海渔场环境和资源概况，重点介绍了山东近海渔场环境特征，渔业资源结构，资源分布特征；第二部分为山东近海渔业资源增殖和管理的生物学基础，介绍了鱼卵、仔稚鱼的分布，幼鱼的分布和损害情况，主要种类的生长和补充特性，鱼类的食性和饵料关系，主要增殖种类及其生物学；第三部分为山东近海渔业资源评估，着重说明山东近海渔业资源开发利用现状和底层鱼类、中上层鱼类、甲壳类、头足类、贝类的资源和利用现状；第四部分提出山东近海资源开发利用方案和渔业管理的措施。

本书可供水产领导部门、生产单位、水产科研单位和院校进行渔业管理，资源增殖，安排生产及科研教学参考。

前 言

为了查清山东近海渔业资源结构、数量分布，了解山东近海渔业资源动态和生产的最佳结构，增殖近海资源，提高资源质量，发展和管理渔业生产，山东省科学技术委员会下达了“山东省近海渔业资源调查及合理开发利用的研究”水产科研项目。项目的起止时间为1987—1989年，由黄海水产研究所和山东省海洋水产研究所共同承担。为此，两所组织了有关渔场环境、渔业资源、渔业管理及增殖等方面的专业科研人员30多人分专题进行调查研究。在山东近海主要渔港设点进行渔获物分析和生物学测定，还进行了大面积海上试捕、补充调查和重点渔场调查，系统地分析整理了大量资料。根据课题需要，调查研究的最小范围为34°00′～38°30′N，水深80 m以浅水域。在此基础上，按专题进行分工，就山东近海渔业自然环境和资源概况、渔业资源增殖和管理的生物学基础、主要渔业资源的评估、山东近海渔业资源合理开发利用的方案和渔业管理的措施等方面撰写研究报告，并于1989年11月在青岛召开集体审稿会议，对各部分内容的初稿进行了审议。尔后，又送交有关专家审阅，该项目于1990年2月20日在山东省科委和山东省水产局主持下通过成果鉴定，与会专家、教授刘瑞玉、陈大刚、陈宗尧、夏世福、张震东、邓景耀、吴鹤洲、侯思淮、姚允民、毛兴华、李炳春、李淑祥等同志对成果报告提出了许多宝贵的意见。本书在此基础上做了进一步修改和补充，最后由唐启升、叶懋中、孟田湘等同志统编、定稿。

在本课题进行过程中，一直得到山东省科委、省水产局、省海洋开发中心的大力支持和帮助。对上述有关部门和专家的热情帮助和指导，我们衷心表示谢意！

① 本文原刊于《山东近海渔业资源开发与保护》，前言、目录、203-212，农业出版社，1990。

近海渔业资源调查研究是一项涉及面广、工作量和难度较大的工作。我们只是分析研究了所能收集到的现有资料和进行了有限的海上调查，今后随着渔业的发展和各项工作的深入，肯定还会有新的补充和修订。由于时间、人力、物力和水平所限，本书难免有不足和错误之处，尚祈各级领导、专家及水产工作者予以批评指正。

参加本项目资料收集和整理工作的人员还有万瑞景、王世信、王育红、王歧佐、王俊、孙建明、孙继闽、刘爱英，宋爱勤、吴蕴芳、张元奎、周彬彬、姜卫民、梁行茂、梁兴明等同志。

著者谨识

1990 年 3 月

目　　录

第四章 山东省近海渔业资源合理开发利用的方案和渔业管理的措施

第一节 山东海洋渔业资源的总评价

一、山东近海自然条件和主要渔业资源特点

山东省东临渤海和黄海，水域辽阔，沿岸有黄河等河流入注，低盐水体充沛，营养物质丰富；远岸有黄海暖流北上，与南下的渤莱沿岸流汇合。本海域特别是北部受大陆气候影响较大，季节变化明显，深水地带水温年变化小，浅水地带年变化较大。夏季高温，适宜暖温性和暖水性鱼虾类的生活和生殖；冬季水温较低，也有一些适于冷温环境的鱼虾类在此繁衍栖息。由于具有以上多宜性的生态环境，形成了多种海洋鱼类和其他生物的广阔渔场。依分布于山东沿岸和近海的各种渔业资源的地理分布特点，大体可分为洄游性和地方性资源两大类。

（一）洄游性资源

洄游性资源在集群与洄游分布上具有明显的季节特点，通常在春季生殖期向近岸移动的集群密度较高，而秋季索饵和越冬期则较为分散，这些鱼虾类长期以来构成山东近海渔业的生产基础。其主要种类如小黄鱼（高产年达到 4 万余 t）、黄姑鱼（高产年达到 5 000 t）、鳓鱼（高产年达到 7 000 余 t）、带鱼（高产年达到 4 万余 t）、鲐鱼（高产年达到 3 万 t）等，过去的汛期和渔场都非常明显，但近年由于资源衰退，在生产上已不占地位；现在的春汛，仅有鹰爪虾和各种小杂鱼可供捕捞，秋汛仅有对虾和乌贼等还有一定产量，鲅鱼虽还能形成群体，但已非常稀疏。综观近年最大的变化是，过去在生产上不为人们重视的小杂鱼，如鳀鱼、青鳞、黄鲫、小鳞鲻和头足类的曼氏无针乌贼等，现已成为山东近海渔业的主捕对象。

（二）地方性资源

地方性渔业资源的特征主要表现为：种类较多，移动距离较短，既有冷温性也有广温性种类，周年交替进行生殖繁衍，其中的优势种类资源量较大，但不稳定，在资源常年利用方面，这类地方品种提供了一定有利条件。

1. 鱼类

主要有太平洋鲱鱼、鳕鱼、鲆鲽类、鳐类、梅童鱼、绵鳚、鲈鱼、梭鱼、鮟鱇、狮子鱼等。其中太平洋鲱鱼，历史上最高年产量曾达 10 万 t，鲆鲽类历史上最高年产量曾达 1.5 万 t，鳕鱼历史最高年产量也接近万吨，但这类地方性资源，近年也均已先后衰落。现在资源情况较好的是狮子鱼，已成为底拖网冬季的主捕对象之一。

2. 无脊椎动物

主要有毛虾、脊尾白虾、脊腹褐虾、口虾蛄、日本蟳、三疣梭子蟹、枪乌贼、曼氏无针乌贼、短蛸以及毛蚶、魁蚶等。这些资源构成山东省沿岸定置网、小型流网和拖网的捕捞对象，虽仍存在各自的汛期，但也发生了较为明显的变化。目前在这类资源中处于相对稳定状态的有毛虾、脊腹褐虾、口虾蛄、日本蟳、曼氏无针乌贼等，呈下降趋势的有三疣梭子蟹、

枪乌贼、短蛸和毛蚶等。魁蚶是 80 年代新开发品种，但由于捕捞强度过大，现在资源已属过度利用状态。

二、渔业资源的开发利用过程和现状

自新中国成立以来，黄、渤海区渔业资源经历了由未充分利用到充分利用以至利用过度的三个阶段。新中国成立之初，由于全国渔业生产的恢复和发展，产量增长幅度较大，在 50 年代和 60 年代初期，山东省渔业产量由 10 余万 t 增长到近 30 万 t，产量主要来自海洋经济鱼类。当时的捕捞生产结构是以原有的拖、流、围、钓进行多种作业，渔业资源得到较为合理的开发。这一时期资源相当稳定，持续时间也较长。但自 60 年代前期以来，忽视渔业资源特点，盲目追求高产，过多地发展了拖网和定置张网，捕捞能力的增长超过了资源的自然增长，由于酷渔滥捕导致整个黄、渤海主要鱼类资源急剧恶化，经济鱼类由 60 年代以前占总产量 30%以上，降到 70 年代初期只占 10%左右。近年资源损害情况更趋严重，在拖网产量中一些主要底层鱼类的幼鱼竟达 70%～90%。山东省 1978 年有拖网约 7 000 盘，产量 25 万 t；1985 年拖网增至近 1 万盘，但产量反而降至 22 万 t，充分说明这种增网减产现象是资源利用过度的必然结果。

由于底鱼资源的衰退，自 60 年代以后，开始转向加强中上层鱼类的捕捞，在 70 年代中发展了灯光围网和恢复了部分传统流刺网和围网作业，70 年代初期，山东省中上层鱼类产量曾达 6～14 万余 t，占全省海洋总产量的 18.7%～40%，此后，年产量一直维持在 10 余万 t 的水平。但从鲅鱼渔获中可以看出，近年中上层鱼类也出现了利用过度迹象，单以山东省鲅鱼生产来说，自 70 年代以来虽始终保持在 2 万～3 万 t 的年产量，但过去渔获中是以成鱼为主（成鱼占渔获的 60%～70%），而近年则主要以幼鱼为生产对象（成鱼只占 20%～30%）。即使目前以幼鱼为主的鲅鱼产量，也在明显减少。

有个值得注意的情况是，近年发现黄海中南部和东海北部海域的鳀鱼资源十分丰厚，评估其资源量约为 300 万 t，可捕量在 50 万 t 以上，这一中上层鱼类资源极具开发价值。

另外，山东省沿岸有广阔滩涂和浅水港湾，自取得海带与扇贝养殖经验后，打开了浅海生产途径；滩涂贝类资源极丰富，优势品种极多，但进入 80 年代后，对虾养殖兴起，掘滩造池，不留隙地，改变了原有生态环境，以致养虾必需的鲜活饲料（贝类）的供应亦颇感困难。

三、海洋环境污染情况

60 年代以来，随工农业生产和城市建设的发展，沿海水域所受污染日益严重。据查山东省主要河流和排污渠道泄入海中的各种污水每年在 2.7 亿 t 以上，所含石油、汞、镉、铅、锌、氰化物等有毒物质不仅大大超过了国家规定标准，且污染范围日益扩展。

黄河口海区的污染已开始危及山东省常年利用的莱州湾鱼虾产卵场，造成鱼虾贝类大量死亡、渔场变迁、养贝停产。如莱州市一带原来盛产文蛤远销日本，但自 1978 年以来连年发生大批死亡，特别是 1981 年死亡数量达 1 500 t，使养殖业不敢继续经营。由于油田的污染，莱州湾西部多年的毛蚶产地损失产量约有 10 万 t，直接经济损失 5 000 万元。再如小清河在 1983 年和 1987 年二次夏季大雨过后，污水自上游倾泻而下，造成河口附近大面积鱼虾贝类死亡，估计经济损失可达 2 000 余万元。

胶州湾是山东省南部的最大港湾，连年受船舶和城市工业排污之害，使原有的170多种潮间带生物多数死亡，目前只余17种，减少了原有种类90%，破坏了生态平衡；全湾原有3万亩滩涂，现已有40%不能继续利用；贝类采捕损失7 500 t，海蜇和黑鲷趋于绝迹。

除上述工业和城市排污日渐严重，近年来，在山东省沿海各地又增加了一种新兴产业——拆船业，成为一种新的污染源。此外，山东省发展对虾养殖进入高潮后，沿岸虾池密集，每日排放大量废水，改变了附近滩涂和浅海的有机环境，不仅妨害其他生物的正常生活和生长，更因虾池本身换水不洁，导致虾病丛生，这又是水产业内部新产生的一种生态矛盾。

四、渔业资源保护与资源增殖工作现状

新中国成立后，党和政府十分重视渔业资源的繁殖保护问题，早在1962年中央即颁布了《渤海区对虾资源繁殖保护试行办法》。1979年在颁布《水产资源繁殖保护条例》后，山东省根据实际生产情况迅即制定了补充规定，发布了《山东省水产资源繁殖保护条例实施细则暂行规定》，并制定了《关于莱州湾毛蚶资源繁殖保护规定》等一系列文件，作为山东省的地方性渔业法规贯彻实施，全省各地方政府随之也分别制定了适合当地情况的实施细则或类似文告。1979年建立各级渔政管理机构和渔政船队，对海洋渔船实行渔业许可制度，加强了对海洋捕捞生产的监督管理，普及了繁殖保护渔业资源的宣传教育；同时，通过生产实践的检验，进而对本省各项渔业法规进行多次修改和补充，如在本省率先实行了“除秋汛捕捞对虾，全年禁止拖网在渤海作业”，以及推迟对虾开捕期；调整毛虾禁渔期；实行捕虾以流代拖保护幼鱼等各种关键性措施，对维护生产秩序，保护鱼虾资源起到了积极作用。但是由于人们对渔业资源的特点和规律认识上还不一致，在生产上存在的只求产量不问质量的倾向仍很普遍。近几年来，在生产中又出现了一些新情况：①由于对虾养殖的发展，带来了过捕亲虾和大量损害天然仔虾，以及虾池废水损害滩涂贝类等问题；②在近年拖网退出渤海后，又在烟威和石岛渔场转向拖捕当年幼鲅鱼和其他幼鱼；③由于开发利用魁蚶（对日出口），同时连带破坏了渤海越冬梭子蟹资源。这种顾此失彼的问题处处出现。正常的渔业生产秩序仍有待整顿。

近几年来，山东省除制定贯彻资源保护法规外，也在资源增殖工作方面做了不少工作，如在人工孵化放流对虾种苗，开展扇贝和海参增养殖等方面都取得一些成绩，对地方性经济鱼类如梭鱼和黄盖鲽等的育苗及放流实验也取得可喜的进展。其中对虾增殖，自1984年开始，在山东省南部沿海放苗3.8亿尾，当年回捕成虾1 200 t；1985年放苗9.3亿尾，回捕成虾约2 500 t；1986年放苗7.4亿尾，回捕对虾1 500 t。合计三年来共投放虾苗20.5亿尾，共回捕成虾5 200 t，扣其基数，净增4 600 t，为投放前三年自然虾的7.66倍，回捕率达7%～8%，可见放流增殖效果是相当明显的。可以说，这是法制保护与人工增殖双管齐下的互为依辅的有效办法。

第二节　渔业资源开发利用意见

对于我国北方的海洋渔业，长期不合理地增加捕捞强度导致各种主要经济鱼类资源的衰退，不仅单位网获量大幅度下降，而且渔获质量也越来越差。另外，由于捕捞与保鲜技术的

限制，近海水域尚有一些渔业资源至今并未充分利用。为了合理开发这一海域的渔业资源，建议山东省近几年内着重研究以下几方面的整顿意见：

一、压缩近海捕捞力量，发展外海与远洋渔业

山东省海洋捕捞产量，由60年代的20.8万t增至80年代的43.8万t（1988年达66.5万t）。产量的连续大幅度增长可能带来某些经济效益，从表面上看是好现象，但更为重要的是，盲目追求高产忽视了近海渔业资源所能承受的压力限度问题。由于过捕所采取的掠夺性生产方式，已严重地损害了近海所能提供的潜在的生态效益，这种损失是较长时期内不易弥补的。根据综合分析和模式估算得出的结论，认为由于近海捕捞种类的变化而形成的食物链级的变化，以及由于可捕资源的衰退对后备资源的补充能力所产生的不利影响等一系列问题，必须予以应有的重视。为保证资源的长期保持稳定和今后生产上能逐步改善渔获质量，认为山东省近海的捕捞产量以每年不超过44万t为宜。因此，对现有海洋捕捞能力必须认真控制和进行必要调整。

1. 压缩近海捕捞力量

1987年，山东省从事近海海洋捕捞的渔船为23 320艘，756 388马力。其中60马力以下的小型渔船21 061艘，337 917马力；60～199马力渔船1 952艘，271 545马力；200～399马力渔船118艘，27 180马力；400马力以上的大型渔船189艘，119 746马力。必须将盲目发展的渔船适当压缩，坚持通过发放生产许可证的方法，实行统一管理。动员与引导一部分40马力以下的小型渔船逐步转入海水养殖业，这样既贯彻了“以养为主”的方针，又减少了近海的捕捞强度；组织一部分船体较好，船上人员技术全面的200马力左右至400马力的渔船，从事外海捕捞生产；并组织部分400马力及400马力以上、船体好的渔船从事远洋渔业生产。

2. 发展外海生产

山东省国营与群众渔业渔船到东、黄海外海至日本西海岸一些海域从事捕捞作业已有10余年的历史，在这一海区，日本年产鲐鱼20余万t，远东拟沙丁鱼约30万t。目前这一海域的马面鲀、远东拟沙丁鱼、鲐鱼及一些底层鱼类的资源尚有一定潜力，可组织群众渔业的大、中型渔船和国营渔轮从事捕捞生产。

3. 发展远洋渔业

近几年来，我国少量渔船在西北非、白令海、鄂霍次克海等海域从事远洋渔业生产，年产量达10万余t。山东省远洋渔业起步较早，但发展缓慢，国营渔业缺乏资金，至今只有少数渔船在冈比亚等海域生产；群众渔业缺乏组织与出国经验，至今尚未正式开展远洋生产。发展山东省远洋渔业应当注意发挥群众渔业在资金、渔业劳力较充足和国营渔业文化水平较高、初步积累了出国生产经验等方面的优势。为此，建议采取以下措施：

（1）成立山东省远洋渔业指挥部，统筹组织山东省远洋渔业生产，并从宏观上协调各远洋生产单位之间、远洋生产单位与生产所在国之间的关系。

（2）成立远洋渔业服务公司，为群众渔业从事远洋生产的船队提供渔获销售、渔需物资供应、渔情咨询以及对外交涉、翻译等方面的服务。

（3）进一步组织群众渔业的远洋捕捞公司或国营渔业与群众渔业联合组成的远洋捕捞公司。充分发挥群众与国营渔业各自的优势。目前群众渔业企业资金积累和渔民个人收入都相

当可观，可采用集股经营等办法集中资金，加快远洋渔业的发展。

二、开发鳀鱼等渔业资源

鳀鱼广泛分布于黄、东海沿岸，食物链短，资源雄厚。据调查，黄、东海鳀鱼资源量高达 300 万 t，年可捕量 50 万 t 以上，是重要的渔业资源。目前由于捕捞技术和保鲜加工等方面的原因，该资源还未充分开发利用，我省年产仅 3 万～4 万 t。开发这项资源是提高山东省近海捕捞产量的重要途径之一。

山东沿岸是鳀鱼的重要产卵场，春夏季产卵亲体和幼鱼遍布沿岸浅水区，秋冬季越冬期（11 月至翌年 2 月）鱼群密集，分布区集中，便于大规模集中捕捞。山东近海是该季节鳀鱼的主要密集区之一，开发利用鳀鱼资源山东具备得天独厚的自然条件。近几年山东省推广的鳀鱼落网，捕捞效果较好，但适于落网作业的海区不多，而且只能捕捞分布在近岸的鱼群，今后应研制能够大量捕捞鳀鱼的流动网具。目前的捕捞试验表明，变水层拖网是捕捞鳀鱼的有效作业方式。另外，鳀鱼个体小，含脂量高，易腐烂，现有的海上保鲜、运输、储存和加工技术不能适应鳀鱼大量生产，是限制鳀鱼捕捞生产发展的另一重要原因。上述问题已引起有关行政主管、科研、生产部门重视。应加快步伐，加强组织管理，计划落实，作为重点攻关研究课题，一旦攻克，山东省海洋捕捞产量将大幅度上升。

另外，太平洋磷虾为外海高盐种类，在黄海沿岸广泛分布，资源雄厚，但由于个体小，只有密目定置网可以捕到，没有全面开发利用。太平洋磷虾是重要的动物蛋白源，可干制成虾粉或冰冻后保存，用作养殖对虾饵料，目前仅荣成市沿海，部分位于深水的高排挂子网可短期捕捞，年产量 1 万～3 万 t 左右。由于本种目前资源潜力甚大，如能研制专门的捕捞网具，注意组织捕捞，作为饵料生物，应适当开发利用，提高捕捞量。

三、开发潮间带，合理利用滩涂

山东省潮间带面积广阔，全省滩涂总面积 483.54 万亩，其中适于发展贝类、对虾增养殖业的粉砂、淤泥质滩涂 469.77 万亩，占 97%强，岩礁硬质滩面 13.77 万亩，占近 3%。沙、泥质滩涂主要分布于黄河口及其邻近海域，从与河北省接壤的大口河至莱州西部的胶莱河，海岸线长 608.9 km 的地段，大部分地区潮间带宽达 5～10 km，滩涂面积达 332.25 万亩，占全省的 68.71%，自胶莱河至与江苏交界的绣针河口，海岸线长达 2 513.02 km，滩涂面积 151.29 万亩，仅占全省的 31.29%。其中岩礁硬质滩涂占 9.1%。

全省滩涂的开发利用很不平衡，除用于对虾养殖 80 余万亩外，山东省还进行滩贝的养殖或护养，效果甚好。缢蛏、菲律宾蛤和泥蚶的养殖，亩产可达 200～500 kg。在胶莱河以西至大口河的黄河口邻近海区，滩涂面积 332 万亩，占全省滩面的 68.7%。由于交通不便、人口较少等原因，除有几十万亩用于对虾养殖外，对于天然资源如滩涂贝类与蟹类等均尚未全面开发利用。据调查，惠民、东营两地（市）现有滩涂 233 万亩，四角蛤蜊、缢蛏、文蛤等经济贝类蕴藏量 18 万余吨，大眼蟹、厚蟹 3 万余吨，此外还有可作饲料的蛤螺、扁玉螺等。目前对于该区的贝类、蟹类资源的利用甚少。如能合理开发，选择优良品种对十分之一的滩涂（约 47 万亩）实行贝类精养，单产达到或接近山东南部亩产 200～300 kg 水平，总产量则相当可观。

总之，黄河口及其邻近海域，水质肥沃，饵料生物丰富，潮间带广阔，资源潜力巨大，为了全面开发滩涂资源建议：

1. 根据本区地形、交通、淡水源与饵料状况等统一规划，合理布局，建立养殖对虾、罗非鱼、胡子鲶、梭鱼的养殖基地。

2. 合理开发利用滩涂自然资源。

（1）对本区滩涂大量繁殖的文蛤、四角蛤蜊、蛏、牡蛎等，实行护滩管理，分区轮养轮捕，合理利用资源。

（2）选择适于本地区生长的经济价值高、产量大的优质贝类在本地区进行资源增殖或养殖。

（3）鼓励大量采捕扁玉螺、织纹螺、蛸螺等肉食性贝类，并争取逐步减少或淘汰其资源。

3. 有计划地开发利用本地区滩涂、河岸、沟汊中大量繁生的食用或可作饲料的厚蟹、大眼蟹等中小型蟹类资源。

四、逐步恢复衰退的经济鱼虾类资源

如前所述，历史上我国北方海域的小黄鱼、带鱼、鳓鱼、鲆鲽类等均有较高的产量，是受群众欢迎的重要经济鱼类，但由于60年代以来，拖网渔业的盲目发展，资源遭受严重破坏，以至衰退。其衰退的原因均与其幼鱼遭受人为的损害有密切关系。

（一）拖网秋捕对虾时，对经济幼鱼的严重损害

渤海是我国北方经济鱼虾的重要产卵场和稚幼鱼的索饵场。每年夏秋季大量稚幼鱼在本海区集群索饵，9—12月幼鱼分批游出渤海经烟威渔场、石岛渔场进行越冬洄游。1987年以前，每年9—11月，在渤海秋捕对虾期间，汇集拖网渔船千余对，从事捕虾生产，在此同时，也大量兼捕经济鱼类幼鱼。据调查，1964—1983年，群众、国营渔业的拖网船在渤海捕捞秋季对虾时，共损害小黄鱼、带鱼、鳓鱼、黄姑鱼、白姑鱼、黄鲫、银鲳等经济幼鱼341.72亿尾，平均每年损害幼鱼14.24亿尾，两年后长成成鱼，其可捕量为11.25万t。

（二）捕捞越冬洄游与越冬场的幼鱼也严重损害经济鱼类资源

烟威、石岛两渔场每年秋季和初冬是渤海和黄海北部当年出生的幼鱼进行越冬洄游的重要通道。由于受黄海冷水的影响，上述两渔场水温梯度较大，越冬洄游的幼鱼群体密集，生产船网获量甚高，对幼鱼破坏严重。历史上小黄鱼、带鱼、鳓鱼、真鲷等幼鱼在这一带被拖网船大量捕获，近几年秋季，国营渔轮聚集石岛渔场，捕捞幼鲅鱼，日产4 000～8 000 kg。群众渔业拖网船，在烟威、石岛渔场用疏目拖网，集中捕捞幼鲅鱼，日产3 000～5 000 kg，高者10 000 kg左右。从而使游泳能力强、一般机帆船拖网基本捕捞不到的幼鲅鱼遭受很大破坏，以致使这种产卵场面积广、繁殖能力强的鱼种的资源量大幅度下降。

黄、东海的深水区和外海是小黄鱼、黄姑鱼、鲅鱼、鲐鱼等经济鱼类及幼鱼的越冬场。每年冬季，山东省有一部分船只在越冬场生产，也较为严重地损害小黄鱼、黄姑鱼、鲐鱼等经济幼鱼。

自1987年逐步实现拖网退出渤海以后，小黄鱼、鳓鱼、黄姑鱼等经济鱼类的幼鱼数量逐年增加，表明由于过度捕捞而使资源衰退或枯竭的鱼类，如能合理保护，资源还能逐步恢

复。今后如能在已采取的保护资源措施的基础上，进一步加强对越冬洄游和越冬的经济鱼类群体的认真保护，小黄鱼、鳓鱼、真鲷等历史上曾是主要捕捞对象的重要经济鱼类资源仍可望有所回升。

第三节 渔业资源增殖

70 年代以来，黄渤海海域主要经济鱼类资源相继衰退，一些低质小型鱼类资源量相对上升。为了改善近海渔业资源的品质，增加捕捞产量，自 80 年代开始，北方各省市进行水产资源的人工增殖。山东省率先在半山东岛南部沿海、烟威渔场、渤海近岸等海域开展对虾人工增殖，收到良好效果。同时，也相继开展了黄盖鲽、牙鲆、梭鱼、半滑舌鳎、真鲷、海蜇等人工育苗、增殖研究，并取得较大的进展，为海洋渔业资源的增殖工作，打下了较好的基础。

资源增殖工作应根据饵料生物的分布、地形、水文等特点，对各海区的增殖品种、数量等进行统筹规划、合理布局。增殖品种要选择品质好、经济价值高、食物链短、生长速度快、洄游路线短或回归性强、易于回捕的种类。根据上述原则，建议有选择地对下列无脊椎动物和鱼类进行资源增殖：

一、经济无脊椎动物

山东沿海已有的自然分布的魁蚶、毛蚶、栉孔扇贝、海蜇、金乌贼、对虾、脊尾白虾、梭子蟹等经济无脊椎动物都具有上述各种优点，能形成较好的捕捞群体，是比较好的增殖对象。

（一）贝类

近岸的贝类主要有魁蚶、毛蚶、柿孔扇贝，这些贝类以浮游单胞藻为食，食物链甚短，易于回捕，经济价值高，都是比较理想的增殖品种。特别是这几种贝类繁殖力强，其卵子与幼体大量分布于近岸产卵场海域，是一些重要经济虾类与其他无脊椎动物幼体的开口饵料，对这些种类的幼体成活及资源发生量有重要的影响。因而，这几种贝类资源的增殖，不但增加了其本身的资源数量，而且有重要的生态效益，对经济虾类与其他经济无脊椎动物资源的补充有重要作用。

根据山东省贝类自然资源及其利用情况，当前魁蚶、毛蚶与栉孔扇贝等贝类均有必要进行资源增殖。

1. 魁蚶

分布于黄、渤海沿岸，水深 10～40 m 的大部分海域，资源较为丰富，但由于近几年被山东、辽宁两省渔民大量捕捞，分布范围与密度减少，个体变小，网获量明显下降，表明黄、渤海魁蚶资源已利用过度，需要进行资源增殖。

2. 毛蚶

主要分布于渤海，在渤海三湾各自形成独立的地方种群，山东南部沿海与海州湾也有少量分布。毛蚶生活于潮下带至水深 15 m 以内的底质为泥沙的浅海水域。历史上渤海毛蚶资源丰富，但自 70 年代后期至 80 年代前期，由于捕捞过度和环境水质污染等原因，渤海三个地方种群的毛蚶资源相继衰退。山东省主要毛蚶渔场在莱州湾，产量以 70 年代中、后期最高，年产达 1 万～1.3 万 t。80 年代降为万吨以下。1986 年莱州湾毛蚶由于水质污染，资源遭到严重破坏，年产量已降为 3 000～4 000 t。

3. 栉孔扇贝

主要分布于山东南部与海州湾外海，据1972年调查，总资源量为2万t，1982年再次调查时，发现资源已遭严重破坏，资源量甚微。

鉴于上述情况，山东沿海的魁蚶、毛蚶、栉孔扇贝等主要经济贝类资源应当在加强保护的情况下积极进行资源增殖。

由于贝类育苗设备较复杂、费用较大等原因，利用通常使用的培育苗种（稚贝）进行资源增殖的方法只能用于在小水域的贝类增殖。而对上述三种分布面积大、增殖数量多的品种，可采用移植亲贝和投放在自然贝类分布密集区采集的苗种，以这种增殖的方法进行增殖比较合适。以上两种方法投资少，效率高，适于大面积贝类增殖。

（二）海蜇

海蜇饵料以浮游动物为主，食物链较短、繁殖力强、生长速度快，分布于近岸海域，易于捕捞，经济价值较高，是理想的增殖对象。

历史上，山东沿海海蜇数量较多，50年代年产量为0.6万～1万t，高年产达2万余t，但自60年代中期以来，资源量急剧下降，山东省沿岸每年捕捞量低至400～500 t以下，个别高产年份也只有千吨。近几年科研部门在摸清海蜇生活史的前提下，已研究出一套海蜇资源增殖技术，可以推广使用。

鉴于上述情况，山东省进行海蜇资源增殖，应首先在饵料生物与环境条件较好的莱州湾与渤海湾进行，在取得一定经验后，增殖海区可逐步扩大到黄海沿岸。

（三）虾蟹类

适合在山东近海海域进行资源增殖的虾蟹类有对虾、脊尾白虾和三疣梭子蟹。

1. 对虾

中国对虾的主要产卵场在渤海，其自然资源有10年左右的波动周期，北方各省市最高年产近5万t，低产年份仅3 000～4 000 t，山东省对虾产量占全国产量50%以上。渤海全面进行对虾资源增殖后，年产量可增加2万余t，其中山东省可增产对虾万吨。另外，通过试验研究，山东黄海沿岸的大部分海域均可进行对虾增建，并取得回捕率7%～8%的良好效果，预计在黄海沿岸全面进行对虾增殖后，全省每年增产对虾也可达万吨。

对虾是重要的出口商品，增殖对虾效益甚为显著，通过多年的对虾增殖实践，目前对虾的增殖与回捕技术均较成熟，近几年对虾增殖已成为山东省海水增殖的最重要品种。从回捕增殖对虾的渔场条件分析，莱州湾渔场增殖的对虾最有利于山东省渔船回捕，其次为烟威渔场；山东南部增殖对虾的回捕条件虽不如上述两渔场，但回捕率也可达7%～8%，也是比较好的对虾增殖渔场。

2. 脊尾白虾

脊尾白虾主要分布于盐度较低的河口及邻近海域，山东沿岸年产量较大，但由于捕捞过度，资源明显下降。脊尾白虾繁殖力较强，每年5—9月为繁殖期。亲虾每年可抱卵多次，早期出生的幼虾当年即可抱卵。目前脊尾白虾育苗技术已过关，并可利用对虾育苗设施，在5—8月进行脊尾白虾育苗和增殖放流。在充分利用设备、节约资金的情况下，对增殖脊尾白虾资源是有利的。

3. 三疣梭子蟹

三疣梭子蟹洄游路线短，是杂食性的地方性种类。北方三省一市三疣梭子蟹年产量为2万余t。80年代中期以来，部分渔船在2—3月大量捕捞渤海越冬亲蟹，致使梭子蟹资源大幅度下降。目前，梭子蟹育苗技术已经过关，建议利用对虾育苗设施，进行梭子蟹育苗和增殖放流，恢复与扩大渤海梭子蟹资源量。

二、鱼类

分布于山东省沿海的经济价值高、洄游路线短、易于回捕而且现在育苗技术已过关的适于进行增殖放流的鱼类有梭鱼、牙鲆、黄盖鲽、半滑舌鳎、黑鲪等。此外，真鲷虽洄游路线较长，但回归性强，经济价值甚高，也是较好的增殖品种。

（一）梭鱼

以底层藻类为主要饵料，为近岸性鱼类。在山东沿海均可进行增殖放流。莱州湾西部与渤海沿岸潮间带占全省潮间带总面积的三分之二，适于梭鱼的摄食与生活，应为梭鱼增殖的重点海区。

（二）牙鲆

为温水性底层鱼类，主要分布在黄海中北部和渤海。牙鲆育苗与增殖技术已研究成功，可在青岛、威海、荣成近海适当增殖。

（三）黄盖鲽

为地方性低温底层鱼类。山东沿海的黄盖鲽主要分布于渤海海峡与烟威渔场西部，每年冬季与早春形成小规模渔汛。黄盖鲽的育苗技术已经过关，经济条件具备时可在长岛、蓬莱、芝罘一带进行增殖放流，以增加这一地方资源。

（四）半滑舌鳎

主要分布于山东的渤海沿岸，尤以黄河口及其邻近海域最多，是洄游路线较短的地方性鱼类，其生长速度快，适于资源增殖，增殖海区应以莱州湾西部与渤海湾为主。

（五）黑鲪

主要分布于岩礁海区，肉质较好，有增殖价值。可在黄海沿岸的岩礁区进行增殖。

（六）真鲷

真鲷属名贵鱼种、经济价值高，山东沿海原分布有莱州湾与海州湾两个真鲷群体，其中莱州湾群体分布近岸，利于回捕，因而，莱州湾东部应为真鲷增殖的重点海区。

第四节　渔业管理措施

为了恢复近海渔业资源与有效地开展增殖资源工作并达到合理利用目的，需要进一步改进和完善各种渔业管理措施，主要是必须重视生态系统控制，对近海的水质、饵料生物及主要经济水产品种的亲体、幼体等采取必要的保护措施，在认真贯彻执行国家和地方渔业法规的前提下，建议进一步采取下列管理措施：

一、改进渔政工作，加强对经济鱼虾类产卵场与稚、幼体索饵场的管理

1979 年以来，山东省渔政部门得到充实，渔政管理工作有所加强。但是由于渔业体制改革，许多渔业队的集体经营体制改为个体经营，小型渔船随之增多，船小只能在近岸捕捞幼鱼、幼虾，破坏渔业资源的现象较前更为严重，给渔政管理工作带来很大困难。因此渔政工作应在新的形势下加以改进与加强：

（一）渔业法规的贯彻应受各级政府及有关行政部门的重视与协作

国家与地方发布的各种渔业法规，都是保护水产资源，发展水产事业的重要规章，能否贯彻执行是关系海洋渔业兴衰的大事。过去水产资源的保护工作主要是由水产系统的渔政部门负责，但由于渔场广阔、渔船量大，只靠少数渔政船执行检查任务难免有所遗漏，使偷捕船只有机可乘。市场上出售幼鱼、幼虾不受商业与市场管理部门的干涉，以及一般行政部门抱有单纯的“群众观点”和“生产观点”，即使在禁渔期内，渔船也可随时办理出海签证，不受限制。这些事实说明，仅仅依靠渔政部门在渔场进行监督，存在许多难以克服的困难，渔业法规的全面贯彻应明确各级政府及商业、公安、税务、市场管理等有关部门的各自职责，通力协作，齐抓共管，否则水产资源的繁殖保护工作难有重大改观，水产资源的恢复与增殖效果不能有所保证。

（二）加强产卵场和近岸河口区的管理

山东沿岸水域是北方多种经济鱼虾类的主要产卵场，春末至夏季幼、稚鱼虾多汇集于河口区附近，有些种类并可溯河而上远达 30～40 km。过去渔政管理工作侧重于夏末至秋季深水的幼鱼、幼虾保护，而对春、夏季的管理投入力量不多，致使渤海沿岸主要产卵场的某些河口区，春末夏初定置网层层密布，损害大量稚幼鱼虾，这是一个不小的漏洞。为此，建议渔政部门今后应加强春末夏初及近岸河口区及河流下游的渔政管理工作，主要应控制定置网的数量，以保护鱼虾的后备资源。

（三）严格生产签证和鱼货检查制度

渔政管理的两项工作必须进一步加强。一是要严格出海签证，签证要明确作业种类（包括渔具检验），这项工作应由渔政主管部门统一掌握，做到指标一致；二是加强渔获检查，在渔货集中的港口和鱼市加强检查工作，对不合规定的渔货要认真检查处理，必须扭转当前这项工作松弛自流的状态。

二、建立保护越冬洄游幼鱼的通道

渤海是我国北方最重要的产卵场及稚、幼体的索饵场。春季出生的稚、幼鱼虾，在河口及近岸索饵成长后，秋季进行越冬洄游时，渤海海峡是渤海唯一出口，由于海峡北部夏、秋季受黄海冷水团的控制，水温明显偏低，幼鱼多经海峡南部外返。此时，烟威渔场北部及石

岛渔场东部的深水区也存在冷水团，因而山东近岸形成秋季越冬洄游幼鱼密集区与重要通道。近几年，拖网船秋季在烟威、石岛渔场大量捕捞各种经济鱼类幼鱼，特别是严重地破坏了鲅鱼资源。为此，建议划定烟威、石岛渔场秋季幼鱼保护区，打开越冬洄游幼鱼的通道，以保证北方海域经济鱼类资源的恢复。

三、保护地方性经济水产动物的越冬场

梭鱼、三疣梭子蟹、脊尾白虾等地方性种类，不做长途洄游，在离岸不远的深水区越冬。由于越冬场水温低，个体活动能力弱，但群体较密集，容易被大量捕捞，因而也易于导致资源的破坏与衰退。例如，江苏沿岸的大黄鱼，历史上一直有较高的产量，但 70 年代，对越冬群体的滥捕，资源受到严重破坏，至今未能恢复；莱州湾的越冬梭鱼，在 70 年代也曾有拖网网产数千乃至数万千克的高产纪录，梭鱼资源也一度受到影响；渤海中部越冬的三疣梭子蟹，自 1985 年开始，部分市、县的渔船，用长齿铁耙滥捕，严重破坏了三疣梭子蟹资源，使产量显著下降。

鉴于上述情况，需要进一步制订针对在近岸越冬的水产经济动物的保护法规，有关省市加强合作，严格管理。

四、治理污染和赤潮

随着我国工业化的发展，沿岸河流的污水排放量逐年增大，如海河、小清河、辽河等河流，每年有从上游各大、中城市排放的大量污水注入，形成河口及邻近水域的水质污染与富营养化。80 年代以来，在渤海迅速发展的对虾养殖业，近几年已达 100 余万亩，夏、秋季每天排出大量的废水，也是形成渤海富营养化的重要原因之一。历来渤海极少出现的赤潮现象，近几年也时有发生，特别是在天气干旱少雨的 1989 年，水质富营养化的渤海沿岸，连续发生赤潮，对水产资源以及养殖的鱼虾造成重大危害。1989 年渤海对虾资源大幅度下降的主要原因，就是受渤海沿岸赤潮的影响。由于渤海是我国北方海域经济鱼虾类的重要产卵场，其水质环境条件的恶化，直接关系到北方渔业资源的兴衰，因而加强对渤海环境保护，防治水质污染与赤潮的工作应当予以应有的重视。

五、保护自然饵料生物资源

由于对虾养殖业的兴起，为了捕捞对虾饵料，对潮间带及沿岸浅水区的小型贝类如蓝蛤、寻氏肌蛤等进行酷渔滥捕，有些地区甚至利用吸泵捕捞。不仅严重破坏了小型贝类资源，也对生态环境和其他底栖生物资源造成破坏，影响对虾和其他底层鱼虾类的索饵，对鱼虾类自然资源造成重大损失。因而，对滩涂小型贝类应采用有规划的合理采捕，要严禁用吸泵捕捞贝类。

综上所述，鉴于山东省海岸线长达 3 000 多 km，有得天独厚的有利水文条件，是多种经济水生动物的产卵场和索饵场，又是产卵、越冬洄游的重要通道，对于发展近海渔业非常有利，只因近 20 年来盲目发展，捕捞强度过大，资源利用的不合理以及环境污染等原因，导致水产资源衰退。如能抓紧治理污染，压缩近海捕捞力量，加强渔政管理并大力进行资源增殖，水产资源必将有明显的恢复，山东省海洋渔业也将进一步得到发展。

Review of the Small Pelagic Resources and Their Fisheries in the Chinese Waters[①]

Q. Tang, L. Tong, X. Jin, F. Li, W. Jiang and X. Liang

(*Yellow Sea Fisheries Research Institute*, *Qingdao 266071*, *China*)

Abstract: The catches of the Chinese herring increased from 19 000 mt (1986) to 47 000 mt (1995), chub mackerel from 132 000 mt (1986) to 372 000 mt (1995), Japanese anchovy from 40 000 mt (1989) to 489 000 mt (1995), Japanese scad from 238 000 mt (1986) to 515 000 mt (1995), Spanish mackerel from 94 000 mt (1986) to 227 000 mt (1995) and silver pomfret from 71 000 mt (1986) to 209 000 mt (1995) in the Chinese waters. The total pelagic catches increased from 1 732 000 mt (1986) to 4 227 000 mt (1995) . The biological characteristics and migratory pattern of the major species have been studied. Stock assessment studies have revealed that most of the stocks are being optimally exploited, barring the stocks of the Yellow Sea herring and the Chinese herring, which are on the decline. Through management regulations, fishing effort has been effectively controlled and the production structure of marine fishery readjusted appropriately.

Introduction

The resources of the small pelagics are abundant in the Chinese coastal waters. Most of them belong to warm water or warm temperate species. The small pelagics, with a mean annual - catch of 413 500 mt during 1979—1983 accounted for only 16. 4% of the total marine catch in China. But the catch increased considerably accounting for 27 to 44% of the total marine catch in the last decade (1986—1995; Figure 1) . The stocks which contribute an annual catch of more than 100 000 mt are the Pacific herring, Japanese mackerel, Spanish mackerel, butterfish, scads and Japanese anchovy. The significant increase in the catches of the pelagics in the last decade was greatly due to the fast growth of the Japanese anchovy and scad fisheries. The distribution and catches of the small pelagics, the status of their stocks, their biological and environmental characteristics and the management issues are presented in this account.

Distribution and Fisheries of Small Pelagics

The Chinese waters which include the Bohai Sea, the Yellow Sea, mainly the East

---

① 本文原刊于 *Small Pelagic Resources and their Fisheries in the Asia - Pacific Region*, 73 - 90, FAO/RAP Publication, Thailand, 1997。

China Sea and the South China Sea, extend to 37 latitudes from south to north. They are semi-closed seas covering a total area of about 4.87 million km^2. The coastline of China is 180 000 km long. There are many islands located in the Chinese waters. The mean depth is 18 m in the Bohai Sea, 44 m in the Yellow Sea, 72 m in the East China Sea and 1 212 m in the South China Sea. The central areas of the Yellow Sea and the East China Sea are controlled mainly by the warm Kuroshio Current, which is characterized by high temperature and salinity. The circulation system of the Chinese seas consists mainly of the China coastal current and the warm Kuroshio current. The biomass in the East China Sea is the highest in the Chinese waters, followed by the Bohai Sea, the Yellow Sea and the South China Sea.

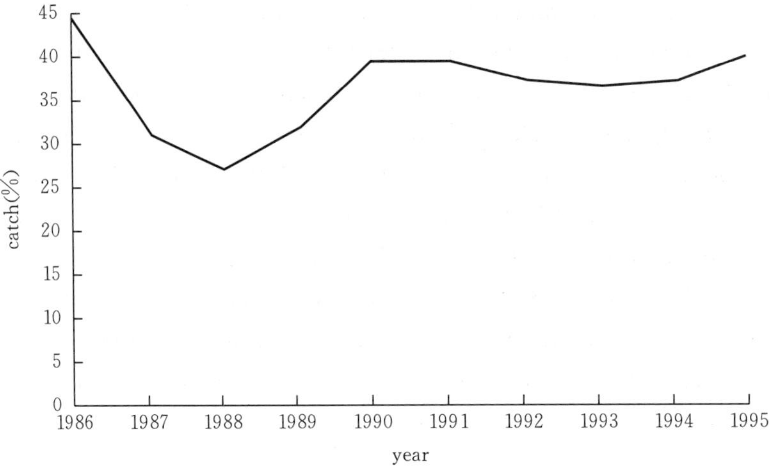

Figure 1 The percentage of all pelagic catch in the total marine catch in China during 1986—1995

However, the Japanese anchovy (*Engraulis japonicus*) is the most abundant pelagic fish in the Chinese waters currently with an annual biomass of over 3 million mt and catchability of 0.5 million mt as determined by a ten year winter survey conducted during 1984—1993. A bulk of the pelagic catch is composed of about 20 major species. Most of the small pelagic catch in the Chinese waters are of local stocks. Table 1 shows the annual catch of important species in the Chinese waters.

Table 1 The Chinese catch of important small pelagics during the last decade (1986—1995) ('000 mt)

Species	1986	1987	1988	1989	1990	1991	1992	1993	1994	1995
Chinese herring	19	14	15	16	24	31	30	29	33	47
Chub mackerel	132	166	241	232	197	243	243	273	336	372
Japanese anchovy				40	54	113	193	557	439	489
Japanese pilchard				21	42	63	53	47	69	58
Japanese scad	238	345	251	320	381	420	392	261	431	515
Pacific herring				6	4	3	2	1	1	2
Spanish mackerel	94	99	125	148	209	201	147	146	203	227
Silver pomfret	71	91	64	71	83	95	73	117	138	209
Total pelagic catch	1 732	1 377	1 228	1 602	2 102	2 415	2 619	2 837	3 438	4 227

The warm water species and the warm temperate species of pelagics in the Chinese waters include mainly the chub mackerel (*Scomber japonicus*), Chinese herring (*Ilisha elongata*), Japanese pilchard (*Sardinops melanostictus*), Spanish mackerel (*Scomberomorus niphonius*), Japanese jack mackerel (*Trachurus japonicus*), *Setipinna taty*, scaled sardine (*Harengula zunasi*), Japanese scad (*Decapterus maruadsi*) and spotted sardine (*Clupanodon punctatus*). Only very few pelagics belong to cold water species, e.g., the Pacific herring (*Clupea harengus pallasi*) in the Yellow Sea. The spawning temperature of the warm water and warm temperate species is generally between 18 ℃ and 30 ℃, but rarely down to the lowest of about 12 ℃. The optimum spawning temperature of the cold water species is 3 to 5 ℃. The Chinese small pelagics are planktivorous, feeding mainly on the zooplankton. Only some species feed on small fish and cephalopods.

Paeific Herring (*Clupea harengus pallasi*)

The Pacific herring form a local stock inhabiting the central northern Yellow Sea (north of 34°N) (Ye et al., 1980; Tang, 1991), but they are absent in the East and South China Seas. The fish inhabit the 60～90 m depths from May to February every year. During wintering (December to February), they occupy mainly the Yellow Sea Depress (35°10′～37°10′N, 123°30′～125°00′E) where the bottom temperature is 7 to 10 ℃ and salinity 32 to 30%. The mature fish migrate in batches north westwards to the Shandong Peninsula since late February or early March. The main population arrives at the shallow waters off the Shandong Peninsula for spawning in late March or early April. A small part of the stock spawn in the northernmost Yellow Sea. After spawning the herring migrate out of the spawning grounds for feeding. During May to November, they disperse for feeding in the 34°35′～38°00′N, 122°30′～125° 15′E area. The juvenile herring start feeding before June in the nursery grounds, and migrate towards the deep waters for feeding from the beginning of July. The distribution of the juveniles is somewhat more northwards than that of the adults. The Yellow Sea stock undertakes diel vertical movements, with the fish staying at the bottom during the day and moving towards the surface during the night. When the atmospheric pressure reduces, the herring appear in the surface layer. Since the herring are a boreal species, the optimum water temperature for their spawning is in the range of 2 to 6 ℃. During feeding and wintering, the optimum water temperature ranges from 6 to 10 ℃. The stock is distributed in the areas controlled by the Yellow Sea cold water mass.

The Pacific herring are caught mainly by the purse seines and trawls. Some set fishing gears are also used in the Yellow Sea. The long history of the herring fishery is characterized by two peaks, the first in 1900 and the second in 1938, which was followed by a period of extremely poor catch or no catch (Tang, 1990). The fishery, which is determined by the size of the biomass (Figure 2) was very important in China in the beginning of the 1970's when the catch contributed more than 20% to the total catch in the Yellow Sea and the Bohai

Sea. The subsequent decades witnessed a drastic decline in the fishery, with its status reduced to a bycatch fishery currently.

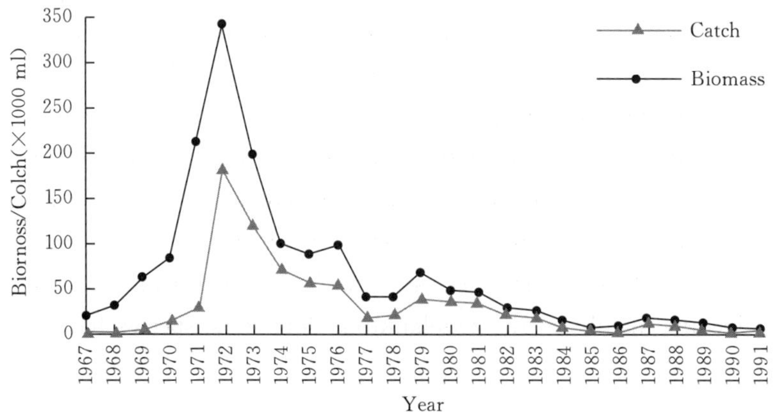

Figure 2 Biomass and catch of the Pacific herring taken by China from the Yellow Sea during 1968—1991

The recovery, growth and decline of the Pacific herring fishery seem to be associated with overfishing and climate change. The catch of the herring increased rapidly to a peak of more than 180 000 mt in 1972 and decreased sharply thereafter (Figure 2) . Rainfall, wind and daylight are the major environmental factors affecting the fluctuations in recruitment. The long - term changes in the biomass could be correlated with a 36 - year cycle of wetness oscillation in east China (Tang, 1991), but high fishing pressure undoubtedly speeds up depletion. The abundance of the annual adult stock has been reduced to about 1 000 to 3 000 mt in recent years (Liu et al. , 1990) .

Chub Mackerel (*Scomber japonicus*)

The chub mackerel are distributed in the northwest Pacific from the northern part of Japan to the South China Sea. There are two stocks of Japanese mackerel in the seas around China: the East China Sea stock and the Min - yue stock. The spawning migration of the East China Sea stock is positively correlated with the surface temperatures of the Yellow Sea and the East China Sea. Therefore, the surface temperature during the end of April to the beginning of May is regarded as an important factor in predicting the Japanese mackerel migration into the Yellow Sea for spawning. The spring fishing period in the mackerel spawning grounds in the Yellow Sea is closely linked with the distribution patterns of the water masses. The fish usually choose the confluence of the open sea with the inshore waters as their spawning grounds. When the open sea waters tend to flow strongly northward, the Japanese mackerel move northward, seeking the spawning grounds. The spawning grounds could also be forecast based on the isohaline of 32%. The Min - yue mackerel stock is distributed in the shallow areas of 19° 00′～22° 30′N; 115°00′～119°00′E, which also serve as the spawning grounds. Some portion of the stock migrate into the East China Sea through the Taiwan Strait. After spawning, the mackerel disperse for feeding in the nearby areas, and then migrate back to the deeper areas in November (Wang and Zhu, 1984) .

The main fishing gear used in the mackerel fishery is the light – luring purse seines in the autumn and the winter in the middle and east southern parts of the Yellow Sea and the East China Sea in the wintering grounds. The aimed purse seine fishery operates in the spring and the summer feeding grounds while the driftnet fishery operates during the spawning migration in the spring in the western part of the Yellow Sea. In the Fujian Province a certain kind of purse seine with a bag is used in aimed fishing. Some catch of the Japanese mackerel come as bycatch from the trawls. During 1986—1995, the annual catch of chub mackerel in China fluctuated from 132 000 to 372 000 mt. In recent years the feeding stock and wintering stock have been overexploited. The proportion of young mackerel increased in the catch, so also the fishing effort.

Japanese Jack Mackerel (*Trachurus japonicus*)

The Japanese jack mackerel are a warm water species found in China, Korea and Japan. In China, they are distributed in all the Chinese waters. The main fishing grounds are in the Guangdong Province and the southern part of the Fujian Province. The catch is derived from both the spawning stock and the feeding stock. The spawning stock is distributed in the Sea of Yuexi, Pearl River estuary and the coastal waters of Yuedong. In the Sea of Yuexi and off the Pearl River estuary the jack mackerel inhabit depths of 180 m to 200 m while in the coastal waters of Yuedong they occupy depths of 50 m to 60 m, extending to the shallow waters on the southwest of Taiwan. Spawning starts in October and ends in April. The stock in the nursery grounds is composed of 0 – year and one year old fish. The one year old fish are distributed along the northwest of the Dongsa islands, at depths of 80 m to 150 m while the 0 – year group are found in the coastal areas of Yuedong and Minnan. The nursery phase lasts from March to September. The spawning stock in the coastal waters of Yuedong and the feeding stock in the coastal waters of Minnan exhibit the same pattern of migration. Spawning extends from December to February in the areas around the 50 m to 60 m isobaths along the southwest coast of Taiwan. The postspawners migrate towards the northeast into the coastal areas of Yuedong during March to May. The newly hatched larvae and the juveniles drift with the winds and currents into this area. The young fish are found widely distributed in the nearshore nursery areas of Yuedong and Minnan during June to August. With the decreasing water temperature during September to November they migrate from the northeast towards the southwest into the nearshore areas of Yuedong.

The jack mackerel are caught mainly by the light luring purse seiners and as bycatch by the trawlers. The annual catch of jack mackerel is quite unstable. The catch reached 9 974 mt in 1958, but decreased sharply to 4 000 mt in 1959, and after 1962 there was no fishery for the jack mackerel in the East China Sea and the Yellow Sea. However, the fishery for this species was relatively stable in the waters of Yueclong and Minnan, in the 1970s, the annual average catch was 910 mt from Minnan while the catch from Yuedong increased from the end of the 1970s to the beginning of the 1980s. The total catch in China was 2 412 mt, 3 026 mt, 2 435 mt and 4 031 mt respectively during 1979 to 1982, increasing steadily from 2 412 mt in 1979 to 4 031 mt in 1982. The Guangdong Province alone contributed about 90% to the total catch in China.

Japanese Anchovy (*Engraulis japonicus*)

The Japanese anchovy are distributed in the northwest Pacific extending from the southern Okhotsk Sea in the north to the northern South China Sea in the south. In the Chinese waters the anchovy stock inhabits the Yellow Sea, the Bohai Sea, the East China Sea and the northern South China Sea. During winter the stock occupies the Yellow Sea and the East China Sea areas between the latitudes of 26°N and 37°N, mainly at the bottom depths of 40 m to 80 m characterized by temperatures of 7 to 14 ℃. The winter distribution concentrates around two main centres, one in the central and southern Yellow Sea and another in the northern East China Sea. With increasing water temperature, the anchovy migrate towards the northwest from the wintering grounds in the southern Yellow Sea and the East China Sea. They migrate to the spawning grounds close to the coast in the Yellow Sea, the Bohai Sea and around the islands of Zhejiang Province from the beginning to the middle of May. The dense schools in the waters around the Shandong Peninsula and the Haizhou Bay formed during the middle of April to the middle of May afford good fishery in these areas. Between late spring and autumn the anchovy occupy the entire Yellow Sea and Bohai Sea. The main spawning takes place from April to June along the coast of the Liaoning, Shandong and Jiangsu Provinces. After spawning, the anchovy leave the coast to the middle of the Yellow Sea and the Bohai Sea for feeding, when the schools become relatively sparse (Li, 1987).

The average annual biomass of the anchovy was estimated to be about 3 million mt (range: 2.5 to 4.3 million mt) in the Yellow Sea and the East China Sea based on the winter acoustic surveys by *R/V* Beidou during 1984—1993 (Table 2). The stock attained the maximum size of 4.3 million mt during 1992—1993. However, it should be noted that the estimates are rather arbitrary owing to the differences in the acoustic coverage of the areas inhabited by the anchovy (Iversen and Zhu, 1993). The main fishing gears currently in use in the anchovy fishery in China include the pelagic trawls, big mesh trawls, different kinds of fixed nets, small mesh driftnets and small purse seines. During the spawning migration in the offshore of the Shandong Peninsula and in the Haizhou Bay, the small trawls are operated mainly. During the peak spawning in the Yellow Sea and the Bohai Sea from the mid-May to mid-June, different kinds of fixed nets take substantial catches of the anchovy along the coast. When the anchovy migrate for overwintering into the wintering grounds from November to February, the schools become very dense and stable, extending to vast areas and afford good catches to the pelagic trawls. The anchovy stock is caught mainly during the spawning season in spring and feeding season in summer along the coasts of the three provinces in the north of China. The stock in the wintering grounds, which is far away from the coast, is underexploited.

Table 2　Biomass of anchovy in the Yellow Sea and the East China Sea by acoustic assessment during 1986—1995

Year	Number (×100 million)	Weight (million mt)
1986—1987	295.0	2.80
1987—1988	338.6	2.80
1988—1989	278.2	2.52
1989—1990	250.8	2.52
1990—1991	337.9	2.50
1991—1992	287.9	2.78
1992—1993	458.8	4.28
1993—1994	346.8	3.74
1994—1995	391.0	3.85

The total mortality (Z) was estimated for the different year classes comprising the 1986—1989 fishery in which the 1 year old or older fish were negligible, and hence Z was considered to be the estimate of natural mortality (M). The value of M for the stock in the Yellow Sea and the East China Sea is 0.9 and the potential annual yield is in the order of 0.5 million mt. After the publication of the results of the anchovy surveys by *R/V* Beidou, the government allocated much higher funds especially for developing the anchovy fishery. The *R/V* Beidou is a modern research vessel used for trial trawling as a single trawler. In the three years from 1986 to 1989, a total of 116 pelagic hauls were taken in the wintering fishing grounds and 777 mt of anchovy were caught. The maximum catch per haul was 50 mt, the maximum catch per hour 25 mt, the average catch per haul 7.1 mt and the average catch per hour 3.1 mt. In the experimental fishing by double trawlers each with 600 HP engine, the maximum catch per haul was 50 mt and the maximum catch per hour 11 mt. In pair trawlers, each with 200 HP engine, the maximum catch per haul was 6 mt and the maximum catch per hour was 2.4 mt. It has been established that the pelagic trawls are very efficient for the anchovy fishery in the wintering grounds in the Yellow Sea. There are about 100 pairs of 370 HP trawlers for the anchovy in the fishing season in Rongcheng, where the catch per haul was generally 3 to 4 mt and the maximum catch per haul 15 mt. Since 1991, the fishermen in Shandong and Liaoning provinces have been using extensively big mesh trawls, small mesh driftnets and different kinds of fixed nets for the spawning anchovy during the spring. As a result the annual yield increased rapidly by 4.8 times from 40 000 mt in 1989 to 193 000 mt in 1992, and peaked at about 580 000 mt in 1993, but declined to about 489 000 t by 1995 (Figure 3). Most part of the anchovy catch are taken from the Shandong Peninsula and the Liaoning, Jiangsu and Zhejiang Provinces.

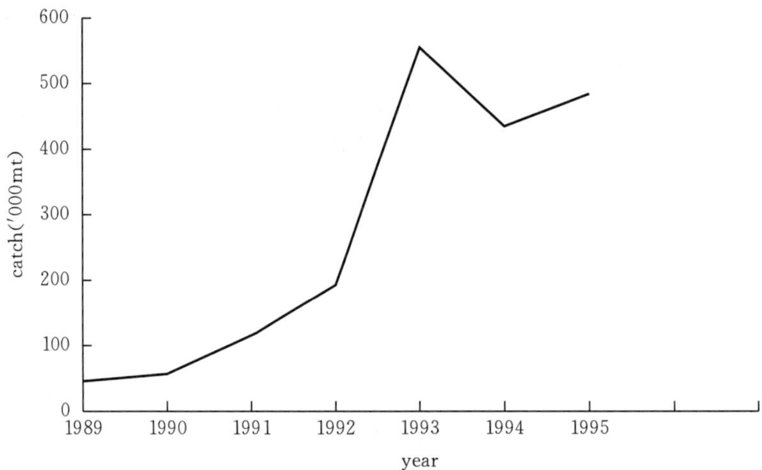

Figure 3 The yield of Japanese anchovy in China

Japanese Pilchard (*Sardinops melanostictus*)

The Japanese pilchard are warm temperate, they are widely distributed in the Northwest Pacific and afford one of the most lucrative fisheries globally. Four stocks have been identified; they include the Pacific stock, the Ashzuri stock, the Kyushu stock, and the Japan Sea stock (Chikuni, 1985). In recent years the Kyushu stock has been found in the East China Sea and the Yellow Sea also (Zhao et al., 1990). The Japanese pilchard were not found in the Yellow Sea before the 1970 s, but since 1976, they have been arriving in the southern and central parts of the Yellow Sea from late April to mid - May. Spawning occurs mainly along the Shandong Peninsula and to a limited extent in the Bohai Sea. After spawning, the feeding population schools often in the surface layer. In summer, they move gradually into the deeper layers and reach the central and southern Yellow Sea in the autumn. When the water temperature decreases, they migrate out of the Yellow Sea to the southeast. Evidently, temperature seems to directly influence the migration of the Japanese pilchard. The occurrence of the Japanese pilchard in the Yellow Sea is consistent with their recovery around Japan (Chikuni, 1985).

The Japanese pilchard are caught by the purse seines and set nets, but also form a good bycatch from other fisheries. Since they are a new fishery to China, the Japanese pilchard fishery statistics started in China only in 1989. The catch increased from 21 000 mt in 1989 to about 50 000 to 70 000 mt in the recent five years. According to the surveys conducted from 1986 to 1988, the biomass of the Japanese pilchard is about 610 000 mt in the eastern East China Sea and the southwestern Japan Sea, and about 40 000 mt in the Yellow Sea (Ding et al., 1988). The MSY, estimated to be around 300 000 mt indicates good potential for this fishery in the Yellow Sea and the East China Sea.

Sealed Salrdine (*Harengula zunasi*)

The scaled sardine are a temperate pelagic stock, distributed in the inshore of the Philippines, Japan, Korea and China. In China, they inhabit the Bohai Sea, the Yellow Sea and the East China Sea. The wintering grounds of the fish are located in the areas around the 100 m isobath between the Saishu Island and the Goto Retto where the bottom temperature ranges from 10 to 13 ℃. The wintering season of the fish extends from January to March. In the first ten days of March, the fish begin their spawning migration in batches from the south to the northwest. From about the first to the twentieth of May, the shoals reach the spawning grounds in the offshore of Lusi, the Haizhou Bay, the offshore from Qingdao to Shidao, the offshore of Dalian and the Bays in the Bohai Sea. The spawning season extends from May to July, during which spawning take place much earlier in the south and late in the north. After spawning, the fish scatter about in the nearby grounds to feed in the inshore and form three different dense concentrations, one each in the Laizhou Bay, the Liaodong Bay and the estuary of the Sheyang river during June to October. They begin their wintering migration in September and October. In the latter half of November, they concentrate in the middle and the south of the Yellow Sea, but continue their migration towards the south. In the first ten days of January, the shoals return to their original wintering grounds. In the East China Sea, the scaled sardine occupy the inshore of the Fujian Province throughout the year. According to their habitats, they could be divided generally into three local stocks, i. e. , of the east Fujian, the middle Fujian and the south Fujian stocks. They undertake only short distance shifts in accordance with the prevalent temperature. In the spring and the summer, they migrate to the inshore and the estuaries to spawn and feed. In the autumn and the winter, they migrate into the deep sea areas. As the coastal East China Sea is controlled by the continental coastal current round the year, the water transparency is less than 5 m. The coastal Fujian Province, which is about 50 m deep, is narrow, long and lies generally parallel to the coast with uniform depth from the northwest to the southwest.

Although the scaled sardine are caught by fixed nets, beachnets and driftnets in the Bohai Sea and the shallow areas of the Yellow Sea, they are exploited mainly by the demersal trawls and form a local traditional small - scale fishery in the Bohai Sea and the Yellow Sea. Investigations made in 1981 indicated the catch per haul of the trawl to be stable at 140 to 160 kg in these areas. The current annual yield of the fish in China is about 30 000 to 40 000 mt, but before 1985, it was 18 000 to 25 000 mt of which 60% came from the Bohai Sea and the Yellow Sea. Though the demersal trawl has been prohibited in the Bohai sea since 1988, its annual catch has been accounting for 30 000 to 40 000 mt during these years in China. The stock is relatively stable, and the present catch close to the MSY.

Japanese Scad (*Decapterus maruadsi*)

The Japanese scads constitute a common fishery in the coastal waters of the South China

Sea, the East China Sea, the Yellow Sea, Korea and Japan. There are at least two scad stocks, one in the East China Sea and another in the Minnan - Yuedong waters, different from each other in growth, age at first maturity, and spawning season. In the East China Sea the scad are often associated with the Japanese mackerel, but their distribution extends farther south and closer to the shore. There are probably two overwintering grounds for the scad stock, one in the mid - south of the Taiwan Strait and the other in the Pengjia islands, north of Taiwan, where the depth ranges from 100 to 150 m. The stock in the overwintering grounds in the mid - south of the Taiwan Strait, begins to leave these grounds in March and migrates towards the west and the north to spawn along the coastal areas between the middle and the east of Minnan. Spawning lasts from April to July, but is intense in May and June. The stock along the northern coast of Taiwan begins to migrate northerly to the coastal areas of the Zhejiang Province in May and April. The fish reach the different spawning grounds at different times, according to the distance. Spawning lasts from April to September, but peaks in May and June. The adults and the young fish feed along the coastal waters, north of the Zhjiang Province during July to October and begin to migrate southerly to their overwintering grounds, with the decrease in the water temperature in November. The distribution of the local Minnan - Yuedong stock is relatively stable. Mark recapture experiments show that the fish migrate to only short distances as the area is relatively small and affected by a branch of the Kuroshio Current. There are two densely occupied areas, one of which is south of Jiazi (22°～22°30′N and 116°～116°40′E) and another in the southern shelf of Taiwan (22°10′～22°40′N and 117°30′～118°10′E). While the fish in the south of Jiazi belong to the spawning stock those in the southern shelf of Taiwan belong to the feeding stock.

The Japanese scads are caught mainly by the light luring purse seines and a limited extent by the gillnets, driftnets, pair trawls and longlines. The Chinese catch of scad has been increasing steadily from 238 000 mt in 1986 to 515 000 mt in 1995, and hence, considered to be one of the most important commercial fisheries in China.

The biological and environmental parameters

The small pelagics in the Chinese waters are characterized by very few age groups, early maturity, long spawning periods, high fecundity and fast growth. The pelagic stocks generally consist of 0 to 4 or 0 to 5 year groups, but the butterfish (*Stromateides argenteus*) stock consists of 0 to 7 year groups. Some species attain first maturity when the fish are one year old while nearly all other species mature at the age of two years. The duration of spawning extends to be progressively longer from the north to the south. As the temperature is higher in the northern South China Sea and the southern East China Sea, spawning lasts for 5 to 6 months, but in the cooler Yellow Sea and the Bohai Sea, spawning usually lasts for about two months only. The fecundity of the small pelagics varies much with species, ranging from 20 to 39 thousand eggs in some species and from 100 to 240 thousand eggs in others. However, the fecundity of the jack mackerel and the Japanese mackerel attains a maximum of 150 to 860 thousand eggs. The growth of the small pelagics is very fast at the age of one and two years and slow after 3 years. The small pelagics are of high fecundity, and normally the recruitment stock is greater than the surplus stock. Some of the biological parameters of the Chinese small pelagic stocks (Table 3) are outlined briefly below (Deng and Chuanyin, 1991).

Table 3　The biological parameters of the small pelagics in the Chinese waters

Species	Age & dominant size groups in the stock		Maturity		Fecundity
	Age (y) groups	Fork length of dominant size group (mm)	Age (y)	Fork length	('000 eggs)
Chinese herring	1 to 13	—	2	280	14 to 197
Pacific herring	0 to 9	—	1 to 9	—	19 to 78
Japanese pilchard	2 to 6	200 to 220	2	—	21 to 90
Scaled sardine	0～5	110 to 135	1 to 2	—	3.5 to 5.5
Japanese anchovy	1 to 4	100 to 130	—	—	11
Japanese scad (East China Sea)	0 to 5	190 to 270	1	174	—
Japanese scad (Minnan - Yeudong)	1 to 5	180 to 190	1	130	25.2 to 218.8
Japanese mackerel	0 to 6	150 to 200	1	—	—
Chub mackerel (East China Sea)	0 to 8	310 to 370	1 to 2	260	234 to 860.5
Chub mackerel (Minnan - Yeudong)	1 to 5	230 to 280	1	210	150 to 200
Spanish mackerel	1 to 6	500 to 550	1 to 3	420	280 to 1 100
Silver pomfret	1 to 6	150 to 230	1 to 2	120	18 to 240

Pacific Herring (*Clupea harengus pallasi*)

The diet of the Pacific herring is relatively unitary, with *Euphausia pacifica* constituting more than 99% of the stomach contents by weight (Tang, 1980). The period of active feeding mainly extends from April to August, while during the remaining period there is very little or no feeding. Feeding intensity is primarily determined by the density of *Euphausia pacifica* and also by the depth and temperature, and hence the areas of distribution of the fish are not always the areas where *E. pacifica* density is the highest. During the period of active feeding of the herring in the Yellow Sea, no other zooplankton feeders are found in the herring distribution areas, except some benthos feeders. Therefore, there is no apparent food competition, although the food of herring is restricted essentially to one predominant item.

Embryonic development and hatching of the Pacific herring in the laboratory indicate the body length of the newly hatched larvae to be 5.2 to 6.8 mm (Jiang and Cheng, 1981).

After 4 to 5 days, they reach 7.2 to 7.8 mm, and after 12 to 13 days, 9.9 to 11.2 mm. The growth is faster during the summer (June to August), accounting for 43% of annual increase in length at an average monthly increase of 14%; growth is low during the autumn. The change in the growth rate from the summer to the autumn is consistent with the feeding pattern (Tang, 1991). The relationship between fork length and weight, and the von Bertalanffy length growth and weight growth equations, fitted by Tang (1980) are as follows:

$W=7.938\times10^{-6}L^{3.02}$, $L_t=305\ (l-e^{-0.66(t+0.198)})$ and $W_t=253\ [1-e^{-0.66(t+0.198)}]^{3.02}$

Most of the Pacific herrings mature when they are two years old and start spawning in February in very shallow waters of 3 to 7 m depth along the coast and the bays around the Shandong peninsula. Some of them spawn on the banks off the Liaodong peninsula and off west Korea. The main spawning season extends from March to April when the development exhibits a definite synchronism, and the individual absolute fecundity ranges from 19 300 to 78 100 eggs at the age of 2 to 6 years. The linear increase in absolute fecundity (F) with the net body weight (W_n) follows the equation of $F=0.030\,4W_n-0.409$. The herring spawn once in every reproductive season, which is very short. The eggs stick together and adhere to reefs, algae and other substrates. The hatching time decreases with the increase in temperature from about 12 to 14 days at 5.5 to 10 ℃ to 7 to 8 days at 15 to 20 ℃ (Jiang and Chang, 1981; Zhang et al., 1983).

Chub Mackerel (*Scomber japonicus*)

The Chub mackerel feed mainly on the zooplankton and small fish comprising more than 30 items, which include mainly the crustaceans (the euphausid *Euphausia pacifica*, the copepod *Calanus*, the amphipod *Themisto* gracilipes, and the decapods), Chaetognatha (*Sagitta crassa*), anchovies, small squids and fish eggs. In the East China Sea the mature mackerel range in length from 240 mm to 470 mm and in weight from 270 g to 1 600 g but in the Min - Yue area they are 200 mm to 370 mm in length and 100 g to 670 g in weight. The maximum life span is about 10 years. The von Bertalanffy equations for length growth and weight growth are:

$$L_t=425\ (1-e^{-0.53(t+0.8)})\quad \text{and}\quad W=3.491\times10^{-6}\ L^{3.276}$$

Based on the data for 1978—1982, the average annual biomass in the East China Sea and the Yellow Sea has been estimated to be 500 000 t and the potential annual yield 300 000 mt to 320 000 mt.

Jack Mackerel (*Trachurus japonicus*)

The feeding intensity of the jack mackerel is high in spring and autumn and low in winter. The fish feed mainly on plankton and rarely on small nekton and benthos. The common prey items belong to the Copepoda, Amphipoda, Macrura, Ostracoda, Euphausiacea, Pteropoda and the larvae of Crustacea, fish and cephalopods. The composition of the diet is different in different areas, largely due to the variations in the dominant organisms found in the feeding grounds.

The size of the jack mackerel caught in the northern South China Sea during the late 1970s ranged from 101 mm to 310 mm in fork length (mean=178 mm) in which the 151 mm to 200 mm group constituted 86.5% of the total catch. The weight of fish in the catch ranged from 21 g to 310 g (mean=81 g) in which the 80 g to 100 g group formed 52.7% of the total catch. The jack mackerel live up to the maximum age of 6 years. The one year group is dominant constituting 68.2% of the catch followed by the second year group which makes up 27.9% of the catch. The spawning stock is composed mainly of the one and two year old fish which make up 39.9% and 55.8% respectively of the total number of spawners. The growth is fastest in the first year of life when the fish attain a length of 174.8 mm. The annual length increments range from 20 mm to 30 mm between the age of two and three years. After four years of age the annual length increment is less than 20 mm. The fork lengths and body weights-at-age are given in Table 4. The length-weight relationship of jack mackerel can be described by:

$W=1.0835\times10^{-5}L^{3.037}$ and the length growth by $L_t=320.97\ (1-e^{-0.217(t+2.61)})$

Table 4 The fork length and body weight-at-age of the Japanese jack mackerel

Age (y)	1	2	3	4	5	6
Length (mm)	175	202	227	248	259	276
Weight (g)	74	107	179	218	236	308

Japanese Anchovy (*Engraulis japonicus*)

There are about 50 prey items in the diet of the Japanese anchovy, but the diet is dominated by the crustacean plankton which form about 60% of the total diet by weight. The main species are *Calanida pacifica*, *Sagitta crassa*, *Euphausia pacifica* and *Themisto gracilipes*. The anchovy hardly feed during the spawning season and during overwintering.

The distribution of the anchovy is closely related to water temperature. The temperature in the wintering grounds ranges from 9 to 14 ℃, with the average of about 12 ℃ while the optimum temperature for spawning is 14 to 16 ℃. The temperature in the Yellow Sea and the East China Sea reaches over 20 ℃ in the summer, when the anchovy are widely distributed in these areas. The anchovy undertake regular diurnal vertical movements, with school thickness of 20 to 40 m during night and 10 to 20 m during daytime in the center of the wintering grounds. In common with most other schooling fish, the behaviour of the anchovy is strongly influenced by the light regime. During the daytime the anchovy usually appear in dense schools at varying depths depending on the intensity of light and temperature, but in the night, the anchovy remain scattered in the surface layers or in the entire water column in the shallow waters. Schooling begins at dawn and increases in intensity and density with daylight.

been determined to be about 4 years and the fish length seldom exceed 16 cm. The growth equations fitted for the anchovy are:

$$L_t = 16.3\ (1 - e^{-0.8(t+0.2)}) \quad \text{and } W = 4.0 \times 10^{-3} \times L^{3.09}$$

The spawning grounds of the anchovy extend over vast areas. When the anchovy reach the mature stage V just before the peak spawning season, the minimum fork length and net body weight of the female attain 90 mm and 5 g respectively. The average size of the spawners ranges from 103 mm to 117 mm fork length, comprising one and two year old fish. The spawning season extends from the beginning of May to about the middle of October, with peak spawning occurring from the middle of May to the end of June. The absolute fecundity ranges from 600 to 13 000 eggs, with a mean of 5 500 eggs while the absolute fecundity of the main fork length groups (103 to 117 mm) ranges from 2 500 to 11 000 eggs, with a mean of 5 700 eggs.

Japanese Pilchard (*Sardinops melanostictus*)

The Japanese pilchard in the Yellow Sea and East China Sea feed predominantly on plankton which comprises 33 zooplankton items and 28 phytoplankton items. The copepods and diatoms form the major food. The larvae and the juveniles also feed mainly on the copepods and diatoms. The adult sardine feed on lamellibranch larvae and protozoan also. The number of food items increased with the increase in the fish length (Hu and Qian, 1988) .

The size of the fish in the catch from the Yellow Sea ranged from 140 mm to 250 mm, with the dominant length group measuring 200～220 mm. The population consists of 2 to 6 year old fish, but dominated by 3 to 4 year old fish. The relationship of body weight and fork length, and the growth equations fitted for the Japanese pilchard are:

$$W = 1.099 \times 10^{-5} L^{2.97},\ L_t = 284\ [1 - e^{-0.258(t+1.42)}] \text{ and } W_t = 211\ [1 - e^{-0.258(t+1.42)}]^{2.97}$$

The Japanese pilchard begin to be mature when they are two years old. The absolute fecundity ranges from 21 000 to 90 000 eggs which are released in batches. At hatching, the larvae range from 3.1 mm to 3.8 mm, and reach 5 mm after three days. In 7 to 9 months, the Japanese pilchard grow to a length of 60 to 80 mm. By December, the juvenile fish attain a length of 120 to 150 mm.

Scaled Sardine (*Harengula zunasi*)

The scaled sardine feed mainly on plankton consisting of copepods and the larvae of lamellibranchs, gastropods and brachyurans. They feed occasionally on the polychaetes and diatoms also. The feeding intensity reduces considerably during the spawning season, when the stomachs of 20 to 75% fish have been found to be empty, as in the case of *Engraulis japonicus*, *Setipinna taty* and *Decapterus maruadsi*. The areas of distribution of these three species overlap sometimes with those of the scaled sardine, resulting in competition for food among them. A11 of them, in turn form the food of *Pneumatophorus japonicus*, *Scomberomorus niphonius* and *Trichiurus haumela*. Together with *Engraulis japonicus*. The scaled sardine take the role of transfer of energy from the level of plankton to that of the carnivores in the same ecosystem.

The stock and the catches consist of 1 to 5 year old fish, with the 2 year old fish constituting 70 to 80% all age groups. The size of the fish in the catches ranges from 60 mm to 165 mm fork length, with the 100 to 120 mm group forming the dominant group. The corresponding body weight ranges from 11 g to 60 g, and the dominant weight group 20 to 24 g. The male and female are indistinguishable. The relationship between t. he body weight and fork length is:

W: $1.05\times10^{-3}\ L^{2.133}$, and the length growth equation $L_t=186.68\ (1-e^{-0.24(t+2.471)})$

where t = age in years and L_t = fork length at age t. The scaled sardine grow fast attaining a body length of 30 to 40 mm in one and a half months after hatching and 75 to 98 mm four to five months after hatching. They begin to be mature at the age of l year and, all individuals are mature when they are 2 years old. After maturity, the body length growth slows down, but the increase in the weight growth is still significant. The seasonal difference in growth is significant, especially among the young fish of less than 1 year age. They grow fast in summer and autumn, but stagnate in winter. The maturing individuals also grow fast in summer and autumn, and slow in spring owing to the gonadial development. The spawning season extends from May to July with the peak during the middle of May to the beginning of June. The spawning season does not vary much with locations, but is generally earlier in the western sea areas, where the water temperature raises quickly in the shallow inland bays. The scaled sardine begin to mature at the age of 1 year, and all of them become mature after 2 years of age. The female mature somewhat earlier than the male. The total fecundity ranges generally from 4 000 to 45 000 eggs and the relative fecundity ranges from 190 to 2 000 eggs/g. All the mature eggs are spawned in a single batch. Fecundity increases with the increase in the body length and the gutted weight of fish.

Japanese Scad (*Decapterus maruadsi*)

They feed on a wide variety of planktonic items, but the feeding intensity and food composition vary with time and space. In the eastern areas of Yuedong, they feed mainly on the macrurans, molluscs and small fishes. Although the ostracods, copepods and amphipods are often significant by number in the diet, their contribution is quite insignificant. In the western areas of Yuedong, the scad feed principally on the macrurans, copepods and ostracods (Liang Ying, 1979) . Based on a survey conducted in 1962 in the northern shelf of the South China Sea, the food of the scad was found to be composed of 21 prey items which were dominated by the copepods, macrurans, ostracods, small fish, molluscs, amphipods and mysids. Crustacean larvae, foraminiferans, chaetognaths and euphausids are of less importance in the diet, while the others appear only occasionally in the diet. In the East China Sea, the scads feed on a wide variety of items, but dominated by the euphausids (mainly *Euphausia pacifica* and *Pseudeuphausia latifron*) and chaetognaths (mainly

Sagitta) . The copepods, decaepods, cephalopods, brachyurans and stomatopods are less important in the diet.

The feeding stock in the East China Sea is composed of fish ranging from 170 mm to 320 mm fork length, but in the Yuedong area, the feeding stock is of fish ranging from 100 mm to 300 mm fork length. The spawning stocks are composed of fish 1 to 5 years old and the feeding stocks are comprised by fish 0 to 4 years old. The average size of the fish in the East China Sea is 236. 6 mm fork length, while in the Yuedong and Minnan waters it is 198. 8 mm fork length. The 1 and 2 year old fish are the dominant age groups in East China Sea while the Yuemin stock is dominated by the 1 year old fish. The relationship between the body weight and the fork length is $W=1.652\times10^{-5}L^{2.947}$ for the stock in the East China Sea and $W=5.616\times10^{-5}L^{2.7162}$ for the Yumin stock. The growth of the scad in the East China Sea can be described by the equations:

$$L_t=361\ (1-e^{-0.276(t+1.846)})\quad \text{and}\quad W_t=570\ (1-e^{-0.282(t+1.80)})^3$$

while the same for the Yumin stock are:

$$L_t=328\ (1-e^{-0.31(t+1.74)}\quad \text{and}\quad W_t=375\ (1-e^{-0.31(t+1.74)})^{2.7162}$$

The sex ratio of the scad stock has been found to be about 1 : 1. Both male and female reach first maturity at the age of one year at a fork length of 174 mm. The fecundity first increases with age, and attains the maximum from April to August at the age 2 to 3 years, but then decreases with age. The spawning season extends from April to August in the East China Sea and from December to May in the Minnan waters.

Management

The Chinese government is quite concerned with and committed to the protection and sustainable utilization of the marine fisheries resources in the Chinese waters. A series of laws and regulations have been enacted and a strong Department of Fisheries Management established. The government regulations include closed fishing areas and periods, ban or limitation on certain fishing gears and methods, minimum mesh size regulations and other measures. In the Bohai Sea, the closed fishing season for trawling extends from June 20 to August 20 to protect the eggs and larvae while in the East China Sea, the larval protection areas, established in 1979, are in vogue since then. In 1995 and 1996, trawling was completely banned from 1 st July to 31 st August in the entire Yellow Sea and the East China Sea in order to protect the larvae and the young fish resources, with extremely good results. In addition, the government is also implementing a series of preferential policies in order to encourage mariculture in the coastal areas. Through these management measures, fishing effort has been effectively controlled, and the production structure of marine fishery is readjusted appropriately.

The Ministry of Agriculture issued in 1983 "The Temporary Rule of Marine Fishing Trawlers Management" for the regulation of the manufacture, import, renewal, transfer, scraping and licensing of fishing boats. In order to restrict the number of fishing boats in the coastal waters, further increase in fishing boats in the Bohai Sea, Yellow Sea and East China Sea is strictly forbidden. In the South China Sea also such a strict control is needed. The fishing boats are levied a tax for the protection and enhancement of the fisheries resources. The tax the fishermen are required to pay varies with the power of the fishing boats and the location, but constitutes about 30 percent of the total profit per capita.

Conclusion and Recommendations

The resources of the small pelagics are abundant in the Chinese waters and most of the stocks are being optimally exploited. However, the stock of the Yellow Sea herring and Chinese herring have been declining in the Chinese waters in recent years. The small pelagics are characterized by strong renewability and recruitment, so that the recruitment stocks are much bigger than the surplus stocks in years of normal recruitment. These characteristics indicate good potential for developing the fisheries for the small pelagics in the Chinese waters, especially in the South China Sea. The yield of the Japanese anchovy has gradually increased in the Chinese fishery in the Yellow Sea and the East China Sea where the stock has been estimated to be more than 3 million t and the catchable potential about 0.5 million annually. The small pelagics constitute the food of many apex carnivores in the Yellow Sea and the East China Sea. The ecological links of the small pelagics with other components of marine community need to be understood well and used as the basis for sustained development of marine fisheries in the Chinese waters. Protection of the spawning stocks is very crucial in ensuring that the recruitment is maintained at an optimum level. Based on these considerations, the Chinese government is implementing a number of measures to protect the marine fisheries resources for their sustainable utilization.

References

Chikuni S, 1985. The fish resources of the northwest Pacific. FAO Fish, Tech Pap. (266): p190.

Deng J, Zhao C Y, 1991. Marine Fisheries Biology (in Chinese), Agriculture Press of China.

Ding R, Gu C, Yan Z, 1988. Estimation of biomass and sustainable yield of Japanese sardine in the Eastern part of the East China Sea and the Yellow Sea. East China Sea Fisheries Research Institute. p11 (in Chinese).

Hu Y, Qian X, 1988. Study on age and growth of Japanese sardine in the eastern part of East China Sea. East China Sea Fisheries Research Institute. p12. (in Chinese)

Iversen S A, Zhu D, 1993. Stock size, distribution and biology of anchovy in the Yellow Sea and East China Sea. Fisheries Research, 16 (1993) 147 - 163, Elsevier Science Publishers B. V., Amsterdam.

Jiang Y, Cheng J, 1981. Preliminary observations on the artificial hatching and embryonic development of Huanghai herring. Acta Oceanol. Sinica. Vol. 3 (3): 477 - 486 (in Chinese with English abstract) .

Li F, 1987. Study on the behaviour of reproduction of the anchovy (*Engraulis japonicus*) in the middle and southern part of the Yellow Sea. Marine Fisheries Research (in Chinese with English abstract), Qingdao.

Liu X, et al, (ed.) 1990. Investigation and division of the Yellow and Bohai Seas fishery resources. Ocean Press. p295 (in Chinese).

Tang Q, 1980. Studies on the maturation, fecundity and growth characteristics of Yellow Sea herring, *Clupea harengus pallasi* (Valenciennes). Marine Fisheries Research. No. 1: 59 - 76 (in Chinese with English abstract).

Tang Q, 1986. Estimation of fishing mortality and abundance of Pacific herring in the Yellow Sea by cohort analysis (VPA). Acta Oceanol, Sinica. Vol. 6 (1): 132 - 141. (in Chinese with English abstract)

Tang Q, 1990. The effects of long - term physical and biological perturbations of contemporary biomass yields of the Yellow Sea ecosystem. Paper for international conference on the Large Marine Ecosystem (LME) concept and its application to regional marine resource management. 1 - 6 Oct. 1990, Monaco. p39.

Tang Q, 1991. Yellow Sea herring *Clupea pallasi*. In Deng, J. and C. Zhao, (ed.) Marine fishery biology: 296 - 356 (in Chinese).

Tang Q, Ye M Z, 1990. Exploitation and Protection of Fisheries Resources in Shandong Province Offshore (in Chinese), Agriculture Press of China.

Wang W, Zhu D, 1984. Studies on the fisheries biology of mackerel (*Pneumatophorus japonicus* Houttuyn) in the Yellow Sea. Marine Fisheries Research (in Chinese with English abstract), Qingdao.

Ye C, Tang Q, Qin Y, 1980. The Huanghai herring and their fisheries. J. Fisheries of China. Vol. 4 (4): 339 - 352 (in Chinese with English abstract).

Zhang Y, et al, 1983. Inshore fish egg and larvae off China. Shandong Science and Technology Press. p206 (in Chinese).

Zhao C, et al, (ed.) 1990. Marine fishery resources of China. Zhejiang Science and Technology Press. p178 (in Chinese).

渔业资源监测、渔业资源调查方法[①]

唐启升

一、渔业资源监测（Fishery Resources Monitoring）

对渔业资源的数量和质量进行连续地或定期的观察、测量和分析的一种手段。通过监测，及时掌握动态，发现问题，制定相应措施，以控制资源的波动幅度，达到合理利用和保护资源，发展渔业生产的目的。

200 n mile 专属经济区实施以来，世界渔业已由过去的开发型转为管理型，渔业资源监测倍受重视，许多沿海国家相继建立了各自的监测体系。1988 年中国在黄海、东海、南海各海区建立了资源监测站体系。资源监测主要从以下两个方面进行。

数量监测　渔业资源是一种可更新的生物资源，具有显著的动态特性，资源数量是种群动态最重要的指标。它包括种群的绝对数量、相对数量、世代数量、补充量等。这些指标主要通过三种方式获取：①以海上调查的方式。如通过大面积拖网试捕、卵子幼鱼数量调查、声学资源评估、航空资源调查等取得数量监测数据；②通过渔业统计。取得渔获量、捕捞努力量和单位捕捞努力量渔获量数据。③通过群体生物学分析。如根据群体的渔获量、年龄组成等资料进行有效种群分析（VPA），获得资源量、补充量数据，或根据种间关系的变化，取得捕食者（或被捕食者）数量变化数据等。

生物学监测　种群生物学特性的变化是资源动态的直接反映。可作为生物学监测指标的项目较多，其中与种群结构有关的指标，如年龄、长度和重量组成；与补充性有关的指标，如繁殖率，出生率、性成熟年龄和大小等；与死亡特征有关的指标，如捕捞死亡、自然死亡等；与生长有关的指标，如生长量的变化等；与饵料生物有关的指标，如饵料指标种的分布和数量变化等。这些指标的数据资料可以从生物学调查和研究中获得。

在渔业资源监测过程中，还需注意观察和收集与其有关的自然环境和渔业经济等因素的变化资料。这两个方面的监测项目可根据数量和生物学监测内容的实际需要确定。例如径流、降水、大风等环境因子对渤海对虾补充量大小会产生重要影响，这些因子应列为监测项目。又如鱼的价格和成本对资源利用会产生出乎意料的影响，因此，渔业劳动力的流动情况、投资情况、市场供求情况、价格变化、成本组成等也可能成为重要的监测内容之一。

一般来说，渔业资源的监测应根据监测对象的实际情况确定必要的监测项目。其中最基本的常规监测项目应包括资源数量、渔获量、捕捞努力量，群体组成等。

---

① 本文原刊于《中国农业百科全书·水产卷》，738，735－736，中国农业出版社，1995。

参考书目

J. Csirke and G. D. Sharp (Eds), *Reports of the Expert Consulation to Examinc Changes in Abundance and Species Composition of Neritic Fish Resources*, FAO Fish. Rep. Rome, 1984.

二、渔业资源调查方法（Investigative Methods of Fishery Resource）

为查明海洋和内陆水域渔业资源的种类组成、分布、数量和变化规律而采取的各种采样观测和计量的方法。是为渔业资源开发利用、保护管理和科学研究等提供基本资料和决策依据的主要手段。

简史 19 世纪中期，世界渔业资源调查基本上是以走访调查的形式进行的。19 世纪后期，随着蒸汽机在捕捞渔船上的应用，渔业资源调查方法有了很大发展。1902 年欧洲波罗的海和北海八个沿岸国家在丹麦首都哥本哈根成立国际海洋考察理事会，组织、指导、协调大西洋及邻近水域渔业资源及其环境调查，促进了渔业资源调查方法的发展。此后，标志放流法、拖网试捕法较广泛地应用于渔业资源调查。1929 年水声探鱼技术用于渔场探察，寻找、确定鱼群位置，为渔船提供现场情况，以及为判断资源状况提供定性依据。60 年代以来，随着人类对海洋生物资源的需求量不断增加，以及 200 n mile 专属经济区的出现，对世界各大洋区的渔业资源进行了大量的调查研究。其间，试捕仍是一个主要的资源调查方法。同时，声学资源评估技术进入定量应用阶段，成为调查渔业资源绝对数量的主要方法之一，还发展了新的调查技术，如卫星遥感技术在渔场探索上的应用等。

在中国，系统的渔业资源调查开始于 20 世纪 50 年代。1953—1955 年进行的烟台鲐鱼渔场调查是中国首次开展的海洋渔业资源综合调查，为后来开展的主要渔业种群和渤海、黄海、东海、南海渔业资源调查提供了初步经验。对底层种类主要采用定点拖网试捕法，中上层鱼类则根据水文环境等资料进行不定点探捕调查。1984 年挪威政府赠送给中国的“北斗”号渔业资源调查船装备了回声积分系统，开始对黄海、东海鳀资源进行声学评估调查，使声学渔业资源调查技术进入定量阶段。80 年代后期，卫星遥感调查技术应用于黄海、东海蓝点马鲛、远东拟沙丁鱼等中上层鱼类渔场资源的探察。

主要调查方法 渔业资源调查可分为普查、专项调查和动态监测调查等形式。常用的方法有试捕调查、声学调查和遥感调查等。

试捕调查 使用适当的渔具和船只，采用等距离设置调查站或参照资源和水深等分布状况分区设站对某一海区或种类进行定点试捕，获得资源种类组成、群体组成，生物学状况和单位捕捞力量渔获量（CPUE）等资料。CPUE 可直接用来表示资源或种群的相对数量，也可根据扫海面积法（见现存资源量）概算出某一海域的绝对资源量或种群的绝对数量。该方法较适用于底层和近底层渔业种类，调查设计中应注意：①调查区域和时间的选择。通常是在资源的主要分布区内，选择资源分布移动特征（如主要分布范围较小、密度较均匀、年间变化小等）较稳定的季节进行试捕调查；②调查网具的选择。一般都采用标准化的生产网具，或者专门制作与生产网具相似的标准网进行试捕。底拖网是调查中普遍使用的网具，具有选择性较小，能够较好地反映出底层渔业种类的资源数量等特点。1963 年渤海对虾相对资源量调查，选用的扒拉网是一种生产用的底层舷拖网，它根据对虾受惊反弹跳的习性，网口装有倒帘网，捕虾效率高，加上 8 月上旬调查期间资源分布特征稳定，试捕结果能够较可靠的反映资源相对数量。另外，定置网、围网、刺网以及钓钩等渔具也可用于试捕调查，由于这些渔具选择性大，试捕结果难以用来估计绝对资源量。以上试捕调查条件往往不能全部得到满足，因此，一方面在调查中通过增加试捕、投网次数，提高调查结果的可信程度；另一方面可通过统计分析（如计算变异系数、标准误差等）了解调查结果的可信程度。

声学调查　根据声学原理，使用探鱼仪探测、记录资源的回声映像和目标强度，经回声积分仪转换为回声积分读数，即获得回声资源量指数。这样，可以在较短的时间内了解到资源的分布和动态，评估绝对资源量（见现存资源量）回声映像和积分读数本身尚不能区分资源种类，需要进行必要的捕捞采样（如用中层拖网、底拖网等）对采集的样品进行生物学分析，整理出种类及其长度和重量组成等资料，作为计算各主要种类的回声资源量指数和评估绝对资源量的依据。应用声学方法评估绝对资源量，概算回声资源量指数和绝对资源量之间的比例系数（C 值）是一个关键。C 值不仅与探鱼仪和积分仪等声学设备的特性有关，同时也受资源种类及其长度和游泳行为的影响，计算公式为：

$$C=C_i\cdot C_f$$

式中 C_i 为仪器常数。通常声学设备每周均需作电学校准，重要的调查之前对整套仪器作系统的声学校正。80 年代初挪威开发了铜球作为渔业声学专用标准反射体的校准法。1984 年国际海洋考察理事会确认此法是一种能准确测量探鱼仪换能器轴灵敏度的方法，并予推广；C_f 为资源种类的声学特性，是一个与目标强度（TS）号反比反向散射截面的量，计算公式为：

$$C_f=\frac{1}{10^{0.1TS}}$$

$$TS=m\log_{10}l+b$$

式中 m 和 b 是与资源种类和声学特性有关的两个常数；l 为个体长度。因此，准确地测量资源种类个体的目标强度是应用声学方法调查评估渔业资源量的一项重要工作。挪威、美国、苏联、英国等国家的生物水声学家在这方面做了大量的探索性的试验研究，测量了大头鳕、黑线鳕、非洲鳕、狭鳕、毛鳞鱼、鲱、鳀、鲐、柔鱼、磷虾、水母等多种资源种类的个体目标强度。

遥感调查　利用从装载在人造卫星、宇宙飞船等空间飞行器上的传感器获得的海洋要素图像或数据资料，以及有关的渔场海洋学和渔业生物学资料，分析、预测资源分布状况和数量动态，指导渔业生产。它具有同步、实时、观测范围大和频率高等特点。美国是从事渔业遥感研究最早的国家。70 年代初在密西西比河口海域渔业遥感试验中发现卫星遥感信息与油鲱渔场分布关系密切。80 年代以来，美国已普遍使用气象卫星遥感资料寻找中上层鱼类渔场。日本从 1977 年开始渔业遥感调查技术研究，1982 年利用气象卫星遥感资料预报秋刀鱼、金枪鱼渔场试验成功。此外，苏联、英国、法国、冰岛、南非、中国和联合国粮食及农业组织等也相继应用遥感技术探察渔业资源。

其他调查方法　主要有：①标志法。根据标志放流尾数、重捕尾数和渔获尾数之间的比例关系估算资源数量，是早期资源调查中应用较多的一种方法。由于标志放流数量有限，回捕率一般较低，其应用受到限制，特别是难以用于大水域的资源量调查；②鱼卵、仔稚鱼法。利用浮游生物网或专用网具定点定量采集鱼卵和仔稚鱼样品，通过扫海面积法以及生殖力等有关资料估算资源量。从鱼卵、仔稚鱼到渔业资源量需经历一个复杂的补充过程，而且二者之间又缺乏确定性的关系，因此，用这方法估计资源量的精度较低，但是，此法具有简单易行的特点，对探索新开发区的渔业资源潜力仍是有益的；③生产力法。亦称营养动态法。通过水域初级生产力和食物链营养转换关系的调查估算渔业资源量，此方法通用于大尺度的资源评估调查，如美国学者赖瑟（J. H. Ryther）1969 年根据不同水域的初级有机物年产量、营养阶层转换级数和生态效率等资料估算世界海洋鱼类资源量为 2.42 亿 t。由于水域生态系食物链营养转换的实际层次和效率尚不十分清楚，不同研究者的估算结果相差悬殊。

渔业资源评估和监测技术[①]

唐启升
（中国水产科学研究院黄海水产研究所）

70年代出现的200 n mile专属经济区和1982年海洋法大会通过的《联合国海洋法公约》，把渔业管辖范围扩大到离海岸线200 n mile，世界上第一次把99%以上的渔业产量置于沿海国家管理之下，使沿海国家对以前不能管辖的海区具有了渔业管辖权。沿海国家充分使用这种权力，对内加强渔业资源的探察、开发、保护和管理，对外极力限制他国渔船在其专属经济区内的捕鱼活动。这个现实已为全球所接受。世界渔业由过去的开发型转变为现今的管理型。这种变化成为影响80年代渔业资源研究最重要的因素，在很大程度上决定了渔业资源评估和监测技术研究的方向和发展。

一、资源评估研究重点

资源评估的主要目的是评价资源状况，为渔业开发、投资、政策、保护和管理提供科学依据，渔民、经营者和管理者各自取得所需要的信息资料。但是，表1清楚地表明，不同资源利用阶段，渔业对评估的要求是不一样的，它基本上取决于渔业发展水平。

表1　渔业发展与资源评估

（引自Gulland，1983）

资源利用情况	产量	相应的生物学研究	资源评估内容
1. 探察、试捕阶段	低	主要资源的一般描述（分类、分布等）	主要资源大小次序的估计
2. 渔业发展以主要经济种群为主	中等——不断增加	主要经济种群生活史较详细的描述	评估主要经济种群的潜在量
3. 加强主要经济种群的捕捞，并开始利用次经济种群	中等——高（特别是主要经济种群）	主要经济种群的动态，确认群体之间的相互作用	建立主要经济种群的产量曲线，测出相应的需求点（如最大持续产量和最适持续种群等）
4. 渔业集中于所有经济种群	高（也可能由于某些资源衰退而下降）	所有种群的动态研究，整个生态系的结构和相互作用的研究	所有种群的产量曲线和主要相互作用的估计
5. 完全的资源管理（可能出现在捕捞过度之后）	高	生态系及其动态的研究	评估一种资源或渔业对另一种资源或渔业的影响

① 本文原刊于《八十年代国外渔业先进技术与趋势》，35-43，海洋出版社，1988。

20世纪前半期，虽然由于蒸汽机的应用推动了工业发达国家海洋捕捞业迅速发展，致使个别海域渔业资源的利用和保护的矛盾日益尖锐。但是，世界海洋大部分区域渔业资源尚未开发利用。因此，早期的资源评估研究工作主要从事描述性和评估模式的研究，出现了剩余产量模式、单位补充量产量模式及亲体与补充量关系模式等。到60年代渔业大发展时期，苏联和日本的捕鱼船队已遍及世界海洋，热带金枪鱼类、阿拉斯加狭鳕、4个涌流区域的沙丁鱼类、大西洋的鲱和鲐鱼已被大量开发，海洋中大多数底层鱼类已被过度捕捞。为了解决世界传统渔业所出现的过度开发利用问题，资源评估模式得到了充分的应用，最大持续产量、最适产量等问题成了此间最热门的议题，资源评估工作者致力于研究捕捞与捕捞量之间的关系、资源与补充量之间的关系以及单位补充量渔获量与特定年龄捕捞死亡之间的关系，世代分析（即VAP分析）成为评估捕捞死亡和资源量的一个基本方法。但是，这些研究的结果与实际要求尚有一定距离。因此，在80年代，资源评估研究虽然仍取决于渔业发展水平（特别是各个特定的地区和国家的具体情况），但从整体来看，在渔业管理已成为沿海国家的职责的形势下，资源评估研究将围绕资源合理管理和最适利用这个中心课题，有其新的深度和广度（如侧重于表1后两个阶段），需要解决一些关键问题。例如，为什么资源量会波动？这些波动能否预测？各种资源与其他资源的相互作用如何？由于捕捞的影响，这些相互作用达到什么程度？多大的捕捞力量对获得最适产量是适合的？资源衰退能否恢复？能否利用环境变化来预测鱼类资源的数量和分布的变化？由于这些问题的复杂性，并非在短期内都能得出明确的答案，但它为未来研究指明了方向。

英国著名的渔业生物学家Cushing（1983）指出，80年代渔业科学将在三个方面发展：①进一步完善与世代分析有关的研究方面；②继续探索亲体与补充量关系方面；③小型试验性的多种类模式方面。这个见解概括了世界多数渔业资源研究者的意见，即在进一步完善现有的资源评估方法同时，加强资源评估基础的研究。事实上，许多研究者正从微观和宏观两个方面进行广泛的研究。

（1）补充量研究。资源变动的中心内容是补充量变动。对补充量的长期或短期预测是认识资源生产力的关键，直接影响到渔业投资和管理决策。目前还没有能够说明这种变动的概括性理论，为了建立这样的理论，世界生态学者正从各个侧面进行研究。

自从北大西洋中上层鱼类资源衰退归咎为没有把亲体与补充量关系考虑在渔业管理中而造成的科学失误之后，亲体与补充量关系的研究倍受重视。但是，这种关系常是多变的，其变化根源亦不很清楚。因此，导致了补充量变动各种机理的基础研究，其中早期发育阶段（仔鱼和后期仔鱼）的生长和死亡是一个重要的研究课题。例如，挪威第三个渔业研究长期计划（1985—1989），将早期鱼类生命史研究列为主要课题之一；在太平洋地区，更加注意研究环境对补充量的影响。1982年，美国和加拿大一些大学和政府研究机构的高级研究人员发起成立了亚北极国际补充量调查组织。该组织的目的是增进对海洋与鱼类相互作用的了解，以及环境变化对渔业资源的数量和分布的影响，特别是大规模环境变化对补充量的影响（如海气相互作用、厄尔尼诺现象等）。1987年10月，该组织会同国际北太平洋渔业委员会召开学术会议，讨论海洋变化对补充量的影响。会议的许多报告充分证实了海气变化对北太平洋渔业资源的显著影响。会议总结中指出：现在是引用大气变化的研究成果来讨论补充量问题的时候了，对环境与补充量关系进行大尺度的模拟计算或建立模型可能是一个研究方向。会议还认为，在今后10～20年内，应当应用卫星遥感技术，研究环境对补充量的影响。

为了加强对补充量问题的研究，加拿大太平洋生物站专门成立了补充量及产生机制研究室，重点研究鲑鳟鱼、鲱和底层鱼类补充量变化与生物物理变量之间的关系。

（2）渔业生态系研究。渔业大发展时期之后，世界渔业资源结构发生的显著变化引人注目。总的趋势是经济鱼类资源衰退，低值鱼类大幅度增加；底层鱼类数量减少，中上层鱼类数量增加；捕捞对象替代频繁，且日趋短周期化和向低营养阶层转换。单一品种的资源评估，已经不能满足渔业开发和管理的实际需要。因此，多种类的资源评估模式研究风行于北欧和美国、加拿大等国。70 年代后期以来，虽然对多种类资源评估问题有了相当多的探讨，可是对各资源之间彼此如何相互作用还缺乏足够的认识，难以预测捕捞一种资源对另一种资源的影响。因而，渔业生态系的研究受到重视。该领域的研究侧重在两个方面：一是各种资源之间营养关系的研究；二是渔业资源与环境的相互作用。计算机模拟在这些研究中发挥了重要作用，主要解决如下问题：①计算均势生物量来评估资源；②生态系状况及其自然波动的模拟；③生态系对渔业反应的模拟等。美国东北渔业研究中心，根据西北大西洋陆架区域资源量大幅度下降、传统种类（如鲱、鳕）数量减少的实际情况，将“剩余的次级生产力是否被一些生命周期短、生长快的小型种类所利用”“何种过度利用的种类可能恢复”“种间关系及生态系的生产过程”列为生态系研究的重点课题；而美国西北渔业研究中心，在白令海渔业生态系研究中，重点放在食物链高营养阶层方面，如阿拉斯加狭鳕的能量转换关系。为了推动这方面的研究，美国科学发展协会 1984、1987 年先后两次将与渔业直接有关的大海洋生态系生物量变化、管理、地理学等问题列为该会年会专业学术讨论会之一。这些动向引起日本和我国海洋和渔业生物学专家们的极大兴趣。因此，渔业生态系研究已成为 80 年代国际渔业资源评估研究新的学术方向。其特点是：研究不仅仅限于资源动态本身，而是努力引用生态学及其边缘学科的最新研究成果。

二、资源监测的内容和手段

200 n mile 专属经济区以来，人们越来越认识到，成功的渔业资源预报和管理，不仅取决于对种群动态机制的认识，同时也取决于对资源及其生物理化因子长期变化情况的了解。因此，近年来资源监测问题受到了重视。1984 年，在联合国粮食及农业组织召开的世界渔业管理和开发大会预备会议上，即将资源和环境的监测列为重要的讨论议题；欧美渔业发达国家，已将建立常规的资源监测系统列入长期规划（如挪威、美国等）。

从资源的角度，监测渔业的项目比较简单，主要有渔获量、捕捞力量及其种类组成和大小等。但是，对资源本身及其生物环境因子的监测项目，则包括广泛的内容，例如，鳀科鱼类至少有 18 个生物学变量需要监测（表 2）。种类情况不同需要监测的项目也可能不同。其中最重要或共有的项且是对资源量动态的连续监测，如种群或补充量大小。美国西北渔业研究中心，自 1979 年开始的每年度白令海渔业资源的监测调查，以 4 个主要种类资源量估计为主；而东北渔业中心以大西洋陆架区域资源补充量（卵子、仔鱼等）动态为主要监测内容。

现代科学技术的发展日新月异。但是，在近期，资源监测的手段仍将以传统的常规方法为主，即使发达国家也是如此。例如，美国对白令海渔业资源的定期监测调查，以定点拖网和水声学评估为主。表 3 罗列了一些常用的调查方法，它们各有其特点，难以比较之间的优劣。比较普遍的看法是同时采用几种方法进行监测（Mac Call，1984）。这种看法可能会对

表 2 鳀鱼资源监测生物学变量与种群数量波动原因之间的关系

（引自 Mac Call，1984）

监测变量	数量波动原因				
	内禀	竞争	捕食	捕捞	环境
种群大小	×	?	×	××	i
亲体年龄结构			?	××	i
捕捞死亡				××	i
自然死亡			××	i	×
捕食者指数分布				×	×
（长期		?		×	×
短期）				×	××
补充量实力	×	?	i?	i	××
含脂量和条件因子	×	?		i	××
饵料	×	?		i	×
生长率	×	?		×	×
生殖力	××	?		i	××
性成熟年龄和长度	××	?		i	××
卵子、仔鱼死亡率	××	?	××		××
仔鱼生长率		?			×
与其他种类的关系	?	?	?	?	×
性比				?	
产卵季节				i	×

注：××表示关系非常显著，×表示显著，i 表示间接联系，? 表示可能有关。

表 3 种群资源动态监测方法及评价

（引自 Mac Call，1984）

资源衰退征兆	监测方法	评价	费用
(a) 资源量下降	(a) 单位努力量渔获量（CPUE）	适用于底层鱼类，不适用集群性鱼类	低
渔获率下降	(b) 世代分析（VPA）	适用于对历史情况的分析和校正其他指标	
群体分布缩小	(c)“尤里卡”渔船合作调查	适用于常规调查	低
种类组成变化			
捕食者指标变化			低
(b) 补充量下降	(d) 声学调查	适用于中层和声学信号反应强的种类	高
平均年龄增加			
异常多脂周期			
(c) 捕捞死亡接近自然死亡	(e) 航空调查	快速评估表层鱼类	低
平均年龄或长度		与其他方法结合，可提供较详细的资	
接近性成熟年龄或长度	(f) 试捕	料，如年龄结构等	高
(d) 渔获量波动	(g) 卵子、仔鱼调查	可作为产卵生物量指数	高
(e) 反常情况：			
补充部产卵方式的变化	(h) 卵子生产力法	可用于估计产卵群体或总资源量	高
性成熟年龄和长度的变化	(i) 捕食者指数	可作为资源量指数	低
个体大小和渔获物组成的变化			

发展新的监测方法产生影响。

在建立渔业资源监测体系中，计算机无疑是一个不可缺少的组成部分，它在资料汇总、数据处理、信息传递等方面发挥重要作用。一些渔业发达国家（如日本、挪威和美国等）非常重视这些设备的配置。

应用水声探鱼技术评估渔业资源量①

唐启升
（黄海水产研究所）

随着 200 n mile 经济专属区的划分，世界渔业已进入了管理的年代，管理者和渔民常常急需知道海洋中渔业资源的现存数量；这不仅指未被开发利用的资源种类，也包括已经被开发利用的资源种类。基于这样的要求，一个直接、快速的资源绝对数量的评估调查方法，即水声探鱼技术，在近十余年内得到较大的发展，并应用于实践中。

水声探鱼技术在 20 世纪 30 年代开始应用于渔业资源调查研究，但主要用于渔场探察、寻找、确定鱼群位置，为渔船提供现场情报，以及为判断资源状况提供一些定性的依据。到五十年代一些研究者开始致力于应用水声探鱼技术估计绝对资源量，这个时期的研究促进了声学探鱼仪器的发展，出现了自动计数装置和回声积分仪等，以至 70 年代这项技术有效地应用于鱼类绝对资源量的评估，巴伦支海 0 龄鲱鱼和秘鲁鳀鱼资源量的评估是初期应用这项技术的两个成功的例子（1965—1972，1973），使水声探鱼技术在渔业资源研究上的应用进入定量阶段。目前该方法是一些先进渔业国家进行资源评估的主要方法之一，特别是在国际海洋考察理事会成员内应用最为广泛，挪威、英国、美国和苏联对此做了较多的研究。

回声计数和回声积分是应用水声探鱼技术评估绝对资源量的两个主要方法，其中回声积分技术是应用普遍而较有效的一个方法。其主要工作内容为：

1. 由回声探鱼仪和回声积分仪观察、记录调查种类的回声强度；

2. 根据生物学采样、回声映像和积分读数资料确定回声记录的种类，种类间比例、数量以及鱼群分布状况；

3. 应用数学方法计算资源数量及长度、重量和年龄分布等。

为了完成上述工作内容，需要必备的仪器，进行海上调查，并做一些中间试验等。现简介如下：

一、水声探鱼仪器

回声探鱼仪、回声积分仪和计程仪是水声探鱼调查过程中使用的主要仪器。目前世界上多数国家使用的这一类仪器是挪威 Simrad 公司的产品，如：

Simrad Scientific Sounder EK38、120、50、12 kHz

Simrad Echo Integration QM

---

① 本文原刊于《齐鲁渔业》，(3)：44-45，48，1985。

二、调查方法和生物学采样

通常采用Z字形调查航线，连续记录调查对象的回声映像积分读数，一般每隔5 n mile由计算机打出一个平均积分读数，即回声资源量指数。对于未开发利用的资源种类可采用不定型的Z字形调查航线，带有较大的探索性。

回声映像和积分读数本身并不能区分资源种类，需要进行必要的定点或不定点的捕捞采样（如底层拖网、中层拖网或其他网具）。对采集的生物学样品进行分种类的数量记录和生物学测定，整理出种类及其长度和重量组成等，进而可算出各个主要种类的回声资源量指数。

三、绝对资源量计算和 C 值测定

在取简单情况下，绝对资源量 P 的计算公式为：$P=C\bar{M}$。

1. 直接换算法（Thorn，1970）

直接建立捕捞采样渔获量与相应的标准化回声积分读数之间的回归关系式，求出 C 值。该方法假设网具的捕捞率为100%。

2. 计数换算法（Mibttun 和 Nakken，1971）

对回声映像进行个体计数，然后与相应的回声积分数值建立回归关系式，求出 C 值。该方法要求在调查对象分布较分散的情况下进行试验，以便分辨出回声记录纸上的个体映像，一般应用于大型鱼类效果较好（如鳕鱼），但在巴伦支海毛鳞鱼（平均长度约15 cm）的资源评估中应用该方法也取得了较好的效果。

3. 网笼试验法（Johannessen 和 Lossese，1977）

在船侧距换能器正下方4 m处悬挂一个直径1 m、高1.5 m圆形网笼，笼中置入一定数量的活鱼，将各项仪器调整到正常调查航行的工作状态，每一海里记录一次积分读数，然后分析积分读数与试验鱼（以重量计）之间的关系，求出 C 值。该方法目前使用较普遍。

四、误差

一个理想的水声探鱼调查条件是：①鱼群分布在一个确定的区域；②没有其他鱼种混栖；③鱼群分散地分布在中层。但是，当相反情况出现时，问题就变得复杂了，随之产生误差的机率也就增大。另外，C 值估计的精度和生物采样的代表性等也是产生误差的来源。作者在巴伦支海的实地考察中发现：恶劣天气海水上层所产生的大量气泡、浮游生物、深海区回声所产生的假低，其他仪器的干扰等，都直接影响积分读数和回声映像。因此，减少误差、校正评估结果是使用这个方法中的一项艰巨任务。

目前，应用水声探鱼技术评估渔业资源量尚是一个发展中的方法，世界许多研究者仍致力于该方法的基础研究，以便进一步提高仪器的识别能力，增加回声积分读数和换算系数的精度，使资源评估结果更加可靠。随着挪威建造的“北斗”号调查船在我国交付使用，我国学者也对该方法进行一系列的研究，为我国海洋渔业资源评估提供新的途径。

多种类海洋渔业资源声学评估技术和方法探讨①

赵宪勇[1]，陈毓桢[1]，李显森[1]，陈卫忠[2]，李永振[3]，孙继闽[1]，金显仕[1]，唐启升[1]
（1. 中国水产科学研究院黄海水产研究所，农业部海洋渔业资源可持续利用重点开放实验室，山东青岛 266071；
2. 中国水产科学研究院东海水产研究所，上海 200090；
3. 中国水产科学研究院南海水产研究所，广东广州 510300）

摘要： 简要介绍了多种类海洋渔业资源声学评估的基本工作框架；以海洋生物资源补充调查及资源评价项目中上层生物资源调查与评估工作为例，着重介绍了多种类海洋渔业资源声学评估技术在我国陆架海域的应用，包括调查设计、声学仪器校正、数据采集、目标强度确定、映像分析、数据处理、生物量计算等；指出了目前多种类海洋渔业资源评估工作中尚待解决的问题，并就可能的改进方法和发展方向进行了探讨。多种类海洋渔业资源的声学评估技术有望在海洋生态系统的监测和研究工作中发挥重要作用。

关键词： 多种类海洋渔业资源声学评估技术；陆架海域；渔业声学；渔业资源

1 引言

渔业声学是水声学在鱼类资源研究领域的一个应用分支[1]。渔业资源的声学评估是近30余年逐渐发展完善起来的海洋生物资源调查和评估方法。该方法采用走航式连续回声积分技术，沿调查航线对表层盲区和底层死区之外所有水层的鱼类分布及其生物量进行三维定量调查研究，具有快捷、取样率大而不破坏生物资源等优点，为世界渔业发达国家所广泛采用。该方法自1984年引入我国以来，已成功地应用于黄海、东海鳀鱼资源[2]和北太平洋狭鳕资源调查[3]，成为我国海洋渔业资源监测和调查的重要方法之一。

声学方法的调查对象以往主要为单种类中上层海洋生物资源。随着渔业声学的不断发展[4-6]和生态系统监测及研究的需求[7]，如何利用声学方法同时对各主要海洋生物资源进行监测及评估已成为海洋生物资源评估技术领域的一个重要研究课题。我国渤海、黄海、东海和南海北部大部分海域为陆架浅海区，具有丰富的中上层鱼类和大量的底层鱼类，生物种类组成复杂[8]，为此在海洋生物资源补充调查及资源评价项目调查期间我们尝试利用声学方法对我国上述海域近50个种类的中上层鱼类、主要底层鱼类和头足类等资源进行了调查和评估，初步形成了一套适用于我国陆架海域多种类海洋生物资源声学评估的工作程序和方法，取得了较好的结果。

本文简要描述了多种类海洋渔业资源声学评估的基本设计思路和工作框架；以中上层生

① 本文原刊于《海洋学报》，25（增刊1）：192-202，2003。

物资源调查和评估工作为例，着重介绍了多种类生物资源声学评估技术在我国陆架海域的应用，并就可能的改进方法和发展方向进行了探讨。

2　多种类资源声学评估的工作框架

渔业资源的声学调查和评估工作是一项系统工程，多种类海洋生物资源的声学评估更是如此。图1给出了海洋生物资源补充调查及资源评价项目工作中，多种类海洋生物资源声学调查和评估的工作程序以及所需的相关参数和数据输入。如图1所示，多种类资源调查与评估主要包括海上调查和资源评估两大工作环节，其终极产品是调查海域各评估生物种类的生物量。

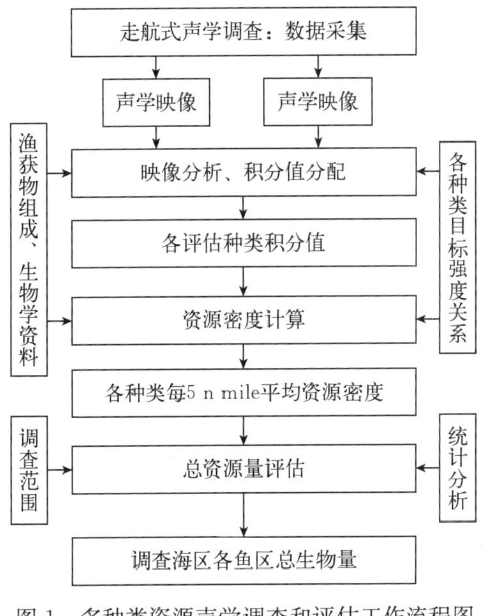

图1　多种类资源声学调查和评估工作流程图

2.1　海上调查和数据采集

海上调查按预先确定的工作方案，利用经过校正的声学仪器在指定海域进行走航式声学调查和数据采集，其产品是沿调查航线采集的连续声学映像和沿途每一基本积分航程单元(EDSU)[15]内所有生物的总回声积分数据。这些资料和调查过程中同时采集的生物学资料和鱼类的声学特性即目标强度资料一起构成生物资源评估的基础。

2.2　资源评估

渔业资源的声学评估包括映像分析和积分值分配、各评估类的资源密度计算和调查范围内总资源量评估等三大工作步骤，其中映像分析和积分值分配是多种类生物资源评估工作的核心。

映像分析是根据生物学取样资料和映像本身的特征来鉴定产生回波映像的目标生物种类，积分值分配则是将每一基本积分航程单元的总积分值分配到每一生物种类，这两项工作同时进行，或者说是同一工作的两个侧面。

对单鱼种或在生物群落中占绝对优势的鱼种而言，由于产生回波映像的生物种类组成单一，其回波强度和映像分布特征比较有规律，较易鉴别，而且对相应的积分值分配也较容易。在多种类混栖的情况下，由于回波信号是来自声学特性各不相同的多种生物的混合体，其映像特征复杂多变，需要积累大量经验才能寻得其中的某些规律，为此我们在预设站位的基础上，根据声学映像适当增加机动拖网站位以鉴定产生回波映像的生物种类；参照渔获物的组成比例和体长分布等生物学数据，并根据各鱼种目标强度与体长关系确定积分值的分配比例，进而计算各评估种类的积分值。

当获得每一基本积分航程单元各种类积分值后，可采用单种类资源声学评估的基本原理对各评估种类资源分别进行评估。根据海洋生物资源补充调查及资源评价项目的海上调查航线并非完全均匀布设这一特点，我们选择以基本积分航程单元为单位对评估种类的资源密度进行计算，然后采用相应的统计方法对整个调查范围内的总资源量进行评估。

3 多种类资源声学评估技术在陆架海域的应用

3.1 声学仪器

海上调查先后使用了两种型号的回声探测-积分系统，即 Simrad EK400 - QD 系统和 Simrad EK500 系统。文献［2］至文献［3］已对前者进行了较为详细的介绍，本文仅对目前国际上广泛应用的后者作一介绍。

3.1.1 主要性能和技术指标

Simrad EK500 是集探鱼仪、积分仪和目标强度测定仪于一体的集成式回声探测-积分系统[9]。该系统瞬时测定的动态范围达 160 dB，可对小至浮游动物、大到顶级捕食者的所有海洋生物的回波信号进行准确测定；采用先进的分裂波束技术[10]可以确定目标在波束中的位置，并根据波束的指向性对其回声信号进行补偿，从而实现鱼类目标强度的现场直接测定，其主要技术指标和调查参数设置见表 1。

表 1 Simrad EK500 回声探测-积分系统的主要技术指标和参数设置

项　目	技术指标和参数
工作频率/kHz	37
换能器型号	ES38B
换能器增益/dB	26.5
海水对声波的吸收系数/dB・km^{-1}	10
脉冲宽度/ms	1.0
带宽/kHz	3.8
最大标称发射功率/W	2 000
动态范围/dB	160
主量程/m	20，100，250，1 000
传播损失补偿	$20\log_{10}R$
最大有效探测深度/m	900
最低积分体积反向散射强度/dB	−80
波束的等效立体角（Ψ）/dB	−20.7
纵向波束宽度（半功率角）/（°）	7.0
横向波束宽度（半功率角）/（°）	7.0

注：Ψ 为立体角的分贝表示形式，它与弧度表示形式 ψ（sr）的关系为 $\Psi=10\log_{10}\psi$。

3.1.2 声学校证

为确保渔业资源声学调查原始数据的准确性，每年及船舶坞修后的第一航次均对声学仪器进行了校正。校正地点为青岛港外胶州湾锚地。校正时采用国际通用的标准目标方法[11]，利用三部电动遥控小型绞车将直径 60 mm 的铜球[12]悬挂于换能器的下方作为标准目标，对声学仪器进行校正。校正内容包括换能器目标强度增益和波束参数测定以及换能器积分增益的测定。

（1）换能器目标强度增益和波束参数的测定。该项测定针对 Simrad EK500 的目标强度测定功能，利用厂商提供的专用软件 Lobe 程序完成。校正时将探鱼仪串行通讯口的标准目标回波信号馈送至运行 Lobe 程序的计算机；利用探鱼仪显示器的单体目标窗口和 Lobe 程序界面监测标准目标在波束中的位置；通过小型绞车遥控调整标准目标，使其历经波束的每一位置。利用 Lobe 程序对换能器主波束的响应曲面进行非线性回归，计算波束宽度（半功率角）和声轴偏离度等数据（表 2），为波束指向性补偿模型提供参数；利用波束不同位置的目标强度的观测值，确定换能器的目标强度增益参数。根据 Lobe 程序的计算结果对 Simrad EK500 的有关参数进行必要的修正后，换能器的目标强度增益和波束参数的校正工作便告结束。校正后同一目标在波束内的任何位置均可“表现”出同样的回声强度，为鱼类目标强度的现场测定提供了重要的技术手段。

表 2 Simrad EK500 系统的声学校正结果

日期	水深/m	水温/℃	盐度	声速/（m·s^{-1}）	TS_{st}/dB	R_{st}/m	换能器增益/dB		波束宽度/（°）		声轴偏离度/（°）	
							TS	积分	纵向	横向	纵向	横向
1998-07-15	35	25.8	31.0	1 535	−33.6	10.9	26.4	26.4	7.0	7.2	0.06	0.02
1999-04-02	40	7.7	31.8	1 477	−33.6	23.5	27.1	26.8	7.0	6.8	−0.09	−0.06
1999-12-11	35	8.0	31.3	1 478	−33.6	22.5	27.0	26.8	7.0	6.8	0.01	0.04
2000-12-26	38	6.4	31.5	1 472	−33.6	18.2	27.1	26.9	7.1	6.9	−0.05	−0.07

（2）换能器积分增益的测定。该项测定针对 Simrad EK500 的回声积分功能进行。校正时对稳定于声轴上的标准目标进行积分，并将其观测值（$s_{A,m}$，m^2/n mile^2）与理论值进行比较。标准目标理论积分值（$s_{A,t}$，m^2/n mile^2）的计算公式为

$$s_{A,t}=\frac{4\pi\sigma_{st}\,.\,1\,852^2}{\psi.\,R_{st}^2} \qquad (1)$$

式中，σ_{st}为标准目标的声学截面（m^2）；ψ为换能器波束的等效立体角（sr），它与 Ψ（dB，见表 1）的关系为$\psi=10^{\Psi/10}$；R_{st}为标准目标到换能器表面的距离（m）；$1\,852^2$ 是平方海里与平方米之间的转换系数，如果 $s_{A,m}$与 $s_{A,t}$不同，则需对换能器的积分增益（G，dB）进行修正：

$$G_n=G_o+\frac{10\log_{10}\ (s_{A,\mathrm{m}}/s_{A,\mathrm{t}})}{2}, \qquad (2)$$

式中，G_n和G_o分别代表新增益和旧增益。

表 2 列示了 1998—2000 年“北斗”号调查船 Simrad EK500 系统的声学校正结果。从表 2 可以看出，校正条件（温度、盐度及标准球悬垂深度等）相似的后三次校正结果非常接

近，表明系统性能稳定；第一次的校正结果与后三次差别较大，主要是仪器性能随环境条件的不同而略有改变所致，这充分说明对仪器校正的重要性。

3.2 海上调查

3.2.1 航线设计

采用系统式预定航线的设计方法，在黄海、东海及海南岛以东的大部分南海海域内的调查航线均以平行断面为主，在海南岛周围水域则采用“之”字形航线。

航线的走向以尽量垂直于调查生物的密度梯度线为原则，力求每个调查断面均可覆盖各种密度类型的生物分布区，以保证断面数据的代表性和资源评估结果的准确性。由于大部分海洋生物的分布与水深及海底地形有着密切的关系，因此调查断面的走向基本以垂直于岸线为主。

图 2 给出了冬季黄海中上层生物资源调查的航线设计。对黄海中部、南部采用平行等距断面，断面间距为 30 n mile，断面走向基本垂直于中韩两岸的东西方向。理想情况下黄海北部或可采用南北走向的平行断面，以观测包括渤海生物资源在内的鱼类越冬洄游分布情况，然而基于经费和时间方面的考虑，仍采用了以东西向为主的凯济调查航线。

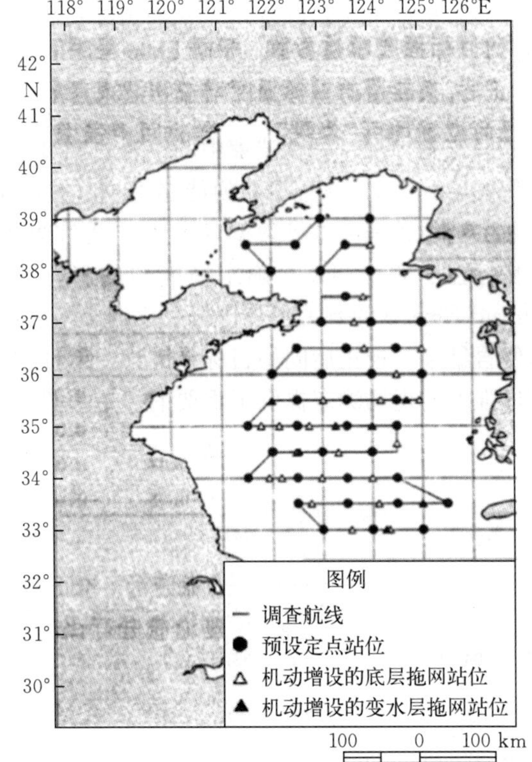

图 2 1999 年 12 月黄海冬季中上层生物资源声学调查航线及站位

3.2.2 生物学取样站位的布设

采用底拖网调查与声学调查兼顾的定点和机动加站相结合的方式（图 2），在定点底拖网站位的基础上，根据声学调查需要，适当增设中上层或底层拖网机动取样站位，以获得映像分析所必需的生物学资料。

3.2.3 声学数据的采集

采用走航式声学调查方法，利用已校正的回声探测-积分系统沿调查航线对换能器表面 5 m 以下至海底之上 0.5 m 之间的水体进行连续垂直探测和声学数据采集。将整个采样水体分为若干积分水层以研究海洋生物的垂直分布特征及其垂直迁移习性。不同海区的积分水层设置见表 3。

基本积分航程单元为 5 n mile。每 5 n mile 的积分数据与回波映像一同由彩色喷墨打印机打印，同时存于微机内备考。

表 3 不同海区积分水层（m）的设置

类型	层序	海区		
		黄海、渤海	东海	南海
总积分层	1	5 至海底之上 0.5	5 至海底之上 0.5/600①	5 至海底之上 0.5/600/900①,②
	2	5～10	5～20	5～50
	3	10～20	20～40	50～100
	4	20～30	40～60	100～150
换能器表面参照层	5	30～40	60～80	150～200
	6	40～50	80～100	200～250
	7	50～60	100～150	250～300
	8	60～70	150～200	300～400
	9	70～100	200～600	400～600/900
海底参照层	10	0.5～5.0	0.5～5.0	0.5～5.0

注：①在东海、南海陆坡水域，水深小于 600 m 时积分至海底之上 0.5 m，水深大于 600 m 时积分至 600 m；②对南海中部、南部深水区积分至 900 m。

3.2.4 生物学样品的采集

在预设的定点站位以底拖网进行生物学样品采集，拖曳时间为 1 h。当发现密集或不同类型的映像时，根据映像的垂直分布情况，以底层或变水层拖网采集产生回波映像的生物样品；拖曳时间视映像密度在 10～60 min，获取足够样品进行生物种类组成和尺寸组成分析即可。进行变水层拖网时使用网具监测系统进行瞄准捕捞。

调查所用的两种网具均为挪威设计的生物资源调查专用网具。两种网具均为四片式结构，网具的主要结构参数见表 4。

表 4 调查用网具的主要结构参数

网具	网口网目数	网口网目尺寸/mm	囊网网目尺寸/mm	网身全长/m
变水层	1 000	400	24	152.2
底层	836	120	24	78.2

3.3 资源评估

3.3.1 声学数据的预处理

声学仪器输出的积分值包括与积分水层相对应的一定时间段内换能器所接收信号的总和。通常情况下这些信号均来自水下生物，但在某些特殊情况下，气泡和不规则海底信号等“噪声”均可能“污染”积分值；另外，对背景噪声的现场测定结果表明，深水水层还会受到背景噪声的污染；这些都需要在数据预处理过程中予以修正。

预处理后的数据包括每 5 n mile 的总积分值、各分水层积分值、时间、表层水温、平均水深及经纬度等，供进一步分析之用。

3.3.2 生物学数据的预处理

预处理后的回声积分值是所有生物的回声总值，为计算每种生物资源的资源量，必须根据目标生物的生物学特征及其相应的声学特性（目标强度）将总积分值分配到每一种类，其中即使某些种类不在资源评估之列，也需计算其对总积分值的贡献，从而将其从总积分值中扣除。因此，在映像分析和积分值分配之前，需统计、计算各网次渔获物中除底栖虾蟹类和鲆鲽类等非常贴底鱼种之外的所有鱼种和头足类的尾数、体长分布、平均体长、均方根体长、平均体重等数据，并按统一格式将其输入 Excel 工作簿，供积分值分配和生物量密度计算之用。生物学数据的预处理由专门编写的统计和计算程序完成。

3.3.3 目标强度参数的确定

鱼类的目标强度是将回声积分值转换为绝对资源量的关键参数，它是描述鱼类对声波的反射能力的一个物理量。目标强度的定义[5]为

$$TS=20\log_{10}(\sigma/4\pi), \tag{3}$$

式中，TS 代表鱼类的目标强度（dB）；σ 代表鱼类的声学截面（m^2）。事实上 σ 又是一个意义更加明确的物理量，可以将其理解为鱼体对入射声波产生散射的等效面积，然而 σ 是一个无法直接测量的物理量，为将它与鱼类可以度量的生物学特征联系起来，人们多采用体长这一与鱼体的物理截面相关的量，并建立目标强度-体长经验公式[13-14]：

$$TS=a\log_{10}l+b, \tag{4}$$

式中，l 为鱼体体长（cm）；a，b 为回归系数。对大多数鱼类而言，式（4）可以简化[14]为

$$TS=20\log_{10}l+b_{20}, \tag{5}$$

式中，b_{20} 表示式（4）的斜率预设为 20 时截距 b 的值。

可利用现场测定法确定鱼类目标强度与体长的经验关系式。文献［15］曾对黄海、东海鳀和斑点莎瑙鱼的目标强度进行过现场测定。近年来，包括本项目调查期间我们又利用 Simrad EK500 的单体目标分裂波束测定技术对鳀和带鱼的目标强度进行了现场测定，并对小黄鱼和凤鲚的目标强度进行了初步测定研究。进行目标强度现场测定时要求目标鱼类离散分布且组成单一，而多数鱼类具有不同程度的集群习性，为多鱼种混栖，因此国内外仅对有限的种类进行过目标强度现场测定。

目标生物对声波的反射能力取决于生物体各组织、器官的密度和海水介质密度的差异。对有鳔鱼种而言，鳔是鱼类反射声波的主要器官，90%～95%的反射声能来自鳔的贡献[16]，因此作为声波的反射体，可把鱼类分为有鳔鱼类和无鳔鱼类；无鳔鱼类的目标强度一般要比有鳔鱼类约低 10 dB。根据鳔结构的差异又可把有鳔鱼类分为闭鳔鱼类和喉鳔鱼类。闭鳔鱼类的鳔是封闭的，且多可通过迷网或气腺向鳔内分泌气体，使鳔在水下可以维持相对恒定的体积，是较为稳定的声反射体，由于鳔内气体的补充和排出均是相当缓慢的过程，因此闭鳔鱼类多是不作大范围垂直移动的底层鱼类，如石首科鱼类。喉鳔鱼类的鳔通过食道或消化道与外界相通，需要时很多鱼类可到海面吞入空气，亦可通过肛门迅速向外界排出气体[17-18]，因此喉鳔鱼类多是善于进行大范围昼夜垂直移动的中上层鱼类，如鲱、鳀等；由于喉鳔鱼类

多不具备分泌气体的迷网或其功能严重退化，其鳔内气体在水下得不到补充，鳔的体积将随着所处深度的增加而被压缩，因此喉鳔鱼类的目标强度一般低于闭鳔鱼类。

依据上述鱼类目标强度的基本规律，经查阅资料和大量海上解剖查证，我们将大部分调查渔获种类分为闭鳔鱼类、喉鳔鱼类和无鳔鱼类三大类；参考国内外同类或相似种类目标强度的研究结果以及鳔相对于鱼体的大小，对调查评估种类的目标强度参数进行了确定（表 5）。

表 5 评估种类的目标强度参数

种类	b_{20}	种类	b_{20}	种类	b_{20}	种类	b_{20}
蓝点马鲛	−80.0	小公鱼类	−72.5	白姑鱼（类）	−68.0	灯笼鱼类	−68.0
日本鲭	−72.5	沙丁鱼类	−72.5	黄鲷	−68.0	天竺鲷类	−68.0
蓝圆鲹	−72.5	银鲳（类）	−80.0	大眼鲷类	−68.0	发光鲷	−68.0
竹筴鱼	−72.5	燕尾鲳	−80.0	二长棘鲷	−68.0	七星底灯鱼	−68.0
鳀	−72.5	刺鲳	−80.0	金线鱼类	−68.0	鳄齿鱼类	−68.0
黄鲫	−76.0	斑鰶	−76.0	蓝子鱼类	−68.0	犀鳕类	−68.0
青鳞沙丁鱼	−76.0	带鱼	−66.1	玉筋鱼	−80.0	太平洋褶柔鱼	−80.0
棱鳀类	−72.5	小黄鱼	−68.0	鲾类	−72.5	枪乌贼类	−80.0

3.3.4 映像分析和积分值分配

映像分析和积分值分配工作一般由一名渔业声学专业人员和至少一名熟谙鱼类分布习性的渔业资源专业人员共同完成。在多种类混栖的情况下，每 5 n mile 内评估种类的确定以拖网渔获资料为主要依据。以每网渔获资料代表站位前后若干个 5 n mile，以映像特征和水深、水温等辅助信息确定代表网次的更换。由于总积分值并不一定完全来自渔获生物，有时还来自浮游生物，因此首先需要确定参与积分值分配的生物种类的总积分值，然后再将其分配至每种鱼类，其公式为

$$s_{A,i}=s_A n_i \bar{\sigma}_i / \sum_{i=1}^{k} n_i \bar{\sigma}_i \tag{6}$$

式中，$s_{A,i}$为第 i 种鱼分配的积分值；n_i为渔获物中第 i 种鱼的尾数；$\bar{\sigma}_i$为第 i 种鱼的平均声学截面；k 为渔获物中参与积分值分配的所有鱼类的种数。每种鱼类的平均声学截面由其平均体长和目标强度-体长关系算得。由式（3）和（5）可得

$$\bar{\sigma}=4\pi\ (\bar{l})^2 \cdot 10^{b_{20}/10}, \tag{7}$$

式中，$\bar{l}$为给定鱼种的平均体长（cm）。严格地说，式（7）中$\bar{l}$应为给定鱼种的均方根体长；当鱼类的体长分布范围不大并接近正态分布时，均方根体长与平均体长相差不大，可用$\bar{l}$代替。另外，由于拖网的取样水层有限，并非任何情况下都能客观地反映水下所有水层的生物组成情况，因此还需根据映像对部分种类的积分值进行必要的调整。

3.3.5 生物量密度的计算

与积分值分配一样，生物量密度的计算也是以基本积分航程单元为单位进行的，其公

式为

$$\rho = \overline{w} s_A / (1\,000\,\overline{\sigma}), \qquad (8)$$

式中，ρ 为给定鱼种的生物量密度（kg/n mile²）；$\overline{w}$为给定鱼种的平均体重（g）；s_A 为给定鱼种的积分值（m²/n mile²）；$\overline{\sigma}$为给定鱼种的平均声学截面（m²）。

生物量密度的计算和积分值分配同时进行，均在 Excel 工作簿中利用其数学函数等运算功能完成。图 3 给出了生物量密度分布的一个典型实例。

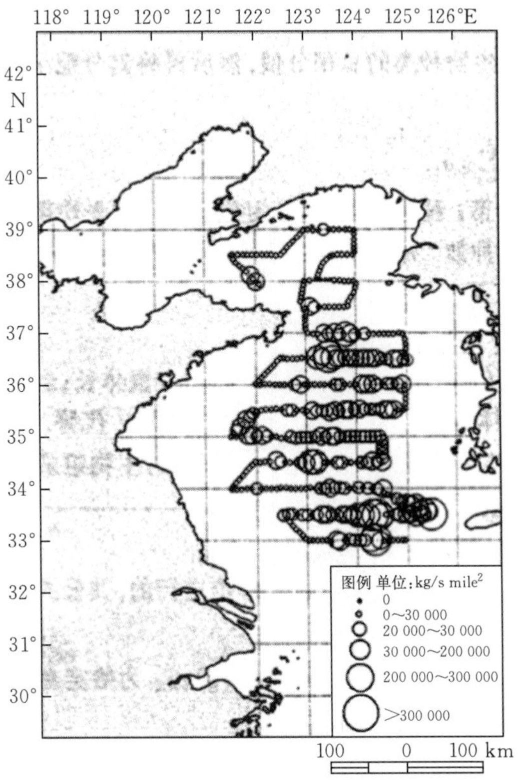

图 3　1999 年 12 月黄海冬季声学调查 24 个评估种类总生物量密度分布

3.3.6　总生物量评估

各海区评估种类生物量是以生物量密度为基础数据分区进行计算的。由于不同海区调查航线的分布格局不尽相同，因此分区方式也不完全一致，但计算和原理是相同的。现以黄海冬季中上层生物资源调查为例将海区生物量评估的计算方法介绍如下。

将整个调查海域按北纬乘以东经：0.5°×0.5°划分为 64 个方区，以方区内所有 5 n mile 生物量密度数据（包括 0 值）的算术平均值代表方区的平均生物量密度，对方区内的生物量进行计算：

$$B = \overline{\rho} A, \qquad (9)$$

式中，B 为给定方区内某一评估种类的生物量（kg）；$\overline{\rho}$为给定方区内给定评估种类的平均生物量密度（kg/n mile²）；A 为给定方区的面积（n mile²）。对调查范围中部的完整方区而言，其面积公式为

$$A = 900\cos\theta, \qquad (10)$$

式中，θ 为方区的中心纬度。对调查边缘水域，分区面积视航线对方区的覆盖程度，按完整方区的 1/4、1/3、1/2、2/3 或 3/4 等不同比例计算。

另外，由于调查航线主要沿经纬度的整度或半度进行，因此航线多位于方区的边界，为此我们规定东西断面上的数据代表断面上方（北面）的方区，南北航线上的数据代表航线右方（东面）的方区，且同一数据不得重复使用。这样，可基本保证各方区 5 n mile 数据样本量的一致性和各分区数据的相互独立性。

某一评估种类的所有分区生物量之和即为整个海区内该种类的总生物量。同样，某一方区内所有评估种类生物量之和即为该方区内评估种类的总生物量。生物量的计算由专门设计编写的计算和统计程序完成。

4 小结和讨论

利用声学方法对渔业资源进行定量调查和评估是30余年来才发展和完善起来的渔业资源研究高新技术，但它以快捷、取样率大而不破坏生物资源等优点，在世界渔业发达国家迅速得到普及和推广，目前声学方法已成为国际上普遍采用的重要的渔业资源调查和评估方法。

声学方法对生态系统中占绝对优势的单一鱼类的调查结果最为准确。1984年我国通过中挪渔业合作项目引进该方法以来，其应用范围也主要是单鱼种资源评估[2-3,19]。1997—2000年海洋生物资源补充调查及资源评价项目调查期间我们尝试利用声学方法对种类组成复杂的陆架浅海生态系统的20多个种类同时进行评估，总评估种类近50种，这在国内是首次，在国际上也不多见。就目前的总体情况而言，多种类海洋生物资源的声学评估仍处于初步研究和发展阶段，尚存在如下几方面问题或欠缺，有待解决和改进。

4.1 鱼类目标强度

渔业资源的声学调查以回声积分值来度量资源的多寡，而目标强度是将回声积分值转换为绝对资源量的关键参数，因此声学方法定量评估结果的准确性在很大程度上取决于所用目标强度的准确性。

对多种类渔业资源评估而言，由式（6）可以看出，参与积分值分配的任一种类目标强度参数不准确将同时对所有种类的资源评估结果产生影响，其中优势种类的目标强度参数的不准确性对资源评估结果的影响较大，非优势种类的影响则较小；由式（6）、式（8）可以看出，某一特定评估种类的目标强度参数的不准确性对其积分值的影响较大，而对其资源评估的影响则较小，其影响将由参与积分值分配的所有种类共同承担，因此今后应首先加强对鱼类群落优势种类的目标强度的测定研究。鱼类的声学-生物学特征，包括鳔的有无、鳔的结构、形状和大小等特征将是今后渔业声学和渔业生物学的重要研究内容。

4.2 取样网具的选择性

对多种类渔业资源进行声学评估时，各鱼种积分值的分配在很大程度上依赖于生物学取样网次中渔获物的组成比例，因此取样渔获物组成能否准确反映水下参与积分值分配的生物的组成比例将直接左右积分值分配的准确性。由于任何渔具都有其一定的选择性，加之渔获生物的尺度范围较大（几厘米至几十厘米），即使是专用调查网具，对不同种类、不同大小生物的选择性也不尽相同[20-21]，因此有必要对调查网具的选择性进行测定研究，以期对渔获物组成进行必要的校正。

4.3 声学映像的鉴别

如3.3.4节所述，映像特征是积分值分配过程中的重要参考依据，因此提高对不同种类声学映像的鉴别能力非常重要。首先需要积累大量的经验，即需要拖网取样的密切配合以确定产生回波映像的生物种类。因此，在调查设计时，应充分考虑随遇拖网取样（遇到密集或不同映像类型即进行拖网取样）的需要，保证以声学映像为依据的机动拖网的比例，增加映像鉴定所必需的生物学取样力度，为积分值分配提供足够的数据资料支撑。另外，还需引进新的技术手段。目前国际上对鱼种鉴别方面的研究较多[1]，其中多频技术是我国今后的研究发展方向。

4.4 生物学数据

由于海上调查航次多、站位密，难以对所有生物种类进行全面的生物学测定，因此对很多次要但又参与积分值分配的非经济种类缺乏必要的生物学测定数据，只能根据现有资料进行估算，这在一定程度上影响了积分值分配和生物量评估的准确性。

以上四个方面或可通过实验测定研究，或可通过新技术的研究和引进，或可通过适当的调查设计得到改善。多种类海洋渔业资源的声学评估技术在我国仍有很大的改进和发展空间。

参考文献

[1] 赵宪勇，金显仕，唐启升．渔业声学及其相关技术的应用现状和发展前景［A］．王志雄．99 海洋高新技术发展研讨会论文集［C］．北京：海洋出版社，2000：55 - 62.

[2] 朱德山，IVERSEN S A. 黄、东海鳀鱼及其他经济鱼类资源声学评估的调查研究："北斗"号 1984 年 11 月至 1989 年 1 月调查研究报告［J］．海洋水产研究，1990，11：1 - 143.

[3] 唐启升，王为祥，陈毓桢，等．北太平洋狭鳕资源声学评估调查研究［J］．水产学报，1995，19（1）：8 -20.

[4] FORBES S T，NAKKEN O. Manual of Methods for Fisheries Resource Survey and Appraisal. Part 2. The Use of Acousric Instruments for Fish Detection and Abundance Estimation ［B］. FAO Man Fish Sci，No. 5［R］. Rome：Food and Agriculture Organization of the United Nations，1972. 138.

[5] JOHANESSON K A. MITSON R B. Fisheries Acoustics：A Practical Manual for Biomass Estimation ［B］. FAO Fish Tech Pap，No. 240［R］. Rome. Food and Agriculture Organization of the United Nations，1983：249.

[6] MACLENNAN D N，SIMMONDS E J. Fisheries Acoustics［M］. London：Chapman & Hall，1992：325.

[7] TANG Q S，ZHAO X Y. JIN Xian - shi. Acoustic assessment as an available technique for monitoring the living resources of large marine ecosystems［A］. SHERMAN K，TANG Qi - sheng. Large Marine Ecosystems of the Pacific Rim：Assessment，Sustainability and Management［M］． MA，USA：Blackwell Science，1999：329 - 337.

[8] 刘效舜，张进上，丁仁福，等．中国海洋渔业区划［M］．浙江：浙江科学技术出版社，1990：234.

[9] BODHOLT H，NES H，SOLLI H. A new echo - sounder system［J］. Int. Conf Progress in Fisheries Acoustics，1989，11（3）：123 - 130.

[10] FOOTE K G，KRISTENSEN F H，SOLLI H. Trial of new split - beam echo sounder［B］. ICES CM 1984/B：21［Z］. 1984：15.

[11] FOOTE K G，KNUDSEN H P，VESTNES G，et al. Calibration of acoustic instruments for fish dentity estimation：a practical guide［B］. Int Coun Explor. Sea Coop Res Rep：144［R］. 1987：57.

[12] FOOTE K G. Optimizing copper，spheres for precision calibration of hydroacoustic equipment［J］. J Acoust Soc Am，1982，71：742 - 747.

[13] FOOTE K G. On representing the length - dependence of acoustic target strengths of fish［J］. Journal of

the Fisheries, Research Board of Canada, 1979, 36 (12): 1490 - 1496.

[14] FOOTE K G. Fish target strengths for use in echo integrator surveys [J]. Journal of the Acoustical Society of America, 1987, 82: 981 - 987.

[15] CHEN Y Z, ZHAO X Y. *In situ* target strength measurements on anchovy (*Engraulis japonicus*) and sardine (*Sardinops melanostictus*) [A]. Proceedings of International Workshop on Marine Acoustics [C]. Beijing: China Ocean Press, 1990: 329 - 332.

[16] FOOTE K G. Importance of swimbladder in acoustic scattering by fish: a comparison of godoid and mackerel target strength [J]. J Acoust Soc Am, 1980, 67: 2084 - 2089.

[17] BRAWN V M. Physical properties and hydrostatic function of the swimbladder of herring (*Clupea harengus* L) [J]. J Fish Res Board Can, 1962, 19 (4): 635 - 655.

[18] BLAXTER J H S, BATTY R S. The herring swimbladder: loss and gain of gas [J]. J Mar Biol Ass UK, 1984, 64: 441 - 459.

[19] ZHAO X Y. The acoustic survey of anchovy in the Yellow Sea in February 1999, with emphasis on the estimation of the size structure of the anchovy population [J]. 海洋水产研究, 2001, 22 (4): 40 -44.

[20] GODØ O R, SUNNANÅ K. Size selection during trawl sampling of cod and haddock and its effect on abundance indices at age [J]. Fish Res, 1992, 13: 293 - 310.

[21] KORSBREKKE K. NAKKEN O. Length and species - dependent diurnal variation of catch rates in the Norwegian Barents Sea bottom - trawl surveys [J]. ICES J Mar Sci. , 1999, 56: 284 - 291.

Acoustic estimation of multi - species marine fishery resources

ZHAO Xianyong[1], CHEN Yuzhen[1], LI Xiansen[1], CHEN Weizhong[2], LI Yongzhen[3], SUN Jimin[1], JIN Xianshi[1], TANG Qisheng[1]

(1. Key Laboratory for Sustainable Utilization of Marine Fisheries Resources of Ministry of Agriculture, Yellow Sea Fisheries Research Institute, Chinese Academy of Fishery Sciences, Qingdao 266071, China;

2. East China Sea Fisheries Research Institute, Chinese Academy of Fishery Sciences, Shanghai 200090, China;

3. South China Sea Fisheries Research Institute, Chinese Academy of Fishery Sciences, Guangzhou 510300. China)

Abstract: The basic framework and working procedures of multi - species acoustic fish abundance estimation are described briefly. Emphasis is placed on the methodologies the multi - species acoustic - estimation and its application to the marine fishery resources in continental -

shelf seas, including survey design, acoustic instrument calibration, survey data acquisition, fish target strength determination, echogram scrutinizing, data processing and fish biomass estimation. The bottlenecks and pitfalls in the current application of acoustic method to multi - species resources estimation in China are pointed out, and possible improvement and development strategies are discussed. The multi - species acoustic estimation of marine fishery resources is a promising technique in the monitoring and research of marine ecosystem.

Key words: Multi - species acoustic - estimation; Continental - shelf seas; Fisheries acoustics; Fishery resources

Input and Influence to YSFRI by the "Bei Dou" Project①

Tang Qisheng

(Yellow Sea Fisheries Research Institute, Qingdao 266071)

The Research Parts of the Project Operated by YSFRI

YSFRI is involved in 5 sub - projects of the "Bei Dou" Fisheries Research and Management Project 1997/1998—2000. About 20 scientists at YSFRI worked in the project. From the Norwegian side, the scientists taking part in the work were Svein A. Iversen, øivind Strand, Einar Lied and Anders Aksnes. The Chinese and Norwegian scientists work together to achieve the objectives of the project.

Monitoring Survey for Fisheries Management

The goal was to establish standard surveys and data collection systems to monitor the development of living marine resources and to achieve sustainable yields. Monitoring surveys to study the environment and the fisheries resources by trawl and acoustic equipment were carried out in the East China and Yellow Seas. "Bei Dou" trawl data from 1984—1995 were analyzed and all hydrographical data from 1984—1995 were stored in an Ocean PC database.

Scientists from YSFRI have visited Norway or attended international workshops supported by the "Bei Dou" Project. Seven persons went to Norway for studies at the Bergen University. They acquired new knowledge to improve Chinese fisheries research and management.

Bivalve Production

The goal was to improve the management of bivalve aquaculture in the development of a sustainable industry in coastal areas. The outputs of the sub - project were the development of a theoretical model as a tool for assessing the carrying capacity, approaches to the development of a polyculture model in scallop cultivation analysis of the risks of disease introduction and transmission in bivalve production, and an adequate health monitoring system in coastal areas of Shandong Province.

Feed Quality

The goal was to provide information on the use of high quality ingredients in feed

① 本文原刊于 *Mar. Fish. Res.* (海洋水产研究), 22 (4): 7-9, 2001。

production to improve fish health and growth reduce pollution and increase the profitability. During the process experts from SSF transferred the knowledge on handling feed－formula feed production，and optimal feeding to improve the health in cultured fish and shrimp. Now YSFRI has set up an experimental system to improve the feed quality by focusing on feed ingredients and to evaluate the nutritional effects of feed quality.

Fish Silage

Silage is an efficient and low cost method to preserve organic materials. The purpose of the project is to transfer the technology of processing silage of fish offal from the industry. The research has contributed to building competence at YSFRI in silage making and thereby to provide new sources of protein in animal feed for mariculture.

Upgrade the Equipment of "Bei Dou"

The *R/V* "Bei Dou" started operating in October 1984 with the modern acoustic instruments，SIMRAD EK 400，for stock assessment. SIMRAD recently developed new and more modern instruments，which are more powerful and give more precise measurements of fish abundance. The acoustic instruments were upgrade to the new model EK－500 in 1998. This has now operated well for more than two years. China has also bought some new instruments such as CTD，CPR（Continuous Plankton Recorder），Midicorer and trawl nets.

Education and Training for YSFRI

The "Bei Dou" Project contributed much to the scientist's education and technical training. In 1983，the first group of 12 people from YSFRI went to the Institute of Marine Research in Bergen to be trained for operating the *R/V* "Bei Dou"，the acoustic instruments and to learn more about fish stock assessment methods. Several researchers and experts from YSFRI went to Norway to attend fisheries education or training courses supported by the 1983—1995 "Bei Dou" Project. Altogether，28 experts from YSFRI have taken part in the education or training in Norway. One scientist studied in Norway obtaining his Doctor degree and 4 scientists obtained a Master's degree. The scientists who studied in Norway have since played an important role in conducting all research projects using the *R/V* "Bei Dou" .

During the 1997/1998—2000 "Bei Dou" Project，the scientists from YSFRI went to Norway mainly for cooperative studies and some Norwegian experts came to China. The exchange of experts is very beneficial to both China and Norway.

Operating the *R/V* "Bei Dou"

The acoustic method is a modern and a relatively precise method for estimating pelagic fish abundance. The biomass of fish resources in Chinese waters were estimated by *R/V* "Bei Dou" using the acoustic method, which played and will play an important role in improving fisheries research and fisheries management in China.

Since 1984, *R/V* "Bei Dou" has conducted surveys in the Chinese Seas and in the Bering Sea. The key projects using *R/V* "Bei Dou" were:

• Estimation of anchovy biomass and its distribution in the East China and Yellow Seas since 1984.

• Fisheries ecosystem surveys in the Yellow Sea (1985—1990)

• Fish resources investigation, mainly on pelagic fish, in the shelf of the East China Sea (1990—1992)

• Walleye Pollock stock assessment in the Aleutian Basin of the Bering Sea (1990 and 1993)

• Monitoring of living marine resources in the China Seas (1997—2000)

• Ecosystem dynamics and sustainable utilization of living resources in the East China Sea and the Yellow Sea (1999—2000)

Enhancement of YSFRI Research Capacity Caused by the "Bei Dou" Project

YSFRI is the oldest fisheries research institution and plays an important role in developing fisheries research in China. The research ability of YSFRI has improved due to the cooperative project between China and Norway. The enhancements in the research capacity of YSFRI resulting from the "Bei Dou" Project can be summarized as follows:

• A group of young scientists are fostered by the project. They have learned to master the new technology and methods for carrying out fisheries research and evaluating the state of living marine resources.

• A lot of biological data and hydrographical data have been collected in the sea. The data are valuable for further fisheries studies and for the management of marine environment and resources in China.

• Several studies of high academic standard have been carried out, among which some projects have acquired the first and second class "Award of National Science and Technology progress" .

• The English language skill of YSFRI staff has improved during the "Bei Dou" project due to the education/training in Norway and studies with Norwegian colleagues.

• International information exchange and scientific cooperation at YSFRI are promoted by the project. Thequality of the data collected by *R/V* "Bei Dou" is of high international standard, and qualify for external exchange. Many scientific papers based on "Bei Dou" data have been published.

渔业生物资源及其开发利用①

唐启升，金显仕

（一）背景和意义

渔业生物资源是捕捞和养殖生产的物质基础。加强渔业生物资源与开发利用的研究，了解渔业生物资源的分布、洄游、繁衍等生物学特性，掌握高效、合理开发技术，提高科学管理水平，是我国渔业生产持续发展的重要保障。我国是一个渔业大国，1998 年水产品产量达到 3 906 万 t，其中海洋捕捞产量为 1 496 万 t，淡水捕捞产量为 228 万 t，远洋捕捞产量为 91.3 万 t，为满足国民的食物需求作出了重要贡献。我国又是一个人口大国，到 21 世纪中叶，人口将增加到 16 亿。为保障国民的食物安全，加强渔业生物资源与开发利用的研究，以使我国渔业生产有更大的发展，具有深远而重要的意义。我国海洋和淡水的生物资源种类繁多，加上外海远洋的生物资源可供利用，渔业的开发潜力很大。我国东、黄、南海和渤海四大海域共有鱼类约 1 700 多种，虾蟹类约 1 000 种，头足类 90 余种，还有丰富的贝类和藻类资源。我国江河、湖泊、水库等众多淡水水域仅鱼类就有 770 余种，虾蟹贝等资源种类也相当可观。远洋渔业资源的种类尤为丰富，其中北太平洋狭鳕，太平洋和大西洋的鱿鱼以及三大洋的金枪鱼类等，是许多国家竞相争夺的重要资源。我国面临太平洋，临近印度洋，开发利用远洋渔业资源具有地理优势。

由于不断增强的开发活动和环境变化的影响，我国近海渔业生物资源及其系统结构一直处在不断变化之中。50—60 年代，我国近海年捕捞产量 200 万 t 左右，渔业资源主要由经济价值较高的大型底层和近底层种类组成，如大黄鱼、小黄鱼、带鱼、鲆鲽类、鳕鱼、乌贼等。随着资源开发力度的加大，这些重要经济种类逐渐衰落，一些种类虽保持较高的产量，但幼鱼比例大幅度的增加。到 70 年代，年捕捞产量增加到 300 多万吨，而马面鲀、太平洋鲱鱼等经济价值较低的种类已占了相当比例。80 年代以来，一些小型中上层鱼类逐渐替代了传统的底层鱼类成为渔业生产的主要捕捞对象。另据 1982—1988 年调查，鳀鱼、黄鲫等小型中上层鱼类的比重已占到黄、渤海渔业资源总生物量的 60%以上。1992—1993 年再次调查显示，与 10 年前相比，渤海无脊椎动物减少了 39%，鱼类产卵群体平均体重只有 10 年前的 30%，鲈鱼、鳓鱼、真鲷、牙鲆、半滑舌鳎、对虾、梭子蟹等重要经济渔业资源生物量只有 10 年前的 29%，而鳀鱼、棱鳀等低值种类却增加了 2.4 倍。1998 年的调查表明，渤海渔业资源生物量仅为 1992 年的 11%。东海区渔业资源的变化也很明显，大黄鱼、乌贼、马面鲀的资源量有较大幅度的下降，带鱼、鲐鲹类资源虽然相对较为稳定，但其群体组成也已趋向低龄化、小型化。显然，上述生产情况和调查资料已充分说明，我国近海渔业已过度开发，资源已经严重衰退。相比之下，我国对远洋渔业资源的利用还很不充分。

① 本文原刊于《21 世纪我国渔业科技重点领域发展战略研究》，19-30，中国农业科学技术出版社，1999。

我国内陆渔业生物资源同样存在开发过度问题，资源衰退甚至比近海还要严重。以太湖为例，全湖的渔船出动，用“渔网恢恢，疏而不漏”来形容实不过分。伴随着天然经济鱼类资源的耗竭，自然水域成了无经济价值的小型野杂鱼的乐园。生物种间平衡被打破，生物多样性遭破坏。我国自1985年开始发展远洋渔业，目前作业范围已涉及世界三大洋，初步形成了产业体系，成为我国海洋捕捞业的重要组成部分。但由于我国远洋渔业起步晚，目前，产量仅占世界远洋渔业产量的10%左右，在对世界远洋渔业资源研究和开发利用技术上，与日本、韩国及我国台湾有较大差距，尤其是对金枪鱼等大洋性高度洄游的资源的研究和开发方面，存在相当大的差距。

日本是远洋渔业大国，1992年金枪鱼产量为72万t，约占世界总产量的1/6。而我国则不足世界金枪鱼总产量的1/500。我国金枪鱼生产以小型钓船为主，装备落后，资源和捕捞技术研究甚少，平均单船年产量20 t左右，仅及日、美等国金枪鱼围网船单船年产量的1/200。

近海和内陆水域渔业资源严重衰退，远洋渔业，尤其是大洋性资源利用不足的现状说明，加强渔业生物资源与开发利用的研究，已成为21世纪我国渔业发展的重大课题。

加强渔业生物资源和开发利用的研究，还关系到维护我国的海洋权益。随着联合国新海洋法的生效，各国对世界渔业资源的争夺更加激烈，不仅我国远洋渔业面临新的挑战，而且对我国周边海域也将产生影响。

我国黄、东、南海与许多周边国家相邻，在根据新海洋法规定实施200 n mile专属经济区后，很多渔业资源洄游和分布范围均超过一个国家的管辖范围，成为周边各国共同享有、多国管理的资源。为维护我国的权益，建立专属经济区资源监测评估和可持续开发管理体系，随时掌握资源动向，作为我国与其他资源共享国进行渔业谈判的基础，已迫在眉睫。与此同时，为增强我国参与国际渔业竞争的能力，加强远洋渔业资源的研究，也是维护我国海洋权益的当务之急。

（二）国内外研究现状与发展趋势

多年来，在渔业生物资源与开发利用方面，国内许多科研单位做了大量研究工作，为我国水产业的长足发展和举世瞩目的成就作出了贡献。水产业已成为我国农业的重要组成部分。然而，在渔业资源普遍衰退，未开发资源越来越少的情况下，渔业资源的研究方向已从单鱼种转向多鱼种、群落和生态系统方面的研究，从探察和预报新渔场、新品种转向资源的合理开发和养护，为资源的持续利用服务。这方面我们与渔业发达国家相比还较落后，与产业发展和管理需要还存在很大差距。

我国较系统的海洋渔业资源调查工作始于50年代末期的全国海洋普查。通过普查，对我国海洋生物资源的种类、分布，及其洄游有了比较全面的了解，在此基础上制定了渔捞海图。60年代到70年代末期，又相继对一些重要渔业资源种类进行了专项调查，并根据调查结果进行了资源和渔情预报，同时为政府立法，划定黄、东海中、日渔业保护区，提供了科学依据。80年代以来主要进行了“渤海增殖生态基础调查”“东海北部及毗邻海区绿鳍马面鲀等底层鱼类资源调查与探捕”“广东省海岛水域海洋生物和渔业资源”“东、黄海及外海远东拟沙丁鱼资源调查和开发利用研究”和中、挪合作“北斗项目”进行的“黄、东海鳀鱼资源渔场调查及变水层拖网捕捞技术”，以及目前正在进行的“海洋生物资源补充调查及资源评价”等。这些调查为渔业生产和渔业管理提供了重要的科学依据。但是尚未建立起以实现生物资源长期持续开发利用为目标的资源变动监测调查体系，加之由于调查工作时断时续，还不能适应生产发展和科学管理的需要。

国际上海洋渔业发达国家将渔业资源监测调查作为常规任务，资源监测的结果已成为渔业资源管理必不可少的科学依据。如挪威和俄罗斯在巴伦支海每年进行的大西洋鳕和黑线鳕等资源的调查，欧盟和挪威每年在北大西洋进行的大西洋鲱、鲐鱼和鳕类等资源监测调查；美国、俄罗斯和日本对北太平洋渔业资源的调查；日本对其周边水域渔业资源的调查，特别是每年冬季在黄、东海进行的渔业资源调查等。这些调查一般都是以声学方法为主，结合拖网进行，对一些大洋性种类及海洋环境的变化还利用卫星遥感技术进行监测。资源量的评估结果为渔业资源合理利用及配额谈判提供了重要的科学依据。

由于海洋生物资源的变动并非完全受捕捞的影响，全球气候变化，环境变化对生物资源补充量也有直接的影响。鉴于这种物理-生物之间的相互作用过程在生态系统中的重要性，国际上开展了全球海洋生态系统动力学（GLOBEC）研究。我国淡水湖泊生态系统研究开展较早，研究也较全面、深入，而海洋生态系统从 80 年代开始才有部分研究工作，且侧重于调查研究。如“渤海水域渔业资源、生态环境及其增殖潜力的调查研究”“三峡工程对长江口生态系的影响”“黄海大海洋生态系调查研究”“闽南—台湾浅滩渔场上升流区生态研究”“渤海增养殖生态基础调查研究”，这些工作对进一步开展生态系统动力学研究积累了大量的第一手资料，而且对有关海域的生态环境和生物资源的基本状况及其动态变化也有了初步了解，但这些研究中过程研究较少，也缺乏学科间的有机交叉与综合，因而缺乏对生态系统的全面认识，难以建立生态系统动力学模型或对生态系统进行定量分析和研究。美国的 GLOBEC 侧重于生物过程与物理过程耦合作用的研究，欧洲的生态系统动力学则注重于生态系统中的物质循环和能量流动。国际 GLOBEC 四大区域研究计划无一不与生物资源问题相联系。我国是参与海洋生态系统动力学研究较早的国家，1992 年开始参与国际 GLOBEC 计划，1997 年在渤海开展我国第一个 GLOBEC 研究项目“渤海生态系统动力学与生物资源持续利用”。

根据联合国 1994 年 11 月 16 日实施的《国际海洋公约》有关规定而制定的《国际负责任渔业行为准则》，明确了国际间海洋捕捞业的责任，为保护渔业资源和生态环境，要使用安全捕捞技术，改进渔具选择性，做到负责任捕捞。一些区域性渔业组织在其管辖水域也制定了相应的捕捞规定，严格限制破坏资源的渔具或要求安装释放装置以保护一些哺乳类动物。我国对严重损害渔业资源的捕捞方式、方法及网具研究不足，特别是对能够有效保护幼鱼及释放兼捕种类的网具研究与国际上有较大差距，对远洋金枪鱼的渔具渔法研究更少。国际上渔业发达国家特别重视选择性渔具的研究，如挪威研制的鱼虾分离栅，安装在拖网上能大幅度地降低兼捕种类。

虽然我国远洋渔业已发展 10 多年，但对远洋渔业的研究投入甚少，主要由中国水产科学研究院下属三个海区所及上海水产大学分别对西非近海渔业资源、贝劳海域金枪鱼、北太平洋狭鳕及西北太平洋鱿鱼资源进行过较短期的调查研究。而远洋渔业发达国家，如日本对远洋渔业资源的调查遍布世界各主要渔场，从而推动了其远洋渔业的健康发展，也保护了近海渔业资源。

我国以中国对虾种苗增殖为代表的近海资源增殖试验起步于 80 年代初，但发展很快，

1984 年即开始了较大规模的生产性种苗放流和海珍品的底播增殖。“七五”至“八五”期间在黄海北部、山东半岛南部放流对虾取得了很好的经济效益；在象山港和东吾洋移植放流中国对虾 24.7 亿尾，回捕产量达到 2 787 t。同时，近海潮下带鲍鱼、扇贝、魁蚶的底播增殖也取得较大进展，1989—1991 年海洋岛虾夷扇贝底播回捕率高达 30%。80 年代以来，先后在渤、黄、东海开展了大规模的海蜇放流，亦取得明显效果，回捕率达到 0.07%～2.56%。此外，“八五”期间还开展了梭鱼、真鲷和黄盖鲽的种苗放流试验，其中梭鱼种苗培育的成活率由 30%增至 80%，1992 和 1993 年的回捕率达到 0.03%～0.053%，资源数量明显增加。1994 年我国在绥芬河开展了大麻哈种苗移植放流试验，也取得了明显的效果，回归率为 0.25%左右，与俄罗斯的回捕率接近（0.3%～0.7%）。但是，我国有关资源增殖的基础研究工作仍然明显滞后，这期间开展的对虾、海蜇等大规模生产性种苗放流缺乏科学指导，在某种意义上带有很大的盲目性，对回捕率的悬殊变化无法作出科学解释。

近海渔业资源增殖和移植在世界上有诸多成功的先例。近 40 年来，苏联、日本、美国和加拿大等国先后进行了长距离洄游的大麻哈鱼类的种苗放流，放流数量每年高达 30 余亿尾，取得了很大的成功，回捕率高达 20%，人工放流群体在捕捞群体中所占的比例逐年增加，一些种类高达 80%。日本开展近海渔业资源放流增殖试验始于 1964 年，70 年代中期就开展了日本对虾、梭子蟹、真鲷、岩礁鱼类的生产性放流以及经济贝类的底播放流增殖，收到了显著的经济效益。放流增殖效益与回捕率密切相关，加强放流增殖技术的基础研究是近海渔业资源放流增殖安全、健康和稳定发展的重要基础，并将为开发近海渔业资源的生产潜力、优化群落结构和渔业资源的持续发展提供重要科学依据。

对大水面湖泊渔业资源的研究在我国已有多年的历史，“六五”和“七五”期间，国内一些科研单位对草型湖泊、水库渔业进行了初步研究，探索开发湖泊、水库渔业资源的途径，如湖北“保安湖渔业开发技术研究”，安徽“花园湖渔业开发技术研究”等，这些研究基本上都是以利用湖泊水草及其他资源为依据。“八五”期间，湖泊、水库的渔业问题仍然得到重视，在太湖和保安湖继续开展“湖泊渔业综合高产技术研究”，重点在于研究环境与渔业的关系，传统放养鱼类与天然鱼类种群的关系，水生植物与水生经济动物之间的关系，已摸清草型湖泊水草群落结构、生长特性。

天然水域的渔业管理越来越受到世界各国的重视，特别是在海洋专属经济区建立后，国家之间、地区之间都存在着资源的共享、分配及管理问题。根据不同国家和水域特点，应采取不同的管理措施。我国自 1995 年以来在黄、东海实行夏季休渔制度，取得了一定的效果。1999 年在南海也实行夏季休渔制度，但仍有很大的局限性。配额捕捞已被国际公认为比较先进的渔业管理手段。在海洋渔业共享资源方面，欧盟和挪威关于东北大西洋渔业资源的分配与管理解决得很好，以每年的调查数据为基础对有关渔业种类资源量进行评估，在保证资源处于安全的生物学最低限以上时，确定每种渔业资源的年总允许捕捞量（TAC），然后分配捕捞配额，还对一些种类的配额进行交换。澳洲还实行个人可转让捕捞配额（ITQ）管理制度。日本已对 6 种海洋鱼类实行总允许捕捞量并进行分配。渔业发达国家之间对共享资源的分配与管理的谈判都是以鱼类生物学特征及其资源量动态为基础，甚至逐渐将多鱼种的相互作用或生态系的理论包含进去，以实行资源的良性循环和持续利用。渔业管理方式采用控制投入和产出相结合，一方面控制捕捞力量，另一方面采用卫星定位监控作业渔船的动向。另外，国际上越来越重视地理信息系统在渔业管理上的应用。

(三)要解决的主要科学问题

1. 渔业资源评估技术

(1)中上层生物资源声学评估及总允许可捕量的确定。由于中上层鱼类资源具有集群性强、离海底分布的特点，利用渔业声学积分调查方法评估其生物量具有快速、准确、省时的优点，已被世界各国广泛采用。利用渔业声学方法对我国专属经济区中上层鱼类资源进行评估，研究主要中上层鱼类渔业资源动态变化规律、生产潜力，最低生物学可接受生物量、年总允许可捕量。同时需研究中上层生物群落结构、渔场海洋学和生物海洋学。

(2)底层渔业资源评估及总允许可捕量的确定。底层渔业资源通常栖息于海底层和近底层，利用底拖网结合声学方法调查，评估我国专属经济区鱼类和经济无脊椎动物的资源量，研究主要底层渔业资源动态变化规律、生产潜力，主要渔业资源最低生物学可接受生物量、总允许可捕量。同时需研究底层生物群落结构、渔场海洋学和生物海洋学。

(3)资源评估方法及数学模式的研究。通过资源调查、数学模式的比较分析研究，对渔业资源进行定量评估，包括声学方法，底拖扫海面积方法，初级生产力和鱼卵、仔鱼评估资源量的方法，以及各种数学评估模式方法的研究。

2. 海洋生态系统动力学研究

(1)生物资源群落结构与优势种交替规律。研究重点水域生物群落结构及多样性特征，人类活动对资源优势种交替的影响，气候变化对资源优势种交替的影响，主要生物资源种类的补充动态和早期补充及控制因素，专属经济区补充资源转运过程。

(2)重点海域食物网动态。研究生态系统内部的物流和能流机制，主要资源种类食物关系及生态转换效率，种内和种间的相互作用，捕食与被捕食者生物量评估及动态变化。

(3)生态系统容纳量与渔业持续产量。研究生物资源与栖息环境之间的相互作用，某些退化生态系统的恢复与结构功能的优化，上行与下行控制作用对资源生产的影响，建立海洋生态系统营养动态模型，为我国海洋渔业生态系统的健康发展服务。

3. 负责任捕捞技术

(1)研究渔具渔法对渔业资源及环境的影响。特别是底拖网作业对底层鱼类资源、底栖生物生态环境的影响；选择性渔具渔法研究(分为体长选择和鱼种选择两种)包括拖网网目(囊网方形网目)选择性研究；刺网网目选择性；虾拖网副渔获物以及鱼虾分离机制研究(鱼虾分离、释放幼鱼和海龟)；围网选择性(释放海豚)；钓渔具的选择性和拟饵研究；我国专属经济区和共管水域内捕捞作业方式布局及管理；有关渔业生声中强制性的网目尺寸国家和部级标准制定与实施。

(2)渔具的绿色设计技术研究。针对目前一些网具严重损害渔业资源的情况，根据鱼类生活习性、鱼类对网、钓等渔具的反应，设计绿色网具，使对渔业资源和生态环境的影响减少到最小，并考虑渔具材料选择与管理，网具可拆卸性设计技术，网具材料可回收技术，渔具操作技术等。

4. 远洋渔业资源的开发

(1)北太平洋狭鳕资源的动态评估。北太平洋狭鳕主要分布于白令海和鄂霍次克海，是目前世界最高产量的单种海洋底层生物资源，北太平洋狭鳕是我国大洋性远洋渔业的支柱，白令公海仍是今后我国作业的重要渔场，在资源恢复到一定水平时，将会允许捕捞生产，但目前我国没有进行调查，资源评估仅依靠美、日等国的调查数据。该研究通过参加国际合作调查和在适当时期派船直接进行调查，掌握白令海狭鳕的生物学、资源量及渔场环境状况，及时为生产单位和国际渔业谈判提供科学依据。

(2) 南太平洋水域大型拖网后备渔场的开发。详细收集在该海域远洋作业的国家和地区的历史资料，如日本、俄罗斯、韩国和我国台湾，整理、分析有关资料并做出评估。

对澳新渔场及南美外海渔场环境、种类分布和资源量进行评估（主要为长尾鳕、竹筴鱼、鱿鱼等），探明中心渔场。

研究设计适合上述主要捕捞对象生活习性的深海和中层拖网及捕捞技术。

(3) 中西太平洋金枪鱼渔场及围网捕捞技术。研究中西太平洋金枪鱼资源分布、洄游、资源量以及渔场环境。引进或设计金枪鱼围网、研究金枪鱼围网扎制工艺。研究金枪鱼围网作业技术和鱼群探测技术。

(4) 新型金枪鱼延绳钓开发技术研究。收集周边国家和地区（日本、韩国和我国台湾）金枪鱼延绳钓作业渔场资料并进行分析评估。研究新型延绳钓操作技术与渔场探测技术。鉴于我国目前使用的钓其技术是日本 70 年代以前的技术，设计新型钓具，使其垂直作业深度达 300～400 m，放钩数 1 500 把。

(5) 远洋渔业地理信息系统研究。利用卫星遥感和海上调查掌握远洋渔业资源动态，建立我国远洋渔业资源和地理信息系统，为我国远洋渔业健康有序发展服务。

5. 近海资源补充增殖技术与生态安全

(1) 种苗放流和跟踪技术。由于放流种苗的大小直接影响到种苗在自然生态环境条件下成活率和放流种苗的成本，而放流群体的回捕率大小是事关放流增殖发展和成败的关键，也是衡量种苗放流经济和生态效益的重要指标。根据不同放流种群的渔业生物学特点，选择适宜的放流海区（区位、水深、底质、温度、饵料和敌害生物等）和时间（潮汛、风力、风向等），确定适宜的放流规格，并跟踪调查其生长和资源变动情况，可以大幅度地提高放流群体的回捕率，从而提高种苗放流的成活率和经济效益。

(2) 放流海区的生态环境、容量和合理放流数量的研究。种苗放流的年放流数量取决于海区野生群体的补充量和环境的生态容量，在可以基本满足海区历史上种群的最大产量为限确定合理放流数量原则下，根据饵料生物的数量在特定水域建立合理放流的模型。但是对于移植引进的新的种群而言，要在开展有关的生态环境调查的基础上，进行科学论证和前期试验，以了解和预测移入种群对海区群落和营养结构以及对生态系统可能产生的各种影响，为领导部门决策提供科学依据。

(3) 放流增殖对浅海生态系统结构和功能影响的研究。为了增加海区经济种群种苗放流的容纳量，研究采用同样的手段增殖和移植饵料生物，改善海区生态系统的营养结构，提高生态系统的功能，进而又对生态系统的结构和功能产生一定的影响。这就要求对放流种群进行有效的监测，了解其对放流海区生态系统结构和功能的影响程度和机制，为增殖资源的持续发展提供依据。

(4) 种群遗传资源保护和管理的研究。海区的环境污染、捕捞过度、养殖群体“逃逸”和不安全的种苗放流是导致种群种质退化的主要原因，种群的遗传多样性退化对自然种群有潜在的危害。对种群遗传多样性及遗传资源的保护和管理的研究，无论对正在还是将要进行放流增殖某一种群的决策而言，都需要经过慎重的科学论证，采取严格的管理措施，这也是保护近海渔业生物多样性和保持渔业资源持续利用的重要命题。

6. 人工鱼礁开发利用技术

人工鱼礁构筑材料和形体结构设计的研究，特别是利用工业废弃物制作鱼礁的研究；深水人工鱼礁的制作、投放、固泊等技术研究；人工鱼礁对渔场生态环境，尤其是提高饵料生物生产力的研究；人工鱼礁礁区流态研究；鱼礁集鱼机理的研究；岩礁鱼类生活习性的研究；人工鱼礁渔场捕捞技术的研究；人工鱼礁海珍品增殖放流和回捕技术。

7. 大型湖区渔业资源评估和增殖技术研究

（1）利用现代渔业声学技术在大型湖泊进行重点渔业资源评估。掌握鱼类资源动态，包括自然种群和增养殖种群，掌握渔业生物学特性和渔场环境，评价渔业资源潜力和年可捕量，为渔业资源的合理开发利用提供科学依据。

（2）经济鱼类增殖开发研究。对已开发利用的敞水区，以刀鲚、银鱼、白虾等小型经济鱼类为重点，在摸清其特定生态环境下种群生长速度、年龄组成、食物结构、繁殖生物学及种间竞争的基础上，研究科学的增殖途径，在确保生物多样性，生物种群量相对稳定的前提下，挖掘经济鱼类的最大资源潜力。由于尚未开发的敞水区一般水域生物圈内种群结构较稳定，土著种优势较突出，生殖周期较长的凶猛鱼类较多。应从食物链层次、能量流转角度研究水域内经济鱼类的引种，以替代某些经济价值较低的土著鱼类，降低凶猛鱼类种群量，以达到高产高效。

（3）浅滩区资源增殖技术。根据浅滩区水草资源丰富的特点，重点研究建立经济鱼类（鲤、鲫、鳊、青虾等）繁殖保护场的布局与营造，植被结构的改良与种植，以达到维护自然景观、营造人工景观、保证湖区渔业高产高效下的综合经济与生态效益。

（4）藻型区营养动力学研究。由于藻型区浮游生物量大，富营养化程度高，重点研究由营养物质—藻类—链、鳙鱼之间的营养动力学过程，探索能最大限度发挥藻类和鲢、鳙鱼生产潜力的调控技术，实现由营养物质到鱼的高效转化。对藻型区天然经济鱼类价值较大的水产品如蚬类、银鱼、鲐鱼等渔业资源，在掌握其生物学特征、对生态环境的依赖性及种间竞争的基础上。研究湖区渔产潜力、捕捞强度、增殖繁保措施，适时提出合理调整鱼类种群结构方案。

8. 渔业资源可持续开发及管理技术优化措施

根据渔业资源调查评估结果研究主要种类的管理措施，共享资源的配额分配和共管措施，建立海洋和淡水渔业数据信息库及资源监测网，研究地理信息系统（GIS）在天然水域渔业资源开发管理中应用，捕捞水域作业的全球卫星定位系统（GPS）监控和管理措施，评价大型水电工程对渔业资源的影响，伏季休渔效果的评估及对策，珍稀动植物及幼鱼保护区和保护品种的研究，TAC 和 ITQ 制度的可行性研究及实施策略，增殖种类和人工鱼礁水域的管理措施，濒危和严重衰退种类的保护措施，退化生态系统的恢复与结构功能的优化措施，生物资源可持续利用与管理策略。

（四）分阶段目标和应用前景

1. 分阶段目标

（1）2001—2005 年。

① 收集已有的近海渔业和远洋及重点湖泊渔业资源调查资料、渔业生产资料、环境调

查资料，建立数据库；进行渔业生物学和生态学研究，掌握主要种类的资源动态。

② 选取有代表性的生产船进行生产和资源监测，进行渔业生物学和生态学研究，掌握主要种类的资源动态。

③ 每年定期进行一次海上及重点湖泊渔业资源调查工作，评估我国专属经济区及重点湖泊渔业生物资源量和年可捕量，进行渔业资源调查监测和鱼情预报，建立我国专属经济区及重点湖泊定期渔业资源调查监测系统和鱼情预报系统；定期提出专属经济区和共管水域及重点湖泊内主要种类捕捞限额建议。

④ 在我国专属经济区部分水域开展海洋生态系统动力学基础研究，建立海洋生态系统动态模型；深入开展典型湖泊水域生态容量的研究。

⑤ 我国专属经济区和共管水域及重点湖泊内捕捞作业方式、布局及管理措施。

⑥ 研究大型拖网加工船后备渔场，摸清澳新渔场及智利、阿根廷外海渔场资源种类、洄游分布和资源潜力，并为大型拖网船进南太平洋生产作业设计网具及相应捕捞技术。

⑦ 摸清中西太平洋金枪鱼类资源分布、洄游、资源量以及渔场环境，提出有效的开发方式并进行开发，改进渔具渔法，提高效益。

⑧ 日本对虾和中国对虾回捕率提高到 5%～10%；海蜇年放流回捕率达到 2%～5%；虾夷扇贝地播面积超过 15 万亩，回捕率超过 20%。

⑨ 完成人工鱼礁构筑材料和形体结构的研究，特别是利用工业废弃物制作鱼礁的研究；掌握人工鱼礁的制作、投放、固泊等技术。

⑩ 建立我国专属经济区、远洋渔业及重点湖泊以渔业管理和科研为目的的渔业资源和环境调查、渔业生产的信息系统，为渔业生产和管理提供建议。

（2）2006—2015 年。

① 使用生产船和调查船结合的生产和资源监测系统，进行渔业生物学和生态学研究，掌握主要种类的资源动态。

② 每年春、秋两季定期进行海上及重点湖泊调查工作，评估我国专属经济区及重点湖泊渔业生物资源量和年可捕量，进行渔业资源调查监测和鱼情预报；定期提出专属经济区和共管水域及重点湖泊内主要种类捕捞限额建议。

③ 深入开展海洋生态系统动力学基础研究，建立海洋生态系统动态模型；深入开展大型湖泊水域生态容量的研究。

④ 研究大型拖网加工船渔场资源潜力，探察和开发新渔场，改进作业网具及相应捕捞技术，提高经济效益。

⑤ 利用卫星遥感和海上调查掌握国际水域大洋性渔业资源动态，指导渔业生产；监控近海及重点湖泊水域内的渔业生产。

⑥ 黄盖鲽、真鲷、牙鲆、半滑舌鳎等生命周期较长的经济鱼类的放流增殖，达到产业化的水平，放流的鱼虾贝藻总种类达到 20 个，均达到产业化规模。

⑦ 完善我国专属经济区、远洋渔业及重点湖泊以渔业管理和科研为目的的渔业资源和环境调查、渔业生产的信息系统，为渔业生产和管理提供建议。

2. 预期成果及水平

通过我国近海及重点湖泊渔业资源动态研究，评估主要渔业资源的年可捕量，为我国专属经济区及重点湖泊渔业资源保护和共管水域渔业资源的开发和捕捞管理提出依据，为海洋专属经济区划界后多国渔业谈判提供基础资料和建议。

通过生态系统动力学研究，掌握生物资源因捕捞和气候变化变动机制，建立生态系统动态模型，使我国近海及大型湖泊水域渔业基础研究达到国际先进水平，使我国的渔业资源管理和持续利用科学化、制度化。

通过北太平洋渔场、南太平洋水域资源调查研究，解决我国大型拖网加工船后备渔场不足这一制约远洋渔业发展的问题，并积极开发远洋新资源和新渔场，减轻近海捕捞压力。

通过中西太平洋热带金枪鱼渔场探查及围网、延绳钓捕捞技术研究，解决我国远洋金枪鱼类围网和钓钩捕捞技术，使捕捞规模和经济效益达到渔业发达国家的水平。

通过对放流苗种规格、放流海区生态容量、放流行为对生态系统结构的影响、人工鱼礁构筑技术的研究，对虾、扇贝、海蜇产业化水平达世界领先水平，使我国的近海渔业资源增殖技术达到世界渔业发达国家水平。

通过采用海上调查、卫星遥感和卫星定位相结合监测和探察近海和远洋及重点湖泊渔业资源的状况，指导和监督渔业生产。

通过建立我国近海、远洋和重点湖泊渔业资源和生产信息网络，利用地理信息系统为国内和国际渔业管理措施的制定提供科学依据。

通过研究为我国近海和湖泊渔业生产调整，并逐步实行 TAC 制度，保护近海及重点湖泊渔业资源和生态环境，稳定捕捞产量，提高捕捞品种的质量，大力发展远洋渔业，走健康、持续发展道路提供技术保障，使我国渔业的生产、科研和管理达到国际先进水平。

3. 应用前景

近海及重点湖泊生物资源评估调查主要是为我国专属经济区及重点湖泊生物资源持续利用提供基本资料，这些资料以及在此基础上提出的评估报告和资源持续利用意见，是我国专属经济区及大型湖泊渔业管理和国际、国内共享渔业资源利用和管理的重要依据。对稳定我国渔业生产，提高我国专属经济区和大型湖泊渔业资源的管理水平，保护近海和大型湖泊渔业资源具有重要作用。该研究对维护我国黄、东、南海共享渔业资源的权益，逐步使我国专属经济区和大型湖泊渔业资源的管理科学化、制度化，具有重要生态和显著的社会效益。对稳定我国渔业捕捞产量，并逐步提高捕捞品种的质量，保护近海和大型湖泊渔业资源具有重要作用，可取得显著的经济、社会和生态效益，从而使我国达到渔业发达国家以科研为依据的渔业管理水平。

远洋渔业的研究既能稳定现有生产，提高生产规模和效益，又能通过开发远洋新资源和新渔场，提高金枪鱼类捕捞技术，解决围网和钓钩捕捞技术，使我国金枪鱼渔业成为远洋渔业新的增长点。我国远洋渔业的发展还能维护我国在国际水域的权益，社会效益显著。

通过研究开发放流苗种中间培育技术，放流海区生态环境监测、生态容量评估和放流跟踪技术，使对虾人工放流回捕率 5%～10%，投入产出之比为 1：(7～10)；贝类和岩礁鱼类、海珍品种苗放流的回捕率达到 20%～30%，投入产出比为 1：(10～20)；海蜇放流的回捕率为 2%～5%，投入产出比 1：10；鱼类种苗放流年回捕率为 0.2%～0.5%，投入产出比 1：(2～5)。通过研究和试验，预计至 2010 年鲍鱼、魁蚶、海参和黑鲷、六线鱼等岩礁鱼类种苗培育能力和放流规模能够先后达到产业化规模，近海渔业资源将恢复到 70 年代水平。

中国海洋渔业可持续发展及其高技术需求[①]

唐启升
（中国水产科学研究院黄海水产研究所，山东青岛 266071）

摘要：文章根据中国海洋渔业发展现状和影响可持续发展的主要问题，提出了海洋渔业可持续发展需要支持的5项高技术研究。

关键词：海洋渔业；可持续发展；高技术

1　海洋渔业可持续发展的战略意义

当今，人类面临着人口增长、环境恶化、资源短缺等问题的巨大挑战，我国首当其冲。21世纪，我国人口将突破16×10^8，而可耕地面积却不断减少，直接面对世界7%的耕地资源要养活人类近1/4人口的现实。为了缓解这一严峻局面并满足人们对优质蛋白质日益增长的需求，我们需要把目光转向海洋这一尚未充分开发利用的广阔疆域。海洋面积占地球表面积的71%，我国在渤海、黄海、东海、南海等四海可管辖的水域面积达到300×10^4 km^2，相当于我国内陆面积的1/3，这片蓝色国土不仅可以为我们提供丰富的优质蛋白质，而且也是许多具有药物和功能特殊的活性物质的巨大宝库。

近十几年来，我国的海洋产业得到了迅猛的发展，海洋产业已成为国民经济发展新的增长点。1999年海洋产业总产估计已达$3\,651\times10^8$元，预计到2010年我国将进入世界海洋开发的前5名，成为海洋经济强国。在海洋产业中，海洋生物资源的开发利用位居首位。1999年，我国海洋水产品总产量达$2\,472\times10^4$ t，占世界渔业总产量的1/4，居世界第一位。我国海洋渔业成为大农业中发展最快，活力最强，经济效益最高的支柱产业之一，特别是海水养殖，其产量已从1987年的193×10^4 t增加到1999年的974×10^4 t，占海洋渔业产量的比重，从过去的10%左右上升到39%，已成为世界海水养殖大国。目前，我国海洋渔业总产值达$2\,000\times10^8$元，约占全国海洋产业的54.7%。因此，在海洋产业大发展的21世纪，海洋渔业及其可持续发展仍是我国蓝色革命的主体。

2　影响可持续发展的主要问题

在我国海洋渔业高速发展的同时，仍然存在不少科学技术方面的问题，并成为制约今后健康持续发展的关键因素。

① 本文原刊于《中国工程科学》，3（2）：7－9，2001。

2.1 养殖苗种多未经选育，存在问题严重

我国海域的海洋生物物种多样性较高，但目前养殖的品种不足100种，能够大规模养殖生产的仅十几种。除海带、紫菜等极少数种类进行过系统的品种选育和改良外，中国对虾、扇贝、牡蛎、蛤仔等都是未经选育的野生种，特别是经过历代养殖，近亲繁殖出现了遗传力减弱、抗逆性差、性状退化等严重问题。有些名、特、优品种，如鳗鲡、鲥鱼、鲻鱼等苗种培育尚未突破技术难关，还有不少品种完全依赖于自然苗种，远远不能满足生产需求，严重制约了规模化、集约化养殖的发展。

2.2 养殖病害发生日趋严重，防治技术薄弱

近年来，随着我国水产养殖业的发展，病害发生日趋频繁并相当严重。震惊水产养殖业的对虾暴发性流行病，自1993年以来，每年给国家造成几十亿元的经济损失，使我国从世界最大的对虾出口国变成了主要对虾进口国。其他主要养殖品种如扇贝、鲍鱼、牡蛎、牙鲆、海带、紫菜等病害也日趋严重，如近几年夏季发生的扇贝突发性大规模死亡，又损失了几十亿元，几乎形成一种不可思议的“养什么，病什么”的严重局面。近年国家有关部门投入大量人力、物力、财力协作攻关，但基本是治标不治本，亟须从多方面提高病害防治的技术水平。

2.3 近海水域生态环境恶化，缺乏相关保障技术

由于大量的工业废水和生活污水不经处理排入近海水域，以及海洋产业高速发展对环境带来的负面影响，我国近海水域的生态质量明显下降，富营养化进程加快。1991年以来，近海水域化学耗氧量（COD）和活性磷酸盐浓度均呈上升趋势，尤其是长江口区、珠江口区和渤海三湾最为严重，致使有害藻类和病原微生物大量繁衍，赤潮频繁发生且波及面甚大。其后果不仅危害了主要集中在我国近海海湾、滩涂及浅海的水产养殖业，同时也危害了主要集中在近海的我国海洋捕捞业，使我国近海生态系统的服务和产出受到影响，资源的再生能力受到严重损害，每年经济损失上百亿元。面对这样的严峻现实，需要加强综合治理、合理布局，需要更多科学支撑和相关保障技术，否则，可持续发展将会严重受阻。

2.4 捕捞资源可持续管理缺乏科学技术支撑

过度捕捞已被确认是导致我国近海重要渔业捕捞种类资源严重衰退、资源质量下降和数量剧烈波动的直接原因，但是，目前我们不仅对海洋生物资源自身的变动规律、补充机制和资源优势种类频繁更替的原因及种间关系等重要基础问题研究甚少，同时也缺乏资源评估和管理的有效技术支持，难以提出切实可行的管理措施，甚至难以对资源状况和变动趋势提出正确的评价，不可避免地影响了海洋生物资源可持续开发利用。另外，近年虽开展多品种、多区域的资源增殖放流，但由于缺乏有效的监测手段和技术，回捕率年间波动甚大，难以做出科学的解释，使放流工作带有一定的盲目性，严重影响了生产性增殖放流事业的发展。

2.5 基础研究薄弱，海洋生物高技术开发与产业发展受到影响

海洋生物学研究是发展海洋高技术，促进产业发展的基础与前提。然而，多年来我国海洋生物学基础理论研究十分薄弱甚至严重滞后，科技投入少，力量分散，重点不突出，其发

展的局限性和负面影响越来越明显。例如，目前所遇到的养殖品种退化、抗逆性差难以控制、病害发生难以防治、养殖环境恶化难以修复和海洋活性物质开发利用难以深入等问题，已明显地影响了海洋高技术产业化的迅速发展。海洋活性物质研究与开发已是当今世界各国的研究热点，我国近年虽有所发展，但多注重开发，忽视基础研究和技术方法的创新，海洋新药及其新一代的海洋生物制品极少，利用高新技术培植的海洋生物活性物质产业更少。因此，加强基础研究，用生物技术开发利用海洋新资源迫在眉睫。

3 海洋渔业可持续发展的高技术需求

由于海洋资源与环境的特殊性，实现海洋渔业可持续发展特别需要科学技术的强有力的支持，其中高新技术及其产业化就是一个重要的方面[1,2]。

3.1 海水养殖优质、抗逆品种培育及繁育技术

良种是推动海水养殖业持续发展的关键。实践证明在其他条件不变的情况下，使用优良品种可增加产量 10%～30%，并且可减少病害的发生，提高成活率。因此，围绕海洋主要增养殖生物优良品种培育与繁育生物学等，需要利用细胞工程、基因工程和分子生物学等技术手段，进行增养殖种类的品种选育、种质资源开发和优质苗种大规模繁育技术研究，建立我国的海洋生物良种培育工程体系，培养出优质、抗逆和高产品种。其中，关键技术是海水增养殖优良品种的培育技术，如转基因技术、克隆技术、多倍体技术、雌核发育技术、分子标记辅助育种技术的开发与应用、高健康优质苗种的大规模培育技术和苗种培育工程化技术等。

3.2 海水养殖病害防治与健康养殖技术

针对当前海水养殖业出现的死亡率高、产品质量下降等严重问题，需要从流行病学的角度研究揭示我国海水养殖生物主要病害的流行与环境生态、宿主生态、病原分子变异等因素之间的内在相互关系，需要从生态防治的角度建立主要重大病害的预警系统，实施健康养殖、清洁生产。这样，就需要有一系列的高技术支撑，如病原快速检测技术、免疫防治技术、生态防病技术、清洁生产和环境生物修复技术、安全饲料开发利用技术和抗病育种基因工程技术等。应用这些高新技术，开发新型的产品，如开发新的防病疫苗和药物等，使我国的海水养殖由目前的经济开发型转为生态健康型，达到资源持续利用的目的。

3.3 海水规模化养殖与生态调控技术

为了缓解海水养殖规模化发展与生态容纳量之间的矛盾，需要根据养殖水域的营养水平和环境承受能力，研究适宜的养殖容量，发展高效、低污的规模化养殖模式，开发新的养殖水域，充分利用近海 10～40 m 等深线内的海水养殖资源，以达到合理开发利用养殖资源，改善生态环境条件，高效持续发展海水养殖业的目的。为了实现上述目标，需要研究开发养殖容量评估技术、养殖生态结构优化技术、浅海综合立体养殖技术、深水抗风浪养殖技术、贝类生产环境安全保障技术和养殖设施工程化及自动化技术等。

3.4 海洋捕捞资源可持续开发和管理技术

海洋捕捞业在世界沿海各国仍占有极其重要的地位，我国更不例外。与此有关的产业和

从业人员仍相当庞大。因此，在发展养殖业的同时，要重视我国近海捕捞业和增殖业的健康发展。在积极开展和重点支持补充量动态理论与优势种更替机制研究、生态系统健康与可持续产量等基础研究的同时，为保护我国近海渔业资源和环境，需要大力发展与限额捕捞有关的资源可持续开发与管理高新技术，主要包括近海渔业资源可捕量评估技术、限额捕捞信息(3S) 与监管技术、负责任（安全）捕捞技术和资源增殖放流与生态安全技术等。为了解决我国大型拖网加工船后备渔场不足这一制约远洋渔业发展的问题，还需要积极开发远洋新资源和新渔场，提高渔场探测技术和远洋捕捞技术，特别需要解决金枪鱼类围网和钓钩捕捞技术等。

3.5 海洋生物活性物质开发利用技术

海洋生物活性物质的开发利用已成为海洋生物资源开发利用的一个全新的领域，并有广阔的高新技术产业化的前景。如海洋抗艾滋病新药已进入国家新药临床试验，海洋酶已在清洁洗涤剂、水产养殖、基因工程试剂及药品等方面显示出令人喜悦的开发前景。因此，海洋生物技术不仅在生物活性物质开发利用中有广泛的应用前景，同时，其技术需要也是多方面的。特别在海洋生物高技术的前沿领域，需要利用生物技术的最新原理和技术开发利用海洋新资源，如利用基因工程技术、功能基因组学、蛋白组学、生物信息学和高效表达技术等。目前，应在深入探索主要海洋生物活性成分的形成机制和构效关系基础上，建立可持续提取技术，提高活性物质筛选技术和开发技术水平，寻求更为现代的方法分离活性物质、测定分子组成和结构、生物合成方式和检验生物活性。这些基本技术的开发和利用，将为新型海洋药物、高分子材料、酶、疫苗、诊断试剂和 DNA 芯片等新一代的化学品和生物制品产业化发展奠定基础。

参考文献

[1] 曾呈奎．大力加强海洋生物技术的研究 [J]. 海洋科学，1999 (1)：1-2.

[2] 刘瑞玉．海洋生物资源持续发展的科学问题 [A]. 周光召．科技进步与学科发展（上）[M]. 北京：中国科技出版社，1999：101-105.

Sustainable Development of China's Marine Fishery and Its Demand on High - Technology

Tang Qisheng

(Yellow Sea Fisheries Research Institute, CAFS, Qingdao 266071, China)

Abstract: Marine fishery is one of the quickest developing industries in China now, but it faces some problems which encumber its development further. In terms of the analysis of recent situation of studies and the main problems affecting sustainable development of China's marine fishery, the author proposes 5 high - technology subjects supporting; the fishery sustainable development for the future. They include the technologies on excellent seeds cultivation and reproduction in mariculture, disease prevention and health mariculture, industry mariculture and ecosystem - base regulation, living marine resources sustainable development and management, and utilization of marine living active materials.

Key words: Marine fishery; Stainable development; High - technology

四、资源养护与管理模型

我国专属经济区渔业资源增殖战略研究[①]（摘要）

唐启升　主编

内容简介： 本书是中国工程院渔业资源养护战略咨询研究项目的主要成果。共分二部分：第一部分为我国专属经济区渔业资源增殖战略研究综合报告，包括战略需求、国内外发展现状、主要问题、发展战略与任务、政策建议和重大项目建议；第二部为我国专属经济区渔业资源增殖战略研究专题报告，包括黄渤海专属经济区渔业资源增殖战略研究、东海专属经济区渔业资源增殖战略研究和南海专属经济区渔业资源增殖战略研究。本书可供渔业管理部门、科技和教育部门、生产企业以及社会其他各界人士阅读参考。

前　言

由于人类活动和全球气候变化的影响，近年来我国近海渔业资源面临着急剧衰退或波动，小型化、低值化现象严重，制约了我国渔业的可持续发展，同时也带来了诸多的生态环境问题。另外，渔业资源增殖作为现代渔业的新组成部分和新业态，即增殖渔业或称海洋牧场，如何健康持续的发展，引人关注。为此，中国工程院于 2018 年启动实施了“我国专属经济区资源养护战略研究”项目。

项目按黄渤海区、东海区和南海区分为三个专题，以渔业资源增殖为重点，综合分析了我国专属经济区渔业资源增殖放流和人工鱼礁建设的发展现状、主要问题、国内外发展趋势，针对存在的问题及与国际先进水平的差距，提出了我国专属经济区渔业资源增殖的指导思想、发展思路、发展目标、重点任务、政策建议和重大项目建议。项目形成了《我国专属经济区渔业资源增殖战略研究》综合研究报告和 3 个海区的专题研究报告。主要成果如下：

1. 大力推进增殖渔业，养护好近海渔业资源，是推动渔业绿色发展、促进生态文明建设的战略需求，是保障渔民持续增收、推进乡村振兴的战略需求，是促进渔业三产融合、满足人民美好生活的战略需求，是确保优质蛋白供给、助力健康中国建设的战略需求。

2. 通过对比分析国内外增殖渔业发展和研究进展，我国专属经济区渔业资源增殖存在四个主要问题：①顶层设计不足、缺乏科学完善的长期规划；②综合管控堪忧、增殖效果得

---

① 本文原刊于《我国专属经济区渔业资源增值战略研究》，海洋出版社，2019；其中摘要五、六、七部分摘自原作 95 - 110 页。

不到有效保障；③科技支撑薄弱、基础研究和应用技术相对滞后；④宣教力度不够、公众意识与参与度参差不齐。

3. 针对存在问题，坚持新发展理念，坚持渔业绿色高质量发展，提出应实事求是、适当地选择发展定位，根据不同的需求目标和功能目标明确各类增殖活动的效益定位，需要采取精准定位措施。提出 2025 初步构建完善的渔业资源增殖管理体系和 2035 建立完善的集技术研发、实施监测和监管评估等一体的资源增殖体系的发展目标。提出四项战略任务：①加强我国增殖渔业的科学规划与综合管理；②开展我国近海增殖渔业的生态学基础研究；③构建我国近海渔业资源增殖容量评估体系；④突破我国近海渔业资源增殖效果评价关键技术。

4. 项目组提出五项政策建议：①制定增殖渔业中长期发展规划；②提升渔业资源增殖科技支撑能力；③构建渔业资源增殖综合管理体系；④加强渔业资源增殖宣传教育；⑤扩大渔业资源增殖国际合作交流。提出三项重大项目建议：①我国专属经济区增殖渔业的生态学基础研究；②我国专属经济区渔业资源增殖关键技术研究；③我国专属经济区人工鱼礁建设关键技术研究。

另外，研究报告中还以专栏形式对"渔业资源增殖、海洋牧场、增殖渔业"等基本术语并无科学性质差别和各类增殖活动发展需要采取精准定位措施等有关问题进行了评述，特别强调国际一个半世纪成功的经验和失败的教训均值得我们高度重视和认真研究。

项目于今年 3 月通过结题评审，评审组认为：研究成果具有较强的前瞻性和创新性，所提对策建议具有较强的指导性和可操作性。

期望本书能够为政府部门的科学决策以及科研、教学、生产等相关部门提供借鉴，并为我国渔业资源增殖事业健康可持续和现代化发展发挥积极作用。本书是课题组数十位院士、专家集体智慧的结晶，在此向他们表示衷心的感谢。由于时间所限，不当之处在所难免，敬请批评指正。

编　者

2019 年 5 月

目　录

第一部分　综合研究报告

（二）保障渔民持续增收，推进黄、渤海渔村振兴
（三）促进黄、渤海增殖渔业健康发展，满足人民美好生活需要
（四）促进黄、渤海增殖渔业持续发展，助力健康中国建设

二、黄、渤海专属经济区渔业资源增殖发展现状

（一）增殖放流
（二）人工鱼礁

三、渔业资源增殖典型案例

（一）中国对虾增殖
（二）日本的增殖渔业

四、黄、渤海专属经济区渔业资源增殖面临的主要问题

（一）增殖放流
（二）人工鱼礁

五、黄、渤海专属经济区渔业资源增殖发展战略及任务

（一）战略定位
（二）战略原则
（三）发展思路
（四）战略目标
（五）重点任务

六、黄、渤海专属经济区渔业资源增殖的政策建议

（一）做好顶层设计
（二）夯实科技支撑
（三）聚焦关键技术研发
（四）建立健全管理体系

七、黄、渤海专属经济区渔业资源增殖重大项目建议

（一）黄、渤海增殖渔业生态基础研究
（二）黄、渤海人工鱼礁资源增殖基础研究
（三）黄、渤海增殖渔业效果评估与生态风险防控研究

专题Ⅱ　东海专属经济区渔业资源增殖战略研究

一、东海专属经济区渔业资源增殖战略需求

（一）促进近海渔业绿色发展，应对国家发展战略和全球气候变化
（二）强化现代渔业发展理念，实现新时期社会经济平衡充分发展

（三）优化渔业产业体系建设，保障水产品供给和渔业可持续发展

二、东海专属经济区渔业资源增殖发展现状

（一）渔业资源增殖概况
（二）增殖放流规划文件
（三）主管机构与实施主体
（四）资金来源与放流规模
（五）技术规范与监管措施
（六）放流效益与效果评估
（七）人工鱼礁建设发展现状

三、东海专属经济区渔业资源增殖存在的主要问题

（一）缺少科学的规划设计与管理措施
（二）基础研究不能满足增殖放流的需求
（三）缺乏区域性综合管理机构和机制
（四）社会资金以及公众参与缺乏管理
（五）人工鱼礁建设与管理存在的问题

四、美国鲑鳟鱼类增殖案例分析

（一）调研工作开展情况
（二）历史回顾与总体评价
（三）管理机构与增殖体系
（四）增殖资金来源与支出
（五）增殖放流主要经验措施
（六）对我国渔业增殖的启示

五、东海专属经济区渔业资源增殖发展战略及任务

（一）战略定位
（二）战略原则
（三）发展思路
（四）战略目标
（五）重点任务

六、东海专属经济区渔业资源增殖放流与人工鱼礁建设保障措施及政策建议

（一）制度渔业资源增殖放流与人工鱼礁建设科学规划
（二）提升渔业资源增殖放流与人工鱼礁科技支撑能力
（三）构建渔业资源增殖放流与人工鱼礁综合管理体系
（四）加强渔业资源增殖放流与人工鱼礁建设宣传教育
（五）扩大渔业增殖放流与人工鱼礁建设国际合作交流

第一部分　综合研究报告

五、我国专属经济区渔业资源增殖的发展战略与任务

（一）指导思想与定位

1. 指导思想

深入贯彻党的十九大精神和习近平总书记系列重要讲话精神，以及党中央国务院关于生态文明建设、乡村振兴战略和建设海洋强国的有关要求，以“创新、协调、绿色、开放、共享”五大发展理念为指导，针对新时代我国渔业发展的主要矛盾和需求，紧密围绕我国乃至全球当前和今后一段时间内渔业增殖面临的重大科技和管理问题，坚持“重大需求与科学发展前沿相结合、基础研究与技术能力建设相结合、前瞻布局与科学可行相结合”原则，通过采取统筹规划、合理布局、科学评估、强化监管、广泛宣传等措施，实现渔业资源增殖事业科学、规范、有序发展，促进渔业绿色发展和水域生态文明建设。

2. 战略定位

针对当前新时期社会经济发展的主要矛盾，在新发展理念的指引下，科学规范地发展增殖渔业，推动我国现代渔业绿色发展、促进生态文明建设，保障渔民持续增收、推进乡村振兴战略，促进渔业三产融合、满足人民对美好生活的需要，确保优质蛋白供给、助力健康中国建设，为现代海洋渔业强国建设做出贡献。

（二）发展思路与目标

1. 发展思路

坚持新发展理念，坚持推进渔业绿色高质量发展，坚持以供给侧结构性改革为主线，针对新时代我国渔业发展的主要矛盾，理清近海渔业资源衰退和栖息生境破坏的原因及机理，努力认识渔业资源变动规律及其资源恢复的复杂性，分析渔业资源增殖和栖息地修复工作中存在的问题，认真总结国内外的发展经验教训，应该实事求是，准确、适当地选择发展定位。可采取多向和分类定位策略，根据不同的需求目标和功能目标，对不同类别的增殖活动明确不同的效益定位（如经济、社会、生态效益等），需要采取精准定位措施。根据国家发展战略需求，提出渔业资源增殖及生态修复措施，制订切实可行的行动计划。

2. 发展目标

（1）近期目标。至 2025 年，在黄海、渤海、东海和南海建立增殖渔业基础研究和技术研发平台 2～3 个，突破增殖放流物种甄选、增殖放流与人工鱼礁建设技术、资源增殖经济社会效果评估、资源增殖容量评估、增殖资源生态风险预警 5 项关键技术，初步构建完善的渔业资源增殖管理体系。

（2）中远期目标。到 2035 年，建立完善的集技术研发、实施监测和监管评估等一体的资源增殖体系，在我国近海建立增殖渔业示范区 3～4 处，推动我国渔业资源增殖向科学化、精细化、标准化、规模化、安全化水平发展，实现现代渔业绿色发展，为创新型现代海洋渔业强国做出贡献。

3. 发展路线

发展路线见图 1-5-1。

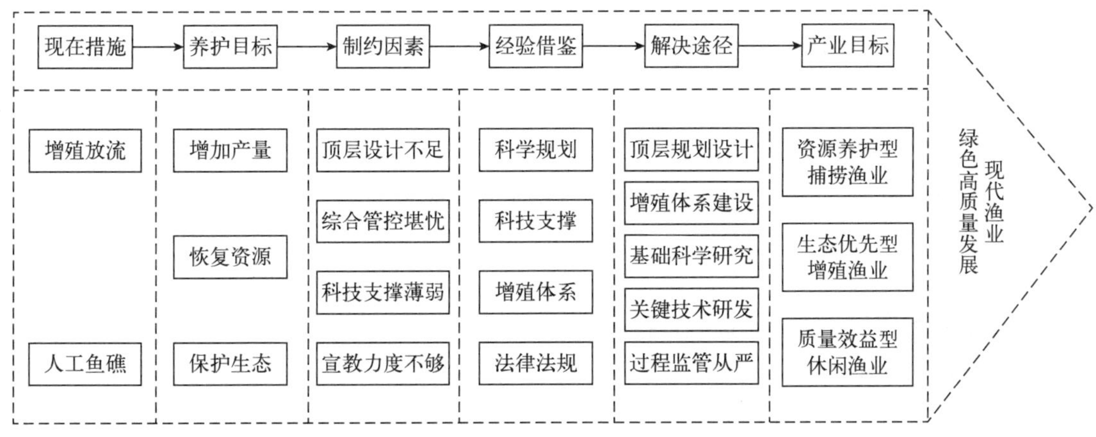

图 1-5-1 我国专属经济区渔业资源增殖发展路线

（三）重点任务

针对我国渔业资源增殖战略发展的思路和目标，近期的重点任务主要包括以下 4 个方面。

1. 加强我国增殖渔业的科学规划与综合管理

全面加强我国增殖渔业相关法律法规建设，规范我国近海渔业资源增殖行为；加强国家层面科学规划的制订，明确近期和中长期发展定位和经济、社会、生态等效益目标，指导渔业资源增殖事业的科学有序开展；强化增殖前、中、后各环节的综合管控制度，措施研究和制定，保障资源增殖取得实效。

2. 开展我国增殖渔业的生态学基础研究

深入开展我国近海渔业资源及其栖息生境的衰退成因与机理、适宜增殖对象生活史习性、增殖策略（时间、地点、规格和规模）等渔业资源增殖的基础理论与技术研究，提高资源增殖的科学性，为实施专属经济区渔业增殖放流和人工鱼礁建设奠定科学基础。

3. 构建我国增殖渔业容量评估体系

研究我国专属经济区生源要素、初级生产力以及生态系统食物网结构和功能的动态变化过程及其机制，以及重要渔业资源种群结构变化与驱动因素，研发建立资源增殖生态容量评估模型与技术，确定适宜的增殖资源对象及规模，解决好资源增殖与生态（资源环境）保护协同共进的矛盾，保障水域的生态系统健康与平衡。

4. 突破我国增殖渔业效果评估技术

研究我国专属经济区增殖渔业效果评估的方法和技术，建立经济、社会、生态等多因子增殖效果评估模型，实现渔业增殖效果的准确评估。研究外来物种、基因污染、病害传播等因子在渔业增殖中的潜在影响的过程及其机理，建立风险评估和预警技术，提出应对措施，防范生态风险发生。

六、我国专属经济区渔业资源增殖的政策建议

通过分析梳理我国专属经济区渔业资源增殖存在的主要问题以及国内外渔业资源增殖实践及其典型案例，结合项目研究提出的我国专属经济区渔业资源增殖的发展战略与任务，对于我国增殖渔业的发展提出以下政策建议。

（一）制定增殖渔业中长期发展规划

渔业资源增殖是一项复杂的系统工程，基于生态优先、绿色发展理念和产业发展战略需求，从国家或行业层面制定“我国增殖渔业中长期发展规划”，科学论证发展定位、总体和阶段目标、任务及具体实施步骤和方法，保障我国增殖渔业持续健康发展。

1. 规划目标要科学完整，前瞻可行

科学的顶层设计要保证规划的完整性、科学性、前瞻性和可行性。我国专属经济区的渔业资源增殖应该着眼于全国，进行全面布局和系统规划。根据不同海区水域和渔业资源分布状况以及生态系统类型和生活习性，结合当地渔业发展现状和增殖实践，组织科研院所、放流主体和监管机构共同参与，打破行政区划，建议制定“我国增殖渔业中长期发展规划”。顶层规划设计应当包含增殖放流和人工鱼礁建设总的发展定位和总要求，并明确提出阶段性指标，包括近期、中长期资源增殖的经济、社会、生态效益和资源养护成效等多方位的可量化和可考核的目标。

2. 规划原则应考虑全面，综合谋划

规划设计的过程中，起码要考虑以下“五个相结合”的原则。

（1）经济与生态相结合。渔业资源增殖不仅要考虑经济效益，不能仅算眼前账，看资源量增加多少，还要生态优先，从资源恢复、物种保护、生态平衡的角度进行全方位多视角的综合考虑。

（2）数量与质量相结合。尽管增殖种类多少及其数量指标方便考核与监管，但是增殖苗种的质量对于资源增殖成效更为重要，制定规划过程中要关注质量考核。

（3）总体与局部相结合。规划制定要考虑整体性，从生态系统角度出发，以海区或流域为整体进行综合布局与规划设计和管理，以省、市、自治区为局部进行任务的分解与执行。

（4）长期与短期相结合。规划设计既要有长期的目标导向，还要有短期可视的效益产出，同时可以根据短期的资源养护成效对长期的目标与增殖方法进行动态调整。

（5）增殖与管理相结合。增殖放流和人工鱼礁建设是渔业资源增殖的重要手段，增殖放流或者鱼礁投放后的管护力度对资源增长和可持续利用具有重要的影响。在增殖放流或鱼礁建设的同时需要加强生物资源的管护力度，保护渔业资源增殖成果。

3. 制定过程要多方参与，科学论证

增殖渔业规划制定应当建立完善的体系和一套科学机制，营造全社会参与水生生物资源增殖与水域生态养护的氛围，促进我国渔业资源增殖与生态养护工作长效机制的建立，保证渔业资源增殖工作科学地开展，并实现最佳的社会、经济和生态效果。

（1）论证起草。规划的制定要进行科学论证，由行业主管部门主导组织，地方渔业主管部门参与，邀请海洋生态、渔业资源、水产养殖、渔业捕捞、渔业经济等方面的专家召开论证会，科学规划，统筹安排，未雨绸缪，制定出科学合理的发展规划。确保渔业资源增殖取

得实效，保障原有水域生态安全以及财政资金的使用效益充分发挥，推进增殖渔业科学、规范、有序开展。

（2）协调执行。以规划为龙头，明确增殖渔业发展方向，定位资金使用重点领域，确保经济发展、生态平衡及资源恢复。具体工作中，政府起决策指导和协调管理作用，科研单位起科学指导和技术支撑作用，增殖体系具体承担实施工作，而渔民、协会或企业广泛参与是重要的社会基础。因此，建立渔业资源增殖协调执行机制，促使政府管理部门、科研单位以及企业相互协调，强化管理、研究和具体增殖操作的相互衔接，对提高增殖效果是十分必要的。

（3）修改完善。建立规划的执行反馈与调整完善机制，渔业资源增殖规划的制定具有时效性及动态性，以一定时期内的生态环境与资源养护问题提出针对性的解决方案，当现有状态改善，出现新的问题及时进行下一阶段的目标任务，并及时修改完善。

4. 规划内容要突出重点，明确进程

顶层规划设计应当包含总的发展目标和总要求。提出阶段性指标，包括近期、中长期资源增殖效益和养护成效等多方位的可量化和可考核的目标。建立规划指标体系，包括增殖物种的种类和数量目标、资源养护成效目标、鱼礁示范区（海洋牧场示范区）建设目标、生态系统恢复目标等。针对目前已经公布的相关规划，有以下几方面需要重点突出加以明确。

（1）种类选择。针对渔业资源衰退、濒危程度加剧以及水域生态荒漠化等问题，结合渔业发展现状和增殖实践，合理确定不同水域渔业资源增殖功能定位及主要适宜增殖物种，以形成区域规划布局与重点水域增殖养护功能定位相协调，适宜增殖物种与水域生态问题相一致，推动资源增殖科学、规范、有序进行，实现生态系统水平的资源增殖。无论是增殖放流还是人工鱼礁建设，都不能只考虑高经济价值的物种，要综合考虑生态价值，进行合理的定位。①定位于恢复生物种群结构：增殖物种宜选择目前资源严重衰退的重要经济物种或地方特有物种。②定位于促进渔民增收：增殖物种宜选择资源量容易恢复的重要经济物种。③定位于改善水域生态环境：增殖物种宜选择杂食性、滤食性水生生物物种。④定位于濒危物种和生物多样性保护：增殖物种则选择珍稀濒危物种和区域特有物种。

（2）容量评估。增殖放流和人工鱼礁必须考虑增殖区域的生态容量和合理放流数量，增殖前应对水域的生态系统开展调查，以摸清包括初级生产力及其动态变化、食物链与营养动力状况，从而确定增殖物种的数量、时间和地点。同时要加强增殖后的跟踪监测和效果评估，以调整增殖数量、时间和地点，保证最佳增殖资源的效果。对于岛礁性鱼类，具有领域维护的习性，需要从食物链角度来估算放流规模；埋栖贝类或定居性物种增殖须评估容量。

（3）生态安全。增殖不仅要考虑苗种培育、检验检疫、生态环境监测、标志放流及增殖效果评估等，同时还要考虑水生生物多样性的保护、种群遗传资源保护以及对生态系统结构和功能影响，特别是竞食或掠食物种的习性和食物关系。在容量评估的基础上，确定增殖的物种和数量，以保证生态系统不受破坏、减小增殖的生态风险。人工鱼礁建设要进行适宜性评价承载力评估、持续产出评价、合理的选型和布局，要考虑到人工鱼礁生态效应的充分发挥和礁区生态系统的可持续健康发展，充分利用人工鱼礁生境修复功能，开展其他渔业资源的增殖和后续利用管理。

（二）提升增殖渔业的科技支撑能力

健全、完善的科技支撑体系是增殖渔业顺利实施和取得实效的关键。针对增殖渔业涉及环节多、技术性强的特点，建议加大科研投入力度，加强专业技术队伍建设，提升条件平台和科研能力，强化增殖渔业基础性、关键性技术研发，为增殖渔业提供科技支撑保障。

1. 建设技术队伍

渔业资源增殖是一项专业性和技术性很强的工作，如果不是科学的规范增殖，不仅不能够起到正面作用，反而会对自然生态系统造成负面影响。在增殖实践工作过程中，需要培养一批具有较高专业素养的技术队伍，包括参与其中的基础科研人员、专职管理人员、企业生产人员、质量监管人员等。要培养一定数量的专业技术人员和熟练技术工人组成的技术队伍；健全生产和质量控制各项管理制度，组建完整的引种、保种、生产、用药、销售、检验检疫等专业记录人员；培训相关人员的水质和苗种质量检验检测基本能力，制订苗种生产技术操作规程。

2. 打造技术平台

针对当前渔业资源增殖发展的技术需求，进一步加强增殖放流与人工鱼礁等技术研发。借鉴美国鲑鳟鱼类孵化场以及日本人工鱼礁建设的经验与做法，通过设立渔业增殖站、增殖放流示范基地以及人工鱼礁示范区的方式，突破每个环节的核心技术，加强源头技术创新，提升增殖放流和人工鱼礁示范模式技术水平。集中优势资金和力量，以科研院所为基础，在全国高起点、高标准创建一批具有较高科研能力、放流基础扎实、人工鱼礁建设经验丰富、硬件条件好、工作积极性高、社会责任心强的技术研发平台。通过技术平台的建立，整合现有技术成果，加强协同创新，完善技术体系，带动我国资源增殖整体科研技术水平的提升。技术平台除完成政府安排的增殖放流和人工鱼礁建设任务外，同时还肩负社会放流放生苗种供应基地、水生生物资源增殖宣传教育基地、增殖放流技术孵化、人工鱼礁成果转化示范和协同创新基地等责任，示范带动全国渔业资源增殖工作。

3. 强化基础技术研发

（1）资源增殖基础研究。积极开展渔业资源本底调查，系统掌握渔业资源状况和变动趋势。加强对放流水域以及人工鱼礁区生物资源增殖技术的研究，开展生态环境适宜性、生态容量、增殖品种、结构、数量、规格以及增殖方法等方面的研究；加强放流种类对生态系统影响和适应性研究，保障放流水域生态安全。

（2）关键技术研发。强化增殖放流物种的人工繁育技术和规模化生产技术攻关，筛选新的增殖品种，丰富增殖放流种类、扩大苗种来源；加强人工鱼礁建设研究，包括人工鱼礁构筑材料和形体结构设计，人工鱼礁对渔业生态环境尤其是提供海域生产力水平的研究，鱼礁集鱼机理研究等；开展水域生态修复理论和技术研究、增殖风险评估技术研究以及水域生态系统对增殖的响应研究，不断扩大水生生物资源增殖工作内涵。

（3）应用技术研究。加强增殖物种种质鉴定和遗传多样性检测技术应用研究，为保障水域生态安全和生物多样性提供有力支撑；加强标志放流的应用研究，为开展增殖放流效果评估提供技术支撑；加强对大型化和新材料人工鱼礁的开发和创新。

4. 完善效果评价体系

资源增殖后应根据现有工作基础、技术条件和增殖品种特点等，开展相应跟踪调查，实施增殖效果评估，科学调整下一年度的增殖计划。从评价方法及评价体系两方面加强对增殖效果评估的研究。

在评价方法上，加强对标记技术的研究，并针对放流物种实际情况，选择性引进国外先进技术，为放流苗种寻找合适的标记方法。

在评价体系上，确立多元化评价指标，从经济、生态、社会效益三方面完善评价体系，对增殖效果进行综合全面的评价。效果评估应收集增殖水域渔业生产、资源、环境资料，开展水生生物生态现状调查，全面评价水生生物资源增殖综合效果，为优化增殖方案和管理措施提供依据。同时开展水生生物资源的动态监测，综合评估资源保护效果及资源变动趋势，做好增殖工作的生态风险评价。

（三）构建增殖渔业综合管理体系

综合管理是增殖渔业取得实效的重要保障，应当加强体系化建设，建立“国家渔业增殖站体系”，健全增殖放流以及人工鱼礁建设规章制度，强化增殖放流与人工鱼礁建设的监管，优化资金使用效率，形成完善的管理、研究、监测评估和具体实施的增殖渔业综合管理体系。

1. 设立国家渔业增殖站体系

从国内外渔业资源增殖实践来看，孤立地进行水生生物资源增殖放流往往成效较低，应积极提倡资源增殖体系的观念，把各种孤立的措施组合一起，将增殖放流与人工鱼礁和海藻场建设相互结合，建立完善的管理、研究、监测评估和具体实施的增殖体系，以获取渔业资源增殖最佳的、持续的效益。因此，建议建立“国家渔业增殖站体系”，统一进行资源增殖活动的管理，按照标准规范生产供应所需苗种，解决市场欠缺的技术储备研究，进行综合的监测评估，以及负责具体的增殖项目实施。设立若干个不同层级的资源增殖中心站，“国家级中心站”打破行政区划，按照大的流域和海区进行规划，解决共性的问题；“省级基层站”按照区域分片划分，解决局部的问题。

健全完善苗种供应体系，打造更加专业、安全的苗种供应队伍，为资源增殖持续发展提供坚实的保障。可以通过设立渔业增殖站、增殖放流示范基地的方式，定点供应政府放流和社会放生苗种，稳定苗种供应来源，强化苗种生产监管，提高苗种供应质量，确保放流生态安全，推动我国增殖放流向科学化、标准化、精细化、规模化、安全化水平发展。建议国家或省级安排专项资金，集中优势资金和力量，在全国创建一批国家级或省级增殖放流示范基地，加强增殖苗种繁育和野化训练设施升级改造，支持开展生态型、实验性、标志性放流，打造更加专业化的增殖放流苗种供应队伍。这些示范基地除完成政府安排的放流任务外，同时还肩负社会放流放生苗种供应基地、水生生物资源养护宣传教育基地、增殖放流技术孵化和协同创新基地等责任，示范带动全国增殖放流工作。

2. 建立健全资源增殖规章制度

科学规范的管理是增殖工作顺利实施的关键。要不断完善地方政府领导、渔业主管部门具体负责、有关部门共同参与的增殖管理体系，建立健全增殖管理机制与规章制度，提高监管能力。加快制订出台水生生物增殖放流与人工鱼礁操作技术规范、主要增殖物种技术标准和规范。对增殖放流过程的各个环节进行监督管理，重视人工鱼礁的建设、管理和利用规划，加强前期申报审批制度、生态风险评估制度，苗种检测检疫制度、水域执法监管制度，以及保护和监督管理制度、效果评价制度，为渔业资源增殖提供全方位的制度保障。

3. 制定严格有效的监管机制

水生生物增殖放流工作“三分放，七分管”。为确保放流取得实效，切实提高放流成活率，达到增殖放流的经济、社会和生态效益目标，需要强化增殖放流苗种、放流水域、放流过程以及社会放生活动的监管。

（1）放流苗种监管。各级渔业主管部门要加强增殖放流苗种的监管，严格执行《水生生物增殖放流管理规定》、财政项目管理要求以及有关技术规范和标准；切实做好增殖放流苗种检验检疫，确保苗种健康无病害、无禁用药物残留，杜绝使用外来种、杂交种、转基因种以及其他不符合生态要求的水生生物进行增殖放流。严格增殖放流供苗单位准入，建立定期定点及常态化考核机制，提高增殖放流供苗单位的整体素质，保障放流苗种质量和水域生态安全；提倡和鼓励增殖放流供苗单位自繁自育，严厉打击临时买苗放流现象，研究制定增殖放流苗种购苗中培清单，探索建立增殖放流亲体保育单位资质标准。在宁波已经试行的“苗种备案”制度效果不错，在一定程度上可以提高增殖放流资格门槛，可以发挥一定作用。

（2）放流水域的渔政执法监管。放流水域是否具备有效的保护措施是增殖放流取得实效的关键，为确保放流取得实效，切实提高放流成活率，就要强化增殖放流水域监管，通过采取划定禁渔区和禁渔期等保护措施，强化增殖前后放流区域内非法渔具清理和水上执法检查，以确保放流效果和质量。承担放流任务的渔业主管部门应根据实际情况进行不同频次的巡查和管护，严厉查处各类违法捕捞和破坏放流苗种的行为，防止“边放边捕”“上游放、下游捕”等现象。从提高增殖放流成效的角度，增殖放流实施水域宜选择具备执法监管条件或有效管理机制、违法捕捞可以得到严格控制的天然水域。开展增殖放流的同时，应加强制度建设，完善并落实监管措施，通过建立健全渔政监督和管理机构、明确规定增殖水域的保护对象及采捕标准，在配套制度及措施上为放流工作顺利开展提供保障。

（3）社会放生活动的主动介入监管。近年来，随着人民物质文化生活水平的提高，我国以企业集团、宗教组织及其他各类民间社会团体、个人自发组织的社会放流放生活动风生水起，社会力量已成为我国增殖放流和水生生物资源养护事业的一支重要力量。但多数民众因不了解科学放生知识或固有放生理念，造成无序盲目放流放生乱象丛生，海陆种互放、南北种互放等现象屡见不鲜，存在很大生态安全隐患。此外，社会放流放生多为群众自发行为，放流放生苗种多数是从市场或小育苗场采购，基本都未进行检验检疫。社会放流放生问题关乎生态安全，应高度重视，未雨绸缪，提前介入，争取主动。因此，建议成立“水生生物增殖放生协会”，作为监管机构，规范放流放生行为，并为社会放流放生活动进行科学规范和指导，确保渔业生态安全。

通过“水生生物增殖放生协会”建立与宗教部门、社会放流组织、放生团体的沟通协调机制。争取把社会力量纳入国家增殖放流体系中，可以开展以下工作：①宣传普及增殖放流常识，通过组织专家进行科普知识讲座，科学指导增殖放流放生行为；②组织开展社会捐助增殖放流工作，明确增殖放流主管部门（监管方）、单位或个人（捐助方）、协会或中介机构（第三方）、苗种供应单位（如增殖站、增殖示范基地等）等各方权责，创造性引导开展社会放流放生工作；③搭建社会组织放流放生平台，由增殖放流协会负责建设一批集资源养护知识普及、文化宣传、休闲旅游、放流放生等功能于一体的大型综合性放流放生平台，满足社会需求，确保放流放生生态安全。

（4）人工鱼礁建设从选址、施工到后期维护都需要规范化的监管措施。各级海洋与渔业行政主管部门要加强组织管理和协调，海监和渔政执法队伍要强化执法管理和自身建设，严厉查出违法违规行为，确保人工鱼礁建设达到预期效果，产生明显的社会效益、生态环境效益和经济效益。①要加强执法力度，避免一些未办理审批手续的随意投石造礁，造成在礁体设计、材料、制作工艺、成礁机理、工程工艺及施工技术规范等方面缺乏科学指导，严重影响到了人工鱼礁建设的质量。②在建设过程中要确保建设规范标准化，在科学指导下完成造礁工作，并及时开展人工鱼礁建设效果评价。③在人工鱼礁建设完成后，应定期对人工鱼礁区域的生态环境和生物资源状况以及礁体本身进行监测，以确定人工鱼礁是否达到预计目的以及人工鱼礁礁体材料的耐久性和稳定性。④要严格限制捕捞方式，禁止底拖网作业，以防止破坏投放的礁体；虽然刺网对捕捞对象有一定的选择性，但是由于流动的网衣可能会缠绕到人工鱼礁礁体上，导致人工鱼礁区域的鱼类由于网衣的刺挂和缠绕而死亡，所以也应对刺网进行一定的限制；相对来说延绳钓、手钓等钓捕方式由于其机动灵活而最适合于在人工鱼礁渔场作业。⑤除了限制捕捞方式外，还可以对人工鱼礁渔场进行捕捞限额管理。另外在人工鱼礁投放后，渔业行政主管部门应同海洋行政主管部门密切合作，严格禁止在人工鱼礁区域倾倒任何废弃物。

4. 优化增殖放流资金管理

目前，中央财政资金的投入是比较稳定和持续的，但是其他资金受到各方面因素的制约，不稳定且有急剧缩减的趋势。探索建立以政府投入为主、社会投入为辅的多元化投入机制，寻求个人捐助、企业投入、国际援助等多渠道资金支持，建立健全水生生物资源有偿使用和资源生态补偿机制，形成政府引导、生态补偿、企业捐赠、个人参与的多元化投入格局。针对增殖放流可以设立“增殖放流专项基金”，通过专项基金的形式统筹中央、地方、社会等的资金，为增殖放流提供组织和资金保障。对于人工鱼礁建设，要鼓励投资主体多元化，对于非公益性的人工鱼礁建设，要按照“谁投资谁受益，谁利用谁投入”的原则，明确投资政策，并确保投资者长期利益受到法律保护。

通过设立专项基金，规范项目资金管理，逐步建立健全项目储备、专项资金管理、项目监督检查、资金绩效评价等覆盖项目资金全程监管的一系列制度体系，逐步建立起规划、项目、资金、监管有机结合的运行管理体系。针对增殖放流项目实施的特点，制定项目专项资金管理规定，使项目实施和资金管理有章可循、有据可依，切实加强增殖放流资金管理，规范资金管理使用程序，合理规避跨年度采购苗种的支付风险。同时加大民众参与和监督的力度，以确保增殖放流专项资金使用安全、取得实效。对于人工鱼礁建设，则要增加资金投入，扩大人工鱼礁投放规模。坚持以政府投资为主，企业或团体投资为辅的原则，具体为公益性人工鱼礁建设以政府建设为主体，非公益性人工鱼礁建设以企业、团体或个人为建设主体，扩大人工鱼礁的资金来源，实施利于扩大人工鱼礁建设规模的方针政策。

（四）加强增殖渔业的宣传教育

水生生物资源增殖是“功在当代、利在千秋”的社会公益事业，需要社会各界的广泛参与和共同努力。各级主管部门要通过多种多样的形式积极开展水生生物资源增殖宣传教育，增强国民的生态环境忧患意识，提高社会各界对增殖放流和人工鱼礁的认知程度和参与积极性，鼓励、引导社会各界人士广泛参与增殖活动，为水生生物资源增殖事业的可持续发展营造良好的社会氛围。对于增殖放流，要引导社会各界人士科学、规范地开展放流活动，有效预防和减少随意放流可能带来的不良生态影响，使增殖放流事业可持续发展。对于海洋牧场示范区建设，主要是通过示范区内展示功能进行相关的科普工作，提高全社会海洋生态环境保护和绿色环保意识，提高公众对海洋生态补偿的参与度。

目前，我们的社会宣传教育力度做得还不够。应当采取多方面的宣教方式，积极开展科普活动，设置增殖放流科普展板，宣传普及科学的放流放生知识。

(1) 媒体广告。利用好微博、微信等新兴媒体，精心制作科学放流公益广告在央视等主流媒体集中播放，使科学放流生态安全理念深入人心。制作人工鱼礁或海洋牧场建设相关宣传片，在不同媒体进行播放。

(2) 固定平台。不能运动式的宣传，要长期稳定有固定场所，如武汉的江豚教室等。美国在过鱼设施、孵化场都设置有宣传教育的场地，成为旅游观光地。在人工鱼礁或海洋牧场示范区建立长期综合平台，如山东海洋集团的“耕海 1 号”海洋牧场综合平台，就是集休闲观光、科普教育、海洋监测功能于一体的固定平台。可以向公众进行广泛的科普宣传教育。

(3) 建立展览馆。可以选定几个长期的具有重要意义的放流点或者增殖养护机构以及人工鱼礁示范区，建立渔业资源增殖展览馆，来进行资源增殖的宣传工作。

(4) 招募志愿者。招募培训水生生物资源增殖科普宣传志愿者，作为增殖放流讲师深入民间放生团体宣传科普，将民间放生行为转变为科学规范的水生生物增殖放流行动，推动民间乱放生问题的有效解决。

(五) 扩大增殖渔业国际合作交流

扩大渔业资源增殖放流与人工鱼礁建设的国际合作，制订并实施国际交流计划，通过加强同渔业发达国家如美国、挪威、日本以及国际组织的广泛联系，选派各层次管理及科研人员出国学习、培训、参加国际会议等方式，提高我国增殖放流以及人工鱼礁建设的整体技术水平。此外，还应加强专业人才的培养，通过定期开展培训课程及专业讲座的方式，提高渔民劳动技能，多层次、全方位地强化渔业资源增殖的技术支撑体系。

七、我国专属经济区渔业资源增殖的重大项目建议

根据我国专属经济区渔业资源增殖战略及发展目标，结合当前增殖放流实践现状，项目组提出“十四五”期间的重大项目建议包括以下 3 个方面。

(一) 我国专属经济区增殖渔业的生态学基础研究

1. 必要性

由于栖息地破坏、过度捕捞、水域污染、全球气候变化以及生物入侵等多重因素的影响，我国专属经济区渔业资源呈现出明显下降的趋势，危害我国的生态安全及水产品的有效供给。然而，资源衰退的基础生态学问题缺乏深入研究，以致难以制定出有效的渔业增殖措施。为了落实中央提出的生态文明建设和绿色发展国家战略，科学开展渔业增殖工作，亟待开展增殖渔业生态学基础研究。

2. 主要内容

重点开展我国专属经济区重要渔业资源衰退成因及机制，增殖水域生境质量、生源要素

及其增殖容纳量评估，重要渔业资源群落结构与功能动态变化及其驱动因子，重要生物种群的生活史特性，重要渔业资源物种的增殖与补充过程及其机制，以及外来物种、基因污染、病害传播等因子的潜在生态风险及其影响机理等方面的基础性研究。

3. 预期目标

掌握专属经济区渔业资源衰退的成因及机制，确立适宜的增殖容纳量，掌握重要渔业资源种类生活史特性与群落结构及其相互关系，阐明渔业资源增殖过程及补充机制。

（二）我国专属经济区渔业资源增殖放流关键技术研究

1. 必要性

近年来，国家和各级地方政府投入了大量的财力和物力开展渔业资源增殖放流工作，取得了一定的成效。然而，在开展增殖实施的过程中还存在着关键技术缺失、盲目性大等科技支撑不足问题，以至于难以实现既定的增殖目标，亟待开展专属经济区渔业资源增殖关键技术研究。

2. 主要内容

重点开展我国专属经济区渔业资源增殖种类甄选、苗种规模化培育与质量管控，增殖放流策略、方式与实施，增殖放流容量评估模型构建，增殖社会经济效果评估，增殖生态评估与风险预警等关键技术研发。

3. 预期目标

突破我国专属经济区渔业增殖关键技术，建立增殖养护技术体系，准确评估资源增殖效果，实现增殖目标，评估潜在的生态风险，制定有效的防范措施。

（三）我国专属经济区人工鱼礁建设关键技术研究

1. 必要性

海洋荒漠化和渔业资源枯竭趋势依然在加剧，渔业资源养护和渔民增收并重的发展机制亟待完善，人工鱼礁建设及其资源增殖技术亟待重大突破，栖息地构造工程化和海洋生物增殖养护水平急需提高，休闲渔业和产业链延长发展模式缺乏创新，科技投入不足和投融资方式急待创新。

2. 主要内容

研究养护型海洋牧场示范区人工鱼礁构建、海洋生物驯化增殖与养护利用等关键技术，研发“海底—海水—生物”三位一体的现代化海洋生态系统修复与生态安全维护新模式。研究增殖型海洋牧场示范区海洋经济物种人工增殖种群和野生种群生态工程化调控、海洋动植物生态化利用等关键技术，研制渔获物精准产出装备与宏观、中观和微观三结合物联网整合系统。研究休闲型海祥牧场示范区生态平衡休闲渔业构建关键技术，研制海上管护平台与休闲渔业装备和信息化立体监控系统，开发休闲垂钓和渔业观光产业链，延长产业模式。集成现代技术体系，建立现代化养护型、增殖型和休闲型海洋牧场示范区，规模化推广应用。

3. 预期目标

通过深入研究，系统地形成养护型、增殖型和休闲型三类现代化关键技术体系，建立现代化养护型、增殖型和休闲型海洋牧场示范区，并进行规模化推广应用。

项目组主要成员

组　长　唐启升　中国水产科学研究院黄海水产研究所
副组长　庄　平　中国水产科学研究院东海水产研究所
　　　　李纯厚　中国水产科学研究院南海水产研究所
　　　　王　俊　中国水产科学研究院黄海水产研究所
成　员　郭　睿　农业农村部渔业渔政管理局
　　　　赵　峰　中国水产科学研究院东海水产研究所
　　　　牛明香　中国水产科学研究院黄海水产研究所
　　　　秦传新　中国水产科学研究院南海水产研究所
　　　　王思凯　中国水产科学研究院东海水产研究所
　　　　李忠义　中国水产科学研究院黄海水产研究所
　　　　刘　永　中国水产科学研究院南海水产研究所
　　　　张　涛　中国水产科学研究院东海水产研究所
　　　　李　娇　中国水产科学研究院黄海水产研究所
　　　　王学锋　中国水产科学研究院南海水产研究所

渔业资源增殖、海洋牧场、增殖渔业及其发展定位[①]

唐启升

渔业资源增殖历史悠久，早在10世纪末我国就有将鱼苗放流至湖泊的文字记载。1860—1880年，以增加商业捕捞渔获量为目的，大规模的溯河性鲑科鱼类（Salmonidae，以太平洋大麻哈鱼类和大西洋鲑为主）增殖计划（enhancement programs）在美国、加拿大、俄国及日本等国家实施，随后在世界其他区域展开，如南半球的澳大利亚、新西兰等。

1900年前后，海洋经济种类增殖计划开始在美国、英国、挪威等国家实施，增殖放流种类包括鳕、黑线鳕、狭鳕、鲽、鲆、龙虾、扇贝等。1963年后，日本大力推行近海增殖计划，称之为栽培渔业（或海洋牧场），增殖放流种类迅速增加，特别是在近岸短时间容易产生商业效果的种类，如甲壳类、贝类、海胆等无脊椎种类，与此同时，业已成规模的人工鱼礁建设得到快速发展。

中国现代增殖活动始于20世纪70—80年代，规模化发展活跃于近十余年。这些活动，在国际上统称为资源增殖（stock enhancement），同时也称之为海洋牧场（sea ranching，marine ranching，ocean ranching）。

国际《海洋科学百科全书》对“海洋牧场”有一简单而明确的定义，即海洋牧场通常是指资源增殖（ocean ranching is most often referred to as stock enhancement），或者说海洋牧场与资源增殖含意几乎相等。它的操作方式主要包括增殖放流和人工鱼礁。增殖放流需要向海中大量释放幼鱼，这些幼鱼捕食海洋环境中的天然饵料并成长，之后被捕捞，增加渔业的生物量；人工鱼礁是通过工程化的方式模仿自然生境（如珊瑚礁），旨在保护、增殖，或修复海洋生态系统的组成部分。它形成的产业涉及捕捞、养殖、游乐等。

《中国水生生物资源养护行动纲要》确认渔业资源增殖是水生生物资源养护的重要组成部分，而渔业资源增殖包括：统筹规划、合理布局增殖放流；科学建设人工鱼礁，注重发挥人工鱼礁的规模生态效应；积极推进以海洋牧场建设为主要形式的区域性综合开发，建立海洋牧场示范区，以人工鱼礁为载体，底播增殖为手段，增殖放流为补充，积极发展增养殖业，并带动休闲渔业及其他产业发展。

2013年，国务院召开全国现代渔业建设工作电视电话会议，明确现代渔业由水产养殖业、捕捞业、水产品加工流通业、增殖渔业、休闲渔业五大产业体系组成。增殖渔业是渔业资源增殖活动达到一定规模时形成的新业态，作为现代渔业体系建设的一个新的部分，包含了渔业资源增殖活动或海洋牧场的主要内容。

以上表明，国内外对“渔业资源增殖、海洋牧场、增殖渔业”等基本术语的表述基本是一致的，也是清楚的，它们的共同目标是增加生物量、恢复资源和修复海洋生态系统。虽然

---

① 本文原刊于《中国水产》，5：28－29，2019。

在实际使用和解释上有时有些差别，但仅是操作方式层面的差别，如现在国内实施的海洋牧场示范区就是人工鱼礁的一种形式（或者说是一个扩大版），其科学性质没有根本差别。在发展过程中，这些基本术语的使用也有些微妙的变化，如海洋牧场的英文字，在很长一段时间里是使用 sea ranching，20 世纪初前后则出现了 marine ranching 和 ocean ranching 用词，似乎意味着海洋牧场将走向一个更大的发展空间，但至今尚未看到一个具有深远海意义的发展实例，看来从设想到现实需一个较长的过程，因为复杂和难做；在日本，20 世纪 60 年代之后几十年里一直使用“栽培渔业（汉字）”或“海洋牧场”来推动渔业资源增殖的发展，并引起中国的高度关注（如学习濑户内海栽培渔业经验），但 20 世纪这些用词在日本逐渐被淡化，更多地使用“资源增殖”，在相关专著出版物书名用词中特别明显。这些用词的微妙变化的内在原因值得关注和深入研讨。

当我们探究这些变化内在原因时，必然涉及发展定位。从以上表述可以看出增殖放流和人工鱼礁对渔业资源增殖的发展定位略有不同，增殖放流强调对增加渔业生物量的贡献，人工鱼礁则强调对修复生态系统的贡献。二者对恢复渔业资源的贡献定位均持谨慎态度。这里需要特别强调是“增加渔业生物量与恢复渔业资源”不能混为一谈，因为它是种群数量变动机制上二个层面的过程。例如，5—6 月放流的对虾苗，当年 9—10 月渔业收获了，被称之为增加了渔业生物量（资源量），因第二年或年复一年需要不断放流，渔业才能有收获。持续了 150 多年的世界鲑科鱼类增殖就是年复一年的放流，才保证了这个事业的成功；假如放流后或经过几年放流，不用再放流，渔业资源量能持续维持在较高水准上，那就达到了资源自然恢复的目的，现实中这种实例鲜有所见。

挪威鳕鱼增殖放流经过 100 多年的反复试验最终停止了，因为无法达到资源恢复和增加补充量的目标，经济上也不合算。日本在栽培渔业 50 年小结中说“未取得令人满意的成果”或私下说“失败了”，是因为当初设定的目标之一为“扩大与复育资源量”，2010 年制定的第六次栽培渔业基本方针，虽明确表示将过去的“一代回收型”改为“资源造成型”，但短时间内仍然没有让人们看到希望。

事实上，从增加渔业生物量或经济效益的角度看，“一代回收型”也是可取的，即当年增殖当年见效，资源量增加，渔业者有了收益，如中国黄海、渤海对虾增殖放流是学习濑户内海栽培渔业经验基础上开展的，当年经济效益显著。所以，对增殖效果取向（即发展定位）应采取实事求是的态度。

国际《海洋科学百科全书》“海洋牧场”条目中称，大约 60％的放流计划是试验性或试点性的，25％是严格商业性的（捕捞），12％具有商业和娱乐目的（游钓或休闲渔业），只有少数（3％）致力于资源增殖。国际 100 多年的增殖史表明，实现资源恢复意义的增殖比较难。产生这样结果的原因，除增殖技术和策略本身的问题外，主要是因为生态系统的复杂性和多重压力影响下的不确定性所致。世界海洋渔业资源数量波动历史表明，渔业资源恢复是一个复杂而缓慢的过程，而目前我们的科学认识还很肤浅，控制力也很弱，设置过高或太理想化的目标难以实现，开展深入持续的基础研究对未来发展十分必要。

因此，国际成功的经验和失败的教训均值得高度重视和认真研究。为了健康持续发展，对于发展中的我国渔业资源增殖事业（或称海洋牧场），应该实事求是，准确、适当地选择发展定位，而且这样的选择应是多向和分类的，包括不同的需求目标和功能目标，不同类别的效益目标，如经济效益、社会效益、生态效益等。需要采取精准定位措施，即各类增殖放流和人工鱼礁建设实施前应有明确的目标定位，甚至采取一类一定的单向措施来保证目标的实现。从目前状况看，单向目标定位比较现实，综合目标定位需要较长的时间实践，难以验证或考核，容易脱离现实。

另外，增殖策略或适应性增殖模式也是一个值得深入研究的重要问题，如大西洋鳕增殖效仿鲑科鱼类增殖放流仔、幼鱼，未能获得成功，而中华绒螯蟹采取放流亲蟹策略，增殖效果显著。总之，深入研究渔业资源增殖事业发展过程中存在的问题，将会使增殖渔业或海洋牧场作为一种新业态在推动现代渔业发展中发挥更大、更实际的作用，也将为促进生态文明建设、推进乡村振兴、满足人民美好生活、助力健康中国建设等战略需求实施做出新贡献。

关于设立国家水生生物增殖放流节的建议①

唐启升，卢良恕，管华诗，方智远，赵法箴，刘筠，
林浩然，徐洵，张福绥，雷霁霖，麦康森

我国海域面积300多万平方千米，内陆水域面积17万km^2，为水生生物提供了良好的繁衍空间和生存条件。据统计，我国现有水生生物2万多种，在世界生物多样性中占有重要地位。水生生物是水域生态系统的重要功能成分，在维系自然界物质循环、净化环境、缓解温室效应等方面发挥着重要作用。水生生物是渔业发展的物质基础和人类重要的食物蛋白来源。养护和合理利用水生生物资源对维护国家生态安全、促进渔业可持续发展具有重要意义。

随着我国经济社会的发展与人口增长，资源不足的矛盾日益突出。水域污染严重、捕捞能力过度，以及各类工程建设等诸多因素，导致我国水域生态环境不断恶化，大量水生生物栖息地遭到严重破坏，部分水域呈现生态荒漠化趋势，水生生物资源处于严重衰退的状态。

多年来，在党中央、国务院的领导下，我国制定并实施了海洋伏季休渔、长江禁渔、控制海洋捕捞渔船等一系列水生生物资源养护的重要制度和措施，取得了一定成效。特别是2006年以来，全国各地大力实施《中国水生生物资源养护行动纲要》（国发〔2006〕9号），加大了水生生物增殖放流工作力度，水生生物资源养护管理呈现良好的工作局面。

实践证明，水生生物增殖放流不仅是养护水生生物资源的一项有效措施，同时在促进渔业发展方式绿色转型、提高渔民收入以及维护渔区社会稳定等方面发挥了重要的作用，具有显著的经济、社会和生态效益。据统计，2009年全国放流各种水生生物245亿尾，投入资金5.9亿元，直接投入产出比为1∶5，约使150万专业捕捞渔民获益。研究还表明，水生生物具有碳汇功能，增殖放流有助于发挥这一功能，为减缓温室气体排放和缓解水域富营养化做出贡献。较之植树造林的树木而言，水生生物资源是移动性、区域性资源，中国作为负责任渔业大国，举行国家水生生物增殖放流活动对树立我国良好的国际形象，促进世界渔业资源可持续利用具有重要意义。水生生物增殖放流在国际上也广为认同，日本、俄罗斯、美国、加拿大和韩国等一些渔业发达国家均将其作为养护资源和保护环境的一项重要手段。

为了更好地贯彻实施《中国水生生物资源养护行动纲要》，保持和发展当前我国水生生物资源养护管理的良好工作局面，进一步做好水生生物增殖放流工作，营造全社会参与水生生物资源养护管理的良好氛围，我们建议，借鉴“植树节”的形式，在每年的6月设立“国家水生生物增殖放流节”，科学放流重要洄游性经济种类、珍稀濒危水生物种，以此带动全国相关活动的开展。

我们相信，设立“国家水生生物增殖放流节”，对全面贯彻落实科学发展观，树立绿色、

① 本文原刊于《工程院院士建议》，第23期，2011年。

低碳发展理念，提高全社会资源环境保护意识，实施《中国水生生物资源养护行动纲要》，建立我国水生生物资源保护的长效机制，最终实现人与自然和谐相处，将发挥重要作用。

建议人：

唐启升　中国工程院院士，海洋渔业与生态，中国水产科学研究院

卢良恕　中国工程院院士，农作物栽培与耕作学，中国农业科学院

管华诗　中国工程院院士，水产品加工及海洋生物工程，中国海洋大学

方智远　中国工程院院士，蔬菜遗传育种，中国农业科学院蔬菜花卉所

赵法箴　中国工程院院士，海水养殖，中国水产科学研究院黄海水产研究所

刘　筠　中国工程院院士，淡水养殖，湖南师范大学

林浩然　中国工程院院士，鱼类生理和养殖，中山大学

张福绥　中国工程院院士，海洋生物，中国科学院海洋研究所

徐　洵　中国工程院院士，海洋生物工程，国家海洋局第三研究所

雷霁霖　中国工程院院士，海水养殖，中国水产科学研究院黄海水产研究所

麦康森　中国工程院院士，水产养殖营养与饲料学，中国海洋大学

山东近海魁蚶资源增殖的研究①

唐启升，邱显寅，王俊，郭学武，杨爱国
（中国水产科学研究院黄海水产研究所，青岛 266003）

摘要：报道了一种海洋贝类——魁蚶资源增殖研究的全过程，包括人工育苗，中间培育、底播放流以及增殖生物学等。结果表明，对亲贝采用阴干、流水、升温、精液或漂白液刺激等诱导方法，苗种生产可实现全工厂化；风浪小、饵料丰富的内湾、虾池等是稚贝适宜的中间培育水域；当年稚贝主要生长期为7—11月，略高于成体适温上限的环境更利于生长，但越冬（12月至翌年2月）后的稚贝难以渡过26℃以上的高温；选择敌害生物少、海底表面稳定性好的海区是增殖成败的关键；放流苗种的理想规格为2.0～2.5 cm，1年后回捕率在50%以上，1.5年后可达壳长5 cm以上的商品规格，增殖效果显著。

关键词：魁蚶；资源增殖；工厂化育苗；中间培育；底播放流

1 引言

魁蚶［*Scapharca*（*Anadara*）*broughtonii* Sckrenck］是一种大型海洋底栖经济贝类，太平洋西北部日本海、黄海、渤海及东海广有分布，分布区从近岸水深3～5 m到外海近60 m处，喜泥质或泥沙质海底[1]。魁蚶成体个大体肥，肉质鲜美，经济价值很高。近年来，由于市场和出口大量需求，过度开发利用导致自然资源急剧下降，进行人工增养殖已为人们所关注[2,4,5]。为此，于1989—1992年在山东荣成、蓬莱及烟台等地对魁蚶资源增殖生态及有关问题（如苗种生产、中间培育、底播放流等）进行了较系统研究，试验规模达中试水平。

2 材料与方法

2.1 人工育苗

利用扇贝、对虾育苗设施进行魁蚶生产性育苗试验，1989—1992年在荣成和蓬莱共进行7点次，水体40～500 m^3不等。主要研究内容：①亲贝人工催产诱导方法；②水温对受精卵孵化率的影响；③饵料成分对幼虫生长发育的影响。同时，在人工培育条件下观察受精卵至稚贝的发育过程。

另外，1990—1991年，在荣成桑沟湾和烟台近海采集自然生长的魁蚶标本，对性腺组织切片观察其发育周期；对胃含物进行定性分析。

---

① 本文原刊于《应用生态学报》，5（4）：396-402，1994。

2.2　中间培育

中间培育苗种全部为人工育苗所获得的稚贝。培育水域和方式分别为：荣成桑沟湾，水深 5～7 m，吊袋和吊笼；荣成邱家对虾养殖池，水深 2 m，吊袋；荣成邱家贝类养殖大池，水深 4 m，吊袋、吊笼和底播；蓬莱五十堡，水深 14 m，吊袋和吊笼；青岛太平角，水深 7 m，吊笼。定期取样记录生长和死亡等有关数据。

2.3　增殖放流

增殖试验区分别选在山东半岛东部和北部近海。东部试验区位于荣成桑沟湾中西部，水深 5～7 m，魁蚶自然资源密度 0.4 个 • m^{-2}[3]，1990 年 10 月底播 1989 年世代壳长 1.30～2.50 cm 苗种 30×10^4 粒。底播密度分别为：北 1 区 10 个 • m^{-2}，北 2 区 8 个 • m^{-2}，南 1 区 15 个 • m^{-2}，南 2 区 5 个 • m^{-2}；北部试验区位于烟台港外防浪堤两侧，水深 8～10 m。1991 年 9 月底播 1990 年世代壳长 1.53～1.93 cm 苗种 50×10^4 粒，密度分别为：1 号区 10 个 • m^{-2}，2 号区 15 个 • m^{-2}。

在试验区内水下定点重捕取样，采集取样框（1 m×1 m）内海底表层及以下 5 cm 内全部底栖生物。对魁蚶底播和重捕资料进行对比分析，检验增殖效果。在实验室内，使用不同壳长组的贝苗，观察相同时间内各自的潜泥数量，计算潜泥率。

3　结果

3.1　性腺发育规律与亲贝暂养

根据魁蚶成体性腺周年切片观察，其发育可分为 5 期，即形成期、生长期、成熟与排放期、退化期和休止期。3 月下旬至 4 月中旬，当栖息水域底层水温上升到 4 ℃以上时，性腺开始发育，滤泡形成，并有少量原始生殖细胞出现。大小约 3.5～6.3 μm，平均 4.6 μm。4 月下旬至 5 月中旬，水温 8 ℃以上时，性腺发育进入小生长期，生殖原细胞开始分裂增殖，大小达 8.5～20.0 μm，平均 13.9 μm，5 月下旬至 6 月中旬，水温 14～20 ℃，性腺发育进入大生长期，滤泡组织迅速增加，滤泡中生殖原细胞分裂增殖旺盛。生殖母细胞处于迅速成熟分化时期，卵母细胞大小增加到 50～92.5 μm，平均 64.6 μm，核仁明显，大小为 5.0 μm。6 月下旬至 8 月下旬，性腺发育进入成熟与排放期，其中 7 月为生殖盛期。适温为 20～25 ℃，成熟卵细胞圆形，直径 54～80 μm。成熟精子头部呈屋山形，长 4 μm，尾部长鞭状，长 56 μm。8 月中旬至 9 月下旬，性腺在完成退化之后进入休止期，未排出的生殖细胞被逐渐吸收。10 月至翌年 3 月，性腺处于休止状态。以上表明，魁蚶性腺发育与海水温度关系密切（图 1）。因此，夏季海水增温较快的海区，产卵时间相应较早，如桑沟湾一般在 6 月下旬至 7 月上旬，而烟台近海则在 7 月中旬。观察中发现，水温超过 25 ℃，对魁蚶生殖活动将产生不利影响，如亲贝死亡率升高，性腺退化严重，产卵率和孵化率低等。

常温育苗情况下，6 月中旬采捕暂养亲贝较为适宜，水温 14～20 ℃为宜。当水温升到 20 ℃以上时，暂养亲贝一般在 3～5 d 内产卵。亲贝的暂养密度为 40～60 个 • m^{-3} 水体，需连续充气以补充氧气，适宜的光照强度为 500～1 000 lx。胃含物分析表明（表 1），自然海

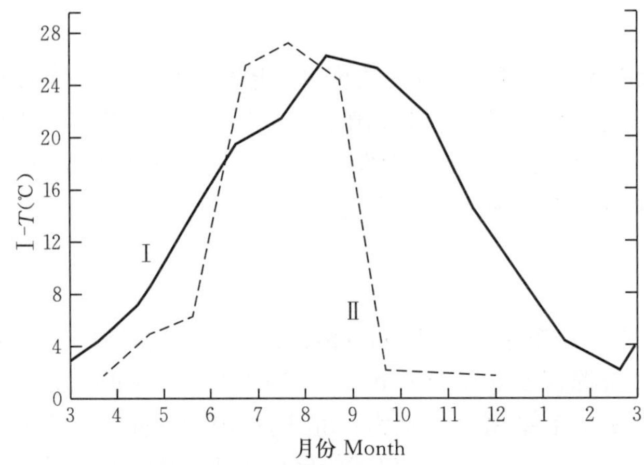

图1 魁蚶卵细胞发育与水温的关系

Figure 1 Relationship between egg cell and water temperature

Ⅰ-T. 月平均水温 Monthly average water temperature Ⅱ-L. 卵细胞长度 Length of egg cell

表1 魁蚶的食物组成

Table 1 Food composition of *S. broughtonii*

分类 Class	食物种类 Food kind	出现频率 Appearance frequency（%）	饵料组成 Forage composition（%）
硅藻门 Bacillariophyta	曲舟藻 *Pleurosigma* sp.	70.9	9.5
	双壁藻 *Diploneis* sp.	40.3	5.4
	双菱藻 *Surirella* sp.	33.9	4.6
	菱形藻 *Nitzschia* sp.	74.2	10.0
	舟形藻 *Navicula* sp.	77.4	10.4
	圆筛藻 *Coscinodisucus* sp.	96.8	13.0
	斑条藻 *Grammatophra* sp.	3.2	0.43
	沟直链藻 *Melosira sulcata*	67.7	9.1
	粗纹藻 *Trachyneis aspera*	69.4	9.3
	盒形藻 *Biddulphia* sp.	1.6	0.22
	卵形藻 *Cocconeis* sp.	11.3	1.5
	角毛藻 *Chaetoceros* sp.	1.6	0.22
	马鞍藻 *Campylodyscus* sp.	1.6	0.22
	双眉藻 *Amphora* sp.	1.6	0.22
甲藻门 Pyrrophyta	多甲藻 *Peridinium* sp.	3.2	0.43
原生动物 Protozoa	拟铃虫 *Tintinnopsis* sp.	12.9	1.7
腔肠动物 Coelenterata	薮枝螅 *Obelia* sp.	22.6	3.0
浮游动物 Copepoda	浮游动物肢体 Limbs of Copepoda	64.5	8.7
无脊椎动物卵 Eggs of invertebrata		17.7	2.4

区的魁蚶是以植物性饵料为主，兼食动物性饵料，主要食物种类是硅藻门中的圆筛藻、舟形藻、曲舟藻等。但像金藻、扁藻、盐藻、小球藻等可以大量人工培养的单胞藻也具有很好的饵料效果，其中以扁藻+小球藻混合投喂的效果最好，能保证亲贝性腺健康发育。

3.2 人工育苗过程及影响因素

3.2.1 阴干、流水、升温/精液刺激法

将亲贝阴干 4～6 h，再流水刺激 1 h，然后移入升温产卵池，升温幅度 5～7 ℃，水温在 22～23 ℃为最佳诱导温度。该法催产的反应时间为 1～2 h，升温过程中加入一定浓度的精液，可诱导雌贝产卵，缩短反应时间。

3.2.2 漂白液消毒海水法

将产卵池海水用漂白液消毒，有效氯浓度为 1～3 mg・L^{-1}，2 h 后加等量硫代硫酸钠中和，充气 2 h 后移入亲贝，产卵反应时间为 0.5～1 h。此法可以不经阴干、流水、升温等处理，简单易行，但其作用机理还有待研究。

试验表明，受精卵孵化的适宜水温为 22～27 ℃，适宜海水比重 1.020～1.025。在适宜范围内，温度越高，孵化时间越短，水温超过 27 ℃，孵化率明显下降（表 2）。魁蚶自受精卵发育到初期稚贝大约需要 25 d 左右，其中受精卵到 D 形幼虫约需 24 h，此时幼体大小 90 μm×70 μm，18～20 d 后，幼体壳长达 240 μm 左右时开始出现眼点，随后面盘逐渐退化变态为稚贝，开始附着生活。

表 2 不同水温对魁蚶受精卵孵化的影响（1989.7）

Table 2 Effect of different water temperature on hatching rate of zygote of *S. broughtonii*（1989.7）

水温① Temperature（℃）	幼虫发育所需时间 Time taken by larva developing（h）		孵化率 Hatching rate（%）
	担轮幼虫 Larva	D 形幼虫 D larva	
23.5～24.0	9.0～9.5	24.0～24.5	98
25.0～26.5	8.0～8.5	16.5～17.0	98
28.0～28.5	7.0	16.0～17.0	30
29.0～29.5	7.0	18.5～19.0	1

注：①每组水体 2 000 mL，孵化密度 60 个・mL^{-1}，水温 25 ℃时，海水比重 1.023。

Notes: Water temperature is 25 ℃, sea water specific gravity 1.023. Hatching density 60 larvae・mL^{-1}. One group hatching water 2 000 mL.

幼体发育阶段，饵料的质量和数量直接影响个体发育。较适宜的饵料有叉鞭金藻、等鞭金藻、扁藻和小球藻。几种单胞藻混合投喂比单种投喂效果好，其中以叉鞭金藻+小球藻效果最好（表 3）。若以金藻+小球藻为标准，初期 D 形幼虫每天投饵 5 000 个细胞・虫$^{-1}$，后期眼点幼虫每天（2.5～30）×10^{4}个细胞・虫$^{-1}$，进入稚贝阶段，换水量、充气量及光照强度均增大，每天投饵量增加到（3.0～5.0）×10^{4}个细胞・虫$^{-1}$。稚贝壳长达 1 mm 时，可移

到海上或虾池中进行中间培育。

表 3 不同饵料对魁蚶虫生长发育的影响（1988）（μm）

Table 3 Effect of different forage on larvae developing of *S. broughtonii*（1989）

日期 Date	生长 Growth	藻种（Algae）								
		等鞭金藻（A）*Isochrysis galbana*	叉鞭金藻（B）*Dicrateria inornata*	小球藻（D）*Chlorelle* sp.	三褐指藻（C）*Phaeodactylum triconutum*	牟氏角毛藻 *Chaetoceros muelleri*	C+D	A+D	B+D	沙滤海水 Filtered sea water
7.17	ASL①	92	92	92	92	92	92	92	92	92
7.19	ASL	100	100	98	98	96	98	100	100	96
	ADG②	4	4	3	3	2	3	4	4	2
7.21	ASL	110	110	100	−100	100	102	110	110	100
	ADG	5	5	1	1	2	2	5	5	2
7.23	ASL	118	118	108	106	104	108	120	120	104
	ADG	4	4	4	3.	2	3	5	5	2
7.25	ASL	130	130	114	118	108	116	130	130	106
	ADG	6	6	3	6	2	4	5	5	1
7.27	ASL	136	140	120	126	110	130	146	144	106
	ADG	3	5	3	4	1	7	8	7	0
7.29	ASL	148	162	126	138	110	140	158	160	—
	ADG	9	4	2	3	0	5	6	8	—
7.31	ASL	166	170	130	144	110	152	178	186	—
	ADG	9	4	2	3	0	6	10	12	—
8.2	ASL	180	184	138	158	—	160	182	210	—
	ADG	7	7	4	7	—	4	2	7	—
8.4	ASL	190	196	140	170	—	174	190	228	—
	ADG	5	6	1	6	—	7	4	9	—
8.6	ASL	204	206	156	180	—	184	202	236	—
	ADG	7	5	8	5	—	5	6	4	—
8.8	ASL	210	218	166	192	—	196	214	250	—
	ADG	3	6	5	6	—	6	7	7	—
8.10	ASL	228	230	180	210	—	214	226	258	—
	ADG	9	6	7	9	—	9	6	4	—
8.17	附着稚贝数 Number of settled larvae	98	96	35	77	0	89	108	143	0
	成活率 Survive rate（%）	0.98	0.96	0.35	0.77	0	0.89	1.08	1.43	0

注：①平均壳长 Average shell length；②日均增长 Average daily growth。

3.3　稚贝生长规律

图 2 分别表达了魁蚶 1989—1991 年 3 个世代的稚贝当年出池后 1 周年的生长状况。稚贝的生长期为 3—11 月，当年稚贝的有效生长期主要在 7—11 月。12 月至翌年 2 月为越冬期，生长停滞。稚贝壳长（L，mm）与体重（W，g）的关系为：

$$W=2.0283\times10^{-4}L^{2.9056}$$

一般稚贝在 10～15 mm 之前，体重增长比较慢，之后，体重增长明显加快。

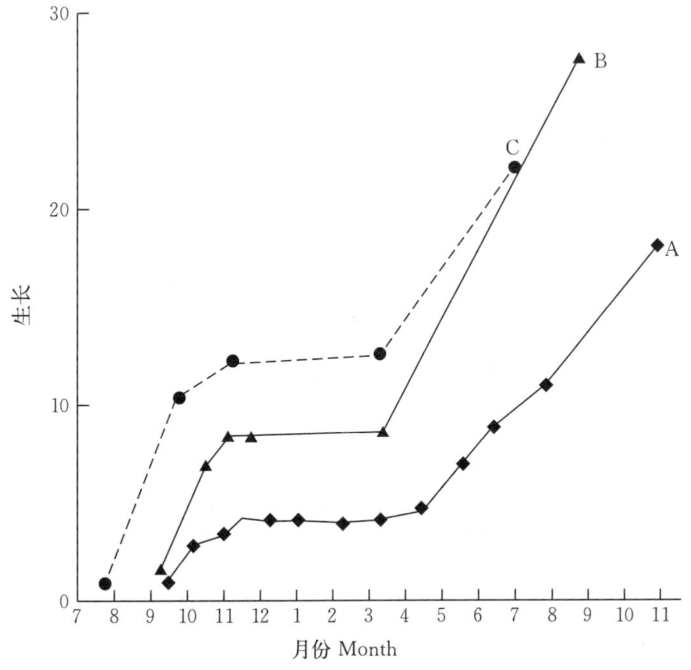

图 2　1989—1991 年世代魁蚶生长曲线

Figure 2　Growth curves of *S. broughtonii* of 1989，1990 and 1991 year - classes

A. 1989 年世代，桑沟湾 1989 year - class，Sanggou gulf　B. 1990 年世代，虾池 1990 year - class. Prawn culture pond　C. 1991 年世代，贝池 1991 year - class，Shellfish culture pond

图 2 各世代的生长曲线也表达了 3 种生长水平，这主要是各自的生态环境不同所致。如 B 曲线的稚贝暂养于对虾养殖池，水域环境较稳定，水温偏高，饵料丰富，由于食性不同，相互之间具有生态互益作用，生长速度最快，生长期内日均增长 0.125 mm；C 曲线的稚贝暂养于贝类养殖池，生长速度也较快，日均增长为 0.104 mm；A 曲线的稚贝暂养于自然海区，环境条件不如前者，日均增长仅为 0.052 mm。另外，中间培育的容器大小和稚贝密度对生长有明显的影响。试验中观察到，50×60 cm 网袋比 25×30 cm 网袋日生长量高 1 倍；高密度（1 000 粒·袋$^{-1}$）组日生长量只有低密度（500 粒·袋$^{-1}$）组的一半，但死亡率却比低密度组高 3 倍。说明大网袋、低密度有利于稚贝生长和提高保苗率。

3.4　稚贝成活率

观察发现，当年稚贝出池后可以顺利地渡过夏季高温期。但越冬后的稚贝，在第 2 年的夏季，水温超过 26 ℃时，会出现严重的死亡。如桑沟湾，稚贝在第 2 年（1992）的夏季死亡率达 20%左右，靖海湾邱家贝类养殖池，1991 年暂养稚贝约 10.0×10^6粒，第 2 年 8 月当水温达到 26～28 ℃时，无论吊养还是底播稚贝均大量死亡，死亡率达 90%以上。可见，经过越冬的 1 龄贝对高温的忍耐力大大降低，这与当年稚贝更适于高温多饵的生态环境不同。

海上日常管理（包括定期洗刷、更换吊养容器、及时疏苗分苗等）对稚贝成活率有明显影响，如 1990 年 9 月，稚贝平均壳长达 1.01 mm 时移入海上进行中间培育试验，到 1991 年 3 月，正常管理组和未加管理组的稚贝生长和成活有很大差别，平均壳长和成活率分别为 14.71 mm 45.2%和 4.33 mm 25.7%。

3.5 底播增殖效果

3.5.1 东部桑沟湾试验区

1991 和 1992 年共进行 2 次定点重捕取样调查（表 4）。第 1 次重捕取样时，4 个试验区的资源密度分布仍保持原态势，底播苗种的位置没有多大移动，增殖资源密度为 6.1 个・m^{-2}，为底播密度的 56%，平均壳长 2.6 cm，平均重 2.6 g。由于 1991 年 9 月 14 日台风北上对试验区有较大的影响，第 2 次重捕取样时，底播放流魁蚶数量明显减少，增殖资源密度为 2.3 个・m^{-2}，仅为底播时的 21%，平均壳长 5.3 cm，平均重 30 g。以上两次重捕取样仅发现 1 个魁蚶死壳。

表 4 桑沟湾魁蚶底播增殖效果检验

Table 4 Test of bottom releasing effect of *S. broughtonii* in Sanggou Bay

		北 1 区 North 1	北 2 区 North 2	南 1 区 South 1	南 2 区 South 2	全区 All
底播放流 Bottom releasing	底播密度（个・m^{-2}） Density（No. ・m^{-2}）	8	10	15	5	11
	平均壳长 Average shell length（cm）					1.81
1990 年 10 月 27 日 Oct. 27，1990	平均重量 Average weight（g）					0.9
重捕取样 Recapture simpling	取样点数（个・m^{-2}） Number of sampling（No. ・m^{-2}）	5	4	3	3	15
	重捕个数（个） Recapture number（No.）	23	31	27	9	91
	增殖密度（个・m^{-2}） Enhancemant density（No. ・m^{-2}）	4.6	7.8	9.3	3.0	6.1
1991 年 6 月 26 日 June 26，1991	重捕率 Recapture rate（%）	57.5	78	62.0	60.0	55.5
	平均壳长 Average shell length（cm）					2.6

（续）

		北1区 North 1	北2区 North 2	南1区 South 1	南2区 South 2	全区 All
	平均重量 Average weight					2.6
1991年6月26日 June 26，1991	取样点数（个·m^{-2}） Number of sampling（No.·m^{-2}）	6			5	11
	重捕个数（个） Recapture number（No.）	(10)			(15)	25
	增殖密度（个·m^{-2}） Enhancemant density（No.·m^{-2}）	1.7			3.0	2.3
	重捕率 Recapture rate（%）	18.7			23.4	20.9
	平均壳长 Average shell length（cm）					5.3
	平均重量 Average weight（g）					30.0

3.5.2 北部烟台试验区

1991年底播后的第3天潜水观察，放流魁蚶已全部潜泥，没有发现死亡个体。10月下旬，试验区出现大批当年生梭子蟹（甲壳宽5～10 cm），潜水员观察到梭子蟹大量残食魁蚶的情景。11月29日取样检查时，底播魁蚶的数量明显减少，资源密度不足1个·m^{-2}，1992年4月和7月再次取样时，放流魁蚶已所剩无几。

3.6 主要敌害生物

表5列出日本蟳在暂养笼内残食幼蚶的试验结果。试验中观察到许多幼蚶被日本蟳夹碎吃掉，被食幼蚶壳长为1.05～2.25 cm，平均1.57 cm；未被食幼蚶壳长为0.85～3.0 cm，平均1.75 cm，较小的幼蚶更容易被残食。试验表明，5 d内约有1/4幼虫甘被日本蟳残食，一个甲壳宽3～4 cm的日本蟳每天能残食幼蚶3～4个。另外，在中间培育过程中，除发现蟹类、海星入侵暂养笼或附于暂养笼外网片上残食幼蚶外，沙蚕的危害也很大。1991年在靖海湾贝类养殖池内发现，凡是有沙蚕进入暂养网袋内，稚贝（壳长3～15 mm）死亡严重，死亡率达50%～90%，沙蚕未入侵的网袋，稚贝死亡率在10%以下。

表5 日本蟳进入与未进入暂养笼魁蚶死亡情况对比

Table 5 Comparison of young arkshell death states in culture container with and without *Charybdis japonica*

试验笼内状况 Internal state of culture container			5 d后笼内状况 Internal state after five days		
层数 Story	幼蚶 Young arkshell	日本蟳 *C. japonica*	存活 Survive	死亡 Death	死亡率 Death rate（%）
2	122	2	84	38	31.5
2	100	0	93	7	7.0

注：试验于1990年10月在青岛太平角扇贝养殖区进行。

Notes：The experiment was conducted in Qingdao Taipinjao scallop farm waters.

4 讨论

4.1 增殖放流苗种规格与时间

魁蚶系底栖贝类，生命早期（壳长约 1 cm 前）具有附着习性，此后营埋栖生活，个体潜泥能力成为确定魁蚶增殖放流苗种规格的重要因素。试验表明，潜泥速度与个体大小密切相关，壳长 1.5 cm 以上的个体潜泥速度加快，潜泥率在 90％以上（表 6）。因此，壳长 1.5 cm可看作是放流苗种规格的初始值。在实施放流过程中，为增强防御敌害能力，苗种规格一般要大一些，如日本放流魁蚶苗种规格多为 2～3 cm，甚至 5～6 cm[5]。但是，过大的规格必然延长中间培育时间，增加成本，并有可能因春季缺氧、夏季高温导致幼蚶大量死亡。因此，苗种放流规格需兼顾多方面因素，如潜泥能力、敌害、成本、死亡等因子。从本研究结果看，壳长 2.0～2.5 cm 的个体作为增殖放流苗种的标准规格较为适宜。

表 6 魁蚶幼贝潜泥能力试验结果（1992.8）

Table 6 Experiment result of the in - mud ability of young *S. broughtonii*

试验组 Group	壳长（cm） Shell length	幼贝个数 Young arkshell	初潜时间① First in - mud time	潜泥个数 In - mud number	潜泥率（%） In - mud rate
1	1.0～1.5	27	17	20	74.1
2	1.5～2.0	25	12	23	92.0
3	2.0～2.5	24	9	23	95.8
4	2.5～3.0	29	10	29	100.0

注：试验于 1992 年 8 月在蓬莱登州镇育苗场进行。试验时间为 60 min。①为第一个个体潜泥所用时间 min。

Notes：The experiment was conducted at Penglai Dongzhou rearing workshop in Aug.，1992. The experiment time is 60 minutes. ①Present the time（min）taken by the first in - mud arkshell.

魁蚶苗种放流时间没有严格要求，苗种一旦达到预定标准即可进行投放。对于壳长达到 2 cm 以上的个体，应尽早投放，以避免培育过程中的意外死亡。为了降低放流苗种成本，缩短增殖周期，采取提前育苗等措施，使苗种在当年生长休止期前达到 2 cm 以上并进行放流是十分必要的。

4.2 增殖放流海区选择及敌害预防

魁蚶是一种适应性较强的海洋贝类，北方沿海大部分区域都具备魁蚶栖息和繁衍的条件。增殖放流海区选择的主要考虑因素是敌害生物和海底表面的稳定性。

蟹类、海星类及沙蚕等是魁蚶增殖中的重要敌害生物。其中梭子蟹、日本蟳等蟹类对放流的魁蚶苗种危害最大，不仅其本身数量大，残食幼蚶数量多，而且它们不像海盘车、海燕等容易被清除。目前尚没有防除这些“敌害”的有效措施，尤其在大规模增殖放流中更是防不胜防；在浅海区（10 m 以内水域）进行魁蚶增殖放流，海底表面容易受大风和强流的影响，造成苗种的移动和流失。对于小规模的底播放流，可以采取围养措施加以保护，对于大规模的底播放流，这样的措施则难以实施。因此，以上两个问题的主要预防手段是增殖放流前作好本底调查，在满足魁蚶生存的基本条件下，敌害生物少，海底受风浪影响小，饵料丰富的海区，即是最佳增殖海区。

4.3 魁蚶增殖效果评价

放流后魁蚶苗种的自然死亡率很低，这无疑为生产性魁蚶增殖放流提供了一个基本条件。日本曾有“魁蚶放流效果不明显”的说法，如山口县 1977—1981 年间放流 1 年后的重捕率平均为 4%，主要是被海星残食[4]。研究表明，只要选择适当的海区，避免敌害生物，重捕率可达到较高水平，如东部试验区放流 1 年后重捕率可达 5%。魁蚶生长较快，壳长 2.0～2.5 cm 的苗种放流后 1～1.5 年可达商品规格（壳长 5～7 cm，体重 30～100 g），若按回捕率 20%计算，投入产出比为 1∶24，增殖效果显著。

因此，魁蚶作为一种经济价值高，生态效率高的大型贝类，在我国北方沿海大力发展其资源增殖是可行的，也是十分有意义的。它不仅能恢复、增加魁蚶资源，同时也会促进沿海生态渔业的发展。

参考文献

[1] 王如才．中国水生贝类原色图鉴．杭州：浙江科学技术出版社，1988：142-143.

[2] 王子臣，张国范，高悦勉，等．温度和饵料对魁蚶性腺发育的影响．大连水产学院学报，1987，8 (2)：1-9.

[3] 毛兴华，等．桑沟湾培养殖环境综合调查研究．青岛：青岛出版社，1988：188.

[4] 山口县水产课，等．IX ァカガィ．栽培渔业のこじき，1987：199-220.

[5] 高见东洋，等．ァカガィの增殖に关する研究．水产养殖，1981，29 (1)：38-56.

Resource Enhancement of Arkshell [*Scapharca* (*Anadara*) *broughtonii*] in Shandong Offshore Waters

Tang Qisheng, Qiu Xianyin, Wang Jun, Guo Xuewu and Yang Aiguo

(*Yellow Sea Fisheries Research Institute, Chinese Academy of Fishery Sciences, Qingdao 266003*)

In this paper, a study of resource enhancement of one oceanic shellfish, *Scapharca* (*Anadara*) *broughtonii* is reported, which includes artificial seed-breeding, mid-culture of young arkshell, bottom releasing as well as enhancement biology etc.. The results show that: ①a complete industrialization of artificial seed-breeding can be realized by means of drying in the shadow, water running, raising water temperature, stimulating with sperm and bleaching agent etc.; ②the inland bays and prawn culture ponds with abundant forage and no rough waves are the suitable mid-culture waters for young arkshell. The main growth period of larvae is from July to November. Age 0 arkshell will grow better at the temperature little higher than the upper limit of the optimum temperature for adult, but the overwintered young arkshell cannot survive when the water temperature is over 26 ℃; ③the key point of enhancement releasing is to choose few predators and stable bottom area. The shell length of 2.0～2.5 cm is the ideal releasing size, and the recapture rate one year after releasing is more than 50%. The releasing arkshell can reach the commercial size when their shell length grows to 5 cm 1.5 years after releasing, and the enhancement effect is remarkable.

Key words: *Scapharca broughtonii*; Resource enhancement; Industrial seed-breeding; Mid-culture; Bottom releasing

魁蚶底播增殖的试验研究[①]

唐启升，王俊，邱显寅，郭学武
（中国水产科学研究院黄海水产研究所，青岛 266071）

摘要：魁蚶是一种适应性强、生态效率高的大型经济贝类。种苗投放后成活率可达99%，1年后的回捕率在50%以上；在满足魁蚶习性要求的一般条件下，选择敌害少、海底稳定性好的海区是增殖成败的关键。蟹类（如梭子蟹、日本蟳）对种苗危害极大，并可能导致“全军覆没”的后果；种苗放流没有严格的时间要求，壳长 2.0～2.5 cm 可作为放流种苗的标准规格。放流 1～1.5 年后可达 5～7 cm 商品规格，增殖效果显著，适用于生产性魁蚶资源增殖放流。

关键词：魁蚶；增殖；种苗规格；海区选择；敌害；回捕率

魁蚶 *Scapharca broughtonii* Sckrenck，是一种大型底栖经济贝类，生活在潮间带以下至水深数十米的浅海区，太平洋西北部日本海、黄海、渤海及东海广有分布。在黄、渤海主要分布于辽东半岛东南部、山东半岛北部和东部、渤海中部等海区，分布区从近岸 3～5 m 到外海近 60 m 处，野生资源集中分布区水深为 20～40 m，喜软泥或泥沙质海底。魁蚶为多年生，成体个大体肥、肉质鲜嫩、经济价值高。近年来，由于过度开发利用导致资源急剧下降，进行人工增养殖已为人们关注，60 年代初，日本开始进行魁蚶人工育苗试验研究，70 年代中后期，进行养殖和人工放流试验，其中海底笼式养殖发展较快。我国大连水产学院于 1983 年开始进行魁蚶人工育苗、中间育成试验研究，在大连黑石礁海区底播试养。1990—1992 年，在获得魁蚶工厂化人工育苗和生产性中间育成试验成功的基础上，分别利用 1989 年和 1990 年世代人工育苗幼贝，在山东桑沟湾和烟台港外海域进行大面积魁蚶底播增殖放流试验，探讨魁蚶生产性增殖放流的种苗规格、海区选择、增殖效果以及影响成活和回捕的主要因素。

1　材料与方法

1.1　底播增殖海区及环境

底播增殖海区分别选在山东半岛东部和北部近海，东部试验区位于桑沟湾中西部，山东桑沟湾海洋水产资源增殖站所属增养殖海区，水深 5～7 m，底层水温最高值出现夏季 8 月，约 24 ℃。最低值出现在冬季 2 月，约 1.5 ℃。底层水温超过 5 ℃以上的月份为 4—12 月。底层盐度年变化约为 31.3～32.3，流速约为 0.23 m/s。底质为黏土粉砂质，黏土含量在

① 本文原刊于《海洋水产研究》，15：79-86，1994。

25%左右。主要底栖生物为软体动物和棘皮动物，如扇贝、牡蛎、毛蚶、魁蚶、海胆、海燕等，魁蚶资源密度约为0.4个/m^2[1]；北部试验区位于烟台港外防浪堤两侧海区，水深为8～10 m。底层水温冬季2月约为2℃。夏季8月约为24℃。盐度年变化为27.9～30.9[2]。海底表层约有5 cm厚的浮泥，下层为泥沙质，含有少量的粗砂。流速约为0.17 m/s。底栖生物有红螺、香螺、紫石房蛤、蟹类和海星等。

魁蚶种苗底播前，对试验区内海星等敌害生物进行人工潜水清除。

1.2 底播放流试验数量及密度

魁蚶底播增殖试验于1990—1991年先后进行2次。1990年10月27日，在桑沟湾增殖试验区底播种苗30万粒。放流种苗系1989年7月中人工育出的稚贝（称1989年世代），9月20日下海进行中间育成。底播时壳长范围为1.30～2.50 cm。平均壳长为1.81 cm，平均重量为0.9 g。试验区位置及种苗密度分布见图1。4个分区总的面积约2.67 hm^2，以扇贝养殖架作为定位标志；1991年9月28日在烟台港外防浪堤两侧共底播种苗50万粒，放流种苗系1990年7月在蓬莱五十里堡人工育出的稚贝（称1990年世代）。底播时壳长范围为1.53～1.93 cm，平均壳长为1.73 cm，平均重量0.8 g。试验区位置及种苗密度分布见图2。

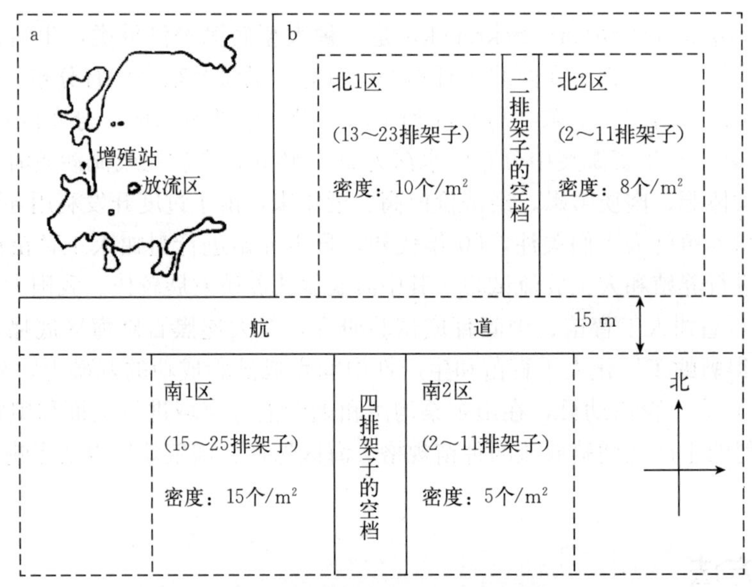

图1 山东桑沟湾魁蚶增殖试验区及种苗密度

a. 桑沟湾示意图 b. 试验说明

Figure 1 Enhancement experiment waters and releasing density of *S. broughtonii* in Shandung Sanggou bay

a. Diagram of Sanggou bay b. Extmentncruduct on

1.3 增殖效果检验方法

采取水下定点重捕取样，检验增殖放流效果。即潜水员潜入水下，将1 m×1 m铁质取样框平放在取样点海底，用簸箕式采集网袋（网目为1 cm）采集框内及底泥5 cm内全部底

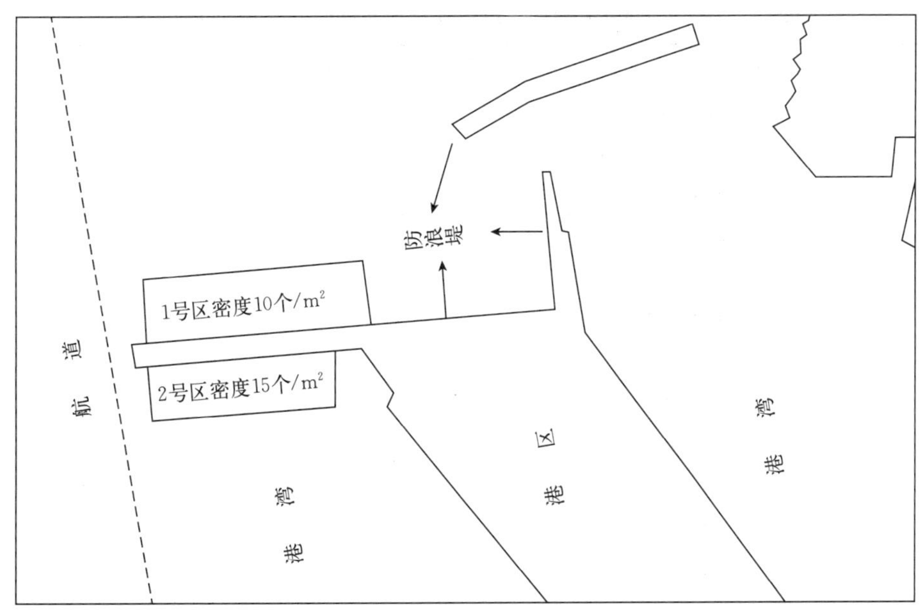

图 2 烟台港外魁蚶增殖试验区及种苗密度

Figure 2 Enhancement experiment waters and releasing density of *S. broughtonii* out Yantai harbor

栖生物。采集物经清洗、分类后对魁蚶等主要底栖生物进行计数和生物学测定。然后，对底播和重捕资料进行对比分析，确认成活、回捕、生长等放流效果拟算。

2 结果

1991—1992 年先后对桑沟湾和烟台港外魁蚶试验区进行 5 次重捕取样调查，结果如下。

2.1 桑沟湾试验区

该区共进行 2 次定点重捕取样调查。第一次重捕取样时间为 1991 年 6 月 26 日（即底播后 8 个月），试验区内设取样点 15 个，共捕魁蚶 136 个，壳长范围为 1.81～8.81 cm，9.1 个/m^2。经辨认底播增殖魁蚶为 91 个，壳长范围为 1.81～4.08 cm。在试验区外设取样点 3 个，捕魁蚶 6 个，壳长范围为 4.47～7.85 cm，全部为野生个体，未底播区的魁蚶数量明显少于试验区。另外，在试验区内还捕到其他底栖生物。其中毛蚶 103 个、文蛤 1 个、海燕 1 个；第二次重捕取样时间为 1992 年 7 月 2 日（底播后 20 个月），试验区内设点 11 个，共捕魁蚶 36 个，壳长范围为 3.2～7.5 cm，密度为 3.1 个/m^2。底播增殖魁蚶为 25 个，壳长范围为 4.0～6.1 cm。其他贝类数量较多，其中毛蚶 195 个、日本镜蛤 3 个、牡蛎 1 个，扇贝 3 个。

在以上 2 次重捕取样调查中，仅发现 1 个魁蚶死壳，表明魁蚶种苗底播后成活率极高（表 1）。

表 1 桑沟湾魁蚶底播增殖效果检验

Table 1 Test of bottom releasing effect of *S. broughtonii* in Sanggou Bay

试验区			北 1 区	北 2 区	南 1 区	南 2 区	全区
底播放流	1990 年 10 月 27 日	底播密度（个/m²）	8	10	15	5	11
		平均壳长（cm）					1.81
		平均重量（g）					0.9
重捕取样	1991 年 6 月 26 日	取样点数（个・m²）	5	4	3	3	15
		重捕个数（个）	23	31	27	9	91
		增殖密度（个/m²）	4.5	7.8	9.3	3.0	6.1
		重捕率（%）	57.5	78.0	62.0	60.0	55.5
		平均壳长（cm）					2.6
		平均重量（g）					2.6
	1992 年 7 月 2 日	取样点数（个・m²）		6		5	11
		重捕个数（个）		(10)		(15)	(25)
		增殖密度（个/m²）		1.7		3.0	2.3
		重捕率（%）		18.7		23.4	20.9
		平均壳长（cm）					5.3
		平均重量（g）					30.0

第一次重捕结果表明，4 个试验区的资源密度分布仍保持原态势，底播种苗的主要位置没有大的移动，资源密度为 6.1 个/m²，为底播密度（11 个/m²）的 56%，约有 44%的个体流失、被食或死亡。因底播放流后约 1 个月，魁蚶即进入越冬期（12 月至翌年 2 月），生长基本停止，重捕时个体增长量不大。平均壳长为2.6 cm，平均重量为2.6 g。与底播时相比长度仅增加 0.8 cm，重量增加 1.7 g，主要是 1991 年 4—6 月生长的。由于 1991 年 9 月 14 日台风北上，对桑沟湾有较大影响，加上定位标志移动，第二次重捕取样时，底播放流魁蚶数量明显减少，资源密度约为 2.3 个/m²，仅为底播时的 21%。自第一次重捕后，底播魁蚶生长又经过了一个完整的生长期，即经过 1991 年 7—11 月和 1992 年 3—6 月生长期。平均壳长已达 5.3 cm，平均重量为 30 g。较底播时壳长增长 3.5 cm，重置增加 29 g。较第一次取样时，壳长增长 2.7 cm，增重27 g（图 3）。

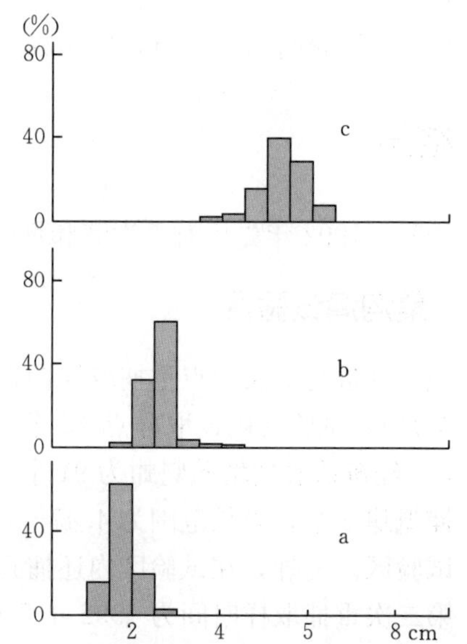

图 3 1989 年世代底播魁蚶长度组成年间变化

Figure 3 Annual variation of length compositions of 1989 - year class *S. brojughtonii*

取样时间：a 为 1990 年 10 月 26 日（平均重1.1 g）；b 为 1991 年 6 月 26 日（平均重 2.7 g）；c 为 1992 年 7 月 2 日（平均重 30 g）

2.2　烟台港外试验区

1991 年 9 月 28 日底播后第 3 天潜水观察，放流魁蚶已全部潜泥，没有发现死亡个体。10 月下旬试验区出现大批当年生梭子蟹（甲宽约 5～10 cm），并停留到第二年春季。11 月 29 日取样检查种苗存活情况时，底播魁蚶数量明显减少，资源密度不足 1 个/m^2。1992 年 4 月 1 日及 7 月 4 日再次取样时，底播魁蚶数量已寥寥无几，但是，剩余种苗的生长状况尚属正常，生长速度略高于桑沟湾试验区（表 2）。

表 2　烟台港外底播放流魁蚶生长情况

Table 2　Growth state of *Scapharca broughtonii* released out Yantai harbor

时间	底播时间	取样时间		
	1991. 9. 28	1991. 11. 29	1992. 4. 1	1992. 7. 4
平均壳长（cm）	1. 73	2. 39	2. 74	4. 17
平均壳高（cm）	1. 18	1. 83	2. 03	3. 49
平均重量（g）	0. 8	2. 1	3. 1	10. 3

在中间育成过程中已发现蟹类入侵暂养笼或附于暂养笼外网片上残食幼蚶的现象。潜水员水下观察到梭子蟹使用螯足从壳顶两侧撬开蚶壳，进而残食。试验表明（表 3），日本蟳进入暂养笼后，许多幼蚶被夹碎吃掉。被食幼蚶壳长为 1. 05～2. 25 cm，平均 1. 57 cm，未被吃食的幼蚶壳长为 0. 85～3. 0 cm，平均 1. 75 cm，较小的幼蚶更容易被残食；若参照对比组（没有日本蟳进入暂养笼）幼蚶的死亡情况，5 d 内约有 25%的幼蚶被日本蟳残食，一个甲宽 3～4 cm 的日本蟳每天残食幼蚶约 3～4 个。可见，蟹类对增殖放流初期幼蚶危害极大。

表 3　日本蟳进入与未进入暂养笼魁蚶死亡情况对比

Table 3　Young arkshell death state contrast of *Charybdts japonica* in culture container and no *Charybdts japonica* in culture container

暂养笼内状况			5 d 后笼内状况		
层数	幼蚶	日本蟳	存活	死亡	死亡率（%）
2	122	2	84	38	31. 5
2	100	0	93	7	7. 0

注：试验于 1990 年 10 月在青岛太平角扇贝养殖区进行。

3　讨论与结语

3.1　增殖放流苗种规格与时间

魁蚶系底栖贝类，生命早期（壳长约 1 cm）具附着习性，此后营埋栖生活，个体潜泥能力成为确定魁蚶增殖放流种苗规格的重要因素。试验表明（表 4），潜泥速度和比率与个体大小明显相关，壳长 1. 5 cm 以上的个体潜泥速度加快，潜泥率在 90%以上，壳长 2. 5 cm 以上的个体潜泥率已达 100%。壳长 1. 5 cm 可看作是放流种苗规格的初始值，在放流实施过程中，为了增强防御敌害的能力，种苗规格一般要求大一些。如日本魁蚶放流种苗规格多为 2～3 cm，甚至 5～6 cm[3]。但是，过大的种苗规格必然延长中间育成时间，增加管理成本，并可能因为春季缺氧、夏季高温导致吊养幼蚶的大量死亡。因此，种苗放流规格需要兼顾多方面的因素，如潜泥能力、敌害、成本、死亡等因子。从本项试验研究的结果看，壳长 2.0～2.5 cm 的个体作为增殖放流种苗的标准规格较为适宜。这样的种苗，放流后经过 1～1.5 个完整的生长期，可达到壳长 5～7 cm 的商品规格。

表 4 魁蚶幼贝潜泥能力试验结果（1992.8）

Table 4 Experiment result of the in-mud abability of young *S. broughtonii*

试验组	壳长（cm）	幼贝个数（个）	初潜时间①（min）	潜泥个数（个）	潜泥率（%）
1	1.0～1.5	27	17	20	74.1
2	1.5～2.0	25	12	23	92.0
3	2.0～2.5	24	9	23	95.8
4	2.5～3.0	29	10	29	100.0

注：试验于 1992 年 8 月在蓬莱登州镇育苗场进行，试验时间为 60 min；①即第一个个体潜泥所用的时间。

魁蚶种苗放流对时间没有严格要求，一旦种苗达到预定的标准，一年四季均可进行投放。对于壳长达到 2 cm 以上的个体，应尽早进行投放，以避免暂养过程中的意外死亡。另外，为了降低放流种苗成本，缩短增殖放流周期，采取提前育苗等措施，使种苗在当年 11 月生长休止前达到 2 cm 以上并进行投放也是十分必要的。

3.2 增殖放流海区选择及敌害预报

魁蚶是一种适应性较强的底栖贝类，对环境由于要求不甚严格，如夏季可栖息在底层水温 7～20 ℃的深水区，也可生长在 20～25 ℃的浅水区，冬季可潜居在底温 4～9 ℃的深水区，也可以生存于 1～5 ℃的浅水区。魁蚶主食硅藻类还兼食浮游动物，软泥或泥沙质海底均适合其埋居生活。北方沿海大部分区域都具备上述条件并适合魁蚶栖息与繁衍。因此，增殖放流海区选择的主要考虑因素是敌害生物和海底稳定性。

海星类、蟹类及沙蚕等是魁蚶养殖中的重要敌害生物，试验中发现梭子蟹、日本蟳等蟹类对放流的魁蚶种苗危害极大。不仅其本身数量大、残食幼蚶数量多，同时，它不像海盘车、海燕等海星类容易被清除，导致烟台港外底播放流魁蚶种苗“全军覆没”就是一个明显例证，目前尚没有防治这种“敌害”的有效措施。而在大规模增殖放流中这样的“敌害”更是防不胜防；在浅海区（如 10 m 以内的水域）进行魁蚶增殖放流，海底容易受大风和强流的影响，并造成种苗的移动和流失。对于小规模的底播放流，还可以采取围养措施加以防护。对于较大规模的底播放流，这样的措施就难以实施了。因此，对于以上两个问题的主要预防手段是增殖放流前作好本底调查，在满足魁蚶生存的最基本的理化环境条件下，敌害生物少，海底受风流影响小，底栖硅藻类丰富的海区，即是最佳增殖海区。

3.3 魁蚶增殖效果评价

放流后魁蚶种苗的自然死亡率很低，成活率可达 99%。无疑这为生产性魁蚶增殖提供了一个基本条件。日本曾有“魁蚶放流效果不明显”的说法，如山口县 1977—1981 年间放流一年后的重捕率平均仅 4%[4]，主要是放流后种苗大量为海星残食，后来采取了诱捕、清除等防治措施，重捕率明显提高，达 60%以上，试验也表明，只要选择适当的海区，避免敌害生物残食放流种苗，重捕率也可达到较高水平。如桑沟湾底播放流后第一年的重捕率达 56%。魁蚶饵料基础丰富，生长较快，壳长 2.0～2.5 cm 的种苗放流 1～1.5 年后，体重达 30～100 g，若回捕 10 个/m^2，可捕量约为 7 500 kg/hm^2，其增殖效果十分显著。

另外，本项试验研究已具中试规模。所采取的技术措施和获得的研究结果，完全适用于生产性增殖放流。因此，魁蚶作为一种经济价值高、生态效率高的大型贝类，在我国北方沿海大力发展其资源增殖是可行的，也是十分有意义的。它不仅恢复、增加魁蚶资源，同时也会促进沿海生态渔业的发展。

参考文献

[1] 毛兴华，等．桑沟湾增养殖环境综合调查研究．青岛出版社，1988：188.

[2] 陈冠坚，等．中国海洋渔业环境．浙江科学技术出版社，1991，233.

[3] 高见东洋，等．アカガイの增殖に关する研究．水产养殖，1981.29（1）：38－56.

[4] 山口县水产课，等．区アカガイ栽培渔业のこニき.1987，199－220.

Studies on Releasing Enhancement of *Scapharca broughtonii*

Tang Qisheng, Wang Jun, Qiu Xianyin, Guo Xuewu

(Yellow Sea Fisheries Research Institute, Chinese Academy of Fishery Sciences, Qingdao 266071)

Abstract: This paper reports the main results of releasing propagation experiment of *Scapharca broughtonii* in Shandong Sanggou bay and Yantai offshore sea, from 1990—1992. The results show: ①*S. broughtonii*, as a commercial shell fish, has merits of wide adaptability and high ecological efficiency. The death rate after released is very low and the survival rate is as high as 99%. The recapture rate, one year after released, is more than 50%. ②When meeting the demands of *S. broughtonii's* habits, it is the key for a successful enhancement to choose few predators and stable bottom water area. Crabs can do much harm to released larvae and probably lead to complete annihilation. ③There is no strict time for releasing. To avoid accidental death, larvae should be released as early as they grow to the required size. Many factors should be considered on releasing size, such as in-mud ability, predators, cost, death in mid - culture etc. Shell length of 2. 0～2. 5 cm can be the standard releasing size. The shell length can reach 5 ～ 7 cm at 1 ～ 1. 5 year after releasing. The enhancement effect is very remarkable.

This experiment has reached middle scale. The technique used and the results achieved in the experiment can be used in commercial *S. broughtonii* resource enhancement.

Key words: *Scapharca broughtonii*; Enhancement; Seed size; Sea area choice; Prodator; Recapture rate

渤海莱州湾渔业资源增殖的敌害生物及其对增殖种类的危害①

唐启升，韦晟，姜卫民
（中国水产科学研究院黄海水产研究所，青岛 266071）

摘要：根据近岸捕食鱼类胃含物分析及渤海生物资源大面积定点拖网调查，研究了渤海莱州湾渔业资源增殖的敌害生物种类、分布及其对增殖种类的危害。结果表明，鲈鱼幼鱼、黄姑鱼幼鱼、绵鳚、虾虎鱼类是捕食渤海对虾、梭鱼等增殖种类幼体的主要敌害生物，危害主要发生在近岸，其中鲈鱼危害较为严重。主要危害期为 7 月，被捕食的幼对虾长度以 3～7 cm 为主。鉴于敌害生物大量捕食增殖种类主要发生在近岸和两者密集分布区的重叠处，在增殖放流区选择上，对敌害生物采取“回避”策略是保护增殖放流种类的可行措施。

关键词：渤海；增殖；敌害鱼类；对虾；梭鱼；鲈鱼；保护对策

1 引言

摸清增殖种类与敌害生物之间的食物关系，无疑对有效的资源增殖放流是十分重要的。邓景耀等[11]对渤海 54 种主要鱼类的食物关系进行了研究，没有发现捕食性鱼类对渤海对虾等主要增殖种类有明显的危害。据分析，产生这一结果的原因可能是由于“调查海区不包括水深小于 5 m 的内湾、河口附近的浅水区和定置网密布的海区”。韩光祖等②在黄海桑沟湾的调查发现 8 月 8—10 日捕获的 17 尾幼鲈胃中有 90 尾放流幼虾（带标志），97％为放流 1～2 d 的幼虾。显然，为了在渤海实施有效的资源增殖放流，需要对渤海对虾等主要增殖种类被捕食情况进行深入的调查研究。本文以 1992—1994 年莱州湾近岸采样资料为主，分析研究了该海域主要捕食鱼类对增殖种类的危害情况，重点报道了鲈鱼幼鱼捕食幼对虾的情况，也对应采取的措施进行了讨论。

2 材料与方法

1992—1994 年 6—7 月间在莱州湾东南部小清河口和白浪河口及其邻近海域对可能危害目前渤海主要增殖种类幼对虾的捕食鱼类进行采样，种类包括鲈鱼幼鱼、绵鳚、黄姑鱼幼鱼、白姑幼鱼、矛尾虾虎鱼、刺虾虎鱼、矛尾刺虾虎鱼、红狼牙虾虎鱼等 8 种，样品共计 3 084尾（表 1）。对所有样品分析进行了生物学测定（个体长度、重量、纯体重、摄食等级

① 本文原刊于《应用生态学报》，8（2）：199－206，1997。

② 韩光祖等，1985。桑沟湾对虾资源增殖研究Ⅱ。鲈鱼和六线鱼对增殖对虾的危害（油印本）。

等）和胃含物分析。借助于低倍放大镜或解剖镜现场鉴别胃中的食物种类和尾数，用百分之一感量天平称重。分别计算了饵料生物尾数%（N）、重量%（W）、出现频率（%，F）、胃饱满指数（%）和相对重要性指标［$IRI=(N+W)\cdot F$］，计算方法详见文献［5］。

表 1 渤海小清河口和白浪河口及其附近海域捕食鱼类样品采集数（尾）

Table 1 Number of predator fishes sampled in Xiaoqing and Bailang estuaries and adjacent waters

时间 Date	1	2	3	4	5	6	7	8	合计 Total
1992.6.12—20	285	46	100	50	52		50	100	683
1992.7.2—20	680	160			50	50			940
1993.6.22—29	186					100			286
1993.7.2—22	628					50			678
1994.7.4—22	72	375					50		497
合计 Total	1 851	581	100	50	102	200	100	100	3 084
体长范围（mm）Length range	16～110	65～280	148～216	60～158	66～124	54～101	35～212	65～242	
平均体长（mm）Average length	47.1	145.3	171.2	119.2	75.8	74.1	105.8	158.0	
平均体重（g）Average weight	105.3	16.9	53.0	107.0	6.8	6.9	16.1	11.5	

注：1. 鲈鱼幼鱼 *L. japonicus*；2. 绵鳚 *E. elongatus*；3. 黄姑鱼幼鱼 *N. albiflora*；4. 白姑鱼幼鱼 *A. argentatus*；5. 矛尾虾虎鱼 *C. stigmatias*；6. 矛尾刺虾虎鱼 *A. hasta*；7. 刺虾虎鱼 *A. flavimanus*；8. 红狼牙虾虎鱼 *O. rubicundus*。下同 The same below。

关于增殖敌害生物种类分布及生物量数据取自 1992—1993 年大面积拖网定点调查，以及有关资料[2,4]。目前，在渤海实施生产性增殖放流的种类为对虾，进行过小规模放流或试验性放流的种类有梭鱼、真鲷、海蜇、黑鲷、牙鲆、黄盖鲽、魁蚶等。另外，黄姑鱼、黑鲪、六线鱼、半滑舌鳎等也被认为是可供放流的种类。因此，本文所定义的增殖敌害生物是指危害上述增殖对象的生物种类，特别是对对虾和梭鱼造成危害的生物种类。

3 结果

3.1 主要捕食鱼类食物组成

3.1.1 鲈鱼幼鱼

食性较广，摄食种类达 10 种，成鱼摄食口虾蛄、鱼类（如鳀鱼、虾虎鱼类）及底栖虾类等[1]。幼鱼则不同，以浮游动物为主，如长额刺糠虾，其次为脊尾白虾幼体和幼鱼，如梭鱼幼鱼等。另外，亦食一定数量的幼对虾（表 2）。

3.1.2 绵鳚

食性亦较广，以底栖生物为主。成鱼以日本鼓虾和钩虾为主要饵料，幼鱼以底栖虾类和多毛类为主要饵料，其中脊尾白虾幼体和对虾幼体占有一定数量，其次亦食少量幼鱼，如青鳞幼鱼（表 2）。

3.1.3 黄姑鱼幼鱼

成鱼食性较广，饵料种类包括底栖虾类、小型鱼类、浮游动物、口虾蛄、短尾类、头足类等。幼鱼食性较为单一，日本鼓虾和鳀鱼为主要摄食种类，亦摄食一定数量的对虾幼体（表 2）。

3.1.4 白姑鱼幼鱼

成鱼以底栖虾类为主，如日本鼓虾。同时，也摄食一定数量的小型鱼类，如六丝矛尾虾虎鱼等，而幼鱼食性则不同，以浮游动物为主，糠虾和毛虾为主要饵料种类，未发现捕食幼对虾及其他增殖种类幼体（表 2）。

3.1.5 矛尾刺虾虎鱼

食性以底栖虾类、鱼类和浮游动物为主，主要摄食种类有脊尾白虾幼体、梭鱼和鲻鱼仔鱼、糠虾和双壳类等，亦捕食少量幼对虾（表 2）。

3.1.6 矛尾虾虎鱼

食性亦较广，摄食种类包括底栖虾类、鱼类、双壳类、毛虾、多毛类和短尾类等，亦捕食幼对虾和梭鱼幼体。

3.1.7 刺虾虎鱼

食性与前 2 种虾虎鱼类相近，以鱼类和底栖虾类为主，亦捕食幼对虾和一定数量鳓鱼幼鱼、梭鱼幼鱼（表 2）。

3.1.8 红狼牙虾虎鱼

与前 3 种虾虎鱼类相比，摄食种类相对较少，以底栖虾类为主，亦捕食少量双壳类和多毛类（表 2）。

3.2 主要增殖敌害生物种类及分布

主要捕食鱼类胃含物组成分析表明，鲈鱼幼鱼、黄姑鱼幼鱼、绵鳚和虾虎鱼类等捕食鱼类可视为渤海增殖种类的主要敌害生物，它们对对虾和梭鱼等增殖种类的幼体造成危害，但对其他可增殖种类的危害并不明显。

鲈鱼属浅海内湾性鱼类，冬季移向较深水域。在渤海主要分布于莱州湾、黄河口和秦皇岛外，秋季产卵，仔幼鱼翌年早春进入近岸、河口水域索饵育肥，直到秋末才逐渐游向渤海中部深水区；黄姑鱼是春季洄游到渤海产卵的重要经济鱼类，莱州湾是其主要分布区。夏、秋季幼鱼广泛分布于莱州湾、黄河口以及秦皇岛近岸，秋后逐渐游出渤海；绵鳚属近海底层鱼类，春季由深水区向近岸浅水区移动，夏秋季分散在渤海近岸和河口浅水区索饵育肥。冬季移向深水区产卵、越冬；虾虎鱼类个体小、种类多，广泛分布于渤海，周年在近岸内湾和渤海中部深水区均可发现。

3.3 主要敌害生物对增殖种类的危害

3.3.1 对幼对虾的危害

在取样的 8 种主要捕食鱼类中有 6 种胃含物中发现幼对虾。即 6—7 月间幼对虾被多种捕食鱼类捕食，如被鲈鱼幼鱼、黄姑鱼幼鱼、绵鳚、矛尾虾虎鱼、刺虾虎鱼、矛尾刺虾虎鱼等捕食，幼对虾在胃含物中出现频率（*F*）和相对重要性指标（*IRI*）分别为 14.9、25；15.1、637；8.7、273；6.3、101；3.8、27；1.6、1（表 2）。在表 3 所列的 2 761 个胃含物取样样品中，6 种捕食鱼类平均捕食幼对虾为 0.1～0.2 个·尾$^{-1}$，鲈鱼、黄姑鱼、绵鳚捕食的数量较多，其次为虾虎鱼类。表 4 为 1992—1993 年 7 月鲈鱼幼鱼和被捕食的幼对虾的生物学状况，这些资料表明，7 月是幼对虾被鲈鱼捕食的主要月份。7 月鲈鱼幼鱼平均体长 120 mm 左右，体重 30 g 左右，积极摄食，胃饱满指数约 4%，摄食等级以 2～3 级为主。被捕食的 231 尾幼对虾大小不等，体长从 28 mm 到 110 mm，以 30 ～70 mm 为主。7 月上半月被捕食的对虾体长为 28～67 mm，平均体长 42 mm，平均体重 972 mg，中旬以后被捕食的对虾体长为 40～110 mm，平均体长 57 mm，平均体重 1 188 mg。在被捕食的幼对虾中发现 20 余尾标志虾，分别占 1992 和 1993 年被捕食幼对虾的 7%和 17%。

3.3.2 对其他可增殖种类的危害

表 2、3 列出的 8 种捕食鱼类对可增殖种类的危害情况中，除对虾外，主要受危害的增殖种类为梭鱼。8 种捕食鱼类发现有 4 种捕食梭鱼，即鲈鱼、刺虾虎鱼、矛尾刺虾虎鱼、矛尾虾虎鱼。梭鱼幼鱼在胃含物中出现频率（*F*）和相对重要性指标（*IRI*）分别为 9.0、30；14.0、490；4.4、91；0.7、1。由于鲈鱼幼鱼和矛尾虾虎鱼生物量相对较高，捕食梭鱼仔鱼的实际数量较多。

表 2 主要捕食鱼类胃含物分析结果

Table 2 Results of stomach content analysis of main predator fishes

饵料生物 Preys	鲈鱼幼鱼 *L. jqponicus*（young）				绵鳚 *E. elongatus*			
	N	*W*	*F*	*IRI*	*N*	*W*	*F*	*IRI*
浮游动物 Zooplankton	93.48	71.2			8.17	1.31		
大眼幼虫 Megalopa larva	1.11	0.53	0.50	1	1.49	0.54	1.09	2
长额刺糠虾 *Acanthomysis longirostris*	92.05	70.75	24.59	4.003	5.94	0.19	0.50	3
中华囊糠虾 *Alomgirostris varsimensis*	0.32	0.01	2.07	1				
中国毛虾 *Acetes chinensis*	0.00	0.00	1.94	<	0.74	0.58	0.67	1
多毛类 Polychaeta	0.00	0.10	0.10	<	33.28	17.29	24.29	1.228
双壳类 Lamellibranchia	0.53	0.86			13.08	4.12		
牡蛎幼体 *Crassostrea* sp. larva	0.17	0.70	0.10	<				
竹蛏幼体 *Solen* sp. larva	0.01	0.02	0.20	<				
光滑河蓝蛤 *Potamocorbula laevis*	0.35	0.14	0.30	<	13.08	4.12	6.87	118

（续）

饵料生物 Preys	鲈鱼幼鱼 *L. jqponicus*（young）				绵鳚 *E. elongatus*			
	N	*W*	*F*	*IRI*	*N*	*W*	*F*	*IRI*
底栖虾类 Macrura	1.30	22.97			29.42	44.96		
幼对虾 *Penaeus orientalis* juvenile	0.56	1.14	14.89	25	11.74	19.58	8.71	273
脊尾白虾幼体 *Palaemon carinicuda* larva	0.63	21.80	1.88	42	16.94	24.80	1.00	876
葛氏长臂虾幼体 *Plalaemon gravieri* larva	0.01	0.01	1.44	<	0.74	0.58	0.67	1
脊尾褐虾 *Crangon affinis*	0.10	0.02	0.06	<				
短尾类 Brachyura	0.18	0.31			11.00	17.31		
泥脚隆背蟹 *Carcinaplax vestitus*	0.18	0.31	1.00	1	11.00	17.31	6.37	180
鱼类 Fishes	3.70	4.55			5.05	14.65		
梭鱼仔鱼 *Liza haematocheila* larva	1.32	2.02	8.95	30				
鲻鱼仔鱼 *Mugil oeur* larva	0.02	0.40	0.81	<	1.04	1.64	1.37	4
鳓鱼仔鱼 *Ilisha elogala* larva	0.02	0.14	1.06	<	0.45	0.35	0.50	<
青鳞鱼幼鱼 *Harengula zunasi* young	1.68	1.00	16.21	43	2.22	9.82	2.51	30
斑鰶仔鱼 *Chupanodon punctatus* larva	0.65	0.78	3.88	6				
绵鳚仔鱼 *Enchelyopus elongatus* larva	0.00	0.09	0.25	<	0.15	0.58	0.17	<
尖尾虾虎鱼幼鱼 *Chaeturichthys stigtmatias* young	0.01	0.12	1.00	<	1.19	2.62	1.34	5

饵料生物 Preys	黄姑鱼幼鱼 *N. albiflora*（young）				白姑鱼幼鱼 *A. argentatus*（young）			
	N	*W*	*F*	*IRI*	*N*	*W*	*F*	*IRI*
浮游动物 Zooplankton					9.98	100		
长额刺糠虾 *Acanthomysis longirostris*								
中华囊糠虾 *Alomgirostris varsimensis*					39.66	58.85	35.10	3.457
中国毛虾 *Acetes chinensis*					50.34	40.83	40.03	3.649
钩虾类 Gmmaridea					9.98	0.32	1.12	11
多毛类 Polychaeta								
腹足类 Gastropoda								
经氏壳舌蝓 *Philine kinglipini*								
双壳类 Lamellibranchia								
竹蛏幼体 *Solen* sp. larva								
光滑河蓝蛤 *Potamocorbula* laeva								
底栖虾类 Macrura	65.51	55.54						
幼对虾 *Penaeus orientalis* juvenile	13.79	28.50	15.07	637				
脊尾白虾幼体 *Palaemon carinicuda* larva								
日本鼓虾 *Alpheus japonicus*	51.72	27.04	50.32	3 963				
鱼类 Fishes	34.48	44.46						
梭鱼仔鱼 *Liza haematocheila* larva								
鲻鱼仔鱼 *Mugil oeur* larva								
日本鳀 *Engreaulis japonicus*	34.48	44.46	35.18	2 777				
尖尾虾虎鱼幼鱼 *Chaeturichthys stigtmatias* young								

（续）

饵料生物 Preys	矛尾虾虎鱼 *C. stigmatias*				刺虾虎鱼 *A. flavimanus*			
	N	*W*	*F*	*IRI*	*N*	*W*	*F*	*IRI*
浮游动物 Zooplankton	11.21	10.36			67.53	8.91		
长额刺糠虾 *Acanthomysis longirostris*					0.80	0.05	2.00	1
中华囊糠虾 *Alomgirostris varsimensis*					66.73	8.86	17.00	1 115
中国毛虾 *Acetes chinensis*	11.21	10.36	12.42	267				
钩虾类 Gmmaridea	0.43	0.02	1.04	<				
多毛类 Polychaeta	3.88	4.30	6.08	49	1.20	1.60	10.00	28
腹足类 Gastropoda								
经氏克舌蝓 *Philine kinglipini*								
双壳类 Lamellibranchia	51.72	19.12						
竹蛏幼体 *Solen* sp. larva								
牡蛎幼体 *Crassostrea* sp. larva								
光滑河蓝蛤 *Potamocorbula laevis*	51.72	19.12	5.22	369				
底栖虾类 Macrura	8.19	19.36			7.21	34.60		
幼对虾 *Penaeus orientalis* juvenile	4.16	12.03	6.25	101	2.04	5.04	3.82	27
脊尾白虾幼体 *Palaemon carinicaud* larva	3.02	6.11	8.33	76	4.61	28.33	56.73	1 869
日本鼓虾 *Alpheus japonicus*	1.01	1.22	1.00	2	0.56	1.23	1.68	3
短尾类 Brachyura	3.88	6.45	5.88	60	0.40	0.39	4.10	3
绒毛细足蟹 *Raphidopus ciliatus*					0.40	0.39	4.10	3
泥脚隆背蟹 *Carcinaplax vestitus*	3.86	6.45	5.88	60				
鱼类 Fishes	20.69	40.39	23.52	1 436	23.65	54.48	50.08	3 912
梭鱼仔鱼 *Liza haematocheila* larva	0.43	0.80	0.65	1	5.01	29.94	14.03	490
鳓鱼仔鱼 *Ilisha elogala* larva					18.64	24.54	36.05	1 556
尖尾虾虎鱼幼鱼 *Chaeturichthys stigtmatias* young	20.26	39.59	22.87	1 368				

饵料生物 Preys	矛尾刺虾虎鱼 *A. hasta*				红狼牙虾虎鱼 *O. tubicuntus*			
	N	*W*	*F*	*IRI*	*N*	*W*	*F*	*IRI*
浮游动物 Zooplankton	92.03	27.76						
长额刺糠虾 *Acanthomysis longirostris*	92.03	27.76	9.20	1.10				
中华囊糠虾 *Alomgirostris varsimensis*								
中国毛虾 *Acetes chinensis*								
钩虾类 Gmmaridea					0.86	0.08	8.20	7
多毛类 Polychaeta					0.54	1.06	10.33	16
腹足类 Gastropoda	2.15	0.32						

（续）

饵料生物 Preys	矛尾刺虾虎鱼 *A. hasta*				红狼牙虾虎鱼 *O. tubicuntus*			
	N	*W*	*F*	*IRI*	*N*	*W*	*F*	*IRI*
经氏壳舌蝓 *Philine kinglipini*	2.15	0.32	21.6	53				
双壳类 Lame llibranchia	0.96	6.49	3.20	23	2.61	5.20		
竹蛏幼体 *Solen* sp. larva	0.24	4.33	1.20	5	0.22	0.53	4.03	3
牡蛎幼体 *Crassostrea* sp. larva					2.39	4.67	14.08	99
光滑河蓝蛤 *Potamocorbula* larva	0.72	2.16	2.00	5				
底栖虾类 Macrura	2.07	35.00			95.98	93.66		
幼对虾 *Penaeus orientalis* juvenile	0.16	0.38	1.59	1				
脊尾白虾幼体 *Palaemon carinicuda* larva	1.19	34.62	8.80	321	90.88	89.92	71.07	12 839
日本鼓虾 *Alpheus japonicus*					5.01	3.74	7.11	62
鱼类 Fishes	2.07	26.11						
梭鱼仔鱼 *Liza haematocheila* larva	1.59	19.23	4.40	91				
鲻鱼仔鱼 *Mugil oeur* larva	0.32	4.48	8.00	38				
日本鳀 *Engreaulis japonicus*								
尖尾虾虎鱼幼鱼 *Chaeturichthys stigtmatias* young	0.16	2.40	0.80	2				

注：*N*、*W*、*F* 和 *IRI* 分别代表饵料生物尾数%、重量%、出现频率和相对重要性指标；<表示数值小于 0.5。

Notes: *N*, *W*, *F* and *IRI* are percent number, percent weight, frequency of occurrence and index of relative importance respectively.

表 3　渤海小清河口和白浪河口及其附近海域 8 种捕食鱼类捕食主要经济种类的实际尾数

Table 3　Number of target species consumed by 8 predator fishes in Xiaoqing and Bailang estuaries and adjacent waters of Bohai Sea

饵料种类 Preys	1	2	3	4	5	6	7	8
仔梭鱼 *L. haematocheila* larva	291				28	10	5	
仔鲻鱼 *M. oeur* larva	25	7						
仔鳓鱼 *I. elogata* larva	41	3					6	
仔鲈鱼 *L. japonicus* larva	7							
幼对虾 *P. orientalis* juvenile	282	69	4		8	2	10	
幼脊尾白虾 *P. carinicauda* larva	292	109	5		27	10	34	
幼中国毛虾 *A. chinensis*	37	17		10		10		
幼葛氏长臂虾 *P. gravieri* larva	22	5						
幼鹰爪虾 *T. curviostris*	11					1		
幼牡蛎 *Crassostrea* sp. larva	24							21
幼竹蛏 *Solen* sp. larva	4							2
总样品数 Total	1 724	617	20	50	50	100	100	100

表4 1992和1993年7月鲈鱼幼鱼捕食幼对虾的调查

Table 4 Results of juvenile penaeid shrimp comsumed by perch in July 1992 and 1993

项目 Items	1992 Year										
	7.2	7.3	7.4	7.5	7.10	7.12	7.14	7.16	7.17	7.18	7.20
A											
AL	114	99	117	111	117	127	132	128	133	133	125
ABW	26.2	18.4	25.9	19.2	29.8	35.5	40.7	39.0	39.3	44.5	36.3
ISCF	31.56	19.40	21.20	50.21	37.82	38.50	24.57	37.12	20.05	45.80	90.90
OFYPS	22.2	6.2	5.5	16.3	42.3	41.2	6.8	24.3	23.5	50.0	17.4
B											
LR	28～45	25～35	34～45	32～62	40～67	42～64	42～60	42～62	45～60	50～80	50～110
AL	40.7	31.9	38.7	31.0	47.0	52.5	37.5	54.8	49.3	74.7	55.5
AW	827	357	550	964	1 127	1 367	1 000	1 348	788	784	3 300
尾数 Number	15①	7	4	17②	30②	21	3	23①	8	26	8
样品数尾 Number of predators	54	96	55	48	71	51	44	78	46	36	34

项目 Items	1993 Year								
	7.2	7.6	7.12	7.14	7.16	7.18	7.19	7.20	7.22
A									
AL	110	129	132	131	130	139	140	141	139
AW	28.1	41.4	39.5	45.4	40.0	49.6	55.2	54.7	53.1
ISCF	2.135	1.017	1.980	3.744	2.990	1.855	1.081	1.978	2.298
OFYPS	2.0	11.8	33.3	7.1	30.2	12.5	25.0	24.4	10.0
B									
LR	35	30～59	38～56	52～62	40～61	42～62	52～66	53～65	58～64
AL	35.0	38.3	38.9	57.0	43.7	48.3	55.8	50.0	60.6
AW	600	421	782	1 700	981	920	1 083	1 082	1 220
尾数 Number	1	7①	10②	2	16②	5	12①	11	5
样品数尾 Number of predators	50	51	27	28	50	40	40	41	50

注：①其中有剪去右尾扇幼对虾2尾 Two was found marked by cutting off the right uropod；②其中有剪去右尾扇幼对虾3～5尾 Three to five was found marked by cutting off the right uropod。

A：鲈鱼幼鱼 Young *L. japonicus*；AL：平均体长 Average length（mm）；ABW：平均纯体重 Average body weight（g）；ISCF：胃饱满指数 Index of stomach contents fullness（%）；OFYPS：幼虾出现频率 Occurrence frequency of juvenile penaeid shrimp（%）；B：被捕食幼虾 Juvenile penaeid shrimp consumed；LR：体长范围 Length range（mm）；AW：平均体重 Average weight（mg）。

4 讨论

4.1 敌害生物对对虾等增殖种类的危害程度

研究表明，鲈鱼幼鱼、黄姑鱼幼鱼、绵鳚和虾虎鱼类等捕食鱼类对对虾和梭鱼等增殖种类的幼体造成危害，其危害主要发生在增殖种类幼体栖息分布在近岸和河口浅水区间。而在5 m深的水域，对虾等增殖种类则很少被捕食。这一结果不仅为1982—1983年渤海生态学调查所证实[1]，同时也为1992—1993年的渤海增殖生态基础调查所证实，即从渤海5 m深水域的大面积拖网定点取样采集的3 684个胃含物中（包括27种鱼类和10种虾蟹类），仅发现3尾鲬捕食了3尾对虾。对虾等增殖种类在近岸被大量捕食，主要是因放流增殖区与敌害生物密集分布区相重叠所致。

捕食鱼类对对虾等增殖种类的危害期主要为7月。如在潍坊寒亭区央子附近对虾育苗场人工培育的幼对虾，1992年6月24日放流进入白浪河口，7月2日才在河口附近海域捕上的幼鲈胃中发现尚未消化的剪去右尾扇的幼虾，7月8日和10日又相继发现剪尾虾5尾。又如1993年6月29日放流对虾苗，于7月6日和12日在幼鲈胃中分别发现2～3尾剪尾扇放流虾，以后于16日和19日又被发现。由此看出，放流对虾进入河内至河口附近海域，需停留索饵一段时间，在此期间内，被分布于该区的幼鲈等敌害鱼类捕食。7月下旬以后，幼对虾生长迅速，超过110 mm以上的幼对虾尚未发现有被幼鲈、黄姑鱼和绵鳚等捕食，究其原因，一是个体大的幼对虾具有强的弹跳和活动能力，二是幼对虾此时游向较深海域，离开了敌害鱼类（如鲈鱼幼鱼）分布较为密集的区域。

由于缺少敌害生物在近岸的实际生物量以及捕食率的有关资料，难以估算对增殖种类的实际危害数量。因此，仅就不同捕食鱼类的危害程度做些讨论。研究结果表明，鲈鱼对幼对虾和梭鱼幼体危害较为严重，主要有三方面的原因：①喜食对虾和梭鱼幼体，虽不是主要饵料生物，但在胃含物中占一定比例；②7月有集群和喜居河口浅水区的习性，其分布区与对虾和梭鱼幼鱼分布区相重叠，再加上鲈鱼属肉食性凶猛鱼类，幼虾和梭鱼等幼鱼被捕食的机率高；③鲈鱼属于渤海高生物量种，1992年夏季成鱼生物量3 000 t，且种群区域分布较密集，主要分布在莱州湾。相比之下，其他几种敌害鱼类，如绵鳚、虾虎鱼类等对对虾及梭鱼等增殖种类的危害程度就要小一些。这是因为：①对虾和梭鱼幼体不是主要饵料，在其胃含物中的出现频率和相对重要性不高；②生物量不高，属渤海中等生物量种类，1992年夏季生物量：绵鳚为460 t、矛尾刺虾虎鱼等约100 t；③绵鳚和虾虎鱼类分布较分散，种群区域分布密度较小，大量集中捕食对虾及梭鱼幼鱼的机率也少。黄姑鱼目前属渤海低生物量种（1992年夏季生物量仅30 t），但其潜在危害程度较大，一是因为它同鲈鱼幼鱼一样具有喜集群、栖息于浅水区的习性，二是对虾等增殖种类在其胃含物中的出现频率和重要性指标较高。一旦该鱼种资源恢复，生物量增加，将对对虾等增殖种类造成明显危害。

4.2 敌害生物对增殖种类危害的预防对策

现以增殖对虾及其主要敌害生物鲈鱼幼鱼为例进行讨论。“适当的放流规格”是通常被议论的一种预防对策。本项研究表明，被捕食的幼对虾长度以3～7 cm为主，10 cm以上的对虾虽很少被捕食，但这种尺寸的对虾已接近商品规格，再进行放流不仅会大大提高增殖成本，而且增殖的实际意义不大；若放流小于3 cm的对虾，长到7月，仍可能被鲈鱼捕食。因此，难以在放流规格和时间上找到较好的预防对策。另一种议论是对敌害生物采取“捕杀”措施，如“对鲈鱼资源可不加保护”[3]，大力捕杀。一方面“捕杀”的措施难以实施，可能“杀”不尽，另一方面对一些重要经济种类也不宜实行“捕杀”措施。如随着鲈鱼的市场价值提高和养殖业的发展，该资源明显需要保护，合理利用。在上述“主动”对策不奏效的情况下，可根据敌害生物对增殖种类的危害主要发生在近岸和两者分布区的重叠处等实际情况，采取一些“被动”的对策，即在增殖放流区选择上对敌害生物采取回避的对策，对敌害生物较密集的区域不进行增殖放流。如在莱州湾进行对虾等增殖种类的放流需采取慎重态度，需要进行必要的本底调查，对鲈鱼幼鱼等敌害生物不多的区域方可进行增殖放流，以达到实际增加渔业资源的效果，被确认为鲈鱼幼鱼等敌害生物密集的分布区应视为不宜放流的区域。

这种回避策略也应适用于其他主要增殖敌害生物，特别是对喜集群、种群分布较密集的种类，如黄姑鱼等，尽量避免增殖种类的放流区与主要敌害生物在近岸的密集分布相重叠。

参考文献

[1] 邓景耀，孟田湘，等．渤海贝类的食物关系．海洋水产研究，1988，9：151－172.
[2] 邓景耀，孟田湘，等．渤海鱼类种类组成及数量分布．海洋水产研究，1988，9：11－90.
[3] 赵传絪．中国海洋渔业资源．杭州：浙江科学技术出版社，1990：34－35.
[4] 唐启升，叶懋中，等．山东近海渔业资源开发与保护．北京：农业出版社，1990：58－119，145－155.
[5] 夏世福，刘效舜．海洋水产资源调查手册．上海：上海科学技术出版社，1981：128－131.

Predator species of fishery resources enhancement and their predation on enhancement species in Laizhou Bay of Bohai Sea

Tang Qisheng，Wei Sheng，Jiang Weimin
(*Yellow Sea Fisheries Research Institute，Chinese Academy of Fishery Sciences Qingdao 266071*)

Based on the analysis of stomach contents of nearshore predator species and on the trawl survey of marine resources covering large area in the Bohai Sea，the composition and distribution of the predator species and their harm to the enhancement species of fishery resources in the Laizhou Bay of Bohai Sea are studied. The results indicate that the juveniles of perch (*Lateolabrax japonicus*)，*Nibea albiflora*，*Enchelyopus elongatus* and *Chaeturichys* spp. are the main predators of the juveniles of penaeid shrimp and *Liza haematochelia*，etc.，which are the species of enhancement in Bohai Sea. Predation occurs mainly in nearshore waters. Among the predators，perch is the most important one whose predation takes place mostly in July，and the length of juvenile penaeid shrimp consumed ranges from 3 to 7 cm. Due to the fact that predation on the enhancement species takes place mainly in nearshore and waters where both predator and enhancement species are densely distributed and overlapped. The strategy of avoidance to the predators will be a feasible approach of protecting released juveniles of enhancement species in the selection of enhancement release regions.

Key words: Bohai Sea; Enhancement; Predator fish; Penaeid shrimp; *Liza haematochelia*; *Lateolabrax japonicus*; Protection strategy

A Family of Ricker SRR Curves of the Prawn (*Penaeus orientalis*) under Different Environmental Conditions and Its Enhancement Potential in the Bohai Sea①

Qisheng Tang, Jingyao Deng and Jinsheng Zhu
(Yellow Sea Fisheries Research Institute, Qingdao, China)

Abstract: A new modification of the Ricker stock recruitment model was developed to account for environmentally induced variation in recruitment. Based on this analysis, fluctuations in recruitment of prawn (*Penaeus orientalis*) in the Bohai Sea are explained with respect to both environmental conditions and spawning - stock size.

Enhancement of this valuable living resource is discussed with respect to potential and strategy.

Introduction

The prawn, *Penaeus orientalis* Kishinouye, is a valuable crustacean that is widely distributed, and found in the Bohai Sea and Yellow (Huanghai) Sea. It is believed that there are two different geographical populations - a small one on the west coast of Korea, and a large one on the coast of China (Mako et al., 1966; Kim, 1973; Deng et al., 1983b). The main spawning grounds of the latter lie near the estuaries along the coast of the Bohai Sea (Figure 1). Principal locations are the estuaries of the Yellow River (Laizhou Bay), Hai and Luan rivers (Bohai Bay), and the Liao River (Liaodong Bay). Life span is about 1 yr. Spawning occurs in late spring, after which most of the adult prawns die. Juvenile prawns grow rapidly and reach commercial size in September. Commercial fishing for this species is most important economically during autumn in the north China Sea. When water temperatures begin to drop significantly in autumn, the prawns migrate out of the Bobai Sea to overwinter in the Yellow Sea Depression, Annual catches from the Bohai Sea ranged from 5 200 to 39 500 t during 1962—1985 (Figure 2). Abundance, based on catch, exhibited large annual fluctuations. Apparent stock abundance has been low in recent years.

The purpose of this paper is to examine the fluctuations in recruitment with respect to a family of Ricker stock - recruitment relationship (SRR) curves, under different environmental

① 本文原刊于 *Can. Spec. Publ. Fish. Aquat. Sci.*, 108: 335 - 339。

conditions. Based on this study, we will also present some tentative ideas on enhancement potential and strategy for the prawn stock in the Bohai Sea.

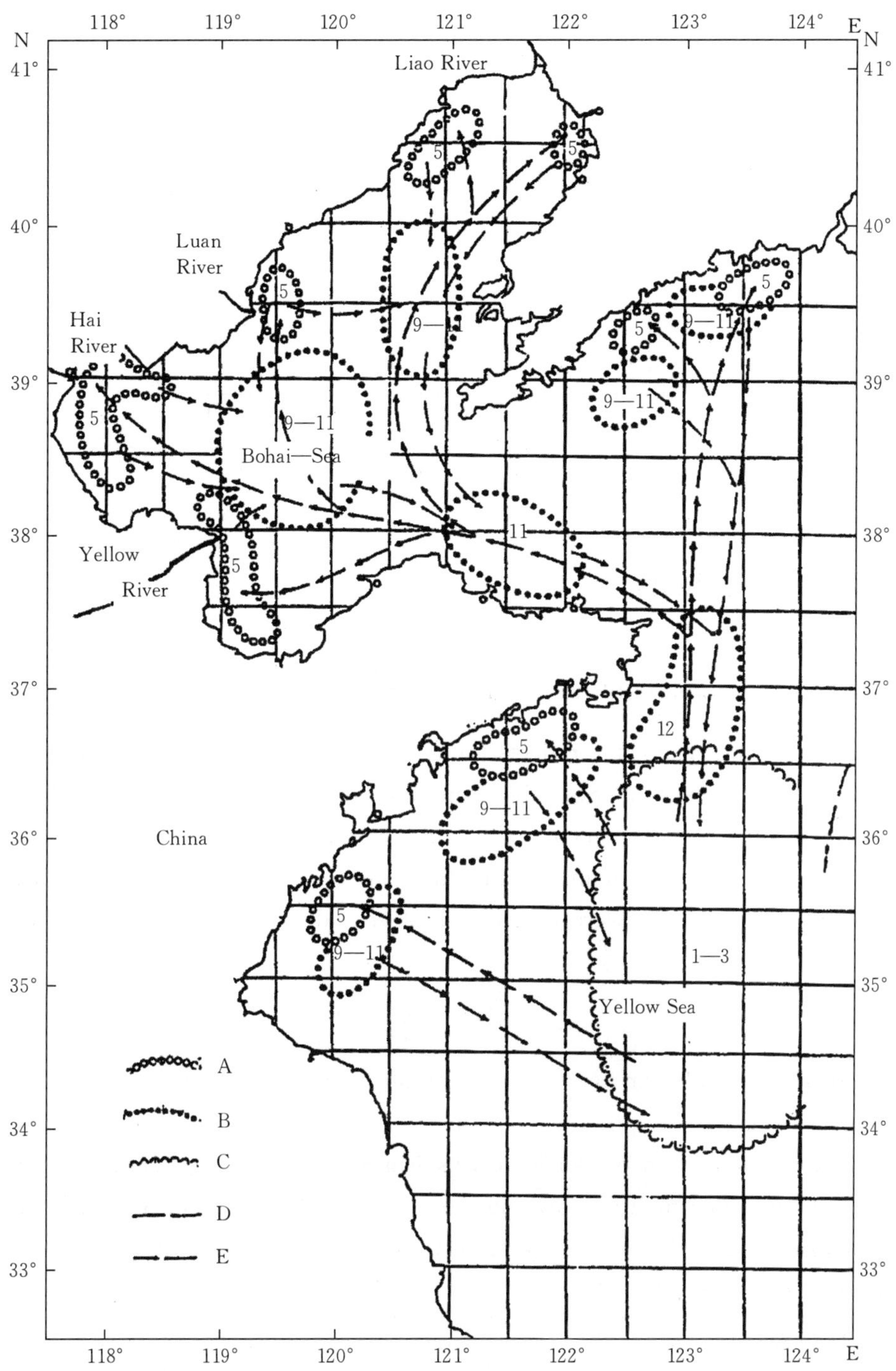

Figure 1 Migration routes of prawns in the Bohai and Yellow seas

A. spawning ground B. feeding ground C. overwintering ground

D. spawning migration routes E. feeding and overwintering migration routes

(adapted from Anon, 1978)

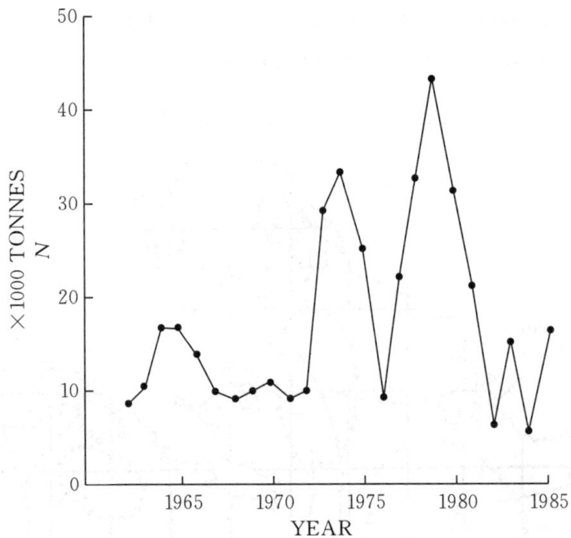

Figure 2 Catch (t) prawns in the Bohai Sea, 1962—1985

Materials and Methods

Estimation of Recruitment and Spawning Stock

In general, commercial catch reflects the trends in abundance of a well exploited stock, such as the prawns in the Bohai Sea. The term "recruitment" as defined by Gulland (1969) is the process by which young fish enter the exploited area, and can be captured with fishing gear. For Bohai prawns, the numbers caught from September, in year t, through the following April (year $t+1$) were considered as an index of recruitment for year - class t. Thus,

$$R_t = \sum_{m=9}^{12} C_t + \sum_{m=1}^{4} C_t + 1$$

where R_t = recruitment of year - class t; C_t = numbers caught during September - December in year t; C_{t+1} = numbers caught during January - April in year $t+1$; and m = month.

The spawning migration of Bohai prawns begins in late spring (around April), and these mature prawns become the spawning stock in May. Thus, numbers caught during the spawning migration in year t were considered to be the index of abundance of the spawning stock for year - class t (Table 1).

Table 1 Abundance indices (millions of individuals) **for spawning stock (S_t) and resulting recruitment (R_t), by year, of prawns in the Bohai Sea, 1962—1983**

Year	S_t	R_t	Year	S_t	R_t
1962	29.26	343.15	1963	35.11	372.99

(continued)

Year	S_t	R_t	Year	S_t	R_t
1964	29.93	582.27	1974	66.49	975.92
1965	45.81	563.24	1975	40.84	691.72
1966	38.38	447.91	1976	17.23	300.99
1967	27.40	309.68	1977	7.87	611.35
1968	10.85	280.73	1978	15.86	793.00
1969	16.43	315.00	1979	17.79	1 072.53
1970	13.02	310.36	1980	19.54	804.15
1971	12.30	245.02	1981	9.44	524.17
1972	7.74	294.45	1982	8.24	179.36
1973	23.85	889.80	1983	10.69	359.07

Selection of Environmental Factors

The results, since 1963, of trawl surveys of the eggs, larvae, and juveniles of Bohai prawns indicated that the success of recruitment is apparently related to the environment during the early life history, especially in the larval phase (Deng, 1980; Deng et al., 1983a; Deng and Ye, 1986; Ma, 1986). Therefore, in this study, the major factors affecting the hydrographical conditions of the Bohai Sea during spring and summer were selected as the potential environmental factors affecting recruitment. These factors were: streamflow, rainfall, air temperature, daylight, wind, water temperature, and salinity (Table 2). All environmental variable data used here were taken from Shouguang, Longkou hydrographic and meteorological stations near Laizhou Bay, Tanggu, Huanghua hydrographic and meteorological stations near Bohai Bay, and Jizhou, Qinghuangdao hydrographic and meteorological stations near Liaodong Bay.

Table 2 The potential environmental factors affecting recruitment in the Bohai Sea

No.	Factor
X_1	Flow of Yellow River (m^3), Apr. - May
X_2	Flow of Yellow River (m^3), Apr. - June
X_3	Flow of Yellow River (m^3), May - June
X_4	Flow of Yellow River (m^3), Jan. - June
X_5	Flow of Yellow River (m^3), Jan. - June & year $t-1$
X_6	Flow of Yellow River (m^3), Jan. - June & year $t-2$
X_7	Rainfall ($mm \cdot d^{-1}$), Apr. - May
X_8	Rainfall ($mm \cdot d^{-1}$), Apr. - June
X_9	Rainfall ($mm \cdot d^{-1}$), year $t-1$

(continued)

No.	Factor
X_{10}	Rainfall (mm · d^{-1}), year $t-2$
X_{11}	Air temperature (℃), Apr. - June
X_{12}	Air temperature (℃), May - June
X_{13}	Daylight (h · d^{-1}), May - June
X_{14}	Daylight (h · d^{-1}), May - early June
X_{15}	Wind (m · s^{-1}), Apr. - June
X_{16}	Wind (m · s^{-1}), May - early June
X_{17}	Surface water temperature (℃), May - June
X_{18}	Surface salinity, May - June

Review of Stock Recruitment Models

The spawning stock - recruitment relationship models have been developed by many authors (e.g., Ricker, 1954; Beverton and Holt, 1957; Cushing, 1973; Chapman, 1973). Shepherd (1982) showed that each of these models has the same general form,

$$R = (aS)\ [f\ (bS)], \tag{1}$$

where R = recruitment; S = spawning stock; a = a parameter related to density - independent mortality and is a scaling factor for the ordinate of a SRR curve; b= a parameter related to density - dependent mortality and specifies the spawning stock size corresponding to maximum recruitment; and $f\ (bS)$ is some function of bS.

Both "a" and "b" were assumed to be constant in all of these models mentioned above. However, "a" and/or "b" may vary with time. Tang (1985) assumed that "b" could be considered characteristic of a stock, and therefore relatively stable for that stock. Furthermore, deviation from predicted recruitment would be attributed mainly to changes in "a" over time, and thereby to fluctuations in density - independent mortality. Under this assumption, if "a" can be viewed as a variable related to environmental conditions, the Ricker SRR model can be written, where,

$$R_t = a'_t S_t \exp(-bS_t), \tag{2}$$

and a'_t can be written as a function of environmental conditions,

$$a'_t = g\ [X_1(t),\ X_2(t),\ \cdots,\ X_m(t)], \tag{3}$$

where a'_t= an index of environmental conditions affecting density - independent mortality at time t; and g [ ] is an arbitrary function of m environment factors X_i (t) at time t. Substituting (3) into (2) gives a modified Ricker SRR model, as follows,

$$R_t = g\ [X_1\ (t),\ X_2\ (t),\ \cdots,\ X_m\ (t)]\ (S_t)\ \exp\ (-bS_t)\ . \tag{4}$$

Formula (4) is the basis for the analysis and discussions which follow.

With respect to the estimations of the parameters of equation (4), the method of Tang (1985) was used. In this approach, the estimation procedure is divided into several stages.

Results and Discussion

Ricker SRR Model for Bohai Prawns Under Different Environmental Conditions

A traditional Ricker SRR model for Bohai prawns, based on the data in Table 1, has been fitted as follows:

$$R=42.47S\exp(-0.024\,985S) \tag{5}$$

where 42.47 corresponds to an average of the a_t' values in equation (2) or (3). Estimates of each a_t' were derived from the following equation,

$$a_t'=(R_t/S_t)\exp(bS_t) \tag{6}$$

Figure 3 displays the good relationship between the index of environmental conditions, a_t', and the index of recruitment, R_t, for 1962—1983. As mentioned in Tang (1985), the functional form of the relationship between a'_t and environmental factors will depend on characteristics of the given stock and environment, and typically will be unknown. For this analysis, the relationship between a'_t and environmental factors is assumed to be approximately linear. Therefore, step-wise regression was used to select valuable environmental factors from Table 2. Based on the data of 1962—1983, streamflow, rainfall, daylight and salinity were selected for inclusion in the index of environmental conditions. The results are shown in the following equation,

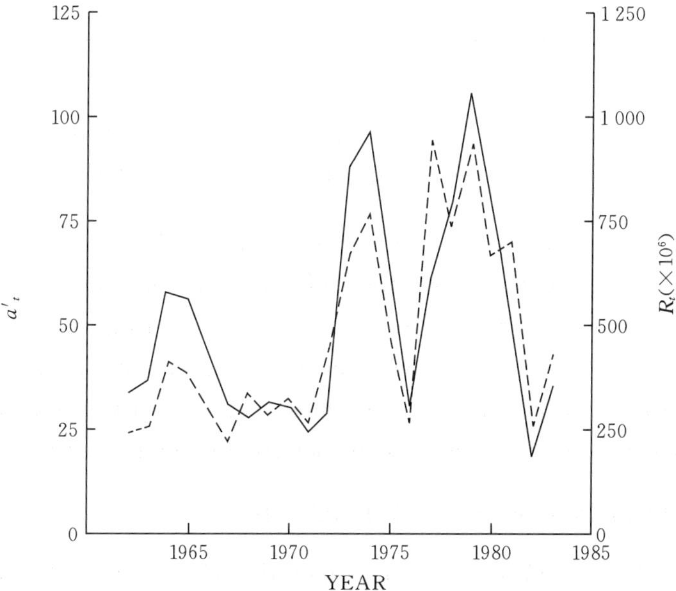

Figure 3 Indices of environmental conditions (a_t'=———) and recruitment (R_t= - - - -) for prawns in the Bohai Sea, 1962—1983

$$a_t' = 141.39 + 1.2754X_1 - 1.0124X_2 - 0.4461X_4 + 0.0584X_5 + 0.3633X_8 + 0.7627X_{13} - 1.4356X_{14} - 0.2113X_{18} \quad (7)$$

Substituting the right side of (7) and $b = 0.024985$ of (5) into (4) gives the following modified Ricker SRR model for prawns in the Bohai Sea,

$$R = (141.39 + 1.2754X_1 - 1.0124X_2 - 0.4461X_4 + 0.0584X_5 + 0.3633X_8 + 0.7627X_{13} - 1.4356X_{14} - 0.2113X_{18})\ S \exp(-0.024985S) \quad (8)$$

$$R^2 = 0.745 \qquad P < 0.01$$

A plot of the observed and estimated indices of prawn recruitment during 1962—1983 is shown in Figure 4.

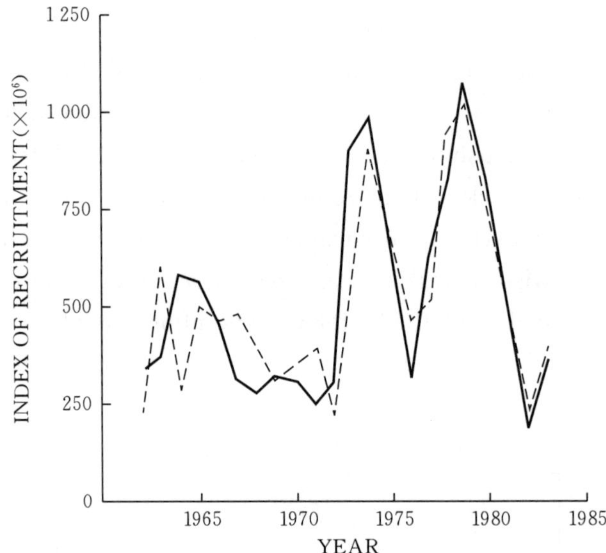

Figure 4 Observed (————) and estimated (－－－－) indices of recruitment for prawns in the Bohai Sea, September - April 1962—1963 through 1983—1984

Because each a' in equation (2) or (3) results in a level of recruitment, from equation (8), a family or Ricker SRR curves under different environmental conditions have been derived (Figure 5), where each curve represents the relationship between recruitment and spawning stock for a particular set of environmental conditions. With changing environmental conditions from year to year, Figure 5 indicates that the relationship between spawning stock and recruitment for Bohai prawns is characterized by multi - curves.

Causes of Fluctuations in Prawn Recruitment

In November 1981, FAO held a workshop on the scientific basis for the management of penaeid shrimp (Gulland and Rothschild, 1984) . Some of the papers noted that penaeid shrimp were sensitive to the environment, and recruitment was determined largely by environmental factors. Other papers discussed the dependance of recruitment upon spawning stock size.

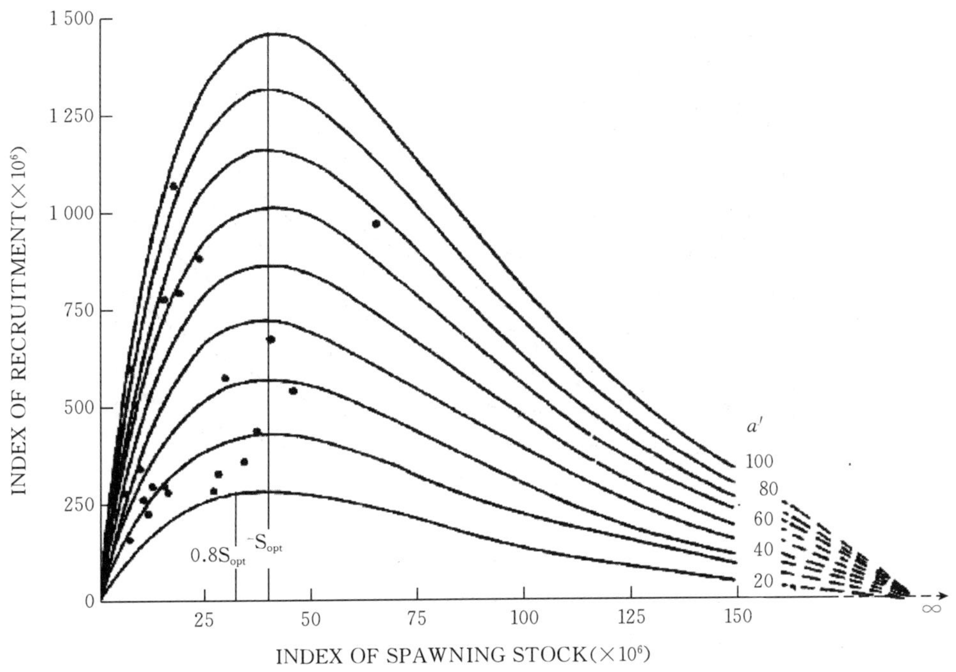

Figure 5　Spawning stock - recruitment relationship curves for different environmental conditions

In this study, we found that both environment and spawning - stock size were related to fluctuations in recruitment of Bohai prawns, and that the relative importance of the two factors varied among years. Examples of the three possible combinations of dominant factors have been noted in the 1962—1983 records of the Bohai prawns, viz., environment, spawning stock size, and environment+spawning stock size.

Environmental effects were well delineated for 1979 (high a' value) and 1976 (low a' value) (Figure 6). In both years the spawning stock was the same small size, but the 1979 year - class produced three times the recruitment of the 1976 year - class.

Spawning stock effects were evident during 1981—1983, when low recruitment coincided with the small size of the parent spawning stock.

Favorable environmental conditions plus a suitable large spawning stock resulted in a large recruitment, as in 1973—1974 and 1978—1980.

From the viewpoint of resource management, it should be pointed out that recently the fishery has aggravated fluctuations in recruitment due to overfishing, and spawning stock has been reduced to a below - normal level. The spawning stock in 1981—1983 is only one - third of 0.8～1.0 S_{opt} (see Figure 5 and Table 1). Thus, it is reasonable to say that implementation of strict regulation measures is essential. The main options could include: (1) reducing fishing effort and limiting the fishing season in autumn, in order to control fishing mortality (2) intensifying conservation of spawning stock, especially during the overwintering season and during the spawning migration.

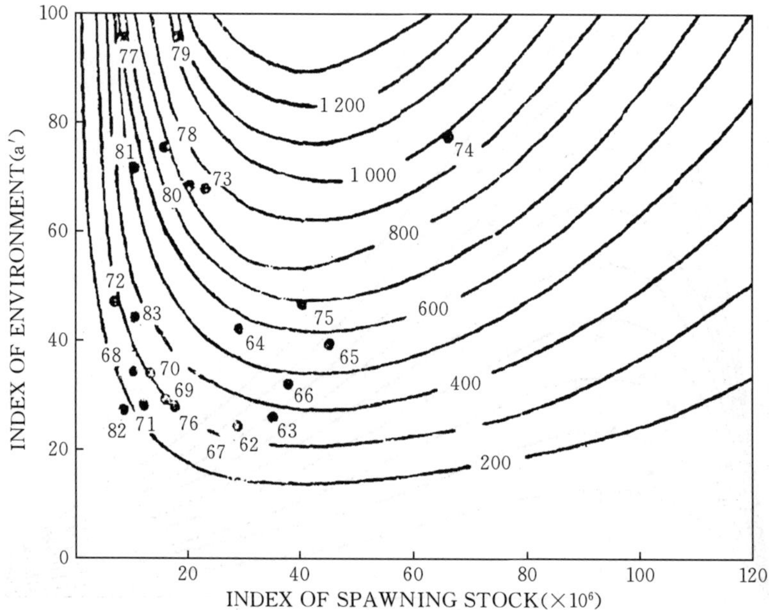

Figure 6 Calculated recruitment isopleths for prawns in the Bohai Sea, based on observed indices (dots) of environment, spawning stock abundance, and recruitment, 1962—1983. (Deng et al., 1983b)

Enhancement Potential for the Bohai Sea Prawn Stock

In order to rehabilitate and incase the prawn resource, and its fishery, two major measures have been taken into account to date. One is to retain a sufficiently large spawning stock from the fishable stock by effective management, as mentioned above. The other is to develop a re-stocking program.

Since artificial enhancement of prawns in the southern coastal waters of Shandong Peninsula met with success (Wang, 1987), the artificial enhancement program for Bohai prawns has been advocated since 1985. Now the question is how many juvenile prawns should be released. In terms of the family of SRR curves previously developed, the following formula provides an estimate for individual years,

$$R_r=(R_{\max}-R_t)/S \tag{9}$$

where R_r=number of juvenile prawns released; $R_{\max}$=maximum recruitment under best environmental conditions (≈1 500 million, based on data in Figure 5 and Table 1); R_t= recruitment in year t [estimated from equation (8)]; and S= survival rate of juvenile prawns released.

From this tentative idea, the optimum number of juvenile prawns to be released in the Bohai Sea will be variable. For example, for 1982 (R_t=180 million), if S is estimated at 0.1, the optimum number released is about 13 billion. On the other hand, for 1979 (R_t= 1 072 million), the comparable value is only 4 billion.

References

ANON, 1978. Handbook of fishing ground. Agriculture Publ, House, Beijing. (In Chinese)

BEVERTON R J H, HOLT S J, 1957, On the dynamics of exploited fish populations. U. K. Min. Agric. Fish. , Fish. Invest. (Ser. 11) 19: 533 p.

CHAPMAN D G, 1973. Spawner - recruit models and estimation of the level of maximum sustainable catch. Rapp. P. - V. Reun. Cons. Int. Explor. Mer 164: 325 - 332.

CUSHING D H, 1973. The dependence of recruitment on parent stock. J. Fish. Res. Board Can. 30: 1965 - 1976.

DENG J, 1980. Distribution of eggs and larvae of penaeid shrimp in the Bohai Bay and its relation to natural environment. Mar. Fish. Res. 1: 17 - 25. (In Chinese, English abstract)

DENG J, YE C, 1986. The prediction of penaeid shrimp yield in the Bohai Sea in autumn. Chin. J. Oceanol. Limnol. 4: 343 - 352. (In Chinese, English abstract)

DENG J, KANG Y, ZHU J, 1983a. Tagging experiments of the penaeid shrimp in the Bohai Sea and Huanghai Sea in autumn season. Acta Oceanol. Sinica. 2: 308 - 319. (In Chinese, English abstract)

DENG J, KANG Y, JIANG Y, et al. , 1983b. A summary of surveys of the penaeid shrimp spawning ground in the Bohai Bay. Mar. Fish. Res. 5: 18 - 32. (In Chinese, English abstract)

GULLAND J A, 1969. Manual of methods for fish stock assessment, Part I. Fish Population Analysis. FAO Manuals in Fish. Sci. No. 4: 154 p. FAO, Rome.

GULLAND J A, ROTHSCHILD B J. [Ed.] . Penaeid shrimps, their biology and management. Fishing News Books, Ltd. Farnham, U. K. 308 p.

KIM B, 1973. Studies on the distribution and migration of Korean shrimp *Penaeus orientalis*, *KISHINOUYE* in the Yellow Sea. Bull. Fish. Res. Dev. Agency, Busan 11: 7 - 23. (In Korean, English abstract)

MA S, 1986. The relationship between the survival of eggs and juveniles of Bohai prawn and its environment. Mar. Fish. Res. Pap. 30: 65 - 70. (In Chinese)

MAKO H, NAKASHIMA K, TAKAMA K, 1966. Variation of length composition of Chinese prawn. Bull. Seikai Reg. Fish. Res. Lab. 34: 1 - 10. (In Japanese)

RICKER W E, 1954. Stock and recruitment. J. Fish. Res. Board Can. 11: 559 - 623.

SHEPHERD J G, 1982. A versatile new stock - recruitment relationship for fisheries, and the construction of sustainable yield curves. J. Cons. Cons. Int. Explor. Mer 40: 67 - 75.

TANG Q, 1985. Modification of the Ricker stock recruitment model to account for environmentally induced variation in recruitment with particular reference to the blue crab fishery in Chesapeake Bay. Fish, Res. 3: 13 - 21.

WANG S, 1987. Artificial ranching propagation in large area along the coast of the southern part of Shandong. Mar. Fish. 9: 265 - 267. (In Chinese)

Estimate of Monthly Mortality and Optimum Fishing Mortality of Bohai Prawn in North China[①]

TANG Qisheng (唐启升)
(*Yellow Sea Fisheries Research Institute*, *Qingdao*)

Abstract: Several methods based on data of the total mortality, effort, number caught, growth parameters, water temperature and sex ratio are used for estimating the monthly natural mortality (*M*) of Bohai prawn. *M*=0.04, 0.20 and 0.38 for females are estimated; due to mating mortality, the corresponding *M* for males is 0.24, 0.40 and 0.58 for September, 0.55, 0.71 and 0.89 for October, 0.32, 0.48 and 0.66 for November and 0.04, 0.20 and 0.38 for December. The monthly fishing mortalities (*F*) estimated by VPA analysis and by catch analysis are quite different, because the monthly catch per unit fishing mortality is assumed as a variable in VPA analysis and a constant catch analysis during the period of autumn fishing. Considering that estimated values of catch analysis may more closely reflect the number of prawns removed from the population and provide a useful measure of the catchability coefficient, we suggest that values of F estimated by catch analysis be used for Bohai prawn fishery management.

The data of the autumn total catch and fishing mortality are used for fitting a production model. Under the assumption that the variations in the actual population growth rate or the fluctuations in the surplus production would be attributed mainly to changes in the net specific rate of increase of the population (*r*), a family of surplus production curves and dynamic optimum fishing mortality of Bohai prawn are estimated. At this point, a management strategy is discussed, that is, in years of low level abundance, less fishing mortality is allowed than in years of high level abundance

Introduction

The prawn, *Penaeus orientalis* Kishinouye, is a valuable crustacean that is widely distributed and found in the Bohai Sea and Huanghai Sea. It has been found to live as long as one year. Spawning occurs in late spring. After spawning, most of the adult prawns die; young prawns grow rapidly and reach commercial size September. Commercial fishing for this species is most economically important during the autumn fishing in North China. The fishing season in the Bohai Sea is from September to December and September and October are the

① 本文原刊于海洋文集，10：106－123，1987。

main fishing moths (Figure 1). Landings from the Bohai Sea ranged from 10.0～39.9 thousands MT during the period 1970—1979.

For fishery management purposes, Deng and Tang (1979) and Deng, Han and Ye (1982) have estimated the average mortality. The present study is based on the previous studies and leads to estimates of monthly natural and fishing mortality and an optimum fishing mortality for different levels of stock abundance.

Methods

In this study, the basic data concerns the monthly catch in number from 1970—1979 (Deng et al., 1979 and 1982). Due to the difference of natural mortality between female and male prawns, the monthly mortality and optimum fishing mortality are estimated by sex.

Estimates of Natural Mortality

Four methods are used to estimate the natural mortality (M) of female prawns:

1. Beverton and Holt (1957) gave a general method to estimate M

$$Z=M+q^{f} \quad (1)$$

where Z=the total mortality coefficient,

q=the catchability coefficient, and

f=the fishing effort.

2. if $F=\frac{C}{\bar{N}}$ is assumed, Eauation (1) becomes

$$Z=M+\frac{1}{\bar{N}}C \quad (2)$$

where C=the catch, and

$\bar{N}$=the average abundance.

To use Equation (2) a relative stable $\bar{N}$ will be required.

3. Pauly's (1980) method is

$$\log_{10}M=-0.2107-0.0824\log_{10}W+0.6757\log_{10}K+0.4627\log_{10}T \quad (3)$$

where W_{∞} (g, fresh weight) and K (1/year) are from the von Bertalanffy growth equation, and T is the mean annual water temperature in ℃.

4. The production modeling proposed by C srike and Caddy (1983) provides an independent estimate of the natural mortality. When $F=0$, $Y=0$ and $Z=$ M, the yield equation

$$Y=c+bZ+aZ^{2} \quad (4)$$

becomes

$$O=c+bM+aM^{2} \quad (5)$$

where c, b and a are parameters, and

$$M=\frac{-b+\sqrt{b^2-4ac}}{2a}$$

For methods 1～4, the data showed in Tables 1～2 and Figures 2～3 are used to estimate M for female prawns.

Due to mating around October, some of the male prawns die (Gao, 1980) and the number of males in the catch decreases (Deng et al., 1982). Assuming that M of the female prawns is constant, M of male prawns is considered such that

$$M_♀=M_1+M_2$$

where $M_1=M_♀$, that means natural mortality caused by the same reason is equal for males and females, and M_2=part of M of males is caused by mating.

To estimate M_2, assuming F is equal for males and females and a 1 : 1 sex ratio at recruitment, Deng et al. (1982) have developed a method

$$\ln\left(\frac{♀\%}{\%}\right)_n=\sum M_{i=1}^n 2_i \tag{6}$$

where ♀% and ♀% are sex ratio, right hand is cumulative mating mortality from time 1 to n. For monthly or unit time mating mortality, Equation (6) can be rewritten as

$$M_2=\ln\left(\frac{(♀\%)\ i\ (♀\%)\ i+1}{(♀\%)\ i\ (♀\%)\ i+1}\right) \tag{7}$$

For Equation (7), the monthly sex ratio data in 1973—1975 (Figure 4; Deng et al., 1982) are used.

Estimates of Fishing Mortality

Two methods are used to estimate fishing mortality (F).

1. The general equations of VPA analysis (Gullad, 1977) **are**

$$\frac{C_i}{N_{i+1}}=\frac{F_i\ (1-e^{-(F_i+M_i)})}{(F_i+M_i)\ e^{-(F_i+M_i)}} \tag{8}$$

where N_{i+1} is the number alive at the beginning of time $i+1$, and

$$N_{i+1}=\frac{C_{i+1}}{i+1\left(\frac{F_{i+1}}{F_{i+1}+M_{i+1}}\right)\ (1-e^{-(F_{i+1}+M_{i+1})})} \tag{9}$$

$$N_{i+1}=N_i e^{-(F_i+M_i)} \tag{10}$$

If C_{i+1}, F_{i+1}, M_{i+1}, C_i, and M_i are known, the estimates of F_i, N_i, and N_{i+1} from Equations (8) ～ (10) can be obtained. Similar calculations give F_{i-1}, N_{i-1}, etc. In addition, if N_{i+1}, C_{i+2} and M_{i+2} are known, from Equations (9) ～ (10) in which $i+1$ and i are replaced by $i+2$ and $i+1$, the estimates of F_{i+2} and N_{i+2} can be obtained. Similar calculations give F_{i+3}, N_{i+3}, etc.

2. If the total catch of a year class during a fishing season is assumed as

$$C=\overline{N}F \tag{11}$$

where $\overline{N}$ is redefined to be the catch per unit fishing mortality per month instead of average abundance. Also, let F and C be partitioned into monthly components indexed by i, and F_i and C_i are fishing mortality and catch in month i. Thus,

$$F=\sum_{i=1}^{n} F_i$$

Assuming that $\overline{N}$ is a constant during the fishing season, then the catch during month i is

$$C_i=\overline{N}F_i \tag{12}$$

the fishing mortality during month i is

$$F_i=\frac{C_i}{\overline{N}}=\frac{C_i}{C}F \tag{13}$$

Consider the fishing season to be one interval of time and from the Baranov Equation (Ricker, 1975) the abundance at the beginning of the interval is

$$N=\frac{C}{\left(\frac{F}{F+M}\right)\ (1-e^{-(F+M)})} \tag{14}$$

where $$M=\sum_{i=1}^{n} M_i$$

Due to $\overline{N}$ is assumed to be a constant during the fishing season and the number of prawns removed from the abundance during month i equal to $\overline{N}$ (F_i+M_i), the abundance in month i during the interval is

$$N_{i+1}=N_i-\overline{N}\ (F_i+M_i) \tag{15}$$

where $i=1, 2, \cdots n$ and $N_1=N$

For methods 1 - 2, the basic data is monthly catch in number (Deng et al., 1982).

Estimates of Optimum Fishing Mortality

Optimum fishing mortality (F_{opt}) usually is less than or equal to the fishing mortality for the maximum sustainable yield (F_{msy}). In this study, we write $F_{opt}=F_{msy}=0.5r$, where r is a parameter of the surplus production model (Ricker, 1975; Csrike and Caddy, 1983).

Following the logistic model of fish population growth proposed by Graham (1935), at equilibrium, the yield (Y) equation of the surplus production model can be written

$$Y=r\overline{B}\left(\frac{B_\infty-B}{B_\infty}\right) \tag{16}$$

$$Y=B_\infty F-\frac{B_\infty}{B}F^2 \tag{17}$$

where $\overline{B}$=the average biomass,

B_∞=the maximum attainable population size or carrying capacity of the environment, and r= net specific rate of increase of the population when growth - limiting factors are removed.

Both B_∞ and r are assumed to be constant in Equations (16) and (17), so that for a fixed environmental reqime fixed parameters are estimated. In practice, however, population growth is in fluctuating environments. When environment changes the model accommodate these changes with new parameter estimates in Equations (16) and (17). In a restricted environment, for example the Bohai Sea, which is halfclosed, limiting factors (such as space, food and competition) that comprise the carrying capacity can theoretically be determined. If these factors have no systematic changes for a period of time, B_∞ might be relatively constant. In the absence of an understanding of what factors in the environment affect B_∞ and r and in what proportion, we shall attribute variations in the actual population growth rate or the fluctuations in the surplus production mainly to changes in r. The relationship is demonstrated by solving Equation (16) for

$$r=\frac{y}{\bar{B}\left(1-\frac{\bar{B}}{B_\infty}\right)} \tag{18}$$

Fortunately, we found there is a good relationship between the relative abundance of Bohai prawn in August and the estimated values of r. Figure 5 shows that the variation in population growth with the increase in r is logistic. Thus, the assumption of a fixed B_∞ and varying r leads to a family of surplus production curves that can be described by Equation (17). In principle, therefore, there is a surplus production curve for each estimate of r. Since we assume $F_{opt}=0.5r$, there is a F_{opt} for each curve, which can be seen in Figure 8 for r - values 3, 4, …, and 1, 2.

Results and discussion

Monthly Mortality

In general, the mortality of penaeid shrimp is very high; the reported values of M ranged from 0.04 to 2.20/month (Garcia and Lereste, 1981). The values of M calculated by Beverton - Holt, Pauly and Csrike - Caddy methods are quite differet ranging from 0.04~0.38 (Table 1). Because it is difficult to judge which is the best estimate, $M=$ 0.04, 0.20 and 0.38 respectively for female prawn are assumed in the following study. The M of male prawn estimated by month is different due to mating mortality. The $M_♀$ or M_2 in October is much higher than that in the other months. Under different assumptions M_1 ($=M_♀$), the estimates of $M_♀$ are 0.24, 0.40 and 0.58 for September, 0.55, 0.71 and 0.89 for October, 0.32, 0.48 and 0.66 November and 0.04, 0.20 and 0.38 for December (Table 3).

Estimates of fishing mortality of female and male prawns in the Bohai Sea under different assumptions of natural mortality, are shown by month (Sep. - Dec.) and year (1970—1979) in Appendix Tables 1 and 2. The monthly fishing mortality F_i of the Bohai prawn is quite different. The F_i estimated by VPA analysis in September is much lower than that in October, November and December; the F_i estimated by catch analysis in September and October is much higher than that in November and December. These are explained by the fact that the catch per unit fishing mortality ($\bar{N}$) is assumed as a variable in VPA analysis and F_i depends on the ratio of abundance and the catch in a period of time (month) i, so that the catch per unit fishing mortality varies with decreasing abundance; while in catch analysis the catch per unit fishing mortality is assumed to be a constant during the period of autumn fishing and the F_i depends on how much prawn are caught from the total abundance in a period of time (month) i (Figure 6). Because of the different values of F_i, the corresponding catchability $\left(q=\frac{F}{f}\right)$ estimated by VPA and catch analysis also is different (Figure 6). Usually, the q in early month is lower than that in late month in VPA analysis, conversely higher than that in late month in catch analysis. This seems to indicate that the q varies inversely with abundance in VPA analysis and the q in catch analysis decrease with decreasing abundance or stock density (Figure 6).

Obviously, according to the estimated values of the F_i and q_i by VPA and catch analysis, the different strategy for management of the autumn prawn fishing could produced, that is, the key months are October and November for VPA analysis and September and October for catch analysis, As a matter of fact, September and October are the main fishing months which accounted for 84% of the total catch in the autumn fishing (1970—1979). If the fishing mortality as a measure of fishing effort (Rothschild, 1977) is used, the estimated values of catch analysis may closely reflect the number of fish removed from the population and provide a useful measure of the catchability coefficient. For example, for management purposes, when the manager decides how much fishing effort in September should be allowed, due to high fishing mortality and catchability, not only the amount of effort but also the fishing efficiency should be considered. For these reasons, we suggest that the values of F_i estimated by catch analysis be used for the Bohai prawn fishery management.

The corresponding estimates of abundance of the female and male prawns are showed in Appendix Tables 3 and 4. The abundance estimated by VPA analysis is a little higher than that by catch analysis due to systematic error. We found that there is a good correlation between the relative (A), which is based on the pull net survey data in August, and the estimated abundance (B, C and D; Figure 6). The correlation coefficient, $r=0.916$, between (A) and (B) when $M_♀=0.04$ is assumed, is higher than that, $r=0.882$ and 0.737, between (A), (C) and (D) when $M=0.20$ and 0.38 are assumed. Therefore, $M=0.04$ is used in the following study.

Optimum Fishing Mortality under Different Abundance Status

The autumn total catch and fishing mortality data on the Bohai prawn from 1970 to 1979 have been fitted to the family surplus production model (Figure 8). The family curves show an important difference from the general surplus production curve (Figure 9), that is, the optimum fishing mortality (F_{opt}) is different under varying r or different abundance status. Figure 8 shows that the F_{opt} for high level abundance is much higher than that for low level abundance; in other words, the same fishing mortality could produce overfishing for low level abundance or underexpoitation for high level abundance. At this point, for fishery management a different strategy will be required. For example, in years of low level abundance, less fishing mortality is allowed than in years of high level abundance.

The regulations for the Bohai prawn fishery include limiting the amount of fishing boats and the fishing season. But, since the need for employment has a high priority. it is difficult to strictly control the number of fishing boats. In addition, when the fishing effort is greater than 1 000 standard units in the fishery, the increase in effort has little influence on fishing mortality (Deng et al., 1982). Therefore, in actuality, the season limit is a major measure of controlling fishing mortality in the autumn fishing season. The opening date for prawn fishing is September 15. Although prawn is caught only 16 days in September, the fishing mortality accounted for 52% of the total autumn fishing mortality (1970—1979). Obviously, adjusting the opening date in September based on the F_{opt} in the family curves could effectively control the fishing mortality. We suggest that it is necessary to postpone the opening date in years of the low levels of abundance and F_{opt}, or to consider shifting to and earlier date in years of the high levels of abundance.

In this study, the values of F_{opt} in the family curves depend on the estimated values of r. For fishery prediction and management. the r could be estimated by several methods. One approach is to base on the relationship between the relative abundance and the estimated r (Figure 5), also consider that r might be a function of environmental conditions (Tang).

Acknowledgments

This paper was written while the author was a visiting fellow in the Chesapeake Biological Laboratory, University of Maryland and Center for Quantitative Science, University of Washington. He is grateful to the member of the CBL and CQS for stimulating criticism, in particular to Vincent F. Gallucci who provided many suggestions and reviewed the manuscript.

References

邓景耀，韩光祖，叶昌臣，1982. 渤海对虾的死亡. 水产学报，6 (2)：119 - 126.

邓景耀，唐启升，1979. 渤海秋汛对虾开捕期问题的探讨. 海洋水产研究丛刊，26：18 - 33.

邓景耀，1981. 渤海对虾的生长. 海洋水产研究，(2)：85 - 93.

高洪绪，1980. 中国对虾交配的初步观察. 海洋科学，(3)：5 - 17.

Beverton R J H, Holt S J, 1957. On the dynamics of exploited fish population. Fish. Invest. London, ser, 2, 19: 1 - 533.

Csrike J, Caddy J F, 1983. Production modeling suing mortality estimates. Can. J. Fish. Aquat. sci., 40: 43 -51.

Garcia S, Lereste L, 1981. Life cycles, dynamics, exploition and management of coastal penaeid shrimp stocks. FAO Fish. Tech. Pap. , (203): 215.

Graham M, 1935. Modern theory of exploiting a fishery and application to North Sea trawling. J. Cons. Int. Explor. Mer. , 10: 264 - 274.

Gulland J A, 1977. The analysis of data and development of model, P. 67 - 95. In J. A. G Gulland (ed), Fish population dynamics. John wiley, New York, 372.

Pauly D, 1980. On the interrelation between natural mortality, growth patameters, and mean environmental temperature in 175 fish stocks. J. Cons. Int. Explor. Mer, 39: 175 - 192.

Ricker W E, 1975. Computation and interpretation of biological statistics of fish populations Bull. Fish. Res. Board Can. , 191: 382.

Rothschild B J, 1977. Fishing effort. p. 96 - 115. In J. A. Gulland (ed), Fish population dynamics. John Wilex. New York. , 372.

Tang Q S, 1985. Modification of the Ricker stock recruitment model to accout for environmentally induced variation in recruitment with particular reference to the blue crab fishery in Chesapeake Bay. Fisheries Research, 3: 13 - 21.

Table 1 Estimate of Natural Mortality of Femalr Prawn in Bohai Sea

METHOD	*M*	DATA
(1)	0.20	AVERAGE MONTHLY TOTAL MORTALITY AND STANDARD UNIT OF TRAWL EFFORT①·②, SEE FIGURE②.
(2)	0.28	AVERAGE MONTHLY TOTAL MORTALITY AND CATCH IN NUMBER①, SEE FIGURE③.
(3)	0.38	W_∞=98.1, K=6.57 AND T=11℃ ③.
(4)	0.04	TOTAL MORTALITY AND CATCH (SEP. —DEC.)①, SEE TABLE②.

Notes: ①From Deng et al. , 1982; ②From Deng et al. , 1979; ③From Deng, 1981.

Table 2 Total Catch and Mortality (September - December) **of Female Prawn in Bohai Sea**

YEAR	1970	1971	1972	1973	1974	1975	1976	1977	1978	1979
CATCH	119.41	90.17	133.53	281.66	453.00	272.59	121.45	272.84	409.55	520.11
Z	2.464	3.452	2.084	1.368	3.172	4.036	3.460	3.132	2.140	3.024

Notes: ①Catch in Number×10^6, from Deng et al. , 1982.

Table 3 Monthly Natural Mortality of Male Prawn in Bohai Sea①

NATURAL MORTALITY	MONTH			
	SEP.	OCT.	NOV.	DEC.
M_1 (M♀)	0.04	0.04	0.04	0.04
M_2	0.20	0.51	0.28	0.00
$M_♂$	0.24	0.55	0.32	0.04

(continued)

NATURAL MORTALITY	MONTH			
	SEP.	OCT.	NOV.	DEC.
M_1 ($M_♀$)	0.20	0.20	0.20	0.20
M_2	0.20	0.51	0.28	0.00
$M_♂$	0.40	0.71	0.48	0.20
M_1 ($M_♀$)	0.38	0.38	0.38	0.38
M_2	0.20	0.51	0.28	0.00
$M_♂$	0.58	0.89	0.66	0.38

Notes: ①M_1 from Table 1; M_2 from Equation (7) and Figure 4; $M_2=0$ in December is assumed because sex ratio of prawn from the end of November to following spring has no change (Deng et al., 1982).

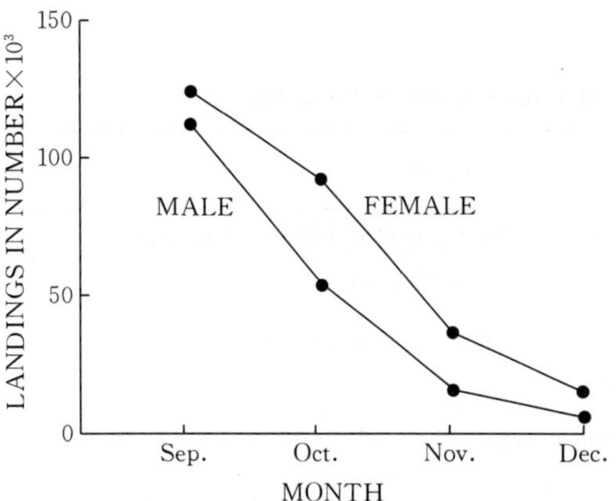

Figure 1 Average Monthly Landings of Bohai Prawn in North China, 1970—1979

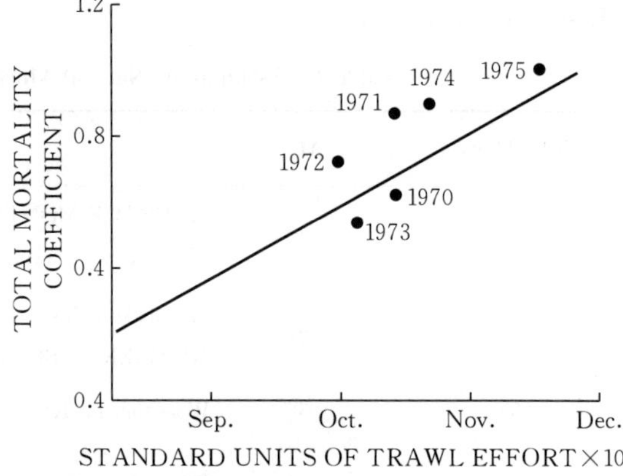

Figure 2 The Regression of Average Monthly Total Mortality on Fishing Effort

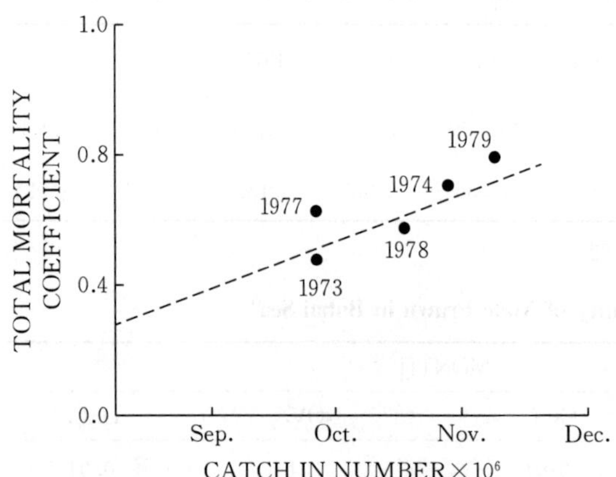

Figure 3 The Regression of Average Monthly Total Mortality on Catch

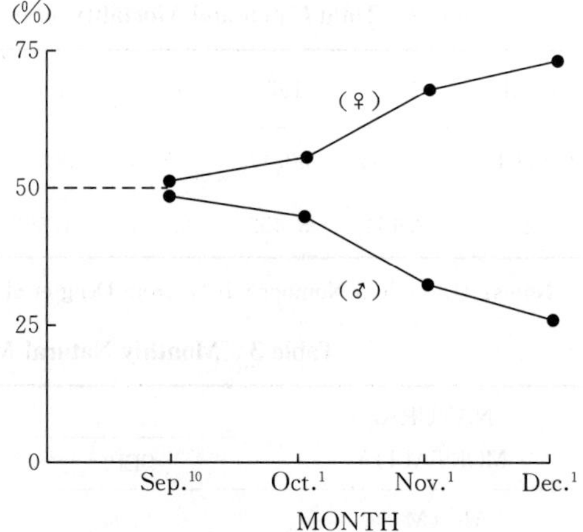

Figure 4 Percentage Sex Ratio of Prawn in Bohai Sea, 1973—1975

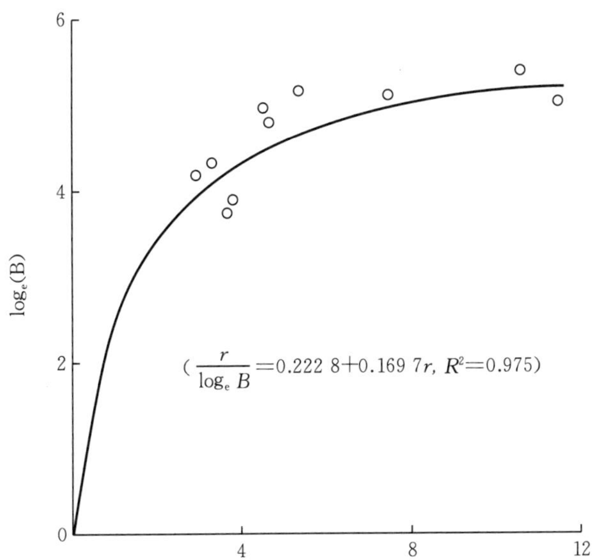

Figure 5 The Relationship between the Relative Abundance (B)[1] of Bohai Prawn in August and Estimated Values [2] of r

[1] from Huanghai Sea Fisheries Research Institute, based on pull net survey data in August and collected by Huanghai Sea, Liaoning, Shandong and Hopei Fisheries Research Institutes; [2] from Equation (18), based on data in Figure 9 where $B_{\infty}=249.1$ is estimated

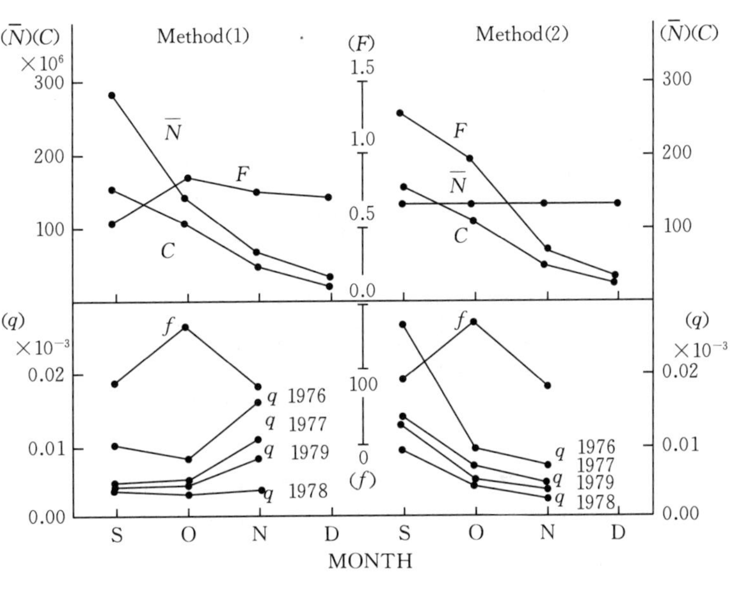

a

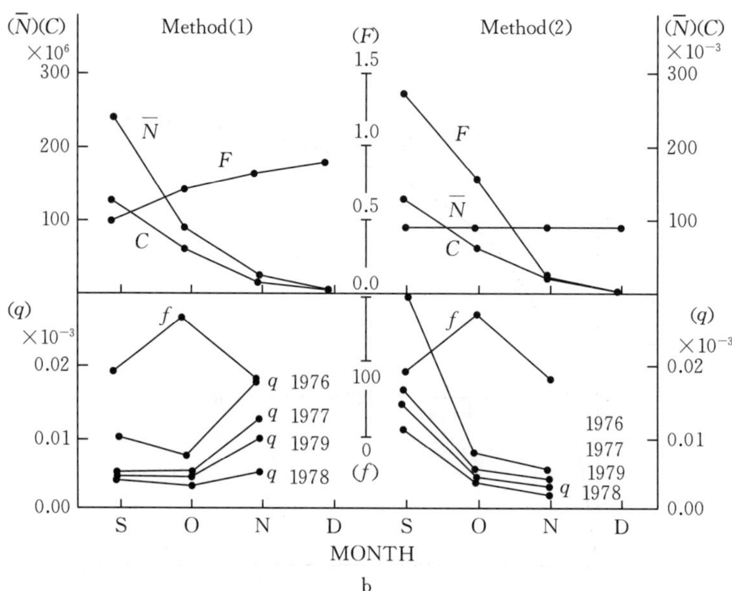

Figure 6 Average Monthly Fishing Mortality (F), Catch Per Unit Fishing Mortality ($\bar{N}$), Catch in Number (C) and Fishing Effort (f) in 1976—1979, and Catchability (q) of Male Prawn in Bohai Sea

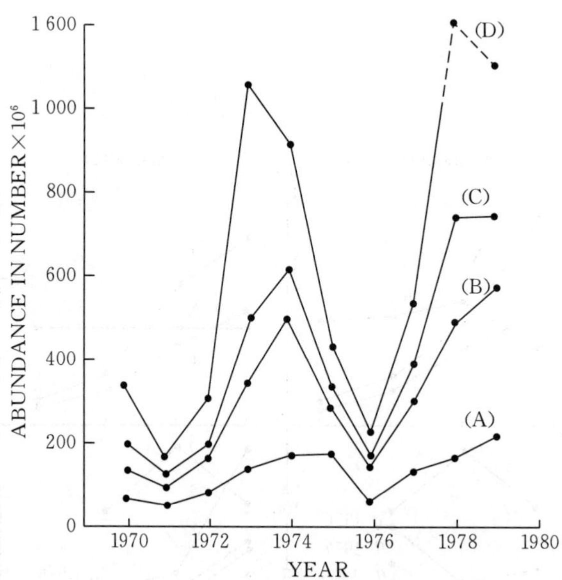

Figure 7 The Relationship between the Relative Abundance

(A)[1] and Estimated Abundance (B)[2], (C)[2], and (D)[2] of Female Prawns in Bohai Sea [1] based on pull net survey data in Audust [2] estimated by catch analysis

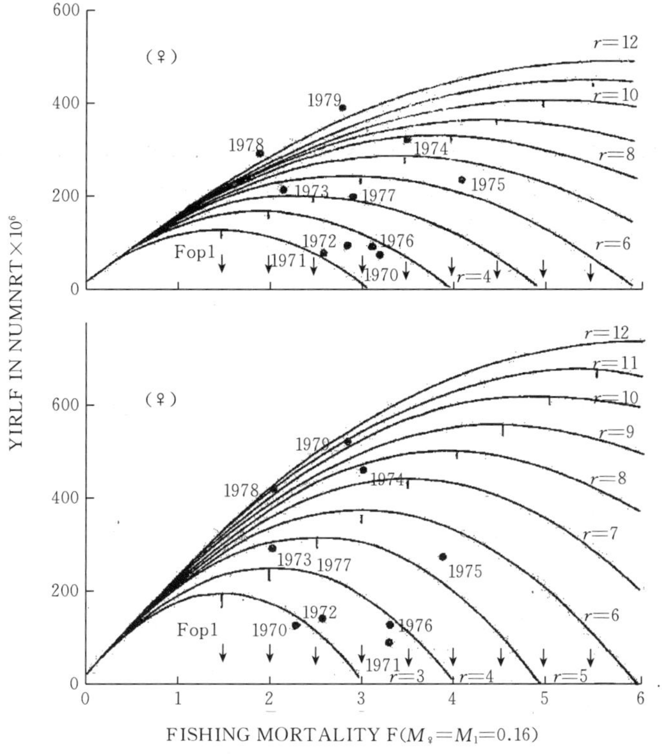

Figure 8　A Family of Surplus Production Curves for Bohai Prawn，1970—1979

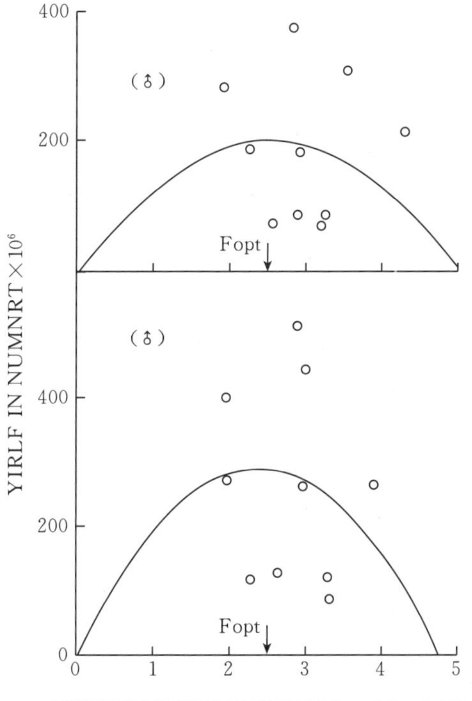

Figure 9　General Surplus Production Curve for Bohai Prawn，1970—1979

APPENDIX[1]

Table 1 Monthly Coefficient of Fishing Mortality of Female Prawn from Method (1) and (2) under Different Estimate of Natural Mortality[1]

MONTH	YEAR									
	1970	1971	1972	1973	1974	1975	1976	1977	1978	1979
					Method (1)					
M_0=0.04										
SEP.	0.372	0.499	0.526	0.459	0.516	0.795	0.635	0.460	0.445	0.624
OCT.	0.811	1.169	0.695	0.512	0.986	1.215	0.981	1.084	0.557	0.839
NOV.	0.761	0.988	0.962	0.602	0.913	0.851	0.963	0.850	0.460	0.660
DEC.	0.576	0.823	0.661	0.502	0.753	0.969	0.825	0.743	0.495	0.716
M_0=0.20										
SEP.	0.276	0.407	0.402	0.312	0.411	0.665	0.514	0.367	0.296	0.484
OCT.	0.618	0.978	0.548	0.354	0.804	1.020	0.809	0.883	0.371	0.652
NOV.	0.561	0.805	0.750	0.414	0.728	0.704	0.784	0.672	0.286	0.509
DEC.	0.416	0.663	0.501	0.342	0.593	0.809	0.665	0.583	0.335	0.556
M_0=0.38										
SEP.	0.164	0.304	0.265	0.144	0.293	0.517	0.379	0.261	0.126	0.325
OCT.	0.377	0.751	0.373	0.168	0.587	0.797	0.609	0.643	0.162	0.440
NOV.	0.325	0.595	0.498	0.197	0.515	0.541	0.579	0.469	0.127	0.340
DEC.	0.236	0.483	0.321	0.162	0.413	0.629	0.485	0.403	0.155	0.376
					Method (2)					
M_0=0.04										
SEP.	0.820	1.388	1.198	0.889	1.319	2.231	1.659	1.195	876	1.464
OCT.	0.954	1.403	0.824	0.579	1.163	1.234	1.115	1.283	0.631	0.913
NOV.	0.388	0.380	0.484	0.371	0.396	0.285	0.395	0.359	0.281	0.320
DEC.	0.142	0.121	0.138	0.169	0.134	0.126	0.131	0.134	0.193	0.167
M_0=0.20										
SEP.	0.592	1.118	0.908	0.606	1.039	1.862	1.337	0.938	0.593	1.137
OCT.	0.689	1.131	0.624	0.395	0.916	1.030	0.898	1.001	0.427	0.709
NOV.	0.280	0.306	0.366	0.253	0.312	0.238	0.317	0.282	0.190	0.249
DEC.	0.103	0.097	0.105	0.115	0.106	0.105	0.106	0.105	0.130	0.130
M_0=0.38										
SEP.	0.336	0.814	0.582	0.287	0.723	1.448	0.975	0.648	0.274	0.769
OCT.	0.391	0.824	0.400	0.187	0.638	0.801	0.655	0.696	0.198	0.479
NOV.	0.159	0.223	0.235	0.120	0.217	0.185	0.232	0.195	0.088	0.168

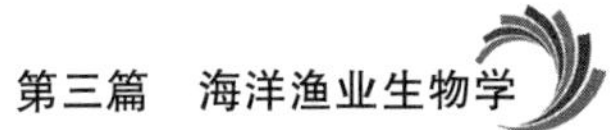

(continued)

MONTH	YEAR									
	1970	1971	1972	1973	1974	1975	1976	1977	1978	1979
DEC.	0.058	0.071	0.067	0.054	0.074	0.082	0.077	0.073	0.060	0.088

Notes: ①Data from Deng et al., 1982. Fishing Mortality in December for Method (1) = Average Monthly Total Mortality in Deng et al., (1982) − Natural Mortality in December; Total Fishing Mortality F for Method (2) = Average Monthly total Mortality in Deng et al. (1982)×4 − Total Natural Mortality.

Table 2　Monthly Coefficient of Fishing Mortality of Male Prawn from Method (1) and (2) under Different Estimate of Natural Mortality

MONTH	YEAR									
	1970	1971	1972	1973	1974	1975	1976	1977	1978	1979
	Method (1)									
$M_1=0.04$										
SEP.	0.442	0.407	0.626	0.532	0.628	0.840	0.631	0.466	0.455	0.622
OCT.	0.683	0.897	0.669	0.556	1.025	1.196	0.835	0.937	0.517	0.730
NOV.	1.869	0.923	1.010	0.741	1.066	1.075	1.100	0.994	0.572	0.791
DEC.	1.050	0.902	0.962	0.813	1.120	1.302	1.055	0.973	0.725	0.946
$M_1=0.20$										
SEP.	0.357	0.320	0.492	0.399	0.517	0.712	0.511	0.373	0.326	0.489
OCT.	0.590	0.738	0.547	0.431	0.871	1.033	0.700	0.781	0.384	0.588
NOV.	1.649	0.760	0.845	0.591	0.911	0.933	0.936	0.832	0.438	0.649
DEC.	0.890	0.742	0.802	0.653	0.960	1.142	0.895	0.813	0.565	0.786
$M_1=0.38$										
SEP.	0.270	0.229	0.355	0.262	0.398	0.573	0.384	0.274	0.196	0.348
OCT.	0.487	0.559	0.413	0.298	0.698	0.851	0.745	0.606	0.244	0.434
NOV.	1.387	0.576	0.657	0.424	0.736	0.775	0.749	0.648	0.291	0.493
DEC.	0.710	0.562	0.622	0.473	0.780	0.962	0.715	0.633	0.385	0.606
	Method (2)									
$M_1=0.04$										
SEP.	1.621	1.248	1.787	1.350	2.099	2.893	1.986	1.491	1.075	1.746
OCT.	0.986	1.019	0.693	0.560	1.073	1.075	0.883	1.060	0.513	0.721
NOV.	0.551	0.266	0.294	0.250	0.248	0.192	0.286	0.271	0.208	0.231
DEC.	0.052	0.085	0.084	0.103	0.071	0.059	0.075	0.080	0.113	0.095
$M_1=0.20$										
SEP.	1.297	0.943	1.387	0.968	1.714	2.454	1.592	1.162	0.715	1.346
OCT.	0.790	0.769	0.538	0.401	0.876	0.912	0.708	0.826	0.341	0.556
NOV.	0.441	0.201	0.228	0.179	0.202	0.163	0.229	0.211	0.138	0.178
DEC.	0.042	0.064	0.065	0.074	0.058	0.050	0.060	0.062	0.075	0.073

(continued)

MONTH	YEAR									
	1970	1971	1972	1973	1974	1975	1976	1977	1978	1979
$M_1=0.38$										
SEP.	0.934	0.600	0.937	0.538	1.281	1.960	1.150	0.792	0.310	0.896
OCT.	0.568	0.490	0.363	0.223	0.654	0.728	0.511	0.563	0.148	0.370
NOV.	0.317	0.128	0.154	0.099	0.151	0.130	0.166	0.144	0.060	0.119
DEC.	0.030	0.041	0.044	0.041	0.044	0.040	0.044	0.043	0.033	0.049

Notes: ①Data from Deng et al., 1982. (... See Table 1).

Table 3 Estimate of Abundance of Female Prawn in the Beginning of September from Method (1) and (2) of Estimate of Fishing Mortality under different estimate of Natural Mortality

METHOD	YEAR									
	1970	1971	1972	1973	1974	1975	1976	1977	1978	1979
$M_0=0.04$										
(1)	139.4	98.5	150.7	345.0	501.1	291.1	132.2	303.1	513.6	583.0
(2)	139.6	97.6	150.7	343.4	497.9	288.9	131.5	300.6	501.7	577.2
$M_0=0.20$										
(1)	193.5	124.6	200.4	510.6	645.0	352.5	166.2	391.7	776.0	758.3
(2)	193.3	121.2	198.9	504.0	632.3	346.1	163.1	383.2	741.3	743.3
$M_0=0.38$										
(1)	335.9	172.6	309.9	1 112.4	930.1	459.6	229.9	569.5	1 831.5	1 139.9
(2)	340.7	166.4	310.4	1 064.7	907.9	445.1	223.6	554.3	1 602.1	1 099.2

Notes: ①Abundance in Number $\times 10^6$ Data from Deng et al., 1982.

Table 4 Estimate of Abundance of Male Prawn in the Beginning of September from Method (1) and (2) of Estimate of Fishing Mortality under Different Estimate of Natural Mortality①

METHOD	YEAR									
	1970	1971	1972	1973	1974	1975	1976	1977	1978	1979
$M_1=0.04$										
(1)	116.4	113.8	130.2	310.5	444.8	299.4	128.5	291.1	489.7	565.5
(2)	101.8	105.4	124.1	300.8	416.9	286.7	121.0	269.2	479.5	542.9
$M_1=0.20$										
(1)	149.3	149.5	166.9	418.9	551.7	357.9	161.5	374.6	692.9	727.7
(2)	127.2	139.5	159.9	419.4	510.7	338.0	150.9	345.3	721.2	704.2
$M_1=0.38$										
(1)	205.5	217.2	235.5	649.9	735.3	452.2	219.7	528.1	1 177.9	1 039.6
(2)	176.7	219.3	236.8	754.3	683.3	423.1	208.9	506.6	1 665.3	1 057.8

Notes: ①Abundance in Number $\times 10^6$ Data from Deng et al., 1982.

Assessment of the Blue Carb Commercial Fishery in Chesapeake Bay[①]

TANG Qisheng[②]

(*University of Maryland, Chesapeake Biological Laboratory, Solomons, Maryland 20688*)

Introduction

The blue crab, *Callinectis sapidus Rathbun*, is a valuable crustacean that is widely distributed along the Atlantic and Gulf Coasts of the United States. The commercial fishery for this species, which extends from New Jersey south to Florida and west to Texas, is the most economically important crab fishery in the country. Landings in Chesapeake Bay account for about two - thirds of the coastal catch and have averaged about 63 million pounds a year with an annual exvessel value of about 13 million dollars during the period 1970—1980. Although the recreational component of the fishery has never been assessed, it also appears to be substantial.

History and Present Status of the Fishery

Historical blue crab catch and effort statistics for Chesapeake Bay[③] were first collected in 1880 as part of a nationwide assessment of the fishing industry. Based on those statistics, the reported catch for the Maryland - Virginia fishery in that year was about 4 million pounds. Since then, because of the improved efficiency of fishing gears, increasing intensity of fishing, and increasing consumer demand, landings have increased dramatically reaching a historical peak in 1966 when 97 million pounds were landed. Currently, the blue crab fishery is the second most important fishery in the bay and is surpassed only by the oyster industry.

During the last 100 years, large fluctuations in annual catches of blue crabs have been common place (Figure 1) . Long term cycles in abundance do seem to occur at 15 to 20 year

① 本文原刊于 Report of the Workshop on Blue Crab Stock Dynamics in Chesapeake Bay, and Technical Series #TS-03-83, Center for Environmental and Estuarine Studies of the University of Maryland, 1982。

② Permanent address: Yellow Sea Fisheries Research Institute, 19 Laiyang Road Qingdao, China.

③ Published in Fisheries Industries of the United States through 1938, and in statistical digests of the U. S. Fish and Wildlife Service or the National Marine Fisheries Service titled Fisheries Statistics of the United States through 1976, with the exception of 1943. Catch and effort statistics presented in this study from 1977—1980 are preliminary totals which may change prior to publication.

intervals: peaks in catches were recorded in 1915, 1930, 1950, and 1966. Low annual catches were documented for 1920, 1941, 1959 and 1976. Both the peaks and low points in commercial harvests appear to last two to three years.

At the present time, the commercial blue crab harvest in the bay is at a low level. During the period 1976 through 1980 landings averaged 57.5 million pounds. Of this total, approximately 39% were caught in Maryland and 61% in Virginia.

Commercial blue crab catches in Chesapeake Bay are marketed in three basic categories - hardcrabs, softcrabs and peelers. Historically, softcrab and peeler catches peaked in the early 1900's at about 10 million pounds a year. Landings have gradually decreased since then to an annual level of about 2 million pounds a year during the decade of the 1970's, which is about 4% of the total crab harvest (Figure 1).

The most widely used fishing gears in the Bay are crab pots, trotlines, crab dredges and crab scrapes. Pots and trotlines are fished in the spring, summer and fall months to harvest male and female hard crabs, and to a lesser extent peelers and softcrabs; dredges are used to catch mature females overwintering in Virginia waters of the Bay and scrapes are used to fish for peelers and softcrabs.

Effort statistics for these four gear types, which were first collected in 1929, are presented in Figure 2. Effort in the commercial pot fishery has increased dramatically since the gear was first introduced in the 1930's, reaching a historical peak in 1976 when 380 000 pots were fished. The number of trotlines, which ranged between 1 000 and 3 500 a year from 1929 through the late 1960's has increased rapidly during the decade of the 1970's. As was the case with pots, effort in the trotline fishery peaked in 1976 when about 17 000 lines were fished. In both the scrape and dredge fishery, effort increased from 1929 through the late 1930's, decreased during the second world war, increased again through the late 1950's and declined relatively thereafter.

It is quite evident that there has been a big increase in the fishing intensity for hard crabs in the Bay since the 1960's. In addition, there has been a significant change in the actual composition of the fishing gears. Trotlines, which were widely used prior to the second world war, have, to a large extent, been replaced by crab pots. The effect of these changes on the composition of the catch by gear type is shown in Figure 3. These data indicate that fishing mortality in crab pots has been equivalent to 60%~80% of the total fishing mortality of blue crabs since the mid - 1950's. ①

Figure 4 shows the long term trends in catch - per - unit - effort (CPUE) of blue crabs in pots, trotlines, dredges and scrapes. CPUE in both pots and trotlines has steadily decreased over time. Large decreases in CPUE in pots since 1956 and in trotlines since 1970 are associated with large increases in the amount of gear fished. CPUE in dredges increased in

---

① If $Y=\overline{B}F=\overline{B}\sum_{i=1}^{n} F_i$ is tenable in multifisheries then fishing mortality % for a kind of gea $r=\frac{F_i}{F}=\frac{Y_i}{Y}$.

the late 1950's after approximately 30 years of slow decline; peaked in the mid - 1960's and has been relatively constant or decreasing slightly since that time. CPUE in the crab scrape fishery has remained relatively constant over time, even though annual fluctuations have been large.

Although there are differences in long term trends in CPU among gear types, because crab dredges, which fish for overwintering females in Virginia waters, account for only about 10% of the total fishing mortality and scrapes, which catch primarily peelers and softcrabs, account for only about 5% of the total fishing mortality, it appears that overall, catch - per - unit - effort for blue crabs in Chesapeake Bay has been declining in recent years.

Review of Surplus Production Models

In this study, logistic surplus production models were applied to the estimation of equilibrium yield for the blue crab fishery in Chesapeake Bay. Because these models require only catch and effort data and provide an estimate of maximum sustainable yield (MSY) they have been widely applied to the assessment and management of other species.

The logistic surplus production model based on the Verhalst - Pearl growth equation was first employed in the study of fish population dynamics by Graham (1935, 1939) and was further developed by Schaefer (1954, 1957), Pella and Tomlinson (1969) and Fox (1970). In the last decade, numerous authors have been devoted to the study of improving parameter estimation, precision and structure of the model (Fox, 1971, 1975; Walter, 1973, 1978; Jensen, 1976; Schnute, 1977; Rivard and Bledsoe, 1978; Fletcher, 1978; Koff and Fairbairn, 1980; Mohn, 1980; Uhler, 1980).

The logistic surplus production model assumes that the total biomass of a stock is determined by the carrying capacity of the ecosystem of which the stock is a part. Under equilibrium conditions, the instantaneous rate of natural growth of biomass (surplus production) is directly proportional to the biomass (B) and also to the difference between the theoretical maximum biomass (B_∞) and B, and is inversely proportional to B_∞. The specific instantaneous rate of natural growth $f(B)$ is some continuously decreasing function of the biomass B, i. e.,

$$\frac{dB}{df}=KB\frac{(B_\infty-B)}{B_\infty} \tag{1}$$

$$f(B)=\frac{K}{B_\infty}(B_\infty-B) \tag{2}$$

However, as is often the case, $f(B)$ may be a nonlinear function of B (Gulland, 1961; Gerrod, 1969; Pella and Tomlinson, 1969; Fox, 1970). e. g.,

$$f(B)=\frac{K}{B_\infty^{m-1}}(B_\infty^{m-1}-B^{m-1}) \tag{3}$$

$$f(B)=K(\log_e B_\infty-\log_e B) \tag{4}$$

At equilibrium, assuming that $f(B)=F=qf$, the following equilibrium yield equations for three widely used models are:

Schaefer Model $$Y_e = B_\infty q f - \frac{B_\infty q^2}{K} f^2 \tag{5}$$

$$MSY = \frac{(B_\infty q)^2}{4} \cdot \frac{K}{B_\infty q^2}$$

$$f_{opt} = \frac{B_\infty q}{2} \cdot \frac{K}{B_\infty q^2}$$

Pella and

Tomlinson Model $$Y_e = f\left(B_\infty{}^{m-1} q^{m-1} - \frac{g^m B_\infty^{m-1}}{K} f\right)^{\frac{1}{m-1}} \tag{6}$$

$$MSY = (q^{m-1}\ B_\infty{}^{m-1})\left(\frac{K}{g^m B_\infty^{m-1}}\right)\left(\frac{1}{m}-1\right)\left(-\frac{q^{m-1} B_\infty^{m-1}}{m}\right)^{\frac{1}{m-1}}$$

$$f_{opt} = (q^{m-1}\ B_\infty{}^{m-1})\left(\frac{K}{g^m B_\infty^{m-1}}\right)\left(\frac{1}{m}-1\right)$$

Fox Model $$Y_e = f\, B_\infty q\, e^{-\frac{q}{k} f} \tag{7}$$

$$MSY = B_\infty q\, e^{-1}\left(\frac{k}{q}\right)$$

$$f_{opt} = \frac{k}{q}$$

where Y_e = equilibrium yield,

MSY = maximum equilibrium yield, and

f_{opt} = effort at MSY

Simplyfing these models gives:

$$U = a - bf \tag{8}$$

$$U_{opt} = \frac{a}{2}$$

$$U^{m-1} = a' - b' f \tag{9}$$

$$U_{opt} = \left(\frac{a'}{m}\right)\frac{1}{m-1}$$

$$\log_e U = a'' - b'' f \tag{10}$$

$$U_{opt} = e^{a''} - 1$$

where $$U = \frac{Y_e}{f}$$

$$a' = B_\infty q = U_\infty$$

$$a' = B_\infty{}^{m-1} q^{m-1} = U_\infty{}^{m-1}$$

$$a'' = \log_e B_\infty q = \log_e U_\infty$$

$$b = \frac{B_\infty q^2}{K}$$

$$b' = \frac{g^m B^{m-1}}{K}$$

$$b'' = \frac{q}{K}$$

Obviously, in practical application, the only difference among the three models is in the mathematical relationship between catch - per - unit - effort (U) and effort (f); equation (6) could replace equation (5) as $m=2$ and equation (7) as $m+1$. Thus the Pella - Tomlinson model could provide a method which fits the best mathematical relationship between U and f.

In many fisheries, the results of best fitting the relationship between U and f by the Pella - Tomlinson model are more closely approximated by the Fox model than by the Schaefer model (Table 1) . But, it should also be noted that the best fit can sometimes occur as $m \to 0$ or $m=0$. When this is the case, the results of the fit refer to a mathematical relationship in the existing data rather than a characterization of biomass growth of a stock, otherwise it would appear that maximum sustainable yield could be obtained when the biomass is approximately zero and fishing effort appears to increase without restrictions. Consequently, it is necessary to consider the theoretical explanation which could exist in the models and the practical status of a fishery when choosing the optimal model and applying its results.

Estimates of Equilibrium Yield

In a multigear fishery it is very important to determine the total standardized amount of fishing effort when applying the surplus production model to a stock because this estimate of effort will affect the precision of all parameters of the model. In the commercial blue crab fishery in the bay where several gears (including pots, trotlines, dredges, scrapes, dip nets and pound nets) with unknown catch efficiencies are fished, standardization for all gears is not possible.

Alternatively, catch - per - unit - effort in crab pots can be used as the standard CPUE in the fishery because ①pots have been the major fishing gear in Chesapeake Bay since 1944; ②pots have not changed in size and structure for many years (size is limited in Maryland to 24 inches on a side) and ③pots are a passive gear less affected by factors such as the size and power of a boat than other gears. Since it appears that catchability in pots has remained relatively stable over time, total nominal fishing effort was calculated as follows;

$$\text{total effort}=\frac{\text{total catch}}{\text{standard CPUE}}$$

The total annual commercial catch, standard CPUE, nominal fishing effort and two moving averages of effort are presented by year from 1945—1979 in Table 2. [The moving averages of effort were included because of the nonequilibrium condition of the fishery and the time lag between spawning stock and fishable stock (Gulland, 1961, 1969)] .

As is shown in Table 3 all regressions of CPUE against effort (f, f_1 and f_2) were significant at the>99% confidence level. There were no significant differences within a model when the three sets of effort data were used as input in the Schaefer ($r=0.873\,4$ to

0.874 7), Pella - Tomlinson (r=0.891 5 to 0.893 2) or Fox (r=0.891 3 to 0.893 1) models. Perhaps this is because blue crabs are recruited into the fishery at age 1 and most are caught at that age. Table 3 also shows that the regression coefficient for the Pella - Tomlinson and Fox models were more significant than the r value for the Schaefer model. There was almost no difference for r between the Pella - Tomlinson and Fox model because of the m that best fit the Pella - Tomlinson model, which was equal to 1.09. In fact, as m=0.8 to 1.4 all parameters in the Pella - Tomlinson model were very similar, about 0.89 for r, 68×10^6 to 72×10^6 pounds for maximum sustained yield, and 268×10^3 to 274×10^3 for optimal standard fishing effort (Figure 5) . Therefore, the mean values of 70×10^6 for MSY, 270×10^3 for f_{opt} and 260 for optimal catch - per - unit - effort will be used in this study.

The curves of blue crab equilibrium yield for the Schaefer, Pella - Tomlinson and Fox models, using the parameter estimates in Table 3 from equations (5), (6) and (7) are presented in Figure 6. It is evident that fishing effort has exceeded the limit of f_{opt} since the 1960's and the catch of blue crabs has been below the level of MSY since the 1970's. That is, equilibrium yield of blue crab in Chesapeake Bay has entered a period of decline.

Figure 7 shows that since the late 1950's fishing effort has exceeded the upper limit of f_{opt} and CPUE has been below the limit of U_{opt} required for maximum sustained yield. According to the concept of U_{opt}, when CPUE$>U_{opt}$, abundance is high. and stocks are under exploited. Conversely when CPUE$<U_{opt}$, abundance is low and stocks are being over exploited. The latter condition appears to reflect the status of blue crabs in the bay at the present time.

In addition, from equations (5) — (10), the equations for equilibrium yield and catch - per - unit of effort can be derived as follows:

$$Y_e=\frac{K}{B_\infty q^2}(U_\infty-U)U \quad \text{for Schaefer Model}$$

$$Y_e=\frac{K}{B_\infty^{m-1}q^{m-1}}(U_\infty^{m-1}-U^{m-1})U \quad \text{for Pella - Tomlinson Model}$$

$$Y_e=\frac{K}{q}(\log_e U_\infty-\log_e U)U \quad \text{for Fox model}$$

Simplifying these gives:

$$Y_e=\frac{U}{b}(a-U) \tag{11}$$

$$Y_e=\frac{U}{b'}(a'-U^{m-1}) \tag{12}$$

$$Y_e=\frac{U}{b''}(a''-\log_e U) \tag{13}$$

These correspond to equations for equilibrium yield and biomass if catch - per - unit of effort is regarded as an index of biomass. Based on equations (11) ~ (13), in recent years, and especially since the middle 1970's, blue crab biomass has been at a low level (Figure 8) . This means that the decline of equilibrium yield is due primarily to a decrease of biomass and an increase in fishing effort in addition to the natural fluctuations of the stock.

Management of the Fishery

The blue crab is one of the most important commercial and recreational species in the Chesapeake Bay. Although regulations for the fishery including licensing requirements, size and sex limits, seasons, and gear restrictions, have been implemented, this study shows that, based on the available catch and effort statistics, blue crabs are currently being over fished.

In order to protect this valuable resource new regulations to reduce fishing effort to the 1960's level need to be considered. The options could include quotas, allocations, seasons, gear restrictions, restrictions on recreational fishing and limited access.

Acknowledgements

I would like to express my appreciation to Drs. Brian J. Rothschild and W. W. J. Fox for their helpful suggestions during the study, to Dr. Douglas G. Heimbuch and Mr. Philip W. Jones for their assistance in revising the manuscript, to Ms. Fran Younger who prepared the figures; and Ms. Martha Benesole who typed the manuscript.

Literature Cited

ACMR Working Party on the Scientific Basis of Determining Management Measure. 1981. Report of the ACMR Working Party on the Scientific basis of determining management measures. Hong Kong. 10 - 15 December 1979. FAO Fish. Rep., (236): 149 P.

Cargo D G, 1954. Maryland commerical fishing gears Ⅲ. The crab gears. Ches. Biol. Lab., Ed. Ser. 36: 18 P.

Graham M, 1935. Modern theory of exploiting a fishery, and application to North Sea trawling. J. Cons. Explor. Mer., 10 (3): 264 - 274.

________, 1939. The sigmoid curve and the over - fishing problem. Rapp. Proc. Verb. Cons. Explor. Mer., 110 (2): 15 - 20.

Fox W W Jr, 1970. An exponential surplus - yield model for optimizing exploited fish populations. Trans. Am. Fish. Soc., 99: 80 - 88.

__________, 1971. Random variability and parameter estimation for the generalized production model. Fish. Bull., 69: 569 - 580.

__________, 1975. Fitting the generalized stock production model by least squares and equilibrium approximation. Fish. Bull., 73: 23 - 37.

Fletcher R, 1978a. Time - dependent solutions and efficient parameters for stock - production models. Fish. Bull., 76: 377 - 388.

________, 1978b. On the restructuring of the Pella - Tomlinson system. Fish. Bull., 76: 515 - 521.

Jensen A L, 1976. Assessment of the United States lake whitefish fisheries of Lake Superior, Lake Michigan and Lake Huron J. Fish. Res. Board Can. , 33: 747 - 759.

Mohe R K, 1980. Bias and error propagation in logistic production models. Can. J. Fish. Aquat. Sci, 37: 1276 -1283.

Pella J J, Tomlinson P K, 1969. A generalized stock production model. Inter. Am. Trop. Tuna Comm. Bull. , 13: 421 - 496.

Roff D A, Fairbairn D J, 1980. An evaluation of Gulland's method for fitting the Schaefer Model. Can. J. Fish. Aquat. Sci. , 37: 1229 - 1235.

Rivard D, Bledsoe L J, 1978. Parameter estimation for the Pella - Tomlinson stock production model under nonequilibrium conditions. Fish. Bull. , 76: 523 - 534.

Rothschild B J, 1977. Fishing effort. in J. Gulland, (Ed.) Fish Population Dynamics. John Wiley, London.

Rothschild B J, Jones P W, Wilson J S, 1981. Trends in Chesapeake Bay Fisheries in Improving Management of Chesapeake Bay, Wildlife Mgt. Institute.

Schaefer M B, 1954. Some aspects of the dynamics of populations important to the management of the commercial marine fisheries. Inter - Amer. Trop. Tuna Comm. , Bull. , 1 (2): 27 - 56.

________, 1957. A study of the dynamics of the fishery for yellowfin tuna in the eastern tropical Pacific Ocean. Inter - Amer. Trop. Tuna Comm. Bull. , 2 (6): 245 - 285.

Schnute J, 1977. Improved estimates from the Schaefer production model: theoretical consideration. J. Fish. Res. Board Can. , 28: 1211 - 1214.

Uhler R S, 1980. Least squares regression estimates of the Schaefer production model: some Monte Carlo simulation results. Can. J. Fish. Aquat. Sci. , 37: 1284 - 1294.

Sissenwine M P, 1978. Is MSY an adequate foundation for optimum yield? Fisheries 3 (6): 22 - 24, 37 - 38, 40 - 42.

Van Engel W A, 1958. The blue crab and its fishery in the Chesapeake Bay. Commercial. Fish. Rev. , 20 (6): 6 -17.

Van Engle W A, Cargo D G, Wojcik F J, 1973. The edible blue crab. Marine Resources of the Atlantic Coast. Atlantic States Marine Fisheries Commission.

Walter G G, 1973. Delay - differential equation models for fisheries. J. Fish Res. Board. Can. 30: 939 -945.

________, 1978. A surplus yield model incorporating recruitment and applied to a stock of Atlantic Mackerel. J. Fish. Res. Board. Can. , 35: 229 - 234.

Table 1 Them of the best fit of Pella - Tomlinsen Model

Species	Fishery area	m	Authors
Yellow tuna	Eastern Pacific	1.23	Schaefer (1957)①
Yellow tuna	Eastern Pacific	1.41	Pella & Tomlinson (1969)
Ocean Shrimp	California, U. S.	0.43	Abramson & Tomlinson (1972)①
Menhaden	Chesapeake Bay, U. S.	0.63	Nicholson (1971)①
Pandalid Shrimp		0.28～1.35	Fox (1975)

(continued)

Species	Fishery area	m	Authors
Brown Shrimp White Shrimp Pink Shrimp	Gulf of Mexico	1.001 0.000 0.000	Brunenmeister (1981)
Brown Shrimp Pink Shrimp	Northern Gulf of Mexico	0.701	Parrack & Phares (1981)
Thread Herring	Costa Rica, U. S.	0.07	Stevenson & Carranza (1981)
Rainbow Smelt	Lake Michigan, U. S.	0.00	Jensen (1982)①
Spanish Mackerel	Yellow Sea, China	0.03	Tang (unpublished)
Blue Crab	Chesapeake Bay, U. S.	1.09	Tang

Notes: ①Recalculation by Tang.

Table 2　Total catch, standard catch per unit of effort, nominal fishing effort and moving average effort for blue crab in Chesapeake Bay, 1945—1979

Year	Total catch (1bs.)	Standard CPUE	Nominal Effort f	Moving average $f_1$①	Effort $f_2$②
1945	40 822 000	431.8	94 539	94 736	87 270
1946	56 548 100	449.4	94 539	110 185	110 882
1947	65 354 900	619.4	125 830	115 672	100 026
1948	67 946 500	501.3	105 513	120 527	130 685
1949	67 625 800	450.9	135 540	142 760	127 747
1950	80 046 400	461.8	149 980	161 658	154 438
1951	70 777 000	405	173 336	174 047	162 369
1952	64 831 400	0 442.2	174 758	160 685	159 974
1953	63 184 000	383.2	146 611	155 748	169 822
1954	54 743 000	343.2	164 885	162 197	153 060
1955	45 128 000	261.9	159 508	165 909	168 597
1956	50 598 000	282.4	172 310	175 741	169 340
1957	58 351 000	267.6	179 171	198 612	185 182
1958	49 461 800	231.1	218 053	216 0471	186 600
1959	45 549 000	159.6	214 028	248 712	251 724
1960	70 716 100	221.5	285 395	302 328	266 644
1961	74 894 000	262.9	284 876	302 068	285 136
1962	86 571 000	278.0	311 406	293 141	315 333

(continued)

Year	Total catch (1bs.)	Standard CPUE	Nominal Effort f	Moving average $f_1$①	Effort $f_2$②
1963	66 129 000	189.4	349 150	330 278	317 013
1964	78 608 000	261.5	300 604	324 877	306 005
1965	86 334 000	263.1	328 141	314 373	338 646
1966	97 016 000	270.5	358 654	343 398	329 629
1967	82 815 000	242.9	340 943	348 799	334 542
1968	55 994 000	171.3	326 878	333 961	342 816
1969	60 876 000	161.7	376 475	351 727	358 709
1970	69 841 000	168.6	414 247	395 358	370 610
1971	76 105 000	224.9	338 395	376 318	357 435
1972	74 469 000	213.5	348 801	343 598	381 521
1973	58 781 000	180.5	325 657	337 229	332 026
1974	68 146 000	209.8	324 814	325 236	336 808
1975	61 491 000	175.5	350 374	337 595	338 017
1976	47 426 000	124.6	380 626	365 501	352 720
1977	59 196 000	146.2	404 897	392 762	377 637
1978	54 120 000	114.2	473 905	439 401	427 266
1979	67 689 000	197.4	342 903	408 404	373 900

Notes: ①$f_1=(f_t+f_{t-1})/2$; ②$f_2=(f_t+f_{t-2})/2$.

Table 3 The comparison of parameter estimates from different sets of effort data

Model	Eddort	Y_{max}	f_{opt}	U_{opt}	r	s	(a)	(b)	m①
Schaefer									
	f	75 771 369	268 680	282.0	0.876 4	60.8	546.027	0.001 050	
	f_1	76 096 260	264 890	287.3	0.874 7	62.3	574.549	0.001 085	
	f_2	76 642 870	256 602	298.7	0.873 4	66.5	547.368	0.001 164	
Pella - Tomlinson									
	f	69 919 071	270 114	285.8	0.893 2	0.028	1.797 2	$5.493\ 7\times10^{-7}$	1.09
	f_1	70 115 237	268 636	261.0	0.891 5	0.029	1.798 6	$5.528\ 1\times10^{-7}$	1.09
	f_2	70 275 515	260 475	269.8	0.893 2	0.025	1.670 8	$4.806\ 28\times10^{-7}$	1.08
Fox									
	f	69 373 303	271 077	255.9	0.893 1	0.193	6.544 9	$3.689\ 0\times10^{-6}$	
	f_1	69 566 445	270 217	257.4	0.891 3	0.185	6.550 8	$6.700\ 7\times10^{-6}$	
	f_2	69 765 531	261 910	266.4	0.893 1	0.187	6.584 9	$3.818\ 1\times10^{-6}$	

Notes: ①best fitting.

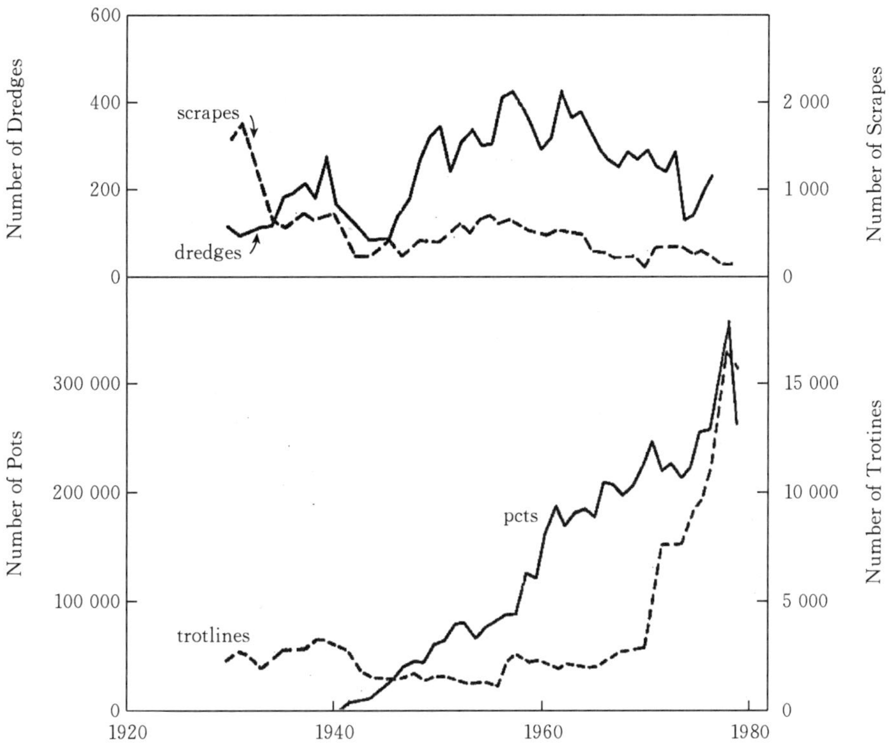

Figure 1　Time series of fishing effort, expressed in numbers, for the trotline, pot, scrape and dredge fisheries in Chesapeake Bay for the period 1929—1980

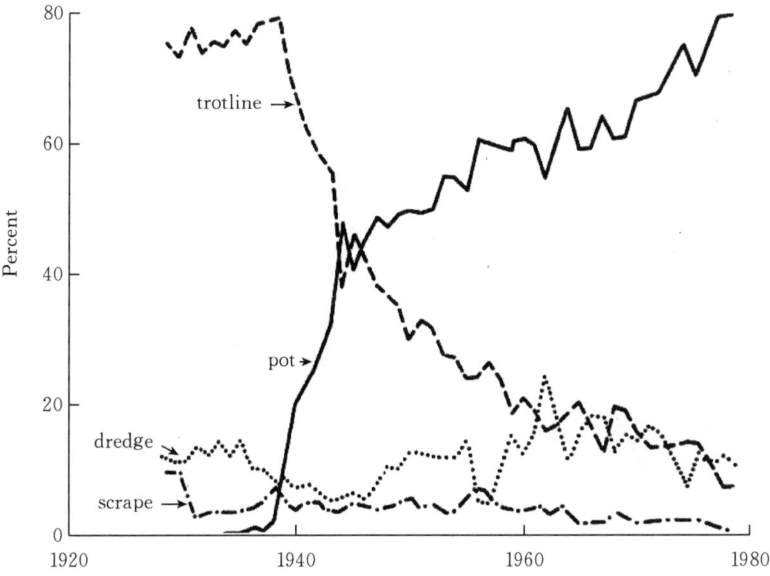

Figure 2　Composition of catch by gear in the blue crab fishery in Chesapeake Bay for trotlines, pots, scrapes and dredges for the period 1929—1980

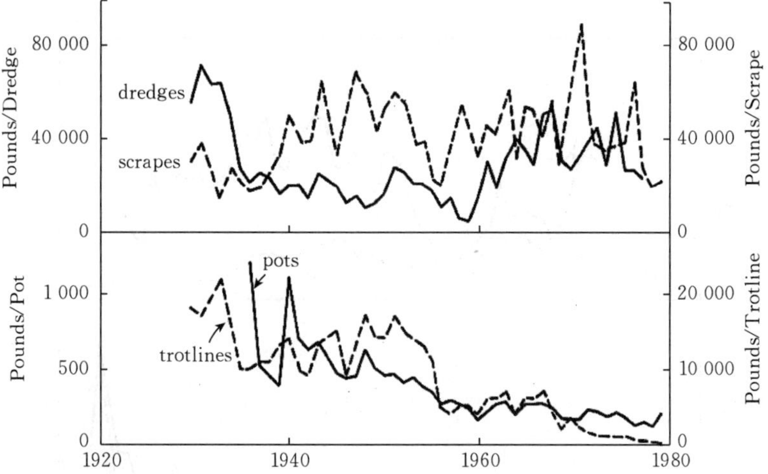

Figure 3 Catch-per-unit-effort, expressed as pounds per gear, for trotlines, pots, dredges and scrapes for the period 1929—1980

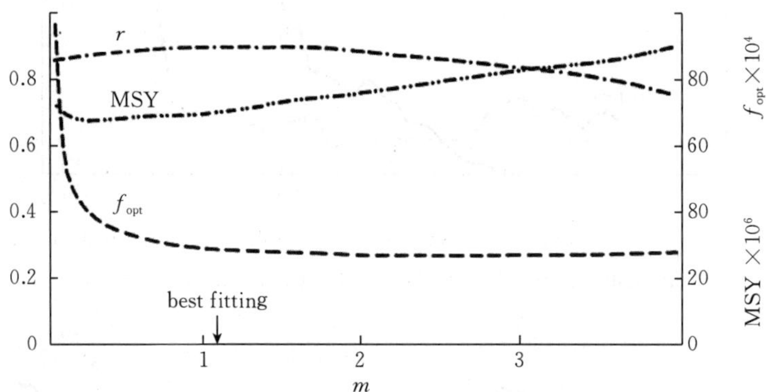

Figure 4 Values of r, MSY and f_{opt} for various values of m

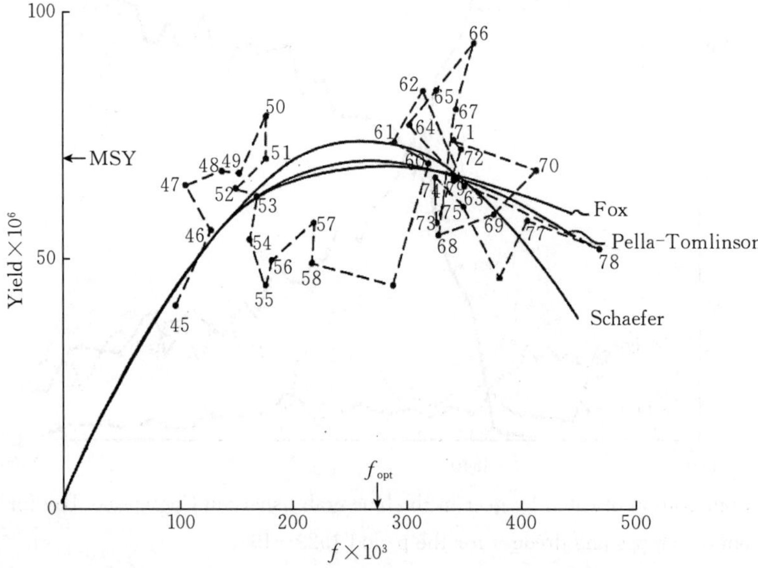

Figure 5 Equilibrium yield curves for blue crabs in Chesapeake Bay, 1945—1979

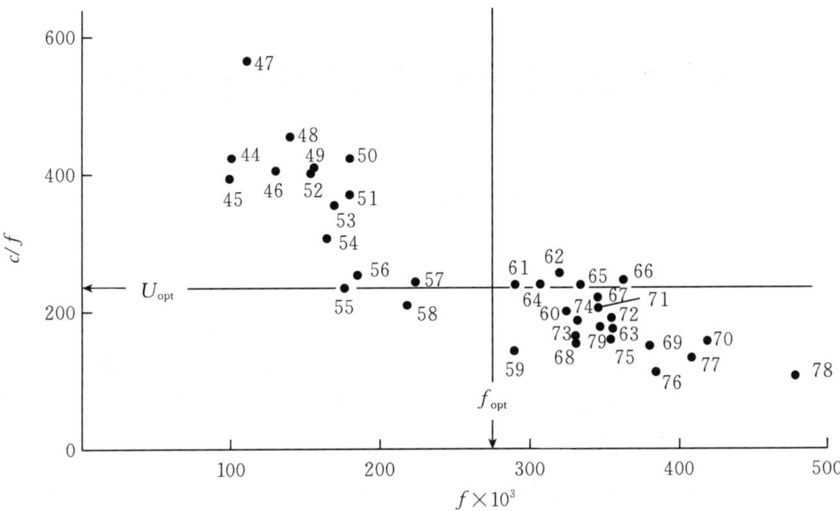

Figure 6　Standard CPUE and fishing effort for blue crabs in Chesapeake Bay，1944—1979

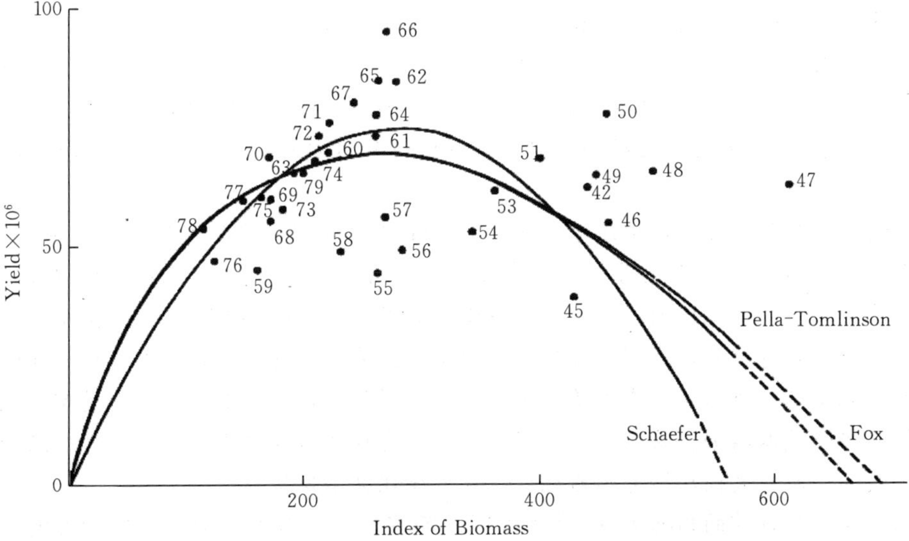

Figure 7　Equilibrium yield and index of biomass for blue crabs in Chesapeake Bay，1945—1979

渤海秋汛对虾开捕期问题的探讨[①]

邓景耀，唐启升

摘要：本文从不同的角度讨论了决定秋汛对虾开捕时间的主要因素，目的是对这些既相互矛盾又不是孤立存在的因素加以综合分析，以期找到一个比较合适的开捕时间。

十多年秋捕对虾生产的实践表明：渤海秋捕对虾的主要渔期只有70～80 d（9月10日—11月下旬），其中9月20日左右的产量约占整个秋汛产量的一半。主要原因是9月虾群密集，中心渔场比较稳定，天气较好，有利于捕捞生产；10月中旬对虾开始交尾，此后虾群分散，冷空气活动频繁，大风次数显著增加，捕捞效率和作业时间都受到明显的影响。此外，伴随着对虾交尾活动有相当数量的雄虾自然死亡。因此，要保证秋捕对虾的产量，必须在作业时间上予以保证，尤其不能错过有利捕捞的生产季节，以提高捕捞效率，从而保持一定的捕捞死亡（这是提高产量的重要措施）。也就是说秋汛对虾的开捕时间不宜过晚。

但是，从对虾生长特性来看，对虾体长在8月底以前迅速增加，9月底（值雄虾性成熟时）以后生长减缓；8、9月对虾体重增重最大，10月中旬（值对虾交尾时）对虾增重变慢。可见8、9月是对虾生长的重要时期。因此，要保证秋汛对虾的产量，特别是质量，开捕期不宜过早。

我们还应用国际渔业管理中通常使用的B-H产量方程，从合理利用对虾资源的角度，探讨了开捕时间问题。结果表明：按目前投入的捕捞力量（1974—1976年机帆船平均942对，机轮平均94对），现行的开捕期（相当于9月20日）是能够适应对虾资源状况、洄游分布、生长和死亡特征的，能够获得较大的产量。提前或推迟现行开捕期均可能导致产量下降。在此基础上进一步增加捕捞力量，虽然可以获得最大产量，但是单位产量却要大幅度下降，无疑将导致成本增加、收入减少。实际上由于受作业渔场的限制，大量增加渔船、渔具也是不可能的，所以大幅度调整捕捞死亡，既不合理也不现实。

综上所述，按目前的捕捞力量（$F=0.25$）而言，秋捕对虾开捕期的现行规定（9月20日）是能够保证我国秋汛对虾获得较高产量的，是比较合理的。但是从对虾生长的特性来看，为了提高对虾的质量，在捕捞力量有所增加的前提下（$F=0.30$，相当于秋汛的捕捞力量1 000对机帆船和100对机轮），现行的开捕期可以推迟到9月底，单位产量估计可下降8%左右，但总产量可望增加12%，尚能益多弊少。

前 言

十几年来，在渤、黄海对虾生产中一直遵循的“春养、夏保、秋捕、冬斗”的八字措

① 本文原刊于《海洋水产研究丛刊》，26：18-33，1979。

施，是各级领导、广大渔工渔民和科技人员在阶级斗争、生产斗争和科学实验三大革命运动中，经过反复实践总结出来的。它确保了对虾资源的稳定，生产不断发展，更重要的是取得了对日渔业斗争的胜利。

"八字"措施的中心是"秋捕"。关于秋捕对虾开捕期的问题，1962 年《渤海区对虾资源繁殖保护试行办法》中明确规定："秋季捕捞对虾，不得早于 9 月中旬"；经过修改的 1970 年《渤海区经济鱼、虾资源繁殖保护条例》中进一步具体规定为："木帆船 9 月 1 日、机帆船 9 月 10 日、渔轮 10 月 1 日开捕"。然而，在执行过程中对此是有异议的。从对虾生长和外贸出口的角度来看，大都认为应当向后推迟现行开捕期。但是，这样做是否会使产量下降、把对虾过多地"放出"渤海而有利于日渔？本文力图根据对日渔业斗争的现实情况，综合影响秋汛对虾开捕期的诸方面因素，就最适开捕期问题谈谈我们的看法。但很不成熟，欢迎参阅的同志提出批评、指正。

一、对虾产量的变动情况

20 年来，渤、黄海区对虾的世代产量的波动见图 1（表 1、表 2），波峰分别处于 50、

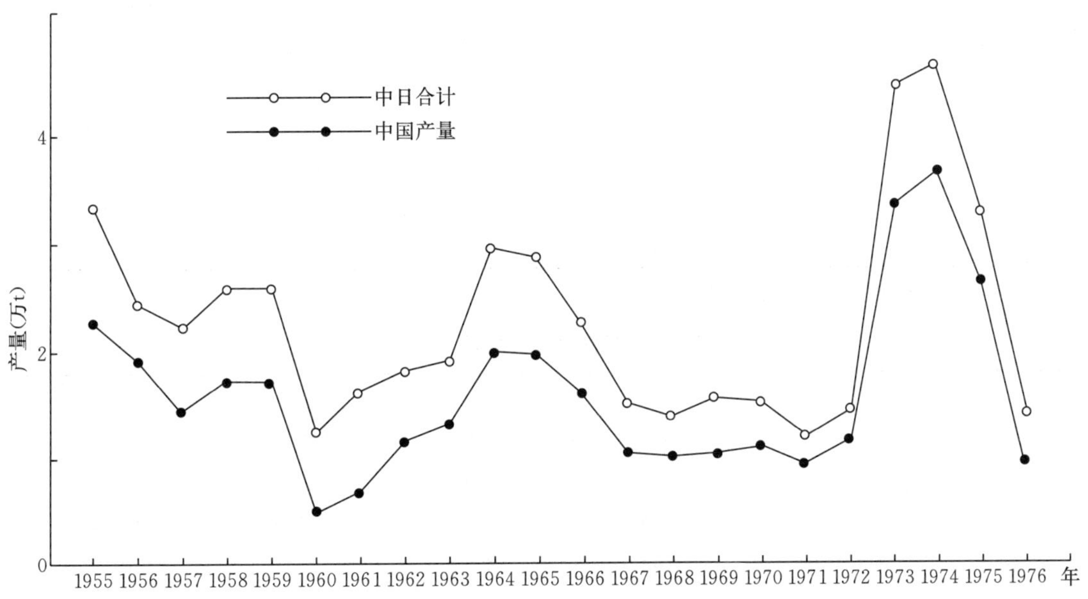

图 1　对虾世代产量

表 1　对虾世代产量（t）

年度	中国			日本冬春汛	合计
	秋汛	春汛	小计		
1955	5 367	19 365	27 732	8 867	33 599
1956	11 383	7 608	18 991	5 663	24 654
1957	7 552	6 962	14 514	7 692	22 206
1958	6 849	10 597	17 446	8 676	26 122

（续）

年度	中国			日本	合计
	秋汛	春汛	小计	冬春汛	
1959	10 536	6 209	16 745	9 572	26 317
1960	2 945	1 810	4 755	7 878	12 603
1961	4 962	2 155	7 117	9 312	16 429
1962	9 395	2 586	11 981	6 140	18 121
1963	11 480	2 204	13 684	5 448	19 132
1964	16 942	3 374	20 316	9 900	30 216
1965	16 931	2 827	19 758	9 200	28 958
1966	14 202	2 018	16 220	6 500	22 720
1967	9 814	799	10 613	5 000	15 613
1968	8 989	1 210	10 199	4 000	14 199
1969	9 956	959	10 915	5 000	15 915
1970	10 511	906	11 417	4 000	15 417
1971	8 868	570	9 438	2 500	11 938
1972	10 370	1 757	12 127	2 500	14 627
1973	29 069	4 898	33 967	11 000	44 967
1974	33 961	3 008	6 969	11 200	48 169
1975	25 286	1 269	26 555	7 000	33 555
1976	8 825	582	9 405	(5 000)	(14 405)
1977	20 705	1 168	21 873		

注：（ ）者仅供参考，以下各表皆同。

表 2 对虾世代渔获数量（万尾）

年度	中国			日本	合计
	秋汛	春汛	小计	冬春汛	
1964	37 582	4 581	42 163	16 064	58 227
1965	37 558	3 838	41 396	14 928	26 324
1966	31 504	2 740	34 244	10 547	44 791
1967	21 770	1 085	22 855	8 113	30 968
1968	19 940	1 643	21 583	6 490	28 073
1969	22 085	1 302	23 387	8 113	31 500
1970	23 316	1 230	24 546	6 490	31 036
1971	19 672	774	20 446	4 056	24 502
1972	23 004	2 385	25 389	4 056	29 445
1973	64 483	6 649	71 132	17 848	88 980
1974	75 335	4 084	79 419	18 173	97 592
1975	56 091	1 723	57 814	11 358	69 172
1976	19 576	787	20 363	(8 113)	(28 476)

60 和 70 年代的中期，其中 1974 世代产量最高，达 4.7 万 t；而波谷则出现在 60 和 70 年代的初期，最低产量为 1971 世代，不足 1.2 万 t。波峰期一般持续 3～4 年，波谷期则持续 5～6年。但 1976 年成为低产年后，又连续出现两个丰产年。

1962 年（特别是 1959 年）以前，我国的对虾生产分春、秋两大汛，1955—1961 年春、秋汛对虾产量之比为 47∶53，其中 1955 年度为 78∶22。自 1962 年以后，贯彻对虾生产“八字”措施的十几年中，春、秋汛产量之比发生了很大变化，变为 11∶89，其中 1975 年则为 5∶95。另外，我国对虾产量以渤海区为主，1962—1976 年渤、黄海产量之比为 84∶16。因此，渤海秋捕已是目前对虾生产的主要渔汛。

1957 年以来，日本渔业资本家把黄海对虾渔业视为“钱柜渔业”，每年冬、春汛都有数百艘单、双拖网渔轮到黄海中部滥捕南下越冬和北上生殖洄游的对虾，大肆掠夺对虾资源。1962 年以前中、日对虾产量之比平均为 61∶39，其中 1 960 和 1 961 年分别为 38∶62 和 43∶57，我国珍贵的对虾资源竟大部分为日轮掠捕而去。同时，还经常发生日轮为掠捕对虾进入我禁渔区、损坏沿岸定置网具的事件。正是由于对日渔业斗争、维护我国海洋渔业资源权益的需要，我国从 1962 年以来采取了以“秋捕”为中心的“八字”措施。十几年来，中、日对虾产量的比例发生了明显的变化，平均为 73∶27，其中 1970—1975 年为 78∶22，取得了对日渔业斗争的胜利。

二、决定开捕期的主要因素

秋捕对虾，主要是由于对日渔业斗争的需要。在这个前提下，为了使我国对虾能够连年获得高产，并尽可能降低日本对虾产量，开捕期的早晚主要应考虑以下几方面因素的实际状况。

（一）秋季对虾集群分布规律及游出渤海、越过成山头的时间

对虾是渤、黄海区一年生洄游性虾类，每年春季在各湾河口附近进行繁殖。仔、幼虾溯河或在河口附近觅食成长。7 月末幼虾逐渐游向深水区。渤海的对虾游离近岸后，主要分布在渤海中部。此后，虾群中心分布区比较稳定，集群特征明显，有利于捕捞生产，因而，构成了秋捕对虾的主要渔汛。实际上，历年秋虾产量中有 79%捕自 9、10 月，近几年 9 月的产量约占一半左右（表 3）。

表 3 秋汛对虾各月产量（%）

月	年									$\bar{X}$
	1969	1970	1971	1972	1973	1974	1975	1976	1977	
9	31.5	31.9	37.5	41.1	41.6	43.6	53.1	56.6	37.4	41.6
10	42.8	42.0	45.4	32.2	36.6	38.1	33.8	22.8	39.4	37.0
11	24.4	20.7	13.0	19.1	16.7	13.9	9.1	16.0	16.1	16.5
12	1.3	5.4	4.1	7.6	5.1	4.4	4.0	4.6	7.1	4.9

10 月中、下旬为对虾交尾期，交尾后的虾群较分散，同时，由于此后北方冷空气活动频繁，大风次数明显增加，虾群也逐渐游离渤海，开始了越冬洄游，图 2 表明，主群游离渤海的时间主要在 11 月中下旬。虾群游出渤海后在烟威渔场一般停留 10 d 左右，12 月上旬前

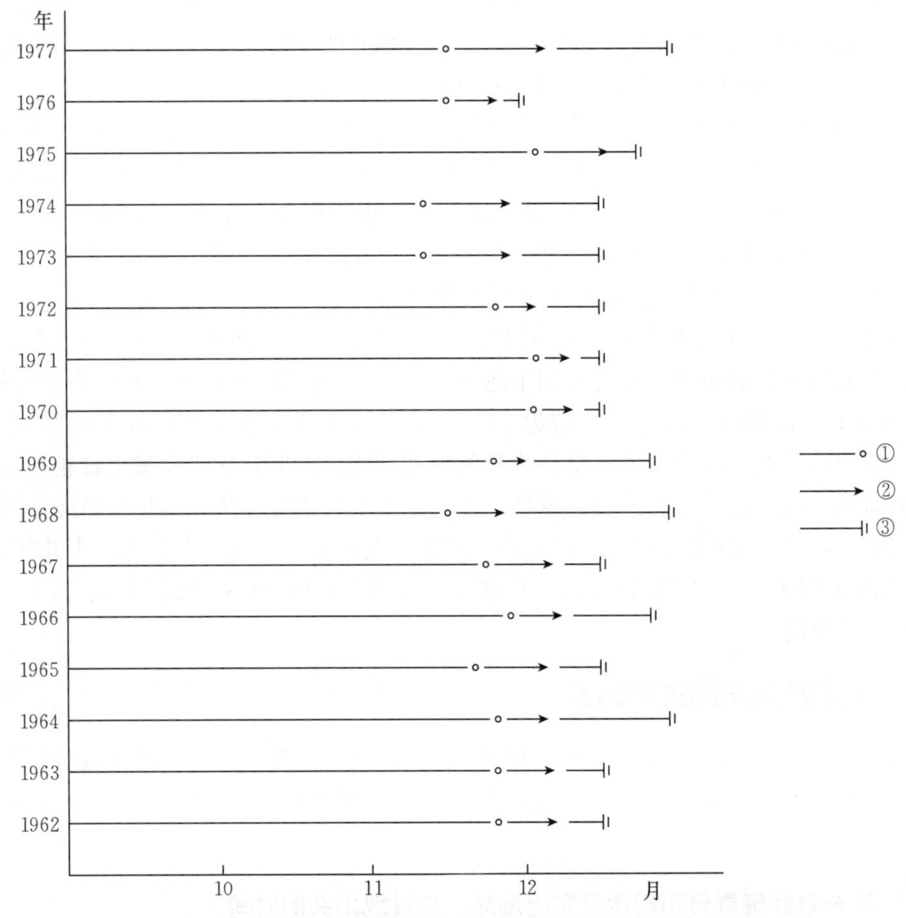

图 2　秋、冬汛对虾游出渤海、过成山头及生产结束时间

①主群游出渤海进入烟威渔场的时间　②主群绕过成山头的时间　③秋、冬汛对虾生产基本结束的时间

后越过成山头。12 月底我国秋汛对虾生产基本结束。对虾游出渤海后，我国渔船虽然仍继续追捕，但是，由于虾群行动快，较分散，分布面广，密度小，不易捕捞，产量只占秋虾产量的一小部分，如表 3 所示，11 月的产量仅占秋虾产量的 16.5%，而 12 月则只占 5% 左右。

上述表明，秋虾产量的月变化与行动分布规律直接有关。为了获得我国对虾高产，必须在对虾未出渤海之前，抓住对虾集群特征显著的季节进行捕捞。也就是说，秋捕对虾不宜过晚，否则，将可能把对虾过多地“放出”渤海而被日轮捕捞。

（二）生长特性

了解经济鱼虾类生长的规律是渔业资源合理利用的基础之一。因此，在探讨对虾开捕期时，也必须了解对虾生长特性。

众所周知，对虾雌、雄个体大小相差悬殊。这种差异 8 月上、中旬从幼虾的体长上就明显地表现出来了，至翌年春产卵期间，雌虾体长约 180～190 mm，比雄虾约大 30～40 mm。体重约 75～85 g，为雄虾重的 2 倍以上。为了便于讨论，下文不再进一步讨论雌、雄虾的生长差异，而根据对虾各月性比和雌、雄虾体长资料，算出对虾各月加权平均体长（表 4），以此作为基本资料，探讨对虾生长对确定开捕期的影响。

表 4　对虾加权平均体长

时间	6 月 25 日	7 月 25 日	8 月 25 日	9 月 25 日	10 月 25 日	11 月 25 日	12 月 25 日
月龄	1	2	3	4	5	6	7
体长（mm）	27	81	139	155	169	176	180

注：雌、雄对虾平均体长及性比资料取自 1959—1960 年生物学测定。

根据渤海对虾生物学测定资料得知，对虾体重与体长的立方呈比例关系，其表达式为：

$$W=1\,106\times10^{-8}\,L^{3.001\,5} \tag{1}$$

式中：W 为体重，单位为 g；

L 为体长，单位为 mm。

为此，可以引用 von Bertalanffy 生长方程来概括地表达对虾生长的一般规律。根据表 4 的实测资料，用筛选法求得方程参数：渐近长度 $L_t=190.8$ mm，生长系数 $K=0.47$，开始生长时的年龄 $t_0=0.54$。由式（1）换算出渐近重量 $W_\infty=77.3$ g。

故对虾长度与重量生长方程为：

$$L_t=190.8\ [1-e^{0.47(t-0.54)}] \tag{2}$$

$$W_t=77.3\ [1-e^{0.47(t-0.54)}]^3 \tag{3}$$

式（2）、（3）的一次微商为速度，则对虾长度与重量的生长速度方程为：

$$dl/dt=0.47\times190.8\ e^{0.47(t-0.54)} \tag{4}$$

$$dW/dt=3\times0.47\times77.3\ e^{0.47(t-0.54)}\ [1-e^{0.47(t-0.54)}]^2 \tag{5}$$

由式（2）绘制的对虾长度生长曲线（图 3）是一条上部趋向渐近值的曲线，反映了体长随时间变化的状况，可以看出，对虾体长在 8 月底（3 月龄）以前迅速增加，8 月长度增量约为渐近长度的 19%，9 月底以后长度生长减缓。长度生长速度曲线进一步说明了上述变

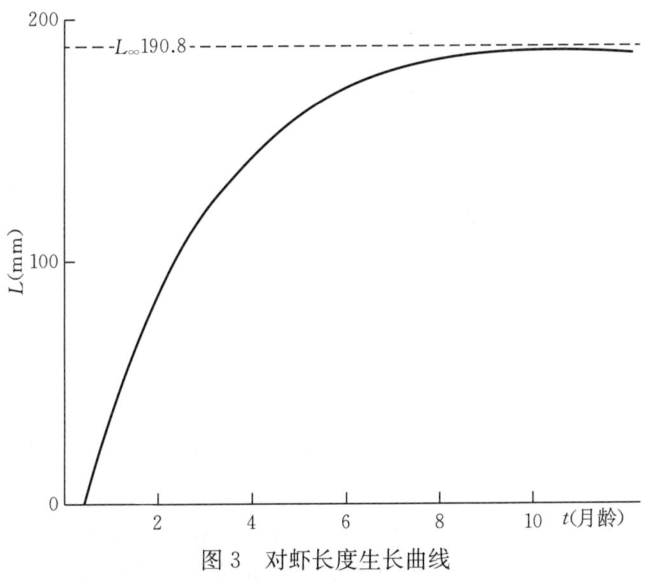

图 3　对虾长度生长曲线

化（图 4）。

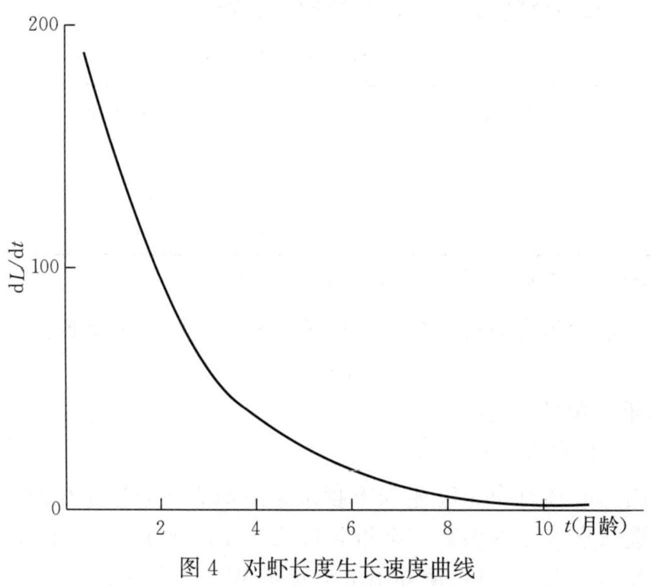

图 4 对虾长度生长速度曲线

由式（3）绘制的对虾重量生长曲线（图 5），是一条有拐点的不对称的 S 形曲线，拐点发生在 2.9 月龄，约 8 月 22 日前后。图 6 重量生长速度曲线表明，拐点前后两个月，重量生长速度最大，也就是说 8、9 月是对虾重量生长最迅速的阶段，增重最大，其增量约为渐近重量的 40%。10 月中旬以后，对虾重量生长变慢。

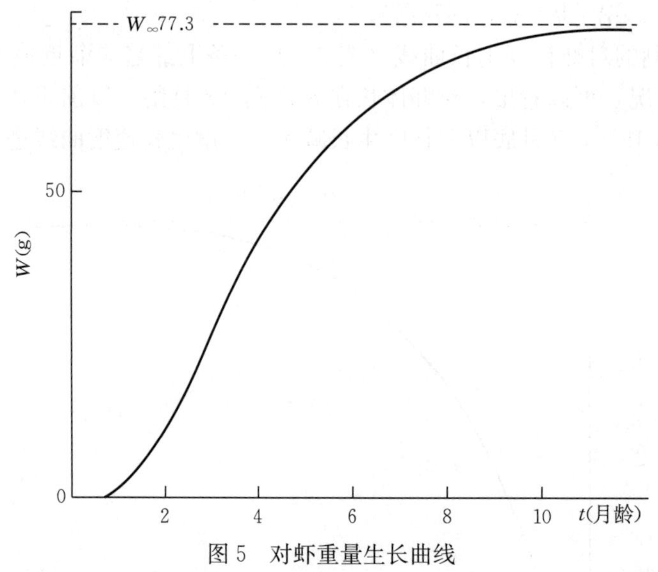

图 5 对虾重量生长曲线

以上说明，对虾长度与重量生长特点略有不同，长度增长在先，重量增长略后，体长增长较体重增长提前结束。但是无论是体长还是体重在 8、9 月间增长的幅度均较大，此间是对虾生长的一个重要时期。另外，对虾外贸出口价格（表 5）表明，若 8 月捕捞将使对虾外贸出口价值降低 19%～60%，每吨对虾（去头）将损失外汇人民币 4 000～12 100 元；若 9

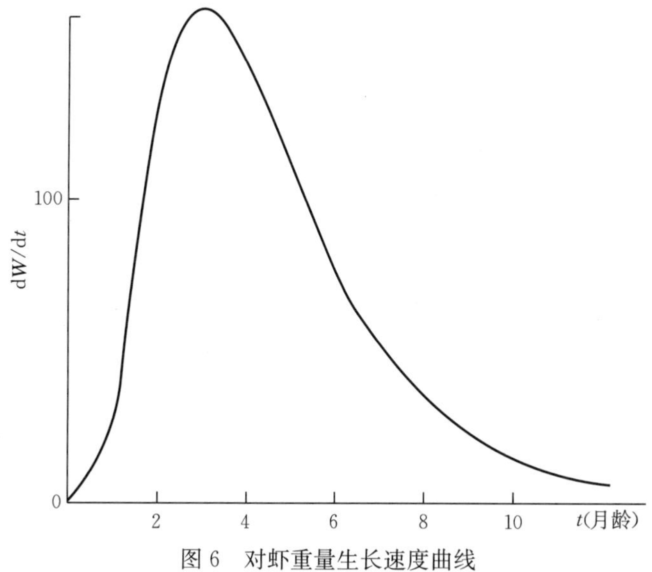

图 6 对虾重量生长速度曲线

表 5 外贸出口对虾价格表

等别	规格		价值		生长达标准重量的时间（雌虾）
	尾数/磅[①]	g/尾	元/t	与一等品差价	
1	8～12	57～89	21 000	—	10 月上中旬
2	13～15	46～56	20 100	900	9 月中下旬
3	16～20	35～45	18 800	2 200	9 月上旬
4	21～25	28～34	16 000	4 000	8 月下旬
5	26～30	24～27	13 000	7 000	8 月中旬
6	31～40	18～23	8 900	12 100	8 月上旬

注：1. 规格与价值根据山东省食品进出口公司提供的 1977 年秋季交易会对旧水产价格表。

2. 规格中每磅尾数系去头对虾；每尾重量系有头对虾，按去头对虾为有头对虾体重 0.64 折算。

月捕捞将降值 4%～10%，每吨损失 900～2 200 元。因此，从对虾生长的角度来看，要保证对虾获得较高的质量和产量，开捕期不宜过早。

（三）死亡特征

对虾死亡指的是由于被捕食、疾病等原因而引起的自然死亡和捕捞作用所引起的捕捞死亡。这两种死亡合称为总死亡。若要了解自然死亡和捕捞死亡，首先需要研究总死亡规律。

一个对虾世代自 5—6 月间形成后，随着时间的推移，特别是经过我国秋汛、日本冬春汛、我国春汛这三个主要阶段的大量捕捞，其个体数量不断下降。根据表 2 绘制的 1964—1976 年三个阶段渔获尾数与时间的关系图表明（图 7），渔获尾数的变化与时间呈负指数函数关系，其表达式为：

$$\ln C_{t+l}=\ln C_t-Zt \qquad (6)$$

或

$$N=N_0 e^{-Zt}$$

① 磅为非法定计量单位，1 磅≈0.45 kg。

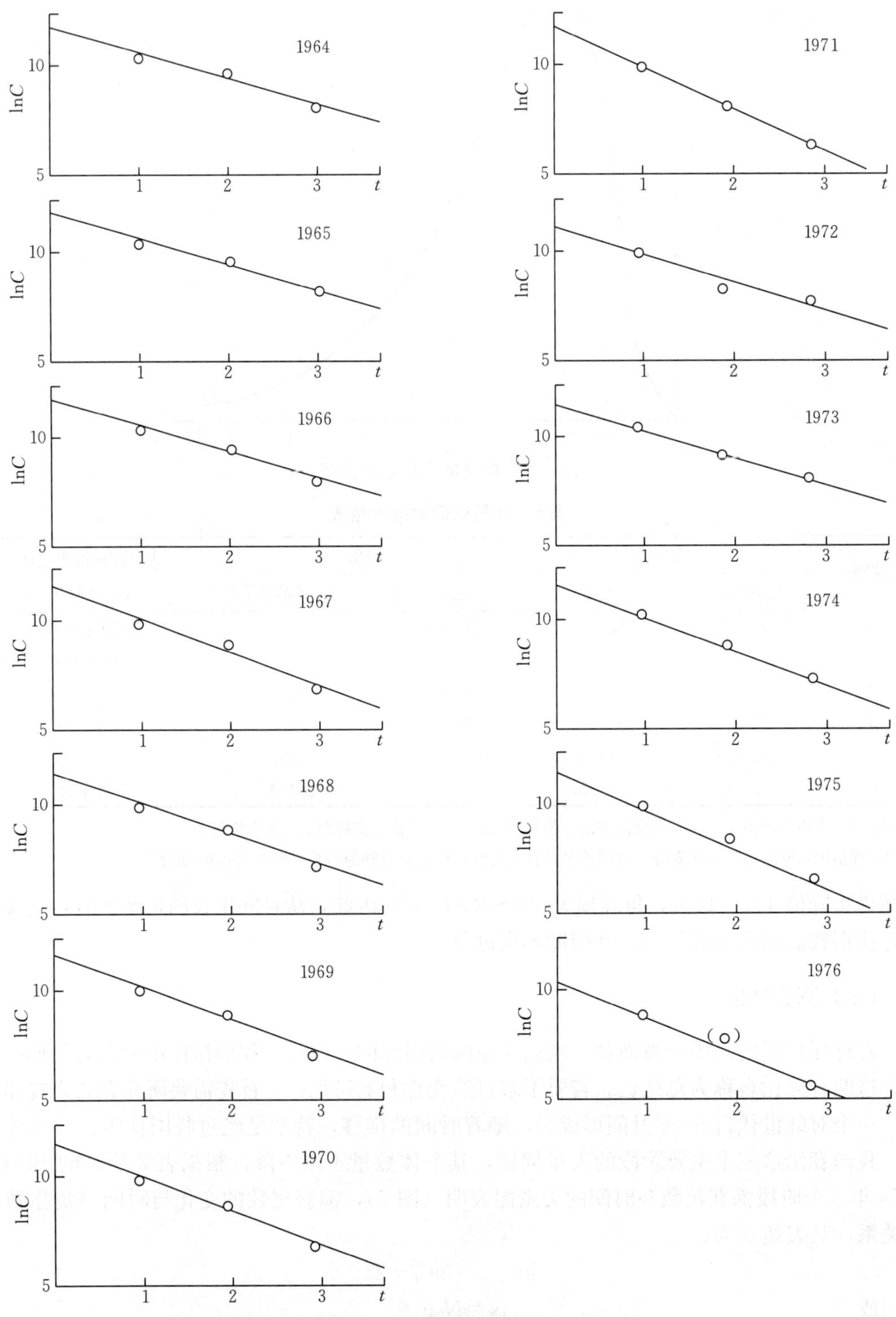

图 7 对虾渔获尾数与时间

lnC. 渔获尾数的自然对数值 *t*. 时间 1. 我国秋汛 2. 日本冬春汛 3. 我国春汛

如果我们把三个阶段的渔获尾数看作是该阶段的相对资源量指标，那么，式（6）的 Z 则为种群数量减少的比例系数，亦即通常所称的总死亡系数。应用表 2 资料，可测出对虾总死亡系数 Z 及相应的总死亡率 $\overline{Z}$ 值如表 6 所列。它反映了对虾死亡的一般规律。

表 6　对虾总死亡

年度	1964	1965	1966	1967	1968	1969	1970	1971	1972	1973	1974	1975	1976
总死亡系数 Z	1.05	1.14	1.22	1.05	1.25	1.42	1.47	1.64	1.13	1.14	1.46	1.74	(1.61)
总死亡率 $\overline{Z}$①	0.65	0.68	0.71	0.78	0.71	0.76	0.77	0.81	0.68	0.68	0.77	0.83	(0.80)

注：①$\overline{Z}=1-e^{-Z}$。

如前所述，总死亡由自然死亡和捕捞死亡构成，而捕捞死亡与捕捞力量呈比例，故有

$$Z=M+Cf \tag{7}$$

因此，测出总死亡后，根据相应的捕捞力量 f 资料可以测出自然死亡。

对虾生产是一种复合渔业，捕捞力量有多种形式，需要实行标准化，才能使用。根据现有资料，以秋汛渔轮 1 000 网的渔获量作为一个标准捕捞力量渔获量，除以秋汛渤海区总渔获量，使得出标准捕捞力量数。1970—1975 年标准捕捞力量 f 见表 7。

表 7　秋汛对虾捕捞力量

年度	渤海区产量（t）	渔轮每 1 000 网渔获量（t）	标准捕捞力量
1970	10 337	91	114
1971	8 648	75	115
1972	9 805	108	91
1973	23 104	233	99
1974	30 573	236	130
1975	24 776	141	176

根据表 6、7 相应的 Z 和 f 作图（图 8），散点分布表明，它满足于式（7）。用统计方法测出秋汛对虾自然死亡系数 $M=0.61$（秋汛各月自然死亡系数 $M=0.61/4=0.15$），相当于自然死亡率 $\overline{M}=0.32$①。换言之，秋汛捕虾期间可能有 1/3 左右的对虾因自然原因而死亡，即使在不捕捞的情况下，也可能如此。如对虾交尾以后雄虾大量死亡是众所周知的事实。因此，对虾自然死亡特征也是决定开捕期的一个不可忽视的因素。过晚的捕捞，对虾资源数量有可能因为自然死亡而白白浪费掉。

自然死亡是种群的属性之一，虽年间也可能有些变化，但具有相对的稳定性。因此，在我们的研究中，可以假定 M 为常数。这样，就可以根据 $F_t=Z_t-M$

$$\overline{F}_t=\overline{Z}_t-\overline{M}$$

直接测出 1964—1976 年我国秋汛对虾的捕捞死亡系数 F_t 和捕捞死亡率 $\overline{F}_t$（表 8）。

① 1970—1975 年 Z 的平均值为 1.43，$\overline{Z}$ 的平均值为 0.76，故 $\overline{M}=0.76\times\frac{0.61}{1.43}=0.32$。

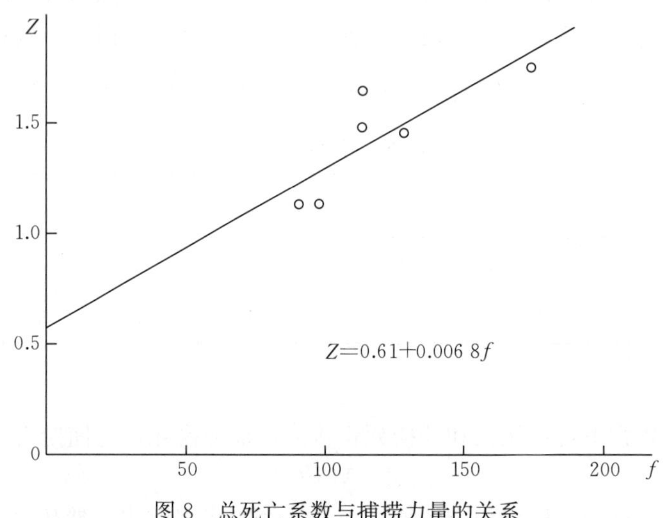

图 8　总死亡系数与捕捞力量的关系

表 8 表明：十几年来，我国秋汛对虾捕捞死亡系数 F 变化在 0.44～1.13 之间，捕捞死亡率$\overline{F}$变化在 0.33～0.51 之间，1970 年以前 F 平均为 0.65，$\overline{F}$平均为 0.40，1970 年以后，有了增加，F 平均为 0.82，$\overline{F}$平均为 0.44。无论是 1970 年以前，还是 1970 年以后秋汛对虾最大捕捞死亡仅及资源量的一半。另外，还可以看出：捕捞死亡在 1970 年前后的变化与中、日产量之比的变化是一致的。这就是说，1970 年以后在贯彻执行、"八字"措施过程中，由于增加了秋捕对虾捕捞力量等原因，提高了捕捞死亡，使我国对虾获得了较多的产量。可见，保持一定的捕捞死亡，也是提高我国对虾产量的一项重要措施。

表 8　秋汛对虾捕捞死亡

年度	1964	1965	1966	1967	1968	1969	1970	1971	1972	1973	1974	1975	1976
捕捞死亡系数 F	0.44	0.53	0.61	0.89	0.64	0.81	0.86	1.03	0.52	0.53	0.85	1.13	1.00
捕捞死亡率$\overline{F}$	0.33	0.36	0.39	0.46	0.39	0.44	0.46	0.49	0.36	0.36	0.45	0.51	0.48

要保持秋捕对虾的捕捞死亡除了有足够的捕捞力量，还需要提高捕捞效能，在时间上予以保证，特别是不能错过有利于捕虾的生产季节。否则，有可能降低捕捞死亡而导致我国对虾减产。

三、最适开捕期问题的探讨

以上我们从不同的角度讨论了决定开捕期的主要因素，假如我们孤立地去看待这些要素，必然会得出自相矛盾的结论。实际上，它们并不是孤立存在的，需要统筹兼顾诸要素，综合考虑它们对开捕期的影响和作用。

为了解决上述问题，我们应用国际渔业管理中经常使用的 Beverton - Holt 产量方程（简称 B - H 方程）来进一步探讨秋汛对虾开捕期问题。

B - H 方程把产量看作是种群个体的补充量、生长量、捕捞死亡和自然死亡的函数，从而从理论上导出了产量方程，其表达式为：

$$Y_W = FRW_\infty e^{-M\rho} \sum_{n=0}^{3} \frac{\Omega_n e^{-nk(t_c - t_o)}}{M+F+nK} \left[1 - e^{-(M+F+nk)\lambda}\right] \tag{8}$$

式中：F、M、W、t_o、k 如前所述；

R 为补充量；

t_r为首次进入渔场年龄；

t_c为首次捕捞年龄；

t_λ为在捕捞群体中消失的年龄；

$\rho = t_c - t_r$；

$\lambda = t_\lambda - t_c$；

Ω_n为方程展开的系数的符号。当 $n=0$，$\Omega_n=1$；$n=1$，$\Omega_n=-3$；$n=2$，$\Omega_n=+3$；$n=3$，$\Omega_n=-1$。

在实际应用时，B-H 方程以 t_c和 F 为变量，观察它们对产量的影响，以期选择适宜的 t_c和 F，达到渔业合理管理的目的。根据需要我们给出 11 组 t_c和 9 组 F，另外，根据前述及对虾渔业的实际状况，式（8）参数 $M=0.15$、$W_\infty=77.3$、$K=0.47$、$t_o=0.54$、$t_c=t_r$、$t_\lambda=7$（12 月以后对虾主要为日轮捕捞，我国产量很少，因此，秋汛对虾从渔获物中消失的时间定为 7 月龄）。由于补充量 R 不易确定以及为了便于比较，通常不直接计算 Y_W值。而是用每单位补充量的稳定产量作为相对数值来表示产量的变化。所以，计算式（8）时，将 R 左移为 Y_W/R。

式（8）参数确定后，使用 DJS-6 型电子计算机（程序编号 780801）[①]，算出各种开捕期（t_c）和捕捞死亡（F）情况下，对虾单位补充量的稳定产量 Y_W/R 值（表 9）。

表 9　对虾单位补充量产量 Y_W/R

F	t_c										
	1.0	1.5	2.0	2.5	3.0	3.5	4.0	4.5	5.0	5.5	6.0
0.10	8.62	9.67	10.62	11.34	11.75	11.78	11.41	10.62	9.40	7.75	5.65
0.20	12.26	14.40	16.47	18.20	19.42	19.99	19.84	18.89	17.12	14.43	10.76
0.25	13.01	15.64	18.24	20.47	22.16	23.09	23.17	22.32	20.43	17.42	13.13
0.30	13.35	16.41	19.50	22.23	24.37	25.69	26.05	25.35	23.45	20.20	15.40
0.40	13.19	16.95	20.87	24.51	27.51	29.62	30.64	30.38	28.64	25.17	19.59
0.50	12.47	16.73	21.31	25.69	29.46	32.31	34.00	34.29	32.91	29.46	23.40
0.70	10.57	15.40	20.85	26.30	31.26	35.35	38.27	39.72	39.28	36.35	29.96
1.00	8.06	13.15	19.22	25.57	31.61	36.93	41.20	44.11	45.17	43.53	37.67
1.50	5.44	10.45	16.85	23.81	30.67	36.99	42.46	46.85	49.75	50.29	46.40

根据表 9 绘制出渤海秋汛对虾产量等值线图（图 9）。图中二条虚线的交叉点 P 标志着

① 计算程序由本室邱道立同志编制，李昌明同志协助上机计算，谨此致谢。

目前对虾渔业的实际状况。即 $t_c=3.8$（相当于开捕期 9 月 20 日）[①]、$F=0.25$（1974—1976 年月捕捞死亡系数平均值）。不难看出：按目前投入捕捞力量的实际情况，现行开捕期能够适应对虾资源的洄游分布、生长和死亡特征，而获得较大的产量。为了进一步说明这个初步的结论，现以％的形式作图分别表示图 9 的两条虚线。

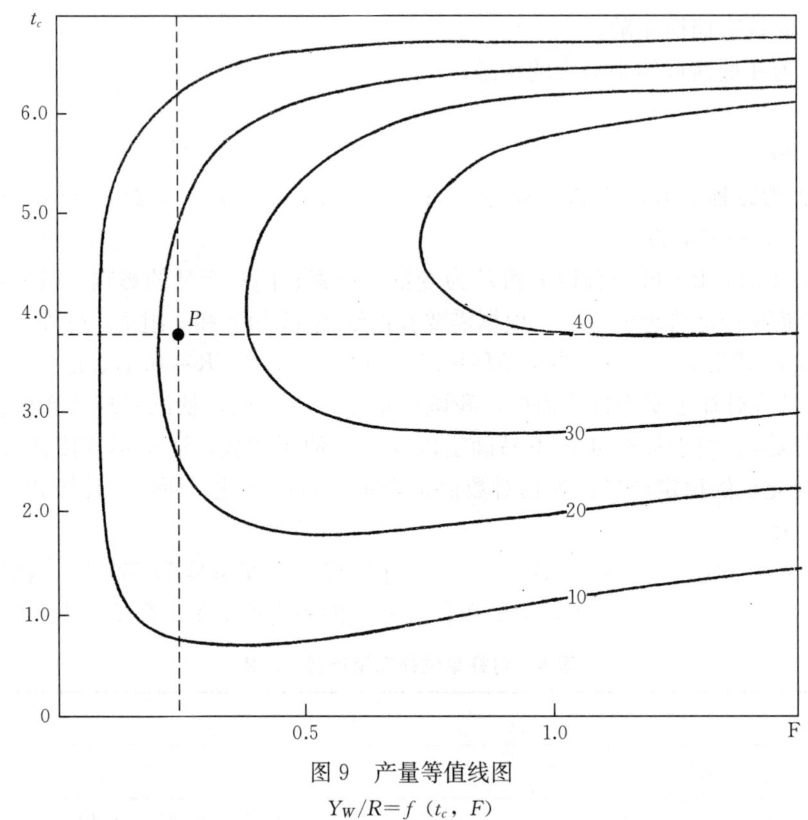

图 9 产量等值线图

$Y_W/R=f(t_c, F)$

图 10 表示了图 9F 轴上的虚线。可以清楚地看出，曲线呈钟状分布，随着开捕期从 7—8 月（$t_c=1$、2）向后推迟，产量迅速增加，在 9 月 20 日前后产量达到了最大值。在此之后当开捕期继续推迟时，产量出现了明显的下降趋势，假如开捕期推迟到 10 月中、下旬（$t_c=4.5\sim5$）产量有可能下降 5％～15％。可见，提前或推迟现行开捕期均可能导致产量下降。图 11 表示了图 9t_c 轴上的虚线，可以看出：随着捕捞死亡增加，产量曲线呈抛物线型，

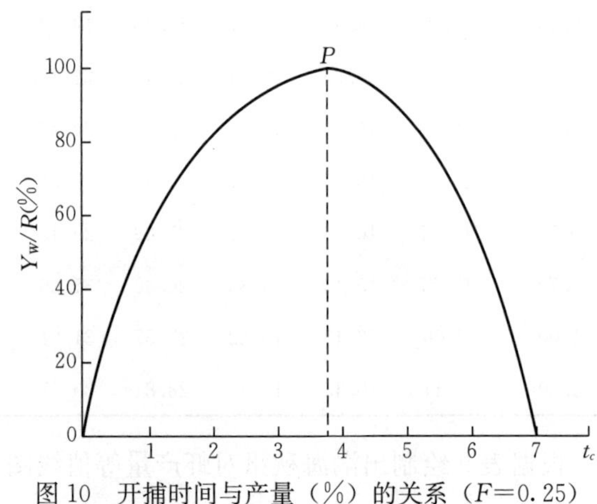

图 10 开捕时间与产量（％）的关系（$F=0.25$）

① 1977 年 8 月黄海渔业指挥部召集的水产局长会议商定：秋虾开捕期，木帆船为 9 月 1 日；机帆船为 9 月 15 日；国营机轮为 10 月 5 日（包括集体渔业 150 马力以上的船只）。为了便于讨论，根据实际情况，开捕期统划为 9 月 20 日。

它表明按现行开捕期，目前的渔捞死亡（F=0.25）还不能获得较大的产量。若要获得较大的产量，需要提高捕捞死亡，即 F 达到 1.00 以上（相当于将现有的捕捞力量再增加 3 倍以上时可望获得最大的产量）。但是，从经济收益的角度考虑，这样做是否得利？图 12 为我们回答了这个问题，捕捞力量增加 3 倍以上虽然产量可能有较大的增加，但是单位产量却要下降 50％。无疑，这将导致成本增加、收入减少，不利于再生产，实际上大量增加船网工具现有渔场也容纳不了。所以大幅度地调整目前的捕捞死亡既不合理，也不现实。但是，如果小幅度地调整目前的捕捞死亡，如捕捞死亡提高 20％（$F\approx0.30$），从 1975 年的情况看，相当于 1 000 余对机帆船、100 余对渔轮投入生产，单位产量下降 8％左右，但总产量约增加 12％，尚能益多弊少。

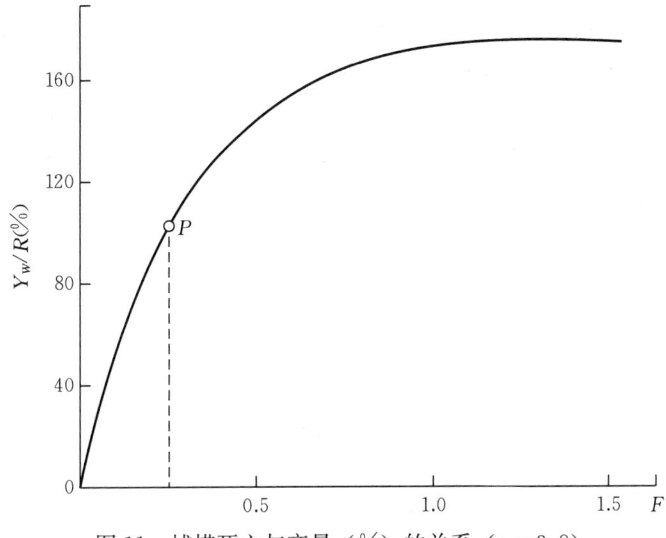

图 11　捕捞死亡与产量（％）的关系（t_c=3.8）

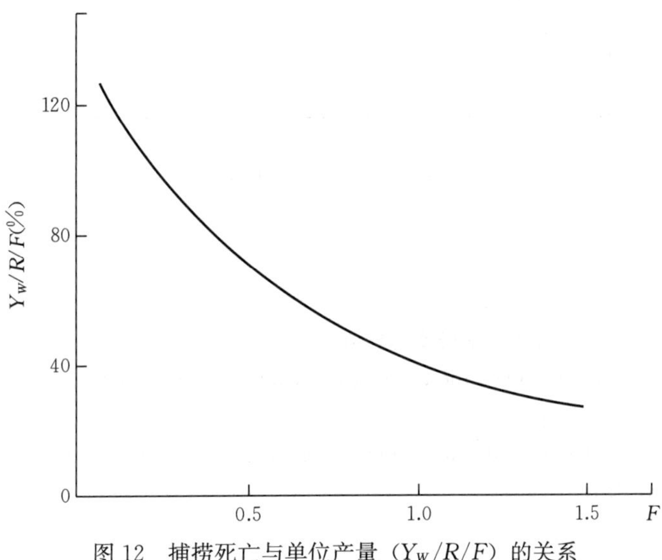

图 12　捕捞死亡与单位产量（$Y_W/R/F$）的关系

通过上述对图 9 两条虚线的渔业意义的分析讨论，我们可以得出如下结论：按目前投入的捕捞力量，对虾开捕期的现行规定还是比较合理的，能够保证我国对虾生产获得较多的产量。虽然开捕初期有部分对虾尚未达到外贸出口一等品的标准，但由于数量有了保证，弥补了产值上的损失。另外，图 9 还表明，在捕捞死亡有所增加的前提下，现行开捕期也可以适当推迟。例如捕捞死亡由 0.25 增加到 0.30 时，开捕期可推迟至 9 月底、10 月初。

选择最适开捕期的目的是提高我国秋汛对虾的产量，限制日轮对我对虾资源的掠夺，合理利用资源。但是，仅仅如此还是不够的。图 13 对虾增殖曲线表明，对虾世代数量与亲体有密切的依赖关系。换言之，要使秋汛有一个丰产世代供捕捞所需，春汛必须有一定数量的亲虾进行繁殖。为此，在当前需要切实做好以下两方面的工作：①认真落实"春养"措施。从近几年情况看，对于春季生殖洄游对虾进入渤海后应采取明确的禁捕措施，保证亲虾数量和良好的繁殖条件；②加强"冬斗"。"冬斗"的目的一方面是增加我国对虾产量，另一方面也是为了排挤日轮出虾场，使更多的对虾在越冬场有滋养生息的机会。但我们从表 3 看到，12 月我国对虾产量很低，这除了洄游分布方面的原因外，主要是因为单产低，投入的捕捞力量太小所致，这种状况与我国对虾生产的根本利益市不相符的，因此，需要采取响应的措施，使更多的船只投入"冬斗"生产，从而保证春季亲虾数量和秋汛产量。

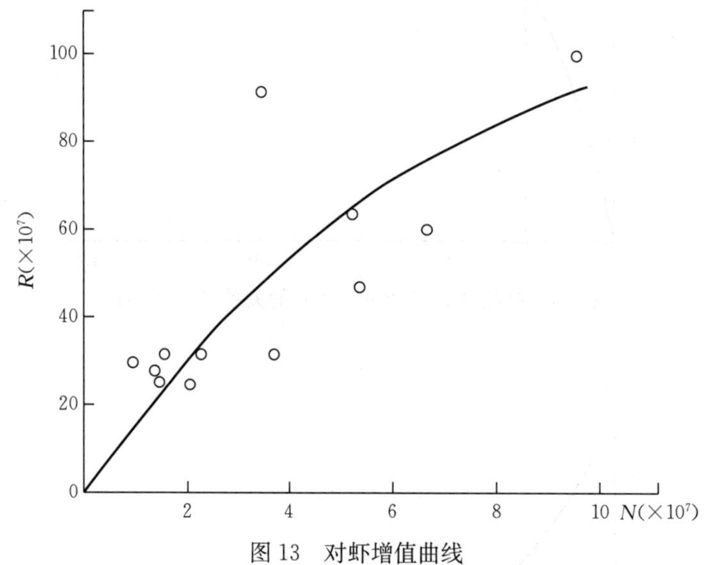

图 13 对虾增值曲线

参考资料

黄海渔业指挥部 . 1962—1977 年秋冬汛对虾渔场总结 .

Beverton R J H, Holt S J, 1957. On, the dynamics of exploited fish populations. U. K. Min. Agric. Fish., Fish. Invest. (Ser. 2) 19：533pp.

Ricker W E, 1975. Computation and interpretation of biological statistics of fish populations. Bull. Fish. Res. Bd Canada, 191.

黄渤海持续渔获量的初步估算[①]

唐启升
（黄海水产研究所）

黄渤海有悠久的渔业历史。进入20世纪50年代后，由于新中国成立，我国黄渤海渔业生产力有了很大的发展，船网工具大幅度的增加，新技术、新材料、新仪器广泛应用。捕鱼效率大大提高了。同时，也由于日本、朝鲜和韩国等国加强了这一海区的渔捞活动，渔业对黄渤海鱼虾类资源的利用，已由过去年代的半开发状态进入全利用阶段。也就是说，黄渤海区各渔场均已得到开发，经济鱼虾类已不同程度地得到利用。因此，在这种情况下，对于黄渤海渔业资源的变动趋势、资源保护、合理利用和渔业调整等问题已引起人们的普通关注，并成为水产科学工作者致力研究的中心课题。

但是，上述问题的解决有赖于我们对黄渤海渔业资源的基本特征和规律的认识。本文仅就黄渤海持续渔获量（或称稳产量）问题，谈些粗浅的看法。由于水平所限，错误甚至谬误之处有所难免，请参阅同志批评指正。

本文使用材料取自《水产统计资料汇编》（原农林部水产局，1977年编）及本所统计资料[①]。

一、基本状况

1. 总渔获量的变化

我国黄渤海渔业资源主要为辽宁、河北、天津、山东、江苏五个沿海省市所捕捞，历年总渔获量变化见表1、图1。

表1　历年黄渤海总渔获量和捕捞力量

年份	总渔获量（t）	机动渔船		机帆船（艘）
		船数（艘）	马力（匹）	
1949	233 521			
1950	323 472			33 899
1951	443 370	166	16 781	40 235
1952	513 935	214	20 225	39 281
1953	523 018	252	25 717	30 041
1954	617 387	298	28 345	31 098
1955	626 160	369	36 217	36 592

① 本文原刊于《海洋渔业资源学术会议》，1978。

（续）

年份	总渔获量（t）	机动渔船		机帆船（艘）
		船数（艘）	马力（匹）	
1956	659 380	427	42 919	29 134
1957	634 058	472	48 453	28 699
1958	595 381	649	65 028	38 349
1959	638 720	811	77 828	38 321
1960	657 292	1 250	110 854	36 164
1961	481 516	1 692	143 965	35 648
1962	483 125	2 028	191 531	34 558
1963	447 526	1 782	153 493	34 905
1964	494 509	1 916	160 270	33 816
1965	492 929	2 044	165 844	34 516
1966	488 697	2 495	178 240	34 996
1967	488 476	2 764	189 240	35 796
1968	496 365	3 034	196 585	33 573
1969	506 177	3 377	213 845	35 910
1970	659 558	4 353	271 367	32 094
1971	710 585	5 400	300 401	38 507
1972	889 576	6 530	386 380	36 072
1973	952 199	8 943	481 456	39 204
1974	964 450	10 855	580 512	36 681
1975	1 031 333	13 116	710 476	35 991
1976	1 049 430	15 579	836 121	33 558
1977	1 036 002	16 882	930 551	33 032

注：各项统计数字均为辽宁、河北、天津、山东、江苏五省市统计的合计数。但总渔获量中去掉了北四省一市各公司和群众渔业在东海捕捞产量，另加上沪渔在黄海捕捞青鱼的产量。

从图 1 可看出，1949 年黄渤海总渔获量仅 23 万余 t，进入 50 年代后，产量逐年增加，1954 年已超过 60 万 t，由此至 1960 年，产量稳定在 60 万～66 万 t 间，其中 1956 和 1960 年均为 66 万 t，为 1949 年的 2.8 倍；60 年代整个海区在渔获量有较大幅度的下降，1961—1969 年渔获量在 45 万～51 万 t 之间；进入 70 年代，产量大幅度增加，1970 年渔获量已有 66 万 t，达到历史最高水平。之后，连年增产，1975 年渔获量突破 100 万 t，1976 年最高达 105 万 t，为 1949 年的 4.3 倍、1956 年的 1.8 倍、1961—1969 年平均产量的 2.2 倍。但是，从 1975—1977 年渔获量的变化情况看，产量似已进入一个稳定阶段。

2. 捕捞力量的变化

50 年代以来，海洋渔船逐年增多，特别是近十年来有了迅速发展。主要是机动渔船增多，马力增大；木帆船变化不大，基本稳定在 3 万～4 万艘。

从表 1、图 1 中可看出，50 年代机动渔船数量和马力数均很少，增长速度也慢，如

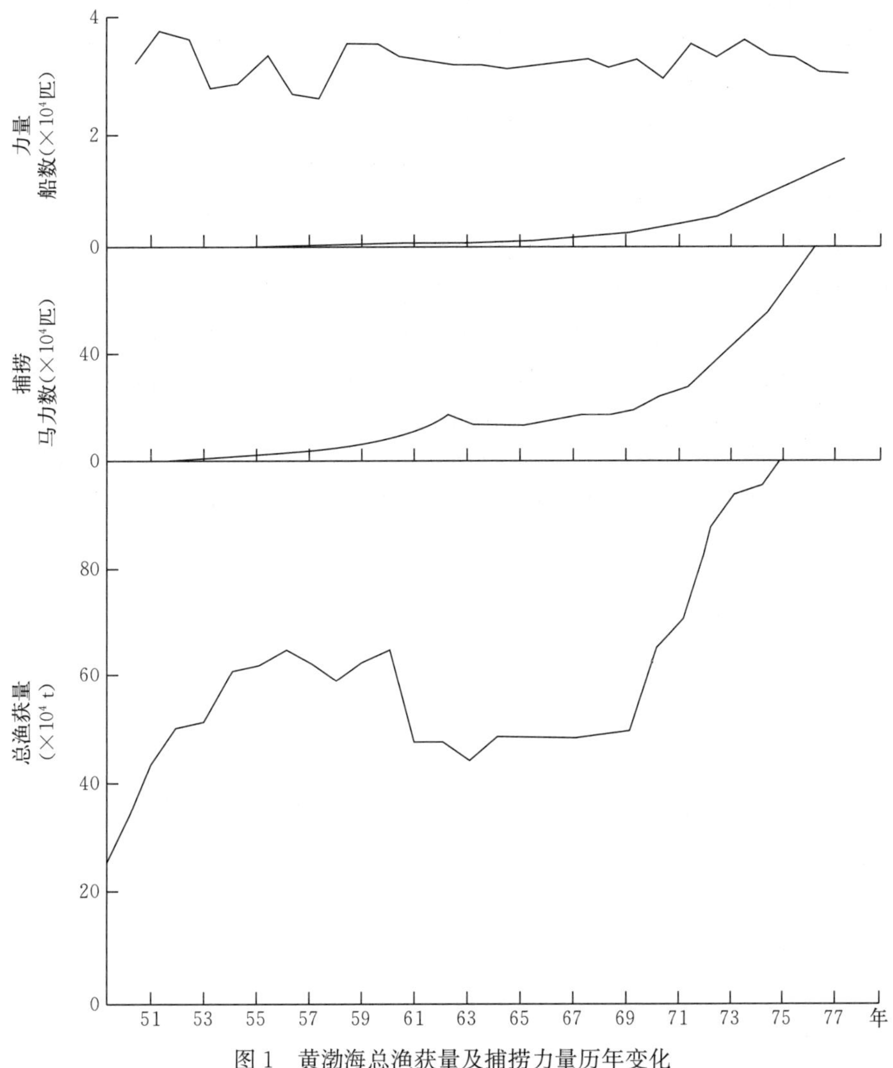

图1　黄渤海总渔获量及捕捞力量历年变化

1951年有166艘，16 781马力，1959年为811艘，77 828马力，九年仅增加了645艘，61 047马力，很明显这个时期木帆船是主要捕捞力量；60年代机动渔船继续增加，但增长速度较平缓，到1969年有2 853艘、174 576马力；进入70年代，机动渔船增加幅度很大，1970—1977年平均每年增加1 566艘，82 398马力，1977年实有机动渔船有16 882艘，930 551马力，其船只数为1951年的102倍，为1969年的5倍，其马力为1951年的55倍，为1969年的4.4倍。可见，这个时期是机动渔船的大发展时期，而木帆船在渔业生产中的地位已极其次要了。

此外，捕捞力量还应包括助渔仪器、助航仪器、新网具材料的应用以及捕捞技术的改革、机械化程度的提高等。渔业技术的这些变化以70年代最为显著，如探鱼仪、合成纤维、定位仪及液压动力的广泛应用。无疑，这些变化大大提高了渔船的捕鱼效率，增强了捕捞力量。因此，可以说70年代是黄、渤海捕捞力量的大发展时期。

3. 主要经济种类的变化

黄渤海的经济鱼、虾类和经济头足类约有 120 种。其中产量达万吨或超过万吨的主要经济种类有毛虾、小黄鱼、大黄鱼、带鱼、鲐鱼、青鱼、对虾、鲅鱼、鳓鱼、鲳鱼、鹰爪虾及枪乌贼、鳕鱼、叫姑鱼、鳀鱼、鲆鲽类等 16 种。

图 2 表明，近二十多年来，前 11 种主要经济鱼类的产量波动在 18 万～45 万 t 之间。其中 50 年代平均产量为 29 万 t，提供产量的主要种类有毛虾、小黄鱼、带鱼、鲐鱼、对虾等；60 年代虽然鲅鱼、大黄鱼等资源得到开发利用，但由于毛虾、小黄鱼、带鱼、鲐鱼等种类资源数量减少，主要经济种类的产量有较大幅度的下降，平均仅为 20 万 t；70 年代，由于青鱼、鲐鱼、毛虾及鲳鱼、英爪虾资源数量迅速回升和开发利用以及东海带鱼进入黄海索饵洄游，主要经济种类的产量超过了历史最高水平，平均达 34 万 t，其中 1973 年为最高，达 45 万 t。但是，从图 2 主要经济种类（前 11 种）占总渔获量百分比来看，50 年代的比例最大，平均为 48%，60 年代和 70 年代分别为 40%和 38%，70 年代后半期还有下降的趋势。这就是说 70 年代总渔获量的大幅度增长，主要还是捕捞了主要经济种类之外的中小型低质经济种类。这个情况，也间接地说明了黄渤海渔业对资源利用的程度。

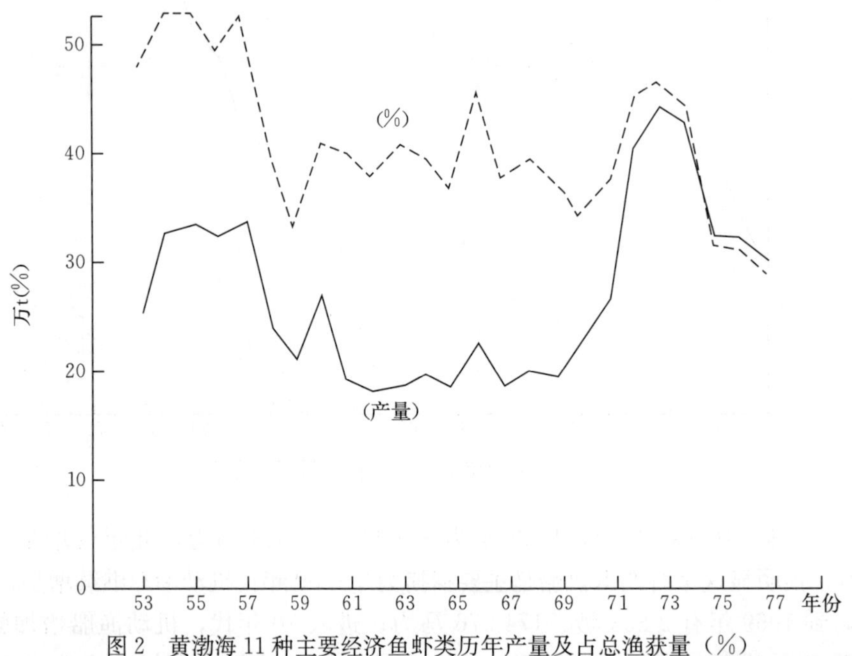

图 2 黄渤海 11 种主要经济鱼虾类历年产量及占总渔获量（%）

另外，11 种主要经济种类的历年变化表明（图 3），二十多年来，黄渤海主要经济种类的渔获量没有一种是稳定的，一些种类的数量下降了，另外一些种类的数量又补充上来了。表现在种间的差异是：有些种类（如鲅鱼、对虾、鳓鱼等）波动的幅度小一些；有些种类（如青鱼、毛虾、小黄鱼、鲐鱼等）波动的幅度大一些。这种波动情况也表现在黄渤海渔业的其他经济种类中。也就是说“波动”在黄渤海渔业资源中是普遍存在的，有理由认为，这种“普遍的波动”是大自然作用和捕捞作用的结果，是种对环境适应的结果。换言之，只要有自然作用和捕捞作用的存在，这种波动也是不可避免地要发生的，或者说，这也是一种正常的现象。那么，在这个严峻的事实面前，我们所应该做的是调整渔业、合理利用，缓和资源波动的速度和幅度，特别是使一些主要经济种类能够处于一个正常的动态平衡的状态。

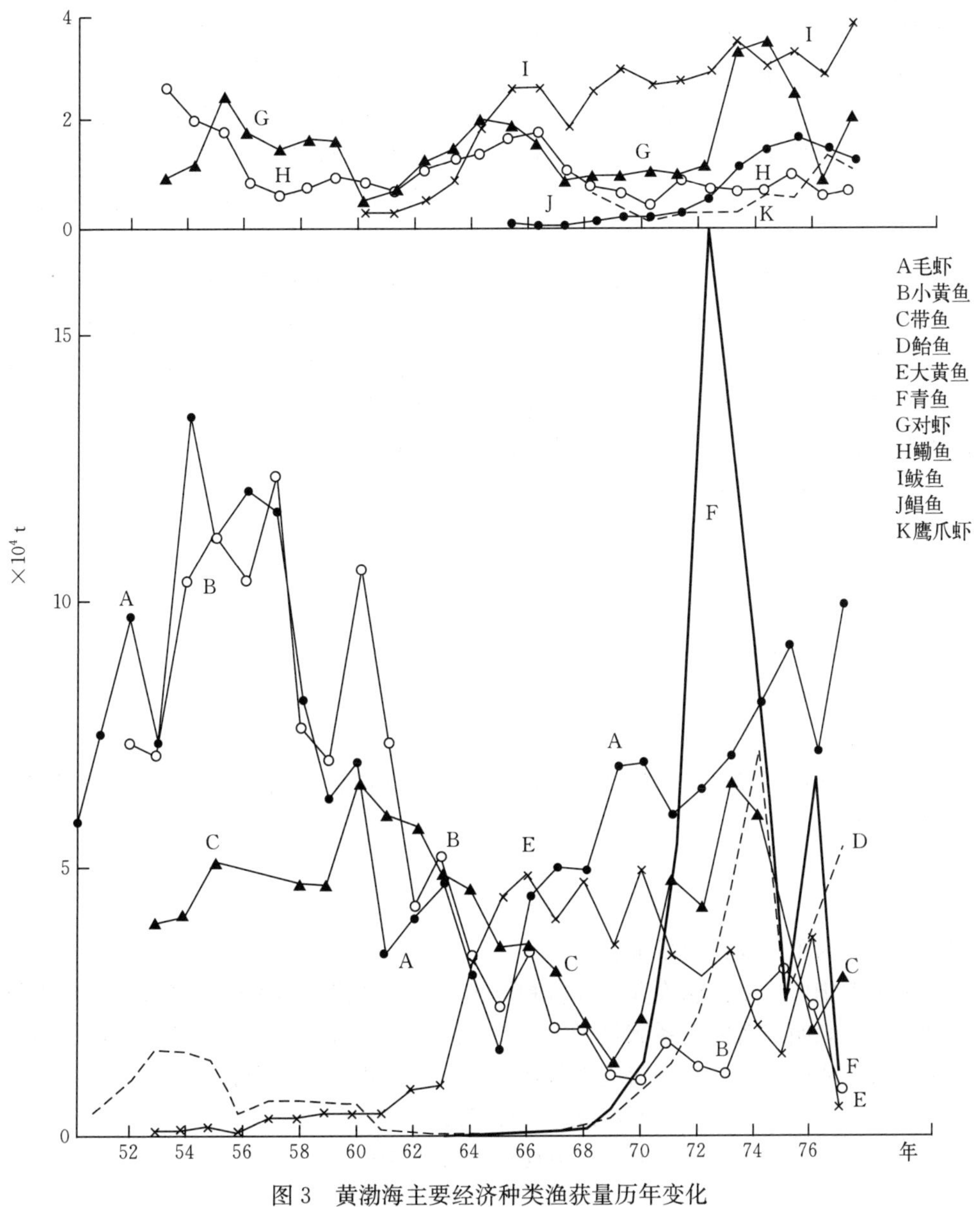

图 3　黄渤海主要经济种类渔获量历年变化

综上所述，黄渤海渔业对资源的利用大体可分三个阶段：第一阶段为 1949—1959 年，资源状况较好，产量逐年有所增加；第二阶段为 1960—1969 年，随着生产的发展，旧有渔场日趋紧张，一些主要经济种类的资源数量明显下降，产量处于低水平；第三阶段为 70 年代，产量有较大幅度的增长，主要是由于捕捞力量的极大提高，生产从近海向远海发展，扩大了生产渔场，加强了资源利用以及一些主要经济种类资源回升。但近几年产量增长有停滞不前的迹象。

二、最大持续渔获量的估算

黄渤海渔业是一种大型的复合渔业，它包含两层意思：其一是指捕捞方式由多种形式构成，如拖网渔业、围网渔业、定置网渔业等；其二是指捕捞对象由多种鱼虾类资源或者说由多个鱼虾种群构成。对于前者可以以某一种具有代表性的渔业的单位捕捞力量渔获量作为基本单元实行标准化，取得标准捕捞力量，以便于研究；对于后者虽然不能实行标准化，但我们可以把黄渤海渔业资源理解为由多个鱼虾种群构成的复合种群，并认为它也具有种群的一些基本特征。这样，就可以根据研究资料变动的一般模式——如综合产量模式来研究黄渤海渔业资源变动，并计算最大持续产量。

综合产量模式在美洲一些国家制定生产规划，分配国际间捕鱼限额等方面已有广泛的应用。它是从种群S形增长曲线方程的基础上发展起来的，它不考虑种群的年龄结构；而把种群作为一个整体考虑其生物量的变化，却把补充、生长、自然死亡等基本变化率所产生的影响看作是种群大小的单函数。据此，从理论上导出种群在平衡条件下的持续产量模式。在这一类模式中，表达持续产量与捕捞力量之间的关系式有：

Grahem - Schaefer 模式①

$$Y=af-bf^2 \tag{1}$$

Gulland - Fox 模式

$$Y=dfe^{-bf} \tag{2}$$

式中：Y 为持续产量；

f 为捕捞力量；

a、d、b 为常数。

上列式中的常数可以根据单位捕捞力量渔获量与捕捞力量的关系中测出，即将式（1）、式（2）改写为

$$Y/f=a^{-bf} \tag{3}$$

$$Y/f=de^{-bf} \tag{4}$$

式中：Y/f 为单位捕捞力量渔获量。

根据山东省集体机动渔船渔业统计资料算出的单位捕捞力量渔获量和标准捕捞力量数如表2所列。图4表明二者的关系满足于式（3）、式（4）。故根据表2的资料，应用最小二乘法可以测出所需要的常数。所测得的常数代入式（1）、式（2），则有

$$Y=49.5f-5.722\times10^{-4}f^2 \tag{1$'$}$$

$$Y=51.0fe-1.543\times10^{-5}f \tag{2$'$}$$

---

① Graham 和 Schaefer 关于持续产量与捕捞力量之间的关系式分别为：

$$Y=af-bf^2 \tag{a}$$

$$Y=\frac{1}{b'}f\ (ab'-f)\ =af-\frac{1}{b'}f^2 \tag{b}$$

式（a）与式（b）中，$b=\frac{1}{b'}$，两式函数关系实质相同，故本文将二者合称为 Graham - Schaefer 模式。

表 2　单位捕捞力量渔获量及标准捕捞力量

年份	黄渤海总渔获量 (t) A	山东省集体机动渔船		单位捕捞力量渔获量 $E=B/C$	标准捕捞力量 $F=A/E$
		产量 B	船数 C		
1958	595 381	4 897	111	44.12	13 495
1959	638 720	6 154	136	45.25	14 115
1960	657 292	7 561	181	41.77	15 736
1961	481 516	11 388	280	40.67	11 840
1962	483 125	10 586	362	29.24	16 523
1963	447 526	15 333	384	39.93	11 208
1964	494 909	18 846	435	43.32	11 415
1965	492 929	25 353	518	48.94	10 072
1972	889 576	106 813	3 023	35.33	25 179
1973	952 199	142 001	4 838	29.35	32 443
1974	964 450	175 695	5 658	31.05	31 061
1975	1 031 333	183 779	6 360	28.90	35 686
1976	1 049 430	242 975	6 460	37.61	279 03
1977	1 036 002	258 051	8 162	31.62	32 764

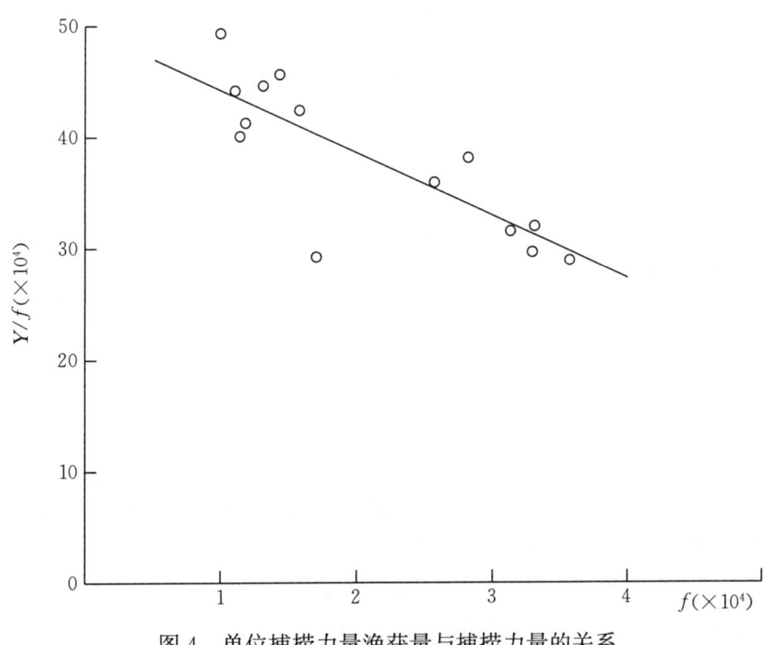

图 4　单位捕捞力量渔获量与捕捞力量的关系

上列式表达了黄渤海持续渔获量与捕捞力量之间的函数关系。从式（1）′、（2）′的曲线图（图 5）来看，两种曲线的类型有所不同。Graham－Schaefer 持续渔获量曲线，随着捕捞力量的增加，持续渔获量也相应地增加，但当捕捞力量增到一定程度时，持续渔获量达到最大值，然后急剧下降，直至渔获量等于零，也就是说，捕捞过度、资源崩溃；Gulland－Fox

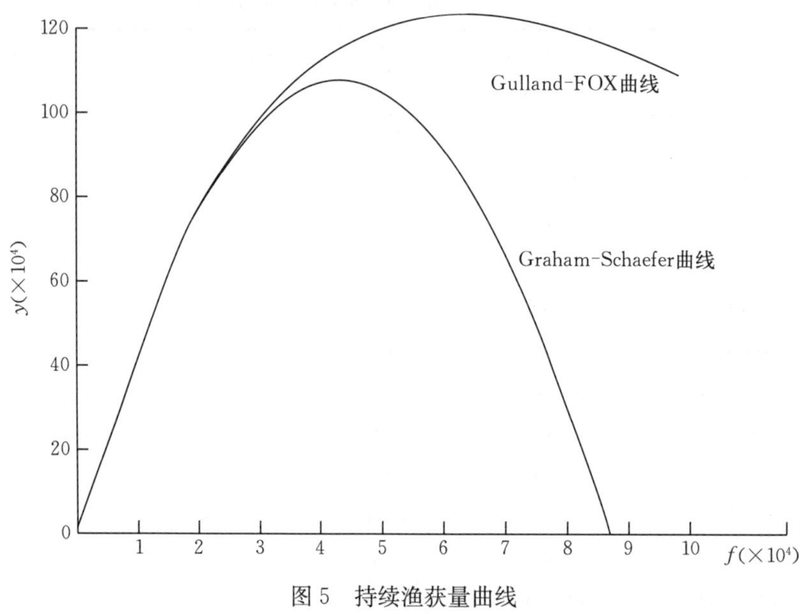

图 5 持续渔获量曲线

持续渔获量曲线，当持续渔获量随着捕捞力量的增加达到最大值之后，产量平缓下降，或者说当捕捞力量达到饱和状态时（即渔场最大容纳量），持续渔获量可以维持在一个低水平上。关于最大持续渔获量值（*MSY*）及相应的捕捞力量（f_{max}）从图 5 已可粗略地算出。另外，还可对式（1）、式（2）求导，令$\frac{dy}{df}=0$获得，故根据式（1）、(1)′

$$MSY=\frac{a^2}{4b}=\frac{(49\cdot 5)^2}{4\times 5\cdot 722\times 10^{-4}}=107\cdot 1\times 10^4$$

$$f_{max}=\frac{a}{2b}=\frac{49\cdot 5}{2\times 5\cdot 722\times 10^{-4}}=4\cdot 3\times 10^4$$

根据式（2）、式（2）′

$$MSY=\frac{e^{a-1}}{b}=\frac{e^{3\cdot 9321-1}}{1\cdot 543\times 10^{-5}}=121\cdot 6\times 10^{-4}$$

$$(\text{ind}=a)$$

$$f_{max}=\frac{1}{b}=\frac{1}{1\cdot 543\times 10^{-5}}=6\cdot 5\times 10^4$$

以上表明，式（1）、(2) *MSY*、f_{max}的计算结果也是不同的。从图 4 回归线的拟合情况看，属直线回归，故式（1）似乎较接近实际，而从图 5 的曲线变化情况看，式（2）更近情理。在这种情况下，可把不同的计算结果视为一个取值范围。因此，黄渤海最大持续渔获量的初步结果定为 107 万～122 万 t，相应的捕捞力量为（4.3～6.5)×10⁴。

从近几年（如 1975—1977 年）实际生产情况看，黄渤海总渔获量及所投入的捕捞力量已接近 *MSY* 和 f_{max}的下限。换言之，根据 Graham - Schaefer 模式的计算结果，再继续增加船网工具有可能导致渔获量下降；生产实况与 *MSY* 和 f_{max}的上限相比，可看出还有一段距离，或者说还有十余万吨产量尚待捕捞，但是，对 Gullaud - Fox 持续产量曲线的图解（图 6）表明，这要付出很大的代价。从图 6 可看出。当把目前的渔获量（*A*）提高到 *MSY* 时，

捕捞力量的增量 Δf 相当于增加现捕捞力量的 80%左右，而实际增产的渔获量 $\Delta Y'$ 仅为期望增产的渔获量 ΔY 的 20%左右，很明显在这种情况下，渔船的单位产量要有较大幅度的下降（有可能下降 1/3），从经济收益的角度考虑，这是极不合算的。因此，可以认为，黄渤海目前所投入的捕捞力量还是较适当的，基本达到了黄渤海渔业资源所允许的限度，而获得的渔获量基本达到了最大持续产量。

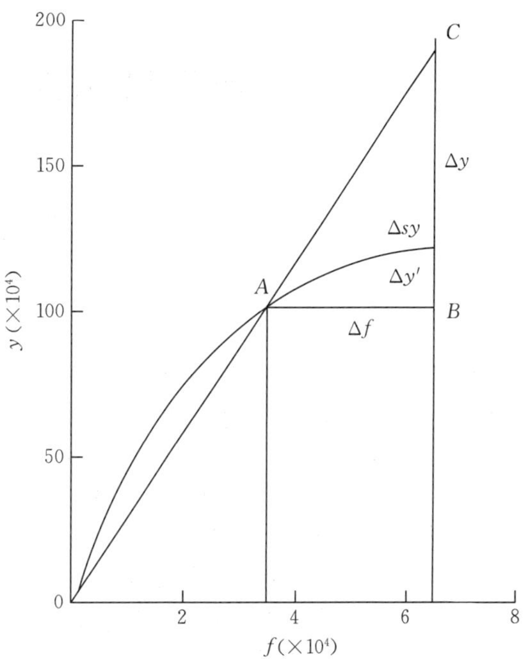

图 6 Gullamd - Fox 持续渔获量曲线图解

三、结语

应用综合产量模式估算黄渤海持续渔获量还只是个初步的尝试。很不成熟。但是，所得到的结果基本还是符合实际情况的。如果以此为依据，在黄渤海渔业捕捞力量的发展方面，可提出如下建议：

1. 对渔船的发展应持慎重态度。按不同情况，对不同类型的船只规定限制措施，特别是那些对资源损害较为严重的船只和作业方式（如小马力拖网船）应逐渐淘汰，补缺的渔船以发展中型渔轮为宜。

2. 考虑到黄渤海区国际间的渔业斗争和我国渔船的实际状况，捕捞力量的发展应以提高质量为主。如提高渔船的作业性能、活动半径、捕鱼效率、机械化程度等。

仅供参考。

参考文献

费鸿年，1974. 万山春汛持续稳产量的初步估计 . 广东省水产研究所，1974 年 4 月 .

费鸿年，1977. 研究水产资源数量模式的发展和应用 . 国外海洋水产，1977（1）.

黄海渔业指挥部，1972. 黄渤海主要经济鱼虾类资源调查总结 .

刘端玉，1955. 中国北部的经济虾类 . 科学出版社 .

张重，等，1962. 中国经济动物志（海产软体动物）. 科学出版社 .

中国科学院海洋研究所，1962. 中国经济动物志（海产鱼类）. 科学出版社 .

Ю. Н. ЕфИМОВ，И. Е. ЛокМИНа，1977. 根据渔业统计资料估算太平洋狗鳕的可能渔获量 .（朱德山译稿），苏刊《渔业》，1977，(8)：19 - 20.

Ricker W E，1975. Computation and Interpretation of Biological Statistics of Fish Populations. Bull. Fish. Res. Bd. Canada，191：309 - 333.

如何实现海洋渔业限额捕捞[①]

唐启升
（黄海水产研究所）

美国渔业科学工作者 Thomason 和 Bell 最早（1934 年）提出限额捕捞的理论，并在北美太平洋沿岸拟庸鲽渔业管理实施中取得成效。进入 70 年代，北大西洋两个主要渔业区——西北大西洋和东北大西洋也相继（1972 年、1976 年）建立了主要渔捞种类的捕捞限额体系。

北海是东北大西洋著名的渔区，渔业历史悠久，同时也是世界上渔业研究力量集中的区域，国际海洋考察理事会（ICES）成员在其理事会的组织、协调下在该区域从事调查研究已有 80 年之久。1975 年，继实行多年的控制最小捕捞尺寸等限制最小网目尺寸等管理措施之后，国际海洋考察理事会向其成员政府、渔业团体和东北大西洋渔业委员会推荐总允许渔获量（TAC）作为限额捕捞，进行渔业管理的主要措施。因此，本文将主要介绍在北海区如何确定、推荐、实施和控制总允许渔获量，实现限额捕捞。

一、总允许渔获量的确定

总允许渔获量是根据最大持续渔获量的概念提出来的，而北海区资源评估研究又以 Beverton - Holt 数理模式为理论基础。因此，一般来说，确定总允许渔获量首先需要完成以下两个工作过程中的有关内容。

1. 资源评估

在 Beverton - Holt 数理模式基础上发展起来的实际种群分析（VPA 方法），是目前国际海洋考察理事会成员中评估资源的主要方法。这项分析工作的结果将给出历年各年龄组渔捞死亡和资源量数据表，以此作为评估资源状况和提出渔业管理建议（如总允许渔获量）的基本资料和依据。

应用有效种群分析方法需要多年的渔获量、年龄组成（或长度组成）以及重量和自然死亡等资料。有些鱼种由于资料不足或技术上的原因（如年龄鉴定困难），还应用水声探鱼技术以及幼鱼数量调查、仔鱼数量调查、卵子数量调查、拖网资源调查和标志放流调查等方法进行资源数量估计以及渔捞死亡概算。在许多鱼种资源评估中则应用多种方法进行比较研究，以便提高资源评估精度。

2. 预测

在资源评估工作基础上，根据 Beverton - Holt 数理模式需要进一步分析：

（1）单位补充量的渔获量与渔捞死亡的关系（Y/R 与 F）和单位补充量的亲体数量与渔捞死亡的关系（SSB/R 与 F）；

---

① 本文原刊于《海洋渔业》，5（4）：150 - 152，1983。

（2）预报年的渔获量和亲体数量与渔捞死亡的关系。即图 1 和图 2。

图 1 主要是测定最适渔捞死亡 $F_{0.1}$（一般来说，$F_{0.1}$ 近似于最大单位补充量渔获量 90% 左右处相对应的渔捞死亡）。从图 1 可看出在渔捞死亡 F_{max} 处可获得最大单位补充量渔获量，但从 $F_{0.1}$ 到 F_{max} 处渔捞死亡提高了近 1 倍，而单位补充量的渔获量仅增加 7% 左右。另外，一个值得注意的后果是：可能使单位补充量的亲体数量下降 50%。因此，虽然最适渔捞死亡 $F_{0.1}$ 带有一定的经验性，但是作为预防性的措施已经在国际海洋考察理事会成员中广泛应用。这也是确定总允许渔获量的主要科学依据。

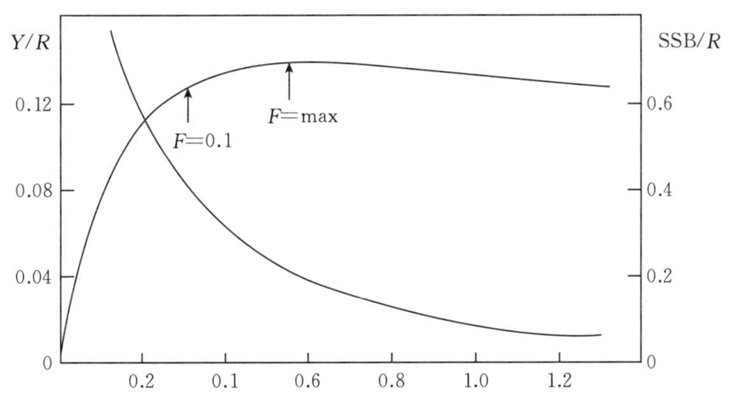

图 1　北海南部鲱鱼单位补充量产量，亲体数量与渔捞死亡的关系

图 2 是根据资源量评估资料和 Beverton - Holt 渔获量方程计算、绘制的，预测了预报年度内各种不同渔捞死亡情况下可能获得的渔获量和预报年度末的亲体数量，两者呈反比。图 2 最适渔捞死亡 $F_{0.1}$ 处相对应的渔获量约 6 万 t，即为总允许渔获量的计算值。也就是说，在最适渔捞死亡情况下，所获得的渔获量，即总允许渔获量。这种限额捕捞若能实现，图 2 表明年末将可能保存 16 万余吨产卵亲体。

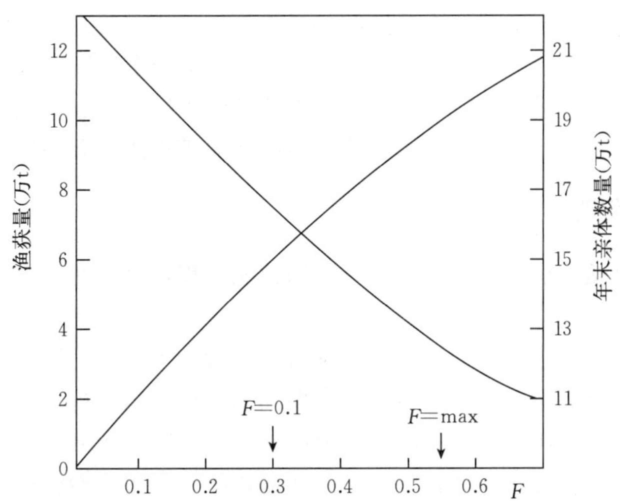

图 2　在不同捕捞死亡情况下，1981 年可能渔获量和年末亲体数量

前面提到总允许渔获量是根据最大持续渔获量的概念提出来的，但在实际确定过程中，

还必须考虑到资源的实际状态、社会和经济因素，种类之间的相互作用等，最后提出的总允许渔获量往往被修正了。它可能是零到最大持续渔获量之间的一个数字。如北海鲱鱼由于资源衰退，1976—1980 年采取了全面禁止直接捕捞的管理措施，总允许渔获量等于零；格陵兰渔业由于就业优先的考虑，总允许渔获量甚至大于最大持续渔获量。但是，在一般情况下，总允许渔获量接近上述方法所得的结果。

二、推荐

总允许渔获量推荐与实施过程如图 3 所示。

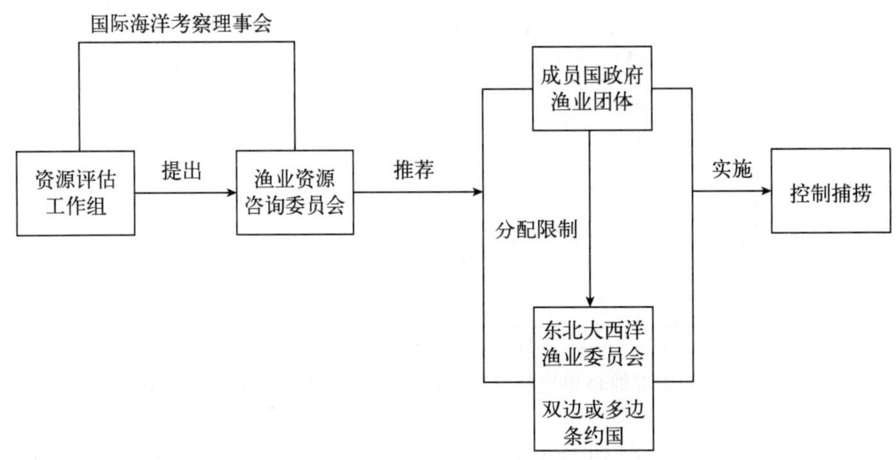

图 3 总允许渔获量确定、推荐、实施过程

对于各鱼种资源评估工作组提出的总允许渔获量，国际海洋考察理事会渔业资源咨询委员会有权修改，甚至否定。当新的调查根据或情况出现后，咨询委员会将及时修改总允许渔获量，推荐新的建议。

由于国际海洋考察理事会是一个政府间的学术组织，成员政府均指派 1 名渔业科学家参加咨询委员会工作，最后确定的总允许渔获量将直接由渔业资源咨询委员会向成员政府、渔业团体和东北大西洋渔业委员会及双边或多边渔业条约国推荐。成员政府及有关组织原则上接受这些建议，并以此为依据，进行本国或国际间渔业管理决策和捕捞限额分配。

三、实施与控制

总允许渔获量被接受后，它的实施过程，即控制过程，分为两个方面：一是国际间的控制，二是国内控制。

东北大西洋渔业委员会及双边渔业条约国每年举行若干会议讨论总允许渔获量的国际间分配问题。如挪威与欧洲经济共同体每年在奥斯陆和布鲁塞尔举行会议讨论挪威渔业经济专属区和共同体国家渔业经济专属区内的限额分配问题。决定限额分配比例的主要依据是资源分布状况，如卵子，仔鱼分布、幼鱼分布、产卵群体和捕多边渔捞渔场分布等，其中捕捞渔场及幼鱼分布被认为是重要的依据。例如 1981 年北海鳕鱼的总允许渔获量为 19 万 t，根据洄游分布资料确定挪威与共同体国家的分配比例为 17∶83，由于捞捕能力及其他政治、经济原因，挪威转让 1.3 万 t 给共同体国家，实际分配量为 1.9 万 t∶17.1 万 t。如果捕捞后，

A 方发现 B 方某鱼种渔获量超出限额（一般 10%以上），A 方将要求 B 方相应地减少其他鱼种的限额分配量（如黑线鳕或其他主要经济鱼种），这也是这个地区目前控制国际间限额分配的主要措施之一。另一项控制措施是各国均建立了相应的电讯——计算机捕捞限额控制系统，对进入本国经济专属区的外国渔船或本国渔船进行捕捞许可登记和规定捕捞限额，作业渔船每天向控制系统报告渔获量，一旦达到限额即自动退出或被要求退出渔场。海岸巡逻队负责海上监督。对违章渔船进行经济制裁。

由于各国渔业经济形式不尽相同，渔业类型和作业方式多种多样，国内控制主要采取颁发渔船许可证的管理措施。就挪威情况而言，主要是根据渔业管理局建立的渔捞统计系统，对具有捕捞许可证的渔船采取总控制措施。根据每月渔捞统计报告，一旦某个鱼种渔获量达到或接近总允许渔获量，即宣布停止该渔业的捕捞生产。在挪威，对沿岸流、钓渔业及其他小型渔业一般不采取规定船只捕捞限额的措施，对于捕捞能力较强的拖、围网渔船则规定捕捞限额，但一般采取灵活的管理方式，例如：①一次捕完；②一个捕捞季节中陆续捕完；③规定各月捕捞量；④规定航次捕捞量等。

根据总允许渔获量限额捕捞，在东北大西洋区域实施已有 7 年之久，是该区域渔业管理的主要方法。1976—1980 年北海几种主要经济鱼种限额捕捞实施情况如表 1 所列。

目前，也出现了一些值得注意的动向。如渔业资源咨询委员会对推荐总允许渔获量采取极慎重的态度。1981 年 7 月咨询委员会的工作会议还提出如下看法：推荐总允许渔获量是为了控制捕捞死亡，但它仅是若干种间接控制渔捞死亡方法的一种，更直接、更有效的方法是控制有效渔捞努力量。许多渔业工作者赞同这一见解。如美国的 Sissenwin 等（1982）认为：渔捞努力量限制比渔获量限制更富有生命力。这些看法虽然代表了一些渔业科学工作者新的认识，但又普遍认为控制渔捞努力量是一项更为困难和复杂的工作。

表 1　1976—1980 年北海主要鱼种限额捕捞实施情况

单位：万 t

年份		鱼种							
		鲱鱼	黍鲱	鲐鱼	鳕鱼	黑线鳕	牙鳕	绿青鳕	鲽
1976	*T*	0	65.0	24.9	13.0～21.0	10.6～15.5	16.0	20.0	8.5
	A	17.5	62.2	31.6	21.4	20.5	19.1	32.0	11.3
1977	*T*	0	45.0	22.0	22.0	16.5	16.5	21.0	7.1
	A	4.6	30.4	26.1	18.5	15.1	12.0	19.5	11.8
1978	*T*	0	40.0	14.5	21.0	10.5	11.1	20.0	11.5
	A	1.1	37.8	15.3	26.1	9.0	10.3	14.2	11.4
1979	*T*	0	40.0	14.5	18.3	8.3	8.5	20.0	12.0
	A	1.9	38.0	15.8	25.2	8.5	13.3	11.5	14.3
1980	*T*	0	40.0	5.0	20.0	9.0	15.0	12.9	11.2
	A	1.1	32.3	9.0	23.9	10.1	10.1	11.7	

注：*T* 为总允许渔获量；*A* 为实际渔获量。

现代渔业管理与我国的对策①

唐启升
（中国水产科学研究院黄海水产研究所）

70年代初期出现的200 n mile专属经济区和1982年通过的《联合国海洋法公约》使得沿海国家对内加强了对渔业资源的保护和管理，对外极力限制他国渔船在其专属经济区内的捕鱼活动。世界渔业已由过去的开发型转为现今的管理型。因此，在这种现实情况下，研究现代渔业管理的发展和趋向以及我国所应当采取的对策极为重要。

一、现代渔业管理发展简史

19世纪末，欧洲工业发达国家海洋捕捞业迅速发展，北海渔业资源的利用和保护的矛盾日益尖锐。1902年欧洲8个国家成立了国际海洋考察理事会（ICES），开始了现代渔业管理的基础研究。这个理事会现在已成为世界上历史最久的国际渔业管理咨询机构，成员达18个，包括了北大西洋全部沿海国家，它不仅对这些国家的渔业管理政策产生重大影响，同时也直接左右了世界渔业管理的理论及其发展。

20世纪40年代，国际渔业管理研究产生了两个重要结果：一是北海鲽类研究的结果表明，禁止在幼鱼生长发育的区域作业生产，将给渔业带来很大的好处，否定了“低龄鱼不用保护论”，使规定最小捕捞长度在欧洲许多国家法律化。1937年欧洲14个国家曾在伦敦开会讨论最小可捕长度和网目的国际协议。二是美国渔业科学工作者提出了限额捕捞的理论，并在北美太平洋拟庸鲽渔业管理中取得成效。

有效的渔业管理与现实常常发生冲突。第二次世界大战后，食品的短缺促使了对渔业资源的利用和捕捞强度的增加，欧洲甚至全球渔业管理没有取得明显效果，捕捞过度仍是世界传统渔业的主要问题。为了解决这个问题，50年代中期，提出了两个解决办法：一是Beverton和Holt（1957）提出的单位补充量产量模式，从捕捞年龄和捕捞死亡两个方面来探讨最适捕捞大小和最佳网目尺寸，以防止生长型过度捕捞；二是Schaefer（1954）提出的剩余产量模式，通过确定最大持续渔获量，防止补充型过度捕捞。但是，这两个理论模式在实施中均存在实际困难。大多数拖网渔业的捕捞种类组成复杂，大小不一，难以确定合适的网目，另外规定了网目，并不能限制渔捞力量的增加和过度捕捞，使前一种解决办法效果不够明显，而后一种办法，由于随着渔捞力量的增加，人们所观测到的“种群密度”不像实际资源量下降得那么多，致使最大持续渔获量估计偏高，仍难以避免补充型过度捕捞问题。

因此，防止捕捞过度的唯一办法是实行渔获量定额和渔捞力量的限制。渔捞力量限制从理论上更为可取，因为它直接控制了渔捞死亡，但是渔捞力量限制的实际效果极差，除非进

① 本文原刊于《现代渔业信息》，1（6）：1-4，1986。

行渔获量限额捕捞，似乎别无其他的选择。1975 年国际海洋考察理事会，在推行多年的控制最小捕捞尺寸和网目等管理措施之后，向其成员政府、渔业团体和东北大西洋渔业委员会以及双边或多边条约国推荐总允许渔获量（TAC）作为限额捕捞、进行渔业管理的主要措施。迄今，限额捕捞已成为现代渔业管理的主要手段。

然而，20 世纪渔业管理中最重要的事件是 200 n mile 专属经济区的确认和 1982 年海洋法大会通过的《联合国海洋法公约》，世界上第一次把百分之九十九以上的渔业产量置于沿海国家管理之下，使管理成为沿海国家的职责，推动了全球渔业管理的发展。许多沿海国家和国际组织为了适应这一形势，重新制定或修改、调整渔业法和采取相应的措施。

近八十多年国际渔业管理的历史表明，对渔业资源需要进行管理的趋向不可逆转，而对将来，在世界海洋上或各沿海国家 200 n mile 渔业管辖区内实行良好的管理将成为压倒一切的要求。

二、现代渔业管理的主要措施及其趋向

从资源的角度而言，各类渔业管理措施的主要目的，是为了有效地控制渔捞死亡，为持续获得稳定产量保留足够的资源。现代渔业管理措施分为两大类型：

1. 被动型或间接的管理措施

传统的渔业管理措施多属于这一类，如禁渔期、禁渔区的规定，最小捕捞长度和网目尺寸的规定，网具类型或作业方式的限制等。这些措施的主要问题是与渔捞死亡之间没有明确的函数关系，无法估计各类措施对渔捞死亡产生的“定量”影响。例如，禁渔期和禁渔区等管理措施，可通过减少单位渔具的作业时间或作业空间、效率，达到总的减少渔捞死亡的目的，但是，却难以估计究竟减少了多少。另外，这些措施虽然影响渔捞力量的组成和使用，但对渔捞力量和渔获量难以产生明显的控制作用。这一类措施的优点是在管理中较容易实施。

2. 主动型或直接的管理措施

这一类措施代表了现代渔业管理的趋向，如渔获量限额、渔捞力量限制（包括渔船数、渔船大小和性能、渔具数和颁发捕捞许可证等）。这些措施与渔捞死亡有明确的函数关系，假如最适渔捞死亡已经确定，年度的捕捞限额即可根据资源量测出，实施中管理的实际效果和对资源的影响也就能够概算出来。另一方面，这些措施具有较大的灵活性，如考虑到资源的动态特性，每年依据资源调查的结果修正渔获量或渔捞力量限额，使渔业适应资源的经常变化，从而达到保护资源的目的。因此，如前所述，这一类措施是欧美沿海国家所采用的主要管理措施。

但是，正如著名的英国渔业生物学家 Cushing（1983）所指出的：限额有时也有矛盾，对一种鱼的限额可能导致另一种鱼捕捞量降低而引起渔民的不满，像网目限制一样，捕捞限额会成为一种最低限度的限制。可见，主动型管理措施亦不完善。因此，在采用所谓主动型管理措施时也要附加一些被动型措施。例如，欧洲共同体成员的渔业管理措施包括三个主要内容：①捕捞限额；②捕鱼许可；③网目限制等。

70 年代以来，世界渔业管理的目标已从最大持续渔获量改变为最适利用（如美国的最适产量、欧洲的最适渔捞死亡等），最优控制理论在渔业管理中得到广泛重视和应用，在渔业管理过程中，不仅要考虑资源生物因素，同时也要考虑社会和经济因素。在捕捞许可证的

基础上又出现了一些新的管理措施，如渔捞力量分配、渔捞力量上税、上市量上税、渔民捕捞限额等，加拿大、新西兰、美国等还实行了在外国渔船上派观察员报告作业时间、地点、产量、渔捞力量等情况的制度，这类措施收到了很好的管理效果。使得现代渔业管理措施更加细致具体、多样性，有较高的"定量"要求，因而有复杂化的倾向。

三、我国的对策

1984 年世界渔业大会指出：到 2000 年，随着人口和收入的增加，世界食用鱼的需求量将从目前的 5 000 万 t 增加到 1 亿 t 左右。渔业的出路只有两条，一条是发展水产增养殖，另一条是加强各国对渔业资源的管理。事实上，我国渔业所面临的形势更加严峻。根据我国的国情，出路可能有若干条，但考虑到在 2000 年之前，我国海洋渔业的产量将有 60%左右仍来自近海捕捞，因此，加强渔业管理必然也是一条重要出路。

我国现代渔业管理起步较晚，近几年，随着各级渔政机构的建立，特别是颁布《渔业法》，使我国渔业发展进入"以法兴渔、以法治鱼"新的历史时期，渔业管理出现了一个新的局面。但是，要达到良好的管理，使渔业资源和生产都有明显的好转，还需要经过艰苦的努力。因此，当前应当采取相应的对策如下：

1. 明确我国渔业管理的目标

明确渔业管理的目标是渔业管理工作中一个带根本性的起点。这个起点将影响到渔业管理计划和措施的性质和具体内容。一旦目标确定了，对制定能用以实现目标的各种措施的要求也就明确了。另一方面也为评价管理工作的成败提供了一个检验的标准。

在过去，国际渔业管理中一个比较简单的目标就是捕捞最高持续产量。这个目标的优点和吸引力在于它的毫不含糊的含义，即最大限度地利用渔业资源，但它仅以生物学为基础，不可避免地导致了渔业生产能力的过剩，迫使人们追求新的日标。美国自 1976 年以来，渔业管理的国家目标是最适产量，为此，美国国家海洋渔业局还对这个目标的含义作了解释：①最适产量将为国家提供最大的利益；②最适产量将在最大持续产量的基础上，同时考虑相应的社会、经济或者生态学因素影响而确定。同时还包括以下若干种：在最大限度减少渔业衰退的同时保持最高产量；从一种渔业中获得最高的经济收益，最大限度地提供就业机会或实现特定的就业目标；最大限度地争取外汇，防止捕捞和加工能力的过度扩大，稳定渔民的收入，控制掠食性种类的数量，减少兼捕渔获物等。

结合我国的国情渔业管理究竟应当选择什么样的同标？各海区或各种渔业的目标是什么？这些问题似乎还没有认真地讨论过。由于管理工作常常处于各种要求相互冲突之中，确定一个可行的目标也是一项极为复杂的工作，建议召开专门的会议，论证我国渔业管理的目标，明确渔业管理的国家目标、海区目标和特种（或主要）渔业的管理目标。

2. 进一步健全渔业管理体制

渔业管理是一个复杂的过程。不仅要贯彻执行各项渔业法规，还要协调在管理过程中出现的生物学、社会学和经济学等方面的各种各样的利害冲突和矛盾。另外，鱼类资源每年变动不已，在较长时期内，资源上升下降，或者某个品种部分或全部地为一个品种所取代，这些经常发生的事实，使管理更加复杂化。因此，一个健全的渔业管理体制要求能够完成以下若干内容：如确定管理目标；为实现目标组织、指导进行相应的调查研究，研究各种管理和实施方案的可行性；提出管理措施；作出决策，贯彻执行；检验效果，进行评价。

同前，国家虽然设立了渔政局和海区渔政分局，尚不能完全满足上述要求，建议设置区域性渔业管理咨询委员会，在渔政局的领导下，协助各渔政分局进行渔业管理工作。它的主要任务可考虑为：就渔业管理目标、措施提出建议并备咨询；指导和协调与管理有关的调查研究；组织制定《渔业资源管理规划》，并负责审议和向渔业管理决策部门推荐。

3. 制定我国近海渔业资源管理规划

渔业管理包括两个主要方面：一是渔政管理；二是资源管理。从世界渔业发达国家和地区的管理经验来看，在渔业立法和强化渔政管理的同时，非常重视制定相应的渔业资源管理规划。如美国《一九七六年渔业保护和管理法》就明确将制定渔业管理规划作为渔业管理的一个主要手段，规定了制定这类规划的七项国家标准。因此，建议制定我国近海渔业资源管理规划，作为改善我国渔业专属经济区内渔业管理、振兴近海渔业的一项基本措施。假如我们能在我国大陆海岸长达 18 000 km 的渤海、黄海、东海和南海全面制定这类规划，那么，它将从管理的角度，对资源提供一个科学的、全面的、清楚的认识，为我们在管理中找出一个认识问题的共同基础，使《渔业法》和其他各项法规更富有生命力。

根据我国近海渔业的实际状况，可考虑制定如下三种类型的《规划》：区域性的管理规划；特种渔业的管理规划；主要种类的管理规划等，《规划》最根本的任务应是对资源的动态特性进行科学的描述、评估，进行预测（如每年度），并提出相应的管理目标、措施以及各种解决问题的方案。为了促进制定这些规划，需要采取相应的措施：①充分发挥现有水产科研、院校的技术力量，成立各类规划制定工作组，在《渔业管理咨询委员会》组织、指导下进行工作；②为了保证《规划》的基本要求，需要进一步加强资源调查研究，在我国渔业专属经济区内建立常规的渔业资源监测调查系统。

附录：美国渔业保护和管理的七项国家标准

1. 保护和管理措施应既要持续地维持每种渔业的最适产量，又要防止过度捕捞。

2. 保护和管理措施应以最好的科学资料为基础。

3. 对每一个独立的群体应以它的整个分布区为单位进行管理，其他有关的群体也应作为一个单位或以密切协调的形式加以管理。

4. 保护和管理措施对每个州的公民一视同仁。如果需要在美国渔民之间分配捕捞量或授予捕捞特权的话，这种分配应是：①对所有渔民都公平合理；②有益于促进保护；③不使个人、公司或其他团体获得过多的特权。

5. 保护和管理措施应在可能的情况下促进对渔业资源的利用，但这些措施不能以经济上的分配作为唯一的目的。

6. 保护和管理措施应考虑到各种渔业、渔业资源和渔获量的变化以及出现意外情况。

7. 在可能的情况下，应尽量降低保护和管理措施的费用，避免不必要的重复。

参考文献

唐启升，1983. 如何实现海洋渔业限额捕捞．海洋渔业，5（4）：150－152.

唐启升，1985. 关于制定我国近海渔业资源管理规划的建议．渔政通讯，6：1－4.

Anon，1980. ACMRR Working Party on the Scientific Basis of Determining Management Measures. FAO Fish. Rep. No，236.

Anon，1984. Experiences in the management of national Fishing Zones. OCDE，Paris.

Cushing D H，1977. The international management of Fisheries，In Science and the Fisheries，P：38 -46.

Lackey R T，Nielsen L A，1980. Fisherics management. Blackwell Seientific Publications.

Rothschild B J，1983. Global Fisheries：Perspective for the 1980’s.

Sissenwine M P，kirkley J E，1982. Fishery management Techniques. Marine Policy，6（1）：43 -57.

试论中国古代渔业的可持续管理和可持续生产①

李茂林[1]，金显仕[2]，唐启升[2]
（1. 中国科学院海洋研究所、中国科学院研究生院；
2. 中国水产科学研究院黄海水产研究所）

渔业是人类最古老的生产行业之一。在我国漫漫历史长河中，渔业一直是社会经济不可或缺的组成部分，是我国政治、文化的基础之一。天人合一观作为我国古代思想文化的精髓，曾渗透于我国传统渔业的整个历史和诸多方面，产生了巨大的良性影响，使得古代的渔业资源虽饱历人事代谢、自然剧变而大体保持平衡稳定，生态状况持续良好，这在一定程度上为中华民族的稳定和繁荣提供了重要保障。反观现在，人们倡导天人相分，经济开发活动早已突破了自然生态过程的种种平衡阈限，造成资源衰退、生态恶化[1]。步入近现代社会以来，过度捕捞、污染、生物栖息地破坏等由人类活动导致的生态破坏和失衡，已经给海洋、淡水和河口的自然环境和渔业资源造成了严重的影响，后果堪忧[2]。全球自 20 世纪 60 年代以来，主要的经济类海洋鱼类生物量减少了 90%；全世界的海洋渔业连续十年基本上处于停滞状态[3-4]。在我国，同样存在着渔业资源严重衰退、濒临枯竭的危急情况。面对现实，我们迫切需要深刻反思我们的渔业发展的思路、策略和方式。

人们发现，当前全球范围内渔业资源的衰竭与我们不合理的资源管理方式（尤其是行政管理不到位）关系密切[5]。因此，人们正在着力探索新的、科学有效的渔业资源管理方法，多数都注重从生态系统的角度出发[6]。巧合的是，我国古代在渔业生产管理实践中，也基本上是处处遵循系统科学的各项原则，从包括人在内的生态系统大整体的角度，科学合理地处理系统要素间的各种关系，维系和谐的人水关系（“人水关系”特指“人与水域生态系统间的关系”，下同）。这里面包含着丰富的可持续发展观念和智慧。但目前尚缺乏这方面的系统研究。在渔业管理史方面，学者们已就先秦时期的渔政和我国古代鱼类资源的养护史等方面扼要进行了一些报道[7-9]，较全面的研究尚无。因此，本文从当前世界渔业管理的现状和我国的迫切需要出发，主要从政策法规、民间经验智慧两方面入手去发掘和总结古代文献中的知识与经验，并结合相关领域的研究结论，尝试系统地探讨我国古代渔业发展过程中的可持续管理智慧和可持续性生产方式与经验，以及其对维系和谐人水关系的贡献。寄望这些总结和探讨能利于人们鉴古知今，进而裨益于我国渔业的可持续发展。

一、古代渔业相关政策法规与和谐人水关系

华夏文明源远流长，内涵丰厚。下面以我国历史发展进程为序，介绍古代渔业管理概貌，并就相关政策法规入手，分析下其时的维系和谐人水关系的管理理念。

---

① 本文原刊于《农业考古》，1：213－220，2012。

(一) 史前时期(公元前21世纪前)

我国人类的历史,在距今170万年前的元谋人时期已经发端。早期人类力量薄弱,依赖自然产物为生。那时以及后来相当长时期内,我国多数地区气候温热湿润,河湖遍布,水产丰盈[10]。这为古人类的生存提供了良好的食物保障。采捕鱼、虾、蟹、贝、蛙、龟、鼋鼍等水生生物,成为重要的生产劳动。而后,“古者包牺氏之王天下也……作结绳而为网罟,以佃以渔……黄帝、尧、舜……刳木为舟,剡木为楫”(《易经·系辞传·下传》),即渔网、舟、楫等逐渐被创制应用,使得渔业生产力得到快速提高。后来,随着渔船、有坠渔网、陶(石)网坠、鱼镖、鱼钩、鱼筌、浮标等工具的发明,渔业生产规模渐次扩大[11]。舜“渔雷泽……雷泽上人皆让居”(《史记·五帝本纪》),当时的人们已善于依水情判断鱼情,反映了渔业生产技能不断地得到发展和累积。然而,伴随着社会生产力的进步和人口数量的增加,包括渔业资源在内的生物资源的开发利用量也与日俱增。一旦消耗速度快于生物再生产的节奏,必然导致后续的资源可利用量减退,资源品质下降。同时,作为天然产物,其丰歉程度的季节性、年际变化也为资源消耗的前景增加了不确定性。种种因素促使人们愈来愈慎重地把握资源的消耗进程。人类的贮藏食物的动物本能、原始的经济意识和保护资源量平衡的经验及远见,共同促成了人类早期的资源节约养护意识的产生。此后,随着人类文明的发展和人类智慧的增长,一些社会组织和机构缓缓接续产生。在渔业资源养护方面,对公众行为起约束和引导作用的规定也以不断发展的形式相继出现。

旧石器时代早、中期,我国处于原始社会原始人群(血缘家族)时期。在各家族内部,存在着指导处理人与自然之间关系的传统准则[12]。这些与原始宗教信条交织杂糅在一起的准则体系,成为后来的邦国政策法规的胚体。其中有关养护渔业资源、维系和谐人水关系的原始准则,也定然不乏。然而由于年代久远,已佚失难考。

随着人类社会性、群体性的加强,在旧石器时代晚期,人们开始定居生活,我国步入了氏族公社时期。氏族部落逐渐结成部落联盟,联盟领导组织成为原始的社会统治机构,这为渔业政策法规的产生奠定了体制基础。其时,已有一些与渔业相关的习惯法问世。例如,距今五千多年前,华夏部落联盟首领黄帝“……教民,江湖陂泽山林原隰皆收采禁捕以时,用之有节,令得其利也”([唐]张守节:《史记正义》)。在水陆各种资源的利用上,适时性和节约俭省成为首要原则。黄帝要求部落“节用水火材物”(《史记·五帝本纪》),帝喾也号召百姓“取地之材而节用之”(《史记·五帝本纪》)。“水火材物”“地之材”都包括水产资源。从事渔猎樵采等活动时履行节制和节约,已成定俗。这对后世数千年的农渔生产产生了深远的影响。

到了新石器时代晚期,部落联盟的领导体系随其管理经验的累积而日益成熟。同时,由于社会生产力得到快速提高,在资源的分配和利用上也出现了新的问题。形势在主观上和客观上都为社会管理体制的变革提供了推动力。这就逐渐导致了原始国家管理机构的诞生。公元前23世纪,舜继尧位。舜考察实际,从生产需要出发,为了加强对生产部门的专门管理,开始在部落联盟领导机构中分设出“虞”“稷”“秩宗”“共工”等官职。“虞”的职责是管理川泽山林,其首要是负责管理督察全国的捕鱼和打猎生产。可见原始国家机构一诞生,就设有渔业管理部门。“虞”大概是世界上最早的渔业管理机构。“益主虞,山泽辟”(《史记·五帝本纪》)。“虞”的首任长官名益。益对我国渔业的发展和渔业资源的早期养护,贡献不菲。

而且，可贵的是，那时的人们似乎已将山水林草视为一体，将水陆各种群落联合起来视为一个完整的大生态系统，因而在此基础上开展综合管理，以维持自然界的整体平衡。

山水并养，统筹兼顾，以维护自然平衡为根本。这样的思路成为我国古代自然资源管理的基调，对于渔业资源养护、生态保护，对维系和谐人水关系，可谓善莫大焉。

（二）夏商周时期（公元前21世纪至前221年）

生产发展，政体变更，在大禹建立夏朝之际，我国进入奴隶制时期。后来封建领主制、封建地主制也相继蓬勃发展起来。在夏商周近两千年的时间内，渔业在社会生产中始终处于重要地位。首先反映在大量的海贝仍被采捕，用作全国通行的货币，或制成饰物。例如，百姓日常以贝为赠礼，“既见君子，锡我百朋”（《诗经·小雅》，“锡”通“赐”）。其时，生产工具和生产技艺有了很大改进，木帆船、铜制渔具、鱼笱、弓箭、复杂网具（如罾、九罭、汕等）等被普遍使用，罩捕、梁笱、潜等特殊渔法被创制运用，航海和海洋捕捞技术也有相当进步[13]。夏王姒芒曾命九夷部族“东狩于海，获大鱼”（《古本竹书纪年》）。商时，中原地区已较多地利用鲸类等海产动物[14]。周初，太公望吕尚受封于齐营丘，大抓渔业生产，使民殷富。“太公至国……便鱼盐之利，而人民多归齐，齐为大国”（《史记·齐太公世家》）。周时，渔人“入海……乘危百里，宿夜不出者，利在水也”（《管子·禁藏》）。“水”之利，使人口逐渐增长的奴隶社会发生了几次流域过度捕捞和渔业资源衰减的情况，并引起了政府的重视。

第一次资源消减发生在夏王朝建立初期。为缓解生态失衡状况，夏王朝颁布了一项基本国策“春三月山林不登斧，以成草木之长；夏三月川泽不入网罟，以成鱼鳖之长”（《全上古三代秦汉三国六朝文·禹禁》）（又见《逸周书·大聚解》）。夏季3月生物繁殖生长，为禁渔期。禹起首创制了我国历史上最早的环境保护法规，同时也是我国乃至世界史上第一个保护渔业资源的法令。后世尊之为“禹之禁”，并恭敬地承继发扬。

商代有着丰富的生态文化。从制度形态上来看，商代的农业管理很注重生态适应性，也制定有渔业资源保护制度[15]。杨升南先生根据殷墟甲骨卜辞“王鱼。十月”“贞其雨。十一月在圃鱼”等认为，商代先民常在10—12月捕鱼；商代重视“顺时取物”，也应当已有了“水虫孕”时施行禁渔的制度[16]。在精神道德层面，商代有着优良的节制索取自然资源、自觉保护生态环境的文化基因。《史记·殷本纪》（又见《周易·比卦·九五》）曰：“汤出，见野张网四面……乃去其三面，祝曰：‘欲左，左。欲右，右。不用命，乃入吾网。’诸侯闻之，曰：‘汤德至矣，及禽兽。’”。“禽兽”延伸包括水生动物。商汤极力反对酷捕滥渔，以身作则，教导人民减少对自然环境的干扰和破坏，维护天人和谐。然而，商代后来的法律规范，对违法的奴隶的惩罚较为严酷。

周代，疆域有所扩张，囊括了楚、越等长江中下游地区。全国的渔业区面积增大，渔业活动力度加大。周代也将山林川泽等自然生态系统视为一个有机整体，认为其圆融为一、不可拆分，因此周代先民强调在对待自然环境时，要秉持长远、全局的认知。文王将“不骛泽，不行害”作为基本国策，诏令人民捕捞有度，不伤川泽[17]。他临终还嘱咐武王：“……川泽非时不入网罟，以成鱼鳖之长……畋渔以时……是以鱼鳖归其渊，鸟兽归其林，孤寡辛苦，咸赖其生”（《逸周书·文传解》）。文王临终嘱托周王室要教导人民注意节制和守时，保护好生物资源和生态环境，以利民生。同样，景王二十一年时，卿士单穆公为倡导保护自然资源，向景王谏言："若夫山林匮竭……薮泽肆既……君子将险哀之不暇，而何易乐之有焉?"（《国语·周语下》）。君主应明晓山林川泽的保育与国计民生息息相关。

春秋末期，楚国大夫王孙圉提出"山林薮泽足以备财用，则宝之"(《国语·楚语》)，认为山林川泽是国家的宝贵财富，须慎重对待。后来，有不少统治者很关注渔业生产。鲁隐公五年春，隐公将要去棠地视察渔业生产，遭大夫臧僖伯以违礼谏阻，隐公不以为然，依然去视察，"遂往，陈鱼而观之"（《春秋左传·隐公五年》）。

周代逐渐发展起了较为完备的生态保护政策法规体系，对渔业可持续生产管理产生了深远的影响。周初颁布的《伐崇令》规定："……毋动六畜。有不如令者，死无赦"（《全上古三代秦汉三国六朝文·说苑》）。违规捕杀畜类禽类（或认为是用作牺牲的活动物）等动物资源，难免被处以极刑。古人认为，鱼类等水产动物像陆生禽畜一样，对于人民维持生计具有重要作用。例如，《礼记注疏·月令》指出"鼀，水畜也"；而春秋后期的范蠡认为"夫治生之法有五，水畜第一。水畜，所谓鱼池也。"(《齐民要术·养鱼》)；《国语·鲁语》载有"取名鱼，登川禽而尝之"。《元亭涉笔》（［唐］王志远著）指出"水畜，鱼也；又川禽，亦鱼也"。鱼类和猪同为水畜。因此，周人非常注重渔业资源的养护和水生环境的保育。周代晚期成书的《礼记·月令》及《吕氏春秋》一至十二卷，对周代实施的各月的生态禁令和环境保护措施有着翔实和较一致的记载："孟春之月……命祀山林川泽……毋麛，毋卵；仲春之月……养幼小，存诸孤，毋竭川泽，毋漉陂池，毋焚山林；孟冬之月……乃命水虞渔师收水泉池泽之赋，毋或敢侵削众庶兆民……行罪无赦；季冬之月……命渔师始渔"[18]。春季开始禁止渔采，一年里政府对生物资源和生态环境的保护有着严格周详的管理规定，直至冬季来临才允许捕鱼。《大戴礼记·夏小正》载："十二月……虞人入梁。虞人，官也。梁者，主设网罟者也"。表明当时只在深冬到来，始开渔禁。《礼记·王制》记载有周朝的礼制规范："天子不合围，诸侯不掩群……獭祭鱼，然后虞人入泽梁……不麛，不卵，不杀胎，不殀夭，不覆巢""林麓川泽以时入而不禁""禽兽鱼鳖不中杀，不粥（鬻）于市"（指未成熟动物不得捕杀买卖）。表明其时政府严格控制对自然资源的索取，一旦触犯礼法将受到严酷的惩处。这些政策法规具体而深刻，对当时的资源养护、生态保育大有裨益。

周代的职官制度已较为发达。在渔业管理方面，官制完备，官员职责明确。周代渔官有"𪊨人""水虞""泽虞""川衡""川师""鳖人"等[19]。"𪊨人"掌管渔业政令，并负责管理水产贡赋。"水虞"掌管山泽禁令的行与止，并安排全国渔业生产事宜。"土蛰发，水虞于是乎讲罛罶，取名鱼，登川禽……鸟兽孕，水虫成，兽虞于是乎禁罝罗，矠鱼鳖……鸟兽成，水虫孕，水虞于是乎禁罜，设阱鄂……泽不伐夭，鱼禁鲲鲕"（《国语·鲁语上》）。在渔业生产中，因时制宜，与狩猎生产依据生物生长繁育期和物产丰稀协调统筹，以相弥补，避免过度开发。"泽虞"负责管理国家级的大湖泊，"掌国泽之政令，为之厉禁……以时入之于玉府，颁其馀于万民"（《周礼·地官司徒第二》）。"川衡"则负责巡视禁令的实行情况，"掌巡川泽之禁令而平其守。以时舍其守，犯禁者，执而诛罚之"（《周礼·地官司徒第二》）。犯禁者将被诛，足见管理之严。这些官员还有层层下属，建制复杂。例如，"川衡，每大川，下士十有二人、史四人、胥十有二人、徒百有二十人；中川，下士六人、史二人、胥六人、徒六十人……"（《周礼·地官司徒第二》）。可见全国的渔业管理队伍十分庞大。当时的官员在渔业管理上执法严明，对上至王室下至平民都产生了较大影响。例如，《国语·鲁语上》记有大臣里革砍断鲁宣公的网，并谴责他滥捕于泗水的事；《孔子家语》记有单父宰宓子贱善施政令，教化民众，夜里打鱼的人也自觉将捕到的幼鱼和“怀妊”亲鱼都放生的事。

渔业立法、执法和监察，都对保育自然生态、养护渔业资源、维系和谐人水关系发挥了十分重要的作用。

（三）秦汉至清中后期时期（公元前 221 年至公元 1840 年）

从秦朝建立始，我国中央集权的宗法专制社会延续了两千多年。这期间，铁制渔具、渔业机械、张网刺网拖网、定置渔具等渔业生产工具不断涌现，使得生产效率快速提高，生产规模不断扩大。然而，由于封建地主土地私有制的确立，统治阶级倚重种植农业而贬抑渔业，“崇本抑末，务农重谷”（《三国志·魏志，司马芝传》），使得渔业成为副业，在国民经济中的地位大幅下降。然而，人们对渔业资源养护在生态保护和渔业发展中的重要性的认识则更为清晰，相应各朝代也有一些保护渔业资源的政策法规，简略介绍如下。

秦代善于以法治国。目前已有一些秦律竹简条文出土。在《田律》一篇中，记载有秦代保护环境和自然资源的法律。“春二月，毋敢伐材木山林及雍（壅）隄水。不夏月……毋□□□□□□□毒鱼鳖，置穽罔（网），到七月而纵之”[20]。春季不许堵塞水道，秋季之前不许毒杀鱼鳖等水生生物。秦汉时，渔业管理机构由位列九卿的“少府”总辖。

汉代注重自然生态系统的保育。初元三年，元帝诏“有司勉之，毋犯四时之禁”（《汉书·元帝纪》）。后来，汉室颁布有“律：不得屠杀少齿”（[东汉] 应劭：《风俗通·怪神》），以保护幼小动物。汉代生态保护法律文献实物有敦煌悬泉发现的《使者和中所督察诏书四时月令五十条》。该诏书内容与《礼记·月令》《吕氏春秋》一至十二卷及《淮南子·时则训》趋同，然而也有不同之处，例如，诏书规定 1—12 月为四寸（合今 0.092 4 m）以下鱼的常禁期[21]。《淮南子·主术训》记有“先王之法”，即“不涸泽而渔，不焚林而猎……獭未祭鱼，网罟不得入于水；鹰隼未挚，罗网不得张于溪谷……鱼不长尺不得取”。要首先满足水生生物自身生存繁衍需求和獭、鹰隼等消费者的生存需求及其他生态平衡需求后，人们才准予采捕生态系统中盈余的水产品。而且，体长不足 1 尺（合今 0.231 m）的鱼，严禁捕捉。元和二年，东汉章帝诏曰：“方春生养，万物莩甲，宜助萌阳，以育时物”（《后汉书·肃宗孝章帝纪》），用以号召保育生态。次年，章帝敕曰：“方春，所过无得有所伐杀……《礼》，人君伐一草木不时，谓之不孝。俗知顺人，莫知顺天”（《后汉书·肃宗孝章帝纪》）。皇室诏令天下，要求人民敬畏自然，对自然生态施以孝道，使人们精神境界上升，对于维持天人和谐，善莫大焉。

魏晋南北朝时期，虽然常年社会动荡，战乱频仍，但不少统治者仍然勤勉致力于推进生态保育和生物资源养护。元嘉三十年，宋孝武帝诏曰：“水陆捕采，各顺时月……其江海田池公家规固者，详所开驰”（《宋书·孝武帝本纪》）。在国家掌管的江、海、田、池等处都要因地制宜，制定各自的生产禁令和禁期。百姓的渔猎樵采活动都要谨守时禁。永平二年，北魏宣武帝“诏禁屠杀含孕，以为永制”（《北史·魏本纪》）。屠杀怀孕动物被永远禁止。

隋唐政治统一，行政管理机制健全，制定有大量的资源环境保护法制。《大唐六典·尚书工部》载：“虞部郎中、员外郎掌天下虞衡山泽之事而辨其时禁。凡采捕畋猎，必以其时。冬春之交，水虫孕育，捕鱼之器不施川泽”。唐代继承了自虞舜以来的我国渔业管理和生态保育的良好传统，并在实施措施上愈加细化。唐代将山泽收归国有，进行统一管理。咸亨四年，高宗诏曰：“禁作簺捕鱼、营圈取兽者”（《新唐书·高宗本纪》）。重点禁绝有害渔具渔法。玄宗于开元三年诏令“禁断天下采捕鲤鱼”（《旧唐书·玄宗本纪》）；开元十九年，再次下诏：“禁采捕鲤鱼”（《旧唐书·玄宗本纪》）。“鲤”“李”同音，皇室因避讳而诏令天下禁捕、禁食和禁卖鲤鱼。这些做法在妨害鲤类养殖业和百姓生活的同时，又很好地保护了野生鲤鱼资源。天宝六年正月，玄宗下诏日：“今阳和布气，蠢物怀生，在于含养，必期遂性……自今以后，特宜禁断采捕”（［宋］王溥：《唐会要·卷四十一》），诏令人民在生物繁育季节，必须顺遂物种的特性，慎予养护，不得采捕。大历九年，代宗诏令“禁畿内渔猎采捕，自正月至五月晦，永为常式”（《旧唐书·代宗本纪》）。在生物繁育期，京畿内禁绝捕鱼狩猎。

宋皇室颁布有不少环保敕令。建隆二年，太祖下诏：“禁春夏捕鱼射鸟”（《宋史·太祖本纪》）。春夏为鱼类生长繁殖期，实行禁渔。还有很多细化的法令。例如，太祖曾下诏：“鸟兽鱼虫，俾各安于物性，置罘罗网，宜不出于国门，庶无胎卵之伤……其禁民无得采捕虫鱼……仍永为定式，每岁有司具申明之”；太宗曾下诏：“……自宜禁民，二月至九月无得捕猎……州县吏严饬里胥，伺察擒捕，重置其罪，仍令州县于要害处粉壁，揭诏书示之”[22]。政府制定严格详明的资源环境保护法令，并十分重视政令宣传，努力使乡民悉知。天禧元年，真宗“诏淮、浙、荆湖治放生池，禁渔采”（《宋史·真宗本纪》）。统治阶层也诏令人民弘扬佛教的戒杀放生信条，保护生物资源，维护和谐的天人关系。

元明清时期，中国封建社会走入后期，在社会管理上问题芜杂丛生。元王朝轻视渔业，明王朝实行海禁和驰禁，清王朝实行海禁和迁海[23]。这些政策都对渔业发展造成了十分复杂的影响，有待深入探讨。此时期渔业仍属工部掌管。

总之，我国古代在渔业管理实践中，注重从自然生态系统大整体的视角出发，通过制定严格细致的政策法规、建立强大的管理机构、加强政令宣传教育、协调统筹农林牧渔大农业的内部均衡等，来推动民众在生产活动中遵从适时性和节制原则，以实现渔业资源和水生环境的平衡有序利用，维护天人和谐，并推进渔业的可持续管理和可持续生产。

二、古代渔业相关民间经验智慧与和谐人水关系

我国渔业历史悠久，从业人口众多，生产管理经验丰富，生产技术和生产模式多都注重天人相谐。古代与渔业相关的民间经验智慧和乡约民俗非常丰富，主要包括捕捞业和养殖业两方面。本文分别做一简要的总结分析。

（一）捕捞业与“天人合一”

采集捕捉水生生物的原始渔业，对早期人类的生活具有重要意义。在农业出现之前，“民食果蓏蚌蛤”（《韩非子·五蠹》），人类完全依赖天然生物资源生存。早期人类多傍水而居，采食鱼蛙龟鳖等水生生物。由于食物上的联系，许多原始部落渐渐产生了对水生生物的图腾崇拜。例如，我国史前半坡文化时期，先民们崇拜鱼图腾[24]。鱼图腾崇拜甚至延续至今。例如，我国的布依族、侗族有认鱼为祖或认鱼为舅家的传统；高山族有祭鱼、捕鱼、吃鱼的一系列禁忌；广西隆林县的壮族有人鱼不分、万物齐称鱼的遗俗[25]。同时，水族、瑶族、壮族（包括隆林壮族）、傈僳族、赫哲族、满族等民族也都有鱼图腾崇拜。图腾崇拜作为部族共同的心理归属和行为约束，有助于引导和敦促人们爱护生物，保护自然生态，维护天人和谐，是人类朴素的生态伦理智慧的重要代表。

自然神崇拜也产生于人类的蒙昧时期，根源于先民们对自然力量的敬畏和对天人和谐、万事万物平和有序的朴素追求。人们认为山川湖泽江海等皆有神灵掌控，自己的行为必须遵循这些自然神的要求，要谨慎维护生态环境的原始状态，保护自然平衡，尽量不干扰神灵的家园和领地。如我国古代的《山海经》《淮南子》《西游记》等名著所包含的神话传说中，大多都有山河江海林土等自然实体的神灵来管护辖域和百姓为神灵建庙供祀、遵照神灵意旨行事的记载。时至今日，自然神崇拜依然被延续着，并对保护农村社区的生态平衡和资源稳定起到无可替代的重大作用。例如，云南傣族古往今来对水神的崇拜，要求人们保护好水系、水源林等在内的水域生态系统，严禁人们在河里大小便、往河里倒垃圾、捕杀怀卵的鱼和幼鱼等，不仅极大地裨益于区域水资源的保护，同时也大大利于渔业资源的养护[26]。

文字诞生后，人类文明快速发展，人类对自然的影响也日渐深刻。在图腾崇拜、自然神崇拜的基础上，人们进一步认为“万物有灵”，而通过大量的生产劳动，人们认识到人与自然间存在着“天人感应”，人类的活动必须依遵天道、遵循自然法则、与万物和谐共存。在此基础上，我国先民更认识到宇宙万物实际上构成了一个平衡有序的、内部要素间不断反馈协调的动态有机大系统。“天网恢恢，疏而不失”（《老子·第七十三章》）。这个系统是一个和谐整体，人类只是其中一个组成元素。“域中有大，而人居其一焉”（《老子·第二十五章》）。人类应该处理好与其周围各种环境因子间的关系，实现长久的生态平衡，达到“天人合一”。

“天人合一”观是我国古代生态伦理智慧的精髓，渗透于我国古代各种主流思想流派中，也贯穿于古人的大多数生产生活实践和经验认知中。在捕捞业方面，表现得颇为突出。下面将这些植根于民间的与渔业捕捞相关的传统经验智慧做一简要介绍。

《周易》荟萃了我国古代劳动人民对宇宙万象及天人关系的理解，是我国古代生态伦理文明的奠基之作。《易经·节卦·彖传》曰：“天地节而四时成；节以制度，不伤财，不害民”。先民认为天人和谐的根本在于“节”，节制资源利用，节约俭素维生，依自然节律行事。先秦诸子百家及其后的诸种学派，基本都继承和弘扬了这样的传统，在养护水生生态系统、维系和谐人水关系上做出了一些深刻而不朽的论述。例如，管子认为“江海虽广，池泽虽博，鱼鳖虽多，网罟必有正，船网不可一财（裁）而成也。非私草木爱鱼鳖也，恶废民于生谷也”（《管子·八观》），即网具网目不监管，将会迎来重重危机；老子主张“见素抱朴，少私寡欲”（《老子·第十九章》），倡导人们效法自然，节制欲望，对万物“慈”和“俭”，“生而不有，为而不恃，长而不宰”（《老子·第五十一章》），尽量减少对水域等自然生境的生态干扰；孔子认为“以约失之者鲜矣”（《论语·里仁》）、“奢则不逊，俭则固”（《论语·述而》），即生活俭约才能平安长久，因而奉守“钓而不纲”（《论语·述而》），主张力减野生捕捞，平素绝不用网捕鱼；墨子认为“俭节则昌，淫佚则亡”（《墨子·辞过》），主张“强本节用，不可废也”（西汉·司马谈：《论六家要旨》），号召人们节制资源开采和节约利用；庄子崇尚“泛爱万物，天地一体也”（《庄子·天下》），即宇宙万物共生共荣，对万物都要付出大爱，因而主张“万物不伤，群生不夭”（《庄子·缮性》）、“毁绝钩绳”（《庄子·胠箧》），切实尊重鱼等动物的生存权；《孟子·梁惠王上》载有“君子之于禽兽也，见其生，不忍见其死”“数罟不入洿池，鱼鳖不可胜食也”，主张对动物生命抱持顾怜仁爱之心，少捕杀才能长久；《荀子·王制》提出“鼋鼍鱼鳖鳅鳣孕别之时，罔罟毒药不入泽，不夭其生，不绝其长也”“汙池渊沼川泽，谨其时禁，故鱼鳖优多，而百姓有余用也”，倡导谨守时禁，勿毒杀或伤害怀卵的和幼小的动物；《吕氏春秋·义赏》指出“竭泽而渔，岂不获得？而明年无鱼”，即万莫过度捕捞，否则必致恶果；《吕氏春秋·上农》提出“制四时之禁……罛罟不敢入于渊，泽非舟虞不敢缘名”，即要制定一年内各个时期的生态禁令，号召全民严格遵守……在生物繁育期，严禁行渔，除舟虞（掌管船只的官员）外不准乘船过泽。此外，《韩非子》《淮南子》《孝经》《史记》等，在这方面也有述及。

在社会上，两千余年来，对中华民族传统性格产生重要影响的道教、佛教，都教化人们慈善净念，爱护自然苍生，奉持戒杀、放生和素食。因此，我国许多宗教场所都设有放生池，民间有无数放生地。南北朝以降，封建王朝极为重视宗教活动对自然资源的保护作用。例如，《玉海·唐放生池》（［南宋］王应麟撰）记有“梁武帝……置放生池，谓之长命洲”“梁元帝有荆州放生亭碑”“乾元二年三月……（唐）肃宗诏……天下州县临江带郭处，各置放生池”“唐太平公主……赎水族之生者置其中，谓之放生池”。同时，戒杀和素食也备受推崇。历史上，我国许多名山大川因受到封禅祭祀而得到了生态保护[27]。总之，宗教信仰的力量对水生资源的保护一直发挥着莫可替代的重要作用。

藏族有着悠久的不食鱼蛙的传统，或与藏传佛教不杀生观念有关，或与认为鱼等水生动物是“龙神”的宠物（若伤害或触摸会染上疾病）的古老观念有关，或还有他因，总之，此举大有益于水生资源养护。此外，古时，我国许多地区都有保护水资源、爱护水生动物的乡约民俗，见载于地方史志或文人风物著述中，现今多数仍然有籍可考。

（二）养殖业与“辅万物之自然”

《易经·系辞传·上传》曰：“生生之谓易”“通变之谓事”。我国传统观念认为，在“天人合一”的宇宙万物大系统中，事物因不断地变化循环往复而使系统整体保持平衡稳定。基于此，先民们注重培育自然地域内的农业、技术、经济之间的相互增强、互惠互利的功能催化循环关系，通过大农业—技术—社会经济大系统内部的反馈调节，来推进农业整体及其各分支的可持续发展[28]。在水产业方面，表现得颇为突出。

我国水产养殖起源颇早，距今至少已有 3100 多年历史。“王在灵沼，于轫鱼跃”（《诗经·大雅·灵台》），西周初期农奴主苑囿养鱼已有一定的规模，但其时对鱼类繁育管理的认知很粗浅。春秋末期，齐威王向范蠡大夫学养鱼，“乃于后苑治池，一年得钱三十余万。池中九洲八谷，谷上立水二尺，又谷中立水六尺。所以养鲤者，鲤不相食，易长又贵也”（《齐民要术·养鱼》）。这样的生态设计，让鱼能环洲而游、栖谷而息，深水利于鱼类避暑和越冬，浅水适于产卵孵化和幼苗活动，各得其宜[29]。战国时的《庄子·大宗师》说：“鱼相造乎水……相造乎水者，穿池而养给”。鱼依赖水而生，若选好适宜鱼类生存的地方，掘地成池即能自然达到供养丰足。古人模拟自然环境，根据天时地利合理配给各项资源，从生物本性出发加以适应性管理，使生物自然繁育成长，结果生态产出丰厚、生态系统稳定性日益增强，在处理好天人关系的基础上又实现了一本万利的可持续生产。这就是生态渔业和农业循环经济的雏形。该理念为后世的《齐民要术》《王祯农书》等农书不断地继承发扬，使我国古代农业朴素的可持续发展系统观日益完善，进而使得我国古代农业在很长的时期内成为世界农业的典范。

古人认为鱼水一家，“欲致鱼者先通水……水积而鱼聚”（《淮南子·说山训》）。该思想主张要优化水生环境，使生态环境良好，则生物即能自然滋育，自然繁荣昌盛，从而实现经济目的。西汉太始二年，泾水、渭水之间的白渠修成后，“水流灶下，鱼跳入釜”（《汉书·沟洫志》）。好水自生好鱼，合理调配水资源既得到水利之益，又不经意间为人民增加了一份丰饶的渔业收成。同样事例，史载还有不少。

古代劳动人民“无为而无不为”，通过“辅万物之自然”（《老子·第六十四章》），创造出了许多天人相谐的可持续性生产模式，历经千百年不衰并愈来愈凸显其高妙。例如，相比常规单品种养殖模式，家鱼多品种混养技术使水体生态系统群落结构复杂化，系统稳定性显著增强，物流、能流渠道更通畅，产出更丰富，效益倍增；桑（畜、果）基鱼塘将水、陆生态系统衔接成一体，使水陆间物质循环、养分利用愈加充分，能量流通更快捷，综合效益极为突出[30]。《湖录》（［清］郑元庆著）曰：“青鱼饲之以螺蛳，草鱼饲之以革，鲢独受肥，间饲以粪。盖一池之中畜青鱼、草鱼七分，则鲢鱼二分，鲫鱼、鳊鱼一分，未有不长养者”。青草鲢鲫鳊混养，利用了鱼种食性、食量、生活水层等生态习性的差异，合理配比养殖密度，可达到最大限度减少人工投饲和管理的力度，并实现多品种健康、优质和高产。《嘉泰会稽志》（［宋］沈作宾、施宿纂修）载：“会稽、诸暨以南，大家都凿池养鱼为业……其间多鳙、鲢、鲤、鲩、青鱼……池有数十亩者，旁筑亭榭……鸥鹭䴔䴖之属自至，植以莲芡菰蒲……如图画然”。合理布置生产事宜，不仅可获得丰硕经济效益，还可维护天人和谐、美化生态环境。《农政全书·牧养》提出“作羊棬于塘岸上，安羊，每早扫其粪于塘中，以饲草鱼。而草鱼之粪可以饲鲢鱼，如是可以损人打草”。《常昭合志·轶闻》（［清］郑钟祥等修）载：“凿其最洼者为池，余则围以高塍而耕，岁入视平壤三倍。池以百计，皆畜鱼。池之上架以梁为笼舍，畜鸡豕其中，鱼食其粪又易肥。塍之上植梅、桃诸果属，其污泽则种菰、茈、菱、芡，可畦者以艺四时诸蔬，皆以千计。凡鸟凫、昆虫之属，悉罗列而售之，亦以千计”。以上二例是大农业—技术—社会经济大系统得到协调统筹、其内部各部分实现精良运作的典范，是现代生态渔业和现代大农业发展的极佳的参照范本。又例如，稻田养鱼，田为鱼供饵，鱼为田除虫、除草根，互利共赢。《四时食制》（［魏］曹操撰）中所记“郫县子鱼，黄鳞赤尾，出稻田，可以为酱”，是我国稻田养鱼悠久历史的真实写照。此外，还有河道养鱼等。

总之，我国古代渔业的发展受到了古代的宗教、哲学、民俗等人文社会因素的强烈影响，图腾崇拜、自然神崇拜、诸子百家、儒道墨佛及其他学派教派、乡规民约等民众经验智慧为传统渔业的可持续管理和可持续生产提供了强大的精神动力与智力支持，使人们注重统筹协调配置区域大农业的各项生产事宜，因时因地制宜，因势利导，以使生产活动获得最佳的经济、生态及社会效益。

结　语

综上所述，我国古代渔业在管理和生产上的诸多方面都以“天人合一”观为指导准则，崇尚节制、节约对资源的索取和利用，注重养护自然资源和保育生态环境，以追求“与天地合其德……与四时合其序”（《易经·乾卦·文言》），即顺应自然节律，用自然生态系统有机大整体的眼光来看待宇宙万物，将人的生产生活融入自然整体运行的过程中；而同时又师法自然的本性，去积极地发挥人的创造力和能动性，“能尽物之性……赞天地之化育……与天地参”（《中庸章句·右第二十一章》），即在自然有序变化的范畴内创造、管护并推行可持续的生产模式，进而实现自然万物和谐有序和天人相谐。“人法地，地法天，天法道，道法自然”(《老子·第二十五章》)。古人的理论、经验和实践，对于我们今天的渔业发展和渔业可持续管理，具有很好的指导和借鉴意义，值得开展更深入的研究。

人类针对自然的行为，实际上多数都应界定为生态扰动，在自然环境里往往“牵一发而动全身”，每一次都能引起一连串的相关反应。渔业管理的状况，在某种程度上直接决定了区域渔业经济的活力、区域水生生物多样性的状况和区域水域生态系统的健康程度，因此不可被轻慢对待。当前，由于人类频繁的无序干扰，渔业生态系统失衡和崩溃在世界各地愈来愈多地发生。面对危机，今人应该向古人学习，用更长远和全面的眼光来审视渔业生产管理活动在自然生态过程中的作用和意义，通过充分延长禁渔期、严格限制捕捞努力量、禁绝有害渔具渔法等措施优化渔政管理，切实加强渔业立法、执法和督察，完善和强化政策法规的宣传教育，充分发动民众参与资源管理，因地制宜发展生态渔业，建立涵盖区域大农业各成分的循环经济体系，以促使渔业生产与自然生态相和谐，进而实现渔业的可持续发展。

参考文献

[1] UNEP. GEO year book 2008：an overview of our changing environment [M]. Nairobi：UNEP；2008.

[2] FAO fisheries and Aquaculture Department. The state of world fisheries and aquaculture 2008 [M]. Rome：FAO；2009.

[3] Halpem B S，walbridge S，Selkoe K A，et al. A global map of human impact on marine ecosystems [J]. Science，2008 (319).

[4] World Bank and FAO. The Sunken Billions：The Economic Justification for Fisheries Reform [M]. Washington DC：Agriculture and Rural Development Department. The World Bank；2008.

[5] Worm B，Hilbom R，Baum J K，et al. Rebuilding global fisheries [J]. Science，2009 (325).

[6] Pikitch E K，Santora C，Babcock E A，et al. Ecosystem-based fishery management [J]. Science，2004 (305).

[7] 吴万夫. 先秦的渔政管理 [J]. 古今农业，1993 (4).

[8] 李亚光. 战国时期林牧副渔业发展述论 [J]. 农业考古，2009 (1).

[9] 乐佩琦，梁秩燊. 中国古代鱼类资源的保护 [J]. 动物学杂志，1995 (2).

[10] 李智雄. 论大西南远古地理环境与“西南夷”的关系 [J]. 凉山大学学报，2003 (1).

[11] 乐佩琦，梁秩燊. 中国古代渔业史源和发展概述 [J]. 动物学杂志，1995 (4).

[12] 王幼平. 中国远古人类文化的源流 [M]. 科学出版社，2005.

[13] 丛子明，李挺. 中国渔业史 [M]. 中国科学技术出版社，1993.

[14] 朱彦民. 关于商代中原地区野生动物诸问题的考察 [J]. 殷都学刊，2005 (3).

[15] 陈智勇. 试论商代的生态文化 [J]. 殷都学刊，2004 (1).

[16] 杨升南. 商代的渔业经济 [J]. 农业考古，1992 (1).

[17] 丛子明，李挺. 中国渔业史 [M]. 中国科学技术出版社，1993.

[18] 车今花. 中国古代保护经济可持续发展的法律 [J]. 湖南大学学报（社会科学版），2000 (2).

[19] 丛子明，李挺. 中国渔业史 [M]. 中国科学技术出版社，1993.

[20] 睡虎地秦墓竹简整理小组. 睡虎地秦墓竹简 [M]. 文物出版社，1978.

[21] 王福昌. 我国古代生态保护资料的新发现 [J]. 农业考古，2003 (3).

[22] 司羲祖. 宋大诏令集 [M]. 中华书局，1962.

[23] 丛子明，李挺．中国渔业史 [M]. 中国科学技术出版社，1993.
[24] 张幼萍．史前半坡文化的鱼崇拜 [J]. 文博，2002 (5)．
[25] 黄达武．刘三姐与鱼图腾崇拜 [J]. 贵州民族研究，1990 (2)．
[26] 武弋，谢家乔．西双版纳傣族传统“水文化”的生态伦理思想 [J]. 边疆经济与文化，2008 (1)．
[27] 韩罕．中国古代的环保与可持续利用 [J]. 南阳师范学院学报（社会科学版)，2003 (1)．
[28] 杨同卫，黄麟雏．〈齐民要术〉所体现的中国古代农业朴素的可持续发展系统观 [J]. 科学技术与辩证法，1998 (5)．
[29] 董恺忱．中国科学技术史：农学卷 [M]. 科学出版社，2000.
[30] 闵宗殿．试论清代农业的成就 [J]. 中国农史，20015 (1)．

Policies, Regulations and Eco-ethical Wisdom Relating to Ancient Chinese Fisheries①

Maolin Li[1], Xianshi Jin[3], Qisheng Tang[3]

(*1. Institute of Oceanology, Chinese Academy of Sciences, Qingdao 266071, China; 2. Graduate University of Chinese Academy of Sciences, Beijing 100049, China; 3. Yellow Sea Fisheries Research Institute, Chinese Academy of Fishery Sciences, Qingdao 266071, China*)

Abstract: Marine ecosystems are in serious troubles globally, largely due to the failures of fishery resources management. To restore and conserve fishery ecosystems, we need new and effective governance systems urgently. This research focuses on fisheries management in ancient China. We found that from 5 000 years ago till early modern era, Chinese ancestors had been constantly enthusiastic about sustainable utilization of fisheries resources and natural balance of fishery development. They developed numerous rigorous policies and regulations to guide people to act on natural laws. Being detailed and scientific, the legal systems had gained gratifying enforcement, due to official efforts and folks' voluntary participation in resource management. In-depth analyses show that people's consciousness lancient eco-ethical wisdom, such as totemism, nature worship, *Zhou Yi*, Taoism, Buddhism, Confucianism, Mohism, etc. All this Chinese classical wisdom have the same cores: "Nature and Man in One" spirit, frugality and "All things are equal" concept. The findings show that eco-ethical thinking is never inconsistent with social ethic systems, and it's of great importance to give legal effect to usual ecological moral claims and eco-ethical requirements of the public in protecting the environment. The eco-ethical wisdom is efficient in assisting and urging people to fulfill humans' obligation for nature. Finally, it's believed that present world fisheries management will benefit a lot from all these ancient Chinese thoughts and practices. People are expected to make the most of the eco-ethical wisdom, strengthen fishery legislation and fully stimulate their voluntary participation in both marine fishery resources conservation and fishery cyclic economy.

Key words: Fishery resources management; Policies and regulations; Ancient China; Eco-ethical wisdom; Ecological moral claims; Sustainable development

① 本文原刊于 *J. Agric Environ Ethics*, 25: 33-54, 2012。

Introduction

Humans have always been dependent on marine ecosystems for important and valuable goods and services; however, as centuries elapsed, human exploitation has altered the oceans and coasts greatly through direct and indirect means (Jackson et al., 2001; UNEP 2006; Halpern et al., 2008; Rick and Erlandson, 2009). Today, marine ecosystems are in serious trouble worldwide, and the prospect of global marine fisheries is far from optimistic (Allison, 2001; Myers and Worm, 2003; Stobutzki et al., 2006; FAO, 2009). Yet, the demand for marine natural resources is still rapidly going up as human populations grow and grow, posting daunting challenges to conventional living marine resources management approaches (Beddington et al., 2007; Costello et al., 2008; Remoundou et al., 2009; Ward and Kelly, 2009).

Congresses and governments are eager to seek effectivefisheries policies and administrative measures to get access to the threshold of sustainable fishery development (FAO, 2009; Symes, 2009; Laxe, 2010). In fact, ancients, even those who lived 5 000～6 000 years ago, are more forward-looking than modern persons. In ancient times, China was sparsely populated and rich in resources. [①]However, Chinese ancestors gathered, caught, and used very few natural products, and strongly worshipped the virtues of thrift. Policies and regulations on restricting use of natural resources and implementing strict, unified management of public properties were formulated by almost every ruler during each dynasty, and the majority was enacted as laws. Such decrees are particularly common in each dynasty's historical documents, playing important roles as patron saints in the history of the harmony of man and nature. Underlying these written items, kinds of improving Chinese traditional eco-ethical wisdom and various local institutions were more humanized, farsighted, intelligent, and popular with the public (Jenkins, 2002; Daszak et al., 2008). Both these classical wisdom and conventions are born of and rooted in people's production practices, mostly having been passed down for thousands of years. Being long lasting, they are outstanding representatives of mankind's ecological wisdom and concepts on regional sustainable development.

Fishery, actually, is one of the oldest productive activities that came into being soon after the birth of humankind. So it has a considerably long history. Naturally, relating to fisheries, there're also plentiful policies and regulations recorded in Chinese historical books and ancient literatures. Also, eco-ethical wisdom and folk conventions on fisheries are in endless supply and always waiting for latecomers to make much of them. Against the

① See Chinese classics Hua Ce in *Shang Zi*, Dao Zhi in *Zhuang Zi Zhu* and Wu Du in *Han Fei Zi*. Like here, all of the ancient Chinese literatures cited in this paper are from the same source, which is *Wenjin Ge Si Ku Quan Shu* (*Complete Library in Four Branches of Literature*). The specific details are shown in the Appendix.

background, fisheries management, or we say fisheries governance, is one of the Gordian knots plaguing people worldwide for a long time (Yandle et al., 2006; Chuenpagdee and Jentoft, 2007; Shelton, 2009; Worm et al., 2009). Meanwhile, traditional ecological knowledge is globally receiving people's re-examination and is propped up to accelerate its paces into production activities and people's daily lives (Berkes, 1999; Berkes et al., 2000; Huntington, 2000; Wilson et al., 2006; Evans, 2010).

As yet, on ancient Chinesefisheries management, only a few unstructured details have been reported in some Chinese published literatures that talk about problems in environment protection in old China. Thus, it's necessary to conduct a systematic investigation into the history of fisheries management of ancient China. As a rudimentary study, briefly, this research chronologically quotes the classics, explains and analyses the representative legal provisions and administrative measures on ancient Chinese fisheries, introduces and delves into the relevant eco-ethical wisdom and folk institutions, aiming to help people obtain an initial understanding on ancient Chinese fisheries governance strategies and eco-ethical wisdom in terms of their important roles played in both fishery production practices and social management. [①]Further, this ongoing study is expected to serve as a spark that ignites people's interest in the application of ancient eco-ethical wisdom in marine fishery cyclic economy and sustainable management.

Prehistoric Times

In China, the prehistoric times last from about 1 700 000 years ago to about the twentyfirst century BC. Since the most primitive fishing sprouted among immemorial humans, fisheries had been in progress; essentially, the potential for the destruction of fisheries resources had been co-existing. With the passage of time, social productive forces were in development, especially the fishing tools were being improved and improved, then the exploitation and utilization of aquatic resources were all the time increasing. Once the rate of use of natural resource grew beyond the natural reproductive rate, it would give rise to a decline in labor productivity and catches. In the practices of fishery production, mankind had gradually come to understand that, if people wish to maintain fisheries resources enduring, they need to implement protection. The formation of the consciousness of resources conservation was by no means fortuitous. Then with the civilizing progress and wisdom growth of mankind, primordial forms of policies and regulations came into being, under the influence of humans' animal instinct of storing food, primitive economic sense and primitive religious beliefs. Both primitive fishery development and social features had been affected by the management concepts to some extent.

---

① All of the definitions of the historical eras in this article are based on *Zhong Guo Tong Shi* (*A General History of China*) [Bai Shouyi (Chief Ed.). *Zhong Guo Tong Shi*. Shanghai: Shanghai People's Press, 1995—1998].

Primitive Fisheries and Initial Period of Fisheries Policies and Regulations

Chinesefisheries can be traced back to the early stage of the Old Stone Age. A certain ancient Chinese book believably had documented the situation on Yuanmou Man's fishing. In 1930 s, a large amount of fish skeletons and sea clam shells were found among the remnants of the Upper Cave Men, who lived 18 000～50 000 years ago (EBHFC, 1993) . Some fish bones had been processed into their daily adornments. In coastal areas of China, from Liaoning Province to Hainan Island and Guangxi Province, people discovered numerous shell mounds, the largest of which is 500 m long, 300 m wide, and 2. 5 m thick (EBHFC, 1993) . Evidently, the ancients' exploitation of aquatic resources is not in a small order of magnitude. Seasonal changes in food abundance made people pay great attention to the progress of food consumption. People learned to save and to be abstinent gradually.

After entering the clan commune period, tribal leaders developed kinds of regulations to promote the economic use of natural resources. For instance, Yellow Emperor, the father of the Chinese Nation, taught people "they would reap profits sustainably if they implement seasonable permissions and bans on gathering natural products and catching wild animals strictly. "① Yellow Emperor lived at a time more than 5 000 years ago. Later, his great - grandson, Emperor Ku, called on members of his tribe "to exploit natural products moderately and utilize them frugally. "② It may be from that time that the habit of thrift began casting into the blood of Chinese people.

In the late primitive society, the invention of boats, nets, net sinkers, fishing hooks, harpoons, fish baskets, buoys, and other instruments greatly enhanced the fisheries' productivity. The development of productive forces brought about problems on resource allocation and utilization, and contributed to changes in social management system at the same time. Yu Shun, one of the heads of Huaxia (China) tribal confederation, established the original national institutions. He set up Yu, Ji, Zhi Zong, and other offices. Yu is in charge of managing mountains and waters, or we say, it's responsible for managing hunting and fishing. It probably is the world's earliest fisheries management department. Yi is the first person presiding over the work of Yu. He had made important contribution to Chinese fishery development. ③Regretfully, Yu's management provisions were lost.

In the initial period of Chinesefisheries management, humanistic cultivation was highly valued and conscientiously performed. First and foremost, people were taught to practice frugality and comply with the seasonableness.

---

① See Chinese classics Wu Di Ben Ji in Shi Ji and Wu Di Ben Ji in *Shi Ji Zheng Yi*.

② See Wu Di Ben Ji in *Shi Ji*.

③ See Wu Di Ben Ji in *Shi Ji*.

Representatives of the Primary Eco - Ethical Wisdom

Before the creation of written words, human society lingered in the stage of savagery and the stage of barbarism for quite a long time. During the period, humans were weak in power and often were in dread of some natural phenomena, so people stood in awe of Mother Nature. People of that time kept very cautious and reverent in getting along well with their living environments. Externally, they developed expression measures and rites that seem approximately stylized.

Totemism (Totem Worship)

Totemism, being considered as human beings' earliest cultural phenomenon, can be regarded as the origin of mankind's eco - ethical thoughts. In China, totem culture found its root in the depths of history. With its richness and meaning that cannot be ignored, totemism constitutes one aspect of Chinese culture.

The ancients had respected many kinds of animals including aquatic animals as their totems. The animals were prohibited from being hurt, killed, and eaten, in that they were enshrined as the ancestors of certain clans or certain tribes when some kinds were venerated as deities deserving of paying homage. The 7 000～5 000 - year - old Chinese ruins of the Yangshao Neolithic culture tell people that fish and frogs had been the totems of some primitive tribes (Underhill, 2008). While according to legends and historical materials, the Da Wu tribes, the Xia tribe and the Xian Zhou tribe had worshipped fish totems. From ancient times till the early stage of modern times, the tortoise, or the combination of a tortoise and a snake, has been revered as Xuan Wu, a god in charge of water and representative of winter and the north. It shows that ancient people had worshipped tortoise totem. In the Yangtze River Basin, some districts had the history of venerating Zhu - po - long, which is *Alligator sinensis*. Even today, among China's 55 national minorities, many still have the worship of fish totem, such as Shui People, Gaoshan People, Hezhe People, Dong People, Buyi People, Zhuang People, Yao People, Lisu People, Man People, etc. (He, 2006). In Longlin County, Guangxi Province, the Zhuang People deem that no interspecific difference exists among all animals including humans, so they call all animals including themselves "fish" (Huang, 1990).

Totemism should be extolled because it teaches people to regard cosmic inventory including human beings and the nature as an organic whole, as a large system formed from the intercommunion and interpenetration between life and life, between lives and non - living things. Totemism lays emphasis on harmony and equilibrium, thus helps to eliminate the tense and antagonistic relationships between man and nature.

Nature Worship

On the basis of totemism, as people's understanding of nature got further deepenings, the early inhabitants gradually moved toward the supernatural worship of all natural objects. Then the animistic views came into being, and the worship of natural gods commenced coming into people's lives. For instance, Chinese ancestors took for granted that there lived River Gods, Sea Gods, Village Gods, Mountain Gods, and other gods on every corner of the earth. The gods were believed to be in charge of the various parts of local natural variation. ①For each god, people should be keen on building temples to worship and offering sacrifices to him, all year round.

In those days, people needed to practice divinations to obtain the gods' views on the things they were going to do. They needed to pray to the gods to forgive all their wrong doings. The gods were thought to be stern but fair-minded, so people exerted themselves to exercise utmost restraint, fearing that their occasional overdoing would offend one god and provoke scourge to themselves. For example, in southern Yunnan Province, the Dai People hadoffered worship to local Water Gods for hundreds of centuries. People paid great attention to preserving regional water ecosystems that consist of water systems, water-conservation forests, water catchment areas, and so on. The prohibition against defecating and urinating in rivers, dumping rubbish in waters and lakes, killing gravid or young fishes, etc. was strictly enforced (Wu and Xie, 2008). Even today, these practices still are performed. Since water is crucial to fish, the belief has been greatly benefiting the protection of regional water and fisheries resources.

Gradually, the natural god concepts went further to include the belief that everything in the world is on the chain of the universe of life as a whole, and cannot be separated from each other. We can see that people's world views had transferred from reverence for life to reverence for everything. It's reported that nature worship was one of the few religious beliefs that had the most extensive coverage and the longest duration in China (He, 2008). Actually, nature worship had prevailed over almost every stage of Chinese ancient history. ②Even these days, in China's vast rural areas and ethnic minority areas, it still has a very broad mass basis. Obviously, as quite a valuable tool in coordinating the relationship between man and nature, it also is an important representative of Chinese traditional eco-ethical wisdom.

Historic Times

In China, the historic times began from about the twentyfirst century BC, lasting for more than 4 000 years. During a large part of the period, the scale and output of fisheries production got rapid expansions, when human population and social civilization unceasingly

---

① See Chinese classics Da Huang Bei Jing in *Shan Hai Jing*, Da Zong Shi and Qiu Shui in *Zhuang Zi Zhu*.

② See examples from Chinese classics *Shan Hai Jing*, *Chun Qiu Zuo Zhuan Zhu Shu*, *Chu Ci Zhang Ju*, *Lie Xian Zhuan*, *Bo Yi Ji* and so on.

grew. Both fisheries resources and aquatic ecosystems had been greatly influenced by human activities. However, the multiplication of human knowledge had helped people to better catch on how the good management and sustainable development of fisheries could be achieved. Policies and regulations on fisheries were in continuous advancement.

Traditional Fisheries and Growth Stages of Fisheries Policies and Regulations

The historic times of ancient China is constitutive of ancient times and mediaeval times. During this period, fisheries gradually became improved and perfected. Fisheries management had its own different characteristics at different times.

Ancient Times (From the Twentyfirst Century BC to 221 BC)

The enhancement of production efficiency and the appearance of government apparatus together accelerated the transformation of primitive society to slave society. In the twentyfirst century BC, when Da Yu established the Xia Dynasty (about 2070—1600 BC), China became a slave society. About a thousand years later, Chinese feudal suzerain system emerged and prospered. Several hundreds of years later, a feudal landlord system came up. During these periods, most of the time, massive seashells continued to be gathered to serve as widely - used currency and daily decorations. [①]Fish skin was used to make clothes, armors, decorations, etc. [②]Meanwhile, due to the popularization of junks, refined nets, bronze tools, and other instruments, social productive forces got rapid advancement. In the nineteenth century BC, the 9 th monarch of Xia Dynasty, Si Mang, commanded Jiuyi tribes to fish in the sea. "The tribes caught lots of large fishes."[③] In the Zhou Dynasty (1046—256 BC), ocean navigation and pelagic fishing technology had developed considerably. [④]Besides, under authorities' and slave - owners' support, fish culture had been moving forward. [⑤]The development of aquaculture can make people reduce the exploitation of natural resources and weaken the anthropogenic interference with natural ecology, to some extent.

Although the nation gradually started to attach importance to aquaculture, on account of the widespread use of sophisticatedfishing methods and advanced fishing tools, especially large fishing nets like Gu, Jiu - yu, or Bai - nang - gu,[⑥] over - fishing and resource

---

① See Chinese classics Xiao Ya and Lu Song in *Mao Shi Zhu Shu*.

② See Chinese classics Min Gong Er Nian in Chun Qiu Zuo Zhuan Zhu Shu and Yi Bing in *Xun Zi*.

③ Recorded in Chinese classic Xia Ji in Zhu Shu Ji Nian. Jiuyi tribes are the general name of the minority nationalities that inhabited in eastern China in ancient times.

④ See Chinese classic Jin Cang in *Guan Zi*.

⑤ See Chinese classics Da Ya in *Mao Shi Zhu Shu*, Wan Zhang Shang in *Meng Zi Zhu Shu*, Bi Yi in *Lüshi Chunqiu* and Yang Yu in *Qi Min Yao Shu*.

⑥ See Chinese classics Shi Qi in *Er Ya Zhu Shu* and Bin Feng in *Mao Shi Zhu Shu*.

deterioration occurred on several occasions in more than one watershed. The first time is soon after Xia Dynasty's emergence. In response, Da Yu immediately formulated a national policy, "Using nets are forbidden in waters during the 3 months in the summer, so that aquatic animals can grow."① The policy, actually being the first legislative decree on the protection of fisheries resources in both Chinese and global history, was honored as "Yu's Ban" and emulated by later emperors. In the early Shang Dynasty, Emperor Shang Tang often required his people to exercise self-restraint in obtaining biological resources. ②Tang's deeds had been unanimously appreciated by all the vassals. About 600 years later, King Wen of Zhou Dynasty asked his son King Wu to strengthen the management of forests and waters and to push on the conservation of biological resources, because he thought that the rise and fall of a nation have to rely on one thing that whether the ecological systems are good. He said "…Unseasonable fishing activities are prohibited, so that aquatic lives can grow up… Relying on these measures, more and more aquatic animals will appear in the waters, when more and more terrestrial animals will also turn up in the forests. Thus the orphans, the widows, the coolies, the handicapped, the sick, and others could have some things to depend on for existence."③ Before this, "To prohibit from over-fishing and damaging waters" had been set as a basic national policy by King Wen. ④Thus it's demonstrated that Chinese forefathers had put restraint and seasonableness on a very important position in the productive practices. In 517 BC, in the discussion between King Jing and Vassal Shan Mu Gong, the conservation of forests and waters was considered as the foundation of national economy and people's livelihood. ⑤

The policies and regulations are also recorded in many other ancient literatures. *Yi Zhou Shu* made it clear that the months suitable for fishing are "January and March in spring, October in autumn, December in winter."⑥ The 4 months are precisely out of the period from April to August when fish stocks multiply. Both *Li Ji* and *Lüshi Chunqiu* state that draining waters was prohibited for ever and fishing was not allowed from the second month of spring until when winter came. ⑦Similarly, it's emphasized in *Dadai-liji*, "When December comes, fishermen start to be permitted to work on waters."⑧ Now we see that

---

① See Chinese classic Da Ju Jie in *Yi Zhou Shu*.

② There is a famous story: "Once Tang saw a person arranged nets in four directions in the wild. The man wanted to lure in and round up animals as many as possible. Tang got annoyed and ordered him to open nets of three sides. Tang prayed that all animals could leave in the ways they would like to take. If some ones didn't follow the advice, they may have no option but to walk right into the trap." See Chinese classics Yin Ben Ji in *Shi Ji*, Bi Gua in *Zhou Yi Zhu* and Bi Gua in *Zhou Yi Ben Yi*.

③ See Chinese classic Wen Zhuan Jie in *Yi Zhou Shu*.

④ See Chinese classic Luo Shu Wei in *Gu Wei Shu*.

⑤ See Chinese classic Zhou Yu Xia in *Guo Yu*.

⑥ Like here, the month names in this paper are all months in the traditional Chinese lunar calendar. See Chinese classic Yue Ling Jie in *Yi Zhou Shu*.

⑦ See Chinese classics Yue Ling in *Li Ji Zhu Shu* and Chapter 1-12 in *Lüshi Chunqiu*.

⑧ See Chinese classic Xia Xiao Zheng in *Dadai-liji*.

more than 3 000 years ago, the ancients had developed the usual practice of considering problems from an ecological point of view. To guarantee the juveniles could be hatched and get a suitable habitat, they made the regulations of forbidding fishing in fish idiophases and growth phases. These are the earliest measures of setting up closed fishing seasons in the world history, which adequately reflect the eco - ethical wisdom of the management echelon and the laboring people of ancient China. Besides, it's recorded in *Guan zi*, "Though water areas are immense and water animals are numerous, meshes of fishing nets must be under meticulous supervision. Fishing nets can absolutely not be of one format. It isn't because we are partial to water animals. We are afraid that our wrong doings will whittle away the subsistence roots for generations of people. "① The words mean that even if the fisheries resources are quite rich, after all, they are limited; the fishing net meshes must be controlled in size, so that a part of fish, especially the young ones, can escape from the claws of fishermen. Ancients are honorable for their great ideological level in consciously seeking well - being for future generations.

In Zhou Dynasty, special agency had been established to manage water areas andfisheries. It's named Yu Bu or Yu Heng and its officials are named Yu Ren, Chuan Heng, Ze Yu, Chuan Shi, Shui Yu, Bie Ren, etc. The division of the officials'duties is in great detail. ②For instance, Yu Ren presides over fish tribute and fishery decrees, Chuan Heng takes charge of managing waters and Shui Yu is in charge of bans and arrangements on fishery production. The officials had made the grade very well. They dealt with the violators of the policies and regulations quite severely. Whether being a nobleman or being a slave, substantially, people were treated equally. There are many examples, while merely one is chosen out and shown in the footnote. ③It could be imagined that there was a big strictness Chinese ancestors had endeavored to seek after in enforcing the laws and regulations. Besides, the chapter Di Guan of *Zhou Li* wrote of "Chuan Heng takes charge of carrying out bans on fisheries and perambulating the bans'enforcement among folks. The men who violate the bans are to be arrested and be sentenced being guilty of the capital punishment." Catchers who caught water animals in the closed fishing areas would be punished by losing their lives. Such heavy punishments were capable of warning all others to restrain their desires.

The management measures gained powerful support and promotion from the Hundred

---

① See Chinese classic Ba Guan in *Guan Zi*.

② See Chinese classics Di Guan and Tian Guan in *Zhou Li Zhu Shu*.

③ Once upon a time in summer, in Lu State, the king Xuan Gong took his men to cast a net and catch fish wantonly in a deep pool of Si River. Officer Li Ge went up and tore the net. He reprimanded Xuan Gong "…Now it's when fishes have just gone into their gestation periods. Your majesty, your deeds will make the fish offsprings couldn't be brought forth and grow up. You even employed a net. How insatiably avaricious you are!" As a monarch, Xuan Gong wasn't angry at being dressed down. He said "I made mistakes and Li Ge comes to correct me. What a nice thing it is! The torn net is a fine net, because it makes me learn the right method to run a country. …" The story is excerpted from Chinese classic Lu Yu Shang in *Guo Yu*.

Schools of Thought, which have been casting a far-reaching influence on the following world. For instance, the Confucian originator, Confucius (551—478 BC) only had done somefishing with fishing rod, but never with fishing net, during his lifetime. ①Fu Zijian, a student of Confucius, secured an official position in governing Shanfu District of Shandong Province. Then Confucius let his student Wuma Qi go there to investigate Fu's political achievements. Wuma went there and made his rounds incognito. Soon Wuma found that the night fishers there released the fish they caught frequently. Being puzzled, he asked the fishers why they did so. He was told that the big ones caught were pregnant, and the little ones caught were young, both were under official protection. Wuma was exultant for Fu's effective governance succeeding in encouraging people to consciously protect fisheries resources. ②Guan Zhong (725—645 BC) thought "As a ruler, if he can't carefully protect the nation's forests, waters and fields, he never can be trusted and elected to be the monarch of the nation."③ Here it was chosen to be the grounds on which to select a monarch that whether the man can fulfil good management of forests, waters, and other natural resources.

During the period of Chinese ancient times, there were a lot of policies and regulations onfishery resources conservation. In conclusion, they are in regard to fie aspects:

(1) Bans on fishing young or pregnant aquatic animals. For example, "It's forbidden to fish Kun (fish spawns) and Er (fingerlings)," "No catching pregnant animals, no killing little lives" and "Little animals are prohibited to be killed and to be sold or bought."④

(2) Bans on unseasonablefishing. For example, "Only when otters can get more fish than they are able to consume, fishermen are allowed to work in the waters."⑤

(3) Bans on poisoning aquatic animals. For example, "When aquatic animals are in the stages of incubation, nets and poisons are rejected to approach waters" and "Poisons that may harm animals cannot be taken outside the city gates."⑥

(4) Bans on damaging waters. For example, "No draining rivers and lakes, no drying up reservoirs and ponds," and "No emptying the waters to get fish."⑦

(5) Bans on over-fishing. For example, "It's sure that you will get fish by draining the pond to catch fish, but in the next year, you will get nothing" and "If efficient fishing tools, like little-mesh fishing nets are never used in waters, water animals can have the room to thrive and people will never worry about experiencing hunger."⑧

---

① See Chinese classic Shu Er in *Lun Yu Zhu Shu*.

② Recorded in Chinese classic Qu Jie Jie in *Kongzi Jia Yu*.

③ See Chinese classic Qing Zhong Jia in *Guan Zi*.

④ See Chinese classics Lu Yu Shang in Guo Yu and Wang Zhi in *Li Ji Zhu Shu*.

⑤ See Chinese classic Wang Zhi in *Li Ji Zhu Shu*.

⑥ See Chinese classics Wang Zhi in Xun Zi and Yue Ling in *Li Ji Zhu Shu*.

⑦ See Chinese classics Yue Ling in Li Ji Zhu Shu and Shang Ren in *Wen Zi*.

⑧ See Chinese classics Yi Shang in *Lüshi* Chunqiu and Liang Hui Wang Shang in *Meng Zi Zhu Shu*.

Valuably and meaningfully, as early as 3 000—2 000 years ago, in Zhou Dynasty, especially during the Spring and Autumn Period and the Warring States Period, the nationwide climax of thoughts and practices on conserving and managingfisheries resources, in a scientific, sensible, and sustainable manner stood out.

Mediaeval Times (From 221 BC to 1 840 AD)

From the Qin Dynasty, China's 2 132 - year - long centralized authoritarian society of patriarchal clan system began. During the time, the exploiting classes started to base the national economy on plant production. Fisheries became sideline production. But now it seems that althoughfishery production had been to some extent kept down, in the dynasties with patriarchalism, people had an even clearer realization of the vital poles fishery resources conservation played in fishery development. Therefore, increased attention had been devoted to conserving aquatic animals.

China of Qin Dynasty was a state with a sound legal system. From the higher levels to the grassroots, officials were excellent in fully mobilizing the force of laws to govern the country. In 1975, old bamboo slips inscribed with the law of Qin Dynasty were unearthed in large bulk in Hubei Province. The article entitled "Field Law" mentions "…It's forbidden to poison aquatic animals, set traps and use nets in the open until when July comes…" It means that before autumn, it was routine fishing moratorium. People's behavior control over time was very important. The masterwork *Lüshi Chunqiu* tells us that there were varieties of bans in four seasons and "At improper time, Gu, Bai - nang - gu and all the other fishing nets should be stored far away from waters, persons except officers from fishery regulation divisions are not allowed to use boats to get in waters. "① Such legal provisions are concrete and practical.

Throughout the dynasties from Qin, Han to Tang, Song, Yuan, Ming and Qing, people had reached a consensus on protecting animal offsprings so that the populations could survive and multiply. On this, there are so many examples, with only three of them are listed below. An administrative regulation stated in *Huai Nan Zi* (a masterpiece of Western Han Dynasty) is "Fish with a length of less than a chi (1 chi=0. 231 m, during 202 - 9 BC), are prohibited to being caught. "② *Feng Su Tong Yi* of Eastern Han Dynasty records a legal provision "It's illegal to kill baby animals and young animals. "③ In the winter of 509, Emperor Xuan Wu of Northern Wei Dynasty gave an order to all people, declaring "The nation completely prohibits killing the pregnant, and the prohibition lasts for ever. "④

However, from Han Dynasty onward, fisheries resources had been suffering from some

① See Chinese classic Shang Nong in *Lüshi Chunqiu*.

② See Chinese classic Zhu Shu Xun in *Huai Nan Hong Lie Jie*.

③ See Chinese classic Guai Shen in *Feng Su Tong Yi*.

④ See Chinese classic Shi Zong Ji in *Book of Wei*.

damage because of population increases and famine occurrences. In response, Tang Dynasty's imperial court nationalized all the mountains and waters. Such unified management measures had done good to the conservation and revivification of national fisheries resources. The government issued decrees to inhibit harmful fishing tools and fishing methods many a time. For example, the ordinance brought forth by Emperor Gao Zong in 673 commands "to prohibit making Sai to catch fish and round up beasts."① Meanwhile, there were bans on animals'breeding periods. For example, the decree put forth by Emperor Dai Zong in 775 calls on people "to forbid hunting, fishing and catching in the capital and its environs from January to May, permanently."②

For the subsequent dynasties, this paper will simply introduce several representative laws and regulations. In 961, Emperor Tai Zu of Song Dynasty ordered the nation "not to catch fish and birds in spring and autumn."③ In 1 271, Emperor Shi Zu of Yuan Dynasty put forward a decree "Households residing close to waters are allowed to build fish ponds."④ In Ming Dynasty, the Court established the department Yu Heng to unifiedly manage natural resources. Yu Heng was in duty to enforce the bans on laying nets in waters in unbefitting days and many other laws. ⑤For Qing Dynasty, *Qing Shi Gao* records some decrees on banning people from catching breeding fish and fishing in spawning and nursery grounds for fishes. It shows that the rulers were keen on promoting natural conservation and pushing family pisciculture forward.

Representatives of the Mature Eco - Ethical Wisdom

It can be seen that both Chinese totemism and Chinese nature worship were committed to build, preserve, or restore the harmony between man and nature. In Chinese primitive society, the concept of "the syncretism of nature and human" had taken root among the masses. After entering the stage of civilization, Chinese society was in rapid development, so was the eco - ethical wisdom. In the ideological world, types of new thoughts swept through the whole nation successively for several times. However, almost each kind of Chinese ancient thought had been clearly stamped with the deep imprint of the "Nature and Man in One" spirit, in all aspects of it, in every level of it, in all the proof methods of it and in the whole reasoning process of it (Li, 1986). "Nature and Man in One" spirit, is the concept of the deepest level in Chinese ancient thoughts, meanwhile is a strong mainstay shared by various schools of thought in old China. In the following, the paper will make a

---

① Sai is a tool made of bamboo or wood strips, used to plug up water for fishing. See Chinese classic Gao Zong Ben Ji in *Tang Shu*.

② See Chinese classic Dai Zong Ben Ji in *Jiu Tang Shu*.

③ See Chinese classic Tai Zu Bei Ji in *Song Shi*.

④ See Chinese classic Shi Huo Zhi in *Yuan Shi*.

⑤ See Chinese classic Zhi Guan Zhi in *Ming Shi*.

brief analysis of the situation, by introducing several mainstream schools of thought.

Zhou Yi—Ecological Wisdom of Harmony

Zhou Yi made a brilliant beginning in composing works that cares about ecological harmony in Chinese history. Its eco - ethical wisdom is mainly in four aspects:

(1) The "Nature and Man in One" theory that believes that nature is the source of all lives and all values, man is an integral part of nature, so man ought to love and preserve nature, ought to love and conserve all lives in nature.

(2) The ecological moral wisdom system that integrates natural balance and human morality into an organic large - scale system, which possesses the function of internal feedback and dynamic regulation. Noble moral characters and behaviors are upheld.

(3) The ecological conservation and frugality concept that advocates that in order to avoid nature's punishment, man should care for natural resources, and should be frugal in consuming all things, especially for animal resources.

(4) The eco - harmony wisdom that emphasizes that only if ecological ethic system and social ethic system can be blended and move toward unification, people may enjoy peace and prosperity.

Taoism—Ecological Wisdom of Preserving Simplicity

Among all kinds of great traditional thoughts, Taoist school is thought to have supplied the world with the most profound and most perfect ecological wisdom (Dong, 1991). Laozi and Zhuangzi, the two most important representatives of Taoists, thought that everything is equal to one another and has its own intrinsic value. They objected that people imposed the concept of inequality on the natural world. They were opposed to humanity's being self - important and self - centered. They warned people not to treat nature as their objects to overmaster and to predominate. They were always against people's behaviors of offending against the natural laws to despoil natural resources and harm the environment, just for the sake of their own desire. They put forward that the key to protect the natural environment from being damaged lies in checking humans'materialistic pursuits. ①Taoism is the religion that teaches people to return to nature and to be integrated into the life of nature wholeheartedly. For example, more than 2 300 years ago, Zhuangzi had once taught people to earnestly appreciate and respect fish's enjoyment of life. ②

Buddhism—Ecological Wisdom of Benevolence

Buddhist doctrines teach people to blur and even to eliminate the boundary between a man's body and his surroundings. Buddhism shows utmost respect for the existence value and

① Recorded in Chinese classics Chapter 19 in *Lao Zi Zhu* and Qu Qie in *Zhuang Zi Zhu*.

② Recorded in Chinese classic Qiu Shui in *Zhuang Zi Zhu*.

the right to subsistence of all lives. In terms of theory, every sentence in Chinese Mahayana sutras is advocating and highly praising the merits and virtue of benevolence (Shi, 1995) . In terms of practice, Buddhists'ahimsa, vegetarianism, and habit of freeing captive animals have brought immeasurable well-being to mankind and the earth. It must be mentioned that ahimsa and vegetarianism are particularly effective in conserving wildlife resources, and further in keeping a balance of nature. Deeds of freeing captive lives have always been subject to people's attention. Both governments and the public have been enthusiastic about financing the construction of Free Life Ponds, which are used to setting live aquatic lives free. ①Buddhism supplies us with some panaceas in healing certain kinds of ecological deterioration that spread over universally before our eyes.

Confucianism—Ecological Wisdom of Kindheartedness

According to the Confucian cosmological metaphysics, man and nature should have all things in sweet community. Man should regard nature as his parent, realize that all lives and himself are interlinked and syncretized with each other. ②Confucians appreciated moral goodness instead of the ability to earn money. They made great efforts to persuade social elites into cultivating kindheartedness instead of pursuing too much loaves and fishes. The Confucian school used to look upon things from a view of ecological totality, thus contributing to us a lot of profound eco-ethical wisdom. The most interesting also lies in that Confucians taught everyone to show filial piety and respect for nature. By tradition, fish were deemed as the symbol of being auspicious and prosperous. They were in good esteem among people. Generally speaking, all these practices had a certain correlation with both fish totem worship and other religious concepts including the Confucian thinking.

Mohism—Ecological Wisdom of Practicing Frugality

Mohists, the concentrative philosophical representatives of the laboring class that consisted of peasants and small producers, were always very keen on practicing and advocating frugality. They usually had a good knowledge of nature and a good command of laboring skills so that their concepts were always practical and provident. They thought highly of showing a universal love to all lives. They strongly detested and rejected any extravagance and waste, opposed to wars and damaging things. They called on people to lead a frugal life that one should never consume more than his basic demand. ③Such views are quite beneficial to social sustainable development, especially when the environment has been

---

① See examples from Chinese classics Qifu Hui Lie Zhuan in *Sui Shu*, Tang Fang Sheng Chi in *Yu Hai* and Zhen Zong Ben Ji in *Song Shi*.

② See Chinese classics Shi Xun Jie in *Yi Zhou Shu*, Ben Jing Xun in Huai Nan Hong *Lie Jie* and all chapters in *Chun Qiu Fan Lu*.

③ Recorded in Chinese classic Jie Yong and Fei Yue in *Mo Zi*.

polluted, or when ecological unbalance has happened, or when natural disasters frequently occur. Supposedly, if we eat much less fish from now on, more big or pregnant fishes will have life to swim in waters. Then marine ecological resurrections are on their way.

Discussion

Based on current generalfisheries management demand, the study analyzed ancient Chinese fisheries governance strategies and the underlying eco - ethical wisdom. We have harvested lots of findings, while merely the key parts of which are chosen out and presented above. After a comprehensive analysis of all the findings, some discussion is conducted and shown as below.

Currently, globalfisheries have come up with plenty of problems. To some extent, it can be said that the ecological equilibrium of the oceans is determined by marine fisheries' sustainable development. Experts said that the problems in ocean resource management derive from failures of governance (Crowder et al., 2006). Seeking for effective measures to manage marine fisheries is a difficulty faced by governments of coastal countries. Surely, we are starved of new, more effective governance systems.

In Chinese ancient history of about 5 000 years, successive rulers have put forth numerous policies and regulations to managefisheries resources. The laws and administrative measures along with folk institutions in promoting fisheries'sustainable development are quite common in historical writings. Though common, they are of immeasurable value, both culturally and scientifically. Obviously, Chinese ancestors had attached great importance to the conservation of fisheries resources. In terms of setting closed fishing periods, delimitating closed fishing areas, setting fishing effort limitations, putting forth bans on fishing objects and fishing tools, etc., they all had made quite detailed consideration and put forward systematic governance measures. They had developed very strong punitive measures in order to avoid the occurrence of even a small mistake. Particularly commendable is that they always carried out resources management from a view of large - scale ecological harmony that regards humans as an integral component that is equal to other parts of nature. The rulers used to be keen on setting an example of a lovely son of Mother Nature by personally taking part in conserving natural resources. Their management measures tell us that they were sincere, righteous, humble, and far - sighted. The policies and regulations are an invaluable cultural heritage in need of thorough study and worthy of modern people's full and in - depth exploitation. It's believable that present global fisheries will benefit a lot from such ancient Chinese wisdom.

Generally, policies and regulations function as a concrete manifestation of the public will of a nation or the populace. As small as a primitive tribe or a village, as large as a country or the globe, all magnitudes of crowds have to employ certain rules to harmonize and handle the relationships and affairs that people get involved in. Humans, as the aggregate of all the social relations, also are in no time able to live outside of any of the innate connections between humankind and nature. Most basically, we have to depend on our Mother Nature for clean air, fresh water, and enough food. Among the rules employed by humans, some are solely used to deal with matters on people's social interrelationships, while some are exclusively focused on regulating and coordinating people's rights of possession and disposal over natural resources. However, people's obligations to nature, the root of humanity's survival that had been highly revered since time immemorial, in present days, are becoming more and more frail and lowly. The only good news is that we have enacted some laws on natural resources and environment protection.

Factually, laws and administrative measures often are unfamiliar and ambiguous to the folks, therefore they usually can't take effects as expected. After all, we think that the right powerful tool that excels at reconciling people's different opinions and prompting them to fulfilling mankind's obligations for nature, is none other than the varieties of eco - ethical wisdom in the world. With a civilization more than 5 000 years old, China may prove to be the country possessing the richest resource of eco - ethical wisdom. Integrally and systematically, the resource is incarnated in most of the policies and regulations and the majority of the folk institutions relating to ancient Chinese fisheries. Needless to say, the resource also is perfectly embodied in many other things and in even more things that modern persons still are unable to understand. In this paper, we have made an attempt to carry out a preliminary categorization and analysis of the resource of ancient Chinese eco - ethical wisdom, and finally to obtain some findings on the succession relations among several representatives of eco - ethical wisdom of specific times.

It's reported that of the four earliest civilizations of the world, only Chinese civilization is still alive today, mainly due to its great inclusiveness and assimilatory power. In history, China once was an open - minded and highly tolerant nation. The public's varied practical demands spawned a variety of living ideals and ways of thinking. Thus in thousands of years, on the vast land, there had successively emerged and thrived a lot of schools of thought. Taoism, Confucianism, Mohism, Buddhism, Neo - Taoism, Neo - Confucianism, etc., all had been following and carrying forward the spirit of "Nature and Man in One," and being committed to building a harmonious world in which all lives are regarded and respected equally. Although seemingly a little Utopian, these philosophical schools actually had been paying great attention to practical endeavors. For thousands of years, they had done their utmost to persuade people to show more love for nature and be frugal in consuming natural resources. They thought that nature is our mother and we should be humble and tender, and not do any harm to her body. In the final analysis, all of such thoughts derive from *Zhou Yi*, composed more than 3 100 years ago, which is thought to be the first book on eco - ethical wisdom. However, the instructive Chinese eco - ethical wisdom is rooted in the wisdom and belief of our ancestors of much more ancient ages. In remote antiquity, people stood in awe of nature. They wished to be complying with nature, so totemism and nature worship were created. Ancients were also thirsty for understanding of nature like us. But referring to understanding nature's innate character, they were more knowledgeable than us. So nowadays our pell - mell development has invited global ecological imbalance and rapidly degrading well - being to us. It requires us to conduct in - depth reflection.

Meanwhile, wefind that the traditional Chinese eco - ethical thinking is consistent in nature with the theory of deep ecology, which is current in the West nowadays. So we think that the former is also of great significance in guiding the world's environmental practices. Moreover, historical data has showed that under the combined effect of folk eco - ethical awareness and local traditional ecological knowledge, various patterns of ecological agriculture had been spontaneously springing up in many regions, and rapidly coming to the fore with their miraculous multiple advantages (Wu and Zhao, 2005) . Now we see that Chinese ancestors had bequeathed us an immense amount of treasure that they gained from their hands - on experience over thousands of years. We should no more desolate the treasure. By extension, actually, we should respect all of our ancestors' ecological wisdom including the Chinese wisdom and make the most of them. For fisheries management, we should employ the wisdom even more.

The result of applying eco - ethical wisdom infisheries management is that fishery economic growth becomes less conflicting with ecological health, while fishery policies and regulations turn more coordinated with community - based popular will. In the view of ancient Chinese eco - ethical wisdom, the quality of economic development is valued instead of the speed of economic growth. The 64 hexagrams in *Zhou Yi* exquisitely represent the changes happened on every thing, the changes being ceaselessly moving in circles repeatedly. ①It's just the best theoretical model for cyclic economy. During the process of cyclic economy, materials are utilized as few as possible and made the most of. Jie Gua in *Zhou Yi* tells us "That we have seasons because nature is moderate. To be moderate, so that waste doesn't occur, and harms don't happen to us. "② Fisheries'sustainable development will ultimately rely on large - scale cyclic economy. To develop fishery cyclic economy, we are required to be moderate in both minds and deeds. We should be frugal in exploiting resources. Meanwhile, the ancient eco - ethical wisdom and folk institutions also have granted us the detailed principles to plan and establish cyclic economy. If we make sufficient study of them, we will be enlightened.

Conclusion

The history of ancient Chinese eco - ethical wisdom demonstrates to us that an ecological

① See Chinese classic Fu Gua in *Zhou Yi Zhu*.

② Recorded in Chinese classic Jie Gua in *Zhou Yi Zhu*.

ethics system is never inconsistent with a social ethics system, and governing the country by law must be combined with governing by morality. Needless to say, law is not a panacea. However, giving legal effect to usual ecological moral claims and eco - ethical requirements is of great importance in protecting the environment. In ancient times, Chinese ancestors paid great attention to constituting stringent and detailed legal systems to promotefisheries management. They thought that bad or unsuccessful fishery administration was capable of causing harm to social stability and natural balance. To avoid things that may undermine the government's credibility, they were circumspect and hard - working in formulating and carrying out fishery policies and regulations. The management measures had greatly benefited the fishery resources conservation and local sustainable development. In comparison, current fisheries management is weaker in governments' emphasis and people's voluntary participation. We are lacking in a rigorous and all - round legal system on fisheries. Although in a few places, the midsummer moratorium system has been established, the reproduction and releasing of certain commercial marine organisms has been set in motion in large scales, in the world, there are popular failures to take the long - term ecosystem effects of fishing into account and common failures to enforce unpalatable but necessary reductions in fishing effort on fishing fleets and in the numbers of fishermen and fishing communities. On pelagic and transnational marine fisheries regulation, we get caught up in more problems. For better or for worse, this paper argues that the first few steps we should take are to learn from the experience of ancestors, to strengthen legislation and to increase efforts in policy advocacy and education.

Acknowledgments

This research was supported by the National Key Basic Research Development Plan of China (Grant No. 2006CB400608). We wish to thank Prof. Alasdair D. McIntyre from University of Aberdeen and several anonymous reviewers for their constructive comments.

五、公海渔业资源调查与远洋渔业

北太平洋狭鳕资源声学评估调查研究[①]

唐启升，王为祥，陈毓桢，李富国，金显仕，赵宪勇，陈聚法，戴芳群

（中国水产科学研究院黄海水产研究所，青岛 266071）

提要：1993 年夏季使用“北斗”号渔业调查船对北太平洋的狭鳕进行资源声学评估和渔场环境调查，调查覆盖面积达 76 万 km^2。调查结果表明：夏季白令海阿留申海盆区 50～200 m为冷水团占据，水温为 1.3～4.9 ℃。狭鳕成鱼主要分布于海盆区东南部及公海区，主要栖息在 175～225 m 层。在公海区东北部与陆架之间，首次发现大量狭鳕当年生幼鱼，主要栖息在 80～100 m 层。成鱼和幼鱼均有明显昼夜垂直移动。海盆区狭鳕平均叉长52.6 cm，平均体重 1 095 g，个体较往年偏大，公海区狭鳕资源评估结果为 5.2 万 t，预计 1995 年公海狭鳕资源将逐渐恢复。夏季鄂霍次克海公海区 50～150 m 为较强冷水团占据，水温为 －1.2～0.2 ℃。狭鳕密集分布区在北纬 55°以北的 500 m 等深线以浅海区，主要分布水层在冷水团下方的 150～300 m 处。该海区狭鳕平均叉长 38.3 cm，平均体重 358.7 g，优势年龄组成为 5～6 龄，资源状况良好。

关键词：北太平洋；狭鳕；分布；资源；声学评估；环境

狭鳕（*Theragra chalcogramma pallas*）广泛分布于北太平洋，是世界海洋资源最为丰富的经济生物种类之一，1990 年渔业产量为 579 万 t，为我国远洋大型拖网渔船的主要捕捞对象。1988 年以来，随着白令海公海和鄂霍次克公海狭鳕渔业国际化，捕捞与管理、沿岸国与捕鱼国的矛盾激化，狭鳕资源和渔业问题成为引人注目的区域性问题。

根据农业部下达的科研任务，黄海水产研究所使用“北斗”号渔业调查船，于 1993 年 6 月 10 日至 8 月 24 日首次对白令海阿留申海盆区和鄂霍次克公海狭鳕进行声学/中层拖网资源评估和环境调查，有效声学调查航程为 10 365 n mile，资源评估覆盖面积达 76 万 km^2。本文报道了这次调查的主要研究结果，它包括上述调查海区的理化环境、狭鳕分布、垂直移动、生物学特性、资源状况及声学资源评估的有关问题。

---

① 本文原刊于《水产学报》，19（1）：8－20，1995。

1 材料和方法

1.1 理化因子观测

理、化环境调查与狭鳕资源声学评估调查同步进行。主要观测要素为水温、盐度和溶解氧等。5 m 层水温由 EA2P00 型水温计走航式连续观测，其他要素的观测均系在狭鳕资源声学评估航线上，按断面设调查站定点进行。水温从 SWM-B 型颠倒温度计观测。盐度和溶解氧系以南森型颠倒采水器分层采样后，使用 HD-3 型电导盐度计和 RSS-5100 型测氧仪测定。水温、盐度的观测水层为表层、25 m、50 m、100 m、150 m、200 m、300 m、500 m。溶解氧的观测水层为表层、50 m、100 m、200 m、300 m、500 m。

1.2 中层拖网取样及生物学分析

“北斗”号调查船采用单船变水层尾拖式拖网进行渔业资源采样。中层拖网为四片式，网口 162 目×400 cm，拉直周长 648 m，网口高度 38～40 m。网板扩张间距 121～123 m，网具阻力 12 t。根据鱼群分布密度，拖网时间为 1～3 h，拖速 3.5～3.7 节。拖网过程中，使用有线式网位仪（SIMRAD ET-100，FR-500）和无线式网位仪（SCANMAR 4001，4004，4016）监测网具的所在水层和网口高度。

对中层拖网的全部渔获物进行分鱼种定量分析和常规鱼类生物学测定。雌性性腺成熟度和摄食等级分别采用 1～6 期和 0～4 级标准。年龄鉴定采用耳石，取其横断面，以灼烧法处理后在立体显微镜下观察其年轮。

1.3 资源量评估

“北斗”号装备的声学探鱼—积分系统为 SIMRAD EK400/38 kHz 科研探鱼仪＋SIMRAD QD 回声积分仪＋IBM PC 计算机。调查中，令回声积分仪—计算机每 5 n mile 打印输出一次鱼群映像积分值（称 M 值或 S_A 值），即相对资源量指标，设置的积分水层分别为5～100 m，100～150 m，150～175 m，175～200 m，200～225 m，225～250 m，250～300 m，300～581 m 以及海底以上 0.5～10 m 层。调查航速为 8～11 节。调查开始及航次结束前，使用直径 60 mm 铜球作为标准反射体（Foote 等，1983）对回声—积分系统分别进行声学校正和系统电学测量，结果无显著差异，仪器常数 C_I 值为 1.77。

由于本次调查未能进入美国 12 n mile 管辖区内（特别是资源密度较高的阿留申群岛近岸区）以及在鄂霍次克海遇到的意外情况，难以正确评估整个调查海区狭鳕资源数量，故仅对白令海公海和鄂霍次克公海北部部分海区狭鳕资源数量进行评估。资源数量计算式为：

$$N=C \cdot M \cdot A$$

式中，A 为资源所占据的面积；C 为转换系数。C 可表达为：

$$C=C_I \cdot C_F$$

$$C_F=1/(4\pi \cdot 10^{0.1TS})$$

式中，C_I 为仪器常数；C_F 为狭鳕的声学特性；TS 为鱼体目标强度。Foote 和 Traynor（1988）对狭鳕目标强度的研究结果为：

$$TS=20\ \log_{10}l-66.0\ \text{dB}$$

调查中，通过对 6 个水层计 3 289 个单体鱼映像的实际测量，得到一个新的目标强度（TS）与鱼体长度（I，叉长，cm）关系式：

$$TS=20\ \log_{10}l-68.6\ \text{dB}$$

为便于与国外同类调查结果进行比较，分别采用了方区法和断面法计算资源量。

方区法：按 1°N×2°E（或 W）大小，将阿留申公海区划分为 18 个方区，其资源数量（N）计算式为：

$$N=\sum_{i=B}^{E}\sum_{i=1}^{6}C_{ij}\cdot M_{ij}\cdot A$$

断面法：将公海区按调查航线共分 7 条间距相近（约 44 n mile）的断面，其资源量计算式为：

$$N=\sum_{i=1}^{7}C_i\cdot M_i\cdot A_i$$

2 结果

2.1 阿留申海盆区

2.1.1 理化环境特征

白令海调查海区各水层水温的水平分布呈南高北低、东高西低之势，公海区为冷水所占据。表层水温分布范围为 5.4～9.6 ℃（图 1），200～500 m 层水温水平梯度较小，分布范围为 3～4 ℃。从水温的垂直分布看：表层至 25 m 层，由于水交换强烈而垂直等温。25 m 至 50 m 层降温幅度较大，温差一般在 3～4 ℃，跃层强度在 0.14 ℃/m 左右。50～200 m 层基本为冷水团所占据，冷水团中心约在 150 m 层，水温为 1.3～4.9 ℃。200～300 m 之间为一逆温水层，但水温升幅小，水深增加 100 m，温度升高 0.3C 左右。300 m 以深水温又开始下降，至 500 m 温度降幅在 0.1～0.2 ℃之间（图 2）。

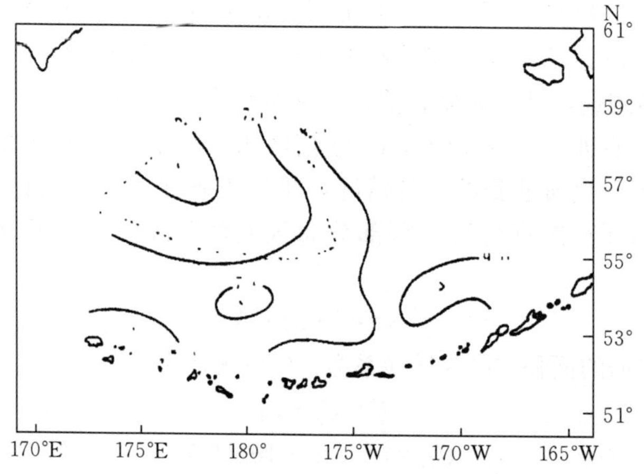

图 1 阿留申海盆区表层水温（T,℃）分布（1993.6.28—8.02）

Figure 1 Temperature（T,℃）contour at 0 m depth in the Aleutian Basin（June 28—August 2，1993）

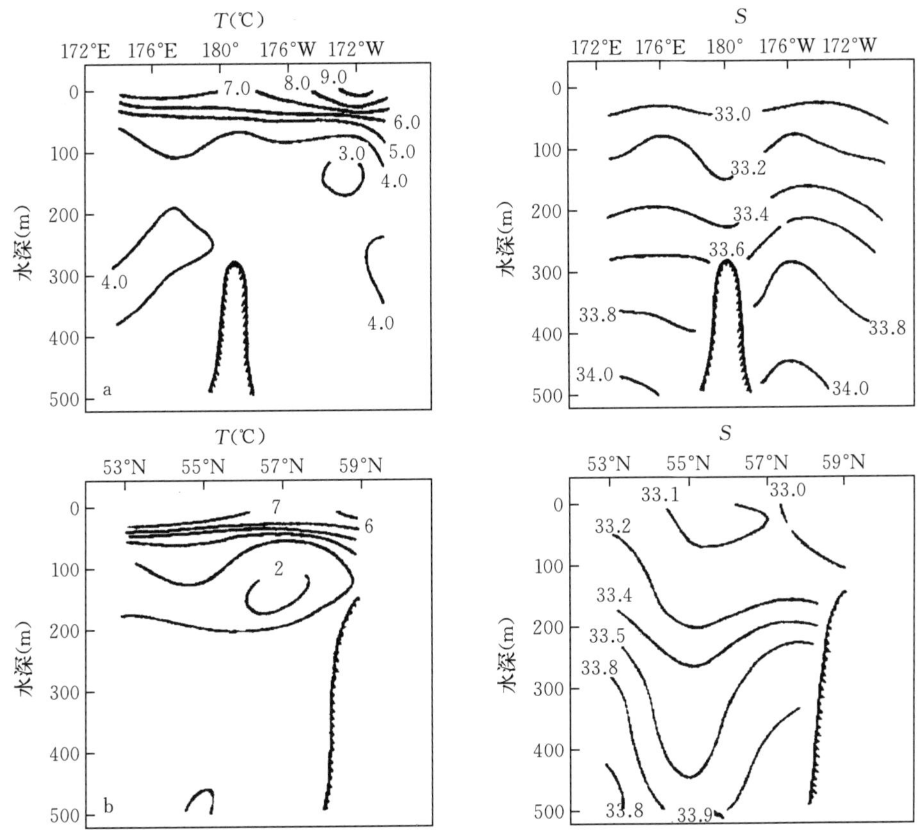

图 2　阿留申海盆区 54°N（a）和 178°W（b）断面水温（T,℃）、盐度（S）垂直分布

Figure 2　Vertical distributions of temperature（T,℃）and salinity（S）ar sections of 54°N（a）and 178°W（b）in the Aleutian Basin（June 28—August 2，1993）

白令公海区由于远离大陆和岛屿，表层由大于 33 的高盐水所覆盖。公海以东、荷兰港以北及阿图岛以北海域，因夏季融雪及降水形成的径流入海，盐度普遍偏低。表层盐度分布范围为 32.5～33.2（图 3)。100 m 层以深，盐度值增高，除阿留申群岛及东部陆架近岸水

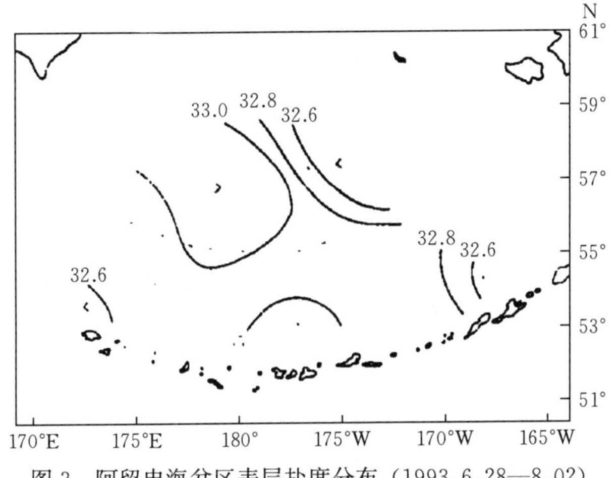

图 3　阿留申海盆区表层盐度分布（1993. 6. 28—8. 02）

Figure 3　Salinity contour at 0 m depth in the Aleutian Basin（June 28—August 2，1993）

域盐度较低（33.2 左右）外，大部分海盆区盐度均在 33.4～34.0 之间。盐度的垂直分布趋势为随深度增加而较均匀地递增，基本无明显的跃层。

表层海水溶解氧（DO）含量较高，全部呈饱和状态（大部分海区饱和度为 105%～110%），水平分布较均匀，白令海东北部陆架及阿留申群岛东部沿岸水域 DO 含量高于海盆区中部，分布范围为 9.8～10.6 mg/L。DO 含量随深度增加而下降（图 4），300～500 m 层 DO 含量约为 6～2 mg/L。由于受风浪影响，上层海水交换强烈，DO 与温、盐度关系不明显。从 100 m 层开始，DO 与温、盐度基本呈负相关。

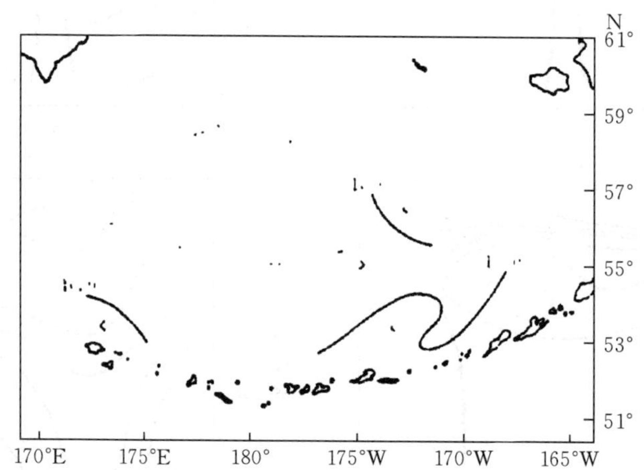

图 4 阿留申海盆区表层溶解氧（DO，mg/L）分布（1993，6.28—8.02）

Figure 4 DO (mg/L) contour at 0 m depth in the Aleutian Basin (June 28—August 2, 1993)

2.1.2 分布和垂直移动

狭鳕幼鱼主要分布于阿留申海盆区北部和东部，距 200 m 等深线平均 100 n mile 左右（图 5），密集中心位于北纬 57°30′、西经 175°，最高声学积分值（*M* 值）达 498，*M* 值超过

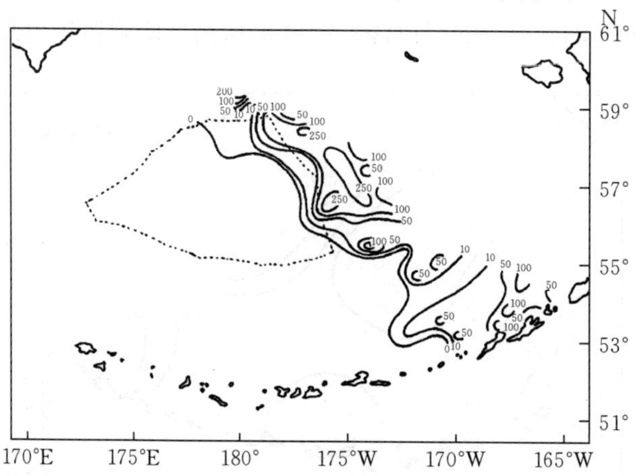

图 5 阿留申海盆区狭鳕幼鱼分布及其相对密度（S_A值，1993.6.28—8.02）

Figure 5 Distribution and relative desity (S_A value) of the juvenile walleye pollock in the Aleutian Basin (June 28—August 2, 1993)

100 的海区达 3 万 km^2。另一幼鱼密集分布区位于西经 168°以东的波哥斯洛夫岛（Bogoslof）附近，*M* 值 100 左右。海盆区东北部狭鳕幼鱼叉长范围为 29～47 mm，平均叉长 40.2 mm，平均体重 0.43 g。波哥斯洛夫岛附近海域幼鱼个体明显偏小，叉长范围为11～17 mm，平均叉长 13.8 mm，平均体重 0.03 g。

7 月分布在海盆区的当年生狭鳕幼鱼垂直移动现象十分明显。日间（当地时间 08—14 时）幼鱼主要在 80～120 m 层，16 时后鱼群逐渐向上移动，晚 20 时鱼群上升至 20～60 m 层，午夜（22—02 时）鱼群密集在海表层至 10 m 层。位于高纬度的白令海区夏季 3—4 时已出现晨光，鱼群迅速下潜至 60～90 m 层并逐渐稳定在 100 m 层上下。不论鱼群分布在哪一水层，幼鱼具有集群分布的习性，鱼群厚度一般为 10～20 m。

狭鳕成鱼在阿留申海盆区分布面较广，分布面积约占整个调查海区的四分之三，但鱼群密度较低，最高密集区位于海盆区东南部阿木科塔岛（Amukta）北侧，*M* 值 200 以上（图 6）。此外，狭鳕相对分布密集区为：北纬 55°以南、180°以东阿留申群岛北侧和公海区中部。若按资源密度计；北纬 55°以南狭鳕资源量占海盆区的 70%；180°以东狭鳕资源量占海盆区的 89%。*M* 值 50 以上的相对密集区在阿木科塔岛北部为 2 000 n $mile^2$；海盆区东端为 2 000 n $mile^2$；鲍威尔斯海岭东侧约 1 000 n $mile^2$；公海区中部一带约 600 n $mile^2$。

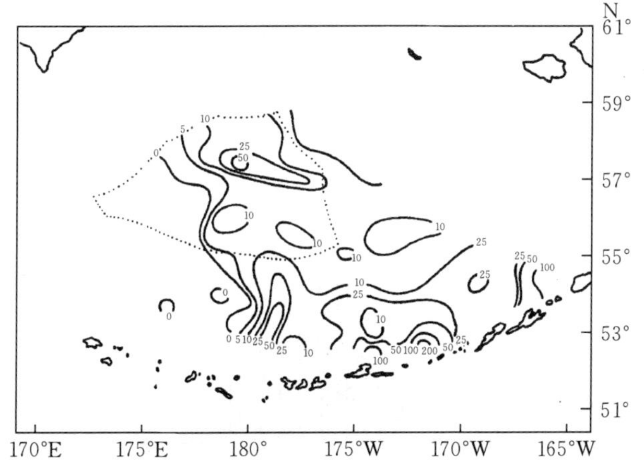

图 6　阿留申海盆区狭鳕资源分布及其相对密度（S_A值，1993.6.28—8.02）

Figure 6　Distribution and relative desity（S_A value）of walleye pollock in the Aleutian Basin（June 28—August 2，1993）

夏季狭鳕成鱼分布水层较广，从近表层 20～30 m 处至水深 400 m 处均可发现鱼群，但是 100～250 m 层鱼群分布数量较多，约占整个分布水层的 76%。狭鳕成鱼的昼夜垂直移动比较规律：晨光始至日出前（约 06 时前后）鱼群主要分布于 100～150 m 层；日出后（约 08 时）鱼群逐渐下潜；午时鱼群潜至 220～280 m，之后又逐渐上移；从 16 时至日落（约 20 时）鱼群主要分布在 160～240 m层；入夜后鱼群上浮，分布水层较浅，主要在 120～180 m层，鱼群亦较分散（图 7）。调查期间，狭鳕强烈摄食，主食桡足类和磷虾，2～4 级胃饱满度约占 50%，平均 1.5 级。另据声学映像分析，狭鳕垂直移动与饵料生物的移动规律颇为一致。故认为这一行动规律与夏季狭鳕摄食习性有关。

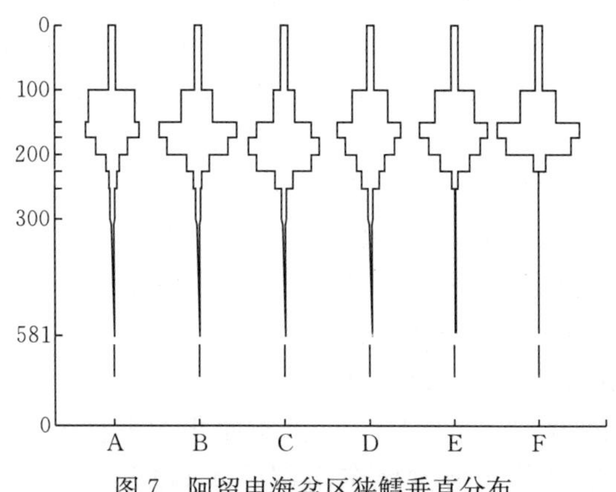

图 7 阿留申海盆区狭鳕垂直分布

时间：A－0400－0600，B－0600－0800，C－0800－1600，D－1600－1800，E－1800－2000，F－2000－0400

Figure 7 Vertical distribution of walleye pollock in the Aleutian Basin

Time：A－0400－0600，B－0600－0800，C－0800－1600，D－1600－1800，E－1800－2000，F－2000－0400

2.1.3 生物学特性

海盆区北部和南部狭鳕的叉长组成相近，叉长分布范围分别为 410～620 mm 和 460～590 mm，平均叉长 527.0 mm 和 528.5 mm；波哥斯洛夫海区狭鳕个体略小，叉长分布范围 410～620 mm，平均叉长 520.5 mm；乌尼马克（Unimark）近岸海区狭鳕个体最小，叉长组成与上述三个海区狭鳕的叉长组成差异显著，平均叉长仅 476.9 mm（图 8）。调查海区狭

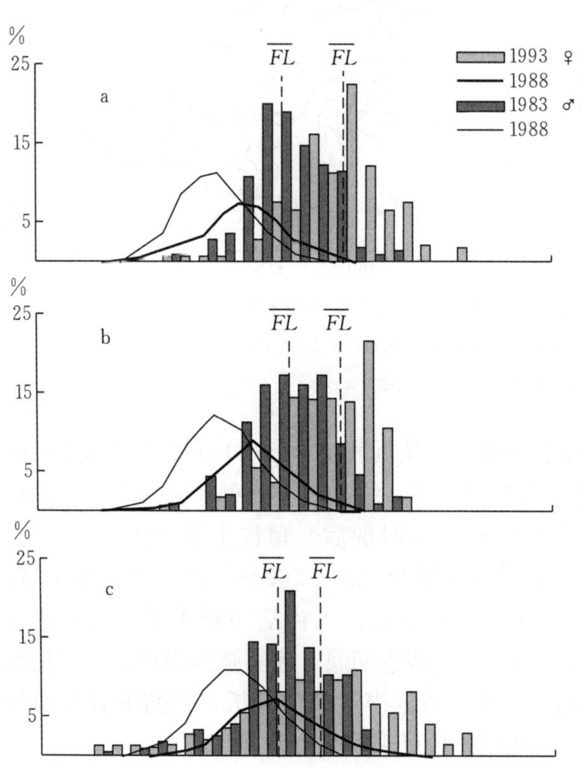

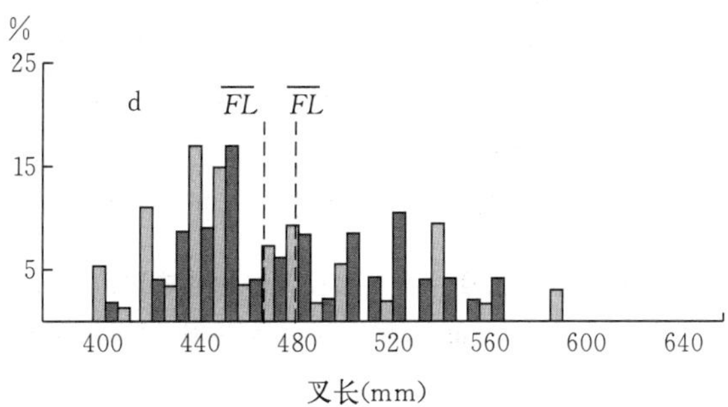

图 8 白令海各海区狭鳕叉长分布（1993.6.28—8.02）

a. 北部海盆区 b. 南部海盆区 c. 波哥斯洛夫海区 d. 乌尼马克海区

Figure 8 Fork length distribution of walleye pollock in different parts of the Bering Sea (June 28—August 2, 1993)

A. Northern part of the Aleutian Basin; B. Southern part of the Aleutian Basin; C. Bogoslof area; D. Unimark area

鳕的叉长（FL，mm）与体重（W，g）之间呈幂函数关系，其关系式为：

$$W=2.567\cdot 10^{-6}\cdot FL^{3.1662}$$

白令海海盆区狭鳕群体的年龄组成为 4～20 龄，优势年龄组为 11～15 龄。其中，11 龄鱼（1982 年世代）和 15 龄、14 龄鱼（1977、1978 年世代）所占比例较高（均各超过 10%）。白令海东部的乌尼马克近岸区狭鳕的年龄组成偏低（2～8 龄），优势年龄组为 3～4 龄（1989、1988 年世代），3～4 龄鱼约占群体组成的 50%（图 9）。

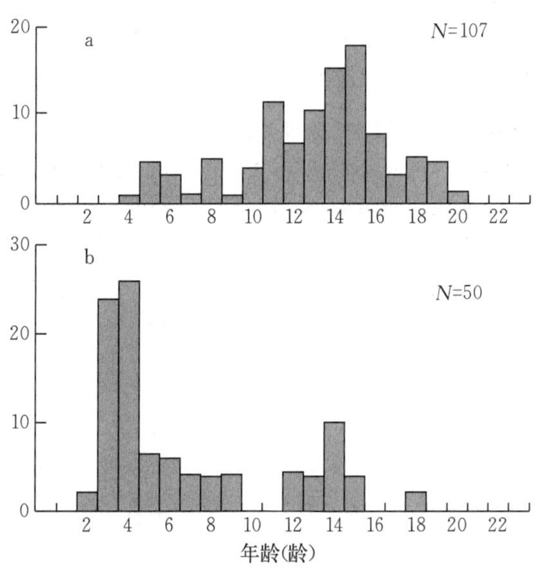

图 9 白令海海盆区（a）和乌尼马克近岸区（b）狭鳕群体组成（1993.6.28—8.02）

Figure 9 Age composition of walleye pollock in the Aleutian Basin (a) and the coastal waters of Unimark (b) June 28—August 2, 1993)

阿留申海盆区雄性狭鳕所占比例大于雌性，雄性狭鳕所占比例为 65%左右，雌性狭鳕约为 35%，但是乌尼马克近陆架区雌性狭鳕所占比例大于雄性，雌、雄性比例为 53∶47。调查期间，海盆区狭鳕的性腺成熟度主要为Ⅱ期，约占 80%以上，个别个体正待产卵（V

期)，平均 GSI（%）为 2.8。近陆架的乌尼马克海区雌性狭鳕的性腺成熟度，83.0%为产卵后不久的Ⅵ～Ⅱ期，Ⅱ期性腺占 13.2%，另有 3.8%的雌性个体尚待产卵（Ⅳ），平均 GSI（%）为 1.2（表 1）。可见，调查海区的狭鳕存在着不同的产卵群。北部海盆区、南部海盆区及波哥斯洛夫岛海区的狭鳕主要产卵期约为 2—4 月，其中波哥斯洛夫岛附近海区狭鳕的产卵期略早。乌尼马克海区狭鳕的产卵期较迟，主要产卵期当在 4—6 月。

表 1 白令海阿留申海盆区狭鳕雌、雄性比及雌性性腺成熟度（1993.6.28—8.02）

Table 1 Sex ratio and female maturity of walleye pollock in the Aleutian Basin of the Bering Sea (June 28—August 2, 1993)

海区	雌雄性比（%）		雌性性腺成熟度（期，%）						性腺成熟度系数（%）
	♀	♂	Ⅱ	Ⅱ～Ⅲ	Ⅲ	Ⅳ	Ⅴ	Ⅵ～Ⅱ	GSI①
北部海盆区	38.6	63.4	96.3	2.8			0.9		2.98
南部海盆区	34.8	65.2	93.0	1.7				5.3	2.53
波哥斯洛夫岛	33.0	67.0	81.8	12.1				6.1	
乌尼马克岛	53.0	47.0	13.2			3.8		83.0	1.22

注：①GSI=性腺重/纯体重×100；GSI=Gonad weight/Net body weight×100。

2.1.4 资源评估

使用 Foote 和 Traynor（1988）目标强度研究结果，白令海公海区狭鳕资源数量评估为 4 703 万尾，生物量为 5.2 万 t。两种评估方法的结果没有实质差异（表 2、表 3）。该调查结果与 1988 年夏季日本远洋渔业研究所使用同样资源量评估方法（和 *TS* 值）评估结果比较（Anon，1990），1993 年夏季阿留申海盆区狭鳕资源量约为 1988 年同期的 1/6。

表 2 白令海公海区狭鳕资源方区法评估结果及计算参数①（1993.6.28—7.10）

Table 2 Abundance estimation of walleye pollock in the international water of the Bering Sea by means of subarea method and relevant parameters (June 28—July 10, 1993)

方区号		1	2	3	4	5	6	合计
		172°E -	174°E -	176°E -	178°E -	180°-	178°W -	
B 59°N	*M*			4.5	10.8	13.7		
	L			52.61	52.61	52.61		
	W			1 095	1 095	1 095		
	A			2 455	3 386	3 108		8 949
	N			1.26	4.19	4.88		10.33
	B			1.385	4.585	5.339		11.309
C 58°N	*M*		0.1	3.2	22.0	9.5	15.2	
	L		52.61	52.61	53.30	52.61	51.42	
	W		1 095	1 095	1 162	1 095	1 064	
	A		2 581	3 869	3 869	3 869	2 300	16 488
	N		0.03	1.42	9.49	4.21	4.19	19.34
	B		0.033	1.552	11.038	4.609	4.460	21.692

（续）

方区号		1 172°E -	2 174°E -	3 176°E -	4 178°E -	5 180°-	6 178°W -	合计
D 57°N	*M*	0	0	0	11.7	5.6	6.2	
	L				53.08	52.61	52.61	
	W				1 130	1 095	1 095	
	A	1 558	3 474	3 974	3 974	3 974	3 312	20 266
	N	0	0	0	5.23	2.55	2.35	10.13
	B	0	0	0	5.905	2.790	2.575	11.270
E 56°N	*M*			2.0	6.6	9.8	6.4	
	L			52.61	52.61	52.61	51.64	
	W			1 095	1 095	1 066	1 025	
	A			1 266	2 466	2 881	2 436	9 049
	N			0.29	1.86	3.23	1.85	7.23
	B			0.318	2.041	3.446	1.898	7.703
合计	*A*	1 558	6 055	11 564	13 695	13 832	8 048	54 752
	N	0	0.03	2.97	20.77	14.87	8.39	47.03
	B	0	0.033	3.255	23.569	16.184	8.993	51.974

注：①*M* 为积分值，*L* 为平均叉长（cm），*W* 为平均体重（g），*A* 为方区面积（n $mile^2$），*N* 为资源数量（10^6 尾），*B* 为资源量（10^3 t）。

表 3 白令海公海狭鳕资源断面法评估结果（1993.6.28—7.10）

Table 3 Abundance estimation or walleye pollock In the international waters of the Bering Sea by means of the transect method（June 28—July 10，1993）

断面号	S_A（m^2/n $mile^2$） 范围	平均	标准差	断面长度（n mile）	断面宽度（n mile）	叉长（cm）	体重（g）	资源数量（10^6）	资源量（10^3 t）
1	1～8	4.3	2.5	90	42	53.3	1 162	1.38	1.603
1a	7～13	10.1	1.9	40	22	53.3	1 162	0.99	1.151
2	0～14	6.7	4.7	120	44	53.3	1 162	3.94	4.583
3	1～66	20.1	18.4	140	44	53.3	1 162	13.81	16.039
4	2～33	10.1	6.9	95	44	53.1	1 130	9.74	11.006
5	2～30	8.8	6.4	205	44	51.4	1 064	9.52	10.128
6	2～24	8.1	4.9	135	44	51.5	1 045	5.75	6.003
7	3～14	6.3	3.6	60	44	51.6	1 025	1.98	2.028
小计				37 880（n $mile^2$）				47.11	52.541

若使用本次调查实测的 *TS* 值结果，公海区狭鳕资源数量为 8 558 万尾，生物量为 9.4 万 t。

2.2　鄂霍次克海公海

2.2.1　理化环境特征

表层水温分布较均匀，分布范围为 11.9～13.0 ℃。0～50 m 之间存在较强温跃层，跃层强度一般为 0.25 ℃/m。50～150 m 为强冷水团占据，冷水团中心约在 100 m 层，水温为 −1.2～0.2 ℃。150 m 以下冷水团范围逐渐缩小，500 m 层水温升至 1.0 ℃以上（图 10、图 11）。

盐度的水平分布趋势为东高西低，但分布比较均匀，表层盐度为 32.75～32.95。盐度的垂直分布为随深度增加均匀递增，无明显跃层（图 12）。

表层 DO 的水平分布趋势与水温、盐度略同，分布范围为 8.9～9.4 mg/L，全部呈过饱和状态。0～50 m 层，DO 含量随深度增加而升高，升幅在 2 mg/L 之内。与此相反，50 m 层以深 DO 含量随深度增加而下降，降幅在 2～4 mg/L，无跃层存在。DO 的垂直分布情况与温跃层有关。

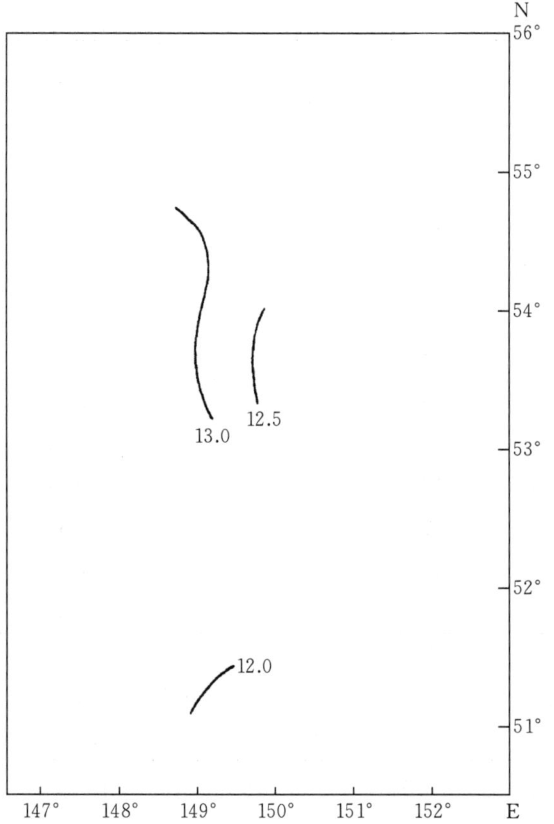

图 10　鄂霍次克公海区表层水温（T,℃）分布（1993.8.07—8.15）

Figure 10　Temperature（T,℃）contour at 0 m depth in the high seas of the Sea of Okhotsk（August 7—15，1993）

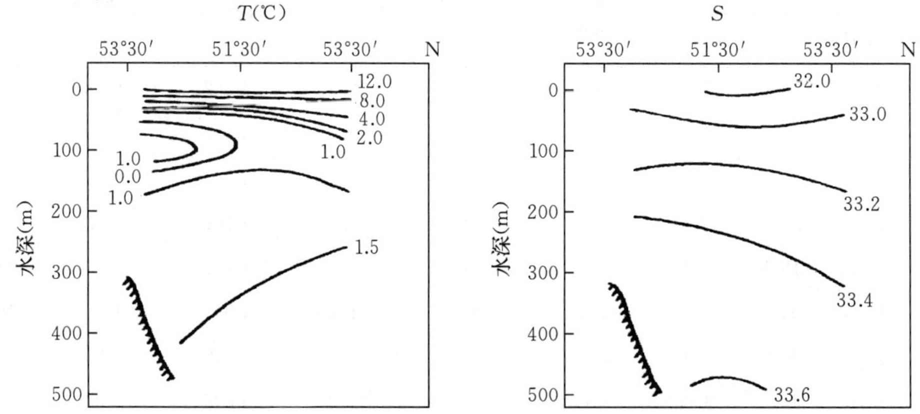

图 11　鄂霍次克公海区 149°30′E 断面水温（T,℃）、盐度（S）垂直分布（1993.8.07—8.15）

Figure 11　Vertical distribution of temperature（T,℃）and salinity（S）at section of 149°30′E in the high seas of the Sea of Okhotsk（August 7—15，1993）

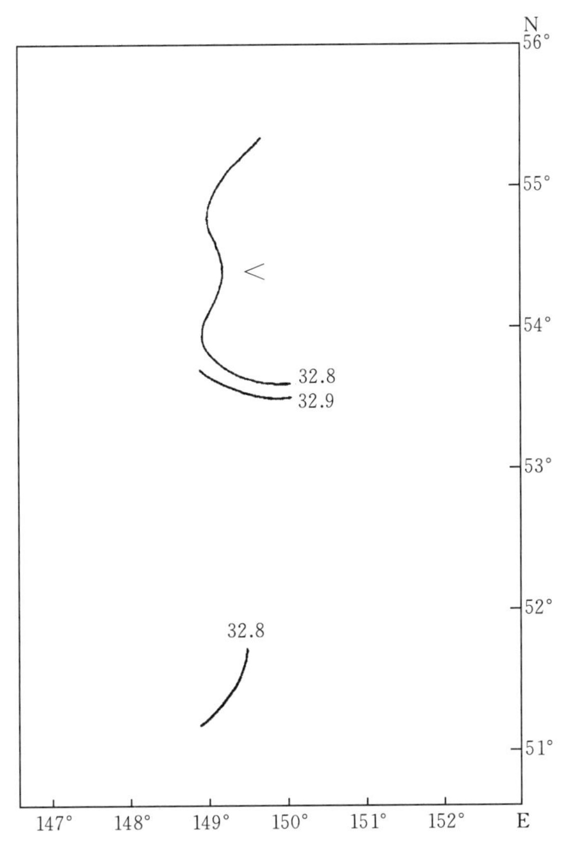

图 12　鄂霍次克公海区表层盐度（S）分布（1993.8.07—8.15）

Figure 12　Salinity（S） contour at 0 m depth in the high seas of the Sea of Okhotsk（August 7—15，1993）

2.2.2　分布和垂直移动

公海区从北至南均有狭鳕成鱼分布（图 13）。其密集群（*M* 值 100 以上）集中于北纬 55°以北、500 m 等深线以浅水域。*M* 值 500～1 000 的高密集群位于公海区最北端（北纬 55°45；东经 149°40 附近）。狭鳕幼鱼分布于北纬 55°以北的公海区西北部，资源密度相对较低，*M* 值一般为 5～10，分布区南部临界线恰与 500 m 等深线吻合，公海区北部可能为鄂霍次克海北部狭鳕产卵场的一部分。

鄂霍次克公海区自表层至 400 m 层均发现有狭鳕分布，但狭鳕的主要分布水层为 150～300 m。夏季该海区狭鳕虽也具有垂直移动的习性，但不如白令海狭鳕明显。通常，日间鱼群相对集中分布在较深水层，如 08—16 时主要分布于 150～300 m 层，100 m 以浅几乎无狭鳕分布。夜间鱼群分散，主要分布于 100～300 m 层。日出后又逐渐向中层集中。鄂霍次克海狭鳕的这种垂直分布特性可能与该海区 100 m 层存在强冷水团有关。

2.2.3　生物学特性

鄂霍次克公海区狭鳕个体较小，叉长分布范围为 270～500 mm，平均叉长 382.5mm。体重范围为 100～800 g，平均体重 358.7 g。雌性狭鳕的长度与体重分布均大于雄性狭鳕

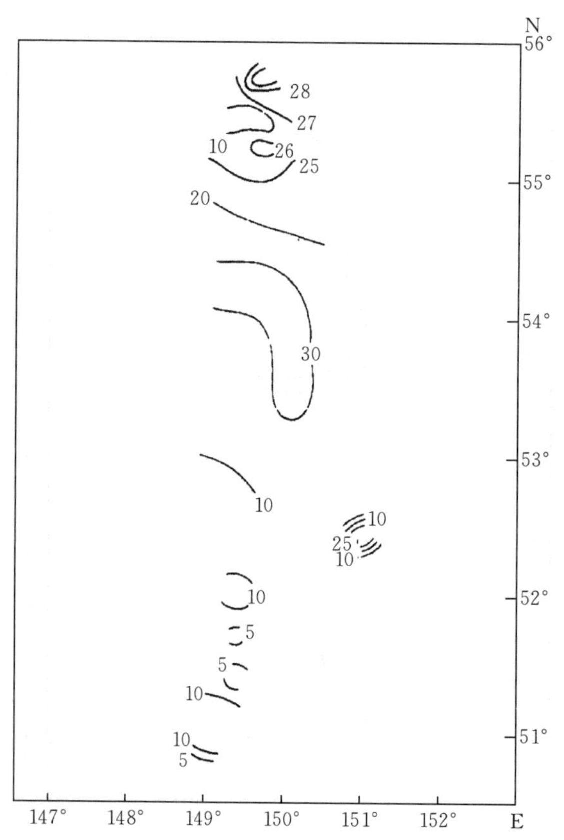

图 13 鄂霍次克公海区狭鳕分布及其相对密度（S_A值，1993.8.06—8.16）

Figure 13 Distribution and relative density（S_A value）*of walleye pollock in the high seas of the Sea of Okhotsk*（*August* 6—16，1993）

（图 14）。

公海区狭鳕的平均年龄组成为 3～14 龄，主要年龄组为 4～7 龄，占 84%。其中，1988、1987 年生 5、6 龄鱼约占资源数量的 60%，10 龄以上的高龄鱼仅占 5%，表明群体结构状况良好。

公海区雄性狭鳕的比例略大于雌性，雌、雄比例为 48∶52。雌性狭鳕的性成熟度主要为Ⅱ期（约占 98.9%），个别个体性腺发育至Ⅲ期。性腺成熟系数（GSI）平均为 16.8。4

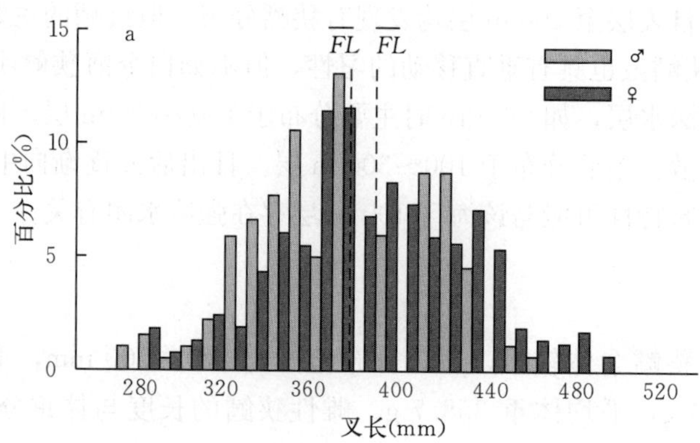

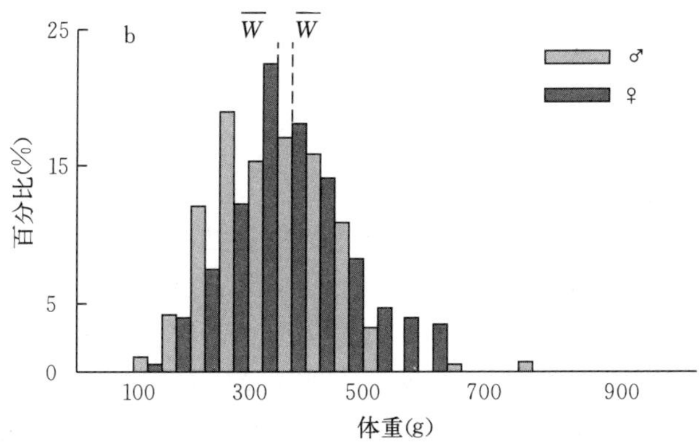

图 14　鄂霍次克公海北部狭鳕叉长（a）、体重（b）分布（1993. 8. 06—16）

Figure 14　Fork length (a) and body weight (b) distribution of walleye pollock in the northern part of the high seas of the Sea of Okhotsk (August 6—16, 1993)

龄鱼以上的狭鳕为 5—6 月产卵后的恢复期，3 龄以下的低龄鱼为未产卵的发育期。

调查海区狭鳕的摄食强度不高，空胃率占 16%，摄食等级为 1 级和 2 级者分别占 46% 和 21%。表明调查期间狭鳕尚未进入较强摄食期。

2. 2. 4　资源评估

表 4 为部分海区资源评估结果，表明鄂霍次克公海狭鳕资源密度较高，每平方海里的现存资源量为 5. 4 t，约为白令公海狭鳕资源密度的 6 倍以上。

表 4　鄂霍次克海公海北部狭鳕资源量评估及使用参数①（1993. 8. 06—16）

Table 4　Abundance estimation of walleye pollock in the northern part of the high seas of the Sea of Okhotsk and relevant parameters (August 6—16, 1993)

方区号	1 55°43′～55°30′N	2 55°30′～55°00′N	3 55°00′～54°30′N
N	65. 3	97. 8	49. 7
L	38. 25	38. 25	38. 25
W	358. 7	358. 7	358. 7
A	220	843	1 212
N	3. 11	17. 87	13. 05
B	1. 117	6. 409	4. 682

注：①*M* 为积分值，*L* 为平均叉长（cm），*W* 为平均体重（g），*A* 为方区面积（n mile^2），*N* 为资源量（10^6 尾），*B* 为资源量（10^3 t）。

3　小结与讨论

夏季白令海阿留申海盆区的狭鳕主要分布于海盆区的东南部及公海区，鄂霍次克海公海的狭鳕主要分布于公海北部、500 m 等深线以浅的海区。无论是阿留申海盆区还是鄂霍次克海公海狭鳕分布均位于低温、高盐度的中层水域。一般成鱼分布于冷水团之下 150～250 m

层，水温在阿留申海盆区为 3 ℃左右，在鄂霍次克海为 1 ℃左右；而幼鱼则分布于冷水团之上 100 m 层，水温分别为 3～5 ℃和 0 ℃左右。成鱼和幼鱼在夏季均有昼夜垂直移动现象，这一行动规律与索饵有关。

夏季狭鳕正值索饵期，摄食强度较高，阿留申海盆区群体的主要长度组为 50～57 cm，平均 52.6 cm，鄂霍次克海公海群体为 34～44 cm，平均 38.3 cm，均属产卵后的索饵群体。

生物学特性资料表明，阿留申海盆区存在不同的狭鳕产卵群体，如公海区和波哥斯洛夫岛附近的群体以 11～15 龄为主，产卵期早，约 2—4 月，近陆架区的乌尼马克岛附近的产卵群体以 3～9 龄为主，产卵较晚，约为 4—6 月。另外，本次调查继日本、美国、俄罗斯等国家多年调查之后（NRIFSF，1994；Haryu，1980；Mulligan 等，1989；Bulatov，1989），使用声学/拖网资源评估方法首次在阿留申海盆区东北部及南部发现大量当年生狭鳕，这一事实进一步证实了白令海公海东部及邻近海区是白令海狭鳕产卵场之一。

声学资源评估的结果表明，阿留申海盆区狭鳕资源处于较低水平，如公海区的现存资源量仅为 5.2 万 t（或 9.4 万 t），为 1988 年同期的 1/6。这一结果与美国和日本 1992/3 年冬季的调查结果一致（Anon；1994）。根据本次调查的群体组成以及有关资料分析，目前海盆区资源水平低下有如下两方面的原因：①补充量不足。资料表明，80 年代中后期及 90 年代初期捕获的狭鳕主要是 1978 及 1982、1984 年出生的三个强世代的个体，1985、1988 世代均属于弱世代，尚未完全进入捕捞群体；②捕捞量过大。如 80 年代后期在公海过多地捕捞了剩余群体。90 年代以来东白令海陆架美国专属经济区内，在补充量不足的情况下，加强了资源开发利用，虽然产量增加了 10 万～20 万 t，但是渔获物中高龄鱼明显增加，资源剩余量明显减少（Wespestad，1993）。假如这些问题能够得到有效控制，预计随着 1989 年以来出现的较强世代进入捕捞群体，1995 年后白令海公海狭鳕资源将逐渐恢复。

群体组成和声学评估资料均表明，鄂霍次克海公海狭鳕状况良好，资源密度处于较高水平，约为白令海公海的 6 倍。

本次调查研究得到农业部水产司、中国水产总公司、大连、烟台、青岛、上海、舟山等远洋渔业公司及驻美渔业代表处、中国水产科学研究院的支持和指导，“北斗”号调查船船长吕明和、轮机长刘世进以及全体船员大力协助，谨此一并致谢。

参考文献

Anon，1990. Report of acoustic survey of Aleutian pollock conducted in 1988 summer，Paper presented at the International Symposium on Bering Sea Fisheries，April 2—5，1990. Khaharvsk，U. S. S. R.

——，1994. Bering Sea pollock cooperative survey working group report of a meeting held during January 24 - 28，1994 in Tokyo，Japan.

Bulatov O，1989. Some data on mortality of walleye pollock in the early stages of oncogenesis，Proc. Int. Symp. Biol. Mgmt. Walleye Pollock. Nov. 1988，Anchorage，Alaska，USA，185 - 198.

Foote K G，et al，1983，Standard calibration of echosounders and integrators with optimal copper spheres. FiskDir. Skr，HavUnders.，17：335 - 346.

Foote K G，Traynor J J，1988. Comparison of walleye pollock target strength estimates determined from in situ measurements and calculation based on swimbladder form. J. Acoust. Soc. Am，83：9 - 17.

Haryu T，1980. Larval distribution of walleye pollock in the Bering Sea，with special reference to morphological changes, Bull. Fac. Fish. Hokkaido. Univ., 31: 121-136.

Mulligan T, Bailey K, Hinckly S, 1989. The occurrence of larval and juvenile walleye pollock in the Eastern Bering Sea with implications for stock structure, Proc. Int. Symp. Biol. Mgmt. Walleye Pollock, Nov. 1988, Anchorage, Alaska, USA, 471-490.

National Research Institute of Far Seas Fisheries (NRIFSF) (Japan), 1994. Preliminary results of larval pollock survey conducted by *Kaiyo maru* in 1993. Document for Bering Sea pollock survey working group. January 1994, Tokyo, Japan.

Wespestad V G, 1993. Walleye Pollock. Stock assessment and fishery evaluation report for the groundfish resources of the Bering Sea/Aleutian Island region as projected for 1993, 1-26, North Pacific Fishery Management Council, Anchorage, USA.

STOCK ASSESSMENT OF WALLEYE POLLOCK IN THE NORTH PACIFIC OCEAN BY ACOUSTIC SURVEY

TANG Qisheng, WANG Weixiang, CHEN Yuzhen, LI Fuguo.
JIN Xianshi, ZHAO Xianyong, CHEN Jufa and DAI Fangqun
(*Yellow Sea Fisheries Research Institute, Qingdao 266071*)

Abstract: An acoustic/midwater trawl survey of the resource of walleye pollock *Theragra chalcogramma* (Pallas) in the Aleutian Basin and the high seas of the Seas of Okhotsk was carried out by the *R/V* "Bei Dou" during the period of June 10—August 24, 1993 with a coverage of 760×10^3 km^2, The survey results indicate that: ①during summer, the water from surface to 25 m depth vertically mixed well in the Aleutian Basin with the temperature of 5.4～9.6 ℃, salinity of 32.4～33.2, dissolved oxygen of 9.7～10.6 mg/L, while the water layer 50～200 m was occupied by the cold water mass with the temperature of 1.3～4.9 ℃, Adult walleye pollock were mainly distributed in the southern part of the Basin and the Bering High Seas at 175～225 m depth water layer. A large concentration of age—0 pollock was first discovered in the waters between the northeastern part of the Bering High Seas and the shelf of the eastern Bering Sea, and inhabited mainly the water layer 80～100 m . The adult and age—0 pollock both showed distinct diurnal vertical migration pattern. The mean fork length of pollock from the Basin was 52.6 cm, and mean body weight 1 095 g. There were different spawning stocks in the Aleutian Basin, The pollock from the water around Bogoslof Island were aged at 4～20 years with a dominant age group of 11～15 years. The 1978 and 1977 year classes were relatively strong. However, the pollock from the southeastern part of the Basin were young, and dominated by the age group of 3～4 years. The biomass of pollock in the Bering High Seas was estimated about 52×10^3 t. It is predicted that the stock will be gradually recovered after 1995. ②the water temperature at surface in the high seas of the Sea of Okhotsk ranged from 11.9～13.0 ℃, salinity from 32.7～32.9, dissolved oxygen from 8.9～9.5 mg/L, while the water layer 50～150 m was controlled by the relatively strong cold water mass, at the temperature of －1.2～0.2 ℃. Pollock inhabited mainly the water below the cold water mass at 150～300 m depth, and the densest concentration was observed in the area north 55°N. The mean fork length in this area was 38.3 cm. mean body weight 358.7 g, and the dominant age group was 5～6 years, The stock was in a good condition.

Key words: North Pacific Ocean; Walleye pollock; Distribution; Abundance; Acoustic estimation; Environment

白令海阿留申海盆区狭鳕当年生幼鱼数量分布的调查研究[①]

唐启升，金显仕，李富国，陈聚法，王为祥，陈毓桢，赵宪勇，戴芳群
（中国水产科学研究院黄海水产研究所，青岛 266003）

提要：1993 年夏季白令海狭鳕资源调查期间，作者等应用声学/拖网评估调查方法，首次发现阿留中海盆区有大量当年生狭鳕幼鱼分布。研究结果表明：①当年生幼鱼主要分布在海盆区东北部，密集区位于东白令海陆架斜坡与公海区之间，呈西北东南走向；②鱼群主要栖息于中上层 80～120 m 处，有明显的昼夜垂直移动现象；③7 月海盆区东北部幼鱼鱼体长度为 29～47 mm，而南部波哥斯洛夫岛附近的鱼体长度仅为 11～17 mm，系两个不同产卵期鱼群的子代；④幼鱼主要栖息层的水温为 3～5 ℃，盐度为 32.9～33.1，其分布与陆架斜坡地理环境和饵料生物关系较密切。

关键词：阿留申海盆；狭鳕；当年生幼鱼；数量分布；垂直移动

狭鳕（*Theragra chalcogramma*）广泛分布于北太平洋，是世界海洋资源最为丰富的经济生物种类之一。1990 年世界狭鳕渔业总产量为 579 万 t，其中白令海产量为 305 万 t。我国于 1985 年开始开发利用这一资源，是远洋大型拖网渔船的主要捕捞对象。自 1988 年以来，随着东白令海美国专属经济区狭鳕渔业美国化，白令海公海狭鳕渔场国际化，渔业开发利用明显加强，捕捞与管理、沿岸国与捕鱼国的矛盾激化。因此，狭鳕渔业生物学问题成为引人注目的区域性国际研究议题。

1993 年夏季，根据农业部下达的科研任务，在“北斗”号渔业调查船对白令海阿留申海盆区狭鳕资源进行评估调查过程中，我们使用声学/拖网调查方法，首次发现阿留申海盆区有大量当年生狭鳕幼鱼分布。这一发现不仅对当年生狭鳕幼鱼的数量分布有了新的认识，同时也为白令海狭鳕群体结构、资源分布和资源评估与管理带来新的思考。现将主要调查研究结果报告如下，它包括地理分布、栖息水层、垂直移动、生长状况、资源密度以及与环境和其他幼鱼的关系等。

一、材料和方法

（一）调查设计

采用走航式声学积分、中层拖网取样和定点环境观测方式对阿留申海盆区狭鳕分布和环境进行调查。“北斗”号的调查航线和站位设置见图 1，其中在波哥斯洛夫（Bogoslof）岛附近的航线间距为 22 n mile，其他海区为 44 n mile，环境调查站间距为 1°N×2°E（或 W）。

① 本文原刊于《中国水产科学》，1（1）：37－47，1994。

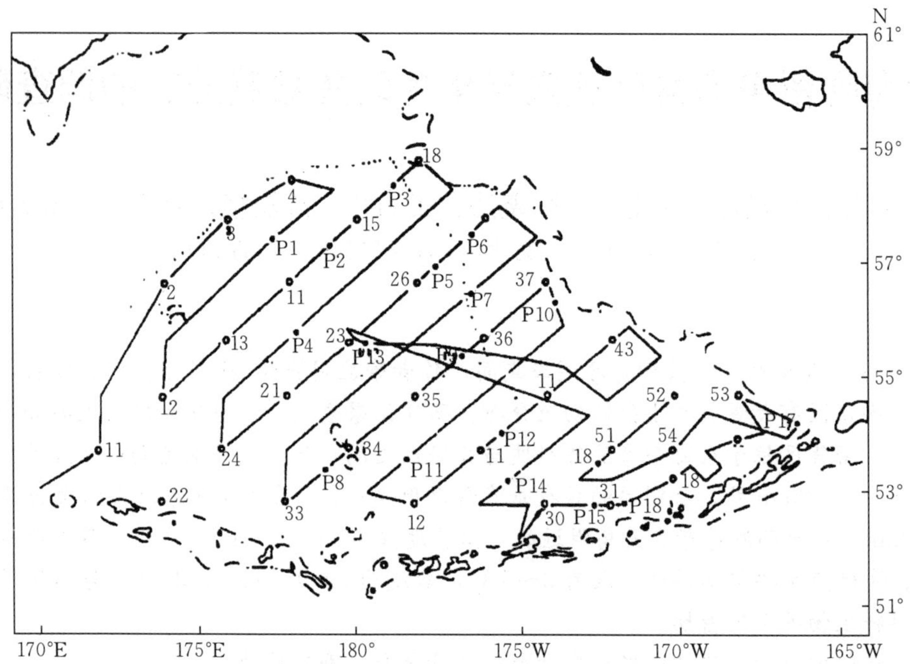

图 1 白令海阿留申海盆区狭鳕资源声学评估/中层拖网和环境调查航线及站位图

图中实线为 1993 年 6 月 28 日至 7 月 24 日的调查航线，虚线为白令海公海区；○ 为环境调查站，● 为中层拖网站

Figure 1 Track line and positions of midwater trawl (●) and hydrography (○) operations in the acoustic/midwater trawl survey for Walleye pollock in the Aleutian Basin, June 28 - July 24, 1993

声学积分调查使用的主探鱼仪为 SIMRAD EK400/38 kHz 探鱼仪，它与 SIMRADQD 回声积分仪相连接，每 5 n mile 计算机输出一次鱼群映像积分值（或称 M 值），以此作为被探测到鱼群的相对资源量指标。声学仪器校正采用在 38 kHz 的频率下，用直径 60 mm 铜球为标准反射体的校正方法[1,2]，在调查前后进行两次校正，结果无显著差异。“北斗”号声学仪器的主要技术指标详见表 1。

表 1 “北斗”号声学仪器的技术数据和设定参数

Table 1 Technical data settings of acoustic equipment during the *R/V* “Bei Dou” survey from 28 June to 2 August, 1993

探鱼仪型号 Echo sounders	SIMRAD EK 400	SIMRAD EK 400
工作频率 Frequency	38 kHz	120 kHz
记录器增益 Recorder gain	9	5
时变增益控制 TVG and gain	$20\log_{10}R-20$	$20\log_{10}R$
脉冲宽度 Pulse duration	1. 0 ms	1. 0 ms
带宽 Bandwidth	3. 3 kHz	3. 3 kHz
换能器指向角 Transducer	7. 9°×8. 4°	10°×10°

（续）

探鱼仪型号 Echo sounders	SIMRAD EK 400	SIMRAD EK 400
等效波束孔径角 Equivalent beam angle（10 log）	−20.1 dB	−17.6 dB
发射功率（假负载 60 Ω）Transmitting power（dummy 60 ohm）	3 500 W	500 W
声源级＋电压响应 Source level＋voltage response	139.8 dB	113.2 dB
声学校正仪器常数 Calculated instrument constant C_t（for survey settings，ref. 20 dB）	1.77 $m^2/(nm^2 \cdot mm)$	1.2 $m^2/(nm^2 \cdot mm)$
主量程 Basic range	0～300 m	0～300 m
接收机增益校准		
Receives gain calibration：D	−49.1 dB	−49.1 dB
Receives gain calibration：U	−35.4 dB	−34.9 dB
Receives gain calibration：RG	84.5 dB	84.0 dB
积分仪型号 Integrator	SIMRAD QD/38 kHz	
积分仪阈值 Intergrator threshold	13.8 mV	
积分仪增益 Integrator gain	−22.49 dB	
积分取样水层 Depth intervals	5～100/100～150/150～175/175～200/200～225/225～250/250～300/300～581 m	

（二）生物学取样和环境因子观测

"北斗"号调查船因不具备特制的中层取样网具采集栖息于较深水层的狭鳕幼鱼，因此本次调查直接采用中层拖网，以单船变水层尾拖式作业采集幼鱼样品。"北斗"号使用的中层拖网为四片式 162 目×400 cm，囊网网目为 4 cm，网口高度为 38～40 m，网板扩张间距为 121～123 m。实践证明，所采用的取样方法效果较好，拖网 30 min，上网后囊网留存的幼鱼达 4 kg（约 8 000 尾），幼鱼种类达 5 种之多，达到了鉴定鱼种的目的。另外，也使用直径 80 cm 的水平网取得少量幼鱼样品。

理化环境主要观测因子为水温、盐度和溶解氧。除 5 m 层水温用 EA2POO 型水温计进行走航式连续观测外，其他要素的观测均按调查站定点进行，观测层次分别为表层、25 m、50 m、100 m、150 m、200 m、250 m、300 m 和 500 m。

二、结果

（一）地理分布

如图 1 所示，声学走航调查包括整个东白令海阿留申海盆区，资源评估覆盖面积达 71 万 km^2。结果表明，狭鳕当年生幼鱼分布于阿留申海盆区的北部和东部（图 2），分布区由陆架边缘向海盆区延伸，临界线与陆架边缘等深线大致平行，距 200 m 等深线约 100 n mile 左右。其主要分布区位于海盆区的东北部，偏向陆架斜坡一侧，密集中心位于北纬 57°30′、西经 175°，最高声学积分值（*M* 值）达 498，*M* 值超过 100 的海区达 3 万 km^2，表明有大量当年生狭鳕幼鱼分布在阿留申海盆区。另外，在海盆区的东南角有另一个狭鳕幼鱼分布区，中心区位于波哥斯洛夫岛附近，但是其资源密度明显较低，M 值多在 100 以下。如图 2 所示，在阿留申海盆区西部广大海区未发现狭鳕幼鱼分布，该区域为狭鳕成鱼（4～20 龄）的分布区，如公海区的中北部和海盆区的东南部为成鱼的主要分布区。因此，狭鳕幼鱼与成鱼分布区虽有交叉，但密集区互不重叠。调查中在海盆区未发现 1～3 龄未性成熟的狭鳕。

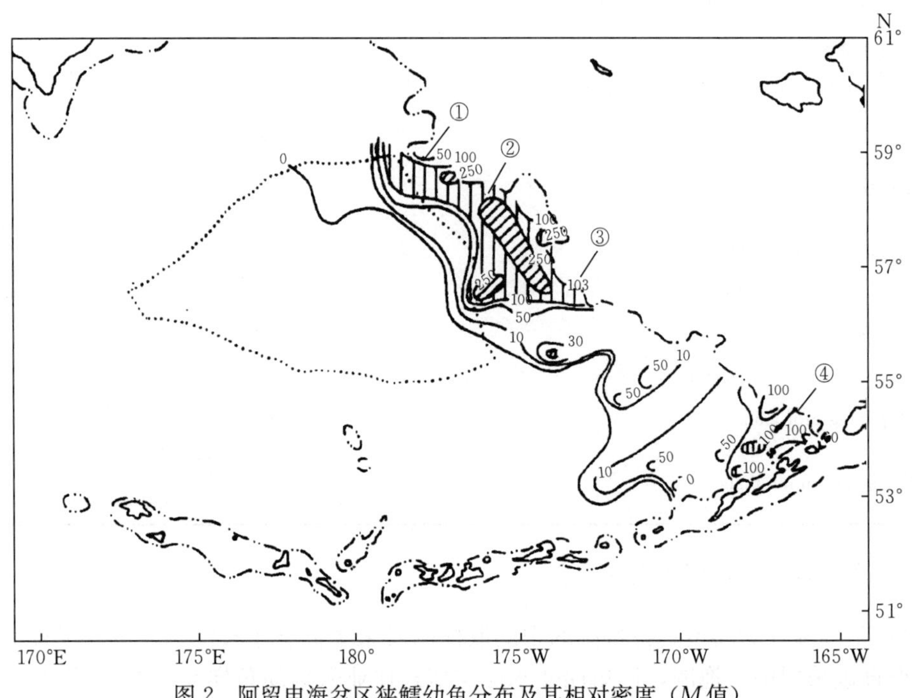

图 2 阿留申海盆区狭鳕幼鱼分布及其相对密度（M 值）

图内标号 1～4 为取样点 平均叉长：①36 mm；②40 mm；③43 mm；④14 mm

Figure 2 Distribution and relative density (M value) of juvenile walleye pollock in the Aleutian Basin: ①～④ are sampling stations Mean fork length: ①36 mm ②40 mm ③43 mm ④14 mm

（二）垂直移动

夏季阿留申海盆区狭鳕当年生幼鱼主要栖息在水深 100 m 上下的水层，昼夜垂直移动现象十分明显。如图 3 所示，日间（当地时间 08—14 时）幼鱼主要栖息在 80～120 m层，上下移动幅度不大，映像呈连续的山峰状，下午 16 时后鱼群逐渐向上移动，大约在 20 时鱼群上升至 20～60 m 层，午夜（22—02 时）鱼群密集在表层至 10 m 层，风浪小时，水平网可拖到幼鱼。位于高纬度的白令海区 3—4 时已出现晨光，此时鱼群迅速下移至 60～90 m 层，并逐渐稳定在 100 m 层上下。从图 4 可以看出，不论鱼群分布在哪一个水层，夏季当年生狭鳕幼鱼具有集群的习性，鱼群密度较高，厚度一般为 10～20 m。

因白令海夏季多雾，夜间少有晴天，月光难得一见，狭鳕幼鱼的垂直移动现象难以与趋光性相联系。根据声学映像资料分析，狭鳕幼鱼昼夜垂直移动现象与浮游生物移动规律颇为一致，故这一习性可能与索食有关。

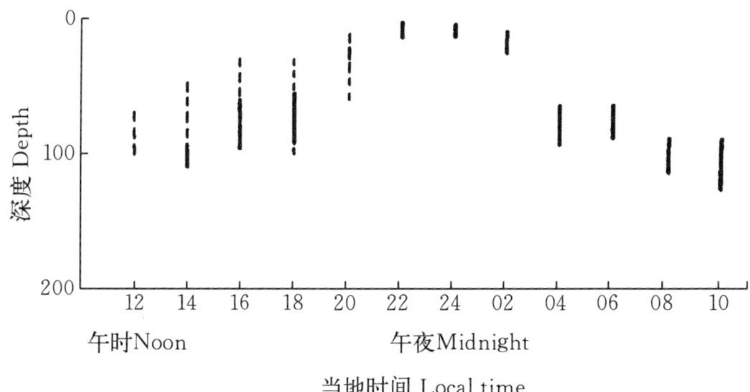

图 3 阿留申海盆区北部狭鳕幼鱼分布水层和昼夜垂直移动

Figure 3 Day and night variation of distribution of juvenile walleye pollock in the northern Aleutian Basin

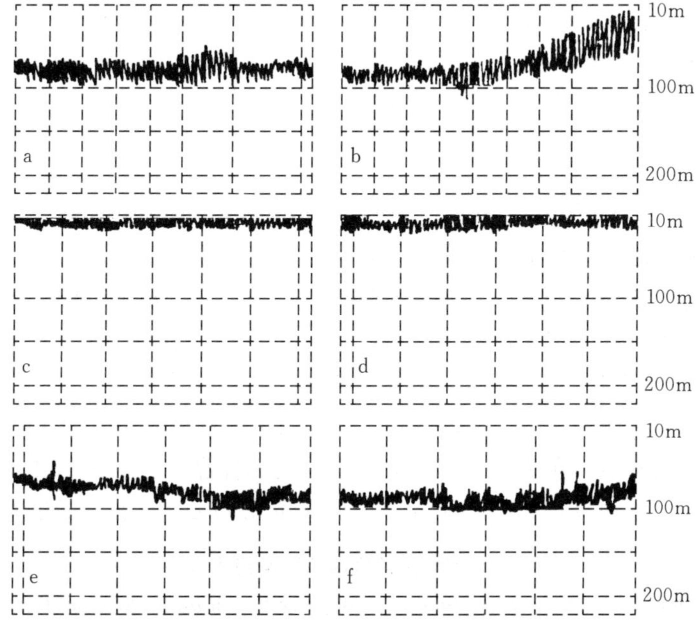

图 4 阿留申海盆区北部狭鳕幼鱼垂直移动映像

Figure 4 Echogram of vertical migration of juvenile walleye pollock in the northern Aleutian Basin

当地时间 Local time：a. 15:10—15:35 b. 16:50—17:20 c. 21:05—21:25 d. 01:40—02:05 e. 06:15—06:40 f. 10:50—11:15

（三）生物学状况

分布于阿留申海盆区东北部的狭鳕当年生幼鱼叉长分布范围为 29～47 mm，优势长度组为 36～44 mm，平均叉长 40.2 mm，平均体重为 0.43 g（图 5a）。该区域 3 个不同地理位置取样点的幼鱼个体大小略有差异，自西北向东南分别为平均叉长 36 mm，平均体重 0.28 g（①：7 月 4 日）；平均叉长 40 mm，平均体重 0.38 g（②a：7 月 7 日）；平均叉长 41 mm，平均体重 0.49 g（②b：7 月 8 日）；平均叉长 43 mm，平均体重 0.54 g（③：7 月 11 日）。而 7

月 23 日在南部波哥斯洛夫岛附近捕到的幼鱼，个体明显偏小，叉长范围为 11～17 mm，优势长度为 13～15 mm，平均为 13.8 mm，平均体重 0.03 g（图 5b）。根据狭鳕幼鱼鱼体长度与日龄关系式推测[3]，北部幼鱼系 3 月下旬产卵的个体，南部幼鱼系 5 月下旬产卵的个体。显然，南北两个狭鳕幼鱼群是两个不同产卵期群体的子代。

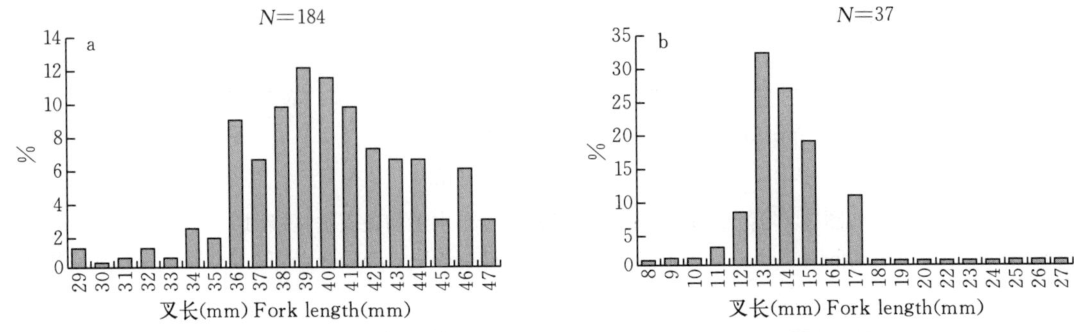

图 5　阿留申海盆区东北部（a）和波哥斯洛夫海域（b）狭鳕幼鱼叉长分布

Figure 5　Length distribution of juvenile walleye pollock in the northeastern Aleutian Basin（a）and the northeastern Bogoslof waters（b）

（四）与其他幼鱼的关系

在狭鳕幼鱼中层拖网和水平网取样中，同时还捕获到鱼体长度约 2～6 cm 的其他幼鱼，如马舌鲽、深海鳚科鱼类、银鳕以及头足类幼体等（表 2）。其中马舌鲽数量较多，分布范围也较大，特别是在海盆区东北角第 1 取样点附近（图 2），其种类组成尾数百分比为 11.3，表明该处是马舌鲽当年生幼鱼密集区之一，其鱼体体长范围为 26～42 mm，平均体长 33 mm，平均体重 0.28 g。另外，深海鳚科当年生幼鱼数量也较多，但是，它是一个种还是二个种，目前尚无法辨清。在东北角第 1 取样点采集的样品中，其尾数组成为 6.1%，鱼体体长范围为 40～51 mm，平均体长 45 mm，平均体重 0.77 g。在波哥斯洛夫岛附近（第 4 取

表 2　阿留申海盆区幼鱼种类组成（%）

Table 2　Species composition（%）of juvenile fish in the Aleutian Basin

种类	取样点①									
	1		2a		2b		3		4	
	尾数%	重量%	尾数%	重量%	尾数%	重量%	尾数%	重量%	尾数%	重量%
狭鳕 *Theragra chalcogramma*	78.8	69.4	97.6	98.3	98.7	99.0	100	100	27.2	61.6
马舌鲽 *Reinhardtius nippolossoides*	11.3	9.9	2.4	1.7	1.3	1.0	—	—	—	—
深海鳚 *Bathymaster* sp.	6.1	14.8	—	—	—	—	—	—	—	—
	—	—	—	—	—	—	—	—	72.1	28.6
银鳕 *Anoplopoma fimbria*	—	—	—	—	—	—	—	—	0.7	9.8
头足类 Cophalopoda	3.8	5.9	—	—	—	—	—	—	—	—

注：①位置同图 3。取样点 1～3 位于阿留申海盆区东北部，为中层拖网取样；4 位于波哥斯洛夫岛附近，为水平网取样。

样点）。其尾数组成达 72.1%，鱼体明显偏小，体长范围为 6～13 mm，平均体长 11 mm，平均体重为 0.017 g。以上几种幼鱼的分布范围和密度显然比当年生狭鳕幼鱼小得多。

（五）与环境的关系

狭鳕当年生幼鱼分布区表层水温为 7～9 ℃，盐度为 32.5～33.0，溶解氧含量为 10 mg/L 左右；50 m 层水温为 3～6 ℃，盐度为 32.6～33.0，溶解氧含量为 8～10 mg/L；100 m 层水温在 2～5 ℃，盐度为 32.9～33.2，溶解氧含量为 7～10 mg/L；鱼群密集区 100 m 层水温为 3～5 ℃，盐度为 32.9～33.1，溶解氧含量为 8～9 mg/L。温盐断面资料表明（图 6），当年生狭鳕幼鱼主要栖息在温跃层（位于 25～50 m 层左右）之下、100～200 m 冷水团上部水层。但是，温跃层并不妨碍幼鱼的垂直移动活动，如夜间鱼群可迅速通过跃层，到达水温 7～9 ℃的表层活动；从水温水平分布来看（图 7），阿留申海盆区水温分布趋势为东高西低。

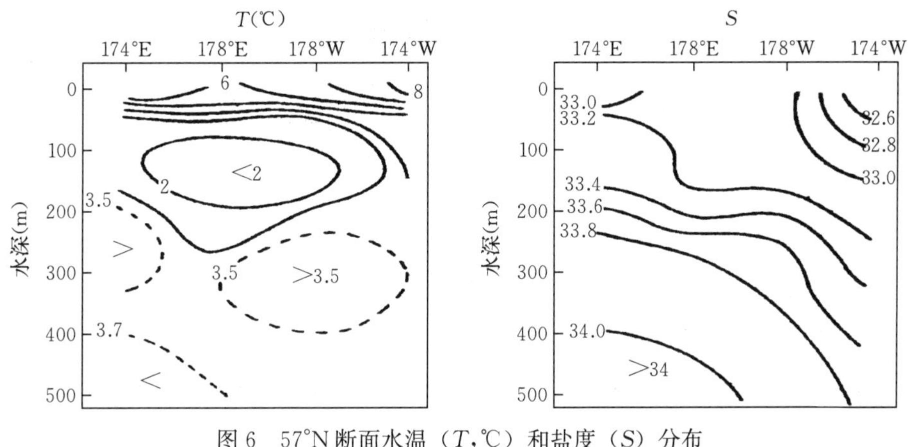

图 6 57°N 断面水温（T,℃）和盐度（S）分布

Figure 6 Vertical distributions of temperature（T,℃）and salinity（S）at section of 57°N

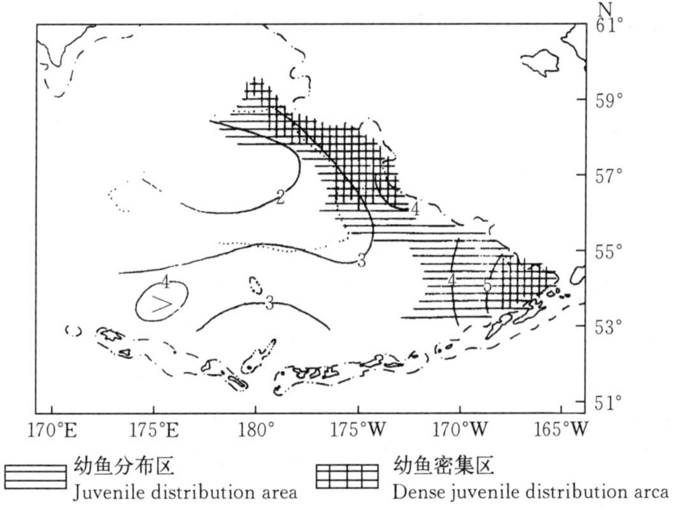

图 7 狭鳕幼鱼分布区与其 100 m 层水温之间的关系

Figure 7 Relationship between the distribution area of juvenile walleye pollock and temperature at 100 m depth

虽然幼鱼分布区位于温度偏高的区域，但是，同样是 3 ℃等温线区，在东部是幼鱼的密集区，而在西部则为无鱼区。可见，温度并不是幼鱼分布的直接限制因子。对比盐度水平分布资料，可以比较直接的发现狭鳕当年生幼鱼分布区位于阿留申海盆区等盐线最为密集的区域（图 8），此处系海盆高盐水与东白令海大陆架低盐水的混合区，区内海水辐合度较大，营养盐类丰富，同时，该区域又背依东白令海大陆斜坡，较为特殊的地理条件形成一支西北向海流，流域内为浮游生物高密集区[4]。因此，良好的地理环境和丰富的饵料生物使得该区域成为当年生狭鳕幼鱼重要的栖息场所。

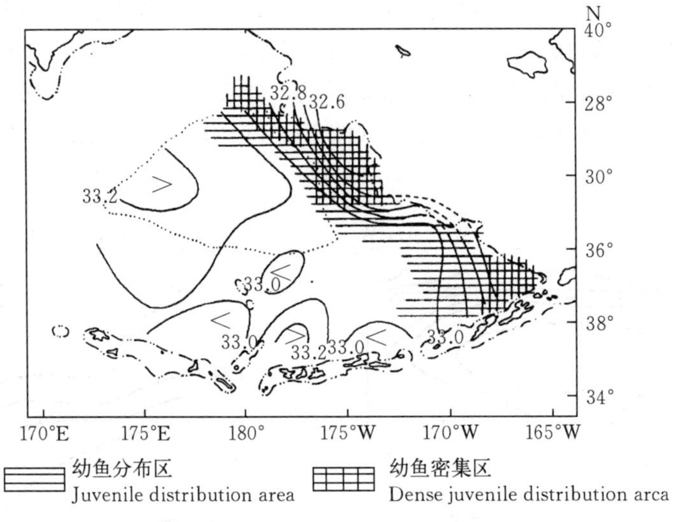

图 8 狭鳕幼鱼分布区与 50 m 层盐度之间的关系

Figure 8 Relationship between the distribution area of juvenile walleye pollock and salinity at 50 m depth

三、讨论

（一）关于阿留申海盆区东北部当年生狭鳕幼鱼的来源

假如使用现行的狭鳕目标强度与鱼体长度关系式[5]及其有关资料（如 M 值等），来评估阿留申海盆区东北部当年生狭鳕幼鱼，其生物量约 2 万 t，资源数量约 582 亿尾。这个估计数虽然可能偏高，但是它毕竟是一个巨大的数字。它意味着海盆区东北部、大约 15 万 km^2 的海域里分布着大量当年生狭鳕幼鱼。这样的分布状况不能视为偶然，即阿留申海盆区东北部应是白令海狭鳕当年生幼鱼一个重要的栖息分布区。根据现在对白令海狭鳕群体结构和产卵时间的了解[6-8]，这部分当年生幼鱼有可能来自：①波哥斯洛夫岛附近。该岛区是狭鳕的主要产卵场之一，但是从该区幼鱼个体长度较小以及其分布向北在 55°N、170°W 附近出现中断的情况看（图 2），该岛区的幼鱼似乎不是向西北方向移动，而有向东北陆架区移动的趋势。②东白令海陆架产卵区的仔鱼成长后移入海盆区，如从普里比洛夫岛附近。陆架区狭鳕产卵期主要为 4—6 月，只有部分亲体在早春产卵，如 1993 年日本“开洋丸”的调查资料表明，6 月鱼体优势长度组为 10 mm[9]，约为 5 月产出的鱼。因此，根据海盆区东北部幼鱼个体较大的情况判断，陆架区只可能有少量当年生幼鱼进入海盆区。③分布于海盆区东南部（如公海东南部至阿特卡岛以北海区）以及东白令海大陆斜坡处的狭鳕主要产卵期为2—3月，根据狭鳕产卵亲体数量、产卵时间以及幼鱼大小从取样点③向①逐渐减少的情况判断（图2），当年生狭鳕幼鱼可能主要来自海盆区东南部产卵区。因此，海盆区东北部的狭鳕当年生幼鱼虽然可能来自多个方位，如陆架区、斜坡区和海盆区等，但主群来自海盆区。这表明海盆区不仅有一个狭鳕产卵群体，同时也有一个当年生幼鱼栖息分布区。这部分幼鱼有可能随海流向西北移动，逐渐进入陆架区发育成长。

（二）关于调查方法

日本、美国、俄罗斯等国家曾对白令海狭鳕当年生幼鱼做过许多调查研究，共同的结果是其主要分布区在东白令海陆架区东部，而在陆架斜坡处和海盆区仅发现少量当年生狭鳕幼鱼分布[8-12]。这一方面可能是由于对当年生幼鱼分布范围了解不够全面，使调查区（站）设置偏向陆架区，另一方面与调查方法有关。以往使用的调查方法以拖网取样为主，这样不仅因取样较费时，使调查范围受到限制，同时也由于取样网网口（如直径1.3 m）较小，使取样效果易受到随机因素的影响。事实上，本次调查是在海盆区狭鳕成鱼资源声学评估调查中，在水深100 m处发现高密度的鱼群映像，使用捕捞用中层拖网采样确认映像为狭鳕当年生幼鱼及其他幼鱼后，迅速扩大调查成果，仅1周，即在海盆区较大范围内取得了较为完整的当年生狭鳕幼鱼分布和资源密度资料。这个过程表明声学/拖网评估调查是一个值得发展的调查当年生狭鳕幼鱼的方法。这个方法更适用于分布于较大范围和栖息于较深水层的幼鱼的调查。如果能够测出幼鱼的目标强度，并对拖网囊网网目进行必要地调整，那么，对当年生幼鱼资源量的评估可取得较高的精度。

致谢　本项调查研究得到农业部水产司、中国水产科学研究院、中国水产总公司、大连、烟台、青岛、上海、舟山等远洋渔业公司和驻美渔业代表处的支持和指导，“北斗”号调查船船长吕明和、轮机长刘世进以及全体船员的大力协助，美国阿拉斯加渔业研究中心A. Kendall和A. Malarese博士协助鉴定部分幼鱼种类，谨此致以衷心地感谢。

参考文献

[1] 朱德山，等．黄东海鳀鱼及其经济鱼类资源声学评估的调查研究．海洋水产研究，1990，12：1-142.

[2] Foote K G, et al. Standard calibration of echo sounders and integrators with optimal copper spheres. FiskDir, Skr, HavUnders., 1983, 17: 335-346.

[3] Nishimura K, Mito K, Yanagimoto T. Hatch date and growth estimation of juvenile walleye pollock collected in the Bering Sea in 1989 and 1990. Paper for Workshop on the Importance of Prerecruit Walleye Pollock to the Bering Sea and North Pacific Ecosystem. October 28-30. 1993, Seattle, USA.

[4] Khen G V. Oceanographic conditions and Bering Sea biological productivity. Proc. Int. Symp. Biol. Mgmt. Walleye Pollock, Nov. 1988. Anchorage, Alaska, USA, 1989: 79-89.

[5] Traynor J. Target strength measurements of walleye pollock and Pacific whiting. Paper for Bering Sea Pollock Cooperative Survey Working Group Meeting. January, 1994, Tokyo, Japan.

[6] Hinckley S. The reproductive biology of walleye pollock in the Bering Sea, with reference to spawning stock structure, Fish. Bull., US, 1987, 85 (3): 481-498.

[7] Bulatov O. Reproduction and abundance of spawning pollock in the Bering Sea. Proc. Int. Symp. Biol. Mgrnt. Walleye Pollock. Nov. 1988. Anchorage, Alaska, USA, 1989: 199-208.

[8] Mulligan T, Bailey K, Hinckley S. The occurrence of larval and juvenile walleye pollock in the Eastern Bering Sea with implicactions for stock structure. Proc. , Int. Symp. Biol. Mgmt. Walleye Pollock. Nov. 1988. Anchorage, Alaska, USA, 1989: 471-490.

[9] National Research Institute of Far Seas Fisheries, Japan. Preliminary results of larval pollock survey conducted by the *kaiyo maru* in 1993. Document for Bering Sea pollock survey working group. January 1994, Tokyo, Japan.

[10] Haryu T. Larval distribution of walleye pollock in the Bering Sea, with special reference to morphological changes. Bull. Fac. Fish. Hokkaido. Univ. 1980, 31: 121-136.

[11] Yoshimura T. Biological information on pelagic pollock in the Aleutian Basin during the summer of 1988. Compilation of papers presented at the International Symposium of Bering Sea Fisheries, April 2-5, 1990. Khabarovsk, USSR, 261-275.

[12] Bulatov O. Some data on mortality of walleye pollock in the early stages of oncogenesis. Proc. Int. Symp. Biol. Mgmt. Walleye Pollock. Nov. 1988, Anchorage, Alaska, USA, 1989: 185-198.

Distribution and Abundance of Age Zero Walleye Pollock *Theragra chalcogramma* in the Aleutian Basin

TANG Qisheng, JIN Xianshi, LI Fuguo, CHEN Jufa, WANG Weixiang, CHEN Yuzhen, ZHAO Xianyong, DAI Fangqun

(*Yellow Sea Fishery Research Institute, Chinese Academy of Fishery Sciences, Qingdao 266003*)

Abstract: During a survey of Bering Sea pollock resources from June to August, 1993, a large concentration of age zero pollock was discovered in the Aleutian Basin by using echo integration/midwater trawl survey method. The study result indicates that: 1) The juvenile were mainly distributed in the northeast part of the Aleutian Basin extending from northwest to southeast, and the densest distribution area was observed between the eastern continental slope and the Bering High Seas; 2) The juveniles mainly inhabited the water layer of 80～120 m depth, and showed a clear vertical migration; 3) During July, the juveniles in the northeast part of the Aleutian Basin ranged from 29～47 mm in fork length, but the juvenile around the Bogslof Island ranged from only 11～17 mm in fork length, which may be indicative of juveniles of two separate stocks spawning at different times; 4) The temperature and salinity of the water inhabited by juvenile were 3～5 ℃ and about 33, respectively. There seems to be a good relationship between the concentration of age zero pollock and geographic environment in the continental slope and forage organisms.

Key words: Aleutian Basin; Age zero pollock; Abundance distribution; Vertical migration; Environment

Summer Distribution and Abundance of Age - 0 Walleye Pollock, *Theragra chalcogramma*, in the Aleutian Basin①

TANG Qisheng, JIN Xianshi, LI Fuguo, CHEN Jufa, WANG Weixiang, CHEN Yuzhen, ZHAO Xianyong, and DAI Fangqun

(Yellow Sea Fisheries Research Institute Qingdao 266071 People's Republic of China)

Abstract: An echo - integration and midwater trawl survey of the Bering Sea for walleye pollock, *Theragra chalcogramma*, was conducted from June to August 1993. Large concentrations of age - 0 walleye pollock were observed in the Aleutian Basin. Age - 0 juveniles were mainly distributed in the northeastern part of the basin, extending from northwest to southeast, with the highest concentrations between the eastern continental slope and the international waters of the central Bering Sea. For the most part, age - 0 juveniles inhabited waters 80～120 m deep, but a distinct diurnal vertical migration was observed. During July, age - 0 pollock in the northeastern part of the Aleutian Basin ranged from 29 to 47 mm fork length (FL), while juveniles in the Bogoslof Island area ranged from 11 to 17 mm FL. This difference may indicate two separate spawning stocks. The temperature of the water inhabited by juveniles was 3～5 ℃; the salinity was about 33 A relationship exists between concentrations of age - 0 pollock and the continental slope environment.

Introduction

Walleye pollock, *Theragra chalcogvramma*, is one of the most biologically and economically important species in the Bering Sea. Many recent studies have investigated the biology and the juvenile stages of this species to gain a better understanding of Bering Sea pollock population dynamics (Traynor, 1986; Bulatov, 1989; Mulligan et al., 1989;

① 本文原刊于 *Ecology of Juvenile Walleye Pollock*, NOAA Tech. Rep, 126: 35 - 45, 1996。

Traynor and Smith, 1996; NRIFSF①②③; Yoshimura④) . This paper presents new information on geographic distribution, vertical migration, growth, and relative density of age - 0 walleye pollock, and on how these juveniles relate to the environment and juveniles of other species in the Aleutian Basin. This information was gathered by an echo - integration and midwater trawl survey conducted by the Yellow Sea Fisheries Research Institute during the summer of 1993.

Materials and Methods

Survey Design

An acoustic/midwater trawl survey of the abundance of walleye pollock in the Aleutian Basin during the period of 28 June 2 August 1993 was conducted by the Chinese *R/V* Bei Dou, a 56. 2 m ship with fisheries and oceanographic capabilities. The transects and stations occupied for pelagic trawling and environmental observations are shown in Figure 1. The distance between transects was 22 n. mi. near Bogoslof Island, and 44 n. mi. in other areas.

The acoustic data were collected with a scientific echo sounding - integrating system (SIMRAD⑤ EK400/38 KHz echo sounder with a hull - mounted SIMRAD ES38 transducer and a SIMAD QD digital echo integrator) . All data were logged onto a personal computer. The SIMRAD EK400 (120 kHz) echo sounder was also used to help identify different echo signs in the upper 100 - m layer. The integration value (S_A, area back - scattering strength) was given for each 5 n mile. section of the transect for a set of successive depth intervals and was regarded as a relative abundance index for the detected fish. The overall acoustic system was calibrated with a standard target (60 mm - diameter copper sphere with known target strength of - 33. 6 dB) at a frequency of 38 kHz (Foote et al. , 1987; Zhu and Iversen, 1990) at the beginning and end of the cruise while anchored outside Qingdao Harbor. No significant differences in the system performance were observed between the calibrations. The main instrumental parameters are shown in Table 1.

---

① National Research Institute of Far Seas Fisheries (NRIFSF), 1994. Preliminary report of biological information obtained from 1990 summer pollock stock research in the Bering Sea by *Daian Maru* No. 128. Document for Bering Sea pollock survey working group January 1994, Tokyo, Japan.

② National Institute of Far Seas Fisheries (NRIFSF), 1994. Preliminary report of biological information obtained from 1991 summer pollock research in the Bering Sea by *Shoyo Maru*. Document for Bering Sea pollock survey working group. January 1994, Tokyo, Japan.

③ National Institute of Far Seas Fisheries (NRIFSF), 1994. Preliminary results of larval pollock survey conducted by the *Kaiyo Maru* in 1993. Document for Bering Sea pollock survey working group. January 1994, Tokyo, Japan.

④ Yoshimura T, 1990. Biological information on pelagic pollock in the Aleutian Basin during the summer of 1988. Compilation of papers presented at the International Symposium on Bering Sea Fisheries, April 2 - 5, 1990, Khabarovsk, USSR, p. 261 - 275.

⑤ Mention of trade names or commercial firms does not imply endorsement by the National Marine Fisheries Service, NOAA.

Table 1 Technical specifications and main settings of acoustic equipment during *R/V* Bei Dou survey from June 28 to July 24, 1993

Echo sounders	SIMRAD EK 400	SIMRAD EK 400
Frequency	38 kHz	120 kHz
Recorder gain	9	5
TVG and gain	$20 \log_{10}R-20$	$20 \log_{10}R$
Pulse duration	1.0 ms	1.0 ms
Bandwidth	3.3 kHz	3.3 kHz
Transmitting power (dummy 60 ohm)	3 500 W	500 W
Basic range	0～300 m	0～300 m
Recceiver gain	84.5 dB	84.0 dB
Transducer	SIMRAD ES38	SIMRAD 68BA
Beamwidth (−3 dB) LP/TP	7.9°×8.4°	10°×10°
Equivalent beam angle (10 log)	−20.1 dB	−17.6 dB
Source level+voltage response	139.8 dB	113.2 dB
Calculated instrument constant C_I (ref. −20 dB)	1.77 $m^2/(nm^2 \cdot mm)$	120 $m^2/(nm^2 \cdot mm)$
Integrator	SIMRAD QD/38 kHz	
Integrator threshold	13.8 mV	
Integrator gain	−22.49 dB	
Integration intervals	5～100/100～150/150～175/175～200/200～225/225～250/250～300/300～581 m	

Biological Sampling and Environmental Observations

The acoustic survey covered about 710×10^3 km^2 of the Aleutian Basin of the eastern Bering Sea (Figure 1). A pelagic trawl with 400 cm wing mesh and 4 cm-mesh codend was used to collect juvenile specimens. The trawl was towed from the stern of the vessel and had a vertical opening of 38～40 m; the distance between two otter boards was 121～123 m. Thirty-minute trawls provided adequate catches of age-0 juveniles. Other species caught in the trawls helped us identify the various acoustic targets. Some juvenile specimens were also collected with an 80 cm surface plankton net.

Water temperatures, salinity, and dissolved oxygen (DO) at the surface and at 25, 50, 100, 150, 200, 300, and 500 m were measured at predetermined stations. In addition, water temperature at 5 m depth was continuously monitored with a CHINO EA2P00 temperature recorder.

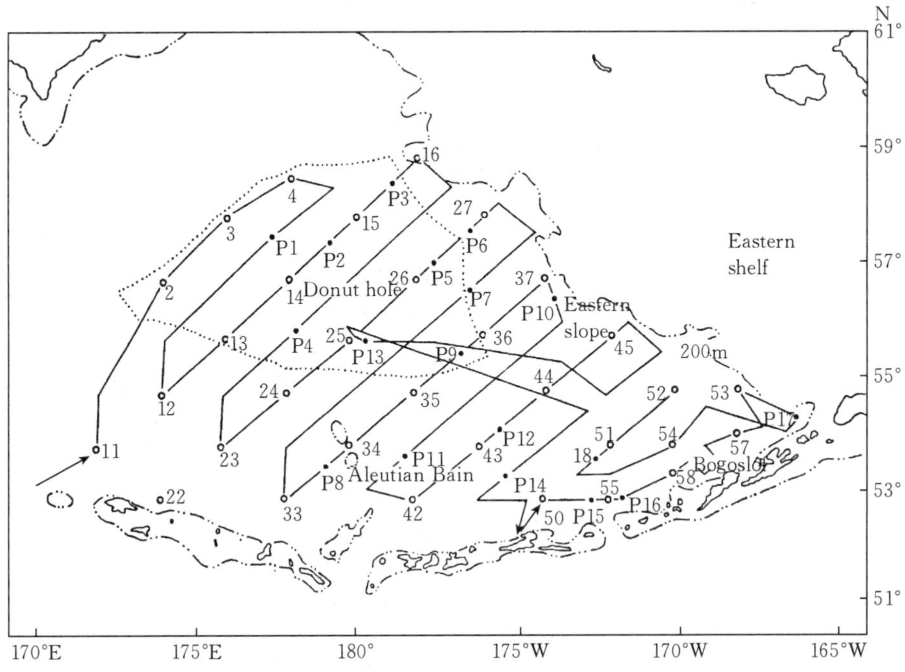

Figure 1 Trackline and positions of midwater trawl (dot) and hydrographical (circle) operations in the acoustic/midwater trawl survey for walleye pollock in the Aleutian Basin, June 28—July 24, 1993

Results

Geographic Distribution

Large numbers of age - 0 pollock were discovered in the northern and eastern parts of the Aleutian Basin (Figure 2), extending from the edge of the eastern Bering Sea shelf to the basin. The zero - distribution isoline was approximately parallel to the 200 m isobath, and about 100 n mile from the 200 m - depth contour line. Areas with densest concentrations were located at the northeastern part of the surveyed area (north of 56°30′N and east of 180° E); the highest integration value was 498. An area of approximately 30×10^3 km^2 had an integration value of more than 100. Low concentrations were observed in the southeastern corner of the basin (east of 168°W, around Bogoslof Island), where integration values were mostly below 100. No juvenile pollock were found within a broad area of the western Aleutian Basin (Figure 2), where mainly adults (4～20 years old) were distributed (Figure 3). Adult distributions were centered in the central to northern parts of the international waters and the southeastern basin. Thus there was some overlap between the distributional areas of juveniles and adults, but no overlap between the areas with the densest juvenile and adult concentrations. No immature (1～3years old) pollock were found in the Aleutian Basin.

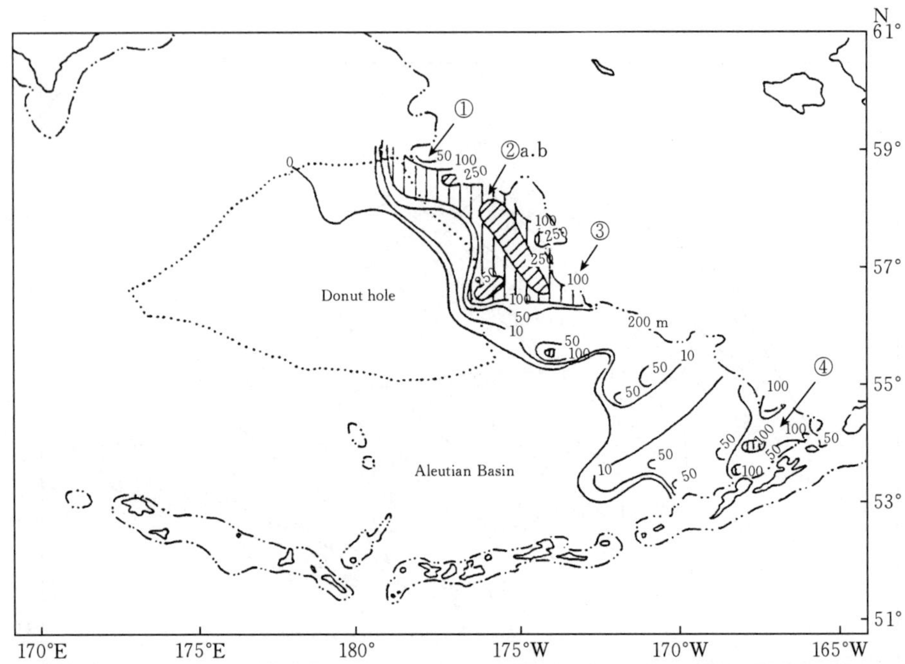

Figure 2 Distribution and relative density (integration value) of juvenile walleye pollock in the Aleutian Basin (June 28—July 24, 1993) . Circled numbers indicate sampling stations for juvenile pollock

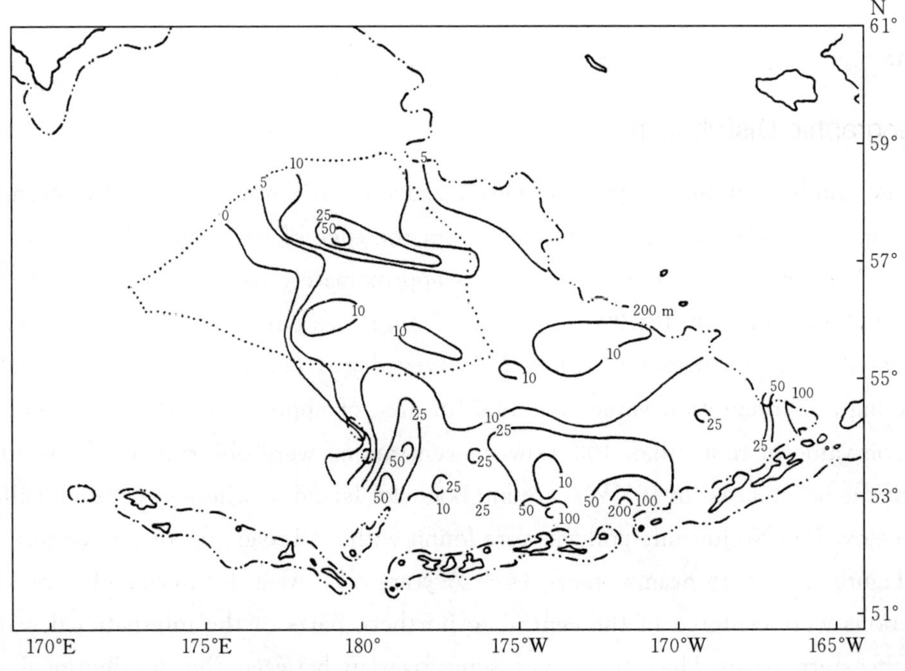

Figure 3 Distribution and relative density (integration value) of adult walleye pollock in the Aleutian Basin (June 28—July 24, 1993)

Vertical Migration

Although juvenile pollock were centered around the 100 - m water layer in summer, a distinct diurnal vertical migration was observed (Figures 4, 5) . During daytime hours (08:00—14:00), juvenile pollock were mainly distributed from 80 to 120 m deep. From 1 600 to 2 000, they gradually migrated to 20～60 m. Around midnight (22:00—02:00), juvenile pollock were concentrated in the upper 10 m, where they could be caught by surface plankton nets. At dawn (03:00—04:00), juveniles descended rapidly to the 60～90 m depth layer and gradually stabilized at about 100 m. Throughout all depths, age - 0 pollock exhibited a strong schooling behavior, remaining in a layer 10～20 m thick (Figure 5) .

Biological Status

Age - 0 walleye pollock caught in the northeastern part of the international water zone had a fork length that ranged from 29 to 47 mm, with a mean of 40. 2 mm, and a mean body weight of 0. 43 g. The dominant length was in the range of 36～44 mm (Figure 6a) . Slight differences in individual sizes were observed in fishes collected from three different locations (Table 2, Figure 2) Juvenile pollock caught near Bogoslof Island were noticeably smaller; fork lengths ranged from 11 to 17 mm, with a mean of 13. 8 mm, and the mean body weight was 0. 03 g (Figure 6b) . The relation between fish length and age in days was used to back - calculate the age of juvenile pollock (Nishimura et al. , 1996) . Spawning was estimated to have occurred in late March in the northern part of the basin, and in late May in the southern part (around Bogoslof Island) .

Relations with Other Juvenile Species

Additional juvenile fishes were collected in both the deepwater and surface samples. These specimens ranged from 2 to 6 cm in length and included Greenland halibut, *Reinhardtius hippoglssoides*; ronquil, *Bathymaster* spp. ; sablefish, *Anoplopoma fimbria*, and squids (Table 3) . Greenland halibut were relatively abundant over a large area, especially at the first sampling station (Figure 2), where they contributed 11. 3% of total juvenile catch by number. Their body lengths ranged from 26 to 42 mm, with a mean of 33 mm, and their mean body weight was 0. 28 g. In addition, age - 0 ronquil, possibly two species, were also abundant there. At the first sampling station, ronquil accounted for 6. 1% of the total juvenile catch by number. They ranged from 40 to 51 mm FL ($\bar{x}=$ 45 mm), and had a mean body weight of 0. 77 g. At the fourth sampling station (near Bogoslof Island), 72. 1% of the juveniles by number were ronquil. Their body size was smaller, 6～13 mm FL ($\bar{x}=11$ mm), and their mean body weight was 0. 017 g. Overall, the distributional area and density of juveniles of other species were less than those of juvenile pollock.

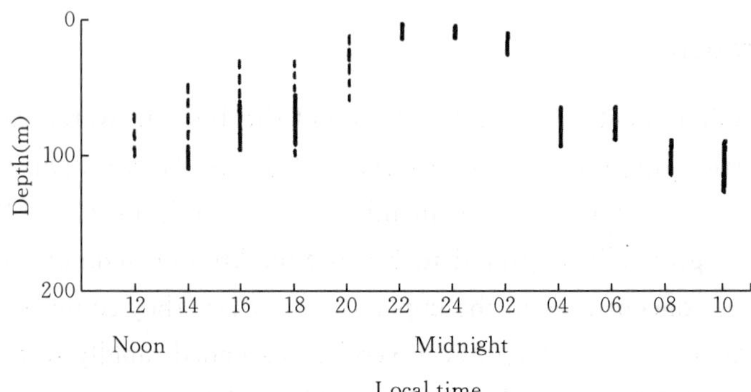

Figure 4 Day and night variation in distribution of juvenile walleye pollock in the northern part of the Aleutian Basin (July 7, 1993). Solid lines represent high concentrations; broken lines represent low concentrations

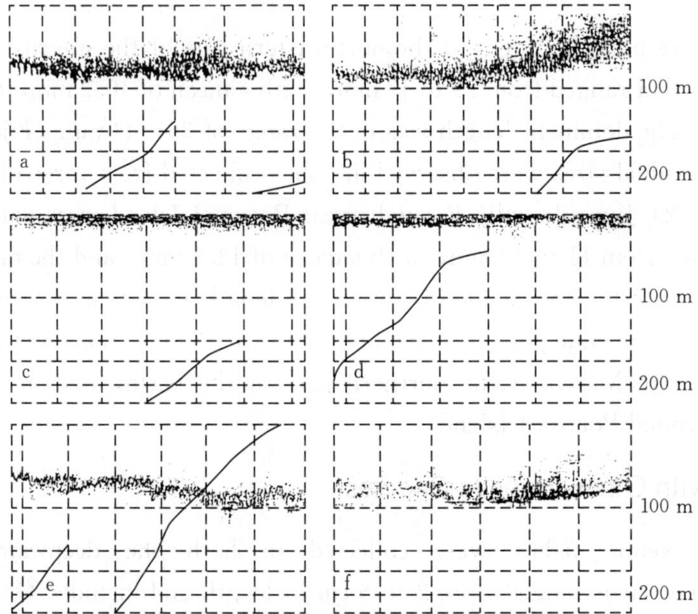

Figure 5 Echograms of vertical distribution of juvenile walleye pollock in the northern part of the Aleutian Basin

Local time: a. 15:10—15:35 b. 16:50—17:20 c. 20:15—20:25 d. 01:40—02:50 e. 06:15—06:40 f. 10:50—11:15

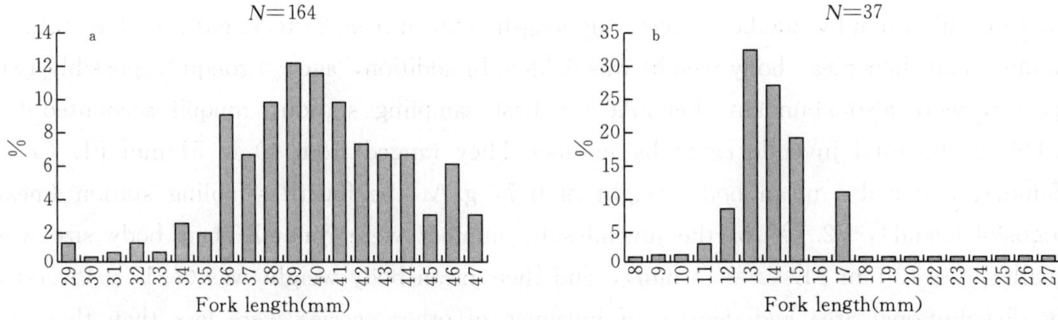

Figure 6 Length distribution of juvenile walleye pollock in (a) the northeastern part of the Aleutian Basin and (b) the area north of Bogoslof Island

Relations with Environmental Factors

At the surface, age - 0 walleye pollock were generally distributed at temperatures of 7~9 ℃, salinities of 32. 5 ~ 33. 0, and a DO level of 10 mg/L. At 50 m they were concentrated at temperatures of 3~6 ℃, salinities of 32~33. 0, and DO levels of 8~10 mg/L. Finally, at 100 m, highest numbers were seen at a temperature range of 2~5 ℃, salinities of 32. 9~33. 2, and DO levels of 7~10 mg/L. Overall, the highest concentrations of juveniles were observed at about 100 m depth, at temperatures of 3~5 ℃, salinities of 32. 9~33. 1, and DO of 8~9 mg/L.

Distributions indicate that juvenile pollock mainly inhabit the waters between the sharpest thermocline (25~50 m) and a cold - water pocket at 100 ~ 200 m (Figure 7). However, the vertical migration did not appear to be affected by the temperature gradient. For example, dense concentrations could rapidly pass through the thermocline during the diel migration to the surface layer, where temperatures were 7 ~ 9 ℃. Water temperatures decreased from east to west in the Aleutian Basin (Figure 8). The highest

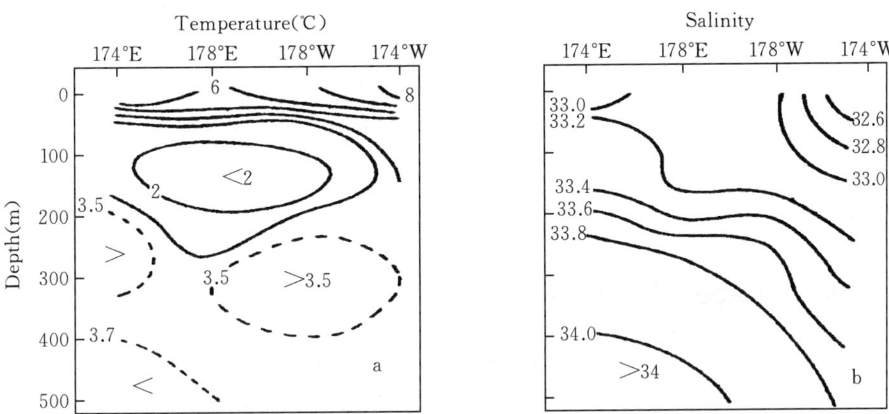

Figure 7 Vertical distributions of (a) temperature and (b) salinity along the 57°N section

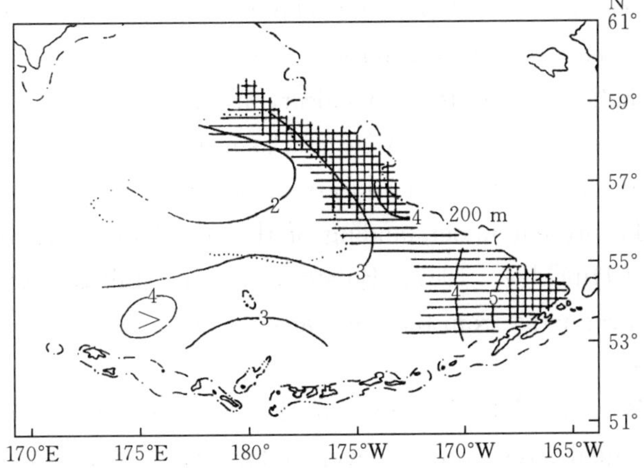

Figure 8 Relation between the distribution area of juvenile walleye pollock and temperature (℃) at 100 m depth. Single hatching represents the overall juvenile distribution; crosshatching represents the highest - density distribution

juvenile distributions were located in the northeastern basin, and no juveniles were observed to the west along the same 3 ℃ isotherm. When age - 0 pollock distribution is compared with the horizontal distribution of salinity, the juvenile pollock were concentrated in areas of low salinity with relatively dense isohalines (Figure 9).

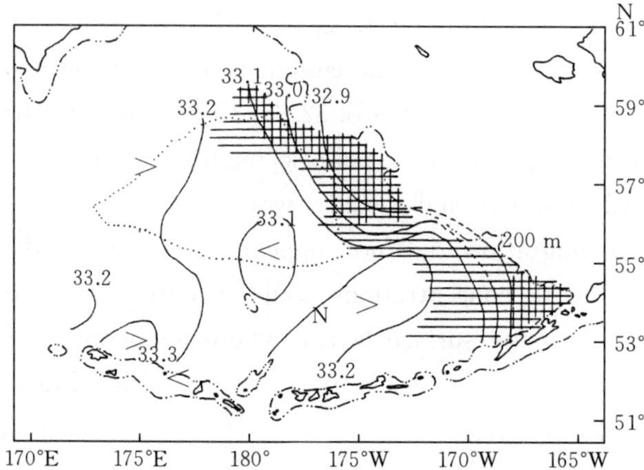

Figure 9 Relation between the distribution area of juvenile walleye pollock and salinity at 100 m depth. Single hatching represents the overall juvenile distribution; crosshatching represents the highest - density distribution

Discussion

The Source of Age - 0 Pollock

If the most current relationship between target strength and length of pollock (Foote and Traynor, 1988; Traynor①) and relevant data (integration values) are used to expand our acoustic data to estimate the total population of age - 0 pollock in the northeastern part of the Aleutian Basin, we arrive at a biomass of about 20 000 t, corresponding to 58. 2 billion fish. Although this estimate is crude and possibly low because the acoustic assessment did not include fish located shallower than the transducer, it implies a large concentration of age - 0 pollock in the northeastern part of. the Aleutian Basin in an area of 150×10^3 km^2. Thus the northeastern part of the Aleutian Basin appears to be an important nursery area for age - 0 pollock. In light of the present understanding of the population structure and spawning of Bering Sea pollock (Hinckley, 1987; Bulatov, 1989; Mulligan et al., 1989), these juveniles might have originated from the areas around Bogoslof Island, the Pribilof Islands, or the Aleutian Basin.

The area near Bogoslof Island is one of the most important spawning grounds for pollock. But the individual sizes around Bogoslof Island are small, and the distribution of

① Traynor J J, 1994. Target strength measurements of walleye pollock and Pacific whiting. Paper for Bering Sea Pollock Cooperative Survey Working Group Meeting. January 1994, Tokyo, Japan.

this population shows a discontinuity at 55°N, 170°W (Figure 2, Table 2), which implies that it is unlikely that they moved directly northwest but instead might have arrived by way of the northeastern shelf.

The main spawning period of pollock on the shelf of the eastern Bering Sea, around the Pribilof Islands, is from April to June; only part of the shelf pollock population spawns in early spring (Hinckley, 1987) . The survey data of the Japanese *R/V Kaiyo Maru* in 1993 showed that the dominant length group was 10 mm in June, indicating a spawning time of May.[3] Thus, on the basis of the larger individual size of juveniles in the northeastern part of the basin, it is likely that only a small number of age-0 pollock on the shelf come into the basin.

Because the major spawning period of pollock in the southeastern part of the Aleutian Basin is earlier than that of other spawning stocks (Hinckley, 1987; Sasaki, 1989), and because individual juvenile size decreased from sampling stations 3 to 1 (Figure 2, Table 2), we conclude that most of the age - 0 pollock collected in our study came from the southeastern part of the Aleutian Basin. If this is true, our data suggest that there is not only a nursery area but also a spawning ground for pollock within the Aleutian Basin.

Table 3　Species composition (%) of juvenile fish in the Aleutian Basin during the survey June 28—July 24, 1993. The locations are the same as in Figure 2. Stations 1-3 were sampled by pelagic trawl and were located in the northeastern part of the Aleutian Basin; station 4 was sampled by surface plankton net and was located north of Bogoslof Island. *N*=number, *W*=weight

Species	Sampling station									
	1		2a		2b		3		4	
	N (%)	*W* (%)	*N* (%)	*W* (%)	*N* (%)	*W* (%)	*N* (%)	*W* (%)	*N* (%)	*W* (%)
Walleye pollock										
Theragra chalcogramma	78.8	69.4	97.6	98.3	98.7	99.0	100	100	27.2	61.6
Greenland halibut										
Reinhardtius hippolossoides	11.3	9.9	2.4	1.7	1.3	1.0				
Ronquils										
Bathymaster sp. A	6.1	14.8								
Bathymaster sp. B									72.1	28.6
Sablefish									0.7	9.8
Anoplopoma fimbria										
Squid										
Teuthoidea	3.8	5.9								

Survey Methodology

Many surveys on age-0 Bering Sea pollock have been conducted by the United States, Japan, and Russia. The general conclusion is the age-0 pollock are mainly distributed don the eastern Bering Sea shelf, and that only a small part of the population is found on the eastern Bering Sea slope and in the Aleutian Basin (Haryu, 1980; Lynde, 1984; Haryu et al., 1985; Traynor, 1986; Bulatov, 1989; Mulligan et al., 1989; Bakkala et al.①; NRIFS②③④; Yoshimura⑤). This may be due to an incomplete understanding of the distribution of age-0 pollock and a survey effort largely limited to the shelf. This conclusion may also be related to the survey methodology. Mulligan et al. (1989) pointed out that valid sampling for any fish species at any stage of development depends upon the proper use of appropriate gear; abundance of juvenile pollock in the Aleutian Basin may be higher than previously reported because of the use of inappropriate gear. The sampling gears they used have a relatively small mouth opening (e.g., Methot trawl with a mouth of 5 m^2) for vertical or oblique sampling, and net avoidance may have biased the results.

When dense scattering was observed during the acoustic survey in the Aleutian Basin, what was believed to be dense aggregations of some fish at about 100 m depth was determined by sampling with the pelagic trawl to be mainly age-0 pollock with a few other species. When the survey was extended over a large area, a relatively complete picture of the distribution and abundance of age-0 pollock in the Aleutian Basin was obtained from only one week of sampling. This indicated that a combination acoustic and trawl survey may be necessary to survey age-0 pollock. This method may be especially suitable for surveying juvenile fish over a large area of relatively deep water. If the target strength of juvenile pollock can be more accurately measured, and the codend mesh size of our net adjusted for sampling smaller juveniles, more accurate abundance estimates of age-0 fish may be obtained.

Acknowledgments

The support of the Bureau of Aquatic Products, Ministry of Agriculture of China, Chinese Academy of Fishery Sciences, China National Fisheries Corp. (NFC), Dalian, Yantai, Qingdao, Shanghai and Zhoushan Deep Sea Fisheries Corp., as well the

---

① Bakkala R, Wakabayashi K, Traynor J J, et al, 1983. Results of cooperative U.S. - Japan groundfish investigations in the Bering Sea during May - August 1979. Northwest and Alaska Fish. Cent., Natl. Mar. Fish. Serv., NOAA, 7600 Sand Point Way N.E., Seattle, WA. Unpubl. Manuscr.

② National Research Institute of Far Seas Fisheries (NRIFSF), 1994. Preliminary report of biological information obtained from 1990 summer pollock stock research in the Bering Sea by *Daian Maru* No. 128. Document for Bering Sea pollock survey working group January 1994, Tokyo, Japan.

③ National Institute of Far Seas Fisheries (NRIFSF), 1994. Preliminary report of biological information obtained from 1991 summer pollock research in the Bering Sea by *Shoyo Maru*. Document for Bering Sea pollock survey working group. January 1994, Tokyo, Japan.

④ National Institute of Far Seas Fisheries (NRIFSF), 1994. Preliminary results of larval pollock survey conducted by the *Kaiyo Maru* in 1993. Document for Bering Sea pollock survey working group. January 1994, Tokyo, Japan.

⑤ Yoshimura T, 1990. Biological information on pelagic pollock in the Aleutian Basin during the summer of 1988. Compilation of papers presented at the International Symposium on Bering Sea Fisheries, April 2 - 5, 1990, Khabarovsk, USSR, p. 261~275.

U. S. office of NFC, is greatly appreciated. We thank the captain, chief engineer, and other crew of the *R/V* Bei Dou, and. Kendall and A. Matarese of the NMFS Alaska Fisheries Science Center, who helped us identify some juvenile specimens.

Literature Cited

Bulatov O, 1989. Reproduction and abundance of spawning pollock in the Bering Sea. Proc. Int. Symp. Biol. Manage. Walleye Pollock, Nov. 1988, Anchorage, Alaska, p. 199 - 208.

Foote K G, Knudsen H P, Vestnes G, et al, 1987. Calibration of acoustic instruments for fish density estimation: a practical guide. Coop. Res. Rep. Int. Counc. Explor. Sea 144: 1 - 69.

Foote K G, Traynor J J, 1988. Comparison of walleye pollock target strength estimate determined from in situ measurements and calculations based on swimbladder form. J. Acoust. Soc. Am. 83 (1): 9 - 17.

Haryu T, 1980. Larval distribution of walleye pollock in the Bering Sea, with special reference to morphological changes. Bull. Fac. Fish. Hokkaido Univ. 31: 121 - 136.

Haryu T, Nishiyama T, Tsusita T, et al, 1985. Kinds and distribution of fish larvae in the surface layer of the Bering Sea in summer. Mem. Kushiro City Museum, 10: 7 - 18.

Hinckley S, 1987. The reproductive biology of walleye pollock in the Bering Sea, with reference to spawning stock structure. Fish. Bull. 85 (3): 481 - 498.

Lynde M, 1984. Juvenile and adult walleye pollock of the eastern Bering Sea: literature review and results of an ecosystem workshop. In D. H. Ito (ed.), Proceedings of the workshop on walleye pollock and its ecosystem in the Bering Sea. U. S. Dep. Commer., NOAA Tech. Memo. NMFS F/NWC - 42.

Mulligan T, Bailey K, Hinckley S, 1989. The occurrence of larval and juvenile walleye pollock in the eastern Bering Sea with implications for stock structure. Proc. Int. Symp. Biol. Manage. Walleye Pollock. Nov. 1988, Anchorage, Alaska, p. 471 - 490.

Nishimura K, Mito K, Yanagimoto T, 1996. Hatch date and growth estimation of juvenile walleye pollock, *Theragra chalcogramma*, collected in the Bering Sea in 1989 and 1990. *In* R. D. Brodeur et al. (eds.), Ecology of juvenile walleye pollock, *Theragra chalcogramma*, p. 81 - 87. U. S. Dep. Commer., NOAA Tech. Rep. 126.

Sasaki T, 1989. Synopsis of biological information on pelagic pollock resources in the Aleutian Basin. U. S. Dep. Commer., NOAA Tech. Memo. NMFS F/NWC - 163: 80 - 182.

Traynor J J, 1986. Midwater abundance of walleye pollock in the eastern Bering Sea, 1979 and 1982. Int. North Pac. Fish. Comm. Bull. 45: 121 - 135.

Traynor J J, Smith D, 1996. Summer distribution and abundance of age - zero walleye pollock, *Theragra chalcogramma*, in the Bering Sea. *In*. R. D. Brodeur et al. (eds.), Ecology of juvenile walleye pollock, *Theragra chalcogramma*, p. 57 - 59, U. S. Dep. Commer., NOAA Tech. Rep. 126.

Zhu D, Iversen S A, 1990. Anchovy and other fish resources in the Yellow Sea and East China Sea, November 1984 - April 1988. Mar. Fish. Res. 11: 1 - 142.

白令海阿留申海盆区夏季理化环境特征及其与狭鳕分布和移动的关系[①]

陈聚法，唐启升，王为祥，陈毓桢，李富国，金显仕，赵宪勇，戴芳群
（中国水产科学研究院黄海水产研究所，青岛 266071）

摘要： 1993 年 6—8 月，“北斗”号渔业资源调查船在白令海阿留申海盆区进行了狭鳕资源声学调查及渔场环境调查。应用本航次调查资料，本文阐述了调查海区温度、盐度及溶解氧分布特征，并分析了狭鳕分布和移动与理化环境的关系。结果表明：①留申海盆区为大面积低温水所覆盖，水温在 10 ℃以下。温盐水平分布特征为公海区低温高盐，调查区的其余水域则为高温低盐。溶解氧水平分布比较均匀，表层溶氧含量在 10 mg/L 左右。②温跃层位于 25 m 和 50 m 之间，一强冷水团控制着 100 m 到 200 m 左右的水层，其水温在 3 ℃以下。盐度随深度增加而增加，溶解氧随深度的增加而降低。③狭鳕当年生幼鱼主要分布在海盆水系和东大陆架水系的混合区内，100 m 层幼鱼密集区水温在 3～5 ℃，盐度在 32.9～33.1，溶解氧在 8～9 mg/L。④夏季狭鳕成鱼主要在冷水团范围以内垂直移动，200 m 层成鱼密集区水温为 3～4 ℃，盐度为 33.2～33.6，溶解氧为6～8 mg/L。

关键词： 阿留申海盆；海洋环境；生态分布；狭鳕

白令海地处太平洋最北端，狭鳕（*Theragra chalcogramma*）资源极为丰富。我国从 1985 年开始开发利用这一渔业资源，经济效益显著。“北斗”号渔业资源调查船于 1993 年夏季在阿留申海盆区进行了狭鳕资源声学评估和渔场环境调查，应用声学方法对北太平洋渔业资源进行调查，在我国尚属首次。

1　调查方法

环境因子观测与狭鳕资源声学调查同步进行，主要观测因子有水温、盐度和溶解氧。应用南森型采水器分层采集水样，温盐采样层次为 0 m、25 m、50 m、100 m、150 m、200 m、250 m、300 m 和 500 m，溶解氧采样层次为 0 m、50 m、100 m、200 m、300 m 和 500 m。调查区域和水文站分布见图 1，调查日期为 6 月 28 日至 8 月 2 日。

① 本文原刊于《中国水产科学》，4（1）：15－22，1997。

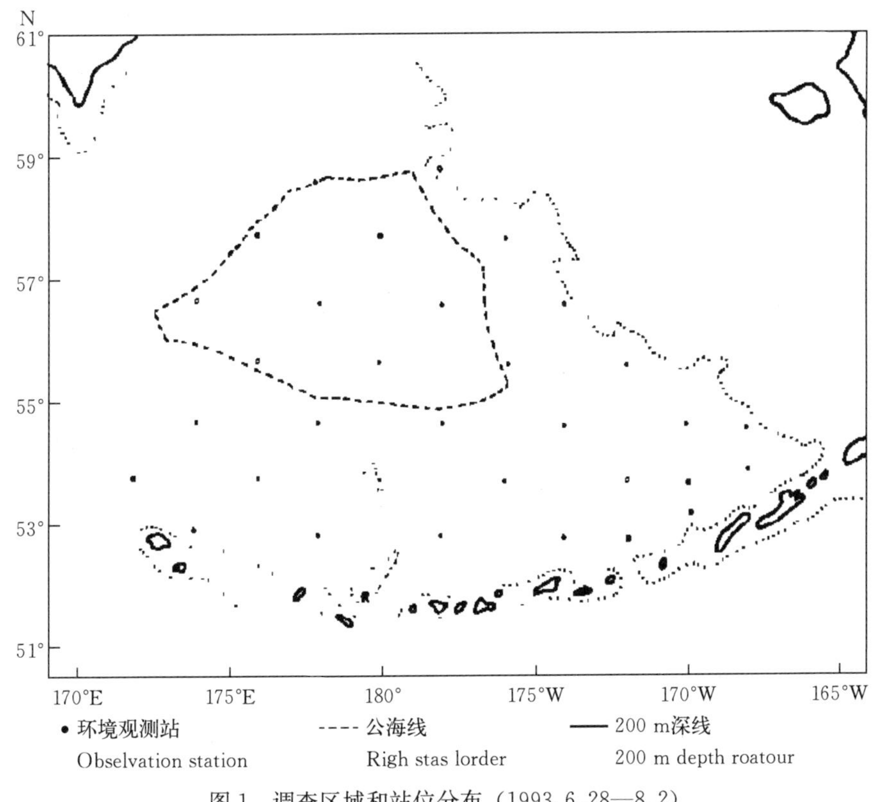

图1　调查区域和站位分布（1993.6.28—8.2）

Figure 1　Thesurvey grid and stations June 28—August 2，1993

2　结果与分析

2.1　阿留申海盆区温盐特征

2.1.1　温度分布

表层水温分布趋势为南高北低和东高西低（图2），整个公海区为低于7℃的冷水所占据，冷水舌从这一区域向东南方向伸展。调查区的东南部也存在一高温水舌，由东向西伸展，这一水舌的形成，除与该区南临岛屿、东靠陆架浅水区使其增温较快外，还与该区调查日期偏晚有关（调查期间该区正值增温季节）。表层水温分布范围为5.4～9.6℃，平均为7.6℃。由于上层海水的混合作用，50 m以上水层水温分布趋势与表层大致相同。50 m至250 m层，一个重要的水文特征是存在一冷水团。如果以3℃等温线作为其边界，则冷水团从50 m层开始出现，由此向下势力逐渐增强。冷水团的中心位于150 m左右，观测到的最低温度为1.27℃，冷水团覆盖水域的面积在150 m层也达到最大。从150 m层向下，随着深度的增加冷水团强度逐渐减弱，250 m层仅在公海区存在一小的低温闭合中心（图3）。300 m至500 m层，温度水平分布非常均匀，极差在1.30℃以下（表1）。300 m层，调查区中部水温低于其他海域。500 m层水温分布趋势跟表层较为一致（图4）。

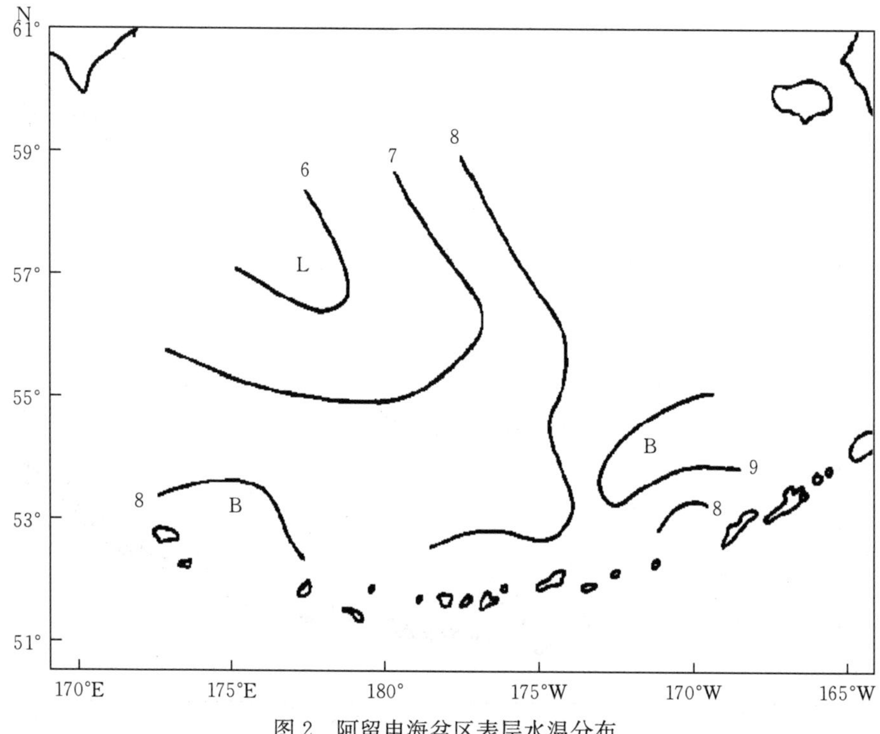

图 2 阿留申海盆区表层水温分布

Figure 2 Distribution of surface temperature (℃) in the Aleutian Basin

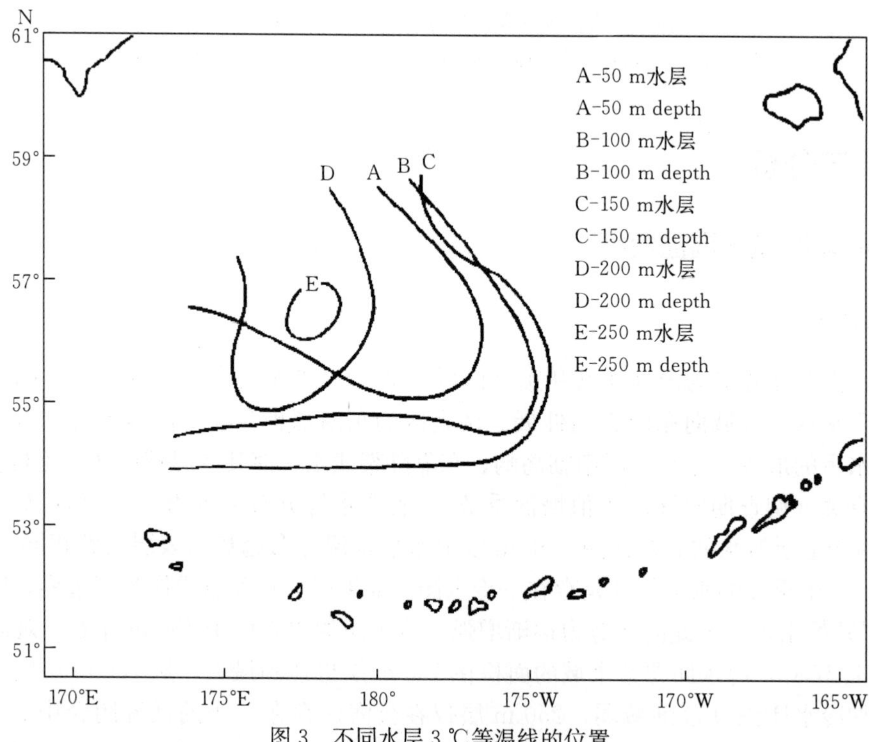

图 3 不同水层 3 ℃等温线的位置

Figure 3 Locations of 3 ℃ isotherm at different depths in the Aleutian Basin

A. 50 m B. 100 m C. 150 m D. 200 m E. 250 m

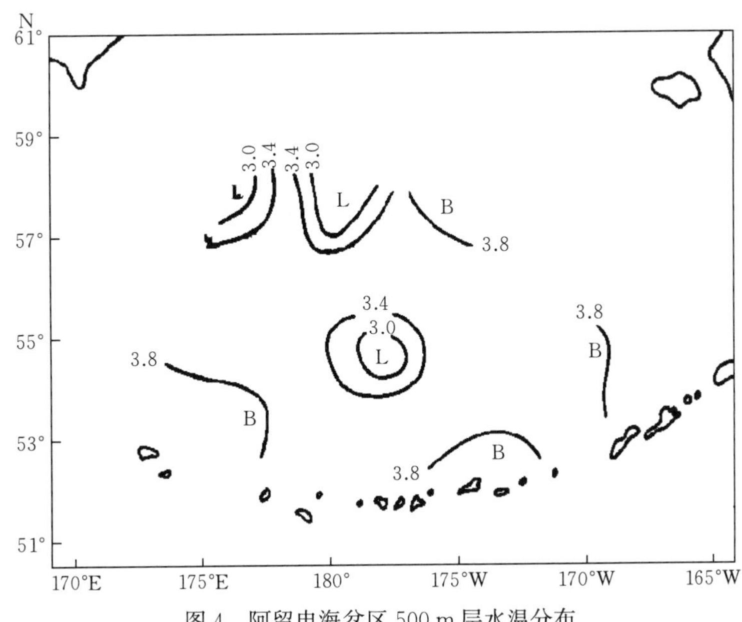

图 4　阿留申海盆区 500 m 层水温分布

Figure 4　Distribution of temperature（℃）at 500 m depth in the Aleutian Basin

表 1　阿留申海盆区水温分布状况

Table 1　The horizontal distribution situation of water temperature in the Aleutian Basin of Bering Sea

水层（m）Depths（m）	分布范围（℃）Range of temperature（℃）	极差（℃）$T_{max}-T_{min}$（℃）	平均值（℃）Mean value（℃）
0	5.4～9.6	4.20	7.60
25	5.71～8.38	2.60	7.01
50	1.98～6.74	4.76	4.18
100	1.40～5.22	3.82	3.22
150	1.27～4.94	3.67	2.99
200	2.20～4.68	2.48	3.55
250	2.73～4.51	1.78	3.93
300	3.73～4.32	0.59	3.90
500	2.61～3.91	1.30	3.64

温度垂直分布具有如下特征（图 5）。表层至 25 m 左右近乎垂直等温，这一水层称为上匀和层；温跃层位于 25 m 和 50 m 之间，其强度在 0.10～0.15 ℃/m；50 m 至 200 m 左右为冷团控制区，其中心位于 150 m 附近；200 m 至 300 m 之间为一逆温水层，但随深度增加温度递增非常缓慢，300 m 层与 200 m 层温度差值仅为 0.3 ℃左右，只有极个别测站其差值超过 1.0 ℃；300 m 至 500 m 层，水温随深度增加而降低，但降幅很小，500 m 层水温仅比 300 m层低 0.3 ℃左右。简而言之，调查海区表层至 500 m 层自上而下可划分为上层暖水（0～50 m）、中层冷水（50～200 m）、次中层相对高温水（200～400 m）和下层低温水（400～500 m）。

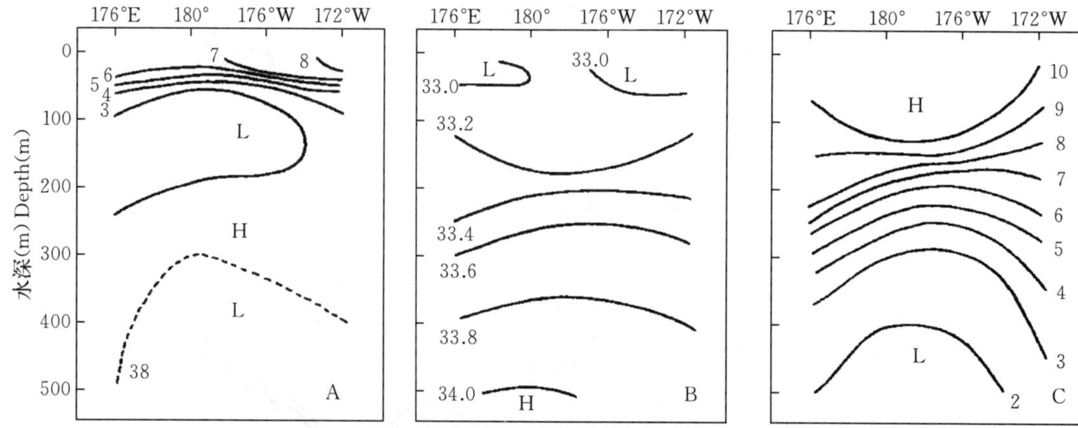

图 5 56°N 断面水温（A,℃）、盐度（B）和溶解氧（C，mg/L）垂直分布

Figure 5 The vertical distribution of temperature（A,℃），salinity（B）and DO（C，mg/L）at section of 56°N

2.1.2 盐度分布

影响盐度变化的因素很多，就夏季白令海调查海区而言，主要的影响因子有下面几个：降水、径流、海流、海面蒸发和海水混合，它们决定和支配着该海区盐度的分布和变化。表层盐度分布见图 6，其分布趋势为东低西高。由于公海区远离大陆和岛屿，沿岸低盐水难以扩展至此，因此被高于 33 的高盐水所覆盖。调查海区的其余部分，因临近岛屿或大陆架，岛屿融雪和降水形成的径流注入上述海区，再加上低盐水的侵入，使海水得以冲淡，盐度普遍偏低。表层盐度分布范围为 32.49～33.15，平均值为 32.89。

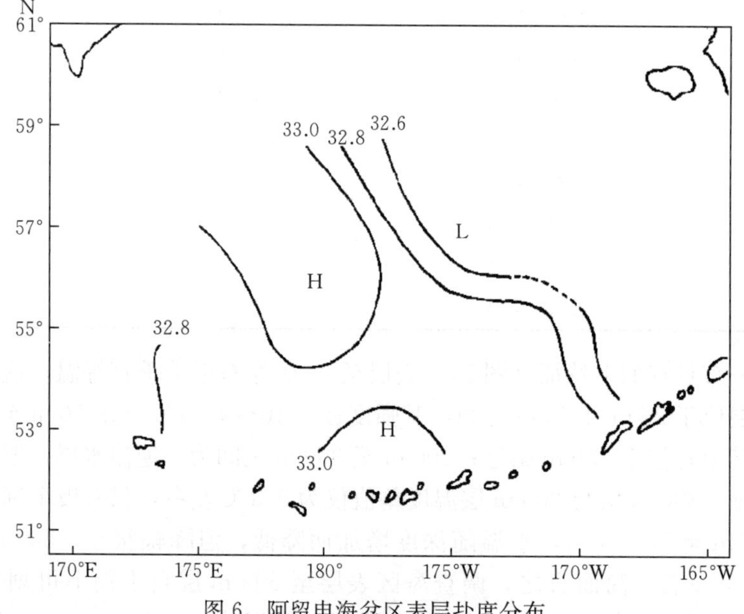

图 6 阿留申海盆区表层盐度分布

Figure 6 Distribution of surface salinity in the Aleutian Basin

调查海区东部与200 m等深线近于平行的带状水域，等盐线密集，盐度梯度明显，可认为是海盆高盐水系与东大陆架低盐水系的混合区[1]。对照其他层次的水温分布状况，可以看出水系的这种分布形式可持续到150 m左右的水层。不过，随着深度增加，公海高盐水舌逐渐西缩。200 m层，调查区东部低盐水侵入海盆区并被高盐水分隔成两个低盐闭合中心（图7）。250 m和300 m层，盐度分布与200 m层大致相同；500 m层，其分布趋势跟表层相似。事实上，盐度水平分布非常均匀，各水层盐度极差均在0.8以下，100 m层仅为0.47（表2）。另外，500 m层平均盐度比表层高1.0左右。

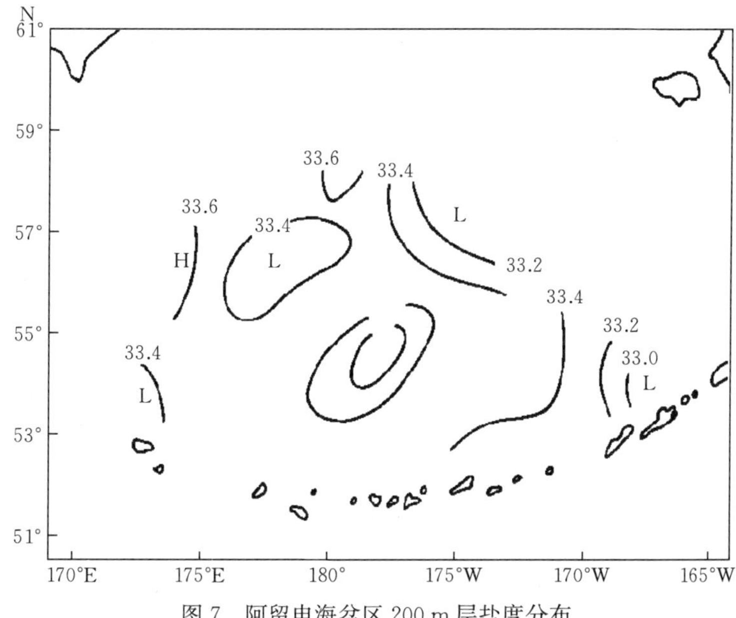

图7 阿留申海盆区200 m层盐度分布

Figure 7 Distribution of salinity at the 200 m depth in the Aleutian Basin

表2 阿留申海盆区盐度分布状况

Table 2 The horizontal distribution situation of salinity in the Aleutian Basin

水层（m） Depths（m）	分布范围 Range of salinity	极差 $S_{max}-S_{min}$	平均值 Mean value
0	32.49～33.15	0.66	32.89
25	32.43～33.11	0.68	32.86
50	32.59～33.22	0.63	33.01
100	32.82～33.29	0.47	33.14
150	32.89～33.38	0.49	33.20
200	32.97～33.66	0.68	33.39
250	33.12～33.82	0.70	33.54
300	33.18～33.91	0.73	33.66
500	33.61～34.12	0.51	33.94

盐度垂直分布不像水温那样复杂，其总的分布趋势是随深度增加而增加（图 5）。当深度增加 100 m 时，盐度一般升高 0.2 左右，只有部分测站 250 m 层盐度比 150 m 层高 0.4 左右。

2.2 阿留申海盆区溶解氧分布

各站表层海水溶解氧含量比较接近，其值为 9.76～10.56 mg/L。表层溶解氧分布趋势，公海区及其周围海域氧含量较高，其余海域氧含量相对较低（图 8）。

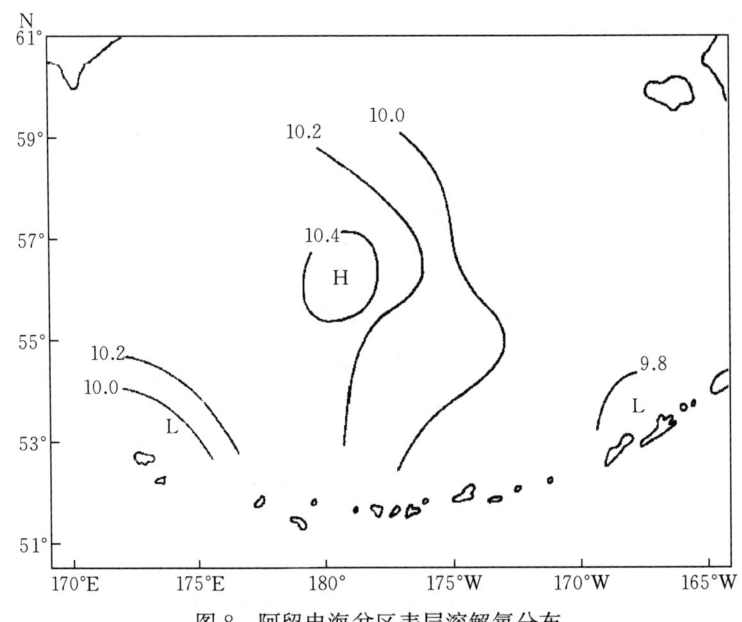

图 8 阿留申海盆区表层溶解氧分布

Figure 8 Distribution of dissolved oxygen at the surface in the Aleutian Basin (mg/L)

对照表层水温分布，可以发现，溶解氧含量主要受水温控制，溶解氧与水温呈负相关，水温越高，溶解氧含量越低，反之亦然。50 m 和 100 m 层，溶解氧分布趋势跟表层大体一致；200 m 和 300 m 层，溶解氧分布比其他层次复杂一些，公海水域高氧区与低氧区交替出现，200 m 等深线外侧水域为高氧水所控制；500 m 层，溶解氧分布趋势跟表层完全相反，公海区溶解氧含量低于其他水域。500 m 层溶解氧分布范围为 1.42～2.57 mg/L，均值为 1.97 mg/L（表 3）。

表 3 阿留申海盆区溶解氧分布状况

Table 3 The horizontal distribution situation of dissolved oxygen in the Aleutian Basin

水层（m） Depths (m)	分布范围（mg/L） Range of DO (mg/L)	极差（mg/L） $DO_{max}-DO_{min}$ (mg/L)	均值（mg/L） Mean value (mg/L)
0	9.76～10.56	0.80	10.13
50	7.29～10.50	3.21	9.46
100	6.54～10.32	3.78	8.84

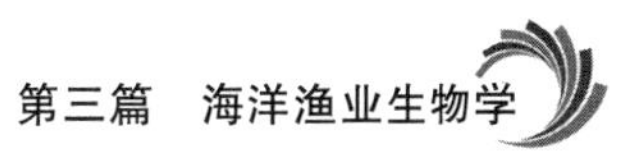

（续）

水层（m） Depths（m）	分布范围（mg/L） Range of DO（mg/L）	极差（mg/L） $DO_{max}-DO_{min}$（mg/L）	均值（mg/L） Mean value（mg/L）
200	4.92～8.85	3.93	7.31
300	2.55～5.74	3.19	4.08
500	1.42～2.57	1.15	1.97

溶解氧垂直分布总趋势是随水深的增加而降低（图 5），表层至 100 m 层，溶解氧递减非常缓慢，100 m 层溶解氧均值仅比表层低 1.3 mg/L 左右；100 m 至 300 m 层，溶解氧的递减速率为 0.03 mg/L/m；400 m 至 500 m 之间，水中溶解氧含量几乎不随深度变化，其值在 2.0 mg/L 左右。

2.3　狭鳕分布和移动与理化环境的关系

2.3.1　狭鳕分布区环境状况

当年生狭鳕幼鱼主要分布在表层至 120 m 之间，狭鳕成鱼的分布水层则在 150～250 m。由表 4 可见，狭鳕幼鱼分布区温度、盐度和溶解氧的分布范围分别为 2～9 ℃、32.5～33.5 和 8～10 mg/L；狭鳕成鱼分布区温度在 2～4 ℃、盐度在 33.0～33.8、溶解氧在 6～8 mg/L。另外，100 m 层，幼鱼密集区水温在 3～5 ℃、盐度在 32.9～33.1、溶解氧在 8～9 mg/L。200 m 层狭鳕成鱼密集区水温在 3～4 ℃、盐度在 33.2～33.6、溶解氧在 6～8 mg/L。

表 4　狭鳕分布区环境状况

Table 4　The environmental situation of the distribution areas of walley pollock

生命阶段 Life stage	层次（m） Depths（m）	水温（℃） *T*（℃）	盐度 *S*	溶解氧（mg/L） DO（mg/L）
当年生幼鱼 Juveniles	0	7～9	32.5～33.0	10 or so
	50	3～6	32.6～33.0	8～10
	100	2～5	32.9～33.1	8～9
成鱼 Adult fish	150	2～4	33.0～33.2	/
	200	3～4	33.0～33.6	/
	250	3～4	33.2～33.8	6～8

2.3.2　狭鳕幼鱼密集区与水系的关系

由图 9 可见，夏季当年生狭鳕幼鱼主要分布在海盆高盐水系和东大陆架低盐水系的混合区内，此处海水辐合度较大、营养盐类丰富、浮游生物大量繁殖。由于这些有利的地理和饵料条件，使得该区域成为当年生狭鳕幼鱼良好的栖息场所[2]。

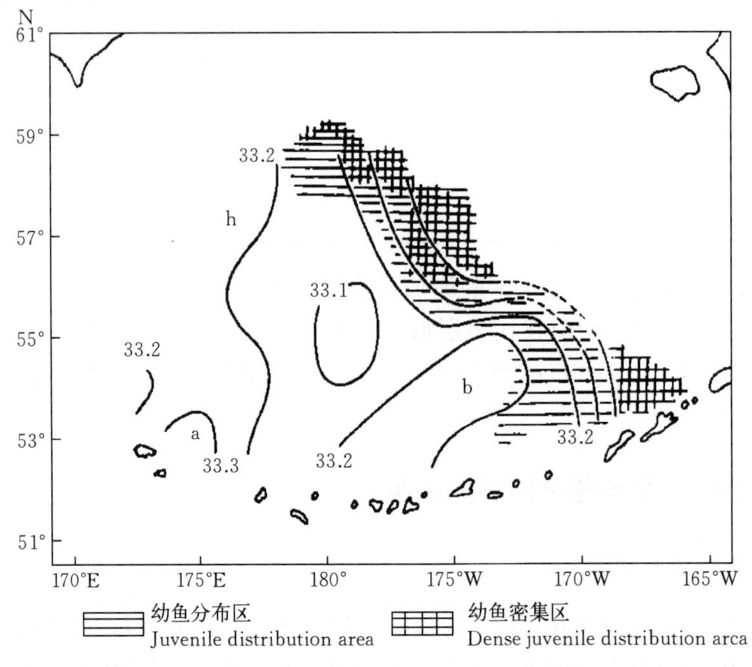

图 9 当年生狭鳕幼鱼分布区与 100 m 层盐度的关系

Figure 9 Relationship between the distribution area of juvenile walley pollock and salinity at 100 m depth

2.3.3 狭鳕幼鱼垂直移动与温跃层的关系

7 月，调查海区温度跃层位于 25～50 m 之间。对照白天不同时刻狭鳕幼鱼的分布水层，可以发现，白天狭鳕幼鱼主要分布水层（60～120 m），位于温跃层之下，换句话说，白天幼鱼一般不穿过温跃层而进入上匀和层内活动。然而夜间大部分时间幼鱼分布在表层和 20 m 之间。这说明，温跃层对狭鳕幼鱼的垂直移动没有构成大的影响。夜间幼鱼上浮的原因，很可能与索饵有关。

2.3.4 狭鳕成鱼垂直移动与冷水团的关系

7 月，白天狭鳕成鱼密集在 175～225 m 水层，即冷水团中心以下至底部这一深度范围。夜间狭鳕成鱼垂直移动也比较明显，但其幅度比幼鱼小得多，分布水层为 120～180 m。由此可见，狭鳕成鱼主要在冷水团范围以内垂直移动。夜间狭鳕成鱼不上浮到上匀和层内活动的原因有下面几个：①温跃层妨碍其垂直移动；②冷水团内部有足够的饵料可食无需到上层寻觅；③其他原因。

2.3.5 溶解氧对狭鳕分布水层的影响

一般来说，当水中氧含量高于 5 mg/L 时，鱼类生活不会受到影响。但是，当溶解氧过低时，不仅鱼类生长发育受到影响，而且其存活也将受到威胁[3]。在白令海调查海区的大部分海域，300 m 层以下水中氧含量低于 5 mg/L，狭鳕在此罕有分布，这表明溶解氧是影响狭鳕分布和移动的因子之一。由于氧含量过低，即使在白天狭鳕也很少下沉到 350 m 以下。当然溶解氧不是影响狭鳕分布的唯一因子，其他的环境因子，比如压力、水温和饵料状况，也对狭鳕的栖息水层有着重要的影响。

3　小结和讨论

3.1　夏季阿留申海盆区为大面积低温水所覆盖，调查海区表层至 500 m 温度变化在 1.3～9.6 ℃，盐度变化在 32.4～34.1，溶解氧变化在 1.42～10.60 mg/L。温跃层位于 25～50 m 之间，冷水团位于 50～250 m 之间。盐度随深度增加而增加，溶解氧随深度增加而降低。

3.2　当年生狭鳕幼鱼主要分布在海盆水系和东大陆架水系的混合区内，其垂直移动十分明显，夜间它们可穿越温跃层而进入上匀和层甚至表层活动。狭鳕成鱼主要在冷水团范围以内垂直移动，它们很少下沉到 350 m 以下，部分原因是那里的溶氧过低。

3.3　由图 10 可见，狭鳕成鱼分布与等温、等盐线的分布趋势的关系似乎不明显，对于这种现象可作如下解释。200 m 层，调查海区温盐度分布相当均匀，温度变化在 2.20～4.68 ℃、盐度变化在 32.97～33.66，所有测站的温、盐度值均未超出狭鳕的适宜范围。如果仅考虑温盐要素的影响，整个调查海区应为狭鳕良好的栖息场所，但狭鳕的分布也受到其他因素（比如饵料状况）的制约，在适温、适盐海区出现狭鳕分布的密集区、稀疏区甚至无分布区都不足为怪。

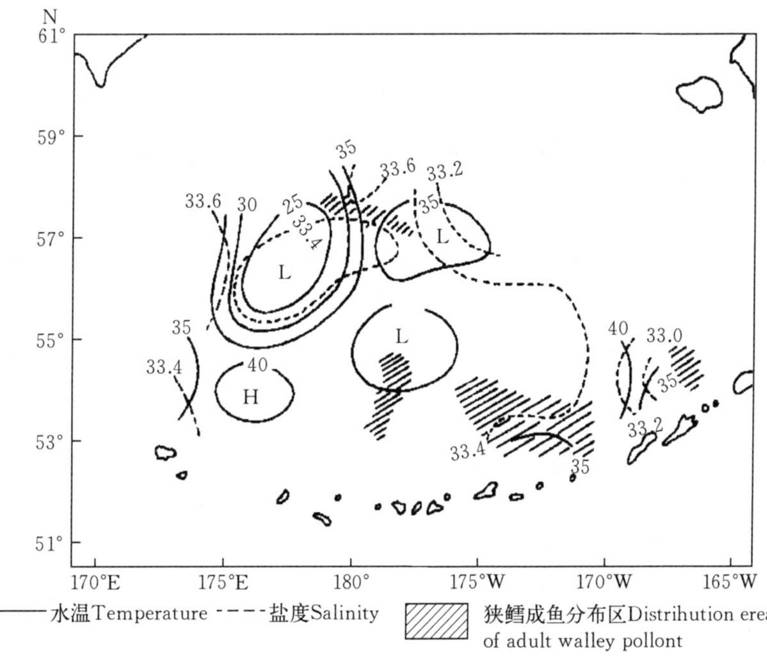

图 10　狭鳕成鱼分布区与 200 m 温、盐度的关系

Figure 10　Relationship between the distribution area of adult walley pollock and the temperature and salinity at 200 m depth

参考文献

[1] 李凤岐，等．用模糊集合观点讨论水团的某些概念．青岛海洋大学学报，1989，19（Ⅰ-Ⅱ）：210-219.

[2] 张瑞安，等．黄海西部春季海洋锋及其与渔业的关系．青岛海洋大学学报，1989，19（Ⅰ-Ⅱ）：199-203.

[3] 唐逸民．水产海洋学基础．农业出版社，1980：17-19.

[4] 唐启升，等．白令海阿留申海盆区狭鳕当年生幼鱼数量分布的调查．中国水产科学，1994，1（1）：37-47.

[5] 马绍赛．黄东海越冬鱼的分布与水文的关系．水产学报，1989，13（3）：201-206.

[6] 朱德山，等．黄东海鱼及其它经济鱼类声学评估的调查研究．海洋水产研究，1990，11：1-142.

[7] 邱道立，等．渤海增殖环境水文特征．海洋水产研究，1986，7：120-133.

THE CHARACTERISTICS OF PHYSICOCHEMICAL ENVIRONMENT AND THEIR RELATIONSHIPS TO THE DISTRIBUTION AND MIGRATION OF WALLEY POLLOCK *THERAGRA CHALCOGRAMMA* IN THE ALEUTIAN BASIN OF BERING SEA IN THE SUMMER

CHEN Jufa, TANG Qisheng, WANG Weixiang, CHEN Yuzhen, LI Fuguo, JIN Xianshi, ZHAO Xianyong, DAI Fangqun

(*Yellow Sea Fishery Research Institute, Chinese Academy of Fishery Sciences, Qingdao 266071*)

Abstract: During June to August, 1993, the acoustic survey for walley pollock and the investigation of environment inhabited by them in the Aleutian Basin of Bering Sea were carried out by *R/V* BEI DOU. Based on the data obtained from this survey, the distributions of temperature, salinity and dissolved oxygen in surveyed area are described in this paper, which also analyses the relationships between the distribution and migration of walley pollock and physicochemical environment. The results show that: ① The Aleutian Basin waters were dominated by the extensive water of lower temperature, the temperature was below 10 ℃. The horizontal distributions of temperature and salinity were that the temperature and salinity in the High Seas area was lower and higher than those in the remaining part of surveyed area respectively. The horizontal distribution of dissolved oxygen (DO) was relatively homogeneous. At the surface the content of DO was about 10 mg/L. ②The thermocline was observed. The water column between 100 m and 200 m in depth was dominated by a strong cold water－mass and its temperature was below 3 ℃. The salinity and and dissolved oxygen increased and decreased with increasing depth respectively. ③The main distribution areas of age zero walley pollock were situated in the mixing zone between the Sea Basin Water－system and the Eastern Continental Shelf Water－system. In the high schooling areas of age zero walley pollock, the temperature, salinity and dissolved oxygen at the depth of 100 m were 3～5 ℃, 32.9～33.1 and 8～9 mg/L respectively. ④In summer the vertical migration of adult walley pollock was generally within the cold water－masslimits. In the high schooling areas of adult fish, the temperature, salinity and dissolved oxygen at the depth of 200 m were 3～4 ℃, 33.2～33.1 and 6～8 mg/L respectively.

Key words: Aleutian Basin; Marine environment; Ecological distribution; Walley pollock

夏季鄂霍次克海公海区狭鳕渔场环境特征①

陈聚法，唐启升

（中国水产科学研究院黄海水产研究所，青岛 266071）

摘要： 根据鄂霍次克公海区狭鳕资源声学评估调查资料，研究了狭鳕分布状况及渔场环境特征，并分析了狭鳕行动分布与环境的关系。结果表明，8 月公海区狭鳕密集群位于 55°N 以北、水深小于 500 m 的海域，其主要分布水层在 150～300 m 之间；调查期间狭鳕只为索饵群体，主要摄食太平洋磷虾，狭鳕密集区一般也为太平洋磷虾高密度分布区；8 月公海区水温跃层大致在 0～50 m 之间，强度为 0。25 ℃·m^{-1} 左右；冷水团位于 50～150 m 之间；由于温跃层的屏障作用和饵料因素的影响，狭鳕主要分布于冷水团以下的水层。400 m 以下的水层狭鳕分布稀少，部分原因是溶解氧含量过低。

关键词： 鄂霍次克海；狭鳕；分布；渔场环境

1 引言

鄂霍次克海位于北太平洋，是狭鳕（*Theragra chalcogramma*）资源密度最高的海区之一[4,7,10]。我国的大型拖网渔船从 1991 年 9 月开始在鄂霍次克公海进行狭鳕捕捞作业，由于资源密度高，渔获量大，取得了显著经济效益[16]。黄海水产研究所使用“北斗”号渔业资源调查船，于 1993 年 8 月 6—16 日首次对鄂霍次克公海狭鳕资源进行了声学/中层拖网资源评估和渔场环境调查，其目的是评估公海狭鳕资源现状与潜力，为维护我国及其他捕鱼国公海捕鱼的合法权益和合法管理提供科学依据。

2 研究海域概况与研究方法

2.1 研究海域概况

鄂霍次克海是西北太平洋的一个边缘海，属亚寒带气候，四季分明。冬季冷空气入侵频繁，水温迅速下降，1—3 月公海区基本被冰所覆盖。春季暖空气势力逐渐增强，海冰从 3 月底开始自南向北逐渐溶化。夏季鄂霍次克海一般多刮暖湿的偏南风，形成大片浓雾，整个夏季雾天占 70%以上。秋季随着冷空气的侵入，气温和水温逐渐下降，天气较为晴朗[5,9]。鄂霍次克海公海区渔业资源丰富，其中狭鳕和太平洋鲱（*Clupea harengus pallasi*）资源密度较高[12,13,18,21]，为大型拖网渔船的主要捕捞对象。

① 本文原刊于《应用生态学报》，11（6）：939-942，2000。

2.2 研究方法

渔场环境调查与狭鳕资源声学资源评估同步进行，主要观测要素有水温、盐度和溶解氧。表层水温用 SWY1－1 型表层水温计进行观测，其他层次水温以 SWM－B 型颠倒温度表观测。盐度和溶解氧水样先由南森型采水器分层采集，然后分别用 SYC2－1 A 型盐度计和 RSS－5100 型测氧仪测定。水温和盐度的观测水层为 0 m、25 m、50 m、100 m、150 m、200 m、250 m、300 m 和 500 m，溶解氧的观测水层为 0 m、50 m、100 m、200 m、300 m 和 500 m。调查海域位于 51～56°N 和 148～151°E 之间，共设 12 个测站，站位分布见图 1。

3 结果与分析

3.1 公海区狭鳕分布及其摄食

从调查结果看，整个调查海域从北至南均有狭鳕分布，其密集群即 *M* 值（仪器平均回声积分值）达到 100 以上仅集中于北部 55°N 以北、水深小于 500 m 的海域。*M* 值 500～1 000的高密集群位于公海区的最北端，具体位置在 55°45′N、149°40′E 附近。另外，在 55°15′N、149°40′E 附近有 *M* 值 250 以上的密集区。公海中部 53°30′N 以北、水深大于 500 m海域，狭鳕密集度较低，没有 *M* 值 100 以上的密集群（图 2）。鄂霍次克海公海区狭

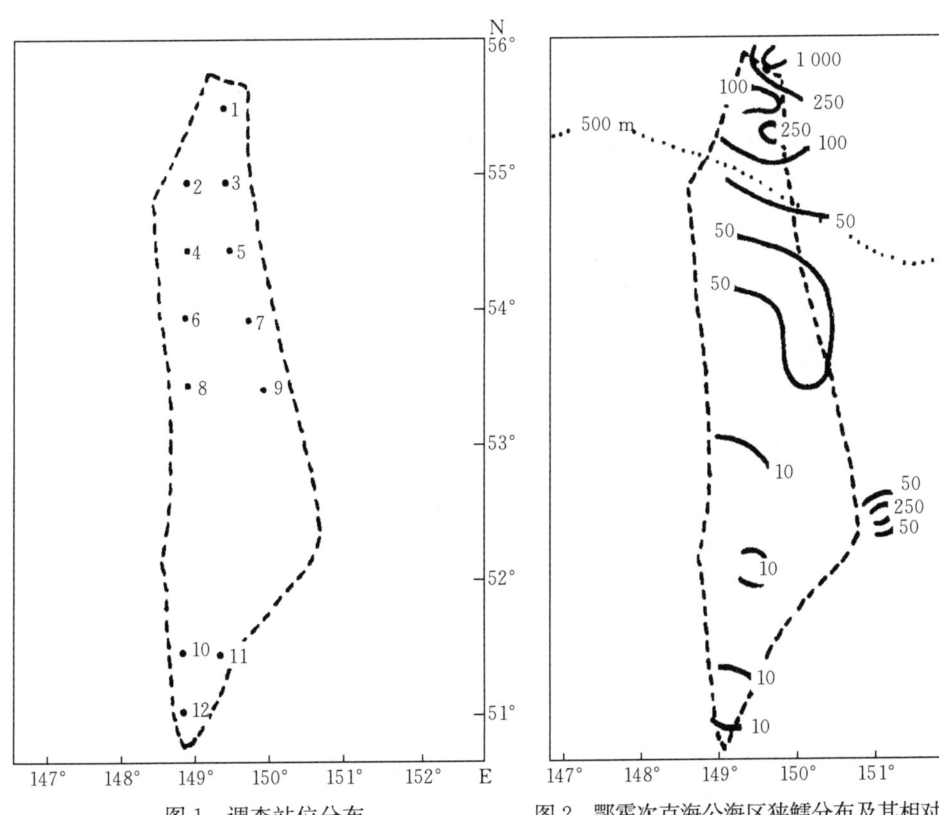

图 1 调查站位分布

Figure 1 Distribution of survey stations

公海边界线 Border of the high seas

图 2 鄂霍次克海公海区狭鳕分布及其相对密度（*M* 值）

Figure 2 Distribution of walleye pollock and relative density (*M* value) in the high seas of the Okhotsk Sea.

鳕垂直分布范围自表层至 400 m，主要分布于 150～300 m 层，占整个分布水层的 73.5%；100～150 m 层占 9。7%，300 m 以下的深水层占 14.0%，0～100 m 层仅占 3.2%。

8 月鄂霍次克海公海区狭鳕只为索饵群体，但调查海域摄食强度不高，空胃率约占 16%，摄食等级为 1 级和 2 级者分别占 46%和 21%。胃含物分析结果表明，狭鳕摄食的主要饵料为磷虾、各种中小型鱼类、头足类和桡足类，其中以磷虾的出现频率最高，摄食等级为 3～4 级的胃含物中几乎全为磷虾。调查海域狭鳕密集区一般也为磷虾高密度分布区，二者对应关系较好[1,3,8]。

3.2 狭鳕分布与环境的关系

3.2.1 狭鳕分布与水温的关系

狭鳕为冷水性鱼类[2,6,11,19]，虽对低温有较大的适应性，但对温度变化的反应同样非常敏感，其洄游分布和集群均受到温度的制约，8 月鄂霍次克海公海区狭鳕的垂直分布和移动就明显地受到温跃层和中层冷水团的限制。8 月调查海区水温跃层大致位于 0～50 m 之间，温跃层强度在 0.20～0.25 ℃·m^{-1}。50～150 m 左右的水层为冷水团控制区，此冷水团一般称为鄂霍次克海中层冷水团，为常年存在的水团[2]，其内部水温在 1 ℃以下，本次调查观测到的最低水温为 1.21 ℃。冷水团以下至 500 m 水深为水温相对匀和层，其温度变化范围为 1.0～1.8 ℃（图 3）。

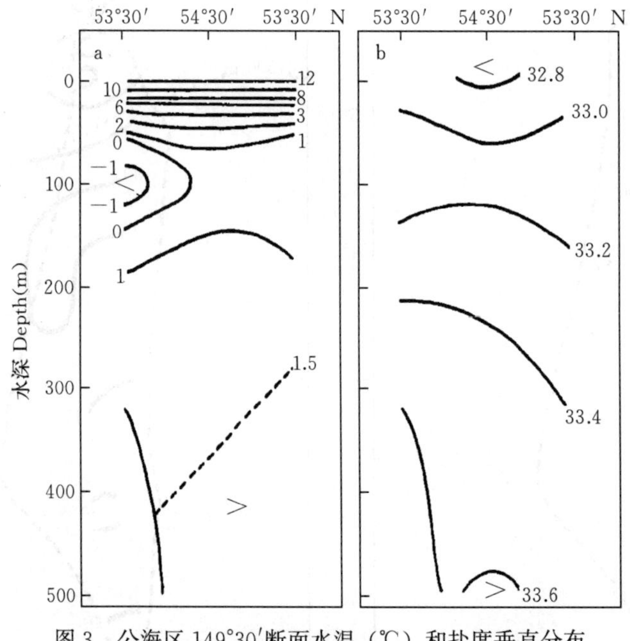

图 3 公海区 149°30′断面水温（℃）和盐度垂直分布

a. 水温 b. 盐度

Figure 3 Vertical distributions of temperature (℃) and salinity at section of 149°30′E in the high seas of the Okhotsk Sea

a. Water temperature b. Salinity

前已提及，8月鄂霍次克海公海区狭鳕的主要栖息水层为150～300 m，换言之，狭鳕主要分布于温跃层和冷水团以下的水层，究其原因，主要有：①温跃层的屏障作用。由于温跃层内水温梯度大，而狭鳕鱼类对水温变化的刺激反应敏感，因此温跃层便构成了其垂直移动的一道暖水屏障[17]。②饵料因素的影响。狭鳕为冷水性鱼类，单从水温考虑，冷水团对狭鳕的垂直移动不可能构成影响，但因冷水团内各海洋要素分布相对均匀，海水辐合度较小，各种营养盐类相对贫乏，饵料生物不易繁殖[20]，因此冷水团内饵料相对贫乏也是造成狭鳕分布稀少的原因之一。

3.2.2　盐度对狭鳕分布的影响

8月鄂霍次克海公海区盐度垂直分布总趋势为随深度增加而升高，但0～200 m间不同测站盐度增幅存在一定差异，最大增幅为0.58，最小增幅仅为0.27。总的来讲，8月鄂霍次克公海区无明显盐跃层存在（图3）。由于随深度增加盐度均匀地递增，因此盐度对狭鳕分布的影响不如水温那么明显。狭鳕密集区表层盐度在32.77～32.94，150 m层盐度在32.99～33.29，300 m层盐度在33.32～33.46，500 m层盐度在33.45～33.62。需要指出的是，最适盐度只是形成鱼类密集区的必要条件，不是决定条件，在最适盐度的海区不一定能形成鱼类密集区，因为鱼类密集区的形成是多种因素综合作用的结果[14,15]。

3.2.3　溶解氧对狭鳕分布的影响

对于绝大多数海洋鱼类来讲，当水中溶解氧含量在5 mg・L^{-1}以上时，其存活及生长不会受到影响。但若溶解氧含量过低，不仅鱼类生长受到影响，其存活也将受到威胁[17]。从鄂霍次克公海区溶解氧垂直分布看，0～50 m溶解氧随深度增加而升高，50 m比表层高0.86～1.84 mg・L^{-1}。50～500 m，溶解氧随深度增加而降低，水深每增加100 m，溶解氧降低0.90～1.40 mg・L^{-1}。与上述分布不同，6号站在100～200 m间出现溶解氧垂直等值的情况（图4）。从溶解氧垂直变化曲线可以看出，大部分海域400～500 m间溶解氧处于5 mg・L^{-1}以下的低水平，而狭鳕鱼类在400 m以下的水中几乎没有分布。由此可见，除压力和饵料等因素外，溶解氧含量较低也是造成深水区狭鳕分布稀少的一个重要原因。

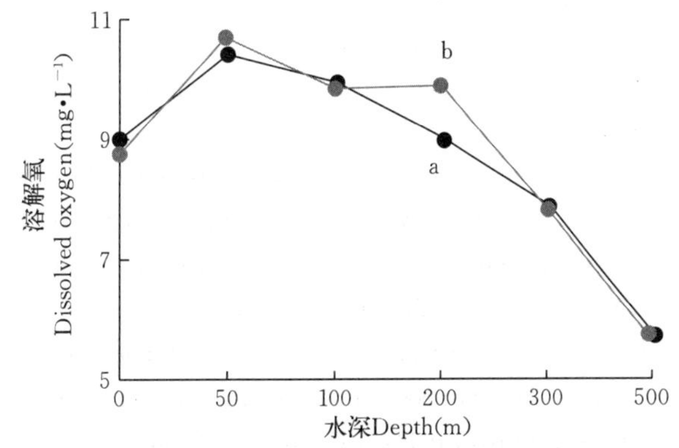

图4　公海区溶解氧随深度变化曲线

a. 11号站　b. 6号站

Figure 4　Variation curves of dissolved oxygen with the water depth in the high seas

a. Station No. 11　b. Station No. 6

4　结论

4.1　8月鄂霍次克海公海区狭鳕密集群主要分布于55°N以北、水深小于500 m的海域，其主要栖息水层为 150～300 m。

4.2 8 月调查海域狭鳕只为索饵群体，摄食的主要饵料为太平洋磷虾。磷虾高密度分布区一般与狭鳕密集区相对应。

4.3 8 月公海区水温跃层大致位于 0～50 m，冷水团位于 50～150 m 左右。由于温跃层的屏障作用和饵料因素的影响，狭鳕主要分布于冷水团以下的水层。400 m 以下的水层狭鳕分布稀少，部分原因是溶解氧含量过低。

参考文献

[1] Balykin P A. Some characteristics of the breeding ecology of the walleye pollock *Theragra cha - lcogramma*. *Vopr Ikhtiol*，1997，37 (2)：265 - 269.

[2] Brodeur R D. Distribution of juvenile polock relative to frontal structure near the Pribilof Islands，Bering Sea. *Lowell Wakefield Fisheries Symposium Series*，1997，14：828 - 830.

[3] Canino M F. Effects of temperature and food availability on growth and RNA/DNA ratios of walleye pollock *Theragra chalcogramma* (Pallas) eggs and larvae. *J Exp Mar Biol Ecol*，1994，175 (1)：1 - 16.

[4] Chen J F，Tang Q S，Wang W X. The characteristics of physicochemical environment and their relationships to distribution and migration of walleye pollock in the Aleutian Basin of Bering Sea in summer. *J Fishery Sci China* (中国水产科学)，1997，4 (1)：15 - 22 (in Chinese).

[5] Huang X C，Chen X Z. Experiment and study on fishing gear and fishing method of bottom trawl in southwest of Okhotsk Sea. Symposium of Workshop on China Fisheries Fishing Technology. Suzhou：Suzhou University Press. 1997，46 - 52 (in Chinese).

[6] Kendall A W. Walleye pollock recruitment in Shelik of Striait：Applied fisheries oceanography. *Fish Oceanogr*，1996，5 (suppl. 1)：4 - 18.

[7] Ken G V. Oceanographic conditions and Bering Sea biological productivity. Proc. Int. Symp. Biol. Mgmt. Walleye Pollock，Nov. 1988. Anchorage，Alaska. 1989，79 - 81.

[8] Kooka K. Food habits of walleye pollock inhabiting the mesopelagic zone in the northern Japan Sea in spring and autumn. *Nippon Suisan Gakkaishi*，1997，63 (4)：537 - 541.

[9] Li S L. A research on technical and economic performances of large scale mid - water bottom trawl in Okhotsk Sea. Symposium of Workshop on China Fisheries Fishing Technology. Suzhou：Suzhou University Press. 1997：102 - 108 (in Chinese).

[10] Ohtani K，Azumaya T. Influence of interannual changes in ocean conditions on the abundance of walleye pollock in the eastern Bering Sea. *Can J Fish Aquat Sci/J Can Sci Halieut Aquat*，1995，121：369 -380.

[11] Science and Technology Committee of Shandong. The Hydrological Condition in the Coastal Waters of Shandong. Jinan：Shandong Map Press. 1989：71 - 85 (in Chinese).

[12] Shuntov V P. Current condition of epipelagic communities in the northeastern Sea of Okhotsk. *Russ J Mar Biol*，1998，24 (2)：90 - 99.

[13] Sogard S M，Olla B L. Effects of light，thermoclines and predator presence on vertical distribution and behavioral in teractions of juvenile walleye pollock. *J Exp Mar Biol Ecol*，1993，167 (2)：179 - 195.

[14] Swartzman G，Silverman E. Relating trends in walleye pollock abundance in the Bering Sea to environmental factors. *Can J Fish Aquat*，1995，52 (2)：369 - 380.

[15] Tang Q S，Jin X S，Li F G. Summer distribution and abundance of age - 0 walleye pollock *Theragra chalcogramma* in the Aleutian Basin. U. S. Dep. Commer. NOAA Tech. Rep. NMFS，1997，126：35 - 45.

[16] Tang Q S, Wang W X, Chen Y Z. Stock assessment of walleye pollock in the north Pacific Ocean by acoustic survey. *J Fish China* (水产学报), 1995, 19 (1): 8 - 20 (in Chinese) .

[17] Tang Y M. Basis of Fisheries Oceanography. Beijing: Agriculture Press, 1980, 27 - 28 (in Chinese) .

[18] Temnykh O S. Spatial distribution of walleye pollock fingerlingsin the Sea of Okhotsk. *Sov J Mar Biol*, 1991, 16 (5): 59 - 64.

[19] Qingshan H X. Trans. Zhang R - Y (张如玉) . 1983. Bottom Fisheries Resources. Beijing: Agriculture Press, 1980: 273 - 275 (in Chinese) .

[20] Zhang R A, Zheng D. Spring ocean fronts in the western Yellow Sea and their relationships to fisheries. *J Qingdao Ocean Univ*, 1989, 19 (1): 199 - 204 (in Chinese) .

[21] Zverkova L M, Oktyabrsky G A. Okhotsk Sea walleye pollock stock status. Workshop on the Okhotsk Sea and adjacent areas, Pacific Academy of Management and Business, Vladivostok (Russia) . 19 - 24 June 1995.

Environmental characteristic of walleye pollock fishing ground in high seas of the Okhotsk Sea in summer

CHEN Jufa and TANG Qisheng

(Yellow Sea Fisheries Research Institute, Chinese Academy of Fisheries Sciences, Qingdao 266071)

Abstract: Based on the acoustic survey on the resource of walleye pollock (*Theragra chalcogramma*) in the high seas of the Okhotsk Sea, the distribution of walleye pollock and the environmental characteristics of its fishing ground were studied, and the relationship between them were analyzed. In August, the high schooling area of walleye pollock was situated in the waters with a depth of less than 500 meters and to the north of 55°N. Walleye pollock mainly distributed in 150～300 m depth, and lived in groups. The main food was *Euphausia pacifica*, and the densely populated area of walleye pollock was roughly consistent with that of *Euphausia pacifica*. The thermocline was observed at 0～50 m depth, the temperature changed at a rate of 0. 25 ℃ per meter, and the cold water mass was roughly located in 50～150 m layer. The fish was mainly distributed in the layer below the cold water mass, because of the impeding effect of thermocline and the limiting action of fish food. It seldom inhabited the water below 400 m depth, partly because the dissolved oxygen there was rather low.

Key words: Okhotsk Sea; Walleye pollock; Distribution; Environment of fishing ground

1993年夏季白令海狭鳕资源评估调查总结报告[①]

唐启升，王为祥，陈毓桢，李富国，金显仕，赵宪勇，陈聚法，戴芳群

前 言

狭鳕（*Theragra chalcogramma*）广泛分布于北太平洋，是世界海洋资源最为丰富的经济生物种类。自60年代大规模开发利用以来，渔业产量不断上升，80年代中后期渔业年产量高达613万～676万t。90年代初产量有所下降，1990年渔业年产量为579万t，其中白令海年产量为305万t。

我国远洋大型拖网渔船于1985年末开始利用东白令海陆架区（美国专属经济区）及白令公海狭鳕资源，渔船由开始3艘3 000 t级左右尾滑道拖网加工船，逐渐发展为17艘，成为我国大洋性远洋渔业的主要部分，经济效益较好，受到国内渔业界的重视。

1988年，随着东白令海美国专属经济区狭鳕渔业美国化，外国渔船全部退出美国专属经济区，白令海公海发展成为国际性狭鳕渔场，渔业开发利用明显加强，捕捞与管理、沿岸国与捕鱼国的矛盾开始激化，白令海狭鳕资源和渔业问题成为引人注目的区域性问题。1988年和1990年美国、苏联、日本、波兰、韩国、中国及加拿大等沿岸国家和捕鱼国家先后两次以学术会议的形式，讨论狭鳕资源的归属和可捕量问题。1991年后转入政府间研讨，先后以白令海公海狭鳕问题为中心举行7次中白令海生物资源保护和管理会议，并于1993年1月1日起对白令海公海狭鳕实行暂时停捕两年的保护和管理措施。在这种情况下，进行公海狭鳕资源调查研究，及时了解现状，对保护资源、维护捕鱼国的合法权益至关重要。1993年第六次会议期间，与会各国均认为需要加强对白令海狭鳕资源的调查研究，美国、日本、俄罗斯和中国等提出相应的调查计划。

白令海远洋渔业出现的问题，引起农业部高度重视，1993年4月向黄海水产研究所下达了白令海狭鳕资源科学调查任务，其主要目的是评估白令海公海狭鳕资源现状与潜力，了解公海狭鳕资源与阿留申海盆其他区域狭鳕资源的关系，为维护我国及其他捕鱼国在白令海公海合法捕鱼权益提供科学依据。在农业部水产司、中国水产总公司、中国水产科学研究院、大连、烟台、山东、上海、舟山等远洋渔业公司和驻美渔业代表处指导和支持下，“北斗”号渔业调查船承担了这次调查任务。经过紧张的坞修、试航等准备工作，“北斗”号于1993年6月10日晚出航，进行声学仪器校正，6月28日到达白令海，开始对白令海阿留申海盆区（包括公海和美国专属经济区）进行狭鳕声学资源评估和渔场环境调查。8月3日“北斗”号完成了预定调查计划，驶出白令海。

实施本次调查计划的科研人员有：唐启升（首席科学家）、王为祥、陈毓桢（仪器主

① 本文原刊于《海洋水产研究丛刊》，33：1-62，1994。

任)、李富国、金显仕、赵宪勇、陈聚法、戴芳群等；“北斗”号船长吕明和、轮机长刘世进；美国阿拉斯加渔业研究中心专家因故未参加调查。

现将主要调查研究结果报告如下。

1　调查方法

1.1　调查设计

采用走航式声学积分、中层拖网取样和定点环境观测方式对阿留申海盆区狭鳕、其他渔业资源和环境进行调查。由于海区面积较大，时间有限，调查航线间距在公海区和波哥斯洛夫岛附近为 22 n mile，其他海区为 44 n mile，环境调查站间距为 1°N×2°E（或 W）。调查航线和站位设置详见图 1。

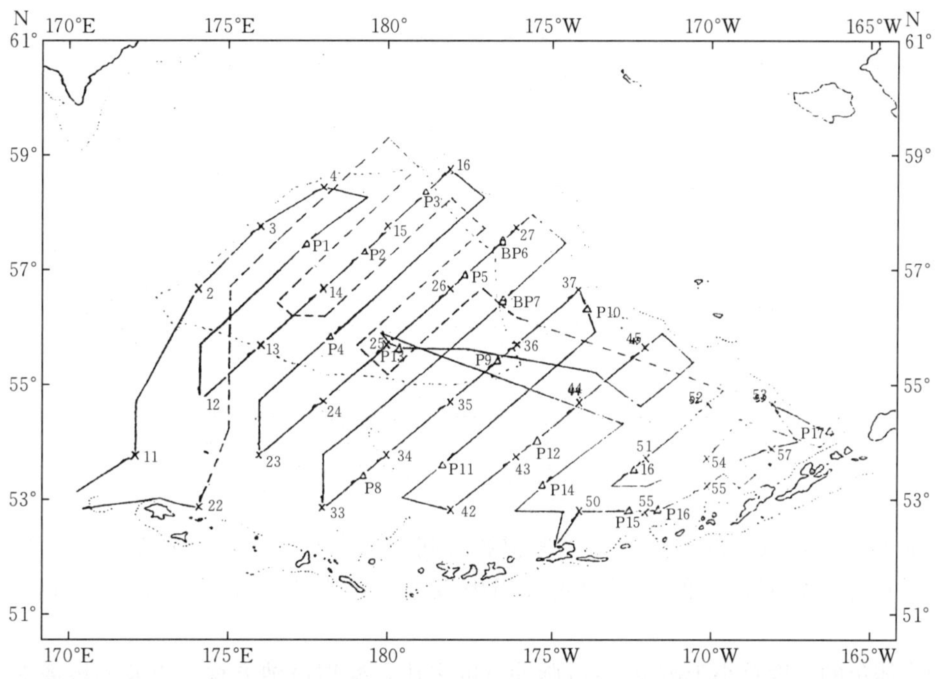

图 1　白令海阿留申海盆区狭鳕资源声学评估/中层拖网和环境调查航线及站位图

图中实线调查日期为 1993 年 6 月 28 日至 7 月 24 日，虚线为 7 月 25 日至 8 月 2 日；×为环境调查站，△为中层拖网站

阿留申海盆区调查计划实施分为二个阶段：第一阶段为 6 月 28 日至 7 月 24 日，由西向东进行大尺度的声学/中层拖网资源评估和理化环境调查，调查范围为 52°30′N～59°30′N、172°E～166°W；第二阶段为 7 月 25 日至 8 月 2 日，重返公海进行第二次声学资源评估调查。两次调查的有效声学/中层拖网调查总航程为 7 240 n mile，资源评估覆盖面积达 71 万 km^2。调查中对 32 个定点站进行了分层温度、盐度、溶解氧、浮游生物、鱼卵、仔鱼取样观测，进行了 18 次中层拖网生物学取样捕捞。

关于“北斗”号渔业调查船船只结构、装备和声学仪器等主要技术参数的详细说明情况见附录Ⅰ。

1.2 声学仪器检测、校正和狭鳕声学特性测定

对海洋中生物体产生的散射场的研究近年来迅速发展。声散射效应已成功地应用于海洋生物活动规律和分布状况的研究。随着数字技术的发展，精密设计的探鱼仪与专用的回声积分仪配接，构成了完善的渔业资源声学评估系统。声学评估法以其快速、准确、覆盖面大，预报及时而又不损害鱼类资源等优点成为当今渔业资源调查与管理的主要手段。

1.2.1 精确探测鱼体回波

发射机通过换能器产生的声波，经过海水传递到目标，经目标散射后，有效信号以回波形式返回到水听器上，并将声能再转换成电能。水听器输出的电信号经放大和各种处理，最后反馈至显示或控制系统。其工作流程见图 2。

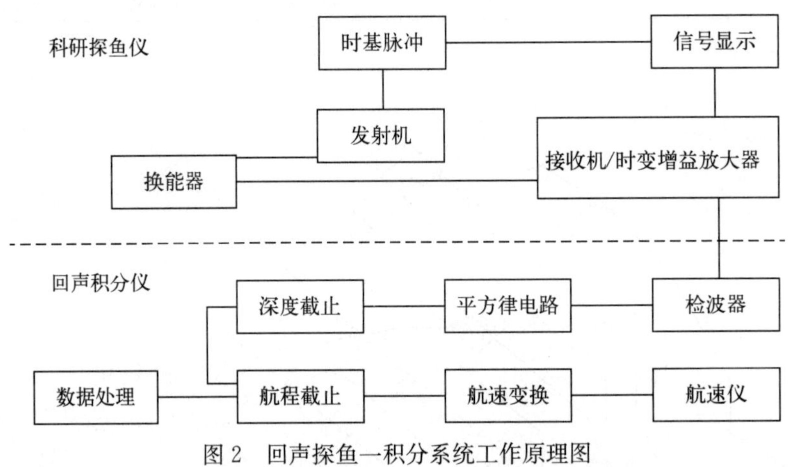

图 2 回声探鱼一积分系统工作原理图

换能器上所接收到的回波，包含振幅和时间两个参数。为使信号振幅成为可资描述回声实质的量，需对声波的扩展和吸收损失以及鱼体在声束中的不定方位等因素加以修正。

因个体鱼的长度总小于声束宽度/脉冲宽度之比，根据声纳方程，声波的传播损失应为 $20\log_{10}R+aR$，（a 为吸收系数，R 为距离）；由鱼体反射的回波经再次传播而衰减，使总传播损失变为 $40\log_{10}R+2aR$。所以，测定个体鱼目标强度时；放大器时变增益（TVG）应具有 $40\log_{10}R+2aR$ 的补偿功能。

回声探鱼技术主要还在于评估总的生物量，当鱼群分布在声束内，被测鱼的数量随换能器至鱼群间距离的扩大以 $20\log_{10}R$ 的速率扩展。这样，当声束穿过鱼群时，只需作单程的增益补偿；因为另一部分衰减已被体积的增长所抵销。由于辐射和返回双程同样都有吸收损失，所以测量群体密度时，TVG 取 $20\log_{10}R+2aR$。经这样处理，位于不同深度的鱼都保持客观的目标强度。精确而稳定的 TVG 是资源评估中探鱼设备的最重要指标之一。“北斗”号装备的 SIMRAD EK400 系列科研探鱼仪，其接收放大器均经严格计算和设计。这也是科研用探鱼仪与生产船安装的助渔用探鱼仪的一项主要区别。本调查使用的主探鱼仪——

EK400/38 kHz 探鱼仪的 TVG 曲线见图 3。

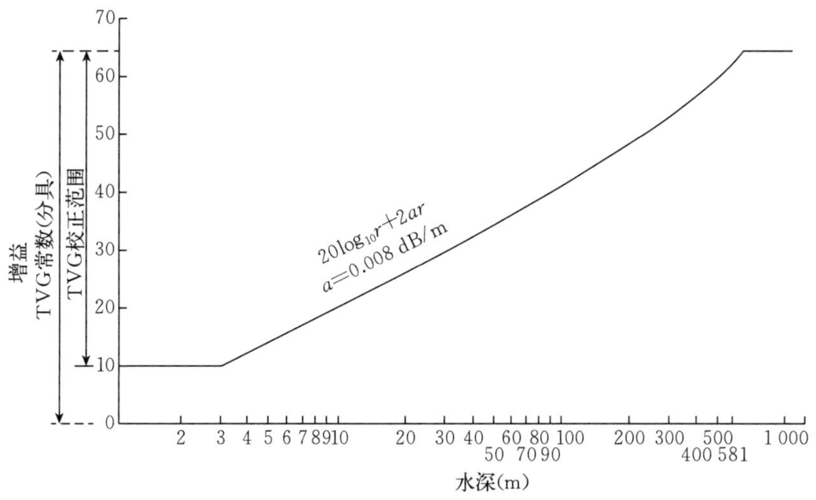

图 3　38 kHz 时变增益（TVG）曲线（起始深度 3 m，截止深度 581 m）

1.2.2　回波信号的计量

回声积分仪因无需逐一分辨目标回波，接收信号已经过扩展损失和吸收损失的修正，所以可对某一水层乃至全水层的回波信号进行累加或积分。

回声积分的数学表达式可简要地描述为：

$$T_m = C \cdot \sum_{j=1}^{N} V(j) \cdot Q(m \cdot j) \tag{1}$$

式中：T_m——在预定航程内，m 水层中 N 次发射中所检测到的总积分值；

C——与仪器参数设置有关的常数；

$V(j)$——在 j 脉冲期间的航速；

$Q(m \cdot j)$——在 j 脉冲中，从 m 层所测到的电压平方和的累加值。在第 m 水层内的平均体积反向散射系数可表示为：

$$\overline{S}v(m) = Cs \cdot T_m / D \tag{2}$$

式中：Cs——仪器常数（包括具体设定参数）；

D——在预定探测距离内，m 水层的平均厚度；

由上式可得：

$$N = \frac{\overline{S}v(m)}{\sum n_i \cdot TS_i} \tag{3}$$

式中：TS_i——1 m^3 水体中，第 i 种鱼的鱼体反射系数；

n_i——反射系数为 TS_i 鱼的尾数。

若式中诸参量可测得，则可求算鱼的总尾数 N。

1.2.3　仪器状态的监测

为确保探测仪器正常工作和设定参数的一致性，以使终端输出数据可靠和资料的可比性，每周对全套探测仪器作一次例行电学测量。测量设备与探测仪器的连接框图示于图4。测定项目包括发射机的输出电压、电流、功率、频率和波形，以及接收机的放大增益和衰减器实际增益。全套仪器从启航至返航不停机连续运转以保证设备的稳定性，还不间断地用示波器监视发射脉冲宽度和波形。

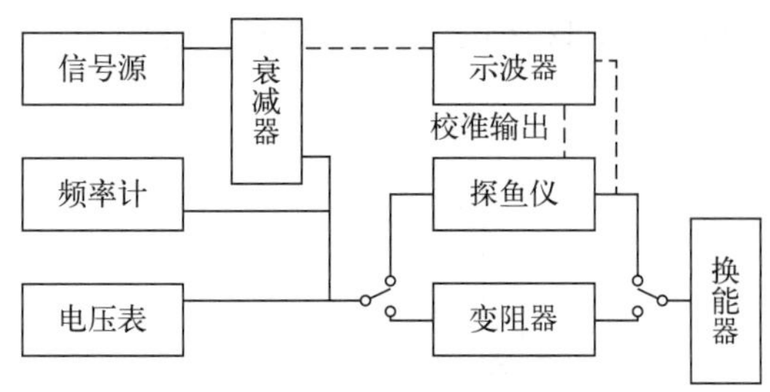

图4 测量仪器典型工作框图

本次调查的仪器设定参数见表1。

表1 “北斗”号声学仪器的技术数据和设定参数（1993.6.28—8.2）

探鱼仪型号 Echo sounders		Simrad EK400	Simrad EK400
工作频率 Frequency		38 kHz	120 kHz
记录器增益 Recouder gain		9	5
时变增益控制 TVG and gain		20 $\log_{10}R$−20	20 $\log_{10}R$
脉冲宽度 Pulse duration		1.0 mS	1.0 mS
带度 Bandwidth		3.3 kHz	3.3 kHz
换能器指向角 Transducer		7.90×7.2°	10°×10°
等效波束孔径角 Equivalent beam angIe（10log）		−20.1 dB	−17.6 dB
发射功率（假负载 60 Ω）Transmitting power（dummy 60 ohm）		3 500 W	500 W
声源级十电压响应 Source level+Voltage response		139.8 dB	113.2 dB
声学校正仪器常数 Calculated instrument constant C（for wurvey settings）（ref. 20 dB）		1.77 m²/(n mile²·mm)	1.2 m²/(n mile²·mm)
主量程 Basic range		0～300 m	0～300 m
接收机增益校准 Receiver gain calibration：	D	−49.1 dB	−49.1 dB
	Ugen	−35.4 dB	−34.9 dB
	RG	84.5 dB	84.0 dB
积分仪型号 Integrator		Simrad QD/38 kHz	
积分阀电平 Integrator threshold		13.8 mV	
积分仪增益 Integrator gain		−22.49 dB	
积分取样水层 Depth intervals		5～100/100～150/150～175/175～200/200～225/225～250/250～300/300～581/m	
底拖网网口高度 Bottom trawl opening		5.5 m	
中层拖网网口高度 Pelagic trawl opening		38～40 m	

1.2.4 声学校正—仪器常数 C_I 值的测定

仪器常数 C_I 值的测定亦称仪器声学校正，使用回声探鱼—积分系统进行资源评估的准确性，很大程度上取决于设备的声学校正精度。

挪威海洋研究所经多年海上实验（Foote，1981），确认直径 60 mm 铜球对 38 kHz 频率始终保持精确而稳定的目标强度（Foote，1983）。直径 30 mm 铜球则适用于 120 kHz 高频探鱼仪。铜球校准法的精度达 0.1 dB（Foote，1983），完全满足渔业资源评估的要求（Robinson，1984）。

本次调查开始及航次结束前，在青岛港外使用铜球作为标准反射体对回声—积分系统分别进行了一次声学校正和系统电学测量。测定的 C_I 值为 1.77（参见表 1）。

进行声学校正时，一般选择水深 30～40 m、水下无干扰生物、海面平静而流速缓慢的水域；将铜球系于 3 根线径为 0.6 mm 的单丝尼龙线上，借助 3 台小型绞机分别自船的左右舷将标准反射体悬垂于换能器下方（图 5）。此时，探测设备已处于符合调查所需的运行状态；从探鱼仪的校正输出端引出信号，馈送至测量示波器。当铜球落入换能器声束，记录纸上会出现连续的目标映像；从示波器触发零点至海底回波间则有强信号显示。反复调整 3 根悬线的长度，直至目标回波呈现稳定的最大振幅，确认标准目标准确地位于声轴，悬挂工作即告完成。从示波器上测出目标回波的时延和振幅峰值，分别求出目标距换能器的距离和反射信号强度；再按正规调查的仪器设置参数操作，令其以 10 节模拟航速对目标所在的狭窄水层进行积分，积分距离为 1 n mile。如此连续测量数海里测得目标在积分仪上的输出值，使用 Dalen 和 Nakken（1983）的算式，求出仪器常数 C_I：

$$C_I=\frac{\sigma_{st}}{M_{st}\cdot D_{st}{}^2\cdot\psi}\times3.43\times10^6 \tag{4}$$

式中：σ_{st}——标准目标的反向散射截面，m^2；

M_{st}——标准目标在积分仪上的输出值，mm；

D_{st}——标准目标的下潜深度，m；

ψ——换能器波束的等效立体角；

3.43×10^6——由 m^2 换算成 n $mile^2$ 的值。

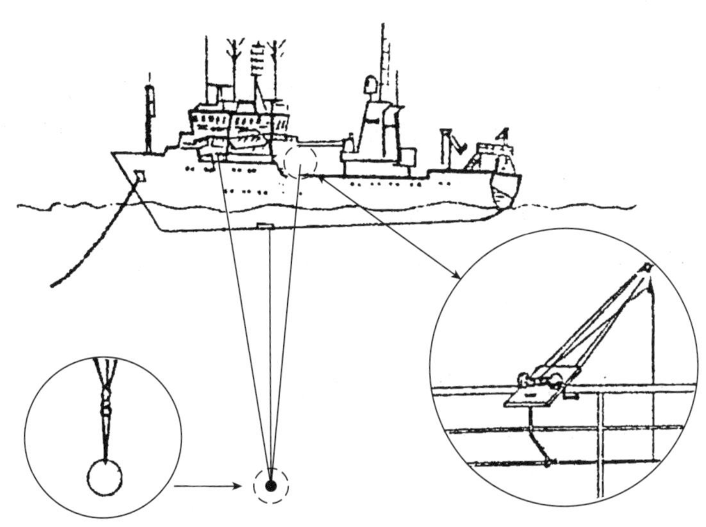

图 5　声学校正铜球悬挂示意图

现用铜球的目标强度 $TS_{60}=-33.6$ dB，$TS_{30}=-36.0$ dB。根据 Dalen 和 Nakken（1983）的定义：

$$TS=10\log_{10}\sigma_{bs} \text{或} \sigma_{bs}=10^{0.1TS}$$

则参考铜球的反向散射截面 σ_{bs} 分别为：

$$\sigma_{bs}(60)=10^{0.1(-33.6)}=4.37\cdot10^{-4}$$

$$\sigma_{bs}(30)=10^{0.1(-36.0)}=2.51\cdot10^{-4} \quad (5)$$

近年，随着渔业声学研究的发展，为更严谨地描述反向散射截面或目标强度三维空间的物理特性，Foote[①]（1985）强调，声学评估鱼类资源的方程中应当引进 4π 因子。1987 年 E. Ona[①] 也建议引进 4π；引入 4π 后，资源评估的基本原理不变。于是，求算仪器数 C_I 值改用下式：

$$C_I=\frac{4\pi\cdot10^{0.1TS}}{M\cdot D^2\cdot\psi}(1852)^2 \quad (6)$$

1.2.5　狭鳕目标强度的现场测定

在渔业资源的声学评估方法中，鱼体的目标强度是将回声积分值转换为绝对生物量的关键参数。近年来国际上多名学者先后利用双波束式、分离波束式等现场测定法及鱼膘解剖测定法对狭鳕的目标强度进行了测定，旨在提高狭鳕资源评估的准确性。作为本次北太平洋狭鳕资源调查的任务之一，我们在白令海阿留申海盆区东南部发现离散分布的狭鳕集群，利用计数—积分法（Midttun and Nakken，1971；Ona and Hansen，1986）对其进行了现场目标强度测定。

当发现可分辨为单体鱼的单一鱼种离散集群时，可通过适当调整积分增益、记录针的书写强度及纸速等参数，记录下可分辨为单体鱼的回波映像，将映像适当分层，记录每层、每海里的积分值，并对同一目标集群进行拖网取样，经对每层、每海里内的映像逐一计数后，便可计算目标强度。

用于资源密度计算的基本式为：

$$\rho_A=S_A/\sigma \quad (7)$$

式中：ρ_A——鱼群面积分布密度，即单位面积水体内鱼的尾数，尾数/n mile²；

S_A——积分值，亦称面积反向散射系数，即单位面积水体内存在的鱼体反向散射截面的总和，m²/n mile²；

σ——单尾鱼体的平均反向散射截面，m²。

如果在选定的积分层内记录到的映像，全部可分辨为单体鱼映像，利用积分层内映像的数量，同样可确定鱼群面积分布密度：

$$\rho_A=N_C/A_C \quad (8)$$

式中：N_C——1 n mile 的积分层内，鱼的尾数；

A_C——在选定的积分层内，换能器波束在 1 n mile 内平均覆盖的水体面积 n mile²。

理论上，（7）、（8）两式是相等的，即

$$S_A/\sigma=N_C/A_C \quad \sigma=S_A\cdot A_C/N_C \quad (9)$$

由目标强度的定义：$TS=10\log_{10}(\sigma/4\pi)$ 可得

$$TS=10\log_{10}(S_A\cdot A_C/4\pi N_C) \quad (10)$$

---

① 根据个人通信。

其中唯有A_C的确定较为繁琐，因为必须通过测定映像轨迹的长度来对其进行计算。

用显微镜对大量单体鱼映像的轨迹长度进行测量，计算其平均值$\overline{L}_T$（B. U.）；再用显微镜对毫米尺进行测量，求出显微镜目微尺刻度单位（B. U.）与毫米尺的转换系数。若1 mm＝aB. U.，则以毫米计的平均映像轨迹长度为：

$$\overline{L}_T\text{（mm）}=\overline{L}_T\text{（B. U.）}/a \tag{11}$$

A_C的求得是基于如下合理假设和推断的，即（如图6所示）：单体鱼静止于换能器波束范围内，连续地n个脉冲打到鱼体，其回波被换能器接收，在记录纸上便记录下L_T（mm）长的映像。从打到鱼体的第一个脉冲i到最后一个脉冲（$n+i-1$）间，船行驶的距离即为换能器沿船纵向在深度D处的波束宽度。若以$\overline{L}_P$（mm）表示记录纸上1 n mile的平均长度，$\overline{L}_{F\cdot A}$（m）表示换能器纵向平均探测宽度，取1 n mile为1 852 m，则

$$\overline{L}_T\text{（mm）}/\overline{L}_{F\cdot A}\text{（m）}=\overline{L}_P\text{（mm）}/1852$$

$$\overline{L}_{F\cdot A}\text{（m）}=\overline{L}_T\text{（mm）}\times 1\,852/\overline{L}_P\text{（mm）} \tag{12}$$

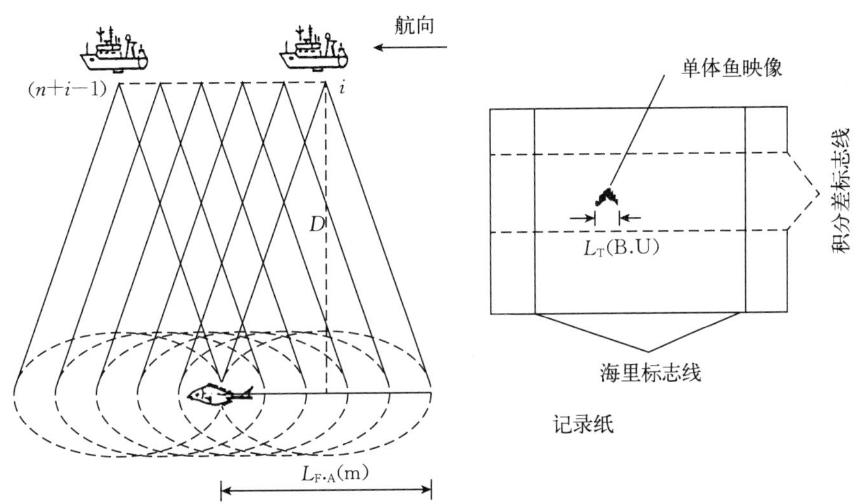

图6　映像轨迹长度与波束宽度关系示意图

若以$\overline{D}_T$表示在选定的水层内鱼体回波映像的平均深度，则在该深度下，换能器波束的纵向平均半探测角为：

$$\overline{Q}_{H\cdot D\cdot A}=\text{TAN}^{-1}\left[\overline{L}_{F\cdot A}\text{（m）}/2\,\overline{D}_T\right] \tag{13}$$

而最大半探测角则为：

$$Q_{M\cdot H\cdot F\cdot A}=\overline{Q}_{H\cdot F\cdot A}\cdot 4/\pi \tag{14}$$

（14）式既适用于截面为圆形的波束，又适用于截面为椭圆形的波束。

根据“北斗”号所用换能器的技术指标：纵向半功率波束角为7.2°；横向则为7.9°，为非圆形波束，据此比例，可得波束横向最大半探测角为：

$$Q_{M\cdot H\cdot T}=Q_{M\cdot H\cdot F\cdot A}\cdot 7.9/7.2 \tag{15}$$

由此我们可以求得换能器在深度D处的最大探测宽度为：

$$W_{Det}=2 \cdot \mathrm{TAN}\ (Q_{M \cdot H \cdot T}) \cdot D \tag{16}$$

在 D 水层内覆盖的水体面积为：

$$A_C=W_{Det}/1\,852\ \mathrm{n\ mile}^2 \tag{17}$$

综上可得：

$$Q_{M \cdot H \cdot T}=\frac{4}{\pi} \cdot \frac{7.9}{7.2} \cdot \mathrm{TAN}^{-1}\left[\frac{\bar{L}_T\ (\mathrm{B.U.}) \cdot 1\,852}{2 \cdot \alpha \cdot \bar{L}_P\ (\mathrm{mm}) \cdot \bar{D}_T\ (\mathrm{m})}\right] \tag{18}$$

$$\sigma=\mathrm{TAN}S_A \cdot \bar{D}_T\ (\mathrm{m}) \cdot (Q_{M \cdot H \cdot T})/\ (926 \cdot N_C) \tag{19}$$

应用计数—积分法测定鱼体目标强度要求：

（1）被测目标属单一鱼种；

（2）鱼均匀而离散分布，满足可分辨条件；

（3）鱼的集群分布延续数海里。

在 53°04′N，西经 171°40′E 附近，前后两次总计记录了 11 n mile、6 个水层的狭鳕单体鱼映像及数据，映像典例见图 7，有关数据见表 2 及表 3。

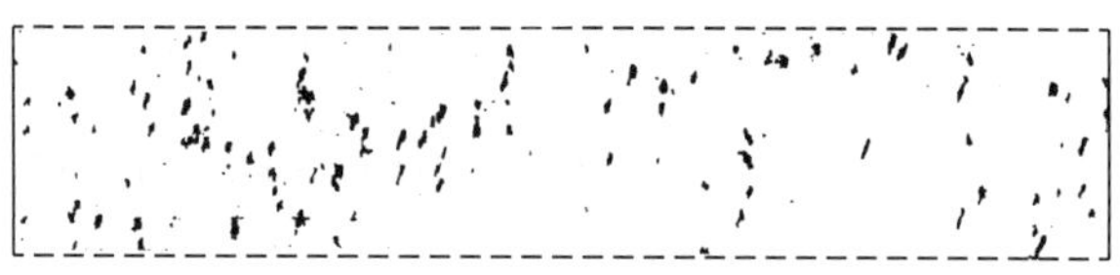

图 7　单体鱼映像

水层 80～100 m，1p（mm）＝193 mm，航速 11.0 n mile/h

表 2　用于目标强度测定的拖网取样数据

日期	时间	位置	取样水层	狭鳕平均叉长	均方根叉长
93.7.22	16:50	53°04′N；171°40′W	90～110 m	51.6 cm	51.7 cm

表 3　单目标强度测定的有关参数及数据

次别项目	日期	时间	测定水层	积分层数	海里数	积分增益	船速	$\bar{L}_P$ (mm) 主记录器	纸速参数 辅记录器
Ⅰ	93.7.22	16:15—16:35	100～175	2	4	−22.47	11.0	144	102
Ⅱ	93.7.22	19:10—19:45	40～20	4	7	−32.47	11.0	193	82

通过对 6 个水层计 1 192 个单体鱼映像的测量，确定了换能器波束在不同水层内的平均最大探测角度，其结果随深度的增加呈递减趋势。图 8 展示了两个水层的映像轨迹长度分布，波束在不同水层的探测角度及狭鳕目标强度测定结果列于表 4。目标强度（TS）与鱼体长度（叉长，cm）的关系式为：

$$TS=20\log_{10}L-68.6\ \mathrm{dB} \tag{20}$$

与 Foote（1992）推荐的关系式：TS：$20\log_{10}L-68.0$ dB 较为接近。

表 4　各水层波束探测角度及目标强度测定结果

次别项目	积分层 (m)	平均深度 (m)	探测角	反向散射截面 (m^2)	标准差	海里数	TS-L 关系式
Ⅰ	40～60	50	19.0°	5.01×10E-03	1.46×10E-03	7	$TS=20\log_{10}L-68.3$ dB

（续）

次别 项目	积分层 (m)	平均深度 (m)	探测角	反向散射截面 (m^2)	标准差	海里数	TS－L 关系式
	60～80	70	14.8°	4.45×10E－03	0.92×10E－03	6	69.1
	80～100	90	13.0°	3.85×10E－03	0.42×10E－03	7	68.8
	100～120	110	11.9°	4.43×10E－03	1.08×10E－03	6	67.6
Ⅱ	100～150	125	11.0°	5.90×10E－03	0.16×10E－03	4	67.6 dB
	150～175	160	9.8°	5.45×10E－03	1.01×10E－03	4	$TS=20\log_{10}L-67.9$ dB
平均				4.67×10E－03	1.14×10E－03	34	$TS=20\log_{10}L-68.6$ dB

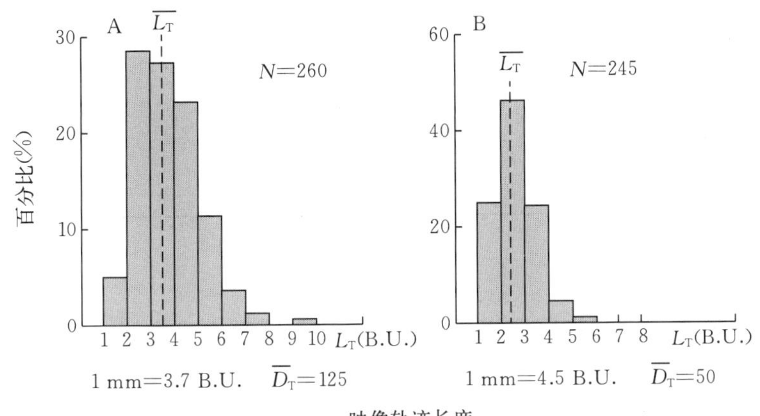

图 8 两典型映像长度分布

1.3 环境观测和生物学取样

1.3.1 理化因子观测

理、化环境调查与狭鳕资源声学评估调查同步进行。主要观测要素为水温、盐度和溶解氧等。除 5 m 层水温由探头安装在船底主机冷却水进水口处的 EAZPOO 型水温计走航式连续观测外，其他要素的观测均系在狭鳕资源声学评估航线上，按断面设调查站定点进行。水温以 SWM－B 型颠倒温度计观测。盐度和溶解氧系以南森型颠倒采水器分层采样后，使用 HD－3 型电导盐度计和 RSS－5100 型测氧仪测定。水温、盐度的观测水层为表层、25 m、50 m、100 m、150 m、200 m、300 m、500 m。溶解氧的观测水层为表层、50 m、100 m、200 m、300 m、500 m。

1.3.2 浮游生物取样

为了解调查海域浮游动、植物和鱼卵等分布，在各调查站以直径 80 cm 大型浮游生物网进行表层水平拖网；以上述大型浮游生物网和直径 37 cm 的小型浮游生物网，分别自 500 m 至表层进行垂直拖网。两种网具的结构与规格见表 5。水平拖网的拖速为 3 n mile/h，拖曳 10 min。垂直拖网的拖速为 0.5 m/s。采集的标本以 8%～10%的福尔马林海水固定保存。

表 5 大、小型浮游生物网结构与规格

A. 大型浮游生物网

部位	尺寸及材料
网口	直径 80 cm（内径），面积 0.5 m^2
网身	Ⅰ长 20 cm，细帆布 Ⅱ长 50 cm，GC36 筛绢（15 目/cm） Ⅲ长 20 cm、细帆布 Ⅳ长 180 cm、GC36 筛绢
网底部	直径 9 cm，长 10 cm，细帆布
全长	270 cm（网底部未计在内）

B. 小型浮游生物网

部位	尺寸及材料
网口	直径 37 cm（内径），面积 0.1 m^2
头锥部	长 120 cm，细帆布，上圈直径 37 cm，中圈直径 50 cm
过滤部	长 150 cm，国际标准 20 号筛绢（68 目/cm）
网底部	直径 9 cm，长 10 cm，细帆布
全长	270 cm（网底部未计在内）

1.3.3 中层拖网取样

“北斗”号调查船的中层拖网取样系采用单船变水层尾拖式作业。中层拖网为（挪威设计制造的）四片式。网口 162 目×400 cm，拉直周长 648 m，网口高度 38～40 m，网板扩张间距 121～123 m，网具阻力 12 t。中层拖网的结构如图 9 所示。

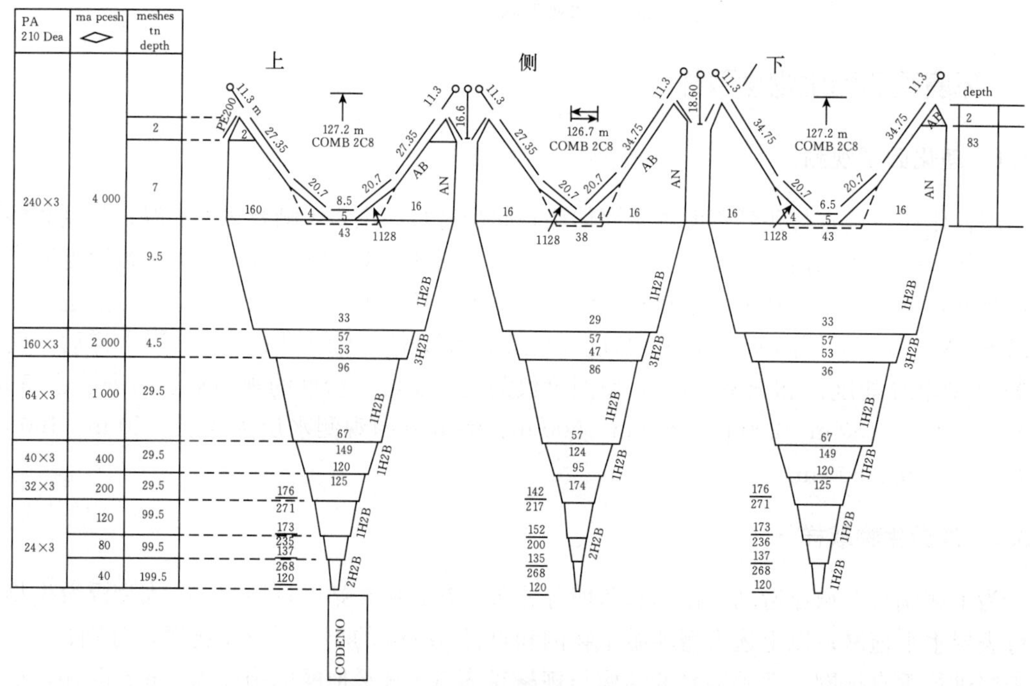

图 9 “北斗”号船中层拖网的结构域规格

中层拖网取样的站位根据声学评估和狭鳕群体组成调查的需要现场选定。根据鱼群分布密度，拖网时间一般为1～3 h，拖速为3.5～3.7n mile/h。拖网过程中，使用有线式网位仪（SIMRAD ET-100、FR-500）和无线式网位仪（Scanmar 4001、4004、4016）监测网具的所在水层和网口高度；如遇鱼群栖息水层发生变化，随时改变曳纲长度（或改变船速）调整网位，以确保网口的拖曳水层与狭鳕栖息水层相一致。18次拖网的技术参数和狭鳕数量如表6所列。

表6　“北斗”号声学/中层拖网主要参数及狭鳕数量（1993年6月30日至7月25日）

站号	ST-01	ST-02	ST-03	ST-07	ST-05	ST-06
日期	6月30日	7月3日	7月4日	7月5日	7月6日	7月7日
水深（m）	3 760	3 800	2 850	3 800	3 620	3 663
拖网开始时间	14:40	10:35	06:35	09:10	08:50	16:05
拖网中止时间	16:10	12:55	07:40	11:00	10:50	16:45
拖网起始位置	57°42′N 177°30′E	57°38′N 179°18′E	53°38′N 178°39′W	56°12′N 178°24′E	57°12′N 177°36′W	57°50′N 176°22′W
拖网中止位置	57°36′N 177°20′E	57°44′N 179°30′E	58°41′N 178°23′W	56°08′N 178°15′E	57°19′N 177°29′W	57°54′N 176°14′W
拖网时间（h-min）	1-30	2-20	1-05	1-50	2-00	0-40
拖速（kn）	3.5	3.5	3.5	3.5	3.5	3.0
拖距（n mile）	5.3	8	3.6	6	7	2
拖网深度（m）	170～200	180～200	85～100	170～200	180～200	80～90
映像类型	B	A	J	B	A	J
*M*值	12	66	35/14	15	30	245/6
映像范围（m）	130～220	150～225	0～120，180～220	100～200	100～225	0～100
狭鳕数量（尾）	5	150	01+J	70	85	J
狭鳕渔获量（kg）	5.5	177.5	01.65+J	78	99	3
CPUE（尾/h）	3.3	64.4	00.0+J	38.3	42.5	J
CPUE（kg/h）	3.7	76.2	01.5+J	42.6	49.5	4.5
站号	ST-07	ST-08	ST-09	ST-10	ST-11	ST-12
日期	7月8日	7月9日	7月10日	7月11日	7月12日	7月13日
水深（m）	3 450	2 900	3 780	1 500	3 400	3 645
拖网开始时间	08:40	20:30	18:30	11:00	09:40	11:30
拖网中止时间	09:10	21:15	19:30	12:00	12:00	13:00
拖网起始位置	56°46′N 176°25′W	53°36′N 179°11′E	55°43′N 176°29′W	53°45′N 173°49′W	53°52′N 178°14′W	54°21′N 175°19′W

（续）

站号	ST-07	ST-08	ST-09	ST-10	ST-11	ST-12
拖网中止位置	56°45′N 176°22′W	53°37′N 179°06′E	55°04′N 176°24′W	53°33′N 173°46′W	53°46′N 178°23′W	54°24′N 175°16′W
拖网时间（h-min）	0-30	0-45	1-00	1-00	2-20	1-30
拖速（kn）	3.0	3.5	3	3.5	3.5	3.5
拖距（n mile）	1.5	2.6	3	3.5	8	5.25
拖网深度（m）	90～96	120～150	175～200	100～120	200～240	250～270
映像类型	J	B	B	J	A	A
*M*值	220/7	4	13	195/8	52	76
映像范围（m）	0～150	100～220	150～200	0～175	150～300	200～400
狭鳕数量（尾）	J	3	14	4+J	204	13
狭鳕渔获量（kg）	4	4.14	15	4.8+J	234	14.5
CPUE（尾/h）	J	4	14	4+J	87.6	8.7
CPUE（kg/h）	8	5.52	15	4.8+J	100.4	9.7

站号	ST-13	ST-14	ST-15	ST-16	ST-17	ST-18
日期	7月15日	7月18日	7月22日	7月22日	7月24日	7月25日
水深（m）	3 800	3 670	2 010	2 000	499	3 380
拖网开始时间	16:00	17:30	09:00	16:50	06:55	18:45
拖网中止时间	18:00	19:00	11:00	18:30	10:40	19:45
拖网起始位置	60°00′N 179°37′W	53°30′N 175°00′W	53°00′N 172°30′N	53°04′N 171°40′W	54°29′N 166°08′W	53°47′N 172°22′W
拖网中止位置	56°00′N 179°51′W	53°26′N 175°07′W	53°01′N 172°36′W	53°12′N 171°08′N	54°27′N 166°31′W	53°51′N 172°14′W
拖网时间（h-min）	2-00	1-30	2-00	1-40	3-45	1-00
拖速（kn）	3.5	3.5	3.5	3.5	3.5	3.5
拖距（n mile）	7	6.2	7	5.8	13	3.5
拖网深度（m）	180～200	180～225	180～210	80～110	90～110	130～160
映像类型	B	A	A	A	A	A
*M*值	10	41	64	TS	A50～94	5～52
映像范围（m）	160～220	150～250	120～250		0～400	0～300
狭鳕数量（尾）	28	28	108	244	1 702	25
狭鳕渔获量（kg）	31	31	115	279.4	1 418.35	26.52
CPUE（尾/h）	14	18.7	54	146.4	460	25
CPUE（kg/h）	15.5	20.7	57.5	167.6	383.3	26.52

注：映像类型A密集，B分散，C少许，D无映集。J/a为幼鱼/成鱼，a+J为成鱼+幼鱼。

1.3.4　渔获物分析和鱼类生物学测定

对中层拖网的全部渔获物进行分鱼种定性、定量分析。之后，取狭鳕（及其他主要鱼种）100 尾（如不足 100 尾则全部）进行常规鱼类生物学测定。雌性性腺成熟度和摄食等级分别采用 1～6 期和 0～4 级标准。年龄鉴定采用耳石，取其横断面，以灼烧法处理后在立体显微镜下观察其年轮。雌性性腺成熟系数为：

$$\frac{性腺重}{纯体重}\times 100$$

1.4　资源量计算

“北斗”号装备的 SIMRAD EK400/38 kHz 探鱼仪与 SIMRAD・QD 回声积分仪连接，可将鱼群映像积分值（称 M 值）记录于 IBM PC 计算机。因此，本次调查中，令回声积分仪每 5n mile 打印输出一次结果。由终端打印出的连续数据分别代表每个区间任一海里航程中，在规定积分取样水层内所测到的平均回声积分值和全水层累加积分值，从而可以在调查航线上取得连续的积分值 M_1，M_2，…，M_n。本次调查设置的积分水层分别为 5～100 m、100～150 m、150～175 m、175～200 m、200～225 m、225～250 m、250～300 m、300～581 m以及海底以上 0.5～10 m 层。根据天气（风浪）情况，积分记录航速为 8～11n mile。回声积分仪输出的 M 值，只表明探鱼仪从水体中检测到的反射能量的总和，其中包括浮游生物、温跃层、假海底及其他干扰分量。这就要求每天根据映像特征、拖网取样记录以及 120 kHz 探鱼仪记录的浮游生物映像对输出的积分值进行判读。在本次调查过程中，通过中层拖网生物学取样分别确认了狭鳕、狭鳕幼鱼、灯笼鱼、深海鲑、滑舌鱼及大麻哈鱼等鱼种的映像特征，判读后的 M 值将根据实际情况分配给狭鳕及其他鱼种。因 M 值与资源密度呈比例，故资源数量（N）计算可表达为：

$$N=C\cdot M\cdot A \tag{21}$$

式中：A 为资源所占据的面积；C 为系统转换系数，它与评估对象的声学特性、个体长度、行为有关，还同探鱼—积分设备的特性有关。因此，C 可表达为：

$$C=C_I\cdot C_F \tag{22}$$

式中：C_I 为仪器常数，C_F 为鱼的声学特性。

本次调查，分别采用了方区法和断面法计算资源量：

方区算法：由于声学调查航线跨度较大，按 1°N×2°E（或 W）大小，将阿留申海盆区划为 58 个方区，其中公海为 18 个方区（参见图 27），其资源数量计算式为：

$$N=\sum_{i=A}^{F}\sum_{i=1}^{11}C_{ij}\cdot M_{ij}\cdot A_{ij} \tag{23}$$

断面分区算法：将整个调查范围按航线断面进行分区，共分出 7 条间距相近的断面（约 44n mile），并分别求出每条断面内的平均 M 值，其资源数量计算式为：

$$N=\sum_{i=1}^{7}C_i\cdot M_i\cdot A_i \tag{24}$$

以上两种算法没有实质性差别，可根据所具备的资料和不同的要求、需要灵活使用。

2 结果

2.1 理化环境特征

2.1.1 天气状况

该区天气主要受温带气旋影响，冬季异常强大，稳定少动的阿留申低压在夏季大为减弱，甚至消失，7月为全年低压通过该区频率最低的月份。低压一般由SW方向移至该区，在阿留申群岛附近滞留、转移或减弱消失。调查区多处于低压中心北侧，大风天气以偏东风为主，风力在7～9级。

本次调查期间，风力≥6级的天数为17 d，占46%；风力≥7级的天数为11 d，占30%；风力≥8级的天数为5 d，占13.5%；其余为6级以下，其中2级以下4～5 d；最大风力为9级。风向以偏东为主，为15 d，占41%；其次为偏南，约占30%，其余为偏西和偏北。

天气以阴为主，为25 d，占68%，其中12 d有雨，占32%；晴和多云天气12 d，占32%；雾日为17 d，占46%。

气温变动范围在7.6～11.8 ℃之间，日较差在2 ℃左右。

2.1.2 水文特征

2.1.2.1 温度水平分布

白令海调查海区表层水温分布呈南高北低、东高西低之势（附图1）。整个公海区基本上为低于7 ℃的冷水所占据，低温水舌由NW向SE伸展，势力较强。调查海区东部三角区域存在一高温水舌，由E伸向W，这一水舌的形成，除与该区南临岛屿、东靠陆架浅水区使其增温较快外，还与该区调查日期偏晚有关。另外，鲍威尔斯浅滩附近存在一较弱的低温中心。表层水温分布范围为5.4～9.6 ℃，平均为7.6 ℃。从表层向下直至50 m层，公海区附近的低温水舌一直存在（附图2至图5）；25 m层势力范围与表层大致相同；50 m层3 ℃等温线位于公海区内，由此向下3 ℃等温线逐渐向四周扩展，冷水团势力不断增强，至150 m层达到最强。从200 m层开始，3 ℃等温线又收缩回公海区（附图6至图9），冷水团内部温度也有所升高，势力及范围开始减弱。250 m层仅有一小范围的低温闭合中心存在，整个调查区温度趋向均匀。300 m层最高与最低值之差仅为0.59 ℃（表7）。另外，调查区东部三角区除25 m层为低温区外，从50 m至500 m层均为高温水所占据。

表7 白令海调查海区水温水平分布状况

水层（m）	分布范围（℃）	极差（℃）	平均值（℃）
表层	5.4～9.6	4.2	7.63
25	5.71～8.38	2.61	7.01
50	1.98～6.74	4.76	4.73
100	1.40～5.22	3.82	3.2

（续）

水层（m）	分布范围（℃）	极差（℃）	平均值（℃）
150	1.31～4.94	3.63	2.93
200	2.20～4.68	2.48	3.55
250	2.73～4.51	1.78	3.93
300	3.73～4.32	0.59	3.90
500	2.61～3.91	1.30	3.64

2.1.2.2　温度垂直分布

温度的垂直分布状况在很大程度上决定了鱼类的栖息水层，并对其昼夜垂直移动产生影响。白令海调查海区各纬向及经向断面温度垂直分布趋势大致相同（附图 10 至图 21）。表层至 25 m 层由于水交换强烈，热量交换得以充分进行，表现为随深度增加水温递减速度很慢，近乎呈垂直等温状态，仅有为数不多的测站表层与 25 m 层温差超过 1.0 ℃，55°N 断面 170°W处温差为 2.70 ℃，存在一微弱的跃层。25 m 至 50 m 层，绝大多数测站降温幅度较大，温差一般在 3～4 ℃之间，跃层强度在 0.14 ℃/m 左右。唯一例外是 33 号站（53°N，178°E)，温差仅为 0.47 ℃；50 m 至 200 m 之间，基本为冷水团所占据，以 3 ℃等温线为界，冷水团顶深一般在 50 m 左右，最高为 30 m，最低为 100 m；冷水团底深一般在 200 m 左右，最低为 250 m，最高为 175 m。冷水团内温度最低可达 1.27 ℃，54°N 断面冷水团强度相对较弱，仅在 172°W 附近形成一范围较小的低温中心，中心强度为 2.72 ℃，冷水团位于 125 m至 175 m 之间（以 3.5 ℃等温线为界）；200～300 m 之间为一逆温水层，但水温升幅很小，水深增加 100 m，温度升高一般在 0.3 ℃左右，只有个别测站超过 1 ℃。值得一提的是 53°N 断面 174 W 附近形成一高出四周温度 3 ℃以上的高温闭合中心，原因不详；从 300 m层开始，水温又开始下降，至 500 m 深度，温度降幅一般在 0.1～0.2 ℃之间，近似呈等温状态。温度的上述变化，使冷水团下面 200～300 m 之间形成一相对高温区，表层至 500 m水温垂直分布总趋势是高、低、高、低。

2.1.2.3　盐度水平分布

影响盐度变化的因素很多，对于夏季白令海调查海区而言，主要的影响因子不外乎有下面几个：降水、径流、海流、潮流和海面蒸发，它们决定和支配着该海区盐度的分布和变化。从表层盐度水平分布图（附图 22）可以看出，该海区的盐度分布呈夏季型。公海区由于远离大陆和岛屿，沿岸低盐水难以扩展至此，因此被大于 33 的高盐水所覆盖；公海以东、荷兰港以北三角海域以及阿图岛以北海域，因邻近岛屿，夏季融雪及降水形成的径流注入上述海区，使海水得以冲淡，盐度普遍偏低；另外，鲍威尔斯浅滩以东海域存在一高盐区。表层盐度分布范围为 32.49～33.15，平均为 32.89，为全年最低。从 25 m 层开始，位于公海区的高盐水开始收缩，范围有所减小（附图 23 至图 30），50 m 层仅在公海西部形成一高盐区；100 m 层，高盐区范围扩展至公海区以南，整个调查区西部为高盐水所控制，鲍威尔斯浅滩以东强劲的高盐水舌由 SW 伸向 NE；150 m 层，高盐区范围继续扩大，调查海区的西部和南部，均为高盐水所占据；200～300 m 层，情形与上面截然不同，仅在调查区西部边缘处形成一范围很小的高盐区，而在调查区中部形成了两个较大的低盐闭合中心。这种状况在 500 m 层又有改变，高盐水重新占据了大部分海区，仅在中部存在一弱的低盐中心。从表层至500 m层，调查区东部沿200 m等深线的条形海域，一直为低盐水所占据。各水层的盐度分布状况列于表8。

表8 白令海调查海区盐度水平分布状况

水层（m）	分布范围（℃）	极差（℃）	平均值（℃）
表层	32.49～33.15	0.66	32.89
25	32.43～33.11	0.68	32.86
50	32.59～33.22	0.63	33.01
100	32.82～33.29	0.47	33.14
150	32.89～33.38	0.49	33.20
200	32.97～33.66	0.68	33.99
250	32.96～33.82	0.86	33.54
300	33.15～33.91	0.76	33.66
500	33.61～34.12	0.51	33.94

2.1.2.4 盐度垂直分布

盐度的垂直分布不像水温那样复杂，其总的分布趋势是上层低、下层高，深度越大，盐度越高（附图10至附图21）。表层至25 m层之间，盐度有一缓慢下降的过程，与大趋势形成明显反差，但降幅很小，25 m层和表层仅相差0.05左右；25 m至500 m层，随着深度的增加，盐度递增较有规律，一般每增加100 m深度，盐度升高0.2左右，只有部分断面在150 m至250 m之间，盐度升高了0.4左右，为一非常微弱的盐跃层。需要指出的是，53°N断面174°W附近，200～300 m之间存在一较强的低盐闭合中心，中心盐度比周围低0.6左右，可能为表层低盐水沿岛屿下滑所致。56°N断面180°E附近，300 m水层上下也存在一弱的低盐中心，中心盐度比四周低0.1左右。综上所述，盐度随深度变化趋势是较为均匀地递增，基本无跃层出现。

2.1.3 溶解氧分布状况

2.1.3.1 溶解氧含量与饱和度水平分布

溶解氧含量 虽然调查期间白令海正值夏季，但因其水温偏低（表层水温在10 ℃以下），故溶解氧含量较高。表层分布范围为9.76～10.56 mg/L，其他水层的分布情况见表9。

表9 白令海调查海区DO水平分布状况

水层（m）	分布范围（mg/L）	极差（mg/L）	平均值（mg/L）
表层	9.76～10.58	0.60	10.13
25	9.65～10.48	0.83	9.98
50	7.29～10.50	3.21	9.46
100	6.54～10.32	3.78	8.84
200	4.92～8.85	3.93	7.31
300	2.55～9.02	6.47	4.36
500	1.42～4.77	3.35	2.36

表层海水溶解氧（以下简称 DO）水平分布比较均匀（附图 31 至图 36），仅调查区东部及阿图岛以北海域为 DO 相对低值区，最高与最低值之差也仅为 0.80 mg/L，究其原因一方面是风浪的搅拌作用加速了氧气的溶解，另一方面也与调查海区表层水温分布较为均匀有关（$T_{max}-T_{min}$为 4.20 ℃）。表层至 200 m 层，DO 高值区与低值区相间分布；300 m 层，Atka 岛以北海域为 DO 高含量区，比周围高出 5 mg/L 以上，这与表层高氧水沿岛屿下滑有关，与前面章节中提到的该处高温低盐的特性很好地对应起来。500 m 层，Atka 岛以北仍维持一高氧区，其他区域 DO 分布趋向均匀。荷兰港外西北部海域，从 200～500 m 一直为高氧控制区，可能与该区垂直交换强烈有关，即可能存在下沉流。另外，水深 300 m 以下，DO 一般降至 4 mg/L 以下，而狭鳕鱼在此水层几乎没有分布，这除与物理水文条件、饵料状况有关外，DO 过低也成为一限制因素。

饱和度分布 由于调查期间风浪较大，表层 DO 全部处于过饱合状态（附图 37）。饱和度大于 110%的海域面积约占整个调查区的 20%，小于 105%的约占 10%，大部分海域在 105%～110%之间。表层以下，DO 均未达到饱和状态。

2.1.3.2 溶解氧垂直分布

附图 38 为四个有代表性的测站 DO 随深度的变化曲线，其总的分布趋势是 DO 随深度的增加而降低，但曲线 D 在 200～300 m 之间有一上升的过程，前面已提到，这为表层水沿岛屿下沉所致。从曲线 A、B、C 可看出，0～100 m 之间，DO 降低缓慢，水深增加 100 m，DO 仅降低了 0.2～1.5 mg/L；100～300 m 之间，DO 递减速度加快，水深增加 200 m，DO 降低了 4～8 mg/L，为 DO 跃层所在处；300～500 之间，DO 递减速度又转慢，水深增加 200 m，DO 降低了 1～3 mg/L，无跃层出现。曲线 D 有所不同，从表层至 200 m 深度，DO 下降速度与 A、B、C 曲线接近；200～300 m 之间，DO 上升了 1.7 mg/L；300～500 m 之间，则下降了 5 mg/L，为弱的 DO 跃层。综上所述，DO 跃层一般出现在 100～300 m 之间，个别区域出现在 300～500 m 之间。

2.1.3.3 DO 与 *T*、*S* 的关系

白令海调查海区由于风浪的作用，上层水交换强烈，因此上层海水 DO 与 *T*、*S* 之间没有很好的对应关系。但从 100 m 层开始，直至 500 m 深度，DO 与 *T*、*S* 的关系变得明显起来，附图 39 是 16 个测站 100 m 水层 DO、*T*、*S* 的连接曲线，从中可清楚地看出，DO 与 *T*、*S* 呈负相关，但 DO 与 *S* 的关系不如 *T* 那样明显，原因是 *S* 在水平方向上变化较小，而 *T* 变化相对较大，*S* 的影响被 *T* 的作用掩盖了。

2.2 狭鳕分布和垂直移动

2.2.1 分布

幼鱼分布 狭鳕幼鱼主要分布于阿留申海盆区的北部和东部（图 10）。分布形势由陆架边缘向海盆区延伸，临界线与陆架边缘等深线大致平行、距 200 m 等深线平均 100 n mile 左右。密集区位于调查区的北部和东北部，200 m 等深线一侧（56°30′N 以北；180°E 以东），最高 *M* 值 250 以上。另一密集区位于东部 168°W 以东水域（波斯哥洛夫岛附近），*M* 值 100 左右。狭鳕幼鱼分布与成鱼大致成互补之势。分布区虽有重叠，但密集区互不重叠。

幼鱼分布区的外侧位于白令公海东北部和北部，在公海线附近有密集幼鱼群分布

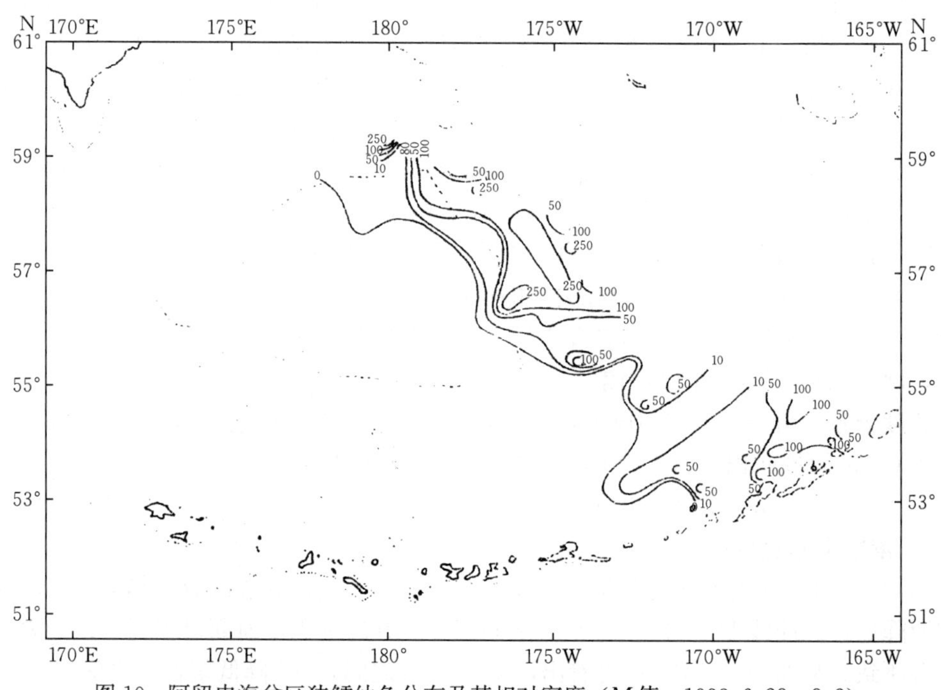

图 10 阿留申海盆区狭鳕幼鱼分布及其相对密度（M值，1993.6.28—8.2）

（图 10）。此时幼鱼叉长范围为 29～47 mm，平均叉长为 40.2 mm、平均重为 0.43 g。4 个不同经纬度取样点的幼鱼个体大小略有差别，自西北向东南分别为平均叉长 36 mm、平均重 0.28 g（7 月 4 日），平均叉长 40 mm、平均重 0.38 g（7 月 7 日），平均叉长 41 mm、平均重 0.49 g（7 月 8 日）。平均叉长 43 mm、平均重 0.54 g（7 月 11 日）；而 7 月 23 日在波哥斯洛夫岛附近捕到的幼鱼，个体明显偏小，叉长范围为 11～17 mm，平均叉长为 13.8 mm、平均重 0.03 g（图 11）。因此，白令公海东部和北部附近海区可能是狭鳕产卵场之一。

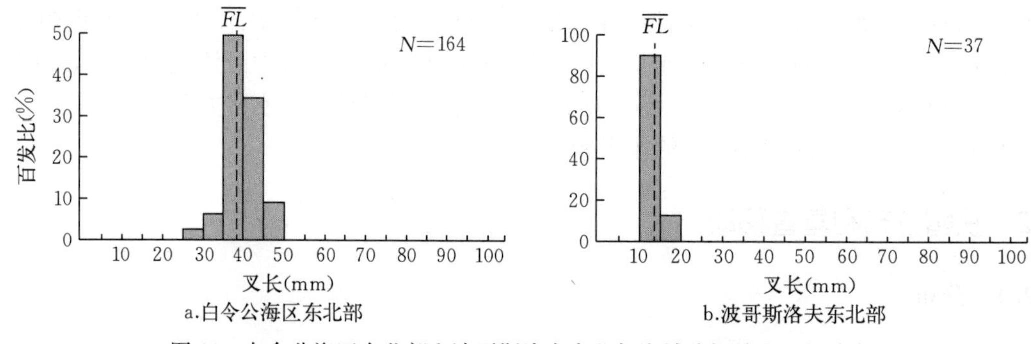

图 11 白令公海区东北部和波哥斯洛夫东北部海域狭鳕幼鱼叉长分布

成鱼分布 狭鳕成鱼在阿留申海盆区分布范围广，海盆区中北部和东南部均有分布。分布面积占整个调查区面积的四分之三以上。西南部鲍威尔斯海岭以西以南罕有狭鳕分布；调查区内 175°30′E 以西无狭鳕分布。该季节整个调查区内狭鳕鱼群密度较低。最高密集区位于东南部阿木科塔岛北侧，M 值 200 以上（图 12）。

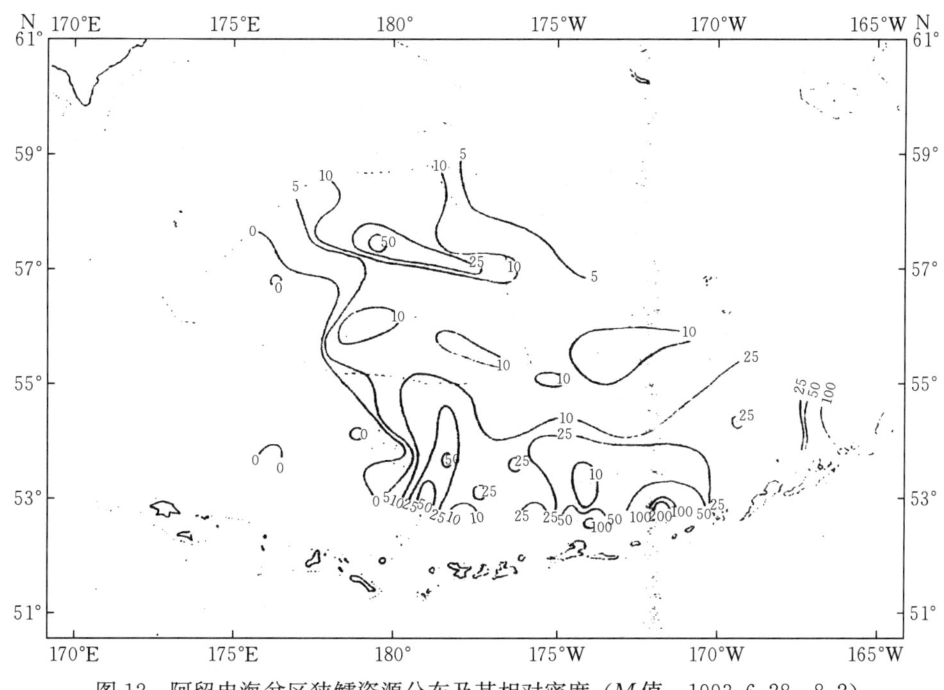

图 12　阿留申海盆区狭鳕资源分布及其相对密度（*M* 值，1993.6.28—8.2）

狭鳕相对密集区主要分为两大部分。一为 55°N 以南，180°E 以东阿留申群岛北侧一带；另一密集区位于白令海公海区的中北部和东部，密度较前者为低。东南部密集区内大体有三大密集群。其中以阿特卡岛至阿木科塔岛（170°20′～175°10′W）北侧水域密度最大。最高 *M* 值 200 以上。其次为乌纳拉斯卡岛北侧，167°W 以西，最高 *M* 值 100 以上。另外在鲍威尔斯海岭东侧，54°N 以南，*M* 值 50 以上。白令海公海区内 7 月上旬狭鳕密集群分布于 57°～58°N，178°45′～177°10′E 之间，最高 *M* 值 50 以上。鱼群密度及分布范围均低于东南部阿留申群岛北侧群体。调查区内除西南部无狭鳕分布外，55°～57°N 之间和 58°N 以北大面积水域狭鳕分布稀少，*M* 值均在 25 以下。狭鳕分布均匀但相当分散。若按集群的面积计：*M* 值 50 以上的相对密集群在阿木科塔岛北侧为 2 000 n mile^2 左右；海盆区东端密集群面积亦为 2 000 n mile^2 左右；其余鲍威尔斯东侧约为 1 000 n mile^2；公海区中北部密集群约为 600 n mile^2。

狭鳕不同叉长组群体的分布水域有所不同。平均叉长相对小的群体比较靠近东北部陆架一侧，平均叉长最小的群体位于调查区最东部的陆架外缘，平均叉长为 476.9 mm，平均叉长越大距东北陆架区越远；平均叉长最大的群体分布于西南部狭鳕分布临界线一带。图 13 为狭鳕相同平均叉长组群体分布。

白令海公海区狭鳕相对密集分布区 7 月下旬较 7 月上旬向东南方向移动，由原来的中北部移至 179°W 以东水域。鱼群密度也较 7 月上旬降低，面积缩小，公海区西南部约三分之一的水域无狭鳕分布（图 14）。

2.2.2　栖息水层和垂直移动

幼鱼　7 月分布在阿留申海盆北部（包括公海东北部）的当年生狭鳕幼鱼主要栖息在表

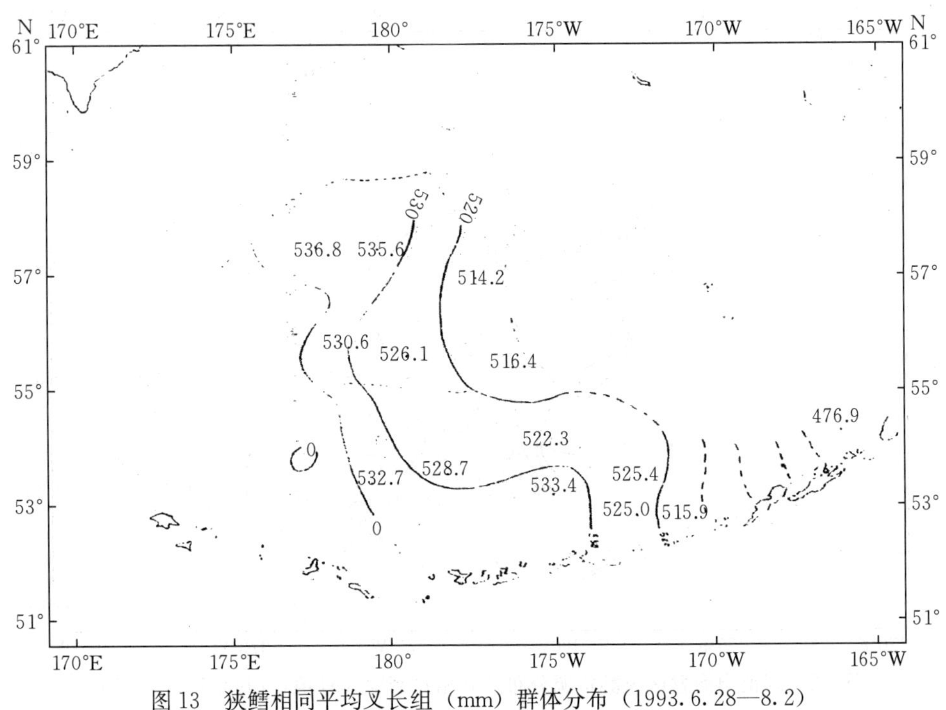

图 13　狭鳕相同平均叉长组（mm）群体分布（1993.6.28—8.2）

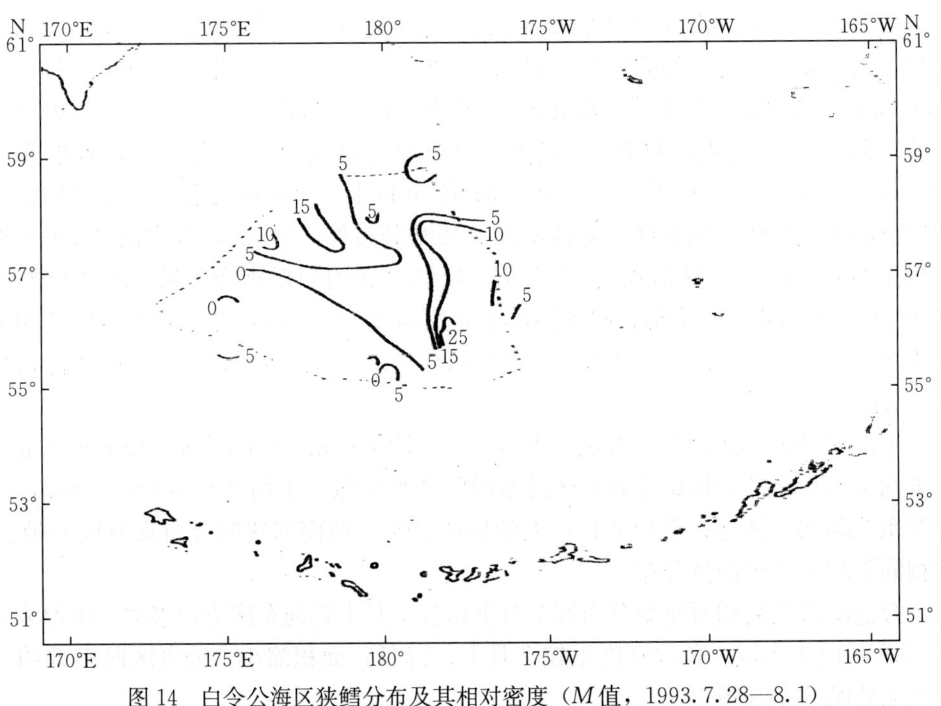

图 14　白令公海区狭鳕分布及其相对密度（*M* 值，1993.7.28—8.1）

层～120 m 层，垂直移动现象十分明显。如图 15 所示，日间（08—14 时）幼鱼主要在80～120 m 层，上下移动幅度不大，映像呈连续的山峰状；16 时后鱼群逐渐向上移动，大约 20

时鱼群上升到 20～60 m 层；午夜（22—02 时）鱼群密集在海表面至 10 m 层，水温约 7 ℃；位于高纬度的白令海区 3—4 时已出现晨光，鱼群迅速下移至 60～90 m 层，并逐渐稳定在 100 m 以下，水温约 3.2 ℃。从图 16 可看出，不论鱼群分布在哪一个水层，夏季当年生狭鳕幼鱼具有密集的习性，鱼群厚度一般为 10～20 m。

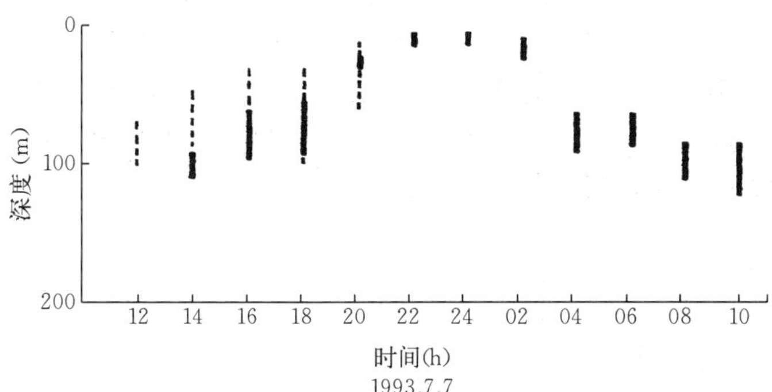

图 15 阿留申海盆北部当年生狭鳕幼鱼分布水层和昼夜垂直移动

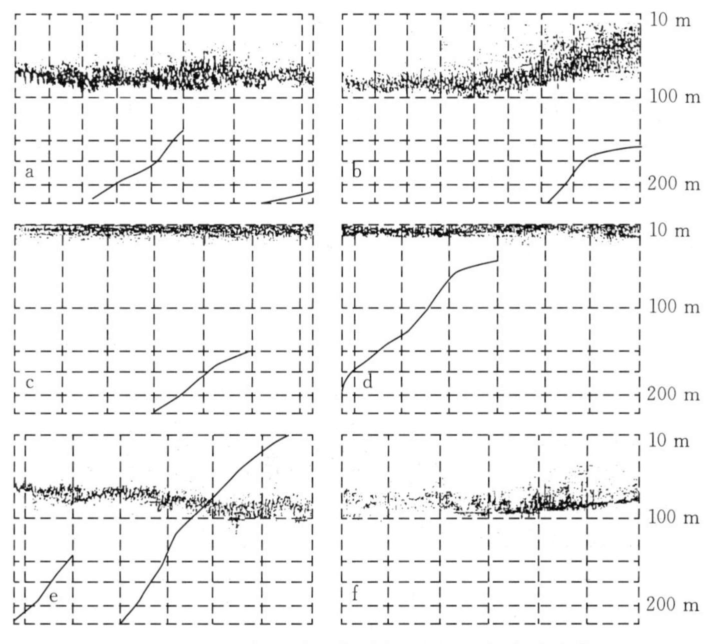

图 16 阿留申海盆北部狭鳕幼鱼垂直移动映像

Time：a. 15:10—15:35 b. 16:50—17:20 c. 21:05—21:25 d. 01:40—02:05 e. 06:15—06:40 f. 10:50—11:15

根据声学映像资料分析，当年生狭鳕幼鱼分布在白令海冷水团（150 m 上下，水温约 3.0 ℃）之上，其垂直移动现象与浮游生物移动规律颇为一致，故这种垂直移动的习性可能与索饵有关。

成鱼 7 月阿留申海盆区狭鳕分布水层较浅较广。从近表层 20～30 m 处至深水 400 m 均可发现鱼群分布，但是，100～250 m 层鱼群分布数量较多，约占整个分布水层的 76%；其次为表层以下至 100 m，约占 16%，225 m 以下仅占 8%（图 17）。有时，鱼群分布明显出现上下两个分布层：一层在 175～225 m处，鱼群密度较大，这也是 7 月鱼群分布的主要水层，水温约 3.6 ℃；另一层在 300～350 m，水温约 3.9 ℃，鱼群稀疏，数量较少。

狭鳕成鱼的垂直移动幅度虽不及幼鱼大，但 7 月鱼群昼夜垂直移动明显且较规律。如图 18 所示；日间鱼群分布水层较深，日出后（约 8 时）鱼群从 150～200 m 层逐渐下移；午时鱼群移至 220～280 m，之后又逐渐上移；从 16 时到日落时刻（约 20 时）鱼群主要分布在 160～240 m；入夜之后鱼群上浮，分布水层相对较浅，主要在 120～180 m，鱼群亦较分散；由晨光始到日出前（大约 6 时前后）是全天鱼群分布水层最浅的时刻，主要在 100～150 m 层，鱼群似乎向上下两个方向移动（图 19）。从晨光始到日出后和日没到昏影终是狭鳕垂直移动由夜间到日间和由日间向夜间过渡阶段。

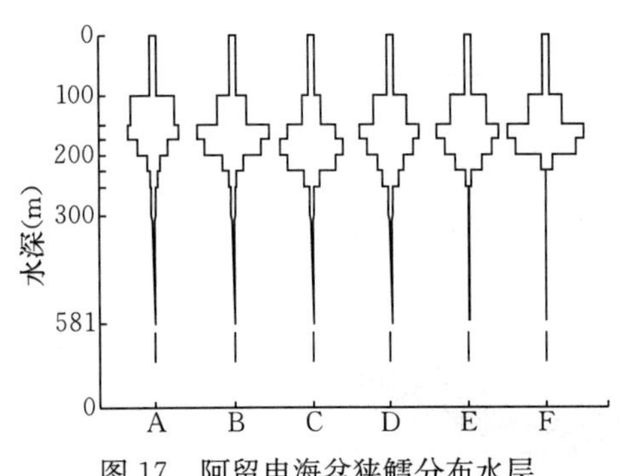

图 17　阿留申海盆狭鳕分布水层

（A. 晨光始—日出，B. 日出—8 时，C. 8—16 时，D. 16 时—日没，E. 日没—昏影终，F. 夜间）

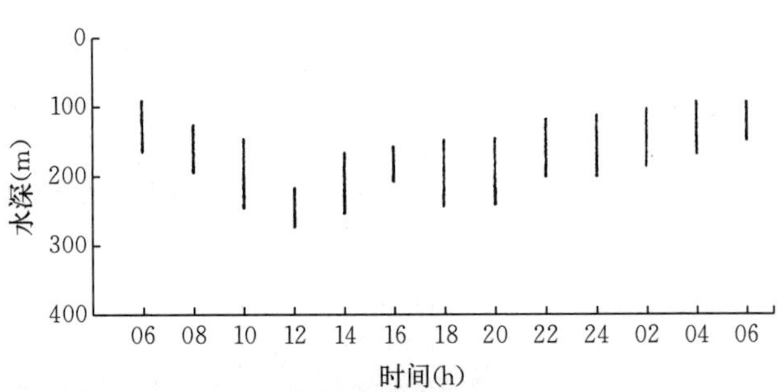

图 18　阿留申海盆狭鳕分布水层和昼夜垂直移动

（1993 年 7 月 13 日）

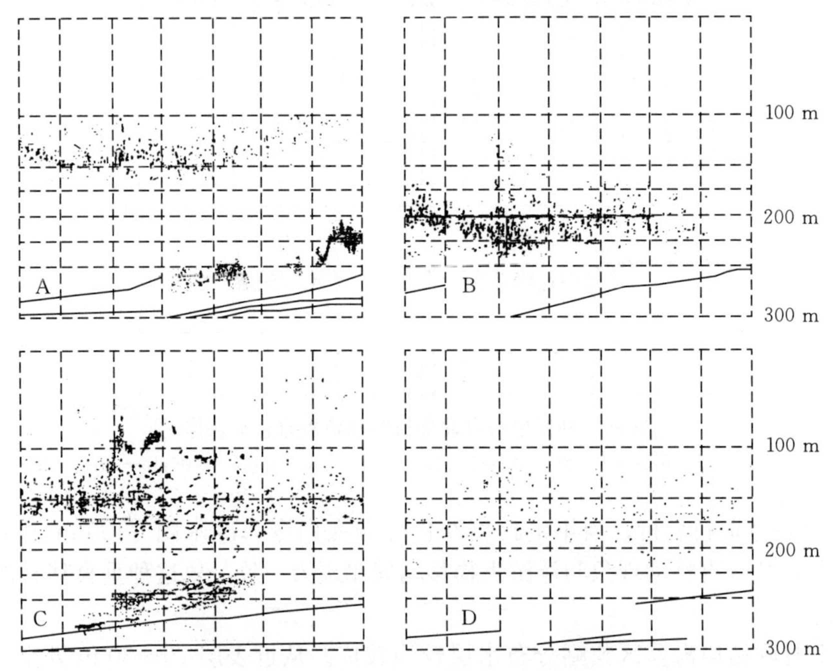

图 19　阿留申海盆狭鳕垂直移动影像

（1993-7-25，A. 07:30—07:55，B. 12:35—13:00，C. 18:25—20:00，D. 00:30—00:55）

调查期间绝大部分天气为阴天，鲜有多云和晴天，无明月之夜。因此，鱼群垂直移动现象难与趋光性相联系。从声学映像分析，狭鳕成鱼的垂直移动现象与索饵有关，此间个体胃饱满度极高，摄食强度多为 3～4 级，映像中也发现鱼群因追逐饵料（浮游动物）而突然上升 10～20 m。另外，鱼群主要分布在 200 m 上下，可能与 150 m 处有一冷水团（温度范围为 1.3～4.9 ℃）有关系。

2.3 狭鳕生物学特征

2.3.1 长度分布

根据白令海狭鳕的鱼群分布，将阿留申海盆调查海区划分为：A. 北部海盆区；B. 南部海盆区；C. 波哥斯洛夫（Bogoslof）近海区；D. 乌尼马克（Unimark）近岸区等四个海区。各海区狭鳕的叉长分布如图 20 所示。从图中可以看出：北部（A）和南部（B）海盆区狭鳕的叉长组成略同，其叉长分布范围分别为 410～620 mm 和 460～590 mm，优势叉长组分别为 500～560 mm 和 500～570 mm，平均叉长组分别为 527.0 mm 和 528.5 mm；波哥斯洛夫近海（C）区狭鳕个体略小，叉长分布范围为 410～620 mm，优势叉长组为 490～550 mm，平均叉长 520.5 mm；乌尼马克近岸（D）区狭鳕个体最小，叉长组成与上述三个区域狭鳕的叉长组成差异显著，其叉长分布范围为 400～600 mm，优势叉长组不明显，占群体组成

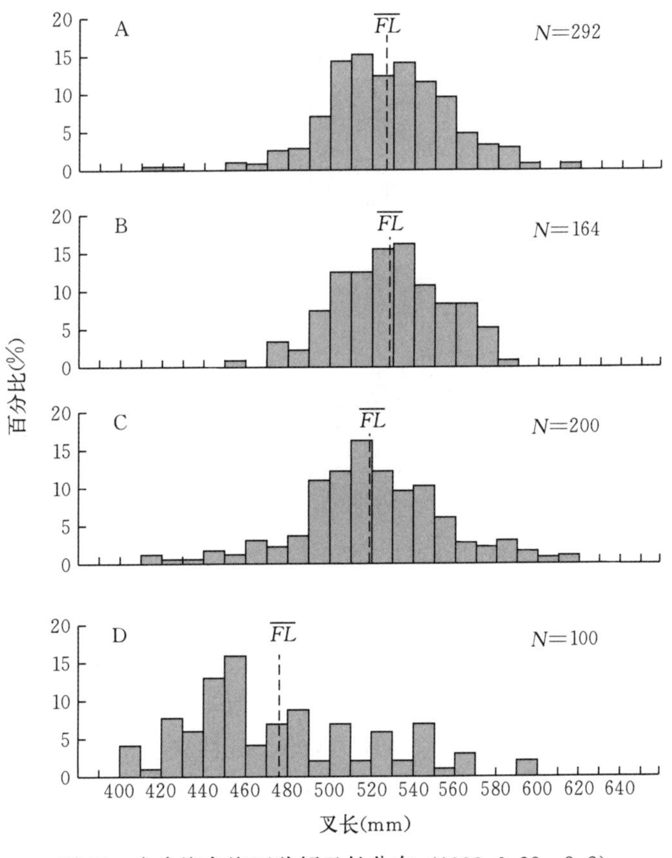

图 20 白令海各海区狭鳕叉长分布（1993.6.28—8.2）

10%以上的叉长组为 440～460 mm，平均叉长仅 476.9 mm。

从各海区不同性别狭鳕的叉长组成和平均叉长（图 21）看，上述 A、B、C 三个海区雌性狭鳕的叉长分布和平均叉长均大于雄性狭鳕。与此相反，D 海区雌性狭鳕的叉长分布和平均叉长小于雄性狭鳕。

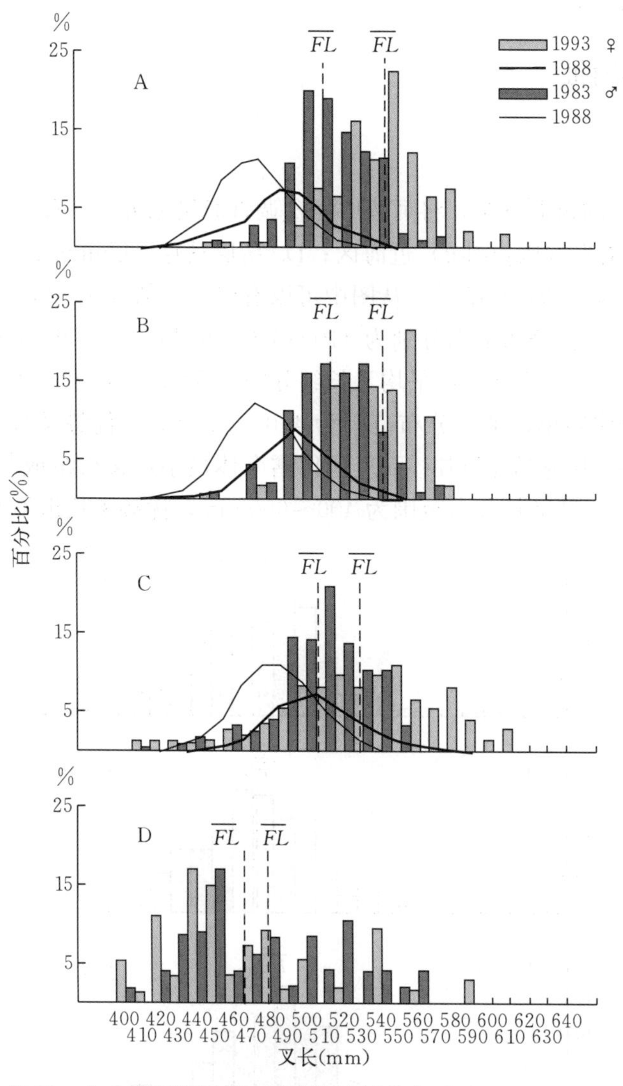

图 21 白令海各海区雌、雄狭鳕叉长分布（1993.6.28—8.2）

另外，据日本“开洋丸”1988 年夏季白令海狭鳕调查结果，北部海盆（A）区和南部海盆（B）区狭鳕的群体组成相似，A、B、C 三个海区雌性狭鳕的平均叉长亦均大于雄性狭鳕。北部海盆（A）区雌、雄性狭鳕的叉长分布范围为 41～61 cm 和 41～56 cm，平均叉长分别为 49.4 cm 和 47.8 cm。南部海盆（B）区雌、雄性狭鳕的叉长分布范围分别为 43～59 cm和 37～55 cm，平均叉长分别为 50.1 cm 和 48.2 cm。波哥斯洛夫近海（C）区雌、雄狭鳕的叉长分布范围为 42～59 cm 和 41～62 cm，平均叉长分别为 50.9 cm 和 48.9 cm。

本航次调查与日本“开洋丸”1988 年夏季调查结果比较。上述（A、B、C）三个海区雌、雄性狭鳕的叉长分布范围差异不甚显著，但1993年雌、雄性狭鳕的优势叉长组和平均叉长均大于1988年（图21、表10）。其中，A.B海区的雌性狭鳕平均叉长，1993年比1988年分别大5.4 cm和4.6 cm；雄性狭鳕的平均叉长，1993年比1988年约大3.7 cm。C海区雌雄狭鳕的平均叉长，1993年比1988年分别大2.5 cm。

表10　1988、1993年度夏季白令海各海区狭鳕雌，雄群体叉长范围及平均叉长比较

单位：cm

海区	性别	叉长范围		平均叉长		1993年比1988年增减
		1988年	1993年	1988年	1993年	
A	♂	41～56	41～58	47.8	51.5	+3.7
	♀	41～61	45～62	49.4	54.8	+5.4
B	♂	37～55	45～58	48.2	51.9	+3.7
	♀	43～59	48～59	50.1	54.6	+4.6
C	♂	41～62	41～56	48.9	51.2	+2.3
	♀	42～59	41～62	50.9	53.4	+2.5

2.3.2 体重分布

各海区狭鳕的体重分布趋势与上述叉长分布基本一致（图22、图23）。北部和南部海盆

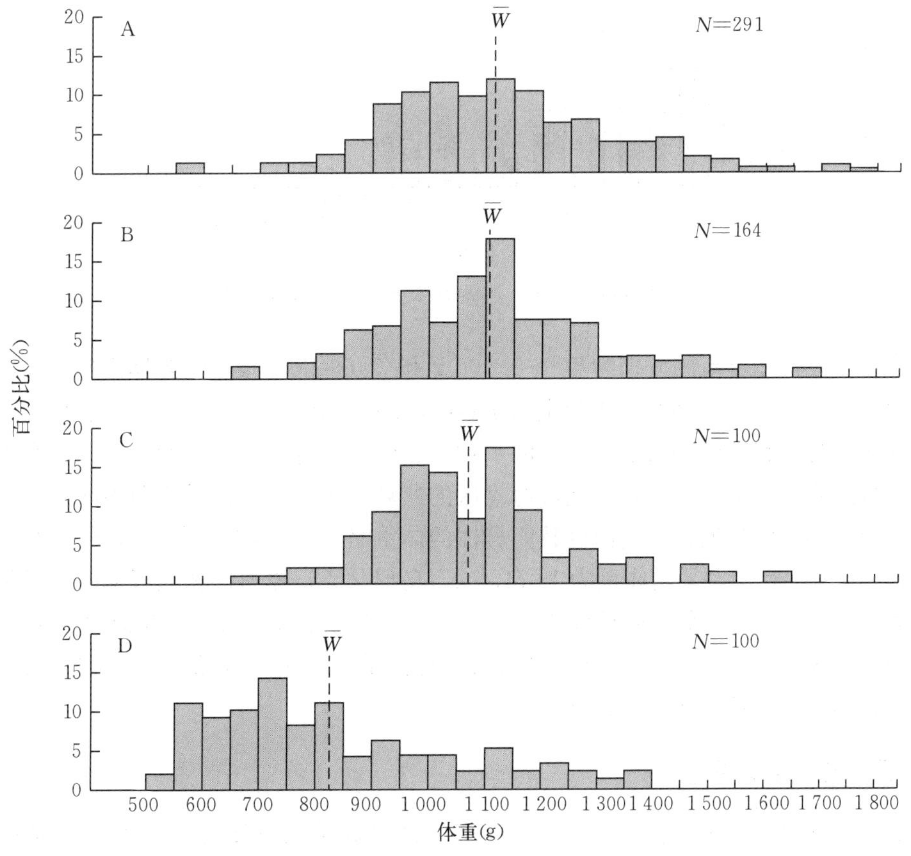

图22　白令海各海区狭鳕体重分布（1993.6.28—8.2）

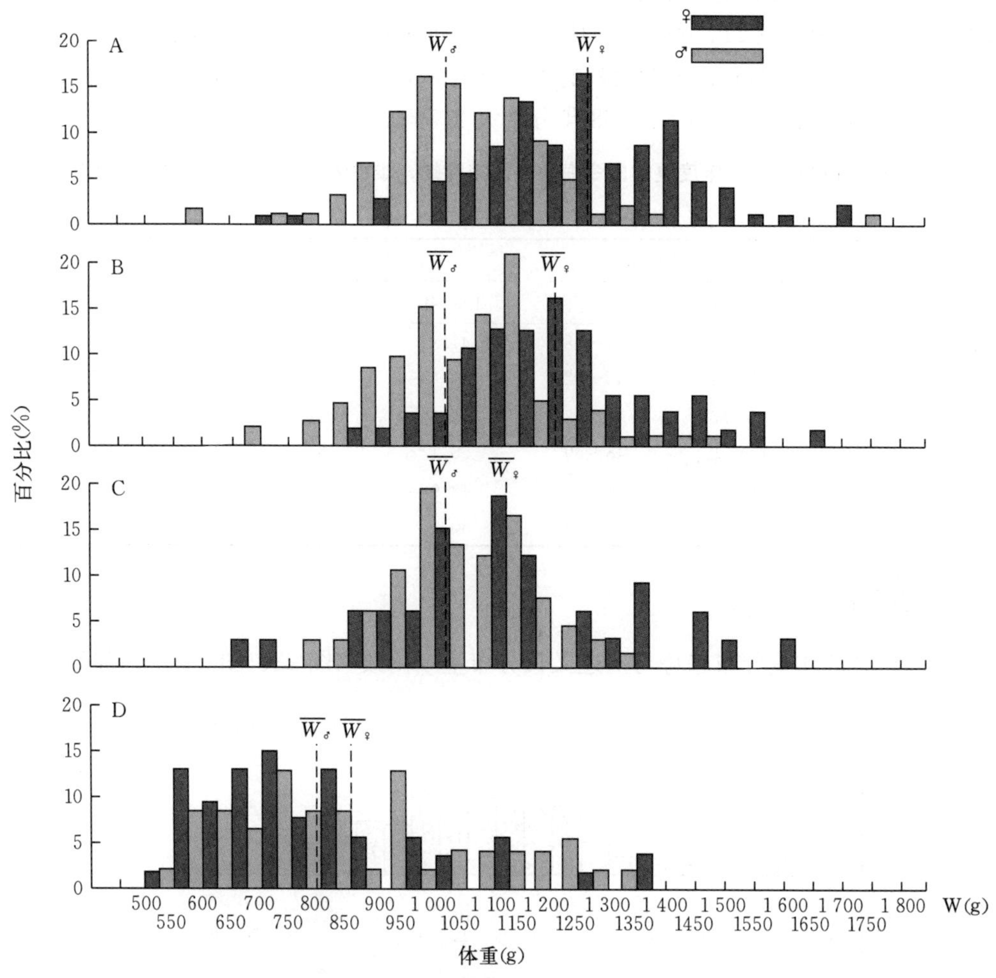

图 23 白令海各海区雌、雄狭鳕体重分布（1993.6.28—8.2）

区狭鳕体重较大，体重范围分别为 550～1 800 g 和 700～1 700 g，优势体重组分别为 900～1 300 g 和 850～1 300 g，平均体重分别为 1 118.5 g 和 1 103.0 g。然而，以该两海区平均叉长和平均体重对比看，南部海盆区狭鳕的平均叉长较北部海盆区狭鳕的平均叉长大 1.5 mm，而南部海盆区狭鳕的平均体重却较北部海盆区的狭鳕小 15.5 g。似乎说明两海区的狭鳕群体也存在一定差异。波哥斯洛夫近海区狭鳕群体的体重略小，体重范围为 650～1 700 g，优势体重组为 900～1 200 g，平均体重为 1 071.0 g。乌尼马克近岸海区狭鳕群体的体重最小，体重范围为 500～1 400 g，平均体重仅为 826.5 g。与叉长分布相似，从各海区不同性别狭鳕体重分布看，A、B、C 三个海区雌性狭鳕的优势体重组和平均体重均大于雄性狭鳕，而 D 海区雌性狭鳕的平均体重小于雄性狭鳕。

2.3.3 叉长与体重关系

计算结果表明，狭鳕的叉长与体重之间呈幂函数关系（图 24）。调查海区狭鳕叉长（FL，mm）与体重（W，g）的关系式为：

$$W=2.567.10^{-6}FL^{3.1662}$$

此时，同叉长雌性狭鳕的体重大于雄性狭鳕。

2.3.4　年龄组成

白令海海盆区狭鳕群体的年龄组成为4～20龄，优势年龄组为11～15龄。其中，11龄鱼（1982世代）和15、14龄鱼（1978、1977世代）所占比例较高（均各超过10%）。白令海东部的乌尼马克近岸区狭鳕的年龄组成偏低（2～18龄），优势年龄组为3～4龄（1989、1988世代），3～4龄鱼约占群体组成的50%（图25）。

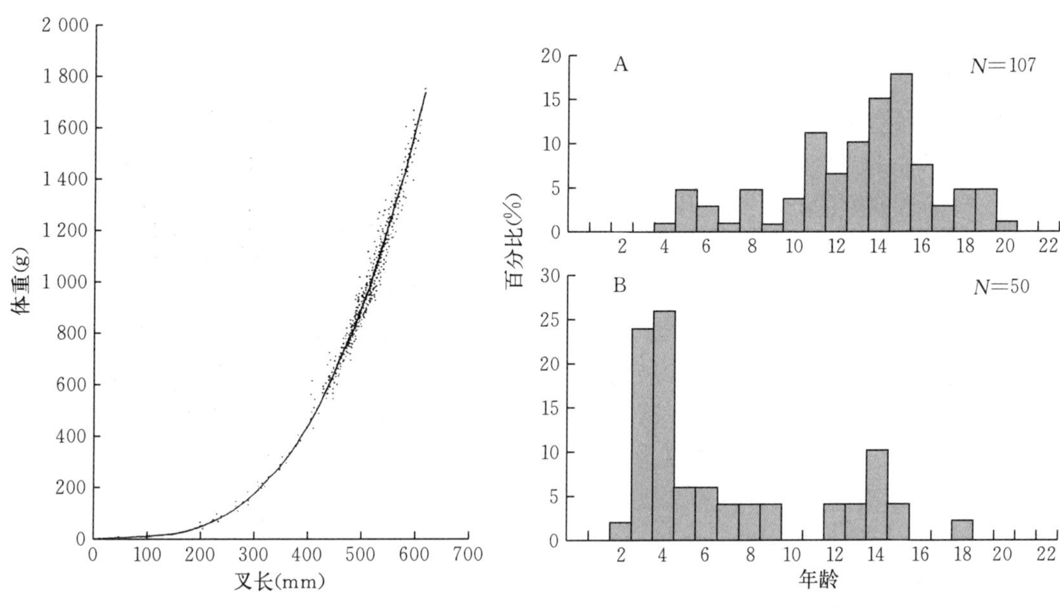

图24　白令海各海域狭鳕叉长与体重关系（1993.6.28—8.2）

图25　白令海海盆区（A）和乌尼马克近岸区（B）狭鳕群体的年龄组成

2.3.5　性比及性腺发育

2.3.5.1　雌、雄性比

A、B、C三海区狭鳕群体的雌、雄性比略同，雄性狭鳕所占的比例大于雌性，雄性狭鳕所占比例分别为63.4%、65.2%、67.0%，雌性狭鳕分别为36.6%、34.8%、33.0%。与此相反，D海区雌性狭鳕所占比例大于雄性，雌、雄性比为53.0∶47.0（表11）。

表11　白令海各海区狭鳕雌雄性比及雌性性腺成熟度（1993.6.28—8.1）

海区	雌雄性比（%）		雌雄性腺成熟度（%）						性腺成熟系数（%）
	♀	♂	Ⅱ期	Ⅱ～Ⅲ期	Ⅲ期	Ⅳ期	Ⅴ期	Ⅵ～Ⅱ期	
A	36.6	63.4	96.3	2.8			0.9		2.98
B	34.8	65.2	93.0	1.7				5.3	2.53
C	33.0	67.0	81.8	12.1				6.1	—
D	53.0	47.0	13.2			3.8		83.0	1.22

注：GSL=性腺重/纯体重×1 000。

2.3.5.2 雌性性腺成熟度及成熟系数

从表 11 中可以看出，A、B、C 三个海区雌性狭鳕的性腺成熟度主要为（产卵后重新发育的）Ⅱ期，约占 80%以上。其中，A 海区雌性狭鳕性腺成熟度为Ⅱ期者占 96.3%，其次为Ⅱ～Ⅲ期（占 2.8%），个别狭鳕（0.9%）尚未产卵（Ⅴ期）。B、C 海区雌性狭鳕全部产卵完毕。其中，B 海区狭鳕Ⅱ期性腺占 93%，产卵不久的恢复期（Ⅵ～Ⅱ期）约占 5.3%。C 海区雌性狭鳕的性腺发育较好，Ⅱ期性腺占 81.8%，Ⅱ～Ⅲ期占 12.1%。D 海区雌性狭鳕的性腺成熟度与上述三个海区的狭鳕性腺成熟度有显著差异，83.0%雌性狭鳕为产卵后不久的Ⅵ～Ⅱ期，Ⅱ期性腺占 13.2%，另有 3.8%的雌性狭鳕尚未产卵，性腺成熟度为Ⅳ期。

此外，从各海区雌性狭鳕性腺成熟系数看，A、B 两海区雌性狭鳕的性腺成熟系数比较接近，A 海区较高为 29.8，B 海区次之为 25.3；而 D 海区仅为 12.2，这也反映出 D 海区狭鳕的产卵期与 A、B 海区有较大差异。

根据上述各海区雌性狭鳕的性腺发育情况分析，调查海区的狭鳕存在着不同的产卵群。A、B、C 三个海区狭鳕的主要产卵期约为 3—5 月，其中波哥斯洛夫（C）海区狭鳕的产卵期略早。D 海区狭鳕的产卵期较迟，主要产卵期当在 4—6 月。

2.3.6 摄食

白令海各海区狭鳕的摄食等级如图 26 所示。从图中可以看出，白令公海（A）区狭鳕的摄食强度最高，摄食等级在 2～4 级的狭鳕约占 56.2%，平均摄食等级为 1.87 级。B 海区次之，摄食等级在 2～4 级者占 45.2%，平均摄食等级为 1.62 级。C 海区狭鳕摄食强度在 2～4 级者占 40.0%，平均摄食强度为 1.38 级。D 海区狭鳕摄食强度最低，平均摄食强度为 1.27 级，空胃率高达 23%，同样表现出该海区狭鳕产卵后不久，调查期间尚未进入较强摄食期。

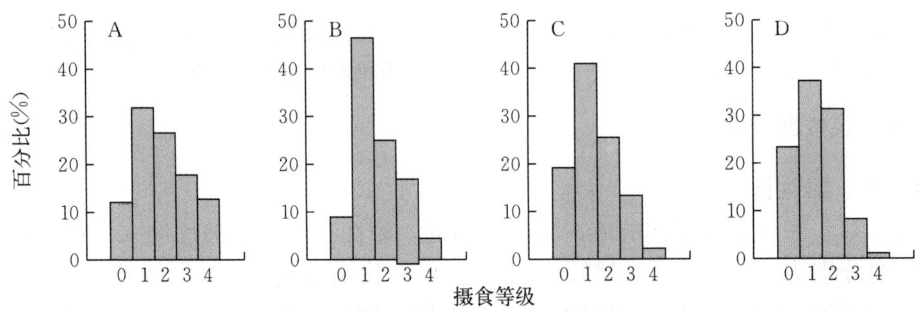

图 26 白令海各海区狭鳕摄食等级（1993.6.28—8.2）

综上所述，调查期间，各海区狭鳕生物学特性有所差异。其中，A、B、C 三个海区狭鳕的个体较大、产卵期较早、摄食强度较高。D 海区狭鳕的个体小，产卵期较迟。

2.4 狭鳕资源评估

应用声学方法评估资源数量，其结果受诸多因素的影响。其中仪器常数（C_I）和鱼的声学特性（C_F）是两个主要影响因素。已如前述，本次调查之初和结束前分别进行了两次声学仪器校正。校正后，将 C_I 作为常数输入 SIMRAD QD400 回声积分仪的计算机中，使积分仪输出的读数成为绝对积分值（称 M 值或 SA 值），故资源数量（N）和生物量（B）计算式表达为：

$$N=C_F\cdot M\cdot A$$

$$B=N\cdot W$$

式中：A 为面积（n mile^2）；W 为个体平均重量；C_F 是一个与鱼类声学特性有关的系数，表达为：

$$C_F=\frac{1}{4\pi\times 10^{0.1TS}}$$

因此，用以表示鱼类声学特性的目标强度（TS）值成为影响评估结果的关键数值。本次调查总结中，应用了两个狭鳕 TS 值的研究结果，评估狭鳕资源，并分别应用方区法和断面法概算资源量。

2.4.1 根据 Foote 和 Traynor（1988）关于狭鳕目标强度（TS）的研究结果，评估资源。狭鳕目标强度与鱼体长度（L，cm）关系式为：

$$TS=20\log_{10}L-66.0\ \text{dB}$$

上式是美国、日本等国家目前在狭鳕资源声学评估中，广泛使用的计算参数。根据本次调查获得的 M 值、个体长度、个体重量等有关资料，应用方区面积法和断面面积法概算的资源数量和生物量列于表 12、表 13、表 14，评估结果分别为：

表 12　阿留申海盆区狭鳕资源评估及计算参数（1993 年 6 月 28 日—8 月 2 日）

方区号		1	2	3	4	5	6	7	8	9	10	11	合计
		172°E	174°E	176°E	178°E	180°	178°W	176°W	174°W	172°W	170°W	168°～166°W	
B 59°N	M			4.5	10.8	12.6	2.8	3.0					
	L			52.61	52.61	52.61	52.61	52.61					
	W			1 095	1 095	1 095	1 095	1 095					
	A			3 762	3 762	3 762	2 828	947					15 061
	N			1.94	4.65	5.43	0.91	0.33					13.26
	B			2.124	5.091	5.946	0.996	0.361					14.518
C 58°N	M		0.1	3.2	22.0	9.5	11.9	3.3	3.3				
	L		52.61	52.61	52.61	52.61	52.61	52.61	52.61				
	W		1 095	1 095	1 162	1 095	1 064	1 095	1 095				
	A		3 869	3 869	3 869	3 869	3 869	3 869	645				23 859
	N		0.04	1.42	9.50	4.21	5.52	1.46	0.24				22.39
	B		0.049	1.552	11.039	4.609	5.873	1.598	0.267				24.987
D 57°N	M	0	0	0	11.7	5.6	5.4	5.4	9.0	14.9			
	L	52.61	52.61	52.61	53.08	52.61	52.61	52.61	52.61	52.61			
	W	1 095	1 095	1 095	1 130	1 095	1 095	1 095	1 095	1 095			
	A	3 480	3 974	3 974	3 974	3 974	3 974	3 974	2 822	1 500			31 646
	N	0	0	0	5.23	2.55	2.46	2.46	2.91	2.56			18.17
	B	0	0	0	5.905	2.790	2.69	2.691	3.184	2.803			20.064

（续）

方区号		1 172°E	2 174°E	3 176°E	4 178°E	5 180°	6 178°W	7 176°W	8 174°W	9 172°W	10 170°W	11 168°～166°W	合计
E 56°N	M	0	0	0.6	4.5	9.5	7.8	9.7	8.2	4.3	15.6		
	L	52.61	52.61	52.61	52.61	52.61	52.64	52.61	52.61	52.61	52.61		
	W	1 095	1 095	1 095	1 095	1 066	1 025	1 095	1 095	1 095	1 095		
	A	4 078	4 078	4 078	4 078	4 078	4 078	4 078	4 078	4 078	2 039		38 741
	N	0	0	0.28	2.10	4.43	3.78	4.53	3.83	2.01	3.64		24.60
	B	0	0	0.307	2.299	4.722	3.875	4.960	4.194	2.201	3.988		26.546
F 55°N	M	0	0	0	2.2	15.7	7.4	22.6	10.3	15.4	13.2	38.7	
	L	52.61	52.61	52.61	52.61	52.61	52.61	52.73	52.61	52.61	52.00	47.69	
	W	1 095	1 095	1 095	1 095	1 095	1 095	1 117	1 095	1 095	1 108	827	
	A	4 181	4 181	4 181	4 181	4 181	4 181	4 181	4 181	4 181	4 181	4 181	45 991
	N	0	0	0	1.05	7.52	3.54	10.77	4.93	7.37	6.47	22.52	64.17
	B	0	0	0	1.153	8.230	3.879	12.030	5.308	8.073	7.168	18.627	64.558
G 54°N	M	0	0	0	1.6	27.6	17.7	20.7	38.7	52.6	11.3		
	L	52.61	52.61	52.61	52.61	52.82	52.61	53.31	52.54	52.07	52.0		
	W	1 095	1 095	1 095	1 095	1 107	1 095	1 119	1 063	1 104	1 108		
	A	2 141	4 283	4 283	4 283	4 283	4 283	4 283	4 283	4 283	3 212		39 617
	N	0	0	0	0.78	13.41	8.68	9.88	19.03	26.34	4.25		82.37
	B	0	0	0	0.859	14.839	9.505	11.056	20.229	29.075	4.709		90.272
H 53°N	M				1.6	27.6	17.7	40.1	45.6	52.6			
	L				52.61	52.82	52.61	52.00	52.50	51.59			
	W				1 095	1 107	1 095	1 108	1 071	1 145			
	A				2 179	2 179	2 179	2 500	2 500	1 090			12 627
	N				0.40	6.82	4.42	11.75	13.11	6.83			43.33
	B				0.437	7.550	4.836	13.019	14.041	7.819			47.702
合计	A	13 880	20 385	24 147	26 326	26 326	25 302	23 832	28 509	15 132	9 432	4 281	207 542
	N	0	0.04	3.64	23.71	44.37	29.31	41.18	44.05	45.11	14.36	22.52	268.29
	B	0	0.049	3.983	26.783	48.686	31.655	45.715	47.313	49.971	15.865	18.627	288.647

注：M为积分值，$\bar{L}$为平均长度（cm），$\bar{W}$为平均重量（g），A为方区面积（km^2），$N\times10^6$=资源数量×百万尾，$B\times10^3$=资源量$\times10^3$ t。

表 13　白令海公海区狭鳕资源评估及计算参数（1993 年 6 月 28 日—7 月 10 日）

方区号		1 172°E-	2 174°E-	3 176°E-	4 178°E-	5 180°-	6 178°W-	合计
B 59°N	M			4.5	10.8	13.7		
	L			52.61	52.61	52.61		
	W			1 095	1 095	1 095		
	A			2 455	3 386	3 108		8 949
	N			1.26	4.19	4.88		10.33
	B			1.385	4.585	5.339		11.309

（续）

方区号		1 172°E-	2 174°E-	3 176°E-	4 178°E-	5 180°-	6 178°W-	合计
C 58°N	M		0.1	3.2	22.0	9.5	15.2	
	L		52.61	52.61	53.30	52.61	51.42	
	W		1 095	1 095	1 162	1 095	1 064	
	A		2 581	3 869	3 869	3 869	2 300	16 488
	N		0.03	1.42	9.49	4.21	4.19	19.34
	B		0.033	1.552	11.038	4.609	4.460	21.692
D 57°N	M	0	0	0	11.7	5.6	6.2	
	L				53.08	52.61	52.61	
	W				1 130	1 095	1 095	
	A	1 558	3 474	3 974	3 974	3 974	3 312	20 266
	N	0	0	0	5.23	2.55	2.35	10.13
	B	0	0	0	5.905	2.790	2.575	11.270
E 56°N	M			2.0	0.0	9.8	6.4	
	L			52.61	52.61	52.61	51.64	
	W			1 095	1 095	1 066	1 025	
	A			1 266	2 466	2 881	2 436	9 049
	N			0.29	1.86	3.23	1.85	7.23
	B			0.318	2.041	3.446	1.898	7.703
合计	A	1 588	6 055	11 564	13 695	13 832	8 048	54 752
	N	0	0.03	2.97	20.77	14.87	8.39	47.03
	B	0	0.033	3.255	23.569	16.184	8.933	51.974

注：M 为积分值，$\bar{L}$ 为平均长度（cm），$\bar{W}$ 为平均重量（g），A 为方区面积（km^2），$N\times10^6$＝资源数量×百万尾，$B\times10^3$＝资源量×10^3 t。

表 14 白令海公海区狭鳕资源评估（1993 年 6 月 28 日—7 月 10 日）

断面号	S_A（$m^2/n\ mile^2$）范围	平均	标准量	断面长度（n mile）	断面宽度（n mile）	叉长（cm）	体重（g）	评估：资源数量（$\times10^6$）	资源量（$\times10^3$）
1	1～8	4.3	2.5	90	42	53.3	1 162	1.38	1.603
1a	7～13	10.1	1.9	40	22	53.3	1 162	0.99	1.151
2	0～14	6.7	4.7	120	44	53.3	1 162	3.94	4.583
3	1～66	20.1	18.4	140	44	53.3	1 162	13.81	16.039
4	2～33	10.1	6.9	95	44	53.1	1 130	9.74	11.006
5	2～30	8.8	6.4	205	44	51.4	1 064	9.52	10.128
6	2～24	8.1	4.9	135	44	51.5	1 045	5.75	6.003
7	3～14	6.3	3.6	60	44	51.6	1 025	1.98	2.028
小计				(37 880) $n\ mile^2$				47.11	52.541

阿留申海盆区资源评估覆盖面积为71.3万km^2，狭鳕资源数量为26 829万尾，生物量为28.9万t；白令海公海区评估覆盖面积为18.9万km^2，狭鳕资源数量为4 703万尾，生物量为5.2万t。

如图27所示，夏季狭鳕资源仍主要分布在大约52°～53°N近阿留申群岛海区（如乌纳拉斯卡岛、波哥斯洛夫岛、乌姆纳克岛、阿特卡岛和阿达克岛等）、其资源量约占海盆区的54%。若按南北划分，55°N以南狭鳕生物量占海盆区的70%；若按东西划分，180°以东狭鳕生物量占海盆区的82%。而公海区狭鳕资源量仅占海盆区的18%。

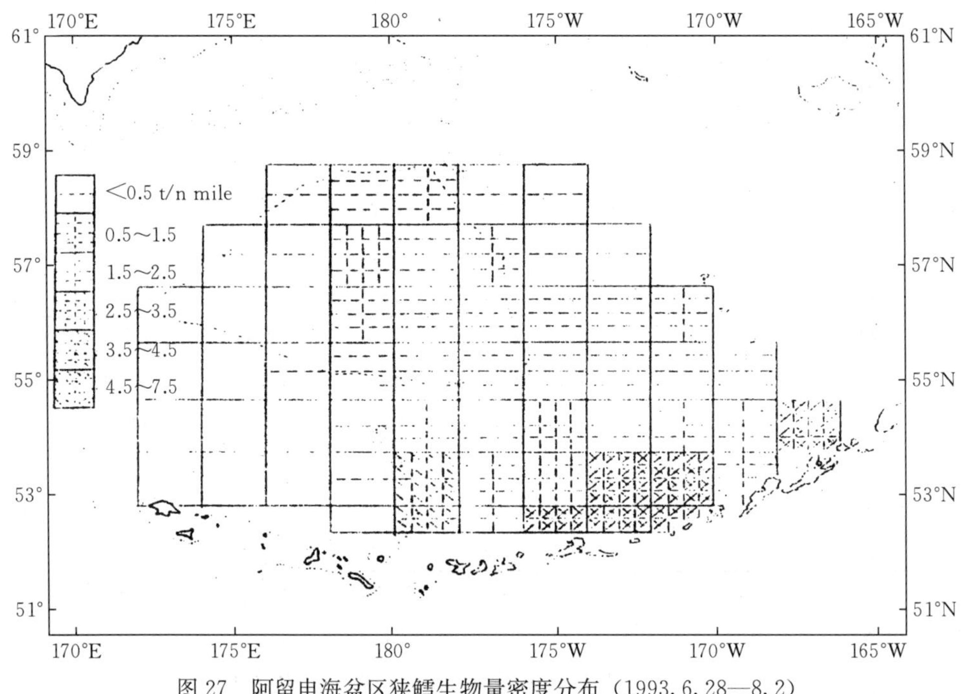

图27 阿留申海盆区狭鳕生物量密度分布（1993.6.28—8.2）

为了检验公海区声学资源评估结果，在海盆区调查完成后，于7月27日—8月1日对公海区进行了第二次走航式狭鳕声学资源评估调查（调查航线见图1），结果表明：公海东南部狭鳕数量有所增加，西北部数量有所减少，但总的分布态势没有大的变化，狭鳕生物量评估结果为3.2万t，少于第一次的评估结果，若将两次资料合并使用，公海区狭鳕生物量为4.1万t（表15）。

表15 白令海公海区狭鳕资源评估（1993年6月28日—7月10日，7月27日至8月1日）

断面号	S_A（m^2/n $mile^2$）			断面长度（n mile）	断面宽度（n mile）	鱼体长度（cm）	鱼体体重（g）	评估	
	范围	平均	标准量					资源数量（$\times 10^6$）	资源量（$\times 10^3$）
1	1～8	4.3	2.5	90	21	53.3	1 162	0.91	1.653
1b	1～17	5.4	4.4	185	22	53.3	1 162	2.45	2.847
2	0～14	6.7	4.7	120	22	53.3	1 162	1.97	2.91
2b	1～10	4.3	2.4	165	22	53.3	1 162	1.74	2.022

（续）

断面号	S_A（$m^2/n\ mile^2$）			断面长度（n mile）	断面宽度（n mile）	鱼体长度（cm）	鱼体体重（g）	评估	
	范围	平均	标准量					资源数量（$\times10^6$）	资源量（$\times10^3$）
3	1～66	20.1	18.4	140	22	53.3	1 162	6.90	8.019
3b	1～16	4.2	3.3	155	22	53.3	1 162	1.60	1.355
4	2～33	10.1	6.9	95	22	53.1	1 130	4.87	5.503
4b	1～19	6.3	5.3	135	22	53.1	1 130	2.10	2.377
5	2～30	8.8	6.4	205	22	51.4	1 064	4.76	5.064
5b	1～39	11.1	9.8	125	22	51.4	1 064	3.66	3.895
6	2～24	8.1	4.9	135	33	51.5	1 045	4.31	4.503
7	3～14	6.3	3.6	60	44	51.6	1 025	1.98	2.223
小计				(8 135) $n\ mile^2$				3.25	41.457

1988 年夏季日本远洋渔业研究所对白令海狭鳕资源进行过声学/中层拖网评估调查，1990 年 8 月黄海水产研究所对公海区亦进行过声学/中层拖网评估调查，使用同样的资源量计算方法和 *TS* 值评估阿留申海盆区和公海区狭鳕资源量结果如表 16 所列。若直接与本次调查结果比较，1993 年夏季白令海公海区狭鳕资源量仅为 1988 年、1990 年同期的 1/8～1/20，海盆区狭鳕资源量约为 1988 年、1990 年同期的 1/6。从鱼群分布资料看，三年狭鳕资源区域性的分布态势比较相近，即夏季鱼群均较分散，主要资源分布于海盆区东南部（近波哥斯洛夫岛海区）以及公海区。

表 16　阿留申海盆区狭鳕资源估计

Year		面积（$n\ mile^2$）	资源数量（$\times10^6$ t）	资源量（$\times10^3$ t）	资料来源
1988	AB	133 480	1 153.0	108.0	Japan，1990 and 1991.
	HS	59 859	511.2	414.9	
1990	HS	30 103		694.0	China，1990
		(54 752)		(1 200)	
1993	AB	207 542	568.3	288.6	China，1993
	HS	54 752	47.0	52.0	

注：AB=阿留申海盆区；HS=白令海公海。

2.4.2　根据本次调查 *TS* 值的实测资料，评估资源。狭鳕目标强度（*TS*）与鱼体长度（*L*）的关系式为：

$$TS=20\log_{10}L-68.6\ \mathrm{dB}$$

据此，评估阿留申海盆区狭鳕资源数量为 48 829 万尾，生物量约 53 万 t；白令海公海区狭鳕资源数量为 8 559 万尾，生物量约 9 万 t。与前一方法的评估结果相比，资源数量和生物量分别增加了 82%。本计算中使用的新 *TS* 值及其资源评估结果还有待进一步验证。

2.5 其他资源状况

在白令海所进行的18次声学/中层拖网调查中，捕获鱼类8种（表17），鱿鱼1种以及几种水母。按渔获量，狭鳕最高，腹吸圆鳍鱼次之，其他种类数量很少（表18）。其中在白令海公海区只捕到3种鱼类，即狭鳕、腹吸圆鳍鱼和大麻哈鱼。狭鳕资源已如前述，现将其他种类以分布、资源结构以及生物学特性分述如下。

表17 白令海鱼类名称对照表

中文	拉丁文	英文
狭鳕	*Theragre chalcogramma*（Pallas 1811）	Walleye polock
腹吸圆鳍鱼（圆腹拟雀鱼）	*Aptocyclus ventricosus*（Pallas 1770）	Smooth lumpsucker
太平洋七腮鳗	*Lampetra tridntatus*（Gairdner 1836）	Pacific lamprey
太平洋鲱	*Clupea harengus pallasi*（Valenciennes 1847）	Pacific herring
大麻哈鱼	*Oncorhynchus keta*（Wallbaum 1792）	Chum salmon
鄂霍次克海深海鲑	*Bathylagus ochotensis*（Schmidt 1938）	Okhotsk blacksmelt
窄鳃灯笼鱼	*Stenobrachius leucopsarus*（Eigenmann and Eigenmann 1890）	Northern lamfish
滑舌鱼	*Leuroglossus stilbius schmidti*（Pass 1955）	Northern smoothtongue

表18 阿留申海盆狭鳕声学/中层拖网调查各网次渔获物记录（1993年3月30日至7月25日）

种类[1]	ST-01		ST-02		ST-03		ST-04		ST-05		ST-06		ST-07	
	数量	重量[2]	数量	重量	数量	重量	数量	重量	数量	重量	数量	重量	数量	重量
狭鳕	5	5.5	150	177.5	1	1.65	70	78	85	99				
（幼鱼）					7 142	2					7 813	3.0	7 453	4.0
腹吸圆鳍鱼	6	1.4	64	44			57	44	60	40				
（圆腹拟雀鱼）														
太平洋七腮鳗														
太平洋鲱														
大麻哈鱼				2	5	5.5						1	0.56	
鄂霍次克深海鲑														
窄鳃灯笼鱼														
滑舌鱼														
鱿鱼			3	1.15			1	0.7						
海蜇			2											
合计	11	6.0	217	222.65	7 145	9.15	128	122.7	145	139	7 813	3.0	7 454	4.56

（续）

种类	ST-08		ST-09		ST-10		ST-11		ST-12		ST-13		ST-14	
	数量	重量	数量	重量	数量	重量	数量	重量	数量	重量	数量	重量	数量	重量
狭鳕	3	4.14	14	15	4	4.8	201	231	13	14.5	28	31	28	31
（幼鱼）					4658	2.5								
腹吸圆鳍鱼			17	15	10	4	68	52	25	16	15	9	27	26
（圆腹拟雀鱼）														
太平洋七腮鳗														
太平洋鲱														
大麻哈鱼						5	5.8							
鄂霍次克深海鲑	1	0.1												
窄鳃灯笼鱼	823	2.743												
滑舌鱼	9	0.8												
鱿鱼			1				3							
海蜇														
合计	836	7.883	31	30	4 677	17.1	272	286	38	30.5	43	40	55	57

种类	ST-15		ST-16		ST-17		ST-18		合计	
	数量	重量	数量	重量	数量	重量	数量	重量	数量	重量
狭鳕	108	115	244	279.4	1 702	1 418.35	25	26.52	2 684	2 535.36
（幼鱼）									27 066	11.5
腹吸圆鳍鱼	63	62	31	30			16	17	459	360.4
（圆腹拟雀鱼）										
太平洋七腮鳗					1	0.3			1	0.3
太平洋鲱					3	1.095			3	1.095
大麻哈鱼									8	11.86
鄂霍次克深海鲑									1	0.1
窄鳃灯笼鱼									823	2.743
滑舌鱼									9	0.9
鱿鱼					76	3.94			80	5.79
海蜇										
合计	171	177	275	309.4	1 782	1 423.7	41	43.52	31 134	2 930

注：①鱼名根据 Hart（1973）：Pacific fishes of Canada；②重量单位为 kg。

2.5.1 腹吸圆鳍鱼，数圆鳍鱼科，又名圆腹拟雀鱼。系冷水性鱼类，广泛分布于北美沿海、白令海、鄂霍次克海、堪察加半岛两侧及日本海。在阿留申海盆区调查过程中，中层拖网常可兼捕到，渔获物约占总量的 12%，其分布大体与狭鳕成鱼的分布区一致，具有分布面广而均匀的特点。相对密集区位于阿留申群岛中部安德烈亚诺夫群岛北侧，鲍威尔斯浅滩以东水域和公海的中东部。调查区东端和鲍威尔斯浅滩以西拖网取样中均未捕获到腹吸圆鳍鱼，接近狭鳕幼鱼分布区几乎没有该种类分布（图 28）。调查区捕获的腹吸圆鳍鱼体长范围为 7～33 cm，平均体长为 22 cm，平均重 690 g，喜食水母，捕捞后胃内充有大量海水，约占体重的一半。

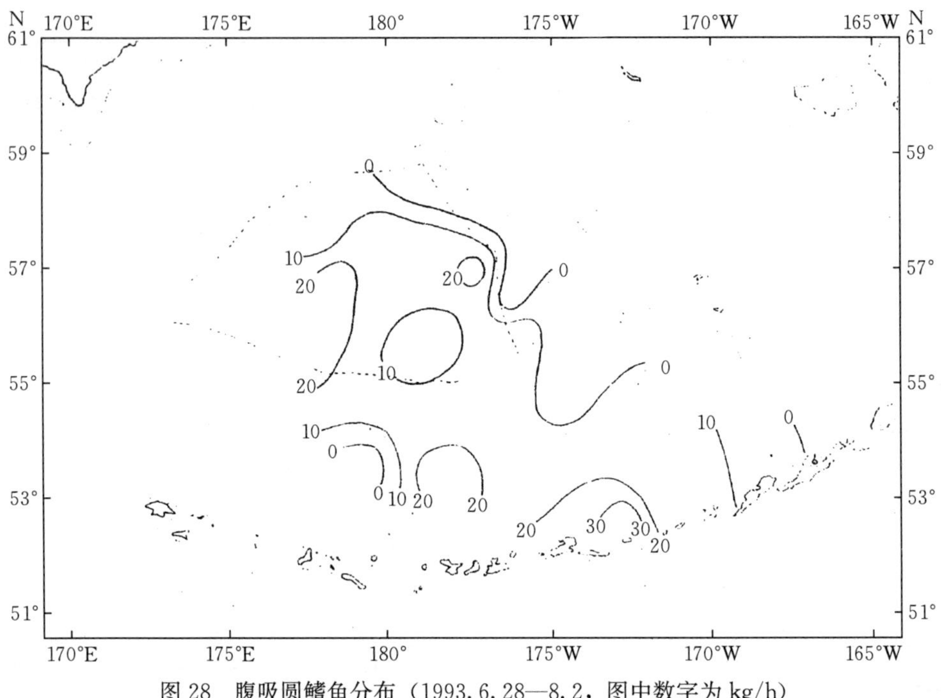

图 28 腹吸圆鳍鱼分布（1993. 6. 28—8. 2，图中数字为 kg/h）

2.5.2 窄鳃灯笼鱼，属灯笼鱼科，为深海小型鱼类，分布于北美沿海、日本海、千岛群岛和堪察加半岛沿海、白令海。分布水层范围较大，从表面至 2 900 m 以下都曾发现。该种类经济价值较低，但是一些较大型鱼类的饵料。在阿留申海盆，窄鳃灯笼鱼主要分布于调查区西南部无狭鳕区，与狭鳕分布恰成互补之势，另外，东南部也有分布，一般都分布在狭鳕稀疏区。调查区的中部和北部窄鳃灯笼鱼分布极为稀少（图 29）。映像资料表明，窄鳃灯笼鱼

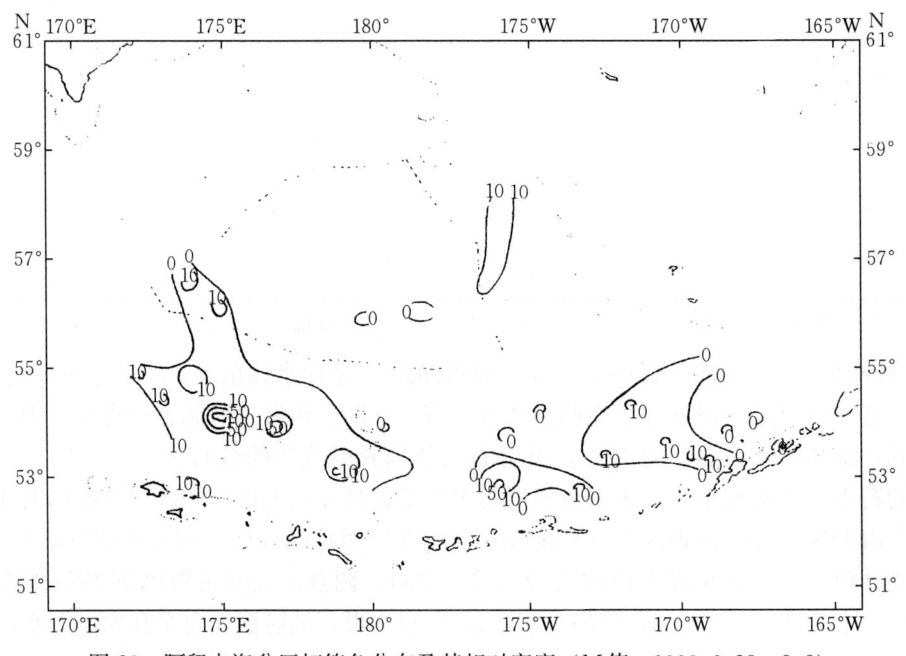

图 29 阿留申海盆区灯笼鱼分布及其相对密度（*M* 值，1993. 6. 28—8. 2）

有明显的垂直移动现象，昼沉夜浮，基本在 200 m 以下水层，映像呈粉砂状。渔获中的窄鳃灯笼鱼叉长范围为 4.9～9.0 cm，平均重 3.3 g。

2.5.3 太平洋七鳃鳗，属七鳃鳗科。广泛分布于北美沿海水域，白令海，日本北海道沿海，为溯河性鱼类，即在淡水中生殖，在海水中生长，在河中筑穴生殖，仔鱼在 2 或 3 周后离开穴洞顺流而下埋于泥土中，以藻类为食，直到至少 5 龄后（97 mm）才达到成鱼阶段，开始其寄生生活。在拖网调查中，只捕到 2 尾太平洋七鳃鳗，重 300 g，55 cm 长。在捕到的狭鳕身上常可看到被太平洋七鳃鳗寄生留下的伤痕，这对经济鱼类的损害较大。

2.5.4 太平洋鲱，属鲱科，与黄海鲱同属一种，为冷温性种类，广泛分布于北太平洋沿海冷水中，集群性强，产量高，在北太平洋渔业中占有重要地位。调查中，仅在荷兰港西南部捕到 3 尾，叉长在 31.5～35.3 cm，平均体重 365 g。

2.5.5 大麻哈鱼，属鲑科鱼类，为长距离洄游溯河性种类，洄游距离可达 3 000 km。通常在海水中生长 3～5 年后，游回淡水中生殖。该种广泛分布于北太平洋两岸的通海河里，南可达到 36°N。在海水里的分布主要在 46°N 以北的广阔海域里。一般栖息水层在 60 m 左右，晚间向表层移动。在本次调查期间，共捕获 8 尾，重 11.86 kg，占总渔获量的 0.4%。在白令海公海区捕获 3 尾，其中在北部捕到的两尾，叉长分别为 59.5 cm 和 61.5 cm，体重分别为 2 750 g 和 2 800 g；在东侧捕到的 1 尾，叉长 35 cm，体重 560 g，个体较小。除公海外，还在普里比洛夫群岛西部海域捕到 5 尾，叉长分布范围为 43.2～52.0 cm，平均 46.7 cm，平均体重 1 160 g。胃含物以磷虾、狭鳕幼鱼和水母为主。

2.5.6 鄂霍次克深海鲑，属深海鲑科，为深海小型鱼类，主要分布于太平洋东北部和鄂霍次克海。垂直分布范围较大，从表层到 2 380 m 都曾发现。在本次白令海狭鳕调查中，仅在阿留申海盆区南部捕获，样品叉长 12.5 cm，体重 100 g，拖网水层在 130 m 左右，与灯笼鱼等混栖。

2.5.7 滑舌鱼，属深海鲑科，为深海小型鱼类。主要分布于北美沿海以及白令海和鄂霍次克海。垂直分布范围为表层至 730 余 m。个体小，经济价值不大，在太平洋鲱、玉筋鱼和大麻哈鱼等胃含物中都曾发现该种类。其本身以磷虾、桡足类以及鱼卵为食。

在阿留申海盆区南部捕获 9 尾滑舌鱼，叉长在 8.5～17 cm，平均体重 100 g。

2.5.8 鱿鱼和水母，在这次调查中，海盆区的东、西部均可捕到少量鱿鱼，占总渔获量的 0.2%，（共 5.79 kg，计 80 尾）。其中以在荷兰港西南部水域捕获量最大，共 76 尾，胴长 4.2～21 cm，平均体重 52 g。

水母在中层拖网中时有发现，多数个体较小。中型以上的个体广泛分布于阿留申海盆区的北部及附近阿留申群岛水域。

另外，阿留申海盆区大型浮游生物（如磷虾、桡足类等）资源十分丰富，起网时常有大量磷虾黏附在中层拖网的网衣上。

3　小结

1993 年 6 月 28 日至 8 月 2 日黄海水产研究所使用“北斗”号渔业调查船，以白令海公海为重点对阿留申海盆区进行狭鳕资源声学评估和渔场环境调查。有效声学评估航程为 7 240 n mile，资源评估覆盖面积达 71.3 万 km^2，中层拖网生物学取样 18 次，生物理化环境取样观测 32 个站位。主要调查研究结果小结如下：

3.1 夏季阿留申海盆区为大面积低温水控制，表层至 25 m 层水温范围为 5.4～9.6 ℃，盐度为 32.4～33.2，溶解氧为 9.7～10.6 mg/L，50～500 m 层水温范围为 1.3～6.7 ℃，盐度为 32.6～34.1，溶解氧为 1.4～10.5 mg/L。150 m 层出现一个较强冷水团，温度范围 1.3～4.9 ℃，平均为 3.0 ℃。

3.2 7 月，阿留申海盆区狭鳕成鱼主要分布于海盆区的东南部（波哥斯洛夫岛附近）以及公海区。公海区与海盆其他区域狭鳕资源比为 18：82。狭鳕当年生幼鱼主要分布在公海区东北部与陆架之间水域，以及波哥斯洛夫岛附近。白令海公海东北部及附近海区可能是狭鳕产卵场之一。

3.3 狭鳕成鱼主要栖息在 175～225 m 层，水温约 3.6 ℃左右，盐度为 33.4；幼鱼主要栖息在 80～100 m 层，水温约 3.2 ℃，盐度为 33.1。无论是成鱼还是幼鱼均有明显的昼夜垂直移动现象，移动幅度约 80～100 m。

3.4 夏季海盆区狭鳕正值索饵期，摄食强度较高。但是，仍发现个别狭鳕在公海等待产卵。海盆区狭鳕的主要长度组为 50～57 cm，平均叉长为 52.6 cm，平均体重为 1 095 g，与 1988 年同期平均叉长 49 cm 相比，个体明显偏大。产生这种差别的主要原因是近几年补充到捕捞群体的新生世代的资源数量较少。预计 1995 年后公海狭鳕资源将逐渐恢复。

3.5 1993 年夏季阿留申海盆区狭鳕资源量评估为 28.9 万 t，公海区为 5.2 万 t，仅为 1988 和 1990 年同期的 1/8～1/20。

若采用本航次目标强度的实测结果，海盆区和公海区狭鳕资源量评估结果分别为 53 万 t 和 9 万 t。

参考文献

Anon，1990. Report of acoustic survey of Aleutian pollock conducted in 1988 summer. Paper presented at the international Symposium on Bering Sea Fisheries，April 2 - 5，1990. Khabarovsk，U. S. S. R.

Dalen J，Nakken O，1983. On the application of the echo integration method. ICES CM/B：19，30pp.

Foote K G，1981. Echo sounder measurement of backscatterring cross section of elastic spheres. Fisken og Havet. Ser. B，1981（6）：1 - 107.

Foote K G，1983. Linearity of fisheries，with addition theorems. JASA 73：1932 - 1940.

Foote K G，Traynor J J，1988. Comparision of walleye pollock target strength estimates determined from in situ measurements and calculation based on swimbladder form. J. Acoust. Soc. Am 83，9 - 17.

Furusawa M，Takao Y，1991. Pollock abundance estimates from the summer 1988 acoustic survey of the Aleutian Basin. Document for Pollock workshop，February 4 - 8，1991，Seattle，U S A.

Midttun L，Nakken O，1971. On acoustic identification，sizing and abundance estimation of fish. FiskDir. Skr. Ser. HavUnders.，16（1）：36 - 48.

Ona E，Hansen K，1986. In situ target strength observation on haddock. ICES. C. M. 1986/B：39.

Robinson B J，1984. Calibration of equipment. Rapp. P. - v. Reun，cons. Int. Explor. Mer，184：62 -67.

附录1　“北斗”号渔业调查船主要技术指标

1　调查船及其装备

“北斗”号渔业资源调查船系 Skipkonsulent AS（卑尔根船舶咨询公司）按挪威远洋渔船法规设计，1984 年 3 月在 Flekkefjord 船厂开工，6 月建成并试航，当年 10 月在青岛移交中国，由黄海水产研究所使用。

“北斗”号的建造宗旨在于尽力采用当时最先进的水声学、海洋学与生物学的调查技术，使之装备成现代化的渔业资源调查船。为保证声学数据的可靠性，特在 Trondheim 海洋技术中心（MTS）对船模与推进机构进行了系统的振动与噪声特性测量与分析。

1.1　主要尺度与配置

“北斗”号设二层甲板，为尾滑道拖网和艉机船型，除艏楼用铝材外，船体为钢壳结构。该船全长 56.2 m，两柱间长 48.0 m，型宽 12.5 m，型深（至上甲板）7.8 m，吃水 5.1 m，载重吨 450 t，总吨位 1 147 t；配备 Bergen diesel KRMB－9 型 12 缸主机，功率 1 650 kW（825 r/min），使用 4 叶可变螺距推进器，航速 13.7 n mile/h，适航于除冰区外各类航区，续航力 9 600 n mile；定员 30 人（包括科研人员 8 人）。

1.2　甲板机械

主甲板上装备拖网绞钢机两台，辅以一对曲面、矩形 7 m^2 WACO 型网板；围网绞网机一台，变水层拖网和底拖网卷围滚筒各一台，容量 7.3 m^3，以及水文绞车一台，容绳量为直径 4 mm 钢丝绳 3 500 rn。艉龙门架上方设伸臂式渔获物吊机一台，截荷 1.5 t；舱面甲板备回旋起重机一台，臂长 9 m，最大负荷 3 t。

本船配备玻璃钢机动/划桨救生艇一艘，可乘 24 人；另有一艘柴油发动机工作艇，制动功率 107 kW，可乘 16 人。

1.3　舱室配置

艏楼甲板与主甲板间为水文实验室鱼类实验室、绘图复印机室及居住舱，其上方为仪器室和图书会议室。

主甲板与第二甲板间为居住舱、餐厅、厨房、洗衣间、渔具舱、机修车间及渔获物处理间；后者装备两台 KKV－16－100－2 型平板冻结机，冻结能力为－25 ℃，10 t/24 h。

第二甲板下方为艏舱、声纳舱、艏—艉侧推舱、轮机控制室、主机舱及海水淡化机（4 t/24 h）。食品储藏库有三处（－25 ℃，25 m^3冷冻库、4 ℃，25 m^3冷藏库和 12 ℃，40 m^3干品库）和渔物冷藏库，库容 106 m^3。该层还设有减摇水舱，可使船舶减少 50%以上横摇。

1.4　电源系统

A. 主发电机（主机驱动）三相 380/220 V 交流 50 Hz，1 140 kW。

B. 辅发电机两台，三相 380/220 V 50 Hz，每台 280 kW。

C. 不间断电源，由 Victron Delta 11－30＋VSS 变换器供电，交流 220/240 V 50 Hz，2.5 kW；自持时间 10 min（满负荷）或 30 min（50%负荷）。

1.5 通讯设备

1.5 kW 全波段发报机、300 W 辅发报机、全程收报机、短波与甚高频通话机、Saturn－3 型电传—图文传真—话音通讯系统以及音频呼叫与舱室拨码通话机。

1.6 驾驶室导航—助渔仪器

Koden　KGP－911 型全球定位仪
JRC　JNA－760 型劳兰 C
Furuno　FSN－80 型卫星导航仪
Furuno　FR－1222X 型 10 cm 波雷达
Furuno　FR－1262S－7 型 3 cm 波雷达
Furuno　DFAX 型气象传真机
C－Plath 公司电罗经与磁罗经
Skipper TDA　A131 型无线电测向仪
XZC2－1 型数字气象仪
WY－D3 型双曲线定位仪
Robertson 公司自动驾驶仪
Econometer　主机燃油指示器
Simrad　NL 型多普勒航速仪
Sirmrad　HRD－200 型海底深度显示器
Simrad　SM－600 型多波束扫描声纳
Skipper　S113 型近程环扫声纳
Simrad　ET100/FR500 型探鱼仪-有线网位仪
Simrad　CF100 型鱼群映像彩色显示器
Scanmar　4004/4016 型无线式网位仪
F. K. Smith 牌曳纲拉力计、曳纲长度计及起放网遥控操作系统

2 仪器室与声学设备

2.1 基础测量仪器

Hewlett Packard　204C 型信号发生器
Hewlett Packard　5381A 型频率计（80）
Hewlett Packard　400FL 型交流电子电压表
Hewlett Packard　350D 型衰减器
Tektronix　468 型数字式记忆示波器
Chino　EA2P00 型（海水温度）连续记录仪

2.2　渔业声学仪器

探鱼-积分系统系本船重要技术装备，它由下列专用声学仪器及安装在其他舱室的辅助设备组成。探鱼仪的主要技术指标见表1。

表1　科研探鱼仪的主要技术指标

	型号	EK400/38 kHz	EK400/49 kHz	EK400/120 kHz
	主要用途	主探鱼仪	瞄准及监视	小型生物探测
	工作效率（kHz）	38	49	120
发射机	标称脉冲功率（W）	2 500	250	250
	单发射机低功率			
	单发射机高功率	5 000	500	500
	双发射机低功率			
	双发射机高功率			
	脉冲宽度（ms）	0.3，1.0	3.0，1.0，	0.1，0.3，1.0，3
接收机	总增益（dB）	85		
	衰减器（dB）	−10，−20，−30		
	TVG截止深度（m）	40 $\log_{10}R$，20 $\log_{10}R$		
	40 $\log_{10}R$	242　222　108		
	20 $\log_{10}R$	581　464　110		
	带宽（kHz）	0.3，3，3.3　1，3.3，10		
	主量程（m）	50～1 000（9级调整）		
	声速修正（m/s）	1 400～1 547（22级调整）		
	海底检测方式	常规，动态，轮廓（任选）		
	吃水调整（分类）	00～99		
校准输出	讯号电平（dB//lvims）	+15		
	阻抗（Ω）	50		
	频率	同工频		
	自噪声（dB//lvims）	56（38 kHz，带宽330 Hz）		
记录器	增益	0～9级，3 dB/级		
	航程标志（n mile）	000～999		
	记录纸（mm）	TP-8型，203（宽）×2500（长），乾式		
	记录纸速（mm/min）	2-60，速度误差<10%		
	相位调整	7，10，12，15级，不等		
	水深读数（m）	0.0～399.9		
换能器	型号	ES38　49-26-E　68BA		
	材料	压电陶瓷		
	阻抗（Ω）	60		
	指向性指数（dB）	26.1　25.7　25.1		
	波宽（−3 dB点）TP/LP	7.9°/7.2°　11°　10°		
	发射功率响应（dB//luBar/Wmlm）	192.9　194.5　193.0		
	换收功率响应（dB//lv/luBar）	−103.3　−200.3　−190		

附录 2 水文、化学附图 1～39

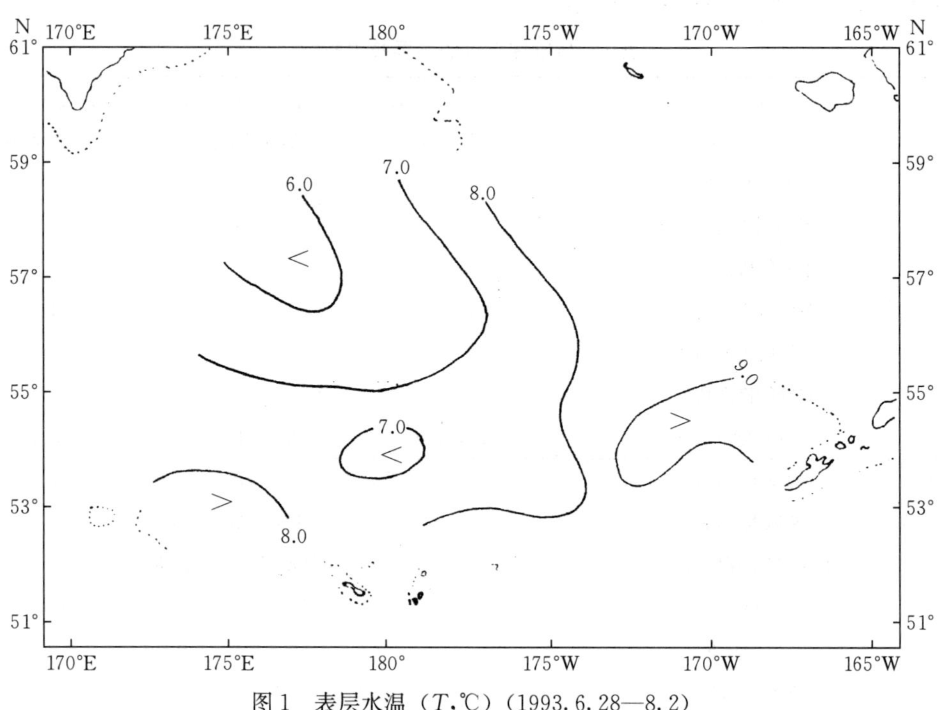

图 1 表层水温（T,℃）（1993.6.28—8.2）

图 2 25 m 层水温（T,℃）（1993.6.28—8.2）

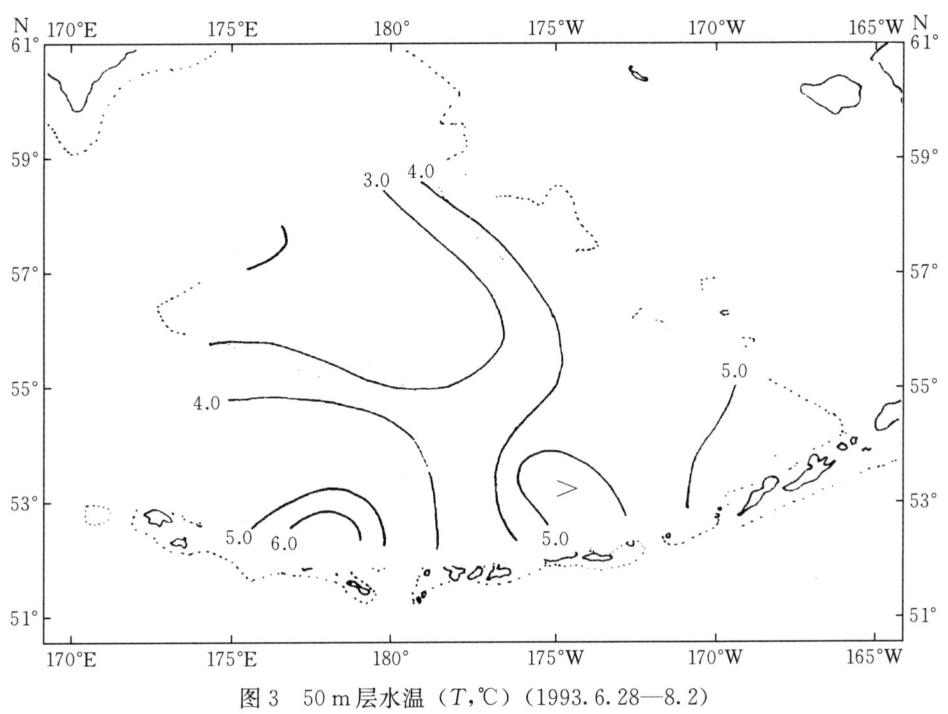

图 3　50 m 层水温（T,℃）（1993. 6. 28—8. 2）

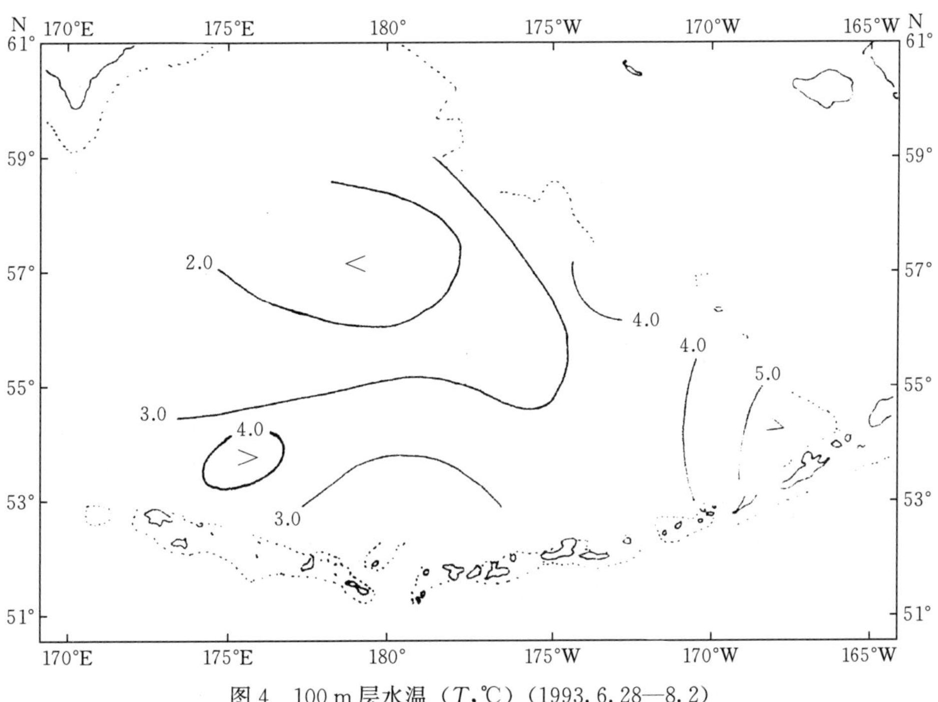

图 4　100 m 层水温（T,℃）（1993. 6. 28—8. 2）

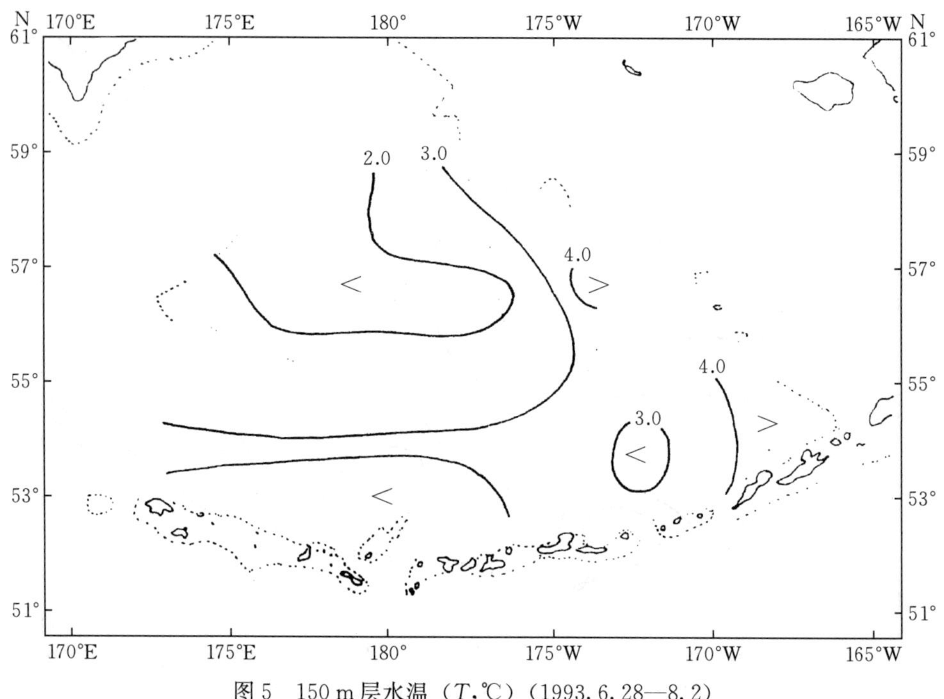

图 5　150 m 层水温（*T*,℃）（1993. 6. 28—8. 2）

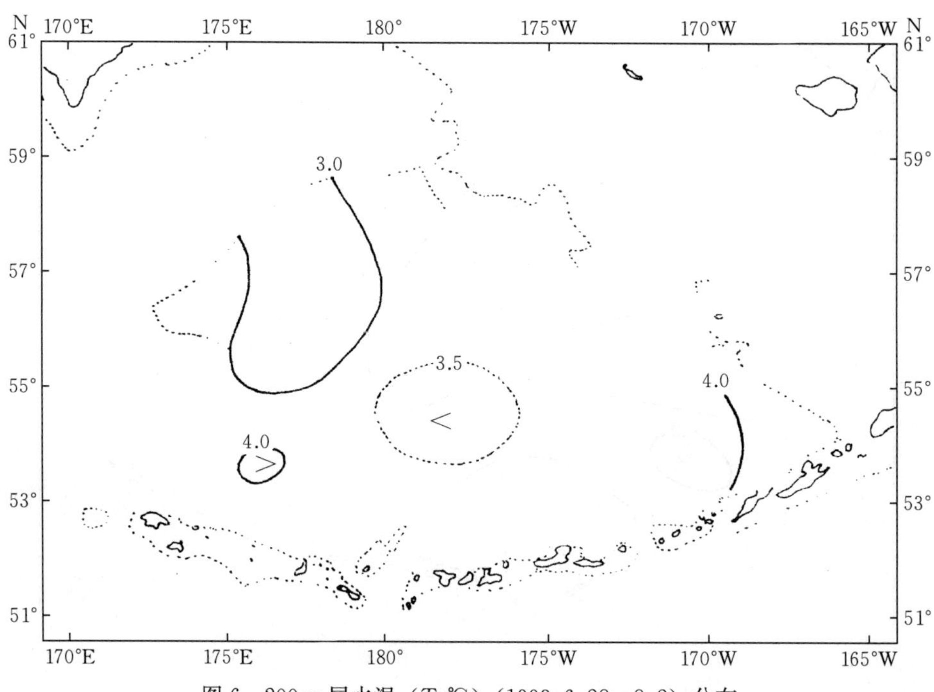

图 6　200 m 层水温（*T*,℃）（1993. 6. 28—8. 2）分布

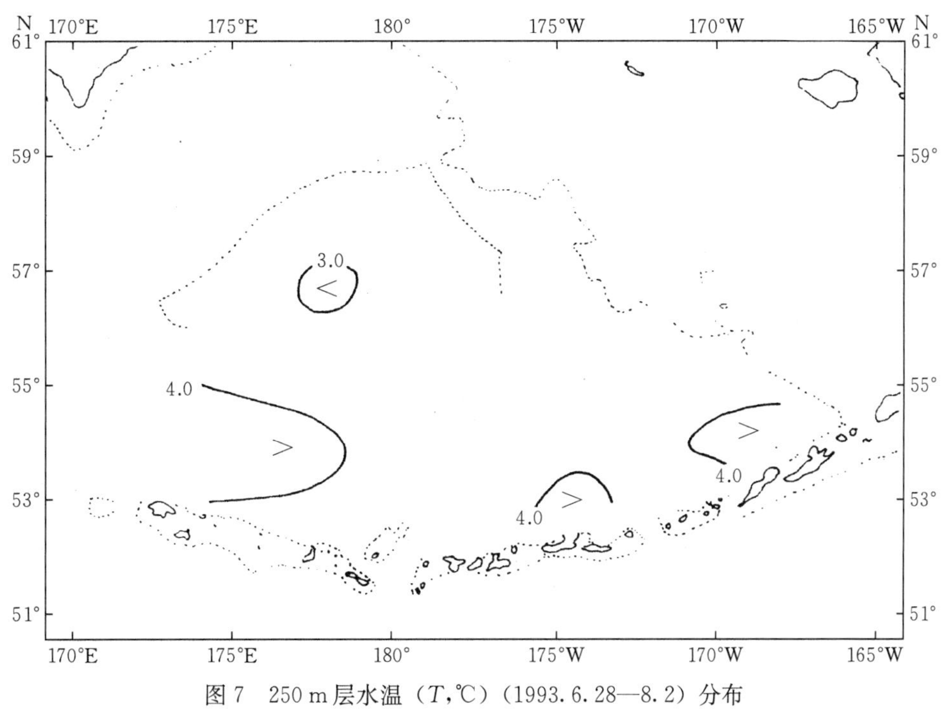

图 7　250 m 层水温（T,℃）（1993.6.28—8.2）分布

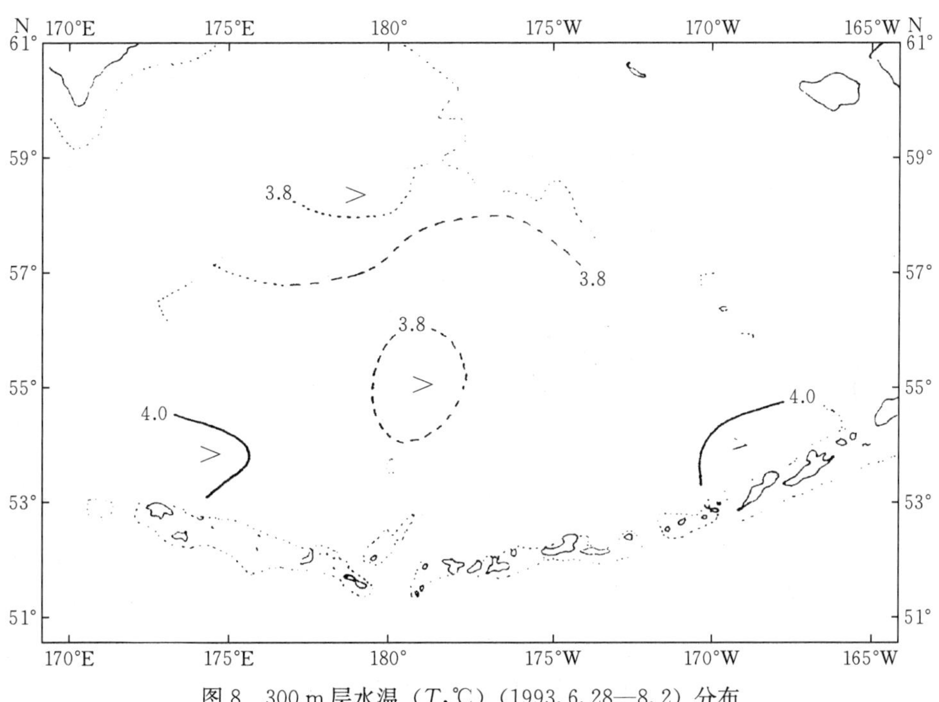

图 8　300 m 层水温（T,℃）（1993.6.28—8.2）分布

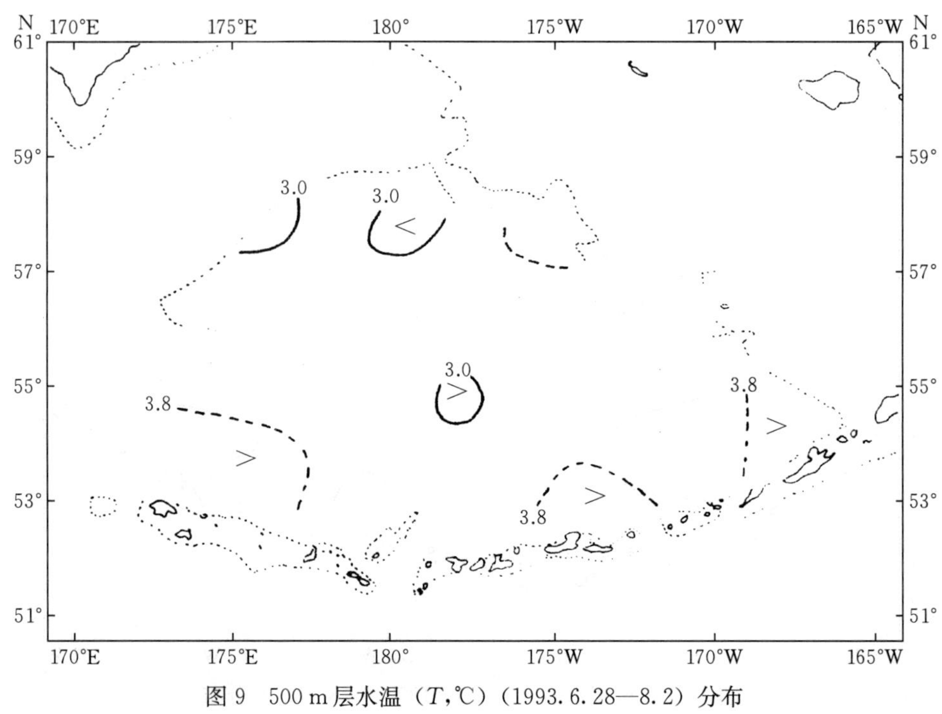

图 9 500 m 层水温（T,℃）（1993.6.28—8.2）分布

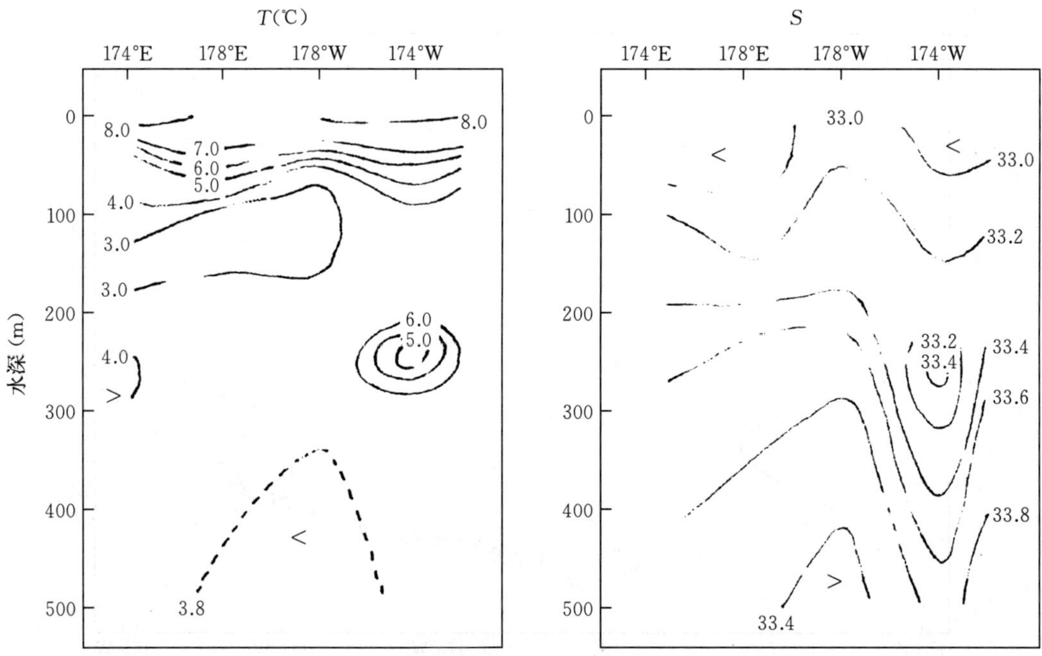

图 10 53°N 断面水温、盐度垂直分布

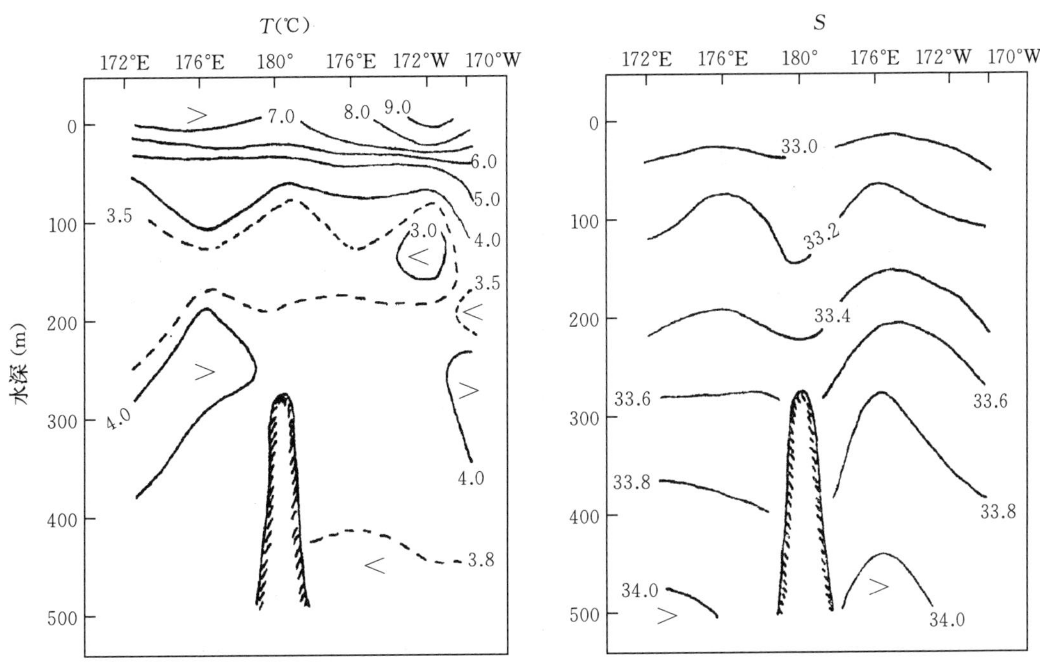

图 11　54°N 断面水温、盐度垂直分布

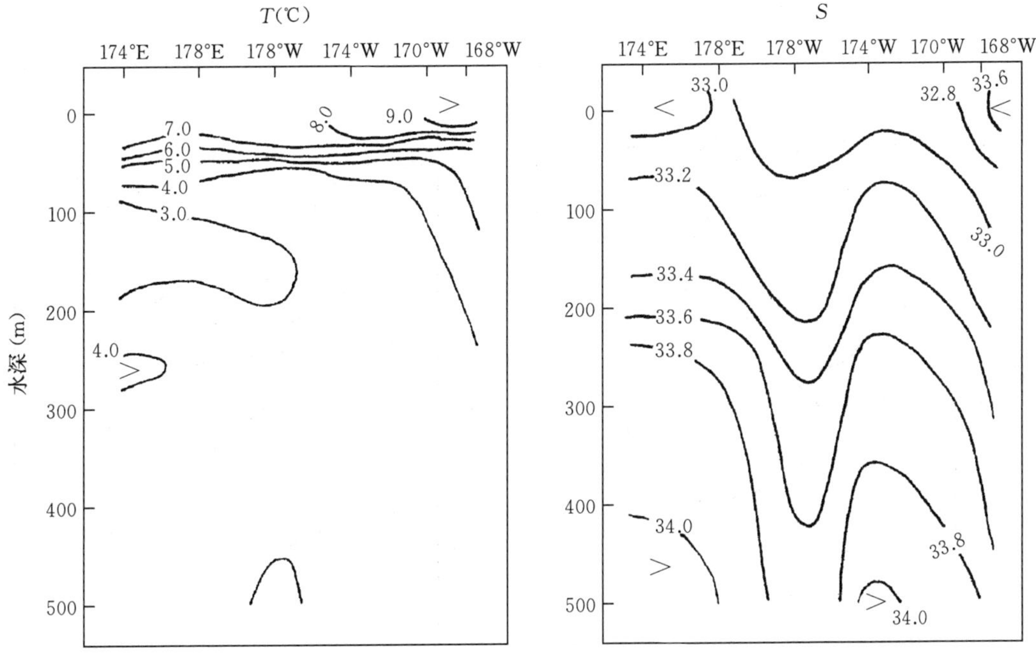

图 12　55°N 断面水温、盐度垂直分布

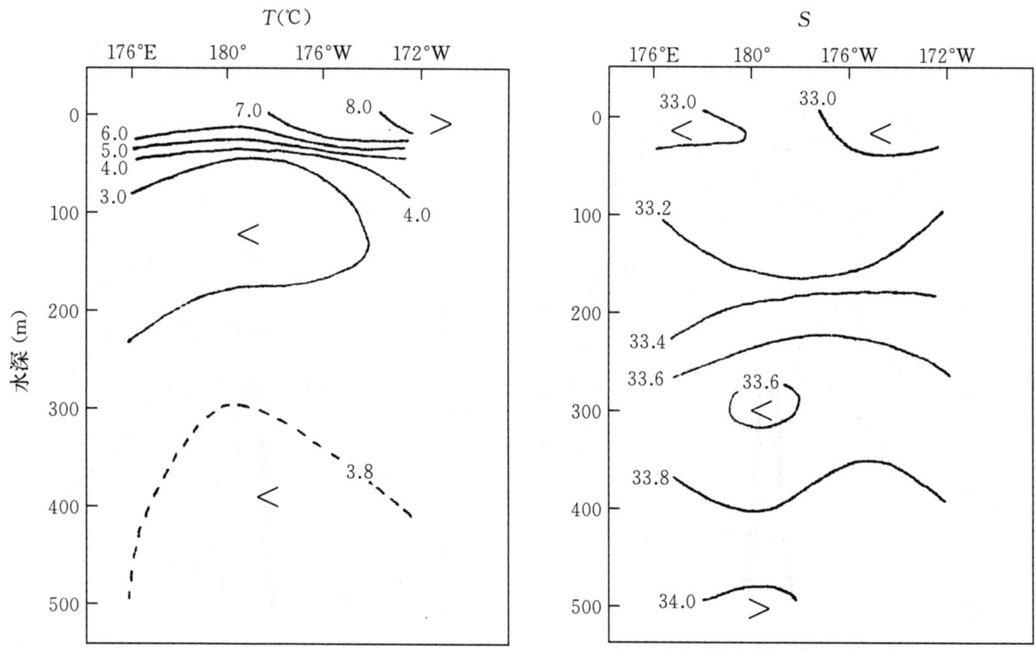

图 13 56°N 断面水温、盐度垂直分布

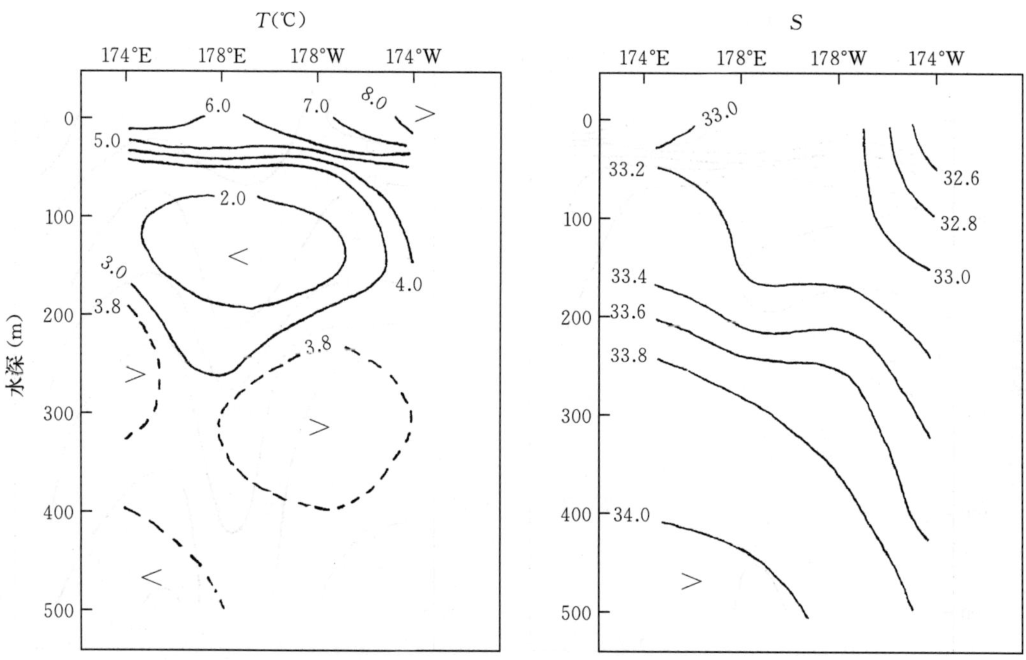

图 14 57°N 断面水温、盐度垂直分布

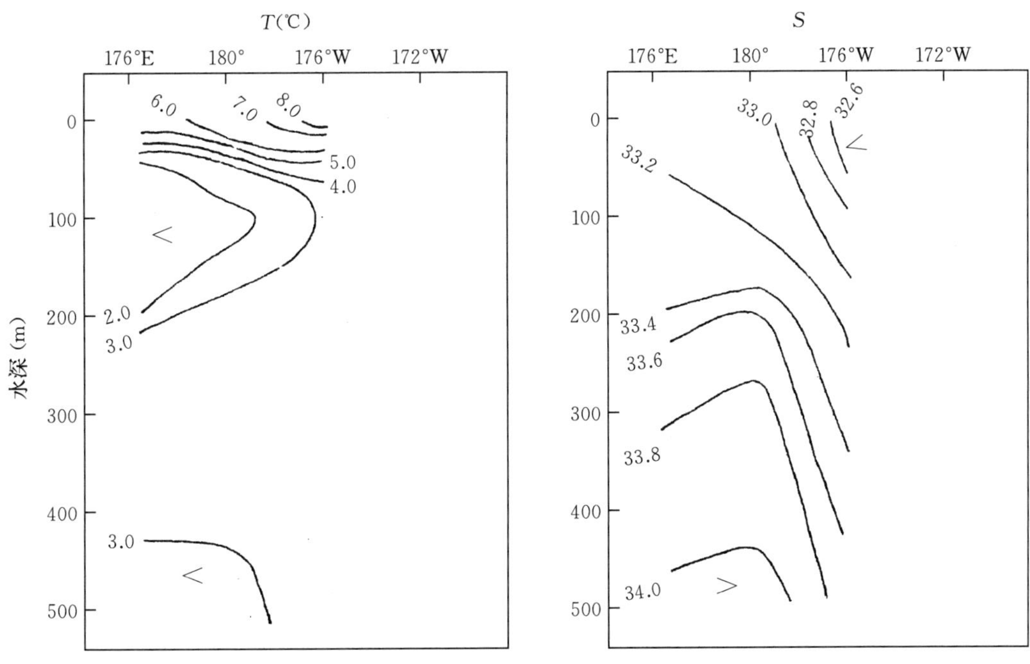

图 15　58°N 断面水温、盐度垂直分布

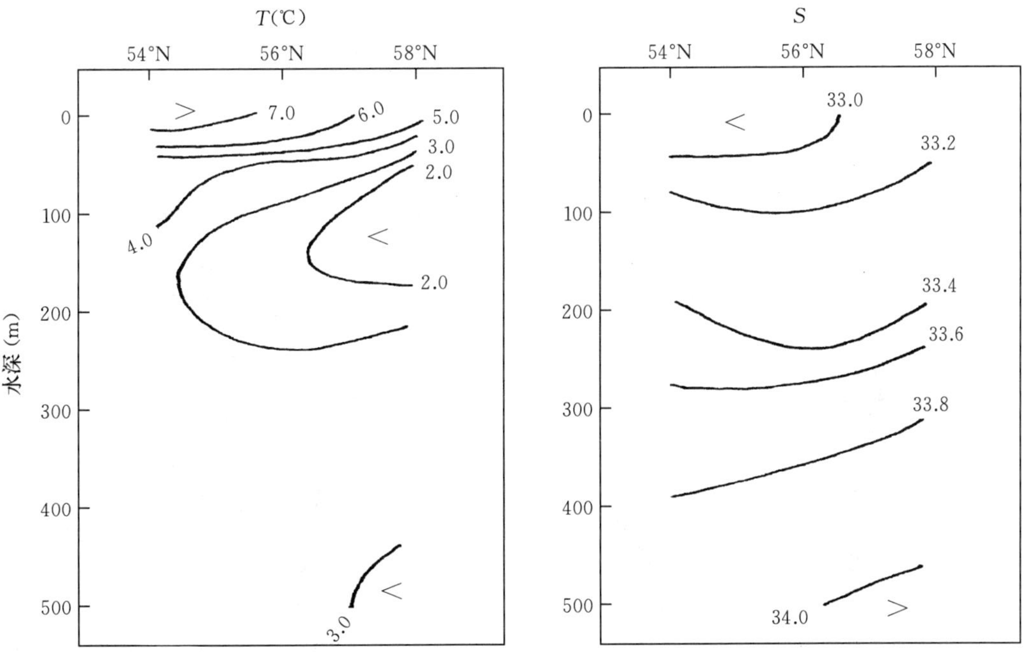

图 16　176°E 断面水温、盐度垂直分布

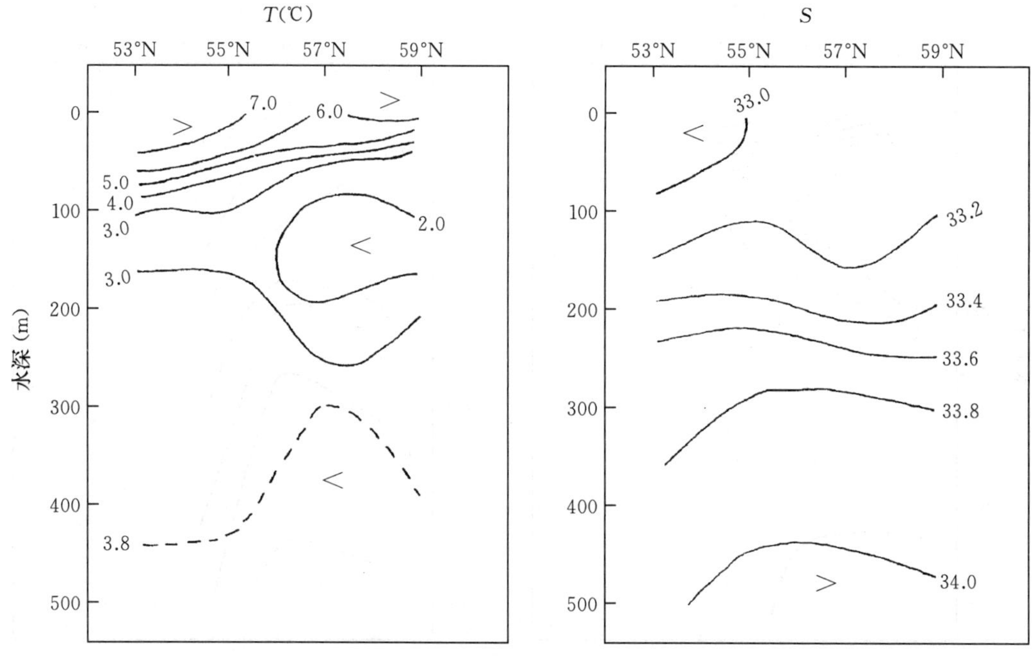

图 17 178°E 断面水温、盐度垂直分布

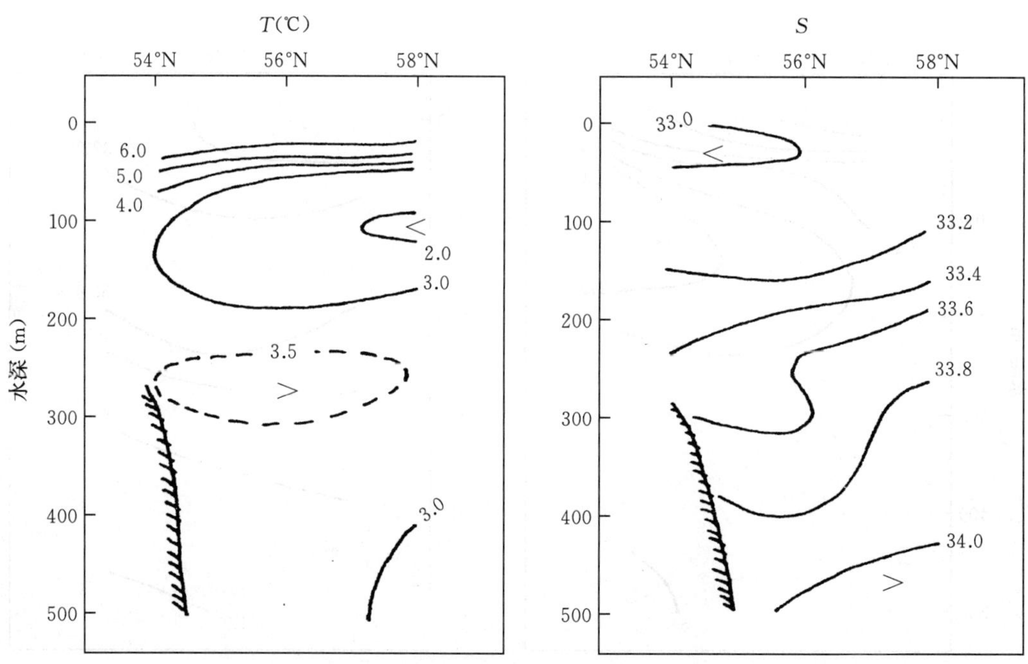

图 18 180°E 断面水温、盐度垂直分布

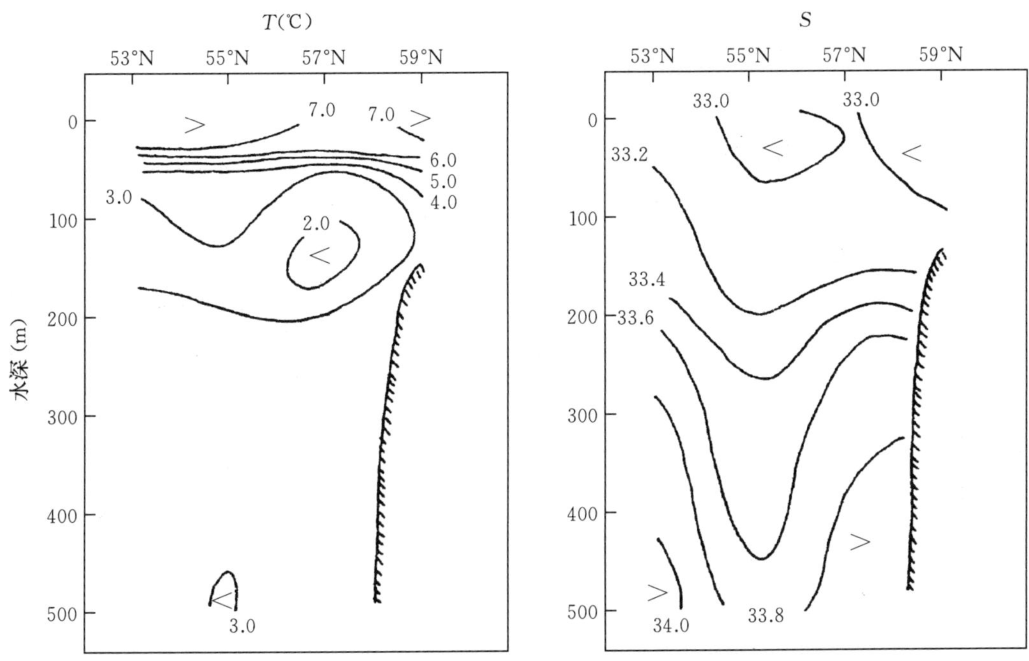

图 19　178°W 断面水温、盐度垂直分布

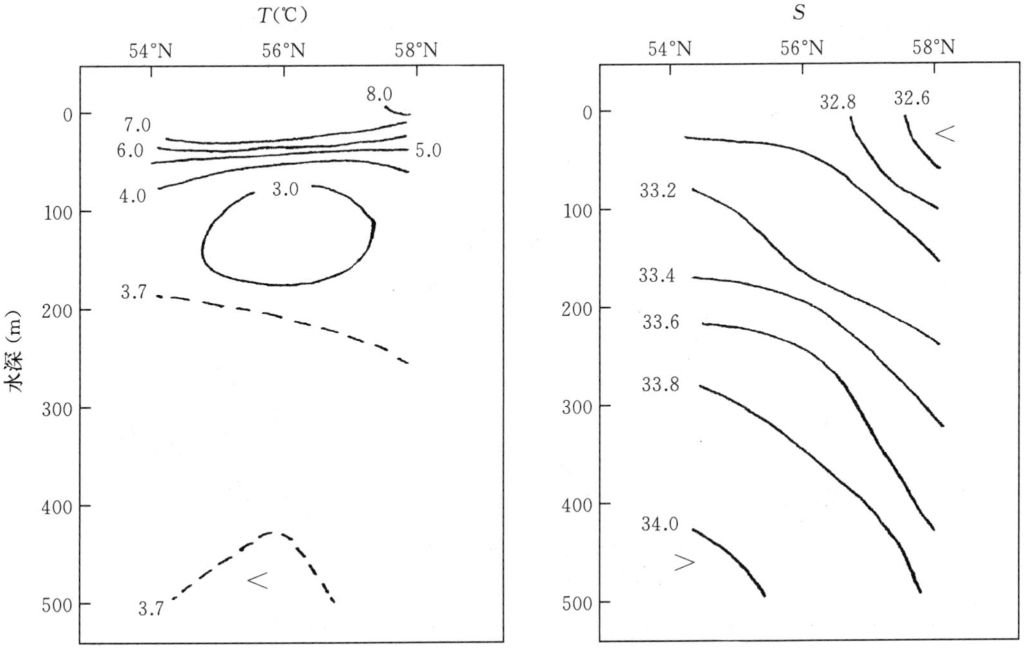

图 20　176°W 断面水温、盐度垂直分布

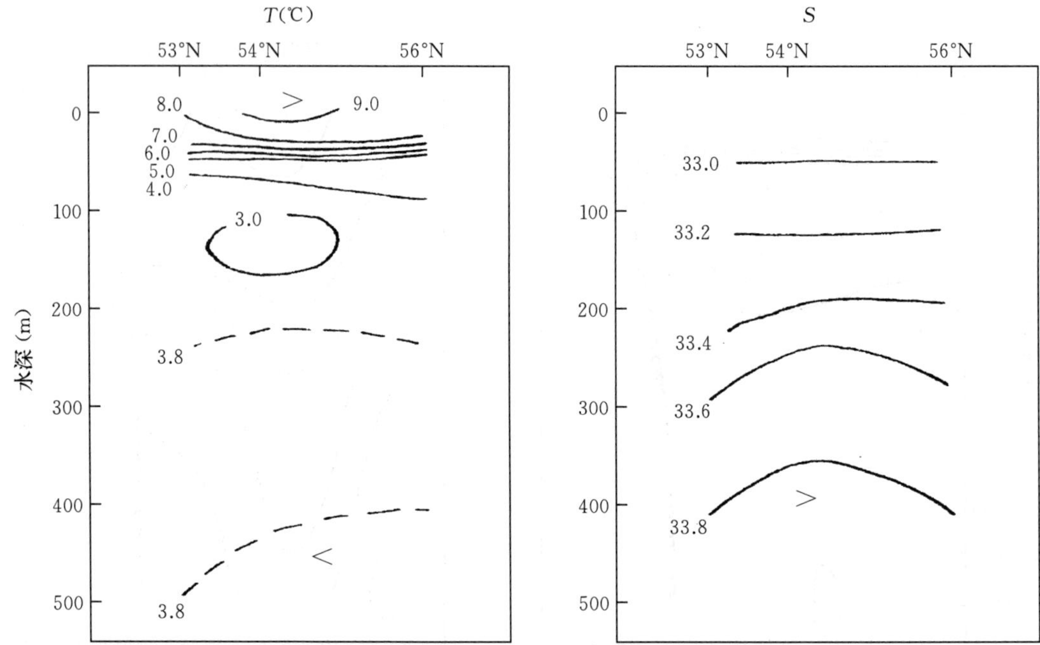

图 21 172°W 断面水温、盐度垂直分布

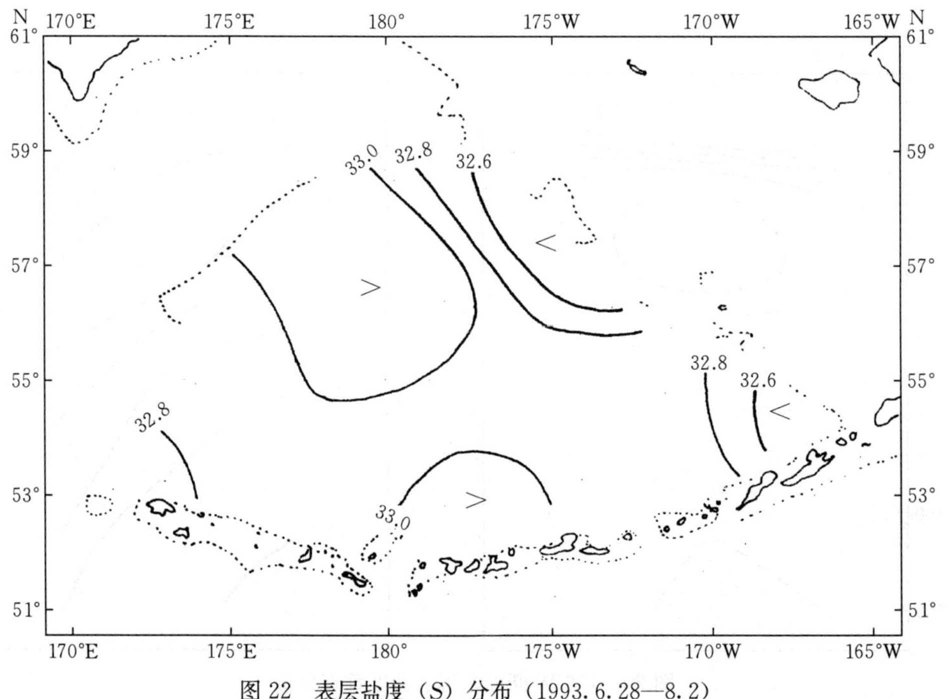

图 22 表层盐度（S）分布（1993. 6. 28—8. 2）

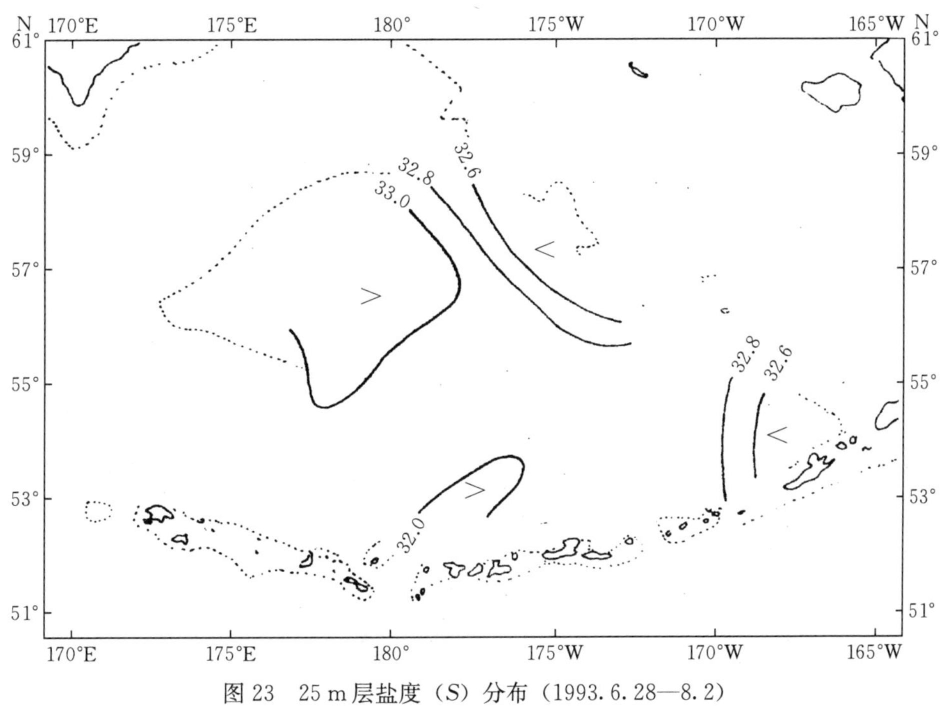

图 23　25 m 层盐度（S）分布（1993. 6. 28—8. 2）

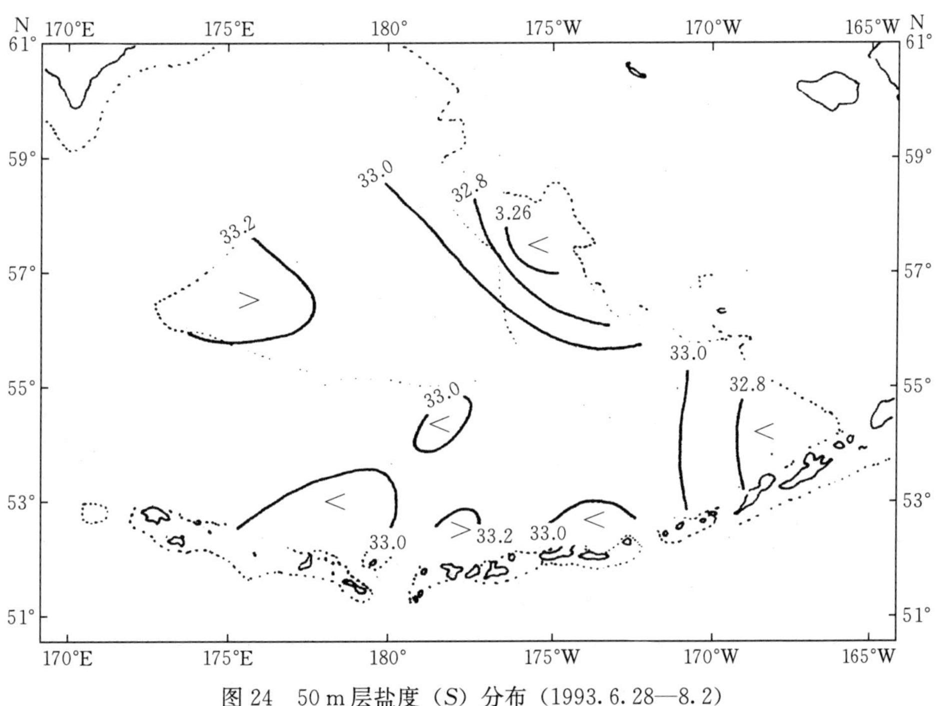

图 24　50 m 层盐度（S）分布（1993. 6. 28—8. 2）

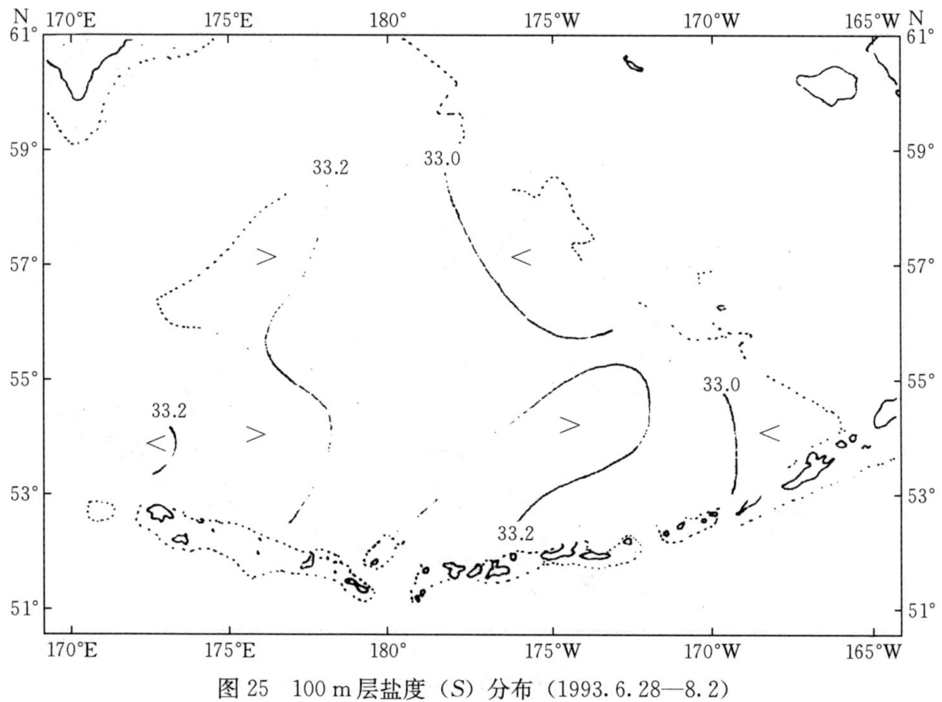

图 25 100 m 层盐度（S）分布（1993. 6. 28—8. 2）

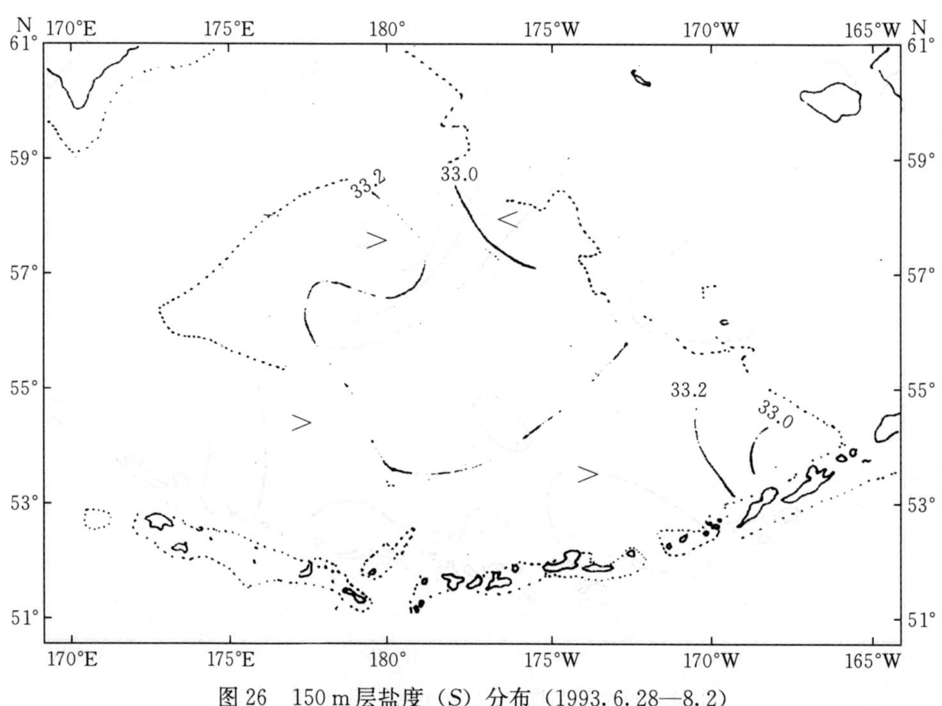

图 26 150 m 层盐度（S）分布（1993. 6. 28—8. 2）

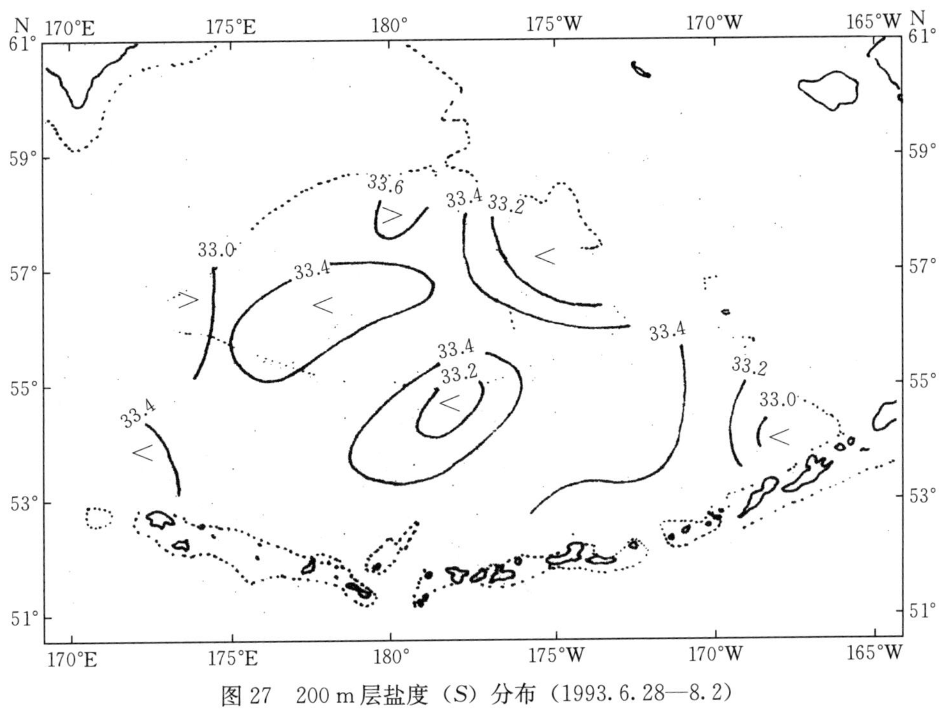

图 27　200 m 层盐度（S）分布（1993.6.28—8.2）

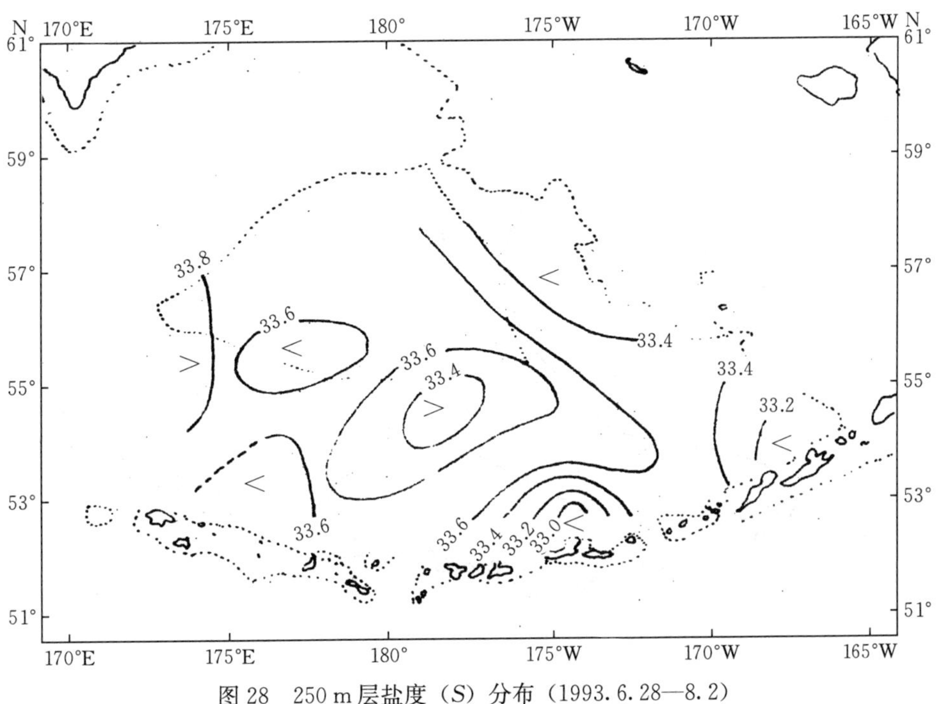

图 28　250 m 层盐度（S）分布（1993.6.28—8.2）

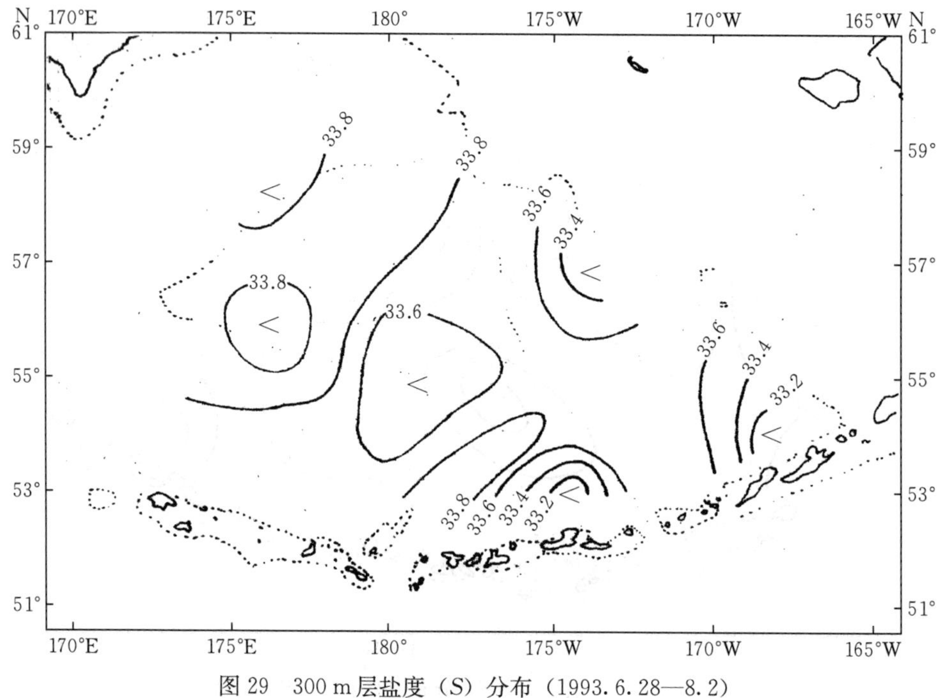

图 29　300 m 层盐度（S）分布（1993. 6. 28—8. 2）

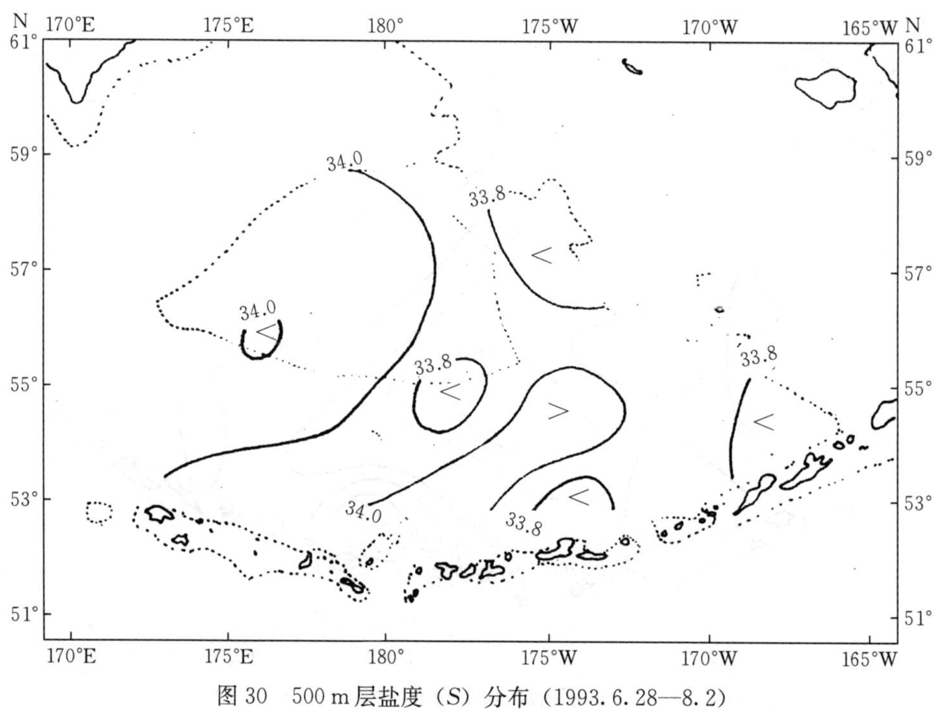

图 30　500 m 层盐度（S）分布（1993. 6. 28—8. 2）

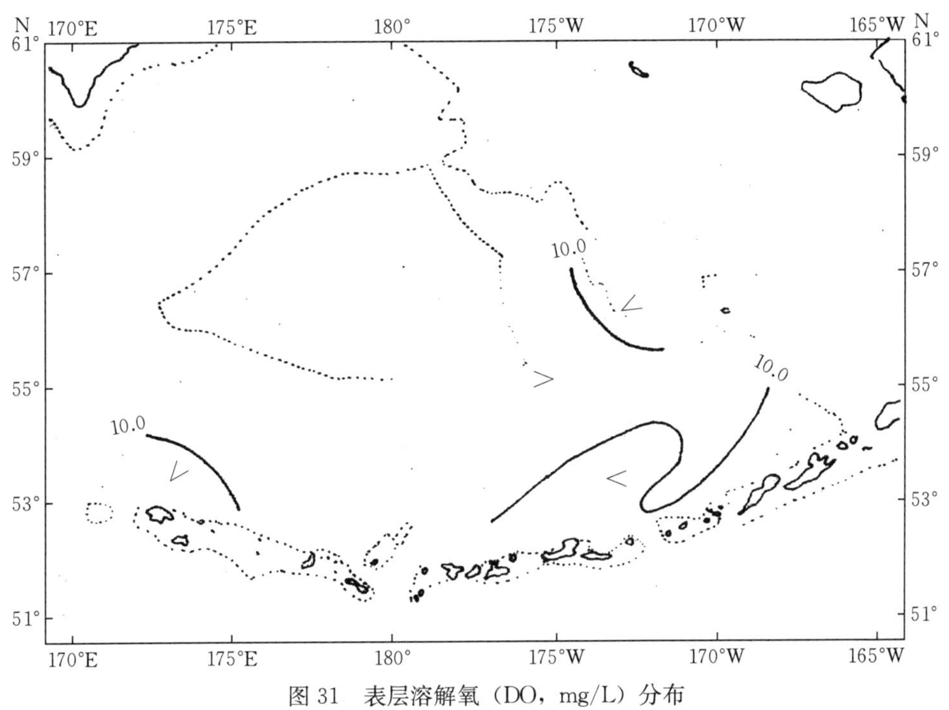

图 31　表层溶解氧（DO，mg/L）分布

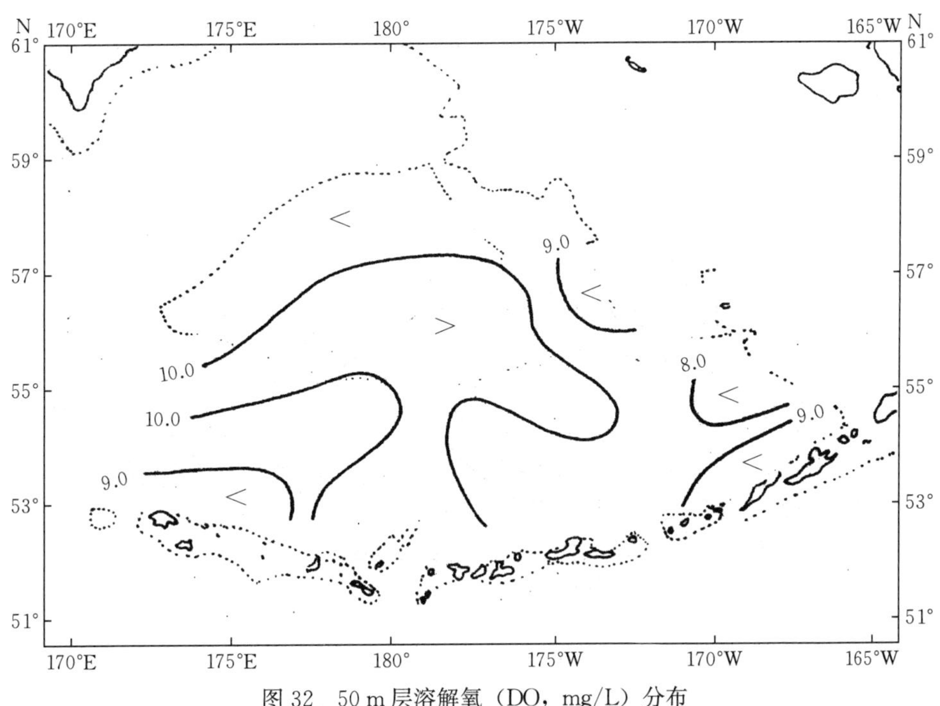

图 32　50 m 层溶解氧（DO，mg/L）分布

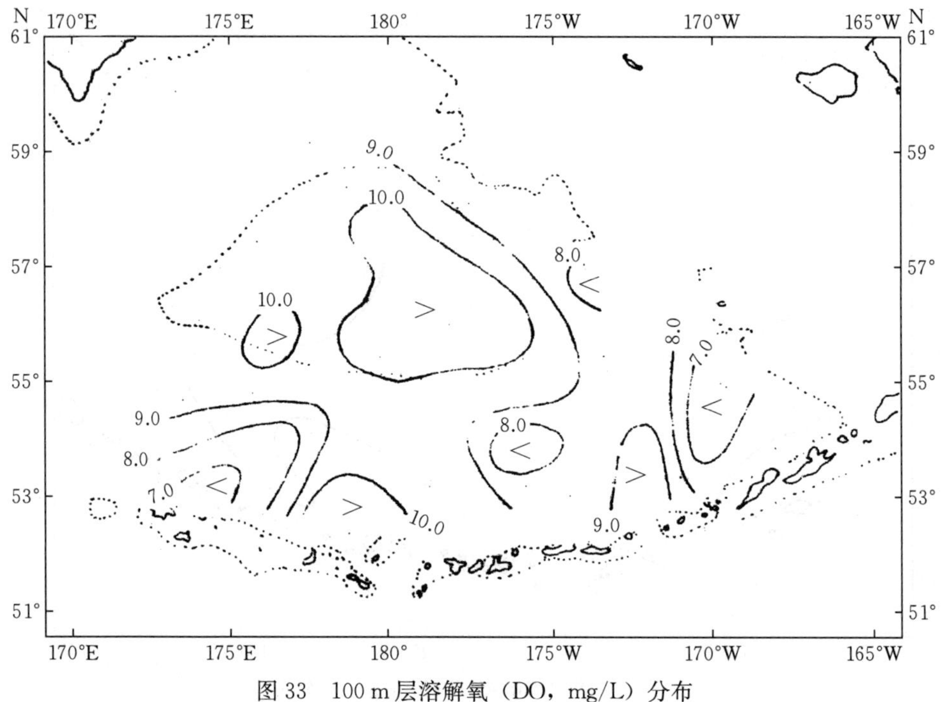

图 33 100 m 层溶解氧（DO，mg/L）分布

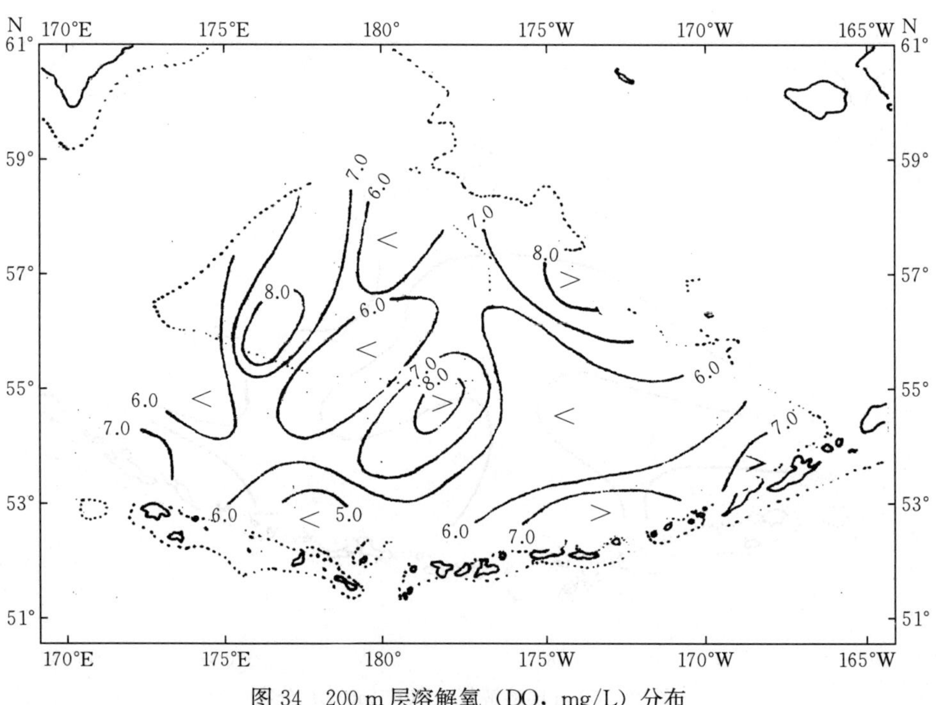

图 34 200 m 层溶解氧（DO，mg/L）分布

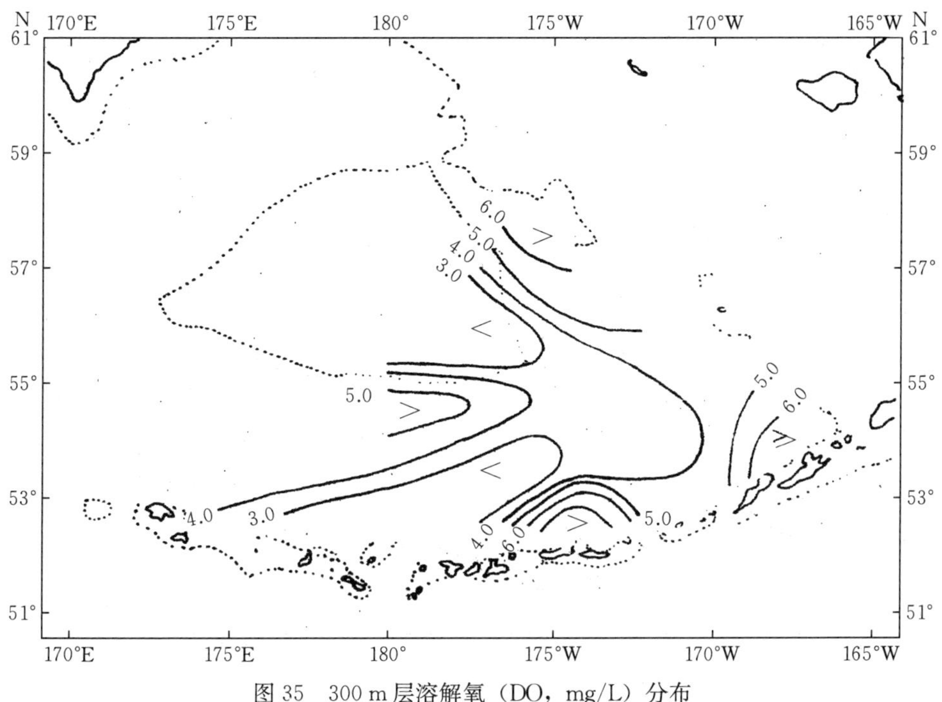

图 35　300 m 层溶解氧（DO，mg/L）分布

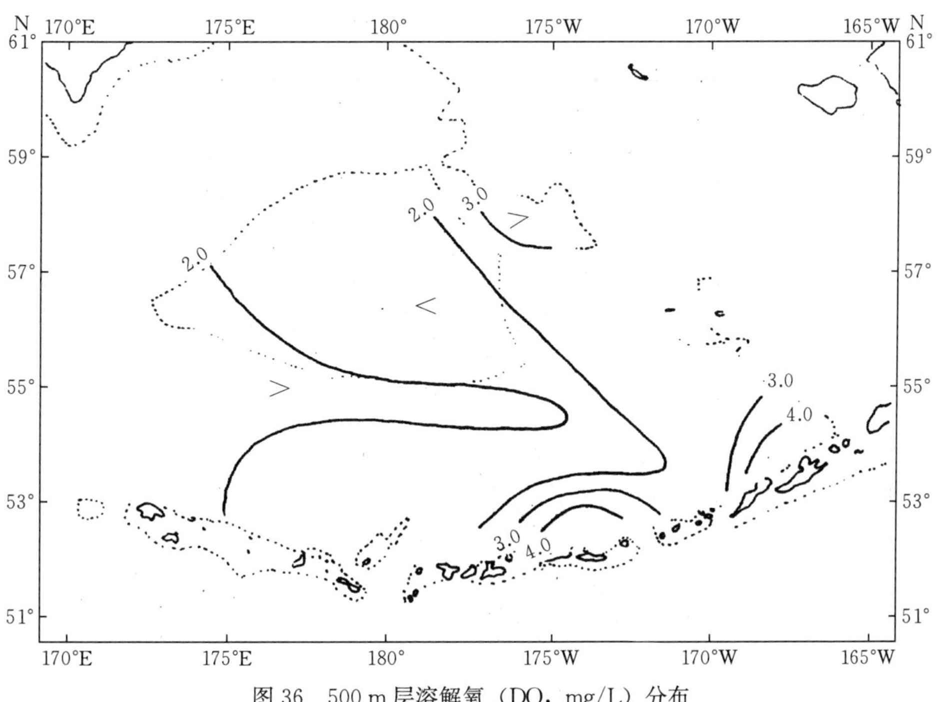

图 36　500 m 层溶解氧（DO，mg/L）分布

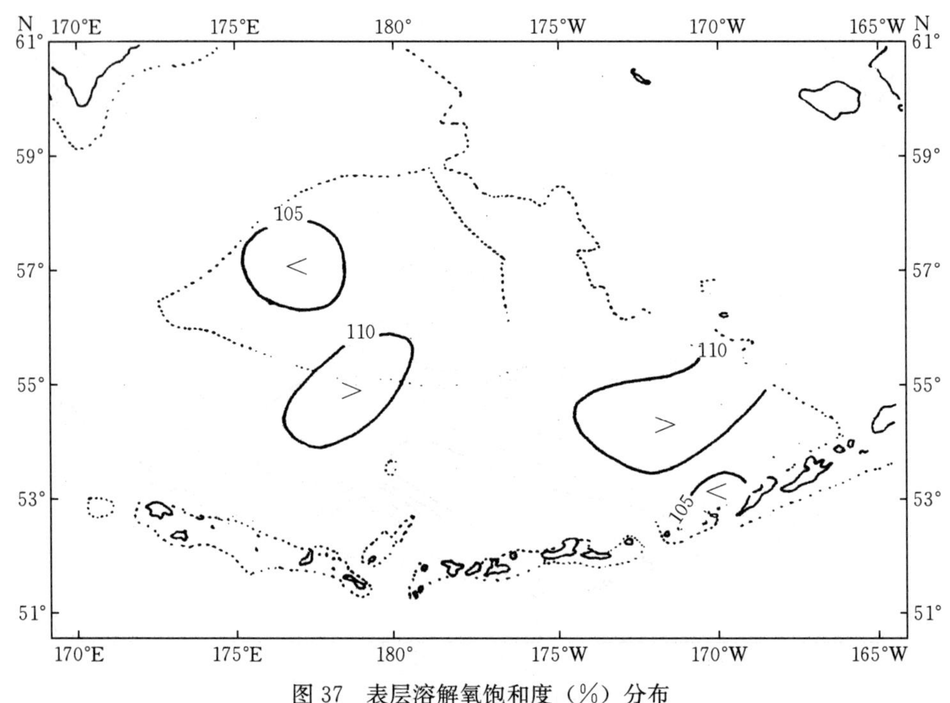

图 37 表层溶解氧饱和度（%）分布

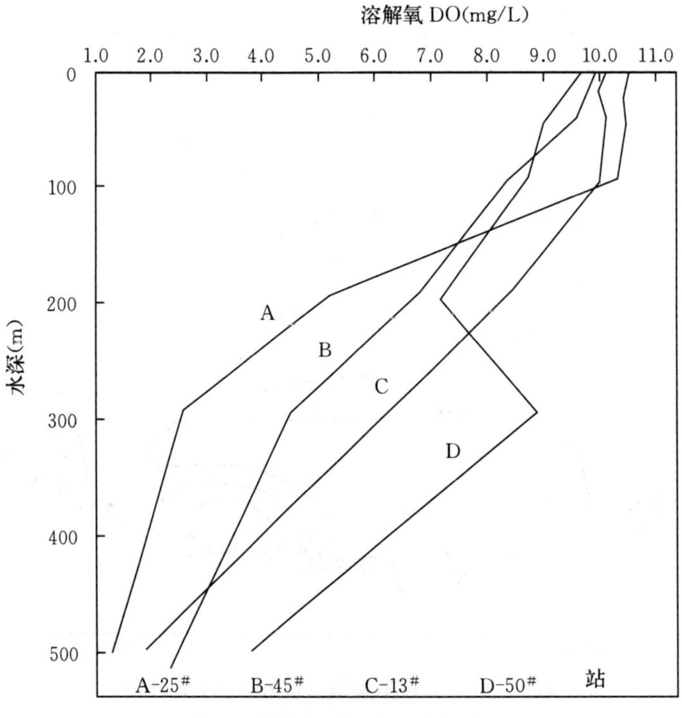

图 38 溶解氧随深度的变化曲线

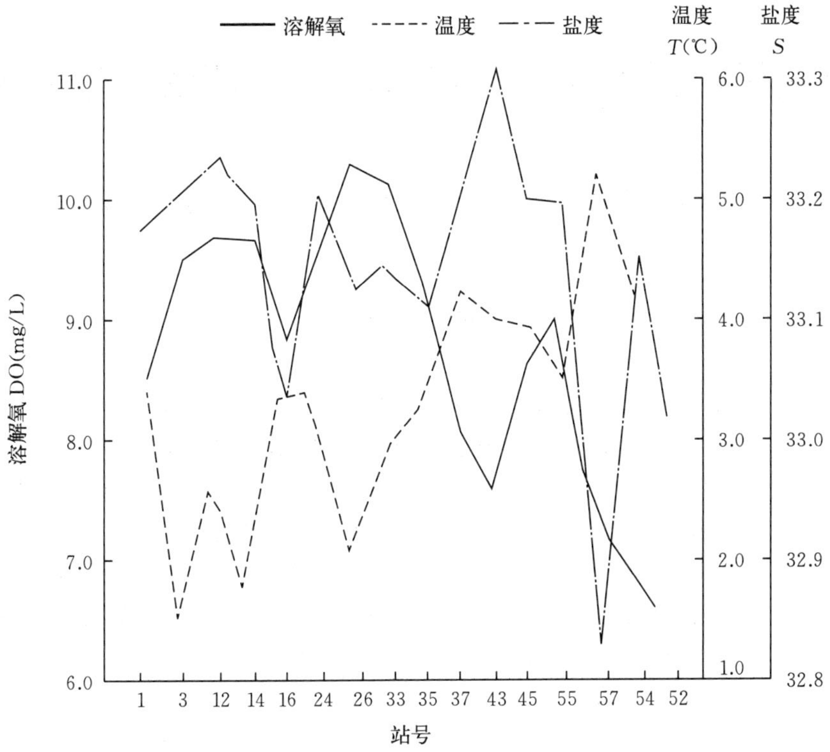

图 39　100 m 层溶解氧与水温盐度之间的关系

1993年夏季鄂霍次克海公海狭鳕资源评估调查总结报告①

唐启升，王为祥，陈毓桢，李富国，金显仕，赵宪勇，陈聚法，戴芳群

前　言

狭鳕（*Theragra chalcogramma*）广泛分布于北太平洋，是世界海洋资源最为丰富的经济生物种类。自60年代大规模开发利用以来，该鱼种的渔业产量不断上升，80年代中后期渔业年产量高达613万～676万t。90年代初产量有所下降，1990年渔业年产量为579万t，其中鄂霍次克海约为200余万t，与白令海相比，渔业产量尚较稳定。

随着白令海公海狭鳕资源数量减少，渔业产量明显下降，1991年9月我国在白令海公海作业的大型拖网渔船全部转向鄂霍次克海公海进行狭鳕捕捞，该渔场资源状况较好，其单位捕捞产量的水平相当于白令海公海1985—1989年的水平。1992年，白令海公海渔业多国谈判又出现了新的情况，在"第五次中白令海生物资源保护与管理国际会议"上，各国达成"1993年至1994年在白令海公海地区自愿停止捕捞"的协议。因此，鄂霍次克海公海成为目前北太平洋唯一能够容纳我国大型远洋拖网船的公海渔场，同时，从长远讲，也是唯一能与白令海公海狭鳕捕捞互为退路的北太平洋公海渔场，其重要性是显而易见的。但是，俄罗斯方面以资源保护为由，竭力阻止中国、波兰、韩国、日本等国家在鄂霍次克海公海捕捞狭鳕。为此，农业部于1993年4月向黄海水产研究所下达了对鄂霍次克海公海狭鳕资源进行科学调查的任务，其目的是评估公海狭鳕资源现状与潜力，为维护我国及其他捕鱼国公海捕鱼的合法权益和合理管理提供科学依据。

在农业部水产司、中国水产总公司、中国水产科学研究院、大连、烟台、山东、上海、舟山等远洋渔业公司和驻美渔业代表处的指导和支持下，"北斗"号渔业调查船于1993年8月6日至16日对鄂霍次克公海狭鳕资源进行了声学/拖网评估和渔场环境调查。由于受俄罗斯军事演习（8月15日—30日）的影响，公海北部调查完成后，只对中南部公海区进行了粗线条的走航式调查，无法取得较完整的调查结果。

现将所取得的调查资料报告如下。

1　调查方法

1.1　调查设计

采用走航式声学积分、中层拖网取样和定点环境观测方式对鄂霍次克公海狭鳕、其他渔业资源和环境进行调查。由于调查海区不规则，且时间有限，在整个调查范围内采

① 本文原刊于《海洋水产研究丛刊》，33：63-96，1994。

用了平行断面和“之”字断面相结合的调查方法。调查航线和站位设置详见图 1。调查由北向南展开，历时 11 d，有效声学/中层拖网调查航程 1 225 n mile，资源评估覆盖面积约 50 000 km^2。

“北斗”号渔业调查船船只结构、装备和声学仪器等主要技术参数详细说明见附录Ⅰ。

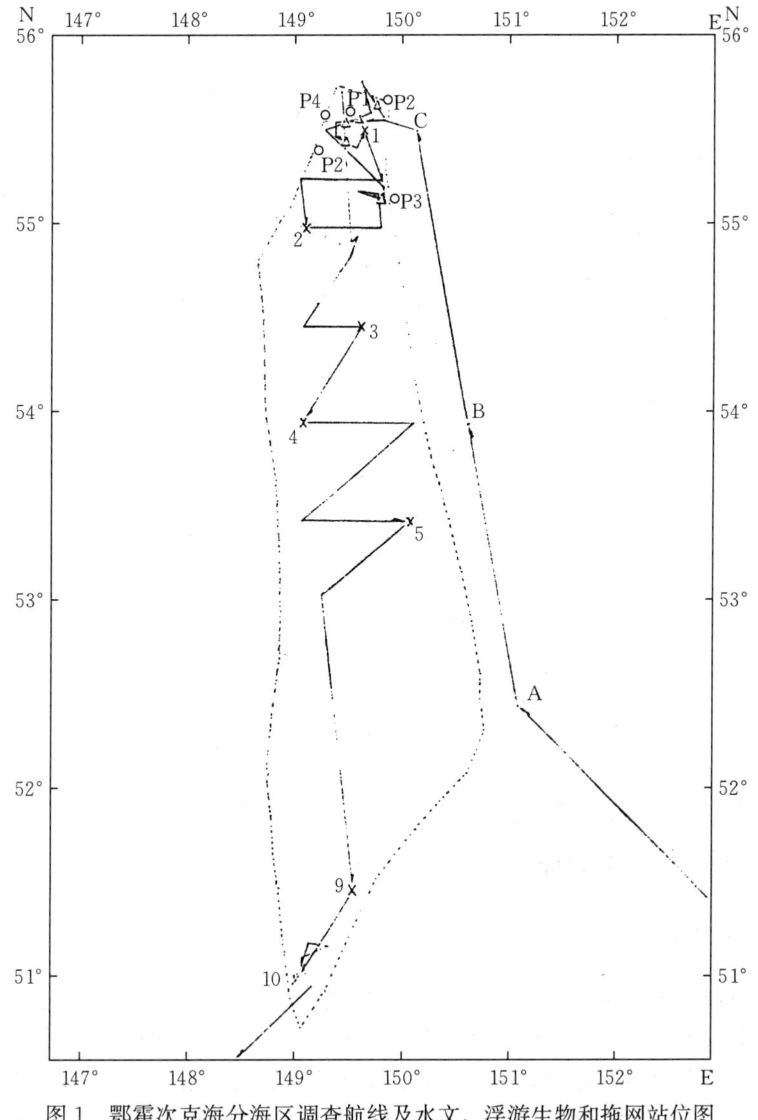

图 1　鄂霍次克海分海区调查航线及水文、浮游生物和拖网站位图
（1993.8.6—16，×水文，生物站，△中层拖网站）

1.2　声学仪器校正

声学仪器的校正采用联合国粮油组织推荐的标准目标校正方法（Foote et al.，1987），于调查开始及航次结束前，在青岛港外进行了二次声学校正和系统电学测量，二次测定结果无显著差别，系统工作性能稳定。仪器常数的测定结果参见表 1。

表 1 “北斗”号声学仪器的技术数据和设定参数（1993. 8. 6—8. 16）

探鱼仪型号 Echo sounders	Simrad EK 400	Simrad EK 400
工作频率 Frequency	38 kHz	120 kHz
记录器增益 Recouder gain	9	5
时变增益控制 TVG and gain	20 $\log_{10}$R－20	20 $\log_{10}$R
脉冲宽度 Pulse duration	1. 0 mS	1. 0 mS
带度 Bandwidth	3. 3 kHz	3. 3 kHz
换能器指向角 Transducer	7. 9°×7. 2°	10°×10°
等效波束孔径角 Equivalent beam angle（10log）	－20. 1 dB	－17. 6 dB
发射功率（假负载 60 Ω） Transmitting power（dummy 60 ohm）	3 500 W	500 W
声源级十电压响应 Source level＋voltage response	139. 8 dB	113. 2 dB
声学校正仪器常数 Calculated instrument constant C（for wurvey settings）（ref. 20 dB）	1. 77 m^2/（n $mile^2$ · mm）	1. 2 m^2/（n $mile^2$ · mm）
主量程 Basic range	0～300 m	0～300 m
接收机增益校准 Receiver gain calibration：D	－49. 1 dB	－49. 1 dB
Ugen	－35. 4 dB	－34. 9 dB
RG	84. 5 dB	84. 0 dB
积分仪型号 Integrator	Simrad QD/38 kHz	
积分阀电平 Integrator threshold	13. 8 mV	
积分仪增益 Integrator gain	－22. 49 dB	
积分取样水层 Depth intervals	5 - 100/100 - 150/150 - 175/175 - 200/200 - 225/225 - 250/250 - 300/300 - 581/m	
底拖网网口高度 Bottom trawl opening	5. 5 m	
中层拖网网口高度 Pelagic trawl opening	38～40 m	

1. 3　环境观测和生物学取样

1. 3. 1　理化因子观测

理化环境调查与狭鳕资源声学评估调查同步进行。主要观测要素为水温、盐度和溶解氧等。除 5 m 层水温使用 CHINO EA2P00 型水温记录器连续观测外，其他要素在 7 个定点站位进行了观测。水温以 SWM - B 型颠倒温度计观测；盐度和溶解氧以南森型颠倒采水器分层取样，使用 HD - 3 型电导盐度计和 RSS - 5100 型测氧仪测定。水温、盐度的观测水层为表层、25 m、50 m、100 m、150 m、200 m、300 m、500 m；溶解氧的观测水层为表层、50 m、100 m、200 m、300 m、500 m。

1. 3. 2　浮游生物取样

为了解调查海域浮游动、植物和鱼卵等分布，在 2 个调查站以直径 80 cm 大型浮游生物网进行表层水平拖网，以上述大型浮游生物网和直径 37 cm 的小型浮游生物网，分别自 500 m至表层进行 7 次垂直拖网。网具的结构与规格见表 2，水平网的拖速为 2～3 kn，垂直网的升降速度为 0.5 m/s。收集的标本以 8%～10%的福尔马林海水固定保存。

表 2　大、小型浮游生物网结构与规格

A. 大型浮游生物网	
部位	尺寸及材料
网口	直径 80 cm（内径），面积 0.5 m^2
网身	Ⅰ长 20 cm，细帆布 Ⅱ长 50 cm，GG36 筛绢（每厘米 15 目） Ⅲ长 20 cm、细帆布 Ⅳ长 180 cm、GG36 筛绢
网底部	直径 9 cm，长 10 cm，细帆布
全长	270 cm（网底部未计在内）
B. 小型浮游生物网	
部位	尺寸及材料
网口	直径 37 cm（内径），面积 0.1 m^2
头锥部	长 120 cm，细帆布，上圈直径 37 cm，中圈直径 50 cm
过滤部	长 150 cm，国际标准 20 号筛绢（每厘米 68 目）
网底部	直径 9 cm，长 10 cm，细帆布
全长	270 cm（网底部未计在内）

1.3.3　中层拖网取样

调查所用中层拖网如图 2 所示。为四片式结构，网口 162 目×400 cm，拉直周长 648 m，

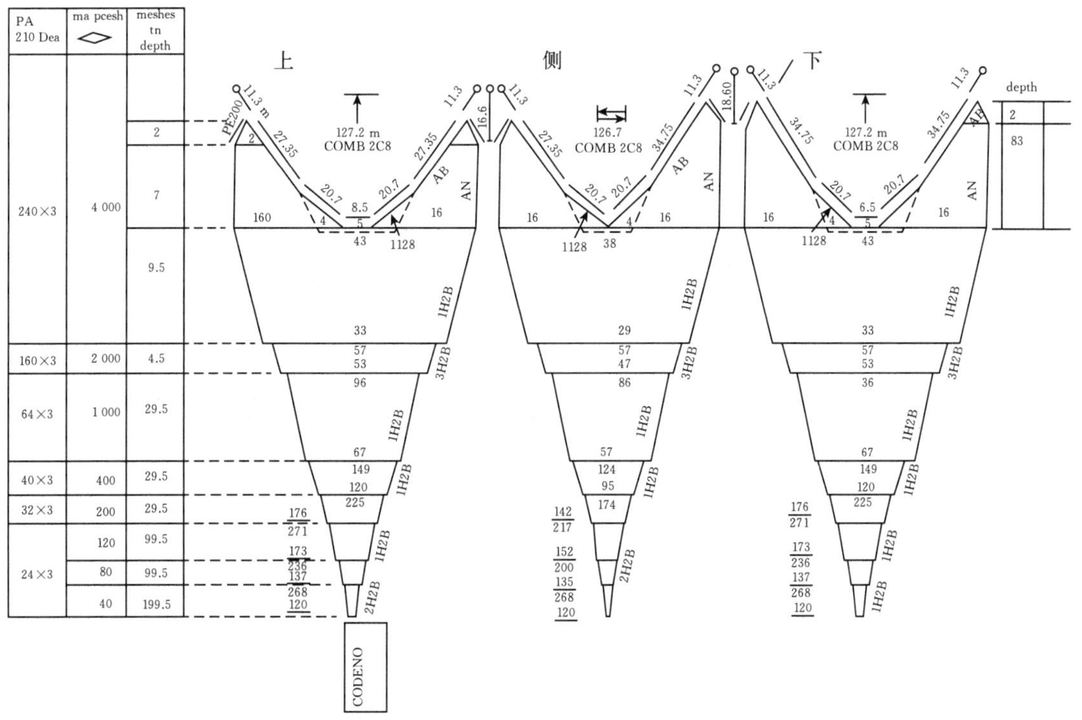

图 2　“北斗”号船中层拖网的结构与规格

网口高度 38～40 m。据声学评估和狭鳕群体组成调查的需要共进行了 10 次拖网取样。根据鱼群分布密度，拖网时间为 1～3 h 不等，拖速 3.5～3.7 kn。网具的作业情况系使用 SIMRAD 有线式网位仪和（或）SCANMAR 无线式深度传感器进行监测。

10 次拖网的技术参数和狭鳕数量如表 3 所列。

表 3 "北斗"号声学/中层拖网主要参数及狭鳕数量（1993 年 8 月 7 日至 8 月 10 日）

站号	ST-01	ST-02	ST-03	ST-07	ST-05
日期	8 月 7 日	8 月 7 日	8 月 8 日	8 月 8 日	8 月 8—9 日
水深（m）	320	361	362	358	277
拖网开始时间	1 000	1 645	0 810	1 520	2 120
拖网中止时间	1 410	1 900	1 205	1 925	0 515
拖网起始位置	55°34′N 149°39′E	55°29′N 149°14′E	55°11′N 149°25′E	55°30′N 149°60′E	55°45′N 149°27′E
拖网中止位置	55°32′N 149°14′E	55°25′N 149°28′E	55°14′N 149°41′E	55°37′N 149°31′E	55°44′N 149°26′E
拖网时间（h-min）	2-10	2-15	3-55	4-05	7-55
拖速（kn）	4.2	3.7	3.8	3.6	3.5
拖距（n mile）	14	8.3	14.9	14.4	27.7
拖网深度（m）	210～240	240～280	150～200	180～280	200～230
映像类型	A	A	A	A	A
M 值	425	75	111	159	1 142
映像范围（m）	100～BT	230～BT	120～BT	150～BT	110～BT
狭鳕数量（尾）	1 358	132	855	970	4 276
狭鳕渔获量（kg）	500	60	375	425	1 200
CPUE（尾/h）	626.8	58.7	218.3	237.6	540.1
CPUE（kg/h）	230.77	26.67	35.7	104.08	151.58
站号	ST-06	ST-07	ST-08	ST-09①	ST-10
日期	8 月 9 日	8 月 9 日	8 月 10 日	8 月 10 日	8 月 10 日
水深（m）	281	282	290	285	287
拖网开始时间	0 630	1 950	0 420	1 135	1 310
拖网中止时间	1 225	0 320	1 020	1 225	1 810
拖网起始位置	55°47′N 149°25′E	55°44′N 149°27′E	55°23′N 149°35′E	55°40′N 149°28′E	55°43′N 149°28′E
拖网中止位置	55°37′N 149°36′E	55°18′N 149°35′E	55°44′N 149°26′E	55°43′N 149°26′E	55°32′N 149°41′E

（续）

站号	ST - 06	ST - 07	ST - 08	ST - 09[①]	ST - 10
拖网时间（h - min）	5 - 55	7 - 30	6 - 00	0 - 50	5 - 00
拖速（kn）	3.0～3.8	3.5	3.5～4.0	3.6	4.0
拖距（n mile）	23	27	23	2.0	19
拖网深度（m）	220～250	210～240	210～240	底层	200～240
映像类型	A	A	B	A	A
M 值	547	622	49	404	440
映像范围（m）	175～BT	140～BT	150～245	150～BT	180～BT
狭鳕数量（尾）	17 550	3 614	1 786	893	29 286
狭鳕渔获量（kg）	4 900	1 092	500	250	8 200
CPUE（尾/h）	2 966.2	481.9	297.7	1 071.6	5 857.2
CPUE（kg/h）	828.17	145.60	83.33	300	1 640

注：映像类型 A 密集，B 分散，C 少许，D 无映像。BT -海底。①底拖网。

1.3.4　渔获物分析和鱼类生物学测定

对中层拖网的全部渔获物进行分鱼种定性、定量分析。之后，取狭鳕 100 尾进行常规生物学测定。雌性性腺成熟度和摄食等级分别使用 1～6 期和 0～4 级标准，年龄鉴定采用耳石，雌性性腺成熟系数为（性腺重/纯体重）×1 000。

1.4　声学数据的采集、分析与资源量计算

SIMRAD EK400/38 kHz 探鱼仪与 SIMRAD QD 回声积分仪联机，按 5～100 m、100～150 m、150～175 m、175～200 m、200～225 m、225～250 m、250～300 m、300～581 m 设置积分层，每 5 n mile 输出一次积分数据，由 IBM PC/386 兼容机存储并打印。根据映像特征及渔获组成，对积分数据进行判读和分配，将狭鳕积分值填图。整个调查区域按半个纬度间隔分为 10 个方区，每个方区内狭鳕资源数量（N_i）为：

$$N_i = S_{Ai} \cdot A_i / \sigma_i \tag{1}$$

式中：S_{Ai}——i 方区内狭鳕平均积分值；

A_i——i 方区的面积；

σ_i——i 方区内狭鳕的平均反向散射截面。

σ 与目标强度（TS）的关系为：

$$TS = 10\log_{10}(\sigma/4\pi) \tag{2}$$

狭鳕的目标强度与叉长（cm）的关系式分别采用：

$$TS = 20\log_{10}L - 66.0\ \text{dB} \tag{3}$$

$$TS = -20\log_{10}L - 68.6\ \text{dB} \tag{4}$$

2　主要调查结果

2.1　理化环境特征

2.1.1　天气状况

该区属季风气候，夏季多南到东南风。温带气旋多从该区南侧通过，该区主要处于高压系统控制之下，以晴好天气为主。

调查期间，风力在 6～7 级的天数仅 1 d；5～6 级的天数为 3 d；5 级以下的天数为 8 d，占 67％，其中 2 级以下 3 d。风向以东南为主，为 6 d，占 50％；偏北和偏西风各为 2 d。

天气以晴为主，为 7 d，占 58％；阴和多云 5 d，其中 3 d 有小雨，1 d 有雾。

气温变动范围为 12.2～14.4 ℃。

2.1.2　水文特征

2.1.2.1　温度水平分布

因公海中部无调查资料，仅就公海北部和南部分别进行讨论。表层水温分布趋势为：公海北部东高西低，南北差异不大（附图 1）；公海南部三角海域水温比公海北部偏低 0.5 ℃左右。总的来讲，公海区表层水温分布比较均匀，分布范围为 11.9～13.0 ℃，极差仅 1.1 ℃。25 m 层，水温分布同表层相反（附图 2），公海北部为西高东低，南部为南高北低。公海南部等温线比较密集，水温梯度较大。50 m 层，公海区北部水温分布呈西高东低、南高北低之势，等温线密集，东西和南北差异进一步拉大，冷水团开始出现在公海北端和东部海域（以 1 ℃等温线作为冷水团的边界）（附图 3）。100 m 层，公海区全部为冷水团所占据，为冷水团的中心所在处，最低温度可达－1.21 ℃（附图 4）。150 m 层，冷水团范围缩小，公海西部水温有所回升（附图 5）；200～250 m 层，冷水团范围进一步缩小（附图 6 至附图 7）；300 m 和 500 m 层，公海区水温普遍升至 1.0 ℃以上，冷水团不复存在，水温水平分布也趋向均匀（附图 8 至附图 9，表 4）。

表 4　鄂霍次克海公海区水温水平分布状况

水层（m）	分布范围（℃）	极差（℃）	平均值（℃）
表层	11.9～13.0	1.1	12.46
25	3.41～11.57	8.16	6.42
50	0.02～7.53	7.51	1.78
100	1.21～0.23	1.44	0.12
150	0.10～1.30	1.40	0.68
200	0.13～1.79	1.66	1.10
250	0.84～1.92	1.08	1.27
300	1.10～1.85	0.75	1.33
500	1.53～2.01	0.48	1.68

2.1.2.2 垂直分布

从 149°E 和 149°30′E 断面图（附图 10 至附图 11）可看出，0～50 m 之间存在较强的温跃层，跃层强度一般在 0.25 ℃/m 左右。149°E 断面 54°N 附近，温跃层在 0～25 m 和 50～100 m 之间，跃层强度分别为 0.21 ℃/m 和 0.25 ℃/m，25～50 m 之间，近乎垂直等温；50～150 m之间为一强冷水团所占据，149°E 断面 54°N 附近，情形有所不同，在 90～130 m 和 160～270 m 之间各存在一个冷水团，中间（130～160 m）处为一相对高温区；150～500 m 之间，水温以非常缓慢的速度递增，500 m 层和 150 m 层最大相差 0.50 ℃。

2.1.2.3 盐度水平分布

鄂霍次克海公海区 0～500 m 层盐度水平分布趋势均为东高西低（附图 12 至附图 20），以100 m和 300 m 层分布最为均匀，极差仅为 0.15 左右；150 m 和 200 m 层水平差异最大，极差在 0.35 左右；其他层次，极差在 0.2～0.3 之间（表 5）。除 25 m 层公海南部盐度低于北部外，其他层次，南部和北部差异不明显。

表 5 鄂霍次克海公海区盐度水平分布状况

水层（m）	分布范围	极差	平均值
表层	32.72～32.94	0.22	32.81
25	32.68～32.99	0.31	32.84
50	32.79～33.03	0.24	32.91
100	32.97～33.12	0.15	33.07
150	32.90～33.29	0.39	33.18
200	33.06～33.39	0.33	33.31
250	33.21～33.44	0.23	33.38
300	33.32～33.48	0.16	33.42
500	33.40～33.68	0.28	33.56

2.1.2.4 垂直分布

盐度垂直分布比较简单，随深度的增加，盐度均匀递增（图 10 至图 11），递增速度平均为 0.15/100 m 左右，无明显盐跃层存在。

2.1.3 溶解氧（DO）分布状况

2.1.3.1 水平分布

表层至 100 m 层，DO 水平分布比较均匀，极差均在 1 mg/L 以下（附图 21 至附图 23，表 6）。公海北部，表层分布趋势是东高西低，50 m 和 100 m 层是西高东低；公海南部，表层和 50 m 层分布趋势是东高西低，100 m 层是西高东低。200 m 和 300 m 层，公海北部 DO 呈东高西低、南高北低之势，且水平差异加大，200 m 层极差在 4 mg/L 以上（附图 24 至附图 25）；公海南部，DO 分布比较均匀。500 m 层，DO 水平分布又趋均匀，极差在 2 mg/L 左右，分布趋势是西高东低（附图 26，表 6）。

2.1.3.2 饱和度分布

表层 DO 饱和度在 104%～112%之间，均处过饱和状态，公海南部和北部分布趋势均为东高西低（附图 27）。除表层外，其他层次 DO 均未达到饱和状态。

2.1.3.3 垂直分布

附图 28 基本上反映了公海区 DO 的垂直分布状况。0～50 m 之间，DO 随深度的增加而升高，升幅在 2 mg/L 以内，这与水温在此水深范围内剧降有关。50～100 m，A、B、D 曲线（附图 28）显示，随深度的增加，DO 开始下降，100 m 层和 50 m 层差值一般在 1 mg/L 左右；曲线 C 则不同，呈垂直等氧状态。100～200 m，DO 继续下降，深度增加 100 m，DO 降幅在 3 mg/L 左右，而曲线 B 则呈垂直等氧状态。200～500 m，DO 随深度的增加均匀递减，500 m 和 200 m 层 DO 差值在 2～4 mg/L 之间。综上所述，随着深度的增加，DO 分布趋势是先升后降，基本无跃层存在，某些海域在 50～100 m 或 100～200 m 之间出现 DO 垂直等值的情况。

表 6 鄂霍次克海公海区 DO 水平分布状况

水层（m）	分布范围（mg/L）	极差（mg/L）	平均值（mg/L）
表层	8.87～9.49	0.62	9.01
50	9.92～10.65	0.73	10.25
100	9.47～10.15	0.68	9.71
200	5.46～9.85	4.39	7.30
300	4.08～7.80	3.72	6.04
500	4.12～6.40	2.28	5.07

2.2 狭鳕分布和垂直移动

2.2.1 分布

整个公海区从北至南均有狭鳕分布（图 3）。调查期间，其密集群即 M 值达到 100 以上者仅集中于北部 55°N 以北、500 m，等深线以浅水域。M 值 500 至 1 000 的高密集群位于公海区的最北端，55°45′N，149°40′E 附近。另外在 55°15′N，149°40′E 有 M 值 250 以上的密集群。公海区中部 500 m 等深线以深，53°30′N 以北水域，狭鳕密集度较低，没有 M 值 100 以上的密集群。53°N 以南，即公海区一半以上的水域狭鳕分布稀少，一般 M 值都低于 10。但在公海区东南部外侧，52°20′N，151°0′E（图 1A 点）附近，有 M 值 250 以上的密集群。

图 4 为狭鳕幼鱼分布图。调查期间狭鳕幼鱼的分布南部零界线恰与 500 m 等深线吻合，500 m 等深线以南无狭鳕幼鱼分布。相对密集区位于西侧，恰与太平洋鲱的分布成互补之势，密集区不相重叠。本次调查显示公海区为鄂霍次克海狭鳕幼鱼分布区的一部分。另据俄国调查资料、该区亦为 4—6 月狭鳕鱼卵的分布区并靠近鄂霍次克海北部产卵场。可以推测，公海区北部有可能是鄂霍次克海北部狭鳕产卵场的一部分。

2.2.2 垂直移动

鄂霍次克海公海区狭鳕分布范围由表层至 400 m。主要分布于 150～300 m 层，占整个分布水层的 73.5%；100～150 m 层占 9.7%；300 m 以深的深水层占 14.0%；0～100 m 层

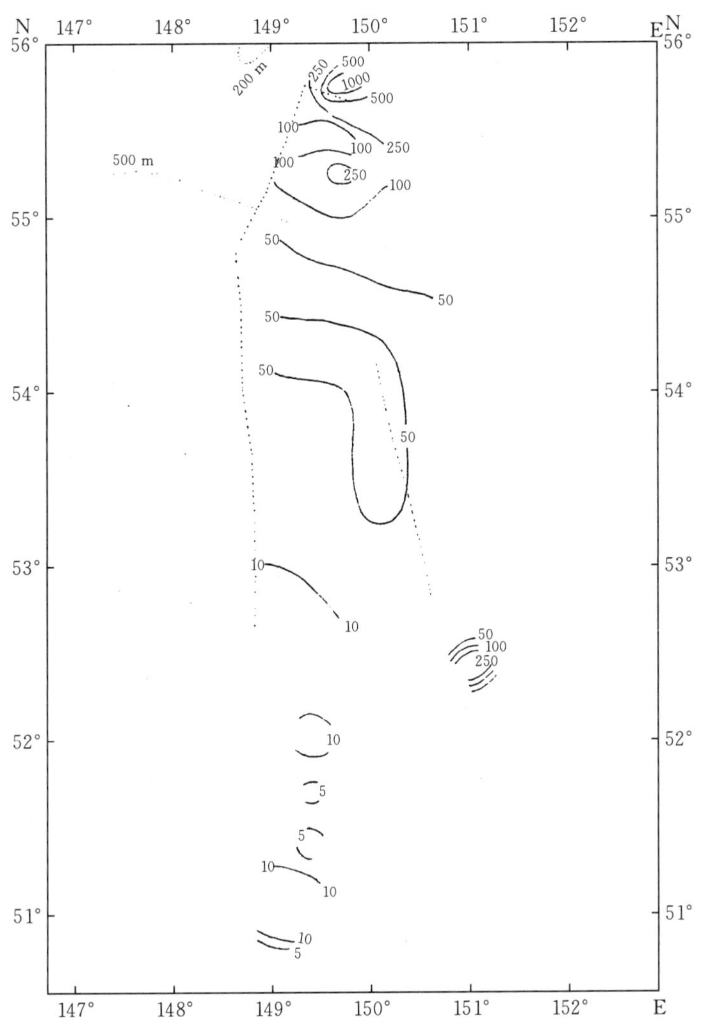

图 3 鄂霍次克海公海区狭鳕分布及其相对密度（*M* 值，1993. 8. 6—16）

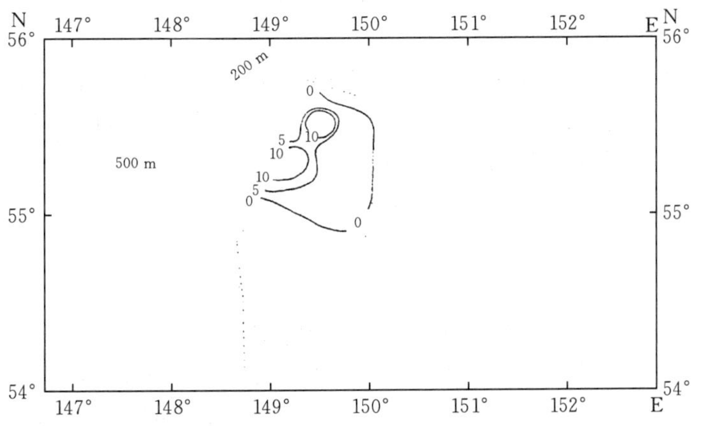

图 4 鄂霍次克海公海区狭鳕幼鱼分布及其相对密度（*M* 值，1993. 8. 6—16）

仅占 3.2%。

鄂霍次克海公海区狭鳕具有垂直移动的特性，但垂直移动不明显。日间分布水层较深，08:00—16:00 主要分布于 150～300 m 水层，100 m 以浅几乎没有分布。夜间分布水层相对较浅，主要分布于 100～300 m。由晨光始到日出这段时间，狭鳕有向深浅两个方向扩展的趋势，日出后又逐渐向中层集中，形成日间分布状态。日没前后狭鳕再度向上下两个方向移动，然后又逐渐趋向中层，成夜间分布状态。

鄂霍次克海公海区狭鳕分布日间较夜间相对集中且偏深；夜间总体分布偏浅；日出前后和日没前后狭鳕分布水层更为广而分散。

与白令海海盆区的狭鳕垂直分布相比，鄂霍次克海鱼群分布水层广，鱼群分散。100 m 以浅狭鳕分布较少，而 250～300 层明显比白令海多（鄂霍次克海为 18.7%，白令海为 1.9%）。300 m 以深水层也明显高于白令海（14.0%比 3.6%）。另外，鄂霍次克海公海区北部水深 300～400 m 水域，狭鳕主要分布 300 m 上下的近底层。

图 5 为调查期间鄂霍次克海公海区狭鳕昼夜垂直分布。

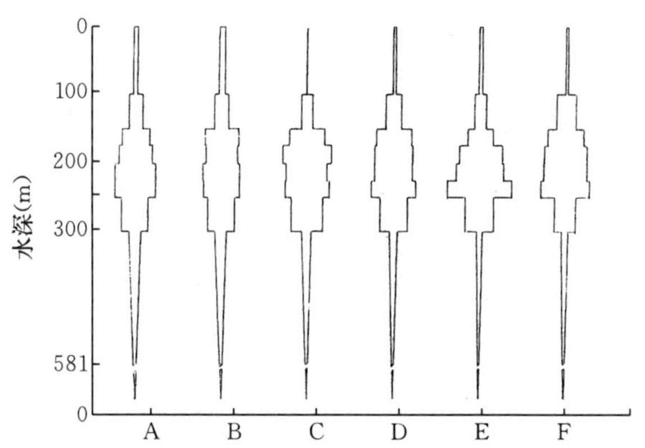

图 5 鄂霍次克海公海区狭鳕昼夜垂直分布

（1993.8.6—16，图中各时刻分级系根据《航海天文历》内插求得，A. 晨光始—日出，B. 日出—08 时，C. 08—16 时，D. 16 时—日没，E. 日没—昏影终，F. 夜间）

2.3 狭鳕生物学特性

2.3.1 长度与体重分布

鄂霍次克海公海水域北部狭鳕的个体较小，其叉长分布范围为 270～500 mm，优势叉长组为 340～440 mm，平均叉长 382.5 mm（图 6）；体重分布范围为 100～800 g，优势体重组为 250～450 g，平均体重 358.7 g（图 7）。

从不同性别狭鳕的叉长和体重分布看：雌性狭鳕的叉长分布范围为 280～500 mm，平均叉长 388.6 mm，体重范围为 100～800 g，平均体重 373.5 g；雄性狭鳕的叉长分布范围为 270～470 mm，平均叉长 377.1 mm，体重范围为 100～650 g，平均体重 345.2 g。上述资料表明，雌性狭鳕的长度与体重均大于雄性狭鳕。

2.3.2 年龄组成

鄂霍次克海公海水域北部狭鳕群体的年龄组成偏低，为 3～14 龄，优势年龄组为 4～7 龄。其中，5 龄（1988 年世代）和 6 龄（1987 年世代）鱼所占比例较高，两者合计约占群体组成的 60%，10 龄以上的高龄鱼数量极少，仅占群体组成的 5%（图 8）。根据上述狭鳕群体的年龄组成分析：目前鄂霍次克海公海北部海域的狭鳕主要为近年内进入产卵群体的低龄鱼。补充群体状况良好，狭鳕资源处于兴盛期。

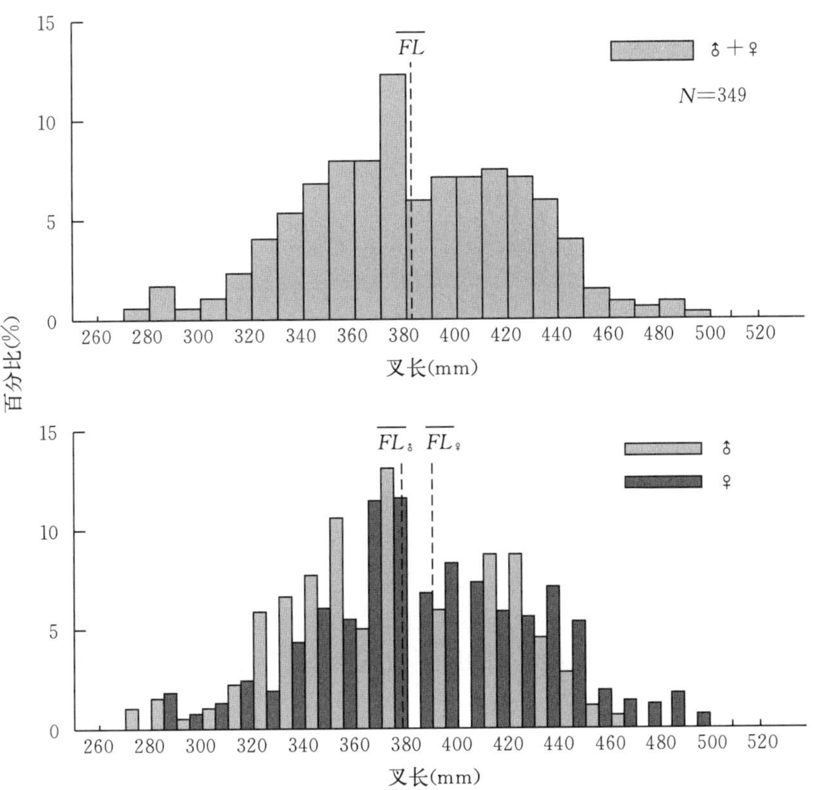

图 6　鄂霍次克海公海北部狭鳕叉长分布（1993.8.6—16）

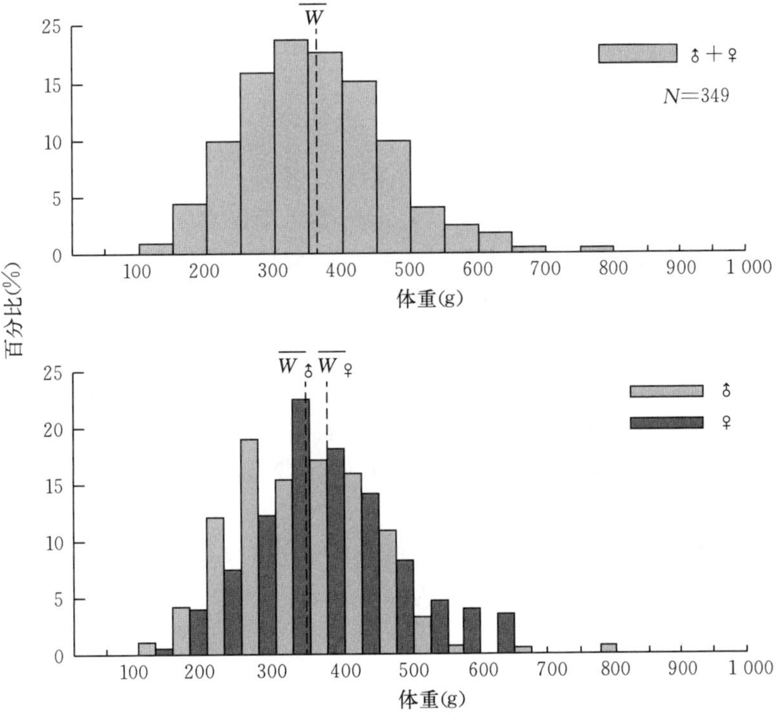

图 7　鄂霍次克海公海北部狭鳕体重分布（1993.8.6—16）

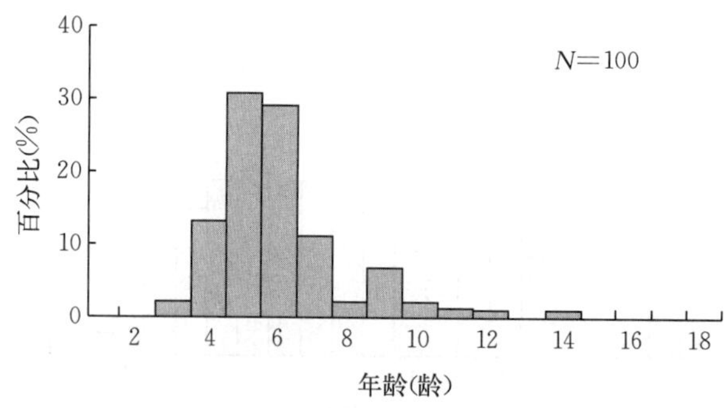

图 8 鄂霍次克海公海北部狭鳕年龄组成（1993.8.6—16）

2.3.3 性比及性腺发育

鄂霍次克海公海北部海域雄性狭鳕所占比例略大于雌性，雌雄性比为 48∶52。

调查期间，雌性狭鳕的性腺成熟度主要为Ⅱ期（约占 98.8%），个别雌性个体发育至Ⅲ期（仅占 1.2%）。性腺成熟系数为 1.68%。在这些性腺成熟度为Ⅱ期的雌性狭鳕中，4 龄以上的较高龄鱼为产卵后的恢复期，4 龄以下的低龄鱼则为未产卵的发育期。

2.3.4 摄食

鄂霍次克海公海水域北部狭鳕的摄食等级如图 9 所示。从图中可以看出，该海域狭鳕的摄食强度不高，空胃率约占 16%，摄食等级为 1 级和 2 级者分别占 46%和 21%。表明调查期间狭鳕尚未进入较强摄食期。

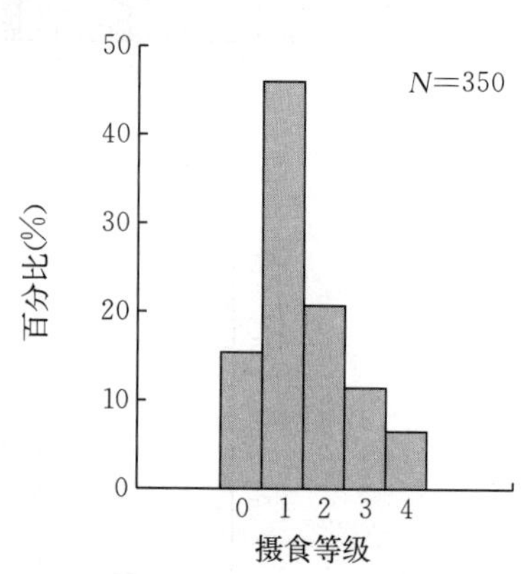

图 9 鄂霍次克海公海北部狭鳕摄食等级（1993.8.6—16）

2.4 狭鳕资源评估

应用声学积分方法评估资源数量，其结果受诸多因素的影响，当声学仪器校正完成后，用以表示鱼类声学特性的目标强度（*TS*）值成为影响评估结果的关键数值（式 1 和式 2）。本次调查总结中，应用了两个 *TS* 值的研究结果评估鄂霍次克海公海狭鳕资源。

2.4.1 根据 Foote 和 Traynor（1988）狭鳕目标强度的研究结果（式 3），应用方区面积法概算资源数量、生物量以及应用资料列表 7。结果表明，1993 年夏季鄂霍次克海公海狭鳕现存资源数量为 8 156 万尾，资源量为 2.9 万 t，其中 53°N 以北海区资源量约占 86%，生物量密集区在 55°N 以北。

2.4.2 根据 1993 年 7 月“北斗”号在白令海狭鳕调查时，实测的目标强度结果（式 4），现存资源数量评估为 14 844 万尾，生物量为 5.3 万 t。

2.5 其他资源状况

在鄂霍次克海公海区的渔业声学/拖网调查中，共拖网 10 次，其中一网为底拖网，其他为中层拖网捕捞鱼类和无脊椎动物 24 684 kg，各网渔获物组成情况见表 8。共捕获鱼类 6 种虾1种，蟹2种（表9），主要种类为狭鳕、太平洋鲱及北方长颌虾等，占总渔获量的99.8%。狭鳕资源情况已如前述，现将另外两个主要种类资源情况分述如下：

表7　鄂霍次克海公海狭鳕资源量及使用参数

方区号	1 55°43′～55°30′N	2 55°30′～55°00′N	3 55°00′～54°30′N	4 54°30′～54°00′N	5 54°00′～53°30′N
N	65.3	97.8	49.7	40.2	32.3
M	38.25	38.25	38.25	38.25	38.25
W	358.7	358.7	358.7	358.7	358.7
A	220	843	1 212	1 410	1 510
M	3.11	17.87	13.05	12.28	10.57
B	1.117	6.409	4.682	4.406	3.791
方区号	6 53°30′～53°00′N	7 53°00′～52°30′N	8 52°30′～52°00′N	9 52°00′～51°30′N	10 51°30′～50°50′N
M	34.6	8.3	9.2	7.7	9.8
L	38.25	38.25	38.25	38.25	38.25
W	358.7	358.7	358.7	358.7	358.7
A	1 750	1 980	2 020	1 337	818
M	13.12	3.56	4.03	2.23	1.74
B	4.707	1.277	1.445	0.800	0.623

注：*M*为积分值，*L*为平均长度（cm），*W*为平均重量（g），*A*为方区面积（n mile^2），*N*=资源数量（×百万尾），*B*=资源量（×10^3 t）。

表8　鄂霍次克海公海狭鳕声学/中层拖网调查各网次渔获物记录（1993年8月7日至10日）

种类	ST-01		ST-02		ST-03		ST-04		ST-05		ST-06	
	数量	重量	数量	重量	数量	重量	数量	重量	数量	重量	数量	重量
狭鳕	1 358	500	132	60	855	375	970	425	4 276	1 200	17 550	4 900
腹吸圆鳍鱼（圆腹拟雀鱼）	6	2	1	1.5	3	3.5	5	3.5	5	4	6	5.5
太平洋鲱	43 060	7 000							29	4.973		
白狼绵鳚											1	0.16
鳗鳚												
鲉子鱼					2	0.212	1	0.15	8	0.332	5	2.5
太平洋拟庸鲽												
北方长颌虾									420	3.740		
雪场蟹												
毛蟹												
海蜇												
合计	44 424	7 502	133	61.5	860	378.712	976	428.65	4 738	1 213.045	17 562	4 908.16

（续）

种类	ST-07		ST-08		ST-09		ST-10		合计	
	数量	重量	数量	重量	数量	重量	数量	重量	数量	重量
狭鳕	3 614	1 092	1 786	500	893	250	29 286	8 200	60 720	17 503
腹吸圆鳍鱼（圆腹拟雀鱼）			8	4			7	9	41	33
太平洋鲱	371	61.2			80	13.1	8	1.2	43 548	7 080.473
白狼绵鳚	6	1.2					1	0.6	8	1.96
鳗鳚					1	0.027			1	0.027
狮子鱼					11	7.2	7	2.5	34	12.894
太平洋拟庸鲽					1	0.585			1	0.585
北方长额虾	5 258	46.8			120	1.00			5 798	51.54
雪场蟹					3	1.30			3	1.30
毛蟹					1	0.10			1	0.10
海蜇										
合计	9 249	1 201.2	1 794	504	1 110	273.312	29 309	8 213.3	110 155	24 683.879

注：鱼名根据 Hart（1973）：Pacific fishes of Canada。

表 9　鄂霍次克海鱼类名称对照表

中文	拉丁文	英文
狭鳕	*Theragra chalcogramma*（Pallas 1811）	Walleye polock
腹吸圆鳍鱼（圆腹拟雀鱼）	*Aptocyclus ventricosus*（Pallas 1770）	Smooth lumpsucker
太平洋鲱	*Clupea harengus pallasi* Valencicnnes 1847	Pacific herring
白狼绵鳚	*Lycogramma zesta*（Jordan et Fowler，1902）	Soft eelpout
鳗鳚	*Comgrogadus subducens*（Richardson，1843）	Mnd blenny
狮子鱼	*Liparis* spp.	Snailfish
太平洋拟庸鲽	*Hippoglossides elassodon* Jorden and Gilbert 1880	Flateheed sole
北方长额虾	*Pandalus borealis*	Pind shrimp
雪场蟹	*Paralithodes camischatica*	King carb
毛蟹	*Erimacrus isenbeckii*	Hair carb

2.5.1 太平洋鲱（*Clupea harengus pallasi* Valenciennes 1847）

太平洋鲱为中上层冷温性鱼类，集群性强，在鄂霍次克海公海区有较为丰富的资源，分布范围较大。夏季主要分布于较浅的北部水域，由北向南分布密度呈下降趋势，55°N 以北公海区东北边界线附近最为密集（图 10），最高 M 值在 100 以上。太平洋鲱在本次调查的拖网渔获物中渔获量居狭鳕之后，列在第二位，占总渔获量的 28.7%。由于该鱼种的高度集群性，分布极不均匀，因而在 10 次拖网中，只有 5 次捕到，有效网次平均渔获量为 1 414 kg，平均每小时渔获量为 651 kg。值得一提的是，在东北部（55°34′N，149°39′E）的中层拖网捕到高密度群体，2 h 10 min 捕获 7 t，平均每小时渔获量达 3 231 kg，拖网水层在 210～240 m，其他网次渔获量较小，这也反映了太平洋鲱的分布不均匀性。

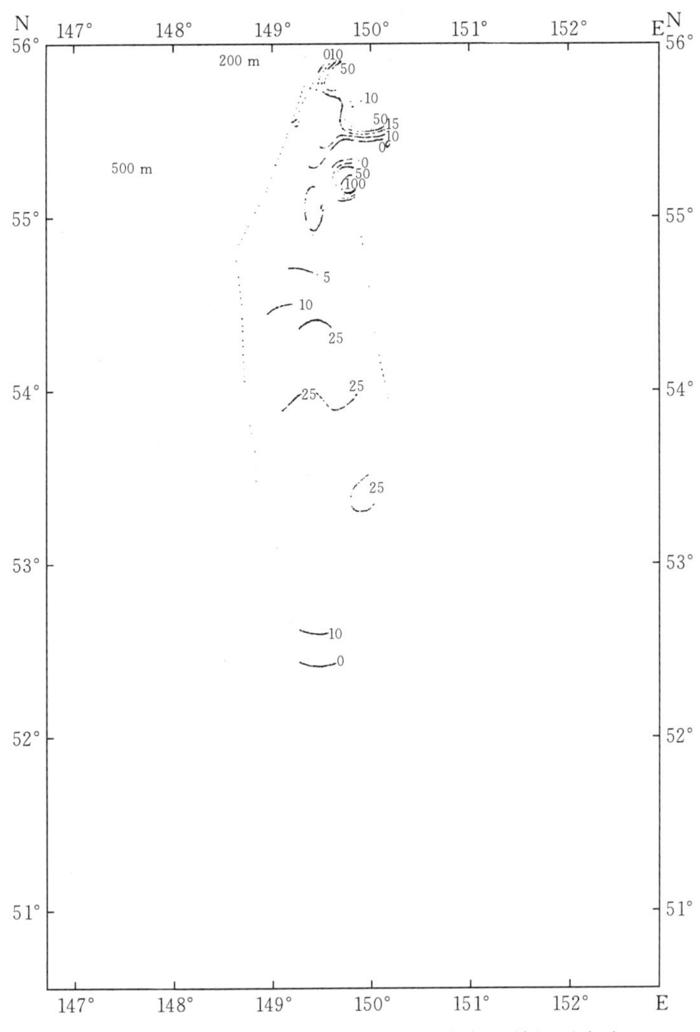

图 10 鄂霍次克海公海区太平洋鲱分布及其相对密度

太平洋鲱的群体组成较简单（图 11），叉长分布范围为 230～330 mm，平均 258 mm，优势叉长组为 250～260 mm。占 67%；平均体重 165 g。性腺成熟度为 2 期，雌雄性比为 1∶0.8。摄食较强烈，摄食等级在 2～4 级，以 4 级为主，占 59.2%，以太平洋磷虾为主。

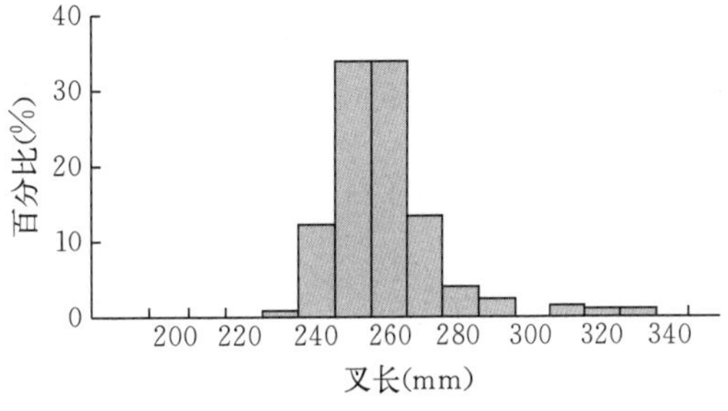

图 11 鄂霍次克海公海区太平洋鲱长度组成（1993.8.6—16）

2.5.2 北方长额虾（*Pandulus borealis*）

北方长额虾属长额虾科，为深水虾类，是本次鄂霍次克海公海区调查中另一重要渔业资源。其中有 3 网捕到该种类，捕获 51.5 kg，占总渔获量的 0.21%，特别是在公海区北部中心较浅的水域（55°44′N，149°27′E）有两网捕到该种，其中一网捕获 46.8 kg，平均每小时 6.2 kg。在稍南水域的 50 min 底拖网中也兼捕到 1 kg 北方长颌虾，可见其垂直分布水层也较大。

北方长颌虾经济价值较高，长度分布范围为 80～100 mm，平均体重 8.9 g。

3 小结

1993 年 8 月 6 日至 16 日黄海水产研究所使用“北斗”号渔业调查船对鄂霍次克海公海狭鳕资源进行声学/拖网评估调查和渔场环境调查。有效声学积分航程为 1 225 n mile，资源评估覆盖面积约 5 万 km^2，拖网生物学取样 10 次，生物理化环境取样观测 10 个站位。由于俄罗斯声称进行军事演习，公海中南部海区只进行了粗线条的走航调查。主要调查结果小结如下：

3.1 公海区表层温盐和溶解氧分布比较均匀，水温分布范围 11.9～13.0 ℃，盐度为 32.7～32.9，溶解氧为 8.9～9.5 mg/L，50～150 m 层为冷水团所占据，100 m 层为冷水团中心，水温范围为－1.21～0.23 ℃，盐度为 33.0～33.1，溶解氧为 9.5～10.2 mg/L。

3.2 夏季整个公海区均有狭鳕分布，密集区在 55°N 以北、500 m 等深线以浅海区，53°N 以南海区狭鳕分布数量明显减少，资源量仅占公海区的 14%。仅在 55°N 以北海区发现少量当年生幼鱼。这期间鱼群垂直分布较为分散，主要分布水层为 150～300 m 层，昼夜移动不甚明显。

3.3 调查期间狭鳕只为索饵鱼群，但摄食强度不高，摄食强度 1～2 级的占 67%；长度范围为 27～50 cm，平均叉长为 38.25 cm，平均体重为 358.7 g；年龄组成为 3～14 龄，优势年龄组为 5～6 龄（1988 年和 1987 年世代），资源状况较好。

3.4 1993 年夏季鄂霍次克海公海狭鳕资源评估为 2.9 万 t，若采用本次调查狭鳕目标强度的实测结果，应为 5.3 万 t。

参考文献

Foote K G, Traynor J J, 1988. Comparision of walleye pollock target strength estimates determined from in situ measurements and calculation based on swimbkcd der form. J. Acoust, Soc. Am. 83, 9-17.

Foote K G, Knudsen H P, Vestnes G, et al, 1987. Calibration of acoustic instruments for fish density estimation: a practical guide. ICES COOP. Res. Rep, 144.

附录 1 “北斗”号渔业调查船主要技术指标

1 调查船及其装备

“北斗”号渔业资源调查船系 Skipkonsulent AS（卑尔根船舶咨询公司）按挪威远洋渔船法规设计，1984 年 3 月在 Flekkefjord 船厂开工，6 月建成并试航，当年 10 月在青岛移交中国，由黄海水产研究所使用。

“北斗”号的建造宗旨在于尽力采用当时最先进的水声学、海洋学与生物学的调查技术，使之装备成现代化的渔业资源调查船。为保证声学数据可靠性，特在 Trondheim 海洋技术中心（MTS）对船模与推进机构进行了系统的振动与噪声特性测量与分析。

1.1 主要尺度与配置

“北斗”号设二层甲板，为尾滑道拖网和艉机船型，除艏楼用铝材外，船体为钢壳结构。该船全长 56.2 m，两柱间长 48.0 m，型宽 12.5 m，型深（至上甲板）7.8 m，吃水 5.1 m，载重吨 450 t，总吨位 1 147 t；配备 Bergen diesel KRMB - 9 型 12 缸主机，功率 1 650 kW（825 r/min），使用 4 叶可变螺距推进器，航速 13.7 n mile/h，适航于除冰区外各类航区，续航力 9 600 n mile；定员 30 人（包括科研人员 8 人）。

1.2 甲板机械

主甲板上装备拖网绞钢机两台，辅以一对曲面、矩形 7 m^2 WACO 型网板；围网绞网机一台，变水层拖网和底拖网卷围滚筒各一台，容量 7.3 m^3，以及水文绞车一台，容绳量为直径 4 mm 钢丝绳 3 500 mm。艉龙门架上方设伸臂式渔获物吊机一台，载荷 1.5 t；舱面甲板备回旋起重机一台，臂长 9 m，最大负荷 3 t。

本船配备玻璃钢机动/划桨救生艇一艘，可乘 24 人；另有一艘柴油发动机工作艇，制动功率 107 kW，可乘 16 人。

1.3 舱室配置

艏楼甲板与主甲板间为水文实验室，鱼类实验室、绘图复印机室及居住舱，其上方为仪器室和图书会议室。

主甲板与第二甲板间为居住舱、餐厅、厨房、洗衣间、渔具舱、机修车间及渔获物处理间；后者装备两台 KKV - 16 - 100 - 2 型平板冻结机，冻结能力为－25 ℃，10 t/24 h。

第二甲板下方为艏舱、声纳舱、艏一艉侧推舱、轮机控制室、主机舱及海水淡化机（4 t/24 h）。食品储藏库有三处（－25 ℃，25 mm^3 冷冻库、4 ℃，25 mm^3 冷藏库和 12 ℃，40 m^3 干品库）和渔获物冷藏库，库容 106 m^3。该层还设有减摇水舱，可使船舶减少 50%以上横摇。

1.4 电源系统

A. 主发电机（主机驱动）三相 380/220 V 交流 510 Hz，1 140 kW。

B. 辅发电机两台，三相 380/220 V 50 Hz，每台 280 kW。

C. 不间断电源，由 Victron Delta 11－30＋VSS 变换器供电，交流 220/240 V 50 Hz，2.5 kW；自持时间 10 min（满负荷）或 30 min（50%负荷）。

1.5 通讯设备

1.5 kW 全波段发报机、300 W 辅发报机、全程收报机、短波与甚高频通话机、Saturn－3 型电传—图文传真—话音通讯系统以及音频呼叫与舱室拨码通话机。

1.6 驾驶室导航—助渔仪器

Koden KGP－911 型全球定位仪
JRC JNA－760 型劳兰 C
Furuno FSN－80 型卫星导航仪
Furuno FR－1222X 型 10 cm 波雷达
Furuno FR－1262S－7 型 3 cm 波雷达
Furuno DFAX 型气象传真机
C－Plath 公司电罗经与磁罗经
Skipper TDA A131 型无线电测向仪
XZC2－1 型数字气象仪
WY－D3 型双曲线定位仪
Robertson 公司自动驾驶仪
Econometer 牌主机燃油指示器
Sirmrad NL 型多普勒航速仪
Simrad HRD－200 型海底深度显示器
Simrad SM－600 型多波束扫描声纳
Skipper S113 型近程环扫声纳
Simrad ET100/FR500 型探鱼仪-有线网位仪
Simrad CF100 型鱼群映像彩色显示器
Scanmar 4004/4016 型无线式网位仪
F. K. Smith 牌曳纲拉力计、曳纲长度计及起放网遥控操作系统。

2 仪器室与声学设备

2.1 基础测量仪器

Hewlett Packard 204C 型信号发生器
Hewlett Packard 5381A 型频率计（80 MHz）
Hewlett Packard 400FL 型交流电子电压表
Hewlett Packard 350D 型衰减器
Tektronix 468 型数字式记忆示波器
Chino EA2POO 型（海水温度）连续记录仪。

2.2 渔业声学仪器

探鱼-积分系统系本船重要技术装备，它由下列专用声学仪器及安装在其他舱室的辅助设备组成。探鱼仪的主要技术指标见表1。

表1　科研探鱼仪的主要技术指标

	型号 主要用途 工作效率（kHz）	EK400/38 kHz 主探鱼仪 38	EK400/49 kHz 瞄准及监视 49	EK400/120 kHz 小型生物探测 120
发射机	标称脉冲功率（W） 单发射机低功率 单发射机高功率 双发射机低功率 双发射机高功率 脉冲宽度（ms）	2 500 5 000 0.3，1.0	250 500 3.0，1.0	250 500 0.1，0.3，1.0，3
接收机	总增益（dB） 衰减器（dB） TVG截止深度（m） 40 $\log_{10}R$ 20 $\log_{10}R$ 带宽（kHz） 主量程（m） 声速修正（m/s） 海底检测方式 吃水调整（分类）		85 −10，−20，−30 40 $\log_{10}R$，20 $\log_{10}R$ 242，222，108 581，464，110 0.3，3，3.3　1，3.3，10 50～1 000（9级调整） 1 400～1 547（22级调整） 常规，动态，轮廓（任选） 00～99	
校准输出	讯号电平（dB//lvims） 阻抗（Ω） 频率 自噪声（dB//lvims）		+15 50 同工频 56（38 kHz，带宽330 Hz）	
记录器	增益 航程标志（n mile） 记录纸（mm） 记录纸速（mm/min） 相位调整 水深读数（m）		0～9级，3 dB/级 TP-8型，203（宽）×2 500（长），乾式 2～60，速度误差<10% 7，10，12，15级，不等 0.0～399.9	
换能器	型号 材料 阻抗（Ω） 指向性指数（dB） 波宽（−3 dB点）*TP/LP* 发射功率响应（dB//luBar/Wmlm） 换收功率响应（dB//lv/luBar）		ES38 49-26-E　68BA 压电陶瓷 60 26.1　25.7　25.1 7.9°/7.2°　11°　10° 192.9　194.5　193.0 −103.3　−200.0　−190.	

附录2　水文、化学附图1～28

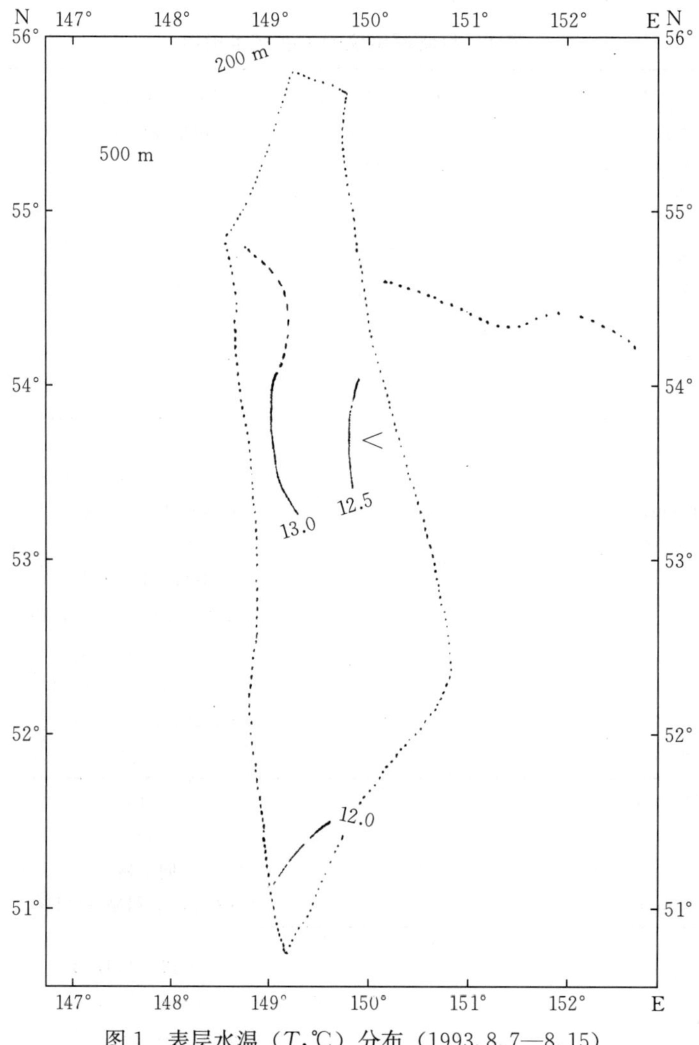

图1　表层水温（T,℃）分布（1993.8.7—8.15）

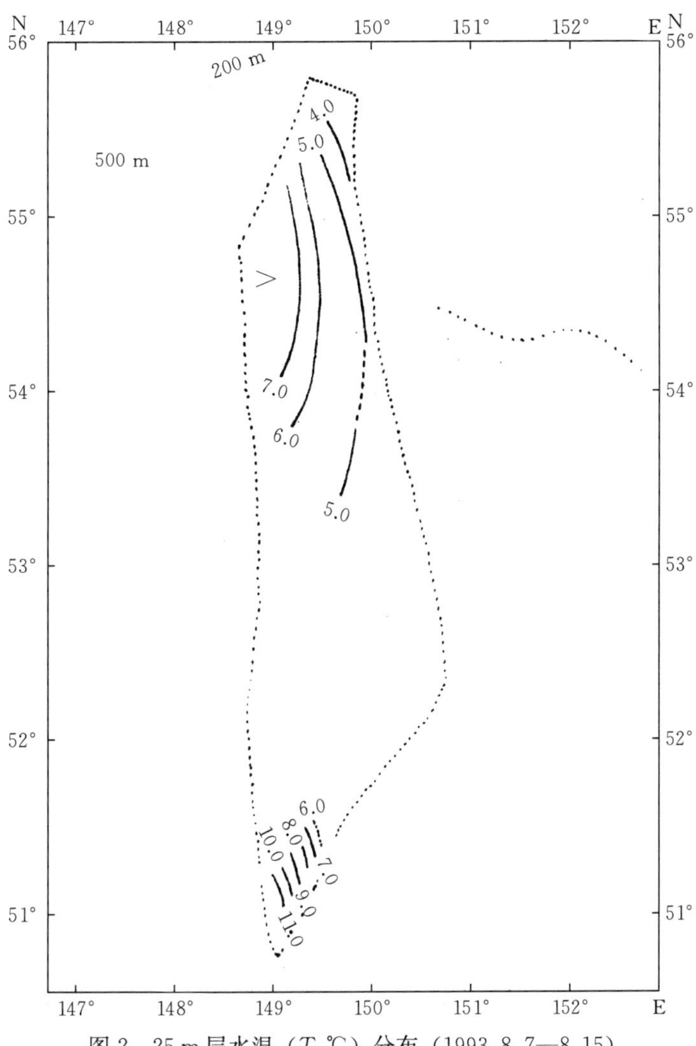

图 2　25 m层水温（T,℃）分布（1993. 8. 7—8. 15）

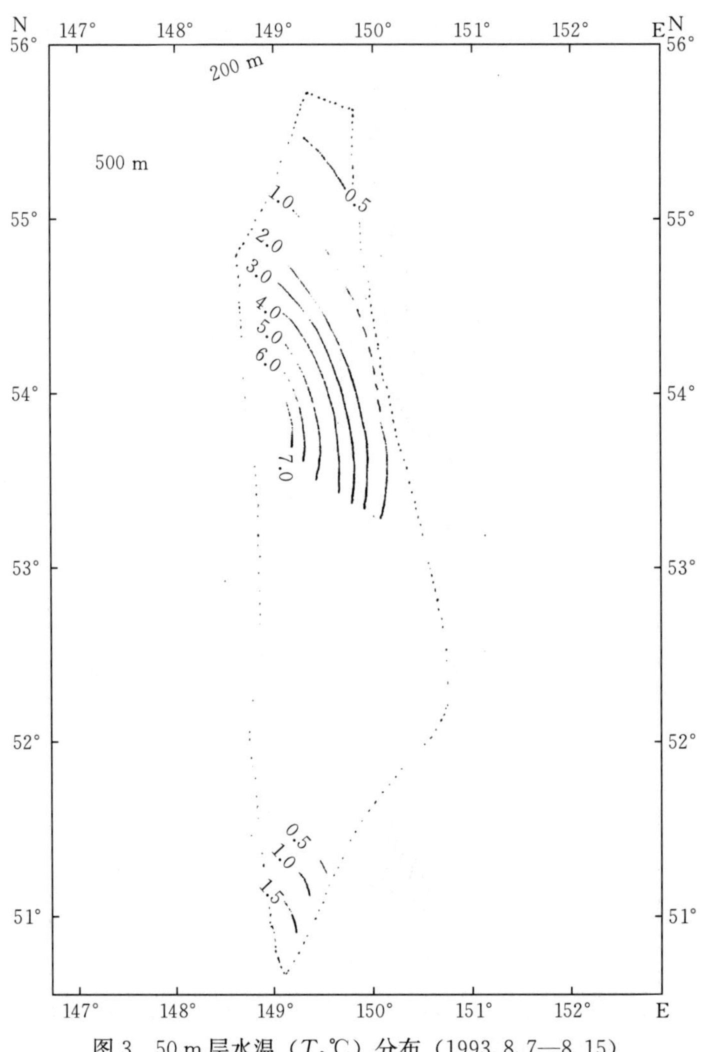

图 3 50 m 层水温（T,℃）分布（1993. 8. 7—8. 15）

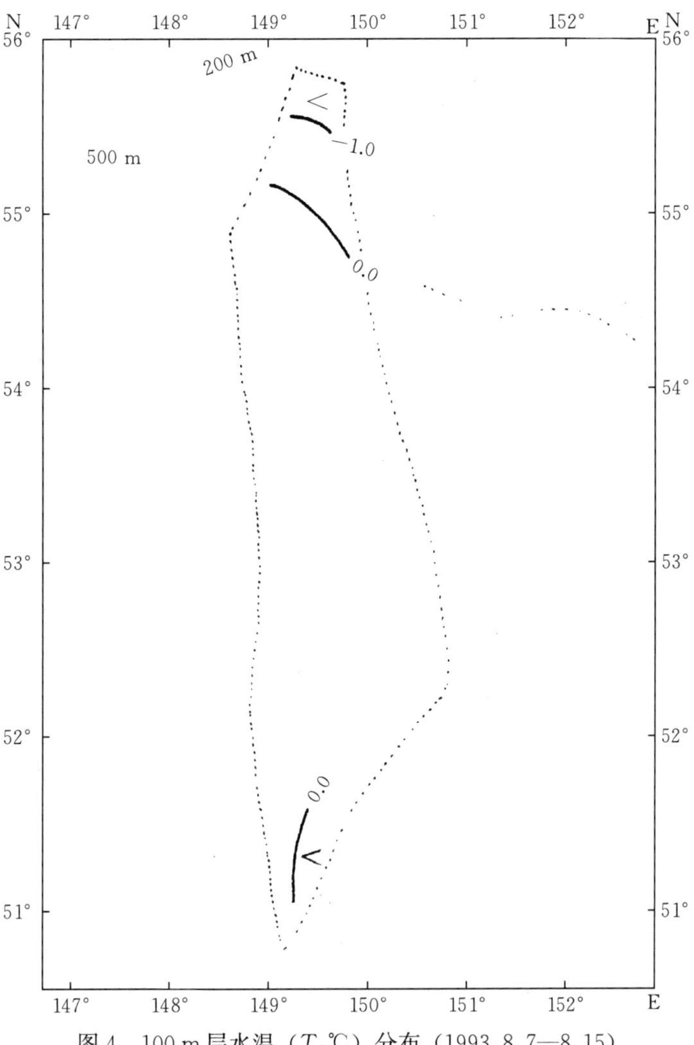

图 4　100 m 层水温（T,℃）分布（1993.8.7—8.15）

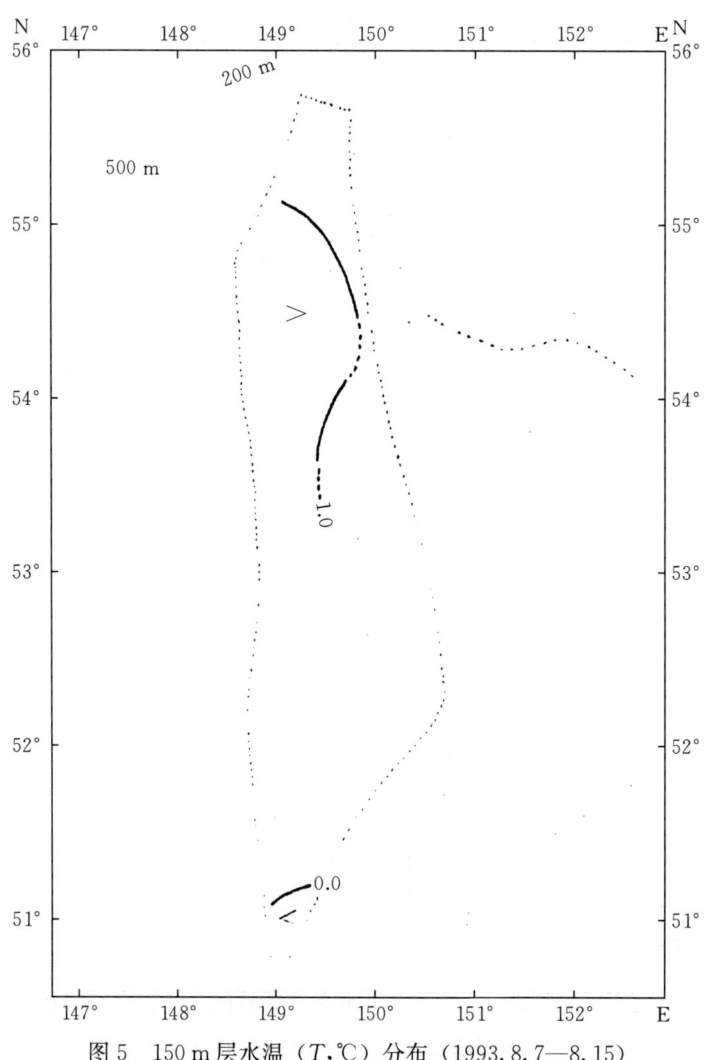

图 5　150 m 层水温（T,℃）分布（1993. 8. 7—8. 15）

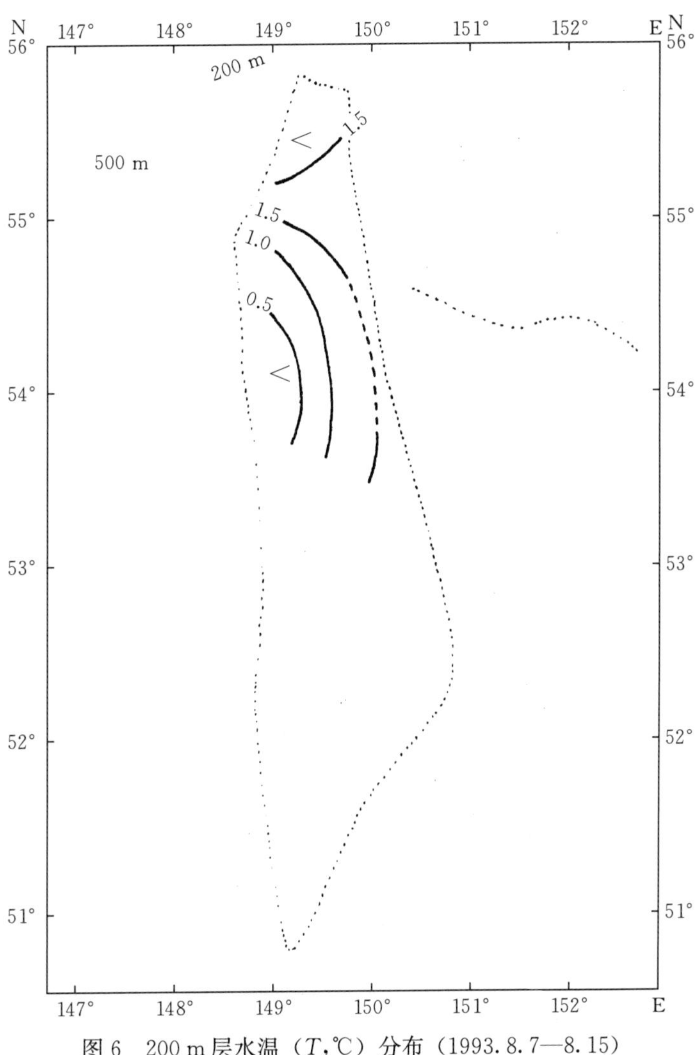

图 6　200 m 层水温（*T*,℃）分布（1993. 8. 7—8. 15）

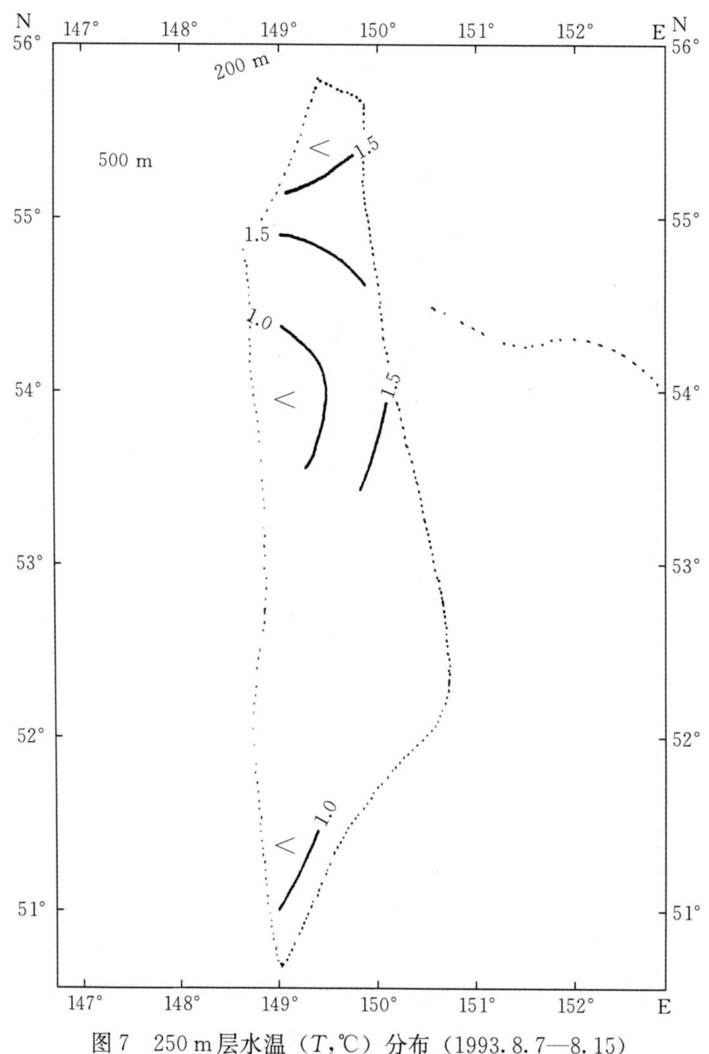

图 7　250 m层水温（T,℃）分布（1993. 8. 7—8. 15）

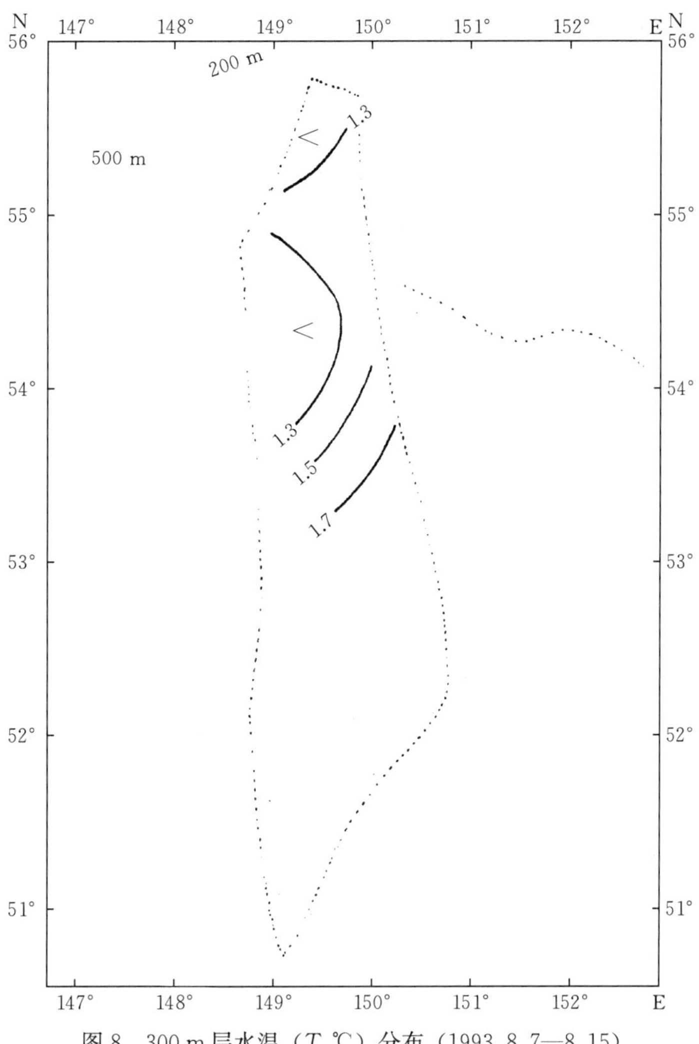

图 8　300 m 层水温（T,℃）分布（1993. 8. 7—8. 15）

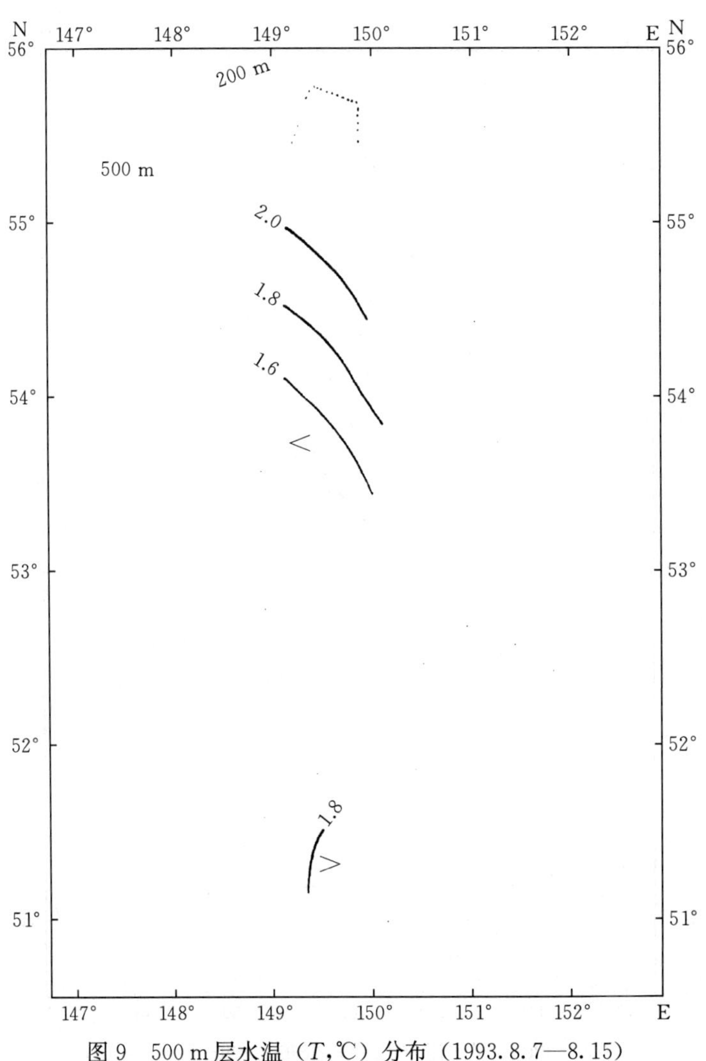

图 9　500 m 层水温（T,℃）分布（1993.8.7—8.15）

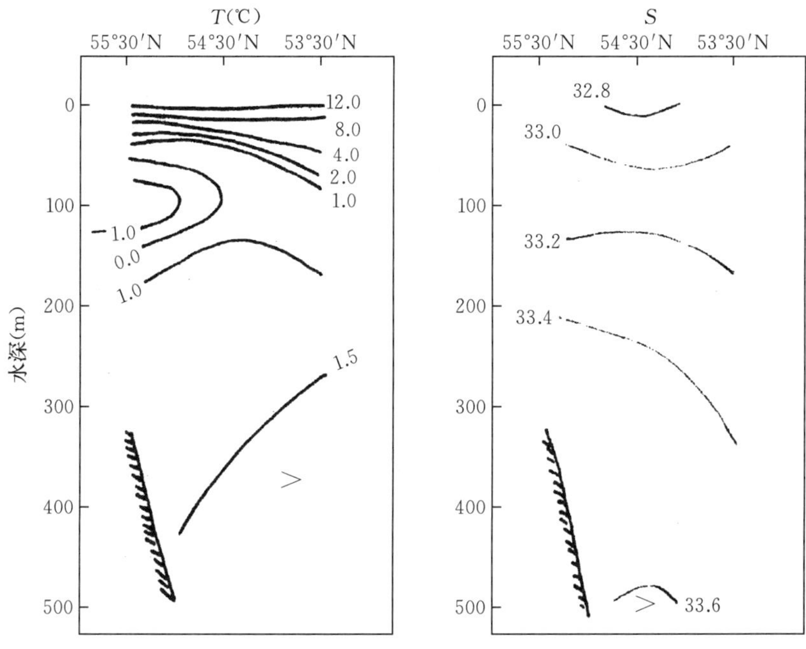

图 10 149°30′E 断面水温、盐度垂直分布

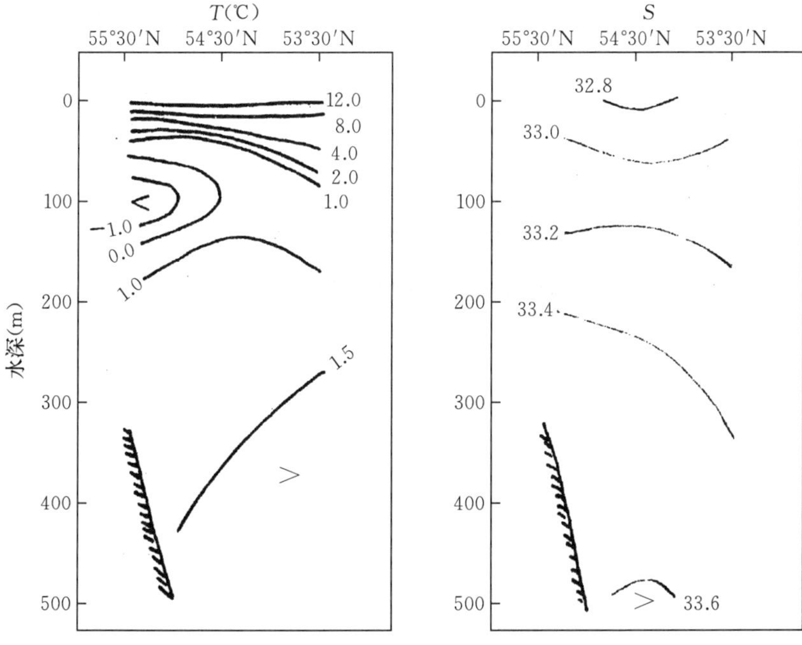

图 11 149°E 断面水温、盐度垂直分布

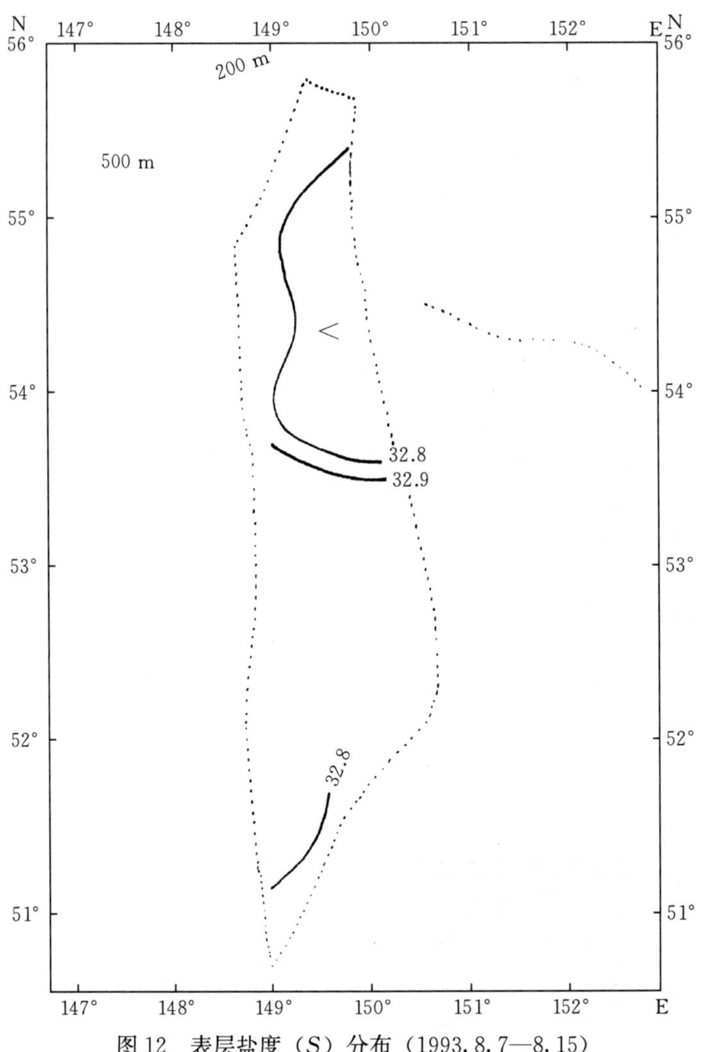

图 12 表层盐度（S）分布（1993.8.7—8.15）

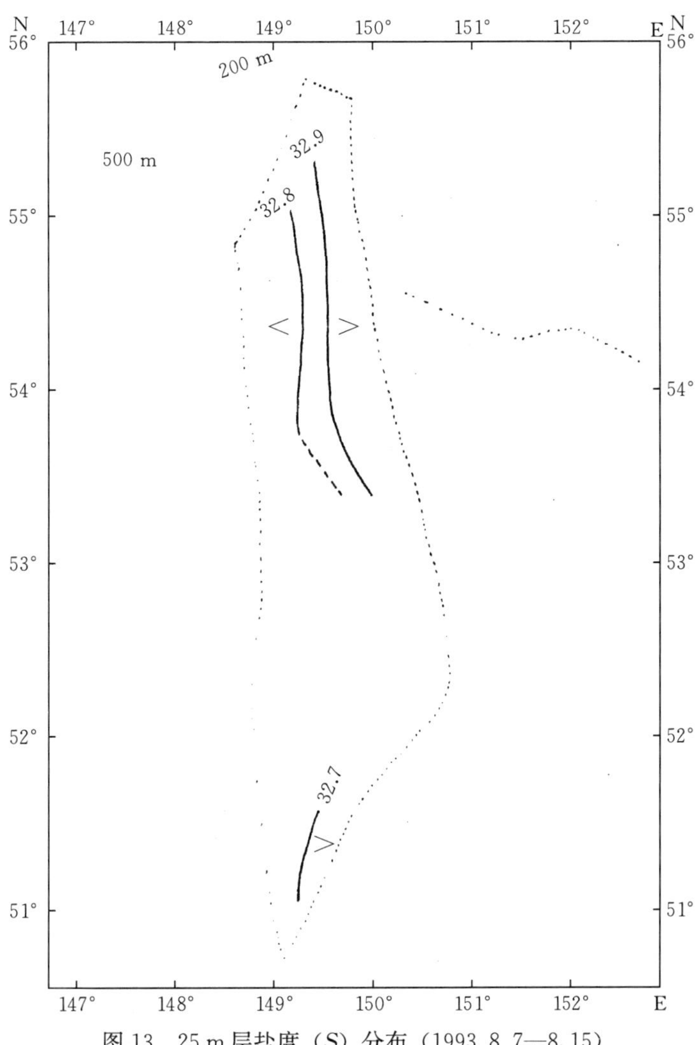

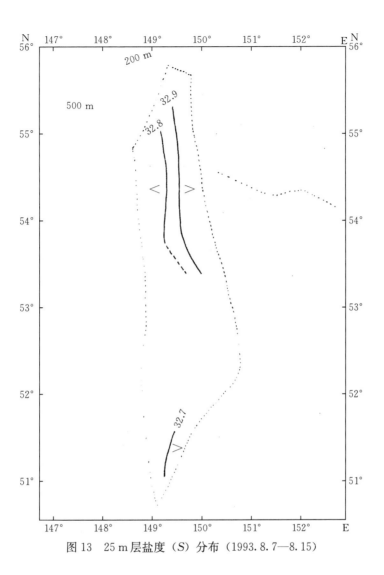

图 13　25 m 层盐度（S）分布（1993. 8. 7—8. 15）

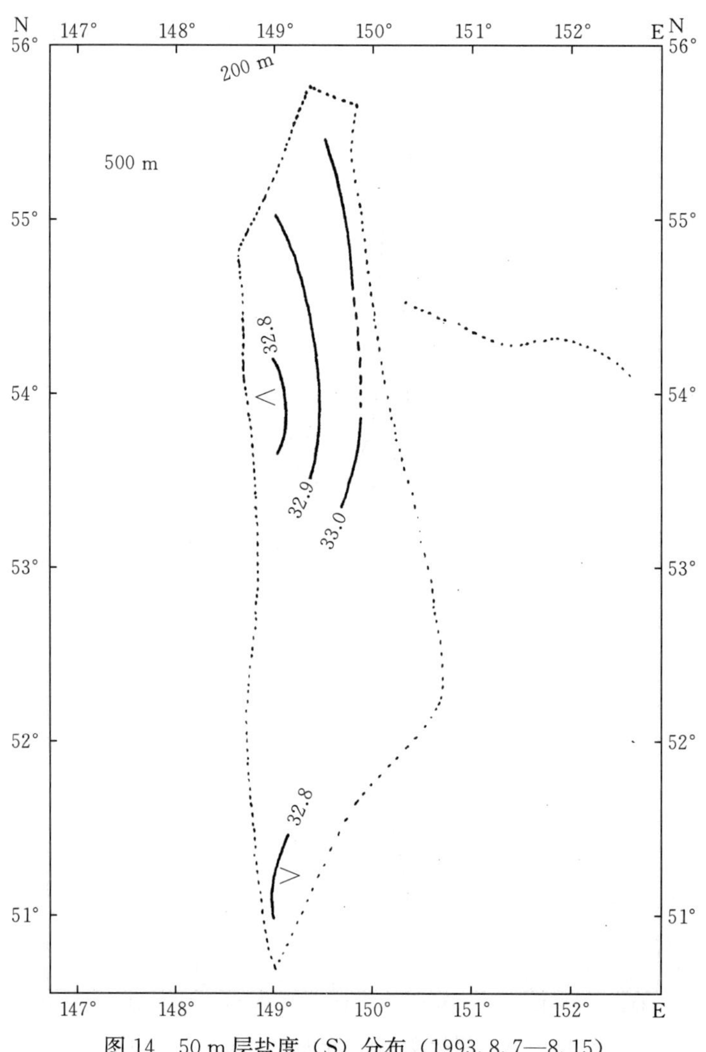

图 14　50 m层盐度（S）分布（1993. 8. 7—8. 15）

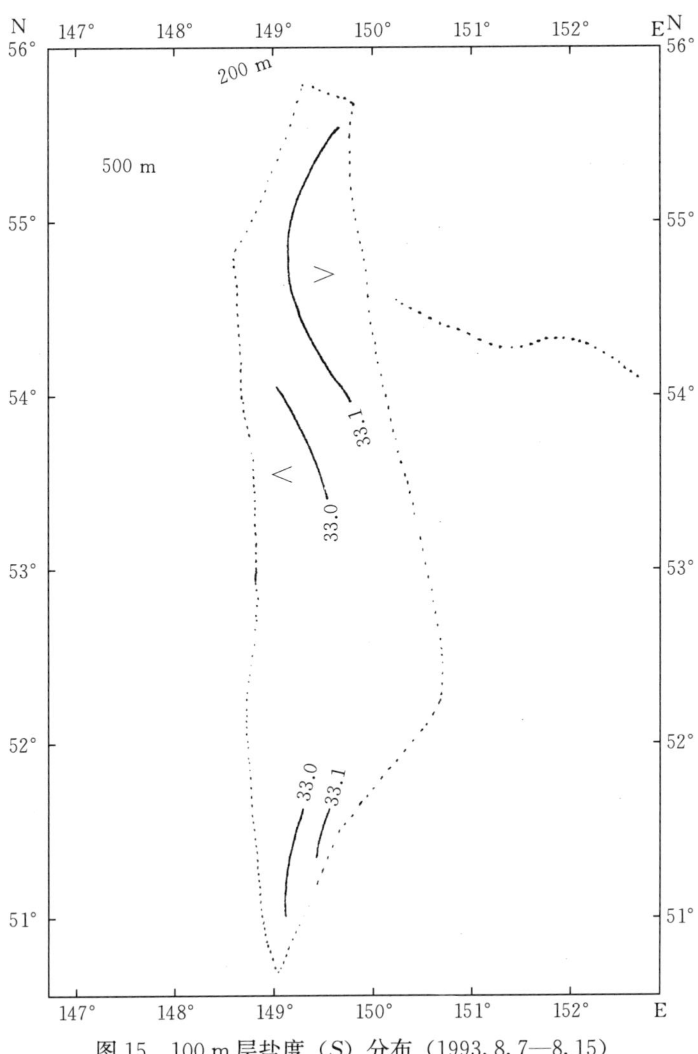

图 15　100 m 层盐度（S）分布（1993.8.7—8.15）

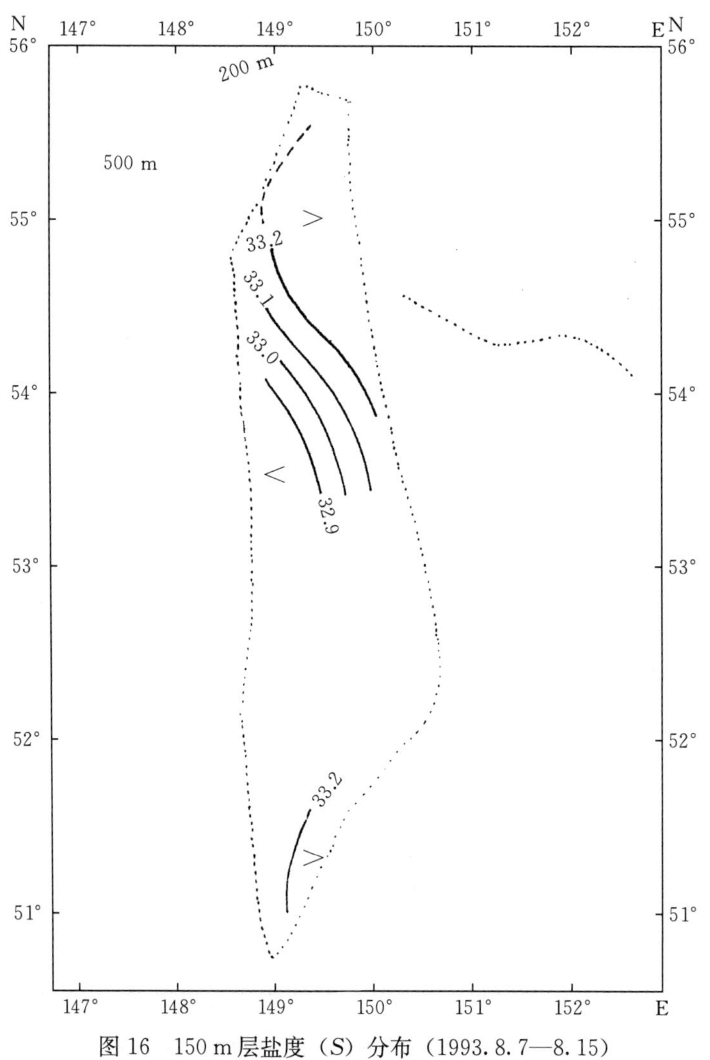

图 16 150 m 层盐度（S）分布（1993. 8. 7—8. 15）

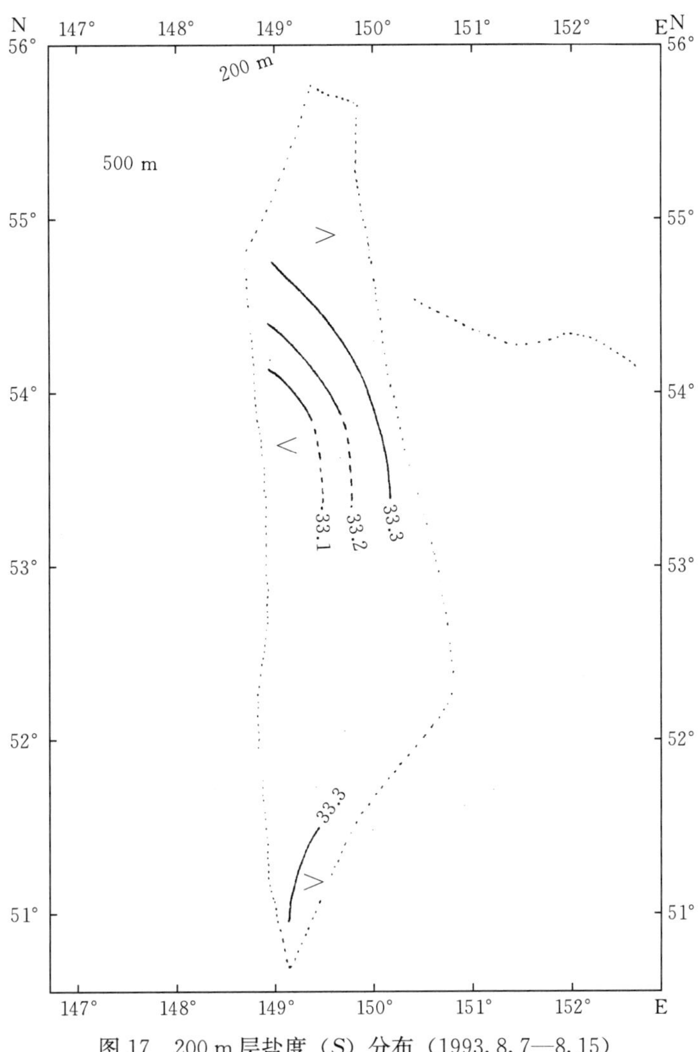

图 17　200 m 层盐度（S）分布（1993. 8. 7—8. 15）

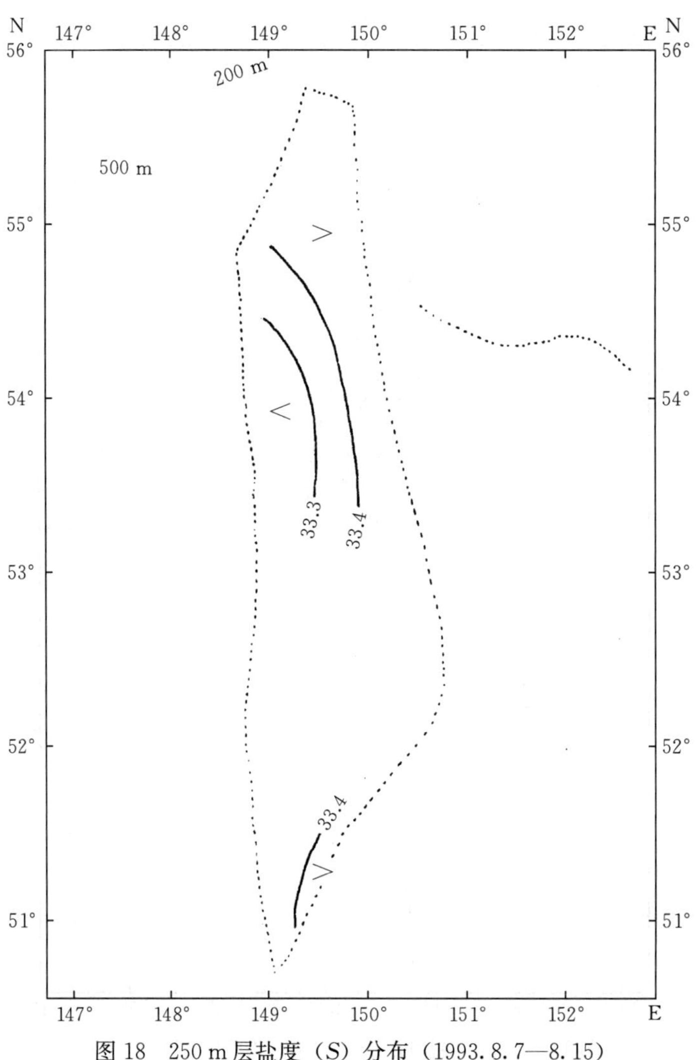

图 18 250 m层盐度（S）分布（1993. 8. 7—8. 15）

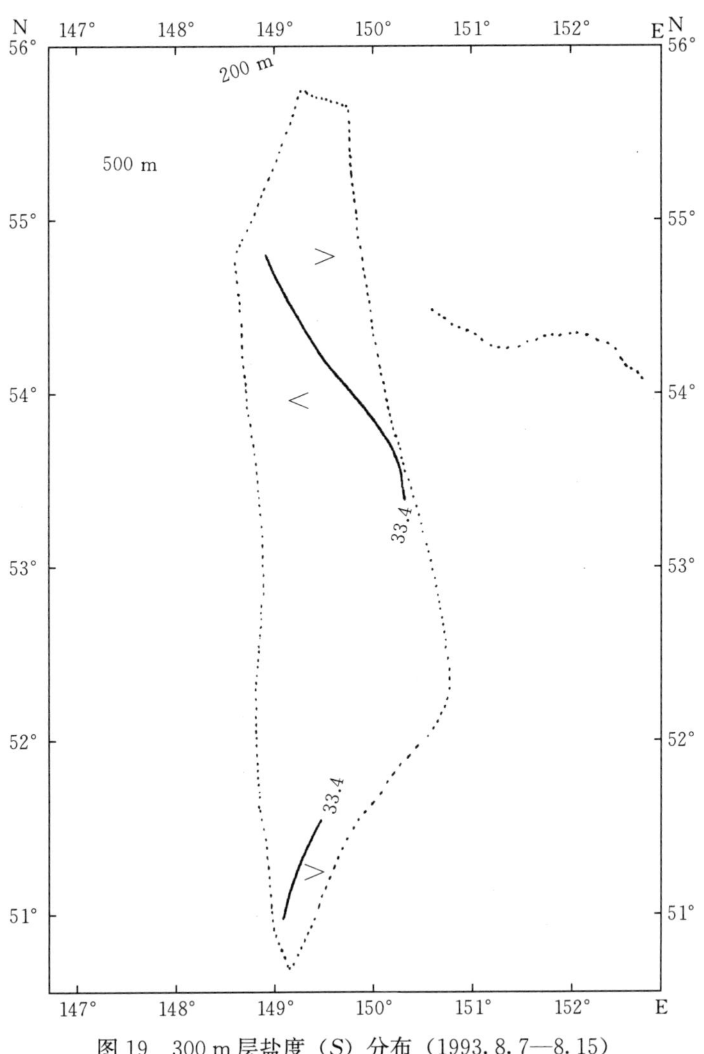

图 19　300 m 层盐度（S）分布（1993. 8. 7—8. 15）

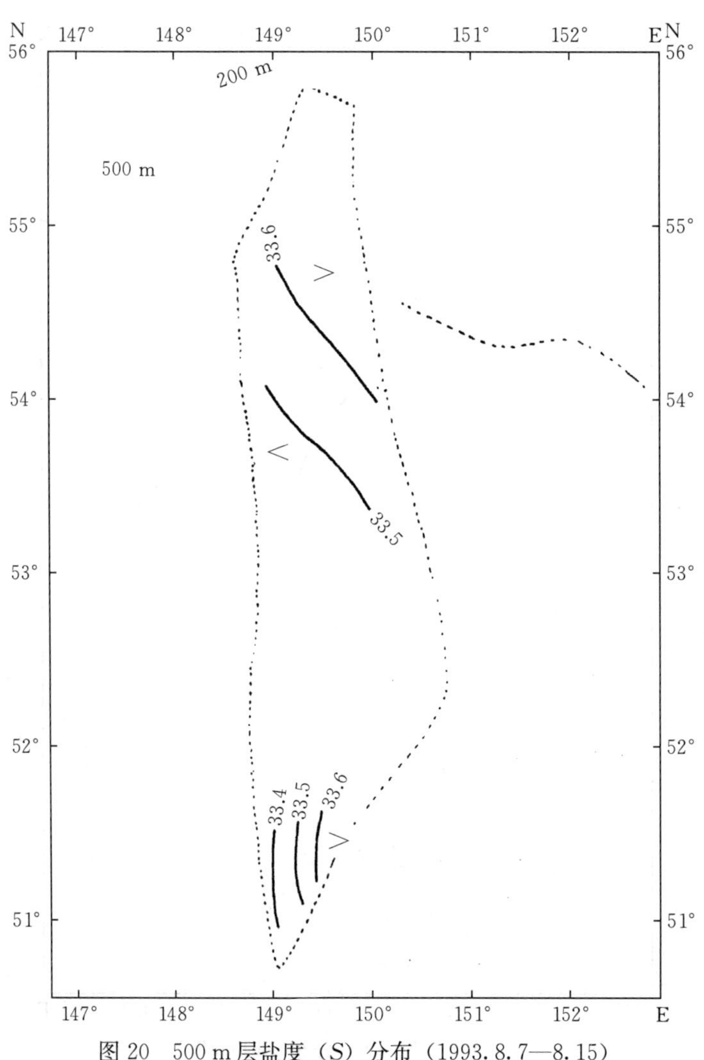

图 20 500 m 层盐度（S）分布（1993.8.7—8.15）

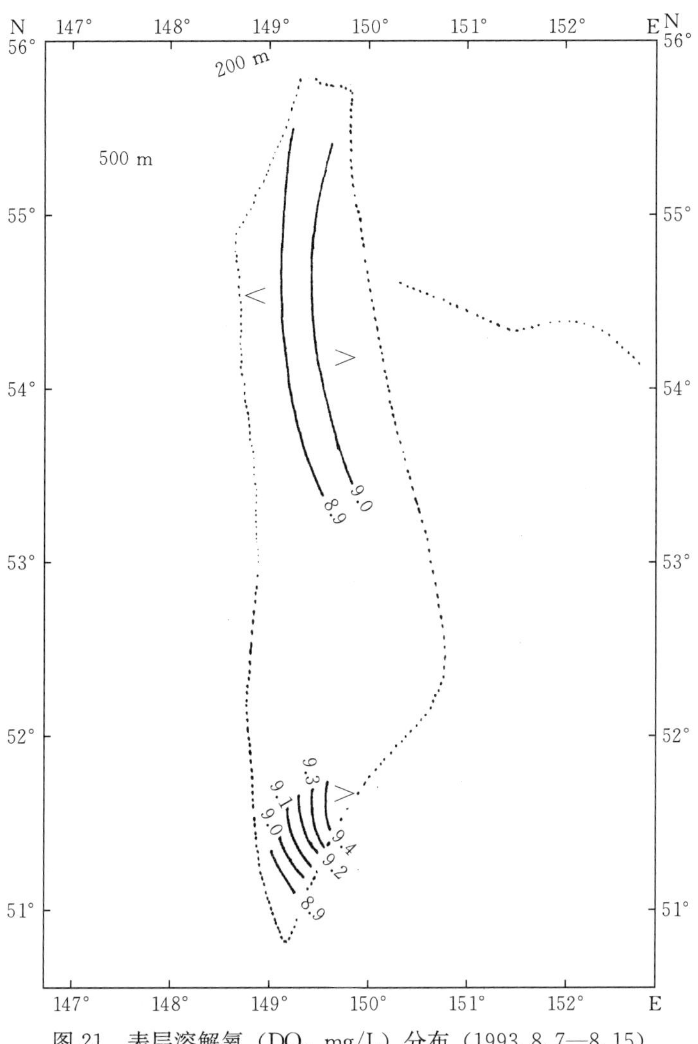

图 21　表层溶解氧（DO，mg/L）分布（1993.8.7—8.15）

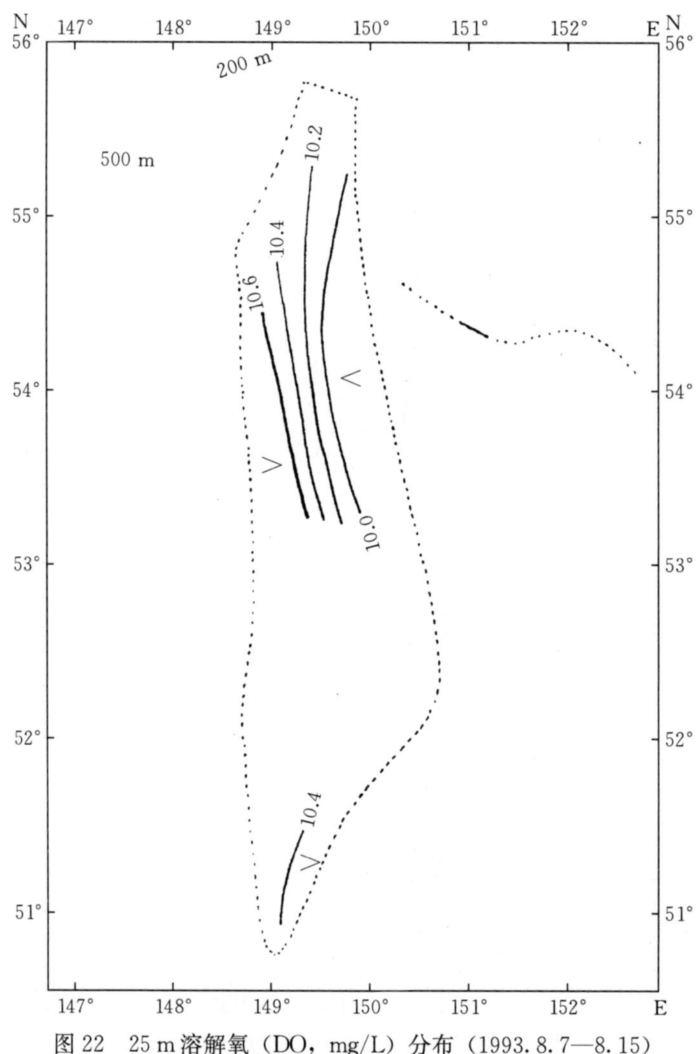

图 22 25 m溶解氧（DO，mg/L）分布（1993. 8. 7—8. 15）

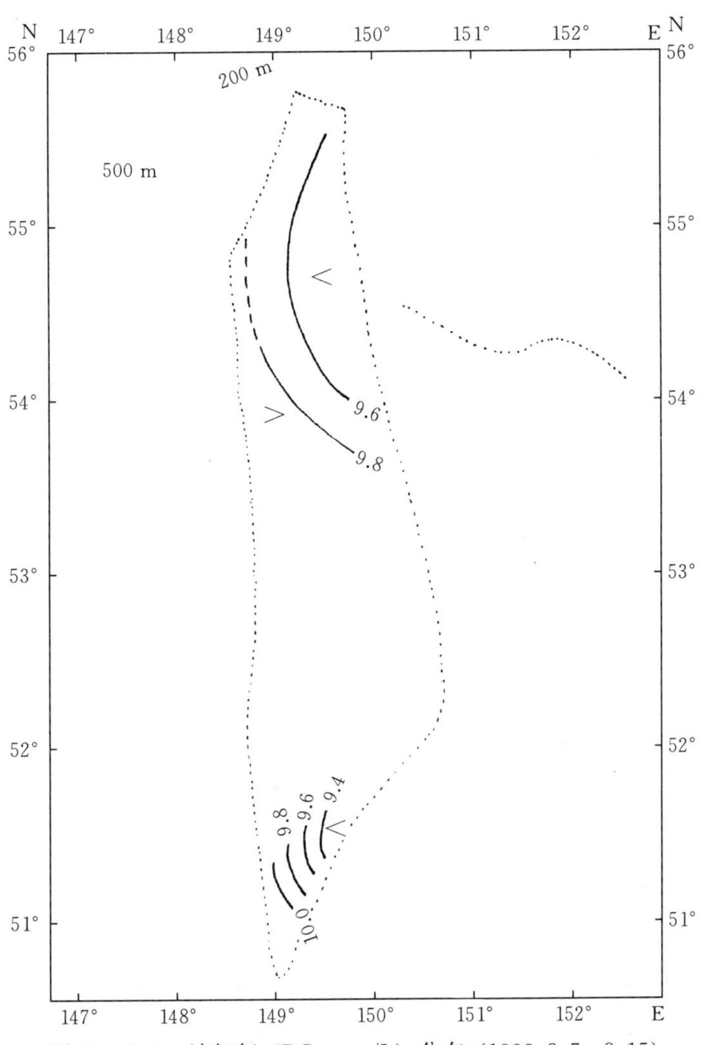

图 23　100 m 溶解氧（DO，mg/L）分布（1993.8.7—8.15）

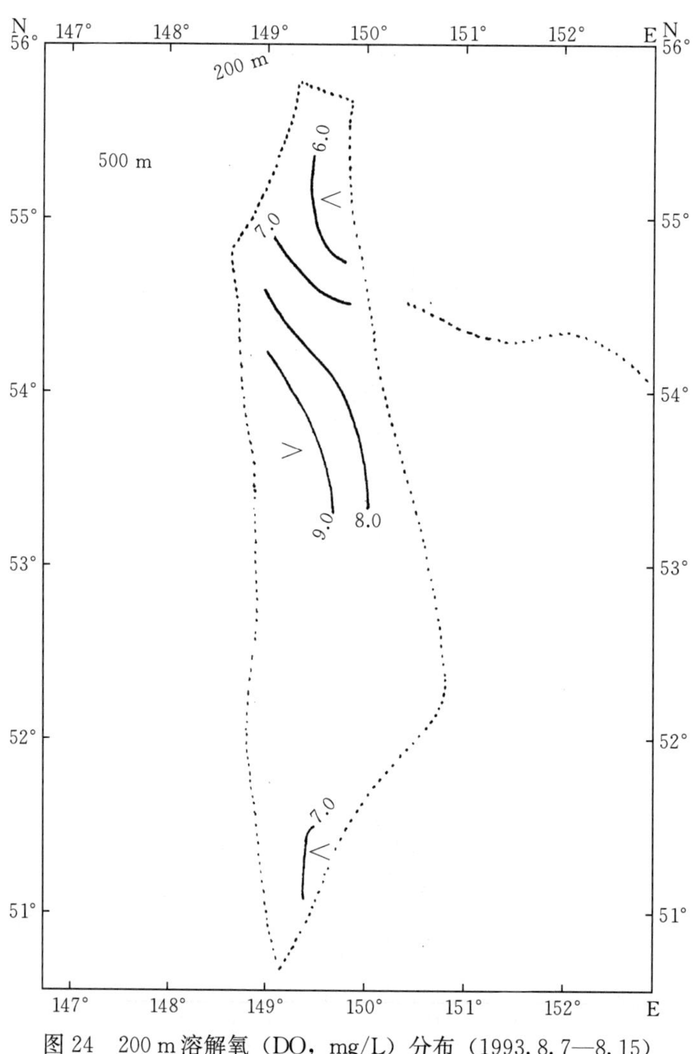

图 24　200 m 溶解氧（DO，mg/L）分布（1993. 8. 7—8. 15）

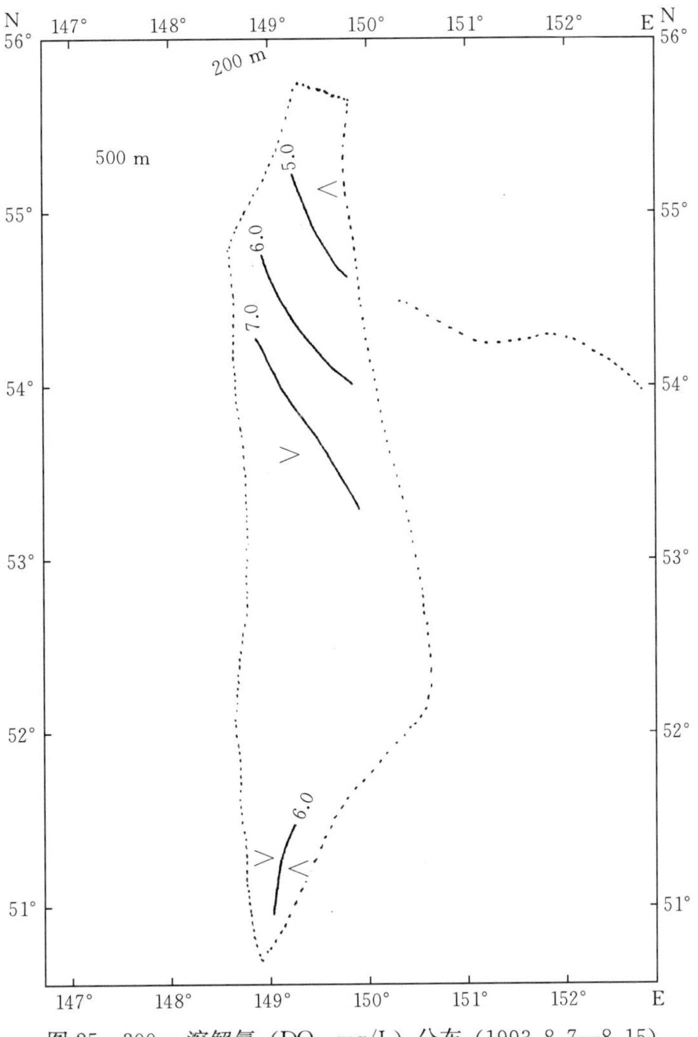

图 25　300 m 溶解氧（DO，mg/L）分布（1993. 8. 7—8. 15）

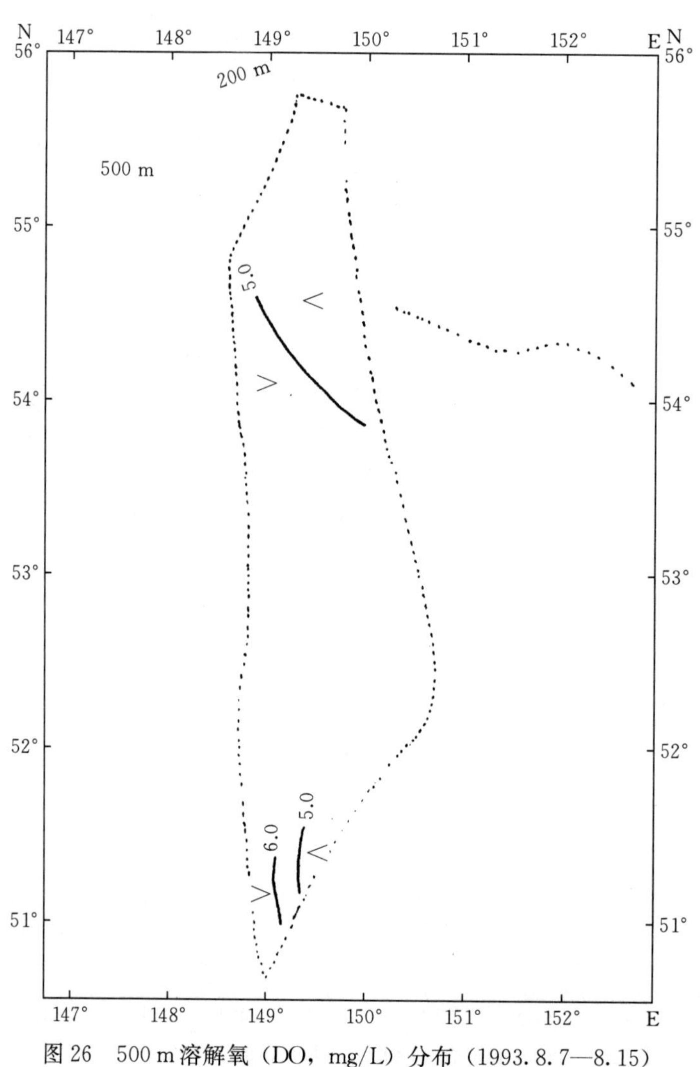

图 26 500 m溶解氧（DO，mg/L）分布（1993.8.7—8.15）

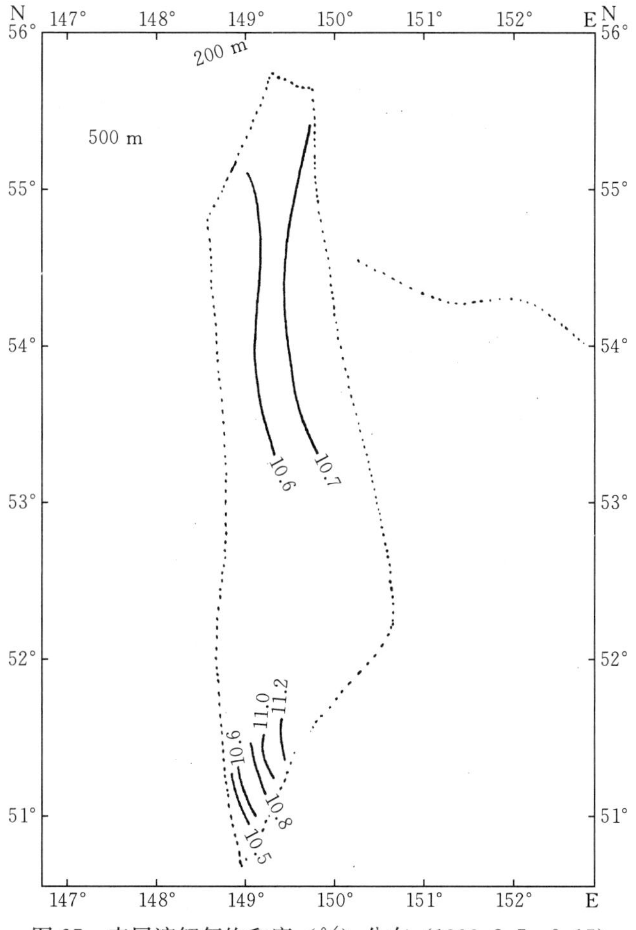

图 27 表层溶解氧饱和度（%）分布（1993.8.7—8.15）

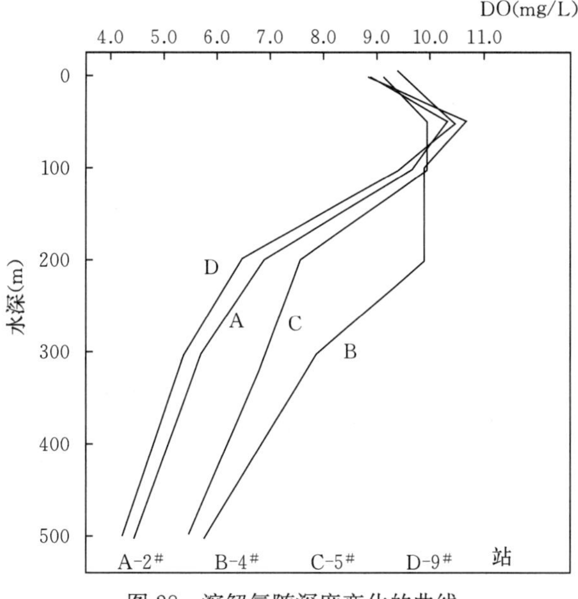

图 28 溶解氧随深度变化的曲线

1993 年夏季日本海中上层鱼类资源声学走航调查概况①

唐启升，李富国，王为祥，陈毓桢，金显仕，赵宪勇，陈聚法，戴芳群

1. 1993 年 6—8 月，“北斗”号渔业调查船赴白令海和鄂霍次克海进行狭鳕资源调查，来回两次途经日本海。东去途经时间为 6 月 19 日至 22 日，沿线经济州岛、对马海峡、隐岐岛西侧直到津轻海峡西口；西归途径时间为 8 月 18 日至 22 日，沿线经宗谷海峡、武藏堆、日本海盆、大和海岭、隐岐海岭、经对马海峡、济州岛北侧入黄海，其中东线长 800 n mile，西线长 1 100 n mile，声学探测总航程达 1 900 n mile，调查途经水域除济州岛附近外，均处于日本一侧，日本海北部则处于俄日经济区中分线的日本一侧。(参见图 1 和图 2)。

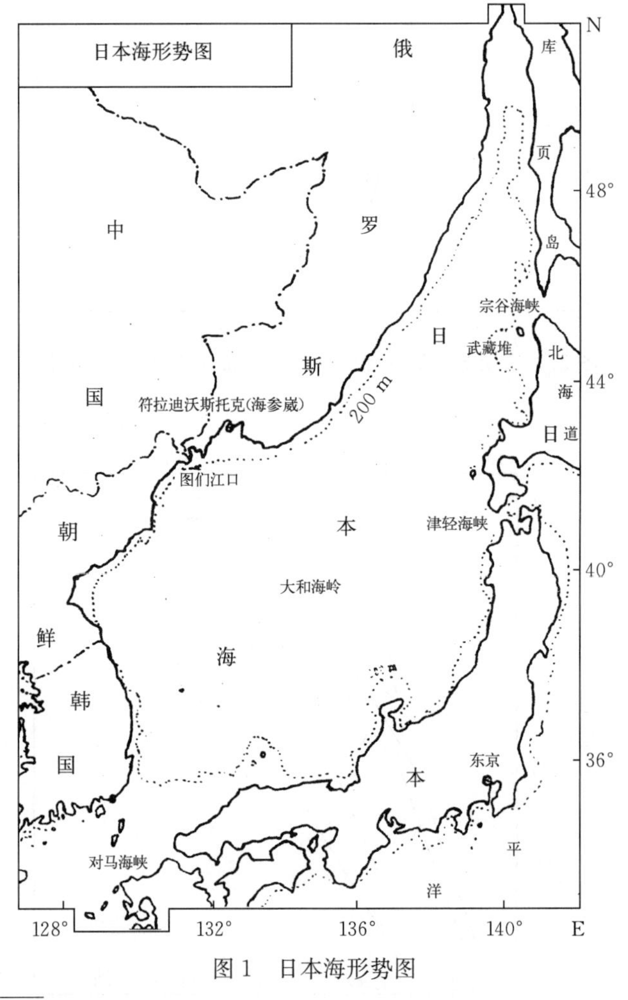

图 1　日本海形势图

① 本文原刊于《海洋水产研究丛刊》，33：97 - 102，1994。

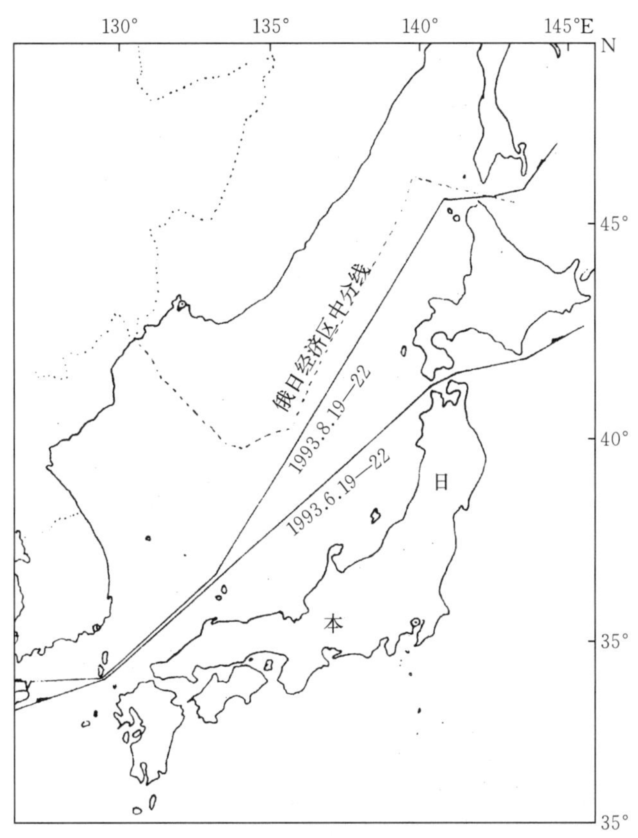

图 2 调查航线、日期及俄、日经济区界线

2. 6 月中下旬，调查水域内 5 m 层水温由南部的 22.0 ℃到津轻海峡西口的 16.5 ℃，南北温差 5.5 ℃。8 月中下旬调查水域内 5 m 层水温由宗谷海峡的 18.0 ℃向南逐步增加到对马岛和济州岛之间的 27.4 ℃，南北温差 9.4 ℃。两次走航调查路线主要处于日本海东部的对马暖流水域。图 3 为调查期间 5 m 层的水温。

3. 6 月中、下旬东去沿线鱼群分布主要有对马岛和隐岐岛之间的近底层鱼类。鱼群密集，主要为马面鲀（图 5，上）。能登半岛西北部和北部水深 2 000～3 000 m 水域，中上层为浮游生物，浮游生物下方为清晰的连续鱼群分布映像，分布水层 150～200 m。日间呈连续密集小群（图 6，上），夜间呈均匀带状（图 6，下）。除 40°N 附近略有中断外，鱼群映像一直延续到津轻海峡西口附近。鱼群应为对马暖流系的远东拟沙丁鱼（图 4）。

4. 8 月中、下旬西行线路由鄂霍次克海经宗谷海峡进入日本海后，水温骤升到 18 ℃，同时出现密集鱼群及浮游生物混栖映像，鱼群估计为玉筋鱼。武藏堆附近水深较浅，中上层为浮游生物，底层有分离状鱼群映像（图 7，上），再向南接近日本海盆水域，开始出现连续均匀带状鱼群映像，分布水层日间 150～200 m 之间，夜间上移到 100 m 附近到更浅水层，同时，在 200～300 m 层至更深水层，有散点状映像分布，疑是狭鳕，主要分布于日本海盆的北部（图 7，上）。上述连续带状映像向南直达 41°N 附近略有中断，在大和海岭北侧再度出现，鱼群密度增大，M 值达 2 000 以上（图 8，上）。向南大和海岭水域（水深浅于

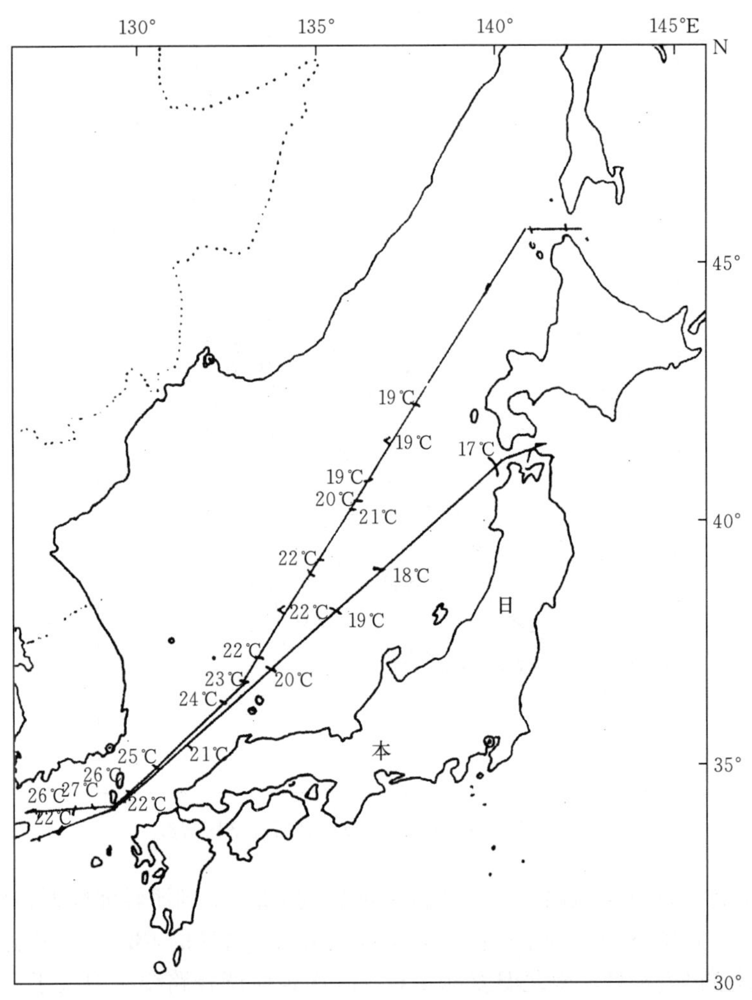

图 3　日本海 5 m 层水温（1993. 6. 19—22 东线：8. 18—22 西线）

1 000 m）鱼群略少，在大和海岭及其南部的大和海盆之间水深 1 000 到 3 000 m 之间水域，鱼群与浮游生物混栖，映像特别浓厚，呈乌云状，最高 M 值大于 5 000（图 8，下）。水深大于 3 000 m 的大和海盆区鱼群较稀。出海盆向南直到隐岐岛附近又出现上述密集鱼群，（图 9，上为夜间分布型，下为日间分布型）。连续带状映像自日本海盆北缘附近直到隐岐岛附近，绵延约 550 n mile。映像与 6 月中下旬位于其东部的调查相同，应为对马暖流区的远东拟沙丁鱼（图 4）。

隐岐岛至对马岛—济州岛之间主要为陆架水域。鱼群主要为马面纯等底层鱼类。亦有大量浮游生物和中上层鱼类（图 5，下）对马岛南岛近岸有密集而分离鱼群映像；对马岛—济州岛间亦有密集鱼群映像（图 4）。

5. 声学走航调查结果表明，日本海中上层鱼类资源丰富。由于没有调查计划，未能进行拖网取样，不能肯定资源密集区的资源种类。因此，建议安排必要的声学/拖网调查和捕捞开发实验。日本海深水区有可能为大型拖网船提供渔场。

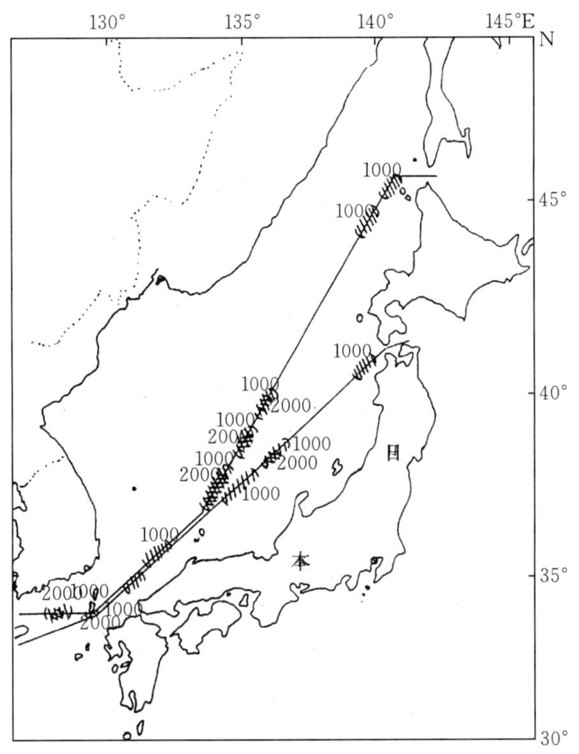

图 4　1993 年夏季日本海中央部中上层鱼类密度分布概况

图中数据为声学资源积分 M 值，网线区为 2 000 以上，斜线区为 1 000～2 000，

其余为 100～1 000，1993. 6. 19—22 东线：8. 18—22 西线

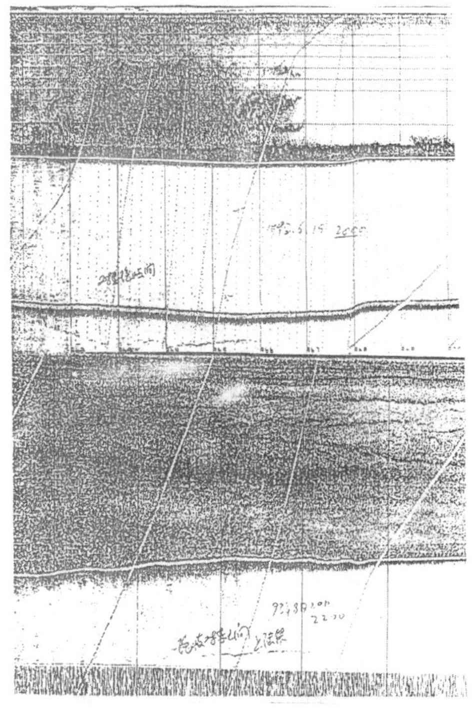

图 5　日本海隐岐岛到对马岛之间鱼群，浮游生物映像图

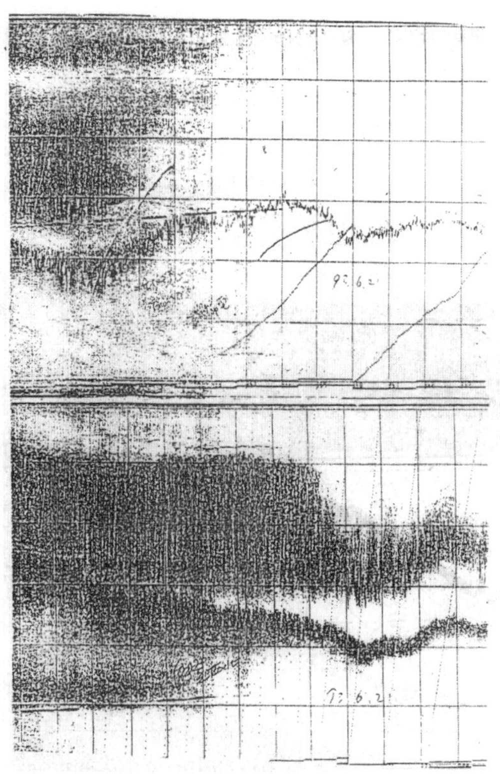

图 6 日本海能登半岛北到西北方水深 2 000～3 000 m 水域鱼群及浮游生物映像图

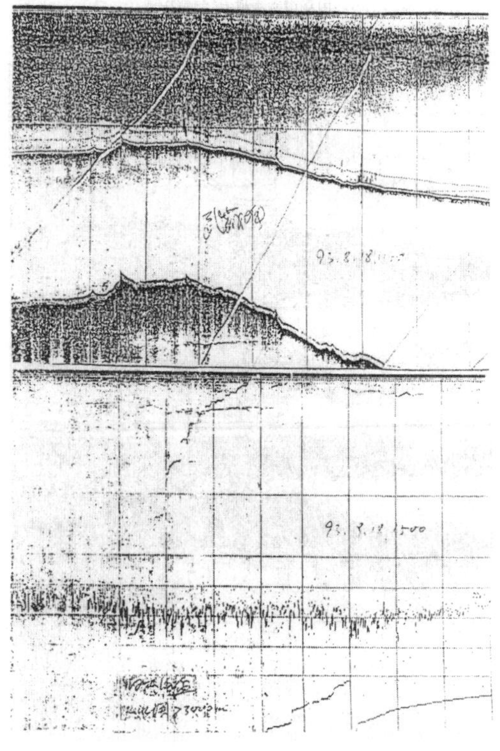

图 7 日本海武藏堆及日本海盆水域鱼类及浮游生物映像图

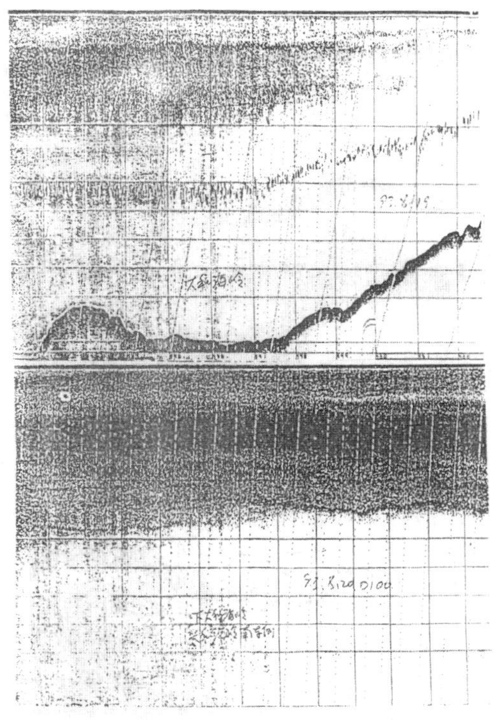

图 8　日本海大和海岭（大和堆）及其南侧鱼类和浮游生物映像图

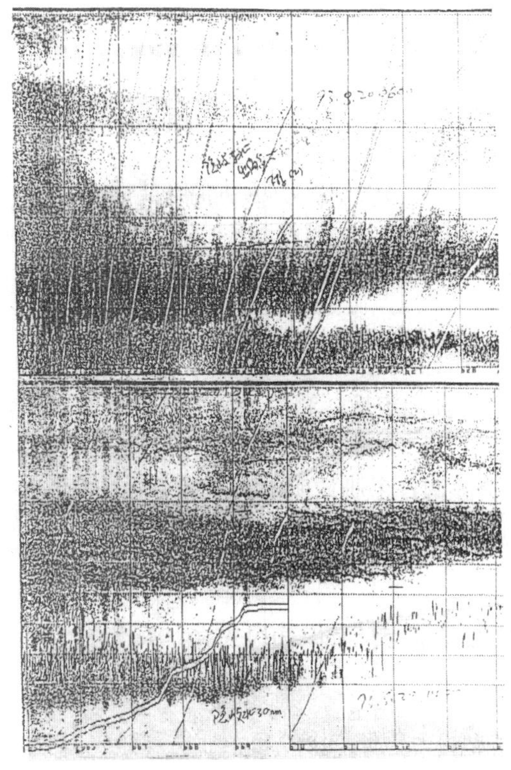

图 9　日本海隐岐岛北到东北方隐岐海岭水深 1 000～2 000 m 水域鱼群、浮游生物映像图

1990 年白令海公海狭鳕生物学特性的初步研究①

王为祥，李富国，唐启升
（中国水产科学研究院黄海水产研究所）

关键词：白令海公海；狭鳕；生物学

狭鳕（*Theragra chalcogramma*）系近底层冷水性鱼类，广泛分布于北太平洋沿岸大陆架及大陆坡水域，资源丰富，最高年产量达 675.9 万 t（1986 年），是北太平洋重要的渔业捕捞对象。白令海为狭鳕的主要分布区，近几年来狭鳕的年产量近 400 万 t。七十年代后期以来，随着美国和苏联在北太平洋沿岸水域实施 200 n mile 专属经济区，日本、波兰、韩国等在北太平洋水域捕捞狭鳕的非沿岸国家（或地区）相继加强了对白令海公海狭鳕资源的调查和开发利用，使白令海公海域狭鳕的产量逐年增加，至 1990 年白令海公海狭鳕的年产量达 150 万 t。目前，我国已有（大连、烟台、青岛、上海、舟山等渔业公司）十余艘大型拖网船在白令海公海域捕捞狭鳕。因此，积极开展白令海公海狭鳕的资源调查与研究，对发展我国远洋渔业具有重要意义。

材料和方法

本文所用材料系 1990 年 7—12 月大连、上海远洋渔业公司大型单拖网船（“耕海”“耘海”“开创”“开拓”号）在白令海公海，以变水层拖网捕捞的狭鳕样品计 1 103 尾。其中，用以进行年龄鉴定的样品 650 尾；测定性腺比值的样品 313 尾；计数怀卵量及排卵类型的样品 44 尾。捕捞的海域见图 1，捕捞水层为 150～270 m。样品系现场速冻保存，返港后解冻进行分析。年龄鉴定系采用耳石，取其中部横断面，以灼烧法处理后在立体显微镜下判读其年轮。性腺样品以 5%福尔马林固定后，测量和计数其卵径及卵子数量。怀卵量及排卵类型的研究均系测定性腺成熟度达到Ⅴ期卵巢样品中的成型卵子。性腺成熟度、摄食等级、成熟系数等均根据《海洋水产资源调查手册》所定标准划分和计算。

结果

一、叉长、体重分布及叉长与体重的关系

1. 叉长分布

1990 年 7—12 月白令海公海狭鳕叉长分布范围为 380～570 mm，优势叉长组为 470～

① 本文原刊于《远洋渔业》(2)：5-11，1992。

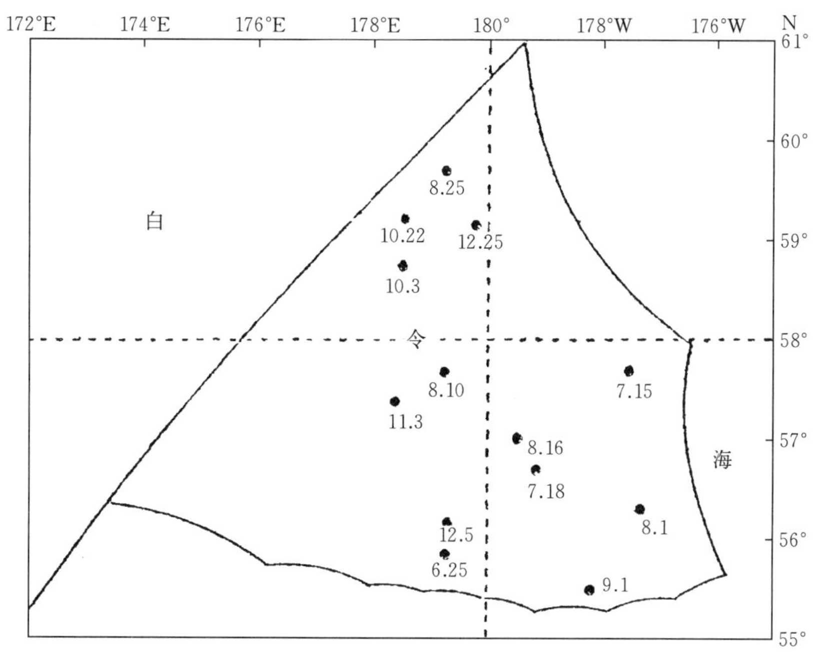

图 1　1990 年 7—12 月白令海公海狭鳕样品的取样地点

图内数字为捕捞日期

500 mm，平均叉长 487.0 mm。其中，北纬 58°以北海域狭鳕的平均叉长较北纬 58°以南海域狭鳕的平均叉长略大，平均叉长分别为 492.3 mm 和 485.3 mm（图 2）。

2. 体重分布

1990 年 7—12 月白令海公海狭鳕体重与纯体重分布如图 3、图 4 所示。从图中可以看出，体重分布范围为 400～1 350 g，纯体重为 350～1 150 g。优势体重组为 800～900 g，平均体重 889.7 g；优势纯体重组为 600～800 g，平均纯体重为 751.4 g。与叉

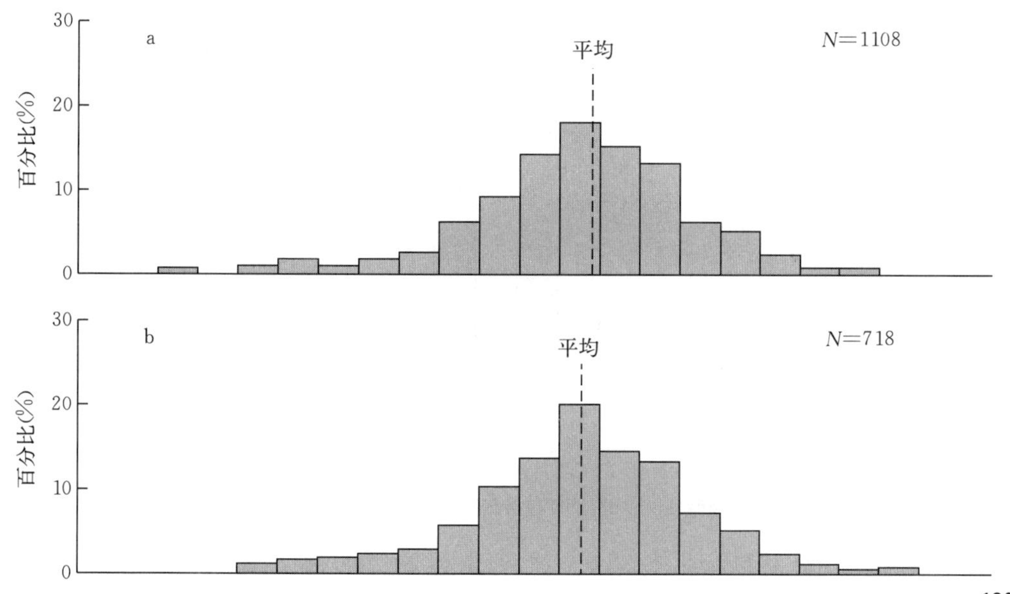

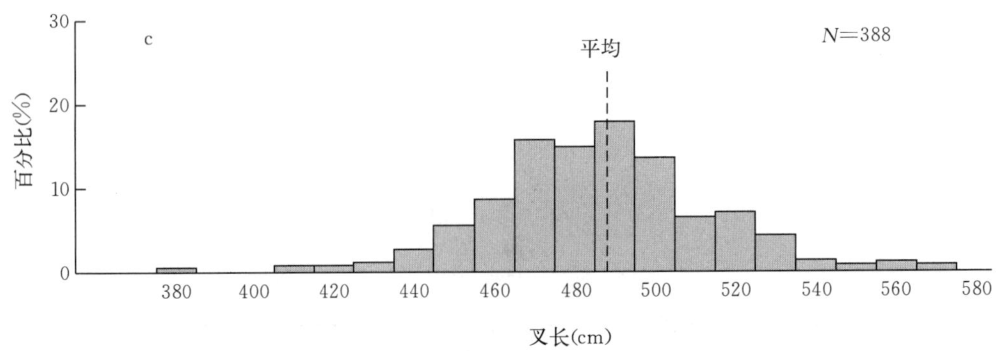

图 2 1990 年 7—12 月白令海公海域狭鳕叉长分布

a. 全海域 b. 北纬 58°以南海域 c. 北纬 58°以北海域

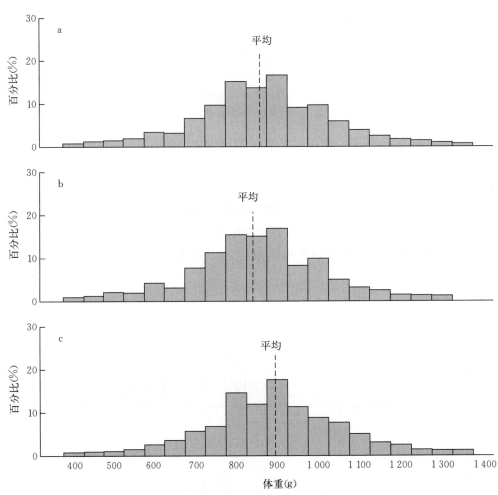

图 3 1990 年 7—12 月白领海公海域狭鳕体重分布

a. 全海域 b. 北纬 58°以南海域 c. 北纬 58°以北海域

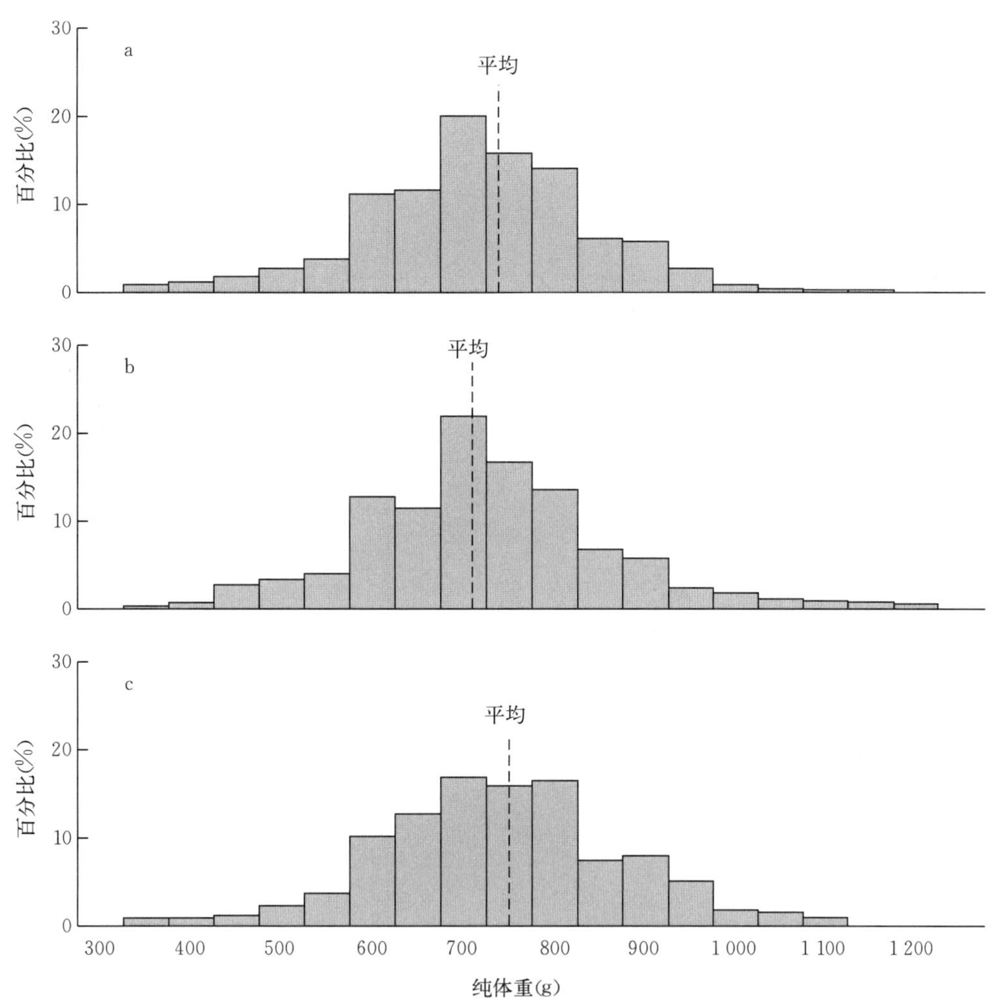

图 4　1990 年 7—12 月白令海公海域狭鳕纯体重分布

a. 全海域　b. 北纬 58°以南海域　c. 北纬 58°以北海域

长分布相同，北纬 58°以北海域狭鳕的平均体重与平均纯体重（分别为 918.9 g 和 770.7 g）均大于北纬 58°以南海域的狭鳕（平均体重与纯体重分别为 873.8 g 和 730.9 g）。

3. 叉长与体重的关系

分别计算了 7—12 月白令海公海域雌、雄性狭鳕的叉长与体重的关系。结果表明，狭鳕叉长与体重之间呈幂函数关系（图 5、图 6）。其关系式如下：

雌性　$W_{♀}=3.012\times10^{-5}FL^{2.7835}$

雄性　$W_{♂}=7.857\times10^{-5}FL^{2.6214}$

式中：W——体重（g）；FL——叉长（mm）。

从叉长与体重关系式也可以看出，捕捞群体中同体长的雌性个体重量略重于雄性个体。

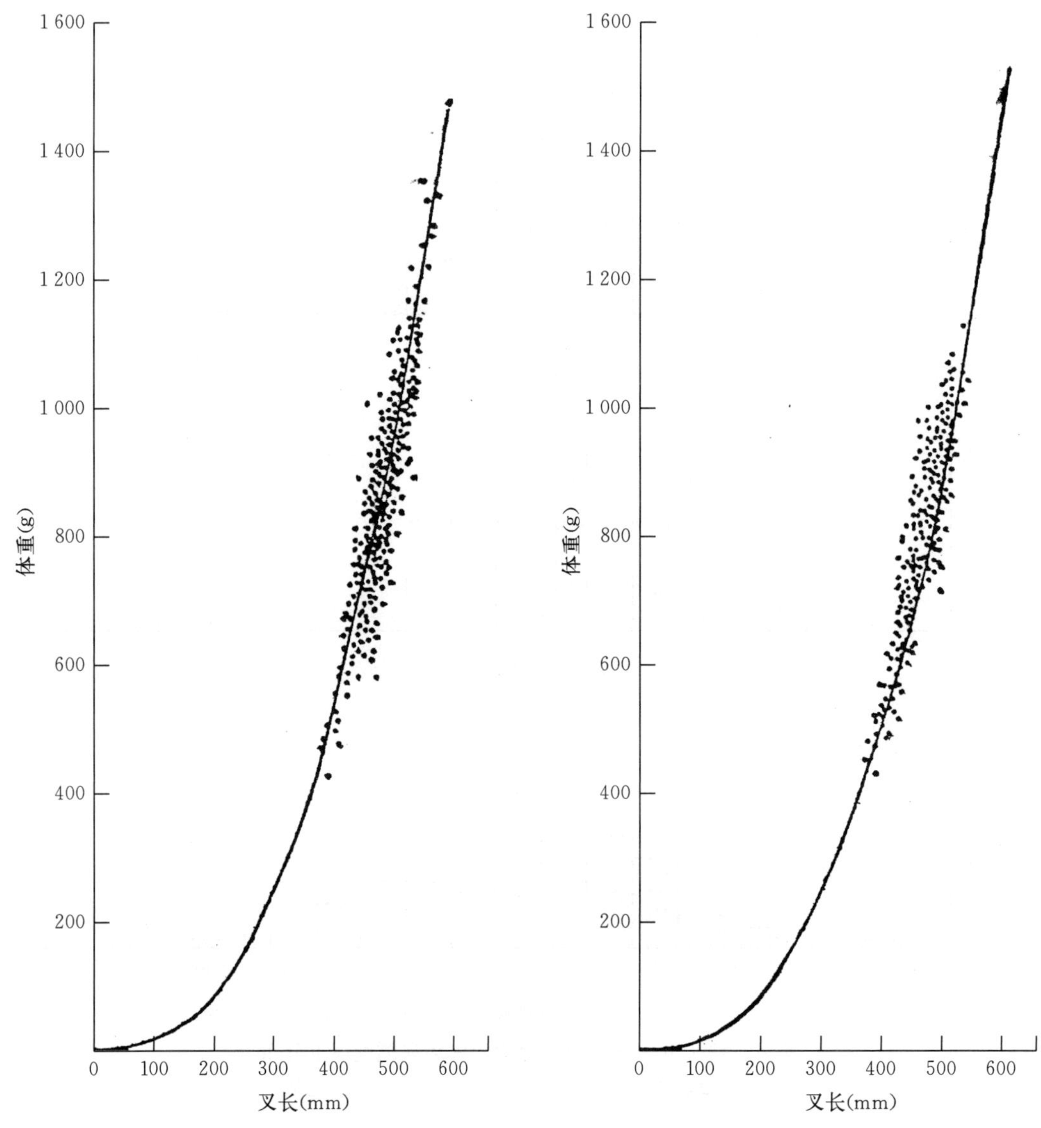

图 5 1990 年 7—12 月白令海公海域雌性狭鳕叉长与体重的关系

图 6 1990 年 7—12 月白令海公海域雄性狭鳕叉长与体重的关系

二、年龄组成及生长

1990 年 7—12 月白令海公海域狭鳕年龄组成如图 7 所示。从图中可以看出，狭鳕捕捞群体的年龄组成为 5～24 龄，平均年龄为 12.9 龄，各龄鱼连续存在，各年龄组基本呈单峰型正态分布。主要年龄组为 7～17 龄，占 85％以上。优势年龄组为 12～14 龄（即 1976、1977、1978 年世代），约占捕捞群体的 42.3％，其中 14 龄鱼（即 1976 年世代）数最最多，约占捕捞群体的 15.2％。

从北纬 58°以南及以北两个区域看，北部海域狭鳕年龄组成略高于南部海域。北部海域以 14 龄鱼数量最多，平均年龄为 13.1 龄；南部海域数量最多的为 13 龄鱼，平均年龄为

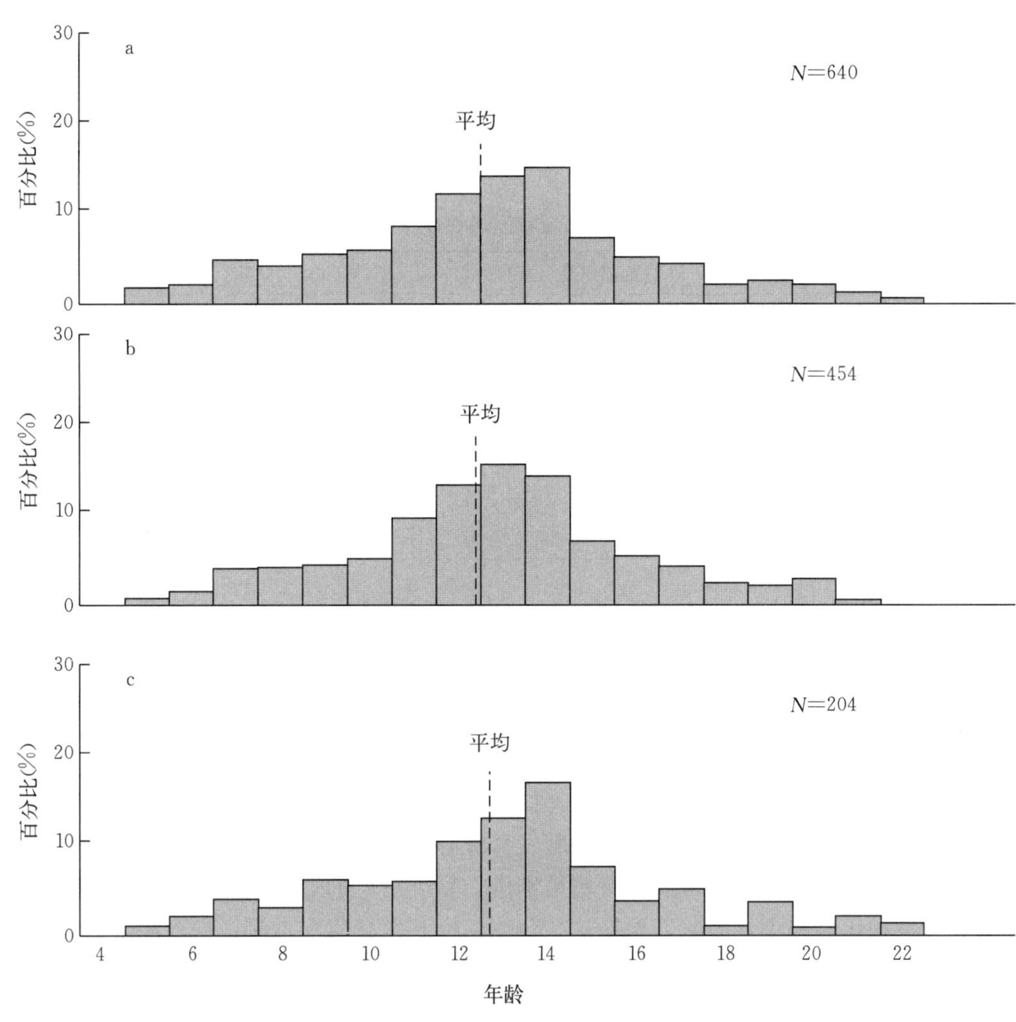

图 7 1990 年 7—12 月白令海公海海域狭鳕年龄组成

a. 全海域 b. 北纬 58°以南海域 c. 北纬 58°以北海域

12.8 龄。这与叉长、体重组成所呈现的北部海域狭鳕鱼体大于南部海域的状况基本一致。

据各年龄组的平均叉长（mm）所计算的 von Bertalanffy 生长方程为：

$$L_t = 494.2\ [1 - e^{-0.38(t+0.32)}]$$

根据上述狭鳕捕捞群体的叉长和年龄组成情况似乎可以认为，1990 年白令海公海域狭鳕的资源状况尚好，尚未出现严重过度捕捞的征兆。七十年代中期发生的各世代狭鳕残存量较大，至今仍然是捕捞群体的主体。

三、繁殖

1. 性腺、性比及性腺发育

狭鳕雌性性腺分左右两叶，一大一小。性腺成熟度为Ⅱ期时，腺体短小，呈半透明或不透明的橘黄色或橘红色。Ⅳ期以上的性腺呈鲜橘黄色。

（1）雌、雄性比。1990 年 7—12 月所收集的各批次狭鳕样品中，除 12 月末的一批样品雌、雄性比为 1∶1 外，其余样品的雄性个体数量均多于雌性个体数量，雌、雄性比约1∶2，即雌性个体数量仅占总数量的 30%左右（表 1）。据国外有关调查资料，白令海狭鳕雌、雄性比大致为 1∶1，但狭鳕雌性鱼和雄性鱼的栖息水层有所差异，经常发现各网次狭鳕雌雄比差异悬殊的现象。因此，上述雌性个体数量明显少于雄性个体数量的状况是否与捕捞水层有关，尚待今后进一步探讨。

表 1　1990 年 7—12 月白令海公海域狭鳕雌性性腺成熟度（%）和雌、雄性比

月份	性腺成熟度（期）						雌、雄性比（%）	
	Ⅰ	Ⅱ	Ⅲ	Ⅳ	Ⅴ	Ⅵ	♀	♂
7		11.3	80.4	8.3			30.6	69.4
8		4.4	77.9	16.2	1.5		31.6	68.4
9		2.2	91.4	6.4			34.3	65.7
10		2.3	72.7	20.5	4.5		23.8	76.2
11①		33.3	66.7				3.5	96.5
12			3.8	11.5	84.6		31.5	68.5

注：①11 月份仅一批（85 尾）样品。

（2）性腺成熟度。7—12 月为白令海公海域狭鳕的性腺发育期。以Ⅰ～Ⅵ期性腺成熟度划分标准，7 月雌性性腺以Ⅱ、Ⅲ期为主，占雌性个体总数的 91.7%。8～10 月，Ⅱ期性腺数量逐渐减少，Ⅲ、Ⅳ期性腺的数量增加，约占雌性个体总数的 95%以上。至 10 月，Ⅳ期性腺已占 20%以上。12 月，Ⅳ、Ⅴ期性腺所占比例增至 96.1%，其中卵巢中可见部分透明卵的 Va 期性腺数量达 84.6%，预示着 12 月之后不久，部分狭鳕将进入产卵期。值得注意的是，在 8 月份的样品中已发现有雌性性腺发育极好，卵巢中带有一定数量透明卵粒的狭鳕个体。同时，在雄性狭鳕中也可发现有精巢饱满、呈乳白色的近性成熟个体，而且这些个体的体长、体重和年龄偏小。因此，根据这些鱼体的性腺发育状况推测：白令海公海域狭鳕的捕捞群体中，存在着产卵期有迟、有早的不同产卵群。其中，大部分群体的主要产卵期当在冬末至早春；而另一少部分狭鳕的产卵期较早，估计在秋季至初冬，其产卵场可能在白令海公海域附近。

此外，测定结果表明，7—12 月白令海公海域狭鳕雌性性腺成熟度达到Ⅲ期的最小叉长为 415 mm，纯体重为 520 g。达到Ⅴ期的雌性最小个体为 450 mm，纯体重为 710 g。

（3）性腺成熟系数。7—12 月白令海公海域狭鳕的雌性性腺成熟系数呈逐月增大趋势。7—9 月，性腺成熟系数增长较为缓慢，性腺成熟系数平均为 20～30，日增长率仅为 0.009%。10 月之后，性腺成熟系数迅速增大，至 12 月下旬性腺成熟系数（平均值）增至 86.4，其中近 1/2 个体的性腺成熟系数超过 100。从 9 月下旬到 12 月下旬，性腺成熟系数的日增长率为 0.067%，为 7—9 月日增长率的 7 倍。其中，10 月份性腺成熟系数增加最为迅速，表明 10 月之后为白令海公海域狭鳕性腺的迅速发育期（图 8）。

2. 怀卵量

1990 年 7—12 月白令海公海域狭鳕叉长在 450～575 mm、纯体重 600～1 100 g、年龄在 7～22 龄鱼的个体怀卵量为 14.5 万～75.3 万粒，平均为 46.3 万粒。从各叉长组、纯体重组和年龄组怀卵量的情况（图 9、图 10、图 11）看，虽然各叉长组、纯体重组和年龄组的怀卵量波动性较大，但总的趋势是：怀卵量较大的叉长组为 490～540 mm（平均怀卵量为

48.3 万粒)、纯体重组为 750～950 g（平均怀卵量为 47.2 万粒)、年龄组为 13～17 龄（平均怀卵量为 51.4 万粒)；叉长大于 540 mm、年龄超过 16 龄以上的高龄鱼，其怀卵量有所下降。此时，从产卵前夕（12 月末）雌性性腺成熟度达到Ⅴa 期的出现频率与叉长、纯体重的关系（图 12）来看，Ⅴa 期性腺出现频率最高的也是叉长 490～530 mm、纯体重750～950 g、年龄为 9～15 龄的狭鳕。这似乎也可以说明高龄鱼性成熟时间推迟，生殖力有所下降。

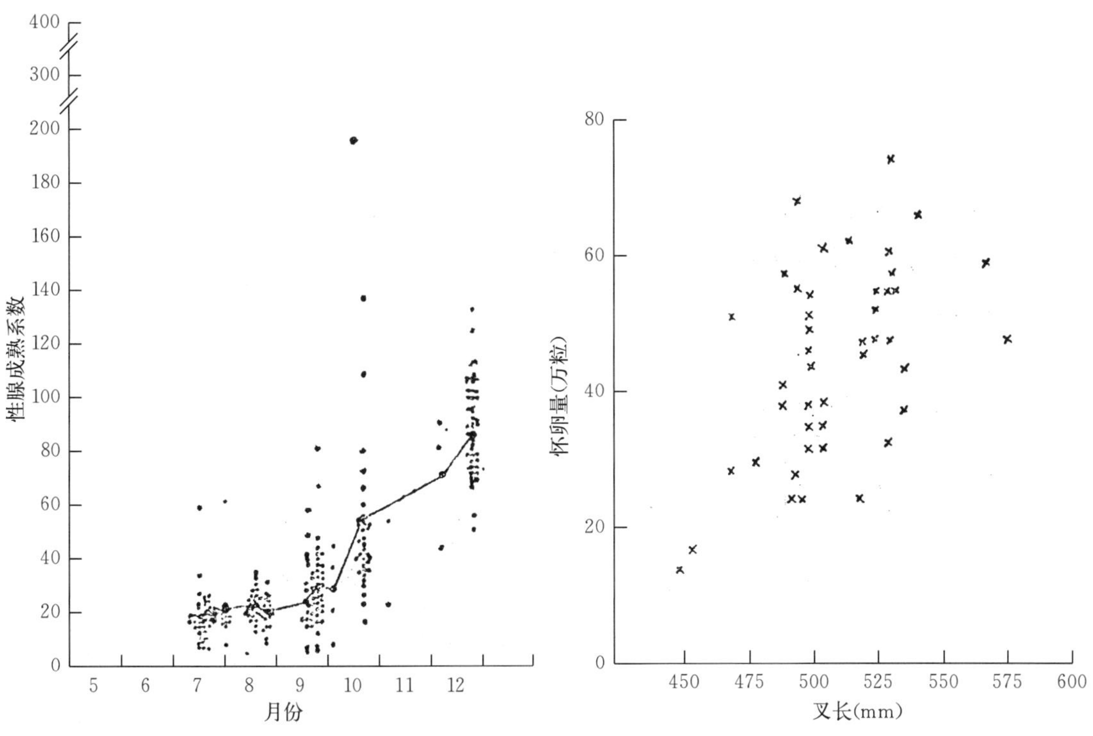

图 8 1990 年 7—12 月白令海公海域狭鳕雌性性腺成熟系数变化

图 9 1990 年 7—12 月白令海公海域雌性狭鳕怀卵量与叉长的关系

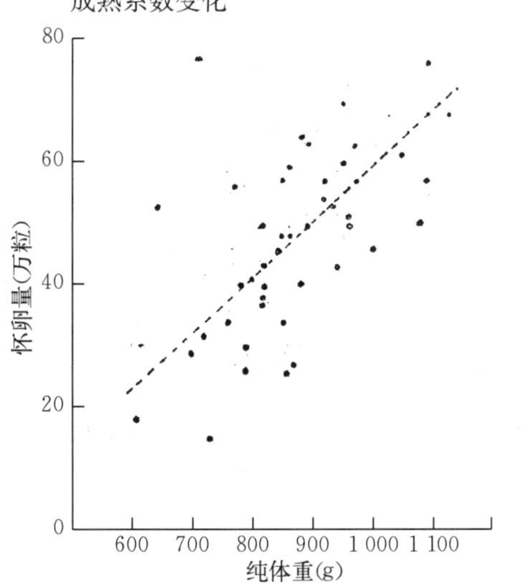

图 10 1990 年 7—12 月白令海公海域雌性狭鳕怀卵量与纯体重的关系

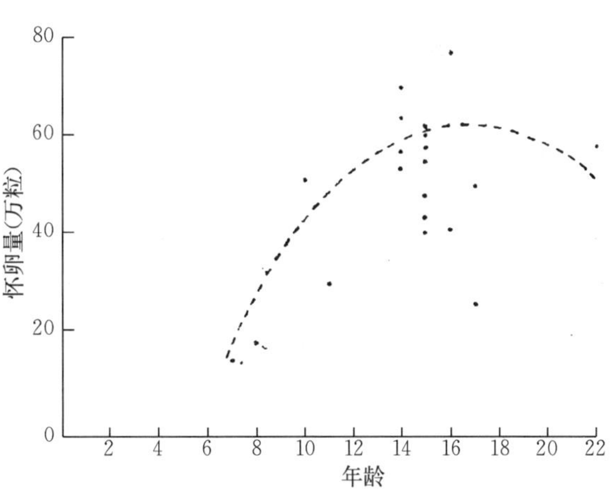

图 11 1990 年 7—12 月白令海公海域雌性狭鳕怀卵量与年龄的关系

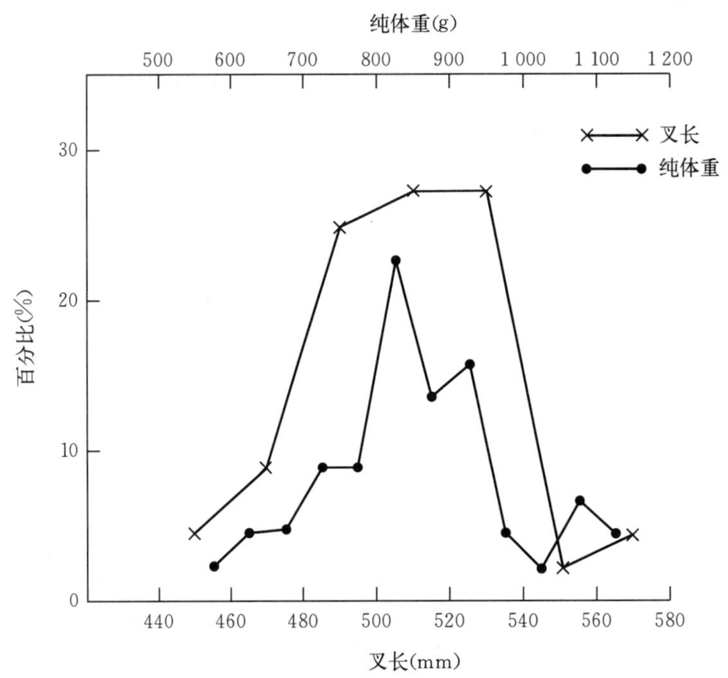

图 12　1990 年 12 月末白令海公海域雌性狭鳕性腺成熟度Ⅴa 期性腺的出现频率与叉长和纯体重的关系

3. 卵径分布

1990 年 12 月下旬白令海公海域雌性狭鳕性腺成熟度达Ⅴa 期的卵巢经测试分析卵巢中卵子的卵径分布范围为 0.3～1.0 mm，卵径的分布只出现一个卵径峰，即不存在不同卵径分离的峰。另外，卵径的分布比较集中。以 0.1 mm 为组距，卵子数量占总怀卵量 15%以上的卵径组有 4 个组（0.5～0.8 mm 组），且连续存在。这 4 个卵径组的卵子总数占总怀卵量的 87%。这表明卵巢中绝大多数的卵子近于同步发育成熟。

由于目前收集的狭鳕样品数量较少，未收集产卵期和产卵后狭鳕卵巢样品，关于白令海公海狭鳕的繁殖习性尚有待进一调查研究。

四、摄食

以 0～4 级划分标准测定的 7—12 月白令海公海域狭鳕各月摄食等级结果是狭鳕的摄食强度以 7 月份最高，空胃率占 22%。8 月份以后空胃率逐月增加，8—9 月空胃率占 55%～59%。10 月以后空胃率高达 95%左右。至 12 月，99%的狭鳕个体摄食等级为 0 级，呈现狭鳕在冬季产卵期前夕停止摄食的特性。

狭鳕胃含物中主要为磷虾、小型中上层鱼类、头足类和桡足类等。其中以磷虾的出现频率最高，摄食等级为 3～4 级狭鳕的胃含物中几乎均为磷虾。另外，从昼夜间所捕获的狭鳕的胃含物中均发现有完整磷虾这一情况分析，狭鳕似乎昼、夜间均进行不同程度的摄食活动。

提要

对 1990 年 7—12 月中国大型拖网船在白令海公海域以变水层拖网捕捞的 1 103 尾狭鳕

样品进行了鱼类生物学测定，结果表明：

（1）狭鳕捕捞群体的叉长分布范围为380～570 mm，优势叉长组为470～500 mm，平均叉长487.0 mm。体重分布范围为400～1 350 g，优势体重组为800～900 g，平均体重889.7 g。以北纬58°为界，北部海域狭鳕的平均叉长、体重略大于南部海域。

（2）狭鳕叉长与体重的关系呈幂函数关系。其关系式为：

雌性 $W_{♀}=3.012\times10^{-5}FL^{2.7835}$

雄性 $W_{♂}=7.857\times10^{-5}FL^{2.6214}$

式中：W 为体重（g）；FL 为叉长（mm）。

捕捞群体中雌性个体重量略大于同体长的雄性个体。

（3）狭鳕捕捞群体的年龄组成为5～24龄，平均12.9龄，各年龄组连续存在，呈单峰型正态分布，优势年龄组为12～14龄。北纬58°以北海域狭鳕的年龄组成略高于南部水域。据狭鳕捕捞群体各年龄组的平均叉长（mm）所计算的von Bertalanffy生长方程为

$$L_t=494.2\left[1-e^{-0.38(t+0.32)}\right]$$

根据叉长和年龄组成分析，1990年白令海公海域狭鳕资源状况尚好，尚未出现严重过度捕捞的征兆。

（4）7—12月为白令海公海域狭鳕的性腺发育期。8月份即发现有少量性成熟个体，至12月末性腺成熟度达Ⅴa期的狭鳕达84.6%。因而可以认为在白令海公海域狭鳕的捕捞群体中可能存在不同的产卵群。大部分狭鳕的产卵期为冬末至早春。部分群体的产卵期为秋季至初冬，且其产卵场当在白令海公海的附近海域。

（5）7—12月白令海公海域雌性狭鳕的怀卵量为14.5万～75.3万粒，平均为46.3万粒。性腺成熟度达到Ⅴ期的最小叉长为450 mm、纯体重710 g。各叉长组（或年龄组）狭鳕的怀卵量波动性较大，但叉长490～540 mm、纯体重750～950 g、年龄为13～16龄狭鳕的怀卵量最多。16龄以上的高龄鱼有性成熟推迟、生殖力下降的趋势。

（6）12月下旬雌性狭鳕性腺成熟度达Ⅴa期卵巢中卵子的卵径分布范围为0.3～1.0 mm，呈单峰型分布。其中卵径为0.5～0.8 mm的卵子数量占总怀卵量的87%，表明卵巢中绝大多数的卵子近于同步发育成熟。

北太平洋狭鳕资源分布、种群动态和渔业[①]

唐启升

狭鳕（*Theragra chalcogramma*）是世界海洋生物资源最为丰富的种类之一，1987 年渔获量最高达 676 万 t，是世界渔业产量最高的经济生物种类，占世界海洋渔业产量的 7%左右。主要渔业利用国为俄罗斯、美国、日本、韩国、朝鲜、波兰和中国等。

我国自 1985 年开始开发利用狭鳕资源，大型拖网渔船从 3 艘迅速发展到 17 艘，捕捞区域从白令海扩大到鄂霍次克海。现在，狭鳕已成为我国大型拖网渔船的主要捕捞对象和以公海为主的大洋性远洋渔业的支柱。因此，人们对狭鳕问题尤为关心。本文概要地研究报告了北太平洋狭鳕的资源分布、种群动态和渔业。

1　资源分布

1.1　地理分布

狭鳕广泛分布于北太平洋水域。图 1 表明，从北美的南部加利福尼亚到阿拉斯加湾，白令海南部阿留申群岛到楚科奇海，从堪察加半岛、鄂霍次克海、日本海到朝鲜半岛南部均有狭鳕分布。其分布区的北限约在 69°N、南限约在 34°N。在东北太平洋 47°30′N 以南狭鳕资源数量明显减少，但在西北太平洋 40°N 仍有一定数量的狭鳕。资源的主要分布区位于东白令海陆架区南部、阿留申海盆、阿拉斯加湾、堪察加半岛东岸、鄂霍次克海以及日本海等（Bakkala 等，1986；Anon，1989）。

东白令海陆架区　北太平洋狭鳕的主要分布区。主要分布在东白令海西南部的陆架和陆坡水域，春季 3—5 月成熟个体以普里比洛夫岛为中心，沿陆架边缘呈西北东南向分布于水深 50～200 m 水域进行产卵活动，其中分布区的东南部产卵量最高。群体年资源量 1985—1989 年估计为 1 112 万～1 572 万 t，1990—1992 年估计为 649 万～875 万 t。6 月产卵结束后，鱼群向西北部水域索饵洄游，部分高龄鱼游向阿留申海盆区（图 1）。

阿留申海盆　主要分布在波哥斯洛夫岛附近水域、公海区以及西白令海俄罗斯 200 n mile 经济区水域。群体年资源量 1988—1989 年估计为 350 万～400 万 t。1991—1993 年估计为 100～130 万 t 以上。主要产卵期为 2—3 月。如图 2 所示，海盆区群体在低龄鱼阶段（0～5 龄）主要在陆架区栖息成长。

阿拉斯加湾　主要分布在阿拉斯加半岛的南部（147°～170°W），年资源量 1990—1992 年估计为 80 万 t 左右。舍利科夫海峡是主要产卵场，水深 50～300 m，产卵期为 2—6 月。

堪察加东岸　北太平洋狭鳕主要分布区之一，主要分布在西白令海纳瓦林瓦到奥柳托尔

① 本文原刊于《海洋水产研究丛刊》，33：167－178，1994。

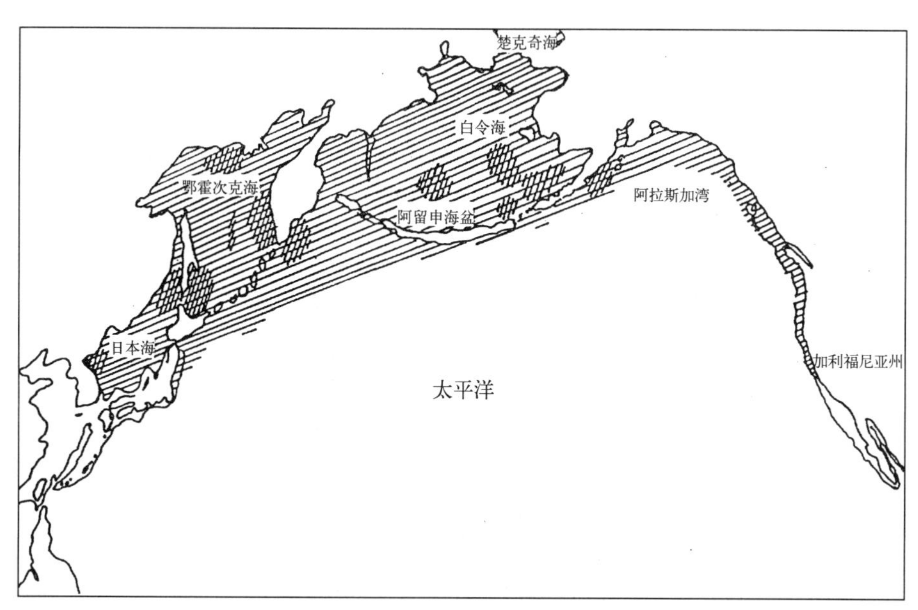

图 1　北太平洋狭鳕地理分布

图中斜线为分布范围，网状线为密集区

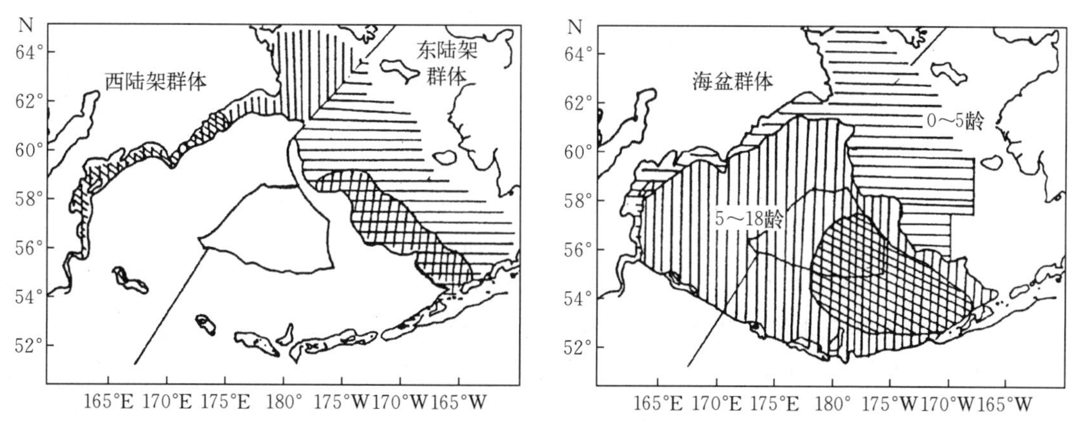

图 2　白令海狭鳕群体分布

图中网状线表示产卵场

（引自 Mito，1990）

湾、堪察加半岛东南部及千岛北部，鱼群沿 200 m 等深线分布。主要产卵期为 2—5 月。

鄂霍次克海　北太平洋狭鳕的主要分布区，年资源量估计为 500 万～1 300 万 t。主要分布于堪察加半岛西岸、鄂霍次克海北部以及萨哈林岛东岸等水域，分布水深一般为 100～500 m。西北部鱼群 3—5 月产卵，产卵后鱼群游向鄂霍次克海北部索饵，秋季鱼群向东南洄游，主要分布在 50°N 以北。萨哈林岛鱼群主要沿 200 m 等深线分布，产卵期为 4—6 月，产卵后就地或向北索饵，鱼群具有春季北移、秋季南移的分布态势（图 3）。

日本海　为北太平洋狭鳕西南分布区，资源量相对较少，主要分布于日本海北部、大彼得湾和朝鲜湾。

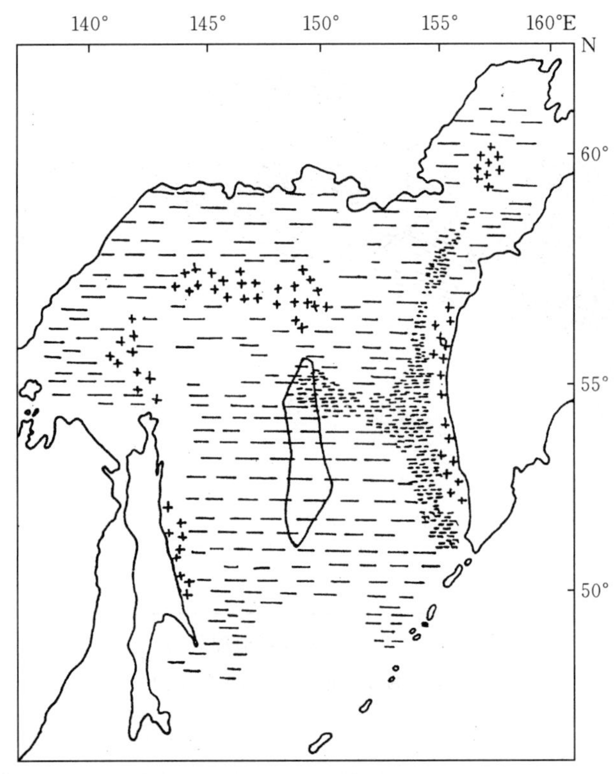

图 3 鄂霍次克海狭鳕分布

十线表示产卵场，横长线表示索饵场，横短线表示越冬场

1.2 分布水层

一般来说，狭鳕是一种近底层鱼类，但是，由于栖息区域的不同，实际分布水层有很大差异。在陆架区狭鳕基本分布在底层，而在海盆区则分布在中层。例如，①东白令海陆架区鱼群主要分布在水深 50～200 m 水域的底层，水深 100～200 m 水域鱼群较为密集，鱼群厚度 5～20 m。鱼群栖息水深也随环境而发生变化，如较冷的年份，鱼群多分布在水深150～200 m的底层，而较暖的年份，鱼群多分布在水深 50～100 m 的底层。产卵后，鱼卵主要分布于中上层水域，当年生幼鱼主要分布在 40 m 层，但是，到秋季当年生幼鱼主要栖息分布在近底层。1～2 龄幼鱼一般分布在 30 m 至底层。在鄂霍次克海陆架区，狭鳕也主要分布在底层。因此，在陆架区底拖网是捕捞狭鳕的主要作业工具。②阿留申海盆区，水深在 3 000 m左右，狭鳕成鱼主要分布在冷水团之下的 200～300 m 层，当年生幼鱼则分布在冷水团上部 100 m 层上下。狭鳕昼夜垂直移动现象明显。中层拖网成为捕捞深水区狭鳕的主要作业工具。

2 种群动态

2.1 群体结构

狭鳕个体 4 龄前后性成熟，构成补充群体，5 龄以后大部分个体重复产卵，成为剩余群体，群体为多龄结构（图 4）。在东白令海陆架区捕捞群体以 3～9 龄鱼为主，鄂霍次克海以

3～8龄为主（且多年来优势年龄组稳定在4～6龄）。阿留申海盆区以6～15龄的高龄鱼为主。显然，陆架区的狭鳕由补充群体和剩余群体组成，海盆区的狭鳕以剩余群体为主。狭鳕各个年龄组在群体组成中的地位取决于世代强度，如东白令海强盛的1978年世代1981—1985年3～7龄鱼在群体组成的比例分别为67%、45%、26%、20%和10%，而较弱的1981年世代1984—1988年3～7龄的比例分别为19%、11%、10%、6%和5%（Wespestad，1993）。以上这些特点，一方面由于世代数量的变化使种群资源具有动态特性，另一方面由于多龄结构使种群资源保持相对稳定性。但是，其资源一旦遭破坏，如过度捕捞，恢复也较慢。

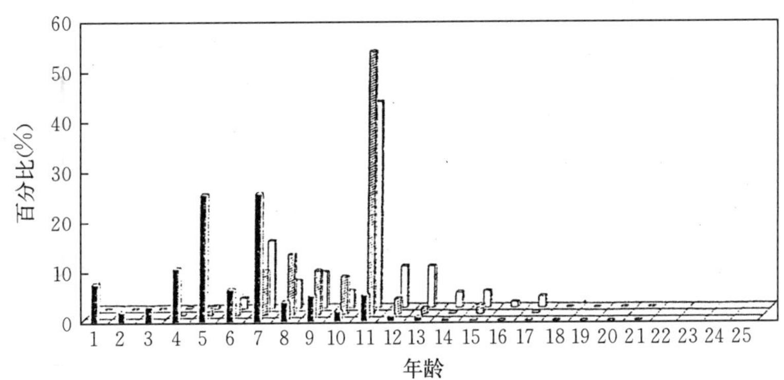

图4 1989年白令海狭鳕年龄组成

图中黑方柱为陆架区，白方柱为波哥斯洛夫岛区，斜线方柱为公海区

（引自Dawson，1990；Pearce等，1991）

2.2 数量变动

表1的资料进一步表明，资源波动是北太平洋狭鳕种群的一个基本特性。即资源数量始终处于动态变化的状态下，其资源量变动系数为26%～45%，世代数量变动系数为31%～68%，渔获量的变动系数为17%～74%。就区域而言，白令海狭鳕资源的变动幅度大于鄂

表1 北太平洋狭鳕资源和渔获量变动

群体	变动系数（%）	使用资料及年限①
阿拉斯加湾	74	渔获量，1970—1993
	45	资源量，1975—1992
东白令海	20	渔获量，1970—1993
	37	资源量，1979—1992
	68	世代补充量，1976—1989
鄂霍次克海	26	渔获量，1981—1993
	26	资源量，1985—1992
	31	世代补充量，1985—1992
北太平洋	17	渔获量，1970—1992

注：①资料根据Hollowed（1993）、Anon（1994）、Wespestad（1990，1993）、北太平洋渔业工作组（1993）、Bakkala（1986）、FAO（1992）。

霍次克海。与我国近海主要渔业种群相比，资源变动幅度低于剧烈变动型的太平洋鲱，高于平稳波动型的蓝点马鲛，与小黄鱼、对虾等种群变动相似（唐启升，1990）。

狭鳕资源波动有一定的周期性。如近20多年来，白令海狭鳕出现了二次增加或减少的波动，每次大约7年，1969—1975年前后资源处于较高水平，之后资源有所下降。随着强盛的1978年世代以及1982—1984年强世代狭鳕补充到群体中，1981—1989年资源再次处于较高水平。由于1985—1988年世代较弱，补充到群体中的数量较少，以及捕捞强度加大，1990年以后资源再次下降（表2）。白令海公海狭鳕资源与东白令海陆架区狭鳕资源息息相关，表3单位捕捞力量渔获量的资料清楚表明，1990年以来公海狭鳕资源明显下降。1993年我国“北斗”号调查和美国资源评估资料表明，公海资源持续下降，主要是两方面的原因造成的：①群体补充量不足。即1985—1988年世代实力太弱，待5～6年之后补充到公海捕捞群体时，其数量就很少了；②陆架区捕捞量加大。90年代以来，陆架美国经济区内狭鳕捕捞，在补充量不足的情况下，反而加强了资源的开发利用，资源利用率由1983—1989年的8%～13%增加到1990—1993年的18%～23%，开发利用强度增加了一倍左右（表4）。这样，陆架区的产量虽然增加了10万～20万t，但是，可游向公海区的剩余群体的个体数量必然大大减少。新的调查资料表明，1989、1990、1992年世代实力均较强，白令海狭鳕资源将可能出现新的增长期。预计，1995年之后白令海公海狭鳕资源将逐渐恢复。

表2 东白令海狭鳕资源量变化趋势

（引自 Mito，1990；Wespestad，1990，1993）

	资源量估计①				资源量估计①		
	(1)	(2)	(3)		(1)	(2)	(3)
1964	326	300		1979	429	450	558
1965	317	260		1980	495	500	627
1966	297	280		1981	396	910	1 011
1967	336	330		1982	828	1 030	1 182
1968	404	460		1983	1 070	1 040	1 404
1969	615	560		1984	1 125	980	1 390
1970	698	660		1985	989	1 080	1 572
1971	699	660		1986	1 099	980	1 464
1972	781	650		1987	954	900	1 475
1973	660	570		1988	1 062	760	1 340
1974	552	380		1989	1 076	620	1 119
1975	509	360		1990	853		875
1976	477	420		1991			649
1977	473	430		1992			691
1978	443	420					

表 3 白令海公海狭鳕单位捕捞力量渔获量

年份	中国（t/h）	日本（t/h）	韩国（t/h）	波兰（t/d）	俄罗斯（t/网次）
1985		4.80	6.60	54.50	
1986		8.50	8.02	47.70	?
1987	4.57	8.42	7.35	47.00	?
1988	3.51	6.84	5.01	43.80	?
1989	2.80	6.03	3.86	42.90	34.3
1990	1.94	?	2.39	29.67	22.9
1991	1.0	1.8	1.0	18.0	(18.5)
1992①	(17.1)	(14.6)	(12.4)		
1993①			(5.4)	12.9	

注：①该两年渔获量单位均为 t/d。

表 4 东白令海狭鳕渔业利用率

（引自 Wespesad，1993）

年份	1983	1984	1985	1986	1987	1988	1989	1990	1991	1992	1993
资源量（万 t）	1 296	1 332	1 415	1 369	1 279	1 120	890	667	650	691	(600)
渔获量（万 t）	98	110	118	119	86	114	119	130	114	138	(140)
利用率（%）	8	8	8	9	7	10	13	20	18	20	23

鄂霍次克海狭鳕资源波动幅度虽较小，但是也有阶段性增加或减少的变化。根据资源量、单位捕捞力量渔获量和产量等资料分析（表 5 及表 6），1980—1983 年资源数量略低，1984—1989 年资源数量较高，1990 年以来，资源量处于相对较低的时期。

表 5 鄂霍次克海狭鳕资源量、单位捕捞力量渔获量（CPUE）变化

年份	资源量（万 t）	俄罗斯	韩国	CPUE①波兰	中国
1985	574	84.6			
1986	764	97.6			
1987	829	86.5			
1988	710	90.5			
1989	577	84.9			
1990	337	86.2			
1991	375	73.6	56.0	40.6	38.5
1992	382	75.1	55.6	38.6	46.3
1993		71.9	60.0	39.1	68.5

注：①单位为 t/d。

表 6 北太平洋狭鳕分区渔获量(t)

年份	白令海						鄂霍次克海						
	阿拉斯加	东白令海	西白令海	公海	勘察加东岸	小计	勘察加西岸	鄂霍次克海北部	萨哈林	公海	北海道上市量	小计	总计
1981	147 800	1 029 021	980 000		329 000	2 484 821	481 500	101 600	82. 200		691 204	1 356 504	3 938 709
1982	168 700	1 013 942	976 000		260 000	2 418 642	572 100	138 600	85 000		712 013	1 507 713	4 092 192
1983	215 600	1 041 389	1 006 000		187 000	2 449 989	704 400	107 300	71 600		729 728	1 613 028	4 063 017
1984	306 700	1 180 617	755 000	181 200	165 000	2 588 517	935 000	456 100	89 100		823 469	2 303 669	4 892 186
1985	284 900	1 237 489	662 000	363 400	121 000	2 668 789	975 400	461 700	82 300		737 978	2 257 378	4 926 167
1986	84 000	1 235 996	843 000	1 039 800	86 000	2 288 796	693 200	745 800	124 300		526 679	2 089 979	5 378 775
1987	62 000	1 265 720	813 000	1 326 300	173 000	3 646 020	786 100	728 500	51 100		774 597	2 340 297	5 986 317
1988	56 000	1 271 000	1 253 000	1 395 900	—	3 975 900	646 400	594 700	74 000		752 515	2 067 615	6 043 515
1989	72 500	1 246 000	961 000	1 447 600	—	3 727 100	691 200	684 500	46 600		638 507	2 060 807	5 787 907
1990	77 700	1 432 000	573 000	917 400	—	3 000 100	446 600	816 200	38 700	220	502 737	1 804 457	4 804 557
1991	83 300	1 347 360	504 000	293 400	—	2 228 060	573 000	701 000	70 200	296 500	464 857	2 105 557	4 333 617
1992	57 700	1 305 179	596 500	10 717	—	1 970 096	760 200	508 900	14 000	698 100	405 686	2 386 886	4 356 982
1993	110 000	1 440 700	472 100	212	—	2 023 012	751 000	329 200	5 700	132 700	(400 000)	1 618 600	3 644 612

3　渔业

日本、朝鲜和韩国是北太平洋狭鳕资源开发利用较早的国家，但渔业仅限于近海水域，50 年代渔获量为 25 万～45 万 t。60 年代中期，随着大型拖网加工船的发展，捕捞范围扩大，日本开发利用了鄂霍次克海和白令海狭鳕资源，产量迅速上升，1971—1974 年渔获量高达 329 万～388 万 t，同时，前苏联也迅速成为狭鳕捕捞国家，70 年代中期渔获量突破 200 万 t，狭鳕成为世界海洋中最重要的渔业捕捞对象，1973—1977 年总渔获量高达 522 万～603 万 t，居各捕捞品种产量之首。1978—1983 年渔获量有所下降，波动在 418 万～486 万 t 之间。1984—1990 年总渔获量达到历史最高水平，为 579 万～676 万 t，但是，90 年代以来渔获量又出现了下降趋势（表 7）。

表 7　北太平洋各国狭鳕渔业产量（10^3 t）

年份	西北太平洋							东北太平洋					
	日本	俄罗斯	韩国	朝鲜	中国	波兰	合计	日本	俄罗斯	韩国	美国	合计	世界产量
1970	1 273.4	672.5	13.4	25.0			1 984.3	1 240.7	20.4	5.0	0.1	1 266.2	3 250.5
1971	1 770.9	802.9	71.3	40.0			2 685.1	1 523.6	222.8	10.0	0.1	1 756.5	4 441.6
1972	1 995.7	638.3	148.5	80.0			2 862.5	1 665.7	235.1	9.2	0.2	1 910.3	4 772.8
1973	2 395.3	1 275.0	257.0	300.0			4 277.3	1 483.4	319.8	3.1	0.1	1 806.3	6 033.6
1974	2 062.0	1 395.6	297.2	450.0			4 204.8	1 284.5	362.0	26.4	0.1	1 673.1	5 877.9
1975	1 817.9	1 700.4	387.8	450.0			4 356.1	1 151.3	268.8	9.3	0.8	1 430.2	5 786.3
1976	1 619.4	1 886.7	482.8	500.0			4 458.9	925.7	220.7	122.2	1.3	1 270.0	5 728.9
1977	1 356.7	1 927.9	332.3	500.0			4 116.9	916.4	106.7	81.1	3.3	1 107.5	5 224.4
1978	990.3	1 961.3	251.0	550.0			3 752.6	852.4	135.9	89.5	8.0	1 085.8	4 838.4
1979	940.1	2 014.9	188.4	550.0			3 693.4	789.2	77.6	109.4	56.2	1 032.4	4 725.8
1980	970.5	2 071.2	151.6	—			3 193.3	870.7	39.2	138.9	86.9	1 135.7	4 329.0
1981	902.9	2 137.8	90.1	—			3 130.9	692.4	—	188.6	60.7	1 046.0	4 176.8
1982	927.5	2 495.5	61.1	—			3 484.0	642.9	2.4	201.0	130.4	994.2	4 478.2
1983	858.3	2 745.3	63.2	—			3 666.8	576.1	1.8	304.2	284.5	1 191.3	4 858.1
1984	1 092.6	3 437.9	83.2	—			4 613.6	512.4	11.7	315.4	455.5	1 372.7	5 986.3
1985	1 153.3	3 341.6	122.3	—	1.6	115.9	4 733.1	379.8	1.4	329.1	656.4	1 399.2	6 132.3
1986	1 252.4	3 582.8	155.2	—	3.0	163.2	5 153.8	169.4	1.4	463.7	963.3	1 605.2	6 758.9
1987	1 215.7	3 421.2	142.2	—	16.1	230.3	5 009.5	96.8	0.5	288.6	1 307.7	1 714.5	6 724.0
1988	1 259.1	3 369.8	179.8	—	18.4	298.7	5 108.3	—	—	132.9	1 396.8	1 550.3	6 658.6
1989	1 153.7	3 133.0	271.0	—	31.1	268.6	4 826.8	—	—	114.4	1 359.1	1 494.1	6 320.9
1990	871.4	2 867.0	263.2	—	27.8	223.5	4 225.0	—	—	115.0	1 432.2	1 567.8	5 792.8
1991				—									4 893.5

资料表明，白令海和鄂霍次克海是狭鳕的主要渔业区，两个海区的渔获量相近，1990—1993 年分别占总渔获量的 45.2%～62.4%和 37.6%～54.8%。近 20 多年来，两个海区的

渔获量变化趋势基本一致，即70年代和80年代中期前后为较高产期，90年代以来为较低产期（表6，表7）。

1977年前苏联和美国实施200 n mile经济区之后，极力排斥非沿岸国在其经济区内的狭鳕捕捞活动，北太平洋狭鳕捕捞形势发生了重大变化。首先日本狭鳕渔业遭受沉重打击，渔获量逐年减少，在总渔获量的比例从1975年的51%下降到1990年的15%。前苏联和美国狭鳕的渔业地位则不断加强，渔获量在总渔获量的比例从1975年的34%和不足0.1%上升到1990年的49%和25%。由于美国和前苏联不断减少其经济区内外国渔船的狭鳕捕捞配额，迫使日本、韩国、波兰和中国等捕鱼国开发利用白令海公海的狭鳕资源，1986—1989年渔获量曾达104万～145万t，占总渔获量的15%～23%。由于资源数量下降，1992年各捕鱼国减少了捕捞力量，渔获量仅1万t（表8）。1993—1994年白令公海采取了暂时停捕的管理措施。1991年波兰、韩国和中国渔船迫于生计开发了鄂霍次克海公海狭鳕渔场，1991—1992年渔获量为30万～70万t。公海区已成为非沿岸国大型拖网渔船的生存之地。但是，沿岸国对公海狭鳕捕捞活动百般阻挠，再加上国际社会要求对公海实施“负责任捕捞”的呼声日益高涨，狭鳕公海渔业的发展受到明显限制。因此，在这种情况下，非沿岸国一方面需要为维护公海捕鱼的合法权益并与沿岸国利己主义的资源保护管理措施进行斗争，另一方面也需要承担义务，适应公海渔业由过去自由开发型向管理养护型转变的新形势，使狭鳕渔业健康发展，资源得到合理的利用和合理的管理。

表8　白令海公海各国狭鳕渔业产量（10^3 t）

年份	中国	日本	韩国	波兰	俄罗斯	合计
1980		2.4	12.5			14.9
1981		0.2	0.0			0.2
1982		1.2	2.9			4.1
1983		4.1	66.6			70.7
1984		100.9	80.3			181.2
1985	1.6	163.5	82.4	115.9		363.4
1986	3.0	705.6	155.7	163.2	12.0	1 039.8
1987	16.1	803.6	241.9	230.3	34.0	1 326.3
1988	18.4	750.0	268.6	298.7	61.0	1 396.7
1989	31.1	654.9	342.3	268.6	150.7	1 447.6
1990	27.8	417.0	244.3	223.5	4.8	917.4
1991	16.7	14.05	78.0	54.9	3.5	293.4
1992	0.4	2.7				10.0

参考文献

北太平洋渔业工作组，1993. 鄂霍次克海狭鳕资源管理与保护科学家专门委员会第二次会议文件汇集. 21-24，海参崴，俄罗斯.

唐启升等，1990. 种群数量变动. 渔业生物数学：12-33，农业出版社.

Anon, 1989. Proceeding of International Scientific Symposium on Bering Sea Fisheries, July 19—21, Sitka, AK, USA.

Anon, 1994. Report and Data submitted for the Third International Pollock Stock Assessment Workshop. February 22—25, Seattle, USA.

Bakkala R et al., 1986. Distribution and stock structure of pollock in the north Pacific Ocean, INPFC Bull. No. 45: 3-20.

Dawson R K, 1990. Information on the stock structure of the Bering See pollock. International Symposium on Bering Sea Fisheries, April 2—5, Khobrovsk, U. S. S. R.

FAO, 1992. 1990 Fisheries Statistics: catches and landings, Vol. 70, Roma.

Hollowed A B, 1994. Walleye pollock. Status of Living Marine resources of Alaska, 1993. NOAA Technical Memorandum NMFS-AFSC-27.

Mito, Keiichi, 1990. Stock assessment of walleye pollock in the Bering Sea under assumption of three stocks. International Symposium on Bering Sea Fisheries, April 2—5, 1990, Khabrovsk, U. S. S. R.

Pearce J A (ed), 1991. Discussion summeries from the International Workshop on Bering Sea Pollock stock Assessment. AFSC Processed Report 91-06, February 4—8, 1991, Seattle, USA.

Wespestad G V, 1990. Walleye pollock. Stock Assessment and Fishery Evaluation Document for Groundfish Resources in the Bering Sea - Aleutian Island Region as Projected for 1991, P. 27 - 50, NPFMC, Anchorage AK, USA.

Wespestad G V, 1993. Walleye pollock, Stock Assessment and Fishery Evaluation Document for Groundfish Resources in the Bering Sea-Aleutian Island Region as Projected for 1994, P. 1-26 NPFMC, Anchorage AK, USA.

我国的狭鳕渔业及狭鳕资源状况[①]

张铭棣，唐启升

我国在北太平洋的狭鳕渔业，是1985年兴起的。初次进入北太平洋白令海公海捕捞狭鳕的我国大型远洋渔船开始仅有3艘，至1991年发展到12艘。1991年9月由于白令海公海狭鳕生产情况不如鄂霍次克海公海，我国渔船则在9月下旬全部从白令海公海转入鄂霍次克海公海生产。在以后的四年，我国大型远洋渔船基本在鄂霍次克海公海捕捞狭鳕，并且大型远洋渔船又逐渐增到17艘。

本文主要是根据我国16艘大型远洋渔船在北太平洋白令海公海和鄂霍次克海公海捕捞狭鳕的渔捞统计资料，对我国狭鳕渔业和狭鳕资源状况进行粗浅分析。

我们汇总统计各大型远洋渔船的历年渔捞统计资料情况，如表1。对支持我们工作和提供渔捞统计资料的辽宁、烟台、山东、上海、舟山远洋渔业公司，谨此致谢。

表1 1985—1994年我国大型远洋渔船渔捞统计资料情况表

渔船	白令海公海渔捞统计资料月份								鄂霍次克海公海渔捞统计资料月份			
	1985	1986	1987	1988	1989	1990	1991	1992	1991	1992	1993	1994
耕海	11—12	1	1—2 10—12	1,9—12	1,7—12	1,5—12	4—5 8—9		9—12	1—5 7—12	1—2 7—12	1—2
耘海			10—12	1,10—12	1,7—12	1,6—12	4—9		9—12	1—2 7—12	1—4 8—12	1—4
同兴海						11—12	4—9		9—12	1—4 8—12	1—4 7—12	1—4
富兴海									10—12	1,8—12	1—4 8—12	1—3
烟远1	12	1	9—12	1,9—12	1		4—6 8—9	5	9—12	1,2—10	8—10	
烟远2						7—12	4—6 8—9	5	9—12	1,9—12	1—4 8—12	1—4
烟远3							4—9	5	9—11	6—12	1—4 10—12	
泰和							7—9	5	9—12	1—2 4—12	1—4 7—10	

① 本文原刊于《海洋水产研究丛刊》，33：179-185，1994。

(续)

渔船	白令海公海渔捞统计资料月份								鄂霍次克海公海渔捞统计资料月份			
	1985	1986	1987	1988	1989	1990	1991	1992	1991	1992	1993	1994
泰平										5—12	1—4	
开创		1—2	10—12	1	7—12	1,6—12	1,4—9		9—12	1,8—12	1—4	
开拓						6—12	1,4—9		9—12	1,8—12	1—3	
开丰							6—9		9—12	1,6—8 10—11		
开发							7—9		9—12	1,8—12	1—4	
开欣											1—3	
明珠							6—9	4—5	9—12	1—2 4,6—12	1—3 7—12	
明昌										6—12	1	

1 渔船和产量

我国去北太平洋白令海公海和鄂霍次克海公海捕捞狭鳕的大型远洋渔船，是1985年以来，辽宁、烟台、上海、山东、舟山远洋渔业公司陆续从国外购进的单拖网尾滑道捕捞加工渔船。渔船总吨位主要为1 500～4 000 t。渔船主机功率主要为2 800～5 000 hp。若将渔船总吨位和主机功率按北太平洋狭鳕渔业国际交换资料规定的划分标准划分渔船大小，则我国狭鳕渔业大型远洋渔船总吨位分别为6、7、8级；渔船主机功率分别为7、8、9级，如表2。若将渔船总吨位级别和主机功率级别合在一起，则我国渔船分别为：

6～8级：开拓、开欣、耘海、烟远2；

7～7级：富兴海；

7～8级：开丰、泰平、开发、烟远3、明昌、泰和、明珠；

7～9级：开创；

表2 我国大型远洋渔船总吨位、主机功率分级表

渔船总吨位分级			渔船主机功率分级		
级别	吨位范围	渔船名	级别	马力范围	渔船名
6	1 501～2 500	开拓、开欣、耘海、烟远2	6	1 501～2 500	—
7	2 501～3 500	开丰、泰平、开发、烟远3、富兴海、明昌、泰和、明珠、开创	7	2 501～3 500	富兴海
8	3 501～4 500	耕海、烟远1、同兴海	8	3 501～4 500	耘海、烟远2、泰平、开丰、开发、明珠、明昌、泰和、烟远3、开拓、开欣、同兴海
9	>4 501	—	9	>4 501	开创、耕海、烟远1

8～8 级：同兴海；

8～9 级：耕海、烟远 1。

根据我们收集的我国大型远洋渔船渔捞统计资料，在白令海公海 1985—1992 年我国共捕获狭鳕 92 492.4 t。其中 1985 年 2 艘渔船，作业 57 船天，捕狭鳕 1 486.3 t。以后随渔船的增加和作业船天的增多，捕捞产量也不断增长。至 1990 年 6 艘渔船，作业 951 船天，捕狭鳕 26 113.2 t，是年产量最高的一年。1991 年，虽渔船和作业船天又有增加，但捕捞产量却下降为 14 112.4 t，如表 3。

表 3　1985—1994 年我国大型远洋渔船捕捞狭鳕产量①

单位：t

月份	白令海公海								鄂霍次克海公海			
	1985	1986	1987	1988	1989	1990	1991	1992	1991	1992	1993	1994
1		2 765.4	402.0	625.0	530.0	860.5	70.0			11 978.8	27 820.0	11 031.0
2		572.8	184.5							1 706.0	3 915.0	13 405.0
3										4 535.0	10 208.0	3 732.0
4							1 206.6	65.0		4 918.0	8 519.0	3 575.0
5						258.0	1 986.0	630.0		766.0		
6						3 923.5	1 834.0			4 178.0		
7					2 148.5	3 734.0	3 608.5			10 955.0	2 995.0	
8					4 895.6	5 720.0	4 289.1			10 746.0	9 411.0	
9			76.0	435.0	2 720.0	4 068.0	1 118.2		4 073.9	11 659.0	2 776.0	
10			1 946.0	4 510.7	908.0	4 113.0			13 554.0	17 999.0	7 195.0	
11	1.2		6 634.5	4 443.0	3 041.0	2 491.5			16 695.0	18 579.0	10 500.0	
12	1 485.1	141.0	4 202.5	4 391.0	4 514.0	944.7			9 149.0	12 390.0	11 593.0	
全年合计	1 486.3	3 478.2	13 445.5	14 404.7	18 757.1	26 113.2	14 112.4	695.0	43 471.9	110 409.8	94 932.0	31 743.0
作业船天数	57	78	292	300	401	951	1 117	79	1 133	2 345	1 640	363
作业船数	2	3	4	4	4	6	12	5	13	15	15	5

注：①根据渔船渔捞记录统计。

在鄂霍次克海公海，1991—1994 年我国共捕获狭鳕 280 556.7 t。其中 1991 年 9—12 月 13 艘渔船，作业 1 133 船天，捕狭鳕 43 471.9 t。1992 年 15 艘渔船，全年始终有船作业，作业 2 345 船天，捕狭鳕 110 409.8 t。1993 年和 1994 年（1—4 月），随着所统计渔船和作业船天的减少，年捕捞产量也下降，分别为 94 932.0 t 和 31 743.0 t，如表 3。

不同总吨位、主机功率渔船的渔捞效果，我们以 1992 年 10 月各级别渔船在鄂霍次克海公海的生产为例进行统计，如表 4。可以看出，不同总吨位、主机功率级别渔船的渔捞效果是有差别的。但这种差别除与渔船总吨位、主机功率大小有关外，还与渔船作业渔场、网具和人员技术水平等有关。

表 4 1992 年 10 月我国各级大型远洋渔船渔捞统计

渔船 总吨位级-主机功率级	产量 (t)	捕捞力量				CPUE	
		船数	船天数	投网次数	作业小时	t/h	t/船天
6-8	3 596.0	3	84	131	1 538	2.34	42.81
7-7	1 107.0	1	31	53	584	1.90	35.71
7-8	8 284.0	7	172	293	3 313	2.50	48.16
7-9	888.0	1	13	21	316	2.81	68.31
8-8	1 832.0	1	31	52	610	3.00	59.10
8-9	2 292.0	2	51	82	890	2.58	44.94
合计	17 999.0	15	382	632	7 251	2.48	47.12

2 渔期和渔场

从我国大型远洋渔船历年按月单位小时平均拖网产量统计看，白令海公海和鄂霍次克海公海全年均有狭鳕鱼群分布，全年均可进行捕捞。但看不出明显的鱼群集群期，没有固定的生产旺汛期，如表 5。在白令海公海，1987 年最高单位小时平均拖网产量为 11 月 5.39 t；1988 年为 11 月 4.07 t；1989 年为 9 月 4.16 t；1990 年为 6 月 2.74 t；1991 年为 4 月 1.03 t。而在鄂霍次克海公海，1991 年最高单位小时平均拖网产量为 11 月 2.84 t；1992 年为 3 月 8.11 t；1993 年为 4 月 11.14 t；1994 年则为 2 月 25.40 t。

表 5 1985—1994 年我国大型远洋渔船单位小时平均拖网产量

单位：t/h

月份	白令海公海								鄂霍次克海公海			
	1985	1986	1987	1988	1989	1990	1991	1992	1991	1992	1993	1994
1		4.50	2.10	1.55	1.79	1.52	0.45			3.09	4.71	5.09
2		2.08	1.09							4.51	4.26	25.40
3										8.11	7.77	3.08
4							1.03	0.92		4.84	11.14	5.82
5						1.41	0.78	0.64		2.31		
6						2.74	0.73			2.09		
7					2.16	1.98	0.94			3.06	4.81	
8					3.46	2.47	0.89			2.05	2.77	
9			3.65	2.02	4.16	1.94	0.46		2.21	2.12	1.34	
10			5.33	3.46	2.58	1.84			2.09	2.37	2.05	
11	0.16		5.39	4.07	2.93	1.24			2.84	4.70	3.42	
12	1.83	1.41	3.89	3.44	3.45	0.55			1.77	2.00	3.77	
全年合计	1.82	3.52	4.40	3.36	3.10	1.81	0.81	0.66	2.24	2.74	3.85	7.02

白令海公海渔场广阔，约包含 79 个渔区（经度 1°，纬度 0.5°），有 5.6 万 n $mile^2$。我

国大型远洋渔船在白令海公海的生产渔场，1985—1988 年主要在公海的中南部。1989 年及其以后，渔船则转到公海的中部和东部，生产渔场比前几年有较大的扩大，如图 1。不同月份的生产渔场只做南北或东西移动。而鄂霍次克海公海渔场较狭窄，约包含 27 个渔区，有 1.3 万 n $mile^2$。我国大型远洋渔船在鄂霍次克海公海的生产渔场基本在公海的北部，即 53°30′N以北公海海区，极少在公海南部海区生产，如图 2。

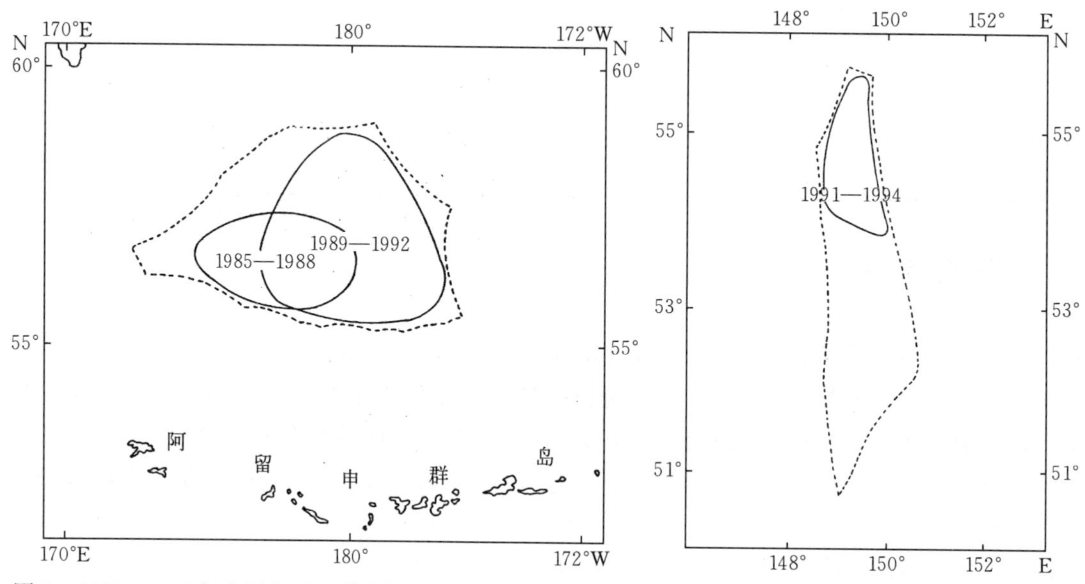

图 1 1985—1992 年我国大型远洋渔船在白令海公海生产渔场

图 2 1991—1994 年我国大型远洋渔船在鄂霍次克海公海生产渔场

3 狭鳕资源

我们将我国大型远洋渔船 1985—1992 年在白令海公海渔捞产量进行年度统计，列表 6；将 1991—1994 年在鄂霍次克海公海渔捞产量进行年度统计，列表 7。从表 6 我们明显可以看出，我国大型远洋渔船在白令海公海的狭鳕渔捞生产，单位小时平均拖网产量自 1985 年至 1987 年不断增多，由 1.82 t/h 增到 4.40 t/h。1987 年以后至 1992 年，单位小时平均拖网产量则急剧下降，从 4.40 t/h 下降到 0.66 t/h。单位船天平均拖网产量的变化基本同单位小时平均拖网产量的变化趋势一致。由于各年生产月份不尽相同，难于做历年同期的产量比较。但上述年度统计数字基本反映出白令海公海狭鳕种群资源数量呈下降趋势。

表 6 1985—1992 年白令海公海我国大型远洋渔船渔捞统计

年份	产量（t）	捕捞力量				CPUE		生产月份
		船数	船天数	投网次数	作业小时	t/h	t/船天	
1985	1 486.3	2	57	161	816.8	1.82	26.08	11—12
1986	3 478.2	3	78	206	989.2	3.52	44.59	1—2，12
1987	13 445.5	4	292	454	3 058.3	4.40	46.05	1—2，9—12
1988	14 404.7	4	300	530	4 290.9	3.36	48.02	1.9—12

（续）

年份	产量（t）	捕捞力量				CPUE		生产月份
		船数	船天数	投网次数	作业小时	t/h	t/船天	
1989	18 757.1	4	401	642	6 056.1	3.10	46.78	1,7—12
1990	26 113.2	6	951	1 370	14 451.4	1.81	27.46	1,5—12
1991	14 112.4	12	1 117	1 411	17 487.8	0.81	12.63	1,4—9
1992	695.0	5	79	80	1 053.8	0.66	8.80	4—5
合计	92 492.4	12	3 275	4 854	48 204.3	1.92	28.24	

表 7　1991—1994 年鄂霍次克海公海我国大型远洋渔船渔捞统计

年份	产量（t）	捕捞力量				CPUE		生产月份
		船数	船天数	投网次数	作业小时	t/h	t/船天	
1991	43 471.9	13	1 133	1 697	19 399.7	2.24	38.37	9—12
1992	110 409.8	15	2 345	3 630	40 235.8	2.74	47.08	1—12
1993	94 932.0	14	1 640	2 636	24 643.3	3.85	57.89	1—12
1994	31 743.0	5	363	985	4 521.9	7.02	87.45	1—4①
合计	280 556.7	16	5 481	8 948	88 800.7	3.16	51.19	

注：①渔捞统计资料仅收到 1—4 月。

从表 7 我们又可明显看出，我国大型远洋渔船在鄂霍次克海公海的狭鳕渔捞生产，单位小时平均拖网产量和单位船天平均拖网产量均呈逐年上升趋势。单位小时平均拖网产量由 1991 年的 2.24 t，逐年上升至 1994 年的 7.02 t。而单位船天平均拖网产量由 1991 年的 38.37 t，逐年上升至 1994 年的 87.45 t。这充分说明鄂霍次克海公海狭鳕种群资源尚未达到利用过度的程度，狭鳕资源状况应属开发利用时期。

白令海公海狭鳕种群和鄂霍次克海公海狭鳕种群比较，白令海公海渔场广阔，狭鳕鱼群分布较分散。而鄂霍次克海公海渔场狭窄，狭鳕鱼群分布较集中，鱼群密度较白令海公海为高。从狭鳕种群生物学看，白令海公海狭鳕种群捕捞群体个体较大，平均叉长 487 mm，平均体重 889 g，如表 8。而鄂霍次克海公海狭鳕种群捕捞群体的个体相对较小，平均叉长 389 mm，平均体重 385 g。

表 8　白令海公海和鄂霍次克海公海狭鳕群体生物学情况

时间	海区	尾数	叉长范围（mm）	优势叉长组（mm）	平均叉长（mm）	体重范围（g）	优势体重组（g）	平均体重（g）
1990.7.15—12.25	白令海公海	1 102	380～570	470～500	487	400～1 350	800～900	889
1992.10.5—1993.3.19	鄂霍次克海公海	594	260～560	370～450	389	100～1 100	250～500	385

白令公海狭鳕资源及其渔业问题[①]

唐启升

白令公海狭鳕资源十分丰富，自 80 年代中期加强开发利用以来，渔业迅速发展，1986 年捕捞产量已超过 100 万 t，1990 年约 150 万 t。

目前，在白令公海捕捞狭鳕的国家有日本、韩国、波兰、中国和苏联等。白令公海已成为北太平洋最大的国际渔场，渔业矛盾油然而生。美、苏，特别是美国，认为公海区捕捞狭鳕危及其 200 n mile 专属经济区内狭鳕渔业资源，渔民的利益受到损害，应暂缓或减少对资源的利用，日本、波兰、韩国等国家则认为是他们开发了白令公海狭鳕渔场，根据国际海洋法公海捕鱼自由的原则，有权利利用该海域的渔业资源。因此，美国、苏联、日本、波兰、韩国和加拿大等国家对这一海域狭鳕资源和渔业问题极为关注。

我国自 1985 年进入白令公海生产狭鳕以来，随着渔船增加和技术提高，产量不断增加，经济效益显著，是近年来我国发展远洋渔业中投资较大、效果明显的项目之一，白令公海已成为我国发展远洋渔业的重要目标区。为了巩固和扩大已取得的成果，维护公海捕鱼的合法权益，白令公海狭鳕渔业的动向，也引起我国渔业界的高度重视。

一、渔场环境特征

白令海位于太平洋的北端，为苏、美西伯利亚和阿拉斯加大陆及阿留申群岛所环绕，形似扇状。海区的东北部为大陆架区域，水深在 200 m 以浅，海底沉积物多砂砾，西南部主要为大陆坡区域，水深为 1 000～4 000 m，即阿留申海盆和科曼多尔海盆区。以上区域南部通过阿留申群岛之间的各海峡与太平洋相通，北端以白令海峡与北冰洋相通。白令公海是白令海美、苏 200 n mile 专属经济区区外的水域，位于白令海中央，即阿留申海盆的中心地带、北纬 55°～60°、东经 174°～西经 176°范围内，呈三角形，水深在 3 000 m 左右，面积约 19 万 km^2（图 1）。中国、日本、韩国、波兰等国家称该水域为白令海公海（简称白令海，the High Seas of the Bering Sea），美国和苏联等称之为面包圈（the Donut Hole）、白令海中央部或国际水域。目前公海狭鳕的主要渔场位于该水域中南部、北纬 58°以南水域。

白令海气候终年寒冷，年平均气温北部为－8～10 ℃，南为 2～4 ℃。冬季阿留申低压南移，大部海区为北极冷气团和大陆冷气团所控制，盛行偏北大风，风暴频繁，气温较低，北部日平均气温－20 ℃以下的天数为 100 d，南部日平均气温在 0～20 ℃之间的天数为 140 d，公海区距陆较远，日平均气温在 0 ℃左右。夏季阿留申低压向白令海东北部退缩，海洋性气团向北移动，海区多偏南风，云雾和降水增多，年降水量南多北少。

由于亚北极气候和北冰洋的影响，白令海北部冬季为 1～2 m 厚的冰层所覆盖，1 月份

① 本文原刊于《中国进一步发展远洋渔业对策研究》，139－162，农业部农业发展战略研究中心，1991。

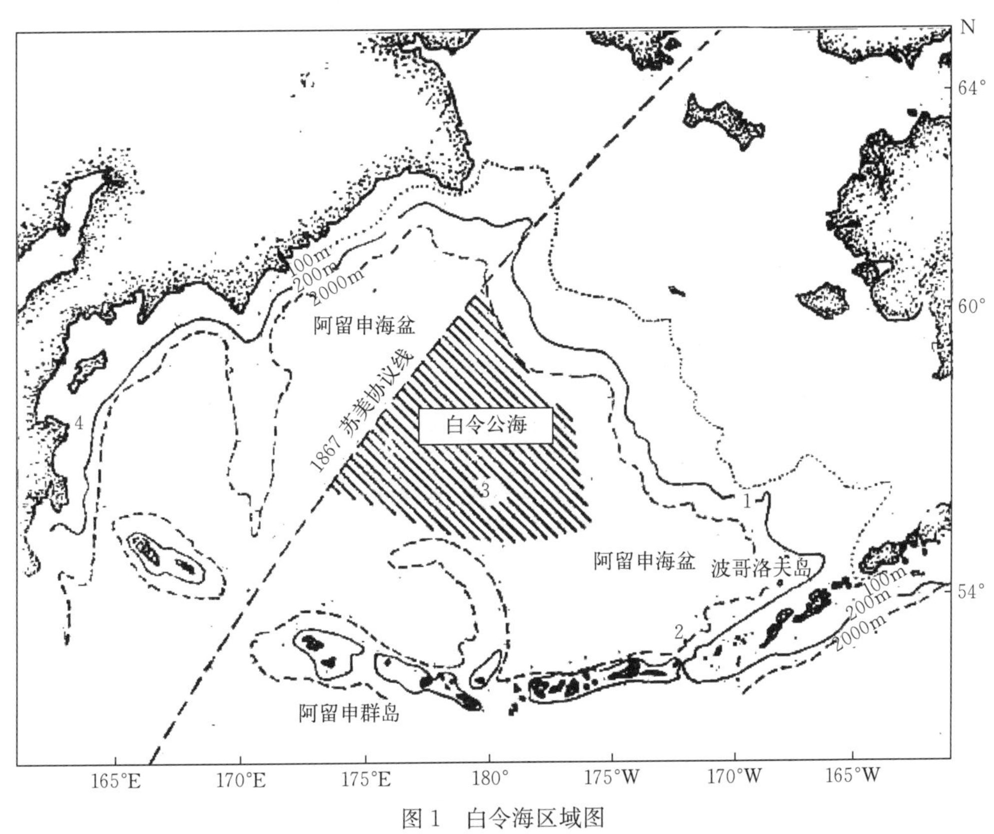

图 1 白令海区域图

1. 东白令海陆架和陆坡 2. 波哥斯洛夫岛和阿留申区域 3. 公海 4. 西白令海陆架和陆坡

结冰范围最大，但向南一般不超过北纬 60°。海冰 5 月份开始融化，7 月份白令海峡一带仍有浮冰。白令海南部由于气旋型环流的重要作用白令海水与太平洋较暖水团有大量交换。大量温暖的太平洋水经阿留申群岛之间的各海峡进入白令海向东或东北流，然后折向西北，形成环流。环流夏强冬弱，冬季在偏北大风的作用下，势力减弱，极地流对中北部地区产生明显影响。从常年水温变化看，公海区冬春季表层水温在 2～3 ℃左右，夏季（6—8 月）表层水温在 5～9 ℃，秋季中前期（9—10 月）表层水温在 7～10 ℃，11 月份温度明显下降，水层水温在 3～4 ℃。

白令海环流的位置和强度每年都有变化，有些年份未曾形成环流。因此，随着环流逐年逐季不同而引起冷水层位置的变化，对渔业资源的分布相应也有影响。1984—1988 年日本的调查资料表明，公海区冬季水温垂直分布为 2.5～4.2 ℃，温跃层出现在 50～200 m 处，该层之上为水温小于 3.5 ℃的冬季表层冷水，之下为水温大于 3.7 ℃的阿留申海流，温度相对较高。1—2 月狭鳕主要分布在跃层之下水深 250～300 m 处，水温 3.5～4 ℃、盐度 33.6～33.8、溶解氧较低（1.0～3.0 mL/L）的海区。3 月中，产卵后的鱼群移向温跃层之上较冷的中上层水域。8—9 月，由于阿拉斯加海流出东南向北移动，公海渔场水温东部高于西部，0～200 m 层的平均水温分别为 4～5 ℃和 3～4 ℃，温跃层出现在 50 m 层处。其中公海区西部跃层梯度较大，跃层上部水温为 5～9 ℃，下部为 5～1.5 ℃，在 100～200 m 处还有一个冷水层，水温为 1.5～2.0 ℃；东部跃层梯度较小，跃层上部水温为 5～9 ℃，下部为 4 ℃。低于 2.5 ℃的冷水层出现在北部的 150 m 处，而南部水温偏高，4 ℃以上较暖水出现 200 m 处。此种狭鳕高密度区出现在 50～200 m，特别是第 2 个温跃层之下（约150～200 m），资源密度明显偏高（图 2）。

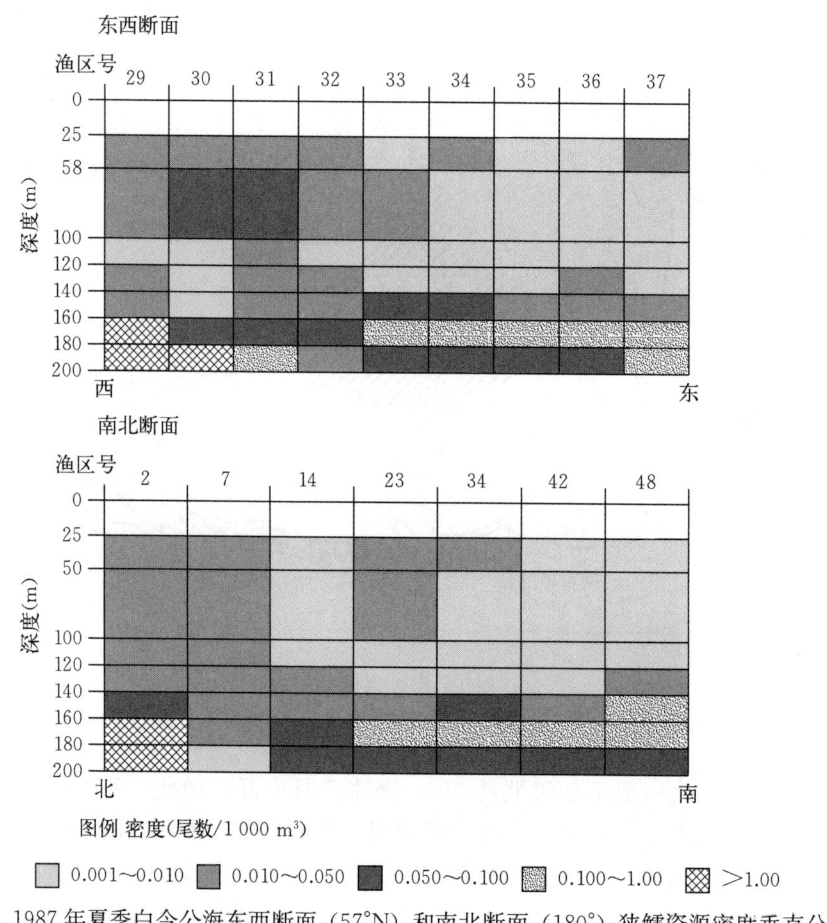

图 2 1987 年夏季白令公海东西断面（57°N）和南北断面（180°）狭鳕资源密度垂直分布

（引自日本水产厅调查资料）

二、渔业概况

1. 产量、渔船和单位捕捞力量渔获量

白令公海狭鳕资源开发利用已有较长的历史。1973 年已有波兰渔船在该水域捕捞作业，1980—1982 年少数日本和韩国渔船进入该水域捕捞作业。1983 年韩国投入 25 艘大型拖网加工船捕捞狭鳕，产量达 6.6 万 t。1984 年日本也投入了较多渔船在公海生产，日本和韩国狭鳕产量为 18.1 万 t。1985 年波兰和中国渔船相继进入公海生产，四国产量合计为 33.6 万 t。1986 年日本、韩国和波兰投入的渔船明显增加，苏联渔船也开始在公海捕捞狭鳕，总产量达 106.1 万 t。1987—1990 年各国投入渔船趋于稳定，年产量为 144 万～152 万 t，其中日本捕捞数约占 51%、韩国占 18.9%、波兰占 18.6%、苏联占 10.3%，中国不足 2%。1987—1989 年白令海狭鳕总产量为 338 万～395 万 t，其中公海产量占 39.6%、美国和苏联

200 n mile专属经济区内狭鳕产量分别占33.9%和26.5%（表1、表2、表3）。

表1　白令公海狭鳕捕捞产量和渔船数

年份	日本	韩国	波兰	中国	苏联	合计
1980	2 401	12 059				14 460
1981	221	0				221
1982	1 298	2 934（5）				4 232
1983	4 096	66 558（25）				70 654
1984	100 899	80 317（26）				181 216
1985	136 475（61）	82 444（26）	115 874	1 600（3）		336 393
1986	697 975（98）	164 000（30）	163 249	3 052（3）	41 000	1 069 276
1987	803 549（95）	231 000（32）	230 318	16 529（3）	158 000	1 439 396
1988	749 982（107）	268 600（33）	298 714	18 419（5）	135 000	1 470 715
1989	654 908（103）	342 300（41）	268 570	31 139（6）	219 000	1 515 917

注：产量单位为t；括号内为船数，单位为艘。

表2　1980—1989年白令海狭鳕产量

单位：万t

年份	公海	美国专属区（所有国家合计）	苏联专属区	合计
1980	1.49	95.83	—	97.3
1981	0.02	97.33	—	97.4
1982	0.42	95.60	—	96.0
1983	7.07	98.24	—	105.3
1984	18.12	109.88	75.6	203.6
1985	33.64	117.88	66.2	217.7
1986	106.93	118.94	83.8	309.7
1987	143.93	125.35	68.8	338.1
1988	147.07	122.80	125.3	395.2
1989	151.59	138.60	96.1	386.3

目前在白令公海捕捞狭鳕的渔船数尚无确切统计。1989年在公海实际作业的日本、韩国中国渔船共150艘，苏联约30艘，加上波兰渔船估计总数在200艘以上。除日本外，其他各国渔船均为大型单拖渔船，大部分具有冷藏加工能力。如韩国1988年单船平均为2 790总吨、3 897 hp，网口高度为35～70 m，网口面积为1 100～4 200 m^2，1989年韩国又增加了7艘大型拖网船，总船数达41艘。日本有各类大小的渔船在公海作业，归属于三种渔业：北太平洋拖网渔业，1989年有捕鱼许可证船只40艘，多数为1 000～4 500总吨级大型拖网船；母船式拖网渔业，1989年有许可证船只14艘，为280～550总吨拖网船；基地型拖网渔业，即北转船，1989年有许可证船只54艘，单拖为350总吨左右。1986—1989年日本在公海作业的渔船总数变化不大，约100余艘。

表 3　白令公海狭鳕单位捕捞力量渔获量

年份	日本			韩国		波兰	中国
	北洋拖网	北转船	合计（t/h）	t/h	t/船	t/d	t/h
1980	0.4	0.3	0.4				
1981	—	0.3	0.5				
1982	—	0.3	0.5				
1983	2.1	0.5	1.0	10.0	2 662		
1984	3.0	5.0	4.0	9.3	3 089		
1985	5.4	4.3	4.8	7.9	2 662	54.5	—
1986	12.3	6.3	8.6	9.7	5 191	47.6	—
1987	11.7	5.6	8.4	10.8	7 558	47.0	4.6
1988	9.2	4.6	6.8	5.7	8 139	43.8	3.5
1989	—	—	6.1	4.2	7 355	42.9	2.7
1990						30.0	1.9

白令公海狭鳕捕捞采用中层拖网，与陆架区狭鳕捕捞相比，是一项较新的作业方式。80年代初单位捕捞力量渔获量（CPUE）相对较低，随着技术的提高和装备改进，CPUE呈增加趋势。日本大型拖网船1983—1985年CPUE相对较低，每小时渔获量为2.1～5.4 t，1986年后CPUE明显增加，每小时渔获量为9.2～12.3 t，北转船自1984年CPUE即达到较高水平，1984—1988年间CPUE十分稳定，每小时渔船量为4.3～6.3 t。日本渔船每天拖网时间，1987年为11.3 h，1988年为12.1 h，若按12 h计，以上两类渔船，近两年每天平均产量分别为125 t和61 t左右，韩国渔船自1983年CPUE即达到较高水平，每小时渔获量约9.0 t。自1955年起，韩国渔船的马力和总吨位没有明显变化，但网口面积每年增加20%～30%，对提高CPUE有一定影响。另外，由于作业季节延长，单船年产量自1987年以来明显增加；波兰渔船CPUE自1985年以后一直比较稳定，单船每日产量约47 t，由于不了解渔船总吨位和马力情况，难以与他国渔船比较；我国渔船CPUE水平呈增加趋势，但与其他各国渔船相比仍有一定差距，每小时渔获量约3 t。从各国的情况看，近几年公海捕捞力量虽有增加，但CPUE仍较稳定，表明公海狭鳕资源状况良好。

2. 渔期

白令公海狭鳕渔场自开发利用以来，作业季节有较大变化。前期主要渔期为冬季；近几年趋向全年作业，主要渔期为秋末冬初以及春末，夏季捕捞效果明显好于往年。可能由于作业习惯不同或捕捞技术方面的原因，各国的作业季节并不完全一致，另外，主要渔期年间也有些变化。

日本渔船的主要作业季节是在秋冬季。1986年1、2月和12月的渔获量占全年总渔获量71.4%，夏季（6—8月）产量明显偏低，占总产量0.3%。1987年的情况与1986年相似。1988年10月产量明显增加，10—12月渔获量占全年总渔获量67.2%，1—2月产量与1987年相比，下降63%，夏季产量比例有所增加，6—8月渔获量占总渔获量4.6%，约3.5万t。1989年产量季节变化趋势与1988年相似，主要渔期仍是10—12月，产量比例相对下降，占总产量57.0%，4—5月出现了一个小的生产高潮，占总产20%，是往年未曾出现过的现象。从1986—1988年CPUE月变化情况看，10—12月及1月偏高，平均每小时拖网渔获量为10 t，最高为16.5 t/h，2—5月和9月居中，平均每小时拖网渔获量为4.6 t，夏季6—8月偏低，平均2.7 t/h，但是，有的年份也能达到中等水平，如1988年6—8月捕捞效果比同年2—5月约高45%，平均每小时拖网渔获量为4.3 t。另外，日本大型拖网渔船和小型拖网船的主要作业季节也有差别，如1987年北洋拖网船主要渔期为1月和11—12月，产量占全年73.4%，北转船主要渔期为1—4月及11—12月，占全年产量90%，6—9月几乎没有生产；1988年北洋拖网渔期主要为10—12月和1月，占全年产量86%，北转船同时生产也较好，产量占全年68%，另外，2—5月份生产也较好；1989年北洋拖网和北转船主要渔船均为10—12月和1月，产量分别占全年的60.8%和80.9%，北洋拖网在4—5月出现了一个生产高潮，占全年产量24.7%。

80年代中前期韩国渔船在公海渔场作业的季节为12月至翌年4—5月，其中1—2月的产量占全年85%。近几年发展为全年作业，1987—1988年盛渔期为10—12月，产量占全年59.0%，2—3月产量很低，不足全年的1%，1989年盛渔期为4—8月和11—12月，产量分别占全年61.5%和23.3%，夏季产量比往年明显增加。

1985—1987年波兰渔船作业季节为1—7月和11—12月，8—10月只有少数渔船作业。1988—1989年全年均有作业，其中春夏（4—8月）和秋冬（11—12月和1月）产量较高，占全年产量88%左右，2—3月和9—10月产量较低。从1988、1989年各月CPUE变化看，4—8月和11—12月较高，平均日渔获量分别为54.7 t和49.8 t，2、3月最低，平均日渔获量为12.3 t和17.4 t。与日本及韩国相比，夏季是波兰渔船的重要渔期之一，1988、1989年6—8月产量分别占全年的28.8%和25.6%，平均日渔获量分别为59.4 t和45.3 t。

3. 渔场

白令海狭鳕渔场如图1所示，共有三处：一是东白令海美国专属经济区内大陆架及其斜坡、波哥斯洛夫岛及阿留申水域；二是西白令海苏联专属经济区内堪察加半岛东部陆架及斜坡水域；三是白令海中央部公海水域。公海渔场开发较前两处渔场晚20年之久，随着作业船只逐渐增多，生产经验的累积和各国不断对渔场进行科学调查，渔场特点和规律逐渐掌握，近几年白令公海渔场的渔业地位明显加强。从1988—1989产量情况看，美、苏专属经济区内狭鳕渔场产量各占1/3弱，公海渔场产量占1/3强。

目前，公海渔场渔区尚无统一编号。各国渔捞统计一般以0.5纬度×1经度为一个渔区，由于地处高纬度，渔区实际面积相对较小，仅900 n $mile^2$左右（我国渔区划分为0.5×0.5经纬度，黄东海渔区平均面积约720 n $mile^2$）。从调查情况看（图3），公海各渔区均有狭鳕分布，但是，从各国的实际生产情况看，主要渔场位于公海的中南部，并有明显的季节变化。

日本渔船1986—1988年各月在白令公海捕捞狭鳕的作业渔区分布，1986年主要捕捞季节（1月、2月及12月），中心渔场位于公海中南部，并有偏西的倾向，3—5月主要渔场位于中北部，有偏东的倾向，从全年看，公海西南部及东边缘渔场生产较好；1987年主要捕捞季节和渔场分布均与1986年相似，从全年看，渔场偏向公海西南部；1988年主要捕捞季节为10—12月，中心渔场明显偏向西部，4月和7—8月渔场偏向东边缘。三年来，日本渔船的主要渔场偏向西部及东边缘，中心渔场位置比较稳定。另外，各月主要渔场，除春季

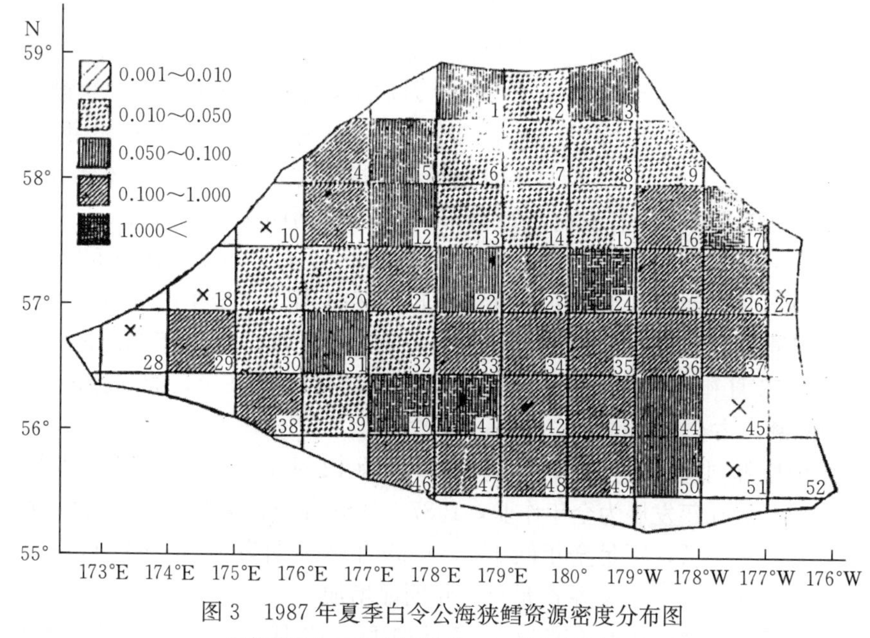

图3 1987年夏季白令公海狭鳕资源密度分布图

图例数字为每千平方米尾数；×者为未进行调查

（引自日本调查资料）

外，其他各月渔场也比较稳定，年间变化不明显。春季（3—5月）主要渔场年变化较大。如1986年主要渔场位于公海中北部及东部，1987年主要渔场位于中南部及西部，1988年主要渔场偏向东部。这些变化可能与各年环流变化及产卵群体的数量和产卵活动有关。夏季主要渔场偏向东部，秋季主要渔场位于西部，冬季主要渔场位于中南部及西部。

韩国渔船作业渔场与日本有一定差别，从全年看，主要渔场偏向公海中南部。其中：春季渔场分布在公海中部及南部，夏季及秋初（7—9月）中心渔场位于公海西南角，秋季中后期及冬季（10—1月）渔场自西向东移动。

波兰渔船在公海的作业分布与韩国相似，主要渔场为公海中南部。1985年，春季主要渔场位于公海东南部，并逐渐向西北方向移动，5月份渔场位于公海中央部，由东向西移动，6月转向南部，然后又向西移动。1986年渔场移动范围较大，冬季渔场主要位于东南部，春季由西向东移动，4—6月主要渔场位于西部，并逐渐向东移动。1987年主要渔场位于南部，冬季渔场位于南部的中心地带，春季渔场分别向西、东两侧移动，夏季主要渔场位于西南部。1988年主要渔场位于公海东南部，各月渔场变化不大。1989年主要捕捞季节（4—8月）渔场位于公海东南部，与往年相比渔场明显偏东，秋季（9—10月）渔场又偏向公海西南部，并逐渐向西移动，冬季渔场位于公海南偏东部分，与往年相似。从多年渔场变化情况看，波兰渔船春季（3—5月）集中于公海东南部作业，并沿北纬56°30′向西北（北纬57°）方向移动。夏季向南并逐渐转向东南方向，秋季又向西移动，冬季（12—1月）沿着公海南部向东移动。

苏联渔船作业渔场主要位于公海西南部，与其200 n mile专属区内狭鳕有关。

白令公海狭鳕中层拖网捕捞以瞄准捕捞为主。因此，各国对狭鳕的分布水层和垂直移动规律的调查研究十分重视。分布在公海的狭鳕栖息水深为20～600 m，分布水层的季节变化显著。通常，冬春季主要分布在230～300 m层，春末鱼群呈向上移动趋势。夏季主要分布水层为150～200 m，秋季鱼群呈向下移动趋势，分布在较深水层。狭鳕昼夜垂直移动明显，无论夏季还是冬季，日间鱼群栖息水层较深，鱼群较密集，夜间栖息水层相对较浅，鱼群较分散。

日本调查资料表明，1982年冬季狭鳕主要栖息水层为250～350 m，1986年同期分布水层明显较浅，如12月分布水层为140～200 m，1月为200～300 m。1979年夏季（6—8月）狭鳕主要栖息水层为30～150 m，1987年同期则为150～200 m。如前所述，分布水层的年间变化可能与温跃层的形成和位置有密切关系。

波兰生产调查资料表明，狭鳕主要分布水层为142～432 m，夏季鱼群集中在200 m层，日间可上浮到60～120 m层，夜间下沉。随着季节推移，鱼群向较深水层移动，最深达500 m。这种移动与水温变化有关。冬季表层水较冷，深层水温较暖，而夏季中上层则较暖，饵料也丰富。

韩国生产调查资料表明，狭鳕主要分布水深为20～400 m，栖息水层季节变化明显。如1988年夏初（6月中旬）鱼群主要栖息在20～220 m层，秋初开始向较深水层移动，主要栖息在100～200 m层，冬季主要在150～300 m层，冬末栖息水层较深，为200～400 m。

三、渔业生物学

随着白令公海渔业矛盾日益尖锐，狭鳕渔业生物学问题引起普遍的关注。美国和苏联于1988年7月19—21日和1990年4月2—5日在美国锡特卡和苏联哈巴罗夫斯克召开白令海渔业国际科学研讨会，日本于1989年8月23—26日在日本清水召开白令海狭鳕研究国际合作科学会议。会议内容包括白令公海狭鳕渔场海洋学、繁殖和早期发育、群体鉴别、资源评估以及有关捕捞和今后研究等问题，其中研讨的重点是与管理有关的种群鉴别和可捕量问题。它们直接涉及白令公海狭鳕渔业资源的开发和利用，与各国的实际利益密切相关。

1. 种群与洄游分布

关于白令海狭鳕种群的划分目前尚无定论。

美国的研究者认为东白令海狭鳕有两个相关的群体，一个群体分布在东白令海陆架区，另一个在阿留申海盆区。公海狭鳕是美国和苏联专属经济区内群体的混合部分。因为，从管理的角度，东白令海狭鳕可看作为一个主要群体，西白令海可作为一个主要群体，西白令海西南角科曼多尔至堪察加半岛东南部水域为另一个主要群体。

苏联的研究者认为狭鳕在白令海东、西陆架区都有稳定的产卵场，而在公海区没有发现产卵密集区，索饵期间鱼群散布在整个白令海。因此，白令海狭鳕可分为亚洲（或西白令海）种群和东白令海种群。公海狭鳕是两个种群的混合部分，其中三分之二来自美国专属经济区，三分之一来自苏联专属经济区。

波兰的研究者认为根据生长率、体长与体重关系和生物学测定特征分析，认为公海与白令海东南陆架的狭鳕是不同的群体。

日本的调查研究结果表明，整个白令海狭鳕的生物化学特征和鱼体量度、计数特征没有显著差别。在白令公海西部陆架区标志放流的狭鳕数年后在东白令海陆坡区、公海区捕获，甚至1979年在北海道标志放流的狭鳕于1981年在阿留申海盆区美国专属经济区内捕获。日本的研究者认为根据狭鳕的生殖习性和种群结构，将白令海狭鳕划分为三个群体：东白令海陆架群体和西白令海陆架群体，它们在各自的陆架区产卵、生长、洄游于陆架和陆坡之间；阿留申海盆群体，该群体在海盆区产卵，幼鱼在陆架附近栖息、发育、生长，5、6 岁达性成熟时返回海盆区。

同样，关于白令海狭鳕的洄游分布目前也是众说纷纭，苏、美根据白令公海狭鳕分为两个主要种群的假设，提出的洄游分布模式图如图 4、图 5，认为冬春季成熟的狭鳕从公海区间两个陆架产卵场洄游，产卵后仔稚鱼和幼鱼主要分布在陆架区，成鱼秋冬季返回公海区。其他各国的研究者并不完全同意这个见解，实际情况远比这个假设复杂。美国的资料也表明，1—2 月在公海东南角有产卵群体，产卵区与陆架区产卵时间差别很大。公海狭鳕产卵期为2—3 月，而普里比洛夫岛东南陆架区的产卵期为 3—6 月，主要为 4—5 月，西北陆架区产卵期为 6—8 月。

因此，关于白令公海狭鳕的种群和洄游分布问题还有待于进 一步调查研究。

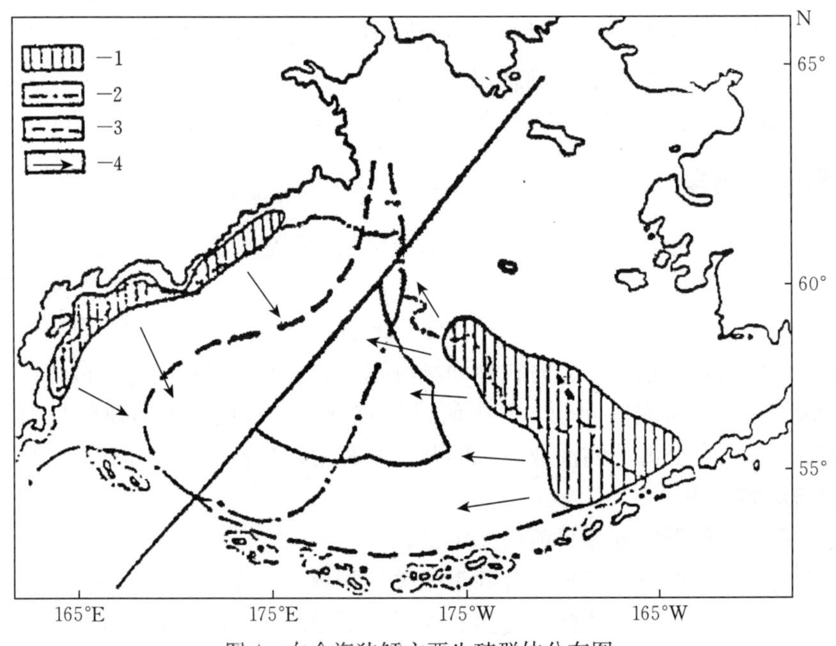

图 4 白令海狭鳕主要生殖群体分布图

注：1. 主要产卵场 2. 海盆生殖群体的洄游边界 3. 美国经济区群体的洄游边界 4. 箭头表示生殖后群体的洄游路线（引自美国资料）

2. 群体特征

白令海狭鳕的年龄组成在不同区域变化很大。1978—1988 年东白令海陆架区狭鳕基本由 2～9 龄组成，主要年龄组为 3～6 龄鱼，公海区狭鳕年龄组成明显偏高，以 6～12 龄为主。加拿大的资料表明，1989 年春季公海狭鳕年龄由 5～28 龄鱼组成，主要为 5～17 龄，其中 16、12、11 及 15 龄为优势年龄组，约占 72%。波兰的资料表明，1989 年公海狭鳕由 5～23 龄组成，长度[①]范围为 39～63 cm，体重为 340～1 790 g，主要年龄组为 6～13 龄，长度为 46～51 cm，体重为 650～950 g，约占 85%（其中 11～12 龄占 38.2%），长度小于 41

① 白令海狭鳕以叉长为国际标准鱼体长度。

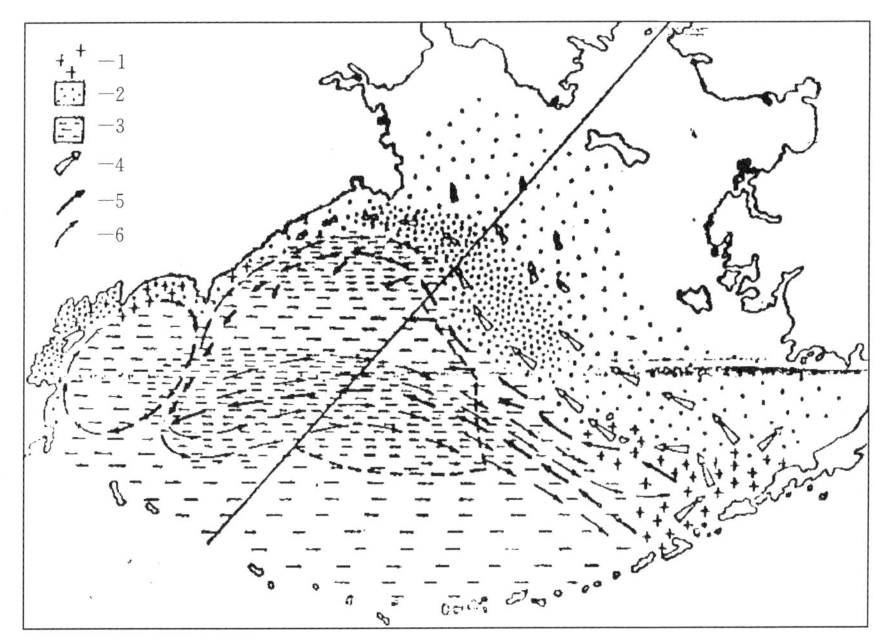

图5　白令海狭鳕主要洄游图

1. 产卵场　2. 幼鱼分布（1～4龄）　3. 索饵狭鳕分布　4. 仔鱼、当年鱼和2龄鱼的洄游　5、6. 生殖前后狭鳕洄游分布

（引自苏联资料）

和大于59 cm的个体不足1%。平均年龄冬春季为12.2岁，秋冬季为10.6岁，平均体重分别为775 g和850 g。日本和韩国的调查资料反映出同样的趋势，即1988—1989年公海狭鳕长度范围为40～58 cm，主要长度范围为49～50 cm，占80%。

狭鳕在5～6岁、长度为40 cm以上时达性成熟，性比为1∶1，但各月因分布的原因，性比变化很大。春季产卵期间，公海狭鳕雌性个体占80%以上，4月份则占50%左右，秋季雄性明显多于雌性。性腺发育一般始于9月，10—12月性腺指数增加很快，12月至翌年2月在公海内均可发现正在产卵或已产卵的狭鳕。性腺发育早晚年间有一定变化，并对渔期产生影响。如1989年9—11月性腺发育相对缓慢，1月份性腺迅速发育，2月4～5期成熟性腺占80%以上，3月份为产卵盛期，4月份性腺才进入恢复期。

公海狭鳕摄食季节变化显著，产卵前（12月至翌年2月）约90%的个体空胃，产卵后摄食强度逐渐增大，夏季为主要摄食季节，摄食种类因区域和季节不同而有变化，主要有桡足类、磷虾、端足类、住囊虫，以及少数虾类、头足类，有时也吞食狭鳕的卵子。狭鳕的肥壮度11—1月最高，3—4月最低。摄食期间，狭鳕昼夜均有摄食，但在日落前后捕食活动最为活跃，这一习性对捕捞生产有一定的影响。

3. 资源量和可捕量

白令海狭鳕资源极为丰富，从多年来捕捞生产中已充分显示出来了。但是，目前各国对该资源的评估结果差别很大。

美国根据拖网调查、世代分析和声学—拖网调查等方法评估1988年东白令海陆架区海狭鳕资源量为800万～1 160万t、阿留申群岛区为60万t、波哥洛夫岛区为250万t。苏联估计西白令海1988年狭鳕资源量为180万～200万t。美苏评估1988年白令海狭鳕总资源量约 1 300 万 t。苏联专家组（1989）认为近几年白令海狭鳕资源量平均每年下降 10%，故 1990 年资源量评估为 1 053 万 t。

日本根据世代分析资料评估 1989 年东白令海陆架区为 1 200 万 t，阿留申海盆区为 1 500 万t，两个海区合计约 2 700 万 t；波兰应用同样的方法评估 1989 年阿留申海盆区狭鳕资源量为 1 530 万 t，略低于 1985 年—1988 年资源量（2 171 万～1 591 万 t）。

根据以上的评估结果（表 4），美苏认为白令海狭鳕渔业开发利用率以 25%为宜，1988 年应捕狭鳕 325 万 t，实际捕捞 395 万 t，过捕 70 万 t，提出 1990 年狭鳕可捕量不应超过 263 万 t。这意味着将目前的捕捞水平要下降 30%以上；日本认为 1990 年白令海总允许渔获量为 428 万～631 万 t，1988—1989 年实际渔获量还未达到这个水平，表明渔业生产仍有一定潜力；波兰认为目前白令公海狭鳕捕捞死亡系数为 0.24，低于最适捕捞死亡（$F_{0.1}=0.6$）的水平，评估 1990 年白令公海狭鳕可捕量为 150 万 t，与资源量相比，渔业开发利用率仅 10%，明显低于东白令海陆架区。

表 4　白令海狭鳕资源各国评估结果

区域	生物量				总允许渔获量		
	美国	苏联	日本	波兰	美国　苏联	日本	波兰
东白令海陆架	800～1 160		1 208～1 228			183～265	
西白令海陆架		190				46～67	
阿留申海盆	310		1 410～1 653	1 530		199～299	150
合计	1 300		2 618～2 811		263	428～631	

注：单位为万 t；生物量为 1988—1989 年评估结果；总允许渔获量为 1990 年评估结果。

四、公海捕鱼问题

1. 问题的由来

80 年代中期随着美国和苏联 200 n mile 专属经济区内狭鳕捕捞配额逐年减少和美国专属经济区内渔业实行美国化进程加快，原在美苏专属区内，特别是美国东白令海专属区内的外国渔船开始转向白令海中央部公海区捕捞狭鳕。1983 年—1984 年韩国、日本首先转向公海区生产。1985 年后大批日本、韩国、波兰、中国及苏联的渔船转入公海区捕捞狭鳕，1986 年产量超过百万吨。这一动向引起美国和苏联政府的关注。1988 年 3 月美国参议院以白令公海的捕鱼活动对毗邻的美国、苏联专属经济区渔业资源构成严重威胁为理由作出一项决议：要求各国渔船暂缓进入白令公海生产，并要求国务卿采取必要的行动。1988 年 4—5 月美苏政府间渔业会议中，双方就白令海以及 200 n mile 以外海域捕鱼量迅速增长和如何保护该区域资源等问题交换了意见。双方认为白令海的绝大部分商业鱼类为美国及苏联共同享有，还商定由双方共同在美国举办一次科学研讨会，评价白令海狭鳕资源。

白令海渔业国际科学研讨会于 1988 年 7 月 19—21 日在阿拉斯加州锡特卡举行。除苏联、美国外、加拿大、中国、日本、韩国、波兰等国家的代表应邀参加了会议。会议就白令海海洋学、繁殖和早期生活史、群体鉴别、生物量与产量、分层研究等问题进行了讨论，讨论的重点集中于狭鳕种群鉴别问题，即资源归属问题。各国关于群体鉴别的论点如前所述。这些论点均有一定资料为依据，但又不够充分完整，加上立足点不同，难以取得一致的结论。1989 年 8 月 23—26 日日本、韩国、波兰在日本清水召开了白令海狭鳕资源国际合作科学会议。会议交换了锡特卡会议以来白令公海狭鳕的调查资料，认为 1988 年狭鳕资源没有显著变化，对资源的利用是合适的，并就今后白令公海狭鳕资源调查合作交换了意见。1987 年美、苏政府间渔业会议再次就白令海狭鳕资源问题进行磋商，成立由白令海渔业专家咨询组织。该组织于 1989 年 11 月 27—28 日在美国西雅图举行首次会议，就共同贯彻政府间渔业协商会议关于白令公海狭鳕渔业实施管理法规问题达成协议，双方专家对白令海狭鳕资源开发率、1990 年狭鳕资源量和可捕量水平等问题进行了评估，取得一致意见。苏方专家提出在白令公海限制捕捞季节，建议 10 月 1 日至 11 月 30 日关闭公海东经 178°以西部分，1 月1 日至 2 月 28 日关闭 180°以东部分，或者采取降低开发利用产卵前期群体的措施；美方专家对此提出异议，认为产卵期间实施禁渔生物学依据不足，但是，又表示愿意就设置捕捞期问题进一步磋商。这些动向，再次引起各捕鱼国的不安。1990 年 4 月 2—5 日由苏、美联合发动的第二次白令海渔业国际科学研讨会在苏联哈巴罗夫斯克召开。加拿大、中国、韩国、波兰、日本等国家的代表应邀参加会议。会议的重点集中于白令海狭鳕资源量、可捕量以及白令公海适当的渔获量水平的评估。如前所述，美、苏的见解与其他各国的意见相差甚大。但是，这些讨论促使白令海公海狭鳕生产向实施管理捕捞迈进。

1990 年 5 月苏联总统访问美国期间，两国外长再次就白令公海狭鳕捕捞问题交换了意见。

不难看出，围绕白令公海狭鳕捕捞问题的矛盾和斗争日趋尖锐。目前，各国积极对白令海狭鳕资源进行调查研究，充分利用科学研讨会这个讲坛，加强自己的地位。美苏是为了控制狭鳕资源并将各捕鱼国挤出白令海制造舆论和进行技术准备，而日本等国家则是为了维护各自在白令公海捞鱼的合法权益或利益而进行科学论证。

2. 公海捕鱼的依据

依照国际法，公海为全人类所共有，是供所有国家使用的海域。它不属于任何国家领土之一部分。也不受任何国家主权的管辖，任何单方立法活动都是非法和无效的。《联合国海洋法公约》第一一六条规定“所有国家均有权由其国民在公海上捕鱼”，即所有国家国民均享有在公海上捕鱼的权利。可见，目前日本、韩国、波兰、中国等国家渔民在白令公海捕鱼的法律地位是确定的。虽然美国等国家尽量回避这一事实，将各国在白令海捕捞狭鳕的区域称之为面包圈或白令海中央部，但是，他们却无法否认该区域的“公海”性质。因为少数国家以种种借口私自瓜分白令海狭鳕资源或将他国渔船挤出公海区的企图都是行不通的，也是不能容许的。

《联合国海洋法公约》在明确公海捕鱼权利的同时，也规定了所应承担的义务。这些义务包含在如下条款中：

第一一七条　各国为其国民采取养护公海生物资源措施的义务

“所有国家均有义务为各该国国民采取、或与其他国家合作采取养护公海生物资源的必要措施。”

第一一八条　各国在养护和管理生物资源方面的合作

“……。凡其国民开发相同生物资源、或在同一区域开发不同生物资源的国家，应进行谈判，以期采取养护有关生物资源的必要措施。为此目的，这些国家在适当情形下进行合作，以设立分区域或区域渔业组织。”

第一一九条 公海生物资源的养护

“1. 对公海生物资源决定可捕量和制订其他养护措施……

2. 在适当的情形下，应通过各主管国际组织……，在所有有关国家的参加下，经常提供和交换可获得的科学情报、……，资料。……”

第六十三条 ……

“2. 如果同一种群或有关联的鱼种的几个种群出现在专属经济区内而又出现在专属经济区外的邻接区域内，沿海国和在邻接区域内捕捞这种种群的国家，应直接或通过适当的分区域或区域组织，设法就必要措施达成协议，以养护在邻接区域内的这些种群。”

显而易见，在白令公海捕捞狭鳕的所有国家及其有关国家都要责无旁贷地承担上述义务，中国目前产量虽不多，但也不能例外地要承担上述义务。这对发展中的中国远洋渔业无疑是一个前所未遇到的新问题。

3. 解决问题的途径和对策

目前白令公海狭鳕渔业问题的现状不可能长久地持续下去。该区域渔业资源的开发和保护问题，既不可能由少数国家说了算，也不可能没有限制地捕下去，应以合作的态度，设立区域性国际渔业组织，通过协商谈判，设法就必要措施达成协议，确保白令海狭鳕资源的开发利用和稳定。我国应以积极的态度，密切注视、关心、参与与这一主题有关的各种国际活动，使我们及时掌握动态，提出相应的对策，使生产得到巩固和发展，而不受到损害。

决定可捕量和制订必要的养护措施以及配额问题，将是今后一段时间内白令海狭鳕渔业谈判活动中的一个重要内容。为了确保其公正性和科学性，必须加强资源调查，获得可靠的科学证据和捕捞生产信息。对于这一系列的科研工作，应该有一个区域性的国际科学调查组织加以协调和统筹，新组建的北太平洋海洋科学组织（PICES）将是一个合适的组织。在该组织之下，建立白令海狭鳕渔业和资源监测体系是有益的。根据目前的实际状况，可分为三个监测区：东白令海美国专属经济区监测区、西白令海苏联专属经济区监测区和白令公海监测区。

无论是从近几年我国渔船生产的实际体会，还是其他各国的生产状况，都反映出白令公海是一个良好的渔场，狭鳕资源丰富，生产尚有一定潜力，是我国发展北太平洋远洋渔业重要的目标区。当前，我们在白令公海投入的渔船数和产量还太少，应当抓住有利时机迅速增加我国在白令公海捕捞狭鳕的渔船数。这也是增强我国在该海域地位，巩固和发展我国白令公海渔业的重要环节。

另外，我渔船还需进一步提高捕鱼技术，熟悉掌握渔场季节变化和鱼群垂直移动等行动规律，适应全年作业。目前，我国渔船 4—5 月返港休整的安排也应作必要的调整。以 2—3 月为宜。此时捕捞效率相应较低，作业环境会恶劣，也有利于船员休整。

参考文献

赵理海，1984. 海洋法的新发展．北京大学出版社．

Aron W，Balsiger J（eds），1989. Proceedings of the International Scientific Symposium on Bering Sea Fisheries. July 19－21，1988，Sitka，Alaska U. S. A. NOAA Tech. Memo. NMFS F/NWC—163，424 pp.

Novikov N P，1991. Proceedings of the International Scientific Symposium on Bering Sea Fisheries. April 2－5，1990，Khabarovsk U. S. S. R.

太平洋渔业资源动向[①]

唐启升
（中国水产科学研究院黄海水产研究所）

一、世界渔业发展动向

在近百年内，世界渔业经历了三次较大的发展，第一阶段，20 世纪末，由于蒸汽机在围网渔业、拖网渔业以及延绳钓等渔业中的应用，渔业初次实现了工业化，推动了渔业的发展。但是，由于整个社会生产力还比较低，发展较缓慢；第二阶段，50—60 年代，随着尾滑道加工拖网船和高度机械化围网渔船的建造和使用，以及渔捞机械化程度和船舶性能的普遍改善，导航、助渔仪器的发展，渔业工业化进入第二时期，各渔业发达国家的捕鱼船队出现在世界海洋各重要渔场，大力开发利用渔业资源，产量迅速增加，由 1950 年的 2 000 万 t 上升到 1970 年的 6 954 万 t，增加了 2.5 倍，平均年递增率为 6.4%。70 年代，世界渔业生产发展速度减缓，出现了停顿、徘徊的局面，总产量在 7 000 万 t 左右，其中海洋渔业产量徘徊在 6 000 万 t 上下；第三阶段，80 年代以来世界渔业中最重要的事件是 200 n mile 专属经济区的确认和 1982 年海洋法大会通过的《联合国海洋法公约》，世界上第一次把 99%的渔业产量置于沿海国家管理之下，结束了延续几个世纪之久的“海上自由捕鱼”的历史。世界渔业已由过去的开发型转为现今的管理型，渔业生产进入了一个崭新的时期。在这一形势下，各沿海国家加强了渔业资源的管理和开发，再次促进了生产发展。1987 年世界渔业产量达 9 269 万 t，其中海洋渔业产量达 8 050 万 t，较 1980 年分别增长 26.1%和 24.3%。平均年递增率为 3.6%和 3.2%（表 1）。其中，太平洋北部和南部、大西洋南部增加幅度较大，

表 1　世界渔业产量

单位：万 t

年份	1950	1955	1960	1965	1970	1975	1980
总产量	2 000	2 890	4 020	5 328	6 954	6 614	7 238
其中：							
内陆	140	303	437	763	886	699	759
海洋	1 860	2 587	3 583	4 565	6 068	5 915	6 479
年份	1981	1982	1983	1984	1985	1986	1987
总产量	7 478	7 686	7 760	8 371	8 599	9 235	9 269
其中：							
内陆	815	851	928	990	1 059	1 139	1 219
海洋	6 663	6 835	6 832	7 381	7 540	8 096	8 050

① 本文原刊于《远洋渔业》，(1)：67－75，1990。

分别为41.4%、68.7%和35.8%。这期间，不仅发展中国家，发达国家也积极发展渔业生产。1987年渔业产量分别为4 834万t和4 435万t，较1980年分别增长了46.3%和16.1%。发展中国家东非、南美、南亚、东南亚等地区产量增加幅度较大（如肯尼亚、智利，厄瓜多尔、秘鲁、阿根廷、印度、印度尼西亚、菲律宾、韩国和中国等）；发达国家中美国、苏联、日本等国家产量增加幅度较大（表2）。

世界渔业发展的这一动向，无疑会给姗姗来迟的中国远洋渔业带来新的机遇。

表2 各经济类别国家和地区的渔业产量

单位：万t

年份	1980	1981	1982	1983	1984	1985	1986	1987
发达国家	3 821	3 916	3 957	4 053	4 286	4 215	4 356	4 435
其中①：美国	364	377	399	426	491	477	494	574
日本	1 043	1 074	1 083	1 126	1 202	1 141	1 198	1 184
苏联	948	957	999	982	1 059	1 052	1 126	1 116
新西兰	10	21	24	28	30	31	35	43
南非	64	59	60	58	55	60	63	90
发展中国家	3 304	3 562	3 729	3 707	4 085	4 384	4 880	4 834
其中①：西北洋	42	50	49	59	61	63	76	66
东非	73	70	74	80	87	87	94	98
南美②	624	665	779	592	870	1 003	1 219	1 008
南亚	359	366	364	384	422	425	437	438
东南亚	884	1 049	1 058	1 133	1 135	1 164	1 266	1 229
中国	424	438	493	521	593	678	800	935

注：①渔业产量增加幅度较大的国家和地区。②太平洋沿岸。

二、太平洋在世界渔业中的地位

世界海洋渔业资源分布并不是均匀的。各大洋中有60%以上的水域属于生产力低的海区，而生产价值较高的海区一般是在大陆架和斜坡水域，以及有上升流的海区。这些区域浮游生物繁殖迅速，是渔业生物种类栖息、繁殖的优良场所，从而也形成了有捕捞价值的优良渔场。太平洋区，无论是大陆架面积、上升流区域，还是水域生产力较高的区域［浮游植物大于100 mgC/(m^2 · d)、浮游动物大于50 mg/m^3］，都优于其他洋区。因此，其渔业资源在世界海洋中占有得天独厚的优势。

就各大洋的产量来说，在20世纪前半期大西洋渔业产量一直占据首要位置（东北大西洋为主要渔业区）。1950年大西洋渔获量占世界海洋总产量58.1%（东北大西洋占32.2%），而太平洋渔获量占34.9%，印度洋占7.0%。1958年，大西洋渔获量优势被打破了，太平洋渔获量跃居首位，此后在世界渔业中的地位一直保持加强的势头。80年代中后期，其渔获量占世界海洋总产量的 60%以上（表 3）。其中太平洋西北部渔获量占总量的 32.2%，成为世界主要渔业区。而东北大西洋的渔业地位明显下降，渔获量占总量的 12.9%。

表 3　各大洋渔业产量

单位：万 t

年份	1950	1955	1958	1960	1965	1970	1975	1980	1985	1986	1987
太平洋产量	650	1 050	1 340	1 700	2 381	3 465	3 056	3 565	4 572	5 102	4 940
其中：北区	—	—	—	—	1 217	1 565	1 950	2 071	2 666	2 907	2 929
中区	—	—	—	—	325	505	641	831	884	921	893
南区	—	—	—	—	839	1 395	465	663	1 021	1 274	1 118
占总产量%	34.9	41.3	47.2	50.1	52.2	57.1	51.7	55.0	60.6	63.0	61.4
大西洋产量	1 080	1 350	1 340	1 500	1 996	2 359	2 545	2 543	2 492	2 497	2 608
其中：北区	770	940	910	980	1 289	1 491	1 578	1 464	1 395	1 351	1 339
中区	250	290	300	360	434	514	628	684	707	714	733
南区	60	120	130	160	273	354	339	395	390	432	536
占总产量%	58.1	53.1	47.2	44.2	43.7	38.9	43.0	39.3	33.1	30.9	32.4
印度洋产量	130	140	160	190	188	244	314	370	477	497	501
占总产量%	7.0	5.5	5.6	5.6	4.1	4.0	5.3	5.7	6.3	6.1	6.2

另外，在 1987 年 10 个年产量超过 200 万 t 的渔业大国中，除印度，其他均为环太平洋国家（日本、苏联、中国、美国、智利、秘鲁、韩国、印度尼西亚和泰国），在 10 个单种产量超过 100 万 t 的种类中，前 5 个主要种类如狭鳕、日本沙丁鱼、南美沙丁鱼、智利竹筴鱼和秘鲁鳀均分布于太平洋，1987 年产量合计达 2 149 万 t。

以上情况不仅说明了太平洋在世界渔业中的地位，也显示了渔业资源的潜力。

三、太平洋各大渔区生产和资源状况

按世界渔业统计，太平洋被分为 7 个渔业大区，即西北区、东北区、中西区、中东区、西南区、东南区和南极区。从 80 年代渔业产量看（表 4），除中东区和南极区外，其他各大区渔业生产均有较大发展，产量增长幅度以西南区和东南区为最大，而实际产量增加则以西北区和东南区为最大，现将各区状况分述如下：

1. 西北区

大陆架及其斜坡水域宽广，西部大部分水域受黑潮暖流和亲潮寒流的影响，水域生产力很高，大部分水域浮游植物生物量在 250 mgC/(m^2 · d) 以上。西北部近岸水域在 500 mgC/(m^2 · d) 以上。西北部（日本海、鄂霍次克海）也是浮游动物生物量较高的区域，大部分区域生物量在 200 mg/m^3 以上。千岛群岛海域生物量在 500 mg/m^3 以上。因此，该渔区生物资源丰富，是太平洋主要渔业区，其产量占洋区总产一半以上。1987 年渔业产量为 2 591 t，占洋区总产 52.4%，与 1981 年相比，增长幅度为 32.7%，实际增产 638 万 t，渔业稳步发展（表 4、表 5、表 6）。

表 4 太平洋各渔业区产量

单位：万 t

年份	1981	1982	1983	1984	1985	1986	1987
西北区	1 953	2 043	2 125	2 374	2 378	2 587	2 591
东北区	237	216	241	269	288	321	338
中西区	536	546	611	602	604	657	650
中东区	251	229	162	214	280	263	244
西南区	50	52	57	58	58	75	91
东南区	683	790	627	855	963	1 198	1 027

注：南极区仅有少量磷虾，故数字略。

表 5 太平洋各渔区分类别产量（1987 年）

单位：万 t

渔业区	西北区	东北区	中西区	中东区	西南区	东南区
鱼类	2 142.5	315.0	562.1	213.4	74.9	1 007.3
甲壳类	112.1	11.1	44.4	18.5	0.8	3.4
软体动物	317.0	11.6	39.4	9.7	14.7	13.8
其他	20.4	0.5	3.6	1.9	0.1	2.9
主要类别①						
鲑鳟类、胡瓜鱼类	29.2	31.6	—	—	—	—
鲆鲽类、鳎类	23.4	34.8	—	—	—	—
鳕等类	530.5	220.0	—	—	21.8	26.0
鲳、鲈类、鲽吉鳗类	137.0	16.1	64.5	—	14.3	10.4
鲹类、鲻类、秋刀鱼类	84.7	—	88.1	—	15.7	271.8
鲱、沙丁鱼、鳀类	601.8	—	68.7	115.6	—	682.2
金枪鱼类	43.9	—	128.8	53.1	—	—
鲐类、杖鱼类、带鱼类	169.7	—	34.4	16.3	—	—
蟹类	68.6	—	—	—	—	—
虾类、对虾类	43.1	—	37.1	16.8	—	—
牡蛎、贻贝、扇贝等	106.5	—	—	—	—	—
蛤、蚶类	130.5	—	13.6	—	—	—
枪乌贼、乌贼、章鱼类	72.5	—	16.3	—	11.2	—

注：①渔区产量超过 10 万 t 列为主要类别。

表 6 西北太平洋主要渔业生产国产量

单位：万 t

年份	1980	1981	1982	1983	1984	1985	1986	1987
日本	863.7	882.2	898.6	947.5	1 023.0	978.9	1 039.1	1 013.7
苏联	319.6	355.3	398.6	418.9	543.6	546.2	582.3	545.7
中国	299.5	300.4	336.5	337.2	367.7	383.5	463.2	540.1
韩国	167.4	185.1	176.1	181.3	186.4	198.8	225.2	212.8
朝鲜	133.0	142.0	146.5	151.0	155.0	159.0	160.0	160.0

该渔区资源以鱼类为主，主要类别有鲱类、鳀类、鳕类、鲐类、鲳类、鲹类、秋刀鱼类、金枪鱼类、鲆鲽类、鲑鳟类，其中，中上层鱼类与底层鱼类比例各半。1987 年渔获量中鱼类占 82.7%，其次为软体动物占 12.2%，主要类别有枪乌贼、乌贼、章鱼类和贝类等，甲壳类虽是太平洋分布密度较高的区域，但渔获量仅占渔区产量的 4.3%，主要为蟹类、虾类和对虾类等。

一般认为，该渔区资源利用较为充分，西南部海区资源已出现了衰退现象。但是，北部鄂霍次克海、日本海、千岛群岛一带渔业资源仍然十分丰富，渔业生产呈上升趋势。特别引人注目的是狭鳕和日本沙丁鱼资源处于很高的水平（表 7）。

表 7　太平洋西北部狭鳕和沙丁鱼产量

单位：万 t

年　份	1981	1982	1983	1984	1985	1986	1987
狭　鳕	313.1	348.4	366.7	461.4	473.3	515.4	500.9
其中：苏　联	213.8	249.5	274.5	343.8	334.2	358.3	342.1
日　本	90.3	92.7	85.8	109.3	115.5	125.2	121.5
韩　国	9.0	6.2	6.3	8.3	12.2	15.5	14.2
波　兰	—	—	—	—	11.6	16.3	23.0
日本沙丁鱼	361.4	396.6	446.4	515.6	472.3	519.1	532.1
其中：日　本	309.0	328.0	374.4	417.9	386.7	420.9	436.2
苏　联	6.3	59.4	58.0	79.9	74.9	82.1	76.5
韩　国	46.1	8.2	14.0	17.8	10.8	16.1	19.4

狭鳕　太平洋渔业资源的优势种，广泛分布于本渔区的北部。历史上渔业仅限于日本和朝鲜近海水域，50 年代渔获量波动在 25 万～45 万 t 之间。60 年代随着捕捞范围扩大和强度增加，1967 年突破 100 万 t。70 年代产量为 300 万～400 万 t。近几年，在严格管理的情况下产量超过 500 万 t，占渔区总产量 1/5，显示了资源的潜力和稳定性。目前，该资源主要为苏联、日本、朝鲜及波兰等国家利用，其中苏联和日本的渔获量分别占总量的 68.3%和 24.3%（1987 年）。主要渔场有 4 处：

（1）日本海渔场。主要渔场位于东北海区（萨哈林岛和北海道水域）和西北海区（大彼得湾和朝鲜湾）。该渔场资源虽开发利用较早，但 1980 年以来资源尚较稳定，渔获物以 4～6 龄鱼为主，体长为 43 cm 左右。

（2）鄂霍次克海渔场。西北太平洋狭鳕的主要产区。堪察加半岛西岸和萨哈林岛东岸是该海区狭鳕两个主要产卵场。产卵期为 2—5 月，产卵狭鳕体长组成为 20～80 cm（3～13 龄），以 40～45 cm（4～5 龄）的个体为主。产卵后，堪察加半岛西岸狭鳕大部分游向鄂霍次克海北部索饵，萨哈林岛东岸的狭鳕大部分就地（鄂霍次克海南部）索饵。主要索饵期为 5—9 月。捕捞几乎全年均可进行，主要渔期为夏秋季，捕捞集群的索饵鱼群。目前，该渔场狭鳕资源很稳定，据调查，仅鄂霍次克海北部狭鳕资源量为 500 万 t。

（3）西白令海渔场。主要位于堪察加半岛东南沿海，由于资源分布集中于苏联沿岸，资源也为其利用。据报道，资源也呈增长趋势。

(4) 白令公海渔场。地处白令海中央部。苏美 1867 年协定线与美国 200 n mile 专属经济区之外的公海，大约 6 万 n $mile^2$。主要捕捞大中型怀卵狭鳕，个体重 650～700 克，鱼群主要分布于水深 160～240 m 中层水域。主要捕捞期为 11 月至翌年 3 月。其他月份亦可作业，捕捞系用中层拖网。

该渔场正式开发于 1984 年，发展很快。1986 年日本、韩国、波兰及中国等国产量约 130 万 t，其资源量约 900 万 t。由于该区域资源开发利用，危及美国及苏联专属经济区内渔业的切身利益，一场控制与反控制的斗争正在悄悄地进行，斗争错综复杂。该区域作为我国在太平洋发展远洋渔业的重要目标区，应引起我们高度重视，尽快加强实力，站稳脚跟，在实际斗争中争取更多的发言权。

日本沙丁鱼 自 70 年代初资源恢复后，产量迅速增加。1976 年突破 100 万 t，近几年产量稳定在 500 万 t 左右。主要为日本（占 82%）、苏联（占 14%）和韩国（占 4%）等国家捕捞利用（表 7）。渔场主要位于日本太平洋沿岸、五岛—对马海峡和日本海。据报道，1987—1988 年世代沙丁鱼状况良好，仔幼鱼广泛分布于黑潮流域，资源仍保持在较高水平。因此，近几年该资源不会出现明显的衰落。

另外，西北太平洋的头足类还有较大的潜力。据估计可捕量为 200 万 t，可以扩大捕捞的对象有巴特柔鱼、日本爪乌贼等。渔场主要位于黑潮与亲潮交汇海域，即日本北海道以东的太平洋水域。

2. 东北区

是太平洋水域生产力较高的区域之一，浮游植物生物量在 250 mgC/(m^2 · d) 左右，大部分区域浮游动物生物量在 200～500 mg/m^3。东白令海部分水域在 500 mg/m^3 以上。渔业资源相当富饶，鱼类占绝对优势，在 90%以上，其中底层鱼类的比例较大，主要类别有鳕类、鲆鲽类及鲉类等，该区域也是太平洋鲑鳟鱼类资源最丰富的海区。甲壳类和软体动物资源数量相对较少，但蟹类是该区一项重要的渔业资源。

1987 年渔业产量为 338.2 万 t，占洋区总产 6.8%，与 1981 年相比，增长幅度为 42.5%，实际增产 101 万 t（表 4、表 5）。

近几年该渔区渔业发展迅速，主要是美国加强了资源的开发和利用（表 8）。主要渔场有：

(1) 东白令海渔场。位于东白令海大陆架及其斜坡水域的南部。主要捕捞种类有狭鳕、大头鳕、刺黄盖鲽、鲉类、箭齿鲽、鲱及鳕场蟹等。据调查，自 1983 年以来资源量一直保持在 1 000 万 t 以上的水平。1988 年狭鳕资源量约 500 万 t，其他资源约 600 万 t。1988 年实际渔获量为 200 万 t，其中狭鳕渔获量约 110 万 t。狭鳕在东白令海分布面很广，主要分布区为大陆架外缘和斜坡水域，密集区在阿留申群岛和普里比洛夫群岛之间。普里比洛夫群岛东南是东白令海狭鳕的主要产卵场，产卵期为 3—6 月。阿留申群岛狭鳕产卵期为 1—3 月。产卵期间鱼群密集，是主要捕捞季节。当前捕捞的狭鳕多为 3～4 龄鱼，体长为 40～50 cm。该渔场狭鳕资源与白令公海狭鳕关系密切。

(2) 阿拉斯加湾渔场。位于阿拉斯加湾西部及东南部水域。主要捕捞种类有狭鳕、刺黄盖鲽、其他鲽类，银鳕、鲉类及鲑鳟等。据调查，该渔场资源量有 400 多万吨，由于控制措施严格，实际捕捞量仅 25 万 t。如"其他鲽类"的资源量约 200 万 t。为了保护拟庸鲽资源，总允许捕获量仅为 2.3 万 t。此外，美国在这一区域对渔业资源和经济采取保护主义政策，极力排挤外国渔船。1987 年合资经营的产量仅为 3.3 t，较 1989 年下降了 48.5%。

表 8　东北太平洋主要渔业生产国产量

单位：万 t

年份	1980	1981	1982	1983	1984	1985	1986	1987
美国	65.4	80.7	84.5	101.8	127.0	161.4	203.6	257.2
加拿大	14.3	18.3	15.7	19.2	16.9	21.3	21.9	20.2
日本	81.3	93.7	86.0	80.2	72.2	55.2	32.9	21.8
韩国	18.2	26.6	26.1	36.3	40.0	39.9	51.8	32.0

3. 中西区

也是太平洋水域生产力较高的区域。渔业资源中鱼类约占 87%；甲壳类和软体动物各占 6%左右，主要类别有金枪鱼类、鲹类、鲱科鱼类、鲳鲈类、鲐类、虾类、头足类和贝类等。

1987 年渔业产量为 649.5 万 t，占洋区总产 13.1%，与 1981 年相比，增长幅度为 21.2%，实际增产 113 万 t（表 4、表 5）。

该渔区西部开发较早，东部开发较晚，渔业潜力较大，其中底层鱼类、中上层鱼类、头足类均有较大的潜力。特别是澳大利亚外海是日本、韩国、苏联及中国等在该渔区发展远洋渔业的重要目标区。日本对这一海域的鲣、金枪鱼、头足类和虾类等资源的开发尤为重视。1987 年外国在该渔区的产量约 41 万 t（未包括美国，表 9）。主要渔场有：

（1）澳大利亚北部渔场。位于澳大利亚北部外海，包括阿拉弗拉海和帝汶海等。渔业种类繁多。主要有金线鱼、乌贼、蛇鲻、鲹、鲷类等。据调查，仅底层鱼类资源量就有 116 万 t，但开发率很低，不足 10%。另外，该渔场的金枪鱼类、对虾、龙虾等尚未很好利用，有进一步开发的潜力。

（2）澳大利亚东北部渔场。位于大堡礁和珊瑚海一带，主要资源种类为岩礁鱼类，鲷科鱼类占多数，还有一定数量的鲐、鲹、金枪鱼等中上层鱼类，作业以钓为主。

另外，该渔区的东北部鲣、金枪鱼类等资源丰富，且多分布在各岛国周围海域，具有渔场近，开发潜力大等特点，是日本等国家在中南太平洋钓渔业的主要渔场之一。

表 9　中西太平洋主要渔业生产国产量

单位：万 t

年　份	1980	1981	1982	1983	1984	1985	1986	1987
印度尼西亚	126.0	129.8	132.6	149.8	155.2	159.8	168.2	177.1
澳大利亚	2.2	2.9	2.5	2.4	2.4	2.5	2.6	2.9
马来西亚	25.9	38.4	25.5	30.3	27.1	27.1	25.6	24.7
菲律宾	113.4	121.3	125.8	131.8	133.3	133.1	137.8	142.5
泰　国	146.5	158.4	167.3	179.7	164.6	174.5	194.4	166.0
越　南	39.9	41.7	47.3	55.2	55.3	57.7	58.2	62.0
日　本	27.9	25.3	25.6	29.6	30.3	18.5	34.4	32.5
苏　联	0.4	0.4	0.9	1.0	0.8	1.0	1.2	1.7
韩　国	1.6	1.0	1.4	1.8	1.9	1.8	3.3	6.3
美　国	0.4	2.7	4.1	15.2	15.6	11.4	13.5	16.0

4. 中东区

水域生产力处于中等水平，西部洋区浮游植物生物量在 100 mgC/(m^2 · d) 左右。浮游动物生物量在 50 mg/m^3 左右。东部近岸加利福尼亚上升流流域浮游植物生物量在 250 mgC/(m^2 · d) 左右。浮游动物生物量在 200 mg/m^3 左右，渔业资源尚较丰富，鱼类约占 88%，甲壳类和软体动物分别为 8%和 4%，主要类别有沙丁鱼、鳀、其他鲱科鱼类、金枪鱼、鲐类及对虾类等。

1987 年渔业产量为 243.5 万 t，占洋区的 4.9%，较 1981 年有所减少（表 4、表 5）。

目前，该渔区出现的情况主要是加利福尼亚沿岸沙丁鱼、鳀鱼及其他中上层鱼类资源被动所致（表 10）。但是，该渔区底层鱼类、头足类及虾类资源还有一定的开发潜力。此外，加州外海的鲹类和鳕类资源也很可观，资源量分别为 210 万～480 万 t；200 万～400 万 t。因此，日本、韩国等国家的产量仍呈上升趋势（表 10）。近几年日本还将加州至南美北部外海列为鱿鱼钓主要开发区。

表 10 中东太平洋主要渔业生产国及种类产量

单位：万 t

年 份	1980	1981	1982	1983	1984	1985	1986	1987
美 国	36.9	35.4	32.5	21.5	20.9	22.7	23.4	26.4
墨西哥	98.6	122.6	101.9	67.5	69.2	84.8	93.1	98.4
巴拿马	20.5	14.5	10.7	16.2	13.1	27.7	12.6	16.6
厄瓜多尔	63.8	53.8	60.7	37.1	88.0	108.6	100.0	67.8
日 本	11.5	12.6	12.7	11.5	11.9	22.2	16.5	17.8
韩 国	11.1	1.4	1.9	2.2	2.3	4.9	5.6	5.0
加州沙丁鱼	32.8	34.4	43.3	38.1	27.8	37.2	47.0	47.7
后丝鲱	2.3	2.7	6.4	4.0	7.9	3.8	4.0	4.7
加州鳀	37.4	42.4	36.5	10.2	13.4	15.4	12.3	16.7
太平洋鳀	17.2	11.0	7.8	15.9	11.6	24.5	11.0	19.0
其他鲱科鱼类	0.3	0.4	18.7	7.1	37.6	69.6	62.9	26.4
鲣	13.4	14.7	12.4	7.4	9.8	16.1	7.6	8.1
黄鳍金枪鱼	15.2	16.7	15.6	12.4	15.5	23.3	27.5	28.5
鲐	60.5	70.0	29.2	13.1	33.6	16.1	15.7	16.3
对虾类	—	—	9.4	10.7	9.9	9.4	11.0	14.6

5. 西南区

水域生产力较低，东部大部分水域浮游植物生物量小于 100 mgC/(m^2 · d)，浮游动物生物量小于 50 mg/m^3。西部澳大利亚和新西兰近海水域生产力略高，浮游植物和动物生物量分别在 250 mgC/(m^2 · d) 和 100 mg/m^3 左右，渔业资源也相应较低。鱼类约占 83%，软体动物占 16%、甲壳类占 1%。主要类别有鳕类、鲷类、鲹类和投足类等。

1987 年渔业生产量为 90.5 万 t，占洋区产量的 1.8%，较 1981 年增长幅度为 81.4%，实际增产 40 万 t；外海渔船产量为 41.6 万 t，占渔区总产 46%（表 4、表 5、表 11）。主要渔场有：

(1) 新西兰渔场，位于新西兰大陆架及其斜坡水域。近海主要渔业种类有真鲷、指鲭、鲂鮄、鲽、鲈等，深水区有长尾鳕、无须鳕、非洲鳕、予鳕、杖鱼、海鲂和鱿鱼等。据调查，资源量约 880 万 t，目前利用尚少，渔获量仅为可捕量的一半。另外，该渔场还有许多中小型中上层鱼类资源未被很好利用，如竹刀鱼、竹筴鱼等。

该渔场的东部鲣鱼资源很丰富，是日本等国家钓渔业的重要探察开发区。

(2) 澳大利亚东部渔场，位于澳大利亚东部近海，以底层鱼类资源为主。主要种类有鲬类、蛇鲭类、鲷类、海鲂、王对虾类等。该渔场资源虽较丰富，但开发利用程度亦较高。

表 11 西南太平洋主要渔业生产国产量

单位：万 t

年 份	1980	1981	1982	1983	1984	1985	1986	1987
新西兰	19.1	21.2	24.0	28.2	29.4	30.5	34.5	43.0
澳大利亚	3.7	4.1	4.0	3.6	3.4	3.5	4.3	5.2
日 本	13.5	13.9	13.0	13.2	16.7	15.4	19.4	24.3
苏 联	7.0	6.2	6.8	9.1	6.3	6.6	15.3	15.0
南朝鲜	2.8	3.1	3.5	1.8	2.1	1.4	1.4	2.4

6. 东南区

水域生产力相当丰富，秘鲁海流流域浮游植物和动物生物量分别为250 mgC/(m^2 · d) 和 200 mg/m^3，形成了世界著名的渔场。渔业资源中鱼类占绝对优势，约 98%，软体动物和甲壳类所占比较甚少，约 2%。主要类别为沙丁鱼、鳀、鲹类及鳕类等。

70 年代中后期由于鳀鱼资源波动，东南太平洋渔业产量明显下降。80 年代，尽管鳀鱼资源仍不稳定，时高时低，如 1982 年为 182.6 万 t，1984 年为 9.4 万 t，1986 年为 494.5 万 t。但是，其他中上层鱼类资源稳定、雄厚，底层鱼类资源状况也较好，渔业又进入新的发展时期。1987 年渔业产量为 1 027.4 万 t，占洋区总产 20.8%，较 1981 年，增长幅度为 50.5%，实际增产 345 万 t（表 4、表 5、表 12）。

表 12 东南太平洋主要渔业生产国及种类产量

单位：万 t

年 份	1980	1981	1982	1983	1984	1985	1986	1987
智 利	281.7	339.4	367.2	397.3	449.7	480.1	556.7	480.9
秘 鲁	269.6	270.0	349.6	153.6	328.8	410.8	558.1	454.7
苏 联	55.2	60.5	60.8	61.5	60.5	62.4	71.1	84.4
古 巴	8.9	7.9	8.8	5.6	3.4	4.7	8.9	4.0
日 本	1.3	1.4	1.4	2.0	1.9	3.6	2.5	2.6
南美沙丁鱼	325.3	280.4	329.0	399.6	536.1	581.4	433.3	468.6
秘鲁鳀	82.3	155.0	182.6	12.6	9.4	98.7	494.5	210.0
智利竹筴鱼	128.9	174.0	220.5	165.4	231.3	214.8	196.1	268.2

（续）

年 份	1980	1981	1982	1983	1984	1985	1986	1987
鲐	20.6	17.6	8.7	3.4	20.5	8.7	4.1	5.7
智利无须鳕	19.1	10.3	5.3	3.1	4.5	4.7	7.4	6.4
巴塔哥尼亚无须鳕	3.7	3.9	4.6	3.1	3.1	3.2	3.9	5.7
巴塔哥尼亚长尾鳕	1.8	2.4	1.8	2.2	2.7	1.9	3.7	13.1

据估计，东南太平洋沿岸 200 m 水深以内的渔业资源量超过 1 800 万 t。秘鲁所属水域鱼类资源量约 900 万 t，其中竹筴鱼、鲐、无须鳕资源极为丰富。外海资源也相当雄厚，资源量有能超过近岸，尚处于未开发或未充分利用阶段。鉴于渔业发达国家的注意力已由北太平洋转向南太平洋，该渔区无疑成为一个重要的目标区。当前，智利、秘鲁等沿海国家主要在 200 n mile 以内水域生产。主要捕捞沙丁鱼、鲥及鳕类，产量不断增加；非东南太平洋沿海国家主要在 200 n mile 之外的水域生产。1987 年苏联在这一水域的渔获量达 84.4 万 t，大多数为竹筴鱼。日本等国家产量虽低，但渔获种类以经济价值很高的金枪鱼类为主。可见该渔区的渔业潜力很大，应引起我们的重视。

7. 南极区

浮游生物资源量十分丰富。据估计，南极磷虾资源量有 5 亿 t 左右，可捕量可达 3 000 万 t。日本、苏联等国家已开始生产性开发，但捕捞、加工等技术问题尚有待解决。1987 年渔获量仅 394 t。

该渔区鱼类资源相对较少，而且多为体长 25 cm 以下的小型鱼类。但是，头足类资源丰富，深海乌贼资源量为 6 000 万～6 500 万 t，可捕量 100 万～200 万 t，是一个潜在的开发对象。

关于开辟外海渔场、发展远洋渔业的初步设想[①]

唐启升　执笔

开辟外海渔场、发展远洋渔业是贯彻全国水产工作会议确定的“大力保护资源，积极发展养殖，调整近海作业，开辟外海渔场，采用先进技术，加强科学管理，提高产品质量，活跃城乡市场”的四十八字方针的一项重要措施。不仅对实现调整我国近海作业，减轻近海捕捞对资源的压力尽快恢复资源有积极的意义，同时，对进一步发展我国海洋渔业，提高我国在世界渔业中的地位也有重要的现实意义，为此，我们提出一些粗浅的设想供参考。

我们认为，就目前我国的经济状况和渔业实力而论，开辟外海渔场应以围网渔业为主，发展远洋渔业可从与外资联营和自建船队两个方面入手。

一、关于开辟外海渔场

就东、黄外海而言（指水深 100 m 以外海区及相邻的日本海和日本太平洋沿岸），从我国、日本生产与调查的实际情况来看，资源状况较好，潜力较大，唾手可得的资源，主要是以围网渔业为主中上层鱼类，如鲐、鲹、鲅和远东拟沙丁鱼。因此，开辟外海渔场，着重点似应放在围网渔场的开辟上，至少在当前应当如此。这样，一方面可以较快地取得效果，使目前的围网渔业有一个广阔的前景，另一方面不仅可以把一些大型机轮围网调出东黄海，同时也可以把一批因近海调整而被裁减的中型拖网船迅速转为围网生产。

现将可供开辟外海渔场的两种围网渔业的情况简述如下：

1. 东黄外海鲐、鲹、鲅渔业

这一渔业渔场主要为对马、济州岛、五岛和东海中南部（水深 100～200 m 处）外海，已被日本、韩国及台湾省渔船开发利用多年，渔期主要为 10 月至翌年 5 月，渔场稳定，资源丰富，据估计，日本、韩国等每年在这一区域捕获量近 50 万 t。我国虽于 1974 年开始利用这一渔场资源，并在今冬取得较好的成绩，但产量仅有几万吨，渔场主要局限于济州岛一带。从生产中反映出的问题看，我国产量低，主要是船少和渔具渔法方面的实际问题，如网的深度不够、网衣下沉慢、绞机负荷小，等等。但是，这些问题如能集中技术力量和一定的物质条件解决也是不困难的。因此，解决一些实际问题，扩大生产，更好地开辟和利用这一渔场，在短期内使产量有较大幅度的增长，预计获得 10 万 t 产量是完全有可能的。

2. 日本沿岸远东拟沙丁鱼渔业

日本沿岸远东拟沙丁鱼是我国开辟外海渔场，发展围网渔业的一个很有潜力的资源。该鱼种在日本有悠久的捕捞历史，1936 年产量曾达 160 万 t，由于资源波动，1965 年不足 1 万 t，但进入七十年代产量有大幅度回升，1975 年达 53 万 t，1978 年猛增到 150 万 t（其中日本太

① 本文原为黄海水产研究所资源室中上层鱼类组 1979 年讨论稿，1980 年初上报国家水产总局，唐启升执笔。

平洋沿岸近 100 万 t、日本海沿岸约 50 万 t)，接近本世纪最高水平，近两年，常常因为丰产，鱼价暴跌而休渔。日本有关科研人员认为（1977）今后几年远东拟沙丁鱼资源呈增加趋势，至少能持续十余年。

远东拟沙丁鱼是一种暖水性沿岸洄游的中上层鱼类，主要分布在距岸 30 n mile 左右的海区，随着季节变动作南北洄游，产卵期为 1—6 月，产卵和索饵期间一般分布在 50 m 以上的中上层，也常集成密集的鱼群，起浮于表层，从船上和空中均可发现，因此，在日本主要捕捞工具为围网及流刺网、牛网（或其他定置网）、拖网等。目前沙丁鱼也是日本中小围网的主要捕捞对象。

结合我国围网渔业的现状来看，开辟这一渔场，是完全有基础的。有利条件有以下几点：

（1）我国发展围网渔业已有多年历史，并取得了一些生产经验，亦能掌握外海作业生产技术，同时，目前我国围网渔业的船只、网具和捕捞技术完全适合该鱼种的捕捞生产（情况类似近几年北方的青鱼围网生产），另外，250 hp 混合式拖网渔船稍加改装就可以适应沙丁鱼围网生产。

（2）渔场离我国较近，作业海区主要在距岸 20～40 n mile 内，对船只性能要求不高，作业比较安全。另外，渔获运输，后勤供给等问题也比较好解决。据了解 1976 年北方三大渔业公司（旅大、烟台、青岛）共有冷藏运输船 9 艘，10 615 总吨，13 130 hp，其中包括 1974 年前后从日本进口的三条（单船总吨为 852，1 650 hp），除此之外还有一条万吨级的冷藏加工船（延安 5 号，烟台地区管理）。目前这些船大部分处于吃不饱的状态，出现造非所用现象。

（3）由于资源雄厚，开辟该渔场，能迅速收到成效，渔业生产有可能获得较多的盈利。沙丁鱼过去在日本除鲜销外，还是有名的沙丁鱼罐头的原料，现在除一部分加工鱼粉外，大部分作为鱼用养殖饲料，与我国鱼种相比，类似或好于鲐鱼和青鱼。

开辟沙丁鱼渔场可能遇到的问题是涉外问题，即该渔场位于日本沿岸，日本可能出于本身的渔业利益，提出异议。但是，由于资源雄厚，日本常因丰产，鱼价暴跌而休渔，资源利用是不充分的；另外，我国同日本签有渔业协定，按渔场利用对等的原则，我国可以提出捕鱼的要求。因此，根据以上两条理由通过中日渔业谈判再考虑到目前中日关系比较友好的条件，我方正式提出捕捞沙丁鱼的问题及有关事宜，上述问题可能得到解决。

为了开辟这一渔场，目前除积极收集日本沙丁鱼渔业的有关资料外，我所将积极准备创造条件争取于 1980 年 4、5 月对日本海对马至能登半岛沿岸沙丁鱼渔场进行一次调查，并希望配有一组围网船进行生产性的探捕，为今后发展生产提供可靠的依据。

总之，我们认为，开辟外海渔场，除了扩大目前已开辟利用的东黄外海鲐鲹鲅等中上层鱼网生产外，还应积极着手组织进入日本海或日本太平洋沿岸生产远东拟沙丁鱼。

另外，为了全面掌握了解东、黄外海的资源状况，应当组织有关科研单位，对东、黄外海大陆架边缘海区中下层鱼类资源进一步探捕调查。

二、关于远洋渔业

发展远洋渔业似应从两个方面着手，一是与外资合营，二是自建远洋船队。从目前我国经济状况和渔业实力来看，与外资合营发展远洋渔业比较现实，能够较快地取得效果。

1. 与外资合营

具体地讲就是由我方出渔业劳力和捕捞技术，在不投资或少投资的情况下，获得盈利，挣取外汇。一般来说，提出合营要求或建议的国家和地区多半可能是本国无捕鱼船队，无捕鱼习惯或无从事渔业人员，或资源利用不足等，在这种情况下，进行合营一方面可为发展我国自己的远洋渔业寻求落脚点，同时也为发展我国远洋渔业培养了技术骨干力量。

从太平洋区域来看，扩展与外资合营合作，比较理想的区域是西南太平洋的澳新渔场，该渔场开发历史短，资源丰富，潜力很大，日本称其为世界第四好渔场，日本、苏联、韩国等国，近年投入很大力量在该区域进行探捕调查，开发渔场，进行生产，其他许多国家和地区也争相申请进入该渔场生产。如今秋我台湾省与澳大利亚签署协定，1979—1980 年度有 60 组拖网船，30 组流网船前往生产。捕获限制为 69 000 t（渔业执照费为渔获量的 6%）。因此，从发展我国自己远洋渔业的角度着想，也应尽早进入类似的渔场。

为了搞好这种合作，建议总局一方面组织人员去有关合营国家进行实地考察，另一方面组织以现有大型调查船为骨干的小型探捕船队（以 3～5 对为宜）由总局统一指挥领导进行生产性探捕调查，使我方能基本掌握资源状态，渔场环境、渔具渔法和渔业政策等，及时提出对策。

2. 自建我国远洋船队

近几年我国已兴造了一批 600 hp 及以上的渔船，并具备少量的千吨级冷藏运输船和万吨级的冷藏加工船，从日本和朝鲜发展远洋渔业早期的情况看，我国组建自己的远洋船队已初具条件。另外，虽然进入 200 n mile 经济专属区时代，大陆架渔场的自由捕捞受到限制，但许多国家出于政治或经济上的考虑，仍允许在规定的条件下进行捕鱼，在就近太平洋和印度洋范围内，可供我国发展远洋渔业的渔场仍有多处，如澳大利亚渔场、新西兰渔场、白令海渔场、印度洋北部渔场和西部渔场等。

根据我国的作业习惯和技术条件，目前以白令海阿拉斯加沿岸狭鳕渔场作为发展我国远洋渔业作业区比较理想，有利条件有以下几点：

（1）该渔场资源雄厚，渔场稳定，网获高，日本 300 总吨拖网船，5 个月平均单船产量为 5 300 t，约为东黄海 600 hp 双拖网船产量的 5 倍左右。

（2）生产方式为拖网作业，大中型单拖，双拖船均适合作业，符合我国现行拖网的作业习惯和技术水平。

（3）渔业税低，为 3%，另外，鉴于中美关系和最惠国待遇，有可能取得捕鱼权。

（4）由于受美国实行配额生产的限制，日本作为食用加工原料的狭鳕产量近几年有所下降，因此，我方渔获有可能销售日本。

为了早日实现这一设想，为组建船队，做好技术上的准备，建议一方面积极与美国进行洽商，探讨捕鱼的规模、时间、区域，另一方面，与日本有关渔业公司洽商（如大洋渔业公司），争取于 1980 生产季节内（5—9 月）派出生产领导人员，科技人员和主要船员随生产船进行渔场考察和生产实习。

第四篇·渔业碳汇与养殖生态

一、渔业碳汇与碳汇扩增

二、养殖种类结构与生态

一、渔业碳汇与碳汇扩增

碳汇渔业与海水养殖业——一个战略性的新兴产业[①]

唐启升

当前，发展低碳经济成为各国政府应对气候变化的战略选择。发展低碳经济的核心是降低大气中 CO_2 等温室气体的含量，主要途径有两条：一是减少温室气体排放，主要依靠工业节能降耗措施、降低生物源排放及人们日常生活中的节能降耗措施来实现；二是固定并储存大气中的温室气体，既可以通过工业手段，更可以通过生物固碳来实现。就目前的科技水平来看，通过工业手段封存温室气体，成本高、难度大，而通过生物碳汇扩增，不仅技术可行、成本低，而且可以产生多种效益。因此，生物碳汇扩增在发展低碳经济中具有特殊的作用和巨大的潜力，尤其对我们发展中国家意义特别重要。

根据政府间气候变化专业委员会（IPCC）的解释，“碳汇”是指从大气中移走 CO_2 和 CH_4 等导致温室效应的气体、气溶胶或它们初期形式的任何过程、活动和机制。而“碳源”就是指向大气释放 CO_2 和 CH_4 等导致温室效应的气体、气溶胶或它们初期形式的任何过程、活动和机制。研究证明，海洋是地球上最大的碳库，整个海洋含有的碳总量达到 39 万亿 t，占全球碳总量的 93%，约为大气的 53 倍。人类活动每年排放的 CO_2 以碳计为 55 亿 t，其中海洋吸收了人类排放 CO_2 总量的 20%～35%，大约为 20 亿 t，而陆地仅吸收 7 亿 t。根据联合国《蓝碳》报告，地球上超过一半（55%）的生物碳或是绿色碳捕获是由海洋生物完成的，这些海洋生物包括浮游生物、细菌、海藻、盐沼植物和红树林。海洋植物的碳捕获能量极为强大和高效，虽然它们的总量只有陆生植物的 0.05%，但它们的碳储量（循环量）却与陆生植物相当。海洋生物生长的地区还不到全球海底面积的 0.5%，却有超过一半或高达 70%的碳被海洋植物捕集转化为海洋沉积物，形成植物的蓝色碳捕集和移出通道。土壤捕获和储存的碳可保存几十年或几百年，而在海洋中的生物碳可以储存上千年。

按照碳汇和碳源的定义以及海洋生物固碳的特点，“渔业碳汇”是指通过渔业生产活动促进水生生物吸收水体中的 CO_2，并通过收获把这些碳移出水体的过程和机制，也被称为“可移出的碳汇”。这个过程和机制，实际上提高了水体吸收大气二氧化碳的能力。渔业具有碳汇功能，因此，可以把能够充分发挥碳汇功能、具有直接或间接降低大气二氧化碳浓度效

① 本文原载于《http://www.ysfri.ac.cn/Newshow.asp - showid = 1829&signid = 16.htm》，2010.6.28 和《http://www.smsta.com/cn/zjsd_xx.aspx? id=328》创新周刊 2010-06-30。

果的生产活动泛称为“碳汇渔业”。

事实上，海洋渔业碳汇不仅包括藻类和贝类等养殖生物通过光合作用和大量滤食浮游植物从海水中吸收碳元素的过程和生产活动，还包括以浮游生物和贝类、藻类为食的鱼类、头足类、甲壳类和棘皮动物等生物资源种类通过食物网机制和生长活动所使用的碳。虽然这些较高营养层次的生物可能同时又是碳源，但它们以海洋中的天然饵料为食，在食物链的较低层大量消耗和使用了浮游植物，对它们的捕捞和收获，实质上是从海洋中净移出了相当量的碳。简而言之，在海洋中凡不需投饵的渔业生产活动，就具有碳汇功能，可能形成海洋碳汇，相应地亦可称之为海洋碳汇渔业，如藻类养殖、贝类养殖、增殖放流以及捕捞业等。

我国渔业具有高生产效率、高生态效率的特点，碳汇渔业在生物碳汇扩增战略中占有显著地位，在发展低碳经济中具有重要的实际意义和很大的产业潜力。发展碳汇渔业是一项一举多赢的事业，不仅为百姓提供更多的优质蛋白，保障食物安全，同时，对减排 CO_2 和缓解水城富营养化有重要贡献。“碳汇渔业”这一提法应更多理解为“发展的理念”，期望它能成为推动渔业，特别是海水养殖业新一轮发展的驱动力，成为发展绿色的、低碳的新兴产业的示范。

中国大规模的贝藻养殖对浅海碳循环的影响明显。目前国内海水养殖的贝类和藻类使用浅海生态系统的碳可达 300 多万吨，并通过收获从海中移出至少 120 万 t 的碳。新的研究表明，在过去 20 年中，我国海水贝藻养殖从水体中移出的碳量呈现明显的增加趋势。例如 1999—2008 年间，通过收获养殖海藻，每年从我国近海移出的碳量为 30 万～38 万 t，平均 34 万 t，10 年合计移出 342 万 t；而通过收获养殖贝类，每年从我国近海移出的碳量为 70 万～99 万 t，平均 86 万，其中 67 万 t 碳以贝壳的形式被移出海洋，10 年合计移出 862 万 t。两者合在一起，1999—2008 年间，我国海水贝藻养殖每年从水体中移出的碳量为 100 万～137 万 t，平均 120 万 t，相当于每年移出 440 万 t CO_2；10 年合计移出 1 204 万 t，相当于移出 4 415 万 t CO_2。如果按照林业使用碳的算法计量，我国海水贝藻养殖每年对减少大气 CO_2 的贡献相当于造林 50 多万 hm^2，10 年合计造林 500 多万 hm^2，直接节省造林价值近 400 亿元。

很明显，海水养殖是海洋碳汇渔业的主体部分，但是，关于海水养殖业的产业性质，人们常常简单地归之传统产业。如果换个角度，能不能说它是一个战略性的新兴产业呢？第一，海水养殖不仅改变了中国渔业生产的增长方式和产业结构，同时也改变了国际渔业生产的方式和结构；第二，从满足国家重大需求看，到 2030 年 16 亿人需求增加 1 000 万 t 水产品，海水养殖将是主要的支柱；第三，从产业产出的贡献看，保障食物安全，减排二氧化碳；第四，从产业发展的科学内涵看，发展生态系统水平的海水养殖将成为现代渔业发展的突破点。前不久在中国工程院与国家发改委召开的一次咨询研讨会议上，已把海水养殖和海洋药物归到新兴的生物产业中。这样看来，海水养殖业有希望形成新的经济增长点，成为发展绿色的、低碳的新兴产业的示范。我们也期望，突出一点，带动全局，推动生物经济和蓝色经济的发展。

预计到 2030 年，我国海水养殖产量将达到 2 500 万 t。按照现有贝藻产量比例计算，海水养殖将每年从水体中移出大约 230 万 t 碳；而 2030 年以后，我国海洋渔业产量的增长将主要依赖环境友好型的增养殖渔业模式发展和规模化的海藻养殖工程建设，海洋渔业产量的增长将进一步带动渔业碳汇的增加；到 2050 年，我国海水养殖总产量预计达到 3 500 万 t，其中海藻养殖产量将突破 1 000 万 t（干重），海水养殖碳汇总量可达到 400 多万吨，其中贝类固碳 180 万 t，藻类固碳 235 万 t。因此，我国碳汇渔业的发展对我国和世界食物安全和减少 CO_2 等温室气体的排放都将做出重大贡献。

关于发展以海水养殖业为主体的碳汇渔业，有四点建议：一是端正认识，强力推动海水养殖业发展，充分发挥渔业的碳汇功能，为发展绿色的、低碳的新兴产业提供一个示范的实例；二是大力推动规模化的海洋森林工程建设，包括浅海海藻（草）床建设、深水大型藻类养殖和生物质能源新材料开发等；三是尽快建立我国渔业碳汇计量和监测体系，开展针对性的基础研究，科学评价渔业碳汇及其开发潜力，探索生物减排增汇战略及策略；四是积极参与建立一个全球的蓝色碳基金，推动我国海洋固碳和碳汇渔业建设。

Shellfish and Seaweed Mariculture Increase Atmospheric CO_2 Absorption by Coastal Ecosystems①

TANG Qisheng, ZHANG Jihong, FANG Jianguang

(Key Laboratory for Sustainable Utilization of Marine Fishery Resources, Ministry of Agriculture, Yellow Sea Fisheries Research Institute, CAFS, 106 Nanjing Road, Qingdao 266071, China)

Abstract: With an annual production of >10 million t (Mt), China is the largest producer of cultivated shellfish and seaweeds in the world. Through mariculture of shellfish and seaweeds, it is estimated that (3.79±0.37) Mt C yr^{-1} are being taken up, and (1.20±0.11) Mt C yr^{-1} are being removed from the coastal ecosystem by harvesting (means±SD). These estimates are based on carbon content data of both shellfish and seaweeds and annual production data from 1999 to 2008. The result illustrates that cultivated shellfish and seaweeds can indirectly and directly take up a significant volume of coastal ocean carbon—shellfish accomplish this by removal of phytoplankton and particulate organic matter through filter feeding, and seaweeds through photosynthesis. Thus, cultivation of seaweeds and shellfish plays an important role in carbon fixation, and therefore contributes to improving the capacity of coastal ecosystems to absorb atmospheric CO_2. Because the relationship between mariculture and the carbon cycle of the coastal ecosystem is complicated and the interaction between the 2 processes is significant, such studies should be continued and given high priority.

Key words: Carbon cycle; Shellfish; Seaweed mariculture; Coastal ecosystem; Carbon dioxide

Introduction

Despite having surface areas amounting to only 7% of global ocean area and volumes amounting to <0.5% of total ocean volume, ocean coastal zones play an important role in the biogeochemical cycles of carbon. Significantly higher rates of new primary production occur in the coastal oceans than in the open oceans because of the higher supply of nutrients in coastal areas, in addition to the rapid remineralization of organic matter resulting from enhanced pelagic and benthic coupling (Wollast, 1998, Muller - Karger et al., 2005). The scaling of air - sea CO_2 fluxes based on measurements of the partial pressure of CO_2 (pCO_2) and carbon mass balance calculations indicates that the continental shelves absorb

① 本文原刊于 *Mar Ecol Prog Ser*, 424: 97-104, 2011。

atmospheric CO_2 at a rate ranging between 0.33 and 0.36 Pg C yr^{-1}. This corresponds to an additional sink of from 27 to 30% of the CO_2 uptake by the open oceans (Takahashi et al., 2009). Unfortunately, even now there is still a great deal of discussion about whether coastal oceans are net sources or sinks of atmospheric CO_2, and whether primary production in coastal oceans is exported or recycled. There is some evidence that estuaries act as sources of CO_2 to the atmosphere due to the large fraction of terrestrial/riverine organic matter that is degraded and emitted as CO_2 to the atmosphere (Chen & Borges 2009, Rabouille et al., 2001, Gazeau et al., 2004, Hopkinson & Smith 2005, Li et al., 2007). However, marine macrophytes (e. g. seagrasses and macroalgae) can also act as an effective carbon sink because of their large biomass and relatively long turnover time (1 yr) as compared to phytoplankton (1 wk; Smith & Mackenzie, 1987). For example, in the Bay of Palma (Spain), a strong decrease in pCO_2 over *Posidonia* meadows has been reported, and has been attributed to their higher primary productivity as compared to the surrounding oligotrophic waters (Gazeau et al., 2005). Giant kelp beds (*Macrocystis pyrifera*) have an influence on the diel cycles of pCO_2 and dissolved inorganic carbon (DIC) in the sub-Antarctic coastal area (Delille et al., 2009). Without any added feed, seaweeds and filter-feeding shellfish play an important role in the global carbon cycle.

China's coastal ocean, extensive and rich in nutrients and resources, is a region with one of the highest productivity levels in the world (Tang, 2006). Hu (1996) assessed the CO_2 absorbing capacity of the East China Sea and stated that the East China Sea was a weak carbon sink, taking up about 4.3 million t (Mt) C yr^{-1}. Tsunogai et al. (1996) considered the East China Sea as a net carbon sink area, which could absorb about 30.0 Mt C yr^{-1}. However, this conclusion did not include the shallower coastal waters, where there is high primary production. Along the coast of China, waters <15 m deep total some 124 000 km^2, about 4.1% of the total Chinese coastal ocean. Because natural primary production is high, and mariculture is a major activity in these waters, the oceanic carbon cycle of the area is highly active, seaweeds transforming DIC into organic carbon by photosynthesis, and filtering shellfish absorbing particulate organic carbon (POC) by feeding activity. Through the calcification process, a significant quantity of carbon can be imbedded into the shells of bivalves as $CaCO_3$. A considerable mass of carbon can therefore be removed from the ocean through harvesting. This removal process will have a significant influence on the carbon cycle in both the mariculture area and adjacent areas. Therefore, study of the contribution of shellfish and seaweed mariculture to the ocean carbon cycle will help in understanding the capacity of the coastal ecosystem to take up CO_2, thereby enhancing our understanding of the global carbon cycle.

Mariculture in China

Mariculture in China is highly developed, with both the extent of the cultured area and the annual production volume being relatively high and increasing. Food and Agriculture

Organization (FAO) data show that in 1955 the total annual production of Chinese mariculture was only some 0.1 Mt, but that it has increased steadily over subsequent decades. From about 1990 the industry expanded dramatically, with output rising from ~1.6 Mt in 1990 to ~13.1 Mt by 2007, by which time it represented 2/3 of total world mariculture production (FAO, www.fao.org). This major expansion was largely driven by new shellfish and seaweed mariculture in the shallow coastal waters. For example, in 2007, annual production of shellfish and seaweeds represented 77% and 10%, respectively, of total mariculture production in China, while shrimp and fish production represented 7 and 5%, respectively, and other species <1%.

Shellfish mariculture, in particular, began to expand rapidly in China in the early 1970 s, and government data show that shellfish production has increased continuously and substantially since, rising from ~0.3 Mt in the early 1980 s to ~1.0 Mt in the early 1990 s and then to 9.9 Mt in 2007 (Figure 1). The main species cultured are oyster, clam, scallop and mussel, their yields representing almost 78% of total Chinese mariculture production.

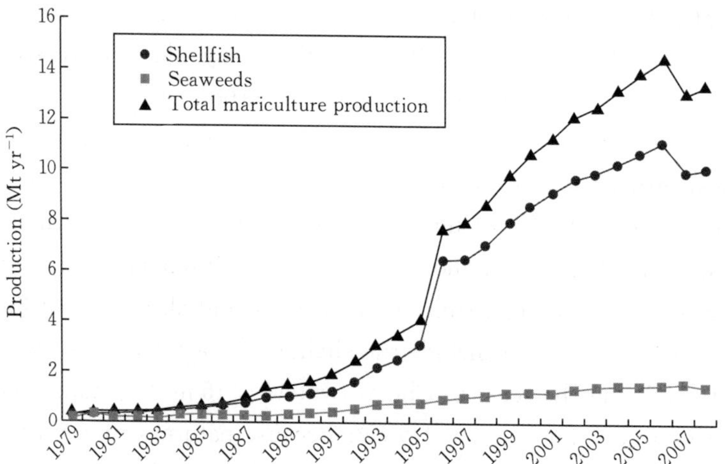

Figure 1 Mariculture production in China from 1979 to 2008

(Data source: BF-MOA, China)

In the early stages of mariculture development, seaweeds (e.g. *Laminaria* and laver) were the dominant species in China. Since the 1990 s, that sector of the industry has expanded rapidly, so that by 2002 the annual production of seaweed represented 20% of the total world output. In 2007, total production of seaweed in China reached 1.4 Mt (half-dry weight, which is equal to ~1.2 Mt dry weight), amongst which *Laminaria*, laver and others represented 57.2, 6.7 and 36.1%, respectively.

Effect of Mariculture on Carbon Budget

Seaweed

Recently, as a result of further research on the nutrient metabolism of seaweeds

(e. g. carbon metabolism; Rivkin, 1990; Flynn, 1991; Gao & Mckinley, 1994; Yang et al., 2005), the role of seaweed in the materials cycle of coastal ecosystems has become better understood. Seaweeds can transform DIC into organic carbon by photosynthesis, which can decrease the pCO_2 in seawater. Dissolved nutrients such as nitrate and phosphate can be taken up during photosynthesis to raise the alkalinity of surface water, which will further reduce seawater pCO_2, and therefore improve the rate at which atmospheric CO_2 diffuses into the seawater. Large - scale seaweed mariculture has become the most important primary producer in Chinese coastal ecosystems because coastal seawater provides significant volumes of trophic materials. For example, in Sungo Bay of the Yellow Sea, the annual carbon production of seaweeds (*Laminaria*, sea lettuce, etc.) amounted to 9 750 t, which represented 37% of the bay's total primary production. The annual carbon products of different benthic macrophytes ranged from 153 to 2 664 g m^{-2}, which is 7.5 times that of phytoplankton (Mao et al., 1993).

In different areas, many factors—including nutrients, temperature, and illumination—vary, causing differences in N and P levels in seaweeds and in primary production. However, there is usually no significant difference in the ratio of C to the total dry weight from different areas (Rivkin, 1990; Flynn, 1991). Usually, inorganic carbon is not the limiting factor for the growth of seaweed, while N, P or Si are limiting. Table 1 lists the nutrient composition of a number of seaweeds. The ratio of carbon dry weight ranges from 20 to 35%, with significant differences between species. For example, the content of carbon in *Laminaria* is 31.2%, higher than in some other seaweed species (Rivkin, 1990; Mao et al., 1993). Summing the yields of cultivated seaweeds and multiplying by the species - specific carbon content, in 2007, ~0.34 Mt C were removed from the coastal ocean of China by harvesting.

Table 1　Ratios of C, N, and P in marine seaweeds as % dry weight (DW)

Common name	Species	Chemical composition (% DW) C	N	P	Source
Laminaria	*Laminaria japonica*	31.2	1.63	0.379	Zhou et al. (2002)
Green laver	*Ulva pertusa*	30.7	1.87	0.392	Zhou et al. (2002)
Laminaria	*Laminaria longicruris*	28.77	1.40		Chapman et al. (1978)
Laminaria	*Laminaria saccharina*	23.36	2.26		Ahn et al. (1998)
Bull kelp	*Nereocystis luetkeana*	23.64	1.86		Ahn et al. (1998)
Laminaria	*Laminaria groenlandica*	28.7	1.83		Harrison et al. (1986)
Purple laver①	*Porphyra yezoensis*	27.39			
Sea lettuce	*Ulva lactuca*	23.5	0.88	0.14	Lapointe et al. (1992)
Gracilaria	*Gracilaria tikvahiae*	28.4	2.23	0.04	Lapointe et al. (1992)
Gracilaria	*Gracilaria ferox*	20.6	1.52	0.07	Lapointe et al. (1992)
Brown alga	*Fucus distichus*	35.0	1.81		Rosenberg & Probyn (1984)

Notes: ①Carbon ratio calculated from the average value of seaweeds in the table.

Shellfish

Shellfish utilize carbon in 2 ways: (1) They use dissolved HCO_3^- from seawater to generate calcium carbonate ($CaCO_3$) shells after $Ca^{2+} + 2HCO_3^- = CaCO_3 + CO_2 + H_2O$ (Chauvaud et al., 2003). The generation of 1 mol of $CaCO_3$ releases 1 mol of CO_2 into seawater. The release of CO_2 from surface ocean water owing to precipitation of $CaCO_3$ depends not only on water temperature and atmospheric CO_2 concentration, but also on the $CaCO_3$ and organic carbon masses formed (Lerman & Mackenzie, 2005). In a strongly autotrophic ecosystem, CO_2 production by carbonate precipitation may be counteracted by organic productivity through uptake of generated CO_2, resulting in a lower transfer of CO_2 from water to the atmosphere or even in a transfer in the opposite direction.

(2) Shellfish utilize oceanic carbon when feeding. Shellfish have a very effective filter-feeding system combined with a high filtration rate, which can withdraw phytoplankton and particulate organic materials from whole embayments. In a large-scale shellfish mariculture area, this filter-feeding activity can strongly affect the biomass of phytoplankton and the amount and composition of particulate organic carbon (POC) (Prins et al., 1995; Nakamura & Kerciku, 2000; Zhang & Fang, 2006). For example, in Sungo Bay, the filtration rates of mainly cultured scallop *Chlamys farreri* were very high, about 18.8% and 40.8% of stock POC were utilized by the scallop in April and May, respectively (Zhang & Fang, 2006).

Table 2 shows the carbon content of shell and soft tissue of cultivated shellfish (Zhou et al., 2002), and Table 3 shows the weight proportions shellfish harvested at Sungo Bay. From each of the 4 species 20 individuals were sampled at random. Total wet weights (±0.1 g) were recorded. Dry soft tissue and shell weights were determined after drying at 60 ℃ for 48 h. The data show soft tissue to contain ~44% C by dry weight (DW), and the shell only 12% C by DW. Differences of C content in shellfish among different geographical areas and different species were not significant. The main source of variation of the C : H : N ratio among different geographical areas and species was caused by variation in N content (Hawkins & Bayne, 1985; Goulletquer, 1989; Grant & Granford, 1991; Zhou et al., 2002). Based on the annual yields in 2007 and on the data in Tables 3 and 4, an estimated 0.88 Mt C were removed from the seawater by harvest, including 0.67 Mt C in shells (Table 4).

Table 2 Carbon content (% dry weight) **of soft tissue and shell in cultivated shellfish from Sishili Bay, China**

(after Zhou et al., 2002)

Shellfish (common name, species)	Soft tissue	Shell
Chinese scallop *Chlamys farreri*	43.9	11.4
Blue mussel *Mytilus edulis*	46.0	12.7
Pacific oyster *Crassostrea gigas*	44.9	11.5
Manila clam *Ruditapes philippinarum*	42.8	11.4
Ark shell *Scapharca subcrenata*	45.9	11.3
Clam *Mactra chinensis*	42.2	11.5

Table 3 Weight proportions (mean±SD) **of cultivated shellfish from Sungo Bay, in April 2006**

Shellfish (common name, species)	TWW (g)	STDW (g)	STDW: TWW (%)	SDW (g)	SDW: TWW (%)
Chinese scallop *Chlamys farreri*	22.35±3.49	1.63±0.28	7.32±0.74	12.65±2.22	56.58±4.13
Blue mussel *Mytilus edulis*	6.27±1.04	0.29±0.06	4.63±0.62	4.43±0.78	70.64±1.98
Pacific oyster *Crassostrea gigas*	110.88±26.54	1.43±0.70	1.30±0.59	70.75±17.60	63.80±3.05
Manila clam *Ruditapes philippinarum*	9.02±0.79	0.68±0.05	7.67±1.23	4.06±0.06	44.65±2.56

Notes: TWW, total wet weight; STDW, soft tissue dry weight; SDW, shell dry weight.

Table 4 Carbon estimates removed by harvest of shellfish mariculture of China in 2007

Species	Production (Mt)	C tissue (Mt)	C shell (Mt)	Total C (Mt)
Scallop	1.16	0.04	0.08	0.11
Mussel	0.45	0.009	0.04	0.049
Oyster	3.51	0.02	0.26	0.28
Clam	2.96	0.10	0.17	0.27
Other	1.86	0.04	0.13	0.17
Total	9.94	0.21	0.67	0.88

Notes: C tissue = Production × Ratio of soft tissue dry weight and total wet weight × carbon content (weight percentage) in tissue; C shell = Production × Ratio of shell dry weight and total wet weight × carbon content (weight percentage) in shell; Mt: million t.

Based on the energy budget $C=F+U+R+G$, where C= total energy of ingestion, F= feces energy, U= excretion energy, R= respiration energy, and G= growth energy, the POC actually utilized by shellfish was equal to C, and the production of shellfish was approximately equal to G (Karfoot, 1987). Under different conditions, the $G:C$ ratios are different, ranging from 6.13 to 90.97% (Table 5). Considering the production of the different shellfish examined in this paper, the weighted average of the $G:C$ ratios was 25%. Therefore, in 2007 in the coastal ocean areas of China, we calculate that there were about 3.52 Mt POC taken up by cultured shellfish, including the 0.88 Mt C removed from the ocean by harvesting. Some was released into seawater in the form of CO_2 by respiration processes, and some POC formed bio-deposits through feces as part of the biogeochemical cycle, a process that accelerates the sedimentation of particles.

Table 5 Estimates of ratio of growth energy (G) **in total energy income** (C) **of cultivated shellfish**

Shellfish (common name, species)	Experimental parameters	$G/C\times100\%$	Source
Chinese scallop	Shell height (mm)		Wang et al. (1999)
Chlamys farreri	25.6	19.82	
	40.3	16.55	
	65.7	14.19	

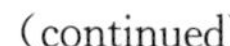
(continued)

Shellfish (common name, species)	Experimental parameters	$G/C\times100\%$	Source
Manila clam	Temperature (℃)		Zhang et al. (2002)
Ruditapes philippinarum	3	6.13	
	5	26.82	
	8	34.63	
Pacific oyster	17	19.76	Ropert & Goulletquer (2000)
Grassostrea gigas			
Green mussel	Season (month)		Wong & Cheung (2001)
Perna viridis	February	6.87	
	May	45.84	
	July	52.43	
	October	90.97	
Bay mussel	Quality and quantity of food:		Arifin et al. (2001)
Mytilus trossulus	Algae only	36.85	
	Algae+silt (3∶1)	55.69	
	Algae+silt (1∶1)	57.64	

The long-line method is the main shellfish and seaweed mariculture method practiced in China. In such culture areas, fouling organisms usually become one of most dominant populations. Because it is difficult to calculate the biomass of fouling, the results reported have excluded C contributed by fouling organisms. But measured at the cultivation equipment, the biomass of fouling is very large (Huang & Cai, 1984), and includes a number of species. Most fouling organisms belong to filter-feeding species that also ingest suspended organic particles, and some of these species, such as barnacles and mussels, have calcareous shells. For example, in Sungo Bay the dominant fouling species was *Ciona intestinalis*, which, in August 2001, amounted to about 1 600 g m^{-2} (wet weight), with a total average number of individuals for each lantern net of about 800 (Zhang et al., 2005). Based on the extent of total cultured area and number of cages, it was estimated that the total number of *C. intestinalis* individuals was about 1.6×10^{10}. The DW composition was about 33.19% C (Zhou et al., 2002), making the average DW per individual ~0.055 g. Accordingly, we can calculate that the net production of C in Sungo Bay by *C. intestinalis* was nearly 320 t, which is ~6.4% of total C production by cultured scallops. Therefore, the effect of biofouling on the C cycle in shallow water cannot be ignored. The normal way of removing biofouling organisms today is changing the lantern nets. It must be concluded from these findings that the actual C utilized and removed by shellfish culture must exceed previously referenced estimates.

Discussion and Conclusion

The above analysis demonstrates that the effect of shellfish and seaweed mariculture on the carbon cycle in coastal ocean waters is significant. As shown in Figure 1, mariculture in the coastal ocean waters of China has become a large-scale activity, with production in 1999 close to 10 Mt. The latest 5-year average annual production figures exceed 13 Mt. The annual production of shellfish and seaweed mariculture has increased year by year. Clearly, in such a large-scale production process a great deal of oceanic carbon is taken up, indirectly or directly, with some of it removed from the ocean. From 1999 to 2008, through the activity of shellfish and seaweed mariculture, (3.79 ± 0.37) Mt C yr^{-1} (totaling 37.89 Mt C over the period) were utilized, while at least (1.20 ± 0.11) Mt C yr^{-1} (totaling 12.04 Mt C) were being removed from the coastal ecosystems by harvesting [(0.86±0.086) Mt C yr^{-1} by shellfish and (0.34±0.029) Mt C yr^{-1} by seaweeds], as shown in Tables 6 and 7. Most important was that (0.67 ± 0.061) Mt C yr^{-1} were sequestered in shells.

The above results also demonstrate that cultured shellfish and seaweed play important roles as a carbon sink, even as a carbon removal sink, in Chinese coastal waters. As we know, terrestrial ecosystems play a significant role in carbon absorption and storage (Fang et al., 2001; Piao et al., 2009). However, the effect of forest and vegetation in terrestrial ecosystems on the carbon cycle is short-term, since the carbon will later be released to the atmosphere by decomposition. In contrast, the effect of mariculture production on the carbon cycle is much more long term. For example, shell carbon requires considerable time to return to the atmosphere. Cultivated shells removed from the ocean are in fact a long-term carbon removal sink, playing a significant role in carbon capture and storage. Large volumes of carbon utilized by cultivated shellfish and seaweeds are removed from coastal ocean waters by harvesting, and are not returned until they are consumed. Most of the shellfish and seaweeds in China are used in the production of food, animal feed, chemicals, cosmetics and pharmaceutical products. It is therefore worthwhile to develop an environmentally friendly mariculture, that not only provides high quality and safe seafood for human beings, but also contributes significantly to improving the capacity of coastal ecosystems to absorb atmospheric CO_2.

Our results show that a significant and quantifiable amount of carbon is removed from coastal ocean areas through the harvest of cultured shellfish and seaweed, yet the oceanic carbon biogeochemical cycling generated by mariculture activity is a process that remains not fully understood. For example, the key process of cultured shellfish acting as a marine bio-pump in the shallow sea plays an indirect role in the oceanic takeup of CO_2, which is the process of reducing the surface concentration of CO_2 and thus promoting the transfer of atmospheric CO_2 into seawater. But only if the fixed carbon capacity in coastal marine ecosystems results in a sufficient decrease in the concentration of surface CO_2 then the marine bio - pump can absorb atmospheric CO_2. There are several studies on the assessment of carrying capacity in mariculture (Fang et al., 1996a, b; Tang 1996; Duarte et al., 2003; Zhang et al., 2009), but little of this research has touched on the carbon cycle. Some research has demonstrated that macroalgae photosynthesis tends to increase surface oceanic pH (Pearson et al., 1998; Menendez et al., 2001), countering the tendency for pH to decline as bicarbonate becomes carbonate in the process of shell calcification. Furthermore, research on the mechanisms of interaction among nutrients, phytoplankton, seaweeds and cultured shellfish is limited. Recent results indicate that shellfish transform small particles into larger fecal and pseudofecal matter through the filtration process, thus increasing the sedimentation rate of particulate materials (Navarro & Thompon, 1997; Giles & Pilditch, 2006; Mallet et al., 2006). In July 2002, in Sungo Bay, we found that the sedimentation rate of suspended particles in the mariculture area was 1.75 times that of the non - cultured area (Cai et al., 2003). In the spring, the assimilation rate of Chinese scallops was about 76%, and approximately 1/4 of the C filtered from the water column was deposited as feces. Therefore, every day, there were 8 t POC being moved from the water column to the seabed by the physiological activity of the cultured scallop population, clearly an accelerated vertical transfer of C. So for any region with long - term, large - scale shellfish culture, significant volumes of bio - deposits will be generated. Due to the shallow water in cultured areas, the effect of winds and waves on resuspension of bio - deposits can significantly influence carbon flux rates in these areas. Research on the effects of wind - induced mixing of coastal waters on biogeochemical flux is limited and superficial. Our results indicate that it is important to obtain a better understanding of carbon biogeochemical cycling related to large - scale culture of shellfish and seaweed in coastal waters, as well as the role of shellfish and seaweed mariculture in the carbon cycle and in healthy and sustainable development of coastal ecosystems.

Table 6 Total carbon estimates removed from the China coastal water by harvest of shellfish and seaweed mariculture from 1999 to 2008 (Ave. = average ± SD)

Year	Shell (Mt)	Soft tissue (Mt)	Shellfish (Mt)	Seaweed (Mt)	Shellfish and seaweed (Mt)
1999	0.55	0.15	0.7	0.3	1
2000	0.6	0.16	0.76	0.31	1.07
2001	0.63	0.18	0.81	0.31	1.12
2002	0.67	0.19	0.86	0.33	1.19
2003	0.68	0.2	0.87	0.35	1.22
2004	0.7	0.21	0.91	0.37	1.28
2005	0.73	0.22	0.95	0.38	1.33
2006	0.76	0.23	0.99	0.38	1.37
2007	0.67	0.21	0.88	0.34	1.22
2008	0.68	0.21	0.89	0.35	1.24
Total	6.67	1.96	8.62	3.42	12.04
Ave.	0.67±0.061	0.20±0.026	0.86±0.086	0.34±0.029	1.20±0.11

Table 7 Total carbon estimates utilized by shellfish and seaweed mariculture in the China coastal water from 1999 to 2008 (Ave: =Average±SD)

Year	Shellfish (Mt)	Seaweed (Mt)	Sum (Mt)
1999	2.8	0.3	3.1
2000	3.04	0.31	3.35
2001	3.24	0.31	3.54
2002	3.44	0.33	3.77
2003	3.48	0.35	3.83
2004	3.64	0.37	4.01
2005	3.8	0.38	4.18
2006	3.96	0.38	4.34
2007	3.52	0.34	3.86
2008	3.56	0.35	3.91
Total	34.48	3.42	37.89
Ave.	3.45±0.34	0.34±0.029	3.79±0.37

Acknowledgements

This study was supported by funds from the National Key Basic Research Development Plan of China (Grant No. 2006CB400608) and The National Science & Technology Pillar Program (Grant No. 2008BAD95B11). We thank K. Sherman and D. McLeod for their valuable help during preparation of the manuscript. We also thank a number of anonymous reviewers for their valuable comments.

Literature Cited

Ahn O, Petrell RJ, Harrison PJ, 1998. Ammonium and nitrate uptake by *Laminaria saccharina* and *Nereocystis luetkeana* originating from a salmon sea cage farm. J Appl Phycol, 10: 333-340.

Arifin Z, Leah I, Bendell Y, 2001. Cost of selective feeding by the blue mussel (*Mytilus trossulus*) as measured by respiration and ammonia excretion rates. J Exp Mar Biol Ecol, 260: 259-269.

Cai LS, Fang JG, Liang XM, 2003. Natural sedimentation in large-scale aquaculture areas of Sungo Bay, north China sea. J Fish Sci China, 10: 305-311 (in Chinese with English Abstract).

Chapman ARO, Markham JW, Lüning K, 1978. Effects of nitrate concentration on the growth and physiology of *Laminaria saccharina* (Phaeophyta) in culture. J Phycol, 14: 195-198.

Chauvaud L, Thompson KJ, Cloern JE, 2003. Clams as CO_2 generators: the *Potamocorbula amurensis* example in San Francisco Bay. Limnol Oceanogr, 48: 2086-2092.

Chen CTA, Borges AV, 2009. Reconciling opposing views on carbon cycling in the costal ocean: continental shelves as sinks and near-shore ecosystems as sources of atmospheric CO_2. Deep-Sea Res Ⅱ, 56: 578-590.

Delille B, Borges AV, Delille D, 2009. Influence of giant kelp beds (*Macrocystis pyrifera*) on diel cycles of pCO_2 and DIC in the sub-Antarctic coastal area. Estuar Coast Shelf Sci, 81: 114-122.

Duarte P, Meneses R, Hawkins AJS, et al., 2003. Mathematical modelling to assess the carrying capacity for multi-species culture within coastal waters. Ecological Modelling, 168: 109-143.

Fang JG, Kuang SH, Sun HL, et al., 1996a. Study on the carrying capacity of Sanggou Bay for the culture of scallop *Chlamys farreri*. Mar Fish Res, 17: 18-31 (in Chinese with English Abstract).

Fang JG, Sun HL, Kuang SH, et al., 1996b. Assessing the carrying capacity of Sanggou Bay for culture of kelp *Laminaria japonica*. Mar Fish Res, 17: 7-17 (in Chinese with English Abstract).

Fang J, Chen A, Peng C, et al., 2001. Changes in forest biomass carbon storage in China between 1949 and 1998. Science, 292: 2320-2322.

Flynn KJ, 1991. Algal carbon-nitrogen metabolism: a biochemical basis for modelling the interactions between nitrate and ammonium uptake. J Plankton Res, 13: 373-387.

Gao KS, McKinley KR, 1994. Use of macroalgae for marine biomass production and CO_2 remediation: a review. J Appl Phycol, 6: 45-60.

Gazeau F, Duarte CM, Gattuso JP, et al., 2005. Whole-system metabolism and CO_2 fluxes in a Mediterranean bay dominated by seagrass beds (Palma Bay, NW Mediterranean). Biogeosciences, 2: 87-96.

Gazeau F, Smith SV, Gentili B, et al., 2004. The European coastal zone: characterization and first assessment of ecosystem metabolism. Estuar Coast Shelf Sci, 60: 673-694.

Giles H, Pilditch CA, 2006. Effects of mussel (*Perna canaliculus*) biodeposit decomposition on benthic respiration and nutrient fluxes. Mar Biol, 150: 261-271.

Goulletquer PW, 1989. The shell of *Cardium edule*, *Cardium glaucum* and *Ruditapes philippinarum*: organic content, composition and energy value, as determined by different methods. J Mar Biol Assoc UK, 69: 563-572.

Grant J, Granford PJ, 1991. Carbon and nitrogen scope for growth as a function of diet in the sea scallop *Placopecten magellanicus*. J Mar Biol Assoc UK, 71: 437-450.

Harrison PJ, Druehl LD, Lloyd KE, et al., 1986. Nitrogen uptake kinetics in 3 year-classes of *Laminaria groenlandica* (Laminariales: Phaeophyta). Mar Biol, 93: 29-35.

Hawkins AJS, Bayne BL, 1985. Seasonal variation in the relative utilization of carbon and nitrogen by the mussel *Mytilus edulis*: budgets, conversion efficiencies as maintainance requirements. Mar Ecol Prog Ser, 25: 181-188.

Hopkinson CSJ, Smith EM, 2005. Estuarine respiration: an overview of benthic, pelagic and whole system respiration. In: Del Giorgio PA, Williams PJL (eds) Respiration in aquatic ecosystems. Oxford University Press, Oxford, 123-147.

Hu DX, 1996. Study on Chinese ocean flux. Advances in Earth Science, 11: 227-229.

Huang ZG, Cai RX, 1984. Marine biofouling and its prevention. China Ocean Press, Beijing, p 61-138 (in Chinese with English Table of Contents).

Karfoot TH, 1987. Animal energetics. Academic press, New York, NY, 89-172.

Lapointe BE, Littler MM, Littler DS, 1992. Nutrient availability to marine macroalgae in siliciclastic versus carbonate-rich coastal waters. Estuaries, 15: 75-82.

Lerman A, Mackenzie FT, 2005. CO_2 air-sea exchange due to calcium carbonate and organic matter storage, and its implications for the global carbon cycle. Aquat Geochem, 11: 345-390.

Li X, Song J, Niu L, et al., 2007. Role of the Jiaozhou Bay as a source/sink of CO_2 over a seasonal cycle. Sci Mar, 71: 441 - 450.

Mallet AL, Carver CE, Landry T, 2006. Impact of suspended and off - bottom eastern oyster culture on the benthic environment in eastern Canada. Aquaculture, 255: 362 - 373.

Mao SH, Zhu MY, Yang XL, 1993. The photosynthesis and productivity of benthic macrophytes in Sanggou Bay. Acta Ecol Sin, 13: 25 - 29.

Menendez M, Martinez M, Comin FA, 2001. A comparative study of the effect of pH and inorganic carbon resources on the photosynthesis of three floating macroalgae species of a Mediterranean coastal lagoon. J Exp Mar Biol Ecol, 256: 123 - 136.

Muller - Karger FE, Varela R, Thunell R, et al., 2005. The importance of continental margins in the global carbon cycle. Geophys Res Lett 32: L01602. doi: 10.1029/2004GL021346.

Nakamura Y, Kerciku F, 2000. Effects of filter - feeding bivalves on the distribution of water quality and nutrient cycling in a eutrophic coastal lagoon. J Mar Syst, 26: 209 - 221.

Navarro JM, Thompon RJ, 1997. Biodeposition by the horse mussel *Modiolus modiolus* (Dillwyn) during the spring diatom bloom. J Exp Mar Biol Ecol, 209: 1 - 13.

Pearson GA, Serrao EA, Brawley SH, 1998. Control of gamete release in fucoid algae: sensing hydrodynamic conditions via carbon acquisition. Ecology, 79: 1725 - 1739.

Piao SL, Fang JY, Ciais P, et al., 2009. The carbon balance of terrestrial ecosystems in China. Nature, 458: 1009 - 1014.

Prins TC, Escaravage V, Smaal AC, et al., 1995, Functional and structural changes in the pelagic system induced by bivalve grazing in marine mesocosms. Water Sci Technol, 32: 183 - 185.

Rabouille C, Mackenzie FT, Ver LM, 2001. Influence of the human perturbation on carbon, nitrogen, and oxygen biogeochemical cycles in the global coastal ocean. Geochim Cosmochim Acta, 65: 3615 - 3641.

Rivkin RB, 1990. Phytoadaptation in marine phytoplankton: variations in ribulose 1, 5 - bisphisphate activity. Mar Ecol Prog Ser, 62: 61 - 72.

Ropert M, Goulletquer P, 2000. Comparative physiological energetics of two suspension feeders: polychaete annelid *Lanice conchilega* (Pallas 1766) and Pacific cupped oyster *Crassostrea gigas* (Thunberg 1795). Aquaculture, 181: 171 - 189.

Rosenberg G, Probyn TA, 1984. Nutrient uptake and growth kinetics in brown seaweeds: response to continuous and single additions of ammonium. J Exp Biol Ecol, 80: 125 - 146.

Smith SV, Mackenzie FT, 1987. The ocean as a net heterotrophic system: implications from the carbon biogeochemical cycle. Global Biogeochem Cycles, 1: 187 - 198.

Takahashi T, Sutherland SC, Wanninkhof R, et al., 2009. Climatological mean and decadal change in surface ocean pCO_2, and net sea - air CO_2 flux over the global oceans. Deep - Sea Res Ⅱ, 56: 554 - 577.

Tang Q, 1996. On the carrying capacity and its study. Mar Fish Res, 7: 1 - 6 (in Chinese with English Abstract).

Tang Q (ed), 2006. Living marine resources and inhabiting environment in the Chinese EEZ. Science Press, Beijing, p 1238 (in Chinese).

Wang J, Jiang ZH, Zhang B, et al., 1999. Study on energy budget of Chinese scallop (*Chlamys farreri*). Mar Fish Res, 20: 71 - 75 (in Chinese with English abstract).

Wollast R, 1998. Evaluation and comparison of the global carbon cycle in the coastal zone and in the open ocean. In: Brink KH, Robinson AR (eds) The sea, Vol 10. John Wiley & Sons, New York, p 213 - 252.

Wong WH, Cheung SG, 2001. Feeding rates and scope for growth of green mussels, *Perna viridis* (L.) and their relationship with food availability in Kat O, Hong Kong. Aquaculture, 193: 123 - 137.

Yang HS, Zhou Y, Mao YZ, et al., 2005. Growth characters and photosynthetic capacity of *Gracilaria lemaneiformis as a biofilter in a shellfish farming area in Sanggou Bay, China*. J Appl Phycol, 17: 199-206.

Zhang JH, Fang JG, 2006. The grazing impact of scallop *Chlamys farreri* on the particle organic materials of Sanggou Bay in spring. J Fish China, 30: 277-280 (in Chinese with English abstract).

Zhang JH, Fang JG, Jin XS, et al., 2002. Effects of energy budget of short-necked clam *Ruditapes philippinarum* under low temperature. J Fish China, 26 (5): 423-427 (in Chinese with English abstract).

Zhang JH, Fang JG, Tang QS, 2005. The contribution of shellfish and seaweed mariculture in China to the carbon cycle of coastal ecosystem. Advances in Earth Science, 20: 359-365.

Zhang JH, Fang JG, Wang W, 2009. Progress in studies on ecological carrying capacity of mariculture for filter-feeding shellfish. J Fish Sci China, 16: 626-632 (in Chinese with English abstract).

Zhou Y, Yang HS, Liu SL, et al., 2002. Chemical composition and net organic production of cultivated and fouling organisms in Sishili Bay and their ecological effects. J Fish China, 26 (1): 21-27 (in Chinese with English abstract).

中国浅海贝藻养殖对海洋碳循环的贡献①

张继红，方建光，唐启升②
（农业部海洋渔业资源可持续利用重点开放实验室，
中国水产科学研究院黄海水产研究所，青岛 266071）

摘要： 中国是浅海贝藻养殖的第一大国，年产量超过 1 000 万 t 根据贝藻养殖产量、贝藻体内碳元素的含量及其贝类能量收支，推算出 2002 年中国海水养殖的贝类和藻类使浅海生态系统的碳可达 300 多万吨并通过收获从海中移出至少 120 万 t 的碳。该结果不仅为探讨全球"遗漏的碳汇"问题提供了一个新的线索，同时也证明了浅海的贝类和藻类养殖活动直接或间接地使用了大量的海洋碳，提高了浅海生态系统吸收大气 CO_2 的能力。另外，贝藻的养殖活动与浅海生态系统的碳循环之间关系复杂，相互作用明显，因此，它的生物地球化学过程是一个值得深入研究的科学问题。

关键词： 碳循环；贝藻养殖；浅海；中国

0 引言

海洋是地球上最大的碳库，海洋中的碳储量约为 3.8×10^5 亿 t 比大气多 50 倍，因此，海洋对碳的吸收能力将直接影响到全球碳循环。全球海洋通量联合研究计划（JGOFS）10 年的研究表明[1]，海洋吸收大气 CO_2 的能力远远低于预先的估计（30 亿 t/a），也就是目前全球碳循环面临的主要难题之一"遗漏的碳汇"问题——大约近 10 亿 t 碳不知去向。目前国际上对于"遗漏的碳汇"问题存在 2 种解释：一种解释是这一部分碳是由陆地生态系统吸收；另一种解释认为陆架边缘海是遗漏的碳汇，因为 JGOFS 计划的研究结果主要是大洋观测数据的计算结果，而陆架边缘海的作用几乎被完全忽略。越来越多的研究表明，陆架边缘海域对全球海洋碳循环有着不可忽视的重要作用。直接 pCO_2 观测结果显示许多边缘海至少在一年中的相当长的时段内是大气 CO_2 的汇[2,3]，有一些研究者认为全球陆架边缘海是大气的弱汇[4]。虽然目前国际上对于"源汇"问题尚存在争议[5]，但是陆架边缘海在全球碳循环中的作用毋庸置疑。

我国陆架边缘海域十分广阔，面积约有 300 万 km^2，占全球陆架海的 12.5%，是世界上最宽、生产力最高的陆架海之一。胡敦欣等[6]对东海吸收大气 CO_2 的能力进行了估算，得出"东海是大气 CO_2 弱汇区"的结论，每年吸收约 430 万 t 碳；Tsunogai 等[7]的研究认为，东海是大气 CO_2 的净汇区，每年能够吸收大气 CO_2 约 3 000 万 t，然而，这些估算结果

---

① 本文原刊于《地球科学进展》，20（3）：359-365，2005。

② 通讯作者。

尚未包括拥有高生产力的近岸浅海滩涂区。我国 15 m 等深线以内的浅海滩涂面积只有 124 万 km^2，占其陆架边缘海的 41%。但是，该区域是海洋碳循环异常活跃的区域，一方面因为它是自然生产力特别高的区域，另一方面它又是人类水产养殖活动最集中的区域，2002 年我国海水养殖的贝类和藻类在该区域的收获量上千万吨。大型藻类通过光合作用将海水中的溶解无机碳转化为有机碳；滤食性贝类通过摄食活动大量去除海水中的颗粒有机碳，并且通过吸收碳酸钙形成贝壳能够埋藏大量的碳。尤其重要的是，伴随着养殖贝藻的收获，大量的碳能够直接从海水中移出，这势必对养殖海区以及邻近海域的碳循环产生重要的影响。因此，研究我国浅海贝藻养殖对海洋碳循环的贡献不仅有助于探索浅海“遗漏的碳汇”问题，同时也有助于了解浅海生态系统吸收大气 CO_2 的能力，以便更好地认识全球碳循环的规律。

1 海水养殖状况

中国是一个海水养殖发达的国家，养殖面积和产量居世界首位。联合国粮食及农业组织（FAO）的统计资料显示[8]，我国海水养殖业的产量 1955 年仅 10 万 t，此后逐步提高。近 20 多年里得到了快速发展，1990 年超过 300 万 t，而 2002 年上升到近 1 200 万 t，约占世界海水养殖总产量的 2/3。我国海水养殖业的大发展主要得益于浅海贝类和藻类养殖的兴起，如在 2002 年的海水养殖产量中贝类产量约占总产量的 79%，大型藻类约占 11%，二者相加占了我国海水养殖产量的 90%，虾类和鱼类各约占 5%，其他类别不足 0.5%（图 1）。可见，中国的海水养殖是一个以贝藻养殖为主的水产养殖业。

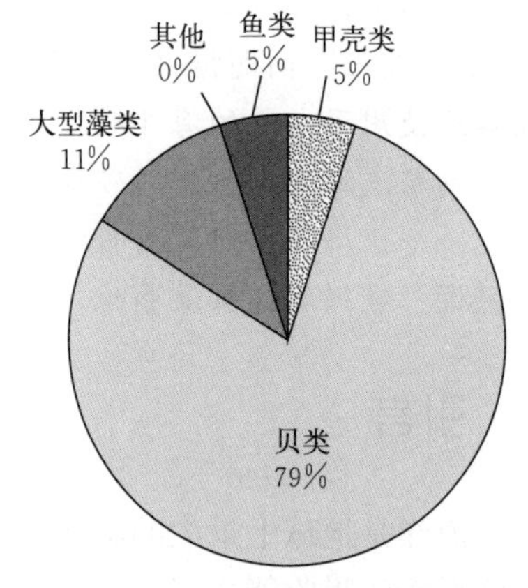

图 1 2002 年我国海水养殖产量组成

Figure 1 Composition of mariculture yields of China in 2002

我国贝类养殖始于 20 世纪 70 年代初。据统计，80 年代初，养殖贝类的年产量约为 30 万 t，90 年代初的年产量增为 100 万 t。随后产业有了较大的发展，到 2002 年，养殖贝类总产已达 965 万 t，主要的养殖种类为牡蛎、蛤类、扇贝和贻贝等，其产量约占我国养殖贝类年产量的 79%。

大型藻类（如海带及紫菜等）是我国海水养殖早期发展阶段的主要养殖种类。20 世纪 90 年代以来，大型藻类养殖又有了新的发展，其产量占了世界海藻人工养殖总产量的 20%。2002 年我国海藻养殖达 110.5 万 t（干重，相当于淡干产量 130 万 t）[9]，其中海带约占 64.7%，紫菜约占 5.2%，裙带菜、江蓠等其他藻类约占 30.2%。

2 藻类养殖对浅海碳收支的影响

近些年，随着海藻营养代谢如碳代谢的深入研究，对大型海藻在浅海生态系统物质循环中的重要作用已有了充分的认识[10-12]。大型藻类通过光合作用将海水中的溶解无机碳转化为有机碳，从而使水中的 CO_2 分压降低，在其初级生产过程中，还需从海水中吸收溶解的营养盐如硝酸盐、磷酸盐，这使得表层水的碱度升高，将进一步降低水体中 CO_2 的分压，

从而促进大气 CO_2 向海水中扩散。目前，大规模人工养殖的海藻已成为浅海生态系统的重要初级生产者，通过光合作用和营养盐的支持产生了很高的生产力。以黄海近岸的桑沟湾为例，根据表 1 资料估算，石莼、海带等大型藻类的年碳生产量可达 9 750 t，占整个海湾总初级生产量的 37%。从每平方米的年碳产量来看，大型藻类为浮游植物的 7.5 倍[13]。

表 1 桑沟湾主要大型底栖植物的生产力[12] [gC/(m² · a)]

Table 1 Production of benthic macrophytes in Sanggou Bay

种类	石莼 *U. pertusa*	海带 *L. japonica*	裙带菜 *Un. pinnatifita*	石花菜 *G. amansii*	江蓠 *Gr. verrucosa*
年生产力	2 664	2 086	547	360	153

由于不同海区的营养盐结构、温度、光照等条件存在差异，导致藻类体内氮、磷的含量不同以及生产力间的差异，但是不同海区同种藻类碳占总干重的比例并无显著性差异[11,12]。另外，通常海水中的无机碳不是大型藻类生长的限制因素，而营养盐氮、磷或者硅可能是其生长的限制因子。表 2 列出国内外一些大型藻类的营养成分，碳的含量（干重）在 20%～35%范围内，不同种类之间的营养成分差异较大。海带中碳的含量较其他大型藻类的碳含量高，占其干重的 31.2%[12,13]。根据我国近年大型藻类养殖的年产量和藻类体内的碳含量来计算，我国人工养殖的海藻每年大约能从海水中移出 33 万 t 的碳。

表 2 大型海藻的营养成分

Table 2 Nutrient composition in marine seaweed

大型海藻	营养成分（%）			主要资料来源
	C	N	P	
Laminaria japonica（海带）	31.2	1.63	0.379	文献 [15]
Ulva pertusa（石莼）	30.7	1.87	0.392	
Laminaria laongicruris	28.77	1.40		文献 [17]
Laminaria saccharina	23.36	2.26		文献 [18]
Nereocystis luetkeana	23.64	1.86		
Laminaria groenlandica	28.7	1.83		文献 [16]
Porphyra（紫菜）	(27.39)			①
Ulva lactuca（石莼）	23.5	0.88	0.14	文献 [14]
Gracilaria tikvahiae（江蓠）	28.4	2.23	0.04	
Gracilaria ferox（江蓠）	20.6	1.52	0.07	
Fucus distichus	35.0	1.81		文献 [19]

注：①紫菜体内碳的含量为表中各种海藻碳含量的平均值。

3 贝类养殖对近海碳收支的影响

养殖贝类通过 2 种促进生长的方式使用海洋碳。一种方式是利用海水中的 HCO_3^-（碳酸氢根）形成 $CaCO_3$（碳酸盐）躯壳（俗称贝壳），其反应式如下[20]：$Ca^{2+}+2HCO_3^-=CaCO_3+CO_2+H_2O$，虽然每形成 1 mol 的碳酸钙，会释放 1 mol 的 CO_2，但是可以吸收

2 mol的碳酸氢根。实际上，形成的 $CaCO_3$ 贝壳，少量随有机碳从表面海水垂直输送到海洋深部，绝大部分通过收获从海水中移出；另一种方式是通过滤食摄取水体中的悬浮颗粒有机碳（包括浮游植物和颗粒有机碎屑等）促进贝类个体软组织的生长。贝类的滤食系统十分发达，有着极高的滤水率，能够利用上覆水中乃至整个水域的浮游植物及颗粒有机物质。大规模的贝类养殖活动对水体中悬浮颗粒有机物质的数量以及组成有一定的控制作用[21-25]。以贻贝为例：贻贝（*Mytilus edulis*）的滤水率可达 5 L/(g · h)，在均匀混合的海区，如东斯海尔德水道（Oosterschelde）湾和 Western Wadden 湾，贻贝能在 4～7 d 中将整个水体过滤一遍。作者等使用模拟现场流水法[26]于 1999 年的 4—5 月、8 月、10 月分别对黄海桑沟湾的主要养殖种类栉孔扇贝、太平洋牡蛎、紫贻贝的滤水率进行了测定（表 3），结果表明这些养殖贝类有很高的滤水能力。桑沟湾的水体约为 1.3×10^9 m^3，只需要 3～4 d 时间，养殖的贝类就能够将整个湾的海水滤过一遍。桑沟湾颗粒有机碳的平均值为 470 μg/L，因此，在桑沟湾每年将有 5.6 万 t 的颗粒有机碳被养殖的贝类所摄食。

表 3 桑沟湾滤食性贝类的滤水能力

Table 3 Depleting ability of bivalves in Sanggou Bay

种类	现存量（$\times10^8$个）	滤水率［L/(ind · h)］	滤水量①（$\times10^8$ m^3/d)
栉孔扇贝	20	4.14	1.99
太平洋牡蛎	10	4.10	0.98
紫贻贝	3.2	4.00	0.31
总计			3.28

注：①滤水量＝现存量×滤水率×24。

表 4 和表 5 列出一些重要养殖贝类的软组织和贝壳的化学组成[15]，表 6 是对 2002 年桑沟湾收获贝类的一些相关生物学参数的测定结果。资料表明，滤食性贝类的软组织中碳的含量通常为软组织干重 44%，而贝壳中碳的含量为贝壳干重的 12%，不同海区和种类之间的差异不显著。不同海区或种类之间的 C、H、N 元素比例的变化，主要是由于 N 含量的变化所致[15,27-29]。根据 2002 年我国各种海水贝类养殖的产量（湿重）和表 4 至表 6 的生物学参数，可以推算出 2002 年通过养殖贝类的收获从海水中移出的总碳约为 86 万 t，其中，贝壳中的碳含量约为 67 万 t（表 7）。

表 4 滤食性贝类软组织的化学组成

Table 4 Chemical composition of some bivalves's soft tissue parts

动物名称	重量百分比（%）		
	C	H	N
栉孔扇贝（*Chlamys farreri*）	43.87	6.81	12.36
紫贻贝（*Mytilus edulis*）	45.98	7.16	11.40
太平洋牡蛎（*Grassastrea gigas*）	44.90	6.99	8.9
菲律宾蛤仔（*Ruditapes phlippinarum*）	42.84	6.76	10.76
毛蚶（*Soapharca suberenata*）	45.86	7.37	8.71
中国蛤蜊（*Maetra chinensis*）	42.21	6.73	10.57

表 5 滤食性贝类贝壳的化学组成

Table 5 Chemical compositions of shell of some filter feeder bivalves

动物名称	总碳 TC（%）	氢 H（%）	氮 N（%）	有机碳 OC（%）
栉孔扇贝（*Chlamys farreri*）	11.44	0.05	0.09	0.58
紫贻贝（*Mytilus edulis*）	12.68	0.32	0.55	3.57
太平洋牡蛎（*Grassastrea gigas*）	11.52	0.10	0.12	0.78
菲律宾蛤仔（*Ruditapes phlippinarum*）	11.40	0.34	0.56	3.63
毛蚶（*Soapharca suberenata*）	11.29	0.07	0.07	0.45
中国蛤蜊（*Maetra chinensis*）	11.52	0.17	0.19	1.23

表 6 桑沟湾滤食性贝类的一些生物学参数

Table 6 Certain biological parameters of filter feeder shellfish in Sanggou Bay

	栉孔扇贝	紫贻贝	太平洋牡蛎	菲律宾蛤仔
软组织干重（g）	1.63±0.28	0.29±0.059	1.43±0.70	0.68±0.049
壳干重（g）	12.65±2.22	4.43±0.78	70.75±17.60	4.06±0.064
总湿重（g）	22.35±3.49	6.27±1.04	110.88±26.54	9.02±0.79

表 7 2002 年海水养殖贝类收获从海水中移出的碳量

Table 7 Carbon removal by harvest of shellfish in 2002

（单位：t）

种类	产量	总干重	软组织中碳	贝壳中碳	总碳
扇贝 scallop	935 585	597 769	29 962	60 579	90 541
贻贝 mussel	663 866	499 752	14 041	59 429	73 471
牡蛎 oyster	3 625 548	2 360 138	21 162	266 469	287 631
蛤仔 clam	2 300 941	1 209 142	75 900	131 678	207 578
其他 other	2 125 787	1 364 856	48 948	149 207	198 155
总计 total			190 014	667 363	857 378

由于生物量难以估计，以上推算并没有把附着生物的考虑在内。贝类筏式养殖的器材上附着大量、多种附着生物[30]。这些附着生物多为滤食性，以水体中的悬浮颗粒有机物为食，并且草苔虫、藤壶、盘管虫、贻贝等都带有石灰质的躯壳。以桑沟湾 2001 年为例，附着生物主要为玻璃海鞘，在附着盛季的 8 月，其生物量（湿重）可达 1 600 g/m^2，每个网笼上玻璃海鞘的数量平均为 800 个。整个桑沟湾贝类养殖面积约为 5 万亩，每亩养殖 400 笼，桑沟湾玻璃海鞘的数量约为 1.6×10^{10} 个。玻璃海鞘体内碳的含量约为其干重的 33.19%[15]，干重平均 0.055 g 滤水率每克干重为 6 L/h，每天玻璃海鞘群体的滤水量达到 1.6×10^8 m^3。据此来推算，8 月份桑沟湾玻璃海鞘碳的净生产量约为 320 t，相当于栉孔扇贝碳净生产量的 6.4%。因此，贝类养殖的附着生物在浅海生态系统的碳循环中的作用也不可忽视，目前主要通过换笼去除附着生物，大量的附着生物从海中移出，使得贝类养殖实际从海洋中移出的

碳应在 86 万 t 以上。

根据能量收支模型[31]：$C=F+U+R+G$（其中，C 为摄食能，F 为粪便能，U 为排泄能，R 为代谢能，G 为生长能），贝类养殖实际利用的颗粒有机碳相当于式中的 C，贝类的产量近似为式中的 G 部分。已有的资料显示，不同的种类在不同的环境条件下，G 在 C 中的比例不同，在 6.13%～90.97%范围内（表 8）。考虑产量因素，养殖贝类 G/C 的加权估算值约为 25%。据此概算，2002 年中国浅海生态系统中约有 344 万 t 的颗粒有机碳被养殖的贝类所利用，除了 86 多万吨的碳从海中移出外，部分碳通过呼吸代谢以 CO_2 的形式排入水中，部分碳以粪便的形式形成生物性沉积，参与到生物地化循环中去，加快了悬浮颗粒物质从水体到底质中的垂直运移。

表 8 贝类的生长能在摄食能中所占的比例

Table 8 Percentage of growth energy in total energy income in some kind of shellfish

贝类种类 (Shellfish)	实验条件 (Experiment conditions)	生长能在摄食能中的比例（$P/C\times100\%$）	主要资料来源 (References)
栉孔扇贝（*Chlamys farreri*）	青岛海区—模拟现场流水法		[32]
	不同规格的贝类：	平均为：	
	壳长 25.6 cm	19.82	
	壳长 40.3 cm	16.55	
	壳长 65.7 cm	14.19	
菲律宾蛤仔（*Ruditapes philippinarum*）	不同的温度条件：		[33]
	3 ℃	6.13	
	5 ℃	26.82	
	8 ℃	34.63	
太平洋牡蛎（*Grassastrea gigas*）	17 ℃	19.76	[34]
绿贻贝（*Pema viridis*）	不同季节：		[35]
	2 月	6.87	
	5 月	45.84	
	7 月	52.43	
	10 月	90.97	
贻贝（*Mytilus trossulus*）	不同的饵料质量和浓度：		[36]
	algae only	36.85	
	algae+silt（3∶1）	55.69	
	algae+silt（1∶1）	57.64	

4 结语与讨论

上述分析研究表明，中国大规模的贝藻养殖对浅海碳循环的影响是明显的，成为一个“可移出的碳汇”，仅 2002 年养殖的大型海藻可以从海中移出近 33 万 t 的碳，养殖的贝类可移出 86 多万吨的碳，合计至少移出了 120 万 t 碳。尤其重要的是移出的贝壳中碳含量约

67 万t，成为较为持久的碳汇。陆地上的森林植被，它们对碳循环的影响是短期的，因为树木植被的腐烂分解，碳很快又被释放到大气中了。而沉入海底的贝壳中的碳通过生物地化循环再回到大气中需要数百万年。即使是收获到陆地上的贝壳，其中的碳经再循环回到大气中也需要很长的时间。另外，1997 年《京都协议书》预计工业化国家减排 CO_2 的开支为150～600＄/tC[37]，由此算来中国浅海贝藻养殖的年产出对减排大气 CO_2 的经济价值相当于1.8 亿～7.2 亿美元。中国浅海贝藻养殖不仅为人类社会提供了大量优质、健康的蓝色海洋食物，同时又可能对减排大气 CO_2 做出如此大的贡献，是一种双赢的人类生产活动。

虽然上述结果证实贝藻类养殖通过收获能够从海洋中取出大量的碳，但是，我们对由此引起的海洋碳的生物地球化学循环的全过程还不十分清楚。如养殖的贝类作为近海海洋生物泵的重要环节，在促使海洋从大气中吸收人类排放的 CO_2 中所起的作用是间接的，即通过降低表面海水中 CO_2 的浓度而促使更多的大气 CO_2 溶解到海水中。但是，只有当海洋生态系统的固碳能力足以引起表面海水中 CO_2 的浓度下降时，海洋生物泵才会对人类排放到大气中的 CO_2 的吸收产生影响。目前虽已开展了若干养殖容量评估研究[39-41]，但很少与碳循环联系，对营养盐、浮游植物、大型藻类和养殖贝类之间的相互作用机理研究的也很少。另外，国内外许多的研究表明，贝类通过摄食能够将水中较小的颗粒转变成体积较大的粪便颗粒，从而增大颗粒物质的沉降速率[42-45]，如 Hayakawa 等测定日本大船渡（Ofunato）湾牡蛎养殖区碳的沉积速率高达 23 g/（m^2・d）。2002 年 7 月，作者等在桑沟湾的贝类养殖区和非养殖对照区分别悬挂沉积物捕捉器，测得贝类养殖区的悬浮颗粒的沉降速率是非养殖对照区的 1.75 倍[46]。春季的实验表明，栉孔扇贝的同化率约为 76%，摄入的初级生产部分大约有 1/4 以粪便的形式排出体外。据此推算，在桑沟湾春季每天有 8 t 有机碳通过栉孔扇贝的生理活动从上层向底层的转移，加速了碳的垂直输运。这样，对一个长期进行大规模贝类养殖的海域来说，就可能产生大量的生物沉积。由于近海的水深较浅，受风浪的影响较大，这些生物沉积随时可能发生再悬浮，增加了水体碳循环的复杂性。但是，这个领域的研究进行的很少，且较为肤浅。显然，对由于大规模贝藻养殖引起的海洋碳生物地球化学循环变化的全过程进行深入的研究是十分必要的。它不仅对全面认识贝藻养殖对海洋碳循环的贡献有十分重要意义，而且对保证近海生态系统的健康和可持续发展也十分重要。

参考文献

[1] Beatriz M B, Michael J R F, Margaret C B. Ocean biogeochemistry and global change: JGOFS research high lights 1988—2000 [J]. IGBP Science, 2001, 2: 1-32.

[2] Frank ignoulle M, Borges A V. European continental shelf as a significant sink for atmospheric carbon dioxide [J]. Global Biogeochemical Cycles, 2001, 15: 569-576.

[3] Thomas H, Bozec Y, Elkalay K, et al., Enhanced open ocean storage of CO_2 from shelf sea pumping [J]. Science, 2004, 304: 1005-1008.

[4] Liu K K, Atkinson L, Chen C T A, et al., Exploring continental margin carbon fluxes on a global scale [J]. The Earth Observing System, Transactions, American Geophysical Union, 2000, 81: 641-644.

[5] Cai W J, Dai M H. Comment on "Enhanced open ocean storage of CO_2 from shelf sea pumping" [J]. Science, 2004, 306: 1477.

[6] Hu Dunxin. Study on Chinese ocean flux [J]. Advances in Earth Science, 1996, 11 (2): 227-229. [胡

敦欣．我国的海洋通量研究［J］．地球科学进展，1996，11（2）：227－229］．

［7］ Tsunogai S，Watanabe S，Sato T. Is there a continental shelf pump for the absorption of atmospheric CO_2？［J］．Tellus B，1999，51：701－712.

［8］ Coates D. Aquaculture production：Quantities 1950—2002［EB/OL］．Ftp. fao. org/fi/stat/windows/fishplus/aquaq. zip，2002.

［9］ Shen Zhenzhao，Zhang Hecheng. China Fisheries Yearbook［M］．Beijing：China Agriculture Press，2002.［沈镇昭，张合成主编．中国渔业统计年鉴［M］．北京：中国农业出版社，2002.］

［10］ Gao K S，Mckinley K R. Use of macroalgae for marine biomass production and CO_2 remediation［J］．Journal of Applied Phycology，1994，6：45－60.

［11］ Flynn K J. Algal carbon－nitrogen metabolism：A biochemical basis for modeling the interactions between nitrate and ammonium uptake［J］．Journal of Plankton Research，1991，13（2）：373－387.

［12］ Rivkin R B. Phytoadaptation in marine phytoplankton：Variations in ribulose1，5－bisphisphate activity［J］．Marine Ecology Progress Series，1990，62：61－72.

［13］ Mao Xinghua，Zhu Mingyuan，Yang Xiaolong. The photosynthesis and productivity of benthiomacrophytes in Sanggou Bay［J］．Acta Ecologica Sinica，1993，13（1）：25－29.［毛兴华，朱明远，杨小龙．桑沟湾大型底栖植物的光合作用和生产力的初步研究［J］．生态学报，1993，13（1）：25－29.］

［14］ Lapointe B E，Littler M M，Littler D S. Nutrient availability to marine macroalgae in siliciclastic versus carbonate－rich coastal waters［J］．Estuaries，1992，15（1）：75－82.

［15］ Zhou Yi，Yang Hongsheng，Liu Shilin，et al.，Chemical composition and net organic production of cultivated and fouling organisms in Sishili Bay and their ecological effects［J］．Journal of fisheries of China，2002，26（1）：21－27.［周毅，杨红生，刘石林，等．烟台四十里湾浅海养殖生物及附着生物的化学组成、有机净生产量及其生态效应［J］．水产学报，2002，26（1）：21－27.］

［16］ Harrison P J，Druehl L D，Lloyd K E，et al.，Nitrogen up take kinetics in three year classes of Laminaria groenlandica（Laminariales：Phaeophyta）［J］．Marine Biology，1986，93：29－35.

［17］ Chapman A R O，Markham J W，Lüning K. Effects of nitrate concentration on the growth and physiology of Laminaria saccharina（Phaeophyta）in culture［J］．Journal of Phycology，1978，14（2）：195－198.

［18］ Ahn O，Petrell R J，Harrison P J. Ammonium and nitrate uptake by *Laminaria saccharina* and *Nereocystis luetkeana* originating from a salmon sea cage farm［J］．Journal of Applied Phycology，1998，10：333－340.

［19］ Rosenberg G，Probyn T A. Nutrient up take and growth kinetics in brown seaweeds：Response to continuous and single additions of ammonium［J］．Journal of Experimental Marine Biology and Ecology，1984，80：125－146.

［20］ Chauvaud L，Thompson K J，Cloern J E. Clams as CO_2 generators：The *Potam ocorbula amurensis* example in San Francisco Bay［J］．Limnology Oceanography，2003，48（2）：2086－2092.

［21］ Young Ahn. Enhanced particle flux through the biodeposition by the Antarctic suspension－feeding bivalve *Laternula elliptica* in Marian Cove，King George Island［J］．Journal of Experimental Marine Biology and Ecology，1993，171：75－90.

［22］ Kaspar H F，Gillespie P A，Boyer I C，et al.，Effects of mussel aquaculture on the nitrogen cycle and benthic communities in Kenepru Sounds，New Zealand［J］．Marine Biology，1985，85：127－136.

［23］ Nakamura Y，Kerciku F. Effects of filter－feeding bivalves on the distribution of water quality and nutrient cycling in a eutrophic coastal lagoon［J］．Journal of Marine Systems，2000，26：209－221.

［24］ Prins T C，Escaravage V，Smaal A C，et al.，Functional and structural changes in the pelagic system induced by bivalve grazing in marine mesocosms [J]. Water Science Technique, 1995, 32 (4): 183 -185.

[25] Dong Shuangling, Wang Fang, Wang Jun, et al., Effects of bay scallop on plankton and water quality of mariculture pond [J]. Acta Oceanologica Sinica, 1999, 21 (6): 138 - 143. [董双林，王芳，王俊，等. 海湾栉孔扇贝对海水浮游生物和水质的影响 [J]. 海洋学报，1999，21 (6)：138 - 143.]

[26] Kuang Shihuan, Fang Jianguang, Sun Huiling, et al., Seasonal variation of filtration rate and assimilation efficiency of scallop *Chlamys farreri* in Sanggou Bay [J]. Oceanologia et Limnologia Sinica, 1996, 27 (2): 194 - 199. [匡世焕，方建光，孙慧玲，等. 桑沟湾栉孔扇贝不同季节滤水率和同化率的比较 [J]. 海洋与湖沼，1996，27 (2)：194 - 199.]

[27] Grant J, Granford P J. Carbon & nitrogen scope for growth as a function as diet in the sea scallop *Placopecten magellanicus* [J]. Journal of the Marine Biological Association of the United Kingdom, 1991, 71: 437 -450.

[28] Hawkins A J S, Bayne B L. Seasonal variation in the relative utilization of carbon and nitrogen by the mussel *Mytilus edulis*: Budgets, conversion efficiencies as maintainance requirements [J]. Marine Ecology Progress Series, 1985, 25: 181 - 188.

[29] Goulletquer P, Wolowicz. The shell of *Cardium edule*, *Cardium glaucum* and *Ruditapes philippinarum*: Organic content, composition and energy value, as determined by different methods [J]. Journal of the Marine Biological Association of the United Kingdom, 1989, 69: 563 - 572.

[30] Huang Zongguo, Cai Ruxing. Marine Biofouling and Its Prevention [M]. Beijing: China Ocean Press, 1984. 61 -138. [黄宗国，蔡如星. 海洋污损生物及其防除 [M]. 北京：中国海洋出版社，1984：61 - 138.]

[31] Karfoot T H. Animal Energetics [M]. New York: Academic Press, 1987: 89 - 172.

[32] Wang Jun, Jiang Zuhui, Zhang Bo, et al., Study on energy budget of farrerid scallop (*Chlamys farreri*) [J]. Marine Fisheries Research, 1999, 20 (2): 71 - 75. [王俊，姜祖辉，张波，等. 栉孔扇贝能量收支的研究 [J]. 海洋水产研究，1999，20 (2)：71 - 75.]

[33] Zhang Jihong, Fang Jianguang, Jin Xianshi, et al., Effect of energy budget of short - necked clam *Ruditapes philippinarum* under low temperature [J]. Journal of fisheries of China, 2002, 26 (5): 423 - 427. [张继红，方建光，金显仕，等. 低温对菲律宾蛤仔能量收支的影响 [J]. 水产学报，2002，26 (5)：423 - 427.]

[34] Ropert M, Goulletquer P. Comparative physiological energetics of two suspension feeders: Polychaete annelid *Lanice conchilega* (Pallas 1766) and Pacific cupped oyster *Crassostrea gigas* (Thunberg 1795) [J]. Aquaculture, 2000, 181: 171 - 189.

[35] Wong W H, Cheung S G. Feeding rates and scope for growth of green mussels, *Perna viridis* L. and their relationship with food availability in Kat, Hong Kong [J]. Aquaculture, 2001, 193: 123 - 137.

[36] Arifin Z, Leah I, Bendell - Young. Cost of selective feeding by the blue mussel *Mytilus trossulusas* measured by respiration and ammonia excretion rates [J]. Journal of Experimental Marine Biology and Ecology, 2001, 260: 259 - 269.

[37] Chen Panqin, Huang Yao, Yu Guirui. Carbon Cycle of Earth System [M]. Beijing: China Science Press, 2004. [陈泮勤，黄耀，于贵瑞. 地球系统碳循环 [M]. 北京：科学出版社，2004.]

[38] Tang Qisheng. On the carrying capacity and its study [J]. Marine Fisheries Research, 1996, 17 (2): 1 -6. [唐启升. 关于养殖容量及其研究 [J]. 海洋水产研究，1996，17 (2)：1 - 6.]

[39] Fang Jianguang, Kuang Shihuan, Sun Huiling, et al., Study on the carrying capacity of Sanggou Bay for the culture of scallop *Chlamys farreri* [J]. Marine Fisheries Research, 1996, 17 (2): 18 - 31. [方建光，匡世焕，孙慧玲，等. 桑沟湾栉孔扇贝养殖容量的研究 [J]. 海洋水产研究，1996，17

(2)：18－31.]

[40] Fang Jianguang，Sun Huiling，Kuang Shihuan，et al.，Assession the carrying capacity of Sanggou Bay for culture of kelp *Laminaria japonica* [J]. Marine Fisheries Research，1996，17 (2)：7－17. [方建光，孙慧玲，匡世焕，等.桑沟湾海带养殖容量的研究 [J]. 海洋水产研究，1996，17 (2)：7－17.]

[41] Yang H，Zhang T，Wang J，et al.，Growth characteristics of *Chlamys farreri* and its relation with environmental factors in intensive raft－culture areas of Sishiliwan Bay，Yan tai [J]. Journal of Shellfish Research，1999，18 (1)：71－76.

[42] Zhang Zhinan，Zhou Yu，Han Jie，et al.，A study on the biodeposition of bivalves with the application of annular flux system [J]. Journal of Ocean University of Qingdao，2000，30 (2)：270－276. [张志南，周宇，韩洁，等.应用生物扰动实验系统（Annular Flux System）研究双壳类生物沉降作用[J]. 青岛海洋大学学报，2000，30 (2)：270－276.]

[43] Hatcher A，Grant J，Schofield B. Effects of suspended mussel culture (*Mytilus* spp.) on sedimentation [J]. Marine Ecology Progress Series，1994，115：219－235.

[44] Gilbert F，Souchu P，Bianchi M，et al.，Influence of shellfish farming activities on nitrification，nitrate reduction to ammonium and denitrification at the water－sediment interface of the Tthau lagoon，France [J]. Marine Ecology Progress Series，1997，151：143－159.

[45] Navarro J M，Thompon R J. Biodeposition produced by horse mussel *Modiolusm odiolus* during spring diatom bloom [J]. Journal of Experimental Marine Biology and Ecology，1997，209：1－13.

[46] Cai Lisheng，Fang Jianguang，Liang Xingming. Natural sedimentation in large－scale aquaculture areas of Sungo Bay，north China sea [J]. Journal of Fishery Sciences of China，2003，10 (4)：305－311. [蔡立胜，方建光，梁兴明.规模化浅海养殖水域沉积作用的初步研究 [J]. 中国水产科学，2003，10 (4)：305－311.]

The Contribution of Shellfish and Seaweed Mariculture in China to the Carbon Cycle of Coastal Ecosystem

ZHANG Jihong，FANG Jianguang，TANG Qisheng

(Key Laboratory for Sustainable Utilization of Marine Fisheries Resource, Ministry of Agriculture, Yellow Sea Fisheries Research Institute, Qingdao 266071, China)

Abstract：China is the largest mariculture country of shellfish and seaweed in the world. The total annual yields of these in 2002 are more than 10 million tons. Among of which，the yields of seaweed and shellfish are 1.3 and 9.7 million tons，respectively. Seaweeds can transform dissolved inorganic carbon into organic carbon by photo synthesis；filtering shellfish can clear out particle organic carbon by feeding activity and through the process of calcification a lot of carbon can be imbedded into the shells at the form of $CaCO_3$. Especially, a mass of carbons can be removed out of ocean through harvest, which must have great influence on the carbon cycle of coastal ecosystem. Through the activity of shellfish and sea weed mariculture, there were more than 3 million tons carbon being utilized and about 1.2 million tons carbon being taken away from the shallow sea by harvesting, which is calculated basing on the data of annual production, the C content of both shellfish and seaweed and the energy budget of shellfish. Most important was that there were about 670 000 tons carbon were fixed by shells and became the long - term carbon sink. The result not only discusses a new clue for probing into the question of "missing sink" in the global carbon cycle, but also testifies that the aquaculture of shellfish and seaweed in the coastal ocean can utilize a great deal of oceanic carbon directly or indirectly and improve the capacity of shallow sea absorbing atmospheric CO_2. In addition, the relationship between the aquaculture and the carbon cycle of the coastal ecosystem is very complicated and its interaction is evident, consequently, its biogeochemical process should be paid great attention for further and deeply study as a science problem.

Key words: Carbon cycle; Shellfish and seaweed mariculture; Shallow sea

近海生态系统碳源汇特征与生物碳汇扩增的科学途径①

——香山科学会议第399次学术讨论会

唐启升，张经，孙松，戴民汉 等

近海、大洋和陆地系统的碳循环共同构成了调控全球大气CO_2收支平衡的三大组成部分，其中近海生态系统碳循环既受陆地的影响，又与大洋关联，是揭示和模拟全球碳循环不可或缺但又是最复杂、最薄弱的环节。不同纬度、不同生态结构的近海表现的不同碳源汇季节特征以及碳的净交换量等一直以来是全球陆架边缘海碳循环问题研究的难点问题，也是国际海洋界的争论焦点之一。近海生态系统碳收支平衡及其影响因素、碳源汇时空分布特征和生物碳汇形成机制等一系列重大基础科学问题亟待深入认识和解答。生物固碳是21世纪科学研究的前沿，是目前安全有效、经济可行的固碳途径之一。不同系统或区域、不同营养层次、不同物种的固碳机制差异很大，未解之谜甚多。另外，人类活动与气候变迁所引起的海洋生物种群、群落、生态系统结构的变化也会导致海洋碳循环格局的改变。在全球气候变化与人类活动的双重影响下近海碳循环和碳收支响应异常，急需探讨恢复和扩增生物碳汇的科学途径，为积极应对全球气候变化和实施海洋可持续发展提供科学支撑。

近海生态系统碳源/汇特征与海洋生物碳汇扩增已引起广泛关注（UNEP，2009；IUCN，2009；中国工程院，2010）。我国是率先提出渔业碳汇概念和倡导发展碳汇渔业的国家，2010年7月我国科学家在国际大海洋生态系咨询委员会会议上提出成立全球渔业碳汇工作组的建议得到多个国际组织的热烈响应。应对气候变化作为一项重要内容已纳入中国国民经济和社会发展“十二五”规划。我国雄踞太平洋西岸，拥有辽阔的蓝色国土，通过增加海洋的碳汇能力，发展海洋低碳技术，可以在一定程度上缓解化石能源消费造成的全球气候变化问题，将进一步推进我国经济结构调整，转变经济增长方式，有利于建设资源节约型、环境友好型社会，实现绿色、低碳发展。

为深入认识近海生态系统碳源汇特征，探讨影响海洋生物碳汇形成的过程与机制，提炼、归纳、定位我国开展海洋生态系统生物碳汇研究和碳汇扩增的发展方向和目标，提升我国海洋生态系统研究应对全球气候变化的能力，香山科学会议于2011年6月13—15日，在北京召开了以“近海生态系统碳源汇特征与生物碳汇扩增的科学途径”为主题的学术讨论会，会议由唐启升研究员、张经教授、孙松研究员和戴民汉教授担任执行主席，来自IUCN的海洋保护专家Dan Laffoley博士和国内高等院校、科研院所和管理部门的50多位专家学者应邀参加了讨论会。与会专家围绕①近海生态系统碳收支与驱动机制；②近海生态系统碳源、汇的时空分布与生物固碳；③自然碳汇与海洋生态灾害；④碳汇渔业及其发展模式等中心议题进行广泛交流和深入讨论，并提出了建议。

---

① 本文原刊于《香山科学会议简报（第399次会议）》，393：1-12，2011。

一、生物碳汇扩增战略与扩增途径

沈国舫教授作了题为“中国生物碳汇扩增战略的探讨”的主题评述报告，他指出，碳循环是生态系统中最基本的生命活动，海洋是地球碳循环的重要组成部分，是最大的碳库。随着国际社会对生物碳汇认识的不断加深，通过生物固碳作用，降低大气中 CO_2 等温室气体的含量，发展可持续低碳经济，扩增生物碳汇具有特殊的作用，成为各国政府应对气候变化的重要战略选择。生物减排增汇包括农业、林业、海洋、草地、湿地和土地利用变化，从战略层面应①加强林业重点工程建设，提高森林质量，增强森林增碳减排，积极开展碳汇造林，推进碳贸易战略；②切实稳定耕地面积，合理调整土地利用结构、耕作制度，改良作物品种，大力发展低碳/氮排放的生态农业；③大力开展碳汇渔业示范工程建设，恢复和重建海草（藻）床，发展海藻能源技术，开发利用海洋生物有机肥料；④在我国主要草业经济区域选择代表性草地类型实施天然草地和栽培草地减排增汇工程；⑤大力推进湿地保护与恢复，防止湿地退化；⑥实施土地用途转换的科学管理，大力保护耕地及林地等面积，努力控制建设用地，推进矿建废弃地的复垦工作。我国科技界亟待就《京都议定书》中的碳汇问题，开展有针对性的基础研究，制定生物碳汇监测及评价标准，探索生物减排增汇战略及策略，积极应对国际谈判，力求在该领域抢占国际制高点，全方位和系统地提升我国应对气候变化的生物碳汇扩增能力。

唐启升研究员作了题为“海洋生物碳汇扩增途径与科学问题”的主题评述报告。他指出，海洋是地球上最大的碳库，也是参与大气碳循环最活跃的部分之一，在调节全球气候变化，特别是吸收二氧化碳等温室气体效应方面作用巨大。海洋碳汇以及海洋生态系统的碳循环过程主要是通过海洋生物泵和物理泵实现，而固碳形式存在多样性。近海生态系统碳收支的演变过程和特征以及影响近海生态系统碳收支平衡的关键调控因素将是我国近海碳循环研究需要解决的首要科学问题。生物固碳在海洋碳循环中的作用机理及其对人类活动和气候变化的响应机制，是未来研究的热点。在全球变化和人类活动双重影响下近海自然碳汇结构和功能、自然碳循环和碳收支特征的演变过程及其特点等研究已迫在眉睫。“渔业碳汇”是指通过渔业生产活动促进水生生物吸收水体中的 CO_2，并通过收获把这些已经转化为生物产品的碳移出水体的过程和机制。凡不需投饵的渔业生产活动，就具有碳汇功能，可能形成生物碳汇，可称之为碳汇渔业。充分认识海洋生物的碳汇功能，推动碳汇渔业新理念的发展将是生物碳汇扩增的一条重要途径。通过恢复和提升自然海域植物的碳捕获能力和大力发展碳汇渔业等措施，海洋的“蓝色碳汇”与陆地的“绿色碳汇”（森林等植被）一样，将会为实现碳减排的目标做出重要贡献。

Dan Laffoley 博士作特邀报告，他指出，海洋是地球上最大的二氧化碳汇，在气候调节方面发挥了重要的功能，较之陆地系统，我们对海洋碳汇功能的研究严重不足。目前，关于沿海储碳生态系统所包含的一系列概念性问题还没有明确。固碳潜力、碳汇通量和封存量的数据还很少，尚无一个全球公认的机制来正确认知沿海生态系统碳汇的重要性，也未采取相应的保护措施。沿海生态系统，单位面积储碳能力高，是有效的碳汇区。其长期封存碳于沉积物中的性能明显高于温带雨林和热带雨林，这些沿海的高储碳生态系统正以比流失森林，还要快的速度失去。希望将来更全面地考虑自然沿海不同的碳汇，加强与 UNFCCC 和政府机构的密切合作，推进和支持相关的科学研究，制定切实有效的政策并推广应用，鼓励恢复沿海生态系统的行为。提出保护沿海碳汇区域具体的实施措施和时间表，实现海岸带的碳补偿和可持续发展。

讨论中，与会专家认为，我国近海碳循环是地球碳循环的重要组成部分，而生物碳汇扩增在发展低碳经济中具有特殊的作用和巨大的潜力。并就“生物固碳时间尺度”问题展开讨论，普遍认同“通过渔业生产活动促进水生生物吸收水体中的CO_2，并通过收获把这些已经转化为生物产品的碳移出水体的过程和机制”这一“渔业碳汇”的新理念。建立普遍认可的碳汇监测与评价体系，已成为发展生物碳汇事业首先要解决的问题。

二、近海生态系统碳收支与驱动机制

戴民汉教授作了题为“中国邻近海域生态系统碳收支与驱动机制探讨”的中心议题评述报告。他指出，目前全球每年化石燃料燃烧向大气排放的CO_2中，45%存留于大气圈中，29%为陆地生态系所吸收，其余26%为海洋吸收。近海在全球海洋碳循环中具有重要的潜在作用，但目前边缘海碳循环的关键机理尚不清楚，碳收支估算存在不确定性。近年来全球边缘海CO_2交换通量的研究结果，表明边缘海总体是大气CO_2的汇区，仍存在较大的不确定性和时空变异及其驱动机制不清楚等问题。根据估算，南中国海在春、夏、秋季基本与大气CO_2处于平衡（或是CO_2弱源/弱汇），冬季是CO_2的汇。年平均，南海海域总体上是大气CO_2的源区，年释放量约为720万t碳；东海海域总体上是大气CO_2的汇区，年吸收量约为530万t碳。但是，控制中国邻近海域碳源碳汇格局的因子相当复杂，在不同的时间和空间尺度，这些控制因子对碳源碳汇格局的影响不尽相同。

甘剑平教授在“中国陆架海环流特征及其生物地球化学响应”的报告中，介绍了中国海环流特征和生物地球化学过程的基本概貌，以及物理-生物地球化学多尺度耦合模型模拟得出的中国海生物地球化学要素的空间分布、时间演化和交换通量。并通过对中国海典型区域（珠江冲淡水区、粤东上升流区、黑潮入侵区）环流和生物地球化学特征的模拟研究，揭示了中国海碳收支的内在驱动机制。

王菊英研究员在“北黄海海-气CO_2通量时空分布特征及变化机制”的报告中，分析了2009年3月至12月份北黄海海-气CO_2通量的空间分布及月变化，得出海-气CO_2通量年平均表现为大气CO_2弱汇。冬季主要表现为大气CO_2的汇，夏季则表现为大气的源。根据不同参数对海-气CO_2通量计算的影响，发现温度和风速是海-气CO_2通量计算最重要的影响因素。在不同的时间尺度上观测到海-气CO_2通量存在着显著的波动。指出海表面温度（SST）和生物过程，是北黄海海-气CO_2通量变化的关键控制因子。

讨论中，与会专家认为，对碳排放或者碳吸收的测量、监测方法、有效时间等需要建立统一标准，普遍认可的碳汇监测与评价体系。建议加强海-气CO_2交换通量监测和国内相关研究机构的合作与交流，打造海洋碳循环监测的实验中心和研究团队和构建研究型监测体系，着手近海生态系统碳通量监测站或监测基地的建设。

三、近海生态系统碳源、汇的时空分布与生物固碳

宋金明研究员作了题为“中国近海生态系统的碳循环与生物固碳”的中心议题报告。他认为，近海固碳应重点关注海-气界面交换、陆源输入、生态系统的生物固碳、沉积物水界面的交换以及向开阔海洋的输运等五个关键过程。强调应聚焦浮游植物固碳、碳沿食物网传

递的效率、溶解碳向颗粒碳的转化过程、沉积物碳埋藏固碳量的反演等关键科学问题。目前较为普遍接受的结果是中国近海整体上表现为大气二氧化碳的汇，大河口区淡水-咸淡水混合区均为大气二氧化碳的源，在外部海区为汇。一些海湾及近岸区表现为大气二氧化碳的源。由于近海碳源汇格局因不同时间点的监测结果变化比较明显，建议为获取准确的区域碳源/汇特征，必须针对代表性海域进行高密度、连续的周日/周月/周季/周年的观测，以获得客观可靠的科学结论。

赵美训教授在“黄海-东海碳汇和浮游植物群落结构演变的沉积记录”的报告中，强调了陆架边缘海在全球碳汇中的重要作用，尽管只有8%的总海洋面积，但80%的有机碳在陆架海区被埋藏。海源生物标志物表明，黄海和东海沉积有机质主要是海源输入且存在很大的区域性，海源占53%～98%。所有区域都显示，海源有机质所占的比例在过去60年均有明显增加。在几种主要浮游植物中，硅藻和甲藻生产力增加尤为明显，而颗石藻的相对贡献有所降低。这种群落结构的变化也增加了有机质埋藏的效率。

刘红斌教授在“海洋浮游食物网结构与生物碳的垂直输出”的报告中指出，海洋浮游植物通过光合作用固碳，吸收大气中的二氧化碳，但固定的碳大部分被呼吸作用和其他生物过程利用和降解，重新回到大气层。只有小于1%的有机碳通过沉降颗粒被传输到海底，这就是所谓的生物泵过程。经典食物网对碳收支的贡献主要通过渔获和向深海输送有机质来实现，但渔获并不能对移除多余的二氧化碳作出贡献，食物被消化后，相同量的二氧化碳又被再生。浮游被囊类和其他胶状浮游动物可将不易沉降的细菌和微型浮游生物转化为能快速沉降的粪粒和由它们的废弃物所主导的“海洋雪”，从而提高生物泵效率和海洋碳汇的功效。

讨论中，与会专家认为和陆地系统相比，海洋生态系统的碳汇扩增具有更好、更长远的发展潜力，藻类养殖可以成为碳汇扩增的有效途径之一。沉积物中海源有机物的增加可能同冬季季风在过去40年的增加导致的涡的强度变化有关，也同生产力的增加有关。底栖生物、微食物环以及透明胶质聚合物质生态功能及其在生物泵中的作用不应被忽视。

四、自然碳汇与海洋生态灾害

孙松研究员作了题为“自然碳汇与生物种群异常变动”中心议题评述报告。他指出，在全球变化和人类活动共同影响下，水体生态系统发生变化。水体生物有小型化趋势，赤潮发生的规模和频率逐年增加，浮游动物优势种群生物量下降、胶质生物数量增多，大规模水母种群暴发时有发生，滨海湿地遭到严重破坏，大型底栖藻类数量减少，红树林的数量也急剧减少。问题是生态环境的变化对固碳带来什么样的影响？能否进行定量测定？如何对固碳效益的损失进行评估？对赤潮的发生和水母种群的暴发，关键是对碳通量影响的估算，不同种类的赤潮的固碳作用的差别。目前对此缺乏了解的，应抓住关键过程进行研究，以对近海的固碳作用有全面的认识。如水母在生长的过程中会不停地摄食水体中的浮游动物，大量的粪便和水母死后的尸体沉降到海底，形成巨大的碳通量的变化。因此，水母的种群暴发也许是效率最高的生物泵。

高坤山教授在“潮间带藻类固碳及其碳汇源过程”的报告中指出，潮间带藻类的固碳及其汇源过程，与海水碳酸盐系统的稳定性密切相关。CO_2 浓度升高，可促进某些海产藻类的光合作用与生长。浮游植物对 CO_2 浓度变化的响应，因种类不同存在较大差异。海洋酸化条件下，尽管某些硅藻的光合固碳受到促进，但呼吸作用及光抑制也随之增大。钙化藻类的光合作用与钙化作用是两个相互关联的过程。海洋酸化会与其他环境因子相互作用，影响钙化生物的代谢过程。

林光辉教授在“红树林等滨海湿地生态系统碳库及碳汇潜力研究进展”的报告中指出，单位面积的盐沼、红树林和海草床分别比成熟的热带雨林能封存高得多的碳，足以抵消全球因使用交通工具释放碳总量的 1/3 左右。广东湛江和福建云霄两地的红树林生态系统净生态系统交换量，显著高于同纬度的陆地生态系统，红树林湿地显示出较强的固碳能力。全球范围的红树林等滨海湿地恢复和保护可以有效抵消人类活动每年向大气排放的 CO_2，但人类活动和气候变化会对红树林碳库及其动态变化产生显著影响。

沈新强研究员在“长江口牡蛎礁恢复及碳汇潜力评估”的报告中指出，牡蛎礁是温带河口和滨海区一种特殊的海洋生境，具有生物生产、净化水体、提供鱼类生境、维持生物多样性和防止海岸侵蚀等重要功能。长江口牡蛎礁恢复工程表明该人工牡蛎礁牡蛎种群的增长迅速，牡蛎礁上大型底栖动物物种数、总密度和总生物量呈快速的增长趋势，人工牡蛎礁也具有强大的固碳能力。

讨论中，与会专家认为，针对海岸带或者近海目前更要加强政府的管理红树林的恢复以及恢复后的保护等功能，不能一味强调在潮间带进行围海造地，更要关注潮间带健康生态系统的养护。建议对海岸带、河口以及滨海湿地等区域进行科学认定，使政府管理以及自然固碳（如红树林等）等数据的测定更合理。关注沿岸经济活动（如核电站、化工厂和港口等）对近海生态系统的影响。

五、碳汇渔业及其发展模式

方建光研究员作了题为“养殖贝藻类碳汇功能及多营养层次综合养殖模式”的中心议题评述报告。他指出，近海是海洋生产力最高的区域，也是受人类活动影响最强烈的区域。在近海存在着大量的双壳贝类和大型藻类高密度养殖区，对养殖水域碳循环格局产生了巨大影响。大型藻类通过光合作用，促进了大气中 CO_2 向海洋溶解的速率，起到了积极的碳汇作用。贝类是近海生态系统物质循环以及能量流动的驱动者，通过强烈的摄食、生物沉积活动促进了初级生产力再生和碳向海底的输送及埋藏进程。贝类通过钙化和呼吸活动释放 CO_2，又通过钙化将海水中的碳转化为贝壳中的碳酸钙。贝壳可在自然界中存在数千年，对碳循环的作用机制非常复杂。我国贝藻、贝参藻等多营养层次的综合养殖模式，充分利用养殖系统中不同营养层次生物种类的生态互补性，提升了养殖系统吸收利用 CO_2 的能力，对促进加强浅海养殖系统的碳汇功能具有重要作用。

杨红生研究员在“海湾生境修复生物碳汇扩增技术”的报告中指出，海湾是受人为影响最大、生境受损最为严重且亟待修复的重要区域。未来海湾生态增养殖发展，亟须实现生境修复和生态增养殖的和谐统一。通过构建基于生态系统水平的浅海底播增养殖功能群及岛屿典型生境生态增养殖功能群，形成包括初级生产者（浮游植物、大型藻类）、初级消费者（鲍）或岩礁鱼类、沉积食性消费者（刺参）三个增养殖功能群，能够达到修复生境受损海域，重要经济生物资源得以恢复的目的。

陈勇教授在“海洋牧场的碳汇功能与低碳技术”的报告中指出，在海洋牧场建设过程中，作为生物生息场基础设施的人工鱼礁建设，可以大量使用报废渔船，减少能源和资源消耗，减低碳排放或固碳。海洋牧场的大型藻类以及牧场中的鱼贝类等生物，在其生长过程中能够直接或间接吸收碳元素，降低海水的碳含量。科学地建设海洋牧场，研发海洋牧场的低碳技术，不仅能够从生态、环境和资源上保障海洋渔业的可持续健康发展，还可以达到保护生物资源、增强近海生境碳汇能力的目的。

何培民研究员在“大型海藻低碳海水养殖模式”的报告中指出，大型海藻的养殖，可大量吸收水体中的无机氮、磷等营养盐，降低海区富营养化，并进一步抑制赤潮发生和富营养化。大型海藻通过光合作用，可高效光合固碳和放氧，提高海水 pH 值，防止海洋酸化。我国每年通过海藻养殖可从海水中直接去除 45 万 t 碳、9 万 t 氮、0.45 万 t 磷。为保障我国渔业可持续发展，应尽快制定大型海藻大规模养殖发展策略和奖励机制，大力发展以大型海藻为核心的多营养层次综合养殖模式。

讨论中，与会专家认为，贝藻、贝藻参等多营养层次的综合养殖模式以及海洋牧场的构建是生物碳汇扩增的有效途径。需要在规模化养殖水域设置几个代表性的监测点，全年跟踪监测水-气界面碳源汇变化规律，在此基础上对水体中的碳等生源要素的生物地球化学循环过程进行深入研究。对碳排放或者碳吸收的测量、监测方法、有效时间等需要有一个统一的标准。滤食性贝类的摄食生理活动是碳源还是碳汇的争论焦点主要集中在贝类的钙化过程中会放出 CO_2，但与大型藻类的搭配养殖，可以利用藻类的光合作用将这部分 CO_2 吸收利用。

六、会议总结与专家建议

在经过广泛的学术交流和深入讨论，与会专家一致认为：

1. 我国近海生态系统生物碳汇特征及其扩增的科学途径是一个值得重点研究的重要科学议题。充分认识到海洋碳收支平衡及其影响因素、碳源汇时空分布特征和生物碳汇形成机制等一系列重大基础科学问题对承受全球气候变化与人类活动双重压力影响下的近海生态系统的重要性；

2. 从不同的空间尺度、时间尺度和生物种类，开展有针对性的基础研究，以便快速提高应对需求的科学能力。需建立近海生态系统碳通量监测体系，提供准确可靠的海洋生物碳汇及其机理的信息，建立我国养殖生物碳源汇收支模型，科学评价渔业碳汇及其开发潜力；

3. 发挥相关高校与研究机构在基础研究领域中的作用，强化基础研究力量。建设以海洋碳通量和碳汇为重点的监测站点、实验中心和研究团队，建立相关的重点实验室和研究中心，建立定期研讨制度，及时探讨科学性、基础性、前沿性相关问题；

4. 加大海洋碳循环、碳汇研究与示范的扶持力度。选择典型海域、海湾和生态区建立政府层面的海洋生物碳汇示范区域，调动高校、科研院所、地方政府以及企业的积极性，整体推进我国海洋碳循环以及海洋生物碳汇的发展和实践；

5. 着手解决碳汇渔业发展过程中的工程技术和实际问题，全面发展生物碳汇和碳汇渔业的计量与评价技术，推动新生产模式的发展，探索海洋生物减排增汇战略与途径；

6. 鼓励开展多层次、多领域、跨学科和跨系统的国内外合作，加强国际交流，深入开展海洋生态系统生物碳汇特征及其功能研究，积极推广我国的碳汇渔业理念与技术；

7. 与会专家建议相关研究内容应在国家重大基础研究计划（如“973 计划”、全球变化和自然科学基金等）中有所体现，并加强相关队伍和平台的建设。

海洋生物碳汇扩增①

唐启升，刘慧，方建光，张继红
（中国水产科学研究院黄海水产研究所，青岛 266071）

第一节 海洋与碳汇

海洋是地球上最大的碳库，其碳总量占全球碳总量的93%，约为大气的53倍。这些碳或重新进入生物地球化学循环，或被长期储存起来，有一部分被永久地储存在海底（宋金明，2004；Nellemann et al.，2009）。

Trumper等（2009）和Houghton（2007）等估计，目前，全球每年CO_2释放总量为72亿～100亿t，而大气中CO_2的增加量是20亿t。人类活动每年排放的CO_2若以55亿t计，其中：海洋吸收了人类排放CO_2总量的20%～35%，大约为20亿t（Khatiwala et al.，2009；Hood et al.，2009；Nellemann et al.，2009）；陆地吸收了13%，约为7亿t，而剩余的50%则被释放到大气中（宋金明，2004）。可见，海洋在吸收CO_2方面发挥着重要作用，有效延缓了温室气体排放对全球气候的影响。

由于温度、流场、盐度和化学成分的差异，不同海洋生态系统的碳捕获和储存能力也不尽相同。大陆架海区的表面积不大，但由于这个区域接纳了大量的上升流和河流携带而来的碳和营养盐，因而不仅承载了海量的生物活动，而且在碳的生物地化循环中也发挥了重要作用。根据联合国环境规划署《蓝碳》报告（Nellemann et al.，2009），地球上超过一半（55%）的生物碳或是绿色碳捕获是由海洋生物完成的，这些海洋生物包括浮游生物、细菌、海藻、盐沼植物、红树林等。海洋植物的碳捕获能量极为强大和高效，虽然它们的总量只有陆生植物的0.05%，但它们的碳储量（循环量）却与陆生植物相当。海洋生物生长的主要地区还不到全球海底面积的0.5%，却有超过一半或高达70%的碳被海洋植物捕集转化为海洋沉积物，形成植物的蓝色碳捕集和移出通道。土壤捕获和储存的碳可保存几十年或几百年，而在海洋中的生物碳可以储存上千年。因此，海洋生物碳也被称之为“蓝碳”或“蓝色碳汇”。

“蓝色碳汇”是全球最具潜质的碳汇，目前每年捕获和储存的碳为2.35亿～4.50亿t（Nellemann et al.，2009）。若通过实施保护、修复和强化等管理措施，特别是实施生物碳汇扩增战略，如通过恢复和提升自然海域植物的碳捕获能力、大力发展碳汇渔业等措施，“蓝色碳汇”将实现4.6亿t/a的固碳量，相当于10%的碳减排量（Nellemann et al.，2009；唐启升，2010）。与陆地的“绿色碳汇”（森林等植被）相结合，将实现20%～25%的碳减排。这不仅将有效减缓因CO_2等温室气体增加所导致的全球变化，同时对于

① 本文原刊于《生物碳汇扩增战略研究》，第三章：57-87，科学出版社，2015。

食物安全、水资源保护、生物多样性保护、增加就业和居民收入也都具有重要实际意义。

渔业碳汇是生物碳汇的一种，利用渔业生产活动促使水生生物吸收水体中的CO_2，并通过收获把这些碳移出水域。根据政府间气候变化专门委员会关于碳汇和碳源的解释（IPCC，2007）；碳汇是指从大气中移走二氧化碳、甲烷等温室气体、气溶胶或它们初期形式的任何过程、活动和机制，而碳源是指向大气释放二氧化碳、甲烷等温室气体、气溶胶或它们初期形式的任何过程、活动和机制，以及水生生物固碳的特点，唐启升（2010）分别将渔业碳汇和碳汇渔业定义如下。

渔业碳汇 1：通过渔业生产活动促进水生生物吸收水体中的CO_2，并通过收获把这些已经转化为生物产品的碳移出水体的过程和机制。由于通过收获把这些碳产品移出了水体，或被再利用或被储存，因此，这个过程、机制及其结果，实际上提高了水域生态系统吸收大气二氧化碳的能力，生物的碳汇功能得到了更好的发挥。渔业碳汇也被称之为“可移出的碳汇”和“产业化的蓝碳”。

渔业碳汇 2：不仅包括藻类、贝类和滤食性鱼类等养殖生物通过光合作用和大量滤食浮游植物从水体中吸收碳元素的过程和生产活动，同时还包括以浮游生物和贝、藻类等为食的鱼类、头足类、甲壳类以及棘皮动物等生物资源种类通过食物网机制和生长活动所使用的碳。这些较高营养层次的生物以海洋中的天然饵料为食，在食物链的较低层大量消耗和使用了浮游植物，对它们的捕捞和收获，实质上是从水域中移出了相当量的碳。

碳汇渔业 1：既然渔业具有碳汇功能，那么，可以把能够发挥碳汇功能、具有直接或间接降低大气二氧化碳浓度效果的渔业生产活动泛称为“碳汇渔业”。

碳汇渔业 2：简而言之，凡不需投饵的渔业生产活动，就具有碳汇功能，可能形成生物碳汇，相应地也可称之为碳汇渔业，如藻类养殖、贝类养殖、滤食性鱼类养殖、增殖放流、人工鱼礁及捕捞渔业等。

第二节 海洋生物碳汇研究现状

一、海洋固碳

海洋储有的碳主要以无机碳的碳酸盐（CO_3^{2-}）和碳酸氢盐（HCO_3^-）的形式存在，总量达 39 万亿 t，作为生物体存在的有机碳库为 30 亿 t。另外，溶解态的有机碳库（DOC）为 7 000 亿 t，是海洋有机碳的主要形式，占海洋有机碳含量的 80%～95%（陈泮勤，2004；方精云等，2001）。海洋碳汇以及海洋生态系统的碳循环过程主要是通过海洋生物泵来实现，这一过程又分为有机碳泵和碳酸钙泵（Riebesell et al.，2000）。此外，海洋水体中碳循环的关键过程还包括海-气界面的CO_2 通量（物理泵或称溶解度泵）过程、溶解-颗粒碳的海洋转化过程、河口碳的生物地球化学过程等。从机理的角度，海洋固碳是通过生物泵和物理泵来实现的，但固碳方式则有多种，如海洋生物固碳、海洋物理固碳、滨海湿地固碳、海底封储固碳等不同的方式。图 3－1 概括了海洋生物泵和物理泵两个过程，同时也清晰地表达了海洋碳汇和碳源过程。

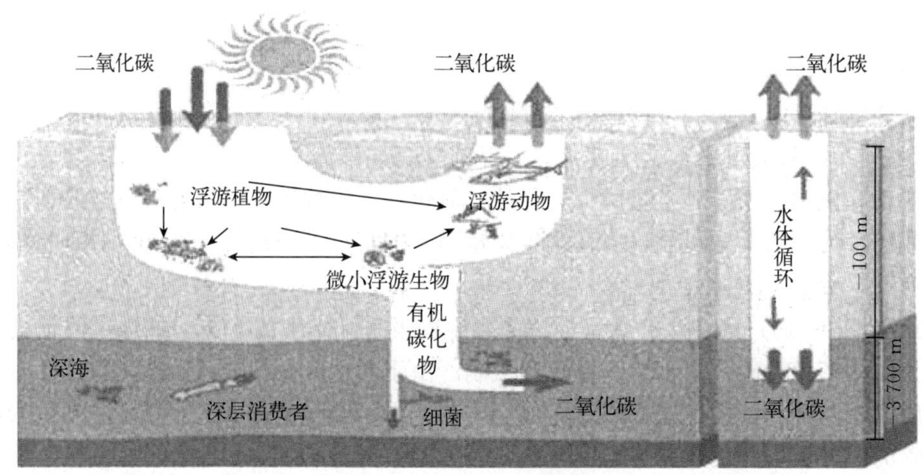

图 3-1 海洋碳汇和碳源过程

（引自 Chisholm，2000）

（一）生物泵作用

通常所说的生物泵仅指有机碳泵，浮游植物及大型藻类等的初级生产是这一过程的起始环节和关键部分。钙化浮游生物所产生的碳酸钙或其他营养级较高的海洋动物碳酸钙质残骸被输送到深海，进而被埋藏的过程就是所谓的碳酸钙泵（宋金明等，2008a，2008b）。有学者估计，在没有光合作用（初级生产）的情况下，目前大气 CO_2 浓度应为 1 000 ppm①，而不是 365 ppm；反之，若生物泵发挥最大效率，则大气 CO_2 浓度将降至 110 ppm（宋金明等，2008a；陈泮勤，2004）。同时，海洋生态系统的碳循环过程还与不同时空尺度的海洋环流、大气动力学过程密切相关。海-气界面的 CO_2 交换是浮游植物初级生产的前提和基础。这一过程为海洋中自养生物合成有机物提供碳素，使生物泵乃至整个海洋生态系统得以正常运转（宋金明等，2008a）。

海洋浮游生物、细菌和病毒占海洋生物量的 90%（Suttle，2007；Sogin et al.，2006），其生产力则占海洋初级生产力的 95%以上（Pomeroy et al.，2007）。因此，它们在生物泵固碳过程中发挥重要作用。

1. 海洋微生物固定的碳

海洋病毒虽然需要依赖其他生物才能生存，但海洋病毒的总生物量却相当于 7 500 万头蓝鲸（112.5 亿 t）。海洋病毒的数量估计为 1×10^{30}；尽管人们对海洋病毒的了解还不多，但它们的存在对海洋生物和海洋生物地化过程无疑具有重要意义。海洋病毒与其宿主间的相互作用影响了全球海洋的生物地化循环。它们可以通过宿主选择和溶菌作用控制碳循环（Wiggington，2008）。海洋中每秒都有大约 1×10^{23} 次病毒侵染发生，导致每天有20%～40%的表层原核生物受到感染并释放出 $10^8\sim10^9$ t 碳（Suttle，2007）。估计有大约 25%的生物有机碳都是在病毒的作用下得以转化（Hoyle and Robinson，2003）。海洋细菌能在阳

① 1 ppm$=10^{-6}$，下同。

光的作用下利用变形菌视紫质（proteorhodopsin）色素吸收 CO_2（Beja et al.，2001）；大约有一半的海洋细菌都具有变形菌视紫质。了解海洋细菌可能对我们理解 CO_2 排放量增加对海洋的气候影响具有重要意义。

2. 浮游植物初级生产固定的碳

海洋浮游植物每年通过光合作用捕获的 CO_2 超过了 365 亿 t（Gonzàlez et al.，2008）。浮游动物的活动是大洋海水中颗粒碳沉积的主要控制因素（Bishop and Wood，2009）。被浮游生物捕获的 CO_2 中，每年大约有 5 亿 t 沉积并储存在海底（Seiter et al.，2005）。我国黄海各季节平均初级生产力为 425～502.37 mg 碳/(m^2 · d)（朱明远等，1993；唐启升，2006），黄海面积为 38 万 km^2（中国科学院《中国自然地理》编委会，1979），因此，黄海浮游植物年固碳的总量为 5 891 万～6 968 万 t。

3. 海岸带植物群落固定的碳

红树林、盐沼植物和大型海藻具有可与农作物相匹敌的较高生产力（Duarte and Chiscano，1999），不仅高度自养，而且能把碳捕获并储存起来，所以被称为“蓝碳”（Nellemann et al.，2009）。目前，全球收获野生和种植海藻的总产量大约为 800 万 t/a。同时，全球拥有河口水面 94 万 km^2，盐沼 38 万 km^2（Woodwell et al.，1973），以及红树林 15 万 km^2（FAO，2003）。虽然由于吸收了来自陆源的大量碳，这些区域往往表现为碳源（Chen and Borges，2009），但事实上它们捕获和固定的碳更多。被这些植物捕获的碳有的被转移到周边生态系统，有的以腐殖质的形式埋入沉积层并被永久封存起来（Mateo et al.，1997）。此外，海藻丛林固碳的作用尤为显著，它们在某些海区能够形成厚达 3 m 的生物沉积层。从全球来看，“蓝碳”每年储存的碳量为 1.20 亿～3.29 亿 t，相当于海洋碳汇年储量的一半左右。显然，“蓝碳”在海洋碳循环过程中的作用十分重要（Duarte et al.，2005a）。同时，海洋植物群落的碳捕获速率也非常高，是大洋平均碳捕获速率的 180 倍。除了生物沉积作用，海岸带植物还能使海流减速，改变旋涡状态和削弱海浪的能量（Koch et al.，2006），从而有助于各种颗粒物的沉积和减少沉积物的再悬浮（Gacia and Duarte，2001）。

4. 贝类通过碳酸钙泵固定的碳

贝类生物通过直接吸收海水中的碳酸氢根（HCO_3^-）形成碳酸钙（$CaCO_3$）来固碳（Chauvaud et al.，2003）。其反应方程为：

$$Ca^{2+}+2HCO_3^- = CaCO_3+CO_2+H_2O$$

可以看出，通过这一过程，每形成 1 mol $CaCO_3$，可以净固定 1 mol 碳。贝类主要成分即为 $CaCO_3$。我们可以根据贝类壳的重量和贝壳中的总碳含量来估算固碳量。

对养殖贝类和海区中自然分布的贝类通过碳酸钙泵固定的碳分别有如下计算：根据 1998 年以来的渔业统计数据，蛤、牡蛎和扇贝是黄海沿岸三省的主要养殖品种，其产量占贝类总产量的 70%以上，张继红等（2005）测定了几种主要养殖贝类（栉孔扇贝、太平洋牡蛎和菲律宾蛤仔）干重与总湿重的比值（干壳重系数），其平均值为态平衡 0.551 4，而这些贝类的贝壳总碳含量平均为 11.45%（周毅和杨红生，2002）。养殖贝类通过碳酸钙泵固定的碳量等于当年养殖贝类的产量、养殖贝类的平均干壳重系数和贝壳中总碳的平均含量三者的乘积，2006 年黄海沿岸三省养殖贝类的产量为 517 万 t，则当年养殖贝类可固定 32.7 万 t 碳；如果自然海区中的贝类通过碳酸钙泵固定的碳量也用上述方法计算，则根据我国 1998—2000 年黄海底栖生物调查的结果，软体动物全年平均生物量为 4.28 g/m^2（李荣冠，

2003)，按海区自然生长贝类每年更新10%计算，可得黄海自然分布贝类全年平均固碳量为1.03万t。

（二）物理泵作用（海-气界面的碳通量）

Kim（1999）和宋金明（2004）分别对黄海的海-气界面CO_2通量进行了研究。从年平均值来看，Kim的研究结果为黄海每年净吸收碳900万t，宋金明的结论为897万t。两者结果非常接近，都表明黄海是CO_2的汇，对大气中的CO_2表现为净吸收。按全球海洋每年吸收20亿t碳计算，黄海约占全球海洋每年碳吸收量的0.45%。

宋金明（2008b）对黄海及相邻的渤海和东海4个季节海-气CO_2通量做了研究，春季和冬季渤海、黄海和东海均是CO_2的汇。其中黄海春季可吸收碳389万t，冬季可吸收616万t。夏季渤海、黄海和东海均是CO_2的源。其中黄海释放79万t碳。秋季，渤海与北黄海是CO_2的汇，而南黄海和东海是CO_2的源。其中北黄海吸收9万t碳，南黄海释放38万t碳。

从全年来看，渤海、黄海、东海、南海均是CO_2的汇，分别净吸收碳284万t、897万t、188万t和1 665万t。黄海全年从大气中净吸收的碳占整个中国海域吸收碳的29.56%。从单位面积吸收碳的能力来看，中国平均每平方千米海域每年吸收6.44 t碳，而黄海每平方千米海面每年从大气中净吸收56.15 t碳，是平均值的8.7倍。

二、海洋自然生物碳汇研究现状

综合生物泵作用，每年通过浮游植物和大型藻类初级生产固碳，以及贝类通过碳酸钙泵固碳，我国黄海海洋生态系统可固定7 040万t碳（浮游植物初级生产力取1998—2000年的值），其中浮游植物初级生产以98%的贡献占据主导地位，大型海藻和养殖贝类固碳的贡献率为0.56%和0.46%，野生贝类的固碳贡献率仅为0.02%（朱明远等，1993；唐启升，2006）。可见，黄海浮游植物的初级生产是固碳的主导因素。从数量上看，生物固碳的量是通过海-气界面物理固碳量的7.85倍（7 040/897）。从季节变化趋势上看，生物泵作用的变化要滞后于CO_2通量的变化。生物泵作用强度春季、夏季高，秋季、冬季低。而CO_2通量强度则春季较高，夏季、秋季低，冬季又回升到较高水平。

海洋中的自然生物碳汇还包括红树林、盐沼和海藻床等。研究表明，CO_2对全球气温升高的贡献高达70%（Meillo et al.，1990），居各种温室气体之首（IPCC，2007）。红树林、盐碱滩和海藻等海洋沿岸自然生态系统每年捕获的CO_2量为870万～1 650万t，约等于全球运输业年排放量（3 700万t）的一半。但是，由于极度缺乏维护，这些自然碳汇的消失速率越来越快（Nellemann et al.，2009）。新近的研究发现，沿岸生态系统（包括滩涂、红树林、河口等）由于吸收了大量的陆源碳而表现为碳源，每年向大气释放的碳量最多可达5亿t（Chen and Borges，2009）。这说明，失去了碳汇功能，是沿岸生态系统退化的标志之一。海草与红树林、珊瑚礁一样，是个巨大的海洋生物基因库，是成千上万动植物赖以生存的重要资源。海草在全球碳、氮、磷循环中扮演着非常重要的角色。海草根部的生物量占海草总生物量的25%～35%，根部固定的碳可长期地固存在底质中（Romero et al.，1994；Mateo et al.，1997）。海草生物量平均达460 g DW/m^2，约占海洋植物总生物量的1%，初级生产力平均为2.7 g DW/(m^2·d)，和陆地上热带草原的生产力相当，比浮游植物的平均生产力高一个数量级（Duarte and Chiscano，1999）。人类对海草在维持生物多样性及其对生产力、自然资源及固碳的重要作用了解甚少，也没有得到足够的重视。海草资源生长环境日益恶化，使得有些地区的海草绝迹或严重退化（世界生态保护中心和联合国环境规划署，2003）。另外，在全球现有超过400个富养径流造成的海洋缺氧区，在这些缺氧区内没有任何海洋生物存在。缺氧区的存在自然也削弱了海洋"蓝色碳汇"的功能。

根据联合国环境规划署《蓝碳》报告（Nellemann et al.，2009），与"蓝色碳汇"相关的生态系统正在以惊人的速率消失，其消失的速率远远高于其他生态系统。最近的一项研究显示，全球大约有1/3的海藻床已经消失了。更加值得关注的是，海藻床消失的速率正在逐年增加；在20世纪70年代，海藻床消失的速率是0.9%/年，而2000年之后则高达7%/年（Waycott et al.，2009）。全球大约有25%的盐沼也消失了（Bridgham et al.，2006），其每年消失的速率是1%～2%（Duarte et al.，2008）。Valiela等（2001）估计，1940年以来，全球有大约35%的红树林已经消失，而东南亚地区有90%的红树林消失了；目前红树林每年消失的速率是1%～3%。综上所述，目前，每年平均有2%～7%的"蓝汇"消失，是其50年前消失速率的7倍；海洋植物群落，即"蓝色碳汇"正遭受到最为严重的生态威胁，其在全球范围内正以高于热带雨林2～15倍的速率消失（Achard et al.，2002）。"蓝色碳汇"的消失不仅意味着生物多样性和海岸带保护受到影响，还意味着自然碳汇的丧失，从而削弱了生物圈消除人类排放的CO_2的能力。因此，保护海洋"蓝汇"、维护生态平衡，就成为了沿海国家应对气候变化的关键措施。

三、有待尝试的海洋碳汇产业

利用地质工程技术捕获和封存CO_2在近年来已经引起广泛关注，主要有两个途径：一是通过阻挡日照来减少进入地球系统的能量（如喷洒气溶胶来增加云层厚度，使用遮光伞，增加城市的光反射度）；二是通过把CO_2封存来减少大气中的CO_2浓度，因而促进地球能量的散失（Lenton and Vaughn，2009；IEA，2004）。这些方法至今都得到了不同程度的发展，有些开展了原位实验，有些还停留在理论阶段，其具体思路包括提高海洋的碳储存能力，或把CO_2封存在海底地层中等（表3-1）。有些设想并非完全缺乏科学依据，但在现有

表3-1　主要海洋碳库地质工程项目建议、核心概念及研究现状

（引自Nellemann et al.，2009）

项目建议	核心概念	研究现状
海洋加富	➢一些海区的初级生产受到常量或微量营养元素的限制（如铁、硅、氮、磷等）。通过增加这些元素的可获得性，可以提高初级生产力，并加速海洋对CO_2的吸收，即在现有2Pg C/a吸收速率的基础上进一步提高（Huesemann，2008），并增加CO_2在深海的存储量。以这种形式固定的CO_2可以被移除全球碳循环长达上千年 ➢这一项目受到了商业财团和企业（如Climos）的支持，且有望应用于自发碳交易中	➢从1993年开始，大约进行了13次小规模原位实验，但仅证明了固碳效果的不确定性； ➢要真正对碳减排做出贡献，海洋加富实验就需要在更大范围内展开，并且需要持续上千年（Lenton and Vaughan，2009）； ➢国际上尤其对这种做法的高生态风险表示关注。国际组织和专家们建议限制有关实验，并对其持谨慎态度（e.g. IMO，2007；CBD，2008；Gilbert et al.，2008；Seibel and Walsh，2001）； ➢《1972伦敦公约》各方一致认为，基于目前的认识，海洋加富活动，除了合法的科研实验以外都应禁止。关于未来科研及原位实验的评估标准目前正在起草中（IMO，2008）

（续）

项目建议	核心概念	研究现状
改变大洋海水的混合度	➢利用 200 m 长的管子来促进表层和深层海水混合以及富营养海水的上涌（Lovelock and Rapley，2007）； ➢利用浮式水泵为海水降温，并形成和加固海冰（Zhou and Flynn，2005）	➢尚未开展野外实验； ➢计算表明，该方法固碳的时效很有限，并且耗费巨大（Lenton and Vaughan，2009）
增加海水的碱度	➢主要是通过以下方法增加海水碱度： ➢添加碳酸盐，从而提高海水吸收 CO_2 的能力（Kheshgi，1995）。Harvey（2008）建议用石灰石粉末，也有人建议用热解的石灰石（Cquestrate，2009）； ➢利用与硅酸盐自然风化的过程类似的方法，提高 CO_2 的溶解度。用电化学方法从海水中提取出 HCl，使之与硅酸盐岩石反应并被中和。海水因失去 HCl 而增加了碱性，从而使空气中的 CO_2 溶入海水并形成 HCO_3^-（House et al.，2007）； ➢这是唯一可以固碳又不加速海洋酸化的地质工程手段	➢虽然这一设计还处于纯理论阶段，不过已经就有关问题开展了深入研究。例如，Cquestrate 就是一个研究这方面设想的开放资源项目，支持有科学依据的争论和研究（Cquestrate，2009）； ➢但是，在利用这一技术合成碳酸盐的过程中所产生的 CO_2 量有可能与固碳量相当（Lenton and Vaughan，2009）
地质学碳库	➢把 CO_2 注入地层深处，如高盐水层，或者是抽干的海底石油或天然气田	➢这个项目从 1996 年就开始实施了。国际组织，如 IMO/London Convention 和 OSPAR 等还采用了一定的方法和技术路线（如如何减少泄漏）。对于如何经济、安全地长期储存这些碳还开展了研究（Gilfillan et al.，2009），Middleton 和 Bielicki（2009）设计和建立了从碳源到海底人工碳库（汇）的管道网络模型，并开展了相关经济学研究。
将 CO_2 溶解注入深水层；将 CO_2 注入海底	➢用船或管道将 CO_2 输送到海上，再注入 1 000 m 或更深的水层。CO_2 在那里溶解并与大气长期隔离（UNESCO - IOC/SCOR，2007）； ➢将 CO_2 输送到 3 000 m 或更深的海底。CO_2 将在那里形成长期存在的“湖泊”，其溶解度极低	➢针对这两个设想都开展了长期的理论研究和模拟研究，也开展了小规模的野外试验，但尚未进行全面验证和实际应用（UNESCO - IOC/SCOR，2007）。研究表明，经过数百年或上千年，注入的 CO_2 将逐渐释放回大气中（时间长短取决于深度和碳库的具体情况）； ➢目前尚缺乏可行的技术用以避免注入法储存的 CO_2 的急性释放（UNESCO - IOC/SCOR，2007），所以这些方法带有显著的环境风险（IPCC，2005；Sedlacek et al.，2009）。把 CO_2 注入深水层或海底会影响周围的海洋生物和海水化学性质（如增加其酸性）。考虑到潜在的严重环境影响，这些方法在 2007 年被《1972 伦敦公约》和《OSPAR 法规》禁止使用（OSPAR，2007）

技术手段和知识水平上，要对这些方法做出科学、全面的评价，也很困难。利用现有的模型和评价方法来评价这些建议并不容易，因为它们往往提出了重大的生态、经济、政治和伦理问题（Nature News，2009），确实值得关注。目前影响比较广泛的海洋碳汇产业设计包括海洋加富、改变大洋海水的混合度、增加海水碱度和建设地质碳库等。但是，研究也表明：

绝大多数的海洋地质工程项目可能会产生很强的负面影响（如增加海洋酸化），还有适用性差、结果不确定性、可能对海洋环境造成不可逆的影响等各种缺点。这意味着在研究海洋地质工程固碳技术的时候应谨慎行事。

中国正在发展以贝藻养殖为主的海洋碳汇渔业，开展渔业碳汇的研究，相关内容将在本章后续小节重点介绍。

第三节　海洋碳汇与渔业碳汇的计量监测技术

海洋碳循环是全球海洋通量变化的核心，而研究海洋碳循环的基础是准确测定海洋各项参数；联合国教科文海委会（IOC）和国际海洋研究科学委员会（SCOR）的专门委员会（Ocean CO_2 Advisory Panel）认为有 4 个关键参数（pH、Alk、DIC、P_{CO_2}）测定的不准确性是海洋碳源汇强度不确定的根本原因。宋金明（2004）报道了 6 种测定海洋碳源汇的物理和生物地球化学方法，主要包括：

（1）用示踪剂校准的箱式模型；

（2）用示踪剂确定的一般环流模式（GCMS）；

（3）用一般大气环流模式进行大气 CO_2 解析获得；

（4）用现场 DIC 和其中的^{13}C 测量计算；

（5）用大气时间序列 O_2/N_2 和^{13}C 计算；

（6）用海气界面净通量的全球集成来估算。

其中，（2）、（4）、（6）方法应用较多。Chen 和 Borges（2009）通过大量近海和大洋海气碳通量数据计算了陆架海区的碳汇，提出这里的碳通量平衡了河流碳输入与大洋碳汇之间的差异，证明陆架海及其植物群落在固碳方面发挥了巨大的作用。

利用箱式模型可以把全球碳库分为若干个分室，分别代表大气、河流、大陆架和大陆坡水域、沉积层、大洋表层和深海有机碳（溶解和颗粒态），以及大洋表层和深海无机碳。这些分室之间的碳通量应保持总体平衡，以符合物质不灭定律。Chen 和 Borges（2009）利用箱式模型理论再次证明了，从全球范围来讲，陆架海区是一个巨大的碳汇。

渔业碳汇的计量和监测目前还处于初步尝试阶段，高亚平等（2013）根据大叶藻初级生产力固碳、附着藻类固碳、菲律宾蛤仔等贝类固碳以及其他来源碳估算了桑沟湾大叶藻海草床生态系统碳汇扩增力，扩增固碳量为 1 180 g/（m^2 · a），总量达 290 t 碳/a；蒋增杰等（2013）估算了俚岛湾大型藻类规模化养殖水域的海-气界面 CO_2 交换通量，结果表明养殖区与非养殖区之间以及不同季节之间交换通量的年平均值差异极显著（$P<0.01$），大型藻类的养殖活动有利于海洋对大气 CO_2 的吸收；张继红等（2013）测定了桑沟湾深水区和浅水区栉孔扇贝固碳量，并进行固碳速率的标准化处理，分析了栉孔扇贝在不同养殖区的固碳速率及其主要控制因素。研究显示，深水区扇贝的固碳速率为 3.36 t 碳/（hm^2 · a），为浅水区的 3 倍。同时认为，贝类的养殖活动与浅海生态系统的碳循环之间关系复杂，需要加强贝类的摄食、呼吸、生物沉积、钙化等生理生态学过程研究；李娇等（2013）根据人工鱼礁生态系统的结构特征，探讨礁区主要生物固碳因子及其固碳机理，提出礁区生物固碳量的计量方法，讨论了人工鱼礁建设扩增海洋生物碳汇的途径与方法；张波等（2013）根据渔获物通过食物链/网机制实现生物固碳的方法和 1980—2000 年海洋捕捞产量资料，概算出渤海捕

捞业的年固碳量为283万～1 008万t，黄海的年固碳量是361万～2 613万t。由于捕捞过度，资源量下降，黄海、渤海捕捞业的年固碳量最大分别减少了23%和27%，但是增殖放流可以扩增碳汇，如渤海2009年增殖放流的中国对虾使捕捞业增加1.66万t的固碳量；孙军（2013）探讨了海洋浮游植物与渔业碳汇的关系，比较了相关计量参数和方法，如浮游植物初级生产力测算、碳生物量计算、比生长率和比摄食率等，认为：渔业碳汇是浮游植物碳汇过程的一个重要分支，其碳汇测算等同于生态系统中关于浮游植物颗粒态有机碳通量的测算。上述研究也表明，渔业碳汇的计量亟待完善和标准化，需要开展相关的过程和机制等基础研究，需要建立渔业碳汇现场观测体系，获得原位观测数据，深入认识渔业碳源汇的生物地球化学过程。

第四节 海洋生物碳汇扩增潜力分析

海洋占地球表面70%以上，是地球上最大、最活跃的碳汇区。海洋吸收阳光的比例比土地更多，特别是在土地稀缺的热带和亚热带。而大陆架和沿海水域只占海洋总面积的7.5%，面积为2 712万km^2，固碳能力却很高（如珊瑚礁这些高生产力的生态系统），每年从大气吸收的总碳量为3.3亿～3.6亿t，为大洋水体吸收总碳量的27%～30%。因而，在这个狭小的地区形成了世界上主要的渔场，提供世界捕捞渔业80%以上；它们同时还是海水养殖最为活跃的地区，为近30亿人提供重要的营养，为世界上最不发达国家的4亿人民提供了50%的动物蛋白质和矿物质。在沿海地区，这些“蓝汇”是最主要的生产力，为人类社会提供了广泛的服务，包括提取纯净水、降低沿海污染、保护海岸免受侵蚀和缓冲极端天气的影响等。

一、建立保护区，恢复和扩增海洋自然碳汇功能

沿海生态系统的服务价值估计已超过25万亿美元/年，是所有生态系统中最具经济价值的。不过，目前这些生态系统中的大部分已经退化，其原因不仅在于非可持续性地开发利用自然资源，还包括流域、海岸带发展规划不合理，以及废弃物和垃圾的随意丢弃等。

只有通过综合管理，全面协调地保护和恢复沿海区的生态服务功能，才能保持“蓝汇”的功能，使其在改善居民健康、提高劳动生产率和保障食物安全生产等方面发挥作用。联合国环境规划署（Nellemann et al.，2009）提出管理和恢复“蓝汇”措施，主要包括如下几个。

（1）建立一个全球的蓝色碳基金，保护和管理近岸和海洋生态系统及大洋的固碳。

（2）通过有效的管理措施，对至少80%的现存海草牧场、盐沼、红树林实施直接的和紧急的保护。

（3）启动管理措施，减少和排除各种不良预兆，以支持蓝色碳汇群落内在、强劲的自然恢复。

（4）通过贯彻综合与集成的生态系统方法，提高人类和自然系统适应环境变化的能力，保障海洋提供食物和生计的安全。

（5）在海洋相关产业中实施双赢的减缓策略，包括：改进海运、海洋渔业和养殖业以及

涉海旅游业的能源效率；鼓励可持续的、环境友好型的能源生产，包括微藻和大型海藻；阻止对海洋减碳有负面冲击的各种活动；保证满足海洋蓝色碳汇能力的恢复和保护的投资，优先考虑固碳、提供食物和各种收益，同时也要促进商业、就业和近海发展的机会；通过管理近海生态系统，使海草牧场、红树林和盐沼快速生长和扩大，提升蓝色碳汇再生的自然能力。

二、发展海水贝藻养殖，拓展蓝色碳汇产业

对于水产养殖业而言，海洋是广袤的尚待开垦的处女地，拥有充足的阳光、空气和水。近年来，水产养殖迅猛发展，海水养殖提供的“蓝色海洋食物”正在以指数方式增长。

FAO（2009）的统计数据表明，水产养殖紧随捕捞渔业成为水产品的重要来源。20 世纪 50 年代初年世界水产养殖产量仅 60 万～70 万 t，约占世界渔业总产量的 3%，发展到 2006 年已达 5 170 万 t，增长了 70 多倍，产值达到 788 亿美元，年增长率近 7%。2004—2006 年世界水产养殖产量年增长率按产量为 6.1%，按产值计为 11.0%。此外，水产养殖直接或间接地解决了世界上千百万人的就业问题。最近几十年，渔业从业人数的增加主要来自水产养殖业的发展。2006 年，约有 900 万人从事水产养殖，其中 94%在亚洲。水产养殖是各国，尤其是发展中国家的重要食物和经济来源，全球 91.5%的水产品是在亚太地区出产的。2012 年，世界水产养殖产量约为 6 650 万 t，约占世界渔业总产量的 42.1%；中国渔业总产量达 5 907.7 万 t，其中水产养殖产量为 4 288.4 万 t，占中国渔业总产量的 72.6%，占世界水产养殖产量的 65%，约占世界渔业总产量的 27.1%。无论世界还是中国水产养殖发展呈现出明显持续增长趋势。

不需投饵、而依靠天然营养的海水贝类和藻类养殖，通过对水中营养盐和 CO_2 的净提取，使海水得到净化。养殖贝类和藻类参与海洋生物碳泵的活动，具有与农作物类似的高生产力，能连续不断地固定并从海水中移出大量的碳。如图 3-2 所示，中国特色的水产养殖最显著的特点是近 60%的养殖产量来自不需投饵的养殖种类；在海洋以滤食性贝类和藻类为主，养殖产量占 87%，在淡水以滤食性及草食性鱼类为主，养殖产量占 40%以上，这些种类在养殖过程扩增了生物的碳汇功能，从而对碳减排做出贡献，为拓展蓝色碳汇产业创造了基本条件。

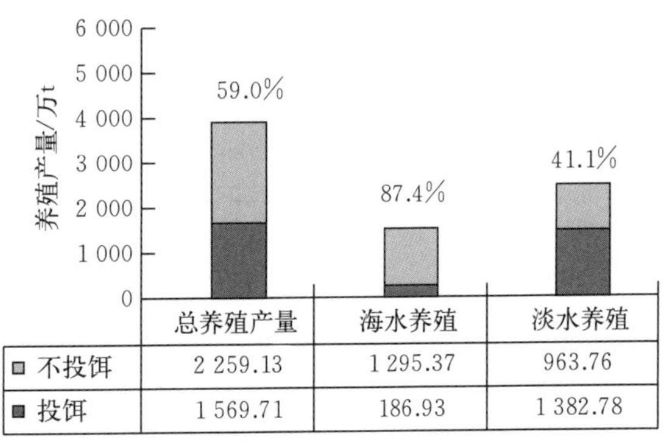

图 3-2　2010 年中国水产养殖投饵与不投饵种类产量比

（引自唐启升等，2013）

我国养殖大型经济藻类产量为 1 090 万 t（湿重），占全球养殖产量的 72%（FAO，2009）。根据 1999—2008 年我国海水养殖藻类总产量计算，每年通过收获海藻从海水中移出的碳量为 30 万～38 万 t，平均 34 万 t（Tang et al.，2011）。据此计算，全球藻类养殖固碳量约为 47 万 t 以上。

大型海藻的筏式养殖目前已经有比较成熟的技术，而且养殖范围可以拓展到离岸深水

区。海藻不仅是食物，也是肥料、动物饲料的主要成分和生产藻胶的原材料。此外，它也可以成为生物燃料。与野生海藻不同的是，大量收获养殖海藻用于生物能源不会对大气 CO_2 浓度造成明显的影响，而且也不必担心对海岸带生物群落造成破坏。生物燃料源于光合作用，基本上是碳中性的，因为它们燃烧释放的碳都是它们从大气中吸收的碳。哥斯达黎加和日本已经将养殖海藻用于能源生产，欧盟、美国、韩国和中国等国家和地区也正在开展有关实验。从占用空间来看，要在世界范围内利用海藻能源全面替代化石燃料只需要利用全球海洋面积的 3%——这大约是目前农业用地面积的 20%。而在这 3%的海域中，只需一小部分海域就足以全面替代陆地生物燃料生产（Radulovich，2008）。利用来自废水的营养盐大规模种植海藻用于制造能源，可能成为一种最经济的方式，用以处理每天注入全球海洋的数百万吨废水。美国的科研机构（包括伍兹霍尔海洋研究所等）已经利用城市污水成功地进行了海藻养殖实验。其实，海洋生物燃料生产的一个最大好处是不占用耕地，从而对全球食物安全做出贡献。

贝类具有较强的固碳能力，通过滤食藻类等从水体中移出大量的碳，并利用贝壳形成较为持久的碳汇。张继红等（2013）报道了山东桑沟湾不同区域养殖贝类的固碳速率，桑沟湾东侧深水区养殖扇贝的固碳速率为 3.36 t/（hm^2 • a），不仅明显高于自然水域蓝碳生物的固碳速率（表 3 - 2），同时，也高于我国 50 年来人工林平均固碳率［1.9 t/（hm^2 • a）］（魏殿生，2003），达到或略高于欧盟、美国、日本、新西兰等发达国家和地区单位面积森林生物量中碳储量的年变化上限［−0.25～2.60 t/（hm^2 • a）；IPCC，2006］。另外，贝类滤水的能力很强，如桑沟湾，其总水体为 1.3×10^9 m^3，养殖的扇贝用 3～4 d 就能把整个湾内的水过滤一遍（张继红等，2005），以桑沟湾全年平均颗粒有机物（POC）浓度 470 g/m^3 计算，

表 3 - 2 蓝色碳汇面积和年有机碳沉积速率的平均值和最大值（括号内）

（引自 Nellemann et al.，2009）

蓝色碳汇组成	面积/10^6 km^2	有机碳沉积（平均值，取值范围和括号内的置信区间上限）	
		/［t C/（hm^2 • a)］	/（Tg C/a）
植物群落			
红树林	0.17（0.3）	1.39，0.20～6.54（1.89）	17.0～23.6（57）
盐沼	0.40（0.8）	1.51，0.18～17.30（2.37）	60.4～70.0（190）
海藻	0.33（0.6）	0.83，0.56～1.82（1.37）	27.4～44.0（82）
总植物群落	0.90（1.7）	1.23，0.18～17.3（1.93）	114.0～131.0（329）
沉积区域			
河口	1.8	0.5	81.0
大陆架	26.6	0.2	45.2
总沉积区域面积			126.2
总海岸带沉积			237.6（454）
%植物群落			46.89（0.72）
深海沉积	330.0	0.000 18	6.0
总海洋沉积			243.62（460）
%植物群落			45.73（0.71）

则贝类每年利用的颗粒有机物总量为 5.6 万 t。根据 1999—2008 年我国海水养殖贝类总产量计算，每年有 70 万～99 万 t，平均 88 万 t 碳作为贝类产品被收获，其中 67 万 t 碳以贝壳的形式被移出海洋（Tang et al.，2011）。据此推算，2007 年全球贝类养殖产量为 1 300 多万吨，则其固碳总量为 136 万 t 以上。

三、保护海洋环境，恢复海洋蓝色碳汇的服务功能

人们正越来越多地认识到恢复自然生态系统的重要性，因为这是延缓气候变化、保证生态系统服务功能长期不变的主要手段（Trumper et al.，2009）。这些服务功能不仅包括生态减灾、食物供给、提供工作机会和资源、消除污染和保障生态健康等方面，还包括海洋蓝色碳汇等重要生态功能。不过，因为人类活动（砍伐红树林、污染物排放、围填海工程等）的影响，生物多样性的消失和各种负面因素的影响已经远远超过了海洋生态系统的承载力，因而导致海洋蓝色碳汇功能加速退化。

在人们讨论各种利用海洋碳库的方法的同时，蓝色碳汇也受到更多关注，因为它们是天然海洋碳库的重要组成部分。由于工业化、城市化、海洋工程以及围填海等原因，自 20 世纪 40 年代以来全球海岸带各种植物群落开始衰退，蓝色碳汇的固碳能力可能已经大大降低了（Nellemann et al.，2009）。因此，应该把恢复蓝色碳汇作为当前应对气候变化的基本策略之一，从而激励对海岸带植物群落的修复行动。在这些行动中，应该把生态系统水平的管理作为核心思想，把恢复蓝色碳汇与恢复生态系统的服务功能相结合，兼顾食物安全、居民福利和海岸带的可持续开发。

大量证据表明，扭转海岸带植被退化的趋势和恢复蓝色碳汇能大大改善全球海岸带环境的生态状况。这将恢复沿岸生态系统的重要服务功能，如提供高溶氧海水，作为动物保育场、帮助恢复野生鱼类种群，或者保护海岸线免受风暴和极端气候的影响等（Hemminga and Duarte，2000；Danielsen et al.，2005）。同时，通过避免海岸带植物群落的进一步退化，还可以重建一个重要的自然碳汇，从而减少 CO_2 排放和延缓气候变化。

因为蓝色碳汇广布于除南极洲之外的世界各地，所以拥有广阔沿岸水域的沿海国家和地区，如中国、印度、东南亚、黑海、西非、加勒比、地中海和俄罗斯等地，可以探索通过保护和修复蓝色碳汇来减排 CO_2 和恢复资源。因此，与现有的重建热带雨林政策相比，扩大蓝色碳汇是一个双赢策略，它能帮助各国履行联合国框架下的生物多样性和气候变化公约。例如，中国正在履行的国家湿地保护公约行动计划要求每年增加碳捕获量 65.7 万 t（Xiaonan et al.，2008）。Andrews 等（2008）通过计算证明，如果英国把 26 km^2 的围填海区域还原为潮间带海区，则每年可以固碳 800 t。

为此，需要采取保护措施，恢复海洋蓝色碳汇的服务功能。

（1）保护重要的蓝色碳汇栖息地。这在欧美一些国家已经实施，包括依法制止破坏蓝色碳汇的一切活动，包括围填海、砍伐红树林、给农作物过量施肥，以及城市有机污染物的输入、砍伐森林造成水土流失、过度捕捞和海岸带开发导致的岸线改变等（Duarte，2009；Duarte，2002）。对于如何维护这些生态系统健康和保护其功能，已经有一些蓝色碳汇管理的良好操作规范可供参考（Borum et al.，2004；Melana et al.，2000；Hamilton and Snedaker，1984）。

（2）大规模修复已经丧失的蓝色碳汇栖息地。这些失地的面积可能与现存的蓝汇区域面

积相当（Duarte，2009；Waycott et al.，2009）。对于红树林的大规模修复计划已经取得了成功。其中最大的项目可能是越南湄公河三角洲的红树林修复计划。这片区域曾在20世纪70年代因种植柑橘而彻底毁坏，但现在已得到恢复（Arnaud－Haond et al.，2009）。盐沼的恢复也是可行的，并且在欧洲和美国已经大规模开展（Boorman and Hazelden，1995）。海藻床的恢复则比较麻烦，因为需要在水下移植海藻，所以费用较高。海藻床恢复项目的规模因而相对较小，如只有几公顷大小，而数量也较少。不过，海藻床修复的确具有战略意义，因为即使是小规模的修复工作也能大大促进海藻床的自然恢复。不过，如果不采取一些辅助措施，如减轻环境压力等，海藻床的修复将非常缓慢（Duarte et al.，2005b）。海藻床向四周蔓延生长的能力非常强，所以即便是很小的修复努力都可能收到意想不到的效果。

海洋各个生态系统的固碳能力都不尽相同（表3－2），也并非所有的蓝色碳汇都同样有效。按单位面积计算，盐沼的固碳速率最高，其次是红树林和海藻。从目前所了解的情况看，蓝色碳汇生态系统的固碳效能取决于是否具有较高的生物量和生产力，即植物是否能生产过量的有机碳（Duarte and Cebrián，1996）；以及它们所处的地理位置，是否能截留陆源营养物质用于自身的过量生长，进而实现较高的碳储存速率（Bouillon et al.，2008）。修复蓝色碳汇的计划必须集中在那些具有较高捕获能力的种类上，同时，还要充分考虑上述因素，并开发整个生态系统的碳汇潜力。

迄今为止，保护海岸带植被和保护关键种类的植物栖息地始终是海岸生态保护计划的主要目的，而大多数蓝色碳汇的修复都是作为附带结果（Boorman and Hazelden，1995；Fonseca et al.，2000，Danielsen et al.，2005），所以，今后还应该从经济等方面全面评价蓝色碳汇修复的意义。

第五节　海洋渔业碳汇扩增实践

海洋渔业作为重要的海洋产业，在解决食物安全、增加就业和扶贫方面发挥了重要作用，但到目前为止，海洋渔业还很少作为碳汇产业而受到关注。虽然对于海洋渔业的规模、种类、生产方式及其与碳汇捕获能力和储量之间的关系，尚未开展系统研究，但是，近海大规模的贝类和藻类人工养殖对碳循环影响巨大，明显提高了近海生态系统吸收大气二氧化碳的能力（张继红等，2005；Tang et al.，2011）。因此，以海水养殖为主体的碳汇渔业在减排二氧化碳方面具有重要作用——已是不争的事实，并成为粗具规模的海洋渔业碳汇扩增产业。

（一）海水贝藻类养殖的“生物碳汇扩增”作用显著

人类每年所产生的二氧化碳有1/3被海洋所吸收，而浅海大型藻类和贝类分别被称为最具潜力的“生物净化器”和“海洋过滤器”。藻类在进行光合作用过程中，直接吸收海水中的二氧化碳，有利于大气中的二氧化碳向海水中扩散，相当于间接减少了大气中的二氧化碳；贝藻通过自身的固碳作用对温室气体的间接吸收具有积极的促进作用，贝类的食物主要是浮游植物，通过滤食将海洋浮游植物的碳转化到贝类生物体内，贝类被采捕后其吸收的碳则从海水中“移除”。图3－3显示一个栉孔扇贝在其500 d养殖过程中约使用水体内1万mg

碳，其中：用于呼吸并释放回水体的碳约 30%，约 30%的碳通过收获达到市场规格的扇贝被移出水体，成为渔业碳汇。研究表明（Tang et al.，2011），1999—2008 年我国海水养殖贝类和藻类年总产量为 896 万～1 351 万 t，10 年间平均每年使用 379 万 t 碳，每年至少 120 万 t 碳被从海水中移出。如果按照林业使用碳的算法计量（李恕云，2007），我国海水贝藻养殖每年对减少大气 CO_2 的生态功能贡献相当于义务造林 50 万多公顷，10 年合计造林 500 多万公顷，直接节省造林价值近 400 亿元。

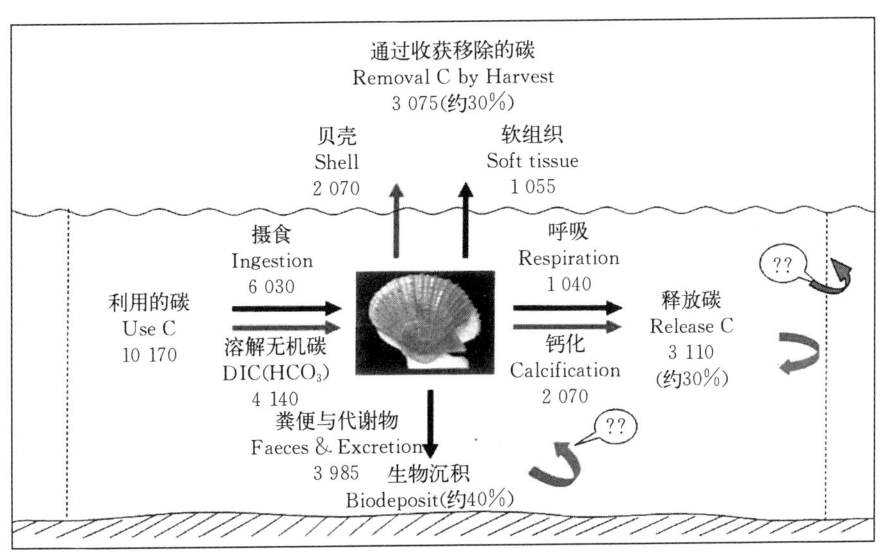

图 3－3　栉孔扇贝一个生长周期的碳收支［单位：mg C/（个·500 d）］
（引自唐启升等，2013）

图 3－3 还显示，40%被使用的碳沉降到海底，这部分碳多少被封存于海底，多少再悬浮回到水体中，目前还不十分确定，故未被计量在渔业碳汇中。从生物碳汇扩增的角度，显然这是一个值得深入研讨并确定的问题。目前，在海水养殖中正在实施的一项碳汇扩增措施是发展新生产模式，即构建的多营养层次综合养殖（IMTA）模式。图 3－4 展示了鲍-海参-海带综合养殖系统一个养殖周期的碳收支情况。每收获 1 kg（湿重）的鲍，其摄食吸收的碳约为 2.15 kg，其中约 12%用于壳及软组织的生长，33%作为生物沉积沉降到海底，55%通过呼吸及钙化过程释放出 CO_2 并回归水体；鲍养殖生长过程中排泄、排粪产生的生物沉积碳约 0.71 kg，其中，10%（0.07 kg C）为海带吸收再利用，其余的 90%（0.67 kg C）与海带残饵（0.37 kg C）作为刺参的食物来源，约 69%（0.72 kg C）被刺参同化，剩余的 21%沉入海底；鲍呼吸和钙化过程中产生的 1.18 kg 溶解 CO_2 以及刺参呼吸产生的 0.09 kg 的溶解 CO_2 为海带光合作用提供了 52%的无机碳源。4 种不同养殖模式，包括海带单养，鲍单养，海带-鲍鱼综合养殖和海带-鲍-海参综合养殖的生态系统服务价值研究结果表明（表 3－3），IMTA 养殖模式所提供的服务价值远高于单一养殖，如综合养殖的食物供给功能服务价值比单养海带和鲍分别提高 561%～883%和 38%～106%，综合养殖的气候调节功能服务价值比单养海带和鲍分别提高 180%～185%和 64%～68%。显然，综合养殖方式在增加经济效益的同时，能够有效、合理的移除海洋中的碳，达到了绿色、低碳的生物碳汇扩增目的。

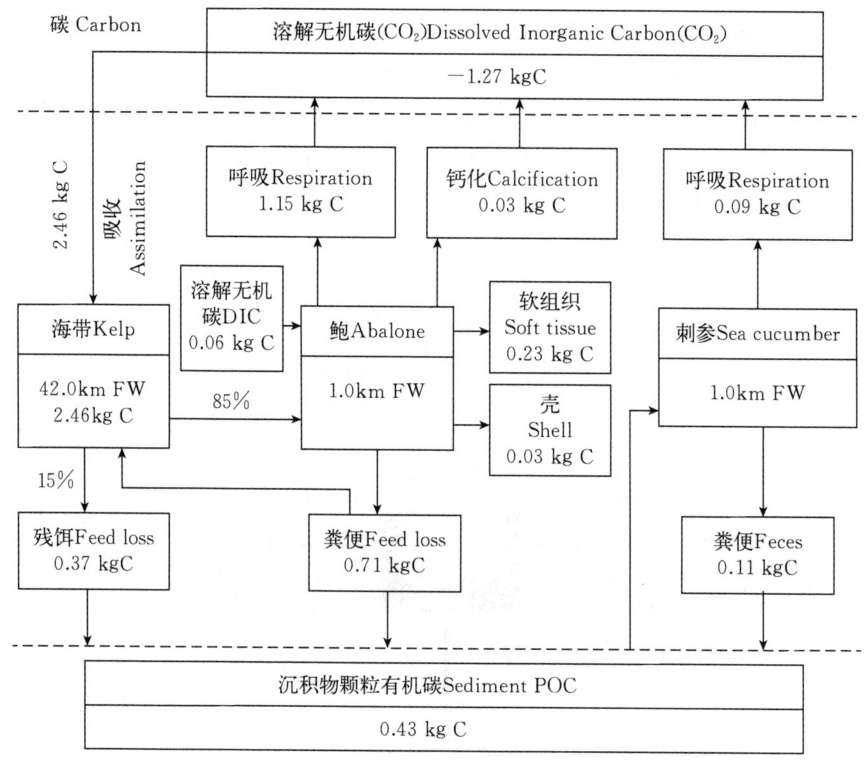

图 3-4 鲍-海参-海带综合养殖系统一个养殖周期的碳收支
(引自唐启升等，2013)

表 3-3 不同养殖模式的生态系统服务价值比较
(引自 Tang，2014)

养殖模式	食物供给服务价值/［CNY/（hm^2·a)］	气候调节服务价值/［CNY/（hm^2·a)］
海带单养	49 219	4 859
鲍单养	235 409	8 215
鲍-海带综合养殖	325 553	13 591
鲍参藻综合养殖	483 918	13 833

事实上，以海水养殖为主体的碳汇渔业是绿色、低碳发展新理念在渔业领域的具体体现，是实现水产养殖“高效、优质、健康、安全”可持续发展战略目标的有效途径，有望成为发展绿色低碳新兴产业的示范，并将更好地彰显渔业的食物供给功能和生态服务功能，产生一举多赢的效应（唐启升等，2013)。

(二）其他具有碳汇功能的渔业产业

以浮游生物和贝类、藻类为食的鱼类、头足类、甲壳类和棘皮动物等渔业捕捞种类，也在固碳中发挥了重要作用。因为它们以海洋中的天然饵料为食，通过食物网机制大量使用了水中浮游植物和有机颗粒，所以对它们的捕捞和收获，实质上是从海洋中净移出了相当量的碳。目前，关于捕捞渔业碳汇的实际研究尚很少，但是，相关研究表明这个产业依然是个潜在的领域。例如，南冰洋抹香鲸的数量曾 10 倍于现存群体，大量捕杀抹香鲸的结果是每年约有 400 万 t 的二氧化碳被留在了大气中（Lavery et al.，2010）。Pershing 等（2010）认为重建鲸群和大鱼的种群应该是提高海洋碳汇功能有效的方法，提出重建鲸的种群可以与一些为应对气候变暖采取的措施相媲美，如造林计划、海洋撒铁以增加对二氧化碳的吸收等，建议一些可以买卖碳信用的森林重建计划可以应用到捕捞业，即首先计算这些种群能储存多少碳，允许国家将捕捞配额作为碳信用出售，因此，捕捞渔业碳汇也是渔业碳汇扩增值得关注的部分（张波等，2013）。

另外，解绶启等（2013）研究了淡水水域渔业碳汇情况，估算出每年通过水产养殖移出的碳约 155 万 t，通过粪便等形式沉积的碳约 186 万 t，淡水捕捞产量移出碳约 27.8 万 t。该项研究还比较了不同湖泊及年代的碳移出和沉积力的差别：鄱阳湖为大型浅水湖泊，20 世纪 50 年代其通过渔业移出的碳为 11.8 kg/（hm^2 • a），而 90 年代则为 27.6 kg/（hm^2 • a）；梁子湖为中型浅水湖泊，渔业碳移出为 24～38 kg/（hm^2 • a）；武汉东湖为典型的富营养化湖泊，其渔业的碳移出约为 78 kg/（hm^2 • a）。显然，渔业水域的碳汇区域和年代差异为挖掘其潜力带来可能。

（三）发展趋势分析

以往关于养殖贝藻的研究多以食物产出为主要研究目的，与固碳减排的联系较少。通过计算贝藻体内碳、氮元素含量，证明通过养殖贝藻的收获能够从海洋中移出大量的碳，从而说明了贝藻养殖对海洋碳循环的贡献。浅海贝藻养殖的确在海洋蓝色碳汇中扮演了重要角色，而且它们又独具“可移出碳汇”的特殊功能，具有显著的生态和社会经济效益。但是，养殖贝藻作为海洋特殊“生物泵”的重要环节，对其在浅海生态系统碳循环中的生物地球化学过程和规律的了解和认识尚较肤浅，需要针对渔业碳汇开展系统的研究，需要开展深入的多学科交叉和综合研究，以促进产业的健康发展。

2012 年，我国海水养殖总产量为 1 644 万 t，其中贝类 1 208 万 t，藻类 176 万 t（干重），据测算相当于从水域中移出 155 万 t 碳。无论从发展的角度，还是从需求的角度，我国海水养殖产量将保持持续增长的趋势，预计到 2030 年，产量将达到 2 500 万 t，按照现有的贝藻养殖产量的比例计算，在 2030 年前后每年从水体中移出大约 230 万 t 碳。而 2030 年以后，因为我国海水养殖产量的增长将主要依赖环境友好型的增养殖生产模式，海藻床和海藻礁的建设将是这种渔业模式健康发展的基础。此外，我国浅海养殖的发展将向 30 m 以深水域发展，并以海洋可再生能源的原材料——大型海藻为主，所以海水藻类产量的增加将带动 2030 年以后海水养殖产量的增长。到 2050 年，我国海水养殖总产量预计达到 3 500 万 t，其中海藻养殖产量将突破 1 000 万 t（干重），海水养殖碳汇总量将达到 400 多万吨，其中贝类固碳 180 万 t，藻类固碳 235 万 t。因此，我国海水养殖业将对我国和全世界减少温室气体排放做出重大贡献。

国际上正在探索如何提高海洋生物对 CO_2 吸收作用，如国际地圈生物圈计划（IGBP）在印度洋等大洋区开展实验，通过向海水中释放铁元素，促进浮游植物生长，达到吸收 CO_2 的目的；韩国也已经立项，探讨通过大型藻类增养殖，吸收 CO_2 和营养盐，达到减排和净化水质的目的；近来，日本科学家已经筛选出了几种能在高浓度 CO_2 下生长的海藻，并计划在太平洋海岸进行繁殖，以吸收附近工业区排出的CO_2；美国一些研究人员以加利福尼亚州巨藻为载体，在其上繁殖一种可吸收CO_2的钙质海藻，以增加碳的向下转移；加拿大研究者在养鱼场发展多种类多营养层次养殖模式，以减少碳、氮排放等。

虽然《京都议定书》和《马拉喀什协定》对贝类、藻类养殖固定的碳并没有明确的界定，但占世界藻类年产量70%以上的我国藻类养殖和占世界总产量60%的贝类养殖，为保障我国的食物安全、减排二氧化碳和净化水质、缓解水域富营养化做出了巨大的贡献。我们应当继续保持这种世界领先的势头，在大力发展多营养层次生态综合养殖和深水增养殖等高效碳汇渔业技术的同时，对其做系统而深入的研究。自然科学基金工程科技领域应把渔业碳汇功能、海藻床栽种和修复机理，以及海藻能源开发利用列为研究重点。

可见，海洋碳汇渔业（包括养殖和捕捞）作为一种海洋生物碳汇的重要扩增部分，其对碳减排的作用和作为碳汇的潜力已受到广泛关注。

第六节　海洋生物碳汇扩增战略与对策

一、查明海洋生物碳汇的现状和潜力

生物固碳是21世纪科学研究的前沿，是目前安全有效、经济可行的固碳工程之一。除陆地森林、草地生态系统外，海洋生物的固碳已引起全世界的关注（Laffoley and Grimsdi，2009；Nellemann et al.，2009）。海洋是地球上最大的碳库，因此，海洋对于碳的调控和吸收能力将直接影响到全球碳循环。我国陆架边缘海域十分广阔，面积约为276万km^2（我国管辖海域为300万km^2），占全球陆架海的10.2%，是世界上最宽、生产力最高的陆架海之一。尤其是浅海区域，海洋碳循环异常活跃，一方面因为它是自然生产力特别高的区域，另一方面它又是人类水产养殖活动最集中的区域。据估算，我国近海大陆架每年从大气吸收约0.35亿t碳，占全球大陆架吸收碳的10%。

关于我国近海海洋的碳循环和碳收支已开展了一些研究（宋金明等，2008b；宋金明，2004），但是，针对海洋生物碳源汇特征、生物固碳及其相关的研究还较少，也刚刚开始，对自然生物碳汇或蓝碳的研究就更少了，是一个十分薄弱的研究领域。

美国学者布朗对中国水产养殖的意义和贡献给予了高度评价，并与"计划生育"相提并论，认为这是中国对保障世界粮食安全的两个最重要贡献，并称：也许世界还没认识到这是何等伟大的事情！他看重的可能是高效的生产转换效率，事实也是如此。水产养殖的饲料效率是养牛的7倍、养猪的3.5倍和养禽的2.5倍，而我国水产养殖中，利用水域天然饲料的种类产量占总产量的80%以上。因此，中国水产养殖是一举多赢的产业，它不仅为百姓提供优质蛋白质，保障食物安全，同时，还具有高生产效率、高生态效率的特点，既对减排CO_2有重要贡献，又缓解了水城富营养化，应予高度重视，大力发展。建议在国家扩内需、保增长的经济发展计划中优先考虑水产养殖业新一轮的发展。

要全面了解水产养殖和渔业的碳汇潜力，就需要着重开展以下研究。

（1）捕捞渔业种类和产量、海水养殖种类和养殖面积、产量等统计资料，以及气候、水文、水化条件对渔业产量的影响等。

（2）将渔业碳汇与海洋生物碳汇总量进行动态比较，从而整体评价海洋渔业碳汇对海洋碳汇的贡献。

（3）对不同品种的产量、生产力和发展潜力进行综合分析，以便较为系统地分析和确定我国不同海区渔业碳汇的总量、单位面积储量（即碳汇密度）及其年际变化，从而更好地了解我国渔业碳汇的现状及其发展趋势。

（4）将捕捞和养殖渔业碳汇总量，特别是其年际变化的估算值，与捕捞和养殖模式的演化进行对照分析，系统了解我国捕捞和养殖模式对渔业碳汇总量的影响，从而指出渔业碳汇的扩增潜力，以及在今后数十年间我国渔业发展对其碳汇总量的影响。

二、海洋生物碳汇扩增的途径

发展以贝藻为主的多营养层次生态综合养殖，是解决海洋污染、扩增海洋渔业碳汇的重要途径。另外，恢复或重建海藻（草）床、保护海洋生物的栖息地，使海洋中自然碳汇与人工碳汇有机结合，才能有效扩增海洋碳汇。

（一）加强近海自然碳汇及其环境的保护和管理

红树林、盐沼和天然海藻（草）床是海洋碳汇的重要组成部分，应采取有效措施，对现存的海洋植物区系进行保护。目前，红树林的恢复在一些国家已经取得了显著成效，但全世界在海藻床移植和重建方面仍有很多技术问题没有解决。开展海藻移植和种植，仍然是恢复和扩增海洋蓝色碳汇的重要手段之一；海藻床是许多海洋生物重要栖息地和产卵场，在海洋生态系统中发挥重要的作用。同时，海洋生物在海藻（草）床周围的聚集，又为海藻提供了丰富的营养，为其自然生长和繁殖提供了有利条件。因此，建设人工海藻床对于海洋生态系统服务功能的全面恢复，扩增蓝色碳汇，是十分必要的。

美国国家科学基金会已多次报道海洋缺氧区的存在，从而提醒我们改善海洋环境的重要性。大多数缺氧区都是由河流带来污染物所导致的。径流把从农田里冲刷汇集的富含氮磷的肥料带入河流和小溪，最后汇入海口和海湾。这些营养盐促使浮游生物大量生长。这些浮游生物死掉后，它们的腐败物会夺走海水里的氧气，使海水变成缺氧或低氧的状态，导致依靠氧气存活的鱼虾死亡。每年夏天，长江口外海底缺氧区的面积可达上万平方千米，并有增加的趋势。缺氧区的存在，对于海洋生物来说是灭顶之灾，必须采取措施防止缺氧区进一步扩大，保护蓝色碳汇。

（二）大力发展以海水养殖为主体的碳汇渔业

中国的海水养殖是以贝藻为主的碳汇型渔业，不但在提供水产品、保障食物安全方面具有重要作用，而且在改善水域生态环境、缓解全球温室效应等方面同样具有重要作用，其经济、生态和社会功能非常显著。为此，需从战略高度规划和支持海水养殖业的发展，大力发展环境友好型的多营养层次生态养殖、建设海洋牧场、扩大增殖放流，扩大海洋渔业碳汇的储量，充分发挥其综合功能。

1. 大力发展水产健康养殖

在满足我国水域环境容量、生态容量和养殖容量的前提下，合理调整水产养殖布局，优化养殖品种结构，科学确定养殖密度，适当提高贝类、藻类、滤食性鱼类养殖比例。中央和地方财政对养殖设施标准化改造给予支持，增强水产养殖综合生产能力，改善养殖水域环境。通过创建健康养殖示范区等形式，加快推广健康养殖和生态养殖技术，为碳减排和减轻水体富营养化发挥更大作用。

2. 着力推进海洋牧场建设

在浅海水域开展以海洋牧场建设为主要形式的生态修复和建设。在海洋捕捞渔民转产转业重点地区和水域生态“荒漠化”严重水域，中央和地方财政加大投入，建设一批以人工鱼礁为载体，增殖放流为手段，底播增殖为补充的海洋牧场示范区，加大海藻养殖、底播贝类等为主要内容的海底植被建设力度，积极发展多营养层次的综合性增养殖，改善水域生态环境，带动休闲渔业及其他产业发展，增加渔民就业机会，提高渔民收入，繁荣渔区经济。

3. 积极开展水生生物增殖放流

把增殖放流作为一项社会事业来办，开展大规模的水生生物增殖放流。重点增殖经济效益、生态效益好的资源种类，中央和地方财政加大投入力度，同时吸引社会资金投入，增加放流数量、扩大放流范围，提高水生生物净化水质、改善水域生态环境的效果，进一步发挥增殖放流在扩大种群资源、增加渔民收入等方面的作用。

第七节　工程建设与技术研究建议

为了对减排 CO_2 做出实质性的贡献，不仅需要实施与碳汇扩增相关的重大工程建设和重大基础研究项目，同时还需要大力开展意在保护、增强我国近海自然碳汇功能的公益性建设，并积极参与国际相关活动和交流合作。

一、规模化海洋“森林草地”工程建设与管理

需要大力开展意在提升我国近海自然碳汇功能的公益性工程建设，包括浅海海藻（草）床建设、深水大型藻类养殖以及生物质能源新材料开发等，加强海洋自然碳汇生物的保护和管理。

（一）提高生态系统服务功能，恢复和重建海草（藻）床

恢复生态系统服务功能是提高海洋碳汇的关键环节。应深入研究红树林、海藻场和盐沼的自然恢复能力，建立相应的保护和重建技术，研究针对富营养化、缺氧区和围填海的治理措施，以避免或降低它们对海洋生态系统碳汇功能的影响。

海草（藻）床是许多海洋生物重要栖息地和产卵场。同时，海洋生物的存在，又为海草（藻）的自然生长和繁殖提供了有利条件。因此，恢复和重建海草（藻）床对于海洋生态系统服务功能的全面恢复，是十分必要的。针对海草（藻）床恢复，应开展如下研究。

（1）将生物工程和海水养殖技术相结合，研制和开发有利于海草（藻）增殖的人工草（藻）礁，使人工草（藻）礁的建设成为人工鱼礁的重要基础。

（2）海草（藻）床移植的成功，取决于移植草（藻）类的种类和生理特性（适应性），以及温度、底质、海流、水化学等一系列环境因素。应从海草（藻）的繁殖和生长特性入手，全面了解海草（藻）与环境之间的相互作用及其适应机制。在此基础上，才能建立切实可行的海草（藻）移植和种植技术，突破海草（藻）在自然海区栽培成功率不高的技术难题。

（3）全面研究和评价捕捞、环境污染、城市化开发和围填海等大型海岸工程对天然海草

（藻）床的负面影响，从而为去除环境压力、实施全方位的天然海草（藻）床保护战略，提供科学依据。

（二）发展海藻能源技术，开发利用海洋生物有机肥料

近年来，人们已经认识到海藻生物能源与陆地生物能源相比，具有显著的优势。海藻能源不与人争粮，海藻养殖不与农业争地，在社会经济方面的优势不言而喻。因为海藻能吸收海水中，以及生活废水或工业废水中的营养盐，所以利用废水的营养大规模养殖海藻用于能源生产，有可能成为处理废水的最为经济的方式。研究海藻能源技术，为大规模养殖海藻的利用开辟途径，是推动海藻养殖产业可持续发展、促进海洋可再生能源产业多样化、扩增海洋生物碳汇的重要手段。

加强养殖海藻的综合加工利用技术的研究，拓展海藻的利用空间，增加附加产值，可以提高养殖海藻的积极性，解决销路难的后顾之忧，能够有效地促进海藻养殖产业的发展。同时，通过延长产业链，有利于延长固定碳的释放时间。海藻肥也是近年来的研究热点。它可直接使土壤或通过植物使土壤增加有机质，激活土壤中的各种有益微生物，这些生物可在植物-微生物代谢循环中起催化剂的作用，使土壤的生物效力增加。海藻肥可以改良土壤团粒结构、有效促进种植植物的根系发育和植物的固碳能力；海藻肥还可以提高作物的吸水保肥能力，提高作物产量，减少化肥用量，因而能有效减少因使用化肥而导致的温室气体排放。海藻肥是促进土壤固碳，扩增土壤碳汇的有效手段，有助于实现陆海联合增汇减排的目的。

二、碳汇渔业关键技术与产业示范工程

需要端正认识，强力推动以海水增养殖为主体的碳汇渔业的发展，充分发挥渔业生物的碳汇功能，为发展绿色的、低碳的新兴产业提供一个示范的实例。建设内容包括海水增养殖良种工程、生态健康增养殖工程、安全绿色饲料工程、设施养殖与装备工程以及产品精深加工技术与装备 5 个方面，其中重点是大力发展多营养层次生态综合养殖和深水增殖技术。

多营养层次生态综合养殖技术是生态系统水平水产养殖模式的具体体现。应在充分研究养殖系统内部物质和能量流动机制的基础上，不断完善多元综合养殖技术，从而提高海水养殖的单产，增加蓝色碳汇的密度和效率。另外，还需要发展和研究大型海水贝藻的深海养殖技术，积极开展水生生物增殖放流，推进海洋牧场建设，拓展碳汇渔业的发展空间，从而有效扩增渔业碳汇。

三、海洋生物碳汇功能与碳汇渔业潜力的基础科学研究

2011 年，以“近海生态系统碳源汇特征与生物碳汇扩增的科学途径”为主题的香山科学会议第 399 次学术讨论会围绕：近海生态系统碳收支与驱动机制，近海生态系统碳源、汇的时空分布与生物固碳，自然碳汇与海洋生态灾害，碳汇渔业及其发展模式 4 个中心议题开展了交流和讨论。会议立足于国家需求，特别关注近海海洋生物碳汇扩增的科学途径，深入剖析了我国开展海洋生态系统生物碳汇研究和碳汇扩增的发展方向和目标，提出了一些值得深入思辨与探索的问题：①我国近海生态系统生物碳汇特征及其扩增的科学途径是一个值得重点研究的重要科学议题；②从不同的空间尺度、时间尺度和生物种类，开展有针对性的近

海生态系统生物碳汇特征及其扩增途径的基础研究，以便快速提高应对需求的科学能力；③强化基础研究力量，建设以海洋碳通量和碳汇为重点的监测站点、实验中心和研究团队，建立相关的重点实验室和研究中心，建立定期研讨制度，探讨科学性、基础性、前沿性相关问题；④加大海洋碳循环、碳汇研究与示范的扶持力度，选择典型海域、海湾和生态区，整体推进我国海洋碳循环以及海洋生物碳汇的发展和实践；⑤着手解决碳汇渔业发展过程中的工程技术和实际问题，全面发展生物碳汇和碳汇渔业的计量与评价技术，推动新生产模式的发展，探索海洋生物减排增汇战略与途径；⑥鼓励开展多层次、多领域、跨学科、跨系统的国内外合作，加强国际交流，深入开展海洋生态系统生物碳汇特征及其功能研究（唐启升等，2011）。

因此，为了减少生物碳汇量估算的不确定性，科学规范地评价我国碳汇渔业的总量和潜力，并以碳汇渔业为指针引导海洋渔业和海水养殖产业的发展，应从生态学和生物地球化学循环的双重角度加强海洋生物碳汇功能与增汇途径的基础研究和实验研究。

（1）建立长期、定位和足够量的近海生态系统碳通量监测站或监测基地，评估我国近海海洋碳源汇特征及其动态，提供准确可靠的海洋生物碳汇及其机理的信息，并为模型模拟提供有效参数。

（2）通过控制实验，研究不同类别的海洋生物功能群碳汇特征和关键海水养殖生物种类的自然生理生态特性、碳通量和固碳机理，及其在浅海生态系统碳循环中的生态功能，建立养殖生物碳源汇收支模型。

（3）建立我国渔业碳汇计量和监测体系，开展针对性的基础研究，科学评价渔业碳汇及其开发潜力，探索海洋生物减排增汇战略与途径。

（4）完善和改良现有的用于模拟分析海洋生态系统碳循环的箱式模型、碳通量模型、生态系统过程模型以及遥感信息模型，建立海洋生物碳汇与碳汇渔业潜力的评估技术。

（5）在海洋碳汇与全球气候变化、CO_2 浓度上升，以及 N 和 P 等营养盐浓度增加等方面加强实验和模拟研究，尤其要注意探讨物理过程（如海流、水温等）在渔业 CO_2 捕获中的作用。

海洋是巨大的无机碳库，又是对全球变化反应灵敏、结构复杂的生态系统；而渔业碳汇在减少碳排放方面又具有极为重要的作用。因此，开展上述研究将是揭示海洋生物碳汇储量、扩增海洋生物碳汇和合理规划碳汇渔业发展的必要途径，相关的研究内容应在国家重大基础研究计划（如国家自然科学基金、国家相关研究计划和全球变化研究计划等）中有所体现。

四、积极参与国际相关活动，加强交流与合作

中国是率先提出渔业碳汇概念和倡导发展碳汇渔业的国家，较早开展相关研究并得到国际同行广泛认同。在此背景下，一方面我们需要积极组织和开展这类活动，因为它不仅可进一步探讨渔业对降低大气二氧化碳浓度和减缓气候变暖的贡献，同时对推进碳汇渔业和发展绿色经济具有十分重要的意义；另一方面我们也需要通过这类活动加强国际交流与合作，弥补自身的不足，因为我们的基础还很薄弱，缺乏深入的研究。另外，我们也应积极参与国际相关的活动，如支持建立一个全球的蓝色碳基金，推动海洋固碳和碳汇产业建设，进而为参与国际碳贸易和谈判作准备。

参考文献

陈泮勤，2004. 地球系统碳循环. 北京：科学出版社：17－19.

方精云，朴世龙，赵淑清，2001. CO_2 失汇与北半球中高纬度陆地生态系统的碳汇. 植物生态学报，25（5）. 594－602.

高亚平，方建光，唐望，等，2013. 桑沟湾大叶藻海草床生态系统碳汇扩增力的估算. 渔业科学进展，34（1）：17－21.

蒋增杰，方建光，韩婷婷，等，2013. 大型藻类规模化养殖水域海-气界面 CO_2 交换通量估算. 渔业科学进展，34（1）：50－56.

解绶启，刘家寿，李钟杰，2013. 淡水水体渔业碳移出之估算. 渔业科学进展，34（1）：82－89.

李娇，关长涛，公丕海，等，2013. 人工鱼礁生态系统碳汇机理及潜能分析. 渔业科学进展，34（1）：65－69.

李荣冠，2003. 中国海陆架及邻近海域大型底栖生物. 北京：海洋出版社.

李怒云，2007. 中国林业碳汇. 北京：中国林业出版社.

世界生态保护中心，联合国环境规划署，2003. 世界海草地图集. 联合国海洋地图集：www. oceansatlas. org.

宋金明，2004. 中国近海生物地球化学. 济南：山东科技出版社.

宋金明，李学刚，袁华茂，等，2008a. 中国近海生物固碳强度与潜力. 生态学报，28（2）：551－558.

宋金明，徐永福，胡维平，等，2008b. 中国近海与湖泊碳的生物地球化学. 北京：科学出版社.

孙军，2013. 海洋浮游植物与渔业碳汇计量. 渔业科学进展，34（1）：90－96.

唐启升，2006. 中国专属经济区海洋生物资源与栖息环境. 北京：科学出版社.

唐启升，2010. 碳汇渔业与海水养殖业——一个战略性的新兴产业. http：//www. ysfri. ac. cn/（2010. 06. 28）.

唐启升，2013. 中国养殖业可持续发展战略研究：水产养殖卷. 北京：中国农业出版社.

唐启升，方建光，张继红，等，2013. 多重压力胁迫下近海生态系统与多营养层次综合养殖. 渔业科学进展，34（1）：1－11.

唐启升，张经，孙松，等，2011. 近海生态系统碳源汇特征与生物碳汇扩增的科学途径. 香山科学会议简报：1－12.

张波，孙珊，唐启升，2013. 海洋捕捞业的碳汇功能. 渔业科学进展，34（1）：70－74.

张继红，方建光，唐启升，2005. 中国浅海贝藻养殖对海洋碳循环的贡献. 地球科学进展，20（3）：359－365.

张继红，方建光，唐启升，等，2013. 桑沟湾不同区域养殖栉孔扇贝的固碳速率. 渔业科学进展，34（1）：12－16.

中国科学院《中国自然地理》编委会，1979. 中国自然地理——海洋地理. 北京：科学出版社.

周毅，杨红生，2002. 烟台四十里湾浅海养殖生物及附着生物的化学组成、有机净生产量及其生态效应. 水产学报，26（1）：21－27.

朱明远，毛兴华，吕瑞华，等，1993. 黄海海区的叶绿素 a 和初级生产力. 黄渤海海洋，11（3）：38－51.

Achard F，Eva H D，Stibig H J，et al.，2002. Determination of deforestation rates of the world's humid tropical forests. Science，297：999－1002.

Amaud－Haond S，Duarte C M，Teixeira S，et al.，2009. Genetic recolonization of mangrove：Genetic diversity still increasing in the Mekong Delta 30 years after Agent Orange. Marine Ecology Progress Series，

390：129－135.

Andrews J E，Samways G，Shimmield G B，2008. Historical storage budgets of organic carbon，nutrient and contaminant elements in saltmarsh sediments：Biogeochemical context for managed realignment，Humber Estuary，UK Science of the Total Environment，405：1－13.

Beja O，Spudich E N，Spudich J L，et al.，2001. Proteorhodopsin phototrophy in the ocean. Nature，411：786－789.

Bishop J K B，Wood T J，2009. Year－round observations of carbon biomass and flux variability in the Southern Ocean. Global Biogeochemical Cycles，23，(2)：GB2019. 1－GB2019. 12.

Boorman L，Hazelden J，1995. Salt marsh creation and management for coastal defense. *In*：Healy M G，Doody J P. Directions in European coastal management. Cardiff：Samara Publishing Ltd：175－183.

Borum J，Duarte C M，Krause－Jensen D，et al.，2004. European seagrasses：An introduction to monitoring and management. Copenhagen：The M&MS project.

Bouillon S，Borges A V，Castañeda－Moya E，et al.，2008. Mangrove production and carbon sinks：A revision of global Budget estimates. Global Biogeochemical Cycles，22：GB2013.

Bridgham S D，Megonigal J P，Keller J K，et al.，2006. The carbon balance of North American wetlands. Wetlands，26：889－916 CBD. 2008. Decision 1X16，Resolution LC－LP. 1.

Chauvaud L，Thompson K J，Cloeml J E，et al.，2003. Clams as CO_2 generators：The Potamocorbula amurensis example in San Francisco Bay. Limnol Oceanogr，48 (6)：2086－2092.

Chisholm S W，2000. Oceanography－Stirring times in the Southern Ocean. Nature，407：685－687.

Cquestrate，2009. http：//www. cquestrate. com/ (accessed 26 August 2009).

Danielsen F，Sørensen M K，Olwig M F，et al.，2005. The Asian Tsunami：A Protective Role for Coastal Vegetation. Science，310：643.

Duarte C M，2002. The future of seagrass meadows. Environmental Conservation，29：192－206.

Duarte C M，2009. Global Loss of Coastal Habitats：Rates，Causes and Consequences. Madrid：FBBVA：181 (PDF available：http：//www. fbbva).

Duarte C M，Cebrián J，1996. The fate of marine autotrophic production. Limnology and Oceanography，41：1758－1766.

Duarte C M，Chiscano C L，1999. Seagrass biomass and production：A reassessment. Aquatic Botany，65：159－174.

Duarte C M，Dennison W C，Orth R J W，et al.，2008. The charisma of coastal ecosystems：Addressing the imbalance. Estuaries and Coasts，31：233－238.

Duarte C M，Fourqurean J W，Krause－Jensen D，et al.，2005b. Dynamics of seagrass stability and change. *In*：Larkum A W D，Orth R J，Duarte C M. Seagrasses：Biology，Ecology and Conservation. Dordrecht：Springer－Verlag：271－294.

Duarte C M，Middelburg J，Caraco N，2005a. Major role of marine vegetation on the oceanic carbon cycle. Biogeosciences，2：1－8.

FAO，2003. State of the World's Forests (SOFO). Food and Agriculture Organization of the United Nations，Rome：100.

FAO，2009. The state of world fisheries and aquaculture－2008. FAO Fisheries and Aquaculture Department，Rome.

Fonseca M S，Julius B E，Kenworthy W J，2000. Integrating biology and economics in seagrass restoration：How much is enough and why? Ecological Engineering，15：227－237.

Gacia E，Duarte C M，2001. Elucidating sediment retention by seagrasses：Sediment deposition and resuspension in a Mediterranean (Posidonia oceanica) meadow. Estuarine Coastal and Shelf Science, 52: 505 - 514.

Gilbert P M, Azanza R, Burford M, et al., 2008. Ocean urea fertilization for carbon credits poses high ecological risks. Marine Pollution Bulletin, 56: 1049 - 1056.

Gilfillan S M, Sherwood L B, Holland G, et al., 2009. Solubility trapping in formation water as dominant CO_2 sink in natural gas fields. Nature, 458: 614 - 618.

González J M, Femandez - Gomez B, Fendandez - Guerra A, et al., 2008. Genome analysis of the proteorhodopsin - containing marine bacterium *Polaribacter* sp. MED152 (Flavobacteria): A tale of two environments. Proceedings of the National Academy of Science USA, 105: 8724 - 8729.

Hamilton L S, Snedaker S C, 1984. Handbook for mangrove area management. Hawaii: East - West Environment and Policy Institute, Honolulu: 123.

Harvey L D D, 2008. Mitigating the atmospheric CO_2 increase and ocean acidification by adding limestone powder to upwelling regions. Journal of Geophysical Research - Oceans, 113.

Hemminga M A, Duarte C M, 2000. Seagrass Ecology. Cambridge: Cambridge Univ Press.

Hood M, Broadgate W, Urban E, et al., 2009. Ocean Acidification - A Summary for Policymakers from. *In*: Second Symposium on the Ocean in a High - CO_2 World. IOC. (www. ocean - acidification. net.)

Houghton R A, 2007. Balancing the global carbon budget. Annual Review of Earth and Planetary. Sciences, 35: 313 - 347.

House K Z, House C, Schrag D P, et al., 2007. Electrochemical acceleration of chemical weathering as an energetically feasible approach to mitigating anthropogenic climate change. Environmental Science and Technology, 41: 8464 - 8470.

Hoyle B D, Robinson R, 2003. Microbes in the ocean. Water: Science and Issues. http: //fmdarticles. com/p/articles/mi _ gx5224/is _ 2003/ai _ n19143480/accessed Feb. [2010 - 2 - 5].

Huesemann M H, 2008. Ocean Fertilization and other climate change mitigation strategies: An overview. Marine Ecology Progress Series, 364: 243 - 250.

IMO, 2007. Convention on the prevention of marine pollution by dumping of wastes and other matter, 1972 and its 1996 protocol. Statement of concern regarding iron fertilization of the oceans to sequester CO_2. PDF Available at http: //www. whoi. edu/cms/files/London Convention Statement _ 24743 - 29324. pdf.

IMO, 2008. Report of the Thirtieth Consultative Meeting of Contracting Parties to the Convention on the Prevention of Marine Pollution by Dumping of Wastes and Other Matter 1972 and the Third Meeting of Contracting Parties to the 1996 Protocol to the Convention on the Prevention of Marine Pollution by Dumping of Wastes and Other Matter 1972 (London, 27 - 31 October 2008). PDF Available at http: //www. imo. org/includes/blastData. asp/doc _ id=10689/16. pdf.

International Energy Agency (IEA), 2004. Report PH 4/37, http: //www. ipsl. jussieu. fr/~jomce/pubs/PH4 - 37%20Ocean% 20Storage%20 -%20GOSAC. pdf [2010 - 2 - 27].

IPCC, 2005. Carbon Dioxide Capture and Storage. Metz B, Davidson O, de Coninck H (ed.) et al., Cambridge: Cambridge University Press: 431.

IPCC, 2006. Guidelines for National Greenhouse Gas Inventories. 4: Agriculture, Forestry and Other Land Use. "GPG - LULUCF" (Good Practice Guidance for Land Use, Land Use Change and Forestry) quantitative methods. http: //www. ipcc - nggip. iges. or. jp/public/2006 gl/vol4. html [2006 - 4 - 1].

IPCC, 2007. IPCC Fourth Assessment Report - AR4 - Climate Change 2007: The Physical Science Basis.

Khatiwala S, Primeau F, Hall T, 2009. Reconstruction of the history of anthropogenic CO_2 concentrations in the ocean. Nature, 462: 346 - 349.

Kheshgi H S，1995. Sequestering Atmospheric Carbon dioxide by increasing ocean alkalinity. Energy，20：915－922.

Kim K R，1999. Air－sea exchange of the CO_2 in the Yellow Sea. Proceeding of the Korea－China Symposium on the Yellow Sea Research. Soul，25－32.

Koch E W，Ackerman J D，Verduin J，et al.，2006. Fluid dynamics in seagrass ecology－from molecules to ecosystems. *In*：Larkum A W D，Orth R J，Duarte C M. Seagrassesi：Biology，Ecology and Conservation. Dordrecht：Springer－Verlag：93－225.

Laffoley D，Grimsditch G，2009. The management of natural coastal carbon sinks. IUCN：Gland：53.

Lavery T J，Roudnew B，Seymour J，et al.，2010. Iron defecation by sperm whales stimulates carbon export in the Southern Ocean. Proc. Boil Sci，277（1699）：3527－3531.

Lenton T M，Vaughan N E，2009. The radiative forcing potential of different climate geoengineering options. Atmospheric Chemistry and Physics Discussions，9：2559－2608.

Lovelock J E，Rapley C G，2007. Ocean pipes could help the Earth to cure itself. Nature，449：403.

Mateo M A，Romero J，Pérez M，et al.，1997. Dynamics of millenary organic deposits resulting from the growth of the Mediterranean seagrass Posidonia oceanica. Estuarine Coastal and Shelf Science，44：103－110.

Melana D M，Atchue Ⅲ J，Yao C E，et al.，2000. Mangrove Management Handbook. Cebú City：Department of Environment and Natural Resources，Manila，Philippines，Coastal Resource Project：96.

Melillo J M，Callaghan T V，Woodward F I，1990. Effects on ecosystems. *In*：Houghton J T，Jenkins G J，Ephraums J J. Climate change：The IPCC scientific assessment. Cambridge：Cambridge University Press：283－310.

Middleton R S，Bielicki J M，2009. A comprehensive carbon capture and storage infrastructure model. Energy Procedia，1：1611－1616.

Nellemann C，Corcoran E，Duarte C M，et al.，2009. Blue Carbon. A Rapid Response Assessment. United Nations Environment Programme，GRID－Arendal，www. grida. no.

OSPAR，2007. OSPAR Decision 2007/1 to prohibit the Storage of Carbon Dioxide Streams in the Water Column or on the Sea－bed. Available at http：//www. ospar. org/v _ measures/get _ page. asp? v0＝07－01e _ CO_2 Decision water column. doc&vl=1［2010－2－27］.

Pershing A J，Christensen L B，Record N R，et al.，2010. The impact of whaling on the ocean carbon cycle：Why bigger was better. PLoS ONE，5（8）：1－9.

Pomeroy L R，Williams P J B，Azam F，et al.，2007. The microbial loop. In a Sea of Microbes，Oceanography，20（2）：28.

Radulovich R，2008. Take biofuel crops off the land and grow them at sea. Science and Development Network. http：//www. scidev. net/en/opinions/take－biofuel－crops－off－the－land－and－grow－them－at－s. html［2010－2－27］.

Riebesell U，Zondervan I，Rost B，2000. Reduced calcification in marine planktonic response to increased atmospheric CO_2. Nature，407：364－367.

Romero J，Perez M，Mateo M A，et al.，1994. The belowground organs of the Mediterranean seagrass Posidonia oceanica as a biogeochemical sink. Aquat Bot，47：13－19.

Sedlacek L，Thistle D，Carman K R，et al.，2009. Effects of carbon dioxide on deep－sea harpacticoids. ICES International symposium－issues confronting the deep oceans 27－30 April 2009，Azores，Portugal.

Seibel B A，Walsh P J，2001. Carbon Cycle：Enhanced：Potential impacts of CO_2 injection on deep sea biota. Science，294：319－320.

Seiter K，Hensen C，Zabel M，2005. Benthic carbon mineralization on a global scale，Global Biogeochemical Cycles，19，GB1010，doi：10. 1029/2004GB002225，2005. 3173.

Sogin M L，Morrison H G. Huber J A，et al.，2006. Microbial diversity in the deep sea and the underexplored “rare biosphere” . PNAS，103：12115 - 12120.

Suttle C A，2007. Marine viruses - major players in the global ecosystem. Nature Reviews Microbiology，5：801 - 812.

Tang Q S，2014. Management strategies of marine food resources under multiple stressors with particular reference of the Yellow Sea large marine ecosystem. Frontiers of Agricultural Science and Engineering，1 (1)：85 - 90.

Tang Q S，Zhang J H，Fang J G，2011. Shellfish and seaweed mariculture increase atmospheric CO_2 absorption by coastal ecosystem. Mar Ecol Prog Ser，424：97 - 104.

Trumper K，Bertzky M，Dickson B，et al.，2009. The Natural Fix? The role of ecosystems in climate mitigation. A UNEP rapid response assessment. United Nations Environment Programme，UNEPWCMC，Cambridge，UK，65p. PDF available at：http：//www. unep. org/pdf/BioseqRRA _ scr. pdf.

UNESCO - IOC/SCOR，2007. Ocean Carbon Sequestration：A watching brief of the Intergovernmental Oceanographic Commission of UNESCO and the Scientific Committee on Ocean Research. Version 2. January 2007.

Valiela I，Bowen J L，Cork J K，2001. Mangrove forests：One of the world's threatened major tropical environments. Bioscience，51：807 - 815.

Waycott M，Duarte C M，Carruthers T J B，et al.，2009. Accelerating loss of seagrasses across the globe threatens coastal ecosystems. Proceedings of the National Academy of Sciences of the USA（PNAS），106：12377 - 12381.

Wiggington N，2008. Critical Zone Blog：Viruses aplenty? Nature Network. http：//network. nature，com/people/wigginton/blog/2008/02/06/viruses - aplenty [2010 - 2 - 27] .

Woodwell G M，Rich P H，Hall C A S，1973. Carbon in estuaries. *In*：Woodwell G M，Pecan E V. Carbon and the Biosphere. Virginia：Springfield：221 - 240.

Xiaonan D，Xiaoke W，Lu F，et al.，2008. Primary evaluation of carbon sequestration potential of wetlands in China. Acta Ecologica Sinica，28：463 - 469.

Zhou S，Flynn P C，2005. Geoengineering downwelling currents：A cost assessment. Climate Change，71：203 - 220.

桑沟湾不同区域养殖栉孔扇贝的固碳速率①

张继红[1]，方建光[1]，唐启升[1]，任黎华[1,2,3]

（1. 农业部海洋渔业可持续发展重点实验室，中国水产科学研究院黄海水产研究所碳汇渔业实验室，青岛 266071；

2. 中国科学院海洋研究所，青岛 266071；

3. 中国科学院大学，北京 100049）

摘要： 测定桑沟湾深水区、浅水区栉孔扇贝固碳量，并进行固碳速率的标准化处理，增加了与陆地生态系统固碳率的可比性，分析了栉孔扇贝在不同养殖区的固碳速率及其主要控制因素。研究显示，对于同一养殖种类，深水区生物固碳的速率比浅水区高两倍。不同区域，贝类壳碳及软体部中碳的含量没有显著性差异，导致区域性差异的主要原因是由于生长速度、养殖密度及存活率的不同而导致单位面积的产量存在差异。养殖栉孔扇贝的固碳速率可与森林相媲美。另外，贝类的养殖活动与浅海生态系统的碳循环之间关系复杂，需要加强贝类的摄食、呼吸、生物沉积、钙化等整个生理生态学过程研究。

关键词： 生物固碳；栉孔扇贝；桑沟湾；海水养殖

海洋作为地球上最大的碳库，每年吸收了人类排放 CO_2 总量的 20%～35%（Khatiwala et al.，2009；Hood et al.，2009），大约为 2.0×10^9 t（Nellemann et al.，2009）。海洋在全球碳循环中发挥着重要作用，有效延缓了温室气体排放对全球气候的影响。虽然，目前关于海洋碳源/汇评估、计量方法尚待完善，全球海岸带有关温室气体的封存率及排放率尚未纳入国际社会或各国应对气候变化对策的考虑范畴，但是，人们正在研究提高海洋吸收或固碳的方法和技术，例如，将二氧化碳注入深海的海底（Donella，2004）、通过施铁促进浮游植物的初级生产力，提高海洋吸收二氧化碳的能力等（Rehdanz et al.，2006）。随着全球温度的升高，海洋中 CO_2 趋于饱和，海洋吸收 CO_2 的能力将会发生改变（Rehdanz et al.，2006）。因此，有必要考虑从海洋中移出 C，以促进海洋对 CO_2 的吸收。中国是浅海贝养殖的第一大国，年产量近 1 000 万 t。利用养殖贝类来固定和移出海洋中的碳，可能是一种比较有潜力的方法（Tang et al.，2011）。关于养殖贝类固碳潜力的报道很少（张继红等，2005；张明亮等 2011；Tang et al.，2011）。

桑沟湾是我国北方典型的筏式贝类养殖区，栉孔扇贝是桑沟湾的主要养殖品种之一。本研究通过测定桑沟湾深水区、浅水区栉孔扇贝固碳量，并进行固碳速率的标准化处理，与陆地生态系统固碳率进行比较，分析了栉孔扇贝在不同养殖区的固碳潜力。

---

① 本文原刊于《渔业科学进展》，34（1）：12－16，2013。

1 材料与方法

1.1 养殖方式

桑沟湾栉孔扇贝养殖深水区、浅水区的取样点见图 1。

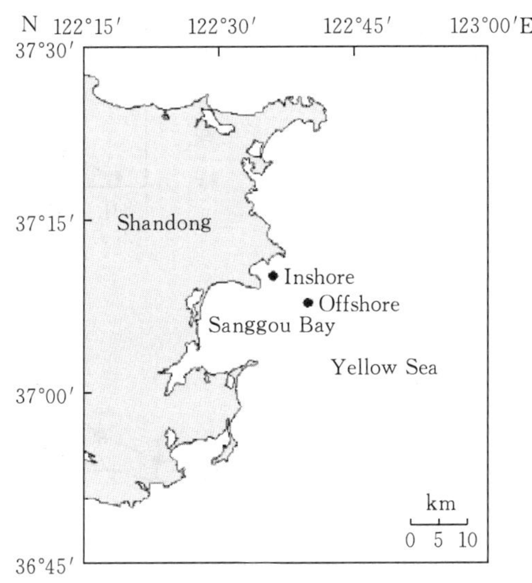

图 1 桑沟湾栉孔扇贝养殖深水区、浅水区的取样站位

Figure 1 Sampling station of inshore and offshore area in Sanggou Bay

栉孔扇贝筏式养殖区，筏绳长 100 m，筏间距 4 m，每个养殖单元（养殖亩）的面积为 1 600 m^2。每养殖亩养殖扇贝 400 笼，浅水区的养殖笼 8 层/笼，每层养殖 30 个。深水区的养殖笼为 15 层/笼，每层养殖 30 个。养殖从 5 月初开始放苗，次年的 3 月底开始收获。

1.2 栉孔扇贝壳及软体部碳含量及生长、存活情况

从 2007 年 7 月至翌年的 3 月，逐月测定深水区、浅水区栉孔扇贝的贝壳及软体部中的碳含量。每次两个区各取 15 个栉孔扇贝，带回实验室去掉表面污物后进行湿重、壳高、壳长的测定。样品于 60 ℃烘干至恒重，称重。动物软体部、贝壳和藻类粉碎至 100 目，用 Elementar Vario CHN 元素分析仪测定 C、H、N 元素的含量，在养殖前测定栉孔扇贝苗的规格以及壳、软体部的碳含量。测定方法同上。3 月底收获时，测定总的存活率、扇贝的湿重、组织干重等指标，计算每养殖亩的养殖产量。

1.3 栉孔扇贝固碳速率的标准化处理

以陆生植物广泛使用的固碳单位 t C/(hm^2 · a) 为基准，将养殖贝类的固碳速率换算为标准固碳单位 t C/(hm^2 · a)。

2 实验结果

2.1 深水区、浅水区栉孔扇贝的生长、存活情况

栉孔扇贝的壳高、重量变化情况见图 2。深水区栉孔扇贝的生长状况好于浅水区。在 3 月

收获时，栉孔扇贝在深水区的壳高、软体部干重及壳干重都显著高于浅水区（Independent Samples Test，$df=33$，$P=0.000<0.01$）。

3月收获时，栉孔扇贝的基础生物学指标见表1。栉孔扇贝在深水区的存活率高于浅水区。

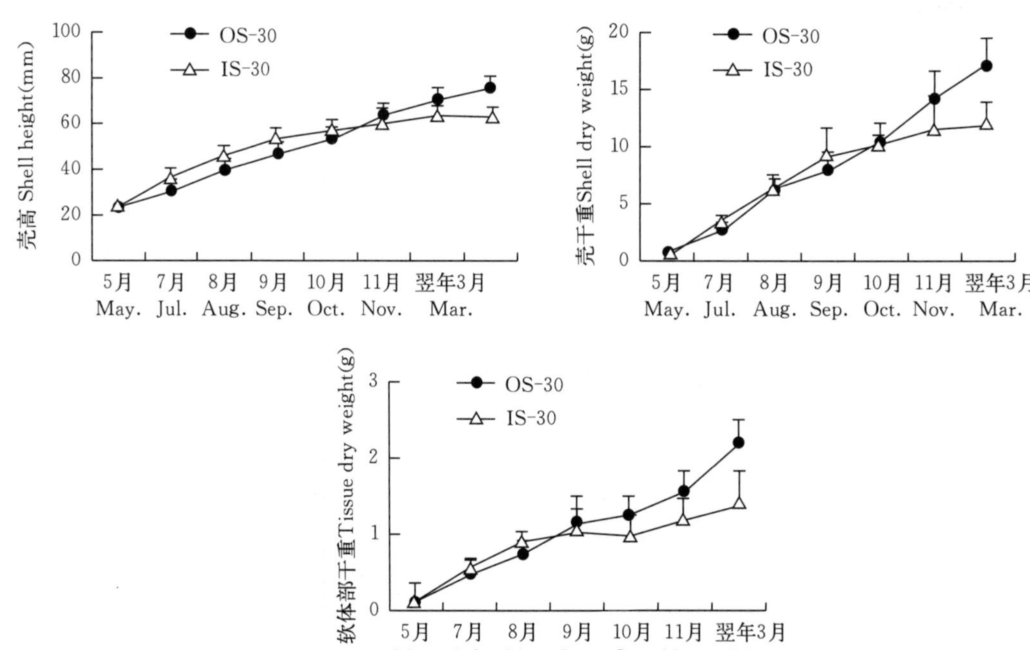

图2 深水区、浅水区栉孔扇贝的生长情况

Figure 2 Seasonal variation of shell height, dry weight of scallop *C. farreri* in inshore and offshore area in Sanggou Bay

OS-30，IS-30分别代表深水区、浅水区

表1 桑沟湾养殖栉孔扇贝收获时（3月份）的基本生物学特性

Table 1 Basic biological characteristics of harvested scallop *C. farreri* in Sanggou Bay

项目 Items	深水区 Offshore area	浅水区 Inshore area
壳高 Shell height（mm）	69.76±4.65	62.43±4.23
湿重 Total wet weight（g/ind.）	36.54±4.80	25.60±5.92
壳干重 Shell dry weight（g/ind.）	17.04±2.53	11.45±2.14
软体部干重 Tissue dry weight（g/ind.）	2.17±0.34	1.42±0.49
成活率 Survival rate（%）	90±1	83±2

2.2 栉孔扇贝壳及软体部中的碳含量

栉孔扇贝放苗的规格：壳高为（23.19±0.053）mm，湿重为（1.10±0.13）g，壳干重为（0.56±0.04）g，软体部干重（0.08±0.003）g，壳碳和软体部碳含量分别为11.82%±0.03%、38.11%±0.06%。以此来计算，栉孔扇贝单位个体的碳含量为0.097 g/ind.。其中，壳碳0.067 g/ind.，软体部碳0.030 g/ind.。

从7月至翌年的3月，逐月测定贝壳及软体部中碳含量（图3）。结果显示，深水区与浅水区贝壳、软体部中碳的含量没有显著性差异。浅水区壳碳含量位于 11.99%～12.16% 范围，平均为 12.05%±0.064%；软体部碳含量介于 37.31%～39.29%范围，平均为 38.01%±0.85%。深水区壳及软体部碳含量分别为 12.03%±0.068%、38.09%±0.89%。在同一区域，不同月份，软体部碳含量不同。统计分析结果显示，8 月软体部碳含量最高，显著高于 10 月（含量最低）（independent samples test，$P<0.01$）。

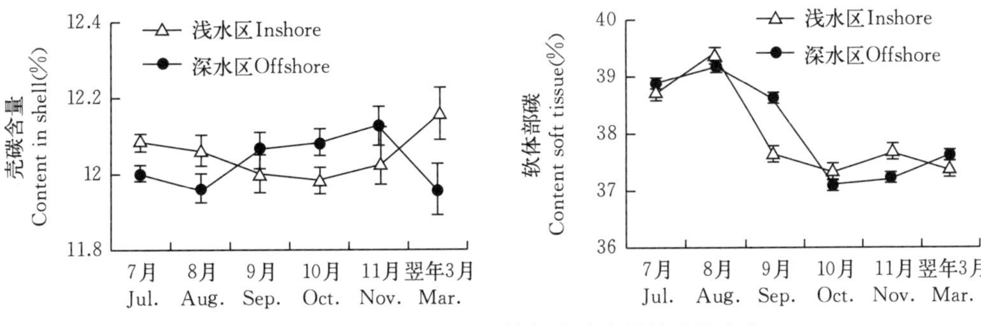

图 3 栉孔扇贝的贝壳、软体部中碳含量的季节变化

Figure 3 Seasonal variation of carbon content in shell and soft tissue of scallop

2.3 深水区、浅水区栉孔扇贝固碳速率

5 月初放苗，翌年 3 月收获，养殖的时间为 10 个月，即 10/12=0.83 年。

根据层数/笼、苗的数量/层、笼数/亩，计算出浅水区、深水区栉孔扇贝养殖密度分别为 600 000、1 125 000 个/hm^2。根据表 1 及壳碳、软体部碳含量，计算出桑沟湾栉孔扇贝的固碳速率（表 2）。结果显示，不同养殖区固碳速率不同，深水区的固碳速率为 3.36 tC/(hm^2 · a)，为浅水区的 3 倍。

表 2 桑沟湾不同区域养殖栉孔扇贝的固碳速率

Table 2 Carbon sequestration rate of scallop *C. farreri* in different area in Sanggou Bay

项目 Items	深水区 Offshore		浅水区 Inshore	
	壳 Shell	软体部 Soft tissue	壳 Shell	软体部 Soft tissue
养殖密度 Mariculture density（ind/hm^2）	1 125 000		600 000	
产量（干重）Production in dry weight（kg/hm^2）	21 600		7 720	
1 个养殖周期的固碳量 C Sequestration in a mariculture cycle（kg/hm^2）	2 000	300	650	250
标准固碳量 Standard C sequestration [tC/(hm^2 · a)]	2.4	0.96	0.80	0.30
总计 Total C [tC/(hm^2 · a)]	3.36	1.10		

3 讨论与分析

陆生植物的固碳速率因区域、种类及其他外界环境的不同而存在差异。本研究发现，同陆生植物相似，对于同一种养殖贝类，在不同的区域，生物固碳的速率存在显著性差异。不同区域，贝类壳碳及软体部中碳的含量没有显著性差异，导致区域性差异的主要原因是单位面积的产量，影响单位面积产量的因素包括：1）养殖生物的个体生长速度：不同区域，栉孔扇贝个体的生长速度不同，收获时，个体重量之间存在显著性差异；2）养殖密度：不同区域，养殖贝类的密度不同。浅水区受水域环境如流速、水深的限制，网笼的层数为 8 层，而深水区的网笼为 15 层，在每层养殖栉孔扇贝的个数相同的条件下，深水区的养殖密度为浅水区的近一半；3）存活率：养殖在深水区的栉孔扇贝，存活率高于浅水区。研究发现，对于同一区域的栉孔扇贝，不同生长期，其软体部碳含量存在差异。选择不同的收获季节，可能获得不同的固碳速率。今后，可从食物产出与固碳量双赢的角度，确定最佳收获期。

准确评估我国养殖贝类固碳的速率面临以下问题。首先，我国是贝类养殖大国，养殖贝类种类繁多，有 30 种以上，不同种类，软体部中碳含量存在差异（周毅等，2002）。相同的种类，本研究测定桑沟湾栉孔扇贝软体部中碳的含量略低于四十里湾的结果（周毅等，2002）。其次，我国贝类的养殖方式众多，包括筏式养殖、底播养殖、滩涂池塘养殖等。不同养殖方式，单位面积的产量存在很大的差异，例如，对于虾夷扇贝，吊耳养殖的生长率高于筏式笼养 10%，相同水面的产量是笼养的 1.86～3.86 倍（张明等，2011）。再者，即使是对于同一种贝类、应用同一种养殖方式，养殖在不同的区域，其产量亦存在较大的差异。因为，养殖笼的长度往往会因海域水深的不同而不同，每笼的层数从 8～20 层的都有。不同的养殖场，每层放养的密度不同，变化范围在 20～50 个/层之间。最后，产量与养殖贝类的成活率正相关。成活率越高，固碳量越大。影响成活率的因素很多，如养殖密度、海域的环境条件（水温、盐度、食物的可获得性等）、苗种的质量、病原菌的情况等等（Koska et al.，1996），成活率存在很大的不确定性和区域可变性。

面对全球气候变化的压力，《京都议定书》制定了“清洁发展机制（CDM）”，碳汇市场与贸易、碳基金等新兴领域备受国际社会关注，监测与评价碳汇成为发展生物碳汇必须解决的问题。生物固碳（Biosequestration），也叫碳封存或碳扣押，通常定义为植物（例如树木）从大气中扣押或吸收碳的活动。陆生植物通过光合作用将吸收的二氧化碳转化为氧气和自身物质。陆地系统，特别是森林已有相对较为成熟的、有效的计量方法与体系，使森林资源所吸收固碳的 CO_2 量，成为一种可交易的产品（Prabhu，2000）。同造林和再造林固碳的广泛研究相比，有关贝类固碳的研究是非常薄弱的，目前世界上尚没有成熟的、公认的评估方法可以借鉴。通过对养殖贝类生物固碳的标准化处理，增加了与陆地上植物固碳的可比性。桑沟湾养殖栉孔扇贝的固碳速率可以与陆地上的树木相媲美。联合国政府间气候变化专门委员会（IPCC）公布的数据显示，对于一直为有林地（5A1）单位面积森林生物量中的碳储量年变化量因不同森林类型而异，各国的平均值从 −0.25～2.60 tC/(hm^2 · a）不等，其中美国 0.47，欧盟（15）平均 0.57，日本 0.84，新西兰 0.30，澳大利亚和俄罗斯 0.13。对于其他地类转化为有林地（5A2），单位面积森林生物量中的碳储量年变化量位于 0.2～3.63 tC/(hm^2 · a）范围。对我国 50 年来的生态治理项目中建设的人工林固碳率进行研究发现，每公顷 50 年累积 4.795 tC，平均每年每公顷固碳 1.9 tC（魏殿生，2003）。

应该看到，陆地上的森林植被，它们对碳循环的影响是短期的，因为树木植被的腐烂分解，碳很快又被释放到大气中了。而沉入海底的贝壳中的碳通过生物地化循环再回到大气中需要数百万年。即使是收获到陆地上的贝壳，其中的碳经再循环回到大气中也需要很长的时间。然而，贝类不同于植物，树木可直接从大气中吸收二氧化碳，而贝类是动物，存在呼吸作用。另外，贝类在利用海水中的 HCO_3^-（碳酸氢根）形成 $CaCO_3$（碳酸盐）躯壳（俗称贝壳）时，发生如下的反应：$Ca^{2+}+2HCO_3^-=CaCO_3+CO_2+H_2O$，形成 1 mol 碳酸钙的同时，会释放 1 mol 的二氧化碳（Chauvaud et al.，2003）。因此，加强贝类的摄食、呼吸、生物沉积、钙化等整个生理生态学过程研究，了解养殖贝类的碳收支及浅海养殖生态系统碳循环中的作用是非常重要和必要的。另外，不同海域，浮游植物现存量及初级生产力不同，可支持的贝类养殖容量不同。了解我国沿海海洋的基本初级生产力状况，评估滤食性贝类养殖容量，是准确评估我国浅海贝类碳扣押潜力的基础。

参考文献

魏殿生，2003. 造林绿化与气候变化：碳汇研究 . 北京：中国林业出版社，2 - 21.

张继红，方建光，唐启升，2005. 中国浅海贝藻养殖对海洋碳循环的贡献 . 地球科学进展，20（3）：359 -365.

张明，刘项峰，李华琳，等，2011. 黄海北部虾夷扇贝吊耳养殖技术研究 . 水产科学，30（12）：726 - 730.

张明亮，邹健，毛玉泽，等，2011. 养殖栉孔扇贝对桑沟湾碳循环的贡献 . 渔业现代化，38（4）：13 - 16，31.

周毅，杨红生，刘石林，等，2002. 烟台四十里湾浅海养殖生物及附着生物的化学组成、有机净生产量及其生态效应 . 水产学报，26（1）：21 - 27.

Chauvaud L，Thompson JK，Cloern JE，et al.，2003. Clams as CO_2 generators：The *Potamocorbula amurensis* example in San Francisco Bay. Limnology Oceanography，48（2）：2086 - 2092.

Donella H，2004. Meadows. www. gristmagazine. com.

Hood E，Fellman J，Spencer GM et al.，2009. Glaciers as a source of ancient and labile organic matter to the marine environment. Nature，462（7276）：1044 - 1047.

Khatiwala S，Primeau F，Hall T，2009. Reconstruction of the history of anthropogenic CO_2 concentrations in the ocean. Nature，462：346 - 349.

Koska Y，Aisaka K，Takarada M，1996. "Mimizuri - hotategai no syunki heisi - genin" cause of mortality of ear - hanging scallop in spring. Annual Report of the Aquaculture Center，Aomori Prefecture，26：140 -148.

Nellemann C，MacDevette M，Manders T，et al.，2009. The environmental food crisis the environment's role in averting future food crises. A UNEP Rapid Response Assessment. Arendal，Norway：United Nations Environment Programme，GRID - Arendal.

Prabhu D，2000. Carbon trading and sequestration projects offer global warming solutions. Air & Waste Management Association 3：15 - 24.

Rehdanz K，Tol RSJ，Wetzel P，2006. Ocean carbon sinks and international climate policy. Energy Policy，34（18）：3516 - 3526.

Tang QS，Zhang JH，Fang JG，2011. Shellfish and seaweed mariculture increase the capacity of the coastal ecosystem to absorb atmospheric CO_2. Mar Ecol Prog Ser，424：97 - 104.

Carbon Sequestration Rate of the Scallop *Chlamys farreri* Cultivated in Different Areas of Sanggou Bay

ZHANG Jihong[1], FANG Jianguang[1], TANG Qisheng[1], REN Lihua[1,2,3]

(*1. Key Laboratory of Sustainable Development of Marine Fisheries, Ministry of Agriculture, Yellow Sea Fisheries Research Institute, Chinese Academy of Fishery Sciences, Carbon-Sink Fisheries Laboratory, Qingdao 266071;*

2. Institute of Oceanology, Chinese Academy of Sciences, Qingdao 266071;

3. University of Chinese Academy of Sciences, Beijing 100049)

Abstract: The annual yield of shellfish aquaculture in China is reaching nearly 10 million tonnes. Carbon sequestration rate of the maricultured scallop *Chlamys farreri* in different areas of Sanggou Bay was measured in this study, and the main controlling factors in different areas were analyzed and discussed. Also, the comparability with terrestrial ecosystems was increased by standardizing carbon unit. No significant difference was found for scallop shell and soft tissue carbon content in different areas. However, differences in growth rate, stocking density and survival rate in different areas caused the differences in yield, which consequently resulted in different biological carbon sequestration rates in different areas. Carbon sequestration rate of cultured scallop *C. farreri* was comparable with the forest. In addition, shellfish farming activities had complicated the relationship with ecosystem carbon cycling in shallow water. Physiological processes such as feeding, breathing, bio-deposit and calcification need to be further studied in the future.

Key words: Carbon biosequestration; Scallop *Chlamys farreri*; Sanggou Bay mariculture

二、养殖种类结构与生态

中国水产养殖种类组成、不投饵率和营养级①

唐启升[1,2]，韩冬[3]，毛玉泽[1,2]，张文兵[4]，单秀娟[1,2]

（1. 中国水产科学研究院黄海水产研究所，青岛 266071；
2. 青岛海洋科学与技术国家实验室，海洋渔业科学与食物产出过程功能实验室，青岛 266071；
3. 中国科学院水生生物研究所淡水生态与生物技术国家重点实验室，武汉 430072；
4. 中国海洋大学海水养殖教育部重点实验室，
水产动物营养与饲料农业部重点实验室，青岛 266003）

摘要：根据 1950—2014 年水产养殖种（类）有关统计和调研数据，并在对养殖投饵率、饲料中鱼粉鱼油比例、各类饵料（配合饲料、鲜杂鱼/低值贝类/活鱼、天然饵料等）营养级等基本参数进行估算的基础上，研究分析了中国水产养殖种类组成、生物多样性、不投饵率和营养级的特点及其变化。结果表明：中国水产养殖结构相对稳定，变化较小，其显著特点是种类多样性丰富、优势种显著、营养层次多、营养级低、生态效率高、生物量产出多。其中：①养殖种类 296 个、品种 143 个，合计为 439 个。种类组成区域差异明显，淡水养殖鱼类占绝对优势，如 2014 年草鱼、鲢鱼、鳙鱼、鲤鱼、鲫鱼和罗非鱼排名前 6 个种类的养殖占淡水养殖产量 69.6%，其次为甲壳类、其他类、贝类及藻类，而海水养殖则以贝藻类为主，如 2014 年牡蛎、蛤、扇贝、海带、贻贝和蛏 6 个种（类）的养殖占海水养殖产量 71.3%，其次为甲壳类、鱼类及其他类；②养殖种类多样性特征显著，与世界其他主要水产养殖国家相比，独为一支，具较高的多样性、丰富度和均匀度，发展态势良好；③由于养殖方式从天然养殖向投饵养殖转变，不投饵率呈明显下降趋势，从 1995 年 90.5%降至 2014 年 53.8%（淡水 35.7%，海水 83.0%），但与世界平均水平相比，仍保持较高的水准；④与世界相比，营养级低且较稳定。由于配合饲料的广泛使用及其鱼粉鱼油使用量减少，近年营养级略有下降，从 2005 年较高的 2.32 降至 2014 年 2.25（淡水 2.35，海水 2.10）。营养级金字塔由 4 级构成，以营养级 2 为主，近年占 70%，表明其生态系统有较多的生物量产出。中国水产养殖未来发展需要遵循绿色、可持续和环境友好的发展理念，探讨适宜的、特点各异的新生产模式，发展以养殖容量为基础的生态系统水平的水产养殖管理，建设环境友好型的水产养殖业，为保障国家食物安全、促进生态文明建设作出更大贡献。

关键词：种类组成；多样性；不投饵率；营养级；水产养殖；中国

① 本文原刊于《中国水产科学》，23（4）：729－758，2016。

中国有“水产养殖之乡”之美誉，不仅历史悠久，同时也是较早认识到水产养殖将在现代渔业发展中发挥重要作用并为食物安全做出贡献的国家。20 世纪中后期，经过近 30 年的争论、讨论和实践，1986 年中国确定了“以养为主”的渔业发展方针[1]，从而促使水产养殖快速发展。水产养殖产量从 1950 年不足 10 万 t、1985 年的 362.6 万 t 增至 2014 年的 4 748.4万 t，在渔业中的比例从 8%、45.2%增至 73.5%，近 30 年产量翻了近 4 番，成为中国大农业发展最快的产业之一[2-3]。中国工程院重大咨询项目在分析中国水产养殖产量快速增长原因时指出，除了正确决策和科技进步等因素驱动之外，还有一个不能忽视的原因，即相当一部分养殖种类不需要投放饵料[3-4]。不投饵，意味着生产成本低、投入少，有利于发展；不投饵，意味着养殖种类位于较低营养层次，具有食物转换效率高和产出量大的特性；不投饵，意味着养殖中较少使用鱼粉，减少对野生渔业资源的压力。显然，相当一部分养殖种类不投饵是中国水产养殖的重要特色，是特有的水产养殖种类组成及其营养级所决定的。

2015 年初，《Science》杂志刊登的“中国水产养殖和世界野生渔业（China's aquaculture and the world's wild fisheries)”[5]一文，曾引起了许多议论。一方面媒体炒作，进一步放大该文的结论“中国水产养殖注定削减世界野生渔业资源”，称“中国水产养殖危及野生渔业”[6]，另一方面许多同行专家（包括中国之外的欧美澳专家）却并不认同该文的结论，认为中国水产养殖发展与世界渔业资源变动不存在必然关系，水产养殖为中国和世界提供了食物并降低了对野生渔业资源的需求，即中国仅使用世界 25%左右的鱼粉却为世界生产了 60%以上的养殖水产品[7-8]。形成这种歧异的原因是多方面的，其中技术层面的原因是对中国特色的水产养殖发展缺乏全面、深入的了解，缺乏对“中国水产养殖种类组成、不投饵率和营养级”这个基本情况的认识。

为此，本文重点研究分析中国水产养殖种类组成、不投饵率和营养级的基本特点及历史变化，探讨中国水产养殖未来的发展方向和模式。

1 材料与方法

1.1 基本数据来源

采集 1950—2014 年中国水产养殖种类及其产量数据，作为分析水产养殖种类组成、不投饵率和营养级特点与变化的基本数据。其中，1950—2014 年每 5 年选 1 个数据点，共 14 个数据点，探讨长期变化；2003—2014 年每年选 1 个数据点，共 12 个连续数据点，探讨进入生产稳定发展期的年度变化。数据中，按照养殖水域环境划分为淡水养殖和海水养殖，按照养殖类别划分为鱼类、甲壳类、贝类、藻类和其他类等 5 大类别，涉及养殖种（类）73 个（淡水 37 个，海水 36 个）。

1.1.1 每 5 年的产量数据（1950—2014）

数据来源于《中国渔业统计年鉴》[2]（以下简称《年鉴》）和联合国粮农组织（FAO）统计数据库[9]。早期的《年鉴》[2]，渔业产量数据没有明确区分养殖和捕捞产量，只划分了海水产品和淡水产品产量，因此，1950—2000 年的淡水养殖数据和 1950—1980 年的海水养殖数据，以及海水养殖 1985—2000 年中国对虾产量和 1985—1990 年其他类的产量来源于

FAO，其他数据来源于《年鉴》[2]，可使用产量数据为540个（淡水267个，海水273个）。

因FAO统计口径与《年鉴》[2]略有差异，在引用FAO产量数据时按照《年鉴》[2]的标准对FAO的数据进行了校正：(1) 合并鲆鲽类产量，(2) 半咸水的虾类产量划分到海水养殖产量，(3) 扣除贝类中珍珠的产量，(4) 藻类按照淡干重量计算，海带按湿干比为5换算，其他藻类产量按湿干比为10换算。

1.1.2　年度产量数据（2003—2014）

2003—2014年水产养殖产量统计数据来源于《年鉴》[2]，可使用产量数据为1 023个（淡水509个，海水514个）。需要说明的是，国家统计局曾根据全国第二次农业普查结果对1997—2006年水产养殖数据进行了调整（《年鉴（2015）》[2]，附录1），但该附录中仅对淡水、海水养殖总产量进行了调整，并没有调整分类产量。因营养级等参数计算中产量使用的是相对量，故2003—2006年的养殖产量数据依然使用《年鉴》[2]记录的产量，未作调整。

1.1.3　数据代表性分析

由于中国水产养殖种类繁多，不可能获得全部种类的产量数据，本文选取的两种时间尺度的数据均遵循绝对多数的原则，以确保其研究结果的代表性，即计算所涉及的种类的合计产量要占养殖总产量的85%以上。下面以2003—2014年12年数据为例对其代表性进行分析。

(1) 淡水。2003—2014年《年鉴》[2]记录的淡水养殖种类（类）有37种，其中：鱼类有25种、甲壳类5种（4种虾和1种蟹）、贝类3种、藻类1种、其他类3种，这些种类的年产量最低，占淡水养殖年产量的95.4%（2013年），最高占97.4%（2009年），完全可以代表中国淡水养殖情况。表1列出《年鉴》[2]中有产量统计的淡水养殖种类和品种，同时也列出没有产量统计种类和品种，即占产量不足3%～5%的淡水养殖种类和品种，供参考。

(2) 海水。2003—2014年《年鉴》[2]记录的海水养殖种类（类）有36种，其中：贝类9种、藻类8种、甲壳类6种（4种虾和2种蟹）、鱼类有10种（类）、其他类3种，这些种类的年产量最低占海水养殖年产量的88.6%（2006年），最高占91.1%（2010年），也可以代表中国海水养殖情况。表2列出《年鉴》[2]中有产量统计的海水养殖种类和品种，同时也列出没有产量统计种类和品种，即占产量不足9%～12%的海水养殖种类和品种，供参考。

1.2　基本计算方法

1.2.1　养殖种类多样性指数计算

使用香农-威纳多样性指数（H'）、马卡列夫丰富度指数（dM）、皮诺均匀度指数（J'）、辛普森优势度指数（D）等经典物种多样性指数公式计算养殖种类多样性指数，具体方法见文献［14］。计算中用养殖种类数代替物种数、养殖产量代替生物量，数据取自联合国粮农组织（FAO）统计数据库（1950—2013）[9]。

1.2.2　养殖不投饵率计算

根据公式 $NF_k=Y_{nfk}/Y_k$ 计算养殖不投饵率。式中，NF_k 是 k 年养殖不投饵率，Y_{nfk} 为 k

年不投饵养殖种类的产量，Y_k为k年养殖种类的总产量。这里的不投饵指的是养殖生物在养殖过程中依赖水域中天然饵料成长，而投饵则是主动投喂人工饲料及其他饵料。在实际计算中，Y_{nfk}因类别而不同，如贝类养殖基本不投饵，但鱼类、甲壳类等情况较为复杂，如投喂饵料比例、饵料类型及其随时间推移发生的变化等。为此，鱼类、甲壳类等计算参数所涉及的投喂饵料比例等将在本文 1.3 中进行专题说明。

1.2.3 养殖种类营养级计算

自然水域生物种营养级计算公式为：

$$TL_i=1+\sum_{j=1}^{n} DC_{ij}TL_j$$

式中，TL_i为生物i的营养级，DC_{ij}为食物j在生物i胃含物中占的比例，TL_j为食物j的营养级。研究中，国际通用的营养级划分标准为：初始营养层次（绿色植物）的营养级，即将第 1 营养层次的绿色植物定为 1 级（$TL=1$），植食者为第二营养层次（初级消费者），营养级定为 2 级（$TL=2$），以植食动物为食的肉食动物为第 3 营养层次（次级消费者），营养级定为 3 级（$TL=3$），以此类推[15-17]。

参照生物种营养级计算公式，养殖种类营养级计算公式可简化为：

$$TL_{ai}=1+TL_{aif}$$

式中，TL_{ai}是养殖种类ai的营养级，TL_{aif}为养殖种类ai在养殖水域中天然饵料或投喂饵料f的营养级。在实际计算中，TL_{aif}因养殖类别而不同，如藻类是绿色植物直接定为 1 级，贝类基本滤食藻类，营养级也基本定为 2 级，但鱼类、甲壳类等情况较为复杂，涉及投饵与不投饵、饵料类型及其营养级和所占比例、饲料中鱼粉鱼油比例，以及其随时间推移发生的变化等。为此，鱼类、甲壳类等计算参数下一节（1.3）将专题说明。

1.2.4 养殖类别营养级计算

按照下列公式计算养殖类别的营养级：

$$TL_k=\sum_{i=1}^{m} TL_{ai}Y_{aik}/Y_k$$

式中，TL_k是养殖类别在k年的营养级，TL_{ai}为种类ai的营养级，Y_{aik}为种类ai在k年的养殖产量，Y_k为该类别k年m个养殖种类的总产量。实际上，养殖类别在k年的营养级是m个养殖种类营养级根据其产量在总产量中所占比例，计算出来的m个养殖种类营养级的加权平均值。

1.3 主要计算参数估算与引用说明

1.3.1 投喂饵料养殖比例

中国水产养殖投喂的饵料包括配合饲料、鲜杂鱼（冰鲜鱼）、低值贝类、活鱼、藻类及其他饵料。

（1）淡水。据解绶启等[18]研究报道，2009 年淡水养殖中草鱼、鲫、鲤和团头鲂养殖产量的 80%来自投喂饵料养殖。本研究引用此数据作为 2009 年这些养殖品种投喂饵料养殖的比例，并以此为基准结合对主要饲料生产企业和市场的问卷调研、专家咨询、《年鉴》[2]和《中国饲料工业年鉴》[19]数据，估算出不同时期中国淡水养殖种类投喂饵料养殖产量占其养殖总产量的比例（附表1）。

（2）海水。根据文献数据[20-22]、大型饲料生产企业和大型海水养殖企业的问卷和实地调查，以及相关专家提供的资料，结合《中国饲料工业年鉴》[19]、《年鉴》[2]数据，估算出1985—2014年中国海水养殖产量中投喂饵料养殖的比例（附表2）。

1.3.2 配合饲料鱼粉鱼油含量

随着配合饲料的普及、均衡营养研究的深入，以及饲料加工工艺和技术的日臻完善，中国水产养殖配合饲料中鱼粉鱼油的使用比例呈现下降趋势（附表3至附表4），而配合饲料中鱼油的用量仅在0～3%，更多地使用了植物性油脂。

淡水 ①鱼类：从1995年到2014年，青鱼、草鱼、鲤鱼、鲫鱼等配合饲料中鱼粉鱼油含量从8%～32%降至1.5%～10%。鮰鱼、泥鳅和短盖巨脂鲤配合饲料中鱼粉鱼油的含量从2003年的16%～21%降至2014年的5%～10%。黄颡鱼、乌鳢和黄鳝的配合饲料中鱼粉鱼油含量从2003年的43%～53.5%降低至2014年的27%～38%，但鲈鱼配合饲料中鱼粉鱼油含量在2003—2014年期间一直保持相对较高的含量，为53%～58.5%。②甲壳类：罗氏沼虾、青虾和南美白对虾配合饲料中鱼粉鱼油含量从2003年的36%～42%降低至2014年的21%～29%。克氏原螯虾配合饲料中鱼粉鱼油含量维持在10%～16%。河蟹饲料中鱼粉鱼油含量从2000年的31.5%降至2014年的21%。③其他类：鳖饲料的鱼粉鱼油含量一直维持在50%～60%，龟和蛙饲料中鱼粉鱼油含量从2003年的48%降至2014年的32%。

海水 ①贝类：鲍养殖在稚鲍期部分使用配合饲料，鱼粉比例20%～25%，鱼油比例为1%～2%。螺类配合饲料中鱼粉鱼油的使用比例也在逐年下降，由饲料开发之初的60%左右下降到2014年的30%。②甲壳类：20世纪80年代中期开发的对虾配合饲料，鱼粉鱼油使用量在20%左右，进入90年代，饲料中鱼粉鱼油的使用比例达到45%。进入21世纪，对虾饲料系数达到甚至低于1.0，饲料中鱼粉鱼油的使用比例逐步下降，其中南美白对虾配合饲料中鱼粉鱼油的使用比例低于30%。蟹类饲料鱼粉鱼油的使用比例略高，2005—2014年为54%～39%。③鱼类：海水鱼饲料发展初期均含有较高比例的鱼粉鱼油，分别为60%～65%和7%左右。但随着海水鱼营养生理研究的深入，饲料配方的优化和加工工艺的改进，鱼粉鱼油的使用比例逐渐下降。牙鲆配合饲料中鱼粉鱼油的含量由20世纪90年代的70%左右降低到2014年的50%。鲈鱼配合饲料中鱼粉鱼油的含量由2003年的55%降至目前的37%。但目前大黄鱼、军曹鱼、鱼、鲷鱼、美国红鱼、河鲀、石斑鱼和鲽鱼等养殖配合饲料中的鱼粉鱼油的使用比例仍较高，达40%～50%。④其他类：海参稚参养殖阶段少量使用配合饲料，鱼粉鱼油的使用量为3%～6%，鱼油为0～0.5%。

1.3.3 养殖营养级计算参数

（1）养殖水域天然饵料的营养级。

淡水 据张堂林[23]、叶少文[24]、刘学勤[26]研究报道，（1）鱼类：天然饵料类群主要有25个，其中植物性食物（包括藻类、水生植物和植物碎屑）营养级为1.0，原生动物、轮虫和枝角类均为2.0，桡足类为2.1，虾类平均为2.2，各类昆虫幼虫（蜉蝣目幼虫、摇蚊幼虫、蜻蜓目幼虫、毛翅目幼虫、半翅目幼虫）、介形类、线虫、寡毛类、软体动物（螺类、螺厣）、昆虫卵均为 2.0，鱼鳞和鱼卵为 3.0，塘鳢科、虾虎鱼科、鲤和其他鱼类分别为 3.63、3.12、2.92 和 3.0[23]。另外，鲢、鳙饵料营养级分别为 1.20[23-25]和 1.77[23]。(2) 甲壳类：虾类的天然饵料主要为浮游植物、轮虫、原生动物、枝角类、桡足类、水生寡毛类、水生昆虫、鱼类、植物碎片和有机碎屑等，平均营养级为 1.2[23]；河蟹的天然饵料以水生大型植物、藻类、原生动物、轮虫、节肢动物、环节动物、软体动物、鱼类和颗粒碎屑等为主，平均营养级为 1.8[24]。(3) 贝类：包括河蚌、河蚬、螺、蚬等，均以水中浮游植物如硅藻类和裸藻类、浮游动物如轮虫和鞭毛虫、水生植物和甲壳类动物的腐败碎屑等为食，平均营养级为 1.25[26]。本研究引用上述研究结果作为淡水天然饵料营养级及计算不投饵养殖种类营养级的依据。

海水　各类天然饵料的营养级参考文献 [17]。

(2) 养殖投喂饵料的营养级。

淡水　鱼类、甲壳类及其他类养殖在不同时期投喂配合饲料的营养级估算结果如附表 5；鳜鱼养殖中投喂的活饵鱼以鲤科鱼类为主，营养级为 2.34[23]；鲈鱼和河蟹养殖中投喂的冰鲜鱼营养级为 3.59[17]。

海水　贝类、甲壳类、鱼类及其他类养殖在不同时期投喂配合饲料的营养级估算结果如附表 6；鲜杂鱼虾主要包括鳀鱼、龙头鱼、七星底灯鱼、底栖虾类等，营养级为 3.59[17]；低值贝类的营养级为 2；藻类和浮游植物的营养级为 1，桡足类等浮游动物的营养级为 2.1。

以上估算结果（附表 1 至附表 6）以及从文献引用的数据将是计算研究不投饵率和营养级的依据。

2　结果与分析

2.1　种类组成

2.1.1　种类组成特点

20 世纪 50 年代是近代中国水产养殖发展的初始阶段，养殖种类仅有数十种，随着“青、草、鲢、鳙”四大家鱼和海水贝藻等类人工繁育技术的发展，80 年代养殖种类增至上百种[2-3, 9-10, 12-13]。进入 21 世纪，由于人工繁育技术和养殖技术不断进步和完善，养殖种类大幅度增加。根据表 1、表 2 统计，目前中国水产养殖种类有 296 个（包括 25 个引进种[11]）、品种 143 个（培育的新品种 138 个、引进品种 5 个[11]），合计养殖种类和品种为 439 个。但是，专家认为实际养殖种类和品种近 500 个，其中种类应在 300 个以上。

表 1 和表 2 表明，中国水产养殖种类组成以鱼类为主，其次为贝类，再次为甲壳类、藻类和其他类。

在这五大类别中，按种类计：鱼类 189 种，占 63.9%；贝类 54 种，占 18.2%；藻类 21 种，占 7.1%；甲壳类 15 种，占 5.1%；其他类 17 种，占 5.7%。图 1 显示了 1950—2014 年五大类别产量比例的多年变化：鱼类比例最高，占 86.8%～55.3%，其次是贝类、藻类、

表 1 中国淡水养殖种类和品种

Table 1 Species and varieties of Chinese freshwater aquaculture

种类 Species	《年鉴》统计种类① Reported by China Fishery Statistical Yearbooks①	《年鉴》未统计种类② Not reported by China Fishery Statistical Yearbooks②
鱼类 Fish	青鱼、草鱼、鲢鱼（鲢、长丰鲢③、津鲢③）鳙鱼、鲤鱼（黄河鲤、元江鲤、华南鲤、黑龙江野鲤、湘江野鲤、杞麓鲤、建鲤③、德国镜鲤⑤、散鳞镜鲤⑤、乌克兰鳞鲤⑤、德国镜鲤选育系③、湘云鲤③、兴国红鲤③、荷包红鲤③、荷包红鲤抗寒品系③、万安玻璃红鲤③、松浦鲤③、松浦镜鲤③、松浦红镜鲤③、墨龙鲤③、豫选黄河鲤③、松荷鲤③、津新鲤③、易捕鲤③、福瑞鲤③、瓯江彩鲤“龙申 1 号”③、颖鲤③、丰鲤③、荷元鲤③、岳鲤③、三杂交鲤③、芙蓉鲤③、津新鲤 2 号③）、鲫鱼（银鲫、异育银鲫③、异育银鲫③“中科 3 号”③、湘云鲫③、湘云鲫 2 号③、彭泽鲫③、松浦银鲫③、萍乡红鲫③、红白长尾鲫③、白金丰产鲫③、蓝花长尾鲫③、杂交黄金鲫③、津新乌鲫③、芙蓉鲤鲫③、赣昌鲤鲫③、长丰鲫③）、鳊鱼（长春鳊、东方欧鳊、团头鲂、三角鲂、杂交翘嘴鲂③、团头鲂浦江 1 号③）、泥鳅（花鳅、大鳞副泥鳅）、鮰鱼（云斑鮰、斑点叉尾鮰④、斑点叉尾鮰“江丰 1 号”③）、鲇鱼（苏氏鲇、大口鲇、怀头鲇、革胡子鲇④）、黄颡鱼（黄颡鱼、黄颡鱼“全雄 1 号”③）、短盖巨脂鲤（淡水白鲳）④、黄鳝、鳜鱼（斑鳜、翘嘴鳜、大眼鳜、秋浦杂交斑鳜③、翘嘴鳜“华康 1 号”③）、鲈鱼［河鲈、梭鲈、大口黑鲈（加州鲈）④、大口黑鲈“优鲈 1 号”③］、乌鳢、罗非鱼（尼罗罗非鱼④、奥里亚罗非鱼④、尼罗罗非鱼“鹭雄 1 号”③、吉富品系尼罗罗非鱼⑤、吉富罗非鱼“中威 1 号”③、“新吉富”罗非鱼③、“夏奥 1 号”奥利亚罗非鱼③、奥尼鱼③、福寿鱼③、吉奥罗非鱼③、“吉丽”罗非鱼③、莫荷罗非鱼“广福 1 号”③）、鳗鲡（日本鳗鲡、美洲鳗鲡）、鲟鱼（西伯利亚鲟、施氏鲟、俄罗斯鲟、小体鲟④、达氏鳇、欧洲鳇、匙吻鲟④、闪光鲟、杂交鲟）、鳟鱼（虹鳟④、道纳尔逊氏虹鳟④、金鳟、山女鳟、硬头鳟、棕鳟、甘肃金鳟③）、池沼公鱼、银鱼（太湖新银鱼、大银鱼）、长吻鮠、河鲀（暗纹东方鲀、弓斑东方鲀）、鲑鱼（哲罗鲑、细鳞鲑、七彩鲑、银鲑、大西洋鲑、溪红点鲑、北极红点鲑、花羔红点鲑、白点鲑、高白鲑④、秋鲑）	鳡鱼、沙塘鳢、月鳢、葛氏鲈塘鳢、杂交鳢“杭鳢 1 号”③、乌斑杂交鳢③、中华倒刺鲃、银鲃、鲌鱼（翘嘴红鲌、蒙古红鲌、青梢红鲌、杂交鲌“先锋 1 号”③、芦台鲂鲌③）、鲴鱼（细鳞斜颌鲴、银鲴、黄尾密鲴、大鳊鲴杂交鱼③）、胭脂鱼、美国大口胭脂鱼④、唇䱻、花䱻、拉氏鲹、卡拉白鱼、赤眼鳟、白斑狗鱼、鲥鱼、瓦氏雅罗鱼、露斯塔野鲮④、香鱼、香鱼“浙闽 1 号”③、马口鱼、江鳕、宽鳍鱲、白甲鱼、铜鱼、裂腹鱼（青海裸腹鲤、齐口裸腹鱼、云南裂腹鱼、沧澜裂腹鱼、短须裂腹鱼、四川裂腹鱼、小裂腹鱼）、扁吻鱼、宝石鲈、松江鲈、笋壳鱼、丁鱥、淡水石斑鱼、大鳍鳠、苏氏圆腹𩷶④、剑尾鱼 RP－B 系③
甲壳类 Crustaceans	罗氏沼虾④（罗氏沼虾、罗氏沼虾“南太湖 2 号”③）、青虾（青虾、杂交青虾“太湖 1 号”③）、克氏原螯虾、南美白对虾（凡纳滨对虾）、河蟹（中华绒螯蟹、中华绒螯蟹“光合 1 号”③、中华绒螯蟹“长江 1 号”③、中华绒螯蟹“长江 2 号”③、中华绒螯蟹“江海 1 号”③）	刀额新对虾、澳洲淡水龙虾
贝类 Molluscs	河蚌（三角帆蚌、褶纹冠蚌、背角无齿蚌、池蝶蚌④、康乐蚌③）、螺、蚬	
藻类 Algae	螺旋藻	
其他 Others	龟（乌龟、鳄龟④）、鳖（中华鳖、美国鳖、中华鳖“浙新花鳖”③、清溪乌鳖③、中华鳖日本品系⑤）、蛙（牛蛙④、美国青蛙④）	水蛭、大鲵

注：①2003—2014《中国渔业统计年鉴》[2]统计种类，括号内是该类下包含的养殖种类及品种；②资料来源：相关专家咨询和参考文献［10］至［11］；③品种（或培育种）；④引进种；⑤引进品种。

Notes：①Aquaculture species were reported by China Fishery Statistical Yearbooks[2] from 2003 to 2014. The statistical data of some species are carried out with category，and their aquaculture species and bred species（cultivated varieties）listed in parentheses. ②Data in the table were from literatures［10］～［11］and expert consultation. ③Varieties（bred species）. ④Introduced species. ⑤Introduced bred species.

表 2 中国海水养殖种类和品种

Table 2 Species and varieties of Chinese mariculture

种类 Species	《年鉴》统计种类① Reported by China Fishery Statistical Yearbooks①	《年鉴》未统计种类② Not reported by China Fishery Statistical Yearbooks②
贝类 Molluscs	牡蛎（太平洋牡蛎④、近江牡蛎、褶牡蛎、密鳞牡蛎、葡萄牙牡蛎、长牡蛎“海大1号”③、牡蛎“华南1号”③）、鲍（皱纹盘鲍、杂色鲍、耳鲍、羊鲍、“大连1号”杂交鲍③、西盘鲍③、杂色鲍“东优1号”③）、螺类（泥螺、锥螺、织纹螺、脉红螺、香螺、荔枝螺、玉螺、东风螺、管角螺）、蚶类（毛蚶、魁蚶、泥蚶、泥蚶“乐清湾1号”③）、贻贝（紫贻贝、厚壳贻贝、翡翠贻贝）、江珧、扇贝（栉孔扇贝、虾夷扇贝④、海湾扇贝④、华贵栉孔扇贝、马氏珠母贝、企鹅珍珠贝、大珠母贝、“蓬莱红”扇贝③、栉孔扇贝“蓬莱红2号”③、扇贝“渤海红”③、海大金贝③、虾夷扇贝“獐子岛红”③、“中科红”海湾扇贝③、海湾扇贝“中科2号”③、华贵栉孔扇贝“南澳金贝”③、马氏珠母贝“海优1号”③、马氏珠母贝“海选1号”③、马氏珠母贝“南珍1号”③、马氏珠母贝“南科1号”③）、蛤类（文蛤、菲律宾蛤仔、杂色蛤、四角蛤蜊、中国蛤蜊、硬壳蛤、巴非蛤、紫石房蛤、青蛤、镜蛤、文蛤“科浙1号”③、文蛤“万里红”③、菲律宾蛤仔“斑马蛤”③）、蛏类（缢蛏、大竹蛏、刀蛏）	象拔蚌、金乌贼、长蛸
藻类 Algae	海带（海带、“荣福”海带③、“东方2号”杂交海带③、杂交海带“东方3号”③、海带“东方6号”③、“901”海带③、“三海”海带③、“爱伦湾”海带③、海带“黄官1号”③、海带“205”③、海带“东方7号”③）、裙带菜（裙带菜、裙带菜“海宝1号”③、裙带菜“海宝2号”③）、紫菜（条斑紫菜、坛紫菜、条斑紫菜“苏通1号”③、条斑紫菜“苏通2号”③、坛紫菜“申福1号”③、坛紫菜“闽丰1号”③、坛紫菜“申福2号”③、坛紫菜“浙东1号”③）、江蓠（龙须菜、江蓠、脆江蓠、菊花新江蓠、龙须菜“鲁龙1号”③、“981”龙须菜③、龙须菜“2007”③）、麒麟菜、石花菜、羊栖菜、苔菜（石莼、条浒苔、肠浒苔、缘管浒苔、浒苔）	马尾藻、鼠尾藻、凝花菜、蜈蚣藻
甲壳类 Crustaceans	南美白对虾（凡纳滨对虾④、凡纳滨对虾“科海1号”③、凡纳滨对虾“中科1号”③、凡纳滨对虾“中兴1号”③、凡纳滨对虾“桂海1号”③、凡纳滨对虾“壬海1号”③）、斑节对虾（斑节对虾、斑节对虾“南海1号”③）、中国对虾（中国对虾、中国对虾“黄海1号”③、中国对虾“黄海2号”③、中国对虾“黄海3号”③）、日本对虾、梭子蟹（三疣梭子蟹、三疣梭子蟹“黄选1号”③、三疣梭子蟹“科甬1号”③）、青蟹	脊尾白虾、墨吉对虾、长毛对虾、日本囊对虾“闽海1号”③
鱼类 Fish	鲈鱼、鲆鱼（大菱鲆④、大菱鲆“多宝1号”③、大菱鲆“丹法鲆”③、牙鲆“鲆优1号”③、牙鲆“北鲆1号”③、北鲆2号③、大西洋牙鲆、漠斑牙鲆④）、大黄鱼（大黄鱼、大黄鱼“闽优1号”③、大黄鱼“东海1号”③）、军曹鱼、鰤鱼（杜氏鰤、五条鰤、黄条鰤）、鲷鱼（真鲷、黑鲷、黄鳍鲷、金头鲷、灰鳍鲷、平鲷）、美国红鱼、河鲀（红鳍东方鲀、假睛东方鲀、暗纹东方鲀、双斑东方鲀、黄鳍东方鲀）、石斑鱼（鞍带石斑鱼、青石斑鱼、赤点石斑鱼、鲑点石斑鱼、点带石斑鱼、巨石斑鱼、驼背斑）、鲽鱼（石鲽、圆斑星鲽、条斑星鲽、大西洋庸鲽、黄盖鲽）	斑点海鳟、黄姑鱼、鮸状黄姑鱼、浅色黄姑鱼、鮸鱼、褐毛鲿、卵形鲳鲹、布氏鲳鲹、花尾胡椒鲷、斜带髭鲷、断斑石鲈、三线矶鲈、勒氏笛鲷、红鳍笛鲷、紫红笛鲷、白斑笛鲷、鲻鱼、梭鱼、棱鲅、许氏平鲉、褐菖鲉、鬼鲉、三斑海马、大海马、日本海马、欧鳎、塞内加尔鳎、尼罗罗非鱼、奥利亚罗非鱼、日本鳗鲡、欧洲鳗鲡、褐蓝子鱼、黄斑蓝子鱼、条石鲷、中华乌塘鳢、大弹涂鱼、大泷六线鱼、斑鲦、条纹狼鲈、鲯鳅、中华鲟、条纹斑竹鲨、半滑舌鳎、尖吻鲈、海鳗、遮目鱼

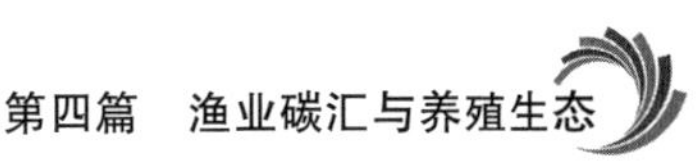

（续）

种类 Species	《年鉴》统计种类① Reported by China Fishery Statistical Yearbooks①	《年鉴》未统计种类② Not reported by China Fishery Statistical Yearbooks②
其他 Others	海参（仿刺参、刺参"崆峒岛1号"③、刺参"水院1号"③）、海胆（虾夷马粪海胆、紫海胆、中间球海胆"大金"③）、海蜇	单环刺螠、沙蚕、方格星虫、鲎、海鞘

注：①2003—2014《中国渔业统计年鉴》[2]统计种类，括号内是该类下包含的养殖种类；②资料来源：相关专家咨询和参考文献［12］、［13］；③品种（或培育种）；④引进种；⑤引进品种。

Notes: ①Species were reported by China Fishery Statistical Yearbooks from 2003 to 2014[2]. The statistical data of some species are carried out with categories, and their aquaculture species listed in parentheses. ②Data in the table were from literatures［12］～［13］and expert consultation. ③Varieties (bred species). ④Introduced species. ⑤Introduced bred species.

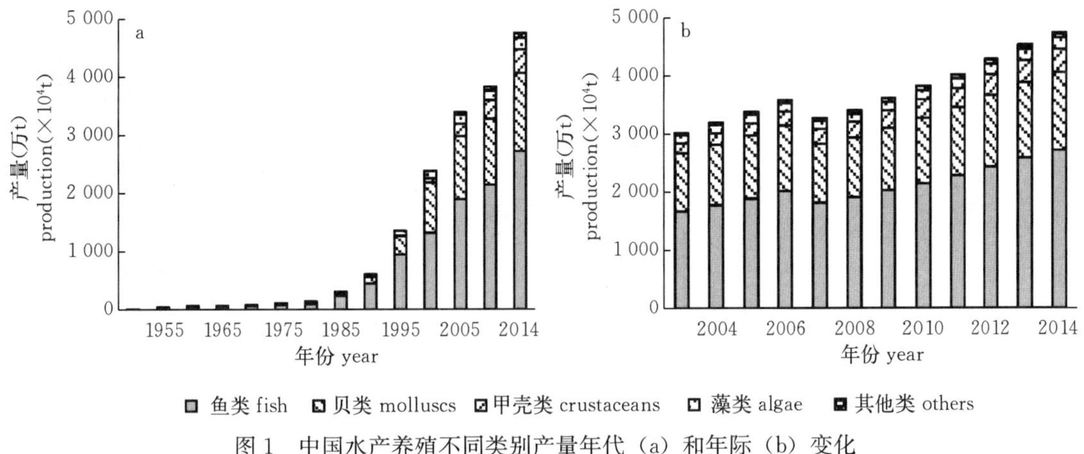

图1　中国水产养殖不同类别产量年代（a）和年际（b）变化
（图中基础数据来自参考文献［2］、［9］）

Figure 1　Decadal (a) and annual (b) changes in Chinese aquaculture production by species group
(Basic data in the figure were from references［2］、［9］)

甲壳类和其他类，分别占12.5%～36.1%、0.1%～9.3%、0.1%～8.4%、0.1%～2.0%，变化幅度均较大；近十余年发展趋于稳定，变化幅度亦趋小，2003—2014年五大类别产量比例为鱼类57.3%～55.3%、贝类8.3%～33.1%、甲壳类5.7%～8.4%、藻类4.0%～4.6%和其他类1.3%～2.0%。2014年中国水产养殖总产量为4748.4万t，五大类产量比例为鱼类57.3%、贝类28.3%、甲壳类8.4%、藻类4.2%、其他类1.8%，与以前比较甲壳类增加幅度相对较大。

由于养殖水域环境不同，中国水产养殖种类组成区域差异明显，淡水以鱼类占绝对优势，而在海水则以贝藻类为主。

（1）淡水　养殖种类135个（包括19个引进种[11]、5个淡、海水均有养殖的重复种）、品种79个（培育的新品种74个、引进品种5个[11]），淡水养殖种类和品种共为214个。五大类别种类组成为：鱼类113种，占83.7%；甲壳类7种，占5.2%；贝类6种，占4.5%；藻类1种，占0.7%；其他类8种，占5.9%（表1）。图2显示，1950—2014年五大类别的产量比例多年变化为：鱼类比例最高，占100%～88.7%，其次是甲壳类、贝类、藻类和其他类，分别占0～8.7%、0～0.9%、0.0、0～1.7%；2003—2014年五大类别产量比例分别为：鱼类 91.4%～88.0%、甲壳类 6.0%～9.1%、贝类 0.9%～1.1%、藻类 0.02%～0.04%、其他类 1.5%～1.8%。2014 年淡水养殖产量为 2 935.8 万 t，五大类产量比例：鱼类 88.7%、甲壳类 8.7%、贝类 0.9%、藻类 0.02%、其他类 1.7%；产量在 100 万 t 以上的种类有草鱼、鲢鱼、鳙鱼、鲤鱼、鲫鱼和罗非鱼，分别为滤食性、草食性和杂食性种类，占淡水养殖产量 69.6%；产量 50 万～100 万 t 的种类有河蟹、鳊鱼、南美白对虾、克氏原螯虾、青鱼和乌鳢，分别为杂食性和肉食性种类，占淡水养殖产量 13.7%；产量 10 万～50 万 t 的种类有鲇鱼、黄鳝、鲈鱼、泥鳅、鳖、黄颡鱼、鳜鱼、青虾、鮰鱼、鳗鲡、罗氏沼虾、螺和短盖巨脂鲤，多为肉食性种类，占淡水养殖产量 12.1%。以上 25 个种类总产量占淡水养殖产量 95.4%（前 12 种占 83.3%）。显然，中国淡水养殖不仅种类繁多，而且优势种类突出。

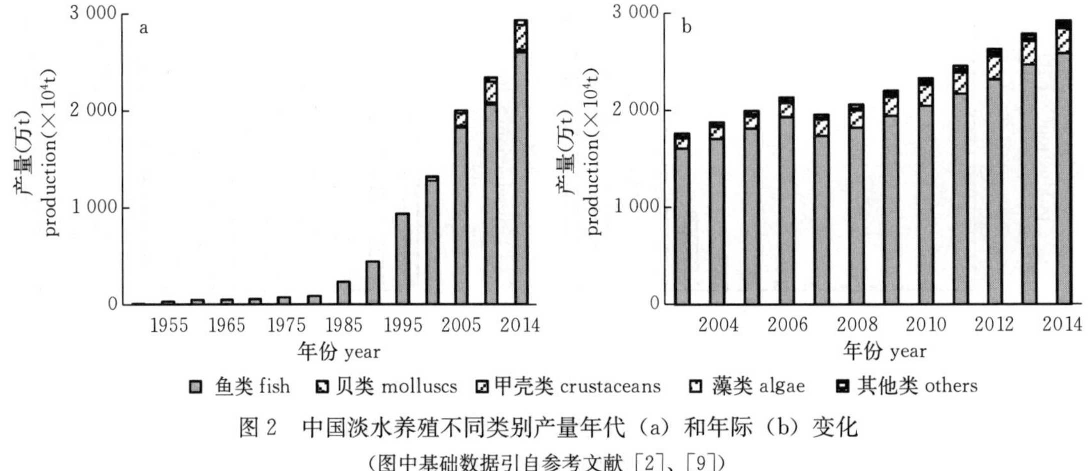

图 2 中国淡水养殖不同类别产量年代（a）和年际（b）变化

（图中基础数据引自参考文献［2］、［9］）

Figure 2 Decadal (a) and annual (b) changes in Chinese freshwater aquaculture production by species group

(Basic data in the figure were from references [2]、[9])

（2）海水 养殖种类 166 个（包括 6 个引进种[11]、5 个淡、海水均有养殖的重复种）、培育的新品种 64 个[11]，海水养殖种类和品种共计 230 个。五大类别种类组成为：鱼类 80 种，占 48.2%；贝类 48 种，占 28.9%；甲壳类 9 种，占 5.4%；藻类 20 种，占 12.1%；其他类 9 种，占 5.4%（表 2）。但是，图 3 显示的 1950—2014 年五大类别的产量多年变化表明：贝类比例最高，占 100%～54.1%，其次是藻类、甲壳类、鱼类和其他类，分别占 0～37.8%、0～11.6%、0～6.6%、0～1.8%。1950—1980 年贝藻类养殖产量占海水养殖产量 97%以上，随后其他种类有所增加；近十余年产量比例逐渐趋于稳定，变化较小。2003—2014 年五大类产量比例分别为贝类 72.6%～78.6%、藻类 10.3%～11.1%、甲壳类 5.3%～7.9%、鱼类 4.1%～6.6%和其他类 0.9%～2.2%。2014 年海水养殖产量为1 812.6 万 t，五大类产量比例分别为贝类 72.6%、藻类 11.1%、甲壳类 7.9%、鱼类 6.6%、其他类 1.8%；产量在 100 万 t 以上的种类有牡蛎、蛤、扇贝和海带，分别为滤食性和自养性种类，占海水养殖产量 62.5%；产量 50 万～100 万 t 的种类有南美白对虾、贻贝和蛏，分别为杂食性和滤食性种类，占海水养殖产量 13.6%；产量 10 万～50 万 t 的种类有蚶、江蓠、螺、裙带菜、海参、青蟹、大黄鱼、鲆鱼、卵形鲳鲹、梭子蟹、鲍、紫菜和鲈鱼，包括滤食性、自养性、杂食性和肉食性等多种食性种类，占海水养殖产量 12.3%。以上 20 个种类产量占海水养殖产量的 88.4%（前 7 种占 76.1%）。显然，中国海水养殖也具有种类繁多且优势种突出的特点。

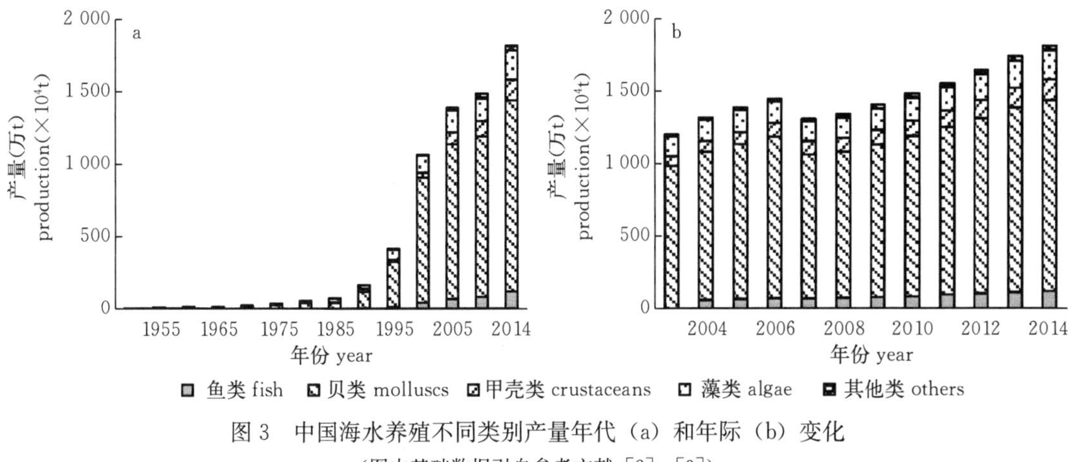

图 3　中国海水养殖不同类别产量年代（a）和年际（b）变化

（图中基础数据引自参考文献［2］、［9］）

Figure 3　Decadal（a） and annual（b） changes in Chinese mariculture production by species group

（Basic data in the figure were from references［2］、［9］）

2.1.2　养殖种类多样性特征

常用生物多样性指数[4,27]计算结果表明，与世界其他主要水产养殖国家（14 个）[9]和区域代表性国家（7 个）[9]相比，中国水产养殖种类具较高的多样性、丰富度和均匀度，优势度相对较低（表 3）。从多样性指数（H'）聚类分析结果可以清楚看出，中国独为一支，是

表 3　养殖种类生物多样性指数

Table 3　Biodiversity index of aquaculture species

国别 Country	产量①（t） Production	种类 Species	多样性指数 H'	丰富度指数 dM	均匀度指数 J'	优势度指数 D	区域 Region
中国② China②	57 113 175	92	3.438	5.095	0.760	0.047	东亚
韩国② Korea②	1 533 446	61	1.905	4.213	0.463	0.201	东亚
日本② Japan②	1 027 185	44	2.070	3.106	0.547	0.176	东亚
印度尼西亚② Indonesia②	13 147 297	47	1.533	2.806	0.398	0.417	东南亚
越南② Viet Nam②	3 294 480	26	2.005	1.666	0.615	0.195	东南亚
孟加拉国② Bangladesh②	1 859 808	30	2.554	2.009	0.751	0.099	东南亚
泰国② Thailand②	1 056 944	41	2.143	2.884	0.577	0.167	东南亚
缅甸② Myanmar②	930 780	25	1.476	1.746	0.459	0.443	东南亚
印度② India②	4 554 109	28	1.565	1.761	0.47	0.34	南亚
菲律宾② Philippines②	2 373 386	35	1.463	2.316	0.412	0.395	南亚
埃及② Egypt②	1 097 544	25	1.567	1.726	0.487	0.34	非洲
美国② USA②	441 098	45	1.938	3.385	0.509	0.215	北美

（续）

国别 Country	产量[①]（t） Production	种类 Species	多样性指数 H'	丰富度指数 dM	均匀度指数 J'	优势度指数 D	区域 Region
加拿大[③]Canada[③]	174 343	17	1.714	1.326	0.605	0.252	北美
智利[②]Chile[②]	1 045 718	23	1.520	1.587	0.485	0.289	南美
巴西[②]Brazil[②]	474 159	44	1.580	3.290	0.532	0.162	南美
挪威[②]Norway[②]	1 247 865	15	0.473	0.936	0.175	0.142	北欧
西班牙[③]Spain[③]	223 698	49	1.060	3.897	0.272	0.542	南欧
意大利[③]Italy[③]	162 596	46	1.482	3.750	0.387	0.318	南欧
法国[③]France[③]	202 178	57	1.076	4.584	0.412	0.271	西欧
英国[③]UK[③]	194 632	34	0.697	2.710	0.198	0.649	西欧
澳大利亚[③]Australia[③]	68 761	22	1.254	1.885	0.406	0.429	大洋洲
俄罗斯[③]Russia[③]	155 540	22	1.862	1.757	0.603	0.206	欧亚

注：①养殖种类数和产量为 FAO 数据库 2013 年统计数据［9］；②2012 年前 15 个水产养殖生产国［9］；③各大洲有代表性水产养殖生产国.

Notes：①Aquaculture species and production cited from FAO statistics data in 2013. ②Farmed food fish production by top 15 producers. ③Regionally representative producers from different continent.

一个与其他国家差异较大的独立类群（图 4）。在其他国家中，欧洲国家基本聚为一类（包括澳大利亚，但不包含俄罗斯），其中挪威又与其他 4 个国家有所差异，多样性、丰富度、均匀度均较低，另外 16 个国家聚为一类，该类群又分为 3 支，孟加拉国单独一支，多样性

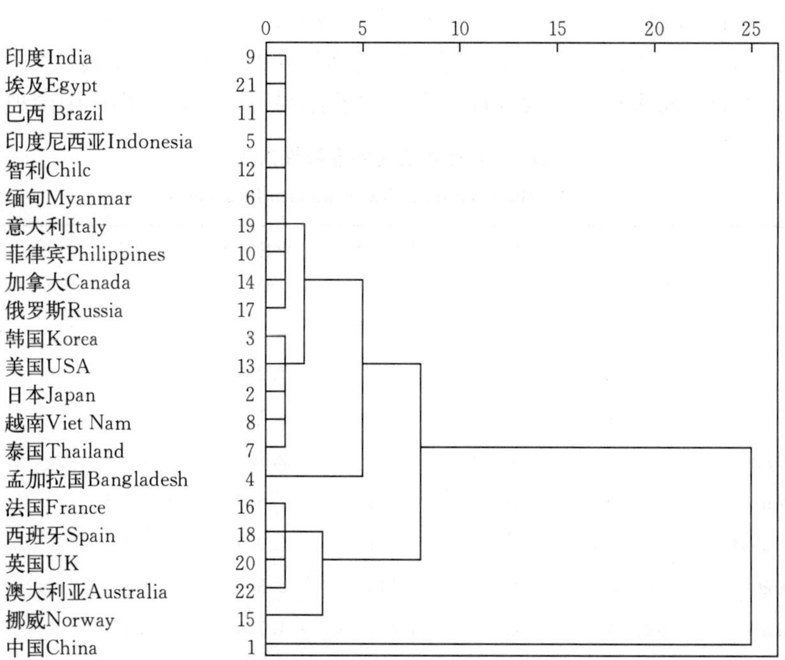

图 4 世界主要水产养殖生产国养殖种类多样性指数（H'）聚类分析

（图中基础数据引自参考文献［9］）

Figure 4 Clustering analysis of Shannon－Wiener index（H'）of the main aquaculture producers in the world

(Basic data in the figure were from reference［9］)

指数相对较高，韩国、美国、日本、越南和泰国聚为一支，其他国家聚为一支。图 5 大体展示了 1950—2013 年世界主要水产养殖国家种类多样性指数 H' 的变化，可分为两个阶段：1995 年前多数国家 H' 指数处于上升趋势，中国 1980 年后增长幅度较大；1995 年后大部分国家 H' 变化不大或有所下降，中国、越南、西班牙及美国等则呈持续增长趋势。以上多样性特征表明，中国水产养殖种类结构具有显著的高多样性特点，这对物种多样性和遗传多样性保护、养殖生态系统稳定性持续及其生物量高效产出有重要意义。

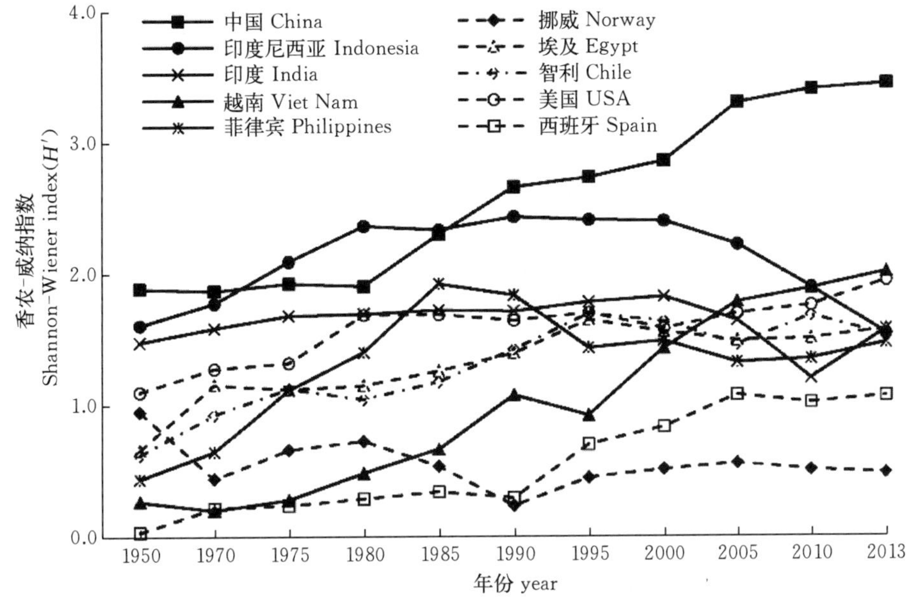

图 5 世界主要生产国养殖种类多样性指数变化（H'）

图中所示为养殖产量列世界前 5 位和区域代表性国家

（图中基础数据引自参考文献［9］）

Figure 5 Changes in Shannon - Wiener index（H'） in the main aquaculture producers in the world

(Basic data in the figure were from reference［9］)

2.2 不投饵率

中国水产养殖不投饵率在不同养殖发展时期差别较大并呈明显下降趋势。1990 年以前，以天然水域饵料养殖为主，不投饵率很高，为 96.7%～100%；此后，不投饵率下降幅度较大，从 1995 年 90.5%降至 2010 年 59.2%，近 3 年趋于稳定，下降幅度趋小（53.4%～54.2%），2014 年为 53.8%（图 6）。但是，与世界平均水平（33.3%，2010）[28]相比，目前中国水产养殖不投饵率仍保持较高的水准。

五大类别中（图 6），鱼类养殖不投饵率下降幅度较大，1990 年以前，天然水域养殖以滤食性和草食性种类为主，不投饵率为 100%，此后由于配合饲料的使用、为了提高养殖产出效率以及肉食性及杂食性鱼类养殖的增加，不投饵率从 1995 年的 87.6%降至 2010 年的 41.8%，近 3 年趋于稳定（33.7%～34.7%），2014 年为 34.5%；甲壳类以投饵养殖为主，1985—1995 年不投饵率很低，为 5.0%～8.5%，之后由于养殖方式的一些改变，不投饵率波动在 20%上下，2014 年为 22.2%；贝类养殖基本不投饵，不投饵率为 98%～100%，而

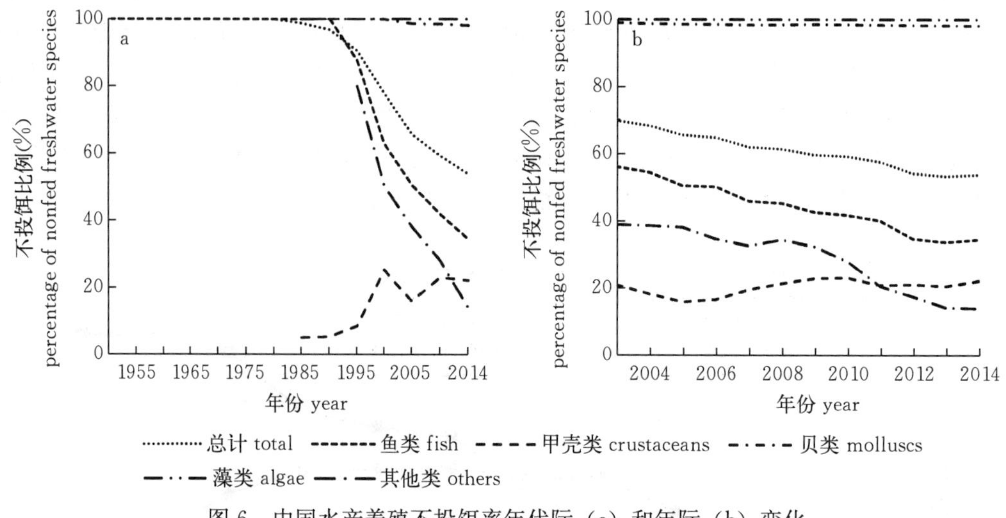

图 6 中国水产养殖不投饵率年代际（a）和年际（b）变化

Figure 6 Decadal (a) and annual (b) changes in non-fed rate of Chinese aquaculture

藻类养殖利用阳光和水体营养，不投饵率以100%计；其他类，为了提高养殖产出效率，不投饵率下降幅度亦较大，从1995年的80.0%降至2014年的13.9%。由于鱼类养殖所占产量比重大，它是影响中国水产养殖不投饵率近年下降幅度较大的主要原因（图6），而其他类虽占产量比重不大，因不投饵率下降幅度较大，对总体变化亦有些影响。

（1）淡水 养殖不投饵率下降幅度较大。从1950年到1990年，以天然水域饵料养殖为主，不投饵率近100%。之后，养殖方式慢慢从天然养殖向投饵养殖转变，不投饵率从1995年87.3%降至2010年42.5%，近3年趋于稳定（34.8%～35.8%），2014年为35.7%（图7）。

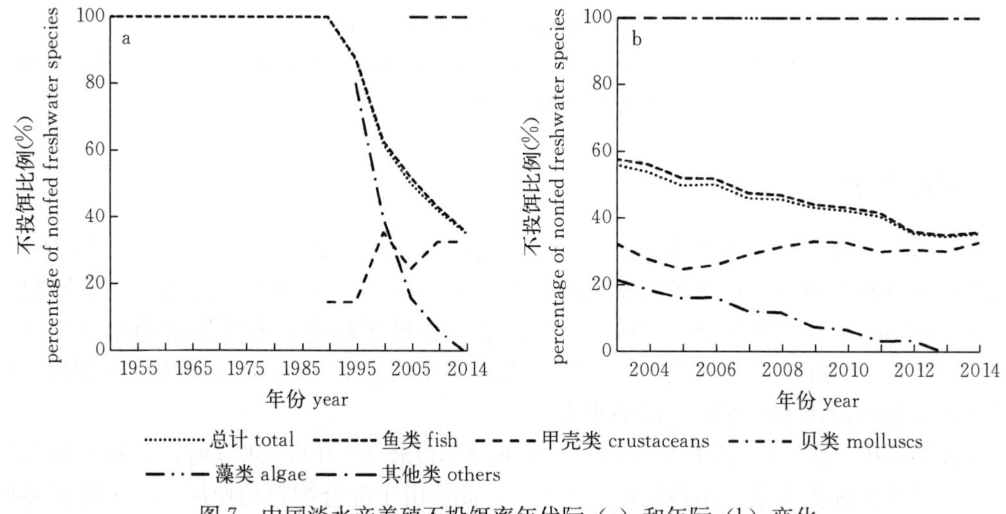

图 7 中国淡水产养殖不投饵率年代际（a）和年际（b）变化

Figure 7 Decadal (a) and annual (b) changes in non-fed rate of Chinese freshwater aquaculture

五大类别中，如图7及附表1所示，①淡水鱼类养殖：不投饵率下降幅度较大，1990年以前，不投饵率为100%，其中鲢鳙产量占据养殖产量的大部分。此后，部分养殖鱼类如青鱼、草鱼、鲤鱼、鲫鱼等开始投喂配合饲料，投喂饲料养殖产量的比例也迅速增加，到2014年这些鱼类投喂饲料养殖产量的比例达到85%。鲢鳙养殖仍以摄食天然水域饵料为主，2012年以来有5%的产量来自投喂配合饲料，但是鲢鳙养殖在淡水养殖的产量比重逐年下降，从1950年65%降低到2014年25%。这个变化对淡水鱼类养殖不投饵率下降有较大影响。鳜鱼和鲈鱼100%的投饵养殖。其他鱼类，包括鲟鱼、鳟鱼、池沼公鱼、长吻鮠、河鲀、鲑类等养殖到2011年全部实现配合饲料养殖。因此，淡水鱼类养殖不投饵率从1995年的87.6%降至2010年的43.5%，近3年趋于稳定（35.2%～36.3%），2014年为36.1%。②甲壳类养殖：1985—1995年以投喂鲜鱼为主，不投饵率较低，为0.0～15.0%。2000年之后变化较大，罗氏沼虾投喂饲料产量的比例逐渐增加，到2013年全部实现饲料养殖；青虾养殖80%实现饲料投喂；克氏原螯虾养殖2009年以前基本不投饵，以竹叶眼子菜、黑藻等大型水生植物为食，2010年以来有5%～10%的产量来自投喂配合饲料；近年来用种草放螺养大规格河蟹，配合饲料养殖河蟹的比例逐渐降至约60%。因此，2000年以来不投饵率波动在24.9%～35.7%，2014年为33.0%；贝类和藻类不投饵率均以100%计；其他类不投饵率下降幅度最大。鳖、蛙、龟等类养殖，2000年以后投喂配合饲料比例增加，投喂养殖的产量约占60%，到2013年全部实现配合饲料养殖。因此，不投饵率从1995年的80.0%降至2014年的0.0。

（2）海水 养殖不投饵率一直保持高水准。从1950年到1980年，以天然水域饵料养殖为主，不投饵率近100%，1985—2000年波动在88.1%～97.8%，之后不投饵率从2003年的89.1%逐渐小幅度下降，近3年趋于稳定（83.0%～83.7%），2014年为83.0%（图8）。

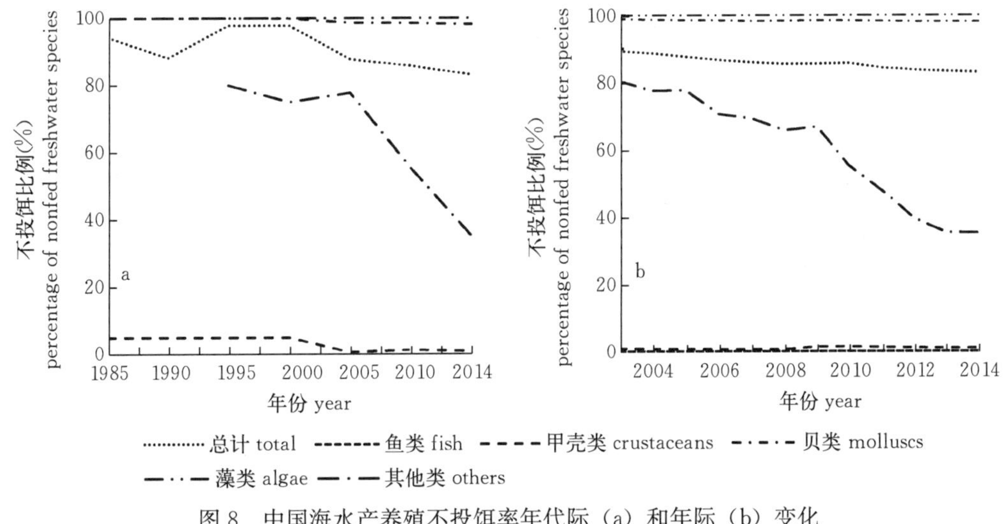

图8 中国海水产养殖不投饵率年代际（a）和年际（b）变化

Figure 8 Decadal (a) and annual (b) changes in nonfed rate of Chinese mariculture

五大类别中，如图8及附表2所示，贝类养殖在1995年之前不投饵率为100%，之后，虽因投喂饵料的螺类养殖发展，不投饵率有所下降，但幅度很小，2000—2014年不投饵率为99.9%～98.1%；藻类不投饵率以100%计；甲壳类不投饵率较低。虽然有的种类（如日本对虾）2009年以来不投饵率增至20%，但因所占产量比重小，对总体影响不大，1985—2000年甲壳类不投饵率为5.0%，2003—2014年为0.5%～1.3%；海水鱼类养殖全部投饵，不投饵率为0。近年由于鱼类养殖量有所增加，它也成为影响海水养殖不投饵率略有下降的主要因素；其他类中，海胆吊笼养殖投喂海带和裙带菜，而底播养殖则利用水体中藻类，不投喂任何饵料，不投饵率为70%～80%。海蜇养殖配合饲料使用比例逐渐增加，从2003年3%增至2014年30%，其他饵料则为养殖水体的桡足类等浮游动物，不投饵率为97%～70%。海参养殖近10年配合饲料（主要是藻类和海泥）使用比例不断增加，不投饵率从1995年80%降至2014年22%。因此，其他类不投饵率呈明显下降趋势，从1995年的80.0%降至2014年的35.2%。

2.3 营养级

中国水产养殖营养级较低且相对稳定，近年略有下降。如图9所示，虽在不同发展时期由于种类组成的变化（主要是海水养殖种类的开发和发展）营养级有所波动，但幅度较小（2.12～2.33）。其多年变化大体分为3个阶段：1950—1980年营养级从2.33降至2.12；1985—2005年营养级在2.17～2.32范围内经历了升—降—升的变化；2006—2014年由于配合饲料的广泛使用及其鱼粉鱼油使用量的减少（附表3、附表4），营养级从2.32降至2.25。近3年，营养级变化较小（2.25～2.27），2014年为2.25。十分明显，中国水产养殖营养级不仅低于世界发达国家（如欧洲），同时也低于其他发展中国家（如东南亚）[29-31]。图10A营养级金字塔多年变化（1985—2014）进一步显示，中国水产养殖营养级金字塔结构以营养级2为主，占62.8%～71.3%；其次为营养级3，占20.7%～27.7%；营养级1和4所占比例较低，分别占4.2%～8.9%和0.8%～3.4%，而世界水产养殖营养级金字塔结构以营养级3为主[29]。研究证实，鱼类生态转换效率与营养级呈负相关关系[32]，即营养级若低生态转换效率则高，那么，以上比较结果意味着中国水产养殖生态系统将有更多的生物量产出。

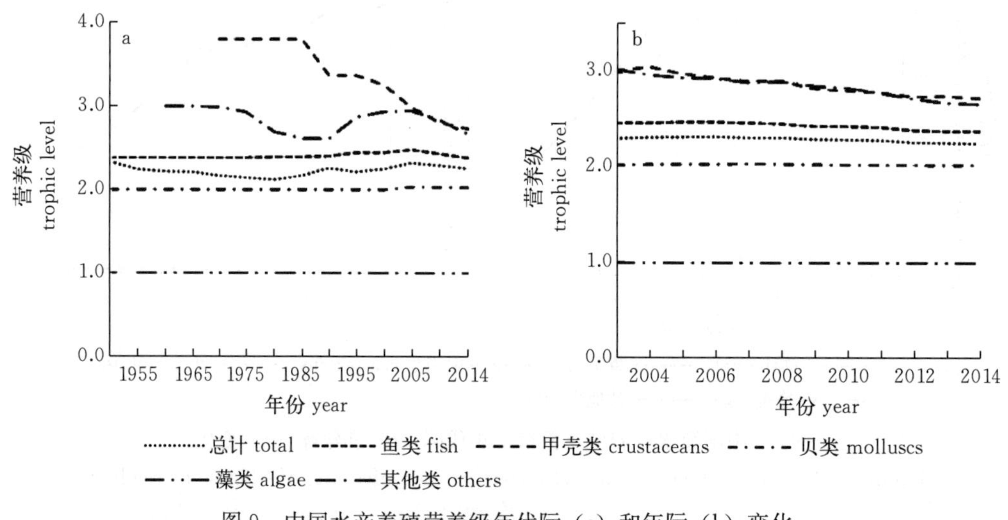

图9 中国水产养殖营养级年代际（a）和年际（b）变化

Figure 9 Decadal (a) and annual (b) changes in trophic level of Chinese aquaculture

五大类别中（图9），鱼类养殖营养级波动较小，多年变化在2.38～2.48：1950—1990年为2.38～2.40，1995—2005年略有增加，主要是较高营养层次的海水鱼类养殖开发所致，为2.44～2.48，2006年以后呈下降趋势，近3年趋于稳定（2.38～2.39），2014年为2.38。

鱼类养殖营养级波动虽较小，但由于所占产量比较大，对水产养殖总营养级变化的影响亦较大；贝类营养级 2003 年以后有微量增加（0.02～0.04），基本稳定在 2；藻类营养级为 1。由于海水藻类和贝类等低营养层次种类养殖开发和不断发展，对 1950—1980 年水产养殖总营养级下降及其后的波动均有重要影响；甲壳类及其他类营养级变化相对较大，甲壳类从 1970 年的 3.80 逐年下降，其他类 1960—2010 年波动在 2.84～3.03，近 3 年趋于稳定，2014 年分别为 2.73 和 2.67。这两个类别养殖总量虽较小，但营养级相对变化较大，对总营养级的变化亦有一定影响。

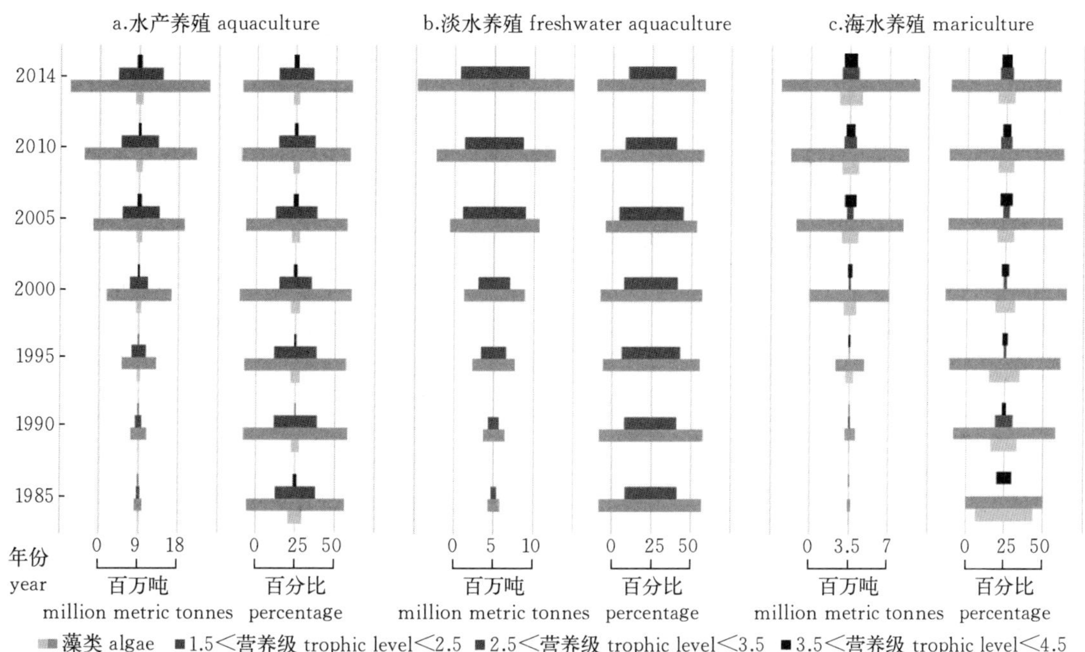

图 10　中国水产养殖营养级金字塔结构变化

Figure 10　Changes in trophic pyramid structure of Chinese aquaculture

（1）淡水　养殖种类和类别营养级计算结果及其多年变化见表 4。淡水养殖营养级在 2.35～2.45 范围内小幅度波动，其多年变化为：1950—1990 年营养级稳定在 2.38；1995—2006 年营养级有所增加，为 2.40～2.45；2006 年之后逐渐下降，近 3 年变化较小（2.35～2.37），2014 年为 2.35。2014 年占淡水养殖产量 69.6%、单种年产 100 万 t 以上的 6 个种类的加权营养级为 2.24，其中除了以天然饵料为食的鳙鱼营养级略高（2.73）外，其他 5 个种（草鱼、鲢鱼、鲤鱼、鲫鱼和罗非鱼）营养级均小于 2.25，表明中国淡水养殖以较低营养级鱼类为主。图 10B 显示，淡水养殖营养级金字塔结构中营养级 2 约占 65%，营养级 3 约占 35%，两者之和接近 100%。事实上，在中国淡水养殖营养级金字塔结构中营养级 1 的比例很低，最高年份仅占 0.03%，而营养级 4 则为 0。

五大类别中（表 4），淡水鱼类养殖营养级波动较小，在 2.32～2.41，其多年变化为：1950—1990 年为 2.38，1995—2006 年由于乌鳢、黄鳝、鲈鱼、鳜鱼、鳗鲡、银鱼、鲇鱼等肉食性鱼类养殖开发，营养级略有增加，主要为 2.40～2.41，2006 年以后由于配合饲料广泛使用，营养级呈下降趋势，近 3 年趋于稳定（2.32～2.33），2014 年为 2.32；甲壳类和其他类，由于配合饲料广泛使用，自 1995 年以来营养级均呈下降趋势，分别从 3.33 和 3.28 降至 2014 年的 2.64 和 2.90；贝类和藻类营养级分别稳定在 2.25 和 1.00。

表 4 中国淡水养殖种类及类别营养级营养级（1950—2014）

Table 4 Trophic level of Chinese freshwater aquaculture by species and species group from 1950 to 2014

种类 Species	1950—1985	1990	1995	2000	2003	2004	2005	2006	2007	2008	2009	2010	2011	2012	2013	2014
鱼类 Fish	2.38	2.38	2.41	2.37	2.40	2.40	2.41	2.41	2.40	2.39	2.37	2.37	2.36	2.33	2.32	2.32
草鱼 *Ctenopharyngodon idellus*	2.00	2.00	2.03	2.06	2.07	2.07	2.07	2.07	2.06	2.05	2.03	2.03	2.03	2.03	2.00	2.03
鲢鱼 *Hypophthalmichthys molitrix*	2.20	2.20	2.20	2.20	2.20	2.20	2.20	2.20	2.20	2.20	2.20	2.20	2.20	2.19	2.19	2.19
鲤鱼 common carp	2.92	2.92	2.82	2.57	2.54	2.54	2.51	2.48	2.44	2.40	2.34	2.34	2.33	2.24	2.24	2.24
鳙鱼 *Hypophthalmichthys nobilis*	2.77	2.77	2.77	2.77	2.77	2.77	2.77	2.77	2.77	2.77	2.77	2.77	2.77	2.73	2.73	2.73
鲫鱼 *Carassius carassius*	2.28	2.28	2.31	2.31	2.31	2.31	2.32	2.29	2.28	2.27	2.23	2.23	2.20	2.18	2.18	2.18
罗非鱼 tilapia	2.60	2.60	2.54	2.37	2.35	2.33	2.33	2.32	2.29	2.29	2.25	2.25	2.23	2.17	2.17	2.17
鳊鱼 *Megalobrama*	2.00	2.00	2.06	2.13	2.14	2.14	2.15	2.15	2.15	2.14	2.13	2.13	2.13	2.10	2.10	2.10
青鱼 *Mylopharyngodon piceus*	3.33	3.33	3.19	2.89	2.80	2.80	2.75	2.75	2.68	2.67	2.57	2.57	2.53	2.46	2.37	2.37
乌鳢 *Ophicephalus argus*		—	—	—	3.44	3.36	3.33	3.33	3.29	3.27	3.23	3.21	3.19	3.09	2.98	2.90
鲇鱼 *Silurus*		—	—	—	3.28	3.20	3.17	3.16	3.12	3.07	3.05	3.00	2.87	2.83	2.75	2.71
黄鳝 *Monopterus albus*		—	—	—	3.43	3.42	3.40	3.38	3.33	3.31	3.24	3.22	3.22	3.17	3.17	3.17
鲈鱼 bass		—	—	—	3.33	3.33	3.31	3.31	3.31	3.31	3.31	3.30	3.29	3.27	3.26	3.25
泥鳅 loach		—	—	—	3.06	2.95	2.86	2.86	2.79	2.74	2.72	2.67	2.61	2.51	2.43	2.37
黄颡鱼 *Pscudobagrus*			—	—	3.12	3.02	2.99	2.92	2.88	2.80	2.77	2.77	2.64	2.60	2.54	2.54
鳜鱼 *Siniperca*		—	3.34	3.34	3.34	3.34	3.34	3.34	3.34	3.34	3.34	3.34	3.34	3.34	3.34	3.34
鮰鱼 *Ictalurus*			—	—	2.47	2.40	2.39	2.39	2.34	2.33	2.31	2.31	2.26	2.22	2.16	2.16
鳗鲡 *Anguilla*	3.33	3.32	3.32	3.31	3.31	3.31	3.31	3.31	3.25	3.25	3.21	3.21	3.17	3.11	3.10	3.10
短盖巨脂鲤 *Piaractus brachypomus*		—	—	—	2.46	2.33	2.32	2.32	2.28	2.26	2.26	2.23	2.17	2.13	2.10	2.10
银鱼 icefish		—	—	—	3.10	3.10	3.10	3.10	3.10	3.10	3.10	3.10	3.10	3.10	3.10	3.10
其他鱼类 other fishes		—	—	—	2.50	2.48	2.46	2.45	2.44	2.43	2.42	2.41	2.40	2.40	2.40	2.40
甲壳类 Crustaceans	—	3.33	3.33	3.08	3.03	2.94	2.88	2.86	2.82	2.79	2.74	2.73	2.70	2.66	2.67	2.64
罗氏沼虾 *Macrobrachium rosenbergii*		—	—	3.08	3.03	2.98	2.93	2.93	2.91	2.82	2.79	2.79	2.67	2.61	2.56	2.56
青虾 *Squilla*		—	—	3.15	3.09	3.03	2.96	2.96	2.90	2.87	2.80	2.76	2.72	2.68	2.60	2.60
克氏原螯虾 *Procambarus clarkii*			—	—	2.60	2.60	2.60	2.60	2.60	2.60	2.60	2.59	2.58	2.58	2.56	2.56
南美白对虾 *Litopenaeus vannamei*			—	—	3.06	2.94	2.91	2.88	2.84	2.82	2.73	2.73	2.63	2.57	2.56	2.56
河蟹 *Eriocheir sinensis*	—	3.33	3.33	3.05	2.98	2.91	2.84	2.84	2.81	2.85	2.81	2.81	2.85	2.79	2.78	2.78
贝类 Molluscs		—	—	—	2.25	2.25	2.25	2.25	2.25	2.25	2.25	2.25	2.25	2.25	2.25	2.25
河蚌 unionid			—	—	2.25	2.25	2.25	2.25	2.25	2.25	2.25	2.25	2.25	2.25	2.25	2.25
螺 gastropod		—	—	—	2.25	2.25	2.25	2.25	2.25	2.25	2.25	2.25	2.25	2.25	2.25	2.25
蚬 corbiculid			—	—	2.25	2.25	2.25	2.25	2.25	2.25	2.25	2.25	2.25	2.25	2.25	2.25
藻类 Algae			—	—	1.00	1.00	1.00	1.00	1.00	1.00	1.00	1.00	1.00	1.00	1.00	1.00

（续）

种类 Species	1950—1985	1990	1995	2000	2003	2004	2005	2006	2007	2008	2009	2010	2011	2012	2013	2014
螺旋藻 *Spirulina*			—	—	1.00	1.00	1.00	1.00	1.00	1.00	1.00	1.00	1.00	1.00	1.00	1.00
其他类 Others		—	3.28	3.11	3.17	3.16	3.15	3.15	3.10	3.10	3.04	3.05	3.02	2.95	2.90	2.90
鳖 softshell turtle		—	—	—	3.23	3.22	3.22	3.22	3.18	3.19	3.12	3.12	3.11	3.05	3.00	3.00
蛙 *Rana*		—	—	—	3.06	305	3.03	3.03	2.96	2.93	2.87	2.85	2.75	2.65	2.64	2.64
龟 turtle		—	3.28	3.11	3.07	3.05	3.03	2.99	2.96	2.93	2.90	2.90	2.78	2.68	2.64	2.64
淡水养殖 freshwater culture	2.38	2.38	2.41	2.40	2.45	2.45	2.45	2.45	2.44	2.43	2.41	2.41	2.40	2.37	2.36	2.35

注：各养殖种类营养级的计算公式为：1+（投喂配合饲料养殖产量占总产量的%配合饲料的营养级+投喂其他饵料养殖产量占总产量的%其他饵料的营养级+不投喂饵料的养殖产量占总产量的%自然水域中该种类饵料的营养级）；年份 1950—1985 代表 1950、1955、1960、1965、1970、1975、1980 和 1985 年；"—" 表示有养殖但《中国渔业统计年鉴》中没有统计数据；空格表示没有养殖。

Notes: Trophic level of culture species calculated by 1+ (percentage fed compound aquafeed trophic level of compound aquafeed+percentage fed non-compound aquafeed trophic level of the other diets+percentage non-fed trophic level of the species in natural waters). Years 1950—1990 represents years 1950, 1955, 1960, 1965, 1970, 1975, 1980 and 1985, respectively. "—" indicates that the species has been cultured but there is no data from China Fishery Statistical Yearbook. Blank space in the table means no culture for the species.

（2）海水 养殖种类和类别营养级计算结果及其多年变化如表 5 所列。海水养殖以低营养级贝藻为主，营养级明显低于淡水养殖，其多年变化为：1985 年以前养殖以贝藻为主，营养级为 1.71～2.00；1990—2008 年由于甲壳类和鱼类养殖发展，营养级有所增加，为 1.95～2.13；2009 年之后由于配合饲料的广泛使用，营养级有所下降，为 2.12～2.10，2014 年为 2.10。2014 年占海水养殖产量 62.5%、单种产量 100 万 t 以上的牡蛎、蛤、扇贝和海带 4 个种类加权营养级为 1.88，占海水养殖产量 13.6%、产量 50 万～100 万 t 的南美白对虾、贻贝和蛏 3 个种类加权营养级为 2.19，其中除了南美白对虾营养级略高（2.54）外，其他 2 个种营养级均为 2.00，表明以低营养级种类为主是中国海水养殖的突出特点。图 10C 海水养殖营养级金字塔多年变化清楚表达了这个特点。

表 5　中国海水养殖种类及类别营养级（1985—2014）

Table 5　Trophic level of Chinese mariculture by species and species group from 1985 to 2014

种类 Species	1950—1980	1985	1990	1995	2000	2003	2004	2005	2006	2007	2008	2009	2010	2011	2012	2013	2014
贝类 Molluscs	2.00	2.00	2.00	2.00	2.00	2.02	2.03	2.03	2.03	2.04	2.03	2.03	2.03	2.03	2.03	2.02	2.03
鲍 *Haliotis*			2.00	2.00	2.00	2.01	2.01	2.01	2.01	2.01	2.01	2.01	2.01	2.01	2.01	2.01	2.01
螺 conch		—	—	—	—	3.50	3.50	3.50	3.50	3.48	3.48	3.48	3.48	3.48	3.46	3.46	3.46
牡蛎 oyster	2.00	2.00	2.00	2.00	2.00	2.00	2.00	2.00	2.00	2.00	2.00	2.00	2.00	2.00	2.00	2.00	2.00
蚶 cockle	2.00	2.00	2.00	2.00	2.00	2.00	2.00	2.00	2.00	2.00	2.00	2.00	2.00	2.00	2.00	2.00	2.00
贻贝 mussel	2.00	2.00	2.00	2.00	2.00	2.00	2.00	2.00	2.00	2.00	2.00	2.00	2.00	2.00	2.00	2.00	2.00
江珧 *Atrina pectinata*						2.00	2.00	2.00	2.00	2.00	2.00	2.00	2.00	2.00	2.00	2.00	2.00
扇贝 scallop		2.00	2.00	2.00	2.00	2.00	2.00	2.00	2.00	2.00	2.00	2.00	2.00	2.00	2.00	2.00	2.00
蛤 clam		2.00	2.00	2.00	2.00	2.00	2.00	2.00	2.00	2.00	2.00	2.00	2.00	2.00	2.00	2.00	2.00
蛏 razor clam	2.00	2.00	2.00	2.00	2.00	2.00	2.00	2.00	2.00	2.00	2.00	2.00	2.00	2.00	2.00	2.00	2.00

（续）

种类 Species	1950—1980	1985	1990	1995	2000	2003	2004	2005	2006	2007	2008	2009	2010	2011	2012	2013	2014
藻类 Algae	1.00	1.00	1.00	1.00	1.00	1.00	1.00	1.00	1.00	1.00	1.00	1.00	1.00	1.00	1.00	1.00	1.00
甲壳类 Crustaceans	—	3.50	3.37	3.37	3.32	2.98	3.25	3.15	3.07	3.07	3.14	3.00	2.96	2.95	2.90	2.89	2.89
南美白对虾 *Litopenaeus vannamei*		—	—	—	—	3.04	2.91	2.78	2.70	2.70	2.70	2.64	2.60	2.60	2.56	2.54	2.54
斑节对虾 *Penaeus monodon*		—	—	—	—	3.02	2.97	2.87	2.87	2.86	3.79	2.70	2.64	2.60	2.60	2.60	2.60
中国对虾 *Fenneropenaeus chinesis*	—	3.50	3.37	3.33	3.25	3.10	2.95	2.95	2.95	2.91	2.91	2.86	2.86	2.82	2.82	2.82	2.82
日本对虾 *Penaeus japonicus*		—	—	—	—	3.37	3.37	3.37	3.33	3.33	3.31	3.21	3.20	3.20	3.20	3.20	3.20
梭子蟹 *Portunus trituberculatus*		—	—	—	—	4.01	4.01	4.01	4.01	3.99	3.98	3.93	3.91	3.91	3.85	3.85	3.85
青蟹 *Scylla serrata*		—	—	—	—	4.01	4.01	4.01	4.01	4.01	3.98	3.98	3.98	3.97	3.97	3.97	3.97
鱼类 Fish	—	4.59	4.56	4.53	4.50	4.46	4.42	4.33	4.29	4.19	4.13	4.07	4.02	3.87	3.84	3.76	3.77
鲈鱼 *Lateolabrax japonicus*		—	—	—	—	4.29	4.13	3.78	3.78	3.42	3.42	3.41	3.37	3.14	3.11	2.93	2.93
鲆鱼 left - eyed flounders			—	—	—	4.33	4.32	4.03	3.99	3.95	3.95	3.98	3.83	3.80	3.80	3.64	3.64
大黄鱼 *Larimichthys crocea*				—	—	4.52	4.52	4.52	4.52	4.49	4.48	4.43	4.43	4.35	4.35	4.25	4.25
军曹鱼 *Rachycentron canadum*					—	4.56	4.56	4.52	4.52	4.51	4.51	4.51	4.43	4.43	4.42	4.42	4.42
鰤鱼 *Seriola*						4.53	4.53	4.52	4.52	4.52	4.43	4.43	4.43	4.42	4.25	4.25	4.25
鲷鱼 sea bream			—	—	—	4.44	4.44	4.44	4.29	4.27	4.26	4.08	4.08	3.91	3.91	3.75	3.75
美国红鱼 *Sciaenops ocellatus*					—	4.46	4.45	4.38	4.37	4.29	4.27	4.27	4.25	4.25	4.07	4.05	4.05
河鲀 *Fugu*			—	—	—	4.44	4.44	4.44	4.43	4.43	4.43	4.43	4.42	4.25	4.24	4.24	4.24
石斑鱼 *Epinephelus*			—	—	—	4.56	4.56	4.52	4.52	4.52	4.52	4.45	4.44	4.44	4.28	4.23	4.35
鲽鱼 right - eyed flounders					—	4.33	4.31	4.31	4.16	4.16	4.02	3.99	3.85	3.70	3.48	3.24	3.24
卵形鲳鲹 *Trachinotus ovatus*				—	—	4.08	4.08	4.08	3.91	3.75	3.34	3.34	3.16	3.08	2.89	2.89	2.79
其他鱼类 Other fishes	—	—	—	—	—	4.52	4.52	4.52	4.43	4.43	4.27	4.27	4.27	4.08	4.08	3.91	3.91
其他类 Others	—	3.00	3.00	2.99	2.93	2.69	2.61	2.57	2.51	2.52	2.63	2.61	2.56	2.40	2.36	2.35	2.31
海参 sea cucumber		—	—	2.32	2.30	2.28	2.26	2.26	2.25	2.23	2.21	2.21	2.18	2.13	2.10	2.10	2.10
海胆 sea urchin		—	—	—	—	1.98	1.98	2.28	2.28	2.28	2.3	2.3	2.31	2.31	2.31	2.32	2.32
海蜇 *Rhopilema*		—	—	—	—	2.50	2.50	2.51	2.5	2.5	2.5	2.5	2.48	2.48	2.48	2.47	2.47
海水养殖 mariculture	1.71～2.0	1.77	2.06	1.95	2.03	2.07	2.09	2.10	2.11	2.12	2.13	2.12	2.11	2.11	2.10	2.10	2.10

注：各养殖种类营养级的计算公式为：1＋（投喂配合饲料养殖产量占总产量的%配合饲料的营养级＋投喂其他饵料养殖产量占总产量的%其他饵料的营养级＋不投喂饵料的养殖产量占总产量的%自然水域中该种类饵料的营养级）；年份 1950—1985 代表 1950、1955、1960、1965、1970、1975、1980 和 1985 年；"—"表示有养殖但《中国渔业统计年鉴》中没有统计数据；空格表示没有养殖。

Notes: Trophic level of culture species calculated by 1＋（percentage fed compound aquafeed trophic level of compound aquafeed＋percentage fed non - compound aquafeed trophic level of the other diets＋percentage non - fed trophic level of the species in natural waters). Years 1950—1990 represents years 1950, 1955, 1960, 1965, 1970, 1975, 1980 and 1985, respectively. "—" indicates that the species has been cultured but there is no data from China Fishery Statistical Yearbook. Blank space in the table means no culture for the species.

五大类别中（表 5），贝类由于肉食性螺养殖发展，营养级略有增加，为 2.02～2.04，藻类营养级为 1.00；甲壳类营养级变化较大，由于配合饲料使用比例增加和鲜杂鱼/贝投喂量减少，营养级从 1985 年的 3.50 降至 2014 年的 2.89，同样的原因，鱼类营养级从 1985 年的 4.50 降至 2014 年的 3.77；其他类也由于配合饲料使用比例增加，营养级从 1985 年的

3.00 降至 2014 年的 2.31。

3 讨论

本项研究表明，中国水产养殖结构相对稳定，变化较小，其显著特点是种类繁多、多样性丰富、营养层次多、营养级低、生态效率高、生物产出量多。形成这个特点的原因很多：①历史传统和发展需求的原因，如淡水的主养种类“青、草、鲢、鳙”四大家鱼，养殖历史悠久，除青鱼外，其他 3 种为滤食性或草食性养殖种类；再如为了解决吃鱼难而迅速发展起的海水贝类和藻类养殖，或是直接滤食水体中的浮游植物或通过光合作用利用水体中的营养物质。这些养殖种类的共同特点是营养级低、产出量高，养殖中技术要求相对较低，易于产业快速、规模化发展。②饮食习惯和文化的原因，中国人同欧美人偏爱鱼片、日本人偏爱生鱼和鱼糜不同，更偏爱鲜活鱼虾，喜欢舌尖上的快乐，品尝各种各样的养殖产品，有时还喜新厌旧，这些偏爱明显影响了养殖种类选择、生产结构及数量产出，促使养殖种类的多样化发展。通过长期发展，这样的水产养殖结构特点也是有效、合理的，符合现代发展的需求，因为它不仅为解决吃鱼难、农民增收、提供优质蛋白、调整渔业结构做出重要贡献[3]，同时对减排二氧化碳、缓解水域富营养化发挥积极作用[18,33-34]。预计在一个较长的时期里这种水产养殖结构在中国不会发生根本的改变。

基于以上分析，无疑，中国水产养殖未来发展要遵循绿色低碳和环境友好的发展理念。为了实现“高效、优质、生态、健康、安全”可持续发展目标，需要探讨发展适宜的、特点各异的新生产模式，包括健康养殖模式、生态养殖模式、多营养层次综合养殖（IMTA）模式、循环水养殖系统（RAS）模式、稻渔综合种养模式等，探讨发展以养殖容量为基础的生态系统水平的水产养殖管理（EAA），建设环境友好型的水产养殖业[4,29,35-39]。显然，这样的发展能够更好的彰显养殖生态系统的食物供给功能和生态服务功能，满足中国社会发展的需求，满足现代水产养殖发展的要求，满足人类需求与生态福祉的平衡，为保障国家食物安全、促进生态文明建设作出更大贡献。

致谢：本项研究的养殖种类确认和计算参数估算工作得到众多专家的支持和帮助，为此向雷霁霖、桂建芳、麦康森、马甡、王印庚、王清印、史成银、朱华、刘永坚、刘家寿、闫喜武、李健、杨代勤、张松、张国范、张素萍、张涛、陈四清、邵庆均、周小秋、赵文武、柯才焕、柳学周、姜志强、袁晓初、高启平、常亚青、温海深、解绶启、谭北平等学者表示衷心感谢。

参考文献

[1] Standing Committee of the National People's Congress. Fisheries Law of the People's Republic of China [M]. Beijing: Chinese Democracy and Legal Press, 1986. [全国人民代表大会常务委员会. 中华人民共和国渔业法 [M]. 北京：中国民主法制出版社，1986.]

[2] Bureau of Fisheries, Ministry of Agriculture. China Fishery Statistical Yearbook [M]. Beijing: China Agriculture Press, 2004—2015. [农业部渔业渔政管理局. 中国渔业统计年鉴 [M]. 北京：中国农业出版社，2004—2015.]

[3] Task Force for Strategic Study on the Sustainable Develop ment of Chinese Aquaculture. Strategic Study on the Sustainable Development of Chinese Cultivation Industry [M]. Beijing: China Agriculture Press, 2013. [中国养殖业可持续发展战略研究项目组. 中国养殖业可持续发展战略研究：水产养殖卷 [M]. 北京：中国农业出版社，2013.]

[4] Tang Q S, Ding X M, Liu S L, et al., Strategy and task for green and sustainable development of Chinese aquaculture [J]. Chinese Fisheries Economics, 2014, 32 (1): 6-14. [唐启升，丁晓明，刘世禄，等. 我国水产养殖业绿色、可持续发展战略与任务 [J]. 中国渔业经济，2014，32（1）：6-14.]

[5] Cao L, Naylor R, Henrikssion P, et al., China's aquaculture and the world's wild fisheries [J]. Science, 2015, 347: 133-135.

[6] Researchers: China aquaculture 'dangerous' to wild fisheries. http: //www.seafoodsource.com/news/environment-sustainability/27496-researchers-china-aquaculture-dangerous-to-wild-fisherie s#sthash.iQYKgFMR.dpuf. 2015.

[7] Han D, Shan X, Zhang W, et al., China aquaculture provides food for the world and then reduces the demand on wild fisheries. http: //comments.sciencemag.org/content/10.1126/science.1260149. 2015.

[8] Shan X J, Han D, Zhang W B, et al., China's aquaculture reduces the demand on wild fisheries [J]. China Fisheries, 2015 (6): 5-6. [单秀娟，韩冬，张文兵，等. 中国水产养殖缓解了对野生渔业资源需求的压力 [J]. 中国水产，2015（6）：5-6.]

[9] FAO. Fishery and Aquaculture Statistics. [Global capture production 1950—2013] (Fish Stat J). In: FAO Fisheries and Aquaculture Department [online or CD-ROM]. Rome. [Updated 2014]. http: //www.fao.org/fishery/statistics/software/fishstatj/en

[10] Ding X M. The 40 years achievement of freshwater aquaculture in China [J]. China Fisheries, 1989 (6): 7-9. [丁晓明. 我国淡水养殖业40年成就 [J]. 中国水产，1989（6）：7-9.]

[11] National Certification Committee for Aquatic Varieties. The Ministry of Agriculture of the People's Republic of China announced: aquatic varieties list (1996—2015) [M]. http: //www.moa.gov.cn/zwllm/tzgg/gg/. 2016. [全国水产原种和良种审定委员会. 中华人民共和国农业部公告：水产新品种名录（1996—2015）[M]. http: //www.moa.gov.cn/zwllm/ tzgg/gg/. 2016.]

[12] Lei J L (ed). Marine fish culture theory and techniques [M]. BeiJing: China Agriculture Press, 2005. [雷霁霖. 海水鱼类养殖理论与技术 [M]. 北京：中国农业出版社，2005.]

[13] Xie Y K. The aquaculture situation and development of marine molluscs in China [J]. Kexue Zhongyang, 2014 (2): 7-8. [谢玉坎. 中国海洋贝类的养殖概况与发展问题 [J]. 科学种养，2014（2）：7-8.

[14] Standardization Administration of the People's Republic of China. GB/T 12763.6-2007 Specifications for Oceanographic Survey [S]//State Oceanic Administration. Marine Biological Survey: Part 6. Beijing: China Standard Publishing House, 2007: 75. [中国国家标准化管理委员会，GB/T 12763.6-2007 海洋生物调查 [S]//国家海洋局. 海洋调查规范：第6部分. 北京：中国标准出版社，2007：75.]

[15] Yang J M. A tentative analysis of the trophic levels of North Sea fish [J]. Mar Ecol Prog Ser, 1982 (7): 247-252.

[16] Pauly D, Palomares M L, Froese R, et al., Fishing down Canadian aquatic food webs [J]. Can J Fish Aquat Sci, 2001, 58: 51-62.

[17] Zhang B, Tang Q S. Study on trophic level of important resources species at high trophic levels in the Bohai Sea, Yellow Sea and East China Sea [J]. Advances in Marine Science, 2004, 22 (4): 393-404. [张波，唐启升. 渤、黄、东海高营养层次重要生物资源种类的营养级研究 [J]. 海洋科学进展，2004，22（4）：393-404.]

[18] Xie S Q, Liu J S, Li Z J. Evaluation of the carbon removal by fisheries and aquaculture in freshwater

bodies [J]. Progress in Fishery Sciences, 2013, 34 (1): 82～89. [解绶启，刘家寿，李钟杰．淡水水体渔业碳移出之估算 [J]. 渔业科学进展，2013，34 (1)：82～89.]

[19] China Feed Industry Association. China Feed Industry Yearbook [M]. Beijing: China Commercial Publishing House, 1991—2014. [中国饲料工业协会．中国饲料工业年鉴 [M]. 北京：中国商业出版社，1991—2014.]

[20] Mai K S, Zhao X G, Tan B P, et al., Studies on the Development Strategies of Aquaculture Nutrition and Feed Industry in China [J]. Journal of Zhejiang Ocean University: Natural Science, 2001, 20 (sup): 1-5. [麦康森，赵锡光，谭北平，等．我国水产动物营养研究与渔用饲料的发展战略研究 [J]. 浙江海洋学院学报：自然科学版，2001，20 (增刊)：1-5.]

[21] Xu Q Y. Trends of research and development on fish nutrition and feeds in China [J]. Feed Industry, 2006 (6): 21-23. [徐奇友．我国鱼类营养与饲料的发展及研究趋势 [J]. 饲料工业，2006 (6)：21-23.]

[22] Mai K S. Direction of research and development of aquaculture nutrition and feeds in China [J]. Feed Industry, 2010, A01: 1-9. [麦康森．我国水产动物营养与饲料的研究和发展方向 [J]. 饲料工业，2010，A01：1-9.]

[23] Zhang T L. Life—history strategies, trophic patterns and community structure in the fishes of lake Biandantang [D]. Wuhan: Institute of Hydrobiology, Chinese Academy of Sciences, 2005. [张堂林．扁担塘鱼类生活史策略、营养特征及群落结构研究 [D]. 武汉：中国科学院水生生物研究所，2005.]

[24] Ye S W. Studies on fish communities and trophic network model of shallow lakes along the middle reach of the Yangtze River [D]. Wuhan: Institute of Hydrobiology, Chinese Academy of Sciences, 2007. [叶少文．长江中游浅水湖泊鱼类群落和系统营养网络模型的研究 [D]. 武汉：中国科学院水生生物研究所，2007.]

[25] Cremer M C, Smitherman R O. Food habits and growth of silver and bighead carp in cages and ponds [J]. Aquaculture, 1980, 20: 57-64.

[26] Liu X Q. Food composition and food webs of zoobenthos in yangtze lakes [D]. Wuhan: Institute of Hydrobiology, Chinese Academy of Sciences, 2006. [刘学勤．湖泊底栖动物食物组成与食物网研究 [D]. 武汉：中国科学院水生生物研究所，2006.]

[27] Sun J, Liu D Y. The application of diversity indices in marine phytoplankton studies [J]. Acta Oceanologica Sinica, 2004, 26 (1): 62-75. [孙军，刘东艳．多样性指数在海洋浮游植物研究中的应用 [J]. 海洋学报，2004，26 (1)：62-75.]

[28] FAO. The state of world fisheries and aquaculture 2012 [M]. Rome: FAO, 2012.

[29] Tacon A G, Metian M, Turchini G M, et al., Responsible aquaculture and trophic level implications to global fish supply [J]. Rev Fish Sci, 2010, 18 (1): 94-105.

[30] Powell M. Personal communication, 2015.

[31] Olsen Y. Resources for fish feed in future mariculture [J]. Aqu Environ Inter, 2011 (1): 187-200.

[32] Tang Q S, Guo X W, Sun Y, et al., Ecological conversion efficiency and its influencers in twelve species of fish in the Yellow Sea Ecosystem [J]. J Mar Ecosyst, 2007, 67: 282-291.

[33] Tang Q S, Zhang J H, Fang J G. Shellfish and seaweed mariculture increase atmospheric CO_2 absorption by coastal ecosystems [J]. Mar Ecol Prog Ser, 2011, 424: 97-104.

[34] Tang Q S, Liu H, Fang J G, et al., Strategic studies on the amplification of biological carbon sink: amplification of ocean biological carbon sink [M]. Beijing: Science Press, 2015. [唐启升，刘慧，方建光，等．生物碳汇扩增战略研究：海洋生物碳汇扩增 [M]. 北京：科学出版社，2015.]

[35] Tang Q S, Lin H R, Xu X, et al., Scientific questions regarding sustainable mariculture and enhanced product quality [J]. Briefing on the Xiangshan Science Conferences, 2009, 330: 1-12. [唐启升，林

浩然，徐洵，等．可持续海水养殖与提高产出质量的科学问题 [J]. 香山科学会议简报，2009，330：1－12.]

[36] Chopin T, Cooper J A, Reid G, et al., Open－water integrated multi－trophic aquaculture: environmental biomitigation and economic diversication of fed aquaculture by extractive aquaculture [J]. Rev Aqu, 2012 (4): 209－220.

[37] Nebri A, Nobre A M. Relationship between trophic level and economics in aquaculture [J]. Aqua Econom Manag, 2012, 16 (1): 40－67.

[38] Tang Q S, Fang J G. Review of climate change effects in the Yellow Sea large marine ecosystem and adaptive actions in ecosystem based management [C]//Sherman K, McGovern G (eds.) Frontline observations on climate change and sustainability of large marine ecosystem. Large Marine Ecosystem, 2012 (17): 170－187. New York: Graphies Service Bureau, Inc..

[39] Tang Q S, Ying Y P, Wu Q. The biomass yields and management challenges for the Yellow sea large marine ecosystem [J]. Environmental Development, 2016 (17): 175－181. (http: //dx. doi. org/10. 10161j. envdev. 2015. 06. 12).

Species Composition, Non－fed Rate and Trophic Level of Chinese Aquaculture

TANG Qisheng[1,2], HAN Dong[3], MAO Yuze[1,2], ZHANG Wenbing[4], SHAN Xiujuan[1,2]

(*1. Yellow Sea Fisheries Research Institute, Chinese Academy of Fishery Sciences, Qingdao 266071, China;*

2. Function Laboratory for Marine Fisheries Science and Food Production Processes, Qingdao National Laboratory for Marine Science and Technology, Qingdao 266071, China;

3. State Key Laboratory of Freshwater Ecology and Biotechnology; Institute of Hydrobiology, Chinese Academy of Sciences, Wuhan 430072, China;

4. Key Laboratory of Mariculture, Ministry of Education, Key Laboratory of Aquaculture Nutrition and Feeds, Ministry of Agriculture; Ocean University of China, Qingdao 266003, China)

Abstract: Based on Chinese aquaculture (including species and species group) statistics and investigation data during 1950—2014, combined with the estimate on the feeding rate in aquaculture, the percentage of fishmeal and fish oil of compound aquafeed, the trophic level of all kinds of diet (compound aquafeed, trash fish/low－valued molluscs/live fish, natural diet, etc.), the characteristics and changes of species composition, biodiversity, non－fed rate and trophic level in Chinese aquaculture were analyzed. The results were as follows: Chinese aquaculture structure was relatively stable, just less changes during the past decades, and was distinctively characterized by species - rich diversity, dominant species concentration, multi - trophic levels, lower trophic level, high eco - efficiency and more yields. The details were: ①A total of 439 species and varieties in Chinese aquaculture, including 296 aquaculture species and 143 varieties. Species composition significantly varied with regional differences, and fish were the absolutely dominant species in freshwater aquaculture, e. g. in 2014, the top 6 species (grass carp, silver carp, bighead carp, common carp, crucian carp and tilapia) yields accounted for 69.6% of total yields in freshwater aquaculture, followed by crustaceans, others, molluscs and algae. However, molluscs and algae were the dominant species in mariculture, e. g. the top 6 species (oyster, clam, scallop, kelp, mussel and razor clam) yields accounted for 71.3% of total mariculture yields in 2014, followed by crustaceans, fish and others. ②Biodiversity was characterized by species - rich diversity, high richness and evenness, not a paralleled aquaculture countries have been found in the world, meanwhile, Chinese aquaculture showed a better development trend. ③The non - fed rate of Chinese aquaculture showed an obvious decreasing trend, and varied markedly during the different aquaculture development period. The higher non - fed rates were found before the 1990 s, were about 96.7%~100%, which was mainly attributed to aquaculture model with natural diet. Meanwhile, with the aquaculture models from natural farm to feeding farm, the non - fed rate greatly decreased from 90.5% in 1995 to 53.8% in 2014 (35.7% for freshwater aquaculture and 83.0% for mariculture in 2014), which still remained the higher level when compared with the average non - fed rate of the other countries in the world. ④The trophic level of Chinese aquaculture was lower and more stable (range from 2.12 to 2.33). There were three periods in the trophic level changes of Chinese aquaculture: the trophic level decreased from 2.33 to 2.12 during 1950—1980, then showed an increase - decrease - increase changing trend (range from 2.17~2.32) until 2005, and slightly decreased since 2005 for the popularization of compound aquafeed and the percentage decrease of fishmeal and fish oil of compound aquafeed, e. g. the trophic level was 2.32 in 2005, and decreased to 2.25 (2.35 for freshwater aquaculture and 2.10 for mariculture) in 2014. The trophic level pyramid of Chinese aquaculture was composed of 4 levels, and dominated by trophic level 2 (accounted for 70% of total yields in recent years), which means the more yields in Chinese aquaculture ecosystem. In the future, the development of Chinese aquaculture orientates by green, sustainable and environment - friendly development concept, develop the new aquaculture model with suitable and different characteristics, combine with the ecosystem - based aquaculture management based on carrying capacity, and finally realize the environment - friendly aquaculture. Chinese aquaculture is destined to greatly contribute the national food security and ecological civilization construction.

Key words: Species composition; Diversity; Non - fed rate; Trophic level; Aquaculture; China

附表 1 中国淡水养殖种类投喂饵料养殖产量占其养殖总产量的比例（1950—2014）

Appendix 1 Percentage of fed in Chinese freshwater aquaculture production by species from 1950 to 2014

单位：%

种类 Species	1950—1985	1990	1995	2000	2003	2004	2005	2006	2007	2008	2009	2010	2011	2012	2013	2014
鱼类 Fish																
草鱼 *Ctenopharyngodon idellus*	0	0	20	60	65	65	70	70	75	75	80	80	80	85	85	85
鲢鱼 *Hypophthalmichthys molitrix*	0	0	0	0	0	0	0	0	0	0	0	0	0	5	5	5
鲤鱼 common carp	0	0	20	60	65	65	70	70	75	75	80	80	80	85	85	85
鳙鱼 *Hypophthalmichthys nobilis*	0	0	0	0	0	0	0	0	0	0	0	0	0	5	5	5
鲫鱼 *Carassius carassius*	0	0	20	60	65	65	70	70	75	75	80	80	80	85	85	85
罗非鱼 tilapia	0	0	20	60	65	70	70	70	75	75	80	80	85	90	90	90
鳊鱼 *Megalobrama*	0	0	20	60	65	65	70	70	75	75	80	80	80	85	85	85
青鱼 *Mylopharyngodon piceus*	0	0	20	50	60	60	65	65	70	70	75	75	75	80	85	85
乌鳢 *Ophicephalus argus*		—	—	—	15+15*	35+15*	45+15*	45+15*	50+15*	55+15*	60+15*	65+15*	70+15*	75+15*	85+15*	85+15*
鲇鱼 *Silurus*		—	—	—	20	35	45	45	50	60	60	70	80	85	90	90
黄鳝 *Monopterus albus*		—	—	—	10+10*	15+10*	20+10*	30+10*	35+10*	40+10*	45+10*	50+10*	50+10*	50+10*	50+10*	50+10*
鲈鱼 bass		—	—	—	100*	100*	10+90*	10+90*	15+85*	15+85*	15+85*	20+80*	20+80*	25+75*	25+75*	30+70*
泥鳅 loach		—	—	—	30	40	50	50	55	60	60	65	70	75	80	85
黄颡鱼 *Pscudobagrus*			—	—	50	70	75	75	80	80	85	85	90	95	100	100
鳜鱼 *Siniperca*		—	100*	100*	100*	100*	100*	100*	100*	100*	100*	100*	100*	100*	100*	100*
鮰鱼 *Ictalurus*			—	—	50	70	75	75	80	80	85	85	90	95	100	100
鳗鲡 *Anguilla*		0	20	50	60	70	80	80	85	85	90	90	95	95	100	100
短盖巨脂鲤 *Piaractus brachypomus*		—	—	—	50	70	75	75	80	80	80	85	90	95	100	100
银鱼 icefish		—	—	—	0	0	0	0	0	0	0	0	0	0	0	0

（续）

种类 Species	1950—1985	1990	1995	2000	2003	2004	2005	2006	2007	2008	2009	2010	2011	2012	2013	2014
其他鱼类 other fish		—	—	—	50	60	70	75	80	85	90	95	100	100	100	100
甲壳类 Crustaceans																
罗氏沼虾 *Macrobrachium rosenbergii*		—	—	50	60	70	80	80	85	85	90	90	95	95	100	100
青虾 *Squilla*		—	—	30	40	50	60	60	60	65	65	70	75	80	80	80
克氏原螯虾 *Procambarus clarkii*			—	—	0	0	0	0	0	0	0	5	5	5	10	10
南美白对虾 *Litopenaeus vannamei*			—	—	70	80	85	85	90	95	100	100	100	100	100	100
河蟹 *Eriocheir sinensis*	—	85*	85*	40+45*	50+35*	60+25*	70+15*	70+15*	70+15*	65+20*	65+20*	65+20*	60+20*	60+20*	60+20*	60+15*
贝类 Molluscs																
河蚌 unionid			—	—	0	0	0	0	0	0	0	0	0	0	0	0
螺 gastropod		—	—	—	0	0	0	0	0	0	0	0	0	0	0	0
蚬 corbiculid			—	—	0	0	0	0	0	0	0	0	0	0	0	0
藻类 Algac																
螺旋藻 *Spirulina*			—	—	0	0	0	0	0	0	0	0	0	0	0	0
其他类 Others																
鳖 softshell turtle		—	—	—	70	75	80	80	85	85	90	90	95	95	100	100
蛙 *Rana*		—	—	—	80	85	85	85	90	90	95	100	100	100	100	100
龟 turtle		—	20	60	70	75	80	80	85	85	90	90	95	95	100	100

注：加＊号数据为投喂鲜活水生动物或冰鲜杂鱼，未加者为投喂配合饲料；年份 1950—1985 代表 1950、1955、1960、1965、1970、1975、1980、1985 年；“—”表示有养殖但《中国渔业统计年鉴》[2]中没有统计数据；空格表示没有养殖。

Notes: Data with * mean feeding with live aquatic animal or frozen fish. Data without * mean feeding with compound aquafeeds. Years 1950—1990[2] represents years 1950, 1955, 1960, 1965, 1970, 1975, 1980 and 1985, respectively. In the table, “—” means no data from China Fishery Statistical Yearbook, and blank space means no aquaculture.

附表 2 中国海水养殖种类投喂饵料养殖产量占其养殖总产量的比例(1985—2014)

Appendix 2 Percentage of fed in Chinese mariculture production by species from 1985 to 2014

单位:%

种类 Species	1985	1990	1995	2000	2003	2004	2005	2006	2007	2008	2009	2010	2011	2012	2013	2014
贝类 Molluscs																
鲍 *Haliotis*①		0+100*	0+100*	0+100*	1+99*	1+99*	1+99*	1+99*	1+99*	2+98*	2+98*	2+98*	3+97*	3+97*	3+97*	3+97*
螺 conch②	—	—	—	—	0+50*	0+50*	0+50*	0+50*	1+49*	1+49*	1+49*	1+49*	1+49*	2+48*	2+48*	2+48*
牡蛎 oyster	0+0*	0+0*	0−0*	0+0*	0+0*	0+0*	0+0*	0+0*	0+0*	0+0*	0+0*	0+0*	0+0*	0+0*	0+0*	0+0*
蚶 cockle	0+0*	0+0*	0+0*	0+0*	0+0*	0+0*	0+0*	0+0*	0+0*	0+0*	0+0*	0+0*	0+0*	0+0*	0+0*	0+0*
贻贝 mussel	0+0*	0+0*	0+0*	0+0*	0+0*	0+0*	0+0*	0+0*	0+0*	0+0*	0+0*	0+0*	0+0*	0+0*	0+0*	0+0*
江珧 *Atrina pectinata*	—	—	—	—	0+0*	0+0*	0+0*	0+0*	0+0*	0+0*	0+0*	0+0*	0+0*	0+0*	0+0*	0+0*
扇贝 scallop	0+0*	0+0*	0+0*	0+0*	0+0*	0+0*	0+0*	0+0*	0+0*	0+0*	0+0*	0+0*	0+0*	0+0*	0+0*	0+0*
蛤 clam	0+0*	0+0*	0+0*	0+0*	0+0*	0+0*	0+0*	0+0*	0+0*	0+0*	0+0*	0+0*	0+0*	0+0*	0+0*	0+0*
蛏 razor clam	0+0*	0+0*	0+0*	0+0*	0+0*	0+0*	0+0*	0+0*	0+0*	0+0*	0+0*	0+0*	0+0*	0+0*	0+0*	0+0*
藻类 Algae	0+0*	0+0*	0+0*	0+0*	0+0*	0+0*	0+0*	0+0*	0+0*	0+0*	0+0*	0+0*	0+0*	0+0*	0+0*	0+0*
甲壳类 Crustaceans①																
南美白对虾 *Litopenaeus vannamei*		—	—	—	75+25*	85+15*	95+5*	100+0*	100+0*	100+0*	100+0*	100+0*	100+0*	100+0*	100+0*	100+0*
斑节对虾 *Penaeus monodon*	—	—	—	—	75+25*	80+20*	85+15*	85+15*	85+15*	90+10*	100+0*	100+0*	100+0*	100+0*	100+0*	100+0*
中国对虾 *Fenneropenaeus chinensis*	10+85*	30+65*	40+55*	50+45*	65+30*	80+15*	80+15*	80+15*	85+10*	85+10*	85+10*	85+10*	85+10*	85+10*	85+10*	85+10*
日本对虾 *Penaeus japonicus*	—	—	—	—	30+65*	30+65*	30+65*	35+60*	35+60*	35+60*	40+40*	40+40*	40+40*	40+40*	40+40*	40+40*
梭子蟹 *Portunus trituberculatus*	—	—	—	—	2+98*	2+98*	2+98*	2+98*	5+95*	5+95*	5+95*	5+95*	5+95*	5+95*	5+95*	5+95*
青蟹 *Scylla serrata*	—	—	—	—	2+98*	2+98*	2+98*	2+98*	2+98*	5+95*	5+95*	5+95*	5+95*	5+95*	5+95*	5+95*
鱼类 Fish②																
鲈鱼 *Lateolabrax japonicus*	—	—	—	—	20+80*	30+70*	50+50*	50+50*	70+30*	70+30*	70+30*	70+30*	80+20*	80+20*	90+10*	90+10*

（续）

种类 Species	1985	1990	1995	2000	2003	2004	2005	2006	2007	2008	2009	2010	2011	2012	2013	2014
鲆鱼 lefteyed flounders		—	—	—	20+80*	20+80*	40+60*	40+60*	40+60*	40+60*	40+60*	50+50*	50+50*	50+50*	60+40*	60+40*
大黄鱼 *Larimichthys crocea*			—	—	5+95*	5+95*	5+95*	5+95*	7+93*	7+93*	10+90*	10+90*	15+85*	15+85*	20+80*	20+80*
军曹鱼 *Rachycentron canadum*				—	2+98*	2+98*	5+95*	5+95*	5+95*	5+95*	5+95*	10+90*	10+90*	10+90*	10+90*	10+90*
鰤鱼 *Seriola*					5+95*	5+95*	5+95*	5+95*	5+95*	10+90*	10+90*	10+90*	10+90*	20+80*	20+80*	20+80*
鲷鱼 sea bream		—	—	—	10+90*	10+90*	10+90*	20+80*	20+80*	20+80*	30+70*	30+70*	40+60*	40+60*	50+50*	50+50*
美国红鱼 *Sciaenops ocellatus*				—	10+90*	10+90*	15+85*	15+85*	20+80*	20+80*	20+80*	20+80*	20+80*	30+70*	30+70*	30+70*
河鲀 *Fugu*		—	—	—	10+90*	10+90*	10+90*	10+90*	10+90*	10+90*	10+0*	10+90*	20+80*	20+80*	20+80*	20+80*
鱼类 Fish②																
石斑鱼 *Epinephelus*		—	—	—	2+98*	2+98*	5+95*	5+95*	5+95*	5+95*	10+90*	10+90*	10+90*	20+80*	15+85*	15+85*
鲽鱼 righteyed flounders				—	20+80*	20+80*	20+80*	30+70*	30+70*	40+60*	40+60*	50+50*	60+40*	70+30*	80+20*	80+20*
卵形鲳鲹 *Trachinotus ovatus*			—	—	30+70*	30+70*	30+70*	40+60*	50+50*	70+30*	70+30*	80+20*	80+20*	90+10*	90+10*	95+5*
其他鱼类 other fish species	—	—	—	—	5+95*	5+95*	5+95*	10+90*	10+90*	20+80*	20+80*	20+80*	30+70*	30+70*	40+60*	40+60*
其他类 Others																
海参 sea cucumber④	—	—	0+20*	0+25*	0+30*	0+35*	1+35*	1+38*	2+40*	2+45*	3+45*	7+50*	10+60*	12+65*	13+65*	13+65*
海胆 sea urchin①	—	—	—	—	0+30*	0+30*	0+30*	0+30*	0+30*	0+25*	0+25*	0+23*	0+23*	0+23*	0+20*	0+20*
海蜇 *Rhopilema*⑤	—	—	—	—	3+0*	4+0*	5+0*	10+0*	10+0*	10+0*	10+0*	20+0*	20+0*	20+0*	30+0*	30+0*

注：表中用两个数据($C+O^*$)表示不同的投喂饵料养殖产量所占比例，C 为投喂配合饲料养殖产量占总产的%，O^* 为投喂其他饵料养殖产量占总产的%，两个数据均为 0 者为不投喂任何饵料。其中：①所示 O^* 数据为投喂藻类养殖产量占总产的%；②所示 O^* 数据为投喂鲜杂鱼虾等养殖产量占总产的%；③所示 O^* 数据为投喂鲜杂鱼虾和低值贝类（虾类养殖两类饵料比例约为 40：60，蟹类约为 65：35）养殖产量占总产的%；④所示 O^* 数据为投喂藻类和海泥养殖产量占总产的%；⑤由于该养殖所需的其他饵料为肥水培育或纳水排水补充的养殖水体的桡足类等浮游生物，故 O^* 数据定为 0。

Notes: Data expressed as $C+O^*$ represents percentage of farmed production with different dicts. C as percentage fed compound feed, O^* as percentage fed non - compound feed. It is a non - fed animal when both C and O are zero. ①O^* as percentage fed algac, ②O^* as percentage fed trash fish, ③O^* as percentage fed trash fish and low - value shelfish(40 : 60 for shrimp farming. 65 : 35 for crabfarming), ④O^* as percentage fed algac and sca mud. ⑤value of O^* was zero because the diet used was plankton including copepod from ferilization cultivation and drainage.

附表 3 中国淡水养殖主要种类配合饲料的鱼粉与鱼油含量（1995—2014）

Appendix 3 Percentage of fishmeal and fish oil of compound aquafeed in Chinese freshwater aquaculture by major species from 1995 to 2014

单位：%

种类 Species	1995	2000	2003	2004	2005	2006	2007	2008	2009	2010	2011	2012	2013	2014
鱼类 Fish														
草鱼 *Ctenopharyngodon idellus*	8	5	5	5	5	5	4	3	2	2	2	1.5	1.5	1.5
鲢鱼 *Hypophthalmichthys molitrix*	+	+	+	+	+	+	+	+	+	+	+	0	0	0
鲤鱼 common carp	21.5	16.5	16.5	16.5	16.5	14.5	14	11	10	10	9	6	6	6
鳙鱼 *Hypophthalmichthys nobilis*	+	+	+	+	+	+	+	+	+	+	+	0	0	0
鲫鱼 *Carassius carassius*	21.5	16.5	16.5	16.5	16.5	14.5	14	13	11	11	9	8	8	8
罗非鱼 tilapia	16	11	11	11	11	10	9	9	8	8	8	6	6	6
鳊鱼 *Megalobrama*	16	11	11	11	11	11	10	9	8	8	8	6	6	6
青鱼 *Mylopharyngodon piceus*	32	22	22	22	22	22	20	19	16	16	13	12	10	10
乌鳢 *Ophicephalus argus*	—	—	53.5	48.5	48.5	48.5	45.5	45.5	43.5	43.5	43.5	38.5	35	30
鲇鱼 *Silurus*	—	—	53.5	48.5	48.5	48	45	45	43	43	38	37	34	32
黄鳝 *Monopterus albus*	—	—	53.5	53.5	53.5	53	48	48	43	43	43	38	38	38
鲈鱼 bass	—	—	58.5	58.5	58.5	58.5	58.5	58.5	58.5	58.5	55.5	55	53	53
泥鳅 loach	—	—	21	19	19	19	17	17	16	16	15	12	10	10
黄颡鱼 *Pscudobagrus*	—	—	43	43	43	38	38	33	33	33	28	28	27	27
鮰鱼 *Ictalurus*	—	—	17	16	16	16	14	13	13	13	11	10	8	8
鳗鲡 *Anguilla*	65	65	65	65	65	65	62	62	60	60	58	55	55	55
短盖巨脂鲤 *Piaractus brachypomus*	—	—	16	11	11	11	10	9	9	8	6	5	5	5
其他鱼类 other fish	—	—	30	30	28	28	26	26	25	25	25	25	25	25

（续）

种类 Species	1995	2000	2003	2004	2005	2006	2007	2008	2009	2010	2011	2012	2013	2014
甲壳类 Crustaceans														
罗氏沼虾 *Macrobrachium rosenbergii*	—	41.5	41.5	41.5	41.5	41.5	41.5	36.5	36.5	36.5	31.5	28.5	28	28
青虾 *Squilla*	—	36	36	36	36	36	31	31	26	26	26	26	21	21
克氏原螯虾 *Procambarus clarkii*	—	—	+	+	+	+	+	+	+	16	13	11	10	10
南美白对虾 *Litopenaeus vannamei*	—	—	42	39	36	35	35	35	35	31	31	30	29	29
河蟹 *Eriocheir sinensis*		31.5	31.5	31.5	31.5	31.5	29.5	29.5	26.5	26.5	26.5	21.5	21	21
其他类 Others														
鳖 softshell turtle	—	—	60	60	60	60	58	58	55	55	55	52	50	50
蛙 *Rana*	—	—	47.5	47.5	47.5	47.5	44.5	44.5	42.5	42.5	37.5	32.5	32	32
龟 turtle	53	48	48	48	48	45	45	43	42.5	42.5	37.5	32.5	32	32

注：各种类配合饲料的鱼粉与鱼油含量的数据来源为文献报道、专家咨询和对主要饲料生产企业的问卷调研；"—"表示有养殖但《中国渔业统计年鉴》[2]中没有统计数据，"＋"表示自然水域养殖不需投喂配合饲料；贝类和藻类包括河蚌、螺、蚬和螺旋藻的养殖不使用人工配合饲料，故表中未列出。

Notes: Data in the table were from iteratures, expert consultation and practice survey. "—"in the table mean no satisial data from China Fishery Statistical Yearbook[2]. "＋"in the table mean nofeeding with aquafeeds in the natural aquaculture. Shellfish and algae are non - fed species, including mussels, snails, clams and Spirulina, and are not included in this table.

附表 4 中国海水养殖主要种类水产饲料的鱼粉与鱼油含量（1985—2014）

Appendix 4 Percentage of fishmeal and fish oil of compound aquafeed in Chinese mariculture by major species from 1985 to 2014

单位：%

种类 Species	1985	1990	1995	2000	2003	2004	2005	2006	2007	2008	2009	2010	2011	2012	2013	2014
贝类 Molluscs																
鲍 *Haliotis*		—	—	—	27	27	27	27	25	25	25	25	20	20	20	20
螺 conch	—	—	—	—	—	—	—	—	60	50	45	35	35	35	30	30
甲壳类 Crustaceans																

（续）

种类 Species	1985	1990	1995	2000	2003	2004	2005	2006	2007	2008	2009	2010	2011	2012	2013	2014
南美白对虾 *Litopenaeus vannamei*	—	—	—	—	42	39	36	35	35	35	32	30	30	28	27	27
斑节对虾 *Penaeus monodon*	—	—	—	—	41	40	37	37	36	35	35	32	30	30	30	30
中国对虾 *Fenneropenaeus chinensis*	20	40	45	45	42	40	40	40	40	40	37	37	35	35	35	35
日本对虾 *Penaeus japonicus*	—	—	—	—	40	40	40	40	40	37	37	35	35	35	35	35
梭子蟹 *Portunus trituberculatus*	—	—	—	—	55	55	54	54	54	50	49	41	41	41	41	41
青蟹 *Scylla serrata*	—	—	—	—	55	55	54	54	54	49	47	44	42	40	39	39
鱼类 Fish																
鲈鱼 *Lateolabrax japonicus*	—	—	—	—	55	53	48	48	46	46	45	43	39	37	37	37
鲆鱼 lefteyed flounders		—	70	70	65	62	59	55	50	50	53	53	50	50	50	50
大黄鱼 *Larimichthys crocea*			—	—	63	55	55	55	55	50	50	50	48	48	45	45
军曹鱼 *Rachycentron canadum*				—	60	60	60	60	50	53	53	50	50	45	43	43
鰤鱼 *Seriola*					65	65	60	60	55	50	50	50	45	45	45	45
鲷鱼 sea bream		—	—	—	55	55	55	55	50	47	45	45	45	45	45	45
美国红鱼 *Sciaenops ocellatus*				—	65	60	58	55	55	50	50	40	45	43	40	40
河鲀 *Fugu*		—	—	—	55	55	55	50	50	50	50	45	45	42	41	41
石斑鱼 *Epinephelus*		—	—	—	65	63	63	60	60	58	58	56	53	52	50	50
鲽鱼 righteyed flounders				—	65	60	60	58	58	58	55	55	55	50	45	45
卵形鲳鲹 *Trachinotus ovatus*			—	—	45	45	45	45	45	40	40	40	35	35	35	35
其他鱼类 other fish species	—	—	—	—	55	55	55	50	50	50	50	50	45	45	45	45
其他类 Others																
海参 sea cucumber	—	—	—	—	—	—	7	7	6	6	6	4	4	4	3	3
海蜇 *Rhopilema*	—	—	—	—	30	30	30	25	25	25	25	20	20	20	20	20

注："—"表示特定时期没有商业化配合饲料或是养殖中没有使用配合饲料的种类。

Notes："—"means without commercial compound feed(CCF)or without using CCF in speeific mariculture species in specific year.

附表 5 中国淡水养殖主要种类及大类配合饲料的营养级(1995—2014)

Appendix 5 Trophic level of compound aquafeed in Chinese freshwater aquaculture by major species or species group from 1995 to 2014

配合饲料种类 Compound aquafeed for species	1995	2000	2003	2004	2005	2006	2007	2008	2009	2010	2011	2012	2013	2014
草鱼 *Ctenopharyngodon idellus*	1.16	1.10	1.10	1.10	1.10	1.10	1.08	1.06	1.04	1.04	1.04	1.03	1.00	1.00
鲢,鳙 *Hypophthalmichtlys molitrir* & *H. nobilis*												1.00	1.00	1.00
普通淡水鱼 common freshwater fish	1.32~1.43	1.22~1.33	1.22~1.33	1.22~1.33	1.22~1.33	1.20~1.32	1.18~1.28	1.18~1.26	1.16~1.26	1.16~1.26	1.12~1.22	1.10~1.20	1.10~1.16	1.10~1.16
青鱼和泥鳅 *Mylopharyngodon piceus* & *loach*	1.64	1.44	1.42~1.44	1.38~1.44	1.38~1.44	1.38~1.44	1.34~1.40	1.34~1.38	1.32	1.32	1.26~1.30	1.24	1.20	1.20
特种淡水鱼 special freshwater fish	2.30	2.30	1.86~2.30	1.86~2.30	1.86~2.30	1.76~2.30	1.76~224	1.66~2.24	1.66~2.20	1.66~2.20	1.56~2.16	1.56—2.10	1.54~2.10	1.54~2.10
其他淡水鱼 other freshwater fish			1.60	1.60	1.56	1.56	1.52	1.52	1.50	1.50	1.50	1.50	1.50	1.50
克氏原螯虾 *Procambarus clarkii*										1.32	1.26	1.22	1.20	1.20
虾,蟹 shrimp & crab		1.63~1.83	1.63~1.94	1.63~1.84	1.63~1.84	1.63~1.83	1.59~1.83	1.59~1.79	1.52~1.73	1.52~1.73	1.52~1.63	1.43~1.57	1.42~1.56	1.42~1.56
鳖蛙龟 turtle & frog	2.06	1.96	1.95~2.20	1.95~2.20	1.95~2.20	1.90~2.20	1.89~2.16	1.86~2.16	1.85~2.10	1.85~2.10	1.75~2.10	1.65~2.04	1.64~2.00	1.64~2.00

注:配合饲料营养级是根据饲料中各个成份的比例及其营养级计算得出,鱼源性原料(鱼粉和鱼油)的营养级为 3,非鱼源性原料的营养级为 1,计算公式为:鱼源性原料含量×3+非鱼源性原料含量×1. 不同类型淡水饲料的分类依据是 2014 年各种配合饲料中相近的鱼粉和鱼油含量. 各大类的种类名见文内,表中空白格表示自然水域养殖,不需投喂饲料。

Notes: Trophic level of aquafeed is calculated from the feed composition and the trophic levels of the ingredients of the aquafeed. The trophic level of the ingredients from fish is 3 and the trophiclevel of the ingredients not from fish is 1. Trophic level of aquafeed=the content of the fish ingredients×3+the content of non-fish ingredients×1. The different freshw ater aquafeeds are dividedaccording to the similar content of fishmeal and fish oil of the feed. Blank space in the table mean no feeding with aquafeeds in the natural aquaculture.

附表 6 中国海水养殖主要种类及大类配合饲料的营养级(1985—2014)

Appendix 6 Trophie level of compound aquafeed in Chinese mariculture by major speciesor species group from 1985 to 2014

种类 Species	1985	1990	1995	2000	2003	2004	2005	2006	2007	2008	2009	2010	2011	2012	2013	2014
贝类 Molluscs																
鲍 *Haliotis*		—	—	—	1.54	1.54	1.54	1.54	1.50	1.50	1.50	1.50	1.40	1.40	1.40	1.40
螺 conch	—	—	—	—	—	—	—	—	2.20	2.00	1.90	1.70	1.70	1.70	1.60	1.60
甲壳类 Crustaceans																
南美白对虾 *Litopenaeus vannamei*		—	—	—	1.84	1.78	1.72	1.70	1.70	1.70	1.64	1.60	1.60	1.56	1.54	1.54
斑节对虾 *Penaeus monodon*	—	—	—	—	1.82	1.80	1.74	1.74	1.72	1.70	1.70	1.64	1.60	1.60	1.60	1.60
中国对虾 *Fenneropenaeus chinensis*	1.40	1.80	1.90	1.90	1.84	1.80	1.80	1.80	1.80	1.80	1.74	1.74	1.70	1.70	1.70	1.70
日本对虾 *Penaeus japonicus*	—	—	—	—	1.80	1.80	1.80	1.80	1.80	1.74	1.74	1.70	1.70	1.70	1.70	1.70
梭子蟹 *Portunus trituberculatus*	—	—	—	—	2.10	2.10	2.08	2.08	2.08	2.00	1.98	1.82	1.82	1.82	1.82	1.82
青蟹 *Scylla serrata*	—	—	—	—	2.10	2.10	2.08	2.08	2.08	1.98	1.94	1.88	1.84	1.80	1.78	1.78
鱼类 Fish																
鲈鱼 *Lateolabrax japonicus*	—	—	—	—	2.10	2.06	1.96	1.96	1.92	1.92	1.90	1.86	1.78	1.74	1.74	1.74
鲆鱼 left - eyed flounders		—	2.4	2.4	2.30	2.24	2.18	2.10	2.00	2.00	2.06	2.06	2.00	2.00	2.00	2.00
大黄鱼 *Larimichthys crocea*			—	—	2.26	2.10	2.10	2.10	2.10	2.00	2.00	2.00	1.96	1.96	1.90	1.90
军曹鱼 *Rachycentron canadum*				—	2.20	2.20	2.20	2.20	2.00	2.06	2.06	2.00	2.00	1.90	1.86	1.86
鰤鱼 *Seriola*					2.30	2.30	2.20	2.20	2.10	2.00	2.00	1.90	1.90	1.90	1.90	1.90
鲷鱼 sea bream		—	—	—	2.10	2.10	2.10	2.10	2.00	1.94	1.90	1.90	1.90	1.90	1.90	1.90
美国红鱼 *Sciaenops ocellatus*				—	2.30	2.20	2.16	2.10	2.10	2.00	2.00	1.80	1.90	1.86	1.80	1.80
河鲀 *Fugu*		—	—	—	2.10	2.10	2.10	2.00	2.00	2.00	2.00	1.90	1.90	1.84	1.82	1.82
石斑鱼 *Epinephelus*		—	—	—	2.30	2.26	2.26	2.20	2.20	2.16	2.16	2.12	2.06	2.04	2.00	2.00
鲽鱼 right - eyed flounders				—	2.30	2.20	2.20	2.16	2.16	2.16	2.10	2.10	2.10	2.00	1.90	1.90
卵形鲳鲹 *Trachinotus ovatus*			—	—	1.90	1.90	1.90	1.90	1.90	1.80	1.80	1.80	1.70	1.70	1.70	1.70
其他鱼类 Other fish species	—	—	—	—	2.10	2.10	2.10	2.00	2.00	2.00	2.00	2.00	1.90	1.90	1.90	1.90
其他类 Others																
海参 sea cucumber	—	—	—	—	—	—	1.14	1.14	1.12	1.12	1.12	1.08	1.08	1.08	1.06	1.06
海蜇 *Rhopilema*	—	—	—	—	1.60	1.60	1.60	1.50	1.50	1.50	1.50	1.40	1.40	1.40	1.40	1.40

注:各养殖种类的配合饲料营养级的计算公式为:饲料中鱼粉鱼油的含量×3+饲料中非鱼粉鱼油成分的含量×1。

Notes: Trophic level of compound aquafeed by major species=contents of fish meal and fish oil in feed×3+(1−contents of fish meal and fish oil in feed)×1.

China Aquaculture Provides Food for the World and then Reduces the Demand on Wild Fisheries[①]

HAN Dong, SHAN Xiujuan, ZHANG Wenbing, CHEN Yushun, XIE Shouqi, WANG Qingyin, LI Zhongjie, ZHANG Guofan, MAI Kangsen, XU Pao, LI Jiale, TANG Qisheng

The article "China's aquaculture and the world's wild fisheries" in the policy forum by Cao et al. (9 Jan. 2015, p. 133) projects that "China's aquaculture sector is destined to diminish wild fish stocks worldwide without certain measures". The projection is inaccurate, biased and unjustified. The authors misunderstood China aquaculture and its overall effects on the world wild fish stocks. Compared with other countries[②], China aquaculture is characterized by lower trophic levels (2.20 and 2.04 for freshwater and marine aquaculture in 2012, respectively, Table 1) and higher yields. Unlike intensive carnivores' aquaculture, China aquaculture is dominated by plants, filter - feeders, herbivores and omnivores. And over 55 percent (36.6 and 85.2 percent of freshwater and marine aquaculture products in 2012, respectively) of China aquaculture production do not rely on feed[③]. China contributes more than 60 percent of the world aquaculture output at a cost of only one quarter of the world fishmeal (around 1.0 MMT stable annual imports into China in past three years). Up to now, improved technologies on alternative proteins have been reducing the demand on fishmeal[④]. The managements on capture fisheries in main fishmeal producing countries are becoming stricter and stricter and the annual fishmeal production is depended on the total allowable catch (TAC) in those countries. Thus, it is impossible for China aquaculture to diminish wild fish stocks worldwide. China, like other countries, is now actively developing both resource conservation - based capture fisheries and environment - friendly aquaculture in freshwater and marine systems[⑤]. Aquaculture will be the main source of aquatic food in the future and surely save the world wild fisheries.

---

① 本文原刊于 http://comments.Sciencemag.org/content/10.1126/science.1260149，2015。

② Y. Olsen, Aquacult. Environ. Interact. 1: 187 (2011).

③ Fishery Bureau, Ministry of Agriculture, People's Republic of China, China Fisheries Statistical Yearbook, 2013.

④ Food and Agriculture Organization of the United Nations, the State of World Fisheries and Aquaculture, 2014 (FAO, Rome, 2014).

⑤ Q. Tang, *Front. Agr. Sci. Eng.*, 1: 85-90, 2014.

中国水产养殖缓解了对野生渔业资源需求的压力①

单秀娟[1]，韩冬[2]，张文兵[3]，陈宇顺[2]，王清印[1]，解绶启[2]，李钟杰[2]，
张国范[4]，麦康森[3]，徐跑[5]，李家乐[6]，唐启升[1]②
（1. 中国水产科学研究院黄海水产研究所 266071；
2. 中国科学院水生生物研究所 430072；
3. 中国海洋大学 266003；
4. 中国科学院海洋研究所 266071；
5. 中国水产科学研究院淡水渔业研究中心 214081；
6. 上海海洋大学 201306）

Ling Cao 等在《科学》杂志（Science，2015，6218：133－135）发表的“中国水产养殖与世界野生渔业”（China's aquaculture and the world's wild fisheries）一文引起了多方关注。该文提出了“若不采取相关措施，中国水产养殖业注定削减世界野生渔业资源”的论点。显然，文章作者对中国水产养殖业快速发展的国情缺乏了解，文章的结论也有失偏颇，缺乏令人信服的科学依据。为此，有必要对中国水产养殖业的发展、结构特征及其在缓解世界野生渔业资源压力方面的作用做出明确阐述，以飨关心这一问题的业内同行和各方读者。

中国水产养殖快速发展的驱动力

改革开放以来，中国水产养殖快速发展主要归因于政策和科技两大驱动因素。中国巨大的人口基数和对水产品需求的不断增长，决定了水产养殖在中国渔业的战略主导地位，中国必须走“以养为主”的产业发展道路，确保水产养殖业的快速发展，同时，科技进步推动了水产养殖业的跨越式发展。而产业结构对驱动发展的意义不容低估，也是构成中国特色水产养殖业的要素之一。中国水产养殖相当一部分种类不需要投饵。生产成本低，管理相对简单，在解决了种苗培育和养殖技术之后，很快即可形成规模养殖，这在经济发展相对滞后、技术力量相对薄弱的发展中国家具有重要意义。水产养殖促进了捕捞渔业产业结构调整，转移了大量富余劳动力，渔业效益和渔农民收入增加，缓解了野生水生生物资源衰退的压力，水域生态环境也得到改善。2013 年，中国水产养殖产量达 4 542 万 t，占全球水产养殖总产量的 60%以上，不仅保障了中国水产品的市场供应，也对世界水产品供给做出了重大贡献。

---

① 本文原刊于《中国水产》(6)：5－6，2015。

② 通讯作者。

中国水产养殖的产业结构特征

众所周知，中国水产养殖在长期探索中走出了适合中国国情的发展之路，形成了颇具中国特色的产业结构，这是一个低营养层次和高产出的结构，一个既提供食物又具生态服务功能的结构。2013 年，中国淡水养殖种类的加权营养级为 2.20，海水养殖种类的加权营养级为 2.05。远低于许多以投饵性鱼类养殖为主的国家的水产养殖营养级，其营养级高达 3.0～3.5。这些简单而明确的数据进一步表明中国水产养殖是以高生态转化效率和高产出的方式为人类提供水产品的。中国水产养殖营养级较低是由于不需投放饵料的滤食性鱼类、滤食性贝类以及藻类等养殖的产量在总产量中的比例高。2013 年，中国水产养殖不投饵种类的产量比例为 55%，远高于世界不投饵种类产量比例 30%的平均水平。

2013 年，中国淡水养殖产量占水产养殖总产量的 61.7%，其中淡水鱼类产量占 88.6%。超过 82%的淡水养殖鱼类产量来源于滤食性、草食性和杂食性鱼类，这些鱼类对鱼粉的需求量都比较低。如占淡水鱼类养殖总产量 67.6%的鲤科鱼类，其中鲢、鳙是不投饵的滤食性鱼类，草鱼是草食性鱼类，饲料中几乎没有使用鱼粉。海水养殖中不投饵的贝类（74.2%）和藻类（10.7%）产量占海水养殖总产量的 84.9%。统计分析表明，中国水产养殖中主要依赖鱼粉为蛋白源进行投饵养殖的鱼类和甲壳类的产量仅占养殖总产量的 39.1%。

以上也是为什么中国仅使用世界 25%左右的鱼粉却为世界生产出了 60%以上的水产品的主要原因。

中国进口鱼粉总量趋于稳定

过去 10 年间，中国水产养殖产量从 2003 年的 2 627 万 t 增加至 2013 年的 4 542 万 t，水产饲料产量从 500 万 t 增加到 1 700 万 t，但主要养殖种类饲料中的鱼粉含量却大幅度下降。投饵性鲤科鱼类饲料中的鱼粉含量已经从 1995 年的 10%降到了 2008 年的 3%，到 2020 年预计降至 1%。中国鱼粉年进口量在过去 10 年基本稳定在 100 万 t～150 万 t 之间，近年有所下降，如 2012 年进口鱼粉 125 万 t，2013 年进口鱼粉 98 万 t，2014 年进口鱼粉 104 万 t。对 1984—2000 年联合国粮农组织的数据分析表明，水产养殖产量和鱼粉产量之间没有直接联系，其他研究或统计分析也有类似结论。此外，中国水产饲料工业中鱼粉替代蛋白源，如非鱼源性的动物蛋白、植物蛋白和单细胞蛋白等的应用已经非常广泛。

秘鲁、智利以及美国等是世界鱼粉主要生产国，也是中国进口鱼粉的主要国家。这些国家作为世界上渔业管理比较先进的国家，在总允许渔获量管理方面非常成功，捕捞配额也是根据渔业资源评估状况逐年调整的。例如，2012 年夏季秘鲁鳀捕捞配额因 2011 年评估的鳀资源量下降而降至 81 万 t。1995 年粮农组织通过了《负责任渔业行为守则》之后，这些国家堪称负责任渔业捕捞和管理的典范，不会对本国及非专属经济区渔业资源进行掠夺式开发。因此，这些国家与中国的鱼粉贸易造成其本国乃至全球鱼类资源衰退也就无从谈起。事实上近年来世界捕捞渔业产量中加工成鱼粉的比例在下降。另外，鱼粉生产原料主要来自中上层的小型鱼类（亦称饵料鱼），大量研究证明中上层的小型鱼类资源波动与气候变化密切相关，如秘鲁鳀、太平洋鳀和沙丁鱼等资源量的剧烈波动。因此，秘鲁、智利和美国等国家渔业资源的变动与中国水产养殖的影响不存在必然关系。

相关措施已在实施

近年来，中国水产养殖中使用低值鲜杂鱼每年约 300 万 t。这些鲜杂鱼（如鳀、龙头鱼、脊腹褐虾、七星底灯鱼等）主要用于投喂营养层次较高的鲈鱼、鲆蝶类和大黄鱼等，实现了低值蛋白向高值蛋白的转换。而且，投喂鲜杂鱼带来的严重环境污染等问题，已引起了政府相关部门和有关方面的高度关注。已经有专家建议国家立法，在未来水产养殖中将禁止使用鲜杂鱼，部分海水养殖的主产区如浙江等地已经开始试点。

过去几十年间，随着对水产养殖生物的消化生理、营养需求、饲料原料处理工艺和鱼粉替代蛋白源等方面的研究和认识的加深，中国水产饲料中鱼粉含量一直在持续下降。虽然中国水产养殖的总产量持续增加，但水产养殖消耗的鱼粉总量相对稳定，并且还有下降的趋势。事实上，目前中国水产养殖营养与饲料的研究与产业的发展目标也是明确的，即“通过系列研究与示范、通过饲料配方及投喂管理技术的改进，提高养殖效益、降低饲料成本、改善产品品质、减少环境污染，以保障食物安全、食品安全和环境安全。为最终实现配合饲料的全面普及、立法禁止直接使用鲜杂鱼和饲料原料进行水产养殖，保证养殖业的健康持续发展”。

20 世纪 90 年代以来，“健康养殖”和“生态养殖”理念在中国水产养殖实践中不断发展，并取得显著成绩。2015 年的中央 1 号文件再次明确“推进水产健康养殖”，进一步促使产业向标准化、规范化方向发展。多营养层次的生态综合养殖模式的示范与推广也为中国水产养殖未来的发展提供了更多选择，促进“高效、优质、生态、健康、安全”现代中国水产养殖业的绿色发展。水产品是人类优质蛋白的重要来源之一，目前全球水产品总量的约50％来自水产养殖，预计到 2030 年，这个比例将提高到 60％以上，未来水产品供应将主要来源于水产养殖。因此，未来的中国水产养殖业不仅将为人类提供更多的食物，同时也将进一步缓解对世界野生渔业资源供给的需求。

A Revisit to Fishmeal Usage and Associated Consequences in Chinese Aquaculture①

HAN Dong[1,2], SHAN Xiujuan[3], ZHANG Wenbing[4], CHEN Yushun[1], WANG Qingyin[3], LI Zhongjie[1], ZHANG Guofan[5], XU Pao[6], LI Jiale[7], XIE Shouqi[1], MAI Kangsen[4], TANG Qisheng[3] and Sena S. De Silva[8]

(*1. State Key Laboratory of Freshwater Ecology and Biotechnology, Institute of Hydrobiology, Chinese Academy of Sciences, Wuhan, China;*
2. Freshwater Aquaculture Collaborative Innovation Center of Hubei Province, Wuhan, China;
3. Yellow Sea Fisheries Research Institute, Chinese Academy of Fishery Sciences, Qingdao, China;
4. Ocean University of China, Qingdao, China;
5. Institute of Oceanology, Chinese Academy of Sciences, Qingdao, China;
6. Freshwater Fisheries Research Center, Chinese Academy of Fishery Sciences, Wuxi, China;
7. Shanghai Ocean University, Shanghai, China;
8. School of Life & Environmental Sciences, Deakin University, Warrnambool, Australia)

Abstract: China has dominated global aquaculture production for more than two decades. Aquaculture production in China increased from 24.6 million metric tons (mmt) in 2000 to 47.5 mmt in 2014, an increment of 93.1%. Along with the fast - growing aquaculture industry, aquafeed production in China increased from 5.1 mmt in 2000 to 19.0 mmt in 2014, an increment of 272.5%. However, despite the rapid increase in aquafeed production, the fishmeal usage in aquafeeds in China has remained stable over the years. Fishmeal imports into China remained relatively steady at 1.0~1.5 mmt per annum from 2000 to 2014. An often unacknowledged fact is that China contributes more than 60% to the world aquaculture production at a cost of only 25%~30% of the world fishmeal output. This review attempts to explain why the fishmeal usage has not increased proportionately with the increasing aquafeed production in China from several angles: (i) the current status of fishmeal usage in Chinese aquaculture; (ii) the relationship between the decreasing dietary inclusions of fishmeal and improved feed techniques, especially the use of alternative protein sources for fishmeal; (iii) the dominance of Chinese aquaculture by low trophic level species of plants, filter feeders, herbivores and omnivores and consequent low demands for fishmeal; and (iv) the increasing price of fishmeal and the management of exploitation of wild fisheries in the main fishmeal exporting countries to China. The trends

① 本文原刊于 *Reviews in Aquaculture*，10：493－507，2018。

and prospects of fishmeal usage in the future in Chinese aquaculture and the associated consequences are also addressed. Like other countries, China is now actively developing both resource conservation - based capture fisheries and environment - friendly freshwater and marine aquaculture systems. Aquaculture will be the main source of aquatic food in the future and will also indirectly contribute to save the world wild fisheries, and China will be main player that will continue to contribute towards this end.

Key words: Aquafeeds; Chinese aquaculture; Filter feeders; Fishmeal; Herbivores and omnivores; Plants

Introduction

Aquaculture is the fastest - growing food production sector in the world, contributing nearly half to the global food fish consumption (Subasinghe et al., 2009). The aquaculture sector has grown at an average annual rate of about 6% over the past three decades (FAO, 2012). In animal production systems for human food, farmed fish convert more of the feed ingested into growth than terrestrial counterparts. It is predicted that in the coming decades, total fish production from both capture and aquaculture will exceed that of beef, pork or poultry (FAO, 2012).

Aquaculture in China developed rapidly in the past few decades. China became the predominant aquaculture producer in the world, since the 1990 s. In 2014, aquaculture production in China was 47.5 million metric tonnes (mmt), accounting for more than 60% of the world's production (China Fishery Statistical Yearbook; Fishery Bureau, Ministry of Agriculture, People's Republic of China, 2015). Freshwater aquaculture in China has been viewed as one of the two main contributions of the nation to the world in the modern era. In the past decades, there has been a shift in the consumption of fish from other animal proteins in China. In 2010, the per capita fish consumption in China reached about 35.1 kg, with an approximate average annual rate of increase in 6.0% from 1990 to 2010, compared to the average global per capita fish supply of 18.9 kg in 2010 (FAO, 2014). Fish now provides about one third of animal protein intake in China. In fact, it has been shown that in the period 1961 to 2011, the GDP of China doubled while the daily fish consumption quadrupled making China the largest fish consumer in the world (Villasante et al., 2013).

In a scenario of a rapidly growing aquaculture sector, in China as well as globally, aquafeeds play a key role in providing the increasing demands for nutrients for the great bulk of cultured stocks. It is a commonly acknowledged fact that in nutritionally wholesome aquafeeds, the protein component is the costliest, often accounting for more than 60% of the feed cost. During the past decades, proteins in aquafeeds have been sourced from a variety of sources, such as from animals, plants, processed by - products thereof and single-cell sources (Gatlin et al., 2007; Hasan et al., 2007; Tacon & Metian, 2008; Tacon et al., 2011). Of all the protein sources, fishmeal is reckoned to be the preferred protein source for feeds of aquatic and land animals because of the balanced amino acid profile, phospholipids and favourable fatty acids composition, good feed palatability and easy digestibility and absorption. The imported fishmeal usage in Chinese aquaculture has been stable from 2000 to 2014, despite of the sharp increase in aquafeed production. In this article, it is illustrated that China's aquaculture and aquafeed industry have some special features leading to the steady fishmeal usage, which consequently does not impose additional stressors on the world wild fish stocks, directly and or indirectly, as suggested by some critiques (Naylor et al., 2000, 2009; Cao et al., 2015).

This evaluation is primarily aimed at addressing the questions and issues raised by some of these critiques that China's aquaculture is impacting adversely on global wild fish resources. In this regard, detailed data on aspects of Chinese aquaculture production, in particular the species groups used and their trophic relationships are brought to focus in support of the contention that Chinese aquaculture is unlikely to impact on wild fisheries as claimed by critiques. On the other hand, this evaluation does not attempt to address in any detail issues relating to environmental deterioration and consequent potential ecosystem unsustainability resulting from aquaculture developments. However, it is important to point out that steps are being taken to address such issues and paradigm changes are taking place in respect of aquaculture developments in China that will in the long term minimize environmental deterioration (Lin et al., 2015; Wang et al., 2016).

Critiques on Excessive Usage of Fishmeal in Chinese Aquaculture

Admittedly, there had been many critiques of the aquaculture sector in China in the recent years, on environmental grounds (Xie & Yu, 2007; Herbeck et al., 2013; Zeng et al., 2013) as well as on excessive usage of biological resources in particular fishmeal for its sustenance (Cao et al., 2015). One of the key issues is the use of fishmeal and fish oil in aquafeeds. The use of fishmeal and fish oil in global aquaculture has been dealt on a number of occasions (Naylor et al., 2000, 2009; Tacon & Metian, 2008; Tacon et al., 2010).

Equally, purported excessive use of fishmeal and fish oil in global aquaculture and the negative impacts there of on wild stock have also been highlighted in the past (Naylor et al., 2009) and more recently in respect of Chinese aquaculture by Chiu et al. (2013) and Cao et al. (2015).

In the latter two studies, the survey data were only from three provinces, that is Shandong, Zhejiang and Hainan (Chiu et al., 2013), and from four provinces, Guangdong, Shandong, Zhejiang and Hainan (Cao et al., 2015). These provinces, in our view, do not fully represent the status of Chinese aquaculture, in particular freshwater aquaculture, the mainstay of Chinese aquaculture currently (Wang et al., 2015). In China, aquaculture practices and aquafeed formulations are much different between provinces. Freshwater aquaculture production accounts for 90.8% of total Chinese aquaculture production, except those of molluscs and algae (China Fishery Statistical

Yearbook; Fishery Bureau, Ministry of Agriculture, People's Republic of China, 2015). The leading five provinces in freshwater aquaculture production are Hubei, Guangdong, Jiangsu, Hunan and Jiangxi (Wang et al., 2015). To emphasize our point of view that the databases used by Chiu et al. (2013) and Cao et al. (2015) did not adequately represent the centres of aquaculture production in China, we provide results of an analysis in Figure 1. This figure shows the 15 leading provinces for finfish and crustacean (collectively) aquaculture production in China, each of which exceeded an average of 0.39 mmt $year^{-1}$ and eight of which exceeded 1.0 mmt $year^{-1}$, based on the average production from 2000 to 2014, and the per cent contribution of each of these provinces to the Chinese aquaculture production of these commodities.

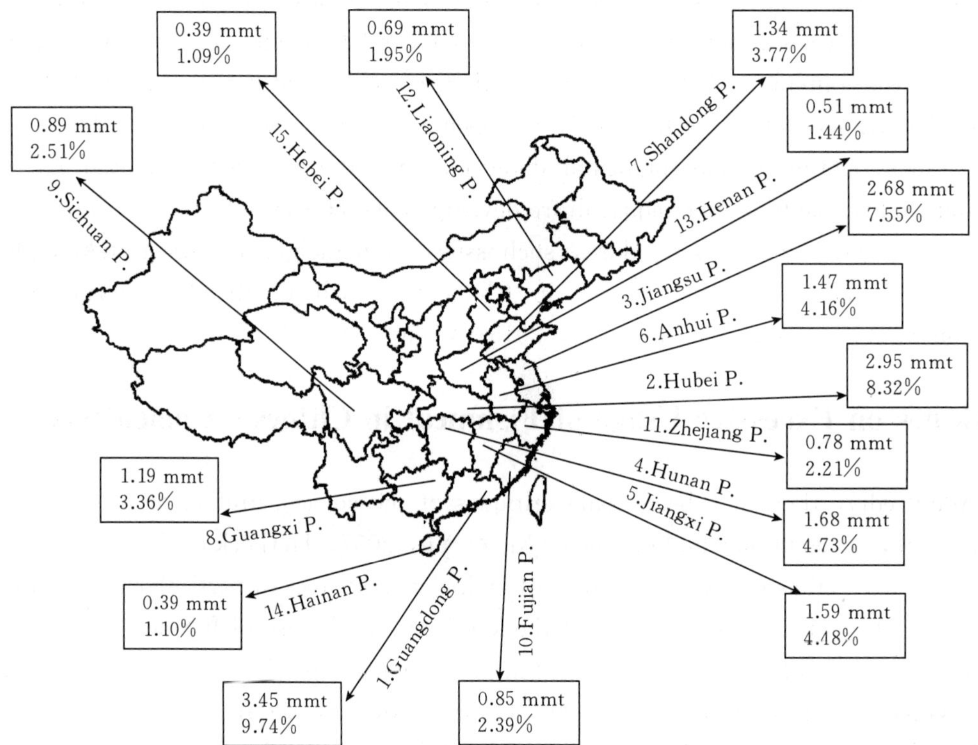

Figure 1 The 15 top ranked provinces for the average annual collective finfish and crustacean production (2000—2014) and the percent contribution of each province to the Chinese total aquaculture production [based on China Fishery Statistical Yearbook (2001—2015)]

Fishmeal Usage in Chinese Aquaculture

Aquaculture output in China increased from 24.6 mmt in 2000 to 47.5 mmt in 2014, an increment of 93.1% (China Fishery Statistical Yearbook 2001—2015). For this presentation, the fishmeal imported to China and the local fishmeal production data were extracted from China Seafood Imports and Exports Statistical Yearbook (Bureau of Fisheries, Ministry of Agriculture 2015), and the China Feed Industry Yearbook (2001—

2015; China Feed Industry Association, 2016), respectively. Both these publications are Chinese Government Publications. During this period, aquafeed production in the nation increased from 5.1 to 19.0 mmt, an increment of 272.5% (Figure 2). However, fishmeal inclusion in feeds for the major cultured species declined considerably. This is one key reason why the average annual fishmeal imports to China remained relatively steady at 1.0～1.5 mmt through the past decade (Figure 2). According to China Customs' statistics, China imported 1.25, 0.98 and 1.04 mmt of fishmeal in 2012, 2013 and 2014, respectively. It could be concluded from Figure 2 that the growth in China's aquafeeds sector is not directly dependent and or correlated to fishmeal imports. China also produced an estimated 0.8 mmt of fishmeal (Figure 2). Fishmeal inclusion levels in aquafeeds are likely to continue to decline as there is a high degree of rationalization of its use in feeds. For example, fishmeal is used as a strategic ingredient in specialist diets such as starter, broodstock and finisher diets, but rarely for grow-out. In grow-out diets, imported fishmeal is mostly used for example in feeds for yellow catfish (*Peltobagrus fulvidraco*), largemouth bass (*Micropterus salmoides*) and marine species: species that command a market prices above 1 300 USD per ton.

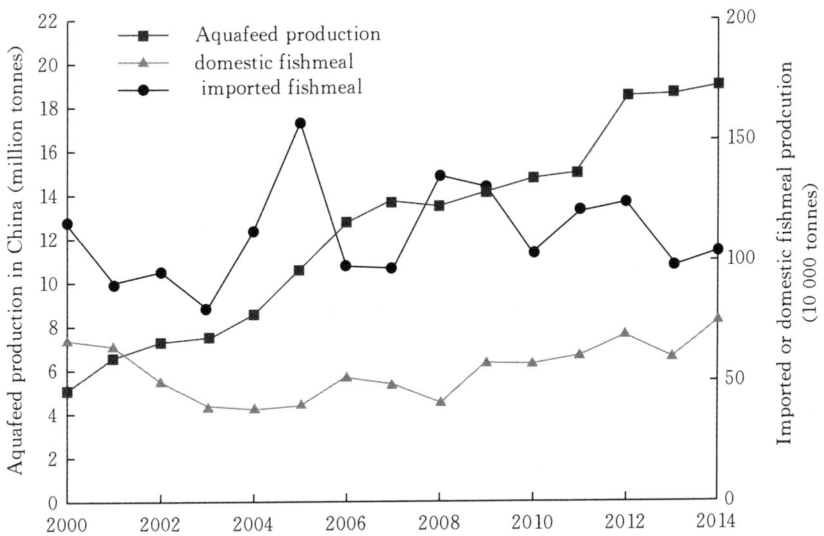

Figure 2 Trends in the volume of production of aquafeeds, and fishmeal in China, and the volume of fishmeal imports to China, 2000 to 2014. Based on data from China Feed Industry Yearbook (2001—2015; China Feed Industry Association, 2016) and China Fishery Statistical Yearbook (2001—2015), and China Seafood Imports and Exports Statistical Yearbook (Bureau of Fisheries, Ministry of Agriculture 2015)

Fishmeal Usage in Freshwater Aquaculture

The main cultured freshwater species fed on feeds containing fishmeal are grass carp (*Ctenopharyngodn idellus*), common carp (*Cyprinus carpio*), crucian carp (*Carassius* auratus), tilapia (*Oreochromis niloticus*), shrimp (*Penaeus vannamei*), snakehead (*Channa* spp.), largemouth bass (*M. salmoides*), yellow catfish (*P. fulvidraco*) and eel (*Anguilla japonicus*; Figure 3). According to Cao et al. (2015), the fed carps and tilapia accounted for 50.9 per cent of the fishmeal used in Chinese aquaculture, amounting to 0.56 mmt. On the other hand, it has been pointed out that fishmeal used for carp and tilapia feeds are domestically produced (Chiu et al., 2013) and confirmed to be so by our own observations. Moreover, domestic fishmeal production is based on processing waste and low valued fish (also often referred to as trash fish) considered to be unsuitable for human consumption.

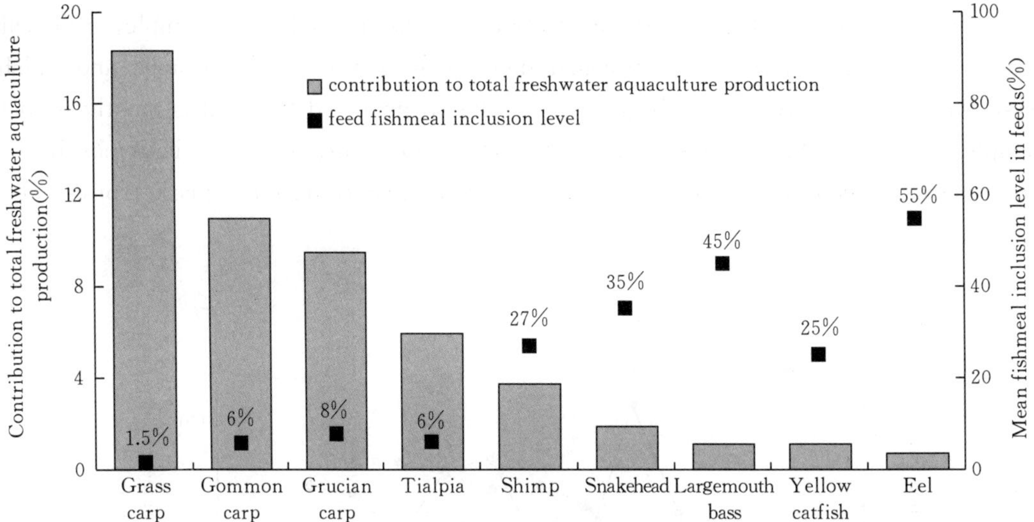

Figure 3 The percent contribution of those species that are fed commercial feeds that include fishmeal to the total freshwater aquaculture production in China in 2014. For each species, mean dietary fishmeal inclusion level is also given. Red swamp crayfish (*Procambarus clarkii* Girard) is not included in freshwater shrimp because most of the crayfish aquaculture do not use aquafeeds. Data are from China Fishery Statistical Yearbook (Fishery Bureau, Ministry of Agriculture, People's Republic of China, 2015). Data of fishmeal inclusion level in feeds for each species are from the main aquafeed producers in China

Fishmeal Usage in Marine Aquaculture

In China in respect of cultured marine species, it is estimated that the production of 90%, 60%, 20%, 10% and 50% of sea bass, flatfish, large yellow croaker, grouper and other marine fish is based on compound feeds, respectively. The main fishmeal fed species in mariculture, which only account for about 5.5% of the total aquaculture production, are crustaceans, sea bass, flatfish, large yellow croaker, grouper and other marine fish (Figure 4). Low valued fish is often used to feedmariculture species.

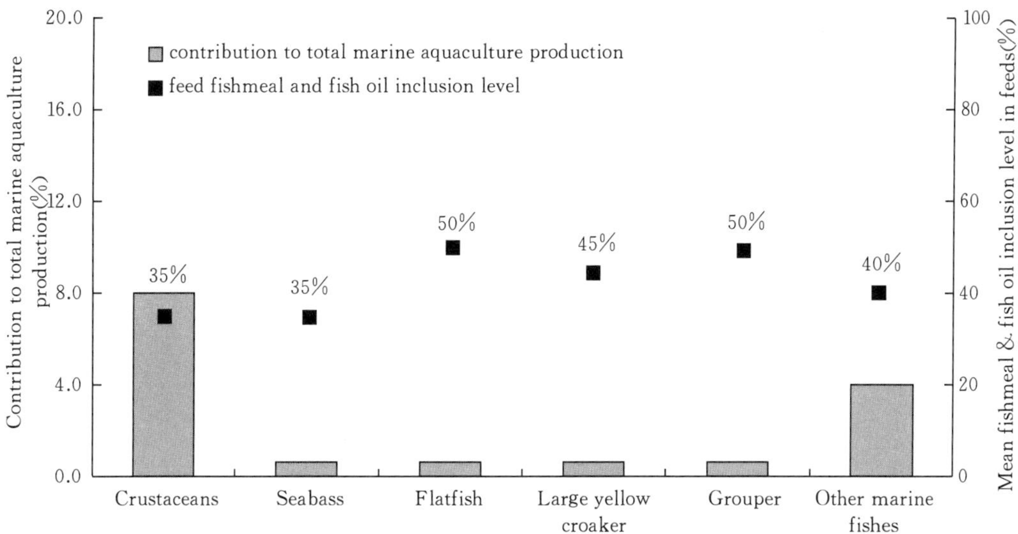

Figure 4 The per cent contribution of those species fed diets that include fishmeal to the total marine aquaculture production in China in 2014 and the respective mean dietary fishmeal inclusion level. Data are from China Fishery Statistical Yearbook (Fishery Bureau, Ministry of Agriculture, People's Republic of China, 2015) . Data of fishmeal and fish oil inclusion level in feed for the species are from the main aquafeed producers in China

The Discrepancy on Fishmeal Usage and Growth of Aquafeeds and Aquaculture Production in China

It is evident from Figure 2 that in China, the quantity of imported fishmeal remained relatively stable at 1. 0 to 1. 5 mmt for the period 2000 to 2014, a fact that is also confirmed independently (Shepherd & Jackson, 2013) . During this period, however, a rapid growth in aquafeed production was witnessed. This is probably due to many reasons, acting singly and or in combination. The plausible reasons are as follows: ①decreasing dietary inclusion levels of fishmeal in conjunction with the use of alternative protein sources for fishmeal and improved manufacturing techniques and ② strategic use of fishmeal in feeds for cultured species in relation to market value.

It is important to consider whether the above trend is exclusive to Chinese aquaculture or is it a pattern that is being witnessed in countries where aquaculture is a significant food production sector. It is difficult to obtain such country - wise data. However, an analysis of the data on trends on global aquaculture production and fishmeal production is most revealing (Figure 5); there had been a significant reduction in the world fishmeal production since early 1990s but global and Chinese aquaculture productions of finfish and crustaceans have nevertheless continued to increase. In addition, the global aquaculture production of species groups that are fed, total feed usage and the amount of fishmeal utilized is depicted in Figure 6. These data are based on Olsen and Hassan (2012) who in turn based the calculations on the findings of Tacon et al. (2011) . The observed trends reflect those in the previous figures, and in our view, it indirectly provides support to the notion that Chinese aquaculture production increases could well be achieved with reduced fishmeal use.

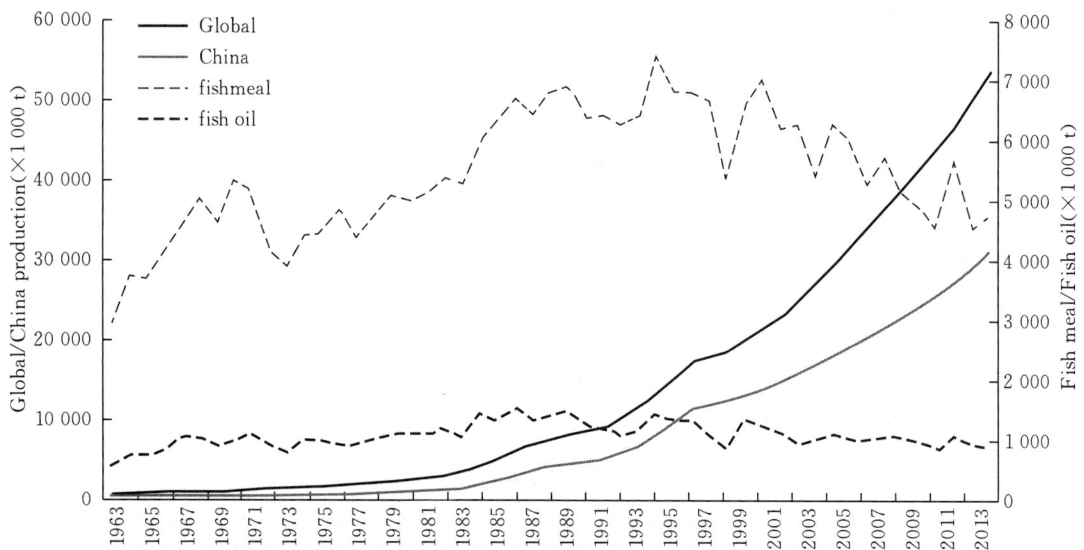

Figure 5 Trends in global fishmeal and fish oil production (data provided by Andrew Jackson, International Fishmeal and Fish Oil Organization) together with global and Chinese aquaculture production of finfish and crustaceans (data extracted from FAO FishStat, 2016)

Improved Feed Manufacturing Techniques and Decreasing Inclusion of Fishmeal

In the past few decades, increased knowledge on the digestive processes and nutritional requirements of farmed species and the processing of raw material together with the use of alternative proteins has led to an impressive reduction in fishmeal inclusions in aquafeeds as well as feed conversion ratios in cultured species in China. This is a key reason that aquaculture production in China has continued to grow while the usage of fishmeal has remained relatively static.

Establishment of a Database on Digestibility for Cultured Species

The digestibility of a feedstuff determines the amount that is actually absorbed by an animal and therefore the availability of nutrients for growth, reproduction, etc. Therefore, knowledge on digestibility of feed ingredients is very important to the feed industry. This is basic work for seeking alternative proteins for fishmeal. In the past decade, more and more digestibility studies on alternative protein sources that are readily available and relatively easily sourced in China have been conducted for many of the main cultured species, for example, grass carp *C. idellus* (Lin et al., 2001), crucian carp *C. auratus* (Jiang, 2009), common carp *C. carpio* (Liang et al., 2010, 2011), tilapia *O. niloticus* (Wu et al., 2000; Dong et al., 2009), largemouth bass *M. salmoides* (Wang et al., 2012a), shrimp

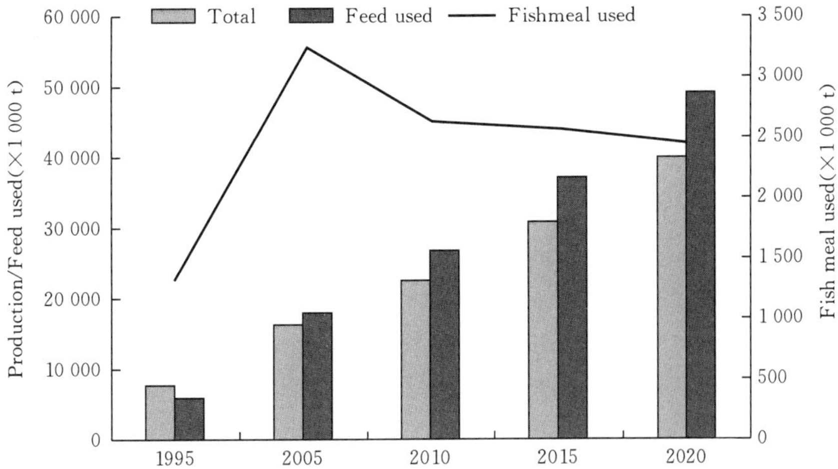

Figure 6　Trends in the aquaculture production of fed species, amount of feed used in production and the quantity of fishmeal utilized in the feeds (based on summarized data by Olsen & Hassan, 2012)

Litopenaeus vannamei (Yang et al., 2010; Wang et al., 2012b), sea bass *Lateolabrax japonicus* (Chang et al., 2005; Han et al., 2011) and large yellow croaker (Li et al., 2007). An increasingly improved database on digestibility of dry matter, crude protein, total lipid, gross energy, amino acid and phosphorus of commonly used feed ingredients has been established for aquafeeds (Table 1). It is evident from Table 1 that the data on digestibility are mainly for the juvenile stages of cultured species. Currently, more and more attention is being paid on the digestibility of feedstuff for the different developmental stages of cultured species, especially the on-growing and subadult stages.

Table 1　Examples of apparent digestibility coefficients (%) of crude protein of feed ingredients utilized for main cultured species in Chinese aquaculture

	Grass carp	Crucian carp	Common carp	Tilapia	Shrimp①	Largemouth bass②	Sea bass③	Large yellow croaker
Fish size (g)	180±18	10.1±0.7	200.0~220.5	7.05~7.2	2.1~13.0	*In vitro*	30~56.5	15.0± 1.6
Imported white fishmeal	83.06	88.3	82.3	92.2~99.4	93.5	75.1	98.8	92.4
Domestic fishmeal	81.51	—	—	—	87.1	—	92.3	89.3
Soya bean meal	75.44	84.8	88.7	97.8	—	79.3	95.8	84.5
Peanut meal	—	89.7	87.3	89.9	79.8	—	87.1	80.6
Rapeseed meal	68.62	93.5	79.8	86.6	—	64.9	81.3~88	79.4
Cottonseed meal	59.49	93.3	77	88.4	—	58.4	76.8	70.7
Brewers dried yeast	64.24	—	—	91.7	—	72.7	—	—
Extruded soya bean	79.1	—	—	89.1	—	—	—	—
Corn germ meal	58.69	—	—	99.4	—	—	—	—
Corn gluten meal	63.36	85.4	92.8	95.4	63.5	74.5	—	—

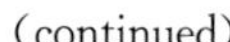
(continued)

	Grass carp	Crucian carp	Common carp	Tilapia	Shrimp①	Largemouth bass②	Sea bass③	Large yellow croaker
Distiller's grains meal	71.71	—	60.3	—	—	40.8	—	—
Crab meal	56.68	—	—	—	—	—	—	—
Casing meal	56.62	—	—	—	86.4	—		—
Silkworm meal	—	—	78.8	—	—	—	85	—
Rice bran	—	82.8	—	60.5	—	—	98.3	—
Malt root	—	82.7	—	90.6	—	—	—	—
Meat and bone meal	59.13	—	67	—	71.3~74.3	—	77.4	78.3
Poultry by-product meal	—	—	—	—	72.3~77.5	—	90.1	—
Blood meal	—	95.4	79.7	91.6	77.4~79.6	91	62.9~93.8	—
Extruded feather meal	—	—	66.5	—	53	—	68.4~86.1	—
Hydrolysed feather meal	—	—	75.6	93.3	64.2	—	—	—
Authority	Lin et al. (2001)	Jiang (2009)	Liang et al. (2010, 2011)	Wu et al. (2000), Dong et al. (2009)	Yang et al. (2010), Wang et al. (2012b)	Wang et al. (2012a)	Chang et al. (2005), Han et al. (2011)	Li et al. (2007)

Notes: ①Shrimp (*Litopenaeus vannamei*); ②Largemouth bass (*Micropterus salmoides*); ③Sea bass (*Lateolabrax japonicas*).

Increasing Knowledge on Amino Acid Requirements

The increased knowledge on protein and amino acid requirements of farmed species could lead to an impressive reduction in fishmeal inclusions in aquafeeds using alternative proteins and the amino acid balance techniques. Protein and amino acid requirements of cultured species, as grass carp, common carp, crucian carp, tilapia and blunt snout bream, have been studied extensively (Zhang et al., 2001; Chi et al., 2004; Lai, 2004; Yang et al., 2013; Jin & Yao, 2014; Ren et al., 2015). In recent years, the requirements of protein and amino acids for yellow catfish and large yellow croaker were investigated, as well as in largemouth bass, flatfish and snakehead (Ma et al., 2003; He et al., 2010; Liu, 2010; Chen et al., 2013; Zhu et al., 2014).

Dietary protein and amino acid requirements of cultured species are significantly affected by fish size and environmental factors. Recently, more studies have presented the different protein or amino acid requirements for different developmental stages of cultured species. In crucian carp (*C. auratus gibelio*), based on the broken-line analysis of weight gain, the protein requirement of the juveniles at 3.2 g was estimated as 402 $g \cdot kg^{-1}$, while the protein requirement of the on-growing carp of 87 g decreased to 337 $g \cdot kg^{-1}$ (Ye et al.,

2015）. When broodstock crucian carp of 180 g was evaluated, the optimum dietary protein level for the fish was 369 g • kg^{-1}, which was higher than that for on－growing fish（Tu et al., 2015a）. Broken－line regression analysis of specific growth rate demonstrated that dietary arginine requirement for crucian carp was 16.4 g • kg^{-1} for small fish（initial body weight of 52 g）and 12.9 g • kg^{-1} for bigger fish（initial body weight of 148 g）, corresponding to 53 and 42 g • kg^{-1} of dietary protein, respectively（Tu et al., 2015b）. Such analyses are used in manufacturing different diets for different growth stages and resulting in a rationalization of fishmeal usage.

It should be noted that in China, most of the nutritional requirement related research is often conducted in conjunction with established feed manufacturers. Consequently, research findings are relatively easily translated into practice rather expediently and are made available nationally.

Alternative Protein Sources

Substitution of fishmeal is nutritionally straightforward, and considerable advances in this field have been made over the past 30 years（Bostock et al., 2010）. Feed cost is the main cost in finfish aquaculture and accounts for more than 60% of the total cost. Feed cost is mainly determined by feed price and feed conversation ratio. The price of feed is mainly determined by the protein sources. Among the protein sources, fishmeal is considered as essential. For omnivorous and herbivorous species, fishmeal could be mostly or completely replaced by alternative proteins, especially with genetic modifications and improved quality of alternative proteins through appropriate processing（Zhou et al., 2005）. Even for carnivorous species, which require high dietary protein levels and sensitivity to the palatability of the feed, up to 75 per cent of the fishmeal have been replaced（Zhou et al., 2005）. However, there is a general issue of whether it is ethical, or impacts fish welfare, when carnivorous species are fed with plant based feeds. In addition, there is evidence that soya bean meal induces intestinal inflammation and enteritis in common carp *C. carpio*（Urán et al., 2008）and it is possible that many plant proteins may have impacts on fish well－being, brought about by antinutritional factors. Denaturing the latter, mostly through heat treatment, introduces an additional monetary as well as an energy cost. Recent studies on soya bean meal have shown when mixed with bacterial meal or microbial ingredients could alleviate or avoid such negative impact（Romarheim et al., 2013）.

In China, many studies have been carried out in the field of fishmeal substitution（Zhou et al., 2005; Ji et al., 2009）. The common alternative protein sources for fishmeal that have been widely used in the aquafeed industry include plant seed meals（soya bean meal, fermented soya bean meal, extruded soya bean, corn germ meal, corn gluten meal, cottonseed meal, rapeseed meal, peanut meal and distiller's grains meal）and nonfish animal protein（poultry by－product meal, meat and bone meal, blood meal, feather meal and hydrolysed feather meal）as well as the promising sources of single－cell protein（algae and yeast protein; Table 2) . In recent years, some new exclusive alternative proteins for fishmeal, including silkworm pupae, housefly maggot meal and yellow mealworm meal, have been explored by the aquafeed industry (Su et al., 2010; Cao et al., 2012; Ji et al., 2012; Wen et al., 2013; Zhang et al., 2013) .

Table 2 Alternative proteins for fishmeal in aquafeeds used for different species in Chinese aquaculture

Protein source	Species	Initial fish size (g)	Fishmeal inclusion in basal diet (%)	Substitution rate (%)	Reference
Plant protein					
Extruded soya bean meal	Rainbow trout	4.0±0.04	50	60	Lu et al. (2010)
Soy protein concentrate	Soft-shelled Turtle (*Pelodiscus sinensis*)	4.6±0.09	50	<60	Zhou et al. (2015)
Soy protein concentrate	Atlantic halibut(*Hippoglossus hippoglossus*)	633	61	39	Berge et al. (1999)
Soy protein concentrate	Japanese flounder (*Paralichthys olivaceus*)	2.5±0.01	74	<25	Deng et al. (2006)
Soy protein concentrate	Large yellow croaker (*Pseudosciaena crocea*)	1.9±0.02	55	45	Ai et al. (2006)
Soya bean meal	Large yellow croaker (*Pseudosciaena crocea*)	10.6±0.4	55	45	Zhang et al. (2012)
Soy protein concentrate	Turbot (*Psetta maxima*)	13.3±2.5	70.5	25	Day and Gonzalez (2000)
Corn gluten meal	Turbot (*Psetta maxima*)	65.6±0.1	52	17.3	Regost et al. (1999)
Mixture of lupin, corn gluten and wheat gluten meal	Turbot (*Psetta maxima*)	26.0±0.1	40	50	Fournier et al. (2004)
Mixture of soya bean meal, rapeseed meal, corn gluten and broad bean meal (1:1:1:1)	Tilapia (*Oreochromis niloticus*)	7.2±0.8	24	75	Zhong et al. (2010)
Animal protein					
Defatted silkworm pupae	Jian carp (*Cyprinus carpio var. Jian*)	15.3±3.0	10	50	Zhang et al. (2013)
Silkworm pupae	Mirror carp (*Cyprinus carpiovar* var. *Specularis*)	12.1±0.9	10	50	Ji et al. (2012)
Poultry by-product meal	Cobia (*Rachycentron canadum*)	5.8	50	30.8	Zhou et al. (2011)
Poultry by-product meal, meat and bone meal	Cuneate drum (*Nibea miichthioides*)	27.4±0.2	35	50	Wang et al. (2006)
Mixture of poultry by-products meal, meat and bone meal, feather meal and blood meal (5:2:2:1)	Malabar grouper (*Epinephelus malabricus*)	51.0±0.2	50	50	Wang et al. (2008)
Housefly maggot meal	White shrimp (*Litopenaeus vannamei*)	2.2±0.2	28	40	Cao et al. (2012)
Housefly maggot meal	Tilapia (*Oreochromis niloticus*)	2.0±0.1	43	100	Ogunji et al. (2008)
Nondefatted silkworm pupae	Common carp (*Cyprinus carpio*)	15.3	15	30	Nandeesha et al. (1990)
Maggot culture	Yellow catfish (*Peltobagrus fulvidraco*)	2.0	36	<20	Wen et al. (2013)
Animal and plant protein					

(continued)

Protein source	Species	Initial fish size (g)	Fishmeal inclusion in basal diet (%)	Substitution rate (%)	Reference
Fermented soya bean meal and scallop by-product blend (3 : 2)	Red sea bream (*Pagrosomus major*)	2.8±0.02	55	At least 30	Kader et al. (2011)
Mixture of soya bean meal, meat and bone meal, peanut meal, and rapeseed meal (4 : 3 : 2 : 1 in weight)	Large yellow croaker (*Pseudosciaena crocea*)	1.9±0.01	48.80	26	Zhang et al. (2008)
Soya bean meal, meat and bone meal, poultry by-product meal	Large yellow croaker (*Pseudosciaena crocea*)	23.3±0.96	60	30	Li et al. (2010)
Single-cell protein					
Spirulina platensis	Common carp (*Cyprinus carpio*)	20	25	100	Nandeesha et al. (1998)
Arthrospira (*Spirulina platensis*)	White shrimp (*Litopenaeus vannamei*)	0.7±0.1	40	75	Macias-Sancho et al. (2014)

Genetic Modification and Processing Technology

Increasing use of improved genetically modified varieties and associated processing technologies is impacting on the quality of alternative proteins that have become more suitable for replacing fishmeal in aquafeeds. Protein sources could be modified to elevate nutrients or reduce antinutrients. A study was carried out to detect the genetic modifications and investigate the compositional analysis of genetically modified (GM) corn containing traits of multiple genes (NK603, MON88017 MON810 and MON89034 MON88017) compared with non-GM corn (Rayana & Abbott, 2015). Significant increases were observed in protein, fat, fibre and fatty acids of the GM corn samples, and the observed increases are thought to be due to the synergistic effect of new traits introduced into corn varieties (Rayana & Abbott, 2015). Genetically modified techniques have produced new breeds of Canola containing low indole glucosinolate, which is the main antinutritional factor in rapeseed meal (Daun, 2004). Preprocessing techniques using enzymes and fermentation could also reduce the concentrations of antinutrition factors in alternative proteins, as demonstrated for *Macrobrachium nipponense* (Ding et al., 2015) and common carp (Li et al., 2015) using fermented soya bean meal. Advantages of fermentation techniques are mainly in (i) improving the palatability of the ingredients, (ii) reducing the levels of antinutritional factors or harmful factors in the ingredients, (iii) increasing the digestibility of the ingredients, (iv) balancing the gut ecosystem of the target fish species and (v) improving the immune responses of the target fish species (Zhu & Ma, 2013).

Driving forces responsible for the low demand for fishmeal in Chinese aquaculture

One key debate in aquaculture is the fishmeal usage in feeds and the volume of wild fish needed to produce the farmed fish. For aquaculture, fish - in fish - out (FIFO) ratios are a common measure of the wild fish demand/usage for aquaculture production (IFFO, 2012). Trophic level analyses have also been used in understanding food energy transformation in aquaculture practices (e. g. Warren - Rhodes et al., 2003; Tacon et al., 2010; Parker & Tyedmers, 2012). In China, aquaculture production is dominated by plants, nonfed olluscs and fish, herbivores and omnivores, which have a very low FIFO ratio compared to, for example, farmed salmon (Tacon & Metian, 2008). Also China is a world leader in low trophic level aquaculture production that is sparsely acknowledged, particularly by critiques of Chinese aquaculture.

Breakdown of China's Aquaculture

In 2014, aquaculture output in China from freshwater (29.4 mmt, 61.8%) and marine (18.1 mmt, 38.2%) was 47.5 mmt. This production included finfish (27.2 mmt, 57.3%), molluscs (13.4 mmt, 28.3%), crustaceans (4.0 mmt, 8.4%), algae (2.0 mmt, 4.2%) and others (0.84 mmt, 1.8%; China Fishery Statistical Yearbook; Fishery Bureau, Ministry of Agriculture, People's Republic of China, 2015). In freshwater aquaculture, fish, crustaceans, molluscs, algae and others accounted for 88.7, 8.7, 0.9, 0.03 and 1.7%, respectively (also see Wang et al., 2015). In mariculture, molluscs, algae, crustaceans, fish and others accounted for 72.6, 11.1, 7.9, 6.6 and 1.8%, respectively (Figure 7). It is seen from Figure 7 that the bulk of the output of Chinese aquaculture consists of molluscs, filter - feeding carps, herbivores and omnivores. Most mollusc culture requires no external feed inputs, and the majority of freshwater carps and tilapia production utilizes low protein often plant protein - based supplementary diets (Bostock et al., 2010).

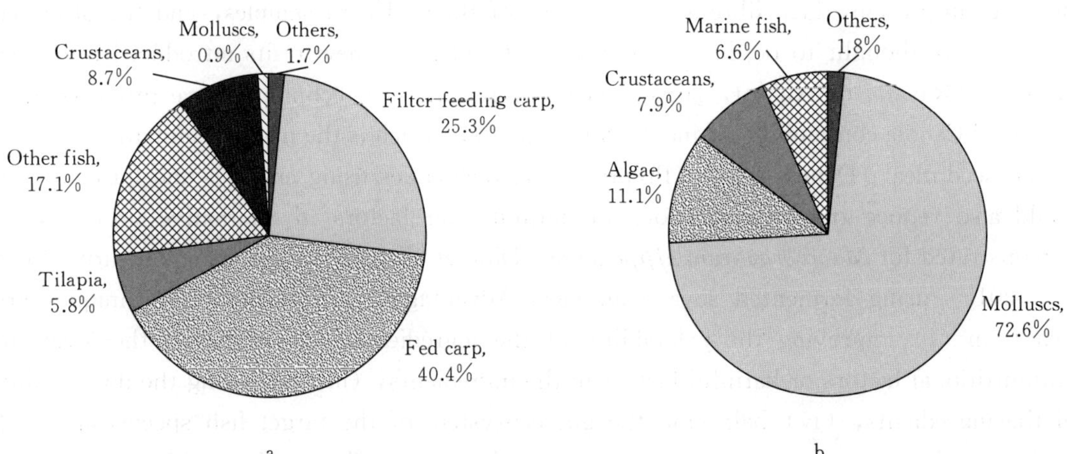

Figure 7 Percentage of the production of selected species in total production of (a) freshwater aquaculture and (b) marine aquaculture in 2014. Data are from China Fishery Statistical Yearbook (Fishery Bureau, Ministry of Agriculture, People's Republic of China, 2015)

High Proportion of Nonfed Species

More than 82% of finfish in freshwater culture are filter feeding, herbivorous and omnivorous, which are not dependent on fishmeal to any significant extent. Carps are the major fish species cultured in China, accounting for about 70.9% of the total cultured finfish production. Bighead carp and silver carp are filter feeders. In 2014, 35.2% of China's freshwater aquaculture production was from nonfed species (fish, molluscs and algae). Silver carp and bighead carp are the main nonfed finfish species cultured in freshwater, and these accounted for 68.2% of the total production of freshwater nonfed species. Other nonfed species groups such as molluscs (72.6%), algae (11.1%) and others (1.8%) contributed 85.5% to Chinese mariculture in 2014. In essence therefore (Figure 8),

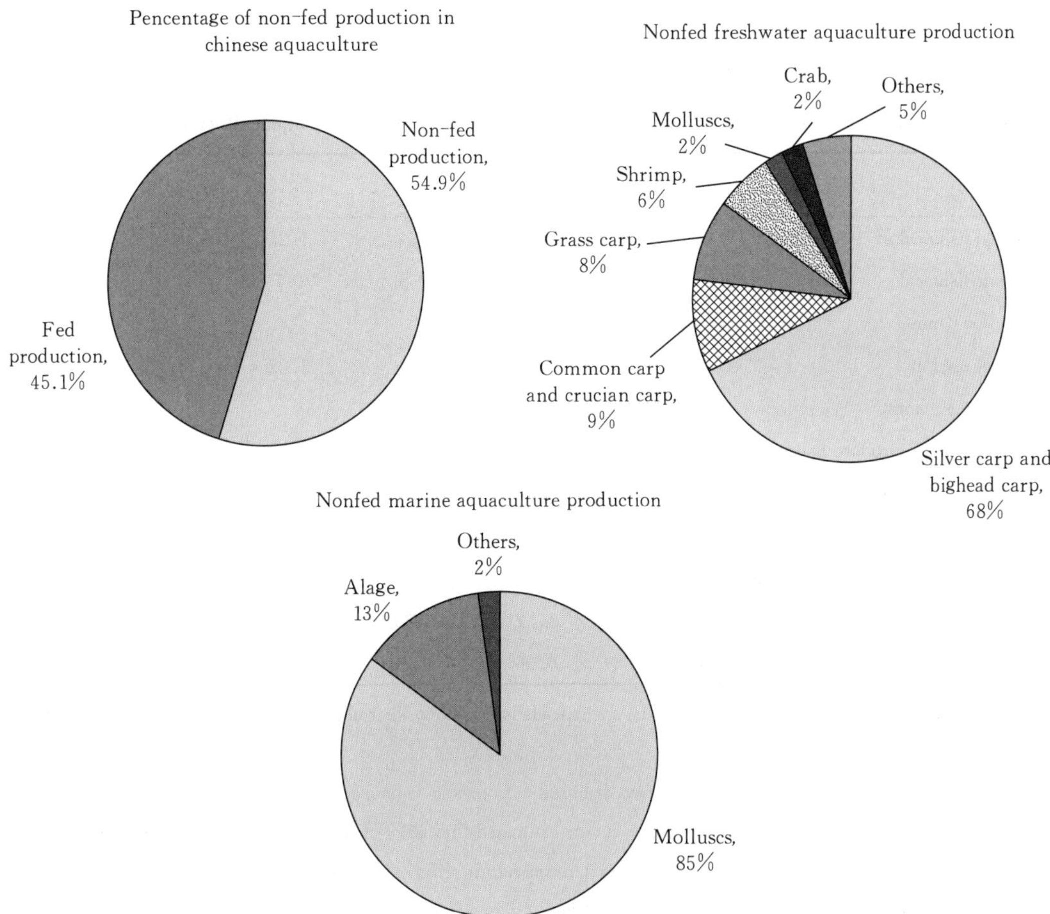

Figure 8 Proportion of nonfed versus fed in total aquaculture production in China and the contribution of nonfed species to production in freshwater and marine aquaculture production. Data are from China Fishery Statistical Yearbook (Fishery Bureau, Ministry of Agriculture, People's Republic of China, 2015)

aquaculture in China is dominated by plants, filter feeders, herbivores and omnivores (China Fishery Statistical Yearbook; Fishery Bureau, Ministry of Agriculture, People's Republic of China, 2015) . Nonfed fish, molluscs, crustaceans and algae that accounted for 54. 4% of the total China aquaculture output are considerably higher than the world's average level of 30% (FAO, 2014) .

Low Fish - in fish - out Ratio

Fish - in fish - out (FIFO) ratio is generally defined as the weight (in kg) of wild fish needed to produce one kilogram of farmed fish (IFFO, 2012) . Because Chinese aquaculture is dominated by molluscs, filter feeders, herbivores and omnivores, and as carnivores account for only 8% of the total aquaculture production, overall Chinese aquaculture features a low FIFO ratio. The average FIFO ratios ranged from 0. 36 to 0. 30 in 2010 to 2014 (Table 3), which is considerably lower than that recorded for salmon farming: 4. 9 (Tacon & Metian, 2008), 5. 0 (Naylor et al. , 2009) and 1. 68~2. 27 (Jackson, 2009) .

Table 3 Trends in the average fish - in fish - out (FIFO) ratio for Chinese aquaculture from 2010 to 2014

Year	2010	2011	2012	2013	2014
Imported fishmeal of China (mmt)	1. 05	1. 2	1. 25	0. 98	1. 04
Domestic fishmeal production (mmt)	0. 6	0. 6	0. 7	0. 6	0. 76
Fishmeal used in aquaculture① (mmt)	1. 04	1. 13	1. 23	1. 00	1. 13
Wild fish used to produce fishmeal② (mmt)	3. 25	3. 54	3. 84	3. 11	3. 54
Trash fish directly used in aquacuiture (mmt)	3. 0	3. 0	3. 0	3. 0	3. 0
Total wild fish used for aquaculture (mmt)	6. 25	6. 54	6. 84	6. 11	6. 54
Total aquaculture production (mmt)	38. 3	40. 2	42. 9	45. 4	47. 5
Aquaculture production with feed③ (mmt)	17. 2	18. 1	19. 3	20. 4	21. 4
The average FIFO ratio of China aquaculture④	0. 36	0. 36	0. 35	0. 30	0. 31

Notes: The inclusion level of fish oil in China's aquafeeds is very low. Therefore, only fishmeal is used to calculate the FIFO ratio.

① Fishmeal used in aquaculture= (imported fishmeal+Domestic fishmeal) ×63%. According to the International Fishmeal and Fish Oil Organization (IFFO) data, it was estimated that 63% of fishmeal production went to aquaculture.

② Wild fish used to produce fishmeal=Fishmeal used in aquaculture×75%/24%. According to FAO (2014), 25% of global fishmeal were produced from fisheries by - products, and here, it is considered that 75% of imported and domestic fishmeal is produced from the whole wild fish. According to the IFFO data, the yield figure of fishmeal from whole fish was 24%.

③ Aquaculture production with feed=Total aquaculture production×45%. The nonfed species account for 55% of the total China aquaculture production.

④ The average FIFO ratio of China aquaculture=Total wild fish used for aquaculture/ aquaculture production with feed.

Low Trophic Level Species in Chinese Aquaculture

Compared with other countries, aquaculture in China and in the developing world in general (see Tacon et al., 2010) is characterized by low trophic level (TL) and high-yielding species, facts that are often bypassed and/or sparsely acknowledged by some critiques. In 2014, the trophic levels were 2.35 for freshwater aquaculture and 2.09 for mariculture in China (Table 4), lower than 3.0 for salmonids culture (Olsen, 2011). Basic principles of ecology have demonstrated that production of low trophic level seafood such as plant-eating fish requires less energy than those species feeding at a higher trophic level (TL) such as piscivorous fish because at each stage of transformation, only 10% of the energy in the food is captured (Pauly & Christensen, 1995). Low trophic level aquaculture systems can reduce the demands on ocean seafood production. For example, 100 kg of ocean plants is required to produce 1 kg of a carnivorous marine fish at TL 3, while only 10 kg of ocean plants is required to produce 1 kg of a herbivorous marine fish at TL 2. The feature of low trophic level dominance in Chinese aquaculture suggests that China is playing a prominent role in human food supply through high ecological conversion efficiency and high cost efficiency. Chinese aquaculture of low trophic level species requires less fishmeal or fish oil for feed compared to aquaculture of higher trophic level species (Tacon et al., 2010).

Table 4 Total production (mmt) **and production based on feeds** (mmt), **average fishmeal in feed, and the weighted trophic level of major species in China aquaculture in 2014** (estimated from data from China Fishery Statistical Yearbook; Fishery Bureau, Ministry of Agriculture, People's Republic of China, 2015)

Species	Total production (mmt)	Production with Feeds (mmt)	Percent of freshwater or Marine output (%)	Average fishmeal in feed (%)	Trophic level①
Freshwater culture					
Grass carp	5.38	4.57	18.33	1.5	2.03
Silver carp②	4.23	0.19	14.41	0.0	2.33
Big-head carp②	3.20	0.15	10.90	0.0	2.77
Common carp	3.17	2.70	10.80	6.0	2.12
Crucian carp	2.77	2.35	9.44	8.0	2.16
Tilapia	1.70	1.53	5.79	6.0	2.12
Other fish③	5.58	3.82	19.01	25.0	2.50
Shrimp	1.76	1.10	6.00	27.0	2.54
Crab	0.80	0.56	2.73	40.0	2.80
Molluscs	0.25	0.00	0.85	—	2.25
Algae	0.01	0.00	0.03	—	1.00
Others④	0.51	0.51	1.74	45.0	2.90
Total	29.36	17.48	100.0		2.36⑦

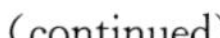
(continued)

Species	Total production (mmt)	Production with Feeds (mmt)	Percent of freshwater or Marine output (%)	Average fishmeal in feed (%)	Trophic level①
Marine culture					
Sea bass	0.11	0.10	0.61	35.0	3.08
Flatfish	0.13	0.08	0.72	50.0	3.85
Large yellow croaker	0.13	0.03	0.72	45.0	4.25
Grouper	0.09	0.01	0.50	50.0	4.44
Other fish⑤	0.74	0.37	4.08	40.0	3.46
Crustaceans	1.43	1.06	0.00	35.0	2.75
Molluscs	13.17	0.01	7.89	—	2.03
Algae	2.00	0.00	72.64	—	1.00
Others⑥	0.33	0.00	11.03	0.0	2.60
Total	18.13	1.66	100.0		2.09⑦

Notes: ①Trophic level=The average fishmeal in feed×3×the percent of production with feeds+the content of the remain dietary ingredients ×1× the per cent of production with feeds+the per cent of production with trash fish×3.59+1, among which 3 is the trophic level of fishmeal, 1 is the trophic level of dietary plant ingredients, and 3.59 is the average trophic level of trash fish. In China mariculture, the per cent of production with feeds for sea bass, flatfish, large yellow croaker, grouper and other marine fish are 80%, 50%, 20%, 10% and 60%, respectively.

② Silver carp and bighead carp are filter-feeding fish and the trophic levels of the two fish are 2.33 and 2.77 according to the food habit.

③ Other freshwater fish include black carp, bream, catfish, eel, etc.

④ Others include turtle, frog, etc.

⑤ Other marine fish include cobia, sea bream, red drum, etc.

⑥ Others include jellyfish, sea cucumber, sea urchin, etc.

⑦ Weighted average trophic level (WTL) is estimated according to WTL= $\Sigma(D_{ij} \times T_j)$, where D_{ij} is the proportion of the species j in total production, T_j is the mean trophic level of the species j.

Conclusions

In general, the huge challenge of feeding our planet must be met while protecting the natural resources for sustainable use of future generations. Currently, aquaculture provides almost half of all seafood consumed (Subasinghe et al., 2009) and is expected to rise to 62% by 2030 (FAO, 2014), and farming has become the predominant form of supply of food fish as with all of our other staples (De Silva, 2012). China contributes more than 60% to the global aquaculture output and is expected to account for 38% of the fish supply for world's human consumption by 2030 (FAO, 2014). The current contribution of 38% to the global food fish supply by China, however, costs only 25%～30% of the world fishmeal. The above facts are contradictory to the views expressed that Chinese aquaculture is a threat to the world's wild fish resources (Cao et al., 2015). Considering the huge population and increasing demand on aquatic products, "top predator harvest" strategy is not suitable and not ecologically favourable for China, and or elsewhere. Polyculture and ecological aquaculture together with wetland culture systems have provided alternative pathways to provide cheaper food fish for human at a reduced overall use of fishmeal based on the wild fisheries (Wang et al., 2016). China, like other countries, is now actively developing both resource conservation - based capture fisheries and environment - friendly freshwater and marine aquaculture (Tang, 2013, 2014). This would highlight the critical role of China aquaculture in the world food supply and security. To protect wild fish stocks and reduce disease occurrence, China has been seriously considering a ban on the direct use of low valued fish in aquaculture and has promulgated "Outline of China Aquatic Organism Resources Conservation Action" in 2006 and "Several Opinions on Promoting the Sustainable and Healthy Development of Marine Fishery" in 2013.

The trends and prospects of future fishmeal usage and utilization in Chinese aquaculture and the associated consequences would be mainly the following: (i) improved genetics and processing that will enhance the quality of alternative proteins; (ii) improved processing to produce more fishmeal from fisheries by - products; (iii) improved processing technology combined with improving nutritional knowledge that will allow lower dietary fishmeal inclusion levels as feed volumes grow; (iv) rationalization of fishmeal usage as a strategic ingredient at lower levels and retained in special diets, for example fry and broodstock diets; (v) fishmeal is not a limiting factor in the growth of China aquaculture and aquafeeds; (vi) sustainable management of feed fish stocks is crucial to issues on the impacts of aquaculture on wild fish stocks. Reduction fisheries can be, and increasingly are, managed effectively. The future world aquatic food would be mostly from aquaculture (Cressey, 2009), and aquaculture is destined to reduce the demand on wild fisheries.

Acknowledgements

This work was financially supported by National Basic Research Program of China (2014CB138602), Major Consulting Projects of CAE (2014 - XZ - 19), Youth Innovation Promotion Association of CAS (2013223), China Agriculture Research System (CARS - 46 - 19), the fund for Agroscientific Research in the Public Interest (201303053, 201203083), the National Water Pollution Control and Management Technology major project (2012ZX07103003) and Fund Project in State Key Laboratory of Freshwater Ecology and Biotechnology (2014FBZ04). The contribution of one of the authors (S. S. De Silva) was made during the tenure of a Visiting Professorship from the Chinese Academy of Sciences, tenable at the Institute of Hydrobiology, Wuhan.

References

Ai QH, Mai KS, Tan B, et al., 2006. Replacement of fish meal by meat and bone meal in diets for large yellow croaker, *Pseudosciaena crocea*. Aquaculture, 260: 255 - 263.

Berge G, Grisdale - Helland B, Helland S, 1999. Soy protein concentrate in diets for Atlantic halibut (*Hippoglossus hippoglossus*) . Aquaculture, 178: 139 - 148.

Bostock J, McAndrew B, Richards R, et al. , 2010. Aquaculture: global status and trends. Philosophical Transactions of the Royal Society B: Biological Sciences, 365: 2897 -2912.

Bureau of Fisheries, Ministry of Agriculture, 2015. China Seafood Imports and Exports Statistical Yearbook. China Society of Fisheries, Beijing, 388 pp.

Cao J, Yan J, Huang Y, et al. , 2012. Effects of replacement of fish meal with housefly maggot meal on growth performance, antioxidant and non - specific immune indexes of juvenile *Litopenaeus vannamei*. Journal of Fisheries of China, 36: 529 - 537 (in Chinese with English abstract) .

Cao L, Naylor R, Henriksson P, et al. , 2015. China's aquaculture and the world's wild fisheries. Science, 347: 133 - 135.

Chang Q, Liang M, Wang J, et al. , 2005. Apparent digestibility coefficients of various feed ingredients for Japanese sea bass (*Lateolabrax japonicus*) . Acta Hydrobiologica Sinica, 29: 172 - 176 (in Chinese with English abstract) .

Chen X, Wang G, Han Y, et al. , 2013. Advances in nutrition for yellow catfish (*Peletobagrus fulvidraco*) . China Feed, 15: 28 - 32 (in Chinese with English abstract) .

Chi S, Zhou C, Yang Q, et al. , 2004. Advances in nutrition requirements for tilapia. Feed Research, 9: 9 - 14 (in Chinese) .

China Feed Industry Association, 2016. China Feed Industry Yearbook 2001—2015. China Commercial Publishing House, Beijing.

Chiu A, Li L, Guo S, et al. , 2013. Feed and fishmeal use in the production of carp and tilapia in China. Aquaculture, 414: 127 - 134.

Cressey D, 2009. Future fish. Nature, 458: 398 - 400.

Daun JK, 2004. Quality of genetically modified (GM) and conventional varieties of canola (spring oilseed rape) grown in western Canada, 1996—2001. Journal of Agricultural Science, 142: 273 - 280.

Day O, Gonzalez H, 2000. Soybean protein concentrate as a protein source for turbot *Scophthalmus maximus* L. Aquaculture Nutrition 6: 221 - 228.

De Silva SS, 2012. Aquaculture: a newly emergent food production sector - and perspectives of its impacts on biodiversity and conservation. Biodiversity and Conservation, 21: 3187 - 3220.

Deng J, Mai K, Ai Q, et al. , 2006. Effects of replacing fish meal with soy protein concentrate on feed intake and growth of juvenile Japanese flounder, *Paralichthys olivaceus*. Aquaculture, 258: 503 - 513.

Ding Z, Zhang Y, Ye J, et al. , 2015. An evaluation of replacing fish meal with fermented soybean meal in the diet of *Macrobrachium nipponense*: growth, nonspecific immunity, and resistance to *Aeromonas hydrophila*. Fish & Shellfish Immunology, 44: 295 - 301.

Dong X, Guo Y, Ye J, et al. , 2009. Research on apparent digestibility of ten feed ingredients for juvenile GIFT strain of Nile tilapia (*Oreochromis niloticus*) . Chinese Journal of Animal Nutrition, 21: 326 - 334 (in Chinese with English abstract) .

FAO (Food and Agriculture Organization of the United Nations), 2012. The State of World Fisheries and Aquaculture, 2012. FAO, Rome.

FAO (Food and Agriculture Organization of the United Nations), 2014. The State of World Fisheries and Aquaculture 2014. FAO, Rome.

Fishery Bureau, Ministry of Agriculture, People's Republic of China, 2015. China Fishery Statistical Yearbook 2015. China Agriculture Press, Beijing.

Fournier V, Huelvan C, Desbruyeres E, 2004. Incorporation of a mixture of plant feedstuffs as substitute for fish meal in diets of juvenile turbot (*Psetta maxima*). Aquaculture 236: 451-465.

Gatlin DM Ⅲ, Barrows FT, Brown P, et al., 2007. Expanding utilization of sustainable plant products in aquafeeds: a review. Aquaculture Research, 38: 551-579.

Han Q, Liang M, Yao H, et al., 2011. Effects of seven feed ingredients on growth performance, and liver and intestine histology of *Lateolabrax japonicus*. Progress in Fishery Sciences, 32: 32-39 (in Chinese with English abstract).

Hasan MR, Hecht T, De Silva SS, et al., 2007. Study and Analysis of Feeds and Fertilizers for Sustainable Aquaculture Development. FAO Fisheries Technical Paper No. 497. FAO, Rome, 501 pp.

He Z, Ai Q, Mai K, 2010. Advances in nutrition and feed for large yellow croaker. Feed Industry, 31: 56-59 (in Chinese with English abstract).

Herbeck LS, Unger D, Wu Y, et al., 2013. Effluent, nutrient and organic matter export from shrimp and fish ponds causing eutrophication in coastal and back-reef waters of NE Hainan, tropical China. Continental Shelf Research, 57: 92-104.

IFFO (International Fishmeal and Fish Oil Organization), 2012. IFFO Position Statement, Version 1.5. [Cited 4 Oct 2016] Available from URL: http://www.iffo.net/system/files/FMFOF2011_0.pdf.

Jackson AJ, 2009. Fish In-Fish Out ratios explained. Aquaculture Europe, 34: 5-10.

Ji H, Cheng X, Li J, et al., 2012. Effect of dietary replacement of fish meal protein with silkworm pupae on the growth performance, body composition, and health status of *Cyprinus carpio* var. specularis fingerlings. Journal of Fisheries of China, 36: 1599-1611 (in Chinese with English abstract).

Ji H, Zhu T, Shan S, 2009. Current status of dietary fishmeal replacement research for non-carnivorous fish species. Journal of Dalian Fisheries University, 24: 343-349 (in Chinese with English abstract).

Jiang G, 2009. Study on the bioavailability of common dietary protein source by allogynogenetic crucian carp. Master dissertation. Suzhou University, Suzhou.

Jin G, Yao C, 2014. Advances in nutrition requirements for tilapia. Guangdong Feed, 23: 40-44 (in Chinese).

Kader MA, Koshio S, Ishikawa M, et al., 2011. Growth, nutrient utilization, oxidative condition, and element composition of juvenile red sea bream *Pagrus major* fed with fermented soybean meal and scallop by-product blend as fishmeal replacement. Fisheries Science, 77: 119-128.

Lai M, 2004. The nutrition requirements and feed formulation of common carp. Current Fisheries, 7: 31-32 (in Chinese).

Li H, Mai K, Ai Q, et al., 2007. Apparent digestibility of selected protein ingredients for larger yellow croaker *Pseudosciaena crocea*. Acta Hydrobiologica Sinica, 31: 370-376 (in Chinese with English abstract).

Li J, Zhang L, Mai K, et al., 2010. Potential of several protein sources as fish meal substitutes in diets for large yellow croaker, *Pseudosciaena crocea* R. Journal of the World Aquaculture Society, 41 (Suppl. 2): 278-283.

Li Y, Gao Q, Shuai K, et al., 2015. Effects of soybean meal replacement by fermented soybean meal on growth performance and intestinal tissue structure of common carp (*Cyprinus carpio*). Chinese Journal of Animal Nutrition, 27: 469-475 (in Chinese with English abstract).

Liang D, Jiang X, Liu W, et al., 2010. Nutrient apparent digestibility of seven kinds of feed ingredients for Jian carp (*Cyprinus carpio* var. Jian). Chinese Journal of Animal Nutrition, 22: 1592-1598 (in Chinese with English abstract).

Liang D, Jiang X, Liu W, et al., 2011. Apparent digestibility of nutrients in six kinds of non-conventional protein ingredients for Jian carp. Chinese Journal of Animal Nutrition, 23: 1065-1072 (in Chinese with English abstract).

Lin M, Li Z, Liu J, et al., 2015. Maintaining economic value of ecosystem services whilst reducing environmental cost: a way to achieve freshwater restoration in China. PLoS ONE, 10 (3): e0120298.

Lin S, Luo L, Yie Y, 2001. Apparent digestibility of crude proteins and crude fats in 17 feed ingredients in grass carp. Journal of Fishery Sciences of China, 8: 59-64 (in Chinese with English abstract).

Liu F, 2010. Nutritional requirement of *Ophiocephalus argus*. Hebei Fisheries, 197: 54-56 (in Chinese with English abstract).

Lu Y, Yang YH, Wang SY, et al., 2010. Effect of different replacement ratio of fish meal by extruded soybean meal on growth, body composition and hematology indices of rainbow trout (*Oncorhynchus mykiss*). Chinese Journal of Animal Nutrition, 22 (1): 221-227 (in Chinese with English abstract).

Ma A, Lei J, Chen S, et al., 2003. Proceedings on the study of nutrition requirement and feed for turbot *Scophthalmus maximus* L. Oceanologia et Limnologia Sinica, 34: 450-459 (in Chinese with English abstract).

Macias-Sancho J, Poersch LH, Bauer W, et al., 2014. Fishmeal substitution with *Arthrospira spirulina platensis* in a practical diet for *Litopenaeus vannamei*: effects on growth and immunological parameters. Aquaculture 426: 120-125.

Nandeesha M, Gangadhar B, Varghese T, et al., 1998. Effect of feeding *Spirulina platensis* on the growth, proximate composition and organoleptic quality of common carp, *Cyprinus carpio* L. Aquaculture Research, 29: 305-312.

Nandeesha M, Srikanth G, Keshavanath P, et al., 1990. Effects of non-defatted silkworm-pupae in diets on the growth of common carp, *Cyprinus carpio*. Biological Wastes, 33: 17-23.

Naylor RL, Goldburg RJ, Primavera JH, et al., 2000. Effect of aquaculture on world fish supplies. Nature, 405: 1017-1024.

Naylor RL, Hardy RW, Bureau DP, et al., 2009. Feeding aquaculture in an era of finite resources. Proceedings of the National Academy of Sciences, 106: 15103-15110.

Ogunji J, Kloas W, Wirth M, et al., 2008. Housefly maggot meal (magmeal) as a protein source for *Oreochromis niloticus* (Linn.). Asian Fisheries Science, 21: 319-331.

Olsen RL, Hassan MR, 2012. A limited supply of fishmeal: impact on future increases in global aquaculture production. Trends in Food Science and Technology, 27: 120-128. doi: 10.1016/j.tifs.2012.06.003.

Olsen Y, 2011. Resources for fish feed in future mariculture. Aquaculture Environment Interactions, 1: 187-200.

Parker RWR, Tyedmers PH, 2012. Uncertainty and natural variability in the ecological footprint of fisheries: a case study of reduction fisheries for meal and oil. Ecological Indicators, 16: 76-83.

Pauly D, Christensen V, 1995. Primary production required to sustain global fisheries. Nature, 374: 255-257.

Rayana AM, Abbott LC, 2015. Compositional analysis of genetically modified corn events (NK603, MON88017×MON810 and MON89034×MON88017) compared to conventional corn. Food Chemistry, 176: 99-105.

Regost C, Arzel J, Kaushik S, 1999. Partial or total replacement of fish meal by corn gluten meal in diet for turbot (*Psetta maxima*). Aquaculture, 180: 99-117.

Ren M, Zhou Q, Miao L, et al., 2015. Advances on the nutrition requirements and effects of dietary nutrition on immunity for blunt snout bream, Megalobrama amblyocephala Yin. Journal of Fisheries of China, 39: 761-768. (in Chinese with English abstract).

Romarheim OH, Hetland DL, Skrede A, et al., 2013. Prevention of soya-induced enteritis in Atlantic salmon (*Salmo salar*) by bacteria grown on natural gas is dose dependent and related to epithelial MHC II reactivity and CD8a$^+$ intraepithelial lymphocytes. British Journal of Nutrition, 109: 1062-1070.

Shepherd CJ, Jackson AJ, et al., 2013. Global fishmeal and fish-oil supply: inputs, outputs and markets. Journal of Fish Biology, 83: 1046-1066.

Su S, Yang Q, Su L, et al., 2010. Effect of two kinds of insect protein source as substitute for fishmeal on growth, body composition and protease activity of juvenile yellow catfish *Pseudobugrus fulvidraco*. Journal of Fujian Agriculture and Forestry University (Natural Science Edition), 39: 608-613 (in Chinese with English abstract).

Subasinghe R, Soto D, Jia J, 2009. Global aquaculture and its role in sustainable development. Reviews in Aquaculture, 1: 2-9.

Tacon AG, Hassan MR, Metian M, 2011. Demand and Supply of Feed Ingredients for Farmed Fish and Crustaceans. Trends and Prospects. FAO Fisheries and Aquaculture Technical Papers No. 564. FAO, Rome, 87 pp.

Tacon AG, Metian M, 2008. Global overview on the use of fish meal and fish oil in industrially compounded aquafeeds: trends and future prospects. Aquaculture, 285: 146-158.

Tacon AG, Metian M, Turchini GM, et al., 2010. Responsible aquaculture and trophic level implications to global fish supply. Reviews in Fishery Science, 18: 94-105.

Tang QS, 2013. Research Report on the Current Situation and Development Direction of Fishery Science in China. China Ocean Press, Beijing (in Chinese).

Tang QS, 2014. Management strategies of marine food resources under multiple stressors with particular reference of the Yellow Sea large marine ecosystem. Frontiers of Agricultural Science and Engineering, 1: 85-90.

Tu Y, Xie S, Han D, et al., 2015a. Growth performance, digestive enzyme, transaminase and GH-IGF-I axis gene responsiveness to different dietary protein levels in broodstock allogenogynetic gibel carp (*Carassius auratus gibelio*) CAS Ⅲ. Aquaculture, 446: 290-297.

Tu Y, Xie S, Han D, et al., 2015b. Dietary arginine requirement for gibel carp (*Carassis auratus gibelio* var. CAS Ⅲ) reduces with fish size from 50 g to 150 g associated with modulation of genes involved in TOR signaling pathway. Aquaculture 449: 37-47.

Urán PA, Gonçalves AA, Taverne-Thiele JJ, et al., 2008. Soybean meal induces intestinal inflammation in common carp (*Cyprinus carpio* L.). Fish & Shellfish Immunology, 25: 751-760.

Villasante S, Rodríguez-González D, Antelo M, et al., 2013. All fish for China. Ambio, 42: 923-936.

Wang F, Yin W, Zhou M, et al., 2012a. Apparent digestibilities of 15 feedstuffs in vitro for largemouth bass (*Micropterus salmoides*). Feed Industry, 33: 17-19. (in Chinese with English abstract).

Wang Q, Cheng L, Liu J, et al., 2015. Freshwater aquaculture in PR China: trends and prospects. Reviews in Aquaculture, 7: 283-312.

Wang Q, Liu J, Zhang S, et al., 2016. Sustainable farming practices of the Chinese mitten crab (*Eriocheir sinensis*) around Hongze lake, lower Yangtze river basin, China. Ambio, 45: 361-373.

Wang W, Chi S, Tan B, et al., 2012b. Apparent digestibility of nutrients in thirteen animal feed ingredients for white shrimp *Litopenaeus vannamei*. Chinese Journal of Animal Nutrition, 24: 2402-2414 (in Chinese with English abstract).

Wang Y, Guo JL, Bureau DP, et al., 2006. Replacement of fish meal by rendered animal protein ingredients in feeds for cuneate drum (*Nibea miichthioides*). Aquaculture, 252: 476 - 483.

Wang Y, Li K, Han H, et al., 2008. Potential of using a blend of rendered animal protein ingredients to replace fish meal in practical diets for malabar grouper (*Epinephelus malabricus*). Aquaculture, 281: 113 -117.

Warren - Rhodes K, Sadovy Y, Cesar H, 2003. Marine ecosystem appropriation in the Indo - Pacific: a case study of the live reef fish food trade. Ambio, 32: 481 - 488.

Wen Y, Cao J, Huang Y, et al., 2013. Effects of fish meal replacement by maggot meal on growth performance, body composition and plasma biochemical indexes of juvenile yellow catfish (*Peltobagrus fulvidraco*). Chinese Journal of Animal Nutrition, 25: 171 - 181 (in Chinese with English abstract).

Wu J, Yong W, You W, et al., 2000. Nutritional value of proteins in 13 feed ingredients for *Oreochromis niloticus*. Journal of Fishery Sciences of China, 7: 37 - 42 (in Chinese with English abstract).

Xie B, Yu K, 2007. Shrimp farming in China: operating characteristics, environmental impact and perspectives. Ocean & Coastal Management, 50: 538 - 550.

Yang H, Tian L, Huang J, et al., 2013. Nutrition requirements of grass carp and nutrients values for feed of grass carp. Guangdong Feed, 22: 37 - 39 (in Chinese).

Yang Z, Cao J, Zhu X, et al., 2010. Research on apparent digestibility of protein and amino acid of seven feed protein ingredients for *Litopenaeus vannamei*. Feed Industry, 31: 24 -27 (in Chinese).

Ye W, Zhu X, Yang Y, et al., 2015. Comparative studies on dietary protein requirements of juvenile and on growing gibel carp (*Carassius auratus gibelio*) based on fishmeal - free diets. Aquaculture Nutrition, 21: 286 - 299.

Zeng Q, Gu X, Chen X, et al., 2013. The impact of Chinese mitten crab culture on water quality, sediment and the pelagic and macrobenthic community in the reclamation area of Guchenghu Lake. Fisheries Science, 79: 689 - 697.

Zhang F, Zhang W, Mai K, et al., 2012. Effects of replacement of dietary fishmeal by soybean meal on growth, digestive enzyme activities and histology of intestines of large yellow croaker, *Pseudosciaena crocea*. Periodical of Ocean University of China 42 (Suppl.): 75 - 82 (in Chinese with English abstract).

Zhang J, Yu P, Huang J, et al., 2013. Effects of fish meal replacement by defatted silkworm pupae on growth performance, body composition and health status of Jian carp (*Cyprinus carpio* var. Jian). Chinese Journal of Animal Nutrition, 25: 1568 - 1578 (in Chinese with English abstract).

Zhang L, Mai K, Ai Q, et al., 2008. Use of a compound protein source as a replacement for fish meal in diets of large yellow croaker, *Pseudosciaena crocea* R. Journal of the World Aquaculture Society, 39: 83 -90.

Zhang P, Zhao Z, Yang Q, 2001. Advances in nutritional research of crucian carp and preliminary study on standard of nutrients in its formula diet. Journal of Zhejiang Ocean University, 20 (Suppl.): 46 -50 (in Chinese with English abstract).

Zhong W, Wen H, Jiang M, et al., 2010. Effect of plant protein sources on growth performance, body composition and apparent digestibility in juvenile nile tilapia (*Oreochromis niloticus*). Journal of Huazhong Agricultural University, 29: 356 - 362 (in Chinese with English abstract).

Zhou F, Wang Y, Tang L, et al., 2015. Effects of dietary soy protein concentrate on growth, digestive enzymes activities and target of rapamycin signaling pathway regulation in juvenile soft - shelled turtle, *Pelodiscus sinensis*. Agricultural Sciences, 6: 335 - 345.

Zhou QC, Zhao J, Li P, et al., 2011. Evaluation of poultry by - product meal in commercial diets for juvenile cobia (*Rachycentron canadum*). Aquaculture, 322: 122 - 127.

Zhou Q, Mai K, Liu Y, et al., 2005. Advances in animal and plant protein sources in place of fish meal. Journal of Fisheries of China, 29: 404 - 410 (in Chinese with English abstract).

Zhu Y, Ma L, 2013. Application of fermentation techniques in feed industry. Feed Industry, 34: 49 - 54 (in Chinese).

Zhu Z, Zhu W, Lan H, 2014. The biological characteristics and nutritional requirement of largemouth bass (*Micropterus salmoides*). Feed Industry, 35: 31 - 36 (in Chinese with English abstract).

关于容纳量及其研究①

唐启升
（中国水产科学研究院黄海水产研究所，青岛 266071）

摘要：容纳量概念来源于种群增长逻辑斯谛方程。80 年代以来，作为海洋可持续发展的科学依据，对容纳量的研究明显加强，并在研究规模、应用范围和研究方法等方面取得新的进展。“九五”计划中，我国进一步加强了容纳量研究，如养殖容量评估、总允许渔获量评估和生态系统持续产量评估等。在进一步研究中，应该注重对容纳量动态特性的研究。
关键词：容纳量；生物资源；持续产量；养殖容量；大海洋生态系

随着人类加强了对海洋生物资源的开发利用和海洋生态学发展进入定量研究阶段，特别是 90 年代以来海洋生态系统研究成为海洋生态学的重点研究领域，容纳量研究引起广泛的重视。它不仅作为海洋生态学研究的一个基本问题受到关注，同时，也成为海洋生物资源可持续利用所关注的问题，如在渔业发展中，人们关注渔获量、鱼类生产量与海洋容纳量之间的关系，关注海洋经济生物的养殖量与海域容纳量之间的关系，关注它们之间能否保持动态平衡（PICES，1996；Christensen et al.，1995；方建光等，1996a，1996b）。为此，本文对容纳量的概念、应用及其研究趋势作一评述。

1　概念

容纳量是生态学一个常用术语，同义词有负载量、承载力、携带力等，英文字均用 carrying capacity。由于容纳量一词通俗易懂，形象地表达了一个生态学量的概念，因此得到广泛使用。特定使用时，若冠以“生态”二字，即“生态容纳量”，可以更清楚地表达它的学术含义，并避免与其他领域用词相混淆。

北太平洋海洋科学组织在其海洋生态系统动力学研究《气候变化与容纳量》实施计划中（PICES/GLOBEC/IP），将容纳量定义如下：

“Carrying capacity for a given population is considered to be the limiting size of that population that can be supported by an ecosystem over a period of time and under a given set of environmental conditions”（PICES，1996）.

这个定义表明，容纳量是指一个特定种群，在一个时期内，在特定的环境条件下，生态系统所支持的种群有限大小。容纳量是表达种群生产力大小的一个重要指标。事实上，容纳量的概念来源于种群生态学的逻辑斯谛方程，即：

① 本文原刊于《海洋水产研究》，17（2）：1-6，1996。

$$\frac{dN}{dt}=rN\frac{(K-N)}{K}$$

种群逻辑斯谛增长方程产生于 1838 年，并完善于 20 世纪 20 年代，但是直到 1934 年 Errington 才首次使用容纳量这一术语（Kashiwai，1995），Odum（1971）对种群逻辑斯谛增长与容纳量关系作了如下描述：“在 S 形增长型，种群（N）开始增长缓慢，然后加快，但不久后，由于环境阻力按百分比增加，速度也就逐渐降低，直至达到多少是平衡的水平并维持下去”。“种群增长的最高水平（即超过此水平种群不再增长）在方程中以常数 K 为代表，称为增长曲线上渐近线，或称容纳量（carrying capacity）。”

上述表明，容纳量直接与环境有关。包括它的空间、食物以及生物理化因子等。由于环境的不稳定性，实际中容纳量并非是一个常数。唐启升（1985、1989）在研究不同环境条件下的亲体与补充量关系时证实，在不同的环境条件下将产生一组亲体与补充量关系曲线，即不同的环境条件，种群补充的最高水平是不同的。因此，容纳量随环境而发生变化，具有明显的动态特性。通常所说的容纳量是指一个时期内、特定环境条件下、相对稳定的容纳量的均值。

虽然容纳量与环境关系密切，但是，不宜直接称之为环境容纳量。一是因为在多数情况下容纳量是用生物量或有关的指数来表示；二是容易与其他领域术语相混淆。如中国大百科全书对海洋环境容量（marine environmental capacity）作了如下定义：“某一特定海域所能容纳的污染物质的最大负荷量”。“环境容量的概念主要应用于海洋环境质量管理”（廖先贵，1987）。

2　应用及研究

海洋科学研究最早应用容纳量概念是英国学者 Graham 在 30 年代后期将种群增长的逻辑斯谛方程引入渔业持续产量与种群平衡生物量之间关系的研究中（唐启升，1995a），并推导出种群的最大增长率，即最大剩余产量，出现在种群大小为 K（容纳量）的一半时，相应地，最大持续产量（MSY）为：

$$MSY=\frac{rK}{4}$$

在一个特定的环境内，种群数量增长取决于内禀自然增长率（r），但是，其数量增长终究要受到有限食物和空间的限制，种群越大，对进一步增长的抑制作用也越大，当种群数量达到“容纳量水平”时，这个种群不再增长。显然，上式 K 对最大持续产量大小有重要影响。50 年代以来进一步发展起来的海洋捕捞种群持续产量理论模式，如剩余产量模式、亲体与补充量关系模式，以及由 MSY 派生出来的总允许渔获量（TAC）概念等无不与容纳量有关（唐启升，1995b；孟田湘等，1995）。由于这些模式在应用中多使用渔业统计资料（如单位捕捞努力量渔获量（PUE）、世代数量资料和相对资源量资料，难以直接测出容纳量的绝对数值。但是，它作为一个理论参数，对这些模式和概念发展的重要性从未被忽视。由于上述模式和概念至今仍然是现代海洋生物资源评估和渔业管理的理论基础，因此，对它的研究需要进一步深入。

养殖容量是容纳量概念应用于水产养殖业的一个生态学特例。70 年代日本科学家首先注意到容纳量对海水贝类养殖量的影响。如在 Mutsu 海，当虾夷扇贝养殖量从 21 亿粒增加到 34 亿粒时，收获量反而降低了 9%，同时，养殖量大小与病害出现频率和死亡率直接有关。因此，根据对养殖容量的经验估算结果，对扇贝养殖采取合理养殖密度和控制养殖量等措施，收到了保持产量稳定、减少病害和死亡的效果（李庆彪，1990）。80 年代，北美和西欧的一些科学家从营养动力学和水动力学的角度研究容纳量，根据水域的能量（如有机悬浮颗粒）收支交换和个体营养（食物）需求等，建立模型，估算一个特定水域某个养殖品种的容纳量，如估算牡蛎和贻贝的养殖容量（Grant et al.，1988、1993；Caver et al.，1990；Bacher，1991；Grenz et al.，1991）。90 年代初我国与加拿大合作开始对山东桑沟湾养殖容量进行研究，本期《海洋水产研究》对其研究结果进行了系列报道。这些研究不仅对我国北方主要养殖品种（如扇贝、海带等）养殖容量进行评估。同时，将容纳量研究与综合养殖和规模化养殖布局联系起来，具有重要的产业化意义。在方法上，以叶绿素 a 浓度作为有机碳供应指标，更适合对较大水域养殖量的估算，有较好的精度。另外，也首次对藻类养殖容量进行了估算（方建光等，1996a、b、c）。

由于海洋可持续发展日益引起重视，人们不仅需要了解捕捞种群的持续渔获量，了解养殖品种的容纳量，同时，也需要了解一个大的海域甚至整个海洋的容纳量并将它看作海洋生态系统生物生产力指数。因此，90 年代对海洋大水域（如一个大海洋生态系）的容纳量研究得到加强。Christensen 等（1992、1995）和 Pauly 等（1993、1995）为了寻找全球海洋生物资源持续开发利用依据，在 Polovina（1984）生态通道（ECOPATH）模型基础上发展了生态通道 I 及相应的计算机软件，并根据 100 多个营养模型建立了全球模型，借以估算世界海洋的容纳量，生态通道Ⅱ模型以营养动力学为理论依据，从物质平衡的角度，估算不同营养层次的生物量，即从初级生产者逐次向顶级捕食者估算生物量。Konovalov（1995），根据水交换、化学化合物特征以及自养和异养生物的生物化学循环估算了世界海洋 25 个大海洋生态系（LME）的容纳量水平。北太平洋海洋科学组织在《气候变化与容纳量》研究计划中（PICES，1996）。将容纳量研究提高到全球海洋生态系统动力学（GLOBEC）研究的水平上，研究气候变化对北太平洋容纳量的影响，其研究内容和层次主要包括物理压力、低营养层次、高营养层次和生态系统相互作用 4 个方面；研究方法包括回顾分析、建模、过程研究和发展观测系统；研究规模包括两个不同的空间尺度和海洋系统；区域规模（从渤黄海到南加州海流系统 10 个环北太平洋边缘海）和洋域规模（西亚北极环流和东亚北极环流）。显然，这项研究将有助于加深对容纳量动态特性的认识。

有些科学家认为，在许多情况下，并不一定需要直接测定容纳量的绝对值（实际上，也是难以测定的），可以使用一些指数，以观察容纳量的相对变化。如对一个生态系统来说，可以分成物理压力、浮游植物、被捕食者、小型捕食者、大型捕食者及生态系相互作用等多个层次，并按多种尺度（小尺度、中尺度、大尺度等）来观察测定容纳量指数（U. S. GLOBEC，1996）。

3 展望

《联合国 21 世纪日程》强调指出，海洋不仅是全球生命支持系统的一个基本组成部分，也是一种有助于实现可持续发展的宝贵财富。在这个前提下，容纳量研究将不可缺少地要成为海洋可持续发展研究的一个基本内容，只有对海洋生产力及其潜力有一个正确、全面的认识，才能使海洋生物资源的开发与保护趋于合理。另一方面，近年来我国海洋渔业产量逐年较大幅度呈比例增加，这种增加势头能否保持下去？是否会因此而产生新的生态学问题？能否回答这些问题，取决对容纳量的认识程度。因此，对容纳量的进一步研究是基础理论和产业发展两个方面的需要。

"九五"期间，我国明显加强了容纳量的研究，出现了与此有关的《渤海生态系统动力学与生物资源持续利用》国家自然科学基金重大项目、《大规模海水养殖区养殖容量与优化技术》国家攻关课题以及其他与生物资源有关的基础调查研究等。这些科学计划从不同角度调查研究容纳量，在研究方法上都注意到定量研究，强调营养动力学研究、生态动力学研究和基础生产力的评估研究，表明我国容纳量研究已有了一个新的起点。需要进一步指出的是，对容纳量研究需要立足于生态系统水平上，侧重于整体研究和动力学研究。特别需要加强容纳量动态特性的研究。研究容纳量的动态特性有较大的难度，但是它是检验容纳量研究水平和实用化的一个重要指标。

参考文献

奥德姆（Odum. 1971）著，孙儒泳译，1982. 生态学基础．北京：人民教育出版社，606.

方建光，匡世焕，孙慧玲，等，1996a. 桑沟湾栉孔扇贝养殖容量的研究．海洋水产研究，17（2）：18－31.

方建光，孙慧玲，匡世焕，等，1996b. 桑沟湾海带养殖容量的研究．海洋水产研究，17（2）：7－17.

方建光，孙慧玲，匡世焕，等，1996c. 桑沟湾海水养殖现状评估及优化措施．海洋水产研究，17（2）：95－102.

李庆彪，1990. 养殖扇贝的大量死亡与环境容纳量．国外水产（2）：9－11.

廖先贵，1987. 海洋环境容量．见：中国大百科全书，海洋科学．北京・上海：中国大百科全书出版社，347.

孟田湘，1994. 亲体与补充量关系模式．见：中国农业百科全书，水产卷．北京：农业出版社，369－370.

唐启升，1994a. 种群增长逻辑斯谛曲线．见：中国农业百科全书，水产卷．北京：农业出版社，794－795.

唐启升，1994b. 剩余产量模式．见：中国农业百科全书，水产卷．北京：农业出版社，414－415.

Bacher C，1991. Etude de Impact dustock dhmtres et des mollusques competiteurs sur les performances de crossance de *Crassudrea gugas* a laide dun modele de croissance. ICEES Mar. Sct. Symp.，192：41－47.

Caver C E A，Maller A L，1990. Estimating the carrying capacity of a coastal inlet for mussel culture. Aquaculture，88：39－53.

Christensen V，Pauly D，1992. ECOPATH Ⅰ－a software for balancing steady－state ecosystem models and calculating network characteristics. Ecol. Modelling，61：169－185.

Christensen V，Pauly D，1995. Fish production，catches and the carrying capacity of the world ocean. ICLARM Quacterly，18（3）：34－40.

GLOBEC U S，1996. Report on climate change and carrying capacity of the North Pacific Ecosystem. U. S. GLOBEC. Rep.，15：46－49.

Grant J K，Maller L，1988. Estimating the carrying capacity of a coastal inlet for mussel culture in eastern Canada. J. Shellfish. Res.，7（3）：568.

Grant J，Dowd M，Thompson K，et al.，1993. Prospectives on field studies and related biological models of brvalve growth and carrying capacity. In：Bivalve filter feeders and marine ecosystem processes edited by R F Dame，NATO ASt series. vol. G. 33. Springes－verlag，Berlin. 371－420.

Grenz C H Masse，Marchid A K，et al.，1991. An estimate of energy budget between cultivated biomass and the environment around a mussel－park in the northwest Mediterranean Sea. ICES Mar. Sci. Symp.，192：

63 - 67.

Kashiwai M, 1995. History of carrying capacity concept as an index of ecosystem productivity. Bull. Hokkmdo. Natl Fish. Res. Inst.. 59: 81 - 101.

Konovalcv S M, 1995. Ecological carrying capacity of semi - closed large marine ecosystems. In: Q. Tang and K. Sherman (eds.). The Large Marine Ecosystems of the Pacific Rim. IU CN. Gland, Switzerland. 19 - 46.

Pauly D. and Christensen V, 1993. Stratified models of large marine ecosystems. in: Sherman. L. M. Alexander and B. D. Guldteds. Large marine ecosystems: Stress, mitigation and sustainability. A A AS Press. Washington, DC. 148 - 174.

Pauly D. and Christensen V, 1995. Primary production required to sustain global fisheries. Nature, 374: 255 -257.

PICES, 1996. Report of the PICES - GLOBEC International Program un Climate Change and Carrying Capacity: Science Plan and implementation Plan. PICES Scientific Report. 4: 1 - 64.

Polovrna J J, 1984. Model of a coral reef ecosystem. I. The ECOPATH model and its application to French Frigate Shoals Coral Reefs, 3 (1): 1 - 11.

Tang Q, 1985. Modification of the Ricker stock recruitment model of account for environmentally induced variation in recuritment with particular reference of the blue crab fishery in Chesapeahe Bay. Fisheries Research, Netherlands, 3: 15 - 27.

Tang Q, Deng J, Zhu J, 1989. A family of Ricker SRR curves of the prawn under different environmental condition and enhancement potential in the Bohai Sea. Can. Spec. Publ. Fish. Aquat. Sci., 108: 335 - 339.

On the Carrying Capacity and Its Study

Tang Qisheng

(*Yellow Sea Fisheries Research Institute, Qingdao 266071*)

Abstract: The concept of carrying capacity refers to logistic equation of population growth. Since 1980's, as a scientific basis for sustainability, study on carrying capacity has been strengthened, and has been made new progress in study scale, application and methodology. In the Ninth - Five - Year Plan of China, study on carrying capacity has been identified as national science program, e.g., studies on carrying capacity in aquaculture, total allowable catch (TAC) and ecosystem sustainable yield. In further study, study on dynamic characteristics of carrying capacity should be given a high priority.

Key words: Carrying capacity; Living resource; Sustainable yield; Carrying capacity in aquaculture; Large marine ecosystem

可持续海水养殖与提高产出质量的科学问题①

——香山科学会议第340次学术讨论会

我国是世界海水养殖大国。改革开放30年来，我国海水养殖业取得长足发展，养殖总产量从1978年的不足45万t增至2007年的1 307万t，增加了29倍，在繁荣沿海地区社会经济发展和保障国家食物安全中作用显著。但是，快速发展也带来一些问题，诸如养殖良种率低下、种质衰退现象突出、局部水域滩涂过度开发、养殖病害频发、养殖产品药残问题、鱼虾类养殖对鱼粉资源过于依赖以及养殖环境污染，等等。这些问题已成为制约我国海水养殖业可持续发展的瓶颈，可持续海水养殖业的发展与研究对我国具有重要的科学价值和特殊的战略意义。

2009年2月11日至13日，香山科学会议在北京召开了以“可持续海水养殖与提高产出质量的科学问题”为主题的第340次学术讨论会。唐启升研究员、林浩然教授、徐洵研究员和王清印研究员担任本次会议的执行主席，从事海洋渔业与生态、海洋生物技术、水生动植物遗传育种、海水养殖病害、海水养殖生态、海水养殖技术、水产动物营养与饲料、水产品加工与质量安全控制、海洋微生物、海洋生物地球化学以及海洋科技管理等方面研究的47位专家学者应邀参加了会议。

唐启升和王清印做了题为“海水养殖可持续产出与提高产出质量的科学问题”的主题评述报告。报告在分析我国海水养殖产业可持续发展所面临问题的基础上指出，为保障我国海水养殖业的可持续发展和提高产品质量，不但应大力发展生态系统水平的海水养殖业，还应加强相关学科的交叉、融合，大力培育边缘学科，倡导开展海水养殖与可持续协调发展的生命过程和生态过程整合型研究，完善各相关学科的综合协调机制；同时，应选择有代表性的养殖生物种类，做深做细，提高海水养殖遗传、营养、生态操纵等方面基础和应用基础研究的系统性和精准性，促进海水养殖业的可持续产出和产出质量提高，保障我国的“食物安全”和“生态安全”。

林浩然和何建国在题为“海水养殖生态操纵与病害防控的科学问题”的主题评述报告中指出，我国海水养殖病害问题突出、暴发流行严重，病原种类众多，病毒病、细菌病、寄生虫病等合并感染时常发生，造成严重经济损失，直接和间接影响养殖产品安全，成为海水养殖业可持续发展的一大瓶颈。未来我国渔业产量的提高主要取决于海水养殖业的可持续发展，海水养殖的生态操纵和病害防控是决定海水养殖业产量提高和产出质量安全的两个重要的科学问题。

徐洵和章晓波在题为“海水养殖中的生物技术”的主题评述报告中论述到，蛋白质重组表达技术、基因组和基因组学、疫苗、转基因技术等主要生物技术平台能为海水养殖业发展提供高新技术支撑，重点解决认识海水养殖生物的蛋白质和核酸作用两大技术，并推动其在

① 本文原刊于《香山科学会议简报（第340次会议）》，330：1-12，2009。

海水养殖的良种选育、病害防治、饲料利用等方面的应用。

麦康森的“海水养殖营养调控的科学问题”主题评述报告指出，与水产发达国家相比，我们在水产动物营养研究和饲料研制水平以及思想观念上差异较大，包括有：基础研究不足，营养需要数据库不精确、不完善；饲料主要添加剂仍然依赖于进口；蛋白源，尤其是高品质的动物蛋白源匮乏；高效环保型人工配合饲料普及率低；养殖产品品质、环境安全和食品安全都受到优质饲料的缺乏和投饲策略不科学的威胁。海水养殖的营养操纵应以养殖对象的繁殖、生长、健康、行为、质量以及养殖环境友好为目标，实现营养调控精准化，为可持续养殖业提供高效、优质的饲料物质基础。

随后，与会专家围绕①“优良性状的遗传机理和分子调控机制”、②“饲料要素与营养需求匹配的代谢基础”、③“养殖系统微生物群落及其生态功能与作用机理”、④“养殖投入品的环境效应及其对产品质量安全的影响”和⑤“复合养殖系统的生物地球化学过程与生态调控机制”五个中心议题进行了研讨。在此基础上，会议召开了圆桌会议，进一步探讨和归纳影响我国海水养殖可持续发展和提高养殖产品可持续产出质量的主要科学问题，并就我国开展可持续海水养殖与提高产出质量基础研究的发展方向和目标进行了定位。

一、优良性状的遗传机理和分子调控机制

张国范在题为“基于组学的贝类育种”中心议题评述报告中，介绍了牡蛎全基因组测序研究进展情况，指出以全基因组测序为基础的基因组学研究对揭示和认识养殖生物复杂性状，阐明生长发育、物种形成、演化等基本生物学问题，实现基因和功能标记的高通量发掘和 QTL 精确定位，解析重要经济性状的网络调控机制等有重要意义，能为基因组辅助育种和分子设计育种提供依据。相应研究将提升贝类和海洋生物基因组学研究水平，支持和促进贝类养殖业健康和可持续发展。

包振民在题为“建立海产动物分子育种技术体系的科学问题与技术关键探讨”报告中分析了国内外海水养殖生物遗传育种理论和技术发展趋势，要充分认识海洋生境和海洋生物的特殊性，发展海洋特色的遗传育种理论和技术体系，如变温动物生产性状的遗传解析和分子调控机理，巨大后裔数目的遗传精确分析新方法等，指出基因组选择育种是值得关注的分子育种技术新进展。建议加强 BLUP 和 REML 等数量性状遗传分析与分子育种技术的整合研究，重视应用现代生物学高通量、大规模分析技术，实现海洋动物的分子育种技术的跨越式发展。

宋林生做了题为“海水养殖生物抗病性状的遗传学基础及调控机制”的中心议题报告。他介绍了宿主对病原的识别和清除等免疫防御过程及抗病性状的遗传学基础和调控机制研究进展，建议应围绕海水养殖生物抗病性状，开展结构基因组、功能基因组学研究，筛选与抗性/易感性相关的标记和基因，解析抗病性状的遗传学基础及调控机制。此外，要针对海洋生物免疫防御系统特点，重点解决营养和生态环境条件对养殖生物抗病力的调节作用，从营养和生态两个层面对抗病性状实现操作和调控。

王桂忠在题为“加强海水养殖动物生理调控机制的研究与应用”中心议题报告中，分析了海水养殖动物生理调控机制研究动态，从生长与生殖调控、海洋生物滞育生物学、生理学和生态学以及品种改良的生理与遗传机制等几个方面阐述了生理学研究对海水养殖的重要意

义，建议加强海水养殖动物整合生理学和后基因组时代的生理学研究，为提高海水养殖生物育种效果提供生理学参数。

在自由讨论与即席发言中，与会者认为，我国在海水养殖生物遗传机理与分子调控基础研究历程短、基础薄，对养殖生物遗传背景了解不深，研究中缺乏相应的高新技术支撑制约了优良种质创制进程。因此，一段时间内，要加强基础理论和技术创新研究，重点加强重要海水养殖生物遗传研究平台建设和育种工程标准体系建设，开展全基因组测序、功能基因组学研究，建立相应的基因组信息数据库、生物特征性状数据库，为深入开展优良性状遗传机理和分子调控机制研究和实现海洋生物良种工程的跨越发展奠定基础。

与会者专家认为，需要加强以下 5 个关键科学问题的研究：

1. 重视基因组学、功能基因组学、比较基因组学研究，认识目标生物的遗传背景；

2. 海洋生物生产性状的遗传与环境相互作用；

3. 明确近期和长远海洋生物主要育种目标，加强不同育种技术的有机整合，特别是数量性状遗传分析技术和分子育种技术的结合；

4. 清晰抗（耐）逆和抗（耐）病性状的定义，加强其遗传基础和分子机理研究；

5. 重视种质资源的保护和开发研究，关注海洋生物的近交问题。

二、饲料要素与营养匹配的代谢基础

麦康森在题为“我国水产动物营养研究与饲料工业的现状与未来的发展方向”中心议题评述报告中总结了近 30 年我国水产动物营养与饲料研究取得的主要成果并分析了存在的主要问题。他认为，我国水产动物营养与饲料基础研究薄弱，营养需要数据库不精确、不完善；饲料主要添加剂仍然依赖于进口；蛋白源，尤其是高品质的动物蛋白源严重缺乏；高效环保型人工配合饲料普及率低于 40%；养殖产品品质、环境安全和食品安全都受到优质饲料的缺乏和投饲策略不科学的威胁。他建议加强养殖动物的营养生理和营养需要研究，为实行精准科学配方和切实提高饲料利用率提供依据；开展海水养殖动物分子营养学研究，为养殖全方位的营养调控技术开发与应用奠定基础。

解绶启在题为“水产养殖动物对不同饲料蛋白源利用的差异及机制”中心议题评述报告中强调“可持续的海水养殖”是该领域的研究目标，从养殖对象的营养需要、饲料蛋白源的吸收、代谢、产品品质不同角度，从分子、细胞、个体、群体和养殖生态系统多个层次，研究饲料蛋白源在养殖过程中的作用及与其他因子的关系；关注饲料蛋白源模式对水产动物健康和品质的影响，探讨饲料蛋白源组成与氨基酸利用的关系和最适氨基酸模式，阐明饲料蛋白源利用与动物计划的关系及分子生物学机制。

陈立侨在题为“我国主要海水养殖动物的营养需求与代谢及其调控机理”中心议题评述报告中，从我国海水养殖营养学研究角度分析了制约我国海水养殖业可持续发展的主要因素。提出了今后水产营养科学需要关注的重点，包括：①选择重点养殖品种，开展基础营养学研究；②加强水产动物营养免疫学和生态营养学研究；③研究风味物质形成和变化规律，关注添加剂及药物残留的人类食品安全性。

在自由讨论与即席发言中，与会者认为，高效、优质饲料的开发是养殖业可持续发展的物质基础，认识养殖动物的营养生理、营养需要是饲料研制和开发的前提。我国水产营养研究基础薄弱，饲料工业较发达国家落后，年饲料需求缺口大于 2 000 万 t，这与我国水产养殖大国的地位极不相称。

与会者认为，目前需要关注的主要基础研究问题有：

1. 完善我国主要代表种营养需要和饲料原料消化率数据库；
2. 水产动物营养代谢和基因调控；
3. 植物蛋白源饲料效率降下的分子机制；
4. 水产动物糖利用能力差的成因；
5. 营养素与水生动物的免疫、抗病力的关系和作用机制；
6. 水产品的品质形成机理以及与饲料组成和投饲策略的关系；
7. 营养素和饲料添加剂控制有害物质的积累和代谢机理。

三、养殖系统微生物群落及其生态功能与作用机理

张元兴在题为“海水养殖环境中的微生物群体感应系统”中心议题评述报告中指出，群体感应系统是细菌群落协同适应环境变化的重要机制，通过该机制，病原细菌可协同其毒理的产生时机以逃避宿主免疫应答，创造更有利于病原菌的定植条件，实施成功感染。群体感应系统突变会导致其毒力降低，甚至由病原菌转变为非致病菌。他重点阐述了溶藻弧菌群体感应调控的分子机制，提出通过操纵细菌群体感应系统研制新型水产疫苗的途径，并从生态系统水平提出病原菌致病分子机制研究的发展思路。

黄倢在题为“生物絮团——养殖系统微生物生态功能的新视野”的中心议题评述报告中阐述了水产养殖要重视养殖系统微生物的生态作用。重点介绍了生物絮团的价值与作用机制：生物絮团能使残饵、粪便等营养废物转化为养殖动物可以重新摄取的营养来源，并能提高养殖对象的免疫力、抑制致病微生物的生长；通过调节 C/N 比例和增氧可在养殖系统中构建良好的生物絮团，使生态营养循环有效运转，可望为高效环保节约型水产养殖提供了新的技术途径。他认为海水养殖系统微生物群落的结构与功能是我国未来海水养殖理论和技术研究的重要方向之一。

胡超群在题为“养殖系统微生物群落结构及重要类群的功能变化机制”的中心议题评述报告中，重点关注了微生物正常菌群和病原菌群的演变，认为海洋微生物被膜的形成与菌落相变联系密切，是细菌适应环境机制的表现，其中存在丰富的化学信号交流，多个种属的细菌中间信号、能量、物质交流和在生态系统中的功能值得深入研究，认识养殖系统中微生物适应性及其生态功能可为水产养殖系统病原微生物控制和有益微生物利用提供新思路。

在自由讨论与即席发言中，与会者认为海水养殖系统中的生物絮团在解决水产养殖系统能量利用率低、环境富营养化和病害防控等一系列问题上潜力巨大，要重视养殖系统尤其是池塘系统微生物群落结构与功能的研究。

与会专家认为，研究养殖系统的微生物群落结构与功能，包括两方面关键科学问题。

1. 系统中微生物竞存机制及其生态功能，主要包括：①微生物密度感应；②微生物群落结构与演替规律；③微生物多样性。

2. 微生物增强的水产养殖原理与模式，主要包括：①生物絮团的群落结构、形成机制及其生态功能；②微生物增强的水产养殖模式、原理与生产潜力；③生物絮团技术及其应用。

四、养殖投入品的环境效应及其对产品质量安全的影响

李健在题为“渔药在养殖系统中的生物学过程及对食品安全的影响”中心议题评述报告中指出，研究各种危害因素在养殖动物体内和环境中的代谢规律和转归途径是水产品安全与质量控制技术体系建设的重要基础；我国对于渔药在生物体内的转化途径及机理等基础性研究较少，药物使用缺少药理学依据。他强调渔药研究应从生态系统角度出发，遵循“安全优先”的国际通行准则，选择主导养殖品种建立相关动物研究模型，探讨渔药对水产动物的作用机理；应通过开展多学科交叉研究，建立渔药安全使用技术。

林洪在题为“渔药及其代谢化合物的转化途径”的报告中，分析了养殖水产品中存在的质量安全问题，强调应重视代谢产物的潜在风险，进行其代谢转化途径及代谢产物的研究，建立药物原形与代谢产物之间关系；同时指出，应开展主要污染物的危害机理与风险评估研究以及养殖生态环境中微生物的耐药机理研究。

杨健在题为“养殖系统中元素的生态效应及对产出质量的影响”中心议题评述报告中，结合养殖环境的脆弱性和水产品的特点强调了重金属等元素的迁移、转化、积累特征、最小量限制因子及与产出质量的关系；并参考生态化学计量学理论分析了相关生态效应的机理、风险成因和评价体系；他认为，需要加强水产品中重金属从分子到个体等各个水平的“作用-响应”联动机制、致害关键点以及养殖环境-水产品系统的效应耦合动力学关系、风险控制和修复规律等研究。

在自由讨论与即席发言中，与会者认为：要重视生态安全、生物安全和产品安全的和谐统一，重点研究对可持续发展产生影响的持久性污染（有害）物的环境效应及其对产品质量安全的影响；加强危害因子的风险评估与标准的基础研究；加强危害因子代谢机理的研究和关注水产品质量安全的保护和过保护问题。

与会者认为，需要关注的科学问题包括：

1. 海水养殖系统中危害因子的变化规律与转归途径；
2. 主要污染物危害机理与生态学过程；
3. 危害因子对质量安全的影响与调控机制；
4. 海水养殖系统中危害因子的生物蓄积特异性与分子基础。

五、复合养殖系统的生物地球化学过程与生态调控机制

董双林做了题为“水产养殖业的可持续发展和养殖系统的代谢与调控”的中心议题评述报告。提出海水养殖将成为我国解决未来粮食安全的“蓝色粮仓”，应构建近海牧场、开展近岸生态养殖。报告强调水产养殖系统的食物生产、经济盈利和环境服务三重功能，应采用经济生态学手段研究其可持续发展问题。他认为，水产养殖系统各层次的正常代谢是保障目标生物物质积累最大化的最重要生态学过程之一，宜采用生态系统发育理论和生态学代谢理论互补手段研究系统代谢的驱动力、代谢的关键控制点、目标生物物质积累最大化的调控技术等。

方建光在题为“浅海复合养殖系统持续高效产出关键过程与机制”的中心议题评述报告中指出，保障海水养殖产业的可持续发展应综合考虑经济、环境、社会因素的相互作用，开展多营养层次的综合养殖或复合养殖（IMTA）。他指出，我国多营养层次的综合养殖或复

合养殖开展早于其他国家，欠缺研究系统内关键过程与机制。建议加强养殖系统生源要素/痕量元素的输送及补充过程、系统内营养物质的收支、流动特性和利用效率以及不同营养层次的种类之间的互利机制，IMTA 养殖系统中容纳量评估模型与技术，最佳养殖生物配比和养殖布局的 IMTA 构建，生长、产量及效益预测模型等研究。

宋金明在题为“养殖生态系统生物地球化学循环的关键科学问题”的中心议题评述报告中强调，我国投饵性海水养殖排放氮磷所导致的养殖水体富营养化和水体环境质量恶化问题不可忽视。为实现可持续海水养殖及提高产出质量，应借鉴有关海洋生物地球化学循环过程的研究成果，加强养殖生态系统水体营养盐转化机制、养殖生态系统主要生源要素收支途径与控制过程、复合养殖生态系统碳-氮-磷的耦合机制、养殖生态系统有毒物质的产生机制与消除途径等科学问题的研究。

在自由讨论与即席发言中，与会者认为：应加强养殖环境特别是海湾养殖环境修复原理与技术研究；重视养殖生产活动与环境的相互作用；开展构建异养型自持综合养殖系统的原理与技术研发；研究民生水产品高值化提升途径等。

与会者认为，目前在基础研究方面需要关注的关键点是：

1. 在生物圈背景下，重点研究海水养殖业可持续发展的原理与途径、养殖生态系统生物地球化学循环、全球变化背景下水产养殖系统和产品质量的响应；

2. 在海洋生态系统背景下，海水养殖活动与邻近环境的相互作用；

3. 在海水养殖系统背景下，研究半人工养殖系统的代谢驱动力和调控机制、浅海复合养殖系统持续高效产出关键过程与机制、海湾养殖环境修复原理与技术、异养型（肉食）自持综合养殖系统构建的原理与技术。

六、圆桌讨论：我国海水养殖可持续发展战略与对策

与会专家围绕上述五个中心议题进行了广泛而深入的讨论后，执行主席又带领与会专家学者围绕“可持续海水养殖与提高产出质量的科学问题”会议主题，利用最后半天时间，从满足我国“食物安全和生态安全”的国家需求和发展现代海水养殖产业需求出发，讨论和梳理了我国海水养殖的“可持续发展”和“提高产出质量”等方面基础研究的优先发展方向、主要科学问题、研究对策。经过讨论，与会专家产生了以下重要共识：

1. “生态系统水平的水产养殖”研究是我国海水养殖可持续发展基础研究新的发展方向

发展“生态系统水平的水产养殖”（EAA，Ecosystem Approach to Aquaculture or Ecosystem - based Aquaculture）是“保证规模化生产”和“实现可持续产出”的必由之路。它不仅是国际水产养殖发展与研究的新趋势，同时也是由于我国海水养殖所特有的种类结构与生产方式所必须做出的选择。目前，我国海水养殖中贝藻养殖产量占总产的 90%，鱼虾约占 10%，养殖方式以粗放式养殖为主，这种现状在短期内不会发生根本的改变。因此，需要引入新的理念，去推动海水养殖的可持续发展。过去 10 年，在健康养殖发展中已有了一些初步的积累，那么，在海水养殖进入新一轮发展的时候，需要大力推动“生态系统水平的海水养殖”研究新理念的发展，为海水养殖可持续发展提供坚实的科学支撑。

2. 深入开展海水养殖系统综合协调机制的研究

发展“生态系统水平的水产养殖”研究，必须开展整体、系统水平的研究，必须开展海水养殖的生命过程、生态过程及其相互作用的过程与整合研究，研究其综合协调机制，赋予

“制种/调水/给饵/供药/管理/收获”等生产关键环节在系统中的作用内涵。另外，还需建立海水养殖相关学科综合交叉研究机制，发展诸如基因组育种学、生态免疫学、营养生态学、系统能量学等交叉学科，实现海水养殖科技的跨越式发展。

3. 需要实施“单种精作”的研究策略

事实上，这已经是国际上渔业发达国家成功的作法，如挪威对“大西洋鲑”的研究、美国对“沟鲇”的研究。选择有代表性的养殖种类开展深入研究，不仅是应对海水养殖基础研究新发展方向及其相关主要科学问题的研究需要，同时也有助于解决我国海水养殖可持续发展中出现共性问题。通过点面结合，做深做细，有效提高我国海水养殖研究工作的系统性和精准性，逐步形成具有中国特色的海水养殖科技研发体系，推动养殖产业向现代化方向发展。

4. 海水养殖品种的多样化仍然是我国海水养殖发展的主流模式

它不仅是我国海洋生物物种和环境的多样性所决定的，同时也是我国市场需求和饮食习惯的多样化所决定的。但是，在开发和研究新的养殖品种时，从可持续发展的角度，需要同时兼顾优质高效和环境友好两个方面的需求。

《中国综合水产养殖的生态学基础》序[①]

改革开放以来，中国水产养殖业发展取得了举世瞩目的成就，成为世界第一水产养殖大国、世界第一渔业大国，也是世界上唯一水产养殖产量超过捕捞产量的国家，即中国是通过人类活动干预提升水域生态系统食物供给功能并获得成功的国家。几十年来，水产养殖作为中国大农业的重要产业，不仅在保障市场供应、解决吃鱼难、促进农村产业结构调整、增加农民收入、优化国民膳食结构和保障食物安全等方面作出了重要贡献，同时新的研究还表明，其在促进渔业增长方式的转变、减排 CO_2、缓解水域富营养化等方面也发挥着重要作用。而面对未来的发展和需求，如何促进水产养殖业实现持续的发展、实现绿色低碳的发展已成为人们关注的新课题，养殖方式的新发展是其中重要的研究主题，以期对中国水产养殖业更好更快的发展作出新贡献。

综合水产养殖在中国有悠久的历史。明末清初兴起的“桑基鱼塘”是一种早期、有效的综合养殖方式。现代中国水产养殖业发展极大地推动了综合养殖方式的新探索，特别是始于20世纪90年代中期海水养殖系统的养殖容量的研究，使多种形式的多元养殖普遍应用于生产实践。2004年，加拿大Chopin和Taylor将多营养层次种类的养殖（multi-trophic aquaculture）与综合养殖（integrated aquaculture）合并，称之为多营养层次综合养殖（integrated multi-trophic aquaculture，IMTA），中国渔业科技工作者接受了这个术语，并从生态系统水平上探讨综合水产养殖，从综合生态系统多种服务功能（包括食物供给功能、气候调节功能和文化服务等）的层面上探讨最佳的养殖产出，从而也使中国成为世界上该种养殖方式和技术应用最为广泛、类型最为多样、生产规模最大的国家。

《中国综合水产养殖的生态学基础》一书包括综合水产养殖的历史沿革、原理和系统的分类，重要养殖生物对虾及大型海藻、滤食性鱼类、滤食性贝类和刺参的养殖生态学，综合水产养殖结构的优化、生产力和养殖容量，综合水产养殖理念的现实意义等。该书结构合理，文笔流畅，图文并茂，是一部系统介绍中国海水和内陆水域综合水产养殖原理和技术的专著，期望它对推动我国水产养殖业可持续和绿色的新发展起到重要作用，对国际水产养殖业的发展也将产生影响。

在该书即将问世之际，谨此表示热烈祝贺！

唐启升

中国科协副主席、中国工程院院士

2014年6月于青岛

---

① 本文原刊于《中国综合水产养殖的生态学基础》，科学出版社，2015。

海带养殖在桑沟湾多营养层次综合养殖系统中的生态功能[①]

毛玉泽[1,2]，李加琦[1,2]，薛素燕[1,2]，蔺凡[1,3]，蒋增杰[1,3]，方建光[1,3]，唐启升[1,3]
（1. 农业部海洋渔业可持续发展重点实验室，山东省渔业资源与生态环境重点实验室，中国水产科学研究院黄海水产研究所，青岛 266071；
2. 海洋国家实验室海洋生态与环境科学功能实验室，青岛 266071；
3. 海洋国家实验室海洋渔业科学与食物产出过程功能实验室，青岛 266071）

摘要：采用现场和实验生态学方法研究了大型经济海藻——海带（*Saccharina japonica*）的生长、光合作用和氮营养盐的吸收特性。实验结果表明：在1个生长周期内（约200 d），海带的湿重与养殖天数呈明显的幂函数（$W=1.388\,6t^{1.362}$，$R^2=0.961\,1$），海带湿重是长度的幂函数（$W=0.007\,1L^{2.088\,2}$，$R^2=0.939\,2$）；海带的光合作用放氧速率（O_2 mg/h）与湿重（g）具有明显的线性相关（R^2 范围为 0.950～0.981），直线斜率（反应单位时间单位重量光合作用放氧速率）的变化范围为 0.096～0.195（平均 0.191），养殖初期单位鲜重的光合放氧能力较弱，后期趋于稳定；不同部位海带藻片对 TIN 的吸收速率不同，中带部上部（60～110 cm）和基部（20～50 cm）的吸收速率大于中带部下部（150～200 cm）和边缘部，氮饥饿后最初 0.5～1 h 对 TIN 的吸收速率最高（0.6 μmol/gWW），培养 24 h 可去除介质中 TIN（初始浓度 24.2 μmol/L，密度 4 g/L）的 64.2%～97.1%，10 ℃条件下藻片对营养盐的吸收率和去除率均大于 4 ℃。海带藻片对 NO_3-N 的吸收速率大于对 NH_4-N 的吸收速率，24 h 后对 NO_3-N 的收速率趋于稳定。结果显示，海带具有较高的生长速度、光合作用产氧和营养盐吸收能力。海带养殖后期，每天可以增加氧气 28.8 g/m^2（光周期按 14 h 计算），收获时海带的平均碳氮含量分别为 33.1%和 1.8%，以桑沟湾海带养殖产量 8.45 万 t 计算，每年可移除 2.8 万 t 碳和 1 538 t 氮，海带在多营养层次综合养殖系统中具有较高的生态功能。

关键词：海带；生长；光合作用；氮营养盐吸收；生态功能

大型海藻作为生物滤器技术起于 20 世纪 70 年代，近年发展迅速并逐步建立了海藻与鱼、虾、贝及多种类多营养层次综合养殖（IMTA，Integrated Multi-trophic Aquaculture）模式。大型藻类能吸收养殖动物释放到水体中的营养盐，转化为藻类自身生物量，同时兼具产氧、固碳、调节水体 pH 值等作用，其又可以作为鲍、海胆等经济动物的饵料。基于大型藻类的 IMTA 模式越来越受到国内外学者的重视，养殖大型海藻是净化养殖废水、控制水域富营养化、提高海域利用率和保护生态环境的有效措施[1-5]。

---

① 本文原刊于《生态学报》，38（9）：3230-3237，2018。

桑沟湾面积 144 km^2，是位于山东半岛东端的半封闭海湾。湾内养殖海带、扇贝、牡蛎、鲍和刺参等 30 多个品种，养殖方式有筏式、底播、沿岸池塘和潮间带养殖等[6]，是我国最早开展海水养殖的海湾，并先后开展了养殖生物生理生态学、养殖容量评估、生源要素的生物地球化学循环、水动力、养殖模型、综合养殖，以及养殖对环境的影响和评价等[6-9]研究工作，其 IMTA 模式得到世界范围认可[6]。海带一直是桑沟湾开展养殖活动以来的主要养殖品种，遍布湾中部和外部，年产量超过 8 万 t（干重）[8]。目前该湾开展规模化海水养殖生产活动 30 余年，水质环境仍处于优良状态，与大型海藻养殖不无关系。

海带（*Saccharina japonica*）是我国养殖的重要经济海藻，属低温型大型藻类，原仅在我国山东、辽宁等北方沿海地区养殖，近年来培育了一些耐高温品种，使养殖范围逐步扩大，现已在江苏、浙江和福建等沿海地区养殖，2015 年我国海带产量为 141.1 万 t，占海藻产量的 67.6%，但关于其生态功能的研究鲜有报道。

本文现场测量了桑沟湾养殖海带的生长和光合作用特性，实验室模拟研究了海带藻片对营养盐的吸收特性，包括海带藻片对 TIN 营养盐吸收随时间的变化、不同部位对 TIN 的吸收、对不同氮源（NH_4-N、NO_3-N）吸收的选择性，并测定了 C、N 含量的季节变化。目的是了解海带在海水养殖生态系统中的生态调控作用，为建立和完善 IMTA 体系提供理论依据。

1 材料与方法

1.1 现场实验

现场实验是在荣成桑沟湾海带养殖区进行（122°34′42″E，37°8′21″N）。

1.1.1 海带生长的测定

在桑沟湾海带养殖区随机选取同一个养殖区的 4 排筏架用于海带生长测定，每 15～20 d 测量海带的生长，每次采集 3～5 棵海带现场测定长度和湿重，然后带回实验室分段烘干，用于组织 C、N 含量的测定；同时采用打孔法[10]（标记 30 棵海带）测定海带的长度。

桑沟湾海带养殖已经形成固定模式，一般每年 10 月 18—20 日海带苗出库，移至海区暂养 30 d 左右，11 月 18—22 日开始分苗，此时海带苗长度约为 15～20 cm，因夹苗工作持续时间较长，为了和实际生产数据比较，我们把 12 月 1 日确定为海带生长的初始时间（第 1 天），6 月中旬基本收获完毕，一个生长周期约为 200 d，在此范围内建立海带的生长模型。

1.1.2 海带光合作用测定

分别在 1 月、3 月、5 月和 7 月（尽管大部分海带在 7 月前收获，为探讨海带的生态功能，在 7 月份也测定了其光合作用），现场测定海带光合作用产氧速率。每 2 个月在实验海区采集大、中、小 3 种不同长度的海带用于现场光合作用实验，每个规格 3～5 个重复。根据海带规格选用不同周长（31～69 cm）的聚乙烯塑料薄膜筒袋（材质相同，长度可定制）

作为海带光合作用容器，长度以能装下整棵海带为宜。塑料筒袋用现场海水冲洗后，先把叶柄处系有细绳（固定海带，使其完全伸展）的整棵海带放入其中，把有海带稍部的一端扎紧，虹吸法装满现场海水（海水事先装在 200 L 的桶中混匀），然后扎紧塑料筒带的另一端，固定在筏架上，实验进行 2 h，用虹吸法取充分混合水样用于 DO 测定和营养盐分析，测定海带的湿重、塑料筒长度（用于体积计算），根据下式计算海带的光和作用产氧速率。

$$P_{O_2}=[O_t'-O_t-(O_c'-O_c)]\times V/(W\cdot t)$$

式中，P_{O_2} 是光合作用产氧速率（mg $g^{-1}h^{-1}$），O_t、O_t'和 O_c、O_c'分别是实验开始和结束时处理组（放置海带）和对照组（不放置海带）O_2 的浓度（mg/L），V 是实验用塑料桶的体积（L），W 是海带鲜重（g），t 是实验时间（h）。

1.1.3　海带藻体组织碳氮含量测定

测量长度和湿重的海带，用海水清洗干净，冷藏保存运回实验室。根据大小分成 3～4 段，用淡水和蒸馏水冲洗，称量湿重，在 55 ℃下烘干 48 h 至恒重，计算含水率。烘干后粉碎过筛（80 目）置于恒温干燥箱内冷藏备用。采用德国产 Elemental Analyzer Vario EL cube 元素分析仪测定藻体 C、N 含量。

1.2　实验室实验

1.2.1　海带采集和藻片制备

选择健康成熟的海带（长度 3 m 以上），清洗去除表面附着物，按照长度和位置把海带叶片分为 4 部分，分别为基部（20～50 cm）、中带部上部（60～110 cm）、中带部下部（150～200 cm）和边缘部（MP），用打孔器打成直径 1.0 cm 的藻片，藻片分装于 3 L 的锥形瓶中（内装 2 L 消毒海水）暂养在不同温度（4 ℃和 10 ℃）的光照培养箱中，光照为 40 μmol $m^{-2}s^{-1}$。

1.2.2　不同部位海带藻片不同温度对无机氮（TIN）的吸收

选取上述 4 个部位的藻片，用吸水纸吸干海带片表面的水分，按照 2 g/L 的密度放入 500 mL 的锥形瓶中（内装 400 mL 消毒海水），用透气纸封住瓶口，在不同温度（4 ℃、10 ℃）光照培育箱中培养，每个温度 4 个平行，实验进行 24 h，其他条件与暂养条件相同。实验结束后将海带片取出，用蒸馏水反复冲洗后，称量湿重，然后放于 55 ℃烘箱内烘干到恒重时称量干重。

测定实验前后介质中无机氮（包括硝态氮、氨氮和亚硝酸氮）的浓度。测定方法按照海洋监测规范（GB 17378.4—2007）进行，根据公式 NUR=(C_0-C_t) $V/(W\cdot t)$ 计算吸收速率（nutrient uptake rate，NUR），式中，NUR 指吸收速率 μmol g^{-1}DW h^{-1}，C_0和 C_t分别指开始和结束时培养瓶中 TIN 的浓度（μmol/L），V 指实验水体体积（L），W 指藻体的湿重（g）；t 指养殖时间（h）。

1.2.3　海带藻片对氮吸收的时间变化

加富氮（硝酸氮和氨氮比约为 9：1）营养盐浓度为 50 μmol/L 浓度参考桑沟湾海区无

机氮浓度），加入 1 μmol/L 的 KH_2PO_4 和 f/2 微量元素培养液，将配制好的培养液装于 1 L 的三角烧瓶中，内装 800 mL 培养液，放入相同重量的海带片（2 g/L），藻片事先用吸水纸吸干表面水分，不放藻片的作为对照，每组 4 个平行，用透气培养纸将瓶口盖好，放入 10 ℃的光照培养箱中进行培养，分别在 0、0.5、1、2、5、10、22 h 和 28 h 时取样测定 TIN 的浓度，分别计算各培养时间点营养盐浓度和吸收率（包括吸收率和阶段吸收率），吸收率（NUR_t）计算方法同 1.2.2，阶段吸收率（NUR_s）指两个取样点时间段内藻片的吸收率。

1.2.4 海带藻片对不同氮源的吸收

用 NH_4Cl 和 KNO_3 按照 TIN 含量为 50 μmol/L 配制 4 种不同比例的氮营养盐，氨态氮与硝酸态氮的比例分别为 3∶1、2∶1、1∶2 和 1∶20（具体以实测值为准）。将培养液装于 500 mL 的三角烧瓶中，内装 400 mL 培养液，每个处理 3 个平行。每个培养瓶中放置相同重量的藻片（2 g/L），用封口纸盖好，放置在 10 ℃的光照培养箱中培养。分别测定各处理实验开始，实验后 6 h 和 24 h NH_4-N 和 NO_3-N 的浓度。

2 结果与分析

2.1 海带的生长特性

海带的生长的初始时间定在每年的 12 月 1 日，以此计算海带的生长模型（图 1，图 2），在一个生长周期内（约 200 d），海带的湿重和长度均是养殖天数的幂函数，单次测量长度的变化幅度较大，湿重的变化幅度相对较少，4 月中下旬后海带逐渐开始收获（夹苗后 150 d），6 月中下旬海带基本收获完毕，收获期湿重为（1 586±130）g，长度为（313±26.6）cm，记录最长长度为 365 cm，湿重 1 838 g。

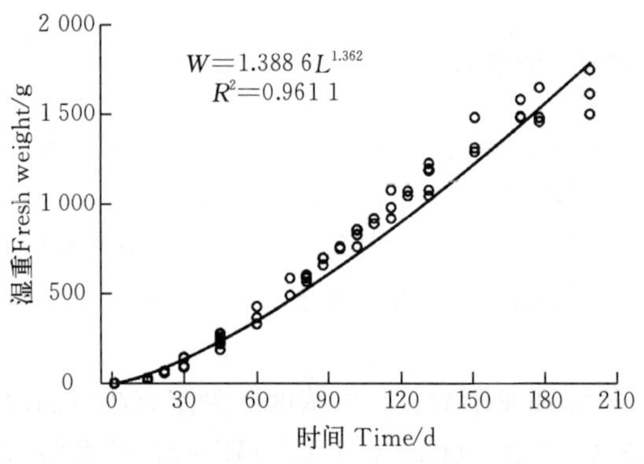

图 1 桑沟湾海带湿重生长回归模型（n=70）

Figure 1 The fresh weight regression model of the cultured kelp in Sanggou Bay（n=70）

W. 湿重，fresh weight t. 养殖天数，farming days

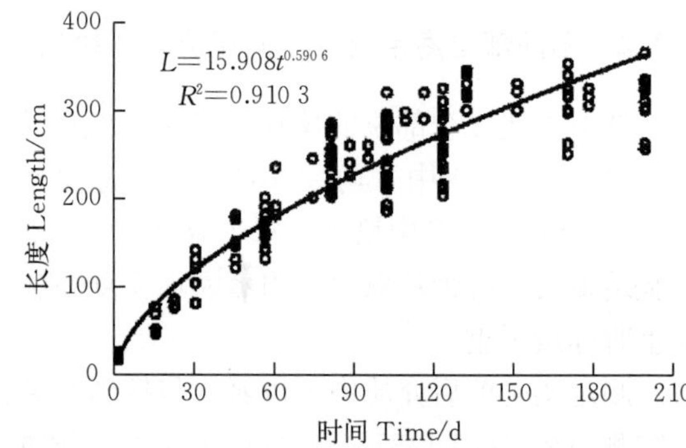

图 2 桑沟湾海带长度生长回归模型（n=154）

Figure 2 The growth in length regression model of the cultured kelp in Sanggou Bay（n=154）

L. 长度，length t. 养殖天数，farming days

在生长期内，桑沟湾海带湿重与长度符合幂函数，函数的幂为 2.088 2>1，表明随着长度的增加海带的湿重增加越来越快，这与海带的生长特性相吻合，但长度超过 300 cm 后，海带的长度增加较慢或不增长，而湿重仍然增加（图 3）。

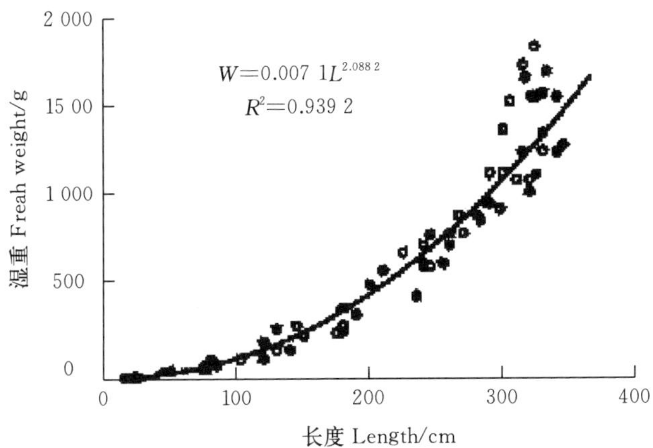

图 3　桑沟湾海带湿重和长度的回归模型（$n=70$）

Figure 3　The regression model between the fresh weight and the length of the farmed kelp in Sanggou Bay（$n=70$）

W. 湿重 Fresh weight　*L*. 长度 Length

2.2　海带的光合作用

海带光合作用与湿重呈明显的正相关，可以用线性方程 $PR_O=aW+b$ 表示，式中 PR_O 为光合作用速率（mg O_2h^{-1}棵$^{-1}$），W 为湿重（g），经残差检验，该模型符合正态分布。1 月份 a 值最低为 0.096，此时海带的光合产氧能力相对较弱，3 月后海带光合作用与湿重的斜率比较稳定，范围在 0.187～0.195 之间，且变化不大，说明光合作用处于稳定的水平（表 1）。

表 1　不同月份海带湿重与光合作用回归模型参数

Table 1　The model parameters of the photosynthetic activities and the fresh weight of kelp in different months

月份 Month	a	b	判定系数 R^2	调整判定系数 R^2_{adj}	F	样本数 n
1	0.096	1.262	0.975	0.973	471.5	14
3	0.187	2.189	0.950	0.943	132.5	9
5	0.195	−3.264	0.975	0.971	235.4	8
7	0.191	3.687	0.984	0.981	364.1	8
合计 Total	0.191	−0.959	0.968	0.967	1 104.6	39

2.3　不同部位海带对营养的吸收

实验自然海水中无机氮浓度为 24.2 μmol/L，24 h 后各处理组 TIN 剩余浓度情况为，边缘＞中带部下部（150 cm）＞基部（20～50 cm）＞中带部上部，TIN 的吸收速率为中带部上部＞基部＞中带部下部＞边缘（图 4，图 5），4 ℃和 10 ℃去除效率分别为 64.2%～

94.2%和 78.0%～97.3%（密度为 4 g/L）（图 6）。不同温度下不同部位的藻片对 TIN 的吸收趋势相同，但是 10 ℃时对 TIN 的吸收速率略高于 4 ℃，为 1.0～1.2 倍。

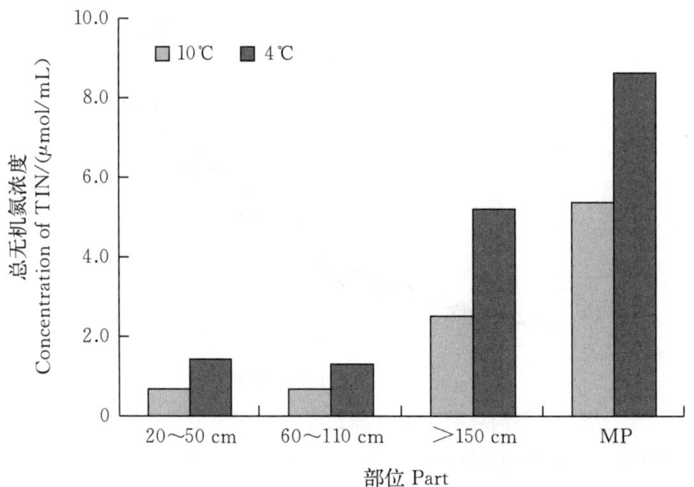

图 4 不同部位海带藻片在不同温度培养介质中 DIN 浓度的变化

Figure 4 Changes of DIN concentration in the incubated water of kelp discs at different parts under 4 ℃ and 10 ℃, respectively

TIN. 总无机氮，total inorganic nitrogen MP. 边缘部，marginal part

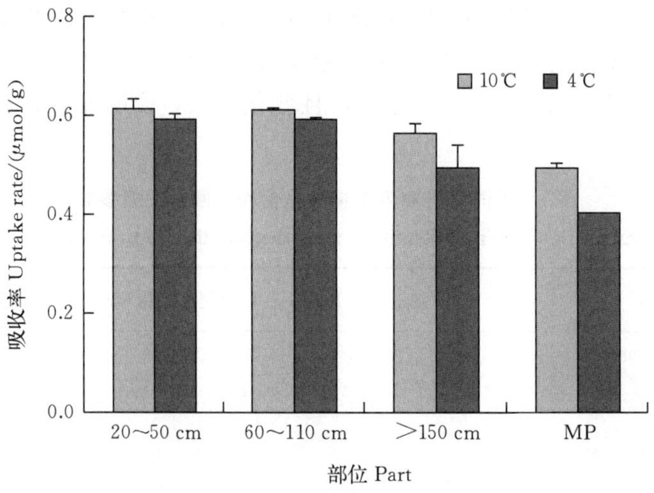

图 5 不同部位海带藻片在不同温度条件下对 TIN 吸收率

Figure 5 The TIN uptake rate in different temperature of kelp discs at different parts

TIN. 总无机氮，total inorganic nitrogen MP. 边缘部，marginal part

2.4 海带藻片对 TIN 吸收的时间变化

海带藻片表现出在 1 h 内快速吸收 TIN 现象，2 h 时吸收缓慢甚至停滞，介质中 TIN 浓度略有上升（图 7，TIN 曲线），1～2 h 的阶段吸收速率（图 7，NUR_s曲线）出现负值，然

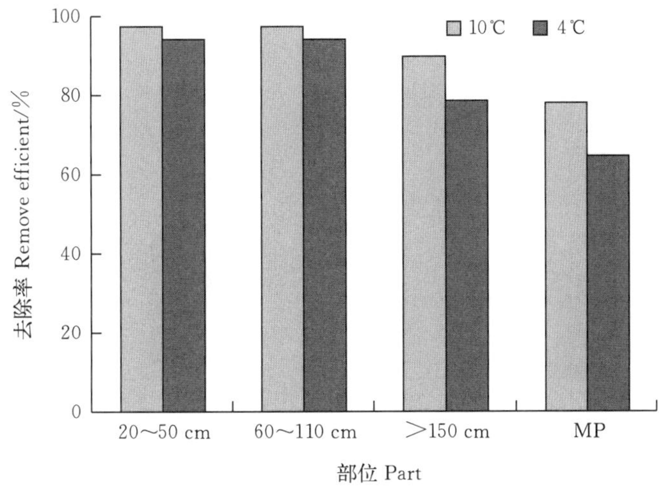

图 6 不同部位海带藻片在不同温度条件对 TIN 去除率

Figure 6 The TIN removing efficiency in different temperature of kelp discs at different parts

TIN. 总无机氮，total inorganic nitrogen MP. 边缘部，marginal part

后又缓慢地上升，10 h 后吸收率处于较低水平（图 7）。2 h 内的累积吸收速率仍然较高（2.1 μmol/L），10 h 内约为 0.5 μmol/L，以后随培养时间增加而逐渐降低。

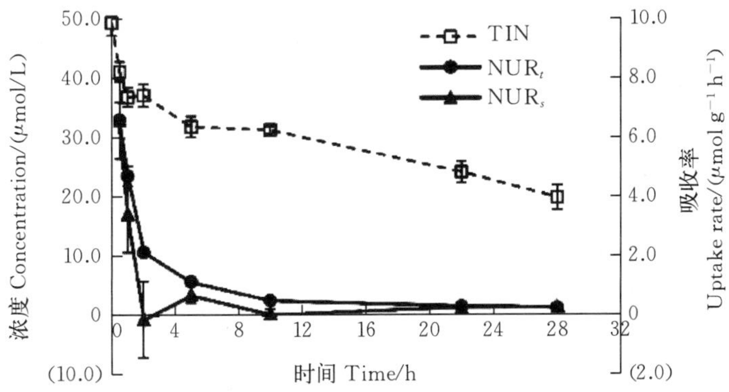

图 7 海带藻片对 TIN 吸收速率的时间变化

Figure 7 The variations over time of TIN uptake rate of kelp discs at different parts

TIN. 总无机氮，total inorganic nitrogen NUR_t. 吸收率，nutrient uptake rate NUR_s. 阶段吸收率，nutrient uptake rate in different stage

2.5 海带藻片对不同氮源的吸收

选取中带部海带为实验材料，分别在 6 h 和 24 h 测定了其对不同比例 TIN［浓度为（43.9±1.70）μmol/L］中 NH_4-N 和 NO_3-N 的吸收效率（图 8）。不论何种比例，海带藻片对 NO_3-N 的吸收速率均高于 NH_4-N 的吸收速率，6 h 时海带在比值为 1.83 时吸收速率最高，为 0.98 μmol $g^{-1}h^{-1}$；24 h 后不同比例 TIN 中，除比例为 0.49 组外，NO_3-N 的吸收速率非常接近，为 1.03～1.06 μmol $g^{-1}h^{-1}$，而 NH_4-N 的吸收速率随着 NH_4-N 比例的降低出现明显的下降，在高 NO_3-N 浓度下，对 NH_4 的吸收为接近 0 的负值。

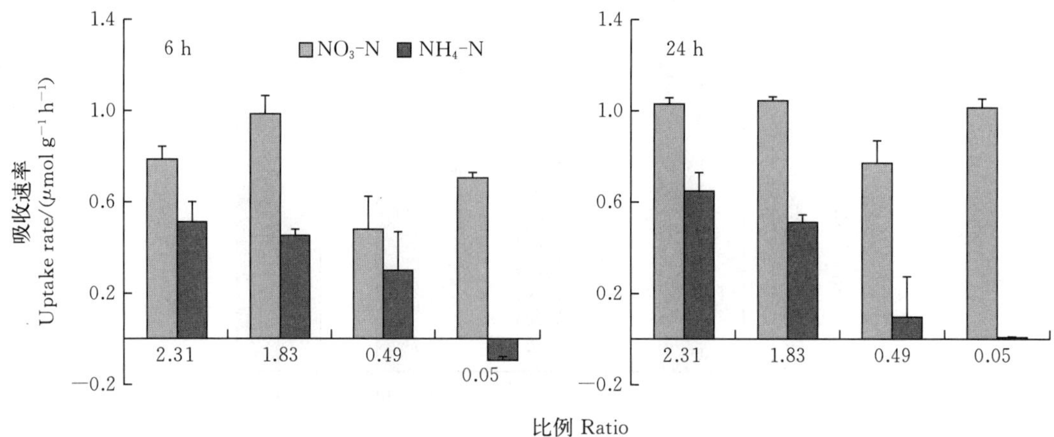

图 8 海带藻片对不同比例 NH_4-N 和 NO_3-N 的吸收速率

Figure 8 The uptake rates of kelp discs at different parts under different ratios of $NH_4-N : NO_3-N$

2.6 海带组织碳氮含量的季节变化

桑沟湾养殖海带碳含量的变化范围为在 31.7%～36.1%（平均 33.9%），6—7 月份 C 含量较低，1 月和 5 月 C 含量相对较高，但季节变化不明显。N 含量变化范围为 1.59%～2.99%（平均 2.24%），C/N 比变化范围为 11.6～20.2（平均 15.5）（图 9）。收获季节（养殖 150～200 d）海带碳氮含量平均为 33.1%和 1.82%。

3 讨论

3.1 海带的生长

海带是我国主要养殖大型经济海藻，产量占海藻养殖产量的一半左右，中国北方海带主要养殖方式为筏式养殖，养殖筏架一般长 80 m，筏间距 4～6 m，苗绳长 2.5 m，夹苗 35 棵左右，苗绳间距 1.0～1.2 m，多采用平养方式，两根苗绳连接在一起，通过吊绳平挂在两排筏架之间。由此推算，每平方米水面养殖海带 8～9 棵，每公顷养殖海带（去除航道和区间水面）按 5 万棵计算，收获时海带平均重量 1.6 kg/棵，每公顷产量约 80 t，桑沟湾海带养殖面积约为 7 500 hm^2[11]，估算鲜海带产量为 60 万 t（7 kg 鲜海带可生产 1 kg 干海带），这与桑沟湾海带实际养殖产量 8.45 万 t（干

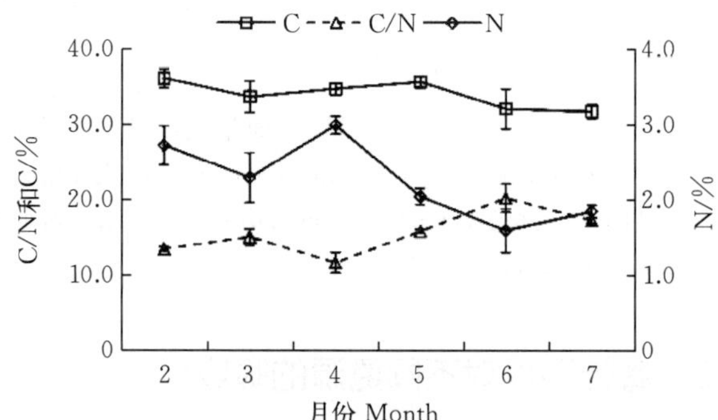

图 9 桑沟湾海带干组织碳氮含量的季节变化

Figure 9 The carbon and nitrogen content in the dried kelp sampled in different seasons

重）相当[8]。由于养殖面积较大，桑沟湾养殖海带在 4 月底（分苗后 150 d）开始逐渐收获，此时海带的平均长度为 313 cm，这个阶段养殖长度平均生长速度约为 1.95 cm/d（分苗时长度约 20 cm），后期变化不大，甚至由于脱落出现负增长。养殖 150 d 后，湿重还有较高的增速，后期逐渐趋于稳定，主要是因为海带进入厚成期后，稍部出现较多的脱落[11]，本研究中海带的湿重和长度都大于 Zhang 等[11]的研究结果，可能是因为养殖品种的差异而引起的。本研究中海带的生长没有采取打孔方法进行计算，主要是为了解海带的实际生长情况。

3.2　海带的光合作用

大型藻类通过光合作用产生氧气，但这种作用往往因为海水中溶解氧的过饱和而被忽略，然而世界范围内近海低氧区面积呈指数增长，我国长江口外的东海缺氧区面积达 10 000 km^2，近年也有报道渤海夏季缺氧区面积达 4.2×10^3 km^2[12]，甚至一些近岸海湾也出现缺氧现象。本文的研究结果表明海带的光合作用产氧速率与湿重呈正相关，1.5 kg 的海带每天产氧量约为 3 600 mg/棵（光周期按照 14 h 计算），按照每平方米养殖 8 棵计算，每平方米可以增加氧气 28 800 mg，是浙北地区常见绿化树种固碳量（11 374 mg C $m^{-2}d^{-1}$）的香樟产氧量（约 8 272 mg $m^{-2}d^{-1}$）的 3.5 倍[13]，高于常见灌木绿化树种固碳量最高的种类，如马樱丹和假连翘等产氧量为 7～10 g $m^{-2}d^{-1}$[14]，也高于温带针叶林固碳较高的柳杉[15]，固碳量为 2 185 g C $m^{-2}a^{-1}$，折合产氧量为 15 963 mg O_2 $m^{-2}d^{-1}$。以养殖区平均水深 15 m 计算，养殖海带可以使养殖海域溶氧增加 1.9 mg/L，而夏季养殖海区溶氧通常因生物耗氧处于相对较低水平[16]。海带具有较高的碳含量，收获时（5—7 月）海带的平均碳含量为 33.1%，以桑沟湾海带养殖产量 8.45 万 t 计算，可移除碳 2.8 万 t，有研究表明寒带和温带原始林、未受干扰林和老熟林的碳固定速率平均为 0.4 t C $hm^{-2}a^{-1}$[17]，相当于 7 万 hm^2 森林一年的固碳量。

3.3　海带藻片对氮的吸收

海带藻片在 1 h 以内对无机氮有快速吸收过程。20 世纪 80 年代发现氮饥饿的大型海藻具有短期的快吸收现象，后来一些研究表明这一现象普遍存在于大型海藻中，是其对外界环境中营养盐变化的一种适应[18]。Pedersen 曾报道当将野外生长的石莼（*Ulva lactuca*）置于室内高浓度 NH_4-N 介质中后，开始 15 min 内对 NH_4-N 的吸收超过其对氮需求量的 20 倍[19]。Chapman 的研究表明海带在冬季最高氮储量可高达 150 μmol/g 鲜重，是环境中无机氮的 28 000 倍[20]。大型海藻的这一吸收特点可使其在营养丰富条件下积累充足的 N 库以备外界营养盐不足时补充生长的需要。许多研究表明，吸收速率随时间变化的原因可能是氮限制下细胞内的氮库较小[21]，一开始的快吸收（10～60 min）是用于充盈细胞内营养库的阶段，随后吸收率的下降至稳定阶段则可能是充盈的细胞内氮库的反馈抑制作用[19]，接着是由介质营养盐浓度控制的吸收，随介质营养盐的消耗而迅速降低吸收率。本研究中海带在 1 h 内吸收速率很高，2 h 出现短暂的负吸收现象，符合大型藻类营养盐吸收特点。不同部位对 TIN 的吸收不同，基部和中带部具有较高的无机氮吸收速率，这与海带的生长特点相适应，海带的分生组织位于叶片基部。

在本实验条件下，海带片对 NO_3-N 的吸收速率明显高于 NH_4-N，这与 Xu 等的研究结果一致[22]，这是由大型藻类本身的特性决定的。海带的这种吸收特点非常适合在桑沟湾养殖，海带收获后 NO_3- N 的浓度会有明显的增加也是一个例证[23]。

海带也具有较高的氮含量，收获时（5—7 月）海带的平均氮含量为 1.82%，以桑沟湾每年海带养殖产量 8.45 万 t 计算，每年可移除氮 1 538 t。

海带具有较快的生长速度、光合作用产氧/固碳能力、无机氮吸收能力，具有较高的生态功能，是潜力巨大的生物净化器。

参考文献

[1] Neori A, Msuya F E, Shauli L, et al., A novel three - stage seaweed (*Ulva lactuca*) biofilter design for integrated mariculture. Journal of Applied Phycology, 2003, 15 (6): 543 - 553.

[2] Troell M, Halling C, Neori A, et al., Integrated mariculture: asking the right questions. Aquaculture, 2003, 226 (1/4): 69 - 90.

[3] Chopin T, Cooper J A, Reid G, Cross S, Moore C. Open - water integrated multi - trophic aquaculture: environmental biomitigation and economic diversification of fed aquaculture by extractive aquaculture. Reviews in Aquaculture, 2012, 4 (4): 209 - 220.

[4] Alexander K A, Potts T P, Freeman S, et al., The implications of aquaculture policy and regulation for the development of integrated multi - trophic aquaculture in Europe. Aquaculture, 2015, 443: 16 - 23.

[5] 毛玉泽，杨红生，王如才．大型藻类在综合海水养殖系统中的生物修复作用．中国水产科学，2005，12 (2): 225 - 231.

[6] Fang J G, Zhang J, Xiao T, et al., Integrated multi - trophic aquaculture (IMTA) in Sanggou Bay, China. Aquaculture Environment Interactions, 2016, 8: 201 - 205.

[7] 方建光，孙慧玲，匡世焕，等．桑沟湾海带养殖容量的研究．海洋水产研究，1996，17 (2): 7 - 17.

[8] Ning Z M, Liu S M, Zhang G L, et al., Impacts of an integrated multi - trophic aquaculture system on benthic nutrient fluxes: a case study in Sanggou Bay, China. Aquaculture Environment Interactions, 2016, 8: 221 - 232.

[9] Bacher C, Grant J, Hawkins A J S, et al., Modelling the effect of food depletion on scallop growth in Sungo Bay (China). Aquatic Living Resources, 2003, 16 (1): 10 - 24.

[10] Tala F, Edding M. Growth and loss of distal tissue in blades of *Lessonia nigrescens* and *Lessonia trabeculata* (Laminariales). Aquatic Botany, 2005, 82 (1): 39 - 54.

[11] Zhang J H, Fang J G, Wang W, et al., Growth and loss of mariculture kelp *Saccharina japonica* in Sungo Bay, China. Journal of Applied Phycology, 2012, 24 (5): 1209 - 1216.

[12] 张华，李艳芳，唐诚，等．渤海底层低氧区的空间特征与形成机制．科学通报，2016，61 (14): 1612 -1620.

[13] 张娇，施拥军，朱月清，等．浙北地区常见绿化树种光合固碳特征．生态学报，2013，33 (6): 1740 -1750.

[14] 林欣，林晨菲，刘素青，等．18 种常见灌木绿化树种光合特性及固碳释氧能力分析．热带农业科学，2014，34 (12): 30 - 34.

[15] Maguire D A, Osawa A, Batista J L F. Primary production, yield and carbon dynamics //Andersson F, ed. Ecosystems of the World 6. Coniferous Forests. Amsterdam: Elsevier, 2005: 339 - 383.

[16] Yang H, Zhou Y, Mao Y, et al., Growth characters and photosynthetic capacity of *Gracilaria lemaneiformis* as a biofilter in a shellfish farming area in Sanggou Bay, China. Journal of Applied

Phycology, 2005, 17 (3): 199 - 206.

[17] Luyssaert S, Schulze E D, Börner A, et al., Old - growth forests as global carbon sinks. Nature, 2008, 455 (7210): 213 - 215.

[18] Rosenberg G, Probyn T A, Mann K H. Nutrient uptake and growth kinetics in brown seaweeds: response to continuous and single additions of ammonium. Journal of Experimental Marine Biology and Ecology, 1984, 80 (2): 125 - 146.

[19] Pedersen M F. Transient ammonium uptake in the macroalga *Ulva lactuca* (Chlorophyta): nature, regulation, and the consequences for choice of measuring technique. Journal of Phycology, 1994, 30 (6): 980 - 986.

[20] Chapman A R O, Craigie J S. Seasonal growth in *Laminaria longicruris*: relations with dissolved inorganic nutrients and internal reserves of nitrogen. Marine Biology, 1977, 40 (3): 197 - 205.

[21] Naldi M, Wheeler P A. Changes in nitrogen pools in *Ulva fenestrata* (chlorophyta) and *Gracilaria pacifica* (rhodophyta) under nitrate and ammonium enrichment. Journal of Phycology, 1999, 35 (1): 70 - 77.

[22] Xu D, Gao Z Q, Zhang X W, et al., Evaluation of the potential role of the macroalga *Laminaria japonica* for alleviating coastal eutrophication. Bioresource Technology, 2011, 102 (21): 9912 - 9918.

[23] Li R H, Liu S M, Zhang J, et al., Sources and export of nutrients associated with integrated multi - trophic aquaculture in Sanggou Bay, China. Aquaculture Environment Interactions, 2016, 8: 285 -309.

Ecological Functions of the Kelp *Saccharina japonica* in Integrated Multi - trophic Aquaculture, Sanggou Bay, China

MAO Yuze[1,2], LI Jiaqi[1,2], XUE Suyan[1,2], LIN Fan[1,3], JIANG Zengjie[1,3], FANG Jianguang[1,3], TANG Qisheng[1,3]

(*1. Yellow Sea Fisheries Research Institute, Chinese Academy of Fishery Sciences, Qingdao 266071, China;*

2. Laboratory for Marine Ecology and Environmental Science, Qingdao National Laboratory for Marine Science and Technology, Qingdao 266071, China;

3. Laboratory for Marine Fisheries Science and Food Production Processes, Qingdao National Laboratory for Marine Science and Technology, Qingdao 266071, China)

Abstract: The growth rate, photosynthetic activities, and nitrogen nutrient uptake characteristics of cultured commercial kelp (*Saccharina japonica*) were studied *in situ* and under laboratory conditions. The lengths of marked kelps were measured every 10 to 20 days throughout their entire life cycle by collecting 5～10 individuals for simultaneous weight measurement. The *in - situ* seaweed was incubated in high light transmission polyethylene tubes (the perimeter of the tube was 25～50 cm; light transmittance was above 80%) suspended in the kelp farming area, and the photosynthetic oxygen production rate at different growth stages was measured in January, March, May, and July. In the laboratory, the total inorganic nitrogen (TIN) uptake rate was measured for discs taken from different parts of the kelp under two temperature treatments of 4 ℃ and 10 ℃. The NH_4- N and NO_3- N selective uptake characteristics of the discs were also measured. The results showed that the wet weights are power functions that are related to both culture days ($W=1.388\,6t^{1.362}$, $R^2=0.961\,1$) and kelp length ($W=0.007\,1L^{2.088\,2}$, $R^2=0.939\,2$) during the culture period. There was a clear positive linear correlation (R^2 ranged from 0.950 to 0.981) between the oxygen production rate (O_2 mg/h) and the wet weight (g), and the slope (related to the photosynthetic oxygen production rates of the kelp by unit time and unit fresh wet) varied from 0.096 to 0.195 with an average of 0.191. The oxygen production rate in unit fresh weight was lower at the first growth stage (January), but gradually increased and became stable after March. The TIN uptake rate varied between different parts of the kelp. The uptake rates of the upper part of the middle band (60～110 cm) and the base of the plant (20～50 cm) were faster than the lower part of the middle band (150～200 cm) and the marginal part of the plant. The highest TIN uptake rate was observed between 0.5 and 1 hour after nitrogen starvation, and about 64.2% to 97.1% of the TIN in the culture medium (initial concentration was 24.2 μmol /L and the kelp density was 4 g/L) was removed within 24 hours. The TIN uptake and removal rate of the tested kelp incubated at 10 ℃ was higher than that at 4 ℃. The NO_3- N uptake rate of the kelp discs was higher than for NH_4- N, and became stable after 24 hours. The results demonstrated that the kelp has a relatively high growth rate, nutrient uptake rate, and active photosynthetic activities, which means it has valuable ecological functions as a farmed species.

Key words: *Saccharina japonica*; Growth; Photosynthesis; Uptake characteristics of nitrogen nutrient; Ecological function

Phylogenetic Analysis of Bacterial Communities in the Shrimp and Sea Cucumber Aquaculture Environment in Northern China by Culturing and PCR – DGGE①

LI Qiufen, Y. Zhang, D. Juck, N. Fortin, Charles W. Greer, TANG Qisheng

Abstract: In this study, we investigated the bacterial communities in the shrimp and sea cucumber culture environment, including shrimp ponds (SP), sea cucumber ponds (SCP), mixed – culture ponds (MCP) and the effluent channel (EC) in Qingdao, China. Bacteria cultivation showed that the counts of heterotrophic, nitrate – reducing and sulfate – reducing bacteria in the sediment of SP were higher than that in the sediment of SCP and MCP, varying between 8.7×10^4 and 1.86×10^6, 2.1×10^4 and 1.1×10^5, and 9.3×10^1 and 1.1×10^4 CFU g^{-1}, respectively. In contrast, the counts of ammonium – oxidizing and nitrifying bacteria in the sediment of SP was lower than that in the sediment of SCP and MCP. Denaturing gradient gel electrophoresis (DGGE) of 16S rDNA gene and dendrogram analyses showed that bacterial diversity in the mixed – culture environment was higher than that in the monocultures. The similarity of bacterial community between EC and SCP or MCP was higher than that between EC and SP. These results indicated that sea cucumber culture played a significant role in influencing the environmental bacterial communities that were composed mainly of Flavo – bacteriaceae (64.3%), Bacteriodetes (21%) and delta proteobacteria (14.7%), including the genera of *Croceimarina*, *Lutibacter*, *Psychroserpens* and so on. The results explained the benefit of sea cucumber culture in shrimp ponds at the level of microbial ecology.

Key words: Bacteria; Biodiversity; Aquaculture; Shrimp; Sea cucumber; Environment; DGGE

Introduction

The composition of the bacterial community in an aquaculture environment has a strong influence on the internal bacterial flora of farmed animals, which is vital for their nutrition, immunity and disease resistance (Luo et al., 2006). At the same time, it also impacts, and is impacted by, the bacterial communities in the nearby marine environments that receive the aquaculture effluents (Guo and Xu, 1994). Therefore, more attention has been paid recently to the study of bacterial communities associated with aquaculture environment.

① 本文原刊于 *Aquaculture International*, 18 (6): 977 – 990, 2010。

Traditional culturing methods are time - consuming, costly and cannot reflect the actual situation due to the fact that an estimated 99.99% of microorganisms in the natural environment are currently non - culturable (Amann et al., 1995), which prevented the advancement of studies on the bacterial community in shrimp aquaculture environment. Thus, our understanding of the composition of bacterial communities in the complex aquaculture ecosystem is very limited (Guo and Xu, 1994; Li et al., 2002a, b, c). More and more molecular techniques that were developed recently have been successfully applied in the microbial ecology studies. For example, denaturing gradient gel electrophoresis (DGGE) is used to study the diversity of microbes based on the sequence difference of PCR products of 16S rRNA gene amplified from different microbes. DGGE was initially designed to detect gene mutations in medical research. Since its first application in bacterial studies (Muyzer et al., 1993), DGGE has been widely used to examine the genetic diversity of uncharacterized microbial populations in a variety of eco - environments, e.g., explosive - polluted soil (Juck et al., 2003), estuaries (Thomas et al., 2006), deep - sea sediments, shrimp digestive organs (Luo et al., 2006) and macroalgae (Staufenberger et al., 2008). However, utilization of DGGE to monitor the bacterial communities in shrimp and sea cucumber culture environments has been less reported.

Since the occurrence of explosive epidemic disease in farmed shrimp in 1993, shrimp culture, as one of the main mariculture industries in China, has been challenged with the problems of disease and pollution (Li, 2002; Wang, 2003), which resulted in the economic losses in shrimp farming and environment pollution by the untreated effluent from the ponds. Scientists and farmers have been attempting to solve these problems by culturing sea cucumbers in the shrimp ponds (Jiang et al., 2006; Song et al., 2007). Sea cucumber (*Apostichopus japonicus*), as a benthic animal (Liao, 1979), is traditionally recognized as a rare type of sea food and medicine. The commercial value of sea cucumber in China has been increasing because it possess sufficient bio - active substances, e.g., *Stichopus japonincus* acid mucopolysaccharide (SJAMP), saponin, phosphorous and proteinase, which are thought to play a role in resisting blood clotting and improving the immune system (Song et al., 2007). Studies have shown that culturing sea cucumbers (*Apostichopus japonicus*) in the shrimp ponds has positive effects on the growth of co - cultured shrimp, leading to a total economic profit increase from \$1.5 to \$56 per m^2 when compared with shrimp monoculture (Jiang et al., 2006). From the ecological point of view, it is generally believed that the benthic - feeding habit of the sea cucumbers contributes to the elevated growth rate of shrimp and economic yields (Liao, 1979; Li et al., 1994; Chang et al., 2003; Liu et al., 2006). However, microbial ecology - based evidence for the role of sea cucumber on the growth of shrimp is currently unavailable. Therefore, we analyzed the composition of bacterial communities in the shrimp and sea cucumber culture environment as well as the nearby marine areas by utilization of both culturing and PCR - DGGE approaches. We expected to provide underlying mechanisms to explain the observed benefit of co - culturing sea cumber with shrimp.

Materials and Methods

Description of the Sites and Sampling

The sampling sites were located at a shrimp culture facility in Qingdao, Shandong province in northern China. The facility, composed of shrimp monoculture aquaculture ponds, sea cucumber monoculture ponds and shrimp - sea cucumber mixed ponds, is a typical unit for shrimp farming in northern China for more than 20 years. The water in these ponds is exchanged with natural sea water based on the tide and the effluents from all these ponds flow into the Yellow Sea through a channel. The sediment and water samples were collected from a shrimp monoculture pond (Shrimp A and B), a sea cucumber monoculture pond (Sea cucumber), a shrimp - sea cucumber mixed farming pond (Shrimp + Sea cucumber) and the effluent channel (Shrimp Eff) in July 2006. Three samples were collected from each pond or effluent channel and were placed in a sterilized 50 - mL Facol tube, respectively. Three water samples (500 mL) were collected from each kind of pond or channel. The samples were transferred to the laboratory on ice as soon as possible. Each sample was divided into several portions and inoculated to various media immediately. One portion of each sample was stored at −20 ℃ for molecular biological analysis.

Detection of Bacteria Belonging to Different Physiological Groups Using Culturing Methods

A ten fold serial dilution was carried out for the sediment and water samples using the sterilized sea water, and aliquots (0.1 mL) of each dilution were spread onto Zobell's 2216E sea water medium for CFU counting of total heterotrophic bacteria. At the same time, aliquots (0.1 mL) of each dilution were spread onto selective media for ammonia - oxidizing bacteria and nitrifying bacteria counting (Li et al., 2002a). CFU was counted after incubation of the plate at 28 ℃ for 2～3 days.

The sulfate - reducing and nitrate - reducing bacteria were detected by using "Most Possible Number" method as described previously (Chen et al., 1987; Li et al., 2002b). Briefly, 1 - mL aliquots of a dilution series were added into 10 mL of the media with three tubes for each dilution. The results were recorded after incubating for 14 and 7 days at 28 ℃ for sulfate - and nitrate - reducing bacteria, respectively. The numbers of bacteria were obtained by referring to a table based on the number of tubes with a positive outcome at each dilution. The three counting results for each pond or channel were averaged, and the standard deviations (STDEV) were shown.

Extraction of Genomic DNA from Various Aquaculture Environments

Genomic DNA was extracted using the chemical - enzymatic lyses protocol (Fortin et al., 2004) with some modifications. Briefly, 5 mL of sterilized distilled water was added to a 50 - mL Falcon tube containing 10 g of each sample, and the tubes were vortexed at maximum speed for 5 min before addition of 1 ml of 100 mg/ml lysozyme dissolved in Tris - HCl (250 mmol/L, pH 8.0) and 4 - mL DNA extract buffer (100 mmol/L Tris - HCl, 100 mmol/L EDTA, 100 mmol/L Na_3PO_4, 1.5 mol/L NaCl, pH8.0). After incubating in rotating inoculators for 30 min at 30 and 37 ℃, respectively, 20 -′ μL proteinase K (100 mg/mL) was added. The samples were incubated for 1 h at 37 ℃, followed by addition of 100 ′μL of SDS (20%) and incubation in a water bath at 85 ℃ for 30 min during which the samples were mixed gently by inversion every 10 min. After centrifugation (4 100×g) for 15 min at room temperature, the supernatant was transferred to a new 50 - mL Falcon tube with addition of half the volume of 7.5 mol/L ammonium acetate followed by 15 min incubation on ice. After centrifugation (9 400×g) for 15 min at 4 ℃, the supernatant was transferred to a 50 - mL Falcon tube, and the DNA was precipitated with addition of cold 2 - propanol overnight at −20 ℃. The pellet was collected by centrifugation for 30 min at 4 ℃ and washed once with 70% and 95% ethanol. The vacuum - speed - dried DNA was purified with 1 volume of phenol/chloroform/iso - propanol (25 : 24 : 1). After precipitating, washing and drying, the DNA was resuspended in sterilized distilled water. The crude extract of DNA was treated with polyvinylpolypyrrolidone (PVPP) and sephacryl S - 400 spin columns as described by Berthelet et al. (1996) to remove the PCR inhibitors such as humic acids. Untreated and treated DNA (5 ml) were loaded onto a 0.7% agarose gel with SYBR safe™ for electrophoresis at 60 V for 2 h with Hind Ⅲ - digested λ DNA as the molecular weight marker (Invitrogen, Carlsbad, CA). The gel was visualized with blue light on a MultiImage™ light Cabinet (Alpha Innotech Corporation, Fr).

Amplification of 16S rDNA

The bacterial universal primers, U341 and U758, were used to amplify a 418 - bp fragment corresponding to position from 341 to 758 in the *Escherichia coli* 16S rDNA sequence (Muyzer et al., 1993). In order to stabilize the melting behavior of the amplified fragments in the DGGE, a GC - clamp (Sheffield et al., 1989) was included in the forward primer. The sequence for the primers was 5′341 - 357 -GCGGGCGGGGCGGGGGCACGG GGGGCGCCGGCGGGCGGGGC GGGGGCCTACGGGAGGCAGCAG - 3′ and 5′758 - 740 - CTAC - CAGGGTATCTAA TCC - 3′, respectively. PCR protocol was optimized in order to achieve good DGGE results. The PCR was carried out in a 50 - μL volume, including 5 μL of genomic DNA as template, 25 pmol of each primer, 200 μmol/L of each dNTP, 1 mmol/L $MgCl_2$, 2.5 U of Taq polymerase (Amersham Biosciences, Piscataway, NJ) and 5 μL of 10×PCR buffer. Before addition of Taq DNA polymerase, the samples were predenatured for 5 min at 96 ℃ and then a touchdown PCR (Don et al., 1991) was performed by using 65 ℃ as initial annealing temperature and 1 ℃ decrease for every cycle until it reached 55 ℃. The PCR parameters for each cycle were denaturation at 94 ℃ for 1 min, annealing for 1 min and extension at 72 ℃ for 3 min. Ten cycles were performed with annealing temperature decreasing from 65 to 55 ℃, and 20 cycles were performed with the annealing temperature at

55 ℃. Finally, 5 μL of PCR product and a 100 - bp DNA ladder (MBI Fermentas, Amherst, NY) were loaded onto a 1.4% agarose gel. After electrophoresis, PCR products were stained with SYBR safe™ and visualized on a MultiImage™ light cabinet (Alpha Innotech Corporation, San Leandro, CA).

DGGE of Amplified PCR Fragment

The purified PCR product (approximately 600 μg) was loaded onto a lane of the denaturing gradient gel, and DGGE was performed on the Dcode Universal Mutation Detection System (Bio - Rad, Mississauga, Ont., Canada) according to the manufacturer's instruction. A6% acrylamide - *N*, *N* - methylene/bisacrylamide (37.5 : 1) stack gel was added to avoid disturbing the gradient during comb insertion. Separation of PCR product was carried out on an 8% (*W/V*) acrylamide gel in 1×TAE (40 mmol/L Tris acetate pH 8.0, 1 mmol/L Na_2DETA) containing a linear gradient from 25 to 65% of denaturant [100% denaturant consisted of 7 M urea and 40% formamide as described by Muyzer et al. (1993)]. Electrophoresis was carried out for 16 h at 80 V, and the gel was stained for 30 min in the staining solution containing 1 : 10 000 dilution of Vistra Green (Amersham Pharmacia Biosciences Inc., Baie d'Urfe, QC, Canada) in 1×TAE. The gel was finally visualized on a FluorImager system model 595 (Amersham Pharmacia Biosciences Inc.) with a 488 - nm excitation filter and a 530 - nm emission filter.

Reamplification and Sequencing of some DGGE Bands

A total of 32 specific DGGE bands were carefully excised from the gel by using a sterile surgical scalpel. DNA was eluted by incubating the gel slices overnight at 37 ℃ in sterilized deionized water (Rolleke et al., 1996) and purified by using a QIA quick PCR purification kit (Qiagen, Mississauga, Ont., Canada). The obtained DNA was used as a template for PCR reamplification. PCR was carried out in a 50 - μL reaction volume containing 1 μL of DNA, 1.0 μL of U341 primer (25 pmol), 1.0 μL of U758 primer (25 pmol), 0.625 μL of BSA (10 mg/mL), 2.0 μL (25 mmol/L), 8.0 μL of $MgCl_2$ (100 mg), 8.0 μL of dNTPs (1.25 mmol/L), 32.4 μL of sterile deionized water, 0.5 μL of Taq polymerase and 5 μL of 10×PCR buffer. Taq polymerase was added separately when the temperature reach 80 ℃ after initial denaturation for 5 min at 95 ℃. The standard PCR parameter for DGGE bands was 25 cycles of 1 min at 94 ℃, 1 min at 64 ℃ and 1 min at 72 ℃. The quantity of template, annealing temperature and the number of cycles were optimized for each sample without satisfying result in order to obtain single band of PCR product for DNA sequencing. The single band observed in a 1.4% agarose gel after electrophoresis was purified with GFX Purification Kit (Amersham Biosciences) and quantified by loading 1 μL of the sample and serially diluted 100 bp DNA ladder onto a 1.4% agarose gel. The samples (20 μL, 2 ng/μL) were submitted to Laval University for sequencing.

Dendrogram analysis for the banding patterns of DGGE was performed using the

Dendron 2.2 software package (Soll - tech Inc., Oakdale, LA). The unweighted pair group method, based on a similarity matrix calculated from the presence/absence of DGGE bands, was used to analyze the similarity between different samples.

Phylogenetic Analysis of Bacterial Communities in Different Aquaculture Environments

The obtained sequences were manually corrected by comparing the consensus of forward and reverse sequences with software Macvector 8.1. The length of the corrected sequences ranged from 352 to 387 bp. The sequences were initially aligned using the Clustal W function and then were compared with closely related sequences retrieved from http://www.ncbi.nlm.nih.gov//nucleic acid/BLAST. Identical sequences with the same migration on DGGE were treated as one operate unit. Further manual amendments to the alignment were performed using the multi - cluster function.

Results

Numbers of Bacteria in Different Samples Detected with Culturing Methods

Bacteria belonging to five physiological groups were detected in the sediment and water samples. In the sediment samples, the numbers of heterotrophic bacteria, nitrate - reducing bacteria and sulfate - reducing bacteria ranged from 8.7×10^4 to 1.86×10^6, 2.1×10^4 to 1.1×10^5 and 9.3×10^1 to 1.1×10^4 cells/g, respectively (Table 1). The counts of these three groups of bacteria in the shrimp ponds were higher than that in the sea cucumber+shrimp pond. In contrast, the counts of ammonium - oxidizing bacteria and nitrifying bacteria (8.9×10^3 and 4.3×10^3 CFU/g, respectively) in the shrimp ponds were lower than that in the sea cucumber pond and mix culture pond ($1.25\times10^4\sim1.43\times10^4$ CFU/g and $9.8\times10^4\sim8.7\times10^4$ CFU/g, respectively) (Table 1). The population of bacteria in the water samples was significantly lower than that in the sediment samples. However, the bacterial distribution pattern in the water samples was similar to that in the sediment.

Table 1 Numbers of various bacterial groups in sediment and water environments

Sampling sites	Total no. of heterotrophic bacteria (CFU/g)	No. of ammonium - oxidizing bacteria (CFU/g)	No. of nitrifying bacteria (CFU/g)	No. of sulfate - reducing bacteria (cells/g)	No. of nitrate - reducing bacteria (cells/g)
Sediment of shrimp pond	$(1.64\pm0.04)\times10^5$	$(8.90\pm0.2)\times10^3$	$(4.30\pm0.05)\times10^3$	$(1.10\pm0.13)\times10^4$	$(1.10\pm0.01)\times10^5$
Sediment of Sea cucumber pond	$(8.70\pm0.12)\times10^4$	$(1.43\pm0.14)\times10^4$	$(9.80\pm0.03)\times10^4$	$(9.30\pm0.10)\times10^1$	$(2.90\pm0.06)\times10^4$
Sediment of Shrimp+Sea cucumber pond	$(9.30\pm0.01)\times10^4$	$(1.25\pm0.08)\times10^4$	$(8.70\pm0.12)\times10^4$	$(1.30\pm0.11)\times10^2$	$(5.60\pm0.14)\times10^4$
Sediment of effluent channel	$(1.86\pm0.30)\times10^6$	$(5.20\pm0.15)\times10^4$	$(4.20\pm0.18)\times10^5$	$(2.41\pm0.12)\times10^3$	$(2.10\pm0.30)\times10^4$
Water of Sea cucumber pond	$(1.20\pm0.04)\times10^3$	$(2.00\pm0.06)\times10^2$	$(4.40\pm0.16)\times10^3$	$(4.00\pm1.0)\times10^0$	$(2.40\pm0.05)\times10^3$
Water of Shrimp pond	$(6.30\pm0.13)\times10^4$	$(3.90\pm0.10)\times10^2$	$(2.10\pm0.03)\times10^3$	$(1.30\pm0.10)\times10^1$	$(2.40\pm0.01)\times10^4$
Water of effluent channel	$(1.50\pm0.22)\times10^4$	$(6.00\pm0.02)\times10^2$	$(4.00\pm0.07)\times10^3$	$(2.90\pm0.5)\times10^0$	$(2.30\pm0.15)\times10^3$

Extraction of Bacterial Genomic DNA from the Sediment Samples in Various Shrimp Culture Sites

The size of DNA isolated from the sediment samples in different ponds was approximately 23 kb (Figure 1a) . The brown color of the DNA crude extract disappeared after purification with PVPP and sephacryl columns. In addition, the DNA bands after separating in an agarose gel were much brighter and clearer than the crude extracts (compare Figure 1a with b), suggesting that inhibitory factors in the crude extracts were efficiently removed after PVPP and sephacryl purification.

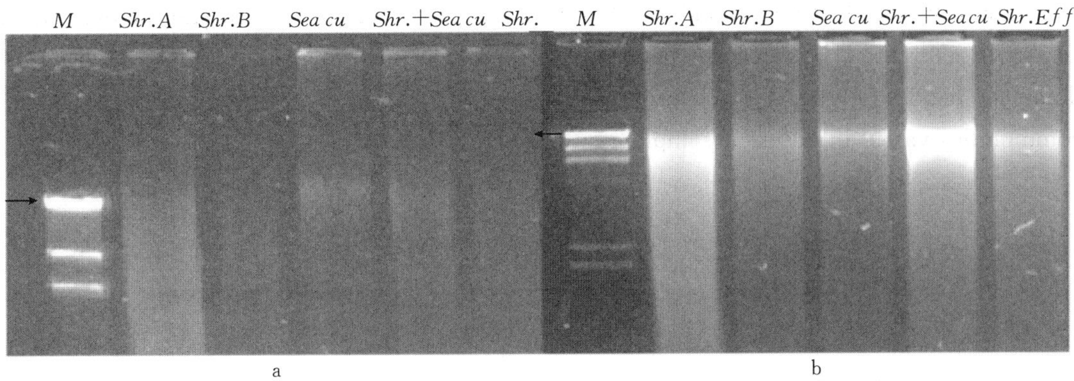

Figure 1　Gel electrophoresis of genomic DNA extracted from sediment samples in shrimp and sea cucumber culture environments

a. Crude DNA extract　b. Purified DNA after PVPP and sephacryl treatment

M. λDNA digested with *Hind* Ⅲ (arrow indicates a 23. 1 - kb fragment)　*Shr.* shrimp monoculture pond *Sea cu*. Sea cucumber monoculture pond　*Shri. Eff.* sediment from the channel receiving the effluent from the ponds

PCR Amplification of 16S rDNA

A 417 - bp fragment of 16S rRNA gene was amplified with universal bacterial primers GC U341 and U758 (Figure 2) . The touch - down PCR ensured that single specific band

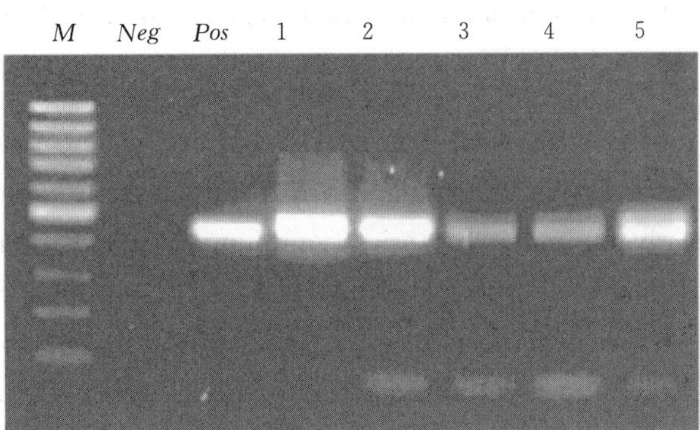

Figure 2　Gel electrophoresis of PCR product of 16S rDNA amplified from DNA extracted from the sediment samples in shrimp and sea cucumber culture environments

M. 100 - bp DNA ladder　*Neg*. negative control　*Pos*. positive control　1. shrimp monoculture pond A　2. shrimp monoculturepond B　3. Sea cucumber monoculture pond　4. shrimp and sea cucumber mixed - culture pond　5. the channel receiving the effluents from the ponds with expected size was amplified. The yield of PCR product was high as a bright band appeared after electrophoresis (Figure 2).

Comparison of DGGE Banding Profiles between Various Environmental Samples

DGGE analysis for the PCR products of 16S rDNA produced identical banding patterns. More than 20 bands for each sample suggested that a high diversity of bacteria was present in the mariculture environment. The highest number (28) of DGGE bands was obtained from the samples of shrimp+sea cucumber pond and the lowest (21) was obtained from the samples of shrimp pond B (Figure 3). Furthermore, the migration pattern of DGGE bands varied significantly between the different sampling sites and with different dominant bands (Figure 3). These results suggested that the composition of bacterial communities varied in different sampling sites.

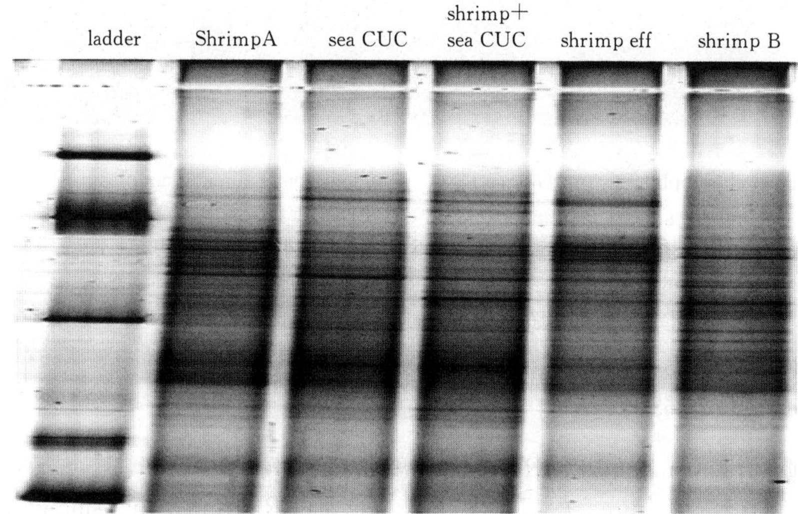

Figure 3 DGGE analysis of 16S rDNA fragments generated by PCR amplification of total bacterial DNA from sediment

The dendrogram analysis showed that DGGE pattern in the samples from the same environment shared higher similarity than that in different environments, suggesting that the same environment had similar bacterial community compositions. For example, the samples from Shrimp A and Shrimp B were clustered into one group (S_{AB}, 0.70), whereas shrimp+sea cucumber and sea cucumber were clustered into a different one (S_{AB}, 0.78). The composition of bacterial community in different environments varied significantly. For example, the S_{AB} of Shrimp A and B to other samples was only 0.38. The S_{AB} between Shrimp eff. and Shrimp A and B was 0.38, which was lower than that between Shrimp eff and the mixed-culture or sea cucumber monoculture environments (S_{AB}, 0.58) (Figure 4).

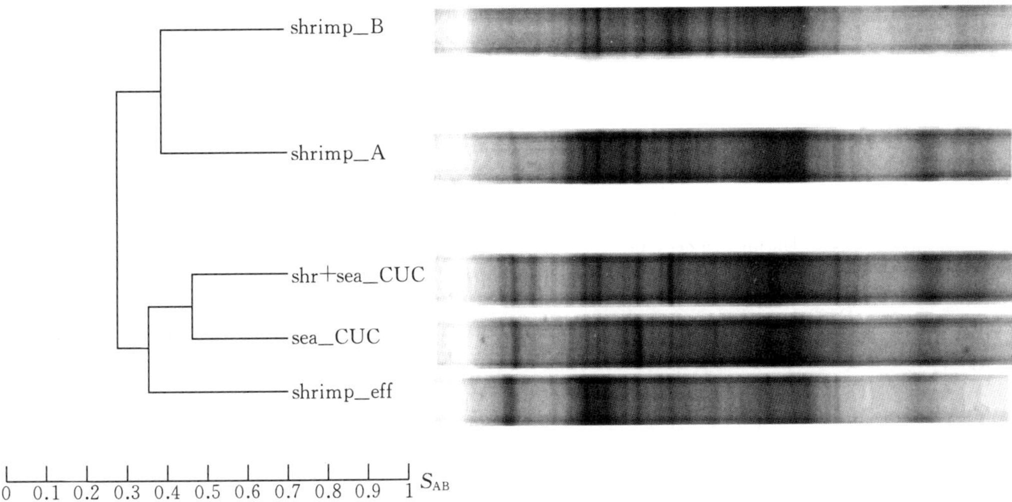

Figure 4 UPGMA dendrogram analysis for the assessment of similarity between DGGE profiles illustrated in Figure 3. Samples from Shrimp A and Shrimp B were clustered into one group with an S_{AB} value of 0.70. Samples from shrimp+sea cucumber and sea cucumber were clustered into a different group

Reamplification and Sequencing of some DGGE Bands

Some of the unique or common bands in different samples were excised from the DGGE gel. A total of 32 bands were selected, and 28 bands were reamplified with primers U341 and U758. Of these 28 bands, 14 samples yielded good sequencing results. BLAST analysis was performed for these 14 DNA sequences as shown in Table 2. The similarity between the obtained sequences and the reference sequences retrieved from the databases ranged from 92 to 99%.

Table 2 BLAST analysis - retrieved closest relative to 16S rRNA genes of bacteria in the culture environments

Sampling sites	DGGE bands	Closest relative	BLAST closest match accession number	% identity	Reference
Shrimp pond A	A1	*Croceimarina litoralisstrain* IMCC1993	EF108214. 1	95	Flavobacteriaceae
	A2	*Lutibacter* sp.	AY177723	99	Flavobacteriaceae
	A3	Uncultured Bacteroidetes bacterium	DQ351797	99	Flavobacteriaceae
Shrimp pond B	E1	Uncultured *Sphingobacteria bacteri*	AY711530	92	Bacteroidetes
	E2	*Maribacter polysiphoniae* 1481	AM497875	98	Bacteroidetes
	E3	Uncultured *Desulfuromonas* sp.	AY177801	97	Delta proteobacterium
Sea cucumber pond	B1	*Psychroserpens mesophilus* strain K	DQ001321	98	Flavobacteriaceae
	B2	Uncultured Bacteroidetes bacterium	DQ200581	99	Flavobacteriaceae
	B3	Uncultured Bacteroidetes bacterium	DQ351797	99	Flavobacteriaceae

(continued)

Sampling sites	DGGE bands	Closest relative	BLAST closest match accession number	% identity	Reference
Shrimp+Sea cucumber Pond	C1	*Formosa algae* KMM 3553	AY228461	97	Flavobacteriaceae
	C3	Bacteroidetes bacterium ANT9105	AY167316	98	Bacteroidetes
	C4	Uncultured delta proteobacterium	DQ351798	98	Delta proteobacterium
Shrimp effluent	D2	*Lacinutrix copepodicola*	AB261015	96	Flavobacteriaceae
	D3	*Lacinutrix copepodicola*	AB261015	97	Flavobacteriaceae

Phylogenetic analysis of the sequences showed that the bacteria in various sediment samples were mainly composed of *Flavobacteriaceae*, *Bacteriodetes* and *delta Proteobacterium*. *Flavobacteriaceae* was observed in 64.3% of the samples, and *Bacteroidetes* was observed in 21% of the samples (Figure 5). Only delta subgroup of *Proteobacterium* was detected from the samples collected in the current study (14.7%).

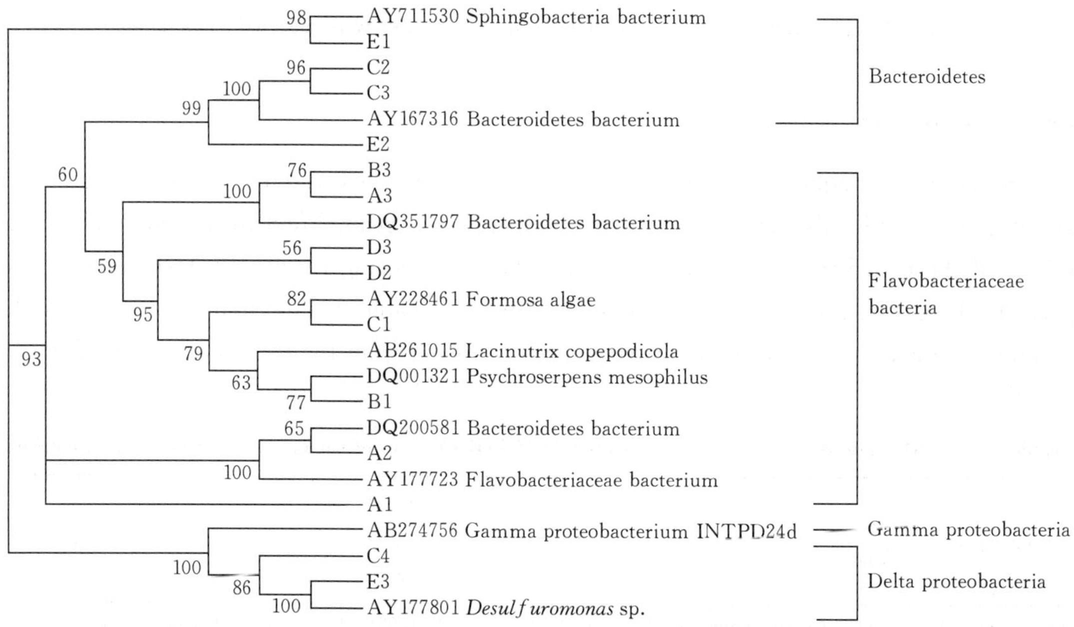

Figure 5 Phylogenetic analysis for sequences of 16S rDNA fragments separated by DGGE. Reference sequences are shown with their respective Genbank accession numbers. The tree was constructed by MEGA bootstrap 1 000 using neighbor-joining method. Bacteria in the various sediment samples were mainly composed of Flavobacteriaceae, Bacteriodetes and delta Proteobacterium

Discussion

In this study, we determined the number and composition of bacteria in the sediment environments associated with shrimp and sea cucumber culture in northern China. China is one of the main countries for shrimp culturing in the world. During the past several years, many studies have been conducted in order to understand the distribution of heterotrophic bacteria, *Vibrios* and other bacteria belonging to some physiological groups in the shrimp culture environment. Specifically, investigators were interested in deciphering how bacterial communities vary with environmental factors and how they influence the health of farmed shrimp (Guo and Xu, 1994; Yu et al., 1995; Liu et al., 2000; Li et al., 2002a, b, c). However, the compositions of the bacterial communities in the shrimp culture environment have not been studied thoroughly due to the limitations of traditional methods. Only recently, molecular approaches, such as PCR, DGGE and RFLP, have been applied, for example, for the analysis of microbial communities in the gastrointestinal tract of shrimp and their culture environment in China (Luo et al., 2006; Li et al., 2005). The number of bands separated by DGGE in this study ranged from 20 to 28, which is consistent with the typical DGGE band number (10 - 40) for the sample collected from aquatic environments (Moesendeder et al., 1999; Murray et al., 1996; Scharer et al., 2000). Similar band numbers (19 - 21) were obtained when the samples collected from the environment of great scallop at early stage were analyzed by DGGE (Sanda et al., 2003). The presence of abundant DGGE bands in the samples of current study suggested that the mariculture environments had a highly diversified bacterial community including *Bacteriodetes*, *Flavobacteriaceae* and *Delta Proteobacteria*. In this study, gamma - subclass of the *Proteobacteria* was not detected, and *Aeromonadaceae*, *Pseudomonadaceae* and *Vibrionaceae*, usually considered as the predominant bacteria population in mariculture environments by traditional culturing studies, were either not detected. This is possibly due to the utilization of highly selective medium that allows different bacterial species to grow in different studies. Although the number of culturable bacterial species can be increased by adding different electron acceptors and decreasing the nutrient etc., utilization of PCR and DGGE could further increase the bacterial diversity in the enriched cultures (Beate et al., 2005).

It was found that the bacterial composition in the two shrimp ponds was similar. In contrast, the bacterial composition of the mixed - culture pond and the effluent channel was similar to that of the sea cucumber pond. These results suggested that sea cucumber culture played a more significant role on the composition of bacterial population than the shrimp did. We also found that the bacterial diversity in the shrimp+sea cucumber pond was higher than that in the shrimp monoculture ponds (28 DGGE bands versus 20 DGGE bands). In addition, these two types of ponds had different dominant bacterial species. These differences might be attributed to the feeding characteristics of the sea cucumbers. For example, sea cucumber can eat organic residues, benthic algae and protozoans in the sediment of the mariculture area (Liao, 1979; Li et al., 1994; Chang et al., 2003; Liu et al., 2006) and tend to select sediments with higher nutrients (Uthicke and Karez, 1999). This feeding characteristic prevents accumulation of organic materials, leading to the occurrence of an oxygen – deficient and oligotrophic sediment environment that is more conducive to the development of microbial diversity (Beate et al., 2005). The high diversity of bacteria in the mixed – culture environment is instrumental to maintain the balance of ecosystem, thereby supplying various nutrients and sufficient oxygen for the farmed animals and inhibiting the explosive growth of some potentially pathogenic bacteria. This beneficial effect of sea cucumbers is also reflected by the distribution of the five physiological groups of bacteria in the sediment. High level of nitrifying and ammonium – oxidizing bacteria in the sea cucumber culture environment is indicative of oxic condition, whereas high level of nitrate – reducing and sulfate – reducing bacteria in shrimp monoculture environments represents an increased redoxic condition.

We failed to obtain the sequence of several reamplified DGGE bands due to high level of background in the sequencing reaction. It is possible that these bands were actually composed of two or more distinct sequences with similar migration ability in the DGGE gel (Beate et al., 2005). Thus, the bacterial diversity in the samples would be underestimated if the total number of discernible bands were used to estimate the diversity (Juck et al., 2000). To obtain complete list of sequences, cloning of these bands into a vector and resequencing of individual clone are needed. During the database searches, we found that several sequences, such as A3, B2, B3 and E1, had highest similarity to sequences obtained from uncultured bacteria of the marine environments in Japan, Korea or Yellow Sea areas in China. These results suggest that these bacterial species may be ubiquitous and predominant species in the Yellow Sea but have not yet been introduced into culture collection, and we do not know their characters. Since the Gene Bank currently lacks sufficient data on marine bacteria, it will be useful to further investigate these potentially novel marine bacteria to enrich the database and further understand the marine bacterial world.

Acknowledgments

Financial support of this work was provided by the Fund for postdoctoral research of Shandong Province (200601011), the National high – technology development programs (2006AA10Z414, 2006AA10Z415). We thank Professors Cui Yi and Jun Zhao for their help in sample collection. We are also grateful for Xiaoxi Wang for help in sample treating.

References

Amann RI, Ludwig W, Schleifer KH, 1995. Phylogenetic identification and *in situ* detection of individual microbial cells without cultivation. Microbiol Rev, 59: 143 – 169.

Beate K, Reinhard W, Bert E, et al., 2005. Microbial diversity in coastal subsurface sediments: a cultivation approach using various electron acceptors and substrate gradients. Appl Environ Microbiol, 71 (12): 7819 – 7830.

Berthelet M, Whyer L, Greer C, 1996. Rapid, direct extraction of DNA from soils for PCR analysis using polyvinylpolypyrrolidon spin columns. FEMS Microbiol Lett, 138: 17 - 22.

Chang Z, Yi J, Mu K, 2003. Factors influencing growth and survival of *Apostichopus japonicus*. Hebei Fish, 2: 32 - 36.

Chen S, Bao W, Li B, 1987. Pollution situation of Rushan Bay and analysis of heterotrophic microorganisms. J Ocean Coll Shandong, 17 (4): 86 - 94.

Don R, Cox P, Wainwright B, et al., 1991. Touchdown PCR to circumvent spurious priming during gene amplification. Nucleic Acid Res, 19: 4008.

Fortin N, Beaumier D, Lee K, et al., 2004. Soil washing improves the recovery of total community DNA from polluted and high organic content sediments. J Microbiol Methods, 56: 181 - 191.

Guo P, Xu M, 1994. The bacterial variation in the water environment of cultured prawn pond. Oceano et limno Sinica, 25: 625 - 629.

Jiang W, Zhang S, Liu Y, 2006. Try of culturing sea cucumber, *Apostichopus japonicus* in shrimp ponds. Shandong Fish, 23 (9): 23 - 24.

Juck D, Charles T, Whyte L, et al., 2000. Polyphasic microbial community analysis of petroleum hydrocarbon - contaminated soils from two northern Canadian communities. FEMS Microbiol Ecol, 33: 241 -249.

Juck D, Driscoll BT, Charles T, et al., 2003. Effect of experimental contamination with the explosive hexahydro - 1, 3, 5 - trinitro - 1, 3, 5 - trazine on soil bacterial communities. FEMS Microbiol Ecol, 43: 255 - 262.

Li Q, Chen B, Qu K, et al., 2002a. Variation of bacteria numbers in fish - shrimp mix - culturing ecosystem. Chin J Appl Ecol, 13: 731 - 734.

Li Q, Chen B, Qu K, et al., 2002c. Vertical distribution of three main bacteria groups in sediment of shrimp ponds. J Fish Sci China, 9: 367 - 370.

Li Q, Qu K, Chen B, et al., 2002b. Seasonal variation of some main bacteria groups in old shrimp pond ecosystem. Mar Fish Res, 23 (2): 45 - 49.

Li X, 2002. The impact of effluent from shrimp ponds to near - shore marine culture and strategies to prevent it. J Chin Fish Econ (6): 40 - 42.

Li Y, Wang Y, Wang L, 1994. The choose of environment and multiplication sea region *Apostichopus japonicus* of sea cucumber. Bull Oceanol Limnol, 4: 42 - 47.

Li Z, He L, Wu J, et al., 2005. Study on predominant bacteria community in prawn based on 16S rDNA PCR - DGGE fingerprint. J Fish China, 32 (3): 82 - 86.

Liao Y, 1979. Sea cucumber in China. Mar Sci, 3: 54 - 58.

Liu G, Li D, Dong S, et al., 2000. Numerical dynamics of sediment bacteria in shrimp polycultural ecosystems. Chin J Appl Ecol, 11 (1): 138 - 140.

Liu S, Yang H, Zhou Y, et al., 2006. Simulative studies on utilization efficiency of *Apostichopus japonicus* on the biodeposit in the raft culture system in shallow sea. Mar Sci, 30 (12): 21 -24.

Luo P, Hu C, Xie Z, et al., 2006. PCR - DGGE analysis of bacterial community composition in brackish water *Litopenaeus vannamei* culture system. J Trop Oceanogr, 25 (2): 49 - 53.

Moesendeder MM, Arrieta JM, Muzer G, et al., 1999. Optimization of terminal - restriction fragment length polymorphism analysis for complex marine bacterioplankton communities and comparison with denaturing gradient gel electrophoresis. Appl Environ Microbiol, 65: 3518 - 3525.

Murray AE, Hollibaugh J, Orrego TC, 1996. Phylogenetic compositions of bacterioplancton from two

California estuaries compared by denaturing gradient gel electrophoresis of 16S rDNA fragments. Appl Environ Microbiol, 62: 2676 - 2680.

Muyzer G, de Waal EC, Uitterlinden AG, 1993. Profiling of complex micirobial populations by denaturing gradient gel electrophoresis analysis of ploymerase chain reaction - amplified geens coding for 16S rRNA. Appl Environ Microbiol, 59: 695 - 700.

Rolleke S, Muyzer G, Wanner G, et al., 1996. Identification of bacteria in a biodegraded wall painting by denaturing gradient gel electrophoreses of PCR - amplified gene fragments coding for 16S rRNA. App Environ Microbiol, 62: 2059 - 2065.

Sanda R, Magnesen T, Torildsen L, et al., 2003. Characterisation of the bacterial community associated with early stages of great scallpo (*Pecten maximus*), using denaturing gradient gel electrophoresis (DGGE). Syst Appl Microbiol, 26 (2): 302 - 309.

Scharer M, Massana R, Pedros - Alio C, 2000. Spatial differences in bacterioplankton composition along the Catalan coast NW Mediterranean assessed by molecular finger - printing. FEMS Microbiol Ecol, 33: 51 -59.

Sheffield V, Cox D, Lerman L, et al., 1989. Attachment of a 40 - base - pair G+C - rich sequence (GC - clamp) to genomic DNA fragments by the polymerase chain reaction result in improved detection of single - base changes. Proc Natl Acad Sci86: 139 - 151.

Song Z, Wang S, Xu J, et al., 2007. Study on reform of the sea cucumber farming pattern in shrimp pond. Hebei Fishies, 4: 16 - 18.

Staufenberger T, Thiel V, Wiese J, et al., 2008. Phylogenetic analysis of bacteria associated with *Laminariasaccharina*. FEMS Microbiol Ecol, 64: 65 - 77.

Thomas EF, Chang L, Presser JI, 2006. Changes in the community structure and activity of beta proteo - bacterial ammonia - oxidizing sediment bacteria along a freshwater - marine gradient. Environ Microbiol, 8 (4): 684 - 696.

Uthicke S, Karez R, 1999. Sediment patch selectivity in tropical sea cucumber (*Holothurioidea Aspido - chirotida*) analysed with multiple choice experiments. J Exp Mar Biol Ecol, 236: 69 - 87.

Wang R, 2003. The environmental pollution by marine culture and its appropriate prevention and cure. J Zhejiang Ocean Univ (Nat Sci), 22 (3): 60 - 62.

Yu Z, Lin F, He J, 1995. Relationship between heterotrophic bacteria and shrimp disease. Acta Oceano - logica Sinica, 17 (3): 85 - 90.

长牡蛎呼吸、排泄及钙化的日节律研究①

任黎华[1,2,3]，张继红[3]，方建光[3]，唐启升[3]，刘毅[3]，杜美荣[3]
（1. 中国科学院海洋研究所，青岛 266071；
2. 中国科学院大学，北京 100049；
3. 农业部海洋渔业可持续发展重点实验室，
中国水产科学研究院黄海水产研究所碳汇渔业实验室，青岛 266071）

摘要：通过室内实验与海区现场实验相结合的方法，研究了 10 ℃、18 ℃及 20 ℃下 3 种不同规格（壳高：S，2.5 cm；M，5.5 cm；B，6.8 cm）的长牡蛎耗氧率、排氨率及钙化率的日变化。实验结果表明，长牡蛎的代谢有一定节律性，其中，呼吸表现为昼夜节律，在水温 10 ℃时为夜高昼低，夜间的耗氧率比白天平均高 0.07 mg/(ind·h)；水温 20 ℃时，室内实验的呼吸率无明显节律。而现场实验则表现为昼高夜低，白天比夜间高 0.08 mg/(ind·h)。排氨率与耗氧率变化不一致，白天和夜间分别有相近的变化趋势，可能是受到潮汐节律的影响；长牡蛎的钙化则表现出复杂的变化，不同时间段间有显著差异（$P<0.05$），但没有明显的节律性。在进行牡蛎生理实验时，要避免取短时间的生理指标计算其代谢水平，应选择不同时段进行重复实验。

关键词：长牡蛎；呼吸；排泄；钙化；日节律

牡蛎是世界范围的养殖种类，也是我国主要的养殖贝类之一。在过去的 20 年中，牡蛎养殖业发展迅速，养殖规模大幅上升，到 2010 年，我国海水养殖牡蛎产量已达 364 万 t，占海水养殖贝类总产量的 24.6%（渔业统计年鉴，2011）。其中长牡蛎 *Crassostrea gigas* 于 20 世纪 80 年代初从日本引入我国，80 年代末在我国北部沿海大面积养殖，是我国双壳贝类养殖中规模大、产量高的养殖品种之一。

呼吸、排泄及钙化是双壳贝类重要的生理生态学特征，其中，呼吸和排泄作为长牡蛎个体能量收支重要组成部分，也是反映其生理状态的主要指标。而随着全球环境问题与气候问题逐渐突出，近海与海岸带受到大气 CO_2 浓度升高与海洋酸化的严重影响（Nellemann et al.，2009），近海养殖贝类的钙化能力受到严峻挑战的同时，也得到了广泛的关注。在目前的大多数研究中，由于考虑到牡蛎滤水率较强（匡世焕等，1996；王俊等，2005；王吉桥等，2006），呼吸、排泄及钙化的实验多集中在短时间（2～4 h）内完成（方军等，2004；毛玉泽等，2005），许多牡蛎生理模型的建立也是如此（Beiras et al.，1995；Ren et al.，2008），对牡蛎代谢日节律的研究报道较少。

由于室内实验不能很好地模拟养殖海区实际的环境条件，包括饵料组成、水压、光照以及潮汐作用等物理环境特征，研究人员在研究贝类生理过程中，越来越重视现场研究的方法

① 本文原刊于《渔业科学进展》，34（1）：75-81，2013。

(Kuang et al.，1997；周毅等，2003；张继红等，2005)。本研究通过室内实验与养殖区现场实验互为对比的方法，对牡蛎代谢的日节律进行研究，以期为相关的牡蛎生理生态学研究提供理论参考。

1 材料与方法

1.1 实验条件

室内实验通过循环流水设备控温，分为两个温度梯度，分别为（10±0.3)℃、(20±0.3)℃，海水盐度 31.29±0.03。实验用海水为近海砂滤海水，水槽体积为 50 cm×45 cm×45 cm，控制水循环速度为 1.2 L/min，每个水槽分别放置长牡蛎 15 只，实验过程中不投喂。现场实验于山东荣成桑沟湾养殖海域进行，实验用水采用现场海水，水温（18±0.6)℃，海水盐度 30.91±0.05。

1.2 实验贝类

室内实验用长牡蛎均采自山东荣成楮岛水产有限公司，从牡蛎养殖海区取得后，于保温盒中加冰块控温，4 h 内带回实验室，清除贝壳上的附着生物，选择适宜规格的长牡蛎放于循环水槽中暂养。实验用长牡蛎分为 3 种规格：S，壳高（2.43±0.39）cm，湿重（2.52±0.96）g；M，壳高（5.47±0.45）cm，湿重（23.14±7.08）g；B，壳高（6.89±0.83）cm，湿重（42.63±3.13）g。

养殖区现场实验是从养殖绳上选取规格与室内实验规格相近的长牡蛎进行实验，具体的生物学数据如下：S，壳高（2.42±0.52）cm，湿重（2.45±0.16）g；M，壳高（5.23±0.74）cm，湿重（20.43±5.81）g；B，壳高（6.79±0.21）cm，湿重（41.68±1.47）g。

1.3 实验操作

室内实验于 2012 年 5 月 1 日 13:00 至 5 月 2 日 17:00 之间进行，长牡蛎在水槽内暂养 7 d，充分适应实验环境，采用 1 L 的聚乙烯广口瓶，以保鲜膜封口，采用循环水槽水浴，每瓶放置长牡蛎 1 只，设 3 个空白对照组，各规格设 3 个平行组，实验每 2 h 进行 1 次，中间操作 20 min，持续 26 h。

养殖区现场实验于 2012 年 5 月 27 日 17:00 至 28 日 19:00 期间进行，采用 1 L 的广口玻璃瓶，装满海水后，4 个未放置牡蛎的瓶子作为对照，其他瓶中各放置牡蛎 1 个，每个规格设 3 个平行。封口后，挂于距海面 2.5 m 的水下。其他实验方法同室内实验。

采用 YSI ProPlus 电极测定对照组和实验组初始及实验结束时的温度、盐度、溶解氧浓度。另外，实验前后，分别取水样 100 mL，加 $HgCl_2$ 后，于置冰的保温盒中保存，带回实验室测定氨氮浓度（NH_4^+-N)、亚硝酸盐浓度（NO_2^--N)、pH 以及总碱度（TA)。氨氮、亚硝酸盐测定采用次溴酸钠氧化法，方法严格按照《海洋监测规范》的要求进行，所用仪器为 7530 型分光光度计。TA 测定使用 Metrohm 公司生产的自动滴定仪，采用自动电位滴定法测定，滴定过程由 ROSS 玻璃电极监控，TA 数值由计算机程序自动计算得到，测量相对标准偏差为±2 μmol/L。

1.4　计算方法与统计分析

各项指标通过以下公式计算：

$$耗氧率\ (OR)=[(DO_0-DO_t-\Delta DO)\times V]/t$$

$$排氨率\ (NR)=[(N_t-N_0-\Delta N)\times V]/t$$

$$钙化率\ (GR)=[(TA_t-TA_0-\Delta TA)/2\times V]/t$$

式中，DO_0和DO_t分别为实验开始和结束时海水中DO含量（mg/L），N_0和N_t分别为实验开始和结束时海水中氨氮浓度（μmol/L），TA_0和TA_t分别为实验开始和结束时海水中总碱度（μmol/L），Δ值为空白瓶中DO、N及TA的变化值，V为实验用容器的体积（L），t为实验持续时间（h）。

其中，钙化率的计算中，扣除了牡蛎排泄氨氮造成的TA变化，公式参考国内外常用的钙化速率计算公式（Boucher et al.，1993；Gattuso et al.，1998；Gazeau et al.，2007）。

数据以平均值±标准差（$X\pm SD$）表示，采用SPSS 17.0统计软件进行统计学分析，ANOVA单因子方差分析检验组内差异，$P<0.05$视为差异显著，$P<0.01$为差异极其显著。

2　实验结果

2.1　长牡蛎的耗氧率

实验测得长牡蛎的耗氧率如图1所示，黑色虚线为该时间段的平均值，用以显示其变化趋势。

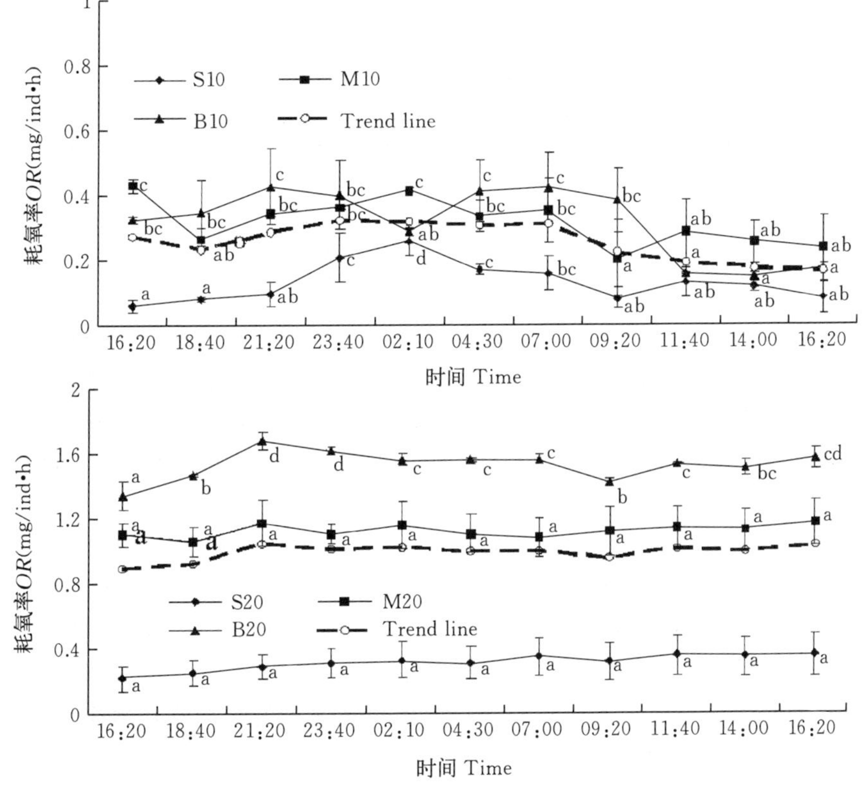

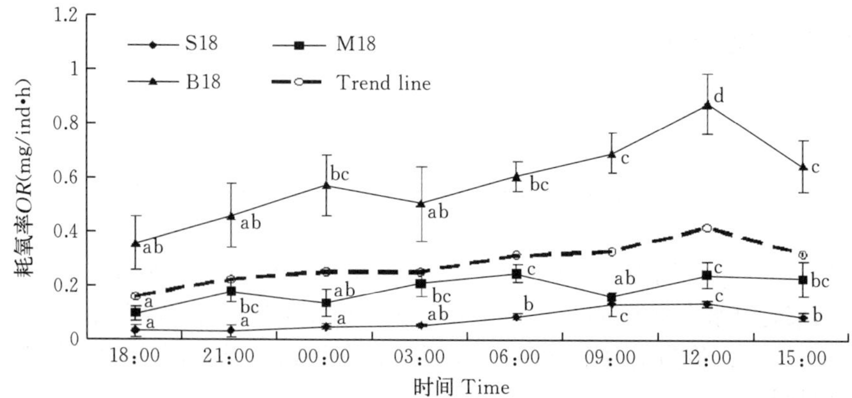

图 1 不同温度下长牡蛎耗氧率的日变化

Figure 1 *OR* change of *C. gigas* during one day

注：图例中 S、M 及 B 分别为规格小、中、大，10、20 及 18 为水温，虚线表示总变化趋势。同一规格组的线上相同英文字母的表示差异不显著（$P>0.05$）。

Note: Letter S, M and B refer to the size small, middle and big. 10, 20 and 18 is water temperature. Dotted line shows the change trend. Lines in the same size with the same letter indicate no significant difference ($P>0.05$).

长牡蛎在各温度下的单位个体耗氧率都遵循随规格变大而增高的规律。长牡蛎的耗氧率日变化趋势在 10 ℃、18 ℃幅度相对较大，在 20 ℃则较为平缓。不同水温下，各规格组长牡蛎的平均耗氧率见表 1。

ANOVA 单因子方差分析显示，S10、M10 与 B10 各时间段组内差异显著（$P<0.05$）。S10 组与 M10 组出现一致的变化趋势，B10 除在 02:10 时间段出现一个低值，其耗氧率的变化与其他两组也相对一致。

表 1 不同水温下各规格组长牡蛎的平均耗氧率

Table 1 Average *OR* of each sized *C. gigas* under different water temperature [mg/(ind · h)]

温度 Temperature (℃)	规格 Size		
	S	M	B
10	0.13±0.06	0.32±0.07	0.31±0.10
20	0.31±0.06	1.12±0.05	1.53±0.04
18	0.08±0.04	0.19±0.05	0.59±0.16

S20、M20 组内没有显著差异（$P>0.05$），长牡蛎耗氧率在 1 个日周期中相对稳定；B20 组内差异极显著（$P<0.01$），21:20 时间段出现耗氧率最高值，显著高于其他时间段（$P<0.01$），除 09:20 时间段外，02:10—16:40 间长牡蛎耗氧率也相对稳定，各时间段组均无显著差异（$P>0.05$）。

S18、M18、B18 组内均存在显著差异（$P<0.05$），3 个规格组从 03:00 时间段出现耗氧率上升的趋势，12:00 时间段出现一个显著高于其他各组（$P<0.05$）值后开始下降。

从昼夜变化的趋势来看，水温 10 ℃条件下，长牡蛎在夜间（18:40—翌日 07:00）耗氧率均高于白天，按平均值计算，夜间长牡蛎耗氧率平均高出约 0.07 mg/(ind · h)；水温 20 ℃时，长牡蛎的耗氧率在全天相对稳定；现场实验结果为长牡蛎耗氧率白天（06:00—15:00）高于夜间，平均高出约 0.08 mg/(ind · h)。

2.2 长牡蛎的排氨率

实验测得长牡蛎的排氨率如图 2 所示。

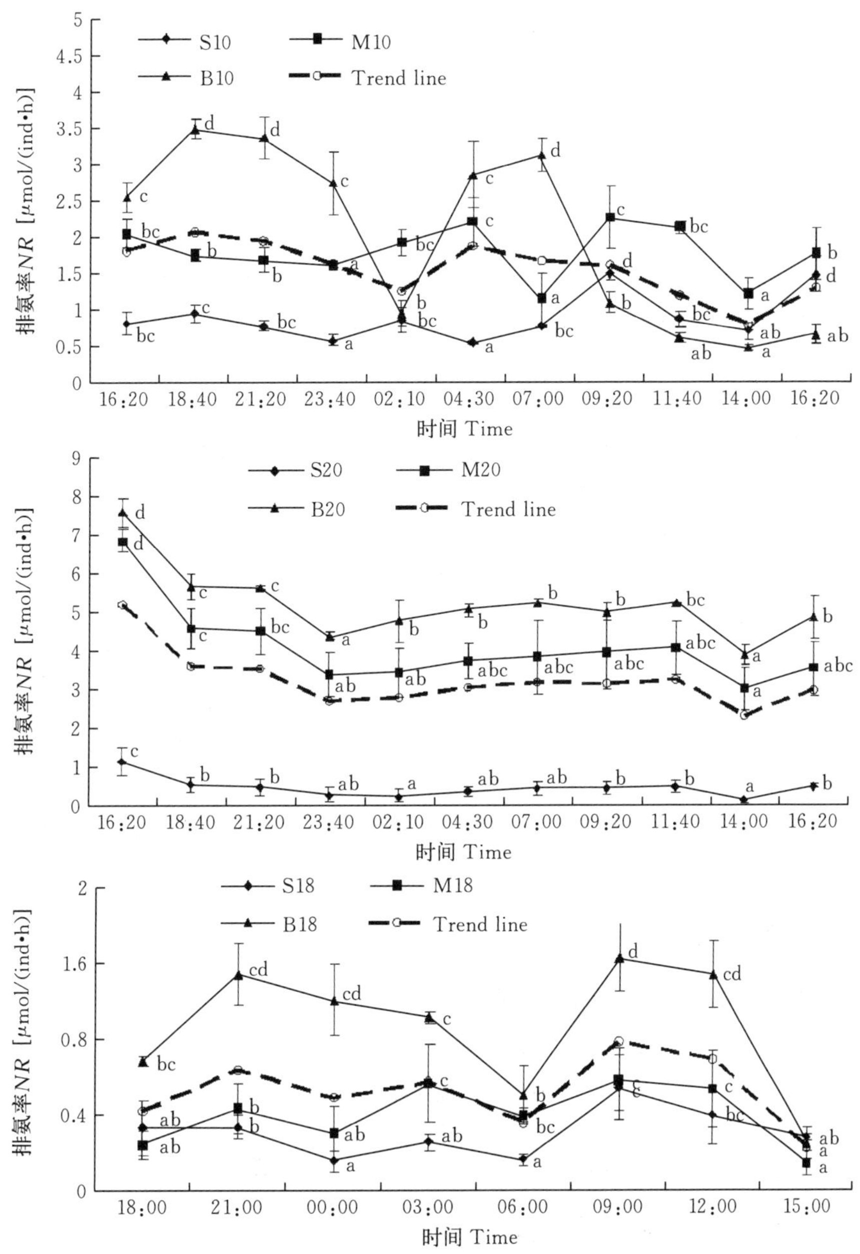

图 2 长牡蛎排氨率的日变化

Figure 2 *NR* change of *C. gigas* during one day

图例中 S、M 及 B 分别为规格小、中、大，10、20 及 18 为水温（℃），虚线表示总变化趋势。同一规格组的线上相同英文字母的表示差异不显著（$P>0.05$）

Letter S, M and B refer to the size small, middle and big. 10, 20 and 18 is water temperature. Dotted line shows the change trend. Lines in the same size with the same letter indicate no significant difference（$P>0.05$）

从图 2 可以看出，长牡蛎的排氨率在 1 d 中的变化较大，不同水温下，各规格组长牡蛎的平均排氨率见表 2。

表 2 不同水温下各规格组长牡蛎的平均排氨率

Table 2 Average *NR* of each sized *C. gigas* under different water temperature [μmol/(ind·h)]

温度 Temperature (℃)	规格 Size		
	S	M	B
10	0.50±0.32	1.41±0.38	1.61±1.23
20	0.47±0.26	4.09±1.03	5.22±0.94
18	0.38±0.16	0.50±0.20	1.07±0.44

ANOVA 单因子方差分析显示，各规格长牡蛎排氨率在不同温度组内均存在显著差异（$P<0.05$）。在 10 ℃实验组中，S10 组与 M10 组的排氨率变化趋势相近，B10 组的排氨率在 02:10 时间段，11:40—16:20 时间段出现低值。20 ℃实验组排氨率在 23:40 至翌日 11:40 之外的时间段也出现较大变化，3 个规格均在 16:20 时间段出现最高值，14:00 出现最低值，均与其他时间段差异显著（$P<0.05$）。

现场实验中，长牡蛎的排氨率 S 组与 M 组随时间的变化趋势相近，高值与低值的出现点基本相同。B 组排氨率变化曲线呈 M 型，在 21:00 至翌日 03:00 与 09:00—12:00 时间段出现显著高值（$P<0.05$）。

长牡蛎排氨率的昼夜变化趋势表现为：10 ℃水温时，长牡蛎在夜间（18:40 至翌日 07:00）与白天出现两个相同的先降低后上升的趋势，两条趋势线的低值点分别为 02:10 与 14:00 时间段；水温 20 ℃时，除第一个 16:20 排氨率处于很高的水平外，白天与夜间的排氨率也呈现逐渐降低后升高的变化，趋势线低值点为 23:40 至翌日 02:10 与 14:00 时间段；现场实验则表明，长牡蛎的排氨率在昼夜体现出两个先上升后下降的趋势，低值点为 06:00 与 15:00—18:00 时间段。

2.3 长牡蛎的钙化率

实验测得长牡蛎的钙化率如图 3 所示。

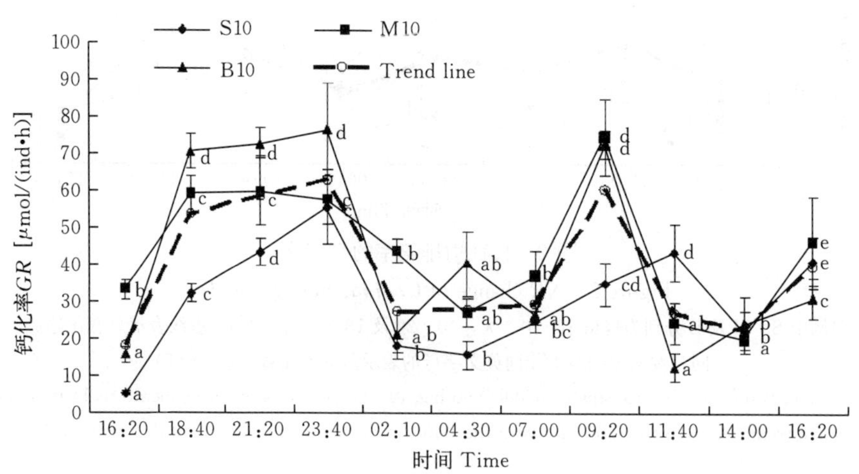

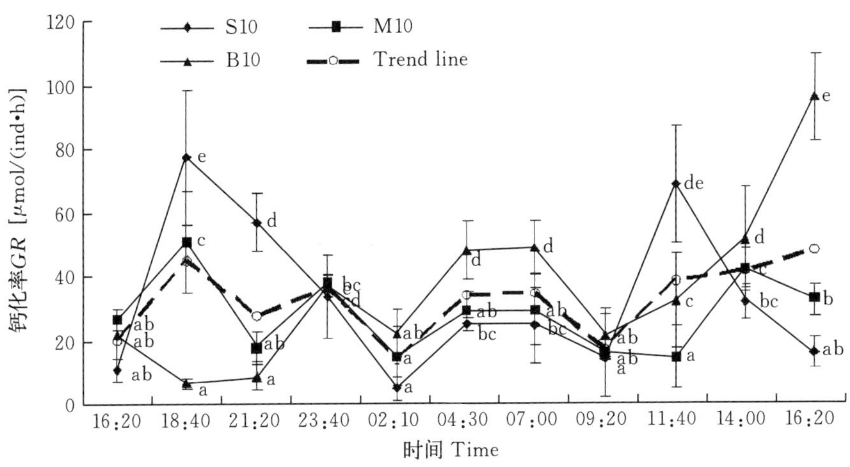

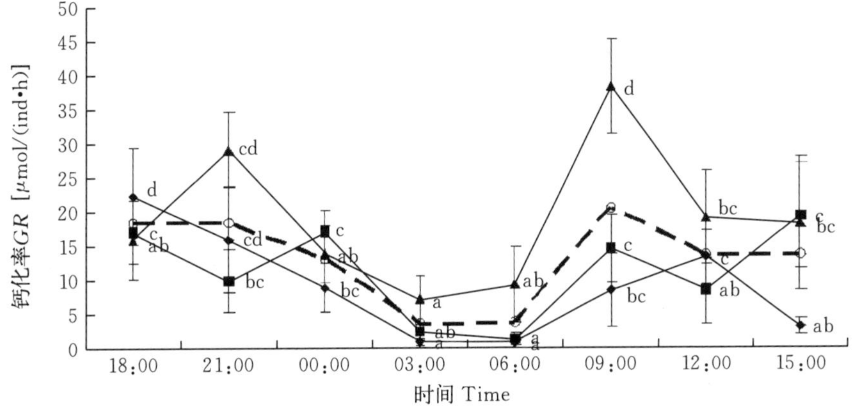

图3　长牡蛎钙化率的日变化

Figure 3　*GR* change of *C. gigas* during one day

图例中S、M及B分别为规格小、中、大，10、20及18为水温（℃），虚线表示总变化趋势

同一规格组的线上相同英文字母的表示差异不显著（$P>0.05$）

Letter S，M and B refer to the size small，middle and big. 10，20 and 18 is water temperature. Dotted line shows the change trend. Lines in the same size with the same letter indicate no significant difference（$P>0.05$）

长牡蛎钙化率的日变化如图3所示。不同规格的长牡蛎在各实验条件下的钙化率变化趋势相近。不同水温下，各规格组长牡蛎的平均排氨率见表3。

表3　不同水温下各规格组长牡蛎的平均排氨率

Table 3　Average *GR* of each sized *C. gigas* under different water temperature [μmol/(ind·h)]

温度 Temperature（℃）	规格 Size		
	S	M	B
10	29.1±17.0	44.6±21.9	39.8±25.3
20	32.9±24.2	28.2±11.9	35.7±25.1
18	9.1±7.7	11.1±6.8	18.7±10.3

ANOVA单因子方差分析显示，排氨率在各规格与温度组内均存在极显著差异（$P<$

0.01)。10 ℃实验组中，长牡蛎钙化率在实验开始后的 2 h 后出现明显升高（$P<0.05$），在 02:10 时间段回落到一个较低值。此外，在 09:20 与 16:40 时间段又出现显著高值（$P<0.05$）。

现场实验的长牡蛎钙化率低于室内实验组，各规格组均在 03:00—06:00 时间段出现显著低值（$P<0.05$）。

室内实验的长牡蛎在 10 ℃与 20 ℃水温下钙化率变化较为复杂，没有明显的昼夜节律，而从现场实验来看，长牡蛎的钙化率则表现为夜间（18:00 至翌日 06:00）逐渐降低、白天逐渐升高的趋势。

3 讨论

水生动物昼夜节律的研究多集中在鱼类（王春芳等，2001；曾令清等，2007；孙砚胜等，2012；Hove et al.，1997；Biswas et al.，2002）。甲壳动物也有部分的相关研究（李少菁等，2000；周文宗等，2007）。贝类的昼夜节律研究虽然相对较少，但研究结果均表明贝类存在着生理代谢的昼夜变化。常亚青等（1998）在皱纹盘鲍 *Haliotis discus* Hannai Ino 耗氧率昼夜变化的研究中指出，皱纹盘鲍的耗氧率有明显的日变化。吴桂汉等（2002）测定了菲律宾蛤仔 *Ruditapes philippinarum* 摄食的昼夜节律，证明其摄食率变化明显。

实验结果表明，长牡蛎的呼吸、排泄和钙化在 1 个日周期内会产生显著的变化。从实验结果来看，各温度组下的长牡蛎耗氧率、排氨率与钙化率的变化趋势总体相近，但不同温度条件下变化趋势则并不一致。从长牡蛎耗氧率的结果来看，10 ℃水温组与现场实验表现出不同的昼夜节律，说明长牡蛎的生理节律可能并不是一成不变的，其代谢情况会受到外界因素的影响，或者随环境变化而产生相应的改变。而结合耗氧率与排氨率的实验结果来看，长牡蛎的呼吸与排泄并不体现为同步的升高或者降低，这可能与其代谢方式有关。此前的研究中，通常将耗氧率作为动物新陈代谢活动规律的主要反映（Modlin et al.，1997），从实验结果来看，昼夜变化中长牡蛎的排泄并不与其代谢水平直接相关。长牡蛎的钙化与其代谢活动不同，并没有明显的节律性。

长牡蛎在不同时间段的耗氧率、排氨率与钙化率变化显著，因此，以短时间内的代谢指标来代替其在某环境条件下的代谢状况可能会造成一定的偏差。从长牡蛎耗氧率结果看，20 ℃水温条件下，S 组和 M 组长牡蛎的耗氧率在各时间段均没有显著差异，然而在 B 组中，耗氧率平均值为 1.53 mg/(ind · h)，与时间段 02:10—16:20（09:20 时间段除外）的耗氧率处于相近水平。但在 10 ℃水温组与现场实验中，长牡蛎的耗氧率、排氨率与钙化率在各时间段间差异很大，以平均值确定实验时间段的方法并不准确。以水温 10 ℃下 S 组长牡蛎的耗氧率为例，平均耗氧率为 0.13 mg/(ind · h)（表 1），而以耗氧率的最高值与最低值计算，分别为 0.26 与 0.06 mg/(ind · h)，最高值达到平均值的 2 倍，而最低值则不足平均值的一半，若以平均值确定时间段为 04:30—07:00，并不适用于其他规格组。贝类的呼吸、排泄和钙化率的测定通常采用静水和流水的方法，在一段时间内进行测定（王俊等，1999；范德朋等，2002；徐巧情等，2005；常亚青等，1998；张明亮等，2011），考虑到贝类自身的代谢节律，这些生理指标的测定应该在多个时间段进行，测得的指标才能更接近于贝类代谢的平均值。

有关牡蛎摄食受日节律的影响，在 Brain（1971）的研究中得出以下结论，07:00—19:00时间段，牡蛎内收肌的活动比夜晚更加频繁，在白天每小时有1～5次的内收活动，与 Brown（1954）的结论一致，但是，从本研究的结果来看，内收运动的频率并不与牡蛎代谢活动相一致，这可能与长牡蛎的代谢方式有关。对比 Brain（1971）对牡蛎外套腔液体、胃部液体的 pH 值变化情况可以发现，牡蛎的代谢方式可能为累积型，并不是随贝壳的开合而持续进行。而牡蛎胃液的黏稠度、晶状体体积及 pH 的变化则表明，牡蛎受到潮汐节律的影响较大。

实验存在着一些问题，一是人为扰动对长牡蛎造成的生理影响，二是室内实验与现场实验的实验结果差距较大，一方面可能由于现场实验的长牡蛎未经过暂养，直接用于实验；另一方面，也可能受到室内海水的影响，实验过程中发现，实验海水的氨氮本底值，高于现场海水，可能是影响实验结果的一个原因。相关的研究还有待进一步实验验证。

参考文献

常亚青，王子臣，1998. 皱纹盘鲍的个体能量收支．应用生态学报，9（5）：511－516.

范德朋，潘鲁青，马甡，等，2002. 温度对缢蛏耗氧率和排氨率的影响．青岛海洋大学学报，32（1）：56－62.

方军，柴雪良，张炯明，等，2004. 太平洋牡蛎摄食生理和能量收支的研究．浙江海水养殖，32：1－6.

国家技术监督局，1991. 海洋调查规范（GBl2763）．北京：标准出版社，6－91.

匡世焕，孙慧玲，李锋，等，1996. 野生和养殖牡蛎种群的比较摄食生理研究．海洋水产研究，17（2）：87－94.

李少菁，汤鸿，王桂忠，2000. 锯缘青蟹幼体消化酶活力昼夜节律的实验研究．厦门大学学报，39（6）：831－836.

毛玉泽，周毅，杨红生，等，2005. 长牡蛎代谢率的季节变化及其与夏季死亡关系的探讨．海洋与湖沼，36（5）：445－451.

孙砚胜，张秀倩，史东杰，等，2012. 宝石鲈摄食节律和日摄食率的初步研究．水产科学，31（1）：28－31.

王春芳，谢从新，马俊，2001. 黄颡鱼早期发育阶段的摄食节律及日摄食率．水产学杂志，14（2）：66－68.

王吉桥，于晓明，郝玉冰，等，2012.4 种滤食性贝类滤水率的测定．水产科学，31（1）：28－31.

王俊，姜祖辉，陈瑞盛，2005. 太平洋牡蛎生物沉积作用的研究．水产学报，29（3）：344－349.

王俊，姜祖辉，张波，等，1999. 栉孔扇贝能量收支的研究．海洋水产研究，20（2）：71－75.

吴桂汉，陈品健，江瑞胜，等，2002. 盐度和昼夜节律对菲律宾蛤仔摄食率的影响．台湾海峡，21（1）：72－77.

许巧情，刘俊，黄华伟，2005. 温度对橄榄蛏蚌耗氧率和排氨率的影响．湛江海洋大学学报，25（1）：57－63.

曾令清，付世建，曹振东，2007. 南方鲇幼鱼标准代谢的昼夜节律．水产科学，26（10）：539－542.

张继红，方建光，孙松，等，2005. 胶州湾养殖菲律宾蛤仔的清滤率、摄食率、吸收效率的研究．海洋与湖沼，36（6）：584－554.

张明亮，刘学光，方建光，等，2011. 盐度变化对栉孔扇贝钙化与呼吸的影响．渔业现代化，38（6）：1－10.

周文宗，赵风兰，2007. 克氏原螯虾摄食节律的研究 . 水产科学，26（5）：271－274.

周毅，杨红生，毛玉泽，2003. 桑沟湾栉孔扇贝生物沉积的现场测定 . 动物学杂志，4：40－44.

Beiras R，Perez A，Albentosa M，1995. Short－term and long－term alterations in the energy budget of young oyster *Ostrea edulis* L. in response to temperature change. Journal of Experiment Marine Biology and Ecology，186：221－236.

Biswas AK，Endo M，Takeuchi T，2002. Effect of different photoperiod cycles on metabolic rate and energy loss of both fed and unfed young tilapia *Oreochromis niloticus*：Part 1. Fisheries Science，68：465－477.

Boucher R，Boucher G，1993. Respiratory quotient and calcification of *Nautilus macromphalus*（Cephalopoda：Nautiloidea）. Marine Biology，117：629－633.

Brain M，1971. The diurnal rhythm and tidal rhythm of feeding and digestion in *Ostrea edulis*. Biol J Linn Soc，3：329－344.

Brown FA，1954. Persistent activity rhythms in the oyster. Am J Physiol，178：510－514.

Gattuso JP，Frankignoulle M，Bourgeois I，et al.，1998. Effect of calcium carbonate saturation of seawater on coral calcification. Global and Planetary Change，18：37－46.

Gazeau F，Quiblier C，Jansen JM，et al. 2007. Impacts of elevated CO_2 on shellfish calcification. Geophysical Research Letters 34：L07603. doi：10.1029/2006GL 028554.

Hove JR，Moss SA，1997. Effect of MS－222 on response to light and rate of metabolism of the little skate *Raja erinacea*. Marine Biology，128：579－583.

Kuang S，Fang J，Sun H，1997. Seasonal studies of filtration rate and absorption efficiency in the scallop *Chlamys farreri*. J Shell Res，16：39－45.

Modlin RF，Froelich AJ，1997. Influence of temperature，salinity，and weight on the oxygen consumption of *Americanysis bahia*（Mysidacea）. J Crust Biol，17（1）：21－26.

Nellernann C，Corcoran E，Duarte CM，et al.，2009. Blue Carbon [R/OL]. A rapid response assessment，united nations environment programme GRID－Arendal.

Ren JS，Schiel DR，2008. A dynamic energy budget model：parameterization and application to the Pacific oyster *Cassostrea gigas* in New Zealand waters. Journal of Experiment Marine Biology and Ecology，361：42－48.

The Diurnal Rhythm of Respiration，Excretion and Calcification in Oyster *Crassostrea gigas*

REN Lihua[1,2,3]，ZHANG Jihong[3]，FANG Jianguang[3]*，TANG Qisheng[3]，LIU Yi[3]，DU Meirong[3]

（*1. Institute of Oceanology，Chinese Academy of Sciences，Qingdao 266071；2. University of Chinese Academy of Sciences，Beijing 100049；3. Key Laboratory of Sustainable Development of Marine Fisheries，Ministry of Agriculture，Yellow Sea Fisheries Research Institute，Chinese Academy of Fishery Sciences，Carbon－Sink Fisheries Laboratory，Qingdao 266071*）

Abstract：The diurnal rhythm of respiration，excretion and calcification of *Crassostrea gigas* at three sizes (shell height: Small, 2.5 cm; Middle, 5.5 cm; Big, 6.8 cm) were studied in laboratory control (at 10 ℃ and 20 ℃) and an experimental farming area (at 18 ℃). A rhythm was found for the metabolism of oysters. Oxygen consumption (*OR*) showed a diurnal rhythm, with higher *OR* at night at 10 ℃ in the experimental containers, and a reversed rhythm was found at 18 ℃ in the sea area. The difference in *OR* between day and night was 0.07～0.08 mg/(ind • h) under either situations. Meanwhile, *OR* at 20 ℃ was stable. The NH_3 excretion rate showed the same trend at day and night, which was different with the *OR* rate. It was considered that excretion of *C. gigas* may be affected by tidal rhythm. Calcification did not show an obvious rhythm, but it was significantly different between time periods ($P<0.05$). Reasons for the difference in metabolism rhythm was discussed in this paper. It is suggested that calculating the level of metabolism by physiological indices gathered in a short interval should be avoided, and replicates at different time periods are needed.

Key words: *Crassostrea gigas*; Respiration; Excretion; Calcification; Diurnal rhythm

第五篇·海洋与渔业可持续发展战略研究

一、海洋工程技术强国发展战略

二、环境友好型水产养殖业发展战略

三、渔业科学与产业发展

一、海洋工程技术强国发展战略

中国海洋工程与科技发展战略研究

综合研究卷①（摘要）

潘云鹤，唐启升　主编

内容简介：中国工程院“中国海洋工程与科技发展战略研究”重大咨询项目研究成果形成了海洋工程与科技发展战略研究系列丛书，包括综合研究卷、海洋探测与装备卷、海洋运载卷、海洋能源卷、海洋生物资源卷、海洋环境与生态卷和海陆关联卷，共七卷。本书是综合研究卷，分为两部分：第一部分是项目综合研究成果，包括国内海洋工程与科技发展现状、主要差距和问题、国家战略需求、国际发展趋势和启示、发展战略和任务、推进发展的重大建议及保障措施等；第二部分是中国海洋工程与科技6个重点领域的发展战略和对策建议的综合研究，包括海洋探测与装备、海洋运载、海洋能源、海洋生物资源、海洋环境与生态和海陆关联等。

本书对和海洋工程与科技相关的各级政府部门具有重要参考价值，同时可供科技界、教育界、企业界及社会公众等了解海洋工程与科技知识作参考。

丛书序言

海洋是宝贵的“国土”资源，蕴藏着丰富的生物资源、油气资源、矿产资源、动力资源、化学资源和旅游资源等，是人类生存和发展的战略空间和物质基础。海洋也是人类环境的重要支持系统，影响地球环境的变化。海洋生态系统的供给功能、调节功能、支持功能和文化功能具有不可估量的价值。进入21世纪，党和国家高度重视海洋的发展及其对中国可持续发展的战略意义。中共中央总书记、国家主席、中央军委主席习近平同志指出，海洋在国家经济发展格局和对外开放中的作用更加重要，在维护国家主权、安全、发展利益中的地位更加突出，在国家生态文明建设中的角色更加显著，在国际政治、经济、军事、科技竞争中的战略地位也明显上升。因此，海洋工程与科技的发展受到广泛关注。

2011年7月，中国工程院在反复酝酿和准备的基础上，按照时任国务院总理温家宝的要求，启动了“中国海洋工程与科技发展战略研究”重大咨询项目。项目设立综合研究组和6个课题组：海洋探测与装备工程发展战略研究组、海洋运载工程发展战略研究组、海洋能

---

① 本文原刊于《中国海洋工程与科技发展战略研究：综合研究卷》，1-3，1-2，1-28，海洋出版社，2014。

源工程发展战略研究组、海洋生物资源工程发展战略研究组、海洋环境与生态工程发展战略研究组和海陆关联工程发展战略研究组。第九届全国政协副主席宋健院士、第十届全国政协副主席徐匡迪院士、中国工程院院长周济院士担任项目顾问，中国工程院常务副院长潘云鹤院士担任项目组长，45 位院士、300 多位多学科多部门的一线专家教授、企业工程技术人员和政府管理者参与研讨。经过两年多的紧张工作，如期完成项目和课题各项研究任务，取得多项具有重要影响的重大成果。

项目在各课题研究的基础上，对海洋工程与科技的国内发展现状、主要差距和问题、国家战略需求、国际发展趋势和启示等方面进行了系统、综合的研究，形成了一些基本认识：一是海洋工程与科技成为推动我国海洋经济持续发展的重要因素，海洋探测、海洋运载、海洋能源、海洋生物资源、海洋环境和海陆关联等重要工程技术领域呈现快速发展的局面；二是海洋 6 个重要工程技术领域 50 个关键技术方向差距雷达图分析表明，我国海洋工程与科技整体水平落后于发达国家 10 年左右，差距主要体现在关键技术的现代化水平和产业化程度上；三是为了实现“建设海洋强国”宏伟目标，国家从开发海洋资源、发展海洋产业、建设海洋文明和维护海洋权益等多个方面对海洋工程与科技发展有了更加迫切的需求；四是在全球科技进入新一轮的密集创新时代，海洋工程与科技向着大科学、高技术方向发展，呈现出绿色化、集成化、智能化、深远化的发展趋势，主要的国际启示是：强化全民海洋意识、强化海洋科技创新、推进海洋高技术的产业化、加强资源和环境保护、加强海洋综合管理。

基于上述基本认识，项目提出了中国海洋工程与科技发展战略思路，包括“陆海统筹、超前部署、创新驱动、生态文明、军民融合”的发展原则，“认知海洋、使用海洋、保护海洋、管理海洋”的发展方向和“构建创新驱动的海洋工程技术体系，全面推进现代海洋产业发展进程”的发展路线；项目提出了“以建设海洋工程技术强国为核心，支撑现代海洋产业快速发展”的总体目标和“2020 年进入海洋工程与科技创新国家行列，2030 年实现海洋工程技术强国建设基本目标”的阶段目标。项目提出了“四大战略任务”：一是加快发展深远海及大洋的观测与探测的设施装备与技术，提高“知海”的能力与水平；二是加快发展海洋和极地资源开发工程装备与技术，提高“用海”的能力与水平；三是统筹协调陆海经济与生态文明建设，提高“护海”的能力与水平；四是以全球视野积极规划海洋事业的发展，提高“管海”的能力与水平。为了实现上述目标和任务，项目明确提出“建设海洋强国，科技必须先行，必须首先建设海洋工程技术强国”。为此，国家应加大海洋工程技术发展力度，建议近期实施加快发展“两大计划”：海洋工程科技创新重大专项，即选择海洋工程科技发展的关键方向，设置海洋工程科技重大专项，动员和组织全国优势力量，突破一批具有重大支撑和引领作用的海洋工程前沿技术和关键技术，实现创新驱动发展，抢占国际竞争的制高点；现代海洋产业发展推进计划，即在推进海洋工程科技创新重大专项的同时，实施现代海洋产业发展推进计划（包括海洋生物产业、海洋能源及矿产产业、海水综合利用产业、海洋装备制造与工程产业、海洋物流产业和海洋旅游产业），推动海洋经济向质量效益型转变，提高海洋产业对经济增长的贡献率，使海洋产业成为国民经济的支柱产业。

项目在实施过程中，边研究边咨询，及时向党中央和国务院提交了 6 项建议，包括“大力发展海洋工程与科技，全面推进海洋强国战略实施的建议”“把海洋渔业提升为战略产业和加快推进渔业装备升级更新的建议”“实施海洋大开发战略，构建国家经济社会可持续发展新格局”“南极磷虾资源规模化开发的建议”“南海深水油气勘探开发的建议”“深海空间站重大工程的建议”等。这些建议获得高度重视，被采纳和实施，如渔业装备升级更新的建议，在 2013 年初已使相关领域和产业得到国家近百亿元的支持，国务院还先后颁发了《国务院关于促进海洋渔业持续健康发展的若干意见》文件，召开了全国现代渔业建设工作电视电话会议。刘延东副总理称该建议是中国工程院 500 多个咨询项目中 4 个最具代表性的重大成果之一。另外，项目还边研究边服务，注重咨询研究与区域发展相结合，先后在舟山、青岛、广州和海口等地召开“中国海洋工程与科技发展研讨暨区域海洋发展战略咨询会”，为浙江、山东、广东、海南等省海洋经济发展建言献策。事实上，这种服务于区域发展的咨询活动，也推动了项目自身研究的深入发展。

在上述战略咨询研究的基础上，项目组和各课题组进一步凝练研究成果，编撰形成了《中国海洋工程与科技发展战略研究》系列丛书，包括综合研究卷、海洋探测与装备卷、海洋运载卷、海洋能源卷、海洋生物资源卷、海洋环境与生态卷和海陆关联卷，共 7 卷。无疑，海洋工程与科技发展战略研究系列丛书的产生是众多院士和几百名多学科多部门专家教授、企业工程技术人员及政府管理者辛勤劳动和共同努力的结果，在此向他们表示衷心的感谢，还需要特别向项目的顾问们表示由衷的感谢和敬意，他们高度重视项目研究，宋健和徐匡迪二位老院长直接参与项目的调研，在重大建议提出和定位上发挥关键作用，周济院长先后 4 次在各省市举办的研讨会上讲话，指导项目深入发展。

希望本丛书的出版，对推动海洋强国建设，对加快海洋工程技术强国建设，对实现“海洋经济向质量效益型转变，海洋开发方式向循环利用型转变，海洋科技向创新引领型转变，海洋维权向统筹兼顾型转变”发挥重要作用，希望对关注我国海洋工程与科技发展的各界人士具有重要参考价值。

编辑委员会

2014 年 4 月

本卷前言

为了发展海洋经济，建设海洋强国，中国工程院在充分酝酿的基础上，于 2011 年 7 月启动了“中国海洋工程与科技发展战略研究”重大咨询项目。由于这是中国工程院首次开展该领域的重大咨询研究，也由于海洋是一个涉及多学科多部门多产业的研究领域，因此，何谓“海洋工程与科技”是项目研究始终关注的问题。殷瑞钰等在《工程哲学》(2007，2013)中专题论述了“科学—技术—工程”及其之间的关系，首先强调“科学、技术和工程是 3 个不同性质的对象、3 种不同性质的行为、3 种不同类型的活动”，同时又强调“三者之间的关联性和互动性”，认为：“科学是探索发现活动和工程的理论基础、技术是工程的基本要素、工程是技术的优化集成和集成建造活动、工程是产业发展的基础、产业生产是可重复运作的工程活动”。本项研究接受这些观点和认识，并作为综合研究的基础。据此，本项研究界定的海洋工程与科技的重点领域为：海洋探测与装备工程、海洋运载工程、海洋能源工程、海洋生物资源工程、海洋环境与生态工程和海陆关联工程。这里的“科技”虽技术成分居多，但也包含科学的内容。另外，本项研究将现行主要海洋产业的 12 个类别，在两大领域、两大部类分类法的基础上，按资源利用、装备制造和物流服务等生产特性，归并为“六大海洋产业”：海洋生物产业（包含海洋渔业和海洋生物医药业等）、海洋能源及矿业产业（包含海洋油气业、海洋可再生能源业和海洋矿业等）、海水综合利用产业（包含海洋化工业、海洋盐业和海水利用业等）、海洋装备制造与工程产业（包含海洋船舶工业和海洋工程建筑业等）、海洋物流产业（包含交通运输业等）和海洋旅游产业（包含滨海旅游业等）。这种少而精的归并划分，便于陆海统筹，也有利于培育海洋战略性新兴产业，推动现代海洋产业发展。

本书是项目研究系列丛书的综合研究卷，分为两部分：第一部分是项目综合研究成果，在国家战略需求、国内发展现状、国际发展趋势和启示、主要差距和问题等专题研究的基础上，提出了我国海洋工程与科技的发展思路（原则、方向和路线）、发展战略目标（总体目标和阶段目标）、四大战略任务和加快发展的“两项重大建议”及保障措施等；第二部分是海洋工程与科技“6个重点领域”的发展战略和对策建议的综合研究，包括海洋探测与装备、海洋运载、海洋能源、海洋生物资源、海洋环境与生态和海陆关联等。

由于本项目综合研究在许多方面尚属首次，不当或疏漏之处在所难免，敬请读者批评指正。

综合研究组

2014年4月

综合研究卷主要执笔人：唐启升，王振海，刘世禄，刘岩，杨宁生，张信学，张元兴，朱心科，李清平，仝龄，雷坤，李大海，王芳

目　录

第一部分　中国海洋工程与科技发展战略研究综合报告

（六）海陆关联工程和科技发展进程加快

第二章　我国海洋工程与科技发展的主要差距与问题

一、国内外海洋工程与科技差距分析

（一）整体差距分析

（二）各重要工程领域差距分析

二、制约我国海洋工程与科技发展的主要问题

（一）海洋强国战略的国家级顶层设计与整体规划滞后，制约着海洋工程与科技的前瞻性战略安排

（二）海洋产业的战略地位和作用重视不够，新兴产业发展缓慢，对产业结构升级的牵引力不足

（三）全国性海洋科技创新体系尚未形成，核心技术创新能力不够，工程技术发展速度难以满足海洋强国战略需求

（四）标准与知识产权工作还未成为企事业单位的主动作为，制约了海洋发展的国际竞争力

（五）绿色发展形势严峻，综合统筹力度不足

第三章　中国发展海洋工程与科技的战略需求

一、发展海洋工程与科技是应对国际发展新形势，抢占海洋战略制高点和维护国家海洋权益的迫切需要

二、发展海洋工程与科技是提高海洋开发能力，保障国家资源安全的迫切需要

（一）勘探开发深海矿产资源，提高战略金属储备，迫切需要大力发展海洋工程和科技

（二）开发利用海洋深水油气资源和海洋可再生能源，需要大力发展海洋工程和科技

三、发展海洋工程与科技是发展现代海洋产业，推进海洋经济持续健康发展的迫切需要

（一）传统海洋产业转型升级需要依靠科技进步

（二）培育和壮大海洋战略性新兴产业必须大力发展海洋工程

（三）区域海洋经济协调发展需要发展海陆关联工程

四、发展海洋工程与科技是服务和保障民生，建设海洋生态文明的必然选择

（一）海洋生物资源持续、高效、多功能利用，保障海洋食品安全，迫切需要海洋工程和海洋科技的支撑和保障

（二）随着小康社会建设的不断深入，人民群众对优美洁净的海洋生态环境的需求越来越迫切

第四章　世界海洋工程与科技发展趋势与启示

一、世界海洋经济发展基本情况

二、世界海洋工程与科技重要领域发展的主要特点

（一）海洋探测工程技术已发展到一个新的时期

（二）海洋运载装备发展出现了一个新的局面

（三）海洋能源开发利用已成为各海洋国家发展的重要支柱

第二部分　中国海洋工程与科技发展战略研究重点领域报告

重点领域一：中国海洋探测与装备工程发展战略研究

第一章　我国海洋探测与装备工程发展战略需求

重点领域二：中国海洋运载工程与科技发展战略研究

第一章　中国海洋运载工程与科技的战略需求

第二章　中国海洋运载工程与科技的发展现状

（四）智能作业机器人

（五）应急救援装备以及生命维持系统

第三章　世界海洋能源工程与科技发展趋势

一、世界海洋能源工程与科技发展的主要特点

（一）深水是21世纪世界石油工业油气储量和产量的重要接替区

（二）海洋工程技术和重大装备成为海洋能源开发的必备手段

（三）边际油田开发新技术出现简易平台和小型FPSO

（四）海上稠油油田高效开发新技术逐步成熟

（五）天然气水合物试采已有3个计划

（六）海上应急救援装备发展迅速

二、面向2030年的世界海洋工程与科技发展趋势

（一）深水能源成为世界能源主要增长点

（二）海上稠油采收率进一步提高，有望建成“海上稠油大庆”

（三）世界深水工程重大装备作业水深和综合性能不断完善

（四）建立海洋能源开发工程安全保障与紧急救援技术体系

（五）探索出经济、安全、有效的水合物开采技术

（六）海上应急救援与重大事故快速处理技术

第四章　我国海洋能源工程与科技面临的主要问题与挑战

一、挑战

（一）海洋资源勘查与评价技术面临的挑战

（二）海洋能源开发工程技术面临的挑战

二、存在的主要问题

（一）海上勘探技术差距大

（二）深水油气开发存在的问题：中远程补给

（三）海上稠油和边际油气田开发面临许多新问题

（四）我国天然气水合物开发面临的问题

（五）海洋能源工程战略装备面临的主要问题

（六）海洋能源开发应急事故处理技术能力

（七）我国海洋能源工程战略装备技术与世界总体的差距

第五章　我国海洋能源工程的战略定位、目标与重点

一、战略定位与发展思路

（一）战略定位

（二）发展思路

二、战略目标

（一）海上能源勘探技术战略目标

（二）海上稠油开发技术战略目标

（三）深水工程技术战略目标
（四）深水工程重大装备战略目标
（五）应急救援装备战略目标
（六）天然气水合物战略目标
三、战略任务与发展重点
（一）深水勘探与评价技术
（二）近海复杂油气藏勘探技术
（三）海洋能源工程技术
（四）深水工程重大装备
（五）深水应急救援装备和技术
（六）天然气水合物目标勘探与试验开采技术
四、发展路线图

第六章 海洋能源工程与科技发展战略任务

一、突破深水能源勘探开发核心技术
（一）深水环境荷载和风险评估
（二）深水钻完井设施及技术
（三）深水平台及系泊技术
（四）水下生产技术
（五）深水流动安全保障技术
（六）深水海底管道和立管技术
（七）深水施工安装及施工技术
二、形成经济高效海上边际油田开发工程技术
（一）推进以“三一模式”和“蜜蜂模式”为主的近海边际油气田开发技术，探索深水边际油气田开发新技术
（二）加快中深水、深水简易平台、简易水下设施研制和开发力度
三、建立海上稠油油田高效开发技术体系
四、建立深水工程作业船队
（一）目前已建成的重大装备
（二）目前在建的重大装备
（三）在研究的重大装备
五、军民融合建立深远海补给基地
（一）永兴岛
（二）美济礁或永暑礁
（三）黄岩岛
六、稳步推进海域天然气水合物目标勘探和试采
（一）海域天然气水合物探测与资源评价
（二）海上天然气水合物试采工程
（三）天然气水合物环境效应

重点领域五：中国海洋环境与生态工程发展战略研究

二、面向 2030 年的世界海洋环境与生态工程发展趋势

（一）人类开发利用海洋资源能力的大幅度提高，海洋环境将面临更大的压力

（二）海洋经济的绿色增长将成为沿海各国首选之路

（三）海洋环境监测技术信息化趋势

（四）海洋环境保护全球化趋势

三、国外经验教训（典型案例分析）

（一）美国切萨皮克海湾的 TMDL 方案

（二）澳大利亚大堡礁的生态环境保护

（三）荷兰临港石化生态产业园

（四）美国墨西哥湾原油泄漏应急响应

第四章　我国海洋环境与生态工程面临的主要问题

一、海洋经济的迅猛发展给近海环境与生态带来巨大压力

（一）我国沿海地区中长期社会经济发展形势分析

（二）我国沿海地区污染物排放预测

二、“陆海统筹”的环境管理仍存在机制障碍和技术难度

三、海洋生态保护的系统性和综合性有待提升

（一）海洋生态保护系统性不强

（二）工程及技术水平有待提升

（三）对区域及国家层面的综合考虑不足

四、涉海工程的技术水平、环境准入、环境监管等方面问题

（一）海洋油气田开发工程监管不力，溢油管理制度不完善

（二）沿海重化工产业环境准入门槛不高，环境风险高

（三）围填海工程缺乏科学规划，监督执法体系不完善

（四）核电开发工程安全形势不乐观

五、海洋环境监测系统尚不健全，环境风险应急能力较差

（一）海洋环境监视、监测系统尚不健全，监测技术不完善

（二）海洋环境质量标准主要参照国外研究成果制定，无我国海洋环境质量基准研究的支持

（三）海洋生态环境风险管理与应急能力薄弱

六、我国海洋环境与工程发展差距分析

第五章　我国海洋环境与生态工程发展战略和任务

一、战略定位与发展思路

（一）战略定位

（二）战略原则

（三）发展思路

二、战略目标

（一）到 2020 年的战略目标

（二）到 2030 年的战略目标

（三）到 2050 年的战略目标

三、战略任务与重点

（一）总体任务

（二）发展路线图

（三）重点任务

（四）保障措施

第六章　中国海洋生态与环境工程发展的重大建议

一、建立陆海统筹的海洋生态环境保护管理体制

（一）必要性

（二）主要内容

二、实施国家河口计划

（一）必要性

（二）总体目标

（三）主要任务

三、建设海洋生态文明示范区

（一）必要性

（二）发展目标

（三）重点任务

四、构建海洋环境质量基准/标准体系

（一）必要性

（二）主要内容

重点领域六：中国海陆关联工程发展战略研究

引言

第一章　我国海陆关联工程与科技的战略需求

一、增强深海远洋开发能力的需求

二、有效维护管辖海域权益的需求

三、科学利用近岸空间资源的需求

四、优化海陆关联交通体系的需求

五、强化沿海安全管理与防灾减灾的需求

第二章　我国海陆关联工程与科技的发展现状

一、工程建设进入快速发展新阶段

（一）港口建设出现新高潮

（二）跨海通道建设步伐加快

（三）沿海重大能源设施建设启动

二、工程技术总体水平达到新高度

（一）跨海通道设计施工技术大幅提升

（二）深水港技术取得重大突破

（三）河口深水航道技术进行了新探索

三、沿岸空间开发成为发展新热点

（一）围填海工程成为沿海开发的重要形式

（二）海岛开发与保护工程发展加快

四、海陆关联工程在沿海经济发展中发挥新作用

（一）港口建设带动现代临港产业体系发展壮大

（二）港口、桥隧等重大工程对区域经济格局产生明显影响

（三）海岛开发与保护工程推动海岛经济结构优化

第三章　世界海陆关联工程与科技发展现状与趋势

一、世界海陆关联工程发展现状与主要特点

（一）沿海港口工程

（二）跨海大桥工程

（三）海底隧道工程

（四）海岛开发与保护工程

二、面向2030年的世界海陆关联工程发展趋势

（一）沿海产业涉海工程规划管理水平不断提高

（二）现代化沿海港口体系日趋完善

（三）跨海通道技术发展迅速

（四）可持续的海岛开发与保护模式逐步确立

（五）沿海工程防灾减灾体系正在加强

三、国外经验教训

（一）发展海陆关联工程要充分考虑经济发展的阶段性需求

（二）发展海陆关联工程要完善利益相关方参与协调机制

（三）发展海陆关联工程要高度重视对生态环境的长期影响

第四章　我国海陆关联工程与科技面临的主要问题

一、海陆关联工程发展的协调性和系统性不强

二、各层次、各领域工程发展不平衡

三、支撑陆海统筹的能力不足

四、工程技术和管理水平有待提高

五、海陆关联对生态环境的影响需引起重视

六、防灾减灾和安全管理体系尚需完善

七、我国海陆关联工程发展水平与国际水平的比较

第五章　我国海陆关联工程与科技发展的战略定位、目标与重点

一、战略定位与发展思路

海洋工程技术强国战略[①]

"中国海洋工程与科技发展战略研究"项目综合组

摘要：为了推进海洋强国建设，中国工程院于2011年启动了"中国海洋工程与科技发展战略研究"重大咨询项目研究。本文从海洋探测、海洋运载、海洋能源、海洋生物资源、海洋环境和海陆关联6个重要工程技术领域开展咨询调查研究，系统分析了海洋工程与科技发展的机遇与战略需求，提出了发展战略和任务。明确提出建设海洋强国，科技必须先行，必须首先建设海洋工程技术强国，建议国家加大海洋工程技术的发展力度，加快实施海洋工程科技创新驱动和现代海洋产业发展推进两大计划。

关键词：海洋工程技术强国；发展战略和任务；对策建议；保障措施

一、前言

海洋蕴藏着丰富的生物资源、油气资源、矿产资源、动力资源、化学资源和旅游资源等，是人类生存和发展的战略空间和物质基础。海洋也是人类生存环境的重要支持系统，影响地球环境的变化，海洋生态系统的供给功能、调节功能、支持功能和文化功能具有不可估量的价值。进入21世纪，国家高度重视海洋的发展及其对我国可持续发展和安全的战略意义，特别关注海洋在国家经济发展格局和对外开放中的作用，在维护国家主权、安全、发展利益中的地位，在国家生态文明建设中的角色，在国际政治、经济、军事、科技竞争中的战略地位。因此，海洋工程与科技的发展受到广泛关注。

为此，中国工程院于2011年7月启动了"中国海洋工程与科技发展战略研究"重大咨询项目。经过45位院士和200余位一线专家和管理人员的参与和深入调查研究，形成了建设海洋工程技术强国战略咨询报告，提出了多项重要的对策建议，为推进海洋强国建设，实施海洋工程与科技重大工程，奠定了坚实的基础。

二、我国海洋工程与科技发展的机遇与战略需求

（一）海洋工程与科技已成为推动海洋经济发展的重要因素

改革开放以来，特别是近十年来，海洋经济呈现持续发展的态势。2012年，我国海洋生产总值突破5万亿元，是2001年的5倍多，占当年国内生产总值和沿海地区生产总值的比重分别为9.6%和15.9%，保持较高的发展速度（图1）。另外，涉海就业人员规模不断扩大，从2001年的2 108万人增加到2012年的3 350.8万人，占沿海地区就业人员比重的

① 本文原刊于《中国工程科学》，18（2）：1－9，2016。唐启升，执笔人。

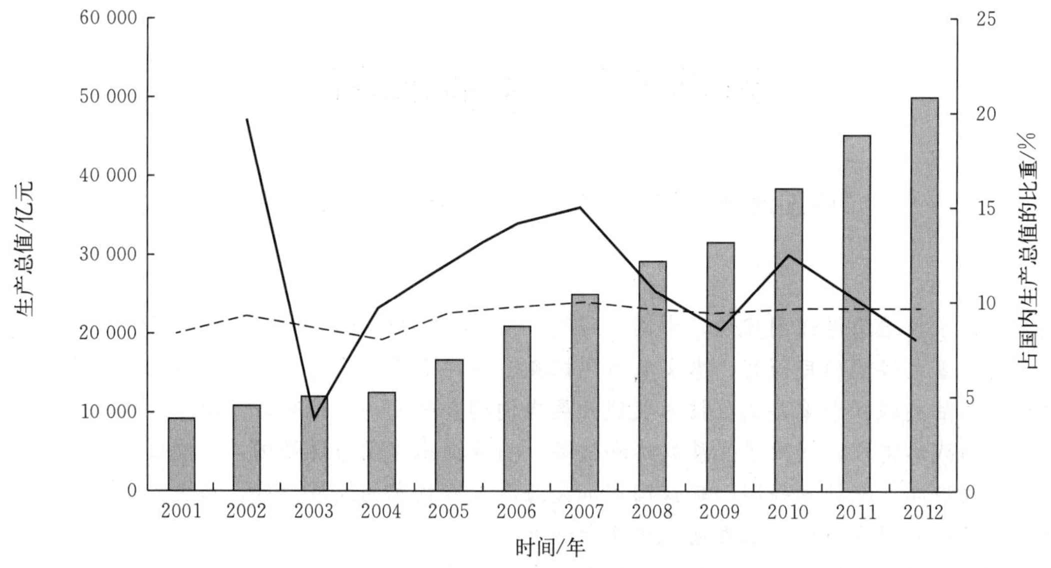

图 1　2001—2012 年我国海洋生产总值及占国内生产总值比重

10.1%。海洋经济已经成为国民经济的重要组成部分和新的增长点[2,3]。

在海洋经济的快速发展过程中，产业结构发生了巨大的变化，从构成单一的海洋渔业、海洋盐业等向多样化发展，产业规模迅速扩大，其中海运货物吞吐量连续九年世界第一，海洋渔业产量长期居世界第一，造船量居世界第一，船舶出口覆盖 168 个国家和地区，海洋油气产量超过 5×10^7 t 油当量，建成"海上大庆"。2012 年，我国海洋经济的主导产业是海洋渔业、海洋油气业、海洋船舶工业、海洋工程建筑业、海洋交通运输业和滨海旅游业，其增加值占主要海洋产业增加值的比重为 94.3%；其他产业，如海洋化工业、海洋盐业、海洋生物医药业、海洋电力业、海洋矿业、海水利用业等，虽然所占比重较低，但以新兴产业为主[4]。

除了国力增强、需求牵引等因素外，海洋工程与科技长足进步已成为推动海洋经济发展不可或缺的重要因素，特别是海洋探测、海洋运载、海洋能源、海洋生物资源、海洋环境和海陆关联等重要工程技术领域呈现快速发展的局面，科技竞争力明显提高，有力地支撑海洋产业的发展，推动了海洋经济规模迅速扩大。

（二）我国海洋工程与科技整体水平同发达国家有一定的差距

由海洋探测、运载、能源、生物、环境和海陆关联 6 个重要工程领域一些关键技术的差距雷达图分析表明，中国海洋工程技术水平落后于发达国家，差距在 10 年左右（见图 2）。其中：①仅有 8%的关键技术方向达到世界先进水平或领先水平，如海上稠油高效开发、近海边际油田开发、近海滩涂养殖、涉海桥隧工程等；②差距在 5 年以内的占 22%，如近海能源工程技术装备、船舶制造技术、海洋港口工程、绿色船舶技术、水合物室内研究、陆基海水养殖、海洋生物制品、船舶基础共性技术、船舶设计技术、海洋药物、海岛开发工程等；③差距在 5～10 年的占 32%，如海洋固体矿产与微生物、海洋油气资源勘察与评价、

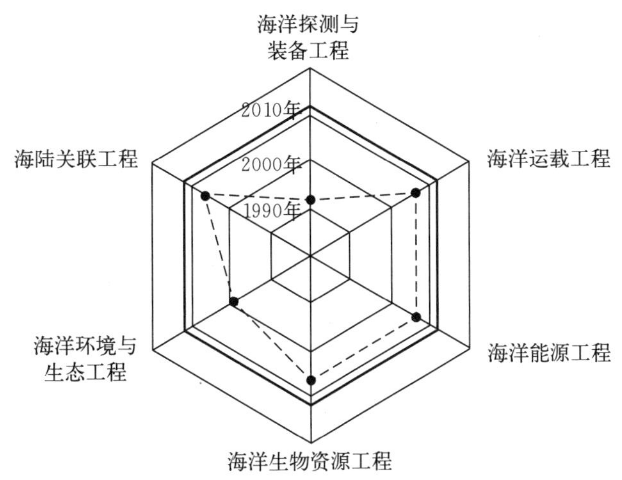

图 2　我国海洋 6 个重要工程领域与世界先进水平的差距分析图

近海生物资源养护、水产品质量安全、海洋环境预报预警、海陆关联空间开发、海水淡化与综合利用、深水油气工程装备、深远海养殖、船舶深海技术、深水油气工程技术、海岛保护工程、海洋防灾减灾、海洋可再生能源、无人潜水器、水产品加工与流通等；④差距在10～20 年的占 32%，如水合物试采、海洋环境监测工程、涉海工程规划、涉海安全管理、海洋环境风险应急、船舶配套技术、远洋渔业、海洋垃圾污染控制工程、海域污染控制工程、海洋生态修复工程、海洋保护区建设工程、大型涉海工程环境保护工程、深水边际油田开发、海洋探测仪器、海洋观测、海洋环境监测设备等；⑤差距在 20 年以上的占 6%，如陆源污染控制工程、深海探测通用技术、深海采矿技术与装备等。这些差距主要体现在海洋工程与装备关键技术的现代化水平和产业化程度上。

我国海洋工程技术与世界先进水平的差距是由多方面制约因素造成的，包括海洋强国战略的顶层设计与整体规划滞后，制约着海洋工程与科技的前瞻性战略安排；海洋产业的战略地位和作用重视不够，新兴产业发展缓慢，对产业结构升级的牵引力不足；全国性海洋科技创新体系尚未形成，核心技术创新能力不够，工程技术发展速度难以满足海洋强国战略需求；海洋工程技术的基础研究相对薄弱，成果转化严重滞后，对海洋经济的支撑作用不够；标准与知识产权工作还未成为研发系统和产业界的主动作为，制约海洋技术发展的国际竞争力；绿色发展形势严峻，各层次、各领域工程技术发展不平衡，海洋综合统筹力度不足等。

（三）大力发展海洋工程与科技是建设海洋强国的战略需求

中国共产党第十八次全国代表大会提出了“建设海洋强国”的宏伟战略目标，国家从开发海洋资源、发展海洋产业、建设海洋文明和维护海洋权益等多个方面对海洋工程技术发展有了更加迫切的需求，进一步发展海洋工程与科技成为建设海洋强国的重要支撑和保障。

1. 开发海洋资源，工程装备与技术是必备手段

到 2020 年，我国天然气和石油的需求量对外依赖度分别超过 50%和 70%，大部分金属资源对外依存度将超过50%，食物来源及战略储备也捉襟见肘，这将会成为我国国民经济发展的制约因素。而海洋蕴藏着丰富的生物和非生物资源，是人类未来赖以生存的资源空间，海洋资源的经济和战略地位突出。另外，随着海洋资源的开发从浅海走向深海，从近海走向国际海域，开发的深度和广度不断扩展，工程装备与技术已成为海洋资源开发、保障我国资源和能源安全必不可少的工具和手段。

2. 发展海洋产业，依赖于工程技术创新与成果转化

近年来，海洋成为我国新一轮经济和社会发展的目标区，沿海各地纷纷探讨新的发展模式，引发了新一轮沿海开发战略大调整，出台了一批新的发展规划，使海洋经济从产业结构、产出质量、空间布局、规划体系等方面进入了一个新的发展时期，对工程技术创新也有了更多的依赖。未来我国海洋产业将在能源、健康食品、海水淡化、矿产、高端装备、陆海关联工程和现代服务等方面获得新的发展，形成新的产品系列和产业格局，带动海洋经济的迅速发展。为此，亟需大力发展海洋工程与科技，通过转化更多的创新成果来引领现代海洋产业实现跨越式发展，为促进国民经济的发展做出新的贡献。

3. 建设海洋文明，工程与科技依然是基本支撑

随着海洋在国民经济、社会发展中战略地位的提升，海洋在提供食物来源与保障食品安全、提供多种生态服务、防灾减灾和保障民生方面，将起到越来越重要的作用。因此，海洋生态文明已成为建设生态文明不可或缺的组成部分。

在建设海洋生态文明的进程中，需要深刻认识海洋的自然规律，需要解决好海洋开发与海洋生态环境保护之间的关系，需要探索沿海地区工业化、城镇化过程中符合生态文明理念的新发展模式，需要推进海洋生态科技和海洋综合管理制度创新。然而，这一切都离不开科技的支撑，并通过海洋工程技术的新发展，加快海洋生态文明建设。

4. 维护海洋权益，工程技术是坚强后盾

海洋工程和科技的快速发展正在引发世界海洋竞争格局、国家财富获取方式和海洋经济发展方式的重大变革。特别是以外大陆架划界申请、公海保护区设立和国际海底区域新资源申请为主要特征的第二轮“蓝色圈地”运动正在兴起，海洋空间竞争日趋激烈，海域划界、岛屿主权归属等矛盾更加复杂化。

我国在深海大洋有广泛的国家利益，海上通道是否畅通涉及国家战略安全。为此，以海洋工程技术为后盾，加强海洋资源的开发活动，在争议海域、公海大洋和南北极进行调查和宣示存在，保障海上战略通道畅通，对支持我国领土诉求和维护海洋权益意义重大。

三、我国海洋工程技术发展战略和任务

（一）海洋工程技术发展思路

发展原则：围绕建设海洋强国的战略目标，坚持陆海统筹、超前部署、创新驱动、生态文明、军民融合，积极增加国家战略资源储备，拓展国家战略发展空间，推动深远海工程技术的发展。

发展方向：从认知海洋、使用海洋、保护海洋、管理海洋四个方面展开重点研究、建设和发展，促进海洋的科技进步，发展海洋经济，建设海洋生态文明，维护海洋权益。

发展路线：构建创新驱动的海洋工程技术体系，突破海洋工程与装备的设计制造关键技术，提高海洋工程设备的核心竞争力，全面推进现代海洋产业的发展进程，为建设现代化海洋强国奠定坚实的基础。

（二）海洋工程技术发展战略目标

1. 总体目标

以建设海洋工程技术强国为核心，加快海洋探测、海洋运载、海洋能源、海洋生物资源、海洋环境与生态、海陆关联等重要工程与科技领域的创新发展，全面提高海洋资源的开发能力，拓展海洋的发展领域和空间，为2050年把我国建设成为一个海洋科技先进、海洋经济发达、海洋生态安全、海洋综合实力强大的海洋强国提供坚实的基础和根本保障。

加大实施创新驱动发展战略力度，打通海洋工程科技和海洋经济发展之间的通道，优化海洋产业结构，培育和壮大海洋新兴产业，着力推动海洋经济向质量效益型转变，大幅度提高海洋生物、海洋能源及矿业、海洋装备制造与工程、海水综合利用、海洋物流和海洋旅游等现代海洋产业发展对经济增长的贡献率（图3），使现代海洋产业成为国民经济新的增长点和支柱产业。若按生产特性划分，资源利用、装备制造、物流服务三大类产业增加值占主要海关产业增加值比例分别为31.1%、11.7%、57.2%；若按生产活动发展顺序划分，第一产业、第二产业、第三产业增加值占主要海洋产业增加值比例分别为17.8%、25.0%、57.2%。

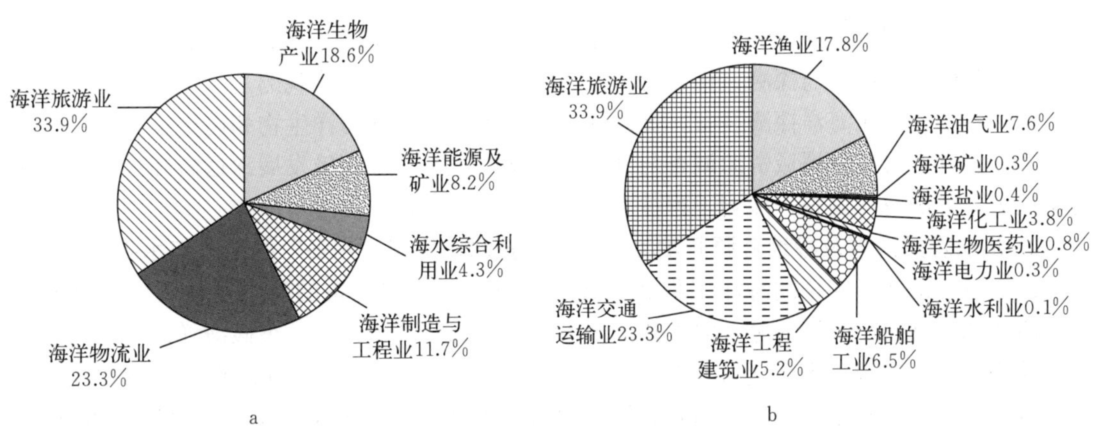

图3 2012年我国现代海洋产业增加值构成对比图

注：按资源利用、装备制造和物流服务等生产特性，该图将12个传统海洋产业类别（b）归并为海洋生物、海洋能源及矿业、海水综合利用、海洋制造与工程、海洋物流和海洋旅游六大现代海洋产业（a）。

2. 阶段目标

（1）2020年，进入海洋工程技术创新国家行列。

科技贡献目标：海洋工程各重要领域创新能力显著提升，建立国家海洋工程技术创新体系，实现科技进步贡献率达60%以上，科技成果转化率达50%以上，我国海洋工程与科技整体水平接近发达国家。

支撑产业目标：形成比较完整的科研开发、总装制造、设备供应、技术服务等现代产业发展体系，基本掌握主力海洋工程装备的研发制造技术，工程装备关键系统和设备的配套率达到 50%以上，新兴产业的比重达 70%，高技术主导产业比重提高到 45%以上，支撑海洋生产总值年均增长 8%、占国内生产总值比重达 12%以上。

持续发展目标：建立以企业为主体，产、学、研、用结合的技术创新体系，形成一批具有自主知识产权的国际知名品牌，绿色制造技术得到普遍应用，单位工业增加值能耗、物耗降低 15%，污染物排放降低 20%。

(2) 2030 年，实现海洋工程技术强国建设的基本目标。

科技贡献目标：海洋工程技术各重要领域创新能力全面提升，国家工程技术创新体系完备，实现科技进步贡献率达 70%以上，科技成果转化率达 60%以上，我国海洋工程与科技整体水平达到国际先进。

支撑产业目标：建立完善的海洋工程与科研开发、制造、供应、服务现代产业体系，掌握可能改变当前和未来海洋资源开发模式的新型海洋工程装备与技术，大幅度提高前瞻性技术开发能力，海洋工程装备关键系统和设备的配套率达 70%以上，新兴产业的比重达 80%，高技术主导产业比重提高到 60%以上，支撑海洋生产总值位居世界前茅、年均增长 7%、占国内生产总值比重达 14%以上。

持续发展目标：建成以企业为主体，产、学、研、用结合的技术创新体系，掌握海洋工程与装备领域的核心技术，行业产品质量安全指标达国际先进水平，单位工业增加值能耗、物耗降低 15%，污染物排放降低 20%。

（三）海洋工程技术发展四大战略任务

1. 加快发展深远海及大洋探测工程装备与技术，提高“知海”的能力与水平

大力开展海洋调查与探测，构建海、陆、空一体化的海洋立体观测系统，建设海洋大数据中心。发展系列化海洋探测装备，提高深远海和大洋、极地海洋生物和矿产资源调查和开采技术，提升开展国际海域资源调查与开发的技术保障水平。积极发展深远海和大洋、极地通用技术，突破海洋调查、探测工程技术与装备的开发瓶颈。

2. 加快发展海洋及极地资源开发工程装备与技术，提高“用海”的能力与水平

以绿色、深海、安全的海洋工程装备技术为重点，形成完备的海上运输、生物资源开发、海洋油气开采、海洋科考、海上执法及海上综合保障装备体系。突破海洋深水能源勘探开发核心技术，实现深水油气田勘探开发技术由 300 m 到 3 000 m 水深的重点跨越，发展环境友好型海水养殖新生产模式，高效开发极地大洋渔业资源、微生物资源和生物基因资源，实现海洋资源开发利用技术的创新与突破。促进海洋高技术成果的转化，加强结构调整，提升海洋产业的战略地位，大幅度提高海洋经济的发展规模。

3. 统筹协调陆海经济与生态文明建设，提高“护海”的能力与水平

正确处理沿海地区经济社会发展与海洋资源利用、生态环境保护的关系，统筹协调陆海经济社会发展的基本思路、功能定位、重点任务和管理体制。遵循陆海统筹、河海兼顾的原则，加强陆源污染控制，强化海域和海岛海洋环境管理，规范海洋资源的开发活动，养护近海生物资源及其栖息地，加强海洋生态文明的建设。通过实施海洋环境和生态工程，构建海洋经济发展与环境保护协调发展的新模式，开创资源可持续利用、经济可持续发展和生态环境良好的局面。

4. 以全球视野积极规划海洋事业的发展，提高“管海”的能力与水平

从国家海洋资源、海洋环境和海洋权益的整体利益出发，通过方针、政策、法规和区划的制定和实施，提高海洋的综合管理水平。通过精细化、立体化规划海洋的区域功能，统筹兼顾沿海、近海、远洋、极地等开发特点和海洋经济发展多层次的要求，逐步推进从沿海到深海大洋、从大洋到极地、从示范试点到全面实施、从单一工程到复合工程的海洋管理体系建设。坚持全球视野，创新发展思路，积极利用全球海洋资源，积极参与国际海洋事务和国际海洋工程与科技计划的发展、交流与合作。

四、加快海洋工程技术强国建设的对策建议

（一）实施海洋工程科技创新驱动重大专项

1. 必要性与基本思路

建设海洋强国，科技必须先行，必须首先建设海洋工程技术强国；而选择海洋工程科技发展的关键方向和主题，动员和组织全国的优势力量，突破一批具有重大支撑和引领作用的海洋工程前沿技术，创新驱动发展，又是必须采取的措施。因此，实施海洋工程科技创新驱动重大专项是当务之急，对促进海洋工程技术实现跨越式发展，抢占国际竞争的制高点有重大意义，也是建设海洋强国的迫切需求。

以建设海洋工程技术强国为目标、建设海洋强国需求为导向，以海洋探测、海洋运载、海洋能源、海洋生物资源、海洋环境与生态和海陆关联 6 个重要海洋工程领域的科技创新为重点任务，突破一批具有重要战略意义和应用价值的关键技术，建设高水平的海洋工程人才队伍，为知海、用海、护海、管海和推动现代海洋产业发展提供强有力的工程与科技支撑。

2. 重点任务

（1）水下观测系统工程科技创新专项。海洋观测系统建设，包括近海海洋观测系统建设、深远海观测系统建设、水下移动观测系统建设；国际海底洋中脊资源与环境观测系统，包括洋中脊多金属硫化物观测探测技术、洋中脊极端生物资源观测探测技术、洋中脊的环境监测观测技术、洋中脊多金属硫化物矿区的开采环境评价技术；海洋观测支撑系统建设，包括海洋通用技术与装备、海上试验场建设工程、海洋仪器设备检测评价体系、数字海洋工程建设。

（2）海洋绿色运载装备工程科技创新专项。绿色船型开发，包括超级节能环保油船、多用途船、集装箱船等；绿色动力系统开发，包括双燃料发动机、柴油机和液化天然气（LNG）燃料系统；绿色配套设备开发，包括发电机组、叶片泵与容积泵、风机、空调与冷冻系统、船舶主动力系统余热余能利用装置、舱室设备、压载水处理系统、涂料和表面处理、船用垃圾与废水洁净处理等。

（3）深水油气勘探开发工程科技创新专项。深水油气勘探开发工程，包括深水油气勘探、深水油气开发工程、深水环境立体监测及风险评价、深水施工作业及应急救援、深水工程重大装备研制及配套作业、深海远程军民共建基地；深海天然气水合物目标勘探与试采关键技术，包括海域天然气水合物目标勘探与资源评价技术、海域水合物钻探取芯技术、天然气水合物试采工程关键技术、海域天然气水合物钻探和试采工程示范。

（4）海洋生物资源开发工程科技创新专项。蓝色海洋食物开发工程，包括海水养殖工程

与装备、近海渔业资源养护工程、南极磷虾资源开发与远洋渔业工程、海洋食品质量安全与加工流通工程等；海洋生物新资源关键技术开发工程，包括海洋新药研发关键技术、新型海洋生物制品开发关键技术及其关键技术装备。

（5）河口生态环境保护工程科技创新专项。河口生态环境保护工程，包括河口生态环境调查与评估、河口区入海污染物总量控制工程、河口生态环境保护与修复工程、河口区海洋垃圾污染控制工程、河口区生态环境监测监控网络工程、河口海洋生态经济发展技术、河口海洋生态文明建设技术等。

（6）海洋岛礁开发与保护工程科技创新专项。主要包括海岛生态保护与修复工程，海岛淡水资源工程，海岛可再生能源工程，海岛防灾减灾工程，三沙建设工程，领海基点海岛保护工程，边远海岛开发利用工程，海岛旅游工程等。

（二）实施现代海洋产业发展推进计划

1. 必要性与基本思路

发达的海洋经济是建设海洋强国的重要支撑。在海洋工程与科技创新的驱动下，大力实施现代海洋产业发展推进计划，有助于推动海洋经济向质量效益型转变，有助于优化海洋产业结构，提高海洋产业对经济增长的贡献率，使海洋经济成为新的增长点。另外，由于现代海洋产业发展具有战略性、成长性、高科技驱动性和经济拉动性等重要特征，实施现代海洋产业发展推进计划将会进一步推进海洋高技术产业的发展，促进海洋新兴产业的成长和壮大，成为国家产业结构升级和区域经济发展的重要驱动力，使海洋产业成为国民经济的支柱产业。

以国家经济社会发展和维护国家海洋权益的需求为导向，以推动海洋经济向质量效益型转变为主线，以提高海洋生物产业、海洋能源及矿产产业、海水综合利用产业、海洋装备制造与工程产业、海洋物流产业和海洋旅游产业等现代海洋产业对经济增长的贡献率为重点任务，强化海洋产业战略定位，发展海洋新兴产业，全面构建现代海洋产业体系，推进现代海洋产业发展的进程，提升海洋资源的开发能力、海洋经济的发展能力、海洋环境与生态保护能力以及抵御自然灾害的能力，加强国家和区域海洋管理与安全保障，扎实建设现代化的海洋强国。

2. 重点任务

（1）海洋生物产业发展推进计划。根据区域特点，调整海洋生物的产业结构，建设产业聚集区，培育具有国际竞争力的龙头企业和富有创新活力的高科技企业，增加海洋生物产业对国民经济和社会发展的贡献。推进重点：发展环境友好型海水养殖业，保障供应和食物安全；发展近海资源养护型捕捞业，保障可持续发展；加快开发极地渔业资源，促进海洋渔业的新发展；创新海洋药物和生物制品，培育海洋新生物产业；适应市场的消费需求，壮大和提升海洋食品加工业。

（2）海洋能源及矿产产业发展推进计划。加大近海稠油、边际油气田等的开发力度，开辟海洋油气勘探新区域和新领域，加快深海油气资源的勘探开发力度，推进中深水油气和海洋固体矿产勘探开发进程，实现海洋可再生能源的商业化和规模化。推进重点：加快海上边际油气田开发；建设海上稠油大庆；建立深水油气资源勘探开发产业体系；组建深水工程作业船队和深远海补给基地；开展海域天然气水合物目标勘探和试采；开发大洋及近海固体矿产；综合开发利用海洋可再生能源。

（3）海水综合利用产业发展推进计划。突破核心技术，开展关键材料、部件、产业化成套技术与装备的自主研发，建立产业技术转移中心和装备制造基地，强化产业化技术支撑体系建设，实施自主技术的规模示范和推广应用，培育海水综合利用新兴产业。推进重点：开发自主大型海水淡化、海水直接利用和海水化学资源利用成套技术和装备，实时自主大型海水淡化与综合利用示范工程；推进重要海岛海水淡化工程建设；建立国家级装备制造基地，优化沿海供水结构。

（4）海洋装备制造与工程产业发展推进计划。大力发展海洋装备与工程产业，促进从海洋装备大国向海洋装备强国的转变，提高海洋工程装备业的综合竞争力，积极发展海洋工程建筑业，带动相关产业的发展。推进重点：优化产业布局，调整产能以解决产能的结构性过剩问题；实施品牌战略，大幅提高高端产品在产品结构中的比重；提高先进装备制造和工程建筑的科技创新能力，加强海洋工程的建设。

（5）海洋物流产业发展推进计划。推进目标：以增强系统性、优化产业链、提高综合效益为主要目标，大力推进海洋物流体系标准化、信息化、集约化、绿色化建设，以标准化打通物流瓶颈、以信息化提高物流效率、以集约化降低物流成本、以绿色化减轻环境影响，发挥海洋物流在涉海生产要素聚集和产业发展中的龙头和纽带作用，把海洋物流产业打造成为现代服务业新的增长点。推进重点：建立海洋物流标准体系；完善海洋物流信息系统；加强深水港建设；推进跨海大通道建设；治理和完善河口深水航道。

（6）海洋旅游产业发展推进计划。以提升产业层次、丰富产品内容、降低环境影响、提高服务水平为目标，加强基础设施建设，整合旅游资源，优化产业布局，创新旅游产品，大力发展海上新兴旅游产业，推动滨海城镇化建设，使海洋旅游产业成长为沿海现代服务业发展的重要增长点和滨海城市特色风貌的有效载体。推进重点：大力发展游轮经济，加快发展游艇旅游及相关产业；发展休闲渔业，打造滨海渔业旅游度假基地；科学开发海岛旅游资源，促进海岛文化旅游业的发展；积极培育海洋运动产业等。

五、加快海洋工程技术强国建设的保障措施

（一）制订和实施专项规划，加快海洋工程的技术发展

围绕建设海洋强国必须首先建设海洋工程技术强国的战略目标，以提高海洋资源的开发能力、发展海洋经济、保护海洋生态环境、维护国家海洋权益为主线，以创新驱动海洋发展为牵引，制订我国海洋工程科技创新及其产业发展规划。建议该发展规划以专项规划的形式由国务院下发，我国科学技术部、发展和改革委员会、财政部会同有关部门组织实施。

（二）提升现代海洋产业的战略地位，推进海洋工程技术的整体发展

现代海洋产业整体技术含量高、发展潜力大、带动性和战略性强，世界各海洋发达国家和新兴经济体普遍把海洋作为国家经济和科技发展的战略方向和国际未来主要的竞争方向，是国家战略性新兴产业重点支持的领域。即使人们普遍认为属于传统产业的海洋渔业、船舶制造和海洋工程建筑这样的产业，国外都已进入了绿色、深远海、高技术和规模化的发展时代，从所谓的“传统”产业向战略性高技术产业转变。这种发展战略与策略上的差异，将使海洋产业发展面临战略方向的“代差”和工程技术与装备的“代差”。这种态势，将对现代

海洋产业的发展带来严重的后果，使我国海洋工程与科技的整体水平落后于发达国家的局面难以得到根本改变。

为此，需要以更高的战略定位，将现代海洋产业整体上升为战略性新兴产业，进一步集聚资源和力量，全面提高海洋领域的科技发展驱动力，全面推动海洋经济结构升级和现代海洋产业的发展，从而加快海洋工程技术强国的建设。

（三）建设海洋工程科技创新体系，提高驱动发展能力

加强高层次骨干人才的培养，造就海洋工程科技战略科学家，推动深远海领域优秀创新人才群体的形成与发展，完善海洋科技创新人才管理机制，形成人才市场调节机制和人才竞争机制。

整合优化现有海洋重点工程与科技实验室资源和布局，以海洋国家实验室建设为中心，构建国家海洋科技创新体系，加强重点海洋工程研发、设计中心的建设，提升和完善海洋工程相关的基地和设施的现代化水平。

动员和引导社会力量参与海洋工程和科技成果的转化，积极支持海洋工程与科技各领域的相关企业组建产业联盟，推动我国海洋工程与科技的产、学、研、用密切结合。

掌控和保护海洋工程知识产权，制定和实施海洋技术标准，加强海洋技术标准体系建设，营造良好的海洋科技创新和科技成果转化环境。

加强国际间海洋科技的合作，借鉴和引进发达国家的海洋技术，对重点项目和重大工程进行国际联合攻关。推动国际海洋工程装备技术转移，鼓励境外企业和研究开发、设计机构在我国设立合资、合作研发机构。

（四）加大政府财税和金融支持，加快海洋工程科学技术强国建设

海洋工程技术是一个高风险、高投入、高产出的领域，需要政府持续不断的资金投入和政策支持，包括设立海洋工程装备和科技发展专项资金，以商业合同的方式向海洋高科技企业直接投入研发经费，以及税收激励和金融优惠政策等。

参考文献

高之国，贾宇，吴继陆，等，2013. 中国海洋发展报告（2013）[M]. 北京：海洋出版社.

Gao Z G, Jia Y, Wu J L, et al., 2013. China Ocean Development Report (2013) [M]. Beijing: China Ocean Press.

国家海洋局，2013. 中国海洋经济发展报告 [M]. 北京：经济科学出版社.

State Oceanic Administration, 2013. Report on the Development of China's Marine Economy [M]. Beijing: Economic Science Press.

潘云鹤，唐启升，2014. 中国海洋工程与科技发展战略研究：综合研究卷 [M]. 北京：海洋出版社.

Pan Y H, Tang Q S, 2014. Study on Development Strategy of China's Marine Engineering and Technology: Comprehensive Research Volume [M]. Beijing: China Ocean Press.

中国海洋年鉴编辑委员会，2013. 2011—2012 年中国海洋年鉴 [M]. 北京：海洋出版社.

China Ocean Yearbook Editorial Board, 2013. China Ocean Yearbook 2011—2012 [M]. Beijing: China Ocean Press.

Development Strategy of Marine Engineering and Technology Power

Task Force for *the Study on Development Strategy of China's Marine Engineering and Technology* Comprehensive Research Group

Abstract: In order to promote the construction of maritime power, the Chinese Academy of Engineering launched a major consultation project in 2011, the Study on Development Strategy of China's Marine Engineering and Technology. This paper puts forward a development strategy and mission through consultation and investigation in six key areas, including ocean exploration, marine transportation, marine energy, living marine resources, marine environment and land - sea interactions, and systematic analysis of the opportunities and strategic requirement for marine engineering and technology development.
A policy recommendation of this project was put forward clearly: building a maritime power should be led by science and technology; marine engineering and technology power must be built up first. Furthermore, it is recommended that the national government should intensify the development of marine engineering and technology and accelerate the implementation of two plans: "The Marine Engineering and Technological Innovation Driven Plan" and "The Modern Marine Industry Promotion Plan" .

Key words: Marine engineering and technology power; Development strategy and mission; Recommended policy; Implementing measures

海洋强国建设重点工程发展战略①（摘要）

潘云鹤，唐启升　主编

内容简介：本书是中国工程院“海洋强国建设重点工程发展战略研究”重大咨询项目的主要研究成果，共分两部分。第一部分是项目总结报告。第二部分是6个课题研究报告，包括“海洋观测与信息技术发展战略研究”“绿色船舶和深海空间站工程与技术发展战略研究”“海洋能源工程发展战略研究”“极地海洋生物资源现代化开发工程发展战略研究”“我国重要河口与三角洲环境与生态保护工程发展战略研究”“21世纪海上丝绸之路发展战略研究”和1个“南极磷虾渔业船舶与装备现代化发展战略研究”专题报告。

本书对海洋强国建设以及海洋工程与科技相关的各级政府部门具有重要参考价值；同时可供相关科技界、教育界、企业界以及社会公众等了解海洋工程与科技知识作参考。

前　言

党的“十八大”提出了“建设海洋强国”宏伟战略目标，国家从开发海洋资源、发展海洋产业、建设海洋文明和维护海洋权益等多个方面对海洋工程与科技发展有了更加迫切的需求，进一步发展海洋工程与科技，成为建设海洋强国的重要支撑和保障。

为此，2014年3月，在圆满完成中国工程院“中国海洋工程与科技发展战略研究”（海洋工程Ⅰ期）重大咨询研究项目的基础上，又启动了中国工程院“海洋强国建设重点工程发展战略研究”重大咨询项目（海洋工程Ⅱ期）。项目的顾问仍由宋健院士、徐匡迪院士和周济院士担任，项目组长由中国工程院常务副院长潘云鹤院士担任，副组长继续由唐启升（常务）、金翔龙、吴有生、周守为、孟伟、管华诗院士担任。

两年多来，经过300多位院士、专家教授、企业工程技术人员和政府管理者的积极努力，项目按计划完成了“海洋观测与信息技术发展战略研究”“绿色船舶和深海空间站工程与技术发展战略研究”“海洋能源工程发展战略研究”“极地海洋生物资源现代化开发工程发展战略研究”“我国重要河口与三角洲环境与生态保护工程发展战略研究”“21世纪海上丝绸之路发展战略研究”6个课题和1个“南极磷虾渔业船舶与装备现代化发展战略研究”专题的战略研究。本次研究与前一期的“海洋工程项目”不同之处在于重点聚焦于对建设海洋强国有重要影响的重点海洋工程与科技上，所遴选的6个重点工程针对海洋强国战略，均有明确研究目标。由于有了前一期的研究工作基础，本项目总体研究更具有战略性、前瞻性和可操作性。

本项研究报告综合分析了我国海洋工程与科技发展现状、可持续发展所面临的挑战，充

① 本文原刊于《海洋强国建设重点工程发展战略》，1-3，1-23，3-26，海洋出版社，2017。

分研究国际上各种成功模式的经验与不足，形成了一些对我国重点海洋工程与科技可持续发展形势的基本判断。提出：建设海洋强国，首先要建成海洋工程科技强国。应着眼于国家未来长期目标，制定国家海洋工程科技发展规划，落实重点发展任务，提升我国海洋工程科技整体水平。并提出相关建议，主要包括：加强工程科技的基本能力建设与发展；加强海洋战略资源的勘探开发技术创新；加强海洋工程装备关键元器件及系统配套关键技术研发，设立海洋传感器等关键元器件研发专项；开展深水油气勘探技术、装备及保障技术研究，开发海洋新能源；加快极地海洋生物资源开发技术研究，建立安全、节能、高效的深远海渔船与装备工程技术体系；优化河口三角洲地区经济发展模式，建立国家生态环境监测网络，加强跨区域监测系统建设；建立专项基金实施“海上丝绸之路文明复兴计划”，加快北极航线开发利用准备，以及设立印度洋海洋科技合作专项等。

在本项目的研究过程中，继续贯彻以往边研究边服务、注重咨询研究与区域发展相结合的工作思路，坚持服务决策、适度超前的工作原则，采用实地考察、现场调研、问卷调查、专题研讨等相结合的研究方法，先后召开了 50 多次工作会、调研会。先后在福建省厦门市举行了大型“中国海洋工程与科技发展研讨暨福建省海洋发展战略咨询会”；在辽宁省大连市举行了“中国海洋工程与科技发展研讨暨辽宁省海洋发展战略咨询会”；在江苏省无锡市举行了中国工程院“第 216 场中国工程科技论坛”等重大活动。在项目实施过程中，项目组院士、专家先后向国务院提交了“关于加大加快南极磷虾资源规模化开发步伐，保障我极地海洋资源战略权益的建议”“关于加紧发展海洋传感器，夯实海洋强国关键基础设施建设的建议”“关于设立深海空间重大专项的建议”等多份“院士建议”，得到了国家和有关部委的高度重视与支持。

本项目于 2016 年 4 月通过结题验收，验收专家认为：项目组圆满完成了任务书规定的各项任务，成果受到了国务院领导的重视并做出重要批示，项目组采取的研究方式，得到出地方政府的普遍重视与欢迎，取得了非常好的效果。

本书的出版，无疑是众多院士和数百名专家教授，企业工程技术人员和政府管理者历时两年多辛勤劳动和共同努力的结果。在此，向他们表示衷心的感谢。另外，还要特别向本项目的顾问——宋健、徐匡迪老院长和周济院长的大力支持与热心指导，以及在重大“院士建议”的定位上发挥的关键作用表示衷心的感谢。

希望本书的出版，对进一步推动海洋强国建设，着力推动海洋工程科技向创新引领型转变，努力突破制约海洋经济发展、海洋生态保护、海洋权益维护、海上丝绸之路建设等领域的科技瓶颈，以及在该过程中急需发展的重点任务和关键共性技术等方面提供决策参考。同时也希望对关注和支持海洋工程与科技相关的各级政府部门、各界人士等提供参考。

由于海洋涉及的专业领域和范围很多，加之项目研究所限，不当或疏漏之处在所难免，敬请读者批评指正。

编者

2017 年 8 月

目　录

第一部分　项目总结报告

（五）典型水下观测网信息处理系统
（六）典型水下信息服务应用系统

第四章 发展趋势与面临的问题

一、发展趋势
（一）海洋观测技术发展趋势
（二）海洋信息系统发展趋势
二、面临的问题
（一）海洋观测技术面临的问题
（二）海洋信息与服务系统面临的问题

第五章 战略定位、目标与重点

一、战略定位
（一）满足捍卫国家海洋安全
（二）满足推动社会与经济发展
（三）满足海洋生态文明建设
（四）满足促进海洋科学进步
二、战略目标
三、战略任务与重点
（一）海洋传感器技术
（二）海洋水下接驳与组网技术
（三）海洋信息服务系统
四、共性技术
（一）海洋通用技术
（二）海洋信息技术

第六章 保障措施

一、经费保障
（一）加大投入，重点支持海洋观测网建设与海洋探测技术发展
（二）成立国家层面海洋开发与风险投资基金，鼓励海洋仪器设备研发
二、条件保障
（一）建立海上仪器装备国家公共试验平台
（二）建立海洋仪器设备共享管理平台
（三）成立国家级海洋装备工程研究与推广应用中心
三、机制保障
（一）制定海洋探测技术与装备工程系统发展的国家规划
（二）扶持深海高技术中小企业，健全海洋装备产业链条
四、人才保障
（一）加强海洋领域基础研究队伍建设

（二）完善海洋领域人才梯队建设
（三）健全海洋领域人才机制建设

第七章 重大工程与科技专项建议

一、大力发展海洋传感器技术，促进海洋强国关键基础设施建设
（一）需求分析
（二）主要任务
二、搭建海洋观测数据服务系统，构建海洋大数据服务体系平台
（一）需求分析
（二）主要任务

课题二 绿色船舶和深海空间站工程与技术发展战略研究

第一章 绿色船舶内涵及评价体系

（一）绿色船舶的概念
（二）绿色船舶评价指标体系
（三）不同寿命阶段的绿色技术

第二章 绿色船舶技术发展热点

（一）船舶总体绿色技术
（二）船舶动力绿色技术
（三）船舶营运绿色技术

第三章 主要国家绿色船舶技术发展现状

（一）日本绿色船舶技术发展现状
（二）韩国绿色船舶技术发展现状
（三）欧洲绿色船舶技术发展现状

第四章 我国绿色船舶技术发展现状及主要问题

（一）我国绿色船舶技术发展现状
（二）我国绿色船舶技术发展面临的主要问题

第五章 我国船舶绿色技术发展战略

（一）发展思路
（二）发展目标
（三）发展重点
（四）绿色船舶技术发展建议

附件一：配套

一、船舶配套业概述

（一）船舶配套业的内涵
（二）船舶配套设备分类
二、主要配套国家及地区发展情况
（一）欧洲
（二）日本
（三）韩国
三、配套技术发展现状及趋势
（一）发展现状
（二）发展趋势
四、我国船舶配套技术的发展现状及主要问题
（一）我国船舶配套技术的发展现状
（二）我国船舶配套技术发展面临的主要问题
五、我国船舶配套技术发展战略
（一）发展思路
（二）发展目标
（三）发展重点
（四）发展建议

附件二：动力

一、船舶柴油机概述
二、中低速柴油机产业发展情况
（一）低速机
（二）中速机
三、中低速柴油机技术发展现状及趋势
（一）发展现状
（二）发展趋势
四、我国船用柴油机技术发展现状及主要问题
（一）技术发展现状
（二）存在的问题
五、我国船用柴油机技术发展战略
（一）发展思路
（二）发展目标
（三）发展重点
（四）发展建议

课题三　我国海洋能源工程发展战略研究

第一章　我国海洋能源工程发展战略需求

一、国家安全和能源安全

（六）加大南海深水油气勘探开发政策扶持力度

（七）积极探索和扩大深水勘探对外合作新模式

（八）建设有利于我国海洋工程与科技发展的海洋国际环境

（九）建立军民融合发展的海洋工程战略研究机构

课题四　极地海洋生物资源开发工程发展战略研究

第一章　我国极地海洋生物资源开发工程的战略需求

一、极地海洋环境概况与国际治理架构

（一）南极海洋环境概况与国际治理架构

（二）北极海洋环境概况与国际治理架构

二、发展极地海洋生物资源开发工程的战略需求

（一）提升战略性资源开发能力，保障国家生物原料供给安全

（二）培育海洋生物新兴产业体系，打造海洋经济新的增长点

（三）突破关键装备与核心技术，促进海洋生物产业转型升级

（四）参与国际资源配置与管理，维护国家极地海洋权益安全

第二章　我国极地海洋生物资源开发工程的发展现状

一、南极磷虾资源开发工程发展现状

（一）南极磷虾捕捞业实现零的突破，但发展规模小速度慢

（二）船载原料加工能力已基本具备，但产品质量亟待提高

（三）高值产品研发已具备一定积累，但市场拓展显著滞后

二、极地生物基因资源开发利用研究现状

（一）微生物资源保藏初具规模，统筹规划与管理有待完善

（二）微生物研究技术取得突破，商业化开发利用未见报道

（三）南极鱼类低温适应机制以及基因组进化研究取得突破

三、极地鱼类资源开发工程与装备现代化现状

（一）南极鱼类资源开发浅尝辄止，探查利用工程有待突破

（二）北极渔业曾断续存在，国家支持与区域合作亟待加强

（三）极地远洋渔业装备未成体系，关键技术缺乏研发能力

第三章　世界极地海洋生物资源开发工程发展现状与趋势

一、极地海洋生物资源开发工程发展现状与特点

（一）现代南极磷虾产业链已然形成

（二）极地生物基因资源开发利用发展迅猛

（三）极地鱼类资源开发与装备现代化

二、极地海洋生物资源开发工程发展趋势

（一）南极磷虾产业规模化开发

（二）极地生物基因资源开发利用

（三）重点任务

第八章 保障措施与政策建议

一、制定极地海洋生物资源开发长期规划，谋划产业发展顶层设计

二、重点研发关键技术和装备，奠定产业可持续发展的科技基础

三、拓展产业发展培育渠道，加快成果转化与产业发展步伐

四、打造人力资源综合平台，积聚极地海洋生物资源开发实力

课题五 我国重要河口与三角洲环境与生态保护工程发展战略研究

第一章 河口三角洲生态环境保护的战略需要和重要意义

一、河口三角洲地区生态环境保护迫在眉睫

二、河口三角洲是陆海环境大系统中的核心枢纽

第二章 河口三角洲概述

一、概念与基本特征

二、河口的分类体系

（一）基于海洋-河流动力学特征的河口分类

（二）基于河口水体层化特征的河口分类

三、我国河口概况及其分类

（一）概况

（二）我国河口类型

第三章 国外河口三角洲生态环境保护的实践与启示

一、美国

（一）国家河口计划

（二）海岸和河口生境恢复的国家战略

二、欧盟

（一）海岸带综合管理

（二）海洋战略框架指令

三、澳大利亚

四、国外河口三角洲生态环境保护的启示

（一）可持续发展理念

（二）建立全流域水污染防控体系

（三）污染防治先行，逐步过渡到生态保护

第四章 我国河口三角洲生态环境现状与趋势

一、我国河口三角洲的开发利用和社会经济概况

二、我国河口三角洲面临的环境压力

（一）入海污染负荷增大
（二）河流水沙输入减少
（三）全球变化
三、我国河口三角洲突出的生态环境问题
（一）河口富营养化问题突出
（二）河口海湾盐水入侵与土壤盐渍化
（三）部分河口重金属污染累积性风险加大
（四）农药、药物及个人护理品（PPCPs）、环境激素类污染风险加大
（五）河口生态系统和生物资源衰退
四、我国河口三角洲生态环境保护面临的挑战
（一）沿海开发的压力将持续存在
（二）河口生态环境问题呈多型叠加
（三）沿海大型工程安全事故进入频发期
（四）公众环境诉求急剧高涨

第五章　我国河口三角洲生态环境保护战略目标

一、指导思想
二、战略原则
（一）陆海统筹，系统治理
（二）保护优先，遏制退化
（三）分类管理，质量控制
（四）问题导向，科学决策
三、重点任务
（一）实施陆海衔接的污染控制
（二）加强河口海岸带生态环境空间管控
（三）陆海统筹的风险控制
（四）建立陆海协同的生态环境监测网络
（五）建立陆海统筹的环境保护机制
（六）建设河口生态环境保护工程

第六章　我国重要河口三角洲生态环境保护专题研究

一、长江口专题
（一）长江口概况
（二）长江口生态环境现状、主要问题与成因
（三）长江口生态环境保护工程的现状
（四）长江口生态环境保护战略目标和重点任务
（五）针对长江口的生态环境保护需求拟实施的重点工程
（六）长江口的生态环境保护政策建议
二、珠江口专题

（一）珠江口概况
（二）珠江口的生态环境现状与成因
（三）珠江口生态环境保护工程的现状与不足
（四）珠江口生态环境保护战略目标和重点任务
（五）针对珠江口的生态环境保护需求拟实施的重点工程
（六）针对珠江口的生态环境保护需求拟提出的政策建议
三、黄河三角洲专题
（一）黄河三角洲概况
（二）黄河口生态环境现状、主要问题与成因
（三）黄河口生态环境保护工程的现状
（四）黄河口生态环境保护战略目标和重点任务

课题六　21 世纪海上丝绸之路发展战略研究

第一章　总论

一、21 世纪海上丝绸之路建设的国家需求
二、21 世纪海上丝绸之路建设的基础条件
三、构建 21 世纪海上丝绸之路经济带
四、加强 21 世纪海上丝绸之路战略支点建设
五、加快开发利用北极航道

第二章　21 世纪海上丝绸之路战略的国内外环境研究

一、国家需求
（一）优化对外投资结构的需要
（二）经济转型发展的需要
（三）深化体制改革的需要
（四）参与国际经济治理的需求
（五）强化经济安全保障的需要
二、合作基础
（一）自然地理基础
（二）历史文化基础
（三）经济贸易基础
三、沿线各国的态度
（一）东盟各国的认知
（二）南亚各国的认知
（三）西亚、非洲和其他国家的认知
四、制约因素
（一）沿线国家的内部矛盾
（二）地缘政治风险

（三）非传统安全影响

第三章　21世纪海上丝绸之路经济合作研究

一、经贸合作现状

（一）产品市场

（二）要素市场

（三）资源市场

二、存在的主要问题

（一）产业出路问题

（二）区域整合问题

（三）内外对接问题

三、经贸合作目标

（一）总体目标

（二）具体目标

（三）阶段目标

四、空间布局

（一）核心区——东南亚地区

（二）重要区——环北印度洋地区

（三）拓展区——欧洲、大洋洲和东北亚

五、产业合作

（一）基础设施领域

（二）比较优势产业领域

（三）现代服务领域

（四）海洋合作领域

（五）资源能源领域

六、合作机制

（一）充分运用国际经贸规则

（二）积极推进贸易便利化机制创新

（三）大力推动投资便利化

（四）建立完善共同金融风险防范机制

（五）创新发展互助机制

（六）构建货币与汇率协调机制

（七）完善经济治理机制

第四章　21世纪海上丝绸之路战略支点建设研究

一、海上丝绸之路的地理概况

（一）西太平洋及周边区域

（二）东北印度洋及周边区域

（三）西北印度洋及周边区域

第五章 我国南极磷虾渔业船舶的发展战略

一、我国南极磷虾专业捕捞加工船的发展战略

（一）发展方向及定位

（二）战略目标的具体内容分析

二、我国极地渔业综合研究船的发展战略

（一）功能及定位分析

（二）战略目标的具体内容分析

第六章 中国南极磷虾渔业船舶的发展路线

一、国际南极磷虾产业发展过程

二、南极磷虾专业捕捞加工船的发展路线

三、极地渔业综合研究船发展路线

（一）完善加工制造技术

（二）改进捕捞技术

（三）优化作业措施

第七章 发展重点的初步概念设计图像

一、南极磷虾捕捞加工船实船改造工程项目介绍

（一）“龙发”号改造工程项目介绍及进展情况

（二）改造工程对南极磷虾渔业船舶总体设计的影响

二、南极磷虾专业捕捞加工船的初步概念设计图像

（一）总体概述

（二）主要技术指标

（三）船舶主要系统

三、极地渔业综合研究船的初步概念设计图像

（一）总体概述

（二）极地渔业综合研究船船舶总体技术指标

（三）船载探测与实验系统总体技术指标

四、南极磷虾渔业船舶建造工艺的分析论证

（一）三维立体建模工艺技术论证

（二）基于总段建法的预舾装工艺技术论证

（三）特种钢结构处理及焊接工艺技术论证

（四）高腐蚀区域涂装工艺技术论证

（五）“绿色”建造工艺技术论证

“海洋强国建设重点工程发展战略”项目总结报告

一、海洋工程项目二期立项背景

2011 年 7 月，中国工程院在反复酝酿和准备的基础上，启动了“中国海洋工程与科技发展战略研究”重大咨询项目（简称“海洋工程项目Ⅰ期”）。项目设立综合研究组以及海洋探测与装备工程、海洋运载工程、海洋能源工程、海洋生物资源工程、海洋环境与生态工程和海陆关联工程 6 个发展战略研究组。第九届全国政协副主席宋健院士、第十届全国政协副主席徐匡迪院士、中国工程院院长周济院士担任项目顾问，中国工程院常务副院长潘云鹤院士担任项目组长，45 位院士、300 多位多学科多部门的一线专家教授、企业工程技术人员和政府管理者参与研讨。经过两年多的紧张工作，如期完成项目和课题各项研究任务，取得多项具有重要影响的重大成果。

2014 年 3 月，中国工程院在前一期“中国海洋工程与科技发展战略研究”的基础上，又设立了“海洋强国建设重点工程发展战略”研究重大项目（简称“海洋工程项目Ⅱ期”）。

该项目顾问仍由宋健院士、徐匡迪院士和周济院士担任。项目组长由中国工程院原常务副院长潘云鹤院士担任，常务副组长为原中国科协副主席唐启升院士，副组长由金翔龙、吴有生、周守为、孟伟、管华诗院士及中国工程院原秘书长白玉良担任。

本项目约有 40 位院士、300 多位多学科多部门专家教授、企业工程技术人员和政府管理者参与了研究。

该项目共分“海洋观测与信息系统发展战略研究”（金翔龙院士主持）、“绿色船舶和深海空间站工程与技术发展战略研究”（吴有生院士主持）、“海洋能源工程发展战略研究”（周守为院士主持）、“极地海洋生物资源现代化开发工程发展战略研究”（唐启升院士主持）、“我国重要河口与三角洲环境与生态保护工程发展战略研究”（孟伟院士主持）、“21 世纪海上丝绸之路发展战略研究”（管华诗院士主持）6 个课题和 1 个“南极磷虾渔业船舶与装备现代化发展战略研究”专题（唐启升、朱英富院士主持）。

本次研究与海洋工程项目Ⅰ期不同的是，重点聚焦于对建设海洋强国有重要影响的重点海洋工程与科技上，所遴选的 6 个重点工程针对海洋强国战略，均有与提高海洋资源开发能力、发展海洋经济、保护海洋生态环境和维护国家海洋权益等建设海洋强国有关的明确研究目标。由于有前一期的研究工作基础，本项目总体研究将更具有战略性、前瞻性和可操作性。

二、项目任务完成情况

（一）开展咨询服务情况

在本次项目的研究过程中，继续贯彻以往边研究边服务、注重咨询研究与区域发展相结合的工作思路，坚持服务决策和适度超前的工作原则，采用实地考察、现场调研、调查问卷、专题研讨等相结合的研究方法，先后召开了 50 多次工作会、调研会，并在福建厦门举行了“中国海洋工程与科技发展研讨暨福建省海洋发展战略咨询会”，在辽宁大连举行了“中国海洋工程与科技发展研讨暨辽宁省海洋发展战略咨询会”，在江苏无锡举行了“第 216

场中国工程科技论坛”等重大活动，均取得了非常好的效果。

2014年7月31日至8月2日，在大连市召开了“中国海洋工程与科技发展研究（Ⅱ期）重大咨询项目工作会议”。会议由项目组长潘云鹤院士和常务副组长唐启升院士主持。朱英富、曾恒一、朱蓓薇等院士，中国工程院二局副局长阮宝君，农业部渔业渔政管理局副局长崔利锋，辽宁省国资委副主任徐吉生，辽宁省渔业集团公司、中国水产总公司、上海开创远洋渔业有限公司以及课题组负责人、主要执笔人等60余人参加了会议。期间，与会院士和部分专家应邀参加了大连市政府组织的“大连海洋兴市发展战略研究咨询会”国家海洋环境监测中心、大连理工大学、大连海事大学、大连海洋大学、辽宁师范大学、大连工业大学等单位的院士、专家，市委、市政府及有关部门、区市县领导，相关企业、行业协会负责人等30余人参加了会议。会议由大连市委常委、统战部部长董长海主持，市港口与口岸局局长高连、市海洋与渔业局局长刘锡财、市旅游局党委书记高大彬、长海县人民政府副县长张俊之、辽宁渔业集团总公司副书记孙传仲、大连獐子岛渔业集团总裁助理曹秉才等就大连相关产业发展概况以及发展规划思路进行了汇报介绍。项目专家组唐启升、朱英富、曾恒一、朱蓓薇等院士以及张元兴、雷坤、李大海等专家先后向大连市建言献策，潘云鹤院士提出相关建议并作了总结发言。大连市政府副市长刘岩对此表示衷心感谢并讲话。

2014年12月16—18日，在福建省福州市召开了“中国工程院海洋工程项目Ⅱ期工作汇报暨福建省海洋发展战略咨询会”。福建省科学技术协会、福建省海洋与渔业厅等协助承办。中国工程院原常务副院长、项目组长潘云鹤院士，项目常务副组长唐启升院士、全国政协港澳台侨委员会副主任陈明义，曾恒一、周守为、麦康森等院士，中国工程院二局副局长阮宝君，福建省科学技术协会党组书记、副主席梁晋阳，副主席游建胜，福建省发展和改革委员会副主任余军，福建省海洋与渔业厅副厅长林月玲，福建省科技厅、福建省经信委，福建省国土资源厅、福建省环保厅、福建省水利厅、福建省商务厅、福建省旅游局、福建省食品药品监督管理局等有关部门及职能处室负责人，以及项目课题组负责人、主要执笔人等70余人参加了会议。根据福建省的安排，12月16—17日上午，项目组的院士、专家分成福建海洋防灾减灾建设、福建海上丝绸之路建设、福建海洋经济建设3个调研组分赴福建沿海相关部门进行了调研、座谈。12月17日下午，项目组的院士、专家参加了福建省组织的福建省海洋发展战略咨询会，并提出了许多建议，受到了当地政府以及有关部门的高度重视。

2015年10月13—14日，在江苏省无锡市组织召开了“中国工程院第216场中国工程科技论坛——海洋强国建设重点工程发展战略”。此次论坛由中国工程院主办，无锡市政府支持，中国工程院农业学部和中国船舶重工集团公司第七〇二研究所、中国水产科学研究院黄海水产研究所共同承办。有17位中国工程院、中国科学院院士，240余名涉海领域专家、学者参加了此次论坛。论坛由中国工程院原常务副院长潘云鹤院士主持。中国工程院副院长刘旭院士和无锡市人民政府曹佳中副市长分别先后致辞。期间，唐启升院士主持了论坛主旨报告并作了题为“海洋工程项目Ⅱ期研究进展”的报告，同济大学汪品先院士和中国船舶重工集团公司第七〇二研究所吴有生院士分别作了“国际背景下我国深海科学的走向”和“深海装备发展方向”的主旨报告。论坛还下设了海洋观测与信息技术、绿色船舶和深海装备技术、海洋能源技术、极地海洋生物资源开发、我国重要河口与三角洲生态环境保护工程、21世纪海上丝绸之路建设6个分会场，有60名院士、专家在会上作了报告。会议取得了圆满成功。

（二）完成《研究报告》情况

（1）项目组已经完成了《海洋观测与信息系统发展战略研究》、《绿色船舶和深海空间站工程与技术发展战略研究》、《海洋能源工程发展战略研究》、《极地海洋生物资源现代化开发工程发展战略研究》、《我国重要河口与三角洲环境与生态保护工程发展战略研究》、《21世纪海上丝绸之路发展战略研究》6个课题研究报告和1个《南极磷虾渔业船舶与装备现代化发展战略研究》专题报告，总字数约50万字。

各研究报告综合分析了我国海洋工程与科技发展现状、可持续发展所面临的挑战，充分研究国际上各种成功模式的经验与不足，形成了对我国重点海洋工程与科技可持续发展形势的基本判断与发展战略建议。

（2）完成了Ⅰ期成果出版工作。在海洋出版社出版了《中国海洋工程与科技发展战略研究》系列丛书，包括《综合研究卷》、《海洋探测与装备卷》、《海洋运载卷》、《海洋能源卷》、《海洋生物资源卷》、《海洋环境与生态卷》和《海陆关联卷》7本专著300多万字。

（3）组织编写出版了2016年第2期《中国工程科学》建设海洋强国战略专辑。该专辑以海洋工程项目（Ⅰ期）和海洋工程项目（Ⅱ期）研究的成果为主。

（4）编辑完成了60多万字的《中国工程院第216场中国工程科技论坛文集》，并由北京高等教育出版社正式出版。

（5）编辑出版了7期海洋工程项目Ⅱ期《工作简报》，报送中国工程院院领导、中国工程院机关各部门、项目专家组成员、各课题组等参阅。

（三）形成"院士建议"情况

在项目实施过程中，项目组院士、专家先后向国务院及有关部委提交了多份院士建议等，得到了国家有关部委的高度重视与支持。

（1）2014年2月，徐匡迪、周济、潘云鹤、唐启升、旭日干、沈国舫、邬贺铨、王礼恒、管华诗、吴有生、周守为、丁健、孟伟、麦康森、杨坚、刘身利、赵兴武、赵宪勇等院士、专家，提交了"关于加大加快南极磷虾资源规模化开发步伐，保障我极地海洋资源战略权益的建议"。李克强总理等7位国务院领导批阅该"建议"并落实报告。

（2）2014年11月，唐启升、旭日干、刘旭、沈国舫、管华诗等院士、专家，提交了"关于推进盐碱水渔业发展，保障国家食物安全、促进生态文明建设的建议"。

（3）2015年4月，宋健、潘云鹤、唐启升、王礼恒、吴有生、管华诗、陶春辉等院士、专家，提交了"关于加紧发展海洋传感器，夯实海洋强国关键基础设施建设的建议"。

（4）2015年，由多名院士提出的"关于设立深海空间重大专项的建议"获得国家立项。

三、项目主要研究成果

在海洋工程与科技第一期综合研究的基础上，第二期研究在海洋探测、海洋装备、海洋能源、海洋生物、海洋环境、海陆统筹6个领域分别选择了海洋观测与信息技术、绿色船舶技术、海洋能源工程、极地海洋生物资源开发工程、重要河口与三角洲生态环境保护、21世纪海上丝绸之路6个关键问题进行了深入的调研和分析，形成了对于关键问题的基本认识，并提出了相应的发展战略。

（一）研究形成的基本认识

1. 总体发展现状

（1）海洋资源探查水平大幅度提高，资源掌控和开发能力不断加强。在海洋观测和信息技术方面，近年来海洋地球物理观测技术、物理海洋观测技术、海洋生态化学观测技术、海洋信息与服务等都有了快速发展。海洋传感器朝着小型化、低功耗和多参数化发展，常规观测技术趋于稳定，观测精度不断提高。数据采集与传输向技术系统标准化、数据管理一体化、数据应用专业化和运行方式体系化发展。

在极地生物资源探查和开发方面，我国近年来异军突起，迈入了大国行列。我国的南极磷虾捕捞业始于2009年末，2014年南极磷虾捕捞总产量达到5.4万t。我国南极磷虾保健食品与医药制品、磷虾粉加工、磷虾养殖饲料、磷虾食品开发以及磷虾加工利用安全与质量控制技术研究蓬勃发展，南极磷虾产业正在成为发展迅猛的战略性新兴产业。与之相适应，我国极地渔业专业化装备从无到有，渔业资源声学评估和极地遥感探测技术逐步形成系统，已基本具备开展南极渔业资源开发的技术条件。在极地生物基因资源利用方面，我国多次开展极地科考，极地微生物菌株保藏初具规模，微生物培养技术、多样性非培养技术日益成熟，微生物基因组学与宏基因组学研究日益深入，新基因、新功能不断挖掘，适冷微生物酶学研究技术国际领先，发现多种微生物次级代谢产物。南极鱼类低温适应机制和基因组进化研究取得突破。

在海洋油气资源方面，我国海洋石油工业实现了从无到有、从合作经营到自主开发、从上游到下游，从浅水到深水、从国内走向世界、从单一油气资源的开发到综合型能源开发利用的转变。我国海洋石油用30年的时间实现了国外石油公司50年的跨越发展，年产量也从1982年成立之初年产9万t迅速增加到2010年的年产5 185万t（海上大庆）。近海油气勘探开发技术体系不断完善，形成了渤海海域以油为主，南海北部、东海海域油气并举的海上油气田开发格局，实现年产5 000万t油当量的产能规模，计划到2020年达到7 000万t。

（2）海洋工程装备技术明显进步，正在形成系统。近年，我国在船舶全寿命周期内的绿色技术取得了长足的进步，特别是在绿色船型开发建造、配套设备绿色化、无公害拆船等方面成果显著。我国在符合国际新公约、新规范、新标准的新船型研发上取得重大进展，尤其在超大型油船、大型散货船、大型集装箱船等远洋商船领域自主研发了一批技术经济指标居世界先进水平的节能环保船型。通过发展玻璃钢渔船以及对旧式渔船进行动力系统改进、余热回收利用等措施，我国绿色渔船有了显著进展，渔船绿色化技术进步迅速。

深水工程重大装备和深水油气勘探开发技术发展迅速。我国实现了300 m水深以浅的海上油气田自主勘探开发，具备了以“海洋石油981”为代表的3 000 m水深作业能力、五型多类深水工程重大专业装备，自主勘探开发工程建造、运行维护的技术能力，并带动形成了配套的产业化基地，初步建立了上下游一体化、十大技术系列。

（3）近海和河口生态环境引起空前重视，环境管理走向理性。我国河口三角洲经济发展以长江三角洲和珠江三角洲为典型代表。“长三角”“珠三角”的崛起，显示了一种高密度、高强度、高能耗的经济增长模式。随着两地区工业化的不断加快，经济发展与生态环境之间的矛盾越来越突出，区域环境质量恶化，直接影响了社会经济的可持续发展。目前我国总体上已经进入环境风险高发频发期和环境保护还账期，环境污染造成的健康影响力从20年前的显现期，到现在处于上升期，环境健康成为一个大的社会问题。由于环境对健康的影响，公众环境权益观空前高涨，产生对环境质量的高诉求，近海和河口环境问题引起了公众和政府空前的重视。随着对沿海地区经济发展与环境保护之间关系的理性思考，全社会普遍接受环境保护直接影响美丽中国建设进程的理念，把环境管理与生态建设放在优先地位。

(4) 海上丝绸之路国际合作出现新局面，与沿线国家经贸关系不断深化。我国与“21世纪海上丝绸之路”沿线各国贸易总额占中国外贸总额的40%以上。中国出口以劳动密集型和资金密集型产品为主，进口以能源资源为主。中国与沿线国家和国家组织间签署了一系列投资贸易协定，与沿线国家建立了多个双边和多边自由贸易区。我国对沿线国家的直接投资额超过100亿美元，过去10年平均年增速超过40%。在全球50个国家建设了118个经贸合作区，处在21世纪海上丝绸之路的沿线国家有42个，占经贸合作区总数的36%。我国加大了与沿线国家的合作力度，以参股、承建等多种形式，参与了港口、铁路、管道、电力设施等一系列重要工程建设。我国与沿线国家的科技文化合作主要集中在东盟，对南亚、非洲和阿拉伯国家的合作也在不断推进。

2. 存在的主要问题

(1) 缺乏统一的战略规划和有效的资源整合。我国对于海洋工程和科技的重视程度是空前的，但是在发展战略上，尚缺乏清晰的统一规划，与世界海洋强国差距明显。例如，日、韩、欧盟等造船强国对于绿色船舶技术的研发都有国家层面或行业层面的统筹规划，确立了研发时间进度安排，技术投入实际应用后也标定了明确的减排指标，同时在扶持政策、研发资金方面都有一定支持。由于我国在技术研发方面缺乏统筹安排，经常出现资源浪费、重复建设、内耗严重的情况，制约了我国绿色船舶技术发展。我国极地微生物菌株资源和基因资源已有一定规模的积累，但是尚未依据我国国情与极地考察规模和能力，形成我国特色的极地生物基因资源管理模式，专业保藏机构比较分散，缺乏统一协调机制，不利于菌株资源的深入挖掘与效益发挥。我国北极渔业资源开发利用已经起步，但是国家没有制定相应的总体发展战略。全国海洋信息资源尚未实现统一整合，制约了海洋信息共享服务能力，已有的海洋信息服务技术手段不能满足当前快速发展的海洋信息服务需求。海上丝绸之路建设也缺乏清晰的顶层设计，空间布局不合理，经济贸易合作的重点主要集中在东南亚地区，与南亚、西亚、非洲等地的经贸合作尚未充分展开，经济布局与安全布局脱节的现象较为突出，对大洋腹地的重视不足。

(2) 海洋工程科技理念没有根本性突破，缺乏颠覆性思维。我国海洋工程和科技经过多年发展，已有了巨大的进步，但总体水平与世界先进水平相比，仍存在较大差距。最主要的差距在于模仿跟踪国外成熟技术和发展中技术是我国海洋工程科技发展中技术思想的主要来源，理念创新不够，缺乏颠覆性思维。水下观测技术长期以来跟踪国外的技术思想，核心创新能力不够，关键设备依赖进口。我国对于绿色船舶技术研发，设计思路难以脱离现有框架，没有开拓性研究，缺乏突破性思维，技术跟随者的地位仍未摆脱，与日、韩等先进国家推出的未来环保概念船设计思想差距较大。

(3) 海洋工程科技基础性研究薄弱，平台和配套技术发展滞后。船舶绿色技术可以通过对配套设备的技术革新来实现，如材料优化、提高推进系统效率、减少压载水等方式，这些技术在保持船体强度、航行速度、载货灵活性的同时，形成节能高效的整体化设计，满足针对绿色船舶设计提出的新问题。但是，我国配套业发展滞后，基础性数据缺乏，基础性研究薄弱，导致研究规模小、创新能力弱，技术无法与实际应用结合。水下观测技术研发与转化基础配套不足，海上试验场、标准规范体系等缺乏，无形中抬高了相关领域先进技术研发与应用的门槛。南极磷虾资源及其产品开发研究基础薄弱，磷虾捕捞渔具渔法尚不成熟，多种作业方式兼容性差，缺乏专业化捕捞设备，保健食品与医药制品开发刚刚起步，磷虾粉加工工艺与装备技术储备不够，生产工艺及安全性指标制约我国南极磷虾食品的开发。

（4）海洋经济发展对于海洋生态的挑战依然严峻。随着我国河口三角洲地区工业化的不断加快，经济发展与生态环境之间的矛盾越来越突出，区域环境质量恶化，直接影响了社会经济的可持续发展。我国河口三角洲面临入海污染负荷增大、河流水沙输入减少和全球气候变化的压力，与此同时，我国河口三角洲的生态环境问题日渐突出，如河口富营养化问题、河口盐水入侵与土壤盐渍化、部分河口重金属污染累积性风险加大、农药、药物及个人护理品、环境激素类污染风险加大等。

3. 取得的重要成果

在研究过程中，着重提出了建设海洋强国，首先要建成海洋工程科技强国。应着眼于国家未来长期目标，制定国家海洋工程科技发展规划，落实重点发展任务，提升我国海洋工程科技整体水平。

研究提出：①要加强工程科技的基本能力建设与发展。通过多部门的协调联动，多层次的军民融合，多渠道的资源投入，多功能的平台建设，全面提升海洋工程科技的创新能力，海洋关键装备的制造能力，海洋生态环境的管控能力，海洋战略资源的开发能力以及海洋正当权益的维护能力。②要加强海洋战略资源的勘探开发技术创新。包括加强海洋油气资源、渔业资源、矿石资源、基因资源、信息资源、空间资源等海洋传感器技术，海洋水下接驳与组网技术，海洋信息服务系统，以及海洋通用技术、共性技术和海洋信息技术等。③要加强海洋工程装备关键元器件的系统配套。包括绿色船舶设计、建造、运营、拆解技术，深海工程装备以及配套设备关键技术，设立海洋传感器等关键元器件研发专项等。④重点开展海上油田整体加密调整技术、海上稠油热采技术研究，加快致密气开发技术和装备、深水油气勘探技术及装备、深远海应急救援后勤补给保障技术等，重点开展海洋波浪能、潮流能的技术产业化，探索温差能、盐差能等的利用模式和示范以及建立渤海国家级油气能源基地等。⑤要加快极地海洋生物资源开发，建立安全、节能、高效的深远海渔船与装备工程技术体系。包括南极磷虾产业规模化开发工程技术与装备，极地渔业开发与装备现代化，极地生物基因资源开发利用技术与装备等。⑥优化河口三角洲地区经济发展模式，由先污染后治理转变为清洁生产，实施陆海衔接的污染控制，严守环境质量底线，建立国家生态环境监测网络，加强跨区域监测系统建设，建设河口三角洲生态系统修复、生态灾害防治与应急、生物资源养护等方面的生态环境保护工程。⑦通过“21 世纪海上丝绸之路”建设，以海洋为载体，加强沿海各国的经济、贸易、文化方面的联系，建立命运共同体、责任共同体。重点加强与沿线各国的产业合作，构建和谐开放的经济合作带，建立专项基金实施“海上丝绸之路文明复兴计划”，加快进行北极航线开发利用的准备以及设立印度洋海洋科技合作专项等。

（二）各领域提出的发展战略和建议

1. “海洋观测与信息技术”课题领域

（1）发展思路。海洋观测与信息技术以服务于捍卫国家海洋安全、开发海洋资源、建设海洋生态文明、推动海洋科学进步为主线，坚持以国家需求和科学前沿目标带动技术，大力发展具有自主知识产权的海洋观测技术与装备，构建全球海洋观测系统和网络，提高基础海洋环境要素的观测能力和海洋灾害的预警预报能力，获取长期、高分辨率的水下原位数据，提供高质量的海洋观测及环境预警预报产品服务，为向更深更远的海洋进军打下基础，拓展我国的战略生存发展空间。

（2）发展目标。力争通过 20 年的努力，突破全海深的声、光、电、磁、生态、化学、物理海洋和军事海洋等海洋水下观测传感器核心技术，观测使用传感器的国产化率达 80%以上；建成近海灾害预警系统、二岛链以内重点监视区域目标信息处理系统；在全国范围形成若干个国家级的海洋水下观测技术研发平台与产业化基地；建立健全一批海洋水下观测技术研发规程、检测标准、人才激励机制、企业准入法规等相关的政策或法规；建立专业化、市场化的服务型人才队伍，满足国内市场需求，实现国际市场的突破。通过分阶段、分步骤的实施，使我国海洋水下观测技术水平总体达到国际先进水平，部分核心技术达到领先水平，为构建自主的水下观测体系提供技术支撑。

（3）重点任务。

· 海洋传感器技术

加强海洋水下探测传感器技术研发，重点突破地球物理、生态化学、物理海洋和军事海洋等通用传感器的核心技术，适用于各类水下观测平台。

·海洋水下接驳与组网技术

开展观测网铺设及维护技术研发与工程应用，大力发展海洋水下观测组网通用技术，组建服务型海洋水下接驳与组网技术的研发、检测、试验与应用的平台、基地和创新技术团队。

·海洋信息服务系统

建立完备的水下信息传输、处理、分析、应用体系，能够将水下观测信息近实时地融合到现有的业务系统，使得现有系统的信息更加全面，准确，基本满足捍卫国家海洋安全、维护海洋权益、海洋防灾减灾和科学研究需求。

·共性技术

主要包括海洋通用技术和海洋信息技术。大力开展适用于水下观测网相关仪器和装备的材料、能源、通信、导航定位、安全保障等相关支撑技术及配套制造工艺，重点发展水下观测网建设的基础材料和基础部件、水下观测系统的能源供给和能源管理技术与装备、长期定点布放的深海剖面观测浮标和海床基观测仪器舱、水下移动观测平台的导航定位技术、水下数据通信和 Web 有线/无线网络技术、多功能水下观测机器人、深海底作业远程遥控工程作业机器人等。大力发展实时传输与控制、分布式并行处理、信息提取、多源数据融合、智能化辅助决策等海洋信息技术。

（4）重大专项建议——海洋传感器技术专项。开展国家海洋传感器发展的顶层设计和发展规划，制定出从关键技术到产业化的发展路线图，指出不同阶段的发展方向和重点，将海洋传感器发展列入“十三五”规划，把对海洋传感器的发展作为建设海洋强国的支撑体系提升至国家战略层面。重点支持国外对我国禁运而我国又有迫切需求的传感器关键技术，鼓励采用新思想、探索新原理、研制新材料、开发新工艺、实现新突破，力争在两个五年规划内打破国内亟须海洋传感器的国外技术垄断；制定长期稳定的海洋传感器产业倾斜政策，扶持、培育、孵化一批中小型高技术企业，重点支持研究基础好、应用需求大、具备业务化应用潜力，经过努力有望替代进口、实现产业化的传感器技术；鼓励通过资本运作做大做强，站稳国内市场，开拓国际市场。

2.“绿色船舶技术”课题领域

（1）发展思路。以满足我国经济和社会发展重大需求和国际市场对船舶绿色环保要求为总体目标，抓住新一轮科技革命孕育兴起的发展契机，立足当前，着眼未来，加快绿色船舶技术创新，着力突破绿色船舶设计、建造、营运、拆解以及配套设备关键技术，提升国际市场竞争力，推动我国船舶工业转型升级，助力造船强国和海洋强国战略目标实现。开展配套产业的整体规划，围绕自主设计、自主配套、自主建造和自主服务需要，以突破关键技术、核心产品的国产化和系统集成为主线，整合产业链优势资源，提升产品的研发能力、配套能力和技术体系的智能化水平，促进产业的协同发展。紧密围绕船舶动力系统发展的具体要求，以提升我国船用低速柴油机产业整体国际竞争力为目标，以产业结构调整和优化升级为主线，以新机型和智能机型研发及配套为重点，坚持技术引进与自主研发相结合的发展模式，为我国船用柴油机产业做大做强提供有力支撑。

（2）发展目标。至2025年，绿色船舶整体技术水平达到世界先进水平，其中绿色船舶设计、建造、营运技术达到国际先进水平，绿色拆船技术达到国际领先水平。绿色船舶自主创新能力显著增强，总装及配套企业基本建立绿色化、智能化的制造模式，初步实现基于信息化的研发、设计、制造、管理、服务的一体化并行协同；形成若干具有国际领先水平的品牌船型、标准船型及系列船型，技术引领能力大幅提升；突破配套设备绿色化、智能化关键技术，重点产品质量和技术水平跻身世界先进水平行列；形成完善的船用柴油机设计、建造、设备供应、技术服务产业体系和标准规范体系，拥有五家以上国际知名制造企业，高技术船舶和绿色船舶动力系统自主配套率达到80％。

（3）重点任务。

• 绿色船舶设计技术

设计全过程数字化，数字化设计工具研发的重点由过去服务于详细设计和生产设计，逐步向概念设计和初步设计转移，实现产品从市场需求开始直至产品报废的全生命周期各个环节数字化。全面应用基于人-机工程的虚拟设计，帮助设计人员在详细设计阶段，测试和验证各种设备使之便于操作和维修，各种工作空间满足要求。深化并行协同设计技术，加强面向制造的设计技术的应用，优化与制造相关的设计流程，在设计过程中就考虑制造因素，加强系统集成和业务过程协同，打通设计所和船厂之间的数据传递，消除信息孤岛，逐步实现设计制造一体化，降低研制成本和缩短周期。构建综合集成设计平台，全面考虑CAD、CAE、CAM以及维修等信息系统的需求，在基于共同产品数据模型的基础上，实现产品全寿命期不同阶段信息系统集成。

• 绿色船舶建造技术

采用先进制造工艺与装备，包括绿色加工技术（无冷却液干式切削、数控等离子水下切割工艺及装备、激光切割工艺及装备、分段无余量制造技术）、绿色焊接技术（节能焊接电源、高效焊接工艺及装备、高效环保焊接材料）、绿色涂装技术（绿色涂装工艺、环保节能涂装设备）等。建立船舶绿色管理技术系统，包括精益生产技术、成本管理技术、采用清洁燃气、改造管理体制、实施绿色采购、强化安全生产管理等。大力发展智能制造技术，以智能制造装备为基础，通过加快物联网、大数据、云计算等技术在船舶领域的深化应用，针对切割、焊接、部件制作、分段建造、物流等生产制造环节以及相应管理环节，发展智能制造技术，降低运营成本、提高生产效率、提升产品质量、降低资源能源消耗。

·绿色船舶运营技术

船型优化节能减排技术，包括低阻船体主尺度与线型设计技术、船体上层建筑空气阻力优化技术、船舶航行纵倾优化技术、降低空船重量的结构优化设计技术、少/无压载水船舶开发、船底空气润滑减阻技术等。动力系统节能减排技术，包括低油耗发动机技术、双燃料发动机技术、气体发动机技术、风能/太阳能助推技术、燃料电池应用技术、核能推进技术、氮氧化物/硫氧化物减排技术、高效螺旋桨优化设计技术等。配套设备节能减排技术，包括高效发电机、低功耗/安静型叶片泵与容积泵、高效低噪风机/空调与冷冻系统、余热余能回收利用装置、新型节能与清洁舱室设备、高效无污染压载水处理系统、新型高性能降阻涂料、船用垃圾与废水清洁处理等系统和设备研制技术。减振降噪与舒适性技术，包括设备隔振技术、高性能船用声学材料研发、建造声学工艺与舾装管理技术、声振主动控制技术、舱室舒适性设计技术、结构声学设计技术、螺旋桨噪声控制技术等。船舶智能航行技术，包括天气预警技术、航线优化技术、主机监控优化技术、电力管理技术、远程维护技术和船舶岸电技术等。

·绿色船舶拆解技术

大力发展“完全坞内拆解法”、“干、浮式绿色拆解法”等先进拆解技术，废水、废油等有害物质无害化处理技术等，在拆解工艺、综合利用、废物无害化处理等诸多方面，依靠科技进步，不断提高资源利用率和环境友好率。

3. “海洋能源工程”课题领域

（1）发展思路。以国家海洋大开发战略为引领，以国家能源需求为目标，大力发展海洋能源工程核心技术和重大装备，加大近海油气田区域开发，稳步推进中深水勘探开发进程，探索天然气水合物、海洋能等新能源的开发利用，保障国家的能源安全和海洋权益，为走向世界深水大洋做好技术储备。

（2）发展目标。实现由 300～3 000 m、由南海北部向南海中南部、由国内向海外的实质跨越，2020 年部分深水工程技术和装备跻身世界先进行列，2030 年部分深水工程技术和装备达到世界领先水平；建设渤海综合型能源供给基地、南海气田群、油田群示范工程和绿色能源示范基地，助力南海大庆和海外大庆（各 5 000 万 t 油气当量）。

（3）重点任务。围绕海洋能源开发与迫切需求，从国家层面围绕海洋能源工程重点领域开展重大装备与示范工程一体化科技攻关策略，实现产、学、研、用一体化科技创新思路和科技成果转化机制，带动海洋能源工程上、下游产业发展。

·发展海洋能源关键技术

包括近海油气高效开发技术，重点开展海上油田整体加密调整技术、多枝导适度出砂技术、海上油田化学驱油技术、海上稠油热采技术研究，加快致密气开发技术和装备的研发力度；深水油气勘探技术，重点开展深水被动大陆边缘油气成藏理论、深水高精度地震采集技术和装备、处理解释技术、深水大型隐蔽油气藏识别技术、深水少井/无井储层及油气预测技术等核心技术攻关；深水油气开发工程技术，重点开展深水环境荷载和风险评估、深水钻完井及高温高压工程技术、深水平台及系泊技术、水下生产设施国产化、深水流动安全保障技术、深水海底管道和立管、深水施工安装及施工等技术研究；海上应急救援技术，重点开展深远海应急救援总体技术方案、井喷失控水下井口封堵技术及装备系统、深远海应急救援后勤补给保障技术等应急救援技术和装备研究；海洋能开发利用技术探索，重点开展海洋波浪能、潮流能的技术产业化、探索温差能、盐差能等的利用模式和示范。

·建设海洋能源重大工程

包括①渤海国家级油气能源基地：针对渤海丰富的稠油资源储量，勘探开发相对成熟，可将其建成国家重要能源基地，在 2015 年实现 3 500 万 t 油气当量年产规模，并且在 2020—2030 年力争稳产 4 000 万 t 油气当量年产规模；②东海国家天然气稳定供应基地：东海油气开发区天然气资源丰富，勘探开发程度低，潜力较大，且气田开发不同于油田开发，需要构建产销一体的供气管网以及稳定的下游销售，因此东海油气区的开发战略应着眼整体布局、上下游双向调节，同时还要紧密结合国家战略需求可将其建成国家天然气稳定供应基地；③南海北部深水油气开发示范区：以荔湾 3-1 气田群、陵水气田群/流花油田群为依托建成南海北部气田群和油田群，建立深水工程技术、装备示范基地，为南海中南部深水开发提供保障；④深水工程作业船队和应急救援装备、作业体系：以海洋石油勘探、开发、工程、应急救援需求为主线，建立地球物理勘探、工程地质勘察、海上钻井和工程实施装备体系，为深水油气田自主开发提供基础和保障；⑤南海波浪能与温差能联合开发示范基地：调研我国南海温差能和波浪能资源分布的情况和海洋环境，选择离岸距离小于 2 km、水深大于 800 m 的海域作为开发场址，根据实地环境的特点和应用需求，进行南海波浪能和温差能开发技术研究和测试示范。

4. “极地海洋生物资源开发工程”课题领域

（1）发展思路。以实现南极磷虾规模化商业开发为目标，采取政府引导规划、科研支撑、市场运作的模式，通过国家有力的财政支持，鼓励和扶持有条件的远洋渔业公司积极进军南极磷虾产业，采取引进、消化、吸收、再创新的技术发展路线，加快提升获取大宗极地生物资源的能力，加快培育领军企业，培育形成新的产业链。围绕极地渔业可持续开发利用的基本要求，通过政府引导、产业跟进，首先推动已经开放的南极渔业准入，同时通过科学探索调查、积极参与国际合作研究等方式，探索新渔场和新渔业。贯彻掌控极地生物基因资源、形成知识产权、开发特色产品的三位一体的发展思路，建立资源独特、相对集中、形成规模、来源多样的极地生物菌种资源库及其信息技术平台，开发具有极地生物基因资源特色、拥有自主知识产权和良好应用前景的功能基因、活性产物及其功能产品。

（2）发展目标。跻身南极磷虾渔业强国，打造南极磷虾新兴产业，获得优质的蛋白资源保障我国食物安全，争取和维护我国南极海洋开发战略权益。针对我国海洋渔业产业向深远海发展的迫切需求，围绕极地等深远海渔业装备与工程的重大科学技术问题，加速远洋渔业装备自主创新能力建设，整体提升远洋渔业装备与工程领域的研究水平。通过研发专业化远洋渔船及高效捕捞与船载加工装备，实现深远海大型专业化渔船及系统装备的国产化，为极地渔业产业实现专业化高效生产提供装备支持，以提高我国高效利用极地等深远海渔业资源的能力，促进海洋渔业向深远海拓展，提升我国远洋渔业的国际竞争力。通过大力发展极地生物基因资源利用工程与科技，提高我国极地生物基因资源储备及其利用水平，形成规模化极地生物资源利用产业，提升国际影响力。

（3）重点任务。

· 南极磷虾产业规模化开发工程

实现我国南极磷虾捕捞业现代化工程的综合升级改造，引领南极磷虾捕捞业现代化工程发展方向，保障我国极地海洋生物资源开发工程发展战略目标的实现，确立我国南极磷虾资源开发利用的国家权益。突破优质南极磷虾粉的规模化生产技术与装备的开发这一关键环节，实现南极磷虾油的规模化、产业化运行，进一步开发南极磷虾功能脂质、功能蛋白等系列高值化保健食品与医药制品，提升产业整体效益。建设优质高效安全环保型南极磷虾饲料产业，开发多元化的饲料产品系列，保障我国畜牧水产养殖业的可持续发展。加大我国南极磷虾产业系列标准的制定工作，保障我国南极磷虾产业的稳定可持续发展。

· 极地生物基因资源开发利用

实施极地生物基因资源的可持续利用战略，推进极地生物基因资源利用工程与科技发展。从战略角度提升现有的保藏中心向国家极地生物基因资源中心的转变，扩大微生物资源的多样性，改进培养技术，加强保藏菌种的功能评价与资源潜力挖掘。构建极地生物基因资源物种、基因和产物三个层次的多样性和新颖性研究体系，建立极地生物基因资源研究与利用的创新研究与技术平台，提高极地生物基因资源的储备和保藏能力与信息化水平，大力发展基于极地物种、基因和产物资源的生物制品、生物医药、生物材料技术，形成规模化极地生物资源利用产业，为国家极地战略利益和外交政策服务。同时，加强极地生态系统研究，提高极地生态系统管理能力和水平，保护极地自然环境与生物多样性。

· 极地渔业开发与装备现代化

围绕建立安全、节能、高效的深远海渔船与装备工程技术体系，通过技术创新与系统集成，利用现代工业自动化控制、船舶数字化设计与建造、海洋高效生态捕捞技术，突破制约我国海洋捕捞向深远海发展的关键技术与核心装备，实现极地等深远海渔业资源高效开发与综合利用，推进海洋强国战略的有效实施。

（4）重大专项建议——南极磷虾资源规模化开发与产业发展。通过全链条一体化部署，围绕制约我国南极磷虾资源开发利用的主要“瓶颈”问题开展研究，提升我国对磷虾资源的认识水平及其资源开发的装备技术水平和核心竞争力，推动磷虾产业链的快速形成与规模化发展，为确立我国南极磷虾资源开发利用大国地位和强国地位提供有效技术支撑。围绕制约我国南极磷虾资源规模化开发的主要“瓶颈”问题，进行全链条一体化设计，重点安排产前磷虾资源产出过程与机理研究、渔场探测与渔业生产保障服务技术研究和专业磷虾船的设计建造关键技术研发，产中捕捞与加工技术装备研发，产后产品与质量安全体系研发等任务。

5.“重要河口与三角洲生态环境保护”课题领域

（1）发展思路。坚持以生态文明建设为指导，以河口环境承载能力为基础，以环境“质量不降级、生态反退化”为基本要求，建立以环境质量为核心的治理体系，开展陆海统筹的环境保护，重点进行流域污染减排、生态风险防控、河口生态保护，推动流域环境和河口环境保护协同、河口污染防治与生态保护协同、多污染物控制协同，创新体制机制，构建以入海河流干支流为经脉、以山水林田湖为有机整体，近海水质优良、生态流量充足、生物种类多样的生态安全格局，促进河口生态环境保护与沿海及流域经济社会发展的协调统一，打造山顶到海洋的绿色生态廊道，为全面建成小康社会提供环境保障基础。同时坚持陆海统筹，系统治理，保护优先，遏制降级，分类管理，质量控制，问题导向，科学决策的原则开展我国的河口三角洲区域的环境保护和生态修复工作。

(2) 发展目标。优化河口三角洲地区经济发展模式，由先污染后治理转变为清洁生产；实施陆海衔接的污染控制，严守环境质量底线；从侧重传统污染物控制向新型污染物风险防范拓展；加强入海河流环境综合整治工程的开展和河口海岸带生态环境空间管控，构建近岸海域生态安全空间格局；正确引导海岸带开发利用活动，加强陆海生态过渡带建设，合理利用岸线资源；统筹和控制陆海风险，加强沿江沿海工业企业环境风险防范，严格危险化学品的风险防控，重视海上溢油及危险化学品泄漏环境风险防范；构建陆海统筹的生态环境监测网络，建立国家生态环境监测网络，加强跨区域监测系统建设，完善监测网络运行管理机制，实现信息网络互联互通。与此同时，建立陆海统筹的环境保护、资源环境承载能力监测预警、陆海关联的生态补偿等机制，以及陆海统筹数据共享综合诊断决策支持知识库和适合于中国海洋环境特点的基准标准体系。在此基础上，建设河口三角洲生态系统修复、生态灾害防治与应急、生物资源养护等方面的生态环境保护工程。

(3) 重点任务。

• 长江口三角洲突出解决入海泥沙量剧减、滩涂与湿地资源丧失、布局性环境风险突出等区域环境问题。以可持续发展为指导，坚持问题导向、底线约束和陆海统筹为主要手段进行源头管控，达到陆海统筹的流域营养物控制、水沙优化调控、河口生态保护与修复的目的。有针对性地对其实施流域水资源优化配置、长江泥沙资源优化配置、河口区湿地保护与修复等重点工程。同时落实生态环境保护的政策，如建立城市沉降防治保护机制，注重保护河口区湿地生态环境，建立健全水污染应急预警防控机制等。

• 珠江口三角洲突出解决水环境污染严重、水生生物资源严重衰退、滩涂开发工程和珠江流域大规模的河道疏浚带来的生态环境问题。统筹兼顾，整体协调，制定与实施珠江河口生态环境保护规划，开展珠江河口水生生物监测和水生态基础研究工作，建立珠江河口生态调查和生物监测信息网络；实施"绿色珠江"长期系统工程，重点实施九大绿色重点工程，建立完善有利于绿色珠江建设的六大机制，打造三类流域水生态文明建设典范，加快推进"维护河流健康，建设绿色珠江"的进程。

• 黄河三角洲突出解决土壤盐碱化、河口淤积和海岸蚀退、水污染严重等环境问题。黄河口生态环境保护以生态文明理念为引领，以资源环境承载能力为基础，陆海统筹，达到水清、农田无盐碱化和减缓黄河三角洲淤积的战略目标，划定红线，加强污染治理，切实保障生态流量，优化入海水沙输运格局，改良盐碱地和土壤质地。

6. "21 世纪海上丝绸之路建设"课题领域

(1) 发展思路。通过"21 世纪海上丝绸之路"建设，以海洋为载体，以畅通和完善跨国综合交通通道为基础，以沿线国家中心城市为发展节点，以区域内商品、服务、资本、人员自由流动为发展动力，以区域内各国政府协调制度安排为发展手段，以一系列双边、多边合作机制为载体的综合性政策平台，建立亚欧非全方位、多层次、复合型的互联互通网络，加强沿海各国的经济、贸易、文化方面的联系，建立命运共同体、责任共同体。"21 世纪海上丝绸之路"主要包括两个方向：重点方向是从中国沿海港口过南海到印度洋，延伸至欧洲；从中国沿海港口过南海到南太平洋。

(2) 发展目标。在加强经贸合作方面，加强海关、检验检疫、认证认可、标准计量等方面的合作和政策交流，降低关税和非关税壁垒，提高贸易便利化水平。推动沿线各国之间产业分工，促进沿线各国共同形成新的产业分工体系。在提升经济治理能力方面，提升新兴市场国家在国际金融组织中的治理能力，维护广大发展中国家的权益，大力支持新兴国家在国际经济治理中的作用，提高广大发展中国家在多边经济治理中的影响力，为基础设施投资提供新的融资渠道。在加强战略支点建设方面，在关键水道附近区域形成一定规模的经济聚集、人员聚集和有效经营的港口，具备较强的生存能力、保障能力和服务能力。在加快开发利用北极航线方面，积极参与北极航线沿线国家的双边合作，发挥好各类国际组织平台的作用，做好相关科学技术、产业开发、人才准备和机制建设，加快北极航线开发利用进程。

（3）重点任务。

·加强与沿线各国的产业合作

加强与沿线相关国家和地区交通建设规划、技术标准体系的对接，改善口岸基础设施条件，促进国际通关、换装、多式联运有机衔接。进一步突出比较优势产业合作，推动比较优势互补的产品贸易、产品差异化的产业内贸易以及产业投资。深化海洋经济合作；加快推进沿线国家能源一体化进程，保障油气海上通道安全。

·构建和谐开放的经济合作带

促进我国与沿线国家产品和要素自由流动，深入推进双边、多边自贸区建设，在协商降低关税的基础上，重点加快非关税壁垒的取消、技术标准的对接，逐步形成立足周边、面向全球的高标准自贸区网络。优化贸易结构，在提升货物贸易档次的同时，大力发展服务贸易。共同建立区域性的金融风险防范机制。建立货币与汇率协调机制，扩大沿线国家人民币的跨境使用。积极推进亚洲基础设施投资银行的建设。

·实施“海上丝绸之路文明复兴计划”

以我国为主建立专项基金，对沿线战略支点地区教育、科技和文化发展与保护提供资金支持。重点支持的范围可包括：基础教育设施建设与管理，职业教育，农业、水产、林业、水利、疾病防治基础研究的支持，文化（包括文物古迹和非物质文化）保护，人员交流。

·推动地方层次和行业层次建立友好合作关系

推进地方政府间的交流合作，借鉴国内对口援建的经验，建立海上丝绸之路友好城市。以艺术、文化交流为主题，发起“海上丝绸之路博览会”。鼓励企业在投资所在地开展教育、文化和慈善活动。鼓励群众团体、行会商会发挥纽带作用，建立全方位的友好合作关系。

·做好北极航线开发利用的准备

通过北极理事会加强与北极国家的政策交流，做好相关国际法问题的研究。加强与挪威、冰岛、俄罗斯等国在港口、海洋科学研究、船舶建造、能源开发、气候变化研究等方面的合作。提升极地船舶的制造技术，开展极地航行船员的专门培训，加强航道信息、航行资料的积累。针对北极航行风险设立基金保障机制。

（4）重大专项建议——印度洋海洋科技合作专项。以加强在北印度洋的存在和影响为目标，有针对性地开展科技合作，以有限的投入发挥最大化的作用。与印度尼西亚、泰国、马来西亚等国合作，以印度洋地震海啸为主题开展研究，建设地震海啸监测预警系统，沿明打威群岛一线，逐步建成水下、水面、空天一体的立体观测系统。与孟加拉、缅甸、印度等国合作，对孟加拉湾飓风开展科学研究，以提高飓风预警预报准确性为主要目标，建设海上-空中观测预报系统。与马尔代夫、塞舌尔等国合作，以应对全球气候变化为主题，对热带珊瑚岛礁环境保护、人工岛建设、可再生能源利用、海水淡化等方面的科技问题进行研究。通过定向科技支持提高沿线国家抵御自然灾害、改善生态环境的能力，密切与沿线国家的联系。

7. 专题："南极磷虾渔业船舶与装备现代化"

本专题以实现我国南极磷虾远洋渔业发展的战略目标为宗旨，梳理国内外南极磷虾捕捞加工船和极地渔业资源综合调查船的发展现状和趋势，分析我国与国际先进技术之间的差距，找出制约我国发展的主要问题，制定我国在南极磷虾捕捞加工船和极地渔业资源综合调查船方面的发展战略和发展路线。

本专题从捕捞方式和能力、加工技术和产品种类、主要尺度范围、续航力和航速、极地冰区的选择和特殊要求、甲板机械的防冻除冰以及动力推进系统等方面进行技术论证分析，结合目前正在进行的"龙发"号南极磷虾捕捞加工船专业化改造的实际经验，最终形成了一艘 9 000 t 级的南极磷虾专业捕捞加工船和一艘 5 000 t 级的极地渔业资源综合调查船总体设计的初步概念图像。

南极磷虾专业捕捞加工船是在南极海域进行拖网捕捞作业和虾品加工并冷冻的专业捕捞加工渔船，主要在南极 48 区海域捕捞南极磷虾。本船总长约 120 m，船宽约 20 m，约 9 000 总吨，采用双机单可调桨带 PTO 轴带发电机方式的动力推进系统，自由航速约 13.5 节，拖网航速 2.5～3 kn，续航力约 13 000 n mile，满足极地航区的要求，具有在冰区海域航行的能力。本船采用连续性捕捞方式进行作业，由吸虾泵将网囊内捕获的南极磷虾引入加工生产线，专门用于生产冻虾及虾粉等磷虾产品，原料虾的加工能力达到 500 t/d。

极地渔业资源综合调查船总长约 90 m，约 5 000 总吨，续航力 15 000 n mile，自持力 90 d，满足极地航区的要求，具有全球航行能力。通过优化船型设计，采用国际先进的电力推进系统，可 0～16 kn 的无级变速，并具有 DP1 级标准的动力定位功能。采用先进的减振降噪措施，具有良好的"声寂静性"，满足现代海洋探测和声学探测要求。极地渔业资源综合调查船装备了国际先进的作业渔具、定点和走航式海洋环境参数探测系统、声学探测系统，可进行空中、海面、水体和海底的综合探测。

四、结语

在实施国家海洋发展战略、建设海洋强国中，海洋工程科技将发挥极其重要的作用。着眼于国家未来长期目标，制定国家海洋工程科技发展规划，落实重点发展任务，提升我国海洋工程科技整体水平，是"十三五"期间的一项重要工作。根据本项目的研究，我们建议：

（一）加强工程科技的基本能力建设

通过多部门的协调联动，多层次的军民融合，多渠道的资源投入，多功能的平台建设，全面提升海洋工程科技的创新能力，海洋关键装备的制造能力，海洋生态环境的管控能力，海洋战略资源的开发能力，海洋正当权益的维护能力。在"十三五"期间，国家应当加强海洋科技发展计划的系统性和整体性，保证足够的投入，在科学认知、技术突破、产业推进、平台建设等各个层面上全面部署，持续推进。同时，重视国家海洋"软实力"的建设，加强与海上丝绸之路沿线国家的科技、文化、教育、经济等各方面合作，拓展我国海洋战略的辐射空间。

（二）加强海洋战略资源的勘探开发

随着全球资源紧缺的加剧和海洋资源开发能力的提升，海洋战略资源的管控和争夺必然愈益激烈。海洋油气资源、渔业资源、矿石资源、基因资源、信息资源、空间资源都是争夺的对象。目前，我国应当加强深海油气和水合天然气资源的勘探和开发，建立极地渔业（主要是南极磷虾）开发产业链，深入挖掘海洋特有基因资源以形成知识产权，重视大洋海底矿石资源开发的早期投入。

（三）加强海洋工程装备关键元器件的系统配套

近年来，我国海洋工程装备的水平已经进入世界强国行列，可是在关键元器件的配套上与国外的差距很大，严重制约了工程装备竞争力的提升。例如作为感知海洋的“五官”，海洋传感器处于认知海洋和经略海洋的最前端，但是我国的海洋传感器市场基本被国外产品所垄断和控制，大约 90%的海洋传感器为国外进口产品，一旦国外对我国实行全面的封锁和禁运，后果则不堪设想。因此，国家对于海洋传感器等关键元器件，应当制定政策和措施，设立发展专项，加大材料、工艺等共性和基础问题的研发投入，并给予长期稳定的支持。

五、结题验收情况

2016 年 4 月 7 日，根据中国工程院重大咨询项目“中国海洋工程与科技发展战略研究（Ⅱ期）——促进海洋强国建设重点工程发展战略研究”的总体计划，项目组在杭州市召开了结题验收会议。

项目组长、中国工程院原常务副院长潘云鹤主持，中国工程院副院长刘旭到会并作了重要讲话。中国工程院一局、二局有关领导，项目组长唐启升和各课题的院士、专家代表和项目办公室工作人员等共 40 余人参加了会议。

会议邀请了国家气象局秦大河院士、国家海洋局第二海洋研究所李家彪院士、浙江大学杨树锋院士、哈尔滨工程大学杨德森院士、中国地震局地球物理研究所陈运泰院士、中国造船工程学会陈映秋总工程师等 9 名院士、专家作为本项目的验收专家委员会。

验收委员会认为，项目组圆满完成了任务书规定的各项任务，一致同意通过验收。

主要海洋产业分类与归并[①]

唐启升，张元兴

根据国家海洋局《中国海洋经济统计公报》，2012 年全国海洋生产总值为 50 087 亿元，占国内生产总值的 9.6%。其中：海洋产业增加值为 29 397 亿元，占海洋生产总值的 58.7%；海洋相关产业增加值为 20 690 亿元，占海洋生产总值的 41.3%。

《公报》根据两大领域、两大部类分类法[②]，按生产活动的性质及其产品将海洋产业分为两类：主要海洋产业（物质资料生产），其增加值为 20 575 亿元，占海洋产业增加值的 70.0%，占海洋生产总值的 41.1%；海洋科研教育管理服务业（非物质资料生产），其增加值为 8 822 亿元，占海洋产业增加值的 30.0%，占海洋生产总值的 17.6%。

按国标名词解释[③]，主要海洋产业包括海洋渔业、海洋油气业、海洋矿业、海洋盐业、海洋化工业、海洋生物医药业、海洋电力业、海水利用业、海洋船舶工业、海洋工程建筑业、海洋交通运输业、滨海旅游业等 12 个产业类别（各类别的解释详见国标）。按 2012 年产值计，滨海旅游业、海洋交通运输业、海洋渔业、海洋油气业、海洋船舶工业和海洋工程建筑业等 6 个产业规模较大，其增加值占主要海洋产业增加值的 94.3%；而海洋化工业、海洋生物医药业、海洋盐业、海洋电力业、海洋矿业、海水利用业等 6 个产业规模相对较小，其增加值仅占主要海洋产业增加值的 5.7%。若在两大领域、两大部类分类法的基础上，按资源利用、装备制造和物流服务等生产特性，可将主要海洋产业的 12 个类别归并为海洋生物、海洋能源及矿业、海水综合利用、海洋装备制造与工程、海洋物流、海洋旅游六大产业。这种少而精的归并划分，便于陆海统筹，也有利于培育海洋战略性新兴产业，推动现代海洋产业发展。

12 个类别归并后的六大产业构成[④]如下：

海洋生物产业：增加值占主要海洋产业增加值的 18.6%，由海洋渔业和海洋生物医药业两个类别组成。海洋渔业，以海洋生物为生产对象，包括海水养殖、海洋捕捞和水产品加工流通等活动，其增加值占主要海洋产业增加值的 17.8%；海洋生物医药业，指以海洋生物为原料或提取有效成分，进行海洋药品与海洋保健品的生产加工及制造活动，其增加值占主要海洋产业增加值的 0.8%，是新兴的海洋生物产业。

海洋能源及矿业产业：增加值占主要海洋产业增加值的 8.2%，由海洋油气业、海洋可再生能源业（海洋电力业）和海洋矿业三个类别组成。海洋油气业，指在海洋中勘探、开采、输送、加工原油和天然气的生产活动，其增加值占主要海洋产业增加值的 7.6%；海洋

① 本文原刊于《中国海洋工程与科技发展战略研究：综合研究卷》，107－109，海洋出版社，2014。

② 百度网：产业结构 百度百科/产业分类。

③ 《海洋及相关产业分类》（GB/T 20794—2006）。

④ 基本数据采自《2012 年中国海洋经济统计公报》。

可再生能源业，指在沿海地区利用海洋能、海洋风能进行的电力生产活动，其增加值占主要海洋产业增加值的2.3%；海洋矿业，指海滨砂矿、海滨土砂石、海滨地热、煤矿开采和深海采矿等采选活动，其增加值占主要海洋产业增加值的0.3%。

海水综合利用产业：增加值占主要海洋产业增加值的4.3%，由海洋化工业、海洋盐业和海水利用业3个类别组成。海洋化工业，指海盐、海水、海藻及海洋石油等化工产品生产活动，其增加值占主要海洋产业增加值的3.8%；海洋盐业，指利用海水生产以氯化钠为主要成分的盐产品的活动，其增加值占主要海洋产业增加值的0.4%；海水利用业，指对海水的直接利用和海水淡化活动，其增加值占主要海洋产业增加值的0.1%。

海洋装备制造与工程产业：增加值占主要海洋产业增加值的11.7%，目前由海洋船舶工业和海洋工程建筑业两个类别组成。海洋船舶工业，指以金属或非金属为主要材料，制造海洋船舶、海上固定及浮动装置的活动，以及对海洋船舶的修理及拆卸活动，其增加值占主要海洋产业增加值的6.5%；海洋工程建筑业，指在海上、海底和海岸所进行的用于海洋生产、交通、娱乐、防护等用途的建筑工程施工及其准备活动，其增加值占主要海洋产业增加值的5.2%。与陆地相比，海洋工程建筑业更多体现工程特性，而深远海高端海洋工程装备制造又是该产业中颇具潜力的新兴产业发展方向。

海洋物流产业：增加值占主要海洋产业增加值的23.3%。主要包括海洋交通运输业和港口物流服务业，是指以船舶为主要工具从事海洋运输以及为海洋运输提供服务的活动，包括远洋旅客运输、沿海旅客运输、远洋货物运输、沿海货物运输、水上运输辅助活动、管道运输业、装卸搬运及其他运输服务活动。近年随着新型港口建设，现代物流服务业发展较快。

海洋旅游产业：增加值占主要海洋产业增加值的33.9%。主要指滨海旅游业，包括以海岸带、海岛及海洋各种自然景观、人文景观为依托的旅游经营、服务活动。与发达国家海洋旅游业相比，我国海上观光游览、休闲游钓等活动目前较少。

按六大产业和12个产业类别划分的2012年我国主要海洋产业增加值构成对比如下图。若按生产特性划分，三大类产业增加值占主要海洋产业增加值的比例分别为资源利用31.1%、装备制造11.7%、物流服务57.2%；若按生产活动发展顺序划分，三次产业增加值占主要海洋产业增加值比例分别为第一产业17.8%，第二产业25.0%，第三产业57.2%。两者第三部分相同，而第一部分和第二部分因分类内涵不同而产生差异。

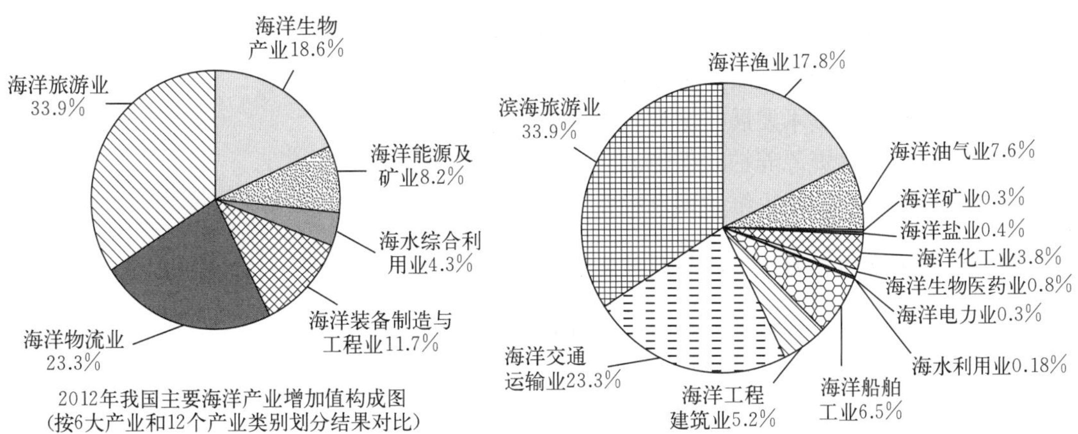

2012年我国主要海洋产业增加值构成图
(按6大产业和12个产业类别划分结果对比)

中国海洋工程与科技发展战略研究：海洋生物资源卷[①]（摘要）

唐启升　主编

内容简介：中国工程院“中国海洋工程与科技发展战略研究”重大咨询项目研究成果形成了海洋工程与科技发展战略系列研究丛书，包括综合研究卷、海洋探测与装备卷、海洋运载卷、海洋能源卷、海洋生物资源卷、海洋环境与生态卷和海陆关联卷，共七卷。本书是海洋生物资源卷，分为两部分：第一部分是海洋生物资源工程与科技领域的综合研究成果，包括国家战略需求、国内发展现状、国际发展趋势和经验、主要差距和问题、发展战略和任务、保障措施和政策建议、推进发展的重大建议等；第二部分是海洋生物资源工程与科技 4 个专业领域的发展战略和对策建议研究，包括近海生物资源养护与远洋渔业资源工程技术、海水养殖工程技术与装备、海洋药物与生物制品工程技术、海洋食品质量安全与加工流通工程技术等。

本书对海洋工程与科技相关的各级政府部门具有重要参考价值，同时可供科技界、教育界、企业界及社会公众等作参考。

目　　录

① 本文原刊于《中国海洋工程与科技发展战略研究：海洋生物资源卷》，1-3，1-16，海洋出版社，2014。

第二部分　中国海洋生物资源工程与科技发展战略研究专业领域报告

专业领域一：我国近海养护与远洋渔业工程技术发展战略研究

（三）渔船与渔港工程

三、国外经验（典型案例分析）

（一）近海资源养护工程案例：日本人工鱼礁与海洋牧场建设的成功经验

（二）远洋渔业工程案例：挪威南极磷虾渔业成功的发展方式

（三）渔船与渔港工程案例一：大洋性拖网渔船

（四）渔船与渔港工程案例二：日本神奈川县三崎渔港

第四章 我国近海养护与远洋渔业工程技术面临的主要问题

一、渔业资源研究基础薄弱，行业支撑乏力

（一）渔业资源监测投入少、手段不足，难以为渔业管理提供有效支撑

（二）负责任捕捞技术研究创新不足

（三）增殖放流效果评价体系严重缺失

（四）重生产轻科研调查，对大洋渔业资源的掌控能力弱

（五）大洋渔业新技术研发缺乏重大科技支撑

二、南极磷虾产业长远规划缺乏，国际竞争力低下

（一）资源调查研究匮乏，渔业掌控能力薄弱

（二）捕捞技术落后，渔业生产竞争力低

（三）下游产品研发滞后，产业链亟待培育

三、海洋渔业装备落后，自主研发能力亟待提高

（一）近海渔船装备老化现象严重，技术落后

（二）近海渔船船型杂乱，主机配置及船机桨匹配差异大

（三）近海玻璃钢渔船推广应用受阻

（四）远洋捕捞装备落后，关键技术及装备受制于国外

（五）大洋性远洋渔船捕捞装备国产化率低，系统配套不完善

（六）远洋渔船水产品加工装备及相关产业链配套不完善

（七）渔船建造关键技术尚未全面突破，技术体系有待完善

四、渔港工程技术研究滞后，服务多功能化不足

（一）建设标准低，“船多港少”矛盾突出，避风减灾能力依然薄弱

（二）交易市场配套不足，鱼货物流不畅

（三）渔港重大工程技术研发滞后，水域生态环境保护亟待加强

五、基础人力资源队伍素质偏低，渔业现代化发展受阻

六、渔业标准规范制定滞后，管理与维权依据缺乏

（一）人工鱼礁/海洋牧场尚未形成合理的建设标准和统一规划

（二）渔港法规规范制定滞后，缺乏管理与维权依据

七、渔业立法和监管不完善，现代渔业管理进展缓慢

（一）海洋捕捞作业类型结构不合理

（二）渔业监管技术体系不健全

（三）渔民负责任捕捞观念不强

第二章 我国海水养殖工程技术与装备的发展现状

一、遗传育种技术取得重要进展，分子育种成为技术发展趋势
二、水产动物营养研究独具特色，水产饲料工业规模世界第一
（一）水产养殖动物营养需求
（二）饲料原料的生物利用率
（三）渔用饲料添加剂
（四）水产饲料加工设备制造
三、病害监控技术保持与国际同步，免疫防控技术成为发展重点
（一）病原检测与病害诊断技术
（二）免疫防控技术
（三）生态防控技术
四、生态工程技术成为热点，引领世界多营养层次综合养殖的发展
五、海水陆基养殖工程技术发展迅速，装备技术日臻完善
六、浅海养殖容量已近饱和，环境友好和可持续发展成为产业特征
七、深海网箱养殖有所发展，蓄势向深远海迈进

第三章 世界海水养殖工程技术与装备发展现状与趋势

一、遗传育种与苗种培育工程技术
（一）世界遗传育种与苗种培育工程技术的发展现状
（二）面向2030年的世界遗传育种与苗种培育工程技术的发展趋势
（三）国外经验（典型案例分析）
二、营养与饲料工程技术
（一）世界营养与饲料工程技术发展现状
（二）面向2030年的世界营养与饲料工程技术发展趋势
（三）国外经验（案例分析）
三、病害防控工程技术
（一）世界病害防控工程技术的发展现状
（二）面向2030年的世界病害防控工程技术的发展趋势
（三）国外经验
四、养殖工程技术与装备
（一）世界养殖工程技术与装备的发展现状
（二）面向2030年的世界海水养殖工程技术与装备的发展趋势
（三）国外经验（典型案例分析）

第四章 我国海水养殖工程技术与装备面临的主要问题

一、育种理论与技术体系不完善，良种缺乏，海水养殖主要依赖野生种
二、技术研究和开发不足，优质饲料蛋白源短缺，配合饲料普及率有待提高
三、基础研究薄弱，疾病防治专用药物和制剂开发落后，缺乏应急机制与保障措施

（一）海洋药物研发突飞猛进

（二）海洋生物制品已形成新兴朝阳产业

二、面向2030年的世界海洋药物与生物制品工程与科技以及发展趋势

（一）药用与生物制品用海洋生物资源的利用逐步从近海、浅海向远海、深海发展

（二）各种陆地高新技术在药用与生物制品用海洋生物资源的利用中得到充分和有效的利用

（三）以企业为主导的海洋药物与生物制品研发体系成为主流

第四章　我国海洋药物与生物制品工程与科技面临的主要问题

一、资源层面上，开发利用的海洋生物资源种类十分有限

二、技术层面上，研究基础薄弱，关键技术亟待完善与集成

（一）我国海洋药物与生物制品研究基础薄弱，投入不足

（二）我国海洋药物与生物制品研发的关键技术亟待完善与集成

三、产品层面上，品种单调，产业化程度低、应用领域狭窄

（一）我国在研的海洋药物品种少，新药创新能力不强

（二）我国海洋生物酶品种少，产业化规模小、应用领域狭窄

（三）我国海洋农用生物制剂产业化规模偏小，推广应用不够

（四）我国海洋生物材料研发进度迟缓，动物疫苗研究刚刚起步

四、体制层面上，资助力度小，企业参与度低，研究力量分散

第五章　我国海洋药物与生物制品工程与科技发展战略和任务

一、战略定位与发展思路

（一）战略定位

（二）战略原则

（三）发展思路

二、战略目标

（一）2020年

（二）2030年

（三）2050年

三、战略任务与重点

（一）总体任务

（二）近期重点任务

四、发展路线图

第六章　保障措施与政策建议

一、发挥政府引导，形成国家战略

二、整合研究力量，注重技术集成

三、突出企业主体，加快产品开发

第七章　重大海洋药物与生物制品工程与科技专项建议

一、研发项目——创新海洋药物

二、产业化项目——新型海洋生物制品

（一）海洋生物酶制剂

（二）海洋生物功能材料

（三）海洋绿色农用生物制剂

三、建设项目——综合性技术平台和产业化基地

（一）海洋创新药物研发集成技术平台

（二）海洋生物制品产业化基地

（三）海洋微生物高密度发酵关键技术平台

（四）海水养殖动物疫苗和免疫增强剂综合实验平台

专业领域四：我国海洋食品质量安全与加工工程技术发展战略研究

第一章　我国海洋食品质量安全与加工工程技术的战略需求

一、我国海洋食品质量安全工程与科技的战略需求

（一）行业发展背景

（二）消费市场发展背景

（三）战略需求

二、我国海洋食品加工流通工程与科技的战略需求

（一）保障海洋食品有效供给

（二）改善国民膳食结构

（三）优化海洋渔业经济结构

第二章　我国海洋食品质量安全与加工工程技术的发展现状

一、我国海洋食品质量安全工程与科技的发展现状

（一）学科发展及技术水平

（二）科研机构及队伍体系

（三）法律法规和标准体系

（四）监管技术体系及生产层面的质量安全保障能力

二、我国海洋食品加工流通工程与科技的发展现状

（一）海洋食品加工产业不断壮大，共性关键技术研究取得重要进展

（二）以市场为导向的加工产品种类不断增加，规模化加工企业数量不断扩大

（三）海洋食品物流体系已初步形成，但规模化程度低，体系落后

（四）海洋食品加工与流通装备自主研发与制造能力初步形成

三、我国海洋食品质量安全与加工水平及国际发展水平趋势

第三章　世界海洋食品质量安全及加工工程技术的发展现状与趋势

一、世界海洋食品质量安全与加工工程技术的发展现状与主要特点

（一）世界海洋食品质量安全工程与科技的发展现状与主要特点
（二）世界海洋食品加工流通工程与科技的发展现状与主要特点
二、面向2030年世界海洋食品质量安全与加工工程技术的发展趋势
（一）面向2030年世界海洋食品质量安全工程与科技的发展趋势
（二）面向2030年的世界海洋食品加工流通工程与科技的发展趋势
三、国外经验（典型案例分析）
（一）国际水产品质量安全风险评估案例
（二）欧盟食品饲料快速预警系统（RASFF）案例
（三）挪威海洋食品完善的可追溯系统案例
（四）美国水产品安全控制和质量保证案例
（五）日本海洋食品消费的变动与启示
（六）美国海洋食品物流的发展经验
（七）日本水产品物流发展的经验

第四章　我国海洋食品质量安全与加工工程技术存在的问题

一、我国海洋食品质量安全工程与科技存在的问题
（一）学科发展及技术存在的问题
（二）科研机构及队伍体系存在的问题
（三）法律法规和标准体系存在的问题
（四）监管技术体系及生产层面的质量安全保障能力存在的问题
二、我国海洋食品加工流通工程与科技面临的主要问题
（一）我国海洋食品加工工程与科技发展面临的主要问题
（二）我国海洋食品物流工程学科发展面临的主要问题

第五章　我国海洋食品质量安全与加工工程技术的发展战略和任务

一、战略定位与发展思路
（一）战略定位
（二）战略原则
（三）发展思路
二、战略目标
（一）2020年（进入海洋强国初级阶段）
（二）2030年（建设中等海洋强国）
（三）2050年（建设世界海洋强国）
三、战略任务与重点
（一）总体任务
（二）重点任务
四、发展路线图

第六章　保障措施与政策建议

一、加强海洋食品质量安全科研与监管体系队伍及能力建设

蓝色海洋生物资源开发战略研究①

“中国海洋工程与科技发展战略研究”海洋生物资源课题组

摘要： 为了提升海洋生物资源的开发能力，推进海洋强国的建设，中国工程院于2011年启动了“中国海洋生物资源工程与科技发展战略研究”重大咨询课题研究。课题从海水养殖、资源养护、远洋渔业、质量安全与加工流通、海洋药物与生物制品五个重要领域开展咨询调查研究，系统分析研究了发展现状、趋势和战略需求，提出了多层面地开发利用海洋生物资源的“养护、拓展、高技术”三大发展战略和推进蓝色海洋生物产业“可持续、安全、现代工程化”发展的三大战略目标及其任务，建议国家优先启动“蓝色海洋食物开发工程”和“蓝色海洋药物与生物制品关键技术开发工程”两个重点研发专项。

关键词： 蓝色海洋；生物资源开发；发展战略；研发专项

一、前言

海洋生物资源是一种可持续利用的再生性资源，包括了群体资源、遗传资源和产物资源，它为人类提供了大量的优质蛋白，是重要的食物来源。20世纪80年代引入市场经济以来，我国渔业的生产力得到了有效的释放，从1990年起，我国水产品总量就跃居世界首位，不仅为解决吃鱼难、农民增产增收、改善国民膳食结构做出了重要贡献，同时对推进海洋经济的快速发展也发挥了重要的作用。21世纪以来，随着全球进入到全面开发利用海洋的时代，各国对海洋资源的开发和争夺异常激烈，到2030年前后我国人口达到15亿峰值时，水产品需求比现在将要增加 2×10^7 t以上。目标逐渐明朗，如何开发和利用海洋生物的资源潜力，实现蓝色海洋生物产业的可持续发展，保障我国食物安全和海洋经济的发展，便成为一个受到特别关注的问题。

2011年7月，中国工程院在《中国海洋工程与科技发展战略研究》重大咨询项目之下，启动了海洋生物资源的发展战略研究课题，经过10位院士和近50位专家的辛勤努力，项目形成了海洋生物资源工程与科技发展战略咨询报告，向国家提交了多项重要的对策建议，为推进蓝色海洋生物资源开发和海洋强国建设发挥了积极的作用[1]。

二、我国海洋生物资源工程与科技发展现状与问题

（一）发展现状

1. 海水养殖

近十年来海水养殖生物遗传育种技术发展较快，杂交和选育的新品种已达50多个，初

① 本文原刊于《中国工程科学》，18（2）：32-40，2016。唐启升执笔。

步形成了海水养殖育种技术体系。但是，与产业规模比较，新品种还是太少，良种覆盖率较低，新品种培育周期过长，难以满足产业发展的需求。

生态工程技术成为热点，多营养层次的综合养殖（IMTA）的产业规模和多样性得到较好的发展，成为实现环境友好型海水养殖和生态系统水平管理的有效途径。由于浅海养殖容量已近饱和，各种节能环保新技术得到了应用，基于工程化理念和技术的健康养殖体系成为现阶段的发展重点。

发展并完善了水产病害基于抗体的免疫学检测方法和分子生物学方法，使水产病害诊断和流行病学监控技术的研究保持与国际同步的水平。开发低成本高效疫苗和免疫抗菌、抗病毒功能产品，对重大流行性疾病进行免疫防治，已成为水产动物疾病防控研究与开发的重点方向。

在原料预处理、饲料配方的营养平衡、添加剂开发等方面研究取得良好的进展，有效地提高了廉价饲料原料的生物利用率，饲料工业技术装备的水平也得到了快速提高。

以鲆鲽类为代表的海水鱼类全循环水养殖系统成为陆基养殖的一个突破口，工程和装备技术日臻完善，成为工厂化养殖与环境协调健康发展的一种有效途径。

深海网箱养殖有所发展，但抵御强台风等自然灾害侵袭的能力还很弱，迈向 30 m 以深海域还要继续加强技术创新和集成。

2. 近海生物资源养护和管理

资源监测技术手段已基本具备，渔业监管体系尚待健全，在投入和系统性方面与国际先进水平尚有一定的差距。对渔船船位监控没有统一的要求，渔捞日志填写与报告、渔获转卸监控、科学观察员派驻等仍是监管体系的薄弱环节。负责任捕捞技术尚处于研究评估阶段，未形成规模化示范应用。

根据 2007—2012 年《中国渔业生态环境状况公报》，增殖放流规模持续扩大，放流种苗数量从 2006 年的 38.8 亿尾（粒）增加至 2011 年的 150.8 亿尾（粒），放流种类亦不断呈多样化的趋势。但在放流苗种质量、水域容量、放流效果评价等基础研究方面仍然滞后[2]。

海洋牧场从概念向实践发展，沿海主要省市都开展了大规模的人工鱼礁建设，取得了一些重要的数据和经验。但有关礁体与生物之间的关系、礁体适宜规格与投放布局等研究较少，海洋牧场构建综合技术研究尚属起步阶段。

3. 远洋渔业资源的开发

经过 30 年的发展，过洋性和大洋性远洋渔业的作业渔场遍布 38 个国家的专属经济区和三大洋及南极公海水域，2014 年远洋渔船规模达到 2 460 艘，捕捞产量为 2.027×10^6 t。大洋公海作业渔船主要依赖国外进口的二手船，存在渔船老化、设备陈旧、技术落后、捕捞效率低等问题。南极磷虾渔业刚刚起步，捕捞渔船均为经简单改造的南太平洋竹筴鱼拖网加工船，捕捞产量和加工技术与先进国家（挪威和日本等）有较大差距。

在国家重大科研专项支持下，深水拖网双甲板渔船、大型金枪鱼围网渔船、鱿鱼钓船等远洋渔船船型开发取得了技术突破，初步具备了大型远洋渔船的建造能力。大型加工拖网渔船建造及附属装备的研制，尚在研发过程中。

4. 海洋食品质量安全与加工流通

海洋食品质量安全研究已经有了显著的加强，主要体现在海洋食品的风险分析、安全检测、监测与预警、代谢规律、质量控制、全程可追溯等方面的技术和能力的提高。

法律法规不断完善，风险监管技术体系初步建成。国家颁布了一系列有关食品安全的法律法规，行业和地方政府结合实际陆续出台了有关的实施条例或办法，依托项目开展了水产品质量安全可追溯体系构建推广示范试点工作，对产品的质量安全追溯技术、理论与实践进行了积极的探索。

5. 海洋药物与生物制品

海洋药物研发方兴未艾，与发达国家的差距逐渐在缩小，但研究与开发的基础较为薄弱，技术与品种积累相对较少，产业仍处于孕育期。

海洋生物制品成为开发热点，新产业发展迅猛。以各种海洋动植物、海洋微生物等为原料，研制开发海洋酶制剂、农用生物制剂、功能材料和海洋动物疫苗等海洋生物制品已成为我国海洋生物产业资源开发的热点。

（二）主要问题

与环境友好和可持续发展的要求相比，主要可以归纳成“两个落后，四个不够”。包括：起步晚，前期科研和资金投入少，基础和工程研究落后；创新成果少，系统性差，关键技术装备落后；盲目扩大规模，资源调查与评估不够；过度开发利用，生态和资源保护不够；产业存在隐患，可持续发展能力不够；政府管理重叠，国家整体规划布局不够。与世界先进水平相比，除近海滩涂养殖技术处在世界前列之外，海洋生物资源开发利用的工程技术水平仍存在较大的差距，特别是开发工程装备上的差距明显（图 1）。

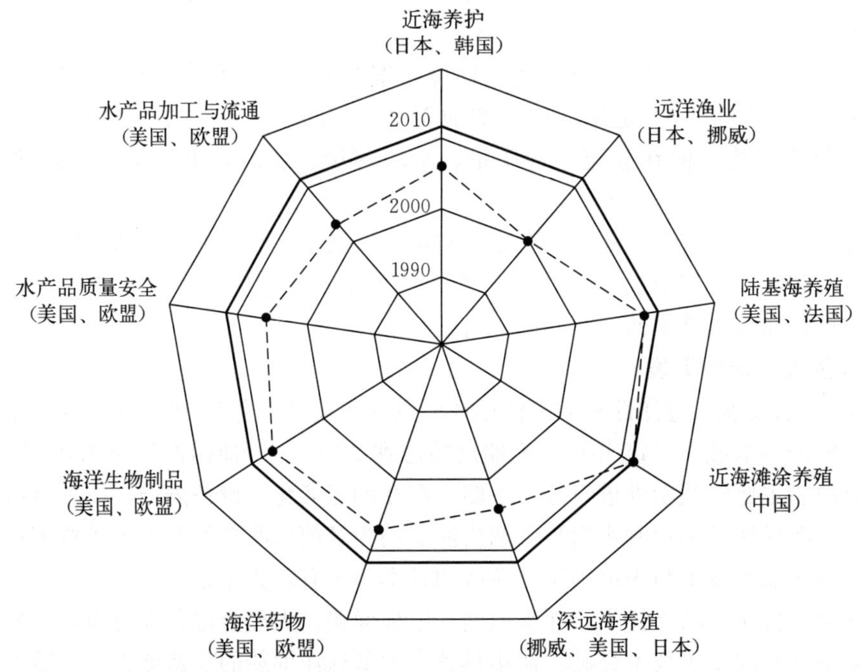

图 1　我国海洋生物资源工程技术发展与国际先进水平比较

三、世界海洋生物资源工程和科技发展特点与趋势

（一）海水养殖注重生物技术、生态技术及其工程化应用

（1）美国、英国、日本、澳大利亚等主要发达国家，均将海洋经济生物的遗传育种研究列为重点发展的方向，全基因组选择技术和分子设计育种技术已逐渐成为新热点，重心已转向基因工程育种。

（2）倡导基于生态系统的新型养殖方法，大力推动养殖生态工程技术的应用，实现生物技术与生态工程相结合。强调养殖新模式和设施渔业中新材料与新技术的运用，提高设施智能化程度和运行精准度，有效控制养殖自身污染和养殖活动对海域环境的不良影响。

（3）病原研究进入分子水平，注重养殖生物抗病能力的提高，免疫调节成为病害控制发展的方向。普遍采用疫苗、有益微生物菌剂、免疫增强剂等安全有效的生物制剂来控制养殖动物病害，注重生态防治与养殖模式的结合，抗病苗种的培育是病害防控工程的一个发展趋势。

（4）以营养需求为先导的饲料制备技术取得突破，全价环保型饲料在产业中得到广泛应用。挪威引领了世界鱼类营养研究的前沿方向，发展趋势是追求营养调控的精准化，对养殖动物的繁殖、生长、营养需要、健康、行为、对环境的适应能力，养殖产品的质量、安全甚至养殖环境的持续利用等实现精准的调控。

（5）高密度封闭循环水养殖已被欧洲、北美、日本和以色列等列为一个新型的、发展迅速的、技术复杂的行业。通过集成水处理技术与生物工程技术等前沿技术，海水养殖最高年产可达 $100\ kg \cdot m^{-3}$以上，养殖品种已从鱼类扩展到虾、贝、藻、软体动物的苗种孵化和育成养殖。

（6）大型化、智能化、低碳化和生态化是深海网箱养殖工程的发展方向。充分开发利用洁净、绿色、可再生能源，减少排放，增强养殖环境生态的调控功能，提高社会的接受能力，成为新的关注点。

（二）不断加强海洋生物资源的监管和养护

（1）世界发达国家历来重视对近海渔业资源的监测与管理，普遍采用从投入至产出的全程监管。实施常规性科学调查，监测与监管趋向立体化和常态化，采用载有科学探鱼仪的锚系观测系统，对监测鱼种的洄游与资源变动进行常年监测。渔业生产过程的海（渔政船、科学观察员）、陆（渔船监控系统雷达）、空（飞机、卫星）综合监控技术以及渔捞统计实时报送与数据采集技术已经继续成为新的发展趋势。

（2）发达国家更加重视负责任捕捞技术与管理，欧盟建立负责任及可持续的捕捞渔业，美国则以确保海洋生态系统和谐促进渔业生物资源的持续利用，开发并应用负责任捕捞和生态保护技术。

（3）将放流增殖作为基于生态系统的渔业管理措施之一，如美国沿岸每年放流的鱼苗超过 20 亿尾，放流生物 20 多种，日本增殖放流物种近 30 个种类，底播增殖最多的是杂色蛤，年放苗 200 多亿粒。对未来更加关注增殖放流的科学机制，增殖放流的生态容量，增殖放流的生态安全，增殖放流的体系化建设[3]。

(4) 海洋牧场建设已经成为世界发达国家发展渔业、保护资源的主攻方向之一，发展趋势为：更加注重海洋牧场生境营造与栖息地的保护、增殖放流与渔业资源管理体系构建等综合技术的发展；建造大型人工鱼礁，向 40 m 以深海域发展；发展海洋牧场现代化管理的控制与监测技术；开发碳汇扩增技术，发挥海洋牧场的碳汇功能。

(三) 更加关注远洋渔业资源的开发和保护

(1) 世界发达国家历来把发展远洋渔业，特别是大洋性渔业，作为扩大海洋权益、获取更多海外生物资源的重要举措。发展趋势为：捕捞业基础研究不断深入，技术革命进程加快；以多项信息技术为基础发展生产与管理辅助决策系统，实现精准捕捞；保护和可持续发展技术体系越来越受到重视；综合利用是产品高值化的主要方向。

(2) 以南极磷虾资源开发利用为核心的极地渔业将成为新热点。但南极海洋生物资源养护科学委员会于近年提出了南极磷虾资源"综合评估计划"和南极磷虾渔业反馈式管理，养护、管理措施将越来越严格，要求捕捞国承担更多的科学研究责任与义务。

(3) 远洋渔船及装备向大型化和专业化方向发展。挪威建造的世界最大的拖网加工船"南极海"号用于南极磷虾的捕捞与加工，该船长 133.8 m，9 432 总吨，为长时间海上生产提供了便利。发达国家相当注重海洋渔业资源的保护，优先发展选择性捕捞，淘汰具有掠夺性捕捞的渔具、渔法。

(四) 更加注重海洋食品的质量安全，加工流通向全球化发展

在全球经济一体化快速发展的国际背景下，海洋食品产业如同全球食品产业一样，整体正在向多领域、深层次、低能耗、全利用、高效益、可持续的方向发展。世界各国政府对食品安全高度的重视，把实现食品安全列为政府经济发展的核心政策目标之一，海洋食品流通工程向智能化发展，重视对绿色物流进行管理和控制，尤其是要控制物流活动的污染发生源。发展趋势主要有以下几方面。

(1) 加强科学有效的风险评估技术、检测技术以及预警预报技术的研发和应用，把物理标识追溯列为对海洋食品的强制性要求，物种来源及其原产地追溯成为今后的发展重点。各国还将加强对国际食品法典标准和发达国家食品安全标准的追踪研究，还要完善海洋食品质量安全的法律。

(2)"全鱼利用"概念渐成共识。主要发展方向是：以低能耗的生物加工与机械化加工方式代替传统的手工加工方式。海洋食品供应将以方便、营养、健康、能充分保持其鲜度和美味的预处理小包装食品为主，精准化的处理与保鲜技术、加工副产物的规模化处理与高效利用技术将进入一个快速发展的通道。与海洋渔业产业体系配套的海上加工、海洋功能食品加工、副产物精深加工将实现海洋食物资源的高效利用。

(3) 海洋食品流通体系趋向社会化与全球化。开发新的"无国界物流"运输和装卸机械，大力改进运输方式，实现高度的物流集成化和便利化，发展专门从事物流服务活动的"第三方物流"企业。

(五) 海洋药物与生物制品研发成绩显著，并进入一个新的发展阶段

由于海洋生物的次生代谢产物复杂、独特的化学结构及其特异、高效的生物活性，

其资源已成为寻找和发现创新药物和新型生物制品的重要源泉。1998—2008 年，有 592 个具有抗肿瘤和细胞毒活性、666 个具有其他多种医疗活性的化合物正在进行成药性评价和/或临床前研究。海洋生物制品研发的热点主要集中在海洋生物酶、功能材料、绿色农用制剂以及保健食品、日用化学品等方面，已形成新兴朝阳产业[4]。发展趋势主要有以下几方面。

（1）天然产物资源的利用逐步从近浅海向深远海发展。瞄准深远海生物耐压、嗜温、抗还原环境的特性，探索发现全新结构的活性化合物和特殊功能的海洋生物基因。

（2）陆地药物开发的各种高新技术，迅速向海洋产物资源的药用和生物制品开发利用转移，孕育着新的战略性产业的形成。

（3）以企业为主导的海洋药物和生物制品研发体系成为主流。西班牙、美国等国家已出现专门从事海洋药物研究开发的制药公司，一些国际知名的医药企业或生物技术公司也纷纷投身于海洋药物的研发和生产，成绩瞩目。

四、促进海洋生物资源开发的国家战略需求

（一）多层面开发海洋食物产品，保障国家的食物安全

食物安全问题始终是国家关心的头等大事。随着我国工业化和城镇化建设的快速推进，以及到 2030 年前后我国人口达到峰值时，水产品需求要增加 2×10^7 t 以上，海洋食物需求和供给形势将更加严峻。在我国，人们习惯于将传统上的主食统称为“粮食”，主要是指淀粉作物类和豆类两大类作物。但在国际上，与中文对应的“粮食”这个名词并不存在，国际组织及世界各国政府高度关注的是“Food”即“食物”。其来源可以是植物、动物或者自然界的其他生物，不只包含常说的“粮食”，还涵盖肉、禽、蛋、奶和水产品等“粮食”以外的重要内容。美国环境经济学家布朗曾在 1994 年提出“谁来养活中国”的惊世疑问，但在 2008 年他又指出水产养殖是当代中国对世界（食物安全）的两大贡献之一，认为世界还没有充分意识到这件事情的伟大意义，因为它是世界上最有效率的食物生产技术。另外，国际在学术用词上也发生了微妙的变化，如过去多用“海洋生物资源”，而现在则更多用“海洋食物资源”[5]。因此，需要多层面地开发利用海洋食物产品，即通过“合理开发利用群体资源，发展海洋捞业；深层次挖掘遗传资源，发展海水养殖业（未来食物增加的重要来源）；发现产物资源，发展海洋生物新产业”，为保障国家食物安全做出更大的贡献。

（二）加强蓝色生物产业的发展，推动海洋经济的增长

随着蓝色经济和生物经济的兴起，以开发利用海洋生态系统及其生物资源为主体的经济活动已赋予海洋生物产业新的内涵，可视为蓝色生物产业。海洋渔业是蓝色生物产业的基础，涵盖了养殖业、捕捞业、海产品加工与流通业储运等传统产业，其领域和链条还拓展到设施渔业、增殖渔业、休闲渔业等新兴产业，具有规模化、集约化、设施化、智能化等特点。而海洋药物和制品是具有良好的发展前景的朝阳产业，是蓝色生物产业的新生部分。2012 年我国海洋生物产业占海洋产业生产总值的 18.6%（其中海洋渔业 17.8%，海洋生物医药业 0.8%），仅次于滨海旅游业和海洋交通运输业，三者合计占总产值的 75.8%。蓝色生物产业是我国海洋经济的新增长点并形成海洋战略性新兴产业的重要部分。

随着蓝色生物产业的发展，其经济模式已经发生了深刻的转变。其特点是企业规模大，科技含量高，市场机制健全，抗风险能力提高，负责任地开发利用资源。同时，还不失时机地解决了一些新的社会问题，如大量以沿海捕捞为生计的渔民失海、上岸，需要重新就业，而海水养殖业、水产加工业、休闲渔业以及深远海生物资源开发吸纳了大量失业的渔民，促进了区域经济的发展，维护了沿海地区的社会稳定，蓝色生物产业的发展必将进一步促进海洋经济的增长。

（三）强化海洋生物技术的发展，培育壮大新兴产业

随着海洋生物组学、生物有机化学和合成生物学、免疫学和病害学、内分泌和发育与生殖生物学以及环境和进化生物学等海洋前沿生物技术的长足发展，不仅催生了海洋药物和生物制品等新生的海洋生物产业，同时在现代水产养殖、海洋食品安全、海洋生物资源养护和环境修复、生物材料和生物炼制以及生物膜和防腐蚀等领域进行广泛的应用，推动了海洋传统生物产业和其他新兴生物产业的发展空间。海洋新生物产业的上游是海洋生物技术，强化海洋生物技术的发展，对于培育和壮大海洋新生物产业有着重大的战略意义。

我国海洋新生物产业已经初具规模，受到政府、企业、科研机构等多方面的重视，产业发展的良好环境已初步形成。目前，全国海洋生物医药产业继续保持增长的态势，2012 年实现增加值 172 亿元，比 2011 年增长 13.8%，可以预计未来 10～20 年海洋新生物产业化进程将大大加快，海洋新生物产业将迎来快速发展的黄金时代。到 2030 年，海洋新生物产业将成为国家海洋战略性新兴产业的第一大支柱性产业，成为国民经济和社会发展中主导战略性新兴产业形成的重要贡献者，成为保障当代人民健康、提高生活质量的主导产业之一，在国际生物产业发展中具有竞争的主动权。

（四）重视海洋生物资源的养护，保障海洋的生态安全

海洋也是一个相对脆弱的自然生态系统，其资源并非取之不尽、用之不竭，需要养护才能保持较好的状态。近年来我国海洋富营养化严重，赤潮、绿潮和水母灾害不断，亚健康和不健康水域的面积逐年增加。加之大量海洋与海岸工程构筑在河口、海湾、滩涂和浅海，多种工程的生态影响相互叠加，致使海洋生态灾害集中呈现，海洋生态安全前景堪忧。相比陆地生态系统而言，海洋与江、河、湖泊等水生生态系统的破坏性往往是长期、甚至永久的，生态系统及其资源的恢复十分困难。

为此，必须重视海洋生物资源的养护，治理受损的生态环境，恢复海洋渔业资源的数量和质量，使其能够满足人类对优质蛋白的需求。但是，目前近海资源养护工程和科技发展的现状与渔业资源的恢复及生态环境的修复还有很大的差距，诸多关键技术环节亟待实现转变和突破。必须进一步推进海洋生物资源养护领域的工程建设和高新科技的研发，通过实施海洋生物资源养护工程，实现全海域海洋生物资源的有效保护和科学利用，为保障海洋生态安全，建设生态文明做出积极的贡献。

（五）“渔权即主权”，坚决维护国家的权益

近年来发生的岛屿之争，反映出我国在一些敏感海域的海权不断受到侵扰和蚕食，凸显出新的历史时期维护国家主权和海洋权益的重要性和紧迫性。渔业因其特有的移动性、广布

性、群众性，对维护国家海洋权益具有不可替代的重要作用，应该放到所涉及的国际关系大局中考虑。此外，全球海洋生物资源已成为各国竞相争夺的战略资源，渔业也是国家拓展外交、参与国际资源配置与管理、处理国际关系的重要领域。

渔权即主权，存在即权益。渔权是海权的一项重要内容和主要表现形式。世界各国对海洋权益的争夺，很多情况下表现为因海洋渔业利益的冲突而对渔场、捕鱼权的争夺。这种冲突和争夺始终伴随并促进着国际海洋法的发展，导致了一些重要的海洋法概念的形成和确立。1994 年《联合国海洋法公约》生效后，专属经济区制度的确立，使得公海渔权成为海权争端的热点和焦点问题，对远洋生物资源管理拥有一定的话语权和参与权已成为国家综合实力的体现，特别是将开发公海和远洋生物资源作为国家发展战略，例如目前对丰富的南极磷虾资源的开发，针对包括海洋生物资源在内的争夺日益激烈。世界各国一方面加强本国海洋生物资源的养护和管理，另一方面积极研发新技术、配备新装备，利用高新技术加大对远洋海域生物资源的开发和利用。在此过程中，科技实力相对较弱的国家往往无法对其领海内的海洋生物资源进行良好的保护。因此，增强对远洋生物资源的掌控能力，维护与他国公约重叠海域内的海洋生物权益，不仅需要加强海洋监管、巡航、执法力度，而且迫切需要加快海洋生物资源开发工程建设与科技进步，突破专业化渔船捕捞装备、助渔仪器、船载水产品加工设备等关键技术的限制，增强海洋生物资源开发的综合实力，为维护国家应有的海洋生物资源权益提供支持。

五、蓝色海洋生物资源开发工程与科技发展的战略和任务

（一）发展战略

1. 战略定位

围绕中国共产党第十八次全国代表大会提出的建设海洋强国：提高海洋资源开发能力、发展海洋经济、保护海洋生态环境和坚决维护国家海洋权益的宏伟战略目标和重大需求，坚持创新驱动的发展，突破海洋生物资源的高效开发和可持续利用的核心关键技术，推动海洋生物产业工程化的发展，实现海洋生物资源的可持续开发利用。

2. 发展思路

实施“养护、拓展、高技术”三大发展战略，多层面地开发利用海洋生物的群体、遗传和产物三大资源，推动海洋生物资源的开发工程与科技的发展。养护战略：养护和合理利用近海生物资源及其环境，推动资源增殖和生态养护工程的建设，提高伏季休渔管理的质量；拓展战略：积极发展环境友好型水产养殖业，开发利用远洋渔业资源，探索极地深海生物新资源，提高海洋食品的质量和安全水平；高技术战略：发展海洋生物的高技术，促进养护和拓展战略的技术升级，深化海洋生物资源开发利用的层次。

3. 产业目标

通过 15～20 年海洋生物资源工程与科技创新的发展，实现海洋生物产业“可持续发展、安全发展、现代工程化”三大战略的发展目标。可持续发展：推行绿色、碳汇渔业发展新理念，实行生态系统水平的管理，实现海洋生物资源及其产业的可持续发展；安全发展：遵循海洋生物资源可持续开发的原则，实现资源安全、生态安全、质量安全、生产安全；现代工程化：加快海洋生物资源开发利用的机械化、自动化、信息化发展的步伐，实现海洋生物产

业的标准化、规模化的现代发展。通过培育和发展海洋生物资源战略性新兴产业，大力发展海洋生物资源开发工程与科技，提升产业核心竞争力。

4. 发展路线

通过两个开发工程（蓝色海洋食物开发工程、海洋药物与生物制品关键技术开发工程）和三个产业化（海洋生物产品安全供给产业化、现代化食品加工和物流装备的产业化及海洋药物和生物制品的研制和产业化），到2030年，我国海洋生物资源开发工程的创新有较大进展，将建设成为世界中等海洋生物资源开发利用的强国。

（二）重点任务

1. 战略任务

（1）建设环境友好型水产养殖业。发展多营养层次的新生产模式，实施养殖容量规划管理，加快海水养殖工程装备机械化、信息化、智能化的发展。

（2）建设资源养护型近海捕捞业。进一步加强近海渔业的监管，积极开展近海生物资源的养护活动，科学规划资源的增殖放流，实施生态系统水平的渔业管理。

（3）建设第二远洋渔业。重点发展现代极地渔业，提高资源的调查和开发能力，加快渔船、装备和助渔仪器的升级和更新，培育高附加值的新生物产业链。

（4）建设质量安全加工流通业。创新全产业链质量安全保障体系，发展海洋水产品加工副产物的综合利用、海洋功能食品的制造，建成具有国际先进水平的海洋食品加工流通体系。

（5）建设高技术密集型海洋新生物产业。开发一批具有资源特色和自主知识产权、有国际竞争力的海洋创新新药，形成并壮大新型海洋生物制品产业。

2. 优先研发专项

蓝色海洋食物开发工程专项。以保证食物安全为主要目标开发海洋生物资源，研发海洋食物生产和海洋食品加工与质量安全新模式，突破一批核心的关键技术，提升工程技术及装备的水平，形成海洋生物资源可持续产出和循环利用的全产业链，加强加大海洋生物产业的发展。

研发重点如下所示。

（1）环境友好型海水养殖发展工程。研发良种选育、病害防治、营养饲料、装备工程化和智能化等新技术、新方法，大力发展环境友好和高效健康的现代化海水综合养殖模式，发展陆基全封闭循环水多种类养殖装置和新工艺，研发深远海大型养殖基站、装备与生态工程技术，拓展养殖的新方式和新空间，保证我国海洋生物产业的基本产出。

（2）近海生物资源养护工程。加强增殖放流技术的规范、标准、品质与效果评价和生态容量的研究，筛选重要经济种和生态关键种，实施生态性放流，研发渔业资源监测的新技术、新方法和生态友好型捕捞工程技术，建立科学规范的增殖渔业管理体系。构建海洋牧场生态建设综合技术体系，建设海洋牧场产业化示范区，扩大蓝色碳汇扩增区，增强生物资源的恢复。

（3）极地大洋渔业资源开发工程。以南极磷虾为主要对象，研发极地渔业渔船和综合调查船的船型与系统装备，开发先进捕捞与加工装备、技术和助渔仪器设备，实施南极磷虾资源分布规律及渔场形成机制调查，研发高附加值南极磷虾功能制品及医药用产品。加强远洋渔场渔情预报信息服务系统研究，巩固和提高我国在中东印度洋、东南太平洋、南亚和东南亚海域等海域的渔业规模。

(4) 海洋食品加工与质量安全保障工程。开发海洋食品工程化加工关键技术、装备与新产品，初步建立以消费模式带动海洋食品加工方式的转变，海洋水产品资源加工转化率达到70%以上，加工增值率达到2倍以上。建立完善的产地环境及产品监测、监管及预警体系，实现生产、流通、消费领域的海洋食品可追溯管理全覆盖。建立海洋食品生产、收购、加工、包装、储存、运输、装卸、配送、分销和消费为一体的信息网络共享平台，海洋食品冷链流通率提高到45%以上。

3. 优先关键技术开发工程专项

海洋药物与生物制品关键技术开发工程专项。以发展海洋战略新兴生物产业为主要目标，研发海洋生物资源开发核心关键技术，有效提升我国海洋药物创新和海洋医药产业的国际竞争力，在海洋生物酶、海洋生物功能材料、新型生物农药及生物肥料等方面有所突破，形成新的海洋生物新兴产业。

研发重点如下所示。

(1) 海洋药物关键技术开发工程。重点研究有关候选海洋药物的特点（作用靶点、作用强度等)、药代动力学性质（在动物体内的吸收、分布、起效、排泄等)、安全性（肝肾毒性、体内残留等)，构建国际认可的临床前研究技术策略体系与评价数据，建立和完善海洋药物研发技术平台。海洋药物的临床研究需重点考证新药的临床疗效和应用的安全性，考察与其他药物合用的临床疗效。海洋药物完成20种左右海洋候选药物的临床前研究，其中10种以上获得临床研究批文，初步建成我国海洋药物产业化体系。

(2) 海洋生物制品关键技术开发工程。海洋生物酶制剂研发与产业化。研究酶制剂产业化制备过程工程技术、规模化酶高效分离工艺工程技术和酶制剂生产下游产品的工艺关键技术，构建集成技术平台。解决海洋微生物酶制剂稳定性与实用性的共性关键技术，突破海洋生物酶催化和转化产品的关键技术。研究重要海洋生物酶在轻化工、医药、饲料等工业领域中的应用技术及其催化和转化产品的工艺技术，完成20种以上的海洋生物酶中试工艺研究，全面实现我国海洋生物酶的产业化。

海洋绿色农用生物制剂研发与产业化。开发减毒活疫苗、亚单位疫苗和脱氧核糖核酸（DNA）疫苗，建立新型的浸泡或口服给药系统，研发5种以上系列海水养殖疫苗产品并进入产业化，完成10种以上抗生素替代的饲用海洋生物制剂研发并实现产业化。研究海洋农药和生物肥料规模化生产优化与控制核心技术、产业化工艺放大关键技术。突破海洋农药及生物肥料有效成分和标准物质分离纯化及活性检测技术，建立质量控制体系。实现5种以上海洋植物抗病、抗旱、抗寒制剂及10种以上海洋生物肥料的研发并实现产业化。

参考文献

[1] 唐启升．中国海洋工程与科技发展战略研究：海洋生物资源卷［M]. 北京：海洋出版社，2014.

[2] 中华人民共和国农业部渔业局．中国渔业统计年鉴2012［M]. 北京：中国农业出版社，2012.

[3] 赵兴武．大力发展增殖放流，努力建设现代渔业［J]. 中国水产，2008 (4)：3-4.

[4] 张书军，焦炳华．世界海洋药物现状与发展趋势［J]. 中国海洋药物杂志，2012，31 (2)：58-60.

[5] Garcia S M, Rosenberg A A. Food security and marine capture fisheries: characteristics, trends, drivers and future perspectives [J]. Philosophical Transactions of the Royal Society B, 2010, 365 (1554): 2869-2872.

Study on Development Strategy for Blue Marine Living Resources

Task Force for *the Study on Development Strategy of China's Marine Engineering and Technology*
Living Marine Resource Research Group

Abstract: To improve China's development capacity of living marine resources and promote the construction of its maritime power, the Chinese Academy of Engineering launched a major consultation project in 2011, which is called "Strategic Study on the Development of China Living Marine Resources Engineering and Technology". By consultation and investigation in five key areas including mariculture, maritime resources conservation, deep sea fishery, seafood quality safety processing and logistics, marine medicine and bio-product, this study systematically analyzes the current state and strategic demands of these areas. It also advances three development strategies namely conservation, expansion and high-technology, for multi-dimensional developing and utilizing living marine resources. Three strategic objectives and tasks for advancing blue marine bio-industry were proposed, including sustainability, safety and modern engineering. The study recommended that the China should prioritize initiating two key research and development programs: the Blue Marine Food Development Project and the Key Technology Development Project for Blue Marine Medicine and Bio-product.

Key words: Blue marine; Living marine resource development; Development strategy; Special research and development program

南极磷虾渔业发展的工程科技需求①

赵宪勇[1,2]，左涛[1,2]，冷凯良[1,2]，唐启升[1,2]
（1. 中国水产科学研究院黄海水产研究所，
农业部海洋渔业可持续发展重点实验室，青岛 266071；
2. 青岛海洋科学与技术国家实验室，
海洋渔业科学与食物产出过程功能实验室，青岛 266237）

摘要：积极参与开发南极海洋生物资源是对海洋渔业持续健康发展的新要求。本文介绍了国际南极磷虾渔业的发展历程与趋势，分析了我国南极磷虾渔业面临的主要问题，并提出了相关工程科技建议。国际上南极磷虾渔业已发展成为由创新性捕捞技术支撑、高附加产品市场拉动、集捕捞和加工于一体的新型产业。积极发展南极磷虾渔业，可促进我国第二远洋渔业发展、培育海洋生物新兴产业。为实现这一目标，需加强捕捞加工装备技术创新研究，提高产业核心竞争力；同时开展渔场资源生态基础研究，促进极地渔业可持续发展。

关键词：南极磷虾；工程科技；极地渔业；新兴产业

一、前言

南极磷虾广泛分布于南极水域，资源储量丰富，是全球海洋中最大的单种可捕生物资源，是人类重要的蛋白质储库；南极磷虾个体虽小，却浑身是宝，可以形成食品、养殖饲料以及磷虾油等高附加值产品[1]。我国的远洋渔业历经 30 年的艰苦努力，已取得长足进步，作业渔场已遍布全球各个重要海域。然而对这些传统渔场资源的利用已日趋饱和，渔业发展亟须开拓新的空间。目前南极磷虾是全球仅存的资源极其丰富且开发利用程度很低的单种可捕生物资源。积极参与南极磷虾资源开发，对发展我国第二个远洋渔业、促进我国极地渔业发展以及培育海洋生物新兴产业具有重大的战略意义。

我国的南极磷虾渔业历经 5 年的艰辛努力，已实现零的突破并取得长足进步，2014 年产量达到 5.4×10^4 t，跻身南极磷虾渔业国第二集团[2]；去壳南极磷虾肉和自主生产的南极磷虾油新食品原料业已投放市场；从渔业捕捞到高附加值产品研发的新资源开发利用产业链雏形已基本形成。然而与国际先进国家相比，我国南极磷虾资源科学研究与开发装备技术水平明显落后，严重制约了我国南极磷虾开发这一新兴产业和极地渔业的发展。

为落实《国务院关于促进海洋渔业持续健康发展的若干意见》（国发〔2013〕11 号）[3]，中国工程院“海洋强国工程与科技战略研究”项目的子课题对南极磷虾产业发展趋势进行了研究。本文介绍了其中对我国南极磷虾渔业环节所面临主要问题的分析结果，提出了相应的

① 本文原刊于《中国工程科学》，18（2）：85－90，2016。

工程科技投入建议，以期为推动我国南极磷虾产业的健康、有序发展提供参考。

二、南极磷虾渔业发展历程与趋势

南极丰富的磷虾资源在20世纪之初即为人所知[4]。南极磷虾资源的开发尝试始于1962年苏联在南极海域的渔业探捕活动，商业化渔业活动则形成于10年之后[5]。图1展示了40多年来南极磷虾的历年产量。南极磷虾业发展历程可分为三个阶段，因其在渔业装备技术、产品类型和渔业管理方面分别具有明显的时代特征。

（一）南极磷虾渔业第一次发展期

自苏联和日本分别于1972年和1973年正式启动商业化开发后，南极磷虾渔业迅速形成第一次发展高潮，20世纪80年代即形成年产$4\times10^5\sim5\times10^5$ t的渔业规模，1982年的产量为历史最高，达到了5.28×10^5 t，其中93%由苏联捕获。此时的南极磷虾捕捞国除苏联和日本外，波兰、智利、韩国等也先后加入其中；生产方式历经舷侧框架拖网、8 000余吨大型加工母船加不足400 t小型拖网船队等尝试，最终初步形成4 000 t左右单船艉滑道中层拖网加工船的经典传统生产模式；该时期南极磷虾的产品尚处于初级阶段，主要用于人类食用以及动物养殖饲料。

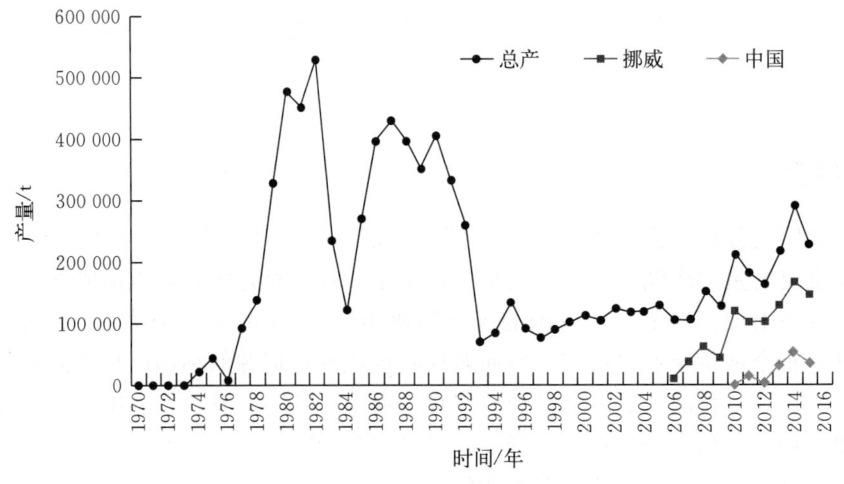

图1 南极磷虾历年产量[2]

南极磷虾是须鲸、企鹅以及鱼类和飞鸟的主要食物，是南极海洋生态系统的关键物种[6]。南极磷虾渔业的快速发展迅即引起生态学家的担忧。1977年南极条约协商国开始就《南极海洋生物资源养护公约》进行谈判，1982年南极海洋生物资源养护委员会(CCAMLR)① 正式成立并对南极渔业实施管理。另外，南极科学研究委员会（SCAR）等国际组织于1976年即推出南极海洋生态系统及种群生物学调查计划（BIOMASS)，并于1980年至1985年间实施了2次大规模调查，对南极磷虾资源的评估结果为$6.5\times10^8\sim$

① 南极海洋生物资源养护委员会是集政治、法律和经济于一体的政府间国际组织，目前拥有25个正式成员。中国于2007年成为该组织的新成员，并从此享有南极海洋生物资源开发利用权利。

1.0×10^{9} t[7]，该结果展示了南极磷虾资源的巨大开发潜力。1991 年南极海洋生物资源养护委员会首次针对南极磷虾引入捕捞限额管理机制，依据南极海洋生态系统及种群生物学调查计划的调查结果将南大西洋西侧 FAO48.1～FAO48.3 三个渔业统计亚区的预防性捕捞限额设定为 1.5×10^{6} t，并进一步设定了一个 6.2×10^{5} t 的触发限额①，以避免局地过度捕捞。

（二）南极磷虾渔业规模的滞长期

1991 年苏联解体后，南极磷虾渔业规模大幅下降并进入十余年的滞长期，年产量在 1×10^{5} t 左右波动[2]；此阶段的主要磷虾捕捞国为日本、韩国、乌克兰、俄罗斯、波兰、智利等。

南极磷虾渔业规模的滞长并未阻止生产技术的进步。以日本为代表的船舶与捕捞技术经过不断革新，捕捞能力大幅提升，日产量由 50 t 左右提升到 200 t 左右[6]；产品类型也日趋多元化，涵盖了去壳虾肉和蒸煮磷虾等人类食用产品、冷冻原虾等游钓和水族饵料产品以及养殖饲料用磷虾粉等。与此同时，资源调查与渔业管理也在不断跟进。2000 年，南极海洋生物资源养护委员会针对 FAO48.1～FAO48.4 四个渔业统计亚区组织了 4 国南极磷虾资源声学调查，当时的资源量评估结果为 4.429×10^{7} t，并据此将预防性捕捞限额调升至 4×10^{6} t[8]。

（三）南极磷虾渔业新的发展期

为满足三文鱼养殖饲料的需求，在经过多年的研发储备之后，2006 年挪威以巨资改造的 5 000～9 000 吨级专业捕捞加工船进入南极磷虾渔业，船上配备了水下连续泵吸专利捕捞设备和船上虾粉、水解蛋白粉、磷虾油提取等精深加工设备。南极磷虾渔业在 1×10^{5} t 规模上徘徊了近 20 年后迅速回升，2010 年即超过 2×10^{5} t，2014 年又达到 3×10^{5} t[2]。同时以南极磷虾粉为添加剂的水产和宠物养殖饲料以及以南极磷虾油为主要成分的保健产品已在全球各大洲陆续上市，将南极磷虾资源开发利用打造成由创新性捕捞技术支撑、高附加值产品市场拉动、集捕捞和加工于一体的新型产业，南极磷虾渔业已进入一个全新的发展时期。2010 年南极海洋生物资源养护委员会利用其发展的新方法对 2000 年的调查数据进行了重新分析，并将南极磷虾资源量的评估结果修订为 6.03×10^{7} t，预防性捕捞限额也相应地调升至 5.61×10^{6} t[9]，但触发限额仍然维持未变。目前从事南极磷虾渔业的国家主要有挪威、韩国、中国、乌克兰、波兰、智利等。传统强国日本由于挪威高新专利技术与产品的出现和渔船老旧等问题于 2013 年暂时退出南极磷虾渔业。

挪威新型磷虾渔业的快速发展以及中国磷虾渔业的兴起推动了南极磷虾渔业新管理措施的出台。2009 年南极海洋生物资源养护委员会进一步将 6.2×10^{5} t 的触发限额在 FAO48.1～FAO48.4 四个亚区间做了分配，其中 FAO48.1 亚区因捕捞量达到 1.55×10^{5} t 的事实限额已连续 4 年提前关闭。同时南极海洋生物资源养护委员会于 2011 年即着手建立一种“反馈式”渔业管理机制[10]，其中常规性的南极磷虾资源调查研究将成为该管理机制的重要组成部分。

① 所谓触发限额，是指当南极磷虾捕捞量达到 6.2×10^{5} t 时，则触发新的管理机制，即须将三个亚区总的预防性捕捞限额进一步分配至更小的管理区域。其中 6.2×10^{5} t 是 FAO48.1～FAO48.3 三个亚区各自历史最高产量之和，该触发限额的设定是磋商谈判的结果，并非依据科学数据设定。

三、我国南极磷虾渔业面临的主要问题

我国自2009年年末进入南极磷虾渔业以来，历经了5年的艰苦努力，并取得长足的进步。单季渔船数量由2艘增加到4～5艘，磷虾捕捞年产量已达3×10^4～5×10^4 t[2]，渔船数量已达各国首位、捕捞产量已跻身第二集团；作业渔场由2个扩大到3个，作业时间由2个月延长至9个月，实现了主要渔场和作业季节的全覆盖；船载加工产品也在单一原虾冷冻产品的基础上增加了虾粉、去壳虾肉等产品。陆基磷虾油的提取也取得突破，并已形成多个产品，从海上捕捞到陆基高值利用的产业链雏形已显现。

然而我国的南极磷虾开发利用起步晚、底子薄，无论是船载捕捞加工技术装备还是陆基产品研发与市场开拓，与挪威等先进国家相比仍有很大差距。以捕捞产量最高的2014年计算，我国4船产量之和为5.4×10^4 t，仅为挪威3船1.66×10^5 t年产量的约三分之一[2]；产品方面，除产量规模较小的去壳虾肉外，其他产品库存积压严重。渔业规模和市场形成均发展缓慢，产业的维持困难重重。我国磷虾产业发展面临的问题涉及多个层面，以下仅就制约渔业生产的主要问题分析如下。

（一）制约我国南极磷虾渔业发展的工程技术问题

1. 捕捞技术与装备落后，渔业核心竞争力低下

捕捞技术是渔业资源开发产业源头的关键技术。挪威的水下连续泵吸捕捞技术针对南极磷虾集群性强、虾群延绵范围大的特点，利用吸泵和安装于囊网的柔性管道在水下即将拖网捕获的鲜活磷虾源源不断地输送至船上，从而避免了起放网的繁琐作业程序，既大大降低了劳动强度、节省了时间、提高了捕捞效能（日产可达500 t甚至更高），又保证了磷虾渔获的品质。在质和量两个方面均为渔获的后续加工提供了保障。

我国的磷虾渔船主要由鱼类拖网加工船略加改造而成，虽经5年的经验积累与渔具改进，单网次捕捞能力已逐步接近日本二手船的水平，但船载加工能力与捕捞能力不匹配的问题仍然非常突出，单船日产能仍仅为挪威先进渔船的二分之一，且劳动强度大、时间利用率低，渔业产能和效率毫无竞争力可言。

2. 加工技术与装备落后，产品种类与质量难以满足市场开发需求

作为目前海上主要产品的磷虾粉，我国仍缺少具有自主知识产权的加工设备，自行改造的磷虾船上使用的是略加改造的鱼粉生产线，生产效率低，虾粉出成率仅为国际先进水平的60%，并且加工工艺落后，虾粉质量低，有的甚至达不到提取虾油的质量要求，影响了产品的销售，进而影响了渔业的经济效益。

另外磷虾冷冻质量和磷虾脱壳技术装备水平也有待提高，海上产品的类型以及产品保鲜储运技术（如食用级抗氧化剂等）也亟待研发。

（二）制约我国磷虾渔业发展的渔场预测与渔业管理问题

1. 渔场渔汛预测能力不足，渔业生产缺少有效的科技支撑

南极高纬度海域作业条件艰苦，渔场气象条件瞬息万变，暴风雪和海冰冰山等形成的危机四伏，渔业安全生产面临常发性挑战；另外南极磷虾属浮游动物类生物，其渔场渔汛往往被海洋环境条件左右，加之浮冰的潜在影响，渔业生产的适宜性方面存在诸多不确定因素。

我国针对南极磷虾渔场的基础研究投入严重不足，渔场渔汛预测能力和渔场气象保障能力薄弱，适产渔场的搜寻以及恶劣气象的仓促应对降低了渔业的有效作业时间、进而影响了渔业的经济效率。

2. 磷虾资源研究投入不足，渔业管理缺少实质性话语权

南极海洋生物资源养护委员会的南极渔业管理是以科学为基础的预防性限额管理[11]，并对渔业活动实施严格的监管[12]。由于南极海洋生物资源养护委员会一直未能就 5.61×10^6 t的预防性捕捞限额在小尺度管理单元间的分配形成具体方案[12]，6.2×10^5 t 这一用于“触发”新的管理机制的临时性安排成为目前南极磷虾主要渔场的事实捕捞限额，致使部分渔场在渔情正好的情况下提前关闭，影响了南极磷虾渔业的正常发展。为此，南极海洋生物资源养护委员会近年正在集中研究建立反馈式渔业管理机制[10]，根据磷虾资源及其捕食者的状况对捕捞限额实施动态管理，其中对南极磷虾资源状况的及时了解成为该管理机制的关键因素。

以往，美国和英国等非磷虾捕捞国是南极磷虾资源的主要调查国；近年来挪威为争取主动也加入到磷虾资源调查研究之中。以上三国的调查尽管是常规性的，但其目前调查的时空范围均有限，尚难满足未来反馈式管理的实际需求。我国自进入南极磷虾渔业以来即利用渔船开展了渔场探捕调查，对渔场水文环境和磷虾资源概况积累了一定的认知，但离资源评估还有较大的距离，在调查技术规范上离南极海洋生物资源养护委员会的要求还有一定的差距。长此以往，我国将很难有效参与南极磷虾渔业的管理，我国的极地渔业也难有大的作为。

四、我国南极磷虾渔业发展的工程科技需求

（一）加强捕捞加工装备技术创新研究，提高产业核心竞争力

在南极磷虾渔业四十多年跌宕起伏的发展史中，成功的经验和失败的教训充分表明，创新是驱动南极磷虾产业发展的根本动力和唯一保障，专业性的捕捞加工装备与技术已成为现代南极磷虾渔业的基本特征。

我国依靠略加改造的传统远洋渔业捕捞加工船实现了南极磷虾渔业零的突破，为磷虾产业的发展积累了宝贵的经验基础；然而装备及产能不匹配、技术工艺落后的短板业已充分显现。针对南极磷虾资源特点、生化特性和产品市场需求等定向研发的专业性装备与技术已成为我国南极磷虾渔业发展的迫切需求。这些装备与技术包括但不限于专业磷虾捕捞船和极地渔业综合研究船的设计建造关键技术、南极磷虾高效生态捕捞装备与技术、高品质磷虾粉加工装备与技术、磷虾蛋白原料高效绿色加工装备与技术、磷虾产品高效保质储运技术等。

（二）开展渔场资源生态基础研究，促进极地渔业可持续发展

当前南极海洋生物资源养护委员会全力推进的反馈式渔业管理代表了一种先进的渔业管理理念[8]，但同时对南极磷虾渔业国的责任与义务也提出了更高的要求。另外南极磷虾是南极海洋生态系统的关键物种，企鹅、须鲸等诸多高营养级南极地区的代表性物种依赖南极磷虾生存[6]，南极磷虾资源的开发利用往往超越渔业自身而成为环境保护方面的政治话题。

我国是不断发展壮大的负责任渔业大国，加强渔场资源生态基础研究不仅可为南极磷虾渔业管理做出实质性贡献、切实支撑我国南极磷虾渔业的健康有序发展，还可提升人类对南极海洋生态系统的认知水平。相关研究包括南极磷虾资源探测评估与资源变动规律研究、中心渔场形成机制与气象保障技术研究、南极磷虾资源产出的关键过程及其对气候变化的响应研究等，提升资源掌控能力与渔业生产安全保障水平，促进极地渔业的可持续发展。

五、结语

科技创新是驱动产业发展的首要推动力量。加强专业性的捕捞加工技术装备创新研发既是改变我国南极磷虾渔业落后面貌的唯一出路，也是发展第二个远洋渔业、促进海洋渔业结构调整与产业升级、打造海洋生物战略性新兴产业的强大动力。与此同时，可持续发展是科学发展观的基本要求。积极开展渔场资源生态基础研究，既是有效参与南极海洋生物资源养护与渔业管理、促进我国极地渔业健康有序发展的重要抓手，也是履行成员义务、树立负责任渔业大国形象的时代需求。

参考文献

[1] 唐启升，赵宪勇，冷凯良，等．南极磷虾捕捞和开发产业［C］. 2014 中国战略性新兴产业发展报告，北京：科学出报社，2014.

[2] CCAMLR. CCAMLR statistical bulletin ［DB］. 2015.

[3] 中华人民共和国国务院．国务院关于促进海洋渔业持续健康发展的若干意见（国发〔2013〕11 号）［R］. 2013.

[4] MARR J W S. The natural history and geography of the Antarctic krill（*Euphausia superba* Dana）［R］. 1962.

[5] Agnew D J. Fishing South：The History and Management of South Georgia Fisheries ［M］. St. Albans：The Penna Press，2014.

[6] Everson I（ed）. Krill Biology，Ecology and Fisheries ［M］. Fish and aquatic resources series 6，Oxford：Blackwell Science，2000.

[7] 王荣，孙松．南极磷虾渔业现状与展望［J］. 海洋科学，1995（4）：28 - 32.

[8] CCAMLR. Report of the nineteenth meeting of the commission ［R］. CCAMLR，Hobart，Australia，2000.

[9] CCAMLR. Report of the Twenty - Ninth Meeting of the Commission ［R］. CCAMLR，Hobart，Australia，2010，73.

[10] SC - CAMLR. Report of the Thirtieth Meeting of the Scientific Committee ［R］. CCAMLR，Hobart，Australia，2011，78.

[11] Miller D. Sustainable Management in the Southern Ocean：CCAMLR Science ［C］. In Berkman P A，Lang M A，Walton D W H，and Young O R（eds）. Science Diplomacy：Antarctica，Science，and the Governance of International Spaces. Washington DC：Smithsonian Institution Scholarly Press，2011.

[12] 陈森，赵宪勇，左涛，等．南极磷虾渔业监管体系浅析［J］. 中国渔业经济，2013，31（3）：74 - 83.

Engineering Science and Technology Challenges in the Antarctic Krill Fishery

ZHAO Xianyong[1,2], ZUO Tao[1,2], LENG Kailiang[1,2], TANG Qisheng[1,2]

(*1. Key Laboratory for Sustainable Development of Marine Fisheries, Ministry of Agriculture, Yellow Sea Fisheries Research Institute Chinese Academy of Fishery Sciences, Qingdao 266071, China; 2. Function Laboratory for Marine Fisheries Science and Food Production Processes, Qingdao National Laboratory for Marine Science and Technology, Qingdao 266237, China*)

Abstract: Participating actively in the exploitation of Antarctic marine living resources is a new demand for the sustainable and healthy development of marine fishery. In this paper, the history and trend of international Antarctic krill fishery is presented, the major problems faced by Chinese Antarctic krill fishery analyzed, and relevant engineering and Sci - Tech suggestions proposed. The international Antarctic krill fishery has developed into a new industry supported by innovative fishing technologies and markets with high - value - added products, with both fishing and processing capacities. Developing Antarctic krill fishery can enhance China's distant water fisheries and contribute to the emerging industries concerning marine living resources. To achieve this goal, researches and innovation in fishing and processing equipment and technology should to be encouraged to improve the core competitiveness of fishing industry, whilst basic ecological researches on fishery resources are also needed to promote the sustainable development of Antarctic and polar fishery.

Key words: Antarctic krill; Engineering science and technology; Antarctic and polar fishery; Emerging industries

海洋产业培育与发展研究报告①（摘要）

唐启升，杨宁生 等 编著

内容简介： 本书是中国工程院于2011年年底启动的“战略性新兴产业培育与发展战略研究”重大咨询项目中“海洋战略性新兴产业培育与发展战略研究”课题的成果。书中针对培育和发展我国海洋战略性新兴产业的重要意义、海洋战略性新兴产业的内涵、海洋战略性新兴产业在国家战略性新兴产业中的地位、国外海洋战略性新兴产业发展的现状等问题进行了论述和分析，指出我国海洋战略性新兴产业发展的主要问题。同时，提出我国海洋战略性新兴产业发展的原则和目标、发展重点以及有关政策建议。

本书可作为海洋工程与科技相关的各级政府部门的参考用书，也可作为科技界、教育界、企业界及社会公众等的参考用书。

前 言

海洋是人类可持续发展的宝贵财富和战略空间，随着《联合国海洋法公约》制度的建立和经济全球化的深入发展，世界进入了加快开发利用海洋的时代。各国已经开始从国家近岸、近海逐渐向全球海域扩展。通过对海洋资源的开发利用，进一步发展本国经济，拓展本国战略利益，已成为世界海洋强国的共识。

我国一直高度重视对海洋的开发利用。党的十八大明确提出了“确保到二〇二〇年实现全面建成小康社会的宏伟目标”，同时也提出了要“提高海洋资源开发能力，发展海洋经济，保护海洋生态环境，坚决维护国家海洋权益，建设海洋强国”。这既是新时期海洋工作的指导方针，也为海洋事业的发展提出了新的要求。国务院2010年发布的《关于加快培育和发展战略性新兴产业的决定》中提出，要加快海洋生物技术及产品的研发和产业化；面向海洋资源开发，大力发展海洋工程装备；在生物、信息、航空航天、海洋、地球深部等基础性、前沿性技术领域，集中力量突破一批支撑战略性新兴产业发展的关键共性技术等。这标志着海洋已经成为国家发展战略性新兴产业的一个重点领域。

近10年来，我国海洋经济保持平稳较快发展，年均增长率持续高于同期国民经济增速。海洋总产值、海洋产业增加值每年以高于同期国民经济增速的速度增长，平均每年海洋总产值对全国GDP的贡献率超过9%。2013年全国海洋生产总值为54 313亿元，比上年增长7.6%，占GDP的9.5%，其中，海洋产业增加值为31 969亿元，海洋相关产业增加值为22 344亿元。这些数据表明，海洋经济对我国经济发展的带动作用日益增强。

为了充分认识和把握战略性新兴产业的发展规律，遴选并找准培育和发展战略性新兴产

---

① 本文原刊于《海洋产业培育与发展研究报告》，ⅴ-ⅷ，78－80，科学出版社，2015。

业的突破口，探索政府与企业协同推进战略性新兴产业的新路径，中国工程院于2011年年底启动了“战略性新兴产业培育与发展战略研究”重大咨询项目。“海洋战略性新兴产业培育与发展战略研究”是该项目13个研究领域中的一个。

在项目组的统一组织领导下，我们组织了我国海洋领域的有关专家、学者，针对培育和发展我国海洋战略性新兴产业的重要意义、海洋战略性新兴产业的内涵、海洋战略性新兴产业在国家战略性新兴产业中的地位、国外海洋战略性新兴产业发展的现状、我国海洋战略性新兴产业发展的主要问题、我国海洋战略性新兴产业发展的原则和目标、我国海洋战略性新兴产业的发展方向和重点等一系列问题展开了研究。课题组在对大量的国内外文献进行梳理、分析的基础上，深入一线调研，召开学术研讨会，听取了有关专家的意见和建议等。我们还随同项目组对广东、重庆等省市战略性新兴产业的培育与发展情况进行了实地调研，考察主要相关企业的发展情况，参加了“广东省战略性新兴产业发展座谈会”、“中英战略性新兴产业研讨会”等活动。2013年11月第十五届中国国际高新技术成果交易会期间，在由国家发展和改革委员会、科学技术部、工业和信息化部、财政部、清华大学联合主办的战略性新兴产业报告会上，我们还汇报了课题的主要研究成果。经过近两年的努力，完成了课题研究任务。

我们研究的结论是：我国海洋战略性新兴产业发展的基础较好、潜力巨大，但与发达国家相比，科技、产业基础相对薄弱，整体发展水平还不高，政策保障体系尚不完善。要达到快速发展，实现质的飞跃，还面临着诸多制约因素：一是科技水平相对落后；二是高端装备制造能力不强；三是资金投入不足；四是产业化瓶颈突出；五是服务支撑体系不完善。基于此，我们提出了五点建议：一是重视海洋经济发展，整体提升海洋产业的战略地位；二是优化海洋产业结构，加快海洋开发步伐；三是加快海洋科技创新体系建设，提高海洋科技自主创新能力；四是以重大工程和重点项目为支撑，培育海洋战略性新兴产业体系；五是合理配置资源，协调海洋经济发展与环境保护。

课题研究任务的圆满完成是多位专家努力和辛勤劳动的结果，在此深表谢意。其中：唐启升院士为课题组组长，金翔龙院士、吴有生院士、周守为院士、孟伟院士、管华诗院士为课题组副组长。课题总报告最后由唐启升、杨宁生、仝龄、赵宪勇、张元兴、李清平、李大海、刘晃、王传荣、赵泽华、杨占红、姜秉国等执笔，唐启升审稿。

本书由于专业面广，涉及的领域多，书中难免存在疏漏和不足之处，敬请读者批评指正。

目　录

第九章　中国海洋战略性新兴产业发展的对策建议

一、重视海洋经济发展，整体提升海洋产业的战略地位

进入21世纪，海洋再度成为世界关注的焦点，海洋的国家战略地位空前提高。如何对海洋强国的内涵再认识、再定位，坚持“以海兴国”的民族史观，使中国崛起于21世纪的海洋，是事关中华民族生存与发展、繁荣与进步、强盛与衰弱的重大战略问题。实现由海洋大国向海洋强国的历史跨越，是时代的召唤，也是中华民族走向繁荣昌盛的必由之路。党的十八大指出，要“提高海洋资源开发能力，发展海洋经济，保护海洋生态环境，坚决维护国家海洋权益，建设海洋强国”，这既是新时期海洋工作的指导方针，同时也对海洋事业的发展提出了新的要求。因此，我们必须重视海洋经济发展，整体提升海洋产业的战略地位。

二、优化海洋产业结构，加快海洋开发步伐

海洋战略性新兴产业是基于国家开发海洋资源的战略需求，以海洋高新技术发展为基础，具有高度产业关联和巨大发展潜力，对海洋经济发展起着导向作用的各种开发、利用和保护海洋的生产和服务活动。海洋战略性新兴产业是我国战略性新兴产业的重要组成部分，而不是战略性新兴产业在海洋领域的简单延伸。海洋战略性新兴产业的发展在一定程度上影响着战略性新兴产业发展的成效，在很大程度上关系着全国，特别是东部沿海地区发展方式转变的成败。目前要加大对海洋生物产业、海洋能源产业、海水利用产业、海洋制造与工程产业、海洋物流产业、海洋旅游业和海洋环保产业等七大产业的培育和发展力度，编制专门的海洋战略性新兴产业发展规划，确定发展目标、重点领域、主攻方向和产业区域布局等，出台针对专门领域产业的国家标准和相关扶持政策。

三、加快海洋科技创新体系建设，提高海洋科技自主创新能力

进一步加强海洋科学技术的研究与开发，培养海洋科学研究、海洋开发与管理、海洋产业发展所需要的各类人才，加快产学研一体化发展，充分发挥科技进步对海洋经济发展的带动作用；设立战略性新兴产业投资基金，组织开展重大科技攻关，以实施重大科技专项为契机，解决制约深海产业发展的前沿性技术、核心技术和关键共性技术难题；建立军民融合的海洋科技和装备开发体系，结合军民两方面的科研资源，突破海洋开发中所需要的重大关键技术和装备；依托创新型大集团，由产业链上的企业、科研机构和相关院校等建立技术创新产业联盟；通过政策引导，拓展海洋战略性新兴产业的投融资渠道，吸引企业资金、金融资本、社会资本和风险投资等加大投入，支持有条件的企业上市融资；建立有利于海洋人才培养的硬环境，培育一大批能适应未来高技术产业发展需要的科技和企业带头人；开展与国际组织、跨国公司的合作设计、合作制造，掌握关键设备的生产技术和科研动态等。

四、以重大工程和重点项目为支撑，培育海洋战略性新兴产业体系

以建设海洋强国为基本目标，国家经济社会发展和维护国家海洋权益的需求为导向，实施海洋水下观测系统与工程、海洋绿色运载装备工程、深水油气勘探开发工程、蓝色海洋食物保障工程、河口环境保护工程、海洋岛礁现代开发工程等海洋工程科技创新重大专项，突破国际海底洋中脊资源环境观测、深海天然气水合物目标勘探与试采、海洋药物与生物制品开发、海洋生态文明建设等一批对于发展海洋经济、保护海洋生态环境和维护我国海洋权益有重要应用价值的关键技术，构建海洋工程科技发展平台，全面提升我国海洋工程科技水平，为“认知海洋、使用海洋、养护海洋、管理海洋”提供强有力的工程科技支撑，为发展海洋经济奠定坚实的科学技术基础。与此同时，加快海岸带、中国海域及大洋资源的开发利用，加快港口经济和区域经济的发展步伐，建立海洋战略性新兴产业的中试基地。由海洋科研机构、企业、政府联合进行中试，降低企业风险；在沿海地区建立一批国家级海洋高新技术产业园区和海洋兴海基地，精心打造产业链条，更好地发挥龙头带动和区域辐射作用，开拓国内外市场，推动海洋战略性新兴产业健康发展。

五、再造中国海洋生态的良性循环

我国海洋开发中资源浪费、环境污染、生态环境破坏严重，当前十分紧迫的任务是海洋生态环境的整治与保护。我们必须坚持科学发展观，提倡海洋经济发展与环境保护协调，遏制海洋污染，防御海洋灾害，加强海洋生态环境的修复工作，建立良性海洋生态系统，以保障海洋资源被人类永续利用。中华民族要走向世界，实现和平崛起，必须彻底改变重陆轻海的传统意识，牢固树立新的海洋价值观、海洋国土观、海洋经济观。为此，我们要向全民普及海洋知识，宣传海洋文化，培养海洋意识，在宏观层面制定国家总体海洋发展战略，明确国家海洋产业、海洋区域发展的目标和任务，形成有资金、政策、法律、管理支撑的海洋开发战略体系。

高端装备制造产业篇：海洋装备产业①

唐启升，张信学，赵泽华，朱心科，赵宪勇

内容提要： 2012 年《规划》将“海洋工程装备产业”列入“高端装备制造产业”的重点发展方向之一。依托中国工程院“战略性新兴产业培育与发展”咨询项目海洋装备领域课题组的研究，本章将主要围绕海洋油气装备，水下运载、作业及通用技术装备，海洋探测/监测装备，海洋采矿装备以及南极磷虾产业装备，对我国海洋高端装备产业的发展进行阐述。

海洋高端装备是海洋开发过程中所使用的各种装备的统称。海洋高端装备具有知识技术密集、物资资源消耗少、成长潜力大、综合效益好等特点，是发展海洋经济的先导性产业，是战略性新兴产业的重要组成部分。目前，我国在以海洋油气装备为代表的海洋高端装备领域取得了较大的进步和突破，已形成一定的产业规模，但产业链还不完善，在研发设计、关键配套、产品体系等领域方面与国际先进水平相比仍存在较大差距。21 世纪是海洋的世纪，海洋已经成为当今沿海格局竞争的焦点，海洋经济也已上升到国家战略高度，海洋高端装备产业面临广阔的发展空间。目前，国家发展改革委等有关部门正积极部署，并通过一系列配套政策和措施支持和培育相关领域的发展。

1　海洋高端装备产业发展现状和趋势

1.1　海洋高端装备产业的基本概念与范畴

本书中海洋高端装备是指海洋开发过程中所使用的各种装备，现阶段主要是指海洋工程装备。海洋工程装备主要是指海洋资源（包括海洋油气资源、生物资源和深海资源）勘探、开采、加工、储运、管理、后勤服务等方面的大型工程装备和辅助装备，是人类开发、利用和保护海洋活动中使用的各类装备的总称。目前，海洋油气装备产业是海洋高端装备产业中市场规模较大、产业发展较为成熟的产业[1]。

海洋高端装备产业是战略性新兴产业的重要组成部分，也是高端装备制造产业的重要方向，具有知识技术密集、物资资源消耗少、成长潜力大、综合效益好等特点，是发展海洋经济的先导性产业。

1.2　海洋高端装备产业发展现状

世界海洋（油气）工程装备产业形成了“欧美设计及关键配套＋亚洲总装制造”的整体产业格局。欧美公司垄断着海洋工程总包、装备研发设计、平台上部模块和少量高端装备总装建造、关键通用和专用配套设备集成供货等领域，并垄断了海洋工程装备运输与安装、水

① 本文原刊于《中国战略性新兴产业发展报告》，231－241，科学出版社，2013。

下生产系统安装、深水铺管作业市场，处于整个海洋工程产业价值链的高端。亚洲是目前世界海洋工程装备总装建造基地，韩国、新加坡、中国和阿联酋是主要建造国。近年来，巴西等国也依托本国海洋油气开发需要，积极进入海洋工程装备建造领域。

1.2.1 我国海洋工程装备产业现状

目前，我国已基本具备浅水油气装备的自主设计与建造能力，具备较强国际竞争力的产品有自升式钻井平台、半潜式钻井平台、FPSO（floating production storage & offloading，即浮式生产储存卸货装置）、中小型平台供应船和中小型三用工作船等。近两年，我国在半潜式钻井平台、钻井船等深水海洋工程装备领域也取得了突破，初步具备了设计与建造能力[2]。

我国已初步形成环渤海、长三角、珠三角三大海洋工程装备聚集产业区，涌现出中国船舶重工集团公司、中国船舶工业集团公司、中远船务工程有限公司和中集来福士等若干具有竞争力的企业（集团）。目前，中央企业在我国海洋工程装备产业居于主导地位，外资和民营造船、石油装备和机械制造企业也积极进入。

1.2.2 与国际先进水平的主要差距

与欧美技术强国，以及韩国、新加坡等建造强国相比，我国海洋工程装备产业技术实力仍然薄弱，主要体现在以下几个方面：

（1）产品结构未成体系。现阶段在海洋工程装备产品结构方面，国内各企业产品竞争领域重叠较为严重，早期以中低端装备为主，主要集中在浅水和低端深水装备领域，近几年开始涉足高端装备建造，钻井装备实力相对较强，生产装备实力较弱，LNG-FSRU（液化天然气浮式储油再液化装置）、LNG-FPSO（液化天然气浮式生产储卸装置）等高端生产装备设计建造基本空白。

（2）设计研发能力薄弱。目前，我国海洋工程装备的研发设计基本局限于浅海，深水海洋工程装备的设计能力薄弱，设计技术严重依赖国外，拥有自主知识产权的海洋工程装备较少，核心技术研发能力较弱。

（3）关键配套能力欠缺。我国海洋工程装备的配套能力不足，高端配套产品完全由国外巨头公司控制，关键核心配套系统与设备严重依赖国外。

（4）渔业装备落后，亟须更新升级。当前，我国海洋渔业装备十分落后，亟须推进装备的自主研发与升级更新能力，提升近海渔业的环境友好性和远洋渔业的核心竞争力。

1.3 海洋高端装备发展基本趋势

1.3.1 海洋油气装备

“十一五”期间，世界海洋油气装备产业年均市场规模仅为同期世界造船产业年均市场规模的1/3，开始成为主要造船国竞相发展的高端产业。进入“十二五”后，海洋工程装备市场快速兴起，2011年全球包括钻井装备、生产装备、海洋工程船舶和少量配套设备在内的海洋工程装备订单金额高达690亿美元[3]，超过同期船舶市场规模，成为世界船舶工业新接订单的主要来源。

1.3.2 水下运载、作业及通用技术装备

目前，世界各国均投入了大量的人力和物力开展大型海洋装备的研制，以构成覆盖不同水深、从水面支持母船到水下运载作业装备的完整的装备体系。国际上水下运载装备、作业装备、配套设备及其通用技术已形成产业，有诸多提供各类技术、装备和服务的专业生产厂商，已形成了完整的产业链。

当前，水下运载器已成为最重要的探查和作业平台，其正朝着实用化、综合技术体系化方向发展，且功能日益完善。发展多功能、实用化遥控潜水器、自治水下机器人、载人潜水器和配套作业工具，实现装备之间的相互支持、联合作业、安全救助，能够顺利完成水下调查、搜索、采样、维修、施工、救捞等任务，已成为国际水下运载器的发展趋势。

在深海通用技术方面，海洋发达国家都战略性地规划、建立了一批相关企业，专门开展深海通用技术的研发和产品支持，如美国 Emerson 公司的浮力材料、美国圣地亚哥地区的通用技术产业群等。国际深海通用技术已形成产业，有诸多提供各类技术和基础件的专业厂商为水下装备的开发提供专业、可靠、实用的技术和基础件，保证了水下装备的整体可靠性和实用性。现在，国际上的深海通用技术正朝着更高性能、更加完整、更高水平的方向发展。

1.3.3 海洋探测/监测装备

国外海洋监测网络在覆盖范围、监测要素和实时性等方面具有比较突出的优点，而且监测设备技术先进、实时性强、自动化程度高。其主要特点和发展趋势有以下几个方面：

（1）已建成技术集成度高、监测能力较强的业务系统网络。对本国海岸沿线专属经济区实现了实时监测，对国际重要海上通道和重点区域有一定的监测能力。

（2）重点海域隐蔽、智能化、移动观测技术［如自动海底车（autonomous underwater vehicle，AUV）］成熟，波导、内波、水声等水下海洋监测能力满足军事需求。

（3）注重积累重要海域长周期断面、剖面观测数据，大量使用潜标、浮标。

（4）海洋监测仪器装备研发能力强，产品更新快，基本实现了海洋环境的立体实时监测。

1.3.4 海洋采矿装备

当前，国际上展开了对多金属结核开采技术的研究。比较成功的是水力（水气）管道提升式系统，由海底采矿机、长输送管道和水面支撑系统构成。美国已完成了 5 500 米级多金属结核采矿的技术原型及中试研究，一旦时机成熟，便能组织工业性试验并投入商业开采。

1.3.5 南极磷虾产业装备

国际上南极磷虾的捕捞技术越来越专业化和“绿色化”，如拖网设计在提高捕捞效率的同时还特意考虑到减少对海洋哺乳类及鸟类的误捕。近年，挪威成功研发了水下泵吸连续捕捞技术，网具捕获的磷虾在水下即由吸泵源源不断地传送至船上，生产效率和磷虾产品质量均大大提高。另外，日本的南极磷虾去壳设备以及挪威的南极磷虾油提取设备也大幅度提高了产品的附加值和磷虾渔业的效益。

2 海洋高端工程装备产业技术现状与发展方向

2.1 常规油气装备功能呈现“四化”趋势

当前，海洋工程装备技术发展趋势从功能上主要体现在以下几个方面：一是深水化。随着海洋油气开采领域的扩展和水深的不断加大，海洋油气工业面临新的工程、技术、装备挑战，向深海领域发展是大势所趋，部分深水、超深水装备适应水深将达到 3 000～4 000 m[4]，不断创造新的纪录。二是大型化。海上装备甲板可变载荷、平台主尺度、载重量、物资储存能力等各项指标都向大型化方向发展，以增大作业的安全可靠性、全天候的工作能力（抗风暴能力）和长自持能力。三是环保化。在海洋工程装备制造中大量使用环保新材料、新技术，海洋工程装备的环保性能将受到更加严格的监管。四是自动化。随着科技的发展，海洋工程装备所使用的各种设备趋于集成化和智能化。此外，新型深水装备及前沿技术不断发展，探索性的交叉型平台新概念不断涌现。

2.2 水下运载、作业及通用技术装备还处于起步阶段

我国已具有一定的水下运载技术研发能力，通过国家“九五”“十五”“十一五”期间的持续支持，先后自主研制或与国外合作研制了工作深度从几十米到 6 000 m 的多种水下装备。在这些水下运载器的研制过程中，通过引进消化吸收国外先进技术，提升了与之相关的制造和加工能力。

我国各类深海取样设备大部分还处于研制和海试阶段，只有少数投入了实际应用。例如，深海电视抓斗和深海浅层岩芯取样钻机完成了多个航次的调查任务，已作为“大洋一号”科考船上的常规装备投入应用。然而，由于我国缺乏深海作业机器人，载人潜水器还处于试验阶段，限制了依靠深潜器使用的取样设备的发展和应用。

深海通用技术落后是我国深海高技术落后的主要根源之一，主要原因有：一是品种繁杂，难以产业化；二是长期缺乏国家的支持与投入；三是没有系统的研发机制与计划；四是缺乏基本的海试条件支撑。

尽管经过十多年的努力，我国的水下运载及作业技术有了突破性的进展，但是我国的深海技术和装备还处于起步阶段，与先进国家相比，在面向深海的装备技术方面还存在一定差距。尤其是大量关键核心装备与技术依然依赖进口，而引进又存在着技术封锁和贸易壁垒。

2.3 海洋探测/监测与发达国家差距明显

在海洋探测/监测方面，我国与发达国家的差距还很明显，尤其是在稳定性、可靠性、系列产品等方面差距较大。按国家统计局和有关行业部门的统计，国外公司的仪器仪表中档产品以及许多关键零部件占据了国内 60%以上的市场份额[5]，我国大型和高精度的仪器仪表及海洋仪器几乎全部依赖进口，自主技术装备目前只能满足海洋监测需要的 10%左右[6]。我国国家防灾减灾、海洋环境监测、军事海洋环境保障等系统的建设发展迅速，从“十一五”的情况来看，每年以超过 20%的速度增长。目前，我国海洋环境全面实时监测体系尚在规划建设中，监测数据和信息远不能满足国家大发展的需要。自主海洋监测仪器装备性能低、品种少、与世界先进水平差距大，具体表现在以下五个方面：

（1）监测海域有限，监测区域不能覆盖第一和第二岛链海域，基本上没有深远海水下环境监测能力，缺乏长期剖面立体观测数据。

（2）缺乏应对海上突发事件的海洋环境应急机动保障能力，海洋环境预报保障能力薄弱，没有对重点海域进行隐蔽观测的智能化水下移动观测平台。

（3）海洋环境数据通信能力弱，主要依赖国外卫星，水下组网观测和数据实时通信技术尚待突破。

（4）国内监测仪器装备性能低、品种少，与世界先进水平差距大，主要海洋监测仪器装备依靠进口。

（5）没有专门从事海洋监测仪器装备生产的公司和企业，仪器制造生产尚不规范。

2.4　深海采矿装备的研制亟待加强

我国深海固体矿产资源开采技术的研究与发展，不论是与目前先进工业国家的水平还是与未来商业开采的要求都存在很大的差距。国外 20 世纪 70 年代末便完成了 5 000 m 水深的深海采矿试验，我国 2001 年才进行 135 m 深的湖试[7]，而且实际上湖试的采集和行走技术验证并不充分。在钴结壳开采技术研究方面，我国对提出的一些采集和行走技术方案仅进行了一些原理验证性试验而尚未进行实物试验，对海底多金属硫化物资源开采技术的研究基本上还是空白，对钴结壳和海底硫化物矿开采方式的研究亦尚未进行。就钴结壳开采的特殊性而言，其采集装置和行走装置对复杂地形的适应性等问题还需要深入地研究。这些都表明，我国对深海固体矿产资源的开采关键技术的研究还不深入、不充分，亟待加强。

我国在“八五”期间正式展开对深海固体矿产资源开采技术的研究，研究对象为深海多金属结核的开采。这期间，我国对水力式和复合式两种集矿方式以及水气提升与气力提升两种扬矿方式进行了试验研究，并在集矿与扬矿机理、工艺和参数方面取得了一系列研究成果，积累了一些经验。“九五”期间，我国在此基础上进行了进一步改进与完善，完成了部分子系统的设计与研制，并成功研制了履带式行走、水力复合式集矿的海底集矿机。“十五”期间，我国深海采矿技术研究以 1 000 m 海试为目标，完成了“1 000 m 海试总体设计”和集矿、扬矿、水声、测检等水下部分的详细设计，研制了两级高比转速深潜模型泵，采用虚拟样机技术对 1 000 m 海试系统动力学特性进行了较为系统的分析[8]。

2.5　极区海洋油气开采有望逐步提上日程

北极有丰富的石油和天然气资源，随着气候条件的变化和开采技术的发展，北极海上开采活动将不断增加，适应恶劣和极区环境的浮式油气开发装备将得到进一步发展。

与传统设施不同，北极地区海面设施的基础将采用特殊的解决方案，恶劣的北极环境要求对油田开采钻探船及生产设施进行特殊设计，因此将增加油田开采的成本。在寒冷气候条件下需要使用符合强度等级的材料，相关的钻井装备和生产装备将需要采用新型高强度钢以提高抗脆性和抗损伤能力。未来人们将针对寒冷气候研发疏水性油漆和绝缘涂料，这类新材料具有防腐蚀、防结冰或除冰特性，同时能承受剧烈的温度变化。为保证北极环境下勘探和开采中装备的安全性和实用性，需要制定可靠的规范和质量标准。三星重工于 2007 年 11 月向瑞典交付了一艘能工作于极地海域、钻井深度达 11 000 m 的钻井船，可适应未来北冰洋航区的发展需求[9]。随着全球越来越关注北极地区的石油和天然气开采活动，研究、开发和建造适合北极作业的装备将成为必然趋势。

2.6　南极磷虾产业技术与装备日趋成熟

南极磷虾渔业装备的发展趋势主要体现在大型化、专业化、高效化与集成化等方面。近万吨级的专业磷虾捕捞加工船已屡见不鲜，磷虾船队逐步成为集捕捞与加工于一体的海上流动"工厂"。例如，挪威的南极磷虾专业渔船采用了创新性的水下泵吸连续捕捞技术，生产效率较传统拖网作业几乎翻番；在加工方面则集成了鱼粉加工、水解蛋白及虾油提取等多条生产线，已将南极磷虾渔业打造成由高效捕捞技术支撑、集捕捞与精深加工于一体的新型磷虾渔业。

磷虾油精炼及软胶囊制备技术与设备日臻成熟，以磷虾为原材料的国际型高技术企业正在不断地发展与壮大。

3　海洋高端工程装备产业战略布局与发展重点

未来十年，是我国海洋工程装备产业快速发展的关键时期，我们应抓住全球海洋资源勘探开发日益增长的装备需求契机，加强技术创新能力建设，加大科研开发投入力度，大幅度提升管理水平，以实现我国海洋工程装备产业跨越发展。

3.1　产业战略布局

鉴于海洋工程装备制造业所具有的特点以及产业现状，其发展思路应同时兼顾国家需求和产业需求、产业和技术等层面。总体发展思路为：针对我国深远海、大洋及海底资源勘探和开发，深远海科学研究，深海工程作业，海洋环境保护，海洋服务等国家战略需求和市场需求，以技术成熟度高、市场需求量大的装备为重点，发展深海运载和探测技术、深水作业和保障关键技术、海洋环境观测/监测技术等，大力培育和发展海洋高端工程装备制造业，扩大产业规模，提高产业集中度，培育一批知名企业。

3.2　产业发展重点

3.2.1　主力海洋工程装备

主力海洋工程装备是指量大面广、占市场总量80%以上的海洋工程装备，主要包括物探船、工程勘察船、自升式钻井平台、自升式修井作业平台、半潜式钻井平台、半潜式生产平台、半潜式支持平台、钻井船、FPSO、半潜运输船、起重铺管船、风车安装船、多用途工作船、平台供应船等。应重点突破自主开发设计的关键核心技术，具备概念设计、基本设计和详细设计能力。

3.2.2　新型海洋工程装备

新型海洋工程装备是指近年来国际上新发展起来的、我国目前尚处于空白状态的、有广阔市场前景的海洋工程装备，主要包括LNG-FPSO、深吃水立柱式平台（SPAR）、张力腿平台（tension leg platform，TLP）、浮式钻井生产储卸装置（floating，drilling，production，storage and off loading vessel，FDPSO）、自升式生产储卸油平台、深海水下应急作业装备及系统，以及其他新型装备。应重点突破总装建造技术，逐步提升集成设计能力，填补国内空白。

3.2.3 关键配套设备和系统

关键配套设备和系统是指海洋工程平台和作业船的配套系统和设备，以及水下采油、施工、检测、维修等设备，主要包括自升式平台升降系统、深海锚泊系统、动力定位系统、FPSO单点系泊系统、大型海洋平台电站、燃气动力模块、自动化控制系统、大型海洋平台吊机、水下生产设备和系统、水下设备安装及维护系统、物探设备、测井/录井/固井系统及设备、铺管/铺缆设备、钻修井设备及系统、安全防护及监测检测系统，以及其他重大配套设备。应重点突破系统集成设计技术、系统成套试验和检测技术、关键设备和系统的设计制造技术等。

3.2.4 4 500 m级深海载人潜水器

在7 000 m载人潜水器研制基础上，重点突破总体设计、超大潜深耐压结构设计与安全性评估、生命支持系统技术，综合保障技术，系统集成、制造、运行、风险评估与控制技术，4 500 m级浮力材料、大直径耐高压钛合金球壳设计及制造工艺技术，长效高密度电池技术，实现水密接插件、水下电机、水下推进系统、液压系统、长距离高速声学通信等关键技术或部件的国产化，开发4 500 m级深海载人潜水器，实现国产化、低运行成本和高可靠性。

3.2.5 系列小型化、低成本、远程水下运载器

针对国际海底资源的探查和开发以及深海探测需求，开发系列小型化、低成本、远程水下机器人及新型远程水下滑翔器，为深海地形地貌和资源勘查、海洋环境探测提供技术手段，与载人潜水器、遥控潜水器联合构成用于深海资源勘查、开采的通用深海作业体系。

3.2.6 监测、勘探技术与装备

重点发展海底资源勘探、采样和评价技术与装备，水下组网技术，水下移动观测平台技术，海底极端环境监测、探查技术与装备，深海观察及运载技术与装备，海洋勘探、开采的防污与封闭等装备。

3.2.7 南极磷虾产业技术与装备

南极磷虾渔业技术与装备包括专业磷虾捕捞加工船、专用高效与环境友好型捕捞渔具等；磷虾加工技术与装备包括磷虾去壳、采肉技术设备，磷虾粉加工及虾粉颗粒制备技术与装备，磷虾油的提取、精炼及虾油胶囊制备技术与装备等。

4 促进海洋高端装备产业发展的政策取向

4.1 海洋高端装备产业存在的问题与制约因素

4.1.1 自主创新能力不足

我国海洋工程装备基本处于跟踪研仿状态，技术原始创新能力不足，具备自主知识产权

的产品较少。现有海洋工程装备产品主要是进行后期生产设计，概念设计和核心技术基本来自国外，LNG－FPSO、FDPSO、LNG－FSRU 的研发技术储备不足。这严重制约了我国海洋工程装备的研制水平，削弱了国际竞争力，对持续发展造成巨大威胁。

4.1.2 科研成果转化不畅

海洋高技术研发成果转化缺乏有效机制和平台，缺乏国家级公共试验平台和基地，且应用机制不健全；工程化和实用化进程缓慢，不能满足海洋装备研发的需求，且海洋科学技术研究与产品开发和产业化没有形成良好的互动机制，这些都严重影响了我国海洋技术的产业化进程。

4.1.3 产业体系尚不完备

目前，我国海洋工程装备产业主要是总装建造，上下游产业链不够完整，主要表现为海洋工程装备的自主研发设计和自主配套能力严重不足，海洋工程装备的总承包能力和国际油田服务能力不足。

4.1.4 高级专业人才缺乏

海洋科学技术涉及的学科范围广泛，需要一批懂科学、懂设计，熟悉制造工艺和试验程序，能利用、集成各种新原理、新概念、新技术、新材料和新工艺等最新科技成果的专业人才，但目前我国海洋工程装备的高级专业人才和复合型人才严重短缺，不能适应海洋装备与科技发展的需要。

4.2 政策取向

4.2.1 鼓励研究开发和创新

鼓励企业加大对海洋工程装备的研发投入和对创新成果产业化的投入，鼓励国内企业开展海外并购，与有实力的国际设计公司合资合作。推动国际海洋工程装备技术转移，鼓励境外企业和研究开发、设计机构在我国设立合资、合作研发机构；推动建立由项目业主、装备制造企业和保险公司共担风险、共享利益的重大技术装备保险机制。

4.2.2 推动建立产业联盟

组织和引导行业骨干研发机构、制造企业，联合检验机构、用户单位等，建立海洋工程装备产业联盟，形成利益共同体，在科研开发、市场开拓、业务分包等方面开展深入合作。引导“产、学、研、用”相结合，鼓励围绕产业技术创新链开展创新，推动实现重大技术突破和科技成果产业化。鼓励总装建造企业建立业务分包体系，培育合格的分包商和设备供应商，推动“专、精、特、新”型中小企业的发展。

4.2.3 不断完善产业结构

加强产业统筹规划和政策导向，在产能建设、行业协作、产业布局、创新发展等重要领域和关键环节，发挥政府的宏观引导和协调作用，统筹现有设施和新建能力，坚持设计、制造、总装和配套同步发展。大力开展自升式平台升降系统、锁紧装置、自升式钻井平台伸缩式悬臂梁、深海锚泊系统、动力定位系统、FPSO单点系泊系统、大型海洋平台电站、燃气动力模块、自动化控制系统、大型海洋平台吊机、水下生产设备和系统、水下设备安装及维护系统、大速比双机并车齿轮箱、液压系统和水下采油树等海洋工程关键配套设备的研发。

4.2.4 打造一流人才队伍

鼓励优势企业走出去，积极参与境外相关产业的合资合作，充分利用各种有利的国际资源，提高企业的国际竞争力。改革和完善企业分配和激励机制，积极营造人才发展的良好环境，创造条件吸引海外有专长的工程技术专家、学者来国内工作。依托创新平台的建设和重大科研项目的实施，积极培养具有跨专业学科研发能力的领军人才。

参考文献

[1] 国家发展和改革委员会，科学技术部，工业和信息化部，等．海洋工程装备产业创新发展战略，2011.
[2] 工业和信息化部．海洋工程装备制造业中长期发展规划，2012.
[3] 赵泽华，王颖，吴凯，等．世界海洋工程装备产业研究报告（2011—2012）．中国船舶重工集团公司经济研究中心，2012.
[4] 李国荣．我国深水石油钻采装备现状及发展建议．石油机械，2009，(8)：87-91.
[5] 高建．2011—2015年中国仪器仪表行业投资分析及前景预测报告．中报信德产业研究中心：3-5.
[6] 连琏．海洋工程：聚焦深海的战略选择．经济日报，2010-08-20.
[7] 李昭．首次中国大洋工作会议召开宣贯“十二五”规划．中国网，2012-02-10.
[8] 王运敏．现代采矿手册（下）．北京：冶金工业出版社，2012.
[9] 上海科学技术情报研究所．世界海洋工程装备发展趋势．上海情报服务平台，2010-09-26.

缩略词表

FPSO：floating production storage & offloading，即浮式生产储存卸货装置
LNG：liquefied natural gas，即液化天然气
LNG-FSRU：LNG-floating storage and regasification unit，即液化天然气浮式储油再液化装置
LNG-FPSO：LNG-floating production storage and offloading，即液化天然气浮式生产储卸装置
AUV：autonomous underwater vehicle，即自动海底车
SPAR：spar（圆材，桅）的引申意，即深吃水立柱式平台
TLP：tension leg plat form，即张力腿平台
FDPSO：floating，drilling，production，storage and offloading vessel，即浮式钻井生产储卸装置

二、环境友好型水产养殖业发展战略

关于促进水产养殖业绿色发展的建议[①]

徐匡迪，唐启升，刘旭，朱作言，桂建芳，麦康森，孟伟，吴有生，
邓秀新，管华诗，赵法箴，林浩然，曹文宣，徐洵，刘秀梵，南志标，
张元兴，刘英杰，方建光，王清印，李钟杰，徐皓，邴旭文，庄志猛，杜军

中国是世界上最早认识到水产养殖将在现代渔业发展中发挥重要作用的国家。自 1958 年《红旗》杂志发表“养捕之争”的文章，经过半个世纪的探索、实践和创新，特别是 1986 年《渔业法》确定了“以养为主”的渔业发展方针，中国水产养殖实现了跨越，引领了世界水产养殖的发展，成就举世瞩目。联合国粮农组织高度赞扬了中国水产养殖贡献：“2014 年是具有里程碑意义的一年，水产养殖业对人类水产品消费的贡献首次超过野生水产品捕捞业”，“中国在其中发挥了重要作用”，产量贡献在“60%以上”。2016 年中国水产养殖产量达 5 150 万 t，占渔业总量 75%。

为了推动水产养殖业进一步发展和现代化建设，自 2009 年以来，中国工程院组织相关院士专家，围绕水产养殖可持续发展、创新发展、环境友好和健康养殖等主题开展了一系列战略咨询研究，形成多份研究报告和专著。现据此，提出促进水产养殖业绿色发展的建议。

一、水产养殖业绿色发展的战略意义

1. 加快渔业增长方式转变，推进供给侧结构性改革

中国水产养殖业的发展为解决吃鱼难、增加农民收入、提高农产品出口竞争力、优化国民膳食结构等方面做出了重大贡献，为全球水产品总产量的持续增长提供了重要保证，也为促进渔业生产方式和结构的改变发挥了重大作用。倡导绿色发展，按照环境友好、生态优先的原则持续发展，将有助于加快渔业增长方式转变，有助于渔业从产量规模型向质量效益型转变，有助于建设环境友好型水产养殖业和资源养护型捕捞业，使水产养殖在渔业供给侧结构性改革中发挥基石作用，提质增效。

2. 生产更多优质蛋白，确保食物安全和有效供给

水产养殖是世界上最有效率的食物生产方式之一，水产养殖饲料效率是畜禽的 2 至 7 倍，其废物排出也少得多，而中国水产养殖有 50%以上不需要投放饲料，生产效率更高。

---

① 本文原刊于《中国工程院院士建议（国家高端知库）》，21：1-7，2017。

这种高效的食物生产方式既是解决“人口、资源、环境”三大矛盾的战略选择，也是我国应对未来发展需求和挑战的重要举措。走水产养殖绿色发展的道路，将更好地突出中国水产养殖生态效率高、生物产出多的特色，生产更多的优质蛋白，确保国家食物安全和有效供给，富裕农民。

3. 减排 CO_2、缓解水域富营养化，促进生态文明建设，应对全球变化

藻类、滤食性贝类、滤食性鱼类等养殖生物具有显著的碳汇功能，直接或间接地大量使用水体中的碳，提高了水域吸收大气 CO_2 的能力。养殖生物在生长过程中还大量利用水环境中的氮磷等物质，减缓了水域生态系统的富营养化进程。显然，推进水产养殖绿色发展，将进一步彰显水产养殖的食物供给和生态服务两大功能，促进生态文明建设，为应对全球气候变化发挥积极作用。

二、水产养殖业绿色发展的问题和挑战

1. 传统粗放型养殖方式仍是水产养殖的主体，缺乏科学规划，现代化技术水平低

中国水产养殖，不论淡水还是海水，传统的粗放型养殖方式在生产中占绝对优势，如淡水的池塘、大水面养殖等，海水的浅海、滩涂和池塘养殖等，提供了近 95%的养殖产量。这个基本状况短期内不会根本改变。在这些养殖活动中，养殖者获得养殖证进行生产时，并没有明确的养殖密度、结构和布局的限制，使产业出现了一些不可持续的问题，如结构密度不合理造成生态负荷过大、布局缺乏科学依据导致发展无序等。

粗放型养殖存在的另一个普遍性问题是设施陈旧落后，抗灾防灾能力差，生产的机械化、自动化、信息化水平低于农业的其他行业，绿色生态工程化技术处于起步阶段。

2. 养殖水域的陆源及自身污染尚未得到根本遏制，缺乏有效监测和监管

我国江河、湖泊水库和近海水域Ⅳ类至Ⅴ类水质的比例仍较高，陆源的氮、磷和石油类污染比较严重，2013 年调查数据显示我国人类和畜禽生产使用的 36 种抗生素约有 5.4 万吨进入水域环境，有的水域水质已经不适合水产养殖，影响食品安全。可是，我国相应的养殖水域环境质量监测评价体系不健全、覆盖面小，缺乏有效的监管措施。

养殖的自身污染主要来源于不合理的养殖量、投饵和药物使用等，虽是可控因素，却没有相应的法规监管。如直接使用鲜杂鱼作为饲料投喂养殖，对资源和环境都有明显负面影响，已议论多年，至今未能立规禁止。

三、主要建议

为了促进水产养殖业绿色发展和现代化建设，建议建立养殖容量管理制度、实施新生产模式发展和产业现代化提升工程专项、加大养殖管理执法力度。

1. 建立水产养殖容量管理制度

开展水产养殖容量评估是科学规划养殖规模、合理调整结构、推进现代化发展的基础，也是保证绿色低碳、环境友好发展的前提。水产养殖容量评估应纳入政府的制度性管理工作，建立区域和省市级水域养殖容量评估体系，组建相应的评估中心。以生态系统容纳量为基准，制定国家和省市水域、滩涂、池塘等养殖水体利用规划以及相应的技术规范，实施水产养殖容量管理制度，为绿色发展现代化管理提供科学依据和监管措施。

2. 实施环境友好型水产养殖新生产模式发展工程

经过近30年实践与创新，我国传统水产养殖中已出现了一批基础扎实、应用技术成熟、经济社会生态效益显著的新生产模式，如淡水的稻渔综合种养、海水的多营养层次综合养殖等。在此基础上，实施环境友好型水产养殖新生产模式发展工程专项，按照“高效、优质、生态、健康、安全”可持续发展目标，加大科技投入，系统总结、研发和推广我国水产养殖新模式，鼓励发展符合不同水域生态系统特点的养殖生产新模式，建立因地制宜、特点各异的养殖、增殖、休闲示范园区，向社会提供安全放心的优质水产品。

3. 实施水产养殖现代化技术水平提升工程

设立实施专项。全面推进淡水养殖池塘标准化和生态化改造工程，建立养殖池塘维护和改造的长效机制；重视浅海、滩涂和海水池塘养殖的现代化建设，鼓励深水网箱发展；针对筏式养殖、池塘养殖、大水面养殖等主要养殖方式，加快装备设施机械化、自动化和信息化的技术进步，提高养殖精准化水平；将精准养殖与智能投喂、养殖水质精准调控、排放物质生态化处理、养殖区域生态工程化构建、工厂化循环水工程技术、智慧渔业技术、深海养殖工程装备等列为科技攻关重点。

4. 完善养殖管理体系，加大执法力度

鉴于水产养殖在未来渔业和供给侧结构性改革中的重要性，需要从上到下完善养殖管理体系，健全养殖管理法规。近期的侧重点应为实施水产养殖容量管理制度提供法律法规支撑和执行保障，着力解决养殖管理的热点问题，如渔用药物（特别是抗生素）监管和禁用鲜杂鱼投饵养殖等。需加强执法队伍建设，建立以渔政为主，技术推广、质量检验检测和环境监测等机构配合的水产养殖管理执法工作体系，提高执法技术装备水平，加大执法检查力度。

建议人：

徐匡迪　中国工程院院士，钢铁冶金，中国工程院
唐启升　中国工程院院士，海洋渔业与生态，中国水产科学研究院
刘　旭　中国工程院院士，植物种质资源学，中国工程院
朱作言　中国科学院院士，遗传工程，中国科学院水生生物研究所
桂建芳　中国科学院院士，鱼类遗传育种，中科院水生生物研究所
麦康森　中国工程院院士，水产养殖，中国海洋大学
孟　伟　中国工程院院士，环境污染控制，中国环境科学研究院
吴有生　中国工程院院士，船舶海洋工程力学，中国船舶重工集团第七〇二研究所
邓秀新　中国工程院院士，果树学，华中农业大学
管华诗　中国工程院院士，水产品加工与贮藏工程，中国海洋大学
赵法箴　中国工程院院士，水产养殖，中国水产科学研究院
林浩然　中国工程院院士，水产养殖，中山大学
曹文宣　中国科学院院士，鱼类生物学，中科院水生生物研究所
徐　洵　中国工程院院士，水产养殖，国家海洋局第三海洋研究所
刘秀梵　中国工程院院士，预防兽医学，扬州大学
南志标　中国工程院院士，草业科学，兰州大学

张元兴　教授，生物工程，华东理工大学
刘英杰　研究员，水产养殖，中国水产科学研究院
方建光　研究员，养殖生态，中国水产科学研究院黄海水产研究所
王清印　研究员，海水养殖，中国水产科学研究院黄海水产研究所
李钟杰　研究员，养殖生态，中国科学院水生生物研究所
徐　皓　研究员，渔业机械，中国水科院渔业机械仪器研究所
邴旭文　研究员，淡水养殖，中国水科院淡水渔业研究中心
庄志猛　研究员，海洋生物，青岛海洋科学与技术国家实验室
杜　军　研究员，淡水养殖，四川省农业科学院水产研究所

水产养殖绿色发展咨询研究报告[①]（摘要）

唐启升 主编

内容简介： 本书是中国工程院水产养殖绿色发展咨询研究的有关报告，重点阐述环境友好型水产养殖绿色发展新方式、新模式和新措施。共分四部分：第一部分为水产健康养殖发展战略研究；第二部分为现代海水养殖新技术、新方式和新空间发展战略研究，包括综合研究报告和国内外调研报告；第三部分为环境友好型水产养殖绿色发展新生产模式案例分析报告，淡水养殖和海水养殖共 9 个案例；第四部分包括《关于促进水产养殖业绿色发展的建议》和《关于“大力推进盐碱水渔业发展，保障国家食物安全、促进生态文明建设”的建议》两项院士建议。

本书可供渔业管理部门、科技和教育部门、生产企业以及社会其他各界人士阅读参考。

前　言

为了推动水产养殖业可持续发展和现代化建设，自 2009 年以来，中国工程院先后启动实施了“中国水产养殖业可持续发展战略研究”（2009—2013，称养殖Ⅰ期）、“水产养殖业‘十三五’规划战略研究”（2014—2016，称养殖Ⅱ期）、“现代海水养殖新技术、新方式和新空间发展战略研究”（2015—2016）以及“水产健康养殖发展战略研究”（2016—2017，后两项称养殖Ⅲ期）等多项重大、重点咨询研究课题。通过这些研究，形成了一些新的理念和思路，特别是养殖Ⅰ期研究，认识到中国特色的水产养殖既具有重要的食物供给功能，又有显著的生态服务功能（含文化服务），提出绿色低碳的“碳汇渔业”发展新理念和“高效、优质、生态、健康、安全”的可持续发展目标，提出建设环境友好型水产养殖业和建设资源养护型捕捞业的发展新模式。养殖Ⅱ期和Ⅲ期研究则针对建设小康社会决胜时期的需求和渔业提质量增效益的新目标，重点研究“十三五”水产养殖发展的重点任务和工程建设，探讨发展的新途径，提出了若干相关的建议。有关研究成果先后向汪洋副总理汇报，以《院士建议》上报中共中央和国务院等有关部门，同时还以专著形式出版，包括《中国养殖业可持续发展战略研究：水产养殖卷》（中国农业出版社，2013）、《中国水产种业创新驱动发展战略研究报告》（科学出版社，2014）、《环境友好型水产养殖发展战略：新思路、新任务、新途径》（科学出版社，2017）等。

本研究报告以养殖Ⅲ期研究有关内容为主，重点阐述环境友好型水产养殖绿色发展新方式、新模式和新措施。共分四部分，其中：第一部分水产健康养殖发展战略研究，包括国内外发展现状、存在的主要问题与分析、发展战略与关键技术，提出强化环境友好的理念、加

① 本文原刊于《水产养殖绿色发展咨询研究报告》，1-2，45-54，海洋出版社，2017。

强科技创新、注重科学技术基础建设、完善国家法规政策体系等对策建议；第二部分现代海水养殖新技术、新方式和新空间发展战略研究，分两章，第一章为综合研究报告，第二章为国内外调研报告，提出发展现代海洋牧场、建立养殖容量管理制度、研发深远海养殖设备与技术工艺等相关建议；第三部分环境友好型水产养殖绿色发展新生产模式案例分析报告，淡水养殖和海水养殖共9个案例，包括理论基础扎实、应用技术成熟、生态经济社会效益显著的新模式和技术，如稻渔综合种养和多营养层次综合养殖，也包括一些有发展潜力的新模式，如净水控草生态养殖、虾蟹池塘生态养殖和梁子湖群生态渔业等；第四部分为两项院士建议，《关于促进水产养殖业绿色发展的建议》的要点是“建立水产养殖容量管理制度”，将为绿色发展现代化管理提供科学依据和监管措施，而《关于“大力推进盐碱水渔业发展，保障国家食物安全、促进生态文明建设”的建议》则是一举多赢的拓展水产养殖新空间的重要举措。

期望本书能够为政府部门的科学决策以及科研、教学、生产等相关部门提供借鉴，并为实现我国水产养殖绿色和现代化发展发挥积极作用。本书是课题组数十位院士、专家集体智慧的结晶，在此向他们表示衷心的感谢。由于时间所限，不当之处在所难免，敬请批评指正。

编者

2017年6月

目　　录

第二节　以色列陆基高效水产养殖
第三节　日本南部海水鱼类养殖
第四节　挪威网箱养殖的发展历史、现状、存在的问题和展望
第五节　浙江典型海水池塘生态综合养殖模式

第三部分　新生产模式案例分析报告

第一章　淡水养殖新生产模式案例报告

第一节　稻渔综合种养（摘要）
第二节　太湖净水控草生态养殖新模式
第三节　梁子湖群生态渔业
第四节　池塘生态工程化养殖
第五节　池塘增氧机与高效养殖

第二章　海水养殖新生产模式案例报告

第一节　桑沟湾多营养层次综合养殖（摘要）
第二节　虾蟹池塘生态养殖
第三节　三沙湾大黄鱼养殖新生产模式
第四节　陆基工厂化养殖

第四部分　院士专家建议

建议一　关于促进水产养殖业绿色发展的建议
建议二　关于“大力推进盐碱水渔业发展，保障国家食物安全、促进生态文明建设”的建议

第五章　发展战略与主要任务

一、战略目标

进一步发挥政策与科技两大驱动因素的作用和中国水产养殖的特色，实现“我国水产养殖业2020年进入创新型国家行列，2030年后建成现代化水产养殖强国”的战略目标，实现水产养殖业“高效、优质、生态、健康、安全”可持续发展；确保水产品持续供给，确保渔农民持续增收，促进农村渔区社会和谐发展，积极应对全球气候变化，保障国家食物安全[69]。在未来的20年，从数量、质量和科技贡献等方面，努力实现如下定量目标。

（一）数量目标

到2020年，水产养殖产量达5 500万t。

到2030年，水产养殖产量达6 000万t。

（二）质量目标

到2020年，水产原良种覆盖率达到65%，水生动物产地检疫率达到60%，水产品质量安全产地抽检合格率达99%，从水域移出的碳达350万t/年。

到2030年，水产原良种覆盖率达80%以上，水生动物产地检疫率达到90%，水产品质量安全产地抽检合格率达99%以上，从水域移出的碳达400万t/年。

（三）科技目标

到2020年，科技贡献率达60%以上。

到2030年，科技贡献率达70%以上。

二、指导思想

以党的十八大和十八届三中、四中、五中全会精神以及习近平总书记系列重要讲话精神为指导，全面贯彻落实国务院现代渔业建设工作电视电话会议精神和《农业部关于推进农业供给侧结构性改革的实施意见》（农发［2017］1号）总体工作部署，以创新、协调、绿色、开放、共享的发展理念为引领，以提质增效、减量增收、绿色发展、富裕渔民为目标，坚持“生态优先，以养为主，养殖、增殖、捕捞、加工、休闲协调发展”的方针，转变发展方式，拓展发展空间，提高发展质量，重点针对遗传育种、养殖模式、设施装备、生物安保、加工流通、质量安全、信息化建设等产业链关键环节，解决制约养殖业发展的核心技术“瓶颈”，全面推动产业升级和新模式构建，培育发展动力，加快推进渔业科技进步和创新成果转化应用，全面改善和提升我国水产健康养殖科技的整体素质和水平。在绿色、低碳发展新理念的引领下，积极推行环境友好型水产养殖和碳汇渔业的发展，努力构建环境友好、资源节约、质量安全、高效可持续的现代水产养殖业发展体系，为推动我国水产养殖引领世界养殖业的发展奠定坚实的基础。

三、发展原则

（一）重视基础，突出应用

按照水产养殖科技发展的内在规律和要求，统筹基础研究、应用基础研究和创新成果转化应用的资源要素配置比例，重视基础研究，应用技术研究和产业开发并重，按照水产养殖科技发展趋势和产业发展基础，突出制约产业发展的重大应用技术研究和技术集成，科学布局水产养殖科技创新领域，畅通水产养殖科技成果转化应用途径与推广体系条件。

中国水产养殖业必须走可持续发展道路，更新发展理念、转变发展方式、拓展发展空间、提高发展质量，促进国家重点需求与可持续发展相协调，推动渔业的现代化发展。在绿色、低碳发展理念的引领下，积极推进碳汇渔业的发展，努力构建环境友好、资源节约、质量安全、可持续的现代水产养殖业发展体系，实现水产养殖业“高效、优质、生态、健康、安全”的可持续发展[69]。

（二）统筹兼顾，协调发展

围绕产出高效、产品安全、资源节约、环境友好的重大产业需求，聚焦渔业转方式调结构的重大技术需求，面向“十三五”水产健康养殖科技创新趋势，瞄准国内国际合作竞争重点领域，强化顶层设计与产业需求的紧密衔接，坚持渔业生产、资源养护和环境保护相统一，推进渔业科学研究全面协调发展，重点突破制约产业发展的关键技术和共性技术，大幅提高水产健康养殖科技创新服务产业发展能力。

经过30多年的发展，我国在水产养殖方式上已经形成多样化养殖，增加了水产养殖业的发展广度。养殖方式已形成浅海滩涂、湖泊、水库、坑塘河埝、稻田河沟、盐碱荒地等多种国土资源开发利用，池塘养殖、集约化养殖等多种养殖模式和资源增殖放流与合理利用相结合的多样化发展新格局[69]。养殖业也从传统的食物功能拓展为兼具休闲、旅游、观光、保健、医药等多功能的新兴产业，促进了水产养殖产业的全面协调发展。

（三）创新机制，凝聚力量

通过水产养殖重大科技计划、区域共性关键技术研究等任务牵引，集聚全国水产养殖科研优势资源，整合优化“一盘棋”布局，按照科技条件共享、知识产权共享、转化利益共享等原则，实施“科技兴渔”战略，集中优势、整合力量，推进跨单位、跨区域、跨学科的渔业科研、产学研大协作，形成联合攻关团队与联盟加强关键技术研发力度，开展重大公益专项研究，加速推进科技成果转化应用，实现创新驱动现代水产健康养殖发展的战略目标。

我国渔业科技工作紧密围绕加快养殖产业高效优质生产发展、提高水产养殖产业科技含量的主题，集中力量针对水产养殖生产中的主要技术问题进行攻关，在水产育种、病害防治与安全渔药、水产养殖技术与设施、水产饲料与水产品加工、渔业资源开发与利用等诸多领域开展研究并获得突破。同时，注重技术推广工作和提高广大养殖户接受新养殖技术和新养殖模式的能力，大幅提高水域利用率和劳动生产率。

（四）平稳高效，注重质量

围绕现代水产健康养殖建设重大科技问题，充分发挥科技创造绿色、科技引领绿色的驱动力效应，扭转传统水产养殖发展格局，在稳定水产品生产的同时，合理利用渔业资源，加强水域生态环境保护，改善水域生态环境，控制和削减主要污染源，治理和修复重要水产增养殖水域生态环境，使其生态系统功能明显提高、养殖产品质量得到有效保障，依靠科技创新提升养殖生态系统价值，实现水产增养殖业健康、稳定和持续发展。

围绕现代水产养殖业建设，着力构建现代水产种业、现代水产养殖生产模式、现代水产养殖装备与设施、现代水产疫病防控和质量安全监控、现代水产饲料与加工流通、现代水产养殖科技与支撑、现代水产养殖产业等七大创新发展体系，为实现“高效、优质、生态、健康、安全”现代化水产养殖强国的战略目标奠定坚实的基础。

四、主要任务

（一）夯实水产养殖生物学理论基础，突破水产养殖智能化技术“瓶颈”

1. 夯实水产养殖生态、生理、品质的理论基础

针对典型养殖生态系统结构、功能、过程与格局等生态机制，以提高物质与能量转化效率为目的，重点开展养殖生境生态要素影响机制研究；针对主导养殖种类及名优特色种类等

重要养殖种类，开展养殖生物胁迫响应生理机制研究；从营养、风味、口感等形成机理及品质的营养学调控等方面入手，开展生源要素对养殖生物品质调控机制研究；研究典型养殖系统中生源要素的时空变化规律、养殖生物生理活动对生源要素循环的驱动作用，开展生态系统水平的水产养殖基础研究。

2. 研发水产养殖信息智能采集及可视化技术

以养殖对象在不同生境和摄食等特定条件下生理生化反映内在机制为基础，以光学和声学等探测技术为手段，获取目标物体外形、体色、行为特征等有效信息，构建养殖对象特征数字化参数库。综合利用模糊数学、神经网络、回归分析等技术手段对目标物体的外形、体色、行为过程等信息进行统计分析，突破特征行为提取、识别和判断技术，构建养殖对象特征行为数字化表达模式，解决设施水产养殖精准化智能化亟待掌握的养殖对象生理、生态、行为响应及其自适应机理。

（二）建设水产养殖良种体系，推动“育繁推”一体化进程

1. 水产种业技术体系规划与建设

整合现有国家水产良种工程建设成果，研究制定“水产种业技术体系”建设规划，构建以主导养殖品种为主线的“遗传育种中心＋良种场＋苗种场”三级种业相衔接，“产学研相结合、育繁推一体化”相结合的“现代水产种业运作体系”。

2. 水产良种培育核心技术的研究

针对我国水产养殖生物种类多、繁育特性差别大等特点，制定育种规划设计的通用方法，研究建立全基因组选择育种技术、基因编辑技术与分子设计育种技术；研究完善性别控制、全雌育种和倍性育种技术；建立抗病、高产、优质良种培育技术体系。开发跨区域遗传评估（基因型与环境互作）的统计分析技术，设计并实现最优化配种方案和近交控制，制定经济评估技术方法设计并建立水产良种网络育种技术系统，实现区域/全国水产动物联合育种。

3. 水产良种生产关键技术集成

研究建立新品种产业高效测试、评价及扩繁技术。在扩繁制种环节，重点开展全程机械化制种和规模化育苗技术，制定良种的规范化生产工艺及养殖工艺，设计并检验良种繁育体系中核心群、扩繁群和生产群的培育方案；研究核心群的延续技术，扩繁群和生产群的筛选及培育技术；比较不同养殖模式的养殖效果，研究良种的全价饵料配方、特定病原的疫病监控与防治等，实现从良种培育到推广养殖全过程的关键技术集成。

（三）坚持绿色发展理念，促进水产养殖与环境协同共进

1. 养殖环境精细调控与修复技术研究

从不同养殖类型和养殖模式所处的生态位着手，研究适合不同生态位的养殖环境优化调控与修复技术，主要包括底质改良技术、水体生态调控与优化技术、利用水界面进行水上作物栽培优化调控养殖环境技术的研究，在以上分技术研究基础上集成创新，形成适合我国不同海区和流域的养殖环境优化调控与修复技术体系。

2. 主导养殖种类养殖模式构建技术研究

根据主养种类的不同习性，将池塘等养殖系统分为主养、混养和水源等不同功能区，实

现养殖排水逐级净化，水资源循环利用和营养物质多级利用，水质净化达到最佳效果，养殖用水零污染排放。围绕主养种类，运用生态学、生物学原理，开展配养关键技术研究和集成，根据我国不同养殖区域特点，形成产业和环境协调、资源合理利用的多元化养殖新模式和系统的配养技术。

3. 多营养层次综合养殖技术研究

研究多营养层次养殖系统中物质转运和能量传递规律，建立其养殖容量评估模型，开发不同生态位、适于不同季节的养殖种类并应用于综合养殖系统中，刻画底栖生物在多营养层次综合养殖系统中的环境修复作用，确定系统中养殖种类的适宜密度与最大可持续生产力，开发出适宜不同水域多营养层次养殖系统的共性关键技术。

（四）研发集约式养殖系统工程技术，提升简约化和工程化水平

1. 精准化养殖工程与数字化管理关键技术研究与应用

根据“节水、节能、减排、可控”的现代工厂化养殖发展要求，重点开发资源节约型设施养殖模式及其产业工程设施技术、精准养殖关键技术装备、水体调控与减排技术、水产品质量安全检控与溯源技术装备等，结合数字化管理系统构建，创建精准化养殖生产模式。

2. 水产养殖生产轻简化、机械化设备研发

根据不同养殖生产方式和生产过程对机械化的需要，重点研制池塘养殖生产的机械化设备，包括新型养殖设备和机械化作业设备，解决养殖鱼类起捕、分级及疫苗注射的机械化，建立移动式养殖生产作业平台。加强浅海、滩涂养殖采收、清洗、分级、加工全产业链成套机械化装备研发，重点提高牡蛎、扇贝、蛤、海带、龙须菜、紫菜等主要养殖品种的机械化作业程度，构建筏式养殖全程机械化生产模式。

3. 海上高效集约式设施养殖技术研究

开展海水网箱重要养殖品种的健康养殖技术和养殖容量研究，建立适合海区资源环境特点的规模化养殖及养殖环境微生物修复技术，初步探明典型海湾的养殖容量。研制出在安全性、自动化等方面达到较高水准的高性能深水网箱养殖设施，引导普通网箱升级改造，建立海上高效集约式设施养殖技术体系。

（五）发展水域资源化利用技术，拓展水产养殖新空间

1. 盐碱水域规模化养殖技术研究

针对高盐碱、高 pH 值等水质特点，重点研发重要养殖生物的耐盐碱驯化、盐碱养殖环境质量优化与控制、盐碱水低碳高效增养殖等关键技术；围绕耐盐碱养殖品种，开发具有优良性状的盐碱水域土著品种，筛选和培育耐盐碱品系；根据区域盐碱类型，开发闲置盐碱水域，建立多元化盐碱水养殖模式和盐碱渔业综合利用模式，推进我国盐碱水养殖规模化和规范化发展。

2. 渔农综合种养技术研究

针对水产养殖水土资源利用率低、养殖副产品未能有效利用等问题；突破渔农综合种养系统设计、修复养殖环境、废弃物综合利用、标准化生产和质量安全体系建设等关键技术，创建具有区域特色的渔稻、渔菜等综合种养模式，建立现代水产养殖和农作物共生互利的高效生态化种养生产系统，提高水土资源综合利用率，实现养殖副产品合理利用及产业链价值

提升，为形成种养结合循环经济新生产模式提供支撑。

3. 深远海养殖工程技术研究

围绕深远海海域资源可持续利用，突破海上装备安全性、可靠性的关键技术难点，建立以养殖品种为目标的基于生产要素的智能化控制技术与装备，提高养殖过程的可控性和精准性，建立完善的养殖生产与流通体系，开发完备的机械化、信息化装备系统以及工业化管理模式；创造良好的养殖生境，全面构建符合“安全、高效、生态”要求的集约化、规模化海上养殖生产模式。

（六）完善水产养殖标准化，实现全产业链条管理专业化

1. 规模化苗种繁育技术研究与设施构建

以实现苗种规模化繁育、工业化安全生产为目标，重点进行主导养殖种类和名优特色种类的生殖生理学、发育生物学、生态生理调控、营养需求、设施化系统等研究与创新，突破水产养殖品种和良种的苗种规模化繁育技术“瓶颈”，优化早期生长发育的饵料配套培育技术，实现苗种生产产业化，为标准化、专业化水产养殖提供苗种支撑。

2. 名优代表品种营养需求与高效饲料配制技术研究

开展主导养殖品种和代表性名优品种适宜营养需求研究，完善营养需要参数；研究不同生长发育阶段、不同环境因子对营养需要及摄食的影响，开展不同养殖模式下的补充性商品饲料研究；研究营养免疫增强技术，探索肠道和肝胰脏健康及养殖动物之间的关系，开发功能性饲料与饲料添加剂；开发新蛋白源，提高氮、磷等营养物质的消化利用率，解决制约新蛋白源的抗营养因子、氨基酸平衡和适口性等问题，实现高比率或全部鱼粉替代，形成低成本、优质高效的饲料配制和利用技术。

3. 水产品品质安全保障技术研究

开展水产品品质评价技术规范和水产品品质形成的机理及饲料配方、投喂技术与水产品品质的定量关系等研究，奠定水产品品质评价的技术基础。研究水产品中异味物质形成的机制和代谢、积累及清除规律，建立降低异味物质的技术途径。研究饲料源性有毒有害物质在水产动物体内积累、代谢和清除规律，建立水产动物摄入量的限量标准。通过系统研究，初步建立我国代表性水产养殖动物产品品质和安全评价技术体系。

第六章 保障措施与对策建议

一、强化环境友好理念，深化水产养殖供给侧结构性改革

我国水产养殖事业的发展为改善人民生活水平做出了巨大贡献。但是，水产养殖业与环境的相互影响问题日益突出，养殖业经济效益不高、产业风险难以控制、水产品质量保证体系不完善等问题，正在成为制约水产养殖业可持续发展的“瓶颈”和障碍。弘扬生态优先的养殖文化，树立环境友好的养殖理念，供给优质安全的养殖产品，是突破水产养殖业发展桎梏的根本所在。从数量规模型向质量效益型的转变，是水产养殖业供给侧结构性改革的主攻方向。

二、加强科学技术创新，支撑水产健康养殖产业可持续发展

科学技术是水产养殖业健康发展的原始动力。总体上，我国在水产健康养殖方面，技术

进步不能满足产业拓展需求，基础研究跟不上技术发展步伐。针对我国基础和技术研究滞后的局面，必须进行科技与产业的高度融合，设计全链条式科学技术创新，加强水生生物基础和应用基础研究，突破水产健康养殖的关键技术，促进水产养殖产业的技术进步和产业升级。在目前阶段，水产健康养殖的科技攻关方向是以技术创新支撑产业链条改革，强化产前、产后技术，进一步优化产中技术，重点科技任务包括：①研究水产养殖与环境效应的相互作用，探索生态养殖的新模式，催生工业化、农牧化、综合种养、资源化等健康养殖新业态。②研究水生生物重要性状的遗传机理和调控机制，开发水产养殖生物良种培育和苗种扩繁新技术，形成一批专业化的良种场和规模化的苗种生产企业。③研究水产养殖生物营养需求和疫病发生的基本规律，突破病害防控和饲料配制新技术，建立水产养殖投入品安全高效的标准。④研究面向水产健康养殖工程化和信息化技术，普及现代物联网技术的应用，提升水产养殖产业链的整体装备水平。⑤研究水产品储运和加工工艺与品质的关系，强化水产养殖产业链条的产后加工和商品化环节，引导水产品消费的新理念。

三、注重科技基础建设，提升水产养殖产业发展的竞争力

随着水产养殖业由数量规模型向质量效益型的转变，水产养殖产业的科技内涵成为提高产业竞争力的首要因素。只有加强水产健康养殖的科学技术基础建设，不断积累科技创新的能量，才能有效提升水产养殖产业的整体水平。在科技基础建设中，最重要的是队伍建设和平台建设。实施人才战略，加强队伍建设。依托重大科研项目和现代农业技术体系。积极推进创新团队建设。优化人才队伍结构，在培养具有世界前沿水平基础理论型创新人才的同时，造就能够解决水产养殖实际问题的应用型人才和成果转化型人才。整合各种资源，加强平台建设。以现代农业技术体系为主要依托，注重加强遗传资源平台、科技研发平台、信息共享平台和产业化平台的搭建。以企业为主体，将水产健康养殖的研究、开发、应用和产业化工作有机结合起来，做到遗传资源得到保护和传承、健康养殖技术研以致用、产后信息可追可查。

四、完善法规政策体系，加强行业自律管理职能建设

从政府和行业两个层面加强对水产养殖产业的管理，从根本上扭转引导不力、指导不够、行业无序、监管缺位的行业痼疾。制定国家指导性水产养殖业发展规划和因地制宜的地区性水产养殖扶持政策。组建自律性的行业联盟，制定行业养殖规范、标准、规模控制、市场规则等行规，建立信息沟通、资源互助、市场分享的行业新风。完善我国渔业法规体系，加强水产食品追溯、召回、退市、处置、应急等方面的行政法规和规章制修订，加大国家层面对水产品质量安全的风险监督及评估管理。

环境友好型水产养殖发展战略：新思路、新任务、新途径[①]（摘要）

唐启升　主编

内容简介：本书是中国工程院多项水产养殖咨询研究课题成果的总结，重点阐述了“环境友好型水产养殖发展战略：新思路、新任务、新途径”共分四章：总论，以“高效、优质、生态、健康、安全”可持续发展目标为核心，介绍了环境友好型水产养殖发展战略及其对策建议；“十三五”环境友好型水产养殖发展对策，通过对发展现状与问题的系统分析，提出了“十三五”重点任务及应对建议，此外，还对育种、病害、生态养殖、营养与饲料、设施与深水平台、加工与质量安全、高新技术、环境评估等8个分支领域的发展战略进行专题研究；环境友好型海水养殖发展新途径，论述了海洋牧场、海水养殖新方式和海水养殖新空间的发展战略，提出了相应的政策建议和重点研发计划专项；环境友好型水产养殖发展典型案例，介绍了两个有显著特点并值得推广和发展的环境友好型水产养殖新生产模式实例：桑沟湾多营养层次综合养殖和稻渔综合种养。

本书可供渔业管理部门、科技和教育部门、生产企业及社会其他各界人士阅读参考。

前　言

2002年世界水产养殖大会在北京召开，会议科学指导委员会为大会确定的标题是：“中国——水产养殖之乡（China，the home of aquaculture）”，这不仅是因为中国水产养殖有悠久的历史，同时也是因为自1986年中国确定了“以养为主”的渔业发展方针后，水产养殖业得到快速发展，取得了举世瞩目的成就。之后十几年，中国水产养殖业持续健康发展，支撑产业发展的知识体系、技术体系逐渐形成。2015年，中国水产养殖产量达4 938万t，占渔业总产量比例从1950年的约8%（约8万t）、1985年的45%（363万t）增至74%，占世界水产养殖产量的比例持续保持在60%以上，成为“世界水产养殖业对人类水产品消费的贡献超过野生水产品捕捞业”[引自联合国粮食与农业组织（FAO）2016年报告《世界渔业及水产养殖报告》]最重要的决定因素。由于中国较早地认识到水产养殖将在现代渔业发展中发挥重要作用，经过实践和创新，水产养殖发展对中国乃至世界的贡献表现在多个方面：它不仅在解决吃鱼难、保障市场供应、增加农民收入、提高农产品出口竞争力、优化国民膳食结构和保障食物安全等方面做出了重大贡献，同时在当今减排CO_2、缓解水域富营养化等方面也发挥着重要作用；它不仅为中国渔业转方式调结构做出重大贡献，同时也促进了世界渔业发展方式的重大转变。因此，进一步推动水产养殖业持续发展，有助于深化渔业增

① 本文原刊于《环境友好型水产养殖发展战略：新思路、新任务、新途径》，ⅰ-ⅷ，科学出版社，2017。

长方式转变和结构调整，促进绿色低碳新兴产业的发展，为保障国家食物安全做出新贡献。

为了推动水产养殖业可持续发展和现代化建设，自2009年以来，中国工程院先后启动实施了“中国水产养殖业可持续发展战略研究”（2009—2013年，称养殖Ⅰ期）、“水产养殖业‘十三五’规划战略研究”（2014—2016年，称养殖Ⅱ期）、“现代海水养殖新技术、新方式和新空间发展战略研究”（2015—2016年）及“水产健康养殖发展战略研究”（2016—2017年）（后两项称养殖Ⅲ期）等多项重大、重点咨询研究课题。通过这些研究，形成了一些新的理念和思路，特别是养殖Ⅰ期研究，认识到中国特色的水产养殖既具有重要的食物供给功能，又有显著的生态服务功能（含文化服务），提出绿色低碳的“碳汇渔业”发展新理念和“高效、优质、生态、健康、安全”的可持续发展目标，提出建设环境友好型水产养殖业和建设资源养护型捕捞业的发展新模式。养殖Ⅱ期和Ⅲ期研究则针对建设小康社会决胜时期的需求和渔业提质量增效益的新目标，重点研究“十三五”水产养殖发展的重点任务和工程建设，探讨发展的新途径，提出了若干相关的建议。

本书是上述多视角、多层次战略研究系列成果的总结，重点阐述“环境友好型水产养殖发展战略：新思路、新任务、新途径”。其中，第一章总论，在简要总结中国水产养殖业快速发展的主要经验的基础上，论述进一步发展水产养殖业的战略意义，提出以“高效、优质、生态、健康、安全”可持续发展目标为核心的环境友好型水产养殖发展战略及相应的对策建议。第二章“十三五”环境友好型水产养殖发展对策，通过对发展现状及特点、问题与挑战（政策层面、技术层面和管理层面）的全面系统分析，提出了三个方面的应对建议，主要包括：①大力发展和推广生态系统水平的水产养殖、渔农复合种养系统、盐碱水域养殖和利用、海洋牧场建设和生态修复等养殖新技术、新模式；②大力发展冷链物流以保障水产品优质供应的核心环节，提升物联网等智能化管理技术；③强化水产养殖管理和科技创新，包括建立生态系统水平的水产养殖管理体系、设立水产生物育种基础及抗病分子育种重大专项、推广优质健康安全的水产养殖饲料、加快提升筏式等传统养殖模式的工程化机械化水平、大力发展工程化养殖和深蓝渔业、建立全面的水产品质量安全管控机制、加强水产养殖中抗生素的监测评估与治理和实施水产养殖污染物减排增效工程等。另外，还对水产遗传育种与种业、水产病害防治与健康养殖、水产生态养殖与新养殖模式、水产养殖动物营养与饲料工程、水产养殖设施装备与深水养殖平台、水产养殖产品精制加工与质量安全、水产生物技术和物联网技术、水产养殖环境评估与治理等8个分支领域进行专题研究，重点介绍各分支领域的国内外发展现状与存在问题、“十三五”时期的发展战略与关键技术、重点科研计划项目与重大工程建设项目建议及政策建议等。第三章环境友好型海水养殖发展新途径，主要包括：现代海洋牧场发展战略、现代海水养殖新方式发展战略和现代海水养殖新空间发展战略等方面，通过对战略需求、国内外现状与问题、发展目标与关键技术的研究分析，提出相应的发展战略、保障措施与政策建议，建议设置现代海洋牧场关键技术与示范区建设、环境友好型的综合养殖模式构建与示范、深远海渔业生产新模式及养殖能源供给与物流网络平台技术研发与应用等国家重点研发计划专项。第四章环境友好型水产养殖发展典型案例，深入剖析了桑沟湾多营养层次综合养殖和稻渔综合种养两个实例的发展历程、关键技术和实施效果，它们的共同特点是理论基础扎实、应用技术成熟、生态经济社会效益显著，是值得推广和发展的环境友好型水产养殖新生产模式和技术。

期望本书能够为政府部门的科学决策及科研、教学、生产等相关部门提供借鉴，并为实现我国水产养殖现代化发展发挥积极作用。本书是课题组数十位院士、专家集体智慧的结晶，在此向他们表示衷心的感谢。由于时间所限，不当之处在所难免，敬请批评指正。

编　者

2016年10月

目　录

第一章 总 论①

改革开放以来，中国水产养殖业快速发展，取得了举世瞩目的成就，养殖产量从1950年不足10万t、1985年的363万t增至2015年的4 938万t[2]，在渔业结构中的比例从8%、45%增至74%，近30年产量翻了近4番，成为世界第一水产养殖大国（占世界产量2/3)。水产养殖作为中国大农业发展最快的产业之一，不仅在解决吃鱼难、保障市场供应、增加农民收入、提高农产品出口竞争力、优化国民膳食结构和保障食物安全等方面做出了重大贡献，同时在促进渔业增长方式的转变、减排CO_2、缓解水域富营养化等方面也发挥着重要作用。因此，进一步推动环境友好型水产养殖业发展，有助于深化渔业增长方式转变和结构调整，促进绿色低碳新兴产业的发展，为保障国家食物安全做出新贡献。

一、水产养殖业快速发展的主要经验

（一）“以养为主”的正确发展方针，推动水产养殖业快速发展

20世纪50年代后期，中国渔业管理部门出现了“养捕之争”的讨论；1958年，根据党的八大二次会议“两条腿走路”精神，提出“养捕并举”指导思想，使“养捕之争”暂时告一段落。事实上，这是世界上首次将水产养殖放在与渔业捕捞同等重要地位上，中国人开始意识到单靠渔业捕捞不能满足对水产品的需求，需要发展新的生产方式。经历过“文化大革命”，我国市场供应严重不足，城乡居民“吃鱼难”的问题十分突出。1978年10月，《人民日报》发表社论《千方百计解决吃鱼问题》，之后两年间中央主要领导同志在报刊和文件上专门对水产问题做了20多次批示，要求各地、各有关部门积极支持渔业生产，努力把水产事业搞上去。1980年4月，邓小平同志在《关于编制长期规划的意见》中谈到，“渔业，有个方针问题。究竟是以发展捕捞为主，还是以发展养殖为主呢？看起来应该以养殖为主，把各种水面包括水塘都利用起来”。1985年，中共中央、国务院发出《关于放宽政策、加速发展水产业的指示》，明确了养殖生产可以承包到户和放开价格、实行市场调节等重大政策。1986年，《中华人民共和国渔业法》颁布实施，确立了“以养殖为主”的渔业发展方针[3]。这些重要方针政策的出台和实施，极大地推动了中国水产养殖业的快速发展。

（二）科学技术进步，促进水产养殖业跨越式发展

以水产育种为例，发展前期每10年一次的水产养殖育种突破，或有5次“养殖浪潮”之称的海带、“四大家鱼”、扇贝、对虾/河蟹育苗技术突破和鳗鱼养殖技术的成功，大大促进了水产养殖发展；20世纪90年代以来，特别是近10年，新品种培育成果显著，如1996—2015年农业部公告的水产新品种为168个（包括25个引进种、5个引进品种），其中：1996—2005年为61个（包括23个引进种，4个引进品种），2006—2015年为107个（包括2个引进种，1个引进品种）[4]，这些新品种的培育成功和广泛应用，促进了养殖多样

① 本章根据《环境友好型水产养殖业发展战略》[1]编写，执笔人唐启升。

化发展，也使产业发展踏上新的台阶。

进入 21 世纪，围绕提高渔业产业科技含量这一主题，我国集中力量对生产发展中的主要技术问题开展攻关，在水产育种、病害防治与安全渔药、水产养殖技术与设施、水产饲料与水产品加工、渔业资源养护与合理利用等诸多领域取得了一系列的重大突破。2015 年，我国渔业科技进步贡献率已达到 58%，取得大农业各行业中最好成绩，极大促进了水产健康养殖和渔业多功能发展。

（三）中国特色的养殖结构，确保水产养殖业持续发展

中国水产养殖业之所以能够发展得这么快，还有一个不能忽视的原因，也是构成中国特色水产养殖的重要因素，即相当一部分养殖种类在养殖过程中不需要投放饵料。如图 1-1 所示，发展早期（如 1985 年）中国水产养殖几乎不投饵，进入发展稳定期的中国水产养殖业仍保持较高的不投饵率，远远高于世界平均水平，如 2014 年中国水产养殖不投饵率为 53.8%[5]。产生这样结果的直接原因是中国水产养殖的主要种类以低营养层次的滤食性、草食性、自养性及杂食性种类为主，养殖中利用天然水域饵料或营养物质，可以不投饵或少投饵。对于发展生产来说，不投饵或少投饵意味着生产成本低、投入少，便于产业快速、规模化发展；意味着养殖种类位于较低营养层次，具有食物转换效率高和产出量大的特性；意味着养殖中较少使用鱼粉，减少对野生渔业资源的压力，制约养殖业自身的不健康发展。

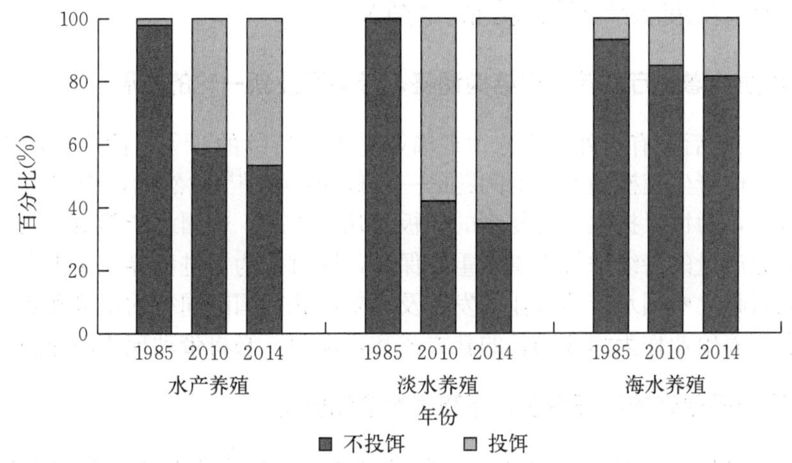

图 1-1 中国水产养殖种类投饵与不投饵养殖产量比例（数据引自文献 [5]）

新的研究表明[5]，中国特色的水产养殖结构的显著特点是种类繁多、优势种显著且多样性丰富、营养层次多、营养级低、生态效率高、生物量产出多，主要依据包括：①养殖种类 296 个、品种 143 个，养殖种类及品种合计达 439 个。种类组成区域差异明显，淡水养殖鱼类占绝对优势，如 2014 年养殖产量排名前 6 的是草鱼、鲢、鳙、鲤、鲫和罗非鱼，合计产量占淡水养殖产量的 69.6%，其次为甲壳类、其他类、贝类及藻类；而海水养殖则以贝藻类为主，如 2014 年牡蛎、蛤、扇贝、海带、贻贝和蛏 6 个种（类）的养殖产量占海水养殖产量的 71.3%，其次为甲壳类、鱼类及其他类。②养殖种类多样性特征显著，与世界其他主要水产养殖国家相比，独为一支，具较高的多样性、丰富度和均匀度，发展态势良好。

③由于养殖方式从天然养殖向投饵养殖转变，不投饵率呈明显下降趋势，从 1995 年的 90.5%降至 2014 年的 53.8%（淡水 35.7%，海水 83.0%），但与世界平均水平相比，仍保持较高的水准。④与世界相比，营养级低且较稳定。由于配合饲料的广泛使用及其鱼粉鱼油使用量减少，近年营养级略有下降，从 2005 年较高的 2.32 降至 2014 年的 2.25（淡水 2.35，海水 2.10）。营养级金字塔由 4 级构成，以营养级 2 为主，近年占 70%，表明其生态系统有较多的生物量产出。形成这个特色的原因很多：①历史传统和发展需求的原因，如淡水的主养种类“青、草、鲢、鳙”四大家鱼，养殖历史悠久，除青鱼外，其他三种为滤食性或草食性养殖种类；再如为了解决吃鱼难而迅速发展起来的海水贝类和藻类养殖，或是直接滤食水体中的浮游植物，或是通过光合作用利用水体中的营养物质。这些养殖种类的共同特点是营养级低、产出量高，养殖中技术要求相对较低，易于产业快速、规模化发展。②饮食习惯和文化的原因，同欧美人偏爱鱼片、日本人偏爱生鱼和鱼糜不同，中国人更偏爱鲜活鱼虾，喜欢舌尖上的快乐，品尝各种各样的养殖产品，有时还喜新厌旧，这些偏爱明显影响了养殖种类选择、生产结构及数量产出，促使养殖种类的多样化发展。通过长期的发展，实践证明这样的水产养殖结构特点是有效、合理的，符合现代发展的需求。预计在一个较长的时期里这种中国特色的水产养殖结构不会发生根本的改变，从而使中国水产养殖相对稳定，变化较小，有利于可持续发展。上述研究也表明，中国水产养殖是一个典型的“资源节约、环境友好”的产业，如养殖种类营养级低就会对“资源”有较小的要求，而相当一部分养殖不需投饵就意味着对“环境”产生较小的压力。

二、进一步发展水产养殖业的战略意义

（一）深化渔业增长方式转变和结构调整，带动渔业新一轮的发展

在 21 世纪初前后，有国外专家称“现渔业是不可持续的”[6,7]，此后还断言“水产养殖产业不是应对全球野生捕捞渔业衰退问题的一种解决办法”[8]。然而，中国水产养殖的经验经过时间的考验，为世界提供了可复制的样板。几十年来，中国水产养殖业的健康发展不仅为全球水产品总产量的持续增长提供了重要保证，同时也为促进世界渔业生产方式和结构的改变做出重大贡献。中国水产养殖业的发展及成功已获得国际同行的认可和重视[9,10]。

因此，水产养殖业作为渔业增长的新方式和新动力，必将带动现代渔业新一轮的发展。

（二）生产更多更好的优质蛋白，保障国家食物安全

水产养殖是世界上最有效率的食物生产技术之一，如鱼虾养殖馆料投入与产出比值为 1～1.2，而畜禽类养殖饲料投入与产出比值为 2.5～7.0，再加上有一半多水产养殖不需要投放饵料，其生产效率就更高了。所以，这种特有的低投入、高效率的特性，必然会使水产养殖在未来食物供给中发挥不可或缺的作用。

2030 年当我国人口总量达到峰值时，若按水产品人均占有量 50 kg（现为 47.2 kg）计，水产品的需求量需要增加约 800 万 t，而这些新的需求增量将主要通过发展水产养殖来满足。

（三）减排 CO_2、缓解水域富营养化，促进渔业绿色低碳发展

近年来的研究表明，藻类、滤食性贝类、滤食性鱼类及草食性鱼类等养殖生物具有显著

的碳汇功能，它们的养殖活动直接或间接地大量使用了水体中的碳，明显提高了水域生态系统吸收大气 CO_2 的能力[11，12]。据估算，2014 年我国海水贝藻养殖从近海海洋移出 168 万 t 碳，淡水滤食性鱼类等养殖从内陆水域移出约 160 万 t 碳，两者合计对减少大气 CO_2 的贡献相当于每年造林 120 多万 hm^2。另外，养殖生物在生长过程中，还大量使用氮、磷等营养物质，实际产生了减缓水域生态系统富营养化进程的重要作用，如在贝藻养殖区少有赤潮灾害发生，而放养滤食性鱼类和草食性鱼类已成为淡水水域减轻富营养化的有效途径之一。这些研究成果和实践促成了碳汇渔业新理念的提出和发展[13，14]。

碳汇渔业是绿色低碳发展新理念在渔业领域的具体体现，能够更好地彰显水产养殖的食物供给和生态服务（含文化服务）两大功能，并成为推动水产养殖业新一轮发展的驱动力。水产养殖业进一步发展将促进渔业向绿色低碳和环境友好的方向发展，对减排 CO_2 的贡献也会越来越大，为应对全球变化发挥积极作用。

（四）促进生态系统水平的水产养殖发展，提升我国渔业科技进步

在绿色低碳和环境友好发展新理念的引导下，发展生态系统水平的水产养殖已成为业界的共识[15]，但是，如图 1－2 所示，现时我国水产养殖中不论淡水养殖还是海水养殖，传统的、粗放式养殖方式在生产中都占绝对优势，这种状况在短时间内不会发生根本改变。为此，不仅要探索新的养殖生产模式，还要采取现代化工程技术措施，如大力推进传统养殖方式的标准化、规模化发展，提升机械化、信息化技术水平和防灾减灾能力，缩小与发达国家在产出和耗能方面的差距，使我国水产养殖业的现代发展有一个新的高起点，从而促进我国渔业的科技进步和现代化发展。

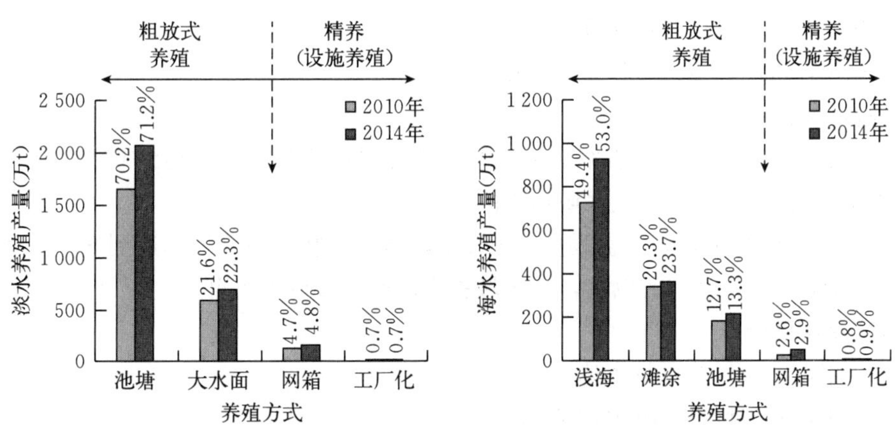

图 1－2　中国水产养殖现行养殖方式产量组成（数据引自文献［2］）

其中淡水约 2%、海水约 10%，其他养殖方式产量未在图中显示；大水面包括湖泊、水库、稻田等

三、环境友好型水产养殖业发展战略

（一）基本原则与发展理念

中国水产养殖业进一步发展必须走绿色低碳和环境友好的发展道路，以创新驱动发展为动力，更新发展理念、转变发展方式、拓展发展空间、提高发展质量，促使国家重大需求与

可持续发展相协调，推动渔业的现代化发展。

（二）战略对策与发展模式

大力实施推动水产养殖业现代化发展的三大战略：①养护战略。养护是水产养殖业可持续发展的基础，必须对种质资源和生态环境实施养护，切实做好相关工作。②拓展战略。拓展是水产养殖业可持续发展的核心，包括养殖种类、养殖方式、养殖空间和养殖规模的拓展，促使水产养殖业向质量型和环境友好型方向发展。③高技术战略。高技术是水产养殖业进一步发展的动力，在培育和发展新兴产业（如水产种业、陆基工厂化养殖、深远海养殖等）中发挥关键作用，使水产养殖业通过高新技术获得现代化发展。

在绿色低碳的“碳汇渔业”新发展理念的引领下，积极探讨新的发展模式，建设环境友好型水产养殖业，发展健康、生态和多营养层次的新生产模式，实施养殖容量规划管理；建设资源养护型捕捞业，科学开展资源增殖，发展多功能、多效应渔业，实施生态系统水平的管理。

（三）战略目标与重点任务

进一步发挥政策与科技两大驱动因素的作用，突出中国水产养殖的特色，实现“我国水产养殖业2020年进入创新型国家行列，2030年后建成现代化水产养殖强国”的战略目标。为了实现环境友好型水产养殖业“高效、优质、生态、健康、安全”的可持续发展，在未来的15年，从数量、质量和科技贡献等方面，努力实现如下任务目标。

1. 数量发展目标

到2020年，水产养殖产量达5 200万t。

到2030年，水产养殖产量达5 700万t。

2. 质量发展目标

到2020年，水产原良种覆盖率达到65%，水生动物产地检疫率达到60%，水产品质量安全产地抽检合格率达99%，从水域移出的碳达350万t/年。

到2030年，水产原良种覆盖率达80%以上，水生动物产地检疫率达到90%，水产品质量安全产地抽检合格率达99%以上，从水域移出的碳达400万t/年。

3. 科技发展目标

到2020年，实现科技贡献率达60%以上。

到2030年，实现科技贡献率达70%。

为了实现上述任务目标，近期的重点任务是着力构建现代水产种业、现代水产养殖生产模式、现代水产养殖装备与设施、现代水产疫病防控和质量安全监控、现代水产饲料与加工流通、现代水产养殖科技与支撑、现代水产养殖产业等七大创新发展体系，实施现代水产养殖产业工程、水生生物资源养护工程和现代水产养殖科技创新及人才培养工程等三大工程建设，为实现水产养殖强国的战略目标奠定坚实基础。

四、对策建议

根据国家发展需求和目前产业存在的问题，提出以下主要对策建议。

(一) 重视水产养殖对发展空间的需求，确保水产品的基本产出

1. 设置养殖水域最小使用面积保障线

随着我国城镇化发展和人口增加接近峰值，对水产品需求仍呈增加趋势，而水产品增加除政策、科技等因素外，还需生产空间保证。2014 年我国水产养殖面积为 839 万 hm^2（其中淡水养殖面积 608 万 hm^2，海水养殖面积 231 万 hm^2）[2]，到 2030 年，需要增加 100 万 hm^2 以上的养殖水域才能保证社会对水产品的需求。因此，要像重视耕地一样重视水域的治理和开发利用，养殖水域最小使用面积保障线应设置在 900 万 hm^2 以上。

2. 挖掘水产养殖水域使用面积潜力

主要从以下两方面着手。一是传统的近岸浅海滩涂养殖向远岸深水发展，开发海水养殖新空间。目前 20～50 m 水深的海域内的养殖活动刚刚开始，若将水域利用率提高 3%，可使海水养殖面积增加 80 万 hm^2 以上。另外，50 m 以深海域亦有较大的挖掘潜力，但需要加快深远海养殖新技术、新设施和新材料的开发，以便适应复杂、恶劣的深远海海洋环境。二是加大内陆盐碱地的开发利用，开发淡水养殖新天地。若现有盐碱地和低洼盐碱水域的 3% 得到开发利用，约有 140 万 hm^2 盐碱水域可供养殖使用，不仅可保障水产养殖业可持续发展，同时也将形成新的农业生产力，促进增产增收。

(二) 建立养殖水域容纳量评估制度，发展生态系统水平的新型养殖生产模式

1. 建立养殖水域的容纳量评估制度

养殖容纳量评估是制定现代水产养殖发展规划的基础，也是保证绿色低碳和环境友好发展的前提。建议将容纳量评估纳入政府的公益性和强制性工作范畴，并形成制度化。委托具备评估能力的省级以上科研院所开展容纳量评估工作，逐步形成以省区为单位的国家各类养殖水域容纳量评估制度。国家相应的管理机构和地方政府可根据容纳量评估结果，确定养殖密度和布局，发放养殖许可证，并建立相应的实施和监管体系，确保水产养殖规范、健康发展。

2. 发展生态系统水平的新型养殖生产模式

构建健康、生态、节水减排和多营养层次的养殖系统，鼓励发展不同养殖水域和生产方式的生态系统水平的养殖生产新模式，提高养殖生产效率和生态效益，降低规模化养殖对水域环境所产生的负面影响，为粗放型养殖升级寻求新途径，形成现代水产养殖生产体系。

(三) 实施养殖装备提升工程，推进设施标准化、现代化更新改造

1. 全面推进中低产养殖池塘标准化改造工程

建议尽快启动标准化池塘改造财政专项，通过中央财政转移支付，地方和群众配套、自筹的方式，完成对养殖池塘的改造任务，同时，完善承包责任制，建立养殖池塘维护和改造的长效机制，稳定池塘养殖面积，保证水产品的有效持续供给。

2. 大力促进粗放型水产养殖向现代养殖设施工程化方向转变

建议设立重点研发专项，针对海上筏式养殖、陆基池塘养殖、深水网箱养殖及工厂化养殖等海水主要养殖方式存在的问题，加大水产养殖设施机械化、自动化和信息化研发的科技投入，加快养殖环境精准化调控及节水、循环、减排养殖模式的研究，发展机械化养殖、循环水养殖、深水抗风浪养殖新模式，建立一批具有工程化养殖水平的现代养殖示范园。

（四）加强水产养殖业管理与执法能力建设

1. 完善水产养殖业法律法规和规章制度

进一步完善水域滩涂养殖权、种苗管理、水生动物防疫检疫、水产品质量安全、生态环境保护及养殖业执法等方面的法律法规，以及相关标准和技术规范的制定和修订。加快推进水面经营权改革，完善水产养殖证制度。

2. 加强养殖水域保护，建立养殖水域生态补偿机制

建立基本养殖水域保护制度，严格限制养殖水域的征用。本着“受益者或破坏者支付，保护者或受害者被补偿”的原则，将养殖水域的生态补偿法制化、规范化。由于以往缺乏研究和积累，应将养殖水域生态补偿作为一个重要问题予以重视，加强相关研究和实践。

3. 全面推进水产养殖执法与监管

建立以渔政为主，技术推广、质量检验检测和环境监测等机构配合的水产养殖管理执法工作体系，加大执法检查力度。加强养殖管理执法队伍建设及执法技术装备建设，建立执法监督检查机制和考核制度。

参考文献

[1] 唐启升．环境友好型水产养殖业发展战略［J］. 中国工程科学，2016，18（3）：1-7.

[2] 农业部渔业渔政管理局．中国渔业统计年鉴［M］. 北京：中国农业出版社，2004-2016.

[3] 全国人民代表大会常务委员会．中华人民共和国渔业法［M］. 北京：中国民主法制出版社，1986.

[4] 全国水产原种和良种审定委员会．中华人民共和国农业部公告：水产新品种名录（1996—2015）［EB/OL］. http：//www. moa. gov. cn/zwllm/tzgg/gg/［2016-6-11］.

[5] 唐启升，韩冬，毛玉泽，等．中国水产养殖种类组成、不投饵率和营养级［J］. 中国水产科学，2016，23（4）：729-758.

[6] Pauly D，Christensen V，Dalsgaard J，et al.，Fishing down marine food webs［J］，Science，1998，279：860-863.

[7] Watson R，Pauly D. Systematic distortions in world fisheries catch trends［J］，Nature，2001，414（6863）：534-536.

[8] Pauly D，Alder J. Marine Fisheries Systems. //Millennium Ecosystem Assessment. Ecosystems and Human Well-being. Volume 1：Current State & Trends［M］. Washington，D. C.：Island Press，2005.

[9] FAO. The state of world fisheries and aquaculture［M］. Rome：FAO，2012.

[10] Vance E. Fishing for billions：How a small group of visionaries are trying to feed China—and save the world's oceans［J］. Scientific American，2015，312：52-59.

[11] Tang QS，Zhang JH，Fang JG. Shellfish and seaweed mariculture increase atmospheric CO_2 absorption by coastal ecosystems［J］. Mar Ecol Prog Ser，2011，424：97-104.

[12] 解绶启，刘家寿，李钟杰．淡水水体渔业碳移出之估算［J］. 渔业科学进展，2013，34（1）：82-89.

[13] 唐启升．碳汇渔业与海水养殖业［EB/OL］. http：//www. ysfri. ac. cn/ ne wshow. asp - showid＝1829&signid＝16. htm［2010-6-28］.

[14] 唐启升，刘慧，方建光，等．生物碳汇扩增战略研究：海洋生物碳汇扩增［M］. 北京：科学出版社，2015.

[15] 唐启升，林浩然，徐洵，等．可持续海水养殖与提高产出质量的科学问题［C］. 香山科学会议简报，2009，330：1-12.

Aquaculture in China: Success Stories and Modern Trends[①] (Abstract)

Jianfang Gui, Qisheng Tang, Zhongjie Li, Jiashou Liu, Sena S. De Silva

Preface

The contributions of China to science and civilization were highlighted by a seven-volume treatise, the first of which was published in 1954, by the British embryologist-cum-biochemist, Sir Joseph Needham. Needless to say, this study, that spanned over five decades, demonstrated that some of the key inventions that were previously thought to have been of Western origin were invented and in use in China literally centuries before.

In the modern era, one of the burgeoning issues confronting the global community is providing sufficient food for a growing population. Endeavors to do so in the wake of limitations of physical and biological resources, compounded by the need to maintain environmental integrity, are becoming more and more challenging. Fish has been a major component of our diet for millennia, and its consumption is increasing, whilst the supplies from traditional wild fisheries have already plateaued. In this context farmed fish supplies are likely to contribute significantly to closing the gap between supply and demand in the ensuing decades, true to the ancient Chinese proverb, "*Give a person a fish and you feed him for a day; teach a person how to grow fish and you feed him for a long time*" .

Accordingly, and as much as China has contributed to modern science and civilization, it is spearheading the farming of seafood; it continues to lead global farmed food fish production, contributing to global food security and supporting millions of livelihoods. Aquaculture, or fish farming, is believed to have originated in China, many millennia ago; it has over the years, and particularly since the second half of the last century turned it from an art to a science. Aquaculture practices in China are going through many paradigm changes, aiming at maintaining production and environmental integrity leading to long - term sustainability of this primary production sector.

Chinese aquaculture is diverse. It spreads across the temperate north to the tropical south. Often, little is known in the West of the details of Chinese aquaculture practices, leading to many misconceptions. China accounts for over sixty percent of global aquaculture production, and continues to maintain its predominance in both inland and marine

① 本文原刊于 *Aquaculture in China Success Stories and Modern Trends*, vii - xxxix. John Wiley & Sons Ltd., 2018。

aquaculture. In China, over 200 species are cultured commercially. This compilation primarily attempts to apprise what is ongoing in Chinese aquaculture, often rarely recorded in Western literature. It should also be noted that in the last decade or so new policies directed at attaining environmental integrity, have resulted in many paradigm changes in aquaculture practices in China. We have endeavored to capture such major changes in this compilation. Obviously, there is an apparent bias towards freshwater aquaculture, which is the main domain of Chinese, as well as global aquaculture. As such this attempt does not claim to deal with all the diverse facets of Chinese aquaculture, but has endeavored to focus on key selected aspects that are lesser known in the public domain. Nor does the book claim to have covered all the important aspects of aquaculture developments in China, but hopefully will stimulate a freshened outlook, and a debate on Chinese aquaculture. Perhaps, a comparable follow-up compilation with a bias on marine aquaculture in China will be most apt.

Finally, compilation of this book took us nearly three years, and it is very rewarding to see it in print and in the public domain, which would have been impossible if not for the assistance of many.

Contents

Development Strategies and Prospects – Driving Forces and Sustainable Development of Chinese Aquaculture①

Qisheng Tang[1], Hui Liu[2]

(*1. Yellow Sea Fisheries Research Institute, Chinese Academy of Fishery Sciences, Qingdao, Shandong, China;*

2. Functional Laboratory for Marine Fisheries Science and Food Production Processes, Qingdao National Laboratory for Marine Science and Technology, Qingdao, China)

8. 1. 1 Introduction

China has been responsible for most of the growth in food fish availability worldwide during the last twenty or so years, owing to the dramatic expansion in its aquaculture (FAO, 2014a). Since China's opening up to the world in the early 1980 s, Chinese aquaculture has undergone unprecedented development due to increased market demand and investment. As a result of thirty year's expansion and growth, China has become the top aquaculture producer in the world, and a country whose aquaculture production exceeds its capture fisheries (Figure 8. 1. 1). In 2014, total production of Chinese aquatic products was slightly over 64. 6 million tonnes, of which 47. 5 million tonnes came from aquaculture, and these were about one third and two thirds of the world total

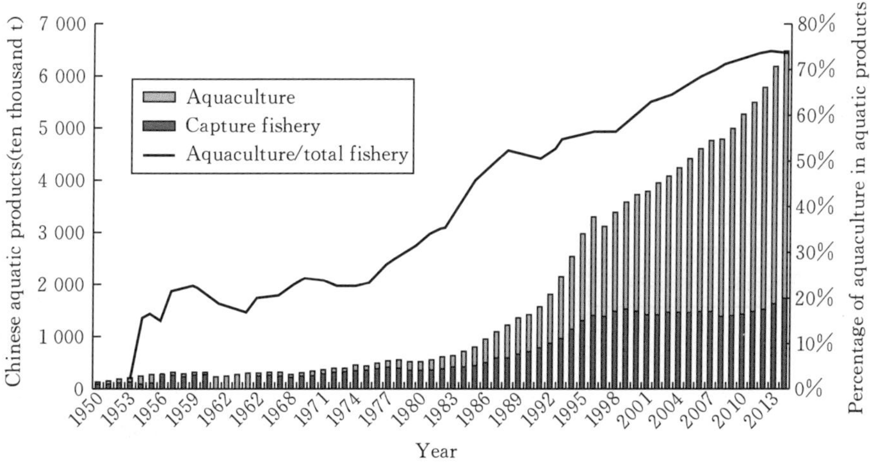

Figure 8. 1. 1 Trends in the growth of Chinese aquaculture and capture fisheries 1950—2014

(Data source: China Fishery Statistical Yearbook)

① 本文原刊于 *Aquaculture in China: Success Stories and Modern Trends*, 631 - 646, John Wiley & Sons Ltd., 2018。

fisheries production and total aquaculture production, respectively. Freshwater aquaculture and mariculture production in China in 2014 were 29 360 000 tonnes and 18 130 000 tonnes, respectively. At the same time, capture fisheries production in China was only 17 100 000 tonnes, and the percentage of capture fisheries and aquaculture products in total fishery products was 26. 5 percent and 73. 5 percent, respectively. Chinese capture fisheries was less than one fifth of the world's total capture fisheries in 2014, of which 86. 6 percent was marine (14 800 000 tonnes), and 13. 4 percent was freshwater products (2 300 000 tonnes) (FAO, 2014b) .

However, more than 60 years ago, in the early 1950 s, the total fishery production in China was only slightly over 1 000 000 tonnes, of which about 100 000 tonnes was from aquaculture, and accounted for only eight percent of the total fisheries products. The development of fisheries in China can be divided into two periods: slow development before 1985, and rapid development after 1985. During the first period, freshwater and marine aquaculture production grew at annual rates of 6. 7 percent and 6. 5 percent, respectively, as freshwater aquaculture rose from 270 000 tonnes in 1954 to 2 380 000 tonnes in 1985, and mariculture rose from 150 000 tonnes in 1954 to 1. 25 million tonnes in 1985. Both underwent rapid expansion over the last thirty or so years, at an annual growth rate of 7. 9 percent and 9. 6 percent, respectively (Figures 8. 1. 2 and 8. 1. 3) . Consequently, the growth of total fisheries products rose by 3. 6 percent prior to 1985, to 6. 7 percent after 1985. This was in spite of the rapid growth in aquaculture but impaired by the relatively slow growth of capture fisheries at around 3 percent. The proportion of freshwater and marine aquaculture in China rose from 29. 7 percent and 15. 5 percent in 1985 to 45. 4 percent and 28. 1 percent in 2014. The rapid growth of Chinese aquaculture is also reflected in the proportion of Chinese aquaculture products in the global total, which rose from 31. 9 percent in 1985 to 46. 7 percent in 2013.

In the vast areas of inland China, the volume of freshwater aquaculture (29 400 000 tonnes) was almost 13 times of capture fisheries in 2014, much higher than the ratio of marine sector (1. 42 : 1) (Figure 8. 1. 2) .

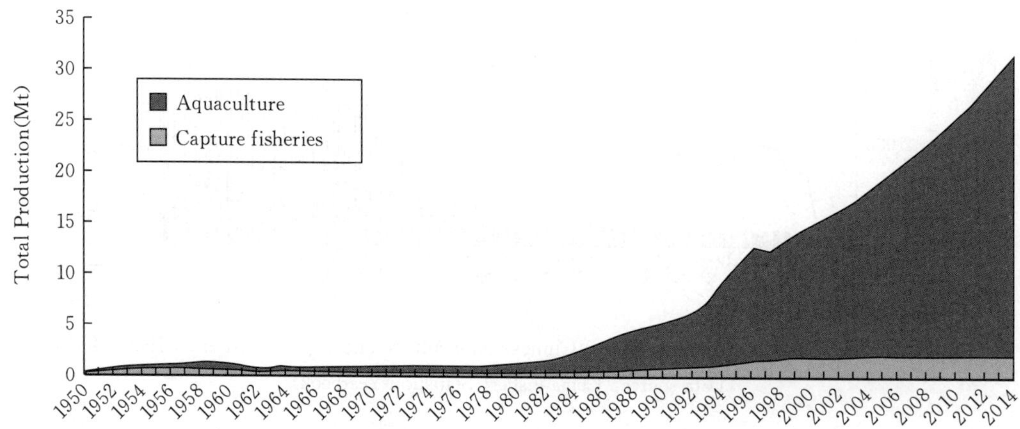

Figure 8. 1. 2 Trends in the growth of freshwater aquaculture and capture fisheries 1950—2014

(Data source: China Fishery Statistical Yearbook)

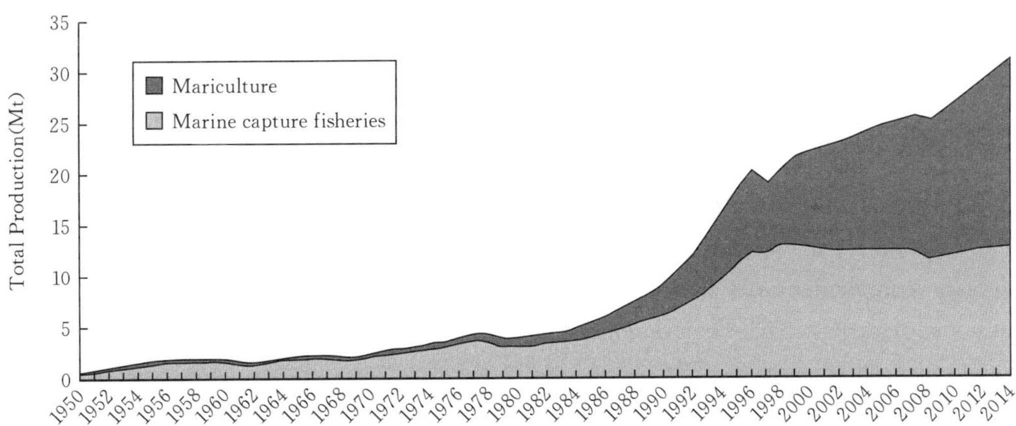

Figure 8. 1. 3　Trends in the growth of mariculture and capture fisheries 1950—2014

(Data sources: China Fishery Statistical Yearbook)

Inland populations rely mainly on freshwater aquaculture for aquatic food, particularly finfish species of the carp family, which make up over 60 percent of China freshwater aquaculture production (Wang et al., 2015) . Since fish of the carp family are mainly filter - feeders and/or omnivorous, they are less costly and easier to raise. In 2014, freshwater aquaculture exceeded mariculture in production by 11 230 000 tonnes, and the predominance of the former sector will probably be maintained throughout the next decades, as freshwater fishes such as carp will remain an important food for the inland populations.

For decades, Chinese aquaculture has played a significant role in meeting market demand, increasing fishery worker incomes, and contributing to the export of agricultural commodities. Furthermore, aquaculture has also enhanced the nutrition of the people, and contributed towards ensuring food security for Chinese people. At the same time, China has been evaluating the integration of aquaculture practices in the context of aquatic ecosystem health, particularly examining the best aquaculture structure and practices, and output from an ecosystem services perspectives (including food provision, climate modulation and culture/esthetics) . As a result, China has become a world leader in a range of aquaculture practices, in the extension of aquaculture technologies, the number of species cultured, and the scale of the aquaculture industry. With the current global advocacy for Blue Growth (FAO, 2014a) and sustainable aquaculture development, Chinese aquaculture will effectively promote the shift in fishery growth modes, transforming it into a new mode of economic growth. It will also help to bring the ecosystem services of aquaculture fully into play.

In the light of this background information two questions arise: how did Chinese aquaculture develop so rapidly and to such a scale to become predominant in global aquaculture, and second, how can this development be maintained sustainably well into the future? To understand these questions, the driving forces behind the rapid development of Chinese aquaculture are analyzed in this Chapter, then the significance and possibility for further development of Chinese aquaculture and its development strategies are discussed. Based on these evaluations, recommendations for guaranteeing the future sustainable development of Chinese aquaculture are proposed.

8. 1. 2 Major Driving Forces Leading to the Rapid Development of Chinese Aquaculture

The success of aquaculture in China is the collective reflection of favorable national policies, progress in related sciences and technologies, an expanded market and, in particular, complementarity in aquaculture practices, some of which, such as polyculture of Chinese major carps, have been ongoing for millennia, and finally, a dependence on a wide range of cultured species.

8. 1. 2. 1 Correct Decision - Making

From 1957, there was controversy in the then Ministry of Fisheries over whether to prioritize capture fisheries or aquaculture development. In 1959, the then the central government made a decision, "to promote capture fisheries and fish farming simultaneously" . By the end of the 1970 s, in order to solve the problem of "the difficulty in providing sufficient food fish for the Chinese people" a high - level discussion was conducted again, focusing on the development of either aquaculture or capture fisheries. In 1980, in his "Opinions on formulating long - term development planning" the general designer for China's reform and opening up, Mr. Deng Xiaoping reiterated, " (We) should develop many kinds of sideline industries, including fishery and husbandry. For development of fishery, we need a guideline; to deem aquaculture primary or supplementary? We should deem aquaculture the primary way of fishery, and to use all kinds of water areas and ponds for aquaculture" (CPGC, 2006) . After lengthy deliberations the Fishery Law of PRC was enacted in 1986, and "aquaculture primary" was legally established and enforced all over China. Although not everyone understood and accepted this policy, it placed a clear emphasis on aquaculture. The logic behind this is the fact that nature alone would not be able to meet the demand for all aquatic food needs, and the realization that the gap in food fish needs would have to be met from aquaculture. The consequent debates and opinions at a high - level of policy making lead to the national policy on the effective promotion of aquaculture.

After China's economic reform and opening - up in the early 1980 s, "aquaculture - centered or aquaculture primary" fishery development policy was rapidly confirmed and officially established through a series of regulations and provisions issued by the State Council or the Ministry of Agriculture. Both the domestic and the world markets were open to Chinese aquaculture products, so that trade and capital investment in aquaculture increased. These markets again became stimuli and driving forces for the establishment of the "aquaculture primary" policy.

8. 1. 2. 2 Progress in Science and Technology

The development of Chinese aquaculture is a result of many factors, among which the contribution of science and technology is estimated to have contributed about 58 percent to its development (Niu, 2014), which is higher than that for Chinese agriculture in general (50 percent) . As a result of positive national policies, progress was continuously made in aquaculture science and technology, including hatchery techniques for the main cultured, freshwater finfish species, and the successful trial on seaweed artificial breeding in the 1950—1960 s, breakthroughs in artificial seed production of scallop in the 1970 s, and the success of land - based shrimp artificial reproduction in 1980 s (SDCA, 2013) . Through this, solid foundations and preparations were laid for rapid development in marine and freshwater aquaculture. Advances in science and technology gradually made Chinese aquaculture both reliable and profitable, and were successful in drawing increasing investment from both the public and private sectors.

It is worth noting that major breakthroughs in the artificial propagation and grow - out of a number of aquatic species brought about "aquaculture upsurges" at intervals of roughly once every ten years. From the 1950 onwards, there were, consecutively, upsurges in seaweed culture, bivalve culture, shrimp culture, and fish culture. A total of 156 new genetically improved aquaculture varieties bred by Chinese researchers were officially approved for dissemination during 1996—2014; these include 76 selectively bred varieties, 45 crossbred varieties, five varieties bred using other biotechnologies, and 30 introduced species. The speed of artificial propagation in aquaculture has accelerated during the last decade. During 1996—2005, 34 new varieties (including 28 freshwater species and six marine species) were bred, and 27 species were introduced from abroad; during 2006—2014, 92 new varieties (including 38 freshwater species and 54 marine species) were bred, and only three species were introduced from abroad (NCCAV, 2015) . At the same time, major innovations were also made in disease control and the use of prophylactics in aquaculture, in aquaculture technology and facilities, feed production and aquatic food processing, and remediation and conservation of fishery resource. It is important to note that, quite a number of aquaculture modes or practices have been developed and established in China, to fit into different environmental conditions, or meet different social and/or ecological needs.

Farming practices are an important factor in promoting the scientific and technological progress of Chinese aquaculture. Since China adopted a policy of prioritizing aquaculture in the mid 1980s, the sector developed very rapidly. However, in early 1990s, disease outbreaks continued to spread in freshwater and marine aquaculture. These incidents taught a lesson to farmers and managers, and alarmed the researchers. Thereafter, the concept of healthy aquaculture' took shape, and became the fundamental policy for present - day aquaculture in China.

In 1994, Chinese scientists introduced from Canada the principles of trophodynamics for studying carrying capacity in aquaculture. In particular, systematic studies were carried out in coastal seas of China, and modes of polyculture and modern integrated multi - trophic aquaculture (IMTA) were explored. These applications were also extended to large-scale and different practices, so that the mode of "ecological aquaculture" became accepted. In the 2009 Xiangshan Science Conferences (no. 340), it was proposed that an "ecosystem approach for aquaculture is the new direction for basic research on sustainable development of mariculture" (Tang et al., 2009). This is when the concept of ecosystem-based management (EbM) was introduced to aquaculture. In a way, the concept of EbM is embodied in the technology of IMTA, which is an ecosystem approach for aquaculture, because it exploits integrated ecosystem services (including food provision, atmospheric modulation and culture services). In 2010, the concept of "carbon fishery" was proposed (Tang, 2010).

It was pointed out that currently about 3 000 000 tonnes of carbon is removed annually from Chinese waters through aquaculture. Its contribution to atmospheric CO_2 reduction is equivalent to afforestation of more than 1 000 000 hm^2. In 2012, UNEP UN Environment Program) and GEF (Global Environment Facility) recommended China's IMTA to the United Nations Conference on Environment and Development (UNCED) Rio+20. It was pointed out that the pilot IMTA project had proved to be highly energy efficient, and optimized the carrying capacity of coastal bays while improving water quality, increasing protein yields, and through carbon capture, contributing to mitigation of the effects of climate change (Sherman and McGovern 2012). In the context of such a development, it is natural and logical to put forward an action plan for developing environmentally friendly aquaculture, which also meets the new requirements of green, low carbon, and sustainable social-economic development.

Scientific and technological progress in Chinese aquaculture has begun to focus on the improvement of theory, so that development has a better scientific basis. In recent years, a series of monographs have been published, and many research results published in international, peer-reviewed, science journals, including work on stress adaptation of oysters and shell formation (Zhang et al., 2012), the genome sequence of flatfish revealing ZW sex chromosome evolution and adaptation to a benthic lifestyle (Chen et al., 2014), genome sequence and genetic diversity of the common carp (Xu et al., 2014), epigenetic modification and inheritance in sex reversal of fish (Shao et al., 2014), and genome-explained evolution and vegetarian adaptation in grass carp (Wang et al., 2015).

8.1.2.3 Importance of Cultured Species and Their Structure

The structure of Chinese aquaculture is remarkable and unique in the world in both its species composition and the ratio of their outputs. Most of the species cultured do not rely on artificial feed or feeding; these species feed low in the trophic chain, and depend on natural phyto- and zooplankton production, and in some cases detritus. Carnivorous and omnivorous finfish and shrimp have food conversion ratios (FCRs) between (1～1.2)/1, which is much lower than that of livestock [(2.5～7.0)/1]. This low trophic aquaculture production not only saves costs, but also requires lower investment, and lower resource consumption; management of these operations is relatively simple and easy to replicate, and as a result, these kinds of aquaculture production practices can be quickly scaled up during the early stages of expansion. From an ecosystem services perspective, low trophic aquaculture equates to more carbon sequestration, and higher eco - service value. The production of non-fed aquaculture species in 2010 was about 59 percent of total aquaculture production in China (SDCA, 2013); but the percentage was much higher for mariculture species, which was 87.4 percent (Figure 8.1.4). Only 39.1 percent of Chinese aquaculture products come from fish and crustaceans which rely on fishmeal. The ratio of non - fed aquaculture species in Chinese aquaculture is much higher than the world average of 30 percent. This is why China produces more than 60 percent of aquaculture products in the world, with only 25 percent of global fishmeal production (Han et al., 2016).

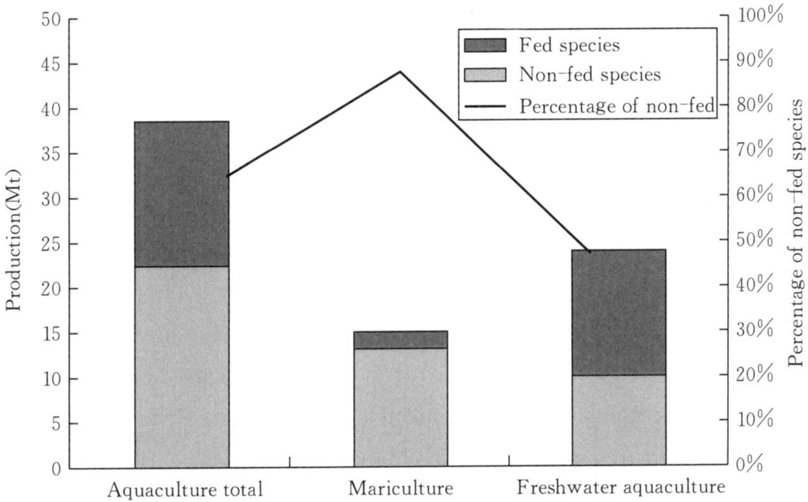

Figure 8.1.4　Aquaculture output of non - fed and fed species in 2010
(Data source: SDCA, 2013)

In 2014, freshwater aquaculture generated 61.8 percent of the total aquaculture products in China, of which 88.7 percent was finfish (Wang et al., 2015). More than 82 percent of cultured freshwater finfish in China are filter - feeding, herbivorous or omnivorous fish, which have very low requirement for fishmeal. For example, finfish of the carp family make up 67.6 percent of all cultured freshwater finfish, including silver carp and bighead carp, which are filter - feeders, and grass carp, which feeds on grass, and their feed (including formulated feed) contains almost no fishmeal. In mariculture, non - fed species, including bivalves (72.6 percent) and seaweeds (11.1 percent), account for 83.7 percent of the total production. Specifically, total output of cultured seaweeds and marine bivalves was 15 170 000 tonnes in 2014, while the total production of cultured marine fish and crustaceans was 2 620 000 tonnes (China Fishery Statistical Yearbook, 2015). As a result, the ratio of marine non - fed species to fed species was about 85 : 15 (Figure 8. 1. 5).

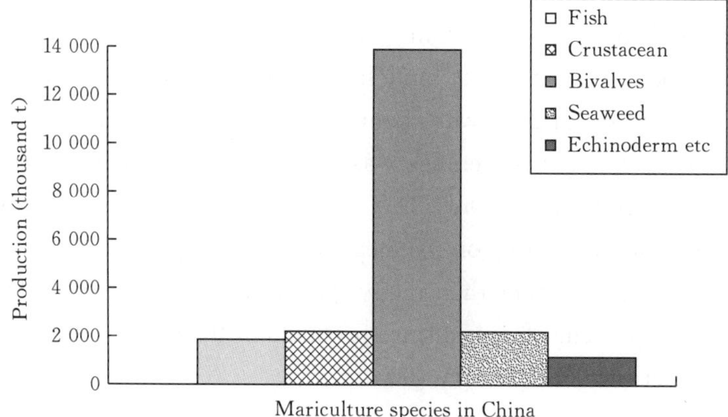

Figure 8. 1. 5 Cultured marine species groups and production in 2014
(Data source: China Fishery Statistical Yearbook, 2015)

The tradition of "low trophic aquaculture" has in fact been practiced in China for thousands of years, along with the techniques of maintaining fish on silkworm fields or in orchards. This mode of low - trophic aquaculture was renamed IMTA by Canadian researchers in 2004, and it is well - known for its combination of species from multi - trophic levels, as well as its relatively low cost and high productivity (Chopin et al., 2010). It is remarkable that, even now most of the species used in Chinese aquaculture continue to be non - fed species (Figures 8. 1. 4 and 8. 1. 5), and for many years, their aquaculture production was about six times that of fed species. It is estimated that the mean trophic level (TL) of Chinese aquaculture is around 2. 2 (Han et al., 2015, 2016), which is very close to the ideal level of 2. 0 (Olsen, 2011). In an ecosystem pyramid, if a species has a TL of 2. 0 and production of 100, when its TL rises to 3 then its production will be only 10. This characteristic indicates that Chinese aquaculture has a high - output production structure.

Studies on trophodynamics have shown that there is a negative relationship between ecological conversion efficiency and trophic level at the higher trophic levels (Tang et al., 2007). By integrating low trophic - level species, IMTA seeks a low - trophic approach for the culture of fed species, so that its general performance y is greatly improved. In this way, IMTA is more efficient economically and ecologically than other modes of aquaculture.

Compared to China, the aquaculture structure of many other countries is generally at higher trophic levels. In Norway, for example, there are about 15 aquaculture species (FAO, 2014b), including eight finfish species and several bivalves. However, more than 99 percent of Norwegian aquaculture production is carnivorous finfish, with a TL estimation of over 3. 0, while bivalves contribute only about 0. 15 percent of the total output, and there is no seaweed aquaculture (Figure 8. 1. 6).

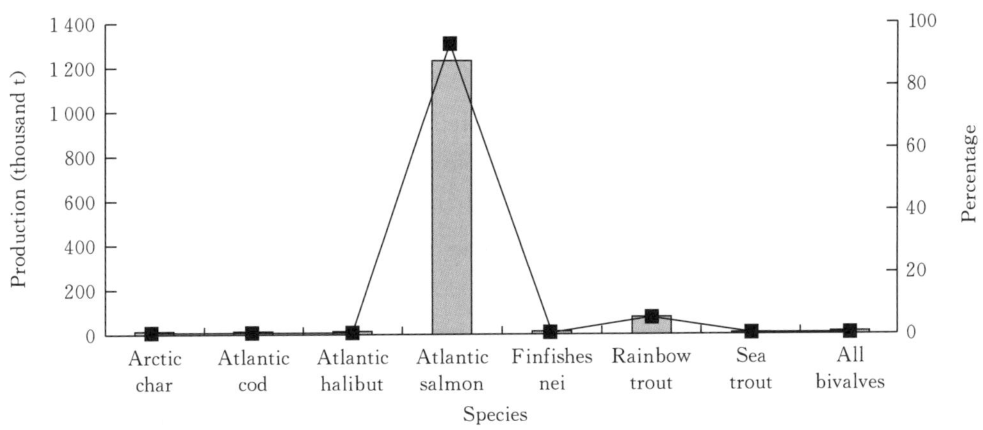

Figure 8. 1. 6　Production of aquaculture species in Norway 2012
(Data source: FAO, 2014b)

8. 1. 3　Significance and Potential Developments in Chinese Aquaculture

It is estimated that when the global population peaks in 2030, the demand for aquatic food in China will increase to about 80 000 000 tonnes, almost 20 million tonnes more than the current output (SDCA, 2013) . Therefore, the next ten to twenty years will see a continuous rapid growth in Chinese aquaculture, driven by market demand, and facilitated by progress in science and technology. Accompanied by major changes in national economic expansion, this development facilitates will trigger the re - invigoration and growth in the fisheries sector. These changes will go hand in hand with a boost in low - carbon fishery growth, reduce CO_2 emissions, and alleviate eutrophication, and produce aquatic food of high quality at greater quantities. All these facets will contribute to ensure national food security, and promote the progress of ecosystem - based fisheries science and technology in China.

8. 1. 3. 1　Significance of Aquaculture Development in China

8. 1. 3. 1. 1　Meet Market Demands and Guarantee Food Security

Chinese aquaculture has played an important role in supplying domestic and international markets with a broad array of fish products. Export of Chinese aquatic products has been the highest in value among major Chinese agriculture export commodities for 12 successive years, and greater in volume than that of any other country for ten successive years. Aquatic food has long been an ordinary part of the diet of the Chinese people; in 2010, the annual fish consumption was 35. 1 kg for the Chinese, while annual per capita fish supply in the rest of the world was about 15. 4 kg (FAO, 2014a) . The per capita availability of aquatic product in China has risen rapidly in the last few years, reaching 47. 2 kg in 2014 (China Fishery Statistical Yearbook, 2015) .

Aquaculture has generated high - quality proteins and vital nutrition for Chinese people;

aquatic products account for about 20 percent of Chinese intake of animal protein. The consumption of aquatic food has significantly improved Chinese dietary intake, and guaranteed food security. As such, the experience of Chinese aquaculture has been applauded by FAO as a success story, which can be replicated in other developing countries worldwide.

Aquaculture also helps to increase employment and maintain social equity. The continuous growth of aquaculture during the last 40 years has brought about rapid expansion of related industries, and increased of income of fishery workers. In 2013, the total employment of the fishery industry was 14 400 000, of which more than 500 000 worked in aquaculture and 6 500 000 worked in related industries or employed part - time. The average annual net income of a Chinese fishery worker also rose rapidly from 626 RMB in 1985, to 14 426 RMB (6 RMB=1 US$) in 2014 (China Fishery Statistical Yearbook, 2015) .

8.1.3.1.2 Promote Low - Carbon and Blue Growth in Food Production

From an ecological perspective, Chinese aquaculture has brought about a transformation of growth mode and industry structure of fisheries, not only in China but also globally. Because of its low trophic - oriented species usage, Chinese aquaculture incorporates a significant carbon sink function, and as such it has played a distinct role in reducing CO_2 emission and ameliorating eutrophication.

These new perspectives bring about fresh hope for Chinese aquaculture. At the beginning of this century, there were reports lamenting the unsustainability of modern fisheries (Pauly et al., 1998; Watson and Pauly, 2001), and declaring that aquaculture should not be a solution for the problem of degradation of world capture fisheries (Pauly and Alder, 2005) . However, just like capture fisheries, aquaculture is a source of both health and wealth, providing high employment and livelihoods for hundreds of millions of people (FAO, 2014a) . World food fish aquaculture production was 70 500 000 tonnes in 2013, with production of farmed aquatic plants at 26 100 000 tonnes; and China alone produced 43 500 000 tonnes of food fish and 13 500 000 tonnes of aquatic algae (FAO, 2014a). Chinese experience in aquaculture has stood the test of time, has provided a template that can be copied elsewhere in the world, and has won wide acknowledgement and attention. FAO has been recommending Chinese experience, and has been promoting it in developing countries, especially in Southeast Asia (FAO, 2012) .

Besides food provision, aquaculture obviously has eco - service functions. Studies on the biogecochemical cycle in mariculture systems have revealed that, shellfish and seaweed mariculture in China has increased atmospheric CO_2 absorption by coastal ecosystems. It was estimated that on average (3.79 ± 0.37) million tonnes C yr^{-1} was utilized by these organisms, and (1.20 ± 0.11) million tonnes C yr^{-1} were removed from coastal eco - systems by harvest of these products during 1999—2008 (Tang et al., 2011) . A physiological study on scallops provided evidence on their carbon sequestration. One scallop (*Chlamys farreri*) may absorb 10 170 g carbon (C) during a 500 - day farming cycle, at the same time, it may release 3 110 g C by respiration and calcification, and deposit 3 985 g

C via feces and excretion. Finally, 3 075 g C will be removed by the scallop at harvest (Figure 8. 1. 7) . These findings indicate that cultivated shellfish and seaweeds have become a "removable carbon sink"; which has played an important role in carbon sequestration. If this mode of aquaculture is extended globally, it will surely improve the coastal ecosystems' capacity to absorb atmospheric CO_2.

Chinese aquaculture of bivalves and seaweeds removed 1 380 000 tonnes C from seawater in 2010, while filter - feeding fish and other non - fed freshwater aquaculture species removed 1 300 000 tonnes C from inland waters (Xie et al., 2013) . If we sum up the CO_2 reduction of the two components, then it equals to an annual forestation of 1 000 000 hm^2. Especially in China, where IMTA is widely practiced, both mariculture and fresh water aquaculture have increased the carbon sink function of aquatic ecosystems. Recognition of the contribution of Chinese aquaculture has provided further motivation for industry development. Driven by policies on ecosystem conservation enacted in the last few years, the aquaculture sector is now paying more attention to the environment, and efforts are being made to develop carbon sink fishery under this premise.

8. 1. 3. 2　Future Aquaculture Developments in China

Consumer demand is the key driving force for aquaculture development in China. As the Chinese population is set to peak in 2030, the demand for aquatic products until then will increase by a further 20 000 000 tonnes, which can only be met by aquaculture. In addition to favorable national policies and management systems, further development of Chinese aquaculture will be facilitated by progress in science and technology, the application of new culture practices, and the expansion of marine and freshwater aquaculture areas to include deep sea areas and terrestrial "wasteland", such as saline - alkaline fields.

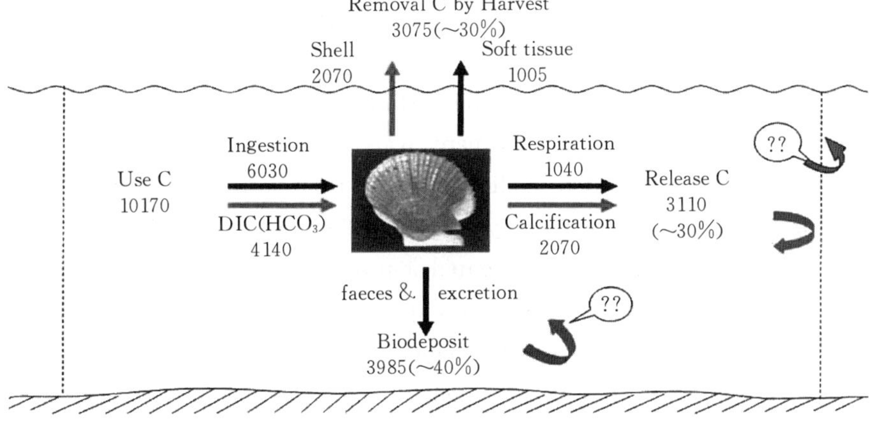

Figure 8. 1. 7　Carbon budget of scallop *Chlamys farreri* in a culture system during a farming cycle [unit: mg C/(ind. · 500 days)]

(Data Source: From Tang et al., 2013)

8. 1. 4 Development Strategy for Chinese Aquaculture

8. 1. 4. 1 Developmental Philosophy and Goals

Facing a shortage of resources and the need for rapid economic development, a philosophy of "ecological harmony" has evolved in China, which calls for resource - saving and environmentally friendly development. To realize the goals of "eco - harmony", aquaculture development should also be highly energy and resource efficient and sustainable, and embrace principles of high quality, health, and safety, and be eco - friendly.

Aquaculture ecosystems are controlled by multiple factors, leading to complexity and uncertainty in ecosystem changes that are difficult to identify and manage, particularly in China where human impacts on the ecosystem are unprecedentedly high. Facing the impacts of multi - stressors and multi - control mechanisms, the best option is to develop an adaptive strategy by implementing ecosystem - based management (EbM), for which one option is to develop carbon - sink fisheries! Carbon - sink fisheries are the embodiment of green and low - carbon development in fisheries. They are an effective way to realize the three development strategies of aquaculture, namely "conservation, extension and high - technology"; they are also a reliable approach to achieving "high - efficiency, high - quality, eco - friendly, health and safety". Carbon - sink fisheries better reflect the two functions of fisheries, food provision and ecosystem services, and fulfill multiple purposes.

The two main developmental strategies for carbon - sink fisheries are: to develop resource - conservation - based capture fisheries, and to develop environmentally friendly aquaculture (Tang, 2014). The main measures for developing resource - conservation - based capture fisheries are seasonal fishing closures, and reduced fishing efforts. Since 1995, China has initiated steps towards natural fishery resource recovery by mandating 60～90 days closures on fishing in the Bohai Sea, Yellow Sea, East China Sea and South China Sea during the summer months (MOA, 2009). Meanwhile, the number of fishing boats has been actively reduced by 30 percent in the last decade. Great efforts were also made to promote stock enhancement programs in many waters. The experimental release of penaeid shrimps in the Bohai Sea, the north Yellow Sea and the southern waters off the Shandong Peninsula had been carried out for many years since 1984 (Deng, 1983; Ye et al., 1999). Then in 2006, the State Council promulgated a program of action on the conservation of living aquatic resources of China. This program provided guidance for the conservation of living aquatic resources. Now, stock enhancement has become a public activity for marine fishery resource conservation and management, and about 158.35 billion seed of several commercially important aquatic species were released in Chinese coastal waters from 2011 to 2015, with a total investment of nearly 5 billion RMB (China Fishery News, 2015). Consequent to the release of penaeid shrimps in north Yellow Sea and Bohai Sea, the capture fishery yield of Liaoning Province has resulted in remarkable economic benefits for the local fishers with an input - output ratio of 1 : (6.5～9.2) (China Fishery News, 2015). However, recovery of biological resources is a slow and complex process, especially for those migrant species for which the result of stock enhancement is difficult to evaluate, and the development of resource - conservation - based capture fisheries will be a long - term and an arduous task.

To develop environmentally friendly aquaculture, innovations in science and technology should be continued, by optimizing aquaculture practices such as IMTA (Figure 8.1.8). IMTA is an adaptive, efficient, and sustainable way to respond to multiple stressors for coastal ocean ecosystems. It not only generates more output of a diverse range of products, but also directly or indirectly sequesters atmospheric CO_2 and nutrients, which may help to increase the social acceptability of aquaculture systems. IMTA is practiced in China in different combinations. For example, in Sanggou Bay, north - eastern China, there are long - line culture of finfish, abalone, bivalves, and seaweed, and IMTA of bottom culture of abalone, sea cucumber, clam, and seaweed. In general, the value of food provision service and climate regulating service provided by IMTA is much higher than that of monoculture (Table 8.1.1).

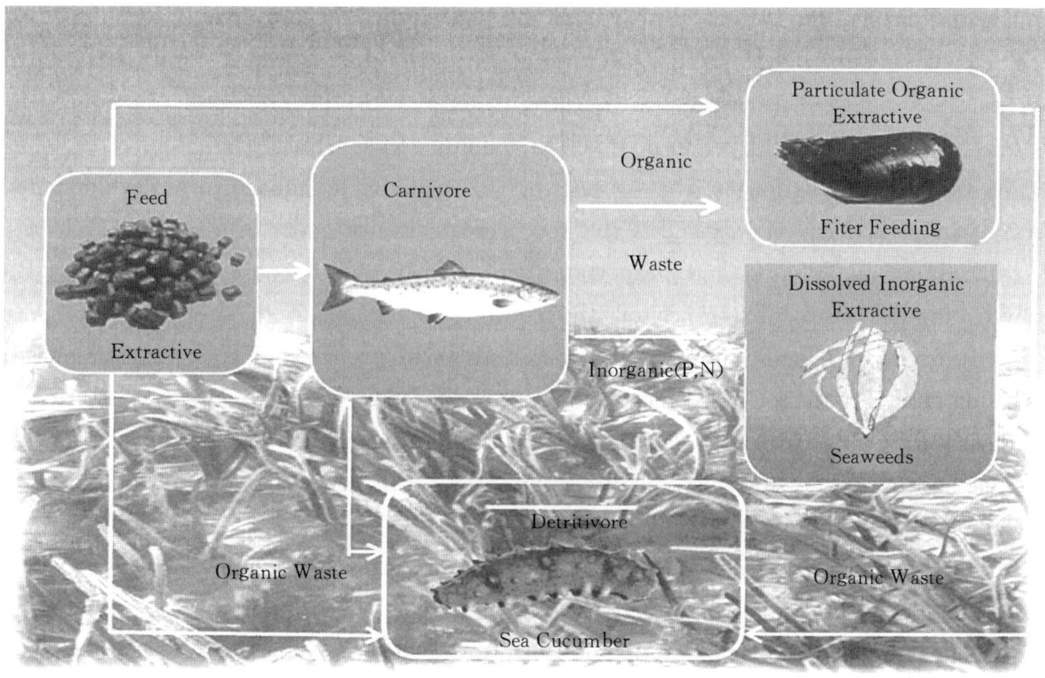

Figure 8.1.8　Structure of an Inshore IMTA system

(Source: Fang et al., 2009)

Table 8.1.1　Ecosystem services of different types of mariculture in Sanggou Bay, northeastern China

(Adapted from Liu et al., 2013)

Mariculture practice	Value of food provision [RMB/(hm^2 · a)]	Value of climate regulation [RMB/(hm^2 · a)]
Kelp monoculture	49 219	4 859

(continued)

Mariculture practice	Value of food provision [RMB/(hm^2 • a)]	Value of climate regulation [RMB/(hm^2 • a)]
Abalone monoculture	235 409	8 215
IMTA of abalone and kelp	325 553	13 591
IMTA of abalone, sea cucumber, and kelp	483 918	13 833

8. 1. 4. 2 Strategic Countermeasures and Development Modes

To achieve sustainable Blue Growth in aquaculture, China needs to pursue a new round of modernization through innovation, and application of high - tech and resource - conservation measures (Moffitt and Cajas - Cano, 2014) . The concept of conservation, technology intensiveness, and eco - friendly growth has been widely accepted in recent years, creating an impetus for further growth of aquaculture. During this advancement in technology, traditional aquaculture modes and/or practices have to be upgraded in terms of standardization and production scales, and mechanization and automation techniques will need to be widely extended, so that the ratio of output to input is raised significantly. In this context, new aquaculture modes such as reinvigorated IMTA, recirculating aquaculture systems (RAS), etc. will have to be extended rapidly across China.

Resource conservation is the foundation to sustainable aquaculture development. Germplasm is the basis of this and is the key prerequisite for aquaculture sustainability; at the same time, ample space and clean water are indispensable for aquaculture success. Blue Growth of aquaculture also relies on the continuous expansion of the range of species cultured, of culture mode and practices, and scales of production. This multidimensional expansion should nonetheless center around high - efficiency, high - quality, eco - friendly, and health and safety practices, so that aquaculture in China will move from a quantity - oriented approach and towards quality - oriented, responsible and ecosystem - based development.

High - technology is a driving force for aquaculture growth. High - tech plays important roles in both modernization and upgrade of traditional aquaculture operations, and nurtures strategic new industries or modes of aquaculture, such as the hatchery industry, land - based industrialized aquaculture, deep - sea aquaculture, and the culture of raw materials for biofuel. High - tech will bring new life to aquaculture and stimulate a new round of improvement.

8. 1. 5 Tasks and Measures for Green and Sustainable Development of Chinese Aquaculture

To realize the strategic goal of "high - efficiency, high quality, eco - friendly, health and safety"; the tasks and relevant safeguard measures are identified for green and sustainable development of Chinese aquaculture (SDCA, 2013) .

8.1.5.1 Key Tasks

8.1.5.1.1 Accelerate Establishing the Hatchery Sector for Genetically Improved Strains/Varieties in Modern Aquaculture

Research and development of technology systems for culture and breeding of eugenic aquaculture varieties should be accelerated. Efficient and safe application of heterosis technologies should be integrate and innovated, and other breeding technologies for main aquaculture species should be improved. Cell engineering breeding and other new techniques form the frontier of this subject. For the breeding of new varieties, the genes governing high quality, high production, and stress - resistance traits need to be integrated, so as to produce new breeding materials, with clear target properties and outstanding general properties.

In addition, China will have to improve the development of genetically improved varieties/strains and hatchery systems. Based on advanced facilities and technologies, a series of national, provincial or ministerial level "Aquaculture Original and Genetically Improved Species Propagation Centers" need to be established, so as to enhance artificial propagation technology, and increase the introduction, testing, demonstration, and geographical spread of genetically improved varieties.

8.1.5.1.2 Plan for the Growth of Modern Aquaculture Practices

China has adopted the code of conduct for responsible fisheries (CPGC, 2006) by enacting fisheries policy and legislation that are consistent with the code. Yet more effort is needed to fully implement the code. First, aquaculture planning should be established based on environmental carrying capacity. To meet the requirement of environmentally friendly development of aquaculture, baseline surveys of aquaculture areas are needed. Second, assessment systems for carrying capacity of water bodies need to be set up, and assessments of aquaculture carrying capacity, ecological capacity and environmental carrying capacity undertaken. Third, aquaculture development plans should be made according to the result of these assessments, by implementing regional planning or provincial planning, identifying functions and keystones, and applying modern aqua culture practices adapted for various aquaculture areas, production methods, and species.

Modern aquaculture production modes should be nested within existing aquaculture planning, or be included as major components when a plan is made. One choice is to develop new mariculture modes such as IMTA and RAS. New modes of modern aquaculture are usually constructed in such a way so as to meet the requirements of high - efficiency, high - quality, to be eco - friendly, and facilitate sustainable development.

- IMTA: Based on carrying capacity assessments, this aquaculture system consists of aquaculture species of different trophic levels, thereby significantly improving the energy efficiency of the aquaculture system. Diversified IMTA modes are currently used in China, including three - dimensional IMTA, and bottom - IMTA farming practices/models (SDCA, 2013).

• RAS: Using biological purification techniques, RAS as a new mode of aquaculture stands out in terms of resource conservation, efficiency, and productivity. RAS has been extended rapidly in China during the last decade, with diversified system designs, and cultured species (Zhu et al., 2012).

• Improved ecological engineering has greatly enlarged the geographical and physical area of aquaculture, with varied modes and functions in accordance with different water depths or bottom topography. These new modes include deep-sea cages, multi-functional artificial reefs, and marine ranches. These have won increasing recognition in China because of their semi-natural products, and reduced competition with other aquaculture modes for resources.

8.1.5.2 The Advancement of Modern Aquaculture Instruments and Facilities

Facilities are important factors influencing aquaculture modes, patterns, species, and production. China will need to extend efforts in improving the standardization and scale of development of traditional aquaculture modes, including inland pond culture and inshore raft culture. It is expected that aquaculture levels of mechanization and automation will need to be increased significantly, and the application of information technology (the "Internet +" mode), and capacity for aquaculture disaster such as major disease outbreaks, degradation of water quality or extreme weather events, or climate change impact mitigation be tangibly improved in the near future (Tang and Fang, 2012). Special emphasis will need to be given to integrated co-culture and healthy culture modes, land-based industrialized aquaculture and RAS, and deep-sea cages or deep-sea culture plat forms, so that the scale of these aquaculture modes will be significantly expanded, and major breakthroughs achieved on key technology research and development.

At the same time, unparalleled importance should be attached to the application of energy-saving and ecosystem-conserving technologies in aquaculture. Emphasis should be given to research and development of energy-saving new materials and new instruments, online-monitoring systems, disease diagnosis and control techniques, and aquaculture wastewater reuse techniques.

8.1.5.3 Strengthening Modern Aquaculture and Product Quality Monitoring

Disease and pollution control are closely related to product quality in aquaculture. Continued use of banned antibiotics, albeit at much reduced levels, and other bactericides in China has posed new challenges for the aquaculture industry; alternative methods for disease control or prevention must be developed and put into practice as soon as possible. Both basic research and application are urgently needed for establishing disease prevention and control systems, including pathology and epidemiology, evaluation of ecological factors influencing disease outbreaks, and disease prevention technologies such as vaccines, probiotics, and rapid test methods, all have to be developed. In addition, national and local aquaculture disease reference laboratories, aquatic animal disease monitoring and early warning systems, and a series of aquatic medicine and immunotherapy agent manufacturers should also be established.

Besides aquaculture diseases and drug control, control of aquaculture practices is also important to ensure aquatic food safety. Water - quality control is vital for aquaculture development, especially in China where aquaculture facilities are usually located near agricultural and industrial establishments. The development of healthy aquaculture is heavily dependent on clean air, clean water and high quality feed, thus enforcement of environmental protection laws and regulations is of the first order of importance. Aquatic product quality and traceability systems covering the chain of production are currently being established in China. Such traceability systems rely on rapid information release, and the sharing and management of data. They also call for risk assessment and rapid response for aquatic product safety accidents.

8. 1. 5. 4 Active Promotion of Aquaculture Feeds and Food Processing

Digestible feeds with high utilization rates are important for the modern aquaculture industry. Further studies are recommended on nutritional physiology and metabolism of aquatic animals, so as to provide the basis for formulating low - cost, low - polluting and high - quality aquatic feeds.

Adequate processing and distribution of aquatic products are the basis of a successful and profitable aqua culture industry. Lack of technological sophistication in these sectors has seriously limited the profits of the Chinese aquaculture industry. Improvements in information dissemination are important for the development of trade of aquatic food, along with the establishment of modern logistics, wholesale markets, and electronic trade networks.

8. 1. 5. 5 Scaled Up Production Systems of Modern Aquaculture

For sustainable development of modern Chinese aquaculture, we need to integrate all of the above - mentioned aspects, and scale up production systems in the following ways. First, steady development of production systems for major aquatic products steadily. Second, acceleration of the development of production systems for valuable and rare aquatic products. Third, the expansion of the production systems for export - oriented aquatic products. Fourth, strengthening the development of production systems for recreational and ornamental aquatic products.

8. 1. 6 Safeguard Measures and Policies

8. 1. 6. 1 Highlighting the Need for Space of Aquaculture, and Maintaining the Output of Aquatic Products

As a fundamental means of food provision, aquaculture needs adequate space and water, the quality of which is most important. Due to rapid social and economic development in China, there is increasing competition for these primary resources. It is recommended that zoning of basic aquaculture areas in China is implemented, just like the "red line" for crop lands, so as to provide the minimum space needs for aquaculture.

At the same time, it is necessary to exploit remaining untapped water resources, such as deep-sea areas, and saline and alkaline inland water bodies, for potential aquaculture development.

8.1.6.2 Establishing Modern Aquaculture Systems and Scaling Up Development, Based on Carrying Capacity Evaluation

There is a need to conduct carrying capacity evaluations for all major aquaculture areas in China, in order to set up a modern aquaculture planning system, and promote in a rational way large-scale development.

Developing ecosystem-based aquaculture is important and should be prioritized. Other priorities should be, further strengthening the building of marine protected areas (MPA) and special protected water areas (SPWA), and progressively establishing self-sustaining aquaculture ecosystems. The transformation of operation modes should be accelerated, and progress guided towards large-scale and sustainable development. By promoting the concept of carbon-sink fisheries, it will be necessary to actively explore popularization of ecosystem-based aquaculture and, to search for new routes for upgrading extensive aquaculture, as well as increase per-unit productivity, so as to fully display the food provision and eco-service functions of aquaculture systems, and create a modern aquaculture production system.

8.6.1.3 Improve the *Milieu* for Aquaculture Science and Technology Innovation

The main measures for improving aquaculture science and technology innovation include: implementing aquaculture innovation programs and consolidating the construction of science and technology platforms and teams; implementing key programs for aquaculture science and technology innovation; emphasizing education and training in fisheries sciences, strengthening the training of specialized technical experts and innovation teams; and, improving the building of aquaculture technology extension systems.

8.1.6.4 Strengthening Modern Aquaculture Governance and Law-Enforcement

A good system of governance and law-enforcement are vital for the development of aquaculture in China. We need to improve the operability and effectiveness of the laws and regulations for Chinese aquaculture; accelerate the renovation of operational rights for water areas, and streamline aquaculture permit systems; speed up the protection of aquaculture water bodies, and establish aquaculture ecosystem compensation mechanisms; and fully promote law enforcement and governance of aquaculture.

8.1.7 Concluding Remarks

Blue Growth is is set to be a significant part of the future of China, and will bring about historic changes in the mode of aquaculture development. In a report to Vice Premier Wang Yang of the State Council (China Fishery News, 2015) on new achievements of aquaculture development strategy study in China, Feb. 21, 2014, three points were raised:

- New knowledge: Chinese aquaculture has not only an important food supply function, but also a significant ecological service function;
- New model: Vigorously develop carbon - sink fisheries, and promote the construction of environmentally friendly aquaculture and resource - conservation - based capture fisheries;
- New solutions: A series of measures for safeguarding green and sustainable development of aquaculture have already been confirmed.

Therefore, we believe that Chinese aquaculture will continue to follow the principle of green, low - carbon and sustainable development. China will vigorously implement conservation, expansion and adoption of high technology strategies for the future development of aquaculture, and encouraged a new round of modernization of aquaculture. As such, Chinese aquaculture is destined to make even greater contributions to ensuring the supply of aquatic products, food security and ecological wellbeing, not only for China but the world as a whole.

References

Chen S L, Zhang G J, Shao C W, et al., 2014. Whole - genome sequence of a flatfish provides insights into ZW sex chromosome evolution and adaptation to a benthic lifestyle. Nature Genetics, 46, 253 - 260.

China Fishery News, 2015. Conservation of living aquatic resources paid off during the "Twelfth Five - Year Plan" period. China Fishery News, December 21, 2015 Edition, p. 1 - 2. (in Chinese).

China Fishery Statistical Yearbook, 2015. Ministry of Agriculture, China Agriculture Press, Beijing (in Chinese).

Chopin T., Troell M., Reid G. K., et al., 2010. Integrated Multi - Trophic Aquaculture (IMTA) - a responsible practice providing diversified seafood products while rendering biomitigating services through its extractive components. In, eds. N. Franz, C. - C. Schmidt, Proceedings OECD Workshop "Advancing the Aquaculture Agenda: Policies to Ensure a Sustainable Aquaculture Sector", Paris, 15 - 16 April 2010, Organization for Economic Co - operation and Development, Paris, pp. 195 - 217.

CPGC (Central People's Government of PR China), 2006. The State Council issued the Program of Action on Conservation of Living Aquatic Resources of China, http://www.gov.cn/zwgk/2006-02/27/content_212335.htm. Accessed on December 20, 2015.

Deng J Y, 1983. Enhancement release of shrimp stock. *Marine Sciences*, 6, 55 - 58. (in Chinese).

Fang J G, Funderud J, Zhang J H, et al., 2009. Integrated multi - trophic aquaculture (IMTA) of sea cucumber, abalone and kelp in Sanggou Bay, China. In, ed. M. E. M. Walton, Yellow Sea Large Marine

Ecosystem Second Regional Mariculture Conference. UNDP - GEF project "Reducing environmental stress in the Yellow Sea Large Marine Ecosystem", Jeju, Republic of Korea.

FAO, 2012. The state of world fisheries and aquaculture 2012. Rome.

FAO, 2014a. The state of world fisheries and aquaculture 2014. Rome.

FAO, 2014b. FishStatJ. http://www.fao.org/fishery/statistics/software/fishstatj/en, accessed June 9, 2014.

Han D, Shan X J, Zhang W B, et al., 2015. China aquaculture provides food for the world and then reduces the demand on wild fisheries, http://comments.sciencemag.org/content/10.1126/science.1260149.

Han D, Shan X, Zhang W, et al., 2016. A revisit to fishmeal usage and associated consequences in Chinese aquaculture. *Reviews in Aquaculture* 2016 (online), 1 - 16. doi: 10.1111/raq.12183.

Liu H M, Qi Z H, Zhang J H, et al., 2013. Ecosystem service and value evaluation of different *aquaculture mode in Sungo Bay*. China Ocean University Press, Qingdao, p. 174. (in Chinese).

MOA (Ministry of Agriculture), 2009. Ministry of Agriculture announcement on the adjustment of the marine fishing moratorium system. http://www.moa.gov.cn/govpublic/YYJ/201006/t20100606_1538589.htm. Accessed on December 20, 2015.

Moffitt C M, Cajas - Cano L, 2014. Blue Growth: The 2014 FAO State of World Fisheries and Aquaculture. Afs sections: Perspectives on Aquaculture. 10.1080/03632415.2014.966265.

NCCAV (National Certification Committee for Aquatic Varieties), 2015. http://nccav.moa.gov.cn/news-show.asp?anclassid=139&nclassid=62&xclassid=0&id=2274. Accessed on November 8, 2015.

Niu D, 2014. The big fishery science and technology country will become a powerful fishery science and technology country. China Fisheries July, 22, p. A01 (in Chinese).

Olsen Y, 2011. Resources for fish in future mariculture. Aquaculture and Environment Interaction, 1: 187-200.

Pauly D, Christensen V, Dalsgaard J, et al., 1998. Fishing down marine food webs. Science, 279: 860-863.

Pauly D, Alder J (Coordinating Lead Authors), 2005. Chapter 18: Marine Fisheries Systems. In: Millennium Ecosystem Assessment: Ecosystems and Human Wellbeing. Volume 1, Current State and Trends, Island Press, Washington DC.

SDCA (Task Force for Strategic Study on the Sustainable Development of Chinese Aquaculture), 2013. Strategic Study on the Sustainable Development of Chinese Aquaculture. China Agriculture Press, Beijing, p. 408. (in Chinese).

Shao C W, Li Q Y, Chen S L, et al., 2014. Epigenetic modification and inheritance in sexual reversal of fish. Genome Research, 24 (4): 604 - 615.

Sherman K, McGovern G (eds.), 2012. Frontline observations on climate change and sustainability of large marine ecosystem. Large Marine Ecosystem 17. Graphics Service Bureau, Inc., New York, p. 86.

Tang QS, 2010. Carbon sink fisheries and mariculture. www.ysfri.ac.cn/tanhuiyuye.doc (in Chinese).

Tang QS, 2014. Management strategies of marine food resources under multiple stressors with particular reference of the Yellow Sea large marine ecosystem. Frontiers of Agricultural Science and Engineering, 1 (1): 85 - 90.

Tang Q S, Fang J G, 2012. Review of climate change effects in the Yellow Sea large marine ecosystem and adaptive actions in ecosystem based management. In, eds" K Sherman and G. McGovern, Frontline observations on climate change and sustainability of large marine ecosystem. Large Marine Ecosystems 17, Graphics Service Bureau, Inc., New York, pp. 170 - 187.

Tang Q S, Fang J G, Zhang J H, et al., 2013. Impacts of multiple stressors on coastal ocean ecosystems and Integrated Multi－Trophic Aquaculture. *Progress in Fishery Sciences*，34（1）：1－11.（in Chinese with English abstract）.

Tang Q S，Guo X W，Sun Y，et al.，2007. Ecological conversion efficiency and its influencers in twelve species of fish in the Yellow Sea Ecosystem. Journal of Marine Systems，67，282－291.

Tang Q S，Lin H R，Xu X，et al.，2009. Scientific questions regarding sustainable mariculture and enhanced product quality. Briefing on the Xiangshan Science Conferences，330：1－12.（in Chinese）.

Tang Q S，Zhang J H，Fang J G，2011. Shellfish and seaweed mariculture increase atmospheric CO_2 absorption by coastal ecosystems. Marine Ecological Progress Series，424：97－104.

Wang Q，Cheng L，Liu J，et al.，2015. Freshwater Aquaculture in PR China：Trends and Prospects. *Reviews in Aquaculture*，7（4）：283－312. doi：10.1111/raq.12086.

Wang Y P，Lu Y，Zhang Y，et al.，2015. The draft genome of the grass carp（*Ctenopharyngodon idellus*）provides insights into its evolution and vegetarian adaptation. Nature Genetics，147：625－631.

Watson R，Pauly D，2001. Systematic distortions in world fisheries catch trends. Nature，414（6863）：534－536.

Xie S Q，Liu J S，Li Z J，2013. Evaluation of the carbon removal by fisheries and aquaculture in freshwater bodies. Progress in Fisheries Science，34（1）：82－89.（in Chinese with English abstract）.

Xu P，Zhang X F，Wang X M，et al.，2014. Genome sequence and genetic diversity of the common carp，Cyprinus carpio. Nature Genetics，46：1212－1219.

Ye C C，Li P J，Liu H Y，et al.，1999. Enhancement of Chinese shrimp in northern Yellow Sea，China. Journal of Fishery Sciences of China，6（1）：83－88.

Zhang G F，Fang X D，Guo X M，et al.，2012. The oyster genome reveals stress adaptation and complexity of shell formation. Nature，490：49－54.

Zhu J X，Qu K M，Wang Y H，et al.，2012. Designs of conserving recirculating aquaculture systems for marine finfish farms. Aquaculture Frontier，5：51－55.（in Chinese）.

中国养殖业可持续发展战略研究：水产养殖卷[①]（摘要）

中国养殖业可持续发展战略研究项目组

内容简介：本书由中国工程院重大咨询项目中国养殖业可持续发展战略研究中的“中国水产养殖业可持续发展战略研究”项目组完成。综合报告全面论述了我国水产养殖业发展现状与潜力、存在的主要问题、国外水产养殖发展现状与趋势、发展战略与任务、保障措施与对策建议，以及重大工程建设与研究专项建议；专题报告分别论述了水产遗传育种与种子工程、水产病害防治与健康管理工程、水产养殖技术与生态养殖工程、水产养殖动物营养与健康饲料工程、设施养殖工程与节能减排、养殖产品质量安全与精制加工、渔业资源养护工程、现代水产养殖生物技术、信息及新材料技术与智能水产养殖等领域的发展战略。

本书可供渔业管理部门、生产企业、科技和教育部门以及社会其他各界人士参考。

前 言

改革开放以来，特别是1985年中共中央、国务院发出《关于放宽政策、加速发展水产业的指示》和1986年颁布《中华人民共和国渔业法》，确立了“以养殖为主……”的渔业发展方针，我国水产养殖业得到了前所未有的高速发展，取得了举世瞩目的成就。2011年我国水产养殖产量达4 023万t，占渔业总产量的比例为71.8%，而1950年和1985年水产养殖产量及占总产量比例分别为约8万t、363万t和约8%、45.2%。我国水产养殖业的发展不仅为解决吃鱼难、促进农民增产增收、保障国家食物安全做了突出的贡献，同时也使我国成为世界第一渔业大国、世界第一水产养殖大国、世界第一水产品出口大国，成为世界上唯一渔业养殖产量超过捕捞产量的国家。然而，进入21世纪，面对资源环境等制约因素的新挑战和社会经济发展的新需求，如何保持我国水产养殖业良好的发展势头，如何保证“当2030年我国人口接近峰值时，水产品的供给量需要新增加近2 100万t，将主要通过水产养殖的方式获得”，即如何保证我国水产养殖业可持续发展，成为备受关注的重大问题。

2009年，中国工程院及时启动了“中国养殖业可持续发展战略研究”重大咨询项目。项目下设若干研究课题，其中“中国水产养殖可持续发展战略研究”是一个重要研究内容。该课题按专业领域分设：水产遗传育种与种子工程、水产病害防治与健康管理工程、水产养殖技术与生态养殖工程、水产养殖动物营养与健康饲料工程、设施养殖工程与节能减排、养殖产品质量安全与精制加工、渔业资源养护工程、现代水产养殖生物技术、信息及新材料技术与智能水产养殖9个子课题组和1个综合发展战略研究课题组。近三年来，在项目总体研

① 本文原刊于《中国养殖业可持续发展战略研究：水产养殖卷》（唐启升主编），1-4，1-11，中国农业出版社，2013。

究思路的指导下，课题组在 9 个专业领域研究的基础上，全面系统分析研究了我国水产养殖业发展现状与潜力、我国水产养殖业存在的主要问题和国外水产养殖发展现状与趋势，对我国水产养殖业的贡献产生了新认识，即“中国特色的水产养殖业发展，不仅引导了中国渔业生产增长方式和产业结构的转变，同时也促进了世界渔业生产增长方式和结构的转变；中国渔业有显著的碳汇功能，在减排二氧化碳和缓解水域富营养化方面发挥了良好的作用；水产养殖既具有重要的食物供给功能，还有重要的生态服务功能（含文化服务）”，进一步确认了“养护、拓展、高技术”的发展战略，提出了绿色、低碳的“碳汇渔业”发展新理念，提出了建设环境友好型水产养殖业、发展多营养层次综合养殖和实施养殖容量规划管理等主要的发展途径与新生产模式，提出要实现水产养殖业“高效、优质、生态、健康、安全”可持续发展的战略目标。根据对现行养殖方式与发展趋势的分析和预判，提出中国水产养殖业工程技术近期的发展重点：大力推进传统养殖方式的标准化、规模化发展，提升现代机械化、自动化技术水平和防灾减灾能力；大力推进工厂化养殖发展规模，提高设施养殖现代工程装备水平，缩小产出差距。其重点任务是：加快建设现代水产种业体系，规划发展现代水产养殖生产模式，着力发展现代水产养殖装备与设施，强化现代水产疫病防控和产品质量安全监控，积极发展现代水产饲料与加工流通业，加快建设现代水产养殖业科技与支撑体系，拓展发展现代水产养殖生产体系。针对未来的发展和需求，提出了 7 项保障措施与政策建议：重视水产养殖对发展空间的需求，确保水产品的基本产出；以容纳量评估制度建设为基础，构建现代水产养殖生产体系；实施养殖装备提升工程，推进养殖设施标准化、现代化更新改造；改善水产养殖科技创新条件，实施水产养殖科技创新工程，加强科技平台和队伍建设；加强产业支撑体系建设，实行补贴政策，提高技术推广服务能力；加强水产养殖业管理与执法能力建设；推行水产品质量可追溯制度，完善养殖产品质检体系建设。为了推动中国水产养殖业可持续发展，提出了相应的现代水产养殖业建设工程、水生生物资源养护建设工程和现代水产养殖科技创新与人才培养工程三大工程建设与研究专项的建议。课题最终形成的研究报告包括综合报告和专题报告，综合报告全面论述了我国水产养殖业发展战略，专题报告按上述 9 个专业领域分别论述了各自的可持续发展发展战略。各报告的编写大纲一致，即包括如下 6 个研究内容：我国水产养殖业发展现状与潜力、存在的主要问题、国外发展现状与趋势、发展战略与重点任务、保障措施与政策建议、重大工程建设与研究专项建议。

课题实施过程中，各项调研工作得到农业部渔业局、各省市渔业主管部门以及项目办公室的大力支持。在课题开始阶段，农业部渔业局以局发文的形式向全国渔业主管部门发出调查问卷，之后收到辽宁、浙江、福建、广东、江苏、安徽、重庆、云南、新疆、厦门、吉林、天津、上海、四川、江西、湖北、湖南、黑龙江、河南、甘肃等省、自治区、直辖市渔业厅（局）反馈信息，这些信息成为各子课题研究启动阶段的重要资料。2009 年 9 月，课题组在农业部渔业局的支持下召开了“水产养殖业可持续发展战略研究”高端座谈会，参加会议的渔业部门领导有农业部渔业局陈毅德副局长（现任农业部渔政指挥中心主任）、辽宁省海洋与渔业厅赵兴武方长（现任农业部渔业局局长）、广东省海洋与渔业局李珠江局长和陈良尧副局长、江苏省海洋与渔业局唐庆宁局长、江西省水产局官少飞局长、安徽省农委渔业局刘国友局长、湖北省水产局林伟华副局长、中国水产科学研究院张显良院长、上海海洋大学李思发教授以及山东省海洋与渔业厅代表、浙江省海洋与渔业局代表、上海市水产办公室代表、甘肃省渔业局代表、四川省水产局代表等 30 多位渔业部门的领导和专家参加会议。

座谈会是以渔业主管领导重点发言，课题专家提问，共同交流的形式进行，并对水产养殖产业普遍关注的7个方面的问题（如标准化池塘改造、水产养殖产品加工、环境污染、良种工程、鱼粮工程、盐碱地开发、水产养殖饲料）进行专门讨论。这次会议不仅使课题研究者对我国水产养殖产业的现状与问题有了更加清楚的认识，也使可持续发展战略研究的方向、针对性和可操作性更加明确。课题研究中所形成的新认识和新思路也从前期或同期其他研究中受益匪浅，如"碳汇渔业"发展新理念的科学基础来自国家重点基础研究发展计划（"973计划"）项目"东、黄海生态系统动力学与生物资源可持续利用，1998—2004"和"我国近海生态系统食物产出的关键过程及其可持续机理，2006—2010"的研究成果，而同期进行的中国工程院"生物碳汇扩增战略研究，2009—2011"、中国环境与发展国际合作委员会"中国海洋可持续发展的生态环境问题与政策研究，2009—2011"等课题的研究共同促进了这个发展新理念的提出。课题设立了以院士为主的咨询专家组和以一线专家为主的实施专家组，在《综合报告》和《分专业领域报告》的撰写过程中，召开院士专家咨询会议，认真听取院士的指导意见，全体成员团结协作和无私奉献，保证研究报告的质量与水平。总之，课题研究圆满完成是方方面面共同努力和辛勤劳动的结果，为此一并表示衷心的感谢。

根据项目总体安排，决定将课题研究成果编辑出版，奉献给关心和支持我国水产养殖事业发展的政府部门、生产企业、科技界、教育界以及社会其他各界人士，以期能够对我国水产养殖事业的可持续发展以及今后编制有关发展规划有所帮助。由于时间有限，不当之处在所难免，敬请批评指正。

目　　录

（四）培养水产种业研发团队，强化原、良种体系管理

（五）巩固内部联合，强化国际合作

六、重大工程建设与研究专项建议

（一）重大工程

（二）水产种业技术体系建设与关键技术集成

专题二　水产病害防治与健康管理工程发展战略研究

一、国内发展现状

（一）我国水产病害研究的历史回顾

（二）水产养殖动物免疫系统的研究与病害的免疫防治

（三）病原生物学、致病机理与弱毒疫苗

（四）药代动力学与药物防治

（五）水质改善与健康养殖

二、存在的主要问题与原因分析

（一）养殖种类繁多，病害的类型多样且危害严重

（二）病因复杂，研究成果应用性差，有效疫苗缺乏

（三）药物和微生物制剂滥用，食品安全与环保意识淡薄

（四）针对主要病害的系统性研究尚显不足

三、国外发展现状

（一）硬骨鱼类的免疫球蛋白及其基因座

（二）鱼类抵御细菌和病毒的非特异性的免疫因子

（三）病原的致病机理与疫苗研制

（四）水体微生态制剂与保护性措施

四、发展战略与关键技术

（一）加强基础和应用基础理论研究，促进病害免疫防治技术发展

（二）加强流行病学研究，建立全国水产动物病害测报与传播控制体系

（三）加强水产动物病害综合防治方法的研究，促进健康养殖工程发展

（四）合理开发生物渔药和中草药，审慎发展渔药产业

五、保障措施与对策建议

（一）建立病害的检疫与预测体系，防止病害广泛传播

（二）发展病害综合防治技术，制定和完善养殖规范，推进水产健康养殖工程的发展

（三）持续支持科研人员针对重要的宿主—病原系统，以及围绕特定的养殖对象开展长期合作研究

六、重大工程建设与研究专项建议

（一）疫苗研制与应用技术平台建设

（二）水产养殖动物疾病暴发与免疫防治的机理研究

（三）养殖鱼类重大疾病防控技术体系研究与示范

专题三　水产养殖技术与生态养殖工程发展战略研究

一、国内发展现状
（一）我国淡水养殖业发展现状
（二）我国海水养殖业发展现状
（三）水产养殖技术与生态养殖工程的发展现状
二、存在的主要问题与原因分析
（一）还没有突破我国土地（水域）资源短缺的困境
（二）现有科技还没有从根本上突破我国水产养殖水质性缺水的难题
（三）还不能缓解水产养殖成本增加的压力
（四）无法解决养殖水域生态环境恶化和对产品质量安全的影响
（五）无法支撑我国水产养殖业的发展
（六）基础设施薄弱，集约化养殖程度亟待通过科技进行提升
三、国外发展现状
（一）国外淡水养殖发展现状
（二）国外海水养殖发展现状
四、发展战略与关键技术
（一）发展战略
（二）发展目标
（三）关键技术
五、保障措施与对策建议
（一）加快基础设施建设，提高水产养殖综合生产能力
（二）加强人才培养，提高科技创新能力
（三）建立长期的科技投入机制，保障科技第一生产力的作用
（四）政策和机制创新，引导产业健康发展
六、重大工程建设与研究专项建议
（一）研发项目——养殖生态系统构建与操纵技术
（二）产业示范工程——水产养殖工程化技术与示范
（三）平台建设——碳汇水产养殖技术平台

专题四　水产养殖动物营养与健康饲料工程发展战略研究

一、国内发展现状
（一）水产养殖动物营养需求研究
（二）饲料原料的生物利用率的研究
（三）我国渔用饲料添加剂工业发展
（四）我国水产饲料加工设备
（五）我国水产动物营养与饲料的发展方向
二、存在的主要问题与原因分析
（一）配合饲料使用比例不高

（一）加强科研与成果转化的力度
（二）构建完善的研究与示范推广体系
（三）注重政策引导与法规建设
六、重大工程建设与研究专项建议
（一）研发项目——设施养殖环境高效控制装备
（二）产业示范工程——生态化养殖设施模式构建
（三）平台建设——综合性技术平台

专题六　养殖产品质量安全与精制加工发展战略研究

一、国内发展现状
（一）我国水产品加工现状
（二）中国养殖水产品质量安全与精制加工产业现状
二、存在的主要问题与原因分析
（一）质量保证体系落后，养殖水产品的质量亟需提高
（二）养殖水产品的加工适宜性差，加工技术和装备落后，创新能力差
（三）水产品出口市场单一，抵御国际市场风险的能力较弱
三、国外发展现状
（一）国外渔业生产的现状
（二）国外的发展趋势
（三）国外水产品质量安全控制与加工技术的启示
四、发展战略和关键技术
（一）发展战略
（二）发展目标
（三）关键技术
五、保障措施与对策建议
（一）加快养殖水产品质量安全管理体系制定，推广体系认证制度
（二）充分发挥以精深加工的“产后渔业”拉动作用
六、重大工程建设与研究专项建议
（一）研发项目
（二）产业示范工程——工厂化养殖鱼类加工综合示范区
（三）平台建设——水产品风险分析技术平台

专题七　渔业资源养护工程发展战略研究

一、国内发展现状
（一）增殖放流工程发展现状及技术特点
（二）水利工程过鱼设施发展现状及技术特点
（三）人工鱼礁工程发展现状及技术特点
（四）海洋牧场工程发展现状及技术特点
二、存在的主要问题与原因分析

（一）渔业资源增殖工程
（二）人工鱼礁和海洋牧场建设工程
（三）应用基础方面
（四）政策措施方面
三、国外发展现状
（一）国外增殖放流工程发展现状及趋势
（二）国外水利工程过鱼设施发展现状及趋势
（三）国外人工鱼礁工程发展现状及趋势
（四）国外海洋牧场工程发展现状及趋势
四、发展战略与关键技术
（一）发展战略
（二）发展目标
（三）关键技术
五、保障措施与对策建议
（一）构建完善的研究与示范推广体系
（二）制度为本，建立科学规范的管理机制
（三）政策引导，政府协调好利益相关者
（四）依法管理，加强和完善相关立法
六、重大工程建设与研究专项建议
（一）研发项目
（二）产业示范工程
（三）平台建设

专题八　现代水产养殖生物技术发展战略研究

一、国内发展现状
（一）国内水产生物组学研究与应用进展
（二）国内水产生物功能基因研究进展
（三）国内水产生物分子标记研究进展
（四）国内水产生物干细胞研究进展
（五）国内水产生物细胞培养进展
（六）国内水产生物转基因研究进展
（七）国内水产生物染色体工程研究进展
（八）国内水产生物性别控制技术研究与应用进展
二、存在的主要问题与原因分析
（一）基础研究薄弱，关键技术有待突破，技术源头创新能力低
（二）水产生物技术研发体系不完善，科技投入较弱，基础设施缺乏
（三）研究成果应用转化慢，转化率低
（四）研发力量分散，高端人才匮乏
三、国外发展现状

（一）国外研究进展
（二）现代水产生物技术研究的发展趋势
四、发展战略与关键技术
（一）发展战略
（二）发展目标
（三）关键技术
五、保障措施与对策建议
（一）加大财政支持力度，引导企业参与，加强基础研究，提高技术源头创新能力
（二）实施基地建设，突破关键技术，加强技术组装和配套，提高自主创新能力
（三）整合研究力量，培育研究团队
（四）健全法规体系，促进水产生物技术的发展
六、重大工程建设与研究专项建议
生物基因资源开发利用专项

专题九　信息及新材料技术与智能水产养殖发展战略研究

一、国内发展现状
（一）数据库技术在水产养殖中的应用
（二）3S 技术在水产养殖中的应用
（三）专家系统（ES）在水产养殖中的应用
（四）多媒体技术在水产养殖中的应用
（五）激光技术在水产养殖中的应用
（六）纳米技术在水产养殖中的应用
（七）电子传感技术在水产养殖中的应用
二、存在的主要问题与原因分析
（一）对渔业信息技术和渔业信息化的重要性认识不足
（二）缺乏具有带动全局性和战略性的重大技术、重大产品和重大系统
（三）缺乏必要的渔业信息技术规范和标准
（四）渔业信息资源缺乏充分和有效地开发
（五）渔业信息技术的基础研究、应用研究和成果转化之间严重脱节，影响我国渔业信息技术的发展
（六）现代渔业信息服务严重滞后，远远没有发挥信息技术应有的作用
三、国外发展现状
（一）养殖专题数据库建设及应用
（二）3S 技术的养殖环境监测应用
（三）IT 技术在养殖管理方面的应用
四、发展战略与关键技术
（一）发展战略
（二）发展目标
（三）关键技术

五、保障措施与对策建议

（一）做好规划引导和政策配套，鼓励高新技术在水产养殖中的应用和转化

（二）优先做好渔业信息技术标准化，有步骤推进渔业信息技术应用

（三）要结合国情，因地制宜，探索适宜我国各地农村特点的发展模式

（四）加强技术培训和人才培养

六、重大工程建设与研究专项建议

智能水产养殖技术研发平台

我国水产养殖业绿色、可持续发展战略与任务①

唐启升[1]，丁晓明[2]，刘世禄[1]，王清印[1]，聂品[3]，何建国[4]，
麦康森[5]，徐皓[6]，林洪[5]，金显仕[1]，张国范[7]，杨宁生[8]

（1. 中国水产科学研究院黄海水产研究所，青岛 266071；
2. 农业部渔业局，北京 100125；
3. 中国科学院水生生物研究所，武汉 330009；
4. 中山大学，广州 510275；
5. 中国海洋大学，青岛 266003；
6. 中国水产科学研究院渔业机械仪器研究所，上海 200092；
7. 中国科学院海洋研究所，青岛 266071；
8. 中国水产科学研究院，北京 100141）

摘要：论文重点介绍了我国水产养殖业绿色、可持续发展战略与任务。①进一步发展水产养殖业的战略意义：深化渔业增长方式的转变，带动渔业新一轮的发展，减排 CO_2、缓解水域富营养化，促进渔业绿色、低碳发展，生产更多更好的优质蛋白，满足需求，保障国家食物安全，促进生态系统水平的水产养殖发展，提升我国渔业科技进步；②水产养殖业绿色、可持续发展战略：大力实施养护战略、拓展战略和高技术战略，创新推动新一轮水产养殖业的现代化发展；③战略目标："高效、优质、生态、健康、安全"；④水产养殖业绿色、可持续发展重点任务：加快建设现代水产种业体系，规划发展现代水产养殖生产模式，着力发展现代水产养殖装备与设施，强化现代水产疫病防控和产品质量安全监控，积极发展现代水产饲料与加工流通业，加快建设现代水产养殖业科技与支撑体系，拓展发展现代水产养殖生产体系等。

关键词：水产养殖；绿色、可持续发展战略；任务

改革开放以来，我国水产养殖业高速发展取得了举世瞩目的成就，成为世界第一水产养殖大国、世界第一渔业大国、世界第一水产品出口大国，是世界上唯一渔业养殖产量超过捕捞产量的国家，即中国是通过人类活动干预水域自然生态系统提升食物供给功能获得极大成功的一个国家。几十年来，我国的水产养殖作为大农业的重要产业，不仅在保障市场供应、解决吃鱼难、促进农村产业结构调整、增加农民收入、提高农产品出口竞争力、优化国民膳食结构和保障食物安全等方面做出了重要贡献，同时新的研究还表明，在促进渔业增长方式的转变、减排 CO_2、缓解水域富营养化等方面也发挥着重要作用。因此，水产养殖是一举多赢的产业，大有可为。推动水产养殖业绿色、可持续的进一步发展，有助于深化渔业增长方

① 本文原刊于《中国渔业经济》，32（1）：6-14，2014。

式的转变，带动现代渔业的发展，形成新的经济增长点，有助于发挥中国特色水产养殖特有的生态服务功能，成为发展绿色、低碳的新兴产业的示范，为积极应对全球气候变化发挥作用，为保障国家食物安全做出新贡献。

本文在我国水产养殖业发展现状与潜力、存在的主要问题和国际发展现状与趋势研究的基础上[1]，探讨了进一步发展水产养殖业的战略意义，提出了水产养殖业“高效、优质、生态、健康、安全”绿色、可持续发展的战略目录和未来10年的重点任务。

一、进一步发展水产养殖业的战略意义

（一）深化渔业增长方式的转变，带动渔业新一轮的发展

经过多年的探索，我国的渔业发展方针已明确由20世纪50年代的“以捕为主”以及后来的“养捕兼顾”向“以养殖为主”方向发展，使我国水产品生产结构发生了重大变化（图1）。在产业结构不断优化过程中，一批重大养殖技术获得突破，产量得到大幅度提高，也促使我国渔业增长向一个正确的方向发展。

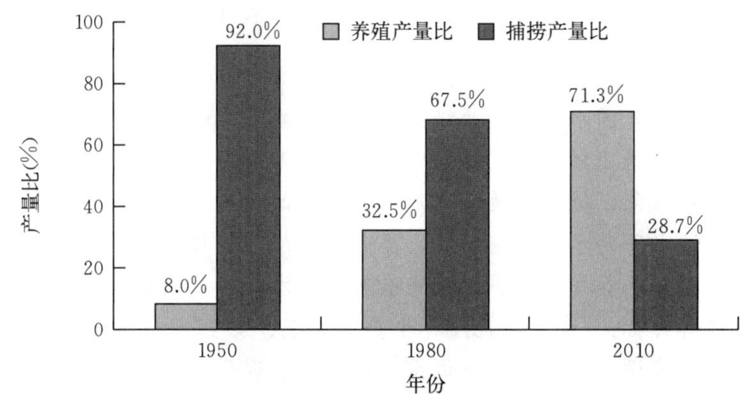

图1 1950、1980、2010年我国水产养殖与捕捞产量比例变化（产量数据引自文献［2］）

在淡水渔业方面，20世纪50年代初期渔业产量主要依靠捕捞。随着“四大家鱼”繁育成功，淡水养殖有了较快的发展，1980年养捕比已变为71∶29。到1995年淡水渔业产量达1 000万t，其中养殖产量占淡水渔业总量的86%。2012年我国淡水渔业产量为2 874.33万t，养捕比为92.0∶8.0。

海水养殖业从无到有、从小到大，由单一品种到多品种，占海洋渔业产量的比例逐年提高。1953年海水养殖占海洋渔业产量的比例仅为6.3%，到1980年养捕比已变为19.9∶80.1。2006年，我国海洋渔业产量实现了“养大于捕”的历史性突破，成为世界渔业发展的典范。2012年海洋渔业产量为3 033.35万t，养捕比为54.2∶45.8。

21世纪初，有国外专家在《科学》、《自然》杂志发表文章[3,4]，称“现代渔业是不可持续的”。此后在联合国千年生态系统评估报告中断言“水产养殖产业不是应对全球野生捕捞渔业衰退问题的一种解决办法”[5]。然而中国水产养殖经验经得起时间考验，为世界提供了可复制样板。近几十年来，世界水产品总产量以年均3.0%速度平稳增长，中国水产养殖业健康发展为全球水产品总产量持续增长提供了重要保证。中国水产养殖业发展取得

的成功最终获得国际同行认可和重视，联合国粮农组织（FAO）积极在发展中国家推崇中国经验。

因此，我国水产养殖的发展不仅改变了中国渔业的增长方式和产业结构，同时也促进了世界渔业生产方式和结构的改变。在新时代、新理念、新技术推动下，绿色、可持续的进一步发展水产养殖业，必将深化渔业增长方式的转变，带动现代水产养殖业新一轮的发展。

（二）减排 CO_2、缓解水域富营养化，促进渔业绿色、低碳发展

近年的研究表明[6-9]，藻类、滤食性贝类、滤食性鱼类以及草食性鱼类等养殖生物具有显著的碳汇功能，它们的养殖活动直接或间接地大量使用了水体中的碳，明显提高了水域生态系统吸收大气 CO_2 的能力。例如，在过去 30 年中，我国海水贝藻养殖从水体中移出的碳量呈明显的增加趋势，1999—2008 年间，通过收获养殖海藻，每年从我国近海移出的碳量为 30 万～38 万 t，平均 34 万 t，10 年合计移出 342 万 t；而通过收获养殖贝类，每年从我国近海移出的碳量为 70 万～99 万 t，平均 86 万，其中 67 万 t 碳以贝壳的形式被移出海洋，10 年合计移出 862 万 t；两者合在一起，1999—2008 年间，我国海水贝藻养殖每年从水体中移出的碳量为 100 万～137 万 t，平均 120 万 t，相当于每年移出 440 万 t CO_2，10 年合计移出 1 204 万 t 碳，相当于移出 4 415 万 t CO_2。如果按照林业使用碳的算法计量，我国海水贝藻养殖每年对减少大气 CO_2 的贡献相当于造林 50 万多公顷，10 年合计相当于造林 500 多万公顷，直接节省造林资金近 400 亿元。2010 年我国海水贝藻养殖从近海海洋移出 138 万 t 碳，淡水滤食性鱼类等养殖从内陆水域移出 130 多万吨碳，两者合计对减少大气 CO_2 的贡献相当于每年造林 100 多万公顷。目前，我国贝类和藻类两大类的养殖量占海水养殖总量的近 90%，而淡水养殖中不需投饵的鱼类（以滤食性鱼类为主）的养殖量占养殖总量近一半，这些养殖生物的生产效率和生态效率都很高，在其生长和养殖过程中，不仅大量使用了碳，同时也大量使用氮、磷等营养物质，实际产生了减缓水域生态系统富营养化进程的重要作用，如在贝藻养殖区少有赤潮灾害发生，而放养滤食性鱼类和草食性鱼类已成为淡水水域减轻富营养化的有效途径之一。

以上研究成果促成了碳汇渔业新理念的提出和发展[10]。碳汇渔业是绿色、低碳发展新理念在渔业领域的具体体现，能够更好地彰显水产养殖的食物供给和生态服务（含文化服务）两大功能，并成为推动水产养殖业新一轮发展的驱动力。水产养殖业进一步发展和生产量不断增加，也将促进碳汇渔业的发展，对减排 CO_2 的贡献也会越来越大，有助于促进生物碳汇扩增，为应对全球变化发挥积极作用。

（三）生产更多更好的优质蛋白，满足需求，保障国家食物安全

水产养殖是未来渔业发展、产量增长的主要成分已成为不争的事实。美国著名学者布朗高度评价了水产养殖对保障食物安全的贡献（2008）：“中国对世界（粮食安全）的两大贡献——计划生育和水产养殖”，他认为：“水产养殖是世界上最有效率的食物生产技术”，例如鱼虾养殖，饵料的投入与产出比为（1～1.2）：1，而畜禽类饲料的投入与产出比为（2.5～7.0）：1，另外，中国水产养殖业之所以能够发展这么快，还有一个不能忽视的原因，也是构成中国特色水产养殖的重要因素，即相当一部分养殖种类不需要投放饵料，如图 2 所

示，海水养殖中滤食性贝类及藻类占87.4%，淡水养殖中滤食性鱼类占41.1%。所以，这种特有的，也是少有的低投入、高效率的特性，必然会使水产养殖在未来食物供给中发挥不可或缺的作用。

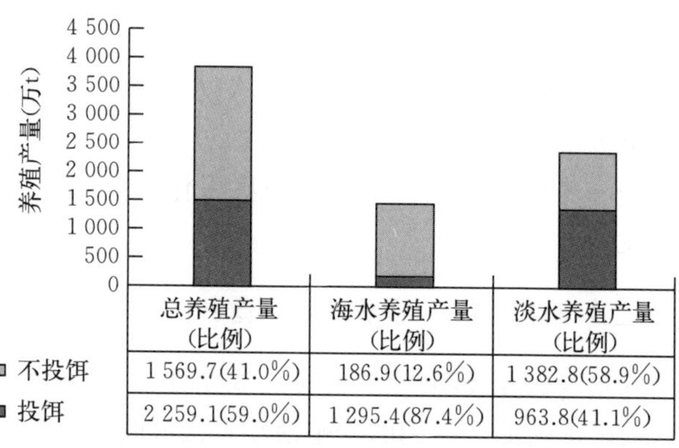

	总养殖产量(比例)	海水养殖产量(比例)	淡水养殖产量(比例)
不投饵	1 569.7(41.0%)	186.9(12.6%)	1 382.8(58.9%)
投饵	2 259.1(59.0%)	1 295.4(87.4%)	963.8(41.1%)

图2　2010年水产养殖品种中投饵与不投饵养殖种类产量比例（产量数据引自文献［2］）

目前，水产品已成为重要的食物来源，约占国民动物蛋白供给的30%，而水产养殖产品占20%。2030年，当我国人口总量达到峰值时，将比现在增加近1.6亿，若按现在人均占有量41 kg计，我国水产品的需求量需要增加约1 000万t。另外，随着社会经济发展，生活水平提高，人均需求量也会增加，若按人均占有量50 kg计，还需要再增加近1 000万t。以上两项合计近2 000万t，那么，这么大的新增需求量主要由哪里来提供？由于近海和内陆水域渔业资源严重衰退，渔业捕捞产量在一个较长的时期内不会有大的提高。近几年世界范围内的海洋捕捞产量在持续下降，甚至出现负增长，我国远洋发展受到影响和限制，而极地渔业的发展还受到条件和投入等因素的限制，难以在短期内使产量有较大幅度的增加。因此，绿色、可持续的进一步发展水产养殖业，生产更多更好的优质蛋白，满足国家人口增长和社会发展的新需求，保障食物安全，已经是毋庸置疑的唯一选择了。

（四）促进生态系统水平的水产养殖发展，提升我国渔业科技进步

在绿色、低碳发展新理念的引领下，发展生态系统水平的水产养殖已成为业界的共识。它不仅得到研究者的认可，同时也得到管理者和生产者的赞许，认为这是发展水产养殖生产新模式的必由之路，是建设现代渔业的突破点。这些认识的基础源于2009年召开的题为“可持续海水养殖与提高产出质量的科学问题”的第340次香山科学会议，与会者达成了“大力发展生态系统水平的海水养殖是保证规模化生产和实现可持续产出的必由之路”的共识[11]。事实上，生态系统水平的水产养殖发展也是国际同行正在探索的一个方向，如联合国FAO在多个国际组织的支持下于2007年组织生态系统水平的海水养殖工作组［海洋环境保护科学问题联合专家组（GESAMP）之36工作组］，探讨水产养殖业可持续发展的新途径。

推动生态系统水平水产养殖的发展就必然要面对现行养殖方式所存在的问题。如图3所示，现时我国水产养殖中不论淡水养殖还是海水养殖，传统的、粗放式养殖方式在产量中都占绝对优势。这种状况在短时间内，甚至今后10～20年内都不会根本改变。那么，要解决上述问题，不仅要探索新的养殖生产模式，还要采取现代化工程技术措施，如大力推进传统养殖方式的标准化、规模化发展，提升现代机械化、自动化技术水平和防灾减灾能力，需要提高设施养殖现代工程装备水平，缩小与发达国家在产出和耗能方面的差距。

因此，进一步发展水产养殖业必将推动生态系统水平的水产养殖生产新模式的探索和发

展，推动工程技术在水产养殖业的应用和发展，使我国水产养殖业的现代发展有一个新的高起点，从而促进我国渔业的科技进步。

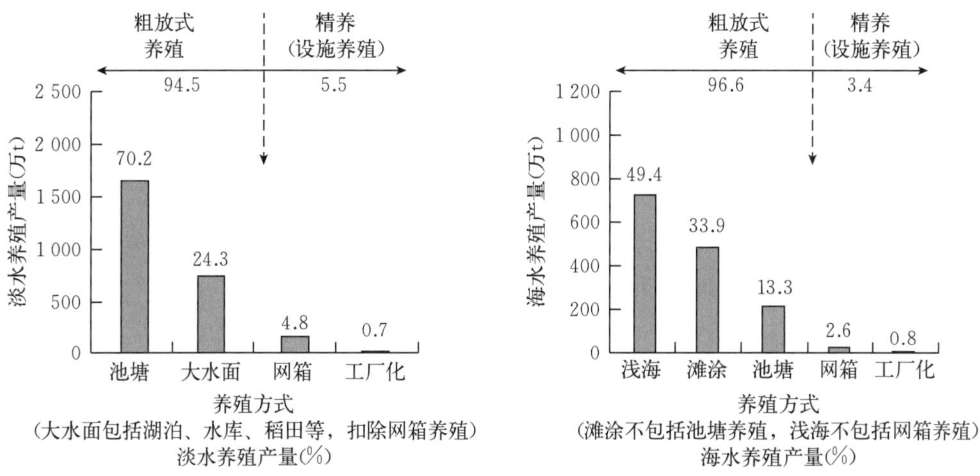

图 3 2010 年我国水产养殖现行养殖方式产量组成百分比（产量数据引自文献［2］）

二、水产养殖业绿色、可持续发展战略

（一）基本原则与发展理念

中国水产养殖业的进一步发展必须走绿色、可持续发展的道路，以科学发展观为指导，更新发展理念、转变发展方式、拓展发展空间、提高发展质量，促使国家重大需求与可持续发展相协调，推动渔业的现代化发展。在绿色、低碳发展新理念的引领下，积极推行碳汇渔业的发展，努力构建环境友好、资源节约、质量安全、数量保证的现代水产养殖业发展体系，实现水产养殖业“高效、优质、生态、健康、安全”的发展。

（二）战略对策与发展模式

水产养殖业绿色、可持续发展的战略对策是：大力实施养护战略、拓展战略和高技术战略，创新推动新一轮水产养殖业的现代化发展。

养护是水产养殖业可持续发展的基础。种质资源和生态环境是发展水产养殖业最基本，也是必需的自然条件，水产养殖业可持续发展必须对这些最基本的条件实施养护，切实加强养殖生物资源和环境养护的相关工作；拓展是水产养殖业绿色发展的核心，包括养殖种类、养殖方式、养殖空间和养殖规模的拓展，其中最重要的是围绕水产养殖业“高效、优质、生态、健康、安全”发展总体目标开展的战略拓展，使我国水产养殖业由数量型向质量型、负责任型和生态系统水平的水产养殖方向发展；高技术是水产养殖业进一步发展的动力，水产养殖既是传统产业又具备战略产业地位，高技术不仅在其产业升级更新中发挥重要作用，同时在培育和发展新兴产业（如水产种业、陆基工厂化养殖、深远海养殖以及生物质能源生物养殖等）中发挥关键作用，使水产养殖业通过高新技术获得了新一轮的现代化发展。

在可持续发展战略和新发展理念的引领下，积极探讨新的发展模式，建设环境友好型水产养殖业，发展生态和多营养层次的新生产模式，实施养殖容量规划管理；建设资源养护型捕捞业，科学开展资源增殖放流活动，发展多功能、多效应渔业，实施生态系统水平的管理。

（三）战略目标

进一步发挥政策与科技两大驱动因素的作用和中国水产养殖的特色，实现“我国水产养殖业2020年进入创新型国家行列，2030年后建成现代化水产养殖强国”的战略目标。实现水产养殖业“高效、优质、生态、健康、安全”绿色、可持续发展，确保水产品持续供给、渔农民持续增收，促进农村渔区社会和谐发展，积极应对全球气候变化，保障国家食物安全。在未来的20年，从数量、质量和科技贡献等方面，努力实现如下目标：

1. 数量发展目标

到2020年，水产养殖产量达到4 900万t以上。到2030年，水产养殖产量达到5 700万t。

2. 质量发展目标

到2020年，水产原、良种覆盖率均达到65%，水产遗传改良率达到40%；水生动物产地检疫率达到60%，重大疫病发生率控制在15%；工厂化、网箱养殖产量占总产量的比例提高到12%；大宗养殖鱼类产品加工率达到50%；水产品质量安全产地抽检合格率达99%；减排大气CO_2，从水域移出的碳达350万t/年。

到2030年，水产原良种覆盖率均达到80%以上，水产遗传改良率达到50%；水生动物产地检疫率达到90%，重大疫病发生率控制在10%；工厂化、网箱养殖产量占总产量的比例提高到20%；大宗养殖鱼类产品加工率达到60%；水产品质量安全产地抽检合格率达99%以上；减排大气CO_2，从水域移出的碳达400万t/年。

3. 科技发展目标

到2020年，建成水产养殖国家科技创新体系，实现科技贡献率达60%以上，科技成果转化率达50%以上；到2030年，进入水产养殖世界科技强国行列，实现科技贡献率达70%，科技成果转化率达60%以上。

三、水产养殖业绿色、可持续发展重点任务

未来10年，围绕绿色、可持续发展，建设现代水产养殖业，着力构建现代水产种业、现代水产养殖生产模式、现代水产养殖装备与设施、现代水产疫病防控和质量安全监控、现代水产饲料与加工流通、现代水产养殖科技与支撑、现代水产养殖产业等七大创新发展体系，为实现“高效、优质、生态、健康、安全”水产养殖强国的战略目标奠定坚实基础。

（一）加快建设现代水产种业体系

1. 加快研发优良品种的培育与繁育技术体系

围绕主要养殖种类，集成、创制高效安全的杂种优势利用技术，完善群体改良、家系选育等技术。前沿布局细胞工程育种、转基因育种等新技术。聚合优质、高产、抗逆等性状基因，创造目标性状突出、综合性状优良的育种新材料，培育优质高产新品种以及名贵特优新品种。研究苗种签证和检疫等技术，制定新品种繁育与推广的技术规范，培育一批优质高产动植物新品种，为水产养殖业培育并提供优良品种及抗病抗逆品种（品系），稳步提高我国

水产养殖的良种覆盖率和遗传改良率。

2. 健全良种培育和苗种繁育产业体系

以先进设施和技术体系为支撑，扩建一批国家级和省、部级原、良种场及引育种中心、扩繁中心等，加大名优新品种的引进、试验、示范和推广力度。逐步建立以国家和省、部级水产引育种中心、扩繁中心等为龙头，国家级和省、部级水产原良种场为骨干，原、良、苡配套的良种繁育技术体系，建设有中国特色的水产养殖生物优良品种培育和健康苗种繁育产业。

（二）规划发展现代水产养殖生产模式

1. 制定以容纳量为基础的水产养殖发展规划

按照建设环境友好型水产养殖的要求，以省区为单位，进行养殖水域本底调查，建立养殖水域的容纳量评估制度，做好各类养殖区、不同生产方式和大宗养殖种类的养殖容量、生态容量和环境容量评估。据此，制定水产养殖发展规划，实施区域布局，明确建设功能和重点，发展适应各种养殖区、生产方式和种类的现代水产养殖生产新模式。

2. 发展现代水产养殖生产新模式

按照“高效、优质、生态、健康、安全”绿色、可持续发展目标的要求，构建和发展现代水产养殖生产新模式，主要包括：

（1）多营养层次综合养殖模式。基于容纳量评估，构建由多种不同营养需求的养殖种类组成的养殖系统，发展高效生态养殖模式，包括不同结构的立体多营养层次综合养殖模式、多种类底播多营养层次综合养殖模式等。加强生态工程型模式发展，包括多种功能类型的人工礁建设和海洋牧场建设，提高综合养殖效益。

（2）池塘生态养殖模式。发展池塘循环水养殖模式，提高产品质量和环境的修复能力。提倡不同营养层次多种类混养（如北方的海蜇-海参-对虾养殖模式），增强生态互补互益效应，提高经济与生态效益。弃用和改造老龄化的池塘，恢复重建湿地生态系统，保护养殖生态环境。

（3）高效工厂化养殖模式。构建高效的工厂化封闭式循环水养殖系统，优化养殖水体净化工艺，建立养殖水体循环利用的健康养殖技术体系。探讨养殖品种多样化发展模式，提高效益。

（4）深远海与绿色网箱发展模式。开发大型深水网箱养殖品种与养殖技术，探索深远海巨型现代化养殖网箱、养殖工船和养殖平台等新养殖方式。基于环境容量，严格控制淡水投饵网箱养殖的规模和近岸养殖区域布局，发展环境友好型和生态功能型的绿色网箱养殖生产模式。

（三）着力发展现代水产养殖装备与设施

1. 加快水产养殖装备与设施发展

大力推进传统养殖方式（如内陆池塘养殖、浅海筏式养殖等）的标准化、规模化发展，提升水产养殖现代机械化、自动化、信息化技术水平和防灾减灾能力。发展适用于综合养殖、生态养殖和健康养殖的养殖装备与设施。大力推进工厂化养殖发展规模，突破工厂化封闭式循环水养殖系统技术，提高设施养殖现代工程装备水平。研究发展深远海现代化养殖网箱、养殖工船和养殖平台等新养殖方式、新材料和工程化技术。

2. 加快节能环保新材料、新装备的研发

研制应用节能降耗的环保型新材料、新装备，集成并创新种苗繁育生境监测与控制技术、免疫与疾病防治技术、养殖质量安全控制技术、养殖废水资源再生及无害化利用技术、信息化管理技术、节能环保型陆基工厂化高效养殖技术，以及滩涂养殖系统和浅海网箱养殖系统的健康评估与修复技术及其产业化等。加快主要水产养殖病害现场快速检测技术，病毒、细菌和寄生虫病等防治疫苗与应用技术的研发以及专用免疫制剂研制技术及其产业化。

（四）强化现代水产疫病防控和产品质量安全监控

1. 加快疫病防控体系建设

围绕主要水产养殖动物的重要疫病，加快开展水产养殖动物病原性疾病、环境性疾病、营养性疾病、药源性疾病、生理性疾病以及非生物因素与造成的损伤等研究，重点开展主要水产养殖动物的重要病害病原分子流行病学、病原微生物耐药性、病原敏感宿主谱、病害发生的养殖生态状况等方面的基础调查与研究，构建全国范围的水产养殖动物流行病学数据库和病害相关微生物及寄生虫资源数据库，加快完善水产养殖动物防疫体系，开发一批防治药物、免疫制剂以及快速检测技术与产品。重点建设一批国家级、省部级和县级水产养殖动物防疫基础设施及疫病参考实验室，完善水生动物疫病监控、水产苗种产地检疫等相关工作机制，建立健全水产养殖动物疫病防控预警体系和渔用药物安全使用技术体系以及质量监督体系，建立一批现代化、大型水产药物和免疫制剂等的企业集团以及产业示范基地。

2. 进一步强化水产品质量监督与管理

加强水产养殖产品的过程管理，全面推广和实施水产品质量追溯制度与体系。确定合理的追溯单元、明确追溯的责任主体、确保追溯信息的顺利传递与管理。加强水产品疫情疫病和有毒有害物质风险分析。确保进出口水产品进行检验检疫、监督抽查，对水产品生产加工企业根据监管需要和国家相关规定，实施信用管理及分类管理制度。建立水产品安全事故的应急处理与防范体系，积极构建水产品质量安全监管目标责任体系。

（五）积极发展现代水产饲料与加工流通业

1. 加快技术升级，建立现代饲料工业体系

围绕提高质量、降低成本、减少病害、提高饲料效率和降低环境污染等目标，深入研究水生动物的营养生理、代谢机制，特别是微量营养素的功能，为评定营养需要量和配制低成本、低污染、高效实用的饲料以及抗病添加剂和免疫增强剂提供理论依据。

2. 抓好加工流通业，提高市场信息化水平

大力发展水产品加工业，开发出适合工薪阶层和新生代消费的不同系列产品，推动消费转型，确保水产品拥有合理、稳定的消费群体以及消费量稳定增加。高度重视水产品市场开拓与流通工作，创新营销理念，加快发展现代物流业，扩大产品销售。加快水产品销售地批发交易市场和产地专业市场建设，完善市场检验检测和信息网络、电子结算网络等系统。加快建设水产品网上展示购销平台，完善水产品从产地到销售区的营销网络。

（六）加快建设现代水产养殖业科技与支撑体系

1. 加快科技创新体系建设

开展揭示水生生命遗传发育基本规律和水域生态规律的基础研究和应用基础研究，开展对水产养殖业未来发展具有引领作用的前瞻性、先导性和探索性重大前沿技术和高新技术研究，开展对水产养殖业竞争力整体提升和生产方式转变具有带动性强的关键、共性技术和集成配套技术研究，开展对水产养殖业发展有重要作用、需要长期稳定支持的基础性工作和公益性研究。

2. 加快产业化支撑体系建设

加快遗传育种中心、良种繁育中心等养殖科技平台和养殖产业化示范基地的建设。促进产、学、研相结合，加快科技成果的转化和应用，开展“渔业科技入户”工程、“新型农民培训”。

（七）拓展发展现代水产养殖生产体系

1. 稳步发展主体水产品养殖生产体系

继续以主体养殖种类为重点发展生产，稳定并适当扩大其他常规品种的发展规模，增加市场供应。要采取措施提高养殖装备和技术水平，增加渔（农）民收入。

2. 加快发展名特优水产品养殖生产体系

通过市场化运作，加快名特优珍品养殖的发展。采取产品多元化和市场多元化的发展战略，满足不同地区、不同市场、不同品种的多样化消费需求，降低市场风险。

3. 继续拓展出口创汇水产品养殖生产体系

发展出口创汇水产品养殖品种的集约化生产，加强标准化养殖和加工生产，强化加工产品的卫生条件管理和加工过程质量控制，完善产品质量检测体系，建立可追溯的质量安全管理体系，加强出口养殖基地的认证和管理，加强销售服务体系建设，扩大国际国内市场。

4. 着力发展休闲、观赏水产品养殖生产体系

将水产养殖业引入大众文化生活，加强景观生态学、水族工程学、观赏水族繁殖生态研究，加快发展都市渔业，在大中城市及其周边形成渔业文化市场。开展对本土观赏水族种质资源收集、保护，重要观赏水族新品种的培育，海水观赏水族的繁育技术以及人工生态系统技术与设备等研究。建立各种类型的观赏水族标准化养殖技术。重点发展生态环境优美、交通便利、服务设施配套齐全、安全与卫生等管理规范的休闲渔业基地、度假渔村和渔家乐等。

参考文献

[1] 唐启升．中国养殖业可持续发展战略研究：水产养殖卷 [M]. 北京：中国农业出版社，2013.

[2] 农业部渔业局．中国渔业统计年鉴 [M]. 北京：中国农业出版社，2001—2013.

[3] Pauly D，Christensen V，Dalsgaard J，et al.，Fishing down marine food webs [J]. Science，1998，279：860-863.

[4] Watson R，Pauly D. Systematic distortions in world fisheries catch trends [J]. Nature，2001，414

(6863)：534-536.

[5] Pauly D，Alder J (Coordinating Lead Authors)．Chapter 18：Marine Fisheries Systems. In：Millennium Ecosystem Assessment：Ecosystems and Human Well-being. Volume 1：Current State & Trends [M]. Washington，D. C. Island Press，USA，2005.

[6] 张继红，方建光，唐启升．中国浅海贝藻养殖对海洋碳循环的贡献 [J]. 地球科学进展，2005，20 (3)：359-365.

[7] Tang QS，Zhang JH，Fang JG. Shellfish and seaweed mariculture increase atmospheric CO_2 absorption by coastal Ecosystems [J]. Mar Ecol Prog Ser，2011，424：97-104.

[8] 唐启升，方建光，张继红，等．多重压力胁迫下近海生态系统与多营养层次综合养殖 [J]. 渔业科学进展，2013，34 (1)：1-11.

[9] 解绶启，刘家寿，李钟杰．淡水水体渔业碳移出之估算 [J]. 渔业科学进展，2013，34 (1)：82-89.

Strategy and Task for Green and Sustainable Development of Chinese Aquaculture

TANG Qisheng[1]，DING Xiaoming[2]，LIU Shi1u[1]，WANG Qingyin[1]，NIE Pin[3]，HE Jianguo[4]，MAI Kangsen[5]，XU Hao[6]，LIN Hong[5]，JIN Xianshi[1]，ZHANG Guofan[7]，YANG Ningsheng[8]

(*1. Yellow Sea Fisheries Research Institute，Chinese Academy of Fishery Sciences，Qingdao 266071；*

2. Fisheries Bureau，Ministry of Agriculture，Beijing 100125；

3. Institute of Hydrobiology，Chinese Academy of Sciences. Hubei Wuhan 330009；

4. Sun Yatsen University，Guangdong Guangzhou 510275；

5. Ocean University of China，Qingdao 266003；

6. Fishery Machinery and Instrument Research Institute，Chinese Academy of Fishery Sciences，Shanghai 200092；

7. Institute of Oceanology，Chinese Academy of Sciences，Qingdao 266071；

8. Chinese Academy of Fishery Sciences，Beijing 100141)

Abstract：The strategy and task for green and sustainable development of Chinese aquaculture are introduced in this paper. Firstly，the strategic significance of further developing aquaculture：deepen the transform of growth mode，drive forward a new round of fishery development，reduce CO_2 emission and alleviate water eutrophication，boost green and low-carbon fishery development, produce more and better high-quality protein to meet demand and ensure national food security, promote the development of ecosystem - based aquaculture, and enhance fishery science and technology progress in China. Secondly, green and sustainable development strategy for aquaculture: vigorously implement the conservation, expansion and high technology strategy, and set impetus for a new round of modernization development of aquaculture by innovation. Thirdly, strategic goals: "efficiency, high-quality, ecologically viable, healthy development, and safety". Fourthly, key tasks for green and sustainable development of aquaculture: speed up the construction of modern aquaculture breeding system, make development plan for modern aquaculture production mode, put efforts in developing modem aquaculture equipment and facilities, strengthen modern aquaculture disease control and product quality and safety supervision, actively expand modem aquaculture feed processing and circulation, accelerate the construction of modern aquaculture technology and support system, and expand the modern aquaculture production systems.

Key words: Aquaculture; Green and sustainable development strategy; Task

我国水产养殖业绿色、可持续发展保障措施与政策建议①

唐启升[1]，丁晓明[2]，刘世禄[1]，王清印[1]，聂品[3]，何建国[4]，
麦康森[5]，徐皓[6]，林洪[5]，金显仕[1]，张国范[7]，杨宁生[8]
（1. 中国水产科学研究院黄海水产研究所，青岛 266071；
2. 农业部渔业局，北京 100125；
3. 中国科学院水生生物研究所，武汉 330009；
4. 中山大学，广州 510275；
5. 中国海洋大学，青岛 266003；
6. 中国水产科学研究院渔业机械仪器研究所，上海 200092；
7. 中国科学院海洋研究所，青岛 266071；
8. 中国水产科学研究院，北京 100141）

摘要：论文在发展战略与任务研究的基础上，从重视水产养殖对发展空间的需求，确保水产品的基本产出；以容纳量评估制度建设为基础，构建现代水产养殖生产体系，促进规模化发展；实施养殖装备提升工程，推进设施标准化、现代化更新改造；改善水产养殖科技创新条件，实施水产养殖科技创新工程，加强科技平台和队伍建设；加强产业支撑体系建设，实行补贴政策，提高技术推广服务能力；加强水产养殖业管理与执法能力建设；推行水产品质量可追溯制度，完善养殖产品质检体系建设等七个方面，探讨了我国水产养殖业绿色、可持续发展的保障措施与政策建议。

关键词：水产养殖；绿色、可持续发展战略；保障措施；政策建议

改革开放以来，我国水产养殖业高速发展取得了举世瞩目的成就，成为世界第一水产养殖大国、世界第一渔业大国、世界第一水产品出口大国，是世界上唯一渔业养殖产量超过捕捞产量的国家，即中国是通过人类活动干预水域自然生态系统提升食物供给功能获得极大成功的一个国家。几十年来，我国的水产养殖作为大农业的重要产业，不仅在保障市场供应、解决吃鱼难、促进农村产业结构调整、增加农民收入、提高农产品出口竞争力、优化国民膳食结构和保障食物安全等方面做出了重要贡献，同时新的研究还表明，在促进渔业增长方式的转变、减排 CO_2、缓解水域富营养化等方面也发挥着重要作用。因此，水产养殖是一举多赢的产业，推动水产养殖业绿色、可持续的进一步发展，有助于深化渔业增长方式的转变，带动现代渔业的发展，形成新的经济增长点，有助于发挥中国特色水产养殖特有的生态服务功能，成为发展绿色、低碳新兴产业的示范，为积极应对全球气候变化发挥作用，为保障国家食物安全做出新贡献。

---

① 本文原刊于《中国渔业经济》，32（2）：5－11，2014。

论文在发展战略与任务研究的基础上[1]，从保障发展空间、容纳量评估制度、装备设施现代化、改善科技创新条件、产业支撑体系建设、管理与执法能力建设、产品质量安全保障等七个方面，探讨我国水产养殖业绿色、可持续发展的保障措施与政策建议。

一、重视水产养殖对发展空间的需求，确保水产品的基本产出

（一）设置养殖水域最小使用面积保障线

到 2030 年，随着我国人口增加接近峰值和城镇化发展对水产品需求的增加，我国水产品总产量还需要增加近 2 000 万 t，并将主要通过水产养殖的方式获得。若要满足这个需求，扣除科技进步的因素（科技贡献率以 60%计），在 2010 年水产养殖面积约 766 万 hm^2（其中淡水养殖面积 558 万 hm^2，海水养殖面积 208 万 hm^2，合计约 1.15 亿亩）的基础上，至少还要再增加约 133 万 hm^2（约 2 000 万亩）养殖水域才能保证产量的增加。因此，在加快转变水产养殖发展方式，坚持推进产业结构、产品结构、区域结构调整，不断提高养殖生产科技贡献率的同时，“要像重视耕地一样重视水域的治理和开发利用”，参照基本农田保护制度，建立重点养殖水域、养殖基地保护制度，确保水产养殖最小使用面积，防止随意挤压水产养殖发展空间。最小养殖水域使用面积保障线应设置在 900 万 hm^2（约 1.35 亿亩），以便保障我国水产品的基本产出，为国家食物安全做出新的贡献。

（二）积极挖掘水产养殖水域使用面积潜力

主要从两个方面着手：一是要从传统的近岸浅海滩涂养殖向远岸深水发展。目前，大部分养殖活动在 20 m 等深线以内的浅海滩涂进行，20～50 m 水深的海域内的养殖活动刚刚开始，若将水域利用率提高 5%，可增加海水养殖面积 133.3 万 hm^2 以上。另外，50 米以深海域水产养殖水域使用面积亦有较大的挖掘潜力，但需要加快、加大发展深远海养殖新技术、新设施和新材料的速度，以便适应复杂、恶劣的深远海海洋环境；二是要加大内陆盐碱地的开发利用。我国拥有 9 000 万多 hm^2 盐碱地资源和约 4 600 万 hm^2 的低洼盐碱水域，主要分布在东北、华北、西北等内陆地区[2]。近年来，多种水生生物在内陆盐碱地水域移植取得了的重大突破，通过采用“上粮下鱼”“上草下虾”等以渔为主的多元化综合养殖模式与技术，内陆盐碱地水域可进行对虾、梭鱼及罗非鱼等的养殖，平均每亩经济效益可达到近 2 000元。如果我国盐碱地（水）面积的 5%得到开发利用，至少有 230 万 hm^2 盐碱水域可供养殖使用，不仅可保障水产养殖业可持续发展，同时也形成了新的农业生产力，促进了增产增收。

二、以容纳量评估制度建设为基础，构建现代水产养殖生产体系，促进规模化发展

（一）建立养殖水域的容纳量评估制度

养殖水域的容纳量评估是制定现代水产养殖发展规划的基础，也是保证绿色、可持续发展和保护生态环境免受破坏的前提。由于养殖者缺乏评估技术和资金，难以具体实施，容量

评估应纳入政府的公益性和强制性工作范畴，并形成制度化。建议从政府收缴的养殖水域使用费中安排一定的资金，委托具备评估能力的省级以上科研院所开展容纳量评估工作，逐步形成以省区为单位的各类养殖水域容纳量评估制度。相应的管理机构及地方政府可根据容量评估结果，确定养殖密度和布局，发放养殖许可证，并建立相应的实施和监督体系，以便确保绿色、可持续的水产养殖业规范化和标准化发展。

同时，进一步加强海洋自然保护区和特别水域保护区建设，逐步建立起具有自我维持能力的水产养殖生态系统和生态环境。

（二）发展生态系统水平的新型养殖生产模式

根据养殖水域的容纳量评估及生态环境条件和主要养殖种类的生物学特性和生态习性，构建由多种不同营养需求的养殖种类组成的养殖系统，即多营养层次综合养殖系统。通过多营养层次综合养殖系统中生源要素的循环利用，提高养殖产量和生态效益，降低规模化养殖对水域环境所产生的负面影响。在大力倡导碳汇渔业理念的同时，积极探索不同养殖水域和生产方式的生态系统水平的养殖生产新模式，为粗放型养殖升级和提高单位面积产量产值寻求新途径，以便进一步彰显养殖生态系统的食物供给功能和生态服务功能，形成现代水产养殖生产体系。

（三）加快经营方式转变，引导养殖者向规模化发展

我国水产养殖业经营规模小、组织化程度低，要加快推进渔业经营体制机制创新，促进水产养殖经营方式由一家一户分散经营向提高组织化程度转变。要大力发展各类产业化经营组织，进一步健全社会化服务体系，促进分散经营向适度规模经营转变，形成多元化、多层次、多形式的经营方式，提高水产养殖业组织化程度，把养殖户引领到专业化和规模化的发展轨道上来。

另外，我国渔村科技文化素质相对偏低，缺乏适应发展现代水产养殖业需要的新型渔民。要把提高渔民科技文化水平放在突出位置，大力发展渔村职业教育，积极开展渔民培训，切实加强水产养殖实用人才开发，培养一大批有文化、懂技术、善经营、会管理的新型渔民，为转变水产养殖业发展和经营方式提供智力支撑。

三、实施养殖装备提升工程，推进设施标准化、现代化更新改造

（一）全面推进中低产养殖池塘标准化改造工程

针对投入不足的问题，建议中央财政尽快启动标准化池塘改造财政专项。加强中央财政引导性补贴支持，组织和调动地方各级财政、社会力量和群众自筹，加大对老旧池塘的改造投入，进一步推进养殖池塘标准化改造，以稳定池塘养殖面积，提高养殖单产，增强综合生产能力，保证水产品的有效持续供给。

目前，全国有 200 多万公顷养殖池塘，不同程度地出现了淤积坍塌、进排不畅等老化现象。建议在 2015 年前通过中央财政转移支付，地方和群众配套、自筹的方式，完成对 133 万公顷养殖池塘的改造任务。改造的内容不仅包括清淤、护坡、平整道路、疏通渠道，还要根据当地实际情况，配套建设进水净化、排水处理装备，提高水质调控能力，减少废水排

放。同时，结合养殖池塘标准化改造工程，完善承包责任制，建立养殖池塘维护和改造的长效机制。

（二）大力促进粗放型、简易型水产养殖向现代养殖设施工程化方向转变

建议设立研发专项。针对我国陆基池塘养殖、海上筏式养殖、深水网箱养殖和工厂化养殖等主要养殖方式设施装备简陋、生产方式粗放、节水减排问题突出、产能较低等现状，加大水产养殖设施机械化、自动化和信息化研发的科技投入，加快养殖环境精准化调控以及节水、循环、减排养殖模式的研究，发展一批池塘循环水养殖、工厂化循环水养殖、规模化筏式养殖、深水抗风浪养殖等系统模式，建立一批具有工程化养殖水平、较高经济效益、符合可持续发展要求的现代养殖示范园。

通过政策支持和财政补贴，重点发展养殖筏架作业设备、机械化采捕设备和抗风浪养殖设施，推广规范化循环水养殖设施、各类增氧机械、水质净化设备、水质监测与精准化调控装备，以及自动化投喂设备等。

四、改善水产养殖科技创新条件，实施水产养殖科技创新工程。加强科技平台和队伍建设

面对水产养殖业的发展现状，科技创新有三个方面的需求：一是传统技术的升级改造与更新，二是发展新兴产业，三是加快科技贡献率进步速度。“十一五”末，水产养殖科技贡献率为55%，若要实现2030年科技贡献率达70%以上的预期目标，今后每5年需要增加4%以上，而目前仅为3%。因此，面对以上重大需求，需要加大科技创新力度。

（一）改善水产养殖科技创新条件，加强基础条件平台建设

尽快改变水产养殖科技创新缺少国家级创新平台支持的局面，即改变水产养殖领域没有或少有国家重点实验室、国家工程实验室、国家工程技术中心和科技资源共享平台的局面。加大部门和省级开放实验室和试验示范基地建设的支持力度。由于水产养殖产业的科技创新具有公益性较强、研究周期长、研究风险大、科研环境艰苦等特殊性，应制定出台特殊政策，加大资金支持力度，重点支持水产养殖科技创新基础设施和公益性项目建设，需要特别关注野外科学观测研究台站网络体系建设，重视以往关注不够而又需要长期进行监测、检测的项目建设。

（二）实施水产养殖科技创新重大工程

创新驱动发展。实施水产养殖科技创新重大工程，支持产业绿色、可持续发展，需要大力加强基础研究，加快推进前沿技术的研究，需要着力突破技术瓶颈，取得一批重大实用技术成果。围绕水产良种与商业化体系、生态健康养殖与疫病防控、养殖装备与基础设施提升、绿色安全饲料与产品精深加工、水产食品质量安全保障、水产养殖区域布局与结构调整和水生生物资源养护等七个方面实施科技创新重大工程专项。

（三）重视水产教育，加快水产养殖专业技术人才和创新团队的培养和提高

充分发挥高等教育在水产养殖专业技术人才培养中的重要作用。高等院校应适应水产养

殖业发展和对创新人才的需求，及时合理地设置一些交叉学科和新兴学科，完善水产类专业设置。鼓励水产科研院所与高等院校合作培养高端专业人才，支持研究生参与或承担科研项目，鼓励本科生投入科研工作，在创新实践中培养他们的探索兴趣和科学精神。加强水产养殖职业教育、知识与技能更新教育和在岗培训，加大水产养殖科技教育培训设施建设力度。营造有利于人才成长的良好环境和氛围，建立起适合中国国情的现代水产养殖教育体系，培养具有创新意识和创新能力的水产养殖学科带头人、科技型企业家、高级科技管理专家和技术专家。

五、加强产业支撑体系建设，实行补贴政策，提高技术推广服务能力

（一）加快产业支撑体系建设，促进现代养殖业发展

1. 进一步明确水产种业发展布局、重点任务和区域良种繁育体系，组织实施水产良种繁育重大工程建设项目：完善国家级原良种场的设施设备，增强原良种保种和亲本培育能力，强化内部管理，提高原良种亲本质量；围绕大宗品种和出口优势品种，加快国家级水产遗传育种中心建设步伐，提高遗传育种中心的技术装备水平，加快生长速度快、抗病力强的优良新品种培育；探索新型运行机制，建立符合我国水产养殖生产实际的水产良种繁育体系，提高品种创新能力和供应能力。鼓励大型苗种生产企业开展新品种选育，探索育繁推一体化的商业化良种繁育运作模式，提高水产苗种质量和良种覆盖率。

2. 以县级水生动物防疫站建设为基础，主要水生动物疫病参考实验室、重点实验室及省、部级水生动物疫病预防控制中心建设为重点，加快水产动物防疫体系建设，逐步构建预防监测能力强、范围广、反应快、经费有保障的水生动物防疫体系。

3. 加强营养饲料等投入品的研发、生产、监管体系建设，强化新型专用饲料添加剂的开发与生产，完善水产饲料加工机械工业体系，满足水产饲料加工的特殊需求。研发替代抗生素的微生态制剂和免疫增强剂等，逐步实现主要饲料添加剂国产化。

（二）加大实施补贴政策的力度，促进支撑体系建设

与大农业其他行业相比，国家补贴政策惠及水产养殖业的力度明显偏低，一定程度上影响了产业的发展。例如我国水产原良种体系建设虽起步于20世纪90年代初，但由于投入不足，进展比较缓慢，与水产养殖业发展需求极不相称。因此，应参照种植业和畜牧业发展的有关政策，加大中央财政资金投入，提高建设标准，在良种繁育与推广、装备购置、疫病防控等方面实施补贴政策，成为促进水产养殖业发展新的动力。

（三）加强水产养殖技术推广体系建设

加强领导，强化县级和乡镇推广体系能力建设，提高技术推广服务能力。构建层次分明、双向互动的水产养殖科技推广机制，建立技术交易市场，加强水产养殖技术创新知识的转化与交流，强化高校和科研院所“三农”职责，探索科技成果转化、推广的直通模式。

六、加强水产养殖业管理与执法能力建设

（一）完善水产养殖业法律法规和规章制度

进一步完善水域滩涂养殖权、种苗管理、水生动物防检疫、水产品质量安全、养殖水域生态环境保护以及养殖业执法等方面的法律法规。加快水产健康养殖、重大疫病防控、药物安全使用、有害物质残留及检测方法等方面的标准和技术规范的制定和修订。

（二）加快推进水面经营权改革，完善水产养殖证制度

稳定水面承包经营关系，延长承包期，规范承包费的使用。借鉴土地、林地、草地等的做法，承包期稳定在30年左右，促使经营者加强对生产设施的维护和管理，稳定和提升渔业综合生产能力。要求用于养殖设施维护和更新改造的费用不少于水面承包费的50%。

完善水产养殖证制度，保障养殖者权利。根据《物权法》规定，修改或增加有关从事养殖权利取得、登记、期限和保护等方面的条款，保护渔业生产者的水域滩涂使用权。进一步明确养殖证登记管理办法，明确发放范围、发放程序和有效期限，对养殖证的流转做出明确规定。

（三）加强养殖水域保护，建立养殖水域生态补偿机制

要加快实施内陆水域和浅海滩涂资源分类管理，科学划定可围区、限围区和禁围区。坚持科学围垦、生态围垦，有序推进围垦工程建设。开展水域使用权与土地使用权转换试点，提高围垦土地集约利用水平。加强涉海、涉水项目的区域规划论证和生态评价，规范海洋和内陆产业、滩涂水域围垦、海洋工程、水利工程等的规划审批、建设监管和跟踪评估。积极探索在市场经济条件下的多元化投入机制，保障水生生物资源和养殖环境养护事业资金投入。

强化自然资源有偿使用的观念，完善资源与生态补偿机制。本着“受益者或破坏者支付，保护者或受害者被补偿”的原则，将养殖水域的生态补偿法制化、规范化，建立基本养殖水域保护制度，严格限制养殖水域的征用。制定养殖水域占用补偿办法，按照“征一补一”的原则进行补偿，从相关的开发费、水域使用费、环境污染费等中开支，对水产养殖业进行生态补偿，保护水域生态系统服务功能的可持续开发利用。由于以往缺乏相应的研究和积累，在实际操作中生态补偿依据缺乏、标准不清现象时有发生，需要加强生物学、生态学、法律和政策依据的研究，建立相应的管理体制，将养殖水域生态补偿作为一个重要问题予以重视。

（四）全面推进水产养殖业执法与监管

加快建立以渔政机构为主，技术推广、质量检验检测和环境监测等机构协作配合的水产养殖业执法工作机制。重点针对养殖证、水产苗种生产许可证、养殖投入品和企业各项管理记录档案建立等，加大执法检查力度。根据新修订的《中华人民共和国动物防疫法》和《兽药管理条例》，建立渔业官方兽医制度、渔用兽药处方制度和渔业执业兽医制度，从制度上规范养殖用药。同时，要加强养殖执法机构和队伍建设，提高执法技术装备，建立执法监督

检查机制和绩效考核制度。

重视水产外来物种的监管。几十年来，外来物种的引进和利用丰富了我国水产养殖的品种，促进了水产增养殖业的快速发展。随着人们对自然界认识的不断深化，引种活动的负面影响越来越得到社会的广泛关注。因此，加强水产外来物种的科学管理刻不容缓。要完善水生外来物种立法，强化国家管理职能，建立完善的管理体系，加强水生外来入侵生物预防和控制研究。

七、推行水产品质量可追溯制度，完善养殖产品质检体系建设

（一）加快推行水产品质量安全可追溯制度

根据《农产品产地安全管理办法》、《农产品包装和标识管理办法》和《农产品产地证明管理规定》等规章要求，加强水产品产地安全环境调查、监测与评价。按照法定程序，建立水产养殖区环境质量预警机制，逐步推行水产养殖区调整或临时性关闭措施；加强水产品产地保护和环境修复，积极开展无公害水产品产地认定，继续实施并不断完善贝类养殖区划型制度；加强鲜活水产品生产质量安全可追溯制度建设，建立企业、政府、消费者等全社会可追溯查询平台，实施产地准出、市场准入制度，建立并完善鲜活水产品质量安全监测网络体系，并据此开展风险分析和预警发布。

（二）提高水产品质量安全突发事件预警处置能力

应按照“预防与善后并重”原则，建立并完善水产品质量安全重大突发事件预警应急处置预案。要严格执行水产品质量安全重大事件报告制度，不得瞒报、迟报。加强疫情监测，发挥科研、推广、质检、环境监测和行业协会等方面的作用，及时报告所发现的问题，深入分析评估，提出预警和处置意见，将事件控制在萌芽状态。一旦水产品质量安全事件发生，各级渔业主管部门和有关单位要立即启动预案，快速应对，密切配合，科学处置，妥善解决，保护消费者健康和生产者的合法权益。

（三）加快从上到下的养殖产品质检体系建设

为了推行水产品质量可追溯制度、提高应对突发事件的预警处置能力，应加快养殖产品质检体系建设。目前，只建成了国家级和省、部级“三合一”中心（病害防治、环境监测、质量检验），而缺乏基层机构，不能满足实际需要，必须尽快建设并完善国家、区域、地方多层次的养殖水产品质量检测体系，提高对养殖水产品质量的检测和监管能力。

参考文献

[1] 唐启升，丁晓明，刘世禄，等．我国水产养殖业绿色、可持续发展战略与任务［J］．中国渔业经济，2014，32（1）：6－14.

[2] 李彬，王志春，孙志高，等．中国盐碱地资源与可持续利用研究［J］．干旱地区农业研究，2005，23（2）：154－158.

Safeguard Measures and Policy Recommendations for Green and Sustainable Development of Chinese Aquaculture

TANG Qisheng[1], DING Xiaoming[2], LIU Shilu[1], WANG Qingyin[1], NIE Pin[3], HE Jianguo[4], MAI Kangsen[5], XU Hao[6], LIN Hong[5], JIN Xianshi[1], ZHANG Guofan[7], YANG Ningsheng[8]

(1. Yellow Sea Fisheries Research Institute, Chinese Academy of Fishery Sciences, Qingdao 266071; 2. Fisheries Bureau, Ministry of Agriculture, Beijing 100125; 3. Institute of Hydrobiology, Chinese Academy of Sciences, Hubei Wuhan 330009; 4. Sun Yat-sen University, Guangdong Guangzhou 510275; 5. Ocean University of China, Qingdao 266003; 6. Fishery Machinery and Instrument Research Institute, Chinese Academy of Fishery Sciences, Shanghai 200092; 7. Institute of Oceanology, Chinese Academy of Sciences, Qingdao 266071; 8. Chinese Academy of Fishery Sciences, Beijing 100141)

Abstract: According to the study on development strategy and tasks, the safeguard measures and policy recommendations for green and sustainable development of Chinese aquaculture are discussed in the following aspects. 1. Attach importance to the space requirements for aquaculture development, and ensure the basic output of aquatic products; 2. By setting up a carrying capacity assessment system, establish modern aquaculture production systems, and promote large-scale aquaculture development; 3. Implement aquaculture equipment upgrading project, promote renovation of facilities towards standardization and modernization; 4. Improve the conditions for aquaculture technology innovation, implement aquaculture technology innovation project, and strengthen science and technology platform and team building; 5. Reinforce construction of the industrial support system, make use of subsidy policies, and improve technology extension and service capacity; 6. Fortify capacity building for aquaculture management and law enforcement; 7. Practice aquaculture product traceability system, and optimize the construction of quality inspection systems.

Key words: Aquaculture; Green and sustainable development strategy; Safeguard measures; Policy recommendations

中国水产种业创新驱动发展战略研究报告[①]（摘要）

唐启升　主编

内容简介：本书以加快提升我国现代水产种业科技竞争力为目标，针对当前水产种业及种业科技现状和未来发展趋势，研究分析了我国水产种业及种业科技发展的重大需求，提出了未来 10 年我国水产种业科技发展的总体思路、重点任务、种业科技力量和产业布局、产业技术体系运行机制及保障措施，为今后我国水产种业和科技工作的发展提供重要战略依据，支撑我国水产养殖业可持续发展。

本书是 2013 年中国工程院“中国水产种业创新驱动发展战略研究”咨询研究项目，旨在系统规划未来我国水产种业技术和产业的发展蓝图。可供从事水产种业的行业管理、科技、教学人员，以及相关专业学生和水产种业企业人员阅读参考。

前　言

我国是世界第一大水产品生产与消费国，水产种业作为现代渔业发展的第一产业要素，是确保水产品有效供给和国民优质动物蛋白供应的重要物质基础。从世界范围来看，科技创新已成为提升种业核心竞争力的主要源泉和动力。改革开放以来，我国水产种业科技虽然取得了长足进步，但种质资源挖掘能力弱、突破性品种少、规模化种苗生产技术滞后、全产业链科技创新衔接不紧密等问题制约着水产种业的持续快速发展。

2013 年中国工程院启动了“中国水产种业创新驱动发展战略研究”咨询研究项目，旨在系统规划未来一个时期我国水产种业的技术和产业发展蓝图。项目组围绕创新驱动水产种业发展面临的战略性、前瞻性和基础性问题，全面认识和把握现代渔业科技的发展趋势，系统梳理了我国水产种业发展取得的成就，从科技创新能力、产业运营模式和公共支撑保障体系等角度详细分析了产业核心竞争力提升的制约因素。在此基础上，为推动实现跨越式发展，研究提出了从 2013 年起至 2030 年我国水产种业和科技发展的总体思路与发展目标，明确了“现代水产种业示范工程”、“水产种质保存与评估工程”及“水产种业提升工程”等三大重点任务。在种业体系建设方面，综合考虑产业优势、研发基础和发展潜力，选择罗非鱼、四大家鱼、对虾、鲆鲽类、贝类和淡水主要优质鱼类等品种实施现代种业创新与示范工程，构建以品种为单位，覆盖基础性公益性研究、新品种培育、苗种扩繁和市场化推广及种质测试评估、公共服务平台构建等全产业链条的现代种业体系，实现水产种业率先走向世界的宏伟目标。在水产种业可持续发展方面，提出了水产种质保存与评估工程，进一步提高我国水产种质资源保存、创制和遗传资源挖掘能力。在水产能力提升方面，提出了水产种业提

① 本文原刊于《中国水产种业创新驱动发展战略研究报告》，i-vi，科学出版社，2014。

升工程，全面提高水产种业标准化、信息化、装备现代化水平和产业竞争力。同时，为保证现代水产种业体系发展战略的顺利实施，从保障措施和政策法规等方面提出了加快水产种业体系建设、加强科技创新和完善有利于水产种业发展的政策措施等建设性的意见与建议，为今后我国水产种业和科技创新工作发展提供了重要依据。

本书在编写过程中得到了中国工程院农业学部的支持，并得到相关领域专家学者的鼎力相助，在此一并表示衷心感谢。由于时间有限，书中难免有疏漏和不足之处，敬请读者批评指正。

编者

2014 年 6 月

目　　录

三、国际水产种业发展历程和经验对我国的启示

（一）国际水产种业发展的主要经验

（二）国际水产种业发展对我国相关产业的启示

第三章 我国水产种业发展存在的问题及原因分析

一、创新能力不足，技术体系建设尚处于起步阶段

（一）研究力量分散，高层次人才不足

（二）水产育种基础研究薄弱

（三）育种理论与技术体系不完善

（四）落后的苗种生产方式是影响水产养殖业持续健康发展的突出问题

二、现代化种业运营模式和产业体系亟待建立

（一）市场化背景下水产原、良种繁育体系有待完善优化

（二）以企业为主体的商业化种业新机制尚未形成

（三）良种对增产的贡献率有待提高

三、种业支持保障体系有待完善

（一）公共财政对水产种业的投入有待加强和优化

（二）水产良种补贴制度亟待建立

（三）政策扶持方式有待拓展

（四）水产种苗的市场准入门槛低和市场监管缺位

（五）良种的知识产权保护缺失

第四章 水产种业发展战略及发展目标

一、发展战略

二、发展目标

（一）总体目标

（二）分阶段目标

第五章 近期水产种业发展的重点任务

一、现代水产种业示范工程

（一）罗非鱼现代种业创新与示范

（二）四大家鱼现代种业创新与示范

（三）对虾现代种业创新与示范

（四）鲆鲽类现代种业创新与示范

（五）贝类现代种业创新与示范

（六）淡水主要优质鱼类现代种业创新与示范

二、水产种质保存与评估工程

三、水产种业提升工程

第六章 保障措施与政策建议

一、加快水产种业体系建设和机制创新

（一）做好全国水产种业发展的顶层设计
（二）完善水产良种选育、扩繁和推广体系
（三）加快研究并推进水产育种的南繁育种基地建设
（四）利用国内外两种创新资源，快速提升育种水平

二、加强科技创新，夯实产业发展基础

（一）实施现代种业人才培养工程，培育适应时代发展的种业人才
（二）加强基础理论和前沿技术研究，构建现代育种技术体系
（三）围绕产业发展需求，调整优化育种目标
（四）凝聚创新资源，提高科研产出效率

三、完善有利于水产种业发展的政策措施

（一）按照战略性新兴产业的标准推动水产种业的发展
（二）大力推进新品种知识产权保护和商业化运作工作
（三）逐步建立多元化的水产种业投入机制

关于“大力推进盐碱水渔业发展保障国家食物安全、促进生态文明建设”的建议[①]

唐启升，旭日干，刘旭，沈国舫，邓秀新，管华诗，
林浩然，赵法箴，雷霁霖，麦康森，张显良

我国现有14.8亿亩盐碱地和6.9亿亩低洼盐碱水域（以下简称“盐碱水土”），目前绝大部分处于闲置状态。同时，我国次生盐碱土壤面积每年以耕地面积1.5%的速度增加，对农业生产和生态环境造成潜在威胁，治理、开发利用盐碱水土迫在眉睫。

盐碱水渔业是指在盐碱水土上通过挖塘台田、集成盐碱水质调控等各项技术，开展渔业养殖生产。

一、发展盐碱水渔业的重要意义

1. 发展盐碱水渔业，保障国家食物安全

研究与实践表明，在盐碱水土上挖池台田，经过2～3年的自然雨季，台田底层土壤盐分从8%～10%。下降至1‰～3‰，可以进行棉花、水稻、玉米等经济作物种植，复耕3～5年后，粮食亩产可达300 kg以上。若按10%的低洼盐碱水域（6 900万亩）和5%的盐碱地（7 400万亩）通过渔业开发得以治理来估算，按养殖池塘与台田面积1：1的比例，将新增7 150万亩耕地和7 150万亩渔业养殖面积。效益测算：①渔业效益——按2013年全国养殖平均亩产量363 kg的50%计算（研究示范点亩产超过500 kg），每年将提供1 297万t水产品，相当于2013年全国水产养殖总产量的28.6%；②耕地效益——按复耕5年后粮食产量达到250 kg/亩计，每年将提供1 787万t粮食，接近我国2013年粮食总产量的3%。这对缓解粮食有效供给压力，为国民提供优质蛋白，保障我国食物安全具有重要意义。

2. 发展盐碱水渔业，促进生态文明建设

由于气候变化和水土资源开发不当等原因，我国土壤潜在和次生盐碱化问题严重，造成水土资源破坏，威胁当地农牧业生产和人居环境。研究与实践证明，发展盐碱水渔业，可以改变盐碱土飞扬、侵蚀农田的状况，并解决盐碱水造成土壤盐渍化的难题，从根本上解决盐碱水的出路问题。通过发展盐碱水渔业，建立以渔为主的多元化盐碱地立体种养殖模式，将盐碱地治理由单纯工程治理转变为区域生态综合治理，对改善区域生态环境，促进生态文明建设均具有重要战略意义。

3. 发展盐碱水渔业，促进农（渔）民增效增收

我国盐碱水土分布区域生产条件较差，经济发展缓慢，农民增收缺乏渠道。发展盐碱水

---

① 本文原刊于《中国工程院院士建议（国家高端知库）》，36：1-7，2014。

渔业，可增加就业，并辐射带动饲料、加工、水产贸易等相关产业发展，促进区域产业结构调整和农民增收，推动经济发展。如：中国水产科学研究院东海所在河北省沧州市开展“以渔降盐碱”的渔-农综合利用模式研究与示范，池塘养殖平均经济效益 1 200 元/亩，挖塘土壤形成的台田，开展冬枣、速生杨、白蜡树以及苜蓿、棉花、玉米等经济作物的种植，经济效益可达 350～500 元/亩，实现了经济和生态效应叠加。

二、发展盐碱水渔业面临的主要问题

1. 重视不够，长期闲置且影响生态环境

我国盐碱水土资源丰富，类型多样，但由于整体谋划不够，盐碱水土资源开发利用缺乏统一规划和产业扶持政策，特别是宜渔水土开发方面，整体利用率很低，且对耕地和生态环境产生侵蚀作用。

2. 投入不足，发展很不平衡

国家虽重视盐碱地治理并在盐碱土地治理和栽培耐盐碱植物方面取得了较好成效，但是，在盐碱水渔业综合利用方面投入严重不足，相关工作未能系统开展，难以支撑产业化综合开发，不利于我国盐碱水土资源全面有效利用。

3. 科研滞后，制约产业发展

我国盐碱水土类型多样、情况复杂，缺乏系统、全面的调查研究，另外，由于受气候变化和人类活动等因素的影响，在盐碱水渔业相关配套技术集成、有针对性的养殖模式、适养品种产业化、规模化应用技术等方面的研究仍显不足、“因此，科研基础薄弱、数据不清，关键技术有待解决，严重影响了开发利用进程。

三、推进盐碱水渔业发展的几点建议

1. 将盐碱水渔业纳入国家中长期发展规划

建议提升盐碱水渔业发展的国家战略地位，将其纳入国家中长期发展规划。以 10 年内形成盐碱水渔业综合利用技术体系、10%低洼盐碱水域、5%盐碱地得到有效利用、增加耕地和池塘养殖面积 1.4 亿亩为目标，统筹金融、科技、政策等方面的资源，推进盐碱水渔业科学、快速、健康发展。

2. 实施盐碱水渔业科技重大创新工程

建议设立盐碱水渔业重大科技专项，解决盐碱水渔业规模化开发和产业链的重大关键科学技术问题。主要包括：不同类型盐碱水土资源渔业综合利用技术研究、耐盐碱品种培育、不同区域特点养殖模式研究和规模化示范区建立、盐碱水渔业改良耕地机制、盐碱水土资源年度变化规律等，为盐碱水渔业快速发展提供全方位科技支撑。

3. 制定加速盐碱水渔业发展的扶持政策

建议国家财政部、国土资源部、科技部、农业部等部委协调制定针对性优惠扶持政策，并加大资金投入力度。如：制定承包期较长的盐碱水土资源渔农综合开发政策，设立专项补贴资金，吸引更多的农民和社会资本进入盐碱水渔业开发；建立国家级研发中心，提供稳定、及时的技术支撑；建立盐碱水渔业区域性示范区，加大推广技术队伍建设，带动、辐射盐碱水渔业快速发展。

建议人：

唐启升　中国工程院院士，海洋渔业与生态，中国水产科学研究院
旭日干　中国工程院院士，动物遗传育种与繁殖，中国工程院
刘　旭　中国工程院院士，植物种质资源学，中国工程院
沈国舫　中国工程院院士，森林培育，北京林业大学
邓秀新　中国工程院院士，果树学，华中农业大学
管华诗　中国工程院院士，水产品加工与贮藏工程，中国海洋大学
林浩然　中国工程院院士，水产养殖，中山大学
赵法箴　中国工程院院士，水产养殖，中国水产科学研究院
雷霁霖　中国工程院院士，水产养殖，中国水产科学研究院
麦康森　中国工程院院士，水产养殖，中国海洋大学
张显良　研究员，渔业机械，中国水产科学研究院

关于树立大食物观持续健康发展远洋渔业的建议①

陈剑平，刘旭，唐启升，徐洵，赵法箴，麦康森，包振民，刘秀梵，
陈宗懋，李德发，沈建忠，夏成柱，金宁一，余匡军，张鸿芳，孙宗修，
吴爱忠，刘波，曾玉荣，何秀古，万忠，杜琼，王春琳

一、发展远洋渔业的必要性与重要性

基于我国人多地少的基本国情和国际化、绿色化国家食物可持续发展的战略需求，水产品作为优质动物蛋白的首选，已经成为我国大食物观的重要组成部分，2016 年中国人均水产品占有量达 48.7 kg，为世界平均水平的两倍以上，人均消费量将不断增加。鉴于我国近海渔业资源日趋减少的境况，发展远洋渔业是获取海洋优质动物蛋白的重要来源。经过 32 年的发展，2016 年我国已拥有远洋渔业企业 197 家，远洋渔船 2 571 艘，产量 198 万 t，产值 199.8 亿元，均为世界首位。我国也已成为全球 16 个国际渔业合作组织中 10 个组织的正式成员，并与美俄日韩等各国签订了十几份双边多边合作协议，作业渔场涉及太平洋、印度洋、大西洋公海及欧洲、美洲、非洲附近海域 40 多个国家和地区管辖水域。同时，发展远洋渔业还具有合理开发利用国际海洋渔业资源、维护国家海洋权益、争取国际捕捞份额、贯彻落实“一带一路”倡议，实现“海洋强国”宏伟蓝图的重要战略意义。

二、远洋渔业发展面临的主要问题

1. 国际渔业资源状况缺乏调查研究

国际渔业资源状况是远洋渔业发展决策的重要依据。如 2016 年我国远洋鱿鱼产量 90.19 万 t，占全国远洋渔业产量 45.55%，但对世界鱿鱼资源可持续开发的状况我国尚缺乏系统的调查研究。其中东南太平洋茎柔鱼，目前从 125°W 以东的加利福尼亚半岛（30°N）至智利南端（50°S）海域均有鱿钓生产。近几年受厄尔尼诺现象影响导致大范围减产，且渔场呈现逐步向南移动的趋势；但 2017 年 1—7 月在赤道渔场（4°N～4°S）意外丰收，仅浙江鱿钓船渔获量就达 10 万 t，其种群数量和洄游分布有待深入研究。还有新西兰双柔鱼、南极磷虾及西太平洋的金枪鱼等远洋渔业资源，亦有待于深入开展调查研究工作。

2. 远洋渔业行业管理滞后

远洋渔业管理是集资源调研、生产管理（企业、渔船、船员、项目、产品、作业等）、行业自律、国际合作为一体的系统工程，需要多部门合作、社会各界共同参与。当前大洋公海渔业管理日益趋严，管理范围和内容不断扩大，大洋公海资源的获取方式已经从规模扩张模式进入份额转让模式；同时获取过洋性资源的门槛提高。随着海洋意识的逐步深化，各沿

① 本文原刊于《中国工程院院士建议（国家高端知库）》，7：1－7，2018。

岸国也相继调整渔业合作政策，提出了投资陆上设施，协助解决就业，带动当地经济发展等方面的要求。我国虽已成为当前16个国际渔业合作组织中10个组织的正式成员，但与日本等远洋传统强国相比，话语权仍然不足。由于国际渔业捕捞配额管理大多是依据20世纪末实际捕捞产量进行分配，因此，在捕捞配额、生产监管等方面，我国亦经常处于被动。目前政府远洋外经主管部门人手不足，也是影响我国远洋渔业管理工作深入开展的因素之一。

3. 远洋企业主体弱小，技术装备水平落后

民营远洋企业存在着“散、弱、小”和组织化程度低的问题，如浙江舟山市2015年有远洋渔业资格企业33家、远洋渔船460艘，有些企业和船东拥有1～2艘渔船，吸纳7～8艘渔船就成立公司，相当一部分是挂靠代理，越界作业、渔具违规等问题时有发生。现有远洋渔船老船多，大船少的状态依然严重，能耗和维护成本逐年上涨。远洋船队在境外普遍缺少维修、补给、转运、停靠基地，产中配套服务受制于外方代理，增加了生产成本和不稳定性。个别新建远洋渔船，因多种原因未能实际投入作业，项目执行半途夭折。

4. 远洋产品市场基础薄弱

远洋产品品种较为单一，精深加工水平有待提高，品牌创建意识有待加强，国内市场未得到有效开拓，导致远洋产品主要依托出口市场，受国际市场波动冲击影响较大。随着国际公海渔业资源开发程度已达饱和、各渔场入渔费逐年提高，国内柴油补贴降低、劳动力成本上涨等多因素的影响，远洋渔业企业的生存发展空间和抗风险能力日趋降低，产品市场竞争力不强。在美国、日本和欧盟，鲣鱼、鱿鱼罐头产品是国家战略储备物资的重要组成部分，通过政府采购既满足了食物供给安全的需要，也平抑了产业市场价格的波动幅度，这个经验值得我国借鉴。

三、持续健康发展远洋渔业的政策建议

借鉴日、俄等远洋渔业传统强国的经验与教训，结合我国远洋渔业发展实际，我们认为要保障在国际化、绿色化背景下我国食物安全和远洋渔业的可持续发展，必须在对资源和市场充分调查研究的基础上，加强远洋渔业的国际合作和行业监管工作，大力扶持远洋渔业实体经济改造提升，同时将远洋渔业主要产品纳入国家战略物资储备体系。

1. 加强国际海洋渔业资源调查研究

建议由国家财政部、农业部、科技部等相关部门统一协调、统一布局和加大投入，制订国际海洋渔业资源调查计划。继续采取“产、学、研”一体化的方式组建和管理资源调研队伍。建立渔业资源采集、分析和利用大数据平台，通过政策引导和财政补贴激励企业积极参与。采取专业性调研和生产性探捕相结合的方式有效、全面地开展重要海洋渔业资源调研和开发。

2. 加强远洋渔业行业管理工作

建议组建多部门合作的远洋渔业中央协调机制，统一协调远洋渔业项目审批、渔船设计、建造和检验、船员培训管理、国际海洋渔业资源调研、远洋对外法规宣传贯彻、国际渔业合作谈判等专题工作。各级渔业管理部门成立专职远洋外经处，至少有二分之一的人员专职从事远洋渔业管理。积极发挥行业协会职能作用，加强远洋行业自律、协调和监管工作。

3. 大力扶持远洋渔业实体经济

在“一带一路”倡议的指引下，鼓励海外捕捞基地建设、渔业企业海外购并，从单一的

远洋捕捞向全产业链、多元化综合经营延伸，注重国外海水养殖和水产加工流通合作，建设一支布局合理、装备先进、效率优化的远洋渔业现代化船队。积极培育扶持远洋渔业龙头示范企业，提高企业抗风险能力和发展能力，推进远洋渔业一、二、三产业融合发展和全产业链延伸，开展管理创新、技术创新和营销与品牌创新。自捕鱼免税政策、国际渔业资源利用补贴、造船补贴、燃油补贴等优惠措施应在充分调研和资源整合基础上，更精准更有效地长期稳定执行。

4. 将海洋食物纳入国家战略物资储备体系

参照欧美日等发达国家做法，将产量稳定、品质有保障，且可长期储藏的金枪鱼（鲣鱼）和鱿鱼罐头制品纳入国家战略物资储备体系。随着国民食物多样性需求和消费饮食结构的变化，树立大食物观，积极推动学生、病患者、老年人、孕妇、婴幼儿等特殊人群营养配餐计划，将水产食品纳入营养配餐目录，加快海洋优质动物蛋白资源在国内市场的普及应用。

建议人：

陈剑平　中国工程院院士，植物病理学，宁波大学
刘　旭　中国工程院院士，植物种质资源，中国工程院
唐启升　中国工程院院士，海洋渔业与生态学，中国水产科学研究院
徐　洵　中国工程院院士，生物化学与分子生物学，国家海洋局第三海洋研究所
赵法箴　中国工程院院士，水产养殖，黄海水产研究所
麦康森　中国工程院院士，水产动物营养与饲料，中国海洋大学水产学院
包振民　中国工程院院士，水产养殖，中国海洋大学生命学院
刘秀梵　中国工程院院士，兽医学，扬州大学
陈宗懋　中国工程院院士，茶学，中国农业科学院茶叶研究所
李德发　中国工程院院士，动物营养，中国农业大学
沈建忠　中国工程院院士，兽医药理学与毒理学和动物性食品安全，中国农业大学
夏咸柱　中国工程院院士，预防兽医学，军事医学研究院
金宁一　中国工程院院士，病毒学，军事医学科学院军事兽医研究所
余匡军　研究员，海洋渔业，浙江省海洋渔业局
张鸿芳　研究员，植物保护，浙江省农业厅原副厅长
孙宗修　研究员，生物学，中国水稻研究所
吴爱忠　研究员，农学，上海市农业科学院
刘　波　研究员，微生物，福建省农业科学院
曾玉荣　研究员，农业经济管理，福建省农业科学院
何秀古　研究员，微生物，广东省农业科学院
万　忠　研究员，农业经济，广东省农业科学院
杜　琼　副研究员，农业科技管理，浙江省农业科学院
王春琳　教授，水产，宁波大学海洋学院

三、渔业科学与产业发展

渔业和渔业科学知识体系[①]

唐启升，张显良，王清印

渔业 亦称水产业，是指对水生生物资源进行开发利用及其相关经济和科技活动的产业。其产业对象为水生动物、植物和微生物，产业方式包括捕捞、养殖、加工流通、增殖、休闲服务以其装备制造等，目的是从水生生物资源中获得食物、生产原料和其他物质资料，对加强大农业在国民经济中的基础地位、确保优质蛋白有效供给、增加农民收入、保障食物安全和营养安全、促进生态文明建设有重要贡献。

如同大农业的其他组成部分（如种植业、畜牧业、林业等）一样，渔业内涵也有狭义和广义之分。狭义渔业仅包括捕捞业和水产养殖业的生产活动及其产品，甚至仅指捕捞渔业，在三次产业分类中属单一的第一产业；广义渔业则有多种产业方式，除属第一产业的捕捞业和水产养殖业外，还包含第二和第三产业成分，如加工流通、增殖、休闲服务及其装备制造等。通常所说的渔业多指广义渔业，如《中国渔业年鉴》所提供的信息属于广义渔业所涵盖的内容，中国渔业主管部门倡导的现代渔业建设包括水产养殖业、捕捞业、水产品加工流通业、增殖渔业、休闲渔业五大产业。另外，水产业的含意与广义渔业相同，但“水产业”一词未出现在中国“国民经济行业分类”和联合国“国际标准产业分类”等专业产业分类用词中。

在漫长的人类社会发展过程中，渔业作为一种基本的物质生产活动，其发展受到各种因素的影响，有些重要影响要素始终贯穿在各个发展阶段之中。这些重要影响要素主要包括人类对渔业特性与功能的认识、社会变革与渔业科学技术进步、渔业科学知识体系建设和可持续开发与管理理念创新等方面，它们对渔业科学发展和产业发展方式、结构、规模、途径、质量等均有重大影响。在现代渔业发展中，这些重要影响要素的作用更加突出，不仅需要关注在多重压力下的渔业食物供给功能，还需要关注影响产业融合发展的渔业生态和文化服务功能，借以促进现代渔业绿色、健康可持续发展。

渔业的特性与功能

渔业特性 很大程度上由其开发利用对象水生生物资源的特性所决定。按照联合国生物

① 本文根据《中国大百科全书・渔业学科》第三版和《中国农业百科全书・渔业卷》第二版渔业总条目编写。

多样性公约定义，“生物资源”是指对人类具有实际或潜在用途或价值的遗传资源、生物体或其部分、生物群体、或生态系统中任何其他生物组成部分。在渔业应用中，水生生物资源亦称渔业资源，分为三类：群体资源，包括个体及其集合，主要为捕捞业开发利用；遗传资源，生物遗传材料，主要为水产养殖开发利用；产物资源，包括水生动物、植物、微生物等体内的组成成分或其代谢产物、内源性的化合物等天然产物，可供药物和生物制品等新生物产业开发利用。这些不同类型的水生生物资源具有许多共同的特性，表现在渔业上主要为再生性、多样性和脆弱性等方面。

(1) 渔业的再生性，由渔业资源的再生特性所决定。渔业资源是一种能通过更新而反复利用的可再生资源，包括上述三类资源。它的再生特性，一是指水生生物通过与其所处水域自然环境之间物质、能量的交换及转化而不断生长和繁衍的过程，再生效率取决于自然环境条件的适宜性和变化，包括饵料、空间及相关环境要素等，二是指根据经济社会发展的需求，对遗传资源进行人为干预下的再生产（如养殖、增殖等），再生效率既取决于人类对水生生物生命规律及环境要素的认知程度和干预手段的先进性，也受制于经济社会条件的发展程度。渔业资源的再生特性保证了渔业的再生产，也使渔业具有鲜明的循环经济特点。

(2) 渔业的多样性，这里主要指渔业对象水生生物资源种类多样性、遗传多样性和栖息地多样性。适当高的多样性很重要，不仅可以确保生态系统关键功能过程的正常运行，增强环境的适应能力，有利于水生生物种群的生存及演化，也将有利于养殖、捕捞、增殖、休闲等各类渔业新品种开发，提升渔业对象和生产方式的多样性，促进渔业的稳定发展。中国水域宽广，南北跨越近 50 个纬度，渔业多样性特征十分显著，生态类型和栖息地多种多样，渔业种类繁多且具一定优势度，如底拖网渔获种类：黄渤海为 177 种、东海为 602 种、南海为 851 种，三大海域主要渔业种类约 30 种（类），包括暖水性种类、暖温性种类、冷温性种类以及冷水性种类。准确分析和评估水生生物资源多样性特性，有助于正确认识和管理渔业的多样性，有助于科学保护渔业生物的种类和种质基础，并通过最大程度的保持水生生物多样性特性来实现渔业最佳的经济效益和生态效益。

(3) 渔业的脆弱性，由渔业对象生物系统及其栖息环境的脆弱性所致。影响脆弱性的因素主要来自两个方面，一是人类活动，包括捕捞过度、环境污染、栖息地破坏、海洋酸化、不合理的生产方式等，二是气候变化，包括周期性物理海洋变化（如厄尔尼诺和拉尼娜现象）、生态系统转型等。这些影响因素导致渔业生物的繁殖-补充过程中断或能力下降、资源种类更替加快/小型化/低龄化、性成熟提前和性别比例失调、基因杂合性/多态性/适应性衰退、生物多样性丧失、病害发生等，最终使渔业受损。例如：由于捕捞过度，1996 年以来世界海洋渔业产量显现总体下降趋势，在不可持续水平上被捕捞的种群数量持续增加，到 2014 年达 31.4%；由于不合理的养殖方式，1990 年前后全球对虾养殖业因大规模病害暴发而遭受了重大经济损失；而当今在全球变化背景下（如水体变暖、海平面上升、海洋酸化、天气不规则变化和极端天气事件等），气候变化直接或间接影响将使集中世界近 90%水产养殖活动的亚洲成为最为敏感和脆弱的区域。由于这些不良后果，正视渔业的脆弱性，加强环境保护、资源养护和适应性管理，选择正确的渔业生产方式和合理的发展理念十分重要。

渔业功能　渔业是水域生态系统的一个组成部分，或者说是水域生态系统的产出结果，其功能具有生态系统功能的典型特征，主要包括食物供给功能、生态服务功能和文化服务功能。

(1) 渔业的食物供给功能，也是生态系统的一个基本产出功能。植物性资源通过光合作用实现从无机物质到有机物质的转化，形成能量的原始积累，又通过食物网进行流动和传递，支持着动物性资源，进而为人类提供了可再生的食物资源。远古先民直接通过渔猎活动从水域中获得食物，保证了早期人类的生存和繁衍，而现代渔业产品则直接"为全面实现粮食和营养安全做贡献"。第二次世界大战之后世界渔业经过恢复发展阶段，渔业的食物供给功能逐渐提高，世界人均水产品占有量从 1960 年的 11.9 kg 提高到 1990 年的 18.6 kg，2015 年为 23.9 kg。中国 20 世纪 80 年代中期以来由于大力发展水产养殖，拓展了渔业生产方式，渔业食物供给功能大幅度提高，人均水产品占有量从 1960 年 4.6 kg 提高到 1990 年的 14.5 kg，2015 年达 48.7 kg，为世界平均水平的两倍。渔业食物供给功能的提高，不仅为创造就业、增加收入、保障供给和食物安全发挥了显著作用，同时为改善膳食结构和质量、提高营养和健康水平提供了重要物质基础。水产品除了能提供包含所有必需氨基酸且易消化、高质量的蛋白质外，还含有必需脂肪酸（如长链欧米伽-3 脂肪酸）、各类维生素（维生素 D、维生素 A 和 B 族维生素）以及矿物质（包括钙、碘、锌、铁和硒），即便是食用少量的水产品，也能显著加强以植物性食物为主的膳食结构的营养效果，这对低收入缺粮国家和最不发达地区应对饥饿和营养不良等问题很重要。另外，水产品还为医药、生物制品以及化工等精深加工业提供原材料。鉴于渔业食物供给功能的重要性，保持和提高其效率依然是现在和未来的重要议题。

(2) 渔业的生态服务功能，主要表现在两个方面，一是通过渔业生物碳汇扩增，提高减排 CO_2 能力，二是缓解水域富营养化和酸化，为应对全球气候变化发挥积极作用。渔业生物碳汇（简称渔业碳汇），是指通过渔业生产活动促进水生生物吸收水体中的 CO_2，并通过收获把这些已经转化为生物产品的碳移出水体的过程和机制，不仅包括藻类、贝类和滤食性鱼类等养殖生物通过光合作用或大量滤食浮游植物从水体中直接吸收或间接使用碳元素的过程和生产活动，还包括以浮游生物、藻类和贝类为食的鱼类、头足类、甲壳类和棘皮动物等生物资源种类通过食物网机制和生长活动所使用的碳。这个过程、机制及其结果，形成生物碳汇扩增效应，提高了水域生态系统吸收大气 CO_2 的能力。研究表明，一个栉孔扇贝在 500 d养殖过程中约使用水体内 1 万 mg 碳，其中：30%的碳用于呼吸并释放回水体中，40%的碳用于粪便等代谢物并沉降到海底，30%的碳用于生长并通过收获达到市场规格的扇贝被移出水体；1999—2008 年中国海水贝类和藻类养殖平均每年使用水体中的碳为 379 万 t，从水体中移出的碳为 120 万 t，2009 年中国淡水养殖从水体中移除的碳为 130 万 t，表明这些渔业活动的生物碳汇扩增效率十分显著。因此，渔业碳汇亦被称之为"可移出的碳汇"和"产业化的蓝碳"。另外，大型藻类（如海带）被称为最具潜力的生物净化器，在光合作用过程中，不仅能够利用 CO_2，释放氧气，而且可以使用水体中的氮、磷等营养物质，起到净化水质和缓解酸化的作用。养殖贝类（如牡蛎、蛤、扇贝、贻贝等）和滤食性鱼类（如鲢鱼、鳙鱼等）被称为生物滤器，通过滤食浮游植物和颗粒有机物，使用水体中氮、磷等营养物质，改变养殖海区营养物质浓度，对环境产生净化作用。这些生态功能还被作为预防生态灾害（如赤潮）、缓解水域富营养化的措施来使用，如在一些大型湖泊及水库放养适量的鲢鳙等鱼类，对降低水体中的氮磷含量、减缓富营养化进程、改善水域生态环境方面的作用明显。

(3) 渔业的文化服务功能，指渔业的非物质效用与收益，包括休闲娱乐、文化传承、生态文明、发展认知以及美学欣赏等。华夏民族历来就有把“鱼”作为“富裕”的吉祥象征的传统，在石刻、玉雕、彩陶、刺绣、年画、剪纸以及诗词、戏剧等表现形式中，都可看到鱼文化的风采。“鱼”也是人们借物抒情、托物言志的吉祥物。唐宋时期，以金（锦）鱼培育、饲养、驯化为主的观赏鱼类养殖已盛行于社会各界。随着经济社会的发展与进步，渔业在休闲娱乐、文化传承等方面的作用日益凸显，渔业的文化服务功能得到进一步挖掘和发挥，并形成现代渔业的新业态，即休闲渔业。休闲渔业强调以文化为核心，提供一种人与自然亲密接触的途径，传递人、水、鱼和谐共处的理念。20 世纪 60 年代以来，休闲渔业在拉丁美洲的加勒比海沿岸、欧美及亚太地区兴起，逐渐成为旅游娱乐业和现代渔业的重要成分。进入 21 世纪，休闲渔业在中国蓬勃发展，向社会提供满足人们休闲需求的产品和服务。全国各地兴起的渔（鱼）文化活动，例如浙江象山开渔节、山东烟台渔灯节、福建“水乡渔村”、吉林查干湖渔猎文化博物馆、山东泰山赤鳞鱼博物馆等，丰富了广大城乡居民的业余生活和渔区的文化内涵，增进了人们对渔业发展、渔具渔法、渔民习俗等知识的了解，提升了人们的审美观和价值观，传承了几千年的渔业文化。由于对相关产业（如旅游业、制造业、增殖业等）以及生态文明建设发挥了重要的带动作用，休闲渔业已成为中国现代渔业五大产业之一。

渔业发展阶段及趋势

渔业历史悠久，发展历程大体可概括为原始渔业、古代渔业、近代渔业和现代渔业 4 个阶段。前两个阶段之间或后两个阶段之间的时间界线并不十分确切，或存在一个时间较长的酝酿发展期，但第二阶段与第三阶段之间的时间界线较为清楚，即古代渔业与近代渔业的划分是以工业革命成果惠及渔业生产为标记。

原始-古代渔业　古籍记载和考古出土的地下文物都证明了在长达几十万年乃至上百万年的岁月中，渔猎是原始社会人类获取鱼、贝等重要食物的主要手段。10 万年前旧石器时代中期山西汾河流域“丁村人”已渔获青鱼、草鱼、鲤和螺蚌等。距今 4 000～10 000 年的新石器时代人类已使用兽角和兽骨制成的鱼镖、鱼叉、鱼钩和石、陶网坠等工具，从江河、湖泊和浅海滩涂捕捉鱼、贝等水产品。距今 5 000 年前后人类进入了父系氏族社会，原始社会开始解体，社会生产力明显提高，华夏伏羲氏时期“作结绳而为网罟，以佃以渔”、“伏羲氏刳木为舟，剡木为楫”（易・系辞），普遍使用有坠渔网捕鱼，舜在部落联盟领导机构中设有渔猎管理部门（称为虞），古埃及墓穴门楣描述了从池塘收获罗非鱼的情景，这期间渔业生产工具、技术和社会能力明显提高。夏商周时期渔业有了很大的发展，主要表现在渔捞工具发展上，捕捞渔具分为网渔具、钓鱼具、杂渔具三大类，发明了提高渔船活动范围和能力的桨、橹、帆等。商代后期出现了鱼类养殖，周王宫苑开挖鱼池，人工养鱼，春秋末范蠡作《养鱼经》是史上最早的养鱼文献，而“竭泽而渔，岂不获得？而来年无鱼”（吕氏春秋）则表达了古代渔业保护资源和可持续发展的思维，标志着人类对渔业发展的认知已进入一个新的阶段。从秦汉到南北朝七八百年间，人类对渔业对象的生态习性和移动规律有了更多的了解，渔业生产能力和活动范围进一步扩大，还对渔业资源实行保护政策，如规定“鱼不长一尺不得取”。唐宋时期，渔业发达并具规模，淡水捕捞已有专业渔民，渔网广泛使用，在近海使用张网、刺网和双船捕捞，钓具钓技先进，唐代陆龟蒙《渔具咏》成为中国历史上最早的渔具文献。宋代池塘养鱼已由单种类养殖发展成青、草、鲢、鳙等多种鱼类混养，实施滩涂牡蛎插竹养殖、人工河蚌育珠等新技术。此时不仅渔业经济贸易繁荣发达，还形成渔文化高潮，大量借渔抒怀和以渔言志的诗、词、歌、画流传至今。元代以后，渔业生产发展缓慢，特别是明代和清初，由于倭患猖獗，实行“轻渔禁海、迁海暴政”，海洋渔业生产一度中断，严重影响了中国近代渔业的发展。950—1050 年间，欧洲渔业由内陆水域向海洋扩展，带动了捕鱼技术、产品加工和渔业贸易的发展，对北大西洋沿岸国家（如英国和荷兰等）社会经济发展也产生一定影响。

近代-现代渔业 18 世纪 60 年代至 20 世纪初，人类社会先后经历了被称之为“蒸汽时代”的第一次工业革命和“电气时代”的第二次工业革命，社会生产力发生了重大飞跃，催生了近代渔业的形成。19 世纪中后期，蒸汽机拖网渔船和围网渔船试验成功并在欧洲和北美各大渔场使用，以及随后柴油机和电力通讯设备在渔船上使用，生产能力大幅度提高，渔业捕捞活动迅速从沿岸扩展到外海和远洋。新动力渔轮的出现是渔业发展史上的重大技术革命，是近代渔业标志性事件。渔业新的发展加大了对水生生物资源的开发利用，随之资源波动和渔获量下降问题显现，渔业管理、资源恢复和增殖受到特别关注。这期间资源保护、养护和可持续发展理念普遍提升，因此，这也是渔业进入近代发展阶段的另一重要标志。例如：1871 年美国成立渔业委员会、1883 和 1884 年苏格兰成立渔业局、英国成立海洋生物协会、1902 年北欧多国发起成立国际海洋考察理事会（简称 ICES）等，这些机构的共同目的是加强管理，从广泛的科学层面（包括环境）去认识被利用渔业资源的数量波动及其原因，探讨相关的机制、理论和管理措施；1860—1880 年美国、加拿大、俄国和日本等国家在太平洋开展鲑鱼增殖放流，1900 年前后美国、英国、挪威等国进行了龙虾、鳕、黑线鳕、狭鳕、鲽、鲆和扇贝等已开发利用种类的增殖放流，这些重要的渔业资源增殖活动被视为世界上早期的海洋牧场建设。中国近代渔业起步较晚，1905 年江苏张謇集资购买德国渔轮，定名“福海”，这是中国渔业史上的第一艘蒸汽机动力渔轮，标志着中国渔业进入了新的发展阶段。与此同时期，一些有识之士开始提倡新学，重视渔业人才培养和科学试验，1910 年和 1912 年分别在天津建立直隶省水产讲习所、在上海建立江苏省立水产学校，之后山东、奉天、浙江、福建、广东等省先后建立水产职业学校，1917 年在烟台成立山东省立水产试验场。但是，民国时期，内忧外患，中国渔业举步维艰，发展缓慢。第二次世界大战后，以科技革命为特征的第三次工业革命极大地推动了现代渔业发展。1953 年英国建造第一艘尾滑道拖网渔船，这项重大技术创新，促使捕捞船只和捕捞技术装备日趋先进，鱼群探测、渔船定位和导航等助渔装备快速发展，合成纤维取代天然纤维作为渔网材料，渔船、渔具、渔业机械、仪器设计制造体系逐渐形成，与之相配套的冷冻冷藏和加工技术不断进步，渔港及配套设施不断完善，劳动者的素质和技能不断提高。现代科技革命使海洋捕捞渔业取得空前的发展，世界海洋捕捞渔业年产量从 20 世纪 50 年代中期的 2 000 多万吨迅速提升到 80 年代中期的 7 000 多万吨。此后，世界渔业发生了影响现代渔业发展走向的两个重大情况：一是世界海洋渔业资源多数已被充分开发利用。1990 年前后世界海洋渔业资源中被完全利用和过度利用的比例达 70%，低度利用比例为 30%，并有前者持续增加，后者继续减少的趋势，捕捞渔业产量增长速度放慢，发展出现了徘徊，为此，联合国粮农组织（FAO）于 1995 年发布了具有深远影响的《负责任渔业行为守则》，加强管理和可持续发展成为渔业新发展阶段的重要议题；二是高度重视水产养殖发展。中国率先提出以养为主的渔业发展方针，并带

动了世界其他国家水产养殖发展，不仅发展中国家积极发展水产养殖（如印度尼西亚、印度、越南、菲律宾、孟加拉国等），发达国家也积极发展水产养殖（如挪威、日本、美国、西班牙等），使世界渔业生产方式和产业结构发生重大变化，如 1985 年世界水产养殖产量占渔业总产量的比例仅为 4%，2000 年为 14%，而 2015 年水产养殖产量占渔业总产量的比例为 45%，产量达 7 380 万 t。另外，水产加工流通业、增殖渔业、休闲渔业亦受到高度重视，成为现代渔业的重要组成部分。

发展趋势　①未来渔业将遵循绿色发展的理念，坚持渔业发展与生态环境保护协同共进，大力促进渔业生态文明建设，建设环境友好型水产养殖业和资源养护型捕捞业，促进增殖渔业和休闲渔业新业态的发展，促进渔业生态文化产业发展；②水产养殖保持持续增长趋势，未来 10 年世界水产养殖产量将超过捕捞业，成为渔业绿色发展的主要推动力；③渔业管理更加严厉，不仅对捕捞业，也包括水产养殖，并趋向绿色低碳、环境友好、资源养护、质量安全的生态系统水平的管理。生物资源恢复是一个复杂而缓慢的过程，在全球变化背景下，需要不断探讨适应性对策，进一步加强资源保护和养护行动，包括加强渔业资源增殖力度和海洋牧场建设等；④为了探索新的发展空间和捕捞对象，将加大极地大洋生物资源的开发利用，如南极磷虾、公海头足类、陆坡中层鱼等资源的开发利用；⑤渔业产业结构发育将由传统的一产向二三产业转行，在提供物质产品的基础上，更多地提供生态文化服务、休闲娱乐等精神产品。

渔业科学知识体系

发展简况　渔业科学，亦被称为水产科学或水产学，英文均用 fisheries science。自渔猎时代以来，渔业知识已有丰富的积累，如公元前 2000 年古印度叙事诗《玛哈拍哈拉塔》中就记载了营养径流对孟加拉湾饵料生物和鱼产量的作用，公元前 460 年左右范蠡《养鱼经》详细描述了养鲤的池塘条件和人工繁殖方法，明代屠本畯《闽中海错疏》记载了福建 200 多种海产动物的名称、形态、习性、分布和经济价值等。但是，渔业科学知识体系的形成却始于近代渔业发展阶段。

19 世纪中后期新动力渔轮的出现是渔业捕捞历史上的重大技术革命，带动了渔具渔法、捕捞机械、助渔仪器和设备等方面的技术进步，催生了渔业捕捞学及相关分支学科的发展，如渔具学、渔法学、渔场学等。与此同时，由于捕捞引起资源和渔获量波动，加强了对渔业资源生物学基础的调查研究。1883 年英国著名生物学家赫胥黎（Huxley）主持欧洲北海鱼类资源调查，得出了捕捞对资源影响不大的结论，很快这个结论或观点被证实是不正确的。因此，19 世纪末到 20 世纪上半叶，对渔业资源变动及其原因的调查研究更加活跃，德国鱼类学家海因克（Heineke）、丹麦渔业与生态学研究开拓者彼得森（Peterson）、挪威鳕和鲱鱼研究专家约尔持（Hjort）分别提出繁殖论、稀疏论和波动论等鱼类种群数量变动学说，苏联学者巴拉诺夫（Baranov）提出计算渔业产量的数学模型，英国学者拉塞尔（Russell）和格雷厄姆（Graham）分别提出影响鱼类种群数量四要素（补充、生长、自然死亡和捕捞死亡）和可持续产量模型等。这些重要研究成果为渔业生物学及资源管理科学的发展奠定了理论基础，到 20 世纪中后期产生了一批学科专著，如《渔业生物学》（Cushing，1968，1981）、《鱼类种群变动理论》（Nikolskii，1969，1974）、《渔业科学概论》（Royce，1972，

1984)、《海洋渔业管理》(Gulland, 1974) 等，使渔业生物学成为渔业科学知识体系中最基本、最重要内容之一。

19 世纪中后期至 20 世纪初，虽然美欧等国家已开始了鲑鱼等渔业种类增殖放流，但是由于产业规模比较小以及之后的主要养殖国家在亚洲，水产养殖学科发展较晚。20 世纪 50 年代，以鲢鳙为主的中国家鱼人工繁殖成功并随后出版相关专著，它不仅带动了中国和世界(特别是东南亚诸国) 水产养殖产业的发展，同时也使水产养殖学科迅速发展起来，产生了一系列学科专著，如《中国淡水鱼类养殖学》(中国淡水养鱼经验总结委员会，1961，1973)、《海带养殖学》(曾呈奎、吴超元，1962)、《中国池塘养鱼学》(张杨宗、谭玉钧、欧阳海，1989) 以及欧美《集约化鱼类养殖》(Shepherd and Bromage，1992)、《水产养殖和环境》(Pillay，1992) 等。在此基础上，水产养殖学科发展日趋成熟，形成较为完整的学科知识体系，主要分支学科为水产遗传育种、水产养殖病害、水产营养与饲料、水产养殖生态、水产养殖技术以及养殖装备与工程等。进入 21 世纪，生物技术应用得到高度重视，其中水产基因组学技术发展迅速，迄今世界 (包括中国) 已完成 40 余种水产养殖生物全基因组测序，红鳍东方鲀、海胆、牡蛎、笠贝、半滑舌鳎、鲤鱼、罗非鱼、拟双斑蛸、草鱼、大西洋鲑、牙鲆等 11 个种类的研究成果在《自然》《自然·遗传》《科学》等高学术水准刊物发表，其中 5 个种类 (牡蛎、半滑舌鳎、鲤鱼、草鱼、牙鲆) 的研究由中国完成，大大提高了水产养殖学基础科学知识的厚度和水平。

近代渔业以来 160 年的发展，促进了渔业科学基本学科的形成和进步，不仅包括渔业生物学、渔业捕捞学、水产养殖学，同时还包括由此带动起来的水产品加工与质量安全、渔业装备与工程、渔业经济与管理等学科，它们共同构成了渔业科学知识体系的基本内容。

支撑渔业发展的重点学科领域 渔业科学是一门认识和管理渔业的科学，有两个不同的含义：一是与渔业及其环境有关的科学知识；二是扩展和使用科学的渔业知识为社会获得最优效益的专业，它包括对各种各样的渔业和水生环境问题的研究和应用。同时，现代渔业科学又与自然科学和社会科学多个相关学科交叉融合，如与淡水生物学、海洋生物学、湖沼学、海洋学、生态学、经济学和管理学等多学科交叉融合，是一门综合性应用科学。因此，在渔业科学知识体系形成过程中，支撑渔业发展的重点学科领域受到特别关注。在中国，20 世纪 50 年代以来先后开展的一系列渔业基础调查，如烟威外海鲐鱼渔场调查、全国海洋普查、长江及主要江河湖泊、大型水库等鱼类资源与生态调查、10 余种海洋重要经济种类渔业生物学调查研究等，为渔业重点学科领域发展奠定了基础。近 30 多年来，在各类科研计划和项目的资助下，支撑渔业发展的重点学科领域发展迅速，已形成比较完善的知识体系。在基础研究方面形成了水产基础生物学、渔业资源与保护学、水产生物遗传育种学、水产生物免疫学与病害防控、水产生物营养与饲料学、水产养殖技术学、养殖与渔业工程学、水产生物研究的新技术和新方法、水产食品科学与工程，以及生态学和海洋科学相关的学科 (如海洋生态系统与全球变化、生物海洋学与海洋生物资源) 等，在这些学科之下还包括 30 余个下一级学科设置；在水产教育和人才培养方面形成了水产养殖、捕捞学、渔业资源、水产品加工及贮藏工程，以及水生生物学、海洋生物学等学科，仅前四个学科中包括近 40 门为本科生和研究生开设的学科教学课程 (见渔业基础学科)；在推进产业科技进步方面形成了十个重点学科领域，包括渔业资源评估与养护、渔业环境与保护、水产遗传育种、水产病害防治、水产养殖技术与生态、水产加工与产物资源利用、水产品质量安全、水产生物技术、渔业装备与工程、渔业经济与信息应用技术等领域。这三个方面重点学科领域的创新发展，铸造了新的创新驱动力，使中国渔业科技进步对渔业经济增长的贡献率从 2000 年的 50%上升至 2015 年的 58%，推动了中国现代渔业的快速发展。

未来发展　总结过去，渔业发展引导科学与技术进步，科技进步推动渔业发展，而渔业发展又因社会需求而行动。展望未来，渔业科学知识体系发展将会遵循既往的轨迹继续前行，但需要加强三个方面的发展：(1) 渔业未来将更加关注绿色低碳、环境友好和可持续发展。未来的发展需要有更多的多学科交叉融合和综合性调查研究，需要加强以渔业生态学和管理科学为中心的整体水平和系统水平的科学研究和知识积累，借以支撑渔业健康持续发展；(2) 渔业未来将更加关注发展质量，包括资源质量、环境质量、产出质量等方面。未来的发展不仅需要宏观科学知识的支撑，如加强自然水域生态系统和人类干预的渔业生态系统的研究和发展，加强生态系统水平的捕捞渔业和水产养殖业的适应性管理的研究和发展，同时也需要微观世界的知识支撑，需要更加深入的研究和发展，加强渔业生物的基因组水平和分子水平的研究和应用，包括养殖系统中的良种培育、病害防治、种质保存等方面，也包括自然系统物种保护、分子生态学，以及食品安全等方面。这些研究和应用将为保证良好的发展质量提供坚实的知识支撑；(3) 渔业未来将更加需要工程发展。科学、技术、工程是产业发展的三个基本要素，而工程是科学的应用和技术的集成，是一个产业发展的基础，能更好地体现多学科综合性效果。因此，进一步加强渔业各重要环节工程与信息集成建构的研究发展和知识积累，实现渔业工程化和信息化，对推动现代渔业发展十分有意义，也是必需的。

中国特色的渔业发展之路

新中国成立后，百废待兴，渔业进入恢复发展阶段，经过 1950—1952 年的三年恢复期，渔业产量从 91.1 万 t 增加到 166.7 万吨，超过历史最高水平。之后渔业生产有较大发展，到 70 年代中后期渔业产量达 500 多万 t。但是，由于同期中国人口快速增长和需求不断增加，水产品供应严重不足成为社会关注的重要问题，而当时渔业的主体捕捞业（约占总产量 70%）所依赖的近海主要传统经济种类资源衰退现象逐渐凸出，渔业持续发展遇到前所未有的重大挑战。中国决策管理层和社会各界正视了这些问题，在发展中积极探索适应中国国情的渔业发展之路。

“以养殖为主”的发展之路　在发展之路探索过程中，中国成为世界上最早认识到水产养殖将在现代渔业发展中发挥重要作用的国家，也是通过干预水域自然生态系统来提升食物供给功能方面获得极大成功的国家，并为世界提供了可复制的样板。早在 20 世纪 50 年代后期，为了增加水产品的产量和提高人民的生活水平，中国渔业管理部门对如何发展渔业展开了热烈讨论：应该以捕捞为主？还是以养殖为主？1958 年，国家水产部负责人在中共中央主办的《红旗》杂志发表了“养捕之争”的文章。1959 年，根据党的八大二次会议“两条腿走路”精神，渔业管理部门提出“养捕并举”的指导思想。这是世界上首次在国家层面上把水产养殖放在与捕捞业同等重要地位上，认识到单靠渔业捕捞不能满足人类对水产品的需求，特别是不能满足像中国这样人口众多的大国需求，需要发展新的生产方式。1978 年 10 月，《人民日报》发表社论《千方百计解决吃鱼问题》，“养捕之争”再次被提及。1980 年 4 月，邓小平同志对《关于编制长期规划的意见》谈到：“渔业，有个方针问题。究竟是以发展捕捞为主，还是以发展养殖为主呢？看起来应该以养殖为主”。1985年，中共中央、国务院发出《关于放宽政策、加速发展水产业的指示》，明确了中国渔业发展要实行“以养殖为主，养殖、捕捞、加工并举，因地制宜，各有侧重”的方针。1986年《中华人民共和国渔业法》颁布实施，确立了“以养殖为主”的渔业发展方针。这些重要方针政策的出台和实施，极大地推动了水产养殖业的快速发展。随后几十年中国水产养殖业产量大幅度增加，渔业产量中养殖与捕捞之比从1950年的8：92和1985年的45：55增加到2018年的78：22，渔业产量达6 458万t。这不仅标志着中国渔业结构发生了根本性的改变，同时也带动了世界渔业发展方式的重大转变。联合国粮农组织高度赞扬了中国水产养殖贡献：“2014年是具有里程碑意义的一年，水产养殖业对人类水产品消费的贡献首次超过野生水产品捕捞业”，“中国在其中发挥了重要作用”，产量贡献在“60%以上”。2015年中国人均水产品占有量达48.7 kg，为世界平均水平的两倍，而1950年中国仅为1.7 kg，世界为7.7 kg，1985年中国和世界分别为7.6 kg和18.0 kg。至此，“以养殖为主”已成为中国渔业发展最显著的特色。预计未来，水产养殖占渔业产量的比例会进一步增加，这个“特色”也将会持续和发展。

中国特色的水产养殖种类结构　在“以养殖为主”的发展过程中，勤劳智慧的中国人民结合以往积累的经验走出了适合国情特点的水产养殖发展之路，形成了中国独具特色的水产养殖种类结构。这个独具特色的产业种类结构与“正确决策和科技进步”两大驱动要素共同构成中国水产养殖快速发展的驱动力。研究表明，中国特色水产养殖结构的显著特点是种类多样性丰富、优势种显著、营养层次多、营养级低、生态效率高、生物量产出多。与世界其他主要水产养殖国家相比：中国水产养殖种类具较高的多样性和优势度，养殖种类296个、品种143个，合计为439个，其中淡水养殖种类为139个、品种75个，合计为214个，鱼类占绝对优势，草鱼、鲢鱼、鳙鱼、鲤鱼、鲫鱼和罗非鱼排名前6个种类养殖产量占淡水养殖产量69.6%（2014），海水养殖种类为166个、品种64个，合计为230个，以贝藻类为主，牡蛎、蛤、扇贝、海带、贻贝和蛏6个种（类）养殖产量占海水养殖产量71.3%（2014）；不投饵率保持较高的水准，为53.8%（淡水35.7%，海水83.0%，2014），营养级低且较稳定，为2.25（淡水2.35，海水2.10，2014），远低于欧美国家以鲑鳟等鱼类养殖为主的营养级3.0的水平，表明中国水产养殖生态系统有较多的生物量产出。事实上，这是一个既能提升水生生态系统的食物供给功能、又具有显著生态服务功能的结构，预计在一个较长的时期里不会发生根本的改变，从而使中国特色的水产养殖相对稳定，有利于可持续发展。

新生产模式的探索与发展　在中国特色水产养殖发展过程中，“高效、优质、生态、健康、安全”已成为可持续发展目标，积极发展因地制宜、特点各异的健康、生态养殖新生产模式，寻求与生态环境的和谐成为新的追求和任务。稻渔综合种养和多营养层次综合养殖是淡水养殖和海水养殖中两个有代表性的新模式：稻渔综合种养，是在中国有悠久历史的“稻田养鱼”的新发展，充分发挥水稻与鱼、虾、蟹、鳖等水生动物在同一个生态系统中的生态效应（清除杂草、减少病虫害、增肥保肥、降低二氧化碳和甲烷排放等），减少化肥和农药使用，生产优质水稻和渔产品，是一种农渔共利的生态生产方式；多营养层次综合养殖，实际上是中国明末清初盛行的“桑基鱼塘”综合养殖方式的现代新发展，从生态系统水平上探讨不同营养层次生物在系统中对物质的有效循环利用，从综合生态系统多种服务功能（包括食物供给、气候调节及文化服务等）层面上探讨最佳的养殖产出。这两个新模式的共同特点是理论基础扎实、应用技术成熟、经济社会生态效益显著，引领了中国具有突出生态特色的新生产模式发展，为环境友好型水产养殖业和新时代渔业绿色发展奠定了基础。

捕捞渔业资源的管理与养护不断加强　水产养殖业的发展促进了捕捞渔业产业结构调整，转移了大量富余劳动力，缓解了野生水生生物资源衰退的压力，使渔业资源的有效管理成为可能。自 1995 年，渔业主管部门相继制定并组织实施了海洋伏季休渔、长江禁渔期、海洋捕捞渔船控制等保护管理制度。但是，由于市场放开和利益驱使，捕捞渔船数量大量增加，过度捕捞造成渔业资源严重衰退，渔获物的低龄化、小型化、低值化现象严重，捕捞生产效率和经济效益明显下降。同时，人类活动致使水生生物栖息地遭到破坏，水域生态环境不断恶化，水生生物的主要产卵场和索饵育肥场功能明显退化。为此，2006 年国务院印发并要求认真贯彻执行《中国水生生物资源养护行动纲要》，提出渔业资源保护与增殖、生物多样性与濒危物种保护、水域生态保护与修复三大行动及其保障措施，为全面提升水生生物资源养护管理水平提出了奋斗和实施目标；2013 年国务院印发《关于促进海洋渔业持续健康发展的若干意见》并召开全国现代渔业建设工作电视电话会议，再次强调海洋生态环境保护，加强水生生物资源养护，严格执行海洋伏季休渔制度，严格控制近海捕捞强度。同时，强调推进现代渔业建设，对于保障国家食物安全、促进经济社会发展、维护国家海洋权益、加强生态环境建设都具有十分重要的意义；2017 年农业部发布《全国渔业发展第十三个五年规划》，提出到 2020 年国内海洋捕捞产量控制在 1 000 万 t 以内，全国海洋捕捞机动渔船数量、功率分别压减 2 万艘、150 万 kW 的发展目标。在此基础上，又提出实施海洋渔业资源总量管理制度和被称为"史上最严"的休渔制度，所有海区的休渔时间延长至 3～4.5 个月。经过 20 多年的不懈努力，管理者与生产者共识正在达成："人类发展活动必须尊重自然、顺应自然、保护自然"，为捕捞业的可持续发展提供了新的机遇。然而，同世界各地一样，渔业资源管理与恢复受诸多不确定性因素和生态系统复杂性的影响，渔业资源恢复是一个复杂而缓慢的过程，要达到预期的目标依然任重而道远，需要不断探索适应性管理对策。

经过 70 年的探索、徘徊、调整和创新，中国渔业走出了一条具有显著中国特色、以养殖为主的发展之路，在解决吃鱼难、保障市场供应、提高农产品出口竞争力、增加农民收入、调整农业结构、转变生产方式、优化国民膳食结构、保障食物安全、缓解水域富营养化和应对全球变化等诸多方面，为中国乃至世界做出重大贡献。展望未来，中国渔业必须遵循创新、协调、绿色、开放、共享的发展理念，坚持渔业发展与生态环境保护协同共进，大力促进渔业生态文明建设，建设环境友好型水产养殖业和资源养护型捕捞业，促进增殖渔业和休闲渔业新业态的发展，努力实施绿色低碳、环境友好、资源养护、质量安全的生态系统水平渔业管理，以保证中国特色的渔业健康、稳定、持续和绿色发展，为中国和世界做出新贡献。

参考文献

丛子明，李挺，1993. 中国渔业史［M］. 北京：中国科学技术出版社 .

费鸿年，张诗全，1990. 水产资源学 . 北京：中国科学技术出版社 .

国家统计局，2012. 三次产业划分规定 . 国统字［2012］108 号文 .

联合国经济和社会部统计司，2009. 所有经济活动的国际标准产业分类（ISIC）修订本第 4 版 . ST/ESA/

STAT/SER M/4/Rev. 4. 纽约 .
刘健康，何碧梧，1992. 中国淡水鱼类养殖学 . 3 版 . 北京：科学出版社 .
唐启升，2013. 水产学学科发展现状及发展方向研究报告 . 北京：海洋出版社 .
唐启升，2017. 环境友好型水产养殖发展战略：新思路、新任务、新途径 . 北京：科学出版社 .
唐启升，2017. 水产养殖绿色发展咨询研究报告 . 北京：海洋出版社 .
唐启升，2019. 我国专属经济区渔业资源增殖战略研究 . 北京：海洋出版社 .
唐启升，韩冬，毛玉泽，等，2016. 中国水产养殖种类组成、不投饵率和营养级 . 中国水产科学，23（4）：729 - 758.
唐启升，刘慧，方建光，等，2015. 海洋生物碳汇扩增 . 生物碳汇扩增战略研究（沈国舫主编），57 - 87 页，北京：科学出版社 .
中国水产科学研究院编，2012，2016. 中国水产科学发展报告（2006—2010，2011—2015）. 北京：中国农业出版社 .
钟麟，李有广，张松涛，等，1965. 家鱼的生物学与人工繁殖 . 北京：科学出版社 .
FAO，1995. Code of Conduct for Responsible Fisheries. FAO，Rome.
FAO，2016. The State of World Fisheries and Aquaculture 2016：Contributing to food security and nutrition for all. Rome，FAO.
Fogarty M J，Collie J S，2016. Fisheries Overview. In Steele J H et al.（eds）. Encyclopedia Ocean Sciences 2：499 - 504. Jiao Tong University Press，Shanghai.
Louis Sicking，Darlene Abreu - Ferreira，2009. Beyond the Catch：Fisheries of the North Atlantic，the North Sea and the Baltic，900—1850. Brill Academic Publishers，Leiden.
Millennium Ecosystem Assessment，2005. Ecosystems and Human Well - being：Synthesis. Island Press，Washington DC.
Pillay TVR，1992. Aquaculture and the environment，158pp. Wiley Blackwell，London.
Royce W F，1984. Introduction to the Practice of Fishery Science. Academic Press，Inc.，London.
Salvanes A G V，2016. Ocean Ranching. In Steele J H et al.（eds）. Encyclopedia Ocean Sciences 4：146 - 155. Jiao Tong University Press，Shanghai.

水产学学科发展现状及发展方向研究报告[①]（摘要）

唐启升　主编

前　言

《水产学学科发展现状及发展方向研究》是中国工程院批准资助的咨询研究项目。项目组织我国水产科技界的院士和有关部门的学科带头人，立足国家需求，回顾了我国水产学学科发展历程，比较分析了国内外水产学学科发展现状，阐述了水产学学科面临的新形势和问题，从我国水产科学发展战略需求出发，提出了今后我国水产学学科发展的方向，为我国水产学学科体系建设提出了客观科学的对策和建议，具有较强的战略性和综合性；在全面收集整理资料、深入调研和研讨的基础上，从两个层次分别对水产学学科发展现状及发展方向进行了分析研究，既有概括性研究，又有各学科具体的研究作为支撑，理论性、客观性和前瞻性较强；首次提出对水产学学科划分进行调整。根据水产学学科发展的需求，将“水产学”分为“水产养殖”、“渔业资源与环境”和“水产品加工与安全”三个一级学科，以上建议对拓展和完善水产学学科、促进现代渔业发展具有重要意义，为相关决策部门提供了重要的参考依据，该项目的研究成果对进一步明确我国水产学学科发展方向具有重要的指导意义。

当前正处于从传统渔业向现代渔业转变的关键时期，迫切需要水产科技为现代渔业的健康和可持续发展提供强有力的支撑。编者希望通过系统地梳理和提炼本项目的研究成果，出版《水产学学科发展现状及发展方向研究报告》一书，对渔业科技工作的开展和相关管理政策的制定起到一定的指导和参考作用，为早日实现从渔业大国向渔业强国的转变提供理论依据和技术支撑。

本书在编写过程中得到了中国工程院领导的关心和支持以及中国水产科学研究院专家学者的鼎力相助，在此一并表示衷心的感谢。由于时间有限，书中难免存在疏漏和不足之处，敬请读者批评指正。

编者

2012年10月

① 本文原刊于《水产学学科发展现状及发展方向研究报告》，1-7，3-21，海洋出版社，2013。

目　　次

第一部分　综合报告

第二部分　专题报告

综合报告：水产学学科发展现状及发展方向

一、我国水产学学科发展现状

（一）我国水产学学科发展总结与回顾

1. 水产学科发展历程

在人类历史上，渔先于农。在我国，水产捕捞业发展先于养殖业，而淡水养殖又早于海水养殖。原始人类于7 000年前（河姆渡文化时期）就开始在江河和海洋中捕捞鱼类、贝类等水生经济动物，称渔猎。我国水产养殖业历史也很悠久，是世界上最早开始养鱼的国家之一。春秋战国时期，范蠡编著的《养鱼经》详细描述了养鲤的池塘条件和人工繁殖方法等，是世界上最早的养鱼著作。

随着人类对自然界认识的增加和获取水产食物的需要，人们逐渐了解水产生物方面的科学知识，继而在由渔、猎变家养的过程中掌握了有关鱼类驯养、繁殖等养殖学方面的知识。清末和民国时期，西学东渐，近现代意义上的水产教育、科研、行政管理等开始在我国兴起，加速了中国传统渔业的近代化。20 世纪 40 年代开始运用近代科学技术管理鱼池、治疗鱼病，使养鱼技术从传统的方法向近代化发展。1946 年国立山东大学水产系和 1947 年原国民党政府农林部中央水产研究所的成立，标志着我国现代意义上的水产科研教学工作正式开始，也标志着我国水产学学科正式成为一门独立学科。

新中国成立后，我国水产业得到长足发展。20 世纪 50 年代，我国科技工作者总结的“水、种、饵、密、混、轮、防、管”八字精养法，高度概括了有中国特色的综合养鱼的经验与技术理论。50 年代末期，“四大家鱼”人工繁殖获得成功，彻底扭转了我国淡水养殖业受天然苗种量限制和丰歉难以控制的被动局面，亦为其他水产养殖对象的人工繁殖奠定了技术基础，进一步形成和发展了淡水养殖学理论。《中国淡水鱼类养殖学》的出版和再版发行，进一步奠定了我国水产学发展的地位，促进了水产学学科的发展。

改革开放以后，伴随着经济发展和生产力水平的提高，水产品需求总量不断增加，结构不断变化，生产方式逐步改进，我国水产业获得了高速发展。而科技总体水平的提升，也客观推进了水产学科的发展和完善。我国在水产学学科发展上，不断融入新理论、新技术，开拓新兴领域，促使水产学学科外的多种学科和技术融入了水产学。目前，已形成了渔业资源、生态环境、水产养殖、病害防治、遗传育种、生物技术、水产品质量安全、加工与产物资源利用、渔业装备与工程、渔业信息战略以及饲料营养等多种分支学科、边缘学科、交叉学科和综合学科，极大地丰富了我国水产学学科的内涵。我国水产科学正是在水产养殖业发展的基础上逐渐形成并不断丰富的。目前，我国已成为世界第一养殖大国，不仅在世界上率先实现了水产业发展史上以养为主的历史性转变，也客观地推动了今后以养殖学科为主体的水产学学科体系的发展和完善。

在国外，由于蒸汽机的应用以及航海技术的进步，20 世纪初世界海洋捕鱼业得到发展，到第二次世界大战暴发前，世界渔获量已从 1900 年的 350 万 t 增加到 1 800 万 t。伴随着对天然水产资源的大规模开发利用，人类逐渐认识到对海洋生物资源需要进行系统地考察和评估，在此基础上加以科学的管理。1902 年，ICES（国际海洋考察理事会）正式成立，标志着人类科学管理海洋生物资源的开始。其后，经历了 1960—1970 年世界渔业快速发展，国际渔业学科体系不断发展，学科体系日趋完整，管理理念不断演化和提升。在经历了 20 世纪 70—80 年代世界海洋渔业自然资源衰退期之后，世界渔业的发展出现了新的变化，海洋渔业进入了保护、增殖和合理利用资源的新时代。海水增殖业的出现和发展，是海洋渔业史上的一次重大变革。联合国 1994 年 11 月 16 日实施的国际海洋公约有关规定而制定的《国际负责任渔业行为准则》，进一步明确了国际间海洋捕捞业的责任，提出了为保护渔业资源和生态环境，要使用安全捕捞技术，改进渔具的选择性，做到负责任捕捞。进入 21 世纪后，随着中国水产养殖业的快速发展，世界渔业结构发生了很大变化，世界水产养殖业得到高度重视。目前，在世界范围内，科学保护合理利用天然渔业资源、逐步实现以养为主．在全球范围实现生态水平渔业管理的理念和理论体系逐步完善，这一理念已经在引领水产养殖产业发展，并成为水产养殖学科完善、拓展和提升的理论指导。

综上所述，今后一个时期，水产学学科体系将进一步拓展完善，水产养殖学科已成为该体系的重要内容并将不断拓展提升，全球范围内实现以生态水平渔业管理为目标的理念将成为今后水产业发展和学科建设的理论指导。

2. 我国水产学学科设置现状

水产学是研究开发利用水生生物资源，保证其可持续利用的学科。目前，在学科门类的归属上，水产学是国家一级学科，隶属农学。

我国目前各系统、部门水产学科设置情况见附表。

（二）我国水产学学科最新进展

近5年以来，我国渔业科研工作者着力提升渔业自主创新能力，努力开展科研工作，在基础研究、高新技术研究、共性关键技术攻关、行业科技和国际合作等方面承担了一大批科技项目，取得了一批重要研究成果，为发展“资源节约、环境友好、质量安全、高产高效”渔业提供了强有力的科技支撑。

1. 渔业资源和生态环境研究，为客观评价和保护水生生物资源提供了科学依据

渔业资源环境研究进一步得到加强，取得了系列成果。一是海洋生态系统动力学研究方面获得了一系列的创新性研究成果，初步建立了我国近海生态系统动力学理论体系；二是渔业资源调查为我国海洋生物资源养护、渔业发展新模式的探索和实现生态系统水平的渔业管理提供了可靠、系统的基础数据和重要的科学依据；三是渔业资源增殖及放流技术的基础研究得到加强，初步形成了评价模式、评价规范、技术路线和构建措施等框架体系；四是渔业生态环境保护、水产养殖产排污系数测算和管理技术等方面的研究，有效阐明了生态环境变化对渔业生物的影响，科学揭示了某些污染物的环境行为和污染规律，显著提高了部分前沿科学基础问题的认识水平。松花江重大水域污染事件的有效技术应对，为稳妥处理国际关系提供了有力的技术支撑。

2. 质量安全研究进展为管理提供了有力的技术支撑

积极开展水产品质量安全和控制技术的研究，为提高我国水产品质量安全水平提供了重要的技术支撑。一是加强了水产品质量安全保障体系建设，水产品质量安全监控体系逐步完善；二是积极开展了水产品生产基地认定和水产品质量安全追溯系统建设工作，对推动我国实现水产品安全生产全程控制发挥了重要作用，为我国水产品质量全面提升提供了有效的科学管理模式；三是基础研究取得显著进展，水产品质量安全管理的理论依据更加充分；四是积极配合主管部门在全国范围开展水产品质量检测工作，有力保障了奥运水产品安全供应。

3. 水产健康养殖模式和相关技术研究促进了结构调整优化和产业升级

依托国家各类项目，开展技术攻关、系统组装与集成，推动水产健康养殖的科技创新和模式转变。一是水产健康养殖、无公害养殖和标准化养殖技术研究成果促进了产业结构调整和布局优化；二是苗种人工繁殖技术不断发展，新品种产出速度加快，丰富和优化了养殖品种结构，挽救了一批珍稀水生生物，中华鲟全人工繁殖成功，标志着我国珍稀濒危水生野生动物繁殖和保护工作向前迈进了一大步；三是全国渔业科技与技术推广部门紧密结合，通过发布《淡水池塘养殖生态修复技术手册》、创办健康养殖示范区等活动，宣传普及了健康养殖理念，为养殖产业技术升级提供了有力的技术支撑。

4. 水产病害防治理论技术研究提升了我国水生动物疫病防控能力

一是在重要养殖生物病害发生和抗病基础机理研究取得一定进展，水产疫苗产品研发技术已进入了生产应用阶段，为水产疫病防控体系建设和保障水产品质量安全提供了技术保障；二是在水产药物研发、药物代谢动力学与药残检测技术研究方面取得了显著成绩，研制出几十种鱼病防治新药，并制定了渔药的残留限量、休药期与使用技术规范；三是水产养殖重大病害防控体系建设日益完善，提高了水生动物疫病的防控能力。

5. 水产生物和遗传育种技术的融合，加快了我国水产育种技术的集成创新和新品种产出

在基因克隆、分子标记筛选及应用、细胞工程、鱼类低温生物工程等领域取得了较大的进展，初步形成了以数量遗传学为理论基础、以生物技术为辅助手段的现代水产育种技术方法体系。一是新品种产出加快，“黄海 1 号”和“黄海 2 号”中国对虾、“大连 1 号”杂交鲍、“海大蓬莱红”扇贝、“荣福海带”、松浦镜鲤、青虾“太湖 1 号”等新品种大幅度提高了我国水产良种化进程；二是分子标记和基因组研究取得显著进展，为分子育种推进打下了良好的基础；三是现代生物技术已全面应用于水产育种工作，为育种研究技术的突破奠定了较好的理论基础，海水鱼单性化技术应用居国际领先水平。

6. 水产品加工关键技术的突破，提高了我国水产品竞争力

水产品加工关键技术的突破，促进了我国水产品国际竞争力的提升和产业素质的提高。一是淡水水产品加工技术获得突破，优质罗非鱼雄性化养殖及加工出口关键技术达至幗内领先水平，淡水水产品加工流通质量控制研究取得明显进展，罗非鱼高值化加工研究进入产业化应用阶段；二是水产加工产品向多品种、高值化发展，开发出鲟鱼鱼子酱等一系列优质水产加工产品；三是生物化学和酶化学技术促进了资源利用产业化进程，开发了海洋溶菌酶食品防腐剂等系列产品，大幅度提高了产品附加值。

7. 渔业装备与工程技术提升了现代渔业装备水平和生产效率

渔业装备与工程技术是现代渔业发展的重要保障，是渔业实现高效生产的重要保证。一是循环水养殖系统模式与系统技术的研究开发提高了集约化生产效率；二是池塘养殖生态工程化设施研究和经济型模式的推广大幅度降低了养殖排污；三是网箱养殖配套设备和工艺研究大大拓展了渔业生产水域；四是渔业装备开发研究、海洋捕捞渔船和集约化养殖节能降耗技术研究为渔业实施节能减排战略提供了科学依据和技术手段。

8. 信息技术应用研究加快了渔业信息化进程

渔业信息技术的研发促进了现代信息技术在渔业管理、科技、生产和流通领域的应用。一是水产种质资源共享平台和渔业科学数据平台建设，完成了对水产种质和渔业生产科技信息两大类资源的整理、整合，其有效运行促进了信息共享，直接支撑了政府决策并服务于实际生产和科研，取得了较好的社会和经济效益；二是建起了一大批渔业信息网站、实用数据库或基础数据平台，信息量、相关栏目和质量都较前期有相当程度的提高；三是利用卫星遥感技术，对构建海况、渔况测预报业务系统进行了探索，“3S”技术开始逐渐应用于渔业的科研和生产管理。

（三）国内外水产学学科发展比较

1. 资源保护及利用领域

渔业资源是水域生态系统的重要组成部分，也是渔业最基本的生产对象和人类食物的重要来源，是保证水产业持续健康发展的重要物质基础。经过几代科研人员的奋斗，我国在水产资源的保护及合理利用方面取得了一系列的科研成果，开创和推动了中国鱼类分类学、渔业资源调查评估、渔业资源增殖、海洋生态系统动力学、濒危物种保护等研究领域的发展，完成了大量的论著，并取得了一批具有国际先进水平的科研成果，为今后渔业资源保护和利用学科的发展奠定了基础。但与渔业发达国家相比，在渔业资源多鱼种、群落及生态系统研究及资源开发利用方面还有较大差距。

2. 生态环境评价与保护领域

良好的渔业水域生态环境是水生生物赖以生存和繁衍的最基本的条件，是渔业发展的命脉。渔业资源的保护和利用、水产增养殖业的健康发展无不与相应的水域生态环境状况密切相关。我国在渔业生态环境监测与保护学科方面，主要针对所辖渔业水域生态环境进行监测，重点是水产养殖区与重要鱼、虾、蟹类的产卵场、索饵场和水生野生动植物自然保护区等功能水域。而国际生态环境监测与保护学科主要有以下几方面：①将生态环境保护和生态修复为最优先课题．向微观和宏观两方面发展；②生态环境监测与保护学科与其他如生命科学和信息科学相互渗透；③对持久性污染物和新化学污染物进行鉴别研究，探索污染物在环境中的实时动态变化过程，开展环境生态安全的早期预报；④开展区域、国际和地球规模环境变动对水产资源及其生态系统的影响评价和预测技术以及研究手段的仿真化和智能化。

3. 水产生物技术应用领域

生物技术可以提高水产业的生产能力，同时不断地将生物科学及其他科学技术领域的新发现、新技术引进并应用到水产生产技术和研究工作中，以提升产业的技术水平。我国在水产生物技术的某些方面在国内具有较好的基础和优势，其中鱼类基因转移技术等已达到世界先进水平，基因组学研究工作逐步展开并具备了一定的国际知名度。但在功能基因、分子标记、基因打靶、基因工程疫苗研制等方面研究较为落后；在水产生物技术研究和开发的许多方面，我国原创性人才相对缺乏，研究手段相对落后。

4. 水产遗传育种领域

育种是水产养殖业结构调整和水产业持续健康发展的首要物质基础。我国水产种质资源与选育种研究虽然起步较晚，但发展势头很好。我国在种子库方面投入较多，但由于人类活动的影响和资源环境的恶化，种质资源的保护水平相对较低，系统研究种质资源保护的机构少，国家投入的研究费用也较少。与国外相比，我国水产种质资源与遗传改良在基础理论研究、管理、科技水平、基金、设备条件方面均显落后。

5. 病害防治领域

我国水产养殖产量位居世界第一，导致我国水产病害防控任务异常艰巨，水产病害防治学科理论及技术成果，对保障我国水产养殖业可持续健康发展意义重大。我国水产养殖病害学的研究起步较晚，但是随着近年来我国对水产动物疾病学的重视、从事水产动物疾病学研究队伍的壮大以及研究手段的提高，这种差距在不断缩小，而且在水产养殖动物病原分子生物学研究方面跻身国际先进水平，水产养殖动物免疫学基础研究总体水平逼近国际前沿。但在研究对象与方式上存在着较大差异，研究水平存在一定差距。

6. 养殖技术领域

水产养殖技术学科是我国的传统学科，也是优势学科。水产养殖技术的进步与创新有效地拓展了渔业生产领域，大幅度提高了水域利用率和劳动生产率，有力地促进了渔业生产方式的变革，加快了渔业现代化的过程，加速了水产业及农业产品结构的调整和产品的升级换代，提高了水产业的综合竞争力、整体效益和行业素质。我国水产养殖技术从整体上看处于先进水平，在鲆鲽类封闭式养殖系统与技术等领域达到国际领先水平。但在养殖产品的质量安全技术及监控力度上，和先进国家相比还有很大差距。

7. 加工与产物资源利用技术领域

近年来，我国水产品加工业发展迅速，水产加工企业数量、产量和产值不断增加。2008年，全国共有水产加工企业 9 971 家，加工能力 2 197.5 万 t，总产量 1 367.8 万 t，总产值 1 971.4亿元。其中，我国冷冻水产品加工设备（如速冻机及对虾生产线等），性能优良已接近国外先进水平，但品种不多，使用普及率也赶不上发达国家。与发达国家相比，我国水产品深加工比例低，产业化程度低，生产设备相对落后。

8. 水产品质量安全领域

我国自实行“无公害行动计划”以来，质量安全法规逐步建立，标准不断完善，水产品质量安全水平大大提高。然而，我国水产品生产规模小、养殖户生产技能低，生产经营者的质量安全意识还不够高，加之社会诚信体系缺乏，致使国内市场水产品质量安全问题频发，水产品潜在的质量安全问题深层次问题进一步显现，相关的科学问题有待于进一步深入研究，水产品质量安全工作任重而道远。与国外先进技术相比，我国水产品质量安全研究的差距体现在：质量安全基础研究薄弱；检测技术落后；质量安全标准体系不健全；监管力度不够等。

9. 渔业装备与工程技术领域

近 20 年来，我国渔业装备与工程不断向高新技术发展，促进了渔业生产向高产、优质、高效方向发展，其科技进步对渔业经济发展的贡献率不断提高，为实现渔业经济增长方式从传统粗放型向现代集约型转变奠定了良好的基础。我国在淡水循环水养殖设施技术领域已具有相当的应用水平，在深海抗风浪网箱研制方面也取得重大进步，在一些设备和技术水平上达到了国际先进水平，在结构工艺方面达到国际领先水平。但与发达国家相比，我国的渔船装备水平落后很多，海水循环水养殖设施技术领域也存在着一定的差距。

10. 渔业信息及战略研究领域

渔业信息及战略研究领域是一个相对比较年轻的研究领域，但却是一个成长性很强的新兴领域，也是我国现代渔业建设中不可或缺的领域，担负着渔业信息技术研究、渔业信息产品开发、渔业信息服务和为政府决策提供咨询等重要责任。与发达国家相比，差距主要有：缺乏有带动全局性和战略性的重大技术、重大产品和重大系统，缺乏必要的渔业信息技术规范和标准，渔业信息技术的基础研究、应用研究和成果转化之间严重脱节，战略研究较为薄弱等。

（四）我国水产学学科发展问题分析

通过近年来的努力，我国水产科学得到进一步发展，渔业科技自主创新能力得到明显提升。但要实现我国渔业可持续发展，水产学发展要不断解决以下主要矛盾：海洋捕捞资源衰退与天然资源养护及生态修复的矛盾，渔业装备陈旧、耗能高与安全、节能的矛盾，养殖模式落后与安全养殖、资源节约、环境友好的矛盾；水产品加工产业链过短与深加工、机械化加工的矛盾；渔业生产方式转变与生态化、精准化、数字化、智能化的矛盾等。

归纳起来，与我国现代渔业发展的要求相比，我国水产科学发展面临的主要问题有以下几方面。

（1）学科划分不太合理，制约水产学学科的发展。水产养殖作为水产学学科下的一个二级学科太大，内容过于丰富，很多分支学科如水产生物遗传育种学、水产生物免疫学与病害控制、水产生物营养与饲料学等早已在很多高校、科研机构中作为二级学科使用。此外，一些分支学科名称过时，已与现阶段相关研究内容不相符合。因此，有必要重新审视水产学学科划分依据，合理划分学科内容，从而适应学科发展需要。

（2）基础性研究严重滞后，跟不上行业发展过程中解决新问题的需要。比如，迄今为止，缺乏足够的人工选育良种，甚至占淡水养殖总产量70%以上的青鱼、草鱼、鲢、鳙等主要养殖种类仍依赖未经选育和改良的野生种；水产养殖品种的病害频繁发生，经济损失严重，据不完全统计，全国每年水产养殖病害发病率达50%以上，损失率20%左右，估计我国每年因水产养殖病害问题而造成的直接经济损失就达百亿元之巨，并且还有上升的趋势。因此，加强水产基础性研究是提高我国水产科技后劲乃至提高我国水产业发展后劲的重要措施之一。

（3）水产业吸纳现代化科技成果滞后，且普及应用能力弱。由于渔业自身社会地位和经济地位的影响，现代科技成果向渔业延伸少而慢，获得先进技术支持不够。科研、教学与推广脱节，科技成果转化率低。我国渔业科技成果转化率不足50%。如何减少乃至消除水产行业吸纳现代化科技成果的滞后性，加强水产新技术、新成果在水产生产与经营中的广泛应用是我国水产科研及其管理体系改革的方向之一。

（五）我国水产学学科面临的形势分析

从国家战略需求层面看，我国的水产业作为农业的重要产业之一，在促进农村产业结构调整、多渠道增加农民收入、保障食物安全与需求、优化国民膳食结构和提高农产品出口竞争力等方面作出了重要贡献，同时在维护我国海洋权益，参与公海渔业资源开发利用方面也发挥着重要作用。在党的农村政策指引和科技进步的带动下，我国的水产业保持了持续快速的发展。2011年，我国水产品产量达5 603.21万t，比2010年增长4.28%。总产量占全球渔业产品总量的1/3强，连续22年居世界首位，其中，养殖产量占世界养殖产量的70%。我国水产品人均占有量达到41.59 kg，比1980年增长8倍多，是世界人均占有量的2倍多。为占农业人口2%的渔民提供了1/3的动物蛋白质，为国家食物安全作出了重要贡献。同时，发展水产业作为渔业结构调整的重要举措，可以有力地促进渔民的增产、增收，促进社会主义新农村建设，并为我国的自主创新提供广阔空间。

从人才培养层面看，水产学专业人才培养的数量不能满足水产业发展的需求，人才质量和结构矛盾突出。一方面，我国5家水产大学、一些综合性农业高校和个别综合性大学设立了水产系（学院），招生规模增长很快，但人才总量仍然不能满足我国水产业发展的需要。另一方面，水产人才质量和结构矛盾更加突出。随着招生规模的扩大，水产高校的师资力量和硬件设施严重不足，人才质量难以保证。水产人才结构矛盾也很突出，学术性人才、管理性人才、技术操作性人才之间的比例不够合理，很多领域缺乏国内或国际拔尖人才，后备人才存在断层。长远来看，只有大力培养水产学人才，才能保证学科的发展。

从水产高等教育需求层面看，目前尚未形成良好的分层次人才培养机制，培养模式单一。一是水产学本科、硕士、博士等层次的培养目标定位仍不够清晰；二是水产学本科教育和研究生教育之间缺乏科学的衔接和协调。这主要反映在课程内容、教学方法和教学手段的趋同性上；三是单一的学术型研究生教育难以适应市场对水产人才需求的结构变化。

随着我国水产业的迅速发展，各水产机构和企业对水产操作型人才和水产技术型人才的需求迅速上升，市场迫切需要一大批既有扎实理论基础，又能够在水产科研和经营实践中娴熟运用水产科技与管理知识，具有处理各种水产科研和生产问题的人才。而目前我国水产硕士研究生教育都是学术型教育，对学生的水产专业技术和业务能力培养比较薄弱，因此应注重培养学生的水产学术能力。

从市场经济体制需求层面看，改革开放以来，我国水产市场的发展成就举世瞩目。以水产品交易为中心的产品市场、以渔业投融资、养殖水域承包、渔饲料和渔药等贸易为主体的生产要素市场从无到有，从小到大。水产市场运行对我国渔业发展、渔民增收、渔区繁荣的影响非常突出。水产市场的快速发展及其运行机制的变化，使得渔业经济活动变得越来越复杂。各种交易形式的运用、水产企业经营管理需求、居民水产品质量安全需求、政府的渔业管理活动都日益与水产市场的运作紧密相关，因此，迫切需要将现代水产业中许多新的、与水产市场直接或间接相关的理论与实务知识及技术融入到水产学中。

因此，我国水产学学科面临不同层面的迫切需求，在今后的工作中需要进一步加强该学科的建设，在项目、经费人才等相关政策上需要国家的大力支持。

二、我国水产学学科发展方向

（一）我国水产科学发展战略需求

我国水产业所取得的巨大成就，除了受益于改革开放政策和正确的水产业发展指导方针，水产科技进步也发挥了极其重要的作用。但在建设中国特色现代农业道路的新形势下，如何建设现代渔业，促进渔业增长方式的转变，实现渔业可持续发展，水产科技工作面临着许多新的需求。

（1）食物安全对渔业科技的需求。进入 21 世纪，随着我国人口的增长和百姓对优质蛋白的青睐，预计 2020 年我国对水产食物的需求将大幅度增加，需要增加的产量近 1 000 万 t，已成为保证食物安全不可忽视的部分。专家们预言，海洋将成为人类重要的“蓝色饭碗”，因此，要像对待地力一样提高“海力”，大力发展海洋农业，高效利用近海滩涂。对此，已引起国家和社会的高度重视。温家宝总理在十一届全国人大的政府工作报告中特别强调要“积极发展畜牧水产业，扶持和促进规模化健康养殖”；《国家中长期科学和技术发展规划纲要》也将“积极发展水产业，保护和合理利用渔业资源”作为建设现代农业的重要内容。科技如何支撑水产食物的增产并为保证食物安全作出新的贡献，已成为需要认真研究的问题。

（2）食品安全对渔业科技的需求。随着我国人口的增长和收入水平的提高，作为人民生活重要优质蛋白来源的水产品需求将进一步增长。但是，过度捕捞造成渔业资源严重衰退，受水域功能变化的影响，养殖面积也难以大幅增加。同时，渔业水域环境污染、养殖病害增多、渔药使用不规范等也严重威胁着水产品的质量安全。只有依靠渔业科技进步，利用高新技术改造传统渔业，提高资源利用率和水产品质量，才能从数量和质量上实现水产品有效供给，保障食品安全。

（3）生态安全对渔业科技的需求。我国水域生态环境污染状况不断加重，水生生物的生存空间不断被挤占，生物灾害、疫病频繁发生，水域生态遭到破坏，渔业资源严重衰退，水域生产力不断下降，渔业经济损失日益增大。生态安全问题已严重影响我国渔业的可持续发展。因此，迫切需要加强渔业资源养护和水域生态环境保护，减少污染危害，开发环境友好型生产技术，研究和推广适合不同区域生态安全的渔业生产和管理模式，提高渔业的生态安全水平和可持续发展能力。

（4）现代渔业发展对渔业科技的需求。现代渔业已成为各种新技术、新材料、新工艺密集应用的行业，渔业的规模化、集约化、标准化和产业化发展，使其对科技的依赖程度在不断提高。因此，必须加快渔业科技进步，充分吸纳、融合现代生物技术、信息技术和材料技术的新成果，发展具有自主知识产权、自主品牌的设施渔业和水产品精深加工业，降低资源消耗、环境污染和生产成本，不断提高渔业的资源产出率和劳动生产率，进一步引领和支撑优质、高效、生态、安全的现代渔业发展。

渔业增长方式转变对渔业科技的需求。在当前我国水生生物资源衰退、水域环境恶化以及国际竞争日趋激烈的情况下，要实现渔业经济的可持续发展，促进渔业增效与渔民增收，必须改变现有生产模式和增长方式，用科学发展观来统领资源、环境和经济的协调发展。因此，应按照循环经济模式，加强科技创新和科技进步，大力发展资源节约、环境友好、质量安全、优质高效型渔业，推动渔业经济增长切实转移到依靠科技进步和提高渔民素质的轨道上来。

（二）我国水产科学发展趋势

根据我国经济社会发展的客观现实和一般性规律，对于今后我国水产学学科发展方向可以作出如下基本判断。

（1）产业结构调整速度将进一步加快，产业结构调整和产业转移并存，发展现代渔业的科技需求将进一步迫切。渔业的发展要以资源高效利用和改善生态环境为主线，着力优化产业结构，转变发展方式，坚持和深化生态、高效、品牌发展理念，重点发展健康安全的水产养殖业、科学合理的渔业增殖业、多元化复合型海外渔业、先进高附加值的水产加工业、功能形式多样的渔业服务业等现代渔业产业体系。其中，发展高效、安全健康养殖业作为今后渔业主要发展方向之一尤为重要。其包含了水产生物遗传育种、水产生物免疫与病害控制、水产养殖技术、水产生物营养与饲料等各方面内容。

（2）重点地区渔业产业体系将逐步完善，导致对集成配套技术、多学科融合技术和优势特色技术需求的增加，技术需求将呈现多样化。需要因地制宜地做好不同重点地区渔业产业体系建设，发展、熟化各类、各层次水产技术，满足产业发展需求。

（3）随着现代渔业建设进程的加快，渔业管理现代化需求将更加迫切，支撑现代渔业管理的重大理论研究、关键技术研发和系统集成技术等研究的需求将更加紧迫。

根据以上分析，结合我国渔业发展的客观现实，要满足渔业发展的科技需求，水产学学科要紧紧围绕现代渔业建设和可持续发展能力这一主题，以解决产业需求为目标，围绕产业发展的全局性、方向性和关键性重大问题，开展重点领域科技攻关，掌握一批核心技术，拥有一批自主知识产权，加快推进渔业科技创新。

（三）对我国水产学学科发展的建议

根据以上学科发展趋势分析，对今后我国水产学学科发展提出以下建议。

1. 对水产学学科划分进行调整

目前，教育部、基金委、中国工程院等有关部门和学术机构多将水产学列为一级学科，下设水产养殖等若干二级学科。随着渔业产业内容、结构不断拓展和学科内容的快速扩充发展，水产领域出现了很多新兴学科、交叉学科、边缘学科，水产学相关学科也不断得到丰富和拓展，现有的学科分类从层级、内容和结构上已经不能满足学科发展的需要，在一定程度上制约了渔业科技的发展，影响了支撑产业发展的作用。鉴于我国作为水产养殖第一大国的现状以及农业产业与农业学科发展规律，在与畜牧、兽医等其他农业学科比较分析的基础上，提出以下学科分类调整方案：

（1）从“以养为主”的基本国情出发，将“水产养殖”学科调整升级为一级学科，下设若干二级学科，引领世界水产养殖发展。改革开放30年来，我国水产养殖业发展成就巨大，一直是农业和农村经济中发展最快的产业之一，不仅成功解决了我国城乡居民“吃鱼难”的问题，而且在保障国家食物安全、扩大就业、增加农民收入、改善水域生态环境等方面都作出了重要贡献。实践证明，“以养为主”的发展方针适合我国国情，是我国渔业发展的重要特色，也是中国和世界渔业发展的方向。伴随着水产养殖业的快速发展，水产养殖学科也得到了极大的丰富和发展，该学科从内容、结构、层次等方面日趋复杂，作为二级学科已无法适应和满足学科运行实际需求。从学科建设和发展战略出发，迫切需要学科结构调整和升级。联合国粮食及农业组织已把水产养殖部作为一个独立部门，与渔业部并列。因此，从我国作为世界第一养殖大国的基本国情出发，建议将“水产养殖”学科升级为一级学科，同时包括水产种质资源、水产生物遗传与育种、水产医学与病害防控、水产养殖技术与工程、水产生物营养与饲料等二级学科。

（2）将“渔业资源与环境”升级为一级学科并扩充二级学科内容，加快提升水生生物资源养护和合理利用科技竞争力。由于我国社会经济发展和人口不断增长，水产品需求的不断增长与资源供给相对不足的矛盾日益突出，养护和合理利用水生生物资源已经成为一项重要而紧迫的任务。从渔业可持续发展和国家安全长远需求出发，对于近海水域资源养护和合理利用研究工作能力和水平需进一步提升，国际水域渔业资源开发的科技竞争力亟待加强。渔业资源与环境学科的发展也越来越受到重视。建议将“渔业资源与环境”列为一级学科，同时包括3个二级学科，分别为渔业资源学、捕捞与渔业装备工程、资源增殖与养护工程。

（3）将“水产品加工与安全”设置为一级学科，为满足我国水产品消费和出口提供科技支撑。我国是世界水产品主要生产国和消费国，同时也是出口大国，进一步做好水产品加工产品开发并确保质量安全至关重要。将“水产品加工与安全”设置为一级学科，使水产学领域学科设置更加完善、更加符合产业经济结构发展的客观需求。“水产品加工与安全”一级学科包括水产品加工工程、水产品质量与安全及产物资源利用等内容。

综上所述，我们建议水产学学科设置方案如下所示：

（一级学科：*；二级学科：**）

* 水产养殖

** 水产种质资源

** 水产生物遗传与育种

** 水产医学与病害防控

** 水产养殖技术与工程

** 水产生物营养与饲料

** 渔业资源与环境

** 渔业资源学

** 捕捞与渔业装备工程

** 资源增殖与养护工程

** 水产品加工与安全

** 水产品加工工程

** 水产品质量与安全

** 产物资源利用

2. 加快渔业科技创新

为加快渔业科技创新，建议尽快对我国水产学学科开展以下不同层次的研究：一是认识和揭示水生生命遗传发育基本规律和水域生态规律的基础研究和应用基础研究；二是对水产业未来发展具有引领作用和有利于产业技术更新换代的前瞻性、先导性和探索性重大前沿技术和高新技术研究；三是对水产业竞争力整体提升和生产方式转变具有全局性影响、带动性强的关键、共性技术和集成配套技术研究；四是对水产科技发展有重要作用、需要长期稳定支持的基础性工作和公益性研究。

3. 强化技术转化和示范推广

针对目前我国水产成果转化率不高的现状，促进科企合作，加快渔业科技的有效转化；积极参与“渔业科技入户”工程、“新型农民培训”等工作，组织专家面向生产、面向农民开展科技服务，为提高渔业科技推广能力和水平、加快渔业科技成果转化和推广速度提供人力和智力支撑；制定促进农（渔）民科技素质与能力提高的相关政策，使广大渔业劳动者有接受职业教育和培训的权利和义务。

4. 高度重视人才培养

水产学学科建设和水产科研工作要按照面向现代化、面向世界、面向未来的要求，以社会需求为导向，通过教育、科研体制改革和创新，提高办学水平和科研能力，不仅在总量上满足水产各界对人才的需求，而且在结构上适应人才强国战略的需要，满足多种类、多层次水产人才的需求，特别是高层次、高技能、复合型、国际化水产人才的需求。要进一步支持企业吸引和招聘外籍科学家和工程师；、加强科技创新与人才培养的有机结合，鼓励水产科研院所与高等院校合作培养研究型人才；同时，构建有利于创新人才成长的文化环境，加大吸引留学和海外高层次人才工作力度。

5. 整合科技资源，促进成果共享

水产科技基础条件平台是在信息、网络等技术支撑下，由研究实验基地、大型科学设施和仪器装备、科学数据与信息、自然科技资源等组成，通过有效配置和共享，服务于全国现代水产科技创新的支撑体系。要根据“整合、共享、完善、提高”的原则，按照国家创新体系建设的要求，借鉴国外成功经验，制定各类渔业科技资源的标准规范，建立促进渔业科技资源共享的政策法规体系。针对不同类型水产科技条件资源的特点，制定有关政策，鼓励采用灵活多样的共享模式，打破当前条块分割、相互封闭、重复分散的格局，有效整合水产科技资源．提高渔业创新能力。

6. 扩大国际和地区科技合作与交流

进一步鼓励我国水产科研院所、高等院校与海外研究开发机构建立联合实验室或研究开发中心；支持在双边、多边科技合作协议框架下，实施水产领域国际合作项目；建立内地与港、澳、台的科技合作机制，加强沟通与交流，进一步支持渔业“走出去”战略的实施。深入研究和把握新形势下国际渔业发展的动向，广泛参与国际渔业公约、协定和标准规范的制定，强化我国在国际渔业中的地位。

附　　表

国内各系统、部门水产学科设置情况

（一级学科：*；二级学科：**；三级学科：***）

系统、部门	学科设置	学科代码	学科级别
中华人民共和国国家质量监督检验检疫总局、中国国家标准化管理委员会《中华人民共和国国家标准-学科分类与代码》（GB/T 13745—2009）	水产学	240	*
	水产学基础学科	24010	**
	水产化学	2401010	***
	水产地理学	2401020	***
	水产生物学	2401030	***
	水产遗传育种学	2401033	***
	水产动物医学	2401036	***
	水域生态学	2401040	***
	水产学基础学科其他学科	2401099	***
	水产增值学	24015	**
	水产养殖学	24020	**
	水产饲料学	24025	**
	水产保护学	24030	**
	捕捞学	24035	**
	水产吕贮藏与加工	24040	**
	水产工程学	24045	**
	水产资源学	24050	**
	水产经济学	24055	**
	水产学其他学科	24099	**
中国工程院《中国工程院院士增选学部专业划分标准（试行）》	水产学		*
	水产养殖	07-12-010	**
	捕捞与工程	07-12-020	**
	渔业资源	07-12-030	**
	水产品加工与贮藏工程	07-12-040	**
	农业生物工程		*
	动物（水产）生物工程	07-02-020	**

（续）

系统、部门	学科设置	学科代码	学科级别
国务院学位委员会《授予博士、硕士学位和培养研究生的学科、专业目录（2008 更新版）》	水产	0908	*
	水产养殖	090801	**
	捕捞学	090802	**
	渔业资源	090803	**
	海洋科学	0707	*
	海洋生物学	070703	**
	生物学	0710	*
	水生生物学	071004	**
	生态学	071012	**
	食品科学与工程	0832	*
	水产品加工及贮藏工程	083204	**
国家自然科学基金委员会《国家自然科学基金申请代码》	水产学	C19	*
	水产基础生物学	C1901	**
	水产生物生理学	C190101	**
	水产生物繁殖与发育学	C190102	***
	水产生物遗传学	C190103	***
	水产生物遗传育种学	C1902	**
	鱼类遗传育种学	C190201	***
	虾蟹类遗传育种学	C190202	***
	贝类遗传育种学	C190203	***
	藻类遗传育种学	C190204	***
	其他水产经济生物遗传育种学	C190205	***
	水资源与保护学	C1903	**
	水产生物多样性	C190301	***
	水生生物种质资源	C190302	***
	水产保护生物学	C190303	***
	水产养殖生态系统恢复	C190304	***
	水产生物营养与饲料学	C1904	**
	水产生物营养学	C190401	***
	水产生物饲料学	C190402	***
	水产养殖学	C1905	**
	鱼类养殖学	C190501	***
	虾蟹类养殖学	C190502	***
	贝类养殖学	C190503	***
	藻类养殖学	C190504	***
	其他水产经济生物养殖学	C190505	***

（续）

系统、部门	学科设置	学科代码	学科级别
国家自然科学基金委员会《国家自然科学基金申请代码》	水产生物免疫学与病害控制	C1906	**
	水产免疫生物学	C190601	***
	水产生物病原学	C190602	***
	水产生物病理学	C190603	***
	水产生物疫苗学	C190604	***
	养殖与渔业工程学	C1907	**
	高效养殖工程学	C190701	***
	水产增殖、捕捞与设施渔业	C190702	***
	水产生物研究的新技术和新方法	C1908	**
中国水产科学研究院《中国水产科学研究院中长期发展规划（2009—2020）》	水产学（渔业科学）		*
	渔业资源保护与利用		**
	渔业生态环境		**
	水产生物技术		**
	水产遗传育种		**
	水产病害防治		**
	水产养殖技术		**
	水产加工与产物资源利用		**
	水产品质量安全		**
	渔业装备与工程		**
	渔业信息与发展战略		**

海洋生物资源可持续开发利用的基础研究①

唐启升
（中国水产科学研究院黄海水产研究所，青岛 266071）

摘要：通过对海洋生物资源可持续开发利用战略意义和影响可持续发展的主要问题的分析，提出了海洋生物资源可持续开发利用需要支持的5个方面的基础研究。

关键词：海洋生物资源；可持续利用；海水养殖；捕捞资源管理；生物活性物质

1 海洋生物资源可持续开发利用的战略意义

当今，人类面临着人口增长、环境恶化、资源短缺等问题的巨大挑战，我国首当其冲。据预测，到21世纪30年代，我国人口将突破16亿。而目前我国耕地面积却以每年700万亩的速度递减。我国人口众多，人均资源相对不足，将面对世界7%的耕地要养活人类近1/4人口的现实，为了缓解这一严峻局面并满足人们对优质蛋白质需求的日益增长，我们必须把目光转向海洋这一尚未充分开发利用的广阔疆域。海洋面积占地球表面积的71%，我国在渤海、黄海、东海、南海等四海可管辖的水域面积也达到300多万平方公里，相当于我国内陆面积的1/3，这片"蓝色国土"不仅可以为人类提供丰富的蛋白质能源，而且也是许多具有药物和特殊用途的活性物质的巨大宝库。海洋资源与环境的特殊性，决定了海洋经济发展对科学技术，尤其是基础科学研究的依赖性。

近十几年来，我国的海洋产业得到了迅猛的发展。海洋产业已成为国民经济发展的新的增长点。据资料表明，70年代，海洋产业占国民经济的比重仅为1%，80年代增至1.7%，1995年又增至4%，预计到2010年将达10%，使我国进入世界海洋开发的前5名，成为海洋经济强国。

在海洋产业中，海洋生物资源的开发利用位居首位。1998年，我国海洋水产品总产量达2 357万吨，占世界渔业总产量的1/5，居世界第一位。海洋生物资源开发成为大农业中发展最快、活力最强、经济效益最高的支柱产业之一，特别是海水养殖，其产量已从1987年的193万t增加到1998年的860万t，占海洋渔业产量的比重，从过去的10%左右上升到36%，我国已成为世界海水养殖大国。目前，我国海洋渔业总产值达1 500亿元，约占全国整个海洋产业的50%，因此，在海洋产业大发展的21世纪，海洋生物资源的持续开发利用将是我国"蓝色革命"的主体。但是，我们清楚地认识到，在我国海洋生物资源开发利用高速发展的同时，仍然存在不少问题和困难。尤其是基础理论研究严重滞后的问题日趋突出，已成为制约今后健康、持续发展的关键因素。

① 本文原刊于《中国科学基金》，14（4）：233－235，2000。

2　影响可持续发展的主要问题

2.1　养殖苗种多系未经选育的野生种，遗传力减弱，抗逆性差，性状退化等问题严重

我国的海洋生物物种多样性较高，但目前养殖的品种不足100种。能够形成大规模养殖生产的仅十几种。而且这些品种多系未经完全驯化，在养殖条件下近亲繁殖导致优良性状逐步退化，还有不少品种完全依赖于自然亲体或苗种。

我国目前主要海水养殖种类除海带、紫菜等极少数种类进行过系统的品种选育和改良外，其他大部分，如中国对虾、扇贝、牡蛎、蛤仔等都是未经选育的野生种，特别是经过累代养殖，出现了遗传力减弱、抗逆性差、性状退化等严重问题。此外，有些名、特、优品种，如鳗鲡、鲥鱼、鲻鱼等苗种培育尚未突破技术难关，远远不能满足生产需求，严重制约了规模化、集约化养殖的发展。苗种问题已成为制约我国海水养殖业稳定持续发展的主要“瓶颈”问题之一。

2.2　病害发生日趋严重，防治技术基础薄弱

近年来，随着我国水产养殖事业的发展，病害发生日趋频繁和相当严重。震惊水产养殖业的对虾暴发性流行病，自1993年发病以来，每年给国家造成几十亿元的经济损失，使我国从世界上最大的出口国变成了主要对虾进口国。其他主要养殖品种，如扇贝、鲍鱼、牡蛎、牙鲆、海带、紫菜等的病害也日趋严重，几乎形成一种不可思议的“养什么，病什么”的严重局面。近年国家和有关部门投入了大量的人力、物力、财力来协作攻关，仍是收效甚微，防治技术基础十分薄弱。

2.3　生态环境恶化，养殖布局缺乏有效理论依据

我国海水养殖区主要集中在海湾、滩涂和浅海，但海水增养殖水域开发利用存在两大问题，一是内湾近岸水域增养殖资源开发过度；二是10～30 m等深线以内水域增养殖资源利用不足，布局不合理。10 m等深线浅海面积约为1.1亿亩，利用率不到10%；10～30 m等深线以内的浅海开发利用率更低；滩涂面积2 880万亩，已利用面积1 200万亩，利用率为50%；港湾利用率高达90%以上。由于片面追求高产量高产值，忽视了长远生态和环境效益，致使局部海区开发过度，养殖量严重超出养殖容纳量，部分饵料不能被利用而变成对水体有害的污染物；有些养殖区滥用各种抗生素、消毒剂、水质改良剂等，严重影响了水体微生态环境。另外，大量的工业废水和生活污水不经处理排入近海水域，直接造成近岸水域的水质恶化。由于生态环境的恶化，重点养殖水域的养殖品种生长慢、品质下降、死亡率升高已是近年水产养殖业的普遍现象。

2.4　捕捞资源过度开发利用，资源可持续管理缺乏科学支撑

过度捕捞和环境变化等，虽已被确认为是导致重要渔业捕捞种类资源严重衰退，资源质量下降和数量剧烈波动的首要原因，但是，由于对海洋生物资源自身的变动规律、补充机制和资源优势种类频繁更替的原因及种间关系等重要基础问题研究甚少，难以提出切实可行的

管理措施，甚至难以对资源状况和变动趋势提出正确的评价，严重地影响了海洋生物资源可持续开发利用。另外，近年虽开展多品种、多形式、多区域的资源增殖放流，但由于资源增殖理论依据不足，回捕效果年间波动甚大，难以作出科学的解释，使放流工作带有一定的盲目性，严重影响了生产性增殖放流事业的发展。

2.5 基础研究薄弱，海洋生物高技术研究与产业发展受到影响

海洋生物学研究是发展海洋高技术，促进产业发展的基础与前提。然而，多年来我国海洋生物学基础理论研究十分薄弱甚至严重滞后。科技投入低力量分散，重点不突出。几十年来，我国海洋生物资源的开发利用主要依靠扩大投入和增加规模来取得的，其发展的局限性和负面影响越来越明显，致使遇到品种退化、抗逆性差难以控制，病害发生又难以防治，养殖环境恶化难以修复，海洋活性物质的开发利用难以深入，等等。海洋活性物质的研究与开发已成为当今世界各国的研究热点，我国近年虽有长足发展，但多注重开发，忽视基础研究。海洋新药极少，利用高新技术培养和繁殖产业的生物活性物质的生物资源更少。因此，加强基础研究，加速海洋生物技术研究迫在眉睫。

3 需要支持的海洋生物资源可持续开发利用的基础研究

3.1 主要养殖生物优良品种培育的基础研究

良种，是推动海水养殖业持续发展的关键。实践证明在其他条件不变的情况下，使用优良品种可以增加产量10%～30%，并且可减少病害的发生，提高成活率。因此，应重点围绕主要增养殖生物品种，开展分子遗传学基础研究，包括基因图谱、优良性状基因克隆及基因结构、全基因构建及表达的研究等，并建立各种基因库。开展增养殖生物品种的营养生理特征的基础研究和发育生物学基础的研究。重点研究突破高健康抗病品种的培育技术，多倍体苗种培育技术，特定性别的苗种培育技术等，以便为大规模、多品种地开展水产增养殖，提供可靠的理论基础。

3.2 主要养殖生物病毒病的病原生态和分子流行病学研究

应从生态学、分子流行病学角度研究揭示我国海水养殖生物主要病毒病的流行与环境生态、宿主生态、病原分子变异等因素之间的内在相互关系，为渔业养殖重大疾病流行预警提供依据，为生态防治技术的研究提供理论支撑。

当前，以主要海水养殖生物（如对虾、贝类和海水鱼类）为主，重点进行病毒病流行与宿主生态学关系，环境生态因素对宿主抗病毒能力的影响，主要病毒流行的病原分子基础及变异趋势，主要病毒病流行预警的可行性研究。

3.3 海水养殖系统生态调控基础研究

针对海水养殖业迫切需要解决的主要生态学问题，选择有代表性的海湾，组织生物学、水产学、海洋学、环境学等诸多基础学科，从宏观和微观进行交叉、综合，深入地开展养殖生态系统结构和功能的研究。重点进行养殖生物生态、生理学特征研究，营养动力学与生态容纳量的研究，养殖环境生物修复及生态效应研究，养殖容量评估和生态优化与预测模型的

研究。

3.4　捕捞资源可持续开发与增殖生态理论研究

海洋捕捞业在世界沿海各国仍占有极其重要的地位，我国更不例外。与此有关的产业和从业人员仍相当庞大。因此，在发展养殖业的同时，要重视捕捞业和增殖业的发展。有必要积极开展和重点支持补充量动态理论与优势种更替机制研究，生态系统健康与可持续产量模式研究，资源增殖理论与生态安全研究，以及多样性保护与可持续管理基础研究。

3.5　海洋生物及其产物生理生化特征的研究

应在深入探索主要海洋生物活性成分的形成机制和构效关系基础上，建立可持续获取技术，为新型药用和食用海洋生物资源的开发利用奠定基础。重点支持主要海洋生物活性物质的性质、功效和形成机制的研究，重要海洋生物天然产物的构效关系及增殖活性的途径，天然产物分离纯化的工程学原理，生物活性物质高效表达的分子生物学基础以及水产食品在加工、保藏过程中的品质变化机理等研究，以期尽快形成一批具有产业化和产业化前景的科技成果。

4　结语

21 世纪是我国海洋产业发展极其重要的时期，我们应抓住机遇，针对当前我国海洋生物资源开发利用存在的一些主要问题，围绕新品种的培育、病害、环境、资源永续利用和活性物质的提取等关键问题，在已有的研究基础上，突出重点，有效集成，运用现代科学技术的理论和研究方法，从不同的层次进行深入综合的研究，最终为解决海洋生物资源可持续的开发利用奠定坚实的基础。

The Basic Research of Sustainable Utilization of Living Marine Resources

TANG Qisheng

(Yellow Sea Fisheries Research Institute，Qingdao 266071)

Abstract：In term of the analysis of the strategical significance of sustainable utilization and the main equations affecting sustainable development of living marine resources, the author points out that 5 fields in the basic research of sustainable utilization of living marine resources should be supported.

Key words: Living marine resources; Sustainablc utilization; Mariculture; Fished stock and management; Bio - active substance

关于海洋生物资源的定义[①]

唐启升，庄志猛

随着科技进步和对自然界认识的加深以及对海洋生物加工利用产业链的延伸，海洋生物资源的定义和内涵经历了“从简单到复杂、从现象到本质、从宏观到微观”的进步。

在渔业捕捞盛期，只占海洋总面积8%的世界大陆架水域为人类提供了高达95%的渔获量。世界范围内曾一度将“海洋生物资源”与人类的食物直接关联，局限于人类可以直接利用的海洋生物，因此，也有“海洋水产资源”和“海洋渔业资源”之称，是海洋天然水域中具有开发利用价值的经济动植物种类和数量的总称。它是发展水产业的物质基础，也是人类食物的重要来源之一。有些学者在划分海洋资源时，将“有生命的能自行增殖和不断更新的海洋资源”定义为海洋生物资源，并称为海洋渔业资源或海洋水产资源，并指出“海洋生物资源还提供了重要的医药原料和工业原料”，丰富了海洋生物资源的内涵。有些学者根据海洋生物的生态类型对海洋生物资源进行划分，即：浮游生物资源、底栖生物资源和游泳生物资源。

20世纪90年代以来，一方面，由于近海渔业资源的衰退，“保护海洋环境和生物多样性，保证生物资源持续利用”已成为世界海洋国家的共识，另一方面，由于海洋增养殖技术、大洋和深海勘察技术的迅速发展，人们重新认识海洋生物资源及其内涵，从“可持续利用”角度，海洋生物资源是海洋中能够可持续更新和利用的生命体及其衍生物，包括生物群体、个体、细胞、分子及天然产物等5个层次；从人类需求和利用的角度，海洋生物资源包容三个层面：①群体资源，可供采捕的生物个体与群体，为捕捞业所利用；②遗传资源，可供增养殖开发利用的分子、细胞、个体生物学遗传材料，为水产养殖业所利用；③产物资源，可供医药和化工开发利用的微生物分子、细胞等生物天然产物、活性物质和化合物以及可供精深加工的海洋生物，为新生物产业所利用。

① 本文原刊于《国家中长期科学技术发展战略研究：海洋生物资源研究报告》，3，科技部，2003。

新时代渔业绿色发展的方向与路径[①]

唐启升
（中国水产科学研究院黄海水产研究所）

今年1月11日，农业农村部等十部委联合印发了《关于加快推进水产养殖业绿色发展的若干意见》，这是新中国成立以来首个经国务院同意、专门针对水产养殖业的指导性文件，是新时代中国水产养殖业发展的纲领性文件，具有划时代的意义。

为什么要推进渔业绿色发展？党的十八届五中全会提出“创新、协调、绿色、开放、共享”五大发展理念，将绿色发展作为“十三五”乃至更长时期经济社会发展的一个重要理念。党的十九大报告提出，必须坚定不移贯彻五大发展理念，坚持人与自然和谐共生，加快生态文明体制改革，建设美丽中国，要求推进绿色发展。

新时代渔业高质量发展需要新的理论支撑，渔业现代化和建设渔业强国建设需要有一个旗帜鲜明的大方向、大目标，绿色发展是渔业未来发展的必然选择。

一、中国渔业绿色发展的历程与科学基础

2017年，养殖水产品（含水产苗种）总产值9 864.45亿元，占渔业产值的80%，是我国渔业的主体。七十年来，我国渔业发展取得的巨大成就主要体现在三个方面：

一是在“以养为主”的渔业发展方针指导下，我国成为世界第一渔业大国，保障了水产品市场供给，为国家的食物安全和营养安全做出了重大贡献；二是以养为主的中国特色现代渔业影响了全世界渔业增长方式和生产结构的转变；三是为现代渔业发展增加了新领域、新内涵，奠定了渔业绿色可持续发展的基础。

水产养殖病害的暴发引发了渔业绿色发展的科学思考 20世纪90年代，淡水养殖出现的草鱼出血病和海水养殖出现的对虾白斑综合征等重大疾病重创我国渔业，促使科研工作者和养殖从业人员开始思考水产养殖规模化生产的健康养殖方法，渔业绿色发展的理念油然而生。历经多年实践，生态健康养殖模式逐渐发展成为水产养殖的主流方式。

新研究方法的引入推动了渔业绿色发展理念与生态养殖实践的有机结合。20世纪90年代中期，养殖容量的营养动力学研究方法从加拿大引入中国，引起了科技部的高度重视并迅速形成500万的科技攻关项目，在近海率先开展了较为系统的海水养殖容量定量化研究，推动了多元养殖实现规模化发展，生态养殖模式开始受到重视，为多营养层次的综合养殖发展奠定了基础。

基础科学研究为渔业绿色发展提供了重要支撑 从国家自然科学基金重大项目、国家重点基础研究发展计划（“973计划”）研究成果“生态转换效率与营养级呈负相关”到“非顶

① 本文原载于《农民日报》，7版：行业观察，2019-4-26。

层收获”策略，为中国水产养殖或捕捞种类营养级低、生物产量高的合理性提供了理论依据，为渔业绿色理念发展提供了科学依据。

从九五科技攻关项目的“海水养殖容量”研究，到国家重点基础研究发展计划（973计划）研究成果“贝藻养殖碳汇”发展到“碳汇渔业”，使渔业的绿色发展有了坚实充足的科学依据。

中国水产养殖种类结构十分独特，与其他国家相比独为一支　我国淡水养殖鱼类中，草鱼、鲢鱼、鳙鱼、鲤鱼、鲫鱼和罗非鱼六个种类养殖产量约占淡水养殖总产量的70%，其次为甲壳类、其他类、贝类及藻类等；海水养殖以贝藻类为主，牡蛎、蛤、扇贝、海带、贻贝和蛏六个种（类）的养殖超过海水养殖总产量的70%，其次为甲壳类、鱼类及其他类。总的来看，海、淡水水产养殖中均为6个主要养殖种类占有水产养殖70%的产量。

中国水产养殖结构自身的“绿色”特征十分显著　我国水产养殖结构相对稳定，变化较小，其显著特点是种类多样性丰富、优势种显著、营养层次多、营养级低、生态效率高、生物量产出多：（1）与世界其他主要水产养殖国家相比，具较高的多样性、丰富度和均匀度，发展态势良好；（2）养殖方式从天然养殖向投饵养殖转变，不投饵率呈明显下降趋势，从1995年90.5%降至2014年53.8%，与世界平均水平相比，仍保持较高的水准；（3）营养级低且较稳定。营养级金字塔由4级构成，以营养级2为主，近年占70%，表明中国渔业的生态系统有较多的生物量产出，而且生态服务功能显著。

总的来看，中国水产养殖绿色发展和环境友好的内在特征明显，水产养殖的种类结构具较高的多样性且优势度显著，不投饵率较高、营养级低，生产结构相对稳定，变化较小，预计在一个较长的时期里，这种结构不会发生根本的改变。

规模化新生产模式探索促进了绿色养殖理论的发展　近20年来，以“高效、优质、生态、健康、安全”为目标，发展因地制宜、特点各异的规模化新生产模式，有显著的绿色特点。例如，淡水养殖中的稻渔综合种养，是“稻田养鱼”的现代新扩展，充分发挥水稻与鱼、虾、蟹、鳖等水生动物在同一个生态系统中共生互利的生态效应（清除杂草、减少病虫害、增肥保肥、降低二氧化碳和甲烷排放等），同时减少化肥和农药使用，生产优质水稻和渔产品，是一种农渔互利双赢的生态生产方式。

海水养殖中的多营养层次综合养殖，是“桑基鱼塘”在现代的新发展，是现代绿色海水养殖模式的典范：从生态系统水平上探讨不同营养层次生物开发利用，综合生态系统多种服务功能（如食物供给、生态服务等），寻求最佳产出，为气候调节及文化服务做贡献。

战略咨询研究使渔业绿色发展的路线图日渐清晰　从“高效、优质、生态、健康、安全”可持续发展目标，到“建设环境友好型水产养殖业”和“建设资源养护型捕捞业”；从“环境友好型水产养殖”发展的新思路、新任务、新途径，到聚焦水产养殖绿色发展，并将解决水产养殖发展与生态环境保护协同共进的矛盾确定为重大任务目标；经过十多年不懈的探索与总结，渔业绿色发展的思路、任务和途经基本形成。

二、中国渔业绿色发展的未来与保障措施建议

《关于促进海洋渔业持续健康发展的若干意见》《关于加快推进水产养殖业绿色发展的若干意见》等文件的出台是党中央、国务院高度重视生态文明建设和水产养殖业绿色发展的重要体现，也是落实“绿水青山就是金山银色”的新发展理念，坚持人与自然和谐共生的自然

生态观，实施乡村振兴战略，保障国家粮食安全，建设美丽中国的重大举措，同时又是打赢精准脱贫、污染防治攻坚战和优化渔业产业布局、推进渔业发展转型升级的必然选择。

目前，我国捕捞渔业资源恢复任重道远，需突出资源的科学管理和有效的养护举措 自1995年，中国渔业主管部门制定、实施了一系列渔业资源管理养护措施，如捕捞力量双控、伏季休渔、资源增殖等。客观来看，由于多重压力以及生态系统不确定性的影响，渔业资源恢复是一个复杂而缓慢的过程，需要持之以恒的努力，如坚决减少捕捞力量、科学发展增殖渔业（或称海洋牧场）、负责任捕捞管理和加强栖息地保护与修复等，探索生态系统水平的适应性对策，强化资源管理与养护依然是下一步资源养护的重点工作。

同时，发展增殖渔业（或称海洋牧场）要高度重视和认真研究国际成功的经验和失败的教训 国际增殖渔业（或称海洋牧场）取得很大成功，但该过程中也存在一些问题，例如，为什么“挪威鳕鱼增殖放流经过100多年的反复试验最终停止了”，为什么“日本在栽培渔业（或称海洋牧场）50年小结中说‘未取得令人满意的成果’”等。在绿色发展背景下，为了我国渔业资源增殖事业健康持续发展，不仅需要深入研究这些问题，也应该实事求是，准确、适当地选择发展定位，探讨适应性管理对策，包括不同的需求目标和功能目标，不同类别的效益目标，采取单向精准定位措施等。

绿色发展不等于限制发展，而是要解决好渔业高质量发展与资源环境保护协同共进的矛盾，提高渔业发展的质量。综上所述，推进中国渔业绿色发展需要采取的重大措施主要有三个方面：

一是建设资源养护型捕捞业，实施生态系统水平的资源管理是实现捕捞业绿色发展的重大措施。主要内容包括强化捕捞限额和渔业管理的科技支撑；强化增殖技术与生态效果的科技支撑；加强栖息地与生态环境保护；促进增殖渔业和休闲渔业新业态的健康发展等。

二是建设环境友好型水产养殖业，实施养殖容量规划管理是实现水产养殖业绿色发展的关键。主要措施包括建立区域养殖容量评估体系；建立水产养殖容量管理制度；建立持续发展规模化生态健康养殖新生产模式；提升水产养殖的现代化工信技术水平等。实施养殖容量管理是解决水产养殖发展与生态环境保护矛盾、实施绿色可持续发展的重大举措，是一项十分艰巨的科技与管理任务。

三是加强渔业绿色发展的科学与技术关键科学问题研究。主要聚焦在渔业生态数量管理科学基础及新生产模式发展，不仅包括养殖容量、限额管理及渔业生态学，也包括绿色、规模化发展背景下水产育种、病害、营养与饲料、资源增殖、工程与装备等方面的科学与技术。

绿色发展是中国渔业的现在和未来。中国渔业绿色发展，要始终坚持以习近平生态文明思想为指引，遵循创新、协调、绿色、开放、共享的发展理念，坚持渔业发展与生态环境保护协同共进，奏响渔业绿色发展主旋律，大力促进渔业生态文明建设，促进渔业生产方式转型升级，建设环境友好型水产养殖业和资源养护型捕捞业，促进增殖渔业和休闲渔业新业态的发展，努力实施绿色低碳、环境友好、资源养护、质量安全的生态系统水平渔业管理。相信，中国渔业的明天会更美好！

认识渔业　发展渔业　为全面建设小康社会作贡献[①]

唐启升

渔业发展的现状及前景，是广大渔业生产者、管理者，渔业企业家们时刻所关注的大事，同时也应引起全社会的关心和重视。借这个机会，围绕如何认识渔业、发展渔业，为全面建设小康社会作出新的贡献谈点看法。

一、渔业在国民经济中的地位和作用

渔业作为一种传统产业，在近代得到了快速的发展，并在社会、经济和人们生活中显现出其重要的地位。特别是水产养殖业，最近 30 年里，在全球动物性食品生产中增长最快，而且中国对水产养殖产品的生产贡献率最大。最近几年，我国水产品养殖产量约占世界水产品养殖产量的 2/3，可以说，中国对世界其他国家，特别是发展中国家，就发展水产养殖业，保障粮食安全，树立了良好的典范。我们清楚地看到，未来水产养殖业将成为解决人类水产品供应的主要渠道，中国将会一如既往地积极推动全球水产养殖业沿着可持续的方向发展。

1. 渔业发展迅速，产量增幅较大

据统计，2003 年，全国水产品产量达到 4 706 万 t，人均 37 kg，约高出世界平均水平 16 kg。1989 年我国水产品产量 1 332 万吨（首次居世界首位），至今已连续 15 年居世界水产品产量之首。我国水产品产量在全球总产量中的比重，1978 年还只有 6.3%。2002 年全球水产品总产量 13 300 万 t，其中我国 4 565 万 t，约占全球水产品总产量的 1/3。

渔业作为我国农业一个组成部分，近 10 年来，在农林牧渔总产值中所占的比重呈上升趋势。按当年价格计算，1952 年全国渔业产值仅为 6.5 亿元，仅占全国农林牧渔总产值的 1.3%。1990 年为 410.56 亿元，占农林牧渔总产值的 3.5%。2003 年上升到 3 323.41 亿元，占农林牧渔总产值的比重也上升到 11.19%。

我国水产品对外贸易，尽管遭遇到各种各样的技术壁垒，但仍在不断增长中。在我国农产品出口总额中，从 2001 年开始，水产品出口已连续 3 年居全国大宗农产品出口的首位，2003 年，水产品进出口总额达到 79.7 亿美元，其中出口额为 54.9 亿美元，占农产品出口总额的 25.6%，继续居大宗农产品出口榜首。

近年来，我国渔业综合生产能力迅速提高。供求关系也发生了重大变化，十几年前还在为解决“吃鱼难”问题而困扰，而现在我们所关注的是如何提高渔业经济运行质量、渔业可持续发展的新课题。

2. 拓展食物生产，保障粮食安全

党和国家对粮食问题高度重视。胡锦涛同志在联合国粮农组织第二十七届亚太区域大会

① 本文原刊于《中国渔业年鉴》，297－302，中国业出版社，2005。

开幕式上讲话再次强调“在中国这样一个有13亿人口的国度里，农业发展水平和粮食生产能力如何，始终对国计民生具有决定性影响”，“解决好中国的农业问题，不仅对中国的经济发展和社会稳定至关重要，而且对本地区乃至世界经济发展和粮食安全也有重大意义”。1997年国务院批转农业部《关于进一步加快渔业发展意见》的通知中，明确要求各级政府要牢固树立大农业、大粮食的观念，把渔业作为农业中的一个大产业，摆上重要位置，采取有力措施，切实抓好。

随着人口的增长和生活水平的提高，人类正面临着食物不足、资源短缺和环境遭受破坏等几大困扰。人多地少，是一个全球性的矛盾。为了缓解人口膨胀对食物需求日益增长的压力，FAO曾召开世界渔业部长会议以及渔业对粮食安全保障的持续贡献国际会议，强调渔业对食物安全的重要作用。在我国，人均耕地仅及世界人均耕地的1/3，问题更为严峻。在陆地资源已基本充分利用的情况下，越来越多的国家把目光放在了占地球表面积72%以上的水域（即海洋、江河、湖泊）上。水域中的生物种类约占地球所有生物种类的2/3以上，是解决人类粮食危机问题的重要潜在资源。水生生物资源的开发利用，将会成为开拓人类生存与发展空间的必然趋势，以及缓解全球粮食危机的重要战略措施之一。因此，发展渔业生产，从广义的角度看，可拓展食物来源，满足人类需要，保障食物安全。

3. 调整农村产业结构，增加农民、渔民收入

发展渔业生产，可以有效开发利用不适合农牧业生产的国土资源，缓解人多地少的矛盾、优化农业产业结构。渔业同农业其他产业比较仍是一个比较效益较高的产业，发展渔业的同时还可带动水产品加工、饲料以及渔船渔机等相关产业的发展，为繁荣农村经济，解决农村富余劳动力，维护农村社会稳定发挥了一定的作用。渔业在一部分地区已成为重要的支柱产业和主要的经济增长点。

渔业还为我国渔区、农村劳动力创造了大量就业和增收的机会。据统计，2003年我国渔业劳动力为1 316万人，在最近20年里，从事渔业的劳动力平均每年以45万多人的规模扩增，增加的渔业劳动力中，70%以上是从事水产养殖业。实际上，以水产养殖业为重点的我国渔业已经成为农业中一个重要的产业。由渔业发展而带动起来的储藏、加工、运输、销售、渔用饲料等一批产前产后的相关行业，规模不断扩大，从业人数大量增加。渔业的快速发展，使渔业劳动者的收入明显增加，渔业劳动力人均年收入从1983年的425元提高到2003年的8 284元，增加了近20倍。大批渔民、农民通过发展渔业生产，率先致富，生活质量得到明显改善。

4. 改善膳食构成，提高居民营养水平

水产品作为一种高蛋白、低脂肪、营养丰富的健康食品，其健脑强身、延年益寿、保健美容的功效已为世人所公认。据营养学家分析，鱼类等水产品不仅含有丰富的蛋白质等营养成分，而且易为人体所消化吸收。目前，不少发达国家为食用高胆固醇食物导致心血管发病率增高而烦恼，然而鱼类等水产品具有胆固醇含量低而蛋白质含量高的优点，被人们称为“健康食品”而广受欢迎。随着对DHA（廿二碳六烯酸）的功能及其来源的研究，人们对水产品的认识又有新的飞跃。DHA，这种高度不饱和脂肪酸，大量地存在于水产品之中，具有降低血液中的胆固醇浓度，预防由动脉硬化而引起的心血管疾病，并对健脑、防癌有特殊功能。DHA对于孕妇、婴儿、青少年成长发育有不可替代的作用。

因此，近几年在城乡居民“菜篮子”中，水产品所占比重大幅度提高，有的城市甚至超过肉类的消费量，“吃鱼健脑、吃鱼健身、吃鱼美容”已成为一种时尚。

二、发展渔业的优势及前景

1. 渔业产业发展的特点

科技进步是我国渔业迅速发展的主要动力。机动渔船及相关先进技术的应用，提高了捕捞渔业的生产效率；增氧技术、水处理技术，以及生物技术的应用，推动了水产养殖业的升级及高密度工厂化养殖的发展；特别是环境保护及生态修复技术应用于渔业，使渔业的可持续发展成为可能。

首先，水产养殖业的迅速发展，与水生动物的生物学特征是分不开的。水产动物多属变温动物，其体温会随环境的变化而升降，从而不需要像陆地恒温动物那样消耗大量的能量以保持恒定的体温。

另外，水生动物以水为载体，依靠水的浮力托起其躯体，与陆生动物相比，可以减少在运动中因托起自身躯体所需要消耗的能量。

因此，在比较养鱼、养禽、养畜的饲料报酬时，人们会发现其中养鱼的肉料比最高，饲料报酬也最高。一般来说，生产“1 kg 鸡蛋大约需 3 kg 玉米，1 kg 鸡肉需 4 kg 的谷物，1 kg猪肉需 7 kg 谷物”[1]，而生产 1 kg 水产品只需 1 kg 多的粮食。

其次，从太阳能值利用分析来看，我国可更新资源产品的能值分析如下：

可更新资源产品①	太阳能值②（10^{22} sej③）	能值-货币价值（10^9 $）④
农产品	76.30	381.5
畜产品	22.30	111.5
水产品	7.69	38.45
木材	2.45	12.24

注：①资料来源 S. F. Lan & H. T. Odum，1993；②太阳能值：形成某种资源、产品或劳务所需直接和间接的太阳能总量；③sej：solar emjoules（单位：太阳能焦耳）；④能值-货币价值：能值核算为市场货币，由能值除以能值货币比率而得，以能值来衡量财富的价值。

从表中可以看出：以其产品在社会上的财富价值来看，从太阳能的利用，转化为产品，到市场上转化为财富，其转化的比率均为 5×10^{-13}，但水产品的太阳能值远低于农产品和畜产品。

最后，从水产动物的食性来看，与陆生动物相比，不仅有草食性、杂食性、肉食性之分，而且还有相当一部分属于以浮游生物为食的滤食性种类。从 2003 年我国 10 种主要内陆养殖鱼类及其产量来看，其中：草食性鱼类 2 种（草鱼、鳊）401 万 t，滤食性鱼类 2 种（鲢、鳙）528 万 t，杂食性鱼类 3 种（鲤、鲫、罗非鱼）486 万 t，肉食性鱼类 3 种（青鱼、鲇、乌鳢）66 万 t。滤食性、草食性、杂食性三大食性的鱼类加起来，占当年主要养殖品种产量的 96%，而肉食性鱼类仅占 4%。上述 10 个品种合计产量 1 481 万 t，约占当年全国内陆养殖鱼类总产量的 80%。从食性来看，淡水养殖对象多数是节粮型的种类。

从 2003 年我国海水养殖生产情况来看，鱼类 52 万 t，甲壳类 66 万 t（对虾 49 万 t、蟹 17 万 t），贝类（牡蛎、鲍、螺、蚶、贻贝、扇贝蛏、蛤等）985 万 t，藻类（海带、裙带菜、紫菜、江蓠等）138 万 t，其他类（海参、海胆、海蜇等）12 万 t。其中，鱼类占海水养殖总产量的4%，甲壳类占5%，贝类占79%，藻类占11%，其他类占1%。除了鱼类、甲壳类需要投喂饲料外，贝类、藻类和其他养殖品种均不需要投喂饲料，这一部分的产量约占当年全国海水养殖总产量的91%。可见海水养殖对象多数仍属节粮型的种类，既可直接为人类提供优质蛋白，又可以起到净化水域环境的作用。

渔业不仅节能、节粮，而且节地、节水。养鱼，既不与种粮争耕地，又不与畜牧争牧场，也不与森林争绿地。还可以有效地利用不适合种植的盐碱地、不能植树的河滩挖塘养鱼。至于江河湖海等天然水域，更是可以在发展其他产业的同时，开展水产养殖和捕捞。

2. 我国渔业的发展前景

首先，丰富的水产资源，这是我国渔业进一步发展的基础。

我国海域辽阔，四大海区总面积354万km^2，其中水深200 m以内的大陆架面积约150万km^2，渔场面积82万km^2，浅海、滩涂面积约13万km^2。海岸线1.8万km，岛屿岸线1.4万km，大陆和岛屿岸线蜿蜒漫长，拥有许多优良港湾。沿岸江河入海径流带来大量的有机质和营养盐有利于海洋生物的繁衍生长。内陆水域面积17.6万多平方公里，其中河流5万km^2，湖泊7.5万km^2，池塘2万多平方公里，水库3万km^2。其他还有稻田、沼泽、地热等资源可供渔业开发利用。这些水域资源除局部沿海地区过度开发外，其他地区仍有大部分水域尚未开发。其中，尚未开发的滩涂面积有50%左右，20米等深线以内的近海利用率不足1%，可供养鱼的水库面积约200万hm^2，目前利用不足20%，湖泊的利用率更低，不足5%，特别是西部地区的水域，渔业利用基本空白。另外，我国还有大量闲置的宜渔低洼盐碱地，以及大面积农渔兼作的常年保水性稻田，这些宝贵的水产资源直接关系到我国渔业发展的前景。

我国水生生物资源丰富，拥有水生生物物种2万余种，其中具有经济价值的海洋动植物2 000多种，淡水水生动植物约800种。近30年来，我国还陆续引进水生生物物种近200种，一些物种已经为我国渔业产生巨大经济效益。例如：南美白对虾、罗非鱼、欧洲鳗鲡、扇贝、大菱鲆等等，而且成为我国出口渔业的主要品种。在我国丰富的水生生物资源中，分布在长江水系、黑龙江水系、珠江水系以及额尔齐斯河水系的一些淡水鱼类，例如鲟鳇鱼、胭脂鱼、月鳢、鮠类等，以及海洋中的众多鱼、虾、贝、藻等，有许多极具水产养殖开发潜力的物种，而且具有一定的市场潜力。我国丰富的水生生物资源对我国未来渔业的进一步发展提供了有利的储备资源。

其次，巨大的国内外水产品消费市场和源远流长的饮食文化支撑着渔业进一步发展的良好势头。水产品作为优质蛋白质，其营养价值已被越来越多的人所接受，消费群体逐步扩大，消费量逐年增加。众所周知的是“谭鱼头”的流行，使得低迷的鲢鳙鱼的价格，得以拉升，特别是流行大江南北的“水煮鱼”，使草鱼的价格近几年居高不下，使得一些一直追逐特种水产品的养殖者不得不重新认识原来的“四大家鱼”。

人口众多的我国，随着经济发展及生活水平的提高，水产品的消费量呈逐年上升趋势，特别是东部沿海地区水产品消费市场空间广阔。尽管全国水产品人均占有量在增长，但中西部地区的人平均年消费量才几千克，国内水产品消费市场仍有相当的潜力。而且，未来的30年内，我国人口仍处于增长趋势，新增的人口必然会增加水产品的消费量。另外，随着我国城市化建设和城镇化建设步伐的加快，对一直以城市、城镇水产品消费为主要格局的我国来说，水产品消费必将呈扩大趋势。

加入WTO后，我国水产品进出口贸易发展迅速。尽管非贸易壁垒（欧盟的水产品禁运、美国对虾反倾销、日本鳗鱼进口限制等）常常对我国水产品出口造成影响，但总的发展态势良好。从国际市场有利方面来看，一是发达国家对水产品的需求仍处于增加的趋势；二是中国-东盟自由贸易区的"早期收获"开始实施，也会进一步促进区域性水产品贸易的发展；三是我国水产养殖已经形成一定的规模，产品质量安全得到广泛重视，而且生产成本具有竞争优势。这种背景，预示着我国水产品生产仍有良好的国际市场前景。

第三，经过多年的努力和实践探索，我国渔业的发展通过渔业结构的调整、渔业环境的保护、资源管理的强化以及基础设施建设的完善等措施，为合理开发利用国土资源与渔业可持续发展创造了一定的物质条件。近些年来，我国渔业主管部门采取海洋伏季休渔、长江禁渔、渔船控制、限额捕捞、减船和渔船报废制度等有力措施，坚持在自然界涵养能力和资源更新能力允许的范围内建立现代渔业，从主观上，推动了我国渔业尊重客观自然规律，走科学发展之路，保证未来渔业发展的美好前景。

三、关于渔业可持续发展的对策与建议

1. 坚持科学发展观，促进渔业可持续发展

坚持用科学的发展观，指导渔业的可持续发展是新时期渔业发展的第一要务。为此，一要坚持把可持续发展作为主题。要在养护与合理开发渔业资源，保护和改善水域生态环境的前提下，促进渔业经济持续、健康发展，为保障粮食和食物安全作贡献。二是适应市场需要，继续调整产业结构，妥善解决影响"三农"的主要问题，提高经济运行质量，使渔（农）民收入得以稳步增长。三是从实际出发，在发展水产品生产的同时，充分发挥各地不同水域和种质资源的特点，积极开发旅游观光、垂钓休闲、观赏鱼养殖、水产特色餐饮、保健食品与水产药物研发等领域，为人类生存提供洁净的环境和自然风光，营造高雅的文化内涵，创造美好的生存空间，以满足消费者对渔业发展的多元化需求。四是增强科技创新能力，提高行业整体素质和产品的科技含量，促进我国负责任渔业的发展。

以科学的发展观，审视当前渔业发展的现状，我国渔业应适应传统渔业向现代渔业的转变；数量上的增长向质量上的提高转变；粗放型经营向集约型经营的转变。从我国渔业的实际情况出发，坚持统筹规划、因地制宜的原则，以市场为导向，以兼顾合理开发利用与保护、养护、修复渔业资源与生态环境为前提，努力实现渔业的可持续发展。

未来的渔业捕捞，要依据长期的海洋渔业资源调查和研究成果，制定海洋渔业配额管理制度，根据渔业资源的状况，确定可捕量。目前联合国粮农组织对于渔业配额制度给予了充分的肯定，并进行积极的推广，我国应予重视。今后仍要加强沿岸、内海、外海等不同海域的资源调查研究，关注资源的动态变化，探讨更适应我国国情的管理策略和目标。同时，要积极参与际公海的调研、管理并共同开发。还可通过双边友好合作，参与其他国家沿岸渔业资源的开发。以便科学地开发利用近海渔业和远洋渔业资源。

针对水产养殖业，要正确的预先评估水产养殖对生物遗传多样性和生态系统完整性的影响，制定并定期调整水产养殖的发展战略和规划，以确保水产养殖业的发展具有生态方面的可持续性。同时，建立有效的水产养殖程序，从养殖证的发放，到定期的环境监测和评估，探讨养殖与环境友好的策略和措施。从实际情况来看，海水深水网箱、陆基渔业显现出良好的发发势头。要建立科学的渔业发展观，必须对上述问题给予足够的认识。

2. 制定相应的政策法规，保障渔业生产发展的可持续性

我国现阶段及未来一段时期内所采取的渔业政策法规，要从战略的高度全面加强水生生物资源及其生态环境的保护和治理出发，注重于养护和修复水生生物资源及水域生态环境，有效遏止水域生态荒漠化的颓势。一是继续加强渔业捕捞许可管理，控制和压缩捕捞强度。尽快制定渔业船舶强制报废实施办法，以便淘汰超龄、不适航的捕捞渔船，有效地改善渔业船舶的安全性能，同时要严厉查处非法渔具、“三无”渔船和非法造船厂，达到保护资源，降低海洋捕捞强度的目的。二是推动捕捞限额制度，实施渔业资源量化管理。《中华人民共和国渔业法》规定：“国家根据捕捞量低于渔业资源增长量的原则，确定渔业资源的总可捕量，实行捕捞限额制度”。结合现阶段我国渔业生产的实际情况和海洋渔业资源的现状，以现有的渔业资源增长量为基础，控制海洋捕捞量，要把渔船数量和渔船功率作为控制的首选目标，争取短期内达到使我国近海渔业捕捞产量接近渔业资源的可承受能力。三是继续实施海洋伏季休渔制度。根据渔业资源的特点和生产情况，适时调整休渔范围和时间。同时完善长江等内陆重要的大江、大湖等水域禁渔期制度，并对一些主要经济价值的水生生物的产卵场、索饵场、越冬场和洄游路线建立保护区，明确保护期。四是加强渔业资源增殖工作，通过人工放流和人工鱼礁的投放，增加渔业资源，达到养护和恢复渔业资源及改善水域生态环境的目的。五是加强近海渔业资源的调查工作，为渔业管理的科学化提供理论依据。六是加强渔业水域环境监测和主要养殖生产区域的环境监测工作，同时建立对重大渔业污染事故应急处理体系，以有效地维护渔业权益和渔民的利益。这些举措对保护渔业资源和生态环境，推动我国渔业走上科学发展之路将会产生重大的历史意义。

3. 适应市场经济的发展，提高渔业的产业化程度

从目前渔业生产经营的现状来看，渔业需要进一步提高产业化水平和行业的组织化程度。渔业相对农业中的其他行业，其比较优势明显，一是渔业较早地进入市场，市场经济发育相对完善；二是渔业的国际化程度高于农业中的其他行业，渔业贸易条件也优于其他行业；三是渔业已发展成为一个由养殖、捕捞、加工、流通、渔用工业以及科研、技术推广相互配套的比较完整的产业体系。我们要充分利用这些优势，通过推进渔业产业化，使我国渔业从生产大国走向渔业强国。当前渔业产业当务之急的问题是如何推进渔业的产业化进程。渔业生产的特点是海洋渔业相对集中，内陆渔业由于水域分布分散，渔业生产的规模较小，因此，渔业的产业化的规划就显得相对重要。目前内陆渔业生产小而全的生产方式（生产者大多从鱼苗到商品鱼养殖的全过程的设施齐全，有的还要自己生产饲料，养出鱼来还得自己销售）是不适应产业化的要求的。要建设渔业强国，就必须把推进渔业产业化经营摆上议事日程。抓好渔业产业化经营要从如下几个方面着手：一要积极培育具有国际竞争力的市场主体，完善渔业经营体制和运行机制，把渔业生产、加工、销售等环节连接起来，更加有效地提高渔业的组织化程度，实现资源的优化配置。二是重视培养竞争力强、带动面广、关联度大、辐射能力强的龙头企业，作为全面推进渔业产业化的突破口。三是提高渔业生产的组织化程度，引导渔民和企业以合同契约、订单渔业、股份合作等各种方式联结形成利益共同体，建立起渔业专业合作经济组织，不断增强专业合作经济组织的凝聚力和带动力。四是加大渔业科技创新和技术推广力度，要通过产业化经营，加速科技成果的转化。各级渔业技术推广部门要积极参与到渔业产业化经营当中去，通过技术服务与龙头企业和渔民开展多种形式的合作，抓好技术培训，提高渔业素质，使广大渔业工作者适应渔业产业化发展的要求。

近些年来，尽管各地渔业群众组织、各种行业协会逐步建立起来，并在生产经营和技术交流中发挥了一定的作用，但是进入市场，特别是在竞争激烈的国际市场中，我国的渔业组织化程度就显得无所适从。行业协会，要加强其对行业的指导咨询作用，按收集到的国内外市场信息指导渔业生产，通过行业自律，保证产品质量，维护品牌，制止行业内部恶性竞争；积极组织技术和信息交流与培训，组织产品展销等活动。特别是我国加入 WTO 后，行业协会要学会组织谈判，应对反倾销，应对各式各样的技术和贸易壁垒。同时，充当政府和企业之间的桥梁和纽带，在政府的支持下，积极为会员提供服务。

4. 依靠科学技术进步，增强我国水产品的国际竞争力

多年来，“水产科学研究的各个学科都取得了较大的发展，一些领域跨入了世界的先进行列，并取得了一大批对生产起了重大推动作用的科技成果。”[2]但是，也在不少方面与渔业发达国家相比还有较大差距。当前渔业科技发展的重点特别要强调渔业资源、水生生物种质资源保护和可持续利用、水产品质量安全、新型养殖方式和疾病控制等重大课题研究的新进展，从而逐步构建起支撑质量效益型渔业和可持续发展的渔业科技体系[3]。

在水产品加工方面还需要有新的突破，水产加工业具有广阔的发展前景。要借鉴一些发达渔业国家的先进经验，充分利用各种渔获物，加工生产出广受大众喜食的，营养丰富、卫生、方便、新颖和市场竞争能力强的水产加工品。

我们还应注意到，水产品作为我国重要的国际贸易品种，在国际水产品生产和贸易中具有举足轻重的地位。尽管国际贸易中关税的影响越来越少，但非关税因素如：水产品安全、标签、合格评定，原产地认证等一直困扰着我国渔业贸易的发展。近几年来，我们在水产品国际贸易中遇到的一些技术壁垒和绿色壁垒，使我们从中吸取到不少经验教训。在努力提高我国水产品质量的同时，还要尽快建立并完善我国以技术壁垒、绿色壁垒为主要内容，符合世界贸易组织“游戏规则”的贸易保护措施，建立健全反倾销、反补贴等保障机制，以增强自我保护能力[4]。

目前，消费者对水产品质量十分重视，进口国对水产品的质量要求也越来越高。加强水产品质量标准体系、产品检验检测体系和质量认证体系的建设，对保障水产品质量安全十分重要。当前规范的无公害渔业产品认证工作已全面启动，毫无疑问，这将对保障水产品质量、打造水产品知名品牌、开拓水产品市场会起到积极的作用。随着水产品质量的提高，“无公害食品”、“绿色食品”、“有机食品”的概念正日益深入人心，水产品安全消费观念正在逐渐形成。相信不久的将来，在流通领域实行市场准入制度，我国也要与国际接轨。要把提高水产品质量安全水平作为开拓市场的根本措施，努力提高我国水产品的国际竞争力。

5. 加强基础设施建设，增强渔业综合生产能力

按 WTO 农业协议条款规定，中国的“绿箱”补贴根本不受限制，农业产业尚有巨大的补贴空间。从国内的情况看，由于当前国家实行积极财政政策，也为争取渔业投入提供了有利条件。我们应该抓住这一机遇，加强原本薄弱的渔业基础设施建设，增强渔业综合生产能力。

当前渔业基础设施建设，需要强调以下方向：一是水产原良种场和名特优新苗种繁育场建设。二是国家级内陆重点渔港和沿海一级渔港规划建设。三是渔业保护体系建设，包括水产病害防治与检测设施建设，水生野生动物保护项目建设，人工鱼礁建设。四是全国渔政指挥系统，大江大湖和边境水域渔业执法装备建设及设备更新改造。五是扶持远洋渔业发展所需的投入及为削减捕捞强度而进行转产转业所需项目的建设。六是水产科研、推广体系建设及科技人才队伍的建设。加强渔业基础设施建设，要从多渠道筹集资金。其中属于为渔业产业发展的、政策性的公益性项目，我想，在国家财力允许的范围内，只要理由充分，论证合理，是能得到国家财政支持的。

参考文献

蒋国平摘译，2004. 从粮食供给看中国水产业的未来．中国渔业经济（3）：46.

潘荣和，等，1997. 我国水产业科技发展方向．国家科学技术委员会．中国农业科学技术政策背景材料．北京：中国农业出版社，175-179.

李健华，2003. 在全国农业工作会议渔业专业会议上的讲话．

匡远配，等，2004. 以农业标准化促进农产品国际贸易的对策探讨．农业质量标准（5）．

现代生态渔业[①]

唐启升，刘世禄

一、我国渔业发展成就与问题

（一）发展成就

1. 海洋渔业

我国拥有 18 000 多千米的海岸线，浅海滩涂面积广阔。其中，15 m 等深线以内的浅海及滩涂面积为 1 400 万 hm^2，潮上带低洼地 367 万 hm^2，共计 1 767 万 hm^2，构成了基本海水养殖区域。然而，由于技术、经济等各种原因，目前 10 m 等深线以内的浅海利用率不到 10%。10～30 m 等深线以内的浅海开发利用率更低。如果将滩涂利用率提高到 70%，10 m 等深线以内的浅海面积利用率提高到 20%，10～30 m 等深线以内的浅海利用率提高到 10% 左右，我国的海水增养殖面积将增加到 133 万 hm^2 左右。由此看出，发展生态渔业有着极为广阔的前景。

海洋捕捞：我国的海洋渔业在新中国成立之初的 1949 年，渔业总产量仅为 44.8 万 t，1950 年达到 91.2 万 t。到 1998 年，机动渔船 47.28 万艘，总功率 1 331 万 kW，其中海洋渔业机动渔船 28.32 万艘，是 1974 年的 10 倍多，非机动渔船 27 240 艘、39 372 载重吨。海洋捕捞产量为 1 496.6 万 t。到了 2000 年，我国的海洋渔业产量为 2 538.73 万 t；其中，海洋捕捞产量为 1 477.45 万 t，连续 10 年达世界第一。

海水养殖业：我国的海水养殖业有着悠久的历史，近 50 年来发展很快。在海水养殖历史上，最早被利用的场地是潮间带，主要进行贝类、对虾以及海水鱼类的池塘养殖。

浅海养殖主要是在水深 15 m 以内的浅海水域进行。近几年来，50 m 以内的水域也开始加以利用。养殖的方式主要包括各种筏式养殖、底播增殖和网箱养殖等。底播增殖的品种有扇贝、鲍鱼、海参、魁蚶、泥蚶、杂色蛤等。我国的海水养殖面积 1954 年 2.7 万 hm^2，产量 6 万 t；到了 2000 年，我国水产品总产量已达 4 278.99 万 t；其中，海水养殖总产量已达 1 061.28 万 t。

为了增加海洋渔业资源的持续利用，我国从 20 世纪 80 年代起，开始向海洋实验放流鱼、虾、贝类，以增殖海洋渔业资源，从 1984—1994 年之间，全国沿海共增殖放流对虾 272 亿尾。放流水域已从黄、渤海区扩展到东南海区的象山港、舟山海区、三门湾、乐清湾、东吾洋、三都湾、大亚湾、北部湾及珠江口一带，回捕 4 万 t。在黄海、渤海、东海大规模放流伞径 4～10 mm 海蜇碟状体 8 亿只，已开始回捕。在海洋岛底播虾夷扇贝 1 万 hm^2，回捕率达到 30%，最高年产量达到 4 000～5 000 t。鲍鱼、海参、蚶类、牡蛎、河蟹、罗氏

---

① 本文原刊于《现代生态农业》，222－233，中国农业出版社，2002。

沼虾、梭鱼、真鲷、黄盖鲽和大麻哈鱼等品种的放流规模正在扩大，一些水域水产资源有所增加，已显示出经济效益、社会效益和生态效益的前景，但是，该项工作还处于实验和小规模阶段。

2. 内陆渔业

我国是世界上内陆水域面积最大的国家之一，总面积约为 17.6 万 km^2，占国土总面积的 1.84%。其中，江河面积约 6.67 万 km^2，占全国总水面的 37.9%；湖泊面积约 7.333 万 km^2，占全国总水面的 41.7%，水库面积约为 2 万 km^2，占全国总水面的 11.4%。另外，还有沼泽面积 11 万 km^2，靠近水系的低洼盐碱荒地 3 万 km^2，均具有改造发展渔业养殖的潜力。

据资料表明：我国内陆水域有各种鱼类资源 772 种。其中，淡水鱼类 691 种，过河口洄游鱼类 18 种，河口半咸水鱼类 63 种。

新中国成立以来，我国十分重视内陆水域的渔业开发利用研究。从 20 世纪 50 年代起，就开始了长江中下游湖泊的科学调查。70 年代，国家又组织了大规模的各大水系的资源调查，为我国大水面的渔业开发利用奠定了科学基础。

在“六五”和“七五”期间，国内多家科研、教学等单位合作，开始了对大水面渔业系统的开发研究，大大地推动了我国大水面渔业的开发利用进程，如江苏的鬲湖、安徽的花园湖、湖北的保安湖和浮桥河水库等都取得了一大批增要的科研成果。其中，利用草型湖泊河大水面的“三网养殖”，使大水面的单产有了大幅度的提高，极大地挖掘了水体的生产潜力。如 70 年代成功地将太湖的银鱼移殖到了云南滇池，一度取得了很大的经济效益，随之全国掀起了一股大水面移殖银鱼的热潮。对于江河渔业，一方面加强资源增殖，适当发展捕捞业，更多的科研工作放在了如何保护资源方面。宏观上将其作为天然的“生态库”来保护优良的渔业种质资源。如湖北监利的“长江老江河四大家鱼天然生态库”和石首的“天鹅湖四大家鱼和白鳍豚保护区”等。

低洼盐碱地的渔业开发利用工作主要集中在沿黄河地区的山东、陕西、河南、内蒙古、甘肃等省、自治区。我国从“七五”开始，沿黄地区的科研机构和有关单位对“沿黄低洼盐碱地以渔改碱综合治理”进行了长期的研究，取得了一系列的科研成果。初步摸清了盐碱地池塘水质变动规律和调控技术以及适宜的养殖结构和模式。

从“八五”开始，大型水体的环境与渔业的关系受到了重视，提倡生态渔业，注重生态平衡，强调大型水体的可持续发展。这一时期的科研工作重心已从单纯地追求产量，转移到注重产量、效益和环境的平衡。

“九五”以来，我国又多次提出，建立系统的不同水体高效生态渔业的管理技术，建立综合的高效渔业规模化增养殖面模式，对发展我国的内陆渔业起到了重要的促进作用。

到 2000 年，我国的内陆渔业总产量达到 1 840.25 万 t。其中，内陆养殖总产量为 1 516.93万 t，捕捞产量为 323.32 万 t。

（二）主要问题

1. 海洋生产形势严峻，渔民增收难度加大

自 1999 年下半年以来，柴油价格持续攀升，造成渔业生产成本提高，加之环境的变化较大，海洋渔业资源状况较差，海洋捕捞效益普遍滑坡，企业和渔民亏损严重，许多地方出现了生产旺季大批渔船停港的现象，渔业生产、渔民生活、渔民增收难度加大。

2. 渔业水域生态环境恶化的趋势加剧

2000 年上半年从内陆到海洋，渔业水域污染事故和赤潮频繁发生，对渔业生态环境和渔业资源造成严重破坏，对渔业生产造成较大的经济损失，随着经济的发展，渔业资源和生态环境恶化的趋势正在加剧，开发与保护的矛盾越来越突出。

3. 新的海洋管理制度实施对渔业带来重大影响

中韩渔业协定和中越北部湾渔业合作协定的签订和生效，虽然在一定程度上减缓了海域划界造成的损失，为渔民转产争取了时间，但仍不可避免对我国渔业生产、渔民生活以及沿海地区经济和社会发展的稳定带来重大影响。大量渔船要从传统作业渔场撤出，将损失上百万吨渔业产量和几十亿元渔业产值，几十万渔业劳动力和近百万渔业人口的生活将受到影响。

4. 渔业结构调整的启动和保障机制尚不健全

主要表现在：一是水产品批发市场建设滞后，流通渠道不畅。二是水产品加工发展滞后，精深加工不足，产品附加值低。三是苗种生产和病害防治体系不健全，致使种质退化、生长速度减慢，养殖病害发生率越来越高。四是水产品检测管理体系不健全，不适应国际市场的需求等。

二、生态渔业的特征及其发展的必要性

（一）主要特征

生态渔业是根据生态和经济学的原理并运用系统工程方法，在总结传统养殖经验的基础上，建立起来的一种多层次、多结构、多功能的综合养殖技术的生产模式。

与陆地生态系统相比，水域生态系统中因水具有流动性和较大的热容量，使广大水域环境的特征比较均一而变化比较缓和，并较少出现极端情况。因此许多水生生物具有广泛的地理分布范围，系统的类型也因此比陆地少。根据水化学性质不同，可分为海洋生态系统与淡水生态系统。

但是，各种水体及同一水体的不同部分，自然条件也不完全一致，形成不同的生态环境，分别生活着各种不同的水生生物。一般将水体沿垂直方向分为深水层、中水层和表水层三部分，生物也被划分为几个相应的生态类群：底栖生物、自游生物、浮游生物和漂浮生物。

水域生态系统的大多数初级生产者是各种浮游藻类，它们的体积很小而表面积大，适于浮游。同时由于它们的寿命短，一部分个体被植食动物所滤食，保留下来的另一部分个体也很快死亡并被微生物分解，因此积累的现存生物量很少，而较高营养级的生物寿命长，故在水生生态系统中出现颠倒的生物量金字塔，这是陆地生态系统不曾出现的特征。

在浩瀚的海洋中生产着大量的生物，既有以各种浮游藻类为主的植物，也有从原生动物到脊椎动物几乎所有的动物门类，约达 25 万种之多。它们构成了错综复杂的食物网，形成独特的海洋生态系统。

广阔的海洋由于各部分的深度、光照、盐分和生物种群组成不同，可进一步划分为海岸带、浅海带和远洋带等，它们之中又包括许多次级生态系统。

（二）发展生态渔业的必要性

渔业是以水生生物为对象的产业。水生生物离不开水，水域的污染会对生物资源造成破坏。如果渔业的发展道路不对，如过度捕捞或者不合理养殖等，都会对水生生物带来破坏性的影响。生态渔业就是遵循生态学原理，按生态规律进行生产，保持和改善生产区域的生态平衡。要求不断提高太阳能转化为生物能的效率和氮气资源转化为蛋白质的效率，加速能流、物流在生态系统中的再循环过程；要求取得生产发展、能量的再生和利用、环境和生态保护、经济效益和社会效益、生态效益的有效结合。因此，发展生态渔业的必要性就在于：一是不与粮食生产争地，充分利用海洋或内陆水域国土资源，减少能源消耗，提高饲料转化率，符合我国节地、节粮、节能的农业发展方针。二是有利于采用现代生物技术和工程技术，提高渔业生态系统的生产力。三是有利于开发利用和保护增殖水产资源、提高渔业生态经济效益。四是增加水产品的有效供给，丰富人民的“菜篮子”，并增加经济效益。

三、我国生态渔业的发展模式

（一）渔、农综合经营型

主要有：鱼-草、鱼-桑、鱼-蔗、鱼-菜、鱼-稻、鱼-林、鱼-果模式。其中，鱼-稻养殖较为普遍。

在我国稻田养鱼有着悠久的历史。大致可以追溯到 1 500 年前。但是作为一种渔业产业则是 20 世纪 70 年代后期开始的。农业部渔业局曾先后于 1983、1990、1996 和 2000 年连续 5 次召开了全国性的稻田养鱼现场经验交流会。每次会后的一个时期内，都在全国各地不同程度地掀起了稻田养鱼的热潮，并推动了我国稻田养鱼技术的进步。20 世纪 80 年代初，我国的稻田养鱼技术由粗放式向精养方式转变，由实验性向生产性发展；90 年代初，由长江以南地区向“三北”地区推进；90 年代中期，又由单一稻田养鱼向养殖鱼、虾、蟹、菇、草等多元化养殖及工程化养殖方向发展。近几年来，随着农业产业结构的调整，稻田养鱼又向渔农、渔牧、渔工贸等综合性方向发展。

1994 年，全国稻田养鱼面积为 85.3 万 hm^2，养殖水产品产量 20.69 万 t，增产稻谷 22 万t。到了 1999 年，全国的稻田养鱼面积已发展到 146.4 万 hm^2，比 1994 年增加了 61.1 万hm^2，增幅 71.6%。养殖产量为 65 万 t，比 1994 年增加了 44.31 万 t，增幅 214%。平均增产稻谷 225 kg/hm^2 左右，总增产稻谷 32 万 t。

近几年来，各地立足于稻田的综合利用，发挥其最大经济、社会、生态效益方面作了许多有益的探索，积累了很多生产模式和经验。如黑龙江省稻-鱼-菇综合养殖模式、贵州省的稻-鱼-畜禽-瓜果菜模式、北京市的稻-藕-蟹养殖模式等均取得了良好的经济效益、社会效益和生态效益。

贵州省 1999 年在 53 个县、272 个村实施生态渔业工程，参试农户 10 034 户，面积 841.7 hm^2，产鱼 57 535.5 t，渔业产值 57 536 万元，两年中累计带动 23.05 万人脱贫致富。

云南省大力抓湖泊渔业增殖措施，将太湖银鱼引进滇池，并形成了捕捞种群。

新疆 1998 年向赛里木湖移入俄罗斯的冷水性高白鲑，经 17 个月观测至 1999 年 11 月，平均体重 540 g，可以达到性成熟，并取得了良好的经济效益和社会效益。

常德市西洞庭湖近年采用的鱼蔗轮养效果很好。这种模式是对不够 1.5 m 水深的鱼池，每养殖 2～3 年鱼后，种 1～2 年甘蔗。其最大好处是，由于水深不够，长期养鱼会导致池底淤泥越来越多，水深越来越浅，经济效益下降。

养 2～3 年鱼后，鱼池底的泥土十分肥沃，如种植甘蔗，则第一年不必施肥就可获得高产，可创纯收入 12 000 多元/hm^2。第二年，稍加施肥，也可获得高产，创纯收入 10 500 元/hm^2 左右。另外，还采用养鱼和种植葡萄结合起来，效果也很明显。特别需要提及的是养鱼和种草间作，即在 1 个 3 hm^2 的大鱼池中，修筑一条高 70～80 cm 的子堤，将鱼池一分为二，从冬季末至来年的春季、夏初，一边种黑麦草，一边养鱼，充分利用鱼池池底种植可以供鱼食用的嫩草，经济效益显著。

内江市从 1982—1996 年，在稻田内实施稻、鱼、果、菜、萍生态系统的优化组合模式实验。结果表明，这种模式投资少、成本低，还能达到节资、节肥、节工、节地和增粮、增鱼、增肥、增收的目的。实现了"亩产千斤稻、千元鱼"，有的收入高达 72 000 元/hm^2。内江市在"九五"期间，建立了 0.7 万 hm^2 的标准化稻鱼工程。实现产鱼超万吨，产值上亿元。

（二）渔、牧综合经营型

主要包括鱼-牛、鱼-猪、鱼-鸭、鱼-鹅等立体养殖模式。

常德市西洞庭湖的经验是：一般在水深 1.5～3 m，0.7 hm^2 以上的精养鱼池堤岸上建猪舍、鸭棚。水面饲养母猪 30～75 头/hm^2，养产蛋鸭 300～750 只。渔民们形象地概括为"岸上一栏猪，水上一群鸭，水下一塘鱼"。这种模式的好处是：猪鸭粪便入鱼池喂鱼，可节约购买化肥的资金，同时，鸭子在水中活动，可以吞吃鱼池中的低值小杂鱼、虾，从而节约饲料。1997 年常德市西洞庭湖农场在 20 hm^2 的荒湖养鱼，采用了上述模式，得到了非常好的效果。

常德市南寿湖近年 24 户渔民在 34 hm^2 的精养鱼池中的实践表明，实现猪、鱼、鸭立体养殖模式后，精养鱼池的纯收入可提高 4 500～7 500 元/hm^2。

1991—1992 年，江西农业大学、江西省江湖管理办公室、江西省水产研究所等在江西南昌县向塘镇南边的马鞍溪水库进行了中小水面生态渔业的研究开发，取得了良好的效果。该水库是一座以灌溉为主，兼防洪和养殖的小型水库。正常水位面积为 12 hm^2，养殖面积为 9.1 hm^2，库区四周为红壤小山丘，植被很少，光照充足，水深 1.5～2.0 m，平均 1.7 m，并先后建起了 124 间养猪场，养猪规模为 1 000～1 200 头/年。他们利用该水库的自然条件，开展了"鱼-猪-草"生态养殖模式的实验研究。由于实行了生态渔业，发挥了水土两大系统的功能，提高了水陆复合生态系统物质和能量的利用效率，降低了成本，极大地改变了落后的渔业经营局面，取得了显著的经济效益。1991 年，共收获鱼类 3.15 万 kg，大规格鱼种 1 750 kg，出栏猪 780 头，存栏猪 561 头，获得利润 8.9 万元。1992 年，共收获成鱼 4.9 万 kg，出栏猪 802 头，存栏猪 620 头，获得利润 14.4 万元。

（三）渔、农、牧多元综合经营型

这种多元化结合的综合经营型，使水域资源得到更加充分的利用。系统中的物质循环和能量流动更趋完善合理，并使生态经济效益上升到更高水平。

该类型的主要形式有：鱼-牛-猪-鸭-鹅-草模式，或者是鱼-猪-粮-草-禽模式等。早在1989—1991年，山东省淡水研究所、山东常清县、平阴县水利局等就进行了黄淮海平原池塘生态渔业模式的研究，提出了山东沿黄河丰水区以渔为主，渔、农、牧相结合最佳复合生态系统结构及种养殖技术，为山东省黄淮海平原渔业开发提供了生态、经济、社会效益较佳的生产模式，并设计和研究了鱼-草、鱼-禽（畜）-农、鱼-粮三种生态养鱼模式。三种复合生态养鱼模式的鱼产量分别为7 660.5 kg/hm²，5 340 kg/hm²，7 815 kg/hm²。综合经济效益分别为11 314.5元/hm²、8 772元/hm²、14 388元/hm²。养鱼辅助能转换效率为10.5%。

1991—1994年，山东省淡水研究所、山东高清县、博兴县、齐河县、平阴县、临邑县等地的农业或水利水产局，首次从“以渔降碱、水工并用”的原则出发，提出了适宜于沿黄低洼盐碱地开发的“顺应性改造”的生态方案。用定性和定量的方法，研究了山东省沿黄有代表性的低洼盐碱地类型、生态特点以及综合开发技术。采用挖池抬田方法，实行池中养鱼，台田种植作物，使养殖和种植相辅相成。提出了适宜于低洼盐碱地综合开发的鱼-草、鱼-禽-畜、鱼-粮等生态养殖模式。期间，先后在山东高清县、博兴县、齐河县、平阴县、临邑县等地，进行实验推广，建立养鱼池936 hm²。产鱼6 840～10 830 kg/hm²，建立台田614 hm²，平均产粮7 290～12 450 kg/hm²，鱼塘与台田综合经济效益平均900元/hm²，直接经济效益达2 000多万元。

1991—1995年，山东省、陕西省、内蒙古自治区、甘肃省、河南省、黑龙江省等地的淡水研究所联合进行了我国北方地区低洼盐碱地渔业综合开发技术的研究，基本摸清了实验区内的水质类型、土质状况、水盐动态规律及其利用途径和生态渔业模式，共完成实验面积867 hm²，平均净产鱼类8 673 kg/hm²，平均效益16 500元/hm²，投入产出比在1∶1.5以上。完成辐射区1 736 hm²，平均净产鱼类2 739 kg/hm²，平均效益在11 250元/hm²左右，投入产出比在1∶1.4左右，取得了巨大的经济效益和社会效益。

（四）渔、牧、工、商综合经营型

这种类型是把养殖、捕捞、加工、畜牧、销售形式一条龙，使综合经营达到更高形式，从而提高整体的经济效益和生态效益。在这方面，各地均有不少好的经验。

贵州省是我国唯一缺少平原支撑的内陆省份。1998年贵州省水产技术推广站在全省开展了“渔业扶贫致富工程”，把稻鱼工程、生态渔业等适合在农村大范围、大面积推广的水产养殖技术项目纳入渔业扶贫工程。1988年有12.3万农民通过养鱼脱贫增收。1999年，在全省52个县建立了稻鱼工程示范村232个，生态渔业示范村40个，共272个村。示范面积达867 hm²，产鱼2 648 t。其中，稻鱼工程面积209 hm²，平均单产1 755 kg/hm²；生态渔业193 hm²，平均单产7 560 kg/hm²。有10.75万农民实现了增收、脱贫。他们的主要做法是：一是从实际出发，建立多种生态渔业模式。稻鱼工程是贵州省把养鱼高产技术和水稻丰产技术有机结合在一起的一种种养方式。群众创造了田函式稻鱼工程、大边沟式稻鱼工程等。出现了庭院式生态渔业、池院式生态渔业、稻田式生态渔业等。贵州省安龙县团山堡村的284户农民，在房前屋后挖出池塘22 hm²，塘边种菜、种瓜果、养猪、养鸡、养鸭。户均收入达1.9万元，纯收入1.1万元，成为庭院式生态渔业的典型。贵州安顺市邵小村的农民在挖池塘时，利用挖出去的土铺垫出数米宽的塘埂。塘中养鱼、埂上种蔬菜、瓜果和牧草，还可以养禽，形成了一个池院生态小院区。这个村的生态渔业示范户户均池院经济收入

5 500 元。二是坚持高标准，办好示范点。梨平县、荔波县坚持高标准抓好生态渔业示范点，很快带动了一大片。1999 年梨平县发展到 34 hm^2，荔波县发展到了 36.7 hm^2。全省的生态渔业工程基本达到了“水上一千斤，水下一千元”或“千斤稻百公斤鱼”的指标。为当地的经济发展起到了重要的促进作用。

安徽省淮北市烈山镇农业开发公司自 1988 年以来，对当地的 180 hm^2 水面和 120 hm^2 的低洼盐碱地进行了综合开发利用。他们根据烈山地区地下水位高、水源丰富的实际情况，确立了以水产为主，种、养、加工、绿化、美化相结合的农业生态模式，通过多年的努力和综合治理，形成了 180 hm^2 大水面养殖区、66.9 hm^2 连片精养鱼塘、26.7 hm^2 的塘埂道路绿化种植区、13.3 hm^2 的水果、蔬菜生产区、禽畜养殖区和加工区。在建设生态渔业的过程中，他们把农、林、牧、副、渔、加工、经营以及园区建设等作为一个完整的生态系统，实现子系统内因子之间的良性循环，达到物尽其用、低消耗、高效益的作用，并因地制宜，建立了多种形式的生态循环系统。

安徽省淮北市烈山镇农业开发公司通过以上措施，使当地烈山塌陷区新农业生态环境稳定、空气新鲜，治理园区粉尘含量只是园区外的 1/10～1/15。园区的种植、绿化和水面养鱼，恢复和改善了生态环境条件，成为矿区工人防治矽肺的理想休闲场所。而且，通过生态渔业的实施，大大地降低了成本，创造了很好的经济效益，并为社会提供了大量的鸡、鱼、肉、蛋、奶、水果和蔬菜等，这不仅丰富了城乡居民的菜篮子，而且提高了水土利用率，安置了大批劳动力就业。同时，为其他地方类似塌陷区的治理做出了典范。

（五）海水贝、藻、蟹等类多元化养殖型

我国的海水贝类和藻类养殖有着悠久的历史。但是随着大规模、高密度人工养殖的发展，出现了一系列的问题，如产量低下、病害不断发生等。对此，人们从 20 世纪 70 年代始，从生态的观点在养殖环境中引入一些适应同一生态环境的动、植物进行养殖，如将海洋的生产者——藻类、滤食者——贝类以及食碎屑者——鱼类等进行优化养殖，改善养殖环境，维护生态平衡，并相继开展了贻贝或扇贝与海带、裙带菜等间养、轮养。1981 年，贝、藻间养在山东烟台地区沿海大面积推广。结果表明，以扇贝为主间养海带，海带的产量比单养效益高出 132%，生产成本降低了 27.6%；对于扇贝，生产成本降低了 41.9%，显示出明显的效果。

“九五”期间，黄海水产研究所承担的海湾系统养殖容量与环境优化技术研究，建立了半封闭式和开放式海湾养殖水域大型藻类和滤食性贝类养殖容量多参数评估指标与模型，提出并实施了贝藻多元生态优化养殖模式与技术、三疣梭子蟹浅海筏式笼养技术以及降低水层和延缓海湾扇贝入笼时间等防治牡蛎附着的技术措施，建立了一种浅海水域贝类养殖环境质量评价指标体系与模型等。通过“研、官、产”相结合的运行机制，调动了企业投入的积极性，建立了贝藻多元生态养殖示范区 733 hm^2，养殖技术优化示范区 200 hm^2，三疣梭子蟹浅海筏式笼养技术示范区 10 hm^2，社会、经济、生态效益显著，直接经济效益已超过 1 亿元。承担的渤海内湾规模化养殖技术研究，通过在示范区的攻关，提出了莱州湾区域性综合开发技术，包括以滩涂浅海贝类——杂色蛤的底播增殖，太平洋牡蛎平拉式吊养，对虾清洁养殖、扇贝、梭子蟹间养的养殖密度、水质净化、病害防治、饵料投喂等为主要内容的成套技术模式。建成示范点 5 个，在 229 hm^2 示范区取得了 2 233 万元的经济效益，并为扇贝养

殖结构的调整提出一个高效、可行的途径。通过海上调查和室内生态实验，研究了莱州湾生态系统基本结构及其动态变化，主要养殖贝类、附着生物及主要幼鱼的摄食率，养殖贝类的生理特性等，为评估既是重要产卵场又是重要养殖区的内湾生态容纳量并进行合理布局提供了科学依据。

（六）海水鱼-虾混养、虾-藻混养型

在海水养殖中，由于生物量大，需氧多，经常发生水中缺氧，导致养殖生物的大量死亡。据研究表明，当海水中的溶氧在 2.9 mg/L 时，长毛对虾 3 h 便出现休克死亡，青蟹在溶氧低于 4.6 mg/L 时，4 h 就发现死亡现象。而在海水动物养殖中混养海藻，则有利于溶氧的提高。实施鱼虾混养，同样可起到改善水质、提高饲料利用率、减少疾病等问题的发生。

我国海水鱼-虾混养、虾-藻混养等技术的研究与开发基本上是 20 世纪 70 年代初期进行的。结果表明，虾-藻混养的经济效益均优于单养。王焕明等在鱼塘中进行的细基江蓠繁枝变种与刀额新对虾、锯缘青蟹等的混养也证明了这一点。这种养殖模式近年来已在不少地区得到了推广应用。

（七）渔-菜温室养殖型

随着自动化温室的发展，世界已推广自动化温室系统的“鱼-菜系统”即“水上种生菜、水下养鱼”。美国、加拿大已经产业化，认为这是最好的生态渔业或生态农业的新模式。北京“锦绣大地”高新技术园区已引进了自动化温室的“鱼-菜系统”。这是在非自然条件下发展我国生态渔业产业化的新模式。

四、利用生态养殖的自然净化功能为环境服务

目前，我国的水产养殖业取得了较快发展，但也遇到了不少困难和问题，突出表现在以下几个方面：一是沿岸城市工业用水、生活污水的排入及养殖自身污染，导致水域富营养化；人为作用使生态系统某一部分被强化，而其他部分被削弱甚至摒去，造成局部生态失衡。二是养殖布局不够合理，内湾和近岸水域开发过度，而外海利用率较低；三是病害频发造成巨大的经济损失，至今尚未找到根治的办法，缺乏高效、无副作用的药物。四是现有育苗场大都设施落后，规模较小，育苗能力远远满足了不生产发展的需要，水产养殖缺乏良种。五是渔用饲料生产滞后于生产发展，未经加工的饲料利用率低，既浪费了资源，又污染了环境。

推广生态养殖方式，把养殖和保护海洋生态环境结合起来，以减缓渔业带来的自身污染。第一，大力推广深水网箱养殖，把浅水养殖网箱推向水深流急、水体自净能力强的开放性海域。珠海市水产局试验结果表明，深水网箱养殖不但可以抗击台风、赤潮等自然灾害，而且有效地解决了网箱养殖所存在的自身污染问题，遏制了因环境污染所引发的鱼病。第二，推广立体多元生态养殖模式，在鱼、虾、蟹养殖时，选择一些藻类如江蓠和麒麟菜等进行间养，江蓠藻体可固定 5.9%～6.1%的氮、0.4%～0.5%的磷，并通过光合作用，吸收水中的二氧化碳、放出氧气，对水质有净化能力。同时在池塘的底部再引入菲律宾蛤、鸭嘴蛤等贝类来充当残饵和代谢的清道夫，优化生态环境，避免养殖区水体的富营养化。第三，

控制投饵、改进投饵技术和饵料成分，使所投饵料与日俱增以利于养殖鱼、虾类的吸收，减少残饵，减轻水质的底质败坏程度，如日本用湿颗粒饵料防止养殖区的自身污染。

贝藻间养是生态养殖技术的一种。我国北方地区一般是栉孔扇贝或海湾扇贝与海带或裙带菜的间养。山东省青岛市近年通过实施贝藻间养 2∶1 模式和扇贝反季节养殖，采取了一些抗风浪措施，探讨了将浅海筏架养殖推向深海的可实现性。贝藻间养就是通过藻类对海域环境的调控作用，达到改良环境、改善养殖水质的一种新颖的生态养殖模式，从而促成扇贝养殖的尽快恢复。

1999 年，青岛市的贝藻间养共实施养殖面积 240 hm^2，栉孔扇贝 160 hm，裙带菜 80 hm^2。2000 年 4 月开始收获，裙带菜平均长度 2.8 m，每棵重平均 1.3 kg。加工方法为盐渍法，共收获鲜菜 1.2 万 t，加工出口盐渍菜 3 000 t，产值 2 160 万元。5 月底扇贝开始陆续收获，平均 5.8 cm，平均单产 69 000 kg/hm^2，总产量 1.08 万 t，加工扇贝柱 810 t，产值 240 万元。贝藻间养合计总产值达 5 400 万元。

另外，藻类养殖是海水养殖业的基础工程，是维护海区生态平衡的重要措施。近年来的扇贝大面积死亡的一个重要原因就是因为生态平衡被破坏所致。通过裙带菜的养殖，发现扇贝的残废率降低了，养殖海区内又吸引了众多的鱼类，生态平衡在局部得到了初步恢复。

总之，我国的海水养殖业应当大力推行健康养殖模式，形成适宜的养殖容量，优化养殖品种组合，保证健康的苗种、合理的饵料配方和最好的养殖环境。大力发展以工厂化养殖和网箱养殖为代表，技术、资金密集的集约化养殖，不断提高养殖的机械化程度和自动化水平，加快水产养殖现代化进程。保持适度发展规模，根据养殖容量，调整优化养殖布局，减小内湾养殖密度，限定近海养殖规模，拓展外海养殖及海洋农牧化生产。要探索实施“休耕”制度，有计划地对养殖海域轮流“休耕”，维护海域的可持续利用。大力推广生态养殖，积极发展藻类养殖，并根据不同品种在生态系中的互补性，合理搭配养殖品种，推广多品种混养、间养、轮养。同时，大力发展精品养殖，重视优良新品种引进，重点运用现代基因工程技术、细胞工程技术等生物技术，做好良种的选育。

五、渔业生态安全体系建设

发展生态渔业过程中同时产生的生态效益和一定经济效益的综合与统一，是渔业生产和再生产过程中人们所获得的生态经济成果与消耗的活劳动和物化劳动的有效结合。因此，要提高渔业生态效益，必须遵循渔业生态规律，因地制宜，采取切实可行的措施。

（一）加速开展生态渔业的研究，不断总结经验并扩大推广

我国内陆水域生态渔业的研究与开发，应该说已经取得了很好的成就。并得到了有效的推广应用。但是，在海洋领域中生态渔业的开发与研究尚有较大的差距。我国拥有广阔的海洋滩涂，还有相当大的低洼盐碱地亟待开发利用。因此，发展海洋生态渔业具有极为重要的现实意义和历史意义。国家和有关部门应加大对生态渔业的研究与开发经费支持，尽快研究开发出一些行之有效的模式与技术体系。其中包括以下几点：

1. 建立养殖优良品种选育和苗种繁育技术与体系

今后应重点就海、淡水养殖优良品种选育和苗种繁育领域中的一些重要的生物学问题，

包括养殖新品种培育、养殖品种生殖发育和生长调控、天然产物生源材料的大规模培养等重要技术进行研究。在这些技术中又应以养殖新品种培育、天然产物生源材料的大规模培养技术为重点。同时，要根据生产的发展，引进一些适合我国养殖的新的养殖种类。

2. 建立规模化健康养殖技术与体系

我国目前尚未开发利用的近海深水水域（30～100 m）蕴藏着丰富的增养殖动物可直接利用的天然饵料资源。大力发展深水养殖技术，将现在近岸养殖外移到深水水域，高效利用海洋天然饵料资源，可充分开发和利用蓝色国土，促进我国养殖器材加工工艺和技术的发展，使海洋真正成为我国食物供应的重要基地。同时恢复近岸水域的生态环境，进行增殖，既保护了与人类息息相关的近岸生态环境，又可以生产出大量优质的水产品满足人类的需求，同时将极大地促进抗风浪网箱、筏式养殖技术的发展。

在大型湖泊、水库，由于鱼类品种较为单一，鱼类生长和资源增殖缓，一般应采用人工繁殖、自然繁殖和围栏、网栏、网箱等精养相结合，以及农、林、牧、副、渔综合经营的措施。

中小型湖泊、水库水生植物资源丰富，经过多年来的鱼类人工移植和资源增殖措施，大多数都已经形成了资源量。但是，仍有一些中、小型湖泊、水库和水域资源未得到充分利用，鱼类增长缓慢，生态效益较低。因此，对这类水域应增加物质、能量投入，以提高生态环境条件。从而提高水域的经济效益。

3. 建立新饲料蛋白源的开发技术与体系

目前我国水产养殖有相当一部分是净消耗鱼粉、精饲料的产业，一旦我国食物安全受到威胁时，这些产业的生存也将受到威胁。在未来 15 年，全球的鱼粉产量与饲料市场的鱼粉需求缺口将越来越大。像我国这样养殖规模巨大的发展中国家，这个问题尤为突出。解决饲料蛋白源的问题已是全球亟待解决的问题。组织力量、加大投入开发新的饲料蛋白源（比如单细胞蛋白、植物蛋白质改质等）和研究植物蛋白的有效利用对我国水产养殖业的健康、持续发展具有重大的战略意义和经济意义。

4. 建立养殖系统生态学研究技术与体系

海洋生物资源的开发、利用潜力不可能是无止境的，如何科学合理地利用这些资源，在有限的水体中生产出最大量的产品而不至于破坏养殖水域的生态平衡，将是今后探索研究的主要方向。根据鱼虾贝藻各种经济生物的生物学特性，置于同一个养殖生态系中，综合地、多层次、反复利用养殖中输入的物质和能量，达到了养殖生态系统结构与功能的优化，保证了较高的和可持续的养殖效益，既降低了污染、又提高了经济效益。

特别加强应用生态营养动力学和污染生态相结合的方法，研究和掌握典型增养殖水域的养殖容量，运用生态平衡原理、物种共生原理、多层次分级利用原理和稳态机制原理，研究和建立生态养殖和综合养殖模式，辅以物理、化学和微生物环境调控技术，形成生态型、高效益的健康清洁增养殖配套技术。

5. 建立病害预警预报技术与体系

病害预警预报与防疫体系建立在对疾病病原流行机制、宿主的健康生理机能以及环境生态条件对病原生态及宿主生理机能的调控作用关系等方面的深入认识基础之上。建立一系列灵敏的病原检测手段、宿主健康生理检验技术和关键性生态环境因子监测技术，从技术上解决病害的预报预警问题；开展病害防治疫苗及新型药物的药理学和临床试验研究，为疫苗和渔药的归口管理提供技术标准；研究病害的宏观生态控制和综合防治技术，为病害的宏观生态控制与综合防治提供技术咨询依据。在以上基础上，建立国家的水生生物病原检疫制度和立法，完善病害防疫制剂生产的归口管理，健全病害预警预报与防疫体系的信息服务网络和技术服务系统，促进病害预警预报与防疫体系的市场需求。

6. 建立渔业资源可持续开发及增殖技术与体系

通过定期进行我国水域生物资源评估调查，研究渔业资源的补充机制及动态变化规律，评估主要生物资源最低生物学可接受生物量、总允许可捕量，为我国水域生物资源持续利用和管理以及国际共享水域资源的利用和管理提供科学依据；改进渔具、渔法，使用负责任的安全捕捞技术，合理开发生物资源；增加资源增殖种类和规模，提高回捕率；监测海洋和内陆生态环境状况；建立我国内陆和海洋渔业资源和生产信息网络，为国内和国际渔业管理措施的制定提供科学依据。逐步使我国内陆和海洋生物资源的管理科学化、制度化，从而使我国达到渔业发达国家以科研为依据的渔业管理水平。

7. 建立海洋生物资源的精深利用与水产品安全质量保证技术与体系

从我国水生生物资源的实际出发，建立我国水产品的安全和质量保证体系为基础，以水产品保鲜、保活，低值水产品和加工废弃物的精深加工增值为重点，加强水产品加工、贮藏、运输中的活体组织与生物化学变化等应用基础研究，充分利用水生生物资源，开发新食源；搞好水产品和水产加工废弃物的精深加工和综合利用；重点发展海洋药物和生物活性物质的提取、分离、纯化技术和海洋功能食品、化妆品及其他高附加值精细海洋化学品的研究和开发，提高其经济价值；加快水产品安全和质量保障体系的建立，采用国际先进标准与技术，提高其在世界市场上的竞争力。

（二）要积极发展海水生态农业

海水生态农业是利用耐盐（耐海水）及其他生活机能，在远海及海岸带所辖区域内的人工或天然生态系统中，进行海水养殖业、种植业、畜牧业和加工业等。海水生态农业是生态渔业生产科学技术发展到一定水平后的一种高级生产方式。其特点：一是海岸带海水农业社会生产活动不会对内陆及海岸环境、尤其是海洋的生态环境产生较大影响。二是在近海及滩涂大力实施生态增养殖，尽量减少大规模高密度的网箱、围堰、筏式、笼式等养殖形式的生产规模和面积。特别要力求做到海洋动植物养殖组合、营养等生长要素科学搭配，滩涂增养殖与近海增养殖组合，海岸带农业与滩涂、海洋农业相结合，从而减少对陆地、近海资源的影响。三是海水养殖的污水可被利用为海水种植业的灌溉用水，养殖池底（污）泥则可以被用做种植业的底肥。

由于耐盐作物多数品种是陆地农业所没有的，即使与陆地共有的品种，形状也有较大的区别。据资料表明：中国盐生植物中有经济价值的有 8 个类型。其中药用 76 种，如补血草、枸杞、甘草、水麦冬等；牧草 29 种，如滨麦、海边香豌豆、苜蓿等；油脂类 19 种，如碱蓬、野大豆、月见草等；鞣料类 16 种，如海莲、红树、海桑等；纤维类 20 种，如芦苇、筛草、罗布麻等；芳香油类 10 种，如海州蒿、薄荷等；食物类 26 种，如大叶草、珊瑚类、地瓜苗、沙枣、海菖蒲等；绿化、建材以及薪炭类 27 种，如大米草、芦荟、红树、盐桦、海芒果等。

目前，我国海水养殖业的有关技术已相对成熟，且在耐盐、耐海水植物的研究与开发方面已有许多成功的先例。今后，我国应加大发展海水农业的研究与开发力度，使我国的生态渔业与海水农业有效地结合起来。

参考文献

陈广诚，2000. 发展生态渔业推动扶贫致富 . 贵州农业科学，28（2）：4－11.
程龙，1999. 西洞庭湖农场生态渔业的几种模式 . 内陆水产，24（9）：13.
高玺章，刘志兰，1999. 沿黄荒滩地实施生态渔业技术经济框架 . 陕西水利（12）：53－55.
胡笑波，1999. 关于生态渔业若干问题的探讨 . 中国渔业经济研究（5）：35－36.
贾敬德，1995. 生态渔业与渔业生态 . 淡水渔业，25（4）：29－32.
罗正才，1997. 生态渔业技术在小型水库的应用 . 内陆水产，22（4）：12－13.
吴宗文，王金华，1998. 生态渔业综合效益分析 . 中国渔业经济研究（4）：35－37.
夏世福主编，1989. 渔业生态经济学概论 . 北京：海洋出版社 .
于大江主编，2001. 近海资源保护与可持续利用 . 北京：海洋出版社 .
张喜贵，1999. 发展生态渔业提高综合效益 . 中国渔业经济研究（2）：41.

附录

附录一　唐启升科研简历

主要科研工作经历

起止年月	单位/工作内容	职责
2019—2023 年	中国水产科学研究院学术委员会	主任委员
2018 年至今	海洋渔业资源养护战略咨询研究	项目组长
2015 年至今	极地海洋生态系统发展战略研究	项目组长
2015 年至今	中国水产科学研究院水产学科	首席科学家
2014 年至今	极地海洋生物资源开发与产业发展战略咨询研究	课题组长
2011 年至今	黄海水产研究所碳汇渔业实验室、学委会	主任
2010 年至今	海洋工程与科技战略咨询研究	项目常务副组长
2010 年至今	中国水产科学研究院黄海水产研究所学委会	主任委员
2009—2018 年	水产养殖发展战略咨询研究	课题组长
2008—2017 年	山东省渔业资源与生态环境重点实验室	主任
2008 年 3 月至今	中国水产科学研究院院黄海水产研究所	名誉所长
2008 年 1 月至今	中国水产科学研究院	名誉院长
2007—2019 年	中国水产科学研究院学术委员会	主任委员
2002—2014 年	中国水产科学研究院	首席科学家
2000—2011 年	农业部海洋渔业资源可持续利用开放实验室	主任
1998—2010 年	海洋生态系统动力学国家“973 计划”项目研究	首席科学家
1996—2005 年	我国专属经济区和大陆架海洋生物资源调查及评价	项目技术组组长
1995—2004 年	海湾系统养殖容量与规模化健康养殖技术研究	课题组长
1994—2002 年	海洋生态系统动力学国家自然科学基金研究	主持人
1994 年 11 月至 1998 年 7 月	中国水产科学研究院	副院长
1994 年 6 月至 2008 年 1 月	中国水产科学研究院黄海水产研究所	所长
1993 年 11 月至今	中国水产科学研究院黄海水产研究所	研究员
1992 年 6 月至 1994 年 6 月	中国水产科学研究院黄海水产研究所	资源室主任
1987 年 12 月至 1993 年 10 月	中国水产科学研究院黄海水产研究所	副研究员
1985 年 6 月至 1992 年 6 月	中国水产科学研究院黄海水产研究所	资源室副主任
1984 年至今	黄海渔业生态系/大海洋生态系（LME）研究	主持人
1981 年 10 月至 1984 年 1 月	国家公派挪威、美国研修渔业科学	访问学者
1980 年 1 月至 1987 年 11 月	国家水产总局黄海水产研究所	助理研究员
1979—1997 年	北太平洋狭鳕渔业调查和资源评估	主持人
1969—1980 年	黄海鲱鱼资源调查与渔业预报研究	研究组长

国际学术交流工作情况

时间	地点	活动内容	职责
2018 年 6 月 18—23 日	瑞士 Davos	2018 SCAR & ICAS 极地科学大会	调研
2017 年 4 月 25—26 日	印度尼西亚 Bogor	亚洲大海洋生态系国际学术会议	大会报告
2016 年 4 月 1—7 日	捷克 Prague	北极科学峰会周	调研
2016 年 11 月 9—10 日	美国 San Diego	PICES 年会	调研
2016 年 6 月 21—29 日	以色列 Haifa	海水养殖考察	调研
2015 年 12 月 7—9 日	日本九州	网箱鱼类养殖考察	调研
2014 年 10 月 5—13 日	纳米比亚 Swakopmund	第三届全球大海洋生态系（LME）大会	大会报告
2014 年 7 月 1—5 日	法国 Paris	UNESCO/IOC LME 第 16 次咨询委员会议	专题报告
2013 年 12 月 10—12 日	韩国首尔	韩国国家科学与技术工程院海洋学术会议	特邀报告
2013 年 8 月 12—13 日	韩国安山	APEC 区域 LME 2013 国际工作组会议	专题报告
2013 年 7 月 1—5 日	法国 Paris	UNESCO/IOC LME 第 15 次咨询委员会议	专题报告
2012 年 9 月 24—26 日	泰国 Bangkok	GEF 首次国际水域科学大会	YSLME 报告
2012 年 7 月 1—5 日	法国 Paris	UNESCO/IOC LME 第 14 次咨询委员会议	专题报告
2011 年 9 月 18—24 日	波兰 Gdańsk	国际海洋考察理事会（ICES）年度大会	专题报告
2011 年 7 月 1—5 日	法国 Paris	UNESCO/IOC LME 第 13 次咨询委员会议	专题报告
2010 年 7 月 1—5 日	法国 Paris	UNESCO/IOC LME 第 12 次咨询委员会议	专题报告
2009 年 7 月 1—5 日	法国 Paris	UNESCO/IOC LME 第 11 次咨询委员会议	专题报告
2008 年 10 月 20—24 日	日本 Yokohama	第五届世界渔业大会	特邀报告
2008 年 7 月 28 日至 8 月 2 日	英国 London	IGBP/GLOBEC 与 IMBER 过渡任务工作组	会议研讨
2008 年 4 月 7—11 日	越南河内	第四届全球海洋、海岸和海岛大会	专题报告
2007 年 12 月 13—15 日	日本函馆	第三届中日韩 GLOBEC 学术会议	主持、报告
2007 年 10 月 14—20 日	奥地利 Vienna	UNIDO/FAO LME 捕捞和污染工作组会议	专题报告
2007 年 9 月 22—29 日	希腊 Heraklion	国际海洋环境保护联合专家组（GESAMP）36 工作组外海生态系统水平海水养殖第一次会议	会议研讨
2007 年 9 月 11—13 日	中国青岛	第二届全球大海洋生态系（LME）	大会联合主席、报告
2007 年 7 月 10—11 日	法国 Paris	UNESCO/IOC LME 第 9 次咨询委员会议	专题报告
2007 年 2 月 12 日至 3 月 5 日	美国 Washington DC	全球环境基金会顾问团（GEF/STAP）会议	研讨
2006 年 10 月 3—22 日	美国 Washington DC	全球环境基金会顾问团（GEF/STAP）会议	研讨
2006 年 7 月 1—5 日	法国 Paris	UNESCO/IOC LME 第 8 次咨询委员会会议	专题报告
2005 年 7 月 9—15 日	澳大利亚 Cairns	第六届世界工程院联合会会议：海洋与世界未来	大会报告
2005 年 7 月 5—6 日	法国 Paris	UNESCO/IOC LME 第 7 次咨询委员会会议	专题报告
2005 年 5 月 30 日至 6 月 5 日	意大利 Rome	GLOBEC 第 10 次科学指导委员会会议	会议研讨
2005 年 3 月 6—9 日	韩国首尔	黄海大海洋生态系（YSLME）会议	会议报告

（续）

时间	地点	活动内容	职责
2004 年 11 月 27—29 日	中国杭州	第二届中日韩 GLOBEC 学术会议	主持、报告
2004 年 11 月 18—20 日	泰国曼谷	世界自然保护同盟（IUCN）LME 会议	大会报告
2004 年 6 月 12—18 日	美国 Seattle	PICES 渔业问题研究组（FERRRS）会议	会议研讨
2004 年 5 月 1—7 日	加拿大 Vancouver	第四届世界渔业大会	专题报告
2004 年 4 月 13—22 日	纳米比亚 Swakopmund	GLOBEC 第 9 次科学指导委员会会议	会议研讨
2004 年 3 月 31 日至 4 月 3 日	法国 Paris	UNESCO/IOC LME 第 6 次咨询委员会会议	专题报告
2003 年 9 月 21—26 日	日本千叶	2003 年国际海洋生物技术大会	会议调研
2003 年 6 月 16—25 日	加拿大 Banff	GLOBEC 第 8 次科学指导委员会会议 国际地圈生物圈计划（IGBP）第三届大会	会议研讨 会议调研
2003 年 3 月 2—8 日	法国 Paris	UNESCO/IOC LME 第 5 次咨询委员会会议	专题报告
2003 年 1 月 8 日至今	法国 Paris	IGBP OCEANS 开放科学大会	调研
2002 年 10 月 20—25 日	中国青岛	PICES 第四届年会	承办委主席
2002 年 10 月 19 日	中国青岛	中法海洋科学工作组会议	会议主持
2002 年 10 月 10—18 日	中国青岛	IGBP GLOBEC 第二届开放科学大会	报告、承办委主席
2002 年 9 月 15—24 日	加拿大 Carlottown	第一次国际贻贝养殖论坛	专题报告
2002 年 1 月 7—15 日	法国 Paris	UNESCO/IOC LME 第 4 次咨询委员会会议	专题报告
2001 年 10 月 6—11 日	加拿大 Victoria	PICES 第 10 届年会	专题主持
2001 年 9 月 29 日至 10 月 5 日	冰岛 Reykjavik	海洋生态系统负责任渔业大会	调研
2001 年 9 月 20—24 日	韩国仁川	国际黄海学术会议	会议报告
2001 年 8 月 24—28 日	日本神户	亚太网络（APN）/全球小型中上层鱼类与气候变化会议（SPACC）	会议报告
2001 年 5 月 10—14 日	荷兰 Amsterdam	IGBP 年会	调研
2000 年 9 月 29 日至 10 月 4 日	澳大利亚 Townsville	国际海洋生物技术大会	调研
2000 年 6 月 13—30 日	法国 Paris	UNESCO/IOC-IUCN-NOAA LME 咨询会议-3 国家自然科学基金委海洋科学访法代表团	专题报告 专家
1999 年 10 月 9—14 日	俄罗斯符拉迪沃斯托克	PICES 第八届年会	专题主持、报告
1999 年 8 月	韩国汉城	21 世纪海洋科学技术展望国际会议	特邀报告
1999 年 5 月 4—12 日	挪威 Bergen	第十二届国际扇贝研讨会	专题主持
1999 年 3 月 14—20 日	法国 Moutpellier	捕捞的生态系统作用国际学术大会	调研
1998 年 6 月 21—26 日	南非 Cape Down	本格拉 LME 区域学术会议	特邀报告
1998 年 3 月 14—23 日	法国 Paris	国际 IGBP/GLOBEC 开放科学大会 UNESCO/IOC-IUCN-NOAA LME 咨询会议-2	组委、报告 专题报告
1997 年 11 月 10—14 日	俄罗斯符拉迪沃斯托克	IGBP 东亚区域合作委员会会议	会议研讨
1997 年 10 月 15—25 日	韩国釜山	第 6 届 PICES 年会	专题主持
1997 年 6 月 23—27 日	英国 Plymouth	IGBP-GLOBEC 科学指导委员会会议	会议研讨
1997 年 2 月 15—21 日	美国 Seattle WA	1997 年美国科学发展协会（AAAS）年会/LME 研讨会	专题报告

（续）

时间	地点	活动内容	职责
1997年1月21—25日	法国Paris	UNESCO/IOC-IUCN-NOAA大海洋生态系LME咨询会议-1	专题报告
1996年11月11—13日	美国Baltimore MD	IGBP/SCOR/IOC GLOBEC科学指导委员会议	会议研讨
1996年10月10—21日	加拿大Nanaimo BC	第5届PICES年会	大会组委、中国代表团团长
1996年6月21—30日	日本根室	PICES/GLOBEC实施计划工作会议	会议研讨
1996年5月21—28日	挪威Bergen	卑尔根大学金显仕博士学位答辩会	中方专家
1996年2月29日至3月8日	美国New Bedford MA	联合国UNESCO海委会（IOC）生物资源专家组会议	会议研讨
1995年10月16—22日	中国青岛	第四届PICES年会	大会组委、承办委主席
1995年3月7—12日	韩国汉城	中韩（政府间）渔业专家会	会议研讨
1995年2月5—14日	美国Seattle WA	中白令海狭鳕资源保护与管理专家会议	会议研讨
1994年10月13—26日	日本根室	第三届PICES年会/PICES GLOBEC工作组会议	大会组委
1994年10月8—11日	中国青岛	环太平洋大海洋生态系（LME）国际学术会议	联合主席、报告
1994年7月18—21日	法国Paris	国际GLOBEC战略计划大会	会议研讨
1994年2月20—27日	美国Seattle WA	白令海狭鳕资源评估工作组会议	中方专家
1994年1月23—29日	日本东京	白令海狭鳕资源合作调查工作组会议	中方专家
1994年1月9—14日	美国Jekyll Is. GA	SCOR/IOC GLOBEC科学指导委员会会议	会议研讨
1993年11月14—19日	韩国安山	LME工作组会议	会议研讨
1993年10月20—30日	美国Seattle WA	第二届PICES年会	大会组委、专题主持
1993年10月2—8日	韩国汉城	白令海狭鳕保护与管理大会	中方专家
1993年9月17—24日	日本东京	北太平洋渔业（狭鳕）科学工作会议	中方专家
1993年3月27日至4月5日	肯尼亚Mombasa	印度洋LME国际学术会议	大会报告
1993年1月11—20日	美国Washington DC	第六次白令海公海资源保护与管理大会	中方专家
1992年11月27日至12月3日	韩国釜山	渔业资源养殖考察团	团员
1992年10月10—21日	加拿大Victoria	第一届北太平洋海洋科学组织（PICES）年会	中方专家
1992年4月12—19日	美国Washington DC	第四次白令海公海资源保护与管理大会	中方专家
1992年3月31日至4月3日	意大利Ravello	全球海洋生态系动力学（GLOBEC）科学指导委员会首次国际计划会议	研讨专家
1992年2月25日至3月4日	美国Seattle WA	白令海狭鳕工作组会议	中方专家
1991年12月9—18日	美国Seattle WA	北太平洋海洋科学组织第一次科学研讨会	中方专家
1991年11月13—24日	美国Washington DC	第三次白令海公海资源保护与管理大会	中方专家
1991年7月27—29日	中国青岛	国际黄海研究学术讨论会	报告
1991年2月27日至3月6日	日本东京	中日渔业委员会第十五次年会	中方专家
1991年2月3—10日	美国Seattle WA	阿留申海盆狭鳕资源工作组会议	中方专家
1990年9月28日至10月9日	摩纳哥	第一届大海洋生态系（LME）国际大会	特邀报告
1990年4月18—29日	苏联哈巴罗夫斯克	白令海渔业国际科学研讨会	中方专家
1989年2月27日至3月7日	日本东京	中日渔业委员会第十四次年会	中方专家

（续）

时间	地点	活动内容	职责
1988年7月16日至8月8日	美国 Sitka AK	六国白令海渔业资源研讨会	中方专家
1987年10月25日至11月10日	加拿大 Vancouver	海洋变化对补充的作用与资源评估模型国际学术会议	大会报告
	美国 Seattle WA	北太平洋渔业委员会会议	会议研讨
1987年6月21—29日	美国 Honolulu HI	黄海跨国管理和合作可能性国际大会	特邀报告
1987年2月14—23日	美国 Chicago IL	1987年美国科学发展协会（AAAS）年会/大海洋生态系	专题报告
1985年11月20日至12月10日	美国东、西海岸多地	渔业管理考察（政府间交流）	代表团成员
1983年7月—1984年1月	美国 Seattle WA	华盛顿大学数量科学研究中心（CQS）研修	访问学者
1982年9月—1983年6月	美国 Solomon MD	马里兰大学切湾生物实验室（CBL）研修	访问学者
1982年8月27—28日	荷兰 Ijmuiden	荷兰渔业调查研究所学习访问	访问学者
1982年8月24—26日	西德 Hamburg	西德渔业科学研究中心学习访问	访问学者
1982年8月18—24日	丹麦 Copenhagen	丹麦渔业研究所学习访问	访问学者
1981年10月—1982年8日	挪威 Bergen	挪威海洋研究所研修渔业科学	访问学者

国内外学术兼职情况

国内学术兼职情况

起止年月	单位	任职
2019年至今	极地科技专家委员会（科技部）	委员
2019年至今	青岛市高级专家协会第三届理事会	名誉会长
2019年至今	威海市海洋发展顾问团	特聘顾问
2019—2024年	农业农村部全国海洋渔业资源评估专家委员会	主任委员
2019—2020年	面向2035年的中长期科技规划战略研究海洋领域专家组	副组长
2018年至今	山东省人民政府首届决策咨询特聘专家	特聘专家
2018年至今	《中国农业百科全书》第二版总编辑委员会	副主任委员/渔业卷主编
2018—2023年	农业农村部海洋渔业可持续发展重点实验室（学科群）第二届学委会	主任委员
2018—2023年	国家海洋局海洋生态系统与生物地球化学重点实验室第二届学委会（国家海洋局第二海洋研究所）	主任委员
2018—2022年	中国工程院教育委员会	委员
2018—2022年	中国工程院农业学部常委会	常委
2017年至今	中国极地科学技术委员会	委员
2017年至今	农业部海洋牧场建设专家咨询委员会	主任委员
2017年至今	农业部极地渔业开发重点实验室学委会	主任委员
2017年至今	农业部渔业专家咨询委员会	副主任委员
2017年至今	山东省渔业资源与生态环境重点实验室学委会	主任委员
2017—2022年	第二届中国科学院学术委员会海洋领域专门委员会	委员
2017—2020年	《渔业科学进展》编辑委员会	主任委员
2016年至今	青岛市生态学会	荣誉理事长
2016年至今	中国科学技术协会	荣誉委员
2016年至今	海洋渔业科学与食物产出过程功能实验室学委会	副主任
2016—2021年	厦门大学福建省海陆界面生态环境重点实验室第三届学委会	主任
2016年4月28日	国家科技计划（“十三五”）战略咨询与综合评审特邀委员会	邀请专家
2015年至今	《中国大百科全书》第三版总编辑委员会	委员/渔业学科主编
2015—2020年	《中国水产科学》第七届编辑委员会	名誉主任委员学术顾问
2015—2020年	青岛海洋科学与技术国家实验室第一届学委会	副主任委员
2015—2020年	青岛海洋科学与技术国家实验室第一届理事会	常务理事
2015—2017年	中国科学院学术委员会可持续发展领域专门委员会	委员
2014年至今	中国科学院南海所海南热带海洋生物实验站学委会	主任
2014—2018年	中国工程院第五届咨询工作委员会	委员
2014—2017年	中国科协创新评估指导委员会	委员

（续）

起止年月	单位	任职
2014 年	《国家中长期科学和技术发展规划纲要/2006—2020》中期评估总体评估组	专家
2013—2019 年	第四届国家重点基础研究发展计划（“973 计划”）资源环境科学领域专家咨询组	组长
2013—2018 年	中国科学院海洋生态与环境科学重点实验室第三届学委会	委员
2013—2017 年	海洋科学技术奖第一届奖励委员会	委员
2012—2017 年	中国农学会	副会长
2012—2016 年	国家“863 计划”专家委员会	委员
2012 年 4 月 12—14 日	香山科学会议第 419 次学术讨论会（海洋酸化：越来越酸的海洋、灾害与效应预测）	第一执行主席
2011—2019 年	中国海洋大学水产养殖教育部重点实验室第五、六届学委会	主任
2011—2017 年	农业部海洋渔业可持续发展重点实验室学委会	主任
2011—2016 年	厦门大学福建省海洋环境科学联合重点实验室第二届学委会	主任
2011—2016 年	华东师范大学河口海岸学国家重点实验室第五届学委会	委员
2011—2016 年	中国科协第八届常委会青少年科学教育专门委员会	副主任委员
2011 年 6 月 13—15 日	香山科学会议第 399 次学术讨论会（近海生态系统碳源汇特征与生物碳汇扩增的科学途径）	第一执行主席
2010 年至今	*Journal of Resources and Ecology*	Member of Editorial Board
2010—2021 年	厦门大学近海海洋环境科学国家重点实验室第二、三届学委会	委员
2010—2018 年	中国工程院主席团	成员
2010—2014 年	中国工程院学术与出版委员会	委员
2010—2011 年	《10000 个科学难题·农业科学卷》编委会	副主任
2010 年 11 月 18—20 日	中国工程院第 109 场工程科技论坛（碳汇渔业与渔业低碳技术）	主持人
2009 年至今	山东省渔业资源与生态环境重点实验室学委会	副主任委员
2009 年至今	日照市蓝色经济区专家咨询委员会	主任委员
2009 年至今	青岛市蓝色经济区建设专家咨询委员会	副主任委员
2009 年至今	山东省山东半岛蓝色经济区咨询委员会	委员
2009 年至今	中国科学院海洋研究所	博士生导师
2009—2019 年	山东省科学技术协会第七、八届委员会	主席
2009—2018 年	厦门大学	双聘教授、讲座教授
2009—2017 年	《渔业科学进展》	主编
2009—2014 年	国家水生生物资源养护专家委员会	主任
2009—2012 年	国际地圈生物圈计划中国全国委员会（CNC-IGBP）第六届委员会	常委
2009 年 2 月 11—13 日	香山科学会议第 340 次学术讨论会（可持续海水养殖与提高产出质量的科学问题）	第一执行主席
2008 年 7—8 月	科技部/青岛市科学应对浒苔自然灾害专家委员会	主任委员

（续）

起止年月	单位	任职
2007 年至今	中国海洋大学	客座教授
2007—2019 年	农业部第七、八、九届科学技术委员会	副主任委员
2007—2011 年	国家科学技术进步奖评审委员会	委员
2007—2011 年	国家科学技术进步奖评审委员会养殖专业组	组长
2007 年 7 月 4—6 日	香山科学会议第 305 次学术讨论会（近海可持续生态系统与全球变化影响）	第一执行主席
2006—2016 年	中国科学技术协会第七、八届全国委员会	副主席
2007—2015 年	华东师大河口海岸学国家重点实验室第四、五届学委会	委员
2006—2015 年	《应用生态学报》	副主编
2006—2014 年	中国工程院第一、二届学术与出版委员会	委员
2006—2010 年	中国工程院农业学部常委会	常委
2005 年至今	农业部专家咨询委员会	委员
2005—2021 年	海洋局二所海洋生态系与生地化过程重点实验室第一、二、三届学委会	主任
2004 年至今	*Chinese Journal of Oceanology and Limnology*	Member of Editorial Board
2004 年至今	中科院水生生物研究所学术委员会	委员
2004—2009 年	第一届国家生物物种资源保护专家委员会	委员
2004—2008 年	国家自然科学基金委员会地球科学部第二、三届专家咨询委员会	委员
2004—2008 年	国家自然科学基金委地球科学部第十一、十二届海洋学科评审组	组长
2004 年	全国农业技术推广研究员评委会水产与农业工程专业委员会	主任委员
2004 年 5 月 26—28 日	香山科学会议第 228 学术讨论会（陆架边缘海生态系统与生物地球化学过程）	执行主席
2003 年至今	海洋生态环境科学与工程海洋局重点实验室（国家海洋局第一海洋研究所）学委会	主任
2003 年	国家最高科学技术奖评审咨询专家组	成员
2003 年	农业部国务院政府特殊津贴与国家有突出贡献中青年专家评审委员会	副主任委员
2002 年至今	《水生生物学报》	编委
2002 年至今	中国水产科学研究院学科建设指导委员会（第一届）	副主任委员
2002—2015 年	《中国水产科学》编辑委员会	副主任委员
2002—2006 年	中国工程院农业、轻纺与环境工程学部常委会	常委
2001 年至今	辽宁省人民政府	科技顾问
2001 年至今	天津市人民政府	特聘专家
2001 年至今	厦门大学海洋系/海洋与环境学院/环境与生态学院	博士生导师、兼职教授
2001—2012 年	中国水产学会第七、八届理事会	理事长
2001—2006 年	国家“863 计划”资源与环境领域专家委员会	成员
2000 年至今	农业部第七届科学技术委员会	委员
2000 年至今	全国农业技术推广研究员评审委员会	委员、副主任
2000—2019 年	青岛市高级专家协会	会长

（续）

起止年月	单位	任职
2000—2003 年	国家自然科学基金第八、九届生命科学部学科评审组	副组长、组长
2000—2002 年	国家科学技术进步奖评审委员会	委员
2000—2002 年	国家科学技术进步奖评审委员会养殖专业组	副组长、组长
1999 年至今	中国水产科学研究院学术委员会	副主任委员
1999—2004 年	厦门大学海洋环境科学教育部重点实验室第二届学术委员会	委员
1999—2001 年	青岛市生态学会	理事
1998—2000 年	国家自然科学基金委员会生命科学部第专家咨询组	成员
1997 年至今	《海洋与湖沼》学报	编委
1997 年至今	中国海洋湖沼学会	常务理事
1997 年至今	上海水产大学	兼职教授
1997—2002 年	国务院学位委员会第四届学科评议组（水产组）	成员
1997—2000 年	中国水产学会	副理事长
1996 年至今	《应用生态学报》	编委
1996 年至今	中国 IGBP 全球海洋生态系统动力学（GLOBEC）科学工作组	主席
1996 年至今	“专属经济区和大陆架勘测专项”技术专家组	副组长
1996 年至今	青岛海洋大学	博士生导师
1996—2001 年	中国水产科学研究院第四、五届学术委员会	副主任
1996—2000 年	国家“863 计划”海洋技术领域海洋生物技术主题首届专家组	副组长
1995—2008 年	《海洋水产研究》	主编
1994 年至今	青岛海洋大学	兼职教授
1988—1991 年	国家自然科学基金第二、三届生命学部学科评审组	专家
1987—1991 年	《中国农业百科全书·水产卷》水产资源分支	副主编

国际学术兼职情况

起止年月	单位	任职
2008—2019 年	世界自然保护联盟生态系统管理委员会渔业专家组（IUCN/CEM/FEG）	成员
2007—2009 年	国际地圈生物圈计划（IGBP）IMBER 与 GLOBEC 过渡任务工作组	成员
2007—2008 年	国际海洋环境保护联合专家组（IMO/FAO/UNESCO/UNEP/UNIDOGESAMP）36 工作组：外海生态系统水平海水养殖	亚洲代表
2006—2007 年	全球环境基金会顾问团（GEF/STAP）	核心成员
2006 年 9 月—2007 年 6 月	联合国环境规划署（UNEP）	顾问
2003—2005 年	全球海洋生态系统动力学科学指导委员会（IGBP GLOBEC/SSC）	委员
2002 年	世界水产养殖大会科学指导委员会（WAC/SSC）	副主席/中方主席
1997 年至今	世界自然保护联盟（IUCN）生态系统管理委员会（CEM）	首届委员
1997—2014 年	联合国海委会（IOC）大海洋生态系（LME）咨询委员会	成员
1996 年至今	《中白令海狭鳕资源养护与管理公约》国际科学技术委员会	委员

（续）

起止年月	单位	任职
1996—1998 年	全球海洋生态系统动力学科学指导委员会（IGBP GLOBEC/SSC）	委员
1994 年 10 月 8—11 日	环太平洋大海洋生态系（LME）学术会议	联合主席
1992—1996 年	PICES 科学局	成员
1992—1996 年	北太平洋海洋科学组织（PICES）渔业科学委员会	主席
1991—1995 年	全球海洋生态系统动力学科学指导委员会（SCOR GLOBEC/SSC）	委员

获奖项目与荣誉称号

获奖项目

"我国专属经济区和大陆架海洋生物资源及其栖息环境调查与评估"2006年国家科学技术进步奖二等奖（第1完成人）
"海湾系统养殖容量与规模化健康养殖技术"2005年国家科学技术进步奖二等奖（第1完成人）
"渤海渔业增养殖技术研究"1997年国家科学技术进步奖二等奖（第2完成人）
"白令海和鄂霍次克海狭鳕渔业信息网络和资源评估调查"1997年国家科学技术进步奖三等奖（第1完成人）
"渤海生态系统动力学与生物资源可持续利用"2003年浙江省科学技术进步奖一等奖（第2完成人）
"中国海洋渔业生物学"1997年农业部科学技术进步奖二等奖（第2完成人）
"魁蚶资源增殖的试验研究"1994年农业部科学技术进步奖三等奖（第1完成人）
"中国进一步发展远洋渔业对策研究"1993年农业部科学技术进步奖三等奖（第3完成人）
"山东近海渔业资源调查"1991年山东省科学技术进步奖三等奖（第1完成人）
"黄海鲱鱼资源的开发与渔业预报的研究"1986年农牧渔业部科学技术进步奖三等奖（第1完成人）

荣誉称号

全国专业技术人才先进集体（中共中央组织部、中共中央宣传部、人力资源和社会保障部、科学技术部；海洋渔业资源与生态环境研究团队，带头人，2014）
中华农业科技奖优秀创新团队（农业部、神农中华农业科技奖奖励委员会；海洋渔业资源与生态环境研究团队，第1完成人，2013）
山东省科技兴农功勋科学家（2012）
青岛市十佳优秀共产党员（2011）
新中国成立60周年"三农"模范人物（农业部，2009）
国家"973计划"优秀研究团队（科技部，"973计划"十周年；首席，2008）
中国水产科学研究院"功勋科学家"（院30年庆，2008）
首批"山东省优秀创新团队"（并记集体一等功；渔业资源与生态环境创新团队，团队带头人，2008）
山东省科学技术最高奖（2007）
全国杰出专业技术人才奖（中共中央组织部、中共中央宣传部、人事部、科学技术部，2006）
山东省先进工作者（2006）
何梁何利科学与技术进步奖（地球科学奖，2005）
首届中华农业英才奖（农业部，2005）
青岛市劳动模范（2005）
青岛市科学技术功勋奖（2004）
国家重点基础研究发展计划（"973计划"）先进个人（科学技术部，2004）
全国农业科技先进工作者（科学技术部、农业部、水利部、国家林业局，2001）
国家中青年突出贡献专家（人事部，1998）
中华农业科教奖（中华农业科教基金会，1997）
山东省专业技术拔尖人才（1997）
全国远洋渔业先进工作者（农业部、对外贸易经济合作部，1995）
政府特殊津贴证书（国务院，1993）
全国农业教育、科研系统优秀回国留学人员（农业部，1991）

附录二　唐启升论文和专著目录

论文与专报

Wu Q，Ying Y P，Tang Q S[①]，2019. Changing states of the food resources in the Yellow Sea large marine ecosystem under multiple stressors. Deep-Sea Research Part Ⅱ，163：29－32.

Han D，Shan X J，Zhang W B，Chen Y S，Wang Q Y，Li Z J，Zhang G F，Xu P，Li J L，Xie S Q，Mai K S，Tang Q S，De Silva SS，2018. A revisit to fishmeal usage and associated consequences in Chinese aquaculture. Reviews in Aquaculture，10：493－507.

毛玉泽，李加琦，薛素燕，蔺凡，蒋增杰，方建光，唐启升[②]，2018. 海带养殖在桑沟湾多营养层次综合养殖系统中的生态功能．生态学报，38（9）：3230－3237.

Tang Q S，Liu H，2018. Driving forces and sustainable development of Chinese aquaculture. In：Gui et al.（eds），Aquaculture in China：Success Stories and Modern Trends. Hoboken，NJ：John Wiley & Sons：631－646.

Tang Q S，Han D，Shan X J，Zhang WB，Mao Y Z，2018. Species composition in Chinese aquaculture with reference to trophic level of culture species. In：Gui et al.（eds），Aquaculture in China：Success Stories and Modern Trends：Hoboken，NJ：John Wiley & Sons：70－91.

唐启升，2018. 渔业科学知识体系和中国特色的渔业发展之路．农学学报，8（1）：19－23.

陈剑平，刘旭，邓秀新，方智远，唐启升，等，2018. 东南沿海地区农产品率先走向中高端的建议．中国工程院院士建议（国家高端知库），10：1－8.

林忠钦，吴有生，唐启升，周守为，曾恒一，等，2018. 关于建立我国海域航行安全体系的建议．中国工程院院士建议（国家高端知库），9：1－7.

陈剑平，刘旭，唐启升，徐洵，赵法箴，等，2018. 关于树立大食物观，持续健康发展远洋渔业的建议．中国工程院院士建议（国家高端知库），7：1－7.

徐匡迪，唐启升，刘旭，朱作言，桂建芳，等，2017. 关于促进水产养殖业绿色发展的建议．中国工程院院士建议（国家高端知库），21：1－7.

唐启升，韩冬，毛玉泽，张文兵，单秀娟，2016. 中国水产养殖种类组成、不投饵率和营养级．中国水产科学，23（4）：729－758.

唐启升，刘慧，2016. 海洋渔业碳汇及其扩增战略．中国工程科学，18（3）：68－73.

唐启升（执笔），2016. 环境友好型水产养殖业发展战略．中国工程科学，18（3）：1－7.

赵宪勇，左涛，冷凯良，唐启升，2016. 南极磷虾渔业发展的工程科技需求．中国工程科学，18（2）：85－90.

唐启升（执笔），2016. 蓝色海洋生物资源开发战略．中国工程科学，18（2）：32－40.

---

①② 为通讯作者。

唐启升（执笔），2016. 海洋工程技术强国战略．中国工程科学，18（2）：1－9.

Tang Q S，Ying Y P，Wu Q，2016. The biomass yields and management challenges for the Yellow Sea large marine ecosystem. Environmental Development，17：175－181.

Tang Q S，Tong L，2016. Global ocean ecosystem dynamics research in China. In：Li (ed.)，Contemporary Ecology Research in China. Springer-Verlag Berlin Heidelberg and Education Press：63－68.

Huang J S，Sun Y，Jia H B，Yang Q，Tang Q S，2016. Last 150－year variability in Japanese anchovy（*Engraulis japonicus*）abundance based on the anaerobic sediments of the Yellow Sea basin in the Northwest Pacific. Journal of Ocean University of China，15（1）：131－136.

唐启升，序．董双林，著，2015. 中国综合水产养殖的生态学基础，北京：科学出版社．

唐启升，刘慧，方建光，张继红，2015. 海洋生物碳汇扩增．生物碳汇扩增战略研究．北京：科学出版社：57－87.

黄建生，孙耀，唐启升，2015. 黄渤海常见鱼类鳞片的形态特征．中国水产科学，22（3）：528－544.

Ma Q，Zhuang Z M，Feng W R，Liu S F，Tang Q S，2015. Evaluation of reference genes for quantitative real-time PCR analysis of gene expression during early development processes of the tongue sole（*Cynoglossus semilaevis*）. Acta Oceanologica Sinica，34（10）：90－97.

单秀娟，韩冬，张文兵，陈宇顺，王清印，解绶启，李钟杰，张国范，麦康森，徐跑，李家乐，唐启升①，2015. 中国水产养殖缓解了对野生渔业资源需求的压力．中国水产，6：5－6.

Han D，Shan X J，Zhang W B，Chen Y S，Xie S Q，Wang Q I，Li Z J，Zhang G F，Mai K S，Xu P，Li J L，Tang Q S①，2015. China aquaculture provides food for the world and then reduces the demand on wild fisheries. http：//comments. sciencemag. org/content/10. 1126/science. 1260149.

宋健，潘云鹤，唐启升，王礼恒，吴有生，等，2015. 关于"加紧发展海洋传感器，夯实海洋强国关键基础设施建设"的建议．中国工程院院士建议，8：1－8.

徐匡迪，周 济，潘云鹤，唐启升，旭日干，等，2014. 关于加大加快南极磷虾资源规模化开发步伐，保障我极地海洋资源战略权益的建议的报告．中国工程院呈报国务院报告．

唐启升，旭日干，刘旭，沈国舫，邓秀新，等，2014. 关于"大力推进盐碱水渔业发展，保障国家食物安全、促进生态文明建设"的建议．中国工程院院士建议，36：1－7.

李文华，任继周，刘旭，邓秀新，唐启升，等，2014. 关于加强我国农业文化遗产研究与保护工作的建议．《中国工程院院士建议》，35：1－9.

Chen S L①，Zhang G J，Shao C W，Huang G F，Liu G，Zhang P，Song W T，An N，Chalopin D，Volff J N，Hong Y H，Li Q Y，Sha Z X，Zhou H L，Xie M S，Yu Q L，Liu Y，Xiang H，Wang N，Wu K，Yang C G，Zhou Q，Liao X L，Yang L F，Hu Q M，Zhang J L，Meng L，Jin L J，Tian YS，Lian J M，Yang J F，Miao G D，Liu S S，Liang Z，Yan F，Li Y Z，Sun B，Zhang H，Zhang J，Zhu Y，Du M，Zhao Y W，Schartl M②，Tang Q S③，Wang J④. Whole-genome sequence of a flatfish provides

①～④ 为通讯作者。

insights into Z W sex chromosome evolution and adaptation to a benthic lifestyle. Nature Genetics，2014，46（3）：253－260.

Huang J S，Sun Y，Jia H B，Yang Q，Tang Q S，2014. Spatial distribution and reconstruction potential of Japanese anchovy（*Engraulis japonicus*）based on scale deposition records in recent anaerobic sediment of the Yellow Sea and East China Sea. Acta Oceanologica Sinica，33（12）：1－7.

Tang Q S，2014. Management strategies of marine food resources under multiple stressors with particular reference of the Yellow Sea large marine ecosystem. Frontiers of Agricultural Science and Engineering，1（1）：85－90.

唐启升，张元兴，2014. 主要海洋产业分类与归并．中国海洋工程与科技发展战略研究：综合研究卷．北京：海洋出版社：107－109.

冯文荣，柳淑芳，庄志猛，马骞，苏永全，唐启升，2014. 半滑舌鳎线粒体 DNA 含量测定方法的建立与优化．中国水产科学，21（5）：920－928.

唐启升，丁晓明，刘世禄，王清印，聂品，何建国，麦康森，徐皓，林洪，金显仕，张国范，杨宁生，2014. 我国水产养殖业绿色、可持续发展的保障措施与政策建议．中国渔业经济，32（2）：5－11.

唐启升，丁晓明，刘世禄，王清印，聂品，何建国，麦康森，徐皓，林洪，金显仕，张国范，杨宁生，2014. 我国水产养殖业绿色、可持续发展战略与任务．中国渔业经济，32（1）：6－14.

唐启升，张信学，赵泽华，朱心科，赵宪勇，2013. 高端装备制造领域之海洋装备．中国战略性新兴产业发展报告，231－241. 北京：科学出版社．

Tang Q S①，Zhang J，Su J L，Tong L，2013. Editorial. Spring bloom processes and the ecosystem：The case study of the Yellow Sea. Deep-Sea Research Part Ⅱ，97：1－3.

唐启升，仝龄，2013. 海洋生态系统动力学．中国当代生态学研究：生物多样性保育卷，175－188. 北京：科学出版社．

唐启升，陈镇东，余克服，戴民汉，赵美训，柯才焕，黄天福，柴扉，韦刚健，周力平，陈立奇，宋佳坤，James Barry，吴亚平，高坤山②，2013. 海洋酸化及其与海洋生物及生态系统的关系．科学通报，57：1307－1314.

马骞，庄志猛，柳淑芳，唐启升，2013. 半滑舌鳎 Dorsalin－1－like 基因的克隆与表达．中国水产科学，20（6）：1123－1131.

唐启升，方建光，张继红，蒋增杰，刘红梅，2013. 多重压力胁迫下近海生态系统与多营养层次综合养殖．渔业科学进展，34（1）：1－11.

张继红，方建光，唐启升，任黎华，2013. 桑沟湾不同区域养殖栉孔扇贝的固碳速率．渔业科学进展，34（1）：12－16.

张波，孙珊，唐启升③，2013. 海洋捕捞业的碳汇功能．渔业科学进展，34（1）：70－74.

任黎华，张继红，方建光，唐启升，刘毅，杜美荣，2013. 长牡蛎呼吸、排泄及钙化的日节律研究．渔业科学进展，34（1）：75－81.

Ma Q，Su Y Q，Wang J，Zhuang Z M，Tang Q S，2013. Molecular cloning and expression

①～③ 为通讯作者。

analysis of major histocompatibility complex class ⅡB gene of the Whitespotted bambooshark (*Chiloscyllium plagiosum*). Fish Physiology and Biochemistry，39 (2)：131 - 142.

周守为，陈念念，谢克昌，唐启升，雷清泉，等，2012. 关于加快南海中南部（深水）油气勘探开发的建议．工程院院士建议，11：1 - 8.

徐匡迪，周济，潘云鹤，唐启升，旭日干，等，2012. 加快南极磷虾资源规模化开发步伐，保障我南极资源开发利用长远权益．工程院院士建议，9：1 - 13.

宋健，周济，潘云鹤，唐启升，金翔龙，等，2012. 关于把海洋渔业提升为战略产业和加快推进渔业装备升级更新的建议报告．中国工程院呈报国务院报告．

周守为，雷清泉，邱爱慈，唐启升，谢克昌，等，2012. 实施海洋大开发战略，构建国家经济社会可持续发展新格局．工程院院士建议，6：1 - 10.

唐启升，高坤山，陈镇东，余克服，等，2012. 海洋酸化：越来越酸的海洋、灾害与效应预测．香山科学会议简报（第 419 次会议），414：1 - 12.

Li M L，Jin X S，Tang Q S①，2012. Policies，regulations，and eco-ethical wisdom relating to ancient Chinese fisheries. J. Agric Environ Ethics，1：33 - 54.

Ma Q，Liu S F②，Zhuang Z M，Lin L，Sun Z Z，Liu C L，Ma H，Su Y Q，Tang Q S，2012. Genomic structure，polymorphism and expression analysis of the growth hormone (GH) gene in female and male half-smooth tongue sole (*Cynoglossus semilaevis*). Gene，493：92 - 104.

Lin L，Zhu L，Liu S F，Tang Q S，Su Y Q，Zhuang Z M③，2012. Polymorphic microsatellite loci for Japanese Spanish mackerel (*Scomberomorus niphonius*) Genetics and Molecular Research，11 (2)：1205 - 1208.

Wu R X，Liu S F，Zhuang Z M④，Su Y Q，Tang Q S，2012. Population genetic structure and demographic history of the small yellow croaker，*Larimichthys polyactis* (Bleeker，1877)，from the coastal waters of China. African Journal of Biotechnology，11 (61)：12500 - 12509.

Ma Q，Liu S F，Zhuang Z M，Sun Z Z，Liu C L，Tang Q S，2012. The co-existence of two growth hormone receptors and their differential expression profiles between female and male Tongue sole (*Cynoglossus semilaevis*). Gene，511 (2)：341 - 352.

马骞，柳淑芳⑤，庄志猛，唐启升，2012. 半滑舌鳎生长激素及其受体基因的原核表达．中国水产科学，19 (6)：956 - 962.

马骞，林琳，柳淑芳⑥，钟声平，庄志猛，苏永全，唐启升，2012. 雌雄半滑舌鳎生长相关基因的微卫星及其在种群遗传结构分析中的应用．渔业科学进展，33 (4)：18 - 25.

Ma Q，Liu S F，Zhuang Z M，Lin L，Sun Z Z，Liu C L，Ma H，Su Y Q，Tang Q S，2012. Genomic structure，polymorphism and expression analysis of the growth hormone (GH) gene in female and male Half-smooth tongue sole (*Cynoglossus semilaevis*). Gene，493：92 - 104.

李茂林，金显仕，唐启升⑦，2012. 试论中国古代渔业的可持续管理和可持续生产．农业考古，1：213 - 220.

①～⑦ 为通讯作者。

Tang Q S，Fang J G，2012. Review of climate change effects in the Yellow Sea large marine ecosystem and adaptive actions in ecosystem based management. In：Sherman K and McGovern G（eds.），Frontline Observations on Climate Change and Sustainability of Large Marine Ecosystem. Large Marine Ecosystem，17：170－187.

Huang D J，Ni X B，Tang Q S，Zhu X H，Xu D F，2012. Spatial and temporal variability of sea surface temperature in the Yellow Sea and East China Sea over the past 141 years. In：Wang S Y（ed.），Modern Climatology，ISBN：978－953－51－0095－9，In Tech，213－234.

唐启升，2012. 中国水产养殖业可持续发展战略 . 中国禽业导刊，29（11）：25－27.

唐启升，张经，孙松，戴民汉，2011. 近海生态系统碳源汇特征与生物碳汇扩增的科学途径 . 香山科学会议简报（第 399 次会议），393：1－12.

Tang Q S，Zhang J H，Fang J G，2011. Shellfish and seaweed mariculture increase atmospheric CO_2 absorption by coastal ecosystems. Mar Ecol Prog Ser，424：97－104.

唐启升，卢良恕，管华诗，方智远，赵法箴，等，2011. 关于设立国家水生生物增殖放流节的建议 . 工程院院士建议，23：1－6.

刘慧，唐启升，2011. 国际海洋生物碳汇研究进展 . 中国水产科学，3：695－702.

唐启升，2011. 碳汇渔业与又好又快发展现代渔业 . 江西水产科技，2：5－7.

唐启升，2011. 渔业资源优势种类更替与海洋生态系统转型 . 10000 个科学难题：农业科学卷，721－723. 北京：科学出版社 .

Su J L，Peter Harrison，Hong H S，Tang Q S，Zhang J，Zhou M J，Meryl Williams，Chua Thia Eng，Carl Gustal Lundin，Ellik Adler，Per Wilhelm Sehive，et al，2011. Ecosystem issues and policy options addressing sustainable development of China's ocean and coast [M]. Ecosystem Management and Green Development，CCICED annual Policy Report. Beijing：China Environment Science Press：113－158.

苏纪兰，Peter Harrison，唐启升，张经，洪华生，周名江，Meryl Williams，Chua Thia Eng，Carl Gustal Lundin，Ellik Adler，Per Wilhelm Sehive，等，2011. 中国海洋可持续发展的生态环境问题与政策 . 中国环境与发展国际合作委员会年度政策报告：生态系统管理与绿色发展，68－118. 北京：中国环境科学出版社 .

Ma Q，Liu S F，Zhuang Z M，Lin L，Sun Z Z，Liu C L，Su Y Q，Tang Q S，2011. Genomic structure，polymorphism and expression analysis of growth hormone-releasing hormone（GHRH）and pituitary adenylate cyclase activating polypeptide（PACAP）genes in female and male half-smooth Tongue sole（*Cynoglossus semilaevis*）. Genetics and Molecular Research，10（4）：3828－3846.

Ma Q，Liu S F，Zhuang Z M，Sun Z Z，Liu C L，Su Y Q，Tang Q S，2011. Molecular cloning，expression analysis of insulin-like growth factor Ⅰ（IGF-Ⅰ）gene and IGF-Ⅰ serum concentration in female and male Tongue sole（*Cynoglossus semilaevis*）. Comparative Biochemistry and Physiology，Part B，160：208－214.

胡东方，孙耀，李富国，唐启升，2010. 室内受控条件下黄海鳀鱼的生殖生态学特征 . 渔业科学进展，2：1－7.

杨茜，孙耀，王迪迪，邢磊，孙晓霞，唐启升，2010. 东海、黄海近代沉积物中生物硅含量的分布及其反演潜力．海洋学报，32（3）：51－59.

Li Q F，Zhang Y，Juck D，Fortin N，Greer C W，Tang Q S，2010. Phylogenetic analysis of bacterial communities in the shrimp and sea cucumber aquaculture environment in northern China by culturing and PCR-DGGE. Aquaculture International，6：977－990.

唐启升，2010. 碳汇渔业与海水养殖业——一个战略性的新兴产业．http：//www. ysfri. ac. cn/Newshow. asp-showid=1829&signid=16. htm［2010－6－28］.

Ning X R，Lin C L，Su J L，Liu C Q，Hao Q，Le F F，Tang Q S，2010. Long-term environmental changes and the responses of the ecosystems in the Bohai Sea during 1960—1996. Deep-Sea Research Part Ⅱ，57（11－12）：1079－1091.

Sun Y，Liu Y，Liu X，Tang Q S，2010. The influence of particle size of dietary prey on food consumption and ecological conversion efficiency of young-of-the-year sand lance. Deep-Sea Research Part Ⅱ，57（11－12）：1001－1005.

Tang Q S，Su J L，Zhang J. Preface，2010. In：China GLOBEC Ⅱ：A case study of the Yellow Sea and East China Sea ecosystem dynamics，Deep-Sea Research Part Ⅱ，57（11－12）：993－995.

唐启升，张晓雯，叶乃好，庄志猛，2010. 绿潮研究现状与问题．中国科学基金，24（1）：5－9.

唐启升，苏纪兰，周名江，庄志猛，2009. 海洋生态灾害与生态系统安全．双清论坛，39：1－5.

唐启升，林浩然，徐洵，王清印，庄志猛，等，2009. 可持续海水养殖与提高产出质量的科学问题．香山科学会议简报（第340次会议），330：1－12.

Tang Q S，2009. Changing states of the Yellow Sea large marine ecosystem：anthropogenic forcing and climate impacts. In：Sherman K. et al（eds.），Sustaining the World's Large Marine Ecosystem. Gland，Switzerland：IUCN：77－88.

Tang Q S，Su J L，Huang D J，Jin X S，Ning X R，Sun S，Wei H，Xiao T，Zhang J，2009. Classification of ecological geography of the Yellow Sea and East China Sea ecosystems. In：3rd GLOBEC Open Science Meeting：From ecosystem function to ecosystem prediction，156. Victoria，B. C.，Canada.

张波，唐启升[①]，金显仕，2009. 黄海生态系统高营养层次生物群落功能群及其主要种类．生态学报，29（3）：1099－1111.

张波，金显仕，唐启升，2009. 长江口及邻近海域高营养层次生物群落功能群及其变化．应用生态学报，20（2）：344－351.

唐启升，2009. 海洋食物网及其在生态系统整合研究中的意义．科学前沿与未来，9：1－9. 北京：中国环境科学出版社．

邢磊，赵美训，张海龙，孙耀，唐启升，于志刚，孙晓霞，2009. 二百年来黄海浮游植物群落结构变化的生物标志物记录．中国海洋大学学报，39（2）：317－322.

吴仁协，柳淑芳，庄志猛，金显仕，苏永全，唐启升，2009. 基于线粒体 Cyt b 基因的黄海、东海小黄鱼（*Larimichthys polyactis*）群体遗传结构．自然科学进展，19（9）：924－930.

① 为通讯作者。

张海龙，邢磊，赵美训，孙耀，唐启升，2008. 东海和黄海表层沉积物生物标志物的分布特征及古生态重建潜力．中国海洋大学学报，38（6）：992－996.

贾海波，孙耀①，赵美训，杨作升，唐启升，2008. 黄、东海典型海域鱼鳞沉积信息及其空间分布．水产学报，32（4）：584－591.

左涛，王俊，唐启升，金显仕，2008. 秋季南黄海网采浮游生物的生物量谱．海洋学报，30（5）：71－80.

左涛，王俊，金显仕，李忠义，唐启升，2008. 春季长江口邻近外海网采浮游生物的生物量谱．生态学报，28（3）：1174－1182.

贾海波，孙耀②，唐启升，2008. 温度对红鳍东方鲀能量收支和生态转换效率的影响．海洋水产研究，29（5）：39－46.

李忠义，金显仕，庄志猛，苏永全，唐启升，2007. 南黄海春季鳀与赤鼻棱鳀食物竞争的研究．中国水产科学，14（4）：630－636.

唐启升，苏纪兰，周名江，等，2007. 近海可持续生态系统与全球变化影响．香山科学会议简报（第 305 次会议），295：1－14.

Zhang B，Tang Q S，Jin X S，2007. Decadal-scale variations of trophic levels at high trophic levels in the Yellow Sea and the Bohai Sea ecosystems. J. Marine Ecosystems，67：304－311.

Tang Q S，Guo X W，Sun Y，Zhang B，2007. Ecological conversion efficiency and its influencers in twelve species of fish in the Yellow Sea Ecosystem. J. Marine Ecosystems，67：282－291.

Tang Q S，Su J L，Kishi M J，Oh I S，2007. Preface：An introduction to the second China-Japan-Korea joint GLOBEC symposium on the ecosystem structure，food web trophodynamics and physical-biological processes in the northwest Pacific. J. Marine Ecosystems，67：203－204.

Sun Y，Zheng B，Zhang B，Tang Q S，2007. The influence of main ecological and environmental factors on the energy budget of Schlegel's black rockfish，*Sebastes schlegeli*. Acta Oceanologica Sinica，26（3）：90－100.

张波，唐启升③，金显仕，2007. 东海高营养层次鱼类功能群及主要种类．中国水产科学，14（6）：939－949.

孙耀，马志敏，刘勇，唐启升，2006. 东海、黄海不同时期鳀鱼的胃排空率．海洋学报，28（3）：103－108.

刘勇，孙耀④，唐启升，2006. 饵料粒度对玉筋鱼摄食、生长和生态转换效率的影响．海洋学报，28（12）：139－143.

唐启升，2005. 认识渔业，发展渔业，为全面建成小康社会作贡献．中国渔业年鉴．北京：中国农业出版社：297－302.

Cai D L，Li H Y，Tang Q S，Sun Y，2005. Establishment of trophic continuum in the food web of the Yellow Sea and East China Sea ecosystems：Insight from carbon and nitrogen stable isotops. Science in China Ser. C：Life Sciences，48（6）：531－539.

Sherman K，Sissenwine M，Christensen V，Duda A，Hempel G，Ibe C，Levin S，Lluch-

①～④ 为通讯作者。

Belda D, Matishov G, McGlade J, O' Toole M, Seitzinger S, Serra R, Skjoldal HR, Tang Q S, Thulin J, Vandeweerd V, Zwanenburg K, 2005. A global movement toward an ecosystem approach to management of marine resources. Marine Ecology Progress Series, 300: 275 - 279.

唐启升，苏纪兰，孙松，张经，黄大吉，金显仕，仝龄，2005. 中国近海生态系统动力学研究进展 . 地球科学进展，20 (12)：1288 - 1299.

唐启升，苏纪兰，张经，2005. 我国近海生态系统食物产出的关键过程及其可持续机理 . 地球科学进展，20 (12)：1280 - 1287.

苏纪兰，唐启升，2005. 我国海洋生态系统基础研究的发展 . 地球科学进展，20 (2)：139 - 143.

蔡德陵，李红燕，唐启升，孙耀，2005. 黄东海生态系统食物网连续营养谱的建立：来自碳氮稳定同位素方法的结果 . 中国科学：C 辑，35 (2)：123 - 130.

李忠义，金显仕，庄志猛，唐启升，苏永全，2005. 稳定同位素技术在水域生态系统研究中的应用 . 生态学报，25 (11)：3052 - 3060.

张波，唐启升[①]，金显仕，薛莹，2005. 东海和黄海主要鱼类的食物竞争 . 动物学报，51 (4)：616 - 623.

张继红，方建光，唐启升[②]，2005. 中国浅海贝藻养殖对海洋碳循环的贡献 . 地球科学进展，20 (3)：359 - 365.

刘勇，孙耀，唐启升，2005. 不同饲料条件下玉筋鱼摄食、生长和生态转换效率的比较 . 中国水产科学，12 (3)：260 - 266.

孙耀，刘勇，于淼，唐启升，2005. 东、黄海鳀鱼的胃排空率及其温度影响 . 生态学报，25 (2)：215 - 219.

苏纪兰，唐启升，张经，等，2004. 陆架边缘海生态系统与生物地球化学过程 . 香山科学会议简报（第 228 次会议），218：1 - 18.

王俊，姜祖辉，陈瑞盛，唐启升，2004. 三疣梭子蟹的摄食和碳收支的研究 . 海洋水产研究，25 (6)：25 - 29.

唐启升，陈松林，2004. 海洋生物技术前沿领域研究进展 . 海洋科学进展，22 (2)：124 - 129.

张波，唐启升[③]，2004. 渤、黄、东海高营养层次重要生物资源种类的营养级研究 . 海洋科学进展，22 (4)：393 - 404.

郭学武，张晓凌，万瑞景，姜言伟，唐启升，2004. 根据野外调查资料评估鱼类的日摄食量 . 动物学报，50 (1)：111 - 119.

郭学武，唐启升，2004. 鱼类摄食量的研究方法 . 海洋水产研究，25 (1)：68 - 78.

王俊，姜祖辉，唐启升，2004. 栉孔扇贝生理能量学研究 . 海洋水产研究，25 (3)：46 - 53.

郭学武，唐启升，2004. 海洋鱼类的转换效率及其影响因子 . 水产学报，28 (4)：460 - 467.

Ma Z M, Sun Y, Zhang B, Tang Q S, 2004. The relation of standard metabolic rate to water temperature and body weight of Schlegels black rockfish, *Sebastodes fuscescens*. Chin. Mar. Sci. Bull, 6 (1): 80 - 87.

孙耀，于淼，张秀梅，唐启升，2004. 室内模拟条件下的胃含物法测定玉筋鱼摄食与生态转换效率 . 海洋水产研究，25 (1)：41 - 47.

①～③ 为通讯作者。

Meng Z N，Zhuang Z M，Jin X S，Su Y Q，Tang Q S，2004. Analysis of RAPD and mitochondrial 16S rRNA gene sequences from *Trichiurus lepturus* and *Eupleurogrammus muticus* in the Yellow Sea. Progress in Natural Sciences，14（2）：125－131.

蒙子宁，庄志猛，丁少雄，苏永全，唐启升[①]，2004. 中国近海 8 种石首鱼类的线粒体 16S rRNA 基因序列变异及其分子系统进化．自然科学进展，14（5）：514－521.

Ma Z M，Sun Y[②]，Zhang B，Tang Q S，2004. The relation of standard metabolic rate to water temperature and body weight of Schlegel's black rockfish（*Sebastodes fuscescens*). Mar. Sci. Bull.，6（1）：80－87.

Tang Q S，2003. The Yellow Sea LME and mitigation action. In：Hempel G，Sherman K（eds.）. Large Marine Ecosystem of the World：Trends in exploitation，protection and research. Amsterdam：Elsevier Science：121－144.

Tang Q S，Jin X S，Wang J，Zhuang Z M，Cui Y，Meng T X，2003. Decadal-scale variation of ecosystem productivity and control mechanisms in the Bohai Sea. Fish. Oceanogr.，12（4/5）：223－233.

Harris R，Barange M，Werner C，Tang Q S，2003. GLOBEC Special Issue：Foreword. Fish. Oceanogr，12（4/5）：221－232.

Sherman K，Ajayi T，Anang E，Cury P，Diaz-de-Leon A J，Freon M P，Hardman-Mountford J，Ibe C A，Koranteng K A，McGlade J，Nauen C C，Pauly D，Scheren PAGM，Skjoldal H R，Tang Q S，Zabi S G，2003. Suitability of the large marine ecosystem concept. Fisheries Research，64：197－204.

Zhao X Y，Tang Q S，2003. Recruitment，sustainable yield and possible ecological consequences of the sharp decline of the anchovy（*Engraulis japonicus*）stock in the Yellow Sea in the 1990s. Fish. Oceanogr，12（4/5）：495－501.

Jin X S，Xu B，Tang Q S，2003. Fish assemblage structure in the East China and southern Yellow Sea during autumn and spring. J. Fish Biology，62：1－12.

Tang Q S，Fang J G，2003. Development of mussel aquaculture in China，Bull. Aquacul. Assoc. Canada，102（3）：66－74.

赵宪勇，陈毓桢，李显森，陈卫忠，李永振，孙继闽，金显仕，唐启升，2003. 多种类海洋渔业资源声学评估技术和方法探讨．海洋学报，25（增刊 1）：192－202.

唐启升，孙耀，张波，2003. 7 种海洋鱼类的生物能量学模式．水产学报，27（5）：443－449.

唐启升，陈松林，2003. 海洋生物资源可持续利用的高技术需求．2003 高技术发展报告，295－302. 北京：科学出版社．

蔡德陵，张淑芳，唐启升，孙耀，2003. 鲈鱼新陈代谢过程中的碳氮稳定同位素分流作用．海洋科学进展，21（3）：308－317.

孙耀，刘勇，张波，唐启升，2003. Eggers 胃含物法测定赤鼻棱鳀的摄食和生态转换效率．生态学报，23（6）：1216－1221.

孙耀，于淼，刘勇，张波，唐启升，2003. 现场胃含物法测定鲐的摄食与生态转换效率．水产学报，27（3）：245－250.

①～② 为通讯作者。

孙耀，郑冰，张波，唐启升，2003. 温度对黑鲷能量收支的影响 . 海洋学报，增刊 2：190 - 195.

孙耀，于淼，张波，唐启升，2003. 沙氏下鱵幼鱼摄食与生态转换效率的现场测定 . 海洋学报，增刊 2：122 - 127.

蒙子宁，庄志猛，金显仕，苏永全，唐启升，2003. 黄海带鱼、小带鱼 RAPD 和线粒体 16S rRNA 基因序列变异分析 . 自然科学进展，13（11）：1170 - 1176.

蒙子宁，庄志猛，金显仕，唐启升，苏永全，2003. 黄海和东海小黄鱼遗传多样性的 RAPD 分析 . 生物多样性，11（3）：197 - 203.

张波，唐启升，2003. 东、黄海 6 种鳗的食性 . 水产学报，27（4）：307 - 314.

Ajayi T，Sherman K，Tang Q S，2002. Support of marine sustainability science. Science，297（5582）：772.

Tang Q S，Tong L，2002. Two books published on China GLOBEC studies. GLOBEC International Newsletter，8（2）：24 - 25.

Tang Q S，2002. Status of China GLOBEC-SPACC. Report of APN/GLOBEC-SPACC Workshop on pelagic fish productivity in East Asia. GLOBEC Report，15：3 - 4.

Tong L，Tang Q S，2002. The Status of small pelagic fishery in the Chinese waters. Report of APN/GLOBEC-SPACC Workshop on pelagic fish productivity in East Asia. GLOBEC Report，15：30 - 31.

Sun Y，Yu M，Zhang B，Tang Q S，2002. In-situ determination on food consumption and ecological conversion efficiency of a marine fish species，*hyporhamphus sajori*. Acta Oceanologica Sinica，21（3）：407 - 414.

朱鑫华，唐启升，2002. 渤海鱼类群落优势种结构及其种间更替 . 海洋科学集刊，44：150 - 168.

唐启升，孙耀，郭学武，张波，2002. 黄、渤海 8 种鱼类的生态转换效率及其影响因子 . 水产学报，26（3）：219 - 225.

唐启升，刘世禄，2002. 现代生态渔业 . 现代生态农业，222 - 236. 北京：中国农业出版社 .

王俊，姜祖辉，唐启升，2002. 栉孔扇贝耗氧率和排氨率的研究 . 应用生态学报，13（9）：1157 - 1160.

孙耀，刘勇，张波，唐启升，2002. 渤、黄海 4 种小型鱼类摄食排空率的研究 . 海洋与湖沼，33（6）：678 - 684.

孙松，唐启升，2002. 海洋生态学研究现状与发展趋势 . 海洋与湖沼，浮游动物研究专集，1 - 9.

张波，唐启升，2002. 密度对黑鲷生长及能量分配模式的影响 . 海洋水产研究，23（2）：33 - 37.

Hay D E，Toresen R，Stephenson R，Thompson M，Claytor R，Funk F，Ivshina E，Jakobsson J，Kobayashi T，McQuine I，Melvin G，Molloy J，Naumenko N，Oda K T，Parmanne R，Power M，Radchenko V，Schweigert J，Simmonds J，Sjostrand B，Stevenson D K，Tanasicchuk R，Tang Q S，Watters D L，Wheeler J，2001. Taking Stock：An inventory and review of world herring stocks in 2000. In：Herring：Expectations for a new millennium，381 - 453. Alaska Sea Grant College Program，AK-SG - 01 - 04.

Tang Q S，2001. China GLOBEC. GLOBEC Special Contribution. 4：21 - 22.

Tang Q S，2001. Status of China GLOBEC-SPACC. GLOBEC Report，15：3 - 4.

Tang Q S，2001. Input and influence to YSFRI by the ‘Bei Dou’ Project. Mar. Fish. Res.，22（4）：7－9.

Tang Q S，Jin X S，2001. Time series information in the Yellow Sea and Bohai Sea. PICES Scientific Report，18：172－174.

Lin C L，SU J L，Tang Q S，2001. Long-term variations of temperature and salinity of the Bohai Sea and their influence on its ecosystem. Progress in Oceanography，49：7－19.

唐启升，2001. 中国海洋渔业可持续发展及其高技术需求．中国工程科学，3（2）：7－9.

唐启升，苏纪兰，2001. 海洋生态系统动力学研究与海洋生物资源可持续利用．地球科学进展，16（1）：5－11.

唐启升，陈松林，2001. 21 世纪海洋生物技术研究发展展望．高技术通讯，11（1）：1－6.

王俊，唐启升，2001. 双壳贝类能量学及其研究进展．海洋水产研究，22（3）：80－83.

郭学武，唐启升，2001. 小鳞鱵的维持日粮与转换效率．应用生态学报，12（2）：293－295.

王俊，姜祖辉，唐启升，2001. 栉孔扇贝的滤食率与同化率．中国水产科学，8（4）：27－31.

梁兴明，方建光，崔毅，唐启升，2001. 莱州湾海湾扇贝养殖区海水中悬浮颗粒的动态变化．海洋与湖沼，32（6）：635－640.

张波，孙耀，唐启升，2001. 鱼类的胃排空率及其影响因素．生态学报，21（4）：665－670.

张波，郭学武，唐启升，2001. 温度对真鲷排空率的影响．海洋科学，25（9）：14－15.

孙耀，张波，孙耀，唐启升，2001. 湿度对黑鲷能量收支的影响．生态学报，21（2）：186－190.

孙耀，张波，唐启升，2001. 摄食水平和饵料种类对黑鲪能量收支的影响．海洋水产研究，22（2）：32－37.

仝龄，唐启升，2000. 渤海生态通通模型初探．应用生态学报，11（3）：435－440.

Tang Q S，2000. The new age of China-GLOBEC study. PICES Press，8（1）：28－29.

赵宪勇，金显仕，唐启升，2000. 渔业声学及其相关技术的应用现状和发展前景．海洋高新技术发展研讨会论文集，55－62. 北京：海洋出版社．

唐启升，2000. 海洋生物资源可持续利用的基础研究．中国科学基金，14（4）：5－11.

张波，孙耀，唐启升，2000. 黑鲷的胃排空率．应用生态学报，11（2）：287－189.

王俊，姜祖辉，张波，孙耀，唐启升，2000. 太平洋牡蛎同化率的研究．应用生态学报，11（3）：441－444.

郭学武，唐启升，2000. 赤鼻棱鳀的摄食与生态转换效率．水产学报，24（5）：422－427.

张波，孙耀，唐启升，2000. 饥饿对真鲷生长及生化组成的影响．水产学报，24（3）：206.－210.

姜祖辉，王俊，唐启升，2000. 体重、温度和饥饿对口虾蛄呼吸和排泄的影响．海洋水产研究，21（3）：28－32.

陈聚法，唐启升，2000. 夏季鄂霍茨克海公海区狭鳕渔场环境特征．应用生态学报，11（6）：939－942.

辛福言，袁有宪，唐启升，2000. 莱州湾近岸海域有机污染物种类分析．海洋水产研究，21（3）：39－42.

梁兴明，方建光，唐启升，姜卫蔚，彭松丽，计英君，2000. 莱州湾金城海湾扇贝养殖区防牡蛎附着的研究．海洋水产研究，21（1）：27－30.

孙耀，张波，陈超，唐启升，2000. 摄食水平和饵料种类对 3 种海洋鱼类生长和生长效率的影响．中国水产科学，7（3）：41－45.

Tang Q S，Zhao X Y，Jin X S，1999. Acoustic assessment as an available technique in monitoring the living resources of large marine ecosystem. In Sherman K，Tang Q S（eds.），The Large Marine Ecosystem of the Pacific Rim：Assessment，Sustainability，and Management. Malden，Massachusetts：Blackwell Science：329－337.

Tang Q S，Jin X S，1999. Ecology and variability of economically important pelagic fishes in the Yellow Sea and Bohai Sea. In：Sherman K，Tang Q S（eds.），The Large Marine Ecosystem of the Pacific Rim：Assessment，Sustainability，and Management. Malden，Massachusetts：Blackwell Science：179－198.

Sherman K，Tang Q S，1999. Preface，Background and Focus. In：Sherman K，Tang Q S（eds.），Large Marine Ecosystems of the Pacific Rim：Assessment，Sustainability，and Management，ix-xviii. Blackwell Science，Malden，Massachusetts.

唐启升，1999. 中国海洋生物资源可持续利用与发展战略．海洋科技产业化发展战略，73－90. 北京：海洋出版社．

唐启升，金显仕，1999. 渔业生物资源及其开发利用．21世纪我国渔业科技重点领域发展战略研究．北京：中国农业科学技术出版社：19－30.

唐启升，1999. 海洋生物技术研究发展与展望．海洋科学，1：33－35.

孙耀，张波，唐启升，1999. 黑鲪的生长和生态转换效率及其主要影响因素．应用生态学报，10（5）：627－629.

张波，孙耀，唐启升，1999. 不同投饵方式对黑鲪生长的影响．中国水产科学，6（4）：121－122.

张波，唐启升，孙耀，郭学武，王俊，1999. 黄渤海部分水生动物的能值测定．海洋水产研究，20（2）：101－102.

孙耀，张波，郭学武，王俊，唐启升，1999. 鲐鱼能量收支及其饵料种类的影响．海洋水产研究，20（2）：96－100.

王俊，姜祖辉，张波，孙耀，唐启升，1999. 日本蟳能量代谢的研究．海洋水产研究，20（2）：90－95.

张波，孙耀，郭学武，王俊，唐启升，1999. 真鲷的胃排空率．海洋水产研究，20（2）：86－89.

张波，孙耀，郭学武，王俊，唐启升，1999. 黑鲪的最大摄食率与温度和体重的关系．海洋水产研究，20（2）：82－85.

孙耀，张波，郭学武，王俊，唐启升，1999. 黑鲪的标准代谢率及其与温度和体重的关系．海洋水产研究，20（2）：76－81.

王俊，姜祖辉，张波，孙耀，唐启升，1999. 栉孔扇贝能量收支的研究．海洋水产研究，20（2）：71－75.

孙耀，、张波，郭学武，王俊，唐启升，1999. 体重对黑鲪能量收支的影响．海洋水产研究，20（2）：66－70.

孙耀，张波，郭学武，王俊，唐启升，1999. 日粮水平和饵料种类对真鲷能量收支的影响．海洋水产研究，20（2）：60－65.

孙耀，张波，郭学武，王俊，唐启升，1999. 温度对真鲷能量收支的影响．海洋水产研究，20（2）：54－59.

唐启升，张波，孙耀，郭学武，王俊，1999. 4种渤黄海底层经济鱼类的能量收支及其比较．

海洋水产研究，20（2）：48－53.
王俊，姜祖辉，张波，孙耀，郭学武，唐启升，1999. 菲律宾蛤仔生理生态学研究Ⅱ. 温度、饵料对同化率的影响．海洋水产研究，20（2）：42－47.
张波，孙耀，王俊，郭学武，唐启升，1999. 真鲷在饥饿后恢复生长中的生态转换效率．海洋水产研究，20（2）：38－41.
孙耀，张波，郭学武，王俊，唐启升，1999. 真鲷的摄食、生长和生态转换效率测定—室内模拟与现场方法的比较．海洋水产研究，20（2）：32－37.
郭学武，张波，孙耀，唐启升，1999. 真鲷幼鱼的摄食与生态转换效率——一种现场研究方法在室内的应用．海洋水产研究，20（2）：26－31.
郭学武，唐启升，孙耀，张波，1999. 斑鰶的摄食与生态转换效率．海洋水产研究，20（2）：17－25.
孙耀，张波，郭学武，王俊，唐启升，1999. 斑鰶的摄食、生长与生态转换效率—现场胃含法在室内的应用．海洋水产研究，20（2）：12－16.
孙耀，张波，陈超，于宏，唐启升，1999. 黑鲷的生长和生态转换效率及其主要影响因素．海洋水产研究，20（2）：7－11.
唐启升，1999. 海洋食物网与高营养层次营养动力学研究策略．海洋水产研究，20（2）：1－6.
Tang Q S，1998. Global ocean ecosystem dynamics（GLOBEC）. In：Qin D，Chen P，Ge Q（eds.），Advanced in Global Change Studies of China. Beijing：China Ocean Press：39－41.
唐启升，1998. 黄渤海生物资源动态变化与海洋生态系统研究．海峡两岸渔业资源永续利用研讨会专辑，88－102.
唐启升，1998. 海洋生物资源可持续利用的基础研究．迎接 21 世纪的生命科学，76－78，国家自然科学基金委员会．
金显仕，唐启升，1998. 渤海渔业资源结构、数量分布及其变化．中国水产科学，5（3）：18－24.
潘荣和，王鸿熙，张荣权，王玮，刘恬静，丘书院，杜生明，陈宏溪，何志辉，张福绥，赵传絪，赵继祖，唐启升，1997. 水产学．自然科学学科发展战略调研报告，国家自然科学基金委员会．北京：科学出版社．
Tang Q S，Jin X S，Zhao X Y，1997. Distribution and relative abundance of some micronetonic fishes in the Aleutian Basin. Paper presented at the 6th PICES Annual Meeting，October 14－26，Pusan，Republic of Korea.
Tang Q S，Tong L，Jin X S，Li F G，Jian W M，Lian X M，1997. Review of the small pelagic resources and their fisheries in the Chinese waters. In：Devaraj M，Martosubroto P（eds.），Small Pelagic Resources and their Fisheries in the Asia－Pacific Region. Bangkok，Thailand：FAO/RAP Publication 1997/31：73－90.
陈聚法，唐启升，王为祥，陈毓祯，李富国，金显仕，赵宪勇，戴芳群，1997. 白令海阿留申海盆区夏季理化环境特征及其与狭鳕分布与移动的关系．中国水产科学，4（1）：15－22.
唐启升，韦晟，姜卫民，1997. 渤海莱州湾渔业资源增殖的敌害生物及其对增殖种类的危害．应用生态学报，8（2）：199－206.
Jin X S，Tang Q S，1996. Changes in fish species diversity and dominant species composition in the Yellow Sea. Fisheries Research，26（3/4）：337－352.

Tang Q S, Jin X S, Li F G, Chen J F, Wang W X, Chen Y Z, Zhao X Y, Dai F Q, 1996. Summer distribution and abundance of age-0 walleye pollock, *Theragra chalcogramma*, in the Aleutian Basin. In: Brodeur RD, et al. (eds.), Ecology of Juvenile Walleye Pollock, *Theragra chalcogramma*, US Dep. Commer., NOAA Tech. Rep. NMFS, 126: 35-45.

唐启升，1996. 关于容纳量及其研究．海洋水产研究，17（2）：1-6.

朱鑫华，杨纪明，唐启升，1996. 渤海鱼类群落结构特征的研究．海洋与湖沼，27（1）：6-13.

唐启升，范元炳，林海，1996. 中国海洋生态系统动力学发展战略初探．地球科学进展，11（2）：160-168.

唐启升，林福申，陈毓祯（编纂），1995. 渔业资源词汇．英汉渔业词典．北京：中国农业出版社．

Tang Q S, Jin X S, 1995. Oceanography and living marine resources of the Aleutian Basin in summer. Paper for PICES Ⅳ, Qingdao, China.

Tang Q S, 1995. The effects of climate change on resources population in the Yellow Sea ecosystem. Can. Spec. Publ. Fish Aquat. Sci., 121: 97-105.

唐启升，1995. 海洋研究的新领域——全球海洋生态系统动力学．科技日报．7. 15.

Tang Q S, 1995. Ecosystem dynamics and sustainable utilization of living marine resources in China Seas. China Contribution to Global Change Studies. China Global Change Report, 2. Beijing: Science Press: 83-85.

唐启升，王为祥，陈毓祯，李富国，金显仕，赵宪勇，陈聚法，戴芳群，1995. 北太平洋狭鳕资源声学评估调查研究．水产学报，19（1）：8-20.

唐启升，1995. 太平洋鲱．中国农业百科全书·水产卷．北京：中国农业出版社：497-498.

唐启升，1995. 渔业资源监测．中国农业百科全书·水产卷．北京：中国农业出版社：738.

唐启升，1995. 渔业资源调查方法．中国农业百科全书·水产卷．北京：中国农业出版社：735-736.

唐启升，1995. 补充量/剩余量/可捕量/现存资源量/平均资源量．中国农业百科全书·水产卷．北京：中国农业出版社：29/415/275/552/349.

唐启升，1995. 拉塞尔种群捕捞理论．中国农业百科全书·水产卷．北京：中国农业出版社：280.

唐启升，1995. 种群增长逻辑斯谛曲线．中国农业百科全书·水产卷．北京：中国农业出版社：794-795.

唐启升，1995. 剩余产量模式．中国农业百科全书·水产卷．北京：中国农业出版社：414-415.

唐启升，1995. 有效种群分析．中国农业百科全书·水产卷．北京：中国农业出版社：594-595.

唐启升，林海，苏纪兰，王荣，洪华生，冯士笮，范元炳，陆仲康，杜生明，王辉，邓景耀，孟田湘，1995. 我国海洋生态系统动力学发展战略研究．我国海洋生态系统动力学发展战略研究小组研究报告，国家自然科学基金委地球科学部/生命科学部．

唐启升，1994. 海洋生态学发展新阶段及其对策．中国科学院地学部院士会议报告，国家自然科学基金委员会《环境与生态》研讨会报告，北京．

Tang Q S, 1994. Recruitment variability of Pacific herring in the Yellow Sea. Paper for PICES Ⅲ, Nemuro, Japan.

Tang Q S，et al，1994. Biological information of Walleye Pollock based on Chinese Catches in the High Seas of the Sea of Okhotsk in 1991—1992. 鄂霍次克海狭鳕资源管理与保护科学家专门委员会第一次会议文件汇集，海参崴，俄罗斯．

Tang Q S，et al，1994. Preliminary report of the acoustic survey on the resources of Walleye Pollock in the High Seas of the Sea of Okhotsk in summer 1993. 鄂霍次克海狭鳕资源管理与保护科学家专门委员会第一次会议文件汇集，海参崴，俄罗斯．

Tang Q S，et al，1994. Preliminary report of the acoustic survey in the Aleutian Basin by “Bei Dou” in summer 1993. Reports and data submitted to the Third International Pollock Stock Assessment Workshop，31 - 47. February 22—25，Seattle，USA.

Tang Q S，et al，1994. Outline of biological information obtained from summer pollock survey in the Aleutian Basin by “Bei Dou” in 1993. Reports and Data submitted to the Third International Pollock Stock Assessment Workshop，1 - 30. February 22—25，Seattle，USA.

唐启升，邱显寅，王俊，郭学武，杨爱国，1994. 山东近海魁蚶资源增殖研究．应用生态学报，5（4）：396 - 401.

邱显寅，王俊，郭学武，唐启升，1994. 魁蚶中间育成试验研究．海洋水产研究，15：87 - 95.

唐启升，王俊，邱显寅，郭学武，1994. 魁蚶底播增殖的试验研究．海洋水产研究，15：79 - 85.

唐启升，王为祥，陈毓祯，李富国，金显仕，赵宪勇，陈聚法，戴芳群，1994. 白令海阿留申海盆区狭鳕当年生幼鱼数量分布的调查研究．中国水产科学，1（1）：37 - 47.

张铭棣，唐启升，1994. 我国的狭鳕渔业及狭鳕资源状况．海洋水产研究丛刊，33：179 - 185.

唐启升，1994. 北太平洋狭鳕资源分布、种群动态和渔业．海洋水产研究丛刊，33：167 - 178.

唐启升，王为祥，陈毓祯，李富国，金显仕，赵宪勇，陈聚法，戴芳群，1994. 1993 年夏季日本海中上层鱼类资源声学走航调查概况．海洋水产研究丛刊，33：97 - 102.

唐启升，王为祥，陈毓祯，李富国，金显仕，赵宪勇，陈聚法，戴芳群，1994. 1993 年夏季鄂霍次克海公海狭鳕资源评估调查总结报告．海洋水产研究丛刊，33：63 - 96.

唐启升，王为祥，陈毓祯，李富国，金显仕，赵宪勇，陈聚法，戴芳群，1994. 1993 年夏季白令海狭鳕资源评估调查总结报告．海洋水产研究丛刊，33：1 - 62.

Tang Q S，1993. Review of the status of Bering Sea pollock stocks. Prepared for the Conference on the Conservation and Management of the Living Marine Resources of the Central Bering Sea，January 12—13，Washington DC.，USA.

Tang Q S，1993. The LME concept：A case study of regional seas. Paper for international symposium and workshop on Status and Future of Large Marine Ecosystem（LME）of the Indian Ocean，Mombasa，Kenya.

唐启升，1993. 正在发展的全球海洋生态系统动态研究计划．海洋科学，86（2）：21 - 23.［地球科学进展，1993，8（4）：62 - 65（选登）］

Hunter J R，Wada T，Hay D E，Perry R I，Tang Q S，Hara I，Sahurai Y，Watanabe Y，Norcross B L，Parrish R H，Wespestad V G，1993. Part 1：Coastal pelagic fishes，PICES Scientific Report，1：v - 24.

Tang Q S，et al，1993. Biological information on walleye pollock base on Chinese catches in the high seas of the Sea of Okhotsk in 1991—1992. Paper for International Symposium on pollock resources, September 17—24, Vladivostok, Russian.

Tang Q S, 1993. Dynamics of pelagic stock in the Yellow Sea ecosystem. Paper for Nemuro Workshop on Western Subarctic Circulation, September 19—23, Nemuro, Japan.

Tang Q S, 1993. The effect of long-term physical and biological perturbations of the Yellow Sea ecosystem. In: Sherman K, Alexander L M, Gold B D (eds.), Large Marine Ecosystem: Stress, Mitigation, and Sustainability. Washington DC., USA: AAAS Press: 79 - 93.

Tang Q S, 1993. Structure of fisheries resources and its variability in the Yellow Sea. Proceeding of the Second International Symposium on Marine Science in the Yellow Sea, 243 - 252. Qingdao.

王为祥，李富国，唐启升，1992. 1990 年白令海公海狭鳕生物学特性的初步研究．远洋渔业，2：5 - 11.

Tang Q S, 1992. Review of the status of Bering Sea pollock stocks. Prepared for Fourth Conference on the Conservation and Management of the Living Marine Resources of the Central Bering Sea, April 13—15, Washington DC., USA.

Tang Q S, 1992. Potential GLOBEC programs in China. Prepared for SCOR/IOC GLOBEC Planning Meeting, March 31—April 2, Ravello, Italy.

Tang Q S, 1991. Evaluation of environmental influence of the abundance of fish and shellfish stock in the China Sea. Prepared for PICES Scientific Workshop, Part B: National Reports, December 10—13, Seattle, USA.

Tang Q S, 1991. Monitoring the Bering Sea ecosystem dynamics. Prepared for PICES Scientific Workshop, Part B: National Reports, December 10—13, Seattle, USA.

唐启升，1991. 白令海狭鳕资源及其渔业问题．中国进一步发展远洋渔业对策研究（专集），139 - 162. 农业部农业发展战略研究中心．

唐启升，1991. 太平洋渔业资源及动向．中国进一步发展远洋渔业对策研究（专集），77 - 92. 农业部农业发展战略研究中心．

唐启升，1991. 黄海鲱．海洋渔业生物学．北京：农业出版社：296 - 356.

唐启升，1991. 渔业生物学研究方法概述．海洋渔业生物学．北京：农业出版社：33 - 110.

唐启升，1991. 大海洋生态系研究．海洋科学（4）：66 - 67.

唐启升，1991. 黄海渔业资源评估．中日渔业联合委员会第十五次会议，东京．

唐启升，1990. 黄海渔业资源评估．中日渔业联合委员会第十四次会议，北京．

唐启升，1990. 补充．渔业生物数学．北京：农业出版社：76 - 107.（基隆：水产出版社，1993，75 -106）．

唐启升，1990. 种群数量变动．渔业生物数学．北京：农业出版社：12 - 41.（基隆：水产出版社，1993，12 - 40）．

Tang Q S, 1990. Ecological dominance and diversity of fisheries resources in the Yellow Sea ecosystem. Marine Science (Qingdao), 2 (1): 57 - 67.

唐启升，1990. 鲱．中国大百科全书，农业卷Ⅰ：234. 北京：中国大百科全书出版社．

唐启升，1990. 太平洋渔业动向．远洋渔业，1：67－75.

唐启升，1989. 黄海渔业资源评估．中日渔业联合委员会第十三次会议，东京．

Tang Q S，Deng J Y，Zhu J S，1989. A family of Ricker SRR curves of the prawn under different environmental conditions and its enhancement potential in the Bohai Sea. Can. Spec. Publ. Fish. Aquat. Sci.，108：335－339.

Tang Q S，1989. Changes in the biomass of the Yellow Sea ecosystem. In：Sherman K，Alexander LM（eds.），Biomass Yields and Geography of Large Marine Ecosystem，AAAS Selected Symposium 111. Boulder，Colorado：Westview Press：7－35.

唐启升，1988. 黄海渔业资源评估．中日渔业联合委员会第十二次会议，北京．

唐启升，1988. 渔业资源评估和监测技术．八十年代国外渔业先进技术与趋势．北京：海洋出版社：35－43.

唐启升，1988. 黄海渔业资源生态优势度和多样性的研究．中国水产科学研究院学报，1（1）：47－58.

Tang Q S，1987. Ecological basis of the Yellow Sea management. In：Valencia MJ（ed.），International Conference on the Yellow Sea：Transnational Ocean Resource Management Issues and Options for Cooperation. A summary report of the conference held at the East-West Center，June 23—27，Honolulu，USA.

唐启升，1987. 黄海鲱鱼资源的开发和渔业预报的研究．1987 年中国百科年鉴．上海：中国大百科全书出版社．

Tang Q S，1987. Estimation of fishing mortality and abundance of Pacific herring in the Huanghai Sea by Cohort analysis（VPA）. Acta Oceanologica Sinica，6（1）：132－141.

Tang Q S，1987. Estimate of monthly mortality and optimum fishing mortality of Bohai Prawn in North China. 海洋文集，10：106－123.

唐启升，1986. 渤海渔业资源增殖潜力的估计．中国水产学会渔业资源保护和增殖学术讨论会．

唐启升，1986. 现代渔业管理与我国的对策．现代渔业信息，1（6）：1－4［渔业经济研究参考资料，1988，10：29－33（选登）］

唐启升，1986. 两种单位补充量产量模式计算式的比较．海洋水产研究丛刊，30：105－107.

唐启升，1986. 关于制定中国近海渔业资源管理规划的建议．渔政通讯，1 期．

唐启升，1986. 应用世代分析（VPA）概算黄海鲱鱼渔捞死亡和资源量．海洋学报，8（4）：476－486.（中国海洋与湖沼学会优秀论文，1987）

唐启升，1985. 黄海早春渔业资源种类和长度组成．中国水产学会振兴近海渔业资源讨论会．

唐启升，1985. 应用水声探鱼技术评估渔业资源量．齐鲁渔业，3：44－48.

唐启升，1985. 1985—1989 年挪威渔业研究的目标和重点．国外水产，4：36－37.

Tang Q S，1985. Modification of the Ricker stock recruitment model of account for environmentally induced variation in recruitment with particular reference of the blue crab fishery in Chesapeake Bay. Fisheries Research（Netherlands），3：15－27.

唐启升，1984. 计算机 BASIC 语言程序在渔业资源评估和管理研究中的应用（摘要）. 1984 年山东省水产学会学术会议，青岛．

Tang Q S，1983. Assessment of the blue crab commercial fishery in Chesapeake Bay. In：

Report of the Workshop on Blue Crab Stock Dynamics in Chesapeake Bay，ES-01-83：86-110.

唐启升，1983. 美国渔业生态学研究重点．国外水产，1：57-58.

唐启升，1983. 如何实现海洋渔业限额捕捞．海洋渔业，5（4）：150-152.

唐启升，1981. 黄海鲱鱼世代数量波动原因的初步探讨．海洋湖沼通报，2：37-45.

唐启升，1981. 关于黄海青鱼资源保护和合理利用问题．黄海区水产资源保护咨询会议材料汇编．黄海区渔业指挥部、黄海水产研究所．

朱德山，韦晟，王为祥，唐启升，李富国，1981. 渤黄东海河鲀的分布和渔期渔场．海洋渔业，4：4-7.

叶昌臣，唐启升，1980. 黄海鲱鱼种群估计．动物学杂志，2：3-7.

叶昌臣，唐启升，秦裕江，1980. 黄海鲱鱼和黄海鲱鱼渔业．水产学报，4（4）：339-352.（中国水产学会优秀论文，1984）

唐启升，1980. 黄海鲱鱼的性成熟、生殖力和生长特性研究．海洋水产研究，1：59-76.

唐启升（执笔），1979. 关于开辟外海渔场、发展远洋渔业的初步设想．黄海水产研究所．

邓景耀，唐启升，1979. 渤海秋汛对虾开捕期问题的探讨．海洋水产研究丛刊，26：18-33.（中国水产学会优秀论文，1984）

唐启升，1978. 黄渤海最大持续渔获量的初步估算．全国海洋渔业资源和渔业发展学术讨论会，上海．

唐启升，1978. 青鱼．渔场手册．北京：农业出版社：21-23.

唐启升，1977. 密切注意远东拟沙丁鱼的资源动向．水产科技快报，第七期．

唐启升，1976. 值得注意的资源动向．水产科技快报，第六期．

唐启升，1977. 黄海鲱鱼资源特征和渔业预报．1977 全国渔情技术交流会议．

唐启升，1973. 黄海青鱼洄游分布和行动规律．黄海重点鱼类调查总结．黄海渔业指挥部：45-58.

唐启升，1972. 黄海青鱼年龄的初步观察．青岛海洋水产研究所调查研究报告，第 721 号．

专著、专辑与图集

唐启升（主编），2019. 我国专属经济区渔业资源增殖战略研究 . 北京：海洋出版社 .

Gui J F，Tang Q S，L i Z J，Liu J S，De Silva S S（eds.），2018. Chinese Aquaculture：Success Stories and Modern Trends. Wiley-Blackwell，London.

潘云鹤，唐启升（主编），2017. 海洋强国建设重点工程发展战略 . 北京：海洋出版社 .

唐启升（主编），2017. 水产养殖绿色发展咨询研究报告 . 北京：海洋出版社 .

唐启升（主编），2017. 环境友好型水产养殖发展战略：新思路、新任务、新途径 . 北京：科学出版社 .（中国海洋学会等 2018 优秀图书奖）

唐启升（主编），2016. 环境友好型水产养殖战略研究（专辑）. 中国工程科学，18（3）：1－120.

潘云鹤、唐启升（主编），2016. 海洋工程技术强国战略研究（专辑）. 中国工程科学，18（2）：1－130.

唐启升，杨宁生，等（编著），2015. 海洋产业培育与发展研究报告 . 战略性新兴产业培育与发展研究丛书，北京：科学出版社 .

唐启升（主编），2014. 中国海洋工程与科技发展战略研究：海洋生物资源卷 . 北京：海洋出版社 .

潘云鹤，唐启升（主编），2014. 中国海洋工程与科技发展战略研究：综合研究卷 . 北京：海洋出版社 .

唐启升（主编），2014. 中国水产种业创新驱动发展战略研究报告 . 北京：科学出版社 .

唐启升（主编），2013. 中国养殖业可持续发展战略研究：水产养殖卷 . 北京：中国农业出版社 .

唐启升（主编），2013. 水产学学科发展现状及发展方向研究报告 . 北京：海洋出版社 .

Tang Q S，Zhang J，Su J L，Tong L（eds.），2013. Spring bloom processes and the ecosystem：The case study of the Yellow Sea. Deep-Sea Research Part Ⅱ，97（1）：1－116.

唐启升（主编），2013. 碳汇渔业（专辑）. 渔业科学进展，34（1）：1－96.

苏纪兰，Peter Harrison，唐启升，张经，洪华生，周名江，Meryl Williams，Chua Thia Eng，Carl Gustal Lundin，Ellik Adler，Per Wilhelm Sehive，等，2013. 中国海洋可持续发展的生态环境问题与政策研究 . 中国环境与发展国际合作委员会，中国海洋可持续发展的生态环境问题与政策研究课题组，北京：中国环境科学出版社 .

唐启升（主编），2012. 中国区域海洋学：渔业海洋学 . 北京：海洋出版社 .

唐启升（主编），2011. 水产学 . 10000 个科学难题：农业科学卷，715－875，北京：科学出版社 .

Field J，Drinkwater K，Ducklow H，Harris R，Hofmann E，Maury O，Miller K，Roman M，Tang Q S，2010. Supplement to the IMBER Science Plan and Implementation Strategy. IGBP Report No. 52A，IGBP Secretariat，Stockholm.

Tang Q S，Su J L，Zhang J（eds.），2010. China GLOBEC Ⅱ：A case study of the Yellow

Sea and East China Sea ecosystem dynamics. Deep-Sea Research Part Ⅱ，57（11－12）：993－1091.

Tang Q S，Su J L，Kishi M J，Oh I S（eds.），2007. The ecosystem structure，food web trophodynamics and physical-biological processes in the northwest Pacific. J. Marine Ecosystems，67：203－321.

唐启升（主编），2006. 中国专属经济区海洋生物资源与栖息环境．北京：科学出版社．

唐启升（主编），2004. 中国海洋生态系统动力学研究：Ⅲ东、黄海生态系统资源与环境图集．北京：科学出版社．

唐启升（主编），2004. 中国专属经济区海洋生物资源与栖息环境图集（彩色，4开本，上卷）．北京：气象出版社．

唐启升（主编），2004. 中国专属经济区海洋生物资源与栖息环境图集（彩色，4开本，下卷）．北京：气象出版社．

苏纪兰，唐启升，等（著），2002. 中国海洋生态系统动力学研究：Ⅱ渤海生态系统动力学过程．北京：科学出版社．

唐启升（主编），2002. 中国专属经济区生物资源及其环境调查图集，第10卷：近海环境与资源．北京：气象出版社．

唐启升（主编），2002. 中国专属经济区生物资源及其环境调查图集，第9卷：生物资源—南海拖网调查Ⅱ．北京：气象出版社．

唐启升（主编），2002. 中国专属经济区生物资源及其环境调查图集，第8卷：生物资源—南海拖网调查Ⅰ．北京：气象出版社．

唐启升（主编），2002. 中国专属经济区生物资源及其环境调查图集，第7卷：生物资源—东海拖网调查Ⅰ．北京：气象出版社．

唐启升（主编），2002. 中国专属经济区生物资源及其环境调查图集，第6卷：生物资源—东海拖网调查Ⅰ．北京：气象出版社．

唐启升（主编），2002. 中国专属经济区生物资源及其环境调查图集，第5卷：生物资源—黄海拖网调查．北京：气象出版社．

唐启升（主编），2002. 中国专属经济区生物资源及其环境调查图集，第4卷：生物资源—声学调查．北京：气象出版社．

唐启升（主编），2002. 中国专属经济区生物资源及其环境调查图集，第3卷：海洋环境—鱼卵仔鱼、底栖生物．北京：气象出版社．

唐启升（主编），2002. 中国专属经济区生物资源及其环境调查图集，第2卷：海洋环境—浮游植物、动物．北京：气象出版社．

唐启升（主编），2002. 中国专属经济区生物资源及其环境调查图集，第1卷：海洋环境—水文、化学、初级生产力、叶绿素．北京：气象出版社．

唐启升，苏纪兰，等（著），2000. 中国海洋生态系统动力学研究：Ⅰ关键科学问题与研究发展战略．北京：科学出版社．（中国水产学会40年庆专著唯一一等奖）

Aksnes D，Alheit J，Carlotti F，Dickey T，Harris R，Hofmann E，Ikeda T，Kim S，Perry I，Pinardi N，Piontkovski S，Poulet S，Rothschild B，Stromberg J O，Tang Q S，Shillington F，Sundby S，et al，1999. Global Ocean Ecosystem Dynamics（GLOBEC）

Implementation Plan. IGBP REPORT 47（GLOBEC REPORT 13），IGBP Secretariat，Stockholm.

Sherman K，Tang Q S（eds.），1999. The Large Marine Ecosystem of the Pacific Rim：Assessment，Sustainability，and Management. Blackwell Science，Malden，Massachusetts.

唐启升（主编），1999. 海洋高营养层次营养动力学研究（专辑）. 海洋水产研究，20（2）：1-107.

Rothschild B J，Muench R，Field J G，Moore Ⅲ B，Steele J，Stromberg J O，Sugimoto T，Harris R，Bernal P，Cushing D，Nival P，Smetacek V，Sundby S，Tang Q S，1997. Global Ocean Ecosystem Dynamics（GLOBEC）Science Plan. IGBP Report 40（GLOBEC Report 9），IGBP Secretariat，Stockholm.

唐启升，孟田湘（主编），1997. 渤海生态环境和生物资源分布图集. 青岛：青岛出版社.

唐启升，方建光（主编），1996. 养殖容纳量（专辑）. 海洋水产研究，17（2）：1-107.

唐启升，林海，苏纪兰，王荣，洪华生，冯士筰，范元炳，陆仲康，杜生明，王辉，邓景耀，孟田湘，1995. 我国海洋生态系统动力学发展战略研究. 我国海洋生态系统动力学发展战略研究小组研究报告，国家自然科学基金委地球科学部/生命科学部.

Tang Q S，Sherman K（eds.），1995. The Large Marine Ecosystem of the Pacific Rim. A Marine Conservation and Development Report，IUCN，Gland，Switzerland.

唐启升（主编），1994. 北太平洋狭鳕资源评估调查（专辑）. 海洋水产研究丛刊，33：1-185.

唐启升，张铭棣，孙继闽，等，1994. 北太平洋狭鳕渔业统计和产量分布图电脑汇编（1985—1994）. 黄海水产研究所.

邓景耀，赵传絪，唐启升，等（著），1991. 海洋渔业生物学. 北京：农业出版社.

唐启升，叶懋中（主编），1990. 山东近海渔业资源开发与保护. 北京：农业出版社.

附录三　唐启升传略

知名科学家学术成就概览：唐启升①

唐启升（1943—），辽宁大连人。海洋渔业与生态学家。1999 年当选为中国工程院院士。现任中国科协技术协会副主席、农业部科学技术委员会副主任、山东省科学技术协会主席、中国农学会副理事长、中国水产科学研究院名誉院长、黄海水产研究所名誉所长。长期从事海洋生物资源开发与可持续利用研究，是中国海洋生态系统研究的开拓者。率先从整体水平上开展黄海渔业生态系的资源与管理研究，推动大海洋生态系（LME）概念在全球的发展，参与全球海洋生态系统动力学（GLOBEC）科学计划和实施计划的制订并组织中国 GLOBEC 研究计划的实施与发展，为中国渔业科学与海洋科学多学科交叉和海洋生物资源可持续开发利用的基础研究进入世界先进行列做出突出贡献，具有良好的国际影响；在海洋渔业生物学、资源增殖与管理、远洋渔业、养殖生态以及渔业发展策略等方面有许多创新性研究，努力将成果付诸于渔业实践，支撑行业发展。先后获得国家科学技术进步奖二等奖 3 项、三等奖 1 项，另有 6 项成果获省部级奖励。发表论文和专著 270 余篇册。荣获国家有突出贡献中青年专家、全国农业教育科研系统优秀回国留学人员、国家重点基础研究发展计划（973 计划）先进个人、何梁何利科学与技术进步奖、首届中华农业英才奖、全国杰出专业技术人才奖和山东省科学技术最高奖等 19 项国家及部省级荣誉、称号。

一、学术成长与研究经历

唐启升 1943 年 12 月 25 日生于辽宁省大连市。1961 年毕业于黄海水产学院，在原水产部海洋水产研究所（1985 年后更名为中国水产科学研究院黄海水产研究所）开始了他的科研生涯。1962—1964 年在山东海洋学院（现中国海洋大学）生物系进修海洋生物学有关课程，1981—1984 年赴挪威、美国做访问学者，边工作边学习伴随他整个学术成长过程。

20 世纪 60 年代末，太平洋鲱（青鱼）种群数量在黄海区周期性的大量增加，使他十分好奇并对黄海鲱鱼渔业生物学特征研究产生了浓厚的兴趣，也成为他独立研究渔业科学问题的起点。最初的研究是从鲱鱼的年龄开始的，由于当时条件限制，他在晚上设法将解剖镜下观察到的鲱鱼鳞片上的“指纹”影射到墙上，然后细心地描绘成图，鉴定其年龄。在这项基本生物学研究获得成功的基础上，他进一步对黄海鲱鱼生殖群体的年龄组成进行研究，了解到强世代和弱世代的出现与出生年份的关系。他的研究足迹遍及山东及辽宁半岛近岸鲱鱼的

① 本文原刊于《20 世纪中国知名科学家学术成就概览》，农学卷·第四分册，548－560，撰写者：仝龄，北京：科学出版社，2013。

每一个产卵场，了解鲱鱼的历史和现状，揭示了黄海鲱鱼种群数量变动的规律以及与气候变化的关系，同时，他还用创新的思路和方法组织船只对 1970 年强世代进行了近 30 个航次的海上持续跟踪调查，弄清了太平洋鲱在黄海的洄游分布，提出太平洋鲱黄海地方种群的概念，直接推动了新渔场开发和渔业的快速发展。仅因 1971 年夏季调查发现了新的渔场，当年冬季增产 3 万 t，形成了黄海鲱鱼资源基本为中国利用的局面，渔业直接经济效益十分显著。20 世纪 70 年代，他对太平洋鲱在黄海区的种群归属、洄游分布、年龄生长、性成熟与繁殖、世代数量、种群变动和渔情预报等方面进行了卓有成效的研究，所形成的论文报告成为那个时期黄海鲱鱼研究的主要文献，也为国际鲱鱼研究提供了珍贵的科学资料。

在 20 世纪 70 年代，他十分注重渔业生物学基础及其相关理论的学习和研究，在那个特殊的年代的特殊的环境和氛围，他也遇到了不少的困难和承受了很大的压力。事实上，从研究鲱鱼年龄时，就受到了议论，被认为是在做“被批判的事”和走“回头路”。但是，他在逆境中始终坚持，不言放弃。他坚信，无论在科学研究还是渔业生产方面，渔业生物学基础研究都是非常重要的，以后的学科发展和渔业需求实践都证明了这一点。在这期间，他特别关注渔业种群数量变动基础理论的学习，潜心研究渔业资源的补充、生长与死亡等变动因子，研究当时国际上流行的三个著名的种群动态与渔业管理评估模型，即剩余产量模型、种群亲体-补充量关系模型、综合产量模型。为了深入学习研究，他与还在“牛棚”里的著名水产学家费鸿年先生书信交流学习体会。由于费老先生每次回信信封上都是署名的，引起不少人的注意，有的好心人劝他不要这样做，认为这很“危险”。他自信而坦然，甚至称我们的信任何人都可以看，因为信中除姓名全是模型与公式推演。功夫不负有心人，在学习研究过程中他发现剩余产量模型的应用范围可以从原来的单鱼种扩大到多种类中去，并从理论上证明效果可能更好。他以黄海最大持续渔获量为研究目标将学习体会和发现写成了论文，但是，使他意想不到的是：他的学术论文在后来国内的一次学术会议上没有被专家所接受。在这种情况下，他不气馁，仍继续坚持研讨，不断地充实自己的学术论点。不久，会议主持人费鸿年先生写信向他致歉，表示他是对的，实际上在同时期欧洲学者也做了同样的工作。这种在学术上不断追求、不断升华的理念，一直贯穿在他的学术研究中。他本人也非常看重这个时期的磨炼和收获，不仅确认了他在科研工作上的信心，同时，也为深入研究打下了基础，他曾多次说过今天海洋生态系统研究的渔业生物学基础就是 70 年代奠定的。

1978 年全国科学大会的春天，为唐启升的学术追求和发展带来了新的机遇和更加广阔的天地。1980 年初，在竞争中他考取改革开放后国家首批公派出国进修人员资格。1981 年 10 月，他带着对渔业生物学研究更高的追求，被教育部派往挪威海洋研究所做访问学者。在挪威期间，有许多新的知识需要学习，有许多问题要去探索。为此，他制订了两套学习计划：一套是与挪威专家共同制订的、也是他们所期望的学习计划，重点学习居世界领先水平的挪威渔业声学资源评估技术和先进的欧洲海洋渔业资源管理技术；另一套学习计划则是他更为关注的，也是他在黄海鲱鱼研究中遇到的问题：为什么随着研究的深入，却感到路子越来越窄了呢？事实上，这时的他已经加入到探讨鱼类种群数量变动研究新思路、新方向的国际大行列中去了，因为他遇到的问题也是当时国际渔业科学家在单种类数量变动研究中同样面对的问题。1982 年 8 月在转赴美国马里兰大学 Chesapeake 湾生物研究所（CBL）做访问学者途中，他专程到著名的丹麦海洋渔业研究所访问一周，拜访了当时风行欧洲的多种类数量评估与管理研究学术带头人 Ursin 和 Andersen 教授。在他们热情接待和详细介绍他们工

作的第五天下午，Ursin 教授又用了两个小时专题介绍了他的学术思想和研究模型。结束时他们有一个简短而耐人寻味的对话——U：怎么样？唐：听不懂！U：噢，您是对的，我要简化，半年后我会寄一篇新的论文给您。然后，他们微笑着握手道别。也许这是一段只有他们两个人才能明白的对白，但是，唐启升极为看重这次拜访，他说这是他学术思想发展的重要转折点，是走向开展海洋生态系统研究的启动点。虽然还在朦胧之中，但他似乎已经意识到在渔业科学领域有新的方向和内容等待着去研究、去探索。在马里兰大学 Chesapeake 湾生物研究所做访问学者期间，他加入了著名渔业科学与海洋生态学家 Rothschild 教授的研究团队。Rothschild 教授给了他很大的研究空间，提供了 7 个研究种类供选择，最终他选择了资料时间序列长的 Chesapeake 湾梭子蟹，以著名的种群动态与管理理论模式之一：亲体与补充量关系为研究重点，并试图探讨种群数量与环境之间的关系。然而，在查阅已有的研究文献时，却发现 CBL 的一位教授在一篇文章中已得出结论，"Chesapeake 湾梭子蟹数量与环境因子相关关系不明显"。他感到十分困惑，但还是大胆地询问了这位教授：为什么？这位教授打趣地说：我是学工程的，我不是生物学家。这番话给了他很大的启发，不久他以繁殖生命周期为时间单元划分了梭子蟹的出生世代及其数量，找到了与环境因子的密切关系。这就是我们从他身上看到的充满了韧劲的、锲而不舍的钻研精神。在随后的研究中，他成功地将环境影响因素添加到亲体与补充量关系研究中，发展了经典的 Ricker 型亲体与补充量关系模式。这也是首次将环境影响因素添加到渔业种群动态理论模型中，并实现了定量化。研究成果"不同环境条件下的一组 Ricker 型亲体与补充量关系曲线研究"发表后，引起国际同行广泛兴趣，被认为是"代表了渔业科学一个重要领域中新的、有用的贡献"。对他个人来说，对环境与生物关系的进一步认识，使他向海洋生态系统研究这个大方向又迈进了一步。1983 年 7 月，他转入美国华盛顿大学数量科学研究中心（CQS）进修。"华大"丰富的文献资料和良好的学术环境使他能够更加全面地了解海洋与渔业科学，能够认真地总结自己的学习成果，最终使他认识到海洋生态系统研究将是渔业科学一个新的研究领域和重要的发展方向。因此，1984 年他回国后即立项开展黄海渔业生态系统的研究，并在 1985—1986 年实施了海上调查。1985 年，在随中国渔业管理代表团访问美国期间，他结识了大海洋生态系（large marine ecosystems，LME）概念的创建者 Sherman 博士，并迅速成为密切的工作伙伴，全力推动海洋可持续科学的发展，成为世界大海洋生态系研究领域的核心成员。1991 年，在国际海洋研究委员会（SCOR）和联合国政府间海洋学委员会（IOC）的支持下，全球海洋生态系统动力学（global ocean ecosystem dynamics，GLOBEC）科学指导委员会成立，他被遴选为委员，而科学指导委员会的主席是 Rothschild 教授。这时，他也真正明白了：20 世纪 80 年代初，Rothschild 教授主持的幼鱼生态学研讨和他本人对补充量的研究都是为开展海洋生态系统研究做准备的。因此，他在积极参与制订国际 GLOBEC《科学计划》和《实施计划》的同时，全力推动中国 GLOBEC 研究计划的制订和实施，从 1997 年开始，先后主持了 3 个中国 GLOBEC 研究的国家项目，致力于海洋生态系统的整体研究，大大提高了中国海洋可持续发展基础科学研究水平。在侧重基础研究的同时，他极为关注中国渔业科学与渔业的实际问题。1988 年发起组织中国海洋渔业生物学研究，设计研究框架，与十几位主要研究者团结合作，以中国近 40 年的渔业调查资料为基础，系统地揭示了中国海域 13 个主要渔业种群的生活史、种群动态和渔业特点，总结评价了中国渔业生物学研究方法，完成了中国第一部渔业生物学专著，从理论和应用两个方面形成了具有中国

特色的学科体系（如在渔情预报、渔获量预报、繁殖保护、放流增殖和管理技术等方面），被称作“中国渔业生物学领域难得的力作”。1991—2005年期间，先后主持了渤海渔业增养殖技术研究、北太平洋狭鳕资源声学评估调查、海湾系统养殖容量与规模化养殖技术和我国专属经济区和大陆架海洋生物资源评估调查等重要的科研项目，取得了丰硕的成果。

唐启升在他的科研生涯中，十分强调目标的选择，一旦有了一个目标，哪怕一时并不十分清晰，也要一步一步地走下去。综观他的学术思想形成和研究经历，他是这样想的，也是这样做的，坚持不懈是他学术成长中的突出特点。另外，他也十分强调科学研究的团队精神，一方面他以身作则，认认真真做事，普普通通做人，同时，他也引导大家这样做，共同向团队的科学目标去努力。也许这是他在组织大科研项目和研究大科学问题时屡获成功的秘诀。

多年来，唐启升担任了多种科研领导和学术职务，积极推动学科发展和团队建设。1985—1993年任中国水产科学研究院黄海水产研究所资源研究室副主任、副研究员、主任、研究员。1988—1991年和2000—2003年任国家自然科学基金委员会生命科学部畜牧水产学科第二、三届专家评审组专家和第八、九届专家评审组副组长、组长。1991—1998年和2002—2005年任国际海洋生态系统动力学科学指导委员会委员。1992—1996年任国际北太平洋海洋科学组织科学局成员、渔业科学委员会主席。1994—2008年任中国水产科学研究院黄海水产研究所所长。1994—1998年任中国水产科学研究院副院长。1995年任联合国海委会大海洋生态系咨询委员会委员。1996—2000年任国家“863计划”海洋生物技术专家组副组长。1996年以来先后任中国海洋大学、厦门大学和中国科学院海洋研究所博士生导师。1997—2000年任国务院学位委员会学科组成员。1998—2000年任国家自然科学基金委员会生命科学部第一届专家咨询委员会委员。1999年当选为中国工程院院士。2000—2002年任国家科学技术进步奖评审委员会委员、专业组副组长、组长。2001—2006年任国家“863计划”资源与环境领域专家委员会委员。2001年任中国水产学会理事长。2002年任中国水产科学研究院首席科学家。2003—2006年任国家生物物种资源保护专家委员会委员。2003年任中国工程院农业、轻纺与环境工程学部常委会委员。2004—2007年和2006—2009年分别任国家自然科学基金委地球科学部第二、三届专家咨询委员会委员和海洋学科第十一、十二届专家评审组组长。2005—2007年任农业部专家咨询委员会委员。2006—2007年任全球环境基金（GEF）科学顾问团核心成员。2006年当选中国科学技术协会第七届全国委员会副主席、任中国工程院学术与出版委员会委员。2007年任国家科学技术进步奖评审委员会委员和专业组组长、中国水产科学研究院学术委员会主任委员。2008年任中国水产科学研究院名誉院长、黄海水产研究所名誉所长和农业部第八届科学技术委员会副主任委员。2009年当选山东省科学技术协会第七届委员会主席。2012年任中国农学会副会长。

二、主要研究领域与学术成就

唐启升生长在大海边，工作后孜孜以求的目标就是关心大海能为百姓提供多少高质量的食物和优质蛋白，关心海洋资源的可持续利用和生态环境的保护。因此，在他长期从事海洋生物资源开发与可持续利用研究中，努力从理论和应用两个方面开展研究，成为活跃在海洋生态和渔业资源评估、养护及可持续利用领域的国内外知名专家。作为中国大海洋生态系研究的开拓者和海洋生态系统动力学研究的奠基人，率先从整体水平上开展黄海渔业生态系的资源与管理研究，推动大海洋生态系（LME）概念在全球的发展，积极参与全球海洋生态系统动力学（GLOBEC）研究计划制订并组织中国 GLOBEC 的实施与发展，为中国渔业科学与海洋科学多学科交叉和生态系统水平的海洋生物资源管理与基础研究进入世界先进行列做出突出贡献。他在海洋渔业生物学、资源增殖与管理、远洋渔业、养殖生态以及渔业发展策略等方面有许多创新性研究，努力将成果付诸渔业实践，支撑行业和区域经济发展。

（一）推动海洋生态系统的研究与发展，为中国该领域研究进入世界先进行列做出突出贡献

大海洋生态系（LME）概念是美国海洋生态学家 K. Sherman 和海洋地理学家 L. Alexander 在 1984 年提出来的，这一概念与唐启升 20 世纪 80 年代初对渔业生态系统的探索不谋而合。Sherman 博士也惊奇地说道：您怎么做的和我做的是一样的呢！他们迅速地结合在一起，不遗余力地推动这个概念的发展。因此，这一概念也被引入中国，他结合黄海海洋生态系的特点，从整体系统水平上研究黄海渔业生态系资源的管理与保护。Sherman 博士称其研究成果“已在世界 LME 研究领域占有显著地位”，并编入 LME 国际专著，美国《科学》杂志于 1993 年刊文介绍该专著。1994 年，他组织了“环太平洋 LME 学术会议”，主编该次国际会议的专著。为了推动大海洋生态系的研究与发展，1987 年和 1997 年先后两次应邀参加美国科学发展协会（AAAS）年际千人大会，报告黄海生态系统的生物量变化和物理与生物的长期扰动。2002 年，他与 Sherman 博士等在《科学》杂志发表评论，评述 LME 研究在海洋可持续科学发展中的意义，进一步推动大海洋生态系研究在世界和中国的发展。从 1997 年联合国海委会（IOC）大海洋生态系咨询委员会成立起，一直担任该委员会委员，成为该研究领域的核心科学家。1990 年，第一届大海洋生态系全球大会期间，作为大会的特邀报告人他提出黄海大海洋生态系国际立项的建议，在 Sherman 博士的大力支持下，经过他们长达十余年的不懈努力，最终促成了由全球环境基金会和联合国开发计划署支持的“减轻黄海大海洋生态系环境压力”项目在 2005 年的立项和实施。2007 年 9 月，他与已被尊称为“LME 之父”的 Sherman 博士作为合作召集人和科学指导委员会主席，在青岛成功地组织了第二届大海洋生态系全球大会。这次会议对推动海洋开发与管理新概念的发展和生态系统水平的海洋与渔业管理科学研究与实践具有划时代的意义。

20 世纪 90 年代中期，国际地圈生物圈计划（IGBP）在地球系统科学框架下将全球海洋生态系统动力学（GLOBEC）确定为全球变化研究的一个核心计划。事实证明，GLOBEC 研究已经为近些年在全球范围内受到高度重视的生态系统水平的海洋与渔业管理提供了重要的科学依据。正因为较早地认识到这些重要的科学内涵，所以，他作为国际 GLOBEC 科学指导委员会委员，一方面积极参与了长达 9 年（1991—1999 年）的国际 GLOBEC《科学计划》和《实施计划》的制订，另一方面大力推动 GLOBEC 研究在中国的发展。1994 年在国家自然科学基金委员会地球科学部的支持下，他主持“中国海洋生态系统动力学发展战略研究”，确定了中国 GLOBEC 应以近海陆架为主等与国际计划有所不同的发展思路。这个思路不仅对此后中国 GLOBEC 的研究发展产生了重要的指导作用，同时也使中国 GLOBEC 研究的地位在国际上日趋显著。

1997—2000 年，他与苏纪兰院士共同主持完成了国家自然科学基金重大项目“渤海生态系统动力学与生物资源持续利用”。作为第一个 GLOBEC 研究国家项目（被称之为中国 GLOBEC Ⅰ），较深入地探讨了渤海海洋生态系统的结构、生物生产及动态变化规律，首次将中国海洋生态系统与生物资源变动的研究深入到过程与机制的水平，促进了海洋生态系统

动力学这一新学科前沿领域在中国的发展，为全球海洋生态系统动力学提供了一个半封闭陆架浅海生态系统的研究实例。

1999—2004 年，作为首席科学家主持完成了国家“973 计划”项目“东、黄海生态系统动力学与生物资源可持续利用”（中国 GLOBEC Ⅱ）。该项目获得很大成功，被评为“973 计划”资源与环境领域的优秀项目，他也被科技部授予“国家‘973 计划’先进个人”荣誉称号。2008 年，在国家重点基础研究发展计划（“973 计划”）十周年纪念大会上，科技部授予他领衔的项目研究集体“‘973 计划’优秀研究团队”称号。他在科学方面的重要贡献主要表现在以下几个方面。

1. 构建了近海生态系统动力学理论体系框架

根据东海和黄海所具有的“陆架”和“浅海”的特点，提出了作用和影响其生态系统服务与产出功能的 6 个关键科学问题，即资源关键种能量流动与转换、浮游动物种群的补充、关键物理过程的生态作用、生源要素的循环与更新、水层与底栖系统耦合、微食物环的贡献。这些关键科学问题不仅构成中国近海生态系统动力学理论体系的基本框架，同时也适用于全球陆架浅海区海洋生态系统研究。该体系具有较好的学科覆盖面和前瞻性，明确了海洋生态系统动力学多学科交叉研究的结合点和切入口，在科学上具有普遍意义和创新性。代表性专著《中国海洋生态系统动力学研究：Ⅰ关键科学问题与研究发展战略》发表后，得到国内外同行的普遍好评和肯定，2002 年应邀在国际 GLOBEC 第二届开放科学大会上作了重点介绍。项目组围绕这个理论体系框架开展的多学科交叉和过程研究，已获得一批有明显创新意义的成果，如高营养层次营养动力学特征及资源可持续管理模型、中华哲水蚤度夏机制、物理过程对鳀鱼两个关键生活阶段的生态作用、生源要素在重要界面的交换与循环过程等。

2. 发现鱼类生态转换效率与营养级之间的负相关关系，提出适合中国国情的渔业收获策略

他极为重视海洋生态系统食物网的研究，通过大量生态模拟实验和对渤海、黄海、东海生态系统高营养层次重要种类营养动力学特征的系统研究，发现鱼类生态转换效率与营养级之间存在负相关关系。这个科学上的重要发现，对认识生态系统中生物资源的数量变化及其与食物网营养级之间的关系有重要意义，也直接否定了“根据‘捕捞导致食物网营养级下降’，断定‘海洋渔业开发方式是不可持续的’”［Pauly D.，et al.，1998. *Science*（279）：860－863］认识的全面性。提出海洋渔业的收获策略应根据需求来确定，我国可采用不同于“欧美国家追求顶层获取”的策略，指出了一条适合中国国情的渔业发展方向，为解决我国实施海洋生物资源可持续管理中遇到的困惑提出了直接的依据。

3. 通过对渤海生态学基本特征的系统研究，提出浅海生态系统生物生产受多控制因素综合作用的新认识

20 世纪 90 年代在主持渤海增养殖生态学基础研究中，系统研究了该生态系统理化特征、初级生产力、资源补充基础、渔业生物学及资源结构、种间关系、敌害生物等各环节的基本情况，并分析其动态变化。此后，在中国 GLOBEC Ⅱ项目中继续研究这一问题，发现生态系统的传统理论（如上行控制、下行控制或蜂腰控制作用等理论）难以单一地套用于实际。2003 年，在“渤海生态系统生物生产十年际变化及其控制机制”一文中提出“浅海生态系统生物生产受多控制因素综合作用”、“不同年代或时期作用机制是不一样的”等论点。这一成果被高水平的海洋生态国际刊物所接受，同期，国际 IGBP 年会 B5 工作组也得出类似的研讨结果。这一新认识不仅使从生态系统水平上探讨资源补充机制成为可能，同时也为在全球变化影响下探讨中国海洋渔业可持续管理的适应性对策提供了理论依据，具有重要的理论和实用双重价值。

由于中国 GLOBEC 研究取得的突出成就和他本人的努力，2002 年赢得了在中国青岛举行 GLOBEC 第二届国际开放科学大会的承办权，表明了中国 GLOBEC 研究在世界海洋科学该前沿领域已经占据了显要的一席之地。这次大会被多个国际科学组织称为“GLOBEC 发展的重要里程碑”。唐启升担任了大会组委会主要成员和地方组织委员会主席，也是大会唯一的主题报告人。会后他再次当选国际 GLOBEC 科学指导委员会委员，也是亚太地区的代表。

近年来，唐启升把他的科学研究重点放在了海洋生态系统功能及其食物产出研究上，2006 年开始主持第二个“973 计划”项目“我国近海生态系统食物产出的关键过程及其可持续机理”（中国 GLOBEC Ⅲ）。该项目从人类活动和自然变化两个方面研究和认识近海生态系统的服务功能及其承载力，寻求提高近海生态系统食物生产的数量和质量及其可持续开发利用的科学途径，更重要的是该项目将中国海洋生态系统研究从结构水平的研究提升到功能水平的研究上。该项目在国际上也产生了很大的影响，国际 IGBP 两个海洋核心计划（GLOBEC 和 IMBER，integrated marine biogeochemistry and ecosystem research）科学指导委员会主席共同应邀来华参加了立项前的研讨，认为中国又先走了一步。唐启升也进入 9 人高级专家小组，研讨国际 IGBP 海洋核心计划进一步的发展方向和研究重点。

（二）注重研究成果的应用，努力付诸于渔业生产实践，产生显著的社会经济效益

20 世纪 70 年代末，随着近海资源的衰退，他开始关注远洋渔业的发展，提出了发展北太平洋狭鳕远洋渔业的重要建议，并作为主要技术专家参加了美、苏、日、波、韩、中六国多年的北平洋太远洋渔业国际谈判。1993 年率“北斗”号科学调查船赴白令海、鄂霍次克海等国际水域对狭鳕资源进行调查评估研究。在采用声学回声积分系统对白令公海及东白令海海盆水域狭鳕资源进行调查评估过程中，在 100 m 水层发现密集回声映像，但不知道是何物。经过对拖网网衣的仔细观察和商讨，他毅然决定采用大网目的渔用拖网取样，一网即获得4 kg体长为 1～6 cm 的狭鳕等仔幼鱼样品。随即调整修改了原调查计划，进行了连续 7 d 的跟踪调查，首次获得了狭鳕仔幼鱼在白令海公海/海盆区分布的宝贵资料。这一重要发现不仅在科学上获得各国专家的公认，同时也肯定了中国、日本、波兰和韩国等国家在公海捕捞狭鳕的主权，在与美国和苏联等狭鳕沿海国家的渔业谈判中发挥了关键作用，为国家争取远洋渔业重大权益和在该区域远洋渔业的发展做出了贡献。北太平洋远洋渔业从无到有，形成了年产量 15 万 t、产值 3 亿元以上、渔业增收总额达 10 多亿元的我国第一个真正意义上的远洋渔业。因此，该项也被称为是“科技成果转化为生产力的一个良好范例”。“白令海和鄂霍次克海狭鳕渔业信息网络和资源评估调查”成果获 1997 年国家科学技术进步奖三等奖。

“八五”期间，主持完成国家攻关课题“渤海渔业增养殖技术研究”课题，以大海洋生态系的创新思路研究渤海渔业的生态学基础以及海珍品、对虾、经济鱼类、海蜇等增养殖配套技术，其成果具有显著的社会效益和经济效益，促进了增殖技术水平的提高。课题进行期间在山东、辽宁等地示范，新增产值上亿元。成果分别获国家“八五”科技攻关重大科技成果奖励和 1997 年国家科学技术进步奖二等奖。

1995 年，提出了我国大规模海水养殖关键技术的攻关点应该是充分认识海域的生态容纳量，促成养殖容量研究与示范在我国沿海各地迅速展开，为我国规模化健康海水养殖和可持续发展提供了重要依据和技术支撑。他主持完成的国家科技攻关“海湾系统养殖容量与规模化养殖技术”专题，较好地解决了海水养殖快速发展过程中出现的超量养殖和缺乏相关技术支撑的问题，建立了海湾系统多参数养殖容量评估指标与模型，提出了 7 项海水养殖多元生态优化和规模化健康养殖实用技术，首次证明了中国贝藻养殖对海洋碳循环和减排大气二氧化碳的贡献。该项目技术成果在山东桑沟湾和莱州湾进行示范，收效十分显著，促进了产业结构调整。至 2004 年，在山东示范区累计增加产值 9.2 亿元，利税 4.5 亿元。成果获 2005 年国家科学技术进步奖二等奖。

1996—2005 年，组织实施《我国专属经济区和大陆架勘测》专项的《海洋生物资源补充调查及资源评价》项目。在唐启升的领导下，该项目首次对我国专属经济区和大陆架生物资源及其栖息环境进行大面积同步调查评估，实现了调查技术的跨越发展，对我国专属经济区广大海域生物资源与栖息环境、今后养护和管理以及渔业的发展有了全新和准确的认识。由于我国海域生物资源具有种类多、数量小、混栖等特点，选择适当的调查技术与方法成为影响评估结果正确与否的瓶颈和关键问题，因此，在开发应用声学技术评估多种类资源和扫海面积法定量评估底层资源取得成功的基础上，实施评估方法的集成，形成全水层海洋生物资源评估技术，对 1 200 多个种类的生物量进行评估，避免了以往根据单一方法所产生的片面的认识。该项目调查总面积达到 230 万 km^2，声学总航程记录 15 万 km，采集到的调查数据近 225 万个，建立了海量数据库。实现了成果的系统集成，发表专著 8 部、图集 12 部，成为我国迄今为止内容最丰富、最全面的海洋生物资源与栖息环境论著和专业技术图件，为中-韩、中-日、中-越等国家海洋划界和渔业谈判，为实施海洋生物资源保护和渔业管理做出了重大贡献，也使中国海域声学资源评估达到世界先进水平，在多种类生物量评估方面处于国际领先。成果获 2006 年国家科学技术进步奖二等奖。

（三）积极参与国家科技发展战略研究，为中国渔业科学和水产业的发展献计献策

20 世纪 90 年代中后期，唐启升在参与国家“863 计划”海洋生物技术发展中，突破传统观念，提出海洋生物资源应包括群体资源、遗传资源和产物资源三个部分的新概念，为推动新世纪中国海洋生物资源多层面的开发利用和可持续发展做出了贡献。2003 年在参加《国家中长期科学和技术发展规划》战略研究中，同时被聘任为“农业”和“能源、资源与海洋”两个专题组以及“海洋”课题组的研究骨干，主持海洋生物科技发展战略研讨。为了保障食物安全和解决海洋生态系统的承载力与水产品巨大需求之间的冲突，提出了“蓝色海洋食物发展计划”及其相应的发展战略。其基本思路是：为了实现我国海洋渔业可持续发展，需要在保证国家食物安全和维护海洋权益双重需求的前提下，充分总结过去几十年对海洋生物资源的脆弱性和多样性的认识；要贯彻养护海洋生物资源及其环境、拓展海洋生物资源开发利用领域和加强海洋高技术应用的发展战略；实施新的蓝色海洋食物发展计划，重点推动现代海洋渔业发展体系建设和蓝色海洋食物科技支撑体系建设；保障海洋生物资源可持续利用与协调发展，推动海洋生物产业由“产量型”向“质量效益型”和“负责任型”的战略转移，为全面建设小康社会提供更多营养、健康、优质的蛋白质，保证食物安全。要实施新的“蓝色海洋食物发展计划”，就必须发展生态系统水平的渔业和管理，推动有科学研究

成果和高新技术支撑的“耕海牧渔”。作为一个海洋渔业与生态研究者，唐启升认为渔业在国家粮食安全中的地位和作用越来越重要，这是提出蓝色海洋食物发展计划的重要背景之一；但并不局限于此，还需要从更广阔的资源环境和水域生态背景下探讨海洋生态系统的产出对我国食物安全的贡献。

2001 年，他建议“加强海洋渔业资源调查和渔业管理”，得到温家宝总理的关注和支持。2002 年，又联合 18 位院士、专家提出“尽快制订国家行动计划，切实保护水生生物资源，有效遏制水域生态荒漠化”的建议，温总理高度重视，对此做了重要批示。2006 年形成了国务院发布的《中国水生生物资源养护行动纲要》，这是中国第一个生物资源养护行动实施计划，它不仅对中国水生生物资源养护工作有划时代的意义，也将推动渔业科学和水产业发展进入一个新阶段。

他担任中国水产科学研究院黄海水产研究所所长以来，注重整体发展与改革，坚持以科研为本，提出了把黄海水产研究所建设成“适应新经济体制的、现代化的、国家级的海洋渔业科技创新中心”的奋斗目标。以高层次科学家严谨的素质和励精图治、以身作则的态度，带领广大科研人员和全所职工拼搏奋斗，致力于学科建设、人才队伍建设、研究生队伍建设、科研技术平台建设、精神文明建设和党的建设，采取了一系列鼓励为发展多做贡献的有效措施，努力营造“出成果、出人才”的科研院所良好文化氛围。使黄海水产研究所这个 60 多年的老所走向新的辉煌。2008 年，他本人领导的研究群体被评为山东省首届十个创新团队之一，并记集体一等功。

唐启升是活跃在科学研究前沿的科学家，他认为一个科研人员不仅要钻研自身专业，而且要关心“民生之多艰、国家之大政”，才能使自己的研究能够更好地造福于国家和人民。他给同事们的印象是具有严于律己的作风、开放超前的学术思想、严谨的治学态度、对新学科的增长点极为敏感，具有一个高层次科学家的思维。他始终精力充沛，工作态度认真，处理事情全面，考虑问题细微，事业心极强，总会把事情做得十分完美。

附录四　唐启升访谈录[①]

50年艰辛探索，引领我国海洋生态系统研究进入世界先进行列

唐启升：让百姓吃上更多更好的鱼[②]

人民日报记者　冯华

人物小传

唐启升，海洋渔业与生态学家，中国工程院院士，中国水产科学研究院名誉院长，黄海水产研究所名誉所长。他长期从事海洋生物资源开发与可持续利用研究，是中国海洋生态系统动力学和大海洋生态系研究的奠基人，为我国渔业科学与海洋科学多学科交叉研究进入世界先进行列做出突出贡献。他在渔业生物学、资源增殖与管理、远洋与极地渔业等方面有多项创新性研究，提出“碳汇渔业”“环境友好型水产养殖业”“资源养护型捕捞业”等渔业绿色发展新理念，获国家科学技术进步奖二等奖3项、三等奖1项。

在如今这个万物皆可连接的时代，唐启升院士没有手机，随身携带的“最先进”的电子产品是一部1998年购买的商务通。但这并不意味着这位77岁的院士排斥新鲜事物，恰恰相反，对时下流行的“云会议”，唐院士熟悉得很，甚至主动提出通过视频采访的形式与记者交流。

从20世纪80年代开始，唐启升引领的大海洋生态系研究，与国际学术前沿几乎同步进行，使我国成为最早介入大海洋生态系研究和应用的国家之一。这之后，他提出的碳汇渔业、水产养殖业绿色发展等理念，也都具有前瞻性的战略眼光。

在唐启升院士看来，做科研一定要有“坚持不懈”的科学精神。“我做成一件事，一般要十多年的积累。有了梦想，有了追求，就要脚踏实地，一步一个脚印向前，不能浮夸，更不能弄虚作假。科学进步在多数情况下是缓慢的、积累式的，往往不能一蹴而就。”

筑梦海洋始于鲱鱼，12年瞄准一条鱼

2019年，是唐启升从事科研工作第五十个年头。在他自己撰写的科学年表中，衡量时间的长度常常以十年为期。

---

① 为尊重原稿，本附录文章遵照原刊的内容和形式来出版。

② 本文原刊于《人民日报》，第19版，科技：潜心科研　砥砺创新，2020-11-02。

1969 年，青岛临海的太平路上，新鲜渔获里一缕蓝晶晶的银光吸引了唐启升的目光。从小在海边长大又从事渔业科学研究的唐启升，竟不认识这种鱼。他大感疑惑，查阅资料后，发现这就是世界著名的鲱鱼，在中国俗称青鱼，分布在黄海。“令我兴奋的是这种鱼的种群数量在世界、太平洋甚至黄海都可能有长期波动的历史，即种群数量一个时期很多，一个时期又很少，差别很大，为什么?”

带着好奇，唐启升开启了科研工作的起点，研究鲱鱼及其种群动态，没想到一做就是 12 年。

为了研究鲱鱼的分布和习性，唐启升每年至少有一个半月在鲱鱼产卵地收集生物学资料并调查走访渔民，经常是徒步行走一二十里地，翻山越岭是家常便饭，路上全靠烧饼充饥。累了就躺在沙滩上睡一觉，醒来继续赶路，自行车都是奢侈的代步工具。“有时候忘了买烧饼，就得饿肚子，可是下一次照样不长记性。”回忆起年轻时的艰辛，唐启升哈哈大笑，不以为苦。

就这样，唐启升走遍了山东半岛及辽东半岛东岸的每一个鲱鱼产卵场。为了获取第一手数据，他还组织了一个由三对 250 马力渔船组成的调查组，对黄海深水区鲱鱼索饵场和越冬场进行 28 个航次的海上调查，揭示了太平洋鲱（青鱼）在黄海的洄游分布和种群数量变动规律，推动了新渔场的开发和渔业的快速发展。

要判断鲱鱼的年龄，需要根据鲱鱼的鳞片和耳石来看年轮特征。当时科研条件有限，唐启升就利用投影仪将鳞片上的轮纹投影到墙上，再一一手绘下来，以便确认年轮特征以及和伪轮的区别。这需要耗费大量的时间，但功夫不负有心人，当时关于黄海鲱鱼研究的文献资料，一半以上都出自于唐启升之手。

研究成果频出，唐启升却感到进入了科研的瓶颈期。“我自己总觉得，研究的路越走越窄，关于渔业资源波动的原因，有很多问题找不到答案。”

潜心研究大海洋生态系，在世界科学前沿占据一席之地

幸运的是，这样的困惑没有持续太久。20 世纪 80 年代初，唐启升作为访问学者先后到挪威海洋研究所，丹麦国家海洋渔业研究所，美国马里兰大学、华盛顿大学等海洋研究机构开展“环球访学”。在这里，他发现自己遇到的困惑与欧美科学家经历了 100 多年种群动态、资源评估和渔业管理研讨之后遇到的困惑如出一辙。

“我到挪威不久就发现，我的困惑也是欧美渔业科学家的困惑。不同的是他们困惑了 100 多年，我才 12 年！我有意无意地踏进了世界渔业科学新研究领域的探索行列中，新的动力、新的方向促使我加倍努力。”

1984 年，唐启升领衔启动了我国 20 世纪 50 年代以来黄海第一次全海区周年的渔业生态系调查，跳出了 100 多年来渔业种群动态研究以单种为出发点的藩篱，开始从大海洋生态系的前瞻性角度研究种群变化。

一番探索，又是十多年的磨砺，唐启升逐渐形成了海洋生态系统研究的学术思想。全球海洋生态系统动力学（GLOBEC）是 20 世纪 80 年代中后期逐渐形成的新学科领域，是渔业科学与海洋科学交叉发展起来的新学科领域，也是具有重要应用价值的基础研究。唐启升明确了海洋生态系统研究由理论、观测、应用三个基本部分组成，包括侧重于基础研究的海洋生态系统动力学、观测系统的海上综合调查评估和常规监测、侧重于管理应用的大海洋生态系。

理论创新大大推动了应用成果落地。随着研究的逐渐深入，唐启升根据“高营养层次重要鱼类的生态转换效率与营养级存在负相关”的科学发现，提出了与欧美国家不同的资源可持续管理的策略（即非顶层获取策略），形成了渔业资源恢复是一个复杂而缓慢的过程、中国近海生态系统研究的重要出口在水产养殖等认识。围绕这些重要的新认识，中国水产科学研究院黄海水产研究所等开展了许多相关研究，为渔业绿色发展提供了坚实的基础科学依据。

经过唐启升等中国科学家的努力，我国大海洋生态系研究让国际同行刮目相看，在世界科学前沿领域占据了一席之地。“你们发现了问题，并找到解决问题的办法。”全球大海洋生态系知名学者谢尔曼教授高度评价唐启升的研究成果，认为我国在大海洋生态系研究方面提供的创新评估方法和管理措施相结合的观点，为推动重建捕捞渔业并引入更为高效的多营养层次综合养殖方法提供了科学基础，应该在全球范围内推广示范。

志在“耕海牧渔”，促进水产养殖绿色发展

2000 年，唐启升第一次参加院士大会，会上他讲了一句话：“让百姓吃上更多更好的鱼。”这是唐启升的科研初心，也是他的大海洋之梦更加具体的追求目标和动力。围绕着从海洋中获取更多的优质蛋白，他从一名科技工作者成长为战略科学家，为海洋强国建设出谋划策。

“1950 年，中国的人均水产品占有量仅有 1.7 公斤。现在，世界 3 条水产养殖鱼中有 2 条是中国的。”说起这些年渔业发展的成就，唐启升非常自豪。但是如何实现水产养殖的绿色、可持续发展，成为萦绕在唐启升心头的大问题。

围绕国家重大需求开展战略咨询研究，唐启升多次向国家提出具有前瞻性和战略性的建议报告，先后提出“实施海洋强国战略”等院士专家建议 10 项，促成《中国水生生物资源养护行动纲要》《关于促进海洋渔业持续健康发展的若干意见》等有关文件发布。

唐启升告诉记者：“中国渔业绿色发展的探索上世纪 80 年代就开始了，我们在 2017 年提出关于促进水产养殖业绿色发展的建议，一方面是为了解决水产养殖持续发展与生态环境协同共进的矛盾，另一方面也是希望新时代渔业能有更大的发展。”让他欣慰的是，2019 年，农业农村部等十部委发布了《关于加快推进水产养殖业绿色发展的若干意见》，成为当前和今后一个时期指导我国水产养殖业绿色发展的纲领性文件，为新时代渔业绿色发展指明了方向。这些关系国计民生的政策建议，凝聚着唐启升“十年磨一剑”的心血。

尽管已经 70 多岁，唐启升仍然精神矍铄，每天工作 8 小时以上，孜孜不倦地投身于中国工程院的战略咨询项目、国家“十四五”海洋规划、渔业学科建设与发展等工作中。曾经担任过黄海水产研究所所长的唐启升，如今还是所里的名誉所长，他的严谨治学与勤勉不懈，也一直影响着黄海水产研究所里的年轻科研人员。

“绿色发展是中国渔业的现在和未来，推动现代渔业绿色高质量发展是我的奋斗目标。”将自己比作“耕海牧渔者”的唐启升如是说。

对话：国际视野下的海洋牧场发展策略[①]

嘉宾：唐启升院士 中国水产科学研究院黄海水产研究所
主持人：汪文

在现代渔业建设中，海洋牧场受到普遍的重视和关注。然而，相对于传统的海洋捕捞和水产养殖，海洋牧场是一个全新的课题，其在世界范围内的兴起、发展只有100多年的历史，海洋牧场建设需要进行科学和技术层面的更多探索。为此本报邀请中国水产科学研究院黄海水产研究所的唐启升院士，就海洋牧场发展的有关话题进行对话。

主持人：非常感谢唐启升院士对这个栏目的支持。首先，请您介绍一下世界范围内海洋牧场的发展情况。

唐启升院士：在国际上，海洋牧场通常是指资源增殖，操作方式主要包括增殖放流和人工鱼礁。1860—1880年，美国、加拿大、俄国、日本等国家以增加商业捕捞渔获量为目的，开始实施大规模的溯河性鲑科鱼类增殖计划，采用的鱼类品种以太平洋大麻哈鱼类和大西洋鲑为主。随后，资源增殖活动在世界其他区域展开，如南半球的澳大利亚、新西兰等。

1900年前后，美国、英国、挪威等国家开始实施海洋经济种类增殖计划，也就是今天我们所说的增殖放流，增殖放流种类包括当地重要的捕捞鱼类品种，如鳕、黑线鳕、狭鳕、鲽、鲆、龙虾、扇贝等。总的来说，欧美国家将渔业资源增殖等同海洋牧场，其主要内涵是重要经济品种的放流增殖。

1963年后，日本大力推行近海增殖计划，称之为栽培渔业或海洋牧场，增殖放流种类迅速增加，规模扩大，特别是在较短的时期内可在近岸海域产生商业捕捞效益的种类，如甲壳类、贝类、海胆等无脊椎种类。与此同时，成规模的人工鱼礁建设得到快速发展。这些活动在国际上统称为资源增殖（stock enhancement），同时也称之为海洋牧场（sea ranching，marine ranching，ocean ranching）。据统计，1984—1997年全球有64个国家和地区采用资源增殖方式增殖海洋物种约180种。

中国的渔业资源增殖历史悠久，早在10世纪末，我国就有将鱼苗放流至湖泊的文字记载。现代增殖活动始于20世纪70年代至80年代，并在最近十多年才形成了规模化，发展态势活跃。2002年，中央财政安排专项资金支持海洋牧场建设。经过多年努力，中国的海洋牧场在发展规模和技术水平等方面取得了很大进步。

主持人：在资源增殖中出现了一些专业术语，如渔业资源增殖、海洋牧场、增殖渔业等，可否认为它们具有类似的共同意义？

唐启升院士：国内外对“渔业资源增殖、海洋牧场、增殖渔业”等基本术语的表述基本是一致的，也是清楚的，它们的共同目标是增加生物量、恢复资源和修复海洋生态系统。虽

① 本文原刊于《中国渔业报》，第4版，现代渔业，2020-05-11。

然在实际使用和解释上有时有些差别，但仅是操作方式层面的差别。例如，现在国内实施的海洋牧场示范区就是人工鱼礁的一种形式，或者说是一个扩大版，科学性质上没有根本差别。陈丕茂等发表于水产学报上的文章《国内外海洋牧场发展历程与定义分类概述》中，通过查询大量国内外海洋牧场发展的文献资料得出的结论证实了我的看法。

在海洋牧场的发展过程中，这些基本术语的使用也有些微妙的变化。例如，海洋牧场的英文表述在很长一段时间里是 sea ranching，21 世纪初前后则出现了 marine ranching 和 ocean ranching，似乎意味着海洋牧场将走向一个更大的发展空间，但至今尚未看到一个具有深远海意义的发展实例。

在日本，21 世纪一直使用“栽培渔业”（汉字）或“海洋牧场”的表述，以推动渔业资源增殖的发展，并引起中国渔业界高度关注。1996 年，FAO 在日本召开的海洋牧场国际研讨会上将“资源增殖（或增殖放流） （stock enhancement)”视为“海洋牧场（marine ranching)”。如果再看一下自 1997 年以来 5 次资源增殖和海洋牧场国际学术会议的日程和大会报告（International Symposium on Stock Enhancement and Sea Ranching，1997 年挪威，2002 年日本，2006 年美国，2011 年中国，2015 年澳大利亚，2019 年美国)，我们会发现“资源增殖”多出现在研究领域用词中，而“海洋牧场”则出现在操作层面或管理层面用词中。21 世纪以来，“栽培渔业”或“海洋牧场”这些用词在日本逐渐被淡化，更多的使用“资源增殖”，在相关专著书名用词中特别明显。这些用词的微妙变化内在原因值得关注和深入研讨。

在中国，国务院于 2013 年召开全国现代渔业建设工作电视电话会议，明确现代渔业由水产养殖业、捕捞业、水产品加工流通业、增殖渔业、休闲渔业五大产业体系组成。增殖渔业是渔业资源增殖活动达到一定规模时形成的新业态，作为现代渔业体系建设的一个新的部分，包含了渔业资源增殖活动或海洋牧场的主要内容。

需要注意的是，国内存在海洋牧场概念泛化情况。国际上对海洋牧场的定义仅见 8 项，且定义的表述和内涵大同小异、同一定义多年广泛使用，显示出各国学者和机构对于海洋牧场定义的提出是慎重的、严谨的。在国内，由于国家重视海洋牧场的发展，部分地方将网箱养殖以及筏式养殖也作为海洋牧场，甚至把所有水产养殖内容都向海洋牧场里面“装”，导致了海洋牧场概念不清晰、不严谨。1947 年至今，国内的海洋牧场的定义或概念有 37 项，其中，1947 年 2005 年仅见 12 项，而 2007—2019 年新增的有 25 项。总体上，海洋牧场的定义中，资源增殖和海洋生态保护为主要内容。

主持人：在资源增殖活动中，增殖放流和人工鱼礁是两个重要手段。从科学原理和实际情况看，增殖放流、人工鱼礁分别发挥哪些作用呢?

唐启升院士：增殖放流和人工鱼礁对渔业资源增殖的发展定位略有不同，增殖放流强调对增加渔业生物量的贡献，人工鱼礁则强调对修复生态系统的贡献。

开展增殖放流，需要向海中大量释放幼鱼，这些幼鱼捕食海洋环境中的天然饵料并成长，从而增加渔业作业海域的生物量，然后形成一定的海洋捕捞量。

人工鱼礁发展之初，主要以诱集、捕获鱼类为目的，称为“人工渔礁（fishing reef)”；随着人工鱼礁功能的拓展，除了用于诱集鱼类进行捕捞之外，还可以给海洋生物提供起到保护作用的场所，其英文名称演变为 fish reef、artificial reef、artificial habitat。投放人工鱼礁是通过工程化的方式模仿自然生境（如珊瑚礁)，旨在保护、增殖或修复海洋生态系统的组成部分。它所惠及的产业不仅是海洋捕捞，而且包括海上养殖、海上休闲等。

目前，对于增殖放流和人工鱼礁对恢复渔业资源的贡献定位，均持谨慎态度。这里需要特别强调的是，"增加渔业生物量与恢复渔业资源"不能混为一谈，因为，两者分别是种群数量变动机制上两个层面的过程。例如，5—6 月放流的对虾苗，当年 9—10 月渔业收获了，称之为增加了渔业生物量（资源量），第二年需要继续放流对虾苗，才能保持渔业持续收获，年复一年，不能中断。持续了 160 年的世界鲑科鱼类增殖就是通过年复一年的放流，才保证了这个事业的成功。

假如放流后或经过几年放流，不用再放流而渔业资源量能持续维持在较高水准上，那就达到了资源自然恢复的目的，现实中这种实例鲜有所见。

主持人：从国际上增殖放流的发展情况看，有哪些经验和教训值得我们借鉴呢？

唐启升院士：国际《海洋科学百科全书》"海洋牧场"条目中称，大约 60%的放流计划是试验性或试点性的，25%是严格商业性的（捕捞），12%具有商业和娱乐目的（游钓或休闲渔业），只有少数（3%）致力于资源增殖。国际上 100 多年的增殖史表明，实现资源恢复意义的增殖比较难。产生这样结果的原因除增殖技术和策略本身的问题外，主要是生态系统的复杂性和多重压力影响下的不确定性所致。

挪威鳕鱼增殖放流经过 20 年的酝酿、100 多年的反复试验，最终停止了，因为无法达到资源恢复和增加补充量的目标，经济上也不合算。挪威的鳕鱼放流仿照的是已取得成功的鲑鳟鱼放流的规则，但是在实施过程中却失败了。这就说明，增殖放流具有不可复制性。

日本在栽培渔业 50 年小结中说，"未取得令人满意的成果"，因为当初设定的目标之一为"扩大与复育资源量"。2010 年制定的日本第 6 次栽培渔业基本方针，虽明确表示将过去的"一代回收型"改为"资源造成型"，但短时间内仍然没有让人们看到希望。

世界海洋渔业资源数量波动历史表明，渔业资源恢复是一个复杂而缓慢的过程，而目前我们的科学认识还很肤浅，控制力也很弱，设置过高或太理想化的目标难以实现，开展深入持续的基础研究对未来发展十分必要。

2018 年，我们对世界主要资源增殖国家做过一些调访，其中，赴美国调访组的调查研究表明，美国是每年都对鲑鳟鱼进行放流，捕捞的鲑鳟鱼 90%以上是放流的。这就说明，美国的增殖放流从 1860 年开始算的话，160 年里一直持续不断的放流只是增加了渔业生物量，形成了很好的休闲渔业产业，但并没有对资源恢复起到明显的作用。

事实上，从增加渔业生物量或经济效益的角度看，"一代回收型"的增殖放流是可取的，即当年增殖当年见效，资源生物量增加，渔业者有了收益。例如，中国黄海、渤海对虾增殖放流是在学习日本濑户内海栽培渔业经验基础上开展的，当年经济效益显著。

主持人：从我国的实际情况来看，如何借鉴国外的经验和教训，促进海洋牧场的科学发展呢？

唐启升院士：国际上成功的经验和失败的教训均值得高度重视和认真研究。对于发展中的我国渔业资源增殖事业（或称海洋牧场），应该实事求是，准确、适当地选择发展定位，而且这样的选择应是多向和分类的，包括不同的需求目标和功能目标，不同类别的效益目标，如经济效益、社会效益、生态效益等。我个人更倾向于"一事一定"。

我国海域辽阔、海岸线漫长、地理气候多变、生态环境多样，各地海域使用管理机制不一，海洋牧场的发展定位和规划建设目标不能一概而论。东南沿海各省、自治区、直辖市的海洋牧场海域一般属国有公共海域，离陆岸较远，水深较深，海洋牧场面积不大、海陆不连贯，培育海洋牧场大企业比较困难，参与海洋牧场管护和休闲渔业开发的涉渔企业或村委会规模小、资金不雄厚，但以人工鱼礁、增殖放流为基础的海洋牧场长效生态效益显著。

东北沿海各省市的海洋牧场海域一般是从岸边至往外的整片海域均是海洋牧场企业确权所有，在海洋牧场建设、维护及收益中，责权清晰，企业积极性很高，管理的效率相对较高，但企业管理也存在如何确保公共投资公众获益，防止片面追求经济效益而忽视生态效益，以及大规模多年增养殖利用少数品种，导致品种退化、生态受损问题。

在海洋牧场建设上，需要采取精准定位措施：即各类增殖放流和人工鱼礁建设实施前应有明确的目标定位，甚至采取“一事一定”的单向措施来保证目标的实现。从目前状况看，单向目标定位比较现实，综合目标定位需要较长的时间实践，难以验证或考核，容易脱离现实。

人工鱼礁如果定位在修复海洋生态环境上，那就朝着国家海洋公园的方向去建设，成为国家投入型的公益性公园。

另外，增殖策略或适应性增殖模式也是一个值得深入研究的重要问题。如大西洋鳕增殖效仿鲑科鱼类增殖，放流仔、幼鱼，未能获得成功。中华绒螯蟹采取放流亲蟹策略，增殖效果显著。

《中国水生生物资源养护行动纲要》确认渔业资源增殖是水生生物资源养护的重要组成部分，而渔业资源增殖包括：统筹规划、合理布局增殖放流；科学建设人工鱼礁，注重发挥人工鱼礁的规模生态效应；积极推进以海洋牧场建设为主要形式的区域性综合开发，建立海洋牧场示范区，以人工鱼礁为载体、底播增殖为手段、增殖放流为补充，积极发展增养殖业，并带动休闲渔业及其他产业发展。

主持人：在增殖放流和人工鱼礁的科学规划上，有哪些普遍性经验值得重视？

唐启升院士：在增殖渔业的发展策略上，有两点经验是值得总结的。第一点是增殖放流要快放快收。2015 年，我们请一位日本专家做报告，谈日本增殖放流的经验和教训，其中提出，日本增殖放流见效的都是当年放当年收的品种，这和我国增殖放流对虾和海蜇的情况是类似的。也就是说，要快放快收，要放流生命周期短的、见效快的品种。

第二点是增殖渔业与休闲渔业的融合。前几年，我们去看碳汇渔业的一个增殖试验点，在码头上看到新建的休闲渔船平台，村里的渔业公司负责人介绍，他们在试验点搞休闲渔业，实行三产融合。在西方国家，很多地方的增殖放流是和游钓渔业相对应的。现代渔业注重三产融合发展，同样，增殖渔业与休闲渔业融合发展也是很重要的。

科学规划增殖放流、人工鱼礁，需要注意增殖渔业与水产养殖的差异，无论是生物活动还是产业活动，两者的差异主要表现在受控程度上。即水产养殖是一个可控程度相对较高或基本可控的系统，而增殖渔业却是一个可控程度较低或不可控的系统，资源增殖或称海洋牧场都具有较高的不可控性。比如增殖放流，一条鱼或一群鱼投放到海里以后，它是在一个大生态系统里活动，它与其他生物（包括同类的竞争者、捕食者和被捕食者等）及其环境的关系变得错综复杂，再过一段时间也不知道游到哪里去了，这个可控程度是很低的，我们只能在大的方向上，按照通常的规律做一些判断。人工鱼礁也是同样的情况，可控性比增殖放流稍微强一点。

总之，深入研究渔业资源增殖事业发展过程中存在的问题，充分认识生态过程的复杂性，将会使增殖渔业或海洋牧场作为一种新业态，在推动现代渔业发展中发挥更大、更实际的作用。

主持人：谢谢唐启升院士。

水产养殖迈入绿色发展时代[①]

中国科学报记者　张晴丹

水产养殖是我国大农业发展最快的产业之一，不仅在保障市场供应、解决吃鱼难、增加农民收入、提高农产品出口竞争力、优化国民膳食结构和保障食物安全等方面做出了重大贡献，同时在促进渔业增长方式的转变、减排 CO_2、缓解水域富营养化等方面也发挥着重要作用。

实施创新驱动发展，战略研究要先行。自 2009 年以来，中国工程院先后启动实施了“中国水产养殖业可持续发展战略研究”（以下简称“养殖Ⅰ期”）、“水产养殖业‘十三五’规划战略研究”（以下简称“养殖Ⅱ期”）两项咨询课题的研究工作，取得了多项具有重要影响的研究成果。

在此基础上，近日，中国工程院农业学部办公室组织有关专家在山东荣成举行验收会，中国工程院“水产养殖Ⅲ期咨询研究项目”（以下简称“养殖Ⅲ期”）通过验收，并获得了专家们的高度好评，历时 8 年的研究成果，为当前水产养殖业指明了新的思路和新的方向。

探索创新　不断发展

20 世纪 50 年代，我国渔业进入恢复发展阶段，渔业产量不断攀升。但是，课题组组长、中国工程院院士唐启升告诉《中国科学报》记者，由于同期中国人口快速增长和需求不断增加，水产品供应严重不足，而当时渔业的主体——捕捞业所依赖的近海多数主要传统经济种类资源衰退现象逐渐凸出，中国渔业持续发展遇到前所未有的重大挑战。社会各界在发展中积极探索适应中国国情的发展之路。

在发展之路探索过程中，“中国成为世界上最早认识到水产养殖将在现代渔业发展中发挥重要作用的国家，也是通过干预水域自然生态系统来提升食物供给功能方面获得了极大成功的国家，并为世界提供了可复制的样板。”唐启升说。

为增加水产品产量和提高人们生活水平，应该以捕捞为主，还是以养殖为主的问题困扰着人们。随后，“养捕之争”的出现，“是世界上首次在国家层面上把水产养殖放在与捕捞业同等重要地位上，认识到单靠渔业捕捞不能满足人类对水产品的需求，特别是不能满足像中国这样人口众多的大国需求，需要发展新的生产方式。”唐启升表示。

1986 年《中华人民共和国渔业法》颁布实施，确立了“以养殖为主”的渔业发展方针。这些重要方针政策的出台和实施，极大地推动了水产养殖业的快速发展。

随后几十年的发展，中国水产养殖业产量大幅度增加，渔业产量中养殖与捕捞之比从 1950 年的 8∶92 和 1985 年的 45∶55 增加到 2016 年的 75∶25。养捕比的重大变化，不仅标

① 本文原刊于《中国科学报》，第 6 版，科研：农科视野，2017－07－26。

志着中国渔业结构发生了根本性的改变，同时也带动了世界渔业发展方式的重大转变。

在“以养殖为主”的发展过程中，我国人民结合以往的积累和经验走出了适合国情特点的水产养殖发展之路，形成了中国水产养殖特色的产业种类结构，推动中国水产养殖业实现跨越式发展。

在中国特色水产养殖发展过程中，“高效、优质、生态、健康、安全”已成为可持续发展目标，积极发展因地制宜、特点各异的健康、生态养殖新生产模式，寻求与生态环境的和谐成为新的追求和任务。

细数一段段历史，让唐启升感慨万千，他见证了我国水产养殖业的发展变迁。“从‘养捕之争’到‘以养为主’，到养殖大发展，到提出建设环境友好型水产养殖（2009—2010年），到水产养殖绿色发展（2017年），这个中国特色过程花了60年的时间。”唐启升说。

经过60余年的探索、徘徊、调整和创新，中国渔业走出了一条具有显著中国特色、以养殖为主的发展之路，在解决吃鱼难、保障市场供应、提高农产品出口竞争力、增加农民收入、调整渔业结构、转变生产方式、优化国民膳食结构、保障食物安全、缓解水域富营养化和应对全球变化等方面，为中国社会乃至世界做出重大贡献。

8年长跑　意义重大

为了推动水产养殖业可持续发展和现代化建设，自2009年以来，中国工程院先后启动实施了养殖Ⅰ期、养殖Ⅱ期，这两项课题是中国工程院“中国养殖业可持续发展战略研究”和“养殖业‘十三五’规划战略研究”重大咨询项目的重要研究内容。

据了解，课题组如期完成各项研究任务，并取得了多项重要研究成果，形成一系列新的认识和建议。比如课题组指出，中国特色的水产养殖既具有重要的食物供给功能，还有显著的生态服务和文化服务功能；凝练出绿色、低碳的“碳汇渔业”发展新理念和“高效、优质、生态、健康、安全”可持续发展目标；提出建设环境友好型水产养殖业和发展以养殖容量为基础的生态系统水平的水产养殖管理等。

唐启升告诉记者，“十二五”期间，在国家政策支持和产学研联合攻关的基础上，我国水产养殖保持了良好发展态势，产量持续增加，形成了多品种、多模式、多业态的大格局。通过科技进步、养殖方式和品质多元化，以及标准化和规范化发展，我国水产养殖业在新品种培育、病害防控、设施装备改良、饲料开发等方面取得了显著成效。

与此同时，我国的水产养殖业正处于由快速发展向科学发展转型升级的关键期，亟须探索水产养殖的新方式，拓宽发展的新空间，研发适用的新技术。

“当前，水产食品安全、生态安全、养殖结构调整和增长方式转变等都对科技创新提出了更高要求。”唐启升说。

因此，正确认识和科学分析水产养殖业发展中存在的问题和面临的挑战，对于在经济新常态下，依靠科技拓宽发展空间，深化发展内涵，克服制约产业发展的各种障碍，让科技创新成为驱动发展的引擎，具有十分重要的意义。

在养殖Ⅰ期和养殖Ⅱ期的基础上，针对目前水产养殖业存在的问题，中国工程院启动了养殖Ⅲ期项目，包括中国工程院重点咨询项目“现代海水养殖新技术、新方式和新空间发展战略研究”、中国工程院中长期咨询项目“动物健康养殖发展战略研究”之“水产健康养殖发展战略研究”课题。

8 年长跑，课题组转战南北，采取了“实地调研、资料分析、会议研讨、战略咨询”相结合的研究方式，先后在山东、湖北、福建、江苏和四川等地开展现场调研、座谈会、咨询会等活动，取得良好效果。

课题组成员、中国水产科学研究院黄海水产研究所研究员方建光介绍，为掌握我国海水养殖业的最新发展动态、存在问题和产业技术需求，“现代海水养殖新技术、新方式和新空间发展战略研究”项目组组织开展了 10 次国内调研，考察了辽宁大连獐子岛海洋牧场、山东荣成多营养层次综合养殖、浙江温州陆基循环水多营养层次综合养殖等。此外，该项目组成员还奔赴国外，考察了日本南部海水鱼类养殖、以色列陆地高效养殖、挪威网箱养殖等。

“我们的项目虽然分为新技术、新方式和新空间，但是我们的目的是‘三新合一，绿色发展’，而且要一步步地去推进。”方建光说。

在“水产健康养殖发展战略研究”课题方面，庄志猛表示，这项研究解读了我国水产健康养殖理念和内涵，分析了国内外水产养殖发展现状，剖析了目前存在的问题，在此基础上，凝练出发展战略和主要任务，并提出保障措施和对策建议，意义重大。

“养殖Ⅰ期、养殖Ⅱ期、养殖Ⅲ期水产养殖战略研究课题历时 8 年，横跨了‘十一五’‘十二五’和‘十三五’三个五年计划，研究层层递进，逐步深入，充分体现了此项战略研究的连续性、系统性、综合性和前瞻性。”课题组成员、中国水产科学研究院黄海水产研究所研究员庄志猛说。

建立水产养殖容量管理制度

值得一提的是，课题组将有关研究成果先后向中共中央政治局委员、国务院副总理汪洋汇报，以《院士建议》的形式上报中共中央和国务院等有关部门。

同时，研究成果还以专著的形式出版，包括《中国养殖业可持续发展战略研究：水产养殖卷》《中国水产种业创新驱动发展战略研究报告》《环境友好型水产养殖发展战略：新思路、新任务、新途径》等。

“我们这个《院士建议》，一是强调进一步发展的重大意义，其次，建议的核心是建立水产养殖容量管理制度，这是解决水产养殖绿色发展与生态环境协同发展的重大举措，是百年大计，在世界上具首创意义。”唐启升说。

《院士建议》中指出，开展水产养殖容量评估是科学规划养殖规模、合理调整结构、推进现代化发展的基础，也是保证绿色低碳、环境友好发展的前提。水产养殖容量评估应纳入政府的制度性管理工作，建立区域和省市级水域养殖容量评估体系，组建相应的评估中心。

此外，还应以生态系统容纳量为基准，制定国家和省市水域、滩涂、池塘等养殖水体利用规划以及相应的技术规范，实施水产养殖容量管理制度，为绿色发展现代化管理提供科学依据和监管措施。

总结过去，展望未来。唐启升表示，中国渔业必须遵循绿色发展的理念，坚持渔业发展与生态环境保护协同共进，大力促进渔业生态文明建设，建设环境友好型水产养殖业和资源养护型捕捞业，促进增殖渔业和休闲渔业新业态的发展，努力实施绿色低碳、环境友好、资源养护、质量安全的生态系统水平渔业管理，以保证中国特色的渔业健康、稳定和持续发展，为中国和世界做出新贡献。

耕海牧渔者，大海洋之梦“具体而微”①

——访中国工程院院士唐启升

青岛日报/青岛观/青报网记者　王娉

在中国工程院院士唐启升的办公室里，堆积如山的各类学术著作当中，一摞摞档案袋格外显眼。那是唐启升多次为海洋和渔业可持续发展建言献策的文本资料，草稿中反复斟酌修改的细密字句，承载着一位老科学家的呕心思虑；中央各部委一层层下达的批示文件，回应着老院士的呼声，见证着科技助力海洋强国建设的时代进程。

“我与海洋打交道50多年，对大海的情怀早已深切地融入其中。”唐启升说，海殇则国衰，海强则国兴，在科技与社会联系日益紧密的今天，一个科技工作者、一个科学家不仅要有科学探索的兴趣，更要有战略谋划的眼光，既要有科研创新精神，还要有积极贡献社会的公益意识，才能把学问做好，才能为人类、为社会造福。这就是一位耕海牧渔者“具体而微”的大海洋之梦。

带着困惑出国一步迈进“世界前沿”

唐启升是我国海洋渔业与生态学专家，长期从事海洋生物资源开发与保护研究。最初，他的研究目标是黄海鲱鱼，又称青鱼。在20世纪60年代末那个特殊的时代，还能醉心科研的人不是很多，他却一头扎进去，以执着的信念坚持了12年的鲱鱼研究，主持了28个航次黄海中央部、40米以深水域鲱鱼分布的探捕调查，为鲱鱼的洄游分布、行动规律、种群归属、世代数量和渔情预报等渔业生物学各重要环节研究都提供了翔实的基础材料。那个时期关于黄海鲱鱼研究的文献资料，一半以上都出自唐启升之手。1980年，联合国粮食及农业组织著名的资源评估和渔业管理专家约翰·A. 古兰德博士来华讲学时，所引用的中国资料就来自唐启升的文章。

“但是，我自己总觉得，研究的路越走越窄，关于渔业资源的波动原因，有很多问题找不到答案。”正在研究硕果频出的时期，唐启升却有了一些“困惑”。恰在此时，他考取了改革开放后国家首批公派出国进修人员资格。1981年，唐启升被教育部派往挪威、美国做访问学者，他才发现，他自己的“困惑”也正是“世界的困惑”。欧美学者经历百余年种群动态、资源评估和渔业管理研讨之后所遇到的困惑，与唐启升十几年的研究所提出的问题如出一辙。“有意无意当中，我就这么一脚踏进了世界前沿探索当中。”由此激发了他更大的科研兴趣。

① 本文原刊于《青岛日报》，第8版，人物：科学人生·院士风采，2017-9-22。

外国专家从“爱搭不理”到“出门礼让”

据了解，当年唐启升最初的进修学习不是很顺利。因为进修受挪威开发合作署的全额资助，学习安排的话语权便在对方手中。唐启升希望为解除“困惑”而重点学习，但挪威海洋研究所的专家却希望他“全面学习”。不得已，唐启升有了两套学习计划，一套是挪威专家提出的提纲式学习计划，一套是他自己重点关注的学习内容。在有限的时间里，他付出了双倍的努力，重点学习当时欧洲专家正在探讨的多种类渔业资源评估与模型以及渔业管理的新方法、新技术。

至今，唐启升都还记得自己在挪威学习时遇到的几个小插曲。一件事是他跟随挪威海洋所参与巴伦支海蓝牙鳕资源调查，发现他们还在用人工和计算器进行计算，便一边学习声学资源评估方法，一边自己进行计算机编程，快速计算出了蓝牙鳕数量和分布的评估结果。调查结束后，航次首席通过挪威电台直接播报了这些结果，而唐启升也从大家眼中的“中国学生”变成了“中国数学家”。

另一件事，就是著名渔业声学技术与评估专家欧德·拿根对他的态度转变。刚到挪威海洋所时，当别人向拿根介绍唐启升，拿根并不怎么搭理。“我明白，人家的态度是源于当时中国的落后。强烈的民族自尊心，成为我学习的动力。”而后，唐启升在学习过程中，发现拿根的一个参数假设不合理，提出了自己的意见。经过反复讨论和坚持，最终拿根“败下阵来”，也不由得对这个“中国学生”另眼相看。某日，两人一同下楼，到了大门口，竟互相谦让起来，唐说：“您是先生，您先请!”而拿根则谦和地表示：“不，您是客人，您先请!”，两人会意地一笑，一起走出了大门。

首次将环境影响嵌入渔业种群研究

1982 年，唐启升转赴美国学习途中希望顺访欧洲渔业研究机构，得到了挪威海洋所副所长欧勒·J. 欧斯特维德特的全力支持。尽管欧勒想方设法帮唐启升筹集了 3 天的差旅费，但唐启升却省吃俭用，苦苦支撑了 10 天。“很辛苦，但却有巨大的收获。”唐启升告诉记者，他先后访问了丹麦渔业研究所（现为丹麦国家水生资源研究所）、德国联邦渔业研究中心、荷兰渔业研究所（现为荷兰瓦格宁根海洋资源与生态系统研究所）等，并由此受到启发，开始走向海洋生态系统研究。

在美国马里兰大学进修期间，唐启升从梭子蟹种群数量与环境关系入手，成功地将环境影响因素添加到亲体与补充量关系研究当中，发表的论文引起了国际同行的广泛关注和索引。这是世界上首次将环境影响因素嵌入渔业种群动态理论模型中。值得一提的是，该理论模型至今也并未有更大的突破。2001 年，唐启升在韩国参加一个中日韩三方学术会议，一名日本东京水产大学的年轻人突然走过来向唐启升深鞠一躬：“我的博士论文就是按照您的理论模式做的，谢谢您!”

据唐启升回忆，在美国进修后期，他曾静下心来，总结绕地球一圈的学习研究结果，“那时，我意识到海洋生态系统研究将是渔业科学一个新的研究领域和重要的发展方向。因此，在 1984 年回国后，我便立项开展黄海渔业生态系统的研究，并在 1985—1986 年实施了海上调查，从此也开启了我的大海洋之梦。”

谏言呼吁“加强海洋渔业资源调查”

唐启升为我国渔业科学与海洋科学多学科交叉，以及生态系统水平海洋管理基础研究进入世界先进行列做出了突出贡献。因为他的努力，促成了由全球环境基金会和联合国开发计划署支持的“减轻黄海大海洋生态系环境压力”项目的立项与实施；也是在他的努力下，确定了中国全球海洋生态系统动力学以近海陆架为主等与国际计划有所不同的发展思路；他还前瞻性地促成养殖容量研究与示范在我国沿海各地迅速展开……

然而，年过古稀依然奋战在科研一线的唐启升，有种“好汉不提当年勇”的豪迈，他不愿过多提起曾经的成就，在他看来，所有这些一步步走过的脚印，是他从一名单纯的科技工作者走向战略科学家的“积蓄”，为海洋强国建设出谋划策，才是他作为一名海洋科学家的终极使命。

2001年，唐启升与赵法箴院士一起，给时任国务院副总理的温家宝写了一封信，建议“加强海洋渔业资源调查和渔业管理”。在信中，他们详细陈述了我国渔业资源承受的巨大压力，以及新的国际海洋制度实施后我国沿海经济发展所面临的重大挑战。“解决这些问题的前提是要进行渔业调查。可渔业调查的手段在哪里？当时全国只有一艘渔业科学调查船（“北斗”号），我们的资料积累太少，无法为‘限额捕捞’的国家目标提供足够的科学依据。”唐启升说，他们的建议被批转给农业部、国家海洋局、发改委、外交部等部门，此后迅速层层落实。其最直接的效果是“南锋号”渔业科学调查船问世，这条船在西沙群岛附近海域的首航，为“科技兴海”“渔权即海权”战略的实施作出了贡献。

此后，唐启升的“谏言”声声入耳，都是围绕着从“大海洋”中获取更多的优质蛋白和食物。例如2002年他和朱作言、管华诗、赵法箴等18位专家（其中院士12名）一起，提出了《尽快制订国家行动计划，切实保护水生生物资源，有效遏制水域生态荒漠化》的建议，由此推动我国第一个生物资源养护行动实施计划——《中国水生生物资源养护行动纲要》的出台。人们如今所津津乐道的增殖放流、海洋牧场、设置濒危物种保护区等重大水生生物资源养护管理措施，皆由此起步。

“十年磨一剑”让专家建议成为国策

几次成功谏言，让唐启升的战略研究进入了“国家视线”。2003年，国务院启动《国家中长期科学和技术发展规划（2006—2020）》战略研究，他被科技部聘为“能源、资源与海洋”和“农业”两个专题组的研究骨干，主持海洋生物资源科技发展战略研讨，提出了“蓝色海洋食物计划”，既要保障从海洋中获取食物的安全性，又要解决海洋生态系统的承载力与水产品巨大需求之间的矛盾，“耕海牧渔”的理念由此日渐清晰。

“我每做一件事，都要花大约十年的工夫。”在唐启升的科学生涯当中，“十年磨一剑”是种再寻常不过的状态。比如看似简单的“海洋生物资源”的定义，他从着手定义到进行战略研究再到最终形成文字，就整整跨越了十个年头。因此，那些关系国计民生的海洋战略计划的提议和推动，更是每一项都凝聚着他毕生的心血，牵动着他永不停歇的步伐。

围绕国家重大需求开展战略咨询研究，唐启升代表工程院屡屡向国家提出了极具前瞻性和战略性的建议报告，先后推动提出“实施海洋强国战略”等7项中国工程院院士建议，为国家高端智库建设作出重要贡献。

在“中国海洋工程与科技发展战略研究”项目的调研基础上，宋健、周济、潘云鹤、唐启升等27名院士又联名提出了“把海洋渔业提升为战略产业和加快推进渔业装备升级更新”的建议。这份集体智慧的结晶，切中我国渔业发展中船型杂乱、装备落后、能耗较高等突出要害问题，指出了发展海洋渔业战略产业的机遇所在。“工程院特别重视这件事，我们的初稿出来之后，宋健老院长亲自执笔修改就达73处。”唐启升回忆。建议受到国务院及有关部委的高度重视，国家斥资百亿元升级更新渔业装备，支持力度堪称近年来最大手笔，同时还促进了国务院第一个海洋渔业文件《关于促进海洋渔业持续健康发展的若干意见》正式出台。

力促绿色发展为水产养殖“正名”

自2009年以来，唐启升以中国水产养殖可持续发展为主题，组织了多项中国工程院重大咨询课题和重点项目。“我做这些咨询研究，最主要的一个原因是，我认为水产养殖是海洋生态系统食物产出的重要出口。”唐启升告诉记者，中国是世界上最早认识到水产养殖将在现代渔业发展中发挥重要作用的国家，也是通过干预水域自然生态系统在提升食物供给功能方面获得极大成功的国家，并为世界提供了可复制的样板。而他现在正在积极推进的事业，就是“促进水产养殖业绿色发展”。

说起水产养殖，不少人会想到“污染”二字。唐启升却拿出了一堆科学数据，十分笃定地告诉记者，投放饵料才会造成养殖污染，但在全国海水养殖当中，占总产量83%的贝藻类养殖根本不需要投饵，只有占产量15%的虾类、鱼类养殖需要投饵。实际上，在全部海洋污染物来源当中，水产养殖占比不超过5%。他以荣成桑沟湾为例，这个占地100多平方公里的养殖区已经从事水产养殖业30多年，现在的水质经检测属于一类水质。“人们的错觉只是因为看到养殖区水面上漂浮了海带等藻类，但那怎么能算是污染呢?”唐启升说，他现在要做的，就是为水产养殖“正名”，因为贝藻养殖具有显著的碳汇效应，海水、淡水养殖每年总共能减排二氧化碳达300多万吨，还大量使用水体中的氮、磷等营养物质。中国特色的水产养殖不仅有重要的食物供给功能，还具有显著的生态服务及文化服务功能。

今年，在工程院徐匡迪老院长支持下，唐启升和院士专家们又提出《关于促进水产养殖业绿色发展的建议》，提出让养殖区保持合理的养殖密度、鼓励发展符合不同水域生态系统特点的养殖生产新模式、鼓励深水网箱发展等绿色低碳的“碳汇渔业”发展新理念。

“作为一名科技工作者，一名‘耕海牧渔’者，与海洋打交道50余载，看过‘日月之行，若出其中；星汉灿烂，若出其里’，时间长了，对大海的情怀已融于其中。”唐启升满怀深情地感叹，振兴海洋，建设海洋强国，已成为造福国家、实现民族伟大复兴的战略决策，“得其大者可以兼其小，‘宏大叙事’的中国梦，也是我‘具体而微’的大海洋之梦。我相信，大海洋之梦的明天一定会更加美丽。”

唐启升：向海要粮乃利国良策[①]

大公报记者　邹阳，胡卧龙

“海水养殖比传统农业投入更少、产出更高。”中国海洋渔业与生态学家、工程院院士唐启升告诉记者，“向海要粮是利国良策”。

一份来自于山东省海洋与渔业厅的资料也支持了唐启升的观点，资料显示，种植粮食的投入要比渔业高 15 倍左右，而海水养殖的亩效益则是良田的 10 倍。

唐启升说，根据我国 2020 年全面建设小康社会的目标和 2030 年人口达到高峰时期的需求，我国水产品的供给量至少需要增加 2000 万吨。如此大的需求增量，将主要通过水产养殖方式产出。

海洋资源事关国计民生

我们的采访始于唐启升那张摆满专业书籍仅留一角给电脑的长桌，他身旁是三排摆满了专业书籍的大书架，极少有杂物。在书海的包围下，整间屋子稍显单调，却又让人感到充实，像极了他的性格：简单、朴实、充满知性。

唐启升长期从事海洋生物资源开发与可持续利用研究，在海洋生态系统、渔业生物学、资源增殖与管理、远洋渔业、养殖生态等方面有许多创新性研究，并努力付诸于渔业实践，支撑行业和区域经济发展。他推动大海洋生态系概念在全球的发展，是中国海洋生态系统研究的开拓者和海洋生态系统动力学研究的奠基人。

不但在基础科学的研究中建树颇丰，早在 20 世纪 70 年代末，唐启升就意识到海洋渔业资源对人类生产生活的重要意义。在他看来，如何更合理的“向海洋要粮食”是关乎国家民生大计的事情。

唐启升说，四十多年来他始终关心的问题有两个，一是如何高效地向海洋索取食物，为人类提供更多地食物和优质蛋白；二是在索取过程中如何保护海洋环境、维持生态平衡，可持续地利用海洋资源。

“前者是为了解决人们如何‘吃好饭’的问题，后者更多地为子孙后代考虑，都马虎不得。”他说，“我的责任不单单是研究如何更多地从海洋中获取资源，更重要的是如何保持它不间断的、可持续的提供下去。”

“蓝色海洋食物发展计划”及其相应的发展战略，是唐启升近年来提出的重要科研思路，它可以在一定程度上解决海洋生态系统的承载力和水产品巨大需求之间的冲突，通过贯彻养护海洋生物资源及其环境、拓展海洋生物资源开发利用领域和加强海洋高技术应用等具体措施，实现海洋渔业的可持续发展。

---

① 本文原刊于《大公报》，B5 山东专题：齐鲁院士风采录，2013－05－08。

科研成果普惠中国渔业

在三个多小时的采访中，年逾古稀的唐院士并未流露出一丝疲惫，他始终以一种温和、风趣态度和通俗易懂的言辞，将多年的科研心得娓娓道来。在谈到科研初期的种种艰辛与收获时，他甚至略显兴奋地从书架中找来当年的笔记本，那已泛黄的旧纸上，密密麻麻记录的都是辛勤与汗水。

唐启升告诉记者，通过早期的研究，他逐渐意识到我国近海渔业资源正在慢慢衰退，远洋渔业的重要性日益凸显。1993 年，唐启升率领“北斗”号科学调查船赴白令海、鄂霍次克海等国际水域对狭鳕资源进行调查评估研究，运用高技术和新方法，首次获得了狭鳕仔幼鱼在白令海公海海盆区深层也有分布的宝贵资料。这一科研成果直接促成了我国第一个真正意义上的远洋渔业活动，形成了年产量 15 万吨、产值 3 亿元以上、增收总额达 10 多亿元的渔业项目。

“八五”期间，唐启升主持了国家攻关课题“渤海渔业增养殖技术研究”，山东、辽宁作为课题示范地成为直接受益者，新增产值上亿元。

1998 至 2004 年，唐启升作为首席科学家主持完成了国家“973 计划”项目“东、黄海生态系统动力学与生物资源可持续利用”；2005 年开始主持第二个“973 计划”项目“我国近海生态系统食物产出的关键过程及其可持续机理”。

这两个重量级的科研项目，皆取得了丰硕的成果。不仅在学术研究上使中国在专业领域处于世界前沿，更对中国海洋渔业资源的高效利用提出了新的发展理念，产生了极大的促进作用。

中国是世界上水产品产量最大的国家。据农业部公布的数据显示，2012 年中国水产品总产量达 5 906 万吨，占全球总产量 30%左右。其中，水产品养殖产量达 4 305 万吨，占世界水产养殖总量七成以上。

蓬勃发展的水产品养殖业，极大程度地改善了 13 亿中国人的食品结构。如今，中国每年水产品人均占有量已超 40 千克，远远高于世界平均水平。

海洋开发保护为先

生活中的唐启升谦和、儒雅、有风度，有老派知识分子的风采。与之交谈，并不觉生硬，反而常会被他言辞中流露出的博学、机智与幽默所打动，让人如沐春风，又十分自然。

虽然有着较为温和的性格，但只要涉及专业领域，唐启升的坚持亦常令人动容。例如在对海洋生态可持续发展的研究中，唐启升并不迷信西方学界当时普遍认可的观点，他针对中国海水养殖的实情，以多年研究积累下来的丰富理论知识和翔实的数据资料，证实了中国海水养殖的可行性，彻底改变了学界的偏见。

以往，一提起水产养殖，许多外国专家的第一反应就是否定，认为水产养殖造成污染，对环境可产生较大负面影响。但唐启升认为，中国的水产养殖中有一半以上是不投饵的，海水养殖中不投饵的比例更高，近 90%，而这些养殖生物在成长过程中直接或间接地消耗水体中碳和氮、磷等富养物质，其产生的“正能量”远大于负面影响。水产养殖非但不是破坏环境的罪魁祸首，更是兼具食物供给功能和生态服务功能的良策。

近年来，随着研究的不断深入，唐启升将传统的水产养殖概念进一步升华，把水域（特别是海洋）的食物供给功能和生态服务功能有机地结合在一起，提出了“碳汇渔业”新的发展理念。唐启升解释说，碳汇渔业是绿色、低碳发展新理念在渔业领域的具体体现，是实现水产养殖“高效、优质、生态、健康、安全”可持续发展战略目标的有效途径，有望成为推动水产养殖和现代渔业新一轮发展的驱动力，成为发展绿色、低碳新兴产业的示范。“碳汇渔业”是指通过渔业生产活动促进水生生物吸收水体中的二氧化碳，然后把这些碳移出水体的过程和机制。唐启升是碳汇渔业理念的发起者和倡导者，我国首个碳汇渔业实验室就在中国水产科学研究院黄海水产研究所（下文简称“黄海所”）成立，以此对相关问题开展深入研究。

“海洋空间是有限的，我们想达到持续发展的目的，必须要保护它”。在唐启升看来，海洋生物是脆弱的，海洋生态系统是需要养护的。

唐启升说，他始终记得 20 世纪 70 年代由于过度集中捕捞对大黄鱼资源造成的毁灭性影响。他认为，想要可持续地发掘海洋渔业资源，着力推进人们的养护意识应放在首位。当谈到这一问题的时候，这位素来十分重视科研成果产业化的科学家甚至说：“与人们的养护意识相比，当下产生的经济效益就显得没那么重要了。”

为渔业数次上书中央

2012 年 4 月 26 日，一份由 27 位院士联名提交的“把海洋渔业提升为战略产业和加快推进海洋渔业装备升级更新”的建议材料出现在国务院有关领导的案头。

这份报告迅速引起了中央领导的关注，同年 5 月 9 日，时任国务院总理温家宝作出重要批示。

中国加快了海洋渔业的发展步伐，截止到 2012 年底，国家发改委先后三次安排海洋渔船更新改造及渔政装备建设资金 80.1 亿元，成为我国渔业历史上最大的投入。

这份引起国务院高度重视、最终催生了我国海洋渔业发展“国五条”的关键性报告，起源于中国工程院在 2011 年启动的“中国海洋工程与科技发展战略研究”项目，在该项目中，唐启升院士担任常务副组长，主持具体研究工作。

其实，这并非唐启升第一次就海洋渔业问题上书中央。早在 2001 年，唐启升就曾与“中国对虾之父”赵法箴院士联名致函温家宝总理，建议“加强海洋渔业资源调查和渔业管理”。随后，他又联合 18 位院士、专家提出“尽快制订国家行动计划，切实保护水生生物资源，有效遏制水域生态荒漠化”的建议，温总理高度重视，国务院最终于 2006 年出台了《中国水生生物资源养护行动纲要》，迈出了中国生物资源养护行动的第一步。

不服输的海洋科学家

与唐启升打过交道的人都知道，平时说什么都好，但只要涉及专业领域，他就变得“不好说话”了。

“他有他的坚持，这种坚持是基于长期严谨的科研带来的，不迷信权威，不服输，只要他认定是对的，就义无反顾地坚持下去。”近年跟随唐启升从事战略研究的黄海所信息中心主任刘世禄研究员如是评价，“他身上有一种远超常人的韧劲儿。”

正是这种韧劲儿和不服输的精神，让唐启升完成了人生中一个又一个的挑战。1993 年，唐启升率领“北斗”号调查船赴白令海、鄂霍次克海等水域调查。为克服晕船和呕吐，他大部分时间都倚在墙角上，仰着头在天花板上写报告。

晕船并非是在海上最大的挑战。唐启升说，在海上遇到大风大浪如同家常便饭，人挤在船上狭小的空间里，随着船不停地颠簸，耳边传来的只有海浪击打船舷的啪啪声。“这时候如果看一眼气压表发现气压又下降了，就知道风浪还要大。”唐启升微微一笑说，“那就只能听天由命了，是死是活就随它去吧。”

如今，唐启升虽不再参加远洋科考，但不服输的劲头依然如故。

唐启升的秘书仝龄说：“几年前有一次我陪唐院士去泰山开会，期间他跟年轻人一起徒步爬上泰山，让坐缆车上来的老院士们大呼‘了不得’。”

“唐老是位好领队”

张波博士是跟随唐启升最久的学生，从 1997 年她到黄海所工作以来，这位远道而来的川妹子一直将唐启升视为自己最尊敬的导师。2000 年，张波考取了唐启升的博士，成为他门下的正式弟子。

“方向感”是张波对唐启升最深刻的感觉。她说，在科学探索的道路上，唐院士一直是自己的指路明灯。“他站的高、看得远，又善于把握学科最前沿的问题。跟着唐院士搞科研特别省心，只要努力做好分内的工作即可，因为有他掌握大方向肯定是不会错的。”张波说。

“唐老是位好领导、好领队。”与张波类似，黄海所副所长赵宪勇也对唐启升的领导能力赞不绝口，他说：“唐院士有很强的责任感，尤其是在组织大型科研项目时。”

现代学科发展渗透交叉，需要一个团队整体配合才能把科研任务更好地完成。工作中，唐启升尊重不同意见，充分发挥每个人的智慧。他的团队总能够出色完成科研任务，多次获得国家和省部级荣誉称号。

在中国工程院启动的“中国海洋工程与科技发展战略研究”项目中，唐启升担任常务副组长主持具体研究工作。“这是一项由 50 多名院士、300 多名一线专家参与的，涉及多学科、多部门的庞大项目。”黄海所研究员刘世禄说，“参与项目的专家不乏部级高官，唐院士能把大家有效地组织起来，共同将研究做好，要做到这点非常不容易。”

记者手记：案角办公的科学家

唐启升院士的办公室是一间很有意思的屋子。一进门，首先看到的是一扇可供远眺的大窗户，窗户前面是一张宽大的办公桌和一套沙发，这与一般领导的办公室没什么两样。可当记者转头看时，却看到三面由大书橱围成的墙，书柜里都是关于海洋的书，这里也是书的海洋。

书橱中间摆着一张普通的木质长桌，几把椅子零散的摆放在桌旁，桌上也堆满了书籍和资料，像极了图书馆的自修室。坐在长桌的一角唐院士冲记者笑了笑，说：“有点乱，随便坐。”

唐院士的助手介绍说，除了接打电话，唐院士很少去那张宽大的办公桌，他喜欢在这张书桌的案角办公，因为在书海的包围中，有思考的氛围。这时，唐院士指着办公桌笑着说道：“那是训人的地方。”

采访前，考虑到唐院士的年龄和工作的繁忙，记者做足了功课，准备的问题也删了又删，没想到在采访时，谈性颇浓的唐院士一口气讲了三个小时，把自己的工作经历、科研成果向记者做了详细介绍。说到自己得意的研究成果时，眼角眉梢流露出的一丝兴奋让这位性情平和的科学家显得更加生动。

唐启升说，自己是个简单的人，在科学研究中希望把复杂的问题简单化，在生活中更是简简单单。但在这种简单的背后，记者分明感受到了勤恳与执着的力量，也正是这一份勤恳和执着让唐启升在科学探索之路上越走越远。

唱响全球碳汇渔业新理念[①]

——访中国科协副主席、中国水产科学研究院名誉院长唐启升院士

科技日报记者　蒋寒

全球气候变暖，为人类生存环境敲响了警钟。

哥本哈根世界气候大会的召开，标志着以“低能耗、低污染、低排放”为特征的低碳时代已经来临。低碳经济、低碳技术再度引起世界范围的广泛关注。海洋大国，我国渔业毅然扛起“绿色经济、低碳经济和循环经济”的大旗！在全球率先提出了渔业碳汇理念，并积极倡导发展低碳渔业。

2010 年 11 月，在中国工程院第 109 场“碳汇渔业与渔业低碳技术”工程科技论坛上，碳汇渔业理念的率先提出者和推动者——中国科协副主席、中国水产科学研究院名誉院长、中国工程院院士唐启升的报告《碳汇渔业与又好又快发展渔业》，再次引起了强烈反响，坚定了相关领导和专家们发展碳汇渔业的决心。他从渔业碳汇的形成过程和机制，到低碳渔业发展中亟待解决的技术难题；从丰富和发展碳汇渔业理论体系、技术方法和应用前景，到推进渔业低碳经济的发展等方面，提出了指导性的意见，使发展目标更加明朗化。

现场领导和专家学者从唐启升院士的报告中欣喜地看到，碳汇渔业从概念的提出，到生产实践，为减少大气中二氧化碳含量做出了较为重要的贡献。尤其是他在我国浅海中所做的实验表明：贝藻养殖作为海洋碳汇渔业的主体，不仅产出大量优质、健康的海洋蛋白食物，同时每年从水体中移出大约 130 万吨碳……报告指出，碳汇渔业的发展，将对我国渔业乃至农业积极应对全球气候变化发挥重要作用。

抢占蓝色低碳经济技术制高点

为减少大气中二氧化碳等温室气体的含量，近年来，发展低碳经济成为各国政府应对气候变化的战略选择。主要途径有两条：一是减少温室气体排放，二是固定并储存大气中的温室气体。据中国水产科学研究院院长张显良介绍，作为一个发展中国家，我国由于能源结构、产业结构、贸易结构、发展阶段等客观原因的存在，面临着极大的温室气体减排压力，政府已向世界公布我国温室气体减排目标：到 2020 年中国单位 GDP 二氧化碳排放量比 2005 年下降 40％～45％，并将减排目标作为约束性指标纳入国民经济和社会发展的中长期规划。

面对这个严峻的形势，长期从事海洋生物资源开发与可持续利用研究的我国海洋渔业与生态学专家唐启升院士却大胆地提出，就目前的科技水平来看，通过工业手段封存温室气体，成本高、难度大，而通过生物碳汇扩增，不仅技术可行、成本低，而且可以产生多种效

---

① 本文原刊于《科技日报》，业界新闻，2010－12－31。

益。从而，生物碳汇扩增在发展低碳经济中具有特殊的作用和巨大的潜力，尤其对我们发展中国家而言意义重大。

唐启升院士的大胆设想可谓给了我国渔业界一拳重磅出击。

在 2010 年 6 月召开的国家发展改革委员会、农业部等 20 多个部委单位支持的第四届中国生物产业大会上，唐启升院士理直气壮地拿出他的研究报告——

研究证明，海洋是地球上最大的碳库，整个海洋含有的碳总量达到 39 万亿吨，占全球碳总量的 93%，约为大气的 53 倍。人类活动每年排放的二氧化碳以碳计为 55 亿吨，其中海洋吸收了人类排放二氧化碳总量的 20%～35%，大约为 20 亿吨，而陆地仅吸收 7 亿吨。根据联合国《蓝碳》报告，地球上超过一半（55%）的生物碳或是绿色碳捕获是由海洋生物完成的，这些海洋生物包括浮游生物、细菌、海藻、盐沼植物和红树林。海洋植物的碳捕获能量极为强大和高效，虽然它们的总量只有陆生植物的 0.05%，但它们的碳储量（循环量）却与陆生植物相当。海洋生物生长的地区还不到全球海底面积的 0.5%，却有超过一半或高达 70%的碳被海洋植物捕集转化为海洋沉积物，形成植物的蓝色碳捕集和移出通道。土壤捕获和储存的碳可保存几十年或几百年，而在海洋中的生物碳可以储存上千年。由此可见，海洋的先天优势使其具有巨大的固碳潜力，从而使发展碳汇渔业独具战略价值。对此，唐启升院士说："在低碳经济时代，作为海洋大国的我们，应积极发展以海水养殖业为主体的碳汇渔业，抢占蓝色低碳经济的技术高地。"

发展碳汇渔业是多赢之举

我国渔业具有高生产效率、高生态效率的特点，碳汇渔业在生物碳汇扩增战略中占有显著地位，在发展低碳经济中具有重要意义和很大的产业潜力。唐启升表示，发展碳汇渔业是一项多赢事业，不仅为百姓提供更多的优质蛋白，保障食物安全，对降低大气中二氧化碳等温室气体的含量和缓解水域富营养化有重要贡献。

唐启升院士告诉记者，我们可以把能够充分发挥渔业生物碳汇功能、具有直接或间接降低大气二氧化碳浓度效果的生产活动泛称为"碳汇渔业"。对于海洋渔业碳汇而言，不仅包括藻类和贝类等养殖生物通过光合作用和大量滤食浮游植物从海水中吸收碳元素的过程和生产活动，还包括以浮游生物和贝类、藻类为食的鱼类、头足类、甲壳类和棘皮动物等生物资源种类通过食物网机制和生长活动所使用的碳。

水产养殖改变了中国及世界的渔业生产方式和产业结构。从 1950 年到 2010 年，中国渔业生产总量发生了质的飞跃。1950 年年产水产品 90 余万吨，2010 年年产水产品 5 300 多万吨，总产量翻了近 60 倍。渔业生产结构同时发生了巨大变化，从 1950 年的以捕捞产量为主（占渔业总产量的 92%）转变为 2010 年以养殖产量为主（占渔业总产量的 73%），完成了由"养殖超过捕捞"的历史性转变。世界各国的渔业生产也存在相同的发展趋势，1950 年全球渔业总产量不足 2 000 万吨，到 2006 年已达到 10 000 万吨。其中海洋捕捞占总产量的比例呈逐年下降趋势，而淡水和海水养殖的比例则呈逐年上升趋势。

唐启升院士介绍，目前，我国每年水产品总量超过 5 000 万吨，人均占有 40 多千克，远高于世界平均水平，对改善 13 亿人口的食品结构发挥了不可替代的作用。预计到 2030 年，我国海水养殖产量将达到 2 500 万吨，按照现有贝藻产量比例计算，海水养殖将每年从水体中移出大约 230 万吨碳；到 2050 年，我国海水养殖总产量预计达到 3 500 万吨，其中海

藻养殖产量将突破 1 000 万吨（干重），海水养殖碳汇总量可达到 400 多万吨，其中贝类固碳 180 万吨，藻类固碳 235 万吨。因此，我国碳汇渔业的发展对我国和世界食物安全和减少二氧化碳等温室气体的排放都将做出重大贡献。

2004 年前后，联合国粮食及农业组织下的渔业部更名为渔业及水产养殖部，这与联合国粮食及农业组织推广中国水产养殖方式，倡议发展中国家向我国学习。从另一个方面也证明，水产养殖改变了国际渔业生产方式和结构。

发展海水养殖业能保障粮食安全，满足国家发展需要。进入 21 世纪以来，粮食安全已成为国际社会广泛关注的重大问题，从海洋获得食物是全球性的需求，世界上有 10 亿人口的食物来源于海洋，不仅是发展中国家，发达国家也希望提高海洋食物的生产水平。资料显示，到 2030 年我国人口将达到 16 亿，人口的增长、生活水平的提高，必然导致对蛋白质需求的增加，届时将需要增加 1 000 万吨蛋白质供给，海水养殖将是主要的支柱。从渔业产业自身来分析，增长的来源主要是：一是淡水养殖，但由于受耕地、水源等因素限制，发展潜力相对较小，难以满足需求；二是海洋捕捞，由于过度捕捞和污染正加速破坏海洋生态环境，资源衰退迅速。因此，通过近几年来的试验证明，海水养殖具有最大的发展潜力，尤其是浅海多营养层次的综合养殖，具有环境友好、效率更高的特性，是海水养殖产业发展的方向。

试验现场参观后，业内专家对低碳渔业赞不绝口，说它是低能耗、低污染、低排放的效益型、节约型和安全型渔业，是以最少的投入获得最大产出的效益型渔业，是采用各种措施将农业产前、产中、产后全过程可能对经济、社会和生态不良影响降到最低程度的安全型渔业，发展以低碳技术为引领的碳汇渔业是我国加快推进现代渔业建设的重要内容。

引领海水养殖产业发展新浪潮

从产业发展的科学内涵看，发展生态系统水平的海水养殖将成为现代渔业发展的突破点。前不久在中国工程院与国家发改委召开的一次咨询研讨会议上，已把海水养殖和海洋、药物归到新兴的生物产业中。由此看来，海水养殖业将形成新的经济增长点，成为发展蓝色的、低碳的新兴产业的示范。

唐启升院士说，海洋渔业碳汇不仅包括藻类和贝类等养殖生物通过光合作用和大量滤食浮游植物从海水中吸收碳元素的过程和生产活动，还包括以浮游生物和贝类、藻类为食的鱼类、头足类、甲壳类和棘皮动物等生物资源种类通过食物网机制和生长活动所使用的碳。虽然这些较高营养层次的生物可能同时又是碳源，但它们以海洋中的天然饵料为食，在食物链的较低层大量消耗和使用了浮游植物，对它们的捕捞和收获，实质上是从海洋中净移出了相当量的碳。

近些年，随着海藻营养代谢如碳代谢的深入研究，对大型海藻在浅海生态系统物质循环中的重要作用已有了充分的认识。大型藻类通过光合作用将海水中的溶解无机碳转化为有机碳，从而使水中的二氧化碳分压降低，在其初级生产过程中，还需从海水中吸收溶解的营养盐如硝酸盐、磷酸盐，这使得表层水的碱度升高，将进一步降低水体中二氧化碳的分压，从而促进大气二氧化碳向海水中扩散。根据我国近年大型藻类养殖的年产量和藻类体内的碳含量来计算，我国人工养殖的海藻每年大约能从海水中移出 40 万吨的碳。

我国大规模的贝藻养殖对浅海碳循环的影响明显。目前，国内贝藻养殖产量占海水养殖产量的约90%，每年使用浅海生态系统的碳可达300多万吨。新的研究表明，在过去20年中，我国海水贝藻养殖从水体中移出的碳量呈现明显的增加趋势。例如，1999—2008年我国海水贝藻养殖每年从水体中移出的碳量从100万吨增至137万吨，平均120万吨，相当于每年移出440万吨二氧化碳，10年合计移出1 204万吨碳，相当于移出4 415万吨二氧化碳。如果按照林业使用碳的算法计算，我国海水贝藻养殖每年对减少大气二氧化碳的贡献相当于义务造林50多万公顷，10年合计义务造林500多万公顷，直接节省国家造林投入近400亿元。陆地上的森林植被，它们对碳循环的影响是短期的，因为树木植被的腐烂分解，碳很快又被释放到大气中了。而沉入海底贝壳中的碳通过生物地球化学，循环再回到大气中需要数百万年。即使是收获到陆地上的贝壳，其中的碳经再循环回到大气中也需要很长的时间，成为较为持久的碳汇，每年约80万吨。因此，我国贝藻养殖不仅为人类社会提供了大量优质、健康的蛋白食品，同时又能减少大气中二氧化碳等温室气体的含量做出了重大贡献。

很明显，海水养殖是海洋碳汇渔业的主体部分，但是，关于海水养殖业的产业性质，人们常常简单地归之传统产业。如果换个角度，能不能说它是一个战略性新兴产业呢？第一，海水养殖不仅改变了中国渔业生产的增长方式和产业结构，同时也改变了国际渔业生产的方式和结构；第二，从满足国家重大需求看，到2030年16亿人需求增加1 000万吨水产品，海水养殖将是主要的支柱；第三，从产业产出的贡献看，保障食物安全，减少二氧化碳等温室气体的排放；第四，从产业发展的科学内涵看，发展生态系统水平的海水养殖将成为现代渔业发展的突破点。这样看来，海水养殖业有希望成为发展绿色的、低碳的新兴产业的示范。

唐启升院士对发展以海水养殖业为主体的碳汇渔业提出建议：一是端正认识，强力推动海水养殖业发展，充分发挥渔业的碳汇功能，为发展绿色的、低碳的新兴产业提供一个示范的实例；二是大力推动规模化的海洋森林工程建设，包括浅海海藻（草）床建设、深水大型藻类养殖和生物质能源新材料开发等；三是尽快建立我国渔业碳汇计量和监测体系，开展针对性的基础研究，科学评价渔业碳汇及其开发潜力，探索生物减排增汇战略及策略；四是积极参与建立一个全球的蓝色碳基金，推动我国海洋固碳和碳汇渔业建设。

向全球吹响渔业低碳技术的号角

我国政府的重视和国家相关部门、单位以及专家们的支持，使得碳汇渔业理念和技术得到更好的推广。日前，“碳汇渔业与渔业低碳技术”工程科技论坛在北京的成功举办，彰显了中国负责任大国的良好形象，体现了我国推进节能减排、坚持走低碳发展之路的信心和勇气，也展示了我国水产科研界在该前沿领域超前的研究理念和优秀的研究成果，必将对提高渔业应对气候变化能力，加快转变发展方式，实现中国从渔业大国向渔业强国转变起到积极的推动作用。

论坛会上，农业部领导对发展碳汇渔业与渔业低碳技术提出了明确的要求：要满足当前需求，节约资源、修复环境，推动国家减排目标实现的；又要着眼长远目标，开发新型清洁能源、大力发展碳汇渔业与渔业低碳技术，实现资源节约型、环境友好型现代渔业的可持续发展。农业部渔业局局长李健华在2010年全国渔业工作会议上提出，要“树立绿色经济、低碳经济和循环经济的理念，使渔业发展减少对资源和能源的消耗”。

中国水产科学院院长张显良在“渔业低碳技术应用前景评述”中指出，发展渔业低碳技

术是现代渔业建设及可持续发展的需要，是应对全球气候变化的迫切需要；国家发展战略的迫切需要；我国现代渔业发展的迫切需要。通过渔业产业结构调整和升级，寻求低碳的平衡发展模式，充分发挥渔业生产的碳汇作用，为现代渔业的可持续发展和积极应对全球气候变暖做出贡献。他说，渔业在推进我国低碳经济发展的进程中将发挥很大作用。一方面，我国渔业是以养为主，且贝藻类、滤食性鱼类等养殖占据很大比例，导致渔业表现出很强的碳汇功能。也就是说，渔业生产活动促进水生生物吸收水体中的二氧化碳，并通过收获把这些碳移出水体。另一方面，我国渔业作为耗能大户，污染物排放也较为严重。因此，发展低碳渔业的潜力很大。低碳渔业是低能耗、低污染、低排放的效益型、节约型和安全型渔业，是以最少的投入获得最大产出的效益型渔业，是采用各种措施将农业产前、产中、产后全过程可能对经济、社会和生态不良影响降到最低程度的安全型渔业，发展低碳渔业是我国加快推进现代渔业建设的重要内容。

唐启升院士说，事实上，世界发达国家也纷纷将战略重点转向海洋，海洋产业已成为全球经济新的增长点，海洋生物资源的开发利用，尤其是海水增养殖业已成为发展海洋经济的重要组成部分。美国计划大力发展 200 海里专属经济区的深水养殖，以生产更多的海产品；日本的《海洋基本法》指出要“保持日本在水产业上的传统优势”；欧盟“共同渔业政策绿皮书”突出可持续自给的目标。他说，就我国渔业发展现状来看，发展低碳经济是势在必行的经济愿景，是一个长期、不断实践创新提高的过程。在把握渔业经济增长机遇和发展低碳经济、转变渔业经济增长方式的过程中，要遵循经济社会发展与气候保护的一般规律，借鉴吸收国外发展低碳经济的成功经验，立足于我国的基本国情和国家利益，走出一条协调长远利益与眼前利益，兼顾技术创新与制度创新，政府、企业和个人三方积极互动的低碳经济发展之路。

渔业碳汇对发展低碳经济具有重要和实际意义，碳汇渔业将成为推动新一轮发展的驱动力[①]

——专访中国科学技术协会副主席、中国工程院院士唐启升

中国水产记者　肖乐，刘禹松

编者按：中国科学技术协会副主席、中国工程院院士、中国水产科学研究院黄海水产研究所名誉院长/所长唐启升先生近期提出“大力发展碳汇渔业”这一创新思路。唐启升院士认为，渔业碳汇在生物碳汇扩增战略中占有显著地位，对发展低碳经济具有重要的实际意义和很大的产业潜力；海水养殖业是发展低碳的、蓝色的碳汇渔业的主体并有希望形成新的经济增长点，成为碳汇渔业作为战略性新兴产业的示范。那么，什么是碳汇渔业？这一理念提出的依据和内涵是什么？碳汇渔业在应对气候变化中的作用、研究发展碳汇渔业的意义是什么？碳汇渔业实施中的问题与实况是怎样的？为什么说碳汇渔业可能成为推动渔业新一轮发展的驱动力？带着这些问题，本刊记者对唐启升院士进行了专访。

中国水产：您是“碳汇渔业”概念或者说理念的提出者，很多读者对此还比较陌生，请您向我们的读者介绍一下什么是“碳汇”？

唐启升：全球气候变暖对人类生存、社会发展产生不良影响，这已引起国际社会的关注。为了缓解全球气候变暖、减少 CO_2 等温室气体的排放，发展低碳经济已成为世界各国的共识。

“碳汇”要扩增“碳源”要降低

根据政府间气候变化专业委员会（IPCC）的解释，“碳汇”是指从大气中移走 CO_2 和 CH_4 等导致温室效应的气体、气溶胶或它们初期形式的任何过程、活动和机制。而“碳源”就是指向大气释放 CO_2 和 CH_4 等导致温室效应的气体、气溶胶或它们初期形式的任何过程、活动和机制。也就是说，世界各国努力的目标是要扩增“碳汇”，降低“碳源”。

生物碳汇扩增技术可行成本低效益高

发展低碳经济的核心是降低大气中 CO_2 等温室气体的含量，主要途径有两条：一是减少温室气体排放，主要依靠工业节能降耗、降低生物源排放及人们日常生活中的节能降耗来实现；二是固定并储存大气中的温室气体，既可以通过工业手段，也可以通过生物固碳来实

① 本文原刊于《中国水产》，决策参考（8）：4-8，2010。

现。就目前的科技水平来看，通过工业手段封存温室气体，成本高、难度大；而通过生物碳汇扩增，不仅技术可行、成本低，而且可以产生多种效益。因此，生物碳汇扩增在发展低碳经济中具有特殊的作用和巨大的潜力，尤其对我们发展中国家来说意义特别重要。

海洋生物是生物碳或绿色碳捕获的主要完成者

研究证明，海洋是地球上最大的碳库，整个海洋含有的碳总量达到39万亿吨，占全球碳总量的93%，约为大气的53倍。人类活动每年排放的CO_2以碳计为55亿吨，其中海洋吸收了人类排放CO_2总量的20%～35%，大约为20亿吨，而陆地仅吸收7亿吨。

根据联合国《蓝碳》报告，地球上超过一半（55%）的生物碳或绿色碳捕获是由海洋生物完成的，这些海洋生物包括浮游生物、细菌、海藻、盐沼植物和红树林。海洋植物的碳捕获能量极为强大和高效，虽然它们的总量只有陆生植物的0.05%，但它们的碳储量（循环量）却与陆生植物相当。海洋植物的生长区域还不到全球海底面积的0.5%，却有超过一半或高达70%的碳被海洋植物捕集并转化为海洋沉积物，形成植物的蓝色碳捕集和移出通道。土壤捕获和储存的碳可保存几十年或几百年，而在海洋中的生物碳可以储存上千年。

中国水产：唐院士，通过您的介绍，我们了解了“碳汇”的含义，那什么是“碳汇渔业”？

唐启升：按照海洋生物碳汇和碳源的定义，我们来定义渔业碳汇和碳汇渔业。碳汇渔业，即通过渔业生产活动，促进水生生物吸收水体中的CO_2并通过收获水生生物产品，将碳移出水体的过程和机制。

按照碳汇和碳源的定义以及海洋生物固碳的特点，“渔业碳汇”是指通过渔业生产活动促进水生生物吸收水体中的CO_2，并通过收获水生生物产品，把这些碳移出水体的过程和机制，也被称为“可移出的碳汇”。这个过程和机制，实际上提高了水体吸收大气CO_2的能力。

渔业具有碳汇功能，因此，可以把能够充分发挥碳汇功能、具有直接或间接降低大气CO_2浓度效果的生产活动泛称为“碳汇渔业”。

事实上，海洋渔业碳汇不仅包括藻类和贝类等养殖生物通过光合作用和大量滤食浮游植物从海水中吸收碳元素的过程和生产活动，还包括以浮游生物和贝类、藻类为食的鱼类、头足类、甲壳类和棘皮动物等生物资源种类通过食物网机制和生长活动所使用的碳。虽然这些较高营养层次的生物可能同时又是碳源，但它们以海洋中的天然饵料为食，在食物链的较低层大量消耗和使用了浮游植物，对它们进行捕捞和收获，实质上是从海洋中净移出了相当量的碳。

不投饵即能收获水产品的渔业活动，就是碳汇渔业

简而言之，在海洋中凡不需投饵的渔业生产活动，就具有碳汇功能，可能形成海洋碳汇，相应地亦可称之为海洋碳汇渔业，如藻类养殖、贝类养殖、增殖放流以及捕捞业等。只要是不投饵的渔业就是碳汇渔业，也就是说我们的养殖活动如果要投饵，就不包括在所说的渔业碳汇和碳汇渔业范围里面。

“碳汇渔业”这一提法应更多理解为“发展的理念”，期望它能成为推动渔业，特别是海水养殖业新一轮发展的驱动力，成为发展蓝色的、低碳的新兴产业的示范。

中国水产：现在我们了解了什么是“碳汇渔业”，那么这一理念产生的背景和依据是什么？

唐启升：这一理念的产生既有偶然也是必然。偶然因素是一条来自国外的消息，有消息报道国外科学家向大海中施放大量的铁，目的是促进大气中CO_2的吸收。国外科学家的研究表

明，海洋中的浮游植物能吸收大气中的 CO_2，而铁能促进海洋中浮游植物的生长，从而吸收大气中的 CO_2，因而他们向大海中施铁。这一消息使我脑中“灵光一现”，我们的海水养殖中有大量的贝类、藻类，贝类能不断地、大量地滤食海水的浮游植物，浮游植物再不断地生长，而浮游植物能吸收大气中的 CO_2，贝类再滤食浮游植物，如此往复，从而达到“碳汇”的作用。

必然因素是基于 2005 年我们做的国家重点基础研究发展规划项目“东黄海海洋生态系统动力学和生物资源可持续”及国家自然科学基金项目“浅海规模化贝类养殖与环境相互作用的研究”中的“中国浅海贝藻养殖对海洋碳循环的贡献”项目得出的结论，以及之前我们做了多年的、大量的海水养殖容量评估的基础研究。这两个“火花”的碰撞导致了“碳汇渔业”的产生，有关论文发表在 2005 年 3 月《地球科学进展》上。

中国是浅海贝藻养殖的第一大国，年产量超过 1 000 万吨。根据贝藻养殖产量、贝藻体内碳元素的含量及其贝类能量收支，我们推算出 2002 年中国海水养殖的贝类和藻类使用

浅海生态系统的碳可达 300 多万吨，并通过收获从海中移出至少 120 万吨的碳。该结果不仅为探讨全球“遗漏的碳汇”问题提供了一个新的线索，同时也证明了浅海的贝类和藻类养殖活动直接或间接地使用了大量的海洋碳，提高了浅海生态系统吸收大气 CO_2 的能力。另外，贝藻的养殖活动与浅海生态系统的碳循环之间关系复杂，相互作用明显，因此，它的生物地球化学过程是一个值得深入研究的科学问题。

我国人工养殖的海藻每年大约能从海水中可移出 33 万吨的碳

近些年，随着海藻营养代谢如碳代谢的深入研究，我们对大型海藻在浅海生态系统物质循环中的重要作用已有了充分的认识。大型藻类通过光合作用将海水中的溶解无机碳转化为有机碳，从而使水中的 CO_2 分压降低，在其初级生产过程中，还需从海水中吸收溶解的营养盐如硝酸盐、磷酸盐，这使得表层水的碱度升高，将进一步降低水体中 CO_2 的分压，从而促进大气 CO_2 向海水中扩散。

目前，大规模人工养殖的海藻已成为浅海生态系统的重要初级生产者，通过光合作用和营养盐的支持产生了很高的生产力，由于不同海区的营养盐结构、温度、光照等条件存在差异，导致藻类体内氮、磷的含量不同以及生产力间的差异，但是不同海区同种藻类碳占总干重的比例并无显著性差异。另外，通常海水中的无机碳不是大型藻类生长的限制因素，而营养盐氮、磷或者硅可能是其生长的限制因子。国内外一些大型藻类的营养成分，碳的含量（干重）在 20％～35％范围内，不同种类之间的营养成分差异较大。海带中碳的含量较其他大型藻类的碳含量高，占其干重的 31.2％。根据我国近年大型藻类养殖的年产量和藻类体内的碳含量来计算，我国人工养殖的海藻每年大约能从海水中移出 33 万吨的碳。

我国人工养殖的贝类每年大约能从海水中可移出 86 万吨的碳

我国贝类养殖始于 20 世纪 70 年代初。据统计，20 世纪 80 年代初，养殖贝类的年产量约为 30 万吨，90 年代初的年产量增为 100 万吨。随后产业有了较大的发展，到 2002 年，养殖贝类总产已达 965 万吨，主要的养殖种类为牡蛎、蛤类、扇贝和贻贝等，其产量约占我国养殖贝类年产量的 79％。

养殖贝类通过两种促进生长的方式使用海洋碳。一种方式是利用海水中的 HCO_3^-（碳酸氢根）形成 $CaCO_3$（碳酸盐）躯壳（俗称贝壳），其反应式如下：Ca^{2+} ＋＋$2HCO_3^-$ ＝

$CaCO_3+CO_2+H_2O$，虽然每形成 1 mol 的碳酸钙，会释放 1 mol 的 CO_2，但是可以吸收 2 mol的碳酸氢根。实际上，形成的 $CaCO_3$ 贝壳，少量随有机碳从表面海水垂直输送到海洋深部，绝大部分通过收获从海水中移出；另一种方式是通过滤食摄取水体中的悬浮颗粒有机碳（包括浮游植物和颗粒有机碎屑等）促进贝类个体软组织的生长。贝类的滤食系统十分发达，有着极高的滤水率，能够利用上覆水中乃至整个水域的浮游植物及颗粒有机物质。大规模的贝类养殖活动对水体中悬浮颗粒有机物质的数量以及组成有一定的控制作用。

上述分析研究表明，中国大规模的贝藻养殖对浅海碳循环的影响是明显的，成为一个“可移出的碳汇”。仅 2002 年养殖的大型海藻可以从海中移出近 33 万吨的碳，养殖的贝类可移出 86 多万吨的碳，合计至少移出了 120 万吨碳。尤其重要的是移出的贝壳中碳含量约 67 万吨，成为较持久的碳汇。陆地上的森林植被，它们对碳循环的影响是短期的，因为树木植被的腐烂分解，碳很快又被释放到大气中了。而沉入海底贝壳中的碳通过生物地球化学，循环再回到大气中需要数百万年。即使是收获到陆地上的贝壳，其中的碳经再循环回到大气中也需要很长的时间。

另外，1997 年《京都协议书》预计工业化国家减排 CO_2 的开支为 150～600 美元/吨碳，由此算来中国浅海贝藻养殖的年产出对减排大气 CO_2 的经济价值相当于 1.8 亿～7.2 亿美元。中国浅海贝藻养殖不仅为人类社会提供了大量优质、健康的蓝色海洋食物，同时又能对减排大气 CO_2 做出如此大的贡献，是一种双赢的人类生产活动。

中国水产：如何实现渔业的碳汇作用？意义何在？为什么说海水养殖业有希望成为新的经济增长点，将成为推动渔业新一轮发展的驱动力？

唐启升：渔业的碳汇作用主要通过藻类养殖、贝类养殖、增殖放流以及捕捞业等来实现。很明显，海水养殖是海洋碳汇渔业的主体部分，但是，关于海水养殖业的产业性质，人们常常简单地归之为传统产业。然而我说如果换个角度，是不是可以做点儿新的解释，能不能说是一个战略性新兴产业？我们从四个方面来看。

海水养殖改变了中国及世界的渔业生产方式和产业结构

海水养殖不仅改变了中国渔业生产方式和产业结构，同时也改变了国际渔业生产的方式和产业结构。

从 1950 年到 2006 年，中国渔业生产总量发生了质的飞跃。从 1950 年的年产水产品 50 万吨，到 2006 年的年产水产品 5 100 多万吨，总产量翻了 100 多倍。同时，渔业生产结构也发生了翻天覆地的变化。1950 年，海洋捕捞占到整个渔业产量的 75%，到 1980 年下降到 48%，2006 年则继续降低到 23%。与此同时，淡水养殖则从占整体渔业产量的 7%上升到 1980 年的 16%，到 2006 年，淡水养殖占整个渔业产量的 34%。海水养殖 1950 年占整体渔业产量的 1%，到 1980 年占到整体渔业产量的 30%，2006 年，上升到占整体渔业产量的 39%。我国渔业已经完成了由“养殖超过捕捞”的历史性转变。

从国际上看，1950 年，全球渔业总产量不足 2 000 万吨，到 2006 年全球渔业总产量达到 10 000 万吨。这其中，海洋捕捞产量 1950 年占到当年总产量的 87.7%，1980 年为 86.5%，到 2006 年，则下降到了 69.8%。与海洋捕捞相反，淡水和海水养殖的比例则逐年呈上升趋势。1950 年，淡水养殖的比例占当年全球渔业总产量的 1%，到 1980 年上升到占总产量 2.1%，2006 年，淡水养殖则占到了全球渔业总产量的 9.1%。与此同时，海水养殖占全球渔业总产量的比例也从 1950 年的 1.9%，上升到了 1980 年的 4.6%，到 2006 年更是占到了全球渔业总产量的 13.3%。

我再举个例子。联合国粮食及农业组织，下面有一个渔业部。在 2004 年前后，这个组织的名称改为渔业及水产养殖。搞渔业的人认为，水产养殖就包括在渔业里面，怎么单独拿出来？这显然与联合国粮食及农业组织推广推崇的中国水产养殖方式、倡议发展中国家向中国学习是相关的。也证明了我刚才说的那句话，海水养殖确实改变了国际渔业生产方式和结构。

发展海水养殖业能保障粮食安全，满足国家发展需要

进入 21 世纪以来，粮食安全已成为国际社会广泛关注的重大问题，从海洋获得食物是全球性的需求，世界上有 10 亿人口的食物来源于海洋，不仅是发展中国家，发达国家也希望提高海洋食物的生产水平。

有资料显示，到 2030 年，我国人口将达到 16 亿，人口的增长、生活水平的提高，必然导致对蛋白质需求的增加，届时将需要增加 1 000 万吨蛋白质供给，海水养殖将是主要的支柱。

我认为，提高蛋白质供给，除了畜牧业增长之外，渔业也应该承担起重任。从渔业自身来分析，增长的来源主要是：一是淡水养殖，但由于受耕地、水源等因素限制，发展潜力相对较小，难以满足需求；二是海洋捕捞，由于过度捕捞和污染正加速破坏海洋生态环境，资源衰退迅速。加拿大科学家曾预言，如果按目前速度继续下去，到 2048 年，海洋中面临捕捞的种群将完全崩溃，失去捕捞价值。由此可见，只有海水养殖具有最大的发展潜力，尤其是浅海多营养层次综合养殖，具有环境友好、效率更高的特性，是发展方向。

从国际上看，随着世界发达国家的战略重点转向海洋，海洋产业已成为全球经济新的增长点，海洋生物资源的开发利用，尤其是海水增养殖业已成为发展海洋经济的重要组成部分。例如，美国计划大力发展 200 海里专属经济区的深水养殖，以生产更多的海产品；日本的《海洋基本法》指出要“保持日本在水产业上的传统优势”；欧盟“共同渔业政策绿皮书”突出可持续自给的目标。

发展海水养殖业，可以减排 CO_2，意义重大

中国的海水养殖以贝藻类为主，据研究，每年可以减排 CO_2 120 万吨。按照当前中国的需求，到十几年之后，每年减排量 CO_2 可达 200 万吨。

中国大规模的贝藻养殖对浅海碳循环的影响也十分明显。目前国内海水养殖的贝类和藻类，使用浅海生态系统的碳可达 300 多万吨，并通过收获水产品从海中移出至少 120 万吨的碳。

新的研究结果给我们算了这样一笔账，在过去 20 年中，我国海水贝藻类养殖，从水体中移出的碳量呈现明显的增加趋势。

例如 1999—2008 年间，通过收获养殖海藻，每年从我国近海移出的碳量为 30 万～38 万吨，平均 34 万吨，10 年合计移出 342 万吨；而通过收获养殖贝类，每年从我国近海移出的碳量为 70 万～99 万吨，平均 86 万吨，其中 67 万吨碳以贝壳的形式被移出海洋，10 年合计移出 862 万吨。两者合在一起，1999—2008 年间，我国海水贝藻养殖每年从水体中移出的碳量为 100 万～137 万吨，平均 120 万吨，相当于每年移出 440 万吨 CO_2，10 年合计移出 1 204 万吨，相当于移出 4 415 万吨 CO_2。

如果按照林业使用碳的算法计量，我国海水贝藻养殖每年对减少大气 CO_2 的贡献相当

于造林50万多公顷，10年合计造林500多万公顷，直接节省造林价值400多亿元。因此，我们说我国碳汇渔业的发展对我国和世界食物安全和减少CO_2等温室气体的排放都将做出重大贡献，意义巨大。

发展生态系统水平的海水养殖将成为现代渔业发展的突破点

从产业发展的科学内涵看，发展生态系统水平的海水养殖将成为现代渔业发展的突破点。前不久在中国工程院与国家发改委召开的一次咨询研讨会议上，已把海水养殖和海洋药物归到新兴的生物产业中。这样看来，海水养殖业有希望形成新的经济增长点，成为发展蓝色的、低碳的新兴产业的示范。我们也期望，突出一点，带动全局，推动生物经济和蓝色经济的发展。

今后一个时期与我国海水养殖发展有关的基础和应用基础研究应围绕以下几个方面来进行。一是大力发展生态系统水平的海水养殖业；二是加强各相关学科的综合协调机制，分子生物学理论与技术的进步，为各相关学科乃至不同层次的研究在分子水平上找到了结合点；三是提高研究工作的系统性和精准性，要强调单种类研究的地位和作用，选择有代表性的水产生物种类，做深做细，以推动养殖产业向现代化方向发展。

中国水产：海水养殖在渔业发展中如此重要，那么具体怎么发展？有没有一个比较成功的模式可以借鉴？

唐启升：我国渔业经济增长方式的转变，依靠的是科技进步和提高劳动者素质，以提高经济效益为中心，向结构优化、规范经营、科技进步、科学管理要效益，逐步扩大渔业生产规模。海水多营养层次综合养殖正是这种模式转变最好的方式。

海水多营养层次综合养殖将引领第6次海水养殖产业发展浪潮

中国人自古就知道“渔盐之利、舟楫之便”，但“耕海种湖”则是新中国成立以来出现的革命性变化。新中国成立以后，中国的海水养殖产业从零开始，一跃成为世界第一。目前，我国每年水产品总量超过5 000万吨，人均占有40多千克，远高于世界平均水平，对改善13亿人口的食品结构发挥了不可替代的作用。其中，最核心、最关键的是中国海水养殖的“鱼、虾、贝、藻、参”5次产业浪潮。多营养层次综合养殖的开发正在担起调整结构、转变增长方式的重任，也必将引领第6次海水养殖产业发展浪潮。

“多营养层次综合养殖技术研究与示范”，是我主持的“973计划”项目“我国近海生态系统食物产出的关键过程及其可持续机理”的重要成果。所谓“多营养层次综合养殖”，简单说就是为了减少对环境的压力，利用不同层次营养级生物的生态学特性，在养殖环节使营养物质循环重复利用，不仅可以减少养殖自身的污染，还可以生产出多种有营养价值的养殖产品。

以“藻-鲍-参综合养殖”模式为例，在我国北方，皱纹盘鲍和海带通常采用延绳浮筏垂下式养殖，鲍养殖笼中会沉积大量的粪便、海带的碎屑和自然水体中的浮泥；而刺参是腐食性生物，鲍笼中的废弃物正好是刺参的食物来源。综合养殖模式中搭配的藻类养殖在吸收鲍、参养殖过程中排泄营养盐的同时，可以便捷地为鲍提供新鲜的食物。

以俚岛海域鲍-参-海带多营养层次的综合养殖为例，示范面积120亩，每亩养殖海带12 800棵，养殖鲍13 000头，养殖刺参3 000头，海带的亩产量达2吨，南方笼刺参增重率高达207.43%。验收专家组一致认为，项目目前进展良好，多营养层次综合养殖模式的示范推广已经达到了产业化水平，研究成果为推动我国生态系统水平的高效、持续海水养殖提供了重要的技术支撑。

今年6月初，美国国家海洋与大气管理局的谢尔曼博士专程来山东荣成参加“多营养层次综合养殖技术研究与示范”项目的验收，谢尔曼博士的专业研究方向是海洋渔业生物学和大海洋生态系研究和管理，对海洋资源合理开发利用有很深刻的理解和见解，今年6月谢尔曼博士荣获第11届哥德堡可持续发展奖（哥德堡可持续发展奖建立于1999年，旨在鼓励可持续发展的至关重要的工作和发展，是对完成可持续发展业绩表彰的国际大奖）。谢尔曼博士一直关注中国的海水养殖业，关注这个研究项目，认为这种养殖模式对保障人类食品安全，减轻环境压力具有不可估量的作用，通过该养殖模式把阳光变成了高档水产品，不但没有对环境造成压力，而且聚集了自然界中大量的碳，对人类的贡献是巨大的。

中国水产：请您谈谈“碳汇渔业”实施中的问题与实况？

唐启升：2005年，提出这一理念时，有人提出异议，主要观点有：

问题一，有人提出“贝类在养殖过程中放出 CO_2”。这个问题，我们已经注意到了，前面已讲到养殖贝类通过两种促进生长的方式使用海洋碳。其中一种方式是利用海水中的 HCO_3^-（碳酸氢根）形成 $CaCO_3$（碳酸盐）躯壳（俗称贝壳），虽然每形成1 mol的碳酸钙，会释放1 mol的 CO_2，但是可以吸收2 mol的碳酸氢根。形成的 $CaCO_3$ 贝壳，少量垂直输送到海洋深部，绝大部分通过收获水产品从海洋中移出。

问题二，认为“贝类养殖是碳源”的观点。有的国际文章（如Martin，2007）称贝类呼吸放碳，因此，认为贝类养殖是碳源。我们计算贝藻养殖的可移出的碳是根据能量收支模型的生长能 G 计算的：

如式：$C=F+U+R+G$（其中，C 为摄食能，F 为粪便能，U 为排泄能，R 为代谢能，G 为生长能），贝类养殖实际利用的颗粒有机碳相当于式中的 C，贝类产量近似为式中 G 部分。

Martin等的文章谈贝类呼吸放碳，实际上指的是能量收支模型 R 代谢能中的呼吸部分，而没有谈 C 摄食能和 G 生长能。特别是我们强调的贝类大量滤食大大加快了浮游植物的生长周转率，只有把这关系搞清楚了，才能去定义是碳源，还是碳汇。我们认为，他们的结论科学依据不足或有错。

问题三，是“物质不灭论”。有观点认为，碳汇项目的固碳作用只是暂时的，在动植物的生长过程中，吸收的 CO_2 最终会因为动植物的死亡而重新释放回到大气中，因此，碳汇项目只能延缓大气中温室气体的积累，只能作为一种过渡性政策选择，而通过能源新技术的开发减少的温室气体排放才是永久性的。另一种观点则认为，动植物尤其是动植物制品其碳储存时间相当长，即使碳汇项目只是临时性的碳吸收，也能对延缓气候变化产生效益；临时性的碳吸收可以为开发低成本能源技术、缓解气候变暖趋势赢得时间。况且还有一定比例的碳吸收可以被证明是永久的。

中国水产：碳汇渔业的经济前景如何？请您对发展碳汇渔业做一个展望并提出您的建议。

唐启升：综上所述，鉴于渔业具有十分明显和重要的碳汇功能，国家应给予高度重视，并给予相应的政策资金支持，渔业行政部门应制订具体的发展计划，促进渔业碳汇功能的发挥。

2050年我国海水养殖碳汇总量可达到400多万吨

预计到2030年，我国海水养殖产量将达到2 500万吨。按照现有贝藻产量比例计算，海水养殖将每年从水体中移出大约230万吨碳。2030年以后，我国海洋渔业产量的增长将

主要依赖环境友好型的增养殖渔业模式发展和规模化的海藻养殖工程建设，海洋渔业产量的增长将进一步带动渔业碳汇的增加；到2050年，我国海水养殖总产量预计达到3 500万吨，其中海藻养殖产量将突破1 000万吨（干重），海水养殖碳汇总量可达到400多万吨，其中贝类固碳180万吨，藻类固碳235万吨。

关于发展以海水养殖业为主体的碳汇渔业，我有四点建议：

一是端正认识，强力推动海水养殖业发展，充分发挥渔业的碳汇功能，为发展蓝色的、低碳的新兴产业提供一个示范的实例；

二是推动规模化的海洋森林工程建设，包括浅海海藻（草）床建设，深水大型藻类养殖和生物能源新材料开发等；

三是尽快建立我国渔业碳汇计算和检测体系，开展针对性的基础研究，科学评价渔业碳汇及其开发潜力，探索生物减排增汇战略及策略；

四是积极参与建立一个全球的蓝色碳基金，推动我国海洋固碳和渔业碳汇建设。

为了管理好这些必需的资金，有效地实施关键海洋碳汇的保护、管理和恢复，提出如下选择：

（1）建立一个全球的蓝色碳基金，用于保护和管理近海和海洋生态系统及大洋的固碳。

在国际气候变化政策文件规定内，建立一些机制，允许对未来海洋和近海生态系统的碳俘获进行碳赊购，使碳的有效贮存成为可接受的方法。蓝色碳应该用像热带雨林的绿色碳类那样，用类似的方法进行贸易和处理，与其他的固碳生态系统一同放入碳排放和气候缓解协议中；争取海洋的蓝色碳汇在国际气候变化谈判中发挥作用，为国家谋利益。

建立对未来环境友好的大洋碳俘获和扣押的基准和规则；建立高效的协调和资助机制；提升和优先考虑可持续的、集成的、生态水平的近海区域规划和管理，特别是在蓝色碳汇的热点区，增加这些自然系统的恢复力，养护大洋区的食物和生物安全。

（2）通过有效的管理措施，对至少80%的现存海草牧场、盐沼、红树林实施直接的和紧急的保护。将来的固碳资金应该能够达到持续管理和有效实施的水平。

（3）启动管理措施，减少和排除各种污染和破坏行为，支持蓝色碳汇健全和恢复。

（4）采取综合与集成的生态系统方法保护，海洋食物和生物的安全，目标是增加人类和自然系统对变化的恢复能力。

（5）在海洋方面实施双方获利的策略，包括：

a. 改进海运、海洋渔业和养殖业以及涉海旅游业的能源效率；

b. 鼓励可持续的、环境友好的海洋能源保护，包括对海藻和海草；

c. 阻断对海洋吸收碳能力负面冲击的各种活动；

d. 保证满足海洋蓝色碳汇能力的恢复和保护的投资，优先考虑固碳、提供食物和各种收益，同时也要促进商业、就业和近海发展的机会；

e. 通过管理近海生态系统，使海草牧场、红树林和盐沼快速生长和扩大，提升蓝色碳汇再生的自然能力。

中国水产：“碳汇渔业”这一理念是否适用于江河湖泊的渔业发展？

唐启升：这一理念同样适用于江河湖泊渔业的发展，淡水渔业和海水渔业从理论上讲是一样的，符合“碳汇渔业”的内涵。淡水碳汇渔业的评价主要取决于它的生产结构，如滤食性，不投饵。下一步我们将对淡水碳汇渔业做专题研究。

唐启升：关于海洋生物资源开发与可持续利用研究的对话①

杨子江

编者按：改革开放后，我国海洋渔业成功实现了从“捕捞为主”向“以养为主”的转变，走上了稳定发展的道路，海洋渔业产值一直占我国海洋经济产值的首位。但从可持续发展的角度看，近海捕捞强度过大，富营养化现象严重，海水养殖良种缺乏，养殖技术和管理水平亟待提高，海产品质量安全水平有待提高，渔业科技支撑体系不健全、投入不足。如何解决这些问题，促进我国海洋渔业的可持续发展？为此，本刊副主编杨子江采访了中国工程院院士、中国科协副主席、中国水产科学研究院黄海水产研究所唐启升研究员。

杨子江：尊敬的唐院士，尽管与您同在中国水产科学研究院工作，由于专业和岗位原因，平时接触并不多，但常常听人说起您的一些故事。知道您长期从事海洋生物资源开发与保护研究，在我国海洋生态系统、渔业生物学、资源增殖与管理、远洋渔业等方面开展了多项系统研究，取得一系列科研成果。今年4月15日，在我们举办的“2008中国渔业经济专家论坛”上，您作了题为“贯彻落实科学发展观 积极促进现代渔业建设——实施蓝色海洋食物发展计划”的主题报告，受到与会者的广泛关注。会后我们杂志还收到一些与会者来信来电索要您和其他一些专家的报告录音稿。下面，本刊想请您就海洋生物资源开发与可持续利用研究以及您的科研感悟等，谈谈您的想法。

唐启升：近年来，党和国家提出科学发展观，各行各业都在贯彻落实，十七大之后，更是特别关注的一件大事。我是结合中国渔业经济、海洋经济的实际来领会科学发展观的。我认为，发展现代渔业，构建可持续发展的产业体系，需要多方面的努力，但首先要有一个正确的指导思想。所以，在“2008中国渔业经济专家论坛”上，我就以“贯彻落实科学发展观 积极促进现代渔业建设”为题，阐述了我的这些看法。

虽然我是搞自然科学与技术的，但一有时间，我就要翻一翻人文和社科类报刊图书。“随便翻翻，开卷有益”嘛。《中国渔业经济》杂志是我常常阅读的经济类报刊之一，其中的“大家专访”等栏目办得不错，有很多文章对我启发很大。今天很高兴与贵刊副主编一起探讨，主要谈一谈蓝色海洋食物发展计划、现代渔业发展，以及从事科研工作一些个人体会吧。

科学发展观与发展生态系统水平渔业

杨子江：唐院士，在“2008中国渔业经济专家论坛”上，您的主题报告从贯彻落实科学发展观谈起，用科学发展观解读了“发展生态系统水平的渔业和管理”，把实施蓝色海洋

① 本文原刊于《中国渔业经济》，大家专访，26（3）：100-112，2008。

食物发展计划作为积极促进我国现代渔业建设的重要途径。您是如何结合中国渔业经济和海洋经济的实际情况来领会科学发展观呢？

唐启升：去年十月份中共中央《关于认真学习宣传贯彻党的十七大精神的通知》中指出“科学发展观，第一要义是发展，核心是以人为本，基本要求是全面协调可持续，根本方法是统筹兼顾”、“……要增强贯彻落实科学发展观的自觉性和坚定性，把科学发展观贯彻落实到经济社会发展各个方面”。同样，我们渔业经济领域要贯彻落实科学发展观：“第一要义是发展”——运用各种方法和手段推进渔业现代化；“核心是以人为本”——以满足人民群众对水产品和渔业服务性产品等的需求为转移；“基本要求是全面协调可持续”——加强渔业基础，走中国特色渔业现代化道路，全面协调可持续对建设现代渔业；“根本方法是统筹兼顾”——统筹兼顾渔业需求和渔业资源养护和生态环境保护，统筹兼顾水产品数量供给和质量水平，统筹兼顾水产品和渔需品的国内外供求，统筹兼顾养殖、捕捞、加工和休闲渔业的协同发展，统筹兼顾海洋和内陆渔业、重点渔区和一般地区发展，统筹兼顾渔业经济发展、渔民收入增加和渔村社会进步。

杨子江：今年中央1号文件的主题是“加强农业基础地位，走中国特色农业现代化道路”，这对我国渔业发展有什么启示呢？

唐启升：渔业是大农业的重要组成部分。结合中国渔业经济的实际情况，我非常拥护今年中央1号文件把“加强农业基础地位，走中国特色农业现代化道路”作为主题。确实，加强渔业基础，走中国特色渔业现代化道路非常重要。农业部部长在全国农业工作会议上的讲话中指出，“积极发展现代农业……是中央针对农业农村发展面临的新形势、新任务作出的战略部署”。“用科学发展观指导农业农村经济发展，最重要的是加快现代农业建设。……通过建设现代农业，促进农业增长方式转变，优化农业农村经济结构，集约使用农业资源，提高农业竞争力，实现农业又好又快发展”。他还指出，“现代农业是以现代发展理念为指导，以现代科学技术和物质装备为支撑，运用现代经营形式和管理手段，贸工农紧密衔接、产加销融为一体的多功能、可持续发展的产业体系”。我认为这是对中央精神的一种很好的解读，我非常赞同。发展现代渔业，构建可持续发展的产业体系是新时期渔业部门贯彻落实科学发展观的必然要求。但是，发展现代渔业，构建可持续发展的产业体系，需要社会、经济、科技等多方面的努力。从科学技术的角度看，“发展生态系统水平的渔业和管理”是加快建设现代渔业、实现渔业可持续发展的一项极为重要的选择。

杨子江：什么是发展生态系统水平的渔业和管理呢？怎样理解发展生态系统水平的渔业和管理是加快建设现代渔业、实现渔业可持续发展的一项极为重要的选择呢？

唐启升：“生态系统水平的渔业”和“生态系统水平的管理”是近几年海洋和渔业领域的一个热点话题。关于“发展生态系统水平的渔业和管理”这个理念，目前有多种不同的相关叫法，诸如：EbM，是 Ecosystem-based Management 的简称；EAF，是 Ecosystem Approach to Fisheries 的简称；EAM，是 Ecosystem Approach to Management 的简称；EbFM，是 Ecosystem-based Fisheries Management 的简称；EbMF，是 Ecosystem-based Management to Fisheries 的简称；EAA，是 Ecosystem Approach to Aquaculture 的简称。有关“生态系统水平的渔业和管理”的重要文献和会议不少，对这一概念也有一些不同的解释。那么，什么是生态系统水平的渔业和管理呢？在学术界比较有影响的解释是：对包括人类在内的整个生态系统的综合管理，以维持一个健康、多产和能自我修复的生态系统，从而满足人类的需求。也就是：Ecosystem-based management is an integrated approach to management that considers the entire ecosystem，including humans. The goal of ecosystem-based management is to maintain an ecosystem in a healthy，productive and resilient condition so that it can provide the services humans want and need。

根据我对科学发展观的“第一要义、核心、基本要求、根本方法”等的学习和领会，这段“关于生态系统水平的渔业和管理”的解释，其实就是，用“科学发展观”发展和管理渔业，以人为本，全面协调可持续，统筹兼顾“需求”。生态系统水平的渔业和管理应是统筹“需求”、兼顾“可持续”的一种有效方式，其中一个重要的理念是，管理好我们人类自己。

杨子江：“生态系统水平的渔业和管理”首先应该是统筹“需求”的一种有效方式。那么，这里的“需求”具体指什么呢?

唐启升：这里的“需求”不仅指全球水产品消费需求，包括发达国家对高价值鱼类进口和消费需求，以及发展中国家对低价值鱼类进口和消费需求，而且指世界上很大一部分穷人的重要动物蛋白来源以及鱼和家畜生产的原料。在《世界水产养殖：朝向 2015/2030 年》中，预测全球年人均消费量从目前约 16 千克增加到 2030 年的 19～20 千克。可持续地水产品消费需求是“生态系统水平的渔业和管理”的首要目的。全世界有数亿人口的生计依靠渔业，全球至少有 10 亿人依靠鱼类获得动物蛋白。发达国家和发展中国家都在进一步提高海洋渔业产量以满足日益增长的水产品消费需求。从我国的情况看，在 21 世纪我国人口将达到 16 亿，目前我国的海水产品产量接近 3 000 万吨，2020 年要达到 4 000 万吨才能满足需求。那么，从哪里获得这 1 000 万吨增加量呢? 从远洋捕捞或我国近海捕捞获得吗? 显然不太可能，只能通过海水养殖获得这个增加量。所以，无论从国际社会，还是从我国的实际看，生态系统水平的渔业和管理都必须统筹人们的水产品“需求”。

杨子江：生态系统水平的渔业和管理是兼顾“可持续”的，这里的“可持续”具体指什么呢?

唐启升：这里的“可持续”是指满足当代人的需求，又不对后代人满足其需求的能力构成危害的渔业和管理。尽管世界大部分沿海地区和海域经过几十年成功的渔业发展，鱼品供应的增长速度远远超过了世界人口的增长速度。但据 FAO 评估，全球 25%的主要海洋鱼类种类处于低度开发或中度开发，它们是今后海洋产量增加的主要来源。大约 47%的主要种类处于完全开发状态，18%的种类处于过度开发状态，并有进一步下降的可能。10%的种类资源已经严重衰退，而其中仅仅 2%有可能恢复。从我国的情况看，海洋生态系统的承载力与水产品巨大需求之间存在冲突。显然，大力发展水产养殖是可持续发展渔业的重要出路，而且选择好适当的发展策略，还将有助于缓解近海捕捞强度过大和富营养化现象严重等问题。所以，发展生态系统水平的渔业和管理是我国渔业可持续发展的必然选择。

谈到生态系统水平的渔业和管理，谈到其统筹“需求”、兼顾“可持续”，让我联想到我国“十一五”渔业发展规划的目标——“两个确保、两个促进”。也就是，确保水产品安全供给，确保渔（农）民持续增收；促进渔业可持续发展，促进农村渔区社会和谐发展。可以看出，在我国“十一五”渔业发展规划中已经贯穿了生态系统水平的渔业和管理的理念。所以，在政府渔业管理中也已经体现了生态系统水平的渔业和管理的一些理念和措施。

杨子江：尽管生态系统水平的渔业和管理的一些理念和措施已经在政府渔业管理中得到体现，但我国已经开展了有关“生态系统水平的渔业和管理”的科学研究吗?

唐启升：与“生态系统水平的渔业和管理”有关的学术思想包括基础研究、资源监测、应用研究，涉及生态系统研究和海洋可持续利用研究等。我国是开展海洋生态系统研究较早的国家之一。自20世纪80年代开始，部分研究工作已在渔业生态系统方面开展了，与世界主要研究国家建立了广泛的联系与合作关系。1991年我本人进入国际GLOBEC（全球海洋生态系统动力学核心计划）科学指导委员会，参与其《科学计划》和《实施计划》的制订。其后我们的研究团队在推动北太平洋CLOBEC区域计划的发展过程中发挥积极作用，参与“气候变化与容纳量”的科学计划和实施计划的制订。1994年，由国家自然科学基金委员会发起，成立了我国海洋生态系统动力学发展战略小组，确立了中国以近海陆架区为主研究生态系统动力学的发展目标。1997年和1999年，国家自然科学基金委员会和国家科技部不失时机地启动了“渤海生态系统动力学与生物资源持续利用”和“东、黄海生态系统动力学与生物资源可持续利用”研究项目；选择了我国陆架海域的典型区域，开展海洋生态系统结构、服务功能、产出功能、动态以及可持续发展策略等方面的研究。这是太平洋地区第一个具有国家层次的GLOBEC实施研究项目，这不仅使我国在这一国际前沿领域先占据了一席之地，也为我国深入开展海洋生态系统水平的管理研究奠定了坚实的基础。总的来说，我国开展“生态系统水平的渔业和管理”的重大科研活动大概包括三个方面。其一是，在国家“973计划”项目、基金重大项目等支持下，开展海洋生态系统动力学研究；其二是参与国际GEF/UN机构项目等，进行大海洋生态系研究；其三是通过国际合作项目、攻关课题、基金重点项目等，开展海水养殖容纳量研究等。

杨子江：尊敬的唐院士，尽管我一直在学习和贯彻科学发展观，参与过我国“十一五”渔业发展规划的起草工作，对发展生态系统水平的渔业和管理有所耳闻，但很少像您这样，把发展观、理念、规划等有机地联系起来，您是怎样做到这一点的呢？

唐启升：记得清末洋务运动杰出人物张之洞在其《劝学篇》中提出“中学为体，西学为用”的理念，而在经济、科技日益全球化的当代，无论搞什么研究工作，都要学会“中西比较、融会贯通”。其实，全球环境变化对食物供应会产生较大影响，发展中国家和发达国家渔业管理目标很可能不一致。我们应在结合我国具体国情、渔情的基础上，借鉴国外先进渔业管理理论和实用技术，在现代渔业发展理论上和实用技术上有一定的创新，在提高渔业的科技和管理支撑能力的同时，提高国际社会对我国渔业发展模式和理念的接受度。

蓝色海洋食物计划与水产养殖生态学问题

杨子江：唐院士，在我们探讨科学发展观与发展生态系统水平的渔业和管理时，您认为从我国的情况看，海洋生态系统的承载力与水产品巨大需求之间存在冲突。那么，你们研究团队提出的“蓝色海洋食物计划”就是为了解决这一冲突吗？

唐启升：是的，要解决海洋生态系统的承载力与水产品巨大需求之间的冲突，有很多工作要开展。提出“蓝色海洋食物计划”只是我们很多工作的一部分。诸如：“我国近海生态系统食物产出的关键过程及其可持续机理”、“东、黄海生态系统动力学与生物资源可持续利用”、“渤海生态系统动力学与生物资源可持续利用”、“渤海渔业增养殖技术”和“海湾系统养殖容纳量与规模化健康养殖技术”、“中国海洋渔业生物学”、“白令海和鄂霍次克海狭鳕渔业信息网络和资源评估调查”等研究。我们既需要这些研究成果获得这个奖、那个奖，因为成果参加评奖是对自身研究能力和水平的检验和促进，但我们更看重我们的研究工作把多少未知变成已知，我们的研究成果为社会进步和国家发展解决了哪些问题，因为这是科学研究的出发点之所在。

杨子江：粮食安全、食物安全是一个世界性问题，对我国来说，更是一个重大的战略问题。目前越来越多的人认为渔业在国家粮食安全中地位和作用不仅不能忽视，而且越来越重要。蓝色海洋食物计划是在这种背景下提出来的吗?

唐启升：渔业在国家粮食安全中的地位和作用越来越重要，这是我们提出蓝色海洋食物计划的重要背景之一，但我们并不局限于此。我们从更广阔的资源环境和水域生态背景下探讨海洋生态系统的产出对我国食物安全的贡献。大家知道，我国沿海地区以 13%的陆地国土面积承载了 40%多的人口，创造了 60%以上的国民经济生产总值。海洋特别是近海生态系统已成为国家缓解资源环境压力的重要地带。据预测，在 2030 年左右，我国人口将达到 16 亿，届时，需要粮食增长到 6.4 亿～7.2 亿吨。耕地减少和人口增加的矛盾更加突出，满足日益增长的食物和优质蛋白需求是一个十分艰巨的任务。

早在两千多年前，我们的先贤孔老夫子曾说过这样一句名言“道不行，乘桴浮于海”。大意是如果自己的主张行不通，宁愿乘船去出海。那么今天，当我们在陆地发展存在诸多瓶颈时，也应明智地选择海洋。海洋是我们未充分开发利用的最大疆域，具有巨大的动物蛋白生产潜力，是未来我国食物安全的重要保障基础。然而，在海洋经济高速发展的过程中，近海生态系统的服务和产出发生了一些令人担忧的变化，经济损失很大。主要表现在：基础生产力下降，生物多样性减少；优质渔业种类资源严重衰退，渔获个体小，近海富营养化加剧，赤潮发生频繁，直接影响资源的再生力。因此，我们必须深入了解和认识我国近海生态系统的结构、功能及其受控机制，持续健康地开发利用其资源和环境。总之，生产更多更好的海洋食品是关系到促进我国国民经济持续发展的重大问题，如何为我国未来 16 亿人口食物安全提供重要保障，是我们提出并探索蓝色海洋食物发展计划这的主要动因。

杨子江：记得有人曾问您“鱼是你的朋友还是食物”，您的回答是“你可能想让我回答是朋友，但我认为是食物。因为只有把这些食物提供出来，才能为中国十几亿人口做贡献。”蓝色是天空，是海洋，是我们的胸怀。唐院士，在您博大的胸怀里，蓝色海洋食物计划的基本思路是什么?

唐启升：蓝色海洋食物计划发展的基本思路是沿着这样的技术路线展开的：其一，为了实现我国海洋渔业可持续发展，需要在保证国家食物安全和维护海洋权益双重需求的前提下，充分总结过去几十年对海洋生物资源的脆弱性和多样性的认识。其二，贯彻养护海洋生物资源及其环境、拓展海洋生物资源开发利用领域和加强海洋高技术应用的发展战略。其三，实施新的蓝色海洋食物发展计划，重点推动现代海洋渔业发展体系建设和蓝色海洋食物科技支撑体系建设。其四，以保障海洋生物资源可持续利用与协调发展，推动海洋生物产业由“产量型”向“质量效益型”和“负责任型”的战略转移，为全面建设小康社会提供更多营养、健康、优质的蛋白质，保证食物安全。

杨子江：实施新的蓝色海洋食物发展计划，要重点推动现代海洋渔业发展体系建设和蓝色海洋食物科技支撑体系建设。那么，推动现代海洋渔业发展体系建设的目标是什么？为了实现建设目标，需要完成哪些建设任务呢?

唐启升：推动现代海洋渔业发展体系建设的目标大致可以确定为，力争经过 5～10 年的建设发展，形成结构合理、科学完善的现代海洋渔业体系，为实现可持续的捕捞业、优质高

效的养殖业、发达活跃的加工流通业和健康友好的生态环境奠定基础，推进渔业小康社会的全面建设。为了实现这些目标，主要的建设任务是构建可持续捕捞渔业体系、优质高效养殖渔业体系、水产品质量安全与高值化加工体系、协调发展的资源与环境保障体系、渔港和城镇渔业经济体系。

杨子江：推动现代海洋渔业发展体系建设需要完成的五点建设任务具体是哪些呢？

唐启升：如果更详细一点描述现代海洋渔业发展体系建设任务的话，可以概括为“五个构建”。也就是：①构建可持续捕捞渔业体系，包括近海资源与环境常规监测体系、捕捞渔船监管体系建设、近海渔业资源增殖体系建设、远洋渔业体系建设等。②构建优质高效养殖渔业体系，包括养殖良种培育体系建设、海水养殖动植物疫病监控与预防体系建设、健康养殖与规划管理体系建设等。③构建水产品质量安全与高值化加工体系，包括完善水产品质量安全检验检测体系、加大海洋生物产物资源开发力度、建立高科技海洋生物产物资源研发基地等，以保证大宗水产品的质量安全、低值水产品的精深加工与综合利用。④构建协调发展的资源与环境保障体系，包括海洋渔业环境保护区建设、海洋生物种质资源保护区建设、资源与生态环境保护实验基地等，自上而下地形成我国海洋生物协调发展的资源与环境保障科技体系。⑤构建渔港/城镇渔业经济体系，包括中心渔港建设和渔港城镇经济区建设，形成集渔船避风、渔需供应、船舶修造、水产加工、水产贸易、渔民培训、旅游观光和人口居住为一体的新型的渔港城镇经济区，为捕捞渔民离岛弃船上岸转产转业创造更好的就业条件。

杨子江：推动蓝色海洋食物科技体系建设的目标是什么、建设内容有哪些呢？

唐启升：推动蓝色海洋食物科技体系建设的目标是力争经过5～10年的发展建设，健立健全我国蓝色海洋食物开发利用的科学技术支撑体系，为现代海洋渔业发展体系建设与多层面开发利用海洋生物资源提供科技保证，明显提高科技进步与创新对海洋生物产业可持续与协调发展的贡献率。主要海洋可捕资源养护与安全开发科技体系、海水养殖生物资源开发与可持续利用科技体系、海洋生物产物资源研究与开发集成科技体系、海洋生物环境保障与食品安全科技体系等的建设。

杨子江：推动蓝色海洋食物科技体系建设就是要推进海洋可捕资源、海水养殖生物资源、海洋生物物产资源、海洋生物环境保证和食品安全等四个子科技体系的建设，那么如何重点开展哪些研究，发展哪些技术、方法、标准呢？

唐启升：随着时间的推移，我们需要研究和发展的内容可能很多。近期特别需要关注以下几个方面：

对于建设海洋可捕资源养护与安全开发科技体系而言，要重点发展海洋可捕资源评估、预测预报技术及网络，主要资源种类补充规律与机制研究，生态系统水平的可持续管理及资源监管技术研究，海洋生物多样性保护与资源增殖放流和人工鱼礁建设技术，大洋生物资源探测及开发利用的新方法、新技术。

对于建设海水养殖生物资源开发与可持续利用科技体系而言，要重点发展种质资源的发掘技术和保存技术，养殖生物遗传改良、选择育种及杂交育种技术，养殖生物病害控制与环境修复技术，营养研究与环境友好的高效饲料开发技术，养殖生态容纳量评估与多元养殖技术，现代养殖设施与工厂化可持续产出系统及工程配套技术。

对于建设海洋生物产物资源研究与开发集成科技体系而言，要重点发展海洋生物活性物质提取与高通量筛选技术，海洋天然产物结构及功能基因的分离、克隆、表达及组合化学技术，极端环境微生物与海洋特殊功能酶的分子生物学和酶学研究，构建海洋生物产物资源信息数据库与技术平台；发展海洋创新药物开发工程集成技术，工业用酶和生物材料等海洋生物制品开发工程集成技术；开展海洋生物新能源的研究。

对于建设海洋生物环境保障与食品安全科技体系而言，要重点发展渔业水域环境质量评价与监测监控预警技术，近海环境变异对主要渔场和产卵育幼场形成与变迁的影响，渔业环境保护工程与受损水域生态修复技术，规模化资源开发利用的环境效应与协调技术，全球环境变化对食物系统影响机理及其适应性对策技术，水产品质量监控与食品安全检验检测技术，无公害水产品标准化生产技术。

杨子江：实施新的蓝色海洋食物发展计划，推动海洋生物产业由“产量型”向“质量效益型”和“负责任型”的战略转移，向社会提供更多营养、健康、优质的蛋白质，保证食物安全。这是一幅多么美好食物安全蓝图啊！对于实行捕捞“零增长”和“负增长”政策的我国，哪里是绘就这幅蓝图的浓墨重彩之所在？

唐启升：我国实行捕捞“零增长”和“负增长”政策是明智之举，要实施新的蓝色海洋食物发展计划，就必须发展生态系统水平的渔业和管理，推动有科学研究成果和高新技术支撑的“耕海牧渔”，这应该是实施蓝色海洋食物发展计划的浓墨重彩之所在。如何“耕海牧渔”，“发展生态养殖、构建和谐渔业”需要研究的问题很多。从我这个海洋渔业与生态研究者看来，目前有几个值得关注的水产养殖生态学问题，如养殖容纳量、适宜的海水养殖多样性策略、全球变暖对海水养殖的影响及其应对等。

杨子江：记得我们《中国渔业经济》在七八年前就刊登过关于养殖容纳量方面的文章，国内外从何时开始重视对养殖容纳量的研究呢？

唐启升：这里先简单谈一谈国内的情况吧。其实，国内比较早就关注养殖容量这个概念了，但是在 1993 年才开始定量水平的研究。1996 年前后，我写过一篇关于养殖容纳量方面的文章。记得该文是发表在《海洋水产研究》杂志上，容纳量概念来源于种群增长逻辑斯谛方程。20 世纪 90 年代以来，作为海洋可持续发展的科学依据，对容纳量的研究明显加强，并在研究规模、应用范围和研究方法等方面取得新的进展。我国在“九五”和“十五”计划中进一步加强了容纳量研究，如养殖容量评估、总允许渔获量评估和生态系统持续产量评估等。目前，养殖容纳量研究在国内仍然是个重要领域。例如，近年来，黄海水产研究所与大连獐子岛渔业集团股份有限公司合作的研究项目，就有关于大连獐子岛海域虾夷扇贝养殖容量的研究，该项目属于国家高技术研究发展计划（“863 计划”）和国家科技支撑计划。

杨子江：国外从何时开始重视研究养殖容纳量的呢？

唐启升：海洋科学研究最早应用容纳量概念是英国学者 Graham，早在 20 世纪 30 年代后期，他将种群增长的逻辑斯谛方程引入渔业持续产量与种群平衡生物量之间关系的研究中，并推导出种群的最大增长率，即最大剩余产量。在一个特定的环境内，种群数量增长取决于内禀自然增长率，但是，其数量增长终究要受到有限食物和空间的限制，种群越大，对进一步增长的抑制作用也越大，当种群数量达到“容纳量水平”时，这个种群不再增长。显然，种群容纳量对最大持续产量大小有重要影响。20 世纪 50 年代以来，进一步发展起来的海洋捕捞种群持续产量理论模式，如剩余产量模式、亲体与补充量关系模式，以及由 MSY 派生出来的总允许渔获量（TAC）概念等都与容纳量有关。养殖容量是容纳量概念应用于水产养殖业的一个生态学特例。20 世纪 70 年代，日本科学家首先注意到容纳量对海水贝类

养殖量的影响。1974 年到 1976 年北海道大学等单位受佐吕间湖养殖渔业协同组合的委托进行了环境容量的调查。继而欧美一些学者，如 Cooke 等、Wiegert 等和 Carver 等分别于 1975 年、1982 年和 1990 年通过建立数学模型来估算不同海区的养殖容量。此后，养殖容纳量的研究在定量水平和产业应用两个方面进一步拓展。尤其是《联合国 21 世纪议程》强调指出，海洋不仅是全球生命支持系统的一个基本组成部分，也是一种有助于实现可持续发展的宝贵财富。基于此，养殖容纳量研究已经成为海洋可持续发展研究的一个基本内容。

杨子江：在对养殖容纳量的进一步研究中，应该注重哪些问题呢？

唐启升：养殖容纳量是一个值得深入研究的重大课题，也是发展“生态系统水平的渔业”，实施蓝色海洋食物发展计划的关键之一。在对养殖容纳量的进一步研究中，应该注重对容纳量动态特性的研究，包括：营养动力学研究、水动力学研究、同化能力（净化能力）研究和多营养层次养殖策略研究等方面。对区城来说，开展水域养殖容纳量评估和制定容量养殖规划也应视为重要的科研活动，并需要加大相应的投入。

杨子江：怎样理解适宜的海水养殖多样性策略呢？

唐启升：水产养殖发展的重要动力是来自于消费需求的拉动。从国内外水产品消费的变化趋势看，市场对养殖品种多样化的需求日益明显。一方面，水产品消费者知识水平较高，消费意识日益理性化，消费需求日益多样化和个性化，而且需求的可替代性和可选择性增强。东方人对口味的“特别挑剔”和对品种的“喜新厌旧”也是不容忽视的；另一方面，水产品市场的规范程度在提高而且竞争日益激烈，流通渠道日益多元和复杂，市场推广成本在逐步提高。在这样的市场特征下，传统的水产养殖粗放经营模式已经失去了立足空间，要认真对待市场对养殖品种多样化的需求。从科研的角度看，就需要研究适宜的海水养殖多样性策略以应对市场对养殖品种多样化的需求，研究贝类、藻类、虾类、鱼类等不同需求的养殖策略。

杨子江：研究适宜的海水养殖多样性策略又涉及生态系统产出率差异的问题，怎样理解应对生态系统产出率差异的对策呢？

唐启升：确实，研究适宜的海水养殖多样性策略又涉及生态系统产出率差异的问题。这里我们把海洋生态系统的能流过程可以简单用生产者、消费者营养层次来描绘。随着营养层次的升高，生物的个体变大、生命周期变长、个体密度下降。一方面，如果我们要获得更多的海产品，就要选择食物金字塔中营养级较低但生态转换效率较高的层次的种类；另一方面，如果我们要获得较大个体的海产品，就要选择营养级更高但生态转换效率较低的层次的种类。不同的生态系统资源开发利用战略选择用以满足不同的需求。结合中国的特点，我们应该选择营养级相对较低但生态转换效率较高的种类为主，从而获得更多的海产品，但又要兼顾营养级更高的海水鱼类养殖。所以，我们要发展一套新的海洋生物养殖模式——多营养层次综合养殖（integrated multi-trophic aquiculture，IMTA）。其实，我国一些沿海地区已经开始探索适宜的海水养殖多样性策略和应对生态系统产出率差异的对策了，如在山东荣成桑沟湾开展的“973 计划”项目的相关研究及其示范。另外，我也看到了一些有关的报道。例如，江苏省正在组织实施海水养殖倍增工程，在发展海水养殖的思路上提出了“四个化”：海域开发立体化、养殖品种多样化、养殖生产标准化、经营方式产业化。这都是一些很好的探索和发展趋势。

杨子江：在 FAO 网站上，我最近看到一份 FAO 关于气候变化对渔业影响的研究报告，该报告指出，全球气候变化导致海水的温度、盐分和酸碱度发生变化，这些变化将对渔业和水产养殖业产生严重的影响。您认为全球气候变化对海水养殖产生哪些影响以及如何应对呢？

唐启升：全球气候变化对海水养殖的影响及其应对是水产养殖生态学必须关注的重要问题。我们知道，人类食用的水生动物绝大多数属于变温动物，周围环境的温度变化能够明显地影响到动物的新陈代谢、生长速度、繁殖情况以及对于疾病和毒素的抵抗能力。气候变化所引发的海水温度变化已经对鱼类的分布造成了影响，引起温水物种的分布向两极方向扩张，而冷水物种的分布向两极方向收缩。另外，在海水比较容易蒸发的地区，表层海水中的盐分不断增加，而在纬度较高的地区，由于受到降雨增加、河流入海的径流量增大、冰川融化及其他变化的作用，海水中的盐分出现下降。水中盐分的变化常常会使鱼类的生理发生改变，进而影响到鱼类的种群和数量。一些研究报告指出，许多海域的酸碱度也发生了变化，酸度正在增加，这对许多珊瑚礁以及含钙的海洋生物都构成了威胁。尽管目前全球气候变化对海洋生物的影响存在很大的区域性差异，但总体而言，全球的捕捞业和水产养殖业都将因为气候变化的影响发生明显的变化。对那些严重依赖捕捞业和水产养殖业为生的地区来说，鱼类在数量上和质量上出现的任何一点下降都将导致严重的后果。从联合国的统计数字看，全球有 4 200 万人直接从事渔业和水产养殖业，其中大部分集中在发展中国家。渔业是许多贫困国家出口创汇的主要收入来源，对许多小岛屿国家来说更具有非同一般的重要意义。为此，联合国以及一些世界著名研究机构都在密切关注气候变化给捕捞业和水产养殖业带来的影响。

去年 7 月初，以“近海可持续生态系统与全球变化影响”为主题的香山科学会议第 305 次学术讨论会在青岛举行。目前在近海生态系统的演替与食物产出功能研究方面需要加强基础性的研究，认真对待数据、资料积累的问题。同时要注意人文活动影响的多面性及对近海生态系统的影响的多层次性。例如：人类活动对渤海生态系统的影响就非常复杂，沿岸可能主要是人类直接活动的影响，沿海水域可能主要是污染影响，陆架区的渔场则可能主要是捕捞的问题。另外，需要认识到就生态系统的演替与人文活动的影响而言，我们面对的是一个复杂的体系，需要有长期和系统的研究。例如：研究的本身涉及鱼类种群的补充问题，这是鱼类生态研究中的难点问题，可能仍需几十年的时间来研究。必须考虑在近海，气候的变化常常与人文活动的影响同时发生作用，这给研究工作带来了极大的困难。例如，对虾在黄海越冬，大约三月中旬季风发生转变后，开始生殖洄游到渤海，但由于莱州湾等原产卵场、栖息地受人类活动影响所发生的变化不利于其繁殖和栖息，对虾的自然补充难以完成。一般而言，人文活动的影响表现在较短的时间尺度上，而气候变化的则表现在较长的时间尺度上，两者的实际影响会交织在一起。总之，全球气候变化是否会对养殖环境、生态以及种类带来影响？还不是很清楚，需要通过一系列认真的研究来回答。但是，近几十年黄、东海表层海水温度增加了 1～2 ℃已是一个不争的事实，不能不引起我们高度的重视。

科研创新团队的持久培育与科技工作者的社会参与

杨子江：唐院士，以上我们探讨了科学发展观与发展生态系统水平的渔业和管理，探讨了实施新的蓝色海洋食物计划和值得关注的水产养殖生态学问题。记得您在阐述这些学术问题时，您都不时的提到一个词——“我们的研究团队”。我曾经看过一篇新闻报道介绍，由您领衔的创新团队核心成员有24人，其中中国工程院院士1人，享受国务院政府特殊津贴4人，省部级突出贡献中青年专家3人，中国水产科学研究院水产学科首席科学家2人，博士生导师3人；另有博士10人，硕士18人，博士后5人。近5年，他们主持“973计划”项目2项、“973计划”课题5项、十一五“863计划”课题5项、国家科技（攻关）支撑项目2项；获国家科学技术进步奖二等奖2项；出版专著14部，发表论文280余篇，获得国家发明专利5项。你们的研究团队是怎样形成的？是如何取得这样一些了不起的研究成果的呢？

唐启升：您提到的这篇报道，大概是2005年的，是与我专业直接有关的一个研究团队。我所说的“研究团队”应该包括多个内容。如“973计划”研究团队，它包括物理海洋学、化学海洋学、生物海洋学、渔业海洋学多个学科和农业部、国家海洋局、教育部、中科院多个部门的科学家组成；而我经常说到的团队，在多数情况下是指黄海所这个研究团队。任何一个团队的形成都需要有一个明确的目标，同时也需要长时间的磨合。去年中国水产科学研究院黄海水产研究所举办了建所60周年庆典。黄海水产研究所60年的发展历程，就是中国海洋生物资源开发与可持续利用的研究团队形成和壮大的历程。有的人称之为研究群体，叫法不同不要紧，要紧的是这些“黄海人”60年拼搏奋进、辛勤耕耘、创新创业、无私奉献的精神，在历史中形成，又在历史中传承和光大。黄海水产研究所1947年初开始工作时，仅有73人。发展到今天，成为拥有350多名在职职工，其中科研人员250多名的世界知名的海洋渔业科研机构。在这个研究团队60年形成和发展的过程中，先后有林绍文、朱树屏、刘恬敬、邓景耀和我本人5任所长。1995年黄海所被原国家科委确认为“改革与发展重点研究所”，1996年被农业部评为“基础研究十强”研究所，1999年被科技部确立为科技体制改革试点单位，2003年被科技部确立为非营利性科研机构。

杨子江：黄海水产研究所这个我国成立最早的渔业与海洋科研机构，已成为今日我国海洋渔业科学研究的骄傲。那么，黄海水产研究所在科技创新团队建设方面有哪些值得借鉴的方面呢？

唐启升：科技创新团队一般是指在共同的科技研发目标下，由团队带头人、一定数量的骨干和科技人员组成的，通过分工合作，创造出具有自主知识产权成果的科技研究群体。作为合作创新的一种有效组织形式，科技创新团队通过分工协作和优势互补，能极大提高创新效率，正逐渐成为我国科技创新活动的重要载体。如果从这个定义出发，黄海所其实就是由一些大小不一的科技创新团队组成的科技创新团队群体。黄海水产研究所在科技创新团队建设方面有哪些方面做得好一些呢？这应该让别人来评价。我可以讲一讲我们在科技创新团队建设方面的一些特点，大概是研究团队长寿、研究目标鲜明、成员优势互补、科研作风良好、领导者既超前又表率、重大创新成果持续产出这六点，可能还有其他方面。

杨子江：组织行为学研究表明，只有那些价值理念一致，在此基础上形成一个愿景目标，并将该目标变成制度的团队才能长寿。怎样理解黄海水产研究所是个长寿团队呢？

唐启升：去年举办的黄海水产研究所建所60周年庆典的大量资料很能够说明黄海水产研究所是个长寿团队。我们有一致的核心价值，有鲜明的研究目标和建设目标。这里需要强调的是，第一代从事中国海洋生物资源开发与可持续利用研究，为之耕耘、为之付出的黄海人，虽已离开了工作岗位，但他们相传累积的精神却成为宝贵的财富，激励着一代一代科学家奋力拼搏、不断创新。他们的使命在于，以今日之基础和努力创造明天之辉煌。

杨子江：怎样理解黄海水产研究所具有鲜明的研究目标呢?

唐启升：长期以来，我们黄海水产研究所始终把研究定位作为头等大事，在不同的年代，根据水产领域的国家需要，完成自己的水产科研使命。如 1994 年，根据当时的实际情况，我们提出了把黄海所建成“适应新经济体制的、现代化的、国家级的海洋渔业科技创新中心”的奋斗目标。1999 年，党中央、国务院发布《关于加强技术创新，发展高科技，实现产业化的决定》后，黄海水产研究所开展了“改革二次定位”的讨论，使我们更加明确各个学科的发展定位和方向；2003 年，根据国家对非营利性科研机构科技体制改革的要求和此前改革的积累，我们又大刀阔斧地全面开展了创新体系建设。创新体系建设进程已成为黄海水产研究所各项事业发展的推动力，进一步明确了我们的发展战略定位，凝练了科技创新目标。即“以海洋生物资源开发与可持续利用研究为主要研究领域，以蓝色海洋食物优质、高效、持续发展的基础研究与关键技术为主攻方向，以国家对海洋渔业及产业发展的巨大需求为创新平台”。总之，从黄海水产研究所的发展历程看，一个科研团队必须具有特色鲜明的研究方向和明确的研究目标，具有良好的社会信誉。当然，研究方向可以是经过多年研究形成的，并具有显著的优势，也可以围绕重大目标，结合原有优势开拓出新方向。尽管研究方向和目标可以根据科学技术和社会经济的发展进行适当调整，但核心的研究方向必须保持相对稳定，至少呈现出阶段性的稳定性。

杨子江：唐院士，您 1961 年任黄海水产研究所见习员，30 多年后的 1999 年，您当选为中国工程院院士，2001 年当选为中国水产学会理事长，2006 年当选为中国科学技术协会七届副主席。您的经历是黄海水产研究所众多科技工作者成长和成功的一个缩影。那么，怎样理解黄海水产研究所的科研成员优势互补呢?

唐启升：今天，拥有 350 多名在职职工的黄海水产研究所，其中科研人员 250 多名、高级研究人员 100 多名，有中国工程院院士 3 人，国家级、省部级有突出贡献的中青年专家 17 人，博士和硕士生导师 50 人。这些科研人员的专业结构和年龄结构、知识结构、研究经验、教学经验、管理经验、思维方式、性格特征、工作作风等存在一些差异和互补。我们一贯倡导不同类型的成员相互交流，相互影响，相互熏陶，但又不脱离团队的研究方向。通过多年的调整和磨合，在围绕中国海洋生物资源开发与可持续利用的研究目标前提下，基本实现了团队成员知识结构、能力、思维方式、研究经验的优势互补，以及年龄、性格特征、工作风格、人文素养的优势互补。

其实，无论是发展生态系统水平的渔业和管理，还是实施新的蓝色海洋食物计划都需要群策群力，都需要众多的科学发现和技术创新来支撑。在今天这个“大科学”时代，无论是科学发现还是技术创新都离不开科研团队的协作和支持。

杨子江：良好的科研作风是取得科研成果的保证。那么，怎样理解黄海水产研究所良好的科研作风呢?

唐启升：用管理学的语言说，黄海水产研究所的组织结构是“扁平式”的，强调“学术自由平等”。但是，在实际中，却很难用一种合适的语言一下子表达得很清楚。大概是大家认可了我们的“奋斗目标”，再加上一些鼓励政策，使大家默默地、又很乐意地为实现“奋斗目标”而努力工作。通过长期培养，在科研人员之间、团队领导与成员之间、所内外人员之间，形成了相互尊重、相互信任的氛围，在科研工作中能够充分发扬学术民主，个人在团队发展又能找到自我，共同的创造性也就容易发挥出来。所以，形成这样的氛围非常重要，

实际上是一种促进“出成果、出人才”的科研文化氛围。这种氛围一旦形成，又会产生一种惯性，在科研工作中充分发挥每个成员的创造能力和责任感，使成员之间的优势互补真正起到应有的作用，良好的科研作风也就会产生了。同时，也会使大家明白，如果一个研究群体中的成员相互排斥、相互猜疑，或者“一言堂”，不允许不同意见平等交流，这样的研究群体不可能成为一个真正意义上的科技创新团队。

杨子江：作风是人的内在思想、品格、气韵等自然而然的流露，思想是本质，作风则是表现。进行科研作风建设有很多途径。一个科研团队的领导者具有良好的战略眼光和协调能力，能够起到表率作用，使整个团队和谐有序地运作。那么，在黄海水产研究所这个研究团队的作风建设中，科研团队的领导者们所起的作用怎样呢?

唐启升：确实，研究团队的领导者对于一个团队的研究作风建设非常重要。团队的领导者不仅能够准确把握学科发展方向，选定发展目标，而且善于调动团队成员的积极性，协调成员之间的合作关系。同时，团队领导者还要建立必要的管理制度，善于运用各类激励措施，解决团队发展的各种实际问题，为团队创造良好的外部环境和工作条件。在我们黄海水产研究所这个研究团队 60 年形成和发展的过程中，科研团队的领导者们先后有林绍文、朱树屏、刘恬敬、邓景耀、我本人，以及现任王清印任所长的领导班子。首任所长林绍文先生，福建漳州人，是位国际著名的海洋生物学家。1947 年 6 月任本所所长。1949—1973 年在联合国粮食及农业组织（FAO）任渔业技术专家和亚洲及远东地区渔业养殖专家。他首次成功地解决了罗氏沼虾人工育苗和养殖技术。第二任所长朱树屏先生是世界著名生态和水产学家，英国剑桥大学博士，1951 年 3 月至 1976 年任我们黄海所的所长。记得去年 4 月 1 日，在朱先生诞辰 100 周年纪念会上，很多专家学者共同缅怀和纪念这位著名的海洋生态学家和水产学家、科学巨人，回顾他充满传奇色彩的一生，探寻他丰富的科学世界，领略一代学界宗师殷殷的爱国情怀，感受他诲人不倦的大家风范和豁达的人生态度。同样，后来几位所长也都是在海洋、水产等方面的著名科学家，而且是带领科研团队勇往直前、攀登科学高峰的领路人。

其实，领导者对研究团队的研究作风建设固然重要，但培养具有优良作风的科研人才更重要。只有注重发挥科学家的作用，努力创造有利于人才成长的良好环境与氛围，才能形成一个研究团队良好的研究作风。黄海水产研究所十分注重人才培养，现已拥有赵法箴、我本人和雷霁霖 3 位中国工程院院士。通过科技创新，涌现出王清印、陈松林、金显仕、方建光、黄倢、孔杰、孙谧、马绍赛、王印庚、翟毓秀等一批年富力强、勇于创新、乐于奉献的学科带头人。近 10 年来，已培养毕业博士 40 多名、硕士近 200 名；目前，有 180 位博士、硕士研究生在所攻读学位，博士后工作站在站博士后 5 名。当一批批优秀人才走上所、室领导岗位，或成为学科带头人的时候，当他们在各自的工作岗位上发挥领导和科研骨干作用的时候，当广大青年科技工作者秉承“科学、民主、爱国、奉献”的优良传统，在黄海所一天天成长的时候，我们“爱所敬业、求真务实、团结奋斗、乐于奉献”的黄海所精神就成为了我们最可宝贵的科研作风，我们“创新、求实、团结、奉献”的核心理念和所风就必然薪火传承，发扬光大。

如果概括一点回答您提的问题，作为团队的领导者，我个人的工作感受是“调动”的作用比“管理”的作用更重要。

杨子江：一个创新团队是能够持续产生创新成果，尤其是产生重大科技成果的团队。那么，黄海水产研究所持续产生了哪些创新成果，尤其是产生重大科技成果呢？

唐启升：一个科技创新团队由于其目标明确，组织协调能力较强，能更好地胜任复杂的科技研发任务。因此，科技创新团队的集成优势是能够在研究领域内持续的产生创新成果，尤其是产生重大科技成果。60 多年来，我们黄海水产研究所广大科研人员紧紧围绕“海洋生物资源开发与可持续利用研究”这一中心任务，勤奋钻研、不断探索，为发展我国海洋水产科研事业做出了许多开创性和奠基性的工作，在海洋生物资源与环境调查、海水养殖与增殖、渔业工程与技术等领域先后承担和完成了国家和省部、市级重大科研课题 1 000 多项，取得了 300 多项有较高学术水平和应用价值的重大科研成果，其中获得国家级奖励 21 项、省部级奖励 100 多项，“对虾工厂化人工育苗技术”和“鳀鱼资源、渔场调查及鳀鱼变水层拖网捕捞技术”两项成果分别荣获国家科学技术进步奖一等奖。这些成果的取得，为我国海洋渔业科学事业的发展和社会主义经济建设作出了卓越的贡献。同时，还在国内外专业期刊发表学术论文 3 000 多篇，编辑出版专著近百部。回想这些勤奋钻研、不断探索的里程，我为工作在这样的创新团队而感到自豪。

杨子江：从科学家对社会责任的态度可以将科学家分为相对责任型、价值中立型、绝对责任型这三类。在相对责任型科学家眼里，科学家对于他们的发明和发现的后果具有一定社会责任，他们既担忧其科研的后果又继续从事自己的科学事业。在价值中立型科学家眼里，科学技术是价值中性的，与伦理无关，他们对社会要求科学家承担大多数的社会责任感到不满，也对其他科学家自己主动承担过多的社会责任和参与社会活动感到不满。在绝对责任型科学家眼里，科学与社会伦理密切相关，科学家应该明确地对科学的社会后果负一切的责任，同时还要积极参与一些有益的社会活动。那么，您属于哪种类型的科学家呢？

唐启升：这个问题很有意思，可也很难一两句话说清楚，您大概认为我属于相对责任型或绝对责任型的吧。科学是一种特殊的社会现象，与社会有着不可分割的联系。在科技与社会关系日益紧密的今天，科学家不可避免地要为科技的后果承担其社会责任来。问题的关键是科学家在多大程度上承担责任、承担什么样的责任和如何来承担责任。这是一个相对复杂的科学社会学问题。但我知道，一些著名的科学家都和社会活动有着密切的关系。诸如，伽利略、牛顿、爱迪生、爱因斯坦、霍金等都是著名的科学家和出了名的社会参与者。记得我们海洋科学领域著名的挪威海洋学家和探险家南森，就是由于其后来致力于拯救难民而于 1922 年获得诺贝尔和平奖的。还有联合国粮农组织首任总干事奥尔，他是英国著名的营养学家，领导和创办了苏格兰的皇家动物研究所，后来转向人类营养研究，就是在他的努力下建立了联合国粮农组织。这是国外的例子。在国内，记得今年新春佳节即将到来之际，胡锦涛总书记亲切看望钱学森、吴文俊两位为我国科技事业作出杰出贡献的著名科学家。钱老、吴老不仅在自己的研究领域作出杰出成就，而且非常关心国家建设事业，积极参与一些有益社会活动。其实，这方面的例子还很多。我个人想的比较简单，科学家既然是社会的一个成员，就应努力去承担相应的社会责任和义务。

杨子江：您是一位资深科学家，是一位积极的社会参与者，现在还担任中国科学技术协会副主席。您认为一名科技工作者从哪些途径参与社会事务呢？

唐启升：我以为我主要还是一个科技工作者，做好本职的科研工作自不待言，同时力所能及地参与一些社会公益事业。科技工作者参与社会事务的途径和形式应该是多种多样的。诸如，参加科普活动，利用自己的专长帮助政府制定科研规划，提供应对突发性危机的科学

咨询，帮助社区发展和扶贫济困，甚至利用个人影响推进社会经济政治进步，等等。记得2002年7月，我与十八位专家学者向国务院提交了“关于尽快制定《水产生物资源保护国家行动计划》的建议”。呼吁国务院应尽快责成国家渔业行政主管部门会同计划、财政、环保等部门制定一个《水生生物资源保护国家行动计划》，从战略的高度全面加强水生生物资源及其生境的保护工作，治理、修复和养护水生生物资源及其水域生态环境，有效遏制水域生态荒漠化的趋势，促进我国渔业的可持续发展。这份由众多海洋和水产科技工作者提出的建议，在国家有关部门的推动下，最终形成了《中国水生生物资源养护行动纲要》，于2006年2月由国务院批准发布，从而把我国水生生物资源养护工作推向新阶段。如果这件事算是参与社会事务的一种事例的话，应该说我主要还是从科技的角度参与的。

杨子江：在今年“5·12”四川汶川发生特大地震灾害后，您得知地震消息时正好出差在外，立刻致电所里先代您向灾区人民捐款两千元，回青岛后又响应中共中央组织部关于做好部分党员交纳“特殊党费”用于支援抗震救灾工作的通知，交纳了十万元“特殊党费”。这也是一名科技工作者的社会参与吗？

唐启升：今年5月12日，四川汶川发生了8.0级特大地震灾害，其后又发生了一系列余震，地震破坏之惨烈、现场画面之震撼、全民救援之感人。我的感受像小林浩救他的同学一样的直接而简单，一种责任感。地震灾害给灾区的同胞造成了巨大的创伤和痛苦，我不能到抗震救灾第一线参加救灾，但作为一名党员，作为党和人民培养的一名科学家，在危难时刻，在国家、人民需要的时候，应该义不容辞地贡献自己的一份力量。其实，灾区人民的渔业生产自救和灾后重建问题也是我们渔业战线的科技工作者所关心和参与的，我们水产科学研究院结合科技入户工作，积极协助灾区做好渔业生产回复的工作。

杨子江：当抗震救灾最紧急之时已过，当奥运的脚步来临时，一场突如其来的海上自然灾害，正从蓝色的大海中悄悄逼近举办奥帆赛的青岛。一边是源源不断漂入奥帆赛场水域的浒苔，另一边是全民动员不分昼夜地清理，一场为保卫奥帆赛场的战斗就此打响。那么，在全民战浒苔的过程中，科技工作者是怎样积极参与的，您作为《科学应对浒苔灾害专家委员会》的主任委员又是如何发挥作用的呢？

唐启升：确实，对于这一场突如其来的、大规模的海上灾害我们没有思想准备，科学积累也很少。幸好海洋监测部门和海上作业渔民发现得早，6月份驻青海洋和渔业有关科研教学部门就做了大量的工作，在青岛外海和近岸进行了许多调查和实验。7月初，为了落实中央关于“依靠科学，有效治理，扎实工作，务见成效”的指示精神，科技部、中国科学院、国家海洋局、山东省、青岛市共同组建了“科学应对浒苔灾害专家委员会”，下设监测预警、围拦打捞、处置利用、生物生态4个专业组，迅速开展应急应用研究和深层次问题的重点研究，并安排了多学科的海上大面积调查。7月13日，我代表专家委员会向山东省、青岛市奥帆赛场海域浒苔处置工作应急指挥部专题汇报了浒苔科研工作进展、阶段性成果和有关建议；7月20日，胡总书记视察青岛期间接见了浒苔处置工作应急指挥部有关人员，当我介绍专家委员会主任的身份时，总书记紧握我的手，对我们的工作充满了期望和肯定，勉励大家常备不懈，继续努力，依靠科学，全力应对。总书记还详细询问了我国近海浒苔的种类、分布、生长和衰败以及利用等情况，我也向总书记报告了自青岛浒苔灾害发生以来，有20多个单位、300多位专家夜以继日地开展工作，为解决浒苔灾害等科学问题发挥了重要作用。科研人员的工作结果，不仅从科学的角度直接回答了公众所关心的浒苔是否有害、是否影响奥帆赛场水质、是否产生次生灾害等问题，消除了公众的疑虑和担忧，同时，也为指挥者打赢这场处置浒苔灾害的战斗增添了信心。在这段工作中，我也从前面提到的“973 计划”研究团队的多学科科学积累和多部门协调攻关中受益匪浅，能够对一些应急问题在与各个学科和部门的专家快速沟通中做出正确的判断。浒苔灾害与人类活动和气候变化均有关联，科学应对是一项大系统工程，需要多学科和多部门的共同努力。目前，科学应对浒苔灾害工作虽然取得很大成绩，近期专家委的工作还受到山东省政府专函表扬，但是，对于这场突如其来的灾害还有许多为什么尚不能很好回答，需要科学界对浒苔及其生物生态规律进行深入的研究，需要把它作为我国近海生态环境的重大问题加入研究。

总之，在科技与社会联系日益紧密的今天，一个科学家、一个科技工作者不仅要有科研的兴趣，还要有积极的社会参与意识，才能把科研工作搞好。

杨子江：尊敬的唐院士，非常感谢您在百忙中接受《中国渔业经济》杂志的电话采访和面对面交流。与您对话海洋生物资源开发与可持续利用研究，从科学发展观与发展生态系统水平渔业谈到蓝色海洋食物计划与水产养殖生态学问题，又谈到科研创新团队的持久培育与科技工作者的社会参与。与您对话，我和广大读者，受益良多，就如同在黄海边观海听涛，喜入蓬莱仙境。

苍天怀里一杯酒，海洋生态奥无数；
皓首穷经几代人，方解个中醉几度。
学术人生参北斗，千帆竞发赶潮流；
喜逢对话唐院士，何必蓬莱慕蜃楼。

唐启升：海上升起启明星[①]

特邀编辑 李旭

距离上次采访唐院士，已经过去了18年，未能再次与唐院士谋面有点遗憾。通过与黄海水产研究所办公室联系，日前得到回复：唐院士最近很忙，行程安排得满满，没有时间面对面接受采访，他给了四份材料可作为文章的补充参考，我选了其中的简介。虽然只是一纸介绍，却力透纸背，擎在手里感到沉甸甸的。我心里一面感叹院士们孜孜不倦的奉献精神，一面欣慰于唐院士耕耘海洋的不休不止。不由动了一个念头，再为此篇增补一个引言。

作为中国水产科学研究院首席科学家、学术委员会主任、名誉院长，农业农村部科技委员会副主任、山东省科学技术协会主席，75岁高龄的唐院士仍不舍昼夜，殚精竭虑，呕心沥血，在海洋科学的崎岖道路上摸索前进，潜心修行且成就斐然。仅为中国渔业与海洋科学与多学科交叉和生态系统水平海洋管理基础研究，进入世界先进行列作出的突出贡献就蜚声海内外。再比如，“我国专属经济区和大陆海洋生物资源及其栖息环境调查与评估”“海湾系统养殖容量与规模化健康养殖技术”“渤海渔业增养殖技术研究”3项成果，分别获国家科学技术进步奖二等奖。另外，此类国家级、省部级、市级奖项，更是数不胜数。

知识如海洋，天道也酬勤。涉及海洋科学研究，唐院士的著述颇丰。近年来更是专注海洋和渔业发展战略咨询研究，向国家提出“实施海洋强国战略”等多项院士专家建议，促成《中国水生生物资源养护行动纲要》国家文件的发布；在权威期刊发表的研究成果，更是见解卓越，著作等身。为此各种荣誉也归属必然，唐院士先后获得“首届中华农业英才奖”“何梁何利科学与技术进步奖”“全国杰出专业技术人才”等诸多奖项。

更让人欣慰的是，如今唐院士依然身体健康，精神矍铄，仍然在神州大地、山南海北，既执着又有追求地奔忙着。从而彰显出为海洋科学事业，更为民族复兴大业无私奉献的风骨与情操。中国广阔的海域，不但物产丰饶，人文宝藏亦丰富，这里我随手拈来，星星点点权为引言，也便于读者们对院士——这个特殊群体的认知和理解。

2002

在青岛市南京路上的黄海水产研究所所长办公室里，如约同唐启升所长碰面。他指着一摞归拢得整整齐齐的资料，言语铿锵、充满磁性地说道：“实在无奈，下午又要出发，我们只能谈一个小时。这次到北京的主要任务是‘973’中的‘东、黄海生态系统动力学与生物资源可持续利用’，作为首席科学家我必须总揽全局。给你留下这些资料吧，它们真实地记录了我的科研生涯……”

---

① 本文摘自《商周刊》，经略海洋，560：16-24，2019；原刊于《三个代表的忠实实践者》，338-344，长春：吉林人民出版社，2002。

始料未及，我当机立断，不涉猎专业，先从唐所长的生活情趣，业余爱好破题：“说起来可悲，想起来可怜，在寂寞和枯燥的科研中，有点滴的解脱时间，我最渴望的是聊天，是交流，但交流之后往往更悲哀，最爱好的恰恰又是我知之最少的。比如足球是我最爱看的运动项目之一，但世界几大杯赛的进程如何？咱们自己的联赛各队成绩如何？这些球迷最基本的知识，我是白丁。再说拳击，也是我喜欢的比赛，因为那是男人的运动，但最新的拳王是谁？金腰带又落谁家？我也难有个说辞。现在隔三差五能够做到的，也是我极爱做的，只剩下登山了。清晨即起，登高远望，开阔心胸，激发幻想不亦乐乎！如果能在避风的草地上小憩一会，大概算是我最放松、最舒心的时候……”

因为他是所长，临行前也政务繁忙，一个小时之中，带着歉意打断采访，来汇报、请示者甚众，我们之间的谈话，满打满算也只有 40 分钟。

人生的履历，如同星光灿烂

唐启升，1943 年 12 月出生于辽宁省大连市，1961 年毕业于黄海水产学院。在白炽的荧光灯下，一字排开的资料也被罩上一层耀眼的光芒。关了灯，我在黑暗中思索，感到眼前星光灿烂。我一边认真仔细地翻阅，一边回想着那次短暂的采访，先对他的生活情趣、业余爱好做个剖析：在身体放松的时候，思想才有可能飞驰狂奔，上下跳跃，四通八达；相反，身体高度紧张犹如短跑，思想往往会集中形成一个简单的念头。或许，他喜欢而又没有时间从事的“男人的运动”还很多，因而常常为此遗憾，这也正如漫漫科研路上，需要上下求索的课题太多一样。在互为放松调节中，他更注重汲取力量、胆魄和坚韧。登高何止望远？目之所及当然也不仅是思之所到，一任幻想驰骋中，重叠了他更深、更远、更睿智的目光。

农业部海洋渔业资源可持续利用开放实验室主任、国家重点基础研究项目“东、黄海生态系统动力学与生物资源可持续利用”首席科学家、黄海水产研究所所长兼党委书记、中国工程院院士等等，这些聚集在唐启升身上变得血肉相连，不可分割。这些类似学科交叉纵横盘结的雄厚支撑，这些优选的基础锤炼之声，把我的思绪引回到 2000 年 7 月 30 日“2000 海洋科技与经济发展国际论坛”海洋新纪元——“973 计划”项目对话特别节目的直播现场。唐启升一派学者风范，正纵横捭阖，侃侃而谈。

主持人：唐所长，有人称您是我国海洋生态系统动力学的开拓者，我想人的一生如果能在自己所从事的专业领域之中有这样的美誉，应该是足矣的一件事情了。我想问的问题是：在海洋，尤其是在科学的研究领域中，要想达到这样的学术高峰，应该具备的最基本素质是什么？

唐启升：最基本的素质，应该是普普通通做人、认认真真做事。我个人的体会，如果说攀登一个什么高峰的话，那你只能用我们通常所说的坚持不懈，一旦有了一个目标（一个认真选择的目标）就要一步步走下去。在我本身的科研经历中，我还有另一种体会，所谓的科学高峰，可能也不尽相同，有的高峰一个人就可以爬到极顶，而有的高峰就需要一批人，甚至几代人……

带着对这个问题的思索，我从唐启升海洋科学的闪光点、交汇点，回到起点。我心存钦佩地发现：他是这样说的也是这样做的，更确切的界定是：做的远比说的多。他的心胸开阔，目标高远，表现在立业的大目标就是——海洋科学。既然认真地选择了，自然就要坚持不懈地一步步走下去。于是就有了 1972 年青岛海洋水产研究所调查研究报告 721 号《黄海区太平洋鲱（青鱼）年龄的初步观察》。这是当年黄海所唯一的一篇论文。它不但倾注了唐启升的智慧和心血，也开创了他海洋研究的先河。

在科研的道路上，迈开的第一步的执着，在721号报告中随处清晰可见。为了观察鳞片上年轮及副轮的特征，唐启升把鲱鱼软而薄的鳞片采集下来，用解剖镜在透射光和入射光下反复观察。在实践中发现：耳石涂过甘油，时间一长全部透明，无法辨别年龄。因此，耳石如需保存，观察后应将甘油洗净擦干，在自然光线明朗的情况下，不涂甘油或用水代替甘油效果。为了验证所确定年轮的真实性，还进行了生长逆算。生长逆算是概括鱼类鱼体长度与鳞片，耳石等组织的长度基本呈正比例关系而计算的……

对1970—1972年黄海鲱鱼生殖群体年龄鉴定的结果，不仅反映了三年来黄海鲱鱼生殖群体的年龄组成、世代状况，而且从强世代（如1966年、1968年世代）和弱世代（如1967年、1969年世代）在各年龄组成比例中的连续表现中，也说明了上述年轮特征在一周年内只出现一次。同时，也进一步确证了上述年轮特征的真实性，揭示了太平洋鲱鱼洄游分布和种群数量变动规律，填补了世界鲱鱼研究在黄海区的空白。

摘录得凌乱，也跳跃了些，好在研究课题不是我的任务，因而希望变得单纯。大家如果能从唐启升院士当年的发轫之初，就看到一种特有的素质，一种不苟的行为，一种追求的精神，或者能延伸到今天他从事研究的课题的内在联系——循序渐进、走向可持续发展，足矣。

前瞻眼光，长远目标，可持续发展之大计

海洋渔业资源可持续利用开放实验的研究方向，是由国家经济发展的需要和学科发展的规律所确定的。唐启升引经据典地说："我国海洋渔业现在有了很大的发展，渔业产量从1980年的326万吨跃增到1999年的2 472万吨，成为世界第一海洋渔业大国和第一海水养殖大国。但是，在我国海洋渔业高速发展的同时，仍然存在着不少问题，如不妥善解决，必将成为制约今后健康持续和稳定发展的关键因素。比如捕捞资源过度开发利用，可持续管理缺乏科学支撑；渔业水域生态环境恶化，养殖布局缺少有效理论依据；养殖病害发生日趋严重，缺乏有效的防治手段；海水养殖品种多是未经选育的野生品种，存在抗逆性差，遗传性状退化等问题严重；基础研究薄弱，海洋生物高技术研究与产业发展失调，等等。"

事关国家兴衰，匹夫自当有责，况且还是国家科技部"重点支持的改革与发展研究所"，农业部"基础研究十强所"的领导和著名的海洋科学家。唐启升作为实验室主任，他为实验室确立的目标是：致力于海洋渔业科学与技术创新，使我国在海洋渔业资源评估、海洋生态系统动力学、海水养殖容纳量、海水养殖病原生态学及环境修复技术，以及海水养殖生物遗传多样性、细胞和基因工程育种等方面跃居国际先进行列，并在某些方面达到国际领先水平。

实验室自1996年11月开放以来，在农业部、中国水产科学研究院的领导关怀下，在兄弟单位、有关专家的大力支持和热情帮助下，大胆创新，不断探索，在研究领域、人才培养、开放管理及国际合作与交流等方面，均有不凡的建树，取得了令人瞩目的成果。为我国海洋渔业资源研究和可持续发展利用，为我国从世界渔业大国迈向世界渔业强国作出了重要贡献。

唐启升心里装着国家发展的需求，眼睛盯着海洋渔业可持续发展的前沿，在研究方向上

四面出击：一、海洋渔业可持续捕捞量与生态系统的管理研究。二、海水养殖容纳量与生态优化模式研究。三、海水养殖疾病控制学与环境修复研究。四、海水养殖种质资源与重要性状遗传改良研究。

四方合一，归于海洋产业的母体——近海生态系统。对此，唐启升带着忧患意识地判断，仿佛警钟鸣响令人不可掉以轻心："目前，我国沿海13%的国土，承担了40%的人口，创造了60%的国民经济产值。从某种意义上说，近海生态系统已经成为我们国家缓解资源环境压力的一个重要对策。今天，大家在餐桌上吃到的动物蛋白，海洋已经提供了25%。但是，我们现在不希望它增加得太快。海洋产业是我们国民经济发展的一个新生推动力量，无论从现状还是从发展趋势来看，它的服务和存储都发生了一些令人不安的变化。这个变化主要表现在这么几个方面：一是基础生产力下降，确切地说是基础生产力表现不稳定，起伏波动非常大；二是多样性减少；三是生物资源的质量低劣，大家都已经感觉到餐桌上吃的海鱼越来越少了；四是近海的富营养化进程太快……"

科研的方向源于实际需要，而以人为本的理念又使唐启升在抓实验室建设时，首先注意了优势的集中和人才的培养。实验室设立了学术委员会，委员已由第一届的9位专家发展成为第二届的20位专家。其中，中国科学院院士和中国工程院院士就有9位之多。学术委员会主任由著名海洋药物和生物资源专家、时任中国海洋大学校长的管华诗院士担任，副主任由著名养殖生态学家、黄海水产研究所赵法箴院士担任。这种强力、智力集团的配置，使学术委员会无论在审定科研方向、拓展研究领域、发展定位、创新聚焦、人才培育、开放课题以及管理体制等等方面，都具有指导的权威性和层次的尖端性。

作为实验室的主任，唐启升本人就是著名的海洋渔业科学与生态学家，或许是长期致力于海洋渔业资源可持续利用和管理研究的缘故，学科中的"三关命脉"他把握准确，所以他十分重视实验室的建设与发展，积极倡导，并身体力行建设以重点实验室为支撑的科技知识创新体系。他思想活跃，眼光敏锐，特别具有领导和协调能力。科学家、行政领导、党务工作者，三位一体、融会贯通的综合素质，使他把主要精力用于重点实验室的科学研究和组织领导，使他始终瞄准国际学科前沿，坚持服务于国家需要和学科发展追求的指导思想。

由于科研成果卓著，唐启升多次组织并经常出席国际学术和科学工作会议，先后在"国际IGBP/GLOBEC科学指导委员会""国际北太海洋科学组织学术局""国务院学位委员会""国家自然科学基金委员会"等20多个高层组织担任学术职务。国际间和学术界的交流给他带来许多信息，经敏锐地识别和睿智地过滤，在权衡国际海洋科学发展的基础上他独具慧眼，较早地介入全球海洋生态系统重大研究计划的制订。在国内率先提出并推动了大海洋生态系、海洋生态系统动力学、海水养殖容量以及海洋生物修复等新理论的发展、新概念的形成和新方法的产生。

权衡和协调是他行为方式的两大关键，正是如此使他捷径通达，将这些代表国际前沿的研究通过"973计划"项目、国家自然科学基金重大项目、"863计划"项目，以及国家专项和科技公关项目等，得以事半功倍地实施和发展。他的学术思想、工作作风和良好的学术道德修养，不仅形成了以他为核心的精干、高效、团结的领导和学术集体，而且还带出了一支学术思想活跃、基础理论扎实、锐意进取、善于合作、富有朝气的学术科研队伍。

榜样的力量无穷的，持之以恒长期垂范，上行下效已结硕果。实验室经过多年发展，人才辈出，我们看到：专业高素质的强大阵列；参与国际竞争和承担国家重大研究课题的实力；黄海水产研究所和实验室的发展潜力。尤其值得一提的是，四个主要学科方向的学术带头人，均为本学科出类拔萃的优秀科研人员。

科技是第一生产力，涉及科研人员的发现、培养问题，唐启升最有切身体会，也最有发言权："邓小平同志讲过'科学技术是第一生产力'，多年的实践使我感到论断英明，但是从以人为本的角度剖析，无论多么先进的科学技术都要靠人去发明创造、去操作使用的。在科技飞速发展，竞争日趋激烈的今天，竞争的实质或者说最高形式，是人才的竞争。基于此，营造良好的人才环境，吸引、发现、培养人才，一直是黄海所和实验室的头等大事。长期以来，我们的做法是，造就宽松良好的科研环境，鼓励中青年人才脱颖而出。为了多出成果，多出人才，我们的政策一致向科研倾斜，并制定了一系列鼓励政策；科研课题由青年研究人员主持或承担主要研究内容；进一步改革科研津贴制度，使科研人员的收入与承担的课题、研究内容、工作成绩和完成学术论文等全面挂钩，以经济杠杆调动科研人员的积极性和创造性。在职称评定上，打破常规，对优秀人才破格提拔晋升，这些看得见、摸得着的实惠鼓励政策，吸引了不少尖子人才加盟。"

学术带头人陈松林博士，在德国学习研究 3 年后，即要求从长江水产研究所调入实验室。谈到追求，陈博士言语坦率："从学以致用的角度考虑，我需要的是一个试试身手的大舞台，黄海水产研究所给了我这样一个适合做课题的氛围环境，我一定会倍加珍惜……"现在他已经成为该实验室的副主任，承担主持着主要研究课题。

陈松林博士的境遇在黄海所绝非个例。自 1996 年实验室成立以来，正常提拔或破格提拔了多名 45 岁以下的研究员和副研究员，获"五一劳动奖章""国家中青年有突出贡献专家""全国优秀科技工作者""全国农业科技先进工作者""农业部有突出贡献中青年专家"和省市拔尖人才、劳模等称号和荣誉者，不胜枚举，这不能不说是对造就宽松良好的科研环境的一种回报或者证明。

除此之外，唐启升还特别注意发挥黄海所和实验室的自身优势，以具有几十年历史的综合性海洋渔业研究机构为依托，充分利用与中国海洋大学、中国科学院海洋研究所、国家海洋局第一海洋研究所等海洋科研机构共同组建的"海洋科学研究生教育中心"，成功走出一条联合培养人才之路。此举，给在职的科研人员继续深造、攻读学位开辟了途径。短短几年，已有 27 位科研人员考取了在职研究生，1 位获博士学位，8 位获硕士学位，而且还逐渐扩大了横向联合、优势互补。同时与上海水产大学、南京农业大学、华中农业大学、湖南农业大学等高校联合培养硕士研究生 30 人，博士研究生 18 人。正是这雄厚的基础和实力展现，1998 年与青岛海洋大学共同申报了渔业资源博士点、2000 年与青岛海洋大学共同申报了水产学一级博士点，均获成功。

目前，黄海所和实验室群英荟萃，人才济济，使唐启升犹如重金在握，喜悦难抑："数年坚持探索联合培养人才，不仅仅使我们自己的人才已经形成梯队结构，套用一句时下产品开发的俗语叫'开发一代、研究一代、储存一代'，我们可以说'使用一代、培养一代、存储一代'更贴切。另外，这种在实践中培养人才的方式应了'实践出真知'的哲理，也是科研人员尽快成才的便捷途径。"

从海洋生态系统动力学折射出睿智的光芒

实践出真知，竞争现人才。我国科技界引入了竞争机制的明显标志是"863 计划"和

“973 计划”这些顶级的项目。凭着实力、成果和课题的研究深度，唐启升在众星竞跃中脱颖而出，一跃成为“东、黄海生态系统动力学与生物资源可持续利用”的首席科学家。那是一个令人振奋的年度，1999 年他同时当选为中国工程院院士。

在具体叙述这段科研经历之前，我们先听听唐启升对海洋生态动力学形成的解释：“从学术定义上，我们讲它是海洋物理过程和生物过程相互作用的一个学科，或者说是一种研究。从另一个角度讲，它又是渔业科学和海洋科学交叉发展起来的一个边缘学科。无论是在中国还是在世界上，海洋生态系统动力学都是渔业科学家首先提出来的。为什么这么讲？是因为人类对海洋生物资源大规模开发利用的历史并不太长，准确地说，是从蒸汽机发明之后才开始的。达尔文的弟子赫胥黎曾经预言过海洋资源是非常丰富，甚至是无穷无尽的，但人们很快在实践中发现，资源随着捕捞而产生了很大变化……”

“100 多年来，我们都是从单种形态去研究的。到了 20 世纪 70 年代，经过多种群的研究，在开始阶段，仍然导致了渔业幻想的破灭。我们现在从另一种思路来解释过度捕捞问题，主要是从环境质量，生态系统自身波动，人类活动角度，比如过度捕捞等角度来探索、来解释。总而言之这个课题最终的目标，是对海洋生态系统的基本结构和功能有一个比较清楚的了解。在‘973’科技项目中，我们选定了六个关键过程，希望通过这些关键过程的研究，来界定人类活动和全球变化对海洋生态系统及其资源的效应及其反馈机制，再根据这些研究结果，为我们的近海生态系统，可持续的生态系统，近海的合理捕捞体系等等，找出一些科学性的依据。”

回望来路，瓜熟自然蒂落，水到必然渠成

作为首席科学家，唐启升对海洋生态动力学的解释，成竹在胸，又挥洒自如，不乏诱惑的时空中充满思辨的灵智。这使我不由地想到一位经济学家，有关统筹释放精力的告诫：在工作或生活中，要保持焦点意识，每次只做一件事情，每个时期也只能有一个焦点。从“973 计划”的峰峦之上，回望唐启升的海洋科研之路，可以说是有过之而无不及，因为他是终生只做一件大事，终生也只有一个目标。

为此，笔下匆匆之际，我的脑海里跳跃出他生活、工作中许多逸闻趣事。难以想象，一个经历风浪同海洋打了一辈子交道的人，至今还摆脱不了晕船的困扰。晕船对于大海工作无关者无大碍，但对于一个倾心向海，立志海洋科学的人却是一大困难。随着唐启升研究涉猎的项目越来越多，课题越来越宽泛，乘船或以船为工作、实验场所的调查、科考、实验，不但难以避免，而且还日渐频繁。我一边猜度设想着各种困难，一边听着唐启升院士富有东北韵味的讲述，心中涌出的是钦佩和敬重。换一个人恐怕早就改弦更张，另作选择了。试想，每次工作都多了一份克服晕船的艰难，天长日久的坚持是需要多么大的毅力和忍耐啊！而唐启升讲起来的那种轻松，给我的感觉不像是在讲困难、讲自己——没有沮丧，没有感慨，没有胆怯、懦弱过的痕迹。他平心静气如同大海无风无浪的坦荡，谁能说清这平静的背后潜藏着的勇敢、胆魄、刚毅，是哪一个量级？一滴水可以映照出太阳的光辉，一件小事也同样可见不同凡响的英雄本色。

从唐启升与北太平洋狭鳕的不解之缘，我们可以看到他忘我的精神和战略家的眼光。狭鳕本身价值低廉，但可用来加工高质量的水产品，是我国远洋捕捞的重要目标。历经艰辛潜心研究，20 世纪 70 年代末，他就提出开发北太平洋狭鳕的建议。1993 年他亲自率领“北

斗”号科学调查船远赴北太平洋白令海考察，发现狭鳕当年生幼鱼的分布情况。这一重大研究成果是继美、俄、日等国家多年研究后取得的突破性进展，不但得到国际权威组织公认，并且为国家维护远洋渔业重大利益和公海捕鱼合法权益发挥了重要作用。保护和稳定了我们北太平洋狭鳕远洋渔业，给国家增加渔业收入数10亿元。

由此，我想到了在采访唐院士时，曾涉及他对太平洋鲱的研究：“我最初是从研究鱼的年龄起步的。从20世纪60年代末，我就常常把自己关在办公室里，把采集的太平洋鲱鳞片通过投影灯返照到墙上，用铅笔仔细描绘鳞片上的纹路……”唐启升讲完良久后，还沉浸在美好的回忆里。透过这些回忆，我仿佛看到了他为了揭示太平洋鲱洄游分布和种群数量的变动规律，用坚实的脚步走遍了山东半岛及辽东半岛东岸的每一个鲱鱼产卵场的场景。徒步翻山越岭全靠烧饼充饥，用涧溪冷水解渴，累了，倒在沙滩上睡一觉，醒过来再继续赶路……

正由于此，才有了他的处女作《黄海区太平洋鲱年龄的初步观察》和数百篇学术论文；才有了他感悟睿智的“研究越深入，路子反而越窄”的自省；才有了他1981—1984年出国访问后，而确定了自己的研究方向：海洋渔业生态系统和海洋生态系统动力学等。从南太平洋到北太平洋的浩渺大海，从某种意义上说，甚至是占地球71%的海洋全局都纳入了他研究的范畴。

成功不是抓彩票，靠的不是幸运，它需要矢志不渝的努力，需要心平气和的等待，日积月累、集腋成裘。我手里有一份资料，是美国著名海洋生态学家，大海洋生态系的研究开拓者谢尔曼博士应国际农业研究咨询机构的要求，就唐启升教授担任CGIAR（国际农业研究磋商组织）顾问一事对唐启升的评价，时间是1996年9月25日。

谢尔曼博士对唐启升的综合评价客观而中肯：“他是当今活跃在海洋渔业研究、管理、保护和持续利用领域的知名专家，与国际渔业组织和科研机构有广泛密切的联系，有担当大型科研机构首席科学家的丰富经验，有能力正确地判断和解决所遇到的一切难题，有在艰苦条件下出色完成任务的良好记录；而且，有创造活力，学术造诣精湛，英语流利能与国际同行进行科学和管理交流……因此，我郑重推荐唐启升教授成为CGIAR技术顾问委员会成员，董事局成员和评议专家。”

从以上的简约摘记中，我想到的是，金子不管埋藏多久都会闪光，是人才无论潜伏多深终能浮出。当然，我还想到唐启升在谢尔曼博士家中，席地而坐畅谈神侃中不离课题。博士扔掉烟斗，“腾”地站起来大喊：“你怎么同我研究的是同一课题……”我还想到挪威海洋渔业研究所的欧斯特维德特所长，在家里对太太感叹：“中国人勤奋，厉害，唐启升简直是天生的数学家”。就是这位英雄识英雄的欧斯特维德特先生，在唐启升从挪威转美国马力兰大学从事研究交流，遇到麻烦时，主动给美国驻挪威使馆打电话，帮助唐启升解决问题。就是这位热心肠的欧斯特维德特先生，临行还给唐启升解决了3天的差旅费，结果唐启升住学生宿舍、啃面包，将这笔钱延长使用了几倍的时间用于欧洲四国的学术访问。

当然，我还忘不了在丹麦海洋渔业研究所，面对着“多种类资源评估模式”的创始人和首席科学家厄森教授一对一的教学时，他仍然不忘崇敬科学，不迷信个人，直接对老师在模式中使用的数百个参数提出质疑，认为这肯定不是最佳方案。与其说这需要的是胆魄，远不如说是底气——知识贯通融会的底气更确切。由此，我跳跃地联想到唐启升的研究成果能够成为联合国粮农组织的教材引用也就不足为奇，自然必然了。

唐启升的科研思想是充满活力的，这活力之源是无疆界的国际交流合作。无论是黄海水产研究所，还是海洋渔业可持续利用开放实验室都极为重视国际间的学术交流与合作。它们分别与美国、德国、加拿大、日本、英国、以色列、挪威、新加坡、韩国、欧盟等国家和地区建立了合作关系。派遣科研人员，尤其是青年科研人员出国进行合作研究达 100 多人次；积极邀请和接待外国专家、学者进行合作研究达 200 人次。1998 年以开放实验室为纽带，中国渔业主管部门与挪威之间，设立了“中挪‘北斗’号渔业研究和管理”国际合作项目（1998—2005 年）。经过长达十余年的努力，由全球环境基金和联合国开发计划署支持的国际合作项目“黄海大海洋生态系”计划已被正式批准，实施年限为 2001—2005 年。该项目是多国部门及学科合作项目，投入经费 1 300 万美元，该室主要承担捕捞资源和水产养殖有关的调查研究。

随着大海洋生态系研究的步步深入，唐启升在国际海洋科学界名声也日渐显赫，受邀请参加和受命组织的国际学术会议也越来越多。如，2000 年参与筹备和组织的在北京召开的“第三世界渔业大会”“第二届国际海洋生态系统动力学开放科学大会”“2002 世界水产养殖大会”，等等。

在这些学术交流中，有两次大会是必须单独提及的。1987 年和 1997 年，唐启升应邀参加了“美国科学发展促进会”（AAAS），这个一年一度的美国科学大会研讨内容最广泛——从基础学科到国际裁军，几乎无所不包。1987 年在 964 位大会报告人中，唐启升是唯一的炎黄子孙。在 1997 年的 AAAS 大会上，1046 位大会报告人中，唐启升再次成为唯一。泱泱神州，独领风骚，令人振奋，发人深思。

独一无二不是我要提及的目的，正是在这两次大会上，唐启升报告中涉及的研究课题引起了著名物理海洋学家、联合国政府间海洋学委员会主席、国际科联发展中国家科学技术委员会执行委员、中科院院士苏纪兰的注意。会议是机缘，共同的理想追求使两位完全不同学科的海洋科学家走到一起，他们不但一起推动了“973 计划”项目东、黄海生态系统动力学与生物资源可持续利用（唐启升是首席科学家，苏纪兰是项目顾问），还高瞻远瞩，本着“围绕我国社会、经济和科技自身发展的重大科学问题”，“瞄准科学前沿，体现学科交叉、综合、探索科学基本规律”的原则，精诚合作，共同完成了长达 50 万字的《中国海洋生态系统动力学》一书。此书的出版，标志着唐启升科研生涯划时代的开始。

在此书的前言里，唐启升、苏纪兰两位院士告诉我们：“海洋生态系统动力学是海洋科学与渔业科学交叉发展起来的新学科领域，其研究核心是物理过程与生物过程相互作用和耦合，并为全球变化研究的一个重要部分。因此，这一新学科领域的发展普遍受到重视……1999 年公布了《GLOBC 实施计划》，使海洋生态系统动力学研究成为当今海洋跨学科研究的国际前沿领域。”

把海洋生态系统动力学落实于具体实施项目，它就是“东、黄海生态系统动力学与生物资源可持续利用”。在列入国家重点基础研究发展规划项目的同时，唐启升制订了相应的培植工作计划：一、第一阶段以关键科学问题研讨为主，着重讨论关键科学问题的目的、意义。相关研究内容、预期目标、实施目标，创新点和如何开展多学科交叉与综合进行等。二、第二阶段对关键科学问题进行一次海上实验性调查，以中华哲水蚤和鳀鱼为主要研究对象，针对浮游动物种群补充和鳀鱼仔鱼分布特征等有关问题，在东、南海选择 3 个断面进行包括物理、化学在内的多学科探索调查……

这本专著是在上述背景情况下完成的。它不仅是“东、黄海生态动力学与生物资源可持

续利用”项目的第一个工作成果，同时也是中国海洋生态系统动力学研究系列的专著之一。因为海洋生态系统动力学是一个正在发展中的交叉学科领域，所以，这本凝聚着唐启升心血的专著的产生，其意义承载是丰富的，而且还将日渐辽阔高远。

顺应21世纪大趋势，在大海洋生态系研究中为全人类寻找

与陆地不同，关于海洋综合利用和保护的基本理论长期游离、迟迟没有形成。20世纪之初，随着世界海洋渔业资源开发利用与资源持续拥有的矛盾日益尖锐，到了20世纪70年代，对多种资源及其环境之间彼此如何作用仍缺乏足够的认识。尤其是难以预测一种资源变化对另一种资源及其整个系统的影响。1982年海洋法大会通过了《联合国海洋法公约》，这是20世纪海洋管理中最重要的事件，它为海洋资源的保护和管理带来了转机。该公约规定了沿海国家在其专属经济区内对自然资源探查、开发、保护和管理的权利，同时还规定了“沿海国应确保其专属经济区内生物资源的维持，不受过度开发的危害”。

1984年美国生物海洋学家K. 谢尔曼和海洋地理学家L. 亚历山大提出了“大海洋生态系”的概念。大海洋生态系被定义为：“①世界海洋中一个较大的区域，一般在20万平方千米以上；②具有独特的海底深度，海洋学和生产力特征；③其海洋种群具有适宜的繁殖、生长和摄食策略以及营养依赖关系；④受控于共同要素作用，如污染、人类捕食、海洋环境条件等。”

1990年10月，第五次大海洋生态系国际学术会议在摩纳哥召开之后，大海洋生态保护、管理的概念和策略已引起国际社会的广泛注意，预示着它可能成为专属经济区资源保护和管理的理论基础，全球海洋管理和研究的单元。

大海洋生态系研讨的主题和内容是：①大海洋生态系的变化和管理——扰动对大海洋生态系可更新资源生产力的影响，大海洋生态变化观测，大海洋生态系的管理框架；②大海洋生态系的生物产量和地理学——大海洋生态系扰动的实例研究，大海洋生态系地理学展望；③海洋生态系研究的边界——补充，散布和基因流动，大海洋生态系生物动态，大海洋生态系扰动、产量、理论和管理；④大海洋生态系食物链、产量、模式和管理；⑤大海洋生态系概念及其在区域性海洋资源管理中的应用——大海洋生态系理论及应用，区域性实例研究(研究分析引发各个系统变化的各种现象，如自然、人类捕食、环境变化、污染以及各种管理策略所产生的作用)，高科技在大海洋生态研究中的应用。

作为中国大海洋生态系研究的开拓者，早在20世纪80年代唐启升就提出渔业生态系统调查并将大海洋生态系研究引入中国，从整体系统的水平着眼，研究黄海渔业生态系的资源动态管理，结合我国海洋生态，创造性地发展大海洋生态系概念。建立黄、渤海大海洋生态系研究模式，使我国成为较早介入大海洋生态系研究的国家之一。从理论上奠定了我国大海洋生态系的研究方向，推动了大海洋生态系在我国的研究发展。其主要成果表现在以下几个方面：积极开展大海洋生态系特征和变化原因的研究；积极推动大海洋生态系监测及应用技术的研究；积极实施大海洋生态管理体制的可行性研究。

上述种种，不但引得国际同行的刮目相看，而且为他再上层次、再跨巅峰，一举成为我国海洋生态系统动力学的主要创始人奠定了基础。作为首席科学家，唐启升在所承担的国家“973计划”重点基础研究项目——“东、黄海生态系统动力学与生物资源可持续利用”中，把东黄海生态系统视为一个有机整体，以物理过程与生物过程相互作用和耦合为核心，研究

生态系统的结构，功能及其时空演变规律，定量物理、化学、生物过程对海洋生态系统的影响及生态系统的反馈机制，并预测其动态变化。有望尽快在东、黄海生态系统动力学关键过程和生物资源补充机制研究上取得突破。

因为几十年的战略目标设计准确和战术目标实施有力，在海洋科研上，黄海水产研究所、农业部海洋渔业资源可持续利用开放试验室，以及唐启升本人都是成绩斐然，硕果累累。唐院士作为第一完成人、第二完成人，不断获国家科学技术进步，国家“八五”科技攻关重大科技成果，农业部、山东省等奖励；个人获取的荣誉称号有：国家有突出贡献中青年专家、中华农业科教奖、山东省科技拔尖人才、享受国务院政府特殊津贴专家、全国农业科技先进工作者、全国农业教育科研系统优秀回国留学人员，等等，不胜枚举。

作为博导，他培养人才；作为所长，他领导主持黄海水产研究所的科研；做学问出专著、写论文、主编《环太平洋大海洋生态系》等学术报刊；作兼职先后在二十几个国际和国家科学组织担任学术职务……唐启升虽然已经70多岁，但他给我的印象是精力充沛，胆魄过人，胸怀远大。或许正应他“可持续”选题的长久、广泛，他用已经取得的成果向我们展示了未来的远景。不但平添了可信、可贺的气氛，还多了几分脚踏实地的色彩：“21世纪的海洋世纪，应该是多学科的交叉综合，产生新学科增长点的一个世纪。从这个意义上讲，它将为人类科学发展起一种推动作用。那么，从海洋渔业科学家的角度，海洋世纪将会为大家的餐桌提供更多、更好、更美味的海产品……”

天地一片朦胧，在混沌之中象征着天幕欲启，启明星不知什么时候升腾起来了。在视觉中它是遥远而又微小的，不像太阳那样有喷薄欲出，有冉冉上升，有灿烂辉煌；但它却以第一缕曙光，让人们看清大海的真实面目，感受到大海的博大、厚重、深沉和奥妙……

致　谢

编著文集有较长时间的思考，一俟动手准备材料，又发现文集编著是件很繁琐的事，费时费力。例如，一些早期的材料，要花时间去找，具体的时间地点要核查，甚至要从科技档案材料中佐证，还出现了因印刷和纸张质量不佳，文字无法辨别，图表不清等问题，需要费心费神去还原，而论文著作重新编辑后的稿件校对就更烦人了。所以，文集能顺利付印出版是众人劳动和各方面支持的结果。为此，向大家表示由衷的感谢，特别感谢曾晓明、荣小军、张波、冯小花、林群、马玉洁、孙耀、庄志猛、刘志鸿、徐甲坤、常青、刘世禄、冯晓霞、安青菊、范艳君、杨晓萌等为文集出版所付出的辛劳。向支持文集出版的中国工程院、青岛海洋科学与技术试点国家实验室、中国水产科学研究院黄海水产研究所等表示衷心的感谢。

借此机会，还要向中国工程院原常务副院长潘云鹤院士和国家自然科学基金委员会原主任陈宜瑜院士表示特别的感谢，不仅感谢他们为文集书写题名和作序，同时感谢与潘院士在十年海洋战略咨询研究中建立的友情，感谢陈院士几十年以诚相待的交往。

唐启升

2020年4月

文献资料整理与文集编著收尾，2020年4月13日

一、渔业生物资源评估调查

渔业生物资源评估调查

1	2
3	4

❶ 困惑中寻路，1969年

❷ 在山东威海—荣成收集鲱鱼渔业生物学资料，1972年早春

❸ 与荣成水产局技术员商讨鲱鱼汛期渔情预报，1972年

❹ 渔汛期间夏世福副所长等领导赴石岛看望，1972年

渔业生物资源评估调查

1 | 2
3

❶ 白令海公海狭鳕渔业声学映像现场判读，1993年

❷ 狭鳕渔业生物学测定，“北斗”号，1993年

❸ 阿留申群岛避风，同“北斗”号船长吕明和，1993年

渔业生物资源评估调查

1

2 | 3

❶ 狭鳕渔业声学资源评估国际研讨会，1994年

❷ 126-02海洋勘测生物资源专项调查启航式，同船长话别，1997年

❸ 拖网生物资源取样，“北斗”号，1998年

126-02项目课题验收会，2005年

渔业生物资源评估调查

1

2

3

❶ 126-02项目负责人审核调查总结，2004年

❷ 126-02项目调查成果，2006年

❸ 国际会议介绍调查成果，亚太网络(APN)-SPACC，2001年

渔业生物资源评估调查

1 | 2

3

❶ 访问韩国水科院，1992年

❷ 访问韩国渔市场，1992年

❸ 接受央视采访，谈海洋生物资源调查与渔业管理，2005年

渔业生物资源评估调查

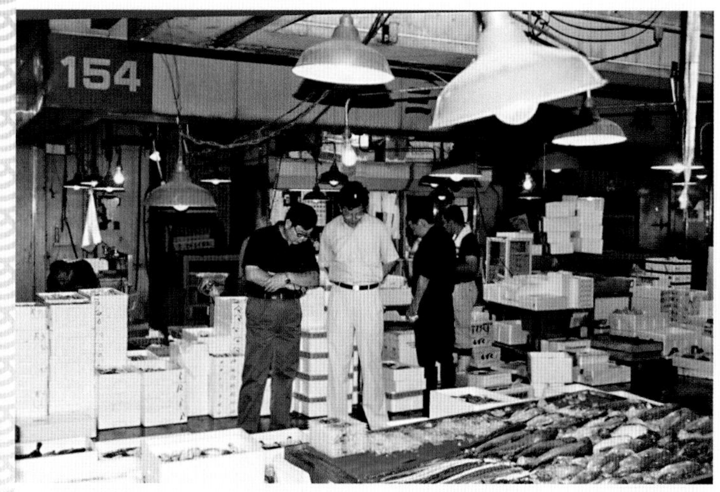

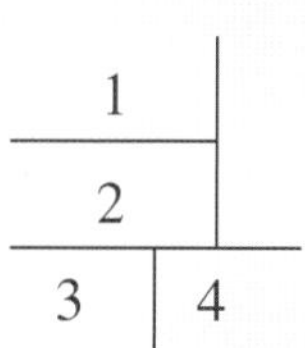

❶ 访问日本渔市场，2001年

❷ 考察挪威海洋所新G.O.Sars号调查船，1999年

❸ 参观冰岛渔业资源调查船，2001年

❹ 访问美国西南渔业科学中心生物资源样品库，2016年

二、国际渔业管理与谈判

国际渔业管理与谈判

1

2

❶ 中日渔业谈判，1988年

❷ 参观日本栽培渔业(海洋牧场)陆基设施，1989年

1
2

❶ 与日本地方渔政官员座谈，对马岛，1989年

❷ 参观日本渔港码头，1989年

国际渔业管理与谈判

1

2 | 3

❶ 中日渔业委员会第十三次会议中国代表团，1989年

❷ 中韩渔业协定专家级会谈，1995年

❸ 参加六国白令海狭鳕渔业资源研讨会，阿拉斯加，1988年

国际渔业管理与谈判

1	
2	3

❶ 参加第四次白令海公海资源保护与管理会议，美国国务院，1992年

❷ 参加白令海渔业六国专家磋商会，苏联伯力，1990年

❸ 参加第六次白令海公海资源保护与管理会议，美国国务院外，1993年

三、“863”专家活动

“863”专家活动

1 | 2 / 3

❶ 考察挪威养殖育苗设施，1999年

❷ 考察挪威网箱养殖，1999年

❸ 调研贝类育苗设施研发，2001年

“863” 专家活动

1	2
3	4

❶ “863” 专家检查对虾种虾培育及育苗项目，2000年

❷ 调研对虾苗种培育及设施，2005年

❸ 参观法国深潜器，2000年

❹ 向全国人民代表大会常务委员会副委员长周光召院士介绍海洋酶研发，2002年

农业部副部长韩长赋参观海洋酶产业化车间，2001年

向全国人民代表大会常务委员会副委员长周光召院士介绍国家水产品质检工作，2005年

“863”专家活动

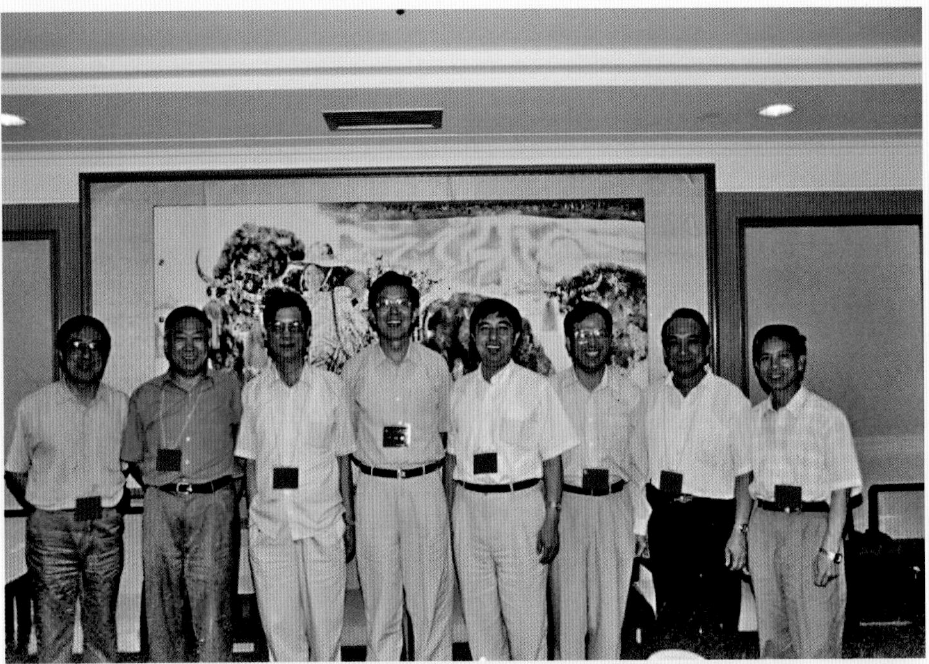

1
2

❶ “863”资环领域专家，2001年

❷ “863”成果展，2001年

“863”专家活动

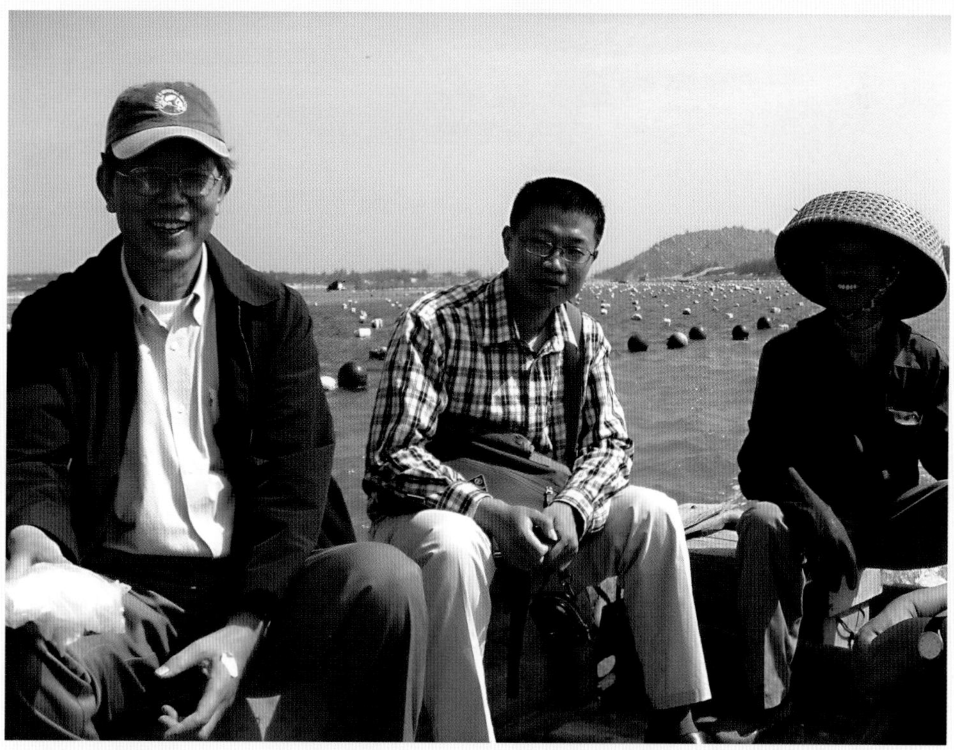

1 | 2
3

❶ 调研养殖扇贝大量死亡原因，1999年

❷ 贝类养殖容量关键参数——滤水率模拟现场测定，1999年

❸ 考察海南多元养殖，2006年

四、水产养殖绿色发展

水产养殖绿色发展

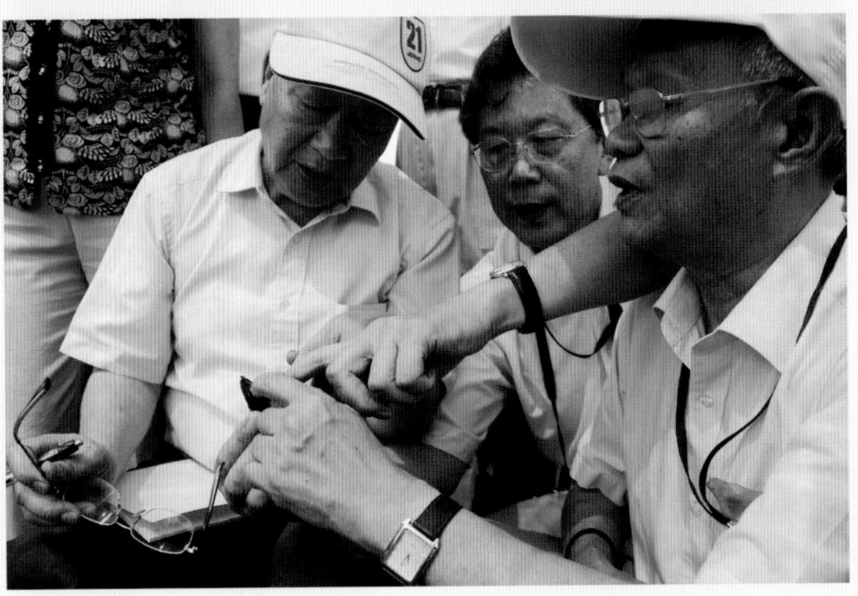

1
——
2

❶ 国际GESAMP 36工作组：外海生态系统水平海水养殖会议，2007年

❷ 与李文华等院士现场讨论贝类养殖碳汇生态功能，2007年

水产养殖绿色发展／碳汇渔业

1

2 | 3

❶ 主持中国工程院碳汇渔业论坛讨论，2010年

❷ 考察无棣贝壳堤——被封存的碳汇，2010年

❸ 同Sherman教授调研海草床碳汇渔业，2010年

水产养殖绿色发展/碳汇渔业

1 | 2
3

❶ 农业部副部长牛盾为桑沟湾贝藻碳汇实验室揭牌，2011年

❷ 中国工程院副院长沈国舫院士为海草床生态系统碳汇观测站揭牌，2013年

❸ 渔业碳汇专集编写专家，2012年

水产养殖绿色发展

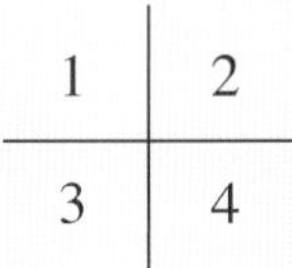

❶ 与Sherman教授讨论LME适应性管理对策与多营养层次综合养殖（IMTA），2010年

❷ 三产融合发展：海洋牧场与休闲渔业，2017年

❸ 大会主旨报告：绿色发展与渔业未来，2018年

❹ 现场讲解哈尼梯田稻渔综合种养高效产出的三个营养层次，2018年

水产养殖绿色发展

1

2

❶ 向哈尼梯田冬闲田投放鱼苗，2018年秋

❷ 哈尼梯田冬闲田喜获丰收，2019年春

五、资源养护活动

资源养护活动

1 | 2 / 3

❶《中国水生生物资源养护行动纲要》新闻发布会，2006年

❷《中国水生生物资源养护行动纲要》新闻发布会暨贯彻实施座谈会，2006年

❸接受记者采访，2006年

资源养护活动

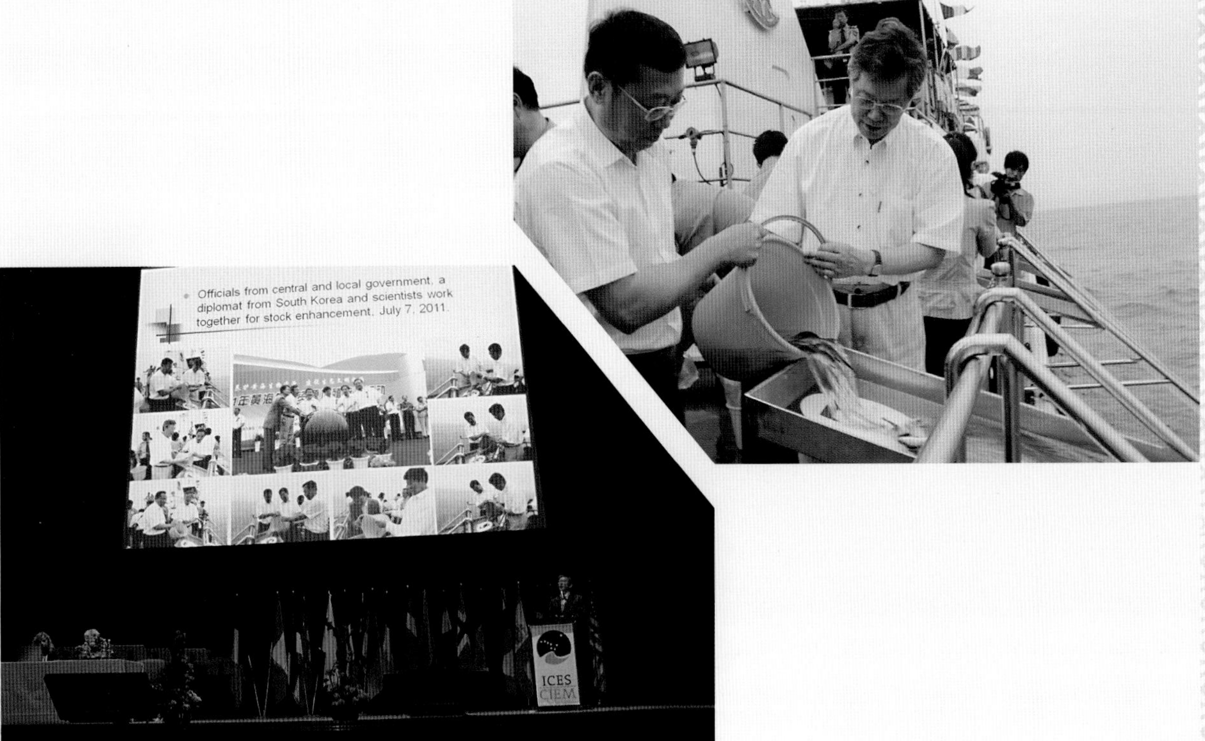

1

2

❶ 渔业资源增殖放流，2011年

❷ 在国际海洋考察理事会（ICES）年会上介绍中国渔业增殖放流情况，2011年

六、战略咨询与平台建设

海洋战略咨询

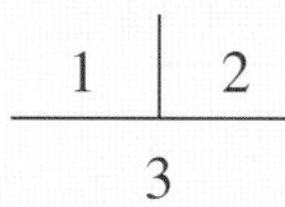

❶ 调研海洋装备，2013年

❷ 同宋健等领导舟山考察，2011年

❸ 中国海洋工程与科技发展战略研究项目汇报会，2011年

海洋战略咨询

1

2

❶ 忙于总结与开题，2013年

❷ 海洋Ⅰ期结题会：聆听宋健老院长指示，2014年

海洋战略咨询

1 | 2
3
4

❶ 中国海洋工程与科技发展战略研究重大咨询项目Ⅱ期启动会，2014年

❷ 南极磷虾产业调研，2014年

❸ 海洋Ⅲ期启动会，2018年

❹ 海洋Ⅲ期课题组长会，2018年

1 ❶ 极地海洋发展国际调研，2018年

2 ❷ 中国工程院工程科技论坛大会海洋项目汇报，2019年

渔业战略咨询

1
2

❶ 现代海水养殖“三新”论坛主旨报告，2015年

❷ 与国际专家讨论环境友好型海水养殖与碳汇渔业，2010年

渔业战略咨询

1

2 | 3

❶ 与企业讨论大黄鱼养殖与环境友好，2015年

❷ 与浙江省海洋水产养殖研究所谢起浪所长讨论陆基多营养层次综合养殖（IMTA），2015年

❸ 调研福建三都澳网箱养鱼与水平方向IMTA，2015年

渔业战略咨询

1

2 | 3

❶ 与潘云鹤院士在山东荣成东楮岛碳汇观测站，2019年

❷ 调研湖北潜江小龙虾稻渔综合种养，2016年

❸ 调研湖北京山盛老汉家庭农场稻龟综合种养，2016年

渔业战略咨询

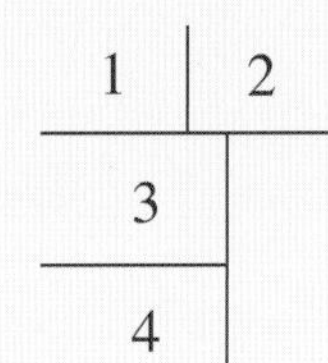

❶ 调研江苏太湖生态控草养鱼，2016年

❷ 调研辽宁盘锦稻蟹综合种养蟹生长及效益，2018年

❸ 调研宁夏中卫腾格里湖大水面IMTA，2019年

❹ 讲党课：绿色发展与渔业未来，2018年

平台建设

1

2 | 3

❶ 接受国家重点实验室评估，2001年

❷ 农业部海水增养殖病害与生态重点开放实验室揭牌仪式，1997年

❸ 畅谈国家实验室建设初衷，2016年

1
2

❶ 水科院首席科学家，2002年

❷ 《中国农业百科全书·渔业卷》编委与专家，2018年

渔业团队

❶《中国大百科全书·渔业学科》编委与专家，2017年

❷《中国水产》60年庆讲演专家，2018年

七、院士行与休闲时刻

院士行

1

2

3

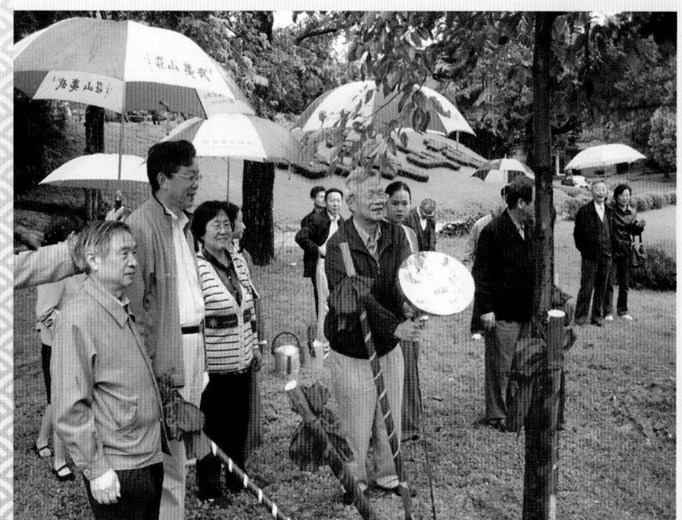

❶ 内蒙古草原考察，2002年

❷ 院士评审，2005年

❸ 福建武夷山植树，2006年

院士行

1
2

❶ 山东考察，2005年

❷ 参观上海世博园，2010年

应中央邀请赴北戴河休假

1	2
3	4

❶ 与著名农学家卢良恕院士等游览山海关，2006年

❷ 与著名林学家任继周院士等在山海关长城邻海段，2006年

❸ 与国家最高奖获得者李振声院士等放风筝，2006年

❹ 在驻地门前，2014年

1
2

❶ 云南休假，2000年

❷ 参加中央春节团拜，与陈宜瑜院士，2004年

休闲时刻

崂山北九水，1995年

休闲时刻

海南休假，2006年

1

2

❶ 海洋战略咨询院士在腾冲草海，2012年

❷ 新疆那拉提，2012年

休闲时刻

1
—
2

❶ 问疑，2010年

❷ 70岁，2013年

休闲时刻

1 | 3
2

❶ 调研之余，2016年

❷ 文体全面发展的外孙，2018年

❸ 黑龙江漠河，2011年

休闲时刻

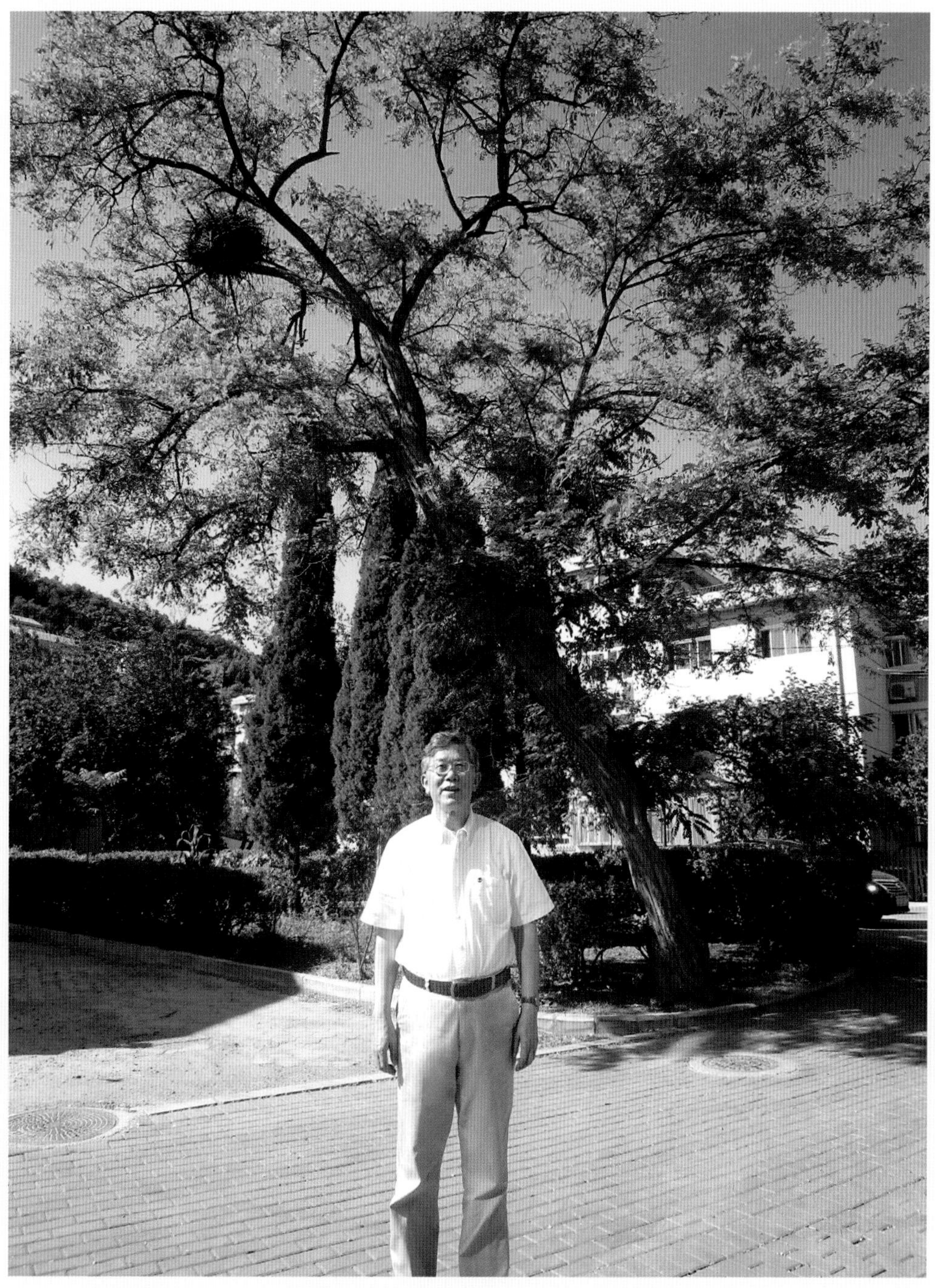

出生地：大连唐家屯老槐树，2014年

八、荣誉称号

荣誉称号

1	2
3	
4	5

❶ 获何梁何利科学与技术进步奖，同向仲怀院士，2005年

❷ 获全国杰出专业技术人才称号，2006年

❸ “庆祝中华人民共和国成立70周年”纪念章，2019年

❹ 获2006年度山东省科学技术最高奖，2007年

❺ 先进集体奖状，2014年